工程建设国家级工法汇编

（2009~2010 年度）

第一分册

本书编委会　编

中国建筑工业出版社

图书在版编目（CIP）数据

工程建设国家级工法汇编（2009~2010年度）/本书编委会编.
—北京：中国建筑工业出版社，2013.3
ISBN 978-7-112-14670-3

Ⅰ.①工⋯ Ⅱ.①本⋯ Ⅲ.①建筑工程—工程施工—建筑规范—
汇编—中国—2009~2010 Ⅳ.①TU711

中国版本图书馆 CIP 数据核字（2013）第 061159 号

本书汇编了 2009~2010 年度国家级工法 589 项，其中国家一级工
法 132 项，国家二级工法 364 项，升级版国家二级工法 93 项。本书
汇编的国家级工法，技术含量高、内容翔实、图文并茂，其关键技术
体现了目前我国施工技术的最好水平。

本书既可作为建筑业企业工程技术人员必备的工具书，也可供科
研、教学等单位学习、参考、查阅。

*   *   *

责任编辑：常 燕

工程建设国家级工法汇编
(2009~2010 年度)
本书编委会 编
*
中国建筑工业出版社出版、发行 (北京西郊百万庄)
各地新华书店、建筑书店经销
广州佳达彩印有限公司制版
广州佳达彩印有限公司印刷
*
开本：889×1194毫米 1/16 印张：348¾ 字数：10797 千字
2013 年 6 月第一版 2013 年 6 月第一次印刷
定价：498.00 元（共五册）
ISBN 978-7-112-14670-3
(22716)

本书编委会

前 言

2011 年 9 月，住房和城乡建设部以建质〔2011〕154 号文公布了 2009~2010 年度国家级工法 589 项，其中国家一级工法 132 项，国家二级工法 364 项，升级版国家二级工法 93 项。实践证明，国家级工法的发布和推广对提高建筑业企业技术创新能力和管理水平起到了重要的促进作用。为此，应广大企业的要求，将 2009~2010 年度国家级工法汇编成册，即《工程建设国家级工法汇编（2009~2010 年度）》。

2011 年公布的 589 项国家级工法，体现了目前我国工法技术的最高水平，具有在保证工程质量和安全的前提下，提高施工效率，降低工程成本，节约资源，保护环境的特点，内容包括房屋建筑工程、土木工程、工业安装工程三大类别。本书的出版发行，必将对促进我国建筑业企业的科技成果积累，提高建筑业企业的技术进步和自主创新能力发挥重要的作用。

本次汇编的国家级工法，技术含量高、内容翔实、图文并茂，其关键技术体现了目前我国施工技术的最好水平。既可作为建筑业企业工程技术人员必备的工具书，也可供科研、教学等单位学习、参考、查阅。由于编写时间有限，不足之处敬请批评指正。

本书编委会

二○一二年十二月

目 录

第二分册

2009~2010 年度国家二级工法

第三分册

第四分册

16

第五分册

2009~2010 年度国家二级工法（升级版）

附录

2009~2010 年度国家一级工法

长螺旋钻孔压灌混凝土旋喷扩孔桩
（简称"WZ"桩）施工工法

GJYJGF001—2010

哈尔滨长城建筑集团股份有限公司　江苏南通三建集团有限公司

王景军　丁延生　时宝辉　袁金生　盛胜刚　曹守兴

1. 前　　言

目前建筑工程中混凝土灌注桩基础形式多为泥浆护壁成孔灌注桩、螺旋钻孔灌注桩、钻孔压浆桩、单管旋喷桩等，这几种桩基础适用于不同的土质条件，各有特点，但也存在着施工程序复杂、施工进度缓慢、施工造价高、单桩承载力低、桩身过长等缺点。哈尔滨长城建筑集团股份有限公司岩土分公司鉴于以上桩基础的施工缺点，取长补短，提出一种全新的长螺旋钻孔压灌混凝土旋喷扩孔桩施工方法，采用水泥浆旋喷扩孔使钻孔周围土体挤压密实，增大土体侧摩阻力、端阻力，提高了桩基的单桩承载能力，合理加快施工速度，有效控制桩长。通过实验和现场施工，总结出《长螺旋钻孔压灌混凝土旋喷扩孔桩工法》。该施工方法于 2006 年 1 月 11 日获得国家专利，专利号：ZL02132652.5；2008 年 10 月 1 日作为黑龙江省地方标准实施《长螺旋钻孔压灌混凝土旋喷扩孔桩基础设计与施工技术规程》DB23/T 1320-2008。

2. 工 法 特 点

长螺旋钻孔压灌混凝土旋喷扩孔桩工法具有应用地层广泛，长螺旋钻具装置特殊，施工工艺先进，桩孔土体密实，土体侧摩阻及端阻力大，桩身短，单桩承载力高，成本低，节能环保，施工操作简便等特点。

3. 适 用 范 围

长螺旋钻孔压灌混凝土旋喷扩孔桩适用于工业与民用建筑的含水层、砂土层、黏性土层、粉土层、杂填土层、黄土层、淤泥质土层、砂层及含砾黏土层等地层条件的桩基础工程。

4. 工 艺 原 理

带有特殊装置的长螺旋钻具钻进到设计深度后，向孔内旋喷注浆，带有高压的水泥浆射流旋转喷射孔壁形成扩大头，同时加固渗透孔壁，使钻孔周围土体挤压密实，增大土体侧摩阻力及端阻力，之后采用混凝土输送泵向孔内压灌混凝土成桩。

5. 施工工艺流程及操作要点

5.1 施工工艺流程：长螺旋钻孔压灌混凝土旋喷扩孔桩施工由稳钻、钻孔、旋喷扩孔、泵灌混凝土、安放钢筋笼等主要工序以及混凝土制备、水泥浆制备和钢筋笼制作辅助工序组成。长螺旋钻孔压灌混凝土旋喷扩孔桩工艺流程见图 5.1。

5.2 稳钻

5.2.1 钻机就位后,必须平正、稳固,结合场地实际情况,铺设枕木或钢板,使钻机支撑稳定,确保在施工中不发生倾斜、移动。

5.2.2 钻机对准桩点后必须调平,确保成孔的垂直度。

5.2.3 当施工现场地面为软土,钻机无法正常行走时,施工前宜在地面上浇筑一层强度大于C15、厚度为150~200mm的混凝土垫层,便于钻机行走施工,同时可作为基础承台、板下垫层使用。

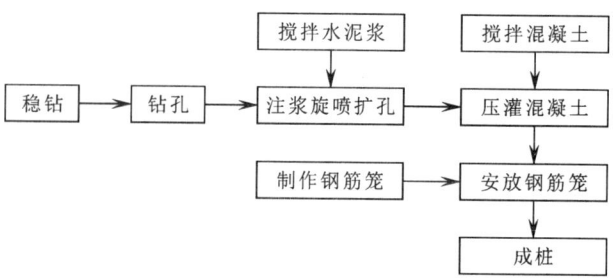

图 5.1 长螺旋钻孔压灌混凝土旋喷扩孔桩工艺流程

5.3 钻孔

5.3.1 为准确控制钻孔深度,应在桩架或抱杆上设置控制深度的标尺。

5.3.2 开钻时,下钻速度要平稳,严防钻进中钻机倾斜移位。

5.3.3 钻进中,当发现不良地质情况或地下障碍物,如地窖、地下管网(上下水管线、煤气管道、电缆、光缆)、防空洞、化粪池、渗水井等情况时,应立即停钻,并通知建设单位与设计单位,确定处理方案。

5.4 旋喷扩孔

钻机钻至设计孔底标高后,开动注浆泵旋喷扩孔,其旋喷压力应根据不同地质条件控制在3~15MPa,旋喷扩孔的尺寸、位置及个数根据设计确定。扩底直径可比桩身直径增大200~600mm,扩大端高度 h 应≥1.0m,扩大端侧面的斜率宜为45°(图5.4)。扩底尺寸与工艺参数的选定(表5.4)。

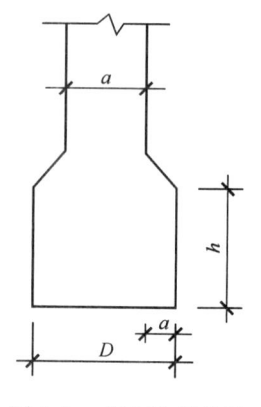

图 5.4 "WZ"桩构造

扩底尺寸与工艺参数对照表   表 5.4

土类别	扩底尺寸 a (mm)	钻机转数 (r/min)	提升(下降)速度 (cm/min)	旋喷压力 (MPa)	喷嘴直径 (mm)
黏性土	100	20~40	45~60	8~10	2.5~3
	150		45~60	10~12	
	200		45~60	12~15	
	300		45~60(复喷1次)	12~15	
粉土、砂土	100	20~40	45~60	3~4	3~5
	150			4~5	
	200			5~7	
碎石土	100	20~40	45~60	4~5	3~5
	150			5~6	
	200			6~8	

注:碎石土包括卵石、碎石、圆砾和角砾。

5.5 压灌混凝土

5.5.1 完成旋喷扩孔后,钻具回落孔底,关闭或调小高压泵。

5.5.2 将钻具提起10~50cm,开动混凝土泵压灌混凝土,边压灌边提钻,始终保持泵入孔内混凝土量大于钻具上提体积量,严禁将钻头提出混凝土面。

5.5.3 桩顶混凝土超灌高度不宜小于0.5m。

5.6 安放钢筋笼

5.6.1 压灌混凝土结束后提出钻具,用钻机自备吊钩或吊车,将钢筋笼竖直吊起,垂直于孔口上方,然后扶稳旋转下入孔内,固定在设计标高处。

5.6.2 主筋的混凝土保护层厚度不得小于50mm。

5.7 水泥浆制备

5.7.1 水泥必须经过二次复验合格后方可使用。

5.7.2 扩底使用的水泥浆的水灰比宜为0.70~1.00。

5.7.3 按施工组织设计中规定的水灰比计算出每罐水泥和水的用量。

5.7.4 先投入清水，然后投入水泥。水泥全部投放后，搅拌时间不少于 2min。

5.7.5 搅拌好的水泥浆应放入贮浆桶中备用，防止沉淀。贮存时间应小于水泥初凝时间。

5.8 混凝土制备

5.8.1 混凝土的原材料必须经过二次复验合格后方可使用。

5.8.2 按混凝土的施工配合比投放材料。

5.8.3 混凝土的坍落度宜为 18~25cm。

5.8.4 混凝土的水灰比宜为 0.5~0.6。

5.8.5 混凝土的含砂率宜为 40%~45%。

5.8.6 投料时，外加剂宜滞后于水和水泥。

5.9 钢筋笼制作

5.9.1 配筋率：正截面配筋率可取 0.2%~0.65%（小直径桩取高值）。

5.9.2 配筋长度：

1. 受水平荷载和弯矩较大的桩，配筋长度应通过计算确定。

2. 桩基承台下存在淤泥、淤泥质土或液化土层时，配筋长度应穿过淤泥、淤泥质土层或液化土层。

3. 坡地岸边的桩、8 度及 8 度以上抗震设防区的桩、抗拔桩、端承桩应通长配筋。

4. 桩径大于 600mm 的摩擦形桩配筋长度不应小于 2/3 桩长。

5.9.3 对于受水平荷载的桩，主筋不应小于 8ϕ12；对于抗压桩和抗拔桩，主筋不应少于 6ϕ10。纵向主筋应沿桩身周边均匀布置，其净距不应小于 60mm，并应尽量减少钢筋接头。

5.9.4 工程中的锚桩，主筋配筋应根据锚桩抗拔力通过计算确定，箍筋配置的长度可与工程桩钢筋笼相同。

5.9.5 箍筋应采用螺旋式，直径宜为 6~8mm，间距宜为 100~200mm，并应在钢筋笼内侧每隔 1.5~2.0m 设一道 ϕ10~14 的加强筋。受水平荷载较大的桩基、承受水平地震作用的桩基以及考虑主筋作用计算桩身受压承载力时，桩顶以下 5d 范围内的箍筋应加密，间距不应大于 100mm。

5.9.6 桩顶嵌入承台内的长度不宜小于 50mm，当桩主要承受水平力时，不宜小于 100mm。主筋伸入承台内的锚固长度不宜小于钢筋直径（HPB235 钢）的 30 倍和钢筋直径（HRB335 钢和 HRB400 钢）的 35 倍。

6. 材料与设备

6.1 工程材料

6.1.1 粗骨料

1. 粗骨料可用碎石或卵石，一般粒径 5~20mm。

2. 粗骨料应质地坚硬、耐久、干净，质量应符合《普通混凝土用碎石或卵石质量标准及检验方法》JGJ 53 的规定。

6.1.2 砂的质量应符合《普通混凝土用砂质量标准及检验方法》JGJ 52 的规定。

6.1.3 水泥质量必须符合现行国家标准的规定。

6.1.4 制备混凝土和水泥浆宜采用饮用水。当采用其他来源水时，水质必须符合《混凝土拌合用水标准》JGJ 63 的规定。

6.1.5 水泥浆如需要掺加外加剂，应使用水泥净浆专用外加剂。

6.1.6 外加剂的使用必须符合《混凝土外加剂》GB 8076 的规定，粉煤灰的使用必须符合《用于水泥和混凝土中的粉煤灰》GB/T 1596 的规定。

6.1.7 钢筋选用 HRB335 钢材及 HPB235 钢材，并符合设计要求。

6.2 机具设备

工程选用的机械设备见表 6.2，设备数量可根据工程量确定。

机具设备表 表6.2

序号	设备名称	设备型号	单位	数量	参数	用途
1	长螺旋钻孔机	ZJ-90	台		30m	桩基施工
2	长螺旋钻杆	φ0.4~0.6m	根		5m	钻具
3	水泥浆搅拌设备	自制	台		1500ml	水泥浆制作
4	高压泵	JN-50	台		30MPa	旋喷
5	高压旋喷装置	自制	个			水泥浆及混凝土输送
6	高压注浆管路	φ0.25mm	m		30MPa	输送水泥浆
7	混凝土输送泵	90	台		90m³/h	输送混凝土
8	钻头喷嘴		个		φ2.5~5mm	水泥浆喷嘴
9	长螺旋钻头	φ0.4~0.6m	个			钻孔

7. 质量控制

7.1 施工前应对砂、石子、钢材、水泥、外加剂等原材料按国家及省现行标准规范的规定进行复验，复验合格的原材料才允许投入使用。

7.2 桩基工程的桩位验收，除设计有规定外，应按下述要求进行。

7.2.1 当桩顶设计标高与施工场地标高相同时，或桩基础施工后，有可能对桩位进行检查时，桩基工程的验收应在施工结束后进行。

7.2.2 当桩顶设计标高低于施工场地标高，送桩后无法对桩位进行检查时，可对护筒位置做中间验收。

7.3 对成孔的桩位、桩长、桩径、垂直度、旋喷压力、钢筋笼安放位置及钢筋笼施工质量进行检查，并填写相应的质量检查记录；长螺旋钻孔压灌混凝土旋喷扩孔桩施工质量检验标准应符合表7.3-1的规定，钢筋笼施工质量应符合表7.3-2的规定。

长螺旋钻孔压灌混凝土旋喷扩孔桩施工质量检验标准 表7.3-1

项目	序号	检查项目		允许偏差或允许值		检查方法
				单位	数值	
主控项目	1	桩位	1~3根、单排桩基垂直于中心线方向和群桩基础的边桩	mm	d/6且≤100	承台、梁开挖前量钻孔中心，开挖后量桩中心
			条形桩基沿中心线方向和群桩基础中间桩	mm	d/4且≤150	
	2	孔深（桩长）		mm	+300	只深不浅，测钻杆长度
	3	桩体质量（完整性）检验			按基桩检测技术规范	按基桩检测技术规范
	4	混凝土强度			设计要求	试件报告
	5	承载力			设计要求	按桩基检测技术规范
一般项目	1	桩位放线	群桩	mm	20	用钢尺量
			单排桩	mm	10	
	2	垂直度			<1%桩长	测钻杆
	3	桩径		mm	±20	用钢尺量
	4	钢筋笼顶标高		mm	±100	水准仪
	5	钢筋笼保护层		mm	±20	用钢尺量
	6	桩顶标高		mm	+30 -50	水准仪，需扣除桩顶浮浆层
	7	旋喷压力		MPa	4~15	压力表读数
	8	混凝土充盈系数			>1	检查每根桩的实际灌注量
	9	水灰比			0.7~1.0	比重法
	10	骨料含泥量			<1%	抽样送检

钢筋笼施工质量检验标准 表 7.3-2

项目	序号	检 查 项 目	允许偏差或允许值	检 查 方 法
主控项目	1	主筋间距	±10mm	用钢尺量
	2	长度	±100mm	用钢尺量
一般项目	1	钢筋材质检验	设计要求	抽样送检
	2	箍筋间距	±20mm	用钢尺量
	3	直径	±10mm	用钢尺量

7.4 成桩后应按批量留置试块，对混凝土强度等级进行检验（混凝土抗压强度试验）。

7.5 工程桩应进行承载力检验。单桩竖向承载力特征值通过现场静载荷试验确定。检验桩数量不应少于总桩数的 1%，且不应少于 3 根。当工程桩总数少于 50 根时，不应少于 2 根。

7.6 静载试验在桩身混凝土达到设计强度的前提下，从成桩到开始试验的间歇时间为：砂土类不应少于 10d；粉土和黏性土，不应少于 15d；淤泥或淤泥质土，不应少于 25d。

7.7 桩身质量应进行检验，桩身质量检验采用动测，检验抽检数量不应少于总数的 30%，且不应少于 20 根。

8. 安 全 措 施

8.1 认真贯彻执行安全生产责任制的各项规章制度。

8.2 应对参加施工作业人员，进行三级安全技术教育及安全技术措施交底，在接受任务时必须熟知本工种的安全技术操作规程。

8.3 施工现场的特种作业人员必须经过专门的安全作业培训，考试合格后取得特种作业操作资格证书，方可持证上岗，独立操作。

8.4 正确使用安全帽等个人防护用品和安全防护设施。

8.5 6 级以上强风和大雨、大雪、大雾天气，应停止作业。

8.6 电气设备和线路必须绝缘良好，电线不得与金属物绑在一起；各种电动机具必须按规定接零或接地，实行"三级配电"、"两级保护"、"一机一闸一保护"，遇有临时停电或停工休息时，必须切断电源。

8.7 机械操作工人应注意机械使用安全，使用机械设备时，应先检查其性能等是否符合要求，不得带病运转或超负荷作业，发现不正常情况应停机检查，不得在运转中修理。

8.8 施工现场露天照明设施应采用高光效、长寿命的防水式照明灯具，距离地面高度不得低于 3m。

8.9 工人宿舍照明一律安装漏电保护器，并采用安全电压，严禁私自乱接电线。

8.10 钻机移位前，应对软弱地面要用铁板或木方垫平，方可移位。

8.11 钻机施工过程中必须将钻具上的残土及时清除干净，以减轻钻具负荷，避免掉土块伤人。

8.12 钻机及混凝土泵作业人员操作时精神要集中，时刻注意设备的运转情况及周围人员的活动情况，发现异常，应立即停机。

8.13 定期进行安全检查，加强安全防护，严禁违章作业，及时消除隐患，防止发生安全事故。

9. 环 保 措 施

9.1 应在有关部门规定时间内进行施工作业，如需进行夜间施工，应办理相应夜间施工许可。

9.2 施工前应检修设备运转情况，降低施工噪声，将便民、不扰民的措施落到实处。

9.3 材料堆放要整齐，散装材料要入罐，袋装材料要进棚，避免现场扬尘污染。

9.4 生活垃圾统一堆放，及时处理，送至垃圾箱，废油料禁止随地倾倒。

9.5 合理铺设水管路，禁止漏水，减少浪费。

9.6 施工后应及时拆除设施，将工地环境清理干净，做到工完、料净、场清。

10. 效 益 分 析

长螺旋钻孔压灌混凝土旋喷扩孔桩比其他桩形桩侧阻力及桩端阻力均有提高（桩侧阻力及桩端阻力提高系数见表10），单桩承载力提高 30%～40%，基础部分可节省工程造价 30%，经济效益和社会效益均显著提高。

长螺旋钻孔压灌混凝土旋喷扩孔桩侧阻力、端阻力提高系数　　　表 10

土 的 名 称	t_{si}	t_p
淤泥、淤泥质土	1.05～1.10	
黏性土	1.05～1.10	1.10
粉土	1.10～1.20	1.20
粉砂	1.15～1.25	1.25
细砂	1.20～1.30	1.40
中砂	1.30～1.40	1.60
粗砂	1.40～1.50	1.80
砾砂、砾石	1.40～1.50	1.80

注：t_{si}-桩侧阻力提高系数；t_p-桩端阻力提高系数。

11. 应 用 实 例

11.1 工程名称：宣化街高层办公、住宅楼

工程地点：哈尔滨市南岗区宣化街与平准街交叉口。

开竣工时间：2007 年 5 月 11 日至 2009 年 6 月 10 日。

主体结构形式：框架剪力墙。

设计要求：桩长 20m，桩径 0.6m，扩大头直径 0.9m，桩数 760 根。

应用效果：达到设计要求。与常规施工方法比较增效 25%。该工程设计总桩数为 760 根，在不改变桩径、桩数、承台前提下，长螺旋钻孔压灌混凝土旋喷扩孔桩和长螺旋压灌混凝土桩比较见表 11.1。

长螺旋钻孔压灌混凝土旋喷扩孔桩和长螺旋压灌混凝土桩比较表　　表 11.1

序号	桩类型	桩长 (m)	桩径 (m)	混凝土用量 (m³)	单桩极限承载力 (kN)	设计单桩承载力 (kN)
1	长螺旋钻孔压灌混凝土旋喷扩孔桩	20	0.6	5.7	5261	5100
2	长螺旋压灌混凝土桩	30	0.6	8.48	5148	5100

1. 长螺旋钻孔压灌混凝土旋喷扩孔桩总混凝土量为 4332m³，1250 元/m³，工程总造价 541.5 万元。

2. 长螺旋压灌混凝土桩总混凝土量为 6444.8m³，1200 元/m³，工程总造价 773.4 万元。

3. 采用长螺旋钻孔压灌混凝土旋喷扩孔桩共计节省资金 232 万元，节省工程造价 30%。

11.2 工程名称：双城市工商局商住楼

工程地点：双城市西大街。

开竣工时间：2008 年 11 月 20 日至 2009 年 11 月 5 日。

结构形式：框架剪力墙。

设计要求：桩长18m，桩径0.6m，扩大头直径0.9m，桩数119根。

应用效果：达到设计要求。在不改变桩位、桩数、承台前提下，与常规施工方法比较增效30%。长螺旋钻孔压灌混凝土旋喷扩孔桩和长螺旋压灌混凝土桩比较见表11.2。

长螺旋钻孔压灌混凝土旋喷扩孔桩和长螺旋压灌混凝土桩比较　　　　表11.2

其他 序号	桩类型	桩长 (m)	桩径 (m)	混凝土用量 (m³)	单桩极限承载力 (kN)	设计单桩承载力 (kN)
1	长螺旋钻孔压灌混凝土旋喷扩孔桩	31	0.6	8.8	4567	4500
2	长螺旋压灌混凝土桩	38.9	0.6	11	4571	4500

1. 长螺旋钻孔压灌混凝土旋喷扩孔桩总混凝土量为976.8m³，1250元/m³，工程造价108.42万元。

2. 长螺旋压灌混凝土桩总混凝土量为1221m³，1200元/m³，工程造价146.52万元。

3. 采用长螺旋钻孔压灌混凝土旋喷扩孔桩共计节省资金38.1万元，节省工程造价35%。

11.3　工程名称：哈药物流配送中心——物流仓库桩基础工程

工程地点：哈尔滨市呼兰区利民开发区。

开竣工时间：2009年10月10日至2010年10月30日。

结构形式：框架。

设计要求：桩长11.5m，桩径0.4m，扩大头直径0.75m，桩数925根。

应用效果：达到设计要求。在不改变桩径、桩数、承台前提下，与常规施工方法比较增效35%。长螺旋钻孔压灌混凝土旋喷扩孔桩和长螺旋压灌混凝土桩比较见表11.3。

长螺旋钻孔压灌混凝土旋喷扩孔桩和长螺旋压灌混凝土桩比较　　　　表11.3

其他 序号	桩类型	桩长 (m)	桩径 (m)	混凝土用量 (m³)	单桩极限承载力 (kN)	设计单桩承载力 (kN)
1	长螺旋钻孔压灌混凝土旋喷扩孔桩	11.5	0.4	1.5	2163	2000
2	长螺旋压灌混凝土桩	19	0.4	2.39	2068	2000

1. 长螺旋钻孔压灌混凝土旋喷扩孔桩总混凝土量为1687.5m³，1250元/m³，工程总造价210.93万元。

2. 长螺旋压灌混凝土桩总混凝土量为2688.75m³，1200元/m³，工程总造价322.65万元。

3. 采用长螺旋钻孔压灌混凝土旋喷扩孔桩共计节省资金111.72万元，节省工程造价52%。

基坑支护型灌芯式大直径现浇
混凝土薄壁筒桩施工工法

GJYJGF002—2010

上海星宇建设集团有限公司   杭州萧宏建设集团有限公司

刘国良   徐翔   何强   章铭荣   李元水

1. 前　　言

大直径现浇混凝土薄壁筒桩由于直径大（ϕ1500 及以上），刚度好，近年来广泛应用于海洋工程、码头工程、围海造地工程、海港防波工程、直立护岸工程、水利工程、道路桥梁工程、软基础处理等，但用于基坑支护工程的并不多见。

在市区进行基坑围护设计时，施工用地紧张是面临的普遍性问题，由于无场地条件，市区基坑设计基本上采用排桩加内支撑的围护设计方案，目前深基坑用的较普遍的是钻孔灌注桩加钢筋混凝土内支撑。杭州萧宏建设集团有限公司和上海星宇建筑工程有限公司近年在几个基坑工程中与相关科研机构合作，采用大直径现浇混凝土薄壁筒桩取代钻孔灌注桩，并在筒桩内部支撑围檩高度部位采用与筒桩同强度等级素混凝土进行灌芯，进行基坑围护施工，研发出基坑支护型灌芯式大直径现浇混凝土薄壁筒桩创新施工技术。通过综合经济分析，采用基坑围护型灌芯式大直径现浇混凝土薄壁筒桩作为围护结构的排桩与钻孔灌注桩作为排桩相比，具有施工方法简单、沉管时间快、钢壁护壁完整、现浇质量可靠以及没有泥浆污染、保护环境等优越性，且成本低，进度快，具有非常明显的经济效益和社会效益。

目前该技术已进行国内科技查新，查新结果为"委托单位提出的基坑支护型灌芯式大直径现浇混凝土薄壁筒桩施工技术，在所检文献中未见述及"；同时，已将该技术向国家知识产权局进行专利申报，目前已获国家知识产权局颁发的专利证书，专利号为 ZL200920114598.1。

2. 工 法 特 点

2.1 采用高频振动锤及钢套管成孔，现场无须设造浆池及排浆池，无泥浆污染；高频振动锤不同于柴油锤，无噪声污染。

2.2 拔管采用高频振动锤辅助拔管，虽然筒壁较薄，但混凝土更密实，质量更可靠。

2.3 成桩速度快，每天约可成桩 10 根（桩长大约 20m 左右）。

2.4 在筒桩内支撑高度部位采用与筒桩同强度等级素混凝土灌芯，有效增大筒桩的抗剪承载力，防止筒桩局部应力过大而破坏。

2.5 双层钢护筒中心设出泥口，在沉双层钢护筒过程中，土体从出泥口自动溢出，挤土效应较少，减少了对周边环境的影响。成孔器构造如图 2.5 所示。

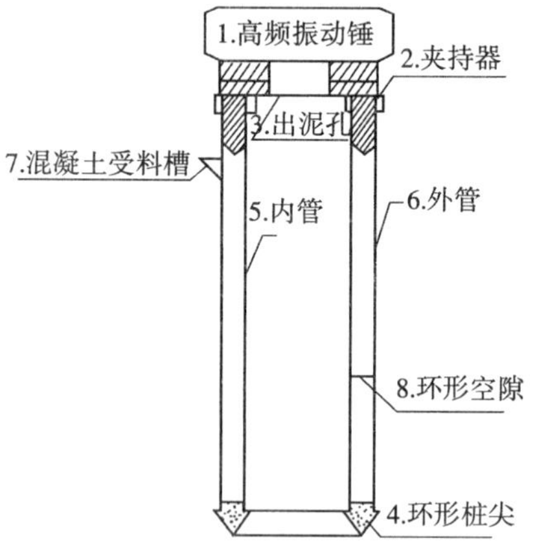

图 2.5　成孔器构造图

3. 适 用 范 围

本工法适用于软土地质条件下的基坑支护工程。

4. 工艺原理

在基坑支护工程中，充分利用大直径薄壁筒桩的惯性矩，降低支护工程造价；同时在筒桩内支撑高度部位采用与筒桩同强度等级素混凝土灌芯，有效增大筒桩的抗剪承载力。利用高频液压振动锤将内外钢护壁套管连同环形桩尖一起沉至设计深度；放入钢筋笼，灌入混凝土至设计高程，启动振动锤，边振动边拔出钢套管，通过振动锤上拔时的高频振动，形成薄壁筒桩。

5. 施工工艺流程及操作要点

5.1 施工工艺流程

施工准备→桩尖制作→筒桩施工→养护→桩顶处理→灌芯→施工压顶梁→挖土至支撑梁底→施工支撑梁及围檩→养护→开挖至基底标高。

其中筒桩施工工艺流程如图 5.1 所示：

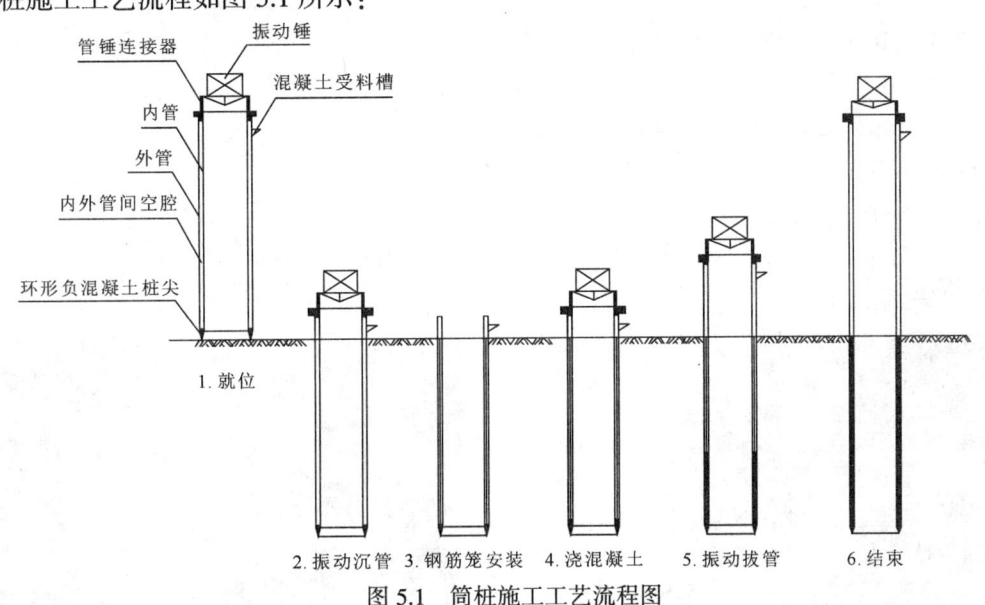

图 5.1 筒桩施工工艺流程图

5.2 操作要点

5.2.1 施工准备

1. 筒桩施工前应具备以下资料：场地岩土工程勘察报告，施工设计图纸，建筑场地及邻近建筑物结构与地基基础、地下管线、道路等相关资料。

2. 施工前应进行施工图会审、设计交底，编制施工组织设计及审核确认，组织施工人员进行技术和施工安全交底。

3. 打桩前应处理高空和地下障碍物。施工场地应平整处理，桩机移动的范围内除应保证桩机垂直度的要求外，还应考虑地面的承载力，施工场地及周围应保持排水畅通，以保证施工机械正常作业。

4. 桩基轴线的控制点和水准点应设在不受打桩影响的地方，开工前经复核后应妥善保护，施工中应经常复测。桩基轴线位置的允许偏差不得超过 20mm。

5. 打桩锤应根据工程地质条件、桩径及施工条件等选择合适的中高频激振锤。

6. 筒桩施工前应进行试打桩，以检查设备、施工工艺、设计参数是否符合要求。

7. 打桩时如发现地质条件与勘察报告不符，应与有关单位研究处理。

8. 筒桩施工场地相邻既有建（构）筑物时，应重视打桩对环境的影响。视具体情况采取适当的隔振措施。

5.2.2　环形桩尖制作

1. 环形桩尖制作质量应符合下列规定：

1）桩尖表面应平整、密实，掉角深度不应超过 20mm，且局部蜂窝和掉角的缺损总面积不得超过该桩尖表面全部面积的 1%。

2）桩尖内外面圆度偏差不得大于桩尖直径的 1%，桩尖上端内外支承面高差不得超过 5mm。

3）桩尖混凝土强度不宜小于 C30，且须高于筒桩混凝土一个强度等级。

2. 预制桩尖上应标明编号、制作日期，桩尖养护时间应达到 28d，使用前混凝土强度应达到设计要求，图 5.2.2 为环形桩尖做法简图。

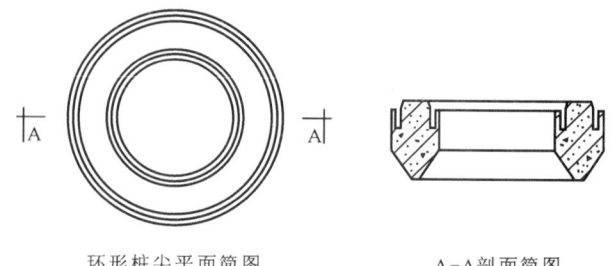

环形桩尖平面简图　　　　A-A剖面简图

图 5.2.2　环形桩尖做法简图

5.2.3　桩基就位调平

施工前，桩机按有关规程组装并调试合格。应保证导管，桩管和桩中心在同一竖直线上，垂直度允许偏差控制在 1%以内。在双层钢护筒（成孔器）正下方已定位置上放置预制桩尖，落下振动锤，使桩尖正好嵌于内外护筒之间，一方面用于固定双层钢护筒，另一方面防止土壤进入夹层。其桩尖与护筒交接处采用定制的橡胶密封圈（起止水止土作用）。而双层钢护筒的顶部利用夹持器与振动锤进行固定。

5.2.4　成孔（图 5.2.4-1）

1. 决定打桩顺序时应尽量减少挤土效应及其对周围环境的影响，尽量采用跳打方法。

2. 桩机就位对中，然后桩尖就位对中，再用成孔器压紧桩尖，桩尖中心应与成孔器中心线重合，图 5.2.4-2 为桩尖就位图。

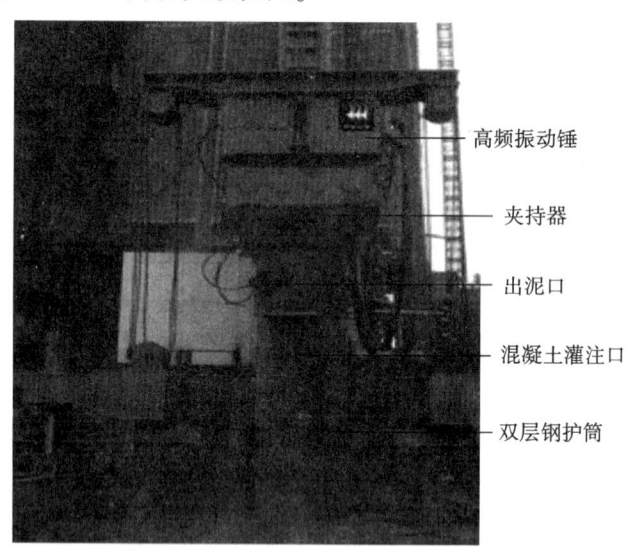

高频振动锤
夹持器
出泥口
混凝土灌注口
双层钢护筒

双层钢护筒
桩架
环形桩尖

图 5.2.4-1　筒桩成孔工况图　　　　图 5.2.4-2　桩尖就位图

3. 开始激振时应使机架和成孔器均保持垂直，垂直度偏差不大于 1%。

4. 在打桩过程中如发现有地下障碍物应及时拔出成孔器，清除后继续施工。

5. 桩架或成孔器上应设置控制深度的标尺，以便准确控制成孔深度。

6. 沉管对中后，启动高频液压振动锤缓缓将带有桩尖的双层钢护筒沉入土中，当桩尖压入土中 1~2m 时，观察有无偏差并用靠尺测量垂直度后才能继续压管。操作时，应控制振动锤频率在 20Hz 左右，由于高频液压振动锤产生的频率与地基之间产生剧烈的共振反应，使地基土的颗粒获得振动后趋于密实。如遇桩尖损坏或地下障碍物时，应及时将桩管拔出，待处理后方可继续施工。

7. 成孔终止应符合下列要求：

1）桩端标高按设计标高控制。

2）打桩时如出现异常应会同有关单位研究处理。

3）成孔器在振动作用下逐渐下沉到预定的标高，内管中的土芯逐渐上升到原地面高程以上，护筒中心充满原状土质，无多余的泥浆溢出。

4）成孔达到设计要求后，应验收深度并做好记录。

5.2.5 安放钢筋笼

1. 钢筋笼制作应符合下列规定：

1）钢筋笼制作允许偏差见表5.2.5。

钢筋笼制作允许偏差   表5.2.5

项次	项　目	允许偏差（mm）
1	主筋间距	±10
2	箍筋间距或螺旋筋间距	±20
3	钢筋笼直径	±10
4	钢筋笼长度	±50

2）分段制作的钢筋笼，其接头应采用焊接并符合《混凝土结构工程施工质量验收规范》GB 50204。

3）主筋净间距必须大于混凝土粗骨料粒径3倍以上。

4）搬运、吊装时应防止钢筋笼变形，安装后应固定钢筋笼位置。

2. 钢筋保护层的允许偏差：±10mm。

3. 成管到达预定标高后卸去振动锤及夹持器，并放置已制作好的钢筋笼，然后振动锤落下重新夹紧双层钢护筒，加以固定。

4. 钢筋笼可以按围护桩的设计弯矩图，采用不对称式配筋，节约钢筋。图5.2.5为某基坑围护工程筒桩配筋。

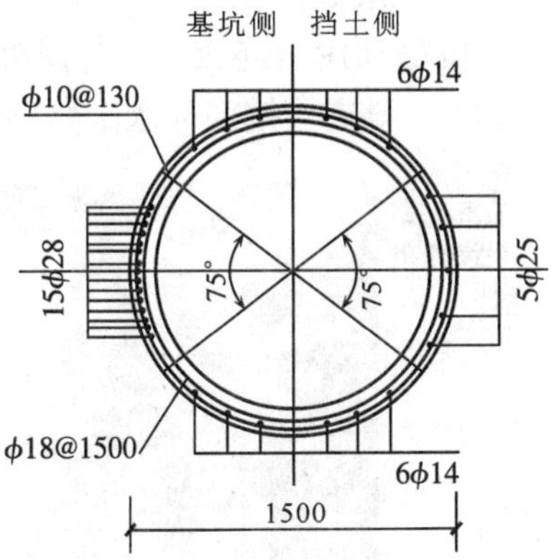

图5.2.5 筒桩配筋图

5.2.6 灌注混凝土

1. 检查成孔质量合格后应尽快灌注混凝土，灌注混凝土前，必须检查成孔器内有无吞桩尖或进泥、进水现象。

2. 混凝土粗骨料可选用卵石或碎石，其最大粒径不宜大于50mm，且不得大于钢筋间最小净距的1/3。

3. 管内混凝土灌满后，先振动5~10s，再边振动边提升，提升7~8m后将连续振动改为间歇振动，采取加一次料提升一次，保持管内混凝土面不高于地面2.5~3m，同时也不小于2m。提升速度宜控制在1.2~1.5m/min，不应大于2.0m/min，灌注时必须保持成孔器的钢管埋入混凝土内不小于1m，保证桩身的连续性。每次向桩管内灌注混凝土时应尽量多灌。第一次拔管高度应控制在能容纳第二次所需要灌入的混凝土量为限，不宜拔得过高。在拔管过程中应设专人用测锤或浮标检查管内混凝土面的下降情况，灌注充盈系数筒桩宜控制在1~1.40范围内。

4. 灌注的桩顶标高应预加一定的高度，一般应比设计高出不小于0.5m，并予以保护，使桩顶混凝土强度在凿除桩顶浮浆后满足设计要求。

5. 市区施工时应采用商品混凝土，其坍落度控制在7~12cm，混凝土由外管上的受料槽内送入环形空腔中（双层钢护筒夹层之间），达到设计位置后启动振动锤加以密实，图5.2.6为混凝土浇灌捣工况。

6. 在施工过程中应及时作好施工记录。

5.2.7 振动拔管

混凝土灌注完毕应加振5~10s，边振边拔，桩管内的混凝土应不少于设计位置，拔管的速度控制在0.8~1.2m/min，在较弱土层交界处应控制在0.6~0.8m/min，保证桩身混凝土的密实度，直到将管拔出地面，形成薄壁筒桩。

5.2.8 桩顶处理

浇筑后的桩尖应高出设计标高至少 50cm，并加以保护，浮浆层应凿除。若至桩顶标高，桩身混凝土质量达不到要求，则继续凿至混凝土质量好的部位为止，然后采用接桩法接桩。

5.2.9 筒桩内挖土及灌芯

先将筒桩中的土芯挖至支撑底标高，挖土方法为人工挖土，采用在桩孔上口架设垂直运输支架，如钢管吊架、木吊架等，再在垂直运输架上安装滑轮组和电动葫芦或穿卷扬机的钢丝绳，选择适当位置安装卷扬机，地面运土采用人力翻斗车。挖至支撑底标高时，再灌入与筒桩同强度等级的素混凝土，浇灌时须采用溜槽加串桶方式，控制高度为支撑梁的梁面标高，混凝土需用振动棒振捣密实。

5.2.10 压顶梁施工

在压顶梁绑扎钢筋前，应先在筒桩顶压顶梁底标高部位支好底模，底模采用 50×80 方木及 18mm 厚胶合板，方木在筒桩壁上的支点位置设预留孔，预留孔在筒桩钢筋绑扎时就须设置，方木间距根据压顶梁截面高度通过计算确定。

筒桩主筋须伸入压顶梁不小于锚固长度。压顶梁钢筋绑扎及混凝土浇捣方法同常规。

5.2.11 围檩及支撑梁施工

压顶梁混凝土达到设计强度后，即可进行基坑开挖，先挖至围檩及支撑底标高，施工围檩及支撑梁，围檩须用斜连接钢筋与筒桩主筋焊接，在需要焊接的部位凿出筒桩主筋，单面焊接，焊接长度不小于 10d，斜连接钢筋伸入围檩不小于锚固长度。如图 5.2.11 所示：

图 5.2.6 混凝土浇灌捣工况图

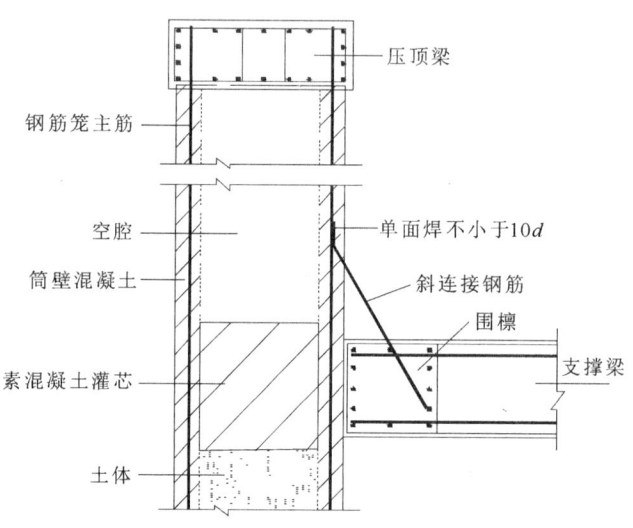

图 5.2.11 筒桩、围檩、支撑剖面示意图

5.3 劳动力组织（表 5.3）

劳动力组织情况表　　　　　　　　　　　　　　　　　　表 5.3

序号	单 项 工 程	所需人数	备 注
1	管理人员	6	
2	测量工	2	测量定位
3	机长	3	各主机操作
4	操作工	8	筒桩施工
5	电工	1	施工用电
6	焊工	3	焊接钢筋笼等
7	钢筋工	6	钢筋绑扎
8	杂工	2	
	合 计	31 人	

6. 材料与设备

本工法无特别说明的材料，采用的机具设备主要为筒桩施工设备，具体如下：

6.1 筒桩施工设备主要包括桩架和成孔器，成孔器的关键设备是中高频振动锤。

6.2 不论采用何种形式的桩架，必须满足桩长、桩径、振动锤的形态和装载重量及其稳定性的需要，接地压力应满足地基承载力的要求，并且要求移位机动性强，调整位置和角度方便，此外选择桩架时还要考虑地面坡度等因素。

6.3 成孔器包括：中高频振动锤、夹持器、出泥孔、环形桩尖、内管、外管、混凝土受料槽、环形空隙等部件。

6.4 振动锤型号的选择应满足下列要求：

6.4.1 选择合适的振动锤往往是工程顺利进行的关键，考虑的因素是多方面的，包括发动机的功率、偏心力矩、振幅、振频、吊重、拔桩力、振动力、土壤性质和埋深等。其中振动力和最低可接受振幅是两个最关键的因素。

6.4.2 各种类型的土质对最小振幅要求有所不同，在砂质的土体中，振动造成的液化程度较高，要求振幅比较小，只需要3mm。在黏土中，由于土体会跟随桩壁运动，振幅要求达到6mm才能摆脱土体。在理想的情况下，如在水下的砂质土体中振幅只需要2mm。

6.4.3 桩阻力在振动时因为土体液化的作用比静止时大幅度减弱，减弱程度根据振频大小和土质决定。

6.4.4 目前工程上应用的振动锤可参见表6.4.4。

桩锤选择参考表 表6.4.4

锤　型		国　内				国　外	
		电 动 锤		液压振动锤		液压振动锤	
锤的动力性能	偏心力矩（kg·m）	35	57	40	83	50	230
	工作频率（rmp）	1470	1470	2100	1800	1650	1400
	最大激振力（kN）	1800	2900	2400	3000	1800	4800
	最大空锤振幅（mm）	20	22	24	36	—	—
	最大拔桩力（kN）	700	1150	1200	1200	1300	2200
适用的筒桩外径（mm）		1500及以下		800~2000		800~6000	

7. 质 量 控 制

7.1 工程质量标准

7.1.1 工程施工须符合《建筑桩基技术规范》JGJ 94-2008、《混凝土结构工程施工质量验收规范》GB 50204-2002、《建筑基坑支护技术规程》JGJ 120-99等有关规定。

7.1.2 施工允许偏差项目

施工允许偏差项目表 表7.1.2

项目	检 查 项 目	允许偏差或允许值		检 查 方 法
		单位	数值	
主控项目	桩长	不小于设计桩长		测桩管长度
	混凝土充盈系数	>1.1		每根桩的实际灌注量
	桩身质量检验	设计要求		低应变试验
	混凝土强度	设计要求		试块报告

续表

项目	检 查 项 目	允许偏差或允许值		检 查 方 法
		单位	数值	
一般项目	桩位	mm	150	开挖后量桩中心
	垂直度	<1%		测桩管垂直度
	桩径	mm	±20	开挖后实测桩头直径
	壁厚	mm	±10	开挖后用尺量筒壁厚度,每个桩头取三点计算平均值
	桩顶标高	mm	+30~50	需扣除桩顶浮浆层

7.2 质量保证措施

7.2.1 桩身质量检测:

1. 筒桩施工后,应现场开挖检查桩顶质量,可在成桩14d后开挖暴露桩顶,观察筒桩的壁厚和成型情况。

2. 桩身完整性检测:采用低应变检测,不得少于总数的30%。

3. 筒桩承载力检测:采用单桩静载荷试验检测筒桩承载力,检测数量由设计结合具体工程确定。

7.2.2 质量控制措施

1. 注意打桩顺序,尽量采用跳打方式;根据桩的设计标高,宜先深后浅;根据桩的规格,宜先大后小,先长后短。

2. 为确保灌注后桩身混凝土的质量,在成孔前,应在沉管与桩尖之间垫设编织袋、胶布、棉布、麻绳等止水物,做好防漏措施。

3. 注意预防因桩架未水平及成孔器垂直度未控制好或初始激振力过大而引起的桩身严重偏斜。若出现严重偏斜,应重新调整桩架使其水平,已成孔的应将成孔器提起,待重新调整成孔器至要求垂直度后,再次以缓慢速度沉管,激振力应均匀加大。

4. 对于沉管过程中,由于地质条件的变化或桩尖遇到漂石、木头等障碍物,而造成的沉管困难,可采用平移避开或冲击冲掉的方法处理,不应采用强行激振方式处理。

5. 对于孔腔内有水而造成的冒浆,一方面应注意事先预防和测试孔腔内是否有水,另一方面要对已有水设法进行抽干,再进行灌注。

6. 在混凝土灌注过程中,为避免混凝土长时间受到振动而导致离析,一般应将振动时间控制在10min以内,严禁长时间振动。

8. 安 全 措 施

8.1 认真贯彻"安全第一,预防为主"的方针,根据国家有关规定、条例,结合施工单位实际情况和工程的具体特点,组成专职安全员和班组兼职安全员以及工地安全用电负责人参加的安全生产管理网络,执行安全生产责任制,明确各级人员的职责,抓好工程的安全生产。

8.2 施工现场按符合防火、防风、防雷、防洪、防触电等安全规定及安全施工要求进行布置,并完善布置各种安全标识。

8.3 各类房屋、库房、料场等的消防安全距离做到符合公安部门的规定,室内不堆放易燃品;严格做到不在木工加工场、料库等处吸烟;随时清除现场的易燃杂物;不在有火种的场所或其近旁堆放生产物资。

8.4 筒桩的机械设备定期按设备维修保养制度进行维修保养。

8.5 筒桩沉桩时,非操作人员应离机20m以外。

8.6 压桩时,应按桩机技术性能表作业,不得超载运行。操作时动作不应过猛,避免冲击。

8.7 氧气瓶与乙炔瓶隔离存放,严格保证氧气瓶不沾染油脂,乙炔发生器有防止回火的安全装置。

8.8 施工现场的临时用电严格按照《施工现场临时用电安全技术规范》JGJ 46 的有关规范规定执行。

8.9 电缆线路应采用"三相五线"接线方式,电气设备和电气线路必须绝缘良好,场内架设的电力线路其悬挂高度和线间距除按安全规定要求进行外,还要将其布置在专用电杆上。

8.10 施工现场使用的手持照明灯使用 36V 的安全电压。

8.11 室内配电柜、配电箱前要有绝缘垫,并安装漏电保护装置。

8.12 对灌芯施工结束的筒桩,在施工压顶梁前,要做好安全防护工作。

8.13 建立完善的施工安全保证体系,加强施工作业中的安全检查,确保作业标准化、规范化。

9. 环保措施

9.1 成立对应的施工环境卫生管理机构,在工程施工过程中严格遵守国家和地方政府下发的有关环境保护的法律、法规和规章,加强对施工燃油、工程材料、设备、废水、生产生活垃圾、弃渣的控制和治理,遵守有防火及废弃物处理的规章制度,做好交通环境疏导,充分满足便民要求,认真接受城市交通管理,随时接受相关单位的监督检查。

9.2 将施工场地和作业限制在工程建设允许的范围内,合理布置、规范围挡,做到标牌清楚、齐全,各种标识醒目,施工场地整洁文明。在施工现场四周设置一封闭的围墙及大门,将现场与外界隔离。

9.3 对施工中可能影响到的各种公共设施制定可靠的防止损坏和移位的实施措施,加强实施中的监测、应对和验证。同时,将相关方案和要求向全体施工人员详细交底。

9.4 在现场出入口处设置汽车冲洗台及污水沉淀池,对开出车辆进行冲洗,做到车辆不带泥砂出场。安排工人每天进行现场卫生清理,做到整洁有序,无污水、污物出口畅通、不积水、不发臭、不污染周围环境,从根本上防止施工废浆乱流。

9.5 定期清运沉淀泥砂,做好泥砂、弃渣及其他工程材料运输过程中的防撒落与沿途污染措施,废水除按环境卫生指标进行处理达标外,并按当地环保要求的指定地点排放。弃渣及其他工程废弃物按工程建设指定的地点和方案进行合理堆放和处治。

9.6 采用高频振动锤沉桩,便于控制标高,又符合环保要求,无泥浆与噪声污染。

9.7 成孔器在振动作用下逐渐下沉到预定的标高,内管中的土芯逐渐上升到原地面高程以上,一部分从筒顶的出土口溢出,一部分充满在护筒中心,可有效消除挤土影响。

图 9.7-1　土体从出土口溢出工况

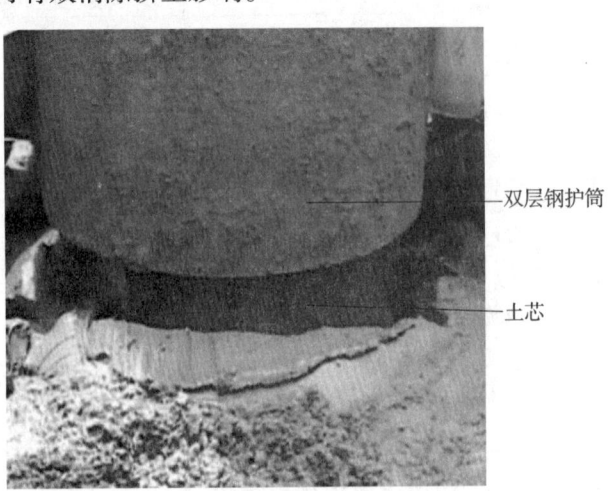

图 9.7-2　土芯图

9.8 优先选用先进的环保机械。采取设立隔声墙、隔声罩等消声措施降低施工噪声到允许值以下，同时尽可能避免夜间施工。

9.9 对施工场地道路进行硬化，并在晴天经常对施工通行道路进行洒水，防止尘土飞扬，污染周围环境。

10. 效益分析

10.1 钻孔灌注桩从抗弯矩角度考虑，断面中心部位混凝土起作用可忽略不计。筒桩以最少的材料获得最有效的结构效应。在相同混凝土用量的情况下，圆筒形结构比圆柱形结构具有大得多的外表面积，具有大得多的惯性矩，作支护桩使用时，抗弯强度会高出很多。

10.2 筒桩利用高频液压振动锤施工，只要不入岩，筒桩可在任何恶劣地质条件下成桩。又由于成桩时桩身混凝土处于高频振动状态，使混凝土分布更均匀密实，确保了桩身质量。

10.3 如果利用配有降噪动力箱的高频液压振动锤施工筒桩，可完全满足城区施工对振动及噪声的限制，可较好的满足施工时的环保要求。

10.4 与钻孔灌注桩相比：节省混凝土用量约25%、节约钢筋用量约35%，无泥浆污染、桩身混凝土质量可靠、施工速度快，工程造价低。而且钻孔桩施工给环境带来严重污染，泥浆处置又是城市桩基施工的一个难题，每方土的泥浆处置费高达60~70元。从上述方面可见，钻孔桩存在严重的材料浪费问题，而现浇混凝土薄壁筒桩正能克服上述缺点，无泥浆处置又节省材料；施工速度提高几倍，且更有效保证桩身混凝土质量，真正使桩基设计、应用达到优化的目标。丰元大厦工程基坑平面尺寸130m×60m，基坑深约12m，基坑围护分别采用钻孔灌桩加二道钢筋混凝土内支撑与大直径薄壁筒桩加一道钢筋混凝土内支撑进行基坑围护设计进行对比，采用北京理正深基坑计算软件进行计算，钻孔灌注桩为φ800@1050，筒桩为φ1500@2400（壁厚200mm），下面是采用两种基坑支护形式条件下围护桩的混凝土及钢筋的用量表的对比：

钻孔灌注桩与筒桩作围护桩时材料用量一览表 表10.4

剖面类型	混凝土用量 C25（m³）		钢筋用量（m³）	
	钻孔灌注桩	大直径筒桩	钻孔灌注桩	大直径筒桩
1~1	285.322466	198.97248	3.0195256	2.406768
2~2	1498.4112	1188.68904	20.71608	12.719322
3~3	814.374	480.93184	9.8496	5.369856
4~4	285.1368	245.8568	2.32674	1.6856
5~5	132.64284	115.41384	1.177692	0.719217
6~6	57.3881	57.3881	0.63742	0.63742
7~7	143.95084	143.95084	1.278092	1.278092
合计	3217.226246	2431.20294	39.0051496	24.816275

从表10.4中可以看出，采用大直径薄壁筒桩的支护结构的排桩比钻孔灌注桩的支护结构，混凝土用量可以节约25%，钢筋用量可以节约35%；比一般的围护支撑方法减少一道混凝土支撑，既加快了施工进度，又降低了成本。

11. 应用实例

11.1 温州巴黎锦苑工程

温州巴黎锦苑工程位于温州市江东路与汤家桥路西南角，地下二层，地上22层，建筑面积约

42000m²，基坑占地面积约 4300m²，基坑深约 10m，该地区基坑范围内土质为淤泥质粉质黏土，且软土层较厚，基坑围护采用大直径现浇混凝土薄壁筒桩 φ1500@2200（壁厚 200）加一道钢筋混凝土内支撑支护，工程于 2004 年 5 月开始施工围护桩，至 2004 年 11 月份完成地下部分施工，与钻孔灌注桩加二道钢筋混凝土内支撑相比，无泥浆及噪声污染，工期效益及经济效益显著。

11.2 杭州丰银大厦工程

杭州丰银大厦位于拱墅区祥符镇，丰潭路和萍水东路交叉口的东北角，建筑面积约 59887m²，地下 3 层，地上 20 层，基坑面积约 7800m²，基坑深约 12m，该地区基坑范围内土质为淤泥质粉质黏土，基坑围护采用大直径现浇混凝土薄壁筒桩 φ1500@2400（壁厚 200）加一道钢筋混凝土内支撑支护，如图 11.3 所示，工程于 2007 年 5 月开始施工围护桩，至 2007 年 12 月份完成地下部分施工，与钻孔灌注桩加二道钢筋混凝土内支撑相比，无泥浆及噪声污染，工期效益及经济效益显著(图 11.2-1、图 11.2-2)。

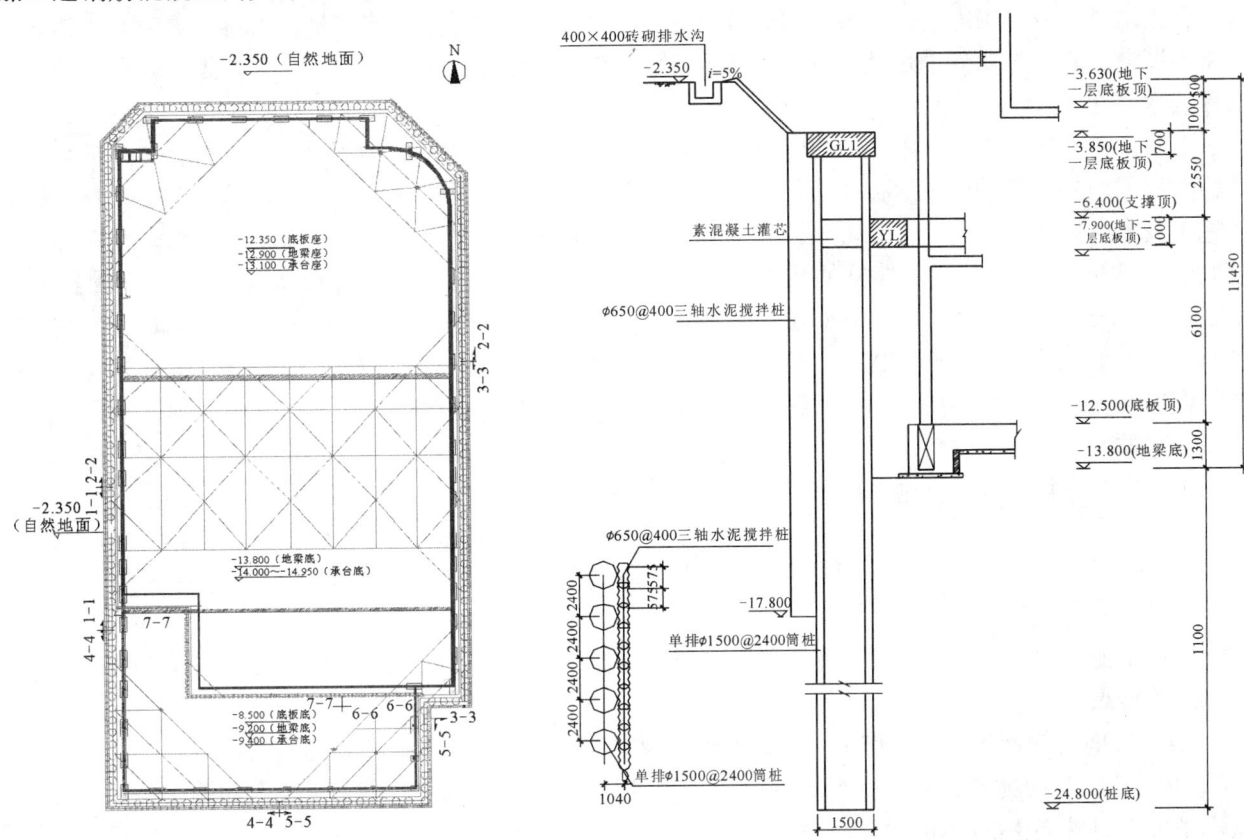

图 11.2-1 丰银大厦基坑平面布置图　　图 11.2-2 丰银大厦工程基坑典型剖面图

11.3 上海新时代商业广场工程

上海新时代商业广场工程位于上海闵行区龙茗路平吉路口，为地下一层（人防），地上 4~7 层大卖场商业建筑，建筑面积 64500m²，基坑占地面积 17000m²，基坑深度 9m（人防顶板上有覆土层）。该地区基坑范围内土质为淤泥质粉质黏土，且软土层较厚，基坑围护采用大直径现浇混凝土薄壁筒桩 φ1500@2200（壁厚 200），加一道 φ609 钢管支撑支护。工程 2006 年 11 月开始围护桩施工，于 2007 年 3 月 18 日至 7 月 2 日地下结构部分施工完毕，与钻孔灌注桩加二道内支撑相比，无泥浆及噪声污染，工期效益及经济效益显著。

钉形水泥土双向搅拌桩施工工法

GJYJGF003—2010

上海市第一市政工程有限公司　东南大学

叶文勇　刘松玉　朱志铎　蔡志　储海岩

1. 前　言

软土地基在我国沿海沿江和内陆湖泊河流地区广泛分布，该类地区往往是我国城市集中和人类聚居的主要区域，软土地基处理是城市建设和高速公路、铁路、地铁、机场等各类基础设施建设面临的重大工程技术难题。

上海市第一市政工程有限公司联合东南大学针对软土地基处理等工程开展科技攻关，在分析软土地基特性和国内外地基加固技术存在问题的基础上，发明了钉形水泥土双向搅拌桩技术，自主开发了相应的施工设备。该关键技术经专家验收，总体上达到了国内领先水平。该技术获得了双向水泥土搅拌桩机 ZL2004 10065861.4、双向搅拌桩的成桩操作方法 ZL2004 10065862.9、钉形水泥土搅拌桩操作方法 ZL2004 10065863.3 三项国家发明专利，形成了《钉形水泥土双向搅拌桩复合地基技术规程》（苏 JG/T024-2007）。在国内外期刊和国际会议已发表学术论文 36 篇，其中 SCI 检索 5 篇、EI 检索 21 篇。

钉形水泥土双向搅拌桩技术一举解决了我国软土地基搅拌桩加固技术长期存在的问题，工程实践证明该成套技术从根本上改善了搅拌桩质量、有效提高了复合地基效果。到 2010 年底累计已施工达 2400 万延米，产生直接经济效益逾 3 亿元。

2. 工 法 特 点

钉形水泥土双向搅拌桩从根本上改善了水泥土搅拌的均匀性、提高了成桩质量，工程实践表明该工艺有以下特点：

2.1　反向旋转起到了压浆作用，消除了冒浆现象，保证了水泥土搅拌桩的水泥掺入量。

2.2　正反双向搅拌提高了水泥土的搅拌均匀性；双向搅拌时内、外钻杆产生的剪切力基本抵消，减小了施工对桩周土的扰动。

2.3　在上覆荷载的作用下，扩大头部分确保桩体和桩周土协调变形，达到更佳的复合地基效果；充分利用土中应力传递规律，加强土体上部复合地基强度；对于柔性荷载（路堤），扩大头能更好形成土拱，充分利用土拱效应作用，提高桩体荷载分担比例；搅拌桩类似钉子形状，能有效协调复合地基变形，不需在顶部设置加筋以及垫层。

2.4　正反同时旋转，搅拌效率提高，工效提高近一倍；采用自动伸缩钻头，施工连续、一次成桩。

3. 适 用 范 围

3.1　适用于淤泥、淤泥质土和含水量较高的黏土、粉质黏土、粉土等软土地基，含水量宜小于80%。

3.2　对于地基土的不排水抗剪强度大于 120kPa 的黏性土、内摩擦角大于 30° 的砂性土，应通过工艺性试桩确定使用。

3.3　对于泥炭土或是土中有机质含量较高，pH 值小于 7 以及地下水有侵蚀性等情况时，宜通过试验确定其适用性。

目前国内常规水泥土搅拌桩处理软土的有效深度一般在 15m 左右，而对于钉形水泥土双向搅拌桩的有效加固深度主要是由其施工机械水平所控制，现有机械设备经改造后，最大处理深度可达 25m。

4. 工 艺 原 理

双向水泥土搅拌桩是指在水泥土搅拌桩成桩过程中，由动力系统带动分别安装在内、外同心钻杆上的两组搅拌叶片，同时正、反向旋转搅拌水泥土而形成的水泥土搅拌桩。

双向水泥土搅拌桩施工过程中，安装在内、外钻杆上的搅拌叶片分别按照正反方向旋转，其中安装在外钻杆上搅拌叶片的旋转速度约为内钻杆上搅拌叶片旋转速度的 1.4 倍。由于外钻杆搅拌叶片的反向旋转，将浆液控制在上下两组搅拌叶片之间，阻断浆液上冒途径，既能保证水泥土搅拌桩的总体水泥掺入量，又能确保水泥浆沿水泥土搅拌桩桩身分布均匀。同时内、外钻杆上的搅拌叶片按照不同的方向旋转，使内、外钻杆上的搅拌叶片按照近似相反的轨迹进行搅拌切割土体，使水泥土搅拌更加均匀。

钉形水泥土双向搅拌桩施工机械钻头，在施工过程中通过被动土压力对搅拌叶片的作用使之自动伸缩，自动伸缩式钻头使钉形双向水泥土搅拌桩施工工艺连续、高效，确保钉形双向水泥土搅拌桩成为连续整体。

5. 施工工艺流程及操作要点

5.1 施工工艺流程（图 5.1）

5.2 钉形水泥土双向搅拌桩操作要点

钉形水泥土双向搅拌桩的桩位布置形式一般采用梅花形布置，具体步骤如图 5.2 所示。

5.2.1 平整施工压实场地，定位放线。

5.2.2 搅拌机就位：起重机悬吊搅拌机到指定桩位并对中。

5.2.3 喷浆下沉：启动搅拌机，使搅拌机沿导向架向下切土，同时开启送浆泵向土体喷水泥浆，两组叶片同时正反向旋转（如：外钻杆逆时针旋转，内钻杆顺时针旋转）切割、搅拌土体，搅拌机持续下沉，直到扩大头设计深度。

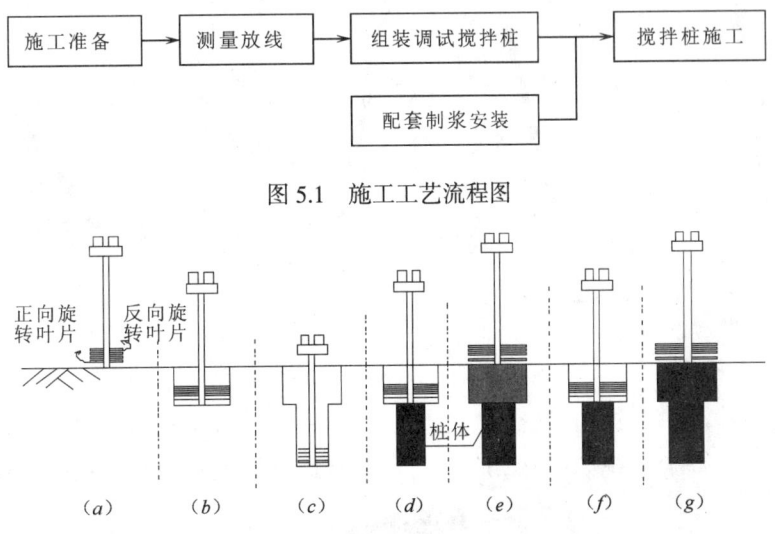

图 5.1 施工工艺流程图

图 5.2 钉形水泥土双向搅拌桩施工工艺流程图

5.2.4 施工下部桩体：改变内、外钻杆的旋转方向，将搅拌叶片收缩到下部桩体直径。喷浆切土下沉：两组叶片同时正反向旋转切割、搅拌土体，搅拌机持续下沉，直到设计深度，桩端应就地持续喷浆搅拌 10s 以上。

5.2.5 提升搅拌：搅拌机提升、关闭送浆泵，两组叶片同时正反向旋转搅拌水泥土，至扩大头底面以下 0.5~1m，开启送浆泵，向土体喷浆，直至扩大头底面标高。

5.2.6 伸展叶片：改变内外钻杆的旋转方向，将搅拌叶片伸展至扩大头径。提升搅拌：提升钻杆，两组叶片同时正反向旋转搅拌水泥土，直到地表或设计桩顶标高以上 50cm，关闭送浆泵，将钻头提升出地表，并观察叶片展开程度。

5.2.7 切土下沉：搅拌机沿导向架向下切土，同时开启送浆泵，向土体喷水泥浆，两组叶片同时正反向旋转切割、搅拌土体，搅拌机持续下沉，直到扩大头设计深度。

5.2.8 提升搅拌：关闭送浆泵，两组叶片同时正反向旋转搅拌水泥土，直到地表或设计桩顶标高以上 50cm，完成单桩施工。

6. 材料与设备

6.1 水泥

采用国产普通硅酸盐水泥，强度等级不低于 32.5，在有效期内使用。严禁使用受潮、结块、变质的劣质水泥。水泥浆水灰比应严格控制在 0.50~0.60 之间。如喷浆困难，可考虑掺入外加剂。

水泥掺入量应由室内配合比试验确定。根据土样含水率、孔隙比以及有机质含量不同，水泥掺入量应有所变化。水泥掺入量应分别控制单桩总水泥掺入量和水泥沿桩身分布控制。根据设计或规程要求确定单位截面桩体搅拌次数、桩体水泥掺入量、水灰比、浆泵断浆量和内外钻杆转速确定钻机提升和下沉速度，严格控制桩体水泥掺入量。

6.2 钉形水泥土双向搅拌桩桩机

钉形水泥土双向搅拌桩的施工机械由机身、塔架、动力系统、钻杆和钻头等几部分组成，如 6.2 所示。它主要是对常规水泥土搅拌桩的施工机械的动力系统、钻杆和钻头进行了改进。

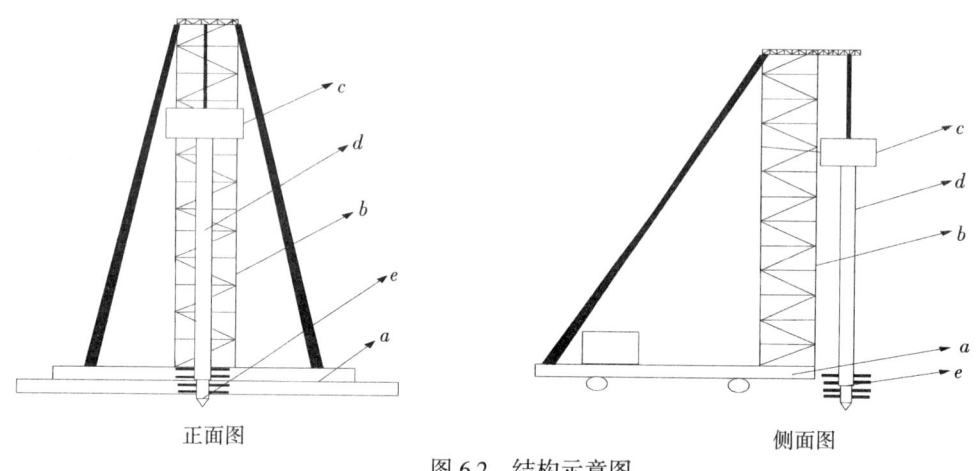

正面图　　　　　　　　　　　　　　　侧面图

图 6.2　结构示意图

a—机座；b—塔架；c—动力系统；d—外钻杆；e—内钻杆

6.2.1 动力系统

动力系统如图 6.2.1 所示，由两台电机（现场功率分别为 37kW 和 45kW）组成，带动内、外钻杆分

实物图　　　　　　　　结构示意图

图 6.2.1　动力系统

1—外钻杆电动机；2—外钻杆减速器；3—外钻杆连接器；4—内钻杆动力传动齿轮；5—外钻杆动力齿轮；
6—水接头；7—外钻杆动力传动齿轮；8—钢丝绳；9—内钻杆动力传动系统连接法兰；10—外钻杆；
11—内钻杆；12—滑轮组；13—内钻杆电动机；14—内钻杆减速器；15—内钻杆连接器；
16—内钻杆动力齿轮；17—内钻杆动力传动齿轮；18—外钻杆动力传动齿轮

别按照不同方向旋转、切割、搅拌土体。其动力系统主要将常规施工机械的单一电机和减速器更换为两套电机和减速器，并通过传动系统与内、外钻杆相连。

6.2.2 钻杆、钻头

钻杆是将常规水泥土搅拌桩施工机械的单根钻杆改进为内、外嵌套的同心双轴钻杆，与动力系统相连接。钻头由八组搅拌叶片与内外钻杆连接成整体，在内钻杆上设置四组正向旋转的搅拌叶片并设置喷浆口，同时在外钻杆上安装四组反向旋转的搅拌叶片，如图6.2.2-1和图6.2.2-2所示。

在内外钻杆的带动下，分别按不同的方向旋转搅拌水泥土。搅拌叶片设置为可伸缩叶片，在钉形双向水泥土搅拌桩施工过程中可以在任意深度打开或收缩以对不同截面的桩身进行施工。

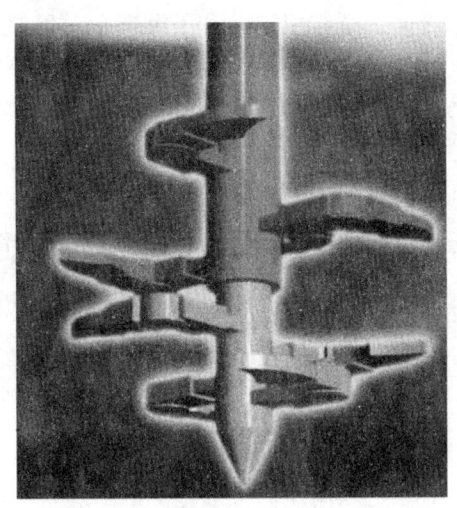

图6.2.2-1 钻头、钻杆和叶片　　　　　　　图6.2.2-2 示意图

7. 质 量 控 制

钉形水泥土双向搅拌桩施工质量应符合国家现行有关强制性标准的规定：《建筑地基处理技术规范》JGJ 79-2002、《公路工程质量检验评定标准》JTG F80/1-2004、《建筑地基基础工程施工质量验收规范》GB 20202-2002等。针对该技术特点，除满足国家有关现行规范的要求外，在下列几方面进行质量控制。

7.1 施工质量控制

7.1.1 水泥浆液应严格按照预定的配合比进行拌制，制备好的浆液不得离析、不得搁置时间过长（一般不超过2h）；浆液倒入时应加筛过滤，以免浆液内结块，损坏泵体。

7.1.2 泵送浆液前，管路应保持潮湿，以利于输浆。现场拌制浆液应有专人记录每根桩水泥用量，并记录送浆开始、结束时间等。

7.1.3 根据成桩试验确定的技术参数进行施工。操作人员应记录每米下沉、提升时间、送浆时间、停浆时间等。

7.1.4 供浆必须连续，拌合必须均匀，一旦因故停浆，为防止断桩或缺浆，应使搅拌机回到停浆前1m处，待恢复供浆后继续施工。如停浆时间超过3h，为防止浆液硬结堵管，应先拆除输浆管路，清洗后备用。

7.1.5 施工中若发现喷浆量不足，应在旁边补桩1根，补桩桩长和喷浆量不得小于设计值。

7.1.6 在地面以下2~5m范围内应适当降低搅拌机下沉和提升速度，桩体上面50cm以内应进行人工捣实。

7.1.7 钉形水泥土双向搅拌桩在扩大头底面下1~2m范围内应适当降低搅拌机下沉和提升速度，以增加该段的喷浆量和搅拌次数。

7.1.8 钉形水泥土双向搅拌桩施工完成一次下沉，提升后，应将钻头提升出地面检验钻头叶片是否展开，如未展开叶片数量不超过两个，可以人工展开；如未展开叶片数量超过两个，则需人工展开后，并在扩大头处增加一次搅拌。

7.1.9 常规桩在桩底应持续喷浆搅拌时间不少于 30s；钉形水泥土双向搅拌桩在桩底应持续喷浆搅拌时间不少于 10s。

7.2 施工质量检验

钉形水泥土双向搅拌桩质量控制应贯穿施工全过程，应坚持全程的施工监理。施工过程中随时检查施工记录和计量记录，并对照规定的施工工艺对每根桩进行质量评定。检查重点是：水泥用量、桩长、内外钻杆转速、搅拌机提升和下沉速度、停浆处理方法和单桩施工时间等。

7.2.1 施工准备阶段，应对原材料质量、计量设备、搅拌叶片的伸展直径和机械性能进行检查。

7.2.2 施工前应检查桩位放样偏差，其容许偏差应控制在±50mm。

7.2.3 施工过程中应检查机架的垂直度、机架底盘的水平度、水泥浆比重、搅拌机提升和下沉速度以及钻机下沉最后 30s 的电流和钻进速度等。

7.2.4 单桩施工结束后，应对桩位偏差、桩径、单桩水泥用量以及单桩施工时间进行检查。其中桩位偏差不大于 50mm，桩径和单桩水泥用量不小于设计值，单桩施工时间不小于由工艺试桩确定的时间值。

钉形水泥土双向搅拌桩桩位、桩径和垂直度偏差应按照表 7.2.4 的规定检查。

1. 桩身质量检测

钉形水泥土双向搅拌桩成桩 7d 后采用浅部开挖观察桩体成型情况和搅拌均匀程度，并可检验桩身直径，如实做好记录，检查频率为 1‰，且不少于 3 根。

钉形水泥土双向搅拌桩成桩 28d 后应进行标准贯入试验和取芯进行室内无侧限抗压强度测试。为保证试块尺寸，钻孔直径不小于 108mm。检验桩数应随机抽取总桩数的 5‰，且不少于 3 根。对钉形水泥土双向搅拌桩扩大头部分宜在小径桩外取芯，通过芯样可对桩长、扩大头高度、强度、均匀性等综合评价。

2. 承载力检测

钉形水泥土双向搅拌桩复合地基承载力检验应采用复合地基静载试验和单桩载荷试验。载荷试验必须在桩身强度满足荷载试验条件，并宜在成桩 28d 后进行。检验数量为总桩数的 1‰~2‰，且每个单项工程不少于 3 点。

3. 质量检测标准

钉形水泥土双向搅拌桩质量检验标准应符合表 7.2.4 规定。

钉形水泥土双向搅拌桩质量检验标准　　　　　　　　表 7.2.4

项目	序号	检查项目	容许偏差值		检查方法	检查频率
			单位	偏差值		
保证项目	1	桩径	不小于设计值		钢卷尺量测	≥2%
	2	桩长	不小于设计值或电流、钻进速度控制值		钻芯取样结合施工记录	100%
	3	扩大头高度	不小于设计值		钻芯取样结合施工记录	≥0.5%
	4	水泥掺入量	不小于设计值		查施工记录	100%
	5	桩身强度	不小于设计值		标贯试验和强度试验	≥0.5%
	6	承载力	不小于设计值		载荷试验	≥0.1%
	7	水泥质量	符合国家标准		送检	2000m³ 且每单项工程不少于一次
一般项目	1	提升和下沉速度	m/s	±0.05	测单桩下沉和提升时间	10%
	2	水灰比	g/cm³	±0.05	测水泥浆比重	每台班不少于 1 次
	3	外加剂	±1%		按水泥重量比计量	
	4	喷浆量	±1%		标定	每台泵一次
允许偏差项目	1	桩位	mm	±50	钢卷尺量测	2%
	2	垂直度	1%		测机架垂直度	5%
	3	桩顶标高	mm	+30, -50	扣除桩顶松散体	2%

4. 工程质量验收

钉形水泥土双向搅拌桩作为一个分项工程进行验收，其验收批次原则上按照相同施工机械、相同桩型设置、相近工程地质单元，分段、分批次进行验收。验收批按照保证项目、一般项目和允许偏差项目进行验收。

钉形水泥土双向搅拌桩工程的验收原则上在施工单位自检合格，且资料齐全后由施工单位提出验收申请。钉形水泥土双向搅拌桩分项工程质量验收合格应符合下列要求：

1）保证项目全部合格。

2）一般项目合格率达 90% 以上。

3）允许偏差项目合格率 70% 以上。

4）有完整的工程施工资料。

5）对于不能满足合格要求的工程应及时处理，处理后达到设计和本规定要求的可按合格验收，否则评定为不合格。

8. 安 全 措 施

8.1 搅拌桩施工前，对邻近施工范围内原有建筑物、地下管线等进行检查，对有影响的工程，应采取有效的加固防护措施或隔振措施，施工时加强观测，以确保施工安全。

8.2 搅拌桩施工前先全面检查机械各个部分及润滑情况，钢丝绳是否完好，发现有问题及时解决，检查后要进行试运转，严禁带病作业。桩机设备应由专人操作，并经常检查机架部分有无脱焊螺栓松动，注意机械的运转情况，加强机械的保养，以保证机械正常使用。机械操作人员必须持证上岗。

8.3 桩机机架安设铺垫平稳、牢固，防止钻具突然下落，造成人员伤亡和设备损坏。

8.4 现场操作人员要戴安全帽，高空作业佩安全带，高空检修桩机，不得向下乱丢物件。有心脏病、高血压病者，不能从事高空作业。

8.5 夜间施工，设足够的照明设施，雷雨天、大风、大雾天应停止桩施工作业。

8.6 桩施工时，5m 范围内不得有人员走动或进行其他作业，非工作人员不准进入施工区域。

8.7 加强施工现场人员安全教育：对所有从事管理和生产的人员进行全面的安全教育，通过安全教育，增强职工安全意识，树立"安全第一、预防为主"的思想，并提高职工遵守施工安全纪律的自觉性，认真执行安全操作规程。

8.8 施工期间保持道路平整、畅通，施工现场的洞、坑、沟、井口等危险处，设安全防御设施及安全警示牌，夜间设红灯示警。

8.9 施工现场设置足够的消防水源和消防设施网点，消防器材有专人管理，不得乱拿乱动，建立安全防火责任制，并划分防火责任区。

8.10 施工现场配备齐全有效的安全设施如安全网、洞口盖板、护栏、防护罩、各种限制保险装置等，并且不得擅自拆除或移动，因施工确实需要移动时，需采取相应的临时安全措施。

8.11 现场各类材料的堆放不得超过规定的高度。施工现场明确划分用火作业区、易燃、可燃材料堆放场、仓库、易燃废品集中点等，并张贴醒目的防火标志。

8.12 高压线下每边 6m（共 12m）做好施工围栏，以确保安全距离。

8.13 搅拌桩施工过程中每台桩机必须保证有一人以上监测桩机施工安全问题。

9. 环 保 措 施

为了严格执行国家及地方政府颁布的有关环境保护，水土保持的法规、方针、政策和法令，同时结合设计文件和工程，采取了相应的环保措施，具体措施如下：

9.1 加强噪声管理，汽车喇叭声、发电机等机器转动声将加以控制。同时控制好灯光，高亮度的太阳灯，探照灯只对施工区段照，随用随开，杜绝长明灯，保证周围居民的休息和减少对通行车辆的影响。

9.2 施工废水、生活废水采用集中管理，让它流入当地的排污通道；清洗集料或含有油污的废水采用集油池的方式统一处理，不得污染水源及道路。

9.3 防治生活垃圾及工业废料的污染。生活垃圾及工业废料也采用集中管理（放在同一个场地），并送至回收站进行集中处理。

9.4 同时强化环保管理，加强环保教育，强化职工的环保意识，健全企业的环保管理机制，定期进行环保检查，及时处理违章事宜，并与地方政府环保部门建立工作联系，接受社会及有关部门的监督。

10. 效 益 分 析

与常规水泥土搅拌桩相比，钉形水泥土双向搅拌桩具有更好的桩身质量、更高的单桩承载力和复合地基承载力，在其他条件相同时，钉形水泥土双向搅拌桩复合地基的沉降明显较小。

10.1 经济效益

10.1.1 与常规水泥土搅拌桩相比，对于深度相同的两种搅拌桩单桩施工时间，钉形水泥土双向搅拌桩可大大缩短工期。

10.1.2 在保证施工质量和加固效果的同时，钉形水泥土双向搅拌桩施工单位体积水泥土的费用较常规工艺提高约20%~30%，但由于钉形水泥土双向搅拌桩复合地基的桩间距较大，可大幅度降低软土地基处理费用。当软土地基处理深度超过15m时，钉形水泥土双向搅拌桩较常规水泥土搅拌桩可节约费用40%，并随处理深度的增加而费用节约更加明显（表10.1.2）。

钉形水泥土双向搅拌桩不同扩大头高度与常规搅拌桩处理费用对比实例 表10.1.2

处理方法	处理深度(扩大高度)(m)	面积置换率(桩间距)	体积置换率	总桩数(根)	总价(元)	节约费用比例(%)
钉形桩	10 (3)	0.187 (2.2m)	0.089	11930	7747944	18.6
	15 (3)		0.075		9984635	39.7
	20 (5)		0.082		14404357	44.4
常规桩	10	0.116 (1.4m)		28458	9514776	
	15	0.134 (1.3m)		34164	16552332	
	20	0.157 (1.2m)		40095	25901334	

10.2 社会效益

钉形水泥土双向搅拌桩施工振动小，基本没有泥浆排污，对周边环境影响较小，完全可以做到文明施工。

综合分析，钉形水泥土双向搅拌桩技术具有重大的经济和社会效益（表10.2）。

钉形水泥土双向搅拌桩与我国常规搅拌桩技术综合比较 表10.2

技术名称	基 本 特 征	加固深度	搅拌均匀性	桩身强度	复合地基特性	工程造价	施工工期	与国内外比较
常规搅拌桩	我国于1980年前后引进，均为单向搅拌，一些地区已限用	一般小于15m，个别可达20m	搅拌不均匀，深部均匀性很差	沿桩身衰减，下部强度很低	一般需在顶部设置垫层		四搅二喷工艺，相对较长	工艺落后，与国外差距明显
钉形水泥土双向搅拌桩	采用同心双轴钻杆，在内外钻杆上安装正反向旋转叶片，形成双向搅拌。采用自扩钻头使搅拌叶片自动伸缩，形成上部桩径扩大，类似钉子形状的钉形搅拌桩	已达30m	根本上提高了搅拌均匀性，特别是深部的均匀性	提高了桩身特别是下部的强度	提高了复合地基总体效果。保证了桩土共同作用，一般不需在桩顶设置垫层	比常规搅拌桩复合地基降低造价30%左右	二搅一喷工艺，可缩短一半工期，且填筑期可加快	国内外首创

11. 应 用 实 例

11.1 上海 A15 高速公路某桥头地基处理

11.1.1 工程概况及施工情况

A15 公路是上海市南部的一条东西向高速公路，浦东段全长 32.32km，途经闵行、南汇两区。根据场地工程地质勘察资料，场地地基土在勘察深度范围内均为第四系松散沉积物，主要由饱和黏性土及粉土、砂土组成。试验场地位于上海 A15 沈新河桥东，里程桩号为 K59+198.18~K59+218.18。试验桩现场布置图如图 11.1.1 所示，试验路段设计扩大头高度 6m，另外增加施工了扩大头高度为 4m 和 8m 的桩各两根以及一根常规桩。

11.1.2 工程监测与结果评介

相关设计施工参数如表 11.1.2 所示。共计施工 127 根桩，总费用 204216 元，较常规桩节省 35%的造价。处理后经单桩及复合地基检测，满足设计要求。

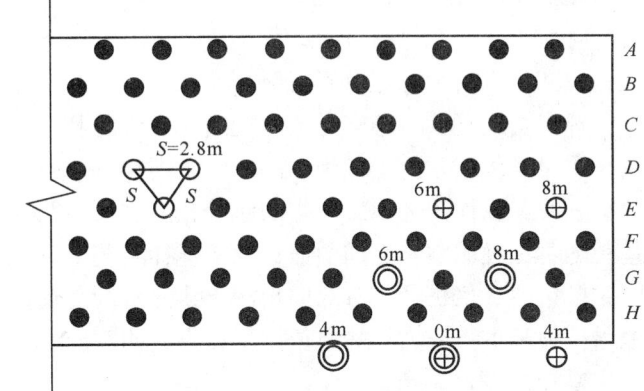

图 11.1.1 试验桩现场布置图

（注：图中"⊕"符号表示要做单桩静载试验的桩体，"◎"符号表示要做单桩复合地基载荷试验的桩体；各符号旁的数字表示其扩大头高度，其中常规试验桩待完成单桩试验后继续用于单桩复合地基试验。）

钉形水泥土双向搅拌桩设计参数   表 11.1.2

桩截面尺寸	普通桩为 ϕ700；钉形桩下部 ϕ700，上部扩大头 ϕ1000（长度分 4m、6m、8m 三种）
设计桩长	20m
置换率	0.056（ϕ700）、0.116（扩大头 ϕ1000，为 2.8m 正三角形布桩）
水泥掺入量	桩径 700mm 的桩体水泥掺入量为 100kg/m；扩大头部分桩径 1000mm 时，水泥掺入量为 200kg/m
水泥土 28d 抗压强度	深度 5m 内、5~10m、10~15m、15~20m 抗压强度分别不小于 0.8MPa、0.7MPa、0.6MPa、0.5MPa（标准值）
单桩极限承载力标准值	500kN（普通）、800kN（扩大头）
复合地基承载力特征值	150kPa

11.2 沪苏浙高速公路（江苏段）试验段软土地基处理

11.2.1 工程概况及施工情况

沪苏浙高速公路江苏段是上海至武威国家重点干线公路的重要组成部分，同时作为苏州规划的"一纵三横"丰字形高速公路主骨架中的第三横，是苏州市东西向对外交通的重要通道之一。沪苏浙高速公路软土地基处理试验段位于 K30+050~K30+450，地层上部为软塑状亚黏土，分布连续，厚度不大，其下为软土，岩性以淤泥质亚黏土为主，间夹泥炭层，流塑，分布连续，厚度较大，最大揭露厚度 14.00m，顶板埋深 1.50~2.50m，底板埋深 15.00~16.50m，最小天然含水量 41.2%，最大天然含水量 64.4%，平均天然含水量 53.16%，最小天然孔隙比 1.236，最大天然孔隙比 1.798，平均天然孔隙比 1.392，平均锥尖阻力为 0.34MPa，平均侧壁摩阻力为 6.1kPa。软土下伏软塑状亚黏土，局部间夹硬塑状黏土，厚度小，变化不大，分布连续，下部以硬塑状黏土为主，间夹软——硬塑状亚黏土，沉积厚度较大，分布连续稳定。

施工区间 K30+050~K30+350 及平望服务区采用钉形水泥土双向搅拌桩，具体设计参数及工程量见表 11.2.1。施工工艺为：下部桩体采用两搅一喷工艺，扩大头采用四搅二喷工艺；双向水泥土搅拌桩施工工艺：采用两搅一喷工艺。

沪苏浙高速公路江苏段钉形水泥土双向搅拌桩设计参数及工程量统计　　表11.2.1

桩　型	处理深度（m）	桩径（mm）	桩间距（m）	水泥掺量（kg/m）	总延米数（m）
钉型水泥土双向搅拌桩	18.0	1000 500	2.4	240 65	145285

11.2.2　工程监测与结果评价

标准贯入试验、芯样无侧限抗压强度试验和电阻率试验结果表明双向水泥土搅拌桩的搅拌均匀性及桩身质量均优于常规工艺施工的水泥土搅拌桩。双搅工艺和常规工艺施工过程超静孔压测试结果和理论分析表明：双搅工艺施工产生的超静孔隙水压力明显小于常规工艺施工产生的超静孔隙水压力，且两者差距随着深度的增加更加明显；双向搅拌工艺施工扰动范围在3倍桩径以内，而常规工艺施工的影响范围距桩边达5倍桩径。对双向水泥土搅拌桩和常规水泥土搅拌桩试验区的沉降、深层水平位移、超静孔隙水压力和桩土应力比等原位测试结果表明双向水泥土搅拌桩复合地基的加固效果总体上要优于常规水泥土搅拌桩复合地基。

常规水泥土搅拌桩桩长超过10m、桩径500mm单桩极限承载力一般不超过200kN，而钉形水泥土双向搅拌桩（扩大头高度≥2m、桩径1000mm/500mm的单桩极限承载力一般不低于450kN，是常规水泥土搅拌桩单桩极限承载力的2~3倍。钉形水泥土双向搅拌桩复合地基平均极限承载力较常规水泥土搅拌桩桩复合地基平均极限承载力提高50%左右。路基填筑期监测结果表明钉形水泥土双向搅拌桩复合地基的沉降、侧向位移、超静孔压峰值较常规水泥土搅拌桩复合地基分别减少约37%、52%、32%~46%，而桩体荷载分担比较常规水泥土搅拌桩提高45%。与原设计的PTC管桩进行经济比较，采用钉形水泥土双向搅拌桩技术节约工程费用1133万元。

11.3　申嘉湖杭高速公路软土地基处理

11.3.1　工程概况及施工情况

申嘉湖杭高速公路练市至杭州段（K0+000~K51+580.368）起点为湖州市练市镇，途经桐乡市河山镇，德清市新市、高桥、勾里、雷甸，杭州市塘栖、崇贤，终点接杭州绕城公路。设计行车速度：120km/h；汽车荷载等级：公路——I级。本工程位于杭嘉湖平原，为广阔的洼地堆积区，属于冲海积平原区，地势较为平坦，多河塘分布，系典型的水网化平原区。地基表层为黏性耕植土，其下为冲海积淤泥质亚黏土，软流塑状，位于地表下1.5~22.0m。由于该段软土较厚、土质差，采用大直径（钉形）双向水泥土搅拌桩对软基进行处理。具体设计参数及工程量见表11.3.1。

申嘉湖杭高速公路大直径（钉形）双向水泥土搅拌桩设计参数及工程量统计　　表11.3.1

桩型	处理深度（m）	桩径（mm）	扩大头直径（mm）	桩间距（m）	扩大头高度（m）	水泥掺量（kg/m）	处理总里程（m）/总延米数（m）
双向桩钉型桩	12~25	500 600 700	900 1000 1100	1.4、1.6 1.8、2.0 2.1、2.2 2.5、2.6 2.7、3.2	5~10	76~210	568/139460

11.3.2　工程监测与结果评价

申嘉湖杭高速公路练杭段大直径（钉形）双向水泥土搅拌桩经检测桩身质量优良，桩身芯样强度、单桩及复合地基承载力均满足设计要求。本工程大直径（钉形）双向水泥土搅拌桩最大施工深度达24m，实践表明双向水泥土搅拌桩施工技术设备能满足设计要求，且处理效果良好。与原设计PTC管桩进行经济比较，本项目节约费用约1245万元。

胁迫振冲大葫芦头挤密砂石桩施工工法

GJYJGF004—2010

江苏省建筑工程集团有限公司　华仁建设集团有限公司

韩选江　张三旗　高宝俭　周晶　祁敏

1. 前　　言

胁迫振冲大葫芦头挤密砂石桩施工工法是一种加填料的，快速处理夹泥皮及淤泥层的不均匀粉细吹填土地基处理工法，属于软弱地基加固处理方法范畴，特别适用于夹泥皮及软淤层的砂性吹填土地基的加固处理。其利用 2~4 台振冲器组成胁迫振冲，并适应吹填土层形成特点，连续对加固土体实施予力作用，通过不断调整工艺参数和予力度控制标准，同时利用振冲置换与挤密双重作用，形成多根、多节大葫芦头挤密桩体，快速减小土体孔隙以增加密实度，使被加固土体的绝大部分沉降量在振冲填料产生的予变形中得以消除，从而形成共振加密地基。

国内外的软基加固处理方法有几百甚至上千种，对于加固处理新建、扩建港口码头陆域堆场的大面积吹填软土，传统的处理方法多采用堆载预压和超载预压法，但那样处理周期太长，不能满足近年来快速新建、扩建深水港要求。对于常见的振冲法、强夯法、碾压法等工法，虽然可用，但效率太低，处理深度也受到限制，根本不能满足快速建造大型深水港、重型堆场等现代化集装箱码头的使用需求。而胁迫振冲大葫芦头挤密砂石桩施工工法可克服现有方法的缺点和不足。本工法以同时建立多根、多节葫芦头挤密桩复合地基模式，既消除了夹泥皮及软淤层对加固地基的严重不良影响，又较好地保证了不均匀土质的不同深度土层中形成挤密桩体的密实度。用多次加填料的工艺特征和高效快速的施工步序（如多机匹配、多管胁迫振冲），更能显现本工法的优越性和加固效果的可靠性。对于加固港口码头的吹填土地基来说，其予力度标准可控制在 0.7~0.95 范围内，并在振冲后 1~7d 间内完成挤密桩顶 300~500mm 厚的、经碾压或振动碾压密实处理的复合地基褥垫层施工。

软弱地基的加固处理，其实质就是对软弱土体施加一种广义的、能够改善地基土性的影响力。这种影响力，无论从时间上、空间上、数量上，还是在可控性、可调性方面，都可以由设计人员在设计时予以综合考虑并进行优化。这种由工程技术人员主动给予的、对地基土体的广义影响力，通过优化安排施工工艺和精心施工，将使地基土性达到最佳的改良状态。

应用胁迫振冲大葫芦头挤密砂石桩施工工法加固夹泥皮及淤泥层的吹填砂质土地基，虽经多次加料挤密，但成桩速度快，费用低，施工周期显著缩短，加固效果明显。本工法对吹填土地基的处理深度可达 15m 以上，施工操作较容易，符合"经济、实用"的国家基本建设原则，因此具有显著的推广应用价值。

2. 工　法　特　点

2.1 胁迫振冲大葫芦头挤密砂石桩施工工法特别适用于夹泥皮及软淤层的砂性吹填土地基的加固处理。

2.2 胁迫振冲大葫芦头挤密砂石桩施工工法以同时建立多根、多节大葫芦头挤密桩复合地基模式，既消除了夹泥皮及软淤层对加固地基的严重不良影响，又较好地保证了不均匀土质的不同深度土层中形成挤密桩体的密实度。用多次加填料的工艺特征和高效快速的施工（如多机匹配、多管胁迫振冲），更能显现本工法的优越性和加固效果的可靠性。

2.3 软弱地基的加固处理，其实质就是对其施加予力作用形成预变形，不仅仅是施加预应力，而是施加一种广义的、能够改善地基土性的影响力。这种由工程技术人员主动给予的、对地基土体施加的广义影响力，可通过优化安排施工工艺和精心施工来实现，这将使地基土性达到最佳的改良状态。

2.4 胁迫振冲大葫芦头挤密砂石桩施工工法基于予力作用原理，对夹泥皮及淤泥层的吹填砂质土地基进行加固，虽经多次加料挤密，但成桩速度快，费用低，施工周期能显著缩短，其加固效果明显。

2.5 胁迫振冲大葫芦头挤密砂石桩施工使用的材料、机械设备等较简单，对施工操作人员的技能要求也不高，便于施工的实际操作，施工噪声也较低，符合"经济、实用"的国家基本建设原则，具有广泛的市场应用前景和推广价值。

3. 适 用 范 围

胁迫振冲大葫芦头挤密砂石桩施工工法是一种加填料的快速处理夹泥皮及淤泥层的不均匀粉细砂吹填土地基处理工法，特别适用于夹泥皮及软淤层的砂性吹填土地基的加固处理。

4. 工 艺 原 理

4.1 胁迫振冲大葫芦头挤密砂石桩施工工法是以 2~4 台相同功率的振冲器匹配，形成多管胁迫振冲机制。利用吊机吊起振冲器，启动潜水电机后带动偏心块，使振冲器产生高频振动，同时开动水泵，使高压水通过喷嘴喷射高压水流，在边振边冲的联合作用下，将振冲器沉到土中的设计深度。经过提升护孔后，顺振冲孔壁从地面填入砂石，每段填料均在振动作用下被振挤密实。达到要求的密实度后提升匹配的振冲器，如此重复填料和振密直至地面，即可在地基中同时形成多根（2~4 根）挤密砂石桩体。

4.2 加固处理施工过程主要以多管胁迫振冲工艺安排为主线。试验研究对比资料表明，3~4 台振冲器匹配成组进行胁迫振冲，其效果较两台振冲器匹配的胁迫振冲更好。但对吹填土层水平土质变化较大时，2~3 台振冲器匹配成组更容易解决同步施工技术要求。

4.3 胁迫振冲大葫芦头挤密砂石桩加固吹填砂质土地基的加固机理。

砂土是单粒结构。密实的单粒结构已接近稳定状态，在荷载作用下不再会产生大的变形。而疏松的单粒结构，由于颗粒间孔隙较大，颗粒位置不稳定，在动载或静载作用下很容易位移，因而会产生较大的变形。特别是在振动荷载作用下更为明显，其体积会减少约 15%~30%。胁迫振冲大葫芦头挤密砂石桩加固砂质土地基的主要目的是通过提高土体密实度来提高地基土的承载力和模量，并增强其抗液化性。其密实作用及抗液化的加固机理有以下四个方面：

4.3.1 振冲挤密效应

在振冲施工过程中，由于水冲使松散砂土处于饱和状态。砂土在强烈的高频强迫振动下产生液化，并重新排列密实，且在桩孔中不断填入大量粗骨料后，被强大的水平振动挤入周围土中，使砂土的相对密度增加，孔隙率降低，干密度和内摩擦角增大，土的物理、力学性能得以改善，使地基承载力大幅度提高，因此抗液化性能也得以改善。

4.3.2 振冲置换效应

在地基中借助振冲器水冲成孔，将淤质软土以泥水形式排出，并振密填料置换软土土体，形成多节大葫芦头、砂砾等松散材料组成的多节扩径桩体，与原地基土一起构成复合地基，从而提高地基承载力，减少沉降量。

4.3.3 排水减压效应

当饱和松散砂土受到振动剪切循环荷载作用时，将发生体积收缩并趋于密实。本工法的挤密砂石桩加固砂质土地基时，桩孔内充填反滤性好的粗颗粒料，在地基中形成渗透性能良好的人工竖向排水减压通道，可有效消散和防止超静孔隙水压力的增高和砂土产生液化，并可加快地基的排水固结。

4.3.4 预震效应

国内外的相关试验和研究表明，砂土液化的特性，除了与土的相对密实度有关外，还与其振动应变史有关。在振冲施工时，振冲器的振动频率、水平加速度和激振力 Po 喷水沉入土中时，使填料和被加固地基土体在挤密的同时获得了强烈的预震，这对被加固土体密实度提高和抗液化能力的增强都是极为有利的。

4.4 胁迫振冲大葫芦头挤密砂石桩加固吹填砂质土地基后形成的复合地基承载力可按下式计算：

$$f_{sp,k}=mf_{p,k}+(1-m)f_{s,k} \qquad (4.4-1)$$

$$m=d^2/d_e^2 \qquad (4.4-2)$$

式中　　$f_{sp,k}$——复合地基承载力标准值；

　　　　m——面积置换率，为一根桩的面积与所分担面积之比；

　　　　$f_{p,k}$——桩体单位截面积承载力标准值；

　　　　$f_{s,k}$——桩间土的承载力标准值，可用处理前地基土的承载力标准值代替；

　　　　d——非大葫芦头处桩的直径（m）；

　　　　d_e——等效影响圆的半径（m），当桩为等边三角形布置时，$d_e=1.05S_{三角形}$；当桩为正方形布置时，$d_e=1.13S_{正方形}$；

$S_{三角形}$ 和 $S_{正方形}$——振冲大葫芦头砂石挤密桩的间距，计算过程见"5.3.3 加固方案设计"。

砂石桩的有效影响直径 D_0、桩的直径 d 和桩的间距（$S_{三角形}$、$S_{正方形}$）之间的关系如图4.4所示：

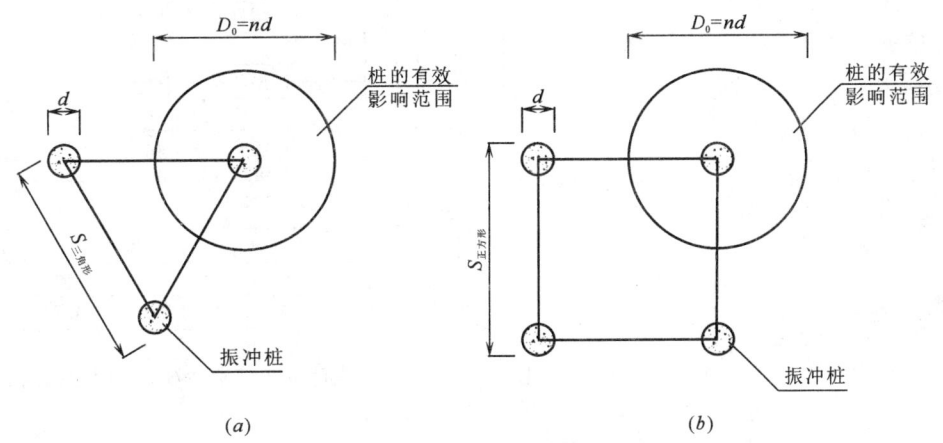

图 4.4　振冲桩孔位布置

（a）按等边三角形布桩；　（b）按正方形布桩

图 4.4 中：

$$n=\sqrt{(1+e_0)/(e_0-e_1)} \qquad (4.4-3)$$

式中　　e_0、e_1——吹填处理前的孔隙比和吹填处理后要求达到的孔隙比，e_1 的计算过程见 5.3.3 "加固方案设计"。

5. 施工工艺流程及操作要点

5.1　施工工艺流程（图 5.1）

5.2　工艺操作指导图示

以双机匹配的三管胁迫振冲为例，见图 5.2-1~图 5.2-5。

5.3　操作要点

5.3.1 清理并平整场地

根据地形图和地质勘探报告，将拟施工场地上的杂草、树根、垃圾及其他杂物逐一清除干净，用推土机将场地推平。如场地上有坑、洞、积水洼地等，也应随场地平整时一并推土填平。

5.3.2 现场调查，收集参数

根据地质勘探报告并经现场复测，将砂质土的颗粒组成、地基加固深度要求、软淤夹层土质条件、地基加固后的密实度要求、振冲器功率、地基含水率、拟使用的砂料状况等逐一确认，并形成记录，为加固设计提供可靠依据。

5.3.3 加固方案设计

根据所收集的现场资料及参数，经计算确定胁迫振冲大葫芦头挤密砂石桩施工需施加的予力度控制标准（该予力度将随土层土质条件的变化而变化）和振冲孔位的布置形式（如按等边三角形或正方形布置）及振冲孔位的间距等。

予力度控制标准见 5.3.4 条。

振冲孔位的布置形式及间距：

1）采用等边三角形布置

$$S_{三角形}=0.95\zeta d\sqrt{(1+e_0)/(e_0-e_1)}$$

$$(5.3.3-1)$$

2）采用正方形布置

$$S_{正方形}=0.89\zeta d\sqrt{(1+e_0)/(e_0-e_1)}$$

$$(5.3.3-2)$$

式中　　$S_{三角形}$ 和 $S_{正方形}$ ——为振冲孔间距（m）；

图 5.1 胁迫振冲大葫芦头挤密砂石桩加固地基施工工艺流程图

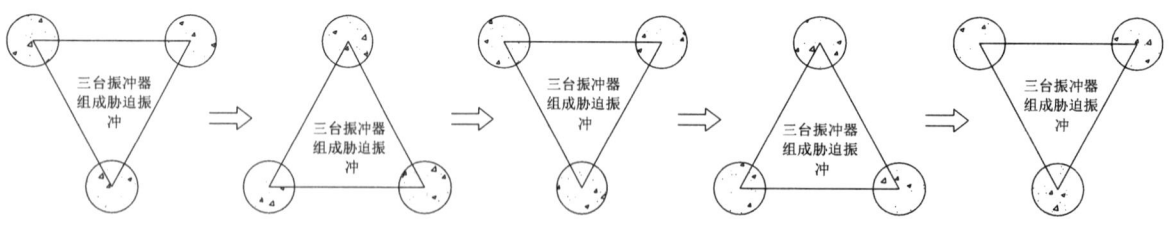

⟹：表示沿平行直线对机向前开行(双机匹配)

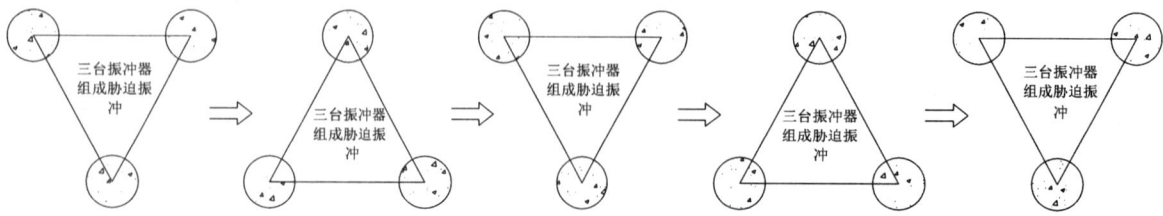

图 5.2-1　三管胁迫振冲大葫芦头挤密砂石桩施工顺序

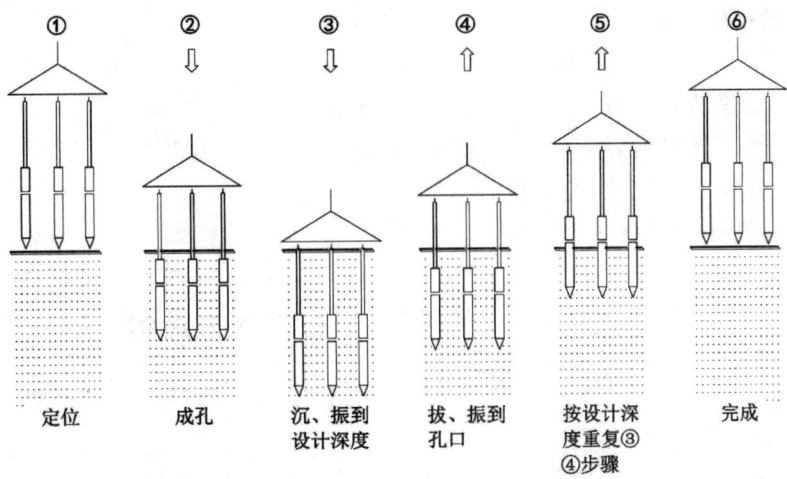

① 定位　② 成孔　③ 沉、振到设计深度　④ 拔、振到孔口　⑤ 按设计深度重复③④步骤　⑥ 完成

图 5.2-2　双机匹配的三管胁迫振冲大葫芦头挤密砂石桩振冲施工流程简图

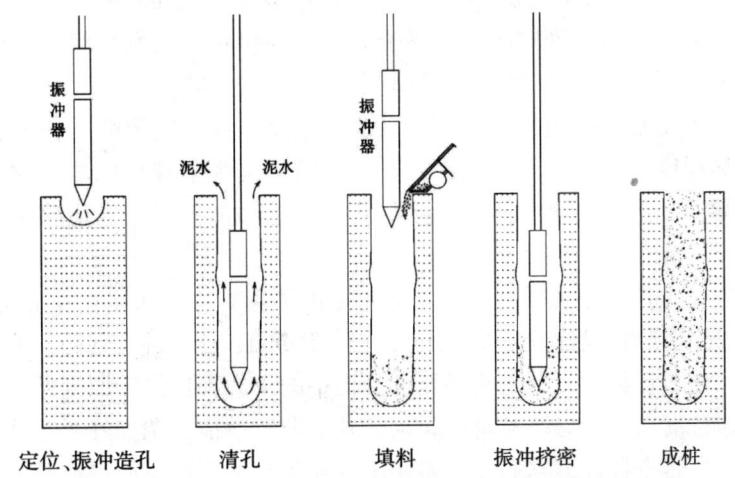

定位、振冲造孔　清孔　填料　振冲挤密　成桩

图 5.2-3　单根振冲大葫芦头挤密砂石桩成桩步骤

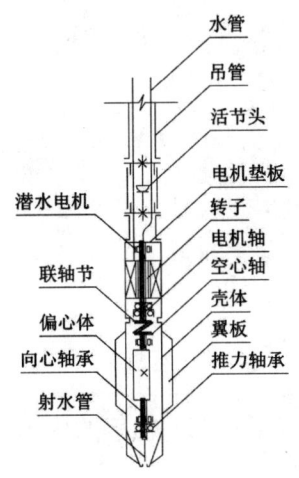

图 5.2-4　振冲器构造

图 5.2-5　三管胁迫振冲大葫芦头挤密砂石桩振冲施工现场

d——非大葫芦头处桩的直径（m）；

ζ——修正系数，根据沉拔速度、水压水量大小、密实电流、留振时间的匹配情况加以选取，可取 1.12~1.30；

e_0——吹填处理前的孔隙比，可按原状试验确定，也可根据动力或静力触探对比试验结果加以确定；

e_1——吹填处理后要求达到的孔隙比，也可按下式确定。

$$e_1 = e_{max} - D_r (e_{max} - e_{min})$$ (5.3.3-3)

式中　　e_{max}、e_{min}——分别为拟处理吹填土的最大、最小孔隙比；

D_r——地基挤密后要求吹填土达到的相对密实度，根据现场地震烈度设计要求，可在
0.70~0.88 范围内选取。

5.3.4　制定施工顺序和予力度控制标准

1. 制定施工顺序

根据现场地形情况确定施工顺序。施工顺序应能方便人员和机械设备的进入和撤出，同时还应方便砂石原材料的供给。施工顺序宜沿平行直线逐点进行。

2. 制定予力度控制标准

这里需要引入"予力"和"予力度"两个概念。"予力"（the given force）是人们为了改善工程结构体系或部件的受力性能而对其主动施加的广义影响力，包括预应力（如先张法、后张法）、预位移（如屋架"起拱"）、预变形（如加固地基的"预沉降"）和预应变（如木桶加钢箍）等。它更能显现其主动性、能动性和时效持久性，以实现对结构体系受力的可控可调和人性化管理。为满足建筑结构承载变形和稳定性要求，事先使用人为处理方法以改良软弱地基承载性状。

予力复合地基的予力度是表示施加在地基中以改善地基土性能的影响力程度，它影响着加固处理和改善地基土性能的好坏程度。地基土性的改良，其主要目标是为了减小地基土的压缩性和渗透性以提高地基承载力，去满足承受上部作用荷载的要求。因此，用土体体积变化的孔隙比公式可以直观的表达予力复合地基的"予力度"概念。

根据基础工程予力技术作用原理（可参考《大型地下顶管施工技术原理及应用》，中国建筑工业出版社出版和《现代予力混凝土结构设计理论及应用》，中国建筑工业出版社出版），地基处理工程的予力技术施加具有独立性、叠加性和互补性，它是地基处理工程中的予力调控设计原则精髓。为了确保地基处理的质量，在处理过程中须认真贯彻予力调控设计原则，并采取有效措施调控好予力度标准。由于地基土体具有的散粒性、多相性和自然变异性，它们对予力作用施加更具适用性，使得地基处理中的予力度调控设计更能挖掘出地基土体的承载性状潜力。

在表述予力度（λ_s）概念时，还需要引入不变予力度（λ_{s1}）和可随深度改变的可变予力度（λ_{s2}）两个概念。本工法的技术关键也正在于这两个予力度的调控技巧。

$$\lambda_s = \lambda_{s1} + \lambda_{s2}$$ (5.3.4-1)
$$\lambda_{s1} = e_{f挤密}/e$$ (5.3.4-2)
$$\lambda_{s2} = e_{f置换}/e$$ (5.3.4-3)

式中　　λ_s——予力度；

$e_{f挤密}$——振冲挤密的孔隙比；

$e_{f置换}$——置换效应产生的孔隙比；

e——加固前地基土在使用荷载下的稳定孔隙比。

对不变予力度（λ_{s1}）的施加，可以根据地基处理深度以及地基土所受恒载与活载的比例两个方面进行初选，然后在试验施工时再予以微调。

对可变予力度（λ_{s2}）的施加，应视土层深度、土质条件变化及地基承载力和变形要求，由设计人员确定，并根据试验性施工时不同深度土层的填料量及形成多节大葫芦头挤密砂石桩体的成型需求加以调整，以满足总的予力度控制标准。

对于加固港口码头的吹填土地基来说，其予力度标准可控制在 0.70~0.95 范围内，且在同一个振冲孔中，可视土层土质变化情况加以微调。土质越软越疏松，予力度控制标准越接近上限。

5.3.5　材料、机械设备及施工人员准备

根据加固方案设计情况并结合现场实际，及时组织足够的砂石原材料、振冲配套机械设备及施工人

员进场。施工人员宜选用经岩土工程基本知识相关培训的熟练工。

5.3.6 通过降排水或预湿措施调整地基含水量

拟加固吹填土地基的含水量一般应在 16%~39%范围内。高于此含水量或有积水时，须对其湿砂层采取振冲前的降排水措施；低于此含水量时须对其地表干砂层采取振前洒水预湿措施。

5.3.7 振冲孔位的测量、定位及放线

根据加固设计方案所确定的参数，利用经纬仪、水准仪、钢卷尺等，将振冲孔位通过洒白灰、铺设定位木桩和插小红旗等方式进行精确定位。

5.3.8 按照施工顺序，组织多机匹配的振冲器就位

本工法选用的振冲机械设备共有四种型号，分别为 30kW、55kW、75kW 和 100kW 四种，同一振冲组合由 2~4 台相同功率的振冲器匹配组成，可形成连锁式胁迫振冲。振冲点为振冲孔位中心，其间距一般在 2~4m。但需注意，振冲点的间距应能保证形成大葫芦头的直径需要。

振冲的施工顺序应能方便人员和机械设备的有序进退场，同时还应方便砂石原材料的补充供给。施工顺序宜沿平行直线对机开行。

5.3.9 制桩

根据予力度控制标准，利用多机匹配的多管联合振冲器对地基进行胁迫振冲。一般情况下，相同的地质条件可以形成一种振冲挤密模式。在振冲过程中将产生激振力、共振力、挤压力等诸多予力作用。该予力作用将不断调整原始松散砂土的排列状况，使其重新嵌合就位，紧缩排列构造，并与源源不断掺加挤入的新砂石颗粒一并挤压嵌合加密，形成新的紧密排列状况。

由于地基土层的组成分布不同，可以形成多种挤密模式的予力振冲。利用振冲置换与挤密双重作用，可以形成多节大葫芦头挤密桩体，快速减小土体中的孔隙以增加其密实度，将被加固土体的绝大部分沉降量在其振冲填料产生的振冲置换与振冲挤密的预变形中得到消除，使得地基土处理完成后能更好地满足使用阶段的承载变形要求。

对于夹泥皮及淤泥层，由于其含水率大、质软，经过予力作用后可以形成较大的振冲置换，此时需填入更多的大颗粒砂石料进行挤密。

多管胁迫振冲施工工艺在振冲前约 3~4h，对拟施工场地表面干砂土层进行洒水预湿，使表层吹填土体充分预湿。冲水能充分传递振动力，从而提高上部吹填土的振冲效果。

需要特别指出的是，对于加固港口工程的吹填土地基，其予力度控制标准在 0.7~0.95 范围内。尤其需要注意沿加固深度，视土质条件及置换与挤密作用的差别而加以变化工艺控制参数（如予力度标准、下沉与上拔次数、加料次数及数量、大葫芦头形成的密实电流、振拔速度控制等），以确保其密实度的控制总目标。

胁迫振冲大葫芦头挤密砂石桩的制桩流程如下：

1. 清理、平整场地后，按图纸布置振冲点，并设置好小红旗标志。

2. 匹配两台施工吊机就位，组合多个振冲器形成多管胁迫振冲，使每台吊机的联合振冲器对准各自振冲点位。

3. 启动联合振冲器和水泵，使每台吊机的振冲器徐徐沉入需加固砂土层中，水压可用 400~600kPa，水量可用 200~400L/min，下沉速度宜控制在 1~2m/min。

4. 吊机的联合振冲器达到设计处理深度后，将水压和水量降至孔口有一定量回水，但无大量细颗粒带出的程度，将填料堆于振冲点周围。

5. 在联合振冲器振动下，填料依靠自重沿振冲点周壁下沉至孔底，在电流升高到规定的控制值后，将振冲器上提 0.3~0.5m。

6. 重复上一步骤，直至完成全孔填料挤密处理，详细记录各深度的最终电流值和填料量，确保每个振冲孔内软淤层的置换扩径及密实处理。

7. 关闭匹配吊机的联合振冲器和水泵，移至下一振冲点。

施工中需注意：

1. 正式施工前应先选择试验区进行振冲试验，以确定成孔合适的水压、水量、成孔速度、填料方法，以及达到土体形成多节大葫芦头桩体密实时的密实电流、填料量和留振时间。

2. 吊车位置与振冲前进方向要统一考虑，以最大限度的发挥吊车回转半径和杆长优势，尽量减少吊车移动次数。

3. 当土层中遇有软黏土时，在软黏土中制桩而孔中的泥浆太稠，充填砂石料在孔内的下降速度将减慢。要在成孔后留有一定的时间清孔，利用振冲回水将稠泥浆带出地面，从而降低泥浆密度以提高成桩密实度。

4. 若土层中夹有硬层时，应适当进行扩孔，把振冲器多次往复上下几次，扩大维持好孔径，便于加填砂石料。加料时宜"少吃多餐"，每次往孔内倒入的填料数量，约为填孔内1m高，然后用振冲器振密，再继续加料。施工要求填料量大于造孔体积，孔底部分要比桩体其他部分多，因为刚开始往孔内加料时，一部分料沿途粘在孔壁上，到达孔底的料只有一部分，孔底以下的土受高压水破坏而造成填料增多。密实电流应超过空振电流，可达35~45A。

5. 在强度很低的软土地基中施工时，要用"先护壁、后制桩"的方法。即在水冲开孔时，不要一下子到达加固深度，可先到达第一层软土层实施振冲置换，并让补充填料挤到此层的软土层周围去，把此段的孔壁护住，接着再往下开孔到第二层软土层，实施同样的振冲置换处理，直到加固深度。这样在制桩过程中既将整个孔道的孔壁护住，又有效的制成了多节大葫芦头挤密砂石桩。

6. 振冲时冲水水量的大小要保证地基中的砂性土充分饱和。砂性土只有在饱和状态下并受到振动才会产生液化；而保证足够的留振时间（指振冲器在地基中的某一深度停下振动的时间）可以让地基中的砂性土完全液化并形成足够大的液化区，以便调整土体颗粒排列。砂性土经过振动水冲液化后，颗粒会慢慢重新排列，使得孔隙比显著减小，并相应增加其成桩的密实度，即可达到加固之目的。

7. 振冲施工过程中应特别注意排污问题，要考虑将泥浆水引出加固区。可从沟渠中流到沉泥池内，也可用泥浆泵直接将泥水抽到排污沟中集中处理。

8. 振冲施工应严防漏孔，要做好孔位的编号和施工复查工作。

5.3.10 沿土层深度多处形成大葫芦头挤密砂石桩

经多次振冲、填料、置换、挤密，将沿土层深度多处形成大葫芦头挤密砂石桩。

5.3.11 铲运填料找平、碾压，铺设好桩顶褥垫层

在所有胁迫振冲大葫芦头挤密砂石桩施工完成后（通常在振冲挤密桩完成后1~7d内），桩体顶部1m范围内，由于该处地基土的上覆压力小，桩体的密实度难以保证，应挖除，平整场地后另作300~500mm厚（或根据设计厚度）的碎石或砂石垫层，选择合适能量的振动碾压机械，通过分层填料进行找平和碾压，形成桩顶褥垫层。

铺筑碎石或砂石的每层厚度，一般为150~200mm，不宜超过300mm。碎石或砂石的底面宜铺设在同一标高上，如地表有高差时，高差处土面应挖成踏步或斜坡形，搭搓处应注意压（夯）实。施工应按先深后浅的顺序进行。分段铺设时，接搓处应做成斜坡，每层接岔处的水平距离应错开0.5~1.0m，并应充分压（夯）实。铺筑的砂石应级配均匀。如发现砂窝或石子成堆现象，应将该处砂子或石子挖出，分别填入级配好的砂石料。

洒水：级配良好的砂石褥垫层在夯实碾压前，应根据场地干湿程度和气候条件，适当地洒水以保证砂石层施工时接近最优含水量 W_{op}，该值一般为塑限含水量 $W_p+1\%$。

多节挤密砂石桩完成及桩顶褥垫层铺设完成后，即可将荷载作用上去后的绝大部分沉降量消除掉，使得经加固处理后的吹填砂性土层能更好地满足工程使用阶段的承载和变形要求。

6. 材料与设备

6.1 材料的选择

6.1.1 砂石：应选择清洁无杂质，含泥量小于3%的砂石混料。石子的粒径可选择20~50mm，最大不大于80mm；砂子的粒径要求越大越好（要求小于0.074mm的细颗粒含量小于10%）。

6.1.2 毛石：可用于夹泥皮、淤泥层的振冲回填，其粒径一般不大于120mm。

6.1.3 水：尽量选用清洁、无杂质的水。

6.2 施工及检测用机械设备的选择

6.2.1 振冲器：采用带潜水电机的振冲器，有30kW、55kW、75kW和100kW四种型号。多机匹配时应选择相同功率的振冲器。

6.2.2 吊机（起重机）：吊机的吊重和提升高度应与振冲器激振力和孔深相适应。从行走激振等稳定性考虑，一般宜选择履带式吊机。

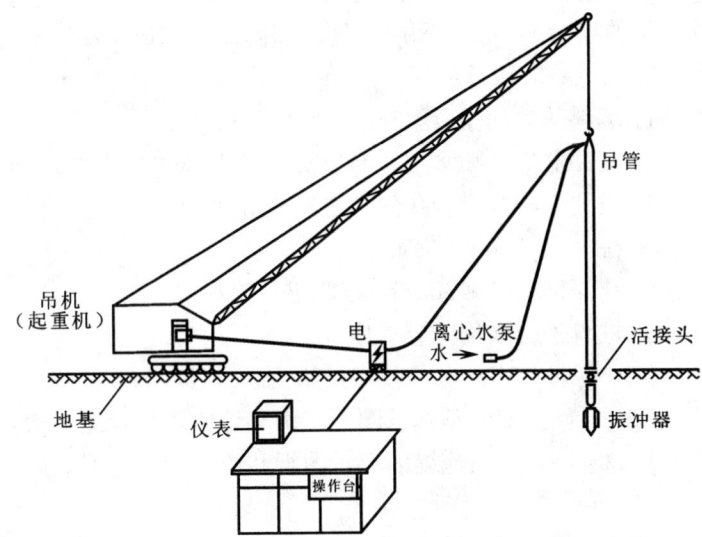

图6.2 振冲施工设备、动力及仪表系统总成

6.2.3 水泵和供水管道：用于冲水和抽水，与采用的振冲器进行匹配。

6.2.4 控制设备、控制电流操作台、电流表、电压表、配电箱，应能满足以上施工工艺需要。

6.2.5 加料设备：其能力必须满足施工进度要求。

6.2.6 喷洒器：用于洒水湿润干砂土层。

6.2.7 静力触探机：必须是通过建设部技术鉴定的产品，可选择2Y系列液压深层静力触探机。

6.2.8 振动碾压机：可选用滚动式或垂直振动碾压机。

6.2.9 胶轮式铲运机、机动翻斗车：用于砂石等原材料的场内运输。

6.2.10 辅助工具：

1. 汽车吊、拖车：用于吊运、转移振冲器、静力触探机等。

2. 手推车：用于场内小型、零星材料的运输。

3. 相关测量仪器：包括激光经纬仪、水准仪、标杆、钢卷尺等。

4. 筛子、铁锹等。

7. 质量控制

7.1 施工前应检查：振冲器的性能；电流表、电压表的准确度以及填料的性能质量。

7.2 施工中应检查密实电流、供水压力、供水量、填料量、孔底留振时间、振冲点位置、振冲器施工参数（振冲参数由振冲试验确定）。

7.3 施工结束后应在有代表性的地段作地基承载力（单桩静载荷和复合地基静载）检验。

7.4 胁迫振冲大葫芦头挤密砂石桩的施工质量应符合现行《建筑地基基础工程施工质量验收规范》GB 50202中主控项目和一般项目的规定。

7.4.1 主控项目：

1. 填料的品种、粒径等必须符合设计要求，并应有检测报告。

2. 密实电流必须符合要求。应做到边施工，边检查，并做好记录。

3. 单桩荷载试验（圆形载荷板的直径与桩直径相等）必须合格。可按每200~400根桩随机抽取一根进行试验。试桩总数不应少于3根。

4. 加固完成后的地基承载力必须达到设计要求，可用多桩复合地基载荷试验方法进行地基加固处理效果的检验。检验时间应在地基加固处理完成 7~15d 后进行（视加固工程土质条件而定）。

7.4.2 一般项目：

1. 填料的含泥量应≤5%。

2. 振冲器尖端喷水中心与成桩桩径中心的偏差≤50mm。

3. 成孔中心与设计孔位中心偏差应≤100mm。

4. 桩体直径偏差应<50mm。

5. 孔深偏差应≤±0.2D（D 为桩孔直径）。

6. 桩身垂直度偏差应≤1.5%。

7.5 保证施工质量的技术措施：

7.5.1 施工前必须熟悉图纸、水文地质资料及施工规范和验收标准。

7.5.2 测量人员应提前熟悉图纸和施工现场情况，施工队伍一进场，测量人员应马上布设放样控制点。

7.5.3 把好布桩质量关，做到布桩要检查，复核要统一，桩位布置准确醒目。

7.5.4 加强施工环节的质量管理，经常检查振冲器具的运转情况，定时保养振冲器，使之正常运转施工，检查有关质量的电控系统，保证其良好的自控状态；随时检查机组的造孔、清孔、密实等施工环节，检查密实电流、密实水压、留振时间等质量控制参数，使之在规定的参数下运转施工；严把材料关，严格按规定的骨料规格验收、使用砂石料。

7.5.5 加强对成桩的质量跟踪检查，对已经完成的桩体进行随机抽样检查桩位、桩长、单桩进料量、成桩桩径和桩体密实度，落实自检报告。发现问题及时解决。

7.5.6 认真做好施工记录，建立健全施工技术档案。

7.6 雨天施工技术措施：

7.6.1 在雨天施工，应做好场内周边的排水工作，在场地四周设置排水明沟并保持畅通。施工场地平整后应做好排水坡。

7.6.2 按照小雨不间断施工，大雨过后继续施工，暴雨过后不影响施工的原则布置、安排工作。

7.6.3 雨天施工必须有组织排水，施工道路要高出周围地势。

7.6.4 场内主要路边设置排水沟，使雨水有序排出。

7.6.5 雨天禁止在露天高空作业，以防雷击。

7.6.6 室外使用的中小型机械，按要求加设防雨罩或防雨棚。

7.6.7 经常检查使用的施工机械、机电设备、电路等，保证机械正常运转。

7.7 胁迫振冲大葫芦头挤密砂石桩施工常见质量问题的处理办法。

胁迫振冲大葫芦头挤密砂石桩施工常见质量问题的处理办法 表 7.7

类别	问 题	原 因	处 理 方 法
成孔	振冲器下沉速度太慢	土质硬，阻力大	加大水压； 使用大功率振冲器
	振冲器造孔电流过大	贯入速度过快； 振动力过大； 孔壁土石坍塌造成	减慢振冲器下沉速度； 减小振动力
	孔口不返水	水量不够； 遭遇强透水层	加大水压； 穿过透水层
填料	砂石料填不下去	孔口太小	清孔； 将孔口土挖除
		一次加料过多，造成孔道堵塞	加大水压，提拉振冲器，打通孔道； 每次少填料，少量多次
		地基有流塑性黏土造成缩孔及堵塞孔道	先固壁，后填料； 采用强迫填料工艺

续表

类别	问 题	原 因	处 理 方 法
挤密	振冲器电流过大	间断填料上部形成卡壳	加大水压、水量,慢慢冲开堵塞处; 每次填料要少; 采用连续填料工艺
	密实电流难达到	土质软; 填料不足	继续填料振密; 提拉振冲器加速填料

8. 安 全 控 制

安全是施工质量和进度的前提,是生产的关键。施工中应始终贯彻"安全第一、预防为主"的方针,做到安全生产,杜绝不安全事故的发生。应认真制定值班制度、岗位责任制度,遵守机械设备操作规程,积极开展安全活动。

8.1 施工过程中应严格执行安全技术操作规程,特别要加强安全用电管理,同时应注意供排水管道的连接牢固与保护。

8.2 施工操作人员应熟悉机械性能,熟练操作,能排除机械故障并能进行机械的日常维修与保养。

8.3 施工作业人员应严格遵守劳动纪律,履行自己的岗位职责,工作中不得擅自离岗,不得打闹、睡觉,班前不得饮酒。

8.4 施工作业人员进入现场必须穿戴劳动保护用品,上机架时必须系好安全带,清除浆体堵塞时应戴防护眼罩,防止高压粉体或浆体喷到眼中。

8.5 机架必须安放在平整、较硬的场地上施工。如果场地松软,施工中液化会导致桩机不稳,应在桩机底部加垫枕木,确保桩机操作中不发生塌陷、倾斜。

8.6 桩机周围5m以内不得有高压线路,作业区内应有明显标志或围栏,严禁闲人进入。夜间施工更要做好照明安全工作(设置红灯警示区)。

8.7 从事地基加固的施工作业人员应进行安全培训,合格后方可上岗操作。

8.8 防止车辆事故。

8.8.1 驾驶员必须有证且经过专门培训,操作过程中不准私自串岗、脱岗。非驾驶员不得乱动车辆。

8.8.2 车辆过岔道、转弯、启动时,必须鸣号联系。

8.8.3 开车时车速不宜过快。

8.8.4 严格按岗位责任分工和操作流程办事。

8.9 防止机电伤人事故。

8.9.1 所有机电设备均应制定切实可行、符合要求的操作规程,每个岗位的值班人员均应考试合格方能上岗。

8.9.2 各种机电设备检修、维护时应停电、停运转,如要试运转,应有针对性的保护措施。

8.9.3 施工现场电气设备的外壳必须保护接零,开关箱与电气设备必须实行一机、一闸、一保险。

8.9.4 必须对现场各种提升设备进行经常性的安全检查,尤其须对垂直提升设备的钢丝绳、导轨、滑轮等易磨损部位更应该注意维护和检修。

8.10 其他。

8.10.1 进入施工现场应戴安全帽。

8.10.2 做好安全防范工作,杜绝治安事件发生。

8.10.3 做好安全防火工作,制定防火、灭火措施。

9. 环保措施

胁迫振冲大葫芦头挤密砂石桩施工工法使用的材料、机械设备等较简单,工艺过程也不复杂,施工中需要特别注意排污问题,要考虑将泥浆水引出加固区。可在加固区外缘拐角处设多个 2m×2m×1m 的排污坑,各坑之间以 0.6m×0.4m 的排污沟相连,坑内安装排污泵,通过管线将污水排至沉淀池沉淀或沟渠出处。附近无沟渠出处的,在加固区附近设 300m³ 以上沉淀池(推土围成),沉淀后的清水可二次使用。场地平整时,地面高差要小于 1m,并做单向或双向排水坡。此外,施工中还应做好周边的环境卫生,组织好交通线路,并注意减少施工噪声和粉尘污染,做到文明施工。进出现场的施工机械也应做到及时清洗,以保持环境整洁。

10. 效益分析

应用胁迫振冲大葫芦头挤密砂石桩施工工法对岸坡坡地上含有夹泥皮及软淤层的吹填砂质土层进行加固处理,既能保证地基的加固质量,处理费用也较为低廉(通常应用本工法比应用大直径薄壁管桩复合地基可节约资金至少60%以上)。由于成桩速度快,施工周期也能显著缩短。

应用本工法加固地基,振冲孔位通常呈等边三角形和正方形布置,合适的振冲点间距为 2~4m(桩位并非紧密排列),且挤密桩的用材为砂石,因此施工既节能又环保。本工法施工主要依靠机械化操作,因此节省了劳动用工。

应用本工法加固地基,符合"经济、实用"和"建筑机械化"的国家基本建设原则,施工操作也较容易,因此具有广泛的应用前景和推广价值。

11. 应用实例

胁迫振冲大葫芦头挤密砂石桩施工工法在我们参与施工的江苏太仓港 2 号港区码头堆场地基加固、上海罗泾港 4 号码头软基加固、南堡油田 1 号陆岸终端地基处理(加固)等项目中均广泛采用,总加固地基面积达 20 余万平方米,使用至今,未发现任何不均匀沉降问题,说明地基加固效果良好。

实践证明,采用胁迫振冲大葫芦头挤密砂石桩施工工法加固吹填砂质土地基,既能保证地基的加固质量,处理费用也较为低廉,且施工周期显著缩短,因此具有广泛的应用前景和推广价值。

11.1 江苏太仓港 2 号港区码头堆场地基加固工程

11.1.1 拟建场地概况

江苏太仓港 2 号港区位于岸坡坡地上,要在表层 3~6m 厚吹填土上建造码头堆场。该吹填土不均匀,夹有 0~1.2m 厚泥皮及淤泥层。地基正式加固施工前,先选择了 90m×90m 的试验区进行本工法的试验性施工。

该吹填土表面以下 15m 深处进入砂砾层。在吹填土下分布有四层土:①层砂土,厚 2~3m;②层粉土,厚 3~3.5m;③层中砂层,厚 2~2.5m;④层淤泥质粉质黏土,厚 3~3.5m。它们的地基承载力分别为 80kPa、85kPa、100kPa 和 90kPa。

11.1.2 设计资料和设计要求

1. 设计荷载

堆场均布荷载:轮轨式龙门吊堆场高五层,均布荷载 q=5.5t/m²。

角荷载:40' 重箱堆高五层,P=34t;20' 重箱堆高五层,P=22.5t。

2. 建筑物等级及地震标准

厂区内为 I 级建筑物。地震基本烈度为 6 度,设计烈度为 7 度。

3. 加固深度及场地整平标高

加固处理深度至砾石层，约深 15m。地基加固整平验收标高为+5.5m。

4. 地基承载力

地基加固整平后的承载力为 180~200kPa。

5. 差异沉降量和残余沉降量

差异沉降量小于 5%；残余沉降量小于 15~20cm。

6. 现场检验标准

静力触探锥尖阻力 q_c>7MPa；标准贯入试验锤击数 $N_{63.5}$>18 击。

11.1.3 加固方案选择

由于该码头堆场及道路对地基承载力及变形要求较高，故初步选择胁迫振冲大葫芦头挤密砂石桩的复合地基方案。桩径拟采用 ϕ700mm，间距拟取 2.8~3.2m，视场地土层土质条件及大葫芦头桩径的变化而定。

不同的施工工艺，对工效的影响较为明显。特别是不同的留振时间、下沉与上拔次数、加料次数及数量、葫芦头形成的密实电流，以及振拔速度控制等，构成不同施工工艺的主要区别，可通过试验效果进行对比、优化。加固处理共设计了两块试验区，制定了多套振冲置换与挤密工艺试验方案。

11.1.4 试验程序和步骤

1. 场区平整，预埋水位管和孔隙水压力计及地面沉降观测基准点和标点。
2. 振前对吹填砂土进行了干密度试验和静力触探试验，测定了沉降标点和地下水位初始读数。
3. 应用本工法进行了挤密桩施工及复合地基褥垫层的铺设。
4. 进行了地面沉降观测。
5. 在试验结束后的三周内，进行了标准贯入试验、静力触探试验、平板载荷试验和干密度试验。
6. 根据试验检测结果，全面分析了加固处理的质量和效果。

11.1.5 本工法试验取得的成果

针对两块试验区，采用了组合匹配的两台 50t 履带式起重机，分别吊起 75kW 和 100kW 的振冲器，进行连锁式胁迫振冲对比试验，结果如表 11.1.5 所示：

75kW 和 100kW 的振冲器进行连锁式胁迫振冲对比试验数据　　　　表 11.1.5

振冲器功率	振冲挤密区范围	振冲影响后范围	合适振冲点间距	明显提高承载力的孔深位置	每组振冲桩的施工时间
75kW	1.5~2.0m	2.5~3.5m	3.0~3.5m	11.5m	80±5min
100kW	1.5~2.5m	3.0~4.0m	3.5~4.0m	12.0m	60±5min

经对比发现，对于振冲挤密桩芯来说，采用 75kW 振冲设备的承载力提高较为明显。从合适的振冲点间距与振冲用时分析，100kW 振冲设备的工效明显高于 75kW 的工效，但 75kW 振冲点的间距较小，其处理施工后的地基均匀性优于 100kW 的振冲器。经最后检测，两种方案的地基承载力都在 200kPa 以上，较好地满足了设计要求。

11.1.6 大面积施工

经过缜密的试验性施工，并对比了方案的实施效果和工艺参数的可靠性，最后确定按如下程序进行大面积施工：

1. 施工方案

1）选用 75kW 功率的振冲器，组成双机匹配的胁迫振冲挤密与置换工艺，采用三管胁迫振冲大葫芦头挤密砂石桩复合地基加固方案，桩径为 ϕ700mm，桩长 15m，除在挤密桩端形成扩大头外，沿桩身土层在夹泥皮及软淤层处通过振冲置换形成大葫芦头挤密砂石桩。

2）采用等边三角形布桩方式，桩间距取 3.0~3.3m。制桩及成桩过程中的予力度标准控制在 0.72~

0.93 范围内，视土质条件变化及置换与挤密作用的差别加以变化匹配，桩顶褥垫层铺设的予力度控制标准也在该范围内加以调控。

3）双机匹配的三管胁迫振冲大葫芦头挤密砂石桩加固地基示意图如图 11.1.6-1 所示：

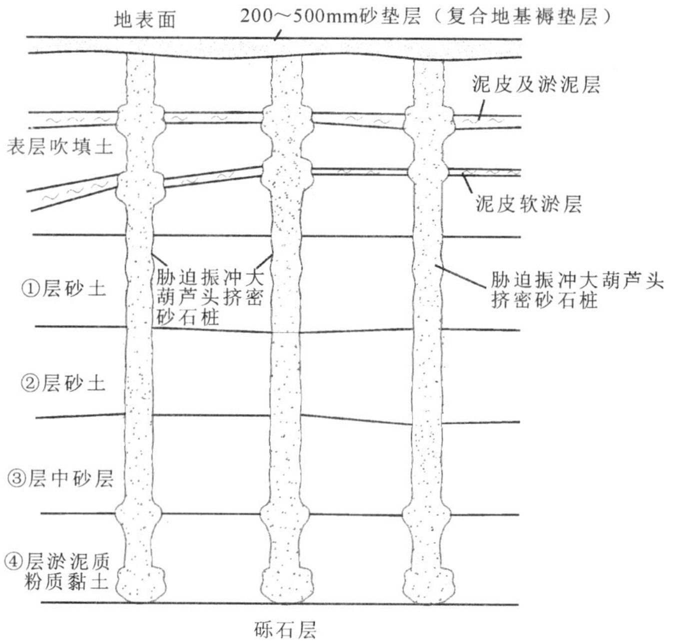

2. 三管胁迫振冲施工工艺

在振冲前约 3~4h，对拟施工场地进行洒水预湿，使表层吹填土体充分预湿。冲水能充分传递振动力，从而提高上部吹填土的振冲效果。

对每个振冲点位，采用以下施工工艺：

1）对准振冲孔位，使振冲器尖端喷水中心与孔径中心的偏差≤50mm，开启水泵和振冲器。

2）慢速振冲下沉至设计要求（15m深）处，留振 20s。以予力度控制标准控制水压、水量和造孔速度。

图11.1.6-1　拟处理吹填场地上采用三管胁迫振冲大葫芦头挤密砂石桩示意图
（桩径 φ700mm，桩长 L 为 15m，桩距为 3.0~3.3m）

3）慢速振冲上拔至孔口处，留振 120s。

4）慢速振冲下沉至设计要求（15m 深）处，留振 20s。这样重复下沉与上拔两三次，扩大孔径后开始填料制桩。投料时振冲器不用提出孔口。

5）依次按段距 0.5m 上拔，每段留振 15~20s；在夹泥皮及软淤层处加大水压进行振冲置换并造出葫芦头孔径，按予力度调整留振时间及加大密实电流。

6）三管胁迫振冲匹配双机组合，各携带 3 个振冲器同时实施 6 点同步振冲，以保证实现共振挤密效应。

7）成桩结束，关闭水泵及振冲器，移机至下一组合振冲孔位。匹配的同一机组同时移机至下一振冲孔位。

8）挤密桩施工完毕，挖除桩体顶部 1m 范围，采用振动碾压方式铺设 500mm 厚复合地基褥垫层。

3. 振冲施工工艺的各项参数控制：

1）振冲器下沉贯入和上拔提升速度为 2~3m/min。

图 11.1.6-2　江苏太仓港 2 号港区码头堆场地基加固振冲施工现场（双机匹配，每机三台振冲器）

图 11.1.6-3　地基承载力检测

2）水压控制在 0.3~0.4MPa 范围。

3）每段制桩提升高度为 0.5~1.0m。

4）留振时间区分制桩段加以控制，可控制在 15~120s 范围内。

5）密实电流为 55~70A 范围内进行调控。

4. 施工质量检验

施工完成后进行了 80 个点的静力触探试验，并经可靠度 95% 概率分析，其静力触探比贯入阻力 P_s=7.53~9.34MPa，均大于设计加固值要求。

同时，采用了 1.5m×1.5m 的三组承压板载荷试验，最大加载压力 P_{max} 已达到设计值的 1.8 倍，其 P-S 曲线均为缓变形，按照常规的 0.01~0.02S/b 相对沉降法判断，其地基承载力分别为 205、210、218kPa，均超过设计承载力标准。

结论：江苏太仓港 2 号港区码头堆场地基加固应用胁迫振冲大葫芦头挤密砂石桩施工工法施工，自 2006 年 10 月 6 日开始试验性施工，2006 年 12 月 18 日全部地基加固处理完成，共用了 74d，施工总费用共 630 万元，合 63.00 元/m²，施工质量全部合格。

11.2 上海罗泾港 4 号码头软基加固工程

该工程系建造转运堆场及道路。拟建场地为 250m×120m 的软基土，表层吹填砂土厚约 3.0m，其下为淤泥质粉质黏土和砂性土层结构。加固深度要求 10m，深入到第③层的砂土层中。

加固方案采用本工法的胁迫振冲大葫芦头挤密砂石桩，双机匹配，每台吊机配备 2 台 75kW 的振冲器进行胁迫振冲。桩径采用 ϕ700mm，正方形布置，桩距为 3.0m，桩长 10.0m。该场地加固后达到的地基承载力为 120kPa。

该工程 2007 年 1 月 4 日开工，1 月 25 日竣工，总工期 22d，施工总费用约 178 万元，合 59.33 元/m²。经过检测，地基处理质量良好，已安全使用多年。

图 11.2-1　上海罗泾港 4 号码头建成后　　　图 11.2-2　上海罗泾港 4 号码头软基加固振冲施工现场（双机匹配，每机两台振冲器）

11.3 南堡油田 1 号陆岸终端地基处理（加固）工程

该工程系地基预处理项目，为以后在场地上设计工业设施及建筑物基础工程完成地基预处理加固，以满足抗液化和消除不均匀沉降的要求。地基加固后的承载力要求达到 150kPa。

拟建场地约为 400m×180m，场地地势平坦。地基土层分为 5 层，分别为：

①层为吹填土，厚 3.9~5.0m，在其上还有①-1 层素填土，厚 0.1~3.1m；②-1 层为粉砂，厚 4.0~6.0m；②-2 层为淤泥质土，厚 1.1~2.8m；③层为粉砂，厚 7.4~10.4m；④层和⑤层均为粉质黏土。其中①层~②层土均为轻~中等的液化等级。

加固方案采用本工法的胁迫振冲大葫芦头挤密砂石桩，单机作业，每机配置 2 台 55kW 的振冲器，采用 2.5m 间距的正方形布桩，加固深度为 12~15m。

该工程自 2007 年 5 月 6 日开工至 6 月 17 日竣工，共历时 43d，施工总费用 581 万元，平均处理费用 80.70 元/m²。该工程地基处理质量良好，经施工检测全部满足设计要求。目前场地上的工业设施和房屋建筑工程已全部展开，用户对地基处理的质量非常满意。

图 11.3-1　南堡油田 1 号陆岸终端地基处理（加固）
振冲施工现场（单机作业，配备两台振冲器）

图 11.3-2　检测地基承载力全部合格

倾斜桩顶推和注浆组合纠偏施工工法

GJYJGF005—2010

浙江银力建设集团有限公司　温州中城建设集团有限公司

吴家锋　张小成　王新华　朱奎　潘一中

1. 前　言

在软土地区挤土桩施工会产生挤土效应，若桩施工时未有效控制沉桩数量、桩施工顺序等，易出现桩倾斜等质量事故。此外，基坑土方开挖过程中由于施工组织不合理，如挖土顺序不当、分层开挖时单层厚度太大、基坑放坡太陡、施工机械运行路线不合理等，会引起桩倾斜等工程事故。而且，这类质量事故一旦出现往往病桩数量较多，而且桩承载力有所下降。传统的加固方法有补桩或沉井开挖扶正加固两种方法。补桩费用较高且不一定可行，当布桩密度较大时，补桩施工会因为挤土效应难以实施，即使操作上可行由于群桩效应加固效果可能不佳。此外，当场地有基坑时，基坑开挖后打桩机进场将非常困难。对于沉井开挖扶正加固，一般是结合沉井开挖到桩身可能的破坏位置，进行扶正和加固处理，再进一步回填，该过程由于开挖深度大、施工难度大、工期也较长，挖出土堆放不当，会引起其他桩的倾斜。因此，切实可行的倾斜桩加固处理方法具有非常大的现实意义。

2. 工法特点

该工法适用性和可操作性强、安全可靠度高。与传统的补强加固处理相比，该项新技术综合了纠偏技术和注浆技术的优点，主要特点有三点：（1）解决了桩纠偏施工土受扰动强度降低的问题；（2）采用该技术可有效提高桩承载力；（3）该技术采取了实时监控手段。

3. 适用范围

为避免在纠偏过程出现纠偏桩的断桩事故，确定纠偏施工的适用范围：（1）竖向纠偏深度≤1/200桩长；（2）平面纠偏幅度≤1/2D（D为桩径）。

4. 工艺原理

采用高压水冲孔手段减少倾斜桩被动土压力，借助反力支承系统使用千斤顶提供水平推力在倾斜桩正向进行顶推，使倾斜桩复位。然后在桩周进行注浆，使桩周扰动土得到加固。

关键技术：高压水冲孔技术；反力支承系统控制措施；倾斜桩纠偏实时监控技术；注浆技术。

5. 施工工艺流程及操作要点

5.1　工艺流程（图 5.1）

5.2　操作要点

5.2.1　倾斜桩实时控制工艺

在桩顶设置位移传感器测试桩位移，根据几何关系可得出倾斜率与位移关系如下：

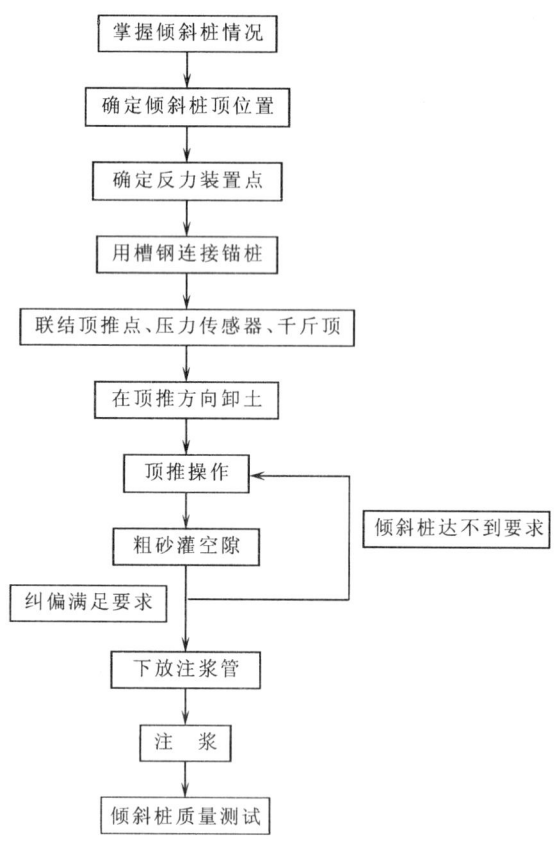

图 5.1 倾斜桩纠偏施工工艺流程图

$$\theta=\theta'-2\arcsin\left(\frac{l}{2h}\right) \tag{5.2.1}$$

式中　θ——纠偏后倾斜率；

θ'——纠偏前倾斜率；

l——桩顶位移；

h——桩倾斜长度。

根据式 5.2.1 编制 excel 程序，把测试的数据输入程序，使报告数据达到信息化，实时监控纠偏倾斜率。

千斤顶压力通过压力传感器控制，根据压力传感器和水准仪反馈的测量信息随时调整顶升力，使整个纠偏工程处于严密可控状态。

5.2.2 卸除土压力施工工艺

卸除土压力采用高压水冲孔法。成孔前应做好如下准备：疏通泥浆水的流淌路线，必要时可通过排污泵排出污水。根据土质选择合适的高压水泵和喷头，架设水管。当水泵距离成孔部位较远时，宜敷设硬管，靠近水枪部位设置软管。将喷头或水枪固定于钢管端部。水压成孔时，应视土质的情况和孔径的大小，选择成孔的顺序。对于砂性土，可采用多孔成片法，即沿桩的环向先成直径为 20cm 左右的一系列小孔（可一次或分次成孔到底），最后将小孔连接成片。对于黏性土，可采用环向逐层下沉法，即将水枪在冲水过程中沿桩的环向不断移动，并逐步下沉，这样一次下沉到设计深度。若孔深较大，可配合使用泥浆泵，将不易上浮溢出的土颗粒及时抽出。

冲孔前应首先安装好顶推装置，冲孔过程中，不得随意将孔内泥浆抽空，避免引起孔壁塌陷，从而导致其他桩的倾斜。

5.2.3 顶推工艺

1. 连接装置

连接装置要尽量扩大纠偏桩顶推受力面，避免纠偏顶推时受力点不平衡而使桩身混凝土产生新的裂隙或断桩。纠偏桩顶推受力面采用特制装置，在桩侧千斤顶顶推部位立面放置长约 60~80cm 质地坚硬的木方子，木方子曲率与桩曲率相同，木方子与千斤顶顶推部位之间放置钢垫，钢垫长约 20mm，厚度不小于 10mm。另外，以避免顶推时桩向另一侧倾斜，钢垫设凹槽，槽钢设橡皮垫避免顶推时滑动。特制装置示意图如图 5.2.3-1 所示。

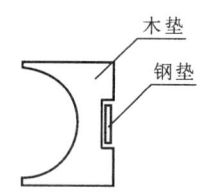

图 5.2.3-1 特制装置

2. 反力装置

反力支撑体系采用四根工程桩，对角桩通过 18 号槽钢联结，两根槽钢交叉点作为千斤顶顶推支撑点，顶推构件采用 20 号槽钢，千斤顶顶推支撑点、20 号槽钢、千斤顶以及压力传感器成一条直线。反力支撑体系如图 5.2.3-2 所示，顶推装置如图 5.2.3-3 所示。

根据图 5.2.3-2，可得桩受到的力如下：

$$T1=\frac{N}{2(\cos\alpha+\cot\beta\sin\alpha)} \tag{5.2.3-1}$$

$$T2=\frac{N}{2(\cos\beta+\cot\alpha\sin\beta)} \tag{5.2.3-2}$$

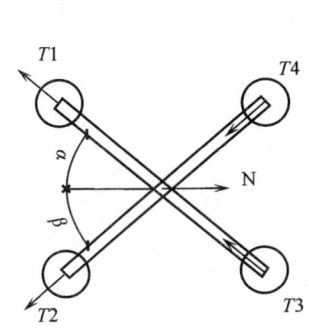

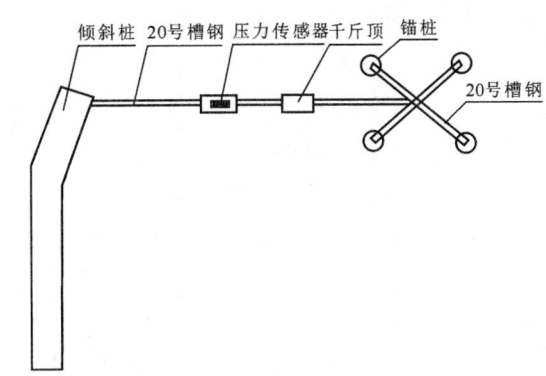

图 5.2.3-2 反力支撑体系 图 5.2.3-3 顶推装置

为了避免锚桩出现倾斜，对锚桩的被动土压力进行验算：

$$T=1/2\gamma z^2\tan^2(45°+\varphi/2)+2c\tan(45°+\varphi/2) \quad (5.2.3-3)$$

式中　　T——桩受到的推力；

　　　　Z——支撑点离桩端的深度；

　　　　γ——土重度；

　　　　φ——内摩擦角；

　　　　c——黏聚力，对于砂土 c 为 0。

按最不利情况验算锚桩抗剪、抗弯强度：

$$\tau=\frac{T}{A}\leqslant[\tau] \quad (5.2.3-4)$$

式中　　T——桩受到的推力；

　　　　A——桩横截面面积；

　　　　$[\tau]$——允许剪应力。

$$\sigma=\frac{M}{W}\leqslant[\sigma] \quad (5.2.3-5)$$

式中　　M——桩受到的最大弯矩，为了确保安全度，采用上端铰结下端固结的计算模型，最大弯矩为：

$$M=1/15\gamma z^3\tan^2(45°+\varphi/2)+1/4cz^2\tan(45°+\varphi/2) \quad (5.2.3-6)$$

5.2.4　顶推速率

顶推速率要严格控制，顶推操作宜缓速、少偏幅和多次的原则，顶推施工中实际施加的水平顶推力小于 10kN。操作千斤顶时，开始行程要慢而小，推进到一定距离（不大于 2cm）后，立即卸荷，使活塞退回，并测量桩身回弹尺寸，做好记录。如此反复加荷、卸荷数次，使已固结的桩周土受扰动而减少阻力。待桩身回弹值越来越小时，再适当加大行程，并周而复始加荷、卸荷，逐步增大行程，循序缓缓推进，直至桩身恢复到符合要求为止。纠偏顶推速率控制在 2~5cm/h，满 5cm 后原位停止 1~2h，千斤顶顶推一个行程 10~15h 后停止 5~10h 再进行下一个行程的作业。千斤顶顶推完毕后不应马上拆除，待注浆加固 24h 后再拆除，以免倾斜桩回弹。

5.2.5　回灌砂碎石工艺

为避免顶推行程转换过程因桩头卸荷回复振荡对桩身质量造成不利影响，在一个行程完成的间歇时间内将顶推纠偏出现的空隙及时适量回填碎石以固定桩位，待间隙时间满足设定要求后再作下一行程的作业。

5.2.6　压浆施工工艺

纠偏到位后桩周空隙部位预埋注浆管，然后回填砂石和压注水泥浆液，灌浆自下而上进行，至孔口或地面溢流出水泥浆液为止。注浆参数如下：

1. 注浆孔布置

注浆加固深度一般至桩缺陷位置以下 0.5~1m。注浆孔距桩 20cm，孔径为 40mm。为确定注浆效果，

47

在现场进行了注浆试验，用静力触探法进行检测，检测注浆浆液扩散半径及对土体挤密作用范围。

2. 单孔注浆水泥用量

$$Q=K \cdot V \cdot n$$

式中　　Q——注浆浆液总用量（m³）；

　　　　K——经验灌注系数，取 0.2~0.5；

　　　　V——注浆加固对象的土量，$V=\pi r^2 l$，r 为注浆加固半径；

　　　　n——土孔隙率。

3. 注浆压力

注浆顺序为倾斜桩背向先注浆，注浆过程中应保持一定的注浆压力以便浆液的扩散及填充。注浆压力与注浆土质状况及浆液扩散半径有关，通常在填土中取 0.3~1.0MPa，在淤泥质土中取 0.2~0.5MPa。保持注浆压力 20~30min 慢慢地将水泥与水玻璃混合浆压入土体中。

5.2.7　纠偏检测

纠偏前要进行静荷载试验和低应变检测，掌握倾斜桩缺陷位置以及承载力下降情况。纠偏注浆后要进行静荷载试验和低应变检测，对纠偏前后桩承载力进行对比，分析纠偏注浆效果。

5.2.8　劳动力组织（表 5.2.8）

主要劳动力计划表　　　　　　　　　　　　　　　　　　表 5.2.8

序　号	工　种　名　称	人数（个）	工　作　内　容
1	项目经理	1	现场管理
2	技术负责人	1	技术指导
3	技术人员	2	实时监控压力
4	纠偏工	2	纠偏
5	测量工	2	测量倾斜率
6	钳工	4	安装纠偏机具
7	开挖工	2	挖土
8	普工	4	抽水及冲孔
9	搅拌工	1	制浆
10	注浆工	1	注浆
11	电工	1	施工用电
12	电焊工	1	焊接

6. 材料与设备

顶推设备采用 50t 液压千斤顶，槽钢、千斤顶、压力传感器、电脑、SYB50/ 50-Ⅱ型液压注浆机，注浆管材，高压离心泵，高压水龙头，污水泵，高压水管，橡胶水管若干，电焊机。

注浆管材由注浆管、排气管，回浆管组成，采用管径为 20mm 的镀锌钢管，管壁厚度采用 2.5mm。各种管材在使用之前必须进行通水，压力试验，保证管材不渗漏。

注浆材料采用水泥—水玻璃浆液，浆液水灰比根据现场试验确定，一般可取 0.5~0.65，减水剂掺量为水泥量的 1%，水玻璃:水泥浆（体积比）=1:5，水泥采用强度等级为 32.5 的普通硅酸盐水泥，水玻璃浓度为 38°Be。

7. 质 量 控 制

7.1　施工中要认真执行和遵守的主要规程和规范

《建筑地基基础工程施工质量验收规范》GB 50202-2002。
《建筑地基基础设计规范》GB 50007-2002。
《建筑地基处理技术规范》JGJ 79-2002。
《建筑桩基技术规范》JGJ 94-2008。

7.2 施工过程质量控制

纠偏注浆施工前应进行技术交底，要认真熟悉施工工艺，掌握出现异常情况的应对措施，保证桩纠偏注浆施工不出现差错。施工过程中主要进行如下控制：

7.2.1 做好纠偏机具就位。架设千斤顶时，要搁置平稳，中心线要对准桩身中心线。顶推前要校正千斤顶顶推支撑点、18号槽钢、千斤顶以及压力传感器是否成一条直线。

7.2.2 做好冲孔施工。冲孔施工要稳步推进，污水泵抽污速率要根据冲孔进度调整，保持地下水平衡。

7.2.3 做好砂石回灌工作。砂石回灌要及时而且要密实，碎石粒径要严格控制，碎石粒径要控制在1cm以内，砂和碎石要拌合均匀。

7.2.4 做好注浆施工。注浆浆液必须搅拌均匀，在水泥浆初凝之前，用插入式振动器自下而上重复振实，反复补浆直至孔口冒浆。

7.2.5 做好纠偏信息化施工。注浆纠偏加固时，必须定员、定点、定时对桩纠偏量以及顶推压力进行监测并及时反馈，现场技术人员应调整施工参数保证倾斜桩在相对平稳状态下纠偏。

7.2.6 纠偏注浆施工过程中认真填写桩纠偏施工记录，做到资料齐全、真实。

8. 安 全 措 施

必须根据安全管理的有关规定建立健全项目安全管理制度，在项目内部落实安全管理责任制，建立考核制度，实施奖罚措施，具体技术措施如下：

8.1 桩纠偏施工前施工场地平整，周围排水畅通。

8.2 桩纠偏机具就位后，必须平正、稳固，确保在施工中不发生倾斜、移动。纠偏施工区域内严禁非工作人员靠近。

8.3 千斤顶必须有验收合格证，纠偏指挥工必须持证上岗，纠偏施工过程中操作人员不得擅离岗位。

8.4 冲孔施工时密切注意地下水位情况，避免出现地下水位下降影响毗邻桩。

9. 环 保 措 施

冲孔前要安排好泥浆排放线路，要在施工场地设置泥浆池做好泥浆回收工作，防止泥浆污染环境。

10. 效 益 分 析

10.1 倾斜桩顶推和注浆组合纠偏施工工法有明显经济效益和社会效益，和传统方法相比主要优势是造价低、工期短。

10.2 以一个工程实例参数比较如下：采用上述方法进行桩基加固处理，总工期仅为2d，费用约为6000元。若使用沉井挖桩法施工（即沉井至断桩处凿除断桩后二次接桩），工期至少7d，费用7000元；采用补锚管桩加固施工，工期至少5d，费用1万元左右。

11. 应 用 实 例

11.1 温州瓯城花园工程，位于永嘉县滨江路，建筑面积为45600㎡，框架结构，开工日期为2006年5月，竣工日期为2008年3月，基础采用ϕ600厚壁预应力静压管桩，桩长为35m，共三节管桩连接而成,分别为 11m、12m、12m,接桩采用焊接,单桩设计承载力标准值为 1100kN,桩顶位于自然地面以下约 2.8m。土方开挖范围内土层为约 2m 厚杂填土及高压缩性淤泥质黏土,基础底板位于淤泥质黏土层中,采用单斗反铲挖掘机开挖土方,施工作业面在自然地面,从东向西退挖,挖土深度 3.0m 左右(机械开挖至 2.8m)。一次挖至设计标高。在机械开挖土方过程中,出现管桩受到机械碰撞现象,单侧开挖加剧了影响程度,发生大量桩倾斜的质量事故。静荷载试验表明倾斜桩承载力下降 20%~40%,低应变动测反映桩缺陷发生在桩顶下 4~6m 处,其中 I 类桩占检测桩数的 16%。II 类桩占检测桩数的 26.2%,III 类桩占检测桩数的 47.8%。倾斜桩最大倾斜率达 210mm。

经过多方案比较,采用顶推和注浆组合纠偏施工工法,倾斜桩得到了有效的纠偏,承载力获得了显著地提高,静荷载试验结果分别为 1210kN、1320kN、1320kN,分别为原设计承载力值的 110%、120%、120%,满足设计与施工规范要求。

11.2 瑞安聚鑫城工程,位于瑞安商城对面,总建筑面积为 91944㎡,框架结构,开工日期为 2006 年 7 月,竣工日期为 2008 年 9 月,2 号楼采用 φ700 预应力静压管桩,桩长为 35m,在基坑开挖过程中出现桩倾斜现象,低应变检测表明 II 类桩占检测桩数的 36.2%,III 类桩占检测桩数的 22.5%。倾斜桩最大倾斜达 265mm。采用顶推和注浆组合纠偏施工工法后,倾斜桩得到了有效的纠偏,承载力获得了显著地提高。低应变发现桩身完整性系数为 100%,满足设计与施工规范要求。

11.3 瑞安市中心广场 5 号地块工程,瑞安市中心广场南侧,总建筑面积为 39000㎡,框架结构,2005 年 5 月开工,2007 年 12 月竣工,采用 φ800 机械钻孔灌注桩,桩长 65m 在基坑开挖过程中出现桩倾斜现象,低应变检测表明 II 类桩占检测桩数的 50.6%,III 类桩占检测桩数的 18.7%。倾斜桩最大倾斜达 205mm。采用顶推和注浆组合纠偏施工工法后,倾斜桩得到了有效的纠偏,承载力获得了显著地提高,满足设计和施工验收要求。

抱压式桩端自引孔静压入岩ＰＨＣ管桩施工工法

GJYJGF006—2010

中鑫建设集团有限公司　浙江中富建筑集团股份有限公司
王铁　王桦　王伟东　陈立刚

1. 前　　言

预应力高强混凝土管桩（PHC管桩）作为一种技术先进、质量可靠的工业化生产的预制桩型，已经在工程建设特别是民用工程建设中得到大量的应用， PHC管桩传统施工方法存在无法穿透厚深砂、砾层技术难题；锤击施工振动大、噪声大；存在因挤密效应引起桩长长短不一现象严重；浅埋砂砾层为房屋建筑（特别是高层建筑）基础持力层，PHC管桩难以使用，使用范围存在局限性，不能发挥PHC管桩高强性能混凝土强度的作用等缺点。抱压式桩端自引孔静压入岩PHC管桩施工工艺攻克难以穿透厚深砂、砾层的重大技术难题，进一步推广了PHC管桩的使用范围，且其噪声小、无污染，符合国家环保要求。

南昌市紫金城、江西省奥林匹克体育中心主体育馆等大型建筑桩基工程采用抱压式桩端自引孔静压入岩PHC管桩施工技术，得到了成功应用，保证了工程质量、工期及安全，取得了良好的社会效益。该技术已经在江西、福建等地区的几十个桩基工程项目中得到成功应用，经不断总结形成本工法。

2. 工 法 特 点

2.1 施工方法简单，施工质量易于控制。

2.2 扩大了PHC管桩的适用范围。

2.3 使PHC管桩的单桩承载力得到大幅度的提高，充分发挥了PHC管桩的桩身极限承载力及持力层的桩端承载力，桩基础综合成本大幅度降低，经济效益显著。

2.4 克服了因砂砾挤密效应而造成的长短桩现象，整体上提高了桩基工程质量。

2.5 施工现场文明，无污染、无振动、无噪声，符合国家环保要求。

3. 适 用 范 围

本工法适用于需穿透浅埋砂砾层进入岩层或需将桩植入砂砾层一定深度作为房屋建筑（特别是高层建筑）桩基工程基础持力层的地质，可适用于民用建筑、大型公用建筑、高层建筑等桩基工程。

4. 工 艺 原 理

4.1 首先静压桩机将已安制特制四棱台型桩尖的PHC管桩静压至砂砾层面或进入砂砾层一定深度（一般在沉桩阻力增大至2m以内）时，再采用桩端冲水冲气自引孔，边引孔边静压使桩端穿透砾砂层后停止冲水冲气引孔，纯静压将桩压入强风化岩一定深度。

4.2 桩端自引孔静压入岩PHC管桩冲水冲气引孔过程是通过放入在PHC管桩桩尖内的高压水管、气管进行冲水冲气，使桩端密实的砂、砾石与水气在有限的管桩桩端四棱台型桩尖范围内形成水气砂砾涡漩，同时由于高压涡漩流体的携砂砾作用，通过从特制的四棱台型桩尖的侧壁回流孔回流，经管桩空腔至特制的密闭的送桩器空腔顶喷出,桩端部位砂砾石被高压水气混合物部分带走,降低管桩桩端的桩阻力,从而达到引孔穿透砂、砾石层的目的,使PHC管桩桩端在静压桩机静压作用下能够进入强风化泥质粉砂岩或至设计要求的持力层深度。

5. 工艺流程及操作要点

5.1 施工工艺流程图(图5.1)

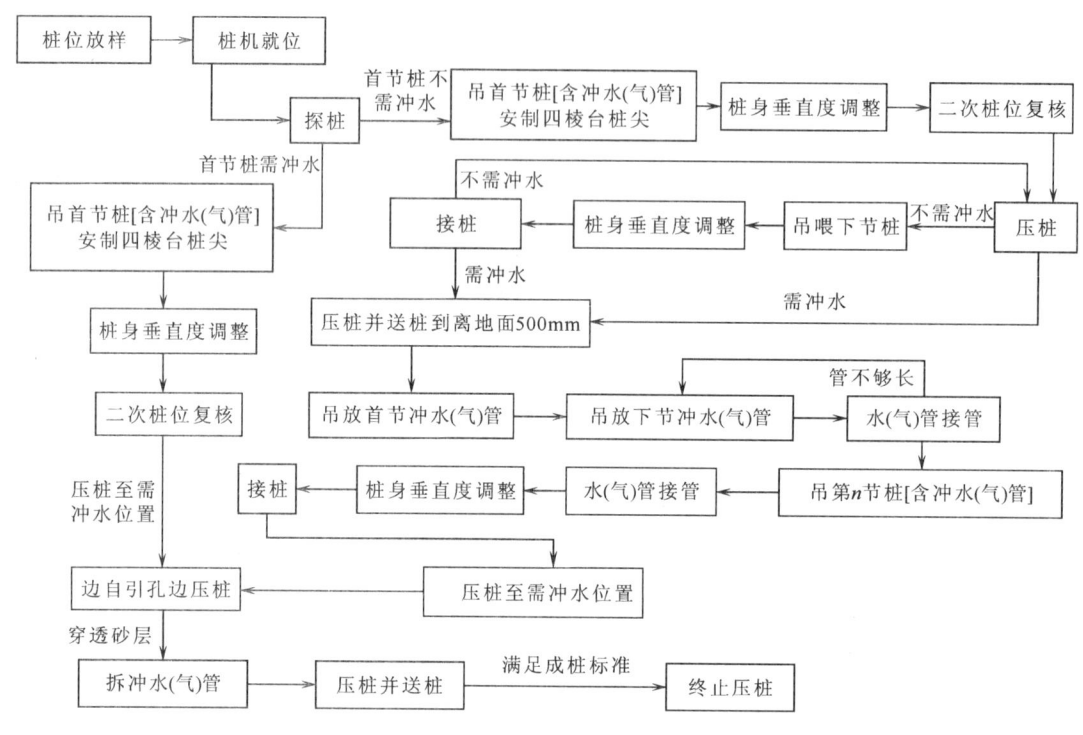

图5.1 施工工艺流程图

5.2 施工操作要点

5.2.1 施工准备要点

1. 正式施工前应具备下列技术文件资料:

1)岩土工程详细勘察报告;

2)桩基平面布置图、技术要求及高程;

3)试桩资料、施工组织设计方案。

2. 施工前应清除地面上各地下障碍物并做好场地平整,确保场地不沉陷,能够满足静压桩机施工要求,平整后场地标高宜高于管桩设计桩顶标高1m以上。

3. 做好建筑基准点及水准点的测量复核工作,并妥善保护,以便桩位放样定位的准确无误。

4. 认真仔细熟悉桩基图纸,桩位计算应进行二次复核,并经有关部门检查合格后方可投入放样,放样时亦应进行二次复核放样,确保桩位放样无误。

5. 施工前应检查好施工用电、用水是否能够满足施工要求。即施工用电总功率主要有两部分主成:静压桩机用电为150kW,自引孔成套设备用电为150kW,合计需提供不小于300kW用电功率;施工用水需提供为30~50m³/h的用水量。

5.2.2 施工工艺流程要点

该工艺施工可分成普通静压管桩施工、各桩端自引孔静压施工两个施工阶段。

1. 普通静压沉桩要点

1）桩位测量，静压桩机就位、对准桩位、调平。

2）采用钢制探桩器进行探桩（探桩深度根据杂填土情况而定），将条石、混凝土石块等小型地下障碍物挤开，避免障碍物挤进桩尖，堵塞水气进入桩端而无法形成涡漩（如可确定该场地无地下障碍物时，该工序根据实际情况可省去）。

3）吊入首节管桩（管桩内应先安放计算好的水气管井），桩起吊前应将桩身空腔内杂物清除干净。对准桩位将管桩插入地面，在管桩入土 1~2m 时进行桩身垂直度调整，边调整边压桩，桩身垂直度偏差不得大于 5‰桩长。此时进行二次桩位复核，桩位偏差控制在允许偏差的范围内时方可继续沉桩。

4）如此时沉桩阻力增大，普通静压无法沉桩时，应进行桩端自引孔（冲水冲气），边自引孔边压桩，直至桩尖达到持力层时终止引孔。如首节桩沉阻力小，应吊入第二节桩，电焊接桩完成后静压沉桩至无法进深或压桩力增大至一定时再进行自引孔，边自引孔边压桩。

5）终止引孔后还应进行静压沉桩，并将管桩送至桩顶标高（送桩时应保持送桩器与管桩在同一中心线上），或终压力达到设计要求后进行复压，复压次数不少于 3 次，确保桩尖与持力层有效咬合，达到压桩标准后终孔。

2. 桩端自引孔施工要点

1）将特制四棱台桩尖采用电焊方式将其焊至管桩桩端上，并确保桩尖中心线与管桩中心线一致。

2）自引孔冲水（气）管接管时，水、气管采用法兰盘连接，法兰盘中间垫橡胶垫片，并将螺栓锁紧，以确保接头严密不漏水。

3）引孔与压桩应同时进行，且冲水（气）管应不停地上下小幅度摆动，以防卡管。

4）冲水过程中，应按沉桩阻力的大小，及时调整水压和气压（一般控制在 0.8~1.2MPa）。当桩下沉达设计标高以上 0.5~1m 时，应停止冲水，采用单独静压沉桩法将桩送至设计标高或达到设计压桩力。

5）为防止高压水（气）从桩接头四周的水平缝喷出，焊接接桩时，钢帽间水平缝应焊满焊牢。

6）当砂层埋深较浅，第一节桩就位需引孔时，可将冲水（气）管预先放入桩孔中，一并起吊喂桩，压桩至需冲水位置，开启冲水（气）管自引孔静压沉桩；当砂层埋深较深时，先将桩压至砂层面，再安放冲水（气）管和接桩，压桩至需冲水位置，开启冲水（气）管，边冲水边压桩。水气管接管操作如图 5.2.2 所示。

图 5.2.2　水、气管拆接管示意图

7）为减小摩擦力的损失，施工前应进行试桩，以确定开始冲水、冲水过程、冲水结束时的压桩力控制。在准备冲水时先开启空气压缩机，当有一定的气压时再开启离心清水泵。冲水时压桩力按试桩标准进行控制。冲水过程中用吊车吊住冲水（气）管并不断小幅上下运动，以防止卡管。

8）自引孔结束后，停止压桩并将冲水（气）管分节拆除。送桩至设计持力层，达到终压条件后，压桩结束。

6. 材料与设备

6.1　选用的管桩空孔内不得有浮浆等杂物，管桩空孔部分直径应大于自引孔工艺使用的冲水、冲气管直径，一般采用 400~600mm 直径的管桩

6.2　特制四棱台桩尖（图 6.2）应根据管桩型号选择尺寸进行加工制作，确保桩尖在使用时不变形（表 6.2）。

桩尖参数表（单位：mm）　　表6.2

项目 外径	400	500		600	
壁厚	95	100	125	110	130
L1	260	340	290	420	380
L2	130	180	150	220	200
L3	65	75	100	90	110
h1	150	200	200	250	250
h2	150	200	200	250	250
d	10	12		14	
出水口钢筋12mm（4根）	L=140	L=200	L=250	L=470	L=450
主板、筋板数量	各4片	各4片		各4片	

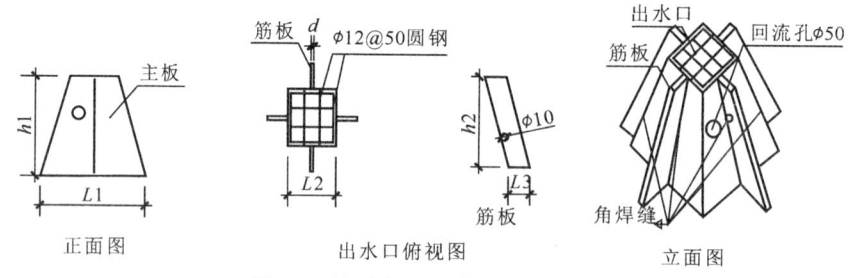

图6.2　桩端自引孔特制钢桩尖

6.3　主要机械设备配备表（表6.3）

主要机械设备配备表（一台静压桩机配备）　　表6.3

机械设备名称	规格型号	单位	数量	作业项目
静压桩机	600型以上	台	1	管桩施工
空气压缩机	10m³/min	台	1	高压引孔冲气
多级卧式水泵		台	1	高压引孔冲水
冲水管	75mm	m	根据场地范围具体确定	冲水管道
冲气管	30mm	m	根据场地范围具体确定	冲气管道
蓄水箱	50m³	个	1	蓄水
气体保护电焊机	500A	台	2	电焊接桩用
全站仪		台	1	
水准仪		台	1	

6.4　桩端自引孔设备系统图（图6.4）

6.5　劳动力组织（表6.5）

一台静压桩机一套自引孔设备劳动力组织（一个班组）　　表6.5

序号	工 种	人数	序号	工 种	人数
1	指挥	1	4	吊机长	1
2	测量	2	5	电焊工	2
3	桩机长	1	6	引孔设备操作工	1

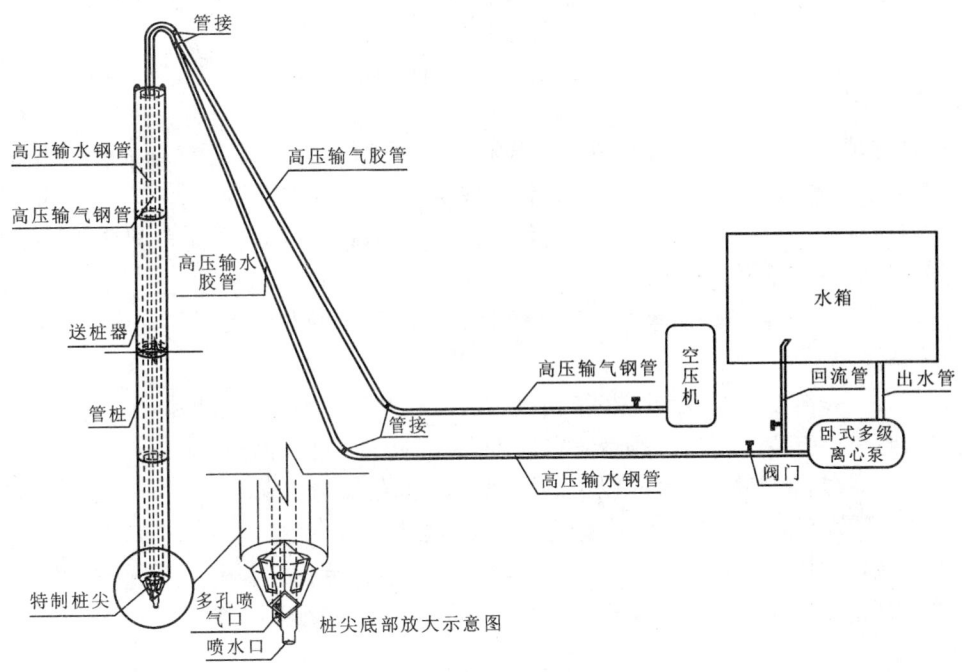

图 6.4　桩端自引孔设备系统图

7. 质 量 控 制

7.1　本工法所采用的施工技术规范

1. 江西省工程建设标准《抱压式桩端自引孔静压入岩 PHC 管桩》DB36/J 003-2006；
2. 《建筑桩基技术规范》JGJ 94-2008；
3. 《建设地基基础工程施工质量验收规范》GB 50202-2002；
4. 国家建筑标准设计图集《预应力混凝土管桩》03SG409；
5. 《先张法预应力混凝土管桩》GB 13476-1999。

7.2　质量标准要求

1. 桩身垂直度偏差不得超过 0.5% 桩长。
2. 严格控制好水压及气压值，水压最高值不宜超过 0.9MPa；气压最高值不宜超过 0.8MPa。
3. 桩尖焊接时，桩尖中心线应与管桩中心线一致，送桩时管桩、钢制送桩器应保持中心线一致。
4. 桩位放样误差控制：单桩为 1cm；多桩为 2cm。
5. 截桩后的桩顶标高允许偏差为 ±10mm。
6. 沉桩质量检查主要包括：管桩材料、桩位、桩身垂直度、持力层、桩顶标高、接桩质量等。
7. 检测数量根据设计及《建筑基桩检测技术规范》JGJ 106-2003 确定。
8. 桩端自引孔静压 PHC 管桩桩位允许偏差和检验方法（表 7.2）。

静压 PHC 管桩桩位允许偏差和检验方法　　　　　　　　　　　　　　　　　　表 7.2

项	项　　　　　　　目	允许偏差	检 查 方 法
1	盖有基础梁的桩： 垂直基础梁的中心线 沿基础梁的中心线	$100+0.01H$ $150+0.01H$	尺量检查 尺量检查
2	桩数为 1~3 根桩基中的桩	100	尺量检查
3	桩数为 4~16 根桩基中的桩	1/2 桩径或边长	尺量检查
4	桩数大于 16 根桩基中的桩： 最外边的桩 中间桩	1/3 桩径或边长 1/2 桩径或边长	尺量检查 尺量检查

8. 安 全 措 施

8.1 严格遵守现行的《建筑机械使用安全技术规程》JGJ 33、《施工现场临时用电安全技术规范》JGJ 46、《建筑施工安全检查标准》JGJ 59 等有关规定执行。

8.2 施工前必须探明施工场地地下障碍物和地下管线情况，在施工中采取相应的技术措施。

8.3 严禁机械设备带安全隐患投入施工。

8.4 起吊管桩时，应检查好钢丝绳、挂钩等是否存在安全问题，发现异常应立即更换处理，起重机吊臂半径内严禁站人。

8.5 特殊工种工作人员（桩机长、吊车司机、电工、焊工、指挥）必须持证上岗。

8.6 施工过程中，如遇大雨、暴雨或六级以上大风时，必须立即停止施工。

8.7 氧气瓶、乙炔瓶必须保持 5m 以上的距离，不要在阳光下暴晒，距明火必须保证 10m 以上的安全距离。乙炔瓶严禁倒放，乙炔瓶必须安装回火安全装置。

8.8 压桩作业区内应无高压线路，作业区应有明显标志或围栏，非施工人员不得进入工地。

8.9 桩机在行走或起吊管桩时，操作人员不得离开岗位，必须有专人指挥。

9. 环 保 措 施

9.1 成立专门的施工环境卫生管理小组，落实环落责任制度，在施工过程中严格遵守国家及地方有关环境保护的法律、法规和规定。

9.2 加强对加工机械、材料堆放、加工场地布置，生产生活垃圾的控制与管理。

9.3 遵守有关防火及废弃物处理的规定，接受周围群众及城市管理、环境管理部门的监督或检查。

9.4 生产作业限制在工程建设统一的布局要求内，做到标牌清晰、齐全，各种标识醒目，保证施工现场周围的清洁卫生。

9.5 将现场加工设备噪声控制在工程建设允许值以下，做好防尘、防锈措施。

9.6 泥浆和土方运输车辆的车厢应确保牢固、密闭化，严禁在装运过程中沿途抛、洒、滴、漏；工地出入口设置通畅的排水设施，并派专人冲洗出场运输车辆轮胎，保持出入口通道的整洁。

9.7 建立健全工地保洁制度，设置清扫、洒水设备和各种防护设施，防止和减少工地内尘土飞扬，降低粉尘对环境的污染。

10. 效 益 分 析

10.1 解决了穿透厚、深砂砾层的技术难题。

10.2 符合国家推广使用 PHC 管桩的技术政策。

10.3 使 PHC 管桩能够替代机械钻孔桩在超高层使用。

10.4 拓展 PHC 管桩在覆盖层为砂砾层的地区应用范围。

10.5 节约钢筋、水泥、砂石等建筑原材料。

10.6 实现节能减排、环保的良好效果。

10.7 与机械钻孔灌注桩费用对比，节约造价约 30%，施工效率是机械钻孔桩的 12 倍。

11. 应 用 实 例

11.1 南昌市紫金城

2007 年 6 月开始施工，是南昌超大型高档社区，其中 1~8 号楼高层（33 层）商业住宅群桩基础采用本工艺,地质主要以砂砾层为主,持力层为强风化泥质粉砂岩,在施工前采用预钻孔锤击 PHC 管桩进行的试桩,但由于其钻孔后施工过程中出现塌孔、桩身垂直度控制难等问题,施工后桩端无法进入设计持力层,静载试验值也无法发挥出 PHC 管桩承载力,经各方商定采用本工艺施工后,施工桩长、承载力等均达到设计要求。本工程总桩数达 7500 根左右,有效桩长约 13m,管桩工程量达 10 万 m³ 以上,工程质量良好。与机械钻孔桩相比节约造价约 30%。

11.2 江西省奥林匹克体育中心主体育馆

前期采用锤击 PHC 管桩试桩,但因穿透砂砾层深度较浅,锤击数达 4000 锤以上,但静载后承载力却无法满足设计要求,经各方同意后采用本工艺施工,2006 年 10 月开始施工,施工结果满足要求,有效桩长约 23m,桩端持力层进入圆砾岩 6m 以上,工程总桩数 800 根,静载及低应变检测结果均满足设计要求,工程质量良好。

11.3 其他工程应用实例见表 11.3

其他工程应用实例 表 11.3

工程名称	建设单位	桩基础施工形式	建筑层式及桩端持力层	开竣工日期
名城花园	福州名城房地产开发有限公司	抱压式桩端自引孔静压入岩 PHC 管桩	18 层 强风化岩层	开工 2002 年 3 月 竣工 2002 年 8 月
闽侯合盛工艺品有限公司办公大楼	福州闽侯合盛工艺品有限公司	抱压式桩端自引孔静压入岩 PHC 管桩	12 层 强风化岩层	开工 2003 年 7 月 竣工 2003 年 10 月
福州闽侯合盛工艺品有限公司厂房	福州闽侯合盛工艺品有限公司	抱压式桩端自引孔静压入岩 PHC 管桩	厂房 强风化岩层	开工 2004 年 4 月 竣工 2006 年 6 月
江西省农村信用社联合社综合办公大楼	江西省农村信用社联合社	抱压式桩端自引孔静压入岩 PHC 管桩	12 层 中风化粉砂岩层	开工 2005 年 11 月 竣工 2005 年 12 月
江西省武警总队	南昌武警干部住宅小区	抱压式桩端自引孔静压入岩 PHC 管桩	18 层 中风化粉砂岩层	开工 2008 年 11 月 竣工 2009 年 1 月

高性能水泥土连续墙施工工法

GJYJGF007—2010

中国一冶集团有限公司　中国新兴保信建设总公司

王平　胡磊　蒋学茂

1. 前　　言

城市地下空间的开发和利用已成为一种方向和趋势，城市地下空间的开发和利用离不开有效的深基坑支护技术，在众多的深基坑支护技术和方法中，很少具有我国自主知识产权的深基坑支护方法，在这一领域我国一直处于被动和落后的地位，尤其是型钢水泥土连续墙，一直采用的是日本 SMW 工法，但即使具有世界领先水平的 SMW 工法也存在如下工程技术难题需要解决：1）由于土层的多样性和含水量以及分层厚度的不同使得在孔内原位搅拌水泥土导致水泥土均匀性较差；孔内原位搅拌水泥土导致水泥土的强度、抗渗性、均匀性均受制于原状土，导致水泥土墙的强度低、抗渗性和强度不均匀，无法制备高性能水泥土。2）钻杆和搅拌叶片的体积较大，占水泥土墙体体积的 30% 左右，使得配合比中 30% 的水泥排放掉，即 30% 的水泥浪费了，没有起作用；同时，体积较大的钻杆和搅拌叶片要在土中进尺，只能喷入水灰比非常大的（1.5~2）水泥浆（稀浆），是传统水泥浆水灰比的三倍，即搅拌水泥土的水泥浆的强度本身就较低，因此水泥土的强度也较低且不均匀；3）SMW 工法为不等厚墙；4）排出水泥土浆有污染，约占墙体体积的 30% 左右，且泥浆外运成本高；5）成墙断面有限（墙厚在 650~1000mm），SMW 工法成墙深度≤38m，难以满足工程的多样性要求。

针对日本 SMW 工法的上述四个工程技术难题，我们经过 8 年的研究和实践，在充分消化吸收日本 SMW 工法的基础上，进行创新，吸收其精华，发明了"挡土止水二合一"和"等厚度"水泥土连续墙施工新工艺——高性能水泥土连续墙（等厚墙，发明专利）和高性能水泥土（发明专利），使水泥土和水泥土连续墙的各种性能完全处于可控状态，最大成墙深度达到 80m，最大成墙厚度达到 1.5m，高性能水泥土 28d 无侧限抗压强度为 1.5~5MPa，并在 8 项国家、省市重点工程中成功应用，应用范围涉及高层建筑、市政工程及大型公共建筑等。

高性能水泥土连续墙作为成套技术和工艺已获得了 2010 年度湖北省科技进步二等奖和中冶集团科学技术奖二等奖（国科奖社准字［2002］02-0035 号）以及 7 项专利，其中 5 项发明、2 项实用新型专利即高性能水泥土连续墙（发明）、高性能水泥土桩的施工方法（发明）、钢结构锁口梁及利用其进行基坑支护的方法（发明）、全液压式 H 型钢静拔机（发明）、移动式高性能水泥土自动搅拌站（实用新型）、静力拔桩机的液压系统（发明）、静力拔桩机的顶升机构（实用新型），填补了我国在此领域知识产权的 7 项空白，具有资源节约，环保节能的功能，取得了良好的经济效益和社会效益。

2. 工 法 特 点

2.1 采用施工钢筋混凝土连续墙的设备——液压抓斗成墙，液压抓斗成墙的同时同步向墙内注入墙体的主材——孔外搅拌的高性能水泥土浆，高性能水泥土浆既是墙体的主材，在成墙的过程中又起护壁作用，液压抓斗成墙深度到位时墙体内已全部盛满高性能水泥土浆，成墙效率高，便于掌握和控制。

2.2 高性能水泥土连续墙为等厚度墙体，受力芯材的间距可灵活布置。墙体更加平整、连续、致密、均匀，成墙效果好。

2.3 采用液压抓斗挖出的黏土进行造浆或将钻孔灌注桩排出的泥浆进行回收，将水泥系固化剂和泥浆及粉煤灰在孔外利用特制的全自动搅拌设备制备高性能水泥土浆，泥浆和水泥浆在液体状态下搅拌更加均匀，反应更加充分，所形成的水泥土墙体的强度比传统水泥土高 3 倍，抗渗性能好，使水泥土的强度、抗渗性、均匀性均不再受制于原状土，使水泥土的各种性能完全处于可控状态，可配置高性能水泥土，使水泥土也具有高性能。解决了传统孔内搅拌水泥土容易产生"千层饼"、"鸡蛋芯"、强度不均、抗渗不均等质量通病。

2.4   不仅不排放泥浆而且还可以利用钻孔桩排出的泥浆制备高性能水泥土浆，或采用连续墙抓斗挖出的土造浆，配合比中可掺入粉煤灰，变废为宝。墙体芯材实现了多样化，可以采用 H 型钢 、预制桩等芯材，如为 H 型钢则可以拔出重复使用。

2.5   当高性能水泥土的强度达到 1.5~5MPa 时，工程实践和有限元分析均表明：可提高水泥土连续墙 5%~15% 的刚度，即在安设同样 H 型钢的条件下，高性能水泥土连续墙的安全度进一步提高。

2.6   该工法突破了只有日本 SMW 工法才能施工挡土止水二合一水泥土连续墙的技术难题，突破了传统水泥土只能在孔内进行搅拌的技术难题，采用液压抓斗能施工水泥土连续墙，使得水泥土的强度（1.5~5MPa）、抗渗性能（抗渗系数<$1.0×10^{-7}$m/s）和墙身的均匀性不再受制于原状土的影响，可形成水泥土强度更高、平整性、连续性、致密性更好、均匀性更好、深度更深（可达 80m）、墙厚更厚（可达 1.5m）、土层适应性更好的挡土止水二合一水泥土连续墙。

2.7   实现了拔出 H 型钢方式的多样化，除可采用传统的小型静拔装置和低频振动锤拔桩外，设计和制造了大型全液压静拔机，提高了拔桩效率，还可采用高频低振幅全液压拔桩锤，减少了对周边环境的影响，提高了拔桩效率。

3. 适 用 范 围

适用于民用和公共建筑、市政和堤防工程，可在淤泥、砂土、粉土粉砂互层、黏性土及人工填土、卵石、强风化软岩等多种土层，尤其是在有机质含量较高的土中、非常软弱的土中（如 50kPa 以下淤泥）也能成墙。根据需要墙体厚度为 400mm、600mm、800mm、1000mm、1200mm、1500mm 等多种不同厚度，深度可达 80m。根据基坑深度的不同可采用竹筋笼、H 型钢、预制桩等受力芯材。

4. 工 艺 原 理

高性能水泥土连续墙工法采用施工钢筋混凝土连续墙的设备——液压抓斗成墙，利用特制的全自动水泥土浆搅拌设备在孔外制备水泥土浆，液压抓斗成墙的同时同步向墙内注入墙体的主材——孔外搅拌的高性能水泥土浆，高性能水泥土浆既是墙体的主材，又在成墙的过程中起护壁作用，成墙深度到位时墙体内已全部盛满高性能水泥土浆，在高性能水泥土浆凝固之前，安设预先制作好的受力芯材（竹筋笼、H 型钢、预制方桩等），水泥土浆凝固后就成为一道连续致密的挡土止水二合一等厚度水泥土连续墙，水泥土起止水作用、受力芯材承受外力，它具有挡土止水二合一的功能；成墙顺序为 1、3、5……或其他跳挖形式，相邻单元之间搭接成墙，最后形成平整的连续致密的等厚度水泥土连续墙，支护任务完成后，即可拆除钢结构锁口梁和拔出受力芯材。

传统的水泥土桩（浆喷桩、粉喷桩、高压旋喷桩）和日本 SMW 工法均是在孔内原位搅拌。由于各土层的强度、厚度和含水量不同，孔内搅拌的水泥土必然会出现沿水泥土桩竖向分布不均匀的情况，桩身容易出现"千层饼"和"鸡蛋芯"的质量通病，即使具有世界先进水平的日本 SMW 工法也没有摆脱在孔内搅拌水泥土的技术难题。

高性能水泥土连续墙的水泥土反应机理虽然和日本 SMW 工法一样，也是基于水泥和土的化学反应，但不同之处是高性能水泥土连续墙的水泥土是在孔外利用特制的设备搅拌，泥浆和水泥浆（含粉煤灰）两种液体的搅拌形成的水泥土浆更加均匀，反应更加充分，形成的水泥土更加致密，使得水泥土的强度、抗渗性能和墙身的均匀性不再受制于原状土的影响，大量检测报告表明该工法的水泥土强度和抗渗能力大大提高，水泥土强度是SMW工法的3倍，抗渗系数<$1.0×10^{-7}$m/s。

5. 施工工艺流程及操作要点

5.1 施工工艺流程

高性能水泥土连续墙工艺由导墙制安、测量定位、液压抓斗就位及成墙、孔外制备高性能水泥土浆、高性能注水泥土浆、受力芯材制作和安设、施工基坑的其他部分、换撑及回填土、受力芯材拔出等工序组成，各个工序紧密相连，互相配合。高性能水泥土连续墙的施工工艺流程，详见图5.1。

5.2 操作要点

5.2.1 导墙制安

高性能水泥土连续墙采用施工钢筋混凝土连续墙的设备——液压抓斗成墙，但因为没有浇筑混凝土和安设重型钢筋笼的过程，导墙通常采用装配式钢结构。

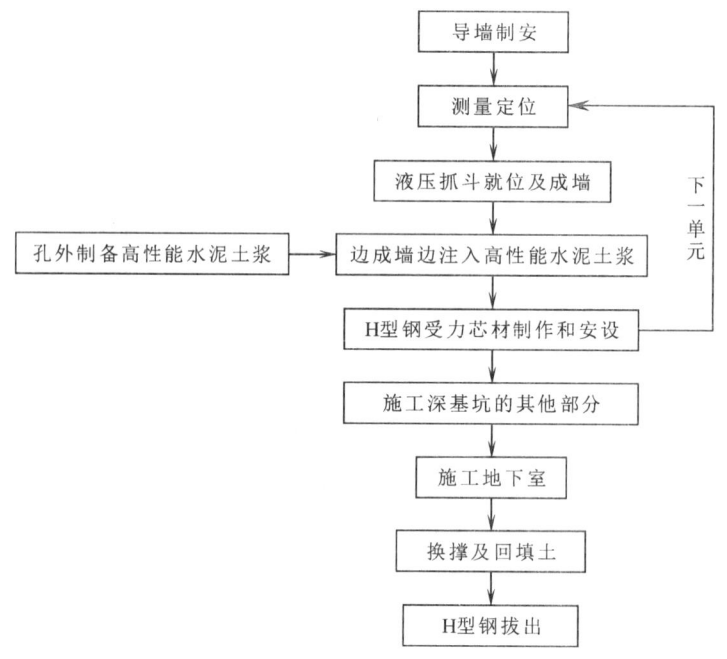

图5.1 高性能水泥土连续墙施工工艺流程图

1. 导墙通常采用装配式工字钢、槽钢或H型钢，导墙内边线应在一条线上，每间隔2~3m用钢筋横向加固，导墙外侧应用黏土填实。

2. 根据控制点和控制轴线，测放导墙的中心线，导墙的中心线应和连续墙中心线重合，中心线允许偏差为±10mm。导墙宽度应比连续墙设计厚度加宽50mm，其净距允许偏差为±10mm。

3. 导墙转角处要焊接牢固，施工过程中，应及时校正导墙的定位尺寸，倾斜度偏差不大于0.5%。

4. 导墙上的泥土应及时清除，保证定位标志清晰。

5.2.2 测量定位

根据控制点和控制轴线，测放每段墙体的位置，将墙宽的两边定位线标注在导墙上，同时便于施工中校核。

5.2.3 液压抓斗就位及成墙

1. 液压抓斗就位前，应用仪器复核墙宽的定位线，防止堆积土体的挤压或附近成墙的扰动，造成定位点移位。

2. 液压抓斗就位时，派2人分别在机前和机侧用吊锤观察，指挥液压抓斗调整机架和抓斗的垂直度，液压抓斗定位后，用吊锤和水平尺及时进行检查复测，液压抓斗对位偏差不得大于20mm。

3. 液压抓斗的宽度不小于设计墙体宽度，墙体偏差不大于20mm，成墙深度不小于设计墙深，液压抓斗机架垂直度偏差不大于1/200。

4. 液压抓斗的成墙顺序为1、3、5……或其他跳挖形式，相邻单元之间搭接成墙，最后形成平整的连续致密的等厚度水泥土连续墙。抓斗成槽时，进尺速度应保证泥土能及时排除。挖出的泥土距正在成墙的槽段的距离大于6m，并在成槽完成后应将其予以清除，防止对刚施工的墙体产生不利影响。

5.2.4 孔外制备高性能水泥土浆

1. 泥浆制备质量的好坏直接影响到高性能水泥土连续墙的质量。根据对水泥土强度和抗渗性的不同要求，可选择多样化的配制原料如现场钻孔灌注桩的泥浆、现场黏土、现场黏土+黄泥等，必要时可加入膨润土，泥浆制备完成后，应检测泥浆性能是否满足要求（黏度18~22s，含砂率<4%，胶体率>90%~95%，pH值8~10）。制备好的泥浆存放入泥浆储存池，存放时间过长时，应采用搅拌机进行搅拌，防止泥浆产生离析、沉淀。

2. 高性能水泥土浆制备前应经试验室试配，高性能水泥土浆由特制的全自动水泥土浆搅拌机搅拌，高性能水泥土浆的搅拌与加料要遵守以下原则：先加泥浆，后加水泥，搅拌时间不小于3min。高性能水泥土浆比重由比重计或电子天平测定。浆液应搅拌均匀，随搅随用。

5.2.5　注高性能水泥土浆

1. 高性能水泥土连续墙采用的是同步注浆工艺，液压抓斗每进尺一米就同步注入1m墙高的高性能水泥土浆，即液压抓斗成墙的同时同步向墙内注入墙体的主材——高性能水泥土浆，高性能水泥土浆既是墙体的主材，又在成墙的过程中起护壁作用，成墙深度到位时墙体内已全部盛满高性能水泥土浆。

2. 成墙到设计底标高时，应会同监理人员或业主代表共同检查墙深。

3. 高性能水泥土浆的停注标高应超灌0.8m，灌入量应大于理论值（充盈系数不小于1.1）。

5.2.6　芯材安设

1. 注浆结束后，立即安设芯材。

2. 芯材采用H型钢时，H型钢的顶端加焊宽度同H型钢的腹板宽度、高100mm的钢板，预留φ100吊装孔，安放前涂刷减摩剂，插入时靠近墙内边放置，便于腰梁与其连接，并固定在导墙上，H型钢翼缘朝向基坑。

3. 作为受力材料的芯材必须验收合格后方可吊装，芯材必须对准定位控制卡垂直插入，芯材朝向不能插偏和插反，吊装时控制好芯材顶标高，防止过高或过低。芯材位置偏差不大于30mm，标高偏差不大于50mm，垂直度偏差不大于1%。

5.2.7　施工地下室、换撑及回填土

换撑施工是保证基坑安全的关键工序之一，也是拆除内支撑的前提，根据设计要求换撑有如下几种方法：采用地下室基础结构进行换撑、采用斜撑进行换撑、采用结构楼板进行换撑等。

1. 采用地下室基础结构作为换撑

为保证基坑和周边建构筑物的安全，在满足结构设计和施工规范要求的前提下，尽快将地下室底板施工完成，并且竖向支护结构和地下室底板之间应用素混凝土填实，以保证地下室底板处为刚性支点。

2. 采用钢结构斜撑进行换撑

1）在基础底板和墙板的交接处（在基础底板上），如图5.2.7-1所示埋设预埋件。

2）在支护结构内侧施工换撑用围檩。

3）安装钢结构斜撑。

3. 采用结构梁板进行换撑

高性能水泥土连续墙和地下室外墙有一定的距离，高性能水泥土连续墙和楼板之间采用钢管或工字钢等传力构件，如图5.2.7-2所示。

5.2.8　芯材拔出（芯材为H型钢）

1. 待地下结构施工到±0.00，基坑土方回填完毕，才能拔出H型钢。

2. 采用高频率低振幅的振拔器拔出H型钢时，在吊车就位处铺好钢板或路基箱，然后吊车就位，吊起振拔器，夹住型钢端头，起吊时钢丝绳必须锁紧牢靠，对位要求准确。

3. 型钢端头帮板焊接必须焊牢、焊实，振拔器夹具和型钢连接必须牢固。

4. 启动振拔器振拔型钢，原位振动15~30s后，边振边拔桩。

5. 当型钢拔出力迅速下降时，停止振拔，用吊车吊起型钢。

6. 采用资助研发设计和制造的"大型全液压式H型钢静拔机"拔出H型钢时，应先在静拔机下铺好钢板或路基箱，初拔时夹持器和H型钢之间应垫辅助钢板，H型钢松动以后再按正常情况静拔。

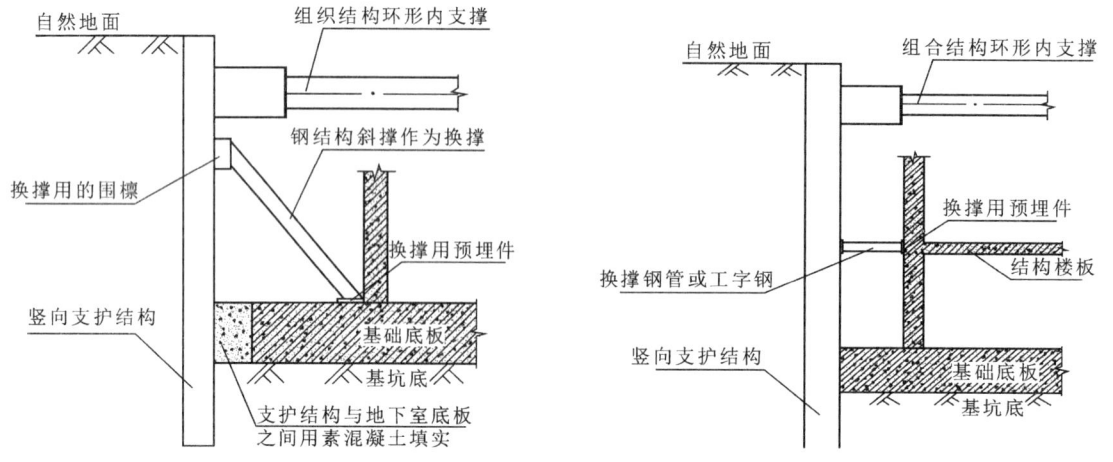

图 5.2.7-1 采用钢结构斜撑进行换撑示意图 　　　图 5.2.7-2 采用结构梁板进行换撑示意图

7. H 型钢拔出后用水泥砂浆将拔出的空隙填实。

5.3 劳动力组织

主要人员配备表 　　　　　　　　　　　　　　　　　　　　　　　表 5.3

工　　种	人数（个）	工　　种	人数（个）
液压抓斗操作工	4	泥浆搅拌机操作工	2
水泥土浆搅拌机操作工	2	注浆机操作工	2
高频振动锤操作工	2	电焊工	4
起重工	2	测量工	2
吊车司机	2	电工	2
反铲司机	2	普工	20
合　计（个）			46

6. 材料及设备

本工法无需特别说明材料，主要机具设备见表 6.1。

主要机具设备表 　　　　　　　　　　　　　　　　　　　　　　　表 6.1

序号	名　　称	规格、型号	功率（kW）	台数	用　　途
1	液压抓斗	BS65 型	160	1	成墙
2	泥浆搅拌机	G80	22	1	造泥浆
3	高性能水泥土浆搅拌机	XNT-80	22	1	造高性能水泥土浆
4	注浆机	ZJ-120	37	1	注水泥土浆
5	高频振动锤	D80	300	1	拔 H 型钢
6	电焊机	BX₃-500	11	1	焊接 H 型钢
7	吊车	25t		1	起吊 H 型钢
8	反铲	1m³		1	清弃土
9	全液压静拔机	JBJ300	100	1	拔出 H 型钢

7. 质 量 控 制

7.1 高性能水泥土连续墙质量控制措施

7.1.1 高性能水泥土 28d 无侧限抗压强度 1.5~5MPa。

7.1.2 高性能水泥土浆的比重为 1.5g/cm³。

7.1.3 高性能水泥土的渗透系数 $K \leq 1.0 \times 10^{-7}$cm/s。

高性能水泥土连续墙质量控制措施表　　　　　　　　　　　　表 7.1

序号	常见问题	控制措施
1	连续墙中心偏位	连续墙中心标志要醒目，并专人指挥液压抓斗定位。夜间施工要有明亮的照明。破坏的定位应及时补测、及时定位
2	连续墙厚度偏小	定期专人检查抓斗斗齿，及时维修和换新斗齿
3	连续墙墙身倾斜	施工前做好清障工作，液压抓斗定位后，应吊线检查主塔的垂直度，液压抓斗应在牢固的地基上或垫路基箱，保持液压抓斗稳定性。施工过程要随时抽检
4	墙身夹杂异物	应随时将孔口周围的泥土清理干净，防止泥土掉入槽内未凝固的水泥土浆中
5	有效墙深不够	专人检查墙体成槽深度和同步注浆情况
6	墙顶水泥土强度不够	注浆后 2h 要有专人检查水泥土沉淀情况，及时补浆至设计液面标高；专人检测泥浆比重和水泥土浆比重

7.2 高性能水泥土连续墙施工允许偏差

高性能水泥土连续墙施工允许偏差　　　　　　　　　　　　表 7.2

项　次	项　　　目	允 许 偏 差	
		单　位	数　值
1	墙底标高	mm	+100
2	墙顶标高	mm	±20
3	墙表面偏差	mm	±15
4	墙宽	mm	≥B
5	墙体垂直度	%	<0.5%
6	受力芯材长度	mm	±50

8. 安 全 措 施

8.1 认真贯彻"安全第一，预防为主"的方针，根据国家有关规定、条例，结合施工单位实际情况和工程的具体特点，组成专职安全员和班组兼职安全员以及工地安全用电负责人参加的安全生产管理网络，执行安全生产负责制，明确各级人员的职责，抓好工程的安全生产。

8.2 电缆线路应采用"三相五线"连接方式，电气设备和电气线路必须绝缘良好，场内架设的电力线路其悬挂高度和线间距除按安全规定要求进行外，将其布置在专用电杆上。

8.3 施工场地内一切电源、电路和电气设备的安装和拆除，应由持证电工负责，电器必须接地或接零并设置漏电保护器，现场电线电缆必须按规定架空，严禁拖地和乱拉乱搭。

8.4 所有机械操作人员必须持证上岗，各种机械设备应专人专用，禁止无证操作，电机等运转部位设置防护罩。

8.5 安装液压抓斗时，液压抓斗的工作面应夯实、平整，必要时应铺设钢板或路基箱，支撑点受力均匀。钻机各种管路接头密封良好，无漏油、漏气、漏水现象。

8.6 液压抓斗入土切削和提升过程中，当负荷太大超过预定值时应减缓液压抓斗进尺速度，一旦发生卡斗现象，应采取措施将抓斗提起，以防埋斗。液压抓斗工作时如发生异常响声、漏油等不正常现象时应立即停机检查，排除故障后，方可作业。

8.7 液压抓斗施工作业时周边 2m 不得站人。液压抓斗的组装和拆卸及施工移位，应按照安全技术措施作业。

8.8 起重机起吊时，要有专人指挥，不准多人乱指挥。

8.9 必须将电焊机平稳的安放在通风良好，干燥的地方。不准靠近高热以及易燃易爆危险的环境。电气控制箱必须执行接地接零保护。

8.10 氧气瓶与乙炔瓶隔离存放，严格保证氧气瓶不沾染油脂、乙炔发生器有防止回火的安全装置。乙炔瓶、氧气瓶和焊炬、明火的距离不得小于10m，否则应采用隔离措施。

9. 环 保 措 施

9.1 成立施工环境卫生管理机构，在工程施工过程中严格遵守国家和地方政府下发的有关环境保护的法律、法规和规章，加强对施工燃油、工程材料、设备、废水、生活垃圾、弃渣的控制和治理，遵守防火及废弃物处理的规章制度，做好交通环境疏导。充分满足便民要求，认真接受城市交通管理，随时接受相关单位的监督检查。

9.2 将施工场地和作业范围限制在工程建设允许的范围内，合理布置、规范围挡，做到标牌清楚、齐全，各种标识醒目，施工场地整洁文明。

9.3 对施工中可能影响到的各种公共设施制定可靠的防止损坏和移位的实施措施，加强实施中的监测、应对和验证。同时，将相关方案和要求向全体施工人员详细交底。

9.4 设立专用排浆沟、集浆坑，对废浆、污水进行集中，认真做好无害化处理，从根本上防止施工废浆乱流。

9.5 定期清运沉淀泥砂，做好泥砂、弃渣及其他工程材料运输过程中的防散落与防沿途污染措施，废水除按环境卫生指标进行处理达标外，并按当地环保要求的指定地点排放。弃渣及其他工程废弃物按工程建设指定的地点和方案进行合理堆放和处治。

9.6 优先选用先进的环保机械。采取设立隔声墙、隔声罩等消声措施降低施工噪声到允许值以下，同时尽可能避免夜间施工。

9.7 对施工现场道路进行硬化，并在晴天经常对施工通行道路进行洒水，防止尘土飞扬，污染周围环境。

10. 效 益 分 析

10.1 经济效益

10.1.1 由于高性能水泥土连续墙实现了泥土、泥浆、H型钢、钢结构锁口梁四种材料的重复循环利用，材料成本低。

10.1.2 液压抓斗既可以施工钢筋混凝土连续墙也可以施工高性能水泥土连续墙，实现了一机多用，设备成本低，效率高。

10.1.3 不用购买昂贵的TRD设备（1500万元/台）也可以施工等厚度水泥土墙，并且高性能水泥土连续墙墙体的强度更高、均匀性更好、施工更方便、成本低。

工程实践证明，在同等条件下高性能水泥土连续墙的工程造价一般为钢筋混凝土排桩的85%~90%，可大幅节省投资。该工法和国内传统支护方法——排桩+止水帷幕相比成本下降10%，和日本SMW工法相当。

10.2 社会效益

填补了我国在此领域的5项空白，打破了日本技术的垄断。突破了只有日本SMW工法才能施工挡土止水二合一水泥土连续墙的技术难题。发明了高性能水泥土连续墙的成套技术及工艺，解决了施工永久钢筋混凝土连续墙的液压抓斗不能施工型钢水泥土墙的技术难题，拓宽了液压抓斗的应用范围，实现了一机多用；不用购买昂贵的TRD设备也可以施工等厚度的水泥土墙，并使水泥土连续墙强度更高、均匀性更好、深度更深、墙厚更厚、土层适应性更好。

实现了水泥土连续墙在深度、厚度、墙体的强度、墙体的抗渗性、墙体的均匀、墙体的平整性、质量可控度的全面升级，使水泥土和水泥土连续墙达到了一个全新的技术高度，推动了该行业的科技进步。

10.3 节能环保效益

高性能水泥土连续墙工法安全环保、质量可靠、工期短、造价低，具有很强的市场竞争力。它具有如下四方面节能环保功能：

10.3.1 不仅不排放泥浆而且还可以利用钻孔桩排出的泥浆制备高性能水泥土浆。

10.3.2 采用液压抓斗挖出的黏土进行造浆，水泥土浆可掺入粉煤灰，变废为宝。

10.3.3 H 型钢可以拔出重复使用，不仅符合国家循环经济的政策而且解决了支护结构留在地下对地下空间的二次污染问题。

10.3.4 挡土止水二合一，支护结构占地少，可使地下室面积最大化，提高土地的利用率。

10.3.5 钢结构锁口梁也可重复循环使用。实现了四种材料的可循环使用即①泥浆②泥土③竖向受力芯材 H 型钢④钢结构锁口梁均可重复循环使用，符合国家低碳经济和可持续发展的产业政策。尤其是利用废弃泥浆做主材使用，把废弃的污染环境的泥浆变成绿色环保建材，环保效益高。

11. 应 用 实 例

自 2006 年以来先后在武汉香港新世界中心、铁四院科技大楼、新华明珠、中山医院、武汉市汉正街人防工程、广州 JFE 钢厂等多项国家、省、市重点工程的深基坑支护中应用本工法，应用范围涉及高层建筑、市政工程及大型公共建筑、工业厂房等，具有很好的发展和推广应用前景，取得了显著的经济效益与社会效益。

11.1 铁四院科技大楼工程位于武汉市和平大道旁，地上 24 层，地下 2 层，一边临和平大道，三边为天然地基的办公楼和住宅楼，深基坑工程周长约 410m，基坑面积约 9000m²。本工程所处场地紧临长江、地下水丰富，坑侧壁有粉土，易流淅，坑底以下为粉土、粉砂互层和粉砂，易突涌。基坑开挖深度为 11m，基坑工程安全等级为一级，采用高性能水泥土连续墙+两层内支撑的支护方式，高性能水泥土连续墙为 600mm 等厚墙，内插型钢 HN450×200 间距 900mm，墙深 18m。挡土、止水二合一，在非常复杂的周边环境和距长江边很近的情况下安全高效地完成了基坑支护的任务。实现了零险情的目标，基坑开挖效果受到监理和业主的高度赞扬。

11.2 武汉香港新世界中心深基坑工程位于武汉市汉口利济北路与解放大道交汇处，地处武汉市最繁华的核心闹市区，深基坑边为三层立交桥和煤气管道、高压电缆沟等设施，环境极为严峻。基坑开挖深度 10.5~11.5m，基坑工程安全等级为一级。采用挡土止水二合一发明专利技术——高性能水泥土连续墙，墙厚为 600mm，内插 HZ450 型钢，水平间距为 0.55m。在支护结构外侧沿轴线方向每 4.0m 布置一根 φ650 扶壁桩（内插 H 型钢）。设置两道内支撑，桩顶采用双拼 300mm×300mmH 型钢冠梁，设置 4 根 HZ450 型钢围檩。支撑构件为 φ630 钢管，壁厚为 12mm。实现了零风险的目标，保证了周边立交桥和各种设施的安全。基坑开挖效果受到监理和业主一致好评。

11.3 中山医院医技楼深基坑工程紧邻汉江，地下水位高，地下两层基坑周边均为天然地基的既有建筑物即四层门诊楼、9 层住院部、地下污水池均和基坑相距很近，基坑工程安全等级为一级，采用高性能水泥土连续墙+一层内支撑的支护方式，该工程高性能水泥土连续墙为 600mm 等厚墙体，利用高性能水泥土连续墙作为挡土止水二合一墙，内插 H 型钢 HN500×300@700mm 和 H 型钢 HN450×200@600mm，有效地保证了基坑侧壁的止水要求，实现了基坑和周边建筑物的双重安全的目标。

超大型基坑工程踏步式逆作施工工法

GJYJGF008—2010

上海市第一建筑有限公司　舜元建设（集团）有限公司

朱毅敏　黄玉林　周臻全　彭韬　姜峰

1. 前　　言

逆作法施工作为一项成熟的基坑工程施工技术，现已被广泛应用在各类基坑工程中，但其施工环境差，出土效率低的问题一直未能得到充分的解决。近几年来，盆式开挖、大开口等逆作施工技术相比传统逆作法在施工环境及出土效率等方面有所改善，但改善效果有限。上海市第一建筑有限公司针对超大型基坑工程逆作施工作业环境差和出土效率低的问题，从逆作施工工艺和逆作土方施工技术两方面进行研究和探索，提出了踏步式逆作施工技术，并完成课题《超大型基坑工程踏步式逆作施工技术》。该课题于 2009 年 12 月通过上海市科委的课题验收，并经中国科学院上海科技查新咨询中心的查新与水平检索，研究成果总体上达到了国际领先水平。该项技术在莘庄龙之梦购物广场基坑工程应用过程中，逆作施工环境好、出土效率高，地下结构施工速度快，对周围环境影响小，取得良好的经济及社会效益。为了更好地将该项技术推广应用到超大型基坑工程中，发挥其作用，特编制本工法。

2. 工 法 特 点

2.1 踏步式逆作施工技术采用周边结构由上至下逐层扩大的踏步式逆作，中心区后期顺作的总体流程，形成中心区大面积敞开式的盆状半逆作基坑。

2.2 施工环境好。踏步式逆作施工减少了上部逆作区域对下部逆作区域的覆盖，施工环境得到明显的改善。

2.3 出土速度快。踏步式逆作结构提供了土方机械坑内就近挖土的作业面，且作业面上方无结构覆盖，不受层高限制；同时结合下坑挖土栈桥、坑内挖土平台等设施，使土方机械、土方运输车可进入坑内，直接行驶至取土点作业，形成立体化操作面，相比现有逆作法施工首层取土的方法，大大提高了出土效率。

2.4 基坑变形小。采用逆作结构与环梁相结合的支撑体系作为基坑支护，充分发挥环梁支撑拱效应；同时结合逆作岛式土方开挖技术，在中心区设置反压土，有效控制坑底隆起和坑外沉降，减少基坑变形和对周围环境的影响。

2.5 经济效益高。相比传统逆作法节省了中心顺作区的格构柱、混凝土垫层、逆作区的照明及送风设备，具有良好的经济效益。

3. 适 用 范 围

本工法适用于基坑面积不小于 10000m²，开挖深度不小于 15m 的超大型深基坑工程。

4. 工 艺 原 理

本工法是采用周边结构由上至下逐层扩大的踏步式逆作，后期中心区自下而上顺作的总体施工流程。采用踏步式逆作施工工艺，最大限度地减少了上层逆作区域对下层逆作区域的覆盖，明显改善逆作施工环境；利用踏步式逆作结构提供的作业面，结合下坑挖土栈桥、坑内挖土平台等设施，使土方机械、土方运输车可进入坑内，直接行驶至取土点作业，形成立体化操作面，大大提高出土效率；采用逆作岛式土方开挖施工技术，在中心区设置反压土，有效控制坑底隆起和坑外沉降，减少基坑变形和对周边环境的影响。

5. 施工工艺流程及操作要点

5.1 工艺流程图（图 5.1）

5.2 操作要点

5.2.1 前期准备工作

1. 编制基坑施工组织设计，主要内容包括逆作结构、土方开挖等施工方案。

2. 根据工程实际情况合理划分基坑顺、逆作分区，对各工况进行计算分析，确定各层周边逆作区楼板跨数及加强撑的形式。

3. 在顺逆作分区确定的基础上，制定总体挖土方案，根据工程需要布置下坑挖土栈桥及坑内挖土平台，确定车辆行驶路线。

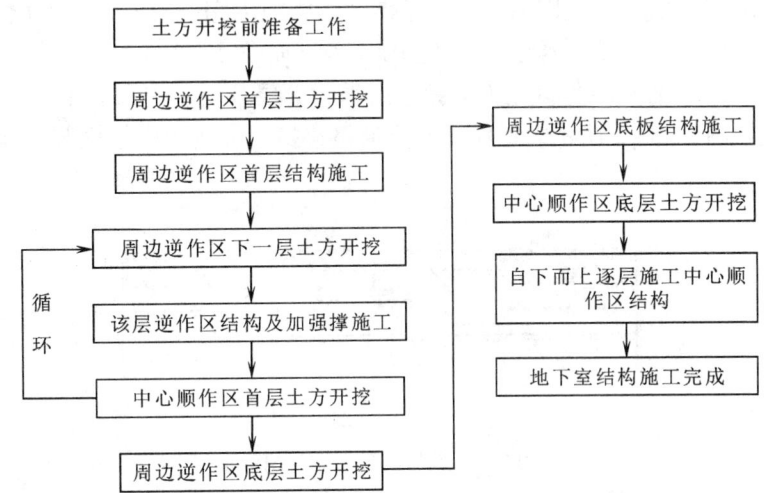

图 5.1 工艺流程图

4. 应在挖土前做好基坑围护结构施工、逆作区支撑立柱桩施工、降水施工等工作。

5.2.2 逆作区结构与加强撑施工

1. 逆作区结构与加强撑施工采取自上而下逐层扩大的踏步形式，形成盆状半逆作基坑。如图 5.2.2-1 和图 5.2.2-2 所示。

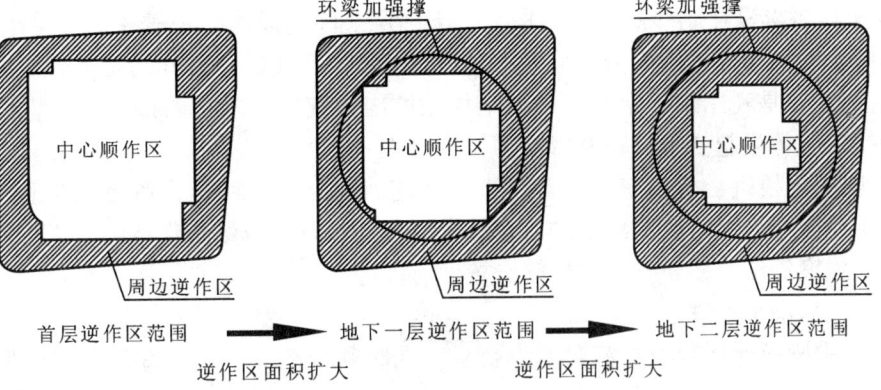

图 5.2.2-1 踏步式逆作区结构平面图

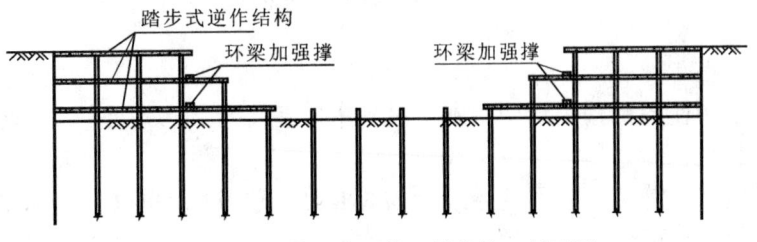

图 5.2.2-2 踏步式逆作区结构施工剖面图

2. 逆作结构模板可采用土模板、吊模、排架支承模板，采用排架支承模板时应确定合适的排架高度。

3. 环梁加强撑应与逆作区结构同期施工，为方便后期拆除，环梁加强撑宜做成反梁上翻的形式，如图5.2.2-2所示。

4. 注意对逆作区结构边缘处预留钢筋的保护，应保护好钢筋的螺纹丝扣，采取防护和防锈处理，施工过程中不得随意弯折与切割预留钢筋。

5. 在逆作区结构有高差的位置应做加固处理，提高支护结构整体稳定性。

5.2.3 土方施工

1. 本工法土方施工采用逆作岛式土方开挖施工技术，即自上而下先行开挖各层逆作区土方，并随即完成该层的逆作结构，待逆作区结构施工完成后再开挖上层中心区土方，形成中心顺作区土方开挖始终比周边逆作区延迟一层的施工工况。如图5.2.3-1所示。

2. 各层逆作区土方开挖应遵循"分层分块、先角后中、对角对称施工、对边对称施工"的原则，如图5.2.3-2所示，逆作区土方通过小挖机驳运至中心区装车运出。

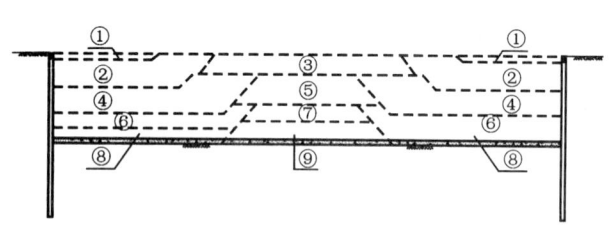

图5.2.3-1 逆作岛式土方开挖示意图

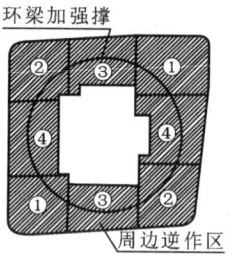

图5.2.3-2 挖土分区图

3. 逆作区土方须待上层混凝土结构达到设计强度后才能开挖，开挖过程中严禁土方机械碰撞围护结构、支撑立柱桩、井点管等，应保证开挖过程均匀卸载，避免塌方或立柱变形。

4. 中心区土方开挖时，于逆作区结构与中心岛土方之间设置连接通道作为出土点，土方开挖由中心岛边位置向出土点退挖。开挖时确保各工况下中心区土方坡度在允许范围内。

5. 土方开挖施工过程中，应做好坑内降排水工作。

5.2.4 下坑挖土栈桥与坑内挖土平台

1. 下坑挖土栈桥架设在踏步式逆作结构上、下两层之间的设施，一般在下层逆作结构完成后施工，再在中心顺作施工阶段予以拆除。栈桥坡度不宜过大（不大于1:8），并作防滑处理。

2. 坑内挖土平台是利用地下室永久梁板结构在坑内设置挖土施工的操作平台，设置时应考虑其与逆作区结构连接时土体隆起变形的不利影响。

3. 根据下坑挖土栈桥、坑内挖土平台及土方开挖、出土的实际需要确定坑内土方机械车辆的行驶路线，根据施工荷载要求对行驶路线上的所有结构（含踏步式逆作结构作业区）进行加固处理。如提高配筋率和混凝土强度等级，栈桥支承立柱间设置剪刀撑等。

5.2.5 节点及后浇带处理

1. 立柱与结构梁板连接节点要满足受力要求，同时须构造简单易于施工，并应保证节点处混凝土易于浇捣密实。

2. 逆作区楼板设有后浇带时，应进行相应的处理，以满足后浇带承受竖向荷载以及传递水平力的要求。

5.2.6 中心顺作区施工

1. 中心区自下而上顺作各层楼板结构，施工过程中应注意与周边逆作楼板的连接，原预留梁板钢筋应进行除锈及调直处理。

2. 浇筑混凝土前应清除施工缝表面的浮浆、软弱混凝土层及松动的石子，将混凝土表面的污物及垃圾清理干净，并充分洒水润湿。

5.2.7 实时动态监测

1. 基坑施工全过程应进行实时动态监测,监测应包含如下几个方面:围护墙顶沉降位移、加强撑应力、墙体和土体的水平位移、立柱隆沉、周边建筑物沉降及裂缝、周边管线沉降以及基坑内外的地下水位。

2. 应将施工过程中的监测结果与设计计算结果进行综合对比分析以判断施工方案的合理性,并指导下步施工。当监测结果出现异常时,应采取必要的工程措施,杜绝盲目施工。

6. 材料与设备

6.1 主要材料
本工法主要材料有钢筋,角钢、槽钢等规格化型钢,钢材,商品混凝土,防水材料等。

6.2 主要机具设备

主要机具设备   表6.2

序号	设备名称	型号规格	单位	用途
1	地墙成槽机	SG40A—60	台	地下连续墙施工
2	吊机	100T、200T 履带吊	台	吊装
3	塔吊	ST55/13 TC5610	台	吊装
4	挖机	大、中、小型	台	土方施工
5	伸缩臂挖机	PC200SC—6	台	土方施工
6	钢筋弯曲机	GW50	台	钢筋加工
7	钢筋直螺纹机	GY—40C	台	钢筋加工
8	钢筋切断机	GJ40A	台	钢筋加工
9	电焊机	BX1—500	台	钢筋加工
10	木工圆锯	ϕ600	台	模板加工
11	木工平刨车	MB504	台	模板加工
12	混凝土泵车	SY5600THB—66	台	混凝土泵送
13	混凝土搅拌车	HDJ5250GJBIS	台	混凝土运输
14	振动器	插入式	台	混凝土振捣
15	经纬仪	J2	台	工程测量
16	水准仪	DS3	台	工程测量

7. 质 量 控 制

7.1 应用该工法进行基坑工程施工时应满足国家及地方的标准规范,主要有:

《建筑工程施工质量验收统一标准》GB 50300-2001;

《建筑地基基础工程施工质量验收规范》GB 50202-2002;

《建筑地基处理技术规范》JGJ 79-2002;

《地下防水工程质量验收规范》GB 50208-2002;

《混凝土结构工程施工质量验收规范》GB 50204-2002;

《钢筋焊接接头试验方法标准》JGJ/T 27-2001;

《钢筋机械连接通用技术规程》JGJ 10-2003。

7.2 立柱是逆作楼板结构的支承构件,其垂直度应满足设计和规范要求,采用专用调垂系统进行控制,在逆作施工期间应特别重视立柱与梁板的节点处钢筋绑扎与混凝土浇捣。

7.3 必须严格控制逆作区的楼板轴线及标高,其误差应控制在±2mm内。

7.4 逆作区土方采用分区开挖施工,在开挖过程中应确保已完成结构施工区域边界处支承排架的稳定。

7.5 由于土方运输车下坑取土,土方运输车行驶范围内楼板须进行加固处理,并征得结构设计部门的同意。

8. 安 全 措 施

8.1 应用该工法时需满足国家及地方安全相关的标准规范:

《建筑施工安全检查标准》JGJ 59-99;

《建筑施工与扣件式钢脚手架安全技术规范》JGJ 130-2001;

《建筑机械使用安全技术规范》JGJ 33-2001;

《施工现场临时用电安全技术规范》JGJ 46-88。

8.2 所有施工人员进入施工现场必须戴好安全帽,扣好帽带,严格遵守安全生产纪律。

8.3 各层顺逆作分界、楼板结构洞口、栈桥及栈桥岛边缘处应通长布置脚手防护,并设立醒目的警戒标志。

8.4 采用逆作岛式开挖技术,中心区留土应根据实际情况放坡,并采取护坡措施保证土体的稳定。同时应做好基坑的排水工作,防止雨季逆作区积水过多。

8.5 土方机械下坑作业需设置专行通道,机动车辆行驶道路与人员通道完全分开,采用隔断分离。土方运输车进入坑内应限速行驶。

8.6 下坑挖土栈桥拆除施工期间,应做好对楼板结构的保护工作,以免对结构楼板造成额外损伤。

8.7 由于存在挖土与结构施工同步进行的情况,塔吊吊运材料时指挥需上下同步到位,吊装范围内严禁挖机挖臂转向过快。

8.8 施工期间监测数据出现异常时,应暂停施工,并立即采取有效措施,保证周围环境及基坑的安全。

9. 环 保 措 施

9.1 做好对施工过程中渣土和建筑垃圾的处理工作。加强对施工工地的管理,保持施工场地清洁。工地出口落实外出车辆的清洁措施,确保周边道路的环境整洁。

9.2 做好施工现场废水、污水的处理工作。场地四周采取有效的挡水措施,防止场地污水流出,保证现场排水畅通;施工现场清洗所产生的污水,经过沉淀后排入市政排水管道,以防止排水管道堵塞。

9.3 选用环保型排放施工机械,改进施工工艺,杜绝不必要的噪声产生。对某些不可避免的噪声,采取隔声屏障的办法以吸收和隔阻噪声的扩散。

10. 效 益 分 析

10.1 作业环境:踏步式逆作施工工艺减少了上层逆作区域对下层逆作区域的覆盖,形成中心区大面积敞开式的盆状半逆作基坑,逆作施工作业环境大为改善,自然采光与通风条件良好,节省了照明及通风设备的投入,具有较好的环保节能性。

10.2 出土效率和工期:踏步式逆作法施工中踏步式挖土栈桥、下坑挖土栈桥和坑内挖土平台等挖土设施的应用，实现了土方机械和土方运输车进入坑内作业，形成立体化操作面，大大提高了出土效率，出土速度较传统逆作法快 1~2 倍，缩减地下室结构施工工期 30%。

    10.3 经济效益：采用踏步式逆作法施工节省中心顺作区格构柱和各层楼板的混凝土垫层，具有良好的经济效益。

11. 应 用 实 例

    超大型基坑工程踏步式逆作施工工法已成功应用在杨浦中央社区中心区域、莘庄龙之梦购物广场等工程中，取得了良好的经济效益与社会效益，具有广阔的推广应用前景。

典型工程实例 表 11

工 程 名 称	开、竣工日期	地 点	基坑面积（m²）	基坑挖深（m）	工法应用时间
杨浦中央社区中心区域	2004.5~2006.12	上海杨浦区淞沪路政立路	30000	13.2	2004.5~2005.9
上海莘庄龙之梦购物广场	2009.3~	上海市莘庄镇	26000	18.3	2009.3~2009.12

自适应支撑系统基坑变形控制施工工法

GJYJGF009—2010

上海市第五建筑有限公司 上海城建建设实业（集团）有限公司

王正平 李立顺 吕达 高顺成 顾国明

1. 前　　言

伴随着城市化的大发展，土地资源的极度紧缺，环境复杂且软土地基的深基坑工程日益增多，近邻建（构）筑物、地铁、地下管线等的深基坑大量涌现，基坑施工变形控制要求日益苛刻。若不对深基坑施工进行严格的变形控制，邻近的建（构）筑物、地铁等会因为较大变形而影响其正常使用，严重时甚至引发事故，所造成的经济损失和社会影响是不可估量的。

南京西路 1788 项目为开挖深度超过 15m 的软土地基深基坑工程，基坑南侧南京西路下有平行基坑走向、距基坑 10m、正在运营中的地铁二号线区间隧道，在基坑和隧道之间还分布有煤气、电力、雨污水等众多市政管线。基坑工程施工需防止土方开挖引起的地层移动和地表下沉，防止地表及周边既有建（构）筑物、地铁隧道发生过量变形与破坏是一个重大的技术难题。

上海市第五建筑有限公司联合上海城建建设实业（集团）有限公司开展了科技创新，取得了能有效控制基坑施工变形并确保周边环境、既有建筑物、构筑物、地下管线以及邻近地铁、隧道使用安全的"自适应支撑系统基坑变形控制施工方法"这一国内领先、国际先进水平的新成果，于 2010 年 7 月通过了上海市城乡建设和交通委员会鉴定，并已获得国家知识产权局授权的专利七项，公开发明专利六项，受理专利二项。同时形成了自适应支撑系统基坑变形控制的施工工法，在控制基坑施工变形、确保周边环境安全方面效果明显，技术先进，具有显著的社会效益和经济效益，并在多个深基坑工程中得到成功应用。

2. 工 法 特 点

2.1　自适应支撑系统，是结合了现代机电液一体化自动控制技术、计算机信息处理技术以及可视化监控系统等高新技术手段，对支撑轴力进行全天候不间断监测，并根据高精度传感器所测参数值对支撑轴力进行适时的自动或手动补偿来达到控制基坑变形的支撑系统。

2.2　自适应支撑系统利用钢支撑端部设置千斤顶轴力补偿装置形成自适应支撑补偿系统，能有效地根据轴力变化及时、灵敏、自动的补偿支撑轴力，达到实时控制基坑变形。

2.3　自适应支撑补偿系统具有安全、可靠、操作可视化、经济性好和系统响应快、精度高等特点，通过在基坑两侧地连墙支撑标高处设置型钢支座，从而达到安装自适应支撑系统时快速、简单、高效、可操作性强，使系统得以快速运作补偿轴力，控制基坑的变形。与同类型基坑工程采用非自适应补偿系统比较，地下连续墙最大变形能控制在 20mm 以内，邻近地铁最大变形能控制在 10mm 以内，完全满足设计要求。

2.4　自适应补偿系统可以实现对钢支撑轴力的补偿，同时也可以对钢支撑轴力进行降压、保压。

2.5　钢支撑是自适应支撑系统的控制对象，也是其保护的对象。为了保障钢支撑的安全，自适应支撑系统采取双保险的安全策略：千斤顶的机械锁和液压自锁双保险。其中液压自锁是指千斤顶内部无泄漏，当外界发生变化时（如断电或油管损坏），千斤顶可以自动保持压力恒定，具有可靠的自锁能力。

2.6　利用计算机将数据处理和信息反馈技术应用于施工，用可视化的界面监测指导施工，动态修正施工方法和支护参数，确保基坑施工安全。

3. 适 用 范 围

邻近周边建（构）筑物且变形有严格要求的软土地基基坑工程（如周边邻近保护文物、重要建构筑物、轻轨、地铁车站、隧道、地下管线等基坑工程）。

4. 工 艺 原 理

自适应支撑补偿系统由液压动力泵站系统，千斤顶轴力补偿装置，电气控制与监控系统组成。通过设置在基坑围护结构上的型钢支座，快速安装自适应支撑系统，其采用了机电液一体化自动控制技术、计算机信息处理技术以及可视化监控系统等高新技术手段；通过电气监控系统，控制液压动力泵站中钢支撑端部的千斤顶轴力补偿装置，达到对轴力及时、灵敏、自动进行补偿的控制技术，只要设定系统压力值，就可以有效控制基坑变形。

5. 施工工艺流程及操作要点

5.1 系统组成

自适应支撑系统主要由监控站、操作站、现场控制站、液压系统、总线系统、配电系统、通信系统、移动诊断系统、千斤顶、液压站接线盒装置等部分组成。

根据自适应支撑系统各组成部分功能特点的不同，一般分为三个系统：液压动力控制系统、钢支撑轴力补偿执行系统、电气与监控系统。

5.2 施工工艺流程

自适应支撑系统现场布置（包括设备、线路、供电等）→安装调试→基坑开挖→钢支撑及千斤顶安装→施加预应力→启动自适应支撑系统自动调压程序→结构施工→钢支撑拆除→自适应支撑系统拆除。

5.3 操作要点

5.3.1 现场布置

现场布置包括设备和线路的现场布置及供电系统的布置。根据基坑形状及开挖方案，将自适应支撑系统的现场控制站及泵站沿基坑边缘设置。现场控制站与泵站、泵站与千斤顶的布置位置坚持线路最短原则。系统平面架构如图5.3.1。

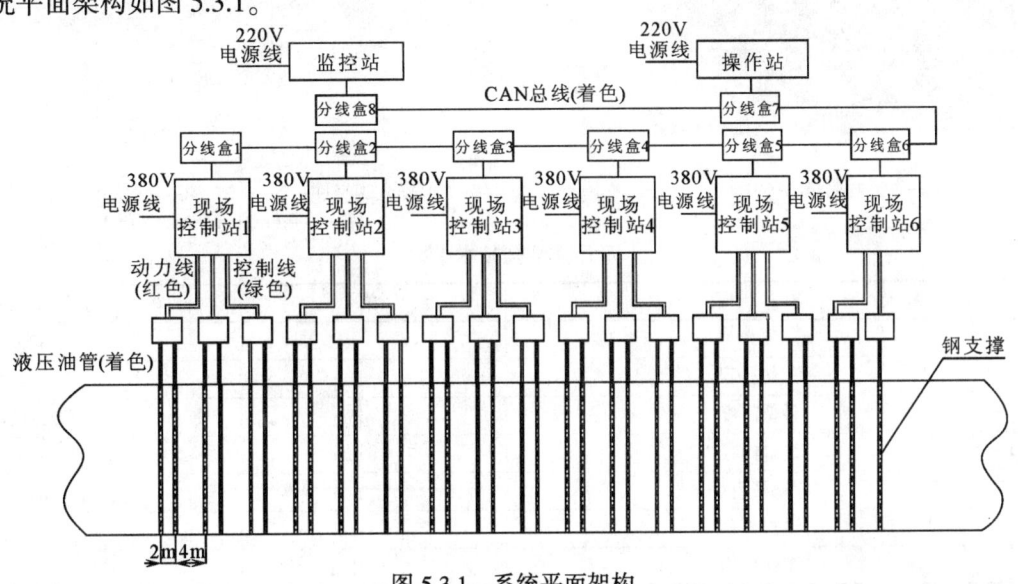

图 5.3.1 系统平面架构

5.3.2 各系统操作要点

1. 液压动力控制系统

采用独立式钢支撑轴力补偿液压系统，即局部几根距离较近的钢支撑配置一套相对独立的小泵站液压系统，能大大提高轴力补偿所需的系统响应精度，达到对轴力及时、灵敏、自动进行补偿，确保支撑轴力的基本稳定。

2. 钢支撑轴力补偿执行系统

钢支撑轴力补偿执行系统如图5.3.2-1所示，主要由钢箱体、钢支架平台和千斤顶组成。本系统属于自适应支撑系统的支座节点装置，通过底部圆弧形支座固定大吨位千斤顶，千斤顶的一端与钢箱体端头封板接触，另一端与地连墙内的预埋钢板抵紧，保证轴力的正常传递，确保安全。

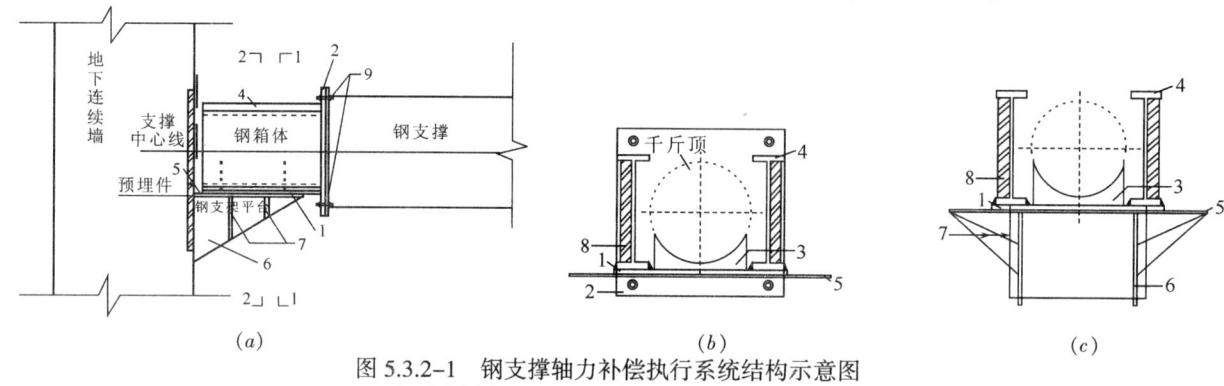

图5.3.2-1 钢支撑轴力补偿执行系统结构示意图
(a) 立面示意图；(b) 1—1剖面图；(c) 2—2剖面图
1—底钢板；2—侧钢板；3—支座钢板；4—H型钢；5—面板；
6—牛腿筋板；7—侧向牛腿筋板；8—加劲板；9—螺丝

钢箱体结构如图5.3.2-2所示，一方面起到固定千斤顶的作用，是千斤顶的固定装置；另一方面也作为钢支撑的有效组成结构，当千斤顶出现故障需要置换时，通过增加垫块使钢箱体承受钢支撑的所有荷载，保证千斤顶的正常置换。

千斤顶结构是分体式带机械锁保险装置的增压油缸，如图5.3.2-3。

图5.3.2-2 钢箱体结构图

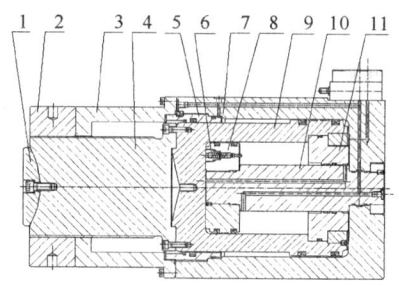

图5.3.2-3 千斤顶结构图

1—顶块；2—锁紧螺母；3—连接过渡套；4—螺杆；5—导向套1；
6—机械安全阀组件；7—缸体；8—活塞；9—活塞杆1；
10—活塞杆2；11—导向套2

千斤顶结构技术参数 表5.3.2

序号	项 目	单 位	参 数
1	顶力	t	300
2	工作行程	mm	150
3	最低高度	mm	796~800
4	油缸内径	mm	300
5	活塞杆直径	mm	280
6	油缸外径	mm	395
7	工作压力	MPa	31.5

3. 电气与监控系统

电气与监控系统采用 DCS 系统，由监控站、操作站、现场控制站、钢支撑液压站电气系统、总线通信系统和移动诊断系统等组成。靠近基坑边设置若干个控制站，每个控制站分别控制 3 个泵站（液压系统），每个泵站控制 4 个钢支撑。各个站点通过 CAN 总线实现数据采集或发送控制指令（图 5.3.2-4~图 5.3.2-8）。

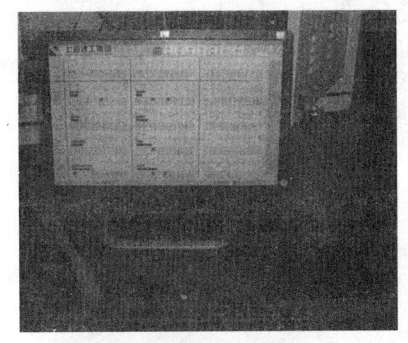

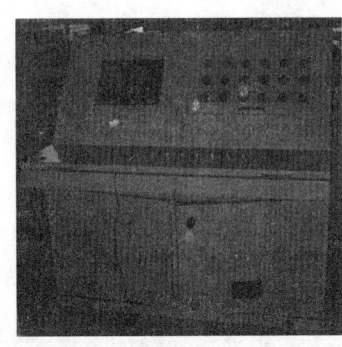

图 5.3.2-4　监控站　　　　　　　　　　　图 5.3.2-5　操作站及工作界面

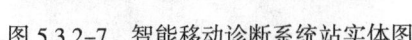

图 5.3.2-6　现场控制站　　　　　　　　　图 5.3.2-7　智能移动诊断系统站实体图

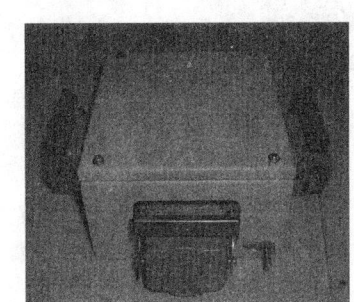

图 5.3.2-8　液压站电气系统

5.3.3　钢支撑安装流程

完成自适应支撑系统的现场布置及安装调试后，需要进行钢支撑的安装。具体安装流程如下，详见图 5.3.3。

（1）将钢箱体与钢支撑通过高强度复螺栓或焊接连接为整体；

（2）将钢支架平台在设计位置与预埋钢板焊牢；

（3）将钢箱体连同支撑一起吊装至钢支架平台；

（4）吊放千斤顶至钢箱体内，并安装油管；

（5）预撑钢支撑，待预撑到位后安装限位构件；

（6）通过千斤顶对钢支撑施加预应力；

（7）启动自适应支撑系统自动调压程序。

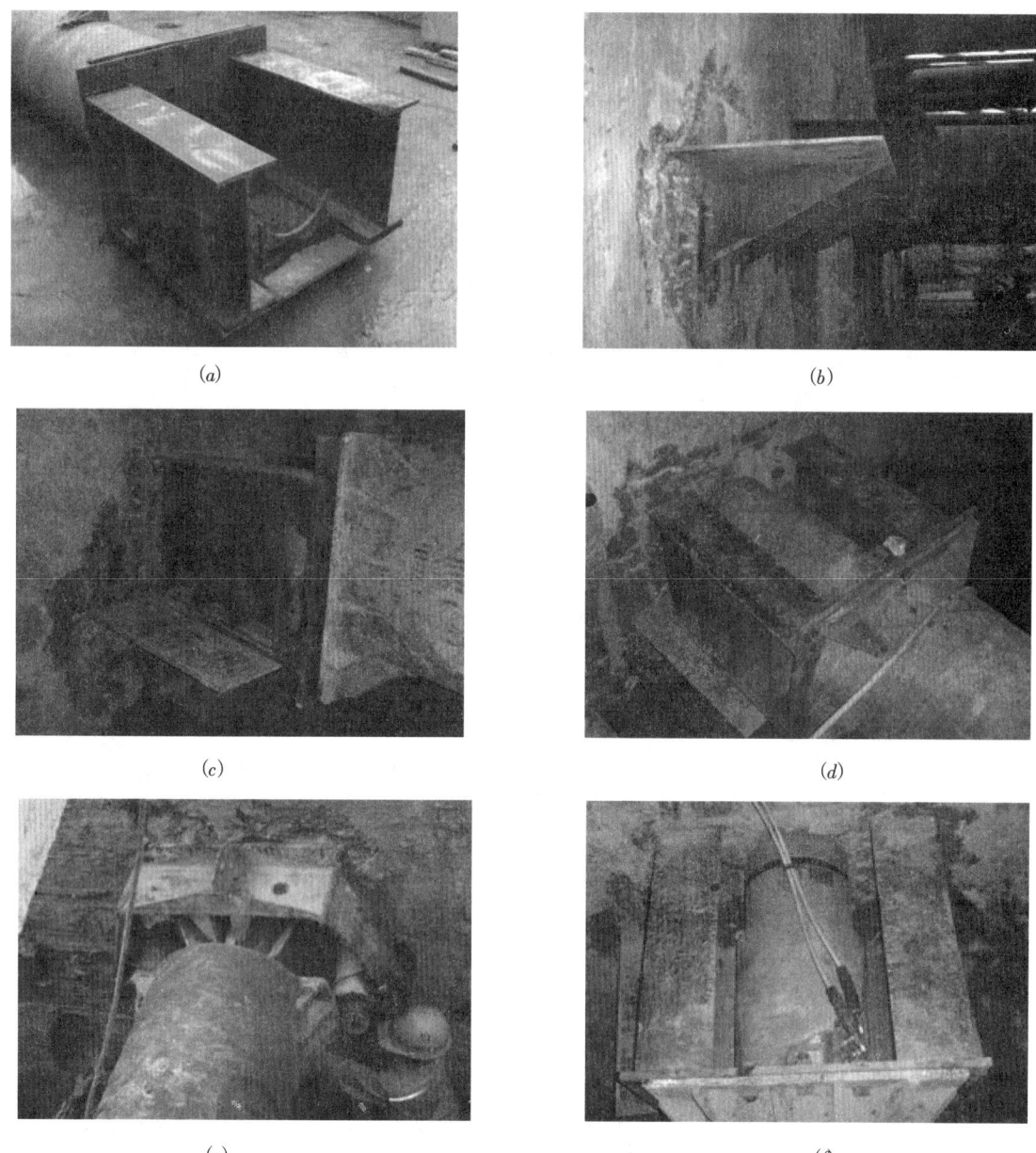

(a)　　　　　　　　　　　　　　　　(b)

(c)　　　　　　　　　　　　　　　　(d)

(e)　　　　　　　　　　　　　　　　(f)

图 5.3.3　自适应支撑系统安装操作流程

(a) 钢箱本与钢支撑连接为整体；(b) 安装钢支架平台；(c) 将钢箱体连同支撑一起吊装至钢支架平台；
(d) 吊放千斤顶并固定；(e) 预撑钢支撑；(f) 施加预应力

5.3.4　自适应补偿系统及钢支撑安装施工

1. 当挖土挖到支撑施工的工作面后，在连续墙中凿出该道支撑的预埋铁或主筋，通过水准仪及控制线测出支撑两端与地下连续墙的接触点，做好标记，以保证支撑与墙面垂直且位置准确，量出两个相应接触点间的支撑长度。

2. 根据量出的支撑长度，先在地面上进行预拼装。然后在坑边用吊车进行分节吊装或整体吊装。钢支撑起吊时在支撑的两端系根棕绳作拉索，用以校正钢支撑两个端头的位置。

3. 自适应补偿系统及支撑安装采用吊车（汽车吊或吊车）。吊装时，其机位位于基坑两侧、基坑周边空旷处或栈桥上。

4. 钢支撑吊装到位，将自适应补偿器液压千斤顶放入钢箱内顶压位置，为方便施工并保证千斤顶顶伸力一致，钢箱体在地面上与钢支撑固定成一整体，其安装完毕后接通油管后即可开泵施加轴力，完成该根支撑的安装（图5.3.4）。

5.3.5 自适应补偿系统运作

1. 检查支撑安装符合要求后进行现场系统调试，包括程序调试、设备安装调试、系统压力设定和自动补偿装置启动等。

2. 系统启动液压千斤顶进行施加轴力时，要密切注意支撑全长的弯曲和电焊异常情况，加载轴力值应满足设计要求。轴力的控制值以监测数据检查为主，人工检查为辅。

3. 在每安装完下道钢支撑后，应复核相应上道钢支撑轴力。

5.3.6 自适应补偿系统及钢支撑拆除

1. 根据规范及设计要求，在满足钢支撑拆除条件后，方可拆除该道支撑。

2. 拆除千斤顶轴力补偿装置及钢支撑采用吊车。

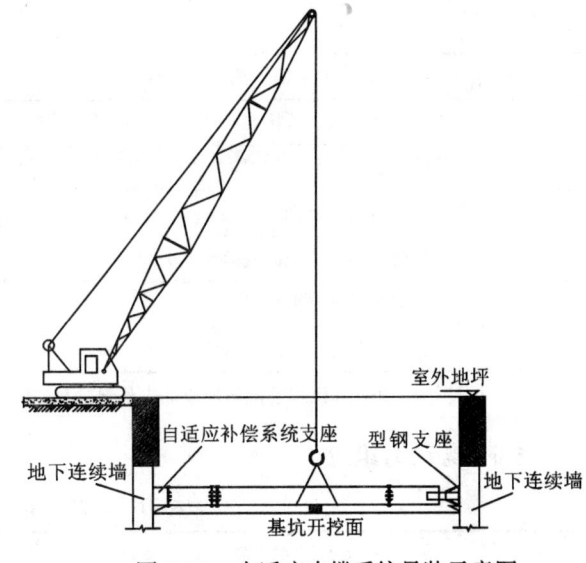

图 5.3.4　自适应支撑系统吊装示意图

3. 先用吊车吊住钢支撑，然后释放支撑应力，松开活络端，割除连接，取出千斤顶。拆除后的支撑及钢箱体、千斤顶等材料放置于结构楼板上，用吊车吊出后用运输机械运出场地。

5.4　基坑开挖工艺要点

1. 基坑开挖前进行预降水，使水位降至开挖面以下或满足设计要求。开挖过程中做好实测水位观测，谨慎开降承压水。

2. 基坑开挖必须在地下墙墙体和坑底加固达到设计强度后方可进行。

3. 基坑开挖应严格按照有关技术规范、规程执行，充分利用"时空效应"作用，严格遵循先撑后挖的原则，分层、分段、限时、对称开挖。挖出的土及时运走，不得在基坑附近堆土。

4. 根据开挖进度，及时配齐开挖段所需的支撑及型钢、垫块、千斤顶、油管等。在坑面上将钢支撑装配到相应长度，以缩短钢支撑在坑下组装吊放的时间。

5. 按基坑挖土工艺进行土方开挖，依次在基坑两边对应分段凿出围护连续墙中的预埋件，焊接型钢支座，然后把基坑内与自适应补偿系统拼接好的钢支撑直接吊放至地墙两侧型钢支座上，达到快速形成支撑体系目的。

5.5　监测技术与分析

基坑开挖过程中，由于地质条件、荷载情况、材料性质、施工工况和外界其他复杂因素的综合影响，加之理论预测值尚不能准确、全面、充分地反映工程的各种变化，所以，在理论指导下，有计划地进行现场工程监测十分必要。本基坑工程对周边环境、基坑本体和基坑支撑体系三个方面进行监测。主要监测内容详见表 5.5。

基坑监测项目表　　　　　　　　　　　　　　　　　　　　　表 5.5

序号	监 测 项 目	监测频率	监 测 目 的
1	围护墙顶部垂直及水平位移	2d/次	掌握基坑施工过程中围护结构自身应力大小和分布情况以及支护结构变位情况及规律
2	围护墙墙体测斜		
3	坑外土体测斜		
4	支撑轴力		
5	坑底回弹		
6	墙身应力		
7	立柱沉降		

续表

序号	监测项目	监测频率	监测目的
8	坑外地表水位，承压水		
9	管线垂直及水平位移	2d/次	掌握地表、周边建筑物、构筑物的影响情况和范围
10	基坑周边房屋沉降		
11	地铁隧道两轨道横向高差		
12	地铁隧道结构变形地铁	3d/次	掌握隧道的影响程度和范围
13	地铁结构位移、沉降量或隆起速率		

注：可根据施工条件和沉降情况增加或减少观测次数，随时将监测信息报告给现场技术人员。

5.6 劳动力组织

劳动力组织情况表（以南京西路1788号项目为例）　　　　　　表5.6

序号	单项工程	所需人数	备注
1	管理人员	4人	
2	技术人员	2人	
3	自动补偿系统施工	5人	
4	钢支撑施工	10人	
5	液压、控制系统安装	3人	
6	杂工	3人	
	合计	27人	

6. 材料与设备

机具设备表（以南京西路1788号项目为例）　　　　　　表6

序号	设备名称	单位	数量	用途
1	液压千斤顶	套	66	产生轴力施加于地墙之上
2	高压油泵站	台	17	
3	现场控制站	套	6	自适应轴力系统主要控制系统
4	操作站及监控站	套	1	
5	吊车	台	1	吊装钢支撑、千斤顶及配套设备
6	电焊机	台	4	焊接支撑
7	氧气、乙炔设备	套	1	焊接支撑与自适应系统设备

7. 质量控制

7.1 工程质量控制标准

7.1.1 工程质量控制标准因自适应支撑补偿系统与钢支撑系统属于一个整体，施工质量控制及验收标准按照《钢结构工程施工质量验收规范》GB 50205-2001、《上海地铁基坑工程施工规程》SZ-08-2000执行。

7.1.2 钢支撑系统施工质量标准见表7.1.2。

钢支撑系统施工质量标准 表 7.1.2

项目	序号	检 查 项 目	允许偏差或允许值		检 查 方 法
			单位	数量	
主控项目	1	支撑位置：标高 平面	mm mm	±30 ±30	水准仪 用钢尺量
	2	预加顶力	kN	±50	油泵读数或传感器
一般项目	1	围檩标高	mm	±30	水准仪
	2	立柱桩	参见本规范第 5 章		参见本规范第 5 章
	3	立柱位置：标高 平面	mm mm	±30 ±50	水准仪 用钢尺量
	4	开挖超深（开槽放支撑不在此范围）	mm	<200	水准仪
	5	支撑安装时间	设计要求		用钟表估测

7.2 质量保证措施

7.2.1 工程开工前由施工组织设计编制人员对施工员和班组长进行技术交底，明确每道工序质量要求、符合质量标准，以及可能发生的质量事故预防措施，然后由现场施工员和班组长向全体施工人员进行第二次交底。

7.2.2 支撑及自动补偿系统的安装按设计图纸和方案交底要求进行水平标高测量及支撑的轴线拉麻线检验支撑位置，现场丈量复核实际长度尺寸，并按支撑的实际尺寸编号登记，然后进行水平度的调整，检查各连接焊接点和螺栓达到紧固可靠。

7.2.3 钢支撑安装必须直顺无弯曲，接头必须紧密牢固，与地下连续墙接触处除有足够强度与刚度外，还需与墙面密贴。

7.2.4 轴力施加后重新检查各钢节点的连接情况，必要时各节点重新加固补焊，以确保工程施工安全。

7.2.5 加强电焊质量的检查，注明焊缝厚度的严格按设计要求执行，焊缝表面要求焊波均匀，不准有气孔、夹渣、裂纹、肉瘤等现象，严格执行焊接质量记录验收制度，每道工序完成后，必须清渣自检，自检合格后，由施工负责人通知有关人员验收。

7.2.6 自动补偿系统箱体与钢支撑连接必须确保均匀接触，安装支撑的径轴线偏心度必须控制在设计要求的范围内，其安装允许偏差应符合质量检验表规定。

7.2.7 设置专职技术人员夜间值班监护。如围护支撑变形或接点出现裂缝，必须立即加固补助焊，同时会同有关人员共同商量并立即采取相应措施，确保基坑安全。

7.2.8 自适应补偿支撑系统安装完毕后，经验收合格，再进行下层土方开挖，在基坑内可作明显标记提醒挖机驾驶员注意保护支撑系统。

8. 安 全 措 施

8.1 认真贯彻"安全第一，预防为主"的方针，根据国家有关规定、条例，结合施工单位实际情况和工程具体特点，形成安全生产管理网络，执行安全生产责任制，明确各级人员的职责，抓好工程的安全生产。

8.2 起吊指挥、电焊工等特殊工种必须持证上岗。

8.3 现场电缆布设必须符合安全用电规范要求，各种电器控制必须设立三级配电、二级漏电保护装置，电动机械及工具应严格按"一机一闸一保险"接线。

8.4 吊车、挖土机臂下不得站人，抓斗下严禁人员走动，吊车、挖土机作业时必须有专人指挥，做到定机、定人、定指挥。钢支撑安装与挖土同时进行，必须特别注意安全，挖土机与吊车停放位置应尽量避免把杆回转半径相交错。

8.5 经常检查机械的传动、电器系统以及吊臂、钢丝绳及机械关键部位的安全性和牢固性，要特别注意安全操作，如钢丝绳断丝超出要求应立即更换。

8.6 施工现场的洞、坑、沟等危险处，设防护设施或明显标志（如标牌、警戒线等）。乙炔瓶和氧气瓶要隔离存放，设立危险品堆放处。

8.7 型钢、支撑等长构件起吊时必须加强指挥，避免因惯性等原因发生碰撞事故。

8.8 对撑好的钢支撑上面不准堆物，不得受到任何压力，挖土机通过处要先复土，并铺路基箱，对支撑进行可靠保护，严禁各种机械在支撑上行走或停留操作，挖土机挖斗不得碰撞钢管支撑及轴力补偿装置。

8.9 自适应支撑系统各设备布置合理，不得受到任何破坏和干扰，确保系统正常工作。

8.10 基坑开挖活动坡按设计或施工组织设计规定措施执行。

8.11 建立完善的施工安全保证体系，加强施工作业中的安全检查，确保作业标准化、规范化。

9. 环 保 措 施

9.1 邻近建（构）筑物及管线保护措施

9.1.1 工地现场车辆进出通道应避开管线，如无法避开的则应在车辆经常通过的管线上方铺设钢板。

9.1.2 经常观察管线及周围民房变化，如有异常，则应立即通知有关部门和人员，共同商议解决措施。

9.1.3 委托专业单位对周边房屋、管线、地铁轨道等重要设施进行沉降位移监测，如有数据异常，及时通知有关部门和人员，共同商议处理措施。

9.2 周围环境保护措施

9.2.1 施工场地内应经常清扫，车辆做到进出口保持整洁，经常冲洗，每辆车必须冲洗干净后方可出门，以防轮胎污染道路。

9.2.2 公共关系的协调工作有专人负责，做好与现场施工各相关单位的协调工作，特别是大方量土方外运，钢支撑材料进场，大体积混凝土施工等对周围影响较大的施工阶段时，应预先与有关单位协调，争取得到各方面的支持，确保工程的顺利施工。

为保证基坑安全和保护环境，对施工中可能发生的意外险情制定如下应急预案，见表 9.2.2。

应急预案表   表 9.2.2

可能出现的险情	应 急 措 施
基坑围护墙体出现较大变形和塌方	1. 施工前准备好充足的支撑材料、油泵、油管、草包、土、沙、石料。 2. 出现险情立即停止施工，组织人员用土和沙将出现险情的已开挖段快速回填，稳住险情，将对环境的影响控制到最小程度。 3. 加密监测，随时掌握基坑变化情况。 4. 险情控制后，会同专家分析原因，制定下步工作方案并组织实施
基坑出现局部位移量增大	1. 根据监测数据，对相应部位支撑补偿轴力。 2. 若继续变形则必须及时补偿轴力或增加支撑，控制变形。 3. 查找原因，调整施工方法，减少位移
因故出现施工中较长时间的停待	1. 对基坑进行保护。 2. 对自适应支撑系统和钢支撑派专人值班、巡视检查，发现问题及时采取针对措施
油泵管道破裂及连接处漏油	1. 对有破裂的油泵管立即进行更换；同时注意轴力变化，采取稳压措施。 2. 漏油立即采取铺垫黄沙进行清理。 3. 现场备置油泵管以及黄沙等应急物资

10. 效 益 分 析

10.1 基坑施工时采用自适应支撑系统，相比采用传统的钢支撑施加预应力或者进行基坑周边加固法，其施工产生的震动、噪声、粉尘等公害得到了最大限度地降低，工程建设时期周围的居民及企事业单位能够正常生活及工作，尤其是原有建筑、构筑物及重要设施得到有效的安全保障，自适应支撑补偿系统控制基坑变形技术运用的成功，为以后城市基坑工程在类似情况下的建设提供了可靠的施工保证措施和技术指标，新颖的工法促进基坑工程施工技术的进步，社会效益和环境效益明显。

10.2 由于基坑工程要求施工速度快，干扰因素少，又有利于文明施工，确保基坑毗邻建筑物、构筑物、地下管线以及邻近地铁、隧道等的安全，避免为保护基坑本体及周边环境而增加的费用，节约了大量的机械、人工及材料、地面场地占用等费用，虽然此套自动补偿装置一次性投入比较大，但作为周转材料，从长远角度来看，成本可以依次分摊，最为关键是保证了施工安全和进度，形成了很好的经济效益。在上海南京西路1788号基坑工程中因减少基坑加固、减小围护分隔墙厚度等共计节约成本800多万元；在淮海中路3号地块发展项目基坑工程应用中共计节约成本1040万元；在四川北路178街坊地块项目基坑工程应用中共计节约成本695万元。

11. 应 用 实 例

11.1 工程例一：南京西路1788号基坑工程

11.1.1 工程概况

工程主体结构为一幢29层主楼，2~5层裙楼，地下三层结构，总占地面积约12130㎡，其中基坑总面积约10228㎡，周长约420m，地下室结构采用两墙合一形式，地墙厚1000mm（局部800mm），深度29.35~40.15m。基坑开挖深度主楼区域为15.70m，裙楼区域为14.20m。本工程地处闹市核心地带，周边环境复杂。基坑南侧紧邻地铁2号线隧道，该段基坑长度约为95m，距离地铁隧道仅10~11m。

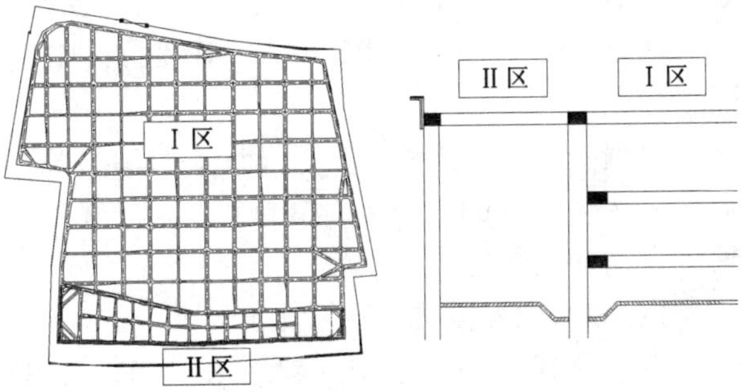

基坑围护平剖面详见图11.1.1。

图11.1.1 基坑围护支撑平面图及剖面图

11.1.2 施工情况

土方开挖遵循"竖向分层、水平分段"的原则，每层开挖分小段进行，每次土方开挖、支撑及自适应补偿装置安装必须在规定时间内完成，并施加轴力后再开挖下层土方。

基坑第一道采用钢筋混凝土支撑，其余采用三道钢管对撑的形式，支撑间距2m、4m随施工进度间隔布置，考虑到地质条件、荷载情况，材料性质、施工工况和外界复杂因素的综合影响，在每根钢支撑一端设置自适应支撑补偿装置。钢支撑轴力自动补偿装置如图11.1.2所示，安装在钢支撑内的液压千斤顶对地下连续墙产生稳定的支撑应力，以保证围护结构、围护墙墙顶和地下连续墙墙体不发生变形及周边设施的安全。

11.1.3 工程监测与结果评价

基坑开挖结束至结构施工完毕，监测报告表明，按照此工法施工后，地铁内及周边环境监测点平面位移变形变化较小满足了施工要求，地下连续墙累计水平位移为6.75mm，远远低于设计要求的20mm水平位移变形，Ⅱ区基坑施工对地铁运行线影响非常小，最大沉降值仅为1.2mm，远远低于设计要求的10mm，充分体现了自适应支撑系统基坑变形控制施工工法能有效控制基坑围护结构的变形，保护了周边环境和既有建筑物的正常使用，确保了深基坑工程施工安全。

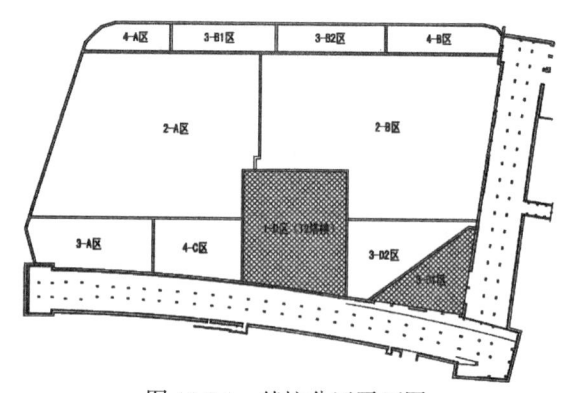

图 11.1.2 钢支撑轴力自动补偿装置实景图

11.2 工程例二:淮海中路 3 号地块发展项目基坑工程

11.2.1 工程概况

该项目位于上海市淮海中路 3 号地块,基坑分区如图 11.2.1 所示,北坑邻近地铁,对变形控制严格,共分为四个区(3B1、3B2、4A、4B 区),中间采用隔墙分隔。

根据基坑开挖流程,参考设计支撑轴力及工程要求,需为 4A、3B1、3B2、4B 区第二~四道支撑配备轴力自动补偿装置。

11.2.2 工程监测与结果评价

综上所述,整个基坑(4A、4B、3B1、3B2)开挖施工结束,项目基坑工程地连墙最大累计水平位移为 8.98mm,完全满足设计要求的 20mm 水平位移。

图 11.2.1 基坑分区平面图

基坑施工对地铁运行线影响非常小,最大变形值仅为 1.1mm,低于设计要求的 10mm。

通过本工程实践证明,自适应支撑系统具有安全、可靠、易于操作等特点,自适应支撑系统基坑变形控制施工工法实现了对钢支撑轴力的全天不间断的自动监测与控制,对基坑施工的变形起到了真正意义上的全面有效控制,对保护地铁及周边环境和既有建筑物,特别是为地铁安全正常运行提供了保障。

11.3 工程例三:四川北路 178 街坊地块项目基坑工程

11.3.1 工程概况

四川北路 178 街坊地块项目位于虹口区四川北路以东、衡水路以南、乍浦路以西地块内,南侧紧靠在建轨道交通 10 号线四川北路站,工程概况如图 11.3.1 所示。

该项目二~四期基坑为紧贴车站的狭长区域,分别位于基坑南侧、西南角和东南角,基坑宽度较窄(约 20m),面积分别为 419㎡、662.2㎡、119.4㎡;二~四期基坑平面呈矩形,设置一道钢筋混凝土支撑+四道钢支撑。第一道混凝土支撑截面 800mm×1000mm,二~五道钢支撑采用 φ609 钢管支撑。欲对第三和第五道钢支撑进行轴力自动补偿。

11.3.2 工程监测与结果评价

　　综上所述，四川北路 178 街坊地块项目基坑工程地连墙最大累计水平位移为 6.92mm，完全满足设计要求的 20mm 水平位移变形，基坑施工对地铁运行线影响非常小，最大变形值仅为 1.0mm，低于设计要求的 10mm。

　　通过本工程实践证明，自适应支撑系统具有安全、可靠、易于操作等特点，说明自适应支撑系统基坑变形控制施工工法对控制地连墙的变形和位移起到了非常积极的作用，对保护地铁具有非常深远的意义。

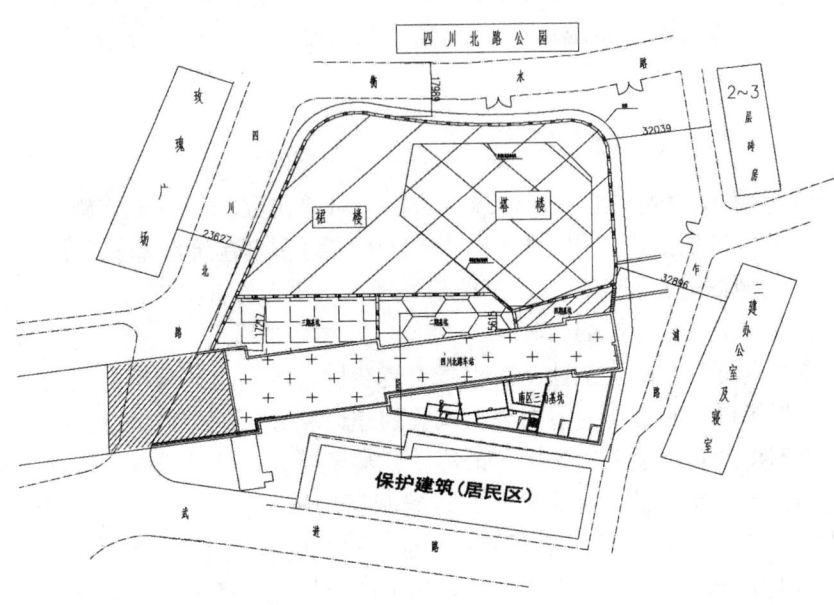

图 11.3.1　工程概况图

新型柱锤强夯(置换)法地基处理施工工法

GJYJGF010—2010

江西中恒建设集团有限公司　山东宁建建设集团有限公司

聂吉利　刘献江　曹开伟　熊信福　唐志勃　于静

1. 前　言

我国于1978年进行了动力固结法（又称强夯法）的试验研究和工程试点施工，取得了较好的加固效果和成绩，随后在全国各地推广应用。1997年强夯法已纳入《建筑地基处理技术规范》JGJ 79-91，2002年9月又进行了全面修订，新版的《建筑地基处理技术规范》JGJ 79-2002不仅保留和修订了原有强夯法的内容，而且增加了强夯置换的内容。

正因为强夯法本身具有一定的复杂性及工程岩土复杂性，所以上述规范的出台比较缓慢，至今为止还缺乏系统、有效的现场试验和必要的室内模拟试验的理论和分析的依据。在具体施工运用中尚存在许多不定性的问题，在不少的领域强夯法处理效果甚微，甚至对某些特殊情况强夯法是无法面对的。为了解决这些难题，我们进行系统地深入探索和研究，研制新的施工机具设备"超深挤密强夯锤"，该锤于2004年1月7日荣获国家知识产权局实用新型专利证书；同时开发了"新型柱锤强夯（置换）法"施工工法，该技术成果于2005年2月16日获得国家知识产权局发明证书。《新型柱锤强夯（置换）法地基处理技术》于2004年11月11日通过江西省科技厅、江西省建设厅组织的科学技术成果鉴定，认定该技术方法"达到国内同类技术的领先水平"；2006年列为全国建设行业科技成果推广项目。

2. 工 法 特 点

2.1 新型柱锤强夯（置换）法采用低能级夯击，可达到中能级至高能级普通强夯的效果，其有效加固深度最大可达13~15m，远高于《建筑地基处理技术规范》中的9.5~10m。

2.2 可对深层、中层和浅层土体同时进行处理，使被处理土层界限明晰，施工质量稳定，处理后复合地基承载力高。

2.3 置换料可采用工业废骨料和土石、砂砾混合料，还可采用拆除工程废弃的粗骨料，也可直接利用场地本身的回填土，有效利用资源，大量节省材料、节省人工。

2.4 机械化程度高（90%），可减少人工劳动强度，缩短施工工期，可做到一机多用，施工设备效率高 [吊装、普通强夯、强夯（置换）、原土超深挤密]。

2.5 工程质量检验方法简单、直观、可靠（静载、原位钻孔测试及室内土工试验）。

3. 适 用 范 围

3.1 适用于处理碎石土、砂性土、低饱和黏土和粉土、湿陷性黄土、含水量低的素填土、以粗骨料为主的杂填土等，尤其适用于大面积砂性（黏）土填方区域的地基处理工程。

3.2 适用于不同厚度、成分各异的饱和杂填土、淤泥或淤泥质土、高饱和黏土和粉土等，尤其适应大面积低洼地（江、河、湖、海、塘）填方区域的地基处理。

3.3 复合地基承载力特征值f_{ak}<350kPa的工程。

3.4 新型柱锤强夯（置换）法地基处理施工过程中会有一定的振动影响，若距离较近（小于10~

15m）存在对振动有特殊要求的建筑物或精密仪器设备等时，当有其他更经济可靠的施工方法时应首先选用，若必须采用该工法时应采取相应措施（如设防振沟等）以降低其对周边物体的影响。

4. 工 艺 原 理

强夯锤从高处落下对土体产生冲击引发振动（在土中向地下传播）的振动波理论，是强夯法处理地基的公认的原理。这种振动波可分为体波和面波两类：体波包括压缩波（P波）和剪切波（S波），可对土体起加固作用；面波包括瑞利波（R波）和乐夫波（L波），它们携带了约2/3的能量（占总能量的67%），它以夯坑为中心沿地表向周围传播，对地基土不起加固压密作用，反而使表层（剪胀区）土体松动隆起。新型柱锤强夯（置换）法地基处理技术先从强夯机具和工艺研究着手，对夯锤进行改造，适当减小夯锤的底面积（底面积只是普通锤的1/3~1/4，静压应力是普通锤的3~4倍），使夯锤下落后进入土层一定深度，充分利用瑞利波水平分量，增加瑞利波的水平分量对土体的剪切破坏，大大提高柱锤对土体深层的加固作用，提高其有效加固深度。同时提高地基土的承载力，拓宽新型柱锤复合地基在工业和民用建筑的工程应用范围。

5. 施工工艺流程及操作要点

5.1 工艺流程

施工时共分三阶段，第一阶段为施工前的准备工作，第二阶段为正式施工阶段，第三阶段为竣工验。

5.1.1 施工准备阶段
施工前应做好下列准备工作：

| 施工前准备工作：现场平面布置、标高测定及核查松填土、淤泥厚度及深度 | → | 试夯区施工（修正及确定施工参数） | → | 换填置换（针对淤泥层厚度>5m，覆盖土层厚度<2m） | → | 测算墩体置换料：1. 厚度控制平均为≥0.8m；2. 回填面积：扩夯线范围内 |

5.1.2 正式施工阶段
正式施工时分三道工序，各道工序如下：

第一道工序：柱锤深层挤密

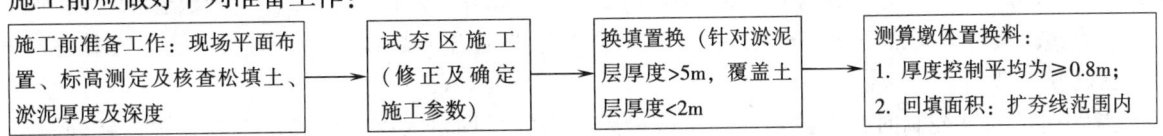

| 放线：轴线（固定）及布置墩位（误差±200mm） | → | 墩位夯挤：收锤时控制最后两击平均夯沉量≤100mm；隆起>100mm，起锤困难时，分遍或跳花施打 | → | 填入置换料推平夯坑 |

第二道工序：普通锤中层挤密

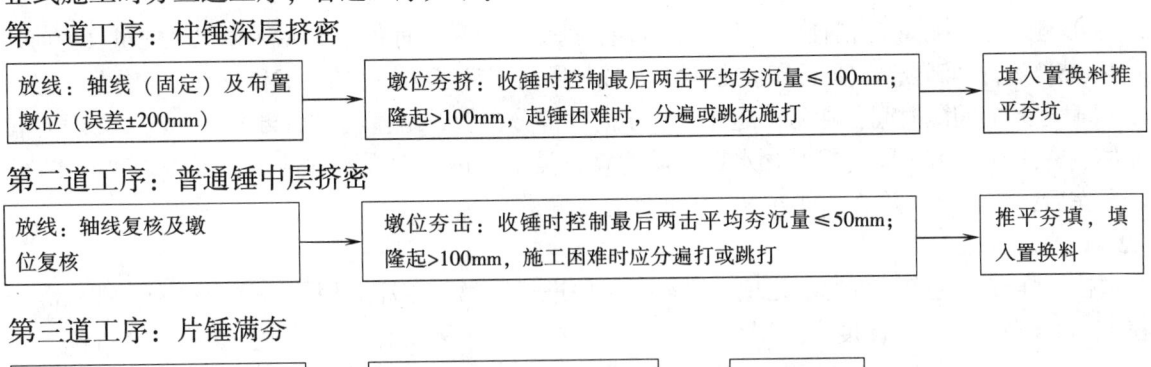

| 放线：轴线复核及墩位复核 | → | 墩位夯击：收锤时控制最后两击平均夯沉量≤50mm；隆起>100mm，施工困难时应分遍打或跳打 | → | 推平夯填，填入置换料 |

第三道工序：片锤满夯

| 放线（控制线为扩夯范围内） | → | 搭接满夯（平均约为两击） | → | 原地推平 |

5.1.3 竣工验收
处理后的地基应进行静载试验或原位测试、土工试验，经试验合格方能进行竣工验收。

5.2 施工要点
5.2.1 施工准备
1. 施工现场准备：
1) 场地平整：强夯前要用推土机预压两遍，场地平整后，测量放线确定地基强夯范围点，同时测量场地高程。如果地下水位较高，应在表面铺0.5~2.0m中（粗）砂或砂石垫层，或采取降低地下水位的方法（具体按照现场确定方案），以防设备下陷和消散强夯产生的孔隙水压。

2）强夯前场地应进行地质勘探，作为制定强夯方案和对比夯前、夯后的加固依据；必要时还可进行现场试验性强夯，确定强夯施工的各项参数。

2. 夯点布置：施工前必须用仪器，准确放出夯点中心位置，并划出圆圈，施夯时对点要准。

3. 施工机械：施工用的机械见施工机械表，开工前应检查机械性能，然后机械就位、夯锤对准夯点位。

5.2.2 确定工艺参数

1. 单点间距一般为1.5~2.5D（D为锤底直径），呈正方形、梅花形和等边三角形布置。按建筑面积均匀布点时，以最外围基础中心线或外边线算起，增加一排夯点，且应大于加固土层厚度一半；按基础位置相应布点时，应按基础持力层厚度一半扩出。为避免区域交界处出现漏夯，各施工分区强夯时向边界外扩大1~2排夯点，且各强夯区域形成一定的搭接宽度。

2. 强夯振动对建筑物的影响类似工程爆破，其影响与能级与场地类别有关，为确保周围建筑物的安全，当8000NK·m能级加固区强夯点和建筑物的最小安全距离为45m；6000NK·m能级强夯试夯区强夯点和建筑物的最小安全距离为36m，2000NK·m能级强夯区强夯点和建筑物的最小安全距离为18m，低于此能级时按线性内插法确定。当无法满足上述要求时应设置隔振沟，隔振沟的最小深度应在1.25~1.5个R波（即面波中瑞利波）波长λR。当R波长不清楚时其深度应大于相邻建筑物基础埋深，隔振沟的宽度对隔振效果没有实质影响。

3. 单点的夯击遍数：除坚硬土和粒料土外，一般都有孔隙水压力的消散和土体恢复问题。这两个因素是控制强夯遍数的主要因素，一般含水量大的遍数较多。对在夯击过程中有填料要求的饱和软土的遍数也较多。夯坑过深，需在坑内填满料，再在原点夯击，这种情况也增加了遍数。总之，应使土体竖向压缩量最大而侧向移动最小，或最后两击沉降量之差小于试夯确定的数值为准，一般软土控制的瞬时沉降量为5~8cm；每个夯击点的击数一般为3~10击，开始两遍夯击数宜多些，随后各遍的击数逐渐减少，最后一遍只夯1~2击。

4. 当采用贯入度控制时，夯到最后一击或最后三击的平均贯入度，应满足下列要求：较硬土、湿陷性黄土、砂性土3~5cm，软弱土5~10cm；对于饱和软黏土，淤泥质土以及大能级强夯而相应的锤底面积小的情况下，贯入度达20~30cm。

5. 夯击遍数与击数。夯击遍数：一般为2~5遍，前2~3遍为"间夯"，最后一遍以低能量（为前几遍能量的1/4~1/5）进行"满夯"（即锤印彼此搭接），以加固前几遍夯点之间的黏土和松动的表层土。

6. 两遍之间的间隔时间：通常待超孔隙水压力大部分消散、地基稳定后再夯下一遍，一般时间间隔为1~4周、黏土通常为3周，但对含水量较低的碎石类土或透水性强的砂性土，可采取间隔1~2d或在前一遍夯完后，将土推平接着随即连续夯击而不需要间歇。

5.2.3 施工工序

新型柱锤强夯（置换）法地基处理时按三个工序进行：第一工序采用柱锤深层挤密，锤底静压力值控制在120kPa左右，夯坑深度宜控制在5.0m以内；第二工序采用普通夯锤中层挤密，夯坑深度控制在2.0m以内；第三工序片锤全场普夯，夯锤搭接面积应在30%以内。具体工序如下：

① 起重机就位，使夯锤对准夯点位置。

② 将柱锤起吊到预定的高度，开启脱钩装置，待柱锤脱钩自由下落后，测量第一次夯击后柱锤顶高程，若发现因坑底倾斜而使夯锤歪斜时，应停夯并向夯坑内填场地填料或置换料使坑底平整。

③ 重复步骤②向夯坑内回填场地填料或设计的墩体置换料，按试夯确定的夯击次数及控制标准，完成该夯点的夯击。夯击过程中，当发现柱锤顶高程两遍间夯沉量相差明显较大或有其他异常时，需连续击数次测量锤顶高程并分析原因。如夯点周围软土挤出影响施工时，可随时清理并在夯点周围铺垫碎石，继续施工。

④ 按照由内到外顺序，移机至另一个夯点，重复步骤②~③，完成第一遍全部夯点的夯击；然后用推土机将夯坑推填平整，并测量场地的高程。

⑤ 在规定的间隔时间后，按上述步骤完成第1、2工序全部夯击遍数；后用推土机将场地填平；用普通片锤，进行低能量满夯1~2遍，将场地表层松土夯实，并测量夯后场地高程。

5.2.4 施工中应注意的问题

1. 正式施工前应根据设计指标和地质报告，参照有效影响深度公式、结合实际经验，确定试夯能级，然后选择不同的锤底面积、布点间距、施工顺序、夯击遍数、单点夯击数等。夯后经过测试，得出满足设计要求的最佳数据，确定施工工艺和参数。

2. 夯法的加固顺序是：先深后浅，即先加固深层土，再加固中层土，最后加固表层土。最后一遍夯完后，再以低能量满夯一遍，有条件以采用小夯锤击为佳。

3. 夯击时应按试验确定的强夯参数进行，落锤应保持平衡，夯位应准确，夯击坑内积水应及时排除。夯击地段遇上含水量过大时，可铺砂石后再进行夯击。在每一遍夯击之后，要用新土或周围的土将夯击坑填平，再进行下一遍夯击。

4. 严格控制回填土含水量在最优含水量范围内，如低于最优含水量，可钻孔灌水或洒水浸渗。

6. 材料与设备

6.1 材料

该工法施工时所用的置换料可采用工业废骨料和土石、砂砾混合料，或拆除工程废弃的粗骨料，也可直接利用场地本身的回填土。

6.2 机械设备

施工机械配备　　　　　　　　　　　　　　　　　　　表 6.2

序号	设备名称	型号	单位	数量	备注
1	履带式吊机	50T	台	2	自有
2	推土机	SD13	台	2	自有
3	反铲挖掘机	PC200-6/WY35-3	台	1	自有
4	新型柱锤	12T（锤底面积 1m²）	只	3	自有
5	普通夯锤	12T（锤底面积 3~4m²）	只	3	自有
6	经纬仪	J2	台	2	自有
7	水准仪	DS3	台	2	自有
8	其他配套工具	卷尺、塔尺等			自有

7. 质 量 控 制

地基处理工法施工过程中应有专人负责以下监测工作：

7.1 经本工法处理后的地基质量应符合《建筑地基处理技术规范》JGJ 79-2002 要求。

7.2 检查地基处理施工过程中的各项测试数据和施工记录，不符合设计要求时应及时补夯或采取其他有效措施。对有填料要求的强夯，需记录各夯坑的填料数量。

7.3 开夯前宜收集夯前各层地基土的原位检测和土工试验等数据，并应检查夯锤质量、锤底面积和落距，以确保单击夯击能及静、动压力指标符合设计和试夯的要求。

7.4 工程开工时，应确保场地无积水出现，做好排水措施；清理夯坑填土杂物，尤其是垃圾、杂草、树桩等有机物；进行满夯施工前夯底以上的松填土厚度不宜大于1.5m。

7.5 每一遍夯击前，应对施夯夯点放线复核，夯完后检查夯坑位置正确与否，发现偏差或漏夯应及时纠正；夯击过程中出现局部地面隆起过大时（≥150mm）应会同有关设计人员共同研究，及时采取相应措施或有针对性地修正技术参数。

7.6 按设计要求和试夯试验数据，检查每个夯点的夯击次数，深层挤密、中层挤密夯点的夯坑深度，测量最后两击的夯沉量，并做好检查测量的记录。

7.7 收锤时应检查最后两击平均夯沉值是否满足规范、设计以及试验性施工确定的参数要求。

7.8 严格控制工序质量：控制点夯测放，允许偏差为±5cm；夯锤就位，允许偏差为±15cm；场地平整不大于±10cm；最后2击平均夯沉量不大于5cm；严格控制夯击能；当拔锤困难且达不到停夯标准时，应向夯坑填料进行2次复打，直至满足停夯标准要求为止。强夯中若发现地面变化较大时，需作隆降观测；施工中如发现偏锤，应重新对点；如遇夯锤的通气孔堵塞，应立即开通。

7.9 强夯后应进行地基加固质量检验，且检验时需在施工结束后间隔一段时间才能进行。碎石土和砂土地基的间隔时间可取1~2周，低饱和粉土和黏性土地基可取3~4周，可采取标准贯入、静力触探及瑞利波和静载试验以确定地基承载力、夯实均匀性及强夯加固深度，也可通过钻孔取样进行室内土工试验。抽检数量对于简单场地上的一般建筑物，每个建筑物地基的检验点不应少于3处；对于复杂场地或重要建筑物地基应增加检验点数，检验深度应不小于设计处理的深度。

8. 安全措施

8.1 组织管理机构：为加强施工安全管理，落实安全管理措施，使施工安全管理要素及管理要点，在施工过程中得到行之有效的控制，以达无安全事故的目标。建立安全文明施工管理体系，项目负责人任安全主管，设专职安全员1名。

8.2 安全检查：为了使国家和上级部门有关安全生产政策、法规、规章制度得到具体落实执行，对施工安全工作需要经常性的组织检查，主要进行班前、班后检查，由各施工小组组织作业班组长和安全员对施工现场、设备、电器、安全备用品等进行具体检查，对发现的隐患及时处理。

8.3 安全技术措施

8.3.1 当强夯法施工所产生的振动，对邻近建筑物或设备产生有害影响时，应采取防振或隔振措施，以减少对建筑物的影响。强夯法施工前，还应查明场地范围内的地下构筑物及各种地下管线的位置及标高等，并采取必要的措施，以免因强夯施工而造成破坏。

8.3.2 由于强夯机组高大，稳定性较差，因此对施工场地要求较严，不得软硬不匀，不得有虚填坑洞和浅层墓坑。强夯时有土块石子等飞出，现场人员必须戴安全帽。吊车上应安装防护网，非施工人员不得进入现场。

8.3.3 强夯机必须按性能说明书使用，不得超负荷运转，并注意维修和保养。经常检查夯锤、脱钩装置、门架等设备，发现问题及时采取措施。移动龙门架和吊车时，必须使二者移动距离一致，轮换进行，动作要慢，防止扭坏龙门架。

8.3.4 在强夯施工区附近有建筑物时，应经常观察振动的影响，对较近的建筑物应挖防震沟，其深度应超过该建筑物的基础深度。

8.3.5 强夯机械使用交流电源时，应特别注意各用电设施的接地防护装置，施工现场附近有高压线路通过时，必须根据机具的高度、线路的电压，详细测定其安全距离，防止高压放电，发生触电事故。检测点布置在夯点上和夯间：强夯过的场地较均匀，可取少量点检测。

8.3.6 强夯机需站在可持力层上进行施工，50m范围内严禁闲人靠近；风力在5级以上时，不得进行强夯作业；机械的检查保养和排除故障，应在停止作业后进行，禁止在运行中检修。

8.3.7 各岗位操作人员必须经过专门训练，了解和熟悉本岗位的安全操作规程，机械的构造原理及操作方法，经考试合格并持有操作合格证和上岗证，方可上岗作业。非机械人员和非电工，不得动用机械设备和电气设备。施工中一切工作有统一信号、统一指挥，全体工作人员需集中精力，指挥人员信号不明或违反规定时，司机有权拒绝执行，但对任何人发出的紧急停止信号须立即执行。

8.3.8 所有用电线路要通过配电盘，配电盘内要安装触电保护器，并经常检查是否工作正常。电线、电缆使用前要严格检查维护；雨天电缆线接头处用木架架离地面，确保绝缘良好，以防漏电伤人，每天施工完毕后关闭全部电源。

8.3.9 施工前要认真检查机械各部位情况，（绳索、卡具、螺栓接头等）钢丝绳规格必须符合规定，油路、液压系统必需灵敏，安全装置确保可靠，确认无误后方可作业。施工时要按规定对所要求部位注油、加水，保持机械的良好状态。

8.3.10 操作人员下锤时，应注意夯坑坡土情况，防止踩空跌伤或被土掩埋压伤，起锤后要暂时到较安全处观察机车及夯锤工作情况，严防意外事故发生。禁止吊车提锤长距离行走，必要时可以将锤吊起后采用旋转车挪移的办法移动夯锤。起吊夯锤时，司机应注意观察避免锤角和扒杆相撞，必要时等夯锤稳定后再起。

当吊车配备路基箱工作时，应先将锤对好位置，并使锤和路基箱保持一定的距离，防止落锤碰击路基箱。

8.3.11 夜间施工要有充足照明，油库房、材料仓库要做好明显的禁火标志，并配备灭火器，专人保管。

以上检查有不符合安全要求者，必须纠正后才能开夯。

8.4 文明施工

认真贯彻原建设部《建筑工程施工现场管理规定》开展文明施工：

8.4.1 在现场设立专职施工现场平面管理员，与业主的现场总平面管理员对应，参加定期活动并接受指导，使本工程始终处于文明施工状态。施工区域内材料要堆放整齐，车辆停放有序，保持道路畅通、清洁。

8.4.2 加强对全体职工的环保思想教育，重视环境保护的文明施工。教育职工不打架、不酗酒、讲究文明礼貌。各部门团结协作，密切配合，顾全大局，服从协调，保证施工顺利进行。

8.4.3 采取规范化施工，把施工对环境的污染和居民生活的影响减少到最低限度。

8.4.4 遵守法律法规，处理好与当地居民的关系，严禁和附近居民发生冲突闹事。

9. 环 保 措 施

9.1 粉尘等控制措施

9.1.1 装卸或清理有粉尘的材料时，提前在现场洒水，减少灰尘对周围环境的污染。

9.1.2 严禁在施工现场焚烧有毒、有害、有恶臭气味的物质，严禁向现场周围抛掷垃圾。

9.2 噪声控制

9.2.1 加强机械设备的维修保养工作，确保机械运转正常，降低噪声。进出施工现场的所有车辆不得鸣笛，出现场时不污染道路和环境。

9.2.2 夜间施工时，监督职工不得敲打钢管等，尽量减小噪声，施工时严禁大声喧哗。

9.3 污水控制

食堂采用燃气灶，现场设电开水炉，减少废水污染。

10. 效 益 分 析

10.1 最大限度利用原土挤密作用增加地基土强度，充分利用土体资源。

10.2 不用和少用水泥、钢材等高能耗建筑材料，可节省大量能源且降低建筑造价（按建筑面积计算,可节约钢材 5kg/m²,水泥 50kg/m²,占建筑消耗总量的 10%~30%。可降低造价 10~30 元/m²)。

10.3 施工工艺先进、直观,检验手段简单可靠,后期强度与时俱增,故易确保施工质量和工程安全。

10.4 可利用建筑废混凝土、砖渣及开山弃石等材料,使之变废为宝,充分利用。

10.5 可产生重复利用效果,确保建筑物的更新换代不受原桩基影响,达到一劳永逸的高强地基使用效果。

10.6 机械化程度高,现场整洁,有利于文明施工管理及降低劳动强度,确保施工安全。

10.7 无废气、废液、废物产生,对周边环境不会造成污染,具有环保意义。

11. 应 用 实 例

11.1 南昌龙泉住宅小区地基处理工程

11.1.1 工程概况

南昌龙泉住宅小区位于南昌市青山湖边上,湖滨东路北端。场地 1 号、2 号、10 号、11 号、12 号楼上部为杂填土及淤泥质土,土层厚 0.40~4.30m,为松散状或软塑状,下部为粉质黏土、细砂、中砂等,占地面积约 5182m²。上部拟建建筑为 2~3 层的公寓楼,设计由江西省建筑设计研究总院完成,根据场地条件及上部建筑承载力要求,必须对地基进行处理。

11.1.2 施工情况

该工程于 2006 年 3 月开工,2006 年 6 月完成地基处理。施工过程中采用新型柱锤强夯(置换)法进行地基处理施工。

11.1.3 效果检验

强夯置换该复合地基工程竣工后,由建方安排检测单位对各楼号地基进行静载荷及原位检测,检测结果为:强夯置换墩承载力特征值为 363~415kPa,上部土层圆锥动力触探测试原始锤击数为 12~45 击,通过查表确定该层地基承载力特征值均大于 400kPa。

通过检测数据分析表明:本工程采用新型柱锤强夯(置换)法进行处理,强夯置换墩的承载力特征值满足 250kPa 的设计要求,且施工过程安全、快捷,地基处理费用较其他形式如桩基、水泥搅拌桩等均较低,节省基础工程造价约 30%。

11.2 景德镇远东怡景花园地基处理工程

11.2.1 工程概况

景德镇远东怡景花园位于景德镇市环城北路西段,东至景德镇市广场北路,西至瓷都大桥西客站。场地地层为:1. 填土,由强风化千枚岩碎块和少量建筑垃圾组成,层厚 0.8~22.01m,松散状;2. 粉质黏土,可塑状,层厚 0.6~3.7m,地基承载力特征值为 160kPa;3. 强风化千枚岩,地基承载力特征值均为 280kPa。场地占地面积约 16000m²。上部拟建建筑为 6 层的砖混结构,设计由江西省华杰建筑设计有限公司完成,根据场地条件及上部建筑承载力要求,必须对地基进行处理。

11.2.2 施工情况

该工程于 2006 年 7 月开工,2006 年 11 月完成地基处理。施工过程中采用新型柱锤强夯(置换)法进行地基处理施工。

11.2.3 效果检验

强夯置换该复合地基工程竣工后,由建方安排检测单位对各楼号地基进行静载荷及原位检测,检测结果为:强夯置换墩承载力特征值大于 360kPa。通过检测数据分析表明:本工程采用新型柱锤强夯(置换)法进行处理,强夯置换墩的承载力特征值满足 160~180kPa 的设计要求,且施工过程安全、快捷,地基处理费用较低,节省基础工程造价。

11.3 江西洪都中企房地产开发有限公司阳光家园地基处理工程

11.3.1 工程概况

阳光家园位于南昌县小蓝工业园南高公路以东。场地地层为：1. 素填土，由中粗砂及粉土组成，层厚 2.00~8.70m，松散状；2. 淤泥质土，软塑状，层厚 0.6~6.0m；3. 粉质黏土，可塑状，层厚 0.0~6.40m。场地拟建建筑为 6 层的砖混结构共 12 栋，设计由江西省华杰建筑设计有限公司完成，根据场地条件及上部建筑承载力要求，必须对地基进行处理。

11.3.2 施工情况

该工程于 2006 年 11 月开工，2007 年 2 月完成地基处理。施工过程中采用新型柱锤强夯（置换）法进行地基处理施工。

11.3.3 效果检验

强夯置换该复合地基工程竣工后，由建方安排检测单位对 12 个楼号地基进行各 3 个或 6 个静载荷及原位检测，检测结果为：强夯置换墩承载力特征值大于 250kPa，现场原位标准贯入试验检测上部素填土承载力特征值大于 180kPa。通过检测数据分析表明：本工程采用新型柱锤强夯（置换）法进行处理，强夯置换墩的承载力特征值满足 180~200kPa 的设计要求，且施工过程安全、快捷，地基处理费用较低，可节省基础工程造价。

混凝土预制拼装塔机基础施工工法

GJYJGF011—2010

江苏省建筑工程集团有限公司　西宁建设（集团）有限责任公司

仇天青　钱红　从卫民　徐朗　王罗清

1. 前　　言

1.1　目前，国内和国际使用的数以万计塔式起重机基础，都采用现浇钢筋混凝土基础，每使用一次，就要浇捣一次、拆除一次，造成资源的极大浪费，拆除后的建筑垃圾污染周围环境，占用耕地，埋在地下未拆除的混凝土基础还将会对未来的城市建设带来的隐患。现阶段国内外对塔基基础的研究都限于对基础面积、基础形式、计算理论等方面，而对受力合理、可重复利用的预制拼装方面的研究则很少涉及，相关研究也只多见于专利技术，导致在实际应用中，由于厂家生产的机型繁多，与基础的连接复杂，难以全面推广。为此，我们组织技术人员对混凝土预制拼装塔机基础进行了科技攻关，对采用柔性材料连接，抗倾、抗扭配重件以及通用性方面进行了研发，在实现"一基多用"方面取得了一定成果，并在实践中加以应用（图1.1）。

图1.1　预制拼装塔机基础现场

1.2　混凝土预制拼装塔机基础是将混凝土基础拆分成可以组装的预制混凝土构件，在构件之间的垂直面上设有抗剪件，构件拼装时由抗剪件定位并传递剪力。构件拼装后通过预应力钢绞线和抗剪件将各组构件紧固为一个整体的预应力混凝土基础，并且全截面参与工作。满足了传递垂直荷载、弯矩和防止位移的要求。

1.3　本工法的推广应用，将逐步取代工期长、造价高、浪费严重、不利于文明施工和环境保护要求的固定式塔机基础。由于实现了工厂化流水线生产，减少了施工现场的湿作业，现场拼装没有噪声、扬尘，对周围居民影响小，消除了室外地下工程管线及绿化的隐蔽障碍，填补了塔机基础推进绿色建筑发展的空白，实现了绿色施工，具有突出的环境效益和良好的社会效益。

1.4　推广应用本工法，彻底解决了困惑建筑业多年的废弃混凝土塔机基础建筑垃圾问题，节约大量水泥、钢材和人工。由于可以重复使用，摊销费用低，平均使用两次左右即可收回成本，同时节省现浇塔基浇捣、养护混凝土的时间，缩短了工期，具有良好的经济效益。符合国家建设节约型社会和节能减排的要求。

2. 工 法 特 点

2.1　构件生产工厂化，质量可靠。由于是工厂标准化生产，实现了专业化流水作业，制作、养护条件优越，预埋件定位准确，因而质量有可靠的保证。

2.2　现场安装方便、工期短。由于塔机基础在工厂制作完毕，运抵现场后，仅需对施工现场的地基稍作处理，即可拼接安装，无需浇捣和养护，大大缩短了基础施工时间。现场拼装一台塔机基础仅需90min。

2.3　可重复使用、成本低。由于塔机基础为工厂化预制，现场拼装，可以重复使用，利用率高，摊销费用低。经测算：一台 400kN·m 无底架式塔机，采用现场浇筑钢筋混凝土固定式基础约需 1.1 万元，按平均每年周转 1.5 次计算，约需费用 1.65 万元。而相应的混凝土预制拼装多用塔机基础按同样周转次数测算，租用、安装、吊运、拆卸合计费用仅需 0.85 万元，平均每台塔机每年可节约费用 0.8 万元。

2.4 对基础地基承载力要求降低。基础底面截面形式由传统基础的矩形优化为倒 T 形，底面形状由传统的十字形优化为十字哑铃形，增大了基础的截面抵抗矩及基底面积，基础底面受力更加合理，减少了基底的附加应力，因而对塔机基础地基承载力要求降低，承载力特征值只需大于等于 120kPa 即可。

2.5 组合拼装多样化，一基多用。由于设计成多用组合式，可用于不同形式的塔机，一旦某工程完成，塔机运走，混凝土预制拼装塔机基础即可解体运至新工地，如使用于另一种形式的塔机，可根据其具体情况稍作调整，即可通过组合、拼装，形成与新的塔机配套的塔机基础，从而使多用基础的利用率高达 100%。

2.6 拼装后形成整体，抗倾抗扭性强。构件之间留有钢销，由钢销传递剪力，拼装后利用预应力钢绞线施加预应力，使拼装后的基础形成整体结构，全截面参与工作，并在基础端部扣压抗倾扭配重件，有效解决了抗倾抗扭问题。

2.7 符合环保和节能要求。现场拼装没有噪声、扬尘，对周围居民影响小；产品现场整体拼装，便于施工现场组织，较易实现保持施工现场良好的作业环境、卫生环境、工作秩序和规范施工现场的场容，保持作业环境整洁卫生的要求，保证职工的安全和身心健康，几乎没有产生建筑垃圾（图 2.7）。

图 2.7 预制拼装塔机基础装拆方便、整洁卫生

3. 适 用 范 围

适用于额定起重力矩 400kN·m 及以下的固定式或固定附着式基础，其他类似形式的基础可参照使用。

4. 工 艺 原 理

4.1 混凝土预制拼装塔机基础是将混凝土基础拆分成可以组装的预制混凝土块，在构件之间的垂直面上设有抗剪件，由抗剪件定位并传递剪力。利用预应力原理，通过预应力钢绞线和抗剪件进行多块混凝土构件的拼装，拼装后形成整体的预应力混凝土构件，并且全截面参与工作。

4.2 通过一定的平面优化设计，将预制构件稍作增减处理，在基础梁上设置多种不同组合的螺栓孔，即可满足不同类型塔机基础的要求，有效解决多用性和通用性，实现一基多用（图 4.2）。

图 4.2 预制拼装塔机基础拼装完毕

5. 施工工艺流程及操作要点

5.1 施工工艺流程图（图5.1）

5.2 预制拼装塔机基础构件的设计与施工操作

5.2.1 通用性基础设计

1. 混凝土预制拼装塔基，总体拆分成13块通用构件：

1）0号构件：中心件，1块，为十字形，见图5.2.1-1~图5.2.1-3。

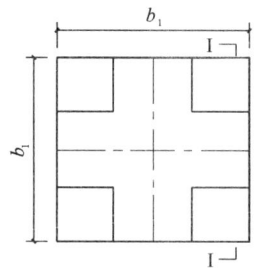

图5.2.1-1 中心件

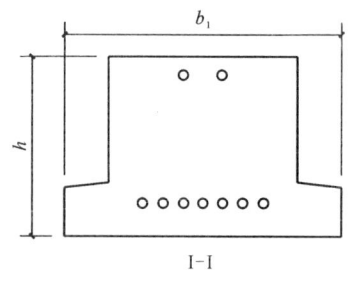

图5.2.1-2 Ⅰ-Ⅰ剖面

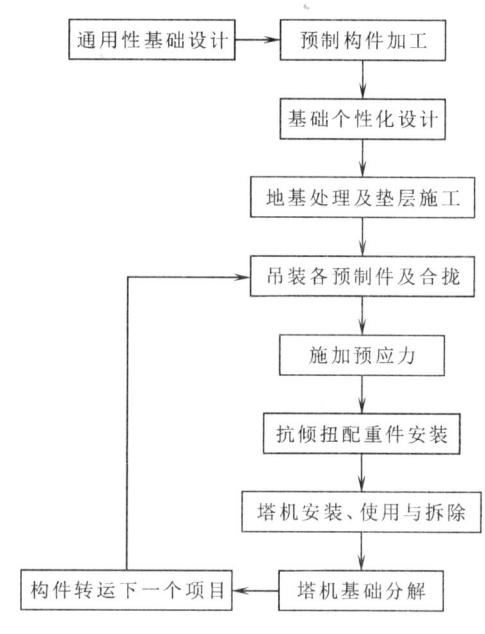

图5.1 施工工艺流程图

（流程：通用性基础设计 → 预制构件加工 → 基础个性化设计 → 地基处理及垫层施工 → 吊装各预制件及合拢 → 施加预应力 → 抗倾扭配重件安装 → 塔机安装、使用与拆除 → 塔机基础分解 → 构件转运下一个项目）

图5.2.1-3 0号构件实物图

2）1号构件：过渡件，4块，为倒T形，见图5.2.1-4~图5.2.1-6。

3）2号构件：端部构件，4块，为端部加大的倒T字形，见图5.2.1-7~图5.2.1-9。

4）3号构件：边缘抗倾、抗扭配重件，4块，见图5.2.1-10。

5）一个完整的基础通常总计拆分为13块构件，拼装起来如图5.2.1-11。

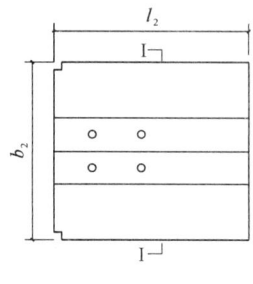

图5.2.1-4 过渡件

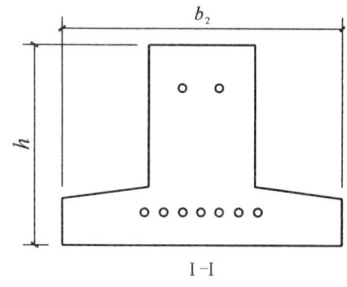

图5.2.1-5 Ⅰ-Ⅰ剖面

图5.2.1-6 1号构件实物图

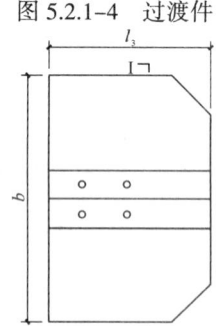

图5.2.1-7 端部构件

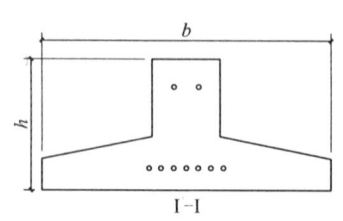

图5.2.1-8 Ⅰ-Ⅰ剖面

图5.2.1-9 2号构件实物图

图 5.2.1-10　3号构件实物图　　　　图 5.2.1-11　基础拼装实物图（未拼配重件）

2. 为了便于运输、吊装和现场安装，在设计基础分块时要求重量小于 3t，尺寸小于 2m，并尽可能将端件做大，以提高基础的截面抵抗矩。

3. 基础的抗倾覆设计：

按照《建筑地基基础设计规范》GB 50007-2002 的 5.2.2 条：

$$P_k = \frac{F_k+G_k}{A} \pm \frac{M_k}{W} \tag{5.2.1-1}$$

在保持基底面积一定的情况下，尽可能增大基础的截面惯性矩和截面抵抗矩，以改善基础的受力性能。本工法将基础设计为中间窄、端头宽的十字哑铃形，经过试算，对于额定起重力矩小于 400kN·m 的塔机，底面积比传统基础大 30%，抗倾能力比传统大 1.5~2.0 倍，这样，对地基承载力的要求也降低 20~40kPa。

抗倾稳定性分析：

按照《塔式起重机设计规范》GB/T 13752-92，抗倾覆稳定性验算公式为：

$$e = \frac{M+F_h \times h}{F_v+F_g} \leq \frac{b_0}{3} \tag{5.2.1-2}$$

式中　M——作用在基础上的弯矩；

　　　h——基础的高度，$h=h_1+h_2$；

　　　F_h——作用在基础上的水平荷载；

　　　F_v——作用在基础上的垂直荷载；

　　　F_g——混凝土基础重 G 及中间配重块重 G_2、抗倾扭配重块重 G_2 的总重，即：$F_g=G+G_1+G_2$；

　　　b_0——最不利的抗倾覆力臂所对应的基础的长度。

1）抗倾力臂取值：本塔机基础沿十字梁方向长 6.3m，力臂为 3.15m。

2）抗倾最不利力臂：最不利力臂为沿十字梁 45°方向，考虑底板宽 1.9m，折算正方形对角线长度为 6.3+1.9=8.2m，考虑到折算正方形边长为 5.6m，抗倾最不利力臂为 5.6/2=2.8m。

3）抗倾力矩计算：

F_v=280~430kN，F_g 取 350kN

则抗倾能力为：（280+350）×2.8=1764kN·m

而一般 400kN·m 塔机最大倾覆力矩在 650~750kN·m 之间。由此可见，安全系数大于 1.5，完全满足抗倾覆要求。

4. 在构件之间的垂直面上预埋钢销，由钢销传递剪力。每个垂直面上钢销数量以 4 组为宜（每组由一"凹"一"凸"构成），现场拼装成形。预埋用钢销剖面和实物见图 5.2.1-12~图

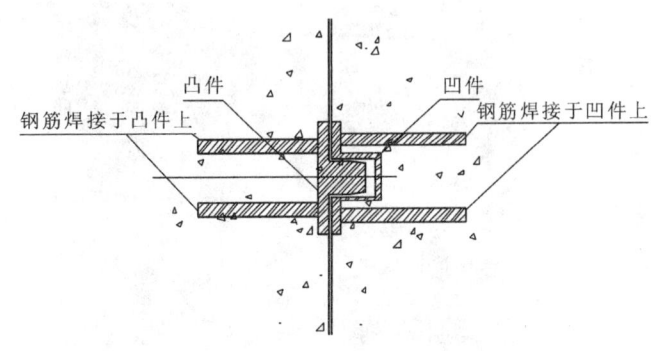

图 5.2.1-12　基础拼装钢销连接剖面图

5.2.1-14。

图 5.2.1-13 预埋钢销凸、凹配件图形

图 5.2.1-14 预埋钢销连接图形

5. 通过预应力钢绞线和抗剪件进行多块混凝土构件的拼装,拼装后形成整体混凝土结构,并且全截面参与工作。

6. 在基础梁上预留多组螺栓盒,通过设置多种不同组合的螺栓孔,即可完成基础的多用性。

7. 用高强度地脚螺栓连接塔机底座及基础,可以重复使用。见图 5.2.1-15、图 5.2.1-16。

图 5.2.1-15 塔机底座连接用高强度螺栓

图 5.2.1-16 高强度螺栓与基础连接图

5.2.2 预制构件加工

1. 预制构件根据设计的通用构件图纸,工厂化集中预制加工,见图 5.2.2-1。

2. 预制时,用已浇捣完的构件作为模板向外延伸再次浇捣拼装构件,这样浇捣后,成为两个几乎无间隙的构件,确保抗剪、抗弯、抗扭,满足整体性要求。

3. 核对预留位置,确保构件垂直面上四个钢销位置的准确。

4. 根据设计图纸,准确留设孔道,确保后期预应力钢绞线位置的准确。预应力筋分上、下两排设置,见图 5.2.2-2。

图 5.2.2-1 工厂化生产预制构件

图 5.2.2-2 预应力筋预留孔洞

5. 保证基础梁上螺栓盒位置留设准确,见图 5.2.2-3。

6. 预制件制作的允许偏差值与检验方法应符合表 5.2.2 的规定。

图 5.2.2-3 螺栓孔预留实物图

预制件尺寸允许偏差与检验方法　　　表 5.2.2

项　　目	允许偏差 (mm)	检 验 方 法
轴　　线	5	钢尺检查
几何尺寸	5	角尺和量尺检查
表面平整度	5	2m 靠尺和塞尺检查
垂直度	拼接面 2	靠尺检查
	其他面 5	靠尺检查
预埋件	中心线位置 5	钢尺检查
预留孔	中心线位置 5	钢尺检查
预留洞	中心线位置 15	钢尺检查
主筋保护层厚度	+10, −5	钢直尺或保护层厚度测定仪量测
对角线差	+10	钢直尺量两个对角线

5.2.3　基础个性化设计

1. 预制塔机的基础的设计应符合现行国家标准《建筑地基基础设计规范》GB 50007 的相关规定,其地基基础设计等级应定位为丙级。

2. 地基基础承载力特征值及相应的设计指标宜按岩土工程勘察报告提供的取值,当持力层为表层土且岩土工程勘察报告中未提供表层土承载力时,可通过现场测试或有关参数推算测定。

3. 事先取得拟安装塔机的型号、安装位置的地质报告等必要的资料。

4. 根据不同塔机参数,计算确定通用的塔机底面积及其组合形式。

5. 根据塔机的特点及受力情况,进行塔机个性化设计,包括抗剪件、抗扭配重块、预应力连接、地脚螺栓等。

6. 设计计算后,绘制相应的施工图纸,包括节点详图等大样图。

5.2.4　拼装基础施工操作要点

1. 预制塔机基础的拼装应符合下列规定:

1) 拼装位置应符合预制拼装基础施工方案的要求。

2) 基坑的尺寸及深度应达到设计要求且开挖后应对基坑进行夯实。

3) 垫层混凝土的强度等级为 C15,垫层的平整度不得大于 5mm。

4) 预制拼装基础定位放线时,预制件轴线和建筑物外墙轴线呈 45°方向。

5) 吊装过程中不宜破坏砂滑动层,保证构件高差、平整度满足设计要求。

6) 预制件应按设计的要求吊装,起吊时绳索与构件水平面夹角不宜小于 45°。

7) 按平面布置依次吊装中心件、过渡件、端件,抗剪件的凹件与凸件紧密咬合,预制件的间隙应小于 8mm。

8) 预制件的中心位置应与轴线重合。

9) 预制件之间的拼接缝隙不得有杂物,清理抗剪件及钢绞线水平连接孔管,确保孔管畅通,对抗剪件凹凸件涂满黄油。

10) 钢绞线张拉程序和张拉力应符合设计要求。

11) 配重件应搁置于基础边缘,中部应悬空。

12) 地脚螺栓的预留长度应满足设计要求。

2. 预制塔机基础拼装工艺流程(图 5.2.4-1):

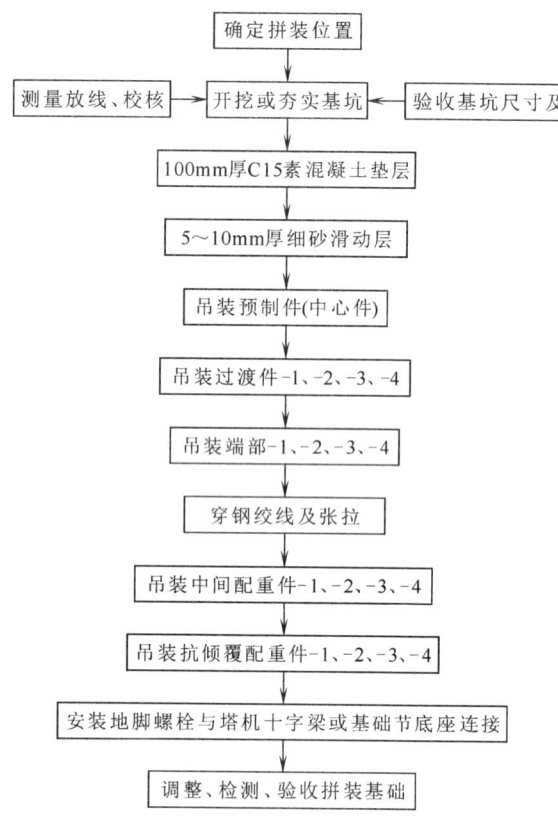

```
                    ┌──────────────┐
                    │  确定拼装位置  │
                    └──────┬───────┘
┌──────────────┐  ┌──────▼───────┐  ┌──────────────┐
│ 测量放线、校核 ├──┤ 开挖或夯实基坑 ├──┤ 验收基坑尺寸及质量 │
└──────────────┘  └──────┬───────┘  └──────────────┘
            ┌────────────▼────────────┐
            │ 100mm厚C15素混凝土垫层     │
            └────────────┬────────────┘
            ┌────────────▼────────────┐
            │ 5~10mm厚细砂滑动层          │
            └────────────┬────────────┘
            ┌────────────▼────────────┐
            │ 吊装预制件(中心件)         │
            └────────────┬────────────┘
            ┌────────────▼────────────┐
            │ 吊装过渡件-1、-2、-3、-4    │
            └────────────┬────────────┘
            ┌────────────▼────────────┐
            │ 吊装端部-1、-2、-3、-4      │
            └────────────┬────────────┘
            ┌────────────▼────────────┐
            │ 穿钢绞线及张拉              │
            └────────────┬────────────┘
            ┌────────────▼────────────┐
            │ 吊装中间配重件-1、-2、-3、-4 │
            └────────────┬────────────┘
            ┌────────────▼────────────┐
            │ 吊装抗倾覆配重件-1、-2、-3、-4│
            └────────────┬────────────┘
         ┌───────────────▼───────────────┐
         │ 安装地脚螺栓与塔机十字梁或基础节底座连接│
         └───────────────┬───────────────┘
            ┌────────────▼────────────┐
            │ 调整、检测、验收拼装基础     │
            └─────────────────────────┘
```

图 5.2.4-1 预制塔机基础拼装工艺流程图

3. 地基处理及垫层施工:

1）首先查阅地质资料，然后现场核对实际情况是否与资料相一致。

2）核对塔机基础部位的地基承载能力。本工法要求：额定起重力矩≤400kN·m 的塔机基础，地基承载力特征值应≥80kPa；额定起重力矩等于 400kN·m 的塔机基础，地基承载力特征值应≥100kPa。

3）如果地基承载力不足，要进行相应的加固处理。通常的加固处理方法为换土法和桩基法（采用桩基加固，要进行重新验算）。

4）混凝土垫层的平面尺寸为：6500mm×6500mm，厚度150mm。垫层混凝土可以在现场搅拌，也可以使用商品混凝土。混凝土强度等级为C15。

5）混凝土浇捣过程中，注意平整度的控制，平整度≤4mm。

6）混凝土浇捣完毕，要进行相应的养护，全湿养护时间不少于7d。

7）垫层施工完成后，在垫层上铺高5~10mm的砂层，作为拼装的滑动层，方便构件的组拼。

8）垫层施工完成，在基础四周设置排水沟，四角设置集水井，以防塔机基础积水。

9）在基础角部打设接地桩，引接地线，解决塔机安装后的防雷接地问题。

4. 预制塔机基础的吊装顺序：

1）用水准仪检查素混凝土垫层的平整度及砂垫层的厚度。

2）吊装中心件（0号构件见图5.2.4-2）：中心件就位于基坑斜45°中心位置。

3）吊装过渡件（1号构件见图5.2.4-3），按平面位置依次进行检查、涂黄油、就位。将过渡件吊起，与已就位的中心件靠近并使过渡件上的抗剪凸件对上已就位中心件上的凹件，稳住构件，用撬棍支撑于构件的下部对准中心线，将抗剪凸件插入凹槽，使吊装件与中心件间隙小于5~10mm。

4）吊装端部件（2号构件见图5.2.4-4）：端部件的吊装过程与过渡件的吊装基本相同。吊装就位后，与过渡件的间隙也应小于5~10mm。

5. 拼装连接索预应力张拉施工应按以下规定进行：

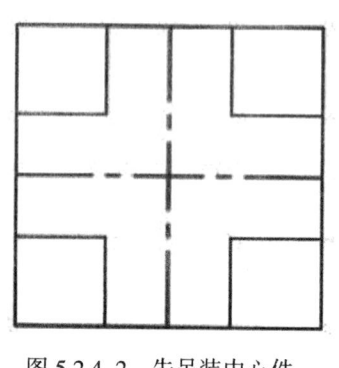

图 5.2.4-2 先吊装中心件（0 号构件）

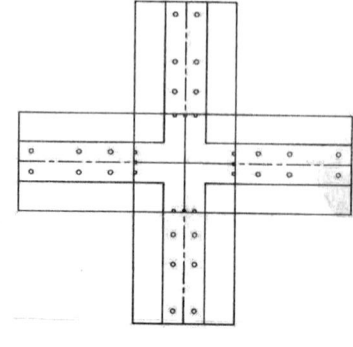

图 5.2.4-3 依次吊装过渡件（1 号构件）

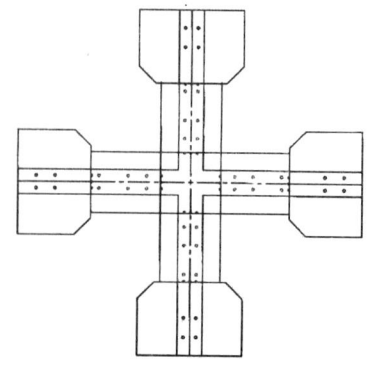

图 5.2.4-4 依次吊装端部件（2 号构件）

　　1）接好油泵电源，开始试运转，检查千斤顶工作性能是否良好（千斤顶和压力表应配套标定，配套使用，标定的期限不应超过半年）。

　　2）穿钢绞线：将承压板贴紧张拉端和锚固端的孔道，以基础中心线对称逐根穿入钢绞线，张拉端外露的钢绞线 PE 管截去备用。锚固端见图 5.2.4-5、图 5.2.4-6。

图 5.2.4-5　未进行预应力锚固端的端点图　　　　图 5.2.4-6　准备进行预应力锚固的锚点

　　3）构件水平合拢：空拉，不装工作锚夹片，使千斤顶顶住承压板，启动油泵、千斤顶工作，基础中心的钢绞线张拉力把各构件合拢，保证构件间垂直面无间隙，然后退张。

　　4）拼装连接索张拉应采取逐根对称张拉，共分三级张拉，每级张拉力为 $1/3\sigma_{con}$，张拉时应严格控制油泵压力表值为 19MPa，读数偏差不得大于 0.5MPa，使每根钢绞线受力一致。张拉过程应由监理现场监督，填写预应力钢绞线张拉施工记录（附表 A）。

　　5）张拉、锚固完毕，再复查钢绞线受力是否相同。张拉端如图 5.2.4-7、图 5.2.4-8。

图 5.2.4-7　进行预应力张拉的端点图　　　　图 5.2.4-8　张拉后基础端点的锚固图

　　6. 抗倾扭配重件安装

　　1）将配重件逐一吊起，搁置于两个端部件之上（图 5.2.4-9）。

　　2）各配重件中部是悬空的。

　　3）根据不同型号的塔机，按不同型号塔机对基础自重的设计要求，决定是否需要覆土或增加一定的配重。

5.2.5　预制塔机基础的拼装验收

　　1. 预制塔机基础底部与垫层之间不得有间隙。

　　2. 张拉力应满足设计要求。

　　3. 预制塔机基础的表面不得有结构性裂纹。

　　4. 预制塔机基础的压重应符合设计要求。

　　5. 螺杆螺母预紧力矩应符合塔式起重机说明书的要求。

　　6. 锚具、夹片应清洁，张拉后必须涂覆黄油。

　　7. 拼装允许偏差值及检验方法应符合表 5.2.5 的规定。

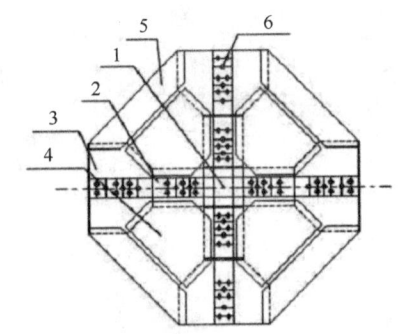

图 5.2.4-9　依次吊装配重件
1—中心件；2—过渡件；3—端件；
4—中间配重块；5—抗倾覆配重块；6—组合螺栓

预制塔机基础拼装允许偏差值及检验方法　　表 5.2.5

项　目	允许偏差（mm）	检验方法
构件轴线	3	钢尺检查
整体尺寸	15	钢尺检查
预制件间高差	2	水平仪测量
顶面平整度	5	塞尺测量

8. 预制塔机基础验收后，应填写塔机安装验收记录表（附表 B）。

9. 6 级风以上、暴雨和正常使用三个月后，应对预制塔机基础进行检查，填写预制塔机基础安全使用巡查记录（附表 C）。

10. 对已使用过的预制塔机基础，每拆装一次，应由拼装单位进行质量检查，合格后方可继续使用。检查内容应包括：

1）混凝土构件主要受力部位的裂缝宽度。

2）抗剪件锈蚀变形情况。

3）构件在运输和使用中破损情况。

4）地脚螺栓锈蚀、弯曲及螺栓损坏程度。

5）钢绞线已使用次数；同一夹持区夹持次数、刻痕处的截面面积。

6）夹片的破损程度。

5.2.6　预制塔机基础的拆除

1. 基础上方塔机拆除完毕，回填材料清理后，方可进行拆除。

2. 张拉端、固定端头应留出足够的工作面。

3. 退锚时工作锚具距锚环应不小于 200mm，退锚拉力应缓慢增加，当夹片退出 2~3mm 后，即刻用专用工具拔出，不得裸手取出。

4. 退锚时钢绞线最大应力应不大于 $0.75f_{ptk}$。

5. 钢绞线未全部抽出不得拆除预制塔吊基础。

6. 钢绞线拆除时拆除机具应采用张拉千斤顶并配备与工作锚栓相应的卸荷座。拆除时应将卸荷座穿过钢绞线套在工作锚上，然后将千斤顶安装到钢绞线上，锚固好后进行张拉，使锚固端夹片松动，并用钳子自出口处拔出夹片，再缓慢回油使钢绞线松动，最后卸下千斤顶等设备，拉出钢绞线。

7. 拆除构件时，先水平撬动构件，等凹凸钢销脱开后，才可以垂直吊运构件，以防损坏抗剪钢销。

5.2.7　预制件的堆放

预制件堆放应符合下列规定：

1. 构件吊运时要小心谨慎，防止构件破坏。

2. 运输过程中要合理加以固定，防止失稳。

3. 堆放场地应平整、坚实，并按预制件的编号进行堆放。

5.3　劳动力组织

劳动力组织情况见表 5.3。

劳动力组织情况表　　表 5.3

序　号	单项工程所需岗位	所需人数（人）
1	施工队长	1
2	技术人员	1
3	专职安全员	1
4	专职指挥工	1
5	汽车吊操作工	1
6	起重安装工	5
	合　计	10

6. 材料与设备

6.1 材料

6.1.1 预制构件所用钢筋、水泥、砂、石等材料，均应进行相应的检验和试验，合格后方可使用。

6.1.2 构件的混凝土强度等级应大于或等于 C40，所用材料：

1. 水泥：采用 425 硅酸盐或普通硅酸盐水泥。

2. 砂：采用规定的建筑用砂。

3. 卵、碎石：采用规定的建筑用卵、碎石。

4. 水：采用规定的建筑用水。

5. 外加剂：采用规定的混凝土外加剂。

6. 预制件混凝土应配置 HRB400 级或 HRB335 级钢筋，其相关指标应符合现行国家标准《混凝土结构设计规范》GB 50010 的规定。

6.1.3 基础的钢销、预埋件、承压板等宜采用 Q235、Q345、Q390、Q420 钢，其相关指标应符合现行国家标准《钢结构设计规范》GB 50017 的规定。

6.1.4 预应力钢绞线：应采用《预应力混凝土用钢绞线》GB/T 5224-2003 规定的 15.2~15.24 强度等级，1860MPa 无粘结高强低松弛钢绞线。钢绞线的设计拉力为钢绞线极限拉力值的 50%~55%，即 130~145kN/根。

6.1.5 与预应力钢绞线配套使用的锚夹具和连接器，采用《紧固件 扭矩—夹紧力试验》GB/T 16823.3-2010 规定的锚具夹具和连接器。

6.1.6 塔机与混凝土基础连接用地脚螺栓：当塔机为有底架十字梁斜支撑、有压重时，可以使用 45 号钢，不经热处理；无底架十字梁及有底架十字梁斜支撑、无压重时，其地脚螺栓应采用 40Cr 材料，并经调质处理，调质后其极限强度 σ_b 不应小于 $750N/mm^2$，屈服强度 σ_s 不得小于 $550N/mm^2$，相关指标应符合现行国家标准《紧固件机械性能》GB 3098 的规定。

6.2 设备

6.2.1 吊装设备：汽车吊（12t 以上）、运输卡车等。

6.2.2 预应力张拉设备：张拉机具、千斤顶、油泵、扳手等。

6.2.3 其他所需机械、工具、设备及仪器为工程施工正常配置。

7. 质量控制

7.1 应遵循的国家标准

7.1.1 《塔式起重机设计规范》GB/T 13752。

7.1.2 《高耸结构设计规范》GB 50135。

7.1.3 《混凝土结构设计规范》GB 50010。

7.1.4 《建筑地基基础设计规范》GB 50007。

7.1.5 常用塔机的技术资料。

7.2 应遵循的技术规程

《混凝土预制拼装塔机基础技术规程》JGJ/T 197-2010。

7.3 主要质量控制措施

7.3.1 根据塔机的特点及受力情况，进行塔机个性化设计，包括抗剪件、抗扭配重块、预应力连接、地脚螺栓等。

7.3.2 塔机安装位置的地基承载力要满足要求。

7.3.3 预制构件的各项预埋、预留，位置必须准确。

7.3.4 按预定的拼装顺序进行吊运、拼装。

7.3.5 预应力张拉过程中，严格按设计的应力值进行控制。

7.3.6 锚具、夹具的选用，一定要选择相应、配套的型号。

8. 安 全 控 制

8.1 严格执行国家、行业和企业的安全生产法规和规章制度，认真落实各级人员的安全生产责任制。

8.2 拼装前必须制定合理的专项技术方案，并经审批后严格执行。

8.3 拼装单位应具有预应力施工资质。

8.4 拼装人员应经专门培训，并持培训合格证上岗。

8.5 预制塔机基础严禁拼装在积水浸泡的地基和冻土地基上。

8.6 正确选用汽车吊，不得超过汽车吊的吊运能力。

8.7 垫层施工完成，在基础四周设置排水沟，四角设置集水井，以防塔机基础积水。

8.8 张拉用千斤顶和压力表应配套标定、配套使用；张拉设备的标定期限不应超过半年；当张拉设备出现不正常现象时或千斤顶检修后，应重新标定。

8.9 吊装预制件时应设专人指挥，预制件起吊应平稳，不得偏斜和大幅度摆动。

8.10 钢绞线在张拉或拆除时，其两端正前方严禁站人或穿越，操作人员应位于千斤顶侧面。

8.11 预制塔机基础预应力施工应执行《建筑工程预应力施工规程》CECS180 的要求。

8.12 必须对拼装人员进行安全、技术交底。

8.13 预制塔机基础进场后，应根据设计要求清点数量，核对型号，检查构件质量。

8.14 在基础角部打设接地桩，引接地线，解决塔机安装后的防雷接地问题。

8.15 预制拼装塔机基础安装后，应及时组织验收，合格后方可进入上部塔吊的安装。使用过程中定期对基础及塔身进行必要的监测，主要监测基础沉降、侧倾、裂缝等项目。

9. 环 保 措 施

9.1 成立现场施工环境卫生管理机构，在施工过程中严格遵守国家和地方政府下发的有关环境保护的法律、法规和规章。根据公司规定，制定管理方案和管理制度。

9.2 预制构件采用工厂化集中制作，可以有效减少施工现场的各项环境污染。

9.3 根据施工现场周围的环境、工程实际施工需要、文明施工的要求，合理选择进出场路径，保证施工现场场内道路的畅通。

9.4 构件运输过程中，进行适当的固定和覆盖，防止遗撒和扬尘。

9.5 吊装时间选择：选择在 8:00~20:00 这一时间段进行吊装，防止噪声对周围居民的影响。

9.6 加强吊装机械设备的保养，以免产生机械噪声。

9.7 出场车辆必须经过清洗。

10. 效 益 分 析

10.1 经济效益分析

10.1.1 单个塔机基础经济效益分析

按《江苏省建筑工程预算定额》：传统塔机基础，基础总重为 380kN，采用现场浇筑钢筋混凝土固定式基础约需 1.1 万元，按平均每年周转 1.5 次计算，约需费用 1.65 万元。

而采用本工法，塔机基础按同样周转次数测算，租用安装吊装费仅需 0.85 万元。即：平均每台塔机每年可节约费用 0.8 万元。

另外：本工法组拼塔机基础，现场安装时间仅需 90min，后期不需要专门再拆除、清理，大大缩短工程工期。

10.1.2　整体效益分析

目前本工法所用拼装塔机基础，在南京、徐州、淮安、南通、盐城等地区已经广泛推广应用，仅在南京地区近几年每年使用量就在 200 台以上。

近几年，每年总计使用量约在 4000 台左右。即：每年可节约总费用为 0.8×4000=3200 万元。

10.2　社会效益分析

本工法的特点是工厂化生产、现场组拼方便、工期短、费用低、通用性好，尤其环保节能，符合建筑业发展的方向。

本工法关键技术已获得国家发明专利和实用新型专利，并通过了江苏省科技厅的科技成果鉴定。近年来，产品在江苏及邻近的安徽、山东、河南等省推广应用，社会评价效果良好。

由工法编制人钱红、从为民、徐朗等参与编写的国家行业标准《混凝土预制拼装塔机基础技术规程》JGJ/T 197-2010 已于 2010 年 8 月 3 日发布，2011 年 1 月 1 日施行。

10.3　技术效益

本工法的研发、推广和应用，符合国家节能、环保的建筑发展方向要求，培养了公司技术人员的科技创新能力，提升了公司的技术竞争力。

11. 应 用 实 例

11.1　淮安市清浦区浦东花园小区工程

该工程施工中共使用了 8 台预制拼装塔机基础。从使用情况来看，项目部认为其施工方便、成本低、可重复使用、节约资源且安全可靠。

11.2　淮安市清华美墅综合楼工程

该工程施工中共使用了 3 台预制拼装塔机基础。从使用情况来看，项目部认为其安全可靠、成本低、拆除方便、不影响市政下水道的施工。

11.3　淮安市第四人民医院工程

该工程施工中共使用了 2 台预制拼装塔机基础。从使用情况来看，项目部认为其施工方便、可重复使用、节约资源、进度快（装完就能使用）。

11.4　南京市江宁区颐和南园住宅小区工程

该工程施工截至目前累计使用了 33 台预制拼装塔机基础。从使用情况看，我们认为其采用工厂化预制，对质量有保证；对周围环境无影响；减少了混凝土固体废弃物，施工方便；可重复周转使用，节约资源；施工进度快，装完即能使用。

预应力钢绞线张拉施工记录 附表 A

工程名称			预制塔机基础拼装施工单位		
使用单位			负责人		
钢绞线总数量		设计抗拉控制应力		要求压力表读数	
张拉设备		张 拉 日 期		操作人	
钢绞线	分级	张拉时间	压力表(测力计)读数		备注
	第一级				
	第二级				
	第三级				
	第一级				
	第二级				
	第三级				
	第一级				
	第二级				
	第三级				
	第一级				
	第二级				
	第三级				
	第一级				
	第二级				
	第三级				
	第一级				
	第二级				
	第三级				
	第一级				
	第二级				
	第三级				

监理工程师:　　　　　　　　　　塔机使用单位代表:

预制塔机基础拼装验收记录　　　　　　　　　　　　　　　　　附表 B

工程名称			预制塔机拼装施工单位		
塔机类型			基础类型		
	检查项目	验收标准	检查记录	备注	
主控项目	地基承载力特征值				
	配重块总重量				
	垫层平整度				
	预制件拼装后尺寸				
	钢绞线张拉值				
一般项目	预制件表面破损情况				
	预埋件之间是否有间隙				
	预制件与垫层之间是否有间隙				
	钢绞线、锚具表面锈蚀或破损情况				
	外露钢绞线、锚具保护				
	承载板受力后情况				
	基础周边的维护墙				
	C15 素混凝土厚度				
验收结果	预制塔机基础拼装单位（盖章） 代表（签字） 　　　　　年　　月　　日				
验收结论	工程监理人员（签字） 塔机使用单位代表（签字） 　　　　　年　　月　　日				

预制塔机基础安全使用巡查记录   **附表 C**

编号：   巡查时间：   塔机拼装单位巡查人：

工程名称		塔机使用单位	
塔机型号		塔机基础类型	
巡查地点		工地负责人	

	检查内容	检查结果
基础	拼装块之间有无明显缝隙	
	预制塔吊基础螺杆周边有无结构缝隙	
螺杆及锚固压板	螺杆双螺母不得松动，有预留 1~2 牙	
	锚固压板有无变形	
	螺杆有无涂油和用塑料套保护	
	螺杆有无弯曲变形，要求小于 2%	
钢绞线及锚具	端头压板应无明显变形	
	张拉端伸出部分应有 PE 管套	
	锚具和夹片无异常	
周边维护及地基	基础周边应按要求砌墙维护以防扭转	
	基础上方应按设计要求配重	
	基础局部不得出现明显沉降，上部倾斜要求 ≤2‰	
	基础周边如出现对基础有影响的积水或邻近新开挖有深基坑，应书面通知施工单位处理	

巡查单位意见		塔机使用单位意见		监理单位意见	

巡查人（签字）
    年 月 日
		专业工长（签字）
		技术负责人（签字）
		    年 月 日
				监理工程师（签字）
				    年 月 日	

注：检查结果达不到标准的，暂停使用并调整，经再次检查验收合格后方可使用。

钢筋混凝土筒仓内衬钢轨与库壁滑模
一体化施工工法

GJYJGF012—2010

河北省第四建筑工程公司　河北省安装工程公司

线登洲　韩建田　吕波　王辉峰　计振邦

1. 前　　言

石灰石库在水泥生产线中用于生料的贮存，多数为钢筋混凝土筒仓结构，若按常规方法库体采用钢筋绑扎，混凝土浇筑进行工程建设，其内壁应经常受到石灰石的冲击摩擦，而导致混凝土保护层减小或脱落，大大降低了库的使用寿命。近年来，通过总结创新，一种在库内侧衬设轻钢轨的设计应运而生，有效解决了混凝土保护层磨损难题，且被广泛应用于水泥厂建设项目中。

此类工程的主体结构施工，常采用滑模工艺施工，传统施工工序为：库壁内侧预埋钢板→筒仓主体结构施工至设计标高→库内搭设满堂脚手架→库壁内侧预埋钢板上焊接内衬钢轨→钢轨外侧支设模板→钢轨间混凝土二次浇筑→模板拆除。此施工顺序具有不可颠倒性，施工工期长，且存在诸多质量、安全隐患。河北省第四建筑工程公司在总结该单位多年施工经验的基础上，利用技术创新手段，完成"混凝土筒仓内衬钢轨与库壁滑模一体化施工技术"研究课题。有效解决了传统施工中钢轨间二次浇筑混凝土时，模板安装和实施浇筑的难度；消除了传统施工留下的钢轨间二次浇筑混凝土不牢、钢轨与筒仓内壁存在狭窄间隙等诸多质量隐患；减少了二次安装钢轨内衬时搭设的满堂脚手架、支设模板和浇筑混凝土的高空作业等施工安全隐患。该成果于2009年3月通过河北省建设厅组织的技术鉴定，达到国内领先水平，同年获河北省建设行业科技进步一等奖，2010年纳入"钢筋混凝土筒仓施工技术体系应用研究"课题的组成部分之一，荣获河北省科学进步三等奖；国家知识产权局发明和实用新型专利授权（发明专利号：ZL 2008 1 0079975.2，实用新型专利号：ZL 2008 2 0227734.3）；2009年度中国施工企业管理协会科学技术创新成果一等奖。通过成功的工程实践应用，该工法具有施工速度快、安全可靠、成本低、质量控制好等突出特点，经济效益明显。

2. 工 法 特 点

2.1　采用滑模工艺基础原理，将内衬钢轨与之有机结合，实现混凝土筒仓内衬钢轨与库壁滑模一体化施工。

2.2　清除了传统施工留下的钢轨间二次浇筑混凝土不牢，钢轨与筒仓内壁存在狭窄间隙等诸多质量隐患，减少了二次安装钢轨内衬时搭设的满堂脚手架、支设模板和浇筑混凝土的高空作业等施工安全隐患。

2.3　该技术先进，主体结构施工速度快，工程成本低，能很好地满足大型水泥项目快速、节约的建设目标要求。

3. 适 用 范 围

适用于内衬钢轨的钢筋混凝土筒仓结构滑升模板施工。

4. 工 艺 原 理

在普通滑模的基础上,改变传统施工工序,将筒仓内侧均匀排列的内衬钢轨施工与之有机结合为一体,实现一体化施工。其滑模构造原理平面示意图见图4.1。

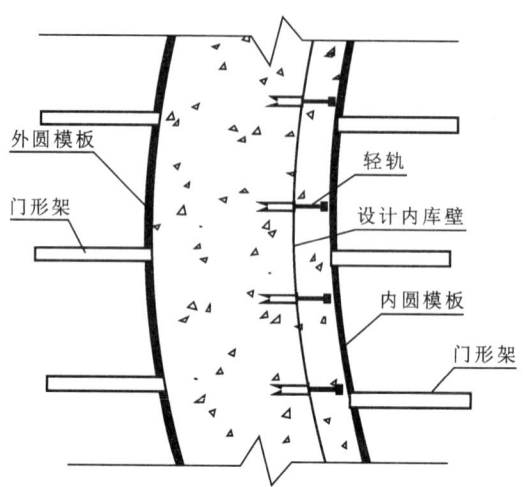

图4.1 滑模与内衬轻钢轨一体化施工平面示意图

5. 施工工艺流程及操作要点

5.1 施工工艺流程

筒仓壁滑模组装→筒仓壁滑模施工至库底板→筒仓底板架体、钢轨加工打孔、模板钢筋施工→起始钢轨安装及滑模装置改造→浇筑筒仓底板混凝土→库壁滑模施工→滑模装置拆除。

5.2 操作要点

5.2.1 筒仓壁滑模组装

滑模装置主要有模板系统、操作平台系统、液压系统以及施工精度控制系统和水、电配套系统等部分组成(图5.2.1 滑模装置示意图)。

根据单位工程工况,按照工艺原理,设计液压提升和控制系统,通过荷载计及时确定新需的千斤顶规格数量,根据千斤顶的数量选用合适的液压控制台和油路布置方案,本单位工程经设计计算。

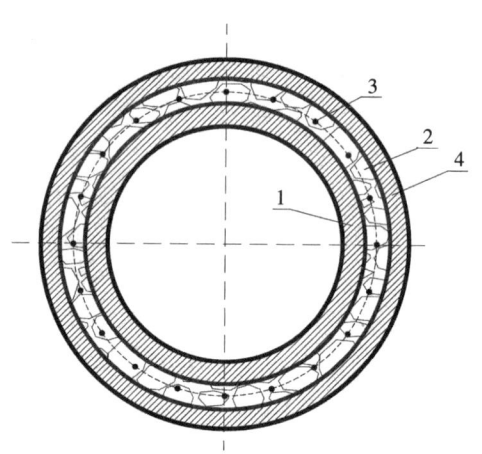

图5.2.1 滑模装置示意图
1—滑模内操作平台;2—库壁;
3—滑模系统支撑爬杆;4—滑模外操作平台

1. 模板以1012组合钢模板为主。围檩采用[8槽钢制作,上下各设置一道,间距800mm,上围檩距模板上口距离不宜大于250mm。围圈接头采用对焊接成刚性节点,用8号钢丝将围檩与模板绑扎牢固。

2. 提升架采用单横梁双立柱"门"式架,横梁采用双排[12槽钢制作,立柱采用[14槽钢制作,立柱与横梁采用螺栓刚性连接,间距1200mm,均匀布置 "门"式提升架。

3. 内外操作平台为挑架式,用∟50×5角钢,制作成三脚架。操作平台下设置吊脚手架,用于混凝土表面的修饰和混凝土养护。

4. 液压系统选用GYD-60型滚珠式千斤顶,用φ48×3.5钢管作支撑杆,千斤顶及支撑杆数量与"门"式提升架数量相等。根据千斤顶的数量、油路长度等因素,选定YKT-56型液压控制柜。油路布置坚持使每个千斤顶到液压控制台的油路长度基本一致，且每条油路供油的千斤顶数量保持基本相等的原则。

5. 施工精度控制通过千斤顶限位卡、经纬仪、线坠、激光铅垂仪等以及设置测量靶标与观测站来实现，测量精度不低于 1/10000。

6. 水、电配套系统包括动力、照明、信号通信及水泵、路管设施等。

5.2.2 筒仓壁滑模施工至库底板

库底板以下滑模施工按常规工艺进行，当滑升至库底板时，将滑模装置空滑提升过库底板并拆除内侧模板，库内支设满堂红脚手架、支设库底板模板、绑扎钢筋安装库底板上钢轨、安装钢轨顶模板、浇筑底板混凝土，库底板施工完毕。

5.2.3 钢轨加工打孔

按设计要求，采购规格为 24kg/m 的钢轨，按照需要长度统一下料，成品长度保持一致，打孔前，统一放线，标注好开孔位置，确保每个钢轨的成孔在同一位置，成孔错位增加钢筋穿过的难度，孔径应大于钢筋直径 10mm 左右（例如，使用 φ18 钢筋，孔径应控制在 28mm 为宜）。孔距 20cm，打孔要规则，有利钢筋穿过。（图 5.2.3）

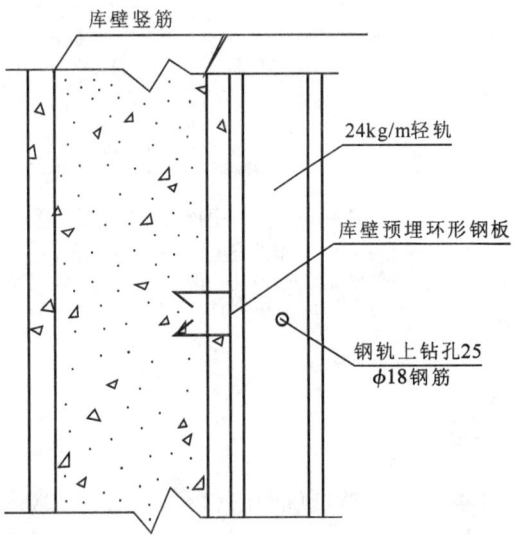

图 5.2.3 库壁内衬钢轨打孔示意图

5.2.4 起始钢轨安装及滑模装置改造

将库底板以下结构滑模用内环模板拆除后，在钢轨安装起始高度弹好标高线，将底部环形钢板焊接牢固后进行钢轨安装。为方便安装，可将预埋钢板设计成 200mm 宽的钢板带，长度以 3m 长为宜，沿库壁内侧通长设置，沿高度方向每 500mm 一道，将钢板锚固筋与库壁钢筋绑扎牢固后，根据库壁周长，计算每个相邻钢轨间距，进行准确定位，相邻钢轨接头应错开 500 mm，以确保滑模速度和钢轨安装速度相匹配。安装时从同一起点向两个方向依次进行，确保两钢轨相邻孔在同一平面，与钢板焊接牢固。安装到仓内周长的 1/3 时，即可进行钢筋穿孔工作。安装效果见图 5.2.4-1。

钢轨安装完成后，对钢轨连接质量、间距、垂直度及牢固性进行检查验收合格后，仅进行原滑模系统，内环模板重新安装就位即可，要求模板表面紧贴钢轨表面，且接缝严密，圆弧过渡圆滑，平面及剖面见图 5.2.4-2、图 5.2.4-3。

图 5.2.4-1 钢轨安装效果图

5.2.5 库壁滑模施工

待起始钢轨安装和滑模装置改造完成后，即可按常规滑模施工工艺进行施工。即绑扎钢筋→安装钢轨→绑扎钢轨锚固钢筋→浇筑混凝土→提升模板→混凝土养护→依次连续循环施工。

浇筑混凝土时，严禁振动钢轨，控制好振捣范围，滑动模板滑升过程中，应注意钢轨的调整就位，在滑模模板上与钢轨相对应的位置上设置间距 300mm 的钢轨固定卡，保证钢轨与固定卡之间的正常间隙（图5.2.5）。

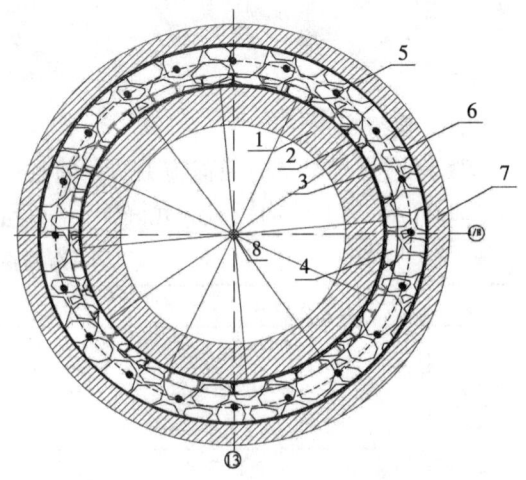

图 5.2.4-2 钢轨安装后的平面图

1—内操作平台；2—内侧模板；3—内衬钢轨；
4—库壁混凝土；5—滑模支撑爬杆；6—外侧模板；
7—外操作平台；8—辐射拉杆及中心盘

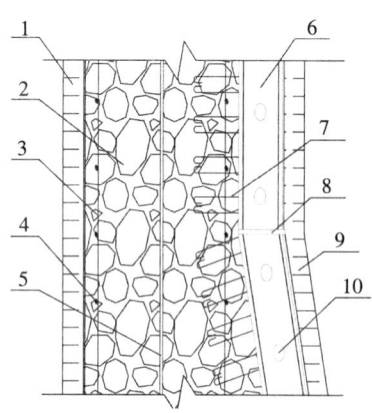

图 5.2.4-3　安装钢轨后的剖面示意图

1—外模；　2—库壁混凝土；　3—库壁竖筋；　4—库壁环筋；
5—滑模支撑爬杆；　6—钢轨；　7—钢轨锚固筋；
8—环形钢板；　9—内模；　10—钢轨上穿筋孔

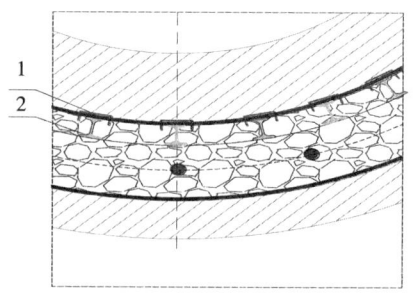

图 5.2.5　钢轨固定卡安装示意图

1—内衬钢轨；　2—固定卡

6. 材料与设备

本工程无特别说明的材料，以内径 10m，仓高 24m，壁厚 250mm，内衬 209 根钢轨为例，主要机具设备见表 6：

主要设备表　表 6

设备名称	规格型号	单 位	数 量	用 途
液控台	YKT-56 型	台	1	滑升模板
千斤顶	3	个	36	滑升模板
塔式起重机	QTZ40	座	1	材料吊运
电焊机		台	2	钢筋加工
插入式振捣器	40	台	2	浇筑混凝土
水准仪	DS3	台	1	测量与检测
钢尺	30m	把	1	测量与检测

7. 质 量 控 制

7.1　执行标准

7.1.1　《混凝土结构工程施工质量验收规范》GB 50204；《滑动模板工程技术规范》GB 50113。

7.1.2　混凝土结构施工的允许偏差应符合表 7.1.2 的规定。

滑模施工混凝土结构的允许偏差　表 7.1.2

序号	项　　目	允许偏差（mm）	检验方法
1	轴线间的相对位移	5	钢尺检查
2	直径偏差	该截面筒壁直径的 1% 并不超过 ±40	钢尺检查
3	全高标高	±30	水准仪或拉线钢尺检查
4	全高垂直度	高度的 0.1%，并不大于 30	经纬仪或吊线钢尺检查
5	库壁的界面尺寸偏差	+10，-5	钢尺检查
6	门窗洞口及预留洞口的位置偏差	15	钢尺检查
7	预埋件位置偏差	20	钢尺检查

7.2 质量控制措施

7.2.1 建立全面的质量监控体系，滑模施工中实行旁站管理，发现问题及时处理。

7.2.2 每道工序均要做到"三检"，并要对所有细部处理做全过程质量检查。

7.2.3 钢轨打孔、环形钢板焊接、钢轨安装。钢轨间钢筋连接严格按照质量标准加工、制作。

7.2.4 合理安排工序，确保滑模，钢板安装，钢筋连接等工序时间必须衔接匹配。

7.2.5 混凝土原材料的品种、规格、质量指标及采购批次、批量应严格控制，混凝土坍落度控制在 160~180mm，混凝土正常滑升阶段浇筑高度每步为 250~300mm，每次滑升间隔时间为 2~3h，出模混凝土应及时进行洒水或刷养护液进行养护。

7.2.6 滑升过程中，要检查操作平台，支撑杆及混凝土凝结等工况状态，定期对滑模系统进行检查维护。

7.2.7 滑升过程中，应检查和记录标高、结构垂直度、结构截面尺寸，再提升一步应检查记录一次。

8. 安 全 措 施

8.1 建立安全监督机构配备专职安全员，强化安全管理体系，专职安全员深入现场都督检查，发现隐患立即排除。

8.2 滑模内外 1.5m 宽操作平台，平台内外圈搭设 1.2m 高钢管防护架，外挂密目网。库底、工作平台下搭设自库壁外挑出 3m 宽水平钢管防护架，平挂安全网。外挑的 3m 宽水平钢管防护架平网为 3 层。

8.3 用好安全工作的三宝，进入现场人员戴好安全帽，高空作业系安全带，对职工实行周一安全教育和日常教育，增强职工全员安全意识。

8.4 木工施工机具的安全防护装置必须齐全、可靠。

8.5 用电设备必须由专人负责操作，做好各种防护措施避免防止发生触电事故。混凝土修补使用的手持电动工具和照明用线路必须采用橡胶铜芯软电缆，使用时认真检查线路的接头和有无破损情况，严格执行一机一闸一保护和三级保护制度。

8.6 操作人员离开用电设备时，必须拉闸断电，锁好闸箱，并严禁一闸多用或超负荷使用，防止造成火灾。

8.7 保证现场文明施工，实行领退料制度，材料、周转工具按平面布置堆放。

9. 环 保 措 施

9.1 工程材料、施工器具分类定点存放、定量发放。

9.2 搞好现场管理，现场做到活完场地清，建筑垃圾运到指定地点集中堆放清运。垃圾清运应有措施，避免在运输过程中遗撒，造成环境污染。

9.3 认真执行公司《建筑施工噪声防治办法》。现场易产生噪声的电锯、电刨等机械设备四周应搭设工作棚，做好噪声围挡屏障。

9.4 施工现场机械设备冲洗后的废水应集中沉淀后，再将废水放掉。

9.5 采取措施、避免道路、料场扬尘，混凝土浇筑时，操作人员要佩戴防护口罩。

10. 效 益 分 析

10.1 直接经济效益

以登封市宏昌水泥有限公司 4500t/d 水泥熟料生产线石灰石库工程为例,通过采用本工法直接成本节约 22.46 万元,经济效益明显。

10.2 间接效益

10.2.1 采用本工法施工,能消除传统施工留下的钢轨间二次浇筑混凝土不牢,钢轨与筒仓内壁存在狭窄间隙等诸多质量隐患;减少了二次安装钢轨内衬时搭设的满堂脚手架、支设模板和浇筑混凝土的高空作业施工安全隐患,保证了工程质量,提高了施工水平。

10.2.2 采用本工法技术,工期短、占用工具少、可大量减少设备投入,降低资源消耗,符合节约型社会建设和持续发展要求。

11. 应 用 实 例

本工法技术在登封市宏昌水泥有限公司 4500t/d 水泥熟料生产线、鹿泉市东方鼎鑫水泥有限公司 5000t/d 干法水泥生产线、东方希望重庆水泥有限公司 4800t/d 新型干法水泥生产线的石灰石库工程中应用。

11.1 应用工程概况

11.1.1 登封市宏昌水泥有限公司 4500t/d 水泥熟料生产线石灰石库高 24m,内径 10m,壁厚 250mm,内衬 209 根 24kg/m 钢轨,全圆均布,轻轨竖直高度 9.35m。

采用该工法技术,比传统施工方法缩短工期 30d。

11.1.2 鹿泉市东方鼎鑫水泥有限公司 5000t/d 干法水泥生产线工程位于鹿泉市宜安镇,项目中的石灰石库工程,库顶高 24m, 内径 10m,壁厚 250mm,内衬 209 根 24kg/m 钢轨,全圆均布,轻轨竖直高度 7.5m。

采用该工法技术,比传统施工方法缩短工期 32d。

11.1.3 东方希望重庆水泥有限公司 4800t/d 新型干法水泥生产线工程位于宝丰县郊,项目中的石灰石库工程,库高 24m, 内径 10m,壁厚 260mm,内衬 209 根 17kg/m 钢轨,全圆均布,轻轨竖直高度 7.5m。

采用该工法技术,比传统施工方法缩短工期 30d。

11.2 效果评价

经过实践证明,该施工技术先进,施工速度快,工程质量安全可靠,成本低,受到业主和监理单位代表的好评,经济效益和社会效益显著,具有广阔的推广价值。

三维弧形墙体模板施工工法

GJYJGF013—2010

青建集团股份公司　青岛一建集团有限公司

张同波　郦启武　王胜　孙丛磊　臧小龙

1. 前　　言

随着经济的发展，人们对建筑的要求也在不断地提高，现代建筑不仅要满足使用功能，而且还要具有时代的特征和艺术的欣赏价值。因此，就出现了很多单面弧形，甚至三维弧形的墙体。而此类混凝土墙体如采用一次性模板则投入巨大，且造成资源浪费，如采用组合式小钢模板则难以保证墙体的外观质量。针对三维弧形墙体的技术难点，为了既能达到清水混凝土的效果，又能采用定型化模板，以降低费用、节约资源。青建集团股份公司研究了一种新型模板，其核心技术"三维弧形钢筋混凝土结构模板技术研究与应用"于2007年1月通过了青岛市科技局组织的专家鉴定，总体技术水平达国际先进，该成果获得了2007年度山东省科技进步三等奖，并获2008年度山东省建筑业技术进步一等奖，本工法就是在此基础上编写形成的。

2. 工 法 特 点

2.1 模板定型化，可以调整双向弧度，适应三维弧形的变化，能够周转使用。模板耐久性好，周转次数多，费用低。

2.2 施工工艺简单，操作方便，支模速度快，可以实现小节拍、快流水作业，能加快施工速度。

2.3 墙体外观能达到清水混凝土的效果，无须抹灰可降低工程成本。

3. 适 用 范 围

本工法适用于空间曲线弧线混凝土结构，如三维弧形墙、卵形墙，扭曲形水坝等，也适用于平面曲线弧度混凝土结构（例如弧形墙）和一般形状的混凝土结构（例如直墙）。

4. 工 艺 原 理

4.1 根据胶合板能弯曲的特性，利用可调节的螺栓和竖向钢龙骨系统使模板实现一个方向的平面弯曲；采用导墙板定位，使模板实现另一个方向的平面弯曲；从而达到设计要求的三维弧形墙体的形状，见图4.1。

4.2 三维双曲面模板水平圆弧的设计与计算包括：

4.2.1 以现代艺术中心艺术表演剧场墙体为例。该墙体形状为，以空间半径画弧，围绕水平半径运行所闭合成的面，见图4.2.1。

4.2.2 随着墙体高度的增加，三维弧形墙体的水平半径不断减小，曲率不断增大。三维墙呈收势，上口小，下口大，同一块大模板，上口与下口水平圆心角度基本相同，半径分别为 $R_上$、$R_下$，则弧长之比等同于半径之比 $R_上 / R_下$，任一高度水平半径都可求的。假设下口模板宽度为 a，则上口理想宽度为 $a-（1- R_上 / R_下）$。模板上口较下口宽度应减小，以便能够安装到位。

4.2.3 从图 4.2.1 中可以看出单块模板形状基本接近于梯形，考虑到模板的周转使用性与通用性，且三维墙体曲率较小，因此，将模板形状仍设计成矩形，并使不同层面模板宽度递减，以解决随墙体高度增加，水平弧长减小，致使模板无法安装的问题。这样就需要计算模板宽度递减值，模板宽度递减值即为下层模板的上口弧长与上层模板上口弧长之差，见公式 4.2.3：

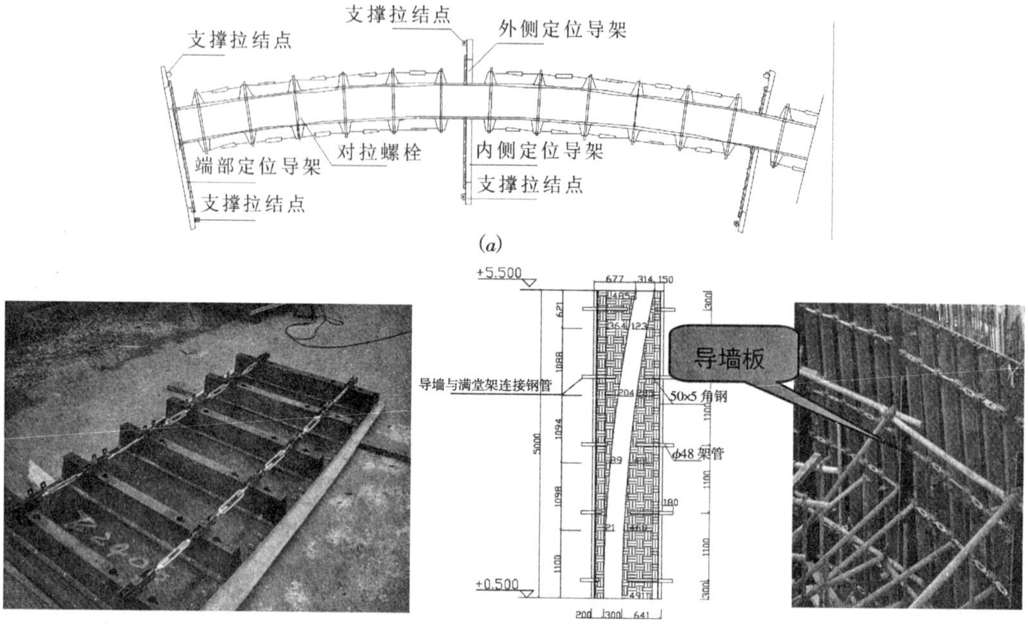

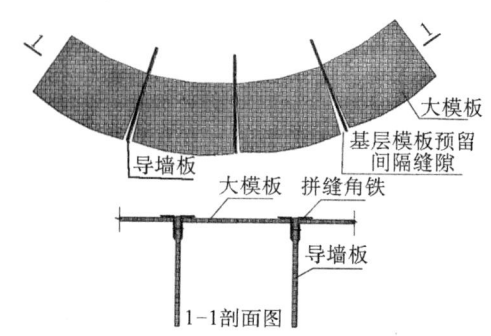

图 4.1 三维弧线模板原理示意图

(a) 模板平面示意图； (b) 单张模板； (c) 导墙板； (d) 组装模板

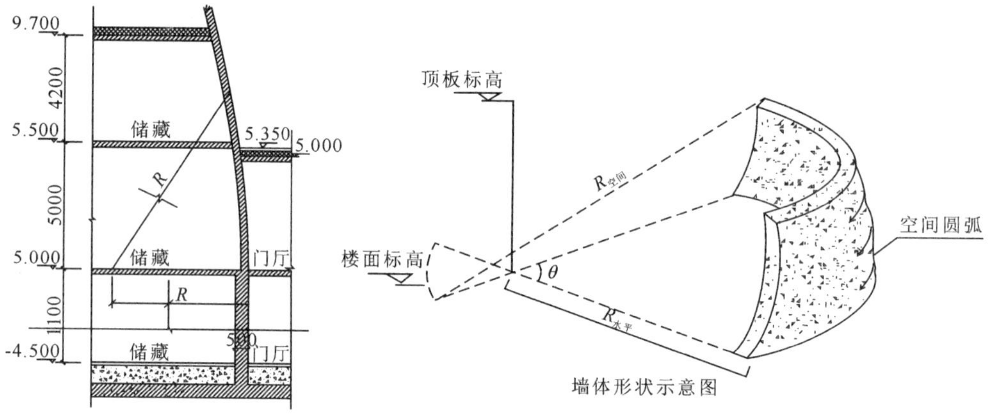

图 4.2.1 现代艺术中心三维弧形墙体示意

$$\triangle l = 2\pi\theta(R_下 - R_上)/360 \tag{4.2.3}$$

4.2.4 成品木胶合板尺寸为 2440mm×1220mm，因此设定第一层模板上口弧长为 L=4880mm，由此可求得上述公式中圆心角 θ=360L/2$R_上$。

4.2.5 根据上述推导计算方法得出

1. 一、二层胶合板大模板尺寸为 2440mm×1100mm。

2. 三、四层为 2400mm×1100mm。

3. 第五层为 2360mm×1100mm 不等的定型矩形模板材。

4. 这样模板层与层间的宽度递减就得以解决。为解决同一层模板上口比下口弧长小无法安装的问题，可采用在基层模板与模板间预留间隔缝隙解决（间隔缝尺寸计算方法同上，见图 4.2.5），计算结果需预留 100mm 缝隙。

图 4.2.5 底层模板空隙预留示意

4.2.6 采用胶合木板可以进行单面曲弧,根据模板上平面与下平面高度不同计算出上面与下面的水平半径,根据此半径对木胶合板上口与下口分别曲弧,见图4.2.6。这样墙体水平圆弧就可以得到解决。

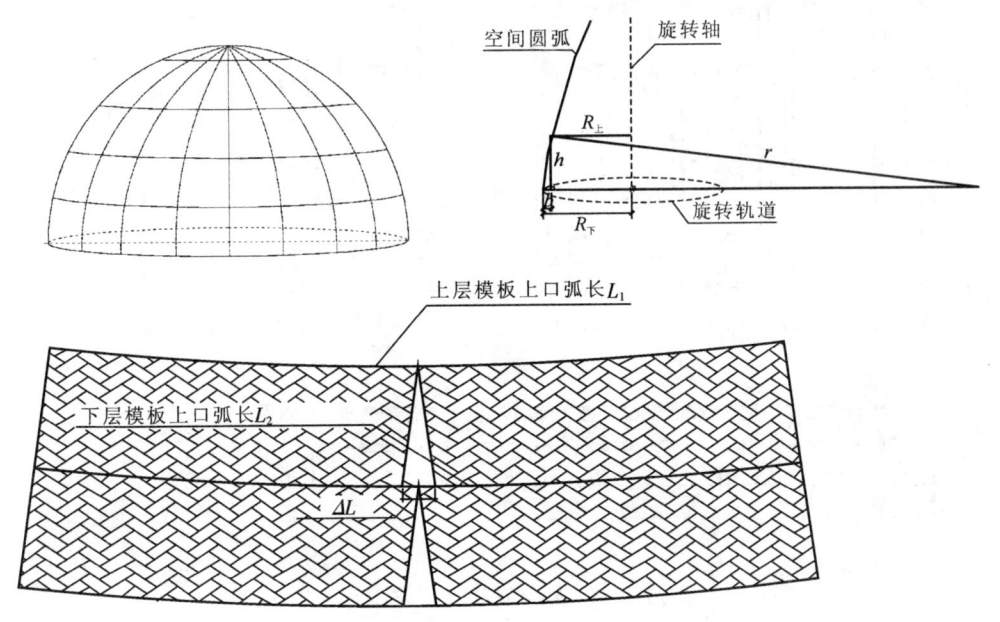

图 4.2.6 模板上下宽度差计算示意

4.2.7 三维双曲面模板空间圆弧曲线设计计算。由于木胶合板采用了单面曲弧,因此竖向弧为折线,需对折线与圆弧的偏差进行验算以确定模板高度,计算见公式4.2.7,见图4.2.7。

$$\Delta l = r - \sqrt{r^2 - h^2/4} \qquad (4.2.7)$$

根据公式4.2.7,对青岛现代艺术中心工程进行了验算。$r=25$m,$h=1100$mm 时,则 $\Delta l=6$mm,此偏差值可以满足清水混凝土墙面的要求。

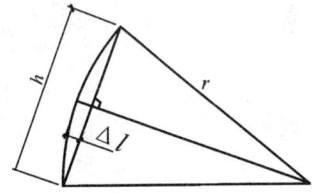

图 4.2.7 折线弧差计算示意

5. 施工工艺流程及操作要点

5.1 施工工艺流程

定位放线→基层找平→架设满堂脚手架→内侧导墙板安装、校正、固定→内侧模板安装、校正→钢筋绑扎→穿单面模板对拉螺栓→外侧导墙板安装、校正、固定→外侧模板安装、校正→对穿对拉螺栓→支承体系加固→报验→混凝土浇筑。

5.2 操作要点

5.2.1 模板设计与构造包括

1. 模板设计。模板宜采用优质胶合板模板,边框采用角钢,竖向龙骨采用弓字铁,弓字铁之间设左右丝以调整模板的水平弧度,见图5.2.1-1、图4.1。模板应按照图纸进行排版设计,单张模板尺寸应与胶合板相同,并根据结构竖向弧形的变化,适当调整上层模板的宽度,见工艺原理部分。

2. 导墙板应根据结构的竖向弧形进行设计,板材采用与模板相同的胶合板,边框采用角钢,并沿高度方向焊接一定数量的 $\phi48$mm短钢管,以方便与模板支架的连接,见图5.2.1-2。

5.2.2 模板的弧形处理。

根据排版设计,计算出模板上下弧形的曲率半径,在现场放样曲弧。通过松紧模板上下的花篮螺栓,便可得到上下口不同弧度的曲线模板,见图4.1(b)。当花篮螺栓内收时,模板呈阳面圆弧(即内侧模板);当花篮螺栓外撑时,模板呈阴面圆弧(即外侧模板)。经检查模板的弧度符合要求后，便按照其排版的位置进行编号。

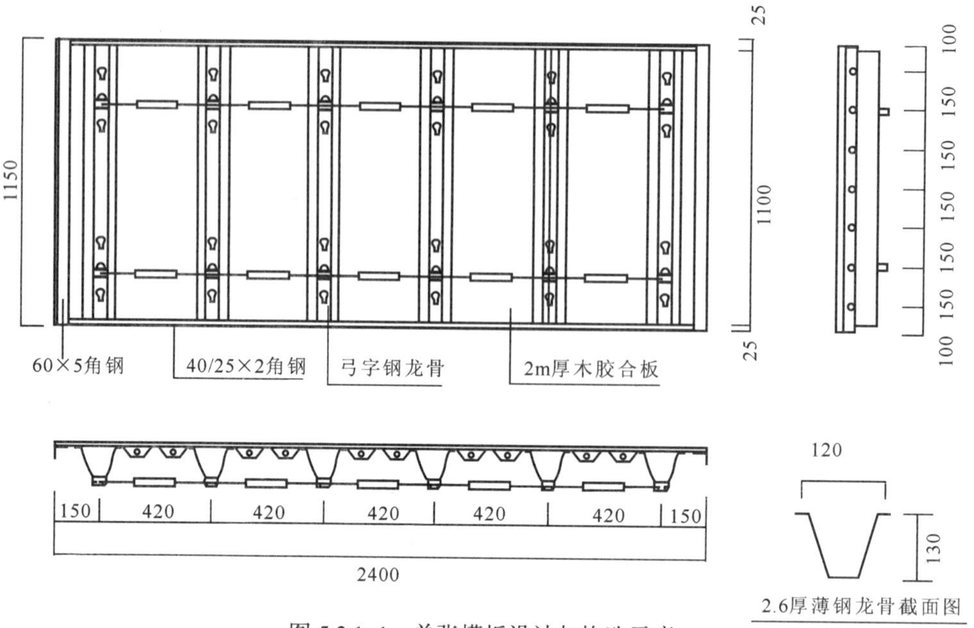

图 5.2.1-1　单张模板设计与构造示意

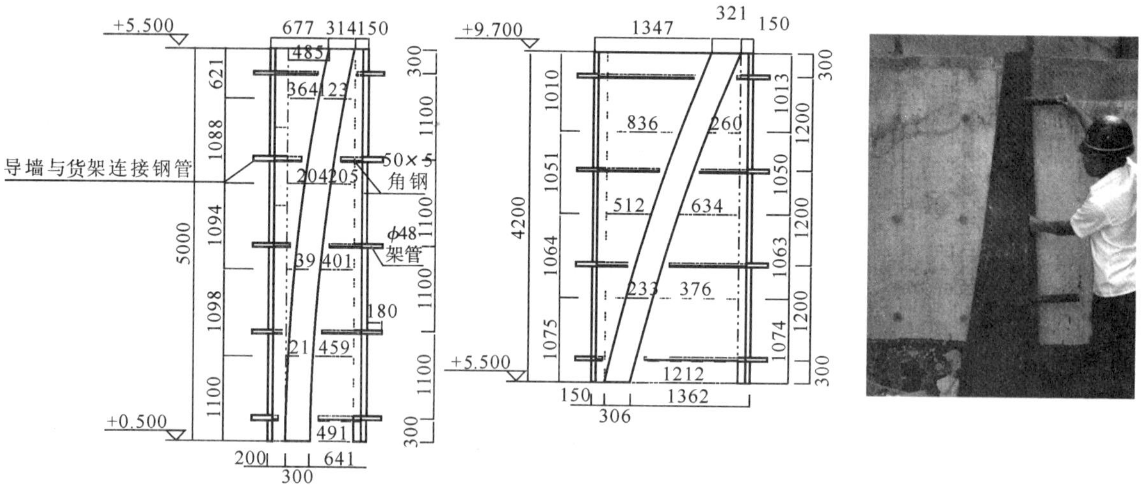

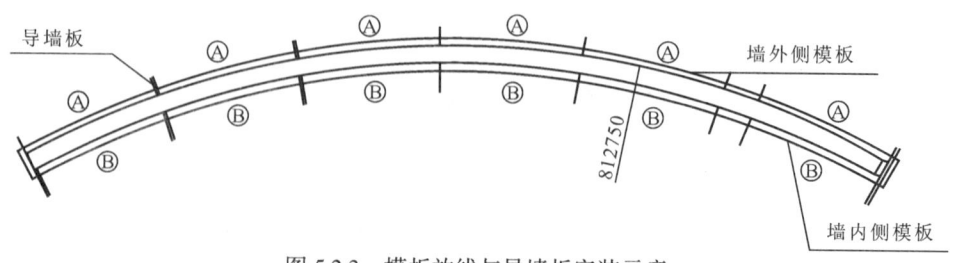

图 5.2.1-2　导墙板设计与构造示意

5.2.3　放线与导墙板的安装。根据排版图放出墙体导墙和模板的控制线（图 5.2.3），并留出导墙板与模板间的安装缝隙。导墙板安装并校正后，随即将导墙板上的连接钢管与外侧脚手架进行连接、固定。

图 5.2.3　模板放线与导墙板安装示意

5.2.4　内侧模板安装。导墙板验收合格后，便进行墙体内侧模板安装。模板的安装顺序是先下层后上层，平面上可以从中间或一侧开始。将模板按编号安装就位后，并用螺栓与导墙板连接固定。之后，再用弧线控制板检查模板的弧度，若有偏差，则用花篮螺栓进行微调。上层模板的安装工艺与下层相同，上层模板安装后，用螺栓与下层的模板顶部连接固定。

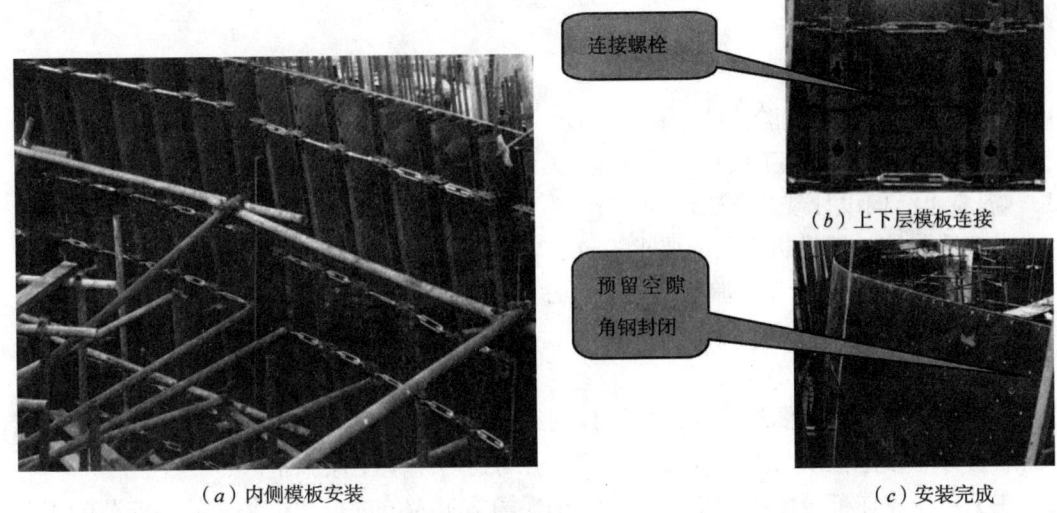

（a）内侧模板安装　　　　　　　　　（c）安装完成

图 5.2.4　内侧模板安装示意图

5.2.5 钢筋绑扎。内侧模板安装后，进行墙体钢筋的绑扎。墙体钢筋绑扎并验收后，在其骨架上焊好墙体厚度的控制筋。

5.2.6 外侧模板的安装工艺同内侧模板。为了避免由于墙体倾斜造成的内外模板螺栓孔不在同一水平面，使对拉螺栓安装困难的现象。在外侧模板安装前，先预穿对拉螺栓和其套管，待外侧模板安装完成，再穿过对拉螺栓将其固定。

5.2.7 模板调整与加固。外侧模板安装到设计高度后，即进行墙体模板的整体验收，以及模板的加固和封堵。模板倾斜一侧应与楼板模板的支撑架体连接加固。

5.2.8 拼缝处理。为了使用相同尺寸的模板，解决墙体上下弧长不一致的矛盾，按照第 4.2 条的计算，在下层模板之间预留间隙，间隙采用角钢封堵，见图 4.2.5 和图 5.2.4。

6. 材料与设备

6.1 材料

模板及其配件的主要材料包括：20mm 厚木胶合板，2.6mm 厚钢板制作的弓字形龙骨，3mm 厚角钢，花篮螺丝，螺栓，0.3mm 厚钢板，短钢管，见表 6.1。

主要材料及配件　　　　　　　　　　　　　　表 6.1

序号	名　称	规　格　型　号
1	双面覆膜胶合板	20mm 厚、2440mm×1220mm
2	弓字形龙骨	钢板厚 2.6mm
3	花篮螺栓	M20
4	角钢	50mm×5mm
5	短钢管	ϕ48×3.5mm
6	螺栓	M10

6.2 机具设备

本工法采用塔吊进行模板的吊运、安装，其余工具同普通的模板施工。

7. 质量控制

7.1 规范与标准

7.1.1 《建筑工程施工质量验收统一标准》GB 50300;

7.1.2 《混凝土结构工程施工质量验收规范》GB 50204;

7.1.3 《混凝土结构设计规范》GB 50010;

7.1.4 本工法除按一般模板安装的要求检查、验收外,还应进行弧度验收:

1. 水平方向由定做的水平靠板验收弧度,尺寸偏差应控制在±5mm 内。

2. 空间弧度可检测模板顶部与底部距离之差,尺寸偏差控制在±10mm 内。

7.2 质量控制措施

7.2.1 施工前要认真审学图纸,并根据设计图纸和排版图,放好三维墙体基层水平面圆弧线和施工控制线,然后将导墙板定位线放好,验线无误后,方可进行下道工序施工。

7.2.2 在工厂内完成部分模板加工后,应安排现场施工人员进行预拼装,熟悉安装的工艺流程和工艺要求。模板进场后,应检查模板及其配件的型号规格和尺寸偏差等。

7.2.3 根据墙体曲面情况,大模板的平面尺寸可设计为不同规格,即由下层模板向上层模板的尺寸依次递减。模板进场后,应根据设计尺寸,计算出每层大板上口及下口弧度,现场放样作出每层弧度控制板,再依据控制板,对每张大模板进行曲弧,并作出标记,验收合格后进行分类堆放。

7.2.4 模板施工过程必须按步骤进行验收,包括:导墙板的验收、内侧模板的验收、外侧模板验收及整体验收。每层安装模板后,应验收其空间及水平弧度,水平曲率用专用的弧形样板靠尺检查;空间曲率通过吊线测投影距离,并结合定位导墙板确定其偏差。

8. 安全措施

8.1 施工前,应编制专项施工方案,并对模板支撑系统进行验算。为了正确的掌握新型模板的操作要求,应对工人进行专项培训和安全技术交底。

8.2 施工时,操作人员应按要求正确佩戴安全帽、安全带等劳动防护用品。

8.3 大模板吊装时必须对模板的索具进行检查,并由专人负责吊装指挥。

8.4 现场用电器开关应在二级配电箱上,做到一机一闸一漏保,漏电保护器应按时检查。

8.5 现场使用的机电设备应做到"定人、定机、定设备",严禁不具备专业资格的人员操作机电设备。

8.6 拆除模板作业应在有关拆模的安全防护措施已经落实,并履行模板拆除申请审批手续后方可进行。

9. 环保措施

9.1 进入现场的模板和已拆除的模板脚手架等,应按平面规划的要求分类整齐堆放。

9.2 为了减少噪声污染,边角、堵头等模板的加工应在木工棚中进行。

9.3 施工作业范围的楼层应采用密目网围护,木工加工场应做有效的封闭,以防止扬尘和噪声超标,控制场界噪声限值为:夜间 55dB、白天 75dB。夜间施工应按照工程所在地环保部门要求进行,未经批准严禁夜间施工。

9.4 加强对大模板安装和拆除的保护管理,以提高模板的周转次数,节约资源。

10. 效 益 分 析

10.1 经济效益

10.1.1 以青岛现代艺术中心工程为例，综合考虑质量控制、成本造价以及对工期的影响等三个方面，与目前常用的五种可行性方案进行经济分析比较，见表10.1.1-1 和 10.1.1-2。

方案名称及特性　　　　　　　　　　　　　　　　　　　　表 10.1.1-1

序 号	方 案 名 称
方案一	小钢模加角模拼接，φ22 螺纹钢作为水平龙骨，1m 短钢管作为竖向龙骨
方案二	竹胶板、木条拼接，加工圆弧钢管作为水平、竖向龙骨
方案三	定型大钢模
方案四	定型玻璃钢模板
方案五	三维弧形清水混凝土模板体系

造价分析　　　　　　　　　　　　　　　　　　　　表 10.1.1-2

序 号	方 案 名 称	平方米造价（元）	支设面积（㎡）	本工程成本造价（元）不考虑周转	本工程内周转次数	单次造价（元/㎡）
方案一	小钢模加角模拼装	330.77	2400	793848	20	168.16
方案二	竹胶板木条拼装	234.56	2400	562944	/	234.56
方案三	定型大钢模	1500	2400	3600000	/	1500
方案四	定型玻璃钢模板	800	2400	1920000	/	800
方案五	三维弧形清水混凝土墙板体系	440.21	2400	260000	20	79.01

10.1.2 通过表10.1.1-2 可以看出：虽然方案五"三维弧形钢筋清水混凝土墙模板体系"的单位造价较高，但由于该模板体系可以周转使用，在青岛艺术中心工程实施过程中，只制作了全部模板面积的1/4，共计600㎡，其成本却是最低，仅投入 26 万元。

10.1.3 该模板体系与成本相对较低的小钢模加角模拼装施工方案相比，造价节省近70%。另外，使用该模板还能达到清水混凝土的效果，节省了抹灰费用，较大的降低了成本、加快了施工速度。

10.2 社会与环保效益

10.2.1 本工法应用定型、通用性的胶合板模板，能支设出达到清水效果的三维弧形墙体，模板周转次数达 20 次以上，造价低，而且节约了社会资源。同时，由于节省了墙体的抹灰也可降低资源消耗。

10.2.2 本工法所研制的模板，除三维弧形墙体外，还可以用于各种圆形、弧形墙、直墙，应用范围较广，因此具有较高的推广应用价值。

11. 应 用 实 例

11.1 青岛现代艺术中心

11.1.1 工程概况。青岛现代艺术中心工程位于青岛市东海东路68 号，毗邻石老人海水浴场。总建筑面积 50000㎡，分为三个子单位工程。其中艺术表演剧场 3600㎡（地下 1000㎡），建成后将成为集艺术培养和艺术休闲的特色建筑，该剧场地上 2 层的墙体为三维弧形墙体，见图 11.1.1-1 和图 11.1.1-2。

11.1.2 施工情况。该工程研究并应用了可周转使用的三维弧形墙体模板，施工过程中严格按照本工法中的工艺流程及操作要点进行施工。墙体的外观质量达到了清水混凝土效果（图 11.1.2），较其他方案降低模板造价 80 万元,且缩短工期 30d。此项技术的应用得到了业主及监理的一致好评。

11.1.3 应用效果。整个工程综合调试后,空调系统各部分运行平稳,各项参数均满足设计要求。从 2006 年 3 月开始施工,2006 年 11 月主体结构验收完成,至今墙体结构稳定可靠,平面、空间定位符合设计要求,弧形墙面外观光滑,立体效果得到业主的肯定。该工程于 2009 年被评为"泰山杯"工程。

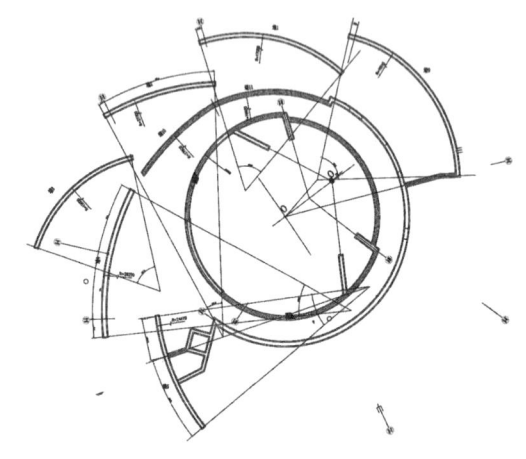

图 11.1.1-1 三维弧形墙体平面示意

图 11.1.1-2 三维墙体效果

11.2 青岛大剧院工程

11.2.1 工程概况。青岛市大剧院选址在崂山区云岭路以西,南岭路以南,香港东路以北,商业广场中轴线以东区域。青岛国际啤酒城、国际会展中心、青岛博物馆、石老人海水浴场与之毗邻。大剧院包括 1600 座的大剧场,1200 座的音乐厅和 400 座的多功能厅及其他附属设施,总建筑面积 9 万多平方米。建成后将成为山东省最大、功能最齐全的演出场所。其中音乐厅两侧墙体为采用圆柱与三维弧形墙(图 11.2.1)。

图 11.1.2 三维弧形墙体模板应用效果

图 11.2.1 三维墙体效果

11.2.2 施工情况。本工程施工过程中采用了三维弧形墙体模板的施工工法。墙体混凝土密实、光滑,完工后顺利通过各项音效检测。

11.2.3 应用效果。本工程自 2010 年 9 月主体结构验收以来,结构稳定可靠,外观效果符合设计要求,声音效果经过专家检测达到国际同类剧院水平,现已投入使用,社会反响良好。该工程于 2010 年被评为"泰山杯"工程。

11.3 中国海洋大学综合体育馆工程

11.3.1 工程概况。中国海洋大学综合体育馆工程位于青岛市松岭路 238 号,建成后将作为第十一届全国运动会女篮项目比赛场地。工程总建筑面积 35248m²,占地面积 13570m²,包括体育馆和游泳馆及大学生活动中心两部分,体育馆部分地上一层,局部设夹层,地下一至二层墙体为三维弧形墙体(图

11.3.1-1、图 11.3.1-2）。

11.3.2 施工情况。该工程研究并应用了可周转使用的三维弧形墙体模板，施工过程中严格按照本工法中的工艺流程和操作要点进行施工，施工时间为从 2008 年 3 月开始至 2008 年 6 月结束。

11.3.3 应用效果。通过应用本工法，取得了较好的技术经济效果。地下一~二层墙体的外观质量达到了清水混凝土效果，降低模板造价 100 万元，此项技术的应用得到了业主及监理的一致好评。

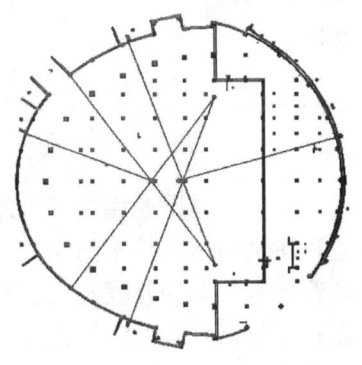

图 11.3.1-1 墙体平面布置

图 11.3.1-2 工程效果

高空悬崖、蛇形推进、环保安全型模架施工工法

GJYJGF014—2010

山东高阳建设有限公司　威海建设集团股份有限公司

孙裕国　常新文　王奋　王德强　边昌学

1. 前　　言

资深院士茅以升指出，栈道、长城、大运河是古建筑的三大奇迹。其中，尤以悬崖峭壁上的栈道和建筑为最，如悬空寺，以奇、险、难为世界称叹。悬崖峭壁上的栈道和建筑的施工技术与河流改造的施工技术相比较，停滞不前，停留在吊笼悬吊、人工攀援的层面上。随着环境资源的开发利用，悬崖峭壁上的建设工程越来越多，为实现该类施工的技术进步，山东高阳建设有限公司联合威海建设集团有限公司等单位，针对高空悬崖峭壁栈道和建筑施工的关键——施工平台的搭建，立项研究。在可拆卸锚杆、复合功能锚固点、脚手架的蛇形推进、安全预警诸方面取得创新，在工程实践的基础上，形成了高空悬崖、蛇形推进、环保安全型模架（或脚手架平台）施工工法。

2. 工 法 特 点

2.1 采用专利技术，突出科技创新。

可拆卸锚杆和锚固点球系转台技术、悬挑脚手架蛇形推进技术、荷载超限报警和松脱报警等技术的采用，突出实现了施工过程的科技创新。

2.2 降低施工成本，扩展施工范围。锚杆可拆卸重复使用，锚固材料接近零消耗；锚杆系列化，重荷载锚固点成本加权平均降低约50%。

2.3 机械化水平高，缩短工程工期。施工过程机械化水平达到60%，不间断流水作业，工序衔接优化合理，功效提高，缩短工期。

2.4 标准化作业，质量控制好。由于施工器械标准化系列化，施工过程标准化，工程各分项质量基本恒定，工程质量在得到控制，杜绝了质量随个体操作差别产生的变动。

2.5 安全措施全，杜绝事故隐患。在施工硬件上采用了荷载、松脱的预警系统，施工过程可控，结合全面的安全管理措施，使得施工过程由惊险变为安全。

2.6 保护自然面貌，改善植被状态。脚手架蛇形延伸，对环境面貌的不利影响大大降低；各锚固孔在施工后，填充培植土，栽培灌木，改善岩面植被。

3. 适 用 范 围

工法适用于高空悬崖等工程施工平台和施工通道的搭建。尤其适用于高空栈道和悬崖建筑的施工。

4. 工 艺 原 理

工法采取了多项与现行施工技术不同的方法，其原理如下：

4.1 可拆卸锚杆

1. 锚杆性能：可拆卸重复使用，承载力大，端面设置有方向调节能力的、安装架杆构件的锚杆转

台轴；锚杆与潜孔用机械力固定，无需灌封固化或养护，可即时进行后续施工，并可拆卸重复使用。

2. 锚杆的工艺技术原理是：锚杆由内管、外套管组成。插入潜孔头部，内套管有螺接或焊接的锥形扩径功能的涨扩端头，外套管径向开有多槽，形成多齿端头。外露端头部，内套管制造有内螺纹、螺接有可拆卸的内管端板，内管端板的外缘上开有2~4个径向短槽，便于螺杆装放；外管端部焊接带加强筋的外管端板，在与内管端板径向短槽相对的位置上，焊接装放螺杆头的快装卡座。

锚杆涨紧的行程不大，无特殊设计；锚杆拆卸必须将内管顶到潜孔底部，拉出外管，行程大。设计有一段与内管同直径的、一端带内螺纹的拆卸螺纹套，有1~3段的与内管同直径的拆卸光垫套。拆卸起始阶段，螺杆用普通螺纹，后续换用快速退出的梯形螺纹的螺杆。

外管端板上设置2~4个螺孔，旋入防松螺栓，直至顶紧岩面，防止松脱。

外管端板上设置缆绳固结元素：孔或者环。可系结脚手架备用的安全绳和施工人员的安全带。

外管与潜孔的工艺间隙，用薄金属片卷制的充填环填塞。

锚杆与岩面倾斜一定角度，以优化锚杆受力状态。

搭建中小负荷的脚手架，可以直接把通用架杆改制，端部加设涨紧端头、架杆上焊接内管端板（图4.1-1~图4.1-4）。

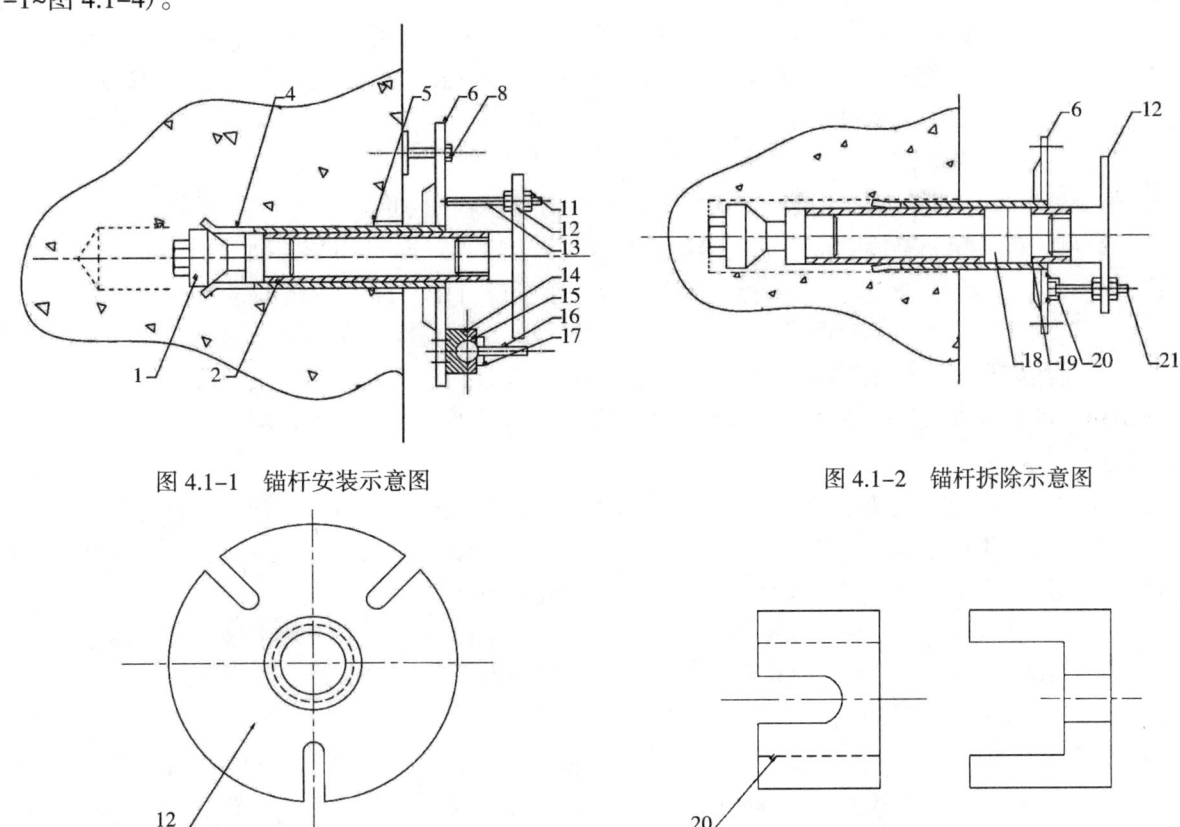

图 4.1-1　锚杆安装示意图　　　　　　　图 4.1-2　锚杆拆除示意图

图 4.1-3　内管端板示意图　　　　　　　图 4.1-4　快装卡座示意图

1—涨扩端头；2—内管；3—内管法兰；4—外管套；5—充填环；6—外套端板；7—防松环；8—防松螺栓；
9—螺杆；10—螺母；11—涨紧螺母；12—内管端板；13—涨紧螺杆；14—转台底座；15—转台压盖；
16—转台轴；17—转台稳定块；18—拆卸光垫套；19—拆卸螺纹套；20—快装卡座；21—拆卸丝杠

3. 锚固点球系转台工艺原理

外管端板上，焊接或螺接多个球形转台。球形转台由转台底座、转台压板、转台轴、转台稳定块组成；转台压盖具有合适的厚度，允许转台轴在紧固前，在水平、垂直方向有偏转一定角度（如15°）的自由度。转台底座和转台压盖合拢后，有球面内腔，转台轴的球面上可制有防滑凹纹，脚手架调整完成后，在转台压盖上，螺接转台限定块，提供转台轴的设计抗力（图4.1-5）。

4.2 脚手架蛇形推进

1. 施工工艺技术

延伸中不借助下部的地面支撑、不借助上部的山顶悬索，脚手架平台的延伸能够随意地根据山的形状左右转向，俯仰变角，以便接近延伸目标和绕开规避区域。施工的各工序可以流水进行，不间断施工，平台构件可以循环复用。施工过程安全、快捷，环境友好。

2. 工艺原理

1）在施工用模架（或脚手架平台）的起始点，借助其他方式搭建一段（如6m长）重荷载脚手架（如：立杆、横杆步距约0.8m，用可拆卸的型钢做局部加强），选取

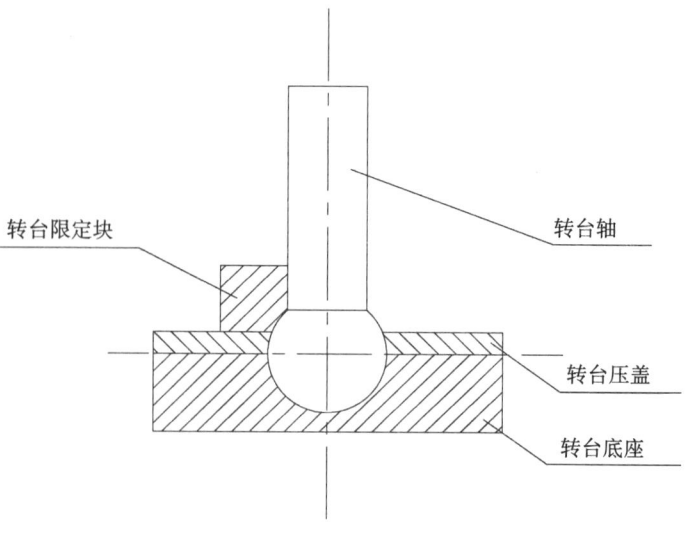

图4.1-5 锚固点球系转台示意图

脚手架的两层做工作面（如：框架梁所在的区域局部层间约2m），均设置安全护栏护网、铺设金属防火铺板。顶层作为人员、物资主要通道和工作平台，安放专用轻便爬杆或小型起吊机械、柴油发电机组、空气压缩机、电焊机、切割机等设备（必要时，可单独增设小型锚杆，将设备半悬吊到岩石上，予以卸载）。底层安装和固定框架梁，并充当操作人员通道和工作平台。

2）框架梁，由多节标准化的梁段螺接组成，梁段分支撑梁段和工作梁段，各梁段的四个面在端部均焊接有铰链座板，相邻梁段对接边的铰链座板组合可穿放、统一规格的铰链轴和铰链轴用开口销。相邻梁段之间可以解除螺接状态，在某个对接边的铰链座板组合中，穿放铰链轴，铰链轴两端穿入开口销，形成可单向转动状态。两节梁段能够以铰链轴为轴线，实现偏摆。在左右、上下四个方向，按照两节间偏转所需角度打开，充填框架梁斜段后，两个相接梁段分别与填入的框架梁斜段重新螺接，形成偏摆了一定角度的悬挑框架梁。框架梁斜段的斜度模数化（如10°、15°、45°），辅以垫块，可以组合成各种偏摆角度。

在工作梁段，安装上支架或吊篮，支架、吊篮上安装岩石潜孔钻机多台，分别打出脚手架延伸段所需的锚固潜孔。借助框架梁的工作梁段，安装重荷载复合功能的新型锚杆。随后，在锚杆的外管端板、转台轴、缆绳用环上面安装架杆等构件，搭接脚手架的待延伸段。

新凿出的潜孔组合，其轴线在水平面上的投影，随山的形状偏摆，脚手架随山势拐弯，拐弯角度可做到90°；新凿出的潜孔组合，其轴线在垂直平面上的投影偏摆，脚手架随设计所需升高或降低，俯仰角度可做到15°。

3）框架梁的支撑梁段，用连接板，采用螺栓连接的方式，固定在已经搭建好的脚手架的导轨上。框架梁上设置有脚轮，打开连接板与导轨的连接，脚轮在导轨的沟槽内滚动，框架梁前伸，实现下一个施工单元。

导轨由两种槽钢焊接，顶部的小型号槽钢充当脚轮沟槽。底部的槽钢用支板加强，以增加刚性。底部的槽钢，通过带有半圆形凹面的底座，螺接到架杆上。导轨采用统一长度和连接通用化。导轨的一端，底部槽钢内衬卡板，卡入对接的导轨底部槽钢内，随后螺接。制作导轨转向接头，其弯曲角度与框架梁可能的偏摆角度接近。以便适应转向框架梁的推进（图4.2-1、图4.2-2）。

4.3 超载预警和松脱示警

1）选定典型受力架杆，安装应力测量报警仪器、变形测量报警仪器、位移检查和报警仪器。检测脚手架关键受力件的实际受力状态、形变状态、关键部位的位移状态。报警阈值，选定为承受负荷、变形、位移设计的最小裕度对应的数值（裕度建议2.5）。确保万无一失。

2）安装岩石潜孔钻机卡钻停机机构。防止意外冲击外力的破坏。

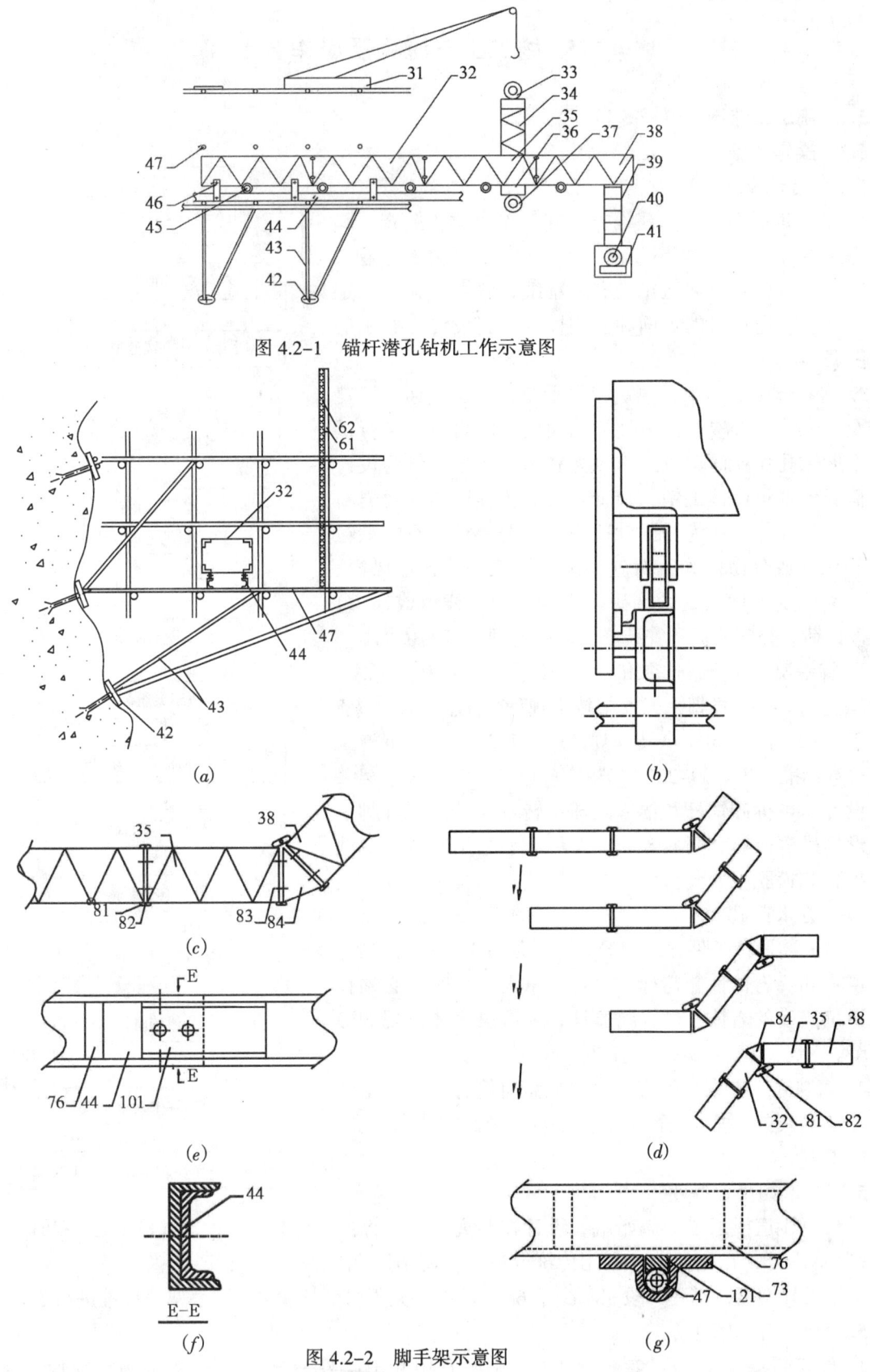

图 4.2-1 锚杆潜孔钻机工作示意图

图 4.2-2 脚手架示意图

31—小型起吊机械；32—支撑梁段；33—岩石潜孔钻机 I；34—支架 I；35—工作梁段 I；36—支架 II；
37—岩石潜孔钻机 II；38—工作梁段 II；39—吊篮；40—岩石潜孔钻机 III；41—支架 III；42—锚杆；43—立杆；
44—导轨；45—脚轮；46—连接板；47—架杆；61—脚手架护栏；62—脚手架护网；73—底座；76—支板；
81—铰链座板；82—铰链轴；83—梁段固定螺钉；84—框架梁斜段；101—内部卡板；121—柱面垫块

5. 施工工艺流程及操作要点

5.1 施工工艺流程（图5.1）

5.2 操作要点

5.2.1 施工准备

1. 平台走向勘察。由建设方，施工单位地质勘查、脚手架平台设计、施工，环境保护管理、安全管理等专业人员组成平台（栈道或通道）走向勘察组，联合勘察，确定平台（栈道或通道）的走向和使用性。作为设计、施工的基本依据。

2. 岩石试钻和力学检测。根据平台（栈道或通道）走向涉及的岩体，选取有代表性的相同山体的岩石，进行试钻，掌握钻孔作业的钻机工作压力和钻孔扭矩，作为设计的动荷载依据；山体试钻，摸清岩石风化分层结构及岩石的抗压力学性能，作为锚固件选用的依据；对岩石的颗粒结构、化学成分做检验，对施工区的气象条件，如风向、风压、大气腐蚀性数据做调研，作为平台（栈道或通道）结构设计荷载补充依据和安装施工防腐处理设定的依据。

3. 脚手架设计方案选取和校核。根据建设部相关标准，如《建筑施工扣件式脚手架安全技术规程》JGJ 130、《建筑施工碗扣式脚手架安全技术规范》JGJ 59、《建筑施工安全检查标准》JGJ 59-2011的规定和原理，完成脚手架平台的设计。可拆卸锚杆和锚固点球系转台构件、悬挑脚手架蛇形推进框架梁和附属导轨、专用小型起吊装置、荷载超限报警和松脱报警装置已有专业厂接产，技术开发已经作出每平方米荷载10kN、6kN、3kN等典型设计。当荷载的组成与上述设计条件存在差异时，必须对平台进行校验。荷载或（和）岩体性能与标准设计有重大变异时，必须在离地一定高度的岩体上做实物验证，并解决可能出现的薄弱环节。

4. 编制施工方案，拟定安全、质量监管等细则。组建各专业技术人员，尤其是配置有高空作业经验的技术人员，配置施工力量。

5.2.2 起始平台搭建

平台（栈道或通道）起始端，设计在距离可以支撑的"地面"不高处，在起始端，利用传统方法，钻制锚固孔，按脚手架设计图纸，搭建一段（不少于6m）的脚手架平台。详见4.3脚手架蛇形推进第2条。

5.2.3 组合锚固孔施工

1. 施工设备的安装。参照图4.2-1小型专用起吊爬杆（本工法正文实例实际使用起吊能力为1000kg）安装于起始端脚手架平台的上层，安装在导轨上，且能在槽钢上用脚轮平移推进。发电机组、空压机组、电焊机等其他设备，分别布置在脚手架的上层，其位置按照脚手架平台荷载计算的设定确定。

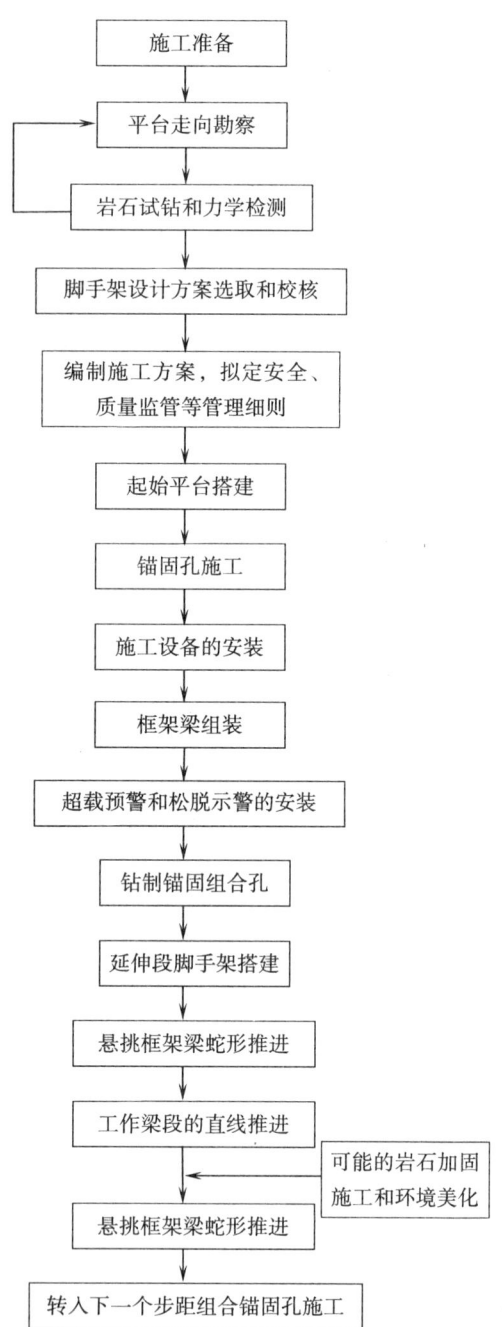

图5.1 工艺流程图

施工机具和施工器材，其型号和数量，严格按照荷载分布的详细要求布置和堆放。施工人员的操作、行走、聚集也要严格遵循荷载设计时设定的限度。

2. 框架梁组装参照图 4.2-1，在起始端脚手架平台的下层，安装框架梁。框架梁的介绍见 4.3 节。

1) 框架梁的导轨与小型爬杆的导轨结构相同，构件尺寸相同，可以互换。其安装搭接见 4.3 节。

2) 框架梁的工作梁段上安装的锚杆孔钻机支架和吊篮已定型生产。钻机采用山东昌乐亨通潜空凿岩机械公司研制的 HT 系列轻便型电动潜孔钻机，支架配套生产。60~90mm 潜孔钻机自重仅 100kg。三台钻机组合连同支架自重（含吊篮）仅仅 700kg。

3) 框架梁的支撑梁段，用连接板采用螺栓连接的方式，固定在已经搭建好的脚手架的导轨上（图 4.3）。在连接板固定区增设碗扣式脚手架立杆，对脚手架平台上下两层的连接，做加固。脚手架平台上层安放发电机组等设备，利于系统荷载分布。

4) 脚手架平台上下两层间设置人员上下的梯子。吊篮也设置人员进出的封闭式爬梯。各多功能复合锚杆的端面，焊接规格统一安装安全绳挂钩环。

3. 超载预警和松脱示警的安装

超载预警和松脱示警仪器可由专业定点厂提供。在每一个移动循环的前沿节点的立杆上、横杆上安装。超过应力或荷载限值，仪器发出报警，荷载限值建议设定安全系数为 2.5。施工中，发生报警及时调整荷载，规避隐患。

4. 凿制锚固组合孔

框架梁的工作梁段的悬挑端，焊接有吊环，小型爬杆的起吊绳的吊钩，勾起吊环上的软绳。卸开框架梁支撑梁段的连接板，同时松开小型爬杆的起吊制动刹闸，放长起吊绳，推动框架梁前进，悬挑出一个步距，使工作梁段支架上的钻机对准下一个钻孔位置。紧定爬杆刹闸，紧固框架梁连接板。

支架钻机的钻孔是不必人工扶持的，开启电源即可自动启钻、钻进、达到钻深停钻、退钻（由于钻深在 1m 左右，不需更换钻杆）。

5.2.4 多功能复合锚杆的安装

在钻机支架上装有折叠小型工作平台，可供多功能复合锚杆安装人员完成锚杆安放，爬杆上两套起吊绳，除完成工件起吊外，另一条辅助且固定的爬杆和起吊绳可供锚杆安装人员挂接防坠落安全绳。

将框架梁前移 0.5m，打开折叠小型平台，参照 4.1 节和图 4.1 完成锚杆的安装和质量检查。

5.2.5 延伸段脚手架搭建

锚杆组合孔上两排在一条垂线上，最下一排在靠前的一个步距上，分别标记为上、中、下锚杆孔，对应的锚杆称为上、中、下锚杆。

1. 下锚杆端面上装有 3~4 个球系转台，每个球系转台分别安装一根立杆。中锚杆端面装有 3 个球系转台和 2 个固定吊环，可搭接双横杆和立杆，挂系安全绳。上锚杆端面装有三个球系转台和 2 个固定吊环，可搭接双横杆和挂系安全绳，或安装加强级型钢组合。

2. 按照脚手架平台设计文件，安装立杆、横杆、斜杆、扣件、支撑件、加固件、安全绳。工序结束，逐一检查各构件和节点，安装报警仪器。确认质量合格，参照 4.3 节的相关内容，在脚手架延长段上，接长延伸框架梁用的导轨，导轨的走向要符合框架梁前行的需求，轨距和滚轮预留间隙合理，完成脚手架平台的一个步距的延伸。

5.2.6 悬挑框架梁蛇形推进

1. 工作梁段的直线推进

山体的走势大多是近似直线前行，由于钻机的钻杆可以调整伸长，不必近对着山体才能钻进。多数前进步距可以直线前行。参照 4.3 节和 5.2.4 节的介绍完成方向不变的平台延伸。

2. 悬挑框架梁蛇形推进

1) 当山体走向发生变化或者直线前进累计误差较大，需要调整框架梁的前进方向时，采用悬挑框架梁蛇形推进方式。

2）参照4.3节和图4.3，由于框架梁是由标准化的通用梁段组合拼接而成，每节间可以上下左右四个方向偏摆，偏摆后填入斜梁段或垫块，再通过快装螺栓紧固。框架梁底端的导轨也是采用通用化标准节形式，逐次将后端的导轨拆除用于延伸段的铺设安装。

3. 按照设计或设计变更，脚手架平台的延伸在完成步距延伸后，锚固点间距较大，横杆刚性需待加强的，在重荷载锚固点之间，增设辅助锚固点、短锚杆支撑点。

5.2.7 可能的岩石加固施工和环境美化

1. 悬崖峭壁的施工一般要躲开大面积的危岩路线和岩石风化松散路线。当局部存在岩石松散锚固点，施工所选钻机可以打出深孔，安装加长锚杆即可。对不安定的岩石表面进行清除和表面剥离清除。

2. 模架（或脚手架平台、或通道）当作为永久或长久使用时，锚杆和脚手架用构件无需拆卸，其防腐处理按照设计完成。

3. 脚手架平台作为施工平台，用于栈道施工时，建成的栈道某一段施工完毕且达到施工通道使用要求时，下部的脚手架平台可以拆除，其复合功能锚杆、脚手架架杆、扣件、加强构件、支撑件、安全绳可以逐次拆除，用于脚手架的延伸段的施工。因而栈道施工时，脚手架平台的机具、材料只是相当于栈道必须养护期的一段。

4. 拆除锚杆后，随即在残留锚固孔内填塞营养土，栽培多年生、根系膨粗缓慢的灌木，以利环境美化。

总之，按照工艺流程和操作要点，循环重复，使模架（或脚手架、平台、栈道或通道）蛇形推进，完成悬崖峭壁高空通道的作业施工。

6. 材料与设备

工法不需要采用特别说明的材料，采用的机具设备见表6。

设备机具表   表6

序号	名 称	型 号	性能	单位	数量	用 途
1	复合功能锚杆	FS-10-2	抗剪 10^4N	个	80	双水平杆固定
2	复合功能锚杆	FS-10-3	抗剪 10^4N	个	80	三立杆固定点
3	支撑梁段	700×700		个	3	长 1~2m
4	工作梁段	700×700		个	3	长 1~2m
5	电动潜孔钻机	HT70	钻孔 φ70~φ90	台	4	钻制锚固孔
6	附属机件					（含加强级用型钢构件）
7	专用爬杆		起吊 1000kg	台	1	
8	发电机组	HL10kW	10kW	套	2	施工用电（一用一备）
9	空压机组	VW-25/7	0.6kg	台	2	施工用电（一用一备）
10	电焊机	BX6-140			2	施工用电（一用一备）
11	测微应力仪	CW-10				专用
12	位移报警仪	WB-3				专用
13	钢丝绳		10t	m	400	

7. 质 量 控 制

7.1 执行标准

除特别指明以外，参照执行以下标准的相关部分和原理，选用常规控制措施。

《钢结构设计规范》GB 50017；

《建筑施工扣件式脚手架安全技术规程》JGJ 130；

《建筑施工安全检查标准》JGJ 59。

7.2 设计质量控制

7.2.1 执行规范

严格按照《悬挑式脚手架安全技术规程》DG/TJ 08-2002、《建筑施工扣件式脚手架安全技术规程》JGJ 130、《建筑结构荷载规范》GB 50009 的要求，对脚手架平台安装搭建过程中的静荷载、动荷载，使用工程的动荷载、静荷载，脚手架各杆件、扣件、固结点进行核算。核算范围包括抗拉、抗剪、抗弯、稳定性。

7.2.2 集中荷载（如设备）的分布，必须给出分布要求和图示，卸载方式和要求。分布荷载的限定要求要明示。平台使用说明要详细。

7.3 安装质量控制

7.3.1 材料、机件质量控制。架杆、扣件、型钢要符合国家标准，具备产品合格证明，上机前要做逐件检查。锚杆要有合格证，抽件检查承载性能，逐件检查外观，确认无误，方可上线。悬挑框架梁、支架及其连接件逐件检查。

7.3.2 严格按照脚手架平台结构图和安装技术要求完成安装。按照平台设计要求要及时校正步距、纵距、横距及立杆垂直度。每搭设完 10~20m 长度后应按规程进行安全检查，检查合格后方可继续搭设。

7.3.3 加强级结构，在框架梁悬挑出处，应采用型钢构件（可拆卸循环使用）和通用脚手架结构，型钢构件上焊接有与通用脚手架连接的管型件结构元素，属一般性技术，叙述和简图从略。

8. 安 全 措 施

8.1 认真贯彻"安全第一，预防为主"的方针，遵循国家有关规定、条例，根据施工单位相关规定，结合具体工程的情况，组成专职安全员和班组兼职安全员以及工地安全用电、起重作业负责人参加的安全生产管理网络，落实安全生产责任制，完善施工安全保证体系，加强施工作业中的安全检查，确保施工作业的行为规范和安全。

8.2 施工现场按照防火、防风、防雷、防洪、防触电等安全规定及安全施工要求进行布置，设置完善的安全标识。

8.3 确定禁烟区、清除现场的易燃杂物、氧气瓶与乙炔瓶存放等各种防火措施按照常规，予以落实。

8.4 施工用电、"三相五线"接线方式、电气设备和电气线路绝缘、电力线路的间距和架设、配电柜、配电箱安装漏电装置、手持照明灯使用 36V 电源等，各项用电安全措施按照常规，无特别应对。

8.5 防暑、防冻、防滑等各项劳动安全措施按照常规，无需特别应对措施。

8.6 要有可靠的防坠落措施和安全网。

8.7 脚手架搭设人员必须持证上岗，并定期参加体检；搭、拆作业时必须配戴安全帽、系安全带、穿防滑鞋。

8.8 符合起重操作规范，防止松脱、坠落、倾覆；防止砸、碰、挤、压伤害。

9. 环 保 措 施

9.1 在工程施工过程中严格遵守国家和地方政府下发的有关环境保护的法律、法规和规章，加强对施工材料、设备、废水、弃渣的处理，遵守相关处理的规章。

9.2 将施工场地和作业限制在允许的范围内，合理布置、规范围挡，做到标牌清楚、齐全，各种标识醒目，施工场地整洁文明。

9.3 注意焊条头、电池等的回收，设置专门回收容器。

9.4 施工的空间环境、时间延续、噪声控制要与业主沟通协调。

10. 效 益 分 析

10.1 施工过程经济效益

由于建设质量高，机械化作业水平高，建设期缩短，总施工成本下降。市场占有率提高，造价提高，施工企业利税可望有显著提高。

不足之处是设备和机具一次性投入比人工作业投入大，约40万元（但是列入企业固定资产，只计提折旧），提高了施工资质的门槛。

10.2 社会效益

10.2.1 由于施工方法是蛇形推进，减少了对自然环境的损伤。平台在延伸过程中，可以左右转角、俯仰变向保护了山体植被，以平台为施工条件建成的栈道更加美观，锚杆拆卸后的底孔栽培灌木，进一步改善了环境和山体植被。

10.2.2 由于机械化程度的提高、施工设施规范化，使得高空工程的施工更加平易和安全，降低了对作业人员技术水平的依赖，便于组织施工力量。尤其是对施工范围和条件的适应性极大提高，使得许多采用传统方法不能开展施工的环境，也能够安全、便捷的开展施工，对于自然资源的开发、旅游资源的开发、高山悬崖其他工程建设具有巨大的现实意义。

10.2.3 对我国古建筑技术文明的继承和发展，有一定的推动作用。

11. 应 用 实 例

11.1 工程概况：长1025m，海拔890m，盘悬曲折，其中悬空栈道800m。

11.2 施工情况：

1. 采用复合功能锚杆。锚杆可以回收循环使用，锚固点可以多点设置架杆，架杆方向可调。脚手架荷载400kg/m²。

2. 脚手架锚固孔的凿制，采用纵向（脚手架延伸方向）悬挑框架梁、多台潜孔钻机，一次成凿出多锚杆用组孔。脚手架的延伸可以拐弯偏转。

11.3 结果评介：施工实现流水作业，比较用吊篮打孔，安全不险；施工进度快，提前30d竣工。脚手架搭接材料、工件消耗低。山岩植被损坏程度少。

新型插盘式脚手架施工工法

GJYJGF015—2010

浙江中南建设集团有限公司　鹏达建设集团有限公司

陈虎顺　姚金满　王海山　周黎明　廖永

1. 前　　言

模板脚手架是建筑工程施工中量大面广的重要施工工具，在现浇混凝土结构工程中，促进模板和脚手架施工技术进步是减少工程费用、节省劳动力、加速工程进度的重要途径。因此，改进模板和脚手架的施工工艺、开发应用新型模板和脚手架，是推进建筑业科技进步的重要方面。

传统的扣件式钢管脚手架（图1-1）虽是当前应用最普遍的一种脚手架，但其安全性保证较差，施工工效低，同时扣件存在使用长久后容易变形、裂缝或螺栓出现滑丝等缺陷。门式钢管脚手架（图1-2）虽在扣件式钢管脚手架基础上有很大的创新提高，但存在体型和尺寸单一、薄壁式构件坚固性较差等缺陷。碗扣式钢管脚手架（图1-3）虽比前两种脚手架提高了承载力，改善了节点的受力性能，但其横杆两端全部要焊插头，导致横杆和立杆的间距变成固定式，现场应用灵活性差，同时也提高了成本。

新型插盘式钢管脚手架在继承上述各形式脚手架优点的基础上，克服了其多种缺陷，是继碗扣式和原插盘式钢管脚手架之后的升级换代产品。本公司在和同济大学共同研发试验的基础上，经过多个工程的实践，完成了本施工工法。研发了实用新型专利：一种新型插盘式脚手架的连接结构，专利号为201020600222.4。并通过了浙江省建设科研项目验收。

　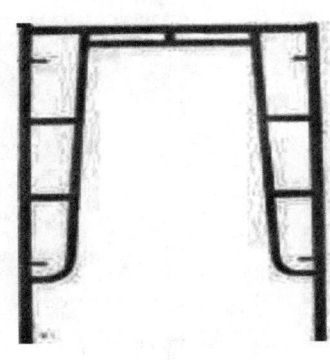　

图1-1　扣件式钢管支架的扣件　　　　图1-2　门式钢管支架　　　　图1-3　碗扣式钢管支架

2. 工 法 特 点

新型插盘式钢管脚手架与传统的扣件式、门式、碗扣式及原插盘式钢管脚手架相比，具有下列特点。

2.1　应用多功能

根据工程现场具体的施工情况及荷载要求，能组成尺寸模数为0.5m的多种组架，可应用于模板支架、外脚手架（单排或双排）、支撑组合柱、物料提升架等多种功能的施工脚手架或装备，并能作曲线布置。能适用于各种建筑结构和构筑物以及临时看台或舞台自身结构。其中三跨两步式脚手架如图2.1所示。

2.2　接头构造科学合理、轻巧简便

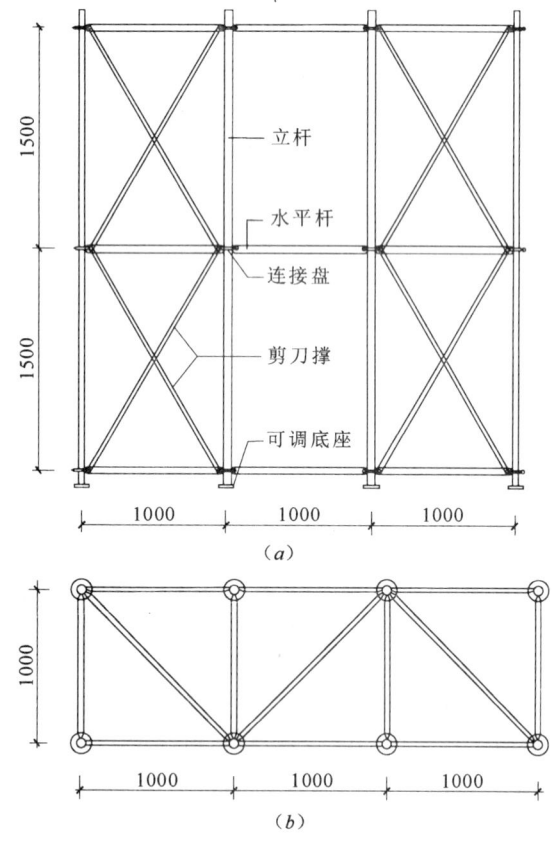

图 2.1 三跨两步式脚手架体系

(a) 三跨两步脚手架体系（立面图）;

(b) 三跨两步脚手架体系（平面图）

注：立杆规格 $\phi48\times3.5$，重型架 $\phi51\times3.5$ 或 $\phi60\times3.5$；
水平杆 $\phi42\times2.5$ 或 $\phi48\times3.5$

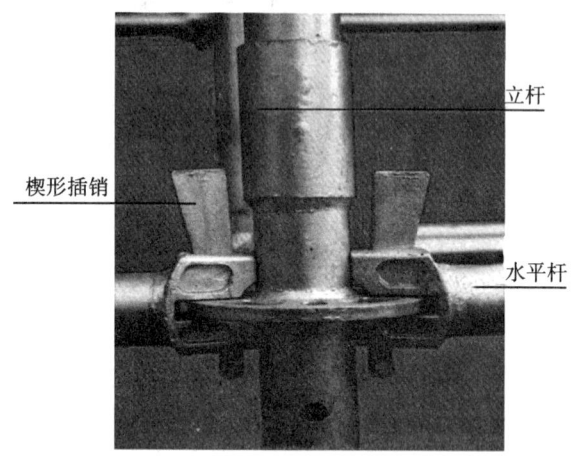

图 2.2-2 原插盘式脚手架接头构造

新型插盘式钢管脚手架的接头构造如图 2.2-1 所示，其立杆和横杆通过连接盘销接，剪刀撑直接连在立杆和水平杆的节点上，立杆顶端和底脚可设置可调托座或支座。由于这种接头的构造科学合理且轻巧简便，故立杆重量比同等长度规格的碗扣立杆减少 6%~9%，连接盘和销的重量比同等承载力的扣件减少 10% 以上。脚手架搭设和拆卸方便，现场作业容易。

新型插盘式脚手架比原插盘式脚手架的接头构造有很大的创新和改进，原插盘式脚手架的接头采用楔形插销，经长时间锤击后，会产生不可恢复的塑性变形，节点变得不容易安装。新型插盘式节点改变了原有竖向剪刀撑和水平剪刀撑共用一销孔的缺点，提高了脚手架的整体连续性和节点刚度。如图 2.2-1 和图 2.2-2 所示。

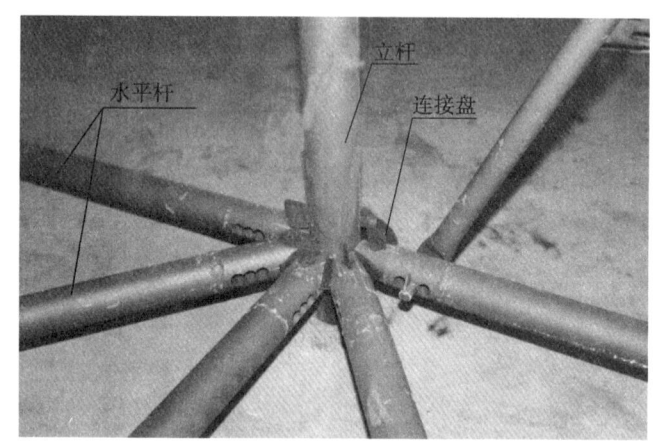

图 2.2-1 新型插盘式脚手架接头构造

2.3 承载力大、安全可靠

新型插盘式钢管脚手架立杆轴向传力，使脚手架整体在三维空间的结构强度高、整体稳定性好；连接盘具有可靠的抗剪力，且各种杆件轴线交于一点，连接横杆数量比碗扣式接头多出 1 倍，整体稳定强度比碗扣式脚手架提高 20%。

新型插盘式接头采用独立销子插入式自锁机构。由于互锁和重力作用，即使插销未被敲紧，横杆插头亦无法脱出。插件有自锁功能，可以按下插销进行锁定或拔下进行拆卸，加上连接盘和立杆的接触面大，从而提高了钢管立杆的抗压稳定承载力，可确保两者相结合时，立杆不会出现歪斜。

2.4 经济效益和综合效益好

新型插盘式钢管脚手架的搭设和拆卸速度比碗扣式脚手架快 0.5 倍左右，可减少作业时间与劳动报酬，比扣件式钢管脚手架自重轻，减少运输费用，使施工的综合成本降低。

新型插盘式钢管脚手架的构件系列标准化，便于运输和管理。无零散易丢构件，损耗低，后期投入少，故新型插盘式钢管脚手架的综合效益好。

3. 适 用 范 围

新型插盘式钢管脚手架适用于工业与民用建筑和道路桥梁工程中现浇混凝土结构的模板支架、建设工程的外脚手架、临时支撑组合柱、物料提升机的承重骨架等。

4. 工 艺 原 理

4.1 脚手架立杆轴向传递荷载且自动锁紧节点的原理

新型插盘式脚手架上下节立杆的接头通过连接盘实现，立杆顶端通过可调托座实现与承重横杆的连接，从而使各节点立杆的轴向荷载传递始终在一条竖线上。

立杆与连接盘的连接插销采用类似"钥匙"形状的构造，这里在销子前端多了一块凸板，销子在插入○形插孔后由于重力作用，凸板会自然向下方转动，将节点锁死，从而保证脚手架在工作过程中立杆之间的连接紧密，如图4.1所示。

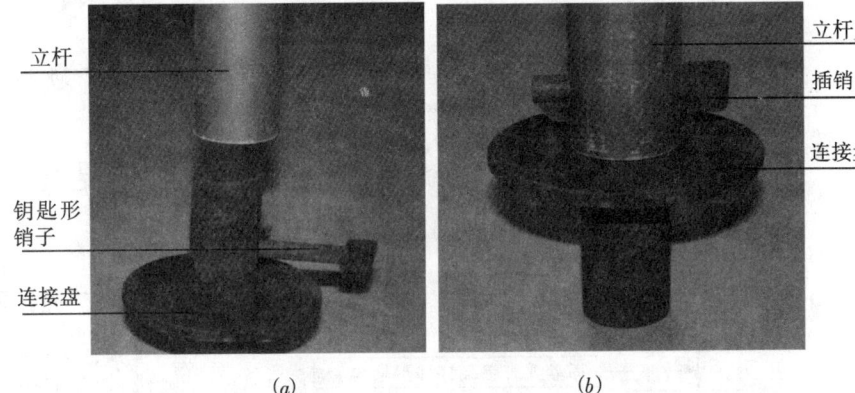

图 4.1 立杆与连接盘连接节点
(a) 立杆与连接盘拼装前示意图；(b) 立杆与连接盘拼装后示意图

4.2 水平杆通过连接盘插销式与立杆连接原理

新型插盘式脚手架的水平杆通过连接盘用钥匙形插销固定，从而达到水平杆和立杆的轴线交汇于节点连接盘的中心，使节点达到半刚接的嵌固程度，有利于提高整体脚手架的承载力及刚度，如图4.2所示。水平杆与立杆通过连接盘插销式连接，可使脚手架装拆更方便、更快捷。同时，为使插销人工插拔方便，将插销改

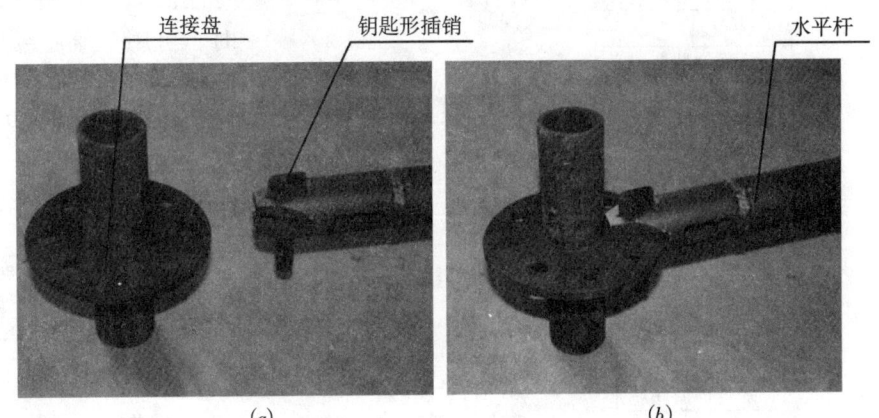

图 4.2 水平杆与连接盘连接节点
(a) 水平杆与连接盘拼装前示意图；(b) 水平杆与连接盘拼装后示意图

进为类似"钥匙"的形状，连接时将其插入○形槽中，起到固定锁紧的作用。

4.3 剪刀撑与横杆端插销式连接提高脚手架整体稳定性原理

竖向剪刀撑与水平杆的连接采用插销式构造，如图4.3所示。在水平杆的两端添加了多个相同孔径的连接孔，而且通过计算使节点连接的适用能力覆盖较大误差范围，这样使剪刀撑安装更方便，且显著降低了对安装精度的要求，但并没有显著影响支撑连接的传力性能。

水平剪刀撑斜杆通过水平杆插销式连接于节点，使水平剪刀撑斜杆轴线和立杆轴线交汇于节点中心，如图2.1所示。

如此构造的竖向剪刀撑和水平剪刀撑对保证脚手架的整体稳定性起到重要的作用，有效地提高了立杆的极限承载力。

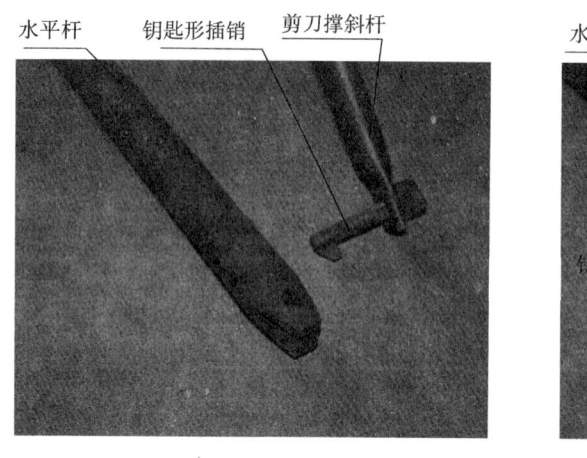
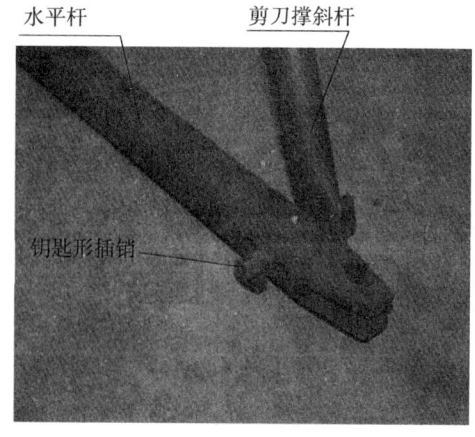

(a)   (b)

图 4.3　剪刀撑斜杆与水平杆连接节点
(a) 剪刀撑斜杆与水平杆拼装前示意图；(b) 剪刀撑斜杆与水平杆拼装后示意图

5. 施工工艺流程及操作要点

5.1　施工工艺流程 (图 5.1)

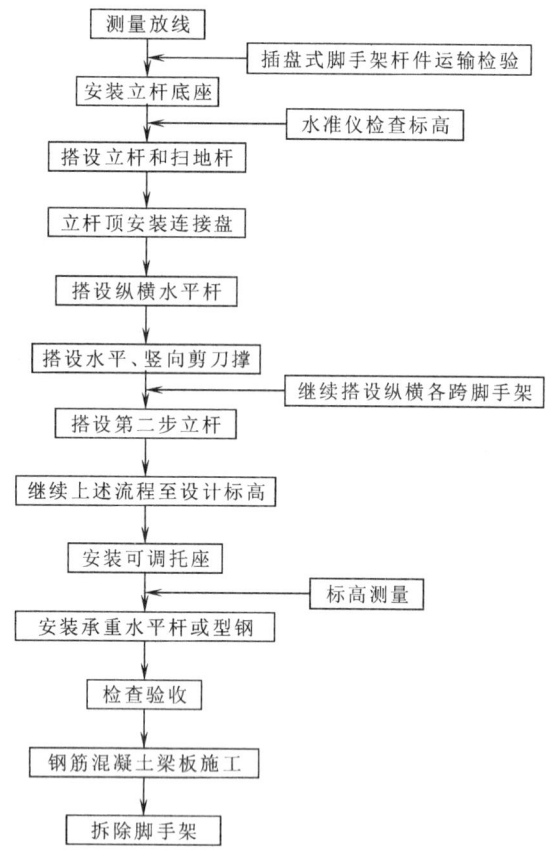

图 5.1　新型插盘式脚手架施工工艺流程

注：图 5.1 为应用于模板支架的插盘式脚手架施工工艺流程，
若应用于外脚手架，则其立杆顶端省去安装可调托座以
及钢筋混凝土梁板施工。

5.2　施工操作要点

5.2.1　安装立杆底座

测量放线定出立杆位置后，先安装立杆底座，新型插盘式脚手架立杆底座为带有连接盘和底板的专用底座，如图 5.2.1 所示。当没有专门立杆底座时，可用一般连接盘代替，但其底脚应垫以钢板或厚木板。立杆底座安放后应用水准仪检查其水平标高，控制标高允许偏差在 5mm 内。

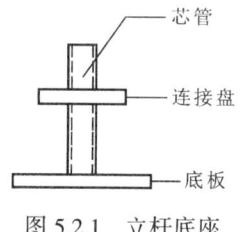

图 5.2.1　立杆底座

5.2.2　搭设立杆和扫地杆

标准立杆的每节长 1.5m，采用 $\phi48\times3.5$（重型架为 $\phi51\times3.5$ 或 $\phi60\times3.5$）钢管，两端钻有 $b\times h=8mm\times15mm$。立杆套式插入连接盘的上立管，插入操作时应径向对准连接盘上的立管的预留孔，然后插入钥匙式直径为 $\phi6$ 的钢插销，可在水平方向稍加旋转，使立杆的插孔和连接盘上立杆的插孔吻合。钢插销插入后旋转 180°。使之紧固连接，如图 5.2.2 所示。

纵横扫地杆为 $\phi42\times2.5$（重型架为 $\phi48\times3.5$）钢管，与连接盘也用钥匙形的钢插销连接，扫地杆

两端竖向留有 $b\times h$=8mm×15mm 的矩形孔。插接操作时应对准连接盘的椭圆形插孔，可用锤子轻击使之扫地杆的插孔和连接盘的插孔吻合，插销插入后应旋转 90°使之紧固。

5.2.3　立杆顶安装连接盘并连接纵横水平杆

底部脚手架搭设后立即在各立杆顶端安装连接盘，将连接盘的下立管插入立杆的顶端。操作时应将连接盘下立管的插孔对准立杆顶部的插孔，以人眼观察通亮为参考，并在水平方向旋转使两者孔眼吻合，然后插入钥匙形的钢插销，插入到位后旋转 180°，使其紧固，如图 5.2.3 所示。连接盘安装后，立即安装纵横水平杆 ϕ42×2.5 钢管，此时左右立杆顶连接盘之间的水平距离若有偏差，可用锤子轻击，使水平杆插入两端的连接盘。操作时先对准水平杆一端的连接盘插孔，再对准另一端连接盘的插孔，并将钥匙形插销插入随即旋转 90°紧固，如图 5.2.3 所示。

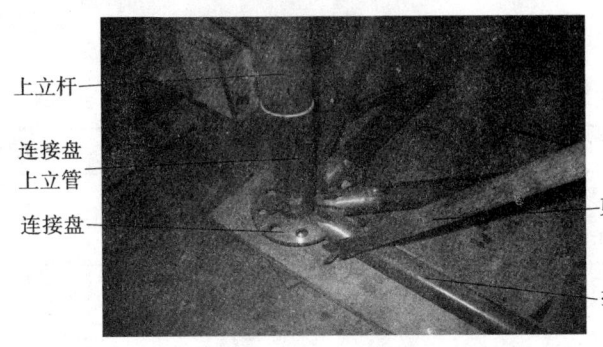

图 5.2.2　立杆和底座连接

图 5.2.3　立杆通过连接盘和水平杆连接

5.2.4　安装剪刀撑斜杆

作为模板支架用的插盘式脚手架，应在四周满布竖向剪刀撑 ϕ42×2.5 钢管，中间每隔 4 排立杆设置一道纵向剪刀撑，剪刀撑由底至顶连续设置。作为外脚手架的插盘式脚手架，应在纵向两端设置竖向剪刀撑，中间每隔一跨设置剪刀撑，均由底到顶连续设置，水平剪刀撑每步每跨连续设置，如图 2.1 所示。

竖向剪刀撑斜杆的上下端采用插销连接于横杆两端的插孔内，先对准斜杆上端的插孔和横杆端部的插孔，且随即插入插销；再对准斜杆下端的插孔和横杆端部的插孔，且随即插入插销紧固，最后紧固斜杆上端的插销，即插销旋转 90°。

水平剪刀撑的两端分别采用插销与连接盘连接，同样先对准一端的插孔，插入插销后，再对准另一端的插孔，最后分别将插销旋转 90°紧固。

5.2.5　安装可调托座和承重水平杆或型钢梁

当插盘式脚手架逐步搭设至设计标高后，在各立杆顶端安装可调托座，即将可调托座插入立杆。全部可调托座安装后应检查标高是否符合设计标准，当存在误差时，可用垫片调整。然后安装承重横杆或型钢梁，承重横杆或型钢梁与托座之间用楔形木塞顶紧。搭设完毕的模板支架或外脚手架应经检查验收合格后，方可使用。

搭设好的新型插盘式脚手架如图 5.2.5 所示。

图 5.2.5　新型插盘式模板支架现场整体照片

5.2.6　模板支架的拆除

当现浇混凝土梁板的强度达到国家标准《混凝土结构工程施工质量验收规范》GB 50204 规定的强度时，即可逐步拆除模板支架，拆除模板支架的流程应自上而下逐步拆除，后搭设的杆件先拆，先搭设的杆件后拆。拆除模板支架的混凝土强度应符合《混凝土结构工程施工质量验收规范》GB 50204 的规定。

底模拆除时的混凝土强度要求   表 5.2.6

构件类型	构件跨度（m）	达到设计的混凝土立方体抗压强度标准值的百分率（%）
板	≤2	≥50
	>2，≤8	≥75
	>8	≥100
梁、拱、壳	≤8	≥75
	>8	≥100
悬臂构件	—	≥100

5.3 劳动力组织

劳动力组织表   表 5.3

序号	工种名称	数量（人）	任 务
1	测量工	3	测量放线
2	木工	10	搭设模板支架、拆模
3	普工	2	运送散件材料
4	架子工	5	搭设外脚手架
5	机电工	2	维修机具、照明
6	塔吊司机	2	吊运模板支架材料

注：此表以标准层建筑面积不大于 1000m² 计，面积大或赶工期的工程适当增加劳动力。

6. 材料与设备

6.1 材料

直缝电焊钢管 φ48×3.5（φ51×3.5）、φ42×2.5、连接盘、立杆底座、可调托座、插销等材质均应符合现行国家标准《碳素结构钢》GB/T 700 中 Q235-A 级钢的规定。钢管和连接盘以及 18mm 厚 9 层胶合板结合方木楞 60×80 作底模及侧模，其质量均应符合《建筑施工模板安全技术规范》JGJ 162 的规定。钢管和连接盘应经抽样检测合格后方可使用。

6.2 机具设备

主要机具设备   表 6.2

序号	名 称	型 号	数量	备 注
1	精密水准仪	Mi005A	2 台	测量放线
2	经纬仪	J2	2 台	
3	模板切割拼装机械	HB50-6B 等	2 套	加工模板
4	塔式起重机或汽车吊	QTZ63	1 台	吊运模板支架
5	铁锤等小型工具		5 套	搭拆脚手架
6	质量检查工具		1 套	检查质量

7. 质 量 控 制

7.1 质量控制标准

7.1.1 施工质量验收依据

施工质量验收标准   表 7.1.1

序号	名　称	编　号
1	建筑工程施工质量验收统一标准	GB 50300–2001
2	混凝土结构工程施工质量验收规范	GB 50204–2002
3	建筑施工模板安全技术规范	JGJ 162–2008
4	钢结构工程施工质量验收规范	GB 50205–2001
5	建筑施工扣件式钢管脚手架安全技术规范	JGJ 130–2001
6	建筑施工安全检查标准	JGJ 59–99

7.1.2　施工质量验收标准

现浇结构模板安装的允许偏差及检验方法   表 7.1.2

项　目		允许偏差（mm）	检验方法
轴线位置		5	钢尺检查
底模上表面标高		±5	水准仪或拉线、钢尺检查
截面内部尺寸	基　础	±10	钢尺检查
	柱、墙、梁	+4，–5	钢尺检查
层高垂直度	不大于5m	6	经纬仪或吊线、钢尺检查
	大于5m	8	经纬仪或吊线、钢尺检查
相邻两板表面高低差		2	钢尺检查
表面平整度		5	2m靠尺和塞尺检查

注：检查轴线位置时，应沿纵、横两个方向量测，并取其中的较大值。

7.2　模板支架质量控制措施

7.2.1　周转材料检测

钢管、连接盘、插销、可调托座、立杆底座、方木楞、九夹板等周转材料进场时，材料员要把好材料质量关，对材料进行检查验收，发现问题应及时上报，采取有效、妥善的措施。其中钢管和连接盘应进行抽样检测，不合格者严禁进场，尤其是钢管和连接盘的插孔位置和孔径大小应符合《钢结构工程施工质量验收规范》GB 50205 规定的允许偏差。

7.2.2　模板支架搭设措施及检查验收

1. 搭设模板支架前应在楼面或地面弹出立杆的纵横方向位置，并用水泥砂浆抄平。

2. 可调底座应防止砂浆、水泥浆等污物填塞螺纹或插孔的措施，可在可调底座顶包裹塑料袋、牛皮纸等方法。

3. 应及时检查立杆、水平杆、剪刀撑斜杆和连接盘的钥匙形插销是否紧固到位。

4. 木工班组值模看架的要求：在支模架使用过程中，操作工要有明确分工，木工班组要有专人看架值模，发现有异声、松动、下沉、变形等严重不安全预兆时，应及时上报并采用有效、妥善的应急措施。

5. 模板支架搭设完毕使用前，按有关规范标准和施工方案，组织有关人员进行全面验收和签证，验收不合格的严禁投入使用。

7.2.3　施工荷载要求

1. 作业层上的施工荷载应符合施工方案设计要求，不得超载。应避免装卸物料及浇捣混凝土时对脚手架产生偏心、强振及冲击。泵送浇捣混凝土应从楼板平面的中央部位开始向四周扩展。对截面高度大的梁应先浇捣混凝土至次梁底，然后在初凝前统一浇捣次梁、楼板的混凝土，有利于模板支架的稳定。

2. 对超高超重的模板支架可进行堆载预压，以利检查模板支架的稳定和变形位移，发现缺陷问题及时采取补强措施。堆载可用成捆的钢板和钢筋预压于模板支架顶面，如图7.2.3所示。

图7.2.3 模板支架堆载预压

8. 安 全 措 施

8.1 贯彻"安全第一、预防为主"的方针，正确评价安全生产的情况、防患未然，使安全工作达到标准化、规范化。

8.2 建立安全检查组织，由现场各专职安全员组成，根据《建筑施工安全检查标准》JGJ 59 严格实施。

8.3 对违反《安全生产十不准》、《安全生产六大纪律》等有关安全规定的行为依照《违反安全生产处罚条例》予以处罚。

8.4 从事高处作业的人员必须身体健康，严禁使用患有高血压、心脏病、深度近视等一切不适合高处作业的人员。

8.5 架子工在搭设脚手架时，必须戴安全帽、系安全带、穿防滑鞋，禁止从脚手架攀登上下。特种作业人员必须持证上岗。

8.6 高处作业所用的材料应堆放稳妥，工具随手放入工具袋，防止坠落伤人。

8.7 遇到恶劣气候和六级以上强风、迷雾、雷雨等情况影响施工安全时，应停止高空起重和露天作业。

8.8 做好"三宝"、"四口"、"五临边"的安全防护工作。拆除模板支架时应按后搭先拆的顺序逐步拆除，严禁高空抛掷。

9. 环 保 措 施

9.1 对施工垃圾包括废旧模板及钢管防锈用剩的油漆等应按规定集中收集、存放，防止造成环境污染。

9.2 搭设和拆除模板支架的噪声应进行控制，禁止夜间产生影响居民的施工噪声。

9.3 现场水泥贮筒、搅拌站以及贮存插盘式脚手架材料处应搭设封闭的棚屋，防止扬尘和噪声污染。

9.4 现场设置排水沟。施工机械清洗后的水与养护混凝土的水应流入排水沟，沉淀后排放至市政下水道。

9.5 生活污废水应进行有效沉淀后排放至市政下水道，生活垃圾及时集中外运，做到工程施工人员的生活区文明整洁。

10. 效 益 分 析

10.1 经济效益分析

新型插盘式模板支架由于立杆轴向受力、立杆和水平杆的杆轴线汇合于节点中心，插销紧固，故承载力比扣件式钢管模板支架大。换言之，在承受同样的混凝土梁板荷载下，所需脚手架材料比扣件式钢管脚手架节约自重约 20%，以 3 万 m² 单位建筑工程的高层建筑（平均层高 3.9m）计，主体结构施工以 1 年计，节省了约 150t/年的扣件式钢管脚手架租赁费用，合人民币 44 万元。与此同时节约了搭设脚手架的人工费，即与同样承载力的脚手架相比，由于其自重减轻、连接盘比扣件数量减少，故用工量降低。

10.2 社会效益

由于新型插盘式脚手架能组成模数为 0.5m 的多种尺寸的组架类型，故构件配件系列标准化，例如板下立杆间距为 1m，梁下立杆纵距为 0.5m，互相协调组合。构配件系列标准化有利于工厂批量生产和现场应用方便。由于新型插盘式脚手架的自重轻，搭拆方便，故在产生经济效益的同时，节约了资源（材料和用工量减少），且便于运输管理，从而带来了可观的社会效益。

11. 应 用 实 例

11.1 杭州家具市场二期 A 区块工程，地下 2 层，地上 4 层，建筑面积共 4.5 万 m²，层高为 4.5m，工程为现浇钢混凝土框架结构。本工程的模板脚手架采用新型插盘式模板脚手架，地下室混凝土地板施工完毕起至结顶止，共用了 7 个月，期间节约扣件式钢管脚手架 120t 的租赁费用，本工程运用新型插盘式脚手架施工工法在满足工程要求的前提下，取得圆满的成功。

11.2 温州南唐大道（仙居段）互通式立交工程位于温州市南部为温州市"二横六纵"城市快速中的一纵，本工程全长 795.12m，高度净空 4.5m，宽 9.5m，NW 匝道长尾 25m，现浇钢混凝土梁板，该工程采用新型插盘式脚手架，实际应用效果很好，搭设方便拆装容易，受力明确，节省劳动力，加快速度，安全可靠，根据工程实际应用完全满足使用要求。

11.3 中南建材市场二期 C1 区块工程，建筑面积 125000m²，共 4 层，总高度 24.5m，钢混凝土框架结构，在营业用房中间设内天井屋面钢混凝土大梁跨度 17.5m，梁标高 24.5m，梁截面为高 1.4m、宽 1.45m，该工程现浇钢混凝土屋面大梁选择新型插盘式脚手架，实际应用效果很好，搭设方便，使用灵活，经济实用，很有应用价值。

高层钢结构建筑钢筋混凝土筒体内支外爬施工工法

GJYJGF016—2010

浙江省建工集团有限责任公司　浙江中富建筑集团股份有限公司

金睿　吴飞　常波　胡强　平京辉

1. 前　　言

目前常见的高层钢结构体系通常是钢框架—核心筒形式，即：以钢管混凝土柱、钢梁组成结构框架，以压型钢板—混凝土组合楼板、自承式楼板、钢筋混凝土楼板作为楼盖系统，以钢筋混凝土核心筒作为增强建筑物水平刚度的结构单元。对该类结构体系成套施工技术的深入研究和总结，可以为工程建设的安全、优质、高速提供有力的技术支撑。

为此，我们开展了对浙江省2006年度建设科研项目《高层建筑钢管混凝土（钢筋混凝土核心筒—钢管混凝土柱—钢框架梁—压型钢板混凝土自承式楼板）结构体系成套施工技术》的研究，形成了以自主研发设备为支撑的内支外爬施工工法成果。该课题于2009年12月8日通过了浙江省住房和城乡建设厅组织的项目验收（验收证书编号：浙建科验字〔2009〕104号），被评为国内领先水平，并荣获2010年度浙江省科技进步奖；课题组研发的"YHJM100/50型液压互爬式附着升降脚手架"爬模设备系统于2009年1月10日通过了建设部科技计划项目验收（建科验字〔2008〕第118号），被评为国内领先水平，并荣获江苏省建设科技进步三等奖；课题组至今已授权发明专利1项（"双重滚轮夹轨式防坠落脚手架"，专利号：ZL200810021554.4）、实用新型专利3项（"建筑用的大模板转角夹具"，专利号：ZL200720191246.7；"跨距长度可方便调节的水平梁架"，专利号：ZL200820035268.9；"水平梁架与主承力架之间可调的脚手架"，专利号：ZL200820041559.9）。

2. 工 法 特 点

在钢框架—筒体结构的高层钢结构建筑施工中，筒体外侧采用爬模设备兼具外侧墙板机械化支模和外架防护功能，筒体内侧除根据进度需求留设适当结构后做以外，梁板墙均采用钢管支架支模，由此形成"内支外爬"施工工法。该工法具备以下特点：

2.1 钢筋混凝土筒体结构与钢框架结构在施工工艺和安排上存在进度和质量不协调。筒体进度按常规工艺为7d/层，而钢结构平均5d/层；筒体质量也影响与钢框架的衔接。内支外爬的工法将筒体外侧机械化爬模工艺与内侧支架支模成熟工艺结合，施工进度可达3~5d/层（标准层）、5~7d/层（非标准层），而且结构质量水平优于常规工艺。

2.2 筒体施工中成型大模板与外架结合整体爬升，有效地减少模板、钢管等周转材料的高空吊运和拆装工作量，缓解与钢结构吊装间存在的塔吊使用的矛盾。

2.3 筒体内侧结构布置简单，采用支架支模的方法，班组操作熟练，有利于加快进度。

2.4 筒体外侧采用爬模系统，一次安装和防护完成后可直接爬升到顶，有效地避免了常规挑架方法需多次翻搭的高空作业和坠落风险。

2.5 筒体外侧模板采用自制钢框背楞木质面板大模板，除面板外，钢框在不同筒体可经改装后周转使用，与常规全钢大模板相比，自重显著减小，并可有效降低成本。

2.6 筒体外侧大模板附着在爬模系统上，可利用移动台车进行水平和转角的移动，实现精确的合模和脱模，机械化程度高，加上大模板转角夹具，可有效保证筒体棱角尺寸和观感效果。

2.7 爬模架设计采用多功能铰链，解决了曲线平面筒体的架体安装难题；采用跨距长度可方便调节的水平梁架，保证了支承结构受力的均衡；采用自动调平控制装置，解决了不同机位爬升速度不均衡的问题。

3. 适 用 范 围

本工法适用于高层钢结构建筑中钢框架—核心筒形式的筒体结构施工，对于高耸构筑物、高层剪力墙结构也可做适当改装后采用。

4. 工 艺 原 理

本工法将钢筋混凝土墙板结构的支模、扎筋等施工方法与液压互爬式附着升降脚手架爬模系统的施工平台、附着模板、安全防护等相结合，根据核心筒结构形式，对核心筒施工工艺流程、外侧模板制作与连接、混凝土的浇捣等方面提出了成套施工工艺及设备。

5. 施工工艺流程及操作要点

5.1 施工工艺流程

首层（具备爬模系统安装条件的楼层）核心筒内支外爬施工工艺流程如图 5.1-1 所示，标准层核心筒内支外爬施工工艺流程如图 5.1-2 所示。

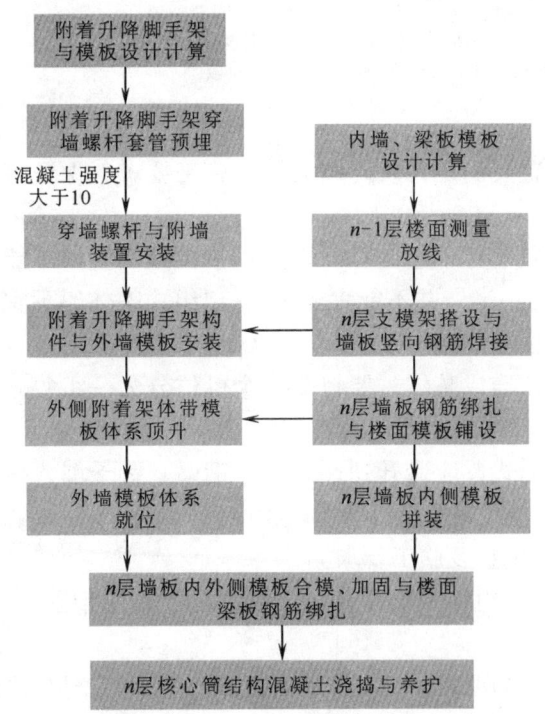

图 5.1-1 首层（具备爬模系统安装条件层）核心筒内支外爬施工工艺流程

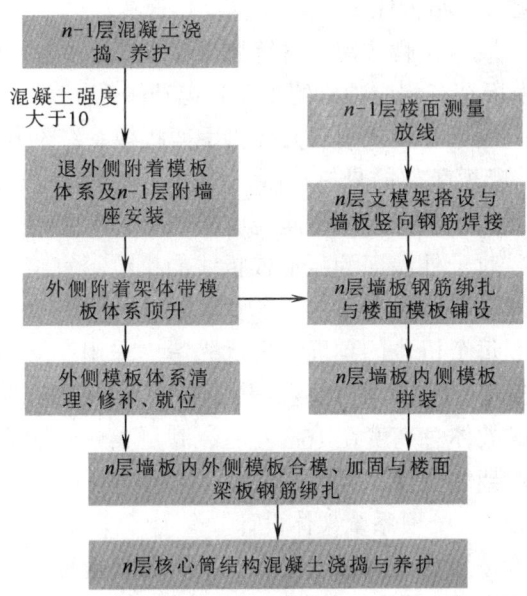

图 5.1-2 标准层核心筒内支外爬施工工艺流程

5.2 液压互爬式附着升降脚手架爬模系统布置、验算

本工法外爬部分施工主要采用 YHJM100/50 型液压互爬式附着升降脚手架爬模系统，它主要由附着装置、H 形导轨、主承力架及架体系统、大模板及支撑系统、爬升机构、电控液压升降系统、防倾覆和

防坠落装置以及安全防护系统等配套设施组成（图 5.2）。

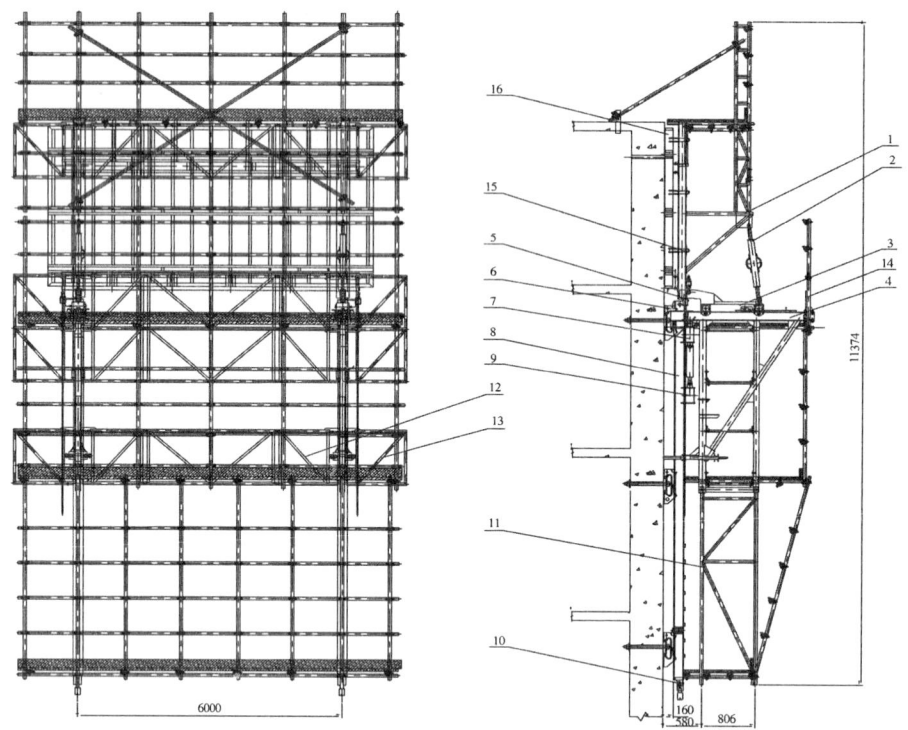

图 5.2　YHJM100/50 型液压互爬式附着升降脚手架爬模系统构造示意图
1—模板支撑架；2—模板调节丝杠；3—模板台车；4—主承力架；5—防坠装置；6—附着装置；
7—上爬升箱；8—H 形导轨；9—下爬升箱；10—顶墙支撑装置；11—竖向挂架；
12—架体水平梁架；13—悬挑水平梁架；14—防护杆；15—模板钩；16—大模板

5.2.1　布置原则

1. 液压互爬式附着升降脚手架爬模系统的机位布置要满足每块外墙大模板施工要求，保证每块外墙大模板都有相应独立的支模和爬升体系。

2. 液压互爬式附着升降脚手架爬模系统两相邻机位跨度不应大于 6m，折线或曲线布置时不能大于 5.4m；爬模爬架的悬挑长度，整体式架体时小于跨度的一半，并不能大于 3m，单组式架体时不宜大于跨度的 1/4。同时，要使爬模爬架的荷载不能超过液压油缸的顶升能力。

3. 对于外墙面为弧形或折线的机位不宜将多个机位连成整体，要将 2~3 个机位分为一组独立进行爬升。

4. 每个机位的预埋位置优先考虑采用穿墙螺杆的形式，应避开劲性钢柱、钢梁、钉子墙、楼梯处等厚度大于标准墙体厚度的和不能穿透的位置，如不能避开应选用特殊预埋爬锥。

5. 架体总高度在 16m 左右，满足 3.5~4 个标准层的围护及施工要求。

6. 架体设计、生产完成后，应经过专业单位鉴定，并组织专家评审，通过后方可投入使用。

5.2.2　爬模系统架体设计

1. 按照《建筑施工附着升降脚手架管理暂行规定》的要求，分施工使用工况、升降工况和坠落工况进行设计计算。架体必须通过专业单位鉴定并组织专家评审通过后，方可投入使用。

2. 液压互爬式附着升降脚手架爬模系统的各组成部分应按其结构形式、工作状态和受力情况，分别确定在使用、升降和坠落三种不同状况下的计算，并按最不利情况进行计算和验算。必要时应通过整体模型试验验证架体结构的设计承载能力。此部分设计计算应由生产厂家在设备出厂前完成。

5.2.3　附墙点混凝土强度验算

混凝土墙厚 h，有效厚度 h_0，采用穿墙套管式的附着方案，墙内侧面的垫板为 160mm×160mm×

16mm，混凝土强度等级为 C10 时，其抗拉强度设计值为 $f_t=0.65\text{N/mm}^2$，一个附墙支座传给墙面集中载荷：

$F_1=1.5R$，R 为附着点反力

墙面受冲击承载力需满足：$f=0.6\times f_t\times um\times h_0>F_1$

$$um=2(a+h_0+b+h_0)=2(160\times2+h_0\times2)$$

5.2.4 穿墙螺杆验算

每个机位的预埋位置优先考虑采用穿墙螺杆的形式，应避开劲性钢柱、钢梁、钉子墙、楼梯处等厚度大于标准墙体厚度的和不能穿透的位置，如不能避开应选用特殊预埋爬锥。

穿墙螺栓同时承受载拉力和剪力时的验算公式 5.2.4。

$$\sqrt{(\frac{N_v}{N_v^b})^2+(\frac{N_t}{N_t^b})^2}\leqslant1\text{（满足要求）}\tag{5.2.4}$$

5.2.5 液压互爬式附着升降脚手架爬模系统带大模板整体稳定性验算需要设备厂家提供复核计算。

5.3 核心筒外墙钢背楞胶合板大模板设计与制作

5.3.1 钢背楞胶合板大模板简介

钢背楞胶合板大模板采用 10 号槽钢与 100×100 方木做背楞覆盖 915mm×1830mm×18mm 胶合板制作而成，也可采用纵横 ϕ48×3.5 钢管做背楞覆盖 915mm×1830mm×18mm 胶合板（模板拼缝处抱压 48×70 方木）或大模板，外墙大模板采用 ϕ12 穿墙螺栓与墙内侧模板背楞连接固定。具有自重轻、结构整体性能好、墙面平整、模板周转快、一次投资省、劳动强度低、操作简单、施工方便等优点。

在高层钢筋混凝土核心筒结构外墙板上使用，钢背楞胶合板大模板可与外侧附着式升降脚手架配合使用，形成爬模系统。钢背楞胶合板大模板固定在附着式升降脚手架模板支架上，附着式升降脚手架的模板支架可前后移动，向前移动合模并提供外侧模板的斜撑，向后移动则退模，附着式升降脚手架带模板上升。这样配合使用大模板无需落地，减少了模板的转运，提高了工作效率，有效的加快了施工工期。钢背楞胶合板大模板见图 5.3.1。

图 5.3.1 钢背楞胶合板大模板图片

5.3.2 钢背楞胶合板大模板设计与制作

1. 根据核心筒墙板特点，计算模板纵横背楞间距与穿墙螺杆直径：墙板侧压力计算，$F=0.22\gamma_c t\beta_1\beta_2\sqrt{V}$ 或 $F=\gamma H$ 取最小值，得出墙板侧压力计算值。通过对竖向钢管抗弯验算 $\sigma=\frac{M}{W}\leqslant[f]$，挠度验算 $V=\frac{0.677ql^4}{100EI}\leqslant[v]$ 确定竖向背楞间距。通过对横向抱压钢管抗弯验算 $\sigma=\frac{M}{W}\leqslant[f]$，挠度验算 $V=\frac{0.677ql^4}{100EI}\leqslant[v]$ 确定横向背楞间距。通过对穿墙螺栓计算 $P=FA\leqslant[N]$ 确定穿墙螺杆直径。

2. 根据核心筒墙面情况绘制配模图，确定每块大模板尺寸，一般在大模板之间门洞处断开，门洞

顶局部位置另行配置模板。以工程实例说明，如图 5.3.2-1~图 5.3.2-4 所示。

3. 根据配模图制作大模板，首先制作大模板骨架：根据配模图模板拼缝位置、尺寸，将 48×70 方木采用连接件与扇形销固定在横向 48 钢管上，形成初步大模板骨架，如图 5.3.2-5 所示。

4. 在拼缝方木两边按照计算间距增加竖向内衬钢管或方木，采用连接件与扇形销固定在横向 48 钢管上，再根据配模图中模板铺设尺寸，铺装模板，采用钢钉钉在拼缝方木上如图 5.3.2-6 所示。

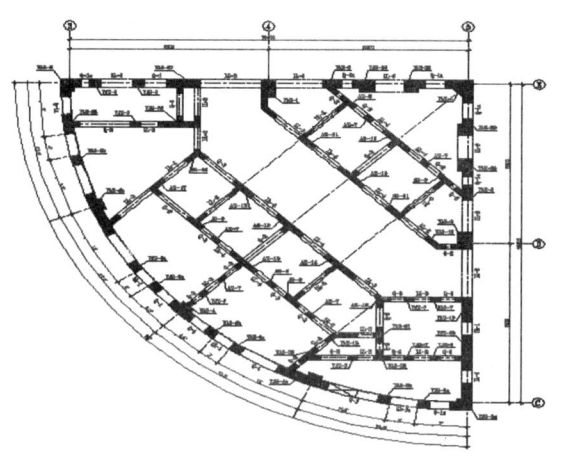

图 5.3.2-1 核心筒平面图（工程实例）

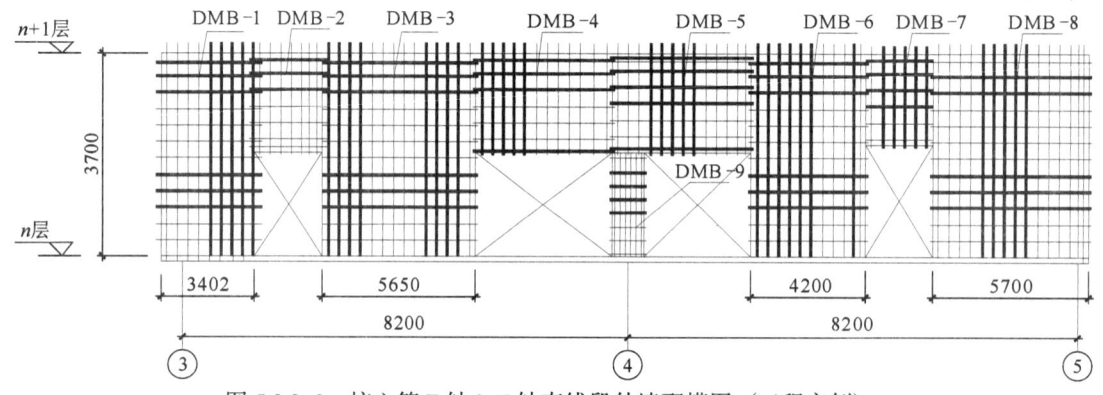

图 5.3.2-2 核心筒 E 轴/3~5 轴直线段外墙配模图（工程实例）

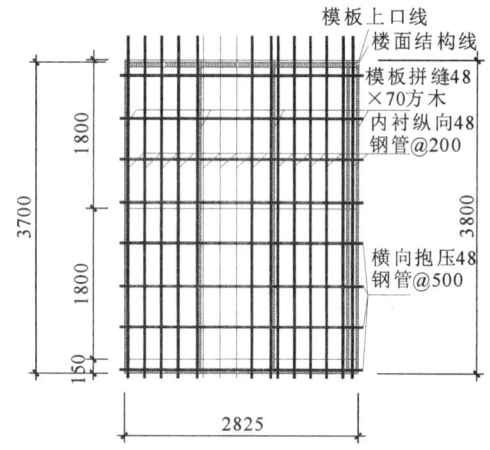

图 5.3.2-3 DMB-3 背楞加固图

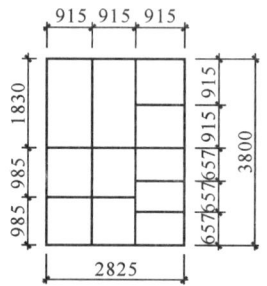

图 5.3.2-4 DMB-3 模板拼装图

图 5.3.2-5 钢背楞胶合板大模板制作

图 5.3.2-6 钢背楞胶合板大模板制作

5. 钢背楞胶合板大模板制作完成后，用塔吊或其他吊装设备整体吊装至附着式升降脚手架模板支撑架上固定。如图 5.3.2-7 所示。

5.3.3 注意事项

1. 当大模板尺寸宽度与高度较大、墙面平整度要求较高时，考虑模板整体刚度，宜采用槽钢与方木组合背楞胶合板覆面大模板。

2. 配板原则：根据施工图纸的具体尺寸要求，剪力墙模板以 1830mm×915mm 整板为基本配板单元，不合模处补以适当尺寸的大半块胶合板。

3. 接缝处理：与基本尺寸模数不合的模板加工时的尺寸偏差应控制在 +0，-2mm 以内，以保证模板能正确组拼。为保证模板之间接缝严密、不漏浆，缝隙处应贴带自粘胶的海绵条。

图 5.3.2-7　钢背楞胶合板大模板安装

4. 现场锯裁时应采取如下措施：

1）锯片应采用锯齿锋利的硬质合金锯片。

2）胶合板下面要垫实。

3）锯裁后竹模板周边的毛刺要打磨干净。

5. 切割或钻孔后模板外露面要刷酚醛系列防水剂（至少刷两遍），以防水浸后模板起层和变形。

6. 模板水平存放，底部用垫木垫平，避免直接暴晒和雨淋。

5.4 筒体外侧爬模系统安装、使用

5.4.1 爬模系统安装流程

墙体预埋套管→附着装置安装→架体地面组装→架体整体吊装→铺脚手板→挂护网→安装电控液压装置。

5.4.2 墙体预埋套管和附着装置的安装

各机位一般采用穿墙螺栓附着（各附着点布置在剪力墙或梁上），在绑扎墙体或梁钢筋时在结构楼板下 600mm 位置预埋 $\phi60×2.5$ 的钢套管。钢套管内采用泡沫填充，两端用胶带封闭，钢套管长度与预埋位置墙体厚度相同。预埋套管和预埋件的孔位偏差要严格控制在前后左右 ±5mm，上下 ±5mm 内。

在绑扎墙体及梁钢筋的同时预埋爬模架所需的预埋套管，当主承力架安装位置的一层土建结构完成后，当混凝土强度达到 C10 时，在预埋套管处安装附着装置用穿墙螺栓固定，穿墙螺栓旋紧后两段必须露出 3 扣螺杆以上（图 5.4.2）。

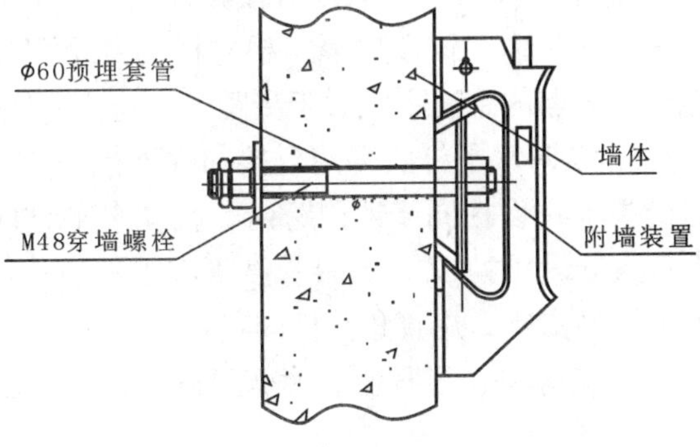

图中标注：φ60预埋套管、墙体、M48穿墙螺栓、附墙装置

图 5.4.2　附着装置图

5.4.3 爬模系统组装、吊装

1. 在出厂前将主承力架、导轨及上下爬升箱、模板移动台车、防倾装置、防坠落装置组装在一起，现场用塔吊吊至附着装置内，并插上防倾插板，将主承力架下部的调节支腿靠近结构墙体外立面，使架体保持垂直。架体的整体垂直度应小于 3‰，不大于 50mm。

2. 当主承力架都组装完毕后，组装两主承力架之间的水平梁架，用 M12×35 的螺栓连接在主承力架两端。在水平梁架与悬挑梁架上下腹杆相应位置采用 $\phi48×3.5$ 钢管与钢管扣件搭设横向与纵向杆件，提高每组架体的稳定性。

3. 铺设第三、四步脚手板及挡脚板。在每组架体模板操作平台中间位置预留上下通道 700mm×700mm 洞口，并在洞口位置采用翻板封闭，避免人员与物件坠落。

4. 为解决施工人员上下楼层的问题，可以在架体每步预留上下通道洞口处，安装由脚手管或钢筋焊接成型的爬梯。为了安全起见，每步之间爬梯必须相互交错成"之"字安装，并且设置扶手。

5. 在地面将模板支撑体系组装完毕，整体对其进行吊装。采用 $\phi48\times3.5$ 钢管与钢管扣件在相应位置搭设横向与纵向杆件，提高每组架体的稳定性。

6. 铺上第五、六、七步脚手架（土建施工层）的脚手板与挡脚板，步距在1.8m，在竖向支撑架中间位置与土建结构做刚性拉接。

7. 在地面将爬模架挂架体系组装完毕，整体对其进行吊装。

8. 安装挂架，通过销轴与主承力架下部连接，采用 $\phi48\times3.5$ 钢管与钢管扣件在相应位置搭设横向与纵向杆件，提高每组架体的稳定性。

9. 铺爬模架第一、二步层脚手架的脚手板。

10. 挂安全网，安装电控液压爬升系统。

5.4.4 爬模系统搭设要求

1. 液压互爬式附着升降脚手架爬模系统整体高度16m左右，主承力架之间通过水平梁架与附着脚手管连接固定。

2. 架体搭设一层楼后，应尽快铺设底部木板，铺设方法：首先在底部每隔800mm左右用12号钢丝绑扎一木方，木方截面尺寸 80mm×100mm，长度根据机位离墙距离确定使木方端头距外墙50mm。同时在底部内外弦杆上用扣件扎好同样长钢管，端头扎一个纵向水平杆。

3. 木方端头应搁在水平梁架上，并用钢丝扎牢，然后在木方上钉木板，木板缝隙要求不超过2mm。第五、六、七步架体上竹脚于板应铺满、铺稳，竹脚下板应设在两根纵向水平杆上，将竹脚手板两端与其可靠的固定，严防倾翻。底部木板采用对接平铺，接头处必须与水平杆上的枕木钉牢。竹脚手板采用对接平铺或搭接铺设，四角应用直径1.2mm的镀锌钢丝固定在纵向水平杆上。作业层端部脚手板探头长度应至100mm。

4. 外部围护架体中，机位处的立杆采用竖向框架，剪刀撑下端连接处设置在桁架底部。具体搭设施工程序为：竖向框架→内立杆→外立杆→大横杆→小横杆→榍栅→防护栏杆→斜拉杆→连墙杆→铺踩笆→安全绿网。

5. 立杆接长必须采用对接扣件连接。立杆上的对接扣件必须交错布置；两根相邻立杆的接头不应设置在同步内，同步内隔一根立杆的两个相隔接头在高度方向错开的距离不宜小于500mm；各接头中心至丰节点的距离不宜大于步距的1/3。

6. 纵向水平杆宜采用对接扣件连接，亦可采用搭接，对接扣件应交错布置，两根相邻纵向水平杆的接头不宜设在同步或同跨内，且在水平方向错开的距离不应小于500mm，各接头中心之间点的距离不宜大于纵距的1/3。搭接长度不应小于1m。等距离设置且间距不大于300mm。横向水平杆应作为纵向水平杆的支座，用直角扣件固定在立杆上。

7. 架体搭设过程中，大剪刀撑应随架体搭设高度同步搭设。

5.4.5 架体验收

架体安装完毕后根据程序进行验收，验收人员由安装单位、总包单位、监理安全技术负责人组成，经爬模架专项验收合格后投入使用。

5.4.6 拆外墙模板与导轨的爬升

当上一层的外墙混凝土强度达到脱模要求和10MPa以上后，通过移动模板台车将墙体外模退出。并在预埋孔位处安装穿墙螺栓和附墙装置，然后操作液压升降装置，将导轨爬升到上一层的附墙装置上。

5.4.7 架体的爬升与墙体的内外合模

当导轨爬升到位后，再操作液压升降装置，将架体也爬升到上一层的附着装置上，此时上一层的墙体钢筋已绑扎完毕，当完成支顶板及顶板钢筋的绑扎后，移动模板台车将墙体内外模板安装就位，检查合格后浇筑顶板和外墙混凝土。

重复上述正常工艺流程直至结构封顶。

5.5 内墙、梁板模板设计与安装

5.5.1 核心筒内侧梁板模板工程的安装同常规结构模板工程施工，确定模板脚手架立杆间距、步距等数据，后严格按照计算尺寸搭设模板脚手架，并进行检查复核。

5.5.2 核心筒内侧墙板模板工程安装采用竹木胶合板+纵横钢管抱压的方法进行现场拼装，在模板拼缝位置钉压一根 48×70 方木，保证拼缝密实、平整。内侧模板与外侧模板采用穿墙螺杆连接。支模架立杆的纵距不超过 1m，横向间距不超过 1m，梁底长钢管不得在立杆中间采用接扣对接，以防浇筑混凝土，造成梁下沉。模板支架四边与中间每隔四排支架立杆应设置一道纵向剪刀撑，由底至顶连续设置。高于 4m 的模板支架，其两端与中间每隔 4 排立杆从顶层开始向下每隔 2 步设置一道水平剪刀撑。

5.5.3 核心筒一般采用梁板与墙一同浇捣，因此模板的施工顺序应为：墙模板加固→铺放梁底→梁侧板→梁柱节点→平台板。这样不但可以保证梁柱的轴线位置准确，还可以保证梁柱节点的拼装质量，绝不可先铺梁板模板，再封墙板模，最后拼装梁柱节点，梁板模板施工主要注意以下几个方面：

1. 严格控制梁板标高、截面尺寸、轴线尺寸以及梁墙板的垂直度。

2. 不得将钢板锯直接放在操作面，以免锯末泛滥。

3. 绑扎钢筋前，应将模板上的锯末、垃圾清扫干净，再涂刷脱模油。

4. 模板拼缝要做到密缝，螺杆孔洞采用塑料扣钉封。

5. 当梁板跨度大于 4m 时，应按 1/1000~3/1000 起拱。

6. 梁高超过 500mm 时，应采用单面封模，待钢筋绑扎完毕后，再封闭另一侧模板。

7. 浇筑混凝土前，应对承重架及模板加固做仔细检查，发现不对地方应及时整改加固，浇筑混凝土时，应有专人负责看模。

5.6 弧形墙面核心筒爬模施工

圆弧等异型核心筒剪力墙采用内支外爬施工技术应处理好外爬液压互爬式附着升降脚手架爬模系统布置、爬升时同步控制以及大模板布置、制作等方面问题。

5.6.1 液压互爬式附着升降脚手架爬模系统布置处理

弧形等异型核心筒墙面，因机位附着在墙壁上，两个机位之间自然呈一定角度状态，要达到整体爬升效果，需根据弧度的大小，缩小附着式升降脚手架的机位间距，使整体机位呈折线形布置，如图 5.6.1-1 所示。

弧形部位的架体搭设：对于曲率半径较小的弧线，为了满足两个主承力架之间的水平梁架的连接特别增加了铰链装置（ZL200820041559.9），辅助钢管也根据相应弧度进行了弯曲处理。使得弧形部位的架体与核心筒结构外墙保持平行，起到了有效的防护功能。如图 5.6.1-2 所示。

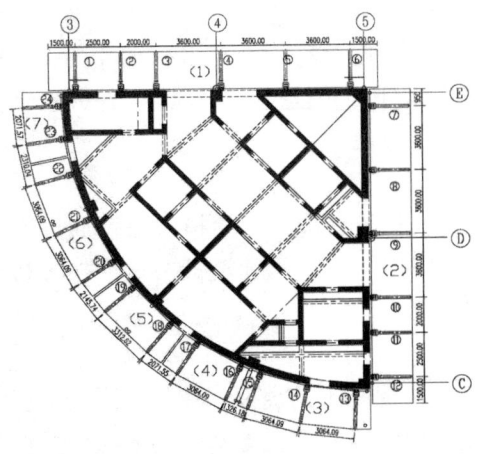

图 5.6.1-1　扇形核心筒机位平面布置图

图 5.6.1-2　弧形筒体爬模架立面

5.6.2 爬模系统爬升同步性处理

为满足架体的整体或分段爬升，采用倾角传感器（ZL200810025519x）进行爬模爬架自动调平的控制装置。其原理是在电控箱内部，安装上可微调的倾角传感器，串接在电气控制电路中，当倾角传感器处于水平状态位置时，架体的左右顶升油缸同时向上顶升，达到向上同步爬升的目的。当架体向上爬升过程中出现超过规定的倾斜角度时，通过可编程控制器控制的微机系统就会动作，显示屏就会显示倾角相应读数，发出预警信号将伸缸快的油缸停止顶升，而伸缸慢的油缸继续工作，待伸缸慢的油缸向上顶升达到伸缸快的油缸相同控制高度时，左右油缸又同时一起工作顶升架体，从而达到同步爬升的目的。

5.6.3 剪力墙外侧模板施工处理

弧形等异型核心筒剪力墙外侧大模板的设计、制作及施工程序基本同普通墙面，重点介绍需特殊处理及注意点：

1. 钢背楞大模板制作前需根据弧形或异型墙面的弧度进行翻样，绘制加工图，根据加工图需将钢背楞定型弯曲，弯曲较大的薄弱部位须进行背楞加密处理。

2. 为使施工完成后的混凝土墙面弧度感强，整体弧形墙面线形顺滑，钢背楞大模板敷面模板局部需根据加工图进行冲筋处理，背面冲筋处需增加方木加固。

3. 由于墙面弧形与附着式升降脚手架折线形布置的不统一，大模板无法固定安装在附着式升降脚手架的模板支撑架上，因此弧形部分大模板采用钢丝绳软性连接在附着式升降脚手架的模板支撑架上随架体爬升。

5.7 核心筒钢筋绑扎与混凝土浇捣、养护

5.7.1 钢筋绑扎

1. 钢筋绑扎顺序：在墙体和顶板结构施工时，先进行竖向构件柱和墙体钢筋的绑扎，在顶板满堂脚手架搭设及梁板模板支设完毕后，即可绑扎顶板的梁板钢筋。

2. 绑扎要求：

1）绑扎钢筋的规格、直径、数量、间距等均应符合设计和施工要求。

2）绑扎钢筋的冷搭接点位置必须符合设计和规范要求。

3）竖向构件的钢筋绑扎完毕后要做好定位固定，防止混凝土浇筑过程中钢筋移位。

4）钢筋绑扎点扎丝必须到位且牢固，板筋绑扎完毕后严禁人随意踩踏。

5）钢筋绑扎时必需设置垫块或撑铁，保证钢筋保护层符合设计规范要求，防止出现露筋。

3. 钢筋绑扎与安装：

1）板筋：板筋先绑扎定位钢筋，在上面画线分档后，逐个绑扎板的受力筋和构造筋。板筋在施工时易踩踏变形，为了防止钢筋在施工过程中移位，板筋须设置撑脚和混凝土垫块，撑脚间距 2.5m，钢筋绑扎要整齐。

2）梁筋：梁钢筋绑扎时先放主受力筋，再放次梁受力筋和架立筋，在上面画线分档，再绑扎箍筋。钢筋的接头和锚固长度应符合设计和规范要求，接头位置应按规范要求相互错开。

3）剪力墙筋：剪力墙先扎定位筋，再套线分档逐个绑扎，除外围两行钢筋交点全绑扎外，中间部分可采用交错绑扎。剪力墙钢筋网间须设 $\phi 8$ 拉接筋，按梅花形排列，并且拉接筋必须勾住外部受力主筋。当剪力墙水平筋与暗柱锚接时必须注意各筋设置方位（图 5.7.1）。

5.7.2 混凝土浇捣

1. 梁、板混凝土浇筑：浇筑梁板时应注意勿踩踏上部钢筋；浇筑前应设马凳搭设人行通道和操作平台，严禁直接踩踏钢筋。通道随打随拆。振捣器须振实，随打随压光。混凝土浇捣方向应按平行于次梁方向推进，连续进行，间歇时间控制在 2h 之内。

2. 墙板混凝土浇筑：

1）混凝土浇捣顺序为：提前 1~1.5h 进行竖向结构高强度等级混凝土的浇捣。在竖向混凝土基本沉降稳定后，进行梁板混凝土的浇捣。在浇捣的过程中，高强度等级的竖向混凝土随时调节与楼板混凝土保持时间差同步推进。

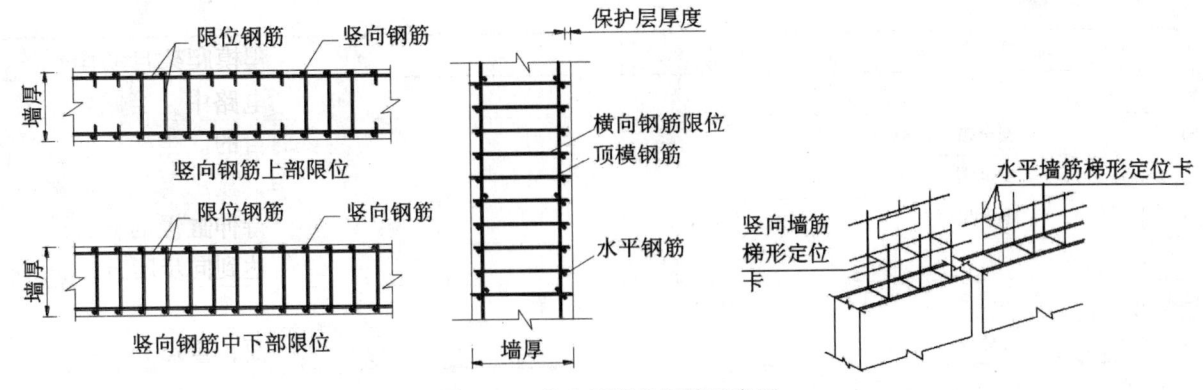

图 5.7.1 剪力墙限位钢筋示意图

2）混凝土浇捣时要控制低强度等级混凝土不要进入高强度等级混凝土的区域，故而在浇筑竖向结构时让高强度等级混凝土满出并占取低强度等级混凝土的部分区域，即：当在楼板部位时让混凝土在柱墙位置向外多浇 1m 范围而形成自然斜收口；在梁与柱、墙交接部位，因梁较深，为了防止混凝土流淌过远，在梁端截面内设置钢丝网片对混凝土进行控制。

3）浇捣时的振动采用插入式振动器，局部采取插入式和附壁式共同振动的方式解决由于钢筋在梁柱及节点引起的难点。在浇捣时个别部位应注意操作。如：电梯门洞两侧混凝土同时浇筑，以防侧模单侧受压而滑移、漏浆及炸模等事故的发生。预留洞口两侧适当加长振捣时间，以使模板底面混凝土浇筑密实。

4）墙板混凝土浇筑时要控制混凝土自落高度和浇筑厚度，防止离析、漏振。每层厚度不应超过振捣器作用半径的 1.25 倍，墙体每一浇筑层相互错开至少 500mm，相邻混凝土浇筑面高差不大于 1.5m。设置在梁底部的水平施工缝标高要求准确控制。柱混凝土沉积、收缩完后，再进行二次浇筑，要加强柱墙根部混凝土的振捣，防止因漏振造成烂根现象。

5）剪力墙一次浇筑至顶，振捣时严格执行"快插慢拔"的原则。每一个振点一般振捣时间为 20~30s，用高频振捣器时，振捣时间不少于 10s，但应视混凝土表面呈水平不再显著下沉，不再出现气泡，表面泛出灰浆为准。

6）混凝土浇筑时，坍落度测试和试块制作派专职取样员（经培训获得取样员证书的人）严格按规范操作。

3. 混凝土的养护：混凝土在浇筑 12h 内应进行浇水养护。对柱墙竖向混凝土，拆模后用麻袋进行外包浇水养护，对梁板等水平结构的混凝土进行保水养护，同时在梁板底面用喷管向上喷水养护。

6. 材料与设备

主要材料及配套设施　　表6

序	机 具 名 称	规格、型号	单位	数量	备 注
1	液压互爬式附着升降爬模系统	YHJM100/50	套	n	根据现场情况布置
2	电焊机	ZX7-500-7	台	1	
3	电渣压力焊设备	ZH1250	台	6	
4	钢筋加工设备		套	1	
5	扭矩扳手	Y100	只	1	
6	振动棒	ZDN60	只	8	
7	固定泵	HBT80	台	2	
8	导管		m	100	

序	机 具 名 称	规格、型号	单位	数量	备 注
9	钢板销		只	1000	
10	安全带		副	15	
11	安全帽		只	23	
12	钢卷尺	5m	把	6	
13	卷尺	50m	把	2	
14	水准仪	S1	台	1	
15	经纬仪		台	2	

注：机具数量仅供参考，实际根据工程量大小等适当调整。

筒体施工采用的常规土建施工机具设备及周转材料要求不再赘述。

爬模系统主要由附着装置、H形导轨、主承力架及架体系统、大模板及支撑系统、爬升机构、电控液压升降系统、防倾覆和防坠落装置以及安全防护系统等配套设施组成（表6）。

7. 质 量 控 制

7.1 质量验收标准

7.1.1 核心筒混凝土墙、梁、顶板的质量验收依据《混凝土结构工程施工质量验收规范》GB 50206-2002 执行。

7.1.2 模板工程质量验收标准见表 7.1.2。

模板工程质量验收标准 　　　　　　　表 7.1.2

项 目			允许偏差（mm）
轴线位置			5
底模上表面标高			±5
截面内部尺寸	基 础		±10
	柱、墙、梁		+4，−5
层高垂直	全高≤5m		6
	全高>5m		8
相邻两板表面高低差			2
表面平整（2m 长度上）			5

7.1.3 钢筋工程质量验收标准，见表 7.1.3。

钢筋工程质量验收标准 　　　　　　　表 7.1.3

项 目			允许偏差（mm）
绑扎钢筋骨架	长		±10
	宽、高		±5
受力钢筋	间距		±10
	排距		±5
	保护层厚度	基础	±10
		柱、梁	±5
		板、墙、壳	±3
绑扎箍筋、横向钢筋间距			±20
钢筋弯起点位置			20

7.2 质量控制措施

7.2.1 结合本工程特点与质量管理工作需要，组建一支以项目经理为主，具有责任性强、有管理水平、有能力、施工经验丰富的资质合格的项目质量管理班子，使项目经理的责、权、利全面到位。

7.2.2 结构混凝土施工时，为确保配比准确，可采用商品混凝土站供应。为此，一方面加强与混凝土的原材料质量监控、计量校验及试验级配方面的联系，同时在混凝土浇捣的过程中加强混凝土质量的监控，严禁向混凝土中任意掺水，必须由混凝土搅拌站试验室，严格按气候条件、原材料含水量情况，合理调整级配，以最适宜的混凝土级配，满足现场施工需要。

7.2.3 模板系统制作时，必须严格按模板翻样图要求进行加工，必须加强验收环节，进行预拼装工序以确保模板就位前的平整度和刚度，所有的定型模板都必须分区域进行分别编号，加以区别，更有利于模板的安拆工作快速、便捷地进行。

7.2.4 为了避免混凝土墙体接槎处外鼓，侧模须用水平支撑对顶牢固，在模板上口安放 50×50 对撑木条，在其下口及穿墙螺杆上焊限位。

7.2.5 墙面模板应拼装平整，墙与墙之间用剪刀撑顶牢，墙身对拉螺栓严格按施工方案设置，并拧紧螺母，确保不爆模。混凝土浇筑高度应控制在允许范围内。

7.2.6 加强隐蔽工程验收制度，在结构混凝土浇捣前，作为总承包应自检合格，在隐蔽验收 24h 前通知业主、监理方参加隐蔽工程验收，经总包、监理方在验收记录上签字确认验收合格后，方可进行隐蔽和混凝土施工。

7.2.7 每次柱、梁封模隐蔽前必须清理干净模板内的杂物、浮灰，并经质监人员和现场监理的认可，混凝土浇捣前，必须再用自来水冲洗干净并排清积水。

7.2.8 梁、板混凝土浇捣时，必须严格控制好平台混凝土的面标高及平台板厚度，平台面按双向间距 1500mm 范围由关砌统一抄平的平台面标高控制标记，由收头的人员用 2m 长括尺按控制标志拍平整，并随混凝土的干硬速度情况，用细木楔打磨两遍，确保平台板混凝土的收头质量，最后视季节气候条件，及时做好养护措施。

7.2.9 结构钢筋绑扎时，必须严格按设计图纸之规定要求进行，尤其是墙柱板的结构主筋连续方法，严格按有关钢筋连接规范执行，由钢筋翻样向钢筋班仔细全面交底。

7.2.10 所用的钢筋，进场时必须具备厂方提供的质保书，并及时收集归类。严格控制插筋位置，采用增加定位箍及限位筋电焊固定措施。浇捣混凝土时派专人负责看守，发现有钢筋移位情况，及时纠正。

7.2.11 在结构施工过程中，对所有钢筋连接接头（除绑扎外），应在监理见证下现场取样，送专业测试单位进行复试，合格后方可进行下道施工。

7.2.12 模板工程作为结构施工的重要分项工程，也是保证混凝土最终质量的关键工序，故必须建立起全过程的质量控制体系，其最终目的是保证整个模板体系有足够的强度与刚度，能够承受混凝土工程施工的各种荷载。

8. 安 全 措 施

8.1 安装后的扣件螺栓必须切实拧紧，不得有松动、滑移，开口处的最小距离不小于 5mm。

8.2 爬模爬架工程的施工负责人，必须按爬模爬架施工方案的要求，拟定书面操作要求，向班组进行技术交底和安全技术交底，班组必须严格按操作要求和安全技术交底施工。

8.3 爬模爬架搭好后，要派专人管理，未经安全部门同意，不得改动。

8.4 外脚手架实行外立面用密目安全立网和底层兜底全封闭。外挂安全网要与架子拉平，网边系牢，两网接头严密，不准随风飘。

8.5 架体上不准有任何活动材料，如扣件、废脚手板、活动钢管、钢筋、小钢模等。

8.6 在脚手架上进行电、气焊作业时，必须有防火措施，且应有专人看守。

8.7 应设专人负责对爬模爬架进行经常检查和维护。检查维护项目如下：

1. 各主节点处诸杆件安装，卸荷斜拉杆等的构造是否符合施工规范要求。
2. 扣件螺栓是否松动。
3. 脚手架立杆的垂直度允许偏差不得大于高度的1/200，且不大于70mm。
4. 安全防护措施是否符合要求。

8.8 在下列情况下，必须对爬模爬架进行全面检查：

1. 在6级及以上大风与大雨后。
2. 雨雪后上架前要有防滑措施。

8.9 施工现场用电应严格遵守电气安全技术规定。用火严格按照施工消防安全要求执行。搭设脚手架应严格执行施工脚手架安全规程。

8.10 施工作业人员必须持证上岗，符合特种行业劳动安全规程。

9. 环 保 措 施

9.1 应加强施工企业的自身建设，使管理水平不断提高，不断趋于科学合理，并加强企业管理人员的培训，提高他们的综合素质和环境保护意识。制定有效的现场管理措施。

9.2 材料进场应分类堆放，并做好标识，并有覆盖措施，减少粉尘污染与光污染。

9.3 现场设专门的废弃物临时储存场地，废弃物应分类存放，配合比试验试件拌合物应妥善处理，用做铺设现场地坪或堆场，减少材料浪费与环境污染。

9.4 对于建筑垃圾的处理，尽可能防止和减少垃圾的产生；对产生的垃圾应尽可能通过回收和资源化利用，减少垃圾处理处置；对垃圾的流向进行有效控制，严禁垃圾无序倾倒，防止二次污染。特别是配合比试验拌合物等废弃混凝土。

9.5 应重视设备的选择和放置位置。在施工过程中，大部分的噪声污染都是由施工机具产生的，如泵送机械、振捣棒等，应采取有效减噪措施。在机械布置的选择上，应将产生较大污染的设备尽量远离临时生活区和周边的住宅，以免给周边居民带来影响，给工程施工造成不必要的麻烦。

9.6 合理安排进度，尽量避免深夜连续施工；将产生噪声的设备和活动远离人群，避免干扰他人正常工作、学习、生活。

10. 效 益 分 析

对于高层钢结构建筑钢框架—筒体结构体系，在钢筋混凝土筒体施工中应用本工法可以降低安全风险、提高质量水平，加快施工进度，综合社会经济效益显著。

10.1 安全效益

与常规悬挑式外架相比，可大大降低架体、模板在高空反复搭拆的工作量，外架防护措施也可更加到位；与常规爬架相比，由于架体自带支模系统，可机械化合模、拆模，减少了高空支模、拆模的风险。同时，根据工程需要，可同时提供多个操作平台。

10.2 质量效益

本工法中架体模板台车及大模板的采用，可以有效提高筒体外墙混凝土结构尺寸和观感控制的工艺水平。混凝土成型质量良好，外墙观感、垂直度与平整度等质量指标均能达到优质工程标准。

10.3 进度效益

本工法的工艺安排及配套设备通过减少模板、钢管等材料的高空搭拆翻运和大模板整体拼装，减少了机械使用频率，最大限度地减少了塔吊吊次，从而加快了筒体结构施工进度，并与钢框架施工进度匹配，也加快了整体工程的进度。

10.4 经济效益

与其他防护形式的施工方法比较，采用内支外爬工法在机械投入费用上有所增加，但结合工期提前、搭拆人工节约、质量与安全等综合效益，较普通施工方法还是有很大的经济效益的（表10.4）。

本工法与常规施工方法比较　　　　　　　　　　　表10.4

常规土建及挑架方案（内支外挑）	内部常规土建及外侧爬模大模板方案（内支外爬）
质量：全部采用常规土建成熟工艺，质量管理简单	质量：筒体外侧采用大模板，结构尺寸准确，棱角顺直，表面平整度好。总体质量工艺水平高于常规做法
进度：7d/层，外架翻搭和塔吊使用制约进度	进度：筒体进度一般5d/层，最快达到4.5d/层。筒体内部部分结构后作的情况下可达到3d/层
安全：主要风险在外架。多次翻搭，高空作业，坠落、坠物风险大；架体自身防护很难全过程到位	安全：爬模架一次搭设并防护完毕后无需翻搭，相对挑架风险大大降低
成本：初步测算，30层以下经济性较强	成本：初步测算，仅考虑费用投入的条件下，30层以下经济性不如挑架。如考虑安全、进度、质量等方面效益则明显优于挑架
实施：方案简单，操作班组容易接受	实施：操作班组需要短期适应，熟练后尤其受木工和架子工班组欢迎

11. 应 用 实 例

11.1 浙江日报报业集团采编大楼工程

浙江日报报业集团采编大楼工程，位于杭州市体育场路178号浙江日报报业集团大院内，总建筑面积65261m²，地下2层，地上由一幢22层高约89m的塔楼和局部3~5层裙房组成。

该工程主楼采用现浇钢筋混凝土核心筒—钢管混凝土柱—钢框架梁—压型钢板混凝土组合楼板结构体系；平面上看形状是一个1/4的圆，采用钢管混凝土柱钢框架、钢筋混凝土核心筒结构，地下2层层高分别为4.3m、5.2m，地上楼层标准层层高为3.7m，一层和二层层高为4.2m。

主楼钢筋混凝土核心施工采用了"高层钢结构建筑钢筋混凝土核心筒内支外爬施工技术"，安全、快速并保质保量的施工完成。

此项技术施工安全，防护到位，减少了高空作业风险与高空机械运输安全风险。

此项技术减少了模板、钢管等材料的翻运，减少了机械使用频率，加快了工程施工进度，本工程核心筒施工工期为6~7d一层。

此项技术施工的核心筒混凝土成型质量良好，外墙观感、垂直度与平整度等质量指标均达到了优质工程标准。

本工法在本工程中的使用确保了安全施工，提高了工程质量，加快了施工速度，取得了显著的技术经济效益和环境社会效益，受到了各界的关注和好评。

11.2 杭州广播电视中心

杭州广播电视中心（一期）工程由杭州广电集团建设，浙江省建工集团有限责任公司总承包承建，工程位于杭州市钱江新城5号区块，婺江路68号。地块北部为待建三期地块，西部为待建二期地块，东侧为婺江路，南侧为之江路，建筑面积为87221.4m²，地下2层，地上23层，建筑高度99.9m（顶部发射塔顶标高183.40m），裙房5层（局部4层），建筑高度23.39m。平面近似梯形，地下室轴线尺寸

78.3m×110.4m+599.02m。工程于 2006 年 1 月 26 日开工,竣工日期 2009 年 8 月 18 日。

工程主楼为钢管混凝土柱—钢框架梁—混凝土剪力墙结构,自承式钢—混凝土组合楼板;裙房为钢筋混凝土框架—剪力墙结构。上部裙房与主楼间设抗震伸缩缝,地下室连体。地下室设 8 个 6 级人防单元。

主楼钢筋混凝土核心施工采用了"高层钢结构建筑钢筋混凝土核心筒内支外爬施工技术",安全、快速并保质保量的施工完成。

11.3 宁波鄞州君度大酒店工程

宁波鄞州君度大酒店工程,地上 26 层地下 1 层,共 1 幢,建筑面积 38600m²,钢结构+核心筒结构。本工程2008 年 5 月开工,2009 年 9 月竣工。在施工中采用了高层钢结构建筑钢筋混凝土筒体内支外爬施工工法,方案科学合理,施工技术先进,效益显著。

大型钢筋混凝土倒锥壳水塔液压滑升施工工法

GJYJGF017—2010

中国十九冶集团有限公司　江苏省盐阜建设集团有限公司

杨贵柏　宋少华　孙斌　马会军　全爱华

1. 前　　言

在冶金工业项目中，大型钢筋混凝土倒锥壳水塔工程经常遇到，通常采用外井架倒模施工工艺。随着滑模施工技术的日趋成熟，在水塔施工中也逐渐被推广应用。在总结多年烟囱和水塔滑模施工经验的基础上，改进了筒身滑模提升系统和水箱提升系统安全装置，形成了一套完善的施工工法，并成功应用于多个水塔施工中，大大提高了工效，确保了施工安全，提高了水塔筒身外观质量，效果很好。

2. 工 法 特 点

2.1　本工法采用筒身液压滑模、水箱千斤顶提升技术，在改善混凝土外观质量，提高施工工效方面，作用明显。

2.2　采用筒身内设钢绳滑道的垂直运输系统，改变了传统筒身外井架倒模施工方法，其本质属于钢绳柔性滑道，具有节约井架系统材料、施工场地及安全可靠的优点。

2.3　创新了滑模提升系统支撑杆纠偏方法。在滑模提升系统支撑杆的上、下端各加设一道支撑杆纠偏箍，焊于支撑杆上、下套管上，在支撑杆上、下环纠偏箍中间焊连接杆，形成环向刚性整体，起到了约束提升平台支撑杆自由端的摆动幅度和环向扭转。

2.4　利用筒身顶部的滑模系统改装水箱提升系统，主要是将滑模提升内外支腿改为水箱提升格构钢柱，既降低了成本，又确保了安全。水箱提升时设置随升钢楔安全装置，大大降低了施工安全风险。

3. 适 用 范 围

本工法普遍适用于工业和民用建筑中，大容量、大直径、超高钢筋混凝土倒锥壳水塔施工，如加以改进，可广泛应用于工业烟囱等高耸筒状构筑物施工中，将会大大降低安全风险，提高工效。

4. 工 艺 原 理

利用筒身作支撑搭建操作平台，通过液压千斤顶反向作用带动操作平台和模板沿着支撑杆不断向上爬升，通过连续浇筑完成筒身混凝土施工。

筒身施工结束后，围绕筒身就地预制水柜，水箱混凝土强度达到设计要求后，通过千斤顶带动吊杆提升水箱；水箱提升到位后，先用临时支撑固定就位，然后浇筑环托梁作为永久性支撑。至此，水塔混凝土结构施工基本完成。

5. 施工工艺流程及操作要点

5.1　水塔液压滑升施工工艺流程（图5.1）

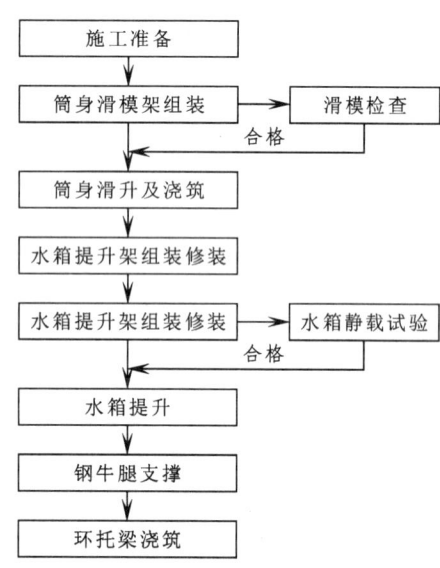

图 5.1 水塔液压滑升施工工艺流程

5.2 施工准备

5.2.1 施工方案的编制

根据钢筋混凝土倒锥壳水塔大容量、大直径、超高的特点，结合滑模制作和组装的具体条件，在确保质量、安全的前提下，编制了大型钢筋混凝土倒锥壳水塔滑模提升专项方案，经有关部门审批后实施。开工前对班组进行详细的技术、质量、安全、交底工作。

5.2.2 材料复检

根据设计和钢结构制作安装施工规范要求，对于 $\phi25$ 支撑杆和提升杆作抗拉抗压试验，并对水塔工程所用钢筋材料进行复检，合格后才可用于工程中。

5.3 水塔筒身液压滑模设计组装及施工工艺

5.3.1 筒身滑模装置设计

1. 滑模装置由模板系统、操作平台系统、提升系统及垂直运输系统四大部分组成。各部分具体内容如下：

1）模板系统构成：主要包括模板、围圈、提升架等部件。

2）操作平台系统的构成：包括主操作平台、内外吊脚手架等。

3）提升系统的构成：提升系统是推动全部滑模装置、设备及施工荷载向上滑升的机构或动力装置的总称。主要包括支撑杆、千斤顶、液压控制系统等。

4）垂直运输系统的构成：包括平台上随升井架、罐笼及其导索、卷扬机及其钢丝绳和滑轮组、罐笼等部件组成的主运输系统和固定于操作平台上的摇臂把杆吊机。

2. 滑模装置重要受力部件设计计算

1）滑模装置设计荷载取值计算

根据水塔工程设计与施工的有关资料，结合水塔滑模装置的设计经验，滑模装置设计的荷载取值见表 5.3.1，选用时可根据实际情况适当增减。

滑模装置设计荷载取值一览表　　　　表 5.3.1

项次	类　别	结构名称及荷载取值	备　注
1	模板系统、操作平台系统自重	1. 钢模板及围圈自重 25.8kN 2. 操作平台自重 85.6kN 3. 吊脚手架自重 25.4kN 4. 提升架自重 31.4kN 5. 平台上随升井架、罐笼等自重 8.5kN 6. 千斤顶自重 3.4kN	亦可按实际情况计算 180.1kN
2	操作平台上的施工荷载	1. 操作平台上机械设备（包括液压控制台、电焊设备摇臂把杆等）取 15kN 2. 操作平台上施工人员、工具和材料等荷载 　（1）设计平台铺板时 2.0kN/m² 　（2）设计平台桁架时 2.0kN/m² 　（3）设计围圈及提升架时 1.5kN/m² 　（4）计算支撑杆数量时 1.5kN/m²	操作平台面积按 29.2m² 计
3	操作平台上设置垂直运输设备时的附加荷载	1. 罐笼的起重量为 7.2kN 2. 柔性滑道的张紧力 12.0×2=24.0kN 3. 垂直运输设备制动时的刹车力 $W=KQ=2.5×（7.2+0.8）=20kN$（Q 为罐笼和所载物料总量，K 为动荷载系数，取 2~3）	51.2 kN
4	混凝土与模板间的摩阻力	本工程为钢模板 2kN/m² ×（3.14×5.1×1.2）×2=76.8kN	

2) 确定支撑杆和千斤顶的需用量

按以下公式计算支撑杆的允许承载力：

$$[P]=\frac{\alpha 40EJ}{K(L_0+95)^2} \qquad (5.3.1-1)$$

式中 α ——工作条件系数，取 0.7~1.0，视施工操作水平、滑模平台结构情况而定；

E ——支撑杆弹性模量，$E=2.06\times105N/mm^2$；

J ——支撑杆的截面惯性矩，$\phi25$ 钢筋的截面惯性矩为 $19165mm^4$；

K ——安全系数，取值不小于 2.0；

L_0 ——支撑杆的脱空长度，本工程为 1000mm。

根据式 5.3.1-1，结合本工程实际情况，经计算 $[P]$ =49.1kN

千斤顶的最少用量计算公式，见式 5.3.1-2：

$$n=\frac{\Sigma G}{p} \qquad (5.3.1-2)$$

经计算，本工程实际千斤顶用量为 24 个。

5.3.2 滑模设施和垂直运输系统如图 5.3.2-1、图 5.3.2-2 所示。

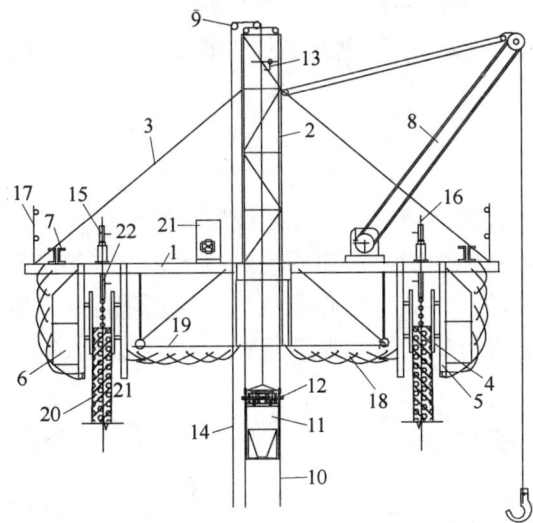

图 5.3.2-1　筒身液压滑模系统示意图

1—操作平台；2—平台上随升井架；3—斜拉钢绳；4—模板；
5—提升架；6—外吊架；7—钢环梁；8—拔杆；9—天滑轮；
10—柔性滑道；11—吊笼；12—防坠落装置；13—限位器；
14—起重钢丝绳；15—千斤顶；16—支撑杆；17—栏杆；
18—安全网；19—内吊挂平台吊杆；20—支筒混凝土；
21—液压控制柜；22—支撑杆纠偏管

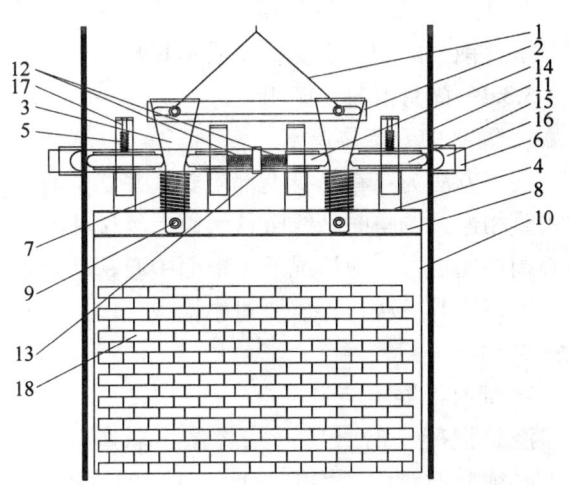

图 5.3.2-2　垂直运输防坠落装置示意图

1—卷扬机钢丝绳；2—吊板；3—吊杆；4—连接架；
5—滑动压簧；6—固定架；7—吊杆压簧；
8—吊篮固定梁；9—吊杆轴销；10—吊篮；
11—钢丝滑道板；12—压紧压簧；13—隔板；
14—中间滑块；15—边滑块；16—销槽板；
17—压轴；18—格网

1. 滑模设施的安装顺序：骨架组装→安装内模及部分操作平台→液压系统组装及试验→基层钢筋绑扎→滑升爬杆定位→安装外模板及外三脚架操作台、对中装置等→滑升到一定高度后再安装内外吊脚手架、安全网及喷水装置。

2. 垂直运输系统安装在筒身内，包括由工作平台上随升井架、罐笼及其导索、卷扬机及其钢丝绳和滑轮组、罐笼等部件组成的主运输系统和由固定于操作平台上的摇臂把杆吊机组成。

施工过程中，除钢筋等较长的物料用摇臂把杆吊机吊升外，大部分工程材料、施工机具、施工人员的上下等竖向运输，均由工作台上角钢框架组成的主吊运系统完成。

1) 主吊运系统

主吊运系统由操作台上随升井架、卷扬机、起重钢丝绳、导索钢丝绳、罐笼等组成。

操作台上随升井架高 7.5m，立杆采用 $DN60\times6$ 钢管，水平及斜腹杆用 $DN42\times4$ 钢管制作，柱肢与腹杆通过节点板用 M16 高强度螺栓连接。

起重卷扬机选用两台 Jm 型双筒卷扬机,钢丝绳均采用规格为 φ19.5mm,型号为 6×37+1;罐笼为双层载货载人罐笼,下层设混凝土吊斗。

在提升钢丝绳与罐笼之间加设防坠锁定安全装置,以提竖向运输的安全系数。

防坠锁定装置由卷扬机钢丝绳、吊杆、吊板、吊篮固定梁、吊篮、钢丝滑道绳和连接架等组成。穿过固定架钢丝滑道绳内装边滑块、中间滑块,装边滑块的滑槽外端有锁槽板。吊篮固定架上焊接有连接架,中间两个连接架之间有压紧压簧,外面两个连接架上部分有外套滑动压簧的压轴,吊杆下部分套吊杆压簧。当起重卷扬机钢丝绳断裂、脱落,或者吊篮触底等无重荷时,在短时间内压簧释放机械反压力,造成钢丝滑道绳折弯,减缓吊篮的下坠速度;下坠受阻后,吊篮在下坠重心引力的作用下向下拉动吊杆,继续推动进一步挤压滑道绳,从而把吊篮锁定在滑道绳上,起到了防坠的目的。

2)摇臂把杆吊机

摇臂把杆吊机的臂杆为 DN159×4.5 无缝钢管,长 6.5m;供吊钢筋、支撑杆等较长物料时用。摇臂把杆底座固定于操作平台的辐射梁上,缆风绳连系在附着式井架上。

5.3.3 钢筋绑扎

1. 钢筋绑扎时位置应保持准确牢固,每一浇筑层后至少外露一道绑好的水平筋。

2. 钢筋的绑扎应与混凝土浇筑及模板的滑升速度配合一致,水平钢筋的加工长度,一般不宜超过 2 圈,垂直钢筋的加工长度,一般不宜超过 6m。

5.3.4 筒身混凝土施工

1. 筒身中心定位调整

调整方法为:在筒身上部附着式井架中心部位固定摇线架,将钢丝绕在摇线架滚筒上,下部与 15kg 重线坠相连,调整时把线坠从滚筒上经过井架中心放下,与地面中心对比调整到偏差之内,再进行滑模中心调整固定。一般情况下,地面中心基准点下部设置油槽,以减少中心调整引起的线坠摆动过频;滑模装置每提升一次,即需要对中检查一次;每日早晚还需进行一次平台扭转观察,在扭转增大时则增加观察次数。

2. 筒身混凝土浇筑

浇筑混凝土时,应严格控制下料顺序和方向,必须遵循对称、均匀、互为反向的原则,且不同层次混凝土浇筑时,必须调换浇筑起始点位置,主要还是为了达到受力平衡,减少安全隐患。混凝土浇筑顺序和方向如图 5.3.4 所示。

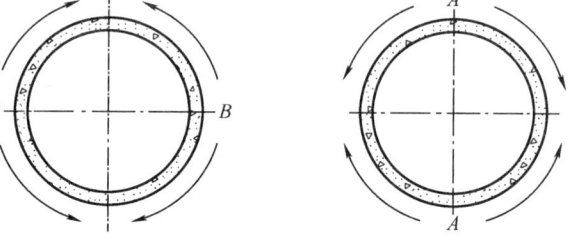

图 5.3.4 上、下层混凝土浇筑顺序示意图

5.3.5 筒身顶部与进人孔的过渡平台施工

当模板顶面滑升到过渡平台板标高时,应松开内模板支架与定位鼓圈的螺栓,拆除定位鼓圈等,同时接通内模回降千斤顶油路,开动油泵;在滑升外模板的同时,由于内模回降杆的作用,使内模保持不动,直至外模板滑升筒顶,关闭油泵,拧紧内模支架与鼓圈的连接螺栓,即内、外模板的升差为板厚,然后支设过渡平台底模、绑扎钢筋、浇筑混凝土。

5.3.6 滑升过程中的预防与纠偏措施

1. 严格控制各千斤顶的升差,加强监督检查,始终保持操作平台处于水平状态。

2. 确保操作平台上荷载分布均匀,发现偏斜隐患,应及时将荷载给予重新调整。

3. 通过改变混凝土浇筑顺序可逐步纠正偏斜现状。

4. 调整平台高差,即把偏斜一边的千斤顶超升一定高度,强迫平台向反方向滑升,把垂直偏差调整过来。

5. 在千斤顶下加垫楔形铁片,使操作平台在滑升过程中,向相反方向倾斜,当偏斜度纠正以后,再恢复正常滑升。

5.3.7 滑升过程中水平度的测量与调整

1. 水平度的测量

标尺法：这是一种最简单易行的测量方法。做法是：把水平线画在每根支撑杆上，在画线处装一个指针卡块，每个千斤顶（或提升架）上装一个垂直的随升标尺，尺面上标有刻度。千斤顶爬升时，带动标尺向上移动；此时即可显示出指针所指向标尺的位置，从而读出每个千斤顶的升差数值。

2. 水平度的调整方法

1）高位找平法：即在每个千斤顶的进油口处，与油管串联每个针形截止阀，起关闭油路的作用。调平过程中需根据各千斤顶上随升标尺实际升差数值，操纵截止阀。当升差数值大约为千斤顶的一个行程（25~30mm）时，可将高位千斤顶的油路关闭，使低位千斤顶继续爬升，以达到调平的目的；当升差小于25mm时（不到一个千斤顶的行程量），一般可以不考虑调整；升差调平后，应及时把关闭的截止阀开启，以达到均匀爬升。

2）限位调平法：在滑升前，用水准仪对各千斤顶的高低进行测量、校平，并在各支撑杆上按每次提升高度（300mm）画出同一水平的标记（红色三角），同样在每根支撑杆上按同一水平标记安装可移动的挡圈，在千斤顶上加装限位调平卡（改装千斤顶的行程调节帽即可），当所用千斤顶都爬升到与挡圈相碰时即停止上升，达到了操作平台高度一致的目的。把挡圈再向上移动300mm，并卡紧支撑杆，就可以进行下一次的限位调平。

5.3.8 滑升过程中垂直度的测量和调整

1. 垂直度的测量

运用经纬仪和线坠配合测量，测量结果应保持在规范偏差之内。

2. 垂直度的调整

筒身的垂直度与操作平台的水平度有直接关系，通过调整平台水平度，达到调整垂直度的目的，同样通过高位调平法和限位调平法来实现，也可通过变换混凝土的浇筑顺序，调整操作平台上的荷载来消除偏差。

5.3.9 滑模施工中的应急处理措施

1. 支撑杆的弯曲

在模板滑升过程中，由于各种原因造成支撑杆失稳弯曲，具体加固措施如下：

1）支撑杆在混凝土内部弯曲的加固

发现支撑杆弯曲，必须立即停止其上千斤顶工作，并实施卸荷，然后，将弯曲处的混凝土挖洞清除。当弯曲程度不大时，可在弯曲处加焊一根与支撑杆同直径的绑条 [图 5.3.9（a）]，当弯曲长度较大或弯曲程度较严重时，应将支撑杆的弯曲部分切断，在切断处加焊两根总截面大于支撑杆的绑条 [图 5.3.9（b）]，应保证必要的焊缝长度。

2）支撑杆在混凝土外部弯曲的加固

支撑杆在混凝土外部发生弯曲，一般发生在混凝土的表面至千斤顶卡头之间支撑杆的脱空处。当发现支撑杆弯曲后，首先必须停止千斤顶工作，并立即卸荷。对于弯曲不大的支撑杆，可参照图 5.3.9（c）的做法；当支撑杆的弯曲较大时，应将弯曲部分切断，并将上段支撑杆下降（或另接一段新杆），上下两段支撑杆的接头处，可采用一段套管连接或直接对焊，也可将弯曲的支撑杆齐混凝土面切断，更换新杆，并在混凝土表面原支撑的位置上，加设一个由钢垫板及钢管焊接的套靴，将上段支撑杆插入靴内顶紧即可 [图 5.3.9（d）]。

2. 混凝土被拉裂

滑模滑升时，由于摩擦阻力的作用，容易造成混凝土面被拉裂现象。为防止混凝土面拉裂，应采取如下措施：在滑升的最后一个行程，模板提升后在不回油的情况下，便开始浇筑混凝土，待浇筑完一层混凝土并在提升之前先回油，此时滑模平台下滑约 3~5mm，使模板与筒体混凝土的粘结脱开，然后再提升，筒体混凝土便不会被拉裂。

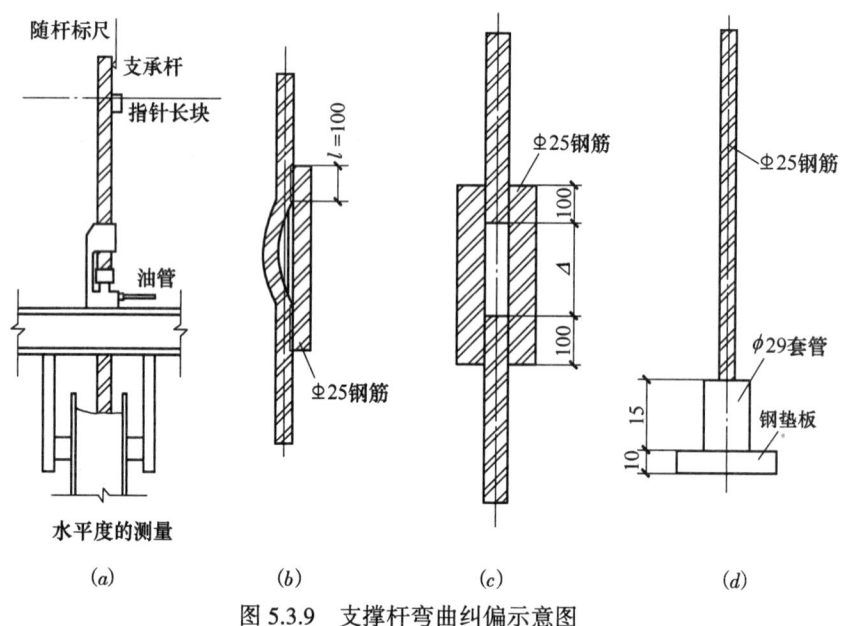

图 5.3.9 支撑杆弯曲纠偏示意图

5.4 水箱预制及液压提升施工

5.4.1 水箱提升机构受力分析

通过改装筒身顶部滑升机构,配合 QYD—30 型千斤顶来完成水箱的提升工作,所需千斤顶数量计算如公式 5.4.1-1 所示。考虑到千斤顶同步上升性能较差,工作时各吊杆内力不均衡及初升时水箱与筒壁摩擦阻力的影响,为了保证水箱的安全提升,一般取 K=2.0~2.5 倍的安全储备系数,水柜及吊杆等附加重量合计约 470t 左右。

$$n=K\gamma_G Q \div F \tag{5.4.1-1}$$

式中　n——千斤顶的数量（个）；

　　　K——安全储备系数,一般取 2~2.5 倍；

　　　Q——水柜重量（N）；

　　　γ_G——荷载分项系数,取 1.2~1.4；

　　　F——每个千斤顶的承载力（N）。

经综合计算,共需 432 个千斤顶。若每根吊杆上串联 6 个千斤顶,则需吊杆的数量 72 根。吊杆选用 ϕ25 的 HRP335 螺纹钢筋,吊杆抗拉容许应力取 $[\sigma]$ =300N/mm²

吊杆的容许应力验算见式 5.4.1-2：

$$Q=F\times[\sigma]\times n \tag{5.4.1-2}$$

式中　n——需要的吊杆数量（根）；

　　　F——每根吊杆的断面积（mm）；

　　　$[\sigma]$——吊杆的容许应力（N/mm²）；

　　　Q——总荷载（N）。

经验算 $[\sigma]$ =180N/mm²≤300N/mm²（满足容许应力要求）。

5.4.2 水箱制作

1. 水箱在地面围绕筒身先行制作好后再行提升。制作一般分为两个阶段,以中环梁分界,中环梁顶面留有水平施工缝。

2. 下环梁底模由 10mm 厚的环形钢板预埋件代替,并根据水塔筒身直径、水箱重量以及吊杆设计数量,在下环梁钢板周围钻有均匀分布的对穿螺孔,以作为最后吊杆安装之用。

3. 水箱下环梁钢筋安装后,在螺孔对应位置埋设配套钢管,已备吊杆穿心之用。同时应注意在水箱下环梁与筒身之间留有 50mm 间隙，用薄钢板围一圈隔离，空隙处可暂时用河沙填充，水箱提升前掏沙脱模。

4. 水箱壳体全部浇筑完成后，及时进行混凝土养护，待混凝土试块强度达到 100% 时，才可进行水箱的提升工作。

5. 在支筒滑模结束后，将滑模系统改装成水箱提升系统，主要将滑模提升内外支腿改为水箱提升格构钢柱，其立柱固定于支筒顶部肩梁处预埋铁件上。水箱提升时，下环梁与筒身接触处沿筒壁间距 2000mm 均布随升钢楔，解决水箱在提升时摆动，碰撞筒壁，以及提升吊杆断裂，水箱滑落时，可将水箱固定在支筒上。

5.4.3 水箱提升施工（图 5.4.3）

1. 提升原理

倒置千斤顶提升法：即利用滑模使用的 QYD—50 型千斤顶，每组 6 个倒置装在顶部提升支架环梁上，吊杆与环梁连接固定，接通千斤顶油路后，提升支架带动吊杆上升，从而带动水箱上升。

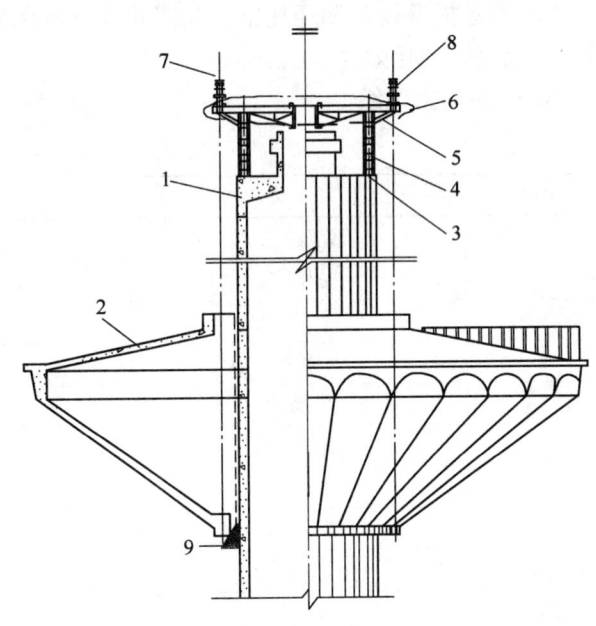

图 5.4.3　大型钢筋混凝土倒锥壳水塔液压滑升施工示意图
1—支筒；2—水箱；3—预埋铁件；4—钢支柱；5—斜撑升架；6—操作平台；7—提升杆；8—千斤顶；9—随升钢楔

2. 水箱提升程序

吊杆定位——液压设备就位——水箱初升——水箱正常提升——挂设吊脚手——水箱高空就位固定——拆除提升设备、浇筑环板混凝土。

3. 提升操作

1) 定位：提升前先进行吊杆定位，调整吊杆的初始内力。定位时应确保吊杆、提升架和筒身同心。定位后要检查每根吊杆的松紧程度，可将液压操纵台内的溢流阀压力调到 1MPa，通过千斤顶将每根吊杆进行预紧、拉直，用电阻应变仪监测并记录初始数值，使每根吊杆受力基本一致，再用水平仪在每根吊杆上抄好水平标记线。

2) 液压设备就位：提升支架安装加固后，即可进行提升千斤顶的组装就位，以及油路安装。

3) 水箱初升：水箱初升时，将溢流阀压力调到 0.5MPa，开动油泵，千斤顶的卡头带动吊杆使水箱缓缓升起，吊离地面 200mm 左右时，暂停提升 4h，并对提升支架、液压管路系统、吊杆，以及水箱箱体结构等进行全面检查。同时，拆除水箱底部支垫的木方、木板及缝隙处的沙子和垫木等。

4) 水箱提升：经过静荷试验和全面检查确认安全可靠后，即可进行水箱的正常提升。此时应加强观测，及时调整水箱的水平度及检查吊杆、液压设备、支撑结构的受力情况，用电阻应变仪检测记录每根吊杆内力数值的变化。对产生松弛的吊杆，应通过调节千斤顶使之继续受力张紧，以保持每根吊杆的受力基本一致，力求达到同步提升。水箱每提升 3m，将冒出千斤顶的吊杆用焊氧切除一次。切除时在切口处先套上铁皮挡板，以免钢水流入千斤顶穿心孔内。

5) 挂设吊脚手：当水箱提升到 2m 高度后，围绕筒身挂设钢管吊脚手。

6) 水箱高空就位固定：当水箱底部上升到接近支撑环板标高时，缓缓升高，且只能超过设计标高 5~6mm。此时，还应注意控制水箱的水平度，并确保千斤顶不回油。具体措施如下：

(1) 事先在提升支架上部搭设临时固定架，用 10~18.5t 手动葫芦牵引稳定，减少水柜在悬空状态的摆动过大。

(2) 将支撑钢架（或钢牛腿）全部置于筒身顶面与水箱底面之间就位，支撑钢架顶面要求达到一致，同时迅速将支撑钢架与筒身顶面预埋件施焊后，才允许回油。

(3) 千斤顶回油后，均匀放松吊杆，使水箱底部紧压在支撑钢架上，立即焊牢。

7) 拆除提升设备和环托梁：利用筒身外部的垂直运输设施及摇头拔杆，拆卸提升设备，并吊至地面，完成支撑环托梁浇筑施工。

5.5 劳动力组织

人员配备表

表 5.5

序号	人 员	所需人数（个）	工作内容
1	管理人员	3	项目经理/安全员/质检员
2	技术人员	2	技术指导
3	钳工	4	安装滑模提升架
4	木工	4	支模
5	钢筋工	8	钢筋绑扎
6	电焊工	2	焊接连接部位
7	混凝土工	4	混凝土施工
8	操作工	3	设备控制
9	电工	2	现场用电
合计		32	

6. 材料与设备

6.1 材料：滑模系统型钢采用 Q235，支撑杆及提升杆为 HRB335，工程用钢筋使用前按要求必须进行复检，合格后方可使用。

6.2 机具配置：具体见表 6。

材料和机具配置表

表 6

序号	机械类别	机具名称	规 格	型 号	单位	数量	备 注
1	加工机械	钢筋对焊机	100kVA		台	1	
2		钢筋切断机			台		
3		直流焊机			台	2	
4		交流焊机		BX3-500	台	2	
5		角向磨光机			台	3	
6	起重运输类	角钢框架	$H=7.5m$		座	1	4 立柱
7		卷扬机	3t		台	1	
8		手拉葫芦	2t	BZ2 型	只	20	
9		钢丝绳	3/4"		m	300	卷扬机用
10		钢丝绳	1/2"		m	60	缆绳
11		钢丝绳	3/8"		m	200	
12	工具类	千斤顶配件	4			4	另详列表
13		套筒扳手	$\phi6~\phi20$		套	2	
14		内六角扳手	$\phi6~\phi22$		套	2	组装、维修滑模系统用
15		管钳	350mm		把	4	
16		弯嘴钳、尖嘴钳			把	4	
17	测量器具	吊线锤			只	1	带钢线 160m
18		铁水平尺	600mm		把	4	
19		钢卷尺	15m		把	2	
20		经纬仪			台	1	
21		水准仪			台	1	
22		对讲机			只	2	

7. 质 量 措 施

7.1 建立工程质量保证体系，加强过程质量控制，以工序控制为重点，确保体系可靠运行。

7.2 严格按照设计、标准规范施工。主要标准有《混凝土工程施工及质量验收规范》GB 50204-2002。

7.3 建立质量监督检查机制，定期巡检和日常检查相结合，发现质量隐患及时处理。

7.4 分析确立质量控制重点。本工程质量控制关键点为滑模提升系统的稳定性，即确保提升系统水平度、垂直度；筒身浇筑荷载平衡控制、水箱地面制作与提升控制等。

7.5 滑模装置组装前，应做好各部件编号、操平、弹线工作，滑模系统安装完毕后，必须经监理、设计和质检部门等检查验收，合格后方可开始滑升。

7.6 滑模系统滑升前应仔细调整，确保操作平台中心与筒身中心重合。滑模装置安装完成后应对整个模板体系的中心线位置、标高、相应锥度、垂直度及刚度等进行一次全面检查与调整，其允许偏差应符合表7.6要求。

滑模装置组装的允许偏差表 表7.6

序号	项　　目		允许偏差（mm）	备　注
1	模板结构轴线与相应结构轴线位置		3	
2	围圈位置偏差	水平方向	3	
		垂直方向	3	
3	提升架的垂直偏差	平面内	3	
		平面外	2	
4	安放千斤顶的提升架横梁相对高偏差		5	
5	考虑倾斜度后模板尺寸的偏差	上口	+1	
		下口	-1	
6	千斤顶安装位置的偏差	提升架平面内	5	
		提升架平面外	5	
7	圆模直径、方模边长的偏差		-2~+3	
8	相邻两块平面平整偏差		1.5	

8. 安 全 措 施

8.1 建立健全安全保障体系，严格执行安全技术操作规程。

8.2 严格执行方案中的安全检查程序，特别是提升系统水平度控制，确保施工安全万无一失。

8.3 重视安全例会制度，坚持班前安全技术交底，每班人员轮换检查交底制度。

8.4 加强施工机械、机具的维护、检查和保养工作，确保设备、机具工作可靠，不存在安全隐患，特别是对人身安全有重大影响的安全保护装置需经常检查、维护。

8.5 重视过程中的安全检查工作。安全员、班组长应在施工过程中随时对安全操作、安全措施进行检查，发现隐患及时整改。

8.6 现场特种作业人员必须持证上岗。施工机械的操作者持证上岗，吊装机构安装需取得劳动局验收，合格后才可正式施工。

8.7 施工现场内设定封闭区域，必要时搭设防护措施，并设立明显的安全警示标志。

8.8 操作平台上的机具、材料放置应对称、均匀、稳固，放置的数量应符合施工组织设计的要求，多余的材料、物品等要及时清理运至地面。

8.9 夜间施工时，在工作台、内外吊架、卷扬机房、搅拌站以及各运输通道等处，应有充足的照明。

9. 环 保 措 施

9.1 减少施工所产生的噪声和环境污染，道路要畅通、平坦、整洁、场地不得积水，建筑垃圾必须集中堆放，及时处理。

9.2 施工设备、架料等要集中堆放整齐，对进入现场的材料要有标识。

9.3 现场设施工公告牌、安全生产纪律宣传牌、防火须知牌、安全无重大事故计数牌、工地主要管理人员公示牌等。

10. 效 益 分 析

大型钢筋混凝土倒锥壳水塔施工通常采用搭设外井架，采取倒模施工工艺，此法具有以下特点：工序复杂、安全控制难度大、混凝土外观质量差、施工周期长、人员劳动强度大等不利因素。正是基于以上特点，我们成功地运用和改进了滑模施工技术，显著提高了工效，缩短了施工周期，提高了安全保障水平。具体对比分析计算如下：

10.1 搭设专用竖井架所用的原材料节约 120 万元。

10.2 搭拆井架人工费节约 1.2 万元。

10.3 筒身滑模支撑杆和垂直运输系统防失稳及防坠落装置设置后，与无此装置增加的安全设施投入对比节约费用 2.5 万元。

10.4 水柜提升时，下环梁处设置随升钢楔，解决水箱在提升时碰撞筒壁及提升吊杆断裂的安全隐患，潜在的经济效益巨大。

经综合测算，前后两种施工方法对比，可显著提高工效 30%以上，降低施工成本 25%以上。

11. 应 用 实 例

11.1 武钢一炼钢 CSP 工程 700m³ 水塔施工

武钢一炼钢 CSP 的 700m³ 钢筋混凝土倒锥壳水塔，筒身直径 4.8m，水塔顶高度 55m。2006 年 4 月 8 日开工，2006 年 7 月 28 日全部竣工投入运行。经实际测量水塔筒身垂直度偏差仅为 40mm，远小于规范规定的 1%；水箱无漏水现象，外观质量里实外光、过渡平滑。

经过 4 年的实际运行，水箱系统稳固可靠，无沉降，业主特别满意。

11.2 武钢二连铸 800m³ 水塔施工

武钢二连铸 800m³ 钢筋混凝土倒锥壳水塔，筒身外直径 5.0m，水塔顶部高度 56m。2007 年 3 月 8 日开工，2007 年 6 月 18 日全部竣工投产。其中水塔筒身垂直度偏差仅为 35mm，远远小于规范规定的 1%；水箱无漏水现象，外观质量好，无明显涨模等现象。经 3 年多的实际运行，水箱系统稳固可靠，无沉降，业主特别满意。

11.3 武钢集团鄂钢 4300mm 宽厚板 1000m³ 淬火事故水塔施工

武钢集团鄂钢 4300mm 宽厚板 1000m³ 淬火事故水塔，筒身外直径 5.1m，水塔顶部高度 55m。2008 年 8 月 10 日开工，2008 年 11 月 10 日全部竣工投产。其中水塔筒身垂直度偏差仅为 30mm，远远小于规范规定的 1%；水箱无漏水现象，外观质量一流。

经大半年的实际运行，水箱系统稳固可靠，无沉降，业主特别满意。

从以上 3 个大型钢筋混凝土倒锥壳水塔液压滑升施工实例看来，此工法成熟可靠，质量稳定，筒身液压滑模和水箱液压提升方案科学合理，并创新了安全失稳装置和防坠落装置，确保了施工安全，尤其在提高工效、节约成本、确保安全方面，效果显著。

高原地区火山石混凝土施工工法

GJYJGF018—2010

云南官房建筑集团股份有限公司　云南建工第五建设有限公司
刘继杰　杜杰　王龙　张兴武　焦伦杰

1. 前　言

云南腾冲地区具有典型的高原气候特征：天气干燥、空气湿度低，是中国最典型、最密集、最壮观的年轻火山地热区，为全国四大火山群之一，以类型齐全、规模宏大、分布集中、保存完整而被誉为"天然的火山地质博物馆"。

近年来，云南官房建筑集团有限公司在腾冲地区开发、承建多个工程项目。在施工过程中，发现腾冲地区火山石资源非常丰富，但当地对火山石的开发利用率较低。通过对火山石的物理、化学性能进行分析，发现火山石具有优良的特性，极有可能代替传统混凝土搅拌过程中的粗骨料作业，通过与实验室、材料商、科研院校联合进行大量试验、研究、总结，成功研发出火山石混凝土这种新型混凝土材料，并成功将火山石混凝土应用于实际工程，通过相关部门认可，最终形成了一套完整的高原地区火山石混凝土施工工法。并根据现有的资源和经验，不断地将火山石混凝土推广到更宽的应用领域。对带动腾冲地区资源的合理开发、利用，促进地区经济发展和绿色建筑、节能建筑的推广起到了重要的推动作用。

2. 工 法 特 点

腾冲地区具有典型的高原地区环境、气候特征，普通混凝土在高原地区应用存在较大弊端：因气候干燥、紫外线强、昼夜温差大等原因，混凝土在凝结过程中失水严重、容易产生塑性收缩裂缝，质量难以控制。火山石混凝土的成功研发与应用，极大地改善了普通混凝土在高原地区应用的诸多弊端，在工期、质量、安全、造价等技术经济效能等方面具有明显的先进性和新颖性。火山石混凝土以其优良的特性和完善的施工工艺，其应用领域正在不断地扩大。火山石混凝土具有以下主要特点：

2.1 轻质性

火山石混凝土的密度小，在建筑物的内外墙体、层面、楼面、立柱等建筑结构中采用该种材料，一般可使建筑物自重降低；同等强度条件下，对结构构件而言，如采用火山石混凝土代替普通混凝土，可提高构件的承载力。因此，在建筑工程中采用火山石混凝土具有显著的经济效益。

2.2 保温隔热性能好

由于火山石混凝土中含有大量封闭的细小孔隙，因此具有良好的热工性能和保温隔热效果，这是普通混凝土所不具备的。采用火山石混凝土作为建筑物墙体及屋面材料，能以较少的经济投入最大化的实现建筑的节能降耗。

2.3 隔声耐火性能好

火山石混凝土属多孔材料，因此它也是一种良好的隔声材料，在建筑物的楼层和高速公路的隔声板、地下建筑物的顶层等可采用该材料作为隔声层。火山石混凝土是天然高温煅烧无机材料，不会燃烧，从而具有良好的耐火性，在建筑物上使用，可提高建筑物的防火性能。

2.4 整体性能好

当火山石混凝土设计强度达不到主体结构要求时，火山石混凝土也可用作现场其他建筑物构件的浇筑施工，并与主体结构结合紧密。

2.5 低弹减震性好

火山石混凝土的多孔性使其具有较低的弹性模量，从而使其对冲击载荷具有良好的吸收和分散作用。对于抗震具有良好的工作性能。

2.6 防水性能强

现浇火山石混凝土吸水率较低，相对独立的封闭气泡及良好的整体性，使其具有一定的防水性能。

2.7 耐久性能好

火山石是经过高温煅烧的天然石材，收缩性小，物理、化学性能稳定，选用火山石混凝土施工的工程能完全满足设计年限的要求，该种材料浇筑的构件与主体工程寿命相同。

2.8 生产加工方便

火山石混凝土不但能在厂内生产成各种各样的制品，而且还能现场施工，直接现浇成屋面、地面和墙体。

2.9 环保性能好

火山石混凝土所需原料均是无污染、无放射性的无机材料，是一种理想的天然绿色、环保节能的材料。

2.10 自我养护功能

高原地区天气干燥，空气湿度低，混凝土在凝结过程中失水严重。而火山石中存在的孔隙具有较好的保水性，在搅拌过程中火山石孔隙会储存部分水分，并在混凝土强度增长过程中逐渐释放，使混凝土水化充分，有利于混凝土后期富余强度的增长和防止收缩裂缝的产生。"自我养护功能"有效地预防了混凝土塑性收缩的质量通病，是高原地区火山石混凝土最显著的一个功能。

3. 适 用 范 围

火山石混凝土以优良的特性，特别适用于高原气候干燥、火山石资源丰富地区的混凝土施工。通过不断实践总结，火山石混凝土在建筑主体上的应用工艺已相对完善，充分利用火山石混凝土良好特性，还可以将它在建筑工程中的应用领域不断扩大，加快工程进度，提高工程质量，具体可拓展领域如下：

3.1 用作挡土墙

主要用作港口的岸墙。火山石混凝土可降低垂直载荷，也可减少对岸墙的侧向载荷。因为火山石混凝土是一种粘结性能良好的刚性体，它并不沿周边对岸墙施加侧向压力，沉降降低了，维修费用随之减少，从而节省很多开支。火山石混凝土也可用来增强路堤边坡的稳定性，用它取代边坡的部分土壤，减轻了质量，从而降低了影响边坡稳定性的作用力。

3.2 用作夹芯构件

在预制钢筋混凝土构件中可采用火山石混凝土作为内芯，使其具有轻质高强隔热的良好性能。

3.3 管线回填

地下废弃的油柜、管线（内装粗油、化学品）、污水管及其他空穴容易导致火灾或塌方的部位，采用火山石混凝土回填可解决这些后患，费用也相对节省。

3.4 屋面和边坡

火山石混凝土用于屋面和边坡，具有保温、重量轻、施工速度快、价格低廉等优点。

3.5 用于园林绿化

火山石混凝土可用于建造园林假山、垃圾箱、桌凳等。

3.6 其他应用

火山石混凝土也可用于防火墙的绝缘填充、隔声楼面填充、隧道衬管回填以及供电、水管线的隔离等方面。

4. 工 艺 原 理

4.1　火山石混凝土是一种以规定粒径火山石作为轻质粗骨料代替传统的粗骨料，并与胶结材料、细骨料、砂、水按一定比例配制，经搅拌振捣成型，在一定条件下养护而成的人造材料。结合高原地区的干燥气候、空气湿度低，混凝土在凝结过程中失水严重的特点，火山石混凝土优良的特性最大程度地缓解了混凝土施工过程中开裂、水化不均匀等问题，工程质量得以保证。

4.2　本工法的关键技术及原理

4.2.1　结合高原地区环境、气候特点，火山石混凝土在其配合比设计上有严格要求。

在试验研究中，发现使用相同的混凝土设计配合比，普通混凝土和火山石混凝土的28d强度有明显不同，在实际工程运用中，可根据此特点，对混凝土的配比进行调整，以达到效益最大化。

4.2.2　火山石混凝土在搅拌时，水的用量比普通混凝土的要大，多加的水用作火山石孔隙吸收并贮存在孔隙内，这部分水在混凝土强度增长过程中逐渐释放，使混凝土强度增长和塑性变形均匀、水化充分，有利于混凝土后期富余强度的增长和防止收缩裂缝的产生，有效降低了混凝土塑性收缩的质量通病。

4.2.3　高原地区的气候干燥、空气湿度低，混凝土在凝结过程中失水严重，故火山石混凝土在浇筑后，必须用塑料薄膜覆盖保水养护，以保证混凝土强度增长均匀、水化充分。

5. 施工工艺流程及操作要点

5.1　施工工艺流程

采用现场搅拌混凝土浇筑工艺（图5.1）。

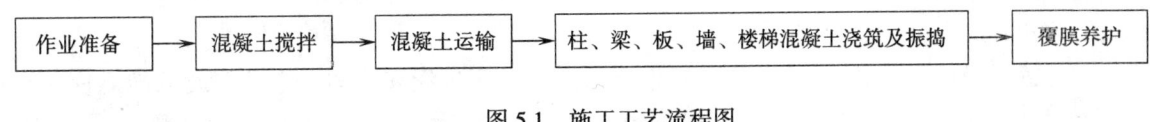

图5.1　施工工艺流程图

5.2　操作要点

5.2.1　作业准备

1. 严格按照设计要求选取火山石种类，并制成规定粒径，按指定地点堆放、成品保护。

2. 浇筑前应将模板内的垃圾、泥土等杂物及钢筋上的油污清除干净，并检查钢筋的垫块是否垫好，如果使用木模板时应浇水使模板湿润，剪力墙根部松散混凝土剔除干净。

5.2.2　混凝土现场搅拌

1. 火山石混凝土在搅拌时，水的用量比普通混凝土的要大，具体用水量根据火山石混凝土设计强度要求而定。

2. 根据配合比确定的每盘（槽）各种材料用量及车辆重量，分别固定好水泥、砂、石各个磅秤标准。在上料时车过磅，骨料含水率应经常测定，及时调整配合比用水量，确保加水量准确，要过称。

3. 装料顺序：一般先装火山石，再装水泥，最后装砂子，如需加掺合料时，应与水泥一并加入。如需掺外加剂（减水剂、早强剂等）时，粉状应根据每盘加入量，预先加工装入小包装袋内（塑料袋为宜），用时与粗细骨料同时加入；液状应按每盘用量与水同时加入搅拌机搅拌。

4. 搅拌时间：混凝土搅拌的最短时间根据施工规范要求确定，可按表5.2.2采用；掺有外加剂时，搅拌时间应适当延长。

混凝土搅拌最短时间（S） 表 5.2.2

混凝土坍落度（cm）	搅拌机机型	搅拌机出料量（L）		
		< 250	250~500	> 500
≤3	自落式	90	120	150
	强制式	60	90	120
>3	自落式	90	90	120
	强制式	60	60	90

5. 混凝土开始搅拌时，由施工单位主管技术部门、工长组织有关人员对混凝土的坍落度、和易性等进行鉴定，检查是否符合配合比通知单要求。

5.2.3 混凝土运输

1. 混凝土在现场运输工具有吊斗、泵送等。

2. 混凝土自搅拌机中卸出后,应及时运到浇筑地点,延续时间,不能超过初凝时间。在运输过程中,要防止混凝土离析、水泥浆流失、坍落度变化以及产生初凝等现象。如混凝土运到浇筑地点有离析现象时必须在浇筑前进行二次拌合。混凝土从搅拌机中卸出后至浇筑完毕的延续时间应符合表 5.2.3 的规定。

混凝土从搅拌机卸出至浇筑完毕的时间（min） 表 5.2.3

混凝土强度等级	气温（℃）	
	低于 25	高于 25
<C30	120	90
>C30	90	60

注：掺有外加剂或采用快硬水泥拌制混凝土时，应按试验确定。

3. 混凝土运输道路应平整顺畅,若有凹凸不平,应铺垫桥枋。在楼板施工时,更应铺设专用施工通道防止人员踩踏钢筋。

5.2.4 泵送混凝土施工

1. 泵送混凝土前,先把储料斗内清水从管道泵出,达到湿润和清洁管道的目的,然后向料斗内加入与混凝土配合比相同的水泥砂浆（或 1∶2 水泥砂浆）,润滑管道后即可开始泵送混凝土。

2. 开始泵送时,泵送速度宜放慢,油压变化应在允许值范围内,待泵送顺利时,才用正常速度进行泵送。

3. 泵送期间,料斗内的混凝土量应保持不低于缸筒口上 10mm,到料斗口下 150mm 之间为宜。避免吸入效率低,容易吸入空气而造成塞管,太多则反抽时会溢出并加大搅拌轴负荷。

4. 混凝土泵送宜连续作业,当混凝土供应不及时,需降低泵送速度,泵送暂时中断时,搅拌不应停止。当叶片被卡死时,需先反转,再正转、再反转一定时间,待正转顺利后方可继续泵送。

5. 泵送中途若停歇时间超过 20min,管道又较长时,应每隔 5min 开泵一次,泵送少量混凝土,管道较短时,可采用每隔 5min 正反转 2~3 个行程,使管内混凝土蠕动,防止泌水离析,长时间停泵（超过 45min）,气温高、混凝土坍落度小时可能造成塞管,宜将混凝土从泵和输送管中清除。

6. 泵送先远后近,在浇筑中逐渐拆管。

7. 在高温季节泵送,宜用湿草袋覆盖管道进行降温,以降低入模温度。

8. 泵送管道的水平换算距离总和应小于设备的最大泵送距离。

5.2.5 柱混凝土浇筑

1. 柱浇筑前,或新浇混凝土与下层混凝土结合处,应在底面上均匀浇筑 50mm 厚与混凝土配合比相同的水泥砂浆。砂浆应用铁铲入模,不应用料斗直接倒入模内。

2. 柱混凝土应分层浇筑振捣,每层浇筑厚度控制在 500mm 左右。混凝土下料点应分散布置循环推进，连续进行。振动棒不得触动钢筋和预埋件，除上面振捣外，下面要有人随时敲打模板。

3. 柱高在 3m 之内，可在柱顶直接下料浇筑，超过 3m 时应采取措施（用串筒）或在模板侧面开门子洞安装斜溜槽分段浇筑，每段高度不得超过 2m，每段混凝土浇筑后将门子洞模板封闭严密，并用箍筋箍牢。

4. 柱子混凝土应一次浇筑完毕，如需留施工缝时应留在主梁下面。无梁楼板应留在柱帽下面。在梁板整体浇筑时，应在柱浇筑完毕后停歇 1~1.5h，使其获得初步沉实，再继续浇筑。

5. 浇筑完毕后，应随时将伸出的搭接钢筋整理到位。

6. 构造柱混凝土应分层浇筑，每层厚度不得超过 300mm。

5.2.6 梁、板混凝土浇筑

1. 肋形楼板的梁板应同时浇筑，浇筑方法应由一端开始用"递进式"推进，即先浇筑梁，根据梁高分层浇筑成阶段形，当达到楼板板底位置时再与板的混凝土一起浇筑，随着不断延伸，梁板混凝土连续向前进行浇筑。

2. 梁柱节点钢筋较密时，浇筑此处混凝土时宜用小粒径火山石同强度等级的混凝土浇筑，并用小直径振动棒振捣。

3. 楼板浇筑的虚铺厚度应略大于板厚，用平板振动器垂直浇筑方向来回振捣。注意不断用移动标志以控制混凝土板厚度。振捣完毕，用刮尺或拖板抹平表面。

4. 在浇筑与柱、墙连成整体的梁和板时，应在柱和墙浇筑完毕后停歇 1~1.5h，使其获得初步沉实，再继续浇筑。

5. 施工缝设置：宜沿着次梁方向浇筑楼板，施工缝应留置在次梁跨度 1/3 范围内，施工缝表面应与次梁轴线或板面垂直。单向板的施工缝留置在平行于板的短边的任何位置。

1）施工缝用木板、钢丝网挡牢。

2）施工缝处需待已浇筑混凝土的抗压强度不少于 1.2MPa 时，才允许继续浇筑。

3）在施工缝处继续浇筑混凝土前，混凝土施工缝表面应凿毛，清除水泥薄膜和松石子，并用水冲洗干净。排除积水后，先浇一层水泥浆或强度等级相同的水泥砂浆然后继续浇筑混凝土。

5.2.7 剪力墙混凝土浇筑

1. 剪力墙墙体浇筑，应在底面上均匀浇筑 50mm 厚强度等级相同的水泥砂浆。砂浆应用铁锹入模，不应用料斗直接倒入模内。

2. 浇筑墙体混凝土应连续进行，间隔时间不应超过 2h，每层浇筑厚度控制在 60cm 左右，因此必须预先安排好混凝土下料位置和振动器操作人员数量。

3. 振动棒移动间距应小于 50cm，每一振点的延续时间经表面呈现浮浆为度，为使上下层混凝土结合成整体，振动器应插入下层混凝土 5cm。振动时注意钢筋密集及洞口部位，为防止出现漏振，需在洞口两侧同时振捣，下料高度也要大体一致。大洞口的洞底模板应开口，并在此处浇筑振捣。

4. 混凝土墙体浇筑完毕之后，将上口甩出的钢筋加以整理，用木抹子按标高线将墙上表混凝土找平。

5.2.8 楼梯混凝土浇筑

1. 楼梯段混凝土自上而下浇筑。先振实底板混凝土，达到踏步位置与踏步混凝土一起浇筑，不断连续向上推进，并随时用木抹子（木磨板）将踏步上表面抹平。

2. 施工缝位置：楼梯混凝土宜连续浇筑完成，多层建筑的楼梯，根据结构情况可留设于楼梯平台板跨中或楼梯段 1/3 范围内。

3. 其他拓展应用范围的浇筑，根据具体设计及相关规范、标准要求，制定相应的浇筑操作流程，保证浇筑质量及施工的顺利进行。

5.3 混凝土的养护

5.3.1 混凝土浇筑完毕后，应在 12h 以内加塑料薄膜覆盖，达到保温的目的（可不需浇水养护）。

5.3.2 混凝土浇水养护日期，掺用缓凝型外加剂或有抗渗要求的混凝土不得小于 14d。在混凝土强度达到 1.2MPa 之前，不得在其上踩或施工振动。柱、墙带模养护 2d 以上，拆模后，用棉布包住，浇水在棉布上养护，以确保立面结构表面保持湿润状态。每日浇水次数应能保持混凝土处于足够的湿润。

5.3.3 养护期间混凝土的芯部与表层、表层与环境之间的温差不宜超过 20℃。为防止混凝土表面温度受环境因素影响（如暴晒、气温骤降等）而发生剧烈变化，应对有代表性的结构进行温度监控，定时测定混凝土芯部温度、表层温度以及环境温度、相对湿度、风速等参数，并根据混凝土温度和环境参数的变化情况及时调整养护制度，严格控制混凝土的内外温差满足要求。

5.3.4 混凝土在冬季和炎热季节拆模后，若天气发生骤然变化时，应采取适当的保温（寒季）隔热（夏季）措施，防止混凝土产生过大的温差应力。

5.3.5 当昼夜平均气温低于 5℃或最低气温低于 -3℃时，应按冬期施工处理。当环境温度低于 5℃时，禁止对混凝土表面进行洒水养护。此时，可在混凝土表面喷涂养护液，并采取适当保温措施。

5.4 混凝土试件

混凝土浇筑起点，按照规范要求随机取样留置抗压和抗渗试验试件。

6. 材料与设备

6.1 主要材料

6.1.1 水泥

1. 水泥依据设计要求选用相应强度等级的水泥。

2. 水泥进场时，应有出厂合格证或试验报告，并核对其品种、强度等级、出厂日期。使用前若发现受潮或过期，应重新取样试验。

3. 水泥质量证明书中各项品质指标应符合标准中的规定。品质指标包括氧化镁含量、三氧化硫含量、烧失量、细度、凝结时间、安定性、抗压和抗折强度。

4. 混凝土的最大水泥用量不宜大于 500kg/m³。

6.1.2 砂

1. 砂依据设计要求选用相应要求的优质砂料。

2. 对于泵送混凝土，砂子宜用中砂。

3. 砂的含泥量（按重量计），当混凝土强度等级高于或等于 C30 时，不大于 3%；低于 C30 时，不大于 5%，对有抗渗、抗冻或其他特殊要求的混凝土用砂，其含泥量不应大于 3%，对 C10 或 C10 以下的混凝土用砂，其含泥量可酌情放宽。

6.1.3 火山石（轻质粗骨料）

1. 火山石依据设计要求选用相应的优质火山石。

2. 火山石最大粒径不得大于结构截面尺寸的 1/4，同时不得大于钢筋间最小净距的 3/4。混凝土实板骨料的最大粒径不宜超过板厚的 1/2，且不得超过 50mm。对于泵送混凝土，火山石最大粒径与输送管内径之比，宜小于或等于 1：3。

3. 石子的含泥量（按重量计）对等于或高于 C30 混凝土时，不大于 1%；低于 C30 时，不大于 2%；对有抗冻、抗渗或其他特殊要求的混凝土，石子的含泥量不大于 1%；对 C10 或 C10 以下的混凝土，石子的含泥量可酌情放宽。

4. 石子中针、片状颗粒的含量（按重量计），当混凝土等级高于或等于 C30 时，不大于 15%；低于 C30 时不大于 25%；对 C10 或 C10 以下，可以放宽到 40%。

6.1.4 水

符合国家标准的生活饮用水可拌制各种混凝土，不需再进行检验。

6.1.5 外加剂： 减水剂、早强剂、缓凝减水剂等应符合有关标准的规定，其掺量须经试验符合要求后，方可使用。

6.2 主要设备

混凝土搅拌机、混凝土运送泵磅秤（或自动计量设备）、尖锹、平锹、混凝土吊斗、插入式振动器、平板式振动器、木抹子、长抹子、铁板、胶皮水管、串筒、塔式起重机等。

7. 质 量 控 制

7.1 火山石混凝土质量控制主要参考标准

《混凝土结构工程施工质量验收规范》GB 50204-2002；

《混凝土质量控制标准》GB 50164-1992；

《普通混凝土用砂质量标准及检验方法》JGJ 52-1992；

《混凝土用水标准》GJ 63-2006；

《普通混凝土力学性能试验方法标准》GB/T 50081-2002；

《混凝土外加剂应用技术规程》 GB 50119-2003；

《回弹法检测混凝土抗压强度技术规程》JGJ/T 23-2001等。

7.2 施工防治措施

7.2.1 必须控制好原材料的质量，特别是骨料的含量，对混凝土的抗拉强度及收缩变形影响很大。

7.2.2 严格控制混凝土的水灰比。混凝土的水灰比越大，其体积收缩也就越大，特别是在混凝土成型的第1~2d里，水灰比过大的混凝土，将出现大量的不规则裂缝。最好在混凝土初凝前，用砂板再进行一次搓压，防止混凝土早期的收缩裂缝。

7.2.3 加强养护，使混凝土表面保持湿润状态，不断补充蒸发的水分。这样既可以防止混凝土的干缩裂缝，又可以加速混凝土的水化，提高混凝土的抗拉强度。

7.2.4 对重要的混凝土工程应该控制水泥、外加剂及掺合料的含碱量，同时，对其骨料应进行碱活性测定，从而从根本上避免碱骨料反应的发生。

8. 安 全 措 施

8.1 施工人员入现场必须进行入场安全教育，经考核合格后方可进入施工现场。

8.2 进入施工现场的作业人员必须正确佩戴安全帽，严禁酒后上岗，施工现场严禁吸烟、随地大小便。

8.3 使用输送泵输送混凝土时，应由两人以上人员牵引布料杆管道的接头，安全阀、管架等必须安装牢固。输送前应试送，检修时必须卸压。

8.4 浇筑前应检查混凝土泵管有无裂纹，损坏变形或磨损严重的应立即更换。

8.5 浇筑高度2m以上的框架梁、柱模混凝土应搭设操作平台，无安全防护设施的应系挂安全带，不得站在模板或支撑上操作。

8.6 浇筑拱形结构，应自两边拱脚对称同时进行，浇筑圈梁、雨篷、阳台应设置安全防护设施，挂设安全带。

8.7 悬空泵的连接要有两人以上协调作业，动作要一致，作业架的脚手板应铺设严密，严防踩空坠落。

8.8 混凝土振捣器使用前必须经电工检验确认合格后方可使用，开关箱内必须装设合格有效的漏电保护器，插座、插头应完好无损，不得使用破皮老化的电源线，电线应地支空架设，严禁随地拖拉。

8.9 振捣器作业应两人配合作业，不得用电源线拖拉振捣器。

8.10 操作人员必须穿绝缘鞋（胶鞋），戴绝缘手套。

8.11 电机出现故障，找电工修理，非专业人员严禁随意拆装电机开关，严防触电事故发生。

8.12 工作完后，清理施工现场，搞好施工现场的安全文明工作。

9. 环保措施

9.1 在施工过程中，项目经理部应做好文明施工和环境保护工作。

9.2 项目经理部应根据工程的实际情况识别评价所属工作范围内的环境因素，并建立重要环境因素清单，将新出现的环境因素以"环境因素调查表"的形式反馈给工程项目负责人。

9.3 工程施工期间，应建立"环境因素台账"，将新出现的环境因素及时填写在"环境因素台账"中，并在施工中做好控制。

9.4 混凝土搅拌场地应设置集水坑和沉淀池，并监测污水的排放是否符合标准要求，再决定是否排放到市政管道中。

9.5 混凝土泵、混凝土罐车噪声排放的控制，施工时应搭设简易棚将其围起来，并要求混凝土班组加强混凝土泵的维修保养，加强对其操作工人的培训和教育，保证混凝土泵、混凝土罐车平稳运行。

9.6 混凝土施工时的废弃物应及时清运，保证现场的整洁、干净。

9.7 混凝土施工中的每一道工序完成以后，必须按要求对施工中造成的污染进行认真的清理，前后工序必须办理文明施工交接手续。

9.8 由项目经理、文明施工管理员、保卫干事定期对员工进行文明施工教育、法律和法规知识教育及遵章守纪教育，提高职工的文明施工意识和法制观念。

9.9 现场混凝土搅拌机停放的场所应平坦坚硬，并有良好的排水条件，其场地要求还应符合建筑安全管理规定和国家标准的有关规定（包括沉淀池、污水池、扬尘、施工噪声控制等）。

10. 效益分析

云南腾冲地区火山石资源非常丰富，但火山石的开发利用率还比较低，成功开发并研制高原地区火山石混凝土，丰富了火山石的应用领域，对带动腾冲地区资源的合理开发、利用，促进地区经济发展起到了重要的推动作用。高原地区火山石混凝土目前在云南腾冲等地区应用比较广泛，火山石混凝土以其优良的特性，在高原地区的应用具有良好的经济价值。

10.1 每立方米（m³）粗骨料效益分析：

每立方米粗骨料效益分析 表 10.1

项目 类型	堆积密度（kg／m³）	空隙率	单价（元／m³）	差价（元/m³）
火山石骨料	860	57%	35~40	30~45
普通石灰石骨料	1500~1600	47%~49%	70~80	

由表 10.1 可见：

1. 每立方米（m³）粗骨料的用量，可节约 30~45 元，体现出明显的直接经济价值。同时火山石混凝土在节能、环保、裂缝防治等方面的优良性能，也体现出良好的经济效益。

2. 在同一配合比下（用水量不同）：火山石和普通石灰石用量（体积）一样，而火山石的成本明显低于普通石灰石。

10.2 同一设计强度下，普通混凝土与火山石混凝土成品价格对照分析：

同设计强度下两种混凝土成品价格对照 表 10.2

单价（元） 类型	C15MPa	C20 MPa	C25 MPa	C30 MPa	C35 MPa	C40 MPa	C45 MPa
成品普通混凝土	280	290	300	310	325	340	355
成品火山石混凝土	240	250	260	270	285	300	315

由表 10.2 可见：

同一设计强度要求下：火山石混凝土比普通混凝土价格要低 40~50 元/ m³。

11. 应 用 实 例

11.1 腾冲官房大酒店

该酒店位于腾冲市区中心高黎贡山母亲广场正对面，交通十分便利。酒店为东南亚花园别墅式建筑风格，总面积 31000m²，绿化面积为 45%，共有 34 栋独特的户外别墅（别墅最高楼层为 3 层，其余为 2 层），282 个房间，4 个户外泳池。酒店附属设施：中餐厅、西餐厅、大堂吧、池畔水吧、多功能会议室、健身中心、商务中心。

酒店部分建筑设计采用火山石混凝土作为主体浇筑材料，经有关部门验收合格。交付使用以来，尚未出现任何质量问题。特别是采用火山石混凝土浇筑的建筑物，以其优良的防水、保温效果，得到来宾的广泛好评。

11.2 腾冲"翡翠居"别墅区

"翡翠居"共有联排别墅 105 幢，其规划设计充分体现了当地民居的风格特点，古朴而清新，以其独特的区位优势、和谐的建筑布局，优雅的景观环境和精良的建筑品质，成为山居别墅的典范。

本工程中部分小型建筑物、景观造型（假山、板凳、垃圾桶等）采用火山石混凝土浇筑，经有关部门验收合格。为"火山石混凝土"的后期研发及工艺完善提供了大量实践数据及施工经验。最终取得了较大的经济效益和社会效益。

11.3 腾冲翡翠小区

腾冲"翡翠小区"是云南官房建筑集团股份有限公司联合云南建工第五建设有限公司，规划设计的一批以精装小户型、单元房为主的景观高尚住宅，小户型占有比例达 60%。小区总建筑面积达 7 万多平方米，位于腾冲县城中心，本工程部分建筑结构及景观造型（假山、板凳、垃圾桶等）均采用火山石混凝土浇筑，经有关部门验收合格。在取得显著经济效益的同时，为推动云南省"绿色、节能建筑"作出了突出贡献。

混凝土结构超长预应力分段张拉施工工法

GJYJGF019—2010

天津三建建筑工程有限公司

宋红智　刘智浩　胡井远　张军　林克文

1. 前　　言

随着经济建设的发展，采用超长预应力技术的大型建筑逐渐增多，为了减小超长张拉时预应力的损失，避免遭到意外灾害荷载，一跨破坏引起其他各跨连续破坏，当预应力筋长度超过 60m 时，宜采用分段张拉和锚固的方法。天津三建公司承建的天津滨海国际机场航站楼预应力面积达 80000m²、梁内采用有粘结预应力，板内采用无粘结预应力，其中 B 区最长为 165m。又经过了天津美景公寓等多项工程的实践编制成该工法。在超长预应力结构中采用分段张拉施工工艺，取得了良好的社会经济效益。

该工法的核心技术是"天津滨海国际机场航站楼综合施工技术"科研项目的内容之一，已通过了天津市建交委组织的科技鉴定，结论为"国内领先水平"。并被评为天津建工集团科技进步二等奖。

采用该工法施工的天津滨海国际机场改扩建工程，其 QC 小组获"2007 年天津市工程建设优秀质量管理小组"称号；项目成果获天津市 2008 年度优秀项目管理成果一等奖；航站楼工程被评为天津市"金奖海河杯"和 2008 年度国家优质工程"鲁班奖"。

2. 工 法 特 点

2.1　在超长预应力结构中，按长度不超过 60m，将结构分成若干段，分段布置预应力筋，分段设置张拉点和锚固端。

2.2　把预应力筋分段与结构后浇带的位置结合起来，将各段的锚固端、张拉端设置在后浇带处。在后浇带处增设搭接预应力筋。

2.3　当结构平面很大时，采用该工法，可分段支模，分段浇筑混凝土，分段张拉各段内预应力筋，最后在主体完成两个月后再进行后浇带处梁板混凝土的浇筑和预应力搭接筋的张拉。进行流水施工减少模板及其支架体系的投入，节约模板及支架费用，不仅可缩短工期，而且可大大降低梁板模板及支架的租赁成本 。

3. 适 用 范 围

本工法适用于梁采用有粘结预应力筋，板采用无粘结预应力筋。特别适用于单层面积很大，长度大于 60m 的超长预应力结构梁板施工。也可适用于折线布置的预应力梁。

4. 工 艺 原 理

将超长预应力筋分成若干段，每段长度不超过 60m，在段与段衔接部位（可在后浇带处）设置搭接预应力筋。各段内预应力筋先张拉，段与段之间的搭接预应力筋待后浇带混凝土浇筑并达到设计强度后再张拉。既解决了超长预应力筋通长张拉时预应力损失过大的难题，又可保证预应力的连续性。见图 4。

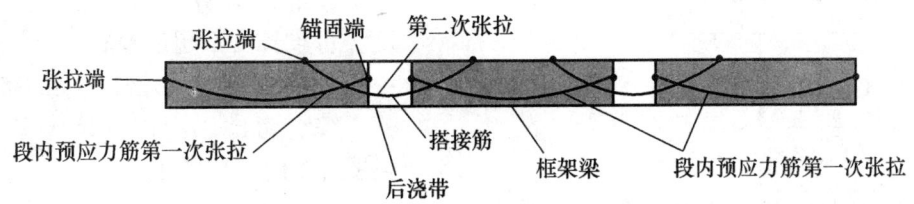

图 4　超长预应力分段张拉原理图

5. 工艺流程及操作要点

5.1 主次梁有粘结预应力结构工艺流程 (图 5.1)

由于搭接预应力筋需后浇带混凝土浇筑并达到设计强度后才能进行张拉，该工艺流程比传统预应力施工多了二次张拉的过程。

5.2 结构板无粘结预应力结构工艺流程 (图 5.2)

由于搭接预应力筋需后浇带混凝土浇筑并达到设计强度后才能进行张拉，该工艺流程比传统预应力施工多了二次张拉的过程。

5.3 操作要点

常规的预应力施工操作要点从略。

5.3.1 针对工程特点及工期要求，利用后浇带合理划分预应力梁板的施工段，天津滨海国际机场航站楼两层混凝土结构预应力面积达 80000 ㎡，其中 B 区长 165m，宽 120m，如果不分段施工，165m 超长预应力筋张拉时预应力损失无法克服，另外通长一次张拉，需整层梁、板模板一次支设，并全部浇筑完混凝土，待混凝土达到设计强度才能进行张拉，无法组织流水施工、模板脚手架占用期长、占用量大、施工成本难以承受。

为此将 B 区 165m×120m 范围内的超长预应力筋利用后浇带横向划分 4 个区段，纵向分为 3 个区段，见图 5.3.1，并在段与段交接的后浇带处附设搭接预应力筋，采用搭接工艺，

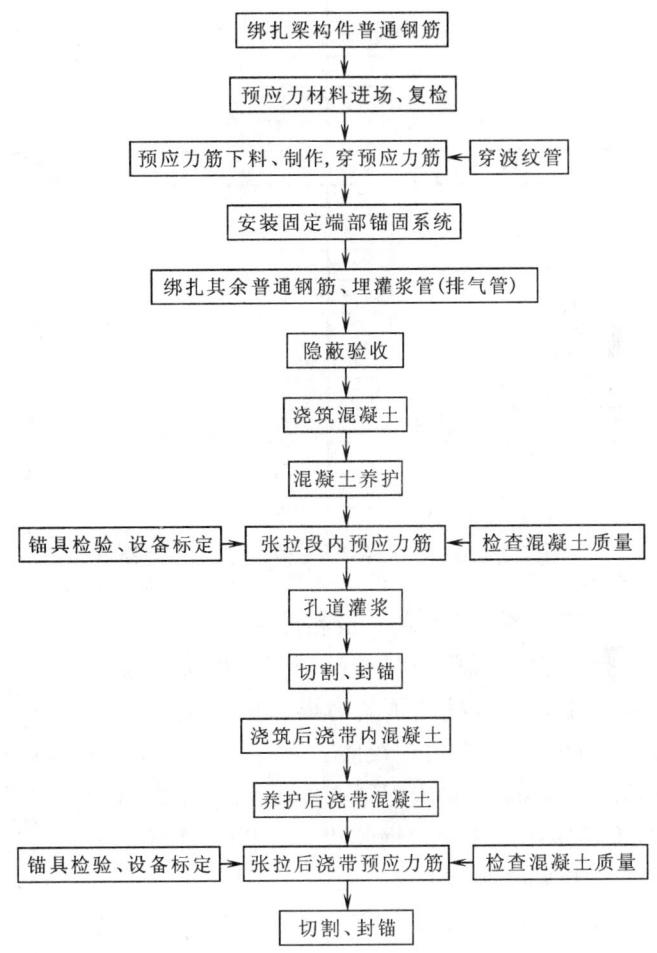

图 5.1　主次梁有粘结预应力结构工艺流程图

确保超长预应力系统的连续性。张拉分二次进行，即第一次张拉各区段内预应力筋，待主体结构完成，浇筑后浇带混凝土并达到设计强度后，第二次张拉后浇带处搭接预应力筋。

每段张拉完成后，可拆除后浇带以外的梁、板模板。流水支设下一段的梁板模板，浇筑混凝土。

5.3.2 确定分段后浇带位置的原则

1. 后浇带的设置首先应考虑有效地削减结构混凝土收缩应力，后浇带的位置宜选择在结构内力较小的部位，一般选在柱跨三等分的中间部位。

2. 依据预应力允许的最大张拉长度。

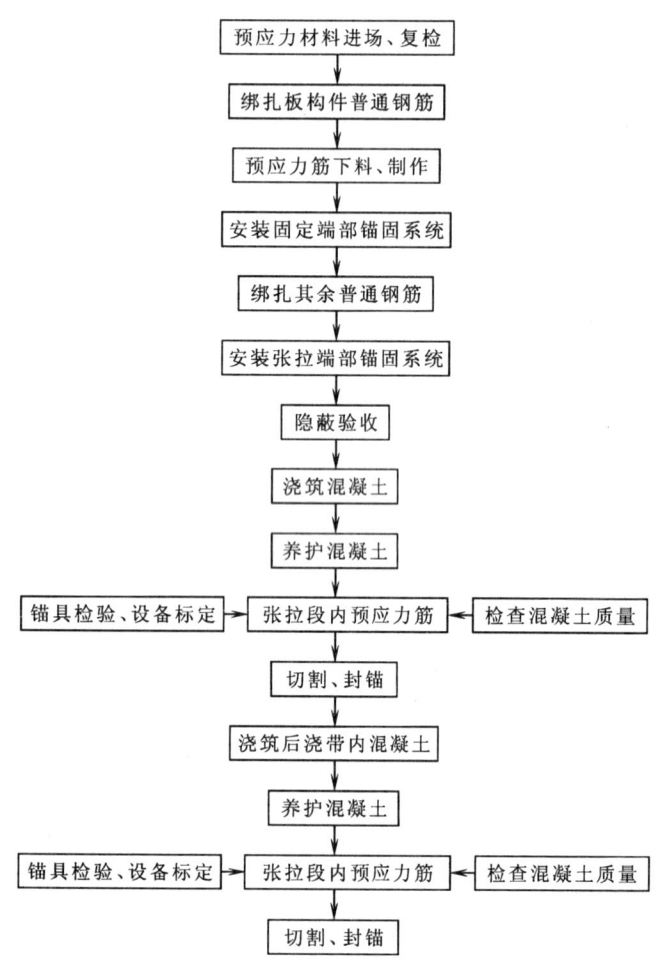

图 5.2　结构板无粘结预应力结构工艺流程图

3. 依据计算出的混凝土最大整体浇筑长度，每段长度不超过 60m。

4. 依据结构设计柱、梁的布局。

综合考虑以上因素确定了后浇带位置，见图 5.3.1、图 5.3.2。

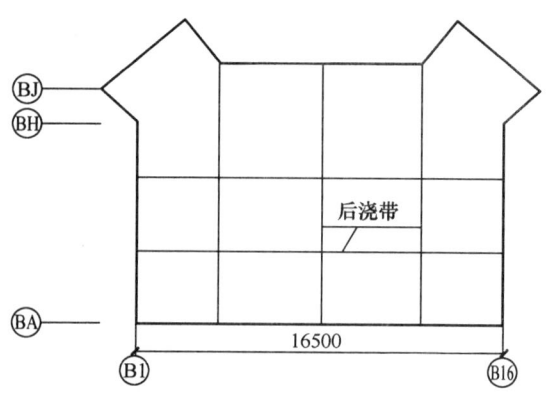

图 5.3.1　B 区平面分区示意图

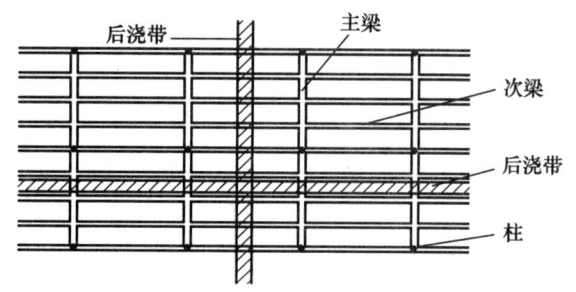

图 5.3.2　后浇带跨内位置图

5.3.3　预应力筋的布设和搭接

天津滨海国际机场航站楼工程框架主梁为 1000×1100 的有粘结预应力梁，梁内配置 3 排 12 束 ϕ_s15.2 预应力钢绞线；次梁截面为 800×800，600×800，梁内配置 2 排 6 束 ϕ_s15.2 或 2 排 8 束 ϕ_s15.2 预应力钢绞线；在板内沿结构纵向布置无粘结预应力筋（图 5.3.3-1）。

用后浇带将楼板分成 12 个施工段，第一步布设各段区域内的梁板预应力筋，即"段内布设"；第二步布设后浇带内的搭接筋，即"段间布设"，利用后浇带内预应力搭接筋的布设将结构梁板预应力筋有效搭接，形成连续多跨、分段搭接的整体布设，从而达到预定设计效果，保证工程结构的安全可靠性（图 5.3.3-2、图 5.3.3-3）。

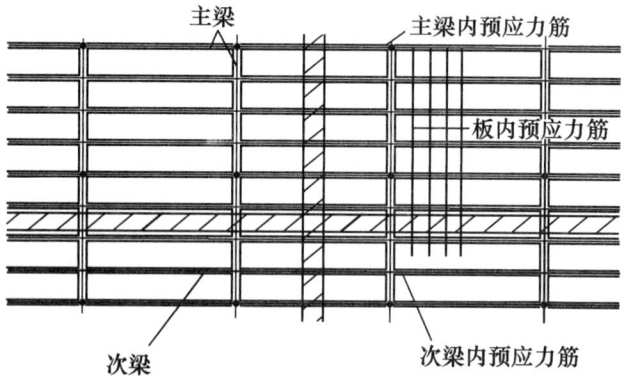

图 5.3.3-1　B 段梁板预应力平面配筋图

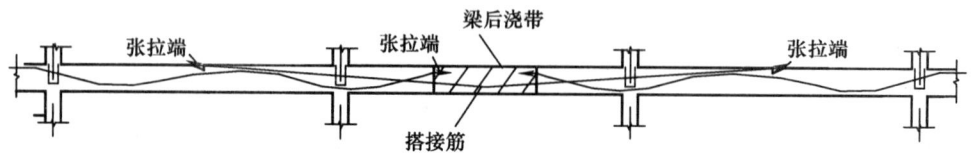

图 5.3.3-2　梁后浇带搭接筋剖面图

5.3.4 梁内安装波纹管：首先在梁箍筋上弹线，确定波纹管曲线的矢高位置，将波纹管与非预应力筋骨架之间用支架固定，支架采用 $\phi12$ 钢筋按一反一正，一上一下的方式，间距 1.5m，将波纹管夹持住，避免在穿束和混凝土振捣时波纹管发生位移。

5.3.5 梁内穿预应力筋：超长结构分段后，最长的钢绞线段不超过 60m 长，梁内有粘结预应力筋用常规的穿束方法可能会造成波纹管损坏。为缩短钢绞线在波纹管中穿过的距离及波数，降低波纹管破损概率，采用从中间向两边穿束的方法：将近 60m 段波纹管一分为二，在波纹管中间断开 1.6m，在断开处采用长

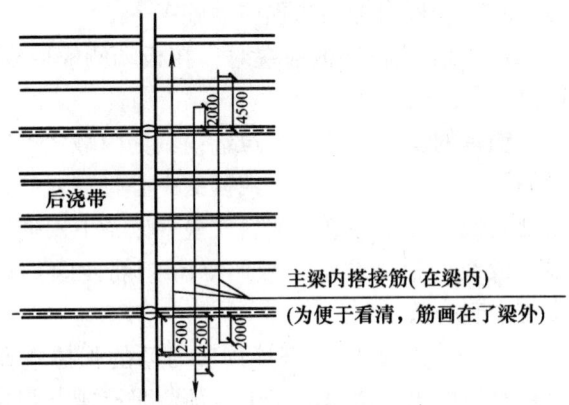

图 5.3.3-3 梁后浇带搭接筋平面布置示意图

2.3m 的接头管（直径大一号）提前套在其中一端的波纹管上，然后开始穿束，即先穿一端到位后，再将钢绞线的另一头穿入另一侧波纹管内，待整束钢绞线全部穿齐后，将波纹管中间断开的开口调整到位，最后将套管拉出与另一端搭接，用塑料布缠好，形成一连续整体。

5.3.6 梁内有粘结预应力筋张拉端的施工

梁的有粘结预应力筋张拉端在框架边柱外侧的，根据建筑的不同要求，在能满足建筑要求的地方，优先采用张拉端凸出混凝土表面的做法，见图 5.3.6-1。可减少施工难度，最大程度地减少对柱子的削弱影响，有利于满足局部承压和"强柱弱梁"的要求，提高节点的抗剪、抗震能力。

而在建筑立面有要求的柱端部位，可采用张拉端凹入混凝土表面的做法，见图 5.3.6-2。

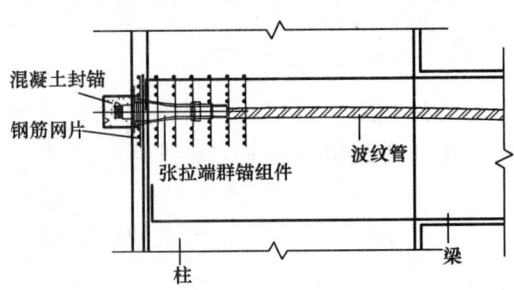

图 5.3.6-1 凸出混凝土表面的张拉端

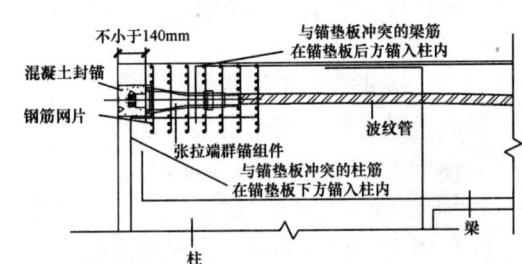

图 5.3.6-2 凹进混凝土表面的张拉端

各段内的张拉端设置在后浇带梁截面处，为满足张拉施工作业的需要，将后浇带加宽到 2.5m。

5.3.7 梁内搭接段预应力筋的张拉端和锚固端分别设于后浇带所在开间两侧的跨内梁上皮。张拉端在梁上皮预留槽口进行张拉，搭接预应力筋的设置将各段梁有效的连接起来，即保证梁内预应力的连续性，又对梁的预应力筋分段张拉及部分模板的分段拆除创造了技术保证和条件。张拉槽预留的位置宜设置在梁跨中 1/3 范围内，避开混凝土的受压区。

由于梁上皮预应力筋张拉端撅起出盒，梁上皮钢筋在此处的位置需断开，待张拉完毕后采用直螺纹套管接头进行后连接，保证梁上皮筋的完整连续。见图 5.3.7。

5.3.8 梁内张拉端锚具及承压板在梁端模板外面时，只将钢绞线束和波纹管头甩出来，待张拉前再安装锚具。

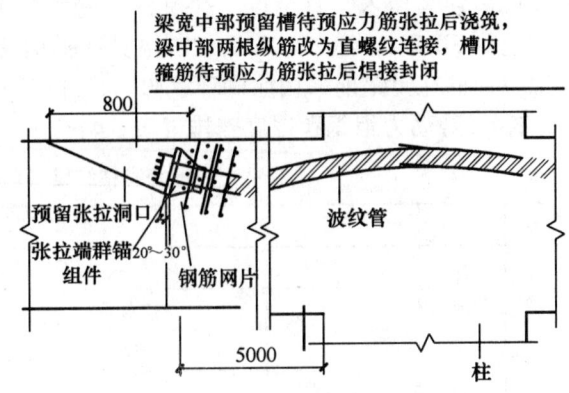

图 5.3.7 梁内张拉端处钢筋的处理

5.3.9 板内无粘接预应力施工

1. 张拉端在外檐板端时，在板端侧模内安装穴模，待混凝土浇筑完毕后拆下穴模，张拉前再放入锚具。

锚具的安装：楼板张拉端锚具为内藏式，绑筋时先把护杯套、塑料穴模等安好，并用钢丝与楼板边缘的侧模拉牢防止进浆，穴模的中心管穿入侧模孔内。待混凝土浇筑完毕后，拆下楼板侧模，趁混凝土强度尚低，活动并拿出塑料穴模，以备下次使用，张拉前再将锚具安入由穴模预留出的混凝土孔内。各根钢绞线的锚固端承压板用 $\phi10$ 钢筋横向连焊，保持位置准确一致。

2. 分段后各段和搭接预应力筋的张拉端要从混凝土板表面甩出，浇筑混凝土时预留张拉槽，张拉槽的位置应避开混凝土受压区，一般留在跨中 1/3 范围内。相邻预应力筋的张拉槽错开布置，减少对楼板混凝土同一截面的削弱。做法见图5.3.9。

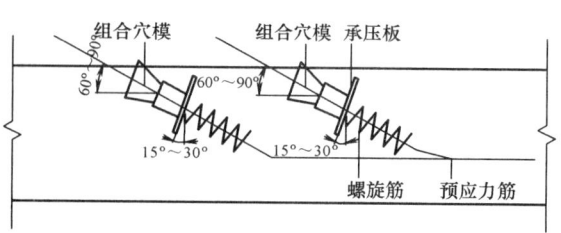

图 5.3.9 无粘结预应力搭接筋的张拉端

5.3.10 梁柱节点钢筋的绑扎与混凝土的浇筑

梁柱节点处钢筋较多，为了使波纹管预应力筋从梁柱节点处顺利穿过，应提前计算、放样、制作专门模具进行预先布置。

在柱钢筋生根时预先考虑波纹管及锚具不外露的安装位置。在满足波纹管及锚具安装位置的情况下，调整钢筋局部间距。安装波纹管时用木楔将柱局部钢筋撑开，预留出波纹管孔道位置，然后再固定钢筋，且对梁筋的绑扎顺序进行调整，将预应力钢筋及附件安装完毕后，最后进行非预应力筋的修整完善工作及封模。在混凝土浇筑之前对梁、柱节点等钢筋加密区域采取相应措施，确保混凝土浇捣密实。

在容易发生位移的钢筋处，设专人负责监控。混凝土的坍落度、外加剂的掺量控制准确。在混凝土强度达到设计强度85%后进行张拉。

5.3.11 预应力筋张拉

预应力梁、板张拉施工原则为"自下而上"逐层施工、分批施工，每层梁、板的张拉顺序为：先主梁后次梁再板，最后待后浇带混凝土强度达到设计要求后，再对搭接部分预应力筋进行张拉。

预应力张拉程序：初张拉至 $10\%\sigma_{com}\sim20\%\sigma_{com}$→记录初始值→张拉至第一步 $50\%\sigma_{com}$→记录伸长值 $\triangle L_1$→第二步张拉至 σ_{com}→记录伸长值 $\triangle L_2$，实际伸长值 $\triangle L=\triangle L_1+\triangle L_2+\triangle L_3$（$\triangle L_3$ 为初始应力下的推算伸长值，应在理论伸长值的±6%范围内波动。

5.3.12 梁内有粘结预应力孔道灌浆及封锚

孔道灌浆采用C32.5级普通硅酸盐水泥。水灰比控制在0.45以内，为了增加孔道灌浆的密实性，在水泥中掺入8%（MNC—EPS）的灌浆剂，水泥浆在孔道端部垫板的灌浆孔灌入，灌浆压力控制在0.4~0.6MPa，连续压入，直至排气孔及另一端灌浆孔流出浓浆时，封堵排气孔，保持压力3~5min。水泥浆强度达到30MPa，灌浆24h后切割锚具外露钢绞线，外露长度50mm。最后用高强细石微膨混凝土进行封锚（板筋在封锚前采用涂刷环氧树脂，进行防腐封闭处理）。

5.4 劳动力组织和进度安排（表5.4）

15m 跨有粘结梁（单榀）施工劳动力组织及工期安排　　　　　　　表5.4

序号	工序		工 程 内 容	
1	预应力筋定位	工程量	焊接钢筋支架，穿设并固定波纹管，钢绞线穿束	
		劳动力	技术工人	4人，分2组，每组2人
			普通工人	8人，分4组，每组2人
		工期	1d	
		备注	预应力梁内普通钢筋基本绑扎完成之后，紧跟着开始穿设预应力波纹管、钢绞线、安装排气管，每条预应力梁的施工时间大约为3h。为缩短整体施工时间，各预应力框架梁的普通钢筋的绑扎应同步进行，以便尽可能早地为预应力施工创造条件	

续表

序号	工序	工程内容		
2	安装端部构件	工程量	安装并固定端部喇叭管、安装群锚	张拉端16个，固定端16个
		劳动力	技术工人	4人，分2组，每组2人
			普通工人	8人，分4组，每组2人
		工期	半天	
		备注	预应力筋就位后，安装并固定端部喇叭管，该工序与土建其他工序同步进行，不单独占用工期	
3	构件张拉	工程量	张拉；张拉后切除多余钢绞线；端部用水泥浆密封锚具	
		劳动力	技术工人	4人，分2组，每组2人
			普通工人	8人，分4组，每组2人
		工期	1d	
		备注	预应力梁张拉工作应当在混凝土强度达到设计值的100%之后进行（一般需要养护7~10d），张拉进度与总包单位协商确定。预应力梁的张拉要保持同步、对称。端部处理工序可跟在张拉工序后进行，不需要单独占用工期	
4	安装端部构件	工程量	孔道灌浆及端部封堵	
		劳动力	技术工人	4人，分2组，每组2人
			普通工人	8人，分4组，每组2人
		工期	2d	
		备注	该工期不单独占用工期	

6. 材料与设备

6.1 材料性能

6.1.1 有粘结预应力钢绞线主要技术指标：f_{ptk}=1860MPa，II级松弛，公称直径 ϕ15.34，其规格和力学性能符合《预应力混凝土用钢绞线》GB/T 5224 的规定。

无粘结预应力钢绞线主要性能指标为：f_{ptk}=1860MPa，II级松弛，公称直径 ϕ15.2，润滑防腐油脂为无粘结专用油脂，外包高密度聚乙烯。

6.1.2 无粘结预应力张拉端采用 OVM15-1 型锚具，锚固端采用 DZM15 型挤压锚。有粘结预应力张拉端采用 OVM15-6~12 型锚固体系，锚固端采用 DZM15 型锚固体系。锚具的锚固性能符合现行国际标准规定的"I"类锚具的要求。锚具的静载锚固效率系数 $\eta_a \geq 0.95$，实测极限拉力时的总应变 $\omega_a \geq 2.0\%$。锚具的疲劳荷载性能，通过试验应力上限取预应力钢筋抗拉强度标准值的65%，应力幅度80MPa，循环次数为 200 万次的疲劳性能试验，同时，满足循环次数为 50 次的周期荷载试验。

6.1.3 有粘结预应力筋的孔道采用预埋波纹管成型。波纹管采用冷轧镀锌钢带在卷管机上压波后螺旋咬合而成，其内径分别为 ϕ70mm、ϕ80mm、ϕ90mm。钢带厚度不小于 0.3mm，材料符合《铠装电缆用冷轧钢带》GB 4175.1 和《铠装电缆用镀锌钢带》GB 4175.2 的要求。波纹管的技术性能符合《预应力混凝土用金属螺旋管》GB/T 3013 的要求。

6.2 材料的质量验收

6.2.1 预应力钢绞线

预应力筋进场时，按《预应力混凝土用钢绞线》GB/T 5224 等的规定抽取试件作力学性能检验，其质量必须符合有关标准的规定。

预应力筋使用前进行外观检查：

1. 有粘结预应力筋展开后应平顺，不得有弯，表面不应有裂纹、小刺等机械损伤、氧化铁皮和油污的现象。

2. 无粘结预应力筋护套应光滑、无裂缝，无明显褶皱。

6.2.2 预应力用锚具

预应力筋锚具应按设计要求采用，其性能应符合《预应力筋用锚具、夹具和连接器》GB/T 14370等的规定。

预应力筋用锚具、夹具使用前进行外观检查，其表面应无污物、锈蚀、机械损伤和裂纹等现象。

6.2.3 预应力混凝土用金属螺旋管的尺寸和性能应符合《预应力混凝土用金属螺旋管》JG/T 3031的规定。

预应力混凝土用金属波纹管在使用前进行外观检查，其内外应清洁，不应有锈蚀、油污、孔洞和不规则的褶皱及咬口开裂或脱扣等现象。

6.3 张拉设备

6.3.1 预应力筋张拉机具设备及仪表，应定期维护和校验。张拉设备应配套标定，并配套使用。张拉设备的标定期限不应超过半年。当在使用过程中出现反常现象或在千斤顶检修后，应重新标定。

6.3.2 根据设计要求，梁内预应力张拉控制应力为 $\sigma_{con}=0.75\times1860=1395$MPa，钢绞线的截面面积为140mm^2，每根钢绞线的张拉力为195.3kN，按照图纸要求，张拉时超张拉3%，所以单根钢绞线实际张拉力为201.16kN。每束7根钢绞线的整束张拉力为1408.12kN。根据这一实际情况，张拉时采用YCW250型千斤顶，可满足张拉力值要求。

板张拉配备部分YCW23/25型千斤顶辅助进行张拉。

6.4 材料规格及设备型号 （表6.4）

材料与设备表 表6.4

名　称	规格或型号	名　称	规格或型号
钢绞线	φ15.2	金属波纹管	φ70/80/90
钢绞线	φ5	千斤顶	YCN23/25
张拉端锚具	OVM15-1	千斤顶	YCW 250
张拉端锚具	OVM15-6~12	挤压机	GYJ 型
固定端锚具	DZM15	电动灌浆机	SQ45 型螺杆

7. 质 量 控 制

7.1 质量控制依据下列现行国家和行业标准

《混凝土结构工程施工质量验收规范》GB 50204；

《无粘结预应力混凝土结构技术规程》JGJ 93；

《无粘结预应力钢绞线》JG 161；

《预应力用钢绞线》GB 5224；

《预应力筋用锚具、夹具和连接器》GB/T 14370；

《预应力用液压千斤顶》JG/T 5028；

《预应力混凝土用金属螺旋管》JG/T 3013；

《预应力用电动油泵》JG/T 5029。

7.2 梁内每根预应力筋沿梁方向按设计矢高每米设一个固定点，用钢丝与梁上筋绑扎定位。

7.3 楼板底模支立完毕后，在模板上弹出轴线，然后以轴线为依据对板内预留孔洞进行准确定位，混凝土浇筑前仔细检查它们的尺寸、位置和标高是否准确，是否遗漏，避免事后剔凿。当楼板上有预留孔洞时，预应力筋距洞边距离不得小于50mm。

7.4 对各专业施工队上工作面操作的时间顺序作出明确规定，严格按程序要求施工。水电各专业预埋管线必须为布设预应力筋让路。

7.5 楼板拆模除按常规根据混凝土强度控制拆模时间以外，还应考虑预应力筋张拉情况。并做到隔层张拉、隔层拆模。

7.6 做好施工中的成品保护工作，重点做好无粘结预应力筋的保护和混凝土养护。

7.7 张拉时采取控制张拉应力值和伸长量的双控措施，以确保预应力值达到设计要求。张拉前提供混凝土强度报告，其立方体抗压强度达到 35N/mm² 以上方可进行张拉。张拉控制应力采用 $0.7f_{ptk}$。张拉前计算张拉油压、初始油压、张拉伸长量，并做好张拉记录。张拉顺序以"数层浇筑，逐层张拉"为原则。

7.8 封端应在张拉结束后进行多余的无粘结筋用手提砂轮切割机切断，锚具夹片外钢铰线头不得露出张拉穴槽之外，并套上充满专用建筑防锈油脂的塑料帽。张拉穴槽内清理干净，满涂一层混凝土界面剂，然后用掺加 8%JP1 防水型复合外加剂的微膨胀混凝土填充，采用钢筋棍捣实，封闭张拉穴槽。

7.9 预应力锚固后的外露长度，不宜小于 30mm。锚具应用封端混凝土保护，如需长期外露，应采取措施防止锈蚀。

7.10 无粘结筋用的钢丝、钢绞线，不允许有死弯，见死弯必须切断。成型中每根钢丝、钢绞线应为通长，严禁有接头。

7.11 预应力筋束型控制点的竖向位置偏差应符合表 7.11 的规定。

束型控制点的竖向位置允许偏差 表 7.11

截面高（厚）度（mm）	$h\leqslant300$	$300<h\leqslant1500$	$h>1500$
允许偏差（mm）	±5	±10	±15

7.12 锚固阶段张拉端预应力筋的内缩量应符合表 7.12 规定。

张拉端预应力筋的内缩量限值 表 7.12

锚 具 类 别		内缩量限值（mm）
支承式锚具（墩头锚具等）	螺帽缝隙	1
	每块后加垫板的缝隙	1
锥塞式锚具		5
夹片式锚具	有顶压	5
	无顶压	6~8

8. 安 全 措 施

8.1 安全管理依据下列国家现行标准和规范：
《施工现场临时用电安全技术规范》JGJ 46；
《建筑施工高处作业安全技术规范》JGJ 80。

8.2 所有电气、机械设备实行定人定岗、专人专机的制度，严格执行安全操作规程。

8.3 张拉预应力操作必须严格遵循有关的安全操作要求进行。

8.4 张拉区应有明显标志。禁止非工作人员进入张拉现场。

8.5 操作千斤顶和测量伸长值人员，应站在千斤顶的侧面操作，严格遵守操作规程。

8.6 雨期和冬期施工时，应由防护和保温措施，防止张拉机具受淋或油管、油泵受冻。

8.7 灌浆操作人员应戴防护眼镜、穿胶靴、戴手套和口罩。

8.8 张拉人员要严守张拉操作规程，张拉时千斤顶后严禁站人。

8.9 严禁穿拖鞋上班，进入现场必须佩戴安全帽，高空临边作业必须系安全带。

9. 环 保 措 施

9.1 在张拉过程中，张拉机械设备不得出现漏油及污染混凝土的现象。

9.2 灌浆后清洗设备的余浆要排入沉淀池内，不得进入城市污水管网。

9.3 在千斤顶高压油泵、胶管更换检修时，机械油不得对周围环境造成污染。

9.4 灌浆用的水泥安排在库内存放或严密遮盖，运输时防止遗洒、飞扬，卸运时采取轻装轻放措施。

9.5 施工现场设立专人负责施工下脚料及废弃物的回收工作，应做到不散撒、混放，不滞留施工操作面，临时堆放点应有明显标识，便于及时回收。

9.6 在施工过程中，自觉形成环保意识，最大限度地减少施工产生的噪声和环境污染。严格遵守《建筑施工场界环境噪声排放标准》GB 12523 的规定。

10. 效 益 分 析

超长预应力分段张拉施工工法的经济效益明显，采用一次通长张拉工艺时，全部结构要同时全部支模，铺完全长预应力筋，再进行张拉。采用分段张拉工法，可分段支模、分段张拉，流水施工，从而降低模板及其支架的投入，节约费用，提前工期。

原天津滨海国际机场航站楼工程将 165m 超长预应力"整体连续布设，一次张拉"的设计改为"分段搭接、二次张拉"工艺，不仅可以降低预应力筋布设施工难度，保证施工质量，而且减少了大型工具、周转材料一次投入量，减少占压时间，加快周转，大幅度降低施工成本，节约工程造价。

该工程 80000㎡ 的两层预应力结构施工仅用 85d，最终仅投入了每层预应力梁板面积 2/5 左右的模板及支架工具、周转材料，相应地减少了模板脚手架近 4 个月的租赁费用，节省模板、脚手架费用 532.4 万元，为企业创造了良好的经济效益。整个预应力施工周期比常规做法缩减一半以上，主体工程提前 52d 完成，为下道工序的穿插提供了有利的时间保障，取得了良好的经济效益和工期效益。

11. 应 用 实 例

11.1 天津机场航站楼工程主体 B、C、E、F 区一、二层及夹层采用超长预应力、大跨度钢筋混凝土框架结构，预应力筋总重量近 800t，预应力梁板面积 80000m²。其中：梁采用有粘结预应力，板采用无粘结预应力。B 区面积最大，长 165m，宽 120m，最多达 15 个连续跨，900 个节点（波段）。工程于 2006 年 3 月开工，2008 年 6 月竣工。

工程设计虽然给出了后浇带的划分，但设计给出预应力筋是整体连续布置，一次张拉。针对预应力施工中的问题和难点，将原设计"整体连续布设，一次张拉"的思路，改进创新为预应力筋"分段铺设、分段张拉，后浇带设搭接预应力筋，二次张拉"的施工工艺。

同时由于设计只给出了预应力筋的规格、根数、间距，我们又对预应力筋的布置、梁柱节点处的穿插处理、搭接筋的布置、张拉槽的布置等方面进行了深化设计。具体方法：对最大的 B 区结构，用后浇带横向划分 4 个区段，纵向分为 3 个区段，分区段铺设预应力筋，并在后浇带所在跨内设置搭接筋。张拉分二次进行，即第一次张拉各区段内预应力筋，第二次张拉后浇带处搭接预应力筋。

该工程最终经第三方检测，预应力结构各项指标均满足设计和现行国家规范要求，施工质量优良，顺利通过了天津市质量监督总站验收，作为 2008 奥运的备降机场按时投入使用。该工程被评为 2008 年天津市"金奖海河杯"工程，获得 2008 年中国建设工程"鲁班奖"。社会效益和经济效益显著。

11.2 天津美景公寓 42000m²，高 48m，16 层，4~16 层楼板采用无粘结预应力，预应力面积 27000m²，预应力总长度 86m，分两段铺设，后浇带处设搭接筋，分段分次张拉，工程于 2006 年 5 月开工，2007年12月竣工，结构质量良好，已交付使用数年。

11.3 天津体育大学运动及艺术学院工程，结构形式为钢筋混凝土框架结构，4~6层，建筑面积20569m²。首层和二层框架梁采用有粘结预应力混凝土结构，共计34道预应力混凝土梁，其跨度从48~120m不等。预应力混凝土强度等级为C40。

在预应力施工过程中，首层、二层的120m预应力梁分为两段，在段与段之间后浇带部位设置了预应力的搭接筋，采用了"分段布设、二次张拉"施工工艺，工程经5方责任主体联合验收，预应力结构质量满足设计和国家现行规范要求，工程于2009年3月开工，2010年6月竣工。施工质量合格，竣工后顺利通过了备案验收，保证了新生入学使用。

预制与现浇相结合的清水混凝土施工工法

GJYJGF020—2010

上海市第七建筑有限公司　上海市第四建筑有限公司

汤永根　王学忠　韩旭　陶金　项子佳

1. 前　　言

随着社会的不断发展，人们对混凝土结构外观质量有了新的要求。混凝土材料正日益成为一种高级的外装饰材料。按照设计理念，在虹桥交通枢纽西航站楼工程的陆侧部分设置了体量巨大的清水混凝土外墙，同时设计在立面上采用凹凸进出的效果，使得整个外墙在视觉上呈现立体层次感。对此，我们根据国内外其他工程经验，结合自身的工程特点，最终确定了现浇与预制相结合的清水混凝土方案，在凸柱部分采用工厂化生产的预制清水混凝土挂板，凹墙部分采用现浇混凝土墙板，两者之间刚性连接。在施工过程中，不断总结提高，满足了建筑的整体效果，使清水混凝土成为本工程一大亮点。

在施工过程中，上海市第七建筑有限公司技术人员联合设计单位及预制板制作单位，经过不断的试验摸索，创造性地将预制挂板与现浇清水墙板相结合的方式引入清水混凝土领域。这种施工形式的混凝土墙板各方面综合性能优异，有一定的先进性和代表性，为今后同类工程提供了宝贵的经验。

2. 工 法 特 点

2.1　工程之中可以采用预制清水混凝土挂板，设置在立面变化位置，尽量保证阴阳头角的施工可能性，有效地解决了外立面的施工阴阳头角多的施工难点。

2.2　外形复杂立面采用预制清水混凝土，简单立面采用现浇清水混凝土施工工艺，利用预制工厂化生产的特点，避免了复杂部位模板搭拆工序，节省了支模材料和人工费用，从而便于施工和管理。

2.3　要求预制与现浇混凝土级配必须统一；预制板的上下分块需与现浇板的明缝一致；预制与现浇结合部位过渡自然并且牢固。在满足建筑效果的同时，还必须考虑现场实施的可行性。

2.4　预制清水混凝土标准板块通用性强，能做到进场即可逐层吊装，速度快，工期容易得到保证。外立面整体施工质量能有效保证，特殊部位的成本能有效控制。

3. 适 用 范 围

本工法适用于工业、民用建筑外立面装饰清水混凝土板墙施工。

4. 工 艺 原 理

外墙清水混凝土立面阴阳头角复杂部位采用预制清水板，立面简单部位采用现浇。预制板之间的拼接缝与现浇清水混凝土施工缝位置统一设置。预制板吊装至指定位置后与主体结构上预置的钢牛腿进行焊接连接，预制板与现浇墙板之间预留插筋，刚性连接。预制板吊装完毕，再施工现浇板。预制板与结构楼层面预留插筋，结构楼层与预制板间隙处混凝土补缺。

5. 施工工艺流程及操作要点

5.1 施工工艺流程

预制板制作──→测量放线、标高标识──→框架柱埋件及钢牛腿设置──→预制板吊装、校正──→清水现浇板钢支撑施工──→清水现浇板钢筋绑扎──→现浇板外模组装──→内侧封模──→混凝土浇捣──→拆模、涂保护液。

5.2 施工要点

5.2.1 设计要点

1. 现浇板设计要点（图 5.2.1-1、图 5.2.1-2）

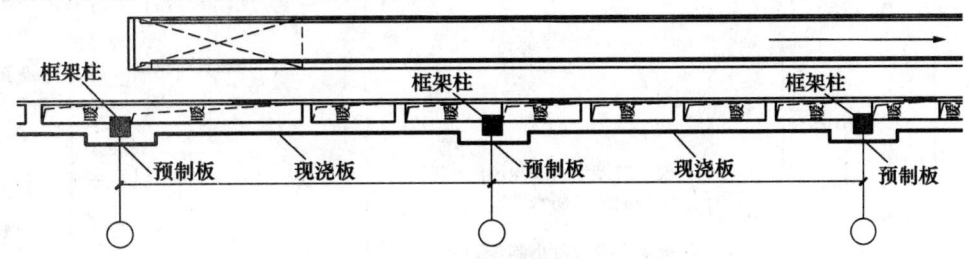

图 5.2.1-1 标准段平面图

标准板块尺寸：采用常规的定尺标准模板进行立面排列。

对拉螺栓设置：通过模板体系的整体设计及计算确定每标准板设对拉螺栓位置及间距。

明禅缝设置：按照施工浇捣高度设置横向明缝，一次浇捣高度拟不超过 3 块板高度，同时整体立面的线条位置跟通。

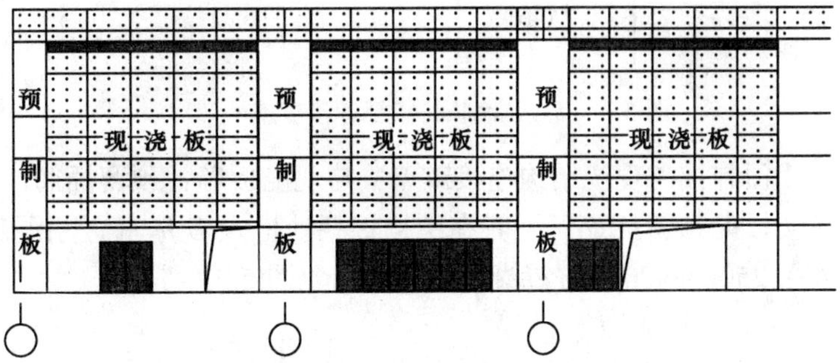

图 5.2.1-2 标准段立面图

2. 预制板设计要点

板块尺寸：经设计复算确认，同时经过现场试验复核，根据现浇明缝划分高度，单块板重量控制在现场吊装工况下的板块自身抗变形能力范围内。

预制板钢筋、埋件配置：经由设计复算确定预制板混凝土强度等级、配筋及搁置预埋件（图 5.2.1-3、图 5.2.1-4）。

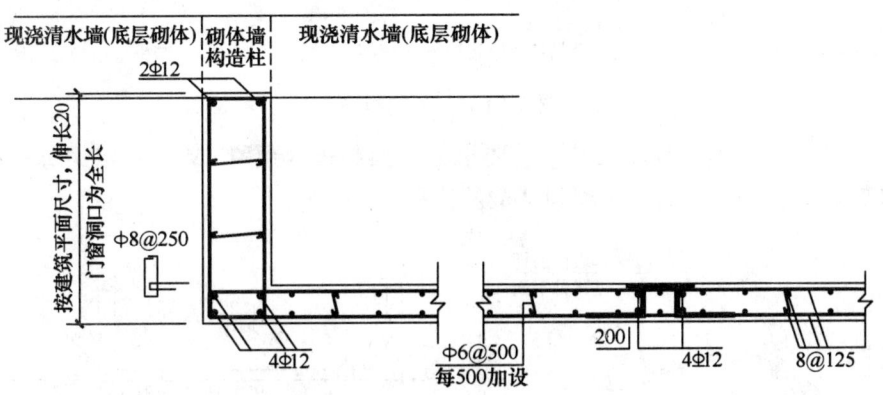

图 5.2.1-3 预制板配筋

预制板明缝设置：为保持与现浇板墙风格统一，预制板不留蝉缝，仅上下板块拼接缝处设置凹槽线条与现浇墙跟通。在预制板上下板块拼接缝处也设置凹槽线条，与现浇墙板明缝线条跟通，预制板明缝设置考虑两侧墙板结构类型，线条尺寸如图 5.2.1-5 所示。此外，考虑板块吊装中存在的误差，每块板制作时收小 2mm；为防止外立面雨水侵入，板块拼接位置做成 20mm 高低口。

由于在凸柱部分使用了预制板，整个清水外墙只存在现浇墙与预制板交界处的阴角节点一种形式。阴角位置设置纵向明缝线条过渡，模板与预制板接缝处加设海绵条及无纺布防止漏浆（图 5.2.1-6）。

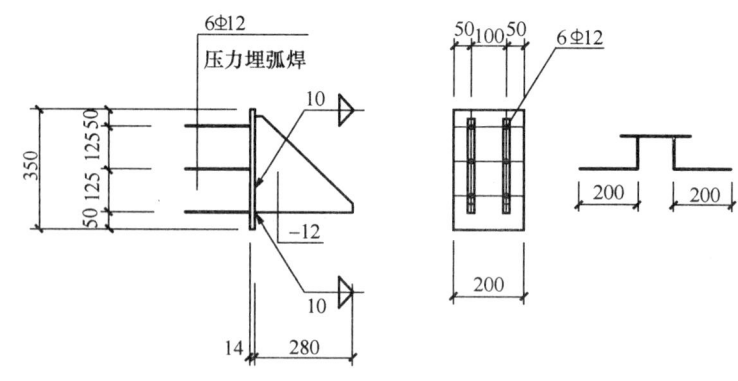

图 5.2.1-4 预制板埋件及钢牛腿

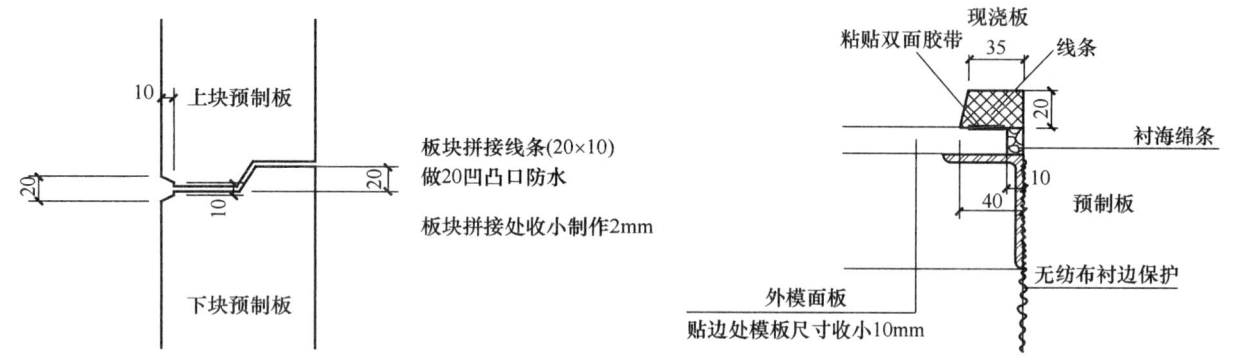

图 5.2.1-5 预制板拼接缝连接节点

图 5.2.1-6 预制板与现浇板明缝设置

预制板与现浇结构连接节点：与现浇板墙：预留插筋，与现浇板墙一同浇捣；与结构楼板：预制板在楼板处预留插筋，同时在结构楼板处植入 U 形箍，用混凝土补填；与底层楼板：用砂浆坐灰，内侧采用 250mm×200mm 混凝土方板封闭（图 5.2.1-7）。

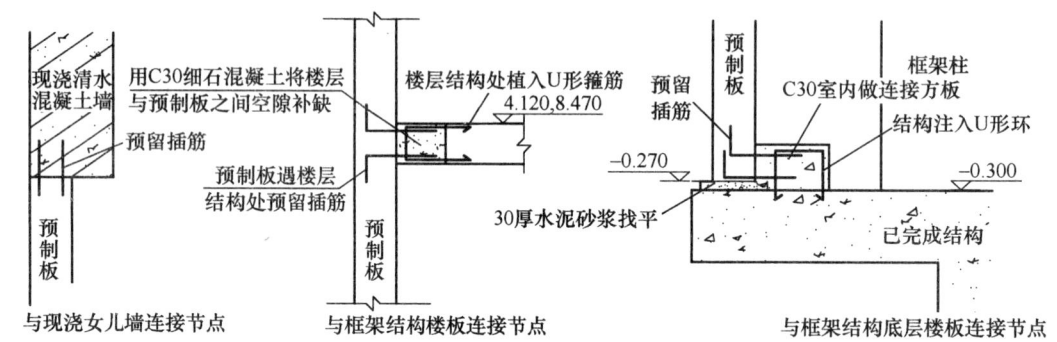

图 5.2.1-7 预制板已有结构连接

预制板吊装节点：为保证现场吊装工艺要求，在预制板内预留 4M22 拉接螺母吊装孔。同时考虑到出厂、运输及卸料时的吊装，每板另增设 4φ22 平吊环（图 5.2.1-8）。

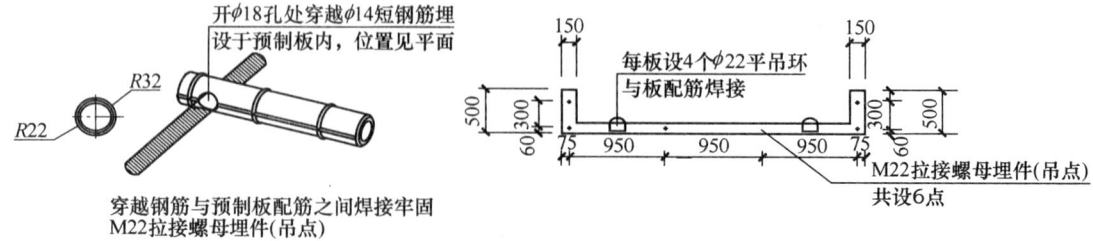

图 5.2.1-8 预制板吊具示意图

5.2.2 预制板施工

1. 埋件施工：根据放线图在柱子上画出预埋件轮廓线和种植螺栓的十字线；钻孔；根据实际螺栓位置在预埋件画好开孔位置线然后气割开孔；装上埋件，旋紧螺帽焊死螺帽。

2. 测量放线：在实地放出预制板的投影位置边线。在预制板的外侧角上设置一根垂直的钢丝作为预制板的垂直控制线。上端用角钢伸出屋面定点，角钢的后端用膨胀螺栓固定（图 5.2.2-1）。

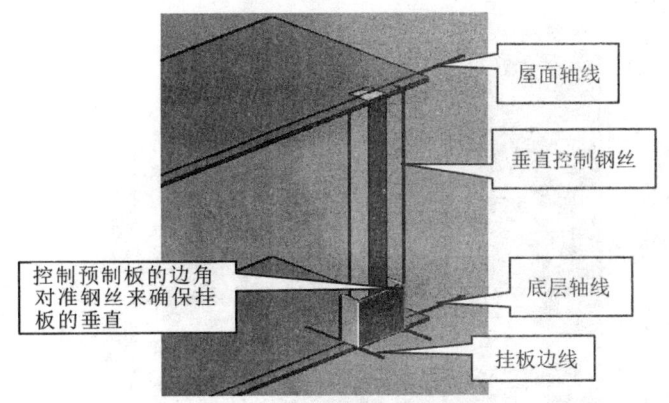

图 5.2.2-1 预制板放线示意图

3. 预制板堆放：根据预制板规格型号就近堆放，在预制板块的吊点位置放置道木，板块之间应留有大于 800mm 的空隙，防止起吊时板块的碰撞。同时还应考虑预制板的翻转方向。

4. 预制板翻转：起吊时在预制板着地的一端下放置 20mm 后的橡皮。防止板块直接接触地面损坏预制板的边角，开始起吊时应严格控制吊起的速度，尽可能使预制板保持平稳，在预制板将近竖立时，汽车吊的吊点位置应略微往后点，防止前冲过猛损坏预制板的边角。然后提升就位（图 5.2.2-2~图 5.2.2-4）。

5. 就位校正：利用吊车把预制板初步就位，然后进行吊装精调。

图 5.2.2-2 挂板翻立

图 5.2.2-3 底层挂板安装

6. 钢牛腿焊接：在挂板调整到位后进行挂板背面的牛腿焊接，如果牛腿劲板高度发生误差，可利用短钢筋填充，先对四只牛腿进行点焊，然后对挂板进行复测，校正。确认无误后进行全面焊接。埋件焊接后立即进行隐蔽验收，合格后进行防护处理，要求敲清焊渣后做一道防锈底漆，二道面漆（图 5.2.2-5）。

5.2.3 现浇板施工

1. 钢筋施工

清水面保护层控制为 35mm，采用环形塑料垫块，间距按 600mm 设置；钢筋绑扎时应特别注意清水面的扎丝头子全部折向钢筋内侧，以防外露，避免混凝土表面出现锈斑防止扎丝外露；钢筋绑扎完成后形成牢固的骨架，注意整体及单根钢筋的平直度，控制整体略微向内倾斜，防止任何钢筋触碰清水模板面。钢筋成型骨架在封模前进行清理，避免铁锈灰尘污染模板表面（图 5.2.3-1）。

2. 模板施工

图 5.2.2-4 预制板吊装工况图　　　　　　　　图 5.2.2-5 完成好的钢牛腿

　　模板体系：外模采用钢木模体系，外面板采用进口芬兰板。钢框木模中框料采用 75mm×50mm 及 75mm×75mm 角钢框架，并设 35mm×35mm 的角铁加劲肋，模板做企口缝连接；内模采用普通九夹板散装散拼，50mm×90mm 木方及双拼钢管作为纵横向围檩，钢管围檩要求与内侧脚手钢管支撑连接牢固；外模纵横向围檩均采用双拼扣件管，对拉螺杆采用 ϕ16，配置 H 形螺帽。

　　模板施工：确定了外模先封，外模先行校正，在室内进行拼缝验收，外模 H 形螺帽先收紧，内模封闭后，通过对拉螺丝进行微量调节的施工方法。清水面模板拼缝处，在通过其构造设置防止漏水（即企口缝）的同时，角钢连接接缝处打设密封胶封闭。明缝线条与面板接缝处，粘贴双面胶带封闭。选择食用精制油作为脱模剂，拆模后立即擦除水泥污迹，涂刷隔离剂后用抹布揩干，揩干时要求均匀（图 5.2.3-2）。

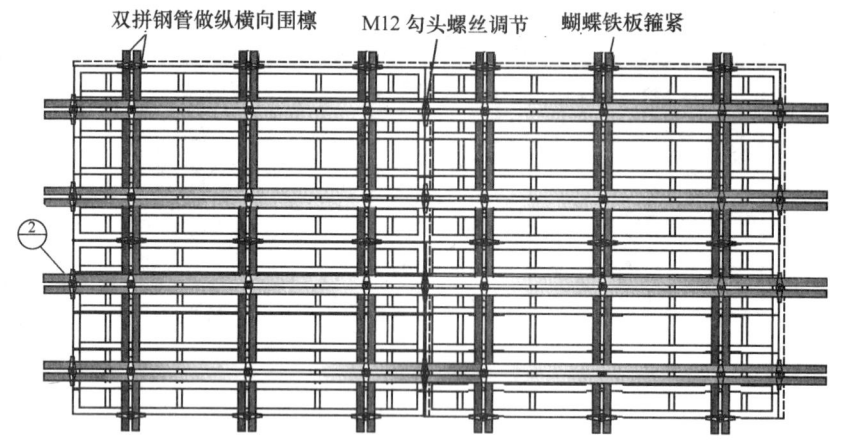

图 5.2.3-1 钢筋绑扎　　　　　　　　图 5.2.3-2 外模围檩及模板组合示意图

　　3. 混凝土施工

　　混凝土采用 C40 高流态混凝土，对进场的混凝土，逐车实测坍落度和扩展度；振捣工具全部采用 30 型振捣棒；高流态混凝土不宜多振，振点布置按板墙长度间隔 1000mm 设一点。每点振一次，振捣工艺为"快插快拔"，时间控制在 15s 左右；每层混凝土浇捣厚度控制在 800~1000mm。混凝土自由下落高度控制在 2.5m 以内，浇捣时设置木挡板缓冲；高于 2.5m 设置下料斗并接软皮管，严格控制下料高度；高坍落度混凝土浇捣后表面气泡发生率较大，故全部采用橡皮锤敲击模板表面，使其空气上升，减少表面气泡；每段浇筑长度控制在 40m 以内，并严格控制相邻板块浇捣时间。

6. 材料与设备

清水施工设备一览表 表 6

序号	名 称	规 格	施 工 部 位
1	钢丝绳	7 分	铁扁担上方
2	钢丝绳	7 分	翻立胎架
3	钢丝绳	5 分	葫芦下方
4	钢丝绳	5 分	1）挂板下车 2）挂板吊至胎架
5	卸扣	6.8	1）铁扁担与葫芦 2）葫芦下钢丝绳与预制板吊环
6	手拉葫芦	5T	安装在铁扁担下
7	吊环	φ22	挂板吊点
8	尼龙吊带	4T	挂板翻立时固定在胎架上
9	紧绳器	2T	挂板翻立时固定在胎架上
10	手拉葫芦	2T	校正挂板
11	花篮螺丝	CC 型 0.9	校正挂板

7. 质 量 控 制

7.1 工程质量控制标准

《混凝土结构工程施工质量验收规范》GB 50204；

《建筑工程施工质量验收统一标准》GB 50300；

《钢结构工程施工质量验收规范》GB 50205；

《建筑装饰装修工程质量验收规范》GB 50210；

《建筑工程大模板技术规范》JGJ 74；

《组合钢模板积水规范》GB 50214；

上海建工集团《PC 结构工程施工工艺标准》Q/PJAA 101020-2008。

7.2 质量保证措施

7.2.1 预制板生产及运输过程由制作单位负责。预制板到场后，由项目部组织相关人员进行预制板复核及验收，在外形尺寸无误，配件位置正确，无运输过程损坏的验收后，安排卸料、堆放。自此时开始由项目部对预制板保护进行负责。

7.2.2 清水混凝土预制板的规格型号较多，由制作单位在出厂时预先已按照图纸进行了编号，吊装作业时对号入座。本次实施的预制板体积大，重量重，又是凹形构件，其清水外立面及所有棱角都是需要特别注意的，不得有丝毫的损坏及破坏。

7.2.3 采用靠放方式时，支架必须达到一定的刚度，预制板外饰面朝外，倾斜度保持在 5°~10° 之间。采用平放方式时，应根据各种板的受力情况正确选择支垫位置，对称设置支垫。平放预制板要特别注意防止发生扭曲和变形。

7.2.4 吊装作业中要及时注意板块的轴线位置及标高的符合情况，每一块预制板吊装作业前至少要有纵、横两条控制线以及在结构柱上的标高控制线。吊装过程中用经纬仪和水准仪进行校核观测，确保整体垂直度、平整度。

7.2.5 预制板与框架结构连接部位的钢牛腿间，通过校正后产生的空隙要垫实，垫片采用 1~3mm 厚薄钢板。焊接的质量要达到要求。

7.2.6 预制板的中线与板面垂直度的偏差，应以中线为主进行调整。预制板接缝不平时，应以满足外表面平整为主；预制板两折角与相邻板的偏差，以保证折角垂直为准。

7.2.7 每一跨轴线清水外墙实施完成后（最后一段清水现浇板墙完成后 5d），进行此跨内所有清水墙的保护液涂刷，包括预制板。底层 2m 高度以内采用木盒对预制板两阳角进行保护。

7.2.8 注意现浇混凝土的配合比统一，严格控制到场扩展度（坍落度）及入模温度；混凝土浇筑前要进行模板内部的清理，每施工段根部现浇同配合比的砂浆，清水混凝土施工浇筑过程中严格执行混凝土振捣标准操作，防止浇筑飞溅起的灰浆对未浇筑部分模板面的污染；为保证饰面清水效果，模板的配置考虑施工缝的留设，即施工缝只能留在明缝位置，同时必须严格控制拆模时间。

7.2.9 钢筋工程：严格控制钢筋配料尺寸；注意钢筋接头和绑扎，绑扎钢丝的多余部分应向内折入构件内，以免因外露形成锈斑，影响清水混凝土观感质量；确保钢筋生根位置的准确性和墙横向钢筋的控制，保证钢筋的垂直度，控制钢筋保护层（适当增大），不使任何钢筋触碰到清水面模板。清水面禁止使用砂浆垫块。

7.2.10 现浇板模板工程：非清水面模板采用普通九夹板散装散拼。清水面模板对接时，为防止漏浆，接缝处预先硅胶进行封闭，同时在接缝背后加贴胶带。模板面板的接缝必须与设计确认的明缝、蝉缝相吻合，严禁将模板接缝留在非建筑立面效果部位。

8. 安 全 措 施

8.1 用于吊装作业的机械设备、施工机具和配件，须具有生产（制造）许可证、产品合格证。并在现场使用前，进行查验和检测，合格后方可投入使用。施工机具及配件须由专人管理，定期进行检查、维修和保养，监查相应的资料档案。

8.2 吊装作业时，用红白旗拉出安全警戒区域，设置安全监护人员，无关人员不得入内。

8.3 吊装所用的钢丝绳、吊具等须符合安全使用规定，驳运小车骨架牢固，预先试验其负载性能。

8.4 高空作业吊装时，严禁攀爬柱、墙、钢筋等，也不得在预制板顶上面行走。

8.5 吊装作业时，投影面以下禁止站人，必须待吊物降落至离地 1m 以内，方准靠近，就位固定后，方可摘钩。

8.6 预制板吊装应单件逐块吊装，起吊钢丝绳长短一致，两端严禁一高一低。

8.7 吊装操作人员，高空作业时，应佩戴好穿芯自锁保险带，并与结构内固定牢固支点扣牢。

8.8 遇雨、雪、雾、6 级大风天气，不得吊装预制板构件，18 点以后不得吊装预制构件。

9. 环 保 措 施

9.1 在清水混凝土施工中，主要的环境污染包括噪声、废料、粉尘等，在不同的施工地段，环境保护的要求和措施不同，除符合本施工工法外，在特殊环境下，还应符合当地特别要求。

9.2 在清水混凝土施工过程中，噪声的来源包括混凝土浇筑噪声、材料搬运的噪声、预制板吊装施工时的噪声。在施工期间加强噪声控制，严格按环保要求的控制指标组织施工，安排合适的施工时间，并设置必要的噪声防护措施，减少对周边的噪声污染。

9.3 对于施工期间产生的废料及其他污染物，主要包括材料使用时产生的废料、包装材料、电焊残渣等，应在指定地点集中堆放，在夜间按环保要求运输至场外指定地点进行处理。

9.4 对进出场道路及车辆应做好保洁工作，降低粉尘等对周边环境污染。

9.5 对产生的废水需设置沉淀过滤装置，满足环保要求后方可排出。

10. 效 益 分 析

10.1 本工法施工方便，施工进度快，减少了模板搭拆、材料养护等环节，大大节约工期。

10.2 通过本工法，能够将清水预制板和现浇清水墙板结合起来，发挥了各自的优势，克服了凸出部位清水墙板质量不好的通病，形成的清水混凝土板墙各方面综合性能优异，能够广泛的应用，取得了一定的经济效益和社会效益。

11. 应 用 实 例

上海虹桥国际机场扩建工程位于上海虹桥交通枢纽内，工程由上海机场集团有限公司投资，华东建筑设计研究院设计，上海建科建设监理咨询有限公司监理，上海建工（集团）总公司总承包，上海市第七建筑有限公司主建。

虹桥交通枢纽西航站楼清水混凝土墙板主要集中在 A0、A1、A2、A3 区陆侧轴线柱外墙面，共 22 根轴线柱，轴线柱外凸部位采用预制清水板与现浇清水板墙结合，先安装预制挂板，再进行清水墙板施工，形成凸柱效果。

现大面积清水墙已施工完毕，其感官质量取得了成功，主要表现为：预制与现浇板凹凸有致，表面色泽一致；对拉螺栓孔眼排列整齐，棱角清晰圆滑；明、蝉缝横平竖直，均匀一致，竖向垂直成线。获得了行业内外一致好评。并与上海市第四建筑有限公司共同申请了发明专利"预制与现浇相结合的清水混凝土施工方法"，专利申请号：200910200707.6。

钢绞线网片—聚合物砂浆加固施工工法

GJYJGF021—2010

中国建筑科学研究院　中达建设集团股份有限公司

姚秋来　王忠海　李福清　史志远　苗培博

1. 前　言

近 50 年内，全世界的建筑业大致经历了三个不同的发展时期，即大规模建设时期，新建与旧房加固改造并重时期和强调维修与现代化改造为主的第三时期。我国的建筑业也同样经历着这三个发展时期。据有关部门统计，到 2003 年底我国城镇在役的建筑面积达 140.91 亿 m²，现有的建筑物中约有 50% 已经进入了老化阶段，大量建筑物进入结构终结期，特别是 20 世纪五、六十年代兴建的一批基础设施，都面临安全性评估鉴定和加固的问题。建筑结构加固修复业已成为我国建筑业的一个新的发展热点。

钢绞线网片—聚合物砂浆加固技术是一种可以提高结构的承载力和刚度且耐久性和防火性能良好的新型加固技术。该技术还具有加固复合层对构件尺寸增加较小、对结构自重增加不大、环保无毒、施工简便、施工环境条件要求低、质量易保证等特点。

《钢绞线网片—聚合物砂浆加固混凝土结构施工及验收规程》已于 2009 年 9 月 1 日发布实施。本工法的关键核心技术经过中国建筑科学研究院、清华大学、东南大学等科研院所以及中达建设集团股份有限公司等施工单位紧密协作，通过近 5 年的科技调研、试验研究以及在大小 10 余项实际加固工程中的应用，工艺及技术已非常成熟。

通过大量的试验、实践结果表明，采用本技术加固的砖砌体可提高抗剪承载力 50% 以上，混凝土构件结构极限承载力可以提高 30% 以上，混凝土结构梁、柱、框架节点极限承载力提高 20% 左右。

本工法的关键技术《钢绞线、聚合物砂浆复合加固结构》已经于 2008 年 1 月 23 日获得了国家专利；通过住房和城乡建设部科技信息研究所对《高强钢绞线—聚合物砂浆加固成套技术研究》进行科技查新，对国内外 500 余个数据库进行检索，查新结论为："在国内外检索范围内未见与本查新项目特点相同的研究文献的报道"。

2011 年住房和城乡建设部颁布文件《2011 年工程建设标准规范制订、修订计划》（建标【2011】17 号），已经针对由中国建筑科学研究院及中达建设集团股份有限公司共同申报主编的国家行业标准《钢绞线网片—聚合物砂浆加固技术规程》进行了批准立项，本标准在 2011 年工程建设行业标准内的立项序号为 No.112 号。

2. 工 法 特 点

2.1　本工法采用的钢绞线抗拉强度标准值达 1644MPa，加固强度高。

2.2　本工法加固复合层厚度约为 20~30mm。对原结构尺寸影响较小，结构自重增加轻微，对抗震加固更为有利。

2.3　环保、无毒，聚合物砂浆的挥发性有机化合物和游离甲醛含量均满足《民用建筑工程室内环境污染控制规范》GB 50325 的要求。

2.4　施工方便，操作简易，施工质量易保证，能保证加固受力结构与原结构的有效粘结，并且在施工过程中无需使用大型施工机具，基本上不影响原结构的正常使用。

2.5　加固材料均为无机材料，与采用有机材料加固相比具有良好的耐老化性能。

2.6 聚合物砂浆具有很好的耐高温性能和热惰性，对钢绞线具有热保护性，其复合层具有很好的抗火性能。

2.7 钢绞线网片—聚合物砂浆加固与其他常用加固方法特点对比见表2.7。

常用加固方法特点对比表

表2.7

序号	加固方法	特点
1	加大截面加固法	对提高承载力、刚度有利，但受原结构空间限制，结构自重增大、建筑空间损失较大
2	外包钢和粘贴钢板加固法	施工较为方便，但结构胶与混凝土构件相连，结构胶属有机材料，其耐久、耐高温及抗火性能差，仅适用于混凝土结构加固
3	粘贴纤维复合材料加固法	抗拉强度高，密度低、自重轻，不影响结构外观，耐久性好、抗腐蚀性好，但粘结剂也属于有机材料，耐火性能很差，若通过防火涂料解决此问题，又会增加工程造价，仅适用于混凝土结构加固
4	体外预应力加固法	适用于造型较简单的大跨度结构及大型结构，但不宜用于高温结构和收缩徐变较大的混凝土结构中，仅适用于混凝土结构加固
5	钢绞线网片—聚合物砂浆加固法	强度高、对原结构尺寸影响不大、结构自重稍有增加、耐久性好、耐火性能好、环保无毒、施工方便快捷、质量易保证，且对原结构基层要求低，可用于混凝土结构、砌体结构加固、超大跨度结构、大型结构加固和桥梁工程加固

3. 适 用 范 围

3.1 桥梁、工业与民用建筑中的钢筋混凝土梁、板、柱、剪力墙，涵洞、隧道、衬砌、钢筋混凝土烟囱、筒仓、水池侧壁等，由于设计、施工、使用、老化或受某种浸蚀、灾害所造成的损坏，以及因超载导致的承载能力不足等，都可采用本工法进行加固、补强。

3.2 还可用于砖混结构中的砌体加固，以增强原砌体的抗剪承载力和整体性，提高原有结构的抗震性能。

3.3 适用于因使用功能发生改变而需要结构改造的工业与民用建筑。

3.4 也可用于原有建筑风貌不能发生改变的历史保护类建筑的结构加固。

4. 工 艺 原 理

4.1 钢绞线网片—聚合物砂浆加固技术是以钢绞线网片为增强材料，通过聚合物砂浆将其粘结在构件表面组成薄层加固结构的一种建筑结构加固技术。

4.2 通过对原结构进行清理后用专用胀栓及U形卡具等安装钢绞线，再利用聚合物砂浆使钢绞线、聚合物砂浆层与原结构进行良好粘结，并利用聚合物砂浆对钢绞线形成一层有效的耐久、耐火防护层，达到增强原结构承载力和刚度的目的，加固层也无需再进行专门防火等处理。

5. 施工工艺流程及操作要点

5.1 施工工艺流程

施工流程见图5.1。

5.2 操作要点

5.2.1 施工准备

1. 仔细阅读设计文件，并根据现场和加固构件的实际情况编制施工组织设计和施工方案，施工人员经过安全、技术交底，并经培训，熟练掌握操作要领。

2. 作业面经过交接，查清无水电管线等障碍物，垂直面上无交叉作业。

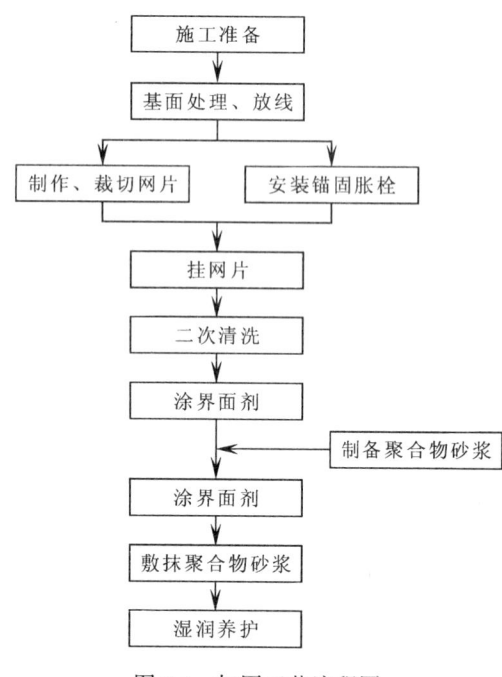

图 5.1 加固工艺流程图

3. 按设计要求进行卸荷，临时支撑严格按施工方案进行。

4. 宜在施工现场采用相同材料和施工工艺进行样板施工，样板应经相关单位认可后再进行大面积加固作业。

5.2.2 放线定位、基层处理

1. 按图纸现场放线定位，确定加固范围。

2. 清除混凝土结构原有抹灰等装修面层，处理至裸露原结构坚实面，基层处理的边缘比设计抹灰尺寸外扩50mm。对松散、剥落等缺陷较大的部分剔除，涂刷界面剂后用聚合物砂浆进行修补，表面刮毛，经修补后的基面必须适时进行喷水养护，养护时间不得少于24h。基层处理除上述要求外尚应满足设计要求。

3. 对砌体结构砖墙加固时，剔除原有抹灰层，并将碳化、松散的砌筑砂浆清除，采用强度等级大于M10的水泥砂浆进行勾缝处理，勾缝处理确保密实，勾缝修补后适时进行喷水养护，养护时间为24h。

5.2.3 钢绞线网片安装

1. 钢绞线网片下料：按照设计文件要求和加固部位具体尺寸进行钢绞线网片下料。下料尺寸应考虑钢绞线绷紧时的施工余量和端头错开锚固的构造要求（图5.2.3-1）。采用钢绞线网片单向双层加固构件时，两层钢绞线网片端部锚固区位置错开100mm（图5.2.3-2）。钢绞线裁剪时不得使断口处钢丝散开。

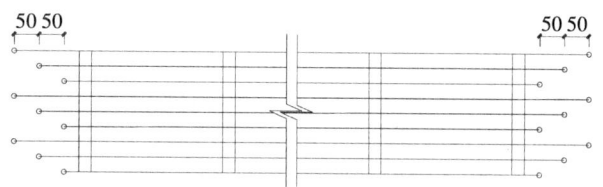

图 5.2.3-1 钢绞线网片端部错开锚固图示
注：钢绞线间距≥20，单位：mm

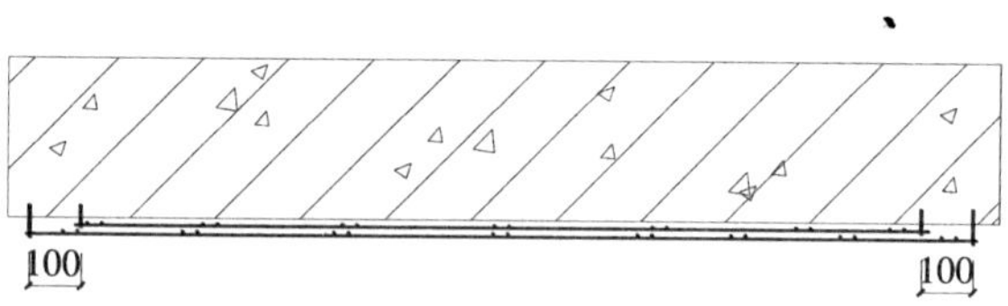

图 5.2.3-2 单向双层钢绞线网片端部锚固区错开图示

2. 安装钢绞线端部拉环：在钢绞线网片的主筋端部安装拉环，拉环安装采用液压钳与钢绞线安装在一起，安装牢固。钢绞线端部从拉环包裹处露出少许，以不影响网片安装为宜（图5.2.3-3）。

3. 钻孔：钻孔采用φ6钻头，钻孔深度控制在40~50mm。钻孔位置要符合设计要求，同时注意采取有效方法避让构件原有钢筋并满足端头错开锚固的构造要求。

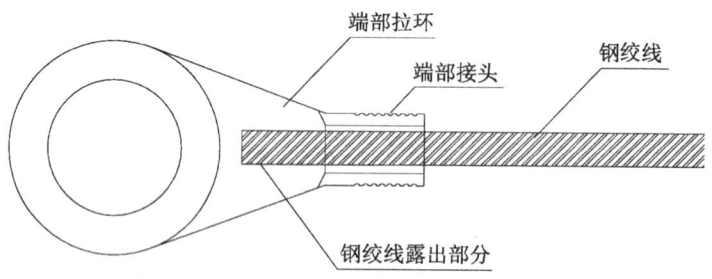

图 5.2.3-3 钢绞线端部拉环安装图示

4. 钢绞线网片一端固定：确认钢绞线网片布置的纵横方向及正反面，平行于主受力方向钢绞线在加固面外侧，垂直于主受力方向钢绞线在加固面内侧。钢绞线网片固定必须采用打入式专用金属胀栓，穿过端部拉环锤击至已钻好孔中。为避免钢绞线网片滑落，可采用U形卡具卡在胀栓顶部和拉环之间（图5.2.3-4）。

5. 钢绞线网片绷紧、固定：将钢绞线网片绷紧，绷紧的程度为钢绞线平直，用手推压受力钢绞线，有可以恢复紧绷状态的弹性。根据钢绞线网片预计绷紧位置钻孔，钢绞线拉紧后采用专用金属胀栓将其另一端固定于加固构件上。

6. 钢绞线网片调整定位：调整安装过程中扯动的钢绞线网片连接点，保持钢绞线网片间距均匀，纵横向钢绞线垂直。在钢绞线网片的纵横交叉的空格处避开钢绞线钻孔，用专用金属胀栓和U形卡具固定网片。胀栓间距按照设计文件要求确定，且沿主筋方向最大间距不宜超过钢绞线网片主筋间距的 10 倍，垂直主筋方向不应少于 2 个，整体呈梅花形布置（图5.2.3–5）。

7. 钢绞线网片需要搭接时，沿主筋方向的搭接长度应符合设计要求，如设计未注明，其搭接长度不小于 600mm 且不位于受力最大位置。

5.2.4 基层清理养护

用高压气泵将构件加固面上因作业带来的浮尘、浮渣，尤其胀栓周围清理干净。在喷涂界面剂之前，提前 6h 对被加固构件表面进行喷水养护保持湿润，并晾至构件表面潮湿且无明水。

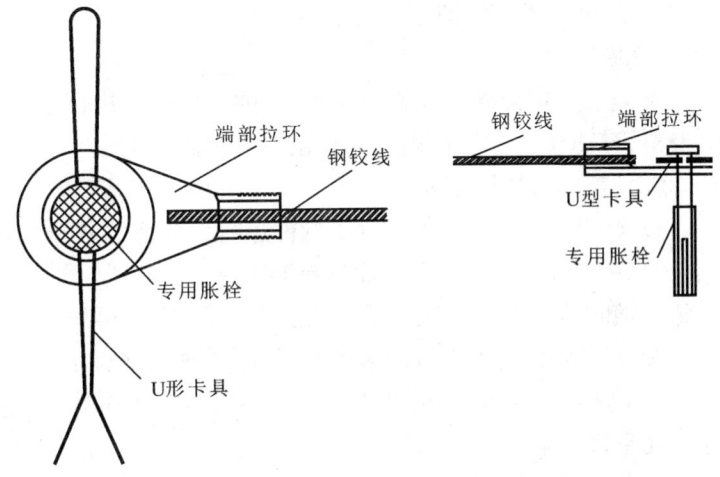

图 5.2.3–4　U 形卡具环安装图示

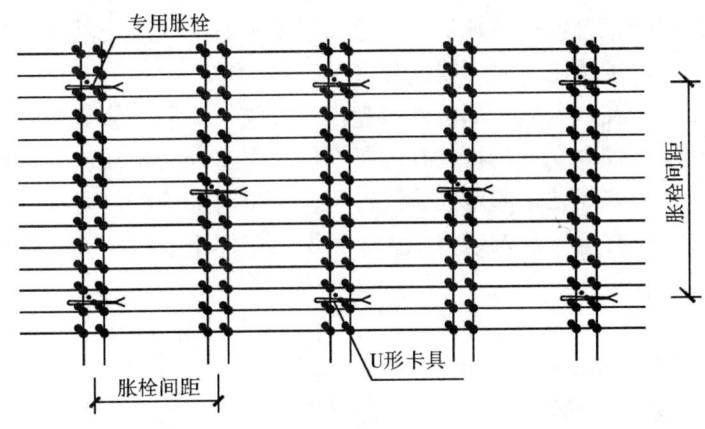

图 5.2.3–5　梅花形胀栓布置图示

5.2.5 界面剂施工

1. 界面剂配制：界面剂乳液采用液状产品，按产品使用说明将界面剂乳液与粉料按规定配比在搅拌桶中配制，用电动搅拌器搅拌均匀。

2. 界面剂喷涂：基层养护完成后即可涂刷或喷涂界面剂。界面剂施工按聚合物砂浆抹灰施工段进行，界面剂随用随搅拌，分布均匀，尤其是被钢绞线网片遮挡的基层。

5.2.6 聚合物砂浆抹灰

1. 聚合物砂浆配制：按照产品说明的要求配比进行砂浆的配制，采用小型砂浆搅拌机进行搅拌，搅拌约 3~5min 至均匀，然后倒入灰桶进行抹灰。一次搅拌的聚合物砂浆不宜过多，要根据施工进度进行配制，以免配备的砂浆存放时间过长，砂浆存放时间不得超过 30min。

2. 第一层聚合物砂浆抹灰：在界面剂凝固前抹第一层聚合物砂浆；第一层聚合物砂浆施工时使用铁抹子压实，使聚合物砂浆透过钢绞线网片与被加固构件基层结合紧密；第一层抹灰厚度以基本覆盖钢绞线网片为宜。第一层抹灰表面拉毛，为下层抹灰做好准备。

3. 后续聚合物砂浆抹灰：后续抹灰在前次抹灰初凝后进行，后续抹灰的分层厚度控制在 10~15mm。抹灰要求挤压密实，使前后抹灰层结合紧密。如尚未抹至设计厚度，抹灰表面拉毛，为下层抹灰做好准备；如已抹至设计厚度，表面用铁抹子抹平、压实、压光。

采用钢绞线网片单向双层加固构件时，在安装第一层网片后进行界面剂和抹灰施工，第一层抹灰厚度以基本覆盖钢绞线网卡为宜，抹灰表面拉毛；待砂浆终凝后安装第二层钢绞线网片，后续抹灰施工在涂刷界面剂后进行。

4. 聚合物砂浆抹灰范围比设计抹灰范围边缘外扩尺寸不小于 15mm。

5. 钢绞线网片保护层厚度不小于 15mm。

5.2.7 养护

常温下，聚合物砂浆施工完毕 6h 内，采取可靠保湿养护措施，养护时间不少于 7d（建议 7d 湿养，8~28d 干养护），并应满足产品使用说明规定的时间。

5.2.8 季节性施工要求

1. 雨期施工时，室外和露天构件进行聚合物砂浆抹灰施工应采取有效防雨措施。

2. 冬期施工时，聚合物砂浆施工的环境、基层、材料温度均不应低于 5℃，现场应设置有效的测温设施，随时监测温度。环境温度低于 5℃时应采取可靠的增温及保温措施。

3. 大风天气若无有效防风措施时，不应进行聚合物砂浆抹灰施工，并对已经施工好的构件加强养护。

4. 高温天气时，室外和露天构件不宜进行聚合物砂浆抹灰施工，如必须施工应采取有效措施，防止日光直接暴晒。

5.2.9 成品保护

1. 基层处理后予以保护，避免基层的二次污染。

2. 聚合物砂浆抹灰时注意对已安装好的钢绞线网片加强保护，不得使其变形、移位、脱落。

3. 加固施工时不得破坏其他结构构件。

4. 在加固施工部位严禁超出设计施工荷载限值集中堆放材料。

5. 加固完成的构件在养护期内不得有外力扰动，并尽快施工保护面层。

6. 未经技术鉴定或设计许可，不得对加固部位再次进行开洞施工。

7. 在后续装饰装修施工中，不得破坏钢绞线。

6. 材料与设备

6.1 材料

本工法所用材料，可以分为钢绞线网片和聚合物砂浆两大类，以及辅助用的界面剂。钢绞线网片由钢绞线、钢绞线夹口、专用膨胀螺栓、U 形卡具及端部拉环等组成；聚合物砂浆采用普通硅酸盐水泥、砂、环氧乳液、外加剂、饮用水拌制而成。

6.1.1 钢绞线网片

钢绞线网片所使用的钢绞线应采用硫、磷含量均不大于 0.03% 的优质碳素结构钢制丝；镀锌钢绞线的锌层重量及镀锌质量还应符合《钢丝镀锌层》GB/T 15393 的相关规定。

钢绞线网片采用的钢绞线应无破损、无死折、无散束，网片卡扣无开口、脱落，主筋和横向筋间距均匀且主筋规格、间距应符合设计要求，表面不得有油脂、油漆等污物。

钢绞线的抗拉强度标准值应满足表 6.1.1 钢绞线抗拉强度要求。

钢绞线抗拉强度要求 表 6.1.1

直径（mm）	抗拉强度标准值（MPa）
≤4.0	≥1650
>4.0	≥1560

钢绞线网片采用的端部拉环、专用胀栓、U 形卡具等辅助材料在使用前必须逐一检查无损坏方可使用。

6.1.2 界面剂

界面剂不得受冻、离析、结絮，无杂质并在有效期内，其挥发性有机化合物和游离甲醛含量还应满足《民用建筑工程室内环境污染控制规范》GB 50325 的要求。

6.1.3 聚合物砂浆

采用改性环氧类或改性丙烯酸酯类结构加固用聚合物砂浆。

聚合物砂浆应按设计文件要求分级使用，其性能应符合表 6.1.3 结构加固用聚合物砂浆基本性能指标的要求。

结构加固用聚合物砂浆基本性能指标

表 6.1.3

检验项目 砂浆等级	正拉粘结强度（MPa）	抗折强度（MPa）	抗压强度（MPa）
Ⅰ级	≥2.5 且为混凝土内聚破坏	≥12	≥55
Ⅱ级	≥2.5 且为混凝土内聚破坏	≥10	≥45

聚合物砂浆使用的乳液不得受冻、离析、结絮，无杂质并在有效期内，其挥发性有机化合物和游离甲醛含量还应满足《民用建筑工程室内环境污染控制规范》GB50325 的要求。

聚合物砂浆还应进行耐火试验。

6.2 设备

6.2.1 加固施工机具：钢丝剪、冲击钻、液压钳、小型砂浆搅拌机、吹风机、角磨机、小型空压机、紧线器、浆料喷枪、毛刷、抹子、高压水枪等。

6.2.2 安全防护用品：绝缘手套、绝缘鞋、口罩、护目镜、手套等。

7. 质 量 控 制

7.1 应执行的标准规范

严格按照《混凝土结构加固设计规范》GB 50367、《预应力混凝土用钢绞线》GB/T 5224、《建筑抗震加固技术规程》JGJ 116 等现行国家、行业、地方规范、规程和设计文件施工。

7.2 质量控制要点

7.2.1 所有进场材料，包括钢绞线和聚合物砂浆配制材料及辅助材料，必须符合设计要求、质量标准，并具有出厂产品合格证，有必要的进行现场抽样复试。

7.2.2 钢绞线等材料在运输、贮存中不得受严重挤压，以免钢绞线受损、死折，也不得直接日晒和雨淋，聚合物乳液材料应阴凉密闭贮存。

7.2.3 各工序的施工质量，由技术人员负责指导、监督，在施工前进行技术交底，在每一道工序完成后报请技术人员、质量管理人员、监理工程师等检查合格后，才能进行下道工序施工。

7.2.4 施工前应编制详尽可行的季节性施工应急预案，以便应急时采用。

7.2.5 各工序的施工质量要求如下：

1. 结构物表面处理

将混凝土构件表面的残缺、破损部分清除干净达到结构密实；检查外露钢筋是否锈蚀，如有锈蚀，应进行必要的防锈处理。

砖砌体表面碳化、松散的砌筑砂浆清除干净，再用强度等级大于 M10 的水泥砂浆进行勾缝处理。

2. 对经过剔凿、清理和露筋的构件残缺部分，应用清水清洗干净，对于残缺较大的部位应采用聚合物砂浆进行修补后喷水养护不少于 24h。

3. 聚合物砂浆、界面剂等的粉料或乳液的种类、环保性能、耐火性能等必须符合设计要求和相关规定，并应进行现场见证取样复试。界面剂和聚合物砂浆配制时各组分重量应采用经标定的量器称量，严格按设计配置比例进行配制，指派专人操作，严禁随意拌制。

4. 涂刷界面剂。界面剂应涂刷均匀，不得漏涂，严禁使用不适合温、湿度条件，或超过可使用时间的界面剂材料。

5. 同一构件加固时，聚合物砂浆抹灰应连续作业，不得有施工缝。

6. 聚合物砂浆应进行正拉粘结强度、抗压强度、抗折强度复试。

7. 聚合物砂浆抹灰完成后，严格按预定的养护计划指派专人进行养护。

7.2.6 钢绞线网片安装位置允许偏差应满足表 7.2.6 的要求。

钢绞线网片安装位置允许偏差 表 7.2.6

项 目	允许偏差（mm）
固定栓钉间距	±5
钢绞线网片受力线间距	±5
钢绞线网片搭接尺寸	−5
预埋和预留构件中心位置	5

7.2.7 聚合物砂浆施工允许偏差应满足表 7.2.7 的要求。

聚合物砂浆施工允许偏差 表 7.2.7

项 目	允许偏差（mm）
聚合物砂浆厚度	−2
面层立面垂直度	4（采用 2m 垂直检测尺检查）
面层表面平整度	4（采用 2m 靠尺和塞尺检查）
阴阳角方正	4

7.2.8 检验批划分按当地相关要求执行，若无针对性要求，可参照相同材料、工艺和施工条件下板、墙每 300m² 为一个检验批（不足 300m² 的也应划分为一个检验批），梁、柱每 10 个独立构件为一个检验批。

8. 安 全 措 施

8.1 加固施工操作应满足现行相关规范、规程的要求。

8.2 施工前检查脚手架、上下梯道、安全护栏等适用性和牢固性，严防高空坠落。

8.3 工长应督促工人戴好防护目镜、手套、口罩、安全帽、安全带等安全、劳保用品，高空作业时必须系安全带并应穿防滑鞋。

8.4 在有电力设备或开关的场所施工，必须防止钢绞线与电器接触，避免因钢绞线导电发生危险。

8.5 严防聚合物乳液或其组分溅入眼睛内，不慎入眼应立即用清水冲洗，溅在皮肤上可用肥皂水冲洗，严重时要及时送医院治疗。

8.6 施工现场各类临边、洞口等应做好安全防护并设置警示牌。

8.7 夜间或在光线不足的地方施工时，移动照明应使用 36V 安全电压照明设备。

8.8 工长要每天进行班前安全教育和随时安全检查。

9. 环 保 措 施

9.1 遵照国家环境保护政策和当地政府环保及环卫部门对本工程项目环境保护及环卫的要求，制订本项目《环境保护及环卫管理计划》，并贯彻到整个施工活动中，严格执行环保和环卫的各项规定。

9.2 施工前对全体员工进行环境保护法规和环卫管理教育和学习，成立领导小组专人负责环境计划和环卫管理的落实，施工现场划分责任区，指定负责人明确责任区的管理责任。

9.3 材料的运输、储存、使用应符合产品说明和环保要求。

9.4 严格控制施工噪声，白天施工噪声不得大于 70dB，晚上不得大于 55dB，或按当地规定控制。钻孔、打磨等作业尽量在白天施工，如有必要，宜设置防噪声设施。

9.5 施工现场做好防扬尘措施，严防砂浆粉料等扬尘遗洒，对于基层需打磨的构件，在打磨时应进行浇水降尘，必要时对工作面进行封闭。

9.6 盛装聚合物砂浆粉料的袋子、盛装乳液的容器等材料包装使用后应集中统一销毁。

9.7 施工废水必须经过沉淀池后再排入市政管网，严禁废水直排。

9.8 工地现场设置足够的临时卫生设施，做好施工现场的卫生管理工作，建筑生活垃圾要堆放在指定地点，按规定及时清理或处理。

10. 效 益 分 析

10.1 经济效益

钢绞线网片—聚合物砂浆加固，较粘（包）钢、粘贴纤维材料等加固措施费用相当，可操作性和实用性强、施工便捷、工效高、无需大型机械设备机具、施工占用场地少、湿作业少，在施工工期、施工条件方面具有明显的优势。钢绞线网片—聚合物砂浆加固与原结构结合密切、高强高效、适用面广、质量易保证、耐火性能好、耐腐蚀及耐久性能极佳。加固修补后，原结构自重及原构件尺寸增加少，基本上不占用原结构的建筑使用面积。

10.2 社会效益

钢绞线网片—聚合物砂浆加固，施工方便，基本不影响原结构正常使用，工期短，在基本不改变原建筑结构尺寸，在能够有效保证原有建筑风貌的同时，满足承载力需求，附加荷载小，对抗震加固极为有利，节约能源、建材、钢材等。防火性能良好，并且具有无毒、环保、耐腐蚀等特点，具有良好的社会效益和环境效益。

11. 应 用 实 例

本工法通过在北京工人体育馆改建工程、山东省龙口接待中心加固工程、厦门郑成功纪念馆结构加固工程等多次成功应用，取得了良好的社会与经济效益，并得到了各业主及相关单位的一致好评。

11.1 北京工人体育馆改建工程

北京工人体育馆坐落于北京市朝阳门外工体西路，该工程始建于 1959 年，是我国 20 世纪 50 年代十大建筑之一。工人体育馆由北京市建筑设计研究院设计，总建筑面积 40200m²，框架剪力墙结构，建筑檐高 26.8m，当时结构设计的主要依据为原苏联《混凝土与钢筋混凝土结构设计标准及技术规范》HnTy123—55，未考虑抗震设防问题，从各项现行结构设计规范角度来看，其材料性能、结构构造、抗震设防等方面远不能满足要求。加之工人体育馆至今已建成使用近 50 年，且受当时工程建设时施工条件和施工水平有限的影响，经北京市第二检测所检测，该工程主体结构许多部位都存在不同程度的损伤和老化，已不能满足正常使用要求。

工人体育馆改建加固既要满足使用功能，又要保持体育馆的原貌，还要考虑经济节约。针对工人体育馆的具体情况，综合考虑各种因素并比较各种常用的加固方案，最终我们决定对钢筋混凝土梁和板采用新型加固技术：钢绞线网片—聚合物砂浆加固技术，对于结构柱因抗震需要采用加大截面法进行加固。钢绞线加固的主要优点是防火性能高、耐久性好、与混凝土结合密切、强度高、附加荷载小、所占空间小、施工方便。

该馆作为奥运会比赛场馆，因功能调整，部分使用荷载有所增加，致使原构件承载力不足，因而需加固；另一方面，该馆已使用了近 50 年，部分混凝土构件碳化程度较大，钢筋锈蚀严重，钢筋有效面积减小，承载力下降，对此部分也需加固。下面分别加以说明。

1. 板承载力不足加固

根据工人体育馆改建的实际情况和要求，建筑地面做法维持原做法，不予更新，因此，对此板只能在板底面进行加固。下面以 2.5m 跨的单向连续板为例，说明板加固做法。此板下需增设大量设备管道，致使板承载力不足。经复核，此板（配筋）可承担这些荷载，但无富余，考虑新增设备管道荷载后，此板需要加固。按照只可在板底加固的原则进行分析计算，根据当时市面上可采购到的规格并考虑构造要求，最后实配钢绞线为 ϕ3.05@50，钢绞线面积为 89 mm^2/m（图 11.1）。

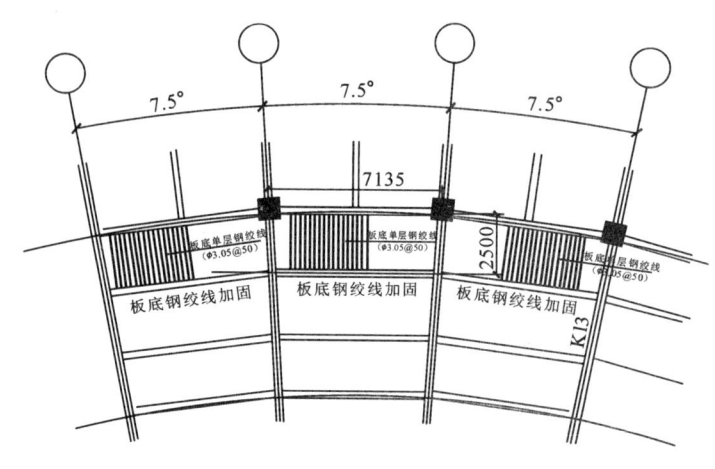

图 11.1 楼板加固

2. 板钢筋锈蚀加固

少部分板底钢筋锈蚀严重，原板中钢筋直径一般为 ϕ6、ϕ8，直径损失达 1~2mm，受力钢筋面积损失达到 40%左右，承载力已严重不足，对此类板必须加固。在没有荷载增加的情况下考虑采取钢筋等量代换的原则进行计算并考虑二次受力的影响，所需钢绞线面积为 $38mm^2/m$，最后实配钢绞线为 ϕ3.05@50。

3. 梁加固

本工程梁加固的主要原因是由于使用功能的改变，增加了荷载，原梁承载力不足。和板同样的原因，梁顶负弯矩无法加固，只能在梁底及其侧面加固。

在北京工人体育馆改建工程中，钢绞线网片—聚合物砂浆加固技术充分展现了其特点优点，可同时满足对加固效果、建筑外观保护、结构防火性能以及环境保护等多方面综合要求。工程实践证明：在该改建工程中编制的钢绞线网片—聚合物砂浆加固技术施工及验收标准，操作性强，可有效指导施工，控制施工质量，完善验收程序，是本次加固施工顺利进行的有力保障。

11.2 山东省龙口接待中心加固工程

山东省龙口接待中心主楼平面呈矩形，建筑面积为 $22950m^2$（不含地下室和裙房），主体地下 2 层，地上 26 层，钢筋混凝土框架—抗震墙结构。结构施工至地上四层顶板时，在施工检查中发现一~四层预留混凝土试块抗压强度远低于设计要求，后经实体检测，证明主楼一~四层结构构件的混凝土强度确实不满足设计要求，需进行加固补强。

该接待中心主楼一~五层为办公、商务、会议和娱乐用房，六~三十四层为酒店客房，二十五层为茶座和观景平台，二十六层为机房。室内外高差为 0.75m，建筑高度为 97.95m，局部高度为 110.25m。该工程抗震设防烈度为 7 度，设计基本地震加速度值为 0.15g，设计地震分组为第一组，场地类别为 II 类。基本风压为 $0.60kN/m^2$，地面粗糙度 A 类。结构安全等级为二级，设计使用年限为 50 年。

接待中心主体结构现已建 4 层，其后续建部分仍需按照原设计图纸施工，业主要求本次加固补强工程不能影响建筑外观和使用功能，经业主组织专家会议研究讨论决定，排除了存在环境污染和后期维护成本较大的粘贴碳纤维和粘钢等传统加固方法，对墙体采用喷射混凝土加大截面方法进行加固，对轴压比超限的框架柱和承载力不满足要求的梁、板采用钢绞线网片—聚合物砂浆加固技术进行加固。

中国建筑科学研究院和清华大学等单位近几年来对该项技术进行了系列试验研究，整理和总结出多项可付诸工程实践的研究成果。依据上述研究成果，经验算，原来存在安全隐患的结构构件采用钢绞线网片—聚合物砂浆技术加固后可满足规范规定的安全要求。

本工程所用钢绞线直径为 3.05mm，网片主线间距 25~30mm，全部在工厂加工生产完成后运送至工地下料安装。本工程钢绞线网片使用面积约 2000m²，网片安装和聚合物砂浆抹面等工序实际施工时间 15d，施工完成面可直接进行下一步装饰工序。

本工程采用的面层厚度只有 25mm 或 40mm，替代原找平层和抹灰层，基本不增加重量，因此不需对基础进行加固。试验研究表明，这种加固补强技术对于混凝土构件具有良好的效果。

11.3 厦门郑成功纪念馆结构加固工程

郑成功纪念馆位于福建厦门市鼓浪屿岛上，主馆是一座西洋式的建筑，原为私人别墅，建成于 1932 年，1962 年改为纪念馆，被当地政府定为历史风貌建筑加以保护。该建筑为 4 层砖石结构，局部有地下室，现浇钢筋混凝土楼盖，四层顶为挂瓦坡屋面，内墙和外墙厚均为 360mm，基础为条石基础。房屋纵向长为 25.16m，总宽度为 22.16m，首层层高 4.40m，二层层高 4.27m，三层层高 4.63m，四层有缩进，分为两部分，楼梯间部分檐口至屋面高 3.65m，另一部分檐口至屋面高 1.44m。

该建筑历经 70 多年风雨，经检查，主体结构混凝土密实性较差，部分钢筋混凝土楼盖梁、板碳化，钢筋锈蚀；墙体为白灰砂浆砌筑，砂浆强度推定值为 M0.4~M1.0。经鉴定，该建筑结构不能满足厦门地区 7 度抗震设防要求，在正常使用条件下，也存在一定安全隐患。为此，要求对该建筑结构进行加固。原加固设计对部分钢筋混凝土梁、板采用外包混凝土加大断面，对砖墙采用钢筋混凝土夹板墙（厚 60mm 以上）的处理。为了达到加固效果，原有的红木门、窗框必须拆除，在砖墙上打洞埋设锚固拉筋、用于固定钢筋网片，再浇捣混凝土。由于结构自重加大，墙体的毛石基础必须扩大；在要求板墙钢筋穿越梁或楼板及在砖墙打洞时，也会产生一定破坏，节点处理也比较困难。加固的结果将破坏建筑外貌、减少建筑面积、影响使用功能、施工工程量和难度极大，实属一种落后的加固技术。近十多年来，采用碳纤维布和玻璃纤维布粘贴技术对钢筋混凝土构件进行加固的试验研究取得了许多进展，在工程中得到广泛应用。但由于耐久性、防火、污染、纤维布端部锚固以及节点处理困难等问题，逐渐暴露出这种补强加固技术的局限性。

经过专家论证，认为对郑成功纪念馆这样的历史风貌建筑，不能采用传统的加固技术，采用钢绞线网片—聚合物砂浆加固技术，可以达到预期的结构安全要求，有效地保护原有建筑风貌和使用功能，而且施工工艺比较简单，对环境的影响（噪声、空气和水污染等）最小。因此对该建筑的原梁、板、砖墙等结构采用了钢绞线网片—聚合物砂浆加固。

自适应变形型二次后浇圈梁柔性连接施工工法

GJYJGF022—2010

江苏双楼建设集团有限公司　江苏弘盛建设工程集团有限公司

陈克荣　薛锋　张明　江庆华　吕俊

1. 前　　言

传统的房屋建筑工程填充墙中二次构件圈梁的两端与主体结构中墙、柱混凝土为整体现浇连接，圈梁下口则直接与填充墙接触，因此圈梁的两端及下口均为直接接触的、不可移动的刚性约束体。而圈梁常因混凝土自身徐变和外部温度、湿度等环境因素的作用会发生变形，当变形产生的剪应力和拉伸应力超过填充墙体的水平阻力和抗拉力时，圈梁下口及圈梁端部砌体以及一般抹灰等装饰面层极易造成裂缝等质量通病，影响了工程观感质量和用户正常使用功能，产生工程质量投诉、索赔等纠纷，既增加了施工企业的维修和返工质量成本，又对其社会效益产生了负面影响。

为有效地解决以上质量通病，公司和江苏弘盛建设工程集团有限公司通过工艺改进和创新，在工程应用实践的基础上联合开发、总结出"自适应变形型二次后浇圈梁柔性连接施工技术"，并在珠江路劳动村（卓越 SOHO）等工程应用中取得了理想效果。为有效推广应用该施工技术及其配套管理方法，特制定本工法。本工法关键技术经科技查新，为国内首创，经江苏省住建厅组织专家鉴定，达到国内领先水平，并已获得国家发明专利（专利号 ZL200910264509.6）和实用新型专利（专利号 ZL200920282520.0）。

2. 工 法 特 点

2.1　施工简便

在工程主体结构施工阶段，将传统的填充墙二次后浇圈梁施工方法通过工艺改进和创新，利用在圈梁端部设置由锚板、锚筋和工字钢组合而成的连接组件，并在连接组件工字钢周围封裹柔性油毡卷材、在连接组件工字钢端部设置聚苯板或油毡卷材柔性隔离层，在圈梁端部设置聚苯板柔性填充层和圈梁下口设置聚苯板或油毡卷材柔性水平滑动层，施工制作成柔性连接的二次后浇圈梁，整个施工工艺未增加任何技术难度，施工操作简便、便于掌握。

2.2　防裂效果显著

本工法可有效地实现二次后浇圈梁端部与先施工的主体混凝土墙、柱之间非直接接触的柔性连接和圈梁下口与填充墙之间的自由变形滑动、自调变形，克服了传统施工方法中填充墙及粉刷等装饰面层因二次后浇圈梁变形而产生的墙体裂缝等质量通病。

2.3　缩短工期，提高工效

对于合同工期相对较紧的工程，在主体结构施工阶段，可同步先在墙柱结构钢筋骨架上指定的部位先固定预埋圈梁端部连接组件中的锚筋和锚板埋件等措施，实现二次结构与主体结构的同步交叉施工，为后续砌筑的圈梁上、下部填充墙同时展开施工和整个室内填充墙抹灰、装饰等工序提前进场穿插施工创造了有利的作业条件，加快了进度，缩短了工期，提高了工效。

2.4　安全、经济、可靠、节能、环保，应用前景广阔

自适应变形型二次后浇圈梁柔性连接施工工法应用后，一方面能加快主体结构施工进度，提高施工效率；另一方面能有效地控制填充墙裂缝的产生，提高工程施工质量，减少工程质量投诉、维修和返工

等质量成本，保证墙体的使用功能和观感质量，具有显著的经济效益和社会效益。且其对现场安全、文明施工和节能环保无特殊要求，具有极大的推广应用价值和广阔的市场前景。

3. 适 用 范 围

本工法适用于框架、框架剪力墙、框筒结构等新建、改建、扩建工程中填充墙二次构件圈梁的柔性连接施工，特别适用于挑高复层、隐形跃层或层高较大的房屋建筑工程填充墙中二次后浇圈梁的柔性连接施工。

4. 工 艺 原 理

本工法的核心工艺原理：通过在圈梁端部设置连接组件，将连接组件一端事先加工制作好的U形锚筋和锚板预先埋入主体墙柱，在另一端后焊接的工字钢周围及端部封裹柔性油毡卷材隔离层、工字钢根部紧贴锚板（即圈梁端部与墙柱之间）预设聚苯板柔性填充层后，在工字钢外围绑扎加强架立筋和加强箍筋，同时在圈梁下口与填充墙之间预设柔性油毡卷材或聚苯板水平滑动层，套插圈梁钢筋骨架、支模、浇筑混凝土后，实现二次后浇圈梁端部混凝土与其内部工字钢之间、圈梁端部与主体混凝土墙、柱之间以及圈梁下口与填充墙之间的非直接接触的柔性连接，消除圈梁端部约束和圈梁与下口填充墙之间的水平摩擦阻力，便于圈梁伸缩变形时自由滑动（即自调变形），从而达到防止因圈梁变形后产生剪应力和拉伸应力而使填充墙及其粉刷等装饰面层产生开裂的目的。本工法中二次后浇圈梁的柔性连接构造原理如图4-1~图4-4所示。

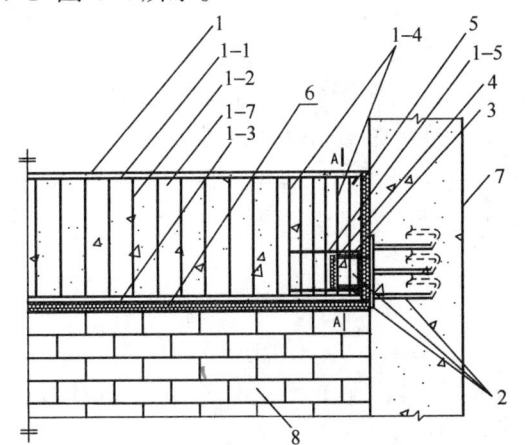

图 4-1 自适应变形型圈梁构造图　　　　图 4-2 自适应变形型圈梁 A—A 剖面图

1—圈梁；1-1—圈梁钢筋骨架上部纵筋；1-2—圈梁钢筋骨架箍筋；1-3—圈梁钢筋骨架下部纵筋；
1-4—圈梁钢筋骨架端部加密箍筋；1-5—连接组件工字钢侧边加强架立筋；1-6—连接组件工字钢侧边加强架立筋用配套箍筋；
1-7—圈梁混凝土；2—圈梁端部连接组件；3—连接组件工字钢周围封裹的油毡卷材柔性隔离层；
4—连接组件工字钢端部油毡卷材或聚苯板柔性隔离层（图中只画出聚苯板隔离层示意）；5—圈梁端部聚苯板柔性填充层；
6—圈梁下口油毡卷材或聚苯板柔性水平滑动层（图中只画出聚苯板水平滑动层示意）；
7—主体结构混凝土墙、柱；8—圈梁下部填充墙

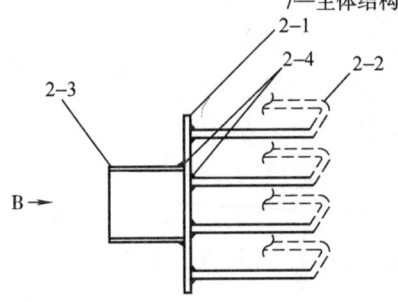 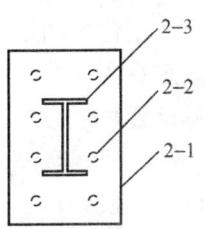

图 4-3 圈梁端部连接组件侧面大样图　　　　图 4-4 圈梁端部连接组件 B 向正面大样图

2-1—锚板；2-2—水平U形锚筋；2-3—后焊接工字钢；2-4—焊缝　　2-1—锚板；2-2—水平U形锚筋；2-3—后焊接工字钢

5. 施工工艺流程及操作要点

5.1 施工工艺流程

5.1.1 工艺流程一：先砌筑填充墙、后施工圈梁

连接组件锚板、水平U形锚筋埋件及后焊接工字钢下料、加工、制作→墙、柱钢筋骨架上锚板、水平U形锚筋埋件安放、固定、焊接→墙、柱模板支设、混凝土浇筑及拆模→墙、柱埋件锚板上焊接工字钢（同时穿插进行圈梁钢筋骨架的配筋、下料、成型）→圈梁下部填充墙砌筑→填充墙顶部铺放油毡卷材或聚苯板柔性水平滑动层→连接组件工字钢周围封裹油毡卷材柔性隔离层→工字钢端部填放聚苯板或包裹油毡柔性隔离层（或在工字钢周围封裹油毡卷材时一道包裹油毡卷材）→圈梁端部与墙、柱之间预先设置聚苯板柔性填充层（或在工字钢外侧加强架立筋及配套箍筋绑扎并套插圈梁钢筋骨架后设置）→连接组件工字钢侧边加强架立筋及配套箍筋绑扎成型→工字钢外侧套插圈梁钢筋骨架→圈梁端部加密箍筋绑扎→圈梁钢筋骨架下口设置钢筋保护层垫块设置→圈梁侧模支设、安装→圈梁混凝土浇筑成型→圈梁侧模拆模→圈梁上部填充墙砌筑。

5.1.2 工艺流程二：先施工圈梁、后砌筑填充墙

圈梁底模排架搭设→连接组件锚板、水平U形锚筋埋件及后焊接工字钢下料、加工、制作→墙、柱钢筋骨架上锚板、水平U形锚筋埋件安放、固定、焊接→墙、柱模板支设、混凝土浇筑及拆模→墙、柱埋件锚板上焊接工字钢（同时穿插进行圈梁钢筋骨架的配筋、下料、成型）→连接组件工字钢周围封裹油毡卷材柔性隔离层→工字钢端部填放聚苯板或包裹油毡柔性隔离层（或在工字钢周围封裹油毡卷材时一道包裹油毡卷材）→圈梁端部与墙、柱之间预先设置聚苯板柔性填充层（或在工字钢外侧加强架立筋及配套箍筋绑扎并套插圈梁钢筋骨架后设置）→圈梁底模支设→圈梁底模上铺放油毡卷材柔性水平滑动层（或在后续施工完成的圈梁及其下部填充墙砌筑完成后再在圈梁下口与填充墙之间空隙中填塞油毡卷材或聚苯板柔性水平滑动层，具体施工方法应根据工程实际需要及工期要求选用确定）→连接组件工字钢侧边加强架立筋及配套箍筋绑扎成型→工字钢外侧套插圈梁钢筋骨架→圈梁端部加密箍筋绑扎→圈梁钢筋骨架下口设置钢筋保护层垫块→圈梁侧模支设、安装→圈梁混凝土浇筑成型→圈梁侧模及底模拆模→圈梁上、下部填充墙同时交叉砌筑。

5.2 "工艺流程一"操作要点

5.2.1 连接组件锚板、水平U形锚筋埋件及后焊接工字钢下料、加工、制作

连接组件锚板、水平U形锚筋埋件及后焊接工字钢下料、加工、制作既可实行工厂化专业定制生产又可采用现场加工制作。埋件锚板采用不小于10mm厚的Q235级型钢（钢板），水平U形锚筋采用至少4根HRB335级螺纹钢机械弯曲加工成型，锚板具体厚度、大小和锚筋的直径、数量应根据工程实际情况通过力学验算来确定。锚筋和锚板组合时将锚筋以水平方向或侧向垂直焊接在锚板的一个面上，埋件锚板和锚筋之间采用E43XX型焊条通过压力埋弧焊焊接而成，且锚筋应在埋件锚板上均匀分布焊接。后焊接工字钢采用国家标准10~14规格的成品钢板，其下料加工的长度应根据二次构件圈梁及其上部填充墙荷载的大小不同通过力学验算来确定。

5.2.2 墙、柱钢筋骨架上锚板、水平U形锚筋埋件安放、固定、焊接

将事先加工、制作好的锚板及锚筋埋件按照图纸设计的位置，利用结构施工阶段1.0m水平控制线先用扎丝临时固定在主体结构墙、柱设置圈梁的钢筋骨架预定部位上，在准确定位后（要求调好标高、上下左右和前后位置）通过焊接方式固定于墙、柱钢筋骨架上，其定位误差中心线位移不得大于5mm。焊接时不应损伤墙、柱钢筋骨架主筋，并应确保锚板的平面与混凝土成型后结构墙、柱表面一致，且预埋后的锚板应确保在浇筑墙、柱混凝土时不产生位移、偏位；墙、柱钢筋骨架上锚板、水平U形锚筋埋件安放、固定、焊接施工如图5.2.2所示。

5.2.3 墙、柱模板支设、混凝土浇筑及拆模

图 5.2.2　墙、柱钢筋骨架上锚板、水平 U 形锚筋预埋件安放、固定、焊接

　　墙、柱模板支设过程中应做好钢筋骨架上锚板、水平 U 形锚筋预埋件数量、位置、固定方法及模板拼缝、支撑系统紧固等技术复核和专项检查、隐蔽验收工作。混凝土浇筑时应根据墙柱高度和水平 U 形锚筋埋件固定处所在节点部位配筋的疏密情况确定是采否用分段浇筑工艺和小口径振动棒施工，并应注意振捣方法和振捣时间，确保混凝土成型质量和预埋质量。因墙、柱拆模时间相对较早，拆模时应注意不要碰撞连接组件预埋件，并做好混凝土养护工作。拆模后锚板在混凝土墙柱上预埋效果如图 5.2.3 所示。

图 5.2.3　混凝土墙、柱上锚板预埋效果

5.2.4　墙、柱埋件锚板上焊接工字钢

　　主体结构墙、柱拆模后，首先将墙、柱上埋件锚板表面的混凝土浮浆清理干净并弹出中心线。后焊接工字钢与埋件锚板之间采用 E43XX 型焊条通过压力埋弧焊焊接而成，每个埋件锚板上工字钢焊接完成后用小堑锤将残留的焊渣轻轻敲打清理干净。焊接后的锚板与工字钢的中心线应保持一致，且焊缝质量等级不低于三级，外观不低于二级。埋件锚板上焊接工字钢的同时可穿插进行圈梁钢筋骨架预先配筋、下料、成型工作，以加快施工进度。埋件锚板上工字钢焊接施工及效果分别如图 5.2.4-1 和图 5.2.4-2 所示。

图 5.2.4-1　埋件锚板上工字钢焊接施工

5.2.5　圈梁下部填充墙砌筑

　　圈梁下部填充墙砌筑按常规工艺进行，并应在不超过规范要求的前提下通过调整水平灰缝厚度来控制填充墙上口的高度，墙体应做到砂浆饱满、横平竖直，以确保二次构件圈梁下口与砌体顶部不产生错位，保证圈梁截面尺寸和圈梁上部、下部整片砌体表面垂直度和平整度符合规范要求。

5.2.6　填充墙顶部铺放油毡卷材或聚苯板柔性水平滑动层

图 5.2.4-2 埋件锚板上工字钢焊接效果

填充墙顶部油毡卷材或聚苯板柔性水平滑动层的铺放应在填充墙充分沉实稳定、填充墙顶面砂浆等杂物清理干净后进行。采用油毡卷材时，应采用厚度 3mm 以上的改性沥青卷材，宽度同填充墙厚度；采用聚苯板时，其厚度为 20mm，宽度同填充墙厚度，并铺放平整。填充墙顶部油毡卷材柔性水平滑动层的铺放及施工效果如图5.2.6 所示。

图 5.2.6 填充墙顶部油毡卷材柔性水平滑动层的铺放及施工效果

在采用"工艺流程二"时，"圈梁底模上铺放油毡卷材柔性水平滑动层"或"在圈梁下部填充墙砌筑完成后再在圈梁下口与填充墙之间空隙中填塞油毡卷材或聚苯板柔性水平滑动层"中所采用的油毡卷材或聚苯板的规格、品种、宽度要求同上。其中采用"圈梁底模上铺放油毡卷材柔性水平滑动层"方法时，当在砌筑圈梁下部填充墙时应注意做好圈梁下口所附着的油毡卷材的成品保护工作。

5.2.7 连接组件工字钢周围封裹油毡卷材柔性隔离层

埋件锚板上工字钢焊接完成经冷却后即可在工字钢周围封裹油毡卷材柔性隔离层。柔性油毡卷材采用 3mm 厚改性沥青卷材，宽度同工字钢下料长度，封裹时油毡卷材应连续、完全、紧贴工字钢，以保证工字钢周围油毡卷材柔性隔离层在圈梁混凝土浇筑后起到良好的工作性能。工字钢周围油毡卷材柔性隔离层封裹施工及效果如图5.2.7 所示。

图 5.2.7 工字钢周围油毡卷材柔性隔离层封裹施工及效果

5.2.8 工字钢端部填放包裹油毡或聚苯板柔性隔离层

工字钢端部填放聚苯板柔性隔离层时，应做好抗浮固定措施。为简化施工方法、加快施工进度，可在工字钢周围封裹油毡卷材柔性隔离层时一道包裹好工字钢端部油毡卷材，并应先包裹工字钢端部油毡卷材（也可以先包裹工字钢周围油毡卷材，以增加工字钢周围柔性隔离层的施工效果），工字钢端部油毡柔性隔离层的包裹如图 5.2.8 所示。

5.2.9 圈梁端部与墙、柱之间预先设置聚苯板柔性填充层

图 5.2.8 工字钢端部包裹油毡柔性隔离层

圈梁端部（工字钢根部）聚苯板柔性填充层采用 20mm 厚的聚苯板，其平面大小同圈梁截面尺寸。可采用套放法或拼贴法预先设置在圈梁端部与墙、柱之间位置上，并用胶粘剂点粘固定在墙、柱混凝土结构基层表面。圈梁端部聚苯板柔性填充层也可在工字钢外侧圈梁钢筋骨架套插后设置。圈梁端部预先设置的聚苯板柔性填充层如图5.2.9 所示。

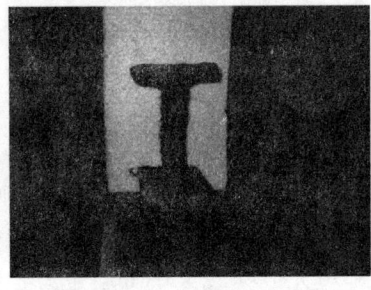

图 5.2.9 圈梁端部预先设置的聚苯板柔性填充层

5.2.10 连接组件工字钢侧边加强架立筋及配套箍筋绑扎成型

连接组件工字钢侧边加强架立筋和配套箍筋的设置应在工字钢周围及端部油毡卷材柔性隔离层封裹施工结束后进行。加强架立筋的品种、规格不小于直径 $\phi12$ 的 HRB335 或 HRB400 级钢筋，数量不得少于 4 根，分别置于工字钢周边上下四角处，长度至少为工字钢长度的 2 倍，架立筋配套用箍筋采用直径不小于 $\phi6.5$ 的 HPB235 或 HRB335 级钢筋加工而成，设置间距为 100mm。不同工程连接组件工字钢两侧加强架立筋及配套箍筋的规格、长度、数量和间距的选用、设置应根据圈梁断面尺寸、自重和圈梁上部填充墙荷载大小等通过力学验算来确定。加强架立筋及配套箍筋绑扎时不得损坏工字钢周围封裹的油毡卷材柔性隔离层和圈梁端部与墙、柱之间预先设置的聚苯板柔性填充层以及圈梁下口的水平滑动层。连接组件工字钢侧边加强架立筋及配套箍筋绑扎施工及效果分别如图 5.2.10-1 和图 5.2.10-2 所示。

图 5.2.10-1 连接组件工字钢侧边加强架立筋及配套箍筋绑扎施工

5.2.11 工字钢外侧套插圈梁钢筋骨架

圈梁钢筋骨架的上下部纵筋、箍筋均按图纸正常的配筋设计要求预先进行配筋、下料、成型。工字钢外侧圈梁钢筋骨架套插按正常工艺进行，并不得破坏圈梁端部与墙、柱之间预先设置的聚苯板柔性填充层及填充墙顶部的水平滑动层。如图 5.2.11 所示。

5.2.12 圈梁端部加密箍筋绑扎

图 5.2.10-2　连接组件工字钢侧边加强架立筋及配套箍筋绑扎成型效果

图 5.2.11　工字钢外侧套插圈梁钢筋骨架

连接组件所在部位的圈梁端部一定范围内应设置加密箍筋，箍筋采用直径不小于 φ6.5 的 HPB235 或 HRB335 级钢筋加工而成，设置间距为 100mm。不同工程的圈梁端部加密箍筋的规格、范围、间距应根据圈梁断面尺寸、自重和圈梁上部填充墙荷载大小等通过力学验算后确定，以达到圈梁能有效支承圈梁自重和上部填充墙荷载为准。加密箍筋也可事先与圈梁钢筋骨架一起绑扎成型，圈梁端部加密箍筋绑扎如图 5.2.12 所示。

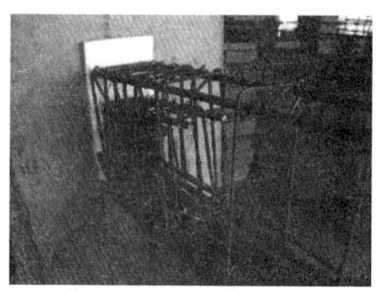

图 5.2.12　圈梁端部加密箍筋绑扎

5.2.13　圈梁钢筋骨架下口钢筋保护层垫块设置

圈梁钢筋骨架下口的钢筋保护层采用定型的 25mm 厚成品塑料保护层垫块，并按合理间距和工艺要求设置在圈梁主筋下方，如图 5.2.13 所示。

图 5.2.13　圈梁钢筋骨架下口保护层垫块设置

5.2.14　圈梁侧模支设、安装

圈梁侧模与混凝土的接触面应清理干净后涂刷成品脱模剂，并按正常工艺要求支设、安装，并应能保证模板及支架、夹具和对穿螺栓紧固体系具有足够的承载能力、刚度和稳定性，能可靠地承受混凝土的重量、侧压力，以防胀模，拼缝应严密、断面尺寸应准确，以保证圈梁混凝土浇筑成型质量。圈梁侧模支设、安装如图 5.2.14 所示。

图 5.2.14　圈梁侧模支设、安装

5.2.15　圈梁混凝土浇筑成型

圈梁混凝土浇筑前，模板内的杂物应清理干净，并应浇水湿润（不应有积水）。圈梁混凝土浇筑过程中应注意振捣方式，不得破坏连接组件工字钢周围及端部封裹的柔性油毡卷材、圈梁端部预先设置的聚苯板柔性填充层和圈梁下口油毡卷材或聚苯板柔性水平滑动层。

5.2.16　圈梁侧模拆模

圈梁侧模拆除时应达到一定的拆模强度并应注意拆模方法，应能保证混凝土表面及棱角不受损伤。拆除的模板和支架等宜分类堆放并及时清运。拆模后应按规定要求做好圈梁混凝土的养护工作。圈梁混凝土成型效果如图 5.2.16 所示。

图 5.2.16　混凝土成型效果

5.2.17　圈梁上部填充墙砌筑

圈梁上部填充墙砌筑时应在混凝土达到设计强度后方可进行，并应做到横平竖直、砂浆饱满。其砌筑效果如图 5.2.17 所示。

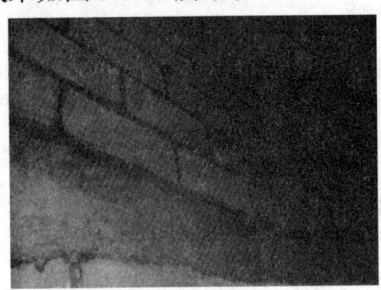

图 5.2.17　圈梁上部填充墙砌筑效果

5.3　"工艺流程二"操作要点

在采用"工艺流程二：先施工圈梁、后砌筑填充墙"时，其操作要点除了"圈梁底模排架搭设"和"圈梁底模支设"外，其余均与"工艺流程一：先砌筑填充墙、后施工圈梁"中的操作要点相同。圈梁底模排架搭设和圈梁底模支设时应确保支架和底模具有足够的强度、刚度和稳定性，圈梁底模水平及标高定位应正确，拼缝应严密。

另在圈梁下口与填充墙之间空隙中填塞油毡卷材或聚苯板柔性水平滑动层时，其具体施工方式应根据工程实际情况及工期要求选用确定。砌体顶部与圈梁底部之间的空隙处理要执行国家规范和省市地方有关通病控制标准。

6. 材料与设备

6.1 材料

6.1.1 本工法使用的材料品种与主体结构用材料基本相同，所增加的圈梁端部柔性连接和圈梁下口滑移用材料主要品种、规格及质量要求应符合表 6.1.1 的规定。

主要材料品种及质量要求表 表 6.1.1

序号	材料名称	规格、型号	主要参数、性能及技术指标	单位	数 量	用 途
1	普通工字钢	I10~I14，材质为 Q235	外形尺寸、重量及力学性能应符合《热轧型钢》GB 706 要求	kg	根据工程实际情况来确定	用于制作连接组件
2	锚板	Q235 级型钢	厚度不得小于 10mm	kg	根据工程实际情况来确定	用于制作连接组件预埋件
3	锚筋	HRB335 级螺纹钢	水平 U 形，不得少于 4 根	kg	根据工程实际情况来确定	用于制作连接组件埋件
4	加强架立筋	HRB335 或 HRB400 级钢筋，直径不小于 ϕ12	数量不得少于 4 根长度为工字钢长度的 2 倍	kg	根据工程实际情况来确定	置于圈梁端部连接组件工字钢周围上下四角处，以增强圈梁端部支承力
5	架立筋用配套箍筋	HPB235 或 HRB335 级钢，直径≥ϕ6.5	设置间距 100mm	kg	根据工程实际情况来确定	置于圈梁端部连接组件工字钢周围上下四角处，以增强圈梁端部支承力
6	油毡（改性沥青卷材）	SBS 卷材或 APP 卷材或合成高分子卷材	厚度 3~5mm，要求具有良好的拉伸、抗撕裂强度、断裂伸长率、耐热性、低温柔性、耐老化及可冷施工等性能，并应符合《弹性体改性沥青防水卷材》GB 18242 等要求	m²	根据工程实际情况来确定	设置在工字钢周围和端部及圈梁下口形成柔性隔离层和水平滑动层
7	聚苯板	XPS 或 EPS 板	厚度 20mm	m²	根据工程实际情况来确定	用于圈梁端部形成柔性填充层或用于圈梁下口形成柔性水平滑动层
8	胶粘剂	工程建筑型	拉伸粘结强度应符合规定要求	kg	根据工程实际情况来确定	用于圈梁端柔性填充层 EPS 板（或 XPS 板）与墙、柱混凝土基层粘结、固定

注：本工法所涉及的其他材料，如圈梁钢筋骨架纵筋、箍筋、圈梁混凝土、填充墙用砖砌块及砂浆材料、钢筋保护层垫块、模板、木楞、对穿螺栓等品种、规格、数量、技术性能均执行原图纸设计要求，进场时应提供出厂合格证和检测报告，需抽样复检的应按有关规定进行见证取样送检。

6.1.2 所有进场材料均应附有产品合格证、质保书和性能检测报告，认真做好核对工作，确保材料质量，并由试验员、材料员负责材料的验收、入库管理和受检状态的标识工作。

6.2 机具设备及仪器

6.2.1 本工法所采用的主要机具设备及仪器与主体混凝土结构施工相同，无需增加其他特殊机具设备和仪器，其规格型号等见表 6.2.1。

主要机具设备及仪器表 表 6.2.1

序号	机具设备仪器名称	规格、型号	单位	数量	用 途
1	钢筋切割机	GQ40F	台	根据工程确定	U 形锚筋、加强架立筋及箍筋等下料
2	钢筋弯曲机	40J 半自动	台	根据工程确定	U 形锚筋、箍筋加工成型
3	电焊机	BX1-315	台	根据工程确定	连接组件锚筋及工字钢与锚板现场焊接
4	焊条烘干箱	150℃	台	根据工程确定	电焊条烘焙
5	气割设备		套	根据工程确定	锚板、工字钢现场下料
6	台式钻床	LF-13	台	根据工程确定	锚板上锚筋开孔

续表

序号	机具设备仪器名称	规格、型号	单位	数 量	用 途
7	插入式振动棒	ZN-50 或 ZN-30	只	根据工程确定	圈梁混凝土浇筑
8	扫平仪	LeicaA2	台	根据工程确定	测放水平线
9	水准仪	DS2，2′	台	根据工程确定	水平标高测量
10	手持激光测距仪	Classica5	只	根据工程确定	距离测量

注：每班施工前，应安排专人检查机具设备试运行是否正常，不合格的机具设备不得投入使用；每班施工结束后进行清洁保养，以维护机具设备的性能。测量仪器应检定合格，确保测量精确。

6.2.2 辅助及清理工具：电焊钳、焊接电缆、面罩、人字梯、美工刀、剪刀、钢筋钩子、撬棍、钢筋板子、绑扎架子、钢丝刷子、小堑锤、钢卷尺、手推车、吸尘器等。

7. 质 量 控 制

7.1 质量控制标准

自适应变形型二次后浇圈梁柔性连接施工质量控制标准应符合表 7.1 的要求。

施工质量检查控制标准表　　表 7.1

序号	检 查 项 目		质量检查控制标准（允许偏差）	质量检查控制方法
1	锚板下料、加工	长度、宽度	±3mm	钢尺检查
		局部缺口深度	1mm	千分尺检查
2	预埋件加工	锚板上锚筋焊接的垂直度	≤5°	直角检测尺检查
		锚板上锚孔偏离中心	3mm	钢卷尺检查
3	连接组件预埋件安放	中心线位置	5mm	钢尺检查
		水平高差	+3，0mm	钢尺检查
4	工字钢与锚板焊接	工字钢偏移锚板中心线	+3，0mm	钢尺检查
		焊缝未焊满、咬边	≤0.2+0.04t，且≤2mm	千分尺检查
		焊缝电弧擦伤	≤0.1t 且≤1.0，长度不限	千分尺检查
		焊缝表面夹渣	深≤0.2t 长≤0.5t，且≤2.0	千分尺检查
5	水平滑动层设置	长度、宽度	±5mm	钢尺检查
		接缝或接缝	2mm	钢尺检查
6	加强架立筋、箍筋绑扎安装	受力钢筋长度纵向全长的净尺寸	±10mm	钢尺检查
		箍筋内净尺寸	±4mm	钢尺检查
		加强立筋、箍筋、横向钢筋间距	±20mm	钢尺量连续三档，取最大值
		钢筋保护层厚度	±5mm	钢尺检查
7	圈梁模板安装	底模上表面标高（适用于"工艺流程二"）	±5mm	水准仪或测距仪、钢尺检查
		模板截面内部尺寸	+4，-5mm	钢尺检查
8	填充墙砌筑	轴线位移	8mm	用经纬仪和测距仪检查
		每层垂直度	4~8mm	用2m靠尺检查
		砂浆饱满度	≥80%	百格网检查

注：工字钢与锚板之间的焊缝感观应达到外形均匀美观，表面不得有气孔、夹渣、弧坑裂纹、电弧擦伤等缺陷。焊缝质量（焊缝探伤检验）等级不低于三级、外观不低于二级，以保证结构的安全性能和使用功能。

7.2 质量保证措施

7.2.1 连接组件制作用钢板、焊条、工字钢及其侧边加强架立筋、箍筋及圈梁端部加密箍筋用钢筋的品种、规格、工字钢周边柔性隔离层、圈梁端部柔性填充层材料和填充墙顶部水平滑动层材料的品种、牌号、规格、性能必须符合专项方案设计要求和有关标准规定。其中工字钢禁止使用轻型工字钢，以确保焊接后的连接组件工字钢能有效支承钢筋混凝土圈梁及上部填充墙荷载。

7.2.2 连接组件锚板、水平 U 形锚筋埋件及后焊接工字钢的下料、加工长度应根据圈梁的规格尺寸和上部填充墙荷载等通过力学验算来确定。制作时应严格执行专项施工方案和有关标准规定要求，确保尺寸准确。锚板、工字钢切割面或剪切面应无裂纹、夹渣、分层以及大于 1mm 的缺棱。

7.2.3 锚板及锚筋组合件预埋件安放时，锚板应保持竖直，同时锚板外侧面与墙、柱纵向受力主筋外皮之间的距离应与钢筋保护层的厚度相同，以确保锚板平面与浇筑成型后的结构墙、柱混凝土面处于同一平面上。

7.2.4 为保证锚板及锚筋组合件预埋件在浇筑墙、柱混凝土时不产生位移、偏位，应在预埋件准确定位后通过压力埋弧焊接方式固定于墙、柱钢筋骨架上。焊接前，应首先利用结构 1.0m 标高水平线进行定位，并划出十字中心线。焊接时应保证适宜的环境温度，所有焊工均应持证上岗，并在其考试合格项目及认可范围内施焊。

7.2.5 工字钢施焊前应先试焊做模拟试件，以确定焊接方法、焊后热处理等焊接工艺，试焊合格后方可按确定的焊接参数正式批量施焊。焊接时在工字钢与锚板十字中心线对准吻合后先点焊，临时固定再进行焊缝交圈满焊。焊接过程中，电弧应燃烧稳定，药皮熔化均匀，无成块脱落现象，焊接地线应与钢筋接触良好，防止因起弧而烧伤墙、柱钢筋骨架主筋。埋件锚板上工字钢焊接完成后应逐一将焊渣和飞溅物清除干净，并按规定对焊缝质量进行擦伤检验，对焊缝外质量进行检查。

7.2.6 为有效实现二次后浇圈梁端部柔性连接，便于圈梁伸缩变形时自由滑动、自调变形，达到防止填充墙及其粉刷等装饰面层开裂的目的，圈梁端部聚苯板柔性填充层应确保其断面尺寸准确，填充墙顶部水平滑动层应优先选用油毡卷材，如弹性体 SBS 卷材、塑性体 APP 卷材、自粘聚合物 APF 卷材和合成高分子卷材等；采用柔性聚苯板时，宜采用 XPS 型挤塑聚苯板，并保证其尺寸偏差在允许值范围内。水平滑动层铺放前填充墙砌筑应充分沉实稳定、墙顶杂物清理干净。

7.2.7 为保证工字钢周边柔性隔离层在圈梁混凝土浇筑后具有良好的柔性滑移工作性能，工字钢侧边和端部应优先采用自粘性柔性油毡卷材封裹并应做到连续、完全、紧贴工字钢。

7.2.8 连接组件工字钢侧边加强架立筋、配套箍筋和圈梁端部加密箍筋的规格、长度、数量、间距和设置方式，应根据圈梁断面尺寸、自重和上部填充墙荷载大小等通过力学验算来确定，以圈梁端部连接组件工字钢能有效支承圈梁而不发生破坏为准。

7.2.9 连接组件工字钢侧边加强架立筋配套用箍筋和圈梁端部加密箍筋弯钩角度和平直长度，应符合设计要求和施工规范规定。箍筋搭接处应沿纵向受力钢筋互相错开。圈梁钢筋如采用预制骨架时，应在指定地点垫平码放整齐，并按编号吊装就位进行现场套插安装，并应在合模前修整一次。

7.2.10 工字钢外侧加强架立筋及配套箍筋绑扎、圈梁钢筋骨架套插时应做好相应的成品保护工作，不得损坏工字钢周围和端部柔性隔离层、圈梁端部柔性填充层、填充墙顶部水平滑动层，如发生损坏，则应及时更换。

7.2.11 圈梁上、下部填充墙砌筑时应做到砂浆饱满、横平竖直。对于加气混凝土砌块等易收缩块体材料应保证其上墙施工前有足够的沉釜停放时间，并应按规定使用专用砂浆，以减小墙体本身的裂缝。圈梁下部填充墙砌筑至少在砌筑完间隔 15d 沉实后，方可浇筑上部圈梁混凝土。

7.2.12 墙、柱模板支设合模前应做好钢筋骨架上锚板、水平 U 形锚筋预埋件数量、位置、固定方式及模板拼缝、支撑系统紧固等每道关键工序的技术复核、工序"三检"和隐蔽验收工作。

7.2.13 在采用"工艺流程二"时，圈梁底模排架搭设和圈梁底模支设时应确保支架和底模具有足够的强度、刚度和稳定性，圈梁底模水平及标高定位应正确，拼缝应严密。

7.2.14 圈梁混凝土浇筑过程中应安排专人负责护筋和油毡卷材、聚苯板的维护工作,以保证混凝土成型后的柔性连接效果。

7.2.15 本工法施工过程中应及时收集、编制、汇总各种原材料、半成品的质保资料、工序报验、材料报验和隐蔽工程验收资料,有关检查验收方应履行和完善签字手续,以作为分部分项工程验收、竣工验收和归档资料的组成部分。

7.3 本工法需遵照执行的国家、行业标准、企业主要标准和检验方法

7.3.1 《混凝土结构工程施工质量验收规范》GB 50204。

7.3.2 《砌体工程施工质量验收规范》GB 50203。

7.3.3 《钢结构工程施工质量验收规范》GB 50205。

7.3.4 《住宅工程质量通病控制标准》DGJ 32/J16。

7.3.5 《自适应变形型二次后浇圈梁柔性连接施工工艺标准》QB/JSSL-03-2010。

7.3.6 《建筑钢结构焊接技术规程》JGJ 81。

8. 安 全 措 施

本工法施工过程中除应严格执行《安全防范工程技术规范》GB 50348、《施工现场临时用电安全技术规范》JGJ 59、《建筑机械使用安全技术规程》JGJ 33、《建筑施工高处作业安全技术规范》JGJ 80 和《建筑施工安全检查标准》JGJ 59 等国家、行业标准、地方安全规定外,尚应遵守以下安全措施:

8.1 成立项目安全管理机构,建立健全安全生产管理制度,制订针对性、实施性强的安全操作规程;现场配备必要的安全防护设施和防护用品,并要求正确使用,加强劳动保护;提供可靠的安全操作环境,夜间施工应有足够的照明。施工过程中专业工长、专职安全员等需做好各项安全监督检查工作。

8.2 由项目技术负责人、专业工长和安全员对操作人员进行岗前职业健康安全教育培训,合格后方可上岗操作。每班作业前进行有针对性安全操作、安全防护等交底,将操作者的安全注意事项讲述清楚、交代明白。每班施工作业前,应认真检查工作点范围,排除障碍及其他安全隐患后方可作业,施工中检查并制止安全违章行为发生。

8.3 施工现场应统筹规划,严格按规定划分气割、切割与焊接等用火作业区、聚苯板与油毡卷材等易燃材料堆放区等,易燃材料存放和施工时要远离火源,并注意防火。仓库应配备满足消防要求的灭火器材或设施。

8.4 现场建立明火管理制度,严防火灾事故发生。明火作业前应按规定履行动火审批手续,未经批准不得擅自动用明火,且防火措施、专人监护和灭火器材要落实到位。凡从事电焊、气割的作业人员必须持有法定有效的特种作业操作证和动火证,并在批准的范围和时间内作业,不得在易燃、易爆物品旁实施焊接工作,作业时应先将周围的可燃物移走或采用非燃烧材料的隔离遮盖,焊接完成后,及时清理灭绝火种;焊接设备应集中在设备平台上,不得到处乱放,电源线路不得私拉乱接。气割用氧气瓶和乙炔发生器应保持规定的安全距离,同时做好火灾防范措施。

8.5 锚板、水平 U 形锚筋埋件焊接、加工、制作和埋件锚板上工字钢焊接等施焊过程中应配戴好专用防护眼镜、防护面罩、防护手套和安全帽,并穿好防护服、防滑胶鞋;埋件锚板上工字钢焊接前应做好操作平台或人字梯的完好性、稳固性等班前检查工作,利用楼层梁板钢管支撑体系登高作业时应正确使用安全、可靠的脚手板,确保安全后方可登高进行施焊作业。对于挑高复层、隐形跃层或层高较大的房屋建筑,在进行锚板、水平 U 形锚筋预埋件安放、固定、焊接等高空作业时应正确系好安全带,工具要随手放入工具袋内;上下传递物件、工具时,不得高空抛掷。

8.6 所有机电设备均需按规定进行试运转,正常后方可投入使用;钢筋切割机、弯曲机、电焊机、钻床、振动棒等所有机电设备和手持式电动工具,均须有可靠的外壳接地和漏电保护装置,以确保施工人员安全。

9. 环 保 措 施

施工现场除应遵守《建筑施工现场环境与卫生标准》JGJ 146、《建筑施工场界噪声极限》GB 12523 和《环境管理体系标准》ISO14001外，施工过程中尚应注重以下方面：

9.1 现场应制定便于实施、检查和考核的绿色施工环保控制指标和措施，严格遵守环保部门的相关规定，采取有效措施预防消除因本工法实施所造成的环境污染。

9.2 施工现场临时设施所用建筑材料应符合绿色环保要求。生产和生活区应合理设置卫生环保设施，建立建筑、生活垃圾和废弃物管理制度，生活垃圾应日产日清，建筑垃圾应有序回收利用，对垃圾的流向进行有效控制，防止无序倾倒和二次污染。

9.2.1 施工现场应设置密闭式垃圾站并应做硬化处理，对连接组件锚板、锚筋、工字钢、钢筋、模板、油毡卷材、聚苯板等下料、加工、制作和施工后的焊渣、铁屑、砖砌块及砂浆废料、下脚料、废弃物及包装物、油料和其他化学废弃物、施工清理杂物等，要做到分类收集、存放、回收和资源化利用，不得随意倾倒。高空施工的垃圾及废弃物应采用密闭式串筒或袋装化等有效措施进行清理搬运，严禁垃圾随意堆放和抛撒。

9.2.2 生活垃圾要临时集中堆放、分类标识，以便及时回收利用或做清场处理；食堂、厕所设有隔油池、沉淀化粪池，并应及时清理；洗涤用品由材料员统一采购并下发不含磷的产品；食堂、卫生间、淋浴间的排水管线应设置过滤网，避免对环境造成污染。

9.2.3 现场设置移动式厕所或小便桶，并每天安排专人清洗更换。

9.3 施工过程中，应尽量将扬尘降低到最低程度；对加工场和道路做硬化处理并经常性洒水；对填充墙顶部水平滑动层铺设前的基层清理、楼层工完料尽清理打扫等应采用吸尘器或洒水等除尘方法，以减少扬尘对现场及周边环境的污染。

9.4 施工过程中应选用符合环保要求的低噪声施工工艺和施工机械，对噪声超标的声源处应采取安装消声器等措施控制噪声污染，施工场界噪声限值昼间控制在65dB、夜间控制在55dB。若因工序等技术原因需在6:00~22:00以外时间连续施工时，必须经过环保部门批准，取得合法的夜间施工手续，施工人员应严格按事前审批确定的环保目标和措施进行控制。

9.5 夜晚施工时要对钨灯等强光源使用定向式灯罩，尽可能将强光照射在施工现场内；连接组件埋件锚板与锚筋加工焊接时应在相对封闭的场所进行，以免电弧强光扰民；夜晚在楼层混凝土墙柱预埋件锚板上焊接工字钢时应采取设置遮挡罩等电弧强光遮挡措施，避免影响现场周边行人和居民正常生活环境。

9.6 现场机械维修保养时，应有防滴漏措施，严禁将机油等滴漏于地表造成污染。

同时设沉淀池处理混凝土输送泵、振动棒、模板等清洗的浆水，未经处理不得直接排入城市污水管网。

9.7 除有符合规定的装置外，不得在施工现场焚烧油毡卷材、聚苯板、废旧模板、木方、包装料、油料等，也不得焚烧其他可产生有毒有害烟尘和恶臭气味的废弃物料。禁止将有毒有害废弃物做土方回填。

9.8 施工现场应做到内外整洁，道路通畅，无污染源，物料堆放有序，现场做到工完料净。施工人员衣容整洁，讲文明、讲正气。

10. 效 益 分 析

填充墙中二次后浇圈梁施工方法通过工艺改进和创新，在采用自适应变形型二次后浇圈梁柔性连接施工工法后，与传统的二次后浇圈梁施工方法相比，具有施工简便、防裂效果显著、缩短工期、提高工效和安全可靠、经济实用、节能环保、应用前景广阔等特点，综合效益显著。

10.1 经济效益

在主体混凝土结构施工阶段，一方面，应用本工法可先同步交叉施工二次结构圈梁，从而为后砌筑的填充墙及其粉刷装饰等提前进场实行穿插施工创造了有利条件，灵活快捷、加快进度、缩短工期、提高工效；另一方面，应用本工法可方便地实现二次后浇圈梁端部与先施工主体混凝土墙、柱之间非直接接触的柔性连接和圈梁下口与填充墙之间的自由变形滑动，有效地防止了填充墙及粉刷等装饰面层的开裂，保证墙体的正常使用功能和观感质量，减少了工程返工质量成本和竣工交付使用后的维修费用及投诉索赔费用，经综合对比分析测算后产生了显著的经济效益。若以总面积 50000m² 、工期 600d 的 26 层框架建筑来测算，其填充墙及二次构件圈梁采用本工法中"工艺流程二"施工后，整个主体结构工程提前 20d 左右完工，可节省人工费和机具设备占用费折算约 5 元/m² 、节约返工和维修费用约 1.5 元/m² ，如果计算工期提前奖和后期的投诉索赔费用，则经济效益更加可观。

10.2 社会效益

本工法通过在圈梁端部设置 U 形锚筋、锚板和工字钢连接组件，并在工字钢外边封裹柔性油毡隔离层、绑扎加强架立筋和加强箍筋，同时在圈梁端部与墙、柱间预设聚苯板柔性填充层、在圈梁下口与填充墙间预设油毡卷材或聚苯板柔性水平滑动层，一方面能加快主体结构施工进度，提高效率、降低成本；另一方面，克服了传统施工方法中填充墙及粉刷等装饰面层因二次后浇圈梁变形而产生的墙体裂缝等质量通病，保证墙体的正常使用功能和观感质量，减少工程质量投诉，且整个施工工艺未增加任何技术难度，具有技术创新、关键技术科学先进合理、工艺成熟可靠和用料易取、施工操作简便、便于掌握的特点，并且有利于推进二次结构圈梁柔性连接部件的标准化、装配式生产和规模化应用，具有极大的推广应用价值，市场发展前景广阔，社会效益显著。

10.3 绿色环保效益

本工法实施符合并满足国家有关绿色施工、节能环保要求。

11. 应 用 实 例

本工法有关工程应用情况如表 11 所示。

工程应用情况表　　　　　　　　　　　　　　　　　　表 11

项 目 名 称	工 程 地 点	结 构 层 次	建筑面积（m²）	应用数量	应 用 效 果
珠江路劳动村	南京市玄武区	框架抗震墙地上 15 层地下 3 层	30310m²	约 550m³	安全、经济、适用、环保，获优质结构奖
德盈国际广场	南京市雨花台区	框剪地上 15 层，地下 2 层	约 16 万 m²	约 2242m³	安全、经济、适用、环保，获优质结构奖
金 基 通 产 NO.2009G51 地块项目	南京市建邺区	剪力墙地上 12 层，地下 1 层	56320m²	约 720m³	安全、经济、适用、环保

以上工程在主体结构填充墙施工过程中均采用了自适应变形型二次后浇圈梁柔性连接施工工法，满足了二次结构要求，具有工艺先进成熟、技术创新、科学合理、安全可靠、经济实用等特点，且主体结构均提前完工，降低了工程成本，提高了经济效益，达到了绿色施工、环保的目的。

节能隔声复合墙板施工工法

GJYJGF023—2010

中国京冶工程技术有限公司　中冶天工集团有限公司

陈福林　马晓明　谢水兰　黄国宏　姚晓阳

1. 前　　言

ALC 轻质外墙板首次应用在新加坡环球影城项目中。该项目共有 8 个单体采用预制外墙板，其中 DR2 采用的混凝土预制外墙板，其他 7 个单体采用 ALC 轻质外墙板。其中 4 维影院 1 和影院 2（4DCinema 1&Cinema 2）、好莱坞剧院（Hollywood Theatre）及音乐厅（Sound Stage facility）为隔声要求为 STC65。而在当地没有成熟的安装经验可以借鉴，建筑种类多，体形复杂，与室外装修以及机电工程配合较多，工期短，难度大。没有现成的连接节点可以参照，因此根据现场实际情况设计了新的节点形式。同时 STC65 隔声系统在新加坡环球影城的成功应用，一方面满足业主工期的要求，也符合新加坡环保的政策，节约了大量资金与时间。公司还针对这个隔声系统作了隔声试验，取得了良好的试验效果。这也为开发东南亚市场提供了有力的保障。

本工法是中国京冶工程技术有限公司和中冶天工根据国产 ALC 板、岩棉夹心板结合新加坡环球影城项目的特点，以及新加坡相关规程和我们做的一些试验的成果，自行研制的兼具首创性和先进性的施工方法。

该工法成功应用于新加坡环球影城项目，对于保证环球影城项目的工程进度和施工质量具有重要意义。

2. 工 法 特 点

2.1　经济：能增加使用面积，降低地基造价，缩短建设工期，减少暖气、空调成本，达到节能效果。

2.2　施工方便：加气混凝土产品尺寸准确、重量轻，可大大减少人力物力投入。ALC 板材在安装时多采用干式施工法，工艺简便、效率高，可有效地缩短建设工期。

2.3　环保：在生产过程中，没有污染和危险废物产生。使用时，也绝没有放射性物质和有害气体产生，即使在高温下和火灾中。各个独立的微气泡，使加气混凝土产品具有一定的抗渗性，可防止水和气体的渗透。

2.4　配套性强：ALC 板具有完善的应用配套体系，配有专用连接件、勾缝剂、修补粉、界面剂等。

3. 适 用 范 围

本工法适用于钢结构及混凝土结构外墙维护体系，具有良好的保温、隔声性能。根据结构的形式，ALC 外墙板可采用横板、竖板以及大板等不同的安装方法，内墙采用多层岩棉板、石膏板，内外墙相结合以达到 STC65 的隔声要求。

4. 工 艺 原 理

墙体的隔声性能随着板材的厚度增加而提高，但是对于单质材料这个隔声性能的提高是越来越小的，这是因为材料吻合效应的原因,采用复合材料就可以显著改善吻合效应的影响,有效提高隔声性。

5. 施工工艺流程及操作要点

5.1 节能复合墙板安装工艺流程

5.1.1 ALC外墙板安装工艺流程,见图5.1.1。

5.1.2 隔声内墙板安装工艺流程,见图5.1.2。

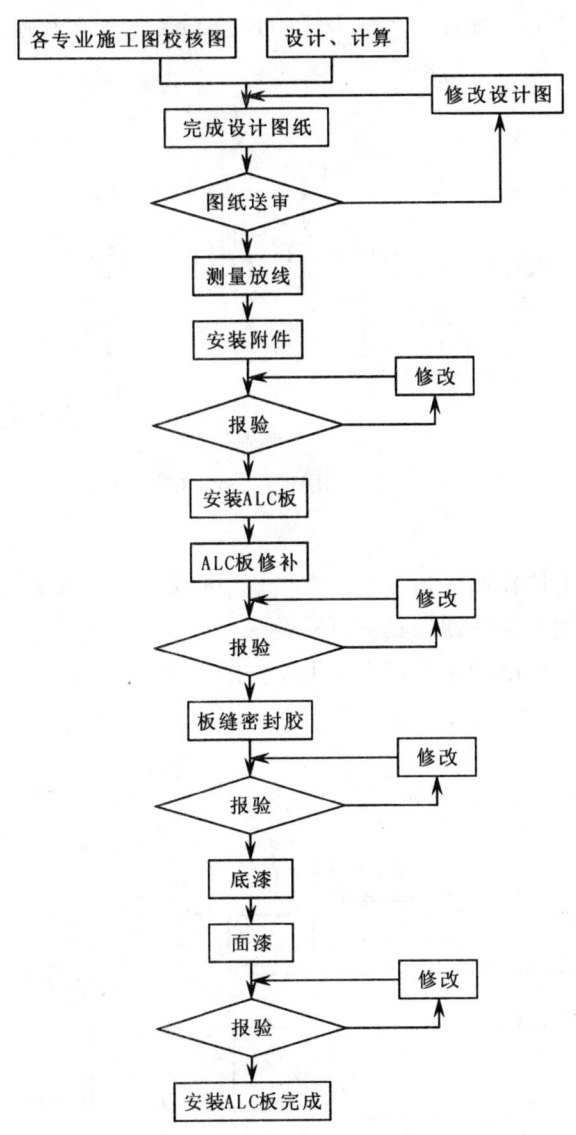

图 5.1.1 ALC外墙板安装工艺流程图

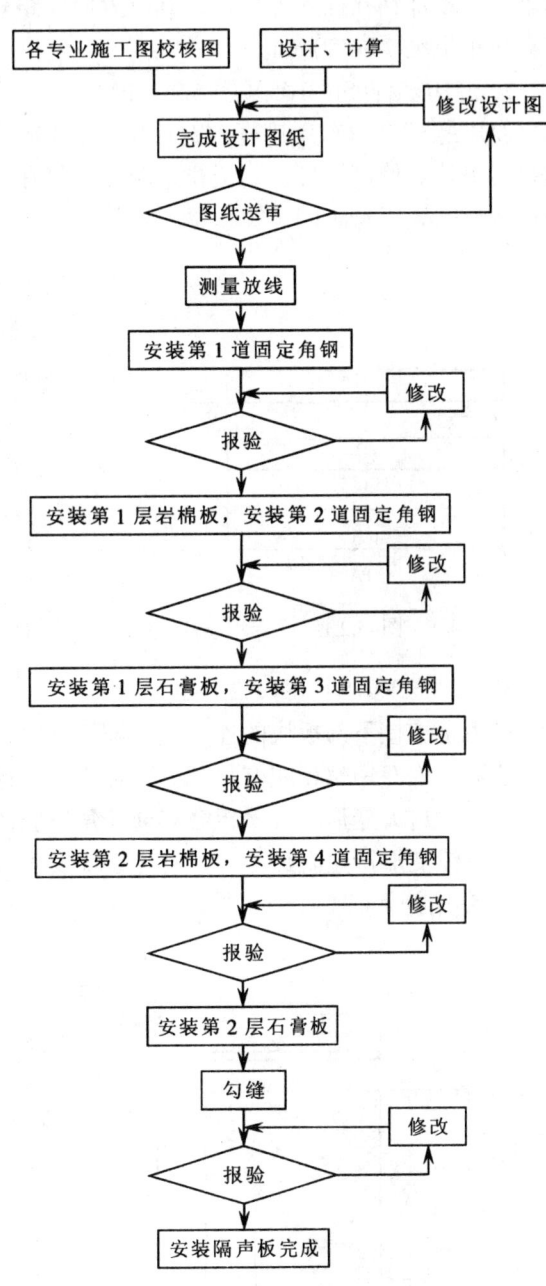

图 5.1.2 隔声内墙板安装工艺流程图

5.2 安装工法

本工程首先安装 ALC 外墙,外墙安装完成,验收合格后,安装岩棉夹芯板内墙,本工法也采用从外墙到内墙的顺序来介绍。

5.2.1 ALC 专用安装构件

1. 专用连杆(PA)(图 5.2.1-1)

连杆安装板是指从横边或长边钻孔,插入专用连接杆后,用专用螺杆和主体连接的板材。连杆安装板的锚固件安装预留孔分为两种:从顶部钻进和从侧边钻进。沿侧边钻进的连杆安装板在施工现场可以通过调整锚固件的位置来校正主体施工误差,特别是横墙工法,对调整柱子误差有很好的效果。同样,采用连杆安装板不损伤板面，可保持墙板的美观，防水性和耐久性好。这种板主要用于竖装墙摇板摆工法和横装墙板摇摆工法，它适用所有建筑物的外墙和隔墙，也特别适用于高层建筑。可在现场钻孔，具有较高的灵活性，可适用各种有不同梁柱位置尺寸建筑物的需要。 连接杆的位置应按下列情况控制，如果从板顶部钻孔插入连接杆，其位置应在距板端 80~320mm 的范围内；如果从板侧面钻孔，连杆的位置应在距板端 75~750mm。

2. 专用螺杆(SB-105)(图 5.2.1-2)

专用螺杆是和专用连杆配对使用的，150 厚的板用 M12 G4.6 规格 105mm 长度的专用螺杆。外面加弹簧垫片。使用螺杆固定板材之前要先打孔，然后锁紧专用螺杆。拧紧专用螺杆时不能过度，当弹簧垫片变形贴紧板材时即可。

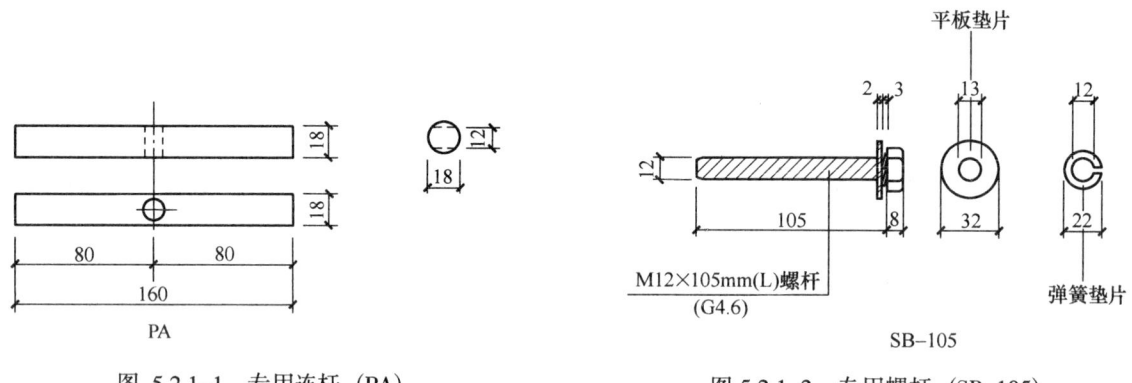

图 5.2.1-1 专用连杆（PA）　　　　图 5.2.1-2 专用螺杆（SB-105）

3. 平板(FP-150)(图 5.2.1-3)

平板是连接下部板块的连接板，该板是以点焊方式连接在通长角钢上，在板块中间有一个水平椭圆孔，能够允许专用螺杆左右移动。这种特殊的连接方式使得板块顶端具有可动性。一旦主体受地震或其他外力产生过大变形时，平板会和通长角钢脱离，板块就可以随主体产生上下左右的变形，这样板块就不会因主体变形产生附加应力，避免板块发生破坏。

4. 专用托板(VP-150)(图 5.2.1-4)

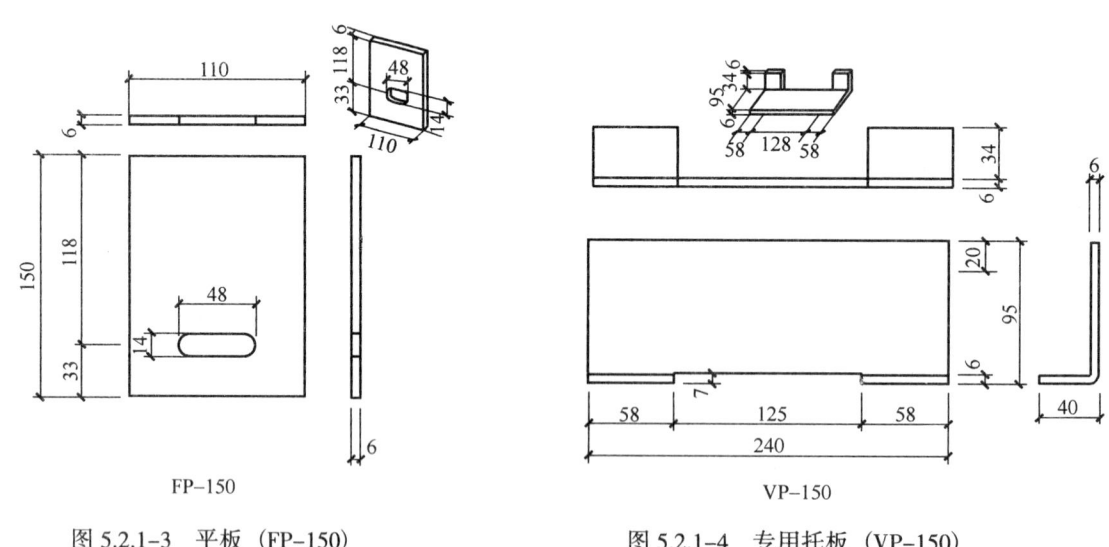

图 5.2.1-3 平板（FP-150）　　　　图 5.2.1-4 专用托板（VP-150）

专用托板在上部板块的底部，用来承担上部板块的竖向荷载。每块竖装板块底部有一块托板，托板的后面留一个缺口，使平板能够穿过这个缺口，点焊在通长角钢上。专用托板满焊在通长角钢上牢固的连接使板材、通长角钢与主体形成一个整体。

5. 专用压板(SP-150)(图 5.2.1-5)

专用压板用来扣住通长角钢(厚度 6mm)和平板(厚度 6mm)，主要受风荷载作用，水平风荷载等于上下板风荷载和的一半。压板上有垂直椭圆孔，用来调节安装的误差。专用压板与通长角钢接触面必须大于 30mm，两边的焊缝各大于 20mm 即可。

6. 压板(IP-150)(图 5.2.1-6)

压板同样是来扣住通长角钢(厚度 6mm)，但所压的厚度只有 6mm。压板一般用在板底部和顶部节点，门窗洞口加固节点。同样也受风荷载作用，水平风荷载等于上下板风荷载和的一半。

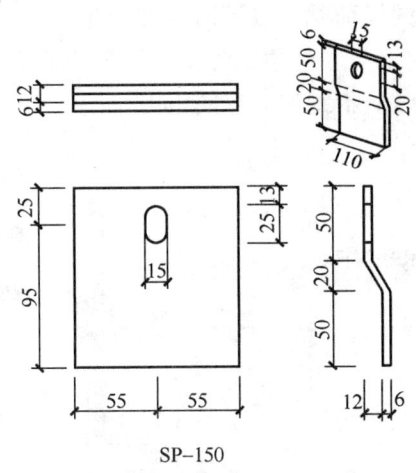

SP-150

图 5.2.1-5 专用压板 (SP-150)

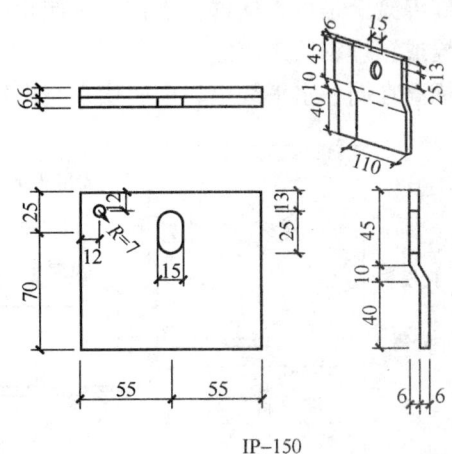

IP-150

图 5.2.1-6 压板 (IP-150)

7. 垫板(MP)(图 5.2.1-7)

垫板用于填满角钢与板材之间的缝隙，使板材不会产生平面外的转动。垫板是个构造构件，非受力构件。一般用在竖装节点上，横装节点一般不用此构件。

5.2.2 竖装墙板摇摆工法（ADR 法）

它是通过专门的连接件安装在结构主体上，既保证了节点有足够的强度，也由于其特殊的连接方式使节点能够有较好的随动性。它能适应较大的层间位移，且板面没有任何损伤（图 5.2.2-1）。

1. 顶部连接节点（图 5.2.2-2）

利用专用螺杆和压板连接在通长角钢上，压板上的螺杆孔洞为垂直方向的椭圆孔，不承担板的重力，使该节点设计时只需考虑水平风荷载作用，风荷载值是顶层墙板风荷载的一半。

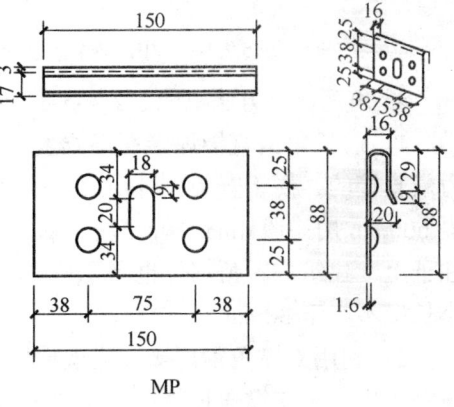

MP

图 5.2.1-7 垫板 (MP)

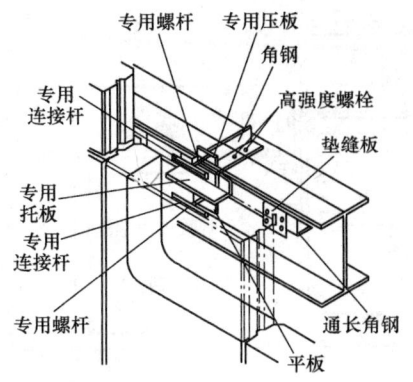

图 5.2.2-1 竖装 ADR 节点示意图

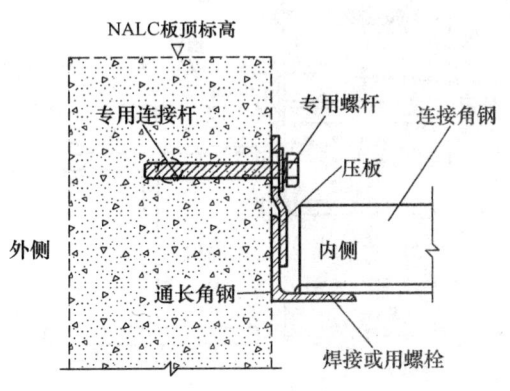

图 5.2.2-2 顶部连接节点示意图

2. 中间连接节点（图 5.2.2-3）

利用专用螺杆和专用压板把上部板块连接在通长角钢上，压板承担上部板块一半的风荷载值。专用托板支撑上部板块，承担上部板块的重力。利用平板和专用螺杆把下部板块连接在通长角钢上，平板点焊在通长角钢上，一旦主体受地震或其他外力产生过大变形时，平板会和通长角钢脱离，板块就可以随主体产生变形，板块就不容易发生破坏。

3. 底部与混凝土连接（图 5.2.2-4）

底部混凝土是承重构件，承担上一层板的所有重力和一半的风荷载，设计时应加于考虑。可以利用膨胀螺栓或预埋钢筋来固定底部角钢，每 600mm 一个。通长角钢与底部角钢焊接，用来调节板底标高，使板底标高在同一水平线上，同时用来当做墙板的托板，安装时一步到位，方便施工。

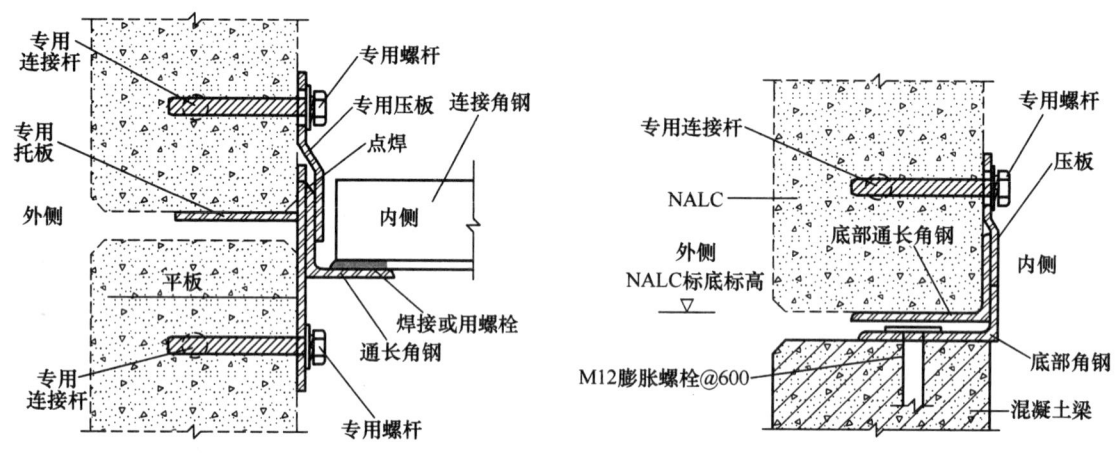

图 5.2.2-3　中间连接节点示意图　　　图 5.2.2-4　底部连接节点示意图

4. 角钢连接方法（图 5.2.2-5~图 5.2.2-7）

1）通长角钢直接焊接在钢梁上：当墙体距离钢梁较近时，可采用此类方法连接。此类方法也是受力最直接的，便于安装，可用通长角钢来调整钢结构主体的安装误差。安装时，只要沿通长角钢方向每隔 600mm 用一段 4mm 厚，50mm 长的角焊缝即可。在钢结构柱子的部位，应切掉部分角钢，直接焊在柱子上，建筑的转角部位也需要特别处理。注意为了保证有效连接和荷载的传递，角钢搁置在钢梁的最小长度不小于 30mm。

2）利用支撑角钢连接：当墙体距离钢梁较远，通长角钢不能直接焊在钢梁上时，可用加一段支撑角钢挑出，来支撑通长角钢。支撑角钢应根据墙板的距离和荷载选择适当的大小，每 600mm 布置一个，使通长角钢与钢结构形成一个整体，当钢结构变形时，墙板也可以与钢结构产生随动变形。支撑角钢的

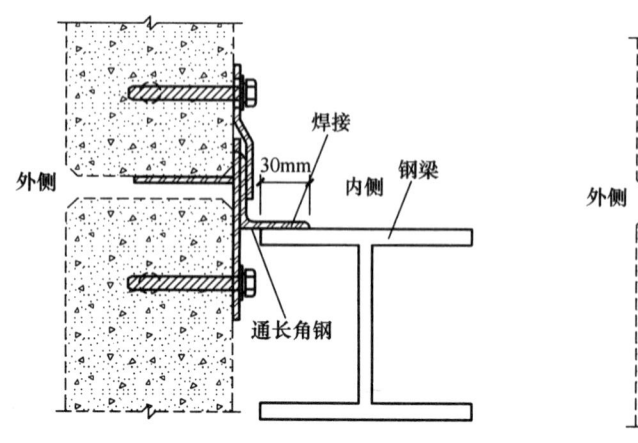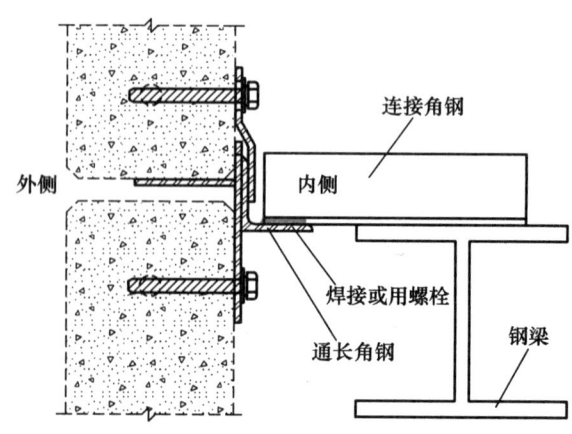

图 5.2.2-5　通长角钢直接焊接示意图　　　图 5.2.2-6　支撑角钢连接示意图

布置方法比较灵活，可以放在钢梁上方，也可以放在钢梁下方，还有焊接在钢梁的腹板上。可以在钢梁上打孔，用螺栓连接在钢梁上，也可以用焊接连接在钢梁上。在钢结构柱子的部位，同样用角钢挑出。注意角钢搁置在钢梁的最小长度不小于100mm。

3）女儿墙角钢支撑连接：屋面的女儿墙，高出屋面小于900mm时，可用ALC直接悬挑当做女儿墙，并不用外加支撑构件，板完全可以承受屋面的风荷载。当女儿墙高出屋面大于900mm时，需要在墙后加支撑构件，一般间隔600mm一个支撑构件。通长角钢连接在支撑角钢上方，板材按照普通的压板连接方式扣住通长角钢。同样是悬挑部分，压板距女儿墙顶端距要小于900mm。屋面除了处理好结构的节点之外，也要配合屋面的防水构造，墙顶需设置防水盖板。

5.2.3 横装墙板摇摆工法（ADR法）

它是采用专门的连接件将ALC板横放固定在两根竖向支撑构件上的安装方法。由于其特定的可转动性能可以适应较大的层间变位，且板面不留下任何痕迹（图5.2.3-1、图5.2.3-2）。

横装墙板设计和施工时应注意以下几点：

1. 横装墙板工法一般需要采用有槽口搭接的T板和U板，TU板互相咬合，能形成一个防水隔断，使墙板具有良好的防水性能。

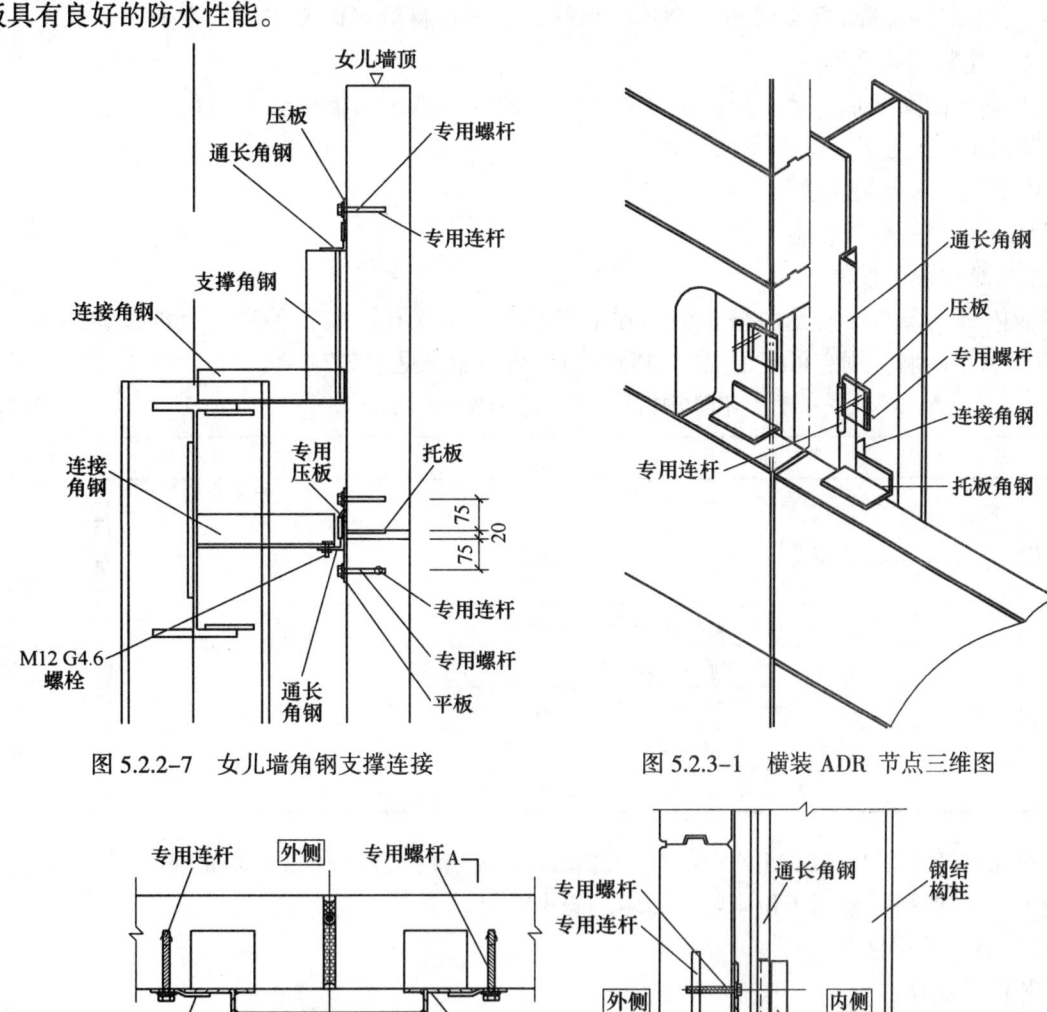

图5.2.2-7 女儿墙角钢支撑连接　　　　图5.2.3-1 横装ADR节点三维图

图5.2.3-2 横装ADR节点示意图

2. 适用于柱距较规则的建筑物。最大柱距不能大于板最大长度,否则应在柱子之间增加竖向支撑构件。板受的风荷载通过竖向构件传到主体,板的重力荷载则由竖向构件传到基础。

3. 墙板和柱子间需要留有 30mm 左右的间隙。这个间隙同样是用于调整建筑物主体结构安装误差之用。要特别指出的一点是这 30mm 间隙是设计间隙,实际安装以后并非最后间隙。 在一些特大型建筑物或对连接件有隐蔽性要求时,柱和墙板之间可以留出 80~100mm 的间隙,以供采用这种安装方式留出一定的空间,它可以使连接件隐蔽在柱子后面有利美观,更有利于安装,特别是在有梁的位置安装和焊接都会更为方便。

4. 每 3~5 块板需要加设一块支承托板角钢,以承受板材重量。在设有支承托板角钢的这条缝上需要留有 10~20mm 的缝隙,以防止上层板材将荷载直接传给下面板材,同时也保证板材发生错动时不致损伤板材。 由于在支承托板处的压力往往比竖装板要大得多,当结构在风荷载作用下,或其他原因使柱子发生变形的时候,在托板处的 NALC 板材局部受力可能非常复杂,极易产生裂缝和损坏。因此,在托板上增加一块滑动垫片是很有用的。

5. 板材利用压板固定在通长角钢上,通长角钢再利用连接角钢固定在钢结构柱子上。为了保证墙体的整体性,每间隔 900mm 需要设置一个连接角钢,这样板材就可以牢牢固定在通长角钢上,并可以随钢结构主体产生随动式变形。

6. 屋面有高出的女儿墙,墙板后面需要另加支撑构件,满足墙板所受的风荷载要求。支撑构件可以配合屋面防水节点,起到一举两得的作用。

5.2.4 内墙隔声板安装工法

1. 内墙隔声板相关材料性能

1) 预制 ALC 板隔声性能

ALC 墙板内部的微观结构是由很多均匀互不连通的微小气孔组成,隔声与吸声性能俱佳。100mm 厚 ALC 板相当于半砖墙,用它可建造出宁静舒适的生活环境,见表 5.2.4-1。

不同板厚的 ALC 相应的隔声检测值　　　　　　　　　　　　表 5.2.4-1

性 能 指 标		单位	检 测 值
平均隔声量	100mm 厚 ALC 板	dB	36.7
	100mm 厚 ALC 板+两面 1mm 腻子		40.8
	125mm 厚 ALC 板		41.7
	125mm 厚 ALC 板+两面 3mm 腻子		45.1
	150mm 厚 ALC 板		43.8
	150mm 厚 ALC 板+两面 3mm 腻子		45.6
	175mm 厚 ALC 板		46.7
	175mm 厚 ALC 板+两面 3mm 腻子		48.1

因此,对于隔声要求为 STC45 的围护结构部位,直接选用 150mmALC(双面 3mm 腻子)即可达到隔声量 45.6dB 的隔声效果,相当于粉刷的一砖墙的隔声效果。

2) 岩棉夹芯板隔声性能

岩棉夹芯板的制作:

上下表面:采用彩涂钢板,厚度为 0.4~0.7mm。根据具体需要,也可采用镀锌、镀铝锌、镀锌铝、镀铝及镀其他合金基板。钢板先经成型机轧制成型后再与岩棉工厂复合。

岩棉芯材:采用密度不低于 100kg/m³ 岩棉条交错铺设,其纤维径向垂直于夹芯板的上下表面,并紧密相接充实了夹芯板的整个纵横截面。岩棉条与上下层钢板之间通过高强度发泡剂粘接而形成整体,精良的生产工艺保证了高密度的岩棉隔热体与金属板内壁之间能产生极强的黏着力,从而使岩棉夹芯板具有很好的刚度。

岩棉夹芯板的隔声效果：

岩棉夹芯板对噪声传递有显著的削减作用,特别适用于有指定航班通过的地方。通过测试,按照 ISO 717/82 和 UNI 8270/7 标准,选用密度为 100kg/m³ 岩棉作芯材的夹芯板,隔声效果可达到 RW=29~30dB。

3）石膏板

石膏板是以建筑石膏为主要原料制成的一种材料。它是一种重量轻、强度较高、厚度较薄、加工方便、隔声绝热和防火等性能较好的建筑材料,是当前着重发展的新型轻质板材之一。

2. STC65 复合墙板施工工法

1）ALC+岩棉夹心板+石膏板组成的 STC65 复合墙体

试验证明, 由 ALC、岩棉夹芯板、石膏板等组成的复合型墙体体系能达到很好的隔声效果。如图 5.2.4-1 所示, 150mmALC 墙+空气层+80mm 厚岩棉夹芯板+12mm 石膏板+50 空气层+80mm 厚岩棉夹芯板+12mm 石膏板, 即可有效地达到 STC65 的隔声效果。

2）砖砌+岩棉板+石膏板, STC65 隔声墙（表 5.2.4-2）。

不同厚度砖墙可达到的隔声等级 表 5.2.4-2

性 能 指 标		单 位	可达到隔声等级
平均隔声量	100mm 厚砖墙（双面抹灰）	dB	42
	215mm 厚砖墙（双面抹灰）		50
	100mm 厚砖墙（单面抹灰）+50mm 岩棉（80kg/m³）+100mm 厚砖墙（单面抹灰）		60

对于隔声等级要求较高的防护结构，由于砖墙本身自重大，施工不方便，而且同样存在着材料吻合效应的影响，所以采用以砖砌墙体为外墙的复合型墙体体系。如图 5.2.4-2 所示，100mm 砖墙（单面抹灰）+空气层+80mm 厚岩棉夹芯板+12mm 石膏板+50 空气层+80mm 厚岩棉夹芯板+12mm 石膏板，即可有效地达到 STC65 的隔声效果。

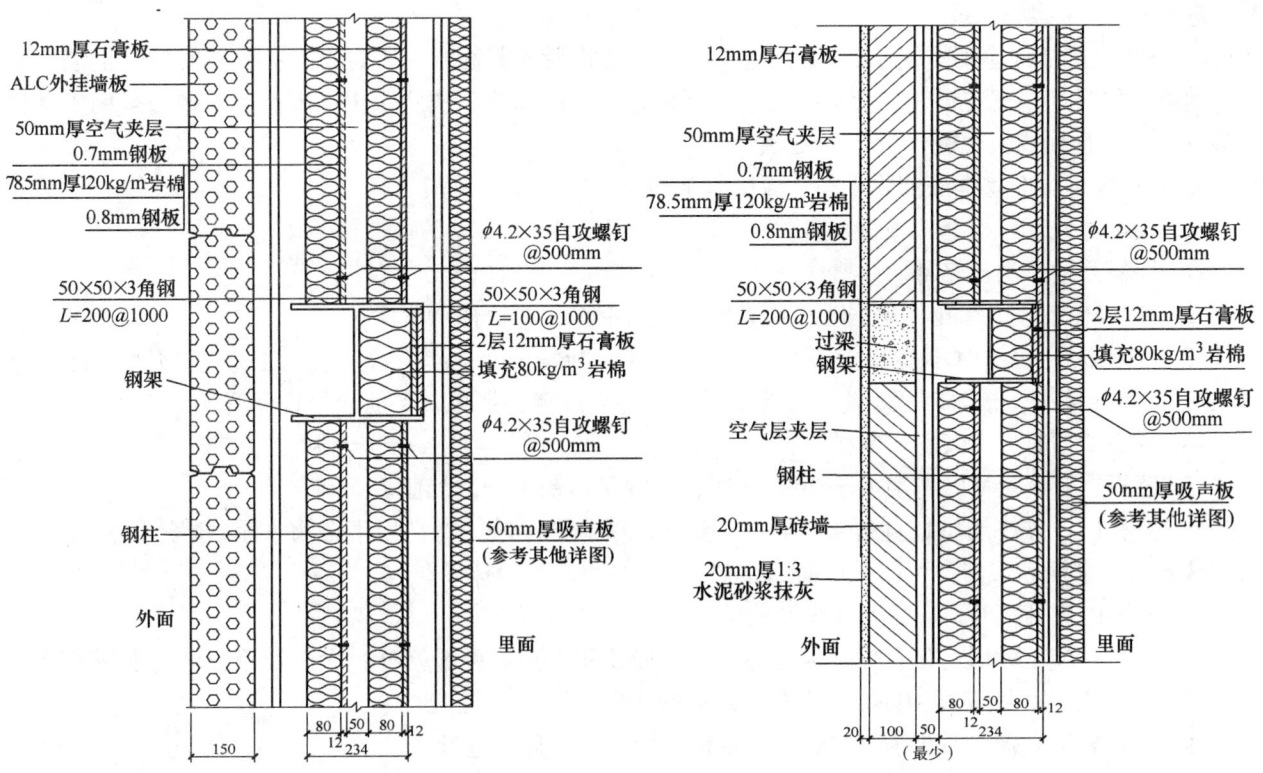

图 5.2.4-1　以 ALC 为外墙的组合墙体体系剖面图　　　图 5.2.4-2　以砖墙为外墙的组合墙体体系剖面图

5.2.5 操作要点

1. 运输及堆放

ALC 板材于施工日前开始进场，进场后利用叉车或汽车吊将板材卸至堆放点，堆放现场水泥平地上。堆放时两端距板端 1/5L 处用垫木或加气混凝土块垫平，一层为 6 块，两层为一垛，每垛高不超过 2m，如遇连续雨天板材需采用覆盖防雨布或彩条布保护。

2. 成品保护：认真做好成品保护，在运输或搬运中造成板材破损应及时进行修补后方可使用。

1）卸货后材料需堆放在平地上或建筑物横梁上，以确保材料与结构不变形。由于本工程场地有限，卸车后将按现场所需，再进行二次搬运到施工作业面。在卸车，搬运中所损坏的板材，没有露出板材本筋的板材要及时在安装前进行修补，待修复后才能使用。

2）岩棉板、石膏板存储要注意防雨、防潮。

3）板材场内运输采用液压台车、U 形台车及叉车，吊装时采用专用吊装带。

3. 主体结构验收

主体结构验收应根据业主或总包方提供的基准点或基准轴线对已完工程中 ALC 板的梁、柱、安装面进行检测，检测用拉线、吊线、水准仪、经纬仪等方法，用卷尺、塞尺、靠尺等进行测量。检查结果应做好记录，并由技术员、总包单位签字。检查中如发现有施工误差严重超标的，应提请总包进行整改或调整方案，以确保 ALC 板安装质量。

4. 对照图纸在现场弹出轴线和一道边线，并按排版设计标明每块板的位置，放线后需经技术员校核认可。

5. 焊接的导向角钢必须顺直，不直的必须事先调直。焊接时必须按设计和标准图规定，确保焊缝厚度、长度和焊缝质量，交叉进行焊接。

6. 门窗洞口加固角钢应在板就位前按设计位置安装；如洞口用扁钢加固时，则应先装洞口两边 ALC 板，再装已焊接好的加固框。为防止扁钢向下弯曲，应事先进行支撑，待安装完毕后再拆除支撑。

7. 板的钻孔、预装连接杆等均应在现场根据实际尺寸预先做好。ALC 板的安装，一般应从洞口向两边进行。

8. 每装一块板都应用吊线和 2m 靠尺进行检查，合格后才能固定；装好每一条轴线间的一道墙，用拉线检查，发现超过规定误差的应进行调整，调整时应放松螺栓、扶稳，用橡皮锤垫木敲击或用木塞挤动等方法，禁止用撬棍硬撬，损坏 ALC 板。

9. 所有焊缝均应将焊渣清除干净，除接缝钢筋外均应满涂防锈漆。

10. 按设计处理好板缝，板缝顺直。

11. 墙板开槽、洞及修补。

12. 在 ALC 墙板上钻孔、切锯时，均应采用专用工具，不得任意砍凿。

13. 在墙板上切槽时不宜横向断槽；当必须横向断槽时，槽深不得超过 20mm，槽宽不得超过 30mm；如特殊情况，槽深、宽不能满足要求时，可适当放宽，但板材主筋应尽量保留，不切断。

14. 墙板切槽时，严禁斜向断槽。

15. 墙板上开洞尺寸，宽度大于 300mm 时，应视具体情况予以加固。

16. 修补前，先将切口处直角倒出坡口，修补面涂刷 801 胶一道，用聚合物水泥砂浆进行修补；如有特殊要求，水泥砂浆修补可凹进板面 20mm，再用专用修补粉抹平。

17. 内墙内侧开槽时，应尽量减少开槽尺寸。

18. 板材在施工和搬运过程中的缺棱掉角，小面积用专用修补粉修补；大面积用聚合物水泥砂浆修补，如有特殊要求，距表面 10mm 再用专用修补粉抹平。

19. ALC 施工垃圾，每天清理并运至指定地点堆放、整理、整顿。

20. 防水

1）密封胶：ALC 板本身有间隙，要达到防水的效果，首先用密封胶封堵板与板，板与结构的缝隙，密封胶可根据现场情况进行选择，但是如果刷油漆的话，必须保证油漆和胶不发生反应。密封胶在施工时必须严格按照施工方法进行，既要保证外观的美观，又要保证其与板的良好的粘结，不能有缝隙，尤其在横竖缝交界处，以防其漏水。

2）油漆：油漆是整个墙体施工的最后一部分，也是相对来说比较重要的一部分。油漆的施工一方面要严格地按照施工方法的要求；另一方面前期的板面修补工作，密封胶的工作都直接影响整个油漆施工的最后质量。

6. 材料与设备

本工法涉及的材料主要是 ALC 墙板、连接件以及支撑角钢。

本工法需要的主要机具表　　　　　　　　　　　　　　　表 6

序号	机具名称	规格型号	台数	单机功率（kW）	装机容量（kW）
1	电焊机	BX—250		8	
2	电动葫芦	DTS50—80—B		0.8	
3	大切割机	BH16C		0.8	
4	小切割机	CG—100		0.75	
5	电钻	Z1C—03—26		0.52	
6	配电箱	9cm×80cm×60cm		30	
总计					

7. 质量控制

7.1 监控主体

7.1.1 《建设工程安全生产管理条例》（国务院令第 393 号）。

7.1.2 《中华人民共和国建筑法》。

7.1.3 《中华人民共和国安全生产法》。

7.1.4 国家安全生产方针、政策及地方政府安全生产法规。

7.1.5 行业安全生产规范性文件、安全技术标准。

7.1.6 有关劳动保护、安全生产方面的规定与标准。

7.1.7 《建设工程管理规范》GB 50319-2000。

7.1.8 《ALC 设计规范》03SG715-1。

7.1.9 《ALC 工程施工及验收规范》03SG715-1。

7.1.10 严格遵守业主、总包、监理等单位监理和监督。

7.1.11 新加坡相关规范。

7.2 质保体系（图 7.2）

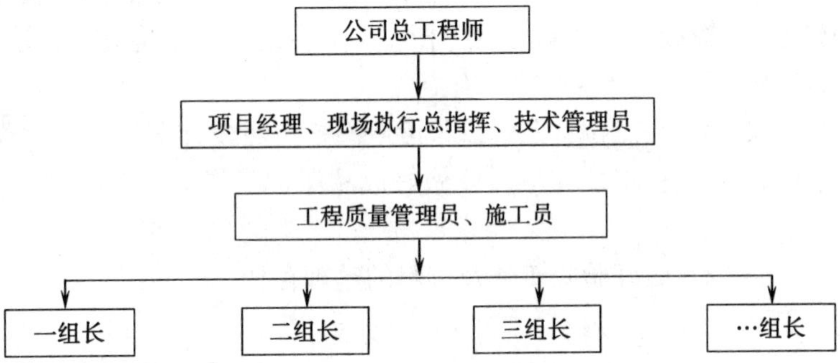

7.3 质量标准

《蒸压轻质加气混凝土板应用技术规程》DGJ 32/J06-2004 （表 7.3-1、表 7.3-2）。

图 7.2　质保体系

ALC 板的安装质量要求及安装偏差 　　　　　　　　表 7.3-1

项次	项 目 名 称	允 许 误 差	检 验 方 法
1	轴线位置	3mm	钢尺检查
2	墙面垂直度	3mm	每层吊线
3	板缝垂直度	3mm	每层吊线
4	表面平整度	3mm	2m靠尺、塞尺
5	拼缝高差	1mm	靠尺、塞尺
6	洞口偏移	±8mm	钢尺检查

隔声板安装允许偏差 　　　　　　　　表 7.3-2

项 目	单 位	允许偏差	检 验 方 法
表面平整	mm	5	用2m直尺和楔形塞尺检查
阴、阳角垂直	mm	4	用托线板和尺检查
立面垂直	mm	5	方尺检查
阴、阳角方正	mm	4	拉线检查,不足拉通线检查
分格条(缝)平直	mm	3	

7.4 保证质量的措施

7.4.1 配备足够的施工人员,做好岗前培训,明确分工,明确责任,赏罚分明。

7.4.2 施工前由技术人员做好交底工作,交底内容包括熟悉图纸的设计意图、施工的技术要求、质量偏差和标准,每位施工人员做到心里有数,严格按照图纸施工。

7.4.3 设置质量控制机构、设置专职检查人员,上道工序验收合格才能进行下道工序施工。

7.4.4 质量检查人员做好过程监控,发现问题要反馈技术部门,图纸不明确或特殊部位、施工难点要出技术方案才能施工。

7.4.5 岩棉板储存时要注意防潮防水。

7.4.6 板安装前应根据图纸做好测量放线,确定板的位置,实际放线结果要根据图纸尺寸进行核实,发现尺寸有偏差或不符合图纸尺寸应该找设计进行解决,保证安装板面的平整度。

7.4.7 在安装岩棉板前要检查板的质量、角钢及焊条等必须要选用合格产品,所有主材及辅助材料必须有出厂合格证,在使用前检查连接件等是否有破损情况,不合格的材料严禁使用。

7.4.8 板安装时要根据尺寸线安装,同时要用线坠检查垂直度,用靠尺检查平整度,合格好才能进行安装。

7.4.9 ALC 板是由支撑体系支撑,并通过它传递给结构主体,为了确保有效进行连接和传递荷载,必须严格控制安装质量;岩棉板直接放在地面或结构梁上,通过角钢固定限定其水平位移,固定角钢定位必须准确,且严格按照图纸施工。

7.4.10 焊点位置及焊缝长度应严格按照设计图纸说明。焊缝及连接件及时刷好镀锌漆。

7.4.11 板安装完毕后要做好成品保护工作,严禁相关专业施工破坏,对于安装完的板要及时修补及勾缝。

7.4.12 做好验收工作及资料的整理存档。

8. 安 全 措 施

8.1 施工安全分析与施工安全措施

8.1.1 范围:本 ALC 工程范围内的安全文明施工。

8.1.2 内容：施工安全的风险点及其控制要点。

ALC 制作过程中的安全与文明施工；ALC 起吊、卸货的安全与文明施工；ALC 安装的安全与文明施工；ALC 施工场地文明施工。

8.1.3 安全人员的岗位职责：协助建设单位加强对工程的安全管理，对工程进行资质审查确认；实施施工单位编制安全技术方案、措施，并督促实施；实施施工单位按规定搭设安全生产设施（如临时用电、脚手架等）；核查安全生产方面的材料和设备的原始凭证、检测报告与准用证；实施施工过程中的人、机械和施工环境的安全状态，督促施工单位及时消除隐患；检查安全状况和签署安全许可意见；协助参与对工程安全事故的分析和处理；定期向建设单位，安全单位报告工程建设安全生产情况；全员必须在施工日记中填写安全工作内容，记录每天开展的安全工作内容及交接注意事项（包括安全工作，施工现场安全状况、处理意见等内容）。

8.2 施工阶段安全检控要点

8.2.1 施工用电检控要点

1. 临时用电现场布置应按施组中用电平面图进行。

2. 高压线防护架设方案搭设。

3. 支线架设高度应确保电缆线高度大于 2.5m、架空线高度大于 4m。

4. 现场照明架设高度大于 2.4m；危险场所应使用安全电压。

5. 电箱应统一编号、放置高度下口高于 60cm。

6. 动力开关电箱应做到一机、一闸、一漏、一箱。

7. 用电设备、机械设备是否有可靠的接地装置。

8. 变配电装置符合规范要求；采用三相五线制；配电室设警示牌、灭火器、绝缘毯、绝缘手套等。

8.2.2 "三宝""四口"防护检控要点

1. 施工人员进入现场必须正确佩戴安全帽。

2. 在建工程应采用合格安全网封闭。

3. 2m 以上高处作业必须系安全带。

4. 楼梯口应设临时边扶手、设防护门。

5. 预留洞口、坑井设置可靠的防护措施。

6. 通道口设置防护棚、施工层超过 24m 高度设置双层防扔护棚。

7. 屋面等临时边必须设置可靠的防护栏杆。

8.3 施工机具检控要点

8.3.1 汽车吊及叉车检控要点

1. 每台汽车吊或叉车配备操作人员必须持证上岗(包括驾驶员、起重工、电工、电焊工等)。

2. 经市建委认定的监测机构办理检测，办合格证方能使用。

3. 汽车吊施工时的人员配备。应确保驾驶员 1 名，上指挥 1 名，下指挥 1 名。

4. 不准载荷行驶或不放下支腿就起重。在不平整的场地工作前，应先平整场地，支腿伸出应在吊臂起升之前完成，支腿的收回应在吊臂放下搁稳之后进行。支腿下要垫硬木块，在支点不平的情况下，应加厚垫木调整高低，以保持机身水平。

5. 力矩限制器灵敏、可靠；重量限制器灵敏、可靠；回转限制器灵敏、可靠；行走限制器灵敏、可靠；超高限制器灵敏、可靠；吊钩保险灵敏、可靠。

6. 起重工作完毕后，在行驶之前，必须将稳定器松开，4 个支腿返回原位。起重臂靠在托架上时需垫 50mm 厚的橡胶块。吊钩挂在汽车前端时钢丝绳不要收得太紧。

7. 工作中如遇故障，应按规定顺序查清原因予以排除。如本人不能排除，应及时报修。

8. 操作前应检查距尾部回转范围 50cm 有无障碍物。

8.3.2 小型施工机具检控要点

1. 电焊机应配置专用开关电箱、二次测空载降压装置，一次侧电源线不超过 5m，外壳有可靠接地、进出线侧设防护罩有防雨措施，挂验收合格牌。

2. 手持电动工具应设置开关电箱，有可靠接地装置，施工人员操作时佩戴必要的防护用具。

8.4 个人防护检控要点(图 8.4)

图 8.4 安全图片

8.4.1 安全帽佩戴正确，系好帽扣。

8.4.2 安全带完好无缺，使用时高挂低用。

8.4.3 绝缘鞋、绝缘手套、电焊工脸罩应完好并准确使用；专业施工人员须持证上岗；危险作业应有保护人员措施。

8.5 复合墙板吊装工程检控要点

8.5.1 吊装前应检查机械索具、夹具、吊环等是否符合要求并应进行试吊。

8.5.2 吊装时必须有统一的指挥、统一的信号。

8.5.3 高空作业人员必须系安全带，安全带生根处须安全可靠。

8.5.4 高空作业人员不得喝酒，在高空不得开玩笑。

8.5.5 高空作业穿着要灵便，禁止穿硬底鞋、高跟鞋、塑料底鞋和带钉的鞋。

8.5.6 吊车行走道路和工作地点应坚实平整，以防沉陷，发生事故。

8.5.7 6 级以上大风和雷雨、大雾天气，应暂停露天起重、高空作业。

8.5.8 拆卸吊绳时，下方不应站人。

8.5.9 使用撬棒等工具，用力要均匀、要慢、支点要稳固，防止撬棒发生事故。

8.5.10 构件在未经校正、焊牢固定之前，不准松绳脱钩。

8.5.11 起吊笨重物件时，不可中途长时间悬吊、停滞。

8.5.12 起重吊装所用钢丝绳，不准触及有电线路和电焊搭铁线或与坚硬物体摩擦。

8.5.13 遵守有关起重吊装的"十不吊"规定。施工用的电动机械和设备均须接地，绝对不允许使用破损的电线和电缆，严防设备漏电。施工用电器设备和机械的电缆，须集中在一起，并随楼层的施工而逐节升高。每层楼面须分别设置配电箱，供每层楼面施工用电需要。

8.5.14 高空施工，当风速达到 15ryt/s 时，所有工作均须停止。

8.5.15 施工时还应该注意防火，配备必要的灭火设备和消防监护人员。

8.6 电焊检控要点

8.6.1 电焊、气割时，要严格遵守"十不烧"规程操作。

8.6.2 操作前应检查所有工具、电焊机、电源开关及线路是否良好，金属外壳应有安全可靠的接地，进出线应有完整的防护罩，进出线端应用铜接头焊牢。

8.6.3 每台电焊机应有专角电源控制开关，开关的熔丝容量，应为该机的 1.5 倍，严禁用其他金属丝代替，完工后应切断电源。

8.6.4 电气焊的弧火花点必须与氧气瓶、电石桶、乙炔瓶、木料、油类等危险物品的距离不少于10m。与易燃物品的距离不少于20m。

8.6.5 注意安全用电。电线不准乱拖、乱拉，电源线均应架空扎牢。

8.6.6 焊割点周围和下方应采取防火措施，并应指定专人作防火监护。按要求配备灭火器。

8.7 装卸工作检控要点

8.7.1 搬运工在搬运前必须认真学习操作规程中的装卸要求，并遵照执行，对零星装卸也要符合安全运输的有关规定。

8.7.2 起重搬运时，必须统一规定口号、信号，统一指挥进行操作。

8.7.3 使用起重搬运工具前必须进行检查，不符合安全规定的不准使用。

8.7.4 搬运机器，必须查明重量、尺才、装卸地点后，才能操作。

8.7.5 装运各种材料、物件时，严禁超载、超高、超宽、超长。

8.7.6 车辆未停稳，严禁人在车辆上操作或上下扒车。物件堆放要平稳。车辆行驶时，禁止人坐在拦板上或车顶高处，更不准站在物件的顶头，防止紧急制动时物件往前突然移动而轧伤人。装运构件，必须选好枕木、挂好紧线器，防止物件倒塌造成事故。

8.7.7 密切配合驾驶员。车辆进出照顾前后，倒车、转弯、正常行驶时应注意前后左右马路上的动态。

8.7.8 装卸乙炔、氧气瓶时应轻装、轻卸，严禁抛、滑、滚、碰。

8.7.9 严禁起吊重物长时间悬挂在空中，作业中遇突发故障，应采取措施将重物降落到安全地方，并关闭发动机或切断电源后进行检修。在突然停电时，应立即把所有控制器拨到零位，断开电源总开关，并采取措施使重物降到地面。

8.8 其他安全检控措施

8.8.1 雨天和雪天进行高处作业时，必须采取可靠的防滑、防寒和防冻措施。凡水、冰、霜、雪均应及时清除。对进行高处作业的高耸建筑物，应事先设置避雷设施。遇有6级以上强风、浓雾等恶劣气候，不得进行露天攀登与悬空高处作业。

8.8.2 防护棚搭设与拆除时，应设警戒区，并应派专人监护。严禁上下同时拆除。

8.8.3 对临边高处作业，必须设置防护措施，并符合下列规定：

1. 分层施工的楼梯口和梯段边，必须安装临时护栏。顶层楼梯口应随工程结构进度安装正式防护设施。

2. 井架与施工用电梯和脚手架等与建筑物通道的两侧边，必须设防护栏杆。地面通道上部应装设安全防护棚。双笼井架通道中间，应予分隔封闭。

3. 在工作中操作人员和配合作业人员必须按规定穿戴劳动保护用品，长发束紧不得外露，高处作业时必须系安全带。

4. 高空焊接或切割时，必须系好安全带，焊接周围和下方应采用防火措施，配备灭火器材，并应有专业人员监护。

5. 未安装减压器的氧气瓶严禁使用。

8.9 文明施工检控措施

8.9.1 检查和实施施工单位健全安全文明施工体系，通过对施工现场的质量、安全防护、安全用电、机械设备、消防保卫、场地容貌、卫生、环保、材料等方面的管理，促进施工单位的精神文明建设。

8.9.2 施工区域或危险区域应有明显标志，并采取安全保护措施。

8.9.3 实施施工单位堆放材料应规范有序。

8.9.4 实施施工单位设置施工场地的围挡，围挡应无缺损、整洁、美观，做好施工场地的清洁工作。

8.9.5 施工单位加强保卫、消防措施。

8.9.6 检查和安全施工单位加强环境保护措施，做好施工现场的粉尘、烟尘、污水、噪声污染等的防治。

9. 环 保 措 施

施工中，按 ISO14001 体系文件的规定，严格控制好工程的环保指标，建设绿色工地。

9.1 临时设施

施工现场的临时设施包括临时用水、临时用电、临时通信、临时建筑、临时道路等。派专人定期对施工现场的临时设计进行检查，发现问题及时检修，防止引发重要环境问题。

9.1.1 临时用水设施

派专人定期对施工现场的临时用水设施的水管、水表、水龙头进行检查，发现跑漏水及用水设施损坏时及时安排专人修复；派专人负责用水设施的日常维护工作。

9.1.2 临时用电设施

派专人定期对施工现场的临时用电设施进行检查，发现跑漏电、漏油（变压器）及用电设施损坏时使安排专人修复；派专人负责用电设施的日常维护工作；临时用电设施布设时产生的废弃电缆护套、电缆头、电缆外皮绝缘等废弃物严禁乱扔乱抛，应集中收集和投放，并有奖罚措施。

9.1.3 临时通信设施

临时通信设施的使用应定人定岗，责任到人，并负责通信设施的定期检查。临时通信设施产生的废电池、废通信工具等严禁乱扔乱抛，应集中收集和投放。其中，废电池应放置在专用废电池回收箱内，统一处置。

9.2 复合墙板工程

9.2.1 装卸、搬运、运输、码放及支拆过程中要轻拿轻放，严禁抛掷。

9.2.2 施工时需要照明亮度大的工作尽量安排在白天进行，减少夜间施工照明电能的使用。

9.2.3 安装过程中的垃圾及时清运到施工现场指定的垃圾存放地点，保持材料存放区的清洁。

9.2.4 板材切割需采取降噪措施，宜安排在有围挡、隔声设施内，如地下室、房间内。

9.2.5 操作人员上岗前进行岗位培训，合格后方能上岗。

9.3 焊接工程

9.3.1 焊工应经过专门培训，掌握焊割安全技术，并经过考核合格后，方准独立操作。

9.3.2 气焊工进场时，应将操作证交主管部门审核后方可上岗作业。

9.3.3 焊割前应经本单位领导同意，消防安全部门检查批准，领取用火证后方可进行作业。

9.3.4 焊割作业要选择安全地点，焊割前仔细检查周围情况，对可燃物必须清除，如不能清除时，应采取浇湿、遮盖等安全可靠措施加以保护。

9.3.5 盛过或有易燃、可燃液体、气体及化学危险品的容器和设备，未彻底清洗干净前，不得进行焊接。

9.3.6 严禁在有可燃气体或粉尘的爆炸性场所焊割。在这些场所附近进行焊割作业时，应按有关规定，保持一定距离。

9.3.7 焊割作业不准与油漆、喷漆、木工等易燃操作同部位、同时间、上下交叉作业。

9.3.8 电焊机地线不准接在建筑物、机器设备、各种管道、金属架上，必须设立专用地线，不得借路。

9.3.9 不得使用有故障的焊割工具。电焊的导线不准与装有气体的气瓶接触；不准与气焊的软管或气体的导管放在一起；不准从生产、使用、储存易燃易爆物品的货舱所或部位穿过。油脂或沾油的物品，禁止与氧气瓶、导管、软管等接触。

9.3.10 焊割工作点火前要遵守操作程序，焊割结束或离开现场时，必须切断电源、气源，并仔细检查现场，消除火险隐患。在闷顶、隔墙等隐蔽场所焊接，在操作完毕半小时内，应反复检查施工作业面，以防阴燃发生问题。

9.3.11 割现场必须配备灭火器，危险性较大的应有专人现场监护。

9.3.12 遇到 5 级以上大风天气时，施工现场的高空露天焊割应停止作业。

9.4 油漆、涂料工程

9.4.1 严禁使用含甲醛类挥发性气体的涂料、腻子及填充料，推广使用环保型油漆、涂料及填充料，以杜绝和减少挥发性气体对环境和人们身体的污染和危害。油漆、涂料及填充料由甲方供料时，项目部以信函的形式对甲方施加环境影响；油漆、涂料及填充料自购时，由采购人员对供货方提出明确的环保要求，确保工程使用的油漆、涂料及填充料符合相应法律法规的要求。

9.4.2 在倾倒、作业过程中发生的遗洒，必须及时清理干净。

9.4.3 油漆、涂料用完后，将容器交回现场仓库，统一回收处理。施工剩余的油漆、涂料、稀料，应送回仓库妥善保管。

9.5 节水节电措施

9.5.1 项目部制定节水、节电管理规定并下发至各用水、用电单位遵照执行。项目部每月对各用水、用电单位进行月度检查，对违反节水、节电管理规定的单位或个人进行相应的处罚。

9.5.2 现场管线布置要符合施工平面图的要求，不得随意乱接、乱用。

9.5.3 设专人对施工现场的管线、阀门、水龙头等进行定期检查，杜绝跑、冒、滴、漏现象的发生，水龙头、卫生器具应选用节水型产品。

9.5.4 施工用水要避免不必要的浪费，应本着节约的原则，提倡一水多用、重复利用。

9.5.5 设专人对现场用电进行管理，对照明用电要严格控制，杜绝长明灯现象。在满足施工生产及生活的前提下应选用功率小的节能型灯具，与施工无关的电炉、电热器等严禁使用。

9.5.6 所有水力及电力设备宜选用节能型产品，耗能超标的设备严禁使用。

9.5.7 施工现场的水、电工应接受环境管理培训，熟知本岗位的工作特点和相关的管理规定。

9.6 废弃物管理

9.6.1 项目部依据程序文件规定，列出本项目的废弃物清单，并根据废弃物的不同类别设置配有标识的垃圾箱（池）。

9.6.2 施工人员对生活及作业产生的废弃物及时收集，分类存放到相应垃圾箱（池）内。

9.6.3 场内运输废弃物，不得发生遗撒，应有防遗撒的遮盖、洒水等相关措施。

9.6.4 危险废弃物应放置在专用垃圾箱（池）内，并加盖密封，由项目部或相关单位运至指定地点，严禁随意遗撒或抛撒。

9.6.5 废弃物外运宜选择环卫公司统一处理，相关单位自行外运时，应送至指定的垃圾处理点。

9.7 现场管理

9.7.1 施工现场需进行分区管理，现场清扫、洒水责任到人。

9.7.2 清扫垃圾应及时清运倒现场指定的垃圾存放地点，严禁任意堆放造成的二次污染。

9.8 现场机具管理

9.8.1 电动工具的使用应建立领用制度，发放至个人，并定期维护。废弃的手动工具应尽可能做到分部件回收，重复利用，严禁乱扔、乱抛。

9.8.2 手动工具使用者每天及时清理各自的工具，以提高工具的使用寿命，清理的废弃物严禁乱堆乱抛、应统一放至规定地点。

9.8.3 手动工具的手柄宜采用铁制品，尽量少使用木制品。

9.8.4 手动工具持有者在作业过程中，应避免人为产生噪声。不可避免时应采取相应的隔尘、降噪措施，以避免影响居民休息。

9.8.5 相关人员应经过环境管理知识培训，合格后方可上岗操作。

10. 效 益 分 析

本工程经济效益巨大，环保节能和社会效益明显。采用轻质外墙板由于自重轻，所需支撑钢材也少；施工方便快捷，对设备和场地的要求不高，不仅节省大量时间，同时也节省了大量的人力物力。

如果采用一些供应商提供的隔声材料，达到相同的隔声效果，价格确是相当的昂贵的，仅仅隔声材料的价格就是我们整个内外墙合同价格的1.5~2倍。因此我们必须在满足设计要求的情况下，寻找一种经济的、快捷能够推广的隔声系统。

11. 应 用 实 例

新加坡环球影城工程共有3个单体采用STC65的隔声系统，分别是4维影院1和影院2（4D Cinema 1 & Cinema 2）、好莱坞剧院（Hollywood Theater 1）和音乐厅（Sound Stage facility）。3个单体音位功能的要求结构都特别复杂，这给内外墙的安装都造成了很大的困难（表11）。

新加坡环球影城复合墙板统计表 表11

建 筑 名 称	安 装 方 法	建筑面积（m²）	墙面积（m²）	建筑高度（m）	隔声
激流勇进（Flume Ride 2）	竖装墙板摇摆工法（ADR法）	4475	3602	17.9	STC45
4D影院1和2（4D Cinema 1&2）	横装墙板摇摆工法（ADR法）	3377	2489	14.5	STC65
好莱坞剧院1（Hollywood Theatre 1）	竖装墙板摇摆工法（ADR法）	4280	2807	21	STC65
音乐厅（Sound Stage Facility）	横装墙板摇摆工法（ADR法）	1057	2209	20	STC65
黑暗骑士3（Dark Ride 3）	竖装墙板摇摆工法（ADR法）	797	950	13.5	STC45
特效片场（Show Facility）	大片组合墙板	2311	3572	19.5	STC45
黑暗骑士1（Dark Ride 1）	竖装墙板摇摆工法（ADR法）	3028	4001	22.6	STC45
ALC 外墙板小计		19325	19628		
黑暗骑士（Dark Ride 2）	混凝土预制板	6333	6017	22.2	STC55
合计		25658	25645		

顶模系统施工工法

GJYJGF024—2010

中国建筑第四工程局有限公司　中建新疆建工集团有限公司

令狐延　苏国活　郭云来　肖云燕　赵大进

1. 前　言

近年来，随着国民经济及建筑业的发展，国内外数百米的超高层建筑数量越来越多，与传统普通建筑相比较，超高层建筑一般设计为外筒钢结构与内筒钢筋混凝土结构相结合的形式，普遍具有建筑面积大，建筑高度高，施工难度大，施工周期较长等特点。

针对超高层核心筒结构的特点，在满足质量、安全的同时，为缩短工期，一般的施工顺序是，先施工核心筒墙体竖向结构，后施工核心筒水平结构及外框钢柱、外框梁板结构。适合于超高层核心筒墙体结构施工的工艺有：爬模工艺、提模工艺、滑模工艺、顶模工艺等。

其中，"顶模系统"施工工艺与爬模工艺、提模工艺、滑模工艺的不同之处在于，顶模工艺为大吨位（单个液压油缸额定顶升荷载 300t），长行程（顶升有效行程 5m），液压油缸整体系统顶升，低位支撑（支撑箱梁及伸缩牛腿设置在核心筒施工楼层下 2~3 层），电控液压自顶升，其整体性、安全性、施工工期方面均具有较大的优势，更适用于超高层混凝土核心筒竖向结构施工。

2. 工　法　特　点

顶模系统是由模板系统、钢平台系统、挂架系统、支撑系统、液压系统、电控系统 6 大系统组成的低支撑点整体提升式模架系统。其特点是，设置一个桁架式钢平台，把模板、挂架、钢平台自身重量及上部材料设备等的荷载通过钢平台传到支撑钢柱，再由钢柱传递到支撑箱梁，通过支撑箱梁伸缩牛腿把荷载最终传递到核心筒墙体结构上。顶升原理是通过其伸缩牛腿的伸缩和油缸的顶升提起实现上下支撑箱梁交替支撑在结构墙体预留洞上，进而实现整个系统的顶升。施工过程为：作业人员在顶模挂架上绑扎竖向墙体钢筋完成后，顶模系统顶升，将钢模板顶升至钢筋绑扎完成的施工段，作业人员合模，进行墙体混凝土浇筑。混凝土终凝后进行上层墙体钢筋绑扎及钢模板拆除，重复顶模顶升工作。通过这样不断向上循环作业，最终将竖向墙体施工完成。

顶模系统为系统整体顶升，使用大型液压油缸作为动力系统，支撑钢柱数量少（一般 3~4 个），较易控制系统顶升时各支撑钢柱之间的同步，顶升速度快，顶升完毕的同时，模板也提升到位，模板支设、钢筋绑扎、混凝土浇捣施工均较为方便，施工时间短，施工质量、安全均易于控制，具有其他工艺无法比拟的优点，非常适合于超高层混凝土核心筒的施工。

3. 适　用　范　围

本工法适用于超高层建筑钢结构框架—混凝土核心筒结构中的混凝土墙体的施工。

4. 工　艺　原　理

顶模系统由模板系统、钢平台系统、挂架系统、支撑系统、液压系统、电控系统等 6 大系统组成。

如图4所示（以京基项目4根支撑钢柱的顶模系统为例）。

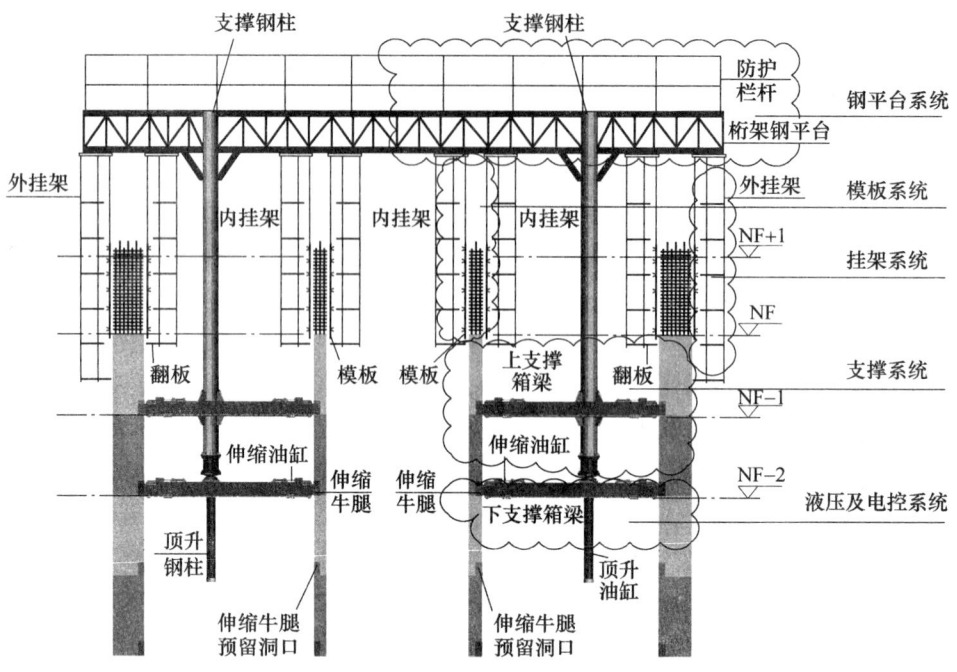

图4 顶模系统的组成示意图

4.1 模板系统

由定型钢模板组成，模板系统为定型大钢模板，标准尺寸为2400mm×4700mm，辅助非标准模板、阴阳角模板和补偿模板组成，模板下口与下层混凝土浇筑面搭接150mm（标准4200 mm楼层）。模板配制时应充分考虑到结构墙体的各次变化，制定模板的配制方案，思路是每次变截面时，只需要取掉部分模板，不需要在现场做大的拼装或焊接；另外，如结构上有伸出墙体的钢牛腿等，配模时应提前在该部位设置小模板，顶升过程经过钢牛腿时，将其移出避开钢牛腿实现顺利顶升。

4.2 钢平台系统

以4个支撑钢柱为支撑点，根据核心筒结构形状，形成一个矩形的主平台骨架，平台骨架为桁架式结构，通常由一、二、三级桁架组成，钢平台下弦杆设置吊架梁，通过吊架梁吊挂挂架和墙体模板，使钢平台、模板、挂架形成一个整体。平台上设置液压泵站、控制室和混凝土布料机，同时作为钢筋、周转材料、一些辅助设施堆放场地及施工人员中转平台。

4.3 挂架系统

是整个系统施工时的工作平台和安全防护设施，挂架系统分两种情况设置，内外挂架设置均为6步，只在挂架底部有支撑箱梁的部位设置5步。挂架立杆顶部设置滑轮吊挂在吊架梁上，挂架可以沿吊架梁纵向水平滑动。挂架采用钢制横、竖方通及钢板网组成。

4.4 支撑系统

主要由设置在核心筒区域内的支撑箱梁（包括4道下支撑梁，4道上支撑梁）、4根支撑钢柱组成，支撑箱梁每端设置有伸缩牛腿，由伸缩油缸控制其伸缩，上支撑箱梁与支撑钢柱和钢平台连接成整体，下支撑箱梁与油缸缸体连接成整体，通过其伸缩牛腿的伸缩和油缸的顶升提起实现上下支撑箱梁交替支撑在结构墙体预留洞上，进而实现整个系统的顶升。

4.5 液压系统

液压系统由3~4个大吨位（300t）长行程(顶升有效行程5m)双作用油缸组成，小牛腿的伸缩是由伸缩油缸进行控制，每个支撑钢柱对应1个大吨位双作用油缸和8个伸缩油缸。

4.6 电控系统

由液压系统各设备和阀件进行控制的电路组成，可实现系统顶升过程中对各油缸的伸缩控制，系统具有模拟顶升实时显示仪表，可以实现油缸的联动顶升，也可以手动单独顶升调平，具备故障及误操作自动锁定等功能，保证系统的安全。

5. 施工工艺流程及操作要点

5.1 顶模系统施工工艺流程（图5.1）

5.2 操作要点

5.2.1 顶模系统前期准备

1. 顶模系统设计

顶模系统需根据实际工程结构特点进行设计，包括支撑钢柱位置，钢平台桁架的布置，顶升步距，模板的配置都需要有较强的工程针对性，而支撑油缸、电控系统、挂架等部分配件则可以重复利用。设计时要考虑满足顶模系统在超高层施工自身的安全性，核心筒沿竖向截面变化情况，竖向墙体突出物的处理等方面的情况。同时，对系统构配件需提前进行深化设计及加工制作。

2. 顶模系统安装前的技术交底和现场准备

首先在施工前，由总包组织施工人员进行技术方案交底，将施工方法、施工顺序、定位轴线、定位标高、注意事项等交代清楚。

现场安装前准备工作是，需要预先施工一段混凝土墙体作为安装顶模的基础，因此需先采用传统的模板施工工艺施工该墙体，并在墙顶埋设安装支撑钢平台桁架用的临时支撑托架，在墙身预留支撑箱梁牛腿洞口。

以上工作完成，加工制作的构配件经验收合格，现场托架、预留洞口经验收合格，表明现场已具备安装的条件。

5.2.2 顶模安装施工

1. 为避免顶模钢平台安装完成后钢模板就位困难，在施工初始段墙体结构时即提前采用钢模板，并把钢模固定在墙身。

2. 顶模安装时，首先安装支撑系统和液压系统，大吨位长行程液压油缸和上下支撑箱梁、支撑钢柱均采用塔吊吊到预定的位置就位安装。

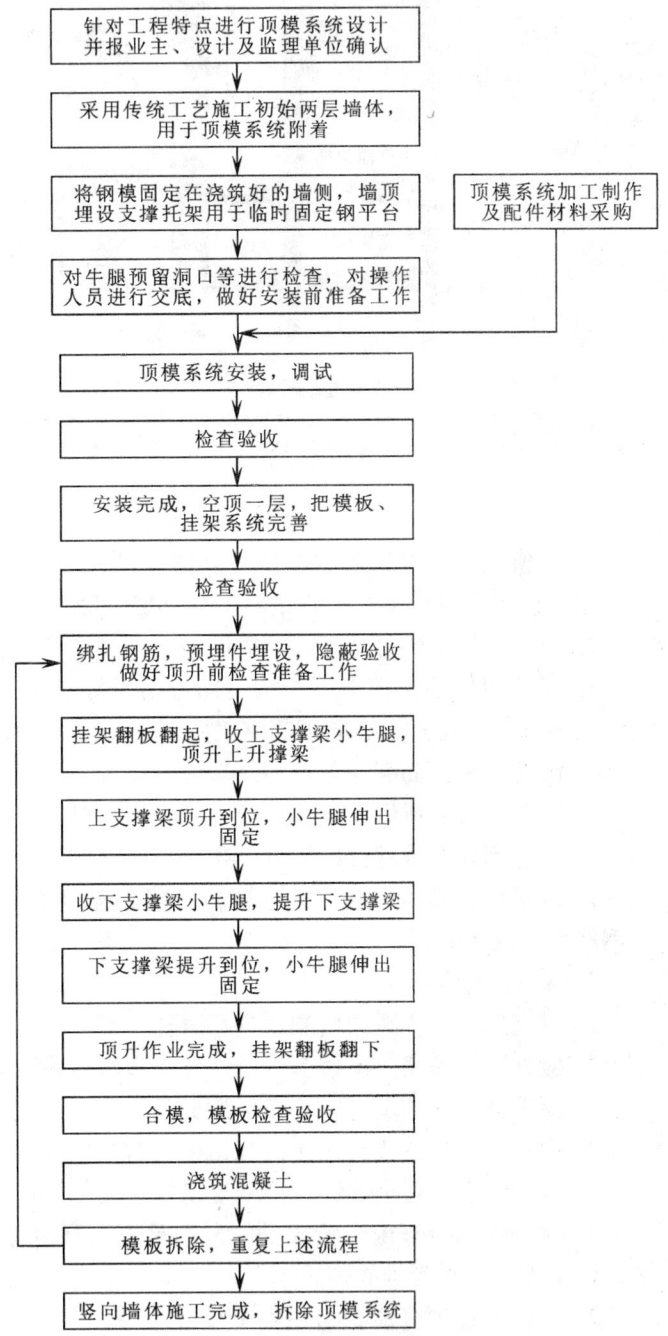

图5.1 顶模系统施工工艺流程图

3. 其次进行钢平台桁架的安装，钢平台桁架需根据设计方案的桁架安装顺序，逐榀依次安装一级桁架、二级桁架、三级桁架、吊架梁等。桁架可在地面预拼装，然后用塔吊吊入预定位置。

4. 安装内外挂架、安装液压油管及电脑控制系统，调试验收。

5. 顶模空顶升一层，把钢模吊挂在钢平台桁架上，顶模安装完成，进入正常施工流程（图5.2.2）。

5.2.3 钢筋工程施工

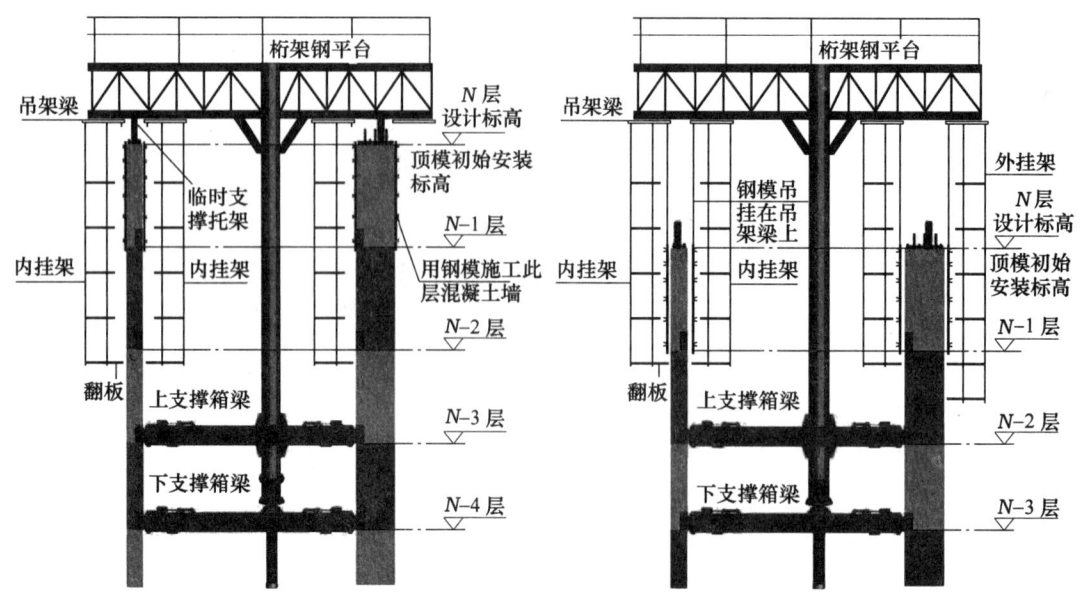

(a) 顶模初始安装状态
说明：安装时，先用钢模施工一层混凝土，并把钢模固定在墙上，钢平台桁架立在临时支撑托架上，内外挂架安装到位

(b) 安装完成，顶升一层，进入正常施工流程
说明：顶模安装完成，经验收调试合格，向上顶升一层，把钢模板吊挂到钢平台桁架吊架梁上，顶模进入正常施工流程

图 5.2.2　顶模模板先行安装示意图

1. 顶模系统可给钢筋工程施工操作提供一个安全、封闭的操作空间，钢筋吊运需考虑现场钢筋绑扎顺序，按需求分次吊运至钢平台上。钢筋堆载重量应在钢平台的设计承载能力范围内。

2. 竖向钢筋接长每个工作点需两人协同完成，平台上一人负责二次转运与钢筋扶直。

3. 安装模板前要在下层结构表面弹出对拉螺栓、定位预埋件位置线，避免竖向钢筋同对拉螺栓、定位预埋件位置相碰；竖向钢筋密集的部位在模板上设置相应备用螺栓孔。

4. 墙体水平钢筋绑扎至待浇筑墙体上表面 2~4 道。

5. 钢筋绑扎完成后，其上端应有临时固定措施。

6. 钢筋绑扎及预埋件的埋设不得影响模板的就位及固定。

7. 水平构件直螺纹套筒预埋定位准确，连接牢固；墙内的承载螺栓套管、预埋铁件、预埋管线等与钢筋绑扎同步完成。

5.2.4　顶升准备

1. 对支撑箱梁牛腿预留洞口进行清理、抄平。

2. 检查油缸油路、连接节点是否异常，螺栓是否紧固，缸体垂直度等。

3. 检查支撑钢柱垂直度、变形情况及各节点连接情况是否存在异常。

4. 检查钢平台各节点连接情况，重点监控主受力桁架变形情况。

5. 检查钢模是否全部脱开混凝土墙体表面，翻起挂架翻板。

6. 检查顶升行程内影响顶升障碍物是否全部清理完毕；检查钢平台上钢筋等材料是否全部使用完毕，确保无大宗材料堆放。

7. 顶模系统顶升前要组织安全检查，并经项目安全部门、技术部门、施工部门共同填写安全检查表，检查合格后方可顶升。

5.2.5　顶模试顶升

顶升准备工作完成后开始进行顶升作业，上支撑箱梁顶起 3~5cm（现场依具体情况而定，但不能碰到支撑洞口上部），使支撑箱梁距洞口底 1~2cm，查看牛腿是否完全脱离洞口底、牛腿是否与洞口有碰撞。

5.2.6　顶模系统顶升

试顶升确认没有任何异常后，顶升工作正式开始。启动小油缸收回箱梁牛腿，牛腿内收完毕，大吨位油缸将上支撑箱梁持续顶升，当上支撑钢梁距牛腿预留洞口 800mm 时，由专人测量各个伸缩牛腿的下部距支撑洞口底的距离，采用垫厚、薄钢板的方法对各个洞口进行找平，确保各个支撑洞口的底部与伸缩牛腿底部的距离相同（避免因回落距离不同而造成应力的产生，从而造成下次顶升过程整个系统的偏移）；找平结束后将系统顶到伸缩牛腿底部距支撑洞口底 3~5cm 后停止，调整支撑钢梁对准支撑洞口，启动小油缸伸出伸缩牛腿到支撑洞口内，回落上支撑箱梁使其承受整个系统的荷载。采取与上支撑钢梁顶升的同样步骤提升下支撑箱梁。待上下两道支撑钢梁全部就位后，作一次调整顶升，使得上下支撑箱梁共同受力，平均分担整个顶模系统的荷载。

顶升过程中，支撑、挂架部位应有巡查人员，发现异常现象及时报告顶升控制总指挥，停止顶升并及时发现排除故障。通过同步控制系统及辅助监控系统确保整个顶升过程的平稳、同步。

5.2.7 模板安装

1. 模板测量

模板质量的好坏直接决定高性能混凝土的表面观感及质量。施工时整个结构体系的定位准确与否，测量定位、检测工作是决定性因素。建立完善的测量控制网，是测量工作的首要任务。根据结构形式的需要建立轴线、标高引测所需的测量基准点，测量基准点设定要便于以后测量工作的展开，做到能够上下通视便于操作。

超高层轴线测量基准点基本是每隔 10 层向上引测 1 次，标高测量基准点每 5 层向上引测 1 次。引测点的设定要准确、牢固、安全、便于操作，引测后的基准点要进行闭合检查，确认准确无误后方能作为以上楼层测量工作基准点使用。

控制点向钢平台上引测和引测各分测量控制点时，钢平台上不得堆放大批的材料，视线要通视，不得有大批的施工人员在平台上施工和走动，要保持平台的相对稳定不得扰动，以免因平台的扰动而造成平台引测不准确。

将基准点引测到钢平台上用接收板接收，再利用基准点将分段设置的分测量控制点投测到接收板上，引测后的测量控制点要进行一次闭合检测，符合要求后方能用于模板的控制，弹线引测模板系统的各个区域，用激光给向仪将校核线下投到模板上口进行校核调整。

2. 设置测量墙体控制点

由于顶模钢平台的稳定性小，为避免因钢平台移动造成投设好的测量控制点移位，造成精度不准和需二次投测等问题，需及时把控制点投测到施工缝下 350mm 部位的测量接收板上（做法见图 5.2.7-1、图 5.2.7-2），成为测量墙体控制点。模板调整和验收时，可利用已引测到下部墙体上的测量墙体控制点进行定位和检查，由于该点固定在混凝土墙体上，不会产生移动，可以保证模板测量和施工的质量。

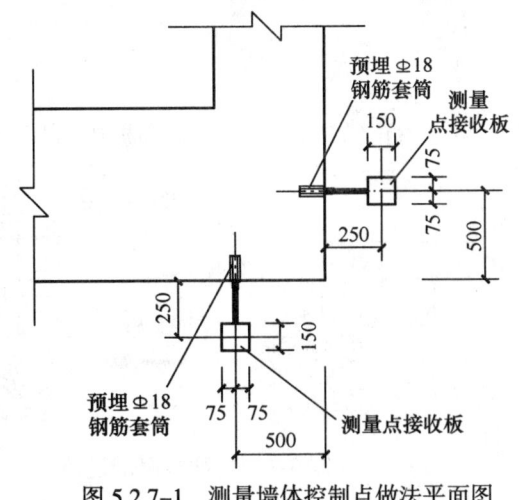

图 5.2.7-1　测量墙体控制点做法平面图

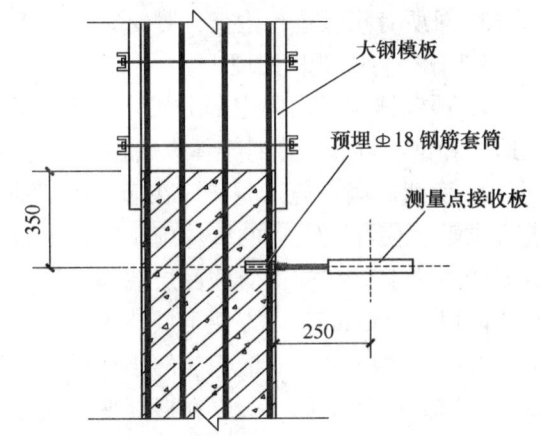

图 5.2.7-2　测量墙体控制点做法剖面图

3. 模板安装

顶模系统顶升到位后开始大钢模板的合模工作，以引测到已浇混凝土墙体内外两侧的标高线和测量墙体控制点为基准进行大钢模板组装的标高和平面控制,组装时严格按照施工顺序进行,注意各个配件拼装和完好情况以及螺杆孔的通视情况,发现问题应及时更换与调整。对拉螺杆的间距应符合设计的要求,不能对穿的情况下可以采用单面固定的方法。

模板安装完成后,根据测量组给出的定位点,对每面墙模板进行测量复核,模板检测的主要内容包括:墙体的垂直度、截面尺寸、轴线位置的控制,每一道墙体的模板都要进行轴线引测检查,轴线下投时对每一道墙体的偏差情况做好标识,边测边做调整并做好模板加固工作,直到满足规范要求为止。

模板加固采用 ϕ18mm 高强度螺栓对拉,模板内设 ϕ20mm 钢筋内撑,钢模板下口夹紧已浇筑混凝土 15cm。模板加固调整时可以利用模板上口的斜拉杆(拉紧或放松),必要时也可使用葫芦进行拉校固定,确保模板上口定位准确,模板上口的定位准确度将直接影响到下一层墙体模板定位的准确性,因此,这是模板质量检查的重点。

钢模板固定就位后利用测量组提供的标高和轴线对大钢模板的安装进行校核,在监理的旁站下,模板的标高、轴线、垂直度、紧固情况完全符合要求后方可浇筑混凝土。混凝土浇筑时派专人对钢模板进行看护,重点放在角模和补偿模板的位置,每个看护人员配好通信设备,发现问题及时联络,停止混凝土的浇筑,待处理妥当后方可继续进行。

5.2.8 混凝土工程施工

1. 顶模系统钢平台上放置大型自动式布料机,布料机随顶模系统一同提升,不需来回转移,以方便混凝土浇捣施工。

2. 混凝土泵管应按顶升高度进行设计和配制,每顶升一层时,仅需将一段竖向管取下,顶升结束后,将顶升长度的一段或数段管装到竖向管上即可。竖向管固定在剪力墙的连梁上。

3. 顶模钢平台与混凝土浇筑面的高度一般均超过 2m,故需要采用串筒将混凝土从布料机口下引至混凝土浇筑面。

4. 严格按照方案中浇筑顺序分层浇筑,严禁一次浇筑到顶。

5. 浇筑完毕后必须马上清理各作业面混凝土残渣,确保各作业面的清洁。

5.2.9 模板拆除

1. 混凝土浇筑完成并终凝后,松开对拉螺栓 5mm,利用脱模器将模板松开,终凝时间根据实际情况进行调整;松模顺序与安装顺序反向。

2. 拆模前检查每块模板上吊点是否连接牢固。

3. 按照支模反向顺序依次退开对拉螺栓,清理干净后分类集中堆放整齐。

4. 模板退开墙面 100mm。

5. 对所有模板进行检查,对变形、损坏部位进行修补。

5.2.10 特殊部位处理

1. 顶模挂架是由固定部分架体与活动翻板组成,固定架体为正常的通道,活动翻板则可实现钢模板退模和钢筋绑扎操作时架体离墙距离满足安全距离要求。

2. 变截面墙体施工时,应在墙体施工前,对顶升步距进行调整,使在变化后的墙体施工时,模板底部能在变化后的墙体之上。在施工变截面层墙体时,应施工至变截面后墙体以上 200mm,以方便下层墙体模板施工。在模板施工前应根据变化尺寸取下相应的小模板,由于在模板配置时已考虑到墙体变化,所以在遇到变截面施工时不会影响工期(图 5.2.10-1)。

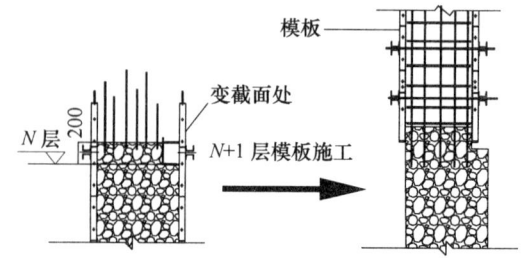

图 5.2.10-1 变截面墙体模板施工图

3. 当墙体截面收小过多,架体离墙距离过大,不能满足施工安全距离要求时,架体可通过导轮沿吊架梁滑动内收,减小离墙距离。

4. 支撑牛腿部位的墙体截面如收小过多,造成牛腿搁置面积不足时,则需接长牛腿。

5. 一般超高层核心筒墙体会存在钢牛腿伸出墙面，解决措施是钢牛腿部位的挂架做成活动翻板式，当顶模系统穿过突出钢牛腿墙面时打开翻板，使顶模顶升过程中架体不与钢牛腿相碰，达到顺利顶升的目的。

6. 洞口模板施工。

由于超高层混凝土墙体厚度超 1m，洞口模板支设极其重要，墙体洞口处采用木模板封堵。在模板支设前，先在墙柱钢筋上焊接定位钢筋，保证洞口的位置。在下层连梁混凝土浇筑时预埋钢管，将模板支撑体系的钢管(扫地杆、立管或斜撑)与预埋钢管连接(图 5.2.10-2)，以保证支撑架体位置固定不会移动。由于墙体比较厚，在混凝土浇筑时，洞口模板要承受较大的混凝土压力差，因此，对于洞口模板支撑架，要设置架体剪刀撑，以加强架体的侧向稳定性。

5.2.11 顶模改造，以适应核心筒墙体结构的变化

顶模系统一般采用在墙体上预留孔洞的方式将系统的竖向荷载传递到混凝土墙体上。超高层建筑上部墙体变化无法实现墙体预留洞做法时，可以改变支撑形式，改为焊接连接耳板安装三角架作为支撑系统的受力构件（图 5.2.11）。

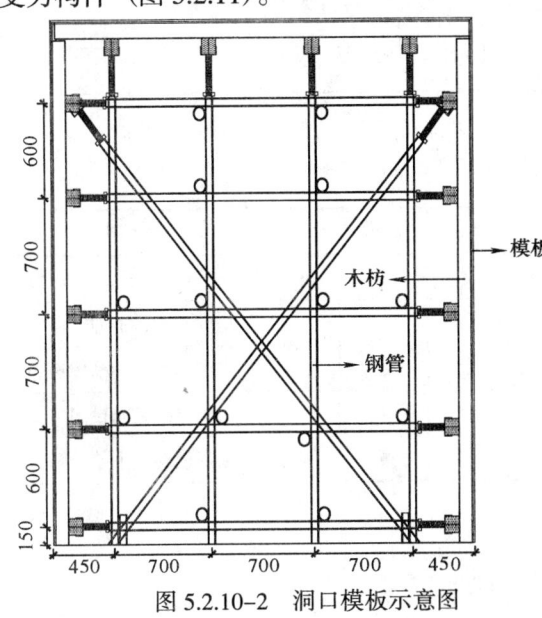

图 5.2.10-2　洞口模板示意图

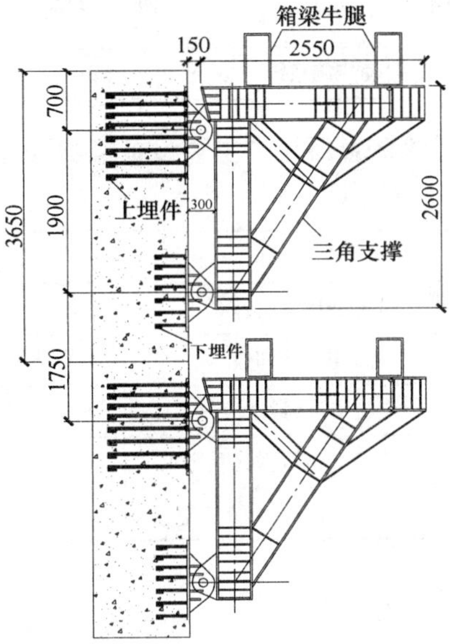

图 5.2.11　三角支撑立面示意图

5.2.12 顶模拆除

顶模系统待核心筒竖向构件施工完成后开始拆除，拆除时按照安装顺序反向进行，拆除完附属设施及挂架、模板系统后，钢桁架及油缸均空中解体，最后将支撑箱梁拆除，利用塔吊吊运至地面。

6. 材料与设备

6.1　顶模系统需要的材料如表 6.1 所示

主要材料使用表　　　　　　　　　　　　　　　　表 6.1

序号	材料名称	规格	主要技术指标	备注
1	钢管支撑钢柱	D900×20	Q345B	圆钢管
2	一级桁架用型钢	H350×250×10×16	Q345B	
3	二级桁架用型钢	I18	Q235B	
4	三级桁架用型钢	I14	Q235B	
5	钢平台钢板	5mm	Q235B	
6	钢模板面板	5mm	Q235B	
7	钢模板竖肋	30×70	Q235B	矩形管
8	钢模板横肋	2[10	Q235B	双槽钢

6.2 顶模系统所用的主要设备情况如表 6.2 所示

主要设备使用表 表6.2

序号	设 备 名 称	型 号	性能	能耗	数量	备 注
1	油泵	42L/min		22kW	2 台	其中 1 台为备用泵
2	双作用油缸	顶升力 300t	行程 5m		3~4 个	每个支撑 1 个
3	小油缸	12t			24~32 个	每个支撑 8 个
4	溢流阀				1 个	
5	安全阀				1 个	
6	比例换向阀				3~4 个	每个支撑 1 个，需备用 1~2 个
7	球阀				3~4 个	每个支撑 1 个
8	压力平衡阀				3~4 个	每个支撑 1 个
9	开度仪	FDK-IV			3~4 个	测量范围 6m，预留 8m，每个支撑 1 个
10	自动控制系统				1 套	

6.3 模板测量所用的主要设备情况如表 6.3 所示

测量设备使用表 表6.3

序号	名 称	精度指标	单位	数量	说 明
1	拓普康全站仪	2″2mm+2ppm×DGTS-332N	套	1	平面控制测量、施工放样及竖向测距
2	J2 电子经纬仪	2″	台	1	角度测量、平面定向
3	索佳国产普通水准仪	±2mm	台	5	水准测量、标高传递
4	大连拉特 J2C-G 激光垂准仪	1/200000	台	1	轴线的竖向投测
5	计算器	CASIO4800P	台	5	数据处理，平差计算

7. 质 量 控 制

本工法严格执行国家及相关规范要求，包括：《混凝土结构设计规范》GB 50010-2002、《钢结构设计规范》GB 50017-2003、《工程测量规范》GB 50026-2007、《混凝土结构工程施工质量验收规范》GB 50204-2002、《钢结构工程施工质量验收规范》GB 50205-2002、《建筑工程施工质量验收统一标准》GB 50300-2001。

7.1 严格按设计方案要求加工制作顶模系统各构件，液压系统及电控系统相应构件应采购满足设计要求的合格产品，应有产品合格证明文件，安装完毕应进行联动调试，确保各仪表、阀门能起到设计功能要求，保险装置在意外情况时能及时生效。

7.2 为了确保施工实施过程中有条不紊的正常进行，必须建立一套强有力的指挥管理系统。首先强调统一指挥，相关人员要服从总指挥的决策和指令，向顶模控制室指挥反馈各自信息。把顶模管理工作落实到每个具体的人，明确其职责范围，建立名副其实的质量保证体系。

7.3 顶模系统在顶升过程中，如果支撑钢柱出现较大水平位移(超过20mm)，可通过调整上支撑箱梁的调节滑轮的伸缩进行纠偏。

7.4 顶升油缸速度的同步是顶升安全的重要保障，要求控制顶模系统各支撑钢柱的顶升各点绝对高差在3mm内。当超过3mm时，系统的比例换向阀会自动调整油缸压力值缩小各钢柱的顶升高度差。当出现特殊情况(如顶升过程遭遇障碍物)，造成支撑钢柱各顶升点绝对高度差在15mm以上时，系统会自动报警并强制停止顶升，此时操作人员要查明原因并排除故障后，采用手动顶升方式调平所有支撑钢柱高度后继续顶升。

7.5 顶模顶升完成后，应及时将牛腿小油缸上口的开口部位用橡胶皮盖好，以避免上部水泥浆掉入伸缩牛腿中影响后期的顺利伸出和收进。

7.6 模板质量的控制要点是做好施工控制点的检查和复核，每层测量结束后，测量控制点和施工控制点要经监理人员复核合格后方可使用。模板验收时，要重新复核控制点的准确情况，如在施工过程中平台水平位移过大，要调整控制点并重新校正模板。

7.7 模板清理采取划分区段，定员定岗，从下到上、一包到顶，做到层层涂刷隔离剂，并由专业工长进行检查。每隔 5~8 层进行一次大清理。

7.8 为加强对混凝土墙体的养护，在顶模钢模板下部，应采用悬挂防火地毯并适当浇水的方式保证新浇混凝土处于湿润状态。防火地毯的高度不得低于一个楼层高。

7.9 加强混凝土结构测量观测，每层提供二次垂直偏差观测成果，即混凝土浇筑前和混凝土浇筑后。如果有偏差，可在上层模板紧固前按纠偏措施进行校正。

8. 安 全 措 施

8.1 钢平台上的堆载应遵守设计规定，不能超过设计要求随意堆放材料设备。钢筋的吊装重量不得超过塔吊的吊装能力，同时钢筋堆载要小于钢平台的设计承载能力。

8.2 顶模系统顶升前，应由项目技术部门、施工部门、安全部门对顶升前的各项安全措施进行认真检查，合格后方由相关负责人员在顶升记录书上签字确认，并经顶模总指挥同意后，方可进行顶升。顶升结束后，应由上述人员检查正常使用的安全措施到位后并履行签字手续，经顶模总指挥同意后，方可使用。

8.3 本工程的所有重要构件均采用双保险，即在正常的工作状态外再增加一道受力系统，如钢模板、脚手架翻板均另外设置了一道安全保护。

8.4 顶模中部设置了悬吊钢板防护棚，该防护棚采用钢管搭设，上面满铺钢板，受力点悬吊于钢平台上，防护棚位于挂架底部。防护棚的设置保证了内筒楼板作业人员的安全。

8.5 台风来临前，应采取台风加固措施，将钢模板固定在墙身上，钢柱与结构拉接，钢平台上的零星物料清理干净并及时吊运至地上。

8.6 应急通道，为保证在最不利情况下顶模上人员能顺利行走至地面，顶模上设置了应急通道，即使施工电梯不能正常使用，顶模人员也有疏散的途径。

9. 环 保 措 施

9.1 液压系统采用耐腐蚀、防老化、具备优良密封性能的油管，防止漏油造成的环境污染。应做好油路系统的试压，确保无渗漏后方可正常注油使用。使用过程中应做好油路系统的清洁，做好油路系统的检查，发现渗漏应及时采取措施修复，避免大量液压油渗漏污染环境。

9.2 混凝土施工时，应采用低噪声环保型振捣器，以降低噪声污染。清理施工垃圾时应使用容器吊运并及时清运，严禁随意抛撒。

10. 效 益 分 析

10.1 经济效益：本工法使用的顶模系统需要采用制作钢结构平台、钢制挂架系统、钢制支撑系统、液压系统和电控系统，需要使用较多的钢材和高技术设备，故一次性制造成本较高（在深圳京基项目每平方米平均使用费用为 100 元,包含设计、制作、安装、顶升、模板安装和拆除、预埋、拆除费用)。因此,成本较高的原因在于未做到重复使用,所有投入均为一次性摊销。

顶模系统可实现超高层核心筒混凝土结构 2~3d/层的施工速度,相比于传统模板及爬模等系统,在工程施工速度上更快,考虑到超高层建筑很高的设备及管理费用,工期的节省也会带来很大的经济效益。

10.2 节能效益:本工法所使用的顶模系统全部采用钢材制成,工程完成后大部分钢材可以回收使用,比使用木材的传统工法更节省自然资源,所使用的模板和液压系统、电控系统可循环使用,故本工法在节能方面也有很大的优点。

10.3 环保效益:本工法所使用的顶模系统主要采用液压顶升油缸为动力,在使用过程中几乎不会产生噪声,施工中不会产生污染环境的废气、废水、废渣、粉尘等有害物质,不会对居民生活造成影响,因此具有较好的环保效益。

10.4 社会效益:本工法整体性好,设计科学合理,采用了多项液压和电控的安全保护系统,安全性高;整个系统全部采用钢材制成,可有效防止超高层建筑施工火灾事故的发生。因此,本工法具有显著的社会效益。

11. 应 用 实 例

本工法所提及的顶模系统截至目前为止在两个工程中有实施应用。

11.1 广州西塔项目的

本工法所提及的"顶模系统"2007 年第一次在广州西塔进行研究、设计并初次使用,2008 年 12 月 31 日顺利实现了该工程主体结构的预期封顶,最快施工速度达到了 2d/层,创造了超高层建筑核心筒施工的最快纪录。

11.2 深圳京基项目

根据深圳京基金融中心二期项目的实际情况,中建四局对该工程顶模系统进行针对性的设计,并根据在广州西塔项目的应用和实施经验对该系统的设计进行了多项改进。实施过程中严格按已编制好的顶模方案实施,重点控制了设计的合理性、钢结构构件的加工质量、液压系统的加工质量及联合调试、钢结构构件的现场安装、顶模系统安装后的质量检查和验收、顶模系统顶升作业过程控制、顶模系统的现场测量控制、77 层顶模系统改造、三角架支撑埋件质量控制及焊接质量控制等重要环节,该系统从 2009 年 5 月 12 日起开始安装,2009 年 6 月 14 日实现了第一次顶升,至 2011 年 1 月 14 日顶升结束,共实现了 103 次顶升,顶升过程中未发生任何安全和质量事故,现场实施情况良好。

拔杆兼支撑接力旋转大跨度钢结构安装工法

GJYJGF025—2010

中国新兴建设开发总公司　上海城建建设实业(集团)有限公司

蒋旭二　戴华松　张顺利　窦春雷　葛勇

1. 前　言

近年来，为了追求大空间、大跨度的造型和功能，放射形的拱架钢结构越来越多的出现在公共建设工程中，这种钢结构形式因其高空大跨度，使得安装难度较大。经过多年实践，我们逐步形成了一种简便安全的安装方法，在多个工程中取得了成功。

青岛宝龙城市广场大圆钢屋盖为中心有压力环的弧形球面桁架结构，其跨度为104.2m。钢结构施工前先后论证了满堂红脚手架高空散拼法、履带汽车吊吊装法、高空累积旋转滑移法等目前国内主要采用的大跨度钢结构安装方法，但都存在着措施费高，施工周期长，安全风险大等问题。根据该工程特点，最终确定拔杆提升兼支撑、空中接力旋转、分步提升的安装法进行，无需搭设大量的脚手架平台，措施费用低，降低了施工安全风险，保证了工程质量和进度，从而形成了一种新型的适用于大跨度钢结构安装的施工工法。该工法综合拔杆和支撑柱各自的优点，使两者有机结合。通过索道平移、拔杆提升接力等操作，完成多种姿态下辐射桁架梁的提升和旋转的大跨度钢结构综合安装法，具有安全可靠，降低成本，缩短工期的优点，节能减排效果显著。

本工法在青岛宝龙城市广场工程中得以成功应用，取得良好的社会和经济效益。目前，该工程荣获2009年度中国建筑钢结构金奖(国家优质工程)的荣誉，2010年11月，经过北京市科技成果鉴定，评定该项施工技术达到国际先进水平。

2. 工 法 特 点

2.1 采用拔杆兼作支撑柱，安装和拆卸方便。

2.2 采用绞磨、滑轮组等设备进行提升，无需汽车吊或塔吊等重型吊装设备。设备准备容易，进出场方便、快捷。

2.3 针对钢结构各个部分不同的结构特点和安装位置，分别采用不同的安装方法，便于控制施工安全和质量。

2.4 可不搭设脚手架和操作平台，既减少了安全风险，也降低了材料消耗。

3. 适 用 范 围

本工法适用于含有中心构造节点及放射形拱架的大跨度钢结构安装。

4. 工 艺 原 理

4.1 将钢结构划分为：中心构造节点(以中心压力环为例)、辐射桁架梁和外环梁(根据钢结构跨度及构造特点，外环梁可以是混凝土环梁，本工法以含有钢结构外环梁叙述)，并根据各自结构特点及安装顺序的不同，分别采取不同的安装施工方法。

4.2 中心压力环位于屋盖的中心,是自身结构受力的核心,为此先在地面拼装平台上拼装完成,再采用桁架拔杆整体提升,然后通过桁架拔杆移位,使拔杆转换为支撑柱,并通过绳索拉结整个支撑系统,使之形成整体"安全岛",为辐射桁架梁的吊装提供吊装平台。

4.3 辐射桁架梁则在地面拼装,通过平移、提升、旋转、就位等工序吊装。

5. 工艺流程及操作要点

5.1 工艺流程 (图 5.1)

5.2 操作要点

将钢结构划分为:边部刚性外环梁、中心压力环和辐射桁架梁。如图 5.2 所示,根据结构特点及安装顺序的不同,分别采取不同的安装方法施工。

5.2.1 拔杆兼支撑体系设置方案

本工法采用了拔杆和支撑柱合二为一的技术:即拔杆(根据验算选取拔杆形式,本工法以桁架拔杆为例)在中心压力环提升完成后,通过拔杆移位完成功能转换,使之变成支撑柱,并通过绳索固定,中心压力环整个支撑系统形成一个用于辐射桁架梁吊装的操作平台,如图 5.2.1-1 所示。

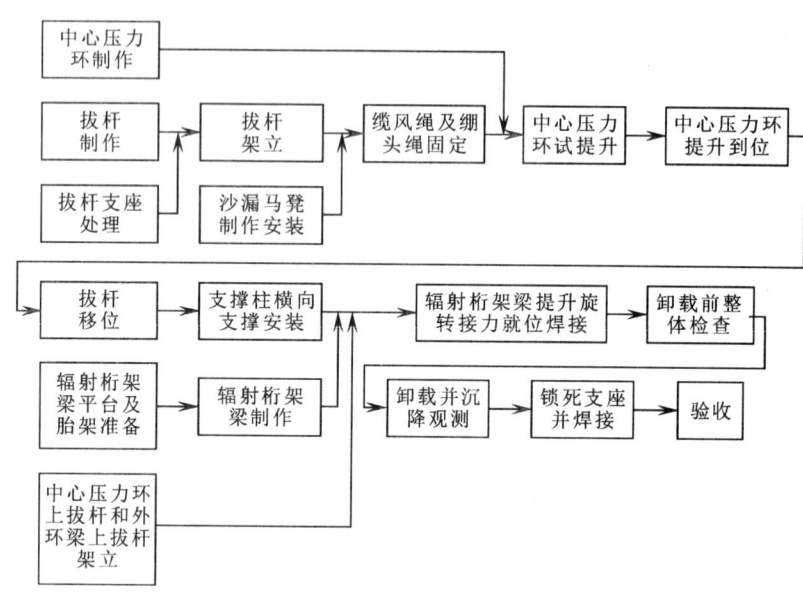

图 5.1 大跨度钢结构安装工艺流程图

1. 桁架拔杆即桁架支撑柱榀数的确定:根据施工验算结果确定桁架的规格及数量。在满足结构变形和杆件应力的前提下,桁架拔杆数量应尽量少,但不得少于 4 榀。

2. 桁架拔杆布置:根据中心压力环的几何形状及大小,采取均匀、对称的原则布置。

3. 桁架拔杆底部支座采用钢管并排焊接后,再与拔杆柱底板焊接,以减少拔杆平移时的摩擦阻力。

桁架拔杆顶部设卸载用砂漏马凳,顶部高度应与中心压力环安装高度下端平齐,上部设置桅杆。如图 5.2.1-2 所示。

5.2.2 桁架拔杆兼支撑柱系统安装

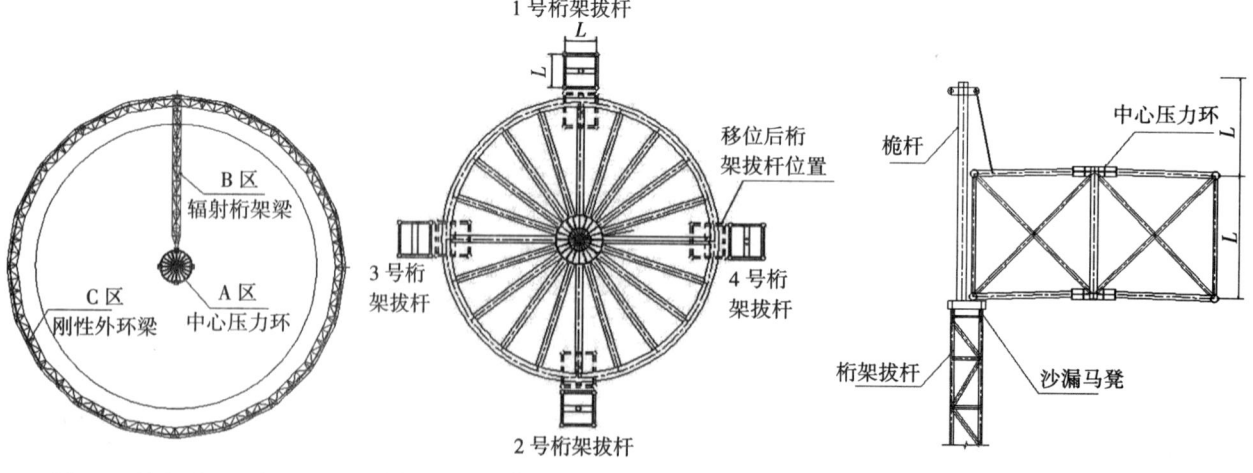

图 5.2 吊装平面示意图　　图 5.2.1-1 中心压力环拔杆移位示意图　　图 5.2.1-2 桁架拔杆顶部示意图

根据桁架拔杆设置方案吊装、设置桁架拔杆。各桁架拔杆顶部之间通过绷头绳相互拉接，如图5.2.2所示，每榀桁架拔杆均需设置由顶部和中部拉接到混凝土结构或地锚上的缆风绳。缆风绳与水平面夹角不得大于45°。地锚做法根据缆风绳受力情况进行施工验算确定。每榀桁架拔杆顶部设置桅杆，桅杆上部设置吊耳，每个吊耳上设置一组滑轮组。滑轮组跑绳穿过楼板或转向时，严禁与混凝土结构摩擦，跑绳与滑轮组所在平面夹角小于5°。

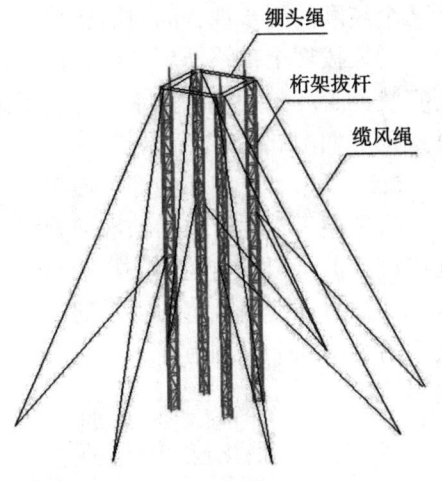

图5.2.2　桁架拔杆绳头拉接

5.2.3　安全检查

1. 检查桁架拔杆垂直度及底座、桁架拔杆的规格型号是否符合要求。

2. 桁架拔杆缆风绳紧固，检查滑轮组是否完好，有无裂痕、锈蚀及转轴的灵活度。

3. 跑绳、缆风绳检查材质、规格、长度是否符合要求。有无断裂点及腐蚀点。

4. 绳卡、绳扣、保险钩要检查规格是否符合要求，是否有损坏，保证施工使用的安全性。

5. 检查地锚是否埋设牢固，地锚与缆风绳的接头部位是否牢固。

6. 全面检查其他附属设施是否妨碍结构提升。

5.2.4　试提升

压力环提升前对所有施工人员进行详细技术交底。检查无误后开始试提升，各设备在指挥员统一指挥下同步协调，提升时应控制试提升速度，在中心压力环离开支撑点300mm后，静止放置12h。

5.2.5　正式提升

试提升悬停经检查无误后开始正式提升，通过桁架拔杆进行提升，如图5.2.5所示。正式提升人员配备和操作方法与试提升相同，提升到预定的标高后固定，对拔杆钢丝绳设置好保险绳。

5.2.6　桁架拔杆移位

中心压力环提升到设计标高后，假设桁架拔杆采用n根，在拔杆移位采用"多打一"的思路进行移位，即先释放需要移位的拔杆的吊索，中心压力环的自重荷载全部由另外几根拔杆承受，此拔杆在空载的状态下自外向内移至设计位置。在此拔杆固定牢靠后，再对此拔杆加载至$1/(n-1)$中心压力环自重荷载时，释放另一拔杆，并移位另一拔杆。以此类推，可将所有拔杆全部移至设计位置，如图5.2.6-1所示。

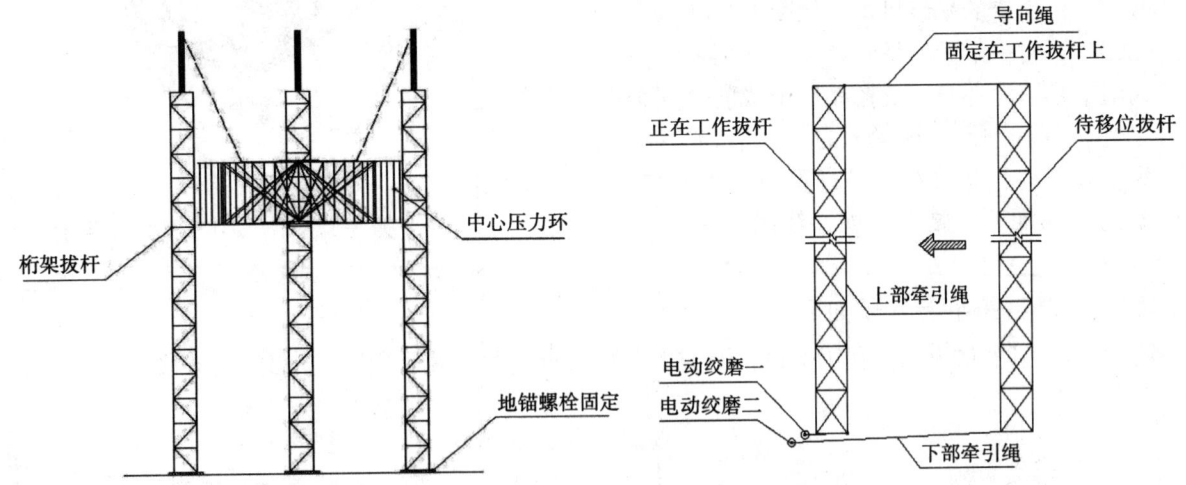

图5.2.5　中心压力环提升示意图　　　　图5.2.6-1　桁架拔杆移位

在拔杆移位时，要特别注意：当需要移位的桁架拔杆卸载后，上部通过安装在工作状态下的拔杆的上下两个导向轮，底部直接由绞磨牵引，通过钢管在底座内有限位的滚动实现整体平移。在移位时要控制两个绞磨的同步性，同时需要移位的拔杆上缆风绳应随牵引绳缓慢地释放，防止拔杆倾覆。

桁架拔杆全部移动到位后，拆除桁架拔杆上部的桅杆，桁架拔杆完成转换，变成支撑柱。在支撑柱间安装三道环向的水平连系梁，以提高支撑柱的整体稳定性，同时通过地锚螺栓使支撑柱与地面结构可靠连接。如图 5.2.6-2 所示。

5.2.7 中心压力环上部可转动 V 形拔杆的设置

为了便于辐射桁架梁的水平旋转，并尽量减小 V 形拔杆对支撑柱的偏心影响，V 形拔杆设计为可转动拔杆，即可以固定在中心压力环中心转轴上转动的拔杆。对于中心压力环为圆环形，可按图 5.2.7 所示设计，对于其他几何形状，则可以在中心压力环上设置一辅助圆环轨道，上部拔杆不变。此为辐射桁架梁吊装的一个可靠吊点。

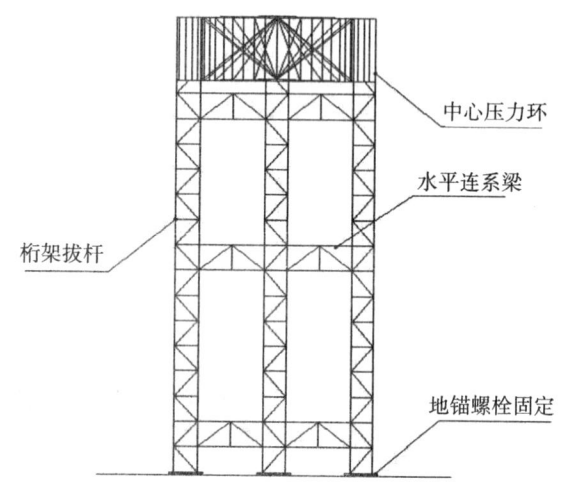

图 5.2.6-2　桁架拔杆转换成支撑柱

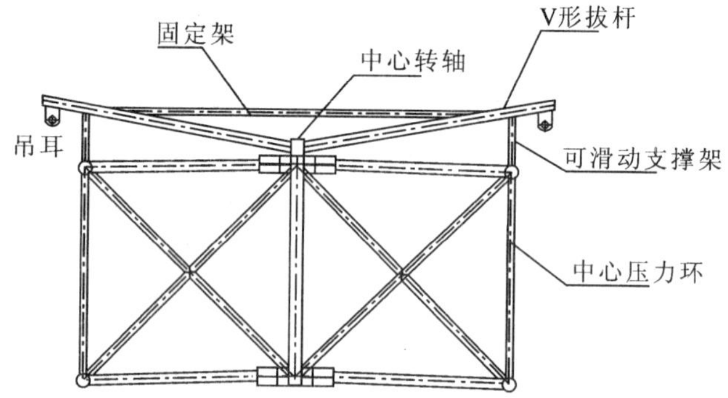

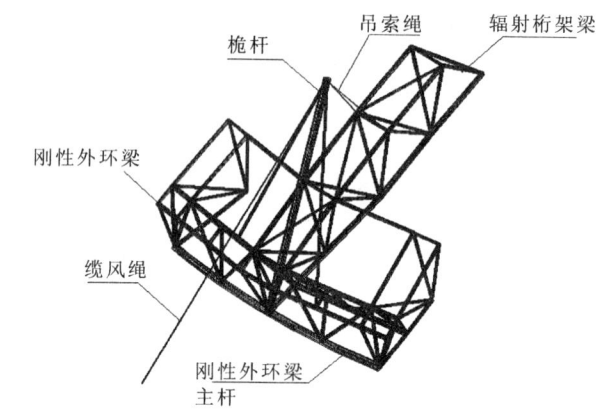

图 5.2.7　中心压力环上可转动 V 形拔杆设置示意图

5.2.8 刚性外环梁的拼装

此工序可与中心压力环的安装同步进行。刚性外环梁预先加工成若干单元，采用活动吊车在屋面上吊装。吊装完成后在其上设置拔杆，该拔杆是辐射桁架梁吊装的另一可靠吊点，在设置时应结合刚性外环梁的结构特点，并充分利用缆风绳以及桅杆，使之形成一个稳定的吊装机构。如图 5.2.8 所示。

5.2.9 辐射桁架梁的吊装

利用中心压力环与其支撑系统形成的"安全岛"上的 V 形拔杆和刚性外环梁上的拔杆吊装辐射桁架梁。为防止辐射桁架梁在吊装过程中发生侧翻，应在桁架的中部加两根腰缆风绳，缆风绳一端和辐射桁架梁连接，另一端和固定的绞磨相连接。见图 5.2.9-1。

图 5.2.8　刚性外环梁拔杆

辐射桁架梁具体吊装步骤如下：

第一步：见图 5.2.9-2，利用架设在上方的两根索道（按计算采用），将辐射桁架梁由侧平放姿态侧

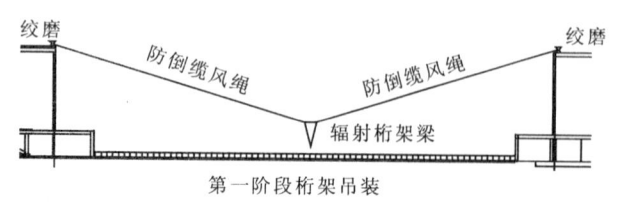

图 5.2.9-1　辐射桁架梁吊装腰缆绳示意图

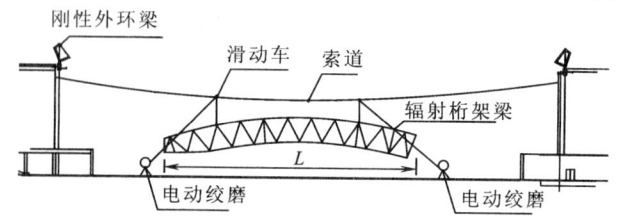

图 5.2.9-2　索道位置及吊装示意图

旋转为倒三角姿态（辐射桁架梁的两端处于同一高度），并提升到辐射桁架梁最低点高出支撑面1m左右，避免操作平台对吊装的不利影响。此时完成第一次旋转和提升。

第二步：利用索道上的牵引装置，将辐射桁架梁平移至混凝土结构的边缘，为二次旋转提供方便，以减小拔杆吊索的斜向角度。如图5.2.9-3所示。

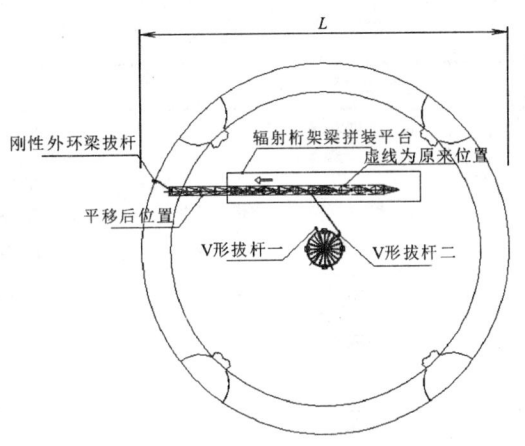

图5.2.9-3 辐射桁架梁位置平移示意图

第三步：如图5.2.9-4所示，辐射桁架梁的一端由设在中心压力环上V形拔杆吊装，辐射桁架梁的另一端由设在外环梁上的拔杆吊装。当索道平移到位后更换吊索，并让平移索道卸载，开始整体提升辐射桁架梁。当内、外环侧下弦提升至安装标高时，则完成第二次提升。

第四步：如图5.2.9-5所示，在刚性外环梁上设置辅助接力拔杆。吊索后，由绞磨水平牵引辐射桁架梁，中心压力环上可转动V形拔杆随着辐射桁架梁转动，则辐射桁架梁水平旋转至接力拔杆处的过渡姿态，此时为第一次接力旋转。然后在刚性外环梁上辐射桁架梁就位点处再架设接力拔杆，更换吊索后，将辐射桁架梁水平旋转至安装就位点。此时完成第二

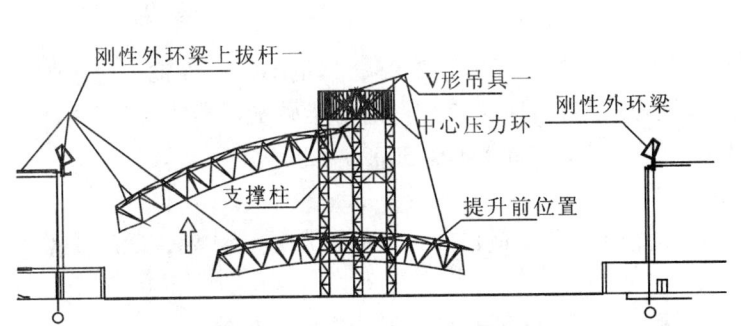

图5.2.9-4 桁架梁吊装示意图

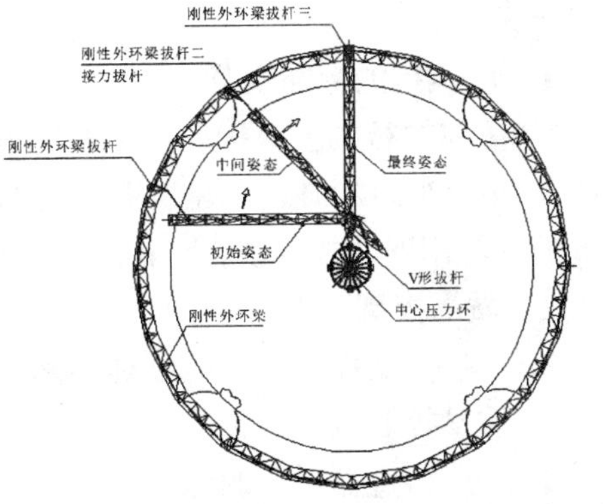

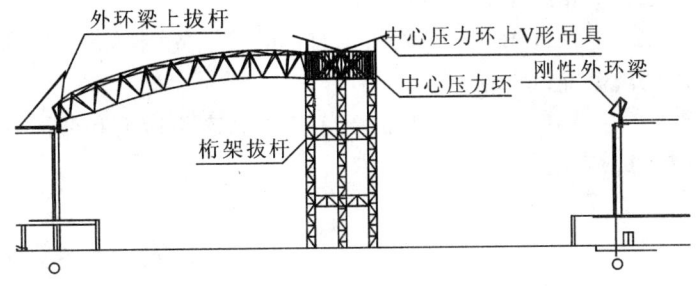

图5.2.9-5 辐射桁架梁空中水平旋转示意图

次接力旋转，也即完成整个辐射桁架梁的提升及旋转过程。接力旋转的次数控制在2~3次较为合理。

第五步：利用接力拔杆和中心压力环上可转动V形拔杆再对辐射桁架梁进行精确调整，然后焊接固定。如图5.2.9-6所示。

第六步：重复上述五个步骤，按照对称施工的原则进行其余绝大部分辐射桁架梁安装。最后几榀辐射桁架安装，其方法和步骤相同，只是水平旋转时在穹顶钢结构下方实现，待旋转到安装位置正下方时，再采用拔杆直接提升到安装高度，进行焊接。

图5.2.9-6 第一榀桁架梁就位示意图

5.2.10 结构卸载及桁架拔杆兼支撑柱的拆除

完成全部辐射桁架梁安装后，利用桁架拔杆上部的沙漏马凳卸载。然后利用毂式钢结构作为吊点拆除桁架拔杆，通过钢丝绳将桁架拔杆悬吊在毂式钢结构上，依次拆除桁架拔杆。

6. 材料与设备

本工法所需要的主要材料和设备如表6所示。

主要设备

表 6

序号	设备名称	说　明	用途	备注
1	拔杆兼支撑柱	具体大小根据施工验算确定	吊装、支撑	
2	缆风绳、吊索绳、跑绳	规格根据施工前的工况验算确定，钢丝绳的检验验收符合《起重机用钢丝绳检验和报废实用规范》GB/T 5972-2006，必要时进行钢丝绳抗拉力现场试验	吊装	
3	测量设备	直角尺、钢尺、水准仪、经纬仪、全站仪、全站仪反射棱镜	测量	
4	指挥系统设备	对讲机、扩音器、红旗等	通信联络	
5	滑车	必须有出场合格证	吊装	
6	捯链	根据施工验算确定	吊装	
7	绞磨	根据施工验算确定	吊装	
8	角向磨光机	根据施工前的工况验算确定	吊装	

7. 质 量 控 制

7.1　应执行的标准规范

本工法应执行的主要标准规范有《钢结构设计规范》GB 50017-2003、《钢结构工程施工质量验收规范》GB 50205-2001、《建筑钢结构焊接技术规程》JGJ 81-2002、《钢桁架质量标准》JGJ/T 8-97、《建筑机械使用安全技术规程》JGJ 133-2001 和《工程测量规范》GB 50026-93 等。

7.2　质量控制要点

7.2.1　按照 ISO 9001-2000 标准确定项目的质量方针和质量目标，及时编制质量计划，确定质量检验项目和质量控制点。

7.2.2　严格遵循现行的施工验收规范和质量标准，施工图纸及设计说明等有关标准。

7.2.3　构件在地面拼装完成并验收合格后方可进行吊装，构件就位过程中，应重点控制对接口间隙，扭转及错边量，确保最终的焊接质量。

7.2.4　构件吊装就位后校正时，应按照先调标高、再调位移、最后调整垂直度的顺序进行调整，直到达到规范允许许偏差。

7.2.5　构件安装前，应进行各工况状态下应力和变形分析计算，确保构件在安装过程中，应力和变形值在规范允许范围内。

8. 安 全 措 施

8.1　吊装前对各种机具、使用设备等进行安全检查，并配合安全人员现场监督。

8.2　辐射桁架梁提升过程中必须严格按照《北京市建筑工程施工安全操作规程》中规定的制度作业，空中作业时按要求系好安全带。

8.3　在辐射桁架梁吊装过程中，必须系好缆风绳，并设专人看管。

8.4　桁架拔杆的规格应根据各种工况进行施工验算，并预留安全系数。施工前应充分考虑可能的各种工况，并进行验算，预留安全系数。

8.5　应建立专门的提升指挥系统，确保提升中的统一协调和同步指挥；提升前应履行书面审批程序，各相关部门联合检查确认后方可提升，每次提升完成后应锁死驱动装置。

8.6　提升过程中根据作业面的大小专门配备一定数量的缆风绳观测员，对提升系统各个部件进行观察，发现问题立即通知停止提升，还应留有一定数量的应急预备人员。

8.7 各施工工序均有相应安全预案，每道工序施工前应对各级操作人员做好安全技术交底。在提升过程中各绞磨或观察员发现任何问题，立即通知指挥员，指挥员下令暂停提升。然后再对发现的问题进行分析，排除障碍后继续提升。

9. 环保措施

9.1 在工程施工过程中严格遵守国家和地方政府下发的有关环境保护的法律、法规和规章，加强对工程材料、设备、废水、生产生活垃圾的控制和治理，遵守有关防火及废弃物处理的规章制度，随时接受相关单位的监督检查。

9.2 焊接时应采取有效措施，避免弧光对其他施工人员及周边环境的影响，焊条、焊丝头及焊渣等设专用容器随时清理。

9.3 施工现场化学品、油品实行封闭式、容器式管理和使用，避免因泄露造成对环境的污染。严格控制油漆稀释剂的发放量，油漆喷涂后剩余油漆稀释剂应严格管理，未用完的要进行回收。

9.4 构件喷砂除锈应搭设操作棚，以减小噪声污染。配备吸尘处理装置，防止灰尘污染大气。

10. 效益分析

10.1 经济效益

采用该工法安装，无需搭设拼装平台，无需专门配备大型起重机械，可以节约大量的措施费用，降低施工成本，大大缩短施工工期。本工法与常规的其他施工方案效益比较，如表10.1所示：

各方案效益对比表 　　　　表10.1

工 程 名 称	项 目	本 工 法	满堂红脚手架方案
青岛宝龙城市广场钢结构工程	成本	30.48万元	547.97万元
	工期	65d	165d
宁夏亲水体育场工程	成本	34万元	200万元
	工期	40d	90d
青岛东方城购物中心钢结构安装工程	成本	20.5万元	121.7万元
	工期	26d	57d

从中可以看出，本工法相对于通常采用的满堂红脚手架方案和大型机械吊装方案，可以大大地节约施工成本和缩短工期。

10.2 社会效益

10.2.1 本工法施工简洁方便，具有施工工期短，无需大型设备和搭设平台，环保效果显著等特点，具有良好的社会效益。

10.2.2 无污染、不产生噪声、废气、废水，所用的拔杆等设备均可重复利用，不产生建筑垃圾。

10.2.3 不需要搭设平台，既降低了安全隐患，又减少了脚手架等周转材料的投入，节约了大量的材料，也减少了材料运输带来的能源消耗和环境污染。

10.2.4 不需要大型机械设备，减少了大型机械设备的投入，节省大量设备资源占用，也减少大型机械设备转运造成的能源消耗和环境污染。

本工法将拔杆提升工艺赋予新的活力，形成了一种新型快捷的安装方法，是传统工艺与现代科技的完美结合。

11. 应 用 实 例

11.1 青岛宝龙城市广场钢结构工程

青岛宝龙城市广场是集购物、休闲、游乐、餐饮、五星级酒店等多功能为一体的特大型综合广场，总建筑面积约为 70 万 m²。其中游乐中心为框架混凝土结构，地上 3 层，地下 1 层。游乐中心穹顶屋面采用大型毂式钢结构，跨度为 104.2m，投影面积约 8500m²，装饰面板采用玻璃和铝镁锰合金板。整个钢结构由桁架刚性外环、中心压力环和桁架辐射梁 3 部分组成，整体放置在一根 1200mm×600mm 的预应力混凝土环形梁上。最高点距地 445.2m，设计总用钢量为 1260t。

青岛宝龙城市广场 104.2m 穹顶由于存在吊装空间狭小，大型履带汽车吊无法进、出吊装现场，为了保证工程总体进度和安装质量，同时降低成本，采用本工法历时 65d 进行了 1260t 钢结构的吊装作业。应用本工法，成功解决了没有塔吊或汽车吊等重型吊装设备的难题。通过多根拔杆接力实现辐射桁架梁的水平旋转，操作相对较简单，对旋转控制也比较轻松，解决了专用旋转滑移设备控制精度，不易操作的难题。对现场条件要求较宽松，克服了地面设备基础、电梯井结构的不利影响；脚手架的用量非常少，只有拔杆、吊具等吊装设备的租赁或折旧费用，大大降低了吊装成本。通过多步骤的，以中心压力环的拼装和提升以及辐射桁架梁的拼装和吊装作为关键工序，极大地节约了工期。该工程荣获 2009 年中国建筑钢结构金奖(国家优质工程)的荣誉，2010 年 11 月，经过北京市科技成果鉴定，评定该项施工技术达到国际先进水平。

11.2 宁夏亲水体育场工程

宁夏亲水体育场水珠大厅屋顶结构造型新颖，为半径 100m，周边顶部隆起并逐渐向圆心内收的 1/4 圆，建筑高度 29.80m，立面 11.60m 以上由 8 片扇形三角形张拉膜屋面，附着于 8 榀一端落地一端支承于综合馆屋顶的辐射桁架上。屋顶安装时由于存在吊装空间狭小，大型机械进、出现场困难，工期紧，各单位交叉作业多。通过本工法核心技术采用拔杆提升兼支撑，多根拔杆接力实现辐射桁架梁的水平旋转，操作相对较简单，安全可靠；不需要大型机械设备和大量的脚手架，大大降低了吊装成本。通过多步骤实施，以圆心构造节点的拼装和提升以及辐射桁架的拼装和吊装作为关键工序顺利实现屋顶结构安装。

11.3 青岛东方城购物中心钢结构安装工程

青岛东方城购物中心是一个集商业、餐饮、娱乐及附属设施于一体的多功能综合性建筑群，总建筑面积约为 16.7 万 m²。其中商业中心为框架混凝土结构，地上 5 层，地下 1 层。商业中心穹顶屋面采用带中心压力环以及 12 榀辐射桁架梁等组成的大跨度钢结构，跨度为 46m，投影面积约 1520m²，装饰面板采用玻璃，穹顶完成面定标高为 31.5m。

青岛东方城购物中心 46m 穹顶由于存在吊装空间狭小，大型履带汽车吊无法进、出吊装现场，为了保证工程总体进度和安装质量，同时降低了成本，采用本工法历时 20d 完成了钢结构的吊装作业。通过中心压力环采用拔杆提升兼做支撑，多根拔杆接力实现辐射桁架梁的水平旋转，操作相对较简单。只有拔杆、吊具等吊装设备的租赁或折旧费用，大大降低了吊装成本。

超高层组合结构转换层施工工法

GJYJGF026—2010

大连金广建设集团有限公司　大连九洲建设集团有限公司

冯亮亮　王丽华　张炯　王伟

1. 前　言

1.1　新材料、新工艺的研发和应用，设计计算能力的飞速提升，催生了各种各样新型建筑结构形式的诞生。大连金广建设集团有限公司承建的大连新世界大厦东塔楼工程，组合结构转换层的设置，就是其中一个范例。大连新世界大厦位于大连市 CBD 中心人民路核心地段，与香格里拉、富丽华等五星级酒店隔街相望，业主为进一步提升其商业价值，要求整个建筑物由原来的 30 层增加至 58 层，建筑总高度达到了 210m。当时整个建筑的 3 层地下室以及地上 4 层全部施工完毕，既要考虑施工成本控制、业主要求等外在因素，又要满足地基承载能力、结构受力的合理性等诸多内在因素，最后经设计院、监理单位、施工单位、建设单位 4 家研究协商，采用筒中筒的结构形式。核心内筒为剪力墙结构，与原结构形成一个整体，外筒采用钢结构，减轻自重，增加整体刚度。其钢结构外筒与原混凝土结构采用组合结构转换层进行连接。

1.2　组合结构转换层整体为 3 层，由箱形柱、双工字水平连系梁和双工字斜向支撑 3 部分组成。箱形柱和双工字梁内部浇筑自密实混凝土，为保证节点部位混凝土浇筑的密实性，节点部位再采用高压注浆进行二次密实，整体形成组合结构转换层。钢结构外筒与混凝土核心筒之间采用 H 型钢梁连接。

1.3　由于受运输能力和现场吊装能力双重限制，加之施工现场为商业核心区，施工场地小、现场不具备整体拼装条件，在深化设计阶段将整个转换层分成很多个单根构件。考虑其整体性不被破坏，受力后传力连续性能更好，组合结构转换层进行组成的单个构件现场均采用焊接连接。我们针对箱形柱和双工字梁的施工以及轴线定位、构件吊装及焊接变形控制等施工难点，总结了一套切实可行的施工工法，工法的关键技术经省有关部门组织鉴定达到了国内领先水平。

2. 工 法 特 点

2.1　采用钢结构和混凝土组合的结构形式，既采纳了钢材自重轻、强度高、韧性好的特有属性，又吸收了混凝土在外部约束作用下，其抗压性能进一步提高的优点，实现了提高极限承载力、降低自重的双重设计要求。

2.2　钢材全部采用高强钢，材质为 Q345C，既保证施工作业时有良好的可焊性，又防止北方地区低温状态下钢材冷脆现象的出现。

2.3　箱形柱、双工字水平连系梁和双工字斜向支撑内部采用自密实混凝土一次浇筑，节点部位再高压注浆二次密实的施工工艺，既解决了构件内部无法振捣，又保证了混凝土浇筑后的密实性，保证施工后的结构更接近理论设计要求。箱形柱外部包裹钢筋混凝土，极大地提高了其承载力。

2.4　由于受运输能力和现场吊装能力双重限制，加之施工现场为商业核心区，施工场地小、现场不具备整体拼装条件，在深化设计阶段将整个转换层分成多个单根构件，现场进行安装连接。

2.5　由于采用单根钢构件现场高空就位拼装，比起现场地面整拼吊装，既解决了现场施工作业面小问题，又节约了吊装成本，与此同时，保证现场和工厂同步作业，大大缩短了施工周期。

2.6　与普通混凝土结构体系相比，这种组合结构不需要支模板和搭设钢管脚手架，大大地提高了施工效率，节约了施工成本。

2.7 本工法解决了大吨位钢构件吊装、安装和低温焊接施工等一系列难题。这种组合结构形式的转换层在实际施工过程中安全可控性高、噪声低，能够达到安全施工、环保施工的目的。

2.8 工厂机械化加工既保证了构件的质量，又保证了相同构件的批量化生产。运输、安装一体化，根据现场安装需求，来调配构件运输，既减少构件多次搬运导致的成品损坏，又解决现场施工作业堆放场地小的问题。

3. 适 用 范 围

本工法适用于混凝土结构与钢结构组成的超高层建筑中组合转换层的施工。

4. 工 艺 原 理

4.1 由箱形柱、双工字水平连系梁和双工字斜向支撑3部分组成整体为3层的组合结构转换层骨架，箱形柱内部浇筑自密实混凝土、外部包裹钢筋混凝土，水平和斜向双工字梁内部浇筑自密实混凝土，箱形柱与双工字梁连接节点位置在自密实混凝土浇筑后再采用高压注浆进行二次密实，整体形成组合结构转换层。钢结构外筒与混凝土核心筒之间采用H型钢梁连接。

4.2 单根构件焊接前，采用临时固定措施，既方便构件定位调整，又提高了现场吊车的使用效率。

4.3 组合转换层焊接时，水平向采取由中间向两侧对称焊接的方式，既便于焊接应力向两侧释放，又解决了焊接变形产生的钢柱水平位移不均的问题。垂直向采取由下向上的焊接方式，既方便安装和焊接，又保证施工过程中的整体稳定性。

4.4 单根钢柱焊接，采用对称、等速、多道焊接的方法施焊，既方便控制垂直度，又可以减小焊接变形对标高的影响。

4.5 除最大构件（一根）采用160t吊车进行吊装外，其余构件吊装全部用设置在核心筒内36B塔吊进行吊装。

5. 施工工艺流程及操作要点

5.1 施工工艺流程图（图5.1）

5.1.1 组合结构转换层钢桁架整体安装顺序

1. 总体吊装顺序：先南侧——再西侧——再北侧——最后东侧。为了防止累积变形，每侧由中部分别向两边进行安装。

2. 单侧每层安装过程示意图如图5.1.1。

5.1.2 拼装三维视图（核心筒未体现在图中）（图5.1.2）。

5.2 施工操作要点

5.2.1 工厂机械化加工制作

1. 翼缘及腹板必须采用数控火焰切割机下料。

2. 厚度超过12mm钢板必须采用数控火焰切割机下料。

3. 厚度小于12mm钢板必须采用剪板机下料。

4. 所有坡口必须用铣床或刨边机加工。

5. 构件组拼要采用U形箱形一体机和H型钢组立机来组拼。

6. 构件主焊道要采用埋弧焊焊接，小零件采用CO_2气体保护焊焊接。

7. 采用抛丸机和喷砂机进行除锈，除锈等级达到Sa2.5。

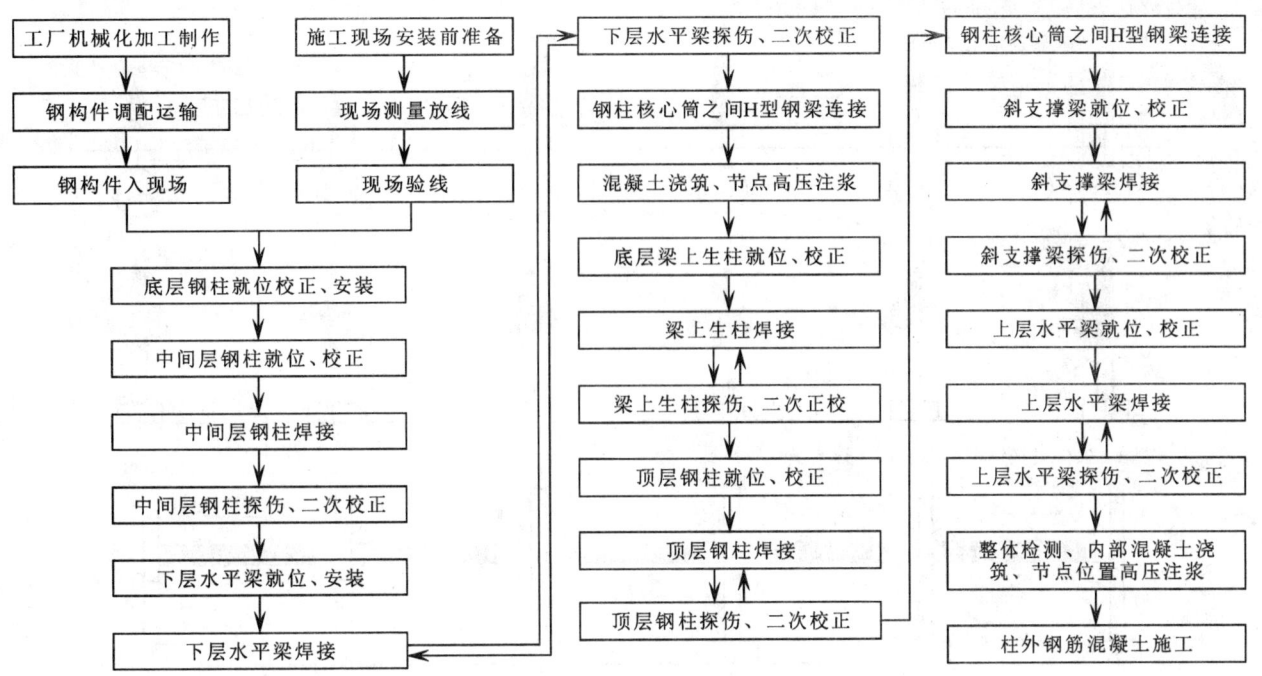

图 5.1 施工工艺流程图

8. 构件喷涂采用无气喷涂，混凝土包裹部分钢柱不喷漆。

9. 成品件进入料场后要用木方垫起摆放，叠放不得超过两层，标识要清晰，按进入施工现场先后顺序分类摆放。

10. 成品件要做好防雨淋和日光晒措施，吊运时要在吊点位置垫上胶皮，避免剐蹭，做好成品保护。

11. 所有安装准备线在工厂全部弹好，并已样冲做好标记。

12. 构件加工过程要严格按《钢结构施工质量验收规范》GB 50205-2001 要求进行检查验收。

5.2.2 钢构件调配运输、钢构件进场

1. 构件只准放置两层，不允许超过两层设置。

2. 构件之间、构件与车厢之间要用 90mm×90mm 木方垫起，便于装卸，同时可以避免构件运输过程中相互摩擦。

3. 要按现场需要顺序进行装车，后安装的装在底层，先安装的装在顶层。

4. 构件装好后，要用钢丝绳将车封好，绳与构件接触点要用胶皮垫好，避免损伤构件。

5. 构件进场前，必须通知施工现场做好接车吊装准备工作。

6. 待吊装构件周边区域设置安全警示标志带，防止高空坠落杂物伤人。

5.2.3 施工现场安装前准备

1. 检查预埋螺栓的轴线定位。

2. 检查底层柱就位位置混凝土上表面标高是否超差，以负差不小于 50mm 为宜。

3. 预埋螺栓螺纹是否完好，提前用螺母全部扭一遍，检查预埋螺栓螺纹外露长度是否满足要求，本工法要求从理论设计地脚板底面起不小于 150mm。

4. 准备一定数量的楔形铁块，具体尺寸要求端部为 45mm，根部为 70mm，长度为 150mm，厚度为不小于 20mm，需要准备 70 块。

5. 准备好各种吊装工具，保证吊装安全顺利进行。

5.2.4 现场测量放线、现场验线

1. 平面控制网的建立:采用内控法,即在首层或楼层内建立两个矩形控制网,分别控制钢柱的测量校正及轴线偏差复测。

步骤1：安装转换钢桁架下柱

步骤2：安装转换钢桁架中间柱

步骤3：安装转换钢桁架下层水平连系梁

步骤4：安装转换钢桁架中间小柱

步骤5：安装转换钢桁架上部钢柱

步骤6：安装桁架斜支撑

步骤7：安装转换钢桁架上层水平连系梁

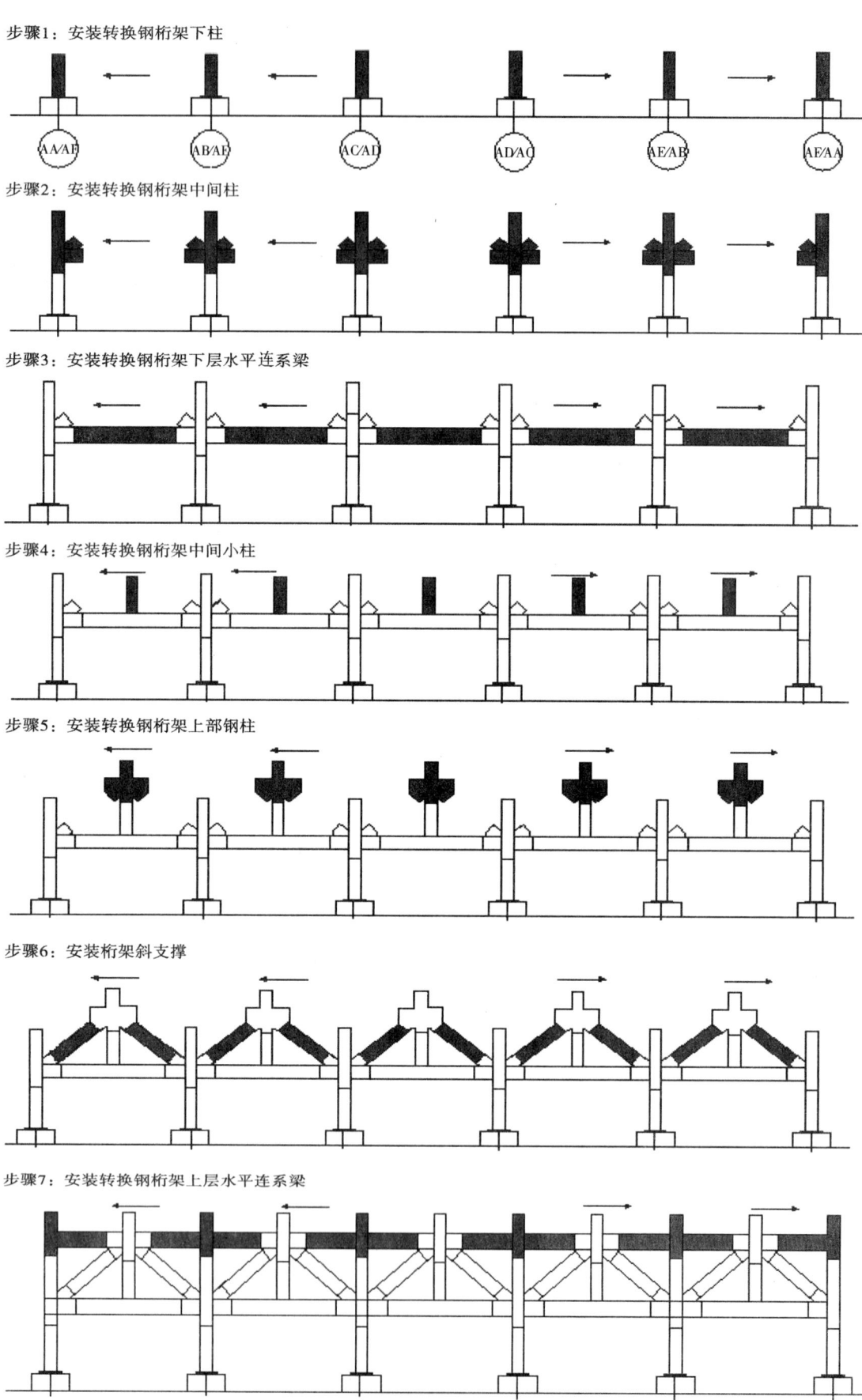

图 5.1.1　单侧每层安装进程示意图

2. 标高控制网的建立:地上结构在首层将外围的高程基准点引测至核心筒外墙面的4角+22.10m位置并做标记,形成一个闭合的标高控制网作为标高起始基准点。

5.2.5 底层钢柱就位、校正、安装

1. 安装前将钢柱轴线弹好,复验没有问题后,待安装钢柱在基础上弹出十字线。

2. 在工厂内,钢柱四周翼缘中线、钢柱柱地脚板十字中线及标高控制线已经弹好,现场进行复验。

3. 将调整螺母调整到理论设计标高,上面放置设计要求的柱地脚板垫板。

4. 用36B塔吊将底层钢柱吊装就位,加好设计要求的柱地脚板上侧压板,并将上面螺母进行初扭,由于钢柱比较矮,保证钢柱不晃即可。

5. 在两个轴线方向上分别架设一台经纬仪,将水准仪安放在标高控制点,将准备好的垫铁沿柱地脚板底面楔入,4个方向对称楔入,不要一次楔紧,通过水准仪、经纬仪控制,调节柱地脚板上下的螺母及楔铁,将钢柱调正,同时扭紧螺母、搂紧楔铁。

5.2.6 中间层钢柱就位、校正

1. 在中间层钢柱的安装过程中,为提高塔吊利用率,采用临时连接措施,用连接件与固定螺栓共同将中间层钢柱固定住,螺栓采用10.9S M22高强度螺栓,连接件为φ24孔,吊装前检查工厂内弹出的安装准备线是否准确,检查钢柱是否有扭曲现象,要保证4个方向翼缘中线全部对齐,翼缘接口错边小于1mm,见图5.2.6-1。

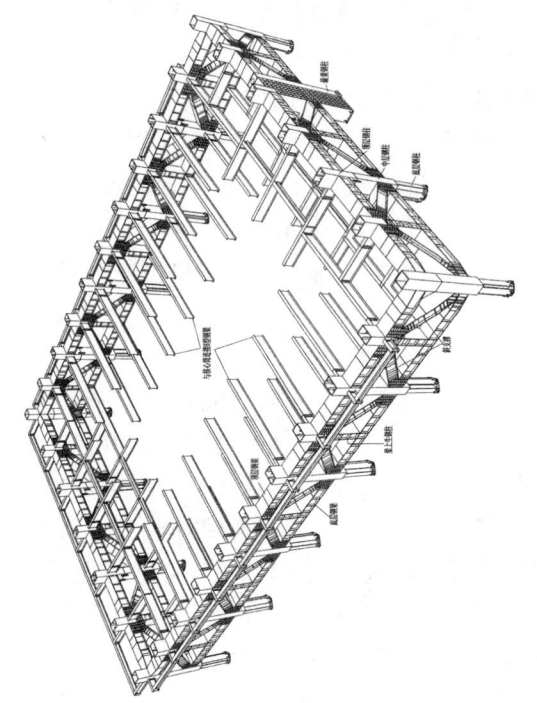

图5.1.2 拼装三维视图

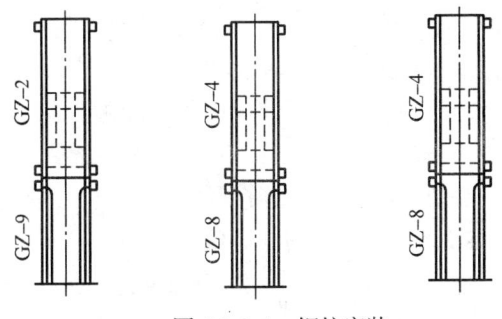

图5.2.6-1 钢柱安装

2. 中间层钢柱校正时,要考虑未来底层钢梁及顶层钢梁焊接收缩对垂直度的影响,因为采用从中间向两侧对称焊接的施工工艺,故见图5.2.6-2预设钢柱倾倒方向,因为最底层钢柱为地脚螺栓固定,随着水平两层钢梁的焊接,同时向中间收缩,最后达到垂直状态。

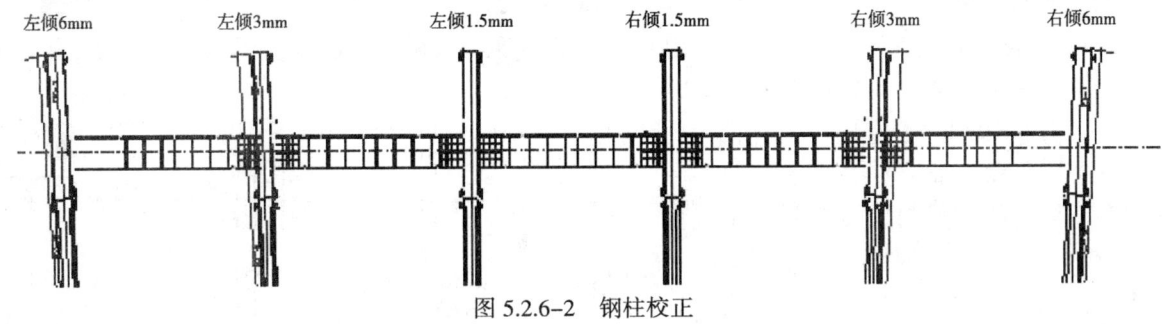

图5.2.6-2 钢柱校正

3. 钢柱吊点的设置:

需考虑吊装简便、稳定可靠,还要避免钢构件的变形。钢柱吊点设置在钢柱的顶部,直接在临时连接板上预留吊装孔(连接板至少4块)。为了保证吊装平衡,在吊钩下挂设4根足够强度的单绳进行吊装,为防止钢柱起吊时在地面拖拉造成地面和钢柱损伤,钢柱下方应垫好足够数量的枕木。

4. 钢柱高空防风、防摆动吊装:

1) 绑钩：钢柱的吊装吊索选用一副或两副等长钢丝绳，一端与钢柱上部两个或 4 个吊耳用卡环连接，要求在钢柱翻身过程中，吊索可以与吊钩之间产生滑动，使各个吊耳上的吊索同时受力。绑钩同时将缆风绳固定在柱耳板上。

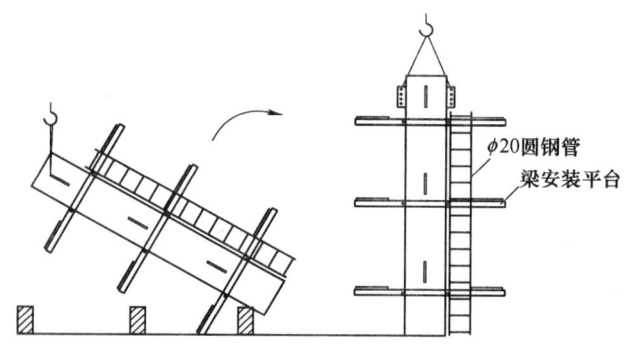

2) 起吊：塔吊先调整吊臂，使吊钩在吊点的正上方，然后起钩转臂将钢柱由平放状态改为立放状态；对于较长较重的钢柱，在翻身过程中，吊车动作应尽量缓慢。见图 5.2.6-3。

图 5.2.6-3　钢柱起吊

3) 吊装就位：吊车先起钩，转臂，基本到位后，调整回转半径，缓慢落钩，就位，校正柱轴线位置，并用钢楔子固定后，拧紧地脚螺栓；将缆风绳与混凝土柱钢筋做可靠连接，待固定好缆风绳后，作业人员沿爬梯上至柱顶，将吊钩摘下。

5. 吊点设置在柱的连接耳板上，采用专用的吊具进行安装。柱的起吊采用塔吊单机回转法，起吊时柱根部垫好枕木，以避免柱底端与地面接触。柱在安装之前，要将校正用的垫板和钢楔、连接板和临时螺栓吊装在柱底连接耳板上。在下柱另外方向两个连接耳板上安装调整扭转的卡具。当柱子吊至安装位置时，上柱连接耳板插入已安装好的卡具上，另外两个连接耳板则用临时连接板、临时螺栓进行临时固定。然后先调整标高，标高按上下柱的标高线间距进行调整。标高调整时，应以最高的下柱和最长的上柱标高线间距为准，考虑到焊缝收缩及压缩变形，标高偏差调整在 5mm 以内。然后，利用安装卡具调整上下柱接头的错边。最后进行柱子垂直度的校正。校正时，以下柱的轴线标记与上柱柱顶中心线标记为基准线，至少用两台经纬仪从两个不同方向测控。如果两条基线不在同一直线上，则说明柱子不垂直，此时可利用上下柱连接耳板间隙处打入钢楔进行调整，或在柱上加焊钢支座用千斤顶来调整。最终将柱顶偏差控制在±2mm 范围之内。拧紧临时连接板上的临时螺栓，拆除安装卡具，安装连接板，摘吊钩。必要时可将临时连接耳板与边接板进行点焊，以达到固定柱子的目的。

5.2.7　中间层钢柱焊接

1. 采用等速、对称焊接的工艺，采用坡口衬板焊接。

2. 单根钢柱焊接时，要在钢柱相互垂直的两侧翼缘板上贴上百分表，百分表"0"点与翼缘板中轴线对好，并在贴百分表的两侧翼缘架设经纬仪。

3. 焊接过程中，随时用经纬仪监测百分表，控制其钢柱倾倒数值与 5.2.6 中第 2 条要求相符。

4. 焊接设备采用 OTC500 气体保护焊焊机，焊接时要做好防风措施，保证风速低于 2m/s。

5. 具体焊接措施

1) 箱形柱接头焊接，采用引弧板、熄弧板。由两个焊工从相对称位置，同时等速焊接，一个柱接头要连续不中断地焊完，焊缝焊完 1/3 板厚时割掉耳板，耳板切割时不应损伤主材，为此保留 2~3mm 为宜，最后打磨修整。如果一个柱接头焊接时间超过 8h，要安排两班或多班作业直到焊完为止。焊工每焊完一个接头均要将自己的钢印清楚地打在焊接部位，焊工班长将钢印号标在焊接顺序图上。

2) 箱形柱焊接接头和焊接顺序（图 5.2.7）。第一遍离柱边焊缝 50~100mm 起焊；第二遍离第一遍起点处 50~100mm 起焊；第三遍以此类推，焊完为止。

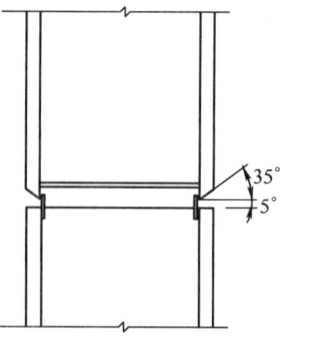
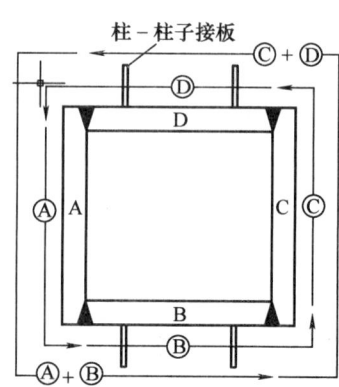

图 5.2.7　箱形柱焊接接头和焊接顺序

箱形柱焊接接头和焊接顺序：（A）、（C）焊至 1/3 板厚→割耳板→（B）、（D）焊至 1/3 板厚→

(A)、 (B)、 (C)、 (D) 或 (A) + (B)、 (C) + (D)。

6. 焊接的注意事项

1) 焊接过程中要随时对钢柱垂直度进行监控,焊前要将焊口位置的锈、油污等清净。

2) 焊前要采用氧气乙炔焰对焊口两侧 100mm 范围内进行预热,焊后要采用石棉布覆盖,做好保温缓冷措施。

3) 焊工工长要掌握 2~3d 的天气情况,雨天不得安排焊工作业。当空气湿度≥90%时,应停止焊接。

4) 焊接完成后,焊缝两侧各 100mm 范围以内采用角向磨光机打磨干净,以便探伤之用,焊工钢印号打在所焊焊缝左上角 100mm 处。

5) 突然降雨时,应停止焊接,未焊完的焊缝应采用事先准备的挡雨布予以保护。再次焊接时,应对焊缝进行磁粉检验,合格后进行预热,然后进行焊接。当风力大于 2m/s 在未设防风棚或没有防风措施的施焊部位严禁进行 CO_2 气体保护焊,当风力大于 8m/s 在未设防风棚或没有防风措施的施焊部位严禁进行手工电弧焊。并且焊接作业区的相对湿度大于 90%时不得进行施焊作业。

6) 在焊接过程中,要始终进行测量观测,发现异常情况时应暂停焊接,要分析原因并及时采取纠正措施。对每层的每个作业区的焊接施工都要做详细的记录,以总结变形规律,综合进行防变形处理。

5.2.8 中间层钢柱校正、探伤

1. 焊接完成后,待焊道完全冷却,在早晨 8:00 前,对钢柱进行校正,看其是否满足 5.2.6 中要求,出现偏差在 1mm 以内的,不做调整,在 1~3mm 之间的采用冷校正,3mm 以上的采用热校正,柱子出现弯曲,要采热校正措施。

2. 冷校正方法:采用钢丝绳配合捯链,向反方拉拽,柱口水平位移不小于 3mm,不大于 6mm,停留 4h 左右,然后缓慢松开捯链,再测其垂直度,若仍不满足要求,则采用热校正的方法。

3. 热校正方法:采用氧气乙炔焰,用烤把对倾倒构件进行加热,加热温度不宜超过 700℃,用测温笔控制温度,受热构件必须缓慢冷却,不得浇水冷却或采用其他急速降温措施,相同位置加热次数不宜超过 2 次,详见图 5.2.8。

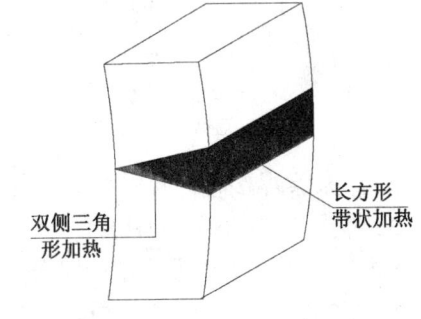

图 5.2.8 钢柱出现弯曲状态热校正措施

4. 焊缝检查与探伤:

1) 编制结构现场安装焊缝超声波探伤检查方案。

2) 编制了现场安装焊缝外观检查记录表,首先由班组长对小组人员所焊焊缝实行 100%外观检查,超标准部分要进行修补,自检合格后,填写外观检查记录表,交焊接专检人员复验,复验合格后,书面通知探伤工程师进行探伤。Q235B 材质的焊接冷却到环境温度后进行 100%无损检验。Q345C 材质的焊缝冷却 24h 后方可进行 100%无损检验。经检验发现有焊缝缺陷时,应做详细记录并由探伤工程师签字后交技术部门。

3) 焊缝的修复:根据焊缝的缺陷记录,焊接工程师、专质检验人员、焊接工长共同研究制定焊缝修复方案,编制焊缝修复工艺卡,由焊接工程师签字后下发到班组,由专职检验员监督执行。修复工作选择技术最好的焊工来实施。出现个别焊缝返修一次检查仍不合格时,由总工程师组织相关人员,研究制定焊缝修复方案,由焊接工程师现场指导完成修复工作,确保一次修复合格。同一条焊缝返修不得超过两次。

5.2.9 下层水平梁就位、校正

1. 下层水平梁与钢柱之间采用连接件和固定螺栓临时固定,螺栓采用 10.9S M22 高强度螺栓,连接件为 $\phi24mm \times 50mm$ 长圆孔,便于焊接收缩时不受约束。

2. 检查梁身安装准备线准确性,检查钢梁是否有扭曲现象,要保证钢柱上梁口上下翼缘中线与梁身上下翼缘中线对齐。

3. 保证梁上下翼缘及双侧腹板与柱子上梁口上下翼缘及双侧腹板平齐，错边不得大于 1mm。

4. 具体安装措施

1) 为提高钢梁吊装速度，建议在制作钢梁时预留吊装孔或焊接吊耳，作为吊点。对于大跨度、大吨位的钢梁一定采用焊接吊耳的方法进行吊装。

2) 吊装梁的吊索水平角度不得小于 45°，绑扎必须牢固，并在地面用临时螺栓把连接板固定在梁两端，将高强度螺栓装在工具包内，绑在离梁头的 1m 之内。按照预先编制的安装顺序图，按顺序进行吊装。主要构件全部为塔吊进行吊装，当一个框架内的钢柱钢梁安装完毕后，及时对此进行测量校正。

3) 主梁起吊应当对正，先用撬棍，再用冲头（冲钉）调整好构件的准确位置，连接板栓孔对正后，将连接件和临时固定螺栓拧紧固定，即可脱钩。安装梁时预留好经试验确定的焊缝收缩量。整个安装过程中，与梁连接的柱子必须由两台经纬仪从两个不同方向跟踪测控，柱子垂直度要控制在规范允许范围之内，如果在安装梁过程中柱子发生较大偏差，要对柱子重新进行校正。

5.2.10 下层水平梁焊接

1. 下层水平梁焊接顺序，见图 5.2.10。

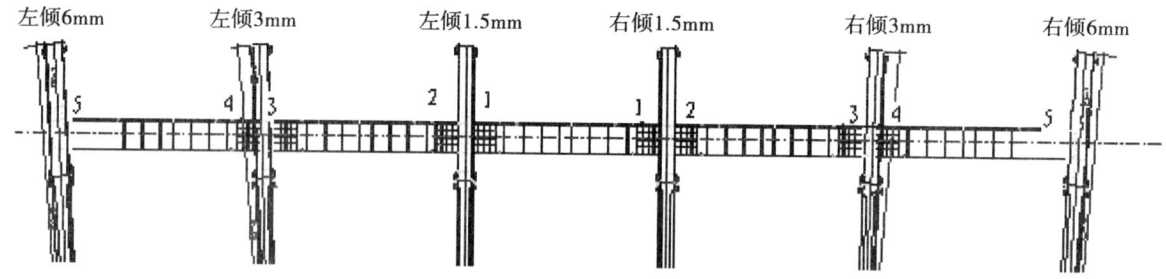

图 5.2.10 下层水平梁焊接顺序

2. 单根梁焊接时，要先焊接下翼缘，再焊接两侧的腹板，最后焊接上翼缘。

3. 焊接工艺同柱（同柱）。

5.2.11 下层水平梁校正、探伤

1. 焊接完成后的钢梁，要进行二次校正，保证其轴线位置和标高准确性。

2. 通过对柱两侧梁加热，来调整钢梁焊接对钢柱垂直度的影响。

3. 焊缝检查与探伤（同柱）。

5.2.12 中间层钢柱与核心筒之间 H 型钢梁连接

1. 连接方式为高强螺栓连接：高强度螺栓均采用 10.9 级扭剪型高强度螺栓连接。

2. 所使用的高强度螺栓均应按设计及规范要求选用其材料和规格，保证其性能符合要求。高强度螺栓出厂前应由生产厂家送检，以鉴定其预拉力和抗滑移系数是否能够达到设计及规范的要求；高强度螺栓到达现场后应对其预拉力、抗滑移系数等进行复检。高强度螺栓连接副的额定荷载及螺母和垫圈的硬度试验，应在工厂进行。

3. 安装摩擦面处理：为了使部件紧密的贴合达到设计要求的摩擦力，保证安装摩擦面达到规定的摩擦系数，设计要求在高强度螺栓连接处，连接面采用抛丸处理，贴合面采用喷砂处理。连接面应平整，检查处理安装螺栓孔和摩擦面的质量，贴合面上严禁有电焊、气焊、气割、溅点、毛刺、飞边、尘土及油漆等不洁物质；也不得有不需要的涂料；摩擦面上不允许存在钢材卷曲变形及凹陷等现象。

4. 高强度螺栓安装方法：对螺栓连接节点，应采取以下的安装顺序：临时螺栓固定→校正→穿高强度螺栓→初拧→终拧→焊接。装配和紧固接头时，从安装好的一端或刚性端向自由端进行。高强度螺栓的初拧和终拧，均按照紧固顺序进行，紧固从螺栓群中央开始，然后逐渐向四周扩展，逐个拧紧。最后需经验收并合格。

5.2.13 自密实混凝土浇筑、节点高压注浆

1. 由于底层钢柱钢梁全部安装完毕，为保证其稳定性和混凝土浇筑后的密实性，此时需要浇筑自密实混凝土，并进行高压注浆处理。

2. 钢构件深化设计时，钢柱、钢梁上根据设计要求留设了混凝土浇筑排气孔和节点高压注浆孔，只需按工艺要求进行混凝土浇筑和节点高压注浆处理即可。

5.2.14 底层梁上生柱就位、校正

1. 具体位置，见图 5.2.14-1。

2. 待底层钢梁全部焊接完成、检验合格，第一次自密实混凝土浇筑及高压注浆完成后，再准备生柱位置弹好轴线，见图 5.2.14-2。

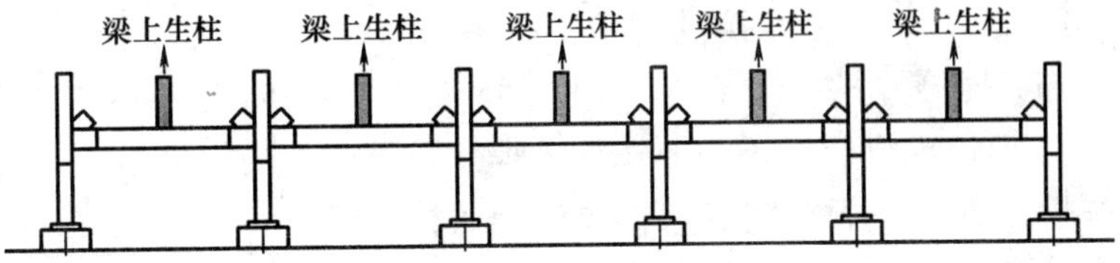

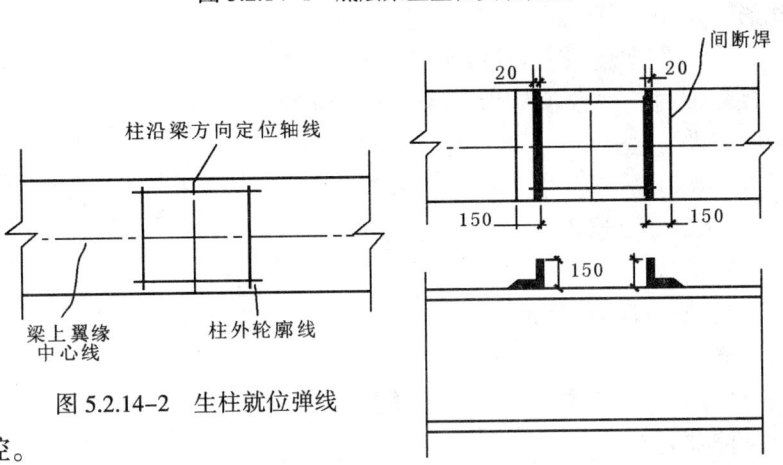

图 5.2.14-1 底层梁上生柱安装位置

3. 将预先准备好的连接件按要求焊到底层钢梁上翼缘上表面，采用间断焊，见图 5.2.14-3。

4. 将小柱放到图 5.2.14-3 卡件内，利用经纬仪、水准仪校正并调好标高，将小柱与临时固定件点焊固定。

5.2.15 底层梁上生柱焊接

1. 采取等速、对称焊接方法。

2. 焊接时要随时用两台经纬仪和一台水准仪对垂直度和标高进行监控。

3. 焊接注意事项同中间层钢柱。

4. 焊后将临时固定件切割掉，并将焊点打磨平整。

图 5.2.14-2 生柱就位弹线

图 5.2.14-3 就位焊接

5.2.16 底层梁上生柱校正、探伤

1. 校正方法同中间层钢柱。

2. 探伤要求同中间层钢柱。

5.2.17 顶层钢柱就位、校正

安装垂直度要求，见图 5.2.17。

5.2.18 顶层钢柱焊接、二次校正、探伤工艺与中间层钢柱连接、二次校正、探伤工艺相同。

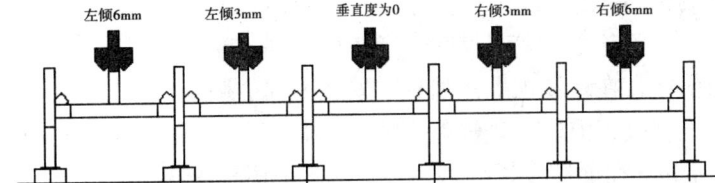

图 5.2.17 顶层钢柱安装垂直度要求

5.2.19 顶层钢柱与核心筒之间 H 型钢梁连接工艺与中间层钢柱与核心筒之间 H 型钢梁连接工艺相同。

5.2.20 斜支撑梁就位、校正

1. 就位校正要求见图 5.2.20-1。

2. 安装固定采用连接件和 10.9SM22 高强度螺栓临时固定。

3. 斜向支撑安装要注意控制其同心性，保证传力均匀，见图 5.2.20-2。

4. 翼缘板、腹板接口错边小于 1mm。

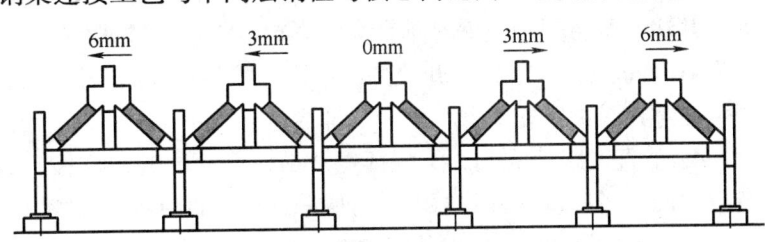

图 5.2.20-1 斜支撑梁安装顺序及控制要求

5.2.21 斜支撑梁焊接

1. 整体焊接顺序，见图 5.2.21。

2. 单个梁口焊接顺序：先焊下翼缘，再由下至上同时焊接两侧腹板，最后焊接上翼缘。

3. 斜支撑梁焊接注意事项同底层钢梁。

5.2.22 斜支撑梁二次校正及探伤要求同底层钢梁。

5.2.23 上层水平梁就位、校正工艺同斜支撑梁，倾倒偏差及方向均相同。

5.2.24 上层水平梁整体焊接顺序，见图 5.2.24：

1. 要先焊与柱连接的焊口，采用对称、等速焊接方式进行焊接。

2. 焊接钢梁焊口时，要按整体焊接顺序施焊，程序 2 焊接完成后，要对相邻柱对应已经焊完的程序 1 位置周边加热，以此消除程序 2 焊接产生的内应力。

3. 依照上述要求，对程序 3、4、5、6 焊接完成时，也要消除相邻钢柱焊口位置的内应力。

4. 单根梁口、柱口焊接顺序同前。

5.2.25 上层水平梁二次校正及探伤要求同底层钢梁。

5.2.26 整体检测、自密实混凝土浇筑、节点高压注浆。

1. 柱的标高调校：检查整体标高差，允许偏差为 5mm。

2. 柱的扭转校正：柱的扭转偏差是在其制造、运输、储存、安装过程中产生的。其制作过程中的扭转偏差由工厂调整后出厂，在运输、储存、安装过程中产生的扭曲偏差，在现场采取热处理和安装过程中调整。扭转的存在对钢柱垂直度的校正有很大的影响，因此在垂直度校正前要尽量消除扭转的影响。安装过程中通过上下的耳板在不同侧面夹入垫板（垫板厚度 0.5~1.0mm）在上连接板拧紧大六角螺栓来调整扭转。每次调整扭转在 3mm 以内，若偏差过大可分 2~3 次调整。

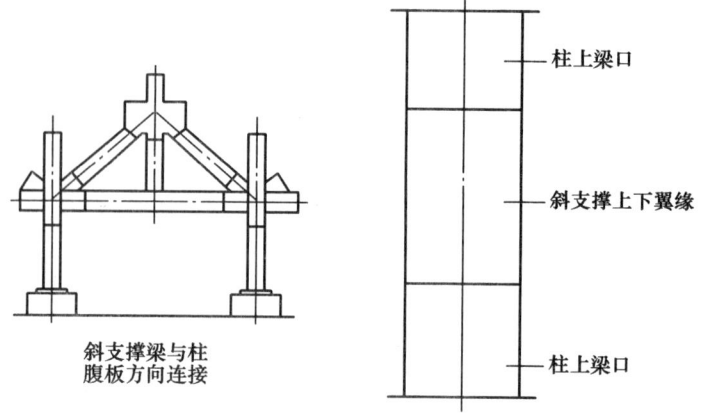

图 5.2.20-2

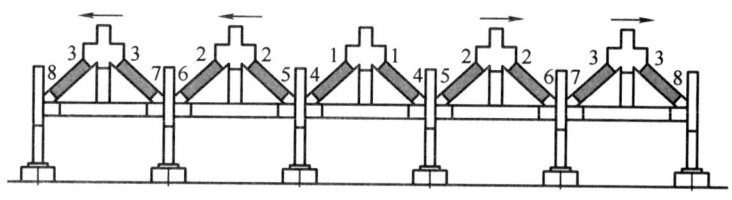

图 5.2.21 斜支撑梁焊接顺序

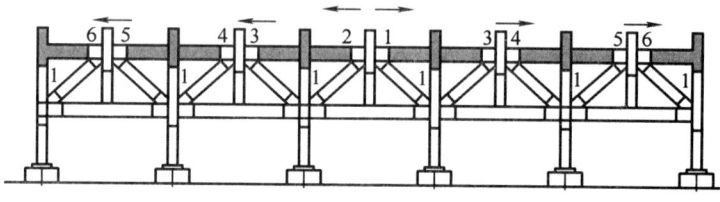

图 5.2.24 上层水平梁整体焊接顺序

3. 垂直度校正：控制在 2mm 以内，安装过程中需采用无缆绳校正法在柱的偏斜一侧打入钢楔或用顶升千斤顶，采用 3 台经纬仪在柱的 3 个方向同时进行观测控制。在保证单节柱垂直度不超标的前提下，并注意预留焊缝收缩对垂直度的影响，将柱顶轴线偏移控制到规定范围内。根据施工经验，应是总值为 +10mm 底紧、上松、开放型柱结构，即各角柱向外侧偏斜≤5mm。最后拧紧临时连接耳板的大六角高强度螺栓至额定扭矩并将钢楔与耳板连接固定。

4. 垂直度跟踪观测：为保证每一根柱垂直度的独立性，以及安装时如实掌握垂直度的动态，梁安装时用两台经纬仪对柱垂直度进行跟踪观测，保证各项指标受控。

5. 梁的水平度校正：用水准测量的方法从每一层标高传递点起始，施测本层梁的水平度，并将实际标高与设计值比较，确定校正值及校正方法。

6. 自密实混凝土浇筑，节点高压注浆同 5.2.13。

5.2.27 柱外部钢筋混凝土施工方法同普通钢筋混凝土施工方法。

5.2.28 钢桁架低温焊接施工措施（温度在 0~-5℃之间作业时视为低温作业）

1. 焊接工艺流程

1) 预热

根据《建筑钢结构焊接技术规程》JGJ 81-2002 中板厚与最低预热温度列表。预热范围应沿焊缝中心向两侧至少各 100mm 以上，并按最大板厚 3 倍以上范围实施。加热过程力求均匀。对于刚性较大、拘束应力较大的焊接接头，预热范围必须高于 3 倍板厚值。当预热范围均匀达到预定值后，恒温 20~30min。预热的温度测试须在离坡口边沿距板厚 3 倍（最低 100mm）的地方进行。采用表面温度计测试。预热热源采用氧—乙炔中性火焰加热。

2）层温

焊接时，焊缝间的层间温度应始终控制在 120~150℃之间，每个焊接接头应一次性连续焊完。施焊前，注意收集气象预报资料。预计恶劣气候即将到来，并无确切把握抵抗的，应放弃施焊。若焊缝已开焊，要抢在恶劣气候来临前，至少焊完板厚的 1/3 方能停焊；且严格做好后热处理，记下层间温度。

3）后热与保温

当气温及板厚按规范要求需要后热和保温时，为保证焊缝中扩散氢有足够的时间得以逸出，从而避免产生延迟裂纹，焊后进行后热处理，后热温度为 200~250℃。达此温度后用多层石棉布紧裹，保温的时间以接头区域、焊缝表面、背部均达环境温度为止。

安装焊接采用电弧焊、CO_2 气体保护焊。焊接数，将根据材料种类和接头位置、坡口形式，模拟现场施工环境条件进行专题焊接工艺评定来确定。

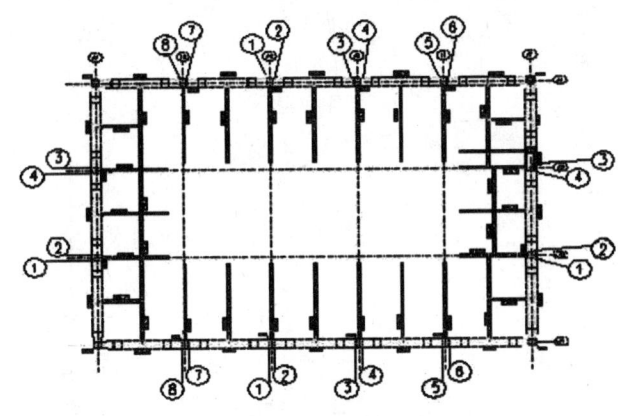

图 5.2.28　钢梁焊接顺序图

注：角柱的焊接待相邻两边梁柱的接头焊接完成后最后进行焊接。

2. 钢结构焊接顺序（图 5.2.28）

焊接时先焊接钢梁，焊接钢梁时先焊接下翼缘，后焊接上翼缘，再焊接腹板的立焊缝。钢梁焊接按照每边从中间往角柱方向焊接，不得在同一根钢梁两端同时施焊。

3. 梁—柱接头整体焊接顺序

1）一节柱的三层梁结构，先焊上层、后焊下层、再焊中层，同一层先焊一行列中间接头再向外扩展的原则。

2）同一梁—柱接头处的焊缝焊接，当柱子向某方向偏斜 5mm 以上时，先焊柱子偏斜反方向的焊口；当柱的垂直偏差小于 5mm 时，两侧焊缝同时对称焊接。

3）当梁一端与核心筒埋件相连时，选焊与核心筒相连部分。

4）同一根梁，先焊一端焊缝，等其冷却后，再焊另一端；同一梁节点，先焊下翼板焊缝，再焊上翼板焊缝，上下两翼板焊缝的焊接方向相反。

4. 焊接的检验（同柱）。

6. 材料与设备

6.1　主要使用材料一览表（表 6.1）

主要使用材料一览表　　　　　　　　　　　　　　　　　　表 6.1

序号	材料名称	规格	材质	单位
1	钢板	12-50	Q345C	t
2	高强度螺栓	10.9S M20-24	40Cr	套
3	焊丝	4.0	$H_{10}Mn_2$	kg
4	焊丝	1.2	$H_{10}Mn_2$	kg
5	油漆	15kg/桶	环氧富锌	桶

6.2　主要使用设备一览表（表 6.2）

主要使用设备一览表

表 6.2

序号	机械或设备名称	型号/规格	单 位
1	塔式起重机	H3/36B（内爬升）	台
2	塔式起重机	FO/23B（外附着）	台
3	160t 汽车吊	QY160	台
4	千斤顶	5t\10t\20t	个
5	捯链	15t\10t\5t	个
6	卡环	20t\10t\5t\1t	对
7	角向磨光机	$\phi100$	台
8	扭矩扳手	NBS60D	把
9	高强度螺栓枪	M16/20/22/24/28	把
10	空气压缩机	XF200	台
11	二氧化碳焊机	YD600KH1	台
12	熔焊栓钉机	SLH-2500	台
13	交流焊机	BX-500	台
14	超声波探伤仪	CTS-2000	台
15	磁粉探伤仪	DCT-E	台
16	碳弧气刨枪	600A	支
17	测温仪	ST30	部
18	全站仪	GTS-602 (2″)	台
19	经纬仪	J2- (2″)	台
20	水准仪	C30Ⅱ	台
21	激光铅直仪	DZJ3 (1/40000)	台
22	千分尺	0.1mm	22

7. 质 量 控 制

7.1 质量标准

7.1.1 《建筑工程施工质量验收统一标准》GB 50300。

7.1.2 《钢结构工程施工质量验收规范》GB 50205。

7.1.3 《混凝土结构工程施工质量验收规范》GB 50204。

7.1.4 《建筑钢结构焊接技术规程》JGJ 81。

7.1.5 《钢筋机械连接通用技术规程》JGJ 107。

7.1.6 《型钢混凝土组合结构技术规程》JGJ 138。

7.1.7 《钢结构高强度螺栓连接的设计、施工及验收规程》JGJ 82。

7.2 质量控制的内容

7.2.1 测量质量控制

轴线和标高控制网的精度要求轴线控制网选用一级建筑方格网，精度要求见表 7.2.1：

测量误差允许表

表 7.2.1

测距相对中误差	1/30000
测角中误差	±5″
直线度	±5″
高程达到四等水准精度要求，高程控制点间高差误差不超过	±3mm

7.2.2 吊装质量控制（表 7.2.2）

钢柱安装允许偏差 表 7.2.2

项　　目		允许偏差（mm）
柱子定位轴线		1
地脚螺栓位移		2
柱脚底座中心线对定位轴线的偏移		3
柱基准点标高		±2
同一层柱顶标高		5
垂直度	单节柱	$H/1000$，且$\leqslant 10$
	总高	$H/2500+10$，且$\leqslant 50$
总高度		$\pm H/1000$，且$\leqslant \pm 30$
主体结构整体平面弯曲		$L/1500$，且$\leqslant 25$

7.2.3 焊接质量控制

焊接质量检查除严格按照《建筑钢结构焊接技术规程》JGJ 81 及国家相关规范规定执行外，还应满足表 7.2.3 要求：

焊接质量控制表 表 7.2.3

检查要点		合格要求（一级焊缝）
外观检查		没有明显的裂纹、撕裂或未焊透现象
		焊缝尺寸及长度应不少于图纸要求
		任何掏刷只可间断出现，且不大于 0.5mm 深度
检验范围		全部焊缝
气孔		不允许
咬边	不要求修磨的	不允许
	要求修磨的	不允许
无损检验		无损检验不合格的焊缝，应按规范规定的方法进行返修，返修后必须再进行无损检验
射线探伤		射线探伤不合格的焊缝，要在其附近再选 2 个检验点进行探伤。如在这两个点中又发现 1 处不合格的，则该焊缝必须全部进行射线探伤
超声波探伤		超声波探伤的每个探测区焊缝长度不应小于 300mm，对不合格的检验区，要在其附近再选 2 个检验点进行探伤。如在这两个点中又发现 1 处不合格的，则该焊缝必须全部进行射线探伤
渗透探伤		显示剂施加完毕，一般停留 10~30min，再用 4~10 倍放大镜对缺陷进行观察，观察应在光线充足的条件下进行。当存在缺陷时，当即作出标记

7.3 质量保证措施

7.3.1 为了保证工程测量校正工作的质量，项目部建立质量保证体系，特建立由项目总工领导，技术员、质量总监、测量工中间控制，工段内部测量专职质检员、测量班长以及下道工序专职质检员相互检查的三级管理组织机构，形成由项目部、生产技术部门到工段、班组的质量管理网络体系。并编制专项方案和技术交底指导施工。焊接人员要持有焊工证，并经过考试合格后方可上岗。

7.3.2 钢柱基础地脚螺栓的埋设精度，直接影响到钢柱的安装质量与进度，所以在钢柱吊装前，必须对已完成施工的预埋螺栓的轴线、标高及螺栓的伸出长度进行认真的核查、验收。对超过规范的不合格者，要提请监理和有关方会同解决。

7.3.3 钢柱柱身垂直度及倾斜度满足规范要求；钢柱校正时，按照先调整标高，在调整扭转，最后调校垂直度的顺序进行控制。

7.3.4 钢柱扭转的偏差是在安装过程中产生的。调整的方法是在上柱和下柱的耳板的不同侧面夹入一定厚度的垫板，夹紧柱头临时接头的连接板。钢柱的扭转每次只能调整不大于 3mm，若偏差过大只能分次调整。

7.3.5 保证现场焊接质量应从工艺制定、材料采购、资源配置、焊接、检验等方面加大管理和监控的力度，在控制现场焊接质量的过程中，应始终贯彻"在原材料检验合格的前提下，由合格的焊工按照合格的焊接工艺施工"的原则。切实保证现场焊接的质量。

8. 安 全 措 施

8.1 本工法应遵循以下国家、行业有关现行标准、规范的要求：

8.1.1 《建筑施工安全检查标准》。

8.1.2 《建筑机械使用安全技术规程》。

8.1.3 《施工现场临时用电安全技术规范》。

8.1.4 《建筑施工高处作业安全技术规范》。

8.1.5 《职业健康安全管理体系规范》。

8.1.6 公司有关职业健康安全体系文件的有关规定与要求。

8.2 参加施工的特殊工种作业人员必须是经过培训，持证上岗。施工前对所有施工人员进行安全技术交底。进入施工现场的人员必须戴安全帽、穿防滑鞋，电工、电气焊工应穿绝缘鞋，高空作业必须系好安全带。

8.3 正式吊装前进行试吊，检查吊装机具、绳索、锚固点的工作情况。确认无误后，方可正式吊装。吊装动作平稳，多台卷扬机共同工作时，启动停止动作要协同一致，避免工件振动和摆动。就位后及时找正找平，工件固定前不得解开吊装索具。吊装过程中如因故暂停，必须及时采取安全措施，并加强现场警戒，尽快排除故障，不得使工件长时间处于悬吊状态。

8.4 操作面应有可靠的架台护身，经检查无误再进行操作。构件绑扎正确，吊点处应有防滑措施，高处作业使用的工具、材料应放在安全位置，禁止随便放置。

8.5 起吊构件时，提升或下降的速度要平稳，避免紧急制动或冲击。专人指挥，信号清楚、响亮、明确，严禁违章操作。构件安装后必须检查其质量，确实安全可靠后方可拆卸，每天工作必须达到安全部位，方可停工。钢结构安装施工吊装作业区应设警戒线，做明显标志，并设专人负责。吊装工作严禁非施工人员进入或通过吊装区域。

8.6 参加钢结构安装施工吊装的人员必须坚守岗位，服从命令听统一指挥，对不明确的信号应立即询问，严禁凭猜测进行操作。现场岗位人员必须具备必要的起重知识，并熟悉有关规程、规范。

8.7 主要构件吊装应尽量在上午进行，其他吊装工作应尽量在白天进行，避免在夜间作业。夜间作业必须具备足够可靠的照明。严禁在风力4级和4级以上进行吊装，雨雪天气也不得进行吊装作业。

8.8 钢结构安装施工吊装时，施工人员不得在工件下面、受力绳索具附近及其他有危险的地方停留。吊装时任何人不得随工件或吊装机具升降，特殊情况必须随同升降时，必须采取可靠的安全措施并经有关负责人批准。

8.9 结构安装过程各工种进行上下立体交叉作业时，不得在同一垂直方向上操作，下层作业的位置，必须处于根据上层高度确定的可能坠落范围半径之外，不符合以上条件时，应设置安全防护层；由于上方施工可能坠落物件或处于起重机吊杆回转范围之内的通道，在其受影响的范围内，必须搭设顶部能防止穿透的双层防护走廊。

8.10 构件吊装应有钳工、电工等负责维护吊装机具设备，停止工作时应确保切断电源。严禁酒后钢结构安装施工作业和生产瞎指挥，严禁强行违章操作。氧气瓶与乙炔瓶隔离放置，严格保证氧气瓶不沾染油脂，乙炔发生器有防止回火的安全装置。

9. 环 保 措 施

9.1 严格按照《环境管理体系标准》ISO14001 及公司的环境管理体系文件进行工程管理和施工操作，自觉遵守国家、省、市及地方有关环境保护的规定。

9.2 钢结构施工垃圾清运采用容器吊运或袋装，严禁随意凌空抛撒，地面适量洒水，减少污染。

9.3 加强对现场存放油品和化学品的管理，对存放油品和化学品的库房进行防渗漏处理，在存储和使用中，防止油料跑、冒、滴、漏污染水体。

9.4 每晚 22 时至次日 7 时，严格控制强噪声作业。钢结构在支设、拆除和搬运时，必须轻拿轻放，构件安装修理晚间禁止使用大锤。

9.5 施工现场设立专门的废弃物临时储存场地，废弃物应分类存放，对有可能造成二次污染的废弃物必须单独储存，设置安全防范措施且有醒目标识。

10. 效 益 分 析

10.1 经济效益

由于超高层组合结构转换层其主要组成核心为钢结构，与纯钢筋混凝土结构比钢结构本身具备了工厂成型快、现场组装快等施工特点，加之采取切实可行的施工方案，从而大大缩短工期，比预计工期缩短了 20d。从业主投入使用和施工单位提高效率、降低能耗方面来说，取得了很大的经济效益。

10.2 环保效益

超高层转换层采用钢、混凝土、钢筋混凝土组合的形式，比起单一的混凝土转换层，在施工过程中噪声降低很多，其核心材料采用钢材，具有很好的可回收性，达到绿色、环保施工的目的，取得了一定的环保效益。

10.3 社会效益

超高层转换层组合结构集合了钢结构、混凝土结构、钢筋混凝土结构各自的优点，是一种技术集成的表现形式，具有广阔的推广性和应用性。

11. 应 用 实 例

11.1 大连新世界大厦东塔楼工程

11.1.1 工程概况

大连新世界大厦工程建筑面积约 8 万 m²，地下 3 层，裙房地上 4 层，东塔楼地上 58 层，结构高度 210m。总体为混合结构，钢结构从地上五层开始，核心筒中分布有劲性型钢柱，外框架由矩形钢柱和楼层钢梁组成，楼板为钢筋桁架楼承板。五至六层外周为转换桁架，十五层/二十六层/三十七层设置有伸臂桁架。工程的开工时间为 2007 年 7 月 1 日，竣工时间为 2009 年 11 月 30 日。

11.1.2 工法应用情况

采用超高层转换层组合体系对钢结构和混凝土结构的连接。组合结构转换层整体为 3 层，由箱形柱、双工字水平连系梁和双工字斜向支撑 3 部分组成核心部分。单根构件最大重量为 50t，截面 2700mm×1000mm×30mm×40mm。钢构件材质主要为 Q345B 和 Q345C，以满足东北地区低温要求。钢结构的连接方式以焊接等强连接为主。箱形钢柱、水平梁、斜支撑梁内部采用 C60 自密实混凝土浇筑，为保证其密实度，混凝土浇筑后节点部位采用高压注浆进行密实。

11.1.3 经济与社会效益

由于超高层组合结构转换层其主要组成核心为钢结构，与纯钢筋混凝土结构比钢结构本身具备了工厂成型快、现场组装快等施工特点，加之采取切实可行的施工方案，从而大大缩短工期，比预计工期缩短了20d。从业主投入使用和施工单位提高效率、降低能耗方面来说，取得了很大的经济效益。经综合核算，该工法直接降低施工成本54万元。

11.2 大连长江广场

11.2.1 工程概况

大连长江广场项目集高级公寓、五星级酒店及办公设施为一体，工程位于大连市中山区的民主广场旁，工程由5层裙房及两栋塔楼组成，其地下3层，西塔楼地上26层，东塔楼地上46层，工程总建筑面积13万 m²。工程主要为核心筒—剪力墙结构，其东塔楼的六层设有转换层，为钢结构和混凝土组成的组合结构。工程的开工时间为1999年3月1日，竣工时间为2001年7月1日。

11.2.2 工法应用情况

大连希尔顿酒店东塔楼为46层，其六层设有转换层，转换层为钢结构和混凝土组成的组合结构。由于当时的施工技术、施工设备和现场条件所限，在该项目中首次采用该工法进行施工，并取得了成功。

11.2.3 经济与社会效益

采用该工法施工使制作和安装工期比计划工期提前10d，公司项目部节约了管理成本，甲方也给了相应的奖励。经综合核算该工法直接降低施工成本28万元。该组合结构的转换层和整个主体结构顺利通过了多方验收，为后期的装饰装修和机电安装打下了良好的基础，为单位工程顺利竣工验收创造了良好的条件。

11.3 大连新世界广场

11.3.1 工程概况

大连新世界广场地处大连市中山区天津街200号。工程总建筑面积16万 m²，地下3层，裙楼8层，南塔楼35层，北塔楼47层。它集超市、会所、公寓、写字楼于一体，是一座按港式装修和管理的现代港式建筑，是天津街上的惟一一座超高层建筑。工程主要为核心筒—剪力墙结构，其南北塔楼的九层均设有转换层，为钢结构和混凝土组成的组合结构。工程的开工时间为2000年3月15日，竣工时间为2003年5月30日。

11.3.2 工法应用情况

大连曼哈顿大厦其南北塔楼的九层均设有转换层，转换层为钢结构和混凝土组成的组合结构。采用该工法进行施工取得了圆满成功。

11.3.3 经济与社会效益

采用该工法施工使制作和安装工期比计划工期提前15d，公司项目部节约了管理成本，甲方也给了相应的奖励。经综合核算该工法直接降低施工成本43万元。该组合结构的转换层和整个主体结构顺利通过了多方验收，为后期的装饰装修和机电安装打下了良好的基础，为单位工程顺利竣工验收创造了良好的条件。

索穹顶"ω"形整体提升安装张拉成型施工工法

GJYJGF027—2010

南京东大现代预应力工程有限责任公司　江苏广宇建设集团有限公司

罗斌　褚靖宇　刘荣君　仇荣根

1. 前　言

随着我国经济水平的提高，居民对体育文化设施的需求逐渐增大，同时我国举办的大型国际性的体育活动、文化活动、商业活动也日益增多，这就使得各类体育场馆工程及大型公共建筑的兴建数量也逐渐增多。空间结构无疑是解决大跨度建筑最具有竞争性的结构，因为相对平面结构，它具有受力合理、刚度大、重量轻、造价低等特点，且结构形式新颖丰富、生动活泼，可以突出结构美并富有艺术表现力。

1948 年美国著名雕塑家 Snelson 展示了索杆组成的张拉体系艺术品。在该作品的启发下，1962 年 Fuller 提出了张拉整体体系（Tensegrity Systems）全新的结构思想。Fuller 希望在这种结构中尽可能地减少受压状态，结构处于连续的张力状态，使压力成为张力海洋中的孤岛。由于这种状态被认为是符合自然界固有的规律，能最大限度利用结构的材料特性，从而实现了以尽量少的材料建造更大跨度的空间。

索穹顶结构是索结构（包括悬索结构、斜拉结构、张弦结构等）中一种全张力体系，一经问世便成功地应用于一些大跨度、超大跨度的结构。由于其外形类似于一个穹顶，而主要的构件又是钢索，因此工程师将其命名为索穹顶（Cable Dome，图 1）。索穹顶结构以其新颖的造型、经济的造价、巧妙地构思引起了人们广泛的兴趣和关注。国外的一

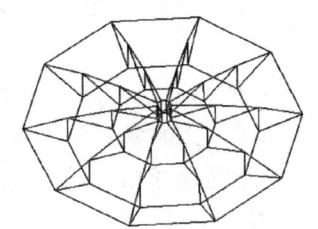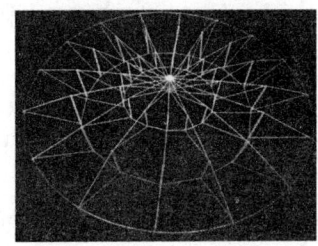

图 1　Geiger 索穹顶结构

些著名学者、结构工程师纷纷对其展开了研究和试验，一时索穹顶体系的分析、设计和施工成为先进建筑技术的标志。索穹顶是一种结构效率极高的全张力体系。由于整个索穹顶结构除少数几根压杆外都处于张力状态，所以充分发挥了钢索的强度。能避免柔性结构有可能发生的结构松弛，则索穹顶结构绝无弹性失稳之虞。

美国已故著名结构工程师 D.Geiger 对实现这种结构思想作出了极大的贡献。Geiger 事务所设计和建造了令世人瞩目的太阳海岸穹顶（直径 210m）、汉城奥林匹克运动会的体操馆和击剑馆。

国外索穹顶工程的成功应用为我国应用该类结构提供了宝贵经验，但涉及到技术保密等原因，公开报道的资料较少，仅有几篇也只是对几个实际工程施工过程的简单描述。我国对索穹顶结构的研究相对滞后，最初的报道始于 20 世纪 90 年代，随后天津大学、同济大学和浙江大学等对索穹顶结构开展了研究，取得了一些初步研究成果。在索穹顶预应力张拉施工成形方面一些高校也做了许多有意义的理论探索研究，进行了索穹顶成形模型试验研究，提出了一些施工方法。

但索穹顶新结构因安装施工的一些关键技术得不到解决，在 2009 年以前国内大陆一直得不到实际工程应用，南京东大现代预应力工程有限责任公司在东南大学土木工程施工研究所的技术支撑下，产、学、研结合，利用十年多在悬索结构、斜拉结构和张弦结构等预应力钢结构工程中积累的拉索预应力施工经验，对索穹顶施工的关键技术进行了攻关研究，实现了对索穹顶安装技术的突破，创新地提出了索穹顶无支架"ω"形整体提升索杆累积安装技术，成功施工了无锡太湖国际高科技园区科技交流中心钢

结构屋盖（我国首个刚性屋面索穹顶结构）和山西太原煤炭交易中心钢屋盖中庭玻璃采光顶索穹顶结构工程。基于研究提出的"ω"形整体提升的索穹顶创新安装方法，于2008年11月12日申请了核心发明专利"索穹顶塔架提升索杆累计安装方法"，（专利号：ZL200810234362.1）。此外，还申请了系列辅助索穹顶施工分析和索头张拉工装的发明专利，"拉索张拉斜拼传力横梁"（专利号：ZL200810195083.9），"一种确定索穹顶初始平衡态的逐环递推方法"（专利号：ZL200910181887.8），"确定索杆系静力平衡状态的非线性动力有限元法"（专利号：ZL200910032743.6）。

本工法以多项发明专利和索穹顶新结构的成功工程应用为背景进行编写。本工法在2011年1月30日被南京东大现代预应力工程有限责任公司批准为企业工法，2011年2月15日由江苏省住房和城乡建设厅主持，通过了江苏省级专家鉴定，该工法鉴定为达到国际领先水平。

2. 工 法 特 点

2.1 索穹顶结构在本质上是一个预应力索杆结构体系，如暂不考虑屋面材料的铺设，其施工过程就是将受拉单元的索和受压单元的撑杆等构件进行就位和预应力施加的过程。这一过程通俗上讲就是将它"绷"起来。

2.2 对于索穹顶结构工程施工真正的困难在于结构设计与施工的一体化要求特别高，施工过程的跟踪和分析难。因为它的成形过程伴有刚体位移和严重的几何非线性，而较一般结构复杂得多，通常的有限元软件无法分析。尽管国内一些学者做了一些这方面的分析研究，但尚不成熟，且无实际的工程供参考。如何达到工程设计要求的"形"和"力"是索穹顶施工成败的关键。本工法用"确定索杆系静力平衡状态的非线性动力有限元法"攻克了这一难题，实施了索穹顶拉索超大位移和机构位移的有效施工分析。

2.3 对于放射状的由多根定长的轴线径向索、多根斜索和多道环索组成的大直径索穹顶结构，如何在离地面一定高度的安装空间内采用无满堂安装钢管支架条件下的创新安装方法也是关键，并保证施工作业过程的安全性。本工法用"索穹顶塔架提升索杆累计安装方法"攻克了这一难题，保证了空间索穹顶结构依靠自主创新技术实施了高效、经济和安全施工。

3. 适 用 范 围

在大跨空间结构中，实现索穹顶结构的工程推广应用是我国空间结构专家们的一个梦，也代表我国在空间结构发展和应用水平的一个里程碑。索穹顶结构可以适用于公共建筑中的共享空间屋顶、体育中心的体育馆以及其他一些场馆和会所等屋盖结构，屋面材料可以是金属屋面、膜材屋面和玻璃材屋面等。由于我国预应力拉索材料和生产技术的进步，建筑用铸钢节点的设计和制造技术的进步，众多预应力钢结构工程的实践，为大跨度索穹顶结构的工程应用带来底气和成功机遇。本施工工法适用于索结构中索穹顶的安装和张拉成形施工作业。

4. 工 艺 原 理

索穹顶的"ω"整体提升安装施工工法的工艺原理由按设计形状对各根拉索在无应力状态下下料和索头组装以及索夹在张拉台座上设计张力下精准定位、索穹顶中心部位拉力钢环利用塔架或脊索和斜索固定的顶部环梁提起以及脊索和斜索索头利用顶部环梁同步呈"ω"提升到位、同步张拉每个轴线的外环斜索成形操作工艺3部分组成。

4.1 为保证索穹顶安装和张拉达到结构设计要求达到索力和形状，必须达到在地面无应力条件下安装时各索索段长度和索夹夹持位置均与设计要求一致。具体工艺原理有两点：

4.1.1 充分考虑索穹顶的脊索和斜索与外周边固定的环梁施工误差，即在地面进行索和撑杆组拼安装时，将施工现场已测量所得的安装误差消化在外环脊索索长调节上，外环以内的其他索段长度按设计要求值进行安装（图4.1.1）。

4.1.2 在工厂制索时，利用各根索在出厂前必须按设计要求进行预张拉的条件，按结构分析所得的成形状态下各索段预应力值进行张拉精准标定索夹位置。

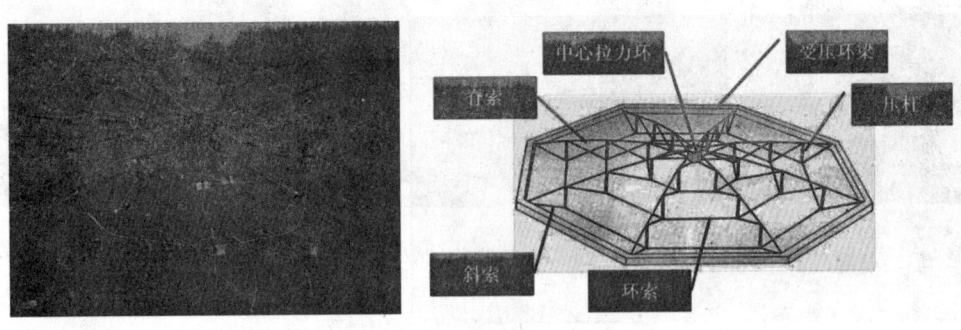

图 4.1.1　地面上无应力状态下各索段组拼安装成索网

4.2 索穹顶在地面做基本组拼后，安装到位于地面一定高度的固定承力环梁上，为达到安装空间内不搭设满堂钢管支架，必须解决索穹顶未张拉成形前各定长索段连接成的柔索网连带撑杆由锅底状变成锅盖状的初步安装就位问题。具体工艺原理有两点：

4.2.1 当年美国盖格公司采用多根无粘结钢绞线组成的索穹顶的斜索，采用从外环到内环的斜索依次连续牵引张拉，将索网上表面从悬链形的锅底状转变成锅盖状（图4.2.1-1），其中钢绞线斜索长度可变是成形工艺的关键。当今在制索技术进步以及对索体耐久性要求提高的条件下，索穹顶用索已全部采用定长的工厂制作的成品索，因此，安装成形工艺必须做改变。提出采用"ω"形整体提升安装技术，改变原呈锅底状的索网安装过程，将索穹顶中心点和外周脊索各索头点同步提升，使整个索网呈"ω"形状同步上升（图4.2.1-2），解决了索穹顶提升安装过程中外环以内斜索定长使撑杆易倾倒和中心拉力环摇晃不稳定的问题，并可逐步实施撑杆与环索等累积安装。

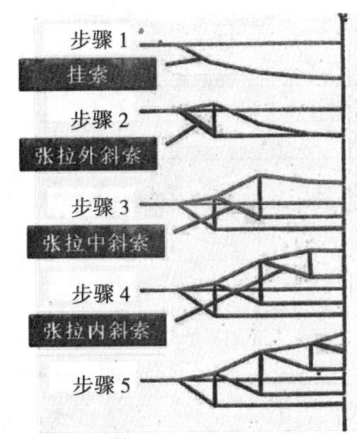

图 4.2.1-1　美国盖格公司的由外斜索到内斜索的牵引张拉安装过程

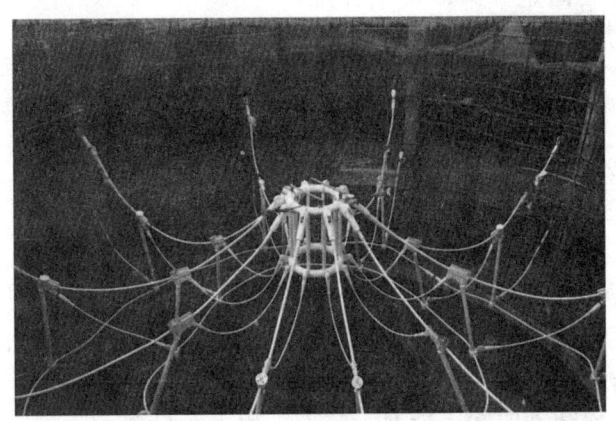

图 4.2.1-2　创新的索穹顶呈"ω"形整体提升安装

4.2.2 索穹顶中心点的提升可在安装场地中心设置专用提升塔架或直接利用安装空间顶部脊索和外环斜索固定的周边环梁作为提升设备的固定点，将中心点的拉力环与外周脊索索头同步整体提升，直至脊索索头牵引到固定环梁的的耳板就位（图4.2.2）。

4.3 同步张拉每个轴线的外环斜索。将索穹顶的索网呈"ω"形提升安装就位后，实现了脊索索头与环梁耳板的销接。如何通过张拉相关的索使索穹顶成为设计要求的全张力结构也是一个工艺关键点。在充分吸收美国盖格公司在台湾桃源体育馆膜面索穹顶的安装过程中实施仅张拉外斜索使结构成形的成功经验,将索穹顶的外环斜索设计为张拉索,并利用液压千斤顶实施各轴线上的外环斜索同步张拉(图4.3)。

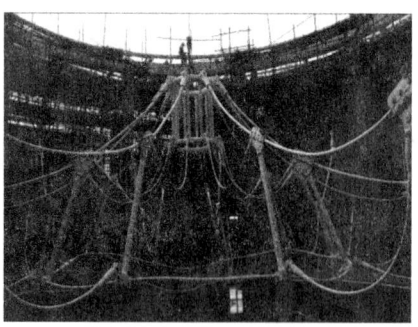

图 4.2.2　利用脊索固定的钢环梁对索穹顶中心点牵引提升　　　　图 4.3　索穹顶各轴线外环斜索同步张拉

5. 施工工艺流程及操作要点

5.1　施工工艺流程

索穹顶结构工程施工图阅读 → 索穹顶结构分析和相关技术参数确认 → 完成预应力拉索和索夹深化设计图并订货 → 完成索穹顶施工的专项施工方案 → 完成索穹顶施工方案审批 → 牵引整体提升和张拉设备准备、千斤顶标定 → 作业队地面组装成索穹顶的索网 → 安装索穹顶中心点和周边点提升装置 → 呈"ω"形整体提升索网并就位→同步张拉外环斜索使结构成型。

5.2　操作要点

5.2.1　做好深化设计和准确确定拉索关键技术参数

索穹顶正式施工前,应根据结构设计图做结合以往工程施工经验的预应力拉索和铸钢索夹节点的深化设计详图,应根据设计要求的张拉力、索夹位置以及张拉设备所需的最小空间等因素确定预应力拉索索头形式、索夹节点形式以及中心拉力环和外周固定环梁的耳板详细尺寸等。委托加工成品拉索时,应提供详细的拉索规格和长度、索夹在设计索力下的位置等关键技术参数(图5.2.1)。

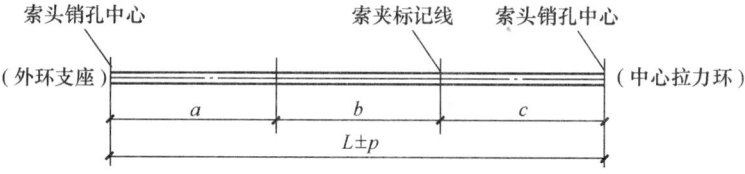

图 5.2.1　脊索段的长度及索夹位置标记

5.2.2　依据设计技术参数,实施"找形"和"找力"的施工计算分析

准备索穹顶专项施工方案时,应根据索穹顶的结构形式和受力特点,建立相应的整体计算分析模型,对设计院提供的索穹顶的索力和变形值等关键控制技术参数进行必要的计算复核,并根据施工现场的场地条件、安装方案和进度要求等进行施工全过程的虚拟计算分析(图5.2.2),以达到设计要求索穹顶的"形"和各拉索的"力"的目标值,确定分阶段的具体施工方法和技术措施。

5.2.3　编制详细的专项施工方案,明晰"ω"形提升全过程

穹顶整体提升安装方案的制定应结合施工现场的安装条件详细编制。准确模拟索穹顶结构提升安装的

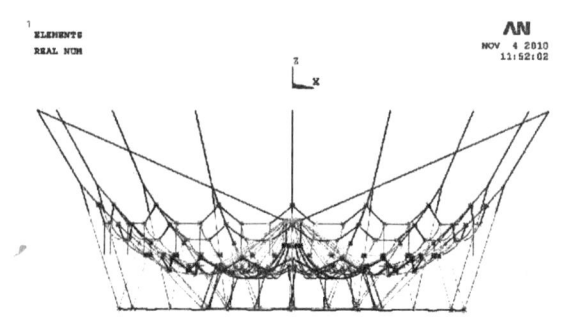

图 5.2.2　中心拉力环提升至预定标高,待安装脊索阶段的结构计算分析

施工全过程分析十分重要，中心点拉力环的提升点和周边各轴线上的脊索索头提升点的提升可采用钢丝绳或钢绞线束作为工装索，采用手扳葫芦或液压千斤顶作为连续提升设备。提升工装索的安全系数控制在不小于2。"ω"形的整体提升安装过程示意见图5.2.3。

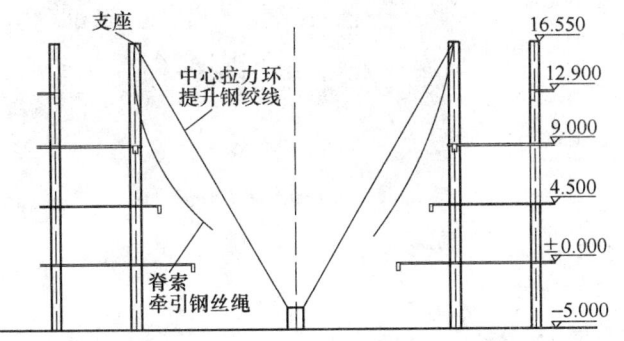

（1）在索穹顶外环梁支座附近安装中心拉力环牵引工装索的提升钢绞线，安装连接于外环脊索的牵引索。

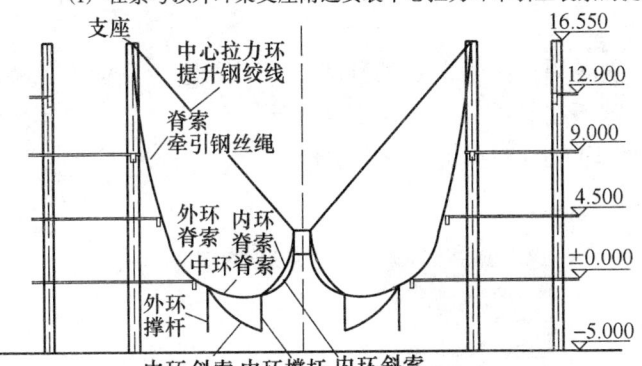

（2）脊索安装完毕之后，安装脊索索夹，将脊索外端和中心拉力环提升至指定标高。依次安装撑杆、环索和斜索，完成索杆结构的初步成形组装。

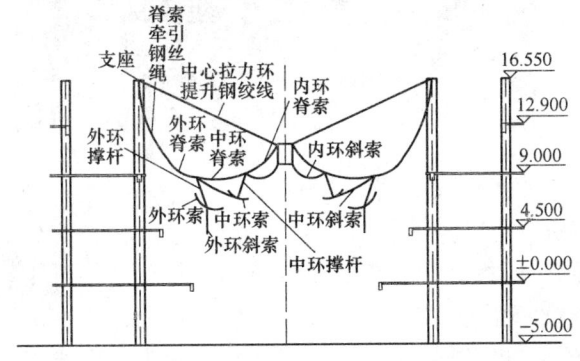
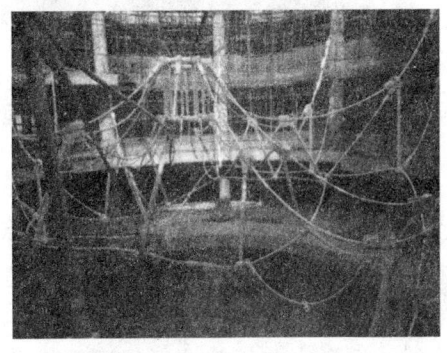

（3）四点牵引固定于中心拉力环上部的提升钢绞线工装索，并同步10点牵引外环脊索，伴随中心拉力环提升，整个脊索网得到缓慢提升。

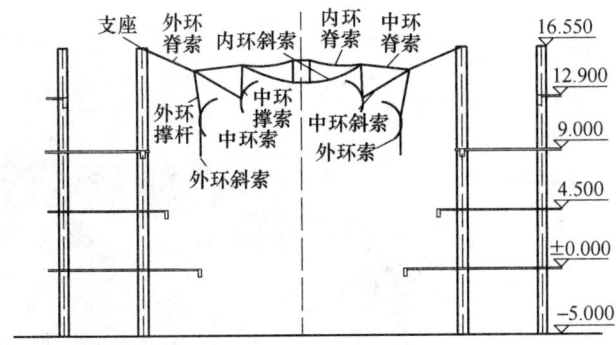

（4）提升中心拉力环至指定标高处，牵引外环脊索。牵引外环脊索到达支座位置，对称进行外环脊索索头的连接安装。

图5.2.3　"ω"形的整体提升安装过程示意图（一）

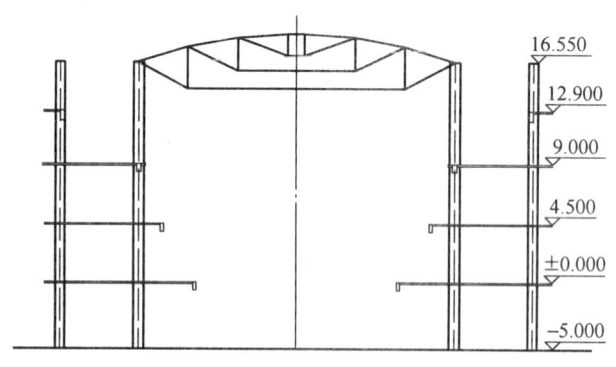

(5) 外脊索安装就位后，拆除外脊索牵引钢丝绳和中心拉力环的提升钢绞线，牵引外斜索的牵引钢丝绳，使外斜索就位。同步分级张拉外环所有斜索，结构张拉成型。

图 5.2.3   "ω"形的整体提升安装过程示意图（二）

5.2.4   准备工人作业平台，保证施工安全

在实施索穹顶整体提升安装时，结合施工现场周边拉索固定的环梁的形式和标高，设置工装索连续牵引和外斜索张拉的作业平台是安全施工的关键所在。可充分利用混凝土环梁施工的模板支架平台或专门加工型钢挑架平台（图 5.2.4），保证每个轴线均有同步作业的操作平台。

图 5.2.4   索穹顶提升安装和张拉作业平台

5.2.5   确定先脊索销接就位，后外斜索销接就位

在实施索穹顶的索网整体提升安装过程中应随时监控各提升工装索的索力，保证各提升工装索的索力在控制的安全系数范围内。在将脊索的索头连续牵引至周边环梁固定的耳板附近时，可优先实施成 90°对称的 4 根脊索销接就位，保证整个悬垂索网的安装作业安全。在全部脊索索头与环梁固定耳板销接（图 5.2.5）后，通过牵引设备将外环斜索牵引就位和销接。

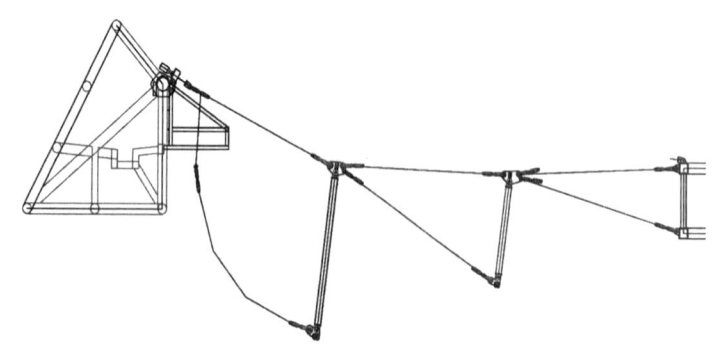

图 5.2.5   索穹顶的牵引脊索与环梁销接就位

5.2.6 斜索同步张拉成型

1. 张拉总体原则

采用分级同步张拉外环斜索法，即仅主动张拉外环径向斜索，而脊索、环索和撑杆为被动张拉。拉索张拉控制采用双控原则：控制结构内力和变形，其中以控制张拉点的索力为主。

2. 基本张拉程序可按设计要求的索力分级同步张拉。每一阶段可分为4级：

初级安装索力→$25\%\sigma_{con}$→$50\%\sigma_{con}$→ $75\%\sigma_{con}$→$105\%\sigma_{con}$（锚固）

张拉时注意对称进行，避免对结构产生过大的次生应力。张拉过程中应严格控制每级张拉的油压表读数。

5.2.7 按主控目标实施有效施工监控

张拉时应根据设计要求的主控目标进行施工监控。对于索穹顶结构，设计对准确成形的"形"和达到预定索力的"力"要求高，可根据具体设计要求，确定控制外斜索的张拉力为主，兼顾索穹顶的成形。张拉力和变形的监控方法见表5.2.7为保证控制与监测数据的准确性，在钢拉杆张拉过程中应安排专人跟踪进行张拉力（即压力指示器数据）的控制及结构内力与变形的监测，包括钢拉杆自身内力变化、各钢拉杆张拉力之间的相互影响、结构变形（跨度、控制节点位移等）。

索穹顶的张拉力、结构变形监控方法 表5.2.7

序号	监控项目	监测方法	监测仪器具
1	索穹顶结构节点位置	量测三维坐标	全站仪
2	外环斜张拉力	精密压力表控制 测试索频率或磁通量索力值测试	油压表频率计测试 磁通量仪测试
3	杆件内力（压杆或环梁）	电测法	电阻应变片测试 振弦或光栅传感器测试

5.2.8 索穹顶施工的基本劳动力组织见表5.2.8。

基本劳动力组织表 表5.2.8

序号	索穹顶按单个轴线施工	所需人数	备注
1	项目管理人员	2	与其他轴线共用
2	技术人员	1	与其他轴线共用
3	索和节点安装	2	与后续牵引张拉共用
4	油泵与千斤顶牵引和张拉操作	2	
	合计	轴线数×2+3	

6. 材料与设备

6.1 预应力拉索索体采用 $\phi5mm$ 高强度钢丝，其质量和性能应满足《桥梁缆索用热镀锌钢丝》GB/T 17101 中的有关规定。采用锌铝合金镀层钢丝符合《锌–5%铝–混合稀土合金镀层钢丝、钢绞线》GB/20492-2006 的规定。拉索抗拉强度不小于1670MPa，弹性模量不小于$1.90×10^5$MPa。拉索的质量和性能指标应满足《轻型木结构建筑技术规程》DG/TJ 08-019-2005 的规定。

6.2 索用锚具包括锚环、螺杆、螺母、销轴等锚具组件均采用锻件。应符合行业技术标准《锻件通用技术条件》YB/T 0367 的有关规定，并应进行超声波探伤或磁粉探伤，探伤应符合《锻轧钢棒超声波检验方法》GB/T 4162 中的 A 级或 B 级和《压力容器无损检测》JB 4730 Ⅲ级要求。各锚具组件应做表面镀锌或表面涂装处理，电镀锌件（主要零件）在镀后应脱氢处理。锚具的强度应符合钢索破断后而锚具和连接件均不能破断的准则。

6.3 索穹顶索杆体系的各构件的制作和加工应满足《建筑结构用索应用技术规程》DG/TJ 08-019-2005 的要求。预应力拉索索头可根据钢拉杆的两端结构连接形式（图6.3）以及制作长度应根据工程结构连接端点结构形式和距离共同确定,索头一般采用热铸锚。拉索出厂前必须进行预张拉,钢索张拉值分别达到其破断强度的 50%~55%,并维持 1.5h,以消除拉索的非弹性变形。

6.4 索夹节点采用铸钢,材质为:GS-20Mn$_5$N,热处理状态为正火。《铸钢节点应用技术规程》CECS 235:2008。

6.5 机具设备。

本工法采用的机具设备见表 6.5。

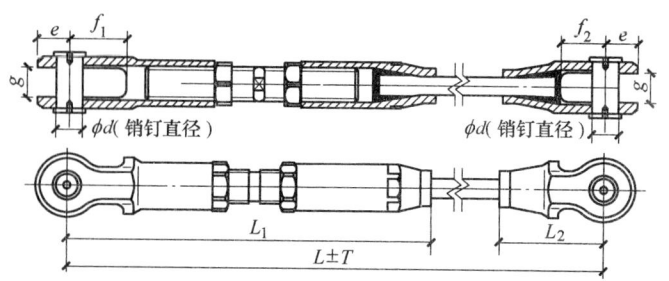

图 6.3 索穹顶的平行钢丝扭绞拉索

索穹顶施工机具设备表 表 6.5

序号	设备名称	设备型号	单位	数量	用 途
1	起重机械	利用工地塔吊	台	1	配合安装高空环梁作业平台、成品索展开和中心拉力环拼装
2	张拉油泵	ZB4-60	台	1	每个脊索和外斜索牵引及张拉轴线处、每个中心拉力环提升牵引处
3	液压千斤顶	YC200 或 YC600	台	2	每根外斜索张拉点处
4	链条管钳		把	1	每根外斜索张拉点处
5	手拉葫芦	HSZ-3	台	10	配合安装拉索、压杆和装卸千斤顶
6	高压油管和三通		根	4	配合每台油泵
7	精密压力表		只	1	每台油泵的千斤顶进油用控制张拉力
8	普通压力表		只	1	每台油泵的千斤顶回油用
9	扳手		把	4	安装油管及压力表用

7. 质 量 措 施

7.1 加强职工的质量意识和拉索保护成品的教育,养成良好的质量习惯,树立精益求精的工作精神。

7.2 组织人员严格按规范、图纸设计及通过专家论证的施工方案要求编写工艺卡,对参与施工的全体人员进行详细技术交底,特别是成品索进场后的全部尺寸复核,索夹安装位置的复核等,以便统一操作规程、统一操作方法、统一质量要求、统一验收标准。

7.3 预应力拉索施工质量参照《建筑工程预应力施工规程》CECS180:2005 以及《预应力钢结构技术规程》CECS212:2006 的相关要求进行控制。

7.4 质量控制点设置见表 7.4。

质量控制点设置表 表 7.4

序号	控 制 点	责任者	控制内容	工地检查者	检查方法
1	成品拉索采购与验收	材料员 计划员	合格供应商选定、签定合同、质量验收(质保书、规格、长度、调节余量等),索夹标注位置±2mm	材料员 质检员 技术人员 监理工程师	查合同、合格证、材料质保书、生产厂索预张拉报告、现场索无应力长度实测
2	安装前环梁安装轴线、标高、轴线上固定耳板销轴间距测量、耳板安装角度、中心拉力环耳板位置及角度测量等	测量员	安装前检查轴线长度,误差±10mm;环梁安装标高,误差±10mm;耳板销轴间距离,误差±10mm;耳板旋转方向等	质检员 测量员 监理工程师	查设计图要求值与测量记录
3	成型时及成型后索力、索节点位置等	张拉作业管理及施工人员	张拉顺序;张拉力达到设计索力,误差为±5%;索节点成形位置和撑杆垂直度等	质检员 监理工程师 设计院工程师	查张拉记录、现场查看表压、实测实量等

7.5 所有材料供应商均需经过合格供应商的评审，所有材料必须由合格供应商供给，同时材料设备进场必须有合格证或材料质量证明书（各类证书应列表登记，并与实物核对无误），合格后方可正式使用。

7.6 安排专门施工作业队提前进场进行安装前的环梁和拉索固定耳板以及中心拉力环的耳板等安装施工精度的测量复核。索穹顶索网地面组装时，严格安装设计的各节点索夹固定位置进行索网安装。整体提升安装时，加强检查牵引工装索的油压表值和严格控制索力。外环斜索张拉过程中实施质量动态控制及跟踪检查，使该工序的施工质量始终处于受控状态。

7.7 外环斜索张拉过程中应注意控制好张拉的同步性与对称性，保证索穹顶的准确成形。张拉过程中千斤顶应安排专人操作，严格控制进油速度。同样，结构应力与变形的控制与监测应安排专人跟踪测量并记录，保证张拉的质量控制。

7.8 安排专人及时做好相关技术资料的收集整理工作，确保内业资料的完整性、准确性。

8. 安 全 措 施

8.1 索穹顶施工前应组织全体施工人员进行详细的安全技术交底，确保严格按交底要求进行施工。

8.2 所有登高操作人员应戴好安全帽、系上安全带。登高作业人员其体质应符合规定要求，高空作业中应佩戴工具袋，所有手动工具（如手锤、扳手、链条管钳等）应放在工具袋或作业层上内，不得放在钢环梁、脚手板等易失落的地方。操作中扳手等工用具应系上绳子扣在身上或安全带上，防止坠落伤人。

8.3 起重工、架子工等特殊工种作业人员应持证上岗作业，严格按规程操作，保证作业安全，严禁无证不懂电气、机械的人员擅自上岗操作。

8.4 牵引和张拉作业平台脚手架的搭设和型钢架的制作应严格按方案有关参数及方案设计图纸要求进行，确保作业平台架的承载力、刚度与稳定性。操作层脚手架应满铺脚手板，外侧应加设安全栏杆并满张密目网保证施工安全。

8.5 牵引提升及张拉作业平台架搭设和安装完毕应组织相关人员进行验收，确认合格后方可交付使用，同时应注意使用中荷载的控制和维护，不得任意拆除一切防护设施和受力杆件以确保安全。

8.6 高空作业平台架吊装以及拉索展开组装吊装前，应对作业环境及所使用的吊装索具、卸扣、葫芦等工用具器具设施设备的完好性进行全面检查，并做好书面检查记录，发现问题和隐患立即整改，保证吊装的顺利进行及安全。

8.7 外环斜索张拉过程中，作业区外周一定内范围应设警戒线，非作业人员严禁进入，特别是张拉作业平台下严禁站人。

8.8 必须严格执行防火、防爆制度，使用明火必须按规定办理动火审批手续，设专人监护。

8.9 严格遵守安全用电的各项规章制度，由于钢索、钢构件及脚手架具有良好的导电性，故施工现场供用电系统必须有良好的接地、接零或漏电保护。施工现场的临时供电采用"三相五线制"，"一机一闸一漏一箱一锁"进行保护，施工电线均采用胶皮电缆线，各电器设备在使用前必须进行全面检查，合格后方可使用。

9. 环 保 措 施

定货的索穹顶拉索成品运至施工现场时，为保证出厂表面处理不受运输过程的损伤，一般外表面缠绕保护拉索表面的塑料编织带。在拉索安装过程中应尽可能保持缠绕编织带的完好，以免污染拉索表面处理层。在牵引和张拉完成后，跟随屋面工程的最后清理作业，在剥去缠绕编织带时，应注意随时收集编织带，统一堆放至建筑垃圾放置点，以免污染建筑工地环境。

10. 效 益 分 析

大跨度索穹顶结构采用无钢管满堂支架的"ω"形整体提升安装,可大量节约搭设安装支架的材料和搭设人工。从实施的太原煤炭交易中心屋盖中心区直径 36m 索穹顶结构,结构平面为圆形,中心点标高 25.848m。采用整体提升安装施工方法后,可节省满堂架搭设和使用钢管架子量 25447m³,节省搭设人工和架子租赁费用约 50 万元。无锡太湖国际高科技园区科技交流中心钢结构屋盖刚性屋面索穹顶结构工程也采用了本施工工法,取得了良好的直接经济效益和良好的社会效益。

11. 应 用 实 例

11.1 山西太原煤炭交易中心屋盖中心区索穹顶结构工程 (图 11.1-1)

该索穹顶结构平面为圆形,直径 36m,矢高 1.636m,结构中心点标高 25.848m。该结构体系在索穹顶主结构 (图 11.1-2) 的基础上,增加了上层幕墙次结构索网,屋面覆盖材料采用点支式玻璃屋面。

该工程索穹顶主结构的索杆系采用 Geiger 型布置方式,分 16 个径向轴和 3 环,其中内拉环由钢构组焊而成,外压环为钢桁架并与外围网壳连接。所有拉索均采用柔性索,为 Galfan 镀层的钢丝束索。除环索的索体连通撑杆下索夹外,脊索和斜索均通过两端索头与相应节点销轴连接。

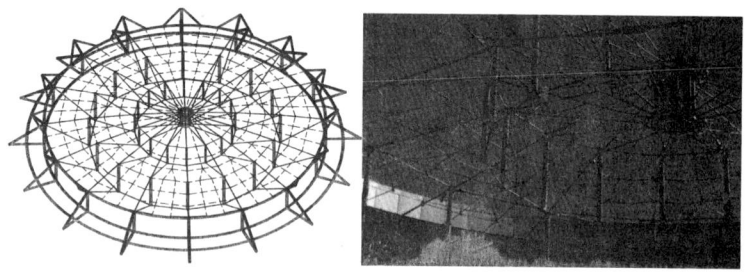

图 11.1-1 太原煤炭交易中心中庭索穹顶

屋面玻璃支承索网次结构为单层索网,布置在主结构的脊索网上。玻璃支

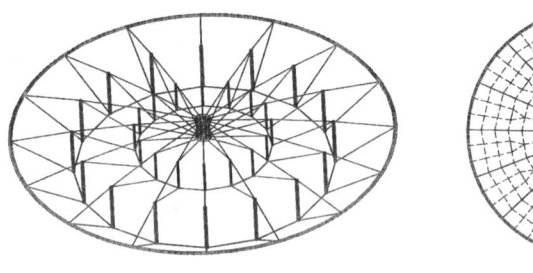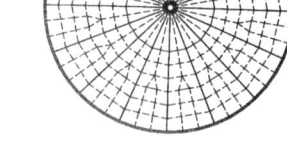

图 11.1-2 太原煤炭交易中心中庭索穹顶的主结构及玻璃索网

承索网采用柔性索,为 Galfan 镀层的钢丝束索和不锈钢丝绳索。

该工程主结构拉索和中、外撑杆上幕墙环索采用 Galfan 拉索,公称抗拉强度为 1670MPa,直径规格为 28mm、32mm、40mm、48mm 和 60mm,一端可调,采用压制锚具,连接件为叉耳式。幕墙径向索和除上述两环外的幕墙环索选用不锈钢拉索,不锈钢拉索的钢丝采用 SUS316,公称抗拉强度为 1400MPa,直径为 22mm。

该索穹顶结构脊索分为 3 段,分别在撑杆处断开。内、外环索均分为 2 段,断点均处于压杆之间,对称断开。所有幕墙环索平均分为 4 段, 断点位于与脊索连接处;幕墙径向索则在"Y"形节点处形成分断点。该工程压杆上、下端拉索节点空间性强、受力复杂、空间定位要求准确。因此,在进行索节点构造设计时,除需考虑准确定位和受力安全外,还应满足拉索实际施工的要求。

索穹顶安装和张拉施工注意了以下几个关键环节:

1. 现场吊装外环钢桁架,并与周围钢网壳焊接。"严格控制":与索相连节点的空间位置和角度。

2. 索穹顶主结构和屋面玻璃支承索网次结构的地面组装。"控制":索杆的无应力组装长度。

3. 索穹顶高空牵引提升,应协调提升和牵引作业。"控制":索穹顶在空中的整体姿态,防止压杆倾覆。

4. 索穹顶张拉。"控制":施工张拉力。

5. 屋面玻璃的安装。"控制"：玻璃安装顺序，避免结构过大的局部变形和不对称变形，玻璃安装容许偏差应适应索穹顶张拉位形偏差和玻璃安装过程中的局部变形。

6. 其他附属设施的安装，应在索穹顶地面组装之前将附属设施与结构焊接的节点安装就位。

该工程于 2010 年 12 月 28 日进场安装，2011 年 1 月 25 日完成张拉成形。

11.2 无锡太湖国际高科技园区科技交流中心刚性屋面索穹顶结构工程

无锡太湖国际高科技园区科技交流中心钢结构屋盖 G 区部分采用刚性屋面索穹顶结构体系由上弦脊索、下弦斜索、环索、压杆、外环受压环及内环刚性拉力环构成（图 11.2），是典型的肋环形（即 Geiger 型）索穹顶结构体系。索系特点为上弦脊索连续，环索连续。

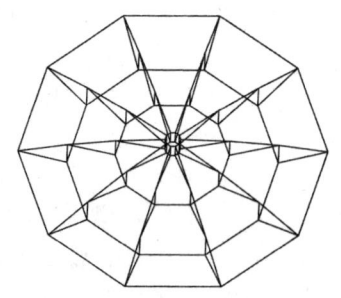

图 11.2 无锡太湖国际高科技园区科技交流中心索穹顶

该索穹顶结构平面为圆形，直径 24m，矢高 2.109m，屋面覆盖材料采用铝镁锰板的金属刚性屋面，安装高度 21m。刚性屋面通过型钢檩条与下部索穹顶结构体系结合。

该工程的关键施工过程如下：

1. 在索穹顶外环梁支座附近安装钢绞线提升装置，安装外环脊索的牵引钢丝绳和连接中心拉力环的提升钢绞线，牵引钢丝绳和提升钢绞线的具体长度由计算确定。

2. 在地下室底板上铺放脊索系和安装铸钢脊索索夹，连接中心拉力环。脊索安装完毕之后，将脊索外端和中心拉力环提升至离地下室底板约 2~3m 的指定高度。

3. 依次安装撑杆、环索和斜索，完成索杆结构的组装。根据中心拉力环的提升高度，调节脊索索网的悬链线垂度，当脊索索网的节点与地面之间距离满足内环斜索、中环斜索或中环桅杆安装空间需求时，即对各索杆进行安装；各索杆安装顺序以满足安装空间为序。

4. 牵引外脊索和中心拉力环的提升钢绞线。四点牵引固定于中心拉力环上部的提升钢绞线，并同步牵引外环脊索，伴随中心拉力环提升，整个脊索网得到缓慢提升，实施无支架安装。

5. 提升中心拉力环至指定标高处，停止提升，牵引外环脊索到达支座位置，对称进行外环脊索索头的连接安装。

6. 外脊索安装就位后，拆除外脊索牵引钢丝绳和中心拉力环的提升钢绞线，安装外斜索的牵引钢丝绳。

7. 牵引外环斜索到达支座位置处，对称进行外环斜索索头的连接安装。

8. 同步分级张拉外环所有斜索。

9. 拉索张拉完毕后，安装刚性檩条系统，铺设屋面。

该工程于 2009 年 12 月 9 日进场安装，2009 年 12 月 29 日完成张拉成型。

冷弯薄壁型钢结构住宅施工工法

GJYJGF028—2010

曙光控股集团有限公司　湖南高岭建设集团股份有限公司

周绪红　吴方伯　陈大路　颜宏蕾　胡锷

1. 前　　言

传统住宅建设以现场施工操作为主，劳动生产率低，施工周期长、施工成本和质量难以控制。"冷弯薄壁型钢住宅结构体系关键技术研究及产业化"技术成果，从实际出发，研发了适合我国国情的冷弯薄壁型钢结构装配式住宅新体系，使住宅建设通过工业化、市场化和专业化分工实现了住宅产业化从传统的劳动力密集型、资本密集型、资源浪费型向技术密集型、环境保护型和资源节约型的转变。该新型住宅（图1）是一种节地、节能、节水、节材，便于标准化、定型化、工厂化生产，有利于保护资源及环境的住宅结构新体系，其保温、隔热、隔声及舒适性均优于传统住

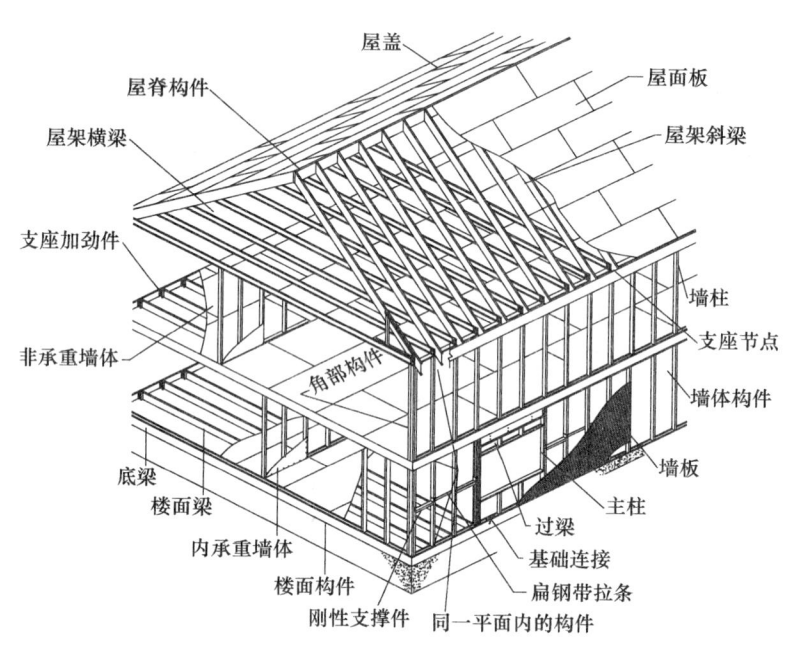

图1　冷弯薄壁型钢结构住宅

宅，具有独特的性能优势和良好的综合经济效益，发展该结构住宅符合国家土地资源管理政策、环境保护政策和可持续发展战略。2005年以来，该项成果在部分低层住宅建设中得到应用，且取得了显著的社会效益和经济效益，为便于推广应用，形成了《冷弯薄壁型钢结构住宅施工工法》。

《冷弯薄壁型钢结构住宅施工工法》的关键技术先后获3个省部级的奖项和2006年度的国家科技进步奖二等奖；获实用新型专利2项；2004年4月，经陕西省建设厅科技成果验收委员会鉴定为"该项成果总体达到国际先进水平，其中在冷弯薄壁型钢组合墙体及其组合楼盖试验研究与理论分析方面的成果达到国际领先水平"。

2. 工 法 特 点

2.1 基础施工简单。冷弯薄壁型钢结构的自重仅为钢筋混凝土框架结构的1/4~1/3，砖混结构的1/5~1/4。由于自重减轻，基础负担小，基础处理简单，尤其适用于地质条件较差的地区；该结构地震反应小，适用于地震多发区。

2.2 施工进度快。冷弯薄壁型钢结构住宅构件由薄板弯曲而成，加工简单；构件轻巧，安装方便；制作、拼装与施工的湿作业少，受气候影响小，施工效率高；管线可暗埋在墙体及楼层结构中，布置方便；各工种可交叉作业，日后检修与维护简单，一般是传统建筑施工工期的1/3左右。

2.3 节能和节地。冷弯薄壁型钢结构住宅方便敷设内外保温材料，有很好的保温隔热性能和隔声

效果，符合国家建筑节能标准并增加住宅居住的舒适感；冷弯薄壁型钢结构住宅的墙体采用复合墙体，不用黏土砖，减少因烧砖而毁坏的耕地；墙体厚度较小且四壁规整、便于建筑布置，增加住宅有效使用面积在5%以上。

2.4 节材。冷弯薄壁型钢结构住宅在施工中采用干作业的施工方法，上部结构施工不用水、模板及支架；装修一次到位，可减少二次耗材；材料强度高、构件截面形式优化，用钢量少；自重轻，基础材料省；耐久性好，少维修；少使用水泥和黏土砖，节约不可再生的资源；使用的钢材，建筑解体后可回收再利用。

2.5 环保。冷弯薄壁型钢结构住宅采用新型建筑材料，防腐蚀、防霉变、防虫蛀、不助燃，居住环境卫生健康；施工时噪声、粉尘、垃圾和湿作业少，因此少污染、不扰民；少消耗黏土砖和水泥等不可再生资源，避免了其生产过程中的环境污染；钢材可全部再生利用，其他配套材料大部分可回收，减少了结构拆除后的环境污染。

2.6 冷弯薄壁型钢结构是一种施工效率高、节约资源、保护环境和发展循环经济的建筑体系，其工程综合造价与传统建筑比较可节约25%左右。

3. 适 用 范 围

本施工工法适用于建筑层数在3层及以下、抗震设防烈度在8度及以下的冷弯薄壁型钢结构住宅的施工。

4. 工 艺 原 理

本施工工法的核心技术与工艺是：采用0.8~1.8mm热浸镀锌钢板，经滚压冷弯工艺制造成型。以U形钢与C形钢作为基本结构件，组合成主体结构的梁、柱、屋架等，杆件之间用自攻螺钉连接，具有非常好的整体性和牢固性。构成墙架、梁架和屋架的单个杆件在工厂制造、在工地安装，安装过程中通常还要采取加强柱等构造措施，墙体、楼板、屋顶等部位采用防潮、保温、隔声、防火等材料做构造处理。

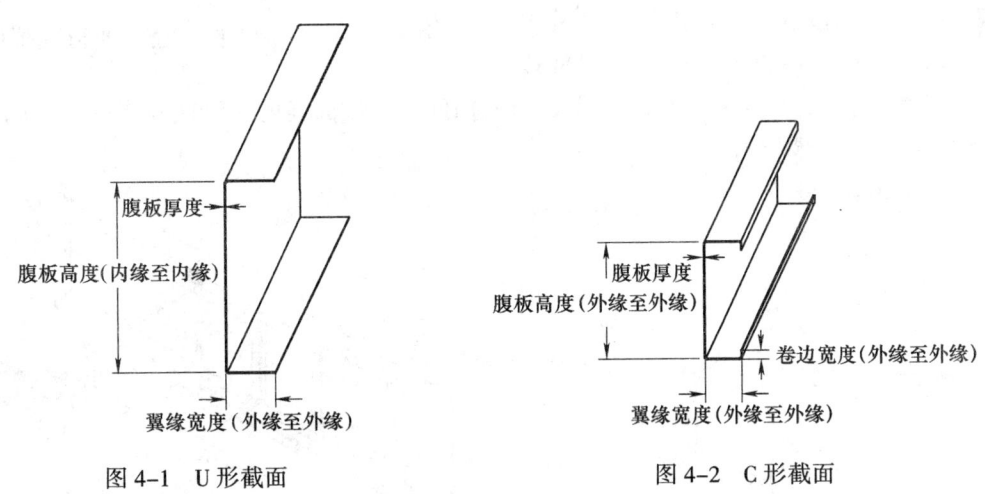

图 4-1 U 形截面　　　　　　　　　图 4-2 C 形截面

5. 施工工艺流程及操作要点

5.1 施工工艺流程（图 5.1）

5.2 操作要点

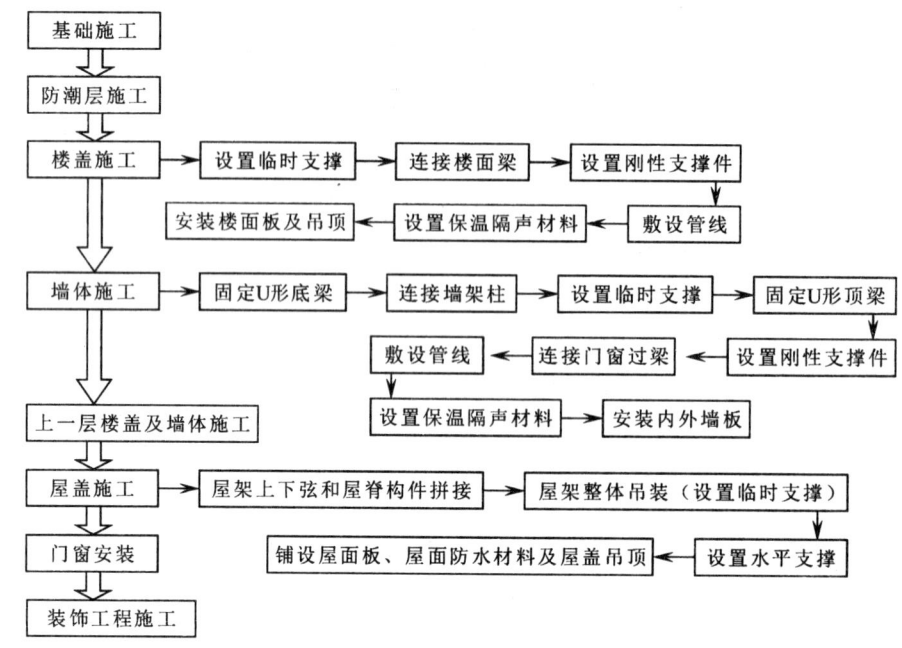

图 5.1 冷弯薄壁型钢结构住宅施工工艺流程

5.2.1 一般构造要求

1. 横向受力构件与竖向受力构件的连接采用横向构件搁置的方法；同一竖平面内的承重梁、柱构件，在搁置处的截面形心轴线的最大偏差要求小于 15mm。如图 5.2.1-1 所示。

2. 梁或柱用扁钢带拉接时，扁钢带尺寸不小于 40mm×0.84mm，用 ST4.2 的螺钉将扁钢带与梁或柱翼缘连接。沿扁钢带方向每隔 3.5m 设置一个刚性支撑件或 X 形支撑（图 5.2.1-2 和图 5.2.1-3），且在房屋端头或楼面开孔处必须设置刚性支撑件或 X 形支撑，必须用 2 个 ST4.2 螺钉将扁钢带与刚性支撑件连接。

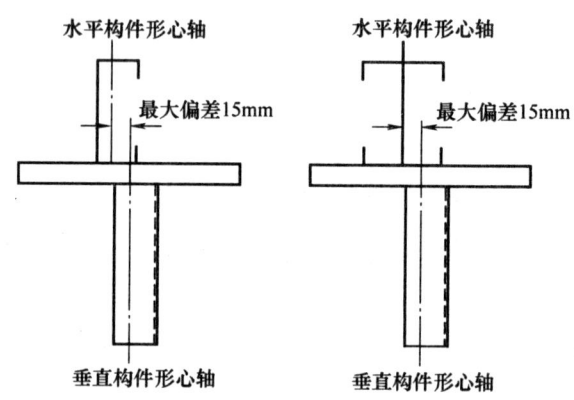

图 5.2.1-1 同一竖平面内的承重构件的轴线允许偏差

刚性支承件采用厚度不小于 0.84mm 的 U 形或 C 形短构件，其截面高度为梁或柱高减去 10mm 或 50mm。X 形支撑截面尺寸与扁钢带相同。

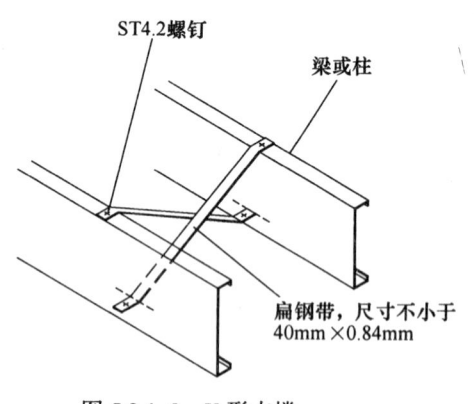

图 5.2.1-2 X 形支撑

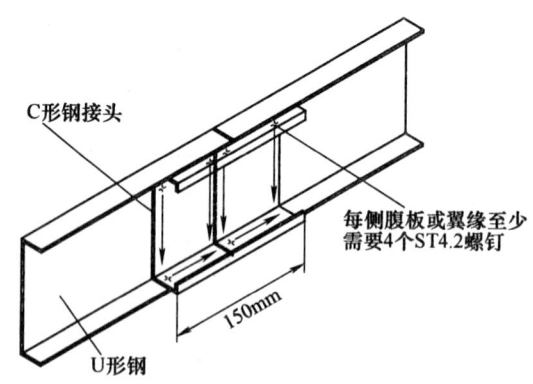

图 5.2.1-3 U 形钢顶梁、底梁或边梁的拼接

3. 为便于穿越设备管线（图 5.2.1-4、图 5.2.1-5），使管线暗埋在墙体和楼板结构中，一般出产时预制构件在相应位置已预留了孔洞。

当要求孔的尺寸较大时，可在施工现场制作，但应按图 5.2.1-6 的要求用钢板或 U 形、C 形钢补强，其厚度不小于构件的厚度，每边超出孔边缘的宽度不小于 25mm，ST4.2 连接螺钉的间距不大于 25mm，螺钉到板边缘的距离不小于 10mm。当腹板的孔宽超过沿腹板高度的 0.70 倍或孔长超过 250mm（或腹板高度）时，除应按上述要求补强外，还要符合构件强度、刚度和稳定的计算要求。

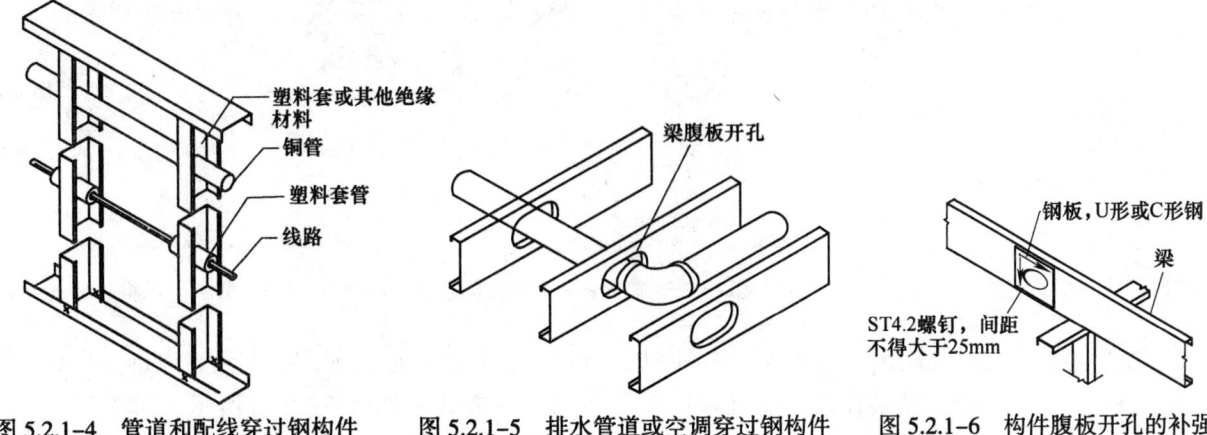

图 5.2.1-4　管道和配线穿过钢构件　　图 5.2.1-5　排水管道或空调穿过钢构件　　图 5.2.1-6　构件腹板开孔的补强

5.2.2　楼盖施工

楼盖结构由间距 400mm 或 600mm 的楼盖梁、楼面板和吊顶组成，在楼盖梁的端头套有边梁，可参照图 5.2.2-1 施工。

1. 连接楼面梁

1）楼盖可通过木地梁与基础连接，其中楼盖边梁通过钉子和螺钉与木地梁可靠连接，木地梁通过锚栓与基础连接，如图 5.2.2-2 所示，也可以通过锚栓及连接件与基础直接连接，如图 5.2.2-3 所示。

2）楼盖梁与外承重墙的连接采用螺钉连接，如图 5.2.2-4 所示。连接所需要的锚栓、螺钉或钉子的数量与基本风压、地面粗糙度和抗震设防烈度有关，见表 5.2.2。

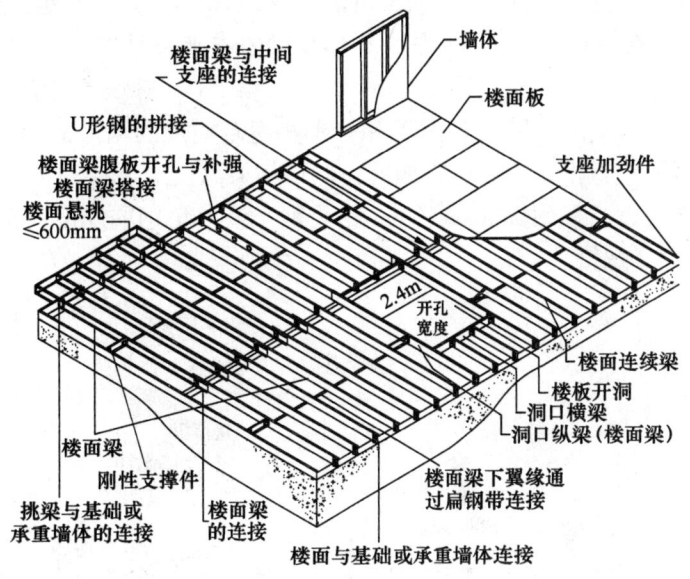

图 5.2.2-1　冷弯薄壁型钢结构楼面示意图

楼盖与基础或承重墙连接的要求　　　　　　　　　　　　　　　表 5.2.2

连接情况		基本风压 w_0（标准值），地面粗糙度，设防烈度	
		0.9kN/m²，B 类（或小于 1.5kN/m²，C 类），设防烈度不大于 8 度地区	小于 1.5kN/m²，B 类
楼盖 U 形边梁与木地梁的连接		采用钢板连接，间距 1.2m，4 个 ST4.2 螺钉和 4 个 3.8×75mm 普通钉子	采用钢板连接，间距 0.6m，4 个 ST4.2 螺钉和 4 个 3.8×75mm 普通钉子
楼盖与混凝土基础的连接		采用角钢连接，间距 1.8m，锚栓直径 12mm，8 个 ST4.2 螺钉	采用角钢连接，间距 1.2m，锚栓直径 12mm，8 个 ST4.2 螺钉
楼盖与承重外墙的连接	楼面梁与承重外墙 U 形顶梁的连接	2 个 ST4.2 螺钉	3 个 ST4.2 螺钉
	楼面 U 形边梁与墙体 U 形顶梁的连接	每隔 600mm 装 1 个 ST4.2 螺钉	

3）楼盖梁在外墙的支承长度不小于 40mm，在内墙的支承长度不小于 90mm。

4）楼盖梁与其端部封头的 U 形边梁的连接采用 2 个 ST4.2 螺钉（上、下翼缘各 1 个）。当设有支座加劲件时，加劲件的翼缘采用 2 个 ST4.2 螺钉与 U 形边梁连接，如图 5.2.2-4 所示。

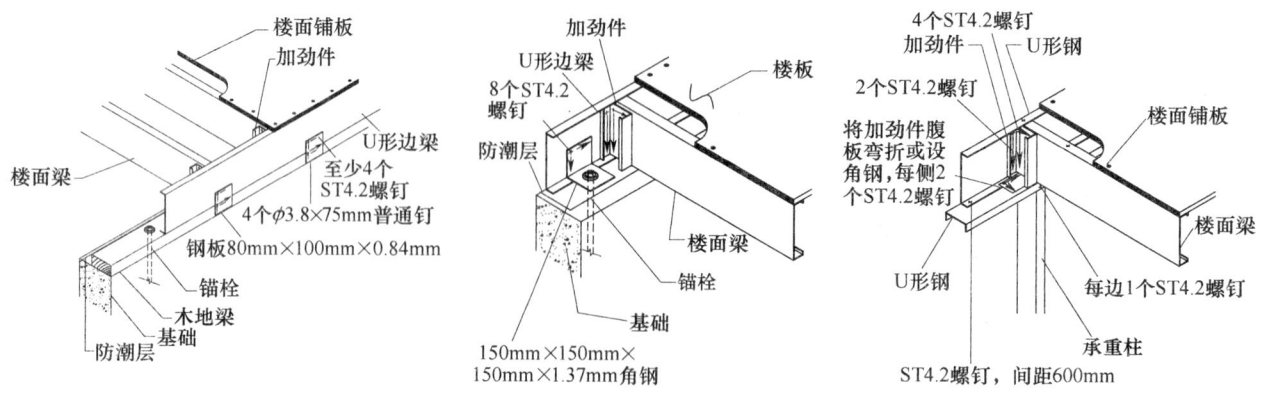

图 5.2.2-2 楼盖与木地梁的连接　图 5.2.2-3 楼盖与混凝土基础的连接　图 5.2.2-4 楼盖与承重外墙的连接

5）连续梁在内支座处应设置加劲件，如图 5.2.2-5 所示，且沿内墙长度方向宜设置刚性支撑件，其间距为 3.5m。不连续的楼盖梁在内支座处采用背靠背的支承方式，如图 5.2.2-6 所示，可不设置加劲件，其搭接长度不小于 150mm，腹板采用 4 个 ST4.2 螺钉连接。

6）楼盖梁与承重内墙 U 形顶梁的连接采用 2 个 ST4.2 螺钉，如图 5.2.2-5、图 5.2.2-6 所示。

2. 开洞构造要求

楼盖洞口采角 U 形钢和 C 形钢组合而成的箱形截面纵梁、横梁作为外框，所用 U 形钢和 C 形钢截面尺寸与相邻的楼盖梁相同，洞口横梁跨度（洞口的宽度）不应大于 2.4m，如图 5.2.2-7 所示。洞口横梁与纵梁采用 50mm×50mm 的角钢连接，角钢的厚度不应小于楼盖梁的厚度，角钢每肢均匀布置 4 个 ST4.2 螺钉。

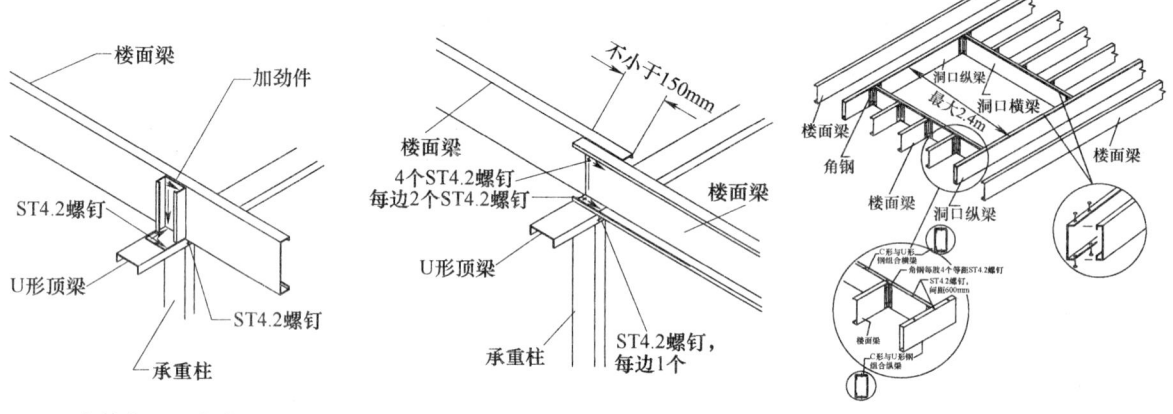

图 5.2.2-5 支撑在承重内墙上的连续梁　图 5.2.2-6 梁在承重内墙上搭接　图 5.2.2-7 洞口横梁和楼盖主梁连接

3. 设置侧向支撑

当楼盖梁跨度超出 3.5m 时，应依据下列任一方法对楼盖梁的下翼缘进行侧向支撑：

1）采用 ST3.5 螺钉将石膏板吊顶与楼面盖下翼缘连接，螺钉间距 300mm。

2）设置刚性支撑件和采用扁钢带拉条与楼盖梁下翼缘连接，如图 5.2.2-8、图 5.2.2-9 所示。

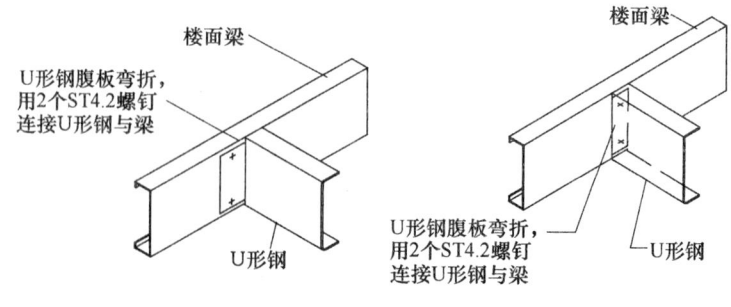

图 5.2.2-8 刚性支撑件与梁直接连接

4. 铺设楼面板

1）楼面板与楼盖梁的连接采用头部直径为 8mm 以上的喇叭形或平头 ST4.2 螺钉，如图 5.2.2-10 所示，在每块板周边的螺钉间距为 150mm，中间部分的间距为 250mm。

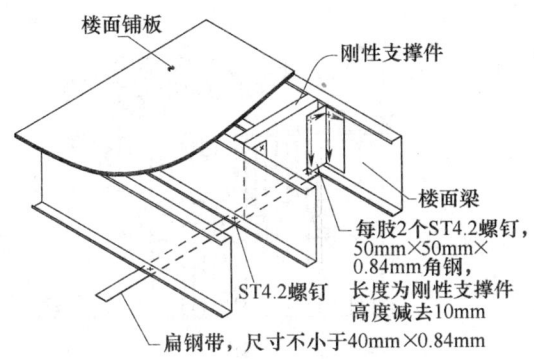

图 5.2.2-9　楼层扁钢带拉条设置图

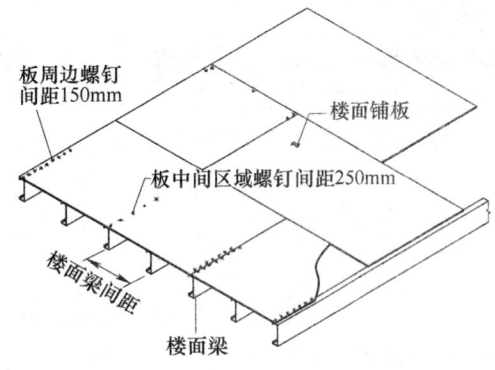

图 5.2.2-10　楼面板的连接

2）当抗震设防烈度为 8 度及其以上或基本风压为 1.5kN/m² 以上时，每块板周边和中间部分的螺钉间距均为 150mm。

5.2.3　墙体施工

墙体结构由间距 400mm 或 600mm 的墙架柱、双面结构板材或装饰石膏板、拉条等组成，墙架柱的两端套有底梁或顶梁，可参照图 5.2.3-1 施工。

墙体的底梁可通过锚栓与基础直接连接，在连接部位加长度不小于 150mm 的 C 形钢垫块，如图 5.2.3-2 所示；墙体的底梁也可通过木地梁与基础连接，其中底梁通过钉子或螺钉与木地梁可靠连接后再通过锚栓与基础连接，如图 5.2.3-3 所示；在二层以上，墙体设置在楼盖梁之上，因此墙体必须和楼盖梁可靠连接。连接所需要的锚栓、螺钉或钉子的数量与基本风压、地面粗糙度和抗震设防烈度有关，见表5.2.3-1。

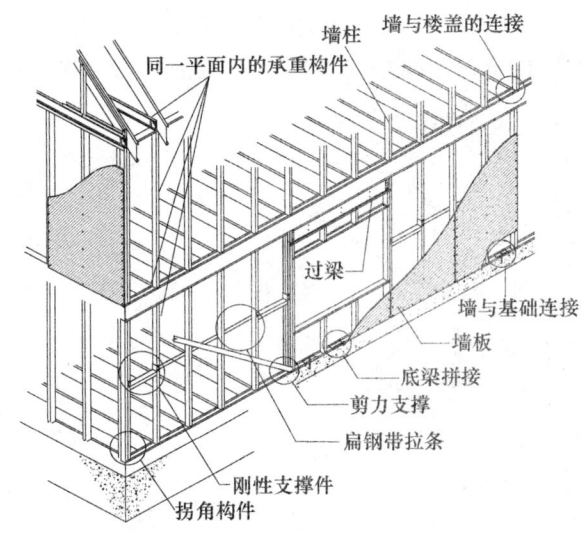

图 5.2.3-1　冷弯薄壁型钢结构墙体示意图

墙与基础或楼层的连接要求

表 5.2.3-1

连接情况	基本风压 w₀（标准值），地面粗糙度，设防烈度			
	<1.0kN/m²，C 类，设防烈度 8 度及其以下区域	<1.0kN/m²，B，或 1.5kN/m²，C 类	<1.25kN/m²，B 类	<1.5kN/m²，B 类
墙底梁与楼面梁或边梁的连接	每隔 300mm 装 1 个 ST4.2 螺钉	每隔 300mm 装 1 个 ST4.2 螺钉	每隔 300mm 装 2 个 ST4.2 螺钉	每隔 300mm 装 2 个 ST4.2 螺钉
墙底梁与基础的连接	每隔 1.8m 装 1 个 13mm 的锚栓	每隔 1.2m 装 1 个 13mm 的锚栓	每隔 1.2m 装 1 个 13mm 的锚栓	每隔 1.2m 装 1 个 13mm 的锚栓
墙底梁与木地梁的连接	连接钢板间距 1.2m，用 4 个 ST4.2 螺钉和 4 个 3.8×75mm 普通钉子	连接钢板间距 0.9m，用 4 个 ST4.2 螺钉和 4 个 3.8×75mm 普通钉子	连接钢板间距 0.6m，用 4 个 ST4.2 螺钉和 4 个 3.8×75mm 普通钉子	连接钢板间距 0.6m，用 4 个 ST4.2 螺钉和 4 个 3.8×75mm 普通钉子

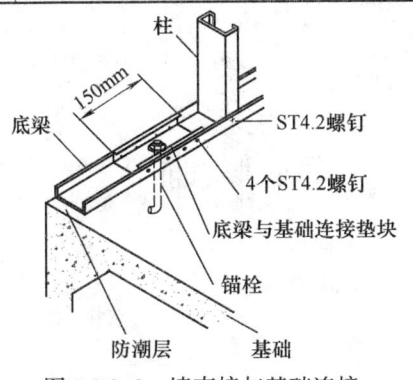

图 5.2.3-2　墙直接与基础连接

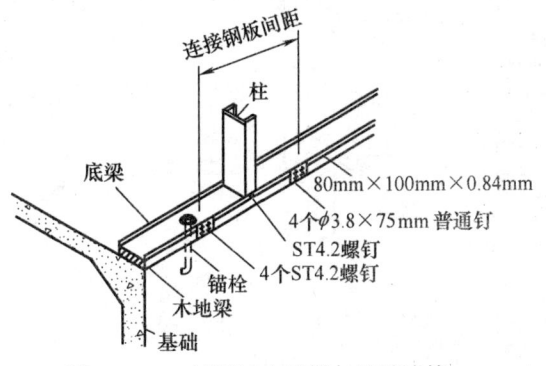

图 5.2.3-3　墙通过木地梁与基础连接

1. 承重墙

承重墙结构由墙架柱、顶梁和底梁、墙板或扁钢带拉条组成，可参照图5.2.3-4施工。

1) 一般采取下列任一方法对墙架柱的翼缘进行侧向支撑：

(1) 在承重墙墙架柱的两面安装墙板，如图5.2.3-5所示。

(2) 在承重墙墙架柱的一面安装墙板，另一面设置扁钢带拉条，如图5.2.3-6所示。

(3) 在承重墙墙架柱的两面设置扁钢带拉条，如图5.2.3-7所示，高2.4m的承重墙在1/2高度处设置一道，高2.7~3.3m的承重墙在1/3和2/3高度处各设置一道。

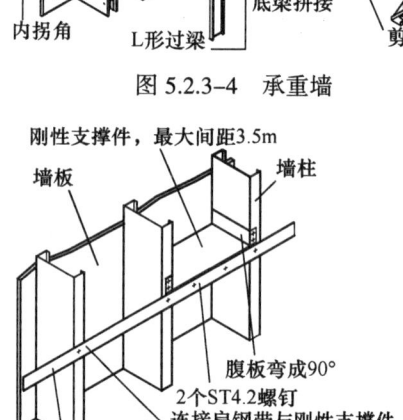

图 5.2.3-4　承重墙

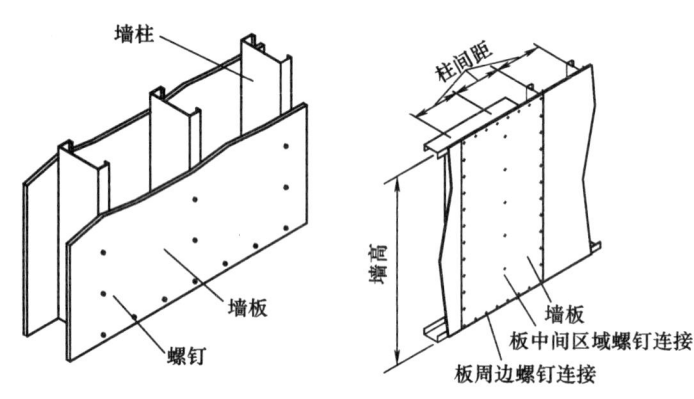

图 5.2.3-5　墙板作为柱间支撑

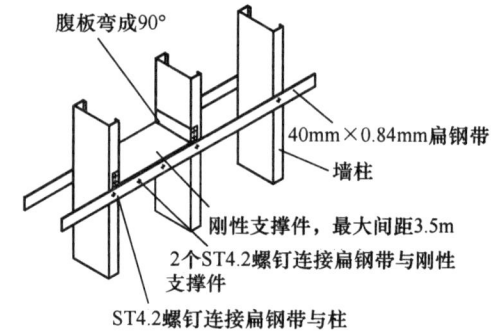

图 5.2.3-6　一面扁钢带、一面墙板作为柱间支撑

2) 门窗过梁

所有承重墙门窗洞口上方必须设置过梁，过梁可采用箱形、工形或Ⅱ形截面。

(1) 箱形截面过梁由两个面对面、型号相同的C形截面构件组合而成，如图5.2.3-8所示，箱形截面过梁搁置在辅柱上并通过U形或C形钢与主柱相连。

(2) 工形截面过梁由两个背靠背、型号相同的C形截面构件组合而成，如图5.2.3-9所示，工形截面过梁搁置在辅

图 5.2.3-7　两面扁钢带作为柱间支撑

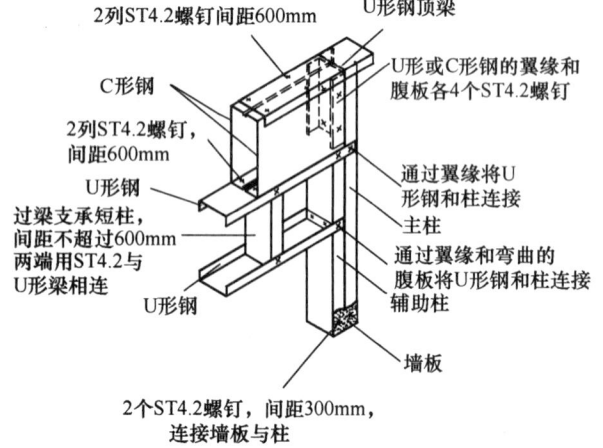

图 5.2.3-8　箱形截面过梁图

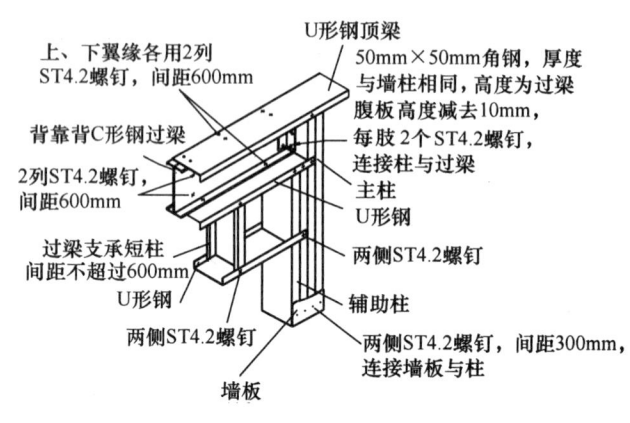

5.2.3-9　工形截面过梁

柱上并通过角钢连接件与主柱相连。

（3）Ⅱ形截面过梁由两个相同型号的冷弯角钢组成，如图 5.2.3-10 所示，Ⅱ形过梁直接搁置在主柱上并与之连接。Ⅱ形过梁的短肢和墙体顶梁的搭接采用间距不超过 300mm 的 ST4.2 螺钉，长肢与主柱及墙架短柱的连接采用 2 个 ST4.2 螺钉。过梁两侧主柱、辅柱及墙架短柱的规格与相邻的墙架柱相同，主柱和辅柱的数量应不少于表 5.2.3-2 的要求。主柱和辅柱应采用墙板互相连接，如图 5.2.3-8、图 5.2.3-9 所示。

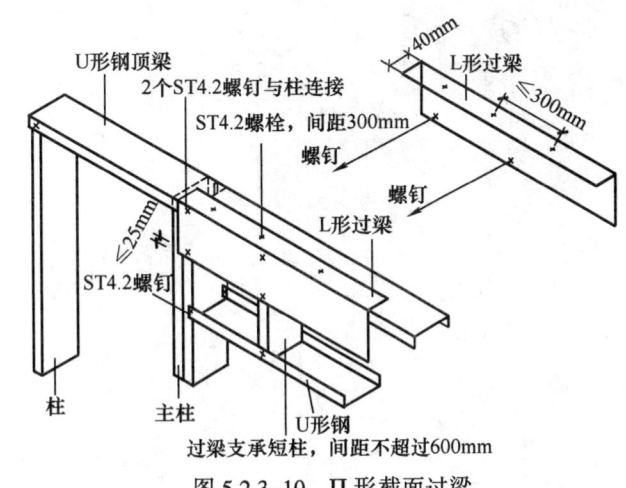

图 5.2.3-10 Ⅱ形截面过梁

洞口每端的辅助柱和主柱总数量

表 5.2.3-2

开口尺寸 (mm)	墙柱间距 600mm		墙柱间距 400mm	
	辅助柱数量	主柱数量	辅助柱数量	主柱数量
~1000	1	1	1	1
1050 ~ 1500	1	2	1	2
1500~2450	1	2	2	2
2450~3200	2	2	2	3
3200~3650	2	2	3	3
3650~3950	2	3	3	3
3950~4250	2	3	3	3
4250~4900	2	3	3	4
4900~5500	3	3	4	4

2. 非承重墙

1）非承重墙的高度和墙架柱翼缘支撑情况与墙架柱间距有关，支撑越强、墙架柱间距越小，非承重墙越高，非承重墙中柱子的高度不宜超过表 5.2.3-3 的规定。

2）非承重构件的连接，可用螺钉直接连接，不必采用搁置的方法。非承重墙及其门窗洞口、墙拐角、内外墙交接可参照图 5.2.3-11~图 5.2.3-15 施工。

非承重墙的柱子高度（m）

表 5.2.3-3

柱型号	1/2 高度处设置扁钢带拉条		沿墙高采用双面石膏板	
	柱间距		柱间距	
	400mm	600mm	400mm	600mm
C90×35×12×0.46	3.3	2.4	3.6	2.4
C90×35×10×0.69	3.9	3.3	4.5	3.9
C90×35×10×0.84	4.2	3.6	4.9	4.2

3. 内外墙板

1）外墙的外侧墙板可采用厚度不小于 11mm 的定向刨花板或 12mm 厚的胶合板，内侧墙板可采用厚度不小于 12mm 的石膏板；内承重墙两侧墙板均可采用厚度不小于 12mm 的石膏板。

2）当墙板采用定向刨花板、胶合板或水泥木屑板时应用头部为喇叭形的平头 ST4.2 螺钉与柱连接，螺钉头部直径为 8mm，沿板周边间距为 150mm，板中间间距为 300mm，螺钉到板边缘的距离为 10mm。

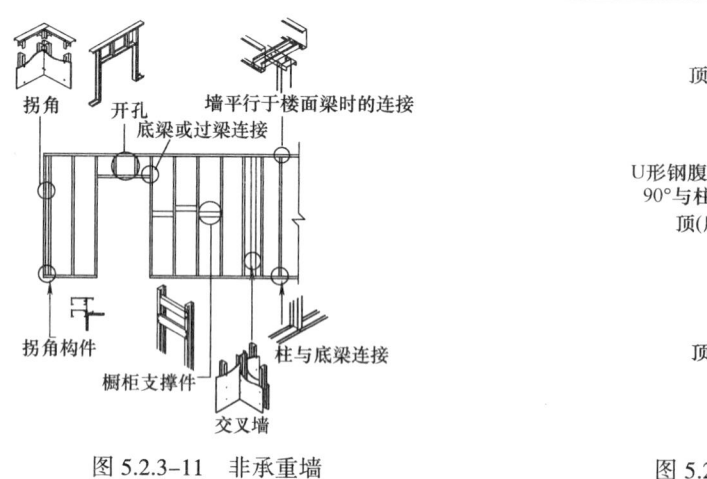

图 5.2.3-11 非承重墙

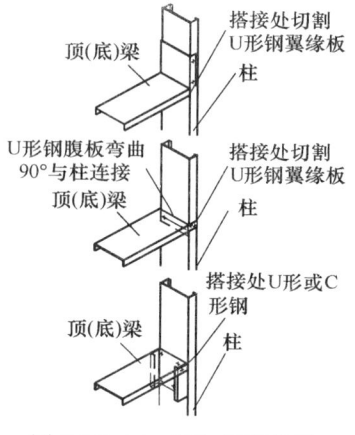

图 5.2.3-12 窗台 U 形构件

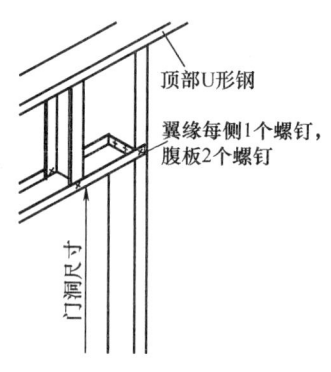

图 5.2.3-13 门架

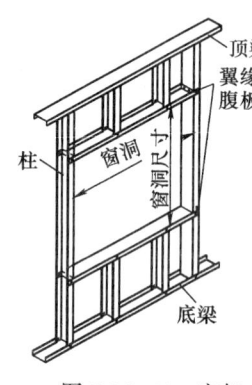

图 5.2.3-14 窗架

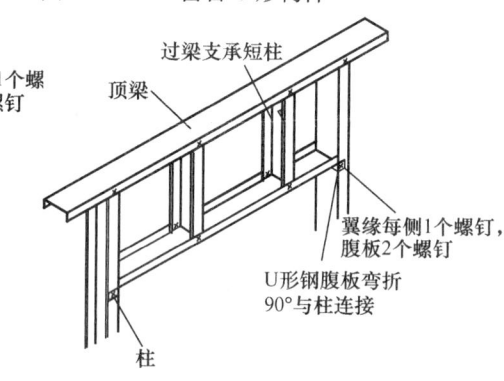

图 5.2.3-15 非承重过梁

3）墙板的长度方向应与柱子平行，墙板的周边和中间部分都应与柱子或顶梁、底梁连接。当墙板的长度小于柱子长度时，墙板宜错缝拼接，拼接处应在板下衬扁钢带或刚性支撑件。墙板的覆盖长度不应小于墙长度的 20%以保证墙体能可靠地传递和承受水平荷载。

5.2.4 屋盖施工

屋盖结构由屋架、屋面板、吊顶组成，可参照图 5.2.4-1 施工。

屋盖系统的连接要求见表 5.2.4。

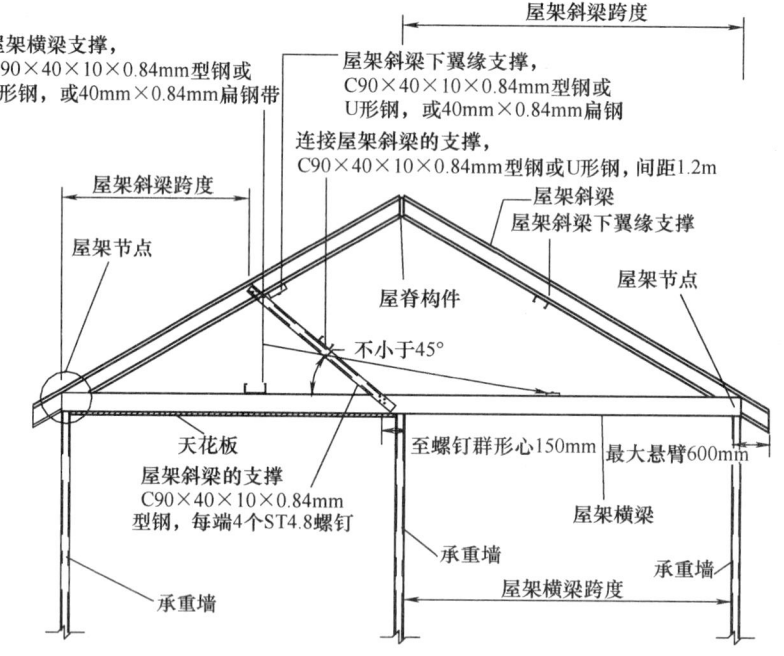

图 5.2.4-1 冷弯薄壁型钢结构屋架示意图

屋盖系统的连接要求　　　　　　　　表 5.2.4

连接情况	紧固件的数量、规格和间距
屋架（横梁）与承重墙的顶梁	2 个 ST4.8 螺钉，沿顶梁宽度布置
屋面板与屋架斜梁	ST4.2 螺钉，边缘间距为 150mm，中间部分间距为 300mm。在端桁架上，间距为 150mm
端屋架与山墙顶梁	ST4.8 螺钉，中心距为 300mm
屋架斜梁与屋架横梁或屋脊构件	ST4.8 螺钉，均匀排列，到边缘的距离不小于 12mm，数量符合设计要求

1. 屋架上下弦和屋脊构件拼接

1) 屋架一般采用三角形桁架，间距与墙架柱相同。根据屋面排水和建筑的要求，可做成坡度 1:4~1:1。

当采用无腹杆的三角形屋架时，应对上弦设置斜支撑。斜支撑与屋架下弦的连接处宜搁置在承重墙上。屋架上弦的斜支撑截面不应小于 C90mm×40mm×10mm×0.85mm，其长度不应超过 2.4m，与屋架上弦及屋架下弦的连接每端不宜少于 4 个 ST4.8 螺钉。当斜支撑的长度超过 1.2m 时，应在斜支撑上每间距 1.2m 处设置附加水平支撑，附加水平支撑的截面可与斜支撑相同。

2) 屋架下弦与上弦在支座节点处背靠背直接连接，在支座位置或集中力作用处宜设置加劲件，如图 5.2.4-2 所示。

3) 屋脊构件采用 U 形或 C 形钢的组合箱形截面，如图 5.2.4-3 所示，其截面尺寸和钢材厚度与屋架上弦相同，上、下翼缘采用 ST4.8 螺钉连接，螺钉间距 600mm。屋架上弦通过角钢连接件与屋脊构件相连，连接件采用不小于 50mm×50mm 的角钢，角钢的厚度和高度与屋架上弦相同。连接角钢每肢的螺钉不小于 ST4.8，均匀排列，数量符合设计要求。

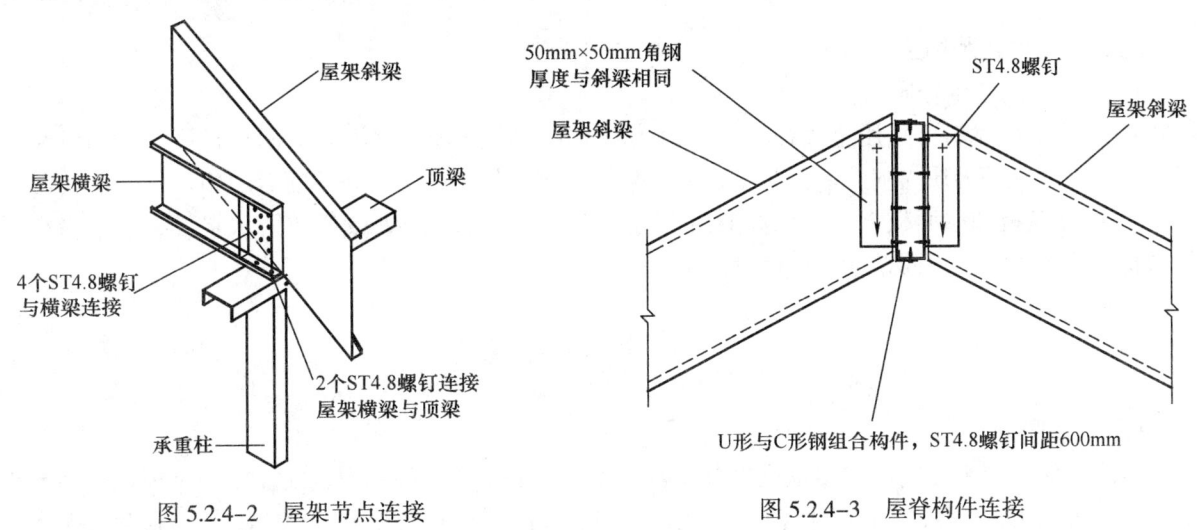

图 5.2.4-2　屋架节点连接　　　　　　图 5.2.4-3　屋脊构件连接

2. 屋架安装

端屋架搁置在山墙上，其他屋架搁置在承重墙上；当承重墙上有门窗洞口时，必须设置过梁。屋架下弦的支承长度不应小于 40mm。

3. 上下弦支撑

1) 屋架下弦的上翼缘与下翼缘均应设置水平支撑。一般在屋架下弦的上翼缘设置两道水平支撑，上翼缘水平支撑采用厚度不小于 0.85mm 的 U 形或 C 形截面，或 40mm×0.85mm 的扁钢带，水平支撑与上翼缘采用 1 个 ST4.2 螺钉连接。

屋架下弦的下翼缘水平支撑，可采用石膏板吊顶代替，石膏板的固定采用 ST3.5 的螺钉；当没有吊顶时，可通长设置 40mm×0.85mm 的扁钢带作为水平支撑，扁钢带的间距不宜大于 1.2m，与下翼缘采用 1 个 ST4.2 螺钉连接。

2) 屋架上弦的下翼缘也应设置水平支撑，屋架上弦下翼缘的水平支撑宜采用厚度不小于 0.85mm 的 U 形或 C 形截面，或 40mm×0.85mm 扁钢带，支撑间距不应大于 2.4m，支撑与屋架上弦下翼缘采用 2 个 ST4.2 螺钉连接。

3) 屋架上、下弦采用扁钢带水平支撑时，均应按要求设置刚性支撑件。

4. 开洞构造要求

当屋盖或吊顶需要开洞时，洞口采用 U 形钢和 C 形钢拼接而成的组合截面纵梁、横梁作为外框，所用 C 形钢和 U 形钢截面尺寸与相邻的屋架上弦或下弦相同。洞口横梁跨度（洞口的宽度）不应大于

1.2m。洞口横梁与纵梁采用 50mm×50mm 的角钢连接，角钢的厚度不应小于相应的屋架上弦（或下弦）的厚度，角钢连接每肢均匀布置 4 个 ST4.2 螺钉，如图 5.2.4-4、图 5.2.4-5 所示。

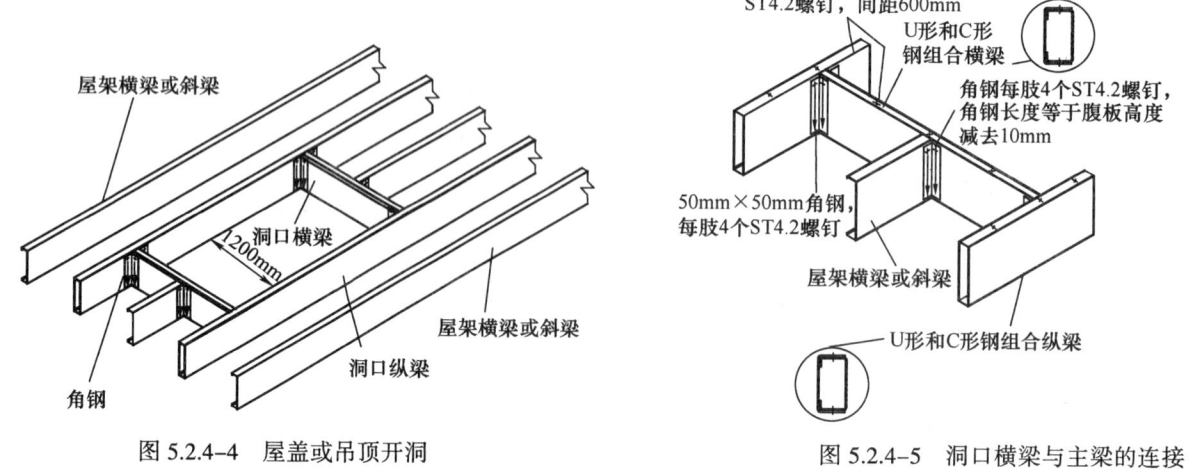

图 5.2.4-4　屋盖或吊顶开洞　　　　　　　图 5.2.4-5　洞口横梁与主梁的连接

5.2.5　门窗及装饰工程施工

1. 门窗采用各种轻质门窗。

2. 外墙饰面材料可采用金属挂板、饰面水泥木屑板或复合材料等。屋面材料可采用沥青瓦、金属瓦、彩色水泥瓦等轻质材料；屋面防水材料可采用防水卷材、改性沥青或复合材料。

3. 在外墙板和屋面板上贴外保温隔热板材、单向透气（水）纸或优质防水卷材、防水涂料后外挂装饰材料或瓦材，内墙面贴墙布或墙纸。

6. 材料与设备

6.1　材料

将冷弯薄壁型钢住宅结构体系视为由墙体、楼盖、屋盖及维护结构装配而成的工厂化产品，构件主要采用定型化的 U 形、C 形两种截面形式。构件的钢材采用 Q235 钢或 Q345 钢，厚度一般在 0.45~2.5mm 范围内，但顶梁、底梁、边梁和承重构件的厚度一般不应小于 0.85mm，只有非承重构件可采用最小厚度 0.45mm 的钢材。当有可靠依据时，也可采用更小厚度的钢材。构件已经定型化，U 形截面常用型号只有 8 种，C 形截面常用型号只有 5 种，如表 6.1 所示。

常用构件型号及尺寸　　　　　　　　　　　　　　　　　　表 6.1

构　件　型　号	腹板高（mm）	翼缘宽（mm）
U90×35×厚	90	35
U140×35×厚	140	35
U205×35×厚	205	35
U255×35×厚	255	35
U305×35×厚	305	35
U155×40×厚	155	40
U205×40×厚	205	40
U255×40×厚	255	40
C90×40×卷边宽×厚	90	40
C140×40×卷边宽×厚	140	40
C205×40×卷边宽×厚	205	40
C255×40×卷边宽×厚	255	40
C305×40×卷边宽×厚	305	40

构件连接的紧固件包括螺钉、普通钉子、射钉、拉铆钉和螺栓等。受力构件常用螺钉（自钻自攻螺钉和自攻螺钉）连接（图 6.1），自钻自攻螺钉用于 0.85mm 厚以上的钢板的连接，自攻螺钉仅用于石膏板等结构板材或 0.85mm 厚以下的钢板之间的连接，常用的自钻自攻螺钉或自攻螺钉规格只有 3~5 种（如 ST3.5、ST4.2、ST4.8，其螺纹外径 d 分别为 3.53mm、4.22mm、4.80mm）。

自钻自攻螺钉　　　　　自攻螺钉

图6.1　螺钉尖头形式

6.2　机具设备

QY25 液压汽车起重机、吊绳、手电钻、射钉枪、拉铆钉枪、螺钉枪、钢卷尺等。

7. 质 量 控 制

7.1　运输及装卸要求

7.1.1　应采取措施防止构件变形、损坏及污染。

7.1.2　运输及装卸过程中应采取防雨措施。

7.2　存放要求

7.2.1　构件存放时应集中水平存放，应有防止损伤、变形、碰撞的措施。

7.2.2　构件损伤后不宜再使用，如果损伤小可修复，不影响受力要求或工程质量时，经质量检查员重新确认后方可使用。

7.2.3　屋面板、楼面板、墙板应根据生产厂家的要求储存堆放，不能产生塑性变形、损坏及变色。

7.3　制作与安装的一般要求

制作与安装的一般要求　　　　　　　　　　　　　　　　表 7.3

项　　目	允 许 偏 差
冷弯型钢长度切割	±1.5mm
冷弯型钢构件断面厚度	+0.02mm
立柱沿墙面平整度	±5mm/4m
立柱纵向弯曲	±2mm/4m
立柱间距	±3mm
螺钉位置	±3mm
刚性填充保温隔热材料的平整度	±5mm/4m

8. 安 全 措 施

施工中除严格遵守建筑工程安全技术规范外，还要注意以下几点：

8.1　加强作业人员劳动纪律教育，严禁酒后施工。

8.2　使用临时电源，必须有专业电工进行操作，不得私自乱接电线。

8.3　吊装前应对索具严格检查，确认符合规范要求后方可使用。

8.4　吊装作业时，应对周围环境进行检查，划出安全区域，无关人员不得进入。

8.5　吊装时作业人员必须坚守岗位，统一信号，统一指挥。

8.6　吊装过程中，重物下和受力绳索周围，人员不得逗留。

9. 环 保 措 施

环境保护和文明施工是工程进度、质量和安全的有力保证，所以，要保证工程的顺利进行，就必须

做好以下工作:

9.1 施工前要编制环境保护实施计划,加强对现场施工人员环保保护意识教育。

9.2 进入施工现场前对工程使用的机具、材料和防护用品认真检查,做好环保要求交底。

9.3 施工用水和生活用水必须经处理后方可排入河道或市政管网,避免污染水质。

9.4 施工现场的建筑垃圾和职工生活区的生活垃圾、固体废弃物要集中堆放,定期外运进行处理。

9.5 加强现场油漆、涂料等化学物品采购、运输、储存及使用各环节的管理,不得随意丢弃、抛撒。

9.6 合理安排施工活动,夜间不进行影响居民休息的有噪声作业。

10. 效 益 分 析

根据对已建成冷弯薄壁型钢结构住宅情况的调查,该新型的施工工法与传统砖混结构住宅施工方法相比,主要技术指标对比见表 10。

冷弯薄壁型钢住宅与传统结构住宅的技术指标对比　　　　　　　　　　　　　表 10

对比内容	能耗	上部结构施工用水	增加房屋使用面积	回收循环利用	施工工期	房屋自重
冷弯薄壁型钢结构住宅施工工法	1/3~1/5	0	4%~6%	可回收	1/3	1/3~1/5
传统砖混结构住宅施工方法	1	1	0	建筑垃圾	1	1

10.1 节能。冷弯薄壁型钢结构住宅方便敷设内外保温材料,有很好的保温隔热性能和隔声效果,符合国家建筑节能标准并增加住宅居住的舒适性;热工管道铺设在节能墙体中,可减少热能损失。少使用黏土砖和水泥等不可再生资源,避免了其生产过程中的能源消耗。单位建筑面积能耗约为传统住宅的 1/5~1/3 倍。

10.2 节地。冷弯薄壁型钢结构住宅的墙体采用复合墙体,不用黏土砖,减少因烧砖而毁坏的耕地;若能在全国的建筑中减少 20% 的黏土砖的用量,每年可减少砖场占地 90 万亩,因烧砖而毁坏的耕地近 20 万亩,节约标煤约 2000 万 t;同时这种结构体系自重轻,可建在坡地、劣地,节约优质土地资源。墙体的厚度较小且四壁规整,便于建筑布置,能增加住宅有效使用面积 4%~6%;若按我国城镇住宅建造量 6 亿 m²/年计算,这意味着在不增加土地使用量的情况下,可增加住宅使用面积为 4350 万 m²。

10.3 节水。除基础施工用水外,上部结构施工不用水;相对传统住宅,仅在城镇住宅建设中就可节约施工用水近 20 亿 t/年。

10.4 节材。施工中不用模板及支架;装修一次到位,减少二次耗材;材料强度高、构件截面形式优化,用钢量少,可节约钢材 3%~5%;自重轻,基础材料省;耐久性好,少维修;少使用水泥和黏土砖,节约不可再生资源;使用的钢材,建筑解体后可回收再利用。

10.5 环保。冷弯薄壁型钢结构住宅采用新型建筑材料,居住环境卫生健康;施工时噪声、粉尘、垃圾和湿作业少,大大减少污染;减少了使用水泥和黏土砖,避免了其生产过程中的环境污染;钢材及大部分配套材料可回收,减少结构拆除后的环境污染。

10.6 结构自重轻。冷弯薄壁型钢结构的自重仅为钢筋混凝土框架结构的 1/4~1/3,砖混结构的 1/5~1/4。由于自重减轻,基础负担小,基础处理简单,尤其适用于地质条件较差的地区;该结构地震反应小,适用于地震多发区;冷弯薄壁型钢构件制作、运输、安装、维护方便。

10.7 施工周期短。构件由薄板弯曲而成,加工简单;构件轻巧,安装方便;制作、拼装与施工的湿作业少,受气候影响小;管线可暗埋在墙体及楼层结构中,布置方便,各工种可交叉作业,日后检修与维护简单。一般是传统建筑施工工期的 1/3。

10.8 冷弯薄壁型钢结构是一种施工效率高、节约资源、保护环境和发展循环经济的建筑体系,其工程综合造价与传统建筑比较可节约 25% 左右。

11. 应 用 实 例

11.1 浙江省温岭市"西溪山庄"小康型住宅工程项目

"西溪山庄"小康型住宅工程项目位于浙江省温岭市城西街道合岙村，该项目的建筑面积为
38936m²，由 56 栋 3 层连体（二户型或三户型）的小康型住宅组成。在施工时，应用了《冷弯薄壁型钢
结构住宅施工工法》，应用该工法的优点有：

1. 房屋构件由薄板弯曲而成，加工简单；构件轻巧，安装方便；制作、拼装与施工的湿作业少，
受气候影响小。

2. 管线可暗埋在墙体及楼层结构中，布置方便，各工种可交叉作业，检修与维护简单。

3. 冷弯薄壁型钢结构住宅的墙体采用复合墙体，墙体的厚度较小且四壁规整、便于建筑布置，增
加了住宅有效使用面积在 5%左右。

4. 上部结构施工不用水、模板及支架；装修一次到位，减少二次耗材；材料强度高、构件截面形
式优化，用钢量少；自重轻，基础材料省；耐久性好，少维修，具有节能、节材、节水、环保等特点。

据调查，应用该新型的施工工法比传统的施工方法，大大缩短了施工周期，是混凝土框架结构预算
工期的 1/3 左右，工程综合造价节约了 730 多万元。冷弯薄壁型钢结构住宅施工工法在文明施工和节能
环保等方面均优于传统的施工方法。

11.2 浙江省温岭市"锦园小区伊水苑"别墅区块工程项目

"锦园小区伊水苑"工程项目位于浙江省温岭市太平街道小河头村，该项目的建筑面积为 86230m²，
由 10 栋多层住宅、4 栋小高层住宅、16 栋 3 层的别墅组成。在别墅区块工程施工时，应用了《冷弯薄
壁型钢结构住宅施工工法》。

应用该施工工法有效地克服了传统住宅建设以现场施工操作为主，劳动生产率低，施工周期长、施
工成本和质量难以控制的弊端，显现了该施工工法具有房屋构配件标准化、定型化、工厂化生产，现场
安装，施工效率高等优点，所建造的住宅其保温、隔热、隔声及舒适性均优于传统住宅，具有独特的性
能优势和良好的综合经济效益，根据项目竣工后的调查显示，运用该项成果使工程综合造价节约了 180
多万元。

建设方认为冷弯薄壁型钢结构住宅施工工法具有较高的工程应用价值，推广该项成果既能节约工程
造价，保证工程质量，又符合节能和环保的施工发展方向，可以产生良好的经济和社会效益。

11.3 浙江省温岭市"曙光·金色家园"小康型住宅工程项目

"曙光·金色家园"小康型住宅工程项目位于浙江省温岭市箬横镇横滨大道西侧，该项目的建筑面积
为 136890m²，由 8 栋多层住宅、11 栋小高层住宅和 21 栋 3 层连体（二户型或三户型）的小康型住宅组
成。在小康型住宅工程施工时，应用了《冷弯薄壁型钢结构住宅施工工法》。

应用该新型的施工工法比传统的施工方法，可缩短施工周期，节约工程造价，并且冷弯薄壁型钢结
构住宅施工工法在外观、绿色和文明施工等方面均优于传统的施工方法。

从目前小康型住宅的使用情况来看，应用冷弯薄壁型钢结构住宅施工工法达到了节能、环保的目
的，可以节约土地保护资源和环境，改善建筑物功能，提高建筑质量和居住水平。

大跨度双层网壳无脚手架安装施工工法

GJYJGF029—2010

浙江展诚建设集团股份有限公司　浙江大地钢结构有限公司
楼道安　左权胜　卓新　吴建挺

1. 前　言

双层网壳是大跨度空间结构的常用型式，包含上弦杆、腹杆、下弦杆以及连接杆件的球节点，主要有四角锥、三角锥等体系。对于离地面净空高度在几十米甚至上百米的网壳结构来说，施工存在很大的困难。原因是：

1.1 吊车、履带吊、塔吊等起重吊车的起重量虽然可以满足吊装网壳结构的球和杆等散件的要求，但是受起重吊车本身臂长的制约，其最大吊装高度是有限的；此外，钢筋混凝土板承载力往往不足以承受吊车的自重，所以对于许多工程来说，吊车是无法进场开展吊装施工作业的。因此，吊车吊装法无法解决大跨度网壳结构中构件的高净空吊装问题。

1.2 对于单个球或单根杆件的重量大到人力无法搬运和安装的情况，常规的搭设满堂脚手架的高空散装法也无法实施安装，因此，高空散装法无法解决大跨度网壳结构中重型构件的施工安装问题。

1.3 对于单个球和单根杆件重量都较轻，人力可以搬运和安装，高空散装法虽然可以解决大跨度网壳结构的高净空施工安装问题，但脚手架用量极大。由于网壳结构离地净空高，完全有可能出现为安装一个数百吨重的网壳结构却需要搭设数千吨重临时钢管脚手架的情况。脚手架购买或租赁费用，加上为解决脚手架重量大而不得不加固地基等费用，施工成本非常高。同时，满堂脚手架的安装与拆卸时间往往大于网壳结构本身的施工安装时间，无疑大大延长了工程的总工期。因此，高空散装法技术上虽可行但经济上极不合理。

针对大跨度双层网壳高净空安装施工难题，与高等院校联合成立了课题组，主持了浙江省建设厅科研项目"大跨度复杂形体空间结构的力学特性与施工方法研究"，开发了"四角锥球面网壳无脚手架施工安装方法"、"四角锥球面网壳无脚手架施工吊装机具"、"四角锥球面网壳高空作业悬挂式临时操作平台及其搭设方法"等一系列科研成果。本工法核心技术"四角锥球面网壳无脚手架施工型钢托撑式吊装机具"已获得国家发明专利授权（专利号：200710156446.3）；"四角锥球面网壳无脚手架施工吊装机具"已获得实用新型专利授权（专利号：ZL200720192255.8）。本工法采用这些专利技术为大跨度双层网壳高净空吊装提供了一种方便易行、经济合理的无脚手架施工安装方法及吊装机具，并把这些施工成套技术成功应用于数项大跨度网壳结构工程的施工建设，取得了明显的社会效益与经济效益。

2. 工 法 特 点

2.1 机具轻便，组装简单

本工法采用发明的吊装机具，零件仅包括一根型钢、一根拔杆、两根带手拉葫芦的缆风绳、一个滑轮、一个卷扬机及一根钢丝绳、若干个螺栓，这些零件简单、轻便、价廉，而所组装起来的吊装机具却可以解决四角锥球面网壳重型构件的高净空安装难题。

2.2 提高工效，缩短工期

2.2.1 "一球连四杆"组件的统一形式便于施工管理，使结构中球与杆件安装工作总量的50%在施工现场的地面完成，从而使球与杆件安装高空作业总量比传统方法减少一半。

2.2.2 "一球连四杆"组件地面拼装与"四杆连四球"高空安装是在两个不同的工作面上进行的，二者可同步平行施工，不具有时间上的累加性。可根据高空施工安装进度提前拼装好适量的组件，随用随吊。

2.2.3 组件的"四杆连四球"高空施工安装可四人四点同步进行，可比传统"两球连一杆"两人两点同步施工安装的工效提高一倍。

2.2.4 由于网壳的施工安装可不搭设脚手架，节省了一般施工方法所需的脚手架搭设与拆卸时间。

2.3 施工方便

由两根钢缆绳、一根型钢、若干块走道板、一张安全网组成一个区域的高空作业悬挂式临时操作平台，所用零件简单、轻便、价廉，搭设方法实用、简便。吊装"一球连四杆"组件所用捆绑绳索可直接套在球与杆件的连接部位即可，既方便又安全。

2.4 提高施工质量

由于结构中球与杆件安装工作总量的50%在工厂车间或施工现场地面进行，避免了高空作业给施工质量与精度带来的负面影响，使这些部位施工安装精度能够得到充分保证，从而使整个结构施工质量的优良率明显提高。

2.5 降低施工成本

由于本工法无需施工脚手架以及相应的地基基础加固，且吊装机具用料量少价廉，加上施工工期缩短等因素。所以，本工法的施工成本将大大低于传统施工安装方法。

3. 适 用 范 围

针对大跨度双层网壳结构，尤其适合离地面净空高的工况，本工法为其提供了一种方便易行、经济合理的无脚手架施工安装方法。

4. 工 艺 原 理

4.1 基本原理

图4.1-1所示为本工法双层网壳结构局部及其"一球连四杆"组件构成的三维透视图，图中粗实线表示上弦层的经向杆与纬向杆、粗虚线表示下弦层的经向杆与纬向杆、细实线表示腹杆。具有相同构成的组件包括一个球和四根杆件，四根杆件分别为纬向杆 a、经向杆 b 和两根腹杆 c、d；每个球 o 上分别装有经向杆 b 和以经向杆 b 为对称轴的第一根腹杆 c 和第二根

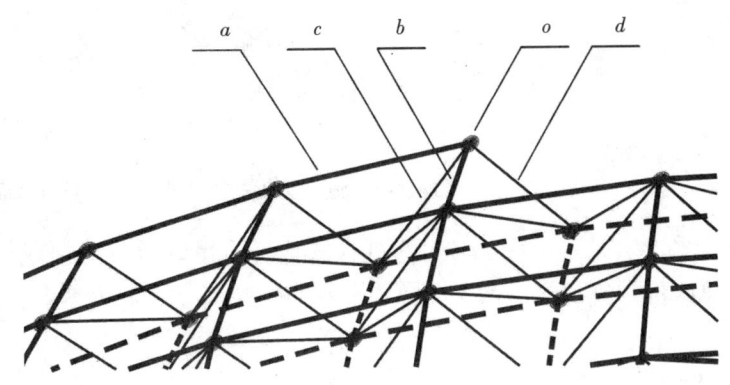

图4.1-1 网壳结构局部及其"一球连四杆"组件构成示意图

腹杆 d，以及一根向左或向右的纬向杆 a，四根杆一端的延长线均通过球 o 的中心。

如图4.1-2所示是本工法的施工流程示意图，首先在地面将每个相同构成的组件进行拼装，然后用吊车或吊装机具把组件提升起来，工人在网壳结构上配合吊升就位进行"四杆连四球"高空施工安装。即纬向杆 a 的另一端与下面球1连接，经向杆 b 的另一端与下面球2连接，第一根腹杆 c 的另一端与下面球3连接，第二根腹杆 d 的另一端与下面球4连接，以上四根杆与各自球连接的延长线均通过各自球的中心。依次类推，即构建成四角锥球面网壳的一圈，一圈与一圈安装叠加后，即构建成整个四角锥双层球面网壳。如图4.1-3所示是处于施工安装中的"非完整"四角锥球面网壳的平面图与立面图。

4.2 实现技术

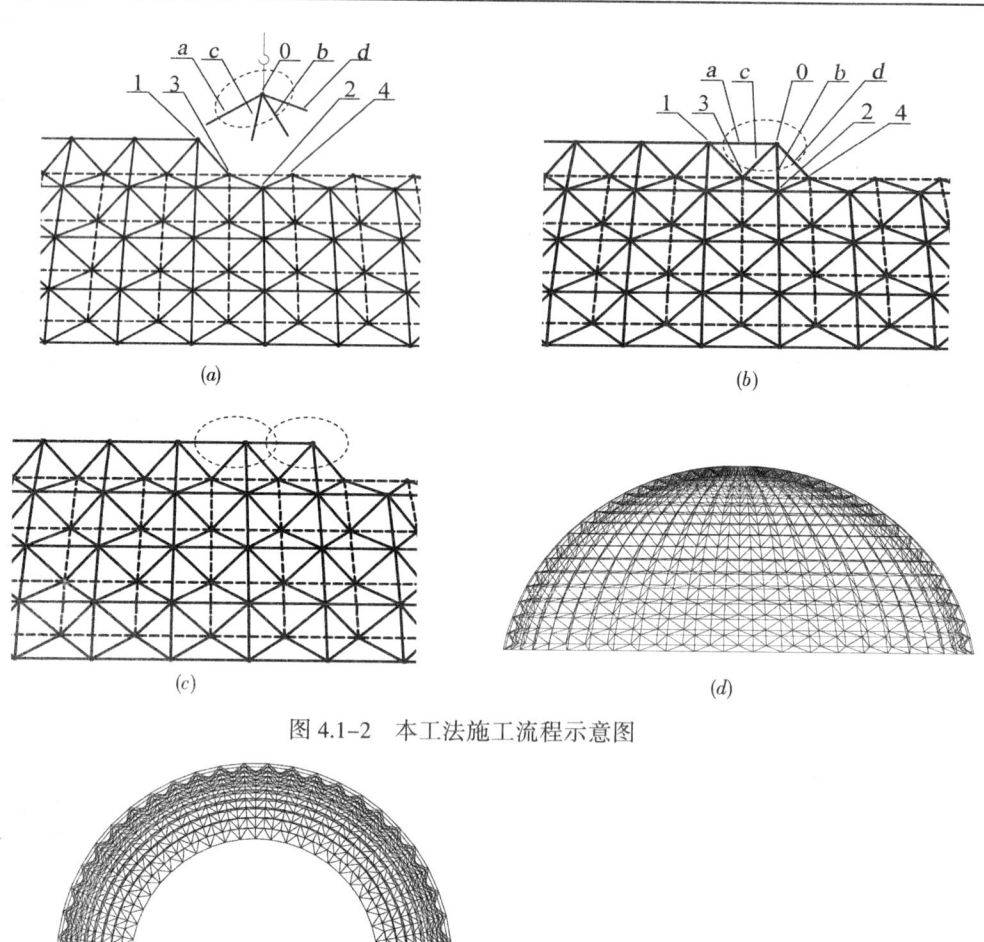

图 4.1-2 本工法施工流程示意图

图 4.1-3 施工安装中的"非完整"开口球面网壳的平面图与立面图

本工法采用发明的"型钢托撑式拔杆"吊装机具的组成如图 4.2-1、图 4.2-2 所示，带钢板的型钢托撑底部两侧各开有两个圆孔，分别用于穿 U 形螺杆及螺母以实现型钢托撑与网壳结构腹杆的连接。型

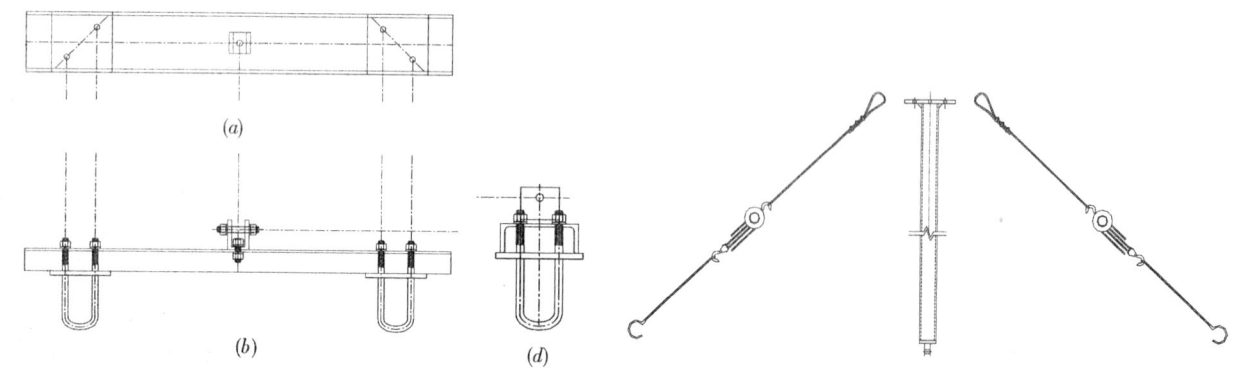

图 4.2-1 吊装机具所用型钢托撑构造俯视图、
正视图、侧视图

图 4.2-2 吊装机具所用拔杆与缆风绳构造示意图

钢托撑中间开有一个圆孔，在该圆孔上置有一块底部开一个圆孔、两侧各开一个圆孔的槽形钢板，槽形钢板中间底部圆孔穿螺栓用于连接型钢托撑，两侧圆孔穿螺栓用于连接拔杆。拔杆顶部焊接一块钢板，该钢板上开有 3 个圆孔，其中中间圆孔用于吊挂滑轮，两侧圆孔各连接一根缆风绳，每根缆风绳中部连接一个手拉葫芦、端部连接一个吊钩。

"型钢托撑式拔杆"吊装机具的安装方法为：将型钢托撑搁置在网壳结构两根交叉的已安装好的腹杆上，把 U 形螺杆插入型钢托撑两侧的圆孔并拧紧螺母使型钢托撑固定在两根腹杆上。将拔杆下部的翼缘板插入型钢托撑中部上置的槽形钢板中间，把螺栓插入孔中并拧紧螺母，使拔杆架设并固定在型钢托撑上。拔杆上部钢板两侧孔连接的缆风绳端部吊钩扣挂在网壳结构的球节点与杆件连接处。

5. 施工工艺流程及操作要点

5.1 网壳结构施工工艺流程（图 5.1）

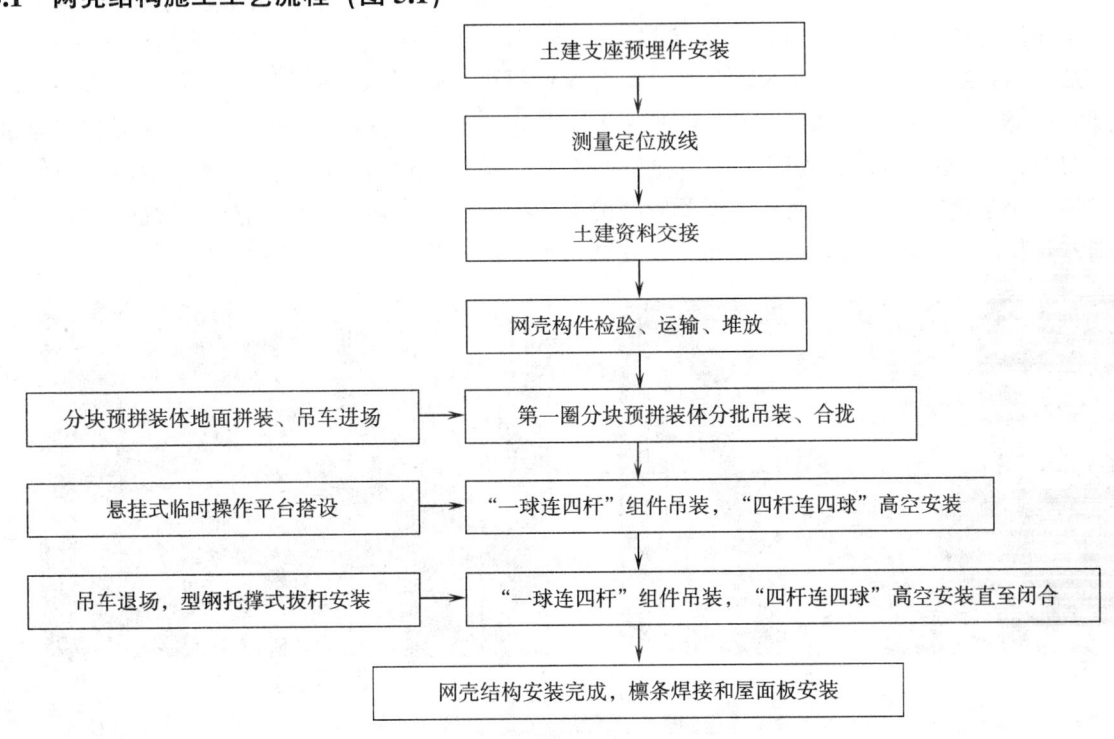

图 5.1 网壳结构施工工艺流程图

5.2 球面网壳结构施工与操作要点

如图 5.2 所示，吊车吊装的优点是工作效率高，缺点是吊装高度和起重量受吊车臂长度等因素制约。在吊车起重性能允许的情况下，应尽量采用吊车吊装。"型钢托撑式拔杆"吊装机具的优点是吊装高度几乎没有限制，缺点是机动性和工作效率不及吊车。本工法把二者有机组合起来使用。

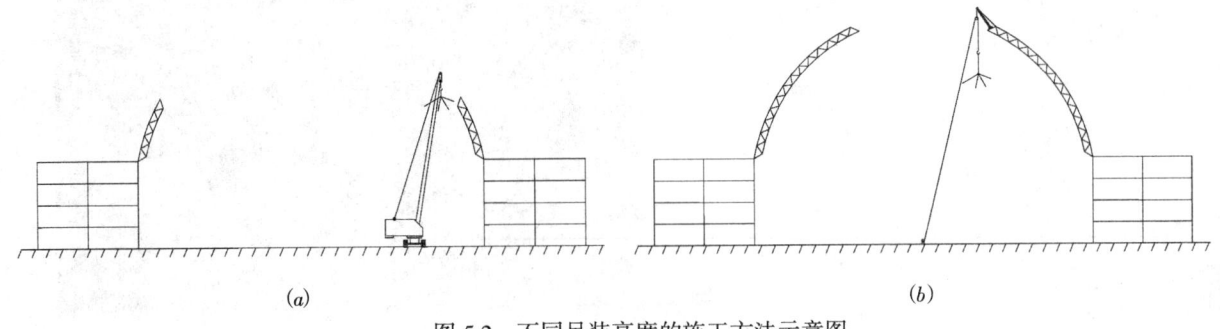

(a)　　　　　　　　　　　　　　(b)

图 5.2 不同吊装高度的施工方法示意图

5.2.1 吊车吊装分块预拼装体

在地面进行网壳结构第一圈分块预拼装体的拼装，每块预拼装体包括 3 个支座之间的第一圈下弦杆、第一圈上弦杆及其所包括的所有构件，用吊车进行吊装，由于第一圈是以后各圈吊装的基础面，其吊装就位的精度至关重要，所以每块预拼装体吊装就位时，用全站仪测量至少两个上弦节点的空间位置，准确无误后再用 4 根缆风绳临时固定，如图 5.2.1 所示。依此类推把第一圈各块预拼装体安装、合拢，形成稳定的闭合开口壳后，拆除缆风绳。

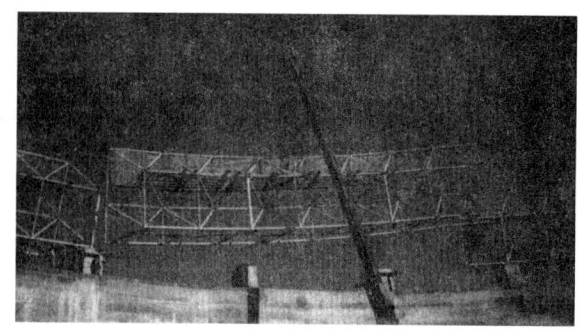

图 5.2.1　分块预拼装体吊装示意图

5.2.2 吊车吊装组件

随着起重高度的增加，当吊车无法吊装分块预拼装体的重量时，转而采用吊装组件的方法。吊装组件时，把钢丝绳直接捆绑在球与杆件的连接部位，当吊车把"一球连四杆"组件提升起来后，4 名施工人员分别站在网壳结构前一圈上搭建的悬挂式临时操作平台或临时钢扶梯上，配合吊升就位并同时进行"四杆连四球"施工安装工作，如图 5.2.2-1 所示。为了保证施工人员的安全，每人必须先将安全带扣在已安装好的网壳结构的钢管上再进行施工作业。每个组件吊装就位时，配合使用全站仪测量组件的球节点以确保其空间位置的准确性。对网壳结构安装的变形控制是依靠对每个组件安装的高精度控制来实现的，否则，安装误差的累计将影响后面组件的安装精度，甚至导致网壳结构无法安装合拢。

(a)　　　　　　　　　　　　　　　　(b)

图 5.2.2-1　"一球连四杆"组件吊装与"四杆连四球"高空安装

悬挂式临时操作平台和临时钢扶梯如图 5.2.2-2、图 5.2.2-3 所示。悬挂式临时操作平台由钢缆绳、型钢、走道板、侧面安全网、底部防护网组成，一个区段的临时操作平台的搭设程序为：先把钢缆绳系在网壳结构上弦水平杆上；在两根钢缆绳的下端之间把一根槽钢套入；把安全网两端分别系在上弦水平

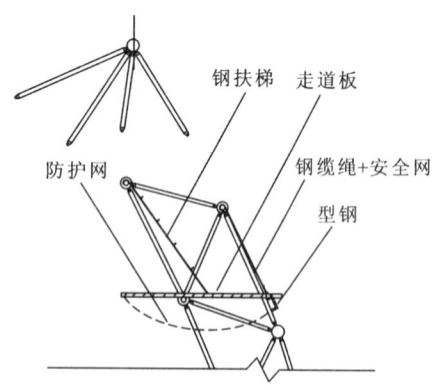

图 5.2.2-2　悬挂式临时操作平台和临时钢扶梯构造图

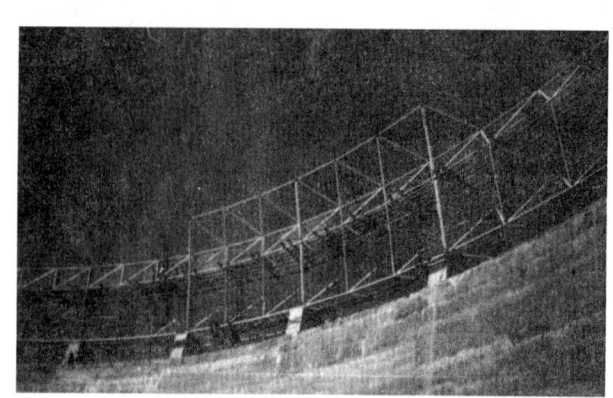

图 5.2.2-3　安装于结构上的悬挂式临时操作平台

杆上和槽钢上；把走道板的一端搁置在网壳结构的下弦水平杆上，另一端搁置在槽钢上，并用钢丝把走道板与槽钢、上弦水平杆扎紧。钢缆绳的长度以使走道板保持水平为基准，工人在搭建悬挂式临时操作平台时，必须先将安全带扣在已安装好的网壳结构的钢管上后方可施工作业。临时钢扶梯由上部带弯钩的两根粗钢筋间焊接短粗钢筋制作而成，使用时将其上部弯钩挂在网壳结构的水平杆件上，下部搁置在走道板上，为网壳结构上部节点与"一球连四杆"组件的"四杆连四球"连接固定提供施工通道与工作面。其施工期间的荷载为一个施工人员和所携带工具的重量之和。

5.2.3 "型钢托撑式拔杆"吊装机具吊装组件

当安装高度超过了吊车的最大允许起重高度时，"一球连四杆"组件的吊装采用"型钢托撑式拔杆"吊装机具进行吊装。型钢托撑式拔杆的安装与拆卸顺序为：将型钢托撑搁置在网壳结构两根交叉的已安装好的腹杆上，把U形螺杆插入型钢托撑两侧的圆孔并拧紧螺母使型钢托撑固定在两根腹杆上。将拔杆下部的翼缘板插入型钢托撑中部上置的槽形钢板中间，把螺栓插入孔中并拧紧螺母，使拔杆架设并固定在型钢托撑上。拔杆上部钢板两侧孔连接的缆风绳端部吊钩扣挂在网壳结构的球节点与杆件连接处。至此，一个稳定的、自平衡的型钢托撑式拔杆吊装机具体系形成，如图5.2.3（a）所示。吊装工作依靠地面的卷扬机拉动钢丝绳完成，该钢丝绳通过拔杆上部钢板所吊挂的滑轮，一端连接卷扬机，另一端连接吊装的组件。当组件吊装到位准备拼装到结构上时，可利用缆风绳上的手拉葫芦对拔杆的倾角进行调整，以保证组件吊装施工的准确对位，如图5.2.3（b）所示。该组件吊装完成后，拧松拔出螺栓和U形螺栓以拆卸

 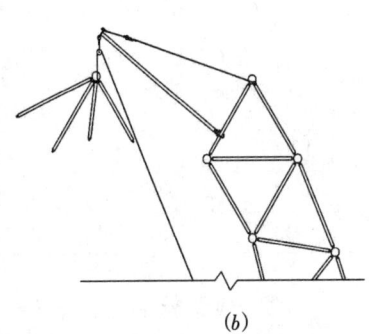

(a)　　　　　　　　　　　(b)

图 5.2.3　吊装机具安装与工作状态示意图

拔杆与型钢托撑。移至下一个吊装位置后，按照以上顺序和方法重新安装"型钢托撑式拔杆"吊装机具，并吊装下一个组件。

悬挂式临时操作平台和临时钢扶梯的构造与搭设方法与吊车吊装时相同，施工人员站在临时操作平台或临时钢扶梯上进行的"四杆连四球"施工安装、测量定位、安全保护等方法也与吊车吊装组件时相同。

5.2.4 檩条焊接和屋面板安装

根据以上安装方法和按照由下向上的顺序一圈一圈地逐步安装，直至完成整个网壳结构的施工安装合拢闭合，如图4.1-2（d）所示。安装完毕后形成闭合完整的球面网壳为檩条焊接和屋面板安装提供了工作面，采用高空散装法直接在网壳结构上进行檩条和屋面板安装，檩条和屋面板散件运输到位后，工人在高空进行焊接、安装。

5.3 劳动力组织（表 5.3）

劳动力组织情况表　　　　　　　　　　　　　　　　　表 5.3

序号	网壳结构施工安装一个班组人员构成	所需人员
1	技术管理人员	1
2	吊车司机	1
3	"一球连四杆"组件地面拼装人员	4
4	卷扬机操作与吊装辅助人员	3
5	悬挂式临时操作平台搭设人员	2
6	"一球连四杆"组件进行"四杆连四球"高空安装人员	4
7	高空安装辅助人员	3
	合　　　计	18

6. 材料与设备

6.1 施工主要设备与材料 (表 6.1)

施工主要设备与材料　　　　　　　　表 6.1

序号	设 备 名 称	用 处	用 量
1	吊车	组件吊装	1~2 台
2	手动扳手	杆件安装	20 把
3	电动扳手	杆件安装	10 把
4	千斤顶	安装校正	8 台
5	手拉葫芦	吊装机具	10 个
6	缆风绳	吊装机具	10 根
7	卷扬机	组件吊装	2 台
8	钢丝绳	组件吊装	100m 长 2 根
9	型钢	吊装机具、临时操作平台	槽钢
10	拔杆	吊装机具	5 根
11	螺栓	吊装机具	
12	电缆线	电源线、电动工具等	
13	刷子	补油漆	10 把
14	主配电箱	电动工具	
15	次配电箱	电动工具	

6.2 质量检验控制设备 (表 6.2)

质量检验控制表　　　　　　　　表 6.2

序号	设备名称	用 处	最小用量
1	水准仪	网壳安装位置精度测量	2 台
2	经纬仪	网壳安装位置精度测量	2 台
3	钢卷尺	测量	10 把

7. 质 量 控 制

7.1 工程质量控制标准

7.1.1 《网壳结构技术规程》JGJ 61-2003；

7.1.2 《钢结构工程施工质量验收规范》GB 50205-2001；

7.1.3 《建筑钢结构焊接规程》JGJ 81-91；

7.1.4 《钢结构制作工艺规程》DBJ 08-216-95；

7.1.5 《冷弯薄壁型钢结构技术规范》GBJ 18-87。

7.2 网壳结构安装质量指标

7.2.1 测量放线见表 7.2.1。

测量放线　　　　　　　　表 7.2.1

序　号	测 量 项 目	允许偏差 (mm)
1	标　高	±3
2	定位轴线	2

7.2.2 支座预埋件安装见表 7.2.2。

支座预埋件 表 7.2.2

项 目	允许偏差（mm）	
支承面	标 高	±3.0
	水平度	L/1000
	位 移	5

8. 安 全 措 施

8.1 配合土建进行预埋件的埋设和检查，对"型钢托撑式拔杆"吊装机具的制作质量予以重点检查。

8.2 拔杆在使用前对卷扬机、滑车、钢丝绳、缆风绳等进行仔细检查，试吊正常后正式吊装。

8.3 在吊装的网壳上设置悬挂式临时操作平台等简易临时设施，为施工人员提供操作平台，方便施工、确保安全。悬挂式临时操作平台搭设人员在工作时必须把安全带扣在网壳结构的钢管上。

8.4 严格按照施工方案的顺序进行施工，保证安装构件的空间稳定性。工作人员在高空进行"四杆连四球"安装前必须把安全带扣在网壳结构的钢管上。

8.5 吊装时构件拉设溜绳，吊装由专人指挥，专人监护，不可超负荷作业。

8.6 现场配置相应的消防器材，及时清理易燃物。

8.7 施工人员正确佩戴安全防护用品，不违章作业。施工区域拉设警戒绳，并专人看护。

8.8 高空作业点下地面不允许站人，并做好安全警戒措施，防止高空坠落事故。在安装好的网壳结构上铺设施工通道、张挂安全网、悬挂安全绳，以构建安全实用的工作面。

8.9 遇到 6 级以上大风，停止高空作业。

9. 环 保 措 施

9.1 现场管理措施

9.1.1 工程施工前，对周边居民进行走访，了解居民意见并提出切实可行的解决措施，确保周边居民的正常工作和生活。

9.1.2 合理安排作业时间，将混凝土施工等噪声较大的工序放在白天进行，在夜间避免进行噪声较大的工作，夜晚 10 点以后停止施工。

9.1.3 夜间灯光集中照射，避免灯光干扰周边居民的休息。

9.1.4 设置专职保洁人员，保持现场干净清洁。现场的厕所等卫生设施、排水沟及阴暗潮湿地带，予以定期进行投药、消毒，以防蚊蝇、鼠害滋生。

9.2 降噪专项措施

9.2.1 对主体工程采用吸声降噪板和密目网进行围挡。

9.2.2 吊装指挥配套使用对讲机。

9.2.3 高噪声设备实行封闭式隔声处理。

9.2.4 应当实现围挡、大门标牌装饰化，材料堆放标准化，生活设施整洁化，职工文明化，做到施工不扰民，现场不扬尘，运输垃圾不遗撒，营造良好的作业环境。

10. 效 益 分 析

10.1 社会效益

本工法针对大跨度双层网壳高净空施工安装，创新了无脚手架安装施工方法以及配套的吊装机具等一系列施工成套技术,为今后大跨度双层网壳高净空施工安装提供了很好的方法和成功经验,为行业发展,为新结构、新技术的推广作出了贡献。

10.2 经济效益

10.2.1 本工法"一球连四杆"组件地面组装及高空吊装配合"四杆连四球"高空安装方法,比传统的高空散装法提高工效2倍以上,使施工工期大大缩短。

10.2.2 吊装采用自行研制发明的"型钢托撑式拔杆"吊装机具,由一根型钢、一根拔杆、两根带手拉葫芦的缆风绳、一个滑轮、一个卷扬机及一根钢丝绳、若干个螺栓构成,这些材料轻便、廉价,机具装配简单、使用操作方便,用这种简单的吊装机具却可以完成以往只有600t以上履带式起重机才能完成的安装工作,既节能又环保。

10.2.3 由钢缆绳、型钢、走道板、安全网组成的高空作业悬挂式临时操作平台,这些材料轻便、廉价,装配简单,可重复使用。取代了耗材料、耗工时、耗资金的满堂脚手架。吊装机具的轻型化完全避免了地基与基础的加固工作,不仅缩短了工期,而且降低了施工成本。

11. 应 用 实 例

11.1 2009年8月开工的宁波钢铁有限公司五丰塘焦化厂圆形料场工程,位于宁波市北仑区图11.1。工程由1~4号网架组成,每个单体的屋盖采用双层网壳结构,网架跨度超过100m,最高安装高度约60m,覆盖面积约7900m²。在每个单体网壳侧面开设一洞口,供输煤栈桥通过。采用本工法节省脚手架租赁费与安装拆卸费约60万元,节省的工期约85d。

图11.1 宁波钢铁有限公司五丰塘焦化厂圆形料场

11.2 安徽水泥有限公司石灰石预均化堆网壳,位于安徽省繁昌县,工程于2005年7月开工建设,2005年9月竣工,工程量180t。网壳直径86.6m,矢高23.5m,支承于6.5m高的钢筋混凝土柱上。网壳采用经纬线形正方四角锥网格形式,网格环向60等分,径向13等分,网壳厚度1.8m,如图11.2所示。采用本工法可节省脚手架材料约80t、脚手架租赁费约50万元、脚手架安装拆卸人工费约20万元,比传统的高空散装法提高工效2倍以上,加上无脚手架安装拆卸因素,缩短工期约100d。

11.3 新余文化健身广场游泳馆位于江西省新余市,工程于2005年11月开工建设,2006年7月竣工,工程量80t。网壳采用经纬线形正方四角锥网格形式,直径51m,矢高18m。网格环向48等分,径向11等分,网壳厚度1.7m,如图11.3所示。采用本工法节省脚手架租赁费与安装拆卸费约35万元,节省的工期约55d。

图11.2 石灰石预均化堆网壳工程

图11.3 新余文化健身广场游泳馆

复杂造型大跨度网架拔杆扩展提升施工工法

GJYJGF030—2010

青建集团股份公司　青岛博海建设集团有限公司

张同波　王辉　付长春　袁永林　乔永胜

1. 前　言

目前，各种复杂造型的大跨度、大空间的公用建筑逐渐增多，其屋面采用网架结构者居多，常见的钢网架施工方法包括：满堂脚手架高空散拼法、分段吊装高空组对法、滑移法、整体提升法等。上述方法均有各自的特点和适用范围（表1），对于造型复杂的网架结构采用拔杆提升的方法如图1所示，可以较好地解决钢网架施工与装饰、安装施工穿插的矛盾，能够加快施工速度，缩短工期。

为了形成复杂造型大跨度钢网架提升的工艺方法，青建集团股份公司及青岛博海建设集团有限公司的工

图1　拔杆提升网架

程技术人员，结合青岛市体育中心游泳跳水馆工程，对拔杆布置、同步提升、测量控制、卸载及监测等关键技术环节进行了深入的研究，并形成了复杂造型大跨度网架结构综合施工技术，本工法就是在此基础上编写完成的。其中，本工法的关键技术已获得3项国家专利，即：大跨度复杂造型钢结构屋盖整体提升施工方法（专利号：200810249828.5）、钢网架提升拔杆（专利号：ZL200820233076.9）、大跨度型钢梁拔杆整体提升施工方法（专利号：201010624865.7）。

网架结构常见施工方法对比分析　　　　　表1

	适　用　条　件	对其他工序的影响	技术难度	工　期
拔杆提升	任意平面形式及标高关系的结构面	小	大	施工速度快，总工期短
高空散拼	任意平面形式及标高关系的结构面	大	小	施工速度较慢，总工期长
分段吊装	小跨度网架，设备能在室外进行吊装	较小	较小	施工速度快，总工期短
滑移法	平面形式规则及标高统一的结构面	小	大	施工速度快，总工期短
整体提升	网架规格，能在结构面一次性拼装完成	较大	大	施工速度较快，总工期长

2. 工 法 特 点

2.1 本工法既有单元提升，又有整体提升。提升和卸载过程，采用传统的简单工具（拔杆、捯链等），易于控制提升的同步性和卸载的均衡性。提升设备安装方便、设置灵活，能在地面标高差异较大的情况下实施网架的提升。

2.2 本工法高空作业较少，无需操作架，定位、拼装、焊接作业基本在地面上进行，施工安全性高，容易保证质量。

2.3 本工法采用拔杆，基本不占用施工场地，装修、安装等专业可以穿插施工，能够加快施工进度，且操作简单、工效高，技术经济效果明显。

3. 适 用 范 围

本工法适用于网架提升高度在 50m 以内、投影面积 5000m² 以上、混凝土结构面标高不同、造型复杂的大跨度钢网架提升施工，也适用于造型较为规则的大跨度网架结构施工。

4. 工 艺 原 理

4.1 采用拔杆、捯链等简单的提升工具（图 4.1），根据混凝土结构面的标高关系，从最低标高的几个区域同时开始拼装，再提升至下一标高层扩展拼装对接，逐步提升、扩展拼装，直至全部拼装对接完成并提升至设计标高就位，最后同步卸载，完成网架的安装。

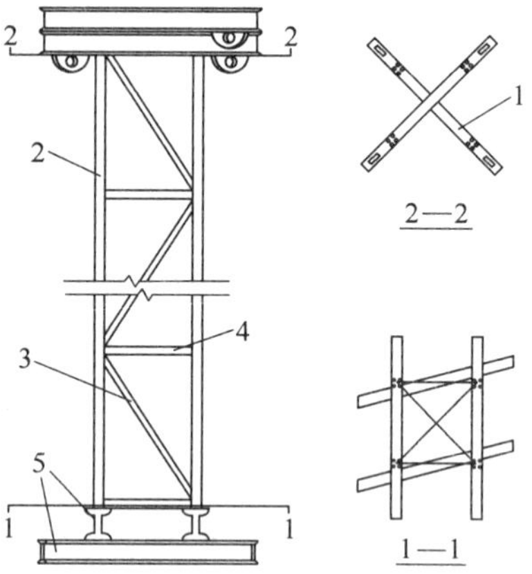

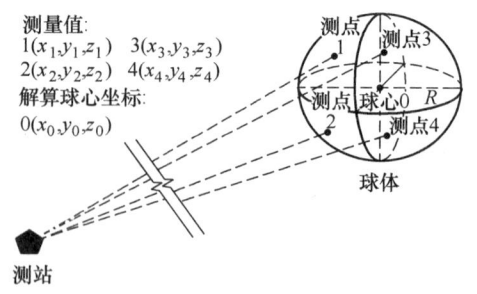

图 4.1 提升系统示意
1—工字钢；2—圆钢管；3—角钢；4—角钢；
5—工字钢；1-1：拔杆工字钢基础；
2-2：拔杆工字钢天梁

4.2 采用 SFCAD2006、MSTCAD2005、ANSYS 软件对提升的每个阶段及每个阶段的各种工况进行钢结构、下部混凝土结构、拔杆及手拉葫芦的受力和变形进行分析计算，主要包括：

4.2.1 计算分析

通过分析计算，确定吊点（即拔杆）的位置。拔杆位置的选择应根据网架结构及混凝土结构的形式，综合考虑网架结构、拔杆、混凝土结构 3 方面的安全，以确定拔杆的数量和位置。

4.2.2 模拟分析

模拟分析的工况包括：拔杆同步提升工况、拔杆不同步提升工况、拔杆同步及不同步提升过程中某手拉葫芦失效工况。通过对提升和卸载各个阶段不同工况下的模拟分析，应着重控制：

1. 网架结构。分析网架变形、网架杆件应力、拉压杆的变化，控制在提升各工况下杆件应力比不大于 0.8，拉压杆的长细比均在 160 以下，对超出范围的杆件应选择大截面的杆件替换，以保证提升过程中网架结构自身的安全。

2. 拔杆。计算各工况下网架对拔杆的作用力，验算最不利工况下的拔杆强度及刚度，以保证网架提升过程中拔杆的安全。控制在提升各工况下拔杆杆件应力比不大于 0.6。

3. 拉葫芦。验算最不利工况下拉葫芦的受力是否在允许范围内，以保证提升、卸载过程中网架结构的安全。按各吊点在不同工况下的最大拉力，选择吊具（手拉葫芦）型号。

4. 混凝土结构。拔杆提升和卸载过程，通过拔杆基础及转换梁将集中力分散到混凝土梁或柱上，验算最不利工况下的混凝土结构的内力及变形，保证混凝土结构的承载力满足要求。对不能满足要求的部位，应采取加固措施。

图中说明：
测量值：
$1(x_1, y_1, z_1)$ $3(x_3, y_3, z_3)$
$2(x_2, y_2, z_2)$ $4(x_4, y_4, z_4)$
解算球心坐标：
$0(x_0, y_0, z_0)$

测点1 测点3 测点4 球心 R 测点2 球体 测站

图 4.3 测量原理示意

4.3 网架测量控制。利用全站仪进行网架平面位置及高程的测量控制。测量原理见图 4.3，测出空间球上任意 4 点坐标，根据空间球体方程组（公式 4.3-1~公式 4.3-4），通过代入法即可得出球心坐标。

$$(X_1-X_0)^2+(Y_1-Y_0)^2+(Z_1-Z_0)^2=R^2 \tag{4.3-1}$$

$$(X_2-X_0)^2+(Y_2-Y_0)^2+(Z_2-Z_0)^2=R^2 \tag{4.3-2}$$

$$(X_3-X_0)^2+(Y_3-Y_0)^2+(Z_3-Z_0)^2=R^2 \tag{4.3-3}$$

$$(X_4-X_0)^2+(Y_4-Y_0)^2+(Z_4-Z_0)^2=R^2 \tag{4.3-4}$$

4.4 网架结构监测。为了随时掌握提升和卸载过程中，网架和提升拔杆内力和变形的情况，以确保结构施工的安全。根据施工模拟分析的结果，在网架受力较大的杆件上、变形较大的部位以及受力较大的拔杆上安装弦式应变计（图4.4-1）、传统的应变片等传感器；卸载前，在位移较大的支座上安装位移计，对于变形较大的焊接球可安装静力水准仪（图4.4-2）测量网架节点竖向变形情况。所有监测数据通过无线传输模块（图4.4-3）传至计算机中，再由无线传输自动化数据采集系统软件（图4.4-4）进行汇总分析。

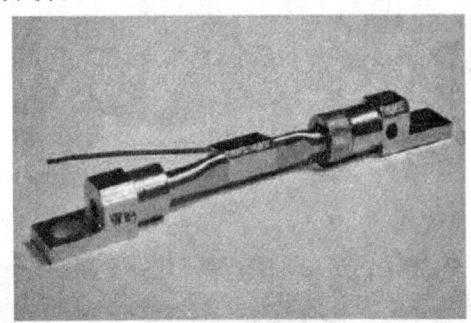
图4.4-1　弦式应变计

图4.4-2　静力水准仪

图4.4-3　无线传输系统

图4.4-4　数据采集系统软件

5. 施工工艺流程及操作要点

5.1　施工工艺流程
网架拼装提升工艺流程见图5.1。

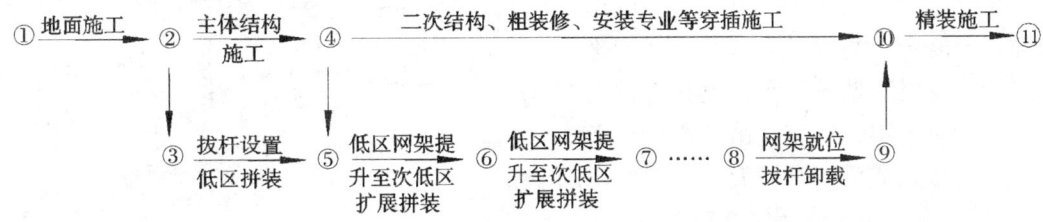
图5.1　网架提升工艺流程

5.2　操作要点

5.2.1　提升设备安装包括
1. 严格按照设计的拔杆数量及位置设置拔杆的型钢底座，确保拔杆底座的传力点在主、次梁上。如网架网格投影线与底部主次梁轴线不正交，可在原型钢底座上增加一道型钢转换梁，见图4.1、图5.2.1-1。在型钢底座与混凝土结构接触点处加设钢垫板。

2. 拔杆结构安装。首先将第一标准节圆钢管与型钢底座焊接，其次安装图4.1所示的4号杆件，再安装图4.1所示的3号杆件，角钢与圆钢管之间均采用螺栓连接，完成第一标准节拔杆结构的安装后，依次完成全部拔杆结构的安装，最后安装拔杆顶部的天梁。对拔杆的垂直度进行测量后（垂直度≤3mm），便将各连接点、锚固点紧固牢固，形成图 5.2.1-2 所示拔杆结构。

3. 手拉葫芦的安装。根据拔杆布置图，确认该位置手拉葫芦的型号后，将其悬挂于拔杆顶部天梁的吊耳上，见图 4.1。

4. 缆风绳的设置。网架的提升和卸载阶段必须设置缆风系统，以确保提升系统的整体稳定性。在网架进行各单元的独立提升时，应在各拔杆的顶部单独设置缆风绳；网架对接形成较大的提升区域或拼接成整体后，将每个拔杆的四角相互拉接，最外边缘拔杆再与周边的混凝土结构形成稳固的连接，见图 5.2.2-2，缆风绳与地面的角度不宜大于 45°。在提升的后期，对超过 20m 高的拔杆应在其 1/2~2/3 高度范围内再增加一道缆风绳。

5.2.2 网架的提升包括：

1. 吊点的设置。按照设计吊点的位置，用钢丝绳捆住网架下弦的球节点，再将其挂在相应位置的手拉葫芦上，见图 5.2.2-1。

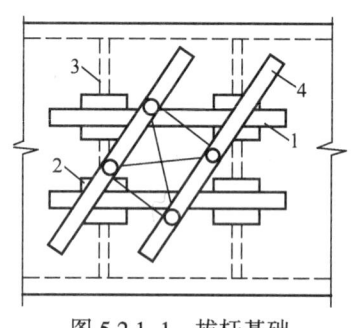

图 5.2.1-1 拔杆基础
1—工字钢基础；2—垫板；3—次梁；
4—转换工字钢

图 5.2.1-2 拔杆结构

图 5.2.2-1 吊点设置示意图

2. 提升与同步性控制。提升分为试提升与正式提升两个阶段。网架试提升阶段，以网架离开组装平台 100~300mm 为宜，停止提升 1~2h，检查确认各机具及网架均处于正常状态后，进行正式提升。正式提升过程中，提升人员严格执行指挥人员的口令，按 500mm 一步进行提升。在每个吊点下方悬挂钢尺对提升的高度进行测量，每提升 500mm 测量一次，控制相邻拔杆的提升高差和整个提升单元的最大提升高差。如有超差，则调整后再实施下一步的提升。

3. 网架的对接与扩展拼装。几个独立的网架单元分别提升至既定标高后，立即对网架的坐标位置进行测量，并将其调整直至规范允许偏差范围内，再销住所有吊点，以防止吊点松动，影响网架的对接。对接完成后，在网架周边混凝土结构操作面上进行扩展拼装，见图 5.2.2-2。

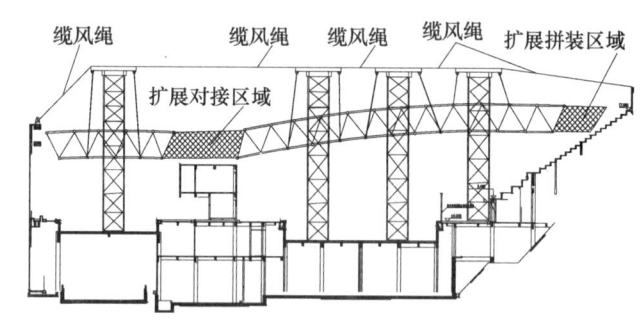

图 5.2.2-2 网架对接拼装示意

5.2.3 网架就位。网架提升至设计标高后，测量网架的坐标位置，并与其设计位形进行对照，确定出网架的位置偏差，按照实际的坐标位置调整支座部位杆件的长度后，再进行支座及外围部分网架的拼装。对于偏差较大的部位，应对支座周围部分杆件拆除替换，使其满足规范和设计的要求。

5.2.4 网架卸载包括：

1. 卸载的基本规定。对于跨度大、造型复杂的网架结构卸载要遵循"变形协调，卸载均衡"的原则，依据施工模拟分析的结果，确定出每个吊点的卸载量，按照每次卸载量控制在 10mm 左右的原则，根据变形量最大的卸载点确定分成几步进行等比例的同步卸载。

2. 卸载的顺序与操作。卸载顺序为临近支座拔杆→支座内侧周边拔杆→网架中心拔杆。卸载过程的操作与提升过程基本相同，每卸载一步均要对照实际挠度值与模拟分析挠度值的差异。

3. 卸载检查。卸载前，应掌握天气状况，测量网架的实际位形，检查提升设备、吊点连接、监测系统运行等情况。卸载一般应在初始卸载、中间卸载和卸载完成时，进行三次停歇，停歇时间在 8~12h；一般卸载阶段之间的停歇时间为 30~40min。

1）卸载过程，主要检查网架的协调变形情况，一旦出现偏差较大的情况应立即停止卸载。

2）一般卸载阶段，应对卸载点、支座的变形和焊缝进行检查，并对比监测点的实际变形、内力值和模拟分析值的差异。

3）初始卸载、中间卸载和卸载完成时，除检查网架的变形外，还要测量网架结构的实际位形，并全面检查网架的变形和焊缝的变化情况。

5.2.5 施工监测包括：

1. 测量与位形控制。拼装施工前，建立平面坐标系和高程控制网，各控制点之间能通视。网架提升和卸载过程，主要采用钢尺控制其提升和卸载的标高。每个提升、卸载阶段结束，采用免棱镜全站仪测量网架的实际位形，并根据测量数据在网架对接、扩展拼装及就位时，及时调整网架的位形偏差。

2. 变形与应力监测。在网架提升前和提升过程，应根据施工模拟分析确定的位置，安装弦式应变计、应变片应力、位移计、静力水准仪等监测设备。

1）在拼装的结构未提升前（即杆件尚未受力），安装弦式应变计、应变片进行杆件内力测量。弦式应变计应安装在杆件的上表面（图 5.2.5）。

图 5.2.5　弦式应变计安装

2）网架拼装对接完成、整体卸载前，安装支座的位移测量计，以及用于测量网架内部节点竖向变形静力水准仪（图 4.4.1-2）。位移测量计量应安装在支座的外侧（即远离主体结构的一侧）；静力水准仪应安装在支座的内侧。

3）无限监测系统（密封机箱、无线传输模块、电源控制器、自动采集箱、主线和分线等）宜在网架提升前安装，以全过程的掌握网架和提升系统的内力和变形情况，（见图 4.4.1-3、图 4.4.1-4）。其中，密封机箱、无线传输模块应安装在网架上固定的区域（如：永久性马道）；主线和分线安装时应采用线槽敷设，严禁线缆拖地。

4）提升和卸载的各个阶段，均应及时将监测的网架的应力和变形数值与模拟分析的数值相比较，作为施工的重要依据。

6. 材料与设备

6.1　材料

6.1.1　焊接材料（焊条、焊丝）的型号，应根据钢材的种类、环境条件、焊接设备和设计的要求选用。Q345 钢材可选择的焊接材料见表 6.1.1。

焊接材料选择参考

表 6.1.1

钢　材		焊　接　材　料	
牌号	等级	埋弧焊焊剂型号—焊丝牌号	手工电弧焊焊条
Q345	A	F5004-H08A、F5004-H08MnA、F5004-H10Mn2	E5003
	B	F5014-H08A、F5014-H08MnA、F5014-H10Mn2 F5011-H08A、F5011-H08MnA、F5011-H10Mn2	E5003、E5015、E5016、E5018
	C	F5024-H08A、F5024-H08MnA、F5024-H10Mn2 F5021-H08A、F5021-H08MnA、F5021-H10Mn2	E5015、E5016、E5018
	D	F5034-H08A、F5034-H08MnA、F5034-H10Mn2 F5031-H08A、F5031-H08MnA、F5031-H10Mn2	E5015、E5016、E5018

6.1.2 吊装用钢丝绳应根据施工模拟分析吊点的最大拉力选择；缆风系统的钢丝绳应施工方案的要求选用，一般可选用 $\phi12\sim\phi16$mm。

6.2 机具

本工法涉及的主要机具包括：格构式拔杆、手拉葫芦、电焊机等见表6.2。辅助设备包括：直角尺、钢尺、水平仪、经纬仪、免棱镜全站仪、话筒、扩音器等。

主要机具

表6.2

序号	名　　称	型　号　规　格	备　　注
1	格构式拔杆	2.2m×2.2m	$\phi100\sim\phi200$mm 圆钢管肢 ∟50~∟100mm 角钢缀条
2	手拉葫芦	10t、12t、15t、20t	链子长度需满足提升要求
3	交流电焊机	BX-500/300	数量根据现场需要配备
4	直流电焊机	AX-320-1	

7. 质 量 控 制

7.1 质量标准

7.1.1 《钢结构设计规范》GB 50017-2003。

7.1.2 《网壳结构技术规程》JGJ 61-2003。

7.1.3 《钢结构工程施工质量验收规范》GB 50205-2002。

7.1.4 《建筑工程施工质量验收统一规范》GB 50300-2001。

7.1.5 《建筑钢结构焊接规程》JGJ 81-2002。

7.1.6 《网架结构设计与施工规程》JGJ 7-91。

7.1.7 《钢网架焊接球节点》JG 11-1999。

7.1.8 《钢网架检验及验收标准》JG 12-1999。

7.2 质量控制措施

7.2.1 施工前，提前完成钢结构图纸的深化设计，结合钢结构施工的各阶段作出施工模拟分析，在此基础上再编制施工方案，并进行技术交底。钢结构专业分包应与土建队伍共同进行现场的交接验收，主要包括：钢结构支座的平面位置与标高的复核。

7.2.2 网架的杆件、球节点等原材料进场后，均应检查其质量证明书及材质化验单是否齐全，是否与设计要求一致，并按规定对主要材料进行复检。

7.2.3 网架施工过程中，设专职人员对钢结构施工质量进行过程控制。拼装过程重点监控焊接质量，提升过程中重点监控网架的定位情况，确保每个提升阶段均将网架调整至设计位形；卸载过程中配合无线监测，重点监控网架挠度变化、支座的位移情况及杆件的受力变形情况。

7.2.4 网架就位、卸载后，应根据验收规范要求，对钢结构进行一次全面质量验收，主要验收内容应包含焊接质量、空间位置、涂膜厚度、杆件应力、支座位移等。

8. 安 全 措 施

8.1 网架施工前，必须对混凝土结构、网架、提升设备进行模拟分析计算，确保其受力安全。结构监测是施工安全的重要辅助手段，网架施工前应安装相关的应力和变形监测设备。

8.2 对操作工人进行有针对性的安全交底，要求提升操作人员听指挥、听口令进行同步性提升和卸载。现场应设一名指挥员及多名专职的巡视人员，及时发现并解决提升和卸载过程中出现的问题。

8.3 为确保提升和卸载的安全，每次提升前必须对手拉葫芦、拔杆、钢丝绳、缆风绳等主要机具进行一次检查，确认均在正常使用状态下方可提升，提升过程中任意一个机具出现异常情况，必须立即停止作业。

8.4 严格预防高空坠落，提升操作人员的提升平台四周应设置硬防护，并涂刷红白相间油漆，以保证操作人员安全。

8.5 提升过程中，除操作人员外，严禁非相关人员进入到提升网架的下部空间，待提升完成12h后其他作业人员方可进入施工。

8.6 现场集中作业场所的氧气、乙炔瓶应分别装笼运输与使用。按照三级配电要求进行临电布置，电焊机集中布置，电（火）焊机线、电源线布设合理、规范。

8.7 结构监测系统安装调试完成后，应将用电线路及数据传输线路集中布线，并作出明显的标识，防止施工过程中的破坏，从而影响正常监测。

9. 环 保 措 施

9.1 进场构件按照平面布置要求分类摆放整齐、标识明确，剩料统一收集至废品回收池，保持环境整洁，避免造成废弃物污染。

9.2 拼装、提升和卸载过程的噪声应控制在昼间<70dB，夜间<55dB。夜间施工应按照环保部门的要求办理夜间施工审批手续。

9.3 焊接时要制作专用挡风斗及接火盆，周边利用围挡遮蔽焊接火花。

9.4 进场的油漆应集中封闭堆放，在喷涂操作的周边进行围挡，避免对环境和成品造成污染。

10. 效 益 分 析

10.1 经济效益

10.1.1 成本分析。本工法提升设备构造简单、数量较少，较搭设满堂脚手架的高空散拼法，节约大量的材料费、人工费、施工措施费。以青岛市体育中心游泳跳水馆工程为例，拔杆与脚手架的费用对比见表10.1.1，可见拔杆提升的费用低于高空散拼法。

拔杆与脚手架费用对比　　　　　　　　　　表10.1.1

施工方法	施工工期	工程量	租赁费/万元	架体搭拆人工费/万元	提升人工费/万元	合计/万元
高空散拼	180d	1 万 m²×20m=20 万 m³（空间体积）的脚手架搭设空间	90	150	/	240
拔杆提升	120d	19 组拔杆42 组反力提升点	110	/	40	150

10.1.2 工期分析。本工法使用拔杆的数量少，拔杆所占据的空间小，而且减少了满堂脚手架架体搭设、拆除时间，从而为砌体、抹灰、设备安装等其他专业提供了穿插施工的条件，能够有效的加快施工速度。以青岛市体育中心游泳跳水馆为例，由于安装、装修等专业的提前穿插，使总工期缩短了2~3个月。

10.1.3 质量安全分析。采用地面扩展拼装，解决了复杂造型网架高空定位难的问题，全部球节点均在地面上定位拼装，相对位置准确无误，而且避免了高空作业带来的不安全因素。

10.2 社会与环保效益

采用本工法进行复杂造型的大跨度钢结构施工，能够加快施工速度，缩短工期，降低工程成本。另外,本工法使用的提升设备简单、数量少,大大减少了钢管脚手架等周转材料的消耗。通过实际工程应用证明,本工法具有较好的技术经济效果和较高的推广应用价值。

11. 应 用 实 例

11.1 青岛市体育中心游泳跳水馆工程

11.1.1 工程概况。屋盖结构型式为焊接空心球节点四角锥网架,网格尺寸为 4m×4m 左右不等。南北向跨度为 101.2m,东西向跨度 130m,最高处标高为 30.70m, 最低处标高为-10.8m。网架投影面积为 15041㎡,展开面积为 18000㎡。网架结构总重量约 1600t,其中室内部分网架重量约为 1100t。网架结构中杆件重量约为 1000t,其中最大规格杆件为 $\phi377 \times 28mm$,最小规格杆件为 $\phi60 \times 3mm$;焊接球重量约为 500t,其中最大球径为 800mm,最小球径为 300mm。支撑形式为室内部分有 42 个周边支撑柱,室外有 4 个落地支撑点,见图 11.1.1。

图 11.1.1 青岛市游泳跳水馆

11.1.2 施工情况。根据对钢网架的模拟分析,现场采用了 19 组格构式拔杆(高度为 3m/每节,截面为 2200mm×2200mm,四肢为 $\phi140 \times 5mm$ 钢管组合而成); 42 组反力提升点(以支撑柱柱顶为捯链悬挂点)。2008 年 4~8 月,分 4 个阶段完成钢结构的拼装、提升、卸载。

1. 以比赛池、跳水池、热身池为 3 个提升单元,分别进行网架的拼装,并独立提升至±0.0m,见图 11.1.2。

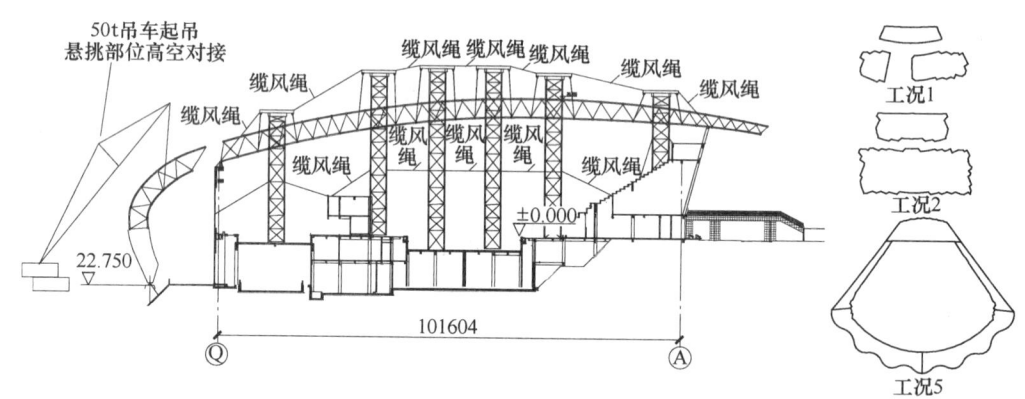

图 11.1.2 网架提升示意

2. 在±0.00m 标高上,将比赛池和跳水池的网架拼装为 1 个单元,该单元与热身池网架分别提升至 8.4m 标高,并扩大拼装成 1 个整体后,再依次进行不同标高的扩展拼装和提升,直至网架的设计标高,见图 11.1.2。

3. 在室内网架拼装、提升的同时,室外网架分 5 个独立单元进行拼装,分别与室内网架进行对接。

4. 室内外网架对接形成整体后,再分 7 步实施网架的卸载。

11.1.3 工程监测与结果评价。青岛市体育中心游泳跳水馆网架工程通过采用本工法,网架定位准确、造型达到设计要求,且提高了工效、降低了施工成本、确保了总工期目标的实现,本工程通过了青岛市优质结构工程的验收。

11.2 武汉体育中心二期游泳馆工程

11.2.1 工程概况。屋盖平面近似为椭圆形,椭圆长轴尺寸为 118.5m,短轴尺寸为 75.6m,屋盖沿周边悬挑 15m 和 18m。屋面钢结构（网架）面积 12928㎡，设计为焊接球节点，下弦柱点支承，网格高度 5.6m；天窗部位为 6 条采光带，面积 6288㎡，网格高度 6.2m，最大厚度 11.8m。屋面焊接球网架由 2974 个焊接空心球，12223 根、14 种规格的无缝钢管杆件，34 个 SHZS 型网架弹性支座，见图 11.2.1。

11.2.2 施工情况。室内部分分 4 个阶段扩展拼装提升，共采用 14 组格构式拔杆和 32 组反力提升点完成提升。室外部分亦分为 4 个部分，采用 200t 吊车进行吊装，完成室内外网架的对接。分阶段提升示意见图 11.2.2。

图 11.2.1 网架完成卸载

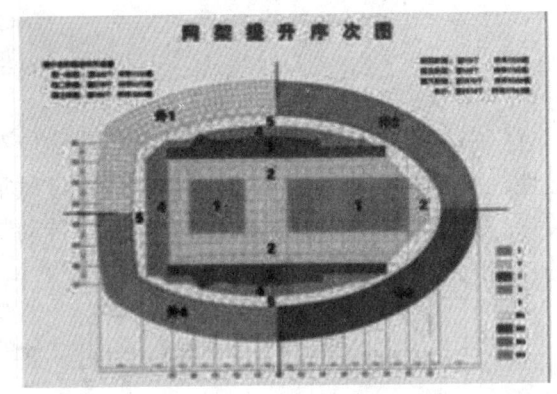

图 11.2.2 网架提升单元

11.2.3 应用效果。通过本工法的成功实施，屋盖网架施工与主体结构施工同步进行，为确保工程提前竣工创造了良好的条件，同时通过此项方案应用节省了大量的脚手架租赁和搭设费用，较大程度的降低了施工成本。

11.3 中国地质大学（北京）综合游泳馆工程

11.3.1 工程概况。中国地质大学（北京）综合游泳馆工程包括游泳馆和篮球馆两个场馆，是一所综合性的体育场馆。该工程地下 1 层，地上 3 层，建筑面积 16952m²，工程建成后将成为地质大学的标志性建筑。篮球馆屋面钢结构为螺栓球连接形式的正四角锥钢网架，网架南北向跨度为 47.6m，东西向跨度 60m，最高处标高为 23.80m，最低处标高为 18.653m，网架矢高 2.6m。网架投影面积为 2932m²，支撑在周边的 22 个混凝土柱上，混凝土柱顶标高复杂多变，网架支座为弹性支座；网架结构总重量约 90t，网架结构的网格尺寸为 4m×4m 左右，其中最大规格杆件为 $\phi219\times10mm$，最小规格杆件为 $\phi60\times4mm$，所有杆件均采用 Q235B 钢材；螺栓球最大球径为 280mm，最小球径为 100mm，见图 11.3.1。

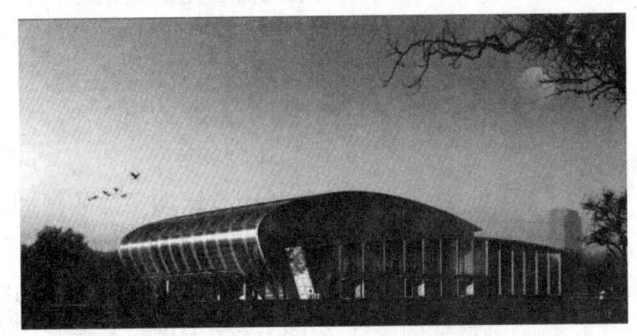

图 11.3.1 综合游泳馆效果图

11.3.2 施工情况。室内部分分 3 个阶段扩展拼装提升，室外采用高空散拼。

11.3.3 应用效果。北京地质大学（北京）综合游泳馆采用本工法，成功解决了钢结构工期紧、任务重，施工难度大的难题，取得了良好的技术经济效果。本工程一次性顺利通过了北京市"结构长城杯"专家组的验收，被评为结构"长城杯"银杯。

超高层建筑物风阻尼器施工工法

GJYJGF031—2010

中建钢构有限公司　中国建筑第八工程局有限公司

王祥明　张琨　王宏　刘进贵　仇春慧　周光毅

1. 前　　言

近年来超高层建筑钢结构发展迅猛，为了应对地震以及提高遭遇强风时在建筑物中人员使用环境的舒适性，世界各地很多超高层建筑物都设置了风阻尼器。风阻尼器是高层建筑应对地震、吸收震波的一种装置。由安装在楼体中上部的配重物通过传动装置经由弹簧、液压装置吸收楼体的振动，达到抗震的目的。

2. 工 法 特 点

2.1　风阻尼器的引入能使强风时加在建筑物上的加速度（重力）降低40%左右。

2.2　风阻尼器采取分阶段进行安装，降低施加全部风阻尼器荷载对结构的不利影响。

2.3　选择地面拼装的方法，不仅有效地解决了安装精度不高和变形过大的问题，而且加快了施工速度，提高了工作效率。

3. 适 用 范 围

本工法适用于设计有风阻尼器的超高层钢结构建筑物的施工，对风阻尼器的设计、组装也有一定的参考价值。

4. 工 艺 原 理

本装置中心装有和建筑物的固有周期一致的振动体（配重），使用传感器探测强风时建筑物的摇晃，通过驱动部控制配重物体的动作进而降低建筑物的摇晃程度。振动体（配重）通过装置下部（驱动部）的电机移动。驱动部设计为可以沿纵横两方向运动的状态，因此可以实现360°方向的控制。

超高层建筑结构设计除了以安全为首要考虑，还必须考虑居住上的舒适性。简单地说就是一般的摩天大楼都会在有风的情况下摇晃，这个装置就是减轻摩天大楼产生的晃动。

5. 施工工艺流程及操作要点

5.1　工艺流程

考虑阻尼器滞后安装而带来的上部结构无法就位等不利因素，阻尼器安装需与同层结构同步进行。总体的施工流程：阻尼器各部件任务分解→确定合适的吊装方案→阻尼器地面拼装→阻尼器吊装。

5.2　操作要点

5.2.1　阻尼器结构形式

阻尼器为主动式阻尼器，具体组成部件见图5.2.1。

5.2.2 阻尼器的安装工况确认

现实施工工况下全部阻尼器荷载施加对结构产生较大不利影响，若采取分阶段进行安装的方式，对结构的不利影响就会降低。一方面，将阻尼器拆分为 2 个阶段进行安装，第一阶段，安装各框架部分，第二阶段安装阻尼器余下的配重等构件；另一方面，对阻尼器所在楼层结构进行预留，除阻尼器部分外其余部分钢构件全部安装完成，以最大程度减小对结构的影响。考虑塔吊影响，对结构模型进行假定和计算，并根据假定，建立 ETABS 结构计算模型（图 5.2.2-1）。

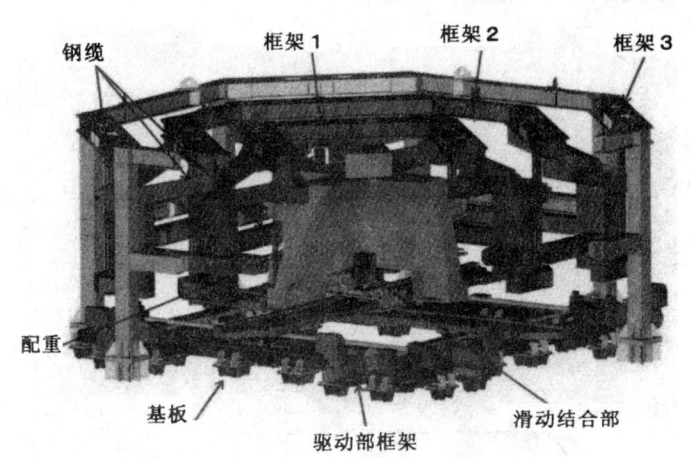

图 5.2.1　阻尼器组成

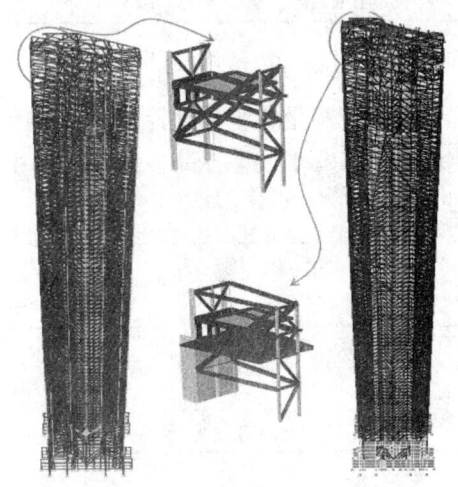

图 5.2.2-1　ETABS 结构计算模型

1. 荷载取值

考虑恒载、活载和 100 年一遇的风荷载、塔吊荷载（风荷态/工作状态）及风阻尼器设备荷载。

2. 阻尼器荷载（图 5.2.2-2）

3. 结构顶部风荷载（图 5.2.2-3）

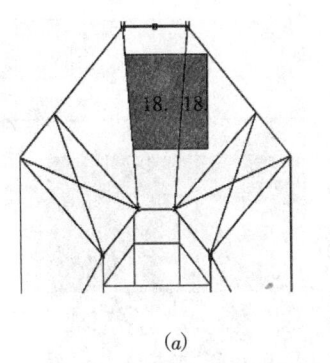

　　　　(a)　　　　　　　　　　(b)

图 5.2.2-2　阻尼器荷载

(a) 第一阶段阻尼器荷载图；(b) 第二阶段阻尼器荷载图

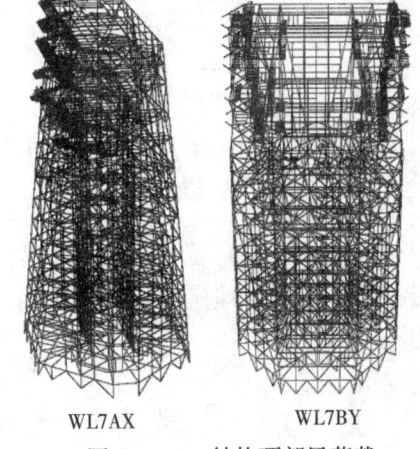

WL7AX　　　　　WL7BY

图 5.2.2-3　结构顶部风荷载

经过计算复核，对阻尼器分阶段进行安装，原设定工况对结构无不良影响。考虑现场复杂因素，施工中重点关注了周边钢梁的变形情况，无任何意外情况发生。

5.2.3 阻尼器的安装

阻尼器安装的首要问题是三道八边形框架不同标高互套，组成八边框架的箱形杆件全数为栓接，要求三道八边框架平面杆件高差均匀，竖向杆件垂直度偏差≤1/4400，内框与外框采用多组钢绞线悬吊，各悬吊点高差≤1/4000，而且由内框悬吊的驱摆装置与置于底部的十字滑槽处于将触未触状态。这些苛刻的技术要求在结构临近顶部的空间付诸实施，直接遇到了墩座安装调整精度±1mm 要求实施，墩座平面栓孔 x、y 偏差按±5mm 控制等高难度施工。

1. 精度控制

阻尼器底座精度要求见表5.2.3-1。

阻尼器底座精度允许误差 表5.2.3-1

名　称	水平方向允许误差	垂直方向允许误差
阻尼器框架用墩座①	±8mm	±1mm
阻尼器驱动部分用墩座②	±5mm	±1mm
阻尼器配重预设墩座③	±5mm	±10mm

1) 标高控制

标高控制是墩座精度控制的关键因素之一。我们从结构安装控制开始，重点对标高进行控制，确保结构标高略低于设计标高，便于用垫片进行调整，取得了良好效果，见表5.2.3-2。

标高控制调整前后误差对比 表5.2.3-2

参　数　部　位	垂直方向（调整前）		垂直方向（调整后）	
	实际偏差（最大值）	允许误差	实际偏差（最大值）	允许误差
框架用墩座①	−9mm	±20mm	±1mm	±1mm
驱动部分用墩座②	−19mm	±20mm	±1mm	±1mm
配重预设墩座③	−14mm	±20mm	−9mm	±10mm

2) 轴线控制

墩座轴线偏差控制分为两部分：一部分在现场焊接在钢板上的12个墩座，控制比较容易；剩余8个墩座在制作厂焊在钢梁上，是轴线控制的重点；墩座轴线偏差详见表5.2.3-3。

墩座轴线控制调整前后误差对比 表5.2.3-3

参　数　部　位	水平方向（调整前）		水平方向（调整后）	
	实际偏差（最大值）	允许误差	实际偏差（最大值）	允许误差
框架用墩座①	+15mm	±8mm	±8mm	±8mm
驱动部分用墩座②	+4mm	±5mm	+4mm	±5mm
配重预设墩座③	±3mm	±5mm	±3mm	±5mm

框架用墩座在工厂已焊接完成，水平偏差调整比较困难，采用修孔的方法对墩座进行了纠偏，确保偏差控制在允许误差范围内（图5.2.3-1）。

2. 阻尼器安装

1) 阻尼器各部件任务分解，吊装方法确定

阻尼器的各部件组成见表5.2.3-4。

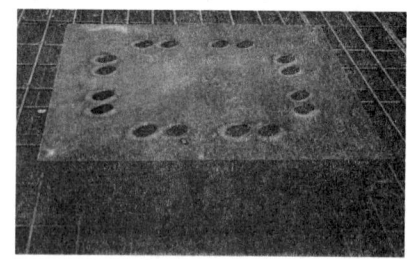

图5.2.3-1 现场处理过的框架用墩座

阻尼器各组成部件 表5.2.3-4

序号	名　称	数量（个）	单重（t）	总重（t）
1	基板	8	0.3	2.4
2	驱动框架	1	23.5	23.5
3	滑动结合部	1	2.5	2.5
4	配重预设墩座	4	0.5	2
5	配重框架	1	26.4	26.4
6	配重框	1	11.2	11.2

序号	名　称	数量（个）	单重（t）	总重（t）
7	框架安装墩座	8	0.4	3.2
8	框架1	1	20	20
9	框架2	1	21.6	21.6
10	框架3	1	23.6	23.6
11	配重1	1	9.2	9.2
12	配重2	1	10.2	10.2
13	配重3	1	12.8	12.8
14	配重4	4	11.7	46.8
15	配重5	2	9.6	19.2
16	配重6	2	12.6	25.2
17	控制盘	1	0.8	0.8
18	动力盘	2	1.5	3

根据现场塔吊的起重能力、构件堆场情况，结合阻尼器各部件的特点，现场对驱动框架和框架1~3采取了地面拼装，整体吊装的施工方法，其余部件采取散件吊装，高空组装的安装方法。

2）地面拼装

为保证地面拼装的精度，特别是驱动框架的拼装精度，在堆场设置H300×300×10×15拼装胎架，驱动框架和框架1~3在胎架上进行拼装，地面与空中全过程采用全站仪逐点跟踪调校，自内向外推进，高强度螺栓逐一初拧，循环复拧，最终多组人员多台设备同步终拧，保证了拼装精度符合设计要求（图5.2.3-2、图5.2.3-3）。

图5.2.3-2　框架地面拼装

3）阻尼器吊装

由于阻尼器驱动框架和外框架采取的是地面拼装、整体吊装的安装方法，如何保证如此庞大的精密设备部件在吊装工程中不变形，是阻尼器安装中的重点之一。工厂预拼装过程中多次派施工人员前去学习参观。阻尼器部件吊装，特别是大型部件，全部采用多根钢丝绳配合捯链进行吊装，为阻尼器的顺利安装打下了基础（图5.2.3-4）。

图5.2.3-3　驱动框架地面拼装

图5.2.3-4　安装完成的阻尼器

6. 材料与设备

根据现场作业条件和施工工艺情况，操作过程中所需机具设备如表6所示。

主要及设备表   表6

序号	主要设备名称	型 号	单位	数量	备 注
1	塔吊	M900D	台	2	吊装
2	汽车吊	25t	台	1	构件卸车
3	10t 平板车	/	台	1	构件倒运
4	激光铅直仪	/	台	1	测量校正
5	经纬仪	J2	台	1	测量校正
6	全站仪	NET2100	台	1	测量校正
7	水准仪	S1/S3	台	1/1	测量校正
8	捯链	1t/2t/3t/5t	个	4/4/6/6	/
9	卡环	/	个	20	/
10	钢丝绳	/	m	300	/
11	千斤顶	5t/15t	个	10/12	测量校正

7. 质 量 控 制

7.1 焊接施工质量保证措施

采用二氧化碳气体保护焊接，先由总包、监理、业主检查焊工的合格证，进行焊工考试，并根据现场钢材材质做工艺评定，检验项目有：复检、拉伸、冲击、弯曲等。对现场焊接节点做好防风、防雨的措施，严格控制焊前的预热温度、焊中的层间温度、焊后的后热保温。对现场一级焊缝进行100%自检，在自检合格的情况下，再请第三方对焊缝进行3%的复检。

7.2 高强度螺栓施工质量保证措施

采用扭剪形高强度螺栓。现场严格地进行每一颗螺栓的初拧标记，检查终拧标记，螺栓完成后由监理、业主对现场每一颗螺栓的换穿、有无扩孔、初拧标记、终拧后外观及端头断裂、外露丝扣、标记转动等情况进行检查，合格后方可进行油漆封闭。

7.3 采用先进的验收手段

针对超高层这一情况开发了远程验收系统，用于钢结构质量监控和验收。该系统具有如下优点。

1) 能满足多部门、远距离、协同验收的需要，不需验收人员亲临高空检视，确保人身安全。

2) 节省了验收人员集中等待、上下高空的时间。

3) 可实现文件记录电子化，并可随时信息共享。

8. 安 全 措 施

超高空作业风大、潮湿、温度低，安全管理工作异常繁重。工程伊始，即制定了详细的安全施工规划纲要，建立了完善的安全管理组织体系，形成了纵向到底、横向到边，覆盖所有参与施工作业和管理人员的安全生产管理网络，人人签定岗位安全生产责任状，使各级部门、每位员工都明确自己的安全责任，知道安全生产的重要性。

对于双机抬吊等危险性较大的作业，要求提前编制专项实施方案，对参与作业的塔吊司机、吊装指挥、起重工、辅助人员等进行详细的书面交底，在正式抬吊前，先进行模拟抬吊然后才实施。

对所有钢结构施工作业人员，特别是安全意识比较差的新进场人员，项目部采用了点面结合的安全生产宣教培训体系，从思想上提高全员安全意识和自防、自救能力，并展开消防及高处坠落演练，应急救援医疗知识培训。项目部充分利用开展讲座、安全图片展、发放安全知识手册、安全知识竞赛、考试等各种形式的培训，提高员工的安全意识和应急处置能力。

9. 环 保 措 施

9.1 防止施工噪声污染

1. 每天晚 22 时至次日早 7 时，严格控制强噪声作业。
2. 钢构件在卸车、倒运以及安装过程中必须轻拿轻放，构件安装修理晚间禁止使用大锤。
3. 加强环保意识的宣传，采用措施控制人为的施工噪声，严格管理，最大限度地减少噪声扰民。

9.2 城市生态保护

1. 不得随意破坏绿化，修剪树木。
2. 施工照明灯的悬挂高度和方向要考虑不影响居民夜间休息。
3. 做好交通疏解工作，少占路、封路，尽量不占用马路和行人道。指派专门班组，负责对围墙外侧的临时道路进行日常养护，在雨季更应保证路面的平整。
4. 严格按有关文件要求布置施工临时设施，并保证施工结束后及时撤场，尽快恢复原状。
5. 在施工场地周围张贴安民告示，并争取所在村委的支持，求得附近村民、居民的理解和配合。

9.3 废弃物管理

1. 施工现场设立专门的废弃物临时贮存场地，废弃物应分类存放，对有可能造成二次污染的废弃物必须单独贮存、设置安全防范措施且有醒目标识。
2. 废弃物的运输确保不散撒、不混放，送到政府批准的单位或场所进行处理、消纳。
3. 对可回收的废弃物做到再回收利用。

10. 效 益 分 析

10.1 经济效益

1. 通过组装进行吊装风阻尼器的方案不仅有效地解决了安装精度不高和变形过大的问题，保证了施工质量，而且加快了施工速度，提高了工作效率，节省了人工开支，从而降低了工程施工成本，直接节约成本 50 余万。
2. 采用双机抬吊方式施工，降低了对塔吊起重性能的要求，减少机械设备投入约 100 万元。
3. 本工程在施工过程中，数次接待公司潜在业主参观考察，通过本项目的示范作用，提高了工程中标率。

10.2 社会效益

1. 本工程的建造将我国超高层钢结构的安装技术推向了一个新的高度，证明中国施工企业完全有能力建造世界顶级摩天大楼。
2. 本工法涉及内容填补了风阻尼器在国内使用的空白，为国内建造类似工程提供了理论依据，同时对施工人员经验的积累起到了积极的作用。

11. 应 用 实 例

上海环球金融中心位于上海陆家嘴金融贸易区，北临世纪大道，西邻金贸大厦。上海环球金融中心地上 101 层，地下 3 层，建筑主体高度达 492m。主体结构采用型钢混凝土组合结构和钢结构，其中 79 层以上为全钢结构。结构总用钢量约 6.2 万 t。

上海环球金融中心在 90 层伸臂桁架区域布置了两台 9000mm×9000mm×4400mm、单重 269.4t 的主动式阻尼器。每台阻尼器通过底部的 20 个预设墩座直接与 90 层楼面结构相连，其中框架 3 底部 8 个预设墩座由制作厂直接焊接在 90 层钢梁上，其余 12 个预设墩座现场焊接在楼面钢板上（图 11）。

图 11 风阻尼器实景

复杂钢结构仿真施工工法

GJYJGF032—2010

中国京冶工程技术有限公司

侯兆新 张莉 聂金华 陈增光 刘培军

1. 前　言

随着计算机技术的普及和发展，在建筑工程中采用智能方法极大地促进了施工技术和管理水平的提高，从而推动了施工领域的不断进步和发展。目前施工领域应用较成熟的软件系统有：CAD 辅助设计技术、专家系统、智能管理系统、办公自动化系统等，这些计算机技术的应用改变了传统的施工方法和理论，带来了新的理念。通过在建筑工程施工中引入虚拟技术的工程实践证明，建筑工程施工应用虚拟技术已成为可能，用虚拟技术研究建筑工程施工，将会创造出极大的经济价值，促进技术的进步。

作为一门新兴的学科，仿真施工无论是在国内还是国外，均处于探索阶段。运用 Tekla Structures 软件开展的一些施工仿真技术，给现代化的建设提供了新的思路，具有重要意义。

2. 工 法 特 点

建筑工程施工是一项将设计图转化成实物的复杂工作，其施工方法和组织程序存在多样性、多变性。目前，对施工方法和施工组织的优化主要建立在施工经验基础上，而依靠施工经验对施工进行控制和优化，具有一定的局限性。特别是在全新的结构或复杂条件下施工，依靠经验对工程施工的可行性、控制优化、事故预测和生产调度优化等各方面的分析和预测，可能会由于思维惯性而忽略某些重要因素或由于力不从心只能分析局部和少量结果，更无法开展定量分析。

施工过程的计算机仿真技术是近年来计算机技术应用于施工领域的一门新技术，是非常有效的施工辅助手段。通过对结构施工过程的计算机仿真动态分析，可有效地对施工方案进行分析和优化，针对分析结果采取相应的加固和完善措施，从而在经济安全的前提下，保证施工质量，通过对结构施工全过程的计算机动态分析和控制，检验施工工艺、程序和重要部位设计的合理性，提出更科学完备的施工方案，避免不利因素影响，更好地指导施工生产。

2.1 特点

模型是仿真的基础，在计算机中构架虚拟的建筑物模型，直观地了解各种构件在结构中的相对位置及相互关系，论证多种施工方法，并根据杆件工况应力，对吊装方法、顺序和吊装线路进行优化。建模与仿真技术及其构建的仿真系统具有以下明显的特征：

1. 动态性：仿真技术不同于一般的结构计算和施工管理，它研究项目实施的动态过程。

2. 系统性：建模与施工仿真从总体上看，研究的是一个系统，它由多个部分或回路组成，有明显的输入输出关系。见图 2.1。

3. 分布性：可以由多台计算

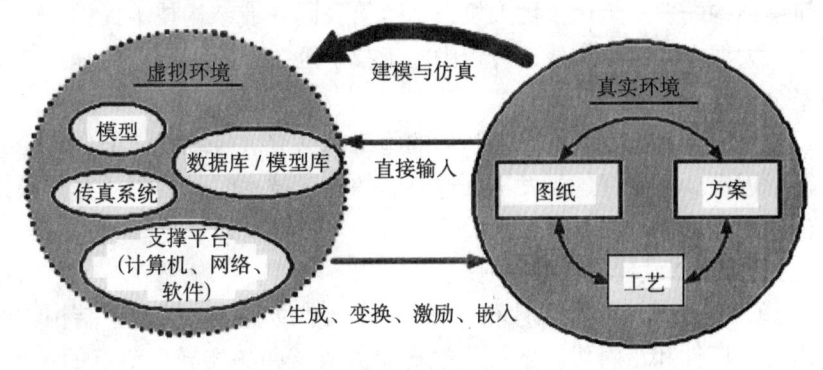

图 2.1　建模与仿真关系图

机、多个操作人员共同参与仿真。

4. 交互性：运用模型进行施工仿真，模型、图纸、施工工艺、现场环境等相互之间存在相互作用和大量的信息交互。

5. 一致性：一个模型中的不同视图，必须保持一致性。

6. 可信性：运用模型对施工建设进行仿真，结果应是可信的。

2.2 应用意义

使用虚拟仿真技术对施工过程进行模拟，在施工前了解各种构件在实际结构中的相对位置及相互关系，实验多种施工方法，计算相应工况应力，对方案进行优化。这对以下几方面将产生重大意义：

2.2.1 建筑工程施工方案的选择和优化

建筑工程施工的施工方法及施工组织的选择和优化主要是建立在施工经验的基础上，存在一定局限性。同时，现代建筑基本上都具有鲜明的个性，建筑工程施工成为不可完全重复的过程。使用施工虚拟仿真技术，可以直观、科学地展示不同施工方法和施工组织措施的效果，可以定量地完成方案的对比，有助于施工方案的选择和优化，真正实现最优施工。

2.2.2 施工技术革新和新技术引入

施工虚拟仿真技术一方面能使广大施工技术人员低成本地试验施工新工艺和革新思路，有助于创造性的充分发挥，同时能真切展示新技术的成效，缩短建筑业新技术的引入期和推广期，降低新技术、新工艺的实验风险。

2.2.3 施工管理

施工虚拟仿真技术能事先模拟施工全过程，能提前发现施工管理中质量、安全等方面存在的隐患，因而可以采取有效的预防和强化措施，提高工程施工质量和施工现场管理效果。

2.2.4 安全、生产培训

施工虚拟仿真技术能实时、直观地显示施工过程的实际情况，有助于操作人员全面了解操作流程，优质安全地完成施工任务。

2.2.5 大型工程设计

施工虚拟仿真技术可以考察建筑设计是否合理，可以方便地对拟改进部位进行修改，从而得到理想的设计结果。设计的方针也有利于设计单位与业主、施工单位进行设计交底。

3. 适 用 范 围

施工仿真技术，适用于重型钢桁架、轻型桁架或管桁架等各类复杂钢结构的施工。

近30年来，各种类型的大跨度空间钢结构在美、日、欧、澳等发达国家或地区发展很快，其跨度和规模越来越大，新材料和新技术的应用越来越广泛，结构形式越来越丰富。在我国，随着国家经济实力的增强和社会发展的需要，近10年来也取得迅猛发展。尤其是2008奥运场馆建设，为我国大跨度空间钢结构的发展提供了巨大机遇，也给我国建造结构技术提供了一个展现机会和发展空间。

大型空间钢结构建造过程中施工技术至关重要，合理的施工方案和科学的施工过程分析是保证结构安全、经济的关键。

目前，大型复杂空间钢结构的施工，已突破传统意义上的施工方法，向着多学科、综合化、高科技领域迈进。在研究、开发、创造科学的施工技术时，运用计算机模拟施工过程，经工程实践证明，在安全性和经济性方面具有较大的优越性。

1. CAD 设计与 CAM 制作技术

CAD 计算机辅助设计和 CAM 计算机辅助制造，属于钢结构辅助制造技术范畴，包括整体三维实体建模、杆件和板材优化下料、钢管相贯节点和各类异型节点的设计、分析、制造等。随着计算机技术、信息化技术的推广以及先进数控设备在各制作工厂的普及，CAD/CAM 的运用将会大大提高生产效率和实现定制化目标，进而提高空间钢结构产品的创新能力和管理水平。

2. 仿真施工

随着信息技术、设计技术、制作技术、管理技术的不断发展，以及计算机和仿真软件在施工领域的广泛使用，施工仿真的应用将会更加全面、复杂化。包括但不仅限于钢结构起拱、预变形模拟和预拼装模拟、大型构件的吊装过程仿真、施工过程各阶段各工况仿真和卸载过程模拟。

仿真施工将会贯穿于整个建设过程，不断促进施工技术和管理水平的提高。

4. 工 艺 原 理

运用 tekla structures 进行施工仿真模拟，实际上是运用计算机技术对未安装的钢结构进行的实际安装过程的计算机模拟过程；通过科学合理的分段，分析比较每段对于安装过程的影响及对比不同的分段对于整个项目经济的影响。

4.1 三维建模

对于较规则的工程项目，例如厂房、民用高层、框架等，一般而言不需要借助其他软件的协助来提供定位，因为 Tekla Structures 具有轴线和参考点等命令，可以很方便地控制。但是，如果是一些异型结构，特别是含有空间曲面造型的项目，需要先在 Auto CAD 里定义好关键的控制点和参考线，然后再导入 Tekla Structures，这在圣陶沙名胜世界项目的诸多建模过程中都得到应用。

在进行杆件的输入过程中，原则上是在"设置为当前"的基准面上进行输入工作，也可根据需要使用线与面的交点和线与杆件的交点进行定位。在圣陶沙名胜世界项目，膜结构单体模型搭建过程中，后一种运用就非常有效。

对于建模过程中经常遇到的弧线形杆件的模拟，一般我们可以通过以下两种途径来实现：

1. 创建折形梁，然后选中转角，使用倒角命令成圆弧过渡。

2. 直接创建直梁，调整直梁的半径属性。

一般来说，后面这种做法灵活，但是需要注意在修改半径时，坐标系的放置平面是否正确。

4.2 运用原理

我们在圣淘沙名胜世界钢结构详图设计、材料采购、加工制作、现场安装过程中，成功地运用了 Tekla Structures 软件，无论是在质量或工期方面，得到了较好的效果。主要表现在：

4.2.1 详图设计

使用 Tekla Structures 对三维环境进行细部设计能确保建造和架设阶段的无差错协作。精细的 Tekla 模型显示了钢结构的"完工"效果，如果在屏幕上结构合理，则在现场也肯定合理。

建模过程中会频频使用到切换工作面和创建视图平面来输入各个杆件，由于 Tekla Structures 可以实现所见即所得，所以在建模的过程中对于杆件的布置非常直观，并在需要的时候进行渲染和消隐，有利于观察各个杆件和螺栓等细节，特别是在节点设计过程中，往往可以检查出很多设计未考虑或未能深入考虑和解决的杆件、螺栓碰撞问题。

所需全部图纸和报告通过三维模型自动生成，对模型所做的任何修改都会自动反映在输出中，保证图纸的实时更新。

4.2.2 加工制作

Tekla Structures 自动生成的材料表，便于原材料采购的及时开展。

软件生成的零件图可以直接或经转化后，得到数控切割机和数控三维切割管机所需的文件，实现钢结构设计和加工自动化，消除人为误差，节省了大量时间和成本。

对三维模型的理解，使得复杂构件的加工制作更加直观、明了，缩短了工人的识图时间以及降低了对图纸理解失误概率。有利于对加工制作的进程进行有效的管理，任何在加工制作中发现的图纸错误，可以通过 Tekla Structures 进行核对、修改，找出与此相关联的构件，并及时有效地进行下一步生产安排。

4.2.3 安装

选用合理的安装方法，在安全、经济、适用三方面找到一个最佳平衡点。现代空间钢结构跨度大、体形复杂，无固定的安装模式，并且使用大量新材料、新技术，单一传统安装方法已不能满足质量、进度等方面的需求。因而，通过计算机仿真技术，对传统的施工方法进行比选、结合或创造，找出合理的安装方法。具体如下：

1. 结构的复杂、多样性，安装阶段的结构受力和设计状况可能不同，而施工过程中空间刚度与结构形成整体后的刚度相差悬殊，科学合理的安装方案和施工工艺，对确保结构的稳定性与施工安全，消除安装变形与误差，达到设计要求和质量标准将会产生很大影响。

2. 通过计算机仿真，找出构件分块（片）吊装的理论拼接位置，即临时胎架的支撑位置。

3. 通过计算机仿真，对结构安装进行变形模拟、起拱模拟、拼装模拟，目的在于论证构件的安装顺序是否合理、施工阶段各构件的受力是否满足要求、结构卸载后变形是否满足要求等，根据模拟情况，评审方案的可行性，综合考虑施工组织和整体部署。

4. 通过模型，清楚、直观、准确地表述施工进度和安装顺序，提高了管理和沟通的效率。

5. 工艺流程及操作要点

5.1 工艺流程（图 5.1）

5.2 主要工法

5.2.1 节点模拟

1. 构件碰撞、干涉模拟

结构设计，尤其是空间结构设计，由于平面图形无法准确地表示出空间实际位置情况，

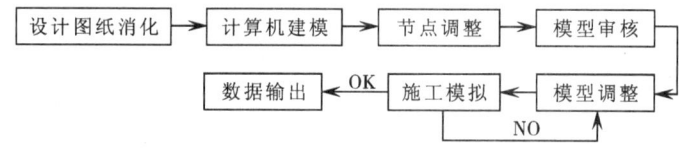

图 5.1 工艺流程图

导致杆件相碰、干涉的情况经常出现，见图 5.2.1-1 和图 5.2.1-3。Tekla Structures 建模后，能直观地反映出节点的设计错误，例如构件碰撞、干涉等，实现设计阶段的修正，见图 5.2.1-2 和图 5.2.1-4。

图 5.2.1-1 碰撞构件模型图

图 5.2.1-2 碰撞处理后模型

图 5.2.1-3 ETFE 索节点板模拟后发现无法施工

图 5.2.1-4 ETFE 索结构调整节点板模拟

2. 相贯节点模拟

对于相贯节点，需要注意管—管相贯次序。尤其是多管相贯的节点，拼接时需要综合考虑安装方案、杆件受力以及相贯顺序，以免出现焊缝交叠后漏焊问题，尤其是主杆件连接焊缝损失的问题，见图5.2.1-5。通过Tekla Structures建模，管—管相贯及焊接顺序得以明确的解释，见图5.2.1-6。

图 5.2.1-5 多管相贯透视模拟

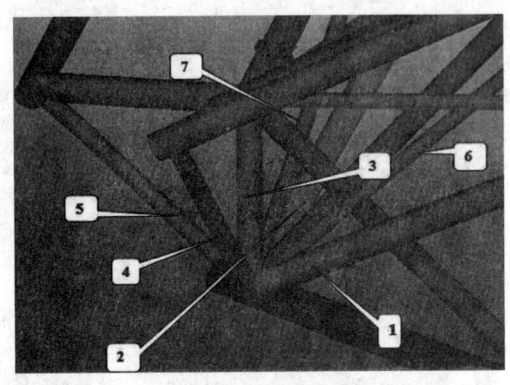

图 5.2.1-6 模拟安装焊接顺序指导施工

5.2.2 预拼装模拟

对已经制作完成的构件进行三维测量，并将测量数据在计算机中构造模型，分析拼装精度，进而得到构件连接件加工所需要的信息。构件的模拟拼装有两种方法：一是在计算机模型中，按照图纸要求的理论位置进行预拼装，然后逐个检查构件间的连接关系是否满足产品技术要求，对检查结果进行及时的反馈及处理，并提取后续作业需要的信息。二是在支撑条件下，构件（仅承受重力作用）不出现超过工艺允许的变形，以保证构件间的连接为原则，进行计算机模型模拟拼装，检查构件的拼装位置与理论位置的偏差是否在允许范围内，并反馈检查结果作为预拼装及后续作业调整的信息。

仿真安装的过程就是安装过程的预演，以确定实际安装中拼装位置、临时支架的设置、安装顺序、焊接顺序等，对空间结构施工方案确定具有指导作用，见图5.2.2。

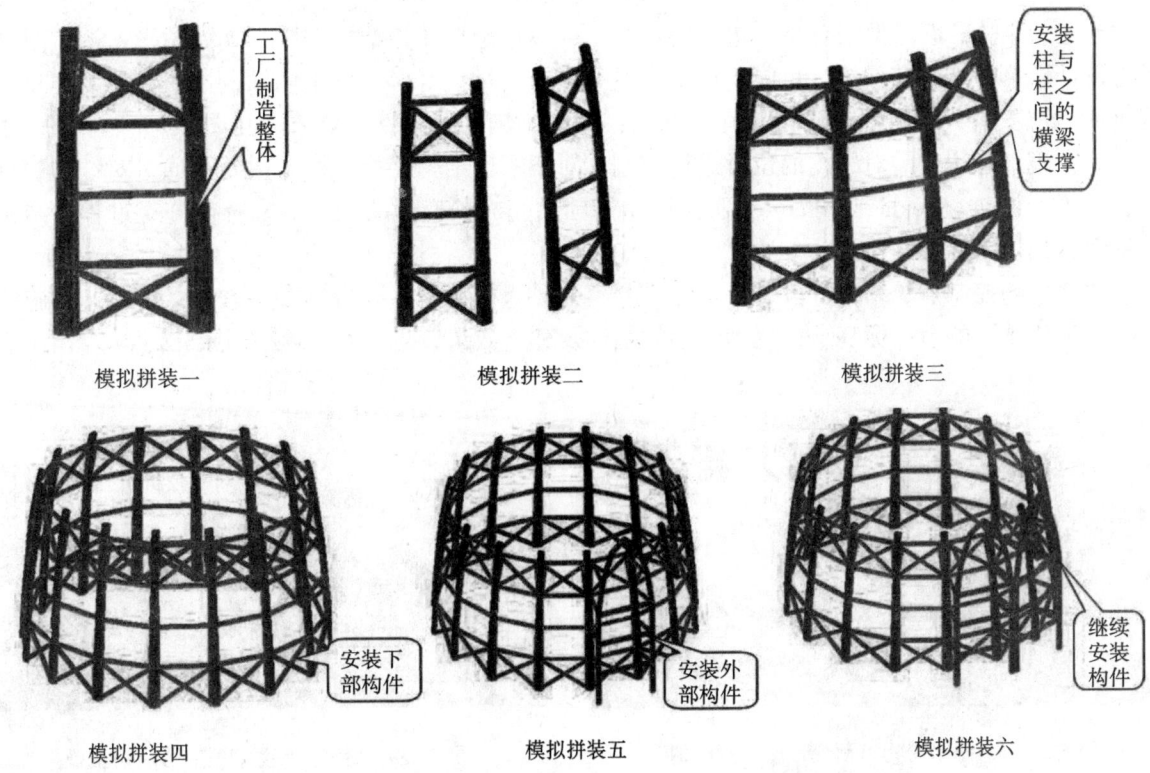

图 5.2.2 Maxims Hotel Steel Roof 三维仿真模拟（一）

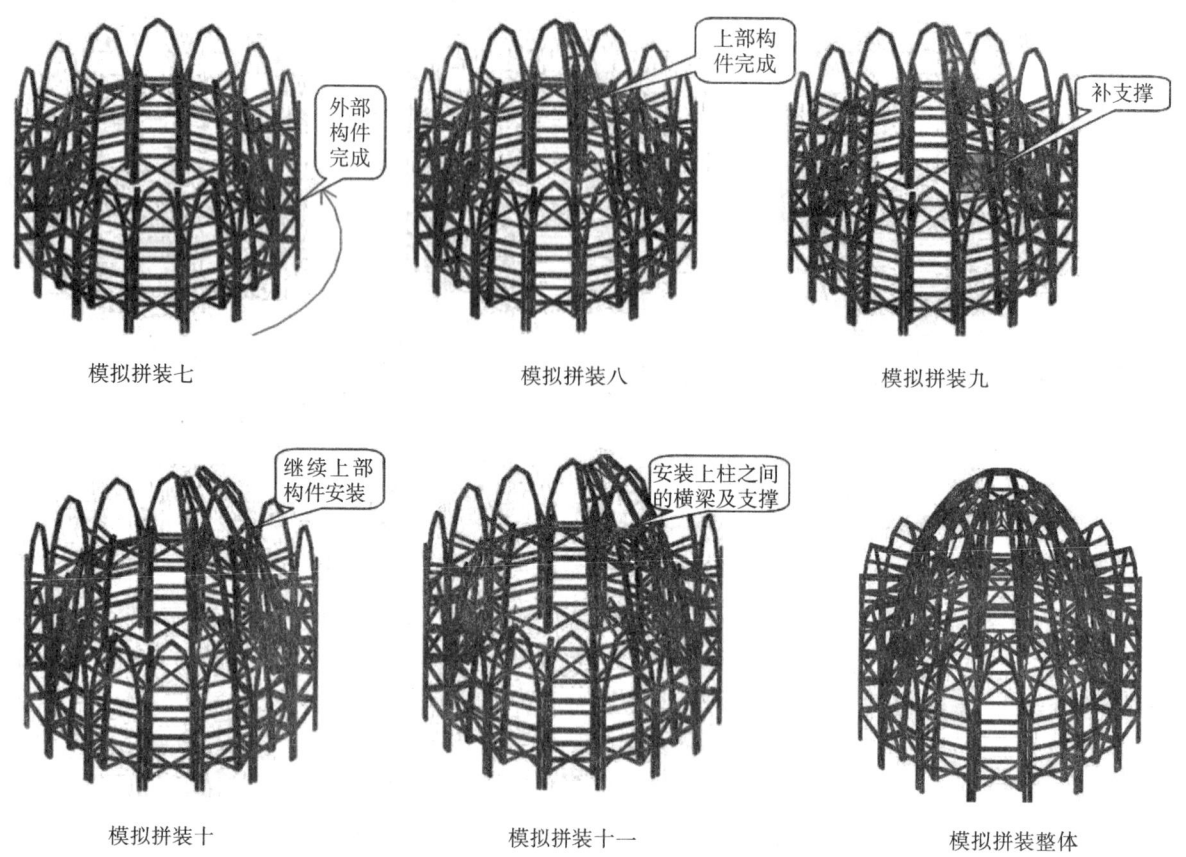

模拟拼装七　　　　　　　模拟拼装八　　　　　　　模拟拼装九

模拟拼装十　　　　　　　模拟拼装十一　　　　　　模拟拼装整体

图 5.2.2　Maxims Hotel Steel Roof 三维仿真模拟（二）

5.2.3　变形模拟

对于建筑结构，若按照设计位形进行构件加工，设计位形作为结构安装的初始位形，竣工时结构的位形与设计位形存在一定偏差，可能由于施工过程中产生过大变形导致主体结构或次结构及维护结构安装困难或无法安装，也可能导致建筑在正常的使用中不满足适应性的要求，见图 5.2.3-1 和图 5.2.3-3。这就要求在施工过程中需对结构的位形进行控制。对于刚性结构，控制措施主要是通过对结构的预变形分析、模拟、调查。Tekla Structures 实体模型能辅助完成预变形的调整，来补偿施工过程中结构的变形，从而达到控制变形的目的。

将预变形的控制点、结构分段拼接点相结合，并导入模型中，以指导安装方案；同时，在施工过程中，确保某些重要的节点标高，以达到预期的结构及建筑效果，见图 5.2.3-2 和图 5.2.3-4。

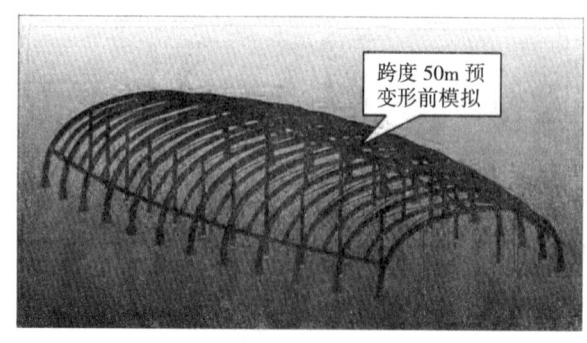

图 5.2.3-1　海事博物馆预变形前仿真模拟

图 5.2.3-2　海事博物馆预变形后仿真模拟

图 5.2.3-3 海事博物馆立面仿真模拟发现结构设计问题　　图 5.2.3-4 海事博物馆立面结构标高调整后的仿真模拟

6. 材料与设备

施工仿真的设备主要是计算机和仿真软件。

7. 质 量 控 制

7.1 当运用计算机软件进行施工仿真设计时，应满足《钢结构设计规范》GB 50017 的相关要求。

7.2 计算机辅助预拼装模拟、变形模拟等，其质量控制应满足《钢结构工程施工质量验收规范》GB 50205 的相关要求。

8. 安 全 措 施

8.1 施工安全分析与施工安全措施

8.1.1 范围：本钢结构工程范围内的安全文明施工。

8.1.2 内容：施行工安全的风险点及其控制要点。

1. 钢结构起吊、卸车、堆放的安全与文明施工。

2. 钢结构安装的安全与文明施工。

3. 钢结构施工场地文明施工。

8.1.3 安全人员的岗位职责：协助建设单位加强对工程的安全管理，对工程进行资质审查确认。

8.2 施工阶段安全检控要点

8.2.1 临时用电现场布置应按用电平面图进行。

8.2.2 高压线防护架设方案搭设。

8.2.3 支线架设高度应确保电缆高度大于 2.5m、架空线高度大于 4m。

8.2.4 现场照明架设高度大于 2.4m；危险场所应使用安全电压。

8.2.5 电箱应统一编号、放置高度下口高于 60cm。

8.2.6 动力开关电箱应做到一机、一闸、一漏、一箱。

8.2.7 用电设备、机械设备是否有可靠的接地装置。

8.2.8 变配装置符合规范要求；宫殿采用三相五线制；配电室设警示牌、灭火机、绝缘毯、绝缘手套等。

8.3 施工机具检控要点

汽车吊、履带吊检控要点

8.3.1 每台汽车吊、履带吊或叉车配备操作人员必须持证上岗（包括驾驶员、起重工、司索工、信号工等）。

8.3.2 经主管机关认定的监测机构办理检测，办理合格证方能使用。

8.3.3 汽车吊、履带吊施工时的人员配备。应确保驾驶员 1 名，上指挥 1 名，下指挥 1 名。

8.4 个人防护检控要点

8.4.1 安全帽佩戴正确，系好帽扣。

8.4.2 安全带完好无缺，使用时高挂低用。

8.4.3 绝缘鞋、绝缘手套、电焊工脸罩应完好并准确使用；专业施工人员须持证上岗；危险作业应有保护措施。

8.5 钢结构吊装工程检控要点

8.5.1 吊装前应检查机械索具、夹具、吊环等是否符合要求并应进行试吊。

8.5.2 吊装时必须有统一的指挥、统一的信号。

8.5.3 高空作业人员必须系安全带，安全带生根处须安全可靠。

8.5.4 高空作业人员不得喝酒，在高空不得开玩笑。

8.5.5 高空作业穿着要灵便，禁止穿硬底鞋、高跟鞋、塑料底鞋和带钉的鞋。

8.5.6 吊车行走道路和工作地点应坚实平整，以防沉陷，发生事故。

8.5.7 六级以上大风和雷雨、大雾天气，应暂停露天起重、高空作业。

8.5.8 拆卸吊绳时，下方不应站人。

8.5.9 使用撬棒等工具，用力要均匀、要慢、支点要稳固，防止撬棒发生事故。

8.5.10 构件在未经校正、焊牢固定之前，不准松绳脱钩。

8.5.11 起吊笨重物件时，不可中途长时间悬吊、停滞。

8.5.12 起重吊装所用之钢丝绳，不准触及有电线路和电焊搭铁线或与坚硬物体摩擦。

8.5.13 遵守有关起重吊装的"十不吊"规定。施工用的电动机械和设备均须接地，绝对不允许使用破损的电线和电缆，严防设备漏电。施工用电器设备和机械的电缆，须集中在一起，并随楼层的施工而逐节升高。每层楼面须分别设置配电箱，供每层楼面施工用电需要。

8.5.14 高空施工，当风速达到 15ryt/5 时，所有工作均须停止。

8.5.15 施工时还应该注意防火，配备必要的灭火设备和消防监护人员。

8.6 电焊检控要点

8.6.1 电焊、气割时，要严格遵守"十不烧"规程操作。

8.6.2 操作前应检查所有工具、电焊机、电源开关及线路是否良好，金属外壳应有安全可靠的接地，进出线应有完整的防护罩，进出线端应用铜接头焊牢。

8.6.3 每台电焊机应有专用电源控制开关，开关的熔丝容量，应为该机的 1.5 倍，严格禁用其他金属丝代替，完工后应切断电源。

8.6.4 电气焊的弧火花点必须与氧气瓶、电石桶、乙炔瓶、木料、油类等危险物品的距离不少于 10m。与易燃物品的距离不少于 20m。

8.6.5 注意安全用电。电线不准乱拖、乱拉，电源线均应架空扎牢。

8.6.6 焊割点周围和下方应采取防火措施，并应指定专人作防火监护，按要点配备灭火器。

8.7 文明施工检控措施

8.7.1 检查和实施施工单位健全安全文明施工体系，通过对施工现场的质量、安全防护、安全用电、机械设备、消防保卫、场地容貌、卫生、环保、材料等方面的管理，促进施工单位的精神文明建设。

8.7.2 施工区域或危险区域应有明显标志，并采取安全保护措施。

8.7.3 实施施工单位堆放材料应规范有序。

8.7.4 实施施工单位设置施工场地的围栏，围栏应无缺损、整洁、美观，做好施工场地的清洁工作。

8.7.5 施工单位加强保卫、消防措施。

8.7.6 施工单位加强环境保护措施，做好施工现场的粉尘、烟尘、污水、噪声污染等的防治。

9. 环 保 措 施

施工中，按 ISO14001 体系文件的规定，严格控制好工程的环保指标，建设绿色工地。

9.1 临时用电设施

派专人定期对施工现场的临时用电设施进行检查，发现跑漏电、漏油（变压器）及用电设施损坏时安排专人修复；派专人负责用电设施的日常维护工作；临时用电设施布设时产生的铠装电缆护套、电缆头、电缆外皮绝缘等废弃物严禁乱扔乱抛，应集中收集和投放，并有奖罚措施。

9.2 钢结构安装工程

9.2.1 钢结构构件装卸、搬运、运输、堆放过程中要有序安排施工场地，不可乱堆乱放。

9.2.2 施工时需要照明亮度大的工作尽量安排在白天进行，减少夜间施工照明电能的使用。

9.2.3 钢结构切割、焊接采取降噪措施，宜设置围挡、防风棚、隔声设施等。

9.2.4 操作人员上岗前进行岗位培训，合格后方能上岗。

9.3 焊接工程

9.3.1 焊工应经过专门培训，掌握焊割安全技术，并经过考核合格后，方准独立操作。

9.3.2 气焊工进场时，应将操作证交主管部门审核后方可上岗作业。

9.3.3 焊割前应经本单位领导同意，消防安全部门检查批准，领取用火证后方可进行作业。

9.3.4 严禁在有可燃蒸气、气体或粉尘的爆炸性场所焊割。在这些场所附近进行焊割作业时，应按有关规定，保持一定距离。

9.3.5 焊割工作点火前要遵守操作程序，焊割结束或离开现场时，必须切断电源、气源，并仔细检查现场，消除火险隐患。在闷顶、隔墙等隐蔽场所焊接，在操作完毕半小时内，应反复检查施工作业面，以防阴燃发生问题。

9.3.6 切割现场必须配备灭火器，危险性较大的应有专人现场监护。

9.3.7 遇到五级以上大风天气时，施工现场的高空露天焊割应停止作业。

10. 效 益 分 析

10.1 施工仿真的应用，除了要求具备计算机和仿真软件外，还需要引进专业软件人才，这些方面会增加企业的开支。但是，施工仿真系统一旦建立，便可一劳永逸，其所创造的经济效益和社会效益将会是无限量的。

10.2 在审图方面，审核工作着重于模型的审核，是在计算机上，多方位多角度的对所构建模型的审核与修改，工作方式直观、效率较高。如果模型正确，后期出图只是对图面质量的审核，审核工作量小。而后者详图审核着重于对详图出图的审核，审核工作是对许多张相关图纸的反复校核；如果发现错误，需要在电脑上修改后，再次打印，重新审核；因而，是出图→审核→修改→再出图→再审核→再修改的循环过程，往往 1 个单体的详图从最初版本到最后版本，需要至少 2~3 次的循环，有些复杂单体多达 4~5 次。通过仿真模拟，大大减少了审图的打印费和人工费用支出。

10.3 通过仿真模拟，图纸错误在模型生成阶段即得到了有效的改正。而采取 Auto CAD 进行详图转化，80%图纸错误在详图生成后审图阶段发现，而审图工作是多张图纸的交互核查，没有在模型审核上来得直观。局限于审核者的技术知识、经验以及时间限制，20%图纸错误在加工制作或安装阶段才能察觉，增加了工厂及现场修改的费用。保守估计，采用仿真模拟进行详图转化，有效地将实施阶段 20%的图纸错误降低至 2%~3%，大幅度减少了构件修改和返工费用。

10.4 通过仿真模拟，最大程度考虑了加工制作及安装过程中可能出现的各种问题，并进行了有效的规避，同时运用软件进行预拼装及变形模拟，仅进行了极少部分的实物模拟，大概为需要拼装量的5%，大大节约了预拼装费用。

10.5 在工期上的节省更是可观的。

11. 应 用 实 例

新加坡圣淘沙名胜世界

11.1 工程概况

圣淘沙名胜世界（Resorts World at Sentosa）坐落于新加坡圣淘沙岛，占地 49hm² （约占圣淘沙岛总面积的 1/10），耗资近 66 亿新元（约 300 亿人民币），于 2010 年初正式对外开放。建成后的圣淘沙名胜世界将拥有东南亚独一无二的环球影城主题公园、全球最大的海洋生物园、名厨餐馆和名牌店铺、各类娱乐演出以及 6 家风格各异的星级酒店等。全面开业后，圣淘沙名胜世界一年可接待 1500 万来自世界各地的游客，成为新加坡引以为豪的旅游胜地。

11.2 应用情况

此项目中钢结构部分无论从建筑造型还是技术含量都堪称行业前列。钢结构总工程量约 2.5 万 t，各种奇特建筑造型近 140 种，既有单体重量超过 8000t 的宴会厅，也有单体重量仅有几十吨的建筑小品；其中有超重桁架每榀重 295t，有超大跨度钢结构构件 74.2m；为了显示其娱乐性、灵动性，增加动感、飘逸轻松的感觉，该项目在密集的建筑群中，设计了许多由钢管结构支撑、上覆膜结构的建筑单体及雨棚。充分利用钢管的可弯曲性能与膜的轻柔、飘逸的感觉，利用地形地势、支撑结构的高低，创造出形式多样、体态各异、高低错落的结构群体。该工程中的所有钢结构工程均采用了本工法，取得了很好的应用效果。

11.3 应用结果评价

作为承揽此项目全部钢结构制造、安装的中国京冶工程技术有限公司，面对工程初步设计不完善、缺图纸、变更多、工期短、要求严、现场条件差等不利因素，利用自身的丰富的钢结构设计施工经验优势，合理组织、科学管理、严控过程，圆满地完成了大量非常艰难的任务，还有少部分正在安装过程中。在整个施工过程中，钢结构在详图中的模拟仿真技术得以充分利用，对检验设计的失误、结构的碰撞和错位、构件加工误差和起拱及预拼装等、制定科学合理的施工方案发挥了重要的作用，将大量不利的隐患消除在安装之前，大大地提高了工作及生产效率。

雨棚三跨连续不等跨张弦梁同步张拉施工工法

GJYJGF033—2010

中铁建工集团有限公司　天津天一建设集团有限公司

张力光　张建设　张文学　许丽华　孙晋　赵志强

1. 前　言

为满足建筑大跨度大空间的使用功能要求，福州南站站台雨棚钢屋盖采用三跨连续不等跨张弦梁结构体系。通过技术查新，张弦梁张拉施工技术在国内外运用较为普遍，但三跨连续且不等跨张弦梁同步张拉在国内尚属首次。张拉施工存在诸多技术难点，如张拉前的工况模拟计算，张拉的同步协调控制，张拉过程中的应力与变形控制等。在工程施工中，经过科技攻关，解决了技术难点，取得了成功经验。通过认真研究这一技术操作要点、施工方法及劳动组织，并对技术经济效益分析比较，总结形成本工法。该工法通过了中国铁路工程总公司、铁道部的关键技术的评审工作，获得了中国铁路工程总公司科学技术一等奖、部级工法奖，并在福州南站工程中成功运用。

2. 工 法 特 点

2.1　仿真计算　预应力钢结构从结构的拼装，到预应力张拉完成以及最后支撑架的拆除，期间经历很多受力状态，工程通过 ANSYS、MIDAS 及 CAD 等工程软件，建立三维模型，进行大量的仿真模拟计算，保证工程质量能够符合设计要求。

2.2　同步张拉　三跨连续张弦梁，张拉任何一跨都对其他跨有很大影响，因此必须三跨同步张拉，另外三跨跨度各不相同，存在一定的变形和受力不均衡，这对现场施工控制提出了很高的要求，通过采用多台液压千斤顶，分级同步张拉，保证了张拉过程中的应力分布均匀及变形协调。

2.3　双重监测　通过对张弦梁张拉前的施工模拟计算，选择合理的张拉分区、顺序及张拉工艺，配合张拉前、张拉中、张拉后的结构应力、应变双重监控措施，使拉索张拉过程始终处于可控状态，保证了结构体系的受力性能。

3. 适 用 范 围

本工法适用于张弦梁预应力拉索张拉施工，特别是多跨连续张弦梁结构的张拉施工。

4. 工 艺 原 理

张弦梁结构作为由上弦刚性的抗压弯构件和下弦的高强度索及连接撑杆组成的自平衡体系，充分发挥了拱的受力特性以及高强度索的材料特性，是一种结构受力效率极高的新型结构体系。而三跨张弦梁既各自独立承担竖向荷载作用，同时又相互影响，提供约束刚度等，充分结合并发挥了张弦结构和多跨连续梁各自的优势，得到了很好的结构性能。张弦梁系统跨度大，结构柔，且三跨连续张弦梁跨度不等，张拉任何一跨对其他各跨均有较大影响，张拉质量难以保证，故选择三跨同步张拉。张拉前先对张拉过程进行模拟计算，选择合理的张拉分区及张拉顺序。

对预应力钢结构施加预应力的过程，应根据具体的结构类型分别采用改变刚性杆件或柔性索的长度等方法，对结构施加预应力，使预应力能够分布到整个结构，达到预应力的目的，这个预应力过程必需与设计的预应力施加过程一致，实际的预应力施加过程按照非线性叠加加以分析。简言之，张拉结构的施工技术设计的主要内容就是确定预应力过程的次序、步骤、采用的机械设备、每次预应力过程的张拉量值，同时控制结构的形状变化，因为结构的形状是与预应力分步相匹配的。

5. 施工工艺流程及操作要点

5.1 施工及张拉工艺流程（图5.1）

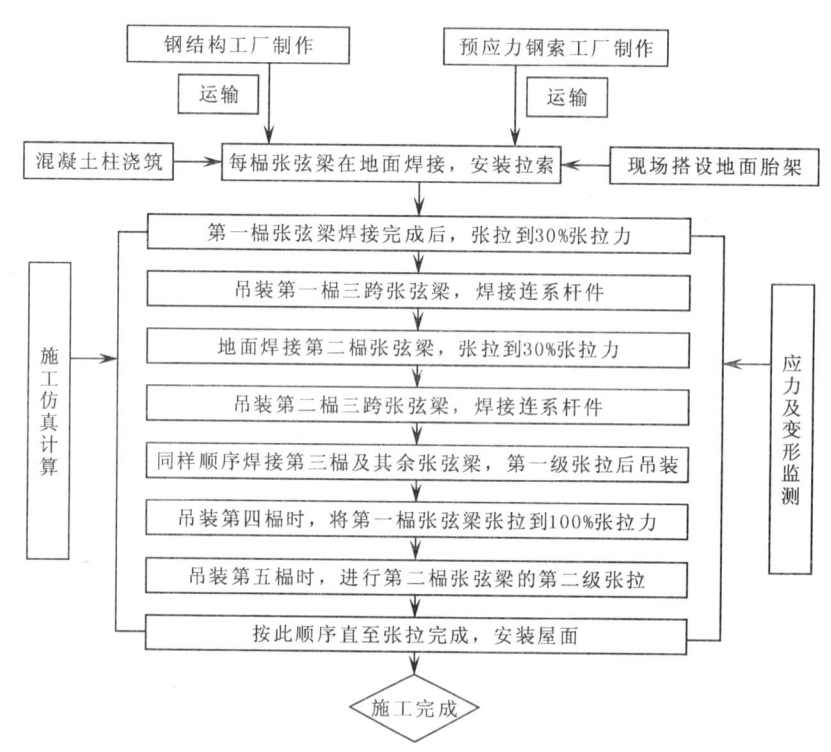

图5.1 施工及张拉工艺流程图

5.2 施工要点

5.2.1 张拉的顺序及分级

施工技术设计中应确定施工顺序，尤其是制索和预应力过程的顺序。这里所谓的预应力过程是指施加预应力的过程。

5.2.2 预应力施工材料的加工、运输、储存

预应力钢索及节点加工图由预应力专项施工单位设计，制作加工由预应力钢索专业生产厂家完成。预应力钢索的制作加工如下：

1. 调直

为了使钢索受荷后各根钢丝或各股钢绞线受力均匀，钢索制作时下料长度要求严格，要准确、等长。下料采用"应力下料法"，将开盘在200~300MPa拉应力下的钢丝或钢绞线调直，可消除一些非弹性因素的影响。

2. 下料

钢丝或钢绞线的号料应严格进行。制作通长、水平且与索等长的槽道，平行放入钢索或钢绞线，使其不互相交叉、扭曲，在槽道定位板处控制索的下料长度。

3. 切割

钢索应用切割机切割，严禁用电弧切割或用气割，以防止损伤钢丝。

4. 编束

宜用梳孔板向一个方向梳理，同时编扎，每隔1m左右用细钢丝编排扎紧，不让钢丝在束中交互扭压。编扎成束后形成圆形截面，每隔1m左右再用铁丝扎紧。

5. 钢索的预张拉

钢索的预张拉是为了消除索的非弹性变形，保证在使用时的弹性工作。预张拉在工厂内进行，一般选取钢丝极限强度的50%~55%为预张力，持荷时间为0.5~2.0h。

6. 钢索的防护

钢索在防护前必须表面处理，认真除污。钢索的长期防护方法采用外加双层PE套管的方法。这种防护方法可适应周围无严重侵蚀性的一般环境。在施工过程中，为了避免对PE造成损伤，在钢索出厂时，首先在PE外面缠绕一层塑料薄膜，然后在外面增加薄毛毡及塑料带。到达现场后，在放索过程中也要对索体进行保护，防止其摩擦破坏。

7. 预应力钢索及配件运输及吊装、运输过程中尽量避免碰撞挤压。

8. 预应力钢索及配件在铺放使用前，应妥善保存放在干燥平整的地方，下边要有垫木，上面采取防雨措施，以避免材料锈蚀；切忌砸压和接触电气焊作业，避免损伤。

5.2.3 穿索工艺

预应力索较长，最长达60m以上，安装索时要借助捯链，安装过程中尽量使预应力索保持直线状态。

为了在现场施工方便，在索体制作时，每根索体都单独成盘，在加工厂内将索体缠绕成盘，到现场后吊装到事先加工好的放索盘上。

索在地面开盘，索每延米重约49kg，放索可采用人工牵引放索，也可借助捯链牵引放索。放索前将索盘吊至该索所在榀一端端头，由一端向另一端牵引。在放索过程中因索盘自身的弹性和牵引产生的偏心力，索盘转动会使转盘产生加速，导致散盘，易危及工人安全，因此对转盘设置刹车和限位装置。为防止索体在移动过程中与地面接触，损坏拉索防护层或损伤索股，索头用布袋包住，将索逐渐放开，在地面沿放索方向铺设一些圆钢管，以保证索体不与地面接触，同时减少了与地面的摩擦力，圆钢管的长度不小于1m，间距为2.5m左右。由于索的长度要长于跨度，索展开后应与轴线倾斜一定角度才能放下，因此牵引方向要与轴线倾斜一定角度，并牵引时使索基本保持直线状移动。

5.2.4 张拉工艺

1. 预应力钢索张拉前标定张拉设备

张拉设备采用相应的千斤顶和配套油泵。根据设计和预应力工艺要求的实际张拉力对千斤顶、油压传感器进行标定。实际使用时，由此标定曲线上找到控制张拉力值相对应的值，并将其计算打印成表格，以方便操作和查验。

2. 张拉控制应力

根据设计要求的预应力钢索张拉控制应力取值。

3. 预应力钢索张拉采用双控，即控制钢索的拉力、伸长值及钢结构变形值。预应力钢索张拉完成后，应立即测量校对，如发现异常，应暂停张拉，待查明原因，并采取措施后，再继续张拉。

4. 张拉操作要点：

1) 张拉设备安装：由于本工程张拉设备组件较多，因此在进行安装时必须小心安放，使张拉设备形心与钢索重合，以保证预应力钢索在进行张拉时不产生偏心。

2) 预应力钢索张拉：油泵启动供油正常后，开始加压，当压力达到钢索设计拉力时，超张拉5%左右，然后停止加压，完成预应力钢索张拉。张拉时，要控制给油速度，给油时间不应低于0.5min。

5. 预应力钢索张拉测量记录

张拉前可把预应力钢索在20%的预应力作用下的长度作为原始长度，当张拉完成后，再次测量原自由部分长度，两者之差即为实际伸长值。

除了张拉长度记录，还应该对压力传感器测得压力和全站仪测得钢结构变形记录下来，以对结构施工期间行为进行监测。

6. 张拉质量控制方法和要求

1) 钢结构吊装就位后进行钢结构的尺寸复核检查,预应力张拉索力和伸长值根据复核后尺寸做适当调整。

2) 在进行伸长值计算时,尽量采用索厂提供的弹性模量进行计算,验收时考虑索厂的弹性模量误差对伸长值的影响。

3) 张拉力按标定的数值进行,用伸长值和压力传感器数值进行校核。

4) 认真检查张拉设备及与张拉设备相接的钢索,以保证张拉安全、有效。

5) 张拉严格按照操作规程进行,控制给油速度,给油时间不应低于 0.5min。

6) 张拉设备形心应与预应力钢索在同一轴线上。

7) 实测伸长值与计算伸长值相差超过允许误差时,应停止张拉,报告工程师进行处理。

5.2.5 同步张拉控制措施

同步张拉包括两个方面,一是单根拉索两端同时张拉,需保证两端张拉同步;二是三跨张弦梁同时张拉,需保证各跨张拉同步。控制张拉同步是保证撑杆竖直及结构受力均匀的重要措施。控制张拉同步有两个步骤。首先在张拉前调整索体锚杯露出螺母的长度,使露出的长度相同,即初始张拉位置相同。第二,在张拉过程中将每级的张拉力在张拉过程中再次细分为 10 小级,在每小级中尽量使千斤顶给油速度同步,在张拉完成每小级后,所有千斤顶停止给油,测量索体的伸长值。如果同一索体两侧的伸长值不同,则在下一级张拉的时候,伸长值小的一侧首先张拉出这个差值,然后另一端再给油。如此通过每一个小级停顿调整的方法来达到整体同步的效果。

5.2.6 张拉过程预警

某根索张拉结束后未达到设计力,可以通过个别施加预应力进行补偿的方法。

如果结构变形、伸长值、应力与设计计算不符,超过 20%以上,应立即停止张拉,同时报请总包、监理及设计院,找出原因后再重新进行预应力张拉。

5.2.7 张拉应急措施

1. 张拉前的准备

1) 检查支座约束情况,考虑张拉时结构状态是否与计算模型一致,以免引起安全事故。

2) 张拉设备张拉前需全面检查,保证张拉过程中设备的可靠性。

3) 在一切准备工作做完之后,且经过系统的、全面的检查无误后,现场安装总指挥检查并发令后,才能正式进行预应力索张拉作业。

4) 索张拉前,应严格检查临时通道以及安全维护设施是否到位,保证张拉操作人员的安全。

5) 张拉过程应根据设计张拉应力值张拉,防止张拉过程中出现预应力过大引起屋盖起拱。

6) 索张拉前,应清理场地,禁止无关人员进入,保证索张拉过程中人员安全。

7) 在预应力索张拉过程中,测量人员应通过测量仪器配合测量各监测点位移的准确数值。

2. 索张拉的风险

1) 张拉设备故障,包括油管漏油,设备故障。

2) 现场突然停电。

3) 张拉过程不同步。

4) 张拉后结构变形、应力、伸长值与设计计算不符。

5) 张拉后支座位移发生较大偏移。

6) 张拉后撑杆发生较大偏移。

3. 张拉设备故障

张拉过程中如油缸发生漏油、损坏等故障,在现场配备三名专门修理张拉设备的维修工,在现场备好密封圈、油管,随时修理,同时在现场配置2套备用设备,如果不能修理立即更换千斤顶。

4. 张拉过程断电

张拉过程中，如果突然停电，则应立即停止索张拉施工。关闭总电源，查明停电原因，防止来电时张拉设备的突然启动，对屋架结构产生不利影响。同时在张拉时把锁紧螺母拧紧，保证索力变化跟张拉过程是同步的。突然停电状态下，在短时间内，千斤顶还是处于持力状态，并且油泵回油还需要一段时间，不会出现安全事故。处理好后，现场值班的电工立刻查找原因，以最快的速度修复。为了避免这种情况，在现场的二级箱要做到专用，三级箱按照要求安装到位。

5. 张拉过程不同步

由于张拉没有达到同步，造成结构变形，可以通过控制给泵油压的速度，使索力小的加快给油速度，索力比较大的减慢给油速度，这样就可以达到同一根索的索力相同的目的。

6. 张拉时结构变形、伸长值预警

某根索张拉结束后未达到设计力，可以通过个别施加预应力进行补偿的方法。

如果结构变形、伸长值与设计计算不符，超过 20% 以后，应立即停止张拉，同时报请设计院，找出原因后再重新进行预应力张拉。找出原因后再进行张拉。

7. 张拉后支座发生较大偏移

张拉前应比较张拉时结构支座布置及约束情况是否与设计模型相符，应尽量避免由于索张拉造成结构支座发生较大的偏移。如果张拉后支座的确存在较大的偏移，应组织专家论证解决。

8. 张拉后支座撑杆发生较大偏移

张拉时两边同时张拉，共有 2 个千斤顶同时张拉，因此控制张拉的同步是保证撑杆竖直及结构受力均匀的重要措施。控制张拉同步有三个步骤：

1) 首先在工厂生产索时在张拉力状态下在索体上做好撑杆的安装位置，来保证撑杆安装精度。

2) 在张拉前调整索体锚杯露出螺母的长度，使露出的长度相同，即初始张拉位置相同。

3) 在张拉过程中将张拉力再次细分为 10 小级，在每小级中尽量使千斤顶给油速度同步，在张拉完成每小级后，所有千斤顶停止给油，测量索体的伸长值。如果同一索体两侧的伸长值不同，则在下一级张拉的时候，伸长值小的一侧首先张拉出这个差值，然后另一端再给油。如此通过每一个小级停顿调整的方法来达到整体同步的效果。

5.3 劳动力组织

预应力劳动力需用量计划　　　　　　　　　　　　表 5.3

工种	工长	预应力钢索安装	预应力张拉	监测	设备维修
人数	1 人	18 人×1 组	5 人×4 组	2 人	2 人

说明：1. 每台泵配备 5 人：2 人操作千斤顶，1 人操作油泵，2 人旋拧套筒。
2. 现场配备专门机具维修人员，设备出现故障，立即修理或更换，不能耽误张拉。
3. 工长在现场负责人员设备组织调配，抓好质量进度与安全，协助工程师处理有关技术问题。
4. 各相应部位配备相应质检员，负责相关部位的质量。
5. 工程师在现场巡回检查，出现问题，及时处理。
6. 土建配备辅助人员主要是准备好工作面。

6. 材料与设备

投入施工的机械及监测设备表　　　　　　　　　　　　表 6

编号	名　称	规　格	数量	备　注
1	千斤顶、油泵、压力表	1500kN/600kN /380V/750W	各 3 套	
2	电线盘	220v	3 套	
3	电线盘	380v	3 套	
4	工具箱		2 个	扳手、螺丝刀等常用工具

续表

编号	名　　称	规　格	数量	备　注
5	钢卷尺	5m	4把	检测合格
6	全站仪	Topic	1台	钢结构配合提供
7	卷扬机	0.5T/1T/2T	5台/15台/2台	放索/挂索
8	捯链	3T、5T	40个	节点安装
9	应变计	BGK4000	30个	应力检测
10	读数仪	BGK408	2台	应变计读数

说明：1. 按拟定的进度计划，确定各阶段实际需用的各种设备和检测设备，编制机械设备使用计划和备用计划，以便在实际施工中排除由于设备原因而影响施工进度计划。

2. 做好各种机械设备和检测设备的维护和保养，使各种机械设备保持良好的工作性能，特别是检测设备的检测必须提前经过二级以上的检测单位进行签定合格。

3. 对于大型履带吊车等需租赁的一些特殊设备，按节点使用计划要求提前落实到位，并签订好租赁协议。

4. 将设备投入计划纳入整个工程施工管理计划之内，由机械部进行全面管理和统一协调。

7. 质 量 控 制

为保证钢结构的安装精度以及结构在施工期间的安全，并使钢索张拉的预应力状态与设计要求相符，必须对钢结构的安装精度、张拉过程中钢索的拉力及钢结构的应力与变形进行监测。

7.1 索力监测，对钢索拉力的监测采用油压传感器测试以保证预应力钢索施工完成后的应力与设计单位所要求的应力吻合。

7.2 钢结构变形监测，在预应力钢索进行张拉时，钢结构部分会随之变形。在预应力钢索张拉的过程中，结合施工仿真计算结果，对钢结构变形监测可以保证预应力施工安全、有效。对变形的监测采用全站仪和百分表。

对于反拱变形监测点在每一榀桁架都布置，每榀布置位置，见图7.2。

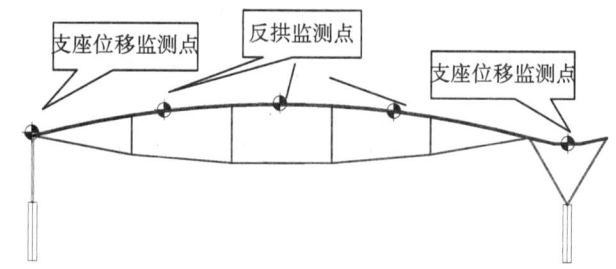

图 7.2　雨棚每榀张弦梁测点布置

7.3 混凝土柱监测，由于下端混凝土柱为一个悬臂柱，因此异常的支座摩擦力可能引起柱顶的位移，因此需要对柱顶位移进行监测，采用全站仪进行监测。

7.4 对钢结构应力的监测采用振弦应变计

选取边榀和中间榀张弦梁进行钢结构应力的监测，每一榀张弦梁在支座、1/4跨和跨中3个截面布置振弦应变计，每个截面都分别在钢梁的上下表面布置两个测点，见图7.4。

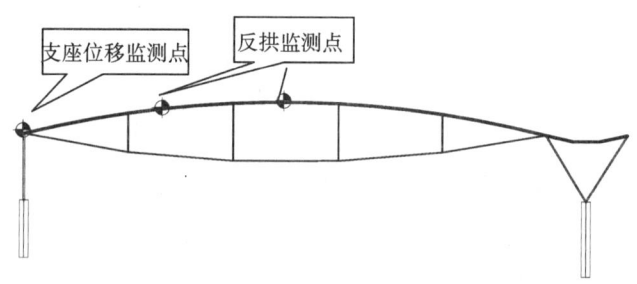

图 7.4　雨棚每榀张弦梁测点布置

8. 安 全 措 施

8.1 建立自身的安全保障体系，由项目负责人全面管理，每个班组设专职安全员一名，具体负责预应力施工的安全。

8.2 在进行技术交底时，同时进行安全施工交底。

8.3 张拉操作人员必须持证上岗。

8.4 张拉作业时，在任何情况下严禁站在预应力钢索端部正后方位置。操作人员严禁站在千斤顶后部。在张拉过程中，不得擅自离开岗位。

8.5 张拉油缸端部严禁手触、站人，应站在油缸两侧。

8.6 预应力施工人员进入现场应遵守工地各项安全措施要求。

9. 环 保 措 施

9.1 粉尘控制措施

1. 场区未硬化的地面，要压实地面和定期洒水，减少灰尘对周围环境的污染。

2. 禁止在施工现场焚烧有毒、有害和有恶臭气味的物质。

3. 严禁向建筑物外抛掷垃圾，所有垃圾装袋或装桶投入指定地点并及时运走。

9.2 噪声控制措施

1. 编制施工方案时，应采用低噪声的工艺和施工方法，施工方案实施前必须经过环境保护小组的审核。

2. 合理安排施工工序，禁止夜间进行产生噪声的建筑施工作业。

3. 进入施工现场内的车辆、所有场内施工用机械设备不允许鸣笛；地面和高层的联系采用对讲机；工人施工时禁止大声喧哗。

4. 施工场地外围进行噪声监测，对于一些产生噪声的施工机械，应采取有效的措施，减少噪声，如切割金属和锯模板的场地均搭设工棚、设置隔声屏以屏蔽噪声。

9.3 光污染控制措施

电焊、金属切割产生的弧光必须采用围板与周围环境进行隔离，防止弧光满天散发。

9.4 现场防污染控制措施

1. 现场使用的油料必须设置专人进行保管，防止产生油料扩散现象；现场摆放的易扩散油料或施工用料必须进行密闭贮存，防止扩散。机械修理等地方必须在地面上采取木板等进行铺垫，防止污染地面。

2. 现场垃圾实行分类管理，设置足够的垃圾池和垃圾桶，建筑垃圾集中堆放并及时清运。

3. 现场禁止焚烧油毡、橡胶等会产生有毒、有害烟尘和恶臭气体的物质。化学物品、外加剂等要妥善保管，库内存放，防止污染环境。

10. 效 益 分 析

张弦梁结构作为由上弦刚性的抗压弯构件和下弦的高强度索及连接撑杆组成的自平衡体系，充分发挥了拱的受力特性以及高强索的材料特性，是一种结构受力效率极高的新型结构体系，该体系在国内虽然并非首次使用，但如此大跨度，且三跨连续拱状张弦梁同步张拉在国内还是第一次。福州南站工程通过合理的设置拼装胎架、安装设置临时托架、选择合理的安装工序，安装质量得到了保证，整个雨棚工期较传统安装工艺至少提前了 15d。

11. 工 程 实 例

福州南站无柱雨棚平面投影顺股道方向长 470.5m，与股道垂直方向两侧长 164m，中部 86.5m 范围内长 175.3m，东西两跨各外延 5.65m。

整个雨棚屋面呈三跨连续拱状，拱矢高 3.5m，屋面拱顶标高为 31.7m。顺股道方向中柱柱距均为 24m，边柱柱距在两侧部分为 12m，中间部分为 24m。下部支承结构两侧部分垂直股道方向柱距分别为

46.25m、55m、62.75m，中间部分 4 列边柱分别向两侧移出 5.65m，使支承结构在中部垂直股道方向柱距分别为 51.9m、55m、68.4m。

雨棚横向为三跨连续张弦梁，间隔 12m，共四十榀。张弦梁上弦由两根间距 2.5m 的拱梁组成，拱梁采用方钢管。撑杆为两根圆钢管组成 V 形撑，撑杆数量在两侧雨棚分别 3、3、5 对，中部分别为 4、3、5 对。张拉梁下弦为 3 根相互独立的拉索，拉索型号为 $\phi5\times151$ 和 $\phi5\times253$ 两种；拉索都为两端调节，钢丝强度不低于 1670MPa，两端的锚具均采用连接套筒式可调节锚具。三跨张弦梁既各自独立承担竖向荷载作用，同时又相互影响，提供约束刚度等，充分结合并发挥了张弦结构和多跨连续梁各自的优势，取得了很好的结构性能。

综合考虑结构受力和施工效率，本工程张拉分为两级，第一级 0~30%张拉力，第二级 30%~100%张拉力。第一级张拉在单跨张弦梁地面拼装完成后进行，第一级张拉应尽量使张弦梁两端的水平位移最小。第一级张拉完成后，进行张弦梁吊装，焊接各跨间连系杆件，吊装时宜三跨同步施工，吊装顺序为由结构一侧向另一侧进行。当前三榀张弦梁全部焊接完毕，进行第四榀吊装时可以进行第一榀张弦梁的第二级张拉，第二级张拉时相连的三跨张弦梁同时进行，第二级张拉顺序也由结构一侧向另一侧进行。吊装和张拉采用流水作业，保证张拉和吊装至少相隔两榀张弦梁。结构第二级张拉完成后，根据实测结构变形和索力，确定是否进行索力调整。

福州南站大跨度张弦梁钢结构技术工法有效的指导施工，钢结构安装质量合格，满足设计及验收规范要求；通过本技术成果的应用，安装使用工装材料仅占钢结构总用钢量的 1%，与一般工装用钢量（约 10%）比较节约用钢 1800t；减少了周转材料的租赁费用，节约了施工成本，提高了工效；在缩短工期的同时，也为后续施工创造了工作面。经统计，本项工法技术成果的应用较传统安装工艺节约工费及机具租赁费约 100 万元，取得了良好的经济效益（图 11）。

图 11　福州南站雨棚大跨度预应力张弦梁完工照片

大跨度网架累积提升施工工法

GJYJGF034—2010

中铁建设集团有限公司
杨国强　周海洋

1. 前　　言

在中国经济建设和文化建设飞速发展、人民生活日新月异的今天,为了满足社会发展,人民生活居住环境和生产的需要,几十米、几百米甚至更大的建筑跨度应运而生。由此,空间网架结构以其独特优点获得了广泛应用,而网架的安装技术是网架工程施工的关键,也是施工的重点和难点。我公司承建的海航集团新华航空公司基地工程维修机库,屋盖结构跨度 112.0m,进深 80.0m,屋盖顶标高 36.800m;屋盖结构采用 3 层正放四角锥焊接球钢网架,下弦支承,网格尺寸 5.0m×4.0m,高度 6.0~8.8m;机库大门处屋盖采用 6 层焊接球钢网架,高度 15.45~16.25m。中铁建设集团有限公司针对本工程积极开展了科技创新,形成了"海航维修机库大跨度屋盖网架智能化累积提升关键技术"这一国内领先、国际先进的新成果,于 2009 年通过了中国铁道建筑总公司科技部的鉴定,获得了 2009 年度中国铁道建筑总公司科学技术二等奖。同时,形成本工法。本网架累积提升工法,且采用先进的计算机系统控制技术,安装精度高、速度快,大大提高了网架安装的质量和速度,缩短了施工工期,取得了明显的社会效益和经济效益。

2. 工 法 特 点

2.1　本工程采用累积提升的施工方法,即门头网架和大厅网架分两次提升,通过计算机控制液压同步提升技术,先提升大厅网架至门头网架合拢位置,与门头网架合拢,然后再累积提升大屋盖网架的施工工艺。

2.2　与其他网架安装技术相比,该工法主要具有以下优点:

1. 大量工作都可以在地面完成,减少工装脚手架用量,避免了高空作业,降低了工程安全管理的难度。
2. 现场可以形成多点、多面流水作业,加快地面拼装进度,有利于工程安装精度控制。

3. 适 用 范 围

本工法适用所有大跨度工业厂房和大型客站等超重钢网架结构工程的施工。

4. 工 艺 原 理

本工程网架采取液压同步累积提升技术进行提升。液压同步累积提升系统由集群油缸系统、泵站系统、钢绞线承重系统、传感器检测系统和计算机控制系统 5 部分组成。液压同步累积提升技术通过对油缸动作同步控制及油缸伸缸速度同步控制来实现整个结构的同步提升。

4.1　集群油缸系统

集群油缸系统作为整个爬升工作的执行机构。根据门头网架及屋盖网架的重量布置吊点及各吊点的油缸数量。液压油缸有上下锚具、油缸及提升主油缸。集群油缸系统通过计算机控制系统对所有油缸的动作统一控制、统一指挥,动作一致(同时进行锚具的松紧,伸缩缸动作等),完成结构件的提升作业。

4.2　泵站系统

泵站系统作为整个液压同步整体提升系统的动力源,向油缸提供工作动力。通过泵站上各种控制阀的动作切换,控制油缸的伸缩缸及锚具的松紧动作。

4.3 钢绞线承重系统

提升油缸通过钢绞线、油缸的上下锚具、地锚和安全锚同提升结构件相连接。

4.4 传感器检测系统

传感器检测系统检测油缸位置、油压及各吊点高差等信号,将这些信号传送至计算机控制系统,作为计算机控制系统决策的依据。

4.5 计算机控制系统

作为液压同步整体提升系统核心的计算机控制系统,通过计算机网络,收集各种传感器信号,进行分析处理,发出相关指令,对泵站及油缸动作进行控制,确保提升工作的同步进行。

计算机控制系统设置有手动、顺控及自动三种工作模式,以适应不同工况的需要。在手动状态,系统能够实现对某个或部分油缸的单独操作,以便对结构件进行姿态调整等动作。

液压同步整体提升技术通过对油缸动作同步控制及油缸伸缩速度同步控制来实现整个结构的同步提升。

5. 施工工艺流程及操作要点

5.1 施工工艺流程

5.1.1 累积提升施工工艺流程如图 5.1.1 所示。

5.1.2 提升具体步骤,见图 5.1.2-1~图 5.1.2-5。

第一步:大厅网架及门头网架地面拼装完毕,所有提升工装设备安装就位,经检查系统一切正常以后,准备提升。提升前要有专门人员收听天气预报,及时掌握天气状况,选择好的天气进行提升。提升设备工装就位如图 5.1.2-1 所示。

第二步:一切准备就绪后,断开大厅网架与胎架连接部位,专业安装人员对现场提升系统以及提升上下锚点进行最后一次检查,开始试提升,提升 20cm 后,停止 12h,期间对设备以及结构的变形情况进行实时监测。所有情况正常后,才可提升。将大厅网架提升至与门头网架相对设计标高处进行合拢。大厅网架提升至与门头网架合拢高度处如图 5.1.2-2 所示。

第三步:合拢大厅网架与门头网架连接杆件,然后将第一次

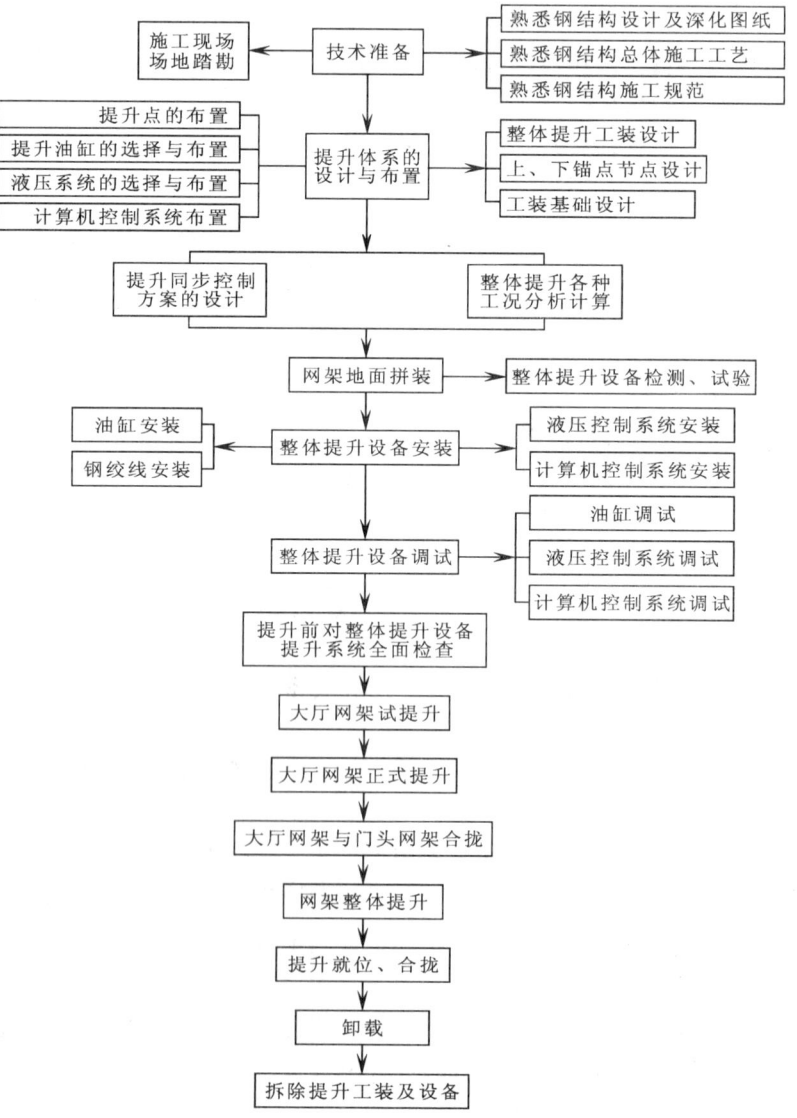

图 5.1.1 累积提升施工工艺流程图

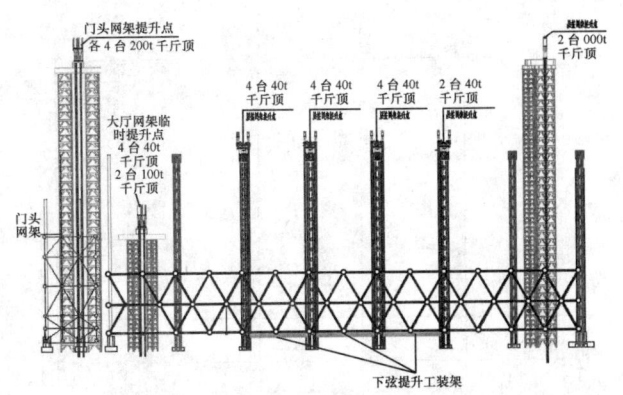

图 5.1.2-1 提升设备工装就位图

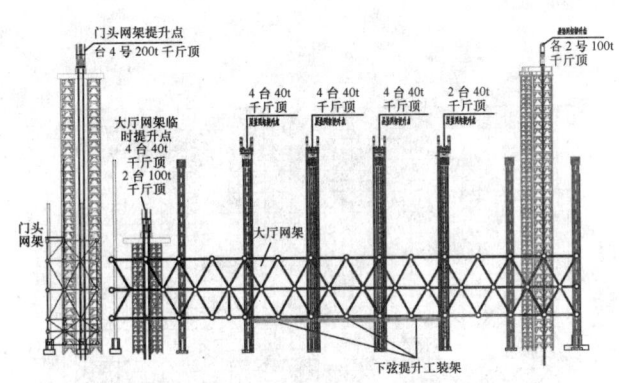

图 5.1.2-2 大厅网架提升至与门头网架合拢高度处

提升的临时标准节拆除。大厅网架与门头网架合拢如图 5.1.2-3 所示。

第四步：将合拢后的大屋盖网架整体提升。提升速度 2~3m/h，期间提升行程约 20.15m，耗时约 10h。网架合拢后整体提升如图 5.1.2-4 所示。

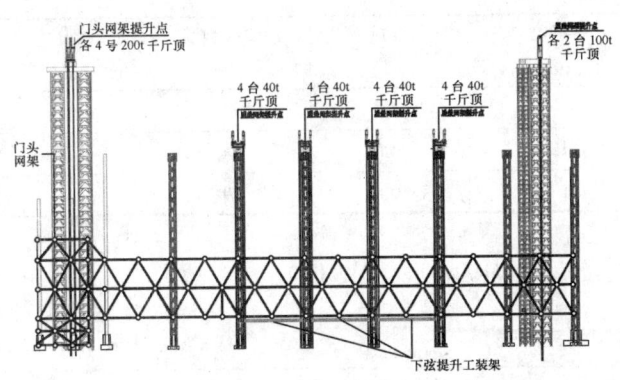

图 5.1.2-3 大厅网架与门头网架合拢

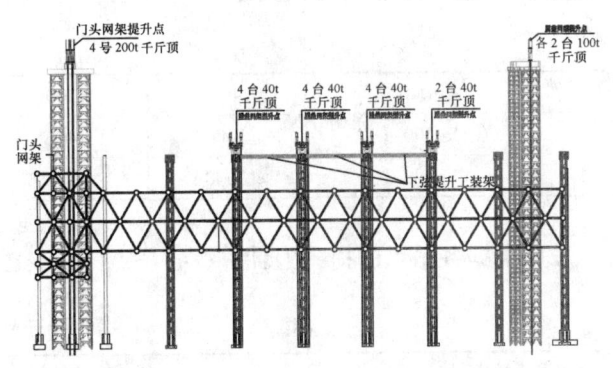

图 5.1.2-4 网架合拢后整体提升

第五步：整个屋盖网架提升就位，索紧钢绞线。安装其余构件，卸载完毕后逐步拆除提升工装设备。网架整体提升就位如图 5.1.2-5 所示。

5.2 主要操作要点

5.2.1 提升体系布置

1. 提升点、千斤顶的选择与布置

累积提升结构工程量：网架焊接球与杆件总重约 1030t，屋盖主次檩条约 60t，检修走道约 10t，水、电、消防、辐射采暖等专业连接件及管道约 300t，总计约为 1400t。

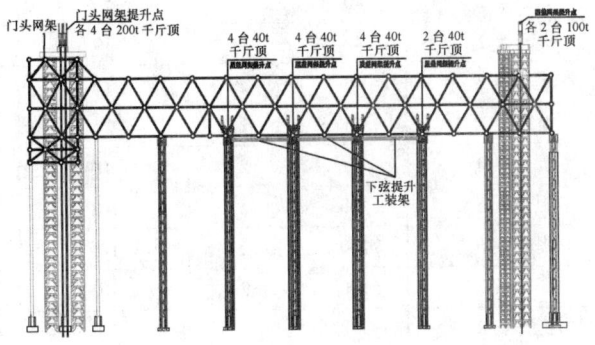

图 5.1.2-5 网架整体提升就位

经计算，本工程累积提升共设置 16 个提升点，使用千斤顶 48 台，提升点分别布置在 1 轴、15 轴、BC 轴及 HJ 轴之间，其中，第一次提升设 14 个提升点，第二次提升设 13 个提升点。40t 千斤顶 32 台，100t 千斤顶 8 台，200t 千斤顶 8 台。累积提升点布置如图 5.2.1-1 所示。

2. 提升标准节设计

本工程累积提升选用标准节型号分为 1200mm×1200mm，2000mm×2000mm 两种，位于 BC 轴网架之间及 HJ 轴网架之间。累积提升标准节布置如图 5.2.1-2 所示。

3. 应用油缸技术性能

1）千斤顶技术性能见表 5.2.1-1。

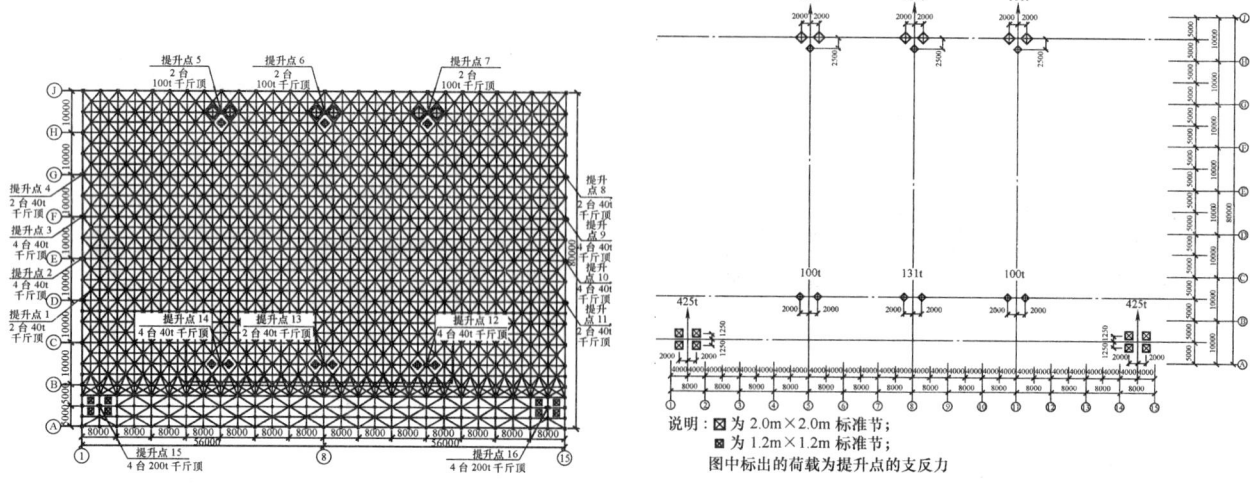

图 5.2.1-1 累积提升点布置图　　　　图 5.2.1-2 累积提升标准节布置图

千斤顶技术性能表　　　　　　　　　　　　　表 5.2.1-1

序号	型号	额定载荷（kN）	直径（mm）	高度（mm）	重量（kg）	钢绞线数量（根）	钢绞线孔直径（mm）
1	LSD40	400	φ300	1717	300	6	φ104
2	TX-100-J	1000	φ400	1350	500	9	φ155
3	TX-200-J	2000	φ510	1700	1000	19	φ190

2）根据各吊点的提升力计算，各吊点的提升油缸及钢绞线应用见表 5.2.1-2。

提升油缸及钢绞线应用表　　　　　　　　　　表 5.2.1-2

提升点位编号	油缸（t）	数量	支座反力（t）	提升力（t）	钢绞线安全系数	油缸储备安全系数
提升点 1	40	2	36	80	8.67	2.22
提升点 2	40	2	15	80	20.80	5.33
提升点 2′	40	2	19	80	16.42	4.21
提升点 3	40	2	16	80	19.50	5.00
提升点 3′	40	2	12	80	26.00	6.67
提升点 4	40	2	41	80	7.61	1.95
提升点 5	100	2	101	200	4.63	1.98
提升点 6	100	2	129	200	3.63	1.55
提升点 7	100	2	101	200	4.63	1.98
提升点 8	40	2	41	80	7.61	1.95
提升点 9′	40	2	12	80	26.00	6.67
提升点 9	40	2	16	80	19.50	5.00
提升点 10′	40	2	19	80	16.42	4.21
提升点 10	40	2	15	80	20.80	5.33
提升点 11	40	2	36	80	8.67	2.22
提升点 12	40	4	100	160	6.24	1.60
提升点 13	100	2	131	200	3.57	1.53
提升点 14	40	4	100	160	6.24	1.60
提升点 15	200	4	425	800	4.65	1.88
提升点 16	200	4	425	800	4.65	1.88

4. 提升导向系统布置

为保证提升过程中的稳定，避免提升过程中由于风力及其他水平力影响造成结构产生过大的水平位移，设置水平位移控制导向装置，控制位移为 50mm，本工程共设 4 个提升导向点。分别位于 1 轴／B 轴、15 轴／B 轴网架处，1 轴与 15 轴导向系统采用构造形式相同，在网架三层及四层焊接球上分别连接一根 $\phi159\times10$ 钢管，端部连接一块 20mm 厚钢板，构成三角架形式，距离 B 轴箱形钢柱 50mm，在 5 级风荷载作业下确保提升结构水平及竖向稳定。累积提升导向系统具体位置以及结构构造形式如图 5.2.1-3 所示。

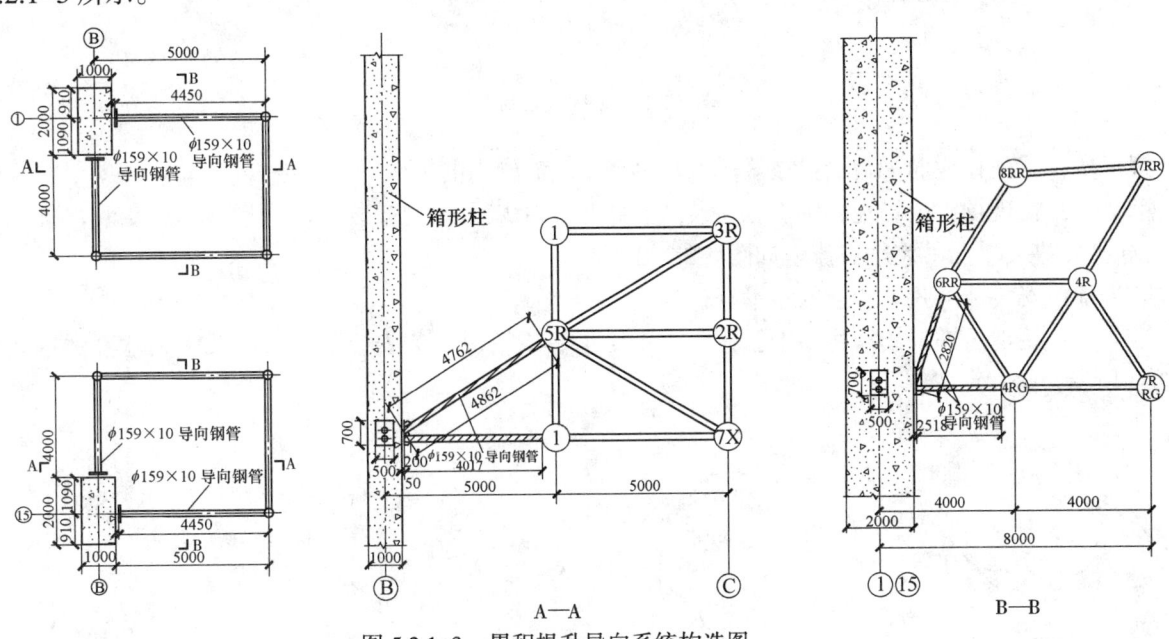

图 5.2.1-3　累积提升导向系统构造图

5.2.2　网架拼装

1. 拼装台做法

1）拼装平台材料：砌块和 $\phi219\times12$ 的钢管。

2）拼装台施工方法：

第 1 步：按照图纸尺寸和轴线在地面测放下弦球平面控制网，交点即为球心的投影点。拼装台投影点位置如图 5.2.2-1 所示。

第 2 步：以投影点为中心搭设高度为 500mm 的砌块 608 个，砌块顶部用砂浆找平。

第 3 步：在砌块顶部用经纬仪重新测放球心的投影点，同时测量砌块顶部标高。

第 4 步：在砌块顶部放置钢管，钢管形心和投影点重合。

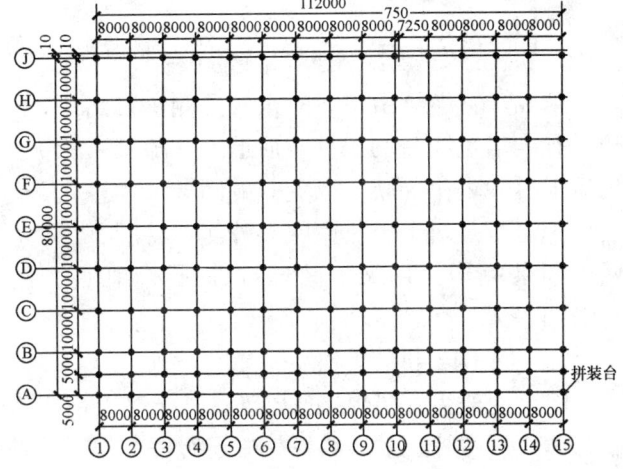

图 5.2.2-1　拼装台投影点位置图

第 5 步：拼装时球就放在钢管顶部，为保证下弦球球心标高的一致性，钢管的长度要根据球直径、含球量和砖堆顶部标高及球起拱值进行计算。具体拼装台流程如图 5.2.2-2 所示。

3）下弦焊接球标高控制

钢管高度 L 随上部球直径的变化而变化，通过计算含球量来确定高度，保证球中心高度与设计标高相对一致。

2. 大厅网架拼装方法

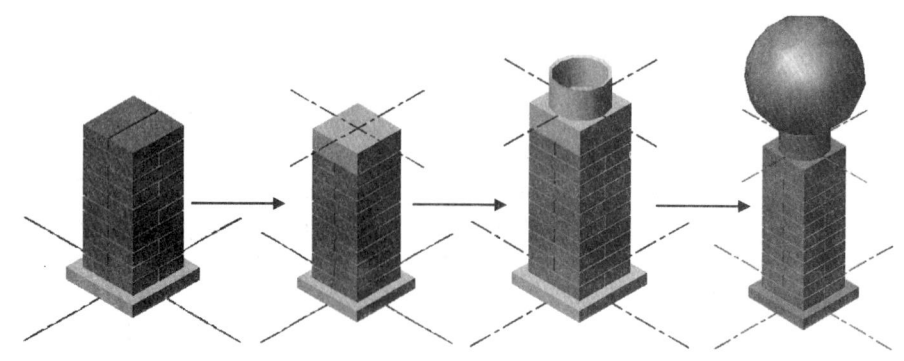

图 5.2.2-2 拼装台流程图

第 1 步：首先在地面平台上摆放 8 轴及其两侧 8m 范围内的下弦球、下弦杆。

第 2 步：在现场拼装场地将中下弦拼装成正锥形，用塔吊吊装安装就位（拼装场地胎具与现场拼装胎具相同）。拼装单元吊装就位流程如图 5.2.2-3 所示。

第 3 步：安装与中弦球相连的水平杆件。

第 4 步：在现场拼装场地将中上弦拼装成正锥形，用塔吊吊装安装就位。网架中弦球杆件拼装如图 5.2.2-4 所示。

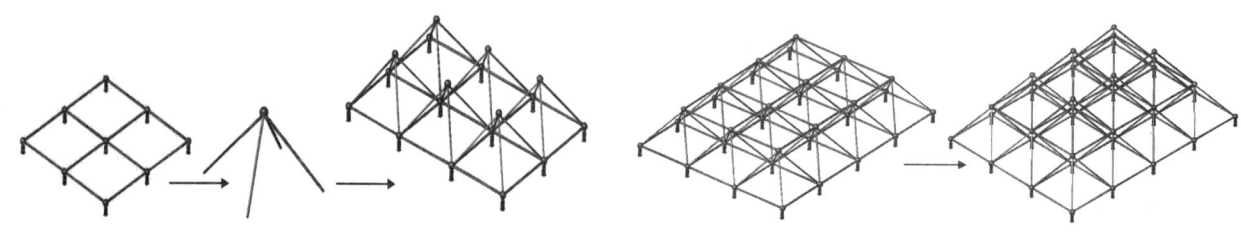

图 5.2.2-3 拼装单元吊装就位流程图   图 5.2.2-4 网架中弦球杆件拼装图

第 5 步：安装与上弦球相连的水平杆件。

第 6 步：继续由中间向东西两侧拼装网架，行走塔也随着网架拼装后退，并随着塔吊后退拆除塔吊导轨，以免影响网架继续拼装，直至行走塔退至机库网架外侧，将所有网架拼装完毕。网架上弦球杆件拼装如图 5.2.2-5 所示。

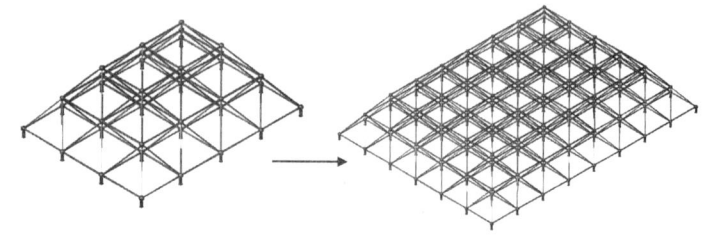

图 5.2.2-5 网架上弦球杆件拼装图

3. 门头网架拼装方法

门头网架为 6 层焊接球网架，从下到上依次为六层弦杆、五层腹杆、五层弦杆、四层腹杆、四层弦杆、三层腹杆、三层弦杆、二层腹杆、二层弦杆、一层腹杆、一层弦杆。拼装时四、五、六层弦杆及腹杆从地面搭设脚手架散拼，一层至三层杆件采用拼装成正三角锥的形式进行安装。

4. 网架杆件查找

将型号与长度相同的杆件编为一个编号，编号形式为 X-Y，X 表示为钢管型号编号，如型号为 102×4 的钢管编号定为 1，此时，X 即为 1；Y 表示同一型号杆件不同长度的编码。每种长度对应一个编号，用阿拉伯数字表示。网架杆件出厂前按编号打成捆，每捆编排捆号，记录每车杆件的捆号与每捆杆件的编号，并且整理输入计算机保存，以便随时调出查看。

将运到现场的杆件按车次堆放，并在每车杆件旁挂牌注明杆件车次，工人可根据车次与捆号准确的锁定杆件位置，迅速找到所需杆件。

5. 小拼场地拼装

在施工现场外的小拼场地将网架拼装成为正锥形，用塔吊吊运到现场就位。拼装时通过更换焊接球下钢管来调节球心相对标高。小拼胎架示意如图 5.2.2-6 所示。

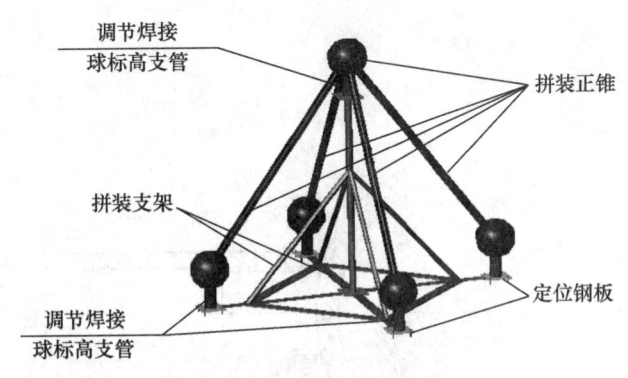

图 5.2.2-6　小拼胎架示意图

6. 中拼控制

小拼场地拼装锥体的同时进行下弦球、管的散拼施工，将锥体倒运到施工现场进行拼装形成中拼单元，为了有效的控制网架施工变形，在现场预留变形控制带，该区域内所有球杆构件均点焊，待调节完毕后进行焊接。

每个中拼单元尺寸为四个轴线跨度，在施工过程中必须严格控制每一个中拼单元内各个小拼单元的轴线尺寸及标高，对于施工过程中产生的微小误差也必须及时调整。做到一个小拼单元进行一次调整，避免产生大的误差。

严格控制质量，拼装质量的精度要求很高，尤其是纵向长度和与其他钢结构连接处的细部节点。对于关键部位，要求任意点的点位测量误差不大于±0.5mm；其余部位，要求任意点的点位测量误差不大于±1.0mm。

为保证测量精度，对于关键部位要采用规划法进行测设，提高画线精度，采用钢针画线，画线宽度小于0.1mm。拼装结束后，要对拼装体的几何尺寸进行验收测量，为最终安装提供依据。

7. 网架地面拼装的测量控制

本工程网架拼装精度将直接影响到整个工程的施工质量，并且拼装精度控制是整体提升控制以及提升合拢的基础，因此，对拼装精度的有效控制是本工程的控制要点。

1）网架地面拼装的测量控制

网架下弦球放在砖砌筑的拼装胎架上，通过调节钢管长度（钢管长度是根据球直径、含球量和砖堆顶部标高以及该点的设计起拱值计算确定的）保证下弦球的起拱要求，下弦球放置在钢管上。在拼装胎架砌筑完毕后，通过钢结构测量控制网在拼装胎架上测放出下弦球心的投影位置，用墨线在胎架顶标识，允许偏差为±2mm，在胎架上放置钢管，保证钢管的中心在下弦球心投影上。把下弦球放置在钢管上，此时就能保证下弦球心与其投影位置重合。

为了消除焊接收缩量的累积对网架尺寸的影响，采取分段拼装焊接的方法。由中部向两侧对称拼装安装。整个网架共分为若干个中拼单元，中拼单元之间的杆件先点焊等相邻中拼单元的杆件焊接完毕后进行焊接，以消除焊接收缩量的累积，确保拼装尺寸的精度。

下弦球杆焊接前，先要复核球的平面位置及标高（起拱值），符合规范要求后方可进行焊接。下弦球焊接完毕后对下弦球的平面位置和标高（起拱值）进行复测，合格后方可进行网架中弦及上弦球杆的拼装。

为了有效控制网架的拼装尺寸，及时发现问题与处理，在拼装过程中按中拼单位分段进行网架的验收。用全站仪复核网架的长度和宽度，用钢尺复核网架的高度。

2）焊接控制

焊接球管连接节点对网架拼装精度及焊接质量会产生非常大的影响，根据以往大跨度、大面积焊接球网架的施工经验及相关实验数据，并结合本工程的实际情况与特点确定焊接节点形式与网架的焊接顺序。

①网架球管焊接节点设计。钢管与焊接球连接节点形式如图 5.2.2-7 所示。

② 网架焊接顺序：以球为中心对称安装的两根钢管可以同时焊接，待其焊缝冷却至常温后再焊另一端。网架焊接顺序如图 5.2.2-8 所示。

5.2.3　大厅网架与门头网架合拢

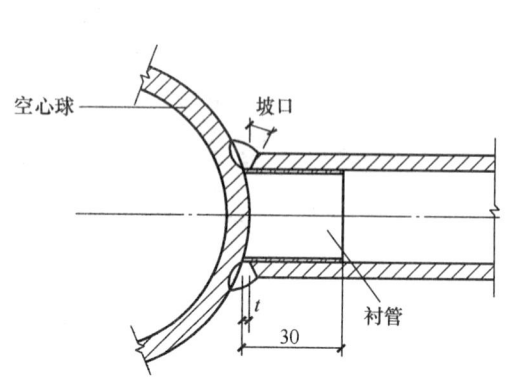

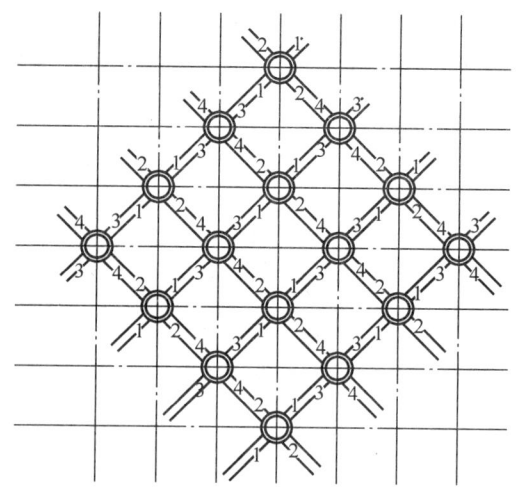

图 5.2.2-7　钢管与焊接球连接节点形式图　　　图 5.2.2-8　网架焊接顺序图

1. 合拢控制

由于两片网架需要不同的预拱形状,并且提升点布置不一样,大厅网架需先提升到门头网架处再进行合拢,刚度大的结构挠度变形小,拼装采取预拱值可解决,而刚度小的结构只通过预拱值的方法难以使两部分网架精确合拢。对于此不同预拱形状的不同结构的合拢问题,本工程结合预拱值,采取了下部支顶调整点的方法解决,即在大厅网架提升与门头网架合拢时,根据门头网架施加一定数量的调整支点,采用千斤顶及钢管顶托支顶的方式调整,并且选择不同的调整方向进行控制。

2. 调整点的布置

经过模拟计算及分析,在大厅网架靠近门头一侧设置 6 个调整点,调整点的位置与编号如图 5.2.3 所示,采用从中间到两边的合拢步骤:第 1 步合拢调整点 3 和 4,第 2 步合拢调整点 2 和 5,第 3 步合拢调整点 1 和 6。

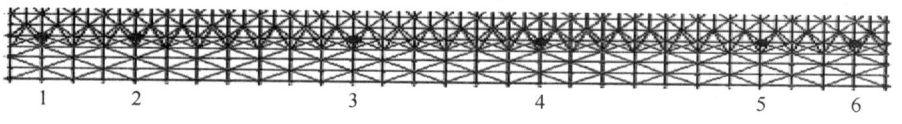

图 5.2.3　调整点位置布置与编号图

经过对不同数目和不同顺序的调整点的情况进行分析,得出了合理的调整点数目、优化了调整点合拢路径,并得出了一些合拢规律:①不同数目调整点产生的调整内力不一样,数目越多内力分布越均匀;②采用的调整点数目越多,对调整结果越有利,但应力分布较均匀后调整点数目再增多,效果增加减小,反而增加施工成本。③相同调整点数目不同合拢顺序时,杆件应力的应力变化情况路径不同,随着合拢步骤地推进,应力越来越接近,一般优先选择从位移较小的地方先调整合拢,逐步推进,一直到全部合拢,这样的合拢路径情况下,杆件应力变化相对平缓。

5.2.4　网架整体合拢

1. 总体顺序

由于本工程提升重量、面积都很大,并且各个区域杆件强度均不同,为了保证提升合拢与卸载的安全性,采取如下合拢卸载顺序:

1) 门头网架合拢:1、15 轴同时合拢。

2) 门头网架合拢完毕,逐级卸载。

3) 门头网架卸载完毕,1 轴、15 轴先由 E(不含 E 轴)向 J 轴依次合拢,然后由 E 向 A 轴合拢,杆件合拢完毕将千斤顶卸载。

4) J 轴:从 8 轴向两侧同时按顺序依次合拢、卸载。

2. 整体合拢

1）门头网架杆件合拢顺序

门头网架合拢顺序为先下后上。门头网架合拢顺序如图
5.2.4-1 所示。

2）大厅网架合拢顺序

网架总体合拢顺序先 A 后 B，以 E 轴为界。大厅网架
合拢顺序如图 5.2.4-2 所示。

3）大厅网架柱顶提升点合拢顺序如图 5.2.4-3 所示。

5.2.5 网架卸载

（1）提升点构件合拢焊接完毕，经质量检验验收合格网
架累积稳定后开始卸载。

（2）卸载前要用测量仪器对网架的稳定性进行监测，确
保网架在水平和竖直方向没有相对位移反复出现情况下，可
以进行卸载。

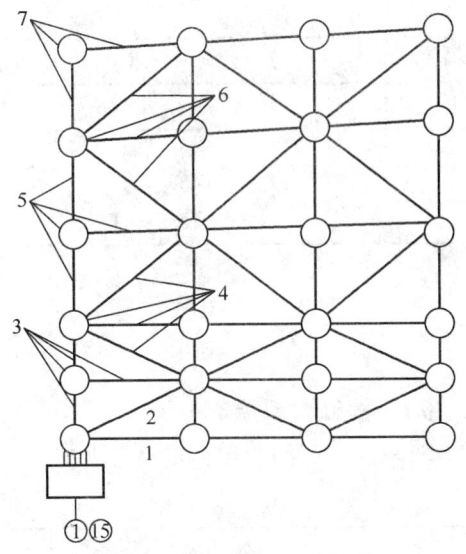

图 5.2.4-1 门头网架合拢顺序图

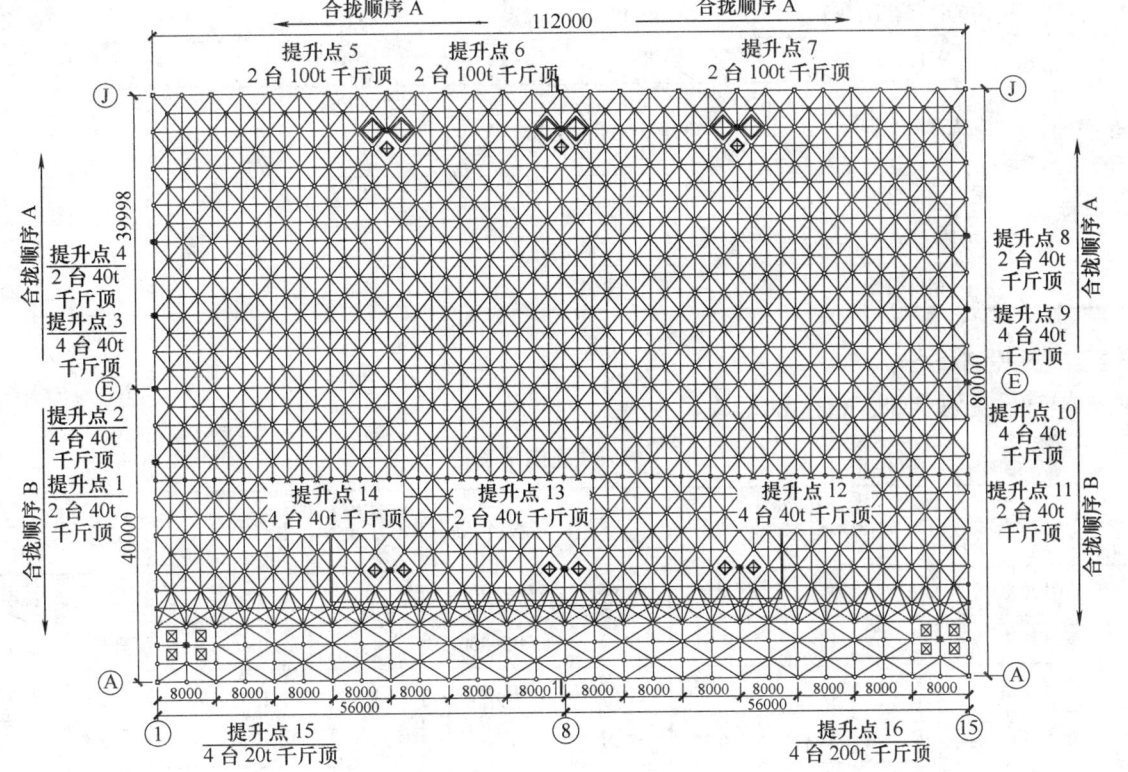

图 5.2.4-2 大厅网架合拢顺序图

（3）门头网架卸载顺序：同时卸载门头网架 15 点与
16 点。

（4）大厅网架卸载顺序：

大厅网架按照给定顺序对称合拢杆件，单侧每合拢完
毕 2 个提升点后进行一次卸载。分级卸载如表 5.2.5 所示。

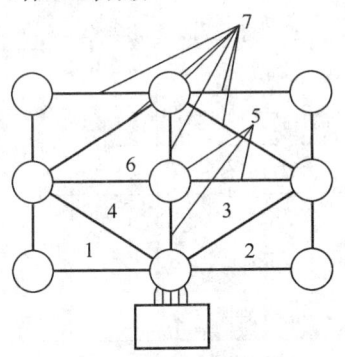

图 5.2.4-3 柱顶提升点合拢顺序图

分级卸载表

表 5.2.5

卸载顺序	部位（点位）	卸 载 程 度
1	门头网架 15~16	分三次逐级卸载，第一次卸载30%，第二次卸载30%，第三次卸载40%
2	1轴点 1~4 J轴点 5~7 15轴点 8~11	分三次逐级卸载，第一次卸载30%，第二次卸载30%，第三次卸载40%

6. 材料与设备

6.1 提升材料配备

网架提升材料清单如表6.1所示。

提升材料清单表

表 6.1

序号	名 称	型号（mm）	数量	单位	备 注
1	网架提升下弦钢梁	HW350×350×20×20	46.8	m	自制
2	网架提升下弦后加钢管	$\phi180×10$（$L=4800$）	12	根	自制
3	网架提升上弦工装	/	8	套	自制
4	提升标准节	1200×1200	225	m	购买
		2000×2000	546	m	购买
5	提升下锚点工装	/	8	套	自制
6	提升上锚点工装	/	8	套	自制
7	钢绞线	1860	1300	m	购买

6.2 提升设备配备

网架提升设备清单如表6.2所示。

提升设备清单表

表 6.2

序号	机械或设备名称	型号规格	数量	国别产地	制造年份	额定功率（kW）	生产能力	用于施工部位	备注
1	提升油缸	200t	8 台	中国	2002~2005		200t	提升	备用 1 台
2	提升油缸	100t	8 台	中国	2002~2007		100t	提升	备用 1 台
3	提升油缸	40t	32 台	中国	1994~2005		40t	提升	备用 1 台
4	液压泵站	40L/min（BJ-40）	6 台	中国	1994	20kW	40 L/min	提升	
5	计算机控制柜	同步控制型	1 台	中国				提升	
6	20m 长距离传感器	20m	4 台	中国	2004~2007			提升	备用 2 台
7	油缸行程传感器		16 台	中国	2004~2007			提升	备用 2 台
8	锚具传感器		96 台	中国	2004~2007			提升	备用 2 只
9	比例阀		若干	中国	1994			提升	
10	中继器		若干	中国	2002~2005			提升	
11	液压油管		若干	中国	2002~2005			提升	
12	电控线		若干	中国	2002~2005			提升	

7. 质 量 控 制

7.1 质量控制措施

7.1.1 网架拼装精度保证

1. 拼装胎架精度保证

1) 严格控制拼装台轴线及标高精度。

2) 网架拼装的轴线及标高（起拱）控制是通过拼装砌块上的钢支架（钢管）控制的，因此，在拼装前，要求对所有钢管的轴线及标高进行复测，确保拼装精度。

2. 拼装精度控制

1) 拼装过程中要求测量人员跟踪测量，控制小拼单元，中拼单元的拼装精度。

2) 分时段、分区段对拼装完成部位进行复测，发现不合格，立即调整。

3) 严格执行各道工序之间的交接工作，在拼装过程中执行自检、互检、交接检，每一道工序做到由专人、专业作业队负责。

7.1.2 提升工装构件安装质量控制措施

累积提升工装设备的安装按照钢结构施工质量验收规范中构件安装精度要求执行，对于特殊节点焊接必要时进行超声波探伤。

7.1.3 提升合拢精度控制措施

在提升及合拢过程中对网架的变形进行实时监测，确保结构累积安全。

制定相应合拢顺序，保证构件安装质量。

分级卸载确保合拢后结构安全。

7.2 质量控制要求

7.2.1 提升工装安装精度要求

网架提升工装安装精度允许偏差如表 7.2.1 所示。

提升工装设备允许偏差　　　　　　　　　　　　　　　　　　　表 7.2.1

序号	项　目	允许偏差（mm）
1	油压千斤顶安装轴线偏差控制	±5.0
2	提升架上弦固定锚盘尺寸偏差	±5.0
3	提升瞬间调整偏差	±3.0
4	控制轴线综合偏差	±5.0

7.2.2 提升合拢精度要求

网架提升合拢点安装精度允许偏差如表 7.2.2 所示。

提升合拢点允许偏差　　　　　　　　　　　　　　　　　　　表 7.2.2

序号	部　位	项　目	允许偏差（mm）
1	网架	合拢点标高	±15.0
2		合拢点位移	±15.0

8. 安 全 措 施

8.1 安全管理措施

8.1.1 施工前进行施工方案交底和安全技术交底。

8.1.2 进入施工现场必须戴安全帽,高空作业中必须挂安全带、穿防滑鞋。

8.1.3 各工种(起重工、电焊工、电工、塔吊司机、架子工等)认真执行安全操作规程。

8.1.4 钢结构安装各部位的脚手架、防护栏等安全防护设施必须检查合格后,方可使用。

8.1.5 施工现场所有电气操作系统、液压系统设备要做好防雨、防潮、防漏电措施,下班后要将所有设备盖好,避免接触雨水导致漏电,避免因为雨水而导致设备受潮而损坏。

8.1.6 对所有可能坠落的物体要求:高空作业中的螺杆、螺帽、手动工具、焊条、切割块等必须放在完好的工具袋内,并将工具袋系好固定,不得直接放在梁面、翼缘板、走道板等物件上,以免妨碍通行,每道工序完成后作业面上不准留有杂物,以免通行时将物件踢下发生坠落打击。

8.1.7 整体提升期间网架合拢部位下设防护网,吊装作业应划定危险区域,挂设安全标志,加强安全警戒。

8.1.8 夜间施工要有足够的照明。

8.2 提升安全要求

8.2.1 所有千斤顶要经过保养清洗工作,并做压力实验,防止出现漏油问题,确保提升期间千斤顶使用完好。

8.2.2 提供钢绞线的出厂合格证书以及检测报告;压力表的检测合格证;累积提升设备进厂报验单;液压设备实验记录;千斤顶说明书等材料。

8.2.3 上锚点、下锚点安装完毕使用前,要设验收小组进行全面检查验收,绝对不留安全隐患。

8.2.4 累积提升期间,现场警戒线以内严禁非操作人员出入。

8.2.5 使用钢绞线前,要仔细检查有无断丝和电焊损伤情况。

8.2.6 钢绞线不能当做电焊机地线使用,否则会造成钢绞线断裂,锚盘易被损坏。

8.2.7 提升结构在高空停置时间较长,应每天对结构进行观测,对提升及锁定装置进行检查。

9. 环 保 措 施

9.1 提升用的各种设备,底部必须做好防护措施,防止出现漏油污染结构或地面。

9.2 提升用的液压油、机油、柴油等必须按规定使用,不得随意乱涂或溢洒。

9.3 雨天或炎热天气施工时,必须采用遮阳设施保护计算机控制柜,防止雨淋或太阳直射。

9.4 严格控制人为噪声,进入施工现场不得高声喊叫、乱吹哨、限制高音喇叭使用,最大限度减少扰民。

9.5 严格控制强噪声作业时间,一般从晚10点到次日6点间停止强噪声作业,尽量减少夜间施工,确系特殊情况必须夜间施工,必须先办理“夜间施工许可证”后进行施工,并采取有效措施尽量减少噪声污染。

9.6 加强现场场容管理,现场做到整洁、干净、节约、安全、施工秩序良好,现场道路必须保证畅通无阻,保证物质材料顺利进退场,场地应整洁、无施工垃圾,无积水场地及道路定期洒水,减低灰尘对环境的污染。

9.7 现场设置施工垃圾场,垃圾分类堆放,经处理后方可运至环卫部门指定的垃圾堆放点。

10. 效 益 分 析

10.1 经济效益

大跨度屋盖网架智能化累积提升技术在海航集团新华航空公司基地工程维修机库施工中的成功应用,较通常采用的一次性整体提升技术节约成本近60万元,缩短工期7d,工程创造了较好的经济效益。具体经济效益明细如表10.1所示。

经济效益明细表 表 10.1

序号	项 目	对 比				节省投入量 ①-② (元)
		一次性整体提升①		二次累积提升②		
		用量	资金 (元)	用量	资金 (元)	
1	土方开挖及护坡工程	5000m³	735185	/	/	735185 元
2	施工时间	13d		/		13d
3	提升塔架	771m	624510	831m	698040	-73530
4	提升工装	46t	243800	58t	307400	-46400
5	提升千斤顶	38 台	610600	48 台	460200	-18000
6	提升时间	52d		58d		-6d
	总工期					7d
	合计					597255

10.2 社会效益

大跨度屋盖网架智能化累积提升技术在海航集团新华航空公司基地工程维修机库施工中的成功应用，在网架结构工程施工质量、施工进度、施工安全等方面均取得了非常好的成绩，为海航集团新华航空公司基地维修机库工程建设作出了巨大贡献。施工质量方面：获结构长城杯金奖；施工进度方面：由于地处机场飞行核心区，"机场飞行区不停航管理"规定以及 2008 年奥运期间长达半年的停工等的不利条件影响下，工程总工期未受影响，未发生任何施工安全事故，受到了参建各方、业界专家和社会媒体的广泛好评，取得了良好的社会效益。

10.3 环保效益

本屋盖网架采用智能化累积提升施工方法，避免了一次性整体提升方案所采用的明挖给机场围界附近管线设备、景观照明等迁移带来的潜在破坏风险，很大程度上保护了周边环境，对环境无影响。

10.4 节能效益

本屋盖网架采用智能化累积提升施工方法，通过先进的计算机控制液压同步提升技术，选择能耗低且有利于环保的液压式泵站，节能效果显著。

11. 工 程 实 例

11.1 工程概况

海航集团新华航空公司基地工程维修机库位于北京市顺义区首都机场西跑道北端侧，机库屋盖结构跨度 112.0m，进深 80.0m，屋盖顶标高 36.800m。屋盖结构采用 3 层正放四角锥焊接球钢网架，下弦支承，网格尺寸 5.0m×4.0m，高度 6.0~8.8m。机库大门处屋盖采用 6 层焊接球钢网架，高度 15.45~16.25m。网架节点大部分为焊接球空心球节点，少量节点根据受力需要采用主管贯通焊接空心球节点。机库大厅基本支承柱采用四肢格构式钢管混凝土柱、箱形方钢管混凝土柱以及钢筋混凝土柱，柱间支撑采用双肢格构式。其中：箱形方钢管混凝土柱共 6 根，四肢格构式钢管混凝土柱共 14 根，屋盖支座采用 33 个抗震球铰支座。

11.2 施工情况

本工程屋盖网架结构分为两个部分，一部分为大厅网架，为 3 层网架，下弦标高 25.00m；一部分为门头网架，为 6 层网架，下弦标高为 21.35m。两者下弦标高相差 3.65m。

为了减少高空作业量，为了最大限度满足结构设计的边界条件，确保工程施工质量，加快施工进度，确保施工安全，采用屋盖地面拼装整体提升的施工工艺。根据结构特点，如采取门头网架与大厅网架同时一次性整体提升的方案,必须将门头网架处下挖 3.65m 深度,才能满足相对标高要求,但施工现场场地条件限制,门头网架距离已有机场停机坪围界仅 8m,且围界下机场管道及线缆设备多,不能开挖,且场地开挖后,门头网架外侧空间无法满足大型机械设备的行走,无法安装作业,因此受施工条件制约,不能采取门头与大厅网架一次整体提升的方案。

经各种提升方案的对比和研究,采用"智能化累积提升"的施工方法:即门头与大厅网架在地面分别拼装,拼装完成后,通过计算机控制液压同步提升技术,分两次提升,先提升大厅网架与门头网架合拢位置,合拢完成后,再整体提升大屋盖网架至设计标高的施工方法。"智能化累积提升技术"提升的结构重量重;提升结构的尺寸、面积和体积大;计算机控制,自动化程度高;减少高空作业量,施工安全、可靠,降低施工风险;缩短施工周期,降低施工费用。

累积提升结构工程量:网架焊接球与杆件总重约 1030t,屋盖主次檩条约 60t,检修走道约 10t,水、电、消防、辐射采暖等专业连接件及管道约 300t,总计约为 1400t。

本工程于 2007 年 11 月 10 日开工,2010 年 8 月 30 日竣工。

11.3　工程监测与结果评价

为了确保施工进度、工程质量、保证施工安全,考虑提升边界条件、提升的同步情况、风荷载、温度应力等情况的影响,对受力较大杆件进行实时监测,并及时反馈给主控制台,以保证整体提升的顺利进行,北京市建筑工程研究院监测机构和施工单位监测组对网架提升全过程进行了应力应变实时动态监测。监测过程中采用了自动实时采集设备,确保了数据采集及时准确。

监测数据显示的最大应力杆件与数值模型计算结果基本吻合,从而验证了通过数值模拟的结果作为选定监测杆件的方法是可行的。从监测的结果来看,每个杆件上对称布置的两点的应力曲线基本一致,反映了监测的稳定性。监测杆件中相对于结构中的对称位置的内力曲线基本一致,反映整个结构在提升过程中具有较好的对称性。本提升过程作为一个累积提升的全新提升方法,通过监测,很好的验证了累积提升时结构的受力状态与前期模拟计算相符。整个监测过程中杆件受力数据也表明,结构杆件受力均在合理范围之内,即提升过程没有对结构造成不良影响。

本网架累积提升施工全过程处于安全、稳定、优质的可控状态,油压千斤顶安装轴线偏差控制最大为 4mm,提升架上弦固定锚盘尺寸偏差最大为 4mm,提升瞬间调整偏差最大为 2mm,控制轴线综合偏差最大为 3mm,合拢点标高 9mm,合拢点位移 8mm,均远远小于相关标准的要求。奥运期间长达半年的停工也未影响到工程总工期,工程质量优良率达 98%以上,无任何安全生产事故发生,工程建设得到了各方的一致好评。

外立面超长双曲面"上、下唇"雨屏铝合金板施工工法

GJYJGF035—2010

北京建工博海建设有限公司 中国新兴保信建设总公司

宋盛国 彭宇 陈树军 刘玉彬 赵静

1. 前　言

国家会议中心工程是中国最大、最新、具有世界一流水平的会议中心。为了突出装饰性和艺术性，工程的东立面采用了超长双曲面唇形建筑造型，总长398m，由近2万片1m长200mm宽重叠的氟碳喷涂饰面雨屏铝合金板拼接而成。该项技术为国内外首次应用。

由北京建工博海建设有限公司及中国新兴保信建设总公司共同开发研制了《外立面超长双曲面上、下唇雨屏铝合金板施工技术》，通过研发并实施双曲面造型的空间定位方法、完善防排水系统构造、面板专用U形托件等核心技术，成功地解决了超长双曲金属装饰板的安装技术难题。在此基础上总结形成了本工法。

该项技术首次成功应用于国家会议中心工程，已于2010年3月10日通过了北京市住建委组织并主持的科技成果鉴定，达到国内领先水平。现已申报2010年北京市科学技术奖。此项技术的实施为国家会议中心工程获中国土木工程詹天佑奖、全国建筑业新技术应用示范工程、中国建设工程鲁班奖等奠定了基础。该工法并推广应用于国航国内货运站工程、好丽友食乐食品有限公司4期工厂工程中，取得了明显的社会效益和经济效益。

2. 工法特点

2.1　整体外立面呈"双曲鱼鳞"状，曲线弧度流畅，外形独特，似古代屋檐又好似一座沟通的桥梁，效果宏大美观，彰显出建筑物丰富的内涵和独特的艺术魅力，是整个建筑的标志性造型。见图2.1。

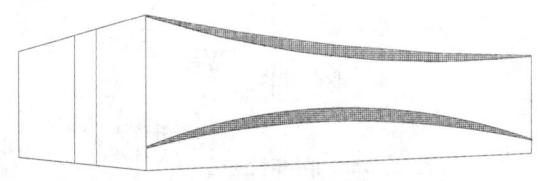

图2.1　唇形雨屏整体造型

2.2　唇形雨屏主要由主受力体系（主次钢梁）、次受力体系（弧形龙骨）、双翼龙骨、防水铝背板，雨屏铝合金百叶板组成，支撑体系复杂，连接方式独特。

2.3　建立唇形雨屏的1:1三维模型，确定弧形龙骨加工参数，材料加工尺寸精确。

2.4　现场安装空间定位方法独到，减小安装误差，使面板安装间距一致，拼缝均匀。

2.5　使用可调节专用U形托件，易于施工，安装精度高。

2.6　面板采用内外双层构造，内层是粉末喷涂的2mm铝背板防水层，阻止雨水进入室内，外层为雨屏铝合金装饰叶片板，板块接缝水平重叠搭接，竖向开缝，下设隐藏式排水槽（弧形），在下唇的根部设置下沉式不锈钢排水沟，同时在雨屏与主体结构交界处设置岩棉防火、保温，在满足立面装饰效果的同时达到很好的防火、保温、隔热、防噪声性能。整体系统隔热隔声，密闭排水。

3. 适用范围

适用于大型公共建设工程大跨度异型雨屏的设计与施工。

4. 工 艺 原 理

唇形雨屏由主受力系统、次受力系统、双翼龙骨、面板系统和排水系统组成。主受力系统通过连接件与主体结构连接，次受力系统焊接在主受力系统上，面板系统连接在次受力系统上，排水系统为不锈钢排水槽和虹吸雨水口，设置在雨屏的根部。见图4。

4.1 主受力系统由钢柱、主梁和次梁相互焊接组成，通过连接件与主体结构连接，见图4.1。

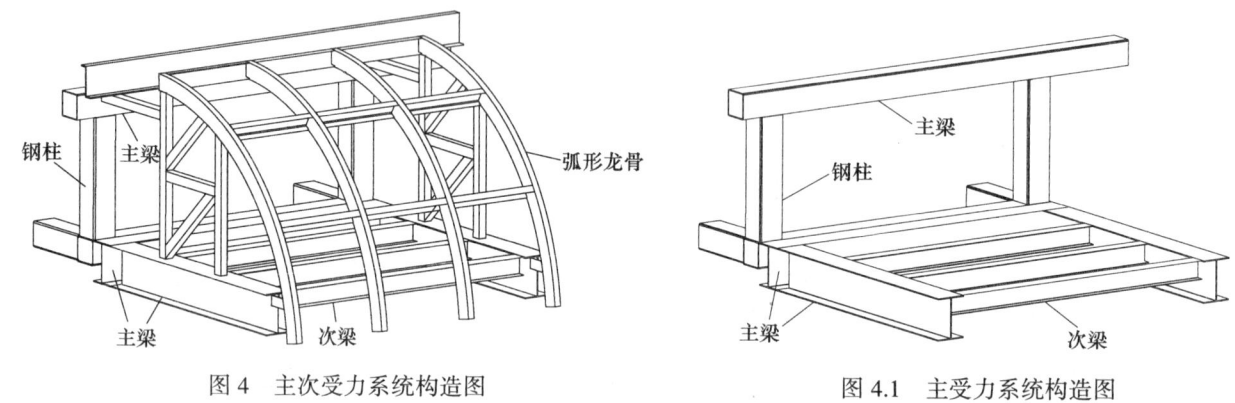

图 4 主次受力系统构造图　　　　　图 4.1 主受力系统构造图

4.2 次受力系统主要由一系列弧形龙骨、托梁、水平龙骨、调节用小钢柱组成，焊接在主受力系统上，见图4.2。

4.3 双翼龙骨由两道弧形角钢和连接件焊接组成，连接件与弧形龙骨焊接，弧度与面板相对应的弧形龙骨保持一致，角钢设调节孔通过螺栓与专用托件连接，见图4.3。

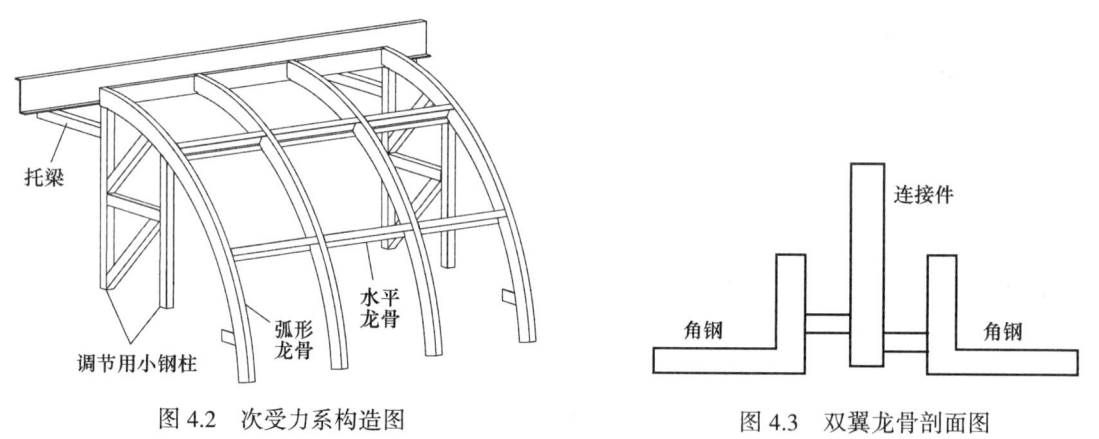

图 4.2 次受力系构造图　　　　　图 4.3 双翼龙骨剖面图

4.4 面板系统由外侧雨屏铝合金叶片及内侧防水铝背板两部分组成（图4.4-1、图4.4-2），外侧雨屏铝合金叶片与双翼龙骨连接，叶片背部有两道滑轨，U形卡槽（专用托件）可以在滑轨上滑动，以便

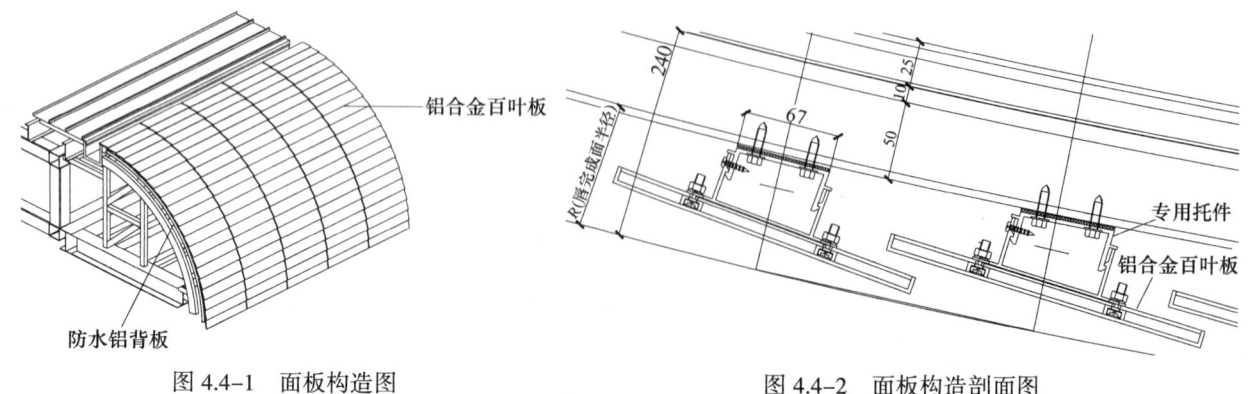

图 4.4-1 面板构造图　　　　　图 4.4-2 面板构造剖面图

于安装时进行适当的调节（图 4.4-3）。内侧防水铝背板位于弧形龙骨与双翼龙骨之间，固定在弧形龙骨上，每相邻两段弧形龙骨之间设置一道防水铝背板，接缝处打胶密实。铝合金百叶板接缝水平重叠搭接，竖向开缝，既达到装饰效果，又密闭阻止雨水进入室内。

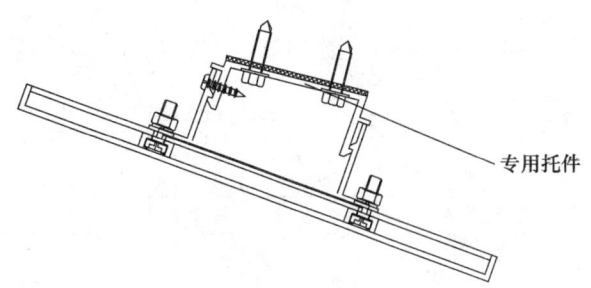

图 4.4-3　叶片与专用托件连接详图

4.5　防水、排水系统：上唇雨屏下部设滴水线采用自然排水。下唇上平面的排水沟设置在下唇根部，支撑体系为方钢和角钢，排水槽采用 2mm 厚不锈钢板弯折而成，不锈钢排水槽内设置虹吸雨水口，外扣的不锈钢格栅盖板通过焊接在不锈钢排水槽的卡槽，固定在不锈钢排水槽上，维修或清洁时可灵活拆卸。雨屏铝合金叶片和排水槽之间覆盖铝板盖板，盖板做 5% 的找坡，坡向排水槽。盖板和叶片及排水槽之间的缝隙打密封胶以防止雨水渗漏，同时保证雨水顺畅流入排水槽中。下唇雨屏采用隐藏式排水槽排水，隐藏式排水槽即面板之间的橡胶胶条。不锈钢板后及雨屏和主体结构交界处设置 50mm 厚保温岩棉，保温岩面背板采用 1.5mm 镀锌钢板封堵，起到隔声、隔热防火作用，见图 4.5-1、图 4.5-2。

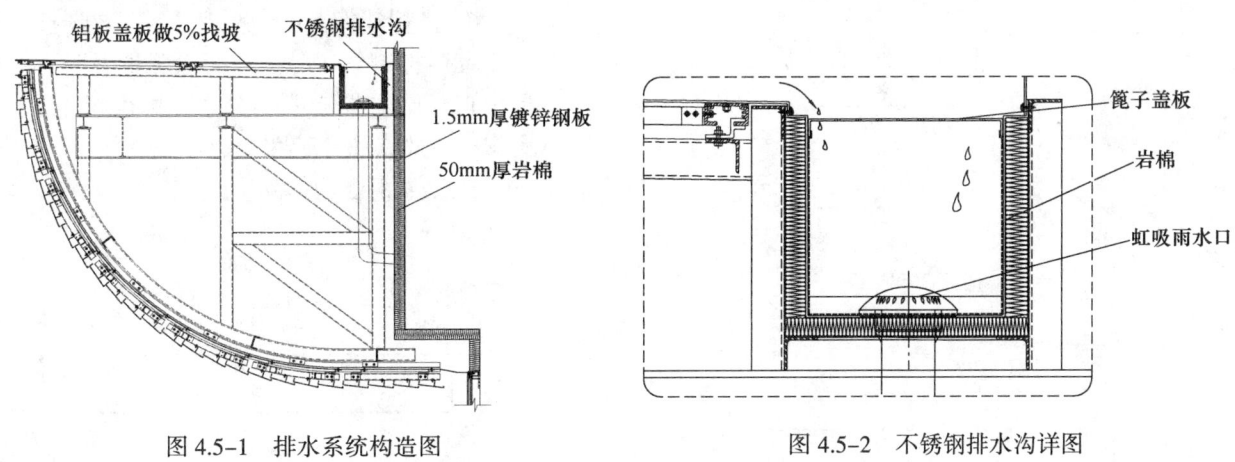

图 4.5-1　排水系统构造图　　　　　　　图 4.5-2　不锈钢排水沟详图

5. 施工工艺流程及操作要点

5.1　施工工艺流程（图 5.1）

5.2　操作要点

5.2.1　施工准备

1. 人员材料及设备进场准备。

2. 安全防护体系搭设并验收完毕。

3. 龙骨制作。

主受力系统龙骨在厂家加工成形，次受力系统的各杆件均在现场加工，由于次受力系统中弧形龙骨是雨屏安装的关键，加工时应注意：

1）用计算机建立唇形雨屏的 1:1 三维模型，确定弧形龙骨的弧度及加工形状等参数。

2）每根龙骨在加工制作的时候，弧度都要与计算机模型中的参数符合，并且在弧形龙骨适宜位置设置 4 个标记点（a=上端部、b=上部、c=下部、d=下端部）。

5.2.2　测量放线

1. 测量放线以及定位的准确，是整个雨屏安装过程中的关键步骤。用计算机建立了唇形雨屏的 1:1 三维模型，确定了弧形龙骨的准确位置。并以此为依据测量主受力系统主梁和次梁与主体结构连接的焊

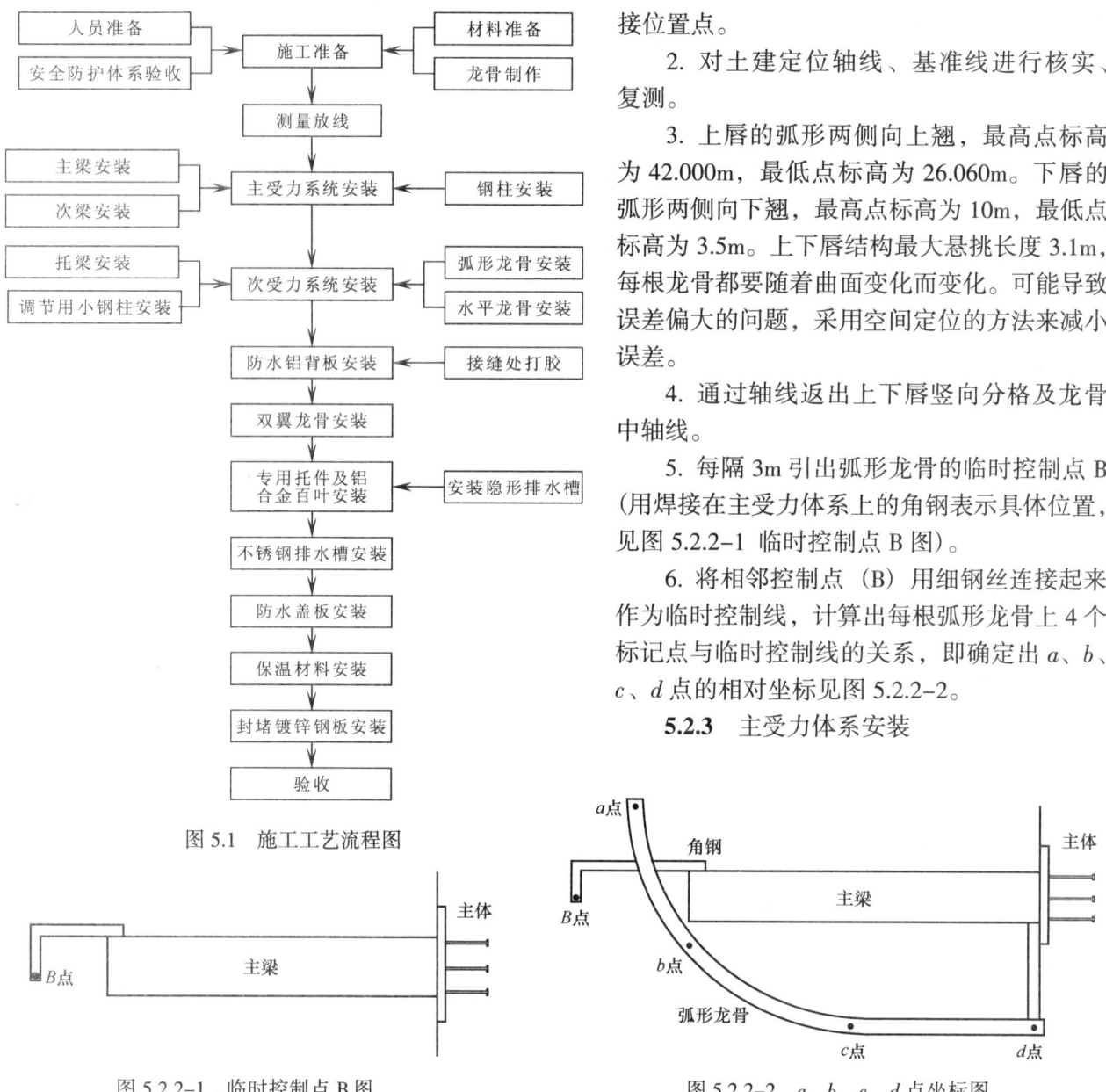

图 5.1　施工工艺流程图

图 5.2.2-1　临时控制点 B 图

图 5.2.2-2　a、b、c、d 点坐标图

接位置点。

2. 对土建定位轴线、基准线进行核实、复测。

3. 上唇的弧形两侧向上翘，最高点标高为 42.000m，最低点标高为 26.060m。下唇的弧形两侧向下翘，最高点标高为 10m，最低点标高为 3.5m。上下唇结构最大悬挑长度 3.1m，每根龙骨都要随着曲面变化而变化。可能导致误差偏大的问题，采用空间定位的方法来减小误差。

4. 通过轴线返出上下唇竖向分格及龙骨中轴线。

5. 每隔 3m 引出弧形龙骨的临时控制点 B（用焊接在主受力体系上的角钢表示具体位置，见图 5.2.2-1 临时控制点 B 图）。

6. 将相邻控制点（B）用细钢丝连接起来作为临时控制线，计算出每根弧形龙骨上 4 个标记点与临时控制线的关系，即确定出 a、b、c、d 点的相对坐标见图 5.2.2-2。

5.2.3　主受力体系安装

1. 主受力系统由相互焊接的主梁、次梁和钢柱组成，通过连接件焊接在主体结构上。主受力体系由现场拼装完成，在拼装时，主次梁间距可进行适当调节。

2. 雨屏的主梁安装尺寸误差要在外控制线尺寸范围内消化，误差数不得向外延伸。各主梁依据靠近轴线处控制钢丝为基准，进行分格安装。

3. 次梁的安装，次梁断料尺寸，越准确越好，若间隙过大，焊接过程中，将产生焊接变形，影响雨屏的平整度。

4. 钢柱安装垂直度应精确，避免主受力系统变形。

5. 焊接工艺施工完毕，验收合格后焊缝涂刷防锈漆，进行下道工序施工。

5.2.4　次受力系统安装

1. 在主梁上焊接调节用小钢柱，调节用小钢柱的标高与 a、b、c、d 4 个点相对应。

2. 托梁一端与主梁焊接，另一端与调节用小钢柱焊接，焊接时注意平整度。

3. 安装弧形龙骨

1）安装弧形龙骨时，先将龙骨按照控制线预安装，即点焊在结构主体上，然后对龙骨上的 a、b、

c、d 4 个点重新进行校核，准确无误后，将龙骨完全焊接在主体结构上。

2）弧形龙骨种类较多，长度由 1.4m 到 4m 不等。将每根弧形龙骨正确编号，并与主受力系统对应。

3）按照编号及定位点将弧形龙骨焊接在主受力系统上。依据放线所布置的钢丝线，结合施工图进行安装。先将单个弧形龙骨依据尺寸线点焊在钢梁上，然后检查位置尺寸和垂直度。

4）弧形龙骨安装后，对照测量定位线，对三维方向进行初调，保持误差<1mm，基本安装完后在下道工序中再进行全面调整。

4. 水平龙骨焊接在两道弧形龙骨之间，以保证次受力的刚度满足要求。

5.2.5 防水铝背板安装

1. 每相邻两段弧形龙骨之间设置一道 2mm 厚防水铝背板。

2. 采用自攻螺丝加橡胶防水垫进行背板安装，板与板之间的间隙为 10~20mm，用橡胶条或密封弹性材料处理。见图 5.2.5 防水铝背板安装节点图。

3. 防水铝背板接缝处打胶密实。

4. 安装完毕，在易被污染的部位，用塑料薄膜覆盖保护。易被划、碰的部位，应设安全栏杆保护。

5.2.6 双翼龙骨安装

双翼龙骨用两根角钢并列由专用连接件焊接制作完成。弧度与对应的弧形龙骨一致，焊接在弧形龙骨上。两侧角钢上设调节孔通过螺栓与专用托件连接，见图 5.2.6。

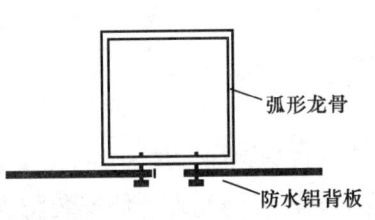

图 5.2.5　防水铝背板安装节点图

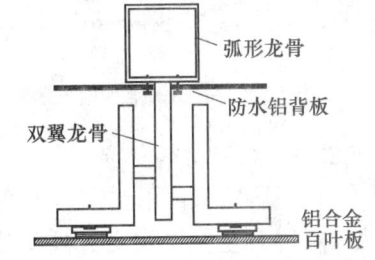

图 5.2.6　双翼龙骨与弧形龙骨连接节点图

5.2.7 专用托件及铝合金百叶板安装

1. 设计制作专用托件，专用托件为 U 形卡槽，安装在双翼龙骨上的调节孔上。调节孔长 50mm，可以用来调整与之相连的叶片的角度和高度，高度调整完毕后进行固定。

2. 20mm×30mm 橡胶胶条用螺栓和防水垫片固定在双翼龙骨上。

3. 托件安装完毕后安装铝合金百叶板，百叶板背部有两道滑轨，U 形卡槽可以在滑轨上滑动，以便于安装时进行适当的调节，见图 5.2.7-1。

4. 上下两片铝合金百叶板搭接宽度 30mm，形成鱼鳞状。

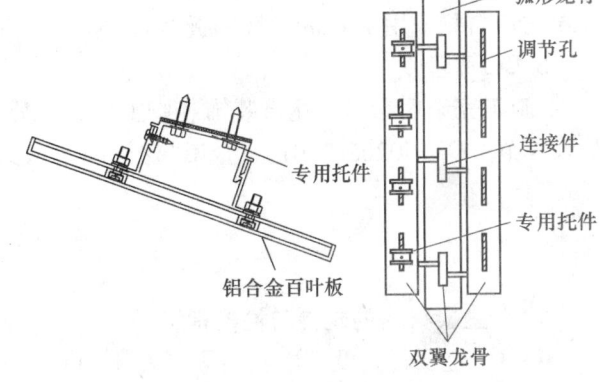

图 5.2.7-1　铝合金百叶板安装节点图

5. 百叶板压在橡胶胶条上，两侧各 5mm，实现开缝拼接，形成隐形排水槽，见图 5.2.7-2。

6. 上唇最下部百叶板安装时低于上唇底面 20mm，上唇底面用自攻螺栓加橡胶防水垫片安装铝条，形成 20mm×10mm 滴水线（图 5.2.7-3）。

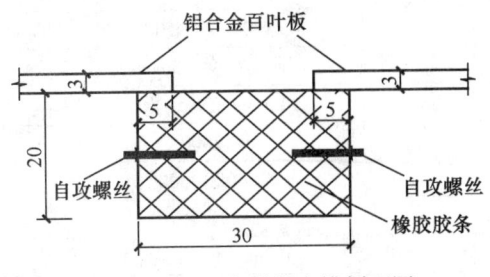

图 5.2.7-2　隐形排水槽剖面图

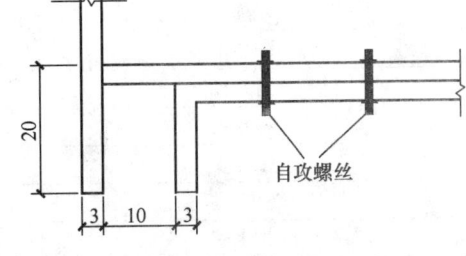

图 5.2.7-3　滴水线剖面图

5.2.8　不锈钢排水槽安装

首先安装托架，托架由小托梁和小立柱组成，固定于主受力系统上，然后将排水槽置于托架上，最后安装好虹吸雨水所用的雨水口及管道，见图5.2.8。

5.2.9　安装防水铝盖板

将3mm厚铝盖板固定于次梁上，与百叶板及排水沟之间的缝隙处打高耐候密封胶封严，并做5%的找坡。然后将不锈钢篦子盖在排水沟上，见图5.2.9。

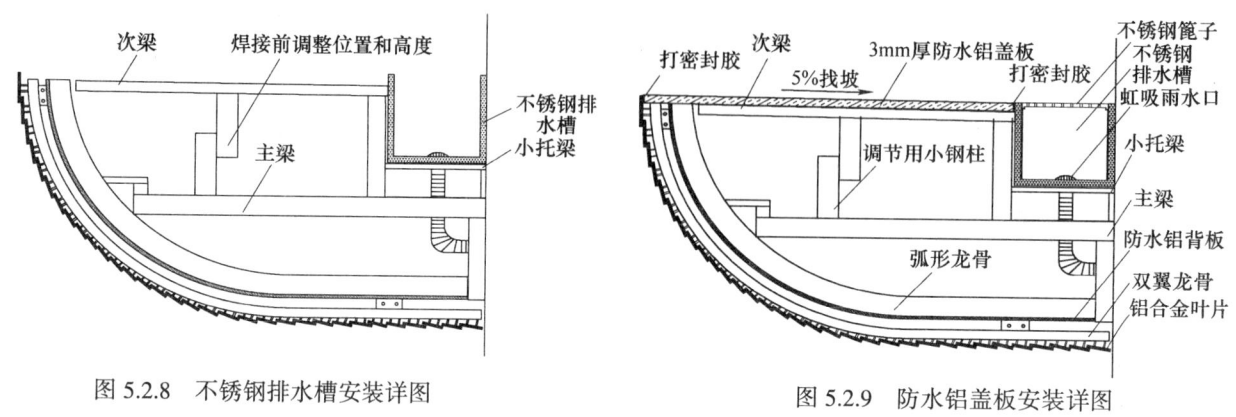

图5.2.8　不锈钢排水槽安装详图　　　　　图5.2.9　防水铝盖板安装详图

5.2.10　保温材料安装

1. 在下唇的根部不锈钢排水槽板后及支撑架之间塞填50mm厚岩棉板。

2. 雨屏和主体结构交界处安装轻钢龙骨，轻钢龙骨外侧安装防火石膏板，龙骨之间填充50mm厚岩棉板。

5.2.11　封堵镀锌钢板安装

龙骨内侧采用1.5mm镀锌钢板封堵。

5.2.12　验收

施工完毕后参考《建筑装饰装修工程施工质量验收规范》GB 50210-2001、《钢结构工程施工质量验收规范》GB 50205-2001、《金属与石材幕墙工程技术规范》JGJ 133-2001进行验收。

6. 材料与设备

6.1　主要材料的规格与性能指标

6.1.1　主要材料及规格、型号（表6.1.1）

主要材料规格型号　　　　　　　　　　　　　　　　　　　　　　表6.1.1

	材　料	规　格　型　号
1	铝合金百叶板	1000×200×3mm 表面氟碳喷涂
2	防水铝背板	1000×200×2mm 铝板表面粉末喷涂
3	钢构件	Q235B
4	螺栓	M8×25、M8×35 等
5	岩棉板	1000×630×50
6	隔热条	最小宽度9.5mm
7	封堵板	1.5mm 镀锌钢板
8	密封胶	GE2000
9	结构胶	GE4000/4400
10	防水盖板	3mm 厚铝板
11	排水槽	0.8mm 不锈钢板
12	橡胶胶条	30mm×20mm

6.1.2 主要材料的性能指标（表 6.1.2-1~表 6.1.2-3）

铝合金百叶叶片板的性能表　　　　　　　　　　　　　表 6.1.2-1

序号	项 目		性 能 指 标
1	外观		无流痕、裂纹、气泡、夹杂物或其他表面缺陷
2	平均涂层厚度		三涂≥40μm、二涂≥30μm
3	色差		目测不明显，或单色时△E≤2
4	铅笔硬度		≥HB
5	光泽度		规定值±5
6	耐冲击性		50kg·cm 无脱漆
7	耐磨性		≥5.0L/μm
8	附着力	干式	划格法 0 级
		湿式	划格法 0 级
		沸水	划格法 0 级
9	耐化学性	耐盐酸	15min 点滴无气泡，外观无变化
		耐硝酸	颜色变化不超过△E≤6
		耐砂浆	无任何变化
		耐洗涤剂	无气泡，漆膜无脱落

钢构件的性能表　　　　　　　　　　　　　表 6.1.2-2

序 号	项 目	性 能 指 标
1	屈服点，MPa　≥	235
2	拉伸强度，MPa	375~460
3	伸长率，δ5%　≥	26
4	弯曲（弯曲 180°，弯心直径 9mm）	受弯曲部位外表面无裂纹

岩棉板的性能表　　　　　　　　　　　　　表 6.1.2-3

序 号	项 目	技 术 要 求
1	长度，mm	1000
2	宽度，mm	630
3	厚度，mm	50
4	密度，kg/m³	100
5	导热系数，W/(m·K)	≤0.039
6	有机物含量，%	≤4.0
7	不燃性	A 级
8	最高使用温度，℃	600

6.2 主要机具设备（表 6.2）

主要机具设备表　　　　　　　　　　　　　表 6.2

序号	机械设备名称	型号规格	数量	额定功率kW	生产能力	备 注
1	砂轮切割机	ASI72	5 台	3/台	良好	下料
2	台式立钻	LT-L3	1 台	2.2/台	良好	下料
3	电焊机	500A	10 台	24/台	良好	加工
4	手动葫芦	2T	10 台		良好	安装
5	射钉枪		5把		良好	安装

续表

序号	机械设备名称	型号规格	数量	额定功率kW	生产能力	备注
6	手电钻		20 台	0.3/台	良好	安装
7	冲击钻		5 台	0.8/台	良好	安装
8	绞磨机		20 台	0.8/台	良好	加工
9	拉铆枪		6 把		良好	安装
10	氧气焊		4 套		良好	加工
11	电钨灯		50 个	1/个	良好	照明
12	经纬仪		1 台		良好	测量
13	水平尺		10 把		良好	测量
14	钢卷尺		12 把		良好	测量

7. 质 量 控 制

7.1 参照执行的相关规范

7.1.1 《建筑装饰装修工程施工质量验收规范》GB 50210-2001；

7.1.2 《钢结构工程施工质量验收规范》GB 50205-2001；

7.1.3 《金属与石材幕墙工程技术规范》JGJ 133-2001。

7.2 质量标准

7.2.1 主控项目

1. 各种材料和配件，应符合设计要求及国家现行产品标准和工程技术规范的规定。

2. 雨屏的造型、立面分格应符合设计要求。

3. 铝合金百叶板和防水铝背板的品种、规格、颜色、光泽及安装方向等应符合设计要求。

4. 主体结构上的预埋件和后置埋件的位置、数量、抗拉拔力应符合设计要求。

5. 连接件的防腐处理应符合设计要求。

6. 雨屏的主受力系统与主体结构预埋件的连接、主次受力系统的连接、防水铝背板及铝合金百叶板的安装必须符合设计要求，安装必须牢固。

7.2.2 一般项目

1. 铝合金百叶板和防水铝背板表面应平整、洁净、色泽一致。

2. 铝合金百叶板和防水铝背板数量、位置尺寸、搭接间隙等应符合设计要求。

3. 主次受力系统安装尺寸允许偏差应符合表 7.2.2-1 规定。

主次受力系统安装尺寸允许偏差表　　　　　　　　　　　　　表 7.2.2-1

序号	检 查 项 目	尺寸范围	标准（mm）	检 查 工 具
1	钢柱垂直度	$H \leqslant 10m$	$\leqslant 5$	吊线 经纬仪
2	相邻两根钢柱间距	固定端头	±1.0	钢卷尺
	任意连续四根钢柱的间距	固定端头	±1.5	
3	主梁水平度	$\leqslant 5000$	$\leqslant 3.0$	水平尺、水平仪
4	相邻主梁间距	$\leqslant 2000$	±1.0	钢卷尺
		> 2000	±1.5	
5	弧形龙骨的横向位置	$\leqslant 2000$	±2.0	钢卷尺
6	弧形龙骨的连接点位置	$\leqslant 2000$	$\leqslant 1.0$	钢板尺

4. 防水铝背板和铝合金百叶板尺寸允许偏差应符合表 7.2.2-2 规定。

防水铝背板和铝合金百叶板尺寸允许偏差表　　　　表 7.2.2-2

序号	项　目		允许偏差（mm）	测量工具
1	面板长度尺寸	≤2000mm	±1.0	钢卷尺
2	面板内侧对角线差	≤2000mm	≤2.0	

5. 防水铝背板和铝合金百叶板装配间隙及同一平面度的允许偏差应符合表 7.2.2-3 规定。

防水铝背板和铝合金百叶板装配间隙及平面度允许偏差表　　　表 7.2.2-3

项目	装配间隙（mm）	同一平面度差（mm）
允许偏差	≤1	≤1

6. 孔位的允许偏差为±0.3mm，孔距的允许偏差为±0.3mm，累计偏差≤±0.6mm。

7.3　施工过程中的质量保证措施

7.3.1　本工程质量要求高，必须加强质量管理工作，严格执行规范、标准，按设计要求进行控制施工，把施工质量放在首位，精心管理，精心施工，保证质量目标的实现。

7.3.2　制定项目各级管理人员，施工人员质量责任制，落实责任，明确职责，签定质量责任合同，把每道工序、每个部位的质量要求、标准、控制目标，分解到各个管理人员和操作人员。

7.3.3　根据工序要求，制定项目质量管理奖罚条例，岗位职责、质量目标与工资奖金挂钩，实行质量一票否决权。

7.3.4　根据施工的关键工序作业指导书，严格按作业指导书进行交底和施工操作，做到施工有序控制和监控检查。

8. 安 全 措 施

8.1　安全生产总则

8.1.1　认真贯彻、落实国家"安全第一，预防为主"的方针，严格执行国家、地方及企业安全技术规范、规章、制度。杜绝重伤、死亡事故，轻伤事故频率不得大于1%。建立落实安全生产责任制，与各施工队伍签定安全生产责任书。认真做好进场安全教育及进场后的经常性的安全教育及安全生产宣传工作。建立落实安全技术交底制度，各级交底必须履行签字手续。

8.1.2　特种作业必须持证上岗，且所持证件必须是专业对口、有效期内及市级以上的有效证件。认真做好安全检查，做到有制度有记录，根据国家规范、施工方案要求内容，对现场发现的不安全隐患进行整改。

8.1.3　坚持班前安全活动制度，且班组每日活动有记录。

8.2　吊装工具、施工器具、吊具的的安全检测

8.2.1　吊装工具主要采用吊机，施工前必须检查。

8.2.2　手电钻、冲击钻、射钉枪、切割机、角向砂轮机、手拉葫芦及电动葫芦在施工前必须进行检查，经检查合格无安全隐患后方可使用。

8.2.3　吊装配件（钢丝绳和吊钩）在吊装作业前必须进行安全检查，经检查均无安全隐患存在时方可使用。

8.3　施工安全用电

8.3.1　现场施工用电，应采用 TN-S 系统，严格按"一机一闸一漏一箱"组织临电施工。电箱应设门锁、编号、注明责任人。

8.3.2　机械设备必须进行工作接地和重复接地的保护措施。

8.3.3　电箱内所配置的电闸、漏电、熔丝荷载必须与设备额定电流相等。不使用偏大或偏小额定电流的电熔丝，严禁使用金属丝代替电熔丝。

8.3.4 电缆布设，应架空或埋地，严禁乱拉乱布。电缆穿过道路时，应穿管，管两端管壁与电缆接触位置，应采用橡胶包裹管壁或对电缆外皮进行包裹。

8.3.5 非电工不得任意接驳用电设备。

8.3.6 主要作业场所和临时用电安全疏散通道应 24h 安全照明和采取必要的警示防止各种可能事故。

8.4 安全生产技术措施

8.4.1 所有进入现场人员必须戴安全帽，高空作业人员必须系好安全带，穿软底防滑绝缘鞋，正确使用安全防护用品。

8.4.2 吊装前要仔细检查吊索具是否有损伤并符合规格要求，所有起重指挥及操作人员必须持证上岗，吊装时地面要划出警示区，派专人监护。

8.4.3 电焊作业台搭设力求平稳、安全、周围设防护栏杆，所有设置在高空的设备、机具，必须放置在指定的地点，避免载荷过分集中。并要绑扎牢固，防止机器工作中产生振动而松动。

8.4.4 所有高空坠落防护安全设施由专业班组按规定统一设置，并经安全总监验收，其他人不得随便拆动。因工作需要必须拆动时，要经过安全总监允许。事后要及时恢复，安全员进行复查。

8.4.5 各种施工机械要挂操作规程和操作人员岗位责任制牌，操作人员要严守岗位。

8.4.6 易燃易爆防护，切实搞好防火。氧气、乙炔气要放在安全处，并配备足够数量的灭火器材。电焊、气割时，先观察周围环境有无易燃物后再进行工作，并用火花接取器接取火花，严防火灾发生。

8.4.7 电缆、用电设备的拆除、现场照明均由专业电工担任，使用电动工具，必须安装漏电保护器，值班电工要经常检查、维护用电线路及机具，认真执行《施工现场临时用电安全技术规范》JGJ 46-2005 标准，保证用电万无一失。

8.4.8 高空、地面通信联系一律用对讲机，禁止在高空和地面互相直接喊话传达口令。起重指挥要果断，指令要标准、简洁、明确。起重作业严格执行"十不吊"操作规程。

8.4.9 高空作业人员应配带工具袋，工具应放在工具袋中，不得放在易滑落的地方，专人专机使用保管，机具操作人员必须持证上岗，电动、风动机具按使用规程使用，非持证上岗人员严禁擅自动用机械设备。

8.4.10 重要机械设备，要挂设醒目明显安全警示标志牌。手动工具（如手锤、扳手、撬棍等）应穿上绳子套在安全带或手腕上，防止失落伤及他人。

9. 环 保 措 施

9.1 建立健全环保各项制度

建立健全施工计划及总平面管理制度、质量安全管理制度、现场技术管理制度、现场材料管理制度、施工现场场容要求等。

9.2 环保施工要求

9.2.1 进入施工作业现场，严禁大声喧哗、打闹等有碍安全生产的现象。

9.2.2 施工中产生的工业垃圾，如焊条的残渣、被割下的金属块，集中回收，严禁乱丢乱弃，造成周边环境污染。

9.2.3 生活区产生的生活垃圾要集中回收，在进行无害处理后，运送至指定地点处理。

9.3 文明施工检查措施

9.3.1 检查时间：项目现场文明施工管理组每周对现场工作进行一次全面的文明施工检查。

9.3.2 检查内容：现场文明施工的执行情况，包括质量安全、技术管理、材料管理、机械管理、场容场貌等方面的检查。

9.3.3 检查方法：除定期对现场文明施工进行检查外，还不定期进行抽查。每次抽查针对上次检查出现的问题做重点检查，确认是否已作了相应的整改。对于屡次出现并经整改仍不合格的则进行相应的惩罚。检查采用百分制记分的形式。

9.3.4 奖惩措施：制定现场文明施工奖罚措施，奖优罚劣，并敦促其改进，明确有关责任人的责、权、利，实行三者挂钩。

10. 效 益 分 析

该工法成功应用于国家会议中心工程、国航国内货运站工程、好丽友食乐食品有限公司4期工厂工程，为3项工程总计节约105万元。

10.1 在国家会议中心工程唇形雨屏安装施工过程中，通过分析雨屏的构造难点和特点，采用了科学合理的施工工艺和手段，包括：建立了计算机模型，采用了精确的测量方法，使用了可进行三位调节的构配件，设计了防水和排水构造等，节约了工期，保证了质量，并为本工程节约了近60万元的成本，充分满足了唇形雨屏功能性和美观性的要求，同时，也为类似大跨度异型雨屏系统的推广和应用起到了重要的示范作用。

10.2 在国航国内货运站工程异型雨屏安装施工过程中，通过分析雨屏的构造难点和特点，采用了科学合理的施工工艺和手段，包括：建立了计算机模型，采用了精确的测量方法等，缩短了工期，为本工程节约了27万余元的资金，保证了工程质量，充分满足了异型雨屏功能性和美观性的要求。

10.3 在好丽友食乐食品有限公司4期工厂工程异型雨屏安装施工过程中，我们分析雨屏的构造难点和特点，采用了科学合理的施工工艺和手段，包括：建立了计算机模型，采用了精确的测量方法等，缩短了工期，为本工程节约了18万余元的资金，保证了工程质量，充分满足了异型雨屏功能性和美观性的要求。

11. 应 用 实 例

该工法在国家会议中心工程、国航国内货运站工程、好丽友食乐食品有限公司4期工厂工程等多项工程应用，上述3项工程总建筑面积约32.5 m²。工程质量好，具体应用情况如下。

11.1 国家会议中心位于北京奥林匹克公园（B区）B21、B22地块。会议中心主体建筑的面积约为27万 m²，其中地上15万 m²，地下12万 m²。主体建筑檐高42m，长398m，宽148m。建筑立面取自中国古代建筑屋檐的曲线概念，同时又象征一座桥梁，体现人文、信息的沟通和交流。该工程于2005年4月29日开工，2008年4月23日竣工。其中，唇形雨屏系统位于整个建筑的东立面，由近2万片1m长200mm宽重叠的氟碳喷涂饰面雨屏铝合金板拼接而成，雨屏系统造型独特，沿水平方向高度从立面的中点即R轴向两侧逐渐由宽变窄；在水平方向的投影为圆滑的弧形，切面为不规则的圆弧面；上下共两道，外观好似"上唇"和"下唇"。唇形雨屏结构复杂且兼顾美观和功能。有效实现了密闭、排水、隔声、保温等性能，充分满足了设计要求。

11.2 国航国内货运站工程位于北京首都机场，总建筑面积26460m²，结构形式为钢结构，主要用途为国内货运中转站。工程于2007年1月开工，2009年12月竣工，总投资7476万元。在该工程外立面异型雨屏施工中，采用了"外立面超长双曲面上、下唇雨屏铝合金板施工工法"，在兼顾功能和美观的同时，实现了密闭、排水等性能，实现了设计理念。

11.3 好丽友食乐食品有限公司4期工厂工程位于河北省廊坊市经济技术开发区百合道8号，总建筑面积29270m²，框架结构，主要用途为食品生产车间及办公，2010年3月开工，2011年1月竣工，总投资11560万元。在该工程异型雨屏施工中，采用了"外立面超长双曲面上、下唇雨屏铝合金板施工工法"，在兼顾功能和美观的同时，实现了密闭、排水等性能，满足了设计要求。

SI 住宅工程施工系列工法

GJYJGF036—2010

中建一局集团第三建筑有限公司　浙江八达建设集团有限公司

富笑玮　程先勇　张培建　刘锡洁　金义勇

SI 住宅建造体系是一种将住宅的支撑体部分和填充体部分相分离的建造体系，其中 S 是英文 Skeleton 的缩写，表示具有耐久性、公共性的住宅支撑体部分，包括结构主体、共用管线及设备等，是住宅建筑中支持建筑基本功能的部分；I 是英文 Infill 的缩写，表示具有灵活性、专有性的住宅内填充体部分，包括各类户内设备管线、隔墙、架空地板、整体厨卫和内装修等内容，是住宅内住户可以根据需要而灵活变化的部分。

SI 住宅施工系列工法阐述了结构体系（S）和内装系统（I）两个方面的施工技术。结构体系（S）为配筋清水混凝土砌块砌体结构施工等技术，内装系统（I）装配式干法施工综合技术，涵盖了墙体与管线分离施工技术、公共管井与板上同层排水的施工技术、冷热水分水器的施工技术、轻质隔墙的施工技术、内保温的施工技术、干法地暖的施工技术、架空采暖地板、墙体瓷砖干铺、聚丙烯超级静音排水管、铸铁排水集水、装配式整体浴室、整体厨房、整体浴室的施工技术等方面，从材料选择、施工工艺、质量控制等多方面进行了详细的阐述（图 1）。

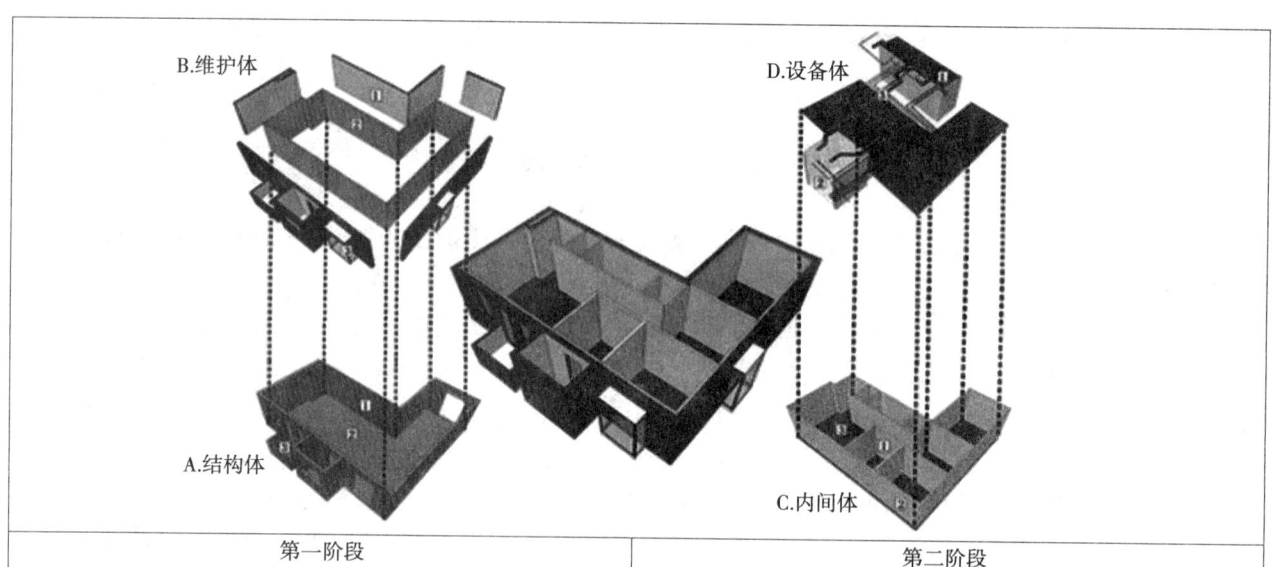

图 1

配筋清水混凝土砌块砌体结构是一种新型的结构体系，"配筋砌块、砌体剪力墙结构"是由承受竖向和水平作用的配筋砌体剪力墙和混凝土楼屋盖所组成的房屋建筑结构，是惟一融砌体和钢筋混凝土剪力墙性能为一体的结构，并且混凝土小砌块砌体结构本身可以作为建筑外立面，清水砌块部分无需二次外檐装修。由于混凝土小型空心砌块具有使用灵活、适应性强的特点，无论在严寒或温暖地区，地震区或非地震区，都能达到低层、多层、甚至高层建筑的质量要求，小砌块配筋砌体房屋能较充分利用材料的性能，节省投资，所以近几年得到了较快的发展。北京雅世合金公寓工程地上建筑面积共计 6 万 m²，主体结构形式采用配筋混凝土砌块砌体结构，结合工程实例，工法主要从设计的结构特点、砌块的排块、砌块、砌筑砂浆及灌芯混凝土等主要材料的选择，施工工艺及主要施工措施等方面进行详细的阐述。

内装系统装配式干法施工技术的应用，最大的好处是使内装修的工业化产品在工厂生产，然后在施工现场采用精确的测量和安装，避免了因现场湿作业过多造成墙面空鼓、内保温达不到设计要求等的质量问题。由于配套装修部分及管道系统与结构体系分离，使得常规的隐蔽工程得以轻松的被检修，也使业主在调整室内格局及更换管线的时候，不会损伤到结构体系。结构体系的坚固耐久、内装体系的便捷更新，使得 SI 体系的建筑在全生命周期中实现了健康的新陈代谢，有效地节约资源，真正实现了普适型住宅工程的典范。

2010 年 3 月 8 日，北京市住房和城乡建设委员会、北京市规划委员会等 8 家单位联合颁布的京建发 [2010] 125 号文件，关于印发《关于推进本市住宅产业化的指导意见》的通知：推广住宅一次性装修到位，对产业化住宅项目，施行 100%一次性装修到位。提倡采用 SI 分离体系 (内装与主体结构分离)；推广应用住宅产业化成套技术，包括新能源利用技术、整体厨卫技术、管网技术与智能化技术等。

一、结构体系 (S) 施工系列工法

I. 配筋清水混凝土砌块砌体结构施工工法

1. 前　　言

配筋清水混凝土砌块砌体结构是一种新型的结构体系，"配筋砌块、砌体剪力墙结构"是由承受竖向和水平作用的配筋砌体剪力墙和混凝土楼屋盖所组成的房屋建筑结构，是惟一融砌体和钢筋混凝土剪力墙性能为一体的结构。在我国东北、上海等地有试点工程。北京雅世合金公寓，地下部分为钢筋混凝土框架剪力墙结构，地上结构为配筋清水混凝土砌块砌体结构。这种结构体系不仅延承了已往工程的配筋砌体结构体系，而且在此基础上有所创新，有所改进。外墙砌筑块型尺寸为 90mm×190mm×390mm，带 30mm 深凹槽混凝土小型空心砌块，组砌方式为上下对扣砌筑，这是本工法新特点之一，以往工程砌块多为 190mm×190mm×390mm，为反砌组砌方式。内墙块型为 190mm×190mm×390mm。经过深化设计，内外墙块型数量细化到了 20 多种块型，大大丰富了砌块种类，减少了现场切砖量。清水砌筑施工阶段，对砌筑墙体的成品保护也是难点之一，解决砌筑墙体阶段和浇筑圈梁、顶板混凝土对砌块墙体的污染，也将在本工法中重点体现。

2. 工法特点

2.1 配筋清水混凝土砌块砌体施工方便，操作方法简便，容易掌握，易于推广。

2.2 加快施工进度，从而达到节能降耗,提高经济效益的目的。

2.3 配筋清水混凝土砌块砌体结构排砖原则为对孔错缝，满足芯柱混凝土和钢筋连续贯通。

2.4 由于内外砌块类型达到 20 多种，解决了砌块排列错砌的问题，针对墙体长度不合模数时，无需另支模浇筑混凝土，满足清水砌筑的要求。

2.5 因配筋混凝土砌块砌体结构的现浇混凝土是浇灌在混凝土小型空心砌块孔洞内，故不需要模板，省去支模工序，节省人工。

2.6 芯柱混凝土选用 JC 861–2008 中的专业芯柱混凝土，为高流态、硬化后体积微膨胀的细石混凝土，保证芯柱混凝土的密实度和强度要求。

2.7 由于砌筑外墙为清水面，不得在清水砌筑墙面上，预置脚手眼，脚手架搭设与墙体连接需与门窗洞口和钢筋混凝土结构圈梁留设预埋件和脚手管套管拉接。

2.8 对于空调孔等直径小于 110mm 的预留洞口，采用在两块砌块之间砌块侧肋部位切砖预留，保证芯柱混凝土和钢筋的贯通连续。

3. 适 用 范 围

配筋清水混凝土砌块砌体结构应用在各类建筑中，对于抗震设防烈度 8 度的地区，适用于中小高层（10 层以下）住宅及类似的建筑。无需考虑砌筑墙体是维护墙或承重墙。

4. 工 艺 原 理

配筋清水混凝土砌块砌体结构施工是以外墙砌块为 90mm×190mm×390mm，内墙块型为 190mm×190mm×390mm 两种基本块型的基础上，细化至 20 多种满足配筋砌体结构施工的块型、组砌方式满足清水砌筑施工。组砌原则为对孔错缝，组砌方式有墙体转角咬砌；丁字墙顶砌，芯柱连接（暗马牙槎连接）。砌筑施工之前，通过对楼层结构墙体排块，排块层数不能少于四层。砌筑墙体长度为偶数时，为标准块型和半块块型组砌；砌筑墙体长度为奇数时，需在墙体中间部位增加七分头块型。砌筑砂浆采用满铺砂浆法施工，芯柱混凝土振捣方式为插捣。

5. 施工工艺流程

施工工艺流程如图 5。

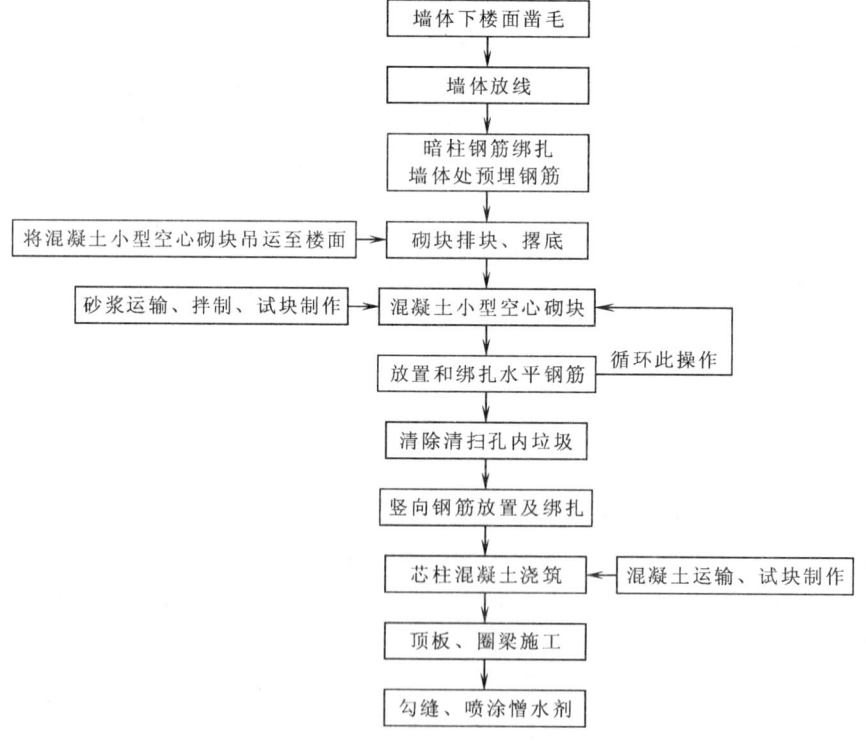

图 5 施工工艺流程图

6. 效 益 分 析

开发和推广混凝土小型空心砌块是墙体材料改革的主要途径之一，可获得节地、节能、节材的经济、社会效益, 有利于推动工业化住宅建筑的发展。混凝土小型空心砌块由于块体比黏土砖大, 因而砌筑工效高, 按墙体施工计, 混凝土砌块的用工量, 一般为黏土砖墙体的 60%, 混凝土小型空心砌块节约砂浆, 砌块墙比砖墙可节约砌筑砂浆 50%。与钢筋混凝土结构相比, 节省了钢筋用量。由于结构形式为清水砌筑, 不需对外立面进行二次装修, 在工期、材料、劳动力等方面都有相应节约和缩短。

Ⅱ. 玻璃纤维增强塑料窗安装施工工法

1. 前　言

多年来, 我国从来没有停止过对建筑节能的探索和努力, 而降低门窗的能耗正是建筑节能的重点。目前市场上见到的隔热铝合金门窗、塑钢门窗的保温性能都超过了传统的钢窗和普通铝合金窗, 但无法满足日益提高的建筑节能要求。在此情况下, 玻璃纤维增强塑料 (FRP) 窗应运而生。玻璃纤维增强塑料窗具有美观、经久耐用、环保、节能、安装简便等优点, 将逐渐取代传统窗户在建筑物上的应用。

2. 工 法 特 点

玻璃纤维增强塑料窗具有美观、轻质高强、尺寸稳定、耐腐蚀性强、耐老化、寿命长、保温隔热效果显著等特点, 被誉为继木、钢、铝、塑后的 "第五代" 新型窗。本工程外立面为清水砌筑墙面玻璃纤维增强塑料窗, 采用无副框安装。

3. 适 用 范 围

本工法适用于民用建筑及一般工业建筑中。

4. 工 艺 原 理

玻璃纤维增强塑料窗是以玻璃纤维及其制品为增强材料, 以不饱和聚酯树脂为基本材料, 通过拉挤工艺生产出空腹型材, 经过切割、组装、喷涂等工序制成窗框, 再装备上密封条及五金制成的窗。安装施工时用塑料胀栓和发泡胶固定在建筑物上。

5. 施工工艺流程

施工工艺流程图

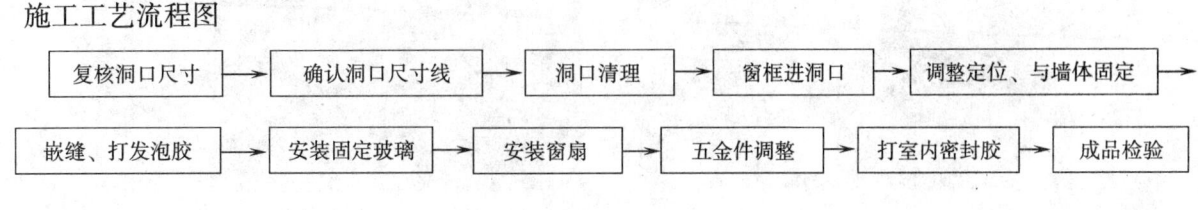

复核洞口尺寸 → 确认洞口尺寸线 → 洞口清理 → 窗框进洞口 → 调整定位、与墙体固定 →

嵌缝、打发泡胶 → 安装固定玻璃 → 安装窗扇 → 五金件调整 → 打室内密封胶 → 成品检验

6. 效 益 分 析

6.1　玻璃纤维增强塑料窗与其他类型窗的对比 (表 6.1)

6.2　玻璃纤维增强塑料窗优势

6.2.1　轻质高强

指标	单位	玻璃纤维增强塑料	PVC	铝合金	钢
密度	$10^3 kg/m^3$	1.9	1.4	2.9	7.85
热膨胀系数	$10^6/℃$	7	85	21	11
导热系数	W/(m·℃)	0.3	0.43	203.5	46.5
拉伸强度	MPa	420	50	150	420
比强度		221	36	53	53
耐腐蚀性		A	B	C	D
耐老化性		A	C	B	D
寿命	年	50	20	25	10

玻璃纤维增强塑料窗与其他类型窗的对比   表 6.1

玻璃纤维增强塑料窗的密度为：1.8~2.0g/cm³,约为钢材的 1/4、铝合金的 2/3、其拉伸强度在 400MPa 以上，弯曲强度 300MPa 以上，与碳素钢相近，约为铝合金的 3 倍（图 6.2.1）。

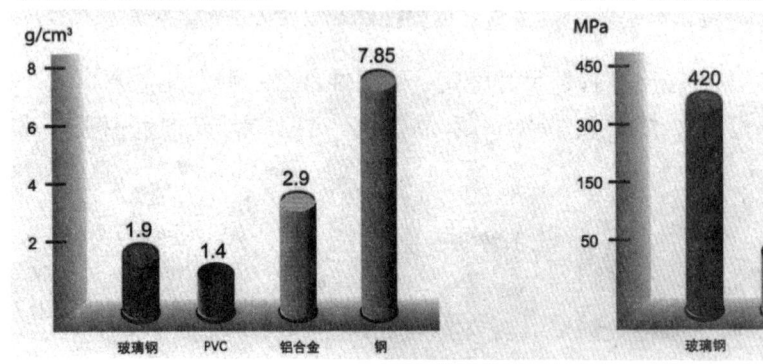

图 6.2.1 密度、拉伸强度比较图

6.2.2 保温隔热

玻璃纤维增强塑料窗导热系数低，热阻值远大于其他材料且玻璃纤维增强塑料窗为空腹多腔结构，具有空气隔热层（图 6.2.2）。

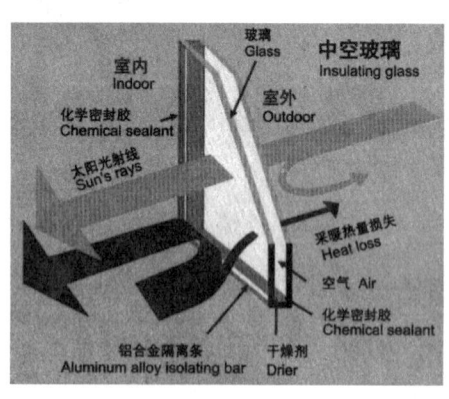
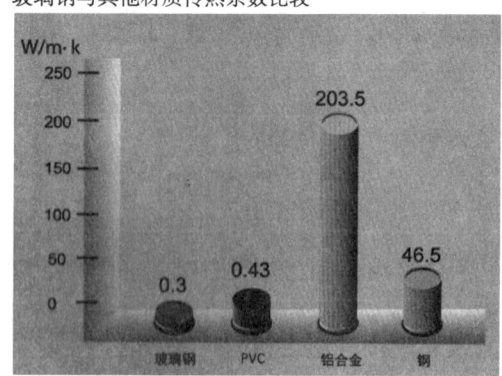

图 6.2.2 传热系数比较图

6.2.3 热变形小、尺寸稳定

玻璃纤维增强塑料窗的热变形温度为 200℃，长时间处于烈日下也不会变形，其热膨胀系数与建筑物和玻璃相当，在冷热温差变化较大的环境下，不易与建筑物及玻璃之间产生缝隙。

6.2.4 隔声性能好

玻璃纤维增强塑料窗是由不饱和聚酯树脂与玻璃纤维的复合结构，这种结构的振动阻尼很高，对声音的阻隔可达 26~30dB，装配中空玻璃后隔声量为 35~40dB。

6.2.5　绿色环保

玻璃纤维增强塑料窗不含甲醛、氯、苯等有害物质，属于低毒、无毒产品，经高温固定后分子结构稳定，不会在外界条件作用下释放影响环境的物质和气体。

Ⅲ. 彩铝落水管施工工法

1. 前　言

彩铝雨水管在 2000 年后由欧洲逐渐进入我国建筑市场，开始主要应用在高档别墅的雨水排水系统，随着人们对居住环境的要求越来越高以及环保意识的提高，目前该种材质的雨水管越来越多的应用在各种民用建筑上。彩铝雨水系统以其造型美观、色彩多样化、经久耐用、环保、节能、安装简便等优点，将逐渐取代钢质雨水管及 UPVC 等传统雨水管在建筑物上的应用。

2. 工 法 特 点

彩铝雨水系统外形及颜色多样、美观，能更好地满足建筑物对外观的要求，其外形主要分为圆形和矩形，面漆颜色可根据建筑物的需要自行定制，其面漆采用聚酯静电粉末喷涂 200℃恒温烤漆工艺，具有防腐性能良好，使用寿命长等特点。

彩铝雨水管材质轻，同种规格、长度的管材，彩铝雨水管材的重量是 PVC-U 塑料雨水管材的 1/3 左右，具有搬运、安装快捷、方便的优点；彩铝雨水系统管道连接采用顺水方向承插加铆钉锚固连接，管道缩口采用专用缩口钳子缩口，大大缩短了管道接口部位的加工时间。

3. 适 用 范 围

本工法适用于民用建筑外排式雨水系统施工。

4. 工 艺 原 理

4.1　彩铝雨水管以顺水方向承插加铆钉锚固连接，接口密封胶密封，管道采用专用缩口器缩口（见图 4.1）。

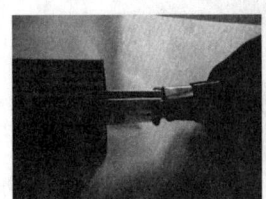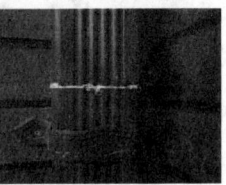

|　1. 管道缩口　|　2. 缩口完成　|　3. 开铆钉孔　|　4. 涂抹密封胶　|　5. 管道铆固|

图 4.1　管道连接示意图

4.2　天沟采用各专用配件拼装，铆钉铆固，接口密封胶密封（图 4.2）。

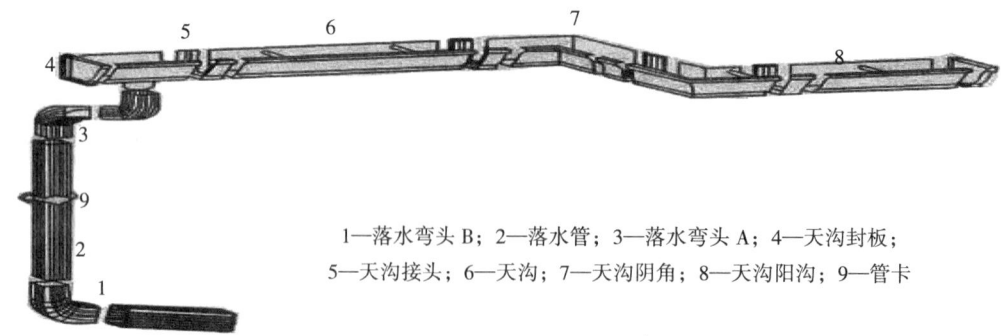

1—落水弯头 B；2—落水管；3—落水弯头 A；4—天沟封板；
5—天沟接头；6—天沟；7—天沟阴角；8—天沟阳沟；9—管卡

图 4.2　天沟连接示意图

5. 施工工艺流程

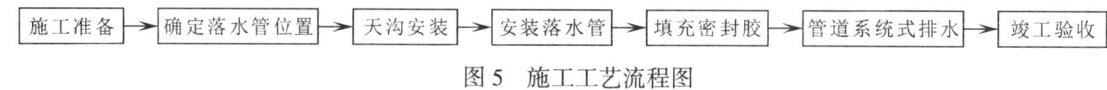

施工准备 → 确定落水管位置 → 天沟安装 → 安装落水管 → 填充密封胶 → 管道系统式排水 → 竣工验收

图 5　施工工艺流程图

二、内装系统 (I) 装配式干法施工系列工法

I．SI 住宅干法内装系统墙体管线分离施工工法

1. 前　言

　　雅世合金公寓工程位于北京永定路甲 4 号院，是根据中国建筑设计研究院 (中方负责单位) 和财团法人 Better Living (日方负责单位) 签署的"中国技术集成型住宅·中日技术集成住宅示范工程合作协议"，来实施建设的国际合作示范项目，是 SI 干法内装配套系统的设计和主要性能在国内的首次实践。该工程建筑内装采用了 SI 内装设计理念，在保证建筑内装基本功能的基础上，进一步考虑提高日常的设备维修以及将来内装翻新的容易度，本工法主要介绍 SI 干法内装系统墙体管线分离施工技术，墙体管线分离采用树脂螺旋栓、轻钢龙骨等架空材料形成结构面层与装修面层双层贴面墙，保证架空层墙体与管线分离，并着重介绍树脂螺旋栓安装施工工艺以及管线安装施工流程等方面的内容。

图 1　体管线分离施工样板

2. 工 法 特 点

2.1 采用树脂螺旋栓、轻钢龙骨等架空材料形成双层贴面墙，实现了结构墙体与内装管线的完全

分离，极大地方便了今后管线设备维修以及未来的内装翻新。有效缓解了墙体不平带来的问题。

2.2 完全无水作业，施工现场清洁，并且墙面材料不易发霉。

2.3 考虑到外墙内保温冷桥等因素，当墙体部分采用内保温体系时，外墙内侧选用导热系数低类的树脂螺旋栓作为架空层支撑，在喷涂保温材料的情况下，树脂螺旋栓外表面附有防尘粘贴的更为适合。树脂螺旋栓本身也可以作为喷涂厚度的基准。

2.4 与常规的水泥找平做法相比，石膏板材的裂痕率较低，粘贴壁纸方便快捷。

3. 适 用 范 围

适用于 SI 干法内装系统施工。

4. 工 艺 原 理

在结构墙体与管线分离的双层贴面墙体施工中，在结构墙体表层粘贴树脂螺栓或安装轻钢龙骨等架空材料，调节螺栓高度或选择合适轻钢龙骨，墙面厚度进行控制，外贴石膏板，实现管线与结构墙体分离，架空空间用来安装铺设电气管线、开关、插座使用。当外墙采用内保温工艺时，采用导热系数低类的树脂螺旋栓作为架空层支撑可作为保温喷涂厚度的依据，做到一举两得，充分利用贴面墙架空空间。

5. 施工工艺流程

施工工艺流程如图 5。

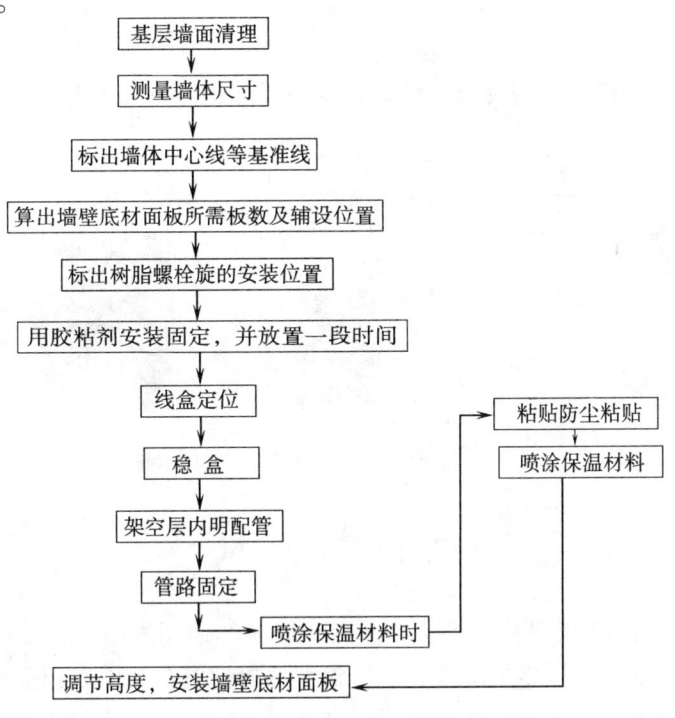

图 5　施工工艺流程图

6. 材料与设备

6.1　树脂螺旋栓（图 6.1，表 6.1-1）

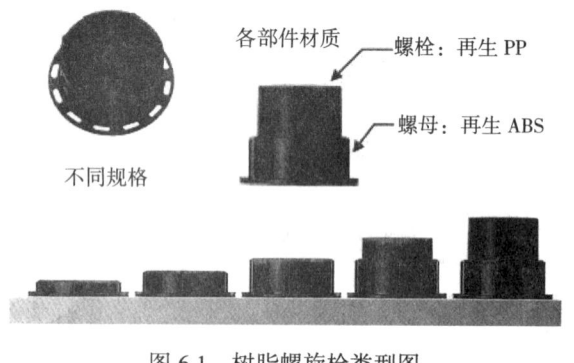

图 6.1 树脂螺旋栓类型图

树脂螺旋栓类型表　　　　　表 6.1-1

产品一览		调整范围
SP-N 型	SP-N10	10~17mm
	SP-N17	17~29mm
	SP-N25	25~43mm
	SP-N39	39~57mm
	SP-N70	53~70mm

树脂制品，导热率较铁、铝等低（表 6.1-2）。

导热率对比表　　　　　表 6.1-2

材 料 名 称	导热率［W/(m·K)］
钢筋混凝土	1.40
木材	0.19
密度板	0.16
钢铁	53.0
铝	200.0
PP（树脂螺旋栓螺栓材料）	0.20
ABS（树脂螺旋栓螺母材料）	0.18

6.2　防污粘贴（图 6.2）

6.3　湿固化氨基甲酸酯胶粘剂（专用胶粘剂）及专用螺丝刀（图 6.3）

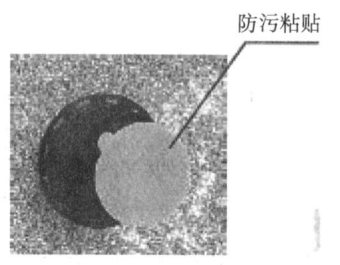

图 6.2　防污粘贴图

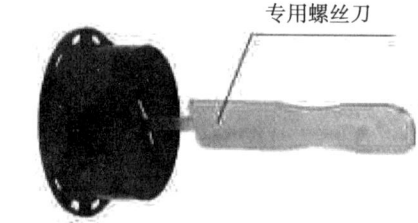

图 6.3　专用胶粘剂示意图

7. 效 益 分 析

　　建筑结构的使用年限在 70 年左右，而内装部品和设备的使用寿命多为 10~20 年。也就是说在建筑物的使用寿命期间内，最少要进行 2~3 次内装改修施工。要把寿命短的东西变得容易更换，而现在国内的内装多将各种管线埋设于结构墙体、楼板内。当改修内装的时候，需要破坏墙体从新铺设管线，给楼体结构安全带来重大隐患，减少建筑本身使用寿命。同时还伴随着高噪声和大量垃圾出现。管线的填埋施工，现场很难发现施工错误，日常维护修理也是异常困难。完全不适合内装的改修和日常维护检修。而墙体与管线分离施工技术、树脂螺旋栓等架空材料应用以及架空层明配电管施工技术，使得常规的隐蔽工程得以轻松的被检修，也使业主在调整室内格局及更换管线的时候，不会损伤到结构体系。

Ⅱ. 硬泡聚氨酯内保温施工工法

1. 前　言

随着建筑节能观念的深入人心，建筑节能技术发展迅速，建筑保温节能体系不断涌现。硬泡聚氨酯内保温，是继聚苯颗粒保温、聚苯板保温的又一种新型的外墙内保温体系。硬质聚氨酯泡沫是固体材料中隔热性能最好的保温材料之一，其泡孔结构有无数个微小的闭孔组成，这些微孔互补相通、不吸水、不透水。具有保温、防水的双重功效（图1）。

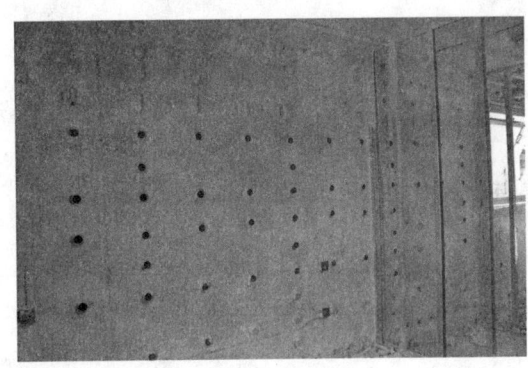

图1　硬泡聚氨酯内保温图

2. 工 法 特 点

2.1　硬泡聚氨酯具有一材多用的功能，同时具备保温、防水、隔声、吸振等诸多功能。

2.2　保温性能卓越，是目前国内所有建材中导热系数最低。（≤0.024，绿色环保无氟发泡技术）、热阻值最高的保温材料，导热系数仅为EPS发泡聚苯板的一半。

2.3　硬泡聚氨酯连续致密，采用喷涂法施工达到连续无接缝，形成无缝整体外墙内保温壳体。

2.4　超强的自粘性能（无需任何中间粘结材料），与墙体粘结牢固。

2.5　整体喷涂施工，完全消除"热节"和"冷桥"。

2.6　柔性渐变技术可有效阻止防水层开裂。

2.7　机械化作业、自动配料、质量均一、施工快、周期短。

2.8　化学性质稳定，使用寿命长，对周围环境不构成污染。

2.9　离明火自熄，且燃烧时只炭化不滴淌，炭化层尺寸和外形基本不变，能有效隔断空气的进入，阻止火势的蔓延，防火安全性能好。

3. 适 用 范 围

硬泡聚氨酯适用于采用内保温的新建、改造和扩建的居住建筑和公共建筑，其基层可为混凝土墙或其他各种砌体。

4. 工 艺 原 理

4.1　根据现行节能设计标准规定的外墙传热系数限值进行热工计算确定保温层厚度。

4.2 采用高压无气喷涂工艺将聚氨酯保温材料现场喷涂在基层墙体表面形成无接缝、连续致密的保温壳体；聚氨酯泡沫是由多元醇和异氰酸酯现场混合发泡而成。

4.3 通过树脂螺旋栓等架空材料的高度控制保温厚度。

5. 施工工艺流程

施工工艺流程见图 5。

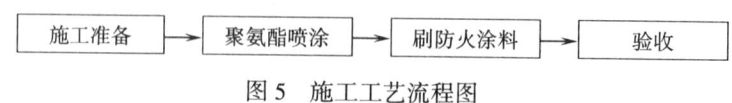

图 5　施工工艺流程图

6. 效 益 分 析

聚氨酯与其他保温材料的各项对比（表 6）。

聚氨酯与其他保温材料的各项对比表

表 6

	硬泡聚氨酯	挤塑板	聚苯板
导热系数	≤0.024	≤0.030	≤0.041
保温厚度	最薄（增加室内有效使用面积）	较厚	最厚
施工工艺	现场喷涂	40%聚合物砂浆点粘	40%聚合物砂浆点粘
施工简易度	施工快捷，节约施工成本	施工较慢，节点处理困难，容易渗漏	
粘接强度	≥0.20 MP	≥0.04MP	≥0.04 MP
抗压强度	≥0.20 MP	≥0.20MP	≥0.10MP
尺寸稳定性	−50~150℃尺寸变化率小于1%	温度到80℃时就有明显变化	
断裂延伸率	≥8%	—	—
抗裂防水效果	防水保温一体化	接缝处易渗漏、开裂	接缝处易渗漏、开裂
保温拼接缝	无	有	有
节点处理	异型面和节点处理方便，对干挂体系的龙骨还有防腐功效	节点处理困难，异性面不好施工	
保温性能	无冷热桥，保温效果最好	较好，拼缝和保温钉产生冷热桥	
防火特性	热固性材料，具有自熄性	热塑性材料，遇火收缩，蔓延燃烧，易变形	热塑性材料，遇火收缩，蔓延燃烧，易变形

Ⅲ. SI 住宅干法内装系统架空地面施工工法

1. 前　　言

SI 住宅干法内装系统架空地面是在地板下面采用 CP 地脚螺栓支撑，架空空间内铺设管线。在安装分水器的地板处设置地面检修口，以方便管道检查，修理使用。与一般的水泥地直铺地板相比，地面温度相对较高，地面干燥，温度、湿度适度。

2. 工 法 特 点

2.1 水平调整，简单易行。每个支撑脚都独立可调，且与地面接触面积小，同时支撑脚可调整高度，因此不受施工场所地面平整度的影响，都能方便地调整到水平，缓解楼板不平带来的施工问题。

2.2 施工周期短，工程简单。采用拼装式施工，省去了繁琐的木加工活，因此可缩短施工周期，同时也大大降低了劳动强度。

2.3 布线排管，方便自如。一般施工中，各种线路和管道都要预埋在墙内或地下，而干式架空地面可方便地将各种线路和管道根据需要安放在地面上，并在架空层中自由串行。

2.4 无保养期，即铺即用，由于地板和地面之间有空气层，防止基板受潮变形，因此无需保养。

2.5 隔声性能好，在地脚螺栓下面放置缓冲橡胶提升隔声性能，同时在地板和墙体的交界处留出3mm 左右缝隙，解决架空地板对上下楼板隔声的负面影响，保证地板下空气流动，达到预期的隔声效果。

3. 适 用 范 围

架空地板可广泛应用于住宅、公寓、展览会场、商业设施、体育设施、学校、医院、养老院、图书馆、办公楼、智能大厦等场所。

4. 工 艺 原 理

在钢筋混凝土楼板上放置 CP 地脚螺栓支撑柱，支撑起高密度承压板，由此构成架空地面的组合底材部件，是一种可调节高度的、表面板状组成的地面施工技术（图4）。

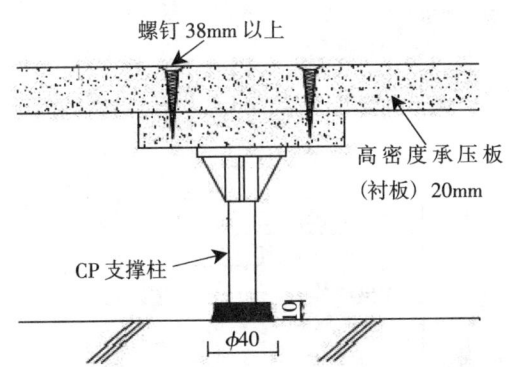

图 4　架空地面剖面图及实例图

5. 施工工艺流程

施工工艺流程如图5。

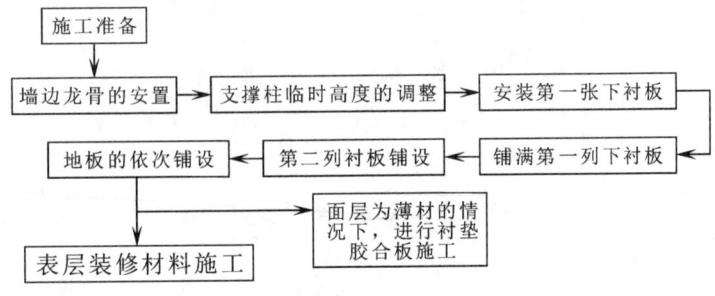

图 5　施工工艺流程图

Ⅳ. 地暖干式铺法系统施工工法

1. 前　　言

建筑地暖湿式铺法系统管道损坏无法更换、荷载大，已成为困扰建筑地暖行业的一个难题。地暖干式铺法不仅解决了上述难题，并且还具有占用建筑空间小的特点。地暖干式铺法系统由基层——聚苯乙烯泡沫板，中间层——导热板及加热管，顶层——承压板组成，用尼龙涨塞与底层地面进行固定。

2. 工 法 特 点

2.1 建筑地暖干式铺法系统材质轻、安装方便。

2.2 建筑地暖干式铺法系统采用 12mm 厚的承压板（水泥板）作为传热、承压，不再需要浇筑混凝土。

3. 适 用 范 围

本工法适用于民用建筑（住宅、公寓、别墅）及公共建筑（学校、商场、展览馆影剧院、办公楼、图书馆等）供暖系统的施工安装。

4. 工 艺 原 理

干式地暖系统在节省层高（比普通的湿铺地暖薄）的同时也大大减轻了楼面的荷载，结构合理，散热均匀（图 4-1、图 4-2）。

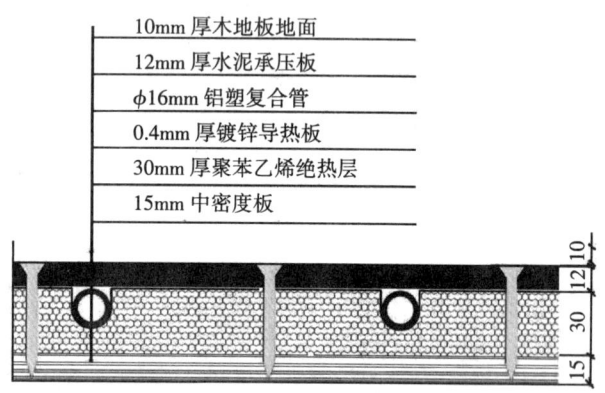

图 4-1　地暖干铺结构图（适合架空木地板）

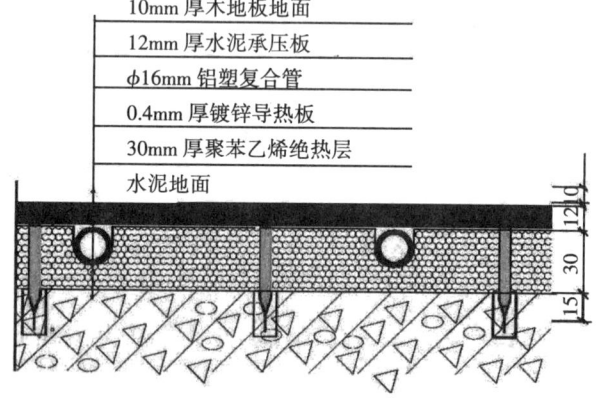

图 4-2　地暖干铺结构图（适合普通水泥地面）

5. 施工工艺流程

施工工艺流程如图 5。

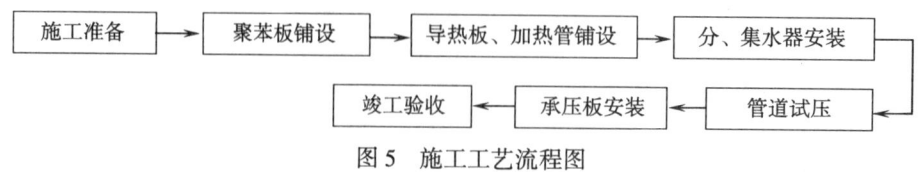

图 5　施工工艺流程图

V. 瓷砖干法铺贴施工工法

1. 前　　言

瓷砖干铺施工是用新型的专用瓷砖胶粘剂替代传统的水泥砂浆，进行瓷砖的铺设。瓷砖干铺施工克服了传统水泥砂浆配比难以控制，粘接强度不高的缺点。但对基层平整度要求比较高。粘结层的最佳厚度为 2~4mm。

2. 工 法 特 点

2.1 瓷砖干铺施工专用胶粘剂强度高，粘结强度远高于砂浆，特别适合于立面和顶面的粘贴，不易掉砖。

2.2 瓷砖干铺法施工使用的专用胶粘剂为成品材料，使用前只需按比例加水搅拌均匀即可，不必再添加其他东西，而传统水泥砂浆粘结材料需事先做好配合比试验，施工前，须按配比进行搅拌，现场搅拌无论是机拌还是人工搅拌，配合比均较难控制。

2.3 瓷砖干铺对基层平整度要求特别高，因薄粘对强度有利的特点，故粘结层的最佳厚度为 2~4mm，立面若为水泥基面需抹面找平，若为木工板、石膏板、水泥压力板等板材基面相对较容易控制。

2.4 瓷砖干铺使用的瓷砖胶粘剂粘结强度特别高，故一旦出现瓷砖下基层内管线等出现问题，维修时凿除比较困难。

3. 适 用 范 围

瓷砖干铺适于室内外多种规格瓷砖、马赛克等的粘贴施工。瓷砖干铺施工应用范围较广，不仅可以在水泥混凝土基面上粘贴，还可以在石膏板、胶合板、密度板、室内外水泥或砖石底材组成的墙壁、地板、长期浸水的浴室、水池上直接粘贴瓷砖，甚至还可以在旧瓷砖基面上再覆盖粘贴新的瓷砖。

4. 工 艺 原 理

使用新型的专用瓷砖胶粘剂进行瓷砖粘贴，新型瓷砖胶粘剂，是在传统水泥砂浆的基础上添加了特殊的外加剂及干粉聚合物均匀混合而成的一种有机—无机复合型瓷砖粘结材料，绿色环保无毒无害。

5. 施工工艺流程

施工工艺流程如图 5。

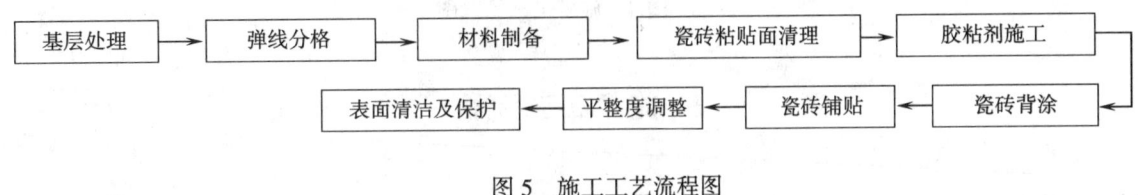

图 5　施工工艺流程图

VI. 室内冷热水用分水器系统施工工法

1. 前　言

近年来,人们一直在追求安全性、耐久性、舒适性、经济性等多方面高质量的给水管材。分水器系统管道材质为交联聚乙烯（PEX），高性能塑料管，可以弯曲。因此埋藏在墙体中的管道部分是一根整管，不设弯头和三通，管道及分水器在与管件连接时采用的是一次性承插卡箍式连接方式，接头上粉色特殊标记通过目测就能够判断管材与管件连接是否紧密，与传统管道相比，更加安全。

2. 工 法 特 点

使用专用管件，可方便快捷地安装，连接方式为卡箍式连接，在狭窄场所的施工性良好。给水分水器的使用，不仅能够使各用水点保持均衡的压力，还方便了检修、减少了漏水隐患。

3. 适 用 范 围

民用建筑室内给水管、热水管、纯净水输送管道。水暖供热系统、地面辐射采暖系统、太阳能热水系统等。

4. 工 艺 原 理

分水器系统每一个用水点均由单独一根管道独立铺设，比传统管道分岔的给水方式流量更均衡。即使同时用水压力变化也很小，用水感觉很舒畅（图 4）。

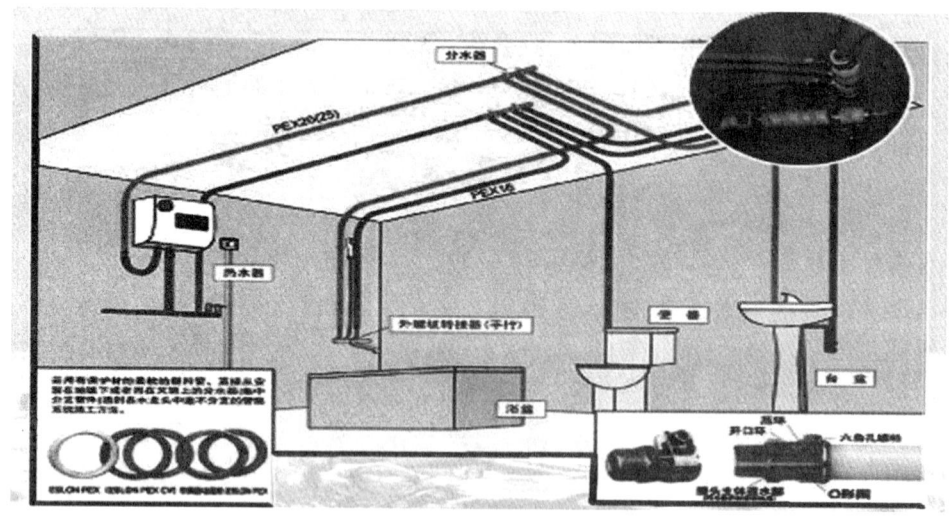

图 4　施工工艺示意图

5. 施工工艺流程

施工工艺流程如图 5。

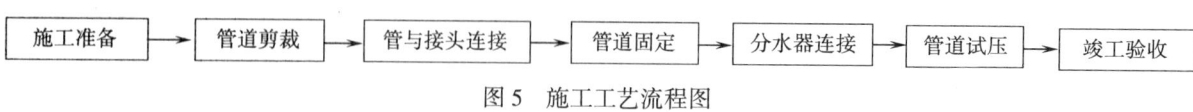

图 5　施工工艺流程图

VII. 内装配整体浴室安装施工工法

1. 前　　言

住宅 SI 体系的三分离卫生间,是提高使用效率,提升生活品质的重要组成部分,其中的内装配整体浴室,既可以淋浴又可以泡澡,内装配整体浴室无拼接缝隙,浴缸与底板一次模压成型而成为一体,使得卫生间区域不需要做防水处理,是很关键的部件。内装配整体浴室在国外被广泛应用,有成熟的工艺和制造商,但是在国内的发展缓慢,目前在住宅领域还没有大范围应用。永定路甲 4 号院合金社区公寓工程 486 套公寓户内全部安装了内装配整体浴室,先后考查了多家整体浴室生产厂家,对各加工厂的浴室材料加工工艺以及浴室门、龙头、浴缸等都仔细选择,反复权衡,并研究安装节点。本工程采用的装配式整体浴室产品,在 2005 年获得"中国建筑部品科技创新奖";2007 年获得建设部住宅产业化促进中心颁发的"国家康居示范工程选用部品与产品";2007 年获得建设部住宅产业化促进中心评选的"重点推广技术"。本工法结合内装配整体浴室材料及各个零配件的特点,对内装配整体浴室的工艺原理、安装流程等方面进行了阐述,依据本工法,永定路甲 4 号院合金社区公寓工程全部保质保量地完成了安装施工。

2. 工 法 特 点

2.1　内装配整体浴室安装施工方便,操作方法简便,容易掌握,易于推广。

2.2　安装所需时间极短,从而达到节能降耗,提高经济效益的目的。

2.3　采用干法施工无需砂子、水泥、只用螺钉、胶粘剂。

2.4　内装配整体浴室下无需做防水。

2.5　内装配整体浴室无拼接缝隙,浴缸与底板一次模压成型而成为一体,从根本上解决卫生间地面易渗漏水问题。

2.6　内装配整体浴室实现了干湿分离,湿区指卫生间的沐浴区域,而干区则为洗面功能和就厕功能区域（图 2.6-1~图 2.6-3）。

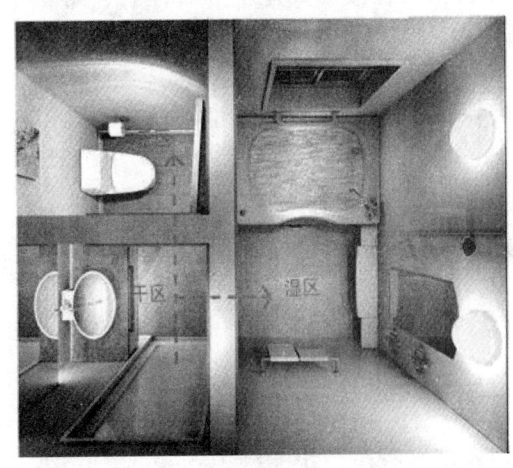　　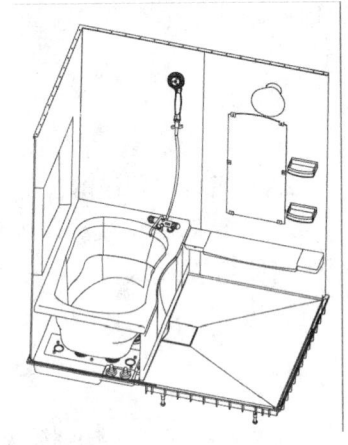

图 2.6-1　干湿分离示意图　　　图 2.6-2　内装配整体浴室外观示意图　　图 2.6-3　内部格局示意图

3. 适 用 范 围

本工法适用于内装配整体浴室施工。

4. 工 艺 原 理

浴室区域结构施工时将整体浴室范围形成降板区域并预留上、下水管道配合整体浴室的安装。由于户内排水采用同层排水，下水管直接通入同层管井内。利用内装配整体浴室的材料特点，将内装配整体浴室的各零配件：底板、墙板、天花板、浴缸、化妆镜、化妆台、照明灯具、换气扇、水嘴、毛巾架、浴巾架、上下水管线等用螺钉、胶粘剂配套安装。排水装置采用漏斗式结构，一个安装在浴缸底座上，一个安装在地板上。中间用软管连接，保证排水密封性。浴缸与底板一次模压成型而成为一体，无拼接缝隙，卫生间基层无需另做防水。

5. 施工工艺流程

施工工艺流程如图5。

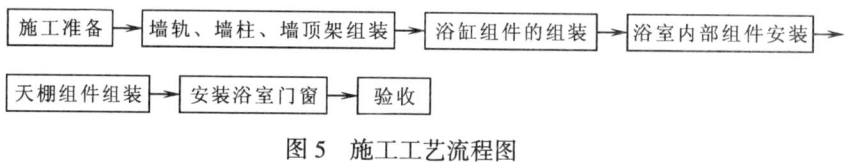

图5　施工工艺流程图

VIII. 聚丙烯超级静音排水管施工工法

1. 前　　言

建筑排水系统噪声大的问题，已成为困扰建筑排水行业的一个难题。为解决建筑排水噪声大的问题，2000年经中科院化学所、武汉理工大学、华南理工大学等单位合作研制开发出了具有数十项国家专利的国际先进水平的新一代排水管材管件—聚丙烯超级静音排水管道系统。

聚丙烯超级静音排水管采用三层共挤的生产工艺，内外层为可回收利用的环保型改性聚丙烯树脂，中层加入特殊吸声材料。通过改性处理，聚丙烯超级静音排水管系统具有良好的排水静音性能、耐化学腐蚀性能、耐热性能，这些性能均达到国际领先水平，填补了国内空白。

2. 工 法 特 点

2.1 聚丙烯超级静音排水管道系统拆装方便、材质轻、不受安装环境限制，可降低安装费用。

2.2 聚丙烯超级静音排水管道系统管件采用承口连接，橡胶圈密封。水密性和自调节性能好，无须使用伸缩节。

3. 适 用 范 围

本工法适用于民用建筑及一般工业建筑中采用聚丙烯超级静音排水管道系统的施工安装。

4. 工 艺 原 理

聚丙烯超级静音排水管道系统在节省管件的同时也避免了水流冲击管壁时声音向下一个管件传递，并且橡胶圈连接可缓冲震动，减少震动沿管传递（图4）。

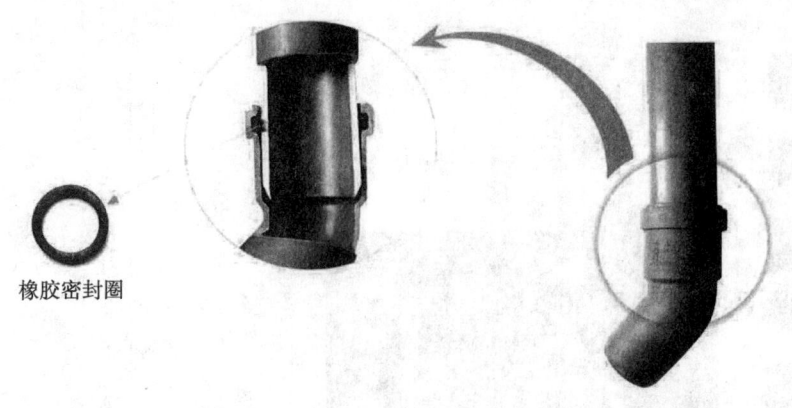

橡胶密封圈

图 4　管道连接示意图

5. 施工工艺流程

施工工艺流程如图 5。

施工准备 → 管道预制加工 → 管道支、吊架安装 → 管道安装 → 管道试验 → 竣工验收

图 5　施工工艺流程图

IX. 铸铁排水集水器施工工法

1. 前　　言

高层建筑排水系统功能的完善与否，在很大程度上取决于立管的排水与通气能力的大小，由于高层建筑排水立管较长，承接的卫生洁具多，当排水量很大时易形成水塞，引起立管内气体压力的激烈波动，破坏底层地漏、洁具的水封，使管道中的臭气外溢。运用铸铁排水集水器可以提高污废水管道的排水能力，省去了高层中旁通透气管的安装，以及有效降低排水立管中的噪声。

2. 工 法 特 点

2.1　铸铁排水集水器安装便捷，并可与多种材质排水管道有效连接，如机制排水铸铁管、UPVC 管等。
2.2　与铸铁排水集水器连接的排水横支管易于拆卸检修。

3. 适 用 范 围

本工法适用于 10 层以上公共建筑及民用建筑的同层排水系统。

4. 工 艺 原 理

铸铁排水集水器内部设有斜三角形的突起，当污水混合物撞击突起时，破碎大块污物并使污水混合物顺其倾斜方向沿管道内壁旋转向下流动，与铸铁排水集水器配套使用的底部变径弯头使空气有足够的空间从干管上部沿立管中心气孔向上排出，故此铸铁排水集水器的应用可大大提高单排水立管排水能力（图 4）。

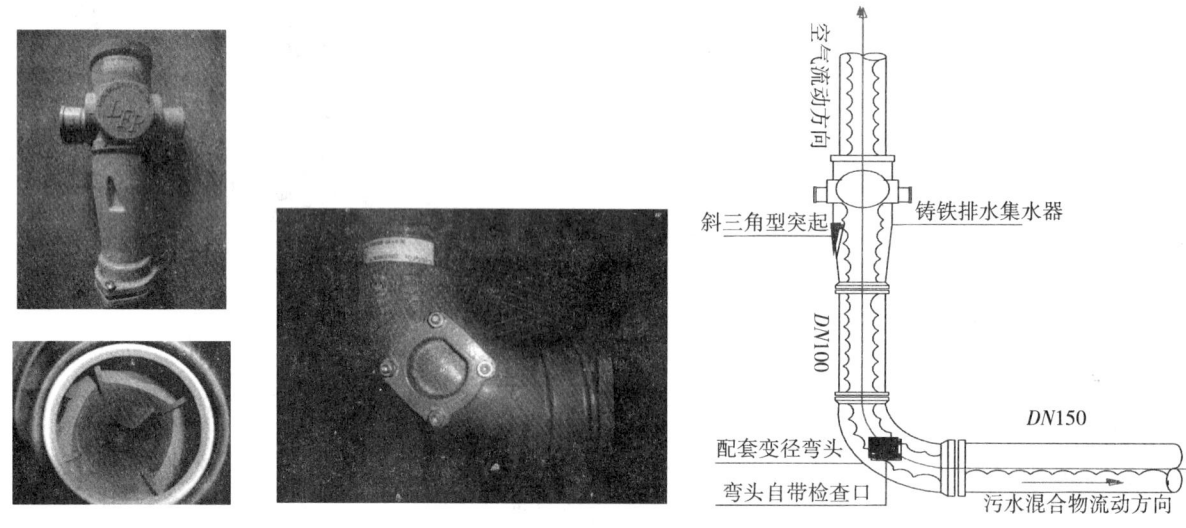

图 4　工艺流程示意图

5. 施工工艺流程

施工工艺流程如图 5。

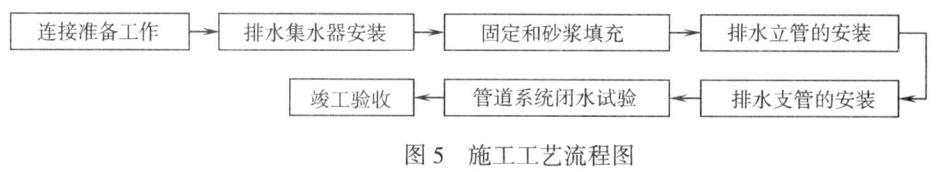

图 5　施工工艺流程图

X. 可视带门禁对讲系统施工工法

1. 前　　言

随着 SI 住宅理念的推广，同时为了满足人们对居住品质需求的日益提高，随之配套的建筑智能化设备也逐步发展。运用先进的智能化设备，使住宅达到安全防范、信息收集和信息管理。同时与计算机网络相互联系，实现网络系统与建筑技术与艺术有机结合。

2. 工 法 特 点

2.1 运用最新型建筑智能化设备。

2.2 其占地面积小。

2.3 施工安装简便。

2.4 便于后期维修和维护。

2.5 操作简单。

3. 适 用 范 围

本工法适用于高级民用住宅及重要公用建筑（如银行、学校、重要机关场所）和交通。

4. 工 艺 原 理

本工程应用光纤、同轴电缆或微波在其闭合的环路内传输视频信号，并从摄像到图像显示和记录构成独立完整的系统。它能实时、形象、真实地反映被监控对象，它可以在恶劣的环境下代替人工进行长时间监视，让人能够看到被监视现场实际发生的一切情况，并通过录像机记录下来。同时报警系统设备对非法入侵进行报警，产生的报警信号输入报警主机，报警主机触发监控系统录像并记录（图4）。

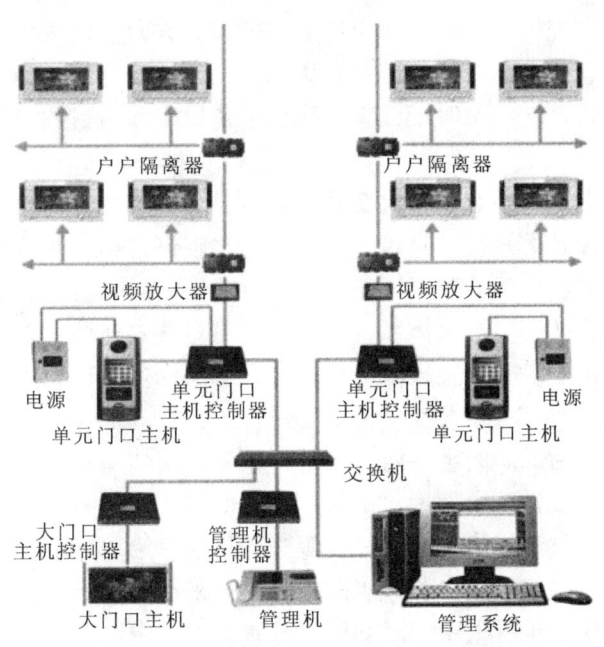

图 4　工艺原理示意图

5. 施工工艺流程

施工工艺流程如图5。

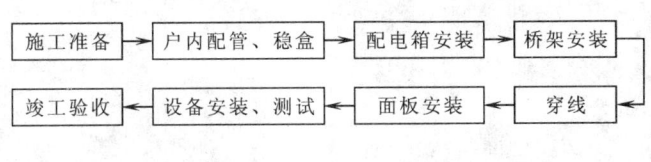

图 5　施工工艺流程图

6. 效 益 分 析

安装此类设备，可以有效保护业主个人财产。在屋内无人时，设备通过计算机联网对房间内进行实时监控，消除安全隐患。如有异常现象发生，可在第一时间通知小区保安和业主，屋内发生的所有事情。此类设备实用性强，体积小巧美观，与住宅能较好的结合，在住宅日益智能化的前景下，有很好的推广使用前景。整个系统可接100多台管理机、可同时管理9999栋单元楼、每栋单元可并联100台主/副门口机、每栋楼可有99层、每层可接99台分机。减少安防人员配备数量,并实时监控，有效消除安全隐患。

附：工程实例

北京雅世合金公寓工程采用 SI 住宅建造体系施工技术。以结构体系（S）配筋清水混凝土砌块砌体结构施工技术结合内装系统（I）装配式干法施工技术完成工程施工。配筋清水混凝土砌块砌体结构是新型的结构和装饰一体化结构形式，它可以有效地保持装饰效果的持久，较其他装饰方式减少了对资源的浪费。内装系统（I）装配式干法施工技术，国内大多停留在实验室阶段，实际的范例很少。但这也是所有内装施工企业的一个理想。其核心基础，就是在亚洲主流的 SI 建造体系。虽然目前我国住宅工业化发展初步呈现了企业向大规模住宅工业化生产集团的整合方向发展、住宅开发向工业化生产的集成化方向发展的趋势。但是，企业大规模住宅工业化生产集团整合仅仅停留在"产业整合型模式"和建材生产企业的"技术集成型模式"的探索时期，工业化住宅建设实践项目数量极少，工业化集成技术的采用也都处于研发试验阶段。

SI 住宅系列施工工法在北京雅世合金公寓工程中得到良好的应用，通过本系列工法的应用在施工进度及施工质量方面都取得了较好的效果，建筑外立面为清水砌筑，具有清新自然之特点。SI 住宅内装配套工程施工中，双层墙体、双层地板、双层天花，即架空地板、衬墙、吊顶都取得了很好施工质量。北京雅世合金公寓工程采用降板式同层排水体系，管道采用可靠方式连接，并经过多重施工工序保证不漏水，不受邻居家漏水影响。由于没有设置地漏，楼板无须防水处理，也免去了破封和返味的影响。合金公寓工程采用分户采暖系统：即燃气壁挂炉+干式地板采暖系统。SI 内装配套施工技术中的三分离卫生间，是提高使用效率，提升生活品质的重要组成部分，其中的整体浴室，既可以淋浴又可以泡澡，还整体防水，使得卫生间区域不需要做防水处理，是很关键的部件。整体浴室产业化生产，一体化的防水底盘、拼装式的壁板和顶棚，将淋浴、浴缸、暖风机等整体集成。给水分水器的使用，不仅能够使各用水点保持均衡的压力，还方便了检修、减少了漏水隐患。工程采用负压式 24h 新风换气系统，确保整个空间户型都能享受全天候的清风。工程采用污水和废水分别排放及中水回用系统，使家庭成为环保节能的重要节点。为了便捷的敷设管线并在改造的时候不伤害结构体，工程选用了具有良好的热工性能和密封性的玻璃钢窗，并在内装修施工做法上，选用磁砖干法施工等方式进行内装。SI 住宅系列施工工法在工程中得到良好的应用，取得了良好的经济效益和社会效益，受到业主及各方的好评。

附图 1　工程实例

后浇混凝土覆盖层超平地面施工工法

GJYJGF037—2010

广东浩和建筑股份有限公司

周岳　江创福　朱向锋　杨明　陈代光

1. 前　　言

后浇混凝土覆盖层超平地面是一种特殊的施工技术，是在现有混凝土结构基层上面添加一层混凝土覆盖层，以达到超平地面标准要求。此技术源于欧美及亚洲发达国家（日本、韩国），是为了提高地面的平整度及硬度，延长地面使用时间。广泛用于大型商场、购物超市、物流仓储、货物配送中心、货运码头、停车库、汽车制造车间、飞机维修中心、展览会馆及所有高要求的地面工程。

超平地面验收标准采用英国的 BCS TR34 Tbble 7.1 标准及美国的 ACI 117 标准，高于现行国家标准。现行国家标准《建筑地面工程施工质量验收规范》GB 50209-2002 地面平整度要求：80%地面落差不应大于 4mm/2m，20%地面落差不大于 6mm/2m。超平地面要求则为 95%地面落差不大于 2mm/3m，5%地面不超过 3mm/3m；短距离 95%地面落差不超过。75mm/0.3m、1mm/0.6m，5%不超过 1mm/0.3m、1.5mm/0.6m。同时，一定距离内同等落差值的情况下地面波形越少则平整度越高，超平地面则不允许出现高低不平的波浪形。

根据国际上认可并通用的英国 British Concrete Society 的 BCS TR34 Table 7.1 标准及美国的 ACI 117 标准，超平地面分为以下几类（表1）。

超平地面分类　　　　　　　　　　　　　　　　　　　　　　　　　　表1

Category 地面类别	货架高度	F-number (F-数据)		Approx.Tolerance in 3 meter 3m 靠尺落差
		FF Value (Flatness) 平整度	FL Value (Levelness) 水平度	
Ultraflat 特级超平地面		≥150	≥100	≤1.0mm
Superflat 超平地面	大于 13m	≥100	≥60	≤1.6mm
Category 1 1类地面	8~13m	≥50	≥35	≤3.0mm
Category 2 2类地面	6~8m	≥35	≥25	≤5.0mm
Category 3 3类地面	6m 以下	≥25	≥18	≤6.0mm

在应用 VNA（Very-Narrow-Aisles 超窄巷道）叉车的高层立体货架物流配送中心，为能够充分发挥 VNA 系统效率同时保证运时的安全性，降低叉车的维护费用，其地面必须具备超高精度的平整度及水平度（平整度达到 1/1000 以内），远远超过国家标准的要求，即必须符合超平地面的要求。

广东浩和建筑股份有限公司在施工中根据公司多年施工超平地面的经验，在材料、测量、安装工艺等方面进行了改进，经过改进的超平地面施工平整度控制关键技术，经过广东省建设厅组织的专家鉴定委员会进行鉴定达到了国内领先水平，并有较好的推广应用价值。其中的关键技术有两项进行了专利申报，其中 1 项获实用新型专利证书，另 1 项申报发明专利，正在审批过程中。

在安利（中国）日用品有限公司 3 号楼、雅芳（中国）工厂一期扩建工程的包装仓库和二期扩建工程的原材料仓库等项目的地面施工中，采用了超平地面施工工艺，取得了良好的社会效益与经济效益。

2. 工 法 特 点

2.1 施工质量更高。通过施工过程中对导轨的二次调整来控制施工质量，可达到激光级精度的地面标高，地面平整度和水平度是手工整平作业方式的 3 倍以上，混凝土密实度提高 20%以上，且适合干硬性混凝土、纤维混凝土及大骨料混凝土。

2.2 施工速度更快。作业工效提高 100%~300%（每小时可完成 150~300m² 的铺筑工作，平均每天可完成 1000~2500m²），并减少人工 30%以上，特别适合工期要求紧、铺筑面积大、质量要求高的工程项目。

2.3 地面整体性更好。非常容易实现大面积整体铺筑，这种整体铺筑技术一方面可以避免地面分层浇筑带来的易空鼓、易开裂等问题，另一方面可以减少大量的施工缝，使地面的整体性更好。这是采用其他施工工艺不易做到的。

2.4 可减少地面的后期维护费用。由于大面积整体铺筑可减少 3 倍以上的施工缝，而施工缝是很容易受荷载作用而产生破损的，从而可减少地面的后期维护费用。

3. 适 用 范 围

超平地面具备超高精度的平整度及水平度，广泛适用于大型商场、购物超市、大型仓储中心、物流中心、货物配送中心、货运码头、停车库、汽车制造车间、飞机维修中心、展览会馆、超窄巷道仓库、电视节目演播室、溜冰场、使用精密仪器、设备的生产车间及所有高要求的地面工程。

4. 工 艺 原 理

超平地面通常采用二次浇筑法。地面分仓采用角钢导轨，用高精度水准仪抄平，振捣混凝土，使其密实平整，然后再用高精度水准仪调整导轨水平度，采用刮刀刮平、拖尺拖平再用手扶式抹光机提浆、粗压光、驾驶形抹光机精压光、铁抹子压光收边，使地面达到超平。

5. 施工工艺流程及操作要点

5.1 超平地面的构成
超平地面的构成有混凝土基层、找平层、面层、界面剂、硬化剂、养护剂及密封剂。混凝土基层一般在结构施工时一起施工，超平地面实际是指结构地面上面的找平层与面层。

超平地面的结构设计见图 5.1：

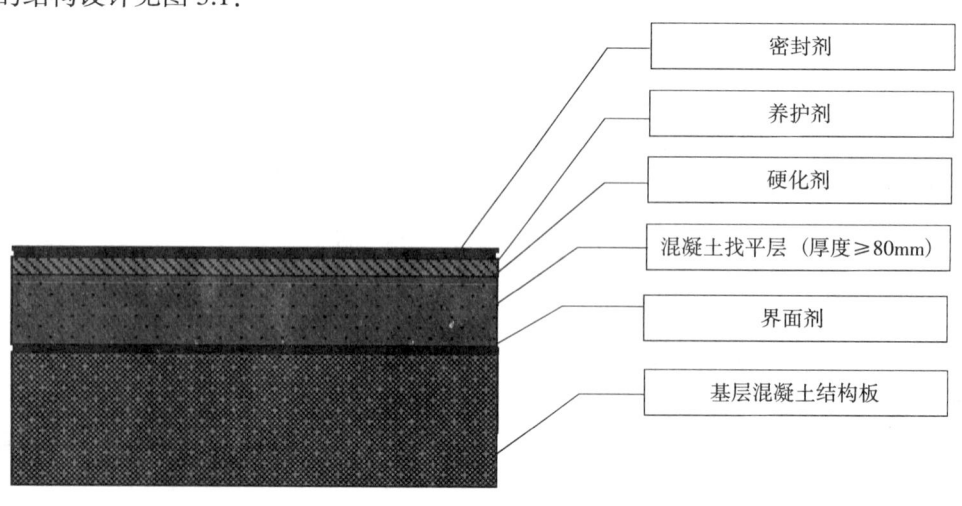

图 5.1 超平地面的结构设计示意图

5.2 施工工艺流程（图 5.2）

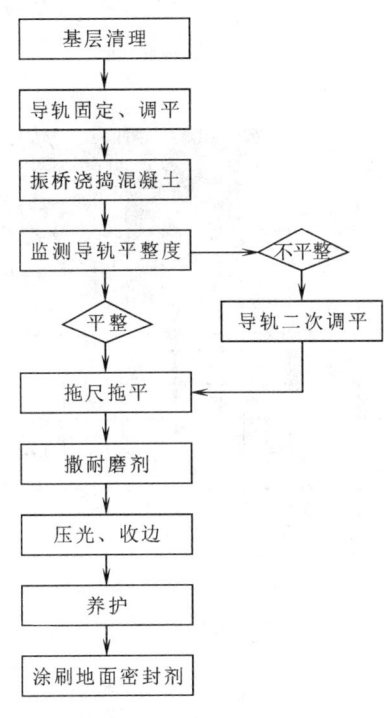

图 5.2　施工工艺流程图

5.3　施工操作要点

5.3.1　基面处理：将地面基层、地墙相交的墙面、踢脚处的黏存杂物清理干净，影响面层厚度的凸出部分剔除平整。采用铣刨机清除浮浆及杂物，随后用 2000 磅高压水枪将处理后的基面清洗干净。

5.3.2　根据分仓平面布置图及超平地面面积定位图设置导轨支撑；在导轨与柱相交处导轨断开，并离柱 60cm 处设置一道 1.5m 长的导轨。导轨安装：先在地面上间距 80cm 钻眼，然后将螺丝套筒打入其中，随后将 ϕ10 螺杆拧入套筒中。在螺杆上安装第一个螺母，随后安装角钢，然后再安装一个螺母，最后用高精度的水准仪调整导轨水平度。

5.3.3　在现有建筑物四周设置 5mm 厚的压缩泡沫板。

5.3.4　涂刷混凝土专用界面剂，增加找平层与基层的附着力。

5.3.5　浇筑 80mm 厚掺钢纤维（30kg/m³）和 PP 纤维（0.6kg/m³）的混凝土，混凝土坍落度宜控制在 70~100mm 之间；振捣混凝土，有效振实，控制平整度和水平度；当浇筑已完成相邻两仓之间的一仓混凝土时，在振桥下部与已浇筑完混凝土的两仓接触处需设置 2mm 厚的压缩泡沫垫片。

5.3.6　在振桥振捣后再用高进度水准仪调整导轨水平度。

5.3.7　随后在混凝土表面倾倒耐磨剂和胶混合物。

5.3.8　利用特制超平地面超长刮刀进行混凝土表面平整一遍。

5.3.9　利用拖尺平整 3 遍，不平处再次倾倒耐磨剂和胶混合物。

5.3.10　混凝土表面撒耐磨剂加强耐磨强度和平整度。

以上工序均必须在混凝土初凝前完成。

5.3.11　采用手推式抹光机进行提浆、压光（3 遍）。

5.3.12　地面表面收光采用驾驶型抹光机，有利于增加表面密实度及平整度。

以上工序均必须在混凝土终凝前完成。

5.3.13　喷洒水养护。

5.3.14　在混凝土浇筑完后 72h 内采用切割机切割诱导缝，间距不大于 6m。

5.3.15　根据美国及英国超平地面的严格标准，在浇筑完混凝土 72h 内利用专用仪器 DIPSTICK 测量地面平整度、水平度，并由计算机出具专业报告。

5.3.16　覆盖土工布养护 4~5t。

5.3.17　用清洗机清洗地面表面，然后在地面表面涂刷专用养护剂进行混凝土及硬化剂养护。

5.3.18　交工前清洗地面并用水泥基聚合物填缝剂进行填缝。

5.3.19　随后打上专用地面密封剂，提高光泽度，减少灰尘，便于以后保养、清洗。

6. 材料与设备

6.1　材料

商品混凝土、钢纤维、PP 纤维、界面剂、耐磨材料、养护剂、密封剂。

6.2　机械设备

振动桥梁及配套设备、双盘磨光机、单盘磨光机、铣刨机、2000 系列高压水枪等。

6.3　检测设备

DIPSTICK Floor Profiler 地面剖面仪。

7. 质 量 控 制

7.1 质量标准

7.1.1 地面表面采用耐磨剂处理、收光、增强表面密实度及强度。表面抗压强度≥90MPa，抗折强度≥13MPa，莫氏硬度≥8.5~9.0。

7.1.2 表面平整度与水平度见表1的英国British Concrete Society 的 BS TR34 Table 7.1 标准及美国的 ACI 117 标准地面分类。

7.1.3 超平地面平整度及水平度测量为根据美国 ASTM E1155 的检测方法采用 F-number 系统。

F-number 系统 -FACE Floor Profile Number：阐述地面平整度与水平度必须有两个独立的 F-number。

平整度 F-number（FF）：是通过沿被测区域的测量线测量时每 1-ft（300mm）间距落差的连续变化值表示地表的崎岖不平。

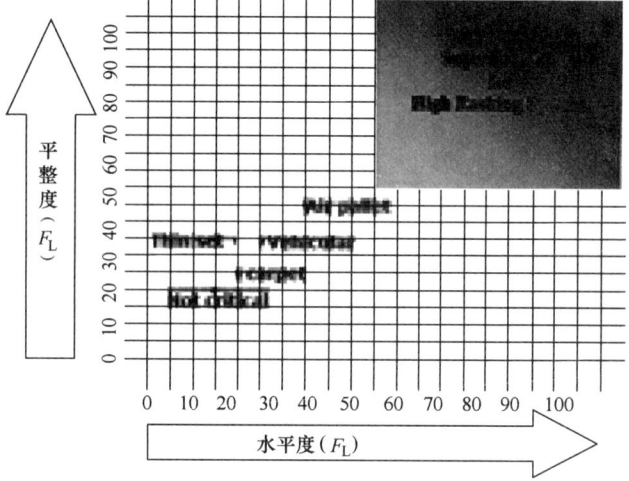

图 7.1 平整度/水平度应用指南

水平度 F-number（FL）：是通过沿被测区域的测量线测量每 10-ft（3m）的连续距离内的落差来表示相对于地面等级的顺应性。

7.2 质量控制要点

7.2.1 超平地面基层采用铣刨机清除浮浆及杂物，且要用高压水枪清洗干净，以增强找平层与基层的粘结力。

7.2.2 导轨安装，必须要直、要平、要稳固，采用精密水准仪抄平、膨胀螺栓固定，这是超平地面平整度控制的基础。

7.2.3 控制好混凝土的纤维等掺量和坍落度。

7.2.4 控制好振桥的施工速度，使混凝土振捣密实。

7.2.5 初凝前控制好撒硬化剂的时间、用量及均匀。

7.2.6 抹光机抹光，控制好没有抹纹。

7.2.7 切割诱导缝，根据弹出的墨线切缝，控制好缝宽。

7.2.8 覆盖土工布养护。

8. 安 全 措 施

8.1 所有施工人员进场必须经过三级安全教育和培训。

8.2 机械操作人员必须持证上岗，进行安全教育培训与班前安全教育。

8.3 所有施工人员进入施工现场，必须戴好安全帽、防护眼镜、手套和劳保鞋。

8.4 机械入场后，需提供配套相关合格证明文件，每天上班前需要对机械加强检查，确保制动灵活，试机正常后方能施工。施工过程中加强对机械各部件的日常检查与维修保养。

8.5 机电设备维修时必须要切断电源后无电方能操作。

8.6 因在潮湿环境作业，需注意安全用电防护，实行三相五线制，做好机械漏电保护，防潮设施，一机一闸，闸箱上锁。确保用电作业安全。

8.7 施工现场如有基坑或者孔洞，需要对基坑和孔洞进行围护。

8.8 楼层超平地面施工，对垂直运输机械（如塔吊、物料提升机等）需要专人操作，操作人员必须经过劳动部门培训并经考核合格。

9. 环 保 措 施

9.1 混凝土采用商品混凝土，在搅拌厂集中搅拌，混凝土中添加的钢纤维等，也在搅拌站集中进行。避免现场搅拌污染环境，并减少了噪声。

9.2 混凝土中掺的是钢纤维，而不是在找平层中使用钢筋，这也减少了资源浪费。

9.3 采用土工布养护，减少了水资源浪费。

9.4 使用密封剂，超平地面在使用时，能够避免地下水和土壤受到污染。

10. 效 益 分 析

10.1 施工速度更快。作业工效提高 100%~300%（每小时可完成 150~300m² 的铺筑工作，平均每天可完成 1000~2500m²），并减少人工 30% 以上。

10.2 可减少地面的后期维护费用。由于大面积整体铺筑可减少 3 倍以上的施工缝，而施工缝是很容易受荷载作用而产生破损的，从而可减少地面的后期维护费用。

10.3 叉车行走平稳，速度快，作业效率高，提高了经济效益。

10.4 叉车运行时的安全系数高，作业时不会碰撞货架，同时避免叉车倾倒；减少叉车、货架损坏及货物的损坏。

10.5 叉车的维修率及维修成本比一般地面要低，减少叉车的维修费用。

10.6 均等磨损，耐磨性能好、使用寿命长；减少地面维修费用。

10.7 易使用、易保养、易清洁，减少保养清洁费用。

10.8 工程质量好，受到社会各界的好评。

11. 应 用 实 例

11.1 2005 年施工的安利（中国）日用品有限公司 3 号楼工程，总建筑面积约 3600m²，建筑物占地面积约为 1500m²，地面面积约 1000m²。

该工程地点位于广州经济技术开发区北围工业区内，地面基层为钢筋混凝土结构，面层均为 80mm 厚的超平地面，该工程采用超平地面施工工艺，施工进度加快，操作安全，组织有序，通过对地面的混凝土强度、平整度和水平度进行检测，达到了设计要求和美英的超平地面规范规定，确保了工程质量，获得了良好的经济和社会效益。

11.2 2006 年施工的雅芳（中国）扩建工程包装仓库，建筑面积 5800m²，地面为超平地面，面积为 5000m²。

工程地点位于广东省从化经济技术开发区，地面基层为钢筋混凝土结构，面层均为 80mm 厚的超平地面，该工程采用超平地面施工工艺，施工进度加快，操作安全，组织有序，通过对地面的混凝土强度、平整度和水平度进行检测，达到了设计要求和美英国家的超平地面规范规定，确保了工程质量，获得了良好的经济和社会效益。

11.3 2008 年施工的雅芳（中国）工厂二期扩建工程原材料仓库，建筑面积 5890.8m²，一层二层地面为超平地面，面积为 4800m²。

工程地点位于广东省从化经济技术开发区，地面基层为钢筋混凝土结构，面层均为 80mm 厚的超平地面，该工程采用超平地面施工工艺，施工进度加快，操作安全，组织有序，通过对地面的混凝土强度、平整度和水平度进行检测，达到了设计要求和美英国家的超平地面规范规定，确保了工程质量，获得了良好的经济和社会效益。

智慧型"挂钩式"幕墙施工工法

GJYJGF038—2010

方远建设集团股份有限公司　海南省建筑工程总公司

金崇正　杜军桦　郭泽文　方从兵　李伟

1. 前　言

建筑幕墙系统经历了多次的更新换代，如何使幕墙系统安装更加方便快捷而又牢固耐用，一直是幕墙工作者们追求的目标。"挂钩式"建筑幕墙是吸取以往幕墙结构的优点，再结合多年的设计与施工经验，经过大量的研究、设计与试验，而成功开发出的一套安装快捷、牢固耐用且具有较好节能保温效果的建筑幕墙系统。智慧型"挂钩式"建筑幕墙系统具有设计科学、结构简单、安装方便、成本低廉的优点，以其完善的性能广泛应用于全隐、半隐、明框玻璃幕墙工程，满足建筑师对幕墙形式不同的装饰要求，并且具有较好的科学性、规范性、安全性、便捷性、经济性与通用性。该幕墙系统极大地减轻了制作安装人员的劳动强度，明显地节省了成本，大大地缩短了施工工期，符合当今国家倡导"节约型社会"的要求。

智慧型"挂钩式"建筑幕墙是在构件式幕墙的基础上逐渐形成的一种新的幕墙施工工艺。主要工艺包括幕墙与主体结构连接预埋件的安装、构配件工厂制作、幕墙的现场安装，其中"建筑幕墙横梁与立柱的连接结构"（专利号：ZL 200610122081.8）和"玻璃幕墙的玻璃支撑方法及结构"（专利号：ZL 200410027670.9）均获得国家发明专利。经省住房和城乡建设厅组织专家鉴定，智慧型"挂钩式"幕墙施工技术达到国际先进水平。该施工工艺具有质量安全可靠、施工速度快、环保节能的优点。因此对幕墙深化设计、自主研发创新形成智慧型"挂钩式"建筑幕墙施工工法具有广泛的应用价值。

2. 工 法 特 点

2.1 智慧型"挂钩式"幕墙改变了"构件式"幕墙须把立柱与横梁一根根安装完毕后，再将各种板块通过压板及螺钉连接在立柱、横梁上的传统工艺，该系统实现了立柱安装一支或一层时，随时将横梁与立柱、各种面板、开启窗扇及托条安装完毕，并且相邻板块可单独安装、更换，施工可由上而下、由下而上、由左而右、由右而左、由中部往四周安装。

2.2 智慧型"挂钩式"幕墙系统各构配件制作简单、安装方便，横梁与立柱、单元板块与铝合金主框架、开启窗扇及玻璃托条的安装极为方便。传统的压板方式安装耗时长，且每个压板安装同时又要顾及相邻板块，非常繁琐。智慧型"挂钩式"幕墙系统与之相比，极大地缩短了安装时间，明显地提高了施工进度和效益。同时，单元板块在安装时相互之间无干扰，并且可以在室内外单独安装。

3. 适 用 范 围

本工法适用于全隐、半隐、明框玻璃幕墙工程的安装施工。

4. 工 艺 原 理

4.1 横梁与立柱采用"挂钩扣合式"连接结构（图5.3.6-1），立柱上通过螺钉固定门形（或口形）

连接件，通过该连接件上预先设置的两个槽口与横梁内腔上的两个反向槽口相互扣接，侧边用卡紧件卡住固定，形成一个稳固的连接体将横梁和立柱连接在一起。该结构制作安装方便，抗扭性能大大增强，解决了行业内幕墙横梁与立柱传统安装结构不够合理和安装不方便的问题。

4.2 单元板块与立柱、横梁连接安装采用"挂钩插接式"连接结构（图5.3.7-1），利用立柱、横梁上的挂连机构，将单元板块四周挂钩全部插入立柱与横梁相应的槽口内，并且槽口内嵌胶条柔性连接，起到弹性缓冲和防止噪声产生，很好地满足幕墙整体的抗震、抗强风压、抗热应力的作用。这种"挂钩插接式"连接结构避免了采用传统压板方式导致的压板漏压和采用自攻螺钉固定压板在负风压的作用下容易造成的安全隐患及施工困难，又解决了压板式隐框玻璃幕墙、隐框窗等边部与墙体连接部位及转角处的压板难以施工及难以压紧板块的安装困难。

4.3 独特的开启窗结构（图5.3.7-2）：开启窗扇顶部内侧设置挂钩，与玻璃支撑托板斜向支撑的挂槽挂连实现线荷载受力，安装方便，每扇窗扇都能实现室内外安装。在水平托板的外端部设置斜向劈雨板，下雨时防止雨水进入开启窗的内腔和室内。

4.4 玻璃托板设计：玻璃支撑托板由水平面的托板和斜向的支撑板构成，斜向的支撑板端部支撑在横梁上，水平托板用以支撑玻璃的重量。支撑托板与横梁设有挂连机构，该挂连机构由横梁纵向部位设置的下端半封口的凹槽和水平托板端部纵向弯曲端构成，纵向弯曲端挂接在半封口的凹槽内。此外可在水平托板的外端部设置斜向劈雨板，以及在支撑托板的斜向支撑板上设置挂槽，用于挂连开启窗窗扇。

5. 施工工艺流程及操作要点

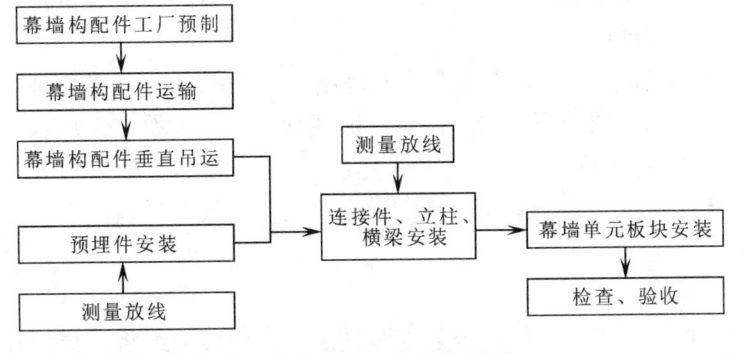

图5.1 施工工艺总流程图

5.1 施工工艺总流程（图5.1）

5.2 施工工艺详细流程

5.2.1 预埋件的安装工艺流程

熟悉图纸及技术交底→熟悉施工现场→寻准预埋铁件对准立柱线→拉水平线控制水平高度及进深位置点焊→加焊→防腐→记录。

5.2.2 测量放线工艺流程

熟悉了解建筑结构与幕墙设计图→对整个工程进行分区、分面→确定基准测量层→确定基准测量轴线→确定关键点→放线→测量→记录原始数据→更换测量立面（或层次）→重复上面程序→整理数据→分类→处理或上报设计。

5.2.3 连接件的安装工艺流程

准备材料→材料就位→检查质量→清理预埋件→焊接连接件→调整→收紧。

5.2.4 立柱的安装工艺流程

检查立柱型号、规格→对号就位安装→三维方向调整→校正与验收→立柱保护膜的包装。

5.2.5 横梁的安装工艺流程

施工准备→检查各材料质量→就位安装→检查。

5.2.6 单元板块的安装工艺流程

施工准备→检查验收单元板块→将单元板块按层次堆放→安装→验收。

5.3 操作要点

5.3.1 幕墙构配件工厂制作与运输

1. 幕墙构配件在加工厂加工成型，加工设备先进、操作工人技术娴熟，在工厂内无尘化生产。立柱、横梁、连接件、副框、托条等均实现一次性切割，不需要二次铣切加工。

2. 幕墙构配件发至现场后，用叉车将构配件运至吊装区域并安放于转运架之上，叉车运输过程中应安排专人指挥，轻拿轻放，避免损伤构配件。

5.3.2 预埋件安装

"挂钩式"幕墙与主体结构连接的连接件采用预埋件，在主体结构施工时按设计要求埋设。根据前期轴线测量结果将预埋件平面位置引测并标记在主体结构模板上，再用卷尺根据框架梁底模确定预埋件高度，将预埋件放入框架梁钢筋之后与梁体主筋固定牢固。预埋件安装图详见图 5.3.2。

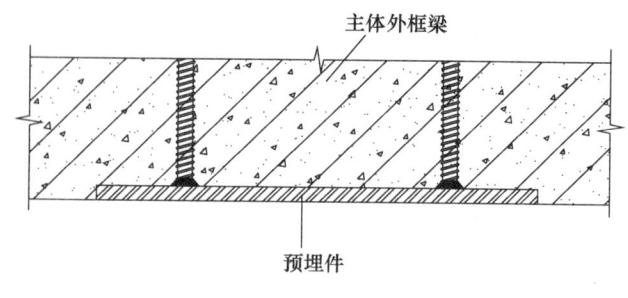

图 5.3.2　预埋件安装图

预埋件安装的注意事项：

1. 先对工程整体进行测绘控制线，依据轴线位置的相互关系将十字中心线弹在预埋件上，作为安装支座的依据。

2. "挂钩式"幕墙施工为临边作业，应在楼层内将镀锌钢板与埋件连接，依据垂直钢丝线来检查转接件的垂直度与左右偏差。

3. 为保证预埋件安装精度，除控制前后左右尺寸，还要控制每个预埋件标高，用水准仪进行跟踪检查标高。

5.3.3 测量放线

1. 对主体已完成或局部完成的建筑物进行分区、分面、外轮廓测量，然后进行综合，测量区域的划分在一般情况下遵循以立面划分为基础、以立面变化为界限的原则，全方位进行测量。根据测量结果确定幕墙的结构误差及处理方法提供给设计作出设计更改。

2. 确定了基准测量层后即要确定基准测量轴线。首先要与土建共同确定基准轴或复核土建的基准轴线。关键层、基准轴线确定后，在基准轴上确定不低于两个的关键点。放线从关键点开始，先放水平线，用水准仪进行水平线的放线，一般的铁线放线采用花篮螺丝收紧，然后吊线（垂直），放线时要注意风力大于 4 级时不宜放线，同时高层、超高层建筑一般要采用高精度激光经纬仪器放线，再配以铁线吊线的方法进行放线。

5.3.4 幕墙构配件吊运

利用安装于楼层位置的屋面吊，再配合卸料平台将构配件吊至需安装楼层，地面转运组将吊绳挂在吊钩上，扶住块材转运架，防止晃动，悬臂起重机开始提升，升高 0.5m，确认正常后，人员应从起吊点撤离，悬臂起重机提速上行，启动时应低速运行，然后逐步加快达到全速。起钩后将构配件提升至存放构配件的楼层，稳定后再落钩降至安装楼层后对各配件进行安装固定。

5.3.5 连接件、立柱的安装

预埋铁件的作用就是将连接件固定，使幕墙结构与主体混凝土结构连接起来。由于"挂钩式"幕墙系统的立柱需要安装精准，使得玻璃副框装饰面与立柱结合更加平整美观，保证下步工序的顺利安装，达到理想效果，幕墙立柱安装采用三维调节节点法。

1. 连接件与立柱连接的三维调节法：先将连接件 1 或 3 统一焊接在相对应的埋件上，再将立柱前后准点定位在连接件 1 或 3 上面，另将连接件 2 与立柱连接后，再将连接件 2 与连接件 1 或 3 相连，通过长形孔实现三维调节。幕墙立柱安装三维调节节点图（图 5.3.5）。

连接件与立柱连接的三维调节法具体做法如下：

1）小角钢（或小槽钢）与大角钢结合面设有 1~2 个竖向长形孔。大角钢的两面也均开设 2 个横向的长形孔，对应小角钢（或小槽钢）面的 1~2 个长形孔中心点与小角钢（或小槽钢）对应的 1~2 个长形孔的中心点用螺栓连成一体。小角钢（或小槽钢）比大角钢结构的高度尺寸要大于调节高低的调节量，以方便下一步工序焊接。

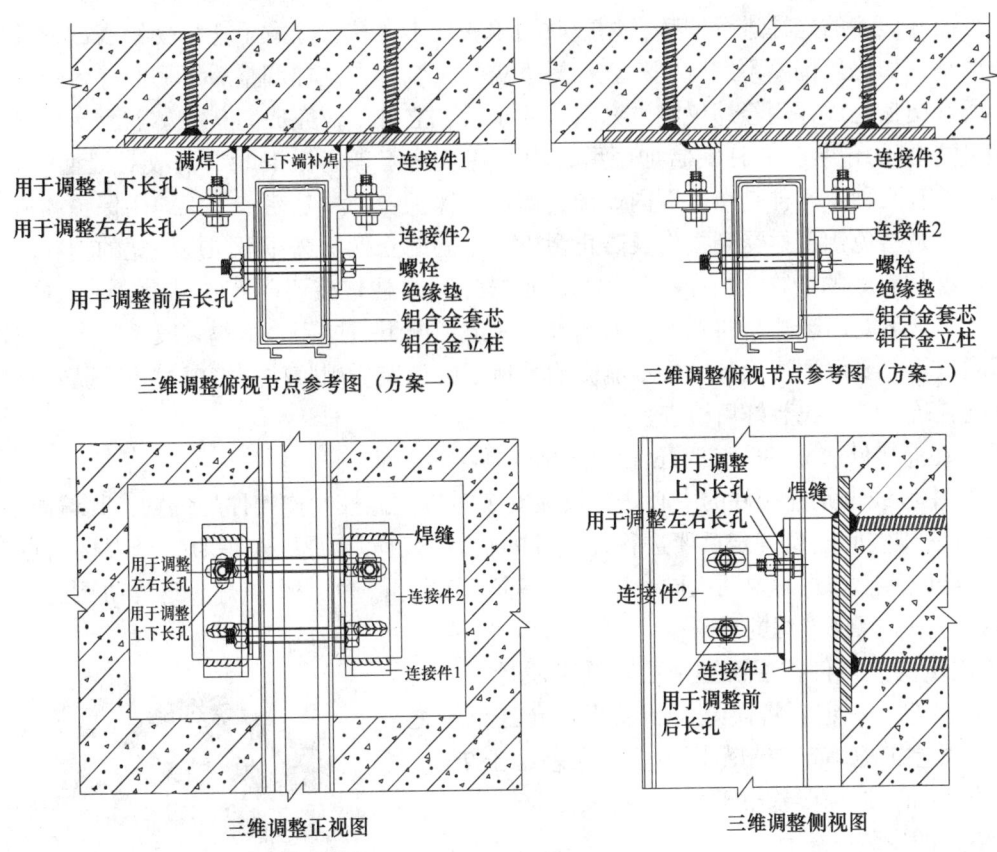

图 5.3.5 幕墙立柱安装三维调节节点图

2）将连接成一体的组件用 2 个螺栓对应大角钢与立柱结合面的长形孔中心点，同时进行连接在立柱的两侧面，且在组件与立柱的接触面垫上橡胶片（绝缘垫）。

3）将立柱连接上两个组件后，组件中的小角钢（或小槽钢）与预埋铁板的接触处，分别用电焊焊接牢固。

4）将小角钢（或小槽钢）与大角钢连接或大角钢与立柱连接的螺栓松开，再开展所需要的立柱前后、左右、上下三维调整。

5）调整准确后扭紧螺栓，再将大小角钢连接的上下端部位和采用 1 个螺栓时的另 1 个螺栓孔部位用电焊焊接牢固。

6）最后再将焊接时被破坏角钢的镀锌部分用防锈漆涂上，进行防锈保护。

2. 立柱的安装方法：立柱安装一般由下而上进行，带芯套的一端朝上。第一根立柱按悬垂构件先固定上端，调正后固定下端；第二根立柱将下端对准第一根立柱上端的芯套用力将第二根立柱套上，并保留 20mm 的伸缩缝，再吊线或对位安装立柱上端，依次往上安装。若采用吊车施工，可将吊车在施工范围内的立柱同时自下而上安装完，再水平移动吊车安装另一段立面的立柱。立柱安装后，对照上步工序测量定位线，对三维方向进行初调，保持误差<1mm，待基本安装完后在下道工序中再进行全面调整。

3. 立柱校正与验收：立柱安装用螺栓固定后，对整个安装完的立柱进行校正，在立柱校正时首先要放基准线。所有基准线的放置要求准确无误，先要吊垂直基准线，每隔 3~4 根立柱要吊 1 根垂直基准线，垂直基准线放好后要用经纬仪，测定基准线的准确度，要保证基准线的自身的准确。同时为了防止基准线受风力的影响，在经纬仪测定时要将基准线端固定好，基准线垂线位于立柱的外侧面。在垂直基准线放好后，要每隔 2~3 层打一次闭合水平线，水平线用水准仪抄平固定，水平线位于立柱的外侧面。在基准垂线与基准水平线确定后，在立柱外侧面就形成了一个基准面，基准面确定后，要检查每 1 根立柱的外侧面是否在基准面上，测量出误差并记录登记，同时对水平线垂直误差进行测量，在测到平面误差后，对有平面外误差的立柱进行调整，调整时用木块轻击立柱，注意不能损伤铝表面氧化膜，必要时将螺栓松开调整，如仍然调整不好就要将立柱拆下重新安装。在立柱调整后要用经纬仪进一步测量误差调整情况。所有调整完成并用经纬仪测试都符合要求后，立柱定位完成。

4. 立柱保护膜的包装：立柱安装加固后，由于建筑施工现场污染严重，故对铝型材要进行保护。对于铝材的保护有两种：一种是在工厂内保护，即过塑保护；一种是在施工工地用保护膜进行保护。两种方法目的都有是避免铝型材受到损伤及防止污染。不同的立柱要选择不同规格宽的塑料膜，在包装立柱前要清洁铝型材表面的杂物用白布将铝型材表面抹净。立柱包装要两人同时施工，从内向外面包装，包装时要注意美观不能出现塑料布到处飘的现象，一般情况下一层为一个包装段，每个包装段间接头要接好，但不能重叠，要保证清除某一层不能影响其他层的包装。用胶粘带将塑料布粘贴在立柱上，既不能太紧又不能脱落。竖梁包装好后检查。

5. 此外，在连接件、立柱安装时还需注意的事项：

1）立柱的中心线也是连接件的中心线，故在安装时应注意控制连接件的位置，其偏差小于 2mm。

2）连接件三维空间定位确定后要进行连接件的临时固定即点焊。点焊时每个焊接面点 2~3 点，要保证连接件不会脱落。点焊时要两人同时进行，一个固定位置，另一个点焊，这样协调施工，同时两人都要做好各种防护，保证点焊的质量。

3）初步固定的连接件按层次逐个检查施工质量，主要检查三维空间误差，一定要将误差控制在规范允许范围之内。三维空间误差工地施工控制范围为垂直误差小于 2mm，水平误差小于 2mm，进深误差小于 3mm。

5.3.6 横梁的安装

1. 安装好竖向立柱后，进行垂直度、平面进出、间距等项检查，符合要求后，便可进行横梁的安装。横梁与立柱采用"挂钩扣合式"这种新型连接结构，即在立柱上通过螺钉固定门形（或口形）连接件，通过该连接件上预先设置的槽口与横梁的内腔上的反向槽口相互扣接，从而把横梁和立柱连接在一起。这种连接结构制作及安装方便，结构牢固，抗扭性能大大增强，此结构解决了行业内幕墙横梁与立柱传统安装结构不够合理和安装不方便的问题。"挂钩扣合式"幕墙横梁与立柱新型连接结构的模型见图 5.3.6-1，结构实施示意图见图 5.3.6-2。

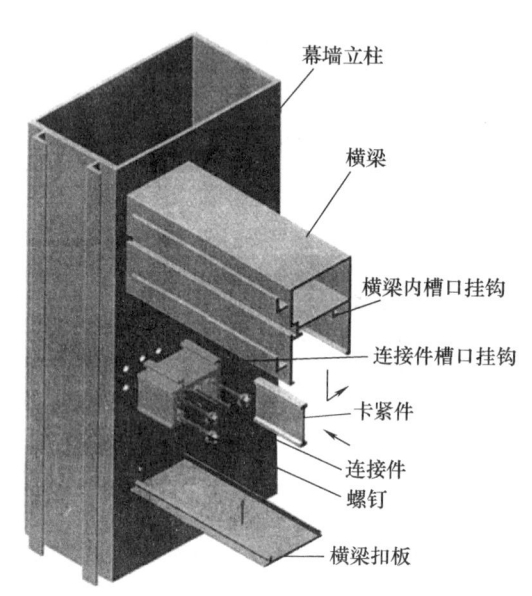

图 5.3.6-1 横梁与立柱新型连接结构的模型图

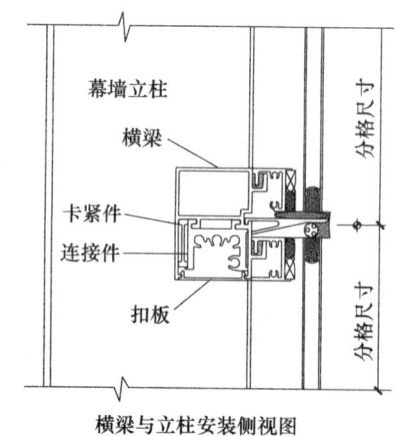

横梁与立柱安装侧视图

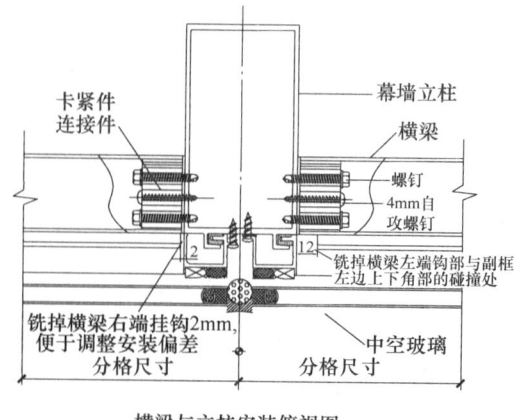

横梁与立柱安装俯视图

图 5.3.6-2 横梁与立柱新型连接结构的实施示意图

2. "挂钩扣合式"幕墙横梁与立柱连接结构的安装过程说明。

1）先将约 25mm 长的连接件固定在立柱上，连接件上设有 4 个孔径为 6mm 的螺栓孔，先用 4mm 的自攻螺钉在中间螺孔进行初步固定，利用空间差原理调整上下左右偏差，调整准确后再用 5~6mm 螺钉或螺栓在其他孔加以紧固。

2）横梁内设置了与连接件相配合的 2 个挂钩。将横梁安装在连接件上，并与连接件上的两个相配套挂钩扣合在一起。

3）将卡紧件锁定在横梁与连接件扣合后所产生的空隙内，并注入硅胶，形成柔性结合，防止噪声产生。

4）再将横梁扣板扣合在横梁上，使横梁形成整体。

5.3.7　幕墙单元板块的安装

立柱、横梁固定安装好后，就形成一个稳定的铝合金主框架，再进行单元板块与立柱、横梁连接安装。单元板块与立柱、横梁连接采用挂钩插接并且内嵌胶条柔性连接，起到弹性缓冲和防止噪声产生，很好地满足幕墙整体的抗震、抗强风压、抗热应力的作用，满足单元板块在相对位移时，而不造成变形损坏。

1. 板块与主框架的安装

单元板块与立柱、横梁连接安装，设计了挂连机构，板块四周挂钩全部插入立柱与横梁相应的槽口内，不用压板固定，实现了线面接触。因此能够承受强大的风荷载，避免了采用压板方式，如压板漏压和采用自攻螺钉固定压板在负风压的作用下容易造成的安全隐患及施工困难。板块与立柱、横梁挂钩连接内部设置柔性胶条，起到弹性缓冲和防止噪声产生，保证建筑物在地震和强风压等作用下产生单元板块相对位移，而不造成变形损坏，使安全得到进一步的保障。挂钩式的结构又解决了压板式隐框玻璃幕墙、隐框窗等边部与墙体连接部位及转角处的压板难以施工及难以压紧板块的安装困难。固定板块与主框架的连接实施结构示意图见图 5.3.7-1。

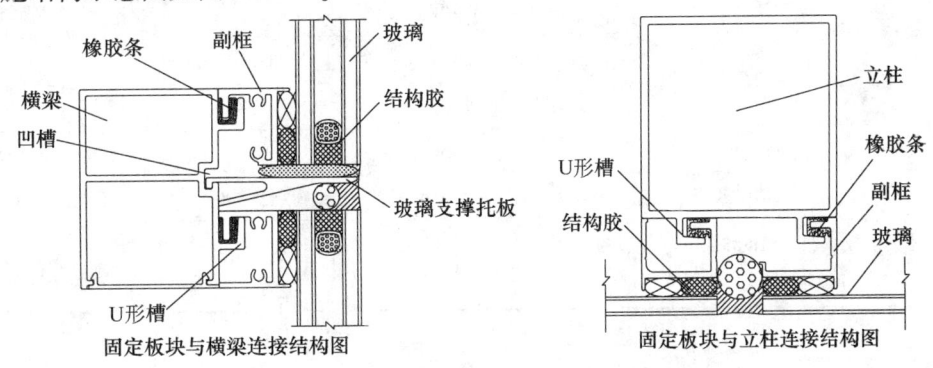

图 5.3.7-1　固定板块与主框架的连接实施结构示意图

2. 开启窗的安装

开启窗扇顶部内侧设置挂钩，与玻璃支撑托板斜向支撑的挂槽挂连，并在开启窗周边有效的实现三道密封，使隔热节能进一步提高。设置斜向劈雨板，减少雨水进入窗扇内腔而导致进入室内。减少流水时对开启窗玻璃表面的流泪积灰现象。窗扇采取挂钩结构，实现线荷载受力，安装方便，每扇窗扇都能实现室内外安装，并且解决了滑撑点受力在强风压的作用下容易损坏窗扇及窗扇周边玻璃的问题。开启窗的实施结构示意图(图 5.3.7-2)。

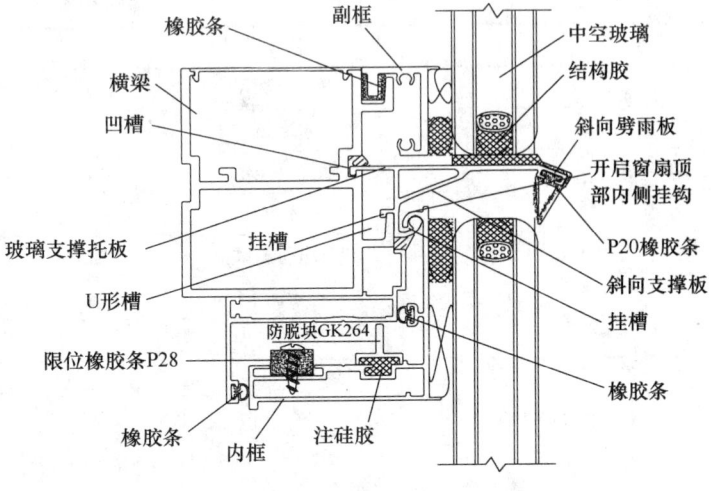

图 5.3.7-2　开启窗的实施结构示意图

3. 玻璃支撑托板的安装

本结构的各种玻璃支撑托板，结构设计巧妙，对玻璃原片通长均匀承托，端部挂钩直接与横梁挂槽挂连，施工安装十分方便，且斜向支撑板直接支撑在横梁上，承受力好，经过测试每块托条 80mm 长，能承受 100kg 荷载（见专利号：200410027670.9 的发明专利）。既避免了某些中空玻璃幕墙工程，玻璃特做大小片而造成内外打结构胶的不便，又避免了玻璃采购成本的提高等。

4. 幕墙单元板块的安装其他注意事项

1）单元板块的挂插接就位由指挥人员及所有安装操作人员共同完成。

2）单元板块运至单元板块与立柱、横梁连接之间相距 200mm 时，安装操作人员动作协调一致，将板块四周挂钩全部插入横梁与立柱相应的槽口内。

3）在插接完成后，进行检查，确保"挂钩式"幕墙板块安装就位。

6. 材料与设备

6.1 主要安装设备

主要安装设备表 表 6.1

序号	设 备 名 称	规格型号	总功率	用于施工部位
1	2.5 叉车	CPD25HA		用于运输构配件
2	汽车吊		吨位：50t	吊装构配件
3	手动玻璃吸盘			运输及安装玻璃
4	电焊机	BX6-300-1	功率：3kW	焊接转接件及其他
5	手动铲车	CPCD30		用于卡车装卸货，可铲 1t 重量
6	电动葫芦	MD206M	1t/50m	吊运单元板及其他材料
		MD206M	2t/100m	
7	卷扬机	5t		垂直运输
8	电动吊篮	ZLD80	荷载：800kg	为工人提供作业空间
9	锤子、扳手、干净的洗洁布、清洗剂、清水、刀片、米尺等			

6.2 主要检测设备

主要检测设备表 表 6.2

序号	设 备 名 称	型 号
1	激光经纬仪	DJJ2-2
2	水准仪	DZS3-1
3	激光垂准仪	DZJ3-L
4	游标卡尺	150mm
5	接地电阻测试仪	ZC29B
6	深度游标卡尺	0~200mm
7	焊接检验规	

6.3 使用材料

6.3.1 玻璃

玻璃在钢化前应完成切裁、磨边、钻孔等加工工序。外观质量、平面钢化玻璃的弯曲度、玻璃的周边经过精磨边机加工、钢化玻璃的自爆率、夹层玻璃最大迭差、尺寸允许偏差、隔声降噪性能、Low-E 钢化中空玻璃颜色、传热系数、可见光透过率、可见光射率、太阳得热因子等性能指标都要符合要求。

6.3.2 铝合金材料

幕墙的主材铝合金型材，要选用高温挤压成型、快速冷却并人工时效状态的型材，非可视型材表面阳极氧化，可视型材表面氟碳喷涂。铝合金型材应符合《铝合金建筑型材》GB 5237-2008 中规定的高精级要求和《铝及铝合金阳极氧化膜与有机聚合物膜》GB/T 8013-2007 中规定的要求；铝合金的表面处理层厚度和材质应符合《铝合金建筑型材》GB 5237-2008 中的规定。

6.3.3 钢材

幕墙构件的钢材应符合《碳素结构钢》GB/T 700-2006 和《低合金高强度结构钢》GB/T 1591-2008 中的有关规定要求。

6.3.4 结构胶及密封胶

所有产品必须符合《建筑用硅酮结构密封胶》GB 16776-2005 和《硅酮建筑密封胶》GB/T 14683-2003 中的有关规定要求。

6.3.5 密封垫和密封胶条

密封垫和密封胶条采用黑色高密度的三元乙丙橡胶（EPDM）制品，并符合《建筑橡胶密封垫——预成型实心硫化的结构密封垫用材料规范》HG/T 3099-2004 的有关规定要求。密封垫挤压成块，密封胶条挤压成条，邵氏硬度为 70±5，并具有不大于 35%的压缩度；延伸率不小于175%、抗拉强度不小于 12MPa，并应具有良好的抗臭氧及紫外线性能。

6.3.6 紧固件

连接件（包括不锈钢连接件）应符合《紧固件、螺栓和螺钉通孔》GB/T 5277-1985，《十字槽盘头螺钉》GB/T 818-2000，《紧固件机械性能螺栓、螺钉和螺柱》 GB/T 3098.1-2000 和《紧固件机械性能不锈钢螺母》 GB/T 3098.15-2000 的相关规定。工程的所有紧固件托架包括高级奥氏体不锈钢外用型，符合强度、类型方面的所有法律要求，在适当考虑到可能的热位移基础上，可以设计承受所有静、动、风荷载。

7. 质 量 控 制

7.1 四性试验

为保证幕墙试验符合玻璃幕墙工程技术规范，需进行空气渗透性能试验、雨水渗漏性能试验、风压变形性能试验、平面内变形能力试验，即为四性试验。

7.1.1 试验标准：

幕墙性能试验主要试验内容一般为：雨水渗漏试验、空气渗透试验、风压变形试验、平面内变形能力试验，试验过程中严格执行《建筑幕墙气密、水密、抗风压性能检测方法》 GB/T 15227-2007、《建筑幕墙》GB/T 21086-2007、《建筑幕墙平面内变形性能检测方法》GB/T 18250-2000 等测试标准。

7.1.2 幕墙试验主要程序：确定检测中心→取代表意义的单元→设计样品制作→试验室样品安装→空气渗透试验→雨水渗漏试验→抗风压试验→平面内变形能力试验→出具检测报告。

7.2 预埋件的检查

焊缝高度必须达到设计要求；焊角没有咬边现象；防锈漆涂刷是否均匀；所用材料是否符合设计要求；加工尺寸与图纸是否一致。

7.3 玻璃幕墙的质量检查

7.3.1 玻璃幕墙表面应平整、洁净；整幅玻璃的色泽应均匀一致；不得有污染和镀膜损坏。

检验方法：观察。

7.3.2 每平方米玻璃的表面质量和检验方法应符合表 7.3.2 的规定。

每平方米玻璃的表面质量和检验方法 表 7.3.2

项次	项 目	质量要求	检验方法
1	明显划伤和长度>100mm 的轻微划伤	不允许	观 察
2	长度≤100mm 的轻微划伤	≤8 条	用钢尺检查
3	擦伤总面积	≤500mm²	用钢尺检查

7.3.3 一个分格铝合金型材的表面质量和检验方法应符合表 7.3.3 的规定。

一个分格铝合金型材的表面质量和检验方法 表 7.3.3

项次	项 目	质量要求	检验方法
1	明显划伤和长度>100mm 的轻微划伤	不允许	观 察
2	长度≤100mm 的轻微划伤	≤2 条	用钢尺检查
3	擦伤总面积	≤500mm²	用钢尺检查

7.3.4 玻璃幕墙的密封胶缝应横平竖直、深浅一致、宽窄均匀、光滑顺直。

检验方法：观察；手扳检查。

7.3.5 玻璃幕墙隐蔽节点的遮封装修应牢固、整齐、美观。

检验方法：观察；手扳检查。

7.3.6 隐框、半隐框玻璃幕墙安装的允许偏差和检验方法应符合表 7.3.6 的规定。

隐框、半隐框玻璃幕墙安装的允许偏差和检验方法 表 7.3.6

项次	项 目		允许偏差（mm）	检 验 方 法
1	幕墙垂直度	幕墙高度≤30m	10	用经纬仪检查
		30m<幕墙高度≤60m	15	
		60m<幕墙高度≤90m	20	
		幕墙高度>90m	25	
2	幕墙水平度	层高≤3m	3	用水平仪检查
		层高>3m	5	
3	幕墙表面平整度		2	用 2m 靠尺和塞尺检查
4	板材立面垂直度		2	用垂直检测尺检查
5	板材上沿水平度		2	用 1m 水平尺和钢直尺检查
6	相邻板材板角错位		1	用钢直尺检查
7	阳角方正		2	用直角检测尺检查
8	接缝直线度		3	拉 5m 线，不足 5m 拉通线，用钢直尺检查
9	接缝高低差		1	用钢直尺和塞尺检查
10	接缝宽度		1	用钢直尺检查

8. 安 全 措 施

8.1 安全管理的措施

8.1.1 落实安全生产制度，实施责任管理。

8.1.2 施工项目应通过监察部门的安全生产资质审查，并得到认可。

8.2 高空作业安全措施

8.2.1 构配件吊装区域的下方地面必须设置醒目的安全警界范围，吊装区域下方地面的吊装过程必须设置专人安全监护。

8.2.2 高空作业人员和现场监护人员必须服从施工负责人的统一指挥和统一管理。

8.2.3 电动吊篮在使用过程中，严禁在三层以上人员上下及物料装卸，以防坠人和坠物。5级（含5级）以上大风不得使用吊篮，雨天严禁使用吊篮施工。吊篮在每天开始使用前，必须认真检查后才可使用。

8.3 其他安全注意事项

8.3.1 安装玻璃幕墙用的施工机具在使用前，应进行严格检验。手电钻等电动工具应做电压试验，手持玻璃吸盘应进行吸附重量和吸附时间试验。

8.3.2 施工人员应配备安全帽、安全带、工具袋等。

8.3.3 在高层玻璃幕墙安装与上部结构施工交叉作业时，结构施工层下方应设防护网；在离地面3m高处，应搭设挑出6m的水平安全网。

8.3.4 现场焊接时，在焊件下方应设接火斗。

8.3.5 严格按照《建筑安装工程安全技术规程》进行操作。

9. 环 保 措 施

9.1 加强设备保养，确保设备正常运行，将施工产生的噪声降低到最低限度。

9.2 在施工现场平面布置和组织施工过程中严格执行国家和地区行业有关噪声污染，环境保护的法律法规和规章制度。

9.3 设计用料尽可能选用无污染可回收利用的材料，合理解决幕墙光污染问题。

9.4 施工噪声污染防护措施

1. 在比较固定的机械设备附近，修建临时隔声屏障，减少噪声传播。

2. 适当控制机械布置密度，条件允许时拉开一定距离，避免机械过于集中形成噪声叠加。

9.5 减少开启窗扇面积、提高密封胶性能、改进节点密封性能等降低空气渗透热损失技术。

9.6 采用格栅等遮阳设施，以减少太阳辐射得热等。

10. 效 益 分 析

本幕墙系统综合经济效益十分显著，比传统幕墙用铝量可节省20%左右，节省人工15%以上，并且节省了每个开启窗扇的两个滑撑，节省了较多的加工设备及吊装设备。经济性具体体现如下：

10.1 隐框幕墙不需要任何的压板及压住压板的螺丝。

10.2 副框型材截面面积相对减小。

10.3 副框四角不用角铝及冲角。

10.4 人工安装的直接费用每平方米节省约10元以上。

10.5 立柱型材系列化从70-210系列可供选择，横梁设计有各种形态不同的截面面积，型材壁厚在符合《玻璃幕墙工程技术规范》JGJ 102-2003规范情况下，采取优化设计。

10.6 减少某些传统幕墙中空玻璃结构工程中，玻璃特做大小片而内外打结构胶所造成费用和玻璃采购成本的提高等。

10.7 结构标准化、系统化，避免各幕墙公司各开各的模具，所造成大量的浪费，节省了宝贵的资源和时间。

11. 应 用 实 例

11.1 台州市方远大厦商务楼工程

台州市方远大厦商务楼工程，由方远建设集团投资开发，本工程主楼为框架混凝土结构28层、地下1层，主楼建筑高度约99.8m，建筑面积为38774.2m²，玻璃幕墙面积为9200m²，工程于2005年5月20日开工，2008年12月12日竣工。台州市方远大厦商务楼玻璃幕墙工程采用智慧型"挂钩式"建筑幕墙系统，取得较好的经济效益和社会效益。

11.2 台州市东港综合办公楼工程

台州市东港综合办公楼工程由东港工贸集团有限公司投资开发，本工程为框架剪力墙结构21层、地下1层，建筑面积为53888m²，工程于2004年12月31日开工，2006年12月31日竣工。玻璃幕墙工程采用智慧型"挂钩式"建筑幕墙系统，玻璃采用中空玻璃，窗扇和板块的分格均为1600mm宽×1400mm高，主楼建筑高度约75m，标准层高为3.2m，玻璃幕墙总面积为9350m²。

11.3 国家开发银行海南分行办公及业务用房工程

国家开发银行海南分行办公及业务用房工程，地上3层、地下1层，框架结构，建筑面积为38000m²，其中营业楼建筑面积11580m²，玻璃幕墙总面积为950m²，工程于2009年2月开工，2010年11月竣工。玻璃幕墙工程采用智慧型"挂钩式"建筑幕墙系统，安装方便，质量可靠，节约了成本，缩短了施工工期，取得较好的经济效益。

巴洛克风格建筑外墙艺术雕塑构件制作工法

GJYJGF039—2010

中国建筑一局（集团）有限公司　河南红旗渠建设集团有限公司

焦润明　王剑峰　马宁　孙康　常佩顺

1. 前　言

　　巴洛克建筑是 17~18 世纪在意大利文艺复兴建筑基础上发展起来的一种建筑和装饰风格。其特点是外形自由，追求动态，喜好富丽的装饰和雕刻、强烈的色彩，常用穿插的曲面和椭圆形空间。

　　"巴洛克"原来是奇异古怪的意思，古典主义者用它来称呼这种被认为是离经叛道的建筑风格。"巴洛克"风格在反对僵化的古典形式，追求自由奔放的格调和表达世俗情趣等方面起到了重要作用，对城市广场、园林艺术以至文学艺术领域都产生影响，在欧洲广泛流行。

图 1-1　罗马耶稣会教堂　　　图 1-2　坐落在涅瓦河边的冬宫　　　图 1-3　彼得堡市区巴洛克风格建筑

　　圣彼得堡 STOCKMANN 涅瓦中心工程，地处古老的涅瓦大街和起义大街的交汇处，要求恢复原来的古建外貌，是一座巴洛克风格外墙建筑的新型商业办公楼。工程设计为地上 9 层，地下 4 层。巴洛克风格外墙上的艺术雕塑千变万化，形态迥异，种类繁多，要在短时间内完成如此大量而艺术性超强的建筑物，对中国建筑企业来说是一个艰巨挑战。

　　为迎接并战胜这个挑战，由公司技术专家与项目技术骨干组成技术攻关小组，在借鉴国外同行经验的基础上并结合本工程的实践，总结出了"艺术雕塑构件制作工法"，大大提高了工作效率，很好的保障了质量，提升了施工速度，带来了明显的经济效益。

2. 工 法 特 点

　　2.1　本工法利用修复的雕塑构件制作整套模具，快速地批量制作数量众多、形态各异的雕塑，能够将人物、植物等艺术构件表现的栩栩如生，是一种艺术雕塑构件制作的现代化施工工艺。

　　2.2　本工法在修复的雕塑构件上涂刷双层硅胶，硬化后脱模形成硅胶内膜；并用石膏在硅胶模背面浇筑外膜，起到支撑作用，形成整套的模具。

　　2.3　本工法在施工过程中，操作简便、效率高，所用模具均可以重复利用，经济效益显著。并且所用材料均无毒无害，达到绿色环保的要求。

3. 适 用 范 围

本工法适用于类似欧式古老城堡风格建筑外墙艺术雕塑构件，或者类似欧式风格建筑相关艺术雕塑构件的制作。

4. 工 艺 原 理

同一个巴洛克风格建筑外墙的艺术雕塑有很多类型组成，同一种类型的艺术雕塑通常又有很多个。想用手工雕刻制作一批完全一模一样的艺术雕塑是不可能的。所以为了快速地制作数量众多的雕塑就必须运用现代化的制作方法，艺术雕塑构件制作技术就能很好地解决这个问题。它的原理就是在修复完的或者制作完成的雕塑成品构件（模型）上涂刷硅胶，制作成硅胶模（内模），然后再在硅胶模上再浇筑石膏形成雕塑构件的底模（外模）。通过一个成品构件，可以制作多组一模一样的内、外模，把这些内、外模贴合在一起后向配完筋的内模内浇筑石膏浆（外模起底部支撑作用），待石膏凝固即可脱模完成构件的制作，这样就在同一时间内制作了多组同一类型的艺术雕塑。

5. 施工工艺流程及操作要点

5.1 施工工艺流程（图5.1）

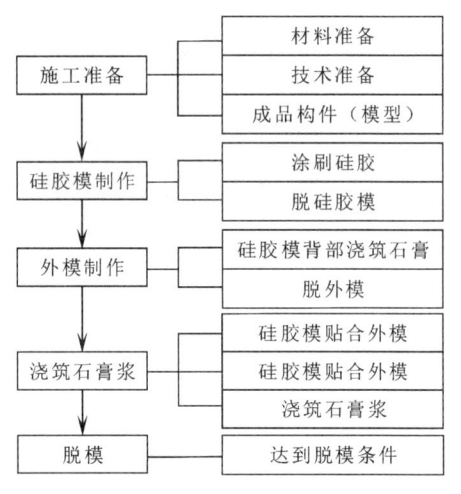

图5.1 施工工艺流程图

2. 工具准备：

刀剪、小板刷、调石膏器皿、雕塑刀、刮刀或者泥刀等。

3. 做好技术交底，石膏浆主要成分为熟石膏浆和白灰（白灰起缓凝作用），它们的配合比为10:1。

5.2 施工操作要点

5.2.1 施工准备工作

1. 材料准备：

制作或修复完成的成品雕塑构件（模型）（图5.2.1）、石膏浆、硅胶（颜色不一）、脱模剂、模板、纱布、玻纤网格布、预先制好的钢筋网片等。

图5.2.1 制作或修复完成的成品雕塑构件（模型）

5.2.2 硅胶模制作

硅胶模制作主要有以下五个步骤：

1. 清理：将制作或修复完成的成品雕塑构件（模型）放置于模板上，用刷子和刀具将模型表面上的浮浆或灰尘清理干净。

2. 涂刷一层硅胶：在模型上涂刷硅胶的时候要一气呵成，中间不能有停顿，避免出现薄弱连接处而破坏它的整体性。

3. 铺贴纱布：第一层硅胶涂刷以后立即铺贴上一层纱布，以增强它的韧性和连接力，使之使用寿命更长久。

4. 涂刷第二层硅胶：第二层硅胶的涂刷过程要求均匀，硅胶的涂刷完成厚度不小于 1.2mm（图 5.2.2-1）。

5. 脱硅胶模：待硅胶完全固化、成型后方可进行脱模，硅胶凝固干透需要 10h 左右的时间，制成硅胶模（图 5.2.2-2）。

图 5.2.2-1　涂刷硅胶

图 5.2.2-2　脱硅胶模

5.2.3　外模制作

由于硅胶模较软，浇筑石膏浆的时候，不能形成坚硬的支撑来使浇筑的石膏成型，所以要制作外模，故硅胶模下面必须有 1 个形状一模一样的外模来支撑。外模制作主要有以下四个步骤：

1. 将制作完成的硅胶模重新铺贴回到构件模型上，使之完全重合并根据模型的形状在外围制作模板。

2. 在硅胶模上先刷一层脱模剂，方便石膏凝固后脱模，起到不粘结的作用。

3. 在硅胶模上涂抹未添加白灰的石膏浆（图 5.2.3-1）。涂抹的外围尺寸应比硅胶模大且完全盖住它，这样才能很好地起到支撑作用且在浇筑石膏的时候不易溢出。

4. 待石膏凝固后先将模板小心地拆除，然后将构件模型和硅胶模脱离。继而再将硅胶模和外模分离开来，由此外模便制作而成（图 5.2.3-2）。

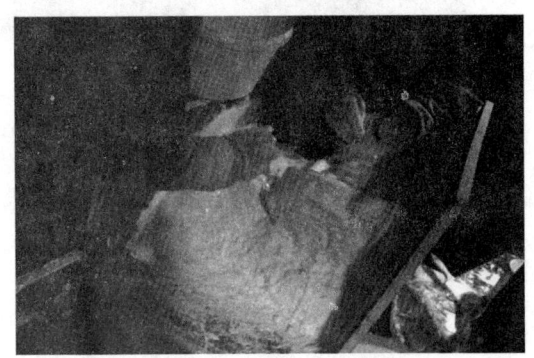

图 5.2.3-1　硅胶模上涂抹石膏

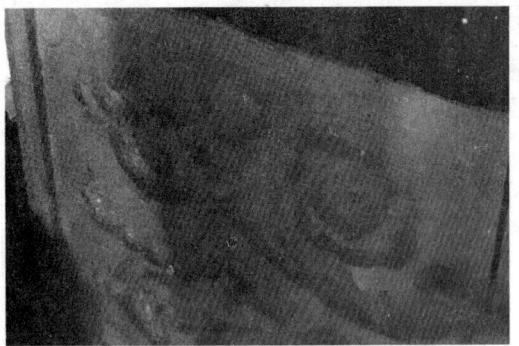

图 5.2.3-2　外模制作完成示意图

5.2.4　浇筑石膏浆

在浇筑石膏浆的过程中主要需要完成以下四个步骤：

1. 将硅胶模贴附在制作好的外模上，使内外模完全吻合（图 5.2.4-1）。

2. 在硅胶模内侧涂刷一层脱模剂。

3. 将预制好的钢筋网片放置于硅胶模内（钢筋的直径及数量根据预制的雕塑构件的尺寸大小而定）（图 5.2.4-2）。

图 5.2.4-1　硅胶模贴附在制作好的外模上

4. 向硅胶模内浇筑石膏浆，在浇筑到面层料设计完成面下 0.5cm（厚度依据构件的实际情况而定）左右的时候需铺加一层玻纤网格布，然后继续浇筑到最终完成面即可（图 5.2.4-3）。

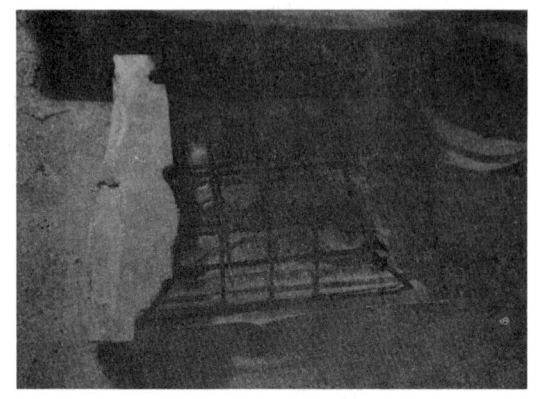

图 5.2.4-2　将预制好的钢筋网片放置于硅胶模内

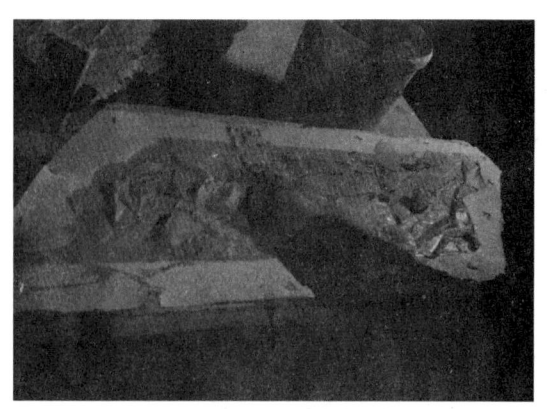

图 5.2.4-3　向硅胶模内浇筑石膏浆

5.2.5　脱模

在浇筑时室内温度必须保持在 24℃以上，这样使得石膏更早凝固，预制雕塑构件更快的脱模（脱模时间大约为 0.5~1h）。

预制石膏构件凝固后且达到脱模条件的时候将它和粘贴在其外面的硅胶模一起与外模分离开来，并反扣在桌上，使得硅胶模在上，石膏构件在下。虽然已涂了隔离剂，但石膏构件和硅胶模在凹凸造型处还是贴得非常紧密，加上空气压力的作用，更加不容易脱开。凹凸处脱模的方法是用一个小木槌或木块轻轻地敲打，以振动模具，最后使它们分离开来。这一阶段必须耐心仔细，不可急于求成，否则可能前功尽弃。新的模具，脱模一般都比较困难，用的次数多了，脱模就比较容易。脱模过程详见图 5.2.5-1。成品雕塑构件制作完成效果如图 5.2.5-2 所示。

图 5.2.5-1　雕塑构件脱模

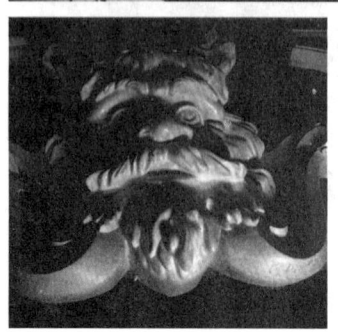

图 5.2.5-2　成品雕塑构件效果图

6. 材料与工具

主要材料及工具见表 6。

主要材料及工具　　　　　　　　　　　　　　　　　　表 6

序号	名　　　称	规 格 型 号	单位	数 量	备 注
1	纱布		m²	若干	
2	玻纤网格布		m²	若干	
3	钢筋网片		m	若干	
4	刀剪		把	5	
5	小板刷		个	10	
6	调石膏器皿	10L	个	5	
7	刮刀		把	6	

7. 质 量 控 制

7.1 石膏粉和水的比例大约 2:3，如果需要强度大些就将膏粉的比例适当提高。石膏由液体凝结成固体有时间限制，所以在拌石膏时通常加入白灰（缓凝剂，用量是石膏粉的 10%），目的是延缓凝结成固体，有充分的时间进行搅拌和塑造。另外要事先估计好石膏的用量，避免不必要的浪费。

7.2 浇筑石膏浆的时候要使室温维持在 24℃以上。

7.3 脱模的时候要从造型简单、平整的部位开始，造型复杂的部位放到最后，防止对成品构件造成破坏。

8. 安 全 措 施

8.1 严禁施工、作业现场有明火。

8.2 材料储存，必须在通风干燥环境中，有防雨措施，远离火苗。

8.3 材料堆放处应有标识、标牌及警示标记，并在堆放处配备干粉灭火器。

8.4 所有作业人员必须严格遵守现场有关工程安全施工规定。

8.5 由安全员负责对职工进行安全交底。

8.6 作业人员不得光脚、穿短裤和短袖衣服进行作业，必须配戴手套、口罩。

9. 环 保 措 施

9.1 现场作业人员必须遵守有关环保规定。

9.2 施工现场严格控制噪声和粉尘污染。

9.3 废弃物不得随意丢弃，要分类放置垃圾袋中并运出现场。

9.4 工完场清，保持制作现场整洁。

10. 效 益 分 析

10.1 本工程中使用的硅胶模由于弹性、韧性较高、不易变形，可以反复使用几百次，因此不仅可以节省许多模具制作的费用，而且使构件制作的工期大大缩短，大大提高了工作效率，经济效益非常显著。

10.2 采用艺术雕塑构件制作技术制作完成的构件不仅美观漂亮、而且非常坚固耐用,取得了很好的社会效益。

11. 应 用 实 例

圣彼得堡 STOCKMANN 涅瓦中心工程外墙建筑风格为"巴洛克",沿着涅瓦街和起义街的两侧古建外墙长度约为 240m。全部外墙分 A、B、C、D、E、F 立面,由 6 个格调不同、色彩不同的外墙立面组成,6 个立面均是恢复成原有的古旧建筑风格,全部构件修复 105 件,复制完成型 1100 件,外墙上的雕塑构件形态各异,其中包含人像构件 10 多种、神态各异、植物花卉构件 90 多种,项目业主对工期和施工质量要求极其严格。对此中建一局敢于创新,勇于尝试,采用了艺术雕塑构件制作技术在短时间内出色地完成了古建外墙上艺术雕塑构件的制作和安装,工法实施效果令人赞不绝口,在业界引起不小的轰动(图 11-1~图 11-6)。

图 11-1　D 立面古建外墙

图 11-2　E 立面古建外墙

图 11-3　F 立面古建外墙

图 11-4　E/F 立面古建外墙

图 11-5　人物雕塑艺术构件

图 11-6　动画花卉艺术构件

大跨度网架屋面太空板施工工法

GJYJGF040—2010

中太建设集团股份有限公司

谢良波　马素瑞　王一平　李丽艳　杨国民

1. 前　言

太空板是一种新型的（发泡水泥复合板）由钢边框或预应力混凝土边框、钢筋桁架、发泡水泥芯材、上下水泥面层（含玻纤网格布）复合而成的，集承重、保温、轻质、隔热、隔声、耐火等优良性能于一身的新型节能、绿色、环保型建筑板材。较传统的预应力混凝土板、金属板有许多优点，轻质高强、防火防水、保温隔声、节能环保，操作简单，安全可靠，施工质量好，被市场逐渐认可。

中太建设集团股份有限公司施工的河北省烟草公司唐山市烟草分公司联合工房工程，球形网架屋面板采用了该新型太空屋面板，使用效果好，具有明显的社会效益和经济效益。在总结成功施工经验的基础上形成本工法。

2. 工 法 特 点

太空板产品是由钢（混凝土）围框、内置桁架、水泥发泡芯材及上下面层复合而成，新颖独特的产品设计及工艺技术使其具有以下显著技术特征：

2.1 承重保温一体化：在满足结构和承载要求的前提下，大大减小了构件的自重，增加了构件的保温隔热性能，获得了轻质高强的效果。

2.2 耐久、耐火、耐腐蚀，隔热、隔声、防结露。

2.3 抗震、环保、节能、宜调整、防水安全。

2.4 结构轻、施工速度快、利于缩短工期、易于工厂化加工、符合节能环保要求等特点。

3. 适 用 范 围

太空板适用于抗震设防烈度 8 度及以下地区的工业、民用建筑及大型公共建筑中的屋面板与围护墙板。其中包括：太空网架板、太空轻质大型屋面板、太空预应力大型屋面板、太空轻质大型墙板及有檩结构体系的太空轻质条形屋面板。

4. 工 艺 原 理

4.1 结构工程施工验收合格后，方可吊装太空板。吊装太空板时采用跨外垂直吊装，由横轴线为起点向纵轴方向铺装太空板，由太空行走车完成太空板铺装。

4.2 焊接太空板小立板、采光窗立板，可同时与吊装平面太空板平行分段流水施工，并衔接拼板缝工作。

5. 施工工艺流程及操作要点

5.1 施工工艺流程

现场施工准备→作业面验收放线→安装太空板→安装太空板立板、采光窗立板→拼板缝防水找坡→板底面修补→太空板安装验收→双层采光罩安装→屋面防水层及细部处理→竣工验收。

5.2 施工操作要点

5.2.1 安装准备

1. 所需设备材料已准备就绪。主要设备如下：太空行走车、汽车吊、平板拖车、水平仪、水平尺、手提砂轮机、电焊机等。

2. 结构表面已抄平、并按要求找好坡。

3. 太空板已运至施工所需地点，并按要求编号。

5.2.2 太空板安装

1. 测量放线：

1）太空板安装前应核对钢网架边沿尺寸和总间距，按现场托座情况布置太空板，施工时按其位置所需规格编号顺序安装，并弹好控制线。

2）按屋面坡向要求，先把檐口的第一排和坡脊托座用水平仪抄平调整好几个基准点，再拉通线把所有托座纵横方向按坡向调整好。

2. 安装顺序：

吊车停在边跨的横向（或纵向）外侧室外地坪（或马路）上，由边跨向中心使用太空行走车按顺序吊装太空板。直至太空板完全铺装完毕。

3. 安装方法：

1）轨道铺设：安装网架太空板前，先将导轨由吊车吊到网架上，并将导轨铺设于网架上弦杆上。导轨铺设完成后，将行走车吊运至轨道上，同时调整导轨间距，再对行走车进行行走调试。运行无障碍后开始安装网架太空板。

2）网架太空板吊装：太空板垂直运输采用25t汽车吊，屋面水平运输采用太空行走车。开始安装太空板时，认真检查吊装设备。先用汽车吊将太空板垂直吊到轨道上的行走车上，然后采用人工推的方式使太空行走车移动至屋面另一端并就位太空板。太空板就位后立即焊好此块太空板，并同时将行走车移回至原位置，再由汽车吊将第2块太空板垂直吊至行走车上，采用上述方式安装第2块太空板，重复以上工作完成第1排太空板安装工作。完成第1排太空板安装工作后，将导轨及行走车移至第2排，重复第1排安装方法，即完成第2排太空板安装。由此可以完成整个屋面太空板的安装。

3）网架太空板焊接：网架太空板安装就位于网架支托盘中心位置，对局部有偏移的板应及时用撬杠进行校正。太空板安装位置经检查合格后，用电焊将板边肋与支托盘进行焊接固定。每块网架板与网架支托盘焊接应不少于3处，每处焊缝长度不少于30mm，且焊缝高度不小于3mm。即完成1块屋面网架太空板的铺装，并以此类推，完成所有网架太空板的焊接安装。

4. 采光罩安装：

1）采光立板安装上平面要平直，龙骨要按图纸尺寸焊牢。

2）采光板铺设在龙骨上不得有曲翘现象，压条要直。

3）技术要求：采光罩完工后试水不得有渗水现象。

5. 屋面板间拼缝：

太空板安装及焊接完成后，要把板之间的缝清理干净。对太空板缝隙采用聚乙烯泡沫棒填塞，直径$\phi15\sim30mm$。随后采用1:3水泥沙浆灌太空板间竖缝，太空板间平缝抹至与太空板板面相平。

6. 屋面防水及节点细部做法：

1）太空屋面板上铺3mm+3mm厚SBS防水卷材，其做法与普通屋面做法一样。铺贴的卷材应平整顺直；搭接尺寸应准确，不得扭曲、皱折；搭接部位宜采用热风焊枪加热，加热后随即粘贴牢固，溢出的自粘胶随即刮平封口；接缝口应用密封材料封严，宽度不小于10mm。

2）水落口埋设标高应考虑水落口设防时增加的附加层和柔性密封层的厚度及排水坡度加大的尺寸

（图 5.2.2-1）。

3）水落口周围直径 500mm 范围内坡度不应小于5%，并应用防水涂料或密封材料涂封，其厚度不应小于 2mm。水落口与基层接触处应留宽 20mm、深20mm 凹槽。

4）天沟、檐沟的防水构造：天沟、檐沟纵向坡度不应小于1%。沟底水落差不得超过 200mm（图5.2.2-2）。

沟内附加层在天沟、檐沟与屋面交接处宜空铺，空铺的

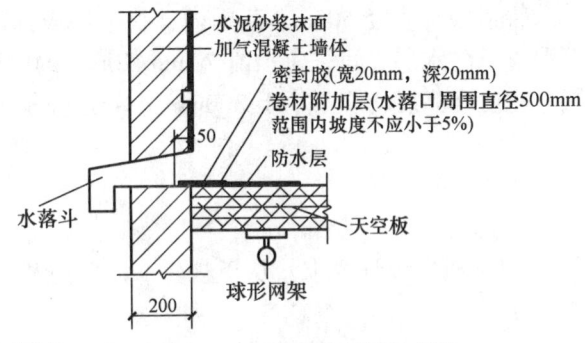

图 5.2.2-1　水落口埋设示意图

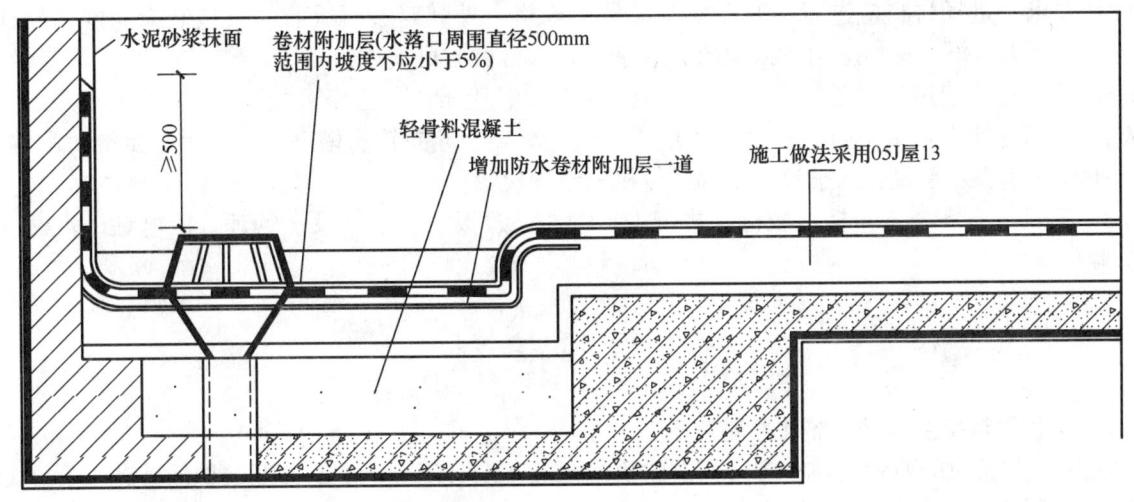

图 5.2.2-2　防水构造示意图

宽度不应小于 200mm。

卷材防水层应由沟底翻上至沟外檐口顶部，卷材收头应用水泥钉固定，并用密封材料封严。

5）檐口的防水构造：卷材收头应压入凹槽，采用金属压条钉压，并用密封材料封口。檐口下端应抹出鹰嘴和滴水槽。

6）太空板屋面防水细部做法，与复合金属板处做法（图 5.2.2-3）。

7）太空板与墙体连接细部做法（图 5.2.2-4）。

8）采光罩节点防水卷材细部做法（图 5.2.2-5）。

9）伸出屋面管道的防水构造：

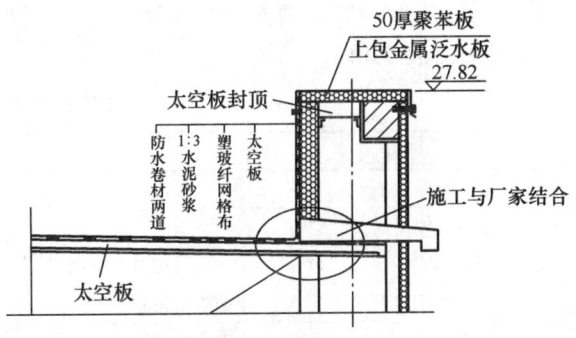

图 5.2.2-3　太空板层面防水细部做法

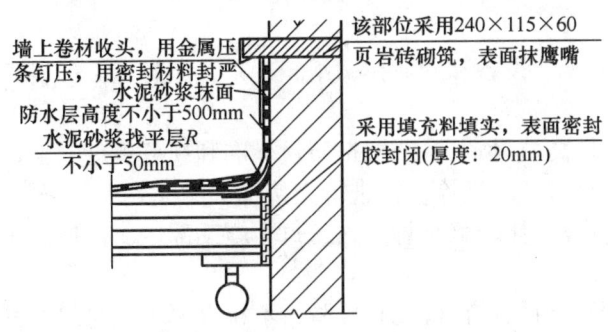

图 5.2.2-4　太空板与墙体连接细部做法

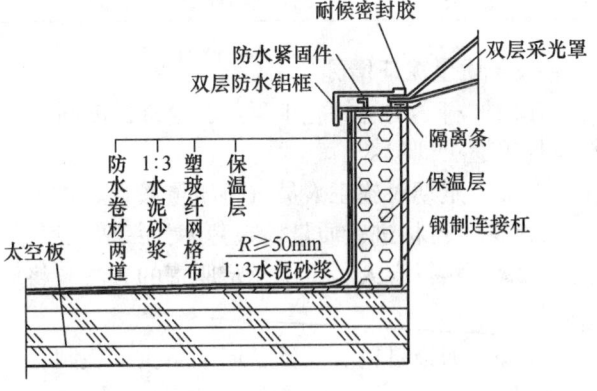

图 5.2.2-5　采光罩节点防水卷材细部做法

管道根部直径 500mm 范围内，找平层应抹出高度不应小于 30mm 的圆台。管道周围与找平层或细石混凝土防水层之间，应预留 20mm×20mm 的凹槽，并用密封材料嵌填严实。管道根部四周应增设附加层，宽度和高度均应不小于 300mm。管道上的防水层收头应用金属箍紧固，并用密封材料封严。

6. 材料与设备

6.1 根据设计要求，从正规生产厂家进货，进场后对材料的质量、规格、包装进行验收，合格后方可使用。

6.2 材料检验：检查材料应具有的出厂合格证和质量证明书，其质量应达到技术标准，其性能应满足设计要求。进场材料应进行检验，对其品种、规格、外观等进行验收。其包装应完好，配件应齐全，产品表面无破损。材料应由专人验收，签字确认合格后方可使用。

6.3 该工法中使用的主要材料有：太空板、采光罩、胶条、封边条、板、SBS 防水卷材等。

6.4 设备主要有：太空行走车（主要组成包括：车架、导向轮、槽钢轨道、手动捯链、吊钩）、汽车吊、平板拖车、水平仪、水平尺、手提砂轮机、电焊机等。

6.5 工具准备齐全，包括：胶枪、拉铆枪、钢卷尺、扳手、水平仪、铁锤、手电钻、汽油（或液化气）喷灯等。

7. 质 量 控 制

7.1 工程质量控制标准及施工规范

该施工工艺验收的原则是：有现行标准的执行标准，没有现行标准的参照类似标准，没有类似标准的参照自行制订的验收标准。施工规范参照《混凝土结构工程施工质量验收规范》GB 50204-2002、《屋面工程质量验收规范》GB 50207-2002。太空板安装现无现行标准，我们针对其特点制订如下企业验收标准（表 7.1）。

太空板尺寸的允许偏差及检验方法　　　　　　　　　　表 7.1

项　　目		允许偏差（mm）	检 验 方 法
长度	板	±3	钢尺检查
宽/高（厚）度	板	±3	钢尺量一端及中部取其中较大值
预埋件	中心线位置	10	钢尺检查
预留孔	中心线位置	3	钢尺检查
预留洞	中心线位置	10	钢尺检查
对角线差	板	5	钢尺量两个对角线
表面平整度	板	4	卡尺和塞尺检查
翘　曲	板	L/1000	调平尺在两端量测

7.2 质量保证措施

7.2.1 科学的组织施工生产，合理的安排材料、机械、设备和专业技术组织起来，做好施工准备工作，杜绝返工现象。

7.2.2 定期对施工人员进行质量教育和技术培训,提高质量意识,严格按质量标准和规范规定施工。

7.2.3 严格进行质量检查程序，每道工序必须先自检，后互检，再进行交接检，隐检等工作。

7.2.4 实行定人、定位、定职责的方法，将质量管理工作分解到每个人、每个施工部位，以提高工程质量。

7.2.5 加强材料、设备、加工品质量控制，凡进场材料均进行检查和报验，不符合要求的材料严禁使用。

7.2.6 施工全过程执行 ISO 19000:2000 质量体系标准。

7.2.7 落实现场质量奖罚制度，奖优罚劣，确保工程质量。建立现场成品保护小组，指定专人负责，并定期检查，各专业工种要注意协调配合，安排好施工顺序。

7.2.8 其他未定要求应按照《混凝土结构工程施工质量验收规范》GB 50204-2002、《屋面工程质量验收规范》GB 50207-2002 的要求执行。

8. 安 全 措 施

8.1 进入施工现场的所有施工人员均要接受安全生产教育，签定安全生产责任书。现场所有施工人员必须配戴安全帽，禁止穿拖鞋或光脚，正确地使用个人劳动保护用品。距地面 2m 以上作业要有安全可靠的站立面，有防护拦杆、挡板和安全通道。高处作业若安全设施不到位，必须带好安全带。

8.2 进入施工现场的所有机械设备均经检修保养合格，严禁带故障和隐患的机械设备进入施工现场或投入使用。所有机械设备设专人管理，按机械安全规程操作，并定期维护检修。传动部位和危险部位须设防护装置，各种安全装置必须安全完好。

8.3 高处作业时要防高空坠落、防落物伤人等事故。

8.4 做好施工现场临时用电敷设与临时用电管理，防止触电事故发生。

8.5 梯子不得缺挡，不得垫高使用。使用梯子的下端采取防滑措施。

8.6 设备试运转时，除遵守单项安全技术措施外，不准在设备运转时进行擦洗和修理，并严禁将头、手伸入机械行程范围内。

8.7 定期召开施工现场工作例会，总结前一阶段的施工生产、施工质量、安全管理、环境保护管理情况，布置下一阶段的施工生产、施工质量、安全管理、环境保护管理工作。建立并执行施工现场管理检查制度。每周组织一次施工生产大检查，由主管施工生产的项目经理、其他相关项目管理人员及班组长参加，对检查中所发现的问题，开出"隐患问题通知单"，各专业施工单位在收到"隐患问题通知单"后，应根据具体情况，定时间、定人、定措施予以解决。

9. 环 保 措 施

9.1 防止对大气污染：屋面施工阶段，刷防水底子油时剩余的油和稀料应及时归库，并倒入指定容器中。

9.2 防止施工噪声污染：加强环保意识的宣传。采取有力措施控制人为的施工噪声，严格管理，最大限度地减少噪声。

9.3 防止施工环境污染：对废料、旧料等做到每日清理、回收、覆盖（洒水）；运输车辆进出工地时注意不要污染道路。

9.4 施工现场做到"三清"、"六好"。

10. 效 益 分 析

10.1 该工法操作简单，无需特殊的专业技能，最大限度地简化了现场操作的技术难度和劳动强度，节省工时，提高了工作效率。

10.2 太空板为预制成品件，所需要的施工现场空间小，节省了占地面积，提高了太空板安装的观感质量。

10.3 大量减少了施工现场的混凝土材料用量、钢筋加工及模板加工等工作，有效地降低施工现场的环境污染。

10.4 太空板屋面与传统混凝土板屋面技术与经济分析表（表 10.4）

太空板屋面与传统混凝土板屋面技术与经济分析   表 10.4

项 目	太空板屋面		传统混凝土板屋面		综合数据比较
屋面做法	吊装、嵌缝、防水层		吊装、嵌缝、找平层、保温层、二次找平层、防水层		
恒荷载	屋面自重约 75kg/m²		屋面自重 220~250kg/m²		
屋面价格	太空板屋面制作、运输、安装综合造价为 210~220 元/m²		传统混凝土板屋面制作、运输、安装、保温、找平处理造价为 190~210 元/m²		价差 20 元/m²
钢用 屋钢 架量 差	屋面荷载设计值 1.94kN/m	用钢量	屋面荷载设计值 4.0kN/m	用钢量	
	参考图集 01SG515		参考图集 05G511		
	24m 跨	GWJ24-5	1595kg	24m 跨	GWJ24-5A1	3310kg	P2911.91kg/m²
连接附件 用钢量差	水平支撑、拉杆、柱间支撑等预估值				-3.0kg/m²
用钢量费用差	-14.91kg/m²×6 元/kg				-89.46 元/m²
土建基础	无		无		
对厂房高度影响	屋面厚度 240mm 屋架端部高度 1550mm		屋面常规厚度 390mm 屋架端部高度 1990mm		-590mm
对钢结构影响	用钢量少，制作与安装相对简便		用钢量大，结构笨重，制作与安装复杂		
	施工速度加快		施工速度慢		
施工周期	制作工艺先进，专业化生产，机械化施工，安装迅速，屋面一次性完成，基本没有湿作业，不受气候变化影响，施工周期短。单班产量 1000m²/d 以上		制作工艺粗，施工工序多且繁杂，湿作业量大，现场施工工作量大，受气候影响因素大，施工周期长		
防水性能	柔性防水，防水效果好。芯材为闭孔发泡水泥，本身不透水，局部即使有漏点极易修复		柔性防水，防水效果较好。但若有漏点容易在保温层与混凝土板之间产生串水现象，漏点不易找到，较难于维修。且渗漏时使屋面保温性能大大降低		
保温隔热隔声	本身具备良好的保温、隔热、隔声等优良性能		本身不具备	详见国家标准图集《发泡水泥复合板》(02ZG710)	
承载能力、耐久性、防火性能	承载力为 1.0kN/m		同等标准		
综合造价	就屋面而言，太空板造价较传统混凝土板屋面高 20 元/m² 左右。但钢屋架部分，太空板较混凝土板节约 89 元/m²。综上所述，使用太空板屋面较混凝土板屋面费用略低				综合造价节约 69 元/m² (后期维护费用不计算在内)

10.5 太空板屋面与金属屋面技术与经济分析表（表 10.5）

太空板屋面与金属屋面技术与经济分析表   表 10.5

项 目	太 空 板 屋 面	金 属 屋 面	综合数据比较
耐久性能	国标图集 02ZG710 产品 r_0=1.0 安全使用≥50 年	彩色钢板寿命一般为 5~10 年，最好为 10~15 年。螺钉孔及机械设备加工节点处易锈蚀	多用 35 年
建筑防火	耐火极限≥2.0h，满足国家 I 级防火要求	耐火时间<0.5h	多 1.5h
结露问题	采取技术措施，从根本上解决了厂房内的结露问题	在镙钉、金属板搭接及保温材料拼接处不易控制结露	
承载能力	1.0~5.0kN/m²	0.3~0.5kN/m²	大 4.5kN/m²

项 目	太 空 板 屋 面	金 属 屋 面	综合数据比较
抗风能力	与结构焊接相连抗台风能力强	抗负压的能力差遇强风易掀屋面	
安装速度	单班组安装 1200m²/d 以上	屋面由 4 种以上材料现场分层铺设，施工工序繁杂	
屋面设备	便于施工及维修	施工节点处维修难度大，易造成屋面漏水	
天沟节点	太空板可以保证防水保温密封好	节点易漏水，密封及保温施工难保质量	
屋顶采光	太空板节点拥有专业工艺，可以保证节点施工质量	节点处易漏水且难处理	
檩条布置	无需檩条节省项目成本	双层设置檩条漏水难查漏水点位置	
保温隔热	6cm 太空板相当于 50cm 砖墙，保温隔热性能好	阳光很快晒透，保温隔热性能差	
节能环保	按华北地区每建筑平米 1 个采暖季节约 17kg 标准煤计算，每年每建筑平米可节约标准煤 34kg，折合原煤约 48kg。按原煤 460 元/t 计，每 10000m² 厂房每年可节约人民币 23 万元，节能环保低耗能	夏季空调制冷，冬季供热耗能巨大，不节能环保，费用难计算	
隔声性能	≥45dB，下雨很安静，隔声好	≤15dB，下雨时声声大，隔声差	
屋面坡度	3%~5% 坡度小，造价低	6%~10% 坡度大，造价高	
屋面价格	太空板屋面制作、运输、安装综合造价为 210~220 元/m²	复合苯板 165 元/m²　玻璃丝麻 200 元/m²	−25 元/m²
施工工艺	施工进度快，柔性防水易修补	安装工艺复杂，工期长施工节点漏水维修困难且易反复	
综合比较	高质量低成本，基本无维护费用，性价比高	保温隔热性能差，高耗能，维护成本高，性价比低	从使用年限看多于 3 倍

11. 应 用 实 例

唐山市烟草公司联合工房工程，钢筋混凝土框架结构，球形网架屋面上安新型太空屋面板。开工日期 2008 年 5 月 28 日，竣工日期 2009 年 6 月 30 日，规格有：（长×宽）×高（1.0m×3.0m、1.5m×3.0m、3.0m×3.0m）×0.12m，工程量 15677m²，工程总造价人民币 3346 万元，太空板安装面积 5738.82m²。

网架型钢组合支撑结构上人钢屋面保温防水层倒置法施工工法

GJYJGF041—2010

江苏省江建集团有限公司

赵林　高原　鲍玉龙　孙建东　朱磊

1. 前　言

从目前来看，网架型钢组合支撑结构建筑是对城市环境影响最小的一种结构之一，被称为绿色建筑。该结构的特点是受力合理、刚度大、重量轻、杆件单一、制作安装方便，可满足跨度大、空间高、建筑形式多样的要求。网架形钢组合支撑结构上人钢屋面防水保温层倒置式施工工法，工艺新颖、技术先进，具有明显的社会和经济效益，形成保温防水上人钢屋面（ZL 2009 20046576.6）、一种保温防水上人钢屋面（ZL 2012 20009185.4）两项国家实用新型专利，钢结构保温防水倒置式上人屋面的施工工法（ZL 2009 10032393.3）国家发明专利、工法的关键技术通过了省级鉴定，达到了国内先进水平，填补了空白。

2. 工 法 特 点

2.1 网架型钢组合支撑结构的特点。

2.1.1 提供了使用灵活的空间，为大跨度、大立柱网、大开间楼盖体系创造了条件。

2.1.2 工厂化制作，构造简化，施工方便，质量易保证，缩短了工期。

2.1.3 减轻了结构自重。

2.1.4 用材环保，符合建筑节能技术发展方向。

2.1.5 不必设置屋面排气系统且无排气孔，可以进一步开发利用屋面。

2.2 保温防水层倒置式施工工艺，具有节能保温隔热、延长防水层使用寿命、施工方便、劳动效率高的优点。

3. 适 用 范 围

适用于工业与民用建筑屋面。

4. 工 艺 原 理

由网架、型钢及钢板通过合理设计并按照一定方法制作、安装形成空间水平支撑结构，承受屋面恒载、活载并传递给墙柱主体结构。屋面做法采用聚苯乙烯塑料等高热阻不吸水材料作保温层，并将保温层设置在主防水层之上，形成具有保温隔热、延长防水层使用寿命、节能、环保、可上人、与钢筋混凝土主体结构有机结合，大跨度、大柱网距、大开间特点的空间屋盖体系（图4）。

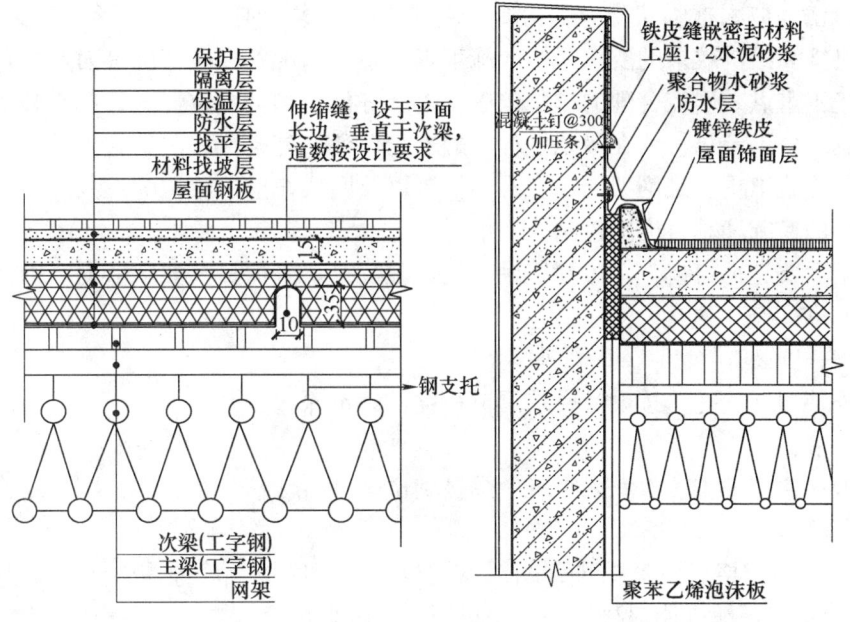

图4 钢屋面立剖面图

5. 施工工艺流程及操作要点

5.1 施工工艺流程（图5.1）

5.2 操作要点

5.2.1 网架杆件、钢球、型钢、支托及屋面钢板制作。

焊接球节点和螺栓球节点、支托由专门工厂生产，一般只需按规定要求进行验收，焊接钢板节点，一般根据各工程单独制造。网架的钢管杆件往往在现场制作，下料时要注意预留焊接收缩量，影响焊接收缩量的因素较多，在经验不足时应根据现场实际情况做实验确定，一般可取 2~3.5mm。型钢、屋面钢板一般现场制作。

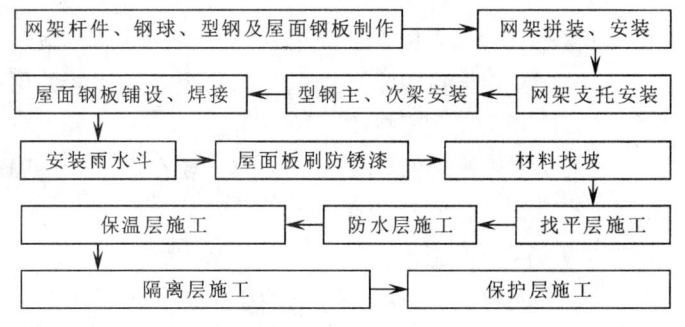

图5.1 施工工艺流程图

5.2.2 网架拼装、安装：

1. 测量定位：

安装前对预埋件埋进行复检，主要复核预埋件中心控制线、标高和平整度，确保轴线统一，标高合格。根据测出的标高和平整度值，选择最高作为基准，低的用楔形铁垫平，消除预埋钢板的偏差。然后将球支座按设计位置放在预埋钢板上，再将球支座的轴线、标高校正好，随即焊接球支座。为使球支座底部密实，焊时预留两个孔，焊好后再灌入环氧树脂。

2. 支撑结构及操作平台搭设：

采用何种支撑结构、操作平台视各工程现场情况及安装方法而定。拼装支架上的支承点的位置应设在下弦节点处。支架应验算其承载力和稳定性，必要时可进行试验，以确保安全可靠。支架支柱下应采取措施，防止支座下沉。

采用满堂脚手架高空散拼网架，满堂脚手架作为支承网架、标高和操作平台。脚手架上满铺木板作为操作平台，应低于球节点 0.7m 左右，视安装方便而定。

3. 网架安装：

网架的安装方法,应根据网架受力和构造(包括结构形式、刚度、支承形式和支座构造等),在满足质量、安全、进度和经济效果的要求下结合施工现场条件和设备供应情况等因素综合确定。

高空散拼法施工重点是确定合理的拼装顺序,控制好标高和轴线位置。分条或分块安装法施工的重点是条、块的正确划分以及条、块在吊装过程中的安全保证。高空滑移法的施工重点滑移单元同步滑移的控制。整体吊装法施工重点是网架同步上升的控制以及网架在空中移位的控制。整体顶升法的施工重点是网架同步顶升的控制和垂直度的控制。

网架安装结束后要进行自检,并做好记录,交付验收,实测项目及要求依据《钢结构工程施工质量验收规范》GB 50205-2001执行。

5.2.3 网架支托安装:

按制作编号安装网架支托,按设计要求调节高度,满足深化设计要求。

5.2.4 钢梁安装:

根据屋面系统布置图把主、次钢梁组装、焊接到位。

5.2.5 钢板安装:

钢梁安装完,检验合格后,根据排列图铺设钢板,先铺底板,后铺周边与混凝土主体相接的反檐板,反檐板上翻30cm。焊缝采用对接接头,先焊短缝,后焊长缝,焊工采用均匀布置,对称施焊。

5.2.6 水斗安装:

按设计位置安装雨水斗,焊接牢靠。

5.2.7 材料找坡、找平层和防水层施工:

材料找坡、找平层和防水层施工分别根据不同材料,采取相应的施工工法和施工工艺、检验。

5.2.8 保温层施工:

保温材料可以直接干铺或用专用胶粘剂粘结,聚苯板不得选用溶剂型胶粘剂粘结。

保温材料接缝可以是平缝也可以是企缝,接缝处可以灌入密封材料以连成整体。采用块状保温材料采用斜缝排列,以利于排水。

当采用喷硬泡聚氨酯保温材料时,要在成形的保温层面进行分格处理,以减少收缩开裂。大风天气和雨天不得施工,同时注意施工人员的劳动保护。

5.2.9 隔离层施工:

根据不同材料,采取相应的施工工法和施工工艺、检验。

5.2.10 面层施工:

1. 采用40~50mm厚钢筋细石混凝土做面层时,应按刚性防水层进行分格缝和节点处理。

2. 采用块材作上人屋面保护层时,采用相应的施工方法和工艺施工、检验。

5.2.11 室内钢结构防火涂料施工:

工程交工前或室内装修前,室内钢结构部分需进行防火涂料施工,根据不同材料,采取相应的施工工法和施工工艺、检验,并经当地消防机构验收。

5.3 劳动力组织 (以皇安大厦工程为例,表5.3)

劳动力组织情况表　　　　　　　　　　　　　　　表5.3

序 号	工 种	人 数	序 号	工 种	人 数
1	焊工	6	7	防水施工人员	4
2	机具操作工	4	8	瓦工	10
3	电工	1	9	钢筋工	5
4	架子工	5	10	测量人员	2
5	网架安装工	12	11	油漆工	4
6	钢结构安装工	6			

6. 材料与设备

6.1 主要材料及技术指标

6.1.1 材料及焊条按《碳素结构钢》GB/T 700、《碳钢焊条》GB/T 5117、《低合金钢焊条》GB/T 5118 的规定要求，严格进行物理、化学、力学性能复检。

6.1.2 钢球应符合《钢网架焊接球节点》JGJ 75.2 要求。球应进行力学试验，其极限承载力按《钢网架焊接球节点》JGJ 75.2 表 1.2 要求。

6.1.3 支座平整度，要求板两端偏差为小于等于 3mm，相邻支座高差小于 L_1/800，且不小于 30mm（L_1 为两支座距离）。

6.1.4 无缝钢管件允许偏差为±1mm，单件高允许偏差为±2mm，上弦对角线允许偏差为±3mm，上下弦节点中心偏差 2mm。

6.1.5 保温材料必须选择不吸水高热阻新型材料，如聚苯乙烯泡沫塑料、聚乙烯泡沫塑料、聚氨酯泡沫塑料、泡沫玻璃等材料，也可选用蓄热系数和热阻系数都较大的水泥聚苯乙烯复合板等保温材料。

6.1.6 防水材料：选用合成高分子防水材料和高档高聚物改性沥青防水卷材，也可选用改性沥青涂料与卷材复合防水。其他防水层按照《屋面工程技术规范》GB 50207-94 选用。

屋面工程所采用的防水材料应有质量证明文件，优先选用省部级推广和认可产品，确保其质量符合技术要求。

6.2 主要施工设备（表 6.2）

主要施工设备表　　　　　　　　　　　　　　　　　　　　　　表 6.2

设 备 名 称	规 格 型 号	单位	数量	备 注
超声波探伤仪		台	1	
电动坡口机		台	1	
自动切割机		台	1	
塔吊	60t·m	台	1	
交流焊机	30~40kW	台		
车床		台	1	
锯床	G72	台	1	
手提砂轮机	φ100	台		
汽车吊	20t	台	1	
捯链	10t			
焊条烤箱		台	1	
高压吹风机	300W	台		
平铲、扫帚	小型、普通			
压辊	30kg			
剪刀、墙纸刀	普通型			
卷尺、粉线包				
灭火器	干粉型			
滚辊				
焊缝量规	多用		1	检查焊缝外观
水准仪				
经纬仪				
保温筒	100℃			保温焊条
千斤顶				调节拼装点高度

7. 质 量 控 制

7.1 引用标准

《网架结构设计与施工规范》JGJ 7

《钢结构工程施工质量验收规范》GB 50205

《优质碳素结构钢》GB/T 699

《低中压锅炉用无缝钢管》GB 3087

《钢的化学分析试样取样法及成品化学成分允许偏差》GB 222

《金属拉伸试验方法》GB 228

《钢及钢产品力学性能试验取样位置及试样制备》GB/T 2975

《钢网架焊接球节点》JGJ 75.2

《碳素焊条》GB 5117

《建筑施工扣件式钢管脚手架安全技术规范》JGJ 130

《屋面工程质量验收规范》GB 50207-2002

7.2 质量保证措施

7.2.1 按优化的施工组织设计和施工方案做好施工准备工作,编制项目质量保证计划。

7.2.2 选用钢材必须有出厂合格证及原始资料,同时要求进场的材料必须经复试合格后方可使用。选择性能良好,使用功能齐全的加工设备。焊条应有出厂合格证或材料质检报告,要求电焊条使用前用烘箱烘干除构件制作完成后需进行抛丸除锈,要求除锈24h内涂上底漆,底漆采用喷刷,要求保证油漆的油漆厚度满足设计要求。

7.2.3 在影响过程质量的关键点、关键部位设置质量管理点。开QC小组活动。

7.2.4 专人、专职资料积累整理,分阶段技术分析总结反馈体系到项目部领导班子。加强施工过程中质量管理,加强对特殊工序和关键工序的工程质量管理,确保本工程质量目标。

7.2.5 施工中合理安排上下道工序的衔接,严格执行自检、互检、专检、职检制度,保证分部分项工程的施工质量。各级质检人员要跟踪检查,发现问题立即纠正,行使质量否决权。

8. 安 全 措 施

8.1 认真贯彻"安全第一,预防为主"的方针,根据国家有关规定、条例,结合施工单位实际情况和工程的具体特点,组织专职安全员和班组兼职安全员以及项目经理或分管副经理参加的安全生产管理网络,执行安全生产责任制,明确各级人员的职责,抓好工程的安全工作。

8.2 建立完善的施工安全保证体系,加强施工作业中安全检查,确保作业中安全检查,确保作业标准化、规范化。

8.3 采用扣件式钢管脚步手架做拼装支架,其结构形式应根据其作业位置、荷载大小、荷载特性、支架高度、场地条件等因素计算而定。

8.4 使用活动操作平台,其安装必须牢固,设置防止活动架在滑移中出轨的挡块或安全卡,挡块或安全卡应经过安全鉴定合格后才能使用。

8.5 拼装脚手架的操作层,在此操作层上设防护栏杆。

8.6 施工用的各种材料多属易燃物质,存放材料的库房和施工现场必须严禁吸烟,注意通风。聚苯乙烯泡沫塑料板应选用自熄性材料,施工现场配备干粉灭火器和碱性泡沫灭火器。

9. 环 保 措 施

9.1 进入施工现场前对工程使用的机具、材料和防护用品认真检查,做好环境要求交底。

9.2 文明施工，做到"三清、六好、一保证"，即现场清理、物料清楚、工作面整洁，职业道德好、工程质量好、降低消耗好、安全生产好、完成任务好，保证使用功能。

9.3 钢结构部件制作及除锈作业时，应注意预防和减少粉尘、废弃物及机械漏油污染。钢结构焊接时，应注意焊接的电弧光、有害有毒气体、固体废弃物、噪声、粉尘和射线污染，尽最大努力减少电能消耗。

9.4 钢结构安装时采取措施，预防电弧光、噪声等对周围环境的污染和对居民的影响。

10. 效 益 分 析

10.1 用材环保，符合建筑节能技术发展方向。建筑使用寿命到期，结构拆除产生的固体垃圾少，废钢资源回收价格高。

10.2 工厂化制作，构造简化，施工方便，质量易保证，缩短了工期。

11. 工 程 实 例

11.1 深圳皇安大厦工程位于福民路西侧，框筒结构，地下 1 层，地上 22 层，建筑面积 2.8 万 m²，2002 年 2 月开工，2004 年 10 月竣工。裙房 4 层会议室及 18 层多功能厅采用网架型钢组合支撑结构防水保温层倒置式上人钢屋面，应用效果良好。

11.2 江都市行政办公中心，地下 2 层，地上 16 层，2004 年 6 月开工，2006 年 5 月竣工，2 层裙房行政会议大厅采用网架型钢组合支撑结构防水保温层倒置式上人钢屋面。

11.3 昆山市中福绿地幼儿园行政楼，2005 年 8 月开工，2006 年 7 月竣工。3 层多功能厅采用网架型钢组合支撑结构防水保温层倒置式上人钢屋面。

碳纤维电热板采暖系统施工工法

GJYJGF042—2010

鹏达建设集团有限公司　云南巨和建设集团有限公司

廖永　王剑辉　李刚　朱治平　张竣业　朱从裕

1. 前　言

建筑节能是我国可持续发展的战略性举措，"绿色、节能、环保"一直是我国社会发展的重点，为了节约资源，近年来我国出台了诸多的政策支持电采暖行业的发展。在目前所有的采暖设备或者采暖方式中，碳纤维电热板采暖被誉为"传统采暖设备的最佳替代产品"。碳纤维电热板地板采暖系统是由绝热层、反射层、电热板、温控器、导线等共同构成。它是以电为能源，实现低功率、大面积、低温辐射方式的供热高新技术产品，是传统供暖方式的创新与补充，具有恒温可调、单室可控、经济、舒适、寿命长、安全免维修、节能环保等优点。

2. 工 法 特 点

2.1 系统的总结了PAN基碳纤维电热物理特性，PAN基碳纤维具有良好的稳定的电热效应，解决了不同型号的碳纤维的电热效率的不同所选择的最佳厚度，达到高效、经济、节能和环保的目的。

2.2 通过工程应用实践，规范了碳纤维电热板地板供暖的地面构造、碳纤维电热板的敷设和温控器的布置及施工工艺，使施工工艺标准化，为碳纤维电热板供暖系统的工程应用提供了技术上的保证。

2.3 结合工程应用实践，研究了碳纤维电热板地板辐射供暖系统在设计中应注意的事项，总结了施工中的质量保证措施，系统地阐述了碳纤维电热板地板施工中的常见问题及解决方案。

2.4 施工简便、周期短、节约室内空间。碳纤维电热地板采暖系统可与建筑装修同步进行，与土建施工交叉少。碳纤维电热板体积小，重量轻，安装简便，施工周期短。

3. 适 用 范 围

适用于采取保温节能措施的住宅，城市集中供暖尚未辐射到达的别墅，工作时段明确的写字楼、宾馆、医院、商场、幼儿园、会展中心、温室等场所的供暖。

4. 工 艺 原 理

4.1 碳纤维电热板地板是在室内的楼地面下铺设碳纤维电热板，通过碳纤维发热板加热到一定温度，再由地板均匀地向室内辐射热量，同时在冷热空气的比重差作用下，产生了空气的自然对流现象，从而创造出具有理想温度分布的室内热微气候，使室内环境达到人体感官最舒适的状态。

4.2 碳纤维电热板地板辐射供暖系统的地面构造依次为：基层（楼板或与土壤相邻的地面）、绝热层、反射层、碳纤维电热板、接地网、填充找平层及面层（图4.2），并应

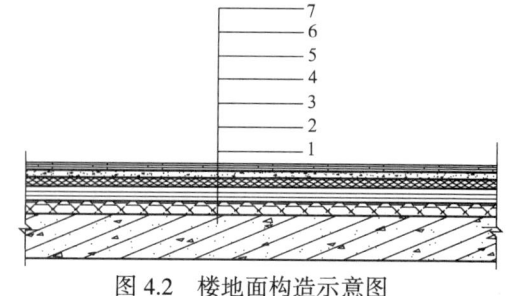

图4.2　楼地面构造示意图

1—基层；2—绝热层；3—反射层；4—碳纤维电热板；
5—接地网；6—填充找平层；7—面层

符合下列规定：

4.2.1 当工程允许基层（楼地面）按双向散热进行设计时，各楼层间的楼板上部可不设绝热层。

4.2.2 对卫生间、洗衣间、浴室和游泳馆等潮湿房间，在填充找平层上部应设置隔离层。

5. 施工工艺流程及操作要点

5.1 施工工艺流程

绝热层敷设→系统安装→填充找平层施工→面层施工→竣工验收。

5.2 操作要点

5.2.1 绝热层敷设

1. 碳纤维电热板地板辐射供暖系统绝热层采用聚苯乙烯泡沫塑料板时，其厚度不应小于表 5.2.1 规定值；若采用其他隔热材料时，可根据热阻相当的原则确定厚度。

聚苯乙烯泡沫塑料板绝热层厚度（mm）　　　　　　表 5.2.1

序号	项目	厚度
1	楼层之间楼板上的绝热层	25
2	与土壤或不采暖房间相邻的地板上的绝热层	30
3	与室外空气相邻的地板上的绝热层	40

2. 伸缩缝的设置应符合下列规定：

1）在与内外墙、柱等垂直部件交接处应留不间断的伸缩缝，伸缩缝填充材料应采用搭接方式连接，搭接宽度不应小于 10mm；伸缩缝填充材料与墙、柱应有可靠的固定措施，与基层绝热层连接应紧密，伸缩缝宽度不宜小于 10mm。伸缩缝填充材料宜采用高发泡聚乙烯泡沫塑料。

2）当基层面积超过 30m² 或边长超过 6m 时，应按不大于 6m 间距设置伸缩缝，伸缩缝宽度不应小于 8mm。伸缩缝填充材料宜采用高发泡聚乙烯泡沫塑料或内满填弹性膨胀膏。

3）伸缩缝应从绝热层的上边缘做到填充找平层的上边缘。

3. 敷设绝热层的基层应平整、干燥、无杂物，墙面根部应平直，且无积灰现象。

4. 绝热层的敷设应平整，绝热层相互间接合应严密。直接与土壤接触或有潮湿气体侵入的基层，在铺放绝热层之前应先铺一层防潮层。

5.2.2 系统安装

1. 碳纤维电热板应按照施工图纸标定的间距和走向敷设。碳纤维电热板应保持平直，且间距的安装误差不应大于 10mm。碳纤维电热板敷设前，应对照施工图纸核定碳纤维电热板的型号，并应检查碳纤维电热板的外观质量（图 5.2.2-1、图 5.2.2-2）。

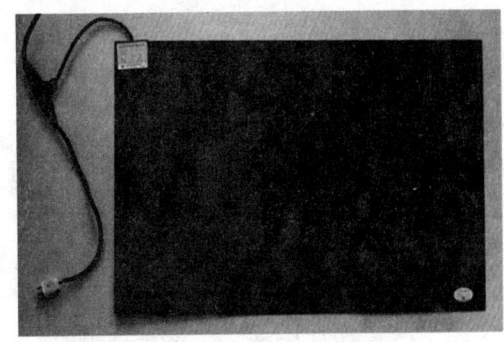

图 5.2.2-1　碳纤维电热板

图 5.2.2-2　碳纤维电热板敷设

2. 碳纤维电热板出厂后严禁剪裁和拼接，有外伤或破损的碳纤维电热板严禁敷设。

3. 碳纤维电热板安装前应测量碳纤维电热板的标称电阻和绝缘电阻，并做自检记录。

4. 碳纤维电热板敷设时应平整，严禁有褶皱、扭曲。

5. 碳纤维电热供暖系统施工前，应确认冷线预留管、温控器接线盒、地传感器预留管、碳纤维电热板电源配电箱等预留、预埋工作已完毕。

6. 碳纤维电热板接线用导线应分颜色使用：

相线宜与本户电源线颜色一致；

受控相线——白色绝缘导线；

N 线（零线）——浅蓝色绝缘导线；

PE 线（接地线）——黄绿色相间的绝缘导线。

7. 碳纤维电热板组与组之间应按并联电路接线。

8. 按设计图纸确定的位置和高度安装温控器。

9. 温控器安装在暗盒上，盒的四周不应有空隙，温控器安装应端正，其面板应紧贴墙面。

10. 温控器应按产品说明书的要求接线，接线后保护通风窗，防止污染。

11. 地面满铺金属网，金属网与铜导线多点连接，连接点应用导线多圈缠绕，连接牢固可靠，然后铜导线与 PE 线可靠连接。

5.2.3 填充找平层施工

1. 填充找平层的材料宜采用 C15 豆石混凝土，豆石粒径宜为 5~12mm。填充找平层的厚度不宜小于 30mm。如地面荷载大于 20kN/m² 时，应会同结构设计人员采取相应措施。

2. 混凝土填充找平层施工应具备以下条件：

1）碳纤维电热板经电阻检测和绝缘性能检测合格；

2）所有伸缩缝已施工完毕；

3）温控器的安装盒、碳纤维电热板冷线穿管已经布置完毕；

4）通过隐蔽工程验收并交接完毕。

3. 混凝土填充找平层施工，由有资质的施工单位承担，供暖系统安装单位应密切配合。

4. 混凝土填充找平层施工中，严禁使用机械振捣设备；施工人员应穿软底鞋，采用平头铁锹。

5. 在碳纤维电热板的铺设区内，严禁穿凿、钻孔或进行射钉作业。

6. 施工中严禁破损碳纤维电热板发热区部分。

7. 碳纤维电热板敷设后临时送电检验结束，必须断电后再进行下道工序。

8. 系统初始加热前，混凝土填充找平层的养护期不应少于 21d。施工中，应对填充找平层采取保护措施，严禁在填充找平层上加以重载、高温烘烤、直接放置高温物体和高温加热设备。

9. 填充找平层施工完毕后，应进行碳纤维电热板的标称电阻和绝缘电阻检测，验收并做好记录。

5.2.4 面层施工

1. 装饰地面宜采用下列材料：

1）水泥砂浆、混凝土地面；

2）陶瓷砖、大理石、花岗岩等地面；

3）符合国家标准的复合木地板、实木复合地板及耐热实木地板，不应采用有龙骨的实木地板。

2. 面层施工前，填充找平层应达到面层需要的强度。面层施工除应符合设计图纸的各项要求外，尚应符合下列规定：

1）施工面层时，不得剔、凿、割、钻和钉填充找平层，不得向填充找平层内揳入任何物件；

2）面层的施工，必须在填充找平层达到要求强度后才能进行；

3）石材、面砖在与内外墙、柱等垂直构件交接处，应留 10mm 宽伸缩缝；木地板铺设时，应留不小于 14mm 的伸缩缝。伸缩缝应从填充找平层的上边缘做到高出装饰层上表面 10~20mm，面层敷设完毕后，应裁去多余部分。伸缩缝填充材料宜采用高发泡聚乙烯泡沫塑料。

3. 瓷砖、大理石、花岗岩面层施工时，在伸缩缝处宜采用干贴。

5.2.5 竣工验收

1. 竣工验收应抽查 10%的房间地面辐射供暖工程。主要检查碳纤维发热电热板证、品种、质量、规格、结构固定方法等是否符合设计和规程要求。

2. 应进行带负荷试验检测室温和地面的表面温度。在室温 16℃，地面辐射达到热稳定时布置区内任何局部区域或一点的表面最高温度，不应超过最高允许温度 42℃。

3. 竣工验收应提供以下文件：

1) 竣工图和设计变更文件；

2) 设备、材料合格证书；

3) 隐蔽工程验收的检验记录；

4) 带负荷试验的室内外温度记录。

6. 材料与设备

6.1 主要材料

碳纤维电热板地板辐射采暖工程除碳纤维电热板、导线、温控器、漏电保护断路器和开关等电气材料外，还需要聚苯乙烯泡沫塑料做绝热材料，其主要技术指标见表 6.1。

聚苯乙烯泡沫塑料主要技术指标 　　　　　　　　　　　　表 6.1

项　　　目	单　位	性 能 指 标
表观密度	kg/m³	≥20.0
压缩强度（即在 10%形变下的压缩应力）	kPa	≥100
导热系数	W/m·K	≤0.041
吸水率（体积分数）	%（V/V）	≤4
尺寸稳定性	%	≤3
水蒸气透过系数	Ng/(Pa·m·s)	≤4.5
熔结性（弯曲变形）	mm	≥20
氧指数	%	≥30
燃烧分级	达到 D 级	

6.2 机具设备（表 6.2）

机具设备表 　　　　　　　　　　　　表 6.2

序号	机械或设备名称	规 格 型 号	单位	数量
1	焊锡锅	300W	台	5
2	热风枪	200W	台	3
3	兆欧表	500MΩ	块	3
4	摇表	ZC-8	块	4
5	钳式电流表	VC3224A+	块	3
6	电容表	DY6013GLCR	块	3
7	万用表	PC500	个	3
8	直阻测试仪	FS	台	2
9	接地电阻测试仪	MS2308	台	2

序号	机械或设备名称	规 格 型 号	单位	数 量
10	黑球温度计	M87457	台	2
11	盒尺	5m	把	10
12	钢卷尺	50m	把	3
13	平头铁锹		把	8
14	电工工具		套	6

7. 质 量 控 制

7.1 质量保证措施

7.1.1 承担碳纤维电热板地板辐射供暖工程的施工企业应具备相应的资质；施工现场应建立相应的质量管理体系、施工质量控制和检验制度，具有相应的施工技术标准。

7.1.2 认真做好内部检验工作。

7.1.3 严把材料进场关。

7.1.4 坚持质量否决制度及质量分析会制度，制定工程质量保证措施，对出现的质量事件必须及时采取有效对策，及时纠正。

7.1.5 碳纤维电热板安装工程应按下列规定进行施工质量控制：

1. 碳纤维电热板安装工程采用的主要材料、半成品、成品、器具和设备应进行现场验收。凡涉及安全功能的有关产品，应按专业工程质量验收规范规定进行复验，并应经监理工程师（建设单位技术负责人）检查认可；

2. 各工序应按技术标准进行质量控制，每道工序完成后应进行检查；

3. 相关各专业工种、工序之间，应进行交接检验，并形成记录，未经监理工程师（建设单位技术负责人）检查认可，不得进行下道工序施工。

7.1.6 碳纤维电热板敷设安装施工前应具备下列技术条件：

1. 施工图纸及其他技术文件齐备，并经施工图审查机构审查签认和经会审通过；

2. 施工单位具有电器安装和装修工程的资质；

3. 施工方案已编制并被批准，且已进行技术交底；

4. 材料、施工机具等已准备就绪，且能保证正常施工。

7.1.7 碳纤维电热板敷设安装施工前应具备下列施工现场条件：

1. 建筑物楼板表面平整度达到建筑工程验收规范的要求；

2. 现场的杂物，特别是楼板表面的铁钉等金属物已清除；

3. 碳纤维电热板电源配电箱就位，电源和各分支回路管线工程结束；

4. 施工现场有碳纤维电热板储放场地及其他材料堆放场地，能满足施工需要。

7.1.8 碳纤维电热板地板辐射供暖系统安装施工的施工单位，施工前应编制施工方案并经监理（建设）单位审查批准，还应按技术规程进行技术培训，并持各专业资格证上岗。

7.1.9 碳纤维电热板地板辐射供暖安装工程施工质量应按下列要求进行验收：

1. 碳纤维电热板地板辐射供暖工程施工质量应符合本标准和相关验收规范的规定；

2. 碳纤维电热板地板辐射供暖工程施工应符合设计文件的要求；

3. 参加工程施工质量验收的各方人员应具备规定的资格；

4. 工程质量的验收均应在施工单位自行评定检查合格的基础上进行；

5. 隐蔽工程在隐蔽前应由施工单位通知有关单位进行验收，并应形成验收文件；

6. 涉及安全和使用功能的有关材料，应按规定进行见证取样检测，并对施工质量进行抽样检测；

7. 检验批的质量应按主控项目和一般项目验收。

7.1.10 碳纤维电热板安装工程应进行隐蔽工程验收和竣工验收。隐蔽工程验收由施工单位会同监理单位、建设单位进行；竣工验收由建设单位组织设计单位、监理和安装单位进行，并通知该工程的质量监督机构。隐蔽工程验收和竣工验收应做好记录、签署文件立卷归档。

7.1.11 安装完碳纤维电热板并检测电气绝缘合格后应进行送电检验。

7.1.12 送电检验合格后，才可进行竣工验收。

7.2 材料质量要求

7.2.1 碳纤维电热板的性能指标应符合下列规定：

1. 碳纤维电热板在工作温度下应能承受交流 50Hz、3750V，历时 1min 的电气强度测试；

2. 碳纤维电热板在工作温度下的泄漏电流≤0.75mA；

3. 碳纤维电热板法向全发射率≥0.83；

4. 碳纤维电热板当电源电压波动±10%时，应能正常工作；

5. 碳纤维电热板辐射波长范围 5~15μm；

6. 碳纤维电热板在规定条件下，达到稳定状态时其发热面最高与最低温度的差值≤10℃；

7. 碳纤维电热板的输入功率偏差±10%。

7.2.2 绝热材料应采用导热系数小、难燃或不燃，具有足够承载能力的材料，且不宜含有殖菌源，不得有散发异味及可能危害健康的挥发物。

7.2.3 所用导线、温控器、漏电保护断路器、开关等电气材料应符合现行有关标准规定，应有国家认证认可的"CCC"认证证书和标志，应有产品合格证。

7.2.4 碳纤维电热板应符合国家相关部门批准的产品标准的规定，且应具有产品合格证。应进行进场检验。在运输途中应无损坏，型号、规格、质量应符合设计要求。

7.2.5 钢丝网的线径、网距和材质必须符合设计要求。

7.3 隐蔽工程验收

7.3.1 碳纤维电热板安装后，不允许有扭曲和褶皱处。严格检查禁止穿孔区是否有孔，发热区是否有划痕等。

7.3.2 直流电阻测量：

1. 每个房间都应测量碳纤维电热板的直流电阻值。应采用 2.5 级数字式万用表测量。

2. 直流电阻应在碳纤维电热板安装后测一次，填充找平层施工完毕后，再测一次。

3. 直流电阻值高于计算值较多时，应检查电路是否开路；直流电阻值低于计算值较多时，应检查是否有短路。排除故障后，应重新进行测量。

4. 碳纤维电热板的额定电阻可按式 7.3.2 进行计算：

$$R=U^2/P \ (\Omega) \tag{7.3.2}$$

式中　U——额定电压（V）；

　　　P——额定功率（W）；

　　　R——额定电阻（Ω）。

5. 房间碳纤维电热板总电阻按计算并联电路总电阻原则进行计算。

7.3.3 用 500V 兆欧表测试绝缘电阻。碳纤维电热板回路与接地线间绝缘电阻不得小于 2MΩ。对地电阻不满足要求时，必须进行处理。

7.3.4 碳纤维电热板安装后，应对每个房间进行临时送电检验，通电几分钟后，发热区都应发热。宜在夜间检查接线处和破损处是否产生电弧，若有发热区不热或产生电弧，必须重新连接或更换碳纤维电热板。

7.3.5 在地面层施工前，应再做送电试验。送电后，用手触摸或用红外热像仪测量布置区是否全部发热，发热正常为合格。

7.3.6 隐蔽工程验收合格后应在碳纤维电热板配电装置上加警示标志。

8. 安 全 措 施

8.1 建立健全安全保证体系

建立健全安全保证体系，完成现场安全保证措施的制定。项目经理为项目施工安全的第一责任人。应根据工程的性质、规模和特点，配齐专职安全管理员，安全管理员应持证上岗。

8.2 安全教育工作

应建立、健全对现场施工人员的日常安全教育、技术培训和考核制度，并严格组织实施，使全体职工树立"安全第一、预防为主"的思想。应执行施工人员的上岗证制度，特别是从事特殊工种的人员，按国家规定培训、考核，持证上岗。

8.3 安全技术措施

在工程开工前，应编制好施工方案，对所有施工人员进行安全技术交底，同时针对不同工种进行专项的安全技术交底，受交底者应履行签名手续。

班组人员上岗前，应做好班前交底，交底内容应包括当天的作业环境、气候情况、主要工作内容和各环节的操作安全要求，以及特殊工种的配合等，并应做好上岗记录。

8.4 施工安全防护设施的设置

现场施工应达到安全条件，施工现场的防护设施应符合下列要求。

8.4.1 根据工程进度及时调整和完善防护措施。

8.4.2 对于事故易发区，设置专项的安全设施及醒目的警示标志。

8.4.3 在危及人身安全的设备（如配电盘等）旁边应设立警示标志。

8.5 电器安全防护及防火安全

8.5.1 应保持变配电设施和输配电线路处于安全、可靠使用状态。

8.5.2 应确保用火作业符合消防要求。

8.6 安全监督检查

施工现场的安全管理应由专职安全员实施，项目部安全员应对施工过程中安全标准化管理的实行情况进行监督。施工现场的日常检查应由安全员进行，每周不少于1次，检查情况和结果应有记录。

9. 环 保 措 施

9.1 贯彻执行国家有关环境保护的各项法律、法规、规范、标准。

9.2 进行绿色施工，定期研究分析环境保护形势，解决环境保护中的问题，指导和推动环境保护管理工作。

9.3 项目部设立专职环保人员，负责施工期间环境保护的管理工作。

9.4 加强施工人员的教育和管理，增强施工人员的环保意识，节约自然资源。

9.5 采取有效措施，防止污水、垃圾及其他有害物质对环境的污染，防止粉尘和有害气体对大气的污染。

9.6 将施工现场产生的建筑垃圾和生活垃圾分别集中堆放，加强管理，并定期清扫处理。

9.7 在工程交工后，应拆除施工期间的临时设施，清除施工区、生活区及其附近的施工废弃物，恢复环境。

10. 效 益 分 析

10.1 电热板采暖系统与其他电采暖系统（设备）对比：

2008年3月15日~8月3日，在河北省节能测试中心进行了电热产品的节能对比试验测试材料包括（电采暖设备比较）：碳陶管电暖器800W、电热膜800W、电热板800W、发热电缆800W、反射型电暖器800W。测试指标：设定室温16℃、18℃、20℃、22℃、24℃升温时间测试；24h、48h耗电性能对比测试（图10.1-1~图10.1-4）。

图 10.1-1 试验现场

图 10.1-2 数据采集现场

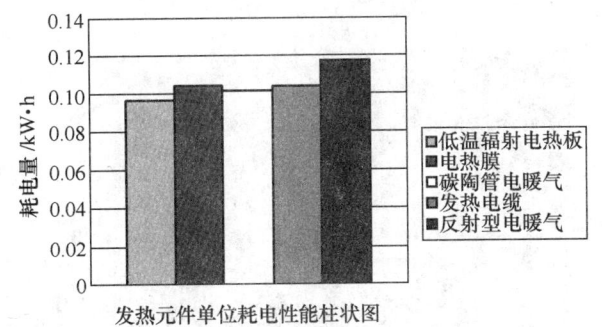

图 10.1-3 发热元件单位耗电性能柱状图

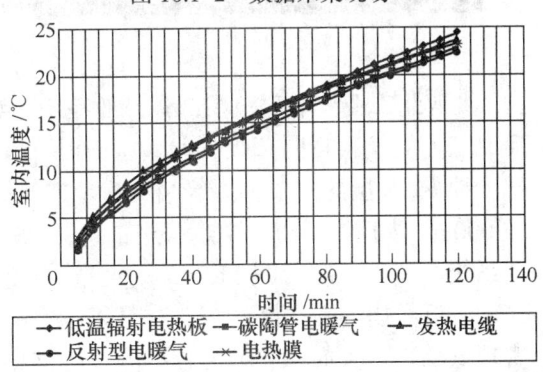

图 10.1-4 相同功率发热元件耗电性能对比散点图

通过对比图可知，低温辐射电热板在同一输入功率，同一外界环境下，在相同的耗电能力的前提下，电热板的升温最高，平均节能降耗 4.5%~12.6%。

10.2 电热板采暖系统与其他采暖系统经济技术对比见表10.2。

电热板采暖系统与其他采暖系统经济技术对比

表 10.2

项 目	水 暖 系 统	发 热 电 缆	碳纤维电热板
系统安装	涉及散热器（盘管）、分集水器、锅炉3大部分，安装难度高，系统维护，调试成本高	安装简便，盘线+温控器	安装简便，碳纤维电热板+温控器
采暖效果	线状发热，预热2~3h，地面达到均匀温度需4h左右	线状发热，预热时间1~2h，均热时间2~3h左右	面状发热，预热时间0.5h左右，均热0.5~1.0h
层高影响	保温层2cm+盘管2cm+混凝土3cm=7cm	保温层2cm+混凝土4.5cm=6.5cm	保温层2cm+混凝土3cm=5cm
发热体温度	进水50℃，回水40℃	电缆线65℃左右	电热板45℃左右
系统寿命	①地下盘管50年；②散热器15年；③铜质分集水器8年；④锅炉整体寿命8~15年；⑤必须专人清洗，检修系统，消除水垢	地下发热电缆30年	地下碳纤维电热板寿命100000h
适用环境	安装面积应大于60㎡，否则设备投入高，采暖效率低	做卫生间等采暖方式	大小均适宜，无特殊要求

10.3 结论

由上述对比图、表可以看出，低温辐射碳纤维电热采暖系统安装费用及运行费用综合考虑占有较大优势，且碳纤维电热采暖热转化率高，是相关同类产品无法比拟的。

11. 应 用 实 例

11.1 保定市中山新城小区工程

保定市中山新城小区位于唐县县城,为地下1层、地上7层的砖混结构,总建筑面积为54000m²。该工程建于2008年,由于该区域没有热力管网,另外采用其他采暖方式从投资和运行费用方面考虑投入较大,因此采用了碳纤维电热板采暖系统。工程提前竣工,节约了工程成本,缩短了工期(图11.1-1、图11.1-2)。

图 11.1-1 鸟瞰图

图 11.1-2 施工图

11.2 河北工业大学科技园邯郸产业基地工程

河北工业大学科技园邯郸产业基地工程,为地下1层,地上18层的框架剪力墙结构,总建筑面积为40000m²(图11.2-1)。供热采用了碳纤维电热板采暖系统(图11.2-2、图11.2-3)。经过综合比较,采用碳纤维电热板采暖系统,它是以电为能源,实现低功率、大面积、低温辐射方式的供热高新技术产品,是供暖方式的换代产品,每个房间装

图 11.2-1 效果图

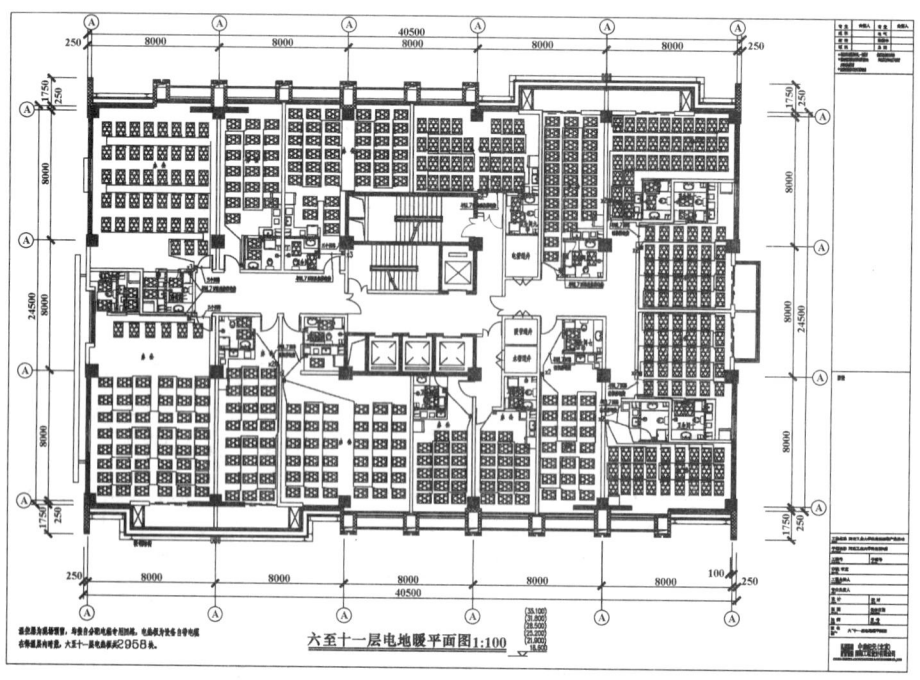

六至十一层电地暖平面图1:100

图 11.2-2 平面图 1

有温度控制调节器，它具有恒温可调、单室可控、经济、舒适、寿命长、安全免维修等优点，是节能、舒适、无污染的绿色产品。该种采暖技术施工简便快捷、施工质量可靠、工程造价低，应用前景广阔。

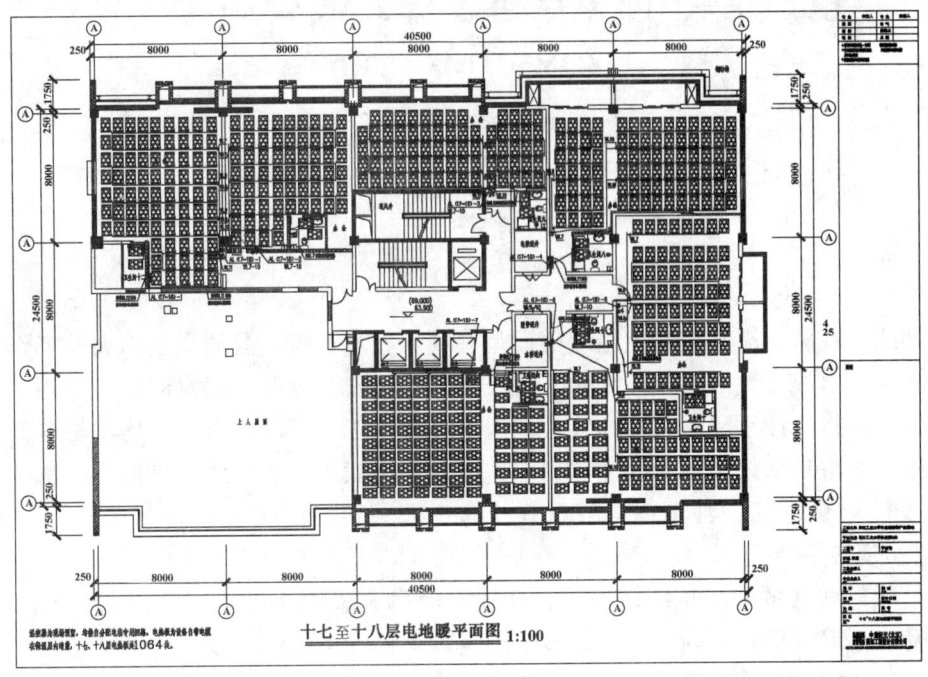

图 11.2-3　平面图 2

11.3　保定市亲亲家园小区工程

保定市亲亲家园小区，为地下 1 层，地上 6 层的砖混结构，总建筑面积为 14000m²。该工程建于 2008 年，为了缩短工期，节约工程造价，选择使用碳纤维电热板采暖系统供暖。提前 10d 完工，达到竣工要求，节约资金 13 万元。经过综合比较，达到了恒温可控、单室可调，满足了用户的冷热需求，增加了净空和使用空间约 3cm，推广应用前景广泛。

建筑工程电气专利线盒、线管施工工法

GJYJGF043—2010

成都建筑工程集团总公司

周强　谢惠庆　康清泉　戴纪文　吴贵君

1. 前　言

电气线管和线盒在剪力墙和砖墙上暗埋敷设是一项工程量非常大且质量要求高的工作。

在剪力墙上安装电气管盒的常规传统做法为线管一次性安装到位，线盒的位置则用泡沫板缠绕胶粘带代替，结构拆模后将泡沫剔除后再换为线盒。但这样的施工，工序工时多，增加材料消耗和污染。进一步改进后的施工方法是将线盒也一次预埋到位，但效果仍然不理想，线盒被混凝土挤压后易变形、移位，造成管盒安装质量通病，其至埋得较深（线盒口部距离墙面表面达到 20mm），必须再增加一个20mm 厚的线盒边框接平墙面。

砖墙上安装线管线盒的常规传统做法是在砌体完成后，采用切割机在砌体上切割出适当槽体和方孔，然后将线管线盒埋入槽孔之内，再填抹砂浆固定。这种施工方法在槽体填抹部位极易形成空鼓和裂缝；对于目前广泛使用的空心砖而言，往往会切割一小块影响一大片，填抹砂浆时，大量砂浆掉进砖孔内，形成浪费及不密实；卫生间等部位的 10cm 厚单砖墙，如果切割深度掌握不好，还可能造成墙体倒塌，既浪费又存在安全隐患。

针对这些缺点，成都建筑工程集团总公司进行材料革新和工艺改进，以克服质量通病，提高建筑产品质量为目的，进行线盒的改进和革新，目前这种新型线盒已经获得国家专利（专利号：ZL200820062671.0）。为了克服在砖墙上切槽埋管的诸多缺点，我们采用集中加工带 U 形槽砖块的创新做法，在自制的专用钻孔和切割工作平台上对砖钻孔和切割成 U 形槽体，并事先配好管盒，再由砖工将切割好的 U 形槽砖套砌在线管、盒部位。

以上创新经过实践应用，效果显著，获得了公司颁发的"优质创新奖"，经过总结论证，公司批准将此创新工艺批准列为企业工法，明确要求公司承建工程必须按此工法施工。

2. 工 法 特 点

2.1　剪力墙体上安装线盒特点

2.1.1　所使用的线盒为我们项目部革新的专利线盒。

2.1.2　线盒固定上采用 φ8mm 短钢筋穿过线盒上、下耳肋通孔作为固定筋将其绑扎固定或焊接在剪力墙内的竖向钢筋上。施工时，在土建钢筋工完成墙筋绑扎后，由安装工将线管和线盒一次性安装到位。

2.1.3　拆模板后，线盒口部与剪力墙面齐平，并且线盒不变形。

2.2　砖墙上配管、盒特点

2.2.1　采用集中加工砖块将普通砖块制成带 U 形槽砖块。

2.2.2　集中加工砖块采用自制专用钻孔和切割工作平台。

2.2.3　在砌筑墙体时，将带 U 形槽砖块按正确的组砌方法套砌在线管部位墙体。

2.2.4　线盒安装部位，在砖块上切割方形孔，孔边长分别大于线盒边长 1cm（便于线盒调整），线盒口部出墙体 1cm（出墙厚度为抹灰粉刷层的厚度），在特殊部位如厨房、卫生间内线盒口面出墙体为

2.5cm（需保证线盒口面部与装饰面砖完成后的墙面齐平），边缝用水泥灰浆堵塞饱满并抹平。

2.2.5 完成砌体后，在砌体面上看不到槽体，由常规的外槽形式改为内槽。

2.3 本工法与传统工艺比较（表 2.3）

本工法与传统工艺比较表 表 2.3

序号	比较项目	本 工 法	传 统 工 艺
1	进 度	土建与安装均能加快施工进度，有利于保证工期；消除了二次分散开槽、凿洞及填补抹灰，降低人、材、机等各项成本，也减少了环境污染	在剪力墙体上安装的线盒不是一次性的，工序增加，进度较慢
2	质 量	线盒刚度增加，并且牢固的固定在剪力墙钢筋上，做到一次成型、不变形、不移位；杜绝了在剪力墙及砖墙上进行剔槽打洞，以及在墙体表面沟槽填抹后容易开裂和空鼓的隐患，保证了建筑主体结构质量	在墙体上剔槽、打洞，对结构产生影响；并且在砌体表面沟槽填抹后容易发生开裂和空鼓的隐患
3	安 全	一次性安装线盒，安全、方便、快捷，U形槽砖块的加工是在专用机具内，阻止了灰尘的扩散，操作者不吸入灰尘，对身体健康不产生影响	在墙体上剔槽、打洞，存在安全隐患，掉落的建渣易伤人，产生的灰尘，吸入身体内易产生职业病
4	经济效益	一次性安装线盒，减少操作程序，施工成本降低；砖砌体上安装线盒新工法虽对安装的成本上升增加，但从土建方面来说是节约成本的	工艺流程较多，增加了施工成本
5	环境效益	剪力墙上一次性安装线盒，不会产生建渣；加工U形槽砖为特制机具，降低了噪声，并且产生的建渣易集中处理，不会造成环境影响	剔槽、打洞，建筑垃圾分散且不易处理，并且在剔槽时，产生的噪声大、粉尘多，环境污染较大

3. 适 用 范 围

本工法适用于在建筑结构剪力墙和砖砌体墙上进行电气配管、盒安装的电气工程。

4. 工 艺 原 理

4.1 剪力墙上配管、盒

对应目前的建筑剪力墙结构，竖向钢筋比较密集，开关、插座多且均为竖向配管的特点。本工法采用加厚、加深且带肋孔的专利线盒，确保线盒安装后口面与模板齐平，在剪力墙钢筋绑扎完成后，将线管及专利线盒按设计要求位置安装到位，校正，固定，再关混凝土墙外模，然后浇筑混凝土，达到配管、盒一次性安装到位，减少了施工工序。

专利线盒是将常规的 60mm 线盒深度增加为 80mm，既可以保证线管的埋深，又使线盒端面正好与墙面齐平，同时也解决了竖线管与混凝土墙水平筋在同一位置交错的矛盾（常规线盒安装后口部距墙面约 20mm，需再次加入边框补齐）；相应增加壁厚、局部加强及带通孔的肋条，确保线盒固定牢固、不易变形且便于安装，专利线盒见图 4.1。

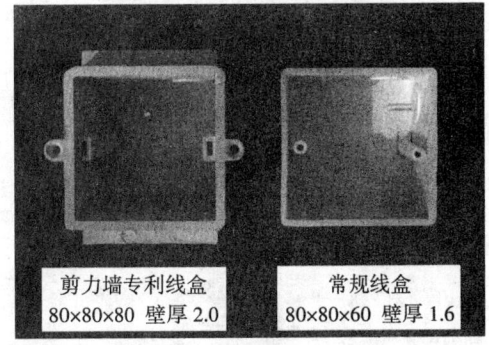

剪力墙专利线盒 80×80×80 壁厚 2.0　　常规线盒 80×80×60 壁厚 1.6

图 4.1 剪力墙专利线盒与常规线盒比较

4.2 在砖墙上配管、盒

对应目前建筑工程的内隔墙、填充墙大多采用单砖（墙体厚度 100mm）和空心砖的结构特点。本工法采用在专用生产平台上，集中将砖加工为带 U 形槽的砖块，在墙体砌筑时，由砖工将事先加工的带 U 形槽砖块按正确的组砌方法套砌在已安装线管部位墙体，开槽部位用砌筑砂浆填实填平。达到砌砖埋管、盒一次完成，并能解决墙体抹灰厚度线盒留出厚度，基本消除常规预留预埋的补槽补洞。本工法同时也适用于砖混结构的墙体应用。砖墙用新型线盒见图 4.2。

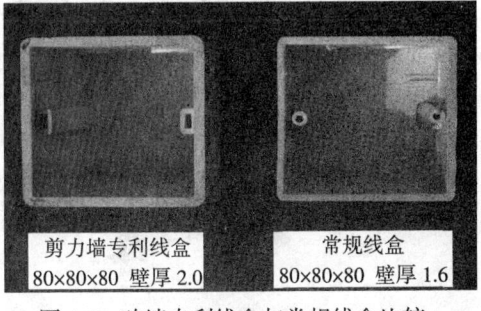

剪力墙专利线盒 80×80×80 壁厚 2.0　　常规线盒 80×80×80 壁厚 1.6

图 4.2 砖墙专利线盒与常规线盒比较

5. 施工工艺流程及操作要点

5.1 施工工艺流程

5.1.1 剪力墙上配管、盒

1. 剪力墙上配管、盒的工艺流程

剪力墙上配管、盒的工艺流程见图 5.1.1-1(虚线框内为土建工人操作程序)。检查分为员工自检、班组复检、质检员专检、监理工程师检查。

2. 在剪力墙上安装管、盒的示意图见图 5.1.1-2~图5.1.1-5。

3. 在剪力墙上安装线管、盒工艺流程实例(图5.1.1-6)。

1) 剪力墙上配管、盒的施工准备,在施工前,对班组员工进行施工技术交底及安全交底。

2) 小塑料袋(内装锯末)装入专利线盒内再盖上内衬盖板包扎。

3) 对剪力墙体上采用红外线水平仪对标高、尺寸测量控制。

4) 线管安装到位后,再安装已包装完毕的专利线盒。

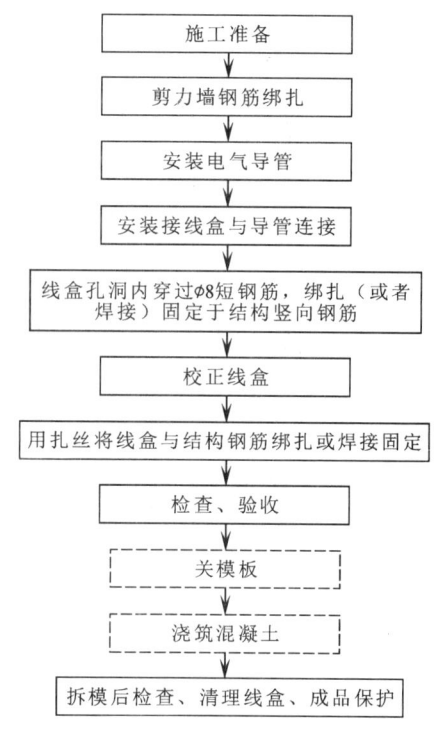

图 5.1.1-1　剪力墙上安装电气导管及接线盒流程图

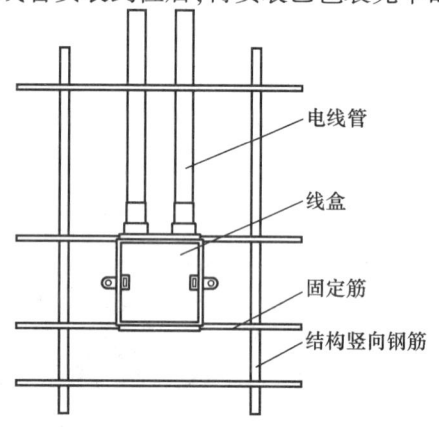

图 5.1.1-2　剪力墙上安装电气导管及接线盒正面示意图

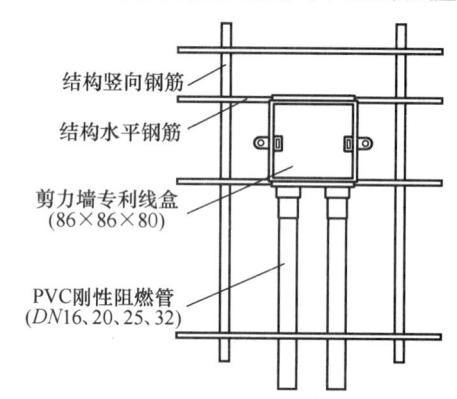

图 5.1.1-3　剪力墙上安装电气导管及接线盒正面示意图

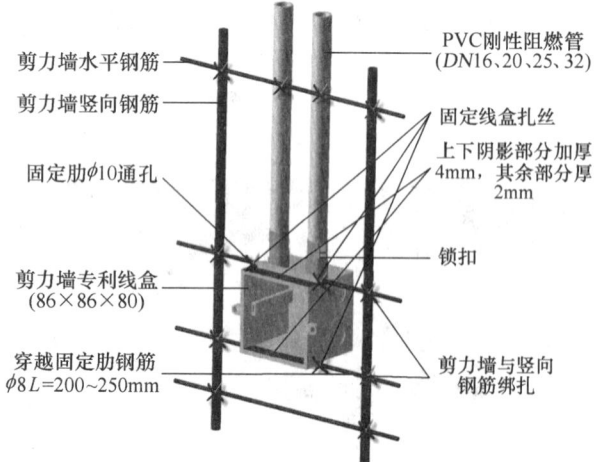

图 5.1.1-4　剪力墙上安装电气导管及接线盒侧面示意图

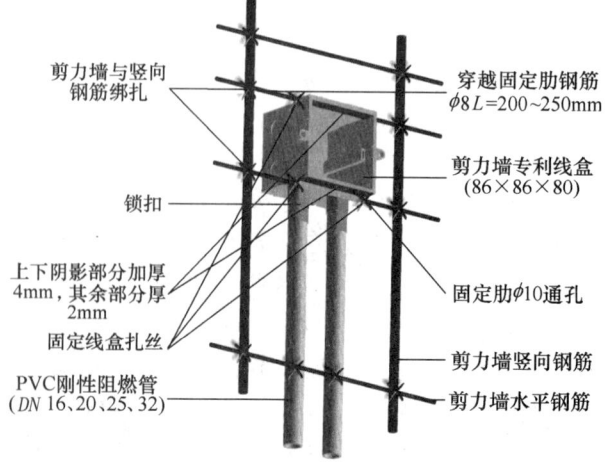

图 5.1.1-5　剪力墙上安装电气导管及接线盒侧面示意图

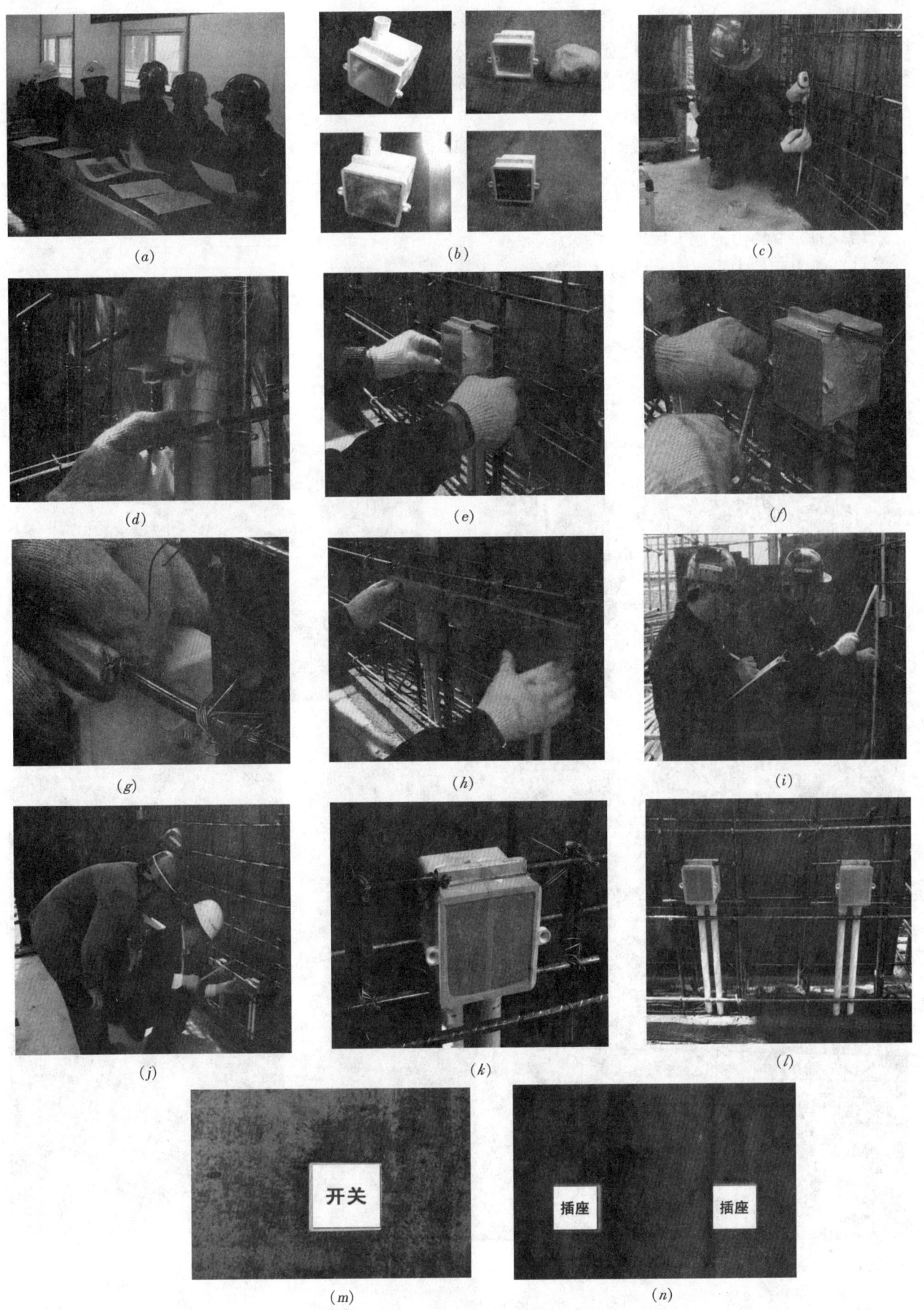

图 5.1.1-6　剪力墙上安装线管、盒工艺流程实例图

5) 在专利线盒上、下通孔处穿过 $\phi 8$ 短钢筋用于固定线盒。

6) $\phi 8$ 短钢筋与竖向钢筋用钢丝绑扎（或焊接）。

7) 在线盒上、下肋孔穿固定筋的两端用钢丝绑扎及缠绕固定，避免线盒左右移动。

8) 线管、盒安装完成后，用计量器具进行自检自查。

9) 自检自查、专检合格后，监理进行抽样复核检查验收。

10) 剪力墙体上完成安装的专利线盒。

11) 剪力墙体上安装专利线盒成品图。

5.1.2 砌体线管、线盒一次完成工艺流程

1. 砖墙上配管、盒工艺流程见图 5.1.2-1（虚线框内为土建工人操作程序）。

2. 砖墙上配管、盒工艺流程实例图（图 5.1.2-2）

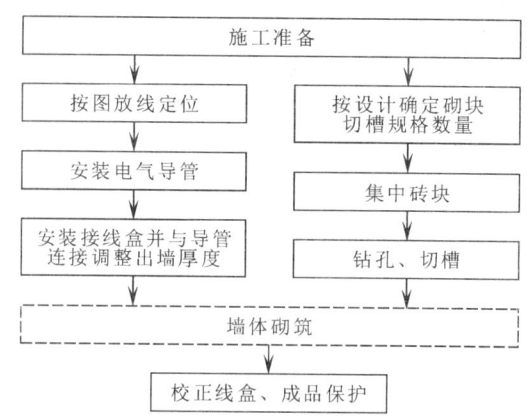

图 5.1.2-1 砖墙上安装电气导管及接线盒流程图

(a)

(b)

(d)

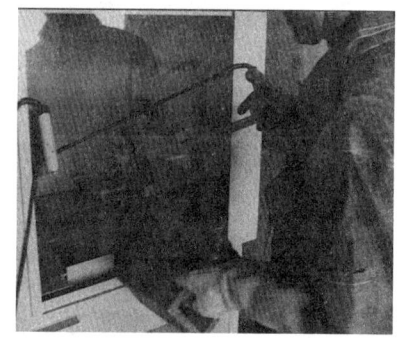

(c)

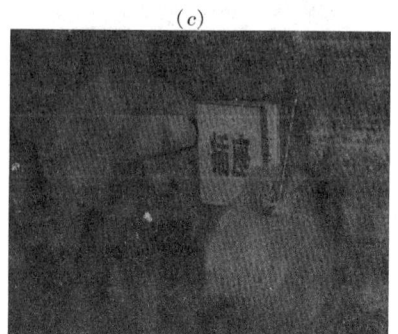

(e)

图 5.1.2-2 砖墙上配管、盒工艺流程实例图

1) 施工前对班组进行施工技术交底及安全交底，然后按图放线定位，安装电气线管、盒。

2) 确定切槽砖块规格数量后，集中砖块进行钻孔。

3) 对钻孔后的砖块进行切槽，形成带 U 形槽砖。

4) 在已经配好管、盒处，将带 U 形槽的砖块按正确的组砌方法套砌在线管部位墙体，开槽部位用砌筑砂浆填实填平。

5) 在砌体安装完成的线盒处，盖上保护盖板后，贴上标签。

5.2 操作要点

5.2.1 剪力墙上配管、盒

1. 线盒安装前作好包扎准备，线盒上安装好锁扣后，再用小塑料袋（内装锯末）装入线盒内再盖上内衬盖板，并用粘胶带封贴线盒口面，以防止砂浆进入线盒内和线盒口面变形（图 5.2.1）。

图 5.2.1 线盒安装

2. 按设计图纸要求对线管、盒放线定位并做好标识。

3. 线盒口面紧贴模板安装。

4. 线盒的边框应横平竖直。

5. 固定线盒的钢筋与结构钢筋之间用钢丝绑扎或焊接可靠固定（钢丝绑扎必须采用交叉绑扎），在上、下肋孔两端用钢丝将线盒与固定筋缠绕捆扎定位，确保后续工序不引起线盒上下左右移位。

6. 安装工和模板工、混凝土工之间要密切配合、互相协调。安装工完成线管、线盒安装后，模板工要小心关模，避免移动或损坏线管、盒；浇筑混凝土时，须有专人守护，提示混凝土工线管、线盒部位，振捣时振动棒不得接触到管、盒，以免其损伤管、盒。

5.2.2 砖墙上配管、盒

1. 砖块钻孔切槽设立临时加工房，使用专用钻孔和切割工作设备加工（图 5.2.2-1、图 5.2.2-2），确保用电安全、设备安全和噪声粉尘控制。

图 5.2.2-1 专用钻孔平台　　　　图 5.2.2-2 专用切割平台

2. 根据组砌方法和管线埋设位置确定钻孔位置和切槽长度。先在砖块中钻 $\phi40mm$ 孔，再从砖的一端向孔的方向切割，即在砖块上形成宽 40mm，长度按需求的 U 形槽（钻孔直径不宜超过 40mm，开槽长度不宜超过砖块长度的 1/2）。加工误差控制在 ±5mm，空心砖在钻孔切槽时应避开砖孔肋（砖块钻孔、切割示意图见图 5.2.2-3，实例图见图 5.2.2-4）。

3. 钻孔和切槽时须用细软管向加工部位淋水，以达到钻头、刀片降温和降尘的目的。

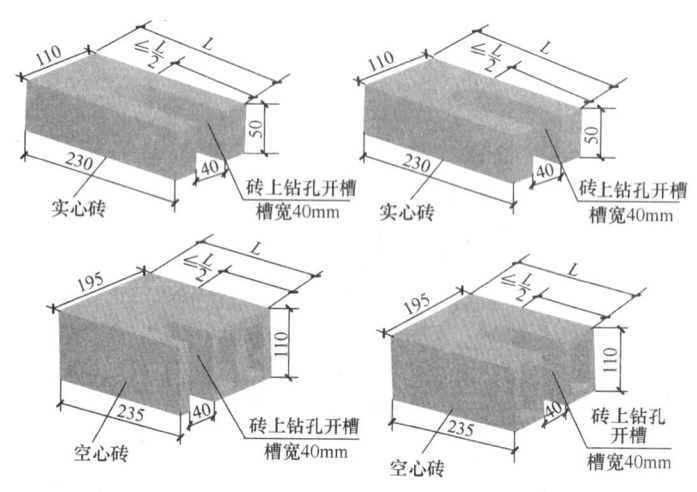
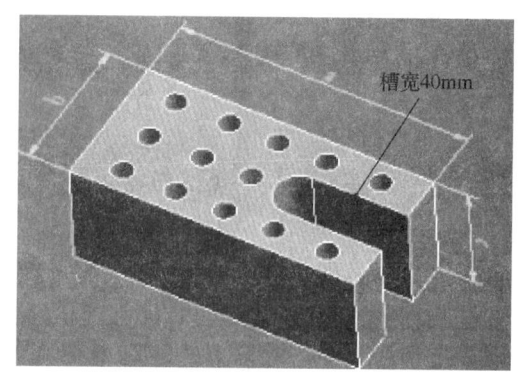

图 5.2.2-3　实心砖及空心砖、多孔钻孔、切槽示意图

4. 根据电气布置图先配管、盒，再将已经切槽的砖块按正确的组砌方法套砌在线管部位墙体，槽体部位用砌筑砂浆填实填平（图 5.2.2-5、图 5.2.2-6）。

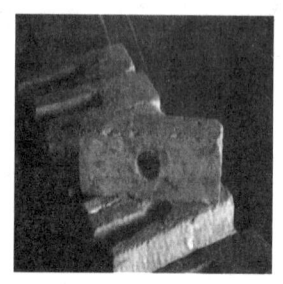

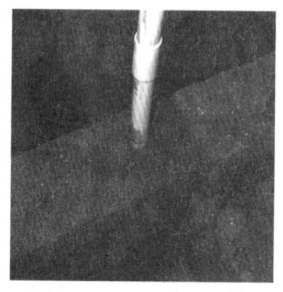

图 5.2.2-4　实心砖、空心砖上钻孔、切槽实例　　　　图 5.2.2-5　实心砖切槽配管、安装线盒成型墙体实例

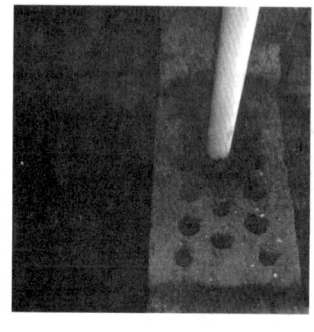
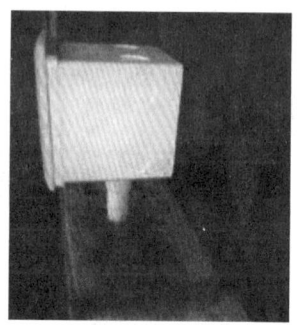

图 5.2.2-6　多孔砖、空心砖切槽配管、安装线盒成型墙体实例图

5. 线盒安装部位，在砖块上切割方形孔，孔边长分别大于线盒边长 1cm（便于线盒调整），线盒口面出墙体 1cm（出墙厚度为抹灰粉刷层的厚度），在特殊部位如厨房、卫生间内线盒口面出墙体为 2.5cm（需保证线盒口面部与装饰面砖完成后的墙面齐平），调整至横平竖直后，边缝用水泥灰浆堵塞饱满并抹平。

6. 安装工和砖工之间要密切配合、互相协调。

5.3　劳动力组织协调

5.3.1　劳动力组织

本工法在劳动力组织上没有特殊的要求，只需要按照土建和安装的施工进度，提前计划、合理安排、穿插进行即可。劳动力计划安排见表 5.3.1。

劳动力计划表（单位：人/万 m²） 表 5.3.1

工 种	按工程施工阶段投入劳动力情况		
	准备期间	安装期间	收尾阶段
管理人员	1~2	2	1~2
安装工	3~4	6~8	2~3
普工	3~4	3~4	1~2

注：表中所列仅是安装专业的劳动力组织，土建专业不计在内。普工用于砖块的加工和搬运等（仅供参考）。

5.3.2 协调

1. 本工法与常规做法在程序和配合上都有所不同，土建工人与安装工人之间的交叉配合和同期作业时间更多。工艺的改进是从工程本身出发，双方在质量、工期和成本上都是双赢收益，所以需要双方从项目经理、技术负责人、质安员、工长到班组、操作工人等都要有高度的责任感和大局观，达到协调一致。

2. 建安双方技术人员要在工序施工之前认真仔细深化、全面熟悉施工图，充分了解建筑结构和安装布置，并对配合要求、施工重点进行交流沟通，作出计划，编制专项施工方案。

3. 建安双方技术人员都要向施工班组进行技术、质量、安全、职业健康、环境保护交底，对配合工作作出具体安排和要求。

4. 双方相关管理及操作人员要经常对施工过程中遇到的问题进行交流沟通和及时解决。

6. 材料与设备

6.1 材料及设备配备

6.1.1 剪力墙配管材料与机具配备，见表 6.1.1。

剪力墙配管材料与机具设备表 表 6.1.1

序号	材 料 名 称	型 号 规 格	备 注
1	PVC 阻燃电线管及管件（A 型管）	$\phi16 \sim \phi32$	材料
2	PVC 接线盒	86×86×80	新型专利产品
3	绑扎钢丝	$\phi0.7$（22 号）	材料
4	胶粘带	宽 100mm	材料
5	固定筋	$\phi8$，长度以竖筋间距加 20mm	材料
6	胶水		材料
7	小塑料袋（内装锯末）		盒内填料
8	塑料管堵	$\phi16 \sim \phi32$	材料
9	钢盖板（内衬保护盖）	70×70×0.8	材料
10	红铅笔		材料
11	弹线斗		计量器具
12	钢卷尺	5m	计量器具
13	线锤		检查工具
14	水平尺		计量器具
15	红外线水平仪	LS606JS	计量器具
16	电焊机	BX-315	机具
17	剪管刀		工具
18	绑扎钳		工具
19	布、线手套		劳保用品
20	焊工手套		劳保用品
21	焊工面罩		劳保用品

6.1.2 砖墙配管材料与机具配备,见表6.1.2

砖墙配管材料与机具设备表　　　　　　　　表6.1.2

序号	材料名称	型号规格	备注
1	PVC阻燃电线管及管件	$\phi16\sim\phi32$	材料
2	PVC接线盒	86×86×80	新型专利产品
3	胶水		材料
4	塑料管堵	$\phi16\sim\phi32$	材料
5	塑料盖板（成品保护盖）	80×80×0.8	材料
6	废旧纸（填料）		材料
7	红铅笔		材料
8	弹线斗		工具
9	钢卷尺	5m	计量器具
10	线锤		检查工具
11	水平尺		计量器具
12	红外线水平仪	LS606JS	计量器具
13	剪管刀		工具
14	降尘移动小水箱（带架）	50L	工具
15	防尘口罩		劳保用品
16	绝缘胶鞋		劳保用品
17	绝缘手套		劳保用品
18	布手套		劳保用品
19	线手套		劳保用品
20	防护眼镜		劳保用品
21	钻孔机及操作台	800×600×600（长×宽×高）	带漏电保护箱及防尘罩,符合临电要求
22	切割机及操作台	800×600×800（长×宽×高）	带漏电保护箱及防尘罩,符合临电要求

6.2 表6.1.1、表6.1.2中除PVC接线盒是在常规接线盒的基础上改进后的新型专利产品外,其余均为常规材料和常规机具,空心砖和实心砖为土建材料。工具式专用钻孔和切割平台的配备数量根据工程规模和进度安排决定。

7. 质 量 控 制

7.1 质量控制标准

7.1.1 电线管和线盒安装的质量控制标准执行《建筑电气工程施工质量验收规范》GB 50303-2002和当地质监站的验收要求并结合实践经验。具体见表7.1.1。

墙体安装管盒及U形槽砖块加工质量标准表　　　　　表7.1.1

序号	项目名称	规定值或标准值	允许偏差（mm）	实测数据（mm）	使用计量器具	备注
1	电线管距墙面的埋设深度	≥15mm		16~20	钢卷尺	
2	线盒垂直度	垂直	±2	1~2	水平尺线垂	抹灰时调节边距
3	安装在剪力墙上的线盒,外沿与剪力墙距离	齐平	−(2~3)	−2	钢卷尺	
4	安装在砖墙上的线盒,凸出砖墙基层边距离	10 mm	±3	10~12	钢卷尺红外线水平仪	保证出墙厚度为抹灰粉刷层厚度
5	安装在砖墙上的线盒,凸出砖墙基层边距离（厨房、卫生间）	25mm	±3	25~27	钢卷尺红外线水平仪	保证在装饰墙砖安装后线盒口面与墙面齐平

序号	项 目 名 称	规定值或标准值	允许偏差（mm）	实测数据（mm）	使用计量器具	备 注
6	线盒标高	同一室内安装的插座高低差 ≤5mm		2~3	钢卷尺红外线水平仪	
		成排安装的插座高低差 ≤2mm		1~1.5	钢卷尺红外线水平仪	
7	砖块钻孔中心与槽口的距离	1/2×砖长	±5mm	砖长×1/2	钢卷尺	
8	砖块切槽宽度	40mm	±5mm	39~42	钢卷尺	

7.1.2 相关质量规范标准：

《混凝土结构工程施工质量验收规范》GB 50204-2002；

《砌体工程施工质量验收规范》GB 50203-2002；

《多孔砖砌体结构技术规范》JGJ 137-2001。

7.2 质量保证措施

7.2.1 线管、盒的点位、标高必须按照设计施工图要求布局，对于建筑工程应绘制开关、插座布置大样图，并对具体位置尺寸进行标注，保证墙体上的各点位不遗漏、位置准确。

7.2.2 剪力墙质量保证措施

1. 剪力墙上的线盒固定钢筋必须绑扎（焊接）牢固，绑扎需交叉绑扎（焊接不伤竖筋）。线盒与固定筋之间也要缠绕绑扎定位，以避免线盒在固定筋上有位移。

2. 混凝土振捣时，安装工要在现场值守，以便及时防止和处理意外情况。振动棒不能接触到电线管、盒，以免造成损坏。

7.2.3 砖砌体质量保证措施

1. 为了保证砌体的强度，砖上钻孔的位置和切槽宽度均要严格控制其误差在允许范围之内。在工作平台上定尺定位，保证钻孔和切槽的质量控制在其允许范围之内。

2. 技术人员根据设计图绘制开关、插座布置大样图，计算 U 形槽砖的数量。

3. 安装线管、线盒时，要严格按照图示位置及标高施作，并要做好成品保护工作。

4. 砖工套砌线管、盒时，须用砌筑砂浆将 U 形槽体填实填平，安装操作人员插入线管校正。所以，要求砖工和安装工之间密切配合。并且要互相保护对方的半成品和成品。

5. 至线盒安装部位，在砖块上切割方形孔，孔边长分别大于线盒边长 1cm（便于线盒调整），线盒口部出墙体 1cm（出墙厚度为抹灰粉刷层的厚度），在特殊部位如厨房、卫生间内线盒口面出墙体为 2.5cm（需保证线盒口面部与装饰面砖完成后的墙面齐平），在调整至横平竖直后，边缝用水泥砂浆堵塞饱满并抹平。

8. 安 全 措 施

8.1 安全生产执行法律法规：

《中华人民共和国安全生产法》；

《建设工程安全生产管理条例》（国务院令 393 号）；

《建筑施工安全检查标准》JGJ 59-99；

《施工现场临时用电安全技术规范》JGJ 46-2005；

《建筑机械使用安全技术规程》JGJ 33-2001；

《建筑施工高处作业安全技术规范》JGJ 80-91。

8.2 安全生产是工程顺利进行的重要保证，在施工中必须采取强有力的措施，确保安全生产，促进施工顺利进行, 参加施工的技术人员和工人应严格执行国家颁发的安全生产法律法规。

8.3 进入施工现场必须佩戴安全帽, 2m 以上作业必须系安全带, 禁止穿高跟鞋, 禁止从上向下或从下往上抛工具、材料和建筑垃圾等。

8.4 必须对施工人员进行安全技术交底, 钻孔、切割机械操作人员必须严格按照施工机具操作规范要求操作, 严禁违章作业。

8.5 定期检查保养施工机具, 随时保持其安全合格, 严禁带病运行。钻头和切割刀片达到规定的磨损之后必须更换。

8.6 专用钻孔和切割平台应设专门的配电箱并分回路配置短路、过载以及漏电保护装置。所有电气设备和线路敷设必须符合临时用电规范的要求。

8.7 钻孔时应单个砖块进行, 严禁堆砌多块进行钻孔, 以免砖块晃动飞出伤人。

8.8 切割时应戴好防护眼镜和口罩, 保护眼睛和防止粉尘吸入。

8.9 临时加工房必须保持通风良好以及充足的光线和局部照度。

9. 环 保 措 施

9.1 环境保护执行法律、法规

《中华人民共和国环境保护法》

《中华人民共和国环境噪声污染防治法》

《中华人民共和国固体废物污染环境防治法》

9.2 环保措施的重点为 U 形槽砖块的钻孔和切割, 设立环保监督负责人, 并制定环保制度和措施。

9.3 U 形槽砖块的加工必须设置专门的加工房和在专用操作平台上进行集中加工, 加工房应远离住宿区, 应采取隔声降低噪声措施, 且不宜夜间施工。

9.4 必须采用边加工边浇水的作业方法进行设备降温、环境防尘。

9.5 钻、切作业平台已配备一次沉淀排水功能, 应在排水管道出口就近设立二次沉淀池, 经二次沉淀后排入施工现场排水系统。

9.6 钻、切割下来的渣块需集中堆放, 装袋存放, 定期处理。

10. 效 益 分 析

10.1 在剪力墙体上直接安装线管、盒, 减少了过去线盒预埋泡沫及胶粘带, 再剔除泡沫形成槽的程序, 也就避免补抗裂布和补槽的程序, 杜绝了墙体通槽缝、空鼓、开裂的质量顽疾, 节约了人工及材料成本, 还大大提高了工程结构质量和工效。以锦江·城市花园工程为例, 费用节约见表 10.1 (锦江·城市花园工程于 2007 年 12 月 20 日开工建设, 2009 年 12 月 28 日竣工验收, 该工程为框剪结构, 建筑总面积约 25 万 m², 地下 1 层, 地上 34 层, 共 6 栋, 共计 3541 户)。

锦江·城市花园工程剪力墙预埋线盒节约费用表

表 10.1

序号	项目名称	常规做法及费用 (元)		本工法及费用 (元)		小计 (元)
1	安装人工	225000	按在剪力墙体上配盒量50000个计。制作预埋泡沫:1.5元/个;剔除:1元/个;线盒安装:2元/个	75000	按在剪力墙体上配盒量50000个计。加工固定钢筋人工:1.5元/个	150000
2	土建人工	175000	按在剪力墙体上配盒量50000个计。支模、混凝土补洞贴抗裂布人工:3.5元/个			175000
3	安装机具			2500	按在剪力墙体上配盒量50000个计。切割钢筋:0.05元/个	-2500

序号	项目名称	常规做法及费用（元）		本工法及费用（元）		小计（元）
4	安装材料及辅材	125000	按在剪力墙体上配盒量50000个计。泡沫、胶粘带、扎丝计1.5元/个，线盒价格：1元/个	142500	按在剪力墙体上配盒量50000个计。胶粘带、扎丝计：0.3元/个；φ8固定筋：0.5m/个；计：0.75元/个；内衬盖板：0.3元/个，因使用专利线盒，线盒价格：1.5元/个	-17500
5	土建辅材	140000	按在剪力墙体上配盒量50000个计。细石混凝土：2元/个；模板及抗裂布：0.8元/个			140000
6	合计	665000		220000		445000

剪力墙体安装管、盒经济效益分析结论：土建节约315000元，安装节约130000元，综合节约费用约445000元

10.2 砖墙上配管由过去的在墙体上机械开槽改为在砖块上开槽再砌砖的方式后，质量效益和经济效益都是非常明显的。墙体上线槽由墙体外面的"开放式"变成了墙体内的"封闭式"，不仅避免了补抗裂布和补槽的程序，节约人工费和材料费，而且增加了墙体美观性，更杜绝了墙体竖向开裂，降低了抹灰易空鼓的通病，整体结构质量大大提高。

以锦江·城市花园工程为例，经过初步测算的费用节约见表10.2。

锦江·城市花园工程砖墙预埋管盒节约费用表　　　　表10.2

序号	项目名称	常规做法及费用（元）		本工法及费用（元）		小计（元）
1	安装人工	140000	按在砖墙体上剔槽量70000m计。按人工：2元/m	437500	按在砖墙体上剔槽量70000m计。按集中式钻孔切割砖体内槽人工：6.25元/m	-297500
2	土建人工	350000	按在砖墙体上剔槽量70000m计。补槽填洞人工：3元/m；补抗裂布人工：1元/m；检查剔补空鼓人工（按总量10%计）：10元/m			350000
3	安装机具	49000	按在砖墙体上剔槽量70000m计。剔槽工具：0.2元/m；切槽机：0.5元/m	124500	按在砖墙体上剔槽量70000m计。切割平台：10台2200元/台；钻孔平台：10台1850元/台；切割机、钻孔机及钻头与切割片：1.2元/m	-75500
4	安装材料辅材	53500	按在砖墙体上剔槽量70000m计。圆钉、扎丝：0.05元/m，线盒：1元/个（按线盒50000个计）	70000	专利线盒：1.4元/个（按线盒50000个计）	-16500
5	土建辅材	273000	按在砖墙体上剔槽量70000m计；细石混凝土：4元/m（空心砖内填实按2元/m）；抗裂布：1元/m；补空鼓细石混凝土、抗裂布（按总量10%）：3元/m	35000	按在砖墙体上剔槽量70000m计。填管缝砂灰：0.5元/m	238000
	合计	865500		667000		198500

砖墙体上安装管、盒经济效益分析结论：土建节约588000元，安装增耗389500元，综合节约费用约198500元

11. 应 用 实 例

11.1 芙华·幸福彼岸工程为首个运用本工法的试点工程，工程进度加快，结构质量大为提高。该工程于 2009 年 1 月竣工一次性验收合格，至今未出现暗埋电线管的墙体开裂的现象。

11.2 本工法经过技术改进和工艺完善之后，在锦江·城市花园工程正式全面使用。该工程于 2008 年 10 月完成主体结构，获得"成都市结构优质工程"及"四川省结构优质工程"称号。

11.3 该项目部目前在建的芙华·金色海伦工程以及公司所属的其他项目的配管、盒均使用本工法进行施工。取得良好的质量、成本、工期以及企业品牌等多重效益。

11.4 该工法取得效益明显，很多兄弟单位也到公司交流学习，获得了大家一致的肯定，他们也在推广应用。同时也获得了业主、监理及相关质检单位的肯定。

大型剧院舞台设备安装工法

GJYJGF044—2010

中国机械工业建设总公司

胡忠　卫东磊　吴备战

1. 前　　言

随着中国经济的迅速发展，国民生活水平得到了很大的提高，人们对精神和文化生活层面上的追求和需求越来越多，要求也越来越高。各地需要建设的文化中心、剧院、演出中心等逐渐增多，以前那些老式的、单一的舞台形式已经满足不了演出要求，舞台的建设已经向多功能、大型化发展。例如国家大剧院舞台，它包括了歌剧院、戏剧院、音乐厅3个主要剧场和绘景间等配套设施，可满足歌舞剧、戏剧、大型交响乐、民族乐等大型音乐会，芭蕾舞剧及大型文艺演出的需要。舞台设备种类繁多、形式多样，舞台安装量大，安装质量要求高，社会影响大。

舞台设备安装的特点是：台上台下各类设备装置多、作业面空间狭窄、设备吊装运输困难、施工中交叉配合多、高空作业多、不安全因素多、组织协调要求高、舞台设备功能先进、形式结构多样、安装精度高。针对上述问题我们组织了一只优秀项目管理团队，进行了一系列的策划、研究、创新、试验和施工，研发了大型舞台设备安装过程中设备吊装、运输，各种舞台各类升降机构的安装调整等多种施工新技术并形成了本工法。本工法的关键技术于2009年经过中国机械工业集团有限公司组织的科技成果鉴定会鉴定，认为其关键技术达到国内领先水平，其关键技术获得了中国机械工业建设总公司2008年度科技成果一等奖。本工法在国家大剧院、2008年奥运开闭幕式舞台、上海世博中心舞台机械工程、广州大剧院、东莞大剧院、中山文化艺术中心、福州大剧院、苏州科技文化中心舞台工程、青岛大剧院、重庆大剧院、张家港文化中心大剧院、合肥大剧院、安徽新广电中心等10多项大、中型剧院舞台设备安装工程上的成功运用都获得了良好的效果，获得了国内外著名的舞台设计、制造单位以及监理、业主满意的评价，并且创同类工程规模最大、技术最优秀的先例，现已在其他类似工程中进行推广应用。

2. 工 法 特 点

2.1　舞台设备运输、卸料、吊装受到场地限制

舞台设备安装一般都在建筑施工后期，主体结构已完成但舞台设备处在主体结构内部，设备进场比较困难，大吨位吊车无法进入施工现场，小吨位吊车起重重量又太小，如果剧院内部空间稍小的情况下吊臂都无法展开，因此安装前期必须解决设备卸车、倒运、吊装、就位、设备进场时间及贮存等问题。

2.2　不安全因素多、组织协调要求高

由于舞台机械安装工程处在整个剧院建设工程项目的中、后期，这期间进入工地的施工队伍多，施工作业空间狭窄，专业交叉作业多，施工高峰期仅在舞台区域就有10多个专业同时作业；舞台区域基坑多，台上台下高差大，如国家大剧院台下−27m基坑在安装舞台升降设备，台上30m高栅顶在安装各类吊机吊杆、飞行器、卷扬机等台上设备；高空作业多，因此不安全因素多。剧院在每一个地区都属于标志性建筑，社会关注度高，对工期、质量、安全要求非常严格，因此对舞台总体施工管理和协调要求高。

2.3　安装的机械设备种类多，安装精度要求高

剧院舞台设备一般包括舞台台上设备、舞台台下设备。台下设备包括主舞台、侧舞台、后舞台、乐

池等,台上设备包括各种灯杆设备、飞行器、幕墙等设备。各种设备又采用不同的传动驱动方式,如大螺旋升降机、刚性链、卷扬机、链条、齿条、液压缸、偏心轮等产生的驱动。舞台之间产生的多种动作常常相互关联,如侧舞台到主舞台、后舞台到主舞台的就可以发生位置转换,每个舞台也都是由多个独立的升降块组成,每个升降块可以单动也可联动,形成变幻莫测的舞台效果。这些舞台和升降块相互间隙只有几毫米,要在满足升降(上下)、移动(水平)以及旋转等动作时不发生摩擦碰撞、整个舞台机械设备运行时的振动、噪声要符合演出要求。这些都需要有很高的安装精度来保证。

3. 适 用 范 围

该工法适用各种大、中型剧院舞台设备安装。

4. 工 艺 原 理

针对舞台安装设备运输特点设置了临时运输通道系统解决大量舞台设备由剧场外部运入舞台内部的倒运问题;也通过架设龙门吊或悬挂运输吊机或卷扬机组合来实现舞台内部设备的倒运、吊装就位;通过设立两条主舞台中心控制线和基准点来控制所有舞台设备的安装位置和尺寸;对舞台设备运行的导轨、立柱、设备主体、多种驱动装置和传动设备的安装进行详细说明;并对舞台设备系统调试进行综述。在整个安装过程中体现安全、全面、高效、控制得当。

5. 施工工艺流程及操作要点

5.1 施工工艺流程 (图5.1)

5.2 施工方法

5.2.1 施工准备

1. 临时设备进场通道架设,见图5.2.1-1。

1) 根据舞台设备的尺寸、形状、重量选择设备进场通道。通道的设置要考虑到便捷、有效。

2) 在通道两侧铺设两根轨道用于滑动小车行走。

3) 根据通道宽度和设备形状制作滑动小车。

2. 临时吊运设备安装

传统的大型舞台设备安装多是在舞台内部搭设钢平台,采用1台或2台16~40t汽车吊在其上分别吊装舞台不同的部件就位安装,或者用卷扬机组(2台或2台以上卷扬机)同时工作通过在空中接力来完成。选用吊车方式将有大量的临时设施搭设,长期占用设备安装工作面,安装工序受到极大限制,吊车

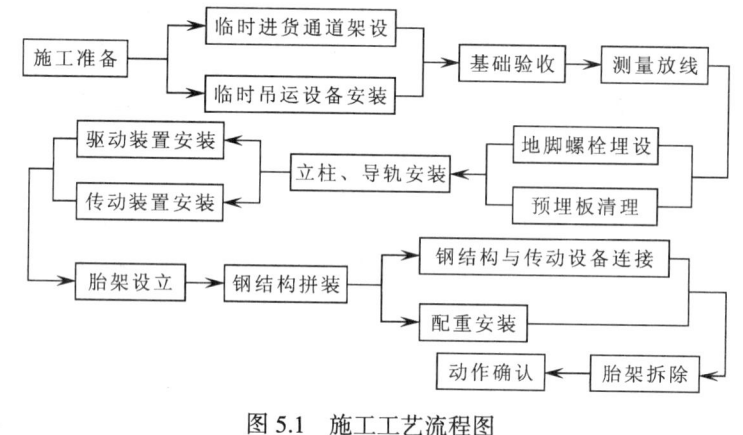

图5.1 施工工艺流程图

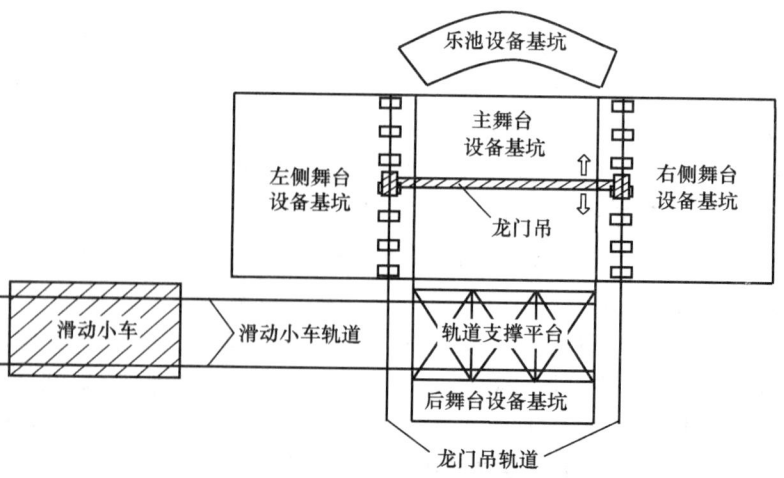

图5.2.1-1 临时设备进场通道架设

的长期使用也增加了施工成本；选用卷扬机组方式既浪费人力及物力，而且还浪费时间，影响工程进度，危险性也较大。本工法中叙述的两种吊装方法在国家大剧院、合肥大剧院、安徽省广电中心舞台设备安装中得到了很好的应用并取得了很好的效果，本工法中的设备吊运方法不占用设备安装位置、保证安装工序的灵活性、降低了工程成本、减少了人力和物力、避免了吊装过程中的空中接力带来的危险性，并且提高了工作效率，大大地缩短了工期。

1）龙门吊

如果舞台面积大、形式复杂、施工区域大、吊装行程长可以采用该方式进行设备的吊装。见图5.2.1-2。

（1）根据舞台基坑宽度和设备的重量选择龙门吊规格及形式。

（2）在基坑两边铺设龙门吊轨道，调整其直线度和标高及两轨道间的平行度和两轨道的相对标高至规范要求。

（3）龙门吊安装。

2）悬挂式轨道吊机

如果舞台面积较小、形式单一、施工区域小、吊装行程短且施工场地较狭窄不能采用上述方式吊装的情况下，可以采用该方式进行设备的吊装。

（1）在舞台设备安装前期，舞台设备上空的葡萄架（栅顶）工作已经完成，借助葡萄架的制作安装悬挂式轨道吊机。利用葡萄架钢结构设置吊杆来悬挂轨道，轨道采用工字钢，轨距根据施工需要设定。具体见图5.2.1-3。

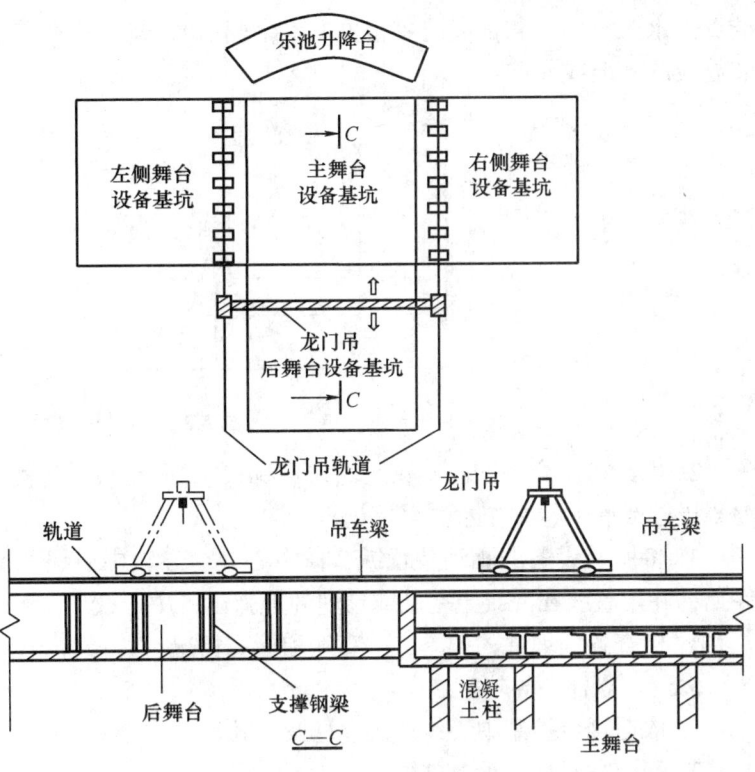

图 5.2.1-2　龙门吊吊装

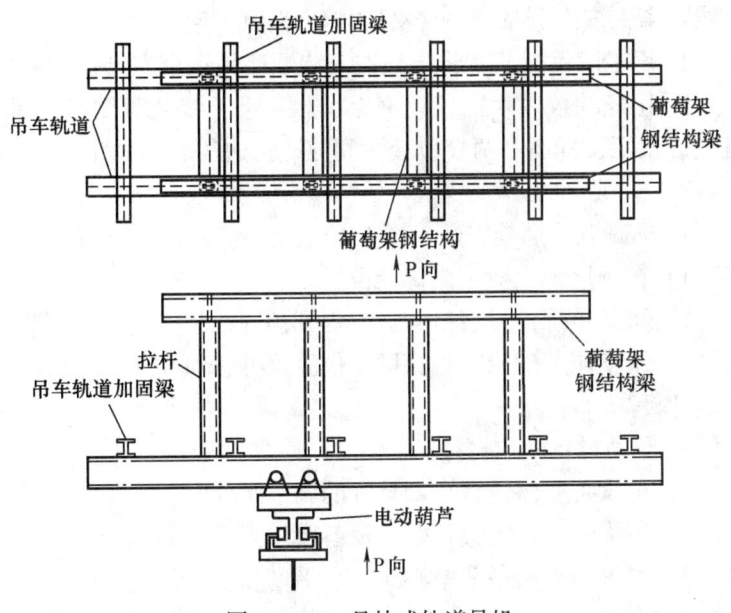

图 5.2.1-3　悬挂式轨道吊机

（2）如果舞台上空没有葡萄架钢结构的情况下，可以在上空钢混凝土梁两侧用膨胀螺栓锚固钢板，在钢板上焊接拉杆。以下部分借用图5.2.1-3所述方式。

5.2.2　基础验收

1. 根据图纸复测混凝土基础与预埋板的位置、标高、数量并做好记录。

2. 检查各基坑尺寸，确保各基坑尺寸满足设备安装和运行需求。

3. 测量检查防火幕、乐池、主舞台等设备行程较大部位墙体、立柱的垂直度，确保设备行程需要。

5.2.3　测量放线（图5.2.3）

1. 根据图纸和现场基础验收结果用经检验合格的经纬仪、水准仪等建立舞台中心控制线及标高基准点（永久控制线和标高需要相关方签字确认），舞台中心控制线和标高控制线是作为所有舞台设备安装放线的基准线、点。

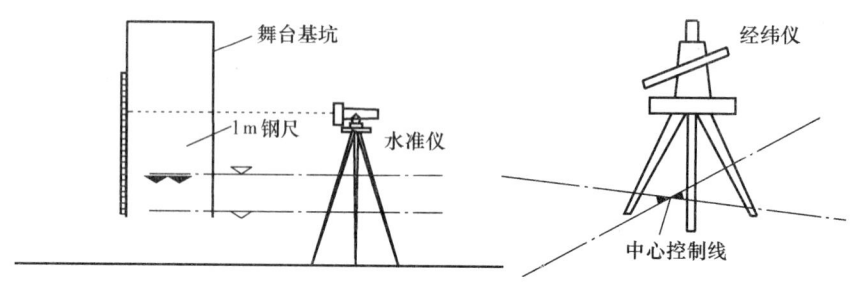

图 5.2.3　测量放线

2. 用经检验合格的水准仪、卷尺、标尺、1m钢板尺等测量工具将各层设备安装基准标高线测设到混凝土柱或墙上，并作永久性标记。

3. 将所有设备的驱动装置纵、横中心线、导轨中心线、钢结构安装位置测设在混凝土基础或预埋件上，并用墨线在混凝土基础或预埋件上弹出各中心线。

4. 检查各预埋件的偏差、垂直度和标高情况，并做好记录。

5.2.4　立柱、导轨安装

1. 依据舞台控制中心线放出立柱及导轨就位中心线。

2. 利用临时吊装设备就位。

3. 用经纬仪、水准仪、钢板尺等测量工具测量调整导轨立柱的垂直度、标高及两侧立柱与控制中心线距离，多次测量调整合格后与预埋板焊接。

4. 用临时吊运装置将导轨按安装顺序吊运至安装位置并就位。

5. 用经纬仪、水准仪、钢板尺、塞尺、线坠等测量工具，测量并调整各导轨段各纵横中心线、垂直度、轨距、标高和两导轨接头间隙、错边等（并做记录），直至合格（参照电梯轨道验收规范）。

5.2.5　驱动装置安装

1. 标高调节螺栓安装（图 5.2.5）

1）在预埋板上标记出螺栓位置。

2）将调节螺栓带坡口一边点焊到预埋板上。

3）调整调节螺栓的垂直度和位置尺寸，调整至设计标高。

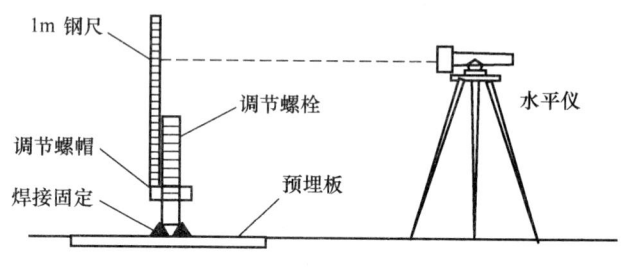

图 5.2.5　调节螺栓固定和调整

2. 驱动设备就位调整

1）将设备底座放置在调整好的调节螺栓上。

2）用临时吊运装置将驱动设备就位到设备底座上。

3）调整驱动设备的中心线、水平度和垂直度。

4）合格后用螺栓临时固定，待整体调整完毕再紧固，报验合格后二次灌浆。

5.2.6　传动设备安装

在舞台设备中传动形式多样，有大螺旋升降机、刚性链、卷扬机、链条、齿条等。

1. 传动设备安装

1）在预埋板或设备底座上准确的放出就位线及每台之间的间距；

2）用临时吊运设备将其就位；

3）精调后固定并与主设备连接；

4）先手动盘车检查0°、90°、180°、270°4个方位的同心度和相关尺寸，合格后通临时用电试车。

2. 操作要点

1）大螺旋升降机

（1）保证其水平度及顶升过程中垂直度符合规范要求。

（2）台体导靴与导轨间隙≤2mm，避免台体在升降过程中出现晃动，从而导致大螺旋升降机升降片出轨。

（3）每台之间的相对位置、垂直度、水平度调整完毕后须对设备进行二次灌浆，灌浆应均匀密实。见图5.2.6-1。

2）刚性链

（1）安装时链箱要找正调平。

（2）垂直度、水平度严格按照规范要求，见图5.2.6-2。

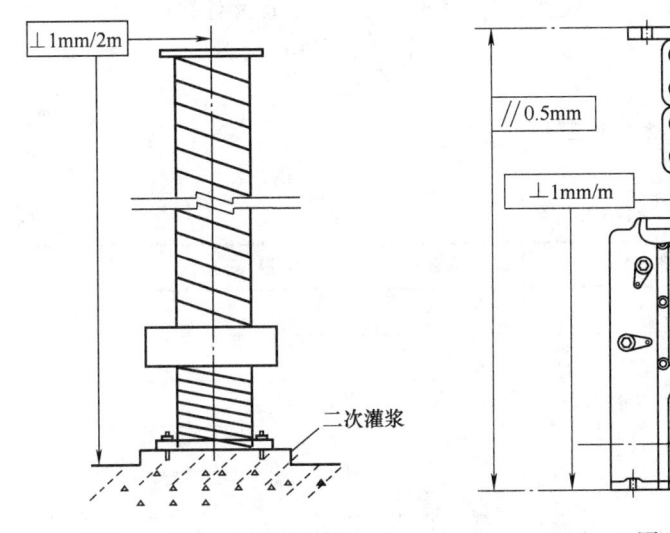

图5.2.6-1　大螺旋升降机　　　　　图5.2.6-2　刚性链垂直度、水平度

（3）位置、间距、垂直度、水平度调整完毕后须对设备进行二次灌浆，灌浆应均匀密实。

3）卷扬机

（1）卷扬机安装时，机身应找正调平。

（2）滑轮组的对称中心线应与卷筒的收入边重合，同时保证卷筒绕绳的允许偏角。

（3）试车前检查润滑油情况。

4）链条

（1）调整每组链轮轴心平行及链轮的端面在同一直线上。

（2）链条的直线与张紧度满足设计要求。

（3）调整每组链条之间的平行度。

5）齿条

（1）调整齿条的直线与水平度。

（2）齿条应固定牢固，防止在工作中出现晃动。

（3）调整齿条中心线与齿轮中心线的距离即齿轮与齿条间隙。

5.2.7　胎架设立

根据图纸及升降台行程下限计算出在下限位置时升降台底部与基坑面距离并设立胎架，胎架高度必须大于或等于升降台下限位置时升降台底部与基坑面距离，以便后面与配重装置的连接。

5.2.8　舞台台体钢结构拼装（图5.2.8）

1. 依据控制中心线在胎架上表面放出舞台台体钢结构就位中心线。

2. 用临时吊装设备将舞台台体钢结构件就位。一般舞台台体钢结构在运至现场后都是一个整体，尺寸大、重量重。用吊装设备直接就位比较困难，在吊装设备挂钩下面连接4个手拉葫芦分别挂在台体

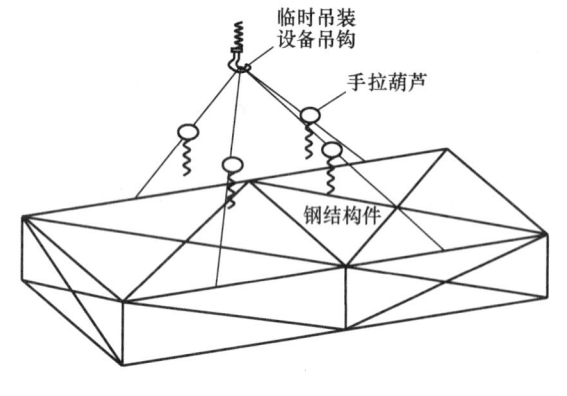

图 5.2.8　舞台台体钢结构拼装

钢结构件的 4 边，在台体钢结构件底面距胎架 10~50mm 时用手拉葫芦来找正其位置至设计要求。见图 5.2.8。

5.2.9　动作确认及运行调试

以上工作安装(包括相关的电气装置)完成后，即可通上临时电源进行运行试验，应在空载、额定荷载情况下，按产品设计的性能进行各项试验，升降台板面之间缝隙应大小均匀、高差应在规范要求范围内，设备应运行平稳、制动可靠、连续运行无故障。同时也应对噪声、停靠准确度、运行速度、同步性等进行检验。

6. 材料与设备

材料与设备　　　　　　　　　　　　　　　　　　　表6

序号	名　称	规 格 型 号	单 位	计 划 数 量	备　注
一、电焊、气割设备					
1	逆变电焊机	ZX7-400S	台	4	
2	直流电焊机	ZX5-400D	台	2	
3	交流电焊机	500A	台	2	
4	烘干保温箱	F 型-5kg	个	2	
5	保温桶	TRB-5	个	4	
6	氧气表		块	12	
7	乙炔表		块	12	
二、起重设备、机具					
1	龙门吊	10t/21m	台	1	
2	叉车	3t	台	1	
3	卷扬机	5t、慢速	台	4	
4	卷扬机	3t、慢速	台	2	
5	卷扬机	2t、快速	台	2	
6	螺旋千斤顶	QL5	个	8	
7	螺旋千斤顶	QL10	个	6	
8	螺旋千斤顶	QL3.2	个	4	
9	液压千斤顶	QYL12.5	个	4	
10	液压千斤顶	QYL50	个	4	
11	手拉葫芦	10t/3m	个	4	
12	手拉葫芦	5t/6m	个	4	
13	手拉葫芦	5t/3m	个	6	
14	手拉葫芦	3.2t/3m	个	4	
15	手拉葫芦	2t/6m	个	4	
16	手拉葫芦	2t/2.5m	个	4	

续表

序号	名 称	规 格 型 号	单位	计划数量	备 注
17	手拉葫芦	1t/2.5m	个	4	
18	液压小车	2t	个	4	
19	液压小车	1.5t	个	2	
三、液压、电动工具					
1	电锤	Z1C-26	把	4	
2	电锤	Z1C-22	把	2	
3	台钻	Z14	台	1	
4	手电钻	J1Z-13A	把	10	
5	磁座钻	Z32	台	1	
6	磁座钻	Z23	台	4	
7	型材切割机	J1G-400	台	2	
8	台式砂轮机	MD3215	个	1	
9	直磨机	S1J-25	把	6	
10	角磨机	S1M-125A	把	20	
11	角磨机	S1M-150A	把	10	
12	安全行灯变压器	36V	台	4	
13	配电盘		个	8	
14	拖线盘	30m	个	16	
四、测量器具、仪表					
1	经纬仪	J2	台	2	
2	水准仪	DZS3-1 或 N24	台	3	
3	钢卷尺	50m	把	3	
4	钢卷尺	30m	把	4	
5	钢卷尺	5m	把	30	
6	钢卷尺	3m	把	30	
7	弹簧拉力器	30~50kg	个	4	
8	磁力线坠	5m	个	8	
9	钢板尺	1m	把	6	
10	钢板尺	500mm	把	4	
11	钢板尺	300mm	把	8	
12	钢板尺	150mm	把	12	
13	游标卡尺	200mm/0.02	把	2	
14	内径千分尺	50~250mm	套	2	
15	百分表	0~10mm	只	2	
16	磁力表座		副	2	
17	宽座角尺	1级/200mm	个	2	
18	角尺	315mm	把	10	
19	铁水平	500mm	块	2	

序号	名　称	规 格 型 号	单 位	计划数量	备　注
20	铁水平	630mm	块	2	
21	塞尺	200mm/13	把	6	
22	框式水平仪	150mm/0.05	块	2	
五、手动机工具					
1	台虎钳	125mm	个	2	
2	压力架	3 号	个	2	
3	钢锯	调节式	把	4	
4	扁锉刀	200~300mm	把	8	
5	半圆锉刀	200~300mm	把	4	
6	圆锉刀	200~300mm	把	4	
7	手锤（圆头）	3~4P	把	20	
8	羊角锤	0.75kg	把	8	
9	划线规	350mm	把	2	
10	丝锥扳手	230mm	只	6	
11	丝锥扳手	380mm	只	6	
12	圆板牙扳手	大、小	各	6	
13	三角刮刀	200mm	把	6	
14	线坠	0.75~1.25kg	个	10	
15	重型套筒扳手	46件	套	2	
16	套筒扳手	32件	套	2	
17	棘轮扳手	13	副	6	
六、其他工机具					
1	手摇油泵	1.5m	把	2	
2	皮老虎	300mm	个	6	
3	压力机油壶		个	2	
4	黄油枪	200cm³	把	6	
5	铝合金单面梯	8m、6m	各	6	
6	木制人字梯	3m	把	6	

7. 质 量 控 制

7.1　工程质量控制标准

施工质量执行《钢结构工程施工质量验收规范》GB 50205、《机械设备安装工程施工及验收通用规范》GB 50231、《钢结构高强度螺栓连接的设计、施工及验收规程》JGJ 82、《电梯安装验收规范》GB 10060以及随机技术文件。

7.2　质量保证措施

7.2.1　结合工程及现场特点，建立健全项目质量保证体系和岗位责任制，完善质量管理制度，明确分工职责，落实到人，对各质量体系要素进行控制，保证体系高效地运转。

7.2.2 接受业主、监理对施工质量的监督和检查。对主要工程尤其是隐蔽工程坚持会检制度，把好质量关。

7.2.3 严格按图施工，执行设备说明书、规范、标准，确保安装质量。

7.2.4 认真执行四检制度：自检、互检、专检、会检。

7.2.5 运用新技术、新工艺编制切实可行的施工方案并向施工各队组成员做好技术交底，明确质量标准及要求。

7.2.6 建立质量保证可追潮性，利用计算机管理，建立数据库。谁安装谁负责，制定质量管理奖惩制度。

7.2.7 及时填写、整理施工日志，质检记录，隐蔽工程记录和试验记录等，保证交工时资料完整，达到档案管理要求，并归档保存。

7.2.8 特殊工种施工人员必须持证上岗。

7.2.9 尽可能选用先进技术装备和高精度的测量仪器，确保工程质量。

7.2.10 对工程质量实施事前、事中、事后的全过程控制；对施工过程的人、机、料、法、环五大要素的保证措施进行明确和落实。

7.2.11 焊接作业选派技术过硬的焊工、严格执行方案规定的焊接工艺参数及焊接顺序，来保证焊缝质量和减少焊接变形。

7.2.12 对设备、材料进场进行严格检查并做好记录，严禁不合格产品和材料进入现场。

7.2.13 对钢结构件的标高、尺寸、平面度，轨道的垂直度、平行度，驱动及传动设备的标高、水平、同轴、同心，有专职测量员配合专职质检员严格检查，并做好检查记录。对不合格设备立即调整。

8. 安 全 措 施

8.1 为保证安全生产管理目标的实现，项目部必须建立以项目经理为首的安全生产管理组织保证体系。

8.2 建立项目的安全生产责任制，明确各职能部门和各级施工人员的安全生产责任；明确"谁管理、谁负责"，"谁施工、谁负责"的原则；同时建立健全由项目部、项目部各职能部门、各专业施工队组成的三级安全管理网络，并有效开展工作；认真落实各部门、各级人员的安全责任制，做到各司其职，各负其责。

8.3 建立以项目总工程师为首的安全技术保证体系，强化安全技术管理，保证重要临时设施、重要施工工序中的安全技术措施的编制、审批和设施制度化、规范化；对于吊装作业、高空作业、带电作业、密闭空间施工、明火作业等危险性作业项目，必须有安全保证措施并办理安全施工作业许可证，经项目总工程师批准后执行。

8.4 设立 HSE 部，组建由专职安全员组成的安全监察机构，在项目经理的领导下主管本项目的安全施工监督管理工作。对项目部所属的各部门、各施工队执行安全生产法规、专业规程、安全技术作业规程及有关职业健康安全管理制度的情况进行有效的监督检查，对工程危险作业项目、危险作业区域重点加强预测预防和现场监护。在施工现场（包括生活、办公区域）建立应急响应系统，以应对各种安全突发事件。

8.5 各施工队指派专人担任兼职安全员，在项目部 HSE 部的领导下，具体负责其承包项目的安全施工监督、检查管理工作。

8.6 队长（班组长）是施工队（班组）安全施工的第一责任者，对本施工队（班组）人员在施工过程中的安全负责。施工队（班组）设兼职安全员，协助队长（班组长）开展安全管理工作。

8.7 建立并严格执行项目部安全生产会议制度、安全检查评比制度、安全教育培训制度和安全生产奖罚制度等。

8.8 施工现场按防火、防洪、防触电、防高空坠落等安全规定和安全要求进行布置，并按规定配备灭火器等消防器材、悬挂安全标识。

8.9 施工现场的临时用电严格按照《施工现场临时用电安全技术规范》JGJ 46 的有关规定执行，剧院照明必须做到使用安全电压，各通道、走廊、作业面保证通视，施工人员必须配备手持照明灯具或矿工灯。

8.10 编制安全应急预案，加强现场人员的安全教育和培训。

8.11 设备吊装和调试时，应设置安全警戒线，非施工人员不得进入警戒线内。

8.12 使用龙门吊或悬挂轨进行吊装作业时配专业操作人员并有专人指挥。

8.13 由于剧场内部预留空洞比较多，加上各层工作面高差交错。必须做好孔洞与临边的防护并配有明显标识。

9. 环保措施

9.1 对各种可能扰民的施工行为按规定做好防范措施并办理各项报批手续。临时设施、工程成品保护、场地清洁卫生必须满足合同规定以及政府、业主的有关要求。

9.2 制定项目文明施工规定，落实各级各岗位人员文明施工责任制。

9.3 文明施工责任制落实到队组和个人，工程开工交底措施中，有明确的文明施工要求、标准；理顺关系，做到文明施工程序化、规范化。

9.4 在明确责任分工、健全规章制度、严格管理的基础上，按阶段、按专业和按区域进行文明施工的规划、管理和实施，采取专管和共管相结合。

9.5 文明施工责任区划分明确，无死角，责任落实，并设有明显的标记，便于检查、监督，使现场始终保持合理的布局、整洁的环境。

9.6 加强施工总平面管理，要求生产区、施工现场道路畅通，照明配置得当，并根据施工需要配备维护人员保持正常使用。

9.7 施工人员佩戴证件（出入证）方能进入施工现场；进入现场的施工人员着装整齐，符合安全文明规定要求。

9.8 施工设施完整布置得当，环境清洁，办公室、工具房等场所内部整洁，布置整齐，有关职责、制度、规定上墙。

9.9 焊接设备尽量集中布置，统一布线，完工后皮线全部收回。

9.10 施工范围内的地面无垃圾，场地消防设施完备；每个作业面应做到"工完料尽场地清"，废料及时清理干净。

9.11 实行环保目标责任制，项目经理是环保工作的第一责任人，要把环保绩效作为考核项目经理的一项重要内容。

9.12 通过环境因素辨识，确定重大环境因素，制定项目环境目标、指标及管理方案并遵照执行。

9.13 加强检查和监控工作；遵守国家的环境法律和地方性法规及其业主的管理要求。

9.14 加强对施工活动过程控制，产生的垃圾在施工区内集中分类存放，不得随意乱放并及时运往指定垃圾堆场。

9.15 加强检查，要与文明施工现场管理一起检查、考核、奖罚。

9.16 加强施工噪声监控，制定噪声排放标准和管理方案，尽量降低施工噪声，若有不可避免的噪声，则应避开夜间施工，以防影响居民的休息。

9.17 妥善保管易燃、易爆或有害危险品，应采取防范措施防止在储运的过程中发生火灾、爆炸或泄漏等事故，造成环境污染。

9.18 车辆不带泥砂出施工现场，车辆出门必须在冲洗槽前冲洗干净，减少对周围环境的污染。

9.19 减少有害气体的措施：禁止在施工现场焚烧油毡、橡胶、塑料、垃圾等，防止产生有害、有毒气体；施工用危险品坚决贯彻集中管理和专人管理的原则，防止失控；要选择工况好的施工机械进场施工，确保其尾气排放满足环保部门的要求。

9.20 减少光污染措施：控制夜间照明的区域、减少对周围居民的影响，夜间照明灯集中向施工区照射，其他方向设隔离板隔离。

10. 效 益 分 析

在本工法中，采用架设临时轨道运输系统和临时吊运系统，不占用因使用临时脚手架、支撑和吊车而占用的舞台安装面，或使用卷扬机组的低效能，能使大量设备一次吊装就位，减少设备二次倒运，也提高安全性和施工效率。对比曾在日本国立大剧院、中国上海大剧院、新加坡、中国台湾等大剧院施工中采用的设备吊运方案（即在主舞台区域从-27.5m地坑中搭设脚手架至-6m平面，在-6m脚手架上和-7.2m侧舞台上搭设钢平台，采用1台或2台16~40t汽车吊在其上分别吊装舞台不同的部件就位安装的方法），本工法应用减少了临时设施的投入，提高了设备吊装运输能力，提高了工作效率，节约了施工成本。方案对比见表10：

方案对比表　　　　　　　　　　　　　　　　　　　　表10

序号	内　容	原类似工程方案	国家大剧院方案	备　注
1	投入机械	2台25t吊车	1台10t龙门吊	10t龙门吊可回收
2	投入人工	2名吊车司机	1名操作人员	
3	投入设施	主舞台脚手架、钢平台	龙门吊轨道系统	钢平台供25吊车架立
4	质量保证	可靠	更可靠	
5	安全保证	安全	安全	
6	进度保证	进度慢	快捷、保证进度	
7	可操作性	复杂	简捷、便利	
8	成本投入	约110万元	约35万元	按8个月使用期计算

11. 应 用 实 例

11.1 国家大剧院

1. 工程地点：北京西城区石碑胡同4号

2. 开竣工日期：2004年4月15日~2006年8月30日。

3. 工程概况：

国家大剧院位于北京人民大会堂西侧，西长安街以南，是中国政府面向21世纪投资兴建的大型现代化文化设施，工程建成后，将成为国家最高表演艺术中心，占地面积11.893hm²。

国家大剧院主体建筑由外部围护结构和内部歌剧院（2416席）、音乐厅（2017席）和戏剧院（1040席）、公共大厅及配套用房组成。

歌剧院：舞台采用"品"字形舞台形式，分别包括主舞台、左右侧台和后舞台。舞台具备推、拉、升、降、转5大功能。其中，主舞台有6个升降台，既可整体升降又可分别单独升降。舞台的左、右侧台各有6台可以横向移动的车台，通过主舞台升降台互换位置，车台互换技术居世界领先水平。后舞台下方距地面15m处，储存有一个芭蕾舞台台板，主舞台升降台下降后，芭蕾舞台可移动到主舞台台面上，用于芭蕾舞演出，台面可倾斜至 5.7°。乐池由两个乐池升降台组成，面积为 120m² 可容纳 90 人乐队，也可升至观众席水平位置变成观众席。

戏剧院：设备主要包括一个 φ12m 鼓形转台、一个乐池升降台。其中鼓形转台内置了 13 个 2m×2m 的升降块和两个 10m×1.5m、6m×1.5m 升降台。使用中鼓形转台及升降块、升降台均可独立活动。

音乐厅：设备包括 3 个乐队升降台、一个钢琴升降台及一个钢琴升降活门。

4. 应用效果：

合理的安装顺序、施工方案及吊装方法，使工期大大缩短，成本大幅度降低。总体试验一次成功，工程质量评定优良，取得了良好的社会效益和经济效益，获得了国家大剧院业主委员会的嘉奖。通过该项目的成果实施，形成了本工法关键技术和核心内容。

项目完成后实现利润 600 多万元，其中实施该工法比传统方法节约成本约 75 万。

11.2 国家体育场北京 2008 年奥运会及残奥会开闭幕式舞台

1. 工程地点：北京国家体育场

2. 开竣工日期：2007 年 9 月 10 日~2008 年 3 月 30 日。

3. 工程概况：

奥运会开闭幕式升降舞台主要用于 2008 年北京奥运会开闭幕式的表演，同时也可作为赛后的场馆运营。

奥运会开闭幕式升降舞台位于体育场中心，由两部分组成：(1)方坑设备由 4 套升降台 A，4 套升降台 B，2 套升降台 C 组成；(2)圆坑设备由 1 套升降母台，8 套周边子台，1 套中心子台组成。

方坑南北长 36m，东西长 30m，A、B、C 舞台设备基础标高 -5.100m，A、B、C 升降舞台行程 7m。圆坑直径 20m，升降母台设备基础标高 -17.9m，母台直径 20m，升降行程 12m。母台作为载体上面承载一个直径为 6m，升降行程为 18m 的中心子台和 8 个升降行程为 5.4m 的周边子台。

4. 应用效果：

合理应用本工法，合理的安装施工顺序、制定相应施工方案及吊装方法，使工期大大缩短，为奥运会开闭幕式的彩排赢取了充分的时间，为奥运会开闭幕式的成功运行打下坚实的基础，获得了北京 2008 奥组委的嘉奖。

项目完成后实现利润 200 多万元。

11.3 合肥大剧院

1. 工程地点：合肥市政务文化新区

2. 开竣工日期：2008 年 3 月 1 日~2010 年 10 月 30 日。

3. 工程概况：

合肥大剧院是安徽省重点工程，是合肥市最现代化的大型文化娱乐设施之一。合肥大剧院由歌剧院、音乐厅和多功能厅及配套用房组成。

合肥大剧院歌剧院：舞台机械设计是非常先进的，能够满足国内外大型歌剧、舞剧、芭蕾舞剧演出时场景快速转换软、硬布景的需要，同时满足大型歌舞节目演出时，左右侧舞台台车，后舞台台车侧移、旋转、升降等表演的要求。整体技术水平达到国内领先、国际一流。舞台设计采用"品"字形舞台，由主舞台、两侧侧舞台、后舞台四部分组成。主舞台宽 19.6m，深度 -14.0m，台上净高 30.2m；左右侧台各宽 25.4m，深度 -0.4m，后舞台宽 18.1m，台深 -2.2m。

音乐厅演奏台上空设置了 1 道天幕吊杆和 22 套扩散式声反射板，在观众席前端设置了 1 套音箱吊机，在观众席上空设置了 3 道灯光吊杆，在演奏台两侧上空每侧布置 4 台单点吊机，用于吊挂 TRUSS 架，在 TURSS 架上吊挂灯具。

多功能厅舞台为 18.8m×7.75m 的矩形舞台，为了满足多种艺术形式演出要求，舞台上空设置了 1 道天幕吊杆、1 套升降宽银幕架、1 套升降对开幕、7 道景灯两用吊杆、3 道灯光吊杆、1 套升降隔声墙、1 套台口渡桥。多功能厅观众席区域上空被平行于台口的 4 条固定渡桥分成 5 个区域，每个区域内设置

1 套声反射板、4 台单点吊机和 2 道电动景杆，合计 5 套声反射板、20 台单点吊机和 10 道电动景杆。

4. 应用效果：

在该项目中完整的应用本工法，通过合理的安装工艺顺序、施工工艺及吊装、运输方法，使工期大大缩短，成本大幅度降低。总体试验一次成功，工程质量评定优良，取得了良好的社会效益和经济效益，为合肥市成功举办第四届中国中部投资贸易博览会作出了贡献。

项目完成后实现利润 400 多万元。

11.4 其他

公司近几年还先后承接了：上海世博中心舞台机械工程、广州大剧院、东莞大剧院、中山文化艺术中心、福州大剧院、苏州科技文化中心舞台、青岛大剧院、重庆大剧院、张家港文化中心大剧院、合肥大剧院、安徽新广电中心等 10 多项大、中型剧院舞台设备安装工程，成为舞台设备安装的主力军。本工法在这些项目的施工过程中都得到了很好的应用和验证，为公司增加了经济效益，在社会上赢得了很好的声誉。

"八牵 8" 张力放线施工工法

GJYJGF045—2010

北京送变电公司

陈茂生　刘钧　郎福堂　贾聪彬　张洁

1. 前　言

我国首条 1000kV 晋东南—南阳—荆门特高压交流试验示范工程的线路为 8 分裂导线设计，由于现有施工设备采用"一牵 8"张力放线方式出力不足，而同步 2×"一牵 4"张力放线方式的张力又难以同步控制，传统的施工工艺面临新的技术难题。为确保 8 分裂 LGJ-500/35 型导线的同步放线，解决现有设备的出力不足技术难题，我公司积极响应国家电网公司科技创新的号召，立项研究"八牵 8"张力放线施工技术，项目经过了方案策划、试验改进、工程应用等阶段，最终在特高压工程中成功应用了"八牵 8"张力放线施工技术。

"八牵 8"张力放线施工技术为全国首创，所使用的"八牵 8"放线滑车为国际首创。其中"八牵 8"放线技术作为一种适用于特高压线路多分裂导线实现同步张力展放的施工方法，为电力线路放线施工开辟了一条崭新的途径。本放线工艺发明专利申请号为：2008101671506；张力放线用滑车发明专利申请号为：2008101671493。此项科研项目获得 2008 年中国电力科学技术三等奖。

"八牵 8"张力放线施工技术不仅提升了电网工程建设技术水平、还为 ±800kV 直流等特高压线路的大截面导线展放做好技术储备，具有明显的社会效益和经济效益。

2. 工 法 特 点

2.1　安全性高

"八牵 8"张力放线施工方式，综合了多种放线方式的优点，与"一牵 8"放线方式和同步 2×"一牵 4"放线方式相比，具有牵引绳所受张力小，安全性高和同相各子导线同步放线的特点。施工可采用现有放线机具，节省了大型设备和机具的研发费用。

2.2　实现了多分裂导线的同步展放

"八牵 8"张力放线施工中牵、张设备各自通过电子同步控制装置互联实现了集中控制，精确的实现多分裂导线的同步展放，保证了放线施工质量。

2.3　"八牵 8"张力放线专用滑车先进适用

"八牵 8"张力放线专用滑车属国际首创，为国际领先水平，其设计独特、结构新颖、简单实用，具有以下优点：

1. 防护性：主、辅轮分别承载导线和牵引绳，实现牵引绳与导线不同槽过滑车，有效解决了采用普通滑车在实施"八牵 8"放线工艺时牵引绳磨损滑车轮槽，导线易被磨损和污染等问题。

2. 通用性：辅轮系统装卸方便，拆除后即为普通滑车。

3. 安全性：配置液压减振装置，减轻辅轮下落时的冲击力；配置保险拔销，防止误动作。

4. 高承载力：主轮最大设计荷载 20kN，辅轮最大设计荷载 10kN，满足多分裂导线施工需要。

5. 人性化：装设脚踏板，方便高空作业。

6. 自动化：导线通过滑车，导线走板撞击滑车触发挡杆，挡杆转动并通过传动装置带动辅轮脱落，使导线就位于"八牵 8"滑车主轮之上，完成牵引绳、导线通过滑车不同通道之间的切换，自动触发功能的实现,大大减少了高空作业。

2.4 有效保护了导线施工质量

"八牵8"张力放线专用滑车是实现"八牵8"放线工艺的关键设备,适用于"一牵4"展放牵引绳和"八牵8"展放导线工艺。"一牵4"展放牵引绳时,牵引绳从滑车辅轮通过;"八牵8"展放导线时,牵引绳、导线分别从滑车辅轮、主轮通过,满足《1000kV架空输电线路张力架线施工工艺导则》的要求,有效解决了防止导线损伤难题。

2.5 无放线走板,铁塔冲击小

"八牵8"放线工艺与其他放线工艺相比较,省略了牵引走板环节,从而避免了牵引走板通过放线滑车时对铁塔的冲击作用,有效地降低了整个放线系统所受到的冲击荷载,有利于施工安全及保证铁塔质量。

2.6 通用性强,便于扩展应用

"八牵8"张力放线施工工艺的本质为"一牵1"放线,可根据输电线路分裂导线数具体情况,施工时可扩展应用为"一牵1"、"二牵2"、"三牵3"、"四牵4"、"六牵6"、"八牵8"等放线方式。

3. 适 用 范 围

"八牵8"张力放线施工工艺适用于1000kV特高压工程8×LGJ-500/35导线的放线施工,同时还可扩展应用到±800kV直流、750kV交流输电线路多分裂导线的同步展放和各种电压等级输电线路改造施工中,应用空间广阔。

4. 工 艺 原 理

"八牵8"张力放线施工工艺,采用在牵引场设置4台"二线牵张一体机"作为主牵引设备,张立场设置4台"二线张力机",铁塔每相悬挂两套相互独立的"八牵8"张力放线专用滑车,前期以配套的施工工艺展放8根导线牵引绳,并以"一牵1"的方式牵放八分裂子导线。4台"二线张力机"和4台作为牵引机的"二线牵张一体机",各自通过电子同步控制装置互联实现导线同步展放。见图4-1。

图4-1 "八牵8"张力放线施工工艺示意图

"八牵8"张力放线施工工艺的技术核心为实现了多台二线牵张一体机的同步牵引功能和配套应用"八牵8"张力放线专用滑车。

AFB506型牵张一体机参数:

轮径:1500mm,适用最大导线直径40mm,最大牵引绳直径18mm。

最大牵引力:2×45kN,最高速度:5km/h;

持续牵引力:2×37.5kN,持续牵引速度:2.5km/h;

最大张力:2×45kN;

最多可同步牵张一体机台数:8台;

配套设施:4台设备的同步装置,RVA001型钢绳卷车;

同步工作原理:牵张一体机之间可实现并联操作的电子控制系统,能够使多台牵张一体机按照同一个操作指令进行工作,同步误差为6m,当误差超过6m时各机器之间自动调整再次同步(图4-2)。

图4-2 牵张一体机同步使用

"八牵 8"张力放线专用滑车是为实现牵引绳、导线通过滑车不同轮槽的需求，在普通 5 轮 822 滑车基础上，通过加装辅轮、支撑及传动机构、触发机构、减震机构等部件组合而组成的。具有防护性、通用性、安全性、高承载力、人性化设计、自动化触发等优点。见图 4-3。

"八牵 8"张力放线专用滑车的工作原理为：导线特制单线走板（也称触发器）通过滑车时撞击滑车触发挡杆，挡杆转动并通过传动装置引发辅轮脱落，使导线就位于滑车主轮上，完成牵引绳、导线通过滑车不同通道之间的切换。滑车各种工作状态如图 4-4~图 4-8 所示。

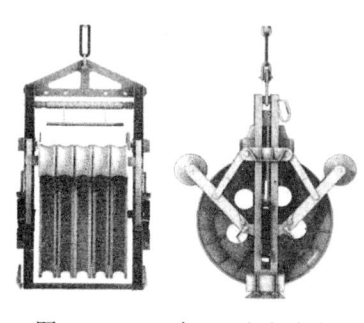

图 4-3　"八牵 8"张力放线专用滑车示意图

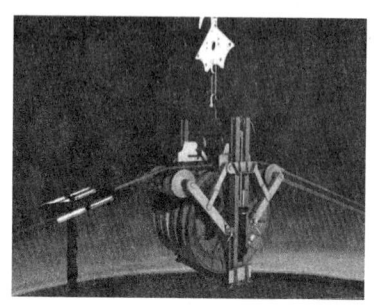

图 4-4　状态一：单线走板到达放线滑车

图 4-5　状态二：单线走板接触滑车辅轮开始工作

图 4-6　状态三：单线走板触发滑车挡杆

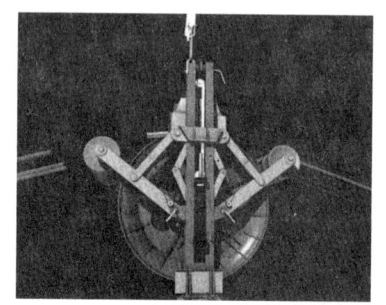

图 4-7　状态四：滑车辅轮开始脱落

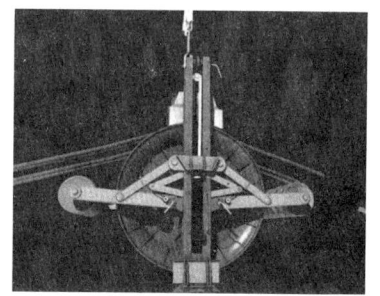

图 4-8　状态五：辅轮脱落，主轮承托导线

5. 施工工艺流程及操作要点

5.1　施工工艺流程

施工准备（包括牵张场地布置、悬挂"八牵 8"张力放线专用滑车、搭设跨越架）→动力伞展放引导绳→张力展放导引绳→"八牵 8"张力展放导线→紧线→附件安装→撤场。流程如图 5.1 所示。

5.2　操作要点

"八牵 8"张力放线工艺流程主要有：牵张场地布置、悬挂"八牵 8"张力放线专用滑车、动力伞展放引导绳、张力展放导引绳、"八牵 8"张力展放导线等流程，现分述如下。

5.2.1　牵张场地布置

张力场的主要机械设备为 4 台二线张力机、1 台小牵引机和 2 台吊车。张力场布置见图 5.2.1-1。

牵引场的主要机械设备为 4 台二线牵张一体

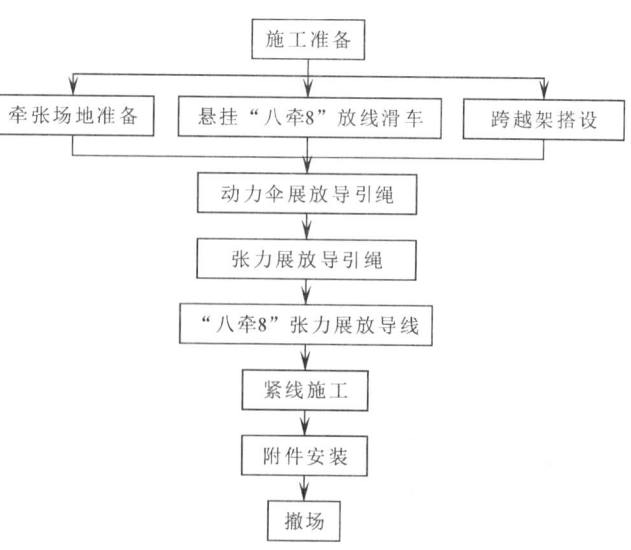

图 5.1　"八牵 8"张力放线施工工艺流程图

机、1台三线小张力机和1台吊车。牵引场布置见图5.2.1-2。

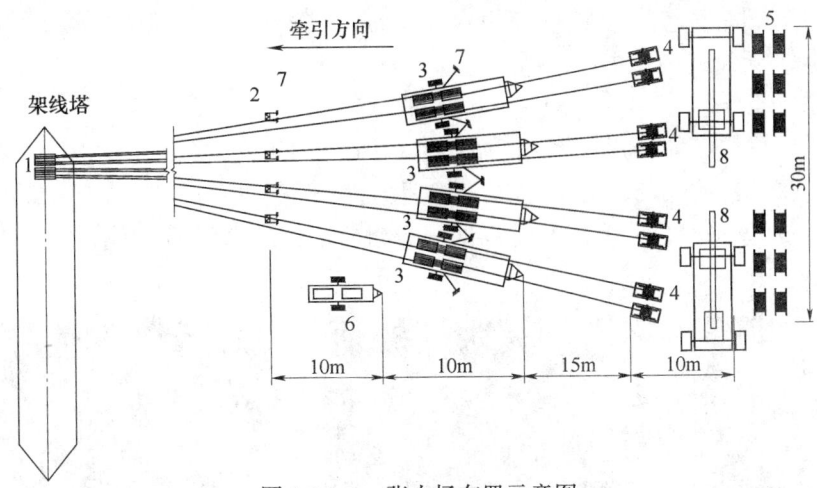

图 5.2.1-1 张力场布置示意图

1—"八牵8"张力放线专用滑车；2—锚线架；3—二线张力机；4—导线尾车；
5—导线线轴；6—小牵引机；7—地锚；8—吊车

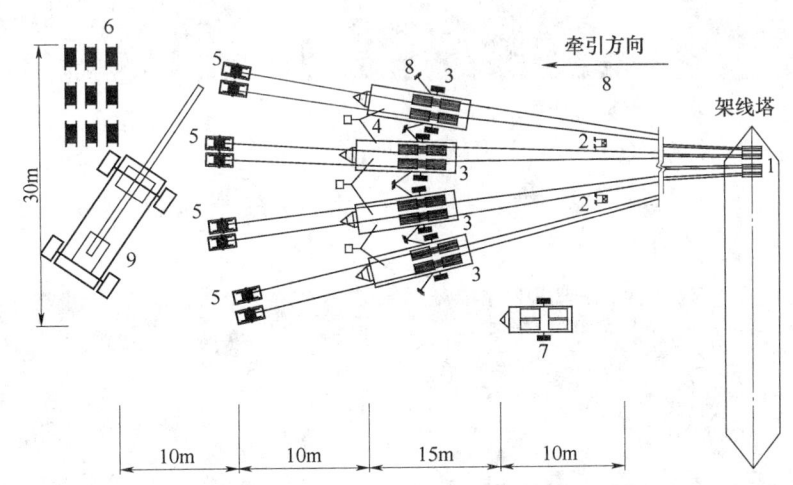

图 5.2.1-2 牵引场布置示意图

1—"八牵8"张力放线专用滑车；2—锚线架；3—二线牵张一体机；4—自带同步电子装置；
5—钢丝绳卷车；6—钢丝绳卷轴；7—三线小张力机；8—地锚；9—吊车

5.2.2 悬挂"八牵8"张力放线滑车

"八牵8"放线滑车悬挂时，应注意其悬挂方向。如图5.2.2-1所示。施工时应根据"八牵8"张力放线专用滑车两边滑轮上方铝制挡板上的红色箭头指向悬挂滑车，红色箭头应指向牵引场。

图 5.2.2-1 放线滑车悬挂方向指向示意图

滑车悬挂完毕后，其辅轮向上仰起呈支撑状态，辅轮竖向支撑杆呈竖直状态，并插入保险拔销，如图5.2.2-2所示。

5.2.3　力伞展放导引绳

导引绳的展放采用动力伞空中展放。使用双人动力伞铺放 $\phi 4$ 迪尼玛绳,将 $\phi 4$ 迪尼玛绳放入预先设置在铁塔横担上的朝天滑车中轮中。

5.2.4　张力展放导引绳

动力伞展放 $\phi 4$ 迪尼玛绳完毕后,利用 $\phi 4$ 迪尼玛绳"一牵1"张力展放 $\phi 8$ 迪尼玛绳,再利用 $\phi 8$ 迪尼玛绳"一牵1"张力展放□13防扭钢丝绳;然后用绕牵法"一牵3"、"一牵2"和"一牵4"工艺牵放多根□13防扭钢丝绳,最终完成与子导线根数对应数量的牵引绳。张力展放牵引绳如图5.2.4-1所示。

图5.2.2-2　放线滑车辅轮安装示意图
1—保险拔销呈插入状态;　2—辅轮竖向支撑杆呈竖直状态

图5.2.4-1　"一牵4"张力展放牵引绳

牵引绳展放完成之后,要统一恢复安装"八牵8"张力放线专用滑车触发挡杆,然后拔除保险销。如图5.2.4-2所示。

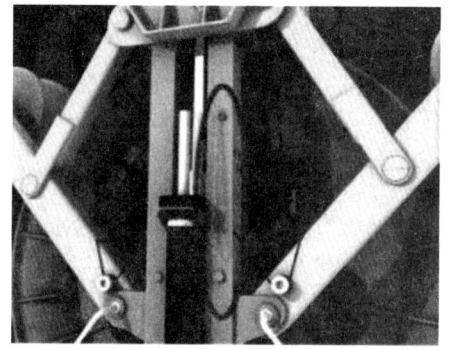

图5.2.4-2　安装滑车挡杆并拔除保险销

5.2.5　"八牵8"张力展放导线

1. 牵引绳与导线连接

导线从导线尾车上端出线,经张力机轮后与牵引绳连接。其中每个滑车中的2号或3号牵引绳通过特制单线走板、单头连接网套与导线相连,剩余3根牵引绳分别通过5t旋转连接器、20m包胶钢丝绳套、5t旋转连接器、单头连接网套与导线相连接。

2. "八牵8"张力展放导线

每相导线利用已展放的8根□13钢丝绳作为牵引绳,并以"八牵8"方式牵放导线。4台作为牵引机的"二线牵张一体机"通过电子装置实现导线同步展放。如图5.2.5所示。

图5.2.5　"八牵8"张力展放导线

　　滑车触发：特制单线走板通过滑车时撞击滑车触发挡杆，挡杆转动并通过传动装置带动辅轮脱落，使导线就位于"八牵8"滑车主轮上，完成牵引绳、导线通过滑车不同通道之间的切换。施工时，特制单线走板逐基通过放线滑车，依次击发滑车触发机构使辅轮脱落，从而完成区段内导线的展放。

　　导线展放同步控制措施：牵放导线时，4台二线张力机和4台作为牵引机的"二线牵张一体机"分别通过电子同步系统进行控制；各张力机工况张力基本保持一致；在放线过程中，路径上派专人跟踪观察，通过通信系统指挥牵张场地调整同步差异。

6. 材料与设备

　　本工法无需特别说明的材料，"八牵8"张力展放导线采用的主要机械设备见表6。

机 械 设 备 表　　　　　　　　　　　　　　　　表6

序号	名　称	规　格	单位	数量	备　注
1	牵张一体机	2×45kN	台	4	配套了4台设备的同步装置
2	二线张力机	2×37.5kN	台	4	或2台四线张力机
3	牵引机	80kN	台	1	
4	三线张力机	3×30kN	台	1	
5	导线尾车	70kN	个	8	
6	钢绳卷车	20kN	个	8	牵张一体机配套尾车，牵放导引绳用
7	"八牵8"张力放线滑车	TFH-5-4/4	个/基	6	80kN，专用特制，配备通用挂具
8	导引绳	□13	km	160	循环展放牵引绳和导线
9	导引绳	□18	km	30	循环展放牵引绳使用
10	钢丝绳空轴		套	10	□13用
11	钢丝绳空轴		套	2	□18用
12	导线卡线器	KLQ-65	套	80	
13	特制单线走板	50kN	套	3	
14	挂胶钢丝绳套	□13×20m	根	10	消除子导线不同步误差
15	钢丝绳尾车	RVB001	套	3	"一牵3"展放导引绳
16	特制三轮朝天滑车		套	25	配备符合铁塔横担尺寸的框架
17	三线牵引走板	50kN，间距100mm	套	2	额定荷载50kN，"一牵3"展放导引绳
18	四线牵引走板	80kN，间距100mm	套	2	"一牵4"展放导引绳
19	断线钳		把	4	液压
20	液压机	200t	套	4	
21	机动绞磨	50kN	台	6	
22	磨绳	φ13	条	6	长度为250m
23	手扳葫芦	60kN	个	50	
24	手扳葫芦	30kN	个	30	
25	卸扣	100kN	只	60	
26	卸扣	80kN	只	120	

序号	名　　称	规　格	单位	数量	备　　注
27	卸扣	50kN	只	60	
28	起重滑车	50kN	台	10	
29	起重滑车	10kN	台	20	
30	起重滑车	30kN	台	20	
31	尼龙绳传递绳	φ12	t	6	长度为240m
32	钢丝绳	φ13	m	300	
33	钢丝绳	φ15	m	300	
34	钢丝绳	φ17.5	m	300	
35	地锚	BDZ-7	个	40	
36	挂胶接地滑车	SHLD-1	个	10	挂导电胶
37	普通接地滑车	SHGD-1	个	11	导引绳用
38	压线滑车	20kN	个	3	铝包钢地线用
39	单头网套连接器	SLW-4	个	10	导线，破断130kN
40	双头网套连接器	SLW-4（S）	个	10	导线、破断130kN
41	导线接续管护套		个	48	
42	地线接续管护套		个	4	
43	旋转器	50kN	个	12	额定荷载50kN
44	抗弯连接器	50kN	个	12	连接挂胶钢丝绳套与牵引绳
45	旋转器	SLX-3	个	6	额定荷载30kN
46	抗弯连接器1	DHG-3	个	20	额定荷载30kN，连接φ8mm迪尼玛绳
47	抗弯连接器2	DHG-5	个	20	额定荷载50kN，连接□13mm防捻钢绳
48	抗弯连接器3	DHG-8	个	20	额定荷载80kN，连接□18mm防捻钢绳
49	□13导引绳卡线器	11~15mm	套	45	
50	□18导引绳卡线器	16~18mm	套	10	
51	迪尼玛绳卡线器		套	10	木制
52	导线滑车挂具		套	45	带攀爬脚钉
53	四线锚线架	200kN	个	26	150kN
54	锚线绳	GJ100×15m	根	50	
55	地锚	BDZ-15	个	26	150kN，配有地锚套φ21.5×3.5m
56	迪尼玛绳	φ8mm	km	10	张力展放导引绳用
57	多分裂导线分线器	自制	套	6	特制，挂胶

7. 质 量 控 制

7.1 工程质量控制标准

7.1.1 《1000kV架空送电线路施工及验收规范》Q/GDW 153-2006。

7.1.2 《1000kV架空送电线路工程施工质量检验及评定规程》Q/GDW 163-2007。

7.1.3 《1000kV架空送电线路张力架线施工工艺导则》Q/GDW 154-2006。

7.1.4 工程架线施工所执行的技术规程、规范及有关图纸文件及设计变更，业主单位、监理单位、设计单位等下发的有关架线工程的通知、文件、会议纪要等。

7.2 质量保证措施

7.2.1 严格进行原材料及器材管理和检验，加强架线机具的管理和维护，加强质量基本管理，做好三级质量检查验收工作。

7.2.2 放线施工过程质量控制措施

对使用的机具、材料认真检验，导线在展放前不得拆除线轴的包装。

加强导线运输过程中的保护，线轴运输时，应用索具固定牢，采用立式运输方式；线轴卸放必须使用吊车，并排放整齐；运抵现场的导线等应采取防雨、防潮湿、防损坏、防丢失等措施。

加强导线展放过程中的保护，放线时，应有专人负责导线线轴的检查，专人护线；张力场设专人观察正在展放的导线，监察其质量问题，当发现有导线焊点断裂、筋勾、磨伤、层次混乱等问题时，及时停机处理。

做好导线落地保护措施，导线、余线必须着地时，务必垫彩条布或草袋，并设专人护线。

做好导线临锚保护措施，对所有临时锚线操作，须使用特制的钢绞线锚线绳，不允许用普通钢丝绳代替，容易磨损导线处，应套胶皮管保护。

防止多分裂导线相互鞭击，导线放线后采用不等张力锚线，使每相导线锚线后，在档距中间呈不等高排列，各子导线在档距内弧垂差为 0.5~1.0m。

7.2.3 防止八分裂导线缠绕措施

在档距较大且遇大风天气进行导线展放时，由于子导线风荷载等外荷载的作用，导线易发生互相鞭击、绞花现象，为保护导线，可以使用我公司研制的"组合式多分裂导线分线器"解决此问题。如图 7.2.3 所示。

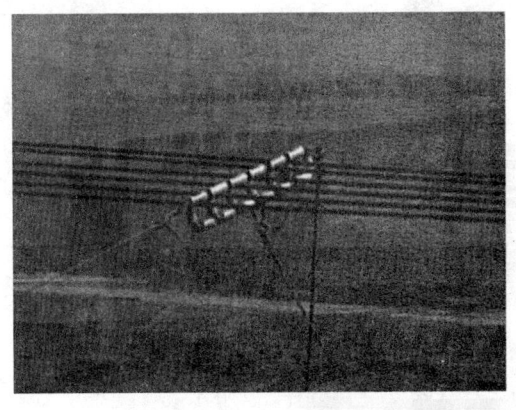

图 7.2.3　组合式多分裂导线分线器的应用

7.2.4 防止导线磨损措施

接触导线放线滑车轮、分线器轮、接地滑车轮、压线滑车轮、锚线绳、提线器均挂胶。

展放导地线张力机和展放导引绳、牵引绳张力机分开使用。

导线尾车与张力机之间的距离为 10m。

放线前检查所有放线滑车，确保滑车工作正常。

转角处设专人看护，导线牵引过转角塔时缓慢通过，防止跳槽。

导线接续管护套外采用相应直径橡胶套包裹，在接续管护套过完最后一个放线滑车时将其拆除。

由于特高压每相导线达到八分裂，导线尾车偏离线路中心角度大，在导线尾车布置时，应按扇形排列，以防止导线被线盘边缘摩擦，并利用特制橡胶护套将导线线盘边缘包裹，以防止导线磨损。

在导地线放线架与张力机间铺垫彩条布防磨垫。

8. 安 全 措 施

8.1 一般安全规定

8.1.1 施工人员应严格遵守《电力建设安全工作规程 第 2 部分：架空电力线路》DL5009.2-2004 及《电力建设安全健康与环境管理工作规定》（国家电网工［2003］168 号）及有关规定，并经考试合格后方可上岗。

8.1.2 严格依据设计图纸、设计变更、施工及验收规范、施工技术资料施工，确保架线施工安全。

8.1.3 架线施工前，由项目部组织对参加施工的所有人员进行安全技术交底，并全员签字认可；交底后未经项目总工同意，任何人不得擅自变更。

8.1.4 牵张机手、高处作业人员、起重工、压接工等特种作业人员，必须经有关部门进行专业培训并考核合格后，持证上岗。

8.1.5 所有架线工器具必须符合技术检验标准，使用前由项目安全主管组织有关人员对其进行全面检查，不合格者进行标识或封存入库，严禁使用，严禁以小代大、超载使用。

8.1.6 通信系统必须保持畅通无阻、迅速可靠，展放导地线、紧线附件等不同工序选用不同通信频率，避免相互干扰。

8.1.7 防静电、感应电的措施

架线前，牵引机和张力机安装专用接地装置可靠接地，牵张机手必须站在绝缘胶垫上操作，并不得与未站在绝缘垫上的人直接接触。

放线过程中，在放线区段两端到导地线安装接地滑车，并保证其接地可靠。

施工过程中，导地线必须良好接地，在强风、暴风过后应对接地情况进行检查，同时确保铁塔永久接地良好。

8.1.8 在土质较差地区，按照方案要求加大地锚有效埋深或采用挡土板对地锚进行加固，地锚埋设时安排专人检查并填写地锚埋设责任卡，重要部位地锚应进行加载试验。

8.1.9 高处作业人员必须持有登高作业证，并经体检合格后持证上岗。高处作业人员作业时必须正确使用安全带、二道防线等安全防护用品，高塔作业必须使用速差自控器、安全自锁器。

8.2 安全措施

8.2.1 吊挂绝缘子串前，应检查放线滑车转动是否灵活，绝缘子串弹簧销是否齐全、到位。吊挂绝缘子串或滑车时，吊件的垂直下方不得有人。

8.2.2 动力伞展放导引绳遵守以下规定

1. 飞行前对施工人员进行技术交底，使飞行员熟悉航线，在飞行时严格执行施工方案。

2. 飞行员应持证上岗，工作前不得饮酒，检查无误后方能起飞。

3. 在飞行航线塔上端插红旗和引导灯指引航线，引导员进行专项培训。

4. 地面由指挥员观测风向、风速，如遇4级以上大风、雾和雨雪天气严禁飞行。

5. 飞行员与地面指挥人员必须保持通信畅通。

6. 如所带绳索卡住，应及时割断绳索，保证飞行安全。

7. 导引绳、牵引绳的端头连接部位、旋转连接器及抗弯连接器在使用前应由专人检查；钢丝绳损伤、销子变形、表面裂纹等严禁使用。

8.2.3 张力放线前应由专人检查下列工作

1. 牵引设备及张力设备的锚固必须可靠，接地应良好。

2. 牵引段内的越线架结构应牢固、可靠。

3. 通信联络点不得缺岗。

4. 转角塔放线滑车的预倾措施和导线上扬处的压线措施必须可靠。

5. 交叉、平行或邻近带电体的接地措施必须符合安全施工技术的规定。

6. 重要跨越相邻塔放线滑车加装"二道防线"保护。

8.2.4 张力放线牵引过程中注意事项

1. 张力放线必须有可靠的通信系统。牵引场和张力场必须设专人指挥。

2. 牵引时接到任何岗位的停车信号时都必须停止牵引；张力机必须按现场指挥的指令操作。

3. 导线的尾绳或牵引绳的尾绳在线盘或绳盘上盘绕圈数均不得少于6圈。

4. 旋转连接器严禁直接进入牵引轮或卷筒。

5. 牵引过程中发现导引绳、牵引绳或导线跳槽等情况时，必须停机处理。

6. 导引绳、牵引绳或导线临锚时，其锚线张力不得小于对地距离为5m时的张力，同时应满足对被跨越物安全距离的要求。

7. 导线或牵引绳带张力过夜必须采取临锚安全措施。

8.2.5 导地线压接的安全规定

1. 使用前检查液压钳体与顶盖的接触口，液压钳体有裂纹者严禁使用。

2. 液压机启动后先空载运行检查各部位运行情况，正常后方可使用；压接钳活塞起落时，人体不得位于压接钳上方。

3. 放入顶盖时，必须使顶盖与钳体完全吻合；严禁在未旋转到位的状态下压接。

4. 液压泵操作人员应与压接钳操作人员密切配合，并注意压力指示，不得过荷载。

5. 液压泵的安全溢流阀不得随意调整，并不得用溢流阀卸载。

6. 使用手动液压机时，操作人员不得手扶液压机盖和保险片，施压时不得用力过猛，操作手柄上严禁两人同时施压，更不得将手柄加长使用。

8.2.6 预防电击措施

1. 遇有雷电天气及临近高压电力线施工时，必须按要求规定安装可靠的接地装置。

2. 接地线必须采取编织软铜线，不得用其他金属代替。

3. 安装工作接地线时，必须先安装塔身，然后安装导（地）线侧，拆除时顺序相反。安装与拆除时必须设安全监护人。

4. 张力放线前，施工段内的塔位接地线必须安装良好。

5. 牵引设备及张力设备应安装可靠的接地，操作人员应站在绝缘垫上工作。

9. 环 保 措 施

9.1 环保施工工艺

引导绳展放采用动力伞腾空展放，导引绳采用"一牵2"、"一牵3"、"一牵4"方式腾空展放，导线采用"八牵8"张力放线，减少对地面植被的破坏，避免过多砍伐放线通道林木，减少环境破坏和施工赔偿。

9.2 水土保持措施

牵张两场开挖排水沟，施工完毕土地进行复耕，对施工简明道路、人抬道路、施工临时用地、牵张场地采取安全文明施工措施，有效地防止水土的流失，最大程度保持地形的原貌。

9.3 环境保护措施

为使现场施工布置更加合理，减少施工占地，有效的恢复施工场地原状原貌，杜绝垃圾污染，有效进行施工环境保护，建设环保绿色工程，成立相应的施工环境卫生管理机构，在施工过程中严格遵守国家和地方的有关环境保护法律法规和规章制度，并严格执行以下措施：

9.3.1 在施工中实现导引绳、导线等物料不落地。

9.3.2 严格落实项目设计文件中有关环保、水保的施工，制定环保施工方案。

9.3.3 配合环评、水保验收工作，确保环保、水保与主体工程同时施工、同时竣工验收、同时投产。

9.3.4 现场设置足够数量的废料区、垃圾筒，办公区有专人清扫，保持现场施工环境的卫生。

9.3.5 施工过程中，注意保护土地植被、林地树木、农田庄稼，做到少破坏植被，少砍树木，少毁庄稼。

9.3.6 装载施工材料、渣土或生活垃圾的车辆，采取有效地遮盖措施，防止尘土飞扬、道路遗撒。

9.3.7 施工现场在施工完毕后，派专人进行清理。

9.3.8 施工结束后做到料尽、场清。

10. 效 益 分 析

10.1 经济效益

"八牵8"张力放线施工工艺具有单根导线牵引力小、安全性高的特点，施工采用小型设备和常用工器具，"八牵8"工艺作为创新工艺大量使用了现有设备及工器具，设备投入较少，相对于改善滑轮材质等其他改进方式，既减少了研发费用，也减少了设备直接投入，有效降低了施工成本。

与"八牵8"张力放线施工工艺相配套的动力伞展放导引绳和张力展放牵引绳施工工艺，大大提高了放线施工的机械化程度，提高了施工效率，降低了劳动强度，保证了施工进度，同时最大限度地减少了植被破坏、降低了青苗、道路赔偿等费用，技术经济效益显著。

10.2 社会效益和推广价值

"八牵8"张力放线施工技术为全国首创，在国内送变电施工行业处于领先水平。作为"八牵8"张力放线施工工艺的核心技术，"八牵8"张力放线专用滑车属国际首创，研发的拥有自主知识产权，符合创新型企业建设要求，体现了行业的科技创新水平，解决了施工难题，技术先进、安全可靠、简单实用，能够有效保护导线，最大限度地降低导线磨损引起的线路电晕损耗及可听噪声，有利于节能环保。

"八牵8"张力放线施工工艺作为一种新型的放线工艺，在满足1000kV交流特高压线路张力放线施工要求的同时，提升了国家电网工程建设技术水平，同时为±800kV直流特高压线路大截面导线同步展放做好了技术储备。"八牵8"张力放线施工技术及其专用滑车具有很高的通用性，可推广应用到普通输电线路工程、±800kV直流、750kV交流输电线路工程的导线展放施工中。在特高压电网建设高峰来临之际，以及今后越来越多的线路改造施工，"八牵8"张力放线施工工艺有着广阔的应用空间，其社会效益和推广价值将日益显现。

10.3 环保效益

"八牵8"张力放线施工工艺及配套的特高压"八牵8"放线滑车，能够有效保护导线，最大限度地降低导线磨损引起的线路电晕损耗及可听噪声，有利于节能环保。

与"八牵8"张力放线施工工艺相配套的动力伞展放导引绳和张力展放牵引绳施工工艺，实现了牵引绳的腾空展放，能够有效的保护环境，最大限度地减少了植被破坏，环保效益显著。

11. 应 用 实 例

特高压"八牵8"放线工艺经过研究、工程试验、改进完善后，分别于2007年12月6日在平安城—唐山西500kV双回输电线路工程和2008年7月18日~2008年7月28日在1000kV晋东南—南阳—荆门特高压交流试验示范工程中应用。

11.1 平安城—唐山西500kV双回输电线路工程

11.1.1 工程概况

平安城—唐山西500kV双回输电线路工程1标段，工程建设规模为同塔双回500kV线路，面向唐山西变左侧为I回线路。试验区段地点位于平安城500kV变电站出口大号侧，起止桩号为平唐1标的N1~N8，线路长度为3.026km，线路途经地区为丘陵，地表跨越物为低矮果树及乡间土路，无带电线路。

该工程导线采用4×LGJ-630/45钢芯铝绞线，三相垂直排列，每相导线为4分裂呈正方形布置，分裂间距为500mm。

11.1.2 工程施工

2007年12月6日，在平安城—唐山西500kV双回输电线路工程1标段，以"四牵4"模拟"八牵8"方式共展放导线2×3.026km。

1. 滑车悬挂

"八牵8"放线滑车按统一朝向悬挂，直线塔放线直接悬挂于绝缘子串下端的联板上，耐张塔放线滑车使用两根φ17.5钢丝绳套悬挂，其中 N2 转角塔（转角 53.7°）悬挂双滑车，N5 转角塔（转角 30°）悬挂单滑车（图 11.1.2）。

图 11.1.2　转角塔双滑车悬挂

2. "一牵 4"张力展放牵引绳

"一牵 4"张力展放牵引绳使用设置在牵引场的 1 台小牵引机，牵引口18 导引绳，口18 导引绳连接特制四线走板牵引 4 根口13 牵引绳，实现"一牵 4"张力展放牵引绳。口18 导引绳和口13 牵引绳全部从滑车辅轮中通过。

3. 放线施工

此次工程应用以"四牵 4"方式模拟了"八牵 8"放线施工，放线期间导线同步状况良好、"八牵8"放线滑车、特制走板工作正常，放线施工顺利完成。

11.2　1000kV 晋东南—南阳—荆门特高压交流试验示范线路工程

2008 年 7 月 18~2008 年 7 月 28 日，在 1000kV 晋东南—南阳—荆门特高压交流试验示范线路工程，共展放导线 3×6km，展放导线形式为 8×LGJ-500/35 钢芯铝绞线。

11.2.1　工程概况

1000kV 晋东南—南阳—荆门特高压交流试验示范工程是我国第一条 1000kV 电压等级的特高压输电线路工程，是世界上首个双百万特高压商业输电工程，代表着世界电网技术研究和工程应用的一流水平，属国家"十一五"重大电力建设项目。

采用"八牵 8"放线工艺的 1000kV 晋东南—南阳—荆门特高压交流试验示范工程第 15B 标段位于湖北省襄樊市襄阳区境内，地形均为低矮丘陵，线路长 11.299km，为单回路建设，标段起于 G477 塔位，止于 G499 塔位，共有铁塔基础 22 基。

该工程每相导线采用 8×LGJ500/35 钢芯铝合金绞线，三相成三角排列，8 根子线按正八边形排列，边长为 400mm。

11.2.2　工程施工

1. 放线滑车悬挂

每基塔每相导线悬挂两个"八牵 8"张力放线滑车，靠近塔身侧的滑车利用拉偏索具拉偏，使两放线滑车保持 1.5m 以上距离。

直线塔悬垂串形式呈 I 形的悬挂方法：一个滑车利用悬垂串悬挂，另一个滑车利用专用挂具悬挂于铁塔横担的施工孔上，专用挂具的脚钉均朝顺线路方向，以防止脚钉碰撞绝缘子，滑车悬挂方式及挂点位置见图 11.2.2-1。

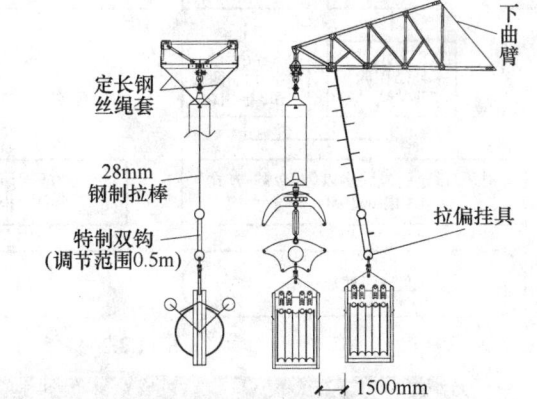

图 11.2.2-1　直线塔边相 I 形悬垂串的悬挂滑车示意图

直线塔中相 V 形悬垂串滑车悬挂方法：两个滑车都通过专用挂架与悬垂联板相连，悬垂联板上设计留有施工挂孔，见图 11.2.2-2。

耐张塔放线滑车悬挂时，中相挂点采用临时挂架悬挂，见图 11.2.2-3。

耐张塔边相利用钢丝绳套将滑车悬挂与导线横担施工挂孔上。

2. 张力展放引导绳

8 分裂导线牵引绳逐级展放流程见图 11.2.2-4。

1）第一次 "一牵 3" 绕牵操作（图11.2.2-5）

中相滑
车挂架
0.5m
1.758m
1m

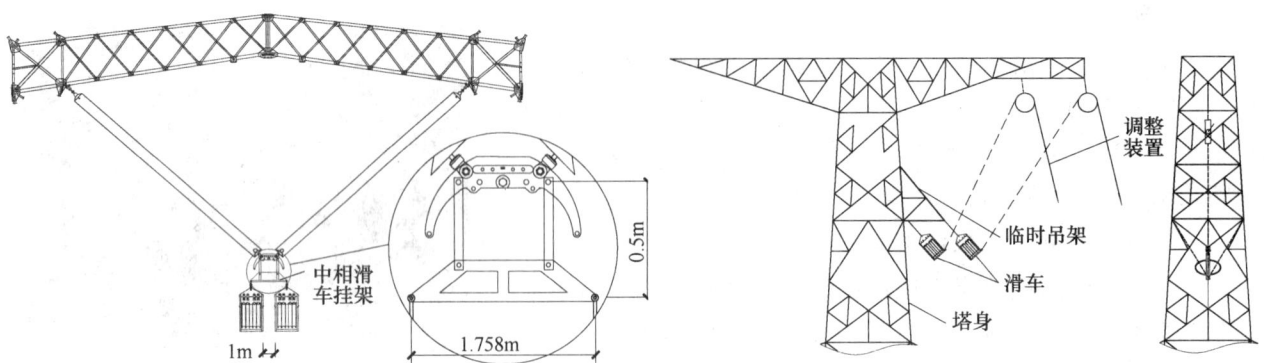

图 11.2.2-2　直线塔中相 V 形悬垂串的悬挂滑车示意图

调整
装置
临时吊架
滑车
塔身

图11.2.2-3　耐张塔中相滑车挂法总示意图

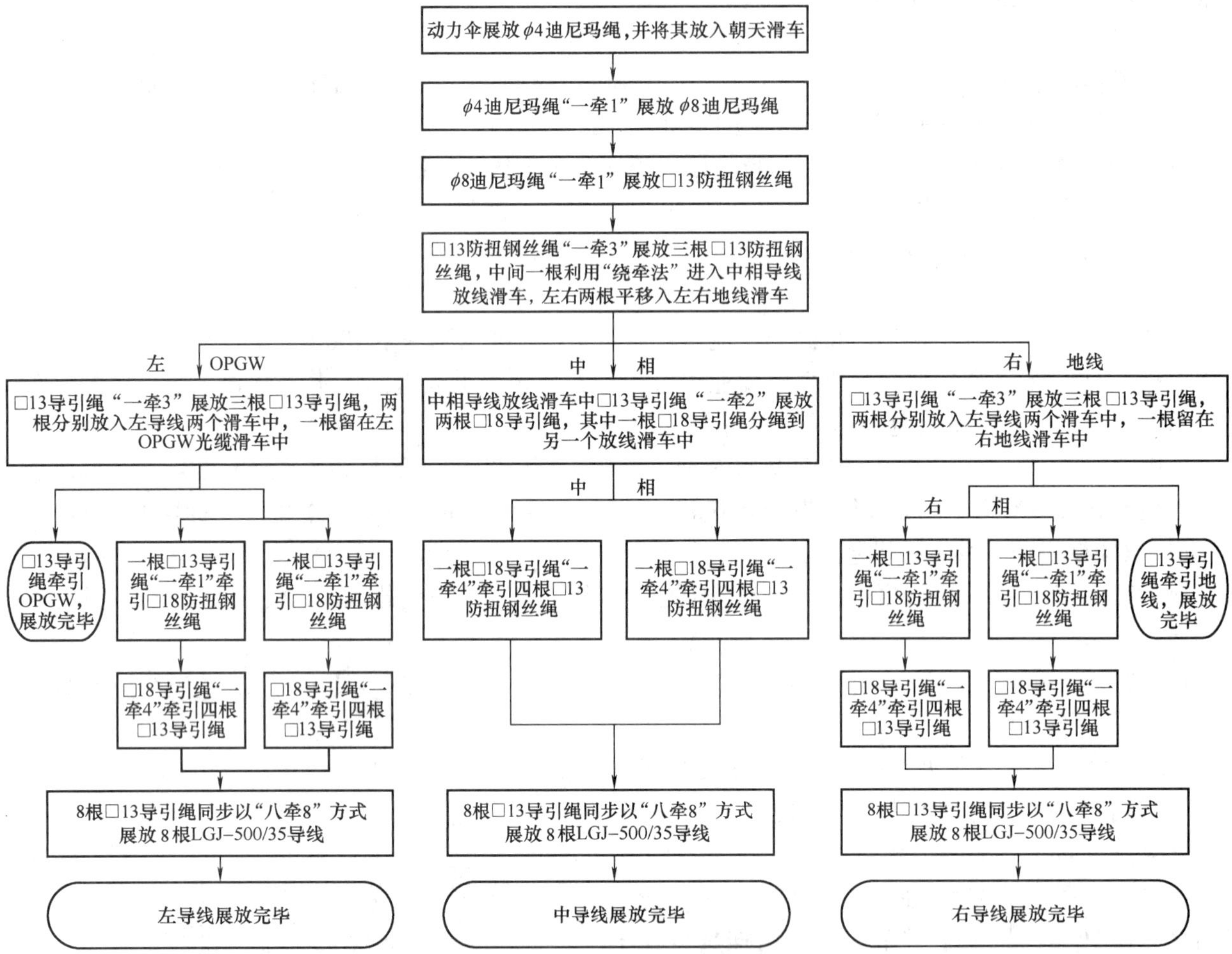

动力伞展放ϕ4迪尼玛绳，并将其放入朝天滑车
ϕ4迪尼玛绳“一牵1”展放ϕ8迪尼玛绳
ϕ8迪尼玛绳“一牵1”展放□13防扭钢丝绳
□13防扭钢丝绳“一牵3”展放三根□13防扭钢丝绳，中间一根利用“绕牵法”进入中相导线放线滑车，左右两根平移入左右地线滑车
左　OPGW
中　相
右　地线
□13导引绳“一牵3”展放三根□13导引绳，两根分别放入左导线两个滑车中，一根留在左OPGW光缆滑车中
中相导线放线滑车中□13导引绳“一牵2”展放两根□18导引绳，其中一根□18导引绳分绳到另一个放线滑车中
□13导引绳“一牵3”展放三根□13导引绳，两根分别放入左导线两个滑车中，一根留在右地线滑车中
□13导引绳牵引OPGW，展放完毕
一根□13导引绳“一牵1”牵引□18防扭钢丝绳
一根□13导引绳“一牵1”牵引□18防扭钢丝绳
中　相
一根□18导引绳“一牵4”牵引四根□13防扭钢丝绳
一根□18导引绳“一牵4”牵引四根□13防扭钢丝绳
右　相
一根□13导引绳“一牵1”牵引□18防扭钢丝绳
一根□13导引绳“一牵1”牵引□18防扭钢丝绳
□13导引绳牵引地线，展放完毕
□18导引绳“一牵4”牵引四根□13导引绳
□18导引绳“一牵4”牵引四根□13导引绳
□18导引绳“一牵4”牵引四根□13导引绳
□18导引绳“一牵4”牵引四根□13导引绳
8根□13导引绳同步以“八牵8”方式展放8根LGJ-500/35导线
8根□13导引绳同步以“八牵8”方式展放8根LGJ-500/35导线
8根□13导引绳同步以“八牵8”方式展放8根LGJ-500/35导线
左导线展放完毕
中导线展放完毕
右导线展放完毕

图 11.2.2-4　8 分裂导线牵引绳展放流程图

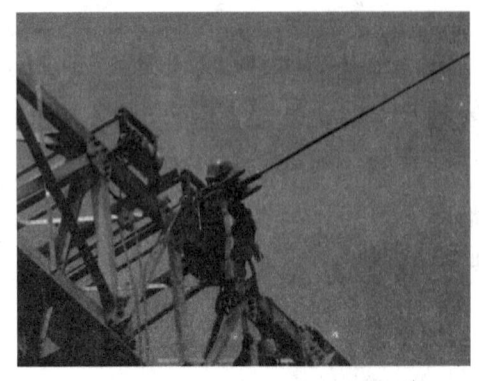

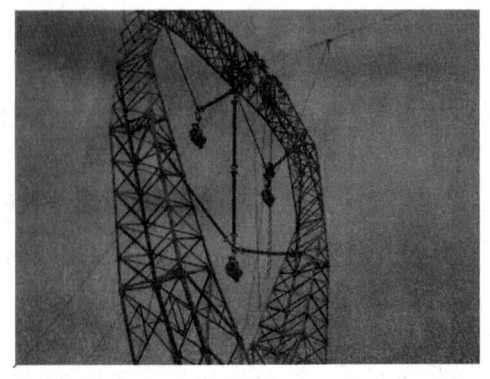

图 11.2.2-5　“一牵 3”张力展放导引绳施工

借助塔中导线横担上的三线朝天滑车，利用已经牵放完毕的□13导引绳"一牵3"牵放三根□13导引绳，展放完毕后将位于三线滑车两个边轮的□13导引绳平移至地线和光缆侧的 φ508 三轮放线滑车中；三线滑车中间轮中的□13导引绳利用"绕牵法"，在牵放时进入中相导线放线滑车中轮，具体操作步骤如下：

①在塔横担中部，事先将一根□13×20m 钢丝绳套，一端用 U 形环固定在铁塔横担张力场侧的主材结点上，另一端连接 SKDZ-2 型卡线器，以备锚线用。

②当三线走板行至超过放线滑车约 40m 位置时停止牵引。

③高空作业人员将中轮□13导引绳在张力场侧用卡线器卡紧，牵引机"倒车"回松，同时张力机将两边轮□13导引绳缓慢回卷。

④将三线走板回牵至操作塔三轮朝天滑车前 0.5~1.0m 处，打开中轮□13导引绳与走板的连接，人工将中轮呈松弛状态的□13导引绳传入中相导线放线滑车中轮，从而实现"绕牵"操作。

⑤连接□13导引绳与走板。

⑥继续向前牵引，重复上述操作直至整个放线区段导引绳展放完成。

2) 中相"一牵2"、"一牵4"操作

利用预留在中相的一个导线放线滑车中轮的□13导引绳"一牵2"牵放两根□18导引绳，再将其中一根□18导引绳平移到另一个导线放线滑车中，在中相两个导线放线滑车中分别实施"一牵4"展放四根□13牵引绳，完成中相牵引绳展放完毕。过程示意见图 11.2.2-6。

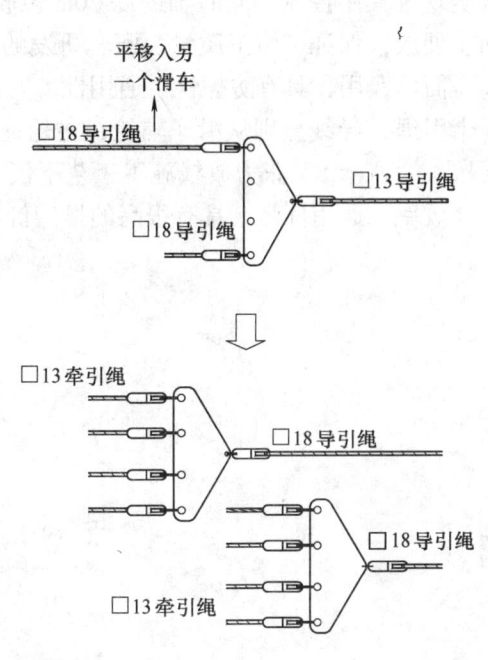

图 11.2.2-6　中相"一牵2"、"一牵4"操作示意图

3) 地线三轮放线滑车 "一牵3"操作

在地线的三轮放线滑车中利用□13导引绳作为牵引绳实施"一牵3"展放三根□13导引绳，再将其中的两边侧□13导引绳向下分别放入边相的两个放线滑车中，每个滑车一根□13导引绳，注意两根□13导引绳要统一编号，以防出现交叉。地线滑车中剩余的一根□13导引绳作为牵放地线的牵引绳。过程示意见图 11.2.2-7。光缆侧操作与地线侧基本相同，唯有不同之处是将 φ508 三轮放线滑车中两边根□13导引绳放入边相导线放线滑车后，再将中轮□13导引绳平移入光缆放线滑车。

4) 边相导线"一牵4"操作

边相导线两组滑车中各自完成"一牵1"展放□18导引绳后，即可进行"一牵4"展放□13牵引绳操作，边相牵引绳牵放完毕。过程示意图见图 11.2.2-8。

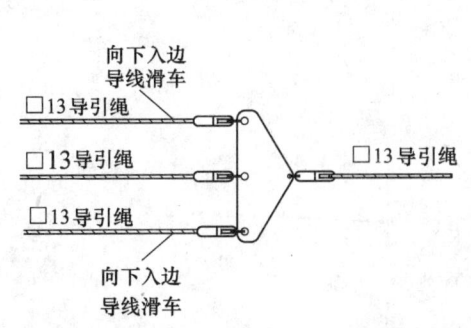

图 11.2.2-7　地线三轮放线滑车 "一牵3"操作示意图

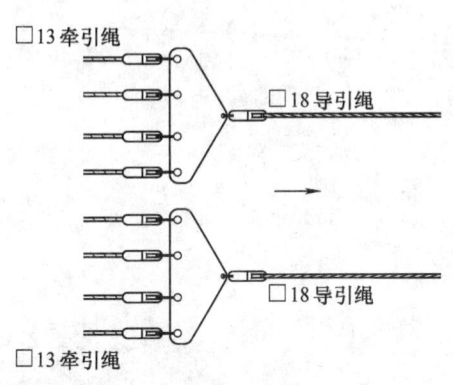

图 11.2.2-8　边导线"一牵4"操作示意图

4. 放线施工

2008年7月17日，在1000kV晋东南—南阳—荆门特高压交流试验示范工程第15B标段采用"八牵8"张力放线施工工艺进行第二放线区段导线展放，共计展放导线3×6.192km，施工自2008年7月17日开始，至2008年7月26日结束，仅用时10d。

11.3 应用效果

"八牵8"张力放线工艺的单根导线牵引力小，安全性高；通过牵、张设备的电子同步控制装置互联实现了集中控制，同时辅助以20m包胶钢丝绳套防止各子导线间的同步差异，实现了多分裂导线的同步展放，保证了施工质量。配套研发的"八牵8"张力放线专用滑车属国际首创，设计独特、结构新颖、简单实用，具有防护性、通用性、安全性、高承载力、人性化、自动化等优点，在施工过程中实现了牵引绳、导线分别从滑车辅轮、主轮通过，满足《1000kV架空输电线路张力架线施工工艺导则》的要求。"八牵8"张力放线施工工艺不仅有效保证了施工安全和质量，同时大大提高了施工技术水平和劳动效率，通用性强，具有很高的推广价值。

超长异型无机布组合防火卷帘施工工法

GJYJGF046—2010

中建一局集团建设发展有限公司　五洋建设集团股份有限公司

李博　翟海涛　倪陈　郭池　罗海

1. 前　言

随着建筑科技的发展，建筑师为了突出其设计新颖而使建筑的造型变得更加复杂，为了同时满足建筑效果及消防功能的要求，需要解决超长异型无机布组合折叠防火卷帘的施工技术难题。国贸（三期）工程采用大量的超长无机布防火卷帘实现防火分区封闭。为了保证国贸（三期）工程超长防火卷帘施工的成功性和防火卷帘功能的稳定性，工程本着安全可靠、经济合理的原则，通过对传动机构、帘布组合以及熔断技术等方面进行改革创新，成功地完成了国贸（三期）超长异型无机布防火卷帘施工，总结形成此工法。

2. 工 法 特 点

2.1　在确保无需喷淋即可满足消防要求的同时，突破了安装长度及选型的限制，打破了大型商场、宴会厅等大跨度防火分区采用卷帘封闭时，必须以柱子将其分成不超过18m的几个小段后方可施工的限制。

2.2　有效确保精装区域的装饰效果，使卷帘的消防功能与装饰功能逐步结合。

2.3　结合卷帘异型造型以及现场实际情况，合理进行吊挂件及传动机构设计。

2.4　通过调整卷轴与帘布间距离，并且合理进行钢丝绳布置，最小化钢丝绳行程，使卷帘能保证异型造型下稳定运行。

2.5　解决了超长防火卷帘使用多个电机时，各电机的熔断器不能联动工作的缺陷。

3. 适 用 范 围

适用于大堂临边、精装大厅等大跨度、异型防火分区处的无机布组合折叠防火卷帘的安装施工。

4. 工 艺 原 理

4.1　通过对卷帘传动机构的研究，控制传动机构的吊架、卷轴、钢丝绳的定位尺寸，并以齿轮箱、万向节等方式解决异型造型下的卷轴连接方式，实现了异型超大防火卷帘传动机构运作时的整体联动性（图4.1-1~图4.1-4）。

4.2　依据卷帘定位线现场进行底托盘焊接加工，并通过对现场帘布整体拼接时的节点处理以及对拐角处容易堆积帘布的处理措施，实现了卷帘帘布的异型造型及T形连接。

4.3　在传动机构上吊装帘布时，通过对钢丝绳以及安装技术的控制，实现了防火卷帘运行时同步性及稳定性；

4.4　通过对超长异型无机布组合折叠防火卷帘使用多个电机状态下的熔断技术改革，以蓄电池控制多台电机的熔断，实现其在火灾断电状态下依靠自重降落。

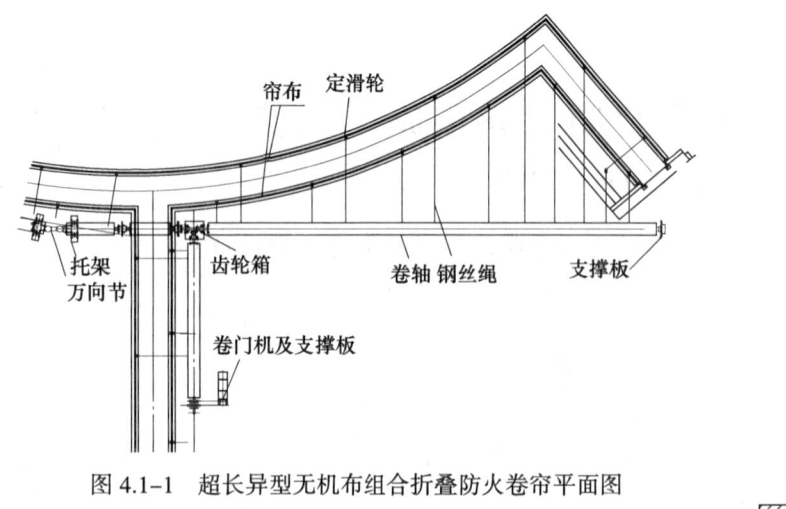

图 4.1-1 超长异型无机布组合折叠防火卷帘平面图

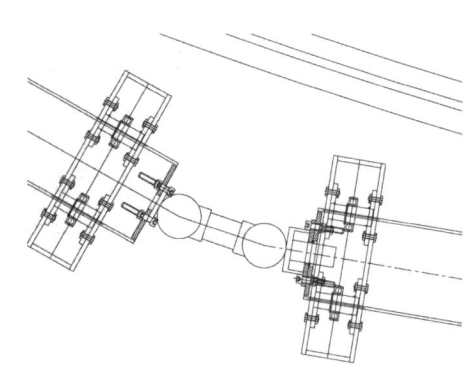

图 4.1-2 万向节

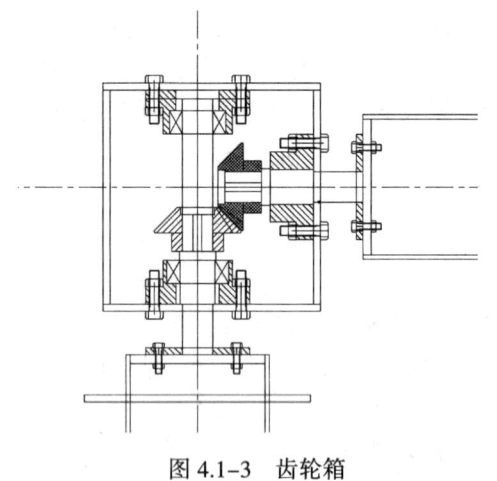

图 4.1-3 齿轮箱

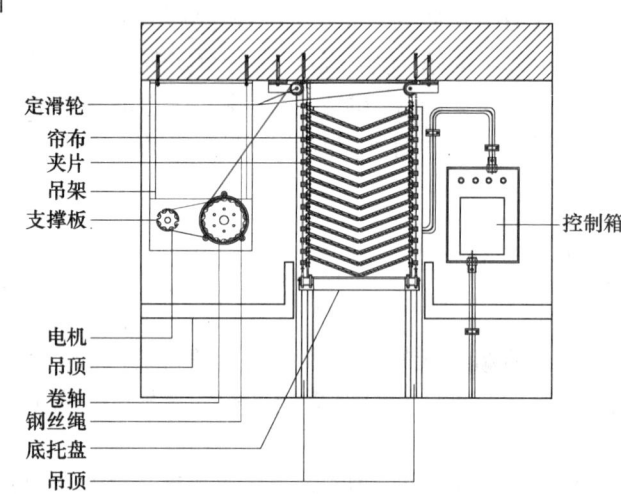

图 4.1-4 卷帘提升后状态

5. 施工工艺流程及操作要点

5.1 超大无机布卷帘施工工艺流程 (图 5.1)

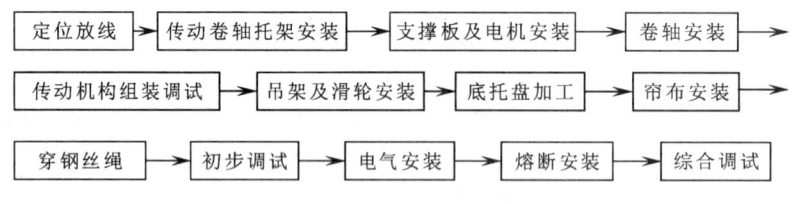

图 5.1 施工工艺流程图

5.2 施工要点

施工要点   表 5.2

序号	施工工艺	施工要点	图示
1	定位放线	依据装饰要求的造型，在施工现场定出卷帘边线，以此作为现场安装及工厂帘布加工的依据	卷帘定位图

序号	施工工艺	施 工 要 点	图 示
2	传动卷轴托架安装	（1）依据现场卷帘定位线考虑卷轴布置要求，以此定出卷轴托架定位，为避免卷轴在自重作用下变形过大，卷轴单节长度不超过 8m，其设置两个托架即可，超过 8m 的需在中间增加一个托架； （2）当卷帘从结构底部开始安装时，直接将 L50×4，长度 400mm 的角钢挂件用 φ14×120 膨胀螺栓埋到结构梁底或楼板底，间距为 5~8m，每个点用 2~3 支膨胀螺栓，再将托架逐个固定在角钢上； （3）当卷帘安装位置与结构楼板间有一定距离时，在结构顶板下以角钢间隔 1m 焊接钢吊架，悬挂固定托架； （4）托架中轴需保持在同一直线上，以确保卷轴安装完成后在同一轴线上； （5）托架安装完毕后，用角钢将托架进行加固，以保证托架在运行不摆动； （6）各部位固定牢固后，将焊接处焊渣除去，打磨平整，并做好防锈处理	 托架安装 托架做法大样
3	支撑板及电机安装	（1）支撑板设置在安装电机的位置以及卷帘末端，用于悬挂卷轴和固定电机； （2）支撑板安装方法同托架； （3）支撑板、托架中轴线需保持在同一直线上，相邻孔洞最大高度差控制在≤10mm 范围内； （4）支撑板安装完成后，挂上电机把螺丝拧上，挂上传动链条调整至张紧度合适为止	 支撑板安装
4	卷轴安装	（1）在卷轴中端部位找一个合适位置，打好手拉葫芦架确定牢固后把手拉葫芦挂上，然后放下启动承重链，将卷轴挂好捆牢； （2）把卷轴上升拉至合适位置，将卷轴穿入托架板内，调直全长直线度最大误差控制在≤8mm 范围内；将卷轴两端轴承连接在支撑板上，将螺丝拧紧、拧牢后加注润滑油	 卷轴安装
5	传动结构组装及调试	（1）卷轴安装完成后，需以万向节及齿轮箱连接成整体，万向节适用于两个卷轴角度大于 130°时的连接，齿轮箱适用于小于 130°时的卷轴连接； （2）卷帘的传动系统必须连接成一个整体，不应出现一樘卷帘几个独立传动系统的现象； （3）对于 T 形连接的卷帘，可考虑采取高低轴连接方式，即以一根短轴从分支卷帘上方穿过去，高低轴之间以链条连接，实现了传统系统的机械连接及运行整体性；	 传动机构组装

序号	施工工艺	施 工 要 点	图 示
5	传动结构组装及调试	（4）传动机构施工完毕后，需先检查各部位固定是否牢靠，电机接入控制箱，用临电对传动系统进行空载运行，检查各处有无卡滞、挂拖声、异声等；如发现上述问题需及时处理，确保整套传动系统无异样后再挂帘布	 高低轴示意图
6	吊架及滑轮安装	（1）当帘布可以直接与结构固定时，可在结构顶板上直接焊接角钢悬挂帘布； （2）当帘布无法直接与结构固定时，需在结构顶板下以角钢间隔1m焊接钢吊架，以形成悬挂点悬挂帘布，再以角钢将各个吊架连接成系统； （3）在安装定滑轮的同时，以∟50×4角钢挂件加固悬挂帘布用的角钢，待加固完成后方可悬挂帘布； （4）因该种卷帘采用双层帘布，为了确保卷帘升降时两层帘布同步，也为确保卷帘底托盘平稳以及帘布规则折叠，在固定帘布的吊架上，在每层帘布上方不超过1.2m（不得小于80mm）设置一个定滑轮（每单点荷载不得超过300kg），钢丝绳穿过定滑轮以夹片上圆环提升帘布和底托盘	 钢吊架及滑轮安装
7	底托盘加工	（1）对于异型造型的卷帘，采用现场焊接加工底托盘的做法，确保底托盘满足异型造型要求； （2）焊接时采用分段焊接做法，再依据卷帘定位线进行托架拼装焊接，焊接时先分点分段焊接，待各着力点固定完成，再进行全面焊接； （3）焊接完成后除去焊渣，打磨平整，并再涂刷2遍防锈漆	
8	帘布安装	（1）夹片作为帘布的骨架，对确保帘布的异型造型起着很大的作用； （2）角钢采用普通夹片，钢丝绳在夹片上的圆环内运行，避免了钢丝绳磨损，同时利用夹片的柔性，在卷帘提升时通过自身调节来确保帘布折叠的规则性； （3）加密钢丝绳间距到1.2m，来弥补夹片刚性不足的缺点，通过底托盘、加密钢丝绳以及夹片来确保卷帘的造型； （4）防火卷帘存在转角时，一般应采用圆角，且弧度不应小于60°，这样帘布和夹片都可以平顺拼接到一起，且折叠后不会出现过分的帘布堆积现象； （5）当要求采用角度连接时，角度最好为直角，不得小于30°，连接时需将拐角处的夹片断开，减小卷帘升降时夹片对帘布的制约，同时在拐角处增加钢丝绳以加强牵引力，再以防火线缝接帘布，最后在底托盘的拐角处焊接垂直钢筋以限制帘布折叠时鼓出； （6）两段防火卷帘以一定角度连接时，每段防火卷帘均不宜小于1m，否则会导致帘布过度堆砌而影响正常升降及外观效果	 帘布施工
9	穿钢丝绳	（1）将钢丝绳一端用M10六角螺栓固定在卷轴上，在卷轴上环绕2圈后穿入定滑轮，拉至地面延长300mm后把钢丝绳剪断； （2）将钢丝绳穿过帘布夹片的圆环，再将8×200mm全丝螺栓拉杆穿入底托盘上预先已打好的孔内，下端上好螺帽，上端把钢丝绳穿入拉杆孔内； （3）控制卷轴与帘布间的钢丝绳行程，卷轴中心线到相邻的帘布距离控制在600mm左右，同时取消钢丝挡圈，该做法可以有效地控制钢丝绳缠绕时乱窜现象，确保了缠绕的规则性； （4）钢丝绳安装完毕后，启动电机试运行，待确定卷帘各段帘布及底托盘平稳同步运行后，再将帘布缝合	 穿钢丝绳提升剖面

序号	施工工艺	施 工 要 点	图 示
10	初步调试	(1) 逐一检查各部位节点是否可靠牢固，再以临电启动电机，进行升降试验； (2) 反复运行了 3~5 次后，再次检查各部位、各节点有无异样，确认安全可靠后再将帘布托架升至吊顶标高处，然后将脚手架搭放在卷帘门下端调节螺杆，将托架底部调整至平整，允许最大误差 40~80mm； (2) 初步调试无问题后，将卷帘导轨安装完毕	 导轨安装
11	电气安装	(1) 检查控制箱的设备及配件是否完好，各接线端子是否松动，控制箱安装位置不得超过卷帘门机附近 1m； (2) 将控制箱用 M8 的膨胀螺栓固定在便于检修的柱（墙）上，应固定牢固可靠； (3) 用 M6 的膨胀螺栓将按钮盒安装在卷帘两侧便于操作的地方，按钮盒中心线距离建筑完成面高度为 1.4m； (4) 用 ϕ20 的镀锌线管配管，其所需弯管半径和连接方式应符合国家电气安装的相关规范，另外地下室必须使用热镀管； (5) 电控箱到电机的线用 ϕ15 的包塑软管保护； (6) 穿线：按照规范要求把各接点线路压紧、压牢，接好零线及保护地线，并做绝缘检查	 控制箱安装 按钮盒安装
12	熔断安装	(1) 为解决超长卷帘采用多个电机时的熔断同步问题，以电的方式代替机械方式； (2) 做法为在每台电机处设置一个温感玻璃管式熔断器，熔断器与电机之间不连接，而是直接与控制箱内的蓄电池连接；控制箱在控制电机时采用双路制，一条电路控制电机转动，另一条线路控制刹车装置打开，而蓄电池则直接与控制箱内控制刹车装置的电路连接；有电时控制箱会对蓄电池充电，而蓄电池无法对控制箱供电；一旦遭遇火灾，现场停电，只要某个熔断器被烧断，蓄电池开始供电，控制箱控制电机刹车装置的电路正常工作，从而实现防火卷帘的自降	 熔断器工作原理示意图
13	综合调试	(1) 综合调试前，需对机械部分作全面的检查，具体检查事项如下： ①用手拉住卷门制动使卷帘自重下落，检查卷帘升降是否正常、灵活； ②用钢丝钳压住刹车让卷帘下降 1m 后，用手控制开关，检查卷帘升降是否灵敏、可靠； ③电机制动器是否正常； ④轴承盖是否拧紧，有无松动； ⑤传动链轮是否同一平面，链条张紧程度是否适宜； ⑥支撑板加固件是否松动； ⑦帘板在导轨内运行是否正常，有无阻滞现象； ⑧帘布之间的窜动量符合要求。 (2) 综合调试前，先检查电气部分接线是否正确，有无松动、脱落现象，无误后再接通电源； (3) 以电动的方式启动卷帘并运行，制动灵敏，不应有异常； (4) 调试卷帘的上、中、下位行程，到指定的位置定位，要求各位置的重复定位误差不大于 20mm	

6. 材料与设备

6.1 机械设备一览表（表6.1）

机械设备一览表　　　　　　　　　　　　　　　　　　　表6.1

序号	机械或设备名称	型号规格	数量	用途
1	电焊机	BX-300	2台	传动机构焊接
2	切割机	GJ51-32	2台	传动机构加工
3	手电钻		3把	传动机构安装
4	欧姆表		1台	供电系统检测

6.2 材料准备（表6.2）

材料准备表　　　　　　　　　　　　　　　　　　　　　　　表6.2

序号	材料名称	规格	单位	数量	备注
1	角钢	∟50×50×4	m	300	吊挂传动机构及帘布
2	钢丝绳	φ6	m	1500	提升帘布
3	无机布	2mm 厚	m²	800	卷帘帘布
4	镀锌钢管	φ14	m	50	供电系统穿线
5	防火线	1.5mm²	m	500	供电系统

7. 质量控制

7.1 超大无机布卷帘质量检验标准及质量保证措施

质量检验标准及质量保证措施　　　　　　　　　　　　　　　表7.1

序号	检验项目	项目质量要求	检验方法
1	外观质量	导轨、卷轴、外罩等表面应平整光洁，不得有裂纹、扭曲、凹凸等缺陷； 卷帘门体外表面应色调一致，无色差； 产品铭牌应符合标准规定	目测、手感
2	材质及构件质量	材质应符合国家及行业标准，有出厂合格证； 电机、电气元件、五金配件应有合格证	检查合格证
3	加工质量	运动件或可接触到的零件必须去毛刺、尖角； 导轨长度极限偏差±20mm； 导轨滑动面直线度≤1.5mm	手感 用钢卷尺直尺检测 用平台塞尺检测
4	装配及安装质量	预埋铁件或固定件间距≤600mm； 帘布插入轨道深度≥40mm； 卷轴与水平面平行度≤10mm； 座板与水平面平行度≤30~50mm	用钢卷尺测量 钢卷尺测量 用水平尺及直尺测量
5	电气安装质量	电气布线合理、操作方便、灵活、准确； 电气绝缘电阻应符合要求； 电机等主电路：>300V 时，绝缘电阻≥0.4MΩ； 控制电路：<150V 时，绝缘电阻为≥0.1MΩ，150~300V 时，绝缘电阻为 0.2MΩ	目测 用兆欧表测试
6	性能质量	帘布上下滑动平稳、顺畅； 门体启闭速度 3~6m/min； 运行中能控制门体在任一位置停止，制动可靠； 限位准确，门体到上下重复差≤20mm； 电源电压为220V±10%时，卷帘机正常工作； 当温度超过电气元件规定温升时，自动切断电源； 停电时，手动启闭门器，其启动力<118N	观察 秒表测试 测试 测试 调压测试 测试 牵引仪测试

8. 安 全 措 施

8.1 超高卷帘安装时，操作架需经由安全部门检查通过后方可上人操作。

8.2 从事高空钢架焊接及卷帘安装作业时，需遵守安全、用电规范以及现场安全施工制度，周围设置警戒线（尤其是卷轴、帘布及底托盘安装作业），非作业人员不得进入该区域，焊接作业时需做好接火措施，配置专业看火人。

8.3 焊接完成的钢件、吊挂件等，需确保牢固可靠，避免发生坠物伤人事故。

8.4 卷帘调试时，需确保周围没有施工人员，调试卷帘周围需设置警戒线，调试需由专业人员进行调试作业。

8.5 卷帘调试时，需清理现场脚手架，避免其他物体妨碍卷帘升降，造成危险。

8.6 卷帘调试时，需设置 2~3 人看守，调试时卷帘下方严禁有人通过。

8.7 当卷帘调试时出现升降问题时，需对现场进行保护，疏散无关人员，待专业维修人员到场维修，严禁任何人使用外力进行强行升降操作。

8.8 在未正式移交业主之前，需定期对卷帘的传动机构进行检查，避免其他专业施工破坏传动机构，导致卷帘运行时出现危险。

9. 环 保 措 施

进场帘布需码放整齐，帘布运输及拼装操作时需轻拿轻放，避免内部岩污染环境。

10. 效 益 分 析

该种类型防火卷帘的应用，可以节约电机的使用，同时节约喷淋设置、水箱以及消防控制系统的使用，避免了卷帘安装区域卷帘安装结构柱和装饰收口的做法。就本工程使用的 110m 卷帘而言，依据常规做法需要分为 8~9 个卷帘，设置 7~8 个结构柱，使用 8~9 个防火电机，设置 8~9 个独立的消防系统。实际上除了利用原有墙体外，没有使用任何构造柱，整个卷帘仅使用 3 台防火电机，仅使用 1 个消防系统既实现了消防联动，从而节约大量的费用。

11. 应 用 实 例

国贸三期项目有双轨双帘无机布普通折叠式特级防火卷帘 24 樘，双轨双帘无机布组合折叠式特级防火卷帘 2 樘，其中商场 B1 层超大组合卷帘总长度达 110m，采用两组卷帘及 6 组帘布组合而成，同时由 4 组熔断器串联形成消防联动，为目前国内最大规模组合卷帘实例之一（图 11）。

在实际施工过程中，通过优化传动机构及帘布组合方式，更新熔断装置，实现了大跨度异型防火卷帘的成功安装和运作，有效地缩小了防火卷帘的安装空间，在确保防火要求前提下很好的配合精装修效果。熔断实验的成功，进一步证明了拥有多个电机的异型防火卷帘在满足消防要求上的可能性。

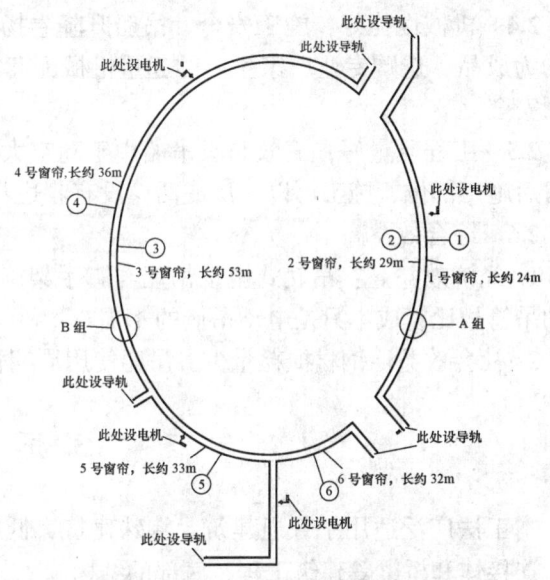

图 11　商场 B1 层跨层电梯处防火卷帘帘布组合方式

吊轨式吊船施工工法

GJYJGF047—2010

北京江河幕墙股份有限公司

杨时银　管宏宇　王屹　末良奎　柴硕

1. 前　言

随着城市建设的发展需要，高层、超高层建筑，单体或群体建筑越来越多，新颖、独特的造型给建筑施工尤其是幕墙及装饰工程施工带来越来越大的技术困难。其中高层建筑群体塔楼的连廊、连接体、悬挑、屋檐等建筑的底部结构和吊顶施工，是目前建筑与幕墙、装饰工程施工的一大技术难题和设备空白，也是施工安全管理的一大难题。为此，我公司根据群体塔楼建筑之间连廊、连桥、悬挑底部吊顶施工特点，组织研发了《吊轨式电动吊船施工工法》。本工法在塔楼空中连廊和高层悬挑幕墙吊顶施工中，已多次成功应用，并受到专家、业主等各方的高度肯定和好评。实践证明，本工法技术科学合理，安全实用，环保经济，适用范围广，所研发的设备属国内外首创，具有很好的市场推广前景。本工法现已申报了国家创新专利，专利申报号：20091007636.2。

2. 工 法 特 点

2.1　集悬挑吊轨、施工作业吊船、卷扬机升降系统和吊船水平手动或电动行走系统及配套安全保护系统为一体，并具有垂直升降、水平进退行走、水平转弯行走及斜坡上下移动等功能。

2.2　适用范围广。可用于高层建筑、超高建筑、外墙、屋檐悬挑、连廊、连桥、连接体底部装饰结构与吊顶和桥梁底部等工程施工，可替代传统脚手架施工设施和技术。解决了如大跨度、大面积高层、超高层吊顶施工等施工技术难题，破除了运用脚手架、普通吊篮施工的局限性。

2.3　施工中使用的吊船由工厂生产加工的单元式标准平面桁架，在施工现场采用螺栓组装而成，运输、安装、拆除方便，并可根据建筑特点和施工需要，设计加工组装成不同长宽规格、不同使用荷载、不同施工环境所需要的各种形式的施工吊船，满足多种高难工程施工需要。

2.4　机械性能好，施工安全。吊船升降卷扬机、行走器、安全限位器、配电箱、钢丝绳及构配件等均为成品，选购专业厂家生产的起重机械配套定型产品，质量优性能可靠，能有效保证吊船结构与使用安全。

2.5　工程质量好，工效高。吊船用于高空大跨度建筑或桥梁底部结构和吊顶装饰安装施工，不需预留后施工部位，施工可以一次成活。没有收边收口，感观质量好，工效高。

2.6　综合效益高

1. 经济效益高：吊轨式电动吊船与脚手架施工成本相比，吊船成本只是脚手架成本的1/5.87；与电动吊篮相比，成本只是电动吊篮的1/1.7。

2. 社会效益：钢材损耗量少，吊船使用周期长，具有较大的节能环保效益。

3. 适 用 范 围

本工法广泛适用于普通建筑、特殊建筑、低层、高层、超高层建筑外墙、屋檐、悬挑、连廊、连桥、连接体和桥梁等建筑工程，底部的结构施工、机电安装及装饰、维修施工。

4. 工 艺 原 理

本工法采用多片标准单元式平面钢管桁架与钢板用螺栓组拼的吊船作为施工平台，由电动卷扬机、滑轮组成平台升降系统，吊轨与支承钢件附着在建筑结构上，吊船由吊杆吊挂在手动或电动行走器或牵引小车上，满足吊船在轨道上前后、左右水平或坡道方向移动，同时配备提升限位器、施工安全绳作为安全运行保护设施，组成完整的高空作业施工吊轨式电动吊船设备。

在不同的施工作业部位，可架设相应不同规格形式的吊轨式电动吊船，以适应不同建筑高度、跨度、宽度的外墙、挑檐、连廊、连桥、连接体的吊顶和桥梁底部施工。

5. 施工工艺流程及操作要点

5.1 施工工艺流程（图 5.1）

5.2 操作要点

5.2.1 施工准备

1. 认真熟悉主体建筑设计、结构设计图纸，考察施工现场，分析工程施工特点及难点。对吊船安装部位主体结构进行吊船承载力安全复核，并采取设计安全措施。

2. 合理选用吊船规格、形式和结构设计体系，进行吊船设计。

3. 吊船由专业厂家按设计图纸加工、制作、验收。用汽车运往工地组拼安装（图 5.2.1）。

5.2.2 现场吊轨安装

1. 现场吊轨及钢支架安装施工放线，测量采用经纬仪、水准仪及钢尺进行定位。

2. 吊轨钢支架及轨道进场应检查验收合格。如有变形弯曲必须矫正后方可使用。

3. 钢支架先安装两端头支架，经检查合格后，再拉通线分别安装其中间吊轨钢支架。安装顺序从左至右。

4. 钢支架立柱及抗倾覆拉杆采用栓接或焊接，必须安装牢固。钢支架挑梁端头必须在一条水平线上。高低进出偏差≤±1mm。

5. 轨道安装从左至右，逐根安装，最后拉通线检查和用水准仪对轨道标高进行监控，微调定位后固定。

6. 轨道节头必须连接平直牢固，轨道翼缘平整，上下高低错台不得>±1mm。

7. 轨道与挑梁吊挂螺栓每个节头处不得少于 4M12，轨道接头螺栓，每节头处不得少于 4M12，螺栓应加垫弹簧垫片。

8. 转弯轨道弧度半径不小于 800mm；弧形轨与直线轨搭接必须平滑、自然、不得有高低、进出错台。

图 5.1 施工工艺流程图

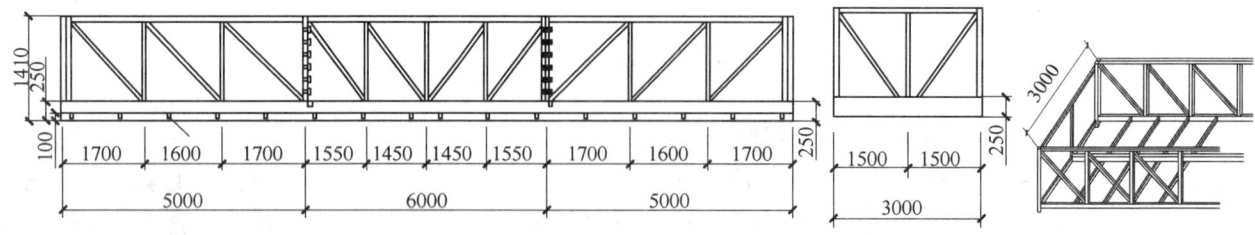

图 5.2.1　吊船组装图示

9. 吊船行走器安装（图 5.2.2-1）。

1）行走器安装规格、型号、质量、性能，安装前必须检查，试运行合格后安装。

2）行走器安装前，在挑梁及轨道上搭设脚手架，操作工人身系安全绳再进行安装。

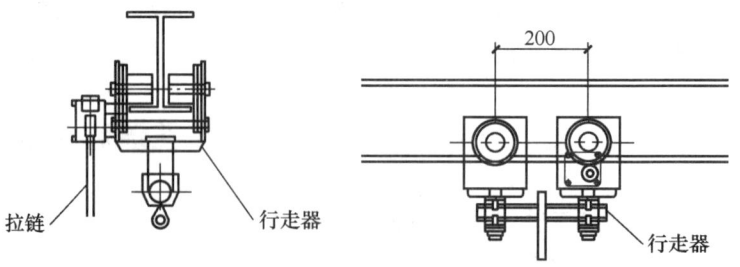

图 5.2.2-1　手动行走器与轨道连接节点图

3）行走器的行走轮与吊轨应接触平稳，传力均匀，接触面不得少于行走轮有效受力面积的 95%。

4）行走器的行走轮必须经过微调检查安装合格后，再锁紧固定。

5）行走器安装后，应空载前进后退，转弯运行灵活，安全平稳可靠后，再挂吊船船体（图 5.2.2-2）。

5.2.3　现场吊船组装

1. 对吊船构配件及标准单元式平面桁架进行检查验收合格。

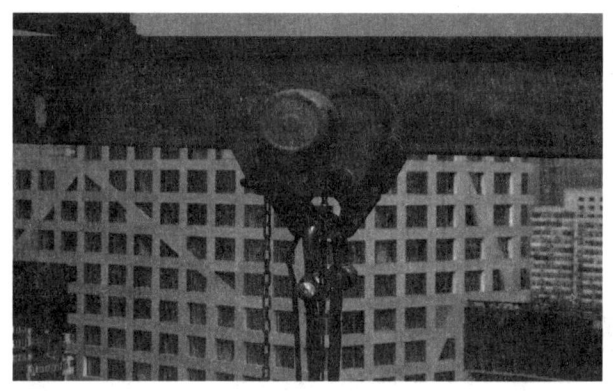

图 5.2.2-2　行走器

2. 在起吊现场地面或屋顶，待清除障碍物后搭设吊船组装胎架。胎架用木方或钢管、型钢搭设，搭设高度距地 200mm。胎架长宽视吊船尺寸而定，其长宽均大于吊船长宽 200mm。吊船胎架中应起拱 $L/200$，搭后应验收稳固、平整方可使用。

3. 吊船船体组装：

1）平放组拼两侧桁架。检查节头平直，非预应力桁架需起拱 $L/200$ 跨长。

2）将一侧桁架垂立拉通线调直调平，设临时钢管支撑固定，拉线检查起拱，并支垫起拱位。

3）组装吊船中间及两端头横向支撑桁架。

4）再将另一侧桁架垂立与横向支撑桁架连接，待桁架稳定后，继续安装中间各段水平支撑桁架，桁架体系组装后，用钢丝拉线检查船体横平竖直，用钢尺检查吊船几何尺寸，用靠尺检查桁架节头平整度，用扳手检查吊船组拼连接螺栓是否牢固，如有偏差应在连接处，加设薄钢板垫片进行调整，直至合格后锁固。

5）吊船底板龙骨安装，钢板铺设不小于 M6 螺钉固定间距 @200。底板安装必须与吊船桁架下弦及底板次梁螺接牢固平稳，钢板接头宜设在底板龙骨上。吊船四周安装挡脚板、安全网，挡脚板高度 300mm，安全网满挂，安全网可选用尼龙网和镀锌钢丝网，网与船体应有可靠固定。

6）吊杆安装必须位置正确，设在吊船两头四角，定位偏差左右移位 ≤2mm。

7）船体检查验收，重点是桁架连接节点牢固平整安全可靠，整体结实稳定不变形。

8）吊船提升卷扬机安装。卷扬机可安装在楼层或屋顶，也可安装在地面。卷扬机安装固定锚栓不得少于 4M16~4M22，并与楼板或屋面板有可靠连接，卷扬机尾部应设安全保险钢丝绳进行双保险，钢丝绳直径不小于 12mm；吊船提升转向滑轮，安装应设专用支撑架，并与主体结构连接牢固。

9）提升高度安全限位器安装：限位器选用行程接触开关。提升安全限位高度为吊顶至吊船操作平台 1.8m。限位行程接触开关，安装前必须检测合格。

高层超高层连廊、连桥装饰结构与吊顶：吊船采用常规双排等高轨道，如图 5.2.3-1 所示。

高层超高层悬挑装饰结构与吊顶：采用双排不等高轨道，如图 5.2.3-2 所示。

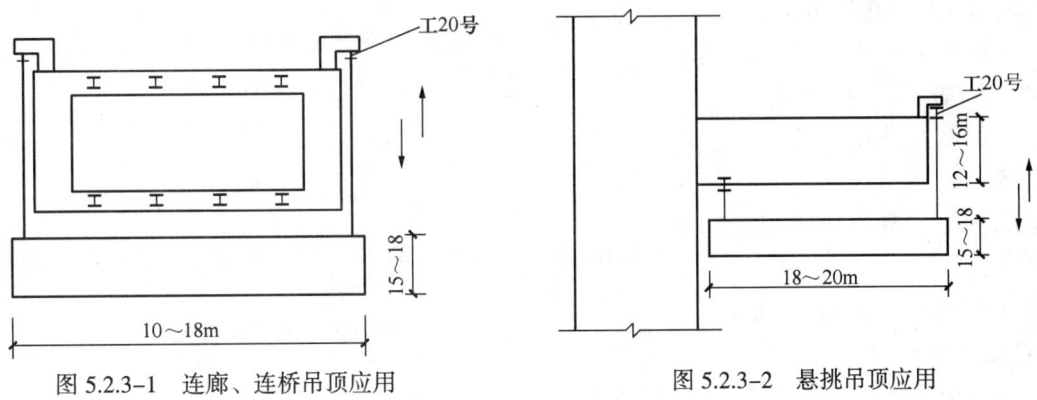

图 5.2.3-1　连廊、连桥吊顶应用　　　　图 5.2.3-2　悬挑吊顶应用

5.2.4 吊船验收与提升固定

1. 吊船提升前应对吊船船体、卷扬提升系统、钢架轨道系统、安全保护系统及行走器系统，进行全面检查验收合格后，方可进行吊船实验和提升安装。

2. 提升前对工人应做详细的安全技术交底。

3. 吊船提升施工范围内设施工安全警戒区，并派专人看守。

4. 制定详细的提升操作工艺和安全应急措施。

5. 吊船提升起重工、信号工持证上岗。吊船实验与提升由专人负责，在现场统一指挥，进行施工作业。

6. 吊船自重空载试验，吊船通过卷扬机空载提升距地 1.2m，上下运行 3 次，间停 15min，检查吊船空载运行时，吊船是否正常平稳安全。再将吊船停留在距地 300mm 处。

7. 吊船静载超载试验，在吊船内按吊船设计使用额定荷载均匀堆放重物沙袋，观察 15min，检查结构及受力节点是否安全，安全后再按额定荷载 1.25 倍加载沙袋；再观察 15min，检查安全正常。

8. 吊船动载超载试验，当吊船静荷超载试验安全正常后，启动提升卷扬机提升吊船距地 1.2m，上下往返运行 3 次，间停 15min，检查设备及结构是否正常安全。重点检查各受力节点及结构和卷扬机刹车是否有变形位移打滑。

9. 吊船冲击荷载试验：吊船动载超载运行合格后，再进行冲击荷载运行试验，将吊船超载提升 3m 高，再松动刹车自由下降 1.5~2m，便采用紧急刹车暂停后进行所有受力部位安全检查，冲击荷载试验往返 3 次，每次间隔 15min，检查各受力部件和电动机械是否安全正常，合格后再正式提升安装吊船。

10. 吊船提升，采用四吊点卷扬机提升，提升时，试提升二次检查正常，船体平稳后，慢速匀速连续提升，直到吊船底板与吊顶高距 1.7m 施工高度停留。待安装吊船吊杆，当 4 根吊杆与行走器安装牢固后，将吊船下降 0.1m，使吊杆正常受力。再安装第二道安全保险钢丝绳，用张紧器张拉钢丝绳至吊杆为主受力，钢绳处在临界受力状态时，锁固安全吊绳。卷扬机和起吊钢绳拆除。

5.2.5 吊船施工使用和移动：

1. 工人进出吊船，采用钢筋挂梯。挂梯钢筋直径不小于 16mm，宽 400mm，当距 300mm。

2. 吊船内操作工人，不得超过 6 人；吊船顶纵横向设第三道安全保险钢丝绳，工人必须上挂安全带，方可进行施工。

3. 吊船施工严禁超载，严禁违章。当运用中出现故障，必须由专人进行维修保养。

4. 吊船移动，两端行走器必须同时、平步、慢速、均匀行走，统一指挥移动。

5.2.6 吊船拆除

1. 待吊顶结构装饰等工程施工完毕，经过质量检查验收合格后，便可拆除吊船。

2. 拆除准备：

1）编制吊船拆除施工方案。

2）选择技术熟练的专业工人操作。

3）对工人进行安全技术交底。

4）设置吊船拆除施工警戒区，设专人值班看管。

5）吊船拆除卷扬机安装与提升卷扬机安装方法相同。

6）卷扬机吊绳与吊船连接固定，检查连接安全牢固。

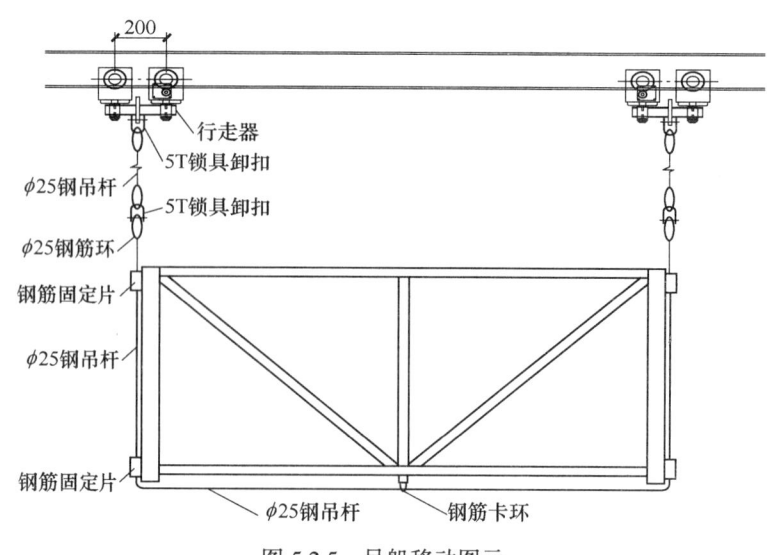

图 5.2.5　吊船移动图示

7）开动卷扬机将吊船提升 50mm，检查安全正常后，再上下往返 300mm 升降 3 次，再检查吊绳、卷扬机、转向滑轮运行正常安全后，再将吊船提升 100mm 停留，便拆除吊杆、吊绳行走器，工人离开吊船。

8）由专人统一指挥，同时同步开动卷扬机，使吊船慢速均匀连续下降至地面或屋顶平台上。下降时必须统一指挥，不得时停时降，严禁飞车快降。

9）吊船下降距地 300mm 时应暂停，待支垫可靠后再落地。

10）吊船解体，可从一端向另一端，通过逐件拆解，分类堆放，包装后，专车转运离开工地。

11）吊轨拆除，从左至右，先吊轨，后钢支架，逐根拆除，拆时应先系挂吊运钢绳，一端先拆，再拆另一端。拆完一根吊运地面后，再拆运另一根。

12）钢支架拆除，从左至右，逐件拆除，卷扬机吊运地面。

13）卷扬机拆除后，由升降机或室内电梯运出。

14）轨道、钢支架分类堆放包装，由专车转运出现场。

6. 材料与设备

6.1 吊船船体采用冷轧矩形方钢管，底板采用 3~4mm 厚花纹热钢板。

6.2 轨道及吊轨支撑钢架采用热轧工字钢，Q235 钢或 Q345 钢。

6.3 吊杆采用 Q235 圆钢，钢丝绳选用 6V×37S，6V×36S。

6.4 吊船吊环、卸扣、螺栓、绳卡、滑轮按设计要求，选购专业厂商生产合格产品。

6.5 吊船设备：卷扬机、行走器，提升安全限位器，配电箱均为成品，购置专业厂商生产合格产品设备，并经过复试检测安全合格，运行正常。其设备规格、型号、性能由吊船设计要求选定。卷扬机额定起重量 2~8t，行走器额定载重量 2~4t。

6.6 吊船安装测量：选用 J2-JD 型激光经纬仪和 YJS3 型激光水准仪。

6.7 吊船船体标准单元式平面桁架焊缝采用 BX1-330 弧焊机，J422 国际 E4303 焊条焊接。

7. 质量控制

7.1 应执行的规范标准

《钢结构设计规范》GB 50017、《建筑结构荷载规范》GB 50009、《起重机试验规范和程序》GB

5905-86、《起重机设计规范》GB 3811-83、《起重机械安全规程》GB 6067-85、《建筑钢结构焊接技术规程》JGJ 81-2002、《钢结构工程施工质量验收规范》GB 50205-2001、《碳素结构钢》GB/T 700、《薄壁冷弯钢管使用规范》GB 50018-2002。

7.2 现场安装质量

1. 吊船胎架：

1）必须保证安全稳固，不得产生对屋面或地面成品造成损坏。

2）起拱高度符合设计要求。

3）长宽高度尺寸不大于 10cm，便于现场船体组装施工。

2. 船体组装：

1）纵向两侧平面桁架必须在同一垂直面内，侧向弯曲位移不得大于 10mm。

2）吊船起拱高度必须符合设计起拱高度要求（包括预应力桁架吊船，预应力桁架吊船同时应满足预应力拉杆或拉索张拉预应力，符合设计预应力值要求）。

3）吊船几何尺寸，长宽不得大于±10mm。

4）桁架接头平整度不得大于±1mm。

5）吊船船体对角尺寸不大于±15mm。

6）船体螺栓连接必须牢固，螺栓应加设弹簧垫。

7）吊船组装后，在静载超载（额定荷载 1.25 倍的荷载）作用下，吊船纵向桁架挠度不得大于+10mm。

3. 吊轨安装：

1）悬挑钢支架安装，前支座必须与主体结构梁或板有可靠连接固定。后支座必须与主体梁或板有可靠抗拉锚固，抗拉螺栓不得小于 2M22，并与板穿透固定。

2）悬挑钢支架必须有独立的稳定性，不得产生前后左右位移晃动。其跳梁抗倾覆力矩不得小于 2。

3）轨道安装：两根轨道必须保持平行，同在一个水平面上，其水平标高偏差不大于±10mm；两轨道平行度不大于±20mm；轨道直线度不大于±10mm；轨道对接，连接板一端不少于 2M12 紧固螺栓；轨道与钢支架悬挑连接，轨道端头及中间段不少于 2M14 受拉螺栓。

4）行走器安装，必须悬挂牢固，承重行走轮与吊轨下翼缘接触面积不低于有效受力面积 95%。行走器运行灵活，转弯顺畅自然。

4. 卷扬机安装：

1）卷扬机机座必须与主体结构楼板梁柱有可靠的锚固连接，连接螺栓不少于 4M22。

2）卷扬机机座尾部应设安全保险钢丝绳两根与主体结构柱墙结构有可靠连接。钢丝绳不少于 6×37φ12。

3）卷扬机安装必须平稳牢固，有导向滑轮方向一致。

5. 吊船提升定位：

1）吊船卷扬提升操作必须由专业起重工持证上岗，派专人现场统一指挥，慢速均匀提升至安装施工高度位置。安装吊杆，保险钢丝绳予以悬吊固定。吊船吊杆和保险钢丝绳安全系数不小于 $K=8$。

2）吊船定位：船体四角必须在同一水平面上，其高差不得大于±20mm；船体与吊轨应成 90°，其偏差不得大于±1°。

3）吊挂连接卸扣必须符合设计要求，卸扣安全系数应大于 $K=8$；保险钢丝绳不少于 φ22；绳卡子不少于 5 个。

6. 吊船试验验收：参考《起重机械试验规范和程序》GB 5905-86；《起重机械安全规程》GB 6067-85 做好静载、动载、超载、冲击荷载运行试验安全验收。并认真记录，检查和进行安全评估验收。验收合格后，方可投入使用。

8. 安 全 措 施

8.1 吊船加工安全措施

1. 严格按照机械加工安全操作规程进行生产加工，严禁违章。

2. 做好设备与机电安全维护管理。

3. 加强工艺安全管理及生产过程安全检查。

4. 配备安全生产消防设施。

8.2 吊船安装、拆除安全措施

1. 编制吊船安装、拆除专项安全施工方案，对工人做详细的安全技术培训交底。

2. 成立吊船安装、拆卸、维护专业小组，选经验丰富工程师负责管理及现场跟班作业指挥，起重工、信号工及吊船操作工人持证上岗。

3. 现场设施安全警戒区，派专人值班看管。

4. 吊船安装、拆除统一由一人负责指挥，用对讲机清晰、准确传递作业指挥信号。

5. 编制施工安全紧急预案，出现问题立即解决。

6. 吊船提升安装和降地拆除，必须严格按照安装、拆除工艺流程顺序作业。拆除时应本着先装后拆，后装先拆原则进行。

7. 吊船提升或下降时，工人必须离开吊船。

8. 吊船提升，设专用提升高度限位安全断电保护器4个，在吊船四角4根吊绳处。以保证吊船平稳安全提升至预定施工高度。

8.3 吊船施工安全措施

1. 吊船固定，采用4根工作钢筋吊杆和四根安全保险钢丝绳进行双保险防坠落、滑移，使吊船保证安全使用。

2. 吊船临电采用三级供电，一机一闸一漏保，三级漏电保护，其漏保电器定期检测，保证临电使用安全可靠。

3. 吊船移动采用两端工人同时、同步在同一水平标高，平稳慢速移动。斜面移位，工人离开吊船，人工操控电动牵引机使吊船在斜坡轨道上，慢速上下移动吊船。

4. 吊船使用时，设专用钢挂梯供工人安全进出吊船（图8.3-1）。

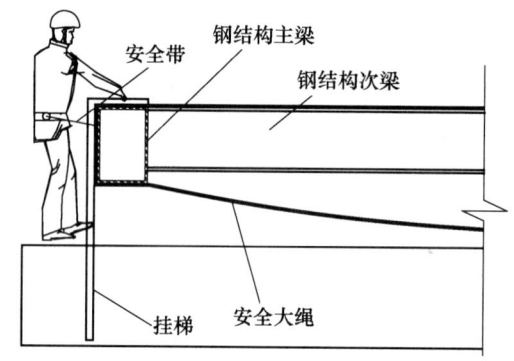

图8.3-1 工人安全进出吊船图示

5. 施工时，吊船顶拉设纵向水平安全保护钢丝绳，钢丝绳直径不少于φ14；工人作业前身系安全带，并挂牢在安全保护钢丝绳上做施工安全第三道保护（图8.3-2）。

6. 每天班前进行吊船安全检查，对工人进行安全班前讲话。施工中严禁违章作业。

7. 吊船维护按照每天1小检，每周1中检，每月1大检的安全维护工作制度进行维护管理，保证吊船使用正常安全。

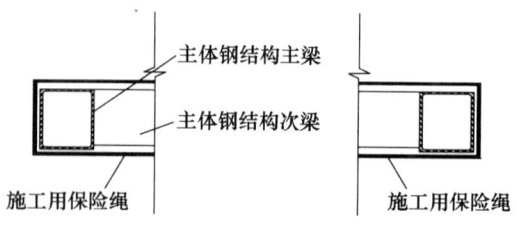

图8.3-2 拉设保险绳

8. 吊船使用中故障，由专业人员维修，非专业人员不得维修。

9. 吊船在大风5级以上时，不得使用，且吊船在高空应有临时水平拉接固定，防止大风造成吊船摇摆、移位。

9. 环 保 措 施

9.1 现场设安全文明施工警戒区，派专人看管。

9.2 现场材料设备堆放整齐，工完场地清，确保现场整洁。

9.3 严格执行施工有关环保法规，做到文明施工。

10. 效 益 分 析

10.1 经济效益

本工法用于高空、大跨度房屋建筑和桥梁建筑的吊顶结构装饰施工，其技术设备与传统的钢管脚手架、电动吊篮相比，具有安全可靠，施工方便，工效高，成本低，维修费用少，使用周期长（达10年以上）等特点，经济效益显著。详见表10.1。

成本核算分析表　　　　　　　　　　　　　　　　　表10.1

工程概况	施工技术设备	施工期（天）	月工期成本（元）	总成本（元）	节约成本（元）	节约效益（元）
一连廊高48m，宽16m，跨度36m，吊顶施工	钢管脚手架	60	235680	471360	391080	82.9%
	电动吊篮	60	68400	136800	56520	41.32%
	吊轨式电动吊篮	60	40140	80280	40140	50%

10.2 环保节能效益

应用本工法可以大大降低施工用钢消耗量，吊船长期周转使用，可有效利用和节约能源。

吊船卷扬机、滑轮、行走器等起重设备购置，吊船桁架、轨道、钢支架工厂加工，现场螺栓连接组装，安装、拆除没有焊接和机械加工，环保无污染。

10.3 质量效益

采用本工法，施工中可一次成活，没有预留收边收口滞后施工部位，其吊顶结构装饰整体效果好，施工方便，质量容易保证。

10.4 社会效益

建筑工程、桥梁工程、高空连廊吊顶结构与装饰工程施工，是目前国内外建筑行业一大施工技术难题，吊轨式电动吊船有效地解决了施工技术难题。

本工法经多个工程实践，受到了业内人士高度好评，并申请了国家创新技术专利。

11. 应 用 实 例

本工法在天津津门、津塔、上海世博演艺中心、广州威斯汀大酒店连接体施工应用中，降低了施工措施成本，减少了安全风险，保证了工程安全、质量、工期，高空连廊和高空悬挑吊顶施工，顺利、安全、高效地完成了施工任务，提前了工期，保证了质量，节约了施工成本，减少了施工安全风险。在施工运用中未发生安全质量问题。

超高层屋盖内爬塔高空移位、拆除施工工法

GJYJGF048—2010

中国建筑一局（集团）有限公司　中国华西企业有限公司

沈小峰　何勇　杨雁翔　陈跃熙　邱祥德　鄢仲军

1. 前　言

随着社会的发展进步，超高层建筑如雨后春笋般的出现在各个城市。而建筑设计师为了满足人们日益增长的审美观念，超高层建筑的外观造型也越来越复杂。复杂的外观给超高层建筑施工带来很大的挑战。温州世贸中心大厦高333.33m，屋顶标高248.650m（66层楼面）~333.33m为呈现五个莲花瓣状的钢结构造型。屋顶莲花瓣钢结构造型，用钢总量约1600t，钢结构顶点标高333.33m，内爬塔吊 K30/30 最终爬升高度为297m，无法满足钢结构的吊装高度需求。

为满足屋顶钢结构造型安装施工的需要，在近300m的高空进行塔吊移位、安拆，在保证工程施工的质量、进度和安全方面起了重要作用。在对施工过程进行总结的基础上形成本工法。

图 1

2. 工 法 特 点

2.1　充分考虑了风荷载对施工的影响，采取有效安全措施，在高空成功实施塔吊移位。

2.2　在屋顶搭设满足塔吊起重臂尺寸要求的临时平台用以放置塔吊起重臂。

2.3　塔吊由核心筒内移至筒外，塔吊基础附着在斜墙和结构梁上，通过钢支腿生根在外筒墙柱（外框架柱）上，并在结构梁下进行支撑回顶，避免楼板承受塔吊荷载，实现塔吊基础的安全固定。

2.4　塔吊和不同型号的屋面吊之间在高空互相多次拆除、安装，作业安全性要求高。

3. 适 用 范 围

适用于超高层建筑屋盖核心筒内置式塔吊的高空移位、安拆施工。

4. 工 艺 原 理

利用大、中型屋面吊拆除塔吊，再用小型屋面吊拆除大、中型屋面吊，最后用扒杆辅助人工拆除小型屋面吊。在塔吊移位、拆除过程中，屋顶在合适位置设置临时平台用以放置拆下的塔吊构件。用型钢、脚手架对塔吊、屋面吊附着的结构进行支撑加固，实现内置爬升式塔吊转换为外置附着式塔吊，完成屋面造型钢结构的安装。

5. 施工工艺流程及操作要点

5.1　施工工艺流程

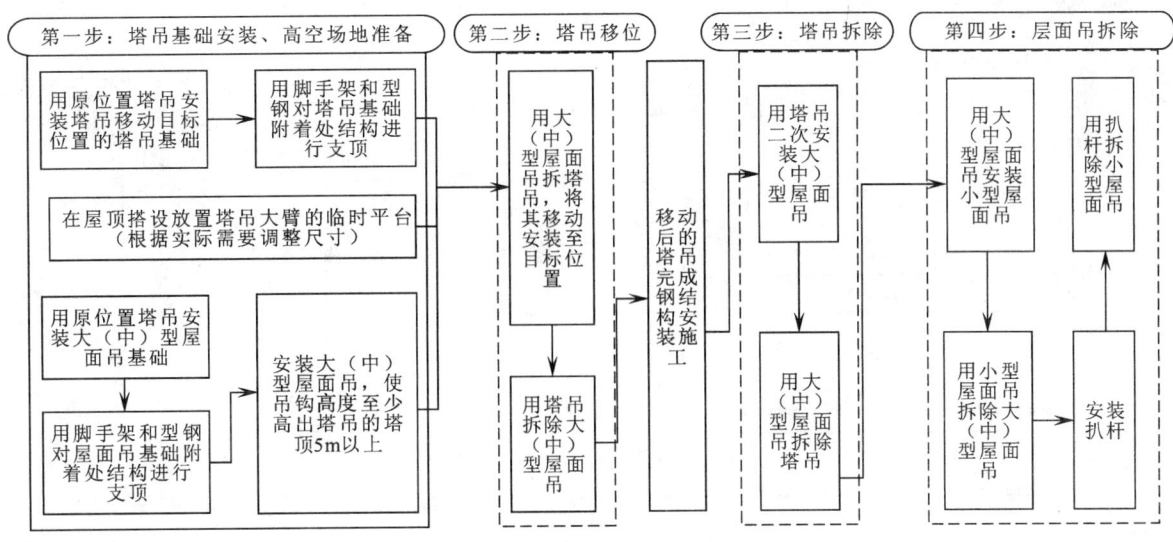

图 5.1　施工工艺流程图

5.2　操作要点

5.2.1　第一步：塔吊基础安装，高空场地准备

1. 用原位置塔吊安装目标位置的塔吊基础，并对基础附着处结构进行支顶，如图 5.2.1-1。

1) 塔吊移动的目标位置需避开拟安装的造型钢结构屋盖，塔吊基础用钢板抱箍在斜柱上，通过型钢支顶，使塔吊荷载传递到外框柱上。

2) 塔吊基础坐落的悬挑梁板下设置钢柱和钢管架脚手架紧密支顶，见图 5.2.1-2。

2. 用原位置塔吊第一次

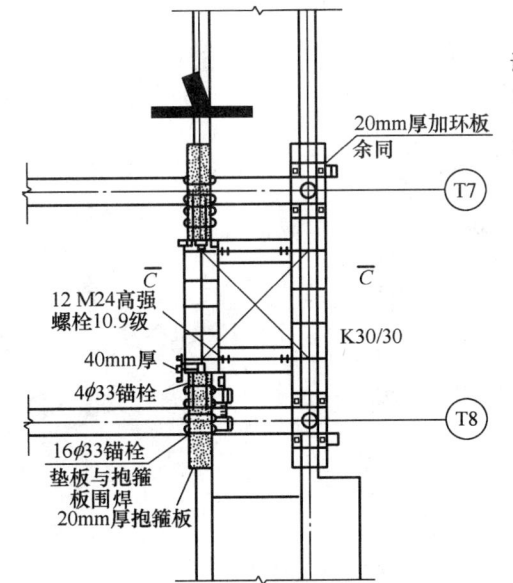

说明：

1. 斜柱上的钢板抱箍与混凝土柱之间应用专业灌浆料压力灌密实；
2. 斜柱钢板抱箍上的锚栓材质为 Q345B，安装时应施加150kN的预拉力；
3. 所有高强螺栓连接面必须进行处理，保证其摩擦系数不低于规范要求；
4. 斜柱抱箍钢板与混凝土接触一侧与高强螺栓连接面要求相同；
5. 塔吊使用过程中应随时观测斜柱钢板抱箍是否发生滑动或变形。

图中标注：20mm厚加环板余同 — T7 — $\overline{C}$ — $\overline{C}$ — K30/30 — 12 M24高强螺栓10.9级 — 40mm厚 — $4\phi33$锚栓 — T8 — $16\phi33$锚栓 — 垫板与抱箍板围焊 — 20mm厚抱箍板 — 平面图

图 5.2.1-1　塔吊基础平面图

安装大（中）型屋面吊基础，并对附着处结构进行支顶。

1) 把屋面吊基础钢梁安装在结构梁上，屋面吊荷载通过基础钢梁传递到钢筋混凝土结构梁上，结构梁用钢管脚手架支顶，见图 5.2.1-3、图 5.2.1-4。

2) 屋面吊对附着处结构产生水平推力，因此对附着处结构进行支撑回顶。

3. 安装大（中）型屋面吊。

用原塔吊安装屋面吊标准节及其他部件。

4. 在屋顶搭设临时平台用以放置拆下的塔吊起重臂，见图 5.2.1-5。

1) 根据屋顶结构形式搭设拟拆塔吊的起重臂临时放置平台。

2) 平台采用钢管脚手架搭设，确保支撑平台的支撑能力满足要求。

5.2.2　第二步：塔吊移位，屋面吊拆除，屋顶钢结构造型安装

1. 用大（中）型屋面吊拆塔吊，将其移动安装至目标位置。

1) 塔吊起重臂长根据实际需要，在屋顶临时平台上进行接长或缩短。

2) 塔吊由筒内移至筒外，由内爬式变为附着式（图 5.2.2-1）。

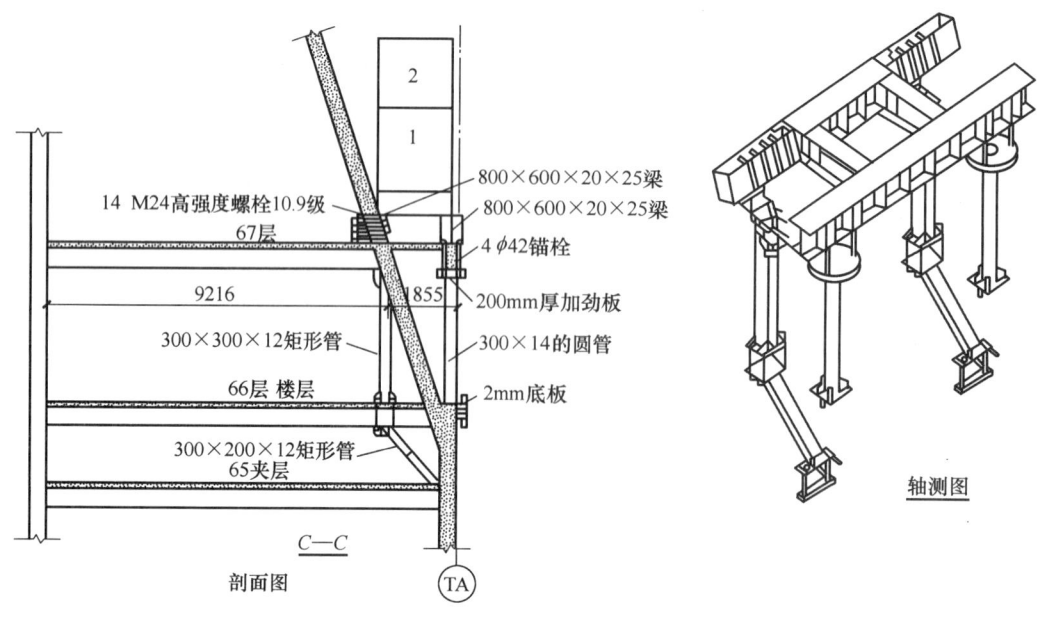

图 5.2.1-2　塔吊基础轴侧图及支顶图

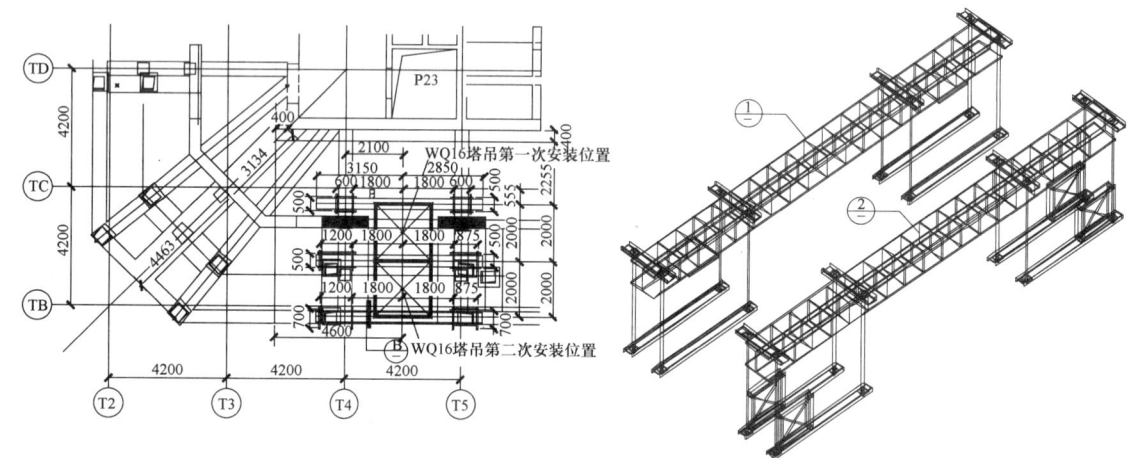

图 5.2.1-3　屋面吊基础平面、轴侧图

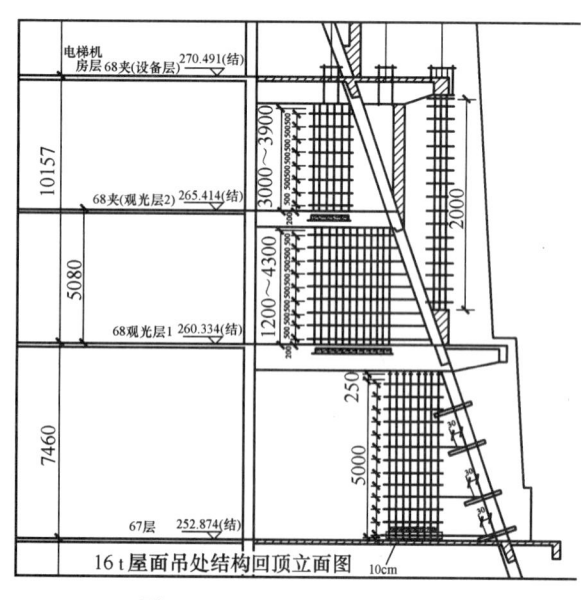

图 5.2.1-4　屋面吊基础支顶图

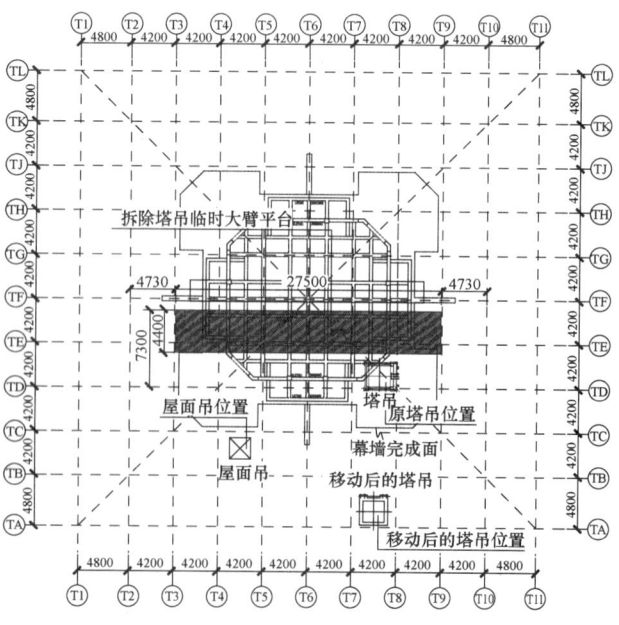

图 5.2.1-5　起重臂放置平台

2. 用塔吊拆除大（中）型屋面吊，为塔吊安装屋顶钢结构造型提供工作面。

1）移位后的塔吊拆除屋面吊。

2）将移位后的塔吊作为主要施工机具，安装屋顶三个面造型的钢结构（图 5.2.2-2）。

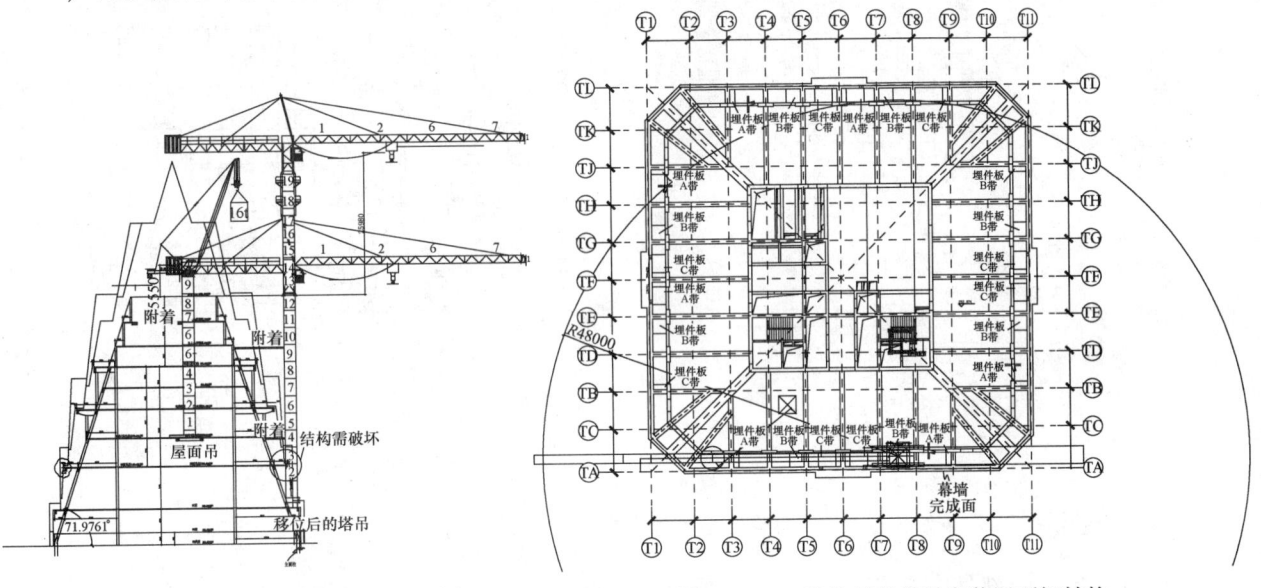

图 5.2.2-1　移位安装塔吊施工立面图　　　　图 5.2.2-2　移位后的塔吊安装屋顶钢结构

3. 拆移塔吊和塔吊使用过程中的控制要点：

1）塔吊安装验收完毕后，对塔吊基础和抱柱箍进行标高定位并记录原始数据；定期进行数据对比，发现异常情况及时采取措施。

2）使用的第 1 周内每天检测 1 次基础的相关情况，并做好记录；塔吊吊装最大构件时，对基础和回顶结构进行专门监测；定期对比记录数据，发现异常后及时分析原因并采取相应的措施。

3）每隔 1 周，对塔吊基础和抱柱箍标高定位进行复测记录，对比各项数据。

4）每隔 1 周，对塔吊基础回顶部位周围情况（主体混凝土结构及钢结构基础）进行检查。

5）每隔 1 周，对塔吊基础螺栓松紧程度、附着处销子牢固程度进行检查并进行数据记录；发现情况及时进行分析、处理。

6）定期对塔吊垂直度，进行检测并进行数据记录。

5.2.3　第三步：钢结构安装完成后屋面吊二次安装，用屋面吊拆除塔吊

1. 钢结构安装完成后屋面吊二次安装

屋顶钢结构仅剩下塔吊位置处尚未安装时，在新位置二次安装屋面吊，见图 5.2.3-1。

2. 屋面吊拆除塔吊，见图 5.2.3-2。

1）搭建拆除起重臂所需的平台。

2）屋面吊拆除塔吊，塔吊构件及时运输至地面。

5.2.4　第四步：屋面吊拆除

1. 用大（中）型屋面吊安装小型屋面吊

小型屋面吊安装位置需尽量避开钢结构大型构件的位置，保证小屋面吊拆除后该处钢构件安装比较方便。

2. 用小型屋面吊拆除大（中）型屋面吊

1）搭建拆除大（中）屋面吊部件所需的平台。

2）平台上拆除的屋面吊部件及时运输至地面。

3）运输构件至地面过程中，做好对幕墙的防护措施。

3. 安装扒杆，用扒杆拆除小型屋面吊

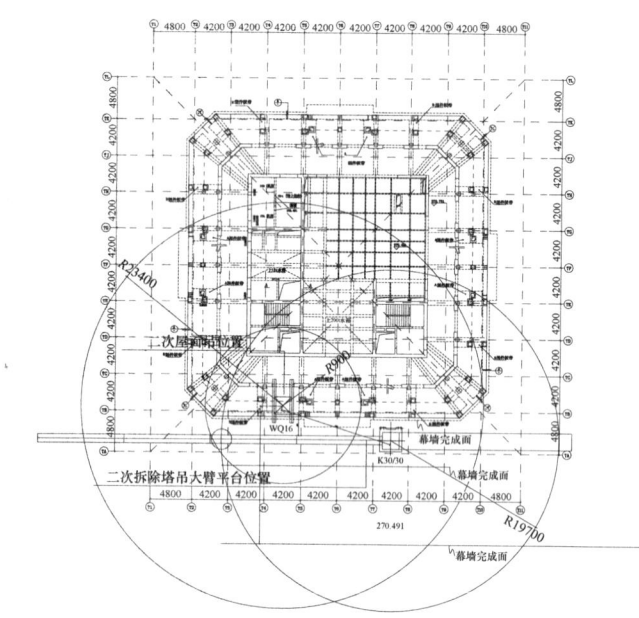

图 5.2.3-1 屋面吊二次安装位置及二次拆除塔吊大臂位置

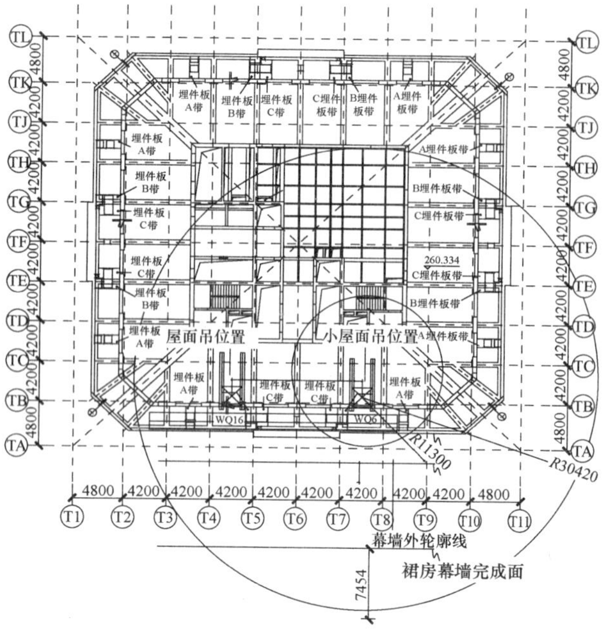

图 5.2.3-2 屋面吊拆除塔吊

小型屋面吊拆除部件、标准节解体后，通过电梯井道运输至施工电梯所能到达楼层，通过施工电梯运输至地面，见图 5.2.4。

5.3 劳动力组织（表 5.3）

人员组织配备表   表 5.3

人　员	数量（个）	职　　责
安装工长	1	负责现场指挥和协调
安全员	1	负责塔吊安装施工的安全工作
安装电工	1	负责塔吊电气连接和调试
拆装工人	8	负责塔吊各部件的安拆
信号工	2	负责指挥吊车、塔吊进行各部件的吊装
塔吊司机	1	负责安装过程中塔吊的操作

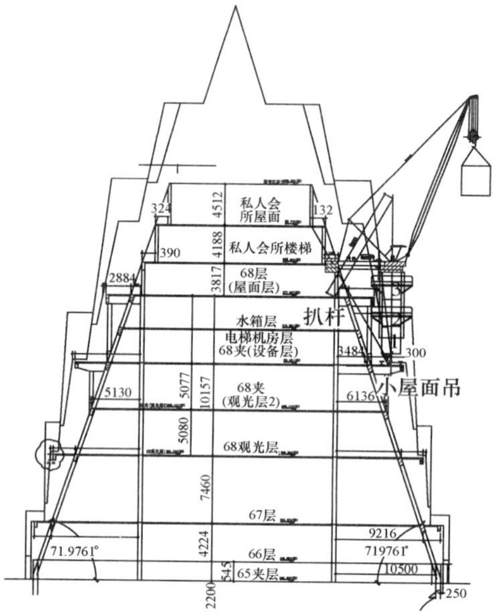

图 5.2.4 拔杆拆除小屋面吊立面图

6. 材料与设备

6.1 主要工具：葫芦、拔杆、多种规格的钢丝绳锁具、大锤、撬棍、扳手、麻绳、捯链等。

6.2 设备：K30/30 塔吊（H3/36B、K40/21B）、WQ16 屋面吊、WQ6 屋面吊、100t 汽车吊、水准仪、运输车辆等。

7. 质量控制

7.1 移位安装的塔吊基础钢梁强度必须高于设计强度，确保其整体具有足够的刚度、强度以及稳定性。

7.2 支撑塔吊基础的结构梁、结构梁的回顶支撑架所承受的施工的活荷载、风荷载必须经过验算。

7.3 塔吊安装完成后，在无荷载状态下，塔身垂直度偏差不得超过其高度的 0.4%，固定后，锚固点位置的偏差不得超过其相应高度的 0.2%。

7.4 水平度误差不应超过相应宽度的 0.1%。

7.5 保证良好的接地，接地电阻最少为 2 组，接地电阻值≤4Ω。

7.6 塔吊的配电柜中线头连接牢固，无外露线头，配电柜中应清洁，试运转中接触器灵敏可靠，延时继电器调整数合理。

7.7 安全限位灵敏可靠。

7.8 钢丝绳端部的固定合格。

7.9 塔吊安装时连接部位的销子或螺栓应齐全，开口销或其他防止档装置安装到位、合格，螺栓的拧紧力矩达到规定值，不能以细带粗，以低强度代替高强度，平台、护栏安装合格，风标牌安装合理。

8. 安 全 措 施

8.1 进入施工现场必须佩戴好安全用具，戴好安全帽，并系好帽带；高空作业必须穿防滑鞋，正确佩戴安全带，操作之前必须将安全带挂在可靠部位方可进行作业。

8.2 塔吊移位、拆除前必须预先熟悉施工现场，并指定一名经验丰富并且熟悉该类型塔吊的工长进行现场指挥。

8.3 进行高空作业人员，必须身体健康，无高血压、心脏病、晕高症等疾病，以免发生危险。塔吊司机、塔吊拆装人员、电气焊工人、操作电工以及指挥塔吊的信号工人必须经过有关劳动管理部门的培训，并取得相应特殊工种上岗操作证，方可进行上岗作业。

8.4 塔吊安装拆除施工现场的建筑物周边必须设有足够面积的安全作业区域（20m×20m），并且设置警示标志，委派专人进行看护，未经允许所有人员严禁入内。

8.5 提前了解天气情况，以便根据当日天气情况决定是否进行塔吊安装以及拆除施工，严禁在 4 级以上强风、大雨、大雾、雷电以及大雪等恶劣天气条件下进行安装与拆除作业。

8.6 塔吊吊装前必须对吊装工具、索具进行全面检查，一经发现钢丝绳有断丝、断股现象，应立即进行更换。吊装前还应对所有的电器保护装置进行检查，证明确实完好无损，方可进行安装。所有电器设备的金属外壳以及连接金属外壳的构架必须采取接地和接零保护。塔吊安装完成，并经检验和试运行合格后，方可投入使用。

8.7 施工过程中严禁交叉作业，高空作业操作中应保管好自己的工具和固定好所有构件，严禁在高空进行抛接，谨防高空落物。

8.8 所有参加塔吊位移施工的作业人员都必须严格遵守施工现场各项安全管理规定以及本工种安全操作规程。

8.9 施工过程中所有人员必须精力集中，塔吊与塔吊之间、塔吊与建筑物之间严禁发生碰撞。

9. 环 保 措 施

9.1 进场设备必须状况良好，噪声符合规定。

9.2 检查各处管接头是否严密、可靠，不能有任何漏油现象。

9.3 拆除过程中，尽量不破坏塔吊的部件，保证部件可重复使用。

10. 效 益 分 析

10.1 施工作业效率高

温州世贸中心工程K30/30塔吊采用本工法施工。塔吊直接在高空中完成整个移位、安（改）装和拆除工作，与普通塔吊安拆方法相比，时间节省了40%左右，大大加快了施工进度。

10.2 设备投入少，成本大幅降低

温州世贸中心项目采用塔吊高空移位施工工法后，只投入了一台K30/30塔吊、一台WQ16屋面吊、一台WQ6屋面吊和一个拔杆等机械设备。通过将内爬式塔吊改装为附着式塔吊，减少了大型机械设备和小型吊装设备的投入，大大节省了费用。

11. 应 用 实 例

温州世贸中心混凝土结构高度290.284m，标高248.650m（66层楼面）~310.134m外围为屋顶莲花瓣造型钢结构，钢结构顶标高333.33m。屋顶钢结构总重量约1600t，由于结构内缩致使原内爬式塔吊无法满足屋顶钢结构施工要求的需要，见图11-1。施工过程中，通过采用本工法，使各项问题都得到了很好的解决，提高了工作效率，节省了工程成本，并且得到了业主、设计和监理等各方专家的认可，为以后类似工程的施工提供了典型的范例，温州世贸中心塔吊移位安装、拆除实施模拟见图11-2。

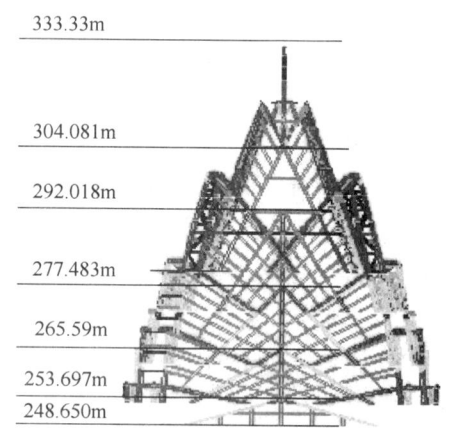

图 11-1 温州世贸中心屋顶钢结构造型图

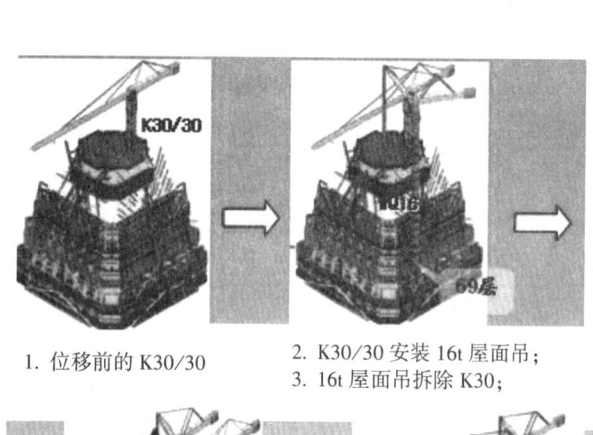 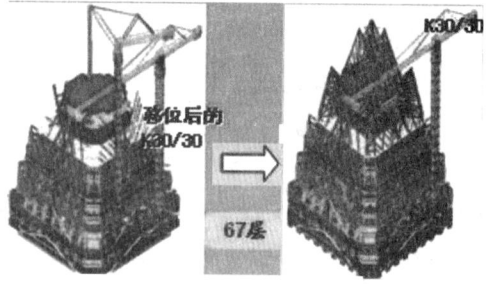

1. 位移前的K30/30

2. K30/30安装16t屋面吊；
3. 16t屋面吊拆除K30；

4. 16t屋面吊移位安装K30；
5. K30吊拆除16t屋面吊；

6. 位移安装后的K30/30

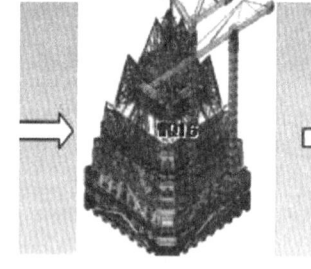 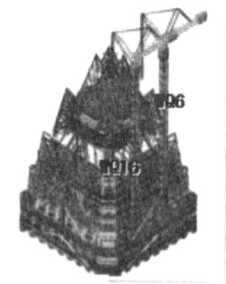 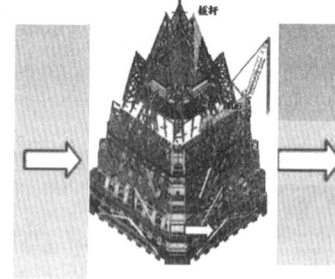 

7. K30二次安装16t屋面吊；
8. 16t屋面吊拆除K30；

9. 16t屋面吊安装6t屋面吊；
10. 6t屋面吊拆除16t屋面吊；

11. 在277.987m处安装拔杆，待6t屋面吊自降后，利用拔杆拆除6t屋面吊；

12. 拔杆补安剩余钢构件

图 11-2 温州世贸中心塔吊高空移位安装、拆除实施模拟图

超高斜拉桥塔施工用超大型塔式起重机安装、拆卸工法

GJYJGF049—2010

江苏省建筑工程集团有限公司　华仁建设集团有限公司

温锦明　马恒晞　应兆兵　祁敏　高宝俭

1. 前　　言

随着我国公路桥梁事业的不断发展，一些规模大、综合条件复杂的特大型桥梁工程的建设任务也越来越多。建筑用塔式起重机在桥梁建设中发挥了巨大作用。为满足桥塔施工时超重、超大构件的吊装需要，2003 年，南京长江三桥建设指挥部从法国引进了最大起重力矩达 36000kN·m 的超大型塔式起重机。该塔机为平臂、变幅、自升式建筑用塔机，是当时国内乃至国际在用的同类最大塔机。该塔机陆续转场至苏通大桥、泰州长江大桥等施工现场。在万里长江第一桥——苏通大桥，该塔机的安装、拆卸任务尤为艰巨和复杂。施工单位经过制定细致、周密的施工方案，精心准备、严格组织，在确保质量、安全的前提下，克服了水上作业气候、环境的诸多不利因素，成功解决了塔机部件超大、超重给安装、拆卸作业带来的各种困难，最终顺利、高效地完成了塔机的安装和拆卸任务，为今后同类型塔式起重机的安装、拆卸作业积累了丰富的经验。

2. 工 法 特 点

2.1 塔机安装全部为水上作业（苏通大桥施工现场地处长江入海口，江面水域宽、风速大、施工环境恶劣），增加了水上运输和安装工作的难度。

2.2 塔机自重约 1050t，总高度为 347m，共 51 个标准节，由基础埋件、基座、标准节、顶升系统、上部结构、电器控制系统和动力系统等组成。安拆工作包括初始位置安装、7 次顶升（降落）、6 道附壁支撑安拆等。

2.3 安拆程序的编制充分考虑了超大型塔式起重机的整体平衡，保证了安拆的稳定性和安全性。

2.4 根据江面风速大、施工环境恶劣的实际情况，修改了原厂家方案中平衡臂、起重臂都采用空中对接的方案，实施平衡臂、起重臂整体吊装，避免了人在高空对接时产生的心理恐惧，减轻了因江面风速大、构件晃动对销孔有效连接的影响，节约了时间，缩短了工期，确保了作业安全。

2.5 选择配合塔机安拆工作的起重机械时，充分考虑了施工的方便性、调遣的灵活性及费用，从而达到快速、高效、降低成本的目的。

2.6 采用主动控制与被动控制相结合的方法，对装拆的质量、安全进行有效控制。

3. 适 用 范 围

本工法根据 MD3600 型自升式塔式起重机的技术要求进行编制，适用于在水面作业的超高、超大型、自升式塔式起重机的安装和拆卸作业。

4. 工 艺 原 理

利用水上浮吊，将设备基础与塔身及标准节、顶升机构、回转机构、平衡臂、变幅机构、起升机

构、主臂、电气控制机构等组装完成后，锁定回转机构，再通过塔式起重机液压顶升机构的液压油缸，将调至平衡状态的塔式起重机内套架、导轮沿标准节，通过挂靴爬爪经多次爬升到一个标准节高度后，进行加节安装，然后依次循环往复式进行标准节的加节过程，直至将塔式起重机顶升至一定高度后，进行附墙结构的安装，使其能在额定力矩回转半径范围内进行物体的吊装、转运等工作。

5. 施工工艺流程及操作要点

5.1 安装工艺流程（图 5.1）

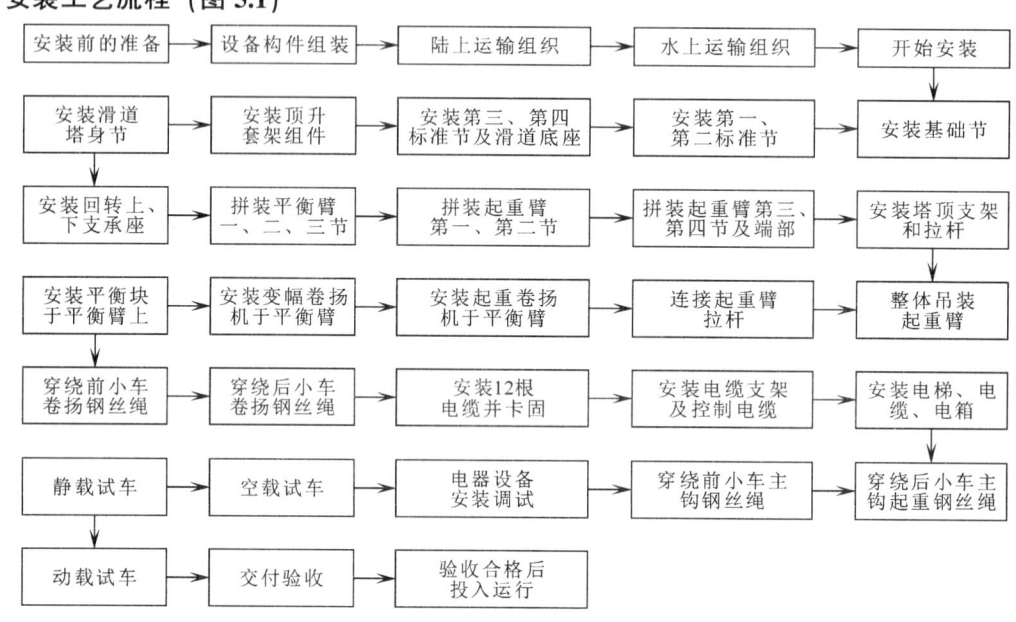

图 5.1 安装工艺流程图

5.2 安装操作要点

5.2.1 安装前的准备工作

1. 进行实地考察，掌握施工场地、道路、水电、临设、配套机械设备等的基本情况。

2. 察看并掌握塔机的机械状况，包括类型、性能、高度、幅度、外形尺寸、重量等。通过查阅说明书获取有关技术数据。

3. 了解工程施工情况和现场状况。查阅施工图纸，并向土建施工单位详细了解工程的规模、结构形式、工期、施工方法、最大构件重量等；拟安装塔机的位置、周围道路和空间情况；管道、电气线路的分布情况；现场是否具备安拆条件等。

4. 陆上场地准备：一台塔机部件停放及拼装约需 5000m² 场地。平衡臂、起重臂由于受转运码头起重设备能力影响，须在主墩现场（即塔机安装部位）进行拼装。陆上构件拼装选用一台 20t 和一台 35t 汽车吊共同完成，场内再辅助一台 40t 平板托车用于短驳构件。另外，部分超大、超重构件（如套架、回转机构等）须在高架码头利用桅杆吊（起重量为 60t）进行拼装，需临时占用部分高架码头场地。

5. 水上场地准备：在塔机基础一侧紧靠桥墩的江面上，利用趸船拼接形成一大型平台。在该平台上划出一块长约 60m、宽约 4m 的起重臂（兼平衡臂）的拼装场地、两块 7m×6m 的场地（一块用于安放变压器，另一块用于安放高压电缆）和一块 8.5m×13m 的场地（用于塔机顶升时标准节的临时中转）。并在塔机基础框架内形成平台，用于安放电梯和走台。同时在桥墩承台上放置一个用做工具房的集装箱，并准备好一台 300t 的浮吊。

6. 准备好组装塔机的构件和拼装平台所需的枕木、垫块。所有工具、材料都要落实专人负责领用、发放、回收。

7. 对照设备、构件重量表，所有吊索、绳扣、吊具等均应按照 8 倍以上安全系数准备。

8. 陆上构件进行短驳运输时，要事先进行运输路线的勘察，制定防范措施。每次运输时，均应用工具车作先导车，在先导车的指引下，严格控制车辆行驶速度，确保行车安全。

5.2.2 安装程序及要求

初始安装及第一次顶升前，在以塔机基座中心为半径的53m工作范围内，承台上的所有设施（包括桥塔自身）的高度不得超过40m（自江面起算）。

塔机的设备基础由大桥施工方制作，基础顶面标高为自江面起算8.8m。初始安装高度示意图见图5.2.2-1。

塔机的具体安装程序及要求如下：

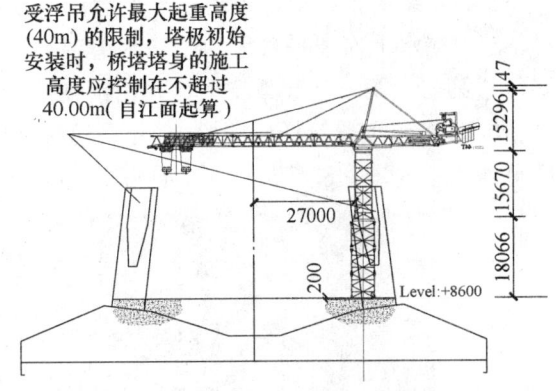

图中标注：受浮吊允许最大起重高度（40m）的限制，塔极初始安装时，桥塔塔身的施工高度应控制在不超过40.00m（自江面起算）

图 5.2.2-1 塔机初始安装高度示意图

1. 塔机安装前，首先会同监理单位对大桥施工方制作的塔机钢结构基础进行验收。合格后，在钢结构基础上安装塔机支腿底座，并在支腿底座上加装一节检测用标准节（该标准节利用高架码头的桅杆吊，采用整体吊装法安装）。然后按照塔机说明书要求，用经纬仪、水准仪对检测用标准节的水平度、垂直度进行校验，利用钢垫片对支腿底座进行调整和精确定位，合格后即拆除该检测用标准节，将钢垫片焊接在钢结构基础上。钢垫片的焊接应由大桥施工方完成，以保证钢结构基础的整体性、安全性符合要求。支腿底座、检测用标准节安装完成后的效果见图5.2.2-2。

图 5.2.2-2 支腿底座、检测用标准节安装完成后

2. 塔机钢结构基础、支腿底座经监理再次验收合格后，即可开始塔机安装前的各项准备工作。

3. 在陆上场地配备一台20t和一台35t汽车吊，进行标准节的预拼装。拼装时，应用铁砂纸清除所有轴销孔内的毛刺和油漆，并在孔内满涂锂基润滑脂。

4. 将塔机的休息平台和扶梯（扶梯护圈应折叠）用双股 ϕ12 铁丝缠绕绑扎在标准节的安装位置上。同时将水平支撑杆用销轴连接于安装部位，并用双股 ϕ12 铁丝缠绕绑扎固定。

5. 将预拼装的标准节经平板拖车、驳船转运至水上场地进行标准节的组装。将组装好的两节标准节（注意：塔身通道、休息平台、电梯销轴等应同步安装到标准节上）利用桅杆吊吊装至塔机支腿底座上。

6. 将在水上场地拼装好的两节标准节、滑道底座、电梯轨道节、塔身通道等，利用桅杆吊一一吊装，与已安装的塔身进行连接。

7. 将"A平衡连杆"、"B侧顶升梁"、"C中心顶升梁"、"D辅助吊支架"、"E辅助吊"、"F标准节提升架"、液压泵、顶升油缸等逐一安装于顶升套架内，利用桅杆吊吊装顶升套架。

8. 安装顶升套架时应注意起重臂回转的方向。

9. 在由趸船拼接而成的水上作业平台上，将滑道塔身节通道、A平台及其栏杆、B爬梯、C平台及其栏杆、D爬梯、E平台及其栏杆、F爬梯、G爬梯全部安装就位于滑道塔身节内。

10. 利用桅杆吊吊装滑道塔身节，将其安装在滑道底座上。

11. 在水上作业平台上拼装回转下支承。

12. 将驾驶室通道、驾驶室安装在回转上支承座上，利用桅杆吊吊装回转上、下支承座，将其与滑道塔身连接。

13. 在水上作业平台上组装平衡臂，并将变幅拉杆、辅助吊、平衡臂小车等安装于平衡臂上，用钢丝绳绑扎固定后，拴好导向缆风绳，用300t浮吊吊装平衡臂，以销轴与回转上支承座连接。

14. 平衡臂滑轮组钢丝绳穿绕。

15. 安装塔顶撑架，用销轴与平衡臂连接后，继续吊起撑架，将拉杆与平衡臂用销轴连接。

16. 在水上作业平台上，用枕木垫起一块平整的安装作业平面。先用 60t 桅杆吊将前、后小车分别安装于第二、第一节起重臂上，并用销轴连接第一、第二节起重臂；同法，继续拼装第三、四节和端部节，同时将起重臂拉杆用双股 12 号钢丝绑扎固定在起重臂上，用销轴将第一、二节与第三、四节及端部节连接；完成后安装风帆板。操作过程如图 5.2.2-3。

图 5.2.2-3　在水上作业平台上拼装起重臂

17. 用 300t 浮吊进行起重臂平衡试吊，程序为：

1）将主、副小车（即后、前小车）调整在合适位置，用短千斤绳绑轧固定在起重臂上。

2）起重臂的整体重量为 72t（含小车），吊装高度为 48m（含吊钩高度 6m），选用 4 根长 8m、ϕ52mm 的钢丝绳吊索（已考虑了 8 倍安全系数），按照图 5.2.2-4 所示吊装构件中心点距离，栓好吊索和导向缆风绳。

3）先连接下端轴销，后连接上部销轴和拉杆销轴。

4）连接完成后，用 300t 浮吊进行起重臂吊装。用导向缆风绳控制起重臂方向，缓缓启动变幅拉索，同时缓缓下降起重吊钩，直至将起重臂放平（图 5.2.2-4）。

图 5.2.2-4　安装起重臂

18. 安装起升卷扬机构于平衡臂尾部。

19. 安装变幅卷扬机构于平衡臂中后部。

20. 安装平衡块。将每块重量为 13t 的平衡块（共 3 块），分别吊装至平衡臂尾部，安装完成后即锁紧固定。

21. 安装变压器。将电缆线顺电缆支架，沿标准节方向进行卡箍，并将控制电箱吊挂安装在平衡臂上，由电工进行电器线路的连接。

22. 安装电梯、电缆、电箱，进行电器连接，并进行调试。

23. 进行小车变幅钢丝绳的穿绕工作。

24. 搭设专用支架，将后小车吊钩葫芦垂直就位于后小车下方。

25. 搭设专用支架，将前小车吊钩葫芦垂直就位于前小车下方。

26. 进行平衡臂辅助卷扬机钢丝绳的穿绕。

27. 塔机组装经检验，性能符合要求后，由专业操作工进行试运转。经试运转，确认设备性能符合要求后即可进行塔机载荷试验。试验过程需当地技术质量监督局派员参与。负荷试验结果得到认可，且获颁塔机使用许可证和电梯使用许可证后，方可投产使用。

根据需要，塔机负荷试验（包括塔机无锚固塔身静态应力测试、塔机有锚固塔身静态应力测试）委托专业检测机构负责。试重块由大桥施工方提供。塔机初始高度安装完成后，即可根据需求，进行塔机的顶升、接高工作。

5.2.3 塔机的顶升和接高

1. 顶升工作注意事项：

1）在整个顶升过程中，塔机回转部分必须完全配平。

2）按照现行国家标准《塔式起重机安全规程》GB 5144 要求，塔机安装时的风速应限制在 50km/h 以内。由于安装时吊物受风力影响会出现晃动现象，影响正常操作，因此应采用牵、拉缆风绳的方法予以解决。

3）顶升时严禁以下操作：

①回转起重臂；②移动起重小车；③当顶升部分被顶起或正在顶起时升降吊钩。

4）顶升过程不能出现停顿，除非出现以下情况：

①塔机完全平衡；②滑道底座的伸缩臂锁定在标准节鱼尾板上；③锁止螺栓全部锁紧；④连接板均到位；⑤顶升套架不与标准节相连且固定在顶升梯上。

5）顶升过程中的不工作状态：

①塔机完全平衡（吊钩收至小车底部）；②没有标准节悬挂在套架辅助吊上；③套架辅助吊位于锁定位置；④塔机处于顺风状态。

2. 将在陆上场地上组装完成的 U 形标准节，经平板拖车、驳船转运至水上作业平台。每个 U 形标准节均由两片 U 形片组成，其中一片上装有爬梯和休息平台，应折叠后用双股 12 号钢丝予以绑扎固定。每个 U 形标准节的角部均设有防扭撑杆。U 形标准节的型式见图 5.2.3-1。

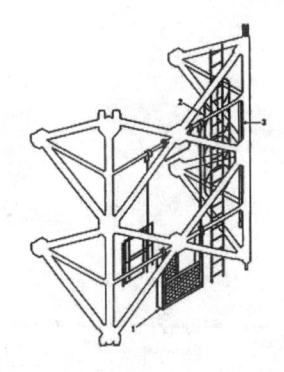 

图 5.2.3-1　U 形标准节

3. 配平。配平工作应分两步完成：

1）在起重臂下吊一重物。

2）根据平衡臂平衡重和吊物重量，通过移动小车来调节平衡。当套架上滚轮和滑道节之间的间隙前后一致时，便到达平衡位置。

4. 顶升。

5. 套架爬升步骤：

1）将滑道塔身节、套架通道工作平台重新合拢。

2）朝油缸缩回的方向保持液压站的压力。

3）将连接套架底部和标准节鱼尾板的销轴取出。

4）缩回油缸，使套架底部脱开标准节鱼尾板。

5）继续缩回油缸，直到能够将固定轭杆销定在离顶升梯上方最近的一个孔里，顶升的第一个过程便是完成了顶升的一步。

6）将活动桅杆重新销定在上一步顶升梯上。

7）松开固定桅杆。

8）重复这种动作，直到套架顶升道滑道塔身节的顶端，然后将固定轭杆销定在梯上。

6. 1/2 标准节的吊装步骤：

1）将含有通道的 1/2 U 形标准节吊装到辅助卷扬机工作区域（不得使用塔式起重机的吊钩吊装）。

2）松开活动轭杆与顶升梯的连接销轴。

3）松开套架辅助吊，然后操作油缸，借助正面的顶升轭梁和钢丝绳，使套架辅助吊转动。将辅助吊放到地面。

4）在操作一个套架辅助吊的同时，将另一个辅助吊分开。

5）用辅助卷扬机将固定着 1/2 U 形标准节的标准节横梁从地面吊起（通道对齐）。

6）当升到套架辅助吊提升架位置时，将标准节横梁挂到套架辅助吊的提升架上。

7. 标准节组装步骤：

1）将套架辅助吊转动，以便在顶升套架和下方标准节之间放入 1/2 U 形标准节。

2）同时回转半标准节，以便使其套进滑道标准节。

3）将辅助吊锁定在套架上，与旋动系统脱开。

4）用销轴组装半标准节，销轴的头必须朝向滑道塔身节一边。

5）将活动轭杆销定在顶升梯上。

6）松开固定轭杆，借助油缸使套架和下方标准节下降到悬空标准节的鱼尾板上。

7）继续下降套架，用手柄销将套架与标准节上方的鱼尾板相连。

标准节顶升加节组装实例见图 5.2.3-2。

图 5.2.3-2　标准节组装实例

8. 滑道塔身节顶升步骤：

1）松开锁定螺栓。

2）将连接板取下。

3）给油缸加压，以便松开销轴然后将其取下。

4）降低滑道塔身节，连杆脱开标准节的鱼尾板。

5）在此位置时，将固定轭杆锁定在顶升梯上。

6）压下连杆，将伸缩臂放到滑道塔身节上。

7）松开固定轭杆的销轴，伸出油缸，回转上部被顶起。

8）重复多次顶升过程，直到将滑道底座销定到上方标准节的鱼尾板。

9）将连接板重新连接。

10）拧紧锁定螺栓。

滑道塔身节顶升实例见图 5.2.3-3。

图 5.2.3-3　滑道塔身节顶升实例

9. 连续重复地进行 10 节标准节的顶升过程，直到满足第一道附墙安装所需要的吊钩下高度 92.582m 为止。为此需要：

1）从滑道底座下通道开始，借助滑道塔身节上下运动（固定轭杆销定上）安装标准节防扭腹杆。

2）用同样的方法使标准节通道就位。注意：为了与滑道底座的走道连接，最后一次顶升的标准节的通道是特殊的。

10. 在标准节加节顶升的同时，完成载人电梯标准节的加节工作。

11. 在最后一次标准节顶升完毕后，继续顶升运动，以便使滑道底座与套架底部相连。为此需要：

1）用工作销将连接上方标准节鱼尾板和套架底部的手柄销换掉。

2）在 4 个角上同时进行滑道底座的工作位置销定，用相应的片式销轴（工作销轴）换掉，必要时，可回转起重臂以方便销轴的安装。

3）将撑杆销定在套架底部的（5）处，然后用工作销将间隙销换掉。

4）拧紧锁定螺栓。

5）放下平衡吊重物。

6）卸掉顶升套架以便空出安装升降机的位置。

7）用自吊平衡重系统将平衡重装好（图 5.2.3-4）。

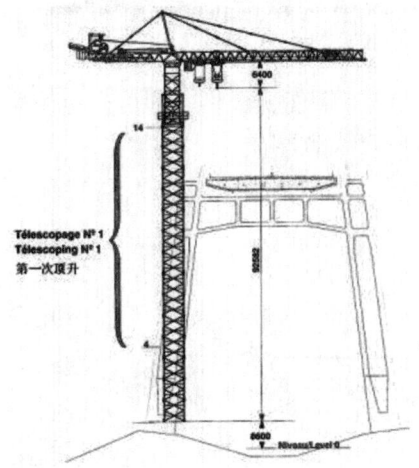

图 5.2.3-4　第一次顶升后的图例

5.2.4 安装附墙框和附墙拉杆

当主桥墩施工至第一道附墙安装所要求的高度后，开始在第 12 节标准节处进行第一道附墙框及附墙拉杆的安装工作。

第一道附墙拉杆与桥墩的连接见图 5.2.4-1。

1. 附墙拉杆安装：

1）将箱形附墙拉杆按预先量好的尺寸连接好，并在上面焊好挂钩和挡块，利用塔机自身将其吊至安装位置，然后利用千斤顶及手拉葫芦调整，上好销轴。第一道附墙拉杆的作业流程如图 5.2.4-2。

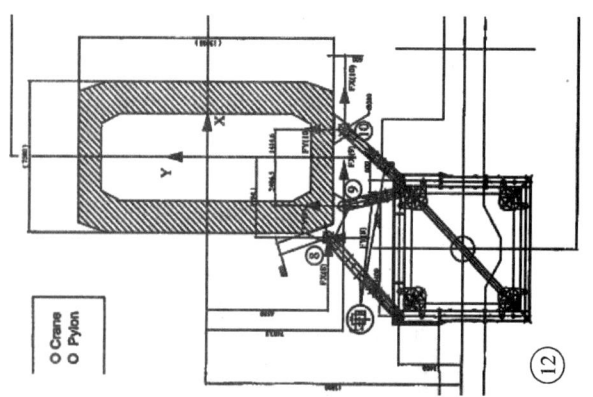

图 5.2.4-1 第一道附墙杆与桥墩连接示意图

图 5.2.4-2 第一道附墙杆的安装过程

2）塔机起吊顶升配重，利用测量仪器检测塔机垂直度。垂直度控制按厂家提供的标准实施。

3）在附墙拉杆上搭设防雨棚，由焊工对附墙拉杆箱形伸缩部位进行焊接固定，见图 5.2.4-3。

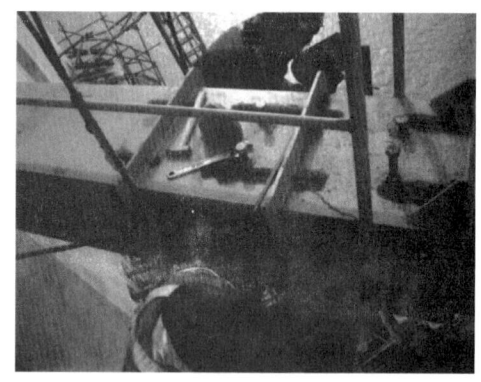

图 5.2.4-3 对附墙杆箱形伸缩部位进行焊接固定

4）经质检和监理人员对附墙拉杆的安装质量、焊缝进行实测、探伤，合格后即可交付使用。

2. MD3600 塔式起重机共设 6 道附墙拉杆，其他各道安装程序大致相同。

MD3600 塔式起重机共有 51 节标准节、6 道附墙，各道附墙从塔吊基础顶面计算起高度依次为：

1）第一道附墙高度为 66.716m，设置在第 12 节标准节处。

2）第二道附墙高度为 118.736m，设置在第 21 节标准节处。

3）第三道附墙高度为 164.976m，设置在第 29 节标准节处。

4）第四道附墙高度为 211.236m，设置在第 37 节标准节处。

5）第五道附墙高度为 240.116m，设置在第 42 节标准节处。

6）第六道附墙高度为 289.102m，设置在第 47 节标准节处。

5.3 拆除操作要点

5.3.1 MD3600 塔式起重机的拆除步骤

1. 自上至下，从第 51 节起至第 12 节标准节的常规拆除。

2. 塔吊附墙拆除，包括附墙连接件、附墙拉杆及附墙框架的拆除。

3. 从第 12 节至第 1 节标准节的非常规拆除，以及初始安装塔吊各构件的正常拆除。

4. 塔吊基座的拆除。

5.3.2 拆除工作的重点和难点

1. MD3600 塔式起重机拆除须在高空作业，随时会遭遇大风、雨、雪等不良天气，拆除受气象条件影响的程度大。

2. 塔机附墙拉杆、标准节及塔机初始安装构件的拆除均为大吨位吊装和悬空作业，进一步加大了拆除难度。

3. 由于拆除时钢箱梁和斜拉索均已施工完毕，紧接着要进入下道工序施工。为了不影响主桥施工，拆除工作的工期紧，须合理调动各方资源，有序组织施工。

4. 在塔机拆除工作的 4 项内容中，塔机附墙拉杆由于质量重、空间尺寸大，且全部为安全防护措施少的高空作业，拆除的难度最大。

5. 由于塔机不能按常规步骤降到初始安装高度，构件在拆卸过程中与桥塔和斜拉索在空间位置会发生干涉。因此必须采取辅助措施，利用大吨位浮吊进行拆卸。

6. 本次拆除的塔机构件数量大、品种多，分类整理和清点的工作量大。

7. 由于拆除塔机附墙拉杆件最后一根销轴时，附墙杆件的受力会有瞬间释放。因此，在塔顶设置了一台专用 2t 卷扬机吊住作业人员，以确保安全。

5.3.3 塔机拆除工艺流程

利用在桥塔顶部的预埋件，装好临时钢桁架（用于拆除塔机附墙杆件和连接件）→按常规拆卸方法，拆除最顶部的 4 节标准节→利用塔顶卷扬机及钢套箱上的卷扬机，拆除第 6 道附墙及所有构件→拆除 5 节标准节→拆除第 5 道附墙→参照上述方法，依次拆除标准节及附墙至第 12 节标准节（注：拆除 5 节标准节后开始拆除第 4 道附墙；拆除 8 节标准节后开始拆第 3 道附墙；拆除 8 节标准节后开始拆第 2 道附墙；拆除 9 节标准节后剩余 12 节标准节）→利用浮吊拆除第 1 道附墙→拆除平衡配重→拆除第 5 节起重臂→解除拉杆对起重臂的约束→拆除起重臂→拆除平衡臂→依次完成第 12 节至第 1 节标准节的非常规拆除以及塔机初始安装所有构件的拆除（拆除过程与安装过程相反，详见安装方案）→拆除塔吊基座。

在降塔前，首先将 20t 小车钢丝绳拆除并卷好，同时拆除 20t 小钩。然后重新安装一根足够长度的 ϕ18mm 钢丝绳于 20t 卷扬机卷筒上，通过滑轮绕丝在平衡臂小车上，再安装专用吊钩。应仔细检查各项准备工作，确保顺利降塔。

5.3.4 各拆除过程的技术要点

1. 从塔顶起，按常规方法降塔至第 12 节标准节。拆卸流程为顶升安装流程的逆程序，不再详细叙述。

2. 塔机附墙杆件（包括附墙拉杆、附墙连接件、附墙框架及其构件）的拆除。

拆除附墙拉杆、附墙连接件应遵循如下指导思想：连接件与附墙拉杆一起吊装拆除；采取的主要手段为：通过卷扬机绕丝等辅助手段减轻附墙杆件悬臂端的重量，以便附墙杆件顺利旋转至安全的吊装位置。

1）附墙杆件拆除基本情况

MD3600 塔式起重机共设有 6 道附墙，包括附墙连接件、附墙拉杆、附墙框架及其构件共三部分。第 1、2、5、6 道附墙连接件设计较为轻巧，第 3、4 道附墙连接件设计较为强大。各道附墙连接件的重量见表 5.3.4-1。附墙构件在桥塔上的布置情况详述如下。

第三、四道附墙布置情况，见图 5.3.4-1：

第二道附墙布置情况，见图 5.3.4-2：

第五、六道附墙布置情况（A-F 未示，同上，见图 5.3.4-3）：

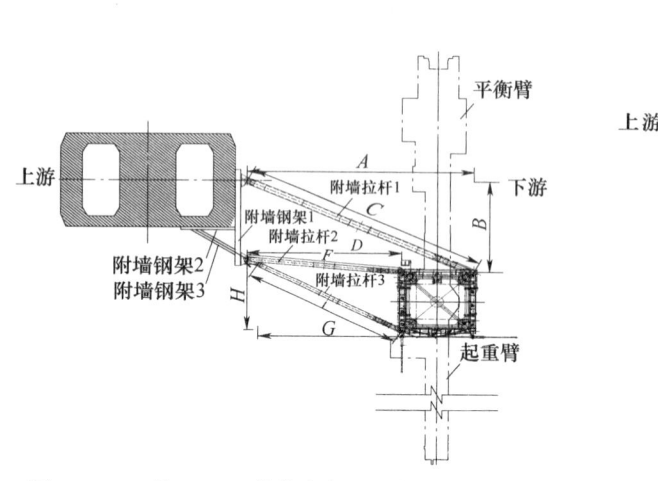

图 5.3.4-1　第三、四道附墙布置示意图

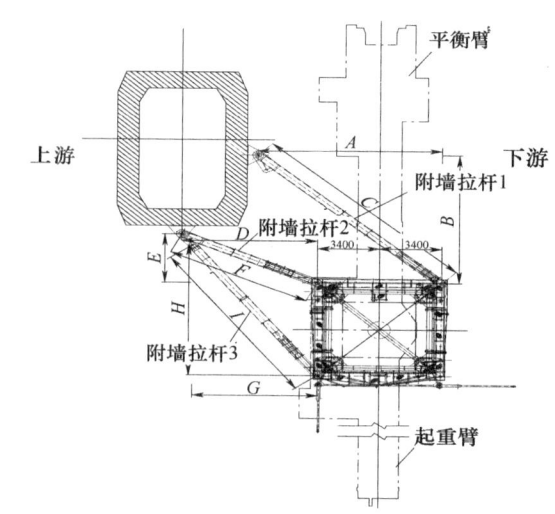

图 5.3.4-2　第二道附墙布置示意图

第一道附墙布置情况（A-F 未示，同上，见图 5.3.4-4）：

附墙拉杆及附墙连接件的技术参数见表 5.3.4-1~表 5.3.4-3。

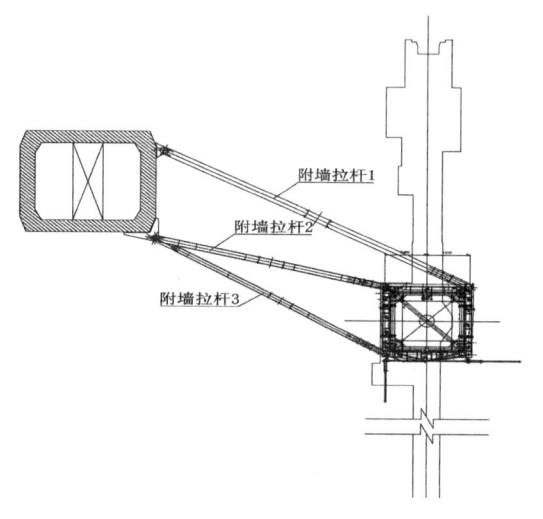

图 5.3.4-3　第五、六道附墙布置示意图

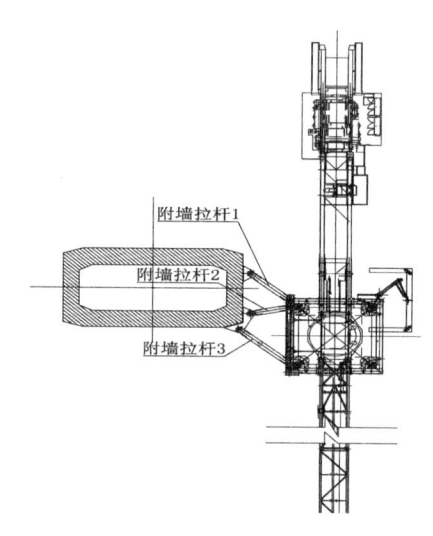

图 5.3.4-4　第一道附墙布置示意图

附墙拉杆尺寸数据表　　　　　　　　　　　　　　　　表 5.3.4-1

杆件编号	数据编号	尺　寸　值（cm）				
		第二道附墙	第三道附墙	第四道附墙	第五道附墙	第六道附墙
附墙拉杆 1	A	1009	1542	2125	2444	2512
	B	928	1040	1039	1355	1338
	C	1371	1860	2365	2794	2846
附墙拉杆 2	D	748	862	1445	1831	1904
	E	351	40	140	473	502
	F	826	863	1452	1891	1969
附墙拉杆 3	G	694	807	1350	1687	1754
	H	946	666	759	1055	1089
	I	1173	1046	1549	1990	2065

附墙拉杆重量表　　　　　　　　　　　表 5.3.4-2

杆件编号	杆件重量（kg）					
	第一道附墙	第二道附墙	第三道附墙	第四道附墙	第五道附墙	第六道附墙
附墙拉杆 1	1907	4636	7822	10770	12306	12594
附墙拉杆 2	1367	3963	3762	6478	8576	9099
附墙拉杆 3	1689	3452	3270	3999	4755	4798

附墙连接件钢架重量表　　　　　　　　表 5.3.4-3

附墙钢架编号	钢架重量（kg）	
	第三道附墙	第四道附墙
附墙钢架 1	9813	9194
附墙钢架 2	6004	5259
附墙钢架 3	3305	2744
附墙钢架支撑	3206	3112

2）各道附墙的吊装拆除方法和重量：

（1）第六道至第一道附墙拆除过程中，除第三、四道附墙需先拆除附墙钢架支撑，分作 4 次吊装外，其余 4 道附墙，每道均需分作 3 次吊装，即可完成附墙拉杆拆除。

（2）第三、四道附墙拆除时，第一吊拆除附墙钢架支撑；第二吊拆除附墙拉杆 1 及附墙钢架 1 的一半；第三吊拆除附墙拉杆 2；第四吊拆除附墙拉杆 3、附墙钢架 1 的另一半及附墙钢架 2 和附墙钢架 3。

（3）第一、二、五、六道附墙，第一吊拆除附墙拉杆 1 及与之相连的附墙连接件；第二吊拆除附墙拉杆 2；第三吊拆除附墙拉杆 3 及与之相连的附墙连接件。

（4）由表 5.3.4-2 和表 5.3.4-3，经计算得出每次吊拆的组合重量如表 5.3.4-4、表 5.3.4-5：

第一、二、五、六道附墙拉杆及附墙连接件组合重量表　　　表 5.3.4-4

吊拆次数编号	分次吊装组合重量（kg）			
	第一道附墙	第二道附墙	第五道附墙	第六道附墙
第一吊拆除	2907	5636	13306	13594
第二吊拆除	1367	3963	8576	9099
第三吊拆除	2689	4452	5755	5798

第三、四道附墙拉杆及附墙连接件组合重量表　　　　　　表 5.3.4-5

吊拆次数编号	分次吊装组合重量（kg）	
	第三道附墙	第四道附墙
第一吊拆除	3206	3112
第二吊拆除	12728.5	15367
第三吊拆除	6554	6478
第四吊拆除	17485.5	16599

从表 5.3.4-5 可知，第三、四道附墙分次吊装拆除时组合杆件最大重量约 17.5t，须用塔机平衡臂上的 20t 小车和一台安装在大桥桥面上、起重量为 10t 的卷扬机"抬吊"下放。

塔机平衡臂上的 20t 小车，在吊装组合杆件处的最大起重量为 12t，能够满足部分杆件下放的受力要求；大桥桥面上的卷扬机，其定滑轮设在塔机顶部，最不利受力按照上述重量（17.5t）的一半计算。为方便施工操作，桥面卷扬机应按照 10t（>8.75t）的最大吊装重量穿绕钢丝绳。钢丝绳采用 ϕ21.5mm 无油钢丝绳，破断拉力约 18.5t，钢丝绳倍率取 3，则安全系数为 18.5×3/9=6.2，满足规范要求。

3）各道附墙的具体拆除方法：

（1）确定附墙拆除方案

由于附墙拆除时塔机不能全回转工作，因此需要在桥塔顶部预先焊接临时钢桁架，并在大桥桥面、下游钢套箱上各设置一台10t卷扬机，通过滑轮组来辅助吊装拆除附墙拉杆和连接件。其中：桥面卷扬机的定滑轮设在桥塔顶部临时钢桁架上，钢套箱上卷扬机的定滑轮根据吊装拆除不同附墙杆件的需要，设在塔机平衡臂的不同位置。卷扬机在大桥桥面上的布置及钢丝绳绕向见图5.3.4-5、图5.3.4-6。

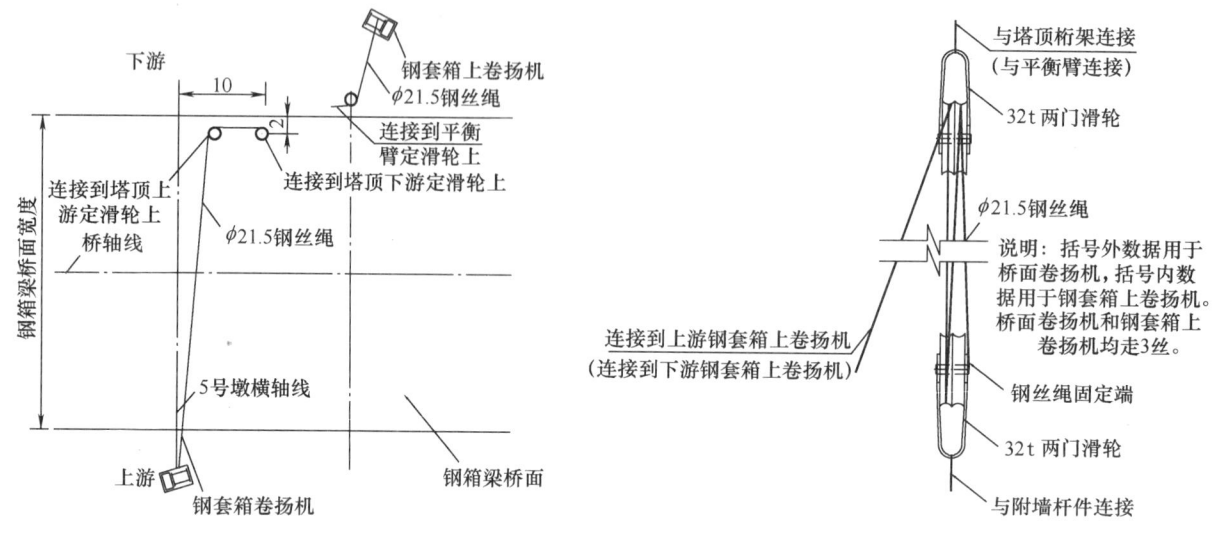

图5.3.4-5　桥面卷扬机布置示意图　　　　图5.3.4-6　桥面卷扬机钢丝绳绕向示意图

下面先对桥塔顶部预埋件及临时钢桁架的布置方法作详细说明，然后具体介绍各道附墙的拆卸方法。

利用桥塔顶部预埋件安装临时钢桁架的做法见图5.3.4-7。

（2）各道附墙拆除方法详述

①第六、五道附墙拆除

第六道附墙拆除顺序：第一吊将附墙拉杆1与附着在塔柱下游壁上的构件一并拆除（附墙拉杆1与塔柱上的构件总重约13t左右）；第二吊将附墙拉杆2拆除（第二吊构件总重量约9.1t）；第三吊将附墙拉杆3与附着在塔柱南壁上的构件一并拆除（第三吊构件总重量约5.6t）。

附墙拉杆1的拆除：

先将塔机旋转到使平衡臂与大桥轴线成41°夹角位置（图5.3.4-8）。塔机锁定后，先利用桥塔顶部动滑轮（对应桥面钢套箱另一侧的卷扬机）与塔机平衡臂上的辅助卷扬机，将钢丝绳系在附墙拉杆1靠近桥塔一侧，然后辅助卷扬机慢速提升直至钢丝绳受力（此力根据经验判断，大约为附墙拉杆和连接件重量的1/2）。人工拆除附墙拉杆1位置的附墙连接件的连接销轴（注意：最后一根销轴拆松未旋出时，拆除人员应撤离），调整两台卷扬机受力，附墙连接件与桥塔脱离，然后辅助卷扬机慢速下降，通过安装在拆除平台上的手拉葫芦（如手拉葫芦拉力不够，辅助卷扬机可慢速提升）使附墙拉杆1缓慢旋转。当附墙拉杆1活动端位于平衡臂下方时，将平衡臂上20t小车钢丝绳与附墙拉杆1一端连接并受力，拉杆1另一端通过销轴支撑在附墙框架上。由于平衡臂上活动小车最大吊装能力只有12t，不能满足要求，因此需在桥面钢套箱上另外布置一台卷扬机（其钢丝绳通过转向滑轮后，再通过挂在平衡臂适当位置的定滑轮）。两台卷扬机同时受力，将附墙拉杆吊平衡后，慢慢解除桥塔顶部动滑轮和辅助卷扬对附墙杆件的约束，最后拆除拉杆与附墙框架的连接销，两台卷扬机缓缓下降。由于桥塔外侧斜度较大（标高255.801m以上为1:44.9211，标高224.942m以下为1:7.9295，从224.942m到255.801m之间的斜率在两者之间变化），需将平衡臂向下游旋转到与大桥轴线成25°夹角，以保证附墙拉杆1下降时尽量不与桥塔冲突，见图5.3.4-8（桥塔底面上、下游方向宽度用虚线表示）：

由图可见，即使平衡臂转动25°，附墙拉杆1仍然与桥塔冲突，解决的办法，是在附墙拉杆1下降前，在其两端各事先系好一根约50m长的麻绳，麻绳一端落地时，通过人工牵拉使其降落在桥塔外侧。

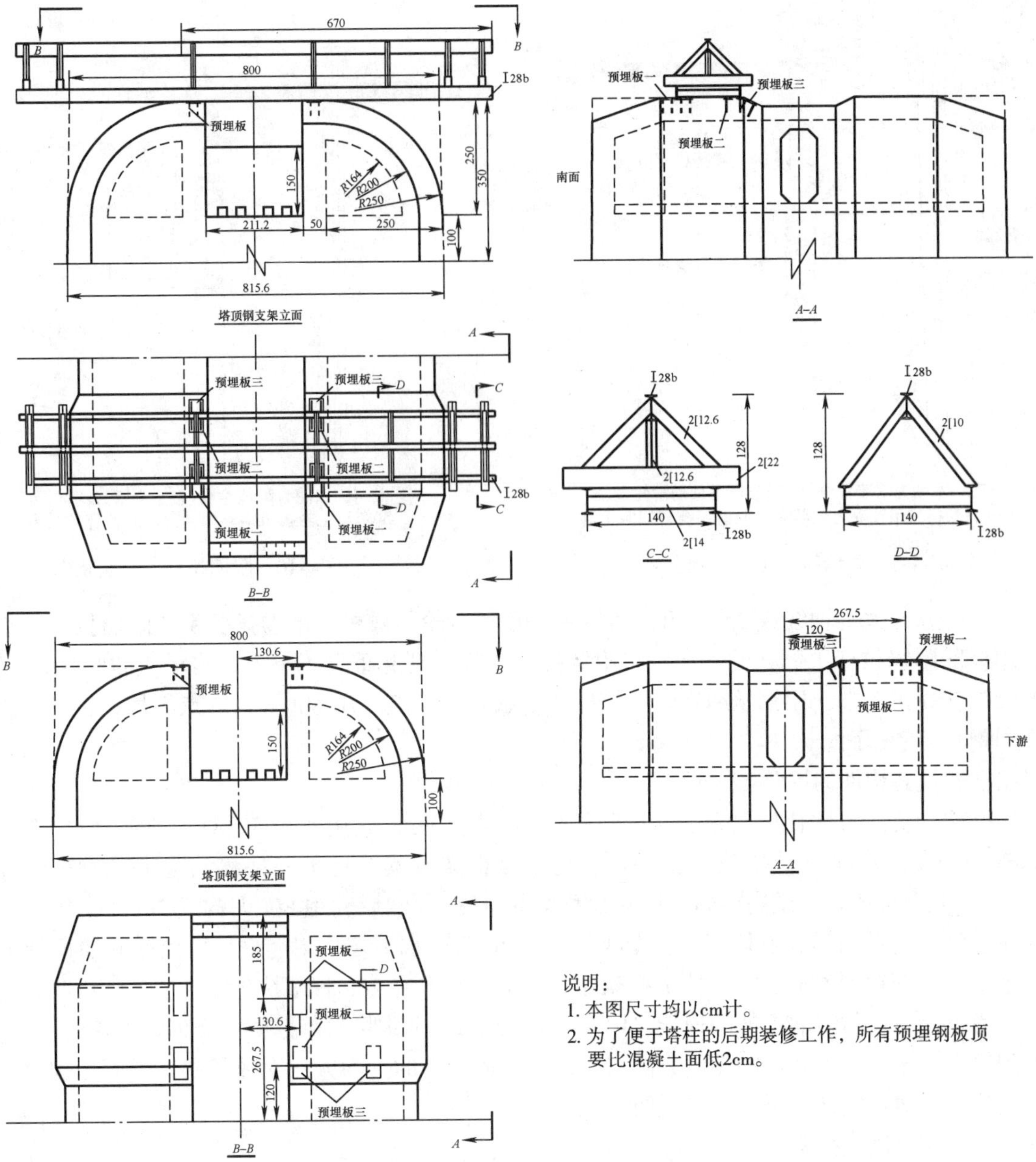

塔顶钢支架立面

A—A

南面

C—C   D—D

塔顶钢支架立面

A—A

下游

说明:
1. 本图尺寸均以cm计。
2. 为了便于塔柱的后期装修工作，所有预埋钢板顶要比混凝土面低2cm。

图 5.3.4-7　桥塔顶部临时钢桁架布置示意图

附墙拉杆 1 吊装过程示意图见图 5.3.4-9、图 5.3.4-10。

附墙拉杆 2 的拆除：

与附墙拉杆 1 的拆除方法基本一致。但需注意：附墙拉杆 2 起吊时，塔机需旋转到使平衡臂偏向上游，并与大桥轴线成 41°夹角；下降时，塔机需旋转到使平衡臂偏向下游，并与大桥轴线成 25°夹角。不同点：附墙拉杆 2 及连接件重约 9.1t，由平衡臂 20t 小车直接吊装下放，可以不用钢套箱上的卷扬机。

附墙拉杆 3 的拆除：

由于附墙拉杆 3 位于起重臂一侧，因此吊装方法与附墙拉杆 1 不同。起吊前，先将塔机旋转到使平

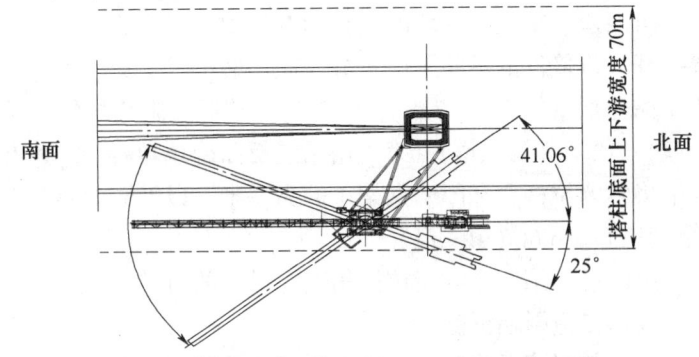

图 5.3.4-8　附墙拉杆 1 吊装时塔机可转动范围示意图

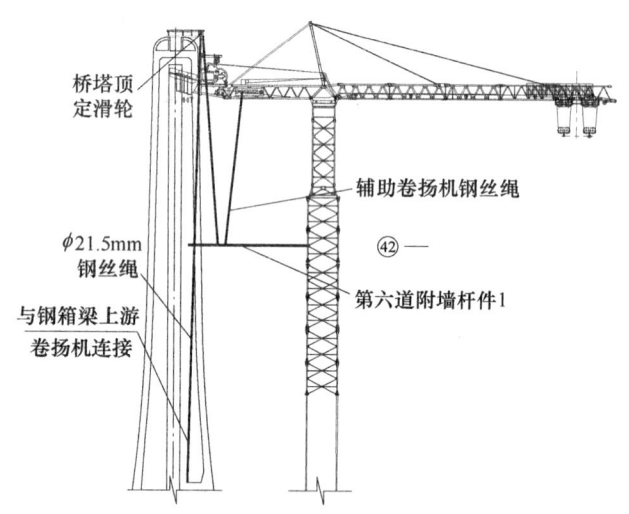

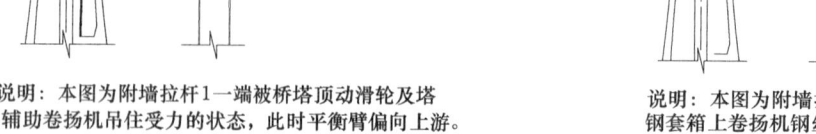

说明：本图为附墙拉杆1一端被桥塔顶动滑轮及塔吊辅助卷扬机吊住受力的状态，此时平衡臂偏向上游。

图 5.3.4-9　附墙拉杆 1 吊装状态一

说明：本图为附墙拉杆1在平衡臂12t小车和钢套箱上卷扬机钢丝绳共同吊装拉杆的状态。

图 5.3.4-10　附墙拉杆 1 吊装状态二

衡臂偏向下游并与大桥轴线成 25°夹角，然后用塔顶动滑轮与塔机辅助卷扬机系在附墙拉杆 3 靠近桥塔一侧，用拆除附墙拉杆 1 同样的方法，将附墙拉杆 3 旋转到起重臂正下方，将塔机 80t 小车（后小车）移到附墙拉杆 3 正上方，用钢丝绳在附墙拉杆 3 上系好两个点，用 80t 大钩两点起吊，将附墙拉杆 3 缓慢下降到钢套箱的顶面。

附墙框架及其构件的拆除：

附墙框架的拆除方法比较简单，在拆除拉杆和连接件后，先用 4 个 5t 葫芦，将附墙框架锁定，然后解除楔块和其他构件。通过 5t 手拉葫芦，将附墙框架及其构件拆除并移到起重臂或平衡臂正下方（可使塔机在上图可活动范围内旋转，以减少移动的难度），然后利用 80t 大钩或 20t 小钩钢丝绳与附墙框架连接。钢丝绳受力后，在塔机标准节上设一个 5t 葫芦水平拉住附墙框架，解除附墙框架上方手拉葫芦，水平受力葫芦缓慢放松，使附墙框架逐步向 80t 大钩或 20t 小钩下方移动，直至葫芦完全不受力为止。然后拆除葫芦与附墙框架的连接，用 80t 大钩或 20t 小钩将附墙框架下降到钢套箱的顶面。

第四道附墙至第二道附墙的拆除方法与第五、六道附墙的拆除方法大致相同，下面分别对其拆除方法进行描述，并对不同部分进行重点说明。

②第四、三道附墙拆除

第四道、第三道附墙连接件的平面图、立面见图 5.3.4-11、图 5.3.4-12：

第四道、第三道附墙的结构形式一致，拆卸方法一样，只是局部数据有些不同。第四道、第三道附墙拉杆与连接件的拆除顺序：分 4 次吊装拆除，第一吊吊装拆除附墙钢架支撑（第四道、第三道附墙钢架支撑分别重约 3.1t、3.2t）；第二吊吊装拆除附墙拉杆 1 及附墙钢架 1 的一半，其重量分别为 15.3t（第四道）、12.7t（第三道）；第三吊吊装拆除附墙拉杆 2，其重量分别为 6.6t（第四道）、6.5t（第三道）；第四吊将附墙拉杆 3 和附墙钢架 1 的另一半，以及附墙钢架 2、附墙钢架 3 一并拆除，其重量分别为 17.5t（第四道）、16.6t（第三道）。

第四道、第三道附墙拉杆吊装时塔机的可转动范围示意图见图 5.3.4-13、图 5.3.4-14：

③第二道附墙拆除

第二道附墙拆除时，塔机大臂可活动范围及此时的附墙与桥塔、塔机的位置关系见图 5.3.4-15。

从图 5.3.4-15 可见，第二道附墙拆除与前几道附墙拆除有不同的地方，即：附墙拉杆 2 不是旋转到平衡臂下方，而是旋转到起重臂下方。

附墙拉杆 1 的拆除方法与第 5 道附墙拆除方法完全一致，只是旋转角度有所变化，即：拆除前，旋转塔机使平衡臂偏向上游 15°；拆除后附墙拉杆 1 下降前，旋转塔机使平衡臂偏向下游 18.5°。

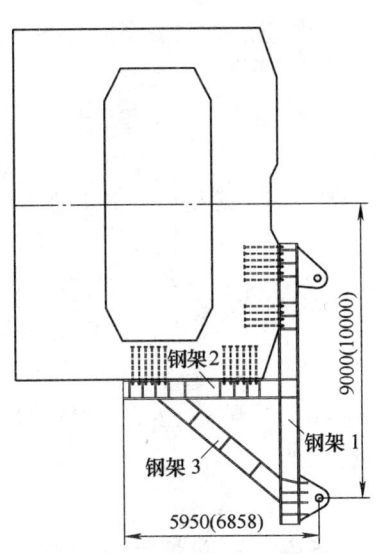

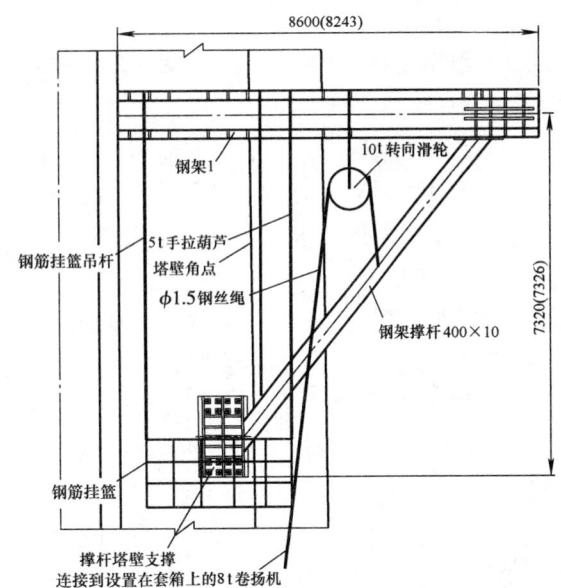

图 5.3.4-11　第四道、第三道附墙连接件平面图

注：括号外为第 4 道附墙连接件尺寸，括号内为第 3 道附墙连接件尺寸

图 5.3.4-12　第四道、第三道附墙连接件立面图

注：括号外为第 4 道附墙连接件尺寸，括号内为第 3 道附墙连接件尺寸

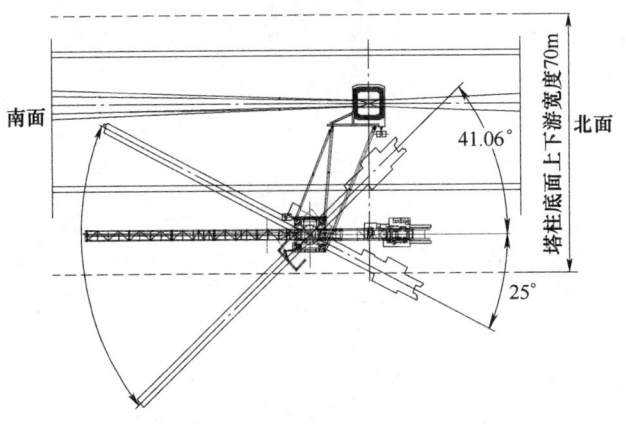

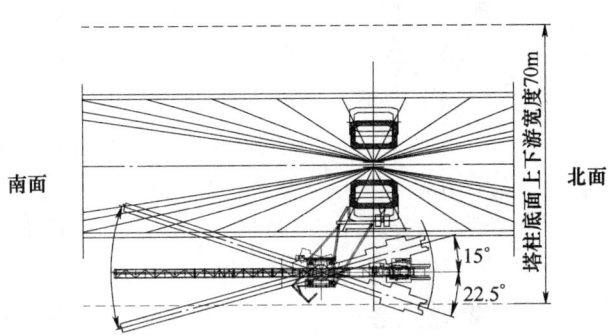

图 5.3.4-13　第四道附墙拉杆 2 吊装时
塔机可转动范围示意图

图 5.3.4-14　第三道附墙拉杆 1 吊装时
塔机可转动范围示意图

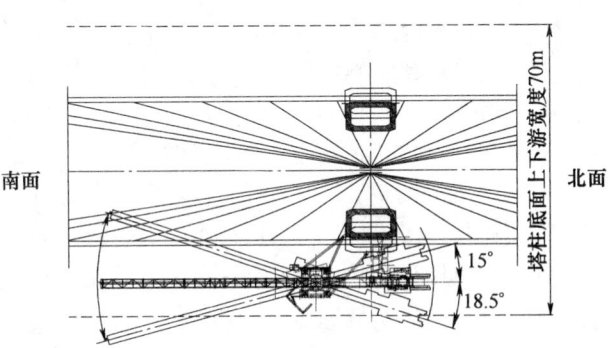

第二道附墙拆除时，附墙拉杆 2 与附墙拉杆 3 可一并拆除，其程序如下：

a. 在附墙拉杆 2 桥塔端挂一 2t 手拉葫芦与附墙拉杆 3 连接；

b. 拆除附墙拉杆 2 与塔机附墙框架的连接销轴；

c. 收紧手拉葫芦，使附墙拉杆 2 向附墙拉杆 3 靠拢，并与附墙拉杆 3 点焊连接；

d. 旋转塔机，使平衡臂偏向下游，并与大桥轴线成 18.5°夹角；

图 5.3.4-15　第二道附墙拆除时塔机大臂可活动范围

e. 桥塔顶部动滑轮下降，与塔机辅助卷扬机同时与附墙拉杆 2、附墙拉杆 3 桥塔侧连接，并提升受力；

f. 拆除附墙拉杆 3 附墙连接件与桥塔的连接螺栓；

g. 桥塔顶部动滑轮下降，辅助卷扬机提升，并通过安装在拆除平台上的手拉葫芦（如手拉葫芦拉力不够，辅助卷扬机可慢速提升），使附墙拉杆 2、附墙拉杆 3 及附墙连接件整体缓慢向起重臂下方旋转；

h. 当附墙拉杆 2、附墙拉杆 3 及附墙连接件的活动端位于起重臂正下方时，下降塔机 80t 大钩，与附墙拉杆 2、附墙拉杆 3 整体连接并提升受力；

i. 拆除桥塔顶部动滑轮、起重臂动滑轮与附墙拉杆 2、附墙拉杆 3 的连接；

j. 拆除附墙钢架 3 与附墙框架的连接；

k. 塔机 80t 大钩缓慢下降，使附墙钢架 2、附墙钢架 3 及附墙连接件等构件平稳降落在钢套箱平台上。

附墙框架及其构件的拆除：与第五道附墙框架及其构件的拆除方法完全一致，不再详述。

3. 第 12 节至第 1 节标准节的非常规拆除，以及初始安装时的塔机构件、基座的拆除。

1）基本情况介绍

采用 1000t 浮吊拆除初始安装的塔机构件时，水位按照+1.0m 考虑。剩余 12 节标准节时，塔机总高度约为 106m，塔机底座顶面标高为+8.6m，则塔机 A 型架顶面标高为 114.6m，A 型架至起重臂顶面的高度约为 10m，因此起重臂此时的标高约为 104.6m。

1000t 浮吊的基本参数为：吊钩以下 115m（至水面），在吊幅为 20m 时的容许最大荷载为 150t。

2）塔机有关构件的参数

第 12 节至第 1 节标准节非常规拆除时，涉及的主要构件的参数如下：

(1) 半节塔机标准节：6m×6m×3m，每半节重 6t，共有 4 个半节塔机标准节。

(2) 滑道底座：6.6m×6.6m×3.5m（包含四周平台），重 27t。

(3) 顶升套架：包含走道的尺寸约为 8m×8m×6m，重 42.5t。

(4) 滑道塔身节：尺寸为 4.6m×4.6m×12.6m，重 28.5t。

(5) 回转下支座：尺寸为 4.5m×4.5m×2.2m，重 28.5t。

(6) 回转上支座：尺寸为 5.4m×5.7m×2.6m，重 29.8t。

(7) 平衡臂一、二节及拉杆：尺寸为 20m×3.5m×2.6m，重 32.5t。

(8) 平衡臂尾部节+平衡臂支架+辅助吊+辅助卷扬机：尺寸为 10m×3.5m×2.6m，重 25.5t。

(9) A 型架：尺寸为 12m×2.5m，重 8.1t。

(10) 起重臂第一节：尺寸为 10m×3m×2.9m，重 12.33t。

(11) 双小车：共重 7.65t。

(12) 起升机构：重 5t。

(13) 变幅结构：重 1.64t。

(14) 平衡臂压重：40.73t（共 3 块）。

(15) 塔吊基座钢构件：重约 100t。

注：起重臂安装前，须根据本项目的具体情况进行改造。改造后，大臂长 50m，由单拉杆结构改为双拉杆结构，用浮吊整体起吊。改造后的起重臂总重为 72t，其重量构成为：12330kg（臂杆Ⅰ）+13000kg（臂杆Ⅱ）+8000kg（臂杆Ⅲ）+ 8300kg（臂杆Ⅳ）+7700kg（臂杆Ⅴ）+870kg（端部节）+14150kg（拉杆）+7650kg（变幅双小车）=72000kg。

3）第 12 节至第 1 节标准节以及初始安装时的塔机构件、基座的拆除工艺流程

起重臂朝南并与大桥轴线平行→拆除第 12 节标准节→用 1000t 浮吊靠南边，拆除起重臂第 5 节及端部节→拆除第 11 节标准节→拆除 80t 主绳、20t 主绳、辅助卷扬机钢丝绳、小车钢丝绳→起重臂向上游旋转 50°，用 1000t 浮吊靠北边，分次拆除 3 块平衡重→用 1000t 浮吊靠南边，拆除起升机构→依次拆除起重臂上拉杆的连接销轴、起重臂与上回转的连接销轴；用 1000t 浮吊靠南边，拆除第 1~4 节起重臂→利用平衡臂上的辅助卷扬机及 1000t 浮吊靠南边，拆除平衡臂上的拉杆销轴和 A 型架→将平衡臂旋转至正南方向→拆除平衡臂尾部节→用 1000t 浮吊靠南边，拆除第一、二节平衡臂→用 1000t 浮吊靠南边，依次拆除余下的构件：驾驶室、上回转、下回转、辅助吊、滑道塔身节、顶升套架、滑道底座及其下平台→用 1000t 浮吊每次拆除 2 节，将剩余 10 节标准节拆除完毕→将塔机基座与预埋钢板之间的连

接解除，用1000t浮吊将塔机基座整体吊装拆除。

4）第12节标准节以下构件，采用1000t浮吊拆除的步骤：

步骤1：起重臂朝南并与大同线平行，利用塔吊自身系统拆除第12节标准节；用1000t浮吊靠南边，拆除起重臂第5节及端部节。

步骤2：起重臂向上游旋转50°，利用塔吊自身系统拆除第11节标准节；拆除80t主绳、20t主绳、辅助卷扬机钢丝绳、小车钢丝绳；用1000t浮吊靠北边，分次拆除3块平衡重。

步骤3：依次拆除起重臂上拉杆的连接销轴、重起臂与上回转的连接销轴，用1000t浮吊靠南边，拆除第1~4节起重臂。

步骤4：利用平衡臂上的辅助卷扬机及1000t浮吊靠南边，拆除平衡臂上的拉杆销轴和A型架。

步骤5：将平衡臂旋转至正南方向，用1000t浮吊靠南边，拆除起升机构、辅助卷扬机；然后拆除平衡臂尾部节。

步骤6：用1000t浮吊靠南边。拆除第一、二节平衡臂。

步骤7：用1000t浮吊靠南边，依次拆除余下的构件；驾驶室、上回转、下回转、辅助吊、滑道塔身节、顶升套架、滑道底座及其下平台；再用1000t浮吊每次拆除2节，将剩余10节标准节拆除完毕。解除塔吊基座与预埋钢板之间的连接，用1000t浮吊将塔吊基座整体吊装拆除。

5）塔吊基座拆除

塔吊基座，是指塔吊基础（塔吊基座的竖支撑底面以下部分称为塔吊基础）以上、底节标准节以下部分的钢结构构件。为了保证塔吊基座的整体性，拆除时，仅需割除基座竖支撑与基础钢板的连接焊缝即可，切不可将塔吊柱角与基座的纵梁分离。起吊采用200t浮吊整体吊装，操作过程简单，无需详述。

5.3.5 塔机拆卸过程中可能存在的危险因素及应对危险的相应措施

1. 塔机的最大安装高度为347m，操作人员没有从低空到高空的适应过程。因此，需要在思想上尽量消除高空作业人员的恐惧心理，稳定人心，并逐层签订安全生产责任状，决不能因为赶工期或其他原因而冒险作业。

2. 在拆除塔机附墙杆件最后一颗螺栓时，附墙杆件的受力会有瞬间释放的过程。此时，在附墙杆件上的作业人员处在非常危险的状态，需在桥塔顶部设置一台2t专用卷扬机吊住作业人员，以确保人员安全。

3. 在拆除重量超过12t的附墙杆件时，因为超重，需使用两台卷扬机实施"抬吊"。此时，两个操作人员、两台卷扬机必须实现同步提升。由此须配备专业对讲机，并统一频率，以保证通话顺畅。在杆件下放过程中，应始终有工作人员接力监视，不让其超出工作人员的视线，以确保安全。

4. 塔机标准节的拆卸流程很繁杂。因此在每道工序完成后、进入下道工序前，只能有一人指挥，机手只有听到明确指令后方可操作。但须注意：在拆卸过程中，任何人喊"停"时，机手都必需停止。只有查明喊"停"的原因后，方可继续下步工作。

5. 塔机在拆卸过程中会遭遇巨大危险源—强风。为了将危险降至最低，项目部应设专人随时关注天气状况，及时收听天气预报。如有强风来袭，必须在第一时间内将塔机锁定，使塔机处在相对安全的状态，然后人员迅速撤离。

6. 当塔机降至1000t浮吊的可吊装高度，进行塔机拉杆拆卸时，由于拉杆销很重，应在浮吊钩头再放置一根钢丝绳，挂好葫芦并系住拉杆销，否则仅靠人力将其搬下是很危险的。

5.4 劳动力组织

5.4.1 施工组织机构图（图5.4.1）

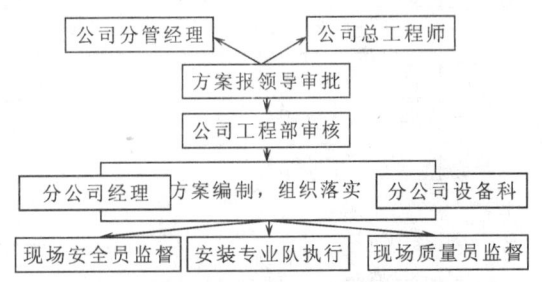

图5.4.1 超高斜拉桥塔施工用超大型塔机安装、拆卸工程施工组织机构图

5.4.2 施工作业人员配备表（表5.4.2）

施工作业人员配备表

表5.4.2

工　种	人　数	工　种	人　数
总负责人	1人	安装工	12人
资料员	1人	司索工	2人
安全员	1人	起重工	10人
质检员	1人	起重指挥	2人

6. 材料与设备

6.1 超高斜拉桥塔施工用超大型塔式起重机安装、拆卸需要的主要机具设备见表6.1（以MD3600型塔机为例）：

塔机安装、拆卸主要机具设备表

表6.1

名　称	规　格	数量	备　注
浮　吊	300t	1艘	安装塔机用
浮　吊	1000t	1艘	拆卸塔机用
桅杆吊	60t	1台	吊装塔机构件用
趸船（水上平台）	/	若干	拼接的甲板面积应≥10m×60m
驳　船	480t	1艘	甲板面积应≥10m×40m
汽车吊	20t	1辆	吊装塔机构件用
汽车吊	35t	1辆	吊装塔机构件用
平板拖车	40t	2辆	搬运塔机构件用
轮胎式运梁车	30t	1辆	搬运塔机构件用
值班车	双排座	1辆	操作人员乘坐
交通艇	/	1艘	操作人员乘坐
集装箱	/	1节	工具房
卷扬机	10t	2台	拆卸塔机用
卷扬机	2t	1台	操作人员乘坐
滑轮组	2轮、3轮、4轮	各2组	拆卸塔机用

6.2 超高斜拉桥塔施工用超大型塔式起重机安装、拆卸需要的主要材料、工具见表6.2（以MD3600型塔机为例）：

塔机安装、拆卸主要材料、工具表

表6.2

序号	名　称	主要用途	规格要求	数量
1	枕木	垫木	250mm×250mm×3000mm	60根
2	枕木	垫木	250mm×250mm×1000mm	20根
3	手拉葫芦	/	5t	4只
4	手拉葫芦	/	3t	3只
5	手扳葫芦	/	1t	2只
6	螺旋千斤顶	/	10t	2只
7	螺旋千斤顶	/	30t	1只
8	专用力矩扳手	回转支承螺栓用	/	2套
9	扭力扳手	销轴螺栓紧固	300N·m	2套

序号	名　称	主要用途	规格要求	数量
10	套筒扳手	大19件	24~75mm	1套
11	套筒扳手	28件	10~32mm	1套
12	专用过眼冲子	/	各类尺寸	20只
13	活动扳手	/	18″、12″	各6把
14	手锤、羊角锤、八角大锤	/	5磅、10磅	各10把
15	气焊设备	/	/	2套
16	电焊机	/	400A	4台
17	导向缆风绳	/	φ25mm	200m
18	麻绳	/	φ16mm×40m	4根
19	水准仪	/	/	1台
20	经纬仪	/	/	1台
21	钢丝绳吊索	/	φ34mm×16m	4根
22	钢丝绳吊索	/	φ28mm×12m	6根
23	钢丝绳吊索	/	φ20mm×12m	6根
24	钢丝绳吊索	/	φ14mm×8m	6根
25	卸扣	/	2.7、3.3、6.8、10.7	若干
26	钢丝绳轧头	/	12、14、20、24、28	若干
27	起重滑车	/	2t	2台
28	角向磨光机	/	φ100mm	3台
29	对讲机	通信联络用	/	多部

7. 质 量 控 制

超高斜拉桥塔施工用超大型塔式起重机的安装、拆卸应坚持"主动控制为主、被动控制为辅"的原则，贯彻"预防为主、检验把关为辅"的控制方法。以 MD3600 塔式起重机为例，其安装、拆卸、运行、维护等除应执行《塔式起重机安全规程》GB 5144、《机械设备安装工程施工及验收通用规范》GB 50231 及《建筑施工塔式起重机安装、使用、拆卸安全技术规程》JGJ 196 外，还应执行法国 POTAIN 公司的相关安装与验收标准，并以此作为塔机安装质量控制的主要依据。

7.1 编制塔机安、拆作业技术方案

7.1.1 塔机安、拆作业技术方案应包括：①塔机主体安装（拆除）方案；②第一道附墙安装（拆除）方案；③第二道附墙安装（拆除）方案；④第三道附墙安装（拆除）方案；⑤第四道附墙安装（拆除）方案；⑥第五道附墙安装（拆除）方案；⑦第六道附墙安装（拆除）方案。

7.1.2 安装（拆除）方案的主要内容应包含：①作业任务概况；②项目部组织机构、人员岗位网络图；③安装（拆除）工艺流程图；④施工作业技术交底书；⑤劳动力组织安排表；⑥施工作业进度计划表；⑦机械设备及工具、材料的需用计划。方案必须经项目部设备部门、安全部门审核后，报请企业技术负责人审定。

7.2 加强班前技术交底

施工技术人员应根据每天的工作内容，及时下达"施工作业技术交底书"。交底书要明确每个作业人员的任务和职责、与其他人员的配合要求、有关安全注意事项及安全技术措施等，以此促使作业人员加强安全意识，并按照要求进行作业。班前技术交底结束前，应宣布作业过程的组织纪律，尤其要强调"必须服从指挥"、"必须保持精神高度集中"等。作为激励措施之一，施工过程中宜执行必要的奖惩制

度。

7.3 技术交底应由项目技术负责人向全体作业人员讲解，并可对技术方案作必要的说明和补充。交底过程中，每个作业人员都可对不明确或不明白的问题提出疑问，项目技术负责人须对疑问认真解答和说明，直至全体作业人员完全明白和接受为止，并履行签字手续。

7.4 塔机安、拆作业应严格执行过程监督和验收制度。项目质量员对施工过程实施全过程跟踪监督，并按塔机"安装过程检查验收表"的要求，对每项过程进行验收。经项目质量员签字确认合格后，方可进入下道工序施工。

8. 安 全 控 制

超高斜拉桥塔施工用超大型塔式起重机安装、拆卸最大的安全隐患是高空、多层次交叉作业。操作时，必须严格遵守有关起重设备的安全技术规定；作业人员必须持证上岗；人员进场必须进行有针对性的安全教育；必须将"安全第一"的思想始终贯彻在施工全过程中。

8.1 作业前，应对塔机各机构、各部位、结构焊缝、重要部位螺栓、销轴、卷扬机构和钢丝绳、吊钩、吊具、液压缸和油管、顶升套架结构、导向轮、挂靴爬爪、吊具，以及电气设备、线路等进行全面、仔细检查，发现问题立即解决。

8.2 对作业人员所使用的工具、安全带、安全帽等进行全面检查，不合格的立即更换。

8.3 检查作业中的辅助机械，如吊车、运输汽车等必须性能良好，技术性能能满足安、拆作业要求。

8.4 应经常检查电源闸箱及供电线路，确保作业时的电压波动不大于±5%。

8.5 应经常测量各电机及控制线路的绝缘电阻值，确保其≥0.5MΩ。

8.6 安全监督岗、安全警戒线的设置及安全措施应符合要求。

8.7 塔机作业期间应统一指挥、统一协调，各施工人员必须完全服从现场指挥人员的协调和调度。

8.8 施工区应设专职安全员，所有进入区域的人员必须按照有关安全着装规定进场，无关人员禁止进入。

8.9 高空作业必须佩戴双保险。

8.10 相关作业人员应熟悉有关附属设备的使用（如油缸泵站紧急制动装置等），做到有备无患、防患于未然。

8.11 起吊及系统调试要统一信号，严禁多头指挥。

8.12 起重机械严禁过载。

8.13 大件吊装必须系缆风绳，吊点应进行防滑、防切割处理。

8.14 吊具使用前进行检查确认。

8.15 正在使用的工具和销轴必须系保险绳，严禁抛投。

8.16 构件运输过程中，捆绑必须牢固。

8.17 夜间及大雨、大风等恶劣天气禁止进行安装、拆卸作业。

8.18 水上吊装时应注意浮吊的晃动，构件就位前严禁攀附。

9. 环 保 措 施

9.1 项目部应成立环境卫生管理机构；施工作业过程中，应严格遵守国家和有关部门下发的、有关环境保护的法律、法规和规章，加强对施工燃油、工程材料、设备、废水、生产生活垃圾等的控制和治理；遵守有关防火、废弃物处理的规章制度；做好交通环境的疏导，充分满足大桥施工方的要求，接受大桥建设指挥部的交通管理；随时接受相关单位（部门）的监督检查。

9.2 将施工场地和作业限制在工程建设允许的范围内，合理布置、规范围挡，做到标牌清楚、齐全，各种标识醒目，施工场地整洁、文明。

9.3 对施工中可能影响到的各种相邻设施制定可靠的防止损坏、防止移位措施，加强实施过程中的监测和验证。同时，将相关方案和要求向全体施工人员详细交底。

9.4 做好材料、构配件运输过程中的防散落、防沿途污染措施；废水除按环境卫生指标处理达标外，还应按照当地环保要求指定的地点排放；弃渣及其他工程废弃物应按照工程建设指定的地点进行合理堆放和处治。

9.5 优先选用先进的环保机械；采取设立隔声墙、隔声罩等消声措施降低施工噪声到允许值以下；尽可能避免夜间作业（如搬运、装卸等）。

9.6 对施工场地道路进行硬化，并在晴天经常对施工通行道路进行洒水降尘。

10. 效 益 分 析

超高斜拉桥塔施工用超大型塔式起重机的安装、拆卸，通过制定细致、周密的施工方案，精心准备、严格组织、精心施工，在确保安全、质量的情况下，成功克服了水上作业气候、环境的不利因素，克服了塔机部件超大、超重给安装、拆卸作业带来的各种困难，与大桥施工单位相互协作、紧密配合，最终安全、顺利、高效地完成了高达347m塔机的安装、拆卸任务。

社会效益：塔机安装高度达347m，自重约1050t，最大起重量150t，属超高、超重、超大型起重机械。在水面上安装如此大型的塔式起重机，在世界建筑史上也极为少见。我公司通过精心准备、严格组织、精心施工，最终安全、顺利、高效地安装、拆除了该塔机，成功实现了大桥按期竣工、如期通车，其社会意义重大。

经济效益：本工法安全、经济、高效，为确保大桥主桥塔施工和斜拉索安装提供了可靠保障，也为大桥按期竣工、如期通车创造了有利条件，其产生的经济效益是巨大的，所以本工法的经济效益十分明显。

11. 应 用 实 例

11.1 苏通大桥

截至目前，世界最大跨径斜拉桥——苏通大桥上使用的世界最大型塔式起重机 MD3600 自升式塔式起重机的水上安装、拆卸任务由江苏省建筑工程集团有限公司总承包施工。

MD3600 塔式起重机的安装高度达347m，最大起重量150t，属超高、超大、超重型起重机械，在水面上安装如此大型的塔式起重机，在世界建筑史上也极为少见。

江苏省建筑工程集团有限公司在该塔机的安装、拆卸作业中，通过制定细致、周密的施工方案，精心准备、严格组织、精心施工，在确保安全、质量的情况下，成功克服了水上作业气候、环境的不利因素，克服了塔机部件超大、超重给安装、拆卸作业带来的各种困难，与大桥施工单位相互协作、紧密配合，最终安全、顺利、高效地完成了 MD3600 塔式起重机 347m 高度的安装、拆卸任务，为确保苏通大桥主桥塔施工和斜拉索安装作出了贡献。该塔式起重机的安装、拆卸方案和工法也为今后超大型塔式起重机的水上作业应用提供了宝贵的经验。

11.2 南京长江三桥、泰州长江大桥

南京长江三桥、泰州长江大桥也应用了 MD3600 塔式起重机进行主桥塔施工和斜拉索安装。

经过苏通大桥、南京长江三桥、泰州长江大桥的施工实施证明，《超高斜拉桥塔施工用超大型塔式起重机安装、拆卸工法》是行之有效的，其安装、拆除工艺合理、安全保障得力，适合 MD3600 塔式起重机在水面作业时推广使用。

新型桅杆起重机超高整体大吨位吊装施工工法

GJYJGF050—2010

湖南省第六工程有限公司　湖南省第四工程有限公司

唐福强　任伟　伍灿良　肖奕　杨志

1. 前　　言

随着城市化建设的不断深入，超高层（100m 以上）建筑在我国越来越多，超高层建设垂直运输对吊装技术、吊装设备的要求越来越高，目前我国的吊装设备发展水平仍有较大差距，吊运设备及吊装技术有时不足以满足超高、超重、超幅等特殊工况下的重物吊装及安全要求。

本工法经过多年工程应用与现场试验，研制出来的新型桅杆起重机及其吊装技术，该技术和设备通过长沙第二电信枢纽大楼（204m 高）内爬式塔机拆卸、华盛·新外滩（124m 高）塔机事故处险、信用联社大厦楼顶（15t/90m 高）空调主机吊装等多个工程项目的探索与研究，逐步形成本工法。

本工法通过设备与建筑结构的定向组合支承、建立与负载匹配的预应力安全措施体系、设备体系等创新技术，有效地解决了超常规吊装工程项目所需的设备与技术缺项。同时，本工法的核心技术超高层建筑顶层重物吊运装置已获国家实用新型专利，专利号：ZL200920269797.x。另一专利超高层重物吊运方法及装置已进入国家发明专利实审，申请号：200910207797.1；且新型桅杆起重机系列产品开发及整体吊装大型设备关键技术的理论研究已成为 2010 年度湖南省科学技术厅科技支撑立项项目。本工法，可以标准化、系列化地推广其核心专利，能安全可靠，简便经济地解决特殊重要意义的吊装项目需求。

2. 工 法 特 点

本工法研究出一套在超高层屋顶、中层或其他相对局狭的特殊空间位置组合安装并形成超强大吊装能力的施工技术，通过智能化工具式设备——新型桅杆起重机与建筑结构有机的组合、定向支承、匹配应力、信息化施工等技术手段可以很好地完成超常规特殊位置的高难吊装工程的施工，同时有效地控制吊装过程的风险，确保高难吊装的实现以及综合环保节能与安全需要。

3. 适 用 范 围

本工法适用于超高层建筑物顶层或中间层各个位置的超重物上下吊运施工，特别适用于常规吊装设备技术能力不足、场地狭窄、需整体吊装情况下的超高、超幅、超重物的上下吊运。如：超高层建筑内爬式塔机、事故塔机等工程机械的安装、拆除和处险；中央空调主机、发电机组等设备越层及顶层安装；大型钢构桥悬拼法及小型混凝土空心梁桥的非常规吊装等。

4. 工 艺 原 理

吊装工程施工时，该新型桅杆起重机与建筑结构相结合构成刚柔组合的定向支承体系，起重机安装时构成与负载匹配的预应力安全措施体系，通过信息化手段，使吊装操作及施工过程的安全性完全掌控，整个施工过程对受力状态进行监测，信息化施工。

5. 施工工艺流程及操作要点

5.1 施工工艺流程（图 5.1）

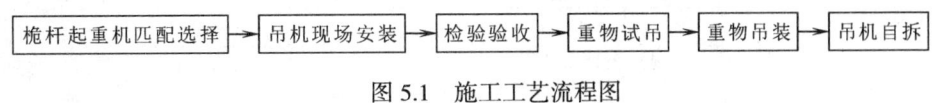

图 5.1 施工工艺流程图

5.2 操作要点

5.2.1 桅杆起重机的匹配选择

按吊装工程目标工况的需要选择支承和起重体系，选择和设计与吊装目标匹配的新型桅杆起重机；按结构与施工环境选择锚固与支承结合方式；按目标负载设计建立相应的施工预应力体系。

本工法起重机主桅杆和起重桅杆，均为工具式管式或格构件，一般主桅杆中间段截面较大，两端间截面较小，为便于运输和装卸，均做成 2~4m 一段的标准构件，在接口处，设置连接板，在组装时用精制高强度螺栓连接，并附有应力应变显示装置及元件。

5.2.2 吊机现场安装

1. 新型桅杆式起重机按设计选型、定位及组合安装，在超高层建筑物顶层或中间层楼面临边位置，选择立柱、大梁等结构可支位作为主支撑，或者悬拼法的基础臂节上移动支撑，设置固定新型智能化桅杆起重机的设施。

2. 利用设置的连固设施将新型桅杆起重机安装固定，按设计要求建立预应力安全防护及控制体系。

5.2.3 检验验收

吊装施工的技术保证措施：

事前，对超常规吊装专项方案组织专家组进行有效论证并满足工程所需；进行特种设备安装后的检验如金属结构及附具外观检查、保证资料是否合规；卷扬机、钢丝绳、润滑、固定是否合规；临时用电开关箱、控制箱、保护接地设置可靠、符合规定；传动防护、起重系统是否灵活可靠等，按相关法律规范程序组织联合验收及外检验验收。

事中，通过应力监测完成对起重机选型设计与匹配性的初步检验，通过试吊完成对新型桅杆起重机的进一步试运行检验，合格后起重机运行。

施工监测：对整个安装、吊装与拆卸过程的主要应力指标进行全程自动化安全监测，指挥信息化。

监测装备：采用自动化程度较高的仪器进行即时监测，同时辅以人工观测，给予双控及调整。

5.2.4 重物试吊

将被吊重物悬挂检查合格后，起离地面 200mm 高程静置检查受力状态无误后，再反复升降制动，确认设备工作正常及各配合工作就位后，准备正式升降起吊及循环工作。

5.2.5 重物吊装

启动外设卷扬设备使起升滑车组上的吊钩、吊装平衡梁沿途下降至起吊点（超高吊装），将被吊重物绑挂在吊装平衡梁上。

5.2.6 吊机自拆

新型桅杆起重机工具式设计、智能化安全防护及控制体系，用人工完成自我安装拆卸。拆卸程序与安装程序大致相反。先附杆、后主机、再附具。

5.2.7 劳动力组织

安全员 1 人，指挥 1 人，起重工 4 人，信号工 2 人，司机 3 人，电工 1 人，氧割 1 人，电焊 1 人，架工 2 人，供电值班，外围监护点若干人，实行统一指挥，协同操作。

6. 材料与设备

机械设备一览表   表6

材料（设备）名称	规格（型号）	数量	备注
新型桅杆起重机	5~50t	1 套	根据吊装吨位及工况选择机型
加固及支持连接系统	预留预埋系统	1 套	根据专项方案具体配合设定
地面起重设备	汽车吊或塔吊	1 台	配合地面装卸移位等
自动化安全监测系统	远程控制	1 套	抗风/抗旋//动态力学监测仪表
组织指挥一体化系统	无线对讲机	4~6 台	远程与现场、指挥与操作、地面与空中互动

7. 质 量 控 制

7.1 本工法主要设备与仪器应有制造许可证、监造证、出厂合格证与特殊起重机械备案证明等保证性资料；应严格遵守有关规范规定吊装专题设计方案，必须编制高空吊机安拆方案和吊装施工方案，并经专案论证完善后依据方案在受监和可控条件下执行工作，本工法应随工况变化对专项施工方案执行动态调整。

7.2 本工法应严格按照新型桅杆起重机的设计与操作说明书要求施工，合理选择起重机具、索具、绳索，并事先进行验算，强调设备验收合格后的正常操作程序；特别注意检查验收、试吊与过程监测。

7.3 本工法设备制造按专业设计制造流程管理接受监管，验收合格后进入市场，应具备法规所要求的足够的安全系数。本工法的吊装方案应进行负载计算，起升钢丝绳牵力计算、起升钢丝绳型号选择计算、起升卷扬机选择、建筑物结构的支承点验算等。

7.4 作业人员经培训及技术方案交底后上岗。工作中要注意保护建筑物的女儿墙、幕墙、外檐，防水等防止结构损坏。

8. 安 全 措 施

8.1 安全技术方案：按起重机性能设计，按《工程建设安装工程起重施工验收规范》HG 20201-2000、《起重设备安装工程施工及验收规范》GB 50278-98、《危险性较大的分部分项工程安全管理办法》（建质【2009】87 号）、《建筑施工高处作业安全技术规范》JGJ 80-91 等的有关规定，作业前必须经过匹配设计，按非常规吊装超级重大危险源特别规定执行安全管控。

特种作业人员必须持证并接受技术培训、安全交底、监护下严格操作常规、严格按新型桅杆起重机说明书、作业指导书、专案交底、严格按工艺及一般安全规范施工。

8.2 限载及稳电施工：本工法应在精密的组织指挥系统条件下严格地按程序施工，严禁超负荷作业；卷扬机选择不能超载，有稳定和匹配的施工电源。

8.3 应急预案：认真落实好各项准备工作，应由专业指挥员现场统一指挥。作业过程中如有异常，应立即停下商讨对应措施，每完成一道工序后，要经过检查合格后才能进行下一道工序。

8.4 安全控制：安全应力监测指标应与设计对应并在许可范围内。

8.5 常规安全：现场工作人员要穿好紧身工作服，穿胶底鞋，戴安全帽、安全带等。地面应设置安全警戒区，防止高空坠物伤人。

9. 环 保 措 施

9.1 在安拆各组成部件，特别是传动机构中的减速箱时，应注意其润滑油的泄露、撒落造成的环境污染，在工作中应注意不让其翻转倒置。

9.2 安拆过程中，空中及地面上的散落件应堆放整齐、及时运走，使工作程序流畅，干扰降低，文明施工。

9.3 防止碰损及结构变形，加强观察与监测。

10. 效 益 分 析

10.1 本工法能实现传统施工方法之不可为，能实现超高、超幅、超重物体的整体吊运，规避施工电梯、塔吊、移动式汽车吊、履带吊等不便甚至无法完成的超范围超能级整体吊装，解决了施工安装技术领域的诸多难题。

10.2 本工法投入绝对环保、简化、节约；操作简便、安全可行；可实现标准化施工；该技术应用具有广泛的实用性、间接的效益放大性，"以小吊大"具有颠覆性的投入与间接效果。

10.3 质量，工期，成本，直、间接效益分析：

以 100m 以上建筑物内爬机安、拆施工为例：通过采用本工法核心技术主机做辅助机型安、拆内爬式塔机与直接采用附着式塔机吊装方案相比至少要节约 50 万元 1 次，并且随着建筑物高度增加，直接经济效益与综合间接效益更加显著。

以中央空调安装工程的整体吊装工作为例：空调主机自重（10~30t 以上），如采用价值 3000 万以上 400t 地面移动式起重机吊运，一次费用超过 30 万，且受吊运高度（70~80m）限制、地面交通、扭力自旋、上升风载等干扰因素的限制。而采用本工法直接吊运安装，造价极其低廉，尤其间接效益巨大：大大降低超重型起重设备的投资占有成本，使空调主机屋顶上移设计方案成为可行，本工法颠覆了空调布置的原有思路，直接节约空调地下使用建筑面积 200~300m² 左右，并且空调主机压缩系统的上置下行减压运行能间接提高空调质量及平稳性、延长空调使用寿命、降低空调综合成本、全程节能降耗，本工法应用前景非常广大。

以超高层设备事故、桥梁工程等特殊工况为例：使用传统方法解决不了，甚至直升机吊不着时，本工法技术的实用价值更高。

11. 应 用 实 例

11.1 2000 年 6 月，长沙第二电信枢纽楼项目 QT80E 内爬式塔机拆卸工程：楼高 192.75m，塔吊所处楼面 189.55m，被吊物体可拆最小单元重 8t，吊运高差 214m，使用本工法：30t 级新型桅杆式起重机，整个吊装过程快速低耗、可靠安全，得到土建总包及业主一致高度的赞扬和肯定。

11.2 2006 年 11 月，长沙华盛·新外滩塔机事故处险工程：楼高 125m，被吊事故塔机救险荷载 18t，吊运高差 135m；使用本工法：30t 级新型桅杆起重机，拆卸一举成功；本工法及时有效地处理了事故现场，排除了险情，降低和避免了次生事故风险，解决了常规方法不能企及的难题，使整个工程得以顺利恢复进行，取得了很好的经济效益和社会效益。

11.3 2009 年 11 月，由长沙市建安公司承建的信用联社大厦，楼高 71m，被吊物——远大空调主机可拆最小单元重 14t，吊物尺寸 2.5m×3.5m×6m，吊装幅度 8m，吊运高差 80m，本工法使用了 20t 级新型桅杆起重机，一台 QTZ80 的塔机，地面 40t 汽车吊，重物一次吊运成功，受到业主与监理的高度评价。

11.4 由二十三冶建设集团有限公司承建的湖南望城电厂专线公路上跨水桥预制空心梁组合吊装工程：梁重 40t，跨水小而船吊不宜，量小而架桥机不宜，梁重而移动起重机单岸作业不行，本工法采用新型桅杆式起重机，后方移动式履带起重机抬吊送梁的组合吊装方案，以最经济的办法完成了空心梁安装工程。一次吊运成功，取得很好经济效益。

上述案例，都是超负荷、更有跨水及重型机械进出场受限的复杂条件下的吊装工程，均采用新型桅杆起重机及本工法技术，以经济，高效，安全和可靠的方法，完成了施工目标。

流砂层及砂砾层动水双液注浆堵水施工工法

GJYJGF051—2010

湖南省建筑工程集团总公司　中南大学

周海兵　黄友汉　黄海军　牛建东　庄海华

1. 前　言

在动态水流下的流砂层和砂砾层中进行基坑开挖、人工挖孔桩成孔和隧道开挖等是施工中面临的一大难题。目前双液注浆的机具多是利用现有地质钻机成孔，其钻进成孔和注浆工艺分开，尚无成套双液注浆专用设备。在高水头或是粉细砂地层中，成孔后再拔管等往往造成工程失败。

我公司在双液注浆堵水施工方面积累了丰富的施工经验，施工中采用了一种双液注浆轻型钻机用导水室（已获国家专利），采用该种导水室后，可以实现钻进不停钻和注浆快速转换，提高钻进效率，解决了各种复杂地层、流砂层、动态水流难成孔、成孔后难注浆的问题，是一种应用前景广阔的注浆新工艺。我公司还编写了行业规范《建筑工程水泥—水玻璃双液注浆施工技术规程》，我们在总结施工经验的基础上，形成了此工法。

2. 工 法 特 点

2.1　水泥浆—水玻璃双液注浆材料具有凝固时间和扩散半径可控，可定量和定向灌浆，注浆均匀、流动性好、渗透力强、无污染，特别是在动水条件下浆液不易分散，较均匀地渗入软弱土层，易于与软弱土层快速形成固化体，达到止水防渗目的，保证了工程质量。

2.2　采用一次性钻头钻杆成孔。钻杆带有自主知识产权的导水头，钻孔完成后，钻杆可以当成注浆管使用，也可以充当锚杆使用，避免了在流砂层和砂砾层中钻杆在钻孔成孔后因拔管导致的垮孔和注浆管不能下放到位的情况。避免了返工，节约了工程成本。

2.3　钻杆上带有接箍，双液注浆的返浆将其与地层固定，在地层中形成封孔装置，比常规方法采用的埋管、止浆盘等封孔技术节约了大量的时间，为在动态水流作用下的流砂层和砂砾层的堵水争取了时间，有利于缩短工期。

2.4　钻孔口径小，不需开挖地面，施工时基本无噪声，施工占地面积小，对既有建筑物基础和地面损害和扰动很小，施工期建筑物附加沉降小。

2.5　水玻璃来源较广，易于购得，无腐蚀性，无污染，运输贮存方便，材料成本较低。

2.6　施工机具设备简单，工艺操作简易，施工成本较低，易于推广。

3. 适 用 范 围

适用于地下工程开挖、深基坑支护、水电工程围堰、矿山巷道掘进、大直径钻孔桩、挖孔桩的止水和堵水等。

4. 工 艺 原 理

双液注浆法是采用分别配制的水泥浆和水玻璃，通过双液泵使其在入土前混合，定量、定压、定时压入土体中的孔隙，浆液在压力作用下向钻孔周围土体中发生渗透、劈裂扩散。浆液包裹泥土团，而土体间的孔隙、裂隙被水泥颗粒填充。水泥中的硅酸二钙发生水解和水化反应，产生氢氧化钙。氢氧化钙与水玻璃发生反应，生成细分散状的凝胶体——水化硅酸钙。凝固后形成强度较高、水稳定性较好的水泥结石体，从而使地基挤密、固结，达到防渗和提高土体黏聚力的效果（图4）。

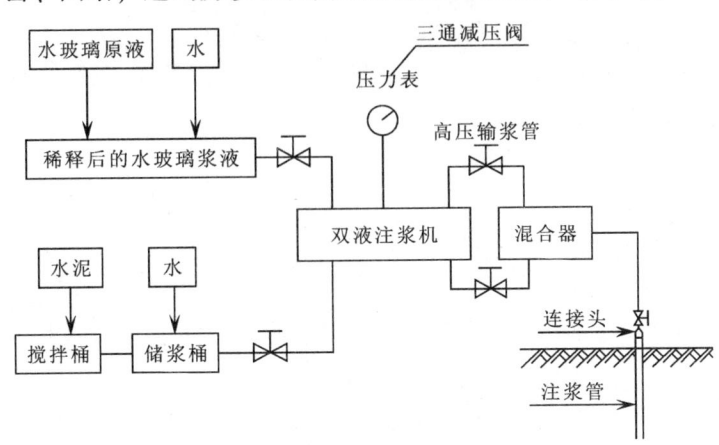

图4 双液注浆工艺示意图

5. 施工工艺流程及操作要点

5.1 注浆施工工艺流程

注浆施工工艺流程为：布孔→钻孔→封孔→浆液配制→注浆（间歇注浆）→补孔注浆。

5.2 操作要点

5.2.1 布孔：应根据工程施工状况选择注浆孔的布置方式、孔距和排距。渗透注浆时，孔距应根据被注土体的深度及要求达到的标准等确定，一般的孔距宜为 1~2.5m。

5.2.2 钻孔：

1. 根据地层情况，可选用不同的钻具（图 5.2.2-1~图 5.2.2-3）。在流砂层采用回转钻进，采用 YT—1 型钻机成孔，采用一种双液注浆轻型钻机用导水室钻头，采用该种导水室后，可以实现钻进不停钻和注浆快速转换，提高钻进效率。适合各种复杂地层，尤其适合在承压水头过大和动态水环境中的流

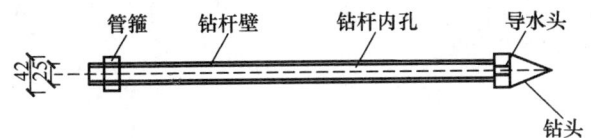

图 5.2.2-1 转动进尺注浆不提管工艺钻杆示意图

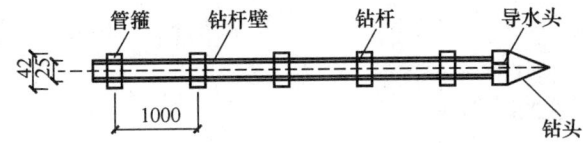

图 5.2.2-2 转动进尺边注边提工艺钻杆示意图

砂层和砂砾层的堵水地层中注浆。

开孔直径一般为 $\phi42$mm，垂直精度应小于 1%，钻进成孔为全面钻进，一次性成孔，不用取芯。钻杆采用 $\phi28$ 钢管，钻杆可以当作注浆管，不用拔管；在卵石层中采用 $\phi42$ 钻杆作为钻具，内丝接头作为钻头，将钻杆捶击至地层中。

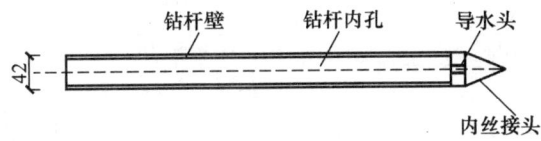

图 5.2.2-3 卵石层直接下管，提升注浆钻杆示意图

2. 钻孔孔位与设计孔位偏差不应大于 50mm；钻孔偏斜率不应超过 1%；钻孔孔径应大于注浆管外径 2b（b=20~30mm）以上；钻孔的有效深度宜超过设计钻孔深度 0.3m。

3. 应选取部分注浆孔作为先导孔，先导孔数量宜为总孔数的 3%~5%。孔深度应大于设计孔深 1.0m。先导孔宜采取芯样，并核对地层岩土特性和详细记录地层分层情况，若地层岩土特性有变化时，应补充土工试验和（或）原位测试来确定岩土参数。

4. 钻进时应详细记录孔位、孔深、地层变化和漏浆、掉钻等特殊情况及其处理措施。

5. 密切观察钻进尺度及溢水出水情况,出现涌水时,立即停钻,先行注浆止水,再分析原因。确认止水效果后,方可继续钻孔。钻进过程中详细记录孔位、孔深、地层变化和漏浆、掉钻等特殊情况及其处理措施。

6. 洗孔,钻孔达到设计深度,采用 2TG2-60/210 双液注浆专用泵,先采用高压水对注浆管进行排冲至管畅通。对于边坡基坑边壁等软弱土体不宜用水冲孔时,可用高压气体对孔进行吹洗。洗孔施工完成后,立即可以开始注浆作业。

5.2.3 封孔:

钻机成孔插入注浆管后应封堵孔口及附近的地面裂缝以防冒浆。浅孔注浆时宜选择孔口封闭法,深孔注浆时宜选择孔内封闭法。

5.2.4 浆液配制:

1. 制浆材料应按规定的浆液配比计算,计量误差应小于 5%;水泥等固相材料宜采用质量(重量)称量法计量。

以普通硅酸盐水泥(P.O.42.5)和 40"Be 水玻璃为主要制浆材料,水玻璃作为添加剂调节注浆液的初凝时间。根据土层结构特性,采用水灰比 0.7:1~1:1;水玻璃宜在使用前加水,搅拌稀释到 20°Bé~35°Bé 备用,并确保均匀;水泥浆液和水玻璃液体体积比宜为 1:0.1~1:1,一般 1:0.6~1.1。需要添加粉煤灰时,宜先配制水泥粉煤灰浆液。注浆在达到提高原地层地基承载力到设计值的同时应尽量控制浆液的注入量,应严密根据实际注入情况控制浆液的浓度以及水玻璃的掺配比。浆液浓度由稀到浓,浆液浓度加大时,适当加入缓凝剂。

2. 浆液应搅拌均匀并测定浆液密度。

3. 采用高速搅拌机搅拌时,水泥浆液的搅拌时间不应小于 3min。浆液在使用前应过滤,浆液自制备至用完的时间不宜大于 2h。

4. 对于细砂层地质构造,浆液拌制应采用超细水泥,应使用高速搅拌机并加入减水剂稳定浆液,搅拌时间宜通过试验确定;超细水泥浆液自制备至用完的时间不宜大于 1h。

5. 为改善浆液性能应在浆液拌制好时加入适量外加剂。如 KA-l 掺入水泥量的 0.3%~0.5%可提高浆液扩散性和可泵性能。加入约 5%的膨润土可提高浆液的均匀性和稳定性,防止固体颗粒分离和沉淀。

6. 水泥浆与水玻璃的混合位置应根据液浆的初凝时间确定。初凝时间大于 5min 时,可在储浆池(桶)内混合后用单泵注入;初凝时间在 2~5min,宜在出泵后孔口混合;初凝时间小于 2min 时,应采用双管孔底混合。

5.2.5 注浆作业:

1. 注浆泵选用 SYB50/50 注浆泵,其为双进双出注浆泵,最大注浆量为 60L/min,通过换挡调速,可实现高低压连续注浆并使两种浆液均匀混合,定向、定量、定压控制性注入岩土层或构筑体使其孔隙和空洞充分填充,浆液迅速凝固从而达到有效加固止水的目的。

2. 应根据注浆压力变化及浆液扩散情况调整水灰比、水玻璃浓度、纯水泥浆与水玻璃体积比。

3. 宜采用自下而上上行式注浆法,第一序孔段长宜为 0.3~0.5m,第二序孔段长可根据注浆量及注浆效果增长,但不得超过 1.0m,且注浆压力应适当增大。

4. 终孔段透水率和单位注浆量大于设计规定值时,应加大注浆孔深度。

注浆过程中发生冒浆、漏浆时,应采用嵌缝、表面封堵、间歇注浆等处理措施。注浆过程中发生串浆时,若串浆孔具备注浆条件,应一泵一孔同时进行注浆;否则,应堵塞串浆孔。待串浆孔注浆结束后,应扫孔、冲洗串浆孔。

5. 双液注浆应连续进行,因故中断或间断时间应小于浆液的初凝时间。

6. 注浆量达到设计注浆量后方可结束注浆。当采用以注浆压力为控制指标时,注浆压力达到设计压力后,可结束注浆。当注浆后经检测达不到设计要求时,应调整设计注浆量,并及时补浆。

7. 施工工艺参数：包括注浆压力、喷射提升速度、喷射旋转速度、静压注浆压力和浆液水灰比，其中：

1）注浆压力：注浆压力宜通过现场试验确定。在砂、砾层中，注浆压力宜为 0.3~1.0MPa；在中细砂层中，注浆压力宜为 0.6~3.0MPa。

2）注浆提升速度：1~5cm/min。

3）浆液的扩散半径应考虑地层的渗透性，并应通过注浆试验确定。卵石层，扩散半径可取 1.0~3.0m；砂层：扩散半径可取 0.5~1.0m。

8. 由于在砂砾中注浆，浆液难以在砂砾层中均匀渗透，来形成完整、连续、致密的固结体，在局部会存在一些薄弱环节，在动水压力的作用下容易产生渗透破坏，造成涌水、涌砂现象。需要在注浆范围 2m 以外采取挖临时疏水孔进行泄水措施后，对薄弱部位进行二次补充注浆。

6. 材料与设备

6.1 采用的注浆浆液材料包括主剂和外加剂，其中主剂为水泥浆液和水玻璃浆液，对一般水泥采用 42.5 普通硅酸盐水泥，水玻璃模数应在 2.8~3.4 之间，其浓度不应小于 40°Bé，可掺入水泥用量 10%~15% 的二级粉煤灰。

6.2 SM-200 外循环或高速拌浆机，具有自输送能力。制备浆液及时迅速，搅拌浆液均匀，维修方便，耐腐蚀。

6.3 SS-400 搅拌式储浆桶，具有过滤杂质和大颗粒作用，能保持浆液均匀和不易离析，结构简洁，维修方便，且储浆量较大。

6.4 SYB50/50 液压注浆泵具有无级调速，注浆流量 0~50L/min，注浆压力可以设定最高值，不会发生压力无限上升现象，压力最高为 5MPa，并可压注粒径<5mm 的砂浆。长时间运转不渗漏，密封性好，安全可靠，适用露天作业的机械。

6.5 SPQ-850 流量压力自动记录仪，具有电脑功能，既可显示流量压力和总注浆量，又能直接打印出注浆数据曲线、孔号、日期等功能。

7. 质 量 措 施

7.1 质量检验应在注浆固结体强度达 75% 或注浆结束后 7d 进行。

7.2 质量检验宜采用静载法、标贯试验、静力触探法、动力触探法、压水试验或取样试验的方法。

7.3 应按照《建筑地基基础设计规范》GB 50007-2002、《建筑地基处理技术规范》JGJ 79-2002 或《建筑地基基础工程施工质量验收规程》GB 50202-2002 的有关规定执行检验。

7.4 注浆检查孔压水试验或注水试验应在注浆结束 14d 后进行。检查孔应布置在不同水文地质特征地段的钻孔轴线上，其数量不应少于注浆孔数的 3%~5%，每地段内不应少于 1 个检查孔。

7.5 检查孔应进行取芯，并进行地质编录、照相，岩心应妥善保管。应对检查孔全部资料进行系统整理，编制钻孔柱状图，整理的资料应能反映注浆后的地质条件改变情况。

7.6 检查孔施工完成后，凡质量不合格部分，除进行检查孔补充注浆，必要时进行补充钻孔和注浆处理；检查孔检查合格后，应进行封孔处理。

7.7 在粗砂层或砾砂层中注浆，必须根据工程设计规定确定防渗标准，并应满足工程要求。

7.8 注浆过程中应对受注地层连续监测，并记录好地面或临近的建（构）筑物的变形情况，并应严格控制变形值，且其值不得超过设计规定。

8. 安 全 措 施

8.1 开工前做好安全交底工作，牢记"安全第一"。

8.2 注浆现场操作人员必须佩戴安全帽、口罩和手套等劳保用品，方可进行注浆施工。

8.3 做好场内地下已有管、线等障碍物勘察，避免注浆施工过程中地下管线遭受破坏。

8.4 施工中所用机械、电气设备必须达到国家安全防护标准，自制设备、设施通过安全检验及性能检验合格后方可使用。必须有专门机电修理工负责机械和电器故障排除和处理。

8.5 所有施工人员应掌握安全用电的基本知识和设备性能，现场内各用电设备的安装和使用应符合《建筑机械使用安全技术规范》的要求。使用过程中出现故障应及时与专业人员联系，严禁非专业电气操作人员乱动电器设备，用电设备应有专人负责维修、保养。

8.6 现场内临时施工用电应采取"TN-S"三相五线制，严格实行三级配电，二级保护，用电作业满足《建筑施工现场临时用电安全技术规范》JGJ 46-2005 要求。

8.7 钻机注浆泵及高压管路必须试运转，确认机械性能和各种阀门管路、压力表完好后方可施工。

8.8 每次注浆前，要认真检查安全阀、压力表的灵敏度，并调整到规定注浆压力位置。

8.9 安装高压管路和泵头各部件时，各丝扣的连接必须拧紧，确保连接完好。

8.10 注浆过程中，禁止现场人员在注浆孔附近停留，防止密封胶冲式阀门破裂伤人。

8.11 注浆时不得随意停水停电，必要时必须事先通知，待注浆完成并冲洗后方可停水停电。

9. 环 保 措 施

9.1 施工现场主要道路必须进行硬化处理。施工现场应采取覆盖、固化、绿化、洒水等有效措施，做到不泥泞、不扬尘。施工现场的材料存放区、大模板存放区等场地必须平整夯实。

9.2 建筑物内的施工垃圾清运必须采用封闭式章见垃圾道或封闭式容器吊运，严禁凌空抛撒。施工现场应设密闭式垃圾站，施工垃圾、生活垃圾分类存放。施工垃圾清运时应提前适量洒水，并按规定及时清运消纳。

9.3 水泥和其他易飞扬的细颗粒建筑材料应密闭存放，使用过程中应采取有效措施防止扬尘。施工现场土方应集中堆放，采取覆盖或固化等措施。

9.4 施工场地内应当设置导流槽和沉淀池，浆液废水经导流槽流入沉淀池沉淀后排入市政污水管网，严禁直接将浆液废水排入市政污水管网。

9.5 施工现场储存和使用各类外加剂都要采取措施，防止泄漏，污染土壤水体。

9.6 施工现场的施工机具应搭设封闭式机棚，并尽可能设置在远离居民区的一侧，以减少噪声污染。

9.7 进入施工现场的车辆严禁鸣笛，装卸材料做到轻拿轻放，最大限度地减少噪声扰民。

10. 效 益 分 析

10.1 某矿井为了减少矿井涌水量，降低常年排水费用，采用了注浆堵截水措施后，矿井涌水量减少 56 m³/rain，10 年共节省排水电费近亿元，使一个严重亏损的矿井得以扭亏为盈。

10.2 双液注浆堵水与其他降、排水方案比较，可以保护地面建筑物，减少建筑物和管线的拆建动迁，节约大量费用。其社会效益和经济效益都是十分明显的。

11. 工程实例

11.1 湖南长沙霞凝国家粮食储备库工作塔地基加固

湖南长沙霞凝国家粮食储备库工作塔工程的地基为饱和性砂土，浸水易崩解，振动、扰动后易液化，其基础原设计为人工挖孔桩。由于在施工过程中，桩孔壁坍塌严重，施工作业很危险，已无法继续施工。采用高压双液化学注浆技术加固饱和性砂土地基，取得良好的加固效果。

11.2 武广高速铁路荣家湾特大桥 66~99 墩承台止水帷幕

1. 工程概况

武广高速铁路荣家湾特大桥 66~99 墩承台位在河床中心带上，河床为砂卵石层，河床底高程为 △21.5m，根据设计要求承台底高程为 △16~17.5m 处，采用人工筑岛，受水河及取水条件的限制，筑岛材料采用细砂。筑岛高程为 △22.50m，承台施工前应进行基坑开挖，其中 66、67 号墩承台开挖深度为 6.5m，68、69 墩承台开挖深度为 5m。在 66~99 墩承台处深度范围内地层主要为粉砂层和卵石层，但由于受以前当地老百姓挖砂、挖卵石的扰乱，该段地层层位混乱，层厚不清。地下水位较高，为 21m，高出开挖底线 5m 左右，且砂卵石层的渗水系数大，给基坑开挖带来很大的困难，必须在开挖之前进行止水处理。

2. 双液高压动水注浆堵水技术在本工程的实施情况

基坑开挖底线为承台长宽尺寸外加 0.5m 宽的边界线，开挖放坡坡比 1:1，按各基坑开挖深度计算基坑地表开挖线。

开挖线外下部卵石层双液注浆。

1) 钻孔布置：

在基坑地表开挖线外 0.9m 为中心线沿基坑一周布置一排孔径为 ϕ60 双液注浆孔，孔间距为 1.50m×1.50m，孔深为基坑开挖底高程以下 1.5m，采用泥浆护壁钻孔或套管护壁钻孔。

2) 双液注浆材料：

水泥采用普通 R32.5 硅酸盐水泥，水玻璃：Be″=35，模数 3.5。

3) 双液注浆：

注浆段为下部卵石层，在卵石层段下入注浆花管，花管长度不大于卵石层厚度，阻塞于卵石层顶部的粉砂层，注浆采用一段纯压式注浆方法，注浆段长为卵石层厚度，上部粉砂层不注浆，水玻璃参量为水泥的 4%~12%，根据速凝凝固需要调节其参量，水灰比（重量比）为 2:1、1:1、0.8:1，开注时采用稀浆，吸浆量 200L/m，变浓一级，控制注浆压力小于 2MPa，在最大规定压力下注入率≤6L/h 或者每米注入总量达到 1800L/m 时结束注浆。

3. 双液高压动水注浆堵水技术在本工程的实施效果

基坑开挖后，基坑侧壁未出现涌水和漏水，堵漏效果十分明显。

11.3 祁阳浯溪左岸围堰基础堵漏灌浆工程

浯溪水电站位于湘江干流上，地处祁阳县城，系正在建设中的中型水电工程。大坝基础为泥盆系佘田桥组灰岩、白云质灰岩等，岩溶沿断层与层面发育。根据钻孔揭露，溶洞最高达 8m 以上，多充填砂砾石，透水性极为强烈，为减少基坑渗水量，加固开挖边坡稳定性和保证主体工程能顺利安全施工，要求对厂房围堰地基进行岩溶堵漏灌浆处理。根据溶洞的发育规模、深度和充填物特征，采用特殊无栓塞双液注浆法进行施工。施工过程中，根据溶洞充填物厚度与规模控制材料灌入量，并采用特殊双液灌注法，促使浆液在预定范围内达到初凝，有效防止浆液随水流流失，达到加固与封堵的目的。

灌浆首期工程已经结束，据后续孔钻进过程中钻孔回水表明，后序孔内一般已开始回水，检查孔中取一定的水泥结石，注水试验能满足要求。最终经基坑抽水开挖证明，在岩溶最为发育的地段（已经灌浆处理）未出现涌水和漏水，堵漏效果十分明显。

核芯筒内外墙体自动爬升物料平台施工工法

GJYJGF052—2010

北京市建筑工程研究院有限责任公司

任海波　吕利霞　刘福生　李扬　苏贝

1. 前　　言

　　本工法是根据目前高层、超高层核芯筒结构中施工的特点，由北京市建筑工程研究院研制，并在北京中海广场、广州利通广场等多项工程中进行了实际应用。现有的液压爬模爬架技术特点是带单侧模板自动爬升，局限在带单侧模板的少点同步自动爬升的系统上，通常只是用在单侧剪力墙的墙体浇筑中，由于技术单一，这种形式已经不能够满足日益增长的高层建筑施工要求。

　　本工法经市建委组织专家鉴定，完成了核芯筒筒体结构的立体交叉爬模施工工艺，实现了核芯筒先行施工的施工方法；开发了核芯筒施工用组合式物料平台技术；开发了现场总线多点同步控制技术，同步误差小于 5mm。该技术已形成了一套完整可靠的施工工艺和施工技术，研究成果总体上达到了国内领先水平。该成套工法核心技术被评为 2008 年北京市科学技术进步三等奖。

　　目前新工法已在中海广场中楼工程、雪莲大厦二期工程、广东东莞台商大厦工程、深圳证券交易运营中心工程、广州利通广场工程中进行了实际应用，并取得了很好的实际效果。

2. 工　法　特　点

　　2.1　新工法实现了核芯筒结构立体交叉式施工工艺。与传统的施工方法相比，这种施工工艺充分利用高层建筑竖向空间上的优势，进行空间分区流水作业，有效地拓展了施工作业面，显著提高了施工工效。液压爬模架体可带动模板沿墙体自动爬升。

　　2.2　设计了内外墙体双向液压爬模成套技术。与现有技术相比，新工法的先进性在于打破了传统的单面布置液压爬模爬架技术，采用墙体双面布置形式，这样能够充分发挥出该工法的优势和特点，在国内属于首次应用。

　　2.3　开发了核芯筒筒体内组合式物料平台技术。目前国内的液压爬模爬架技术还没有这种组合式物料平台技术，该工法的设计是对现有技术的一次重大创新，与原有技术相比，更加节能环保，节省人工和塔吊，有很高的经济效益。

　　2.4　开发了大吨位多点同步控制技术。与传统的开环式控制方式不同，本次技术中设计了闭环控制系统，其多点同步控制精度更高，新技术采用了内嵌式传感器，有效地避免了因外力而对其造成的损坏，更加适合在建筑施工现场使用；新工法更能提高信号传送的安全性，保证控制精度。

　　2.5　节能环保。新技术与传统技术相比，节省了不必要的空间搭设，因此保证了在使用中无噪声、无扬尘、无污染、无扰民，更加节能环保。

　　2.6　施工速度快、效率高。新工法在现有工程应用中达到了 3d/层的施工纪录，远远高于传统施工方法的施工速度，不需要塔吊反复进行吊装拆除。

　　2.7　使用安全，操作简单。新工法总结了现有技术的使用经验，对架体的可操作性进行了优化设计，更加方便工人施工。

3. 适 用 范 围

新工法适合在全世界范围内的高层、超高层建筑核芯筒墙体结构施工中进行推广应用。

4. 工 艺 原 理

内外墙体双向液压爬模施工成套技术的总体工艺原理是：首先工人借助架体进行上层墙体的钢筋绑扎，同时在钢筋内下预埋套管，墙体浇筑完毕后，退出墙体模板并在预埋套管处安装定位及附着用的附着装置，启动动力及爬升装置，顶升整个架体带动模板沿墙体爬升，到位后固定在上层的附着装置内、合模，进行下一次循环。整个过程墙体内外两侧可同时进行也可分开操作，互不影响，方便灵活。其核心技术原理如下：

4.1 附着原理及防倾原理

附着装置采用预埋套管式附墙装置，主要由预埋套管、穿墙螺栓、固定座、附着套、导轨挂板等组成。导轨挂板可用于固定导轨，附着套上设有插槽，使用防倾插板将架体和附着装置固定在一起。附着装置直接承受传递全套设备自重及施工荷载和风荷载。

4.2 模板移动与定位原理

根据核芯筒筒体结构形式设计了两种支模体系：一是核芯筒外墙模板支撑平台，采用水平移动小车带动模板沿爬模架体主梁水平移动，模板到位后用楔铁进行锁紧。二是核芯筒筒体内物料平台支模形式，采用滑座与捯链相结合的方式进行模板的合模、退模作业，模板退出后用丝杠进行锁紧；双面模板可同时或分别作业，互不影响，结构简单，易于操作。这两种支模体系保证了工人在爬模架体作业平台上就可以进行合模、退模、模板清理等工作，有效减少了塔吊吊次。

4.3 升降原理

爬升机构由 H 形导轨、上下爬升箱和液压油缸等组成，具有自动爬升、自动导向、自动复位和自动锁定的功能。通过爬升机构的上下爬升箱、液压油缸、H 形导轨上的踏步承力块和导向板以及电控液压系统的相互动作，可以实现 H 形导轨沿着附着装置升降，架体沿着 H 形导轨升降的互爬功能。

4.4 防坠原理

防坠装置上端的固定端，安装在导轨的上端部；防坠装置的锁紧端，安装在主承力架的主梁 U 形挂座上；预应力钢绞线一端锚固在防坠装置上端的固定端内，另一端从防坠装置下端的锁紧端（紧固端）内穿过。在架体处于静止状态时即施工作业的工况下，要旋紧紧固端的螺母使紧固端内的钢绞线夹片与钢绞线处于锁紧状态；当导轨爬升到位后开始爬升架体，架体在爬升过程中，紧固端的螺母处于松弛状态，当出现架体下坠即架体原本是在上升过程中而突然相对于导轨下降时，锁紧端内的弹簧会自动推动钢绞线夹片进行楔紧，从而使架体立刻停止其下坠而达到防坠落的目的。

4.5 同步控制原理

同步控制系统由主机和各分站组成，主机负责对各分站上传的位移信号进行判断比较，并发出控制指令；各分站负责采集各点的位移信号，同时对该信号进行滤波等处理后向主机传送，并根据主机发出的控制指令，控制各点位电机的起停。

5. 施工工艺流程及操作要点

5.1 工艺流程（图 5.1）
5.2 施工工艺
5.2.1 施工工艺的形成

本工法采用了立体交叉式施工工艺，即竖向结构与水平结构分离施工的施工方法，先进行竖向结构的施工，再进行水平结构施工。

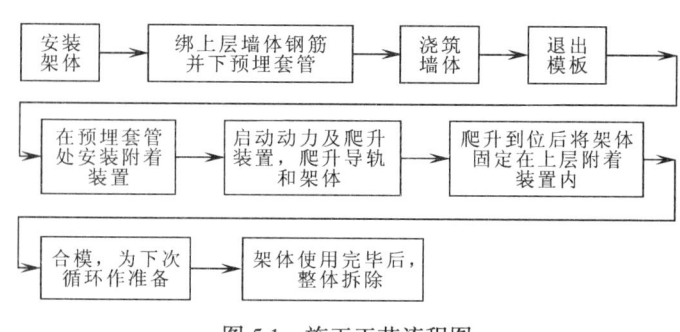

图 5.1　施工工艺流程图

高层、超高层建筑，尤其是钢筋混凝土结构工程，其楼层多、前锋作业面狭小，施工工序多，各个工序之间制约因素多。按照传统的"逐层搭积木"的方法只能在狭窄的水平面上组织流水施工，对劳动力、机械设备、生产材料等要素的使用和调配制约很大，再加上混凝土工程施工必要的技术间歇时间要求，在保证质量的前提下提高结构工程施工速度的空间有限。总结现有经验，我们创造性地开发应用了立体交叉式施工工艺，并将其与液压爬模爬架技术相结合，形成了新的施工方法。

5.2.2　施工工艺的工序流程

采用立体交叉式施工工艺，先进行混凝土竖向结构的施工，待竖向结构完成4~5层后，再进行楼板施工作业，并始终与竖向结构保持4~5层的施工间距。整个施工过程中竖向结构与水平梁板结构施工作业在空间上分离，在时间上重叠。形成了核芯筒施工平面分区、立体分层的施工态势。此工艺充分利用超高层建筑竖向空间上的优势，进行空间分区流水作业，使传统混凝土结构施工中1~2个前锋工作面变成4~5个前锋工作面，有效地拓展了施工作业面，显著提高了施工工效。其施工工序流程图见图5.2.2：

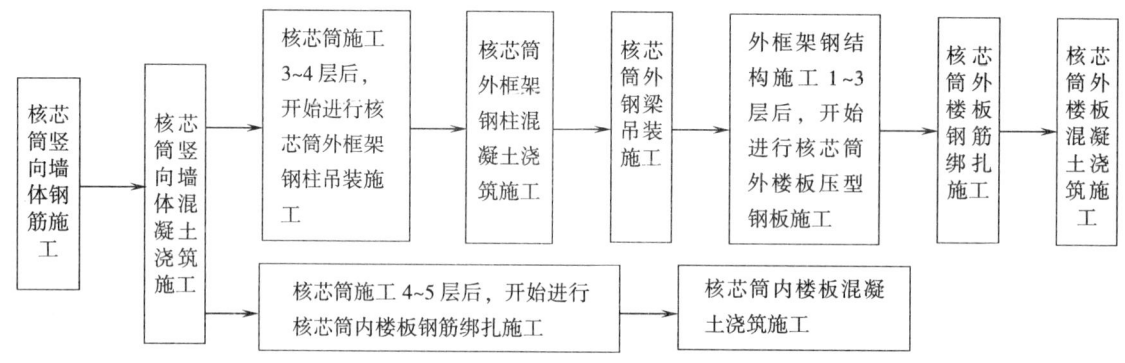

图 5.2.2　立体交叉式施工工序流程图

由施工工艺流程图可以看出，整个施工过程竖向结构与水平结构始终是穿插进行，所有施工工序在空间上分离在时间上重叠，这样避免了因为工序的相互制约而产生的间歇时间的浪费，有效地提高了劳动效率，加快了施工进度。

5.2.3　施工工艺的安全保障措施

立体交叉式施工工艺虽然有效的加快了施工的进度，但由于竖向结构与水平结构分离施工，在进行水平结构施工时，要注意先行施工的竖向结构施工过程中因封闭不严所造成的空中坠物。为避免这一情况，在工程施工中可采取对施工架体进行安全兜底和特殊层采取水平防护的双保险措施：首先是加强施工用的液压爬模架体的安全防护，对整个架体底部作平网和密目安全网双层兜底；其次对于超高层的结构施工，可在其特殊层作水平全封闭措施，从而保证施工人员的安全，也可保证后续梁、楼板及楼梯施工的安全。

5.3　操作要点

5.3.1　架体安装

1. 液压爬模架体体系在安装前应根据专项施工方案要求，配备合格的工作人员，明确岗位职责，对有关施工人员进行技术交底和安全技术培训等工作。

2. 首次安装时，在绑扎墙体或梁钢筋的同时，在机位布置点处下预埋套管，当浇筑完混凝土且其强度达到 10MPa 时，方可安装附墙装置及架体体系。

3. 在出厂前将主承力架、导轨及上下爬升箱组装一起，运到现场后，将爬模爬架挂架体系组装好，将模板支撑体系组装好。

4. 架体组装完毕后，将其整体进行吊装。用塔吊将主承力架吊至附墙装置内，并插上防倾插板。当主承力架都组装完毕后，组装两主承力架之间的连接侧片。吊装支模体系。铺主平台脚手板，铺上两层绑扎钢筋用平台的脚手板，铺爬模爬架下两层平台的脚手板，挂安全网，安装液压爬升系统。

5. 安装完毕后，应由设备所有单位与安装使用单位等有关人员共同对安装完的爬模架进行安装检查验收，各方验收合格签字后方可投入使用。

5.3.2 架体爬升和使用

1. 架体爬升前，要清理架体杂物，墙体混凝土强度应达到 10MPa 以上，（特殊要求的另行规定）符合要求后方可爬升。

2. 启动电控液压升降装置先爬升导轨，到位后再次启动升降装置顶升架体。

3. 架体爬升到位后，必须及时按使用要求进行附着固定和防护等各项工作。

4. 当遇到 5 级以上大风、大雨、浓雾等恶劣天气时禁止爬升和装拆作业，大风天气要对架体进行拉接，夜间不宜进行升降作业。

5. 结构施工时，架体施工荷载（限两层同时作业）小于 $3kN/m^2$，与爬模爬架无关的其他东西均不应在脚手架上堆放，严格控制施工荷载，不允许超载。

6. 非爬模爬架专职操作人员不得随便搬动、拆卸、操作爬模爬架上的各种零配件和电气、液压等装备。如发现爬模爬架有异常情况时，应随时通报爬模爬架专职操作人员进行及时处理。

7. 架体爬升完毕或模板清理完毕后，都应立即将架体上的模板靠近墙体，并用模板穿墙螺栓将模板与墙体进行刚性拉接，确保架体上端有足够的稳定性。

8. 爬模爬架爬升时严禁操作人员停留在架体上，特殊情况确实需要上人的，必须采取有效安全防护措施。

9. 爬升过程中应实行统一指挥、规范指令，爬升指令只能由一人下达，但当有异常情况出现时，任何人均可立即发出停止指令。

5.3.3 架体拆除

1. 当完成架体施工任务时，对架体进行拆除，先清理架上杂物，如脚手板上的混凝土、砂浆块、U形卡、活动杆件及各种材料。

2. 拆架前，先将架体与楼内之间的通道封闭，并做醒目标识，画出拆除警戒线，严禁人员进入警戒线内。爬模爬架拆除后，要及时在结构周圈搭设防护栏杆。

3. 拆除工作前对施工人员进行安全技术交底，爬模爬架的拆除必须经项目部生产经理或总工程师签字后方可进行。

4. 先拆除架体上的脚手板和踢脚板。再将架体分割为 2~4 个机位的独立单元，将两独立单元间机位架体的连接解除。用塔吊将支模体系吊离主承力架至地面分解，用塔吊将导轨吊离作业面，拆除上、下爬升箱、液压电控系统和爬模爬架下两层附墙座并吊离作业面，将主承力架及挂架体系整体吊至地面进行分解。

5. 拆除后的爬模爬架各零部件要及时清理、分类、统一堆放和管理，以便下次使用。

6. 遇 5 级（含 5 级）以上大风和雨雪天气、浓雾和雷雨天气时，禁止进行架体的拆除工作，并预先采取加固架体的措施。禁止夜间进行爬模爬架的拆除工作。

7. 爬模爬架拆除属于高空特种作业，从事高空作业的人员必须经过体检，凡患有高血压、心脏病、癫痫病、晕高症或视力不够以及不适合高空作业的，不得从事登高拆除作业。

8. 操作人员必须经专业安全技术培训，持证上岗，同时熟知本工种的安全操作规定和施工现场的安全生产制度，不违章作业。

6. 材料与设备

6.1 架体结构部分

6.1.1 外协件与加工件

外观：外形尺寸按图纸要求加工。

材料：以钢板、型钢、钢管为主要用材，检查材料的规格尺寸，厂家提供材质检测单。

表面质量：焊缝磨平；清除尖角毛刺；表面不得有扭曲凸凹等缺陷。

加工要求：板金边口无毛刺，棱角倒钝。

焊缝：焊缝平整饱满，不得有漏焊、夹渣气孔、裂纹、烧穿、咬肉等缺陷。

6.1.2 连接销轴

材料：厂家提供材质检测单。

加工要求：调质、硬度按图纸要求；表面镀锌，镀层厚度按图纸要求。

6.1.3 标准件

螺母、螺栓、垫片、开口销符合标准，检查规格型号，检查尺寸精度，检查外观。

6.2 电器控制部分

6.2.1 分线箱

外观：外形尺寸按图纸要求加工。

表面质量：焊缝磨平；清除尖角毛刺；表面不得有扭曲凸凹等缺陷。

加工要求：板金边口无毛刺，棱角倒钝。

元器件与电缆：厂家提供材质检测单及合格证。

装配要求：符合《施工现场临时用电安全技术规范》JGJ 46-2005 技术规范。

6.2.2 电控箱

外观：外形尺寸按图纸要求加工。

表面质量：焊缝磨平；清除尖角毛刺；表面不得有扭曲凸凹等缺陷。

加工要求：板金边口无毛刺，棱角倒钝。

元器件与线路：厂家提供材质检测单及合格证。

装配要求：符合《施工现场临时用电安全技术规范》JGJ 46-2005 技术规范。

6.2.3 传感器

型号：IC-F-500。

行程范围：100~550mm。

工作温度：-30~+100℃。

最大工作压力：≤340bar。

材料：厂家提供材质检测单及合格证。

6.2.4 油缸

型号：HSG 01-80/55-535 及 HSG 01-63/45。

工作温度：-30~+100℃。

最大工作压力：≤21MPa。

材料：厂家提供材质检测单及合格证。

6.3 主要机具设备

机具设备表 表6.3

序号	设 备 名 称	型 号	单位	数量	用 途
1	爬模爬架试验台		台	1	
2	万能工具铣床	X8140D	台	1	
3	数控卧式铣床	HM2012	台	1	
4	液压牛头刨床	YB60100	台	1	
5	逆变式直流手工电弧焊机	ZX7-180	台	1	
6	逆变式焊条电弧焊机	ZX7-500AII	台	1	
7	二氧化碳保护焊机	MIG-270F	台	1	
8	交流电焊机	BX1-200	台	1	
9	二氧化碳保护焊机	NBC-250	台	1	
10	数字兆欧表	DP-6200	块	1	
11	高度游标卡尺	0~500	块	1	
12	电阻表	PC32-3	台	1	
13	万用表	MF-47	台	2	
14	外径千分尺	25~50	块	2	
15	直尺表	200~315	块	1	
16	三用游标卡尺	0~150	块	1	
17	游标卡尺	0~300mm	块	2	
18	内测千分尺	5~30	块	1	

7. 质 量 控 制

7.1 质量验收依据

7.1.1 出厂检验依据为：

《建筑施工分体式附着升降脚手架》Q/BCJ 03-2001；

《建筑施工安全检查标准》JGJ 59-59；

《施工现场临时用电安全技术规范》JGJ 46-2005；

《建筑施工附着升降脚手架管理暂行规定》（建建［2000］230号）。

7.1.2 爬模爬架搭设的技术要求、允许偏差与检验方法，应符合《建筑施工脚手架实用手册》及《北京市建筑工程研究院企业标准》的规定要求。

7.2 质量保证措施

7.2.1 严把原材料进货关，钢材、机电产品等都要有产品合格证。重要部件的钢材还要进行复检；产品的零部件加工和组装、调试，都必须严格按照设计图纸要求进行。并且实行自检、复检和专检相结合的质量检验制度。

7.2.2 加工完运往施工现场正式安装和使用的爬模爬架，都要按照标准做最终检验，逐台精心预组装和各项性能试验，验收合格后方可出厂，做到现场安装试机一次成功。对进入现场的其他辅助材料、设备质量进行控制，严格验证。

7.2.3 爬模爬架操作人员必须经过岗前培训合格后方可上岗操作。

7.2.4 爬模爬架的架设、使用与拆除，要按照本工法中的施工工艺、操作要点与注意事项，结合具体工程实际情况制定相应的爬模爬架施工方案组织实施。

7.2.5 工程的施工负责人，必须按爬模爬架使用方案的要求，拟定书面操作书，向班组进行技术交底和安全技术交底，班组必须严格按操作要求和安全技术交底施工，保证施工操作人员严格执行规范、

标准的要求。

7.2.6 施工过程中坚持检查上道工序、保障本道工序、服务下道工序，做好自检、互检、交接检验收的三级检查制度；严格工序管理，认真做好工程的检测和记录。

7.2.7 爬模爬架未经检查、验收，除架子工外，严禁其他人员攀登。验收合格的架子任何人不得擅自拆改，需局部拆改时，要经设计负责人同意，由架子工操作。

7.2.8 卸荷措施和爬模爬架分段完成后，应分层由项目总工、安全、技术、施工等有关人员，按项目进行验收，并填写验收单，合格后方可使用。

7.2.9 外架搭好后，要派专人管理，未经安全部门同意，不得改动。架子不准有任何活动材料，如扣件、废脚手板、活动钢管、钢筋、小钢模等。

7.2.10 在脚手架上进行电、气焊作业时，必须有防火措施，且应有专人看守。

7.2.11 应设专人负责对脚手架进行经常检查和保修。

7.2.12 五级大风与大雨后必须对脚手架进行检查。

7.2.13 工程总工或项目经理与爬模爬架工程负责人，要熟悉施工的质量情况、质量体系运行情况，共同商讨解决质量问题应采取的措施，特别是常见质量问题的解决和预防。建立项目质量责任制，明确工程施工过程质量控制由每一道工序和岗位的责任人负责，确立全员质量意识。

7.3 技术保证质量

针对立体交叉式施工工艺，我们研究开发了核芯筒墙体内外全液压爬模架的施工技术。该技术在对施工质量控制环节上有以下几个特点：首先保证该工程核芯筒墙体结构施工用的全钢大模板的使用，液压爬模架架体强度高，结构设计先进，能够带内外双面模板同时进行合模、退模等施工作业，满足墙体浇筑所需全钢大模板的施工要求，架体的支模体系设计新颖，易于操作，能够使墙体的双侧模板在墙体两侧各形成一个整体平面，有利于对墙体表面的平整美观、墙体浇筑均匀等各方面进行控制；其次合理的架体结构形式和可靠的安全防护技术避免了环境因素的影响，架体设有双层绑筋操作平台和其他的作业平台，使施工过程不受传统的混凝土工程施工必要的技术间歇时间要求，更加有利于对施工过程的控制；再次核芯筒内布置能带双面模板爬升的物料平台，各物料平台之间铺设施工通道，核芯筒外墙安装外用电梯，可直接将施工人员及施工用料输送至物料平台的主平台上，这种结构布置使核芯筒筒体内的作业平台及与地面之间相通，可以方便地进行物料搬运及施工作业，更加有利于对施工过程的控制。以上的技术特点都是保证施工质量的必要基础。经中海广场中楼工程实际应用表明，新工艺与新技术的结合能够显著提高墙体混凝土施工质量及混凝土结构施工工艺水平。

8. 安全措施

8.1 架体设计的总体安全要求

8.1.1 爬模爬架设计方案，直线布置时支承跨度不应大于8m，折线或曲线布置时不能大于5.4m；爬模爬架的悬挑长度，整体式架体时小于跨度的一半，且不能大于3m，单组式架体不宜大于跨度的1/4。同时要使爬模爬架的荷载不能超过液压油缸的顶升能力。

8.1.2 爬模爬架采用钢绞线锚夹具式防坠装置，下坠制动距离小于50mm，防倾装置的导向间隙小于5mm。

8.1.3 架体各操作平台之间的连接，在铺设架体各平台时，每个单独独立的架体水平位置中间留700mm×700mm的洞，用钢管向下层平台搭设梯子，将各平台连接，使架体上下有一个通道，在各平台洞口处用翻板将洞口封好。

8.1.4 架体与墙体的防护及架体间的防护，在架体水平梁架上绑小横杆，在小横杆上铺设脚手板，通过小横杆控制脚手板离墙的防护距离，脚手板离混凝土墙面的距离均应小于100mm。

8.1.5 爬升动力装置要求接线牢固可靠，电路有漏电和接地保护。两点爬升同步误差不超过2%或

12mm。油路超载时有溢流阀保护，油缸油管破裂时有液压锁保护。

8.1.6 脚手板及其他安全措施：脚手板要满铺、铺平、不得有探头板。架体外侧必须用密目安全网围挡，安全网必须可靠固定在架体上。架体底层脚手板必须铺设严密，并用平网及密目安全网双层兜底。架体作业层外侧必须设置上、下两道防护栏杆和挡脚板。架体开口处必须有可靠的防止人员及物料坠落的措施。

8.2 架体安装过程的安全要求

8.2.1 穿墙螺栓孔位安装位置偏差不得超过±5mm，穿墙螺杆应露出螺母3扣以上并用力拧紧。

8.2.2 安装支模体系要确保移动滑座、调节顶杆、使用灵活，并能到位锁定。

8.2.3 爬升装置内各个零部件要使用灵活，定位准确。

8.2.4 爬模爬架安装完毕后，应由设备所有单位与安装使用单位的有关人员（包括负责安全的人员），共同对安装完的爬模爬架进行安装检查验收，双方验收合格签字后方可投入使用。

8.2.5 爬模爬架安装到位后，为保证施工安全，应及时按有关脚手架安全技术规范要求，铺设脚手板及安全网。铺设脚手板时应考虑架体单元体之间爬升时留有100mm左右的间隙，以防止爬升时相互碰撞。架体的底层和外围侧面，以及爬升时的架体开口端，应采用密目安全网进行全封闭防护。

8.3 架体使用过程的安全要求

8.3.1 现场施工人员，要自觉遵守国家和施工现场制定的各种安全技术规程和制度。

8.3.2 施工前做好安全技术交底，工人施工作业必须严格按照设计图纸要求和施工操作规程进行。

8.3.3 进入现场必须严格遵守现场各项规章制度，戴好安全帽，高处作业必须系好安全带。工长对施工人员要做好工程介绍，所有参施人员都必须参加入场安全教育，考试合格后方可参与施工。

8.3.4 设置完善的安全防护设施，保证安全用电，现场的电器设备及有安全隐患的部位均应设立护栏，并悬挂警示标志，夜间有警告照明。

8.3.5 架体上杂物应随时清扫干净，传递物件禁止抛掷。

8.3.6 建立安全检查制度：专职安全员每天巡视检查，发现安全隐患并及时纠正；每周由爬模爬架负责人员与工地现场管理人员一起进行安全检查，并做记录。施工现场设立安全生产宣传牌，主要部位作业面、通道口都必须挂有安全宣传标语或安全警示牌。

8.3.7 爬模爬架使用中注意防火。

8.3.8 认真做好班前班后的安全检查和交接工作。有权拒绝违章、指挥违章作业的指令。

8.3.9 在施工过程中，有关各方都要注意对爬模爬架各部件的保护工作。

8.3.10 架体施工荷载（限两层同时作业）小于$3kN/m^2$，与爬模爬架无关的其他东西均不宜在脚手架上堆放，严格控制施工荷载，不允许超载。

8.3.11 5级（含5级）以上大风应停止作业，冬天下雪后应清除积雪并经检查后方可使用。

8.3.12 非爬模爬架专职操作人员不得随便搬动、拆卸、操作爬模爬架上的各种零配件和电气、液压等装备。

8.3.13 架体爬升完毕后或清理模板完毕后，都应立即将架体上的模板靠近墙体，并用模板穿墙螺栓将模板与墙体进行刚性拉接，模板上方的架体应与钢筋或钢结构做刚性拉接，拉接的水平间距不应大于3m，以便在架体二层平台上进行绑筋作业，同时确保架体上端有足够的稳定性。

8.3.14 爬模爬架专职操作人员在爬模爬架使用阶段应经常巡视、检查和维护爬模爬架的各个连接部位。在爬模爬架上进行施工作业的其他人员如发现爬模爬架有异常情况时，应随时通报爬模爬架专职操作人员进行及时处理。

8.4 架体爬升过程的安全要求

8.4.1 墙体混凝土强度应达到10MPa以上，爬模爬架方可爬升。

8.4.2 由于架体是分段分片爬升，在每个架体各操作平台内侧（靠近墙体的一侧）和端口处相对标高1200mm的地方都应加设一道护身栏杆，并设踢脚板，以防止人员和物料的坠落。

8.4.3 爬模爬架爬升时,架体上不允许堆放与爬升无关的杂物。

8.4.4 爬模爬架爬升时,严禁操作人员停留在架体上,特殊情况确实需要上人的,必须采取有效安全防护措施。

8.4.5 爬升过程中应实行统一指挥、规范指令,爬升指令只能由一人下达,但当有异常情况出现时,任何人均可立即发出停止指令。

8.4.6 爬模爬架爬升到位后,必须及时按使用状态要求进行附着固定。在没有完成架体固定工作之前,施工人员不得擅自离岗或下班,未办交付使用手续的,不得投入使用。

8.4.7 遇 5 级(含 5 级)以上大风和大雨、大雪、浓雾和雷雨等恶劣天气时,禁止进行爬升和拆卸作业,夜间禁止进行爬升作业。

8.4.8 正在进行爬升作业的爬模爬架下面,严禁有人进入施工现场,并应设专人负责监护。

8.5 架体拆除过程的安全要求

8.5.1 拆除架体前做拆除技术交底,划定作业区域范围,并设警戒标识,禁止与拆架无关的人员进入。拆架时应有可靠的防止人员与物料坠落的措施,严禁抛扔物料。

8.5.2 爬模爬架拆除属于高空特种作业,操作人员必须经过体检,体检合格后方可进行作业,必须经专业安全技术培训,持证上岗,同时熟知本工种的安全操作规定和施工现场的安全生产制度,不违章作业。对违章作业的指令有权拒绝,并有责任制止他人违章作业。操作人员将安全带系于墙体在台仓外一侧的墙体施工钢管操作架上,防止爬模爬架拆除过程中自身失稳造成坠落事故。

8.5.3 拆架时有管线阻碍不得任意割移,同时要注意扣件崩扣,避免踩在滑动的杆件上操作。

8.5.4 拆架时螺丝扣必须从钢管上拆除,不准螺丝扣在被拆下的钢管上。

8.5.5 拆架人员应配备工具套,手上拿钢管时,不准同时拿扳手,工具用后必须放在工具套内。拆下来的脚手杆要随拆、随清、随运、分类、分堆、分规格码放整齐,要有防水措施,以防雨后生锈。扣件要分型号装箱保管。

8.5.6 正确使用个人安全防护用品,必须着装轻便(紧身紧袖),必须正确佩戴安全帽和安全带,穿防滑鞋。作业时精力要集中,团结协作,统一指挥。不得"走过挡"和跳跃架子,严禁打闹玩笑,酒后上班。

8.5.7 搭拆架人员必须系安全带,拆除过程中,应指派一个责任心强,技术水平高的工人担任指挥,负责拆除工作的全部安全作业。

8.5.8 拆除中途不得换人,如更换人员必须重新进行安全技术交底。

9. 环 保 措 施

为了达到安全施工、文明施工、环保施工,在爬模爬架的设计过程中,我们尽可能做到结构优化,节省能源,采用节能环保材料;在爬模爬架的使用过程中,工程负责人也加强对工人环保意识的培训,做到无噪声、无扬尘、无污染、无扰民等,在施工现场形成一个环境保护管理体系,做到责任到人。

9.1 架体结构设计合理,架体高度一般为 4 个层高左右,满足墙体施工要求,架体在单层施工完后可沿墙体自动爬升,保证上层墙体施工可以继续重复使用,内外双面布置液压爬模爬架的设计,与目前其他施工技术相比节省了大量的脚手架用材,并且不需要进行其他空间结构搭设,真正做到节能环保。

9.2 在爬模爬架运输过程及现场拆装过程中,要求材料轻拿轻放,严禁抛掷。加强人为噪声的控制;尽量减少人为的大声喧哗,增强全体施工人员防噪声扰民的自觉意识。

9.3 在施工过程中严格遵照《建筑施工场界环境噪声排放标准》GB 12523-2011 要求,架体提升动力设备的音量分贝小于 55dB。

9.4 架体为结构件,运到现场后组装,组装时通过连接件进行各个部件的连接,不需要现场进行二次加工，因此无扬尘、无污染。

9.5 架体设有双层安全防护网，既保证安全又隔离施工噪声等污染。

9.6 对于易损件及废弃物，进行分类存放，做到资源再利用，不随便丢弃，不浪费，对有可能造成二次污染的废弃物单独储存、设置安全防范措施且有醒目标识。

9.7 该技术有效的减少钢材、木板等材料的使用，可以使施工现场的环境变得整洁，由于施工过程模板不用落地，可大大减少施工现场的占地面积，这些都将减少施工工程对环境的影响。

10. 效 益 分 析

采用本工法，可以取得显著的经济效益和社会效益。

首先，本工法的各项技术成果都将是建筑结构施工中的新技术和新工艺；模板和脚手架既关系着建筑工程的建造质量、建造周期和建造成本，又关系着建筑企业和施工队伍的施工速度、施工成本和施工效益等。由于现在的建筑物结构越来越复杂，同时要求的施工进度越来越快，面对诸多的技术难题和施工要求，本工法研究的技术成果将解决这些技术难题，大大加快施工进度，提高施工的安全性，并将为结构施工带来全新的施工理念。

本工法的技术成果能满足施工的需要，满足市场的需要，其推广应用将能直接转化为本单位的经济效益；并且该技术成果还将带来二次经济效益，采用该技术成果的施工单位，在施工的过程中可以大量的节省人工、用材，以及减少塔吊吊次、缩短施工周期等，传统的施工工艺需要用塔吊进行模板吊装，当建筑物结构高度高于 50m 时，一块模板吊装到位时间约为 20min，模板拆除落地时间约为 20min，核芯筒筒体结构施工需要多面模板，每一层施工的每一块模板都需要塔吊进行重复的吊装、搬运，这无疑增加了塔吊的工作量；而新型的核芯筒内物料平台结构可以同时带动两面墙体用模板一起爬升，在整个核芯筒筒体内施工过程中只需塔吊进行模板的一次吊装和拆除，大大节省了塔吊吊次；同样对于施工物料的搬运，传统的施工方法需要塔吊不断的进行物料吊装、搬运，而新型的物料平台技术则允许工人在该平台上进行相对独立的各个筒体施工用料的搬运和使用，同时也可以通过核芯筒外挂电梯及布置全面的过人通道进行施工用料的搬运和使用，为施工提供了极大的方便。物料平台可以给工人施工提供一个封闭的绑筋作业平台，减少了高空危险作业的工作量，安全可靠，并且省去了工人在每一层施工都需要搭设的绑筋平台。架体结构形式灵活，可根据不同的核芯筒跨距进行调整，满足了多种形式的中小跨距的核芯筒筒体的结构施工。这些技术都必将为施工单位产生巨大的经济效益。

大吨位多点同步技术保证了液压升降系统提升速度快，升降平稳，其使用的液压泵站的电机功率为 0.55kW，用电量少，闭环控制方式保证了同步精度的准确性，总线控制结构既可以为每组升降架体配备泵站，也可以多组升降架体配备一组泵站使用，满足工程实际需要。

总之，新工法的开发研制是对钢框架—钢筋混凝土核芯筒结构施工工艺的变革，打破了传统的施工方式，能够有效促进脚手架与模板一体化技术的发展和创新，提高了墙体混凝土施工质量及混凝土结构工艺水平，为钢框架—钢筋混凝土核芯筒结构的施工提供了宝贵的经验和可靠的依据，促进相关行业的发展，提高国内建筑施工的技术水平，具有很高的综合效益。

11. 应 用 实 例

11.1 北京中海广场中楼工程

该工法于 2008 年 9 月在北京中海广场中楼工程中进行应用。中海广场中楼工程位于北京市 CBD 核心区，工程总建筑面积 15.1 万 m²，地上由 3 栋塔楼组成，其中主楼 37 层，塔楼主体结构高度为 150m。结构形式为钢框架——钢筋混凝土核芯筒结构。本工程通过采用核芯筒内外全液压爬模施工技术，极大地节省了机械设备、材料的投入，大大地缩短了工期，节省了成本，通过与外爬架进行比较，可以看出，核芯筒内外全液压爬模的成功运用，取得了可观的经济效益，内外全液压爬模与核芯筒外爬架的经济效益的对比见表 11.1：

经济效益对比表   表 11.1

序号	项 目	对 比		节省投入量（万元）
		核芯筒外围用爬架	核芯筒内外用整体爬模架	
1	人工	300 工日/层	240 工日/层	177600
2	塔吊租赁	72 台班/层	36 台班/层	1998000
3	钢管	60t	50t	8400
4	扣件	12000 个	10000 个	31500
5	文明施工场地倒运	3 台班/层	0 台班	44400
6	工期	6d/层	3d/层	2220000
7	爬模架费用	40 个机位	110 个机位	-1764000
8	核芯筒封闭费用	0	3 万元/层	-300000
9	总计节省			2415900

本工程 37 层，总高度 150m，而施工工期只有 6 个月，比总工提前 200d，为在 2008 年奥运会前，外围幕墙封闭奠定了坚实的基础。从以上经济分析可以看出，采用内外整体液压爬模技术，能够满足业主 3d/层的施工时间，同时节约成本 241.59 万元，主体结构工期节约 111d，取得了可观的经济效益。

11.2 北京雪莲大厦二期工程

该工法于 2009 年在北京雪莲大厦二期工程中进行应用。雪莲大厦二期工程地处东三环与首都国际机场高速路交汇处，位于北京燕莎国际商圈，是符合甲级智能建筑标准的高档写字楼。工程建筑面积约 9.27 万 m²，地上 36 层，地下 4 层，建筑物高度 153.7m，是三元桥新地标的最高建筑。本工程施工采用核芯筒内外墙体液压爬模技术，主体结构 9 个月完成，节约工期 100d。节约成本 280.205 万元，取得了可观的经济效益。

11.3 广东东莞台商大厦工程

新工法于 2009 年在广东东莞台商大厦工程中进行实际应用。工程地处东莞市鸿福路与东莞大道交汇处 B3 地块，工程总建筑面积为 27.50 万 m²，主楼地上共 68 层，建筑总高度 274m，是东莞地区标志性建筑。

11.4 深圳证券交易运营中心工程

该工法于 2010 年在深圳证券交易运营中心工程中进行实际应用。该工程为深圳市重点工程。总建筑面积约 26.35 万 m²。主体结构地上 46 层，总高度 245.8m。主体结构为型钢混凝土框架—钢筋混凝土筒体混合结构。施工采用核芯筒内外墙体液压爬模技术，主体结构节约工期 3 个月。节约成本 260 万元，取得了可观的经济效益。

11.5 新工法在广州利通广场工程中实际应用

该工法于 2010 年在广州利通广场工程中进行实际应用。设计高度 302.92m，建筑面积 161000m²，工程形式为为钢斜撑框架核芯筒结构。施工采用核芯筒内外墙体液压爬模技术，主体结构节约工期 4 个月。节约成本 300 多万元，取得了可观的经济效益。

双曲面薄壁结构翻模施工工法

GJYJGF053—2010

中建五局第三建设有限公司　湖南长大建设集团股份有限公司

胡沅华　唐国顺　周永红　李锋　张言胜

1. 前　言

现代城市建筑或工业构筑物造型日益复杂，双曲面薄壁结构得到越来越多的应用。针对双曲面薄壁结构的建筑或构筑物，本工法采用三角架翻模施工技术和中心定位器定位圆心，进而测设半径，控制薄壁结构几何尺寸，有效地控制了双曲面薄壁结构的成型尺寸，减少了模板及支架投入，提高了工程的施工速度。在多个工程的实践中形成了双曲面薄壁结构翻模施工工法，其关键技术通过了湖南省建设厅组织的专家鉴定。且本工法开发的中心定位器获得了实用新型专利（专利号：ZL 2009 2 01 61370.0）。本工法在川维30万t/年醋酸乙烯项目、山东海化热电厂建设2×135MW项目、内蒙古乌拉山热电厂等工程中得到了成功的应用。

2. 工 法 特 点

2.1 经济效益好：三角架翻模施工能够减少操作平台和安全防护的工作量，降低施工成本。

2.2 成型质量好：三角架翻模施工中心定位器快速定位能定位圆心，进而测设半径，控制薄壁结构几何尺寸，使得混凝土结构的成型质量好。

2.3 操作简便、施工速度快：三角架翻模体系施工速度快，操作简便。

2.4 安全保障性好：三角架翻模体系不需搭设高支模架体，安全隐患少。

3. 适 应 范 围

本工法适用于烟囱、冷却塔、水塔等薄壁结构的建筑及构筑物。

4. 工 艺 原 理

本工法采用附着式金属三角架和定型钢模板翻模的方法进行薄壁结构施工，将三角脚手架和模板用对拉螺栓固定在已成型的混凝土上，以此作为操作平台，绑扎钢筋、检查校正模具和浇筑混凝土等。三角架和模板共设置3层。施工过程中，通过拆除最下层脚手架和模板运至顶层脚手架平台上施工，依此周而复始，直至完成整个薄壁结构施工。

通过采用中心定位器定位圆心，进而测设半径，控制薄壁结构几何尺寸。

5. 施工工艺流程及操作要点

5.1　工艺流程
薄壁结构施工工艺流程图（图5.1）。

5.2　操作要点

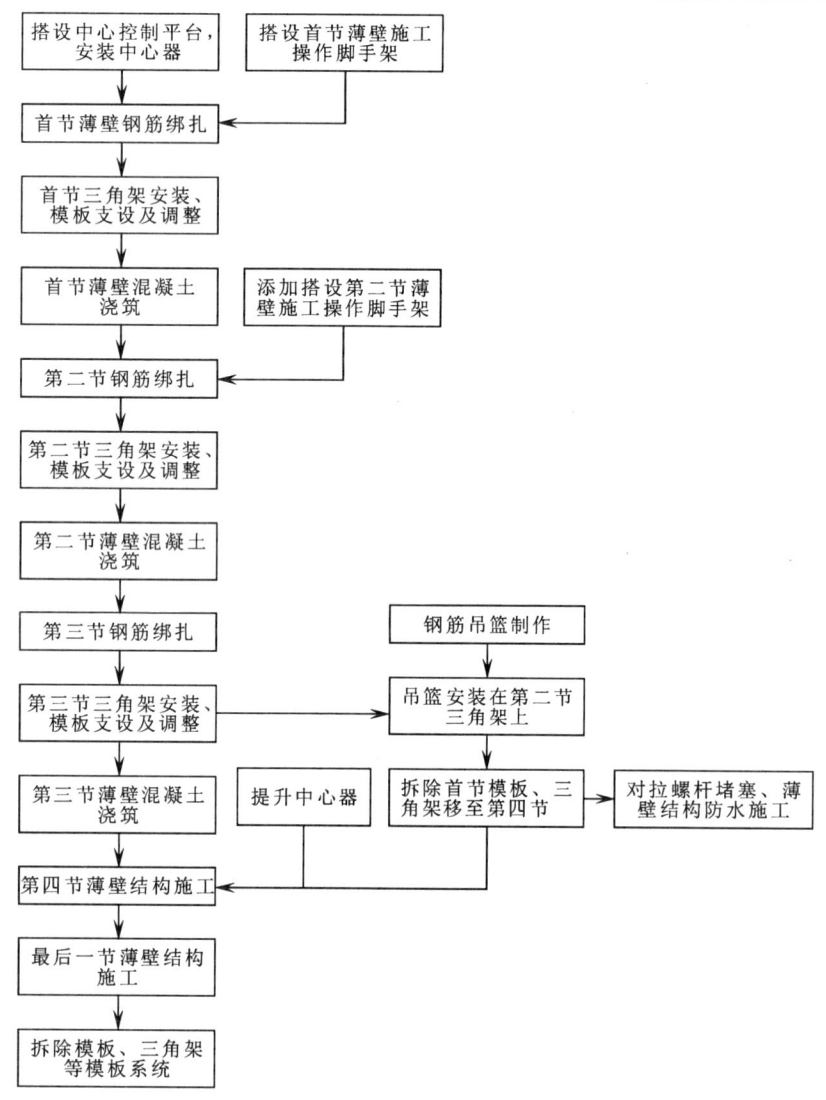

图 5.1 薄壁结构施工工艺流程图

5.2.1 三角架翻模施工

模板：钢模厚 60mm，宽度 x、高度 y 根据不规则曲面的水平和竖向半径来确定，上口有 20mm 企口确保上下节拼缝严密；单侧边有 80mm 宽附加翼板，附加翼板即可满足（最大 60mm）调节收分的要求，又留置出对拉螺栓穿孔。详见钢模示意图（图 5.2.1-1）。

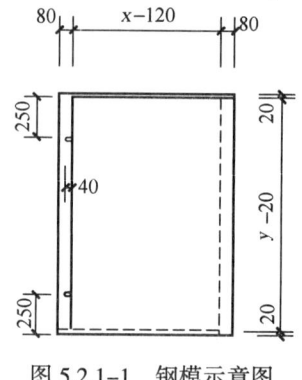

图 5.2.1-1 钢模示意图

操作平台系统：由附着式三脚架、A 形吊篮、木架板、加固顶杆、防护栏杆、安全网等组成。

附着式三脚架为拆装式承重结构，由立杆、水平杆及斜杆组成三角形基本结构，然后通过顶杆及环向钢管的连接，而形成稳定的空间结构。三脚架采用角钢加工。水平杆规格为 ∠63×5mm，斜杆及立杆为 ∠50×3mm，接点采用 M14 螺栓连接。立杆贴模板的一肢上留有对拉螺栓孔，施工当中为了保持操作平台基本处于水平状态，需不断地调整斜杆与水平杆之间的夹角，以适应薄壁结构坡度的变化，因此，在水平杆上留有若干个孔，供调节之用；立杆、水平杆内外模板长度一致，斜杆长度内外不等。加固顶杆为一寸钢管，顶端焊 $\phi12$ 钢筋头穿入三脚架水平杆预留孔中，底部支撑在环向钢管上。一方面用于传递上层荷载，另一方面用于调整模板的半径。

木架板用优质白松加工。为便于拆装，每相邻两个三脚架之间组成一个脚手板单元，用钉子将木板钉在方木上。方木应留出一定长度，便于铺设时承插固定。木架板主要用于铺设步道，另外起到环向连接作用。

A 形吊篮用钢筋焊接成，使用时挂在第二层三脚架水平杆上，吊篮上铺设 50mm 厚脚手板，作为拆除三脚架、模板以及堵塞对拉螺栓孔的操作平台。

安全防护装置包括栏杆、扶手、安全网及安全网挂钩组成。安全网兜底设置，将 3 层作业面都围护在内。3 层作业面外侧增设 1 层密目安全网，防止高空坠物。详见图 5.2.1-2。

5.2.2 中心定位器定位

在曲面水平中心位置搭设中心平台，在中心点位置设置由 1 块钢板、5 把钢尺、4 根钢丝绳、1 个吊线锤组成的中心定位器。水平方向设置 4 把钢尺，控制薄壁结构的施工半径，竖向设置一把钢尺，控制中心定位器高程，吊线锤和钢丝绳用以复核中心定位器中心水平位置并固定中心定位器。钢丝绳通过三角架上安装的定滑轮并固定在中心平台上，根据翻模施工技术，每3模进行1次校核，每模进行复查（图5.2.2）。

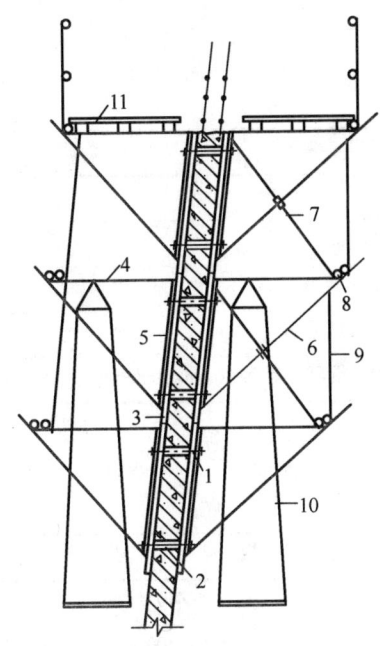

图5.2.1-2 三脚架组成示意图

1—对销螺栓；2—混凝土套管；3—模板；4—三脚架水平杆；
5—三脚架立杆；6—三脚架斜杆；7—调整模板半径的花篮螺栓；
8—环向连杆；9—上下荷载传递立杆；10—吊篮；11—操作平台

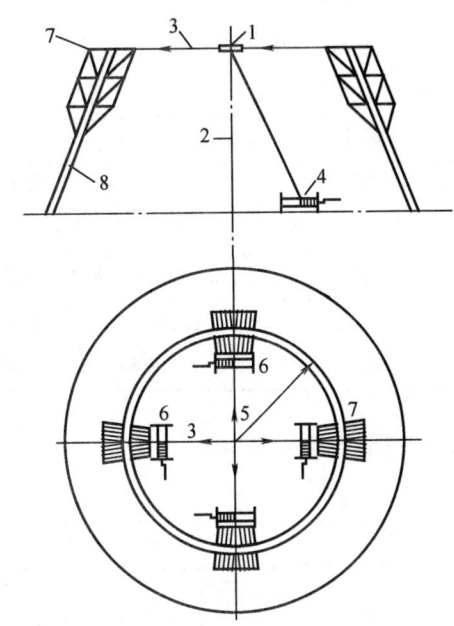

图5.2.2 中心定位器示意图

1—中心找正器悬盘；2—对中线锤；3—固定悬盘钢丝绳；
4—松紧小线轱辘；5—钢卷尺；6—钢丝绳紧线器；
7—内外层三脚架；8—筒壁

5.2.3 模板施工

1. 模板安装顺序：内模、内三角架→对拉螺栓→贴内模油毡垫圈→混凝土预制垫块→贴外模油毡垫圈→内三角架立杆→外模→对拉螺栓螺母→三角架及其杆件。

2. 内装模板时，可利用三角架杆件临时支顶，防止倾倒。为保证混凝土浇筑后模板半径正确，内模板安装时，确保半径准确。如果对中悬盘标高与内模板口标高不符，利用弦长法进行斜距计算。

3. 三角架、外模板的安装以内模板为基准，内外模板要相互对应，薄壁结构混凝土拆模后，如发现偏差超过允许值时，应在其上各节的施工中逐渐纠正，每节纠正量不宜超过20mm。模板安装中应防止杂物落入混凝土施工缝中。

4. 混凝土套管要按照模板节数编号，安装时对号入座。

5. 安装内模板斜撑时，利用找正悬盘上的钢卷尺测量模板上口半径，并利用斜撑花篮螺栓进行调整校正。

6. 模板安装后，应全面检查内模半径，内外模间距，预埋件数量及位置，所有螺栓的紧固情况。

7. 壁厚控制：壁厚通过混凝土套管控制模板间距，混凝土套管用细石混凝土制成，其强度等级、抗渗等级同薄壁结构。混凝土套管长度按每节模板实际壁厚设置，每块模板上下均设，对拉螺栓采用$\phi16$圆钢车制，对拉螺栓按最大壁厚设置，其中两端套丝长均为150mm，沿薄壁结构高共配6圈，翻模时周转使用。壁厚减小时，对拉螺栓套丝加长，以满足使用要求。拆模后对拉螺栓孔用1:3:7石棉水泥砂浆将对拉螺栓孔在薄壁内外同时填充打实（图5.2.3）。

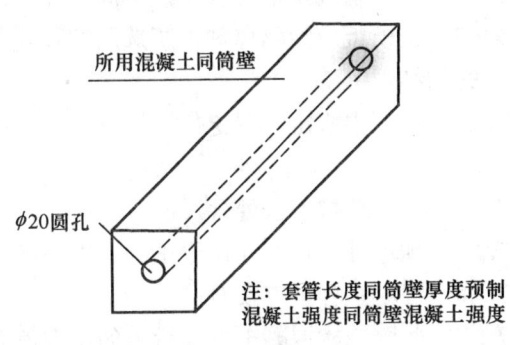

图5.2.3 混凝土预制套筒

6. 材料与设备

6.1 主要材料见表6.1

主要材料表

表6.1

材料名称	规格型号
钢模	厚60mm,根据曲面规则情况定制宽、高
三角架	水平杆和立杆规格为∠63×4mm,斜杆为∠50×3mm
架板	优质白松加工,板厚30mm,楞木为60×90方木
吊篮	A形吊篮用ϕ18钢筋焊接,吊篮上铺设50mm厚脚手板
螺杆	对拉螺杆ϕ16,三角架铰接螺栓采用ϕ14,配套混凝土套筒50mm×50mm×h_i (h_i为壁厚)

6.2 主要设备见表6.2

主要设备表

表6.2

设备名称	规格型号
塔吊	QTZ40
电焊机	BX3-300
切断机	GQ50
钢筋弯曲机	GW40
钢筋调直机	GT4/14
圆盘锯	MJ-105
车丝机	HGS-40

7. 质量控制

7.1 质量标准

本工法除严格遵循以下标准和规范外,还应执行项目所在地行政主管部门和相关行业的文件及要求:

《组合钢模板技术规范》GB 50214-2001;

《混凝土结构工程施工及验收规范》GB 50204-2002。

7.2 质量控制措施

7.2.1 支撑系统及附件要安装牢固,无松动现象,面板应安装严密,保证不变形、不漏浆。

7.2.2 钢模板应涂隔离剂,所选用的隔离剂不应影响结构表面色泽的一致性,且不影响防水涂料与混凝土的粘结。

7.2.3 采用中心定位器定位构筑物中心,以此测设构筑物半径、截面和标高等,偏差在规范允许范围内。

7.2.4 施工缝按要求处理。

7.2.5 预埋件、预留孔位置正确,钢筋绑扎符合要求。

7.2.6 混凝土养护应及时。

7.2.7 薄壁结构混凝土拆模后,如发现偏差超过允许值时,应在其上各节的施工中逐渐纠正,每节纠正量不宜超过20mm。

7.2.8 施工留在薄壁结构上的螺栓孔必须用石棉水泥填堵密实。

7.2.9 混凝土密实整洁，面层平整；无漏浆、跑模、胀模，无冷缝、夹杂物，无蜂窝、麻面和孔洞。

7.2.10 混凝土保护层准确，无露筋；预留孔洞洞口整齐。

7.2.11 拆模控制时间应以同条件养护试块强度等级为依据，并符合规范及相关规定。

8. 安 全 措 施

8.1 安全标准：本工法除严格遵循以下标准、规范和规程外，还应执行项目所在地行政主管部门和相关行业的文件及要求：

《建筑施工安全检查标准》JGJ 59-99；

《施工现场临时用电安全技术规范》JGJ 46-2005；

《建筑施工高处作业安全技术规范》JGJ 80-91。

8.2 安全管理措施

8.2.1 结合施工单位实际情况和工程的具体特点，组成专职安全员和班组兼职安全员等组成的安全生产组织机构，执行安全生产责任制，明确各级人员的职责，抓好工程的安全生产。

8.2.2 操作班组就位前，施工工长应针对本分项工程施工操作特点，对操作班组进行详细的安全交底，施工中应加强安全巡检，着重检查配件牢固情况，特别应做好三角架的封闭及防护工作。

8.2.3 以检查用钢爬梯作为施工人员施工通道，所有施工人员必须系好安全带。

8.2.4 三角脚手架应严格按照施工措施中规定的程序进行拆除和组装，组装完毕，应指派专人检查其牢固度及稳定情况，发现问题及时处理。

8.2.5 三角架在未安装环向连杆、竖向支撑及铺脚手板前，不得作为操作平台使用。

9. 环 保 措 施

严格遵循《建筑施工现场环境与卫生标准》JGJ 146-2004，执行项目所在地行政主管部门和相关行业的文件及要求，并制定以下措施：

9.1 加工车间应采取封闭隔声措施，将下料切割时的噪声控制在国家和地方环保标准要求的范围内。

9.2 加工车间应采取封闭措施，防止电焊光污染扰民。

9.3 废水、废物等垃圾分类收集、外运处理，防止废水、废物及油漆余料污染环境。

10. 效 益 分 析

10.1 经济效益

采用本施工方法其投入费用相对传统施工方法，需要投入三角架支撑体系的相关费用，但总体看来相对要节约。根据曲面造型和建筑物高度，采用传统脚手架往往需要搭设双立杆脚手架，且为3~9排。采用传统脚手架搭设和模板施工费用60~90元/m²，而采用三角架翻模体系，其费用为：

三角架材料及加工费：0.02t/套×7000元/t=140元/套。

钢模材料及加工费：0.06t/m²×7000元/t=420元/m²。

考虑三角架实际周转次数为120次，现场一般配置3套三角架进行周转使用，则每套三角架周转费用为：140/120=1.17元/套，折合0.9元/m²（每套约1.3m²）。

考虑钢模实际能够周转次数为50次，现场配置3周圈模板进行周转使用，则钢模、周转费用为：

$420/50 = 8.4$ 元$/m^2$。

三角架及钢模施工人工费：40 元$/m^2$。

综上，采用三角架翻模施工方法共计费用：0.9 元$/m^2$+8.4 元$/m^2$ +40 元$/m^2$=49.3 元$/m^2$。较传统施工方法能节约：10.7~40.7 元$/m^2$。有效地降低了施工成本。

10.2 社会效益

采用本施工方法克服了传统施工工作量大、建筑几何尺寸控制难等问题，加快了施工工期，同时节约了资源。施工过程中无安全事故，施工完成后经过检查无质量问题，充分保证了建构筑物的使用功能，取得了良好的社会效益。

11. 应 用 实 例

11.1 应用实例一

川维 30 万 t/年醋酸乙烯项目乙炔装置双曲线冷却塔 A 塔、B 塔，是冷热水转化而循环使用的工业构筑物，构筑物总高度 55.5m，最大半径为 18.58m，喉部半径 11.29m。工程配置 3 套三角架及钢模进行翻模施工，单塔支模面积约 5252m^2。采用该工法施工，较传统施工方法节约了减少了脚手架的搭设量，直接节约了 5252m^2×40.7 元$/m^2$×2=427512.8 元。该工程有效地控制了双曲线冷却塔的施工成型质量，施工过程中无一安全事故。自完成施工以来，经检查筒壁无渗漏等质量通病，得到了业主、监理、质监站、中石化总站的好评。

11.2 应用实例二

山东海化热电厂建设 2×135MW 项目烟囱，为一个超高工业构造物，构造物总高 80m，烟囱半径最大处为 78.7m，最小半径 3.4m。 工程配置 3 套三角架及钢模进行翻模施工，支模面积约 11491m^2。采用该方法施工，节约 11491m^2×40.7 元$/m^2$=467683.7 元。该工程有效地控制了烟囱的施工成型质量，施工过程中无一安全事故。自完成施工以来，经检查筒壁无渗漏等质量通病，得到了业主、监理、质监站、质检总站的好评。

11.3 应用实例三

内蒙古乌拉山热电厂工程烟囱，为超高工业构造物，构造物总高 60m，烟囱半径最大处为 21.2m，最小半径 14.5m。工程配置 3 套三角架及钢模进行翻模施工，单塔支模面积约 6767m^2。采用该方法施工，节约 5315m^2×40.7 元$/m^2$×2=550833.8 元。有效地控制了烟囱的施工成型质量，施工过程中无一安全事故。自完成施工以来，经检查筒壁无渗漏等质量通病，得到了业主、监理、质监站、质检总站的好评。

148m 跨预应力张弦网架结构施工工法

GJYJGF054—2010

中国建筑第六工程局有限公司

王存贵　杜澎泉　李永红　田国魁　樊云鹏

1. 前　言

随着国内钢结构行业的发展，各种超大、超限结构层出不穷，这其中，预应力空间钢结构作为一种较新兴的结构类型，工艺复杂、施工难度大，给各施工企业既带来了挑战，也带来了提高的机会。

黄河口物理模型试验厅建设工程海域 B 厅屋盖，其主体结构为 148m 跨张弦焊接球钢网架，属于超大跨度预应力张弦空间钢结构，经查新，该跨度为目前同类型结构的世界最大跨。中建六局以此工程为载体，开展科技创新工作，形成了《大跨双曲面张弦抽空四角锥及多层空间网架屋盖施工技术》，该项技术经专家委员会鉴定整体达到了国际先进水平，两项技术达到国际领先水平。以其作为主要支撑载体的科技成果——《大跨空间钢结构预应力施工技术研究与应用》于 2010 年 11 月获得国家科技进步二等奖。《大跨度预应力焊接球张弦网架位形控制》获得国家级 QC 成果奖；获得了《大型预应力钢拉索高空有障碍穿越就位方法》、《大跨度预应力张弦结构拉索支座焊接球节点及其制造方法》等 2 项发明专利和 3 项实用新型专利。该技术成功应用于黄河口物理模型试验厅建设工程海域 B 厅屋盖工程，实现了低碳节能，降低了成本，保证了质量和工期，未发生安全事故，创出了显著的经济效益和社会效益，《148m 跨预应力张弦网架结构施工工法》就是在此工程实践总结形成的。

2. 工 法 特 点

2.1　根据张弦网架的特点，将其主桁架分为数段在地面制作，并将主桁架翻转 180°进行预制，翻转后桁架单元自身稳定性好，且作业面低，施工难度降低。

2.2　主桁架制作使用的胎架可拆卸，反复使用，且使用材料少，制作简易，当主桁架制作完成后，可将胎架抽出而超重超大构件不用卸胎，大量减少机械的使用。

2.3　在高空组对平台上设置一套就位支撑及微调装置，配合全站仪的使用，可迅速对桁架进行准确定位。

2.4　桁架与预应力拉索的张弦节点创新采用造价低、制作周期短的焊球球节点取代铸钢节点，在完全满足安全和功能要求的前提下，节省了成本，缩短了工期。

2.5　预应力张拉经仿真模拟计算后，采用分步分级张拉、张拉补偿等新型张拉工艺，减少设备一次性投入，且安全、健康地使预应力主桁架的受力达到设计要求的数据。

2.6　主桁架三级张拉完成后，桁架会因起拱自行脱离承重平台，此时进行承重平台拆除，结构安全卸载。

3. 适 用 范 围

3.1　适用于大跨度预应力张弦网架结构工程。

3.2　适用于大跨度预应力张弦空间桁架结构工程。

4. 工 艺 原 理

将网架主桁架分段在地面胎架上进行制作，制作完成后用大型起重机将分段桁架吊至高空，在搭设好的承重平台上进行组对焊接，并安装主桁架间的连系次桁架，此时结构不能承受自重，无法卸载；随后安装预应力钢索，安装与网架下弦铰接连接的撑杆，并通过抱索球将钢索与撑杆进行固定连接后，开始分步分级地进行张拉，撑杆的下端会向着张拉的方向产生预留偏移，随着逐级张拉的完成，屋面钢网架向上起拱，逐渐脱离承重平台后，此时卸载，拆除承重平台，屋盖主体结构形成稳定体系。

5. 施工工艺流程及操作要点

5.1 施工工艺流程

焊接球加工制作及钢管下料→胎架的制作→主桁架段单元组拼→承重平台的搭设→主桁架段单元的高空组对→钢索的安装→分级分步张拉→桁架脱离→形成整体。

5.2 操作要点

5.2.1 焊接球加工制作及钢管下料

1. 焊接球加工制作

普通焊接球直接向专业生产厂家定货，质量符合《钢网架焊接球节点》JG 11 的相关要求，并进场验证。

预应力拉索与桁架的张弦节点首创性地采用了造价低、制作周期短的焊球张弦节点支座取代传统的铸钢节点支座，该节点经有限元计算分析后，确定该节点承载能力完全满足要求。

2. 钢管下料加工

根据图纸中焊接球直径、两球中心距，并考虑试验所得的组对间隙和焊缝收缩量，计算钢管杆件加工长度。

确定杆件的长度后，在车床上批量加工并车制坡口，杆件长度允许偏差为±1mm。

5.2.2 桁架地面制作胎架制作安装

主桁架切面呈倒三角锥形，桁架自身约高 4.5m，单元约重 40t，长约 36m，在胎具的设计时，考虑到倒三角锥形桁架正放拼装作业难度大，桁架自身稳定性差，且每段桁架完成须用大型机械脱胎，经分析后采用倒放桁架，即桁架呈正放三角锥形，并设计相应的专用胎架。

专用胎具采用 6 段刚性较好的 H 型钢作为主受力胎，H 型钢下放大块钢板，起平衡和减少不均匀沉降的作用，H 型钢之间用钢管等物体连接，使胎具即有足够的刚性，又有较强的灵活性，球节点定位采用厚壁钢管，可以良好的对球节点进行支撑定位。

此种专用胎具制作简易，安装方便，拼装时整体重心偏下，桁架稳定性好，且易于节点定位，作业高度降低。在桁架焊接完成后，设转换支撑把胎具抽出进行下个单元的制作，桁架就地进行支撑稳固，不用大型吊机进行脱模倒运。

注意事项：1）放置胎架的地面应基本平整，且做简单硬化处理。

2）焊接 H 型钢可由其他刚性好、自身稳定性好的材料代替。

3）支撑球节点的钢管直径不应太小，壁厚不应太薄，否则稳定性不好。

5.2.3 主桁架段单元地面拼装

1. 桁架地面拼装流程

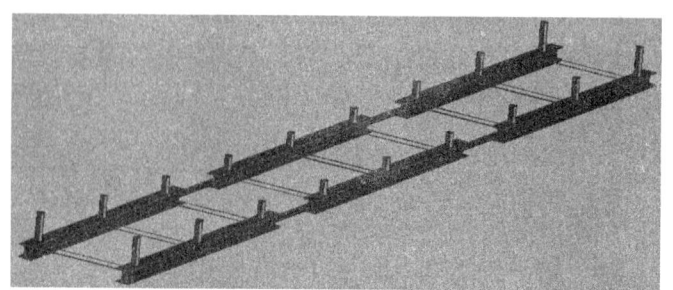

图 5.2.2 简易胎架效果图

胎架上球节点的定位→胎架上桁架上弦的组拼→胎架上桁架下弦及腹杆的组拼→胎架上桁架的焊接→桁架焊缝的无损探伤→抽离胎架→胎架重新组装→下一个段单元的制作。

图 5.2.3　桁架段单元制作完成效果图

2. 桁架的组装可分为两个部分，第一部分是组装下弦，由于存在管的吃球量，只能依次组装，为了减少累积误差，从中部向两侧延伸组装；第二部分是组装三角锥，传统一些做法是将上弦球节点进行定位固定后，然后填充腹杆，此种做法就需要为上弦球节点做胎架，且腹杆和上弦杆因为吃球量的关系必须割马蹄口，此种做法作业量大，桁架不美观。在本工法中，则采用了与之完全相反的组装工艺，即不对上弦球节点进行定位，而是通过 4 根腹杆找球的方式，因为在空间中，4 根腹杆只能交于一点，而此点肯定是球节点，通过杆找球的方式，一是不用对下弦球节点做胎架，二是不用对腹杆做马蹄口处理，大大节约了工期。但是 4 根腹杆找球节点的方式至少需要同时安装 3 根腹杆，使用吊车太多，成本太大，可考虑使用抱杆，4 根腹杆做 4 套抱杆，机动性强，且便于微调。

5.2.4　承重平台的搭设

在桁架对接安装部位处对地面做硬化处理，步骤为地面反复夯实，铺三合土反复夯实，铺砾石夯实，面铺碎石夯实。在地基上搭设扣件式脚手架，扫地杆下铺小块钢板与木跳板，增大受力面积。对脚手架参数进行计算，计算工况为最不利工况。

脚手架的搭设顺序以桁架的安装顺序为准，搭设高度略低于桁架下弦节点，脚手架顶面满铺木跳板，4 边按要求搭设栏杆、挡脚板、防护网、脚手架 4 面按要求搭设剪刀撑。

5.2.5　主桁架段单元的高空组对（图 5.2.5-1、图 5.2.5-2）

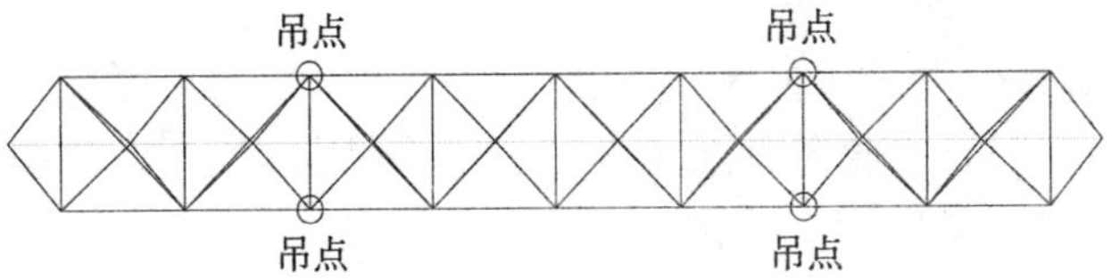

1. 安装支撑及微调装置

脚手架上平面操作平台上安装就位支撑及微调装置，起到对主桁架落位缓冲、支撑、限位及微调的作用。包括球节点限位装置、螺旋千斤顶、小钢架、稳定钢平台和木方。其中球节点限位装置处于网架上弦球节点位置正下方，主要起到支撑并限制球节点的作用；球节点限位装置与微调螺旋千斤顶，螺旋千斤顶焊接，小钢架与下部稳定钢平台焊接连接，稳定钢平台放置在下部的木方组合上并捆绑连接，木方组合与承重脚手架捆绑连接，并且小钢架之间通过角钢剪刀支撑相互焊接连接，从而形成一个稳定的就位支撑及微调系统。

2. 主桁架段单元的翻身与起吊

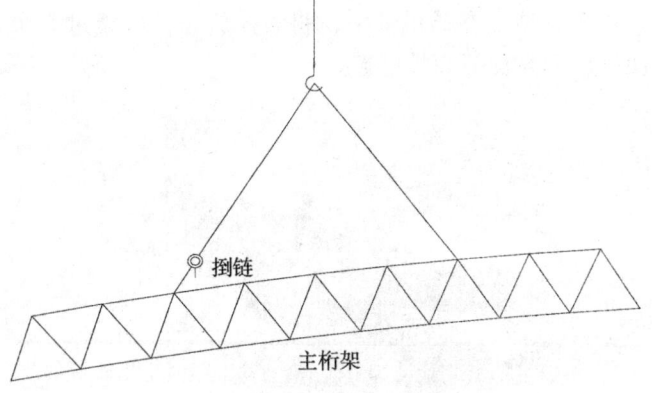

图 5.2.5-1　钢网架主桁架段单元吊点位置示意图

图 5.2.5-2　钢网主桁架架段单元吊装示意图

由于段单元是翻转进行制作的，吊装时，须先将桁架翻身，才能进行吊装作业。桁架翻身分两步走，第一步先将桁架翻至侧卧，有两种方法，一种是两台吊车配合，主吊车抬一侧上弦，副吊车抬下弦，副吊车将桁架吊离地面后，主吊车开始缓慢起吊一侧上弦，起吊至两吊钩平齐后，副吊缓慢落钩，至侧卧状态后，两吊车缓慢落钩，将桁架侧卧于地面，这种翻身方式结构稳定，但成本高。另一种方法是一台吊车，但用大吨位捯链配合的方式进行翻身，桁架拴 4 点，下弦 2 点，一侧上弦 2 点，并在下弦一侧的绳上加捯链，起吊时，只有上弦受力，此时重心在上弦一侧，起吊待重心即将转换至下弦侧时，调节下弦上的绳，使绳受力，此时落钩，可将桁架翻至侧卧。

第二步合理选择吊点，并在一端的两条绳上加大吨位捯链，通过捯链调节，使桁架两端的高低差接近理论高低差，减少高空的调节工作，提高效率。然后起吊。

3. 主桁架段单元的高空定位

根据地方规划局在现场定出的已知坐标点，利用全站仪，设立新坐标系，在柱顶设观测站，在每个安装柱头引出十字线，复测每个柱头的标高。

在段单元吊装前，首先用全站仪将安装轴线引测到承重脚手架的承重平台上，确定段单元安装的支点位置。

当段单元高空落位至千斤顶稳定微调装置上时，及时组织测量人员对落点坐标进行复测，达到预设坐标后千斤顶必须承重，然后通过全站仪及上弦上放置的水平尺对上弦球下的两个千斤顶进行微调，使上弦调整至理论坐标。在准确定位后，用脚手架管设置限位稳定装置，并用剪刀撑固定上弦。

4. 主桁架段单元的高空组对

由于钢球与钢管的吃球量较大，没有采取填档杆件填充的方式进行组对，而是通过钢球喂管的方式进行安装，即将填档杆件事先安装在吊装的单元上，当吊装的单元基本放置在小钢架上时，用捯链将其水平位移至咬合位置，再通过千斤顶调节使其达到准确标高值。当段单元调整理论坐标后，用脚手架管设置限位稳定装置，并加设定位剪刀撑，使段单元达到预定的位置并固定。

在段单元就位后用捯链锁紧，经检查确认无误后进行施焊，先焊接上下弦杆，然后再组对焊接腹杆。焊接应采用对称施焊，以减少焊接变形。必须在段单元焊接完毕固定后，吊车才能全部卸载。

5.2.6 钢索索体就位安装

钢索与上弦网架通过节点撑杆上的抱索球相互连接为一体。如图 5.2.6-1 所示。

拉索两端锚固于钢支座节点处，即将锚头穿过支座处 $\phi508$ 钢管，再使用工具锚、千斤顶及承力架等设备，如图 5.2.6-2 所示，对拉索进行张拉施工。

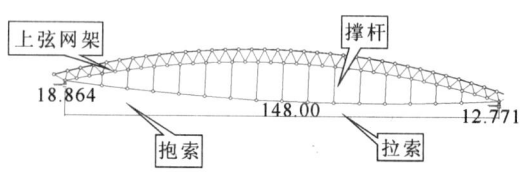

图 5.2.6-1　张弦网架及钢拉索构造示意图

1. 放索

放索前，将专用放索盘（图 5.2.6-3）置于需要安装的张弦梁内侧下方。再将盘好的刚拉索置于放索盘上，通过卷扬机牵引，将索体放开，放索过程中在索体与地面间增加滚筒，防止 PE 破损，并尽量使预应力索保持直线状态。

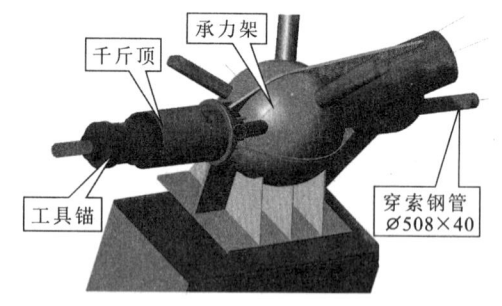

图 5.2.6-2　索具及张拉端张拉方式、张拉设备示意图

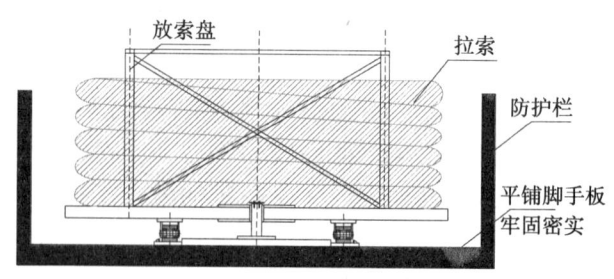

图 5.2.6-3　放索盘示意图

2. 穿索

因受现场场地制约，且索体抬吊的方法会大量延误主桁架的吊装进度，所以采用钢索高空悬吊穿越技术，并设计制作穿索专用轨道，借助卷扬机起重机配合进行高空穿索安装。

由于高空穿索的需要，需在承重脚手架上预留索体穿越通道。当承重脚手架搭设至索体张拉最终状态时的位置高度时，预留出一个高 2~3m，宽 1m 的通道，在通道里，不能有尖锐物体，以防将索体外保护层损伤。在脚手架预留通道里安装专用的穿索装置，装置与脚手架连接牢固，如图 5.2.6-4 所示。

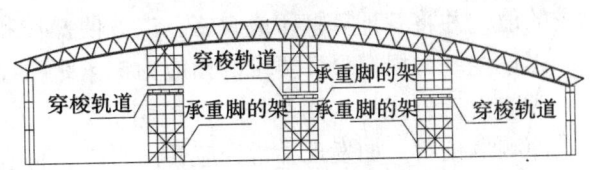

图 5.2.6-4　穿索通道搭设示意图

预应力钢索高空穿越脚手架的技术装置包括轨道与小车，其中轨道包括两根带槽的型钢，型钢之间焊接有使型钢固定的滚轴，滚轴可以转动，型钢两端焊接有与脚手架管稳定的挡管，型钢两外侧焊接有对索体进行限位的矮栏杆，轨道与轨道之间用螺栓进行连接。为使钢索及其索头穿越脚手架，在脚手架预留孔洞里铺数段轨道措施，穿越时，将索头放置于四轮小车上，通过牵引机牵引，小车载着索头沿着轨道行驶，索体则沿着可滚轴向前移动（图 5.2.6-5）。

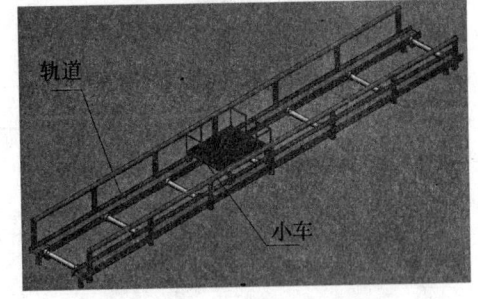

图 5.2.6-5　钢索高空穿越装置示意图

预应力钢索高空穿越工艺是借助于牵引机和起重机配合施工进行索体安装。

索体高空穿越承重脚手架时，需两台汽车起重机和两台牵引机。其中起重机起高空抬吊和移送索体的作用；在轴线两端各设一台牵引机，远端牵引机起牵引索体作用，近端牵引机起辅助移送索体作用。

索体安装需要穿越 3 座独立承重脚手架，采取分段穿越，由近及远的顺序依次穿越三座承重脚手架。

当钢索铺至指定位置后，先将牵引端的索头安装就位，再安装另一端。在索体未进节点孔时用 1 个 2t 捯链将索头位置吊起，微调至节点孔内，同时用牵引机进行牵引就位。

拉索两头引入焊接球节点支座后，沿索体设置若干个 2t 捯链，具体位置在相应撑杆附近，利用捯链将索吊起至各撑杆节点下，组织施工人员按索体上标识的位置进行索体就位并安装索下半球（具体位置经过计算，在出厂前已标识在索体上）。在安装索球前剥去索夹段的缠裹包装，这时将索球螺母第 1 次拧紧（用测力扳手监控拧紧力矩），因为索体在安装和张拉时有变形，索球螺栓会变松，需在张拉结束及屋盖结构形成后再各拧紧 1 次。

5.2.7　张拉

1. 张拉分级和预应力施加的原则：设计院给定的模型中给出了索体的张拉力，在施工时要调整到最终在结构钢屋架自重的作用下索体索力与设计值的误差在允许范围之内，这样就能保证结构的内力与设计相符。

采用分步、分级张拉法，目的是后张拉的预应力拉索会使前面的拉索预应力发生损失，这就要求在正式张拉前，必须对这种预应力损失进行详尽的施工仿真模拟，计算出每根索需要增大施加的预应力，这样在完成一级张拉后，使每根索体剩余的索力与设计相同。

考虑到施工进度及结构安全，分级原则是：分成 5 级 8 步张拉。第 5 级对所有钢索的拉力进行微调，满足设计要求。由于张拉分级较多，钢结构均匀缓慢的起拱，同时钢结构应力都保持在弹性范围内。

确定上述张拉分步、张拉分级及张拉顺序，施工中仅仅使用两套液压千斤顶两端同时张拉每一榀张弦梁，如此循环往复施工，直接减少了在预应力施工的过程中张拉设备和劳动力资源的大量投入，既降低了工程成本，又保证了所有张弦梁在不同工况下的健康安全受力。

2. 拉索的安装随着钢结构的安装进度配合进行，第 1 榀钢网架安装完成后，即进行第 1 榀拉索的展开、穿越和安装，同时再进行第 2 榀张弦梁的拼接和安装，如此循环往复，直到所有钢结构和拉索安装完成，方可进行下一阶段的施工。

3. 预应力有序、分级张拉施工

预应力钢索张拉前标定张拉设备。张拉设备采用相应的千斤顶和配套油泵。根据设计和预应力工艺要求的实际张拉力对千斤顶、油压传感器进行标定。实际使用时，由此标定曲线上找到控制张拉力值相对应的值，并将其计算打印成表格，以方便操作和查验。

张拉控制力根据设计要求的预应力钢索张拉控制力最终取值。

预应力钢索张拉采用双控，即控制钢索的拉力、伸长值及钢结构变形值。预应力钢索张拉完成后，应立即测量校对。如发现异常，应暂停张拉，待查明原因，并采取措施后，再继续张拉。

5.2.8 劳动力组织

见劳动力组织表5.2.8。

劳动力组织   表 5.2.8

序 号	单 项 工 程	所需人数（人）	备 注
1	管理人员	15	
2	技术人员	5	测量工作
3	铆工	20	
4	焊工	15	
5	杂工	35	含脚手架
	合计	90	

6. 材料与设备

6.1 材料

6.1.1 材料及焊条应按《碳素结构钢》GB/T 700-2006、《碳钢焊条》GB/T 5117-1995、《低合金钢焊条》GB/T 5118-1995 的规定要求，严格进行物理、化学、力学性能复验。

6.1.2 钢球应符合《钢网架焊接球节点》JG 11-1999 的要求，见表6.1.2。

球几何尺寸偏差表 （mm）   表 6.1.2

项 目	直 径	极限偏差（优质品）	极限偏差（合格品）
球直径	$D>300$	±1.5	±2.5
球圆度	$D>300$	≤1.5	≤2.5
壁减薄量		≤10%且≤1.2	≤13%且≤1.5
两个半球对口错边		≤0.5	≤1.0
焊缝高度		-0.5	-0.5

6.1.3 球应进行力学试验，其极限承载力应按《钢网架焊接线球节点》JG 11-1999 表1.2规定。

6.2 设备

主要施工机具设备表   表 6.2

序号	名 称	型 号 规 格	数量	用 途
1	履带吊	150t	1	吊装
2	汽轮吊	50t	1	吊装
3	汽轮吊	25t	4	吊装及组装
4	车床		2	下料
5	交流电焊机		15	焊接
6	角向磨光机		10	焊缝打磨
7	CO_2气体保护焊		5	焊接
8	高温烘箱		2	烘干
9	保温箱		20	保温
10	捯链	3~20t	16	调整

序号	名 称	型号规格	数量	用 途
11	千斤顶	32t	36	调整、矫正
12	卷扬机	5t	4	垂直运输
13	全站仪		1	测量
14	经纬仪		2	测量
15	水准仪		2	测量
16	水平尺		10	组对
17	角尺		10	下料及组对
18	卷尺		20	下料及组对
19	千斤顶、油泵、压力表	5000kN/380V/1500W		张拉
20	千斤顶、油泵、压力表	230kN/380V/750W		钢索提升
21	应变计	BGK4000	12个	应力检测
22	读数仪	BGK408	1台	应变计读数
23	位移计		8个	张拉检测

7. 质 量 控 制

7.1 引用标准

《钢结构工程施工质量验收规范》GB 50205-2001；

《钢结构设计规范》GB 50017-2003；

《建筑钢结构焊接技术规程》JGJ 81-2002；

《网架结构设计与施工规程》JGJ 7-91；

《网壳结构技术规程》JGJ 61-2003；

《网架结构工程质量检验评定标准》JGJ 78-91；

《钢网架螺栓球节点》JG 10-1999；

《钢网架焊接球节点》JG 11-1999；

《低合金钢焊条》GB/T 5118-1995；

《施工现场临时用电安全技术规范》JGJ 46-2005；

《建筑施工扣件式钢管脚手架安全技术规范》JGJ 130-2001；

《大跨度张弦网架结构质量检测及验收标准》（企业）；

《预应力钢拉索张拉工艺标准》（企业）。

7.2 施工准备过程中的质量保证措施

7.2.1 熟悉图纸和相关资料，做好图纸会审工作。

7.2.2 编制项目专项施工方案并经过省部级专家论证。

7.2.3 编制项目质量保证计划，做好各分部分项施工技术交底。

7.3 施工过程中质量控制

7.3.1 严格按图纸、施工验收规范及施工方案进行施工

7.3.2 设立质量控制的关键点、关键部位，制定相应措施

7.3.3 设置专人收集整理原始记录。

7.3.4 严格执行自检、互检、专检制度，保证分部分项工程的施工质量。

7.3.5 定期召开现场质量会，总结问题，提出解决方案。

7.3.6 施工过程发现问题及时与设计、业主和监理方进行沟通。

7.4 质量控制要点

7.4.1 总拼过程中应检查网架拼装节点的位置、标高和水平度,其允许偏差应符合表7.4.1 的规定。

张弦网架节点位置的允许偏差(mm) 表7.4.1

序 号	项 目	允 许 偏 差
1	节点中心水平位置	15
2	节点标高	±10
3	上弦节点水平度	$L/200$ 且 ≤30

检查数量和方法:全数检查,用全站仪、钢尺和水平尺。

7.4.2 总拼完成后应进行全面检查,网架曲面形状:其局部凹陷的允许偏差不大于跨度的 1/1500 且不大于40mm。网架轴线直线度的允许偏差不大于 $L/3000$ 且不大于10mm。

7.4.3 整体结构安装完成后,其安装的允许偏差应符合表7.4.3 的规定。

检查数量:全数检查。

整体结构安装允许偏差(mm) 表7.4.3

项 目	允 许 偏 差	检 验 方 法
纵向、横向长度	30.0	用钢尺实测
支座中心偏移	30.0	用钢尺和经纬仪实测
相邻支座高差	15.0	用钢尺和水准仪实测
支座最大高差	30.0	用钢尺和水准仪实测

7.4.4 张弦网架总拼完成后,所有焊缝必须进行外观检查并作出记录。对大跨度张弦网架的杆件和焊接球的对接焊缝,必须做无损探伤检验。无损探伤检验抽样比例应符合表7.4.4 的规定。

一、二级焊缝质量等级及缺陷分级 表7.4.4

焊缝质量等级		一 级	二 级
内部缺陷超声波探伤	评定等级	Ⅱ	Ⅲ
	检验等级	B 级	B 级
	探伤比例	100%	20%

7.4.5 拉索安装前,应根据设计图纸复核网架节点的坐标。

7.4.6 拉索两锚固端间距的允许偏差为 $L/3000$(L 为两锚固端的距离)且不应大于20mm。

7.4.7 在预应力钢索张拉的过程中,应进行结构的整体变形监测,上弦钢结构应力监测和下弦索力监测。

7.4.8 拉索张拉过程中应检测并复核拉力、实际伸长量和油缸伸出量,每级张拉时间不少于 0.5min,并做好记录。

7.4.9 最终张拉结束后的索张力的允许偏差为设计值的±8%,索伸长值的允许偏差为设计值的 10%,拱度及挠度允许偏差不应大于设计值的5%。

7.4.10 拉索安装完毕后,撑杆垂直度的允许偏差为 $L/1000$ 且不应大于15mm。

8. 安 全 措 施

根据国家有关职业健康安全的法律、法规、相关技术标准、上级主管部门的相关要求和公司辨识并评价出的重大危险源清单:安全防护、安全操作、设施安全、防范运动物伤害、安全用电、易燃易爆场所,编制对重大危险源的《职业健康安全管理方案/措施》。

8.1 职业健康安全施工管理机构

8.1.1 建立以项目经理为组长，包括项目技术负责人、各专业工长和专职安全员组成的职业健康安全管理小组，对施工现场日常施工进行巡视，杜绝违章指挥和违章作业，保证员工及国家的生命财产安全。

8.1.2 建立职业健康安全施工管理机构。

8.2 职业健康安全生产管理制度

8.2.1 建立职业健康安全生产责任制，执行谁负责生产谁就负责职业健康安全的制度，责任到人。

8.2.2 做好职工入场教育和岗位教育，每月一次安全教育，班组长坚持每周一对职工进行上岗职业健康安全教育工作。

8.2.3 施工中认真执行各工种的安全操作规程和各项安全规程，严禁违章作业和违章指挥。

8.2.4 建立职业健康安全检查制度，采取定期和不定期检查相结合，由项目经理组织安全员、工长、班组长进行安全检查，不断提高和加强职工职业健康安全意识，落实各项职业健康安全制度、措施，及时报告和杜绝事故隐患。

8.2.5 认真执行《安全生产管理制度》和当地政府有关安全生产的方针、政策、法令，按要求对施工现场进行安全监察工作。

8.2.6 安全员经常巡视施工现场，对各种防护进行随时随地的检查，发现违章指挥和冒险作业者，除教育外，按有关安全奖罚条款进行处罚。遇有重大事故隐患或险情时有权责令暂时停工，并立即汇报有关部门和领导及时处理，待隐患排除后方可施工。

8.2.7 检查督促施工现场从事特殊工种人员持证上岗。

8.2.8 发生安全事故后，除保护好现场外，迅速将事故简要报告给有关部门，按照四不放过的原则进行追查处理。认真积累安全活动记录，上报有关部门安全报表和安全资料，定期进行安全统计分析。

8.2.9 制定消防保卫专项保证措施，建立消防保证体系及领导小组，确保施工现场的消防和保卫工作符合国家和当地政府部门的规定。

8.3 职业健康安全技术保证措施

本工程由于工期紧、高空作业多，土建、安装等施工单位同期施工，会出现大面积、多专业、多人数同时进行交叉施工的场面，所以防火、防坠落、防触电将是本工程重点的防范对象。为了针对现场的特点，切实做好施工安全工作，特制定相关的防火、防坠落、防触电等职业健康安全技术措施。

8.3.1 防火措施

1. 贯彻"谁主管，谁负责"的原则，各级施工负责人要对自己主管工作的防火安全负责；各班组负责人以及每个职工都要对自己管辖工作范围内的防火安全负责，做到横向到边、纵向到底、纵横结合，形成一个整体性、全方位的防火网络。

2. 向项目部职工宣传"预防为主、防消结合"的消防工作方针和"谁主管、谁负责"的消防工作原则，向职工广为宣传消防法规，着重宣传防火知识和灭火知识。做好职工使用灭火器材的培训工作，使职工掌握消防器材的操作使用和维护保养知识。

3. 施工现场的防火要求和管理：

1) 施工现场的平面布置图、施工方法和施工技术，均要符合消防安全要求，明确划分用火作业、堆放易燃可燃物料的场地。

2) 开工前应将消防器材和设施配备齐全，仓库、宿舍、工棚必须设置足够的消防设施，施工现场的各动火点必须配备相应的灭火器材。

3) 动火地点与氧气瓶、乙炔瓶的距离不得少于10m，与其他易燃易爆物品的距离不得少于30m。

4) 电焊、气割作业时，氧气、乙炔瓶间距不得少于5m，气瓶不准卧放，乙炔瓶要有防回火装置。

8.3.2 防触电措施

1. 电气设备和线路必须绝缘良好，电线不得与金属物等导体缠在一起，严禁电源线路接地拉接。

2. 实行三相五线制，做好接地接零保护，并保证线路材质、接头、架设高度符合要求。

3. 用电设备必须做到一机一闸一漏保，开关单独一箱，并选用匹配的开关及满足电流要求的保险丝，严禁滥用铜线或铁丝代替保险丝。

4. 一切线路接设必须按安全技术规程进行，应有足够的安全距离，不足时，应采取停电办法或用隔离防护措施。

5. 在高压线下方，不得起重、吊装、搭设工棚以及堆放易燃易爆材料等，以防意外事故发生。

6. 手持电动工具应有保护接地或接零，安装有漏保开关，电源线不能破皮漏电；电焊机等用电设备要有防雨措施，焊钳与焊把线必须绝缘良好。

8.3.3 防坠落措施

本工程施工面积大，作业高度高，发生高处坠落可能性极大，因此施工前制定周密的防护措施是十分必要的。

1. 从事高空作业人员要定期体检，凡患高（低）血压、心脏病、贫血病、癫痫病、精神病及其他不适于高空作业疾病的人员，不得从事高空作业。

2. 高空作业一律佩戴安全带，安全带应高挂低用，同时做好施工现场的"三宝"、"四口"、"五临边"的防护工作。

3. 实行施工现场高空作业审批制度，由项目工长、施工班组长提出意见经项目经理部安全生产责任人审批。

4. 协调好各工种施工，避免出现交叉作业。当出现交叉作业时，上下施工班组要事先协商好施工位置，地面班组施工人员必须戴好安全帽。

5. 高空作业人员的工具要随时装入工具袋，防止甩出伤人；零星碎料要堆放好，必要时应采取防护措施，防止坠落伤人。

6. 地面操作人员必须戴安全帽，应尽量避免在高空作业的正下方停留或通过，也不得在起重机的吊杆下和正在吊装的构件下停留或通过。

7. 构件安装后，必须检查连接质量，正确无误后才能摘钩或拆除临时固定工具，以防构件掉下伤人。

8.3.4 钢索安装作业安全措施

1. 所有施工人员进入现场，必须戴安全帽，高空作业人员必须配戴安全带，穿防滑鞋。

2. 钢索放索、穿索时应听从现场负责人的统一指挥，其他任何人不得任意指挥。

3. 多台吊车同步作业时，指挥者应站在能够兼顾全局作业的合适地点，所发信号应事先统一，并做到准确、洪亮和清楚。

4. 吊装前应对所用吊索具进行全面的配套检查，确保牢固可靠后方可投入使用。

5. 钢索起吊时，所有施工作业人员严禁在起重臂和吊起的重物下停留和行走。

6. 患有恐高症、高血压、心脏病或身体不适的施工人员，严禁从事高空作业。

7. 加强安装过程安全监测，如有影响施工安全的因素时，应立即停止作业。

8. 没有安全防护措施，禁止在高空安装完毕的构件上行走或作业。

9. 高空作业所需材料要保证堆放平稳，手头工具应随时装入工具袋内，传递时严禁上下抛掷。

9. 环保措施

严格执行国家和山东省有关建设工程文明施工规定，做好文明施工和环境保护，施工过程中不影响居民生活，规范施工行为。施工现场严格按中建总公司 CI 标准进行管理，实行全封闭围护。大门口图牌齐全、管理有序、责任明确、环境优美。并从每个人、每道工序着手，确定环境保护及文明施工的监视、检测控制对象，切实做好该项工作。

9.1 人员要求

9.1.1 作业人员施工前应接受"有害废弃物的排放"及防锈知识的环境培训，防止操作不当使环境受到影响。

9.1.2 作业人员应经过培训，掌握相应机械设备的操作规程，避免因人的误操作或不按照操作规程操作、保养造成机械设备漏油、设备部件报废、机械设备事故、浪费资源、噪声超标，污染施工场所周边的环境。

9.1.3 树立环境保护意识，文明施工。

9.1.4 作业人员应戴好防护眼镜、防护口罩，避免吸入铁屑和扬尘，影响身体健康。

9.2 材料要求

材料进场应认真检查其质量证明文件，防止材料质量不合格，造成成品构件的报废、浪费材料和能源；油漆等易燃易爆品应分隔单独存放，保持干燥、通风，远离火源及高温，且控制堆放高度，防止倾倒，造成资源损失和污染环境。

9.3 设备设施要求

电动机具应保持完好状态，并有安全接地装置，防止增加设备耗电，发生火灾及人员伤亡事故；设备接油盘宜采用 0.5~1.0mm 铁皮，防止设备意外漏油污染土地、地下水。

9.4 过程控制

9.4.1 有关人员每天检查施工作业面的废弃物清理、回收和分类存放情况，单独或专门集中处理。

9.4.2 当在夜间进行焊接施工时，应设置挡光设施，可用轻质防火板等做成，以免造成光污染。废弃的焊条必须用专门的容器进行收集，严禁与其他垃圾混放，收集到一定数量时交专门的处理厂处理。

9.4.3 现场临时设施为了保持良好的工作，设置标准办公室，做到规范化和统一化，树立一个现代化建筑企业管理水平的形象。

9.4.4 创建 CI 达标示范工程，现场做好卫生防疫工作。

9.4.5 经常保持场容达标，现场有节水、节电措施，不准出现长流水和长明灯。

10. 效 益 分 析

本工法因采用了新产品，开发了新的施工技术以及制定了合理的施工组织措施，取得了显著的经济效益，在焊接球节点制作、胎架制作、钢索高空穿越承重脚手架、预应力施工张拉中直接经济效益 388 万元。项目通过深化设计、研究开发并运用新技术、新工艺，节约了钢材，达到了环保、节能低碳的效果，带动了大跨度钢结构施工领域的技术创新。

通过本工法的成功运用，确保了工程的工期、质量、安全和环保，受到设计、监理、业主单位和地方政府的高度认同，为我局树立了典范效应。2009 年 6 月，中国钢结构协会、空间结构协会在山东召开了"黄河口物理模型试验厅钢结构设计与施工研讨、观摩会"，国内知名专家出席了会议，对工程的施工技术、质量都给予高度评价，并确定该结构为"世界第一跨"，极大地提升了企业在行业中的地位和社会影响力，取得了明显的社会效益。

11. 应 用 实 例

山东黄河河口物理模型建设——模型试验厅项目

工程地点位于山东省东营市胜利大街，工程由海域 A 厅、海域 B 厅及河道厅三部分组成，海域 B 厅采用焊接球节点张弦网架结构，跨度 148m，高点 32m，由主桁架及环向次桁架组成。桁架两端分别安装在万向弹性铰支座上，其中上弦采用 ϕ299 无缝钢管，下弦采用 ϕ480 的 Q345B 焊管，并灌注 C30 混凝土。单榀桁架重 160t，支座节点焊接球直径 1360mm，为目前世界最大直径焊接球节点。张拉钢索

采用 φ7×337 挤包双保护层扭绞形钢索，拉索长 152m，直径 165mm，重 18t，是目前世界最重钢拉索。张弦网架轴测图如图 11-1 所示，张弦网架径向剖面示意图如图 11-2 所示。

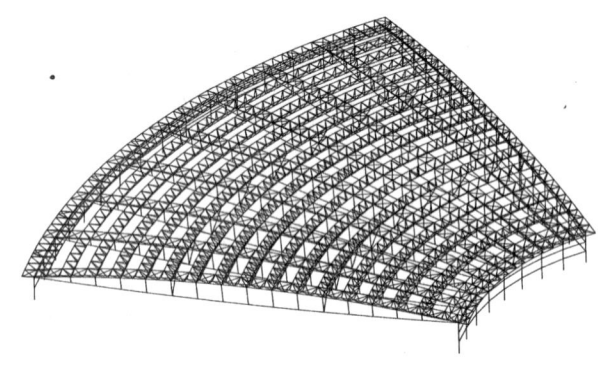

图 11-1　张弦网架轴测图

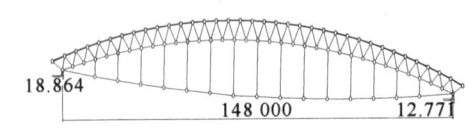

图 11-2　张弦网架径向剖面示意图

海域 B 厅屋盖张弦网架于 2009 年 2 月开始施工，2009 年 7 月完工，实物工程量约为 1600t。施工过程中采用了自主开发的《大跨度双曲面张弦抽空四角锥及多层空间网架屋盖施工技术》，此技术成果于 2010 年 6 月 4 日通过了由中建总公司组织的专家鉴定，结论为：整体国际先进，部分国际领先水平。

由于采用了先进的工艺技术，确保了工程的工期和质量，施工安全可靠，得到了地方主管部门、建设单位、监理及业内专家的好评，为企业开拓市场和提升行业地位发挥了重要作用。

高抗车辙性沥青混凝土路面施工工法

GJYJGF055—2010

北京市公路桥梁建设集团有限公司　北京市政路桥建材集团有限公司

柳浩　石效民　杨丽英　吕志前　张肇潜

1. 前　　言

在我国高等级公路和城市道路中，车辙已成为沥青路面的主要病害之一，尤其是在重载交通条件下和道路交叉路口位置处，路面车辙现象更是极为普遍。近些年来，特别是随着交通运输特点的不断变化，大交通量、高比例重载车，以及高压轮胎的作用，使得路面车辙病害的出现，较以往有所提前，其损坏程度也是越来越大。严重的车辙，造成了路面使用功能的迅速降低，甚至直接影响到公路和城市道路的运营安全，并最终导致路面结构的整体损坏。

北京市公路桥梁建设集团有限公司与北京市政路桥建材集团有限公司联合立项，通过对道路车辙病害成因的多年研究，从优化沥青混凝土配合比设计入手进行科技攻关，同时研究专用抗车辙外掺剂的添加剂量，从多个方面综合提高了沥青混合料的高温抗车辙能力。北京市公路桥梁建设集团有限公司通过工程实践，将高抗车辙性沥青混凝土应用于沥青混凝土路面摊铺施工中，形成了高抗车辙性沥青混凝土路面施工工法，并依据摊铺路面的不同厚度，依据材料性能，调整碾压工艺，将大吨位胶轮压路机应用于沥青混凝土路面初压阶段，从而在碾压遍数不变的前提下，大大提高了沥青混凝土路面的整体密实度。与此同时，还积极参与了国内第一个地方性"沥青路面抗车辙设计施工技术指南"的编写工作。

2010年11月，《新型沥青路面开发与相关指南研究》通过了北京市住房和城乡建设委员会科技成果鉴定，总体达到了国际先进水平。现在，沥青路面抗车辙技术已经被广泛推广应用到北京地区的高速公路建设、市政道路建设，以及道路路面养护、维修施工中，如应用于八达岭高速公路康庄段路面工程、两广路大街瓷器口路面大修工程以及朝阳路改扩建工程中的大容量公交车道沥青路面工程中的高抗车辙性沥青混凝土路面施工技术，彻底解决了车辙对沥青路面平整度、舒适度，以及行车安全的影响，产生了巨大的经济与社会效益，符合我国当前建设节约型社会和发展循环经济的政策。

2. 工　法　特　点

2.1 高抗车辙性沥青混合料生产中掺入的抗车辙剂，不会对沥青混合料中的矿料级配和沥青构成负面影响，可利用常规方法进行配合比设计与混合料生产。

2.2 混合料生产中添加抗车辙剂的拌合工艺简单，它是在拌合机拌合混合料的过程中直接作为一种拌合材料填加到拌合锅内，与石油沥青均匀混合，起到改性作用。

2.3 可利用与热拌沥青混合料相同的生产设备、运输车辆、摊铺机械和碾压设备，施工机械化程度高。

2.4 高抗车辙性沥青混凝土路面碾压，需要使用大吨位的胶轮压路机设备，用于提高路面压实度指标。尤其对摊铺厚度在5cm以上的路面碾压，采用了在初压阶段使用大吨位胶轮压路机碾压工艺，压实功效显著。

2.5 较一般热拌沥青混凝土路面施工相比，高抗车辙性沥青混合料采用热铺热压方式，碾压终压温度有所提高，需控制在110~115℃。

3. 适 用 范 围

3.1 适用于重载交通的公路沥青混凝土路面工程。

3.2 适用于城市市政道路的交叉路口、公交停靠站、公交专用车道等城市道路交通密集区沥青混凝土路面工程。

3.3 适用于易产生路面车辙的其他道路工程。

3.4 适用于道路养护施工中路面损坏部位的铣刨加铺作业。

4. 工 艺 原 理

通过调整沥青混合料的矿料级配、采用改性沥青、优选外掺剂等手段，从而提高普通沥青混合料的高温稳定性，同时保证沥青混合料的低温性能、水稳定性以及耐久性等形成的新的沥青混合料，称为高抗车辙性沥青混合料。

高抗车辙性沥青混凝土路面结构，将根据工程所在地的气候、交通量和行车模式，以及其他特殊使用要求等，遵循厚度合理、沥青混合料类型与厚度匹配、整体结构经济合理等原则进行设计。采取从原材料选择入手，通过试验段对机械设备进行选择及配合比设计的验证，采用间歇式拌合机进行拌合，用大吨位的运输车运输，使用履带式自动找平摊铺机进行摊铺，并用大吨位压路机碾压，经过科学合理的组织施工，最终做到摊铺层密实、接缝平顺，保证了路面质量符合要求。

5. 施工工艺流程及操作要点

5.1 工艺流程

高抗车辙性沥青混凝土路面施工工艺流程参见图5.1。

5.2 操作要点

5.2.1 沥青混合料配合比设计

1. 设计原则：高抗车辙沥青混合料的配合比设计，应该遵循现行规范关于热拌沥青混合料设计的目标配合比、生产配合比，以及试拌、试铺、验证的3个阶段，确定矿料级配与最佳油石比。

2. 目标配合比设计主要是通过试验确定拌合机各冷料仓、矿粉和沥青的最佳配比，以此作为混合料生产配比设计和质量控制的基础。采用马歇尔试验设计方法，即通过试配法确定混合料的矿料配合比，通过马歇尔试验判断矿料级配的合理性并确定混合料的最佳油石比。同时，在配合比设计的基础上，为了检验混合料的性能，按照规范要求，对沥青混合料的性能进行检验和评价，检验的主要内容是高温抗车辙能力和水稳定性。

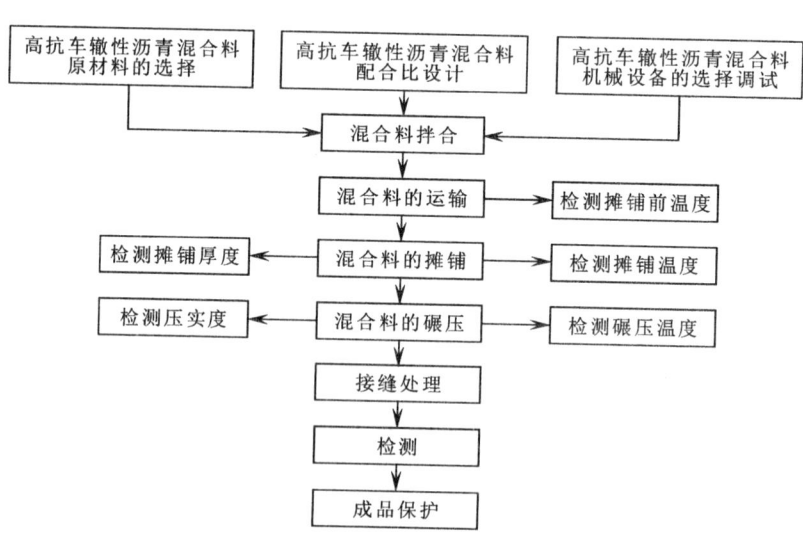

图 5.1 高抗车辙性沥青混凝土路面施工工艺流程图

3. 原材料的选择

拌制高抗车辙性沥青混合料的原材料主要包括沥青、粗骨料、细骨料、填料、外掺剂等，其中沥青选择滨州90号道路石油沥青，该石油沥青的各项技术指标须符合《公路沥青路面施工技术规范》JTG

F40—2004 中 90 号 A 级道路石油沥青的技术要求。粗骨料选择坚韧、粗糙、有棱角的优质石料，规格为 10~30、10~25、10~20 和 5~10mm 四种。细骨料选择干净、坚硬、坚韧、坚固的并略带有棱角的颗粒，细骨料中不应含有黏土或混有泥土、粉土或其他有害物质的松散颗粒材料。填料（即矿粉）必须采用石灰岩或岩浆岩中的强基性岩石等憎水性石料经磨细得到的矿粉，矿粉应干燥、洁净，能自由地从矿粉仓流出。外掺剂选用有提高沥青混合料高温稳定性的外掺剂。

4. 机械设备的选择及调试

机械设备和辅助工具均应备齐，各种生产与施工设备均需进行检修，拌合设备需标定，保证设备运行状况良好。

5. 沥青混合料目标配合比汇总（AC-16C、AC-20C、AC-25C）见表 5.2.1-1。

目标配合比汇总表　　　　　　表 5.2.1-1

类　　型	10~30 (%)	10~25 (%)	10~20 (%)	5~10 (%)	机制砂 (%)	天然砂 (%)	矿粉 (%)	油石比 (%)	施工控制相对密度
AC-25C	20	35		15	16	10	4	4.1	2.485
AC-20C	—	50		15	25	6	4	4.4	2.480
AC-16C			32	28	32	5	3	4.6	2.486

6. 配合比检验结果（AC-16C、AC-20C、AC-25C）见表 5.2.1-2。

配合比检验结果　　　　　　表 5.2.1-2

内　　容	试 验 项 目	AC-25	AC-20	AC-16	技 术 要 求
高温稳定性	动稳定度（次/mm）	>6000	>6000	>6000	>3000
水稳定性	残留马歇尔稳定度（%）	85.4	87.2	92.3	>85
	冻融劈裂强度比（%）	83.1	85.9	88.7	>80

可以看出，3 种规格的沥青混合料高温稳定性和水稳定性均满足规范要求，说明所设计的混合料的配合比设计是合理的。

5.2.2 混合料的拌合

1. 经加热的沥青应温度稳定，具有一定的流动性，以能使沥青混合料拌合均匀。道路沥青的加热温度为 140~150℃，改性沥青的加热温度为 160~170℃。骨料铲运方向应与其流动方向垂直，保证铲运材料均匀，减少骨料离析。每天开工前应检测含水量，以便调节冷料进料速度或比例，并确定骨料加热时间和温度。骨料含水量过大时，不得使用。骨料级配发生变化或换用新材料时，应重新进行配合比设计，骨料在送进拌合设备时的含水量不应超过 1%，烘干筒的火焰应调节适当，以免烤焦和熏黑骨料。为了混合料得到最佳效果，矿料加热温度控制在 190~200℃。

2. 为了保证混合料的质量，要严格按照设计提供的外掺剂的添加量，控制外掺剂的加入量。根据拌合机每盘矿料的质量，准确称量所需外掺剂的重量，由机械自动或人工按重量投放。加入外掺剂后需干拌 10~15s 左右，以保证矿料与外掺剂的均匀拌合。当矿料与外掺剂均匀混合后，将沥青喷入并拌合，拌合时间与一般沥青混合料的拌合时间相同，沥青混合料的出料温度为 180~190℃。沥青混合料拌合过程中，必须保证沥青加热温度，骨料加热温度以及混合料的温度。拌合后的沥青混合料应均匀一致，无花白、无粗、细骨料分离和结块等现象。

5.2.3 混合料的运输

1. 高抗车辙性沥青混合料宜采用较大吨位的运料车辆运输，运输车辆要求车厢必须设置保温板并封闭良好，运料车的数量要能满足现场摊铺施工的需要且应稍有富余。运输车装料时，应按照前、后、中的顺序来回多次挪动汽车位置平衡装料，以便减少沥青混合料的离析。无论运距远近，无论气温高低，沥青混合料宜选用苫布或保温毡布来保温、防雨、防污染，直到摊铺前方可将覆盖物打开并检测混合料到场摊铺温度。如果沥青混合料不符合施工温度要求，或已经结成团块，或已遭雨淋的，不得用于路面铺筑施工。

2. 运输车辆在进入摊铺施工现场时，可以在沥青面层前设置湿草袋等措施，确保轮胎洁净，以避免造成已铺路面或基层污染。摊铺时摊铺机前方应有不少于 5 辆运料车等候，避免出现停机待料现象。对于高等级公路，待等候的运料车宜多于 5 辆后开始摊铺。参见图 5.2.3。

图 5.2.3 高抗车辙性沥青混合料的运输现场

5.2.4 混合料的摊铺

1. 高抗车辙性沥青混合料应采用履带式摊铺机进行摊铺作业。每台摊铺机应配备两套总长度不小于 16m 的平衡梁和两套自动滑靴。有条件的单位应尽可能采用非接触式平衡梁和沥青混合料转运车。

2. 高抗车辙性沥青混凝土面层，应直接采用双侧平衡梁和滑靴，自动控制平整度和高程。匝道等小半径弯道采用滑靴自动找平方式。在形状不规则地区及次要地区，自控系统不能正常工作时，允许采用人工手控。

3. 摊铺作业施工中，混合料运料车应在摊铺机前 0.5~1m 处停住，空档等候，由摊铺机顶上运料车，运料车边前进边缓缓卸料，要避免运料车直接撞击摊铺机。在有条件时，运料车可将混合料卸入转运车，经二次拌合后向摊铺机连续均匀地供料。运料车每次卸料必须倒净，如有剩余，应及时清除，防止硬结。

4. 施工过程中，应根据混合料的类型、骨料尺寸、厚度等情况选择熨平板的振动频率（一般取高值，约 70Hz）、夯锤行程（一般取低值）、夯锤频率（一般取高值，约 25Hz），以提高路面的初始压实度。选择螺旋布料器的高度（一般在中位），螺旋布料器与熨平板的间距（一般在中值）。摊铺速度宜控制在 1~3m/min，与混合料拌合机的供料速度相协调，保持匀速不间断地摊铺，中途不得停机。螺旋布料器应保持稳定、均匀的速度旋转，摊铺料位应大于 2/3 螺旋位置。

5. 施工现场应设专人指挥运料车就位，并使其配合摊铺机卸料。在开始摊铺沥青混合料前 1h，应加热摊铺机的螺旋布料器和熨平板等有关装置，以减少对混合料降温的损失。但要注意，不要一次性卸料过多，使混合料溢出料斗，散落到待铺下承层上。如果有，应将散落在下承层上的沥青混合料，用铁锹铲出放到受料斗内，不能将料就地铲开薄层铺平。

6. 在摊铺过程中，受料斗中的沥青混合料要连续不间断向后面分料室送料，螺旋布料器也要不间断地将混合料向两侧分料，并始终保持螺旋布料器周围混合料的高度。混合料的高度不能忽高忽低，布料器的转轴也不能时隐时现，应始终保持混合料在布料器中的高度。因为这些都将会直接影响到已铺完沥青混凝土的均匀性和平整度。

7. 在摊铺机受料斗内的混合料不多时，指挥人员应估计运料车中剩余混合料，不能一次性卸完到受料斗中。应缓慢均匀的卸入到受料斗中，避免产生离析。卸完料的运料车，应尽快离开摊铺机，并指挥待卸料的运料车，尽快后退到摊铺机受料斗前，准备卸料。

8. 摊铺机宜采用自动找平方式进行摊铺，沥青混凝土路面下面层，可采用钢丝绳基准线高程控制方式，沥青混凝土路面上面层宜采用平衡梁或雪橇式滑靴装置，进行摊铺厚度的控制，沥青混凝土路面中面层宜根据情况选用适合的找平方式。

9. 高抗车辙性沥青混凝土面层开始摊铺后，应安排专人对摊铺厚度、摊铺温度进行跟踪检测并记录实测数据。

高抗车辙性沥青混合料路面的摊铺参见图 5.2.4。

图 5.2.4 高抗车辙性沥青混合料路面的摊铺

5.2.5 混合料的碾压

1. 每台摊铺机后面应配备不少于 2 台 15t 的双钢筒振动压路机、2 台 25t 轮胎压路机和 11~13t 双钢轮压路机。由于添加的抗车辙剂对沥青的粘附性增大有一定的作用，对混合料的热稳定性有显著的提高，故此在摊铺机摊铺后，立即使用大吨位双钢轮压路机进行初压，此时不会对新铺筑的沥青混合料产生明显的推移作用，从而达到了在提高沥青混凝土路面压实度的同时，不会影响铺筑路面的平整度质量，较以前先轻后重的碾压组合，减少了碾压的遍数。

2. 当摊铺层厚度小于或等于 5cm 时，碾压机械宜采用 2 台大吨位双钢轮压路机进行紧随摊铺机后的初压，碾压段落长度约 30m 左右。复压采用 2 台胶轮轮胎压路机随后，终压采用 2 台双钢轮压路机在后面收光。另外用 1~2 台小型振动压路机进行紧贴路缘石的油边碾压或边角等地方的碾压。

当摊铺层厚度大于 5cm 时，调整碾压工艺，使用 2 台大吨位胶轮轮胎压路机进行紧随摊铺机后的初压工作，复压采用 2 台大吨位双钢轮压路机随后，终压采用 2 台双钢轮压路机在后面收光。

3. 碾压速度控制见表 5.2.5。

压路机碾压速度控制表 (km/h) 　　表 5.2.5

压路机类型	初 压		复 压		终 压	
	适宜	最大	适宜	最大	适宜	最大
振动压路机	1~2	2	—	—	1~3	3
轮胎压路机（5cm 厚）	—	—	1~3	3	—	—
轮胎压路机（大于 5cm 厚）	1~3	3	—	—	—	—

4. 碾压工艺

1）沥青混合料的初压应去静回振（或静压）。压路机应紧跟摊铺机后进行碾压，做到"紧跟、有序、慢压、高频、低幅"，应尽量保证沥青混合料在高温条件下完成碾压。碾压速度要均匀，启动、停止必须减速缓慢进行，不得随便调头。压路机轮上的淋水喷头，应疏通、调试好，应能够有效控制喷水量，采用雾状喷水，防止自流。在碾压过程中，根据情况应随时调整喷水的大小，且不得过度喷水碾压。同时，给压路机加水的水车，应随时在现场保证压路机水源供应。高抗车辙性沥青混合料碾压参见图 5.2.5-1、图 5.2.5-2。

图 5.2.5-1　高抗车辙性沥青混合料碾压　　　　　图 5.2.5-2　高抗车辙性沥青混合料碾压

2）初压应在 160~165℃温度下进行，并不得产生推移、裂缝。压路机应从外侧向中心碾压。当边缘有挡板、路缘石、路肩等支挡时，应紧靠支挡碾压。当边缘无支挡时，可用耙子将边缘的混合料稍稍提高，然后将压路机的外侧轮伸出边缘 10cm 以上碾压。也可在边缘先空出宽 30~40cm，待压完第一遍后，将压路机大部分重量位于已压实过的混合料面上再压边缘，以减少向外推移。

3）复压采用紧跟初压后进行，为防止压路机粘附混合料，应尽可能在高温状态下碾压。

采用胶轮碾加钢轮压路机联合作业时，应注意在初始阶段，由于温差作用会产生混合料粘轮现象。及时涂抹油隔膜剂防止粘轮。当轮胎温度与路面温度接近时，粘轮现象会逐渐消失，可不用继续涂抹油隔膜剂。

4) 终压主要是为了消除胶轮轮胎压路机碾压的轮迹，应紧接在复压后进行。终压选用双钢轮振动压路机碾压，不宜少于两遍，应彻底消除轮迹，提高平整度。终压温度控制在 110~115℃。

5.2.6 接缝处理

1. 纵向接缝

在新建公路或城市道路摊铺高抗车辙性沥青混凝土路面施工中，一般要求采用全断面一次性摊铺作业方式，通常摊铺机采用梯队作业形式，纵向接缝为热接缝。施工时，应将已铺筑的沥青混凝土留下 10~20cm 宽度暂不碾压，作为后摊铺沥青混凝土部分的高程基准面，待后续摊铺完成后，压路机再做跨缝碾压，以消除缝迹。对于局部"睁眼"或"缝迹"明显的部位，人工用细料做局部修整后，由大吨位钢轮压路机碾压密实。

对于道口路面局部大修施工，应将原旧沥青混凝土路面用切缝机进行切缝处理，人工对废料清理完毕后，涂刷乳化沥青粘层油，然后按照横向接缝施工的方式进行铺筑完成的高抗车辙性沥青混凝土的碾压。

2. 横向接缝

1) 相邻两幅及上下层的横向接缝均应错位 1m 以上，搭接处应清扫干净并洒乳化沥青粘层油。接缝施工时，可在已压实的沥青混凝土部分上面，用熨平板加热使之预热软化，以便加强新旧混合料的粘结。

2) 接缝部位处理可采用热料人工刨除方法。即在每天摊铺施工结束时，摊铺机在接近端部前约 1~3m 处，将熨平板稍稍抬起驶离现场，用人工将端部混合料铲齐后再予以碾压。然后用 3m 直尺检查平整度和厚度不足部分，趁沥青混凝土尚未完全冷却后，人工拉直线将不符合的沥青混合料进行刨除并清理干净。

3) 接缝碾压。横向接缝的碾压应先用双钢轮振动压路机进行横向静压。碾压时的压路机应位于已压实的混合料层面上，初次伸入新铺层的宽度宜为 15cm。然后每压一遍向新铺混合料方向移动 15~20cm，直至全部在新铺沥青混凝土面上为止，然后再改为纵向碾压。

当相邻摊铺已经成型，同时又有纵缝时，可先用双钢轮压路机沿纵缝静压一遍，碾压宽度宜为 15~20cm，然后再沿横缝作横向碾压，最后进行正常的纵向碾压。此时需特别注意，横接缝开始后的 10m 范围内的平整度指标。

5.2.7 检测

在开放交通前，应对高抗车辙性沥青混凝土路面进行摊铺质量检测。检测项目应包括铺筑层厚度、平整度、密实度、构造深度等重点项目指标是否符合设计规范要求，对于沥青混凝土顶面层则应采用无破损检测车进行已铺路面的质量检测。

5.2.8 成品保护

由于高抗车辙性沥青混合料终压完成后，其表面和内部温度均较高（100℃以上），不宜直接接触车辆荷载作用，故需要对铺筑完成的沥青混凝土路面进行成品保护。可采用中断交通、杜绝车辆通行的方法，尽量保持路面成型 24h 后开放交通。如无法满足，应待沥青路面完全自然冷却，沥青混合料表面温度低于 50℃时后方可开放交通，严禁碾压成型后路面温度尚没有降低到规定要求时开放交通。

当采用分层摊铺高抗车辙性沥青混合料时，下层路面成型后应经自然冷却，待沥青混合料表面温度低于 50℃后，方可进行上一层的摊铺作业，严禁洒水降温（急需开发交通的情况除外）。

6. 材料与设备

6.1 组成材料

6.1.1 高抗车辙性沥青混合料中，粗骨料必须使用坚韧、粗糙、有棱角的优质石料。粗骨料技术要求见表6.1.1。

粗骨料技术要求表

表6.1.1

技 术 指 标		单位	高速、一级公路，城市快速路、主干路，快速公交	其他等级道路	试验方法
石料压碎值		%	≤26	≤28	T0316
洛杉矶磨耗损失		%	≤28	≤30	T0317
表观相对密度		—	≥2.60	≥2.50	T0304
吸水率		%	≤2.0	≤3.0	T0304
坚固性		%	≤12	≤12	T0314
针片状含量	混合料	%	≤15	≤18	T0312
	其中大于9.5mm	%	≤12	≤15	T0312
	其中小于9.5mm	%	≤18	≤20	T0312
水洗法0.075含量		%	≤1	≤1	T0310
软石含量		%	≤3	≤5	T0320
与沥青的粘附性		—	≥4级	≥4级	T0316

6.1.2 高抗车辙性沥青混合料中，细骨料应系干净、坚硬、坚韧、坚固的并略带有棱角的颗粒，无黏土或混有泥土、粉土或其他有害物质的松散颗粒材料。细骨料技术要求见表6.1.2。

细骨料技术要求表

表6.1.2

技 术 指 标	单 位	指 标 要 求	试 验 方 法
表观相对密度	—	≥2.5	T0328
坚固性（>0.3mm）	%	≤12	T0340
<0.075mm颗粒含量	%	≤3	T0333
砂当量	%	≥60	T0334
棱角性（流动时间）	s	≥30	T0345

6.1.3 高抗车辙性沥青混合料中填料矿粉，必须采用石灰岩或岩浆岩中的强基性岩石等憎水性石料经磨细得到的矿粉，矿粉应干燥、洁净，能自由地从矿粉仓流出。矿粉的技术要求见表6.1.3。

矿粉技术要求

表6.1.3

技 术 指 标		单 位	指 标 要 求	试 验 方 法
表观相对密度		—	≥2.5	T0352
含水量		%	≤1	T0103
粒径范围	<0.6mm	%	100	T0351
	<0.15mm	%	90~100	T0351
	<0.075mm	%	75~100	T0351
外观		—	无团粒结块	—
亲水系数		—	<1	T0353
塑性指数		%	<4	T0354
加热安定性		—	实测记录	T0355

6.1.4 高抗车辙性沥青混合料中，外掺剂必须是经实体工程验证的能有效提高沥青混合料高温性能的抗车辙剂，并能同时保证混合料的低温性能、水稳定性能和耐久性。未经工程验证的抗车辙剂不得使用，其掺加量应经试验论证后确定，一般应控制在0.3%~0.5%。

6.2 施工用机具设备

高抗车辙性沥青混合料施工用机械设备见表6.2。

机械设备表 表6.2

序号	名　　称	规　格	单位	数量	备　　注
1	间歇式沥青拌合站	240t/h	台	1~2	总拌合能力满足施工进度要求
2	沥青混合料摊铺机		台	1~3	满足摊铺宽度要求
3	双钢轮双振动压路机	>15t	台	>2	用于初压或复压
4	胶轮轮胎压路机	>25t	台	>2	用于初压或复压
5	双钢轮双振动压路机	>11t	台	>2	用于终压
6	运料车	30t	辆	15~20	运输
7	小型压路机	1~2t	台	1~2	保证边缘密实
8	水车	8t	辆	1~2	压路机加水

6.3 试验检测设备

高抗车辙性沥青混合料试验检测设备见表6.3。

试验检测设备表 表6.3

序号	设 备 名 称	型　号	产地	单位	数量
1	电热鼓风干燥箱	55型	北京	台	2
2	标准恒温水浴	GP-A	天津	台	2
3	马歇尔电动击实仪	LT-11型	北京	台	1
4	马歇尔稳定度测定仪	LWD-3	天津	台	1
5	路面连续式平整度仪	LXBP-5	北京	台	1
6	钻孔取样机	HZ-20	日本	台	1
7	密度仪	2701-B	美国	台	1
8	标准筛	200×50	中国	套	1
9	红外测温仪	MT-4	中国	台	1
10	数显温度仪	TM902C	漳州	个	1
11	沥青路面渗水试验仪	HDSS-11	北京	台	1
12	电子天平	10kg	常熟	台	1
13	电子天平	HZT-5000	福州	台	1
14	路面构造深度仪		北京	台	1
15	电动脱模仪	LT-11	北京	台	1
16	振击式标准振摆仪	ZBSX92A	上虞	台	1
17	摆式摩擦系数测定仪	BM型	南京	台	1
18	沥青混合料理论最大密度仪	SLDLM-3	北京	台	1

7. 质 量 控 制

7.1 质量控制标准、规范

7.1.1 《公路沥青路面施工技术规范》JTG F40-2004。

7.1.2 《公路工程集料试验规程》JTG E42-2005。

7.1.3 《公路工程沥青及沥青混合料试验规程》JTJ 052-2000。

7.1.4 《公路工程质量检验评定标准》JTG F80/1-2004。

7.1.5 《工程建设项目沥青混合料配合比设计及验证委托书》。

7.2 质量要求

7.2.1 高抗车辙性沥青混合料各项质量指标满足规范要求。

7.2.2 现场质量检测指标见表 7.2.2。

现场检测指标表　　　　　　　　　　　　　　　　　表 7.2.2

项次	检 查 项 目		规定值或允许偏差	检查方法和频率
1	压实度	代表值	≥实验室标准密度的 98%	每 200m 每车道 1 处
		极值	≥实验室标准密度的 95%	
2	现场空隙率	平均值	符合设计要求	
		极值	最小 3%，最大 7%	
3	厚度	代表值	设计值	
		极值	设计值±10mm	
4	油石比		±0.3%	每个拌合楼，每施工日，上午下午各 1 次，共 2 次
5	级配	0.075mm	±2%	
		2.36mm	±3%	
		≥4.0mm	±4%	
6	空隙率偏差		±0.5	

7.3 质量保证控制措施

7.3.1 建立、健全有效的质量保证体系，对施工各工序的质量进行规范要求的质量检查与评定，确保施工质量达到规定的质量标准。

7.3.2 混合料生产质量控制措施

1. 高抗车辙性沥青混合料拌合过程中，必须加强原材料的检验，保证各种原材料的质量与稳定性，如有大的变化，应对混合料的配合比进行调整。

2. 沥青混合料拌合楼应每天上午和下午各取 1 次沥青混合料样，以测定级配、油石比、标准密度、最大理论密度、空隙率、矿料间隙率、沥青饱和度等物理力学指标。检验动稳定度、浸水马歇尔残留稳定度和冻融劈裂残留强度比。

3. 高抗车辙性沥青混合料拌合过程中，必须保证沥青加热温度，骨料加热温度及混合料的温度，拌合后的沥青混合料应均匀一致，无花白、无粗、细骨料分离和结块等现象。

4. 高抗车辙性沥青混合料生产前应对沥青混合料拌合楼及其辅助设备进行调试，确保机械在生产过程中运转正常。

7.3.3 施工质量控制措施

1. 应根据生产配合比试拌高抗车辙性沥青混合料，铺筑一定长度（约 200m）的试验段，并总结相关施工参数。试铺过程中，应按规范要求相应地进行混合料的抽提筛分试验、马歇尔试验，测定空隙率等指标，检验其是否满足设计指标要求。

2. 施工前应对摊铺机、压路机等各种施工机械和设备进行调试，对机械设备的配套情况、技术性能、传感器计量精度等进行认真检查、标定。

3. 摊铺施工过程中应按规定进行压实度、平整度、厚度、摊铺及碾压温度等指标的检测与记录。

4. 混合料运输过程中应注意保温，需做好苫盖。

5. 高抗车辙性沥青混合料碾压注意事项。

1) 碾压遍数应严格按照试验路段确定的碾压程序进行碾压，现场设专人指挥碾压，记录碾压遍数。

2）压实后的沥青混合料应符合压实度及平整度的要求，不可过分追求平整度指标而牺牲压实度要求。

3）压路机的碾压段长度应以摊铺速度平衡为原则选定，并保持大体稳定。压路机每次应由两端折回的位置阶梯形的随摊铺机向前推进，使折回处不在同一横断面上。在摊铺机连续摊铺的过程中，压路机不得随意停顿。压路机碾压的总长度不宜超过100m。

4）压路机碾压过程中胶轮压路机严禁洒水，为了防止粘轮宜采用植物油与水的混合液（1:1）涂抹；双钢轮压路机应严格控制洒水量，以沥青不粘轮为原则。

5）在当天碾压的尚未冷却的沥青混合料层面上，不得停放任何机械设备或车辆，不得散落矿料、油料等杂物。

6）应随时观察路面早期的施工裂缝，发现因过分振动或推移产生的微裂缝应及时采取措施处理并调整碾压工艺。

8. 安 全 措 施

8.1 安全管理法律法规

8.1.1 《中华人民共和国安全生产法》。

8.1.2 《建设工程安全生产管理条例》。

8.1.3 《公路工程施工安全技术规程》JTJ 076-95。

8.1.4 《施工现场临时用电安全技术规程》JGJ 46-2005。

8.2 安全管理组织措施

8.2.1 认真贯彻"安全第一、预防为主"的方针，建立和健全施工安全管理组织机构，建立和健全项目施工安全保证体系，并确保安全保证体系的有效运行。

8.2.2 建立和健全各级、各部门的安全生产责任制，以及与工程施工有关的各项安全管理制度，安全责任落实到人。各施工班组须制定明确的安全指标和包括奖惩办法在内的保证措施，做到有章可循，有法可依。对项目部各部门、各作业队、各级管理人员、劳务人员等，逐级、全员签定安全生产协议，以保证工程顺利进行。

8.2.3 定期进行全员安全教育，进入工地的工人必须进行安全教育和安全技术培训，必须克服麻痹思想，自觉遵守各项安全生产法令和各项规章制度。工人、机手应掌握本工种或机械操作技能，熟悉本工种或机械安全技术操作规程。

8.3 安全管理技术措施

8.3.1 建立三级安全技术交底制度，安全交底签字齐全。

8.3.2 施工前组织编制实施性的职业健康安全管理计划，对生产、运输、机电等作业，编制和实施专项安全技术措施，确立危险源辨识、风险评价及风险控制，确保施工安全。

8.3.3 建立施工用机械设备、临电设施的安全验收制度，未经过验收和验收不合格的严禁使用。

8.3.4 对现场操作人员的安全要求是：没有安全技术措施，不经安全交底不准作业；没有有效的安全措施不准作业；发现事故隐患未及时排除不准作业；不按规定使用安全劳动保护用品的不准作业；非特殊作业人员不准从事特种作业；机械、电器设备安全防护装置不齐全不准作业；对机械、设备、工具的性能不熟悉不准作业；新工人不经培训，或培训考试不合格不准上岗作业。

8.4 安全管理保障措施

8.4.1 夜间施工时，现场应设置足够的照明，移动照明电压不得高于36V。施工现场内的电线、电缆要进行必要的保护。

8.4.2 凡接触沥青混合料的工人必须穿工作服和靴子，戴手套。对参与沥青路面施工的人员应穿戴劳保防护用品，防止烫伤，夏季高温季节施工，应采取防暑降温措施。

8.4.3 每台施工机械应配备两个灭火器（左右各一个），施工前应进行安全防火演练。机械运行过程中产生的易燃物品，应及时进行清理。裸露的机械工作装置，应设置安全警示标识。

8.4.4 沥青混合料运输车辆要按规定的路线行驶，到达现场后应服从指挥，避免发生车辆与车辆、车辆与人员间的安全事故。

8.4.5 在交通干扰较大的地段须设立醒目的交通标志。如有必要，设专人指挥管理，严防交通安全事故的发生。

9. 环 保 措 施

9.1 认真贯彻执行《中华人民共和国环境保护法》等国家和行业有关环境保护、文明施工工作的法规、政策。建立环境保护体系，确立环保责任制。并对现场施工人员进行环境保护教育。

9.2 高抗车辙性沥青混合料的拌合场地选择，应远离居民及村庄，无法避开时，应选在主风向下方。

9.3 高抗车辙性沥青混合料的拌合设备必须有良好的二级除尘装置，能有效地进行除尘，使空气质量标准符合当地环保部门要求。

9.4 粉尘和废弃的沥青混合料应存放在指定的地点，粉尘可采用湿排法或采用经常洒水及覆盖等措施，防止粉尘扩散。

9.5 拌合楼和发电机等设备的噪声，应符合当地环保部门的要求，不符合者应采取有效降噪措施。

9.6 加强沥青混合料运输车的封闭，避免造成沥青混合料在运输过程中的遗撒对环境的污染与破坏。

9.7 摊铺施工时，料车未倒入摊铺机的剩料需用铲车收集，并倒入摊铺机料斗内，对于不能使用的剩余混合料，需集中收集处理。

9.8 加强现场施工人员的环保意识，避免和消除现场垃圾。加强各工序的管理，工序之间的配合，做到工作面干净整齐。

10. 效 益 分 析

10.1 经济效益分析

10.1.1 高抗车辙性沥青混合料最大的优势之一，就是延长了沥青混凝土路面的使用寿命。通过提高路面摊铺质量，从而减少了道路的日后维修次数。

10.1.2 虽然高抗车辙性沥青混合料直接费用有所提高，大约是普通沥青混凝土直接费用的2倍左右，但其后期的维修养护周期大约是普通沥青混凝土维修养护周期的2.5~3.0倍左右，后期养护费用会明显降低。

10.2 社会效益分析

10.2.1 由于减少了日后沥青混凝土的生产量，间接的减少了生产和摊铺沥青混凝土对周边大气的污染。

10.2.2 从公众利益角度讲，车辙的产生降低了路面平整度，降低了行车舒适性，减缓了车辆的行车速度，延长了车辆在道路上的通行时间，影响了车辆操纵的稳定性，是交通隐患发生的因素。合理有效地利用高抗车辙性沥青路面施工技术，可有效地解决这些问题，并可产生巨大的社会影响，减少日后维护造成的能源和资源的浪费。

11. 应 用 实 例

11.1 朝阳路二期改扩建工程（东四环——杨闸环岛）道路工程 4 标段，全长 2500m。主路宽 15m，其中主路外侧的两条大容量公交车道 2300m 长、7m 宽，其面层 4cm 和中层 5cm 采用了高抗车辙性沥青混合料摊铺，施工质量良好。经过一段时期的使用，没有出现任何路面车辙迹象。

11.2 在八达岭高速公路康庄段养护工程，交通压力大，车辙现象严重。在修补工程中采用了高抗车辙性沥青混凝土路面施工工法技术，处理后的沥青混凝土路面使用性能良好，经济效益与社会效益显著。

11.3 在两广路大街瓷器口路口大修工程，该路口的每条车道内车辙破坏现象严重，平均车辙深度都在 4cm 以上，最大的车辙深度已达到 8.5cm。路口处每条车道内，已经形成了大小深度不同的车辙坑槽，车辆行驶至该路口处时颠簸起伏，对行车安全造成了极大的影响。当采用高抗车辙性沥青混凝土路面施工工法技术后，该路口行车效果良好，解决了路口因为路面问题带来的安全隐患，社会效益与经济效益巨大。

土石混填路堤分层冲击碾压施工工法

GJYJGF056—2010

河北路桥集团有限公司　龙建路桥股份有限公司

平长德　李瑞喜　刘朝晖　李建斌　马勇

1. 前　言

冲击压实不同于传统的压实方法，它是夯实与滚动压实两种技术的结合，既有低频率大振幅夯击压实法中冲击波穿透力强、影响深度大、压实效果好的特点，又吸取了滚动压实法的连续作业效率高、机动性好、碾压速度快的优点，特别适合于大面积高填土厚铺层的基层压实施工。冲击压实功能来自冲击轮的自重和冲压轮滚动时所产生的冲击功能。冲击轮上有一系列交替排列的凸点和平整的冲击面，用于冲击待压实土体，压实轮凸点与冲击平面产生交替抬升与落下，产生势能和动能，瞬时释放出巨大的振动力和冲击能，对地面产生集中的冲击能量，以连续周期性的高振幅撞击力冲击土体，冲击产生的强烈冲击波可向下基层和土基传播，　同时具有静压、振动压、冲击压的压实效果，压实影响深度随冲压遍数递增，　形成强度较高压实层。

随着高等级公路建设的快速发展，公路工程建设已经逐步从建设条件相对简单的平原地区向滨海、山岭重丘区推进，给路基工程施工带来了新的挑战。如半填半挖路基结合部的不均匀沉降问题、高填方路基的工后沉降过大问题、粗粒土路基的填筑压实问题等。而且，从高速公路养护实践经验来看，上述问题常常是公路工程质量的薄弱环节，因为路基施工条件困难，施工质量难以得到保证，进而导致路基出现程度不同的沉降变形，使路面结构出现早期破损，影响整个公路的正常使用。在公路施工工期要求紧张、不断提高劳动生产率的大背景下，冲击压路机的应用越来越得到重视。

冲击碾压技术于 1995 年由南非引入我国，由于应用时间较短，到目前为止该项技术一直在摸索、总结阶段，尚没有一套完全成熟的理论和施工规范。我国现有冲击压路机千余台，对于冲击碾压技术用于湿陷性黄土地基处理已经比较普遍，如在宁夏、青海、甘肃、陕西、山西、河南等省均得到采用。关于冲击碾压技术方面的科研成果也较多，在北京八达岭高速公路、河北宣大高速公路、京秦高速公路玉田段、湖南常吉、常张高速公路等工程中获得了很多实践经验，长安大学傅珍等及空军工程设计研究局黄晓波等也做了很多针对性的研究，可对于土石方实施分层冲击碾压方面的科研资料较少。2004 年河北路桥集团有限公司联合龙建路桥股份有限公司成立了"冲击碾压技术专题科研小组"，组织专人进行攻关。通过近几年在青兰、大广等高等级公路建设中实际推广使用冲击压路机，总结出了一套有效、便于施工、较为科学的施工方法，尤其对于土石混填路堤的分层冲击碾压，更是颇有心得。本工法通过科技查新，达到国内领先水平，进一步完善了土石混填路堤分层冲击碾压这方面的技术，必定能够显著提高使用单位的经济效益。

2. 工　法　特　点

冲击压路机以非圆形轮在位能落差与行驶动能相结合的情况下对土石材料进行滚压、搓揉、周期性冲击的连续作业，产生强烈的冲击波，向下具有地震波的传播特性。冲击压路机通过高振幅、低频率的压力波对路基产生比静荷载大得多的作用力，从表面传至土层内的压缩或压力波更深，使工作面下深层土石的密实度不断增加，受冲压土体逐渐接近于弹性状态，具有克服路基隐患的技术优势，是土石工程压实技术的新发展。与一般压路机相比，其压实土石的效率提高 3~4 倍，具有显著的缩短工期、减少工后差异沉降，路基整体均匀、牢固性较好等特点。冲击压路机与普通压路机的各项参数对比见表2。

冲击压路机与普通压路机的施工参数对比

表2

指　　　标	冲击压路机	普通压路机
冲压有效宽度（m）	2	2.134
行驶速度(km/h)	10~15	3~6
压实厚度（m）	0.8	0.3
压实遍数	20	6
压实效率（m³/h）	800~1200	320~640

3. 适 用 范 围

国内外的工程实践证明，路基冲击压实技术对于提高公路路基填筑质量、减少通车后路面病害的发生有着积极的作用。一般地，公路路基冲击压实可以在以下情况中考虑采用：

（1）高填方路段追密压实；

（2）挖方路段为提高路基实际压实度的均匀性进行追密压实；

（3）为防止不均匀沉降在路基填挖交界段进行追密压实；

（4）大桥、特大桥桥头天然地基的填前冲压；

（5）湿陷性黄土路段的填前冲压压实；

（6）水泥混凝土路面的土质路基进行冲击压实；

（7）干旱缺水地区分层填土的冲击压实；

（8）已填土的大桥桥头高填方追密压实；

（9）收费站、服务区场地的填前冲压压实；

（10）检验原地面为过湿路段，但不属于软基段；在填方完成后可以通过冲击压实检验压实效果，如路基局部"弹簧"段的冲击压实等。

具体的适用范围是路基填土高度150cm以上的路基，限于下路床顶面以下。工作面宽度6m以上，冲压最短直线距离150m以上（图3）。

图3　冲击压路机施工图片

4. 工 艺 原 理

冲击压实术是利用冲击压路机低频大振幅冲击力连续周期性地对路基土或填料进行冲击碾压，以提高大面积地基土或填料的密实度、稳定性及强度的施工方法。其多边形凸形碾轮在行驶滚动中将高位势能转化为动能对工作面进行冲击，从而对路堤的深层产生强烈的冲击能量，同时辅以滚压、揉压的综合作用，使土石颗粒之间发生位移、变形和剪切，土石密实度逐步增加，从而使路堤深层随着冲击波的传播得到压实。所以冲击压路机具有压实力大、影响深度深、施工效率高、工后沉降小的特点。国内外对冲击压路机在不同的工况和施工条件下，如软土地基、填石路堤、含水量高的黏性土、粉质砂土及湿陷性黄土等不同类型的填料冲压的工作特性及压实机制研究取得了很多成果。

冲击压实机是兼具强夯机和普通压路机优点的一种压实机械，作业方式是冲击和滚动碾压的复合行为，整个压实过程是一个复杂的周期加随机过程。工作中压实轮对路基产生大振幅冲击剪切，具有地震波传播特性，并以压缩波（纵波）、剪切波（横波）和瑞利波（表面波）3种冲击波形式以高振幅、低频率的方式将极高的能量压实地面，对路基产生强烈的冲击作用，可有效增大压实厚度和压实体积，并减少压实遍数，从而大大提高路基的压实功效。

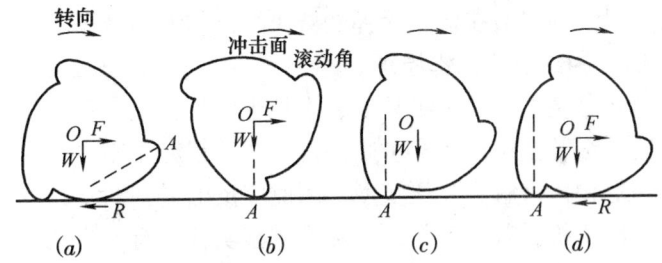

图 4　冲击压实土壤工作原理示意图
(a)静止平衡位置；(b)冲击轮升至最高位置；(c)冲击轮开始坠落；(d)冲击轮冲击地面
F—牵扯引力；R—地面反作用力；W—冲击轮自重

冲击压实机的一个工作周期可以分为冲击轮重心上升、冲击轮重心下降、冲击轮冲击地面 3 个阶段，见图 4。

4.1　冲击压实机的机械结构

冲击压实机由冲击轮、机架和连接机械三部分组成。

1. 冲击轮

图 4.1-1 所示三种几何形状的凸轮形瓣状非圆柱体冲击轮，最大外径 2000mm，最小外径 1800mm，自重 100~120kN。三（五）瓣凸轮由同向螺旋曲线的 3（5）块钢板焊成，四瓣凸轮由反向曲线的 4 块钢板焊成。三种形式的外廓周长可设计为相等的，并与外径周长相等。凸轮的凹点是焊口处，在压实过程中与土基断续地接触，从而形成冲击效应，在相同轮重与工作速度下，凹口的深度决定其冲击功的大小，瓣的数量决定冲击频率。而凸轮瓣的数量又与被压实的粒度相关。可见，工作速度是冲击力的可变因素，实验证实牵引车速不宜低于 10km/h。

2. 机架

机架是冲击压实机的支撑结构。它由支撑行走轮的底架和拖动冲击轮的摆臂及与底架相连的摇臂构成的杆件系统组成（图 4.1-2）。

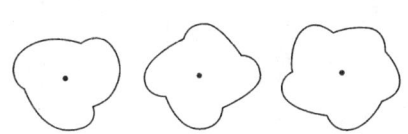

图 4.1-1　冲击压实机瓣状凸轮形状图

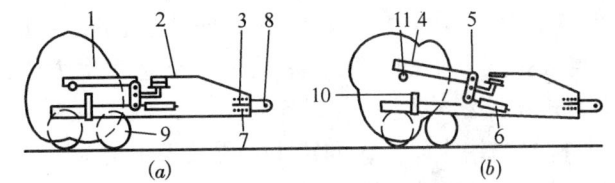

图 4.1-2　冲击压实机结构组成
1—冲击轮；2—机架；3—连接机构；4，5—摆臂；6—缓冲蓄能器；
7—双弹簧；8—万向轴；9—行走轮；10—冲击轮升降缸；11—滚轴

图 4.1-2 (a) 是冲击压实机冲压轮处于低位态势。此刻摆臂带动摇臂缓冲器蓄能，摇臂的水平臂与限位器接触。如同牵引车的拖动，冲击轮由低位向高位运转，至图 4.1-2 (b) 态势，瞬间缓冲器释放蓄能并拉动冲击轮运转。摇臂处于最大转角，摆臂由于冲击轮的上升而上提，进入图 4.1-2 (b) 状态，对于土产生冲击效应。当压实工作面左右参差不齐，前后不平时，两个冲击轮运转可能不协调。此时是由冲击轮鼓与滚轴和滚轴间的橡胶垫来协调的，而限位器是由橡胶块组成的。这样，由于缓冲器的阻尼作用，橡胶块起减震作用。由 (b) 到 (a) 的瞬间，冲击轮处于一个悬空状态，当行进速度为 10km/h (2.78m/s) 时，悬空时间为 0.67s，凸轮由高位到低位瞬间下降 0.2m，不计牵引力的加速度为 $1.31m/s^2$，于是冲击轮可产生 200kN 的冲击力。而当冲击轮处于 (a) 状态时行驶阻力增大的同时，对牵引车产生了水平窜动，又为牵引车提供了一定的水平加速度，该加速度取决于冲击轮的惯性，为此 (a) 态势又在 0.75s 内转换为 (b) 态势，此间克服了土的阻力，使冲击轮构成连续行驶。在此过程中牵引车车速为 10km/h，由 (a) 到 (b) 冲击轮滚动速度是 9.2km/h。这就要求蓄能器释放的能量是以补充滞后的 0.8km/h 速度以使冲击轮与牵引车同步前进。可见在机架结构中摆臂、摇臂、缓冲蓄能器是冲击压实机的核心技术与构件。

3. 连接机构

为减小冲击轮对牵引车的窜动与跳动的冲击，其连接机构采用双弹簧挂接和万向节连接的方式。当冲击轮与牵引车速度因土的阻力大而不同步时，前弹簧被压缩，后弹簧被拉伸，或是在冲击轮由高位转向低位时前弹簧被拉伸,后弹簧被压缩,从而协调了两者的速度差。其结构如图 4.1-2 (b) 所示。

4.2 冲击压实工作原理

填筑路基的土分为细粒土、中粒土和粗粒土。重型标准击实对细粒土的评价是有效的。压实度是相对密度,细粒土可用压实度来评价;对于粗粒土则无法用压实度来评价。山区路基填料不是黏性土,则无法用三相体来解释其压实度,因此广泛的讲,对于路基的填筑击实比压实更为有效,即对于细粒土采用冲击压实机,其击实作用与标准重型实验也有一定的可比性。这样,采用冲击压实机更加可信。

冲击压实对土的压实是孔隙比的变化,导致土粒致密,因而密度提高。这样,就为击实细粒土、粗粒土、巨粒土提供了可采用的方案。

冲击压实是用瓣状非圆柱凸轮来产生集中的冲击能量,交替冲击路基,进而达到压实填料的目的,具有压实和击实两种功效。

冲击压实以其静能量来标定,能量按下式计算:

$$E=mgh \tag{4.2}$$

式中 E——能量,(kJ);

　　　m——动力部件的质量,(kg);

　　　g——重力常数 (9.8m/s²);

　　　h——轮子外半径与内半径的差值,$h=R-r$,(m)。

4.3 冲击压实排压方案

冲击压实对于土基表面任一点的冲击作用,由于凸形瓣数量的不同,其概率也不相同。以三瓣式为例,如图 4.3 所示,转动 1 周内共有 3 次压实、3 次冲击。对于土体表面任一点冲击次数,1 周内的概率为 1/6=0.166,只当纵向错轮 1/6 周时冲击压实机在其上行驶 6 次,则任 1 点往返 2 次为 1 遍来排列,冲击式压路机在同一点要行驶 2 次,如图 4.3 下半部所示,则每次横向错半轮,纵向错 1/6 周长为 1 遍。

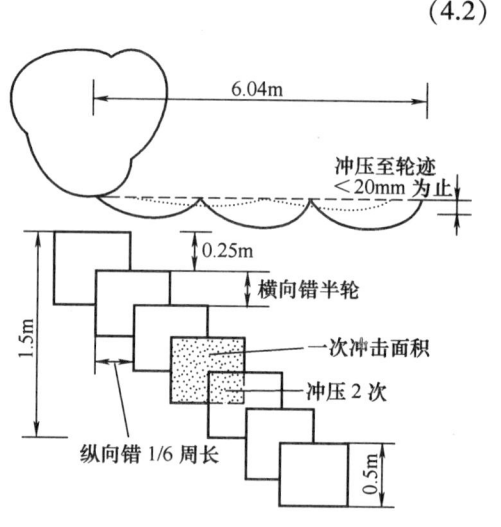

图 4.3　冲击压实机排压方案

此刻冲击压实机在土表面行驶 6 次为 1 遍。若要求压 3 遍则为 18 次,为保证其均匀性取 20 次;压 6 遍则是 36 次,取 40 次。按此排压方案压实时,土表面密度均匀,不致形成高低参差的表面,以利排水。若在最后 1 次碾压中发现冲击变形大于 4cm 的段落,要继续碾压。这样做目的既以密实度又以沉降量来控制路基土压实。

照此方案排压,冲压终了时对细粒土土基表面凹凸不平相差 15~18mm,不必采用平地机刮平;对于粗粒土其表面可仅差 5~8mm。

无论是填土还是天然土基,由于冲击遍数不小于 6 次,故第 6 次应洒水一遍,水分渗透后再继续冲压,若不洒水,则表层有 8~13cm 的松散层。

冲击的总次数由要求的沉降量和要求的相对密度来确定。追密压实时还需测定路基表面 CBR。

5. 施工工艺流程及操作要点

5.1 施工工艺流程见图 5.1

5.2 施工准备

5.2.1 当路堤达到冲击高度后,利用平地机平整地表,尽可能保证均匀传递冲击力。

5.2.2 落实检测仪器设备,对各种仪器设备事先进行调试校核,确保其可靠性与准确性。

5.2.3 检测路基填土的含水量是否在最佳含水量的±4%以内。

5.2.4 按《公路路基施工技术规范》的要求做好导线、中线、水准点复测,横断面检查等,并按设

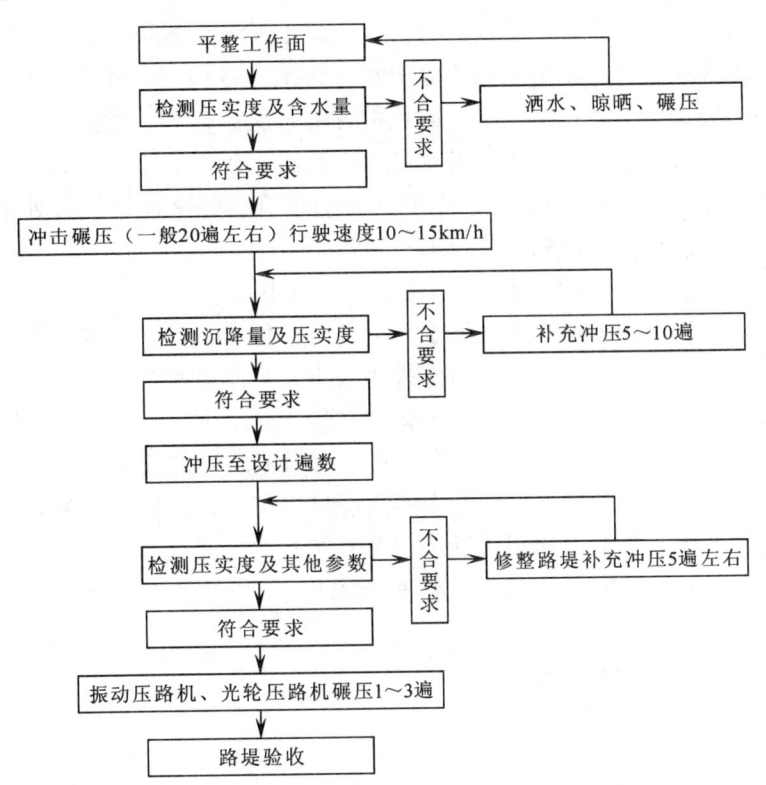

计文件要求定出路堤坡脚、护坡道及边沟等具体位置。

5.3 土石混填路堤分层冲击碾压

5.3.1 当填石路堤的压实层厚为80cm时开始第一次冲压。施工场地宽度大于冲击压路机转弯半径的4倍时，以道路中心线对称地将场地分成两半，压实行驶路线按图5.3.1-1所示；施工场地的宽度小于4倍转弯半径时，可按图5.3.1-2的行驶路线进行，根据实际情况在施工场地的两端设置所需的转弯场地。

5.3.2 行进速度保持在10~15km/h之间，符合"先边缘、后中间"原则，采用来回错轮碾压方式，轮迹之间不重叠。

5.3.3 冲击压路机较常规压路机有不同的压实工艺，基本上不采用现

图5.1　土石混填路堤分层冲击碾压施工工艺流程图

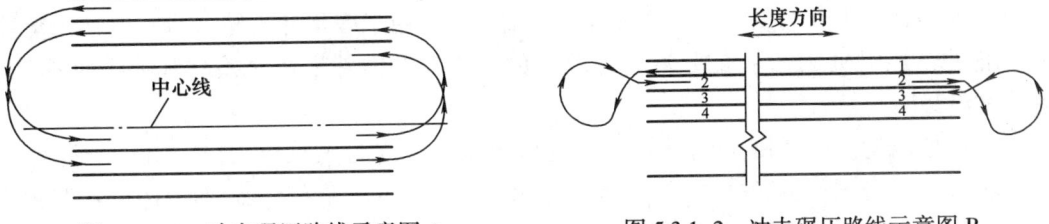

图5.3.1-1　冲击碾压路线示意图A　　　图5.3.1-2　冲击碾压路线示意图B

有压路机压半轮或部分重叠碾压的施工方法，而是按冲击力向路基深层扩散分布的性状，提出新的冲击碾压方法与施工工艺。冲击压路机双轮各宽90cm，轮隙宽度（两轮内边距）116cm，行驶两次为1遍，单次冲压宽度2m，1遍冲压宽度4m。每次冲击力按冲碾轮触地面积边缘与地表以（45°-φ/2）夹角向土体内分布土压力。每遍第2次的单轮由第1次两轮内边距中央通过，形成的理论冲碾间隙双边各13cm。当第2遍的第1次向内移动20cm冲碾后，即将第1遍的间隙全部碾压。第3遍再恢复到第1遍的位置冲碾，依次实施至最终遍数。冲击压路机向前行驶在纵向冲碾地面所形成的峰谷状态，当双数遍冲压时，调整转弯半径，达到对形成的波峰与波谷进行交替冲碾，使地面峰谷减小，表面接近平整。

5.3.4 当冲压到20遍左右（根据施工现场情况而定）检测沉降量及压实度。

不符合设计要求，要进行补充冲击碾压5~10遍后重新检测沉降量及压实度。

5.3.5 符合要求后，冲压至设计遍数，再测压实度、路基标高等参数。

不符合设计要求，要进行补充冲击碾压5遍左右后重新检测压实度、路基标高等参数。

5.3.6 符合要求后，使用振动压路机、光轮压路机碾压1~3遍。遵守先慢后快、先边缘后中间原则，由弱振至强振，压路机的最大碾压行驶速度不超过4km/h，横向接头重叠0.4~0.5m，前后相邻两区段应纵向重叠1.0~1.5m，达到无漏压、无死角，确保碾压均匀、表面平整、坚实、稳定和无明显轮迹为止。

5.3.7 实施路堤验收。

5.4 施工注意事项

5.4.1 连续施工，扬尘情况严重时应洒水。当土的含水量较低时，宜于前1天洒水湿润。

5.4.2 通过多年来的施工总结出，土体含水量对冲压效果有明显影响。含水量过高（超过最佳含水量的4%以上），容易出现翻浆、弹簧现象，要采取分段晾晒和分次碾压的方法解决；含水量过低（低于最佳含水量的4%以上），则直接影响压实度，要采取对土体进行补水的方法解决。

5.4.3 冲碾过程中避免急停、急转现象，来回调头时，注意不要使轨迹重合，每次冲碾交接处错开，以保证冲碾均匀性。每冲压5遍改变冲压方向，并做相应的数据检测。

5.4.4 土石混填分层冲压，要求填料的最小粒径不得小于2cm，最大粒径不超过20cm。

5.4.5 施工过程中及时排除场内的积水，使冲压范围内的地下水始终保持在低水位状态。排水系统由主排水沟、次排水沟及道路边沟构成。主次排水沟相结合，以自然排水为主，强制排水为辅；临时排水与永久排水设施相结合，迅速排除地表水、降低地下水位、控制土体含水量。若地下水位较高或浅层地基土含水量过高，应用井点降水等工艺改善冲碾土体的含水量，在最佳含水量范围内进行冲碾。

5.4.6 对土、石级配的要求：土石混填路堤分层冲击碾压法产生的高能量，可以加大填层厚度，从而放宽对填料粒径级配的要求，同时对填料的含水量要求也可以适当放宽在最佳含水量的±4%左右，对于含水量较大的填料，能够充分增大饱和土壤的孔隙压力，在有排水通道的情况下，加速水的消散。

6. 材料与设备

6.1 机械设备

冲击压路机1台，牵引车1台，平地机1台，洒水车1台，压实度检测工具，水准仪等。

6.1.1 本工法中的冲击压路机建议使用25kJ三边形双轮冲击压路机。（kJ—千焦耳，功或能的单位，等于1000N力作用下在力的方向上作用1m所做的功，用于表示冲击轮所具有的冲击势能。本工法的三边形双轮冲击压路机25kJ指的是冲击压路机的冲击轮的内外半径之差与其冲击轮本身重量之积，即所具有的冲击势能）。

6.1.2 三边形双轮冲击压路机能量大，有效影响深度大（为1.4m左右），适合于提高路基的压实度。20kJ的三边形冲击压路机能量小，有效影响深度小（为1.1m左右），故不予选用；四边形单轮冲击压路机冲击能量约25kJ，主要用于旧水泥混凝土路面的破碎，因此也不予考虑；五边形双轮冲击压路机其能量较小（15kJ），容易牵引，适合于旧水泥混凝土路面等破碎冲击碾压，因此也不予考虑。

6.2 劳动力安排

施工负责人：负责施工现场指挥、协调。

测量人员：负责施工测量。

试验人员：负责试验检测和质量控制。

机械操作手若干名。

7. 质量控制

7.1 检测含水量，控制土体的含水量在最佳含水量的±4%范围内。

7.2 在冲击碾压前用水平仪测定沉降标志的标高，并加以记录。宜采用长6cm铁钉系红布条做明确标记，准确定点，平地机刮平时应注意保护带有红布条铁钉的检测点，距检测点20cm范围内不得扰动。冲压后对沉降观测点标志观测一次标高，并与设计要求加以对照。通过实际检测，我们绘制了冲击碾压遍数与沉降量的一般关系图（图7.2），可供施工单位日后对照参考。

7.3 压实度的断面检测点不少于4个，具体位置在表面下20cm、层厚的中间、层底上10cm。通过实际检测，我们绘制冲击碾压遍数与压实度的一般关系图（图7.3），供施工单位日后对照参考。

7.4 每一冲击工作段完成后，将检测结果分析整理，并作为工程质检资料的一部分进行保存。

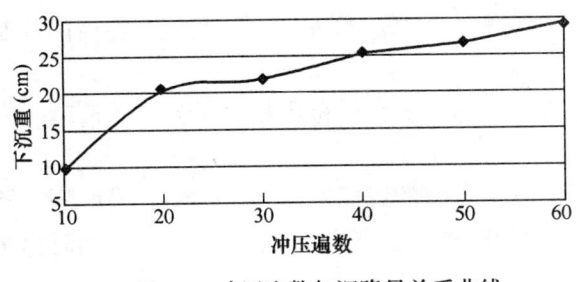
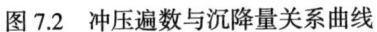

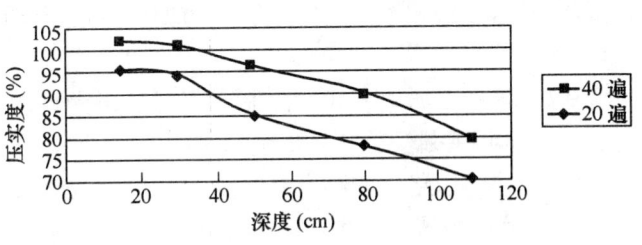

图 7.2　冲压遍数与沉降量关系曲线　　　　图 7.3　冲压遍数与压实度关系曲线

8. 安 全 措 施

8.1　必须加强对员工的安全生产教育，树立安全第一、预防为主的安全理念。操作机手在上机前必须经过严格的岗前培训，合格后方能上机。每台冲击压路机至少配备 2 名操作手，轮流进行作业，每名机手每次冲压时间不宜超过 2h。按照《职业健康安全管理体系》GB/T 28001:2001 要求，对于冲击压路机司机要进行防护，防止噪声、振动、粉尘对其身体产生危害。

8.2　冲击碾压范围内的出入口应有醒目的安全标记，禁止无关车辆与人员出入。在不断绝交通的情况下应采取交通安全措施，设置交通指示标志。夜间施工时，现场必须设置符合操作要求的照明设备与夜间警示标志。

8.3　冲压施工场地附近有构造物时，应注意观察，发现异常情况时，立即中断施工，以避免构造物损伤。

8.3.1　在施工前应查明冲压范围内的地下管线及附近各种构造物，并应根据构造物的类型采取相应的保护措施。一般情况下可按表 8.3.1 确定水平安全距离。对于河沟等有明显隔震效果的情况，经确认不会造成影响时可适当减少安全距离。施工前对于拟保护的构造物，在保护范围的外围应设置明显的标记物。

冲击碾压水平安全距离　　　　　　　　　　　　　　　　表 8.3.1

构造物类型	冲压水平安全距离	构造物类型	冲压水平安全距离
U 形桥台和涵洞通道	距桥台翼墙端或涵洞通道 5m	导线点、水准点、电线杆	10m
其余类型桥台	10m	地下管线	5m
重力式挡墙	距墙背内侧 2m	互通式立交桥梁	10m
扶壁（悬壁）式挡墙	距扶（立）壁内侧 2.5	建筑物	30m

8.3.2　正常使用的构造物顶部以上填料高度大于 2.5m，土工格栅等合成材料竖向填料厚度大于 1.5m，可直接进行冲击压实。

8.3.3　对于不符合上述安全距离但又需施工的可采取以下措施：开挖宽 0.5m、深 1.5m 左右的隔震沟进行隔震或者降低冲击压路机的行驶速度，增加冲压遍数。

8.4　冲击压路机行驶速度较快，为安全起见，我们操作一般距路基边坡留有 1m 的安全间距。为了使路基设计宽度内全部压实，有必要对路基加宽 1m。由于受地形限制或征地拆迁等因素使得路基不可能加宽时，我们一般采取距路堤边缘 2~3m 的范围内用振动压路机分层碾压，其余部分再用冲击压路机冲压。

9. 环 保 措 施

9.1　在工程施工过程中严格遵守国家和地方政府下发的有关环境保护的法律、法规和规章制度，以及 ISO 14001 环境管理体系要求，加强对施工燃油、工程材料、设备、废水、生产垃圾、弃渣的控制和治理。

9.2 将施工场地和作业限制在工程建设允许的范围内，合理布置，规范围挡，做到标牌清楚、齐全，各种标识醒目，施工场地整洁文明。

9.3 冲击压路机的噪声是需要控制的重要环境因素，制定专门的程序对其加以控制，采取隔声罩等隔声、消声措施，使噪声的排放符合《建筑施工场界环境噪声排放标准》GB 12523-2011，同时尽量避免夜间施工。

9.4 对机械车辆定期进行保养维护，确保运输车辆车厢和挡板密封良好；所有运输车辆不得超载，并加装覆盖挡板或采用帆布覆盖。在施工过程中，按照 ISO14001 相关要求，采取措施有效控制扬尘。

10. 效 益 分 析

10.1 目前，一台普通冲击压路机机械台班费为 2050 元左右，而普通振动压路机机械台班费为 1150 元左右，表面上冲击压路机的台班费比传统振动压路机要高许多，但冲击压路机的压实效率是振动压路机的大约 1.8 倍，即每平方米达到同样的压实效果冲击压路机比振动压路机要节省 99.76 元，则整个工程下来节省的费用是相当可观的。

10.2 按照传统施工工艺，碾压 80cm 土石混填路堤柴油消耗大约 0.2L/m²，目前柴油价格大约 6.5 元/L，冲击压路机的压实效率是振动压路机的大约 1.8 倍，如此计算每平方米节约柴油消耗 (0.2L×6.5 元/L) ÷1.8=0.58 元，经济效益相当显著。

10.3 使用冲击压路机的优势还体现在工期要求异常紧张的施工中，因冲击压路机的行驶速度大约是普通压路机的 3 倍，因此在保证工期方面，会起到举足轻重的作用，由此将为施工单位带来良好的经济和社会效益。

11. 应 用 实 例

11.1 青兰高速邯涉段 10 合同段

青兰高速邯郸到涉县段全长 25.8km，总投资 22 亿元，是我省重点规划"五纵六横七条线"高速公路布局规划中的主要组成部分，也是涉县"三横两纵"公路网络中的主要干线。按设计时速 120km/h，双向 4 车道，路基宽 28m 进行设计。

第 10 合同段主线长 3.6km，桩号为 K100+900~K104+500；直线全长 3.07km，桩号为 ZK102+872.454~ZK105+800；本合同包括 9 合同路面工程 6.897km，路面工程全长 13.569km。冲击碾压总工程量为 441270m²。

项目采用本工法对原地面进行了冲击压实处理，由于冲击压路机具有行驶速度快、压实厚度大等特点，大大缩短了工期，有效的节约了资金投入。

11.2 京张高速公路 11、12 合同段

京张高速公路指北京至张家口间的高速公路，目前指河北宣化县至北京交界处德河北段。全长 79.2km，始建于 1988 年 11 月。京张高速公路西起宣化小慢岭，分别与丹拉国道宣化至冀蒙界高速公路及宣大高速公路相连，东至冀京界与北京八达岭高速公路衔接，路线全长 79.189km，双向 4 车道，全封闭、全立交。

京张高速公路 11、12 合同包括的冲击压实作业均采用了本工法施工，冲击压实与普通振动压实相比，冲击压实冲击力大，在较大铺层厚度上压实优势明显，冲击压实施工工艺简单、工效高、质量好、可连续压实，具有明显的综合优势。

11.3 延安至安塞高速公路 N10 合同段

　　延安至安塞高速公路起自延安市宝塔区河庄坪石圪塔村，经沿河湾镇，止于安塞县城北曹村，路线全长 31.502km。该工程计算行车速度为 100km/h，路基宽度 26m，为上下行分向行驶，实行全封闭、全立交，同时配备完善的交通安全、管理和服务设施。

　　土石混填路堤分层冲击碾压施工工法在延安延塞高速公路 N10 合同路基工程中得到应用。应用该工法在较大铺层厚度上压实优势明显，且冲击压路机行驶速度快，冲击压实施工工艺简单并可以连续压实，从而与普通振动压实相比大大减少了施工时间，提高了施工效率并节约了资金，综合效益明显，值得推广。

填砂路基辗压密实施工工法

GJYJGF057—2010

江西省交通工程集团公司

任东红　刘久明　郑雪峰　钱志民　彭德清

1. 前　言

随着我国交通基础设施建设的飞速发展，在滨江、滨河或滨湖水网较密，土源极其困难的地区大规模修建高等级公路的建设，常面临路基优质填料缺乏的问题，而这些地区大多拥有较为丰富的江（河）砂资源。江西省交通工程集团公司在江西乐温高速公路等项目上对大规模机械化路基填砂施工进行了有益的尝试，填砂路基工程施工过程中对料源选择、压实机理与方法、压实标准与质量控制、施工时周围环境保护等诸多技术问题进行了较为深入的研究，获取了大量的第一手资料和切实可行的施工方法，形成了一套对填砂路基施工具有指导意义的工法。

2. 工 法 特 点

本工法具有机械化程度高，受不利天气影响小，施工速度快；工艺先进，操作简便，施工质量和安全有保障；节能环保，效益显著等特点。

2.1 机械化程度高，受不利天气影响小，施工速度快。经过反复试验，只要挑选好合适的土方施工机械，填砂路基与土方路基施工大同小异，如施工地点水源充足，填砂路基晴雨天都能施工，施工进度能够得到保证。

2.2 工艺先进，操作简便，施工质量和安全有保障。施工质量的检测简单快捷，能及时反馈施工质量信息，指导施工；同时也无须特殊的安全防护措施。

2.3 节能环保，效益显著。在平原地区沿线的江河采集砂作路基填料，不仅能疏通河道，而且能保护生态、节约大量耕地，大幅降低工程成本，经济和社会效益显著。

3. 适 用 范 围

本工法适用于滨江、滨河或滨湖水网较密、土源贫乏而砂源丰富的平原地区新建或改建填砂路基工程的施工。

4. 工 艺 原 理

本工法通过控制砂的含水量、含泥量、级配等主要指标，使其达到规范要求的路基填料要求；并根据江（河）砂的"双峰"击实特性，通过分析出填砂路基的压实机理后，确定了填砂路基的压实机械、摊铺厚度、摊铺宽度、松铺系数、碾压遍数等施工参数；同时对填砂路基施工过程中的运输、摊铺、压实、洒水等施工工艺进行了总结，找到了适合填砂路基压实度快速检测的方法；针对路堤边坡稳定的问题提出了超出设计宽度摊铺、放缓路堤边坡及袋装砂码砌边坡等解决方案。

5. 施工工艺流程及操作要点

5.1 填砂路基的施工步骤

填砂路基的施工步骤如图 5.1 所示:

如图 5.1 所示,砂填料压实的主要施工工序包括运输、摊铺、洒水、碾压 4 个步骤。

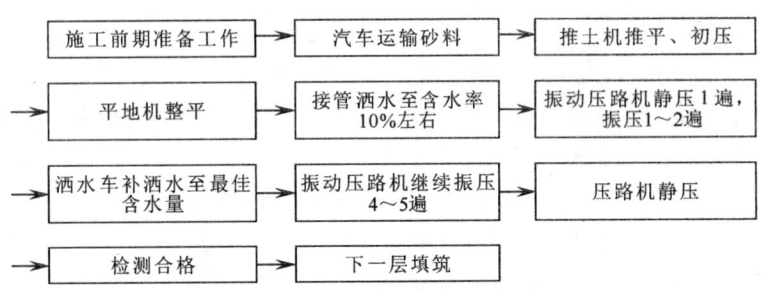

图 5.1 填砂路基施工步骤图

5.2 填料的运输

经过实践,5t 东风柴油自卸车和 8t 以上双后桥自卸车在碾压成型后的砂层上均可以载重行驶,可以缓慢匀速调头,调头半径尽量大一些。但 8t 以上双后桥自卸车载重在砂层上行驶要明显强于 5t 东风自卸车,如道路条件允许,则采用 8t 以上双后桥自卸车运砂。施工中还要注意的一个问题是:因砂的黏聚力很小或根本没有黏聚力,表面松散不易板结。车辆在砂层上行走很容易形成车辙,对砂层表面扰动很大,车辙最深处有 10~15cm。所以在砂层上继续上砂时,要经常保持砂层表面的湿润,砂层表面含水率控制在 10%~17% 范围内即可。出现较深车辙要用推土机、压路机及时整平碾压。

5.3 填料的摊铺

5.3.1 摊铺机械选配

由于砂的黏聚力小,推土机功率不需太大,但也不宜太小。功率太大,机械使用效率不高,费用不合算,太小起不到初步碾压的效果,TY140 的推土机使用效果较好,一个作业段配备两台 TY140 的推土机。整平用的平地机,只有双后桥的平地机才能在初步压实的砂基上作业,宜采用 PY180 型以上的平地机。

5.3.2 施工作业段长度

填砂时一个作业段的长度按 400~500m 划分为宜。作业段不宜太长,主要是考虑运砂车辆长距离行驶比较吃力。同时为保证运砂重车在砂层上正常行驶、调头,砂层要经常洒水(特别是在旱季),保持表层湿润,形成的车辙要及时整平、碾压。再者如采用接管洒水,大功率的潜水泵或其他压力泵的泵送距离也不宜太长,否则水的压力不够。同时,填砂时要求半幅挂线施工。半幅施工的方法能保证在同一个作业段形成流水作业,不至于因洒水碾压滞后造成待工现象。

5.3.3 摊铺的厚度

在通常 YZ18T~20T 的振动压路机的压实机具的条件下,松铺厚度不宜超过 50cm。在黏土下封层上铺筑的第一层砂的松铺厚度不宜小于 40cm,主要是为防止重型运砂车在第一层砂面上行走形成较深车辙会对下封层造成破坏。

5.3.4 摊铺宽度

填砂路堤填筑的摊铺宽度应确保宽出设计宽度 50cm,主要是因为砂的黏聚力很小,在碾压过程中,压路机不能过分靠边碾压,否则容易塌陷造成安全问题,这样设计路基宽度内就不能有效压实,因此要确保宽出设计宽度 50cm。在施工中,路基边缘压路机压不到的地方,可以考虑用小型压实机具或 TY140 以上的履带式推土机补压。

5.3.5 填砂路基的施工横坡度

填筑第一、二层砂时,施工横坡度控制在 1.5% 左右,能及时排除下雨后的表面积水避免因含水量过大引起黏土下封层发软。逐层填高后,施工横坡度可以适当减小,甚至做成平坡或反坡,填至路基顶面最后一、二层再修整到设计横坡度。这主要是考虑砂填料不同于土填料,砂路基填高后如横坡度大,下雨时砂层表面和边坡容易形成冲沟,引起路基边坡坍塌而且会增大压路机压实路基边缘时的水平推力，造成压路机不敢靠边碾压。填砂路基填至 0.8~1m 后，因砂料渗透性强的固有特性（通过试验砂的渗透系数在 10^{-5}cm/s 量级，而黏性土的渗透系数在 10^{-8}~10^{-6}cm/s 量级，砂的渗透性远远大于黏性土），将路基横坡度做成平坡或反坡，路基排水没有问题，还可以避免天气干燥时水的流失，同时也解决了路基边坡形成冲沟和碾压不安全的问题。

5.3.6 填砂路基的平整度

因砂黏聚力小的特性，在压路机静压前，用平地机刮平一遍，就基本能保证较好的平整度。

5.3.7 砂的松铺系数

路基分层填筑时，经过铺筑试验段，砂的松铺系数基本控制在 1.13 左右即可。

5.4 填砂路基的压实

5.4.1 压实标准及检测方法

1. 压实标准

填砂路基的压实度以重型击实试验法为准，参照部颁规范土方路基压实度标准执行，表 5.4.1 仅列出高速、一级公路压实标准，其他公路也以部颁规范为准。

高速、一级公路填砂路基压实度要求	表 5.4.1
路床顶面以下厚度（m）	压实度（%）
0~0.8	≥96
0.8~1.5	≥94
>1.5	≥93

2. 检测方法和仪器

计算压实度采用现场施工压实的干密度与标准击实试验的最大干密度之比。填砂路基的现场压实度应在每层距顶面 10~20cm 以下取样，检测频率应符合《公路工程质量检验评定标准》JTGF801 规定；检测方法采用大环刀法效果较好，采用体积为 1000cm³ 环刀进行检测试验数据能反映真实数据，含水量测定方法采用微波炉法测定的数据稳定准确，而且时间短，适用做砂土的含水量检测，应采用瓷器皿盛土不得使用金属盒。

5.4.2 压实工艺

使用 TY140 推土机推平砂料，经推土机推平时本身就对砂层进行初步预压，预压后通过现场压实度检测在天然含水量状态下（含水量在 5%~8% 之间）的压实度均在 81% 左右。压实机具是 YZ-20 型的振动压路机，碾压时先慢后快，用高频率，低振幅的方法进行振压，碾压速度控制在 2~4km/h，碾压时轨迹重叠宽度不小于 1/3 轨迹宽（注明：压实遍数压路机往返一次按一遍计）。松铺厚度控制在 30~50cm 以内，洒水控制施工含水量接近最佳含水量，压实度经过静压 1 遍，振压 5~6 遍，压实度均能达到 93% 以上，要达到更高的压实度，就要相应增加碾压遍数。如采用 20t 以上高频低振幅的压路机，压实效果会更好。一个施工作业段要配备 2 台 20t 以上的振动压路机。

5.5 填砂路基的洒水

5.5.1 洒水的方法

5t~8t 的洒水车装满水后不能在天然含水量状态下推平的砂层上直接行走洒水，可用 60m 扬程大功率潜水泵接 400m 橡胶管沿路基中间铺设，在水塘中抽水，每 20m 接一个三通，在三通上接消防水带人工逐段洒水。洒水使砂层的含水量至 10% 以上后，再用振动压路机静压一遍，振压 2 遍后，洒水车就能直接在砂层上行驶洒水至最佳施工含水量，再继续碾压。

5.5.2 水源问题

填砂路基需要大量的水，在沿线水塘、沟渠中抽水和沿路基开凿大口径机井抽水，能较好地解决水源问题。

5.5.3 洒水车的配备

一个作业段只要配备 1~2 部洒水车，结合接管洒水就能很好地解决填砂路基的洒水问题。洒水车的数量多少在雨期、旱期施工要根据情况增减。

5.6 填砂路堤边缘压实问题

在靠近路堤中部的部位，压实过程中填料处于有侧限受压状态，压实较为容易。而在路堤边缘，填料处于无侧限（或弱侧限）受压状态，压实困难，采用增加压实功的方法容易造成路堤边缘下陷，路堤边坡局部失稳。

为了保证路基设计宽度内的填料达到良好的压实效果。解决路基边缘压实问题的关键就是在压实过程中为设计宽度内路堤边缘部位的填料提供足够的侧向压力。提供侧向压力主要可以通过以下 3 种途径：

5.6.1 超出设计宽度摊铺（图 5.6.1）

5.6.2 放缓边坡（图 5.6.2）

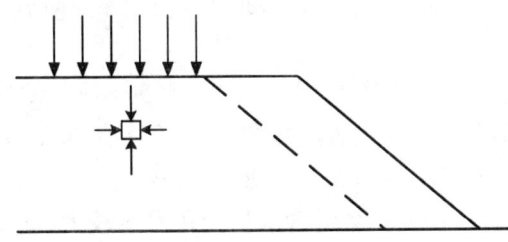

图 5.6.1 超出设计宽度摊铺

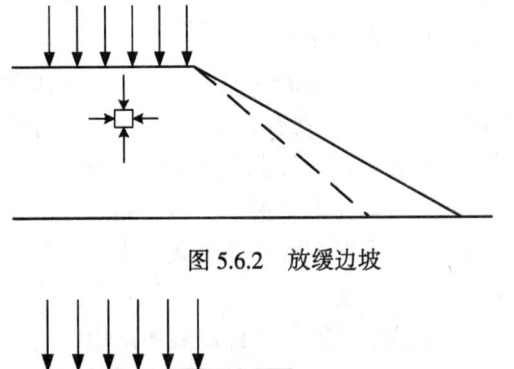

图 5.6.2 放缓边坡

5.6.3 袋装砂码砌边坡坡面处理（图 5.6.3）

3 种处理方法都可以为设计宽度内路堤边缘部位的填料提供足够的侧向压力，确保设计宽度内边缘部位的填料在压实过程中达到良好的压实效果。故在施工中可采用以下 3 种方式确保边缘填料达到良好的压实效果，①摊铺宽度超出设计宽度 50cm；②将坡度由 1:1.5 改为 1:1.75；③采用双排编织袋装砂码边处理。

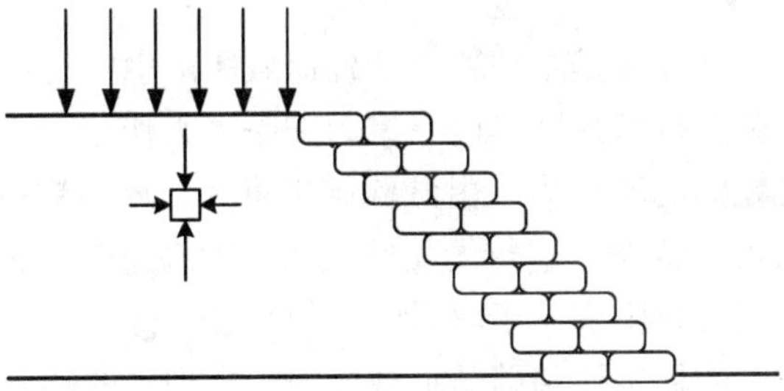

图 5.6.3 袋装砂码边坡坡面处理

6. 材料与设备

6.1 主要材料：砂

砂的主要物理、力学特性如下：

6.1.1 颗粒特性

根据规范要求，填方路基宜选用砾类土与砂类土作路基填料，并具有较强的抗液化能力。通过大量的颗粒分析试验，填料采用中、细砂从路基填料的分类上符合规范中填方路堤优先采用砂类土的要求；砂的粒径与级配对砂的液化性质影响很大，黏粒含量高则砂土不容易液化，粉粒含量高则容易发生液化，级配均匀的砂土比级配不均匀的更容易液化，平均粒径 D_{50} 对抗液化强度有明显影响，D_{50} 在 0.05~0.09mm 之间最容易液化。如果 D_{50} 越大，抗液化强度就越大。一般砂填料的 D_{50} 远远大于 0.05~0.09mm 的液化危险范围，同时粉粒含量低，颗粒级配不良，具有较强的抗液化的能力，在交通荷载循环作用和地震荷载作用下不会发生砂的液化。

6.1.2 界限含水量

界限含水量反映了路基填料的水稳特性及填料颗粒与水结合的能力，同时界限含水量为划分土类提供依据，为公路工程设计与施工提供参数。砂的液限、塑性指数均应符合路基填筑规范要求，并且较均衡，通过试验，一般砂料塑性指数在 8 左右，属低液限砂土，远低于高速公路路基填料塑性指数小于26 的要求。

6.1.3 天然含水量

因砂填料渗透性较大，砂填料的天然含水量变异性较大，在施工中需通过洒水控制含水量。

6.1.4 含泥量

填料含泥量要严格控制在5%以下，开采与运输方式对砂填料含泥量有较大影响，应进行合理选择。

6.1.5 渗透性

填砂压实后仍然具有良好的渗透性，符合规范对路基填料渗透性的要求。良好的渗透性可以保证填砂路基在使用过程中稳定性和强度不受水的影响。但水产生渗透力会带走较小的颗粒，从而在路堤中形成空洞，严重影响路堤的安全使用，所以填砂路堤需做好边坡防护与路堤坡角的排水措施，保证水顺利排出路基的同时要防止砂的流失。为方便排水，不透水的路基底封层应做成坡度大于4%的横坡。

6.1.6 承载力特性

砂填料压实后的CBR都在10%以上，在含水量从0变化到16%，压实度达到90%~92%时填料的CBR值在17%左右，具有较高的承载力，同时CBR值波动很小，表明填料压实后具有良好的水稳定性，按照规范适宜用于填筑任何填土高度的路堤。随着干密度的增加，CBR值明显增大。压实后砂填料的强度受含水量的影响很小，当达到一定的压实程度时，强度不会随含水量变化发生较大改变。所以江（河）砂压实后具有良好的承载能力，并且其水稳定性良好，是理想的路基填料。

6.1.7 抗剪强度

抗剪强度是指填料对于外荷载所产生的剪应力的极限抵抗能力，路基的稳定性与填料的抗剪强度密切相关。抗剪强度是由黏聚力和摩擦力构成，理论上砂的黏聚力应该为0，属于无黏性土，抗剪强度仅仅是粒间的摩擦力。由试验结果可知，砂填料的干密度对于摩擦角有较大的影响，填料的干密度越大，摩擦角也越大。这与无黏性土的强度理论一致的，填料颗粒越紧密，克服咬合摩擦需要的力也就越大。所以压实程度决定了填料的抗剪强度，保证砂填料的压实质量良好有助于达到较大的抗剪强度，能够保证边坡的稳定性与路基承载能力，是理想的路基填料。

6.1.8 压缩性质

路基的变形和沉降同路基填料的压缩性质密切相关。压缩系数 α_v 是土的一种重要压缩指标，它反映可孔隙比变化和压力变化之间的关系；压缩模量 E_s 表示土体在无侧限条件下竖向应力和竖向应变的关系；采用单轴固结仪法测试土的压缩系数和压缩模量，通过乐温高速砂场取样，试验结果如表6.1.8所示。

压缩系数、压缩模量试验结果　　　　　　　　　　　　　　表6.1.8

试样编号	1	2	3
初始干密度/(g/cm³)	1.80	1.74	1.70
压缩系数/(MPa−1)	0.037	0.039	0.069
压缩模量/(MPa)	38.469	33.701	20.473

由试验结果可知，填料干密度接近最大干密度时具有较高压缩模量值，说明填料在压实后具有良好的抗压缩变形的能力，在荷载的作用下的填砂路基不会产生较大的变形。

6.2 主要设备：5~8t自卸车、洒水车、TY140推土机、PY180平地机、YZ-20T压路机、潜水泵等机械设备及路基重型击实试验和环刀法压实度等检测仪器。

7. 质 量 控 制

填砂路基施工应执行《公路路基施工技术规范》JTGF10和《公路工程质量检验评定标准》JTGF801。

7.1 按规程和规范要求做好砂的天然含水量、颗粒分析、界限含水量、最大干密度、CBR值、含泥量等几项主要的材料试验，选好取砂点。

7.2 按规范要求的频率做好压实度的检测，施工过程中的路基压实质量控制，每点压实度均不小于规范规定的压实度标准，上一层合格后才能进行下一层的施工。严格控制路基压实度达标是质量控制的关键。

7.3 及时做好填砂路基的边坡防护，确保路基的边坡稳定，防止水土流失。

7.4 填砂路基完工后要进行沉降观测，按每 100~200m 设一点每天观测一次沉降情况，直到不再发生沉降（以每 3 天观测值变化小于 1mm 为准）时，才可进行中间交工验收和下道工序的施工。

7.5 机械设备的选配必须满足施工要求，关键是压实设备在一个作业面必须配 YZ-20T 以上压路机 2 台。

8. 安 全 措 施

8.1 建立现场安全保证体系，实行三级安全保卫负责制，做到责任明确，层层把关。严格执行《公路工程施工安全技术规程》JTJ076-95。

8.2 定期对施工机械和运输车辆进行安检，保证施工机械正常运转，杜绝机械带病工作。

8.3 操作手持证上岗，严格按操作规程进行操作。

8.4 施工现场临时用电严格执行《施工现场临时用电安全技术规范》JGJ46 的有关规定。

8.5 夜间施工要有充足的照明，并配备电工值班。

8.6 车辆交通设专人指挥，避免发生交通事故。

8.7 在主要交通口设专人进行监控，保证运输车辆的交通安全。施工过程中有检查、有总结，认真做好各项安全施工记录。

8.8 现场施工人员必须穿公路施工专用反光背心及施工鞋。

9. 环 保 措 施

9.1 合理选择取砂点。控制好不能在河道上乱采乱挖，应征得河道管理部门的批准，做到既能疏通河道，又能满足施工的要求。

9.2 边坡防护工作及时到位，防止水土流失，同时确保路基稳定。

10. 效 益 分 析

10.1 直接和间接经济效益分析（以乐温高速公路运用为例）

10.1.1 直接经济效益

全线路基填筑方量 13547946 m³，除路线挖方利用 1698738m³（占 12.5%），需借方 11849208m³（占 87.5%）。经调查沿线就近可取土 4241294m³（占 31.3%），尚缺借方 7607914 m³（占 56.2%）。所缺借方如采用黏土，则需到工程以外的场地寻找土源，经设计部门了解，土源离工地约 30~40km，平均 35km，扣减取砂综合平均运距 18km，取土运距多 17km。按中等距离运输市场价测算，土石方平均每立方米每公里增加运费约为 1.2 元，则每立方米土方增运费为 1.2 元/（km·m³）×17km（运距）=20.4 元/m³，扣减采砂费用约 6 元/m³ 和填砂路基施工压实等机械增加费以 2 元/m³，填砂方案节约造价约：（20.4-6-2）元/m3×7607914m³=94338133 元。所缺土方如采用就地农田取土填筑的方法，因农田土含水量大，估计有 60%~70%土方需进行改良，则按乐温高速公路各填砂标段石灰改良土加权平均单价与填砂路基的加权平均单价之差 19.59 元/m³ 计算，填砂方案节约造价约：19.59 元/m³×7607914m³×65%=96875373 元

10.1.2 间接经济效益

间接经济效益表现在经水利部门批准大量使用河砂既疏通了河道，又保证了雨期正常施工，因而加快了工程进度。主要体现在以下几个方面：

1. 疏通了河道，减少了有关部门的疏浚成本所产生的效益

经水利部门批准，施工中在指定的河道内的淤积沙滩上取砂。疏通河道通常采用抽砂机吸砂，取砂上岸囤放的费用平均 5 元/m³，5 元/m³×7607914m³=38039570 元，为省航务工程部门节约了相应的疏浚成本。

2. 工程进度加快、缩短工期，降低了施工成本所产生的效益

每年的雨季长达 6 个月，采用河砂作填料，填筑工作在在雨季仍可适当地有序进行。按照要求应在最佳含水量状态下分层碾压，而最佳含水量在 10%~15% 之间，砂到现场后一般都要用洒水车补水碾压。雨季中适当的雨量恰可用于填砂补水，有利于碾压。这是黏土填筑施工逢雨则停的情况不可比拟的。乐温高速公路路基填筑从 2004 年 1 月至 2004 年 10 月结束，比同类项目提前了 2 个月完成路基填筑阶段目标。

本项目概算路基土方项目定额基价约为建安费的 72%，现场管理费、间接费率 7.39%。按此费率计算，全线路基单位合同额为 2402077566 元，则现场管理费基本费用、间接费用 2402077566×72%×7.39%=127809743 元，路基合同段合同工期为 18 个月。可降低两个月的现场管理费、间接费用 14201083 元。

乐温高速公路所产生的直接经济效益和间接经济效益统计如表 10.1.2。

直接经济效益和间接经济效益统计膜　　　　　　　　　　　　　　　　表 10.1.2

效益类型	直接经济效益	间接经济效益	合　计
效益（万元）	9434	5224	14658

10.2　社会效益分析

由于乐温高速全线缺土 7607914m³，若在附近农田取土再进行过湿土改良，需破坏农田约 5400 亩，这样势必造成大面积良田被破坏，既损害了附近百姓的利益，又不符合国家保护基本农田建设的方针政策，且毁坏了沿线的生态环境。若采用远运土方则要跨越赣江和抚河两大河流及其支流，沿途需加修便道，加固老桥或修建临时便桥，增加路基土石方施工时间，不利于合理安排工期，又增加造价，且扬起的尘土污染沿线的环境。

11. 应 用 实 例

11.1　江西省乐温高速公路路基施工

江西省乐温高速公路长约 46km 的路基采用了本工法施工，其中 A9、A10、A11、B1、B2 等都应用了此工法施工。项目 2005 年底建成通车，通过这几年应用重型动力触探、短期灌水沉降观测、FWD 落锤式弯沉检测等多种技术手段，对填砂路基的压实效果、稳定与变形特性、整体承载性能等进行了跟踪调查，表明填砂路基压实效果良好，压实后的路基沉降与侧向位移都较小，路基稳定性良好，符合设计要求，填砂路基比填土路基具有更好的承载力。

11.2　南昌至厦门一级公路 A2、A3、A4 合同段路基施工

江西省交通厅投资的南昌至厦门一级公路 A2、A3、A4 合同段路基施工中，江西省交通工程集团公司采用填砂路基碾压密实施工工法，经济和社会效益效果明显。

11.3　大城至万载一级公路路基施工

大城至万载一级公路采用填砂路基碾压密实施工工法，既保证了工期，又确保了工程质量。

高分子聚合物注浆处治高速公路病害施工工法

GJYJGF058—2010

郑州优特基础工程维修有限公司　河南省路桥建设集团有限公司

王复明　王辉　张红春　张建华　李强

1. 前　言

郑州优特基础工程维修有限公司联合郑州大学等多个单位经过多年联合攻关，开发了"高速公路病害诊断与高聚物注浆快速处治技术"，2007年通过河南省科技厅鉴定。同时与河南省路桥建设集团有限公司、郑州大学、河南交通投资集团有限公司等单位密切合作，形成了高分子聚合物注浆处治高速公路病害施工工法。该工法关键技术经河南省住房和城乡建设厅组织鉴定为国际领先。科研成果先后获得河南省科技进步一等奖和国家科技进步二等奖。

京港澳高速公路（G4）安阳至新乡段，为国家高速公路主干线的重要组成部分，路线全长113.195km，1997年建成通车。由于该段高速公路交通量大，重载车辆多，病害严重，传统维修方法对交通干扰大且难以根治病害。

2007年，河南省交通厅和河南省科技厅以京港澳高速公路（G4）安阳至新乡段为依托，联合组织实施了高速公路快速检测修复示范工程，由郑州优特基础工程维修有限公司和河南省路桥建设集团有限公司联合施工，成功治愈了唧浆等病害。工法成果先后推广应用到郑州至漯河高速公路维修工程，连霍高速郑州段、洛阳段、商丘段养护专项工程，京珠高速驻马店段养护专项工程等60多条高速公路路段，有效治理了高速公路病害，延长了高速公路寿命，取得了良好的经济效益和社会效益。

2. 工 法 特 点

2.1 应用专门研制的非水反应类水不敏感型自膨胀闭孔高分子聚合物注浆材料，不污染环境，耐久性好，维修工期短。

2.2 采用了无损检测技术，实现了维修范围和维修工艺双精细，保证了工程维修质量。

2.3 针对不同的路面结构和病害类型，分别采用板底注浆技术、基底注浆技术、加载注浆技术和深部注浆技术，使得注浆维修更具有针对性，并可一次注浆，多层修复。

2.4 采用自行研发的集成化高聚物注浆装备，灵活机动性强，提高了注浆效率和注浆质量。

2.5 与传统维修技术相比，高分子聚合物注浆处治高速公路病害施工工法具有快速、耐久、经济、环保等优点，经济社会效益显著，具有广阔的推广应用前景。

3. 适 用 范 围

本工法适用于高速公路、市政道路和机场道面脱空、沉陷、唧泥、强度不足等病害处治，包括：水泥混凝土路面脱空、唧浆、沉陷病害处治；半刚性基层路面开裂、唧浆、基层松散、强度不足病害处治；路基压实度不足、路面沉陷病害处治等。

4. 工 艺 原 理

4.1 本工法采用的高聚物注浆材料为新型非水反应类水不敏感型自膨胀闭孔高分子聚合物，原材料为两种预聚体液体。当这两种预聚体液体材料混合在一起时，预聚体即刻发生聚合反应，膨胀并形成泡沫状固体。

4.2 注浆前，采用落锤式弯沉仪（FWD）或探地雷达（GPR）快速诊断路面病害，分层、分段检测评价路面使用性能和病害情况，制定针对性的养护维修方案。注浆后再进行无损检测，评价注浆效果。

4.3 根据无损检测结果，将注浆管下到路面病害位置，向其中注入两种高聚物预聚体液体材料，材料迅速发生反应，膨胀固化，达到填充脱空、排除积水、挤密压实，治理病害的目的。

5. 施工工艺流程及操作要点

5.1 施工工艺流程

高分子聚合物注浆处治高速公路病害施工工艺流程见图 5.1。

5.2 操作要点

5.2.1 高聚物注浆材料配制

设备进场前，配制高聚物注浆材料。首先根据工程要求配置出两种高聚物预聚体液体原材料，分别盛入不同的料桶中，装入高聚物注浆车，带到现场。

5.2.2 注浆前检测诊断病害

利用落锤式弯沉仪（FWD）或探地雷达（GPR）对需维修路段进行检测，对路面进行分层分段评价，判断病害情况，确定注浆路段和注浆区域。

1. 落锤式弯沉仪（FWD）检测

采用 FWD 检测路面弯沉，根据弯沉检测结果分层分段评价路面结构层刚度以及脱空病害情况等。检测方法如下：

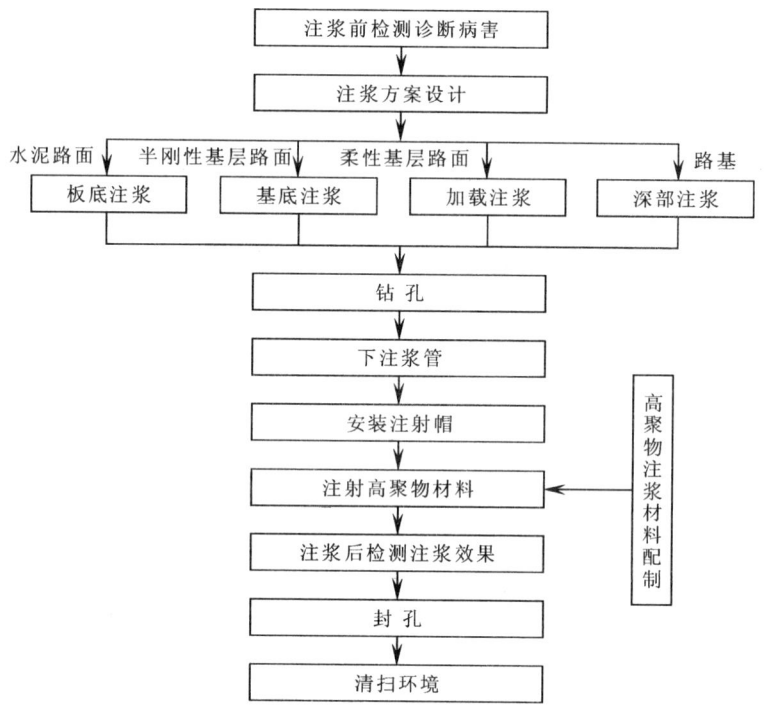

图 5.1 高聚物注浆施工工艺流程

1) 荷载设置：落锤式弯沉仪检测时，设置施加荷载为 5t，压强 700kPa。

2) 测点布置：

(1) 对于水泥混凝土路面，测点位置为板的右板角，距板边 0.25m。见图 5.2.2-1。

(2) 对于半刚性基层路面，测点位置为沿车道右轮迹，纵向间距 6.0m。

(3) 裂缝处，测点距离裂缝 0.25m。见图 5.2.2-2。

2. 探地雷达（GPR）检测

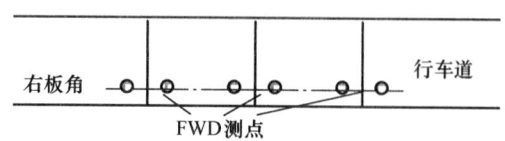

图 5.2.2-1 水泥混凝土路面 FWD 测点位置示意图

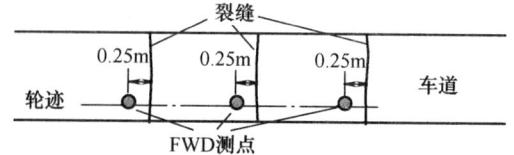

图 5.2.2-2 裂缝处 FWD 测点位置示意图

采用 GPR 检测时，测线一般为车道右轮迹线，沿着轮迹线连续检测，根据检测结果反演分析结构层厚度，松散、脱空、沉陷等路面病害，确定病害深度和类型。

5.2.3 注浆方案设计

根据检测路面类型和注浆前检测结果设计高聚物注浆方案。对于水泥混凝土路面采用板底注浆技术；对于半刚性基层路面，采用基底注浆技术；对于基层松散半刚性基层和柔性基层路面，采用加载注浆技术；对于路基病害，采用深部注浆技术。

1. 板底注浆

1）注浆孔布置

注浆孔沿行车方向分布，注浆孔距离板缝 0.25m。孔间距 1.2~1.5m，横向及纵向平均分配；板中均匀加密两点，见图 5.2.3-1。

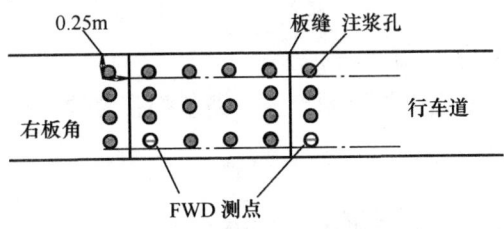

图 5.2.3-1　一般水泥板注浆孔布置

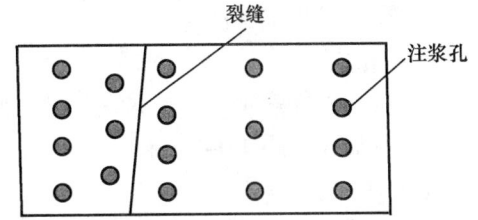

图 5.2.3-2　断裂水泥板注浆孔布置示意图

如遇到板断裂，在裂缝处增加注浆孔，见图 5.2.3-2。

2）注浆孔直径和深度

注浆孔直径 0.016m，钻孔深至路基顶（图 5.2.3-3）。

2. 基底注浆

1）注浆孔布置

（1）裂缝位置：注浆孔距离裂缝 0.25m，沿缝间距 1.00m，交叉布置（图 5.2.3-4、图 5.2.3-5）。

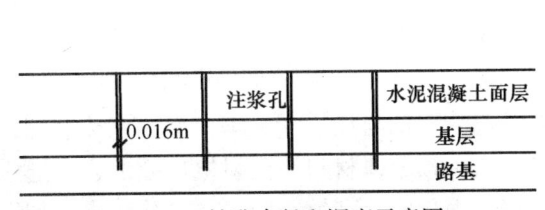

图 5.2.3-3　钻孔直径和深度示意图

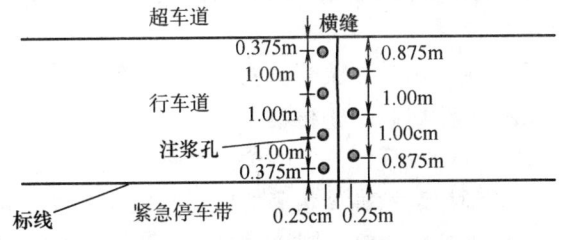

图 5.2.3-4　横缝注浆孔布置示意图

（2）局部唧泥点位置：以唧泥点为中心呈梅花形布置，纵横向距离唧泥点 0.30m（图 5.2.3-6）。

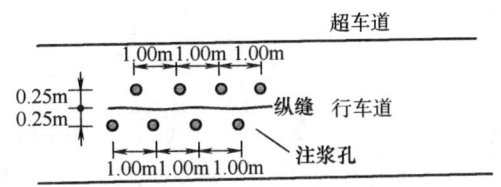

图 5.2.3-5　纵缝注浆孔布置示意图

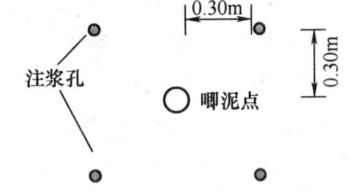

图 5.2.3-6　唧泥点注浆孔布置示意图

（3）整车道预防性养护：注浆孔按纵横向间距 1.2~1.5m 均匀布置（图 5.2.3-7）。

2）注浆孔直径和深度

注浆孔直径 0.016m，钻孔深至路基顶面。注浆管置于基层中间。具体深度根据结构层情况确定（图 5.2.3-8）。

3. 加载注浆

对于基层松散的半刚性基层路面或柔性基层路面，为防止高聚物膨胀力将路面顶起，需要采用加载注浆。在基底注浆工艺的基础上，在注浆孔上方路面施加附加的载荷。

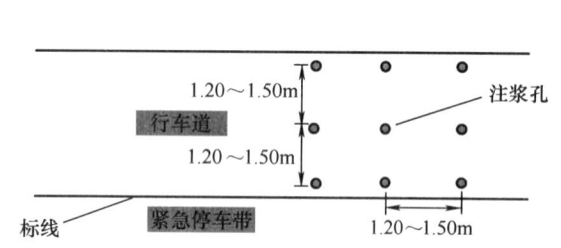

图 5.2.3-7　整车道注浆孔布置示意图

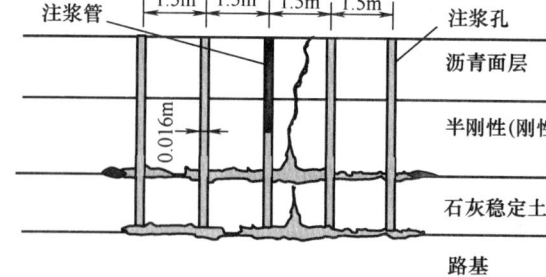

图 5.2.3-8　注浆孔深度及注浆效果示意图

加载板尺寸 1m×1m，中间有 0.05m 直径圆孔，荷载不小于 2000kg。加载时，要求注浆孔露出加载板中间圆孔，以便能够注浆。

4. 深部注浆

对于路基深部病害，需要采用深部注浆技术，即根据无损检测确定的路基病害位置，钻孔至病害位置深度，注浆孔间距 1.0~1.5m。

5.2.4　钻孔

按照设计的钻孔深度，利用冲击钻在标注的注浆孔位置钻孔至设计深度。

要求钻孔垂直，孔位误差不大于 0.05m，钻孔深度不能小于设计深度。

5.2.5　下注浆管

使用切割工具按相应的长度截取注浆管，把注浆管下入到注浆孔中至设计深度。基底注浆，注浆管需下到基层中间；深部注浆，需要将注浆管下到病害位置。

加载注浆时，注浆管不能使用 PVC 管，要求使用铜管或铁管。

5.2.6　安装注射帽

把注射帽凹型边缘使用专用工具清理干净，以便于与注射枪更好的结合。将已清理注浆帽安装到注浆管上端口。

要求注浆帽与注浆管紧密结合，不能松动，否则更换注浆管。

5.2.7　注射高聚物材料

按照设计或现场确定的注浆量进行注浆。使用夹具把注射枪与注射帽夹牢，配比仪按照配比通过输料管道分别把两类高聚物预聚体材料输送到注射枪口，两种预聚体材料在注射枪口处混合，通过注浆管输送到病害处。两种材料迅速发生化学反应后，体积膨胀固化，达到填充脱空、排除积水，加固松散区或软弱区，抬升沉陷路面，快速处治路面病害的作用。

注浆压力根据设计要求控制，一般可设置为 7MPa。

注浆到设计注浆量后，要求立即关闭注射枪保险，等待 15s 以后才能分离注射枪和注射帽。

5.2.8　注浆后检测注浆效果

注浆后使用专用工具把注浆帽去除，切除露出路面的注浆管，待 15~20min 后。利用 FWD 或 GPR 进行注浆后检测，分析注浆维修效果。如满足要求，则完成注浆；如不满足要求，则需进行补注，直到达到要求为止。

检测方法和位置与注浆前保持一致。

注浆前弯沉大于 300μm 的点，注浆后一定要复测。注浆后弯沉平均值要求降低 30% 以上，最大弯沉不能大于 400μm。否则，需进行补注，直到达到要求为止。

5.2.9　封孔

为防止雨水侵蚀，破坏路面，并保持良好的路容路貌，使用道路密封胶把注浆孔封住。使用密封胶时需对其加热，加热温度控制在 160~200℃。灌注密封胶时要使密封胶略低于路面。如果高出路面，使用工具将其整平。

5.2.10 清扫环境

使用铁刷对注浆孔及污染路面进行处理，并用笤帚对施工作业区进行清扫，再使用吹风机进行清理。使用湿抹布对排除泥水处进行清理，最后把路面污染处进行处理。

6. 材料与设备

6.1 材料

高聚物注浆主要材料为非水反应自膨胀闭孔高聚物材料，原材料为双组分液态预聚体，混合后会迅速反应，体积膨胀，固化为高聚物发泡体。高聚物材料属水不敏感型材料，防水性能优良。材料反应十分迅速，反应时间从几秒钟到几十秒钟，可以调控，并且在 15min 内即形成 90%的强度。材料具有良好的弹性和强度，特别是具有较好的抗拉强度。材料具有高膨胀性，体积膨胀可达液体体积的 10~20 倍，自重轻。高聚物材料呈中性、惰性性质，不污染土壤和水。

其他材料包括 PVC 注浆管、注浆铜管、注浆铁管、道路密封胶等。

6.2 设备

高聚物注浆主要设备包括检测设备和高聚物注浆车。

6.2.1 检测设备

1. 落锤式弯沉仪（FWD）　　1 台

（最大荷载达到 120kN，弯沉传感器精度 1μm，传感器误差<2%）

2. 探地雷达（GPR）　　　　1 台（可选）

3. 牵引车　　1 辆

（用于牵引落锤式弯沉仪或探地雷达）

6.2.2 高聚物注浆车

集成式高聚物注浆车　　　　1 辆

注浆车内集成如下设备：

1. 发电机　　　　1 台
2. 空压机　　　　1 台
3. 配比仪　　　　1 台
4. 冲击式电钻　　2 台
5. 注射枪　　　　1 把
6. 供料桶　　　　2 个
7. 电磁炉　　　　1 个

7. 质 量 控 制

7.1 注浆孔

注浆孔间距、钻孔深度和孔径根据设计要求控制。

7.2 注浆压力

注浆压力根据工程设计和实际调整，一般可设置为 7MPa。

7.3 注浆效果

7.3.1 注浆前对每条缝进行弯沉检测。

7.3.2 注浆前弯沉值大于 300μm 的点注浆后进行复测。

7.3.3 注浆前后弯沉值应达到标准见表 7.3.3。

弯沉控制标准

表 7.3.3

注浆前弯沉	注浆后弯沉
300~500μm	平均值降低 30%以上
≥500μm	≤400μm

7.3.4 注浆后弯沉值达不到上述标准的，应实施补注，直至达到上述标准。

7.4 沉陷路面抬升

抬升沉陷路面时，采用激光水准仪进行监控。为防止路面开裂，沉陷量较大的采用多次提升方法。每次抬升量控制在 1cm 之内，要求最终路面高差不大于 5mm。

8. 安 全 措 施

8.1 按照国家相关规程和办法执行。坚决贯彻"安全第一，以人为本"的方针。

8.2 施工时，做好交通管制，防止发生交通事故。施工作业区设置安全标志、标牌及锥桶，并设流动保通员在作业区内来回巡查。

8.3 施工过程中，作业人员必须统一着规定的醒目橘红色服装，现场负责人、技术员必须挂牌上岗。

8.4 施工时，人员要面对来车方向，随时注意来车动向，保证自身安全。

8.5 施工时，严格按照施工工序进行，设备机具操作按照设备操作规程作业。

9. 环 保 措 施

9.1 遵照国家相关规程和办法

9.2 防止大气污染

钻孔时，使钻头通过专门处理的料桶对注浆孔位置进行钻孔，钻出的废料直接进入到料桶中，防止尘土飞扬；钻孔完毕后，及时对钻孔处进行清理，避免灰尘扩散。

9.3 防止路面污染

注浆时，为防止高聚物可能喷洒到路面，造成路面污染，将特制铁盆通过注射帽放在注浆孔处，注浆帽露出盆底，使用夹具把注射枪与注射帽夹牢后再进行注浆。

9.3 防止噪声污染

在施工现场严格遵照《建筑施工场界环境噪声排放标准》GB 12523 来控制噪声，选用低噪声设备，降低施工过程中的施工噪声。

9.4 确保工人身体健康

工人施工时必须佩戴劳保用品。

10. 效 益 分 析

10.1 经济效益

由于高聚物注浆针对性强，不破坏原有路面，因此与开挖换填方案相比，可以节省直接维修经费 30%以上。

10.2 社会效益

高聚物注浆施工快捷，不需养护，可以节省 70%以上的工期，减少对交通的干扰，减少汽车行驶成本，减少道路使用者的时间成本，减少交通事故损失，综合社会效益十分显著。另外高聚物注浆技术避免了开挖维修产生的废料造成的环境污染。

11. 应 用 实 例

高速公路快速检测维修技术示范工程。

11.1 工程概况

京港澳高速公路（G4）安阳至新乡段（安新高速公路）为国家高速公路主干线的重要组成部分，交通量大，重载车辆多，病害比较严重。2007年前，管养单位每年投入大量经费，采取了水泥压浆、基层开挖换填混凝土、加铺面层等多种处治措施，均未达到根治病害的效果。

2007年，河南省交通厅和河南省科技厅以安新高速公路为示范路段，实施高速公路快速检测维修技术示范工程，采用无损检测和高聚物注浆新技术，全面治理安新高速公路主要病害。

11.2 施工情况

京港澳高速公路（G4）安阳至新乡段维修工程高聚物注浆主体维修工作从2007年6月开始，8月结束，历时80d，对病害路段的累计注浆维修面积约35万 m^2 ，处治基层脱空、唧泥等病害24073处。

11.3 维修效果

注浆处理的24073处病害，经过几个雨季和冻融期，发现雨后唧泥现象得到根本改善，仅有1101条裂缝有轻微的点状唧泥现象，进行了二次补注，一次处治完好率达95%以上。本工程采用高聚物注浆维修与开挖维修相比，节约资金5800万元。

改性透水混凝土复合路面系统施工工法

GJYJGF059—2010

云南官房建筑集团股份有限公司　云南建工第五建设有限公司
刘继杰　杜杰　詹望　方菊明　焦伦杰

1. 前　言

现代城市为解决路面缺乏呼吸性、吸收热量和渗透雨水的能力，应用透水混凝土作为道路材料，对于恢复不断遭受破坏的地球环境起到了很大的作用，在日常生活中推行了"低碳生活"的概念，对人类的可持续发展作出了重大的贡献。但传统的透水混凝土路面存在着防尘抗污能力不足、保色性不高，耐磨性能差、排水困难，与其他市政排水系统难以协同工作等缺陷，如今随着人们对道路行车安全性、舒适性及路面结构承载力等提出了更高的要求，针对不同的使用要求，不少开发者对透水混凝土路面材料进行了不断的改良，但是如果仅靠一层表层结构，无法达到人们对透水混凝土最理想效果的追求，这些缺陷都严重影响了透水混凝土的推广使用。

经云南官房建筑集团股份有限公司和云南建工第五建设有限公司经多年研究、试验，通过在传统透水混凝土配制的基础上，对透水面层、大孔透水混凝土基层，采用对原材料添加多种外加剂，进行混凝土的改性，配合多个结构层的有效复合，成功研发出具有环保性、高透水、易维护、高承载的改性透水混凝土复合路面。路面设计中融合与专业配套排水、蓄水措施的协同，形成一种能够利用雨水资源集成系统有效还原地下水，缓解热岛效应、减少地表径流、经济实用的环境友好型铺装系统。通过在云秀书院、万辉星城（荣获2010年"春城杯"市优质工程一等奖）等项目中的成功运用，形成了一套完整的改性透水混凝土复合路面系统施工工法。

2. 工 法 特 点

2.1 易维护性
表面采用了透明硅氟密封剂密封处理，能够提高表面的耐磨性、防尘抗污能力和保色性，使得透水地面仅由自然雨水冲刷或高压水冲洗即可保持洁净和持续的透水。

2.2 环保性
从材料选用到施工完成，无需任何非环保材料；同时最大程度地利用雨水资源、缓解城市热岛效应和缺水状况，方便生活，充分体现创建节约型和谐社会的号召。

2.3 高透水性
孔隙率为15%~35%的多孔性透水地面透水率不小于15~20mm/s，远远高于最有效的降雨在最优秀的排水配置下的排出速率，几乎可适用于任何降雨量条件下的完全透水。

2.4 高承载力
改性透水混凝土复合路面通过采用改性透水混凝土面层、基层和多个结构层的有效复合，承载力能够高于一般透水混凝土的承载力，同时具备良好的透水性。

2.5 抗冻融性
改性透水混凝土复合路面系统比一般混凝土路面拥有更强的抗冻融能力，不会受冻融影响而断裂，因为它的结构本身有较大的孔隙。

2.6 耐久性

改性透水混凝土复合路面因使用了抗紫外线固化剂等多种添加剂，使路面具有更好的耐久性能。

2.7 系统性

通过系统设置贮水井（池）和集水管网，结合完全透水方案，能够实现渗透补给地下水和雨水资源回收利用于中水系统或绿化灌溉的双重目标。

2.8 设计灵活、个性化

可根据路面承载能力、透水性能、排水方案等的设计要求，对复合结构层进行调整，以满足设计要求。拥有个性化的色彩配比方案，能够完美表达设计师的创意，实现不同环境和个性所要求的装饰风格。

3. 适 用 范 围

特别适合用于有高标准要求的城市公园、居民小区、工业园区、体育场、学校、医院、停车场等路面。

4. 工 艺 原 理

4.1 在传统透水混凝土原材料中加入改性树脂、体质胶粘剂、抗紫外线固化剂及其他多种外加剂，改善混凝土性能。

4.2 透水面层完成后表面采用透明硅氟密封剂密封处理，赋予表面更好的耐磨性、防尘抗污能力和保色性。

4.3 对路面采用多个结构层复合设计，可根据实际要求对复合层结构进行调整，施工中根据不同基层要求逐层施工，充分发挥复合基层作用，达到对路面最理想效果的追求。

4.4 将改性透水混凝土复合路面与集水管网、渗透贮水井、渗透井、储水溢流设施等排水、蓄水设施综合应用，使其协同工作。能够有效、系统地对经透水面层渗透下的地表水进行收集、渗透、排出。

5. 施工工艺流程及操作要点

5.1 施工工艺流程

施工工艺流程详见图5.1。

5.2 操作要点

5.2.1 改性透水混凝土复合路面基层处理

1. 透水混凝土路面的厚度：根据路面类型的不同所选用的面层厚度不同。对人行道，自行车道等轻荷重地面，一般面层厚度不低于80mm；对停车场、广场等中荷重地面，面层厚度不低于100mm，若采用彩色花纹透水性混凝土，考虑成本，可将面层分为2层，即表层为彩色透水混凝土层，

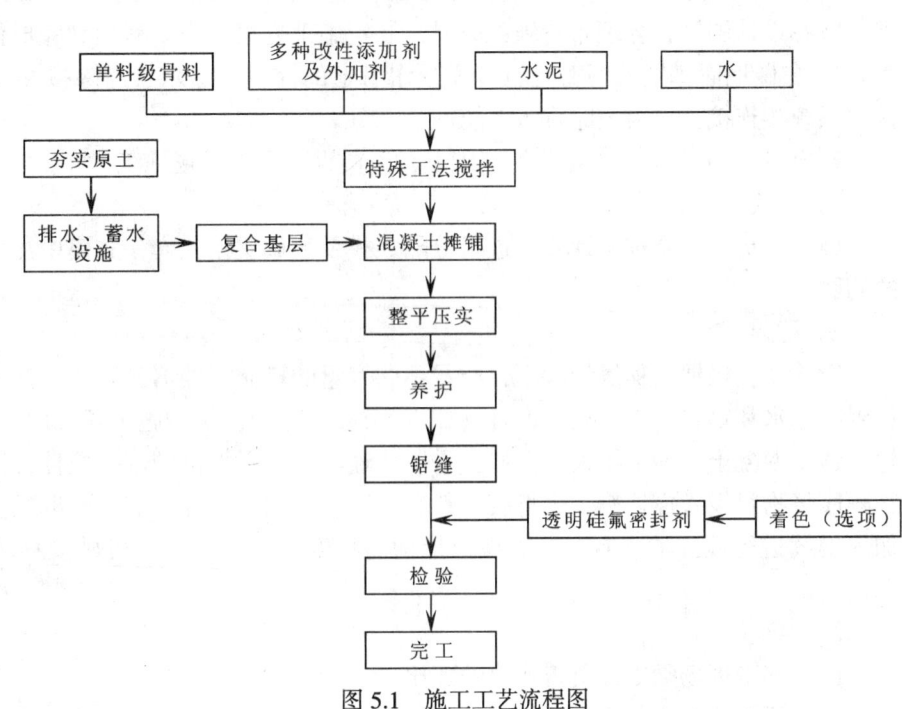

图 5.1 施工工艺流程图

厚度一般不低于 30mm，下层为素色透水混凝土层。

2. 为确保路体结构层具有足够的整体强度和透水性，表面层下需有透水基层和较好保水性的垫层。

基层要求：在素土层夯实层上，配用的基层材料，应有适当的强度外，须有较好的透水性，采用级配砂砾或级配碎石等。采用级配碎石时，碎石的最大粒径应小于 0.7 倍的基层厚度，且不超过 50mm。

垫层一般采用天然碎石，粒径小于 10mm，俗称瓜子片，并铺有一定厚度、铺设需均匀平整。

3.考虑大暴雨季节因素，为防止基层过多积水，影响地基，在基层处设置专用透水管道排水，通向道路边的排水系统，用以排除过量的雨水。

5.2.2 贮水井（池）和集水管网的施工

1. 必须配备专业的市政管网施工专业单位。

2. 标高控制

1）固定区域范围内的水准点可采取往返测的方法进行布设和校核，引测误差≤±20Lmm（L 为测线长度，以 km 为单位），并按测量规范设置永久性控制点。

2）标高传递采用 S3 水准仪将水准传递至施工面，保证施工层面标高测量偏差≤3mm。

5.2.3 透水混凝土层的施工

一般按 80mm 为标准作为人行道的基准厚度，在此基础上按不同的功能，设计不同的厚度。

1. 施工准备：施工前应做好组织、物资、技术等 3 大准备。

2. 组织准备：建立健全的施工项目组织机构的人员设置，以能实现施工项目所要求的工作任务为原则，人员配置要从严控制，力求一专多用，一人多职。

3. 物资准备：透水性混凝土实质上相似于水泥混凝土施工，其原料中仅少了砂子，其他所需材料必须在施工前准备完毕。

搅拌机械的设置场地，透水混凝土的搅拌是采用小型卧式搅拌机。搅拌机最佳的设置方案是施工现场的中段，因透水混凝土是属干料性质的混凝土，其初凝快，为保证运输时间应尽量短。为防止混凝土污染施工场地，搅拌机下部的一定范围需用防护板设防措施。

4. 施工机械、推车、瓦工工具等必备的工具、立模用的木料或型钢等配备；水、电设施到位，生活用水、电以及施工用水、电。施工用电：三相电；施工用水：普通自来水连接到搅拌设备旁。

5. 施工前的技术准备：了解和分析工程项目特点、进度要求，了解施工的客观条件，根据设计要求，熟悉设计图纸，合理布置施工力量，制定施工方案，为工程顺利完成做好技术上的准备工作。

6. 在做地面基层的同时进行专用透水管道的铺设，透水管道除按图纸要求铺设外，必须与原道路排水系统相连接，成为道路排水系统的一部分。

7. 施工：在准备工作充分的基础上，人员设备方可进场施工。

1）立模

施工人员首先须按设计要求进行分隔立模及区域立模工作，立模中注意高度、垂直度、泛水坡度等的问题。

2）搅拌

搅拌器：根据工程量的大小，配置不同容量的机械搅拌器，机械搅拌器的一定范围内的地面处，应设置防止水和物料散落的接料设备（如方形板式斗类），保护施工环境的卫生，减少施工后的清理工作。

透水混凝土不能采用人工搅拌，采用普通混凝土搅拌机械进行搅拌，搅拌时按物料的规定比例及投料顺序将物料投入搅拌机，先将胶粘料和碎石搅拌约 30s 后，使其初步混合，再将规定量的水分 2~3 次加入继续进行搅拌约 1.5~2min。视搅拌均匀程度，可适当延长机械搅拌的时间，但不宜过长时间的搅拌。

注意事项：

（1）施工现场须专人负责物料的配比。

（2）严格控制水灰比，即控制水的加入量，水在搅拌中分 2~3 次加入，不允许一次性加入。

（3）为使物料搅拌均匀，适当延长机械搅拌时间，但不宜过长。

3）运输

透水混凝土属干性混凝土料，其初凝快，一般根据气候条件控制混合物的运输时间，运输一般控制在 10min 以内，运输过程中不要停留，手推车必须平稳。

4）摊铺、浇筑成形

透水混凝土属干性混凝土料，其初凝快，摊铺必须及时。对于人行道面，大面积施工采用 ，其松铺系数为 1.1。将混合物均匀摊铺在工作面上，用刮尺找准平整度和控制一定的泛水度，然而平板振动器（厚度厚的用平板振动器）或人工捣实。捣实不宜采用高频振动器。最后用抹刀抹平。抹合不能有明水。

注意事项：

（1）松铺系数即为物料摊铺高度高于实际高度的比，按透水混凝土的干湿度，一般采用 1.1~1.15 之间。

（2）平板振动器振动时间不能过长，防止过于密实，可出现离析现象。

（3）摊铺时尽量快、正确。

（4）因透水混凝土其孔隙率大，水分散失快，当天气温高于 35℃ 时，施工时间应避开中午，适合在早晚进行施工。

8. 养护

透水性混凝土由于存在着大量的孔隙，易失水，干燥很快，所以养护非常重要，尤其是早期养护，要注意避免混凝土中水分大量蒸发，通常透水性混凝土拆模时间比普通混凝土短，如此其侧面和边缘就会暴露于空气中，应用塑料薄膜及时覆盖路面，以保证湿度和水泥充分水化。

透水混凝土应在摊铺后 1d 开始洒水养护，若遇干热天气，可在浇筑后 8h 开始洒水养护，以免过早失水。洒水养护时，应在 2~3m 处用散射水养护，每天至少洒水 4 次。淋水时不宜用压力水直冲混凝土表面，这样会带走一些水泥砂浆，造成一些较薄弱的部位。昼夜温差大于 10℃ 以上的地区或平均温度小于等于 5℃ 施工的混凝土路面应采取保温措施。透水混凝土养护时间应根据施工温度而定，一般养护期不少于 3~7d。

9. 分割缝

透水混凝土采取与普通混凝土相同的分割缝法对路面进行分割，但缝间距可比普通混凝土稍大，一般可为 6m，结构沉降缝采取施工预留法，伸缩缝采用切割法，施工缝和伸缩缝应用弹性材料填充。

10. 涂覆透明硅氟密封剂

面层混凝土养护 7d 后用清水清洗干净，待表面彻底干燥后，进行着色作业，涂覆透明硅氟密封剂，紧跟着色作业。将透明硅氟密封剂均匀喷涂于表面，保护工作面，静置 8h（时间长短可根据现场气温、通风条件等适当调整）。

6. 材料及设备

6.1 材料

6.1.1 水泥

透水性混凝土一般选用 32.5 级以上的强度等级硅酸盐水泥或普通硅酸盐水泥，也可用矿渣水泥或快硬水泥。水泥浆的最佳用量以刚好能够完全包裹集料的表面，形成均匀的水泥浆膜为适度，并以采用最小水泥用量为原则，因为再多的水泥用量会造成透水性的丧失，且增加成本。通常水泥用量在 250~400kg/m³ 范围内。

6.1.2 骨料

骨料的级配是控制透水性混凝土的重要指标，若级配不良，则堆积骨架中含有大量孔隙，透水系数大但强度降低；反之，强度较高但透水系数很低。集料的自身强度（压碎值）、颗粒形状（针状、片状含量）、含泥量等必须符合设计要求。

6.1.3 添加剂

改性树脂结合剂、体质胶粘剂、抗紫外线固化剂及透明硅氟密封剂等可对混凝土性能进行有效改善，外加剂一般包括高效减水剂和增强剂，两者的作用是提高颗粒间的粘结强度，进而提高制品的整体力学性能和耐磨性能。

6.1.4 着色剂

根据设计要求选用质量合格的不同颜色产品。

6.2 机械设备

搅拌机、手推车、铁铲、抹刀、凿子、墨斗、刮尺、橡皮锤、平板振动器、无气喷涂机。

7. 质量控制

7.1 改性透水混凝土复合路面系统质量控制主要参考标准

《透水水泥混凝土路面技术规程》CJJT 135-2009；

《公路沥青路面施工技术规范》JTJ 032-94；

《沥青路面施工及验收规范》GB 9650092-96；

《混凝土结构工程施工质量验收规范》GB 50204-2002；

《混凝土质量控制标准》GB 50164-92；

《普通混凝土用砂质量标准及检验方法》JGJ 52-92；

《混凝土用水标准》GJ 63-2006 等。

7.2 严格控制水泥、骨料、外加剂的用量，根据设计强度要求、透水度要求进行试验，试验确定最终配合比之后，方能进行搅拌、浇筑。

7.3 透水性混凝土的搅拌不能采用人工搅拌，必须使用混凝土搅拌机进行。且严格按照搅拌工艺步骤进行。

7.4 透水型混凝土初凝快，运输时间要严格控制在 10min 以内，中途禁止二次转运；对于大面积路面的摊铺，采用分块隔仓方式进行摊铺物料。

7.5 铺管和接口质量标准

管道应顺直，管道坡度应符合设计要求，不得有倒落水。管道铺设线允许偏差见表7.5。

管道铺设线允许偏差 表7.5

项　　目	允　许　偏　差
中心线	20mm
管底标高	+20mm −10mm
承口插口间外表隙量	<9mm

8. 安全措施

8.1 贯彻"安全第一，预防为主"的方针，成立安全领导小组，建立健全各级安全岗位责任制，加强安全监督，进行安全技术交底和安全培训，提高施工人员安全意识和防范能力。

8.2 现场搅拌时，必须由专业人员负责操作，对投料严格控制，有序进行，严禁现场混乱。

8.3 透水性混凝土施工较为简单，现场施工时工人必须戴好安全帽、防护手套；注意过往手推车或者运输车，防止意外事故的发生。

8.4 使用专用外加剂时，施工现场严禁与明火接触。

8.5 用电设备维修时必须要切断电源后无电方能操作。

8.6 露天作业，需注意安全用电防护，实行三相五线制，做好机械漏电保护，防潮防雨设施，一机一闸，闸箱上锁，确保用电作业安全。

9. 环 保 措 施

9.1 加强环保教育和激励措施，把环保作为全体施工人员的上岗教育内容之一，提高环保意识。对违反环保的班组和个人进行处罚。

9.2 施工现场应制定洒水降尘措施，配备洒水器具，并有专人负责。

9.3 在施工进出场通道处应设清洗的平台，以保证出场的车辆不带泥土出施工场地，清洗后的水要经沉淀池等处理后，达到排污标准方能排入城市管网。

9.4 夜晚施工时，应最大限度地减少扰民。

9.5 废机油、棉丝及其他污染环境的物品，须按有关的规定处理。

9.6 清理施工垃圾时使用容器吊运，严禁随意凌空抛撒造成扬尘。施工垃圾及时清运，清运时，适量洒水减少扬尘。

9.7 洒落的混凝土应及时回收，未能及时回收而不能使用的应及时清理干净，剩余的外加剂不得随意丢弃，以免污染环境。

9.8 在施工区禁止焚烧有毒、有恶臭物体。

10. 效 益 分 析

10.1 与传统透水混凝土路面相比，明显减少了水泥用量，节约了成本。减少了粉尘污染，节约了环境清理费用，带来了良好的社会效益。

10.2 改性透水混凝土复合路面系统与其他透水混凝土铺装相比，还可减少不必要的投入。

10.2.1 改性的透水混凝土性能更佳，承载能力加大，耐久性增强；表面经过透明硅氟密封剂处理，减少了因日常污染所需的费用。

10.2.2 高效能的地表水利用系统既具有良好的收集地表水能力，也具备高效的渗透能力，降低或免去了雨水管道过多的投入。

10.2.3 不需要其他的防洪设施。

10.2.4 简化的铺装工序降低了工程和施工的用时以及资金投入。

11. 应 用 实 例

11.1 昆明云秀书院

云秀书院项目位于官宝路与广福路交叉部位，主入口位于官宝路，该项目由昆明官房建筑设计有限公司负责设计，该项目是昆明市官渡区国有资产投资经营有限公司在云秀片区建设的一个综合性重点项目，由幼儿园、小学、初中部、高中部及全面的配套项目组成。项目总建筑面积约 12 万 m²，园区道路约为 5000m（30000m²）。

针对该项目的园区道路施工，如何改善传统路面使用过程中带来的一些问题，云南官房建筑集团股份有限公司主动提出了环保、易维护、高透水、耐久性较好的改性透水混凝土复合路面系统施工工艺，经多方论证，在云秀书院项目园区道路施工中全面推广应用。项目投入使用两年以来，园区道路至今未发现路面有任何开裂、断裂、凹陷、阻塞、积水的情况，维护保养方便，业主方对改性透水混凝土复合路面系统的优良性能给予了高度评价与肯定。

11.2 万辉星城高尚住宅社区

万辉星城一期南区（G区）工程建设地址位于昆明市安宁太平镇，共20栋单位工程，整个工程由联排别墅、独栋别墅组成，建筑总面积20375m²，绿化率60%，容积率3.498，建筑密度25%。是功能齐全、环境优美、交通便捷、区位优越的高尚住宅社区。

工程于2007年12月开工，2009年7月竣工。场地坡度较大，栋号施工坐标定位及楼层不同，区域内年降雨量大，空气湿度大，对排水系统的要求较高。经过研究论证后，决定采用改性透水混凝土复合路面系统施工，至今尚未发现路面有质量问题，业主方对改性透水混凝土复合路面系统的优良性能给予了高度评价与肯定。万辉星城一期南区（G区1-20栋）荣获2010年"春城杯"市优质工程一等奖。

11.3 昆明国投大厦

国投大厦位于官宝路与广福路交叉部位，主入口位于官宝路，该项目是昆明市官渡区国有资产投资经营有限公司在云秀片区建设的一个综合性重点项目，由主楼、附楼Ⅰ、附楼Ⅱ（档案馆）、综合办公楼及全面的配套项目组成的综合性办公项目。项目总建筑面积约12万m²，该项目园区道路及广场约为20000m²。

针对该项目的园区道路及广场施工，如何改善传统路面使用过程中带来的一些问题，根据原有经验和多方论证，改性透水混凝土复合路面系统施工工艺在云秀书院项目园区道路施工中得以全面推广应用。项目投入使用过程中，园区道路及广场未发现路面有任何质量问题，且维护保养方便，改性透水混凝土复合路面系统受到社会各界的一致认可与好评。

三辊轴机组连续配筋水泥混凝土路面裸化施工工法

GJYJGF060—2010

湖南路桥建设集团公司　中国路桥工程有限责任公司

罗振宇　向良　何艳春　祝玉波　李曼容

1. 前　　言

复合式沥青路面是以水泥混凝土路面为承重层，在上面摊铺厚 4~10cm 沥青混凝土表面层的一种路面结构形式，以往施工的路面，容易出现层间失稳和推移，产生路面车辙，导致路面过早损坏，特别是南方炎热区问题比较突出。

三辊轴机组连续配筋水泥混凝土路面裸化施工技术是《湖南公路路面典型结构及修筑技术》课题组、湖南路桥建设集团公司、长沙理工大学、中南大学，常吉高速公路建设有限公司、衡炎高速公路建设有限公司等单位参与研发的施工技术成果。通过对省内外高速公路进行调研，现场考察，采集了大量的数据，分析得出路面损坏的主要原因是层间粘结力不够，结合不稳定造成的。为解决问题，建立了科学可行的理论模型，进行了大量的室内论证试验，并组织交通业界专家进行评估。在湖南省常吉高速公路路面 P3 标、湖南省衡炎高速公路路面 22 标和 24 标施工及应用结果表明，该方法具有简易的施工机械，操作简单灵活，混凝土质量直观可控，投入成本低，工程进度快、平整度好。可产生较大的经济效益和较好的社会环保效益。

在湖南省高速公路施工应用过程中，得到了湖南省交通运输厅公路学会、长沙理工大学、中南大学专家教授的好评和肯定。该技术在 2008 年获得了湖南省优秀 QC 小组成果奖。关键技术经湖南省住房和城乡建设厅组织的技术鉴定，鉴定结果表明关键技术已达到国内领先水平，并已在全省高速公路进行推广应用。因此，我单位组织相关技术人员收集施工技术资料，施工图片，总结施工经验，形成了本工法。为复合式沥青路面混凝土承重层结构施工裸化提供成熟的技术经验。

2. 工 法 特 点

2.1　裸化时采用水平旋转式强力裸化机进行裸化，刷去表面浮浆，水车及时跟进冲洗干净，裸化后的表面深度达 5mm，可以采用构造深度的方法进行检测。

2.2　大幅度提高水泥混凝土面板与沥青混凝土之间的粘结力和摩擦力，解决以往复合式沥青路面使用过程中推移、壅包等路面早期损坏现象发生，延长了沥青路面的使用寿命。

2.3　以混凝土路面为长久结构功能，以沥青混凝土路面为舒适服务功能的路面结构施工方法，降低路面养护成本。

2.4　整个施工过程简单易操作，混凝土质量直观可控。以水泥混凝土面板为承重基层的长寿命结构层，配合沥青路面柔软舒适的服务功能结构，可以在二者之间取长补短，优势互补，既经济又耐用，行车舒适。

3. 适 用 范 围

本工法适用于各等级路面混凝土施工，施工机械调运方便，施工宽度比较灵活，特别适用于大型施工机械难于作业，零星修补工程，厚度在 15~40cm 水泥混凝土路面的施工。也适于高速公路养护改造工程复合式路面的施工。

4. 工 艺 原 理

混凝土经过机械或人工初步找平，混凝土拌合料进入振动腔（排式振动棒）成形，三辊轴机组在固定两侧的钢模上向前行走，经振捣提浆、密实整平后，抹平形成混凝土路面，然后再表面均匀地喷洒一定量的缓凝剂，按确定的最佳裸化时间进行裸化，并切缝，切缝后立即进行保湿养护。

5. 施工工艺流程及操作要点

5.1 施工工艺流程（图5.1）
5.2 施工准备
5.2.1 底基层的验收及处理
5.2.2 表面清扫
5.2.3 机械设备的调试与保养
5.2.4 施工原材料的准备
5.3 测量放样

根据施工要求放出模板的准确位置，用系红线钉子钉在底基层顶面，每10m一个，在有曲线地段应加密放样点。

5.4 安装模板
5.4.1 模板技术要求

1. 公路连续配筋混凝土路面板模板应采用刚度足够的槽钢或钢制边侧模板，不应使用木模板、塑料模板等其他易变形的模板。模板的精确度应符合规定。钢模板的高度应为面板设计厚度，模板长度宜为3~5m。用于路中一侧模板可在中间位置按横向钢筋间距打好孔，孔径为横向钢筋直径的1.1倍，模板安装牢固、顺直、圆滑、顶面平整，模板下部不漏浆，如模板下缘与基层接触不密封处，可用砂浆抚平，以防止施工时浆体渗漏。模板支撑应用电钻在下承层打好孔，然

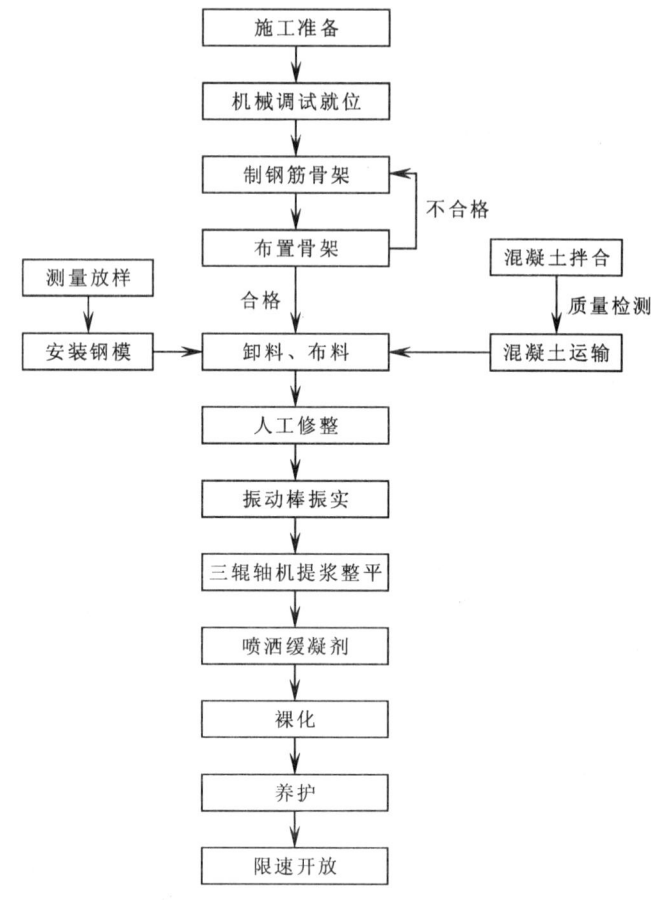

图 5.1 施工工艺流程图

后用钢支撑固定模板。每米模板应设置1处支撑固定装置，见图5.4。模板垂直度用垫木楔方法调整。

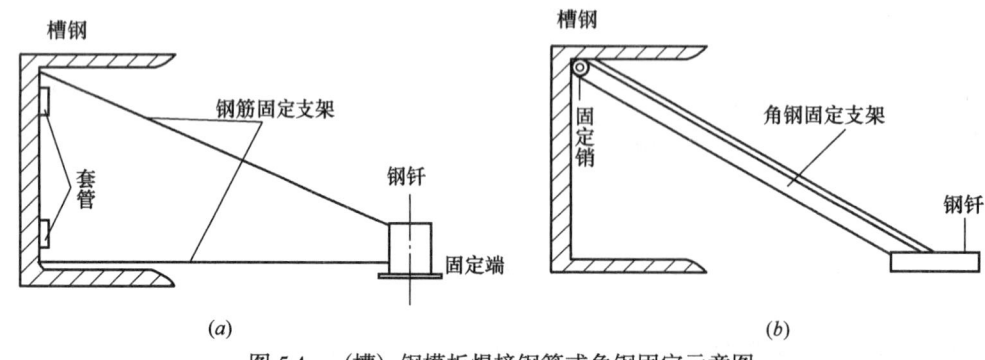

图 5.4 （槽）钢模板焊接钢筋或角钢固定示意图
(a) 焊接钢筋固定支架 ； (b) 焊接角钢固定支架

2. 模板数量应根据施工进度和施工气温确定，并应满足拆模周期内周转需要。一般情况下，模板总量不宜少于 3d 摊铺的需要。

5.4.2 模板安装

1. 支模前的下承层进行测量放样，每 20m 应设中心桩；每 100m 宜布设临时水准点；核对路面标高、面板分幅，构造物位置。测量放样的质量要求和允许偏差应符合相应规范的规定。

2. 纵横曲线路段应采用短模板，每块模板中点应安装在曲线切点上。

3. 模板应安装稳固、顺直、平整、无扭曲，相邻模板之间应采用活动螺栓连接，连接应紧密平顺，不得有底部漏浆、前后错槎、高低错台等现象。模板应能承受摊铺、振实、整平设备的负载行进、冲击和振动时不发生位移。严禁在下承层上挖槽、嵌入安装模板。

4. 模板安装检验合格后，与混凝土拌合物接触的表面应涂脱模剂或隔离剂；接头应粘贴胶带或塑料薄膜等密封。

5. 模板安装完毕，应经过测量人员使用与设计板厚相同的测板做全断面检验。其安装精确度应符合要求。

6. 安装好的模板应牢固不变形，能充分抵抗三辊轴机组施工动压力和混凝土侧向压力，施工人员踩踏承受力。

5.5 制作和布置钢筋骨架

5.5.1 钢筋在绑扎前应对钢筋进行检查，对沾有油脂、污垢、铁锈的钢筋进行处理后才能绑扎。

5.5.2 钢筋支架采用 φ8 钢筋，制作成三角支架钢筋，并点焊在横向钢筋上。每平方米宜设置支架 4~6 个。

5.5.3 当分幅浇筑混凝土时可利用模板钻孔，每隔 40cm 将横向钢筋穿过，不另设拉杆。

5.5.4 纵向钢筋接头采用焊接与绑扎两种形式，在开始布纵向筋时采取错位方式，每根钢筋的连接位置不同，以保证以后纵向钢筋的接头在同一垂直断面上不出现 2 个，同时相邻钢筋的焊接或绑扎接头分别错开 500mm 和 900mm 以上。

5.5.5 横向钢筋绑扎于纵向钢筋之下。

5.5.6 横向施工缝尽量少设，施工缝采用平缝，纵向钢筋连续贯穿接缝，并在每相邻两根纵向钢筋增设同直径的抗剪钢筋，抗剪钢筋在施工缝两侧的长度分别为 100cm（先施工一侧）与 250cm（后施工一侧）。

5.5.7 横向施工缝与纵缝处，采取涂刷沥青防锈处理。

5.5.8 一般情况下，保证在混凝土铺筑前预留 500m 长的钢筋施工范围，便于检查及调整。

5.5.9 所有钢筋的安装精度保证符合规范要求，在混凝土铺筑前进行自检，对有贴地、变形、移位、松脱现象时，立即重新安装，检验合格为止。

5.6 混凝土拌合

5.6.1 每天开机前，试验室要取碎石和砂子进行含水量检测，并计算出生产配合比。

5.6.2 开机前要检查设备情况，确保机械螺旋、计量系统正常，检查料仓、料位、水位是否满足要求。

5.6.3 开机运行预热 15min，空转一下皮带轮，清除残留的渣滓和多余的水分，加水清洗拌锅，设置生产配合比，并拌合 0.5m³ 混凝土废除，使拌锅腔体内留有砂浆，减少成品混凝土砂浆损失。

5.6.4 取已拌好的混凝土进行坍落度试验，实测坍落度值必须符合设计要求。否则进行用水量的调整，直到符合要求为止。

5.6.5 混凝土卸料的高度不能高于 2m，以免造成拌合料的离析。

5.7 混凝土运输

5.7.1 根据施工进度、混凝土用量、拌合场生产能力、运距及路况，合理配备车型和车辆总数，总运力应比总拌合能力略有富余。

5.7.2 混凝土拌合料从搅拌机出料后，送至铺筑地点进行摊铺完毕的最长允许时间，由试验室根据水泥混凝土初凝时间、施工气温及坍落度损失试验结果确定，一般不大于 1h。当运距较远或在气温条件不同的情况下，可采用外掺剂来调节初凝时间，使混合料性能满足施工要求。

5.7.3 运输混凝土的车辆，在装料时，应防止混凝土离析。混凝土一旦在车内停留超过初凝时间，应采取紧急措施处置，防止混凝土硬化在车厢内或车罐内。

5.7.4 混凝土在运输过程中要防止漏浆、漏料和污染路面。烈日、大风、雨天和冬期施工，采取用油布全遮盖自卸车上的混凝土。运输车辆在每次装混凝土之前，先将车厢清洗干净，并洒水润湿。

5.7.5 施工过程中搅拌楼安排专职质检员全过程监督，从搅拌机开机至正常出料期间，将随时抽查坍落度，一旦发现有不合格料，禁止其运出拌合场。

5.7.6 运送的混凝土如等待的时间过长（施工完毕时间大于初凝时间），必须废除。

5.8 卸料、布料

5.8.1 混凝土卸料时车子停靠在另一幅路上，等待卸料的车停靠在右侧临时施工区域内。

5.8.2 布料前，试验室进行坍落度检测并取样制作混凝土试块，坍落度必须符合设计要求，否则必须废除该混凝土。

5.8.3 用侧向布料车或挖机进行布料，布料时应从远到近，并尽量均匀布料，减少人工的整平；经过初步找平混凝土，使混凝土分布均匀。

5.9 人工修整及振实

5.9.1 混凝土拌合物布料长度大于 10m 时，可开始振捣作业。密集振捣棒组间歇插入振捣时，每次移动距离不宜超过振捣有效作用半径的 1.5 倍，并不得大于 500mm，振捣时间宜为 15~30s。排式振捣机连续拖行振实时，作业速度宜控制在 4m/min 以内。具体作业速度视振实效果，可由下式计算。

$$V=1.5R/t \tag{5.9.1}$$

式中　V——排振捣机作业速度（m/s）；

t——振捣密实所需的时间（s），一般为 15~30s；

R——振捣棒的有效作用半径（m）。

5.9.2 机械未找平的地方采用人工进行找平，开动排式振动器振实，以无明显气泡冒出和混凝土表面充满浆体为度，振实过程中辅以人工整平。

5.9.3 振捣混凝土时，应注意以下几点：

1. 振捣器拔出时速度要慢，以免产生空洞。

2. 振动时应把握尺度，防止漏振和过振，以彻底捣实混凝土，但时间不能太久，以至造成离析。不允许在模板内利用振捣器使混凝土长距离流动式运送。

3. 使用插入式振捣器不能达到的地方，应避免碰撞模板、钢筋及预埋件等，不得直接地通过钢筋施加振动。

4. 模板角落以及振捣器不能达到的地方，应辅以插钎插捣，以保证混凝土表面平滑和密实。

5. 混凝土捣实后 24h 之内，不得受到振动。

6. 浇捣过程中应密切注意模板变形及漏浆，有现象发生应立即纠正。

5.10 三辊轴机组提浆整平

5.10.1 三辊轴整平机的主要技术参数应符合表 5.10.1 的规定。板厚 200mm 以上宜采用直径 168mm 的辊轴；桥面铺装或厚度较小的路面可采用直径为 219mm 的辊轴。轴长宜比摊铺路面宽度长出 600~1200mm，振动轴的转速不宜大于 380r/min。

三辊轴机组主要技术参数　　　　表 5.10.1

型号	轴直径（mm）	轴速（r/min）	轴长（m）	轴质量（kg/m）	行走机构质量（kg）	行走速度（r/min）	整平轴距（mm）	振动功率（kW）	驱动功率（kW）
5001	168	300	1.8~9	65±0.5	340	13.5	504	7.5	6
6001	219	300	5.1~12	77±0.7	568	13.5	657	17	9

5.10.2 开动三辊轴机组前，在 3 个滚筒表面喷洒少许水分，以免滚筒粘附混凝土，造成施工表面拉毛现象。

5.10.3 三辊轴整平机作业

1. 三辊轴整平机按作业单元分段整平，作业单元长度宜为 20~30m，振捣机振实　与三辊轴整平两道工序之间的时间间隔不宜超过 15min。

2. 三辊轴滚压振实料位高差宜高于模板顶面 5~20mm，过高时应铲除，过低应及时补料。

3. 三辊轴整平机在一个作业单元长度内，应采用前进振动、后退静滚方式作业，宜为 2~3 遍。最佳滚压遍数应经过试铺确定。

4. 在三辊轴整平机作业时，应有专人处理轴前料位的高低情况，过高时，应辅以人工铲除，轴下有间隙时，应使用混凝土找补。

5. 滚压完成后，将振动辊轴抬离模板，用整平轴前后静滚整平，直到平整度符合要求，表面砂浆厚度均匀为止。

6. 表面砂浆厚度宜控制在 4±1mm。

7. 行走过程中确保机组与两侧的钢模垂直，以免影响表面平整度。

5.11　喷洒缓凝剂

缓凝剂的作用在于使表面 5mm 和 5mm 以下混凝土形成凝结时间差。使用裸化机进行洗刷表面浮浆。使混凝土表面露出碎石，形成凹凸不平的表面。

5.11.1 在施工好的路面均匀喷洒缓凝剂，每个平方米约 500g，记录喷洒的桩号和喷洒时间及温度。每隔 1h 记录温度，并计算时间温度的累计值，最佳裸化时间为 180~240 温度小时，具体数值由试验得出。

5.11.2 施工时，应提前一个星期测量时间—温度关系，并绘制曲线，图 5.11.2 阴影面积即为时间温度对应的面积，面积即为最佳裸化时间，计算公式为 $\sum_i$ 时间×温度，绘制方法如下：

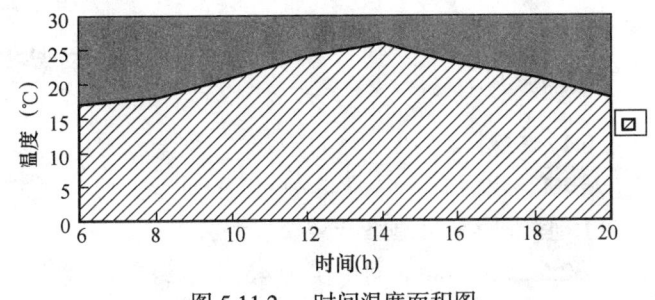

图 5.11.2　时间温度面积图

时间 (h)	6	8	10	12	14	16	18	20
温度 (℃)	17	18	21	24	26	23	21	18

5.11.3 该施工过程应注意以下几点：

1. 缓凝剂喷洒要均匀，缓凝剂聚积处要人工及时处理。

2. 喷洒后的缓凝剂避免雨水稀释，否则必须补洒。

3. 缓凝剂缓凝时间要大于 200 温度小时，保证表面 5mm 和 5mm 以下混凝土形成强度差，以保证裸化的均匀性和裸化深度。

5.12　裸化

5.12.1 裸化技术的机理

对于复合式沥青路面，层间摩擦力是至关重要，裸化后的混凝土表面，在施工沥青混合料表层后，层间处于一种犬牙交错状态，增加了路面层间粘结面积和摩擦力，可以大大提高沥青混凝土表面层和混凝土路面之间的表面粘结力，从而减少沥青混凝土表面层推移、壅包等早期路面损坏现象。

5.12.2 混凝土路面裸化施工过程中，必须配备有专业的裸化设备。该设备是带有 3 个行走轮（其中 1 个为转向轮）的钢桁架梁，下面悬挂 1 个带有钢刷的圆盘（有平面圆盘旋转式和水平轴旋转式），并带有能控制水量的流水装置。3 个行走轮为充气式轮胎，钢刷圆盘可旋转并能自由控制升降且能调整水平度。路面裸化主要是靠旋转圆盘上的钢刷刷去面板表面上的砂浆层，裸露出碎石，再由人工用洒水车的压力喷水装置冲刷刚刷下来的砂浆层残渣，使裸露出的碎石表面干净无附着物，裸化深度以不小于5mm为宜。

5.12.3 该施工过程应注意以下几点：

1. 圆盘钢刷与路面接触应充分，接触面钢丝刷要受力均匀，要保证经裸化过的路面上的碎石充分暴露。

2. 严格控制集中喷水，避免集中冲水引起刚刚初凝的混凝土路面出现坑洼，压力过大的水会损坏路面早期脆弱的强度，造成以后混凝土路面强度偏低，有损坏混凝土面板表面强度的可能。

3.裸化机使用前应确保设备无漏机油、柴油现象。确保裸化机轮胎和钢丝刷清洁和无铁锈，如有要先清洗干净后再使用。

5.13 养护

5.13.1 水泥混凝土路面采用保湿养护膜覆盖的方式养护。

5.13.2 盖养膜的时间，在裸化工艺进行后。养护膜厚度（韧度）应合适，宽度大于覆盖面60cm。两条养护膜对接时，搭接宽度要大于40cm，薄膜在路面上加细土或砂盖严实，并防止被钢筋挂烂及被风吹破或掀走。养护期间始终保持养护膜覆盖完整，养护膜破裂时，立即补盖或修补。

5.13.3 混凝土路面摊铺成形后，在其左侧边缘标出百米桩号和每次摊铺起始桩号，并标明施工的日期，以便随时检查各段混凝土面层的养护时间。一般养护天数为7d。混凝土板在养护期间，严禁人、车辆通行，在达到设计强度40%，撤除养生覆盖物后，行人方可通行。

5.13.4 混凝土面层在养护期间，进行交通管制，严禁人、车通行。

6. 材料与设备

6.1 材料

6.1.1 水泥

1. 宜采用旋窑道路硅酸盐水泥，也可采用旋窑硅酸盐水泥或普通硅酸盐水泥。水泥强度等级不宜低于32.5级，初凝时间不早于45min，终凝时间不迟于10h。80μm筛余不大于10%。各交通等级路面水泥抗折强度、抗压强度应符合《公路水泥混凝土路面施工技术规范》JTG F30-2003规定。

2. 水泥进场时每批量应附有化学成分、物理、力学指标合格的检验证明。各交通等级路面所使用水泥的化学成分、物理性能等应符合技术要求。

3. 选用水泥时，应通过混凝土配合比试验，根据其配置弯拉强度、耐久性和工作性优选适宜的水泥品种、强度等级。

4. 采用机械化铺筑时，宜选用散装水泥。散装水泥的夏季出厂温度：南方不宜高于65℃，北方不宜高于55℃；混凝土搅拌时的水泥温度：南方不宜高于60℃，北方不宜高于50℃，且不宜低于10℃。

6.1.2 粗骨料

粗骨料应使用质地坚硬、耐久、洁净的碎石，并应符合技术规定。材料的级配要符合《公路水泥混凝土路面施工技术规范》JTG F30-2003要求。高速公路、一级公路、二级公路及有抗（盐）冻要求的三、四级公路混凝土路面使用的粗骨料级别应不低于Ⅱ级，无抗（盐）冻要求的三、四级公路混凝土路面、碾压混凝土及贫混凝土基层可使用Ⅲ级粗骨料。有抗（盐）冻要求时，Ⅰ级骨料吸水率不应大于1.0%；Ⅱ级骨料吸水率不应大于2.0%。

6.1.3 细骨料

1. 细骨料应采用质地坚硬、耐久、洁净的天然砂、机制砂或混合砂，并应符合规定。高速公路、一级公路、二级公路以及有抗（盐）冻要求的三、四级公路混凝土路面使用的砂应不低于Ⅱ级，无抗（盐）冻要求的三、四级公路混凝土路面、碾压混凝土基层可使用Ⅲ级砂。特重、重交通混凝土路面宜使用河砂，砂的硅质含量不低于25%。

2. 细骨料的级配要求应符合技术规范要求，天然砂宜为中砂，同一配合比用砂的细度模数变化范围不应超过±0.3，否则，应分别堆放，并调整配合比中的砂率后使用。

6.1.4 外加剂

在施工混凝土过程中，使用了引气减水剂，引气剂可以提高混凝土路面使用的耐久性，也可以根据需要掺用普通减水剂、高效减水剂，运输距离较长或高温季节施工时，要掺用缓凝剂，冬天施工时建议掺早强剂和防冻剂。

6.2 设备

主要施工机械设备见表6.2，试验设备均为混凝土施工必备设备，裸化深度采用表面构造深度检测法。

主要施工机械设备 表 6.2

序号	设 备 名 称	规 格 型 号	数量
1	水泥混凝土拌合机	50m³/h	2
2	装载机	4m³	2
3	自卸车	25t	15
4	挖机	小松	1
5	排振		1
6	三辊轴机组		1
7	发电机	30kW	1
8	钢筋切割机		1
9	裸化机		1
10	洒水车	7m³	1

7. 质 量 控 制

7.1 本工法执行的技术规范

《公路水泥混凝土路面施工技术规范》JTGF 30-2003；

《公路工程水泥及水泥混凝土试验规程》JTGE 30-2005；

《公路工程质量检验评定标准》JTGF 80/1-2004。

7.2 对主要原材料的质量监控

7.2.1 水泥

采用普通硅酸盐水泥。对拟订采用的水泥都要进行物理性能和化学成分试验和分析，除厂家分批提供的产品质量检验单外，项目试验室要定期对运到拌合现场的水泥进行质量抽检。

7.2.2 粗骨料（连续级配碎石）

在拌合现场，检测员要对拉到工地的每一车碎石把好关，杜绝不合格碎石进入拌合现场；试验室对已进入现场的碎石进行定期的抽检。同时由于路面用水泥混凝土的特殊性，在施工中，必须对含泥量过大的碎石用碎石水洗机进行水洗后，方可使用。施工过程中的粗骨料检测频率按《公路水泥混凝土路面施工技术规范》JTG F30-2003要求进行。

7.2.3 细骨料（砂）

开工前应对沿线砂场进行颗粒级配、含泥量、硫化物及硫酸盐含量、有机物含量等指标进行试验分析，根据分析结果确定供砂砂场，杜绝不合格砂进入施工现场。试验室定期对已运到施工现场的砂进行质量检验。

7.2.4 水

清洗骨料、拌合混凝土及养护用水，不应含有影响混凝土质量的油、酸、碱、盐、有机物等。混浊的河沟水和受海水或盐碱地侵蚀的咸水不能使用。

7.2.5 钢筋

钢筋供应商必须对每批各种类型的钢筋提供相应的测试化验单，对已进入施工现场的钢筋，在使用前试验室首先应进行抽检，不合格的严禁使用。

7.3 水泥混凝土在拌合过程中的注意事项

7.3.1 在实际施工中，每天或每台班进行碎石，砂子含水量检测，计算生产配合比供生产使用。

7.3.2 拌合机必须配备自动添加和计量的外掺剂设备，保证计量准确。

7.3.3 混凝土搅拌机拌合总时间为 60~90s/盘（从进料开始到拌合完成出料时间），以混凝土拌合均匀为度。

7.3.4 混凝土拌合料的温度控制在 10~35℃之间，否则原材料必须做降温处理。

7.3.5 混凝土坍落度控制：水泥混凝土坍落度的要求为机口坍落度 5cm 左右，坍落度要求应根据现场温度和运输距离的不同作出相应的调整。

7.4 模板安装精度控制

模板安装精确度要求 表7.4

检 测 项 目		偏 差 值
平面偏差（mm），≤		10
摊铺宽度偏差（mm），≤		10
面板厚度（mm），≥	代表值	−3
	极值	−8
纵度高程偏差（mm）		±5
横坡偏差（%）		±0.10
相邻板高差（mm），≤		1
顶面接茬 3m 尺平整度（mm），≤		1.5
模板接缝宽度（mm），≤		3
侧向垂直度（mm），≤		3
纵向顺直度（mm），≤		3

通过测量放样，确定三轴仪的走向线，通过钢模板的高度来确定混凝土路面的厚度。

7.5 混凝土浇筑过程中的质量监控

7.5.1 对施工现场操作人员和管理人员进行详细的技术交底和质量控制的交底工作，使现场施工的每个工人都能明确施工过程中应注意的事项，避免操作过程中不规范的行为发生。

7.5.2 混凝土的施工应尽量避免夏季中午高温或冬季低温施工时间段，确保混凝土施工质量。

7.5.3 在混凝土浇筑施工过程中，每个搅拌站每个工班或每 200m³ 混合料至少做 2 组试件，做好现场坍落度的检测和按照有关规范进行试块的留置，并根据需求进行 3d、7d 或 14d 等试块的留置，现场管理人员应随时检查摊铺机的工作状况。

7.6 混凝土面板质量管理

7.6.1 在每道工序进行质量监控的情况下，对已完工的路面外观进行检查，测量几何尺寸与设计文件进行核对。检查外观在养护达到设计强度后进行。

7.6.2 应在面层摊铺前通过基准线或模板严格控制板厚，检验标准为：行车道横坡低侧面板厚度和厚度平均值两项指标均应满足设计厚度允许偏差。同时，板厚统计变异系数应符合规定。

7.6.3 作为沥青路面承重层，上面一般就是1~2层沥青混合料结构，一定要严格控制好平整度，平整度检测应符合《公路工程水泥及水泥混凝土试验规程》JTG E30-2005规定的要求，整平后的混凝土表面立即用3m尺，有条件的可以使用6m尺进行施工过程的控制。

7.6.4 在混凝土裸化时也必须配备1名施工员进行平整度跟踪检测，如有局部不平整的地方，立即用裸化机进行局部裸化处理，直到平整度合格为止。

8. 安 全 措 施

8.1 建立安全责任制，制定安全巡视和突击检查制度，施工前进行施工安全三级技术交底，并进行考核，合格人员即可进行上岗操作。

8.2 制定拌合机、发电机、运输车、三辊轴机等大型设备安全操作规程和作业指导书，并在施工过程中严格执行。

8.3 摊铺施工现场及拌合站的周围应有明显警告标志，严禁非工作人员进入。

8.4 加强用电管理，采用标准配电盘，严禁乱拉电线及乱安用电装置，确保用电安全。

8.5 搅拌站清理拌锅时，必须1人清理，1人辅助，1人留守操作台，并且拌合机接入电闸和主机电源开关必须是关闭状态，并在开关处挂上警示红牌，拌合机上料时，在铲斗活动范围内，不能有人员逗留。

8.6 做好施工区域安全标志的宣传，在三轴仪进行检修和保养工作时，必须先把发动机停止下来。三轴仪在施工现场，晚间要点上红灯，并设置围护。

8.7 不要触摸正在工作的发动机的任何部分，不要触摸任何处于工作温度状态的液压油箱、液压阀或液压软管，预防烧伤。

8.8 材料车布料现场时要有专人指挥，交通繁忙地段施工时，现场要设专职纠察。

9. 环 保 措 施

9.1 成立环境保护小组，制订环保责任制，采取环保措施；项目部、施工队分级管理，负责检查、监督各项环保工作的落实。

9.2 严格遵守有关法律、法规及其他要求，进行环保知识教育，树立人与自然和谐共处的思想。

9.3 主动倾听相关方的建议，接受监督，增强对劳务合作方和供方施加影响的力度。

9.4 尽量控制施工区域的噪声污染，减少噪声对当地环境的影响；在居民密集区应积极采取降噪措施，夜间尽量不安排施工。

9.5 对施工产生的废水进行沉淀净化处理，保证对当地居民及生态无影响的条件下才可以排放，尽量降低水泥产生的粉尘污染。生产过程中产生的固体垃圾应进行深埋无害处理。生活中产生的垃圾统一及时处理，堆放在指定地点，及时掩埋。严禁乱扔乱弃，避免阻塞河流和污染水源。

10. 效 益 分 析

该项技术主要应用于复合式沥青路面结构，适用于任何等级的复合式路面结构施工；该技术条件成熟、适用范围广，机械设备投入少、简单易用，是今后长寿命路面结构的发展方向。

10.1 经济效益：由于解决了层间结合问题，可以延长沥青路面使用寿命，大大减小路面使用后的养护维修费用，而且路面的承重层是连续配筋的长寿命结构层，在以后的养护过程中，可节约维修承重层的开支，路面出现车辙的地方，只需铣刨沥青表面层即可，维修速度极快。该项技术提倡以混凝土路面为长久结构功能，以沥青混凝土路面为舒适服务功能的路面结构设计理念，可以降低路面养护成本。

10.2 社会效益:复合式沥青路面层间裸化技术解决了层间结合问题,为今后施工复合式沥青路面时提供了一个可靠、实用的技术借鉴。复合式沥青路面是今后高等级长寿命路面结构设计的一种趋势,为今后大力发展起到了奠基作用。

10.3 节能环保效益:该项技术直接施工于底基层上面,传统的半刚性沥青路面基层厚度为34cm,沥青面层厚度为17cm;而复合式沥青路面结构是水泥混凝土板厚20cm,沥青混凝土面层厚6cm,厚度减少了25cm。以密度为2.3g/m³计算,26m路基宽的高速公路,路面单幅为11.15m宽,每10km可节约13万t路面材料。可以大大节约路面材料用量,特别是碎石缺乏的地区,路面的成本投入也少于半刚性沥青路面结构,由于施工机械投入少,可以有效节约沥青的用量,减少对大气的污染。

路面结构厚度比较表 图10.3

结 构 层	传统的半刚性沥青路面	复合式沥青路面结构
承重层 (cm)	34	20
面层 (cm)	17	6
总厚度 (cm)	51	26
减薄路面厚度 (cm)	25	

11. 应 用 实 例

11.1 湖南常吉高速公路路面 P3 标

湖南常吉高速公路路面 P3 标地处湖南桃源县茶庵铺镇境内,全长 28km,该方案施工长度为 5.4km,项目开工日期为 2007 年 10 月,竣工日期为 2008 年 12 月,路基宽度为 26m,单幅路面宽度为 10.5m,上面层为厚 6cmSMA16 改性沥青混凝土,封层采用橡胶沥青应力吸收层,承重层为厚 20cm 水泥混凝土结构(裸化处理)。

11.2 衡炎高速公路路面 22 标

衡炎高速公路路面 22 标项目施工地点为湖南省衡东县境内,全长 24.5km,该方案施工长度为 5.0km, 项目开工日期为 2008 年 12 月,竣工日期为 2009 年 12 月。路基宽度为 26m,单幅路面宽度为 11.25m,上面层为厚 4cm 双复合式橡胶改性沥青混合料 ARHM (W) +Domix(多米克斯),中面层为厚 6cm 橡胶沥青混合料 ARHM (W),封层采用橡胶沥青应力吸收层,承重为厚 24cm 水泥混凝土结构(裸化处理)。

11.3 衡炎高速公路路面 24 标

衡炎高速公路路面 24 标项目施工地点为湖南省衡茶陵境内,全长 31km,该方案施工长度为 6.5km,项目开工日期为 2008 年 12 月,竣工日期为 2009 年 12 月。路基宽度为 26m,单幅路面宽度为 11.25m,上面层为厚 4cm 双复合式橡胶改性沥青混合料 ARHM (W) +Domix(多米克斯),中面层为厚 6cm 改性沥青混合料(掺 0.3%Domix),封层采用橡胶沥青应力吸收层,承重为厚 24cm 水泥混凝土结构(裸化处理)。

11.4 工法应用效果

在常吉高速公路路面 P3 合同段成立了"裸化技术 QC 小组", 2008 年获得了湖南省优秀 QC 小组成果奖。应用本工法大幅度提高了水泥混凝土面板与沥青混凝土之间的摩擦力,解决以往复合式沥青路面使用过程中推移、壅包等路面早期损坏现象发生,延长了沥青路面的使用寿命。

泡沫沥青冷再生混合料施工工法

GJYJGF061—2010

中国交通建设股份有限公司

薛成　徐增权　雷波　李晓林　刘学勇

1. 前　言

泡沫沥青冷再生混合料是利用原沥青路面铣刨料（简称 RAP，下同），将其运回拌合厂筛分，并掺入一定比例的骨料、水泥等外加剂，同时，加入由专用设备生产的泡沫沥青，经充分拌合的混合料，可作为原沥青路面的基层或面层（简称结构层，下同）。泡沫沥青冷再生是沥青路面再生的一种方法，其优点是节约资源、保护环境、减少污染、降低造价、缩短工期，是发展循环经济，创建环境友好的节约型社会的重要举措。因此，沥青路面冷再生是高等级公路沥青路面改建、大修、养护的发展方向。

通过西安—阎良（一、二期）、临潼—渭南、勉宁等高速公路沥青路面大修项目，泡沫沥青混合料冷再生沥青路面的施工实践，在不断总结成功经验、优化配合比和施工工艺的基础上形成了本工法。

2. 工 法 特 点

2.1 需专用设备对沥青进行发泡，采用连续拌合法进行生产。

2.2 泡沫沥青冷再生混合料施工，受气候条件的影响较小。

2.3 泡沫沥青冷再生混合料为粗型级配，RAP 掺配比例大（一般在 75%左右），颗粒间的摩阻力较大，需采用大吨位的压实设备进行碾压。

2.4 混合料不用加热，较热拌沥青混合料节省能源，减少了污染，保护了环境。

2.5 泡沫沥青冷再生结构层与半刚性基层、沥青面层的粘结性好，提高了路面的整体强度。

2.6 泡沫沥青冷再生结构层，3~5d 即可达到强度要求，能缩短交通封闭时间。

2.7 泡沫沥青冷再生结构层的含水量≤2%，即可铺筑沥青面层，因此，能缩短工期，提高效益。

2.8 泡沫沥青发泡性能必须满足膨胀比（泡沫沥青最大体积与原体积之比）应不小于 10 倍；半衰期（最大体积缩减至一半的时间）应不小于 8s 的要求。

3. 适 用 范 围

泡沫沥青冷再生适用于各等级公路的 RAP 料进行再生利用，再生后的混合料根据其性能和工程情况，可用于高速公路、一级、二级公路沥青路面的下面层及基层；三、四级公路沥青路面的面层。当用于三、四级公路沥青路面的表面层时，应采用稀浆封层、碎石封层、微表处等做上封层。

4. 工 艺 原 理

当高温（160~170℃）的沥青与水相遇时，热沥青与水滴表面发生能量交换，水滴被加热到100℃以上迅速气化，同时沥青冷却。蒸气泡在一定的压力下被压入沥青的连续相而迅速膨胀，此时沥青的物理性质发生变化，其黏度显著降低，沥青在蒸气泡的压力下体积也急剧膨胀，产生大量泡沫（泡沫沥青）并在很短时间内（1min）破裂并吸附在细料（小于 0.075mm）的表面，形成粘有大量沥青泡沫的细填缝料，填充湿冷粗骨料之间的空隙，经过摊铺、压实使混合料达到密实、稳定并有一定强度的结构层。

5. 施工工艺流程及操作要点

5.1 施工工艺流程

泡沫沥青冷再生混合料结构层施工工艺流程（图5.1）。

5.2 操作要点

5.2.1 拌合厂场地及进场道路建设

1. 沥青混合料拌合厂及堆料场地均要进行硬化，结构组成应视当地的地基情况决定，防止骨料受污染，不同规格的料，应用稳固的隔墙隔开，防止混杂使用。

2. 拌合厂及堆料场地应有一定的坡度，周围应有排水设施，及时排除场地雨水。

3. 添加的细骨料应存放在防雨棚内，防止雨淋，保证正常使用。

4. 拌合厂的进场、出场、便道也应硬化，可采用与拌合厂同样结构，但应经常进行维护，保持道路洁净，防止骨料受污染。

5.2.2 泡沫沥青冷再生混合料配合比设计

1. 泡沫沥青冷再生混合料配合比设计步骤如图5.2.2所示。

2. 采用随机取样的方法，称取足够试验用的RAP料，并低温烘干测定RAP料含水量。

3. 对RAP料进行抽提，分析其级配组成，并以RAP料为主，掺加一定比例的新骨料，通过计算机试配使合成级配满足工程设计级配的要求。

4. 合成级配曲线应平顺，不得多处出现锯齿形状，但允许个别点超出曲线范围。

5. 确定最大干密度、最佳含水量。

对5个不同含水量的合成级配进行土工击实试验，确定试件最大干密度和最佳含水量，作为后期试验控制外加水

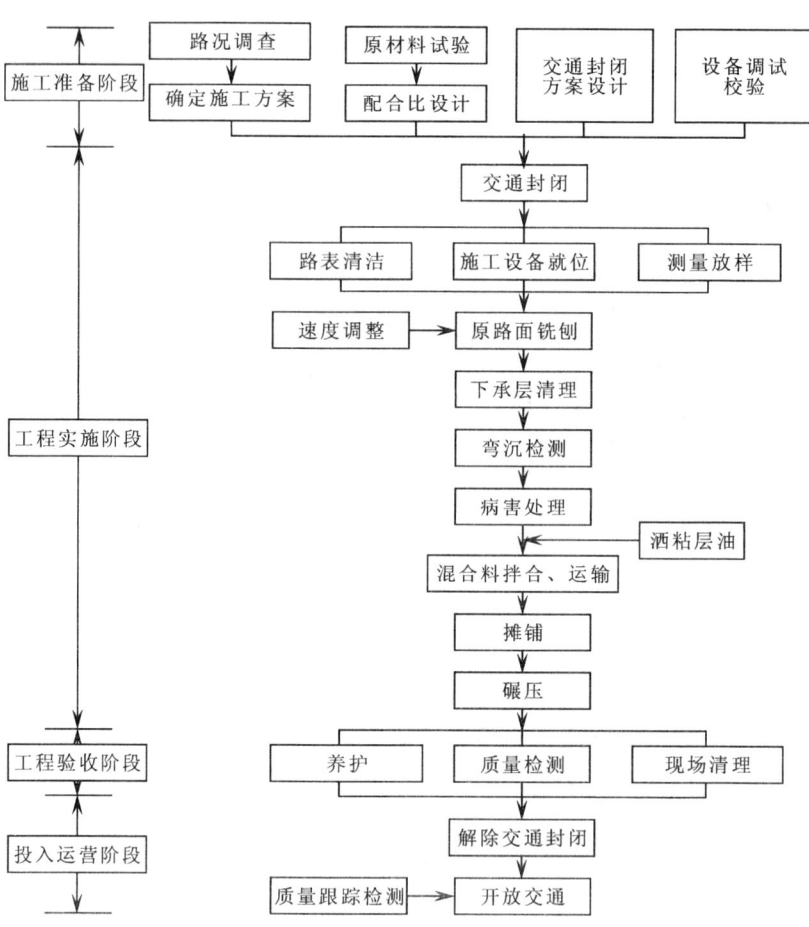

图5.1 泡沫沥青冷再生混合料结构层施工工艺流程图

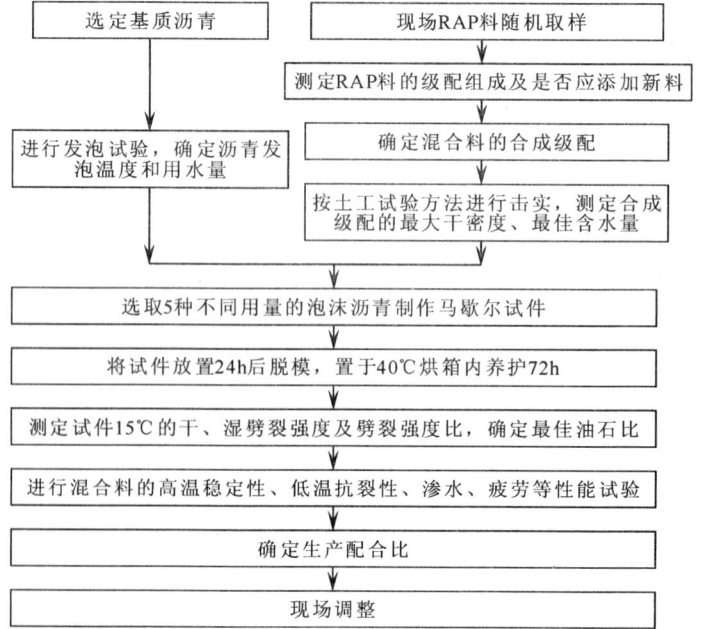

图5.2.2 泡沫沥青厂拌冷再生混合料劈裂强度试验法配合比设计流程

量的控制指标。

6. 确定泡沫沥青设计用量（马歇尔试验及劈裂试验可选择一种，通常采用劈裂试验）。

1）马歇尔试验法：泡沫沥青试验用水量一般可用 5%，变化水量进行击实试验，得到的最大干密度时，对应的含水量为最佳含水量，并以此作为混合料含水量的控制指标，以预估的沥青用量为中值，按照一定间隔（一般为 0.3%），保持最佳含水量不变时，拌制 5 个不同泡沫沥青用量的再生混合料，制备马歇尔试件，进行马歇尔试验。根据不同结构层的技术要求，经综合比较确定泡沫沥青设计用量。

2）劈裂强度试验法：①低温度条件下烘干 RAP 料试样，按 5 个不同的泡沫沥青用量，分别称取 7500gRAP 料，在保持最佳含水量不变的前提下，确定是否需要外加水量，并加入 RAP 料与新骨料及外加剂的混合物中拌合均匀；②称取足够混合料以获得 63.5±1.5mm 的击实高度（通常 1150g）放入试模中，按马歇尔试验方法（双面各击实 75 次）成形试件；③将试件连同试模在室温条件下养护 24h，然后将其放在于 60℃的鼓风烘箱中恒温养护，养护时间不少于 40h；④养护后将试件冷却 12h 后脱模，并将试件分为两组，一组直接浸泡 25℃恒温水浴中 23h，在 15℃恒温水浴中浸泡 1h，取出后立即进行劈裂试验；另一组放入 25℃烘箱中恒温 1h 进行劈裂试验；⑤测定试件的劈裂强度及干、湿劈裂强度比；、冻融劈裂强度比等；⑥试验结果经综合比较后，确定最佳泡沫沥青设计用量。

3）无论采用何种方法，试件的冻融劈裂强度比应不小于 70%。

4）若试验结果不能满足相关技术标准要求，则应考虑增加水泥掺量，重复上述步骤进行试验，确定最佳泡沫沥青用量。

7. 验证试验

应根据所选定的各材料掺量，成形相关试件，进行设计沥青含量的高温稳定性（车辙试验）、水稳定性（浸水马歇尔试验）、低温抗裂性（低温小梁弯曲试验）、抗疲劳能力（4 点梁疲劳试验）等性能试验，评价厂拌冷再生混合料的路用性能。

8. 生产配合比的确定

根据马歇尔试验、劈裂强度及性能检测的结果，适当调整矿料级配，使其符合规定级配范围要求，并确定泡沫沥青用量，作为厂拌冷再生混合料的生产配合比。

9. 试验段铺筑和和技术总结

进行试验路段铺筑，验证生产配合比，检验施工方案，施工工艺及操作规程的适用性。确定合理的施工机械、机械数量及组合方式和操作工艺；确定摊铺机的铺筑速度及自动调平方式；压路机的组合、压实顺序、碾压速度及碾压遍数等压实工艺及技术参数；确定松铺系数、接缝方式等施工方法，为泡沫沥青再生结构层施工提供技术依据。

5.5.3　泡沫沥青冷再生混合料结构层的施工

1. 总体施工方案

由专用设备进行发泡，厂拌冷再生设备进行泡沫沥青再生混合料的集中拌合，并由自卸车运至现场，采用 1 台宽度 12.5m 带自动找平装置的摊铺机（或两台摊铺机双机并联）半幅全宽梯队铺筑方案。

2. 施工前的准备工作

1）封闭交通。根据现场具体情况，确定封闭段落长度，做到标志明显、安全可靠。

2）对铣刨路段的清理。①清除原道路表面（包括不需要再生的相临行车道和路肩）的石块、垃圾、杂草等杂物；②清除积水。

3）原路面铣刨与铣刨料的堆放。对原路面按规定深度进行铣刨，铣刨速度控制在 4~6m/min。采用运输车直接将铣刨料运输至拌合厂集中堆放，堆高一般不宜超过 2m，运输车卸料不得上料堆，防止在 RAP 料堆放和生产过程中发生结块成团现象。

4）下承层准备。①路面铣刨后，清除所有夹层，清扫所有松动材料；②对原路面进行弯沉测试，根据设计单位提供的控制指标要求，对破损基层进行处理，保证处理位置的压实质量符合要求；③洒布乳化沥青透层油，两侧纵向接缝处纵面也同时涂刷。

5）测量放样。复核水准点高程，检查下承层标高，标出导向线并架设基准钢丝。每隔 10m 设一个钢纤架，测定控制高程和横坡度；宜用直径 3mm 钢丝绳架设基准钢丝；用紧线钳将基准钢丝拉紧，其张紧力应不小于 800N 并用紧线钳固定。

3. 再生混合料的拌合

1）热沥青：沥青存储罐保温性能良好，温度控制在 160~180℃，一般控制在 170℃左右，现场沥青温度不得低于 160℃，避免长时间沥青保持 180℃以上温度。

2）水：为饮用水。

3）水泥：①配备散装水泥罐，及时补充散装水泥；②宜采用 P.O32.5 级或 P.O42.5 级的普通硅酸水泥，其质量应符合"6"中的要求；③水泥应在施工中连续添加，必须保证罐内剩余水泥数量不少于总量的 1/3。

4）拌合：采用专用设备进行发泡和混合料的集中拌合。

①沥青罐车和水车与专用设备相接，提供混合料所需的泡沫沥青。沥青发泡之前应检查：罐车中的沥青温度是否符合要求；检验专用设备的现场沥青发泡效果是否达到要求。

②进入拌合机的各组成材料通过设备的微机控制系统自动调整比例以符合设计级配要求。RAP 中的超粒径颗粒由设备上的过滤筛孔进行去除，以保证混合料的级配和均匀性及含水量等符合要求。

4. 再生混合料的运输

1）泡沫沥青混合料采用干净、有金属底板的自卸汽车运输，车槽内不得粘有有机物质，车辆底部及两侧均应清扫干净。

2）分 3 次装料，第一次靠车厢前部，第二次靠车厢后部，第三次靠车厢中部。

3）应根据拌合能力和摊铺能力及运距配备运输车辆，保证摊铺机连续均匀不间断地进行铺筑。

4）运料车应离摊铺机 30cm 左右空挡停车，不得撞击摊铺机，由摊铺机推动同步前进。

5）运料车辆应有篷布覆盖，防止泡沫沥青再生混合料在运输过程中水分散失。

5. 再生混合料的摊铺

1）摊铺泡沫沥青厂拌冷再生混合料的摊铺机熨平板不必预热。

2）每日开工准备阶段，应对摊铺机的刮板输送器、螺旋布料器、振捣梁、熨平板、厚度调节器等装置进行检查，并调整摊铺机熨平板的宽度、摊铺厚度、熨平板坡度、初始仰角等参数。

3）为了保证路面的厚度和提高平整度，再生混合料基层采用基准钢丝找平方式。钢丝直径 3mm，钢丝拉力大于 800N，每 10m 设一支架，弯道和超高段进行加密。其他再生混合料结构层，可采用接触式或非接触式基准梁进行找平。

4）摊铺机到位后，安装并调试好基准梁，根据铺筑厚度调整好熨平板仰角及夯锤振幅、振频，确保摊铺的混合料具有足够的初始密度，以保证摊铺层的平整度。

5）根据拌合机产量、运力配置情况、摊铺宽度和厚度等调整摊铺速度，做到匀速、连续不间断地摊铺，并使混合料在布料槽中的高度，保持在中轴以上，摊铺速度一般为 1.5~2m/min。

6）再生结构层松铺系数一般为 1.3~1.35，应根据试验段确定。

7）摊铺过程出现局部离析及缺陷应及时处理；并设专人对厚度、横坡度等各项质量指标进行跟踪检测，发现其他偏差应及时纠整。

6. 再生混合料的碾压

1）初压：采用一台自重 12t 以上双钢轮振动压路机，静压 1 遍，高频低幅振压 1 遍，共 2 遍，碾压速度为 1.5km/h。

2）复压：采用两台自重 20t 以上单钢轮振动压路机，低频高幅各振压 3 遍，共 6 遍，碾压速度为 2.0km/h。

3）终压：采用两台自重 26t 以上轮胎压路机各压 4 遍，共 8 遍，碾压速度为 2.0~2.5km/h。

4）碾压注意事项：①在压实过程中应根据表面是否出现过振现象而调整压实遍数；②振动压实结

束，胶轮压实过程中根据层面状况决定是否补充水量；③碾压应从低侧到高侧，从外侧到内侧进行，压路机起步和刹车动作要缓，不得在新摊铺的混合料上转向、调头，左右移动位置或突然刹车。

7. 横向接缝的处理

1）摊铺过程中若因故中断时间超过 2h，或每天施工结束后，均应设置横向接缝；

2）横向接缝一般采用平接缝，即将端部未压实的混合料铲除，并将已碾压密实且高程和平整度符合要求的末端挖成垂直断面，然后再将摊铺机重新就位，摊铺新的混合料；

3）按正常的碾压方式和程序进行压实。

8. 成形段的养护

碾压完成并经压实度检查合格后即可自然养护，使再生结构层中的水分进一步蒸发，结构强度逐步形成，养护时间一般为 3d；当再生结构层的含水量≤2%时，即可进行沥青面层铺筑。

6. 材料与设备

6.1 材料

6.1.1 原材料

1. 沥青

采用 90 号 A 级道路石油沥青。参照《公路工程沥青及沥青混合料试验规程》中相关试验方法对该沥青进行了各项技术指标的检验，见表 6.1.1。

90 号 A 级道路石油沥青技术指标 表 6.1.1

指　标	单　位	技术要求	试验方法
针入度（25℃、100g、5s）	0.1mm	80~100	T0604
软化点（TR&B）	℃	≥45	T0606
延度（15℃、5cm/min）	cm	≥100	T0605
含蜡量（蒸馏法）	%	<2.2	T0615
闪点	℃	≥245	T0611
溶解度	%	≥99.5	T0607
密度（15℃）	g/cm³	实测	T0603
RTFOT 后残留物			
质量变化，不大于	%	±0.8	T0610 或 T0609
残留针入度比（25℃）	%	≥57	T0604
残留延度（10℃）	cm	≥8	T0605

2. 原沥青路面铣刨料（RAP）

采用 W2000 冷铣刨机对原路面进行铣刨，铣刨料为原路面沥青面层的混合物。RAP 料由运输车送至拌合场按规定堆放。取有代表性的样品，烘干后进行筛分试验。

3. 细骨料

1）级配应符合《公路沥青路面施工技术规范》JTG F40-2004 中的规定，其中 0.075mm 通过率应大于 8%。

2）砂当量应大于 60%。

4. 水泥

1）不得使用快硬水泥、早强水泥以及已受潮变质的水泥。

2）宜采用 P.O.32.5 级或 P.O.42.5 级的普通硅酸水泥。

3）水泥的初凝时间应≥3h，终凝时间应≥6h。

6.2 主要设备

6.2.1 泡沫沥青冷再生结构层主要设备见表6.2.1。

泡沫沥青冷再生结构层主要施工机具设备表　　　　　　表6.2.1

设 备 名 称	单 位	数 量	备 注
WR2000铣刨机	台	2	
清扫车	台	1	
弯沉车	台	1	
KMA200发泡设备	台	1~2	有沥青发泡装置和热沥青罐
ZL50装载机	台	4	
20~40t热沥青罐	个	2	保温性能良好
水车	台	2~4	保证供水6t/h
30~50m³水泥料仓	个	1~2	
载重20t自卸车	台	不少于20	
自动找平摊铺机	台	2	
8t以上洒水车	台	1~2	
自重大于20t单钢轮压路机	台	2	
自重大于12t双钢轮压路机	台	1	
自重大于26t轮胎压路机	台	2	
小型振动压路机	台	1	
灌缝机	台	1	

6.2.2 主要试验检测仪器

泡沫沥青厂拌冷再生结构层主要检测试验仪器见表6.2.2。

泡沫沥青厂拌冷再生结构层主要检测试验仪器表　　　　　　表6.2.2

序号	仪器设备名称	单 位	数 量
1	标准马歇尔电动击实仪	台	1
2	马歇尔稳定度测定仪	台	1
3	200t压力机	台	1
4	电动恒温鼓风干燥箱	台	1
5	电动恒温循环水浴	台	1
6	多功能自动击实仪器	台	1
7	TC—500台秤	台	1
8	YB500—2电子天平	台	1
9	STTM—4电动脱模机	台	1
10	100/150/200灌砂筒	套	5
11	HZ—200取芯机	台	1
12	泡沫沥青发泡试验机	台	1

7. 质 量 控 制

7.1 级配控制范围

泡沫沥青冷再生混合料推荐的级配范围见表7.1。

泡沫沥青冷再生混合料级配范围   表 7.1

筛 孔 (mm)	级 配 范 围		
	粗粒式 I	粗粒式 II	中粒式
37.5	100		
31.5	88~100	100	
26.5	76~100	90~100	100
19	69~93	—	90~100
16	66~90	—	—
13.2	63~87	60~85	—
9.5	55~79	—	60
4.75	45~68	35~65	35~65
2.36	35~57	30~55	30~55
1.18	26~47	—	—
0.6	19~39	—	—
0.3	12~30	10~30	10~30
0.15	8~25	—	—
0.075	6~20	6~20	6~20

7.2 配合比设计标准

泡沫沥青冷再生混合料的配合比设计，应符合表 7.2 的技术要求。

泡沫沥青冷再生混合料试验配合比设计技术要求   表 7.2

试 验 项 目			技 术 要 求
劈裂试验（15℃）	劈裂强度 MPa	不小于	0.40 （基层、底基层） 0.50 （下面层）
	劈裂强度比	不小于	75%
马歇尔稳定度试验 （40℃）	马歇尔稳定度 kN	不小于	5.0 （基层、底基层） 6.0 （下面层）
	浸水马歇尔残留稳定度%	不小于	75%
冻融劈裂强度比 TSR%		不小于	70%

注：任选劈裂试验和马歇尔试验之一作为设计要求，推荐使用劈裂试验。

7.3 泡沫沥青冷再生质量验收标准

应按《沥青路面再生应用技术规范》JTG F41-2008 及业主确定的质量标准要求执行。

7.3.1 RAP 检测项目及试验标准见表 7.3.1。

RAP 检测项目及试验标准   表 7.3.1

材 料	检 测 项 目	试 验 方 法
RAP	含水量	《公路工程土工试验规程》JTJ 051 《公路工程集料试验规程》JTG E42 《公路工程沥青及沥青混合料试验规程》JTJ 052
	RAP 级配	
	沥青含量	
	砂当量	
	塑性指数	《公路工程土工试验规程》JTJ 051
RAP 中的沥青	针入度	《公路工程沥青及沥青混合料试验规程》JTJ 052
	60℃黏度	
	软化点	
	60℃黏度	
RAP 中的粗骨料	针片状颗粒含量、压碎值、洛杉矶磨耗值、软石含量	《公路工程集料试验规程》JTG E42
RAP 中的细骨料	棱角性	

7.3.2 现场质量标准

泡沫沥青冷再生结构层施工结束后的试验检测项目及质量标准见表7.3.2。

泡沫沥青冷再生结构层现场检测项目　　　　　　表7.3.2

检测项目	质量要求	检查频率	检查方法
压实度（%）	≥98（高速公路、一级公路） ≥97（二级及二级以下公路）	每1车道公里1次	基于重型击实标准密度，罐砂法 T0921
15℃劈裂强度（MPa）	符合设计要求	每1个工作日1次	T0716
浸水24h劈裂强度（MPa）	符合设计要求		T0716
马歇尔稳定度（kN）	符合设计要求		T0709
残留稳定度（%）	符合设计要求		T0709
冻融劈裂强度比（%）	≥70	每3个工作日1次	T0729
含水量	符合设计要求	发现异常随时检验	T0801
沥青含量矿料级配	符合设计要求	发现异常随时检验	抽提筛分
水泥含量（%）	符合设计要求	发现异常随时检验	T0809

7.3.3 施工过程的外形尺寸检查项目、频度和质量标准应符合表7.3.3的要求。

外形尺寸检查项目、频度和要求　　　　　　表7.3.3

检查项目	质量要求	检验频率	检验方法
平整度最大间隙（mm）	8	随时，接缝处单杆测量	T0931
纵断面高程（mm）	±10	检查每个断面	T0911
厚度（mm）	均值-8 极值-10	随时	插入测量
宽度（mm）	不小于设计宽度，边缘线整齐，顺适，无曲折	检查每个断面	T0911
横坡度（%）	±0.3	检查每个断面	T0911
外观要求	表面平整密实，无浮石，弹簧现象；无明显压路机轮迹	随时	目测

7.3.4 检查验收标准

厂拌冷再生工程完工后，应将全线以1~3km作为一个评定路段，按表7.3.4的要求进行质量检查和验收。

沥青路面冷再生质量检查验收的检查项目、频度和要求　　　　　　表7.3.4

检查项目	质量要求	检验频率	检验方法
平整度最大间隙（mm）	8	每200m 2处，每处连续10尺	T0931
纵断面高程（mm）	±10	每200m 4点	T0911
厚度（mm）	代表值-8	每200m每车道1个点	插入测量
	极值-15	每200m每车道1个点	
宽度（mm）	不小于设计宽度，边缘线整齐，顺适，无曲折	每200m 4个断面	T0911
横坡度（%）	±0.3	每200m 4个断面	T0911
外观要求	表面平整密实，无浮石，弹簧现象；无明显压路机轮迹	随时	目测
压实度（%）	≥98（高速公路、一级公路） ≥97（二级及二级以下公路）	每1车道公里检查1次	基于重型击实标准密度，罐砂法 T0921

8. 安 全 措 施

8.1 应遵照《公路工程施工安全技术规程》JTJ 076-95 的要求执行。

8.2 应遵照国家和当地省、市政府颁发的有关安全技术规程和安全操作规程办理。

8.3 严格按施工工艺、施工操作规程、施工组织设计有关安全条款进行施工。

8.4 建立健全各工地、各施工环境下的施工安全规章制度，做好上岗前职工安全施工培训工作；特殊工种必须持证上岗，严禁无证操作、违章作业。

8.5 施工工地要有鲜明的安全标记和完善的安全措施，职工进入拌合厂要戴安全帽、穿工作服、工作鞋。夏季高温季节施工，应采取防暑降温措施。

8.6 小型油库、发电机房、拌合厂应按国家有关部门的要求及安全规定妥善保管，竖立鲜明的"严禁烟火"标志，严禁边吸烟边干活。

8.7 在施工车辆与地方交通干扰大的交叉地点、设明显标志并派专业人员指挥交通管制。

8.8 夜间施工时，必须配备照明设备，并在危险处设隔离栅、防护网等防护，确保施工人员和机械设备的安全。

8.9 设专人加强与当地气象部门之间的联系，掌握近期气候变化情况，做好拌合场和堆料场的防汛工作。

8.10 凡对沥青敏感的施工和试验人员禁止从事沥青路面的施工工作。

9. 环 保 措 施

9.1 环保措施

9.1.1 应遵照现行《中华人民共和国环境保护法》的要求执行。

9.1.2 建立环境保护机构和相应的规章制度，专人专项负责检查和定期组织大检查。

9.1.3 再生混合料拌合设备的堆料场及进场道路均要进行"硬化"，防止灰尘飞扬。

9.1.4 再生混合料拌合设备的水泥应存放在密封的水泥罐中，防止扩散污染环境。

9.1.5 再生混合料拌合设备和发电机等设备的噪声，应符合当地环保部门的要求。

9.1.6 运输再生混合料的车辆应有覆盖物，防止撒料，污染环境。

9.2 节能措施

9.2.1 加强能源管理，建立和完善节能考核制度，根据生产过程中运量、运力、施工作业等多种因素变化情况，及时调整生产计划，保持生产的高效、节能。

9.2.2 加强生产调度指挥，建立和完善岗位责任制和能源消耗定额管理制度，提高运输车辆实载率和施工机械的使用效率。

9.2.3 按照国家有关计量的法律、法规和有关规定，加强能源计量管理，配备准确可靠的计量器具，对耗能设备实行严格的计量管理。

9.2.4 禁止购置、使用国家公布淘汰的用能产品和设备。

9.2.5 组织设备操作人员以及其他有关人员参加节能培训，未经培训的人员不得在耗能设备操作岗位上工作。

10. 效 益 分 析

采用泡沫沥青冷再生混合料技术施工可充分利用原沥青路面铣刨料，节约资源、减少污染、降低造价、缩短工期。泡沫再生混合料结构层与半刚性基层、柔性基层的效益分析见表10。

泡沫沥青冷再生结构层与半刚性基层、柔性基层效益对比分析表　　表 10

含有不同基层的各路面结构	半刚性基层	泡沫沥青冷再生混合料稳定基层	柔性基层
路面结构层组合	AC–13　　4cm AC–20　　6cm AC–25　　6cm 水稳碎石　22cm 二灰土　　22cm	AC–13　　4cm AC–20　　6cm 泡沫沥青再生基层　26cm 二灰土　　22cm	AC–13　　4cm AC–20　　6cm 沥青碎石　26cm 二灰土　　22cm
不同结构层的单价比较	86.91 元/m² (6cm AC–25+22cm 水稳碎石)	82.27 元/m² (26cm 泡沫沥青再生基层)	130 元/m² (26cm 沥青碎石)

泡沫沥青再生稳定基层：相对于半刚性基层结构组合，1km 按全幅只铺 4m 宽节省 18560 元；

结构组合：相对于柔性基层结构组合，1km 按全幅只铺 4m 宽节省 190920 元

注：此表是以 2006 年西阎高速公路沥青整治抢修工程的单价为例计算说明的。

11. 应 用 实 例

11.1　西阎高速公路沥青整治抢修工程

西阎高速公路是西禹高速公路的重要组成部分，是国家规划的 M4 京昆高速公路陕西境内的一段，是我国首次大面积采用泡沫沥青冷再生技术对高速公路路面进行大修的工程。施工段落分别为：k194+950~k216+241。交工验收合格，路面评分 98.05 分。

11.2　西阎高速公路大修工程第 XYLM–04 合同段

西阎高速公路是西禹高速公路的重要组成部分，是国家规划的 M4 京昆高速公路陕西境内的一段，是我国首次大面积采用泡沫沥青冷再生技术对高速公路路面进行大修的工程。施工段落分别为：二期 k0+759~k40+000，交工验收合格，路面评分 96.3 分。

11.3　西潼高速公路大修工程第 XTLM–02 合同段

西潼高速是 310 国道的一部分，也是陕西省的主干道。西潼高速公路大修工程施工段落：k56+748~k84+880。交工验收合格，路面评分 96.2 分。

11.4　2010 勉宁高速公路路面专项工程 MNLM–02 合同段

2010 勉宁高速公路路面专项工程 MNLM–02 合同段全长 28.303km，于 2010 年 12 月底交工，验收合格，路面评分为 98.1 分。

CRTS I 型板式无砟轨道轨道板铺设施工工法

GJYJGF062—2010

中铁四局集团有限公司

陈亮　何贤军　骆海剑　杨慧丰　冯海珍

1. 前　言

客运专线 CRTS I 型板式无砟轨道轨道板铺设施工在国内首次大规模推广，无砟轨道要求高平顺性、高稳定性和高舒适性，轨道板几何状态直接影响到后续轨道施工和客运专线的最终质量，因此，轨道板铺设在客运专线施工中显得尤为重要。

中铁四局集团有限公司在客运专线施工中，组织科技攻关，经过不断总结和提高，形成了一套板式无砟轨道板铺设方法，成功地运用于武广客运专线新广州站及相关工程施工中，取得了明显的社会效益和经济效益，经总结，形成本工法。施工过程中有 3 项发明获得国家发明专利：三向无级微调基准器（专利号 ZL 2008 2 0039266.7），板式无砟轨道底座混凝土无级微调模板（专利号 ZL 2009 2 0299770.5）；轨道板运铺一体机（专利号 ZL 2009 2 0299771.X）。组成该工法的"CRTS I 型板式无砟轨道施工技术及关键设备研究"获中国铁路工程总公司科学技术三等奖。

2. 工 法 特 点

2.1 采用在线间铺设轨道作为运输通道的方式，运输不受地形限制，施工组织灵活。

2.2 采用轮轨式运输，设备施工能力大，可双线同时施工，铺设速度快。

2.3 采用自行设计加工的基准器，利用 CPⅢ控制网测量，精度高。

2.4 采用三角规及其配套设备施工，工艺可操作性强，质量容易控制。

2.5 采用调整单块轨道板和区段整体控制轨道板状态相结合，轨道板平顺性容易控制。

2.6 精调采用常规设备施工，操作方便，施工效率高，造价低，经济性好。

3. 适 用 范 围

本工法适用于客运专线 CRTS I 型板式无砟轨道轨道板铺设施工。

4. 工 艺 原 理

底座和凸形挡台施工完毕后，在左右线底座之间的基床面上铺设临时轨道，作为轨道板的运输通道，轨道板运输安装采用运铺一体机进行；同时，采用全站仪根据 CPⅢ控制网以"后方交会法"在凸台中部测设基准器，作为轨道板调整的测量基准，以三角规为测量工具，采用调板吊架对轨道板进行三向调整，调整时对每块轨道板的调整质量、所调区段与上次所调区段的平顺性进行控制和复核，做到了区段无砟轨道的整体平顺。

611

5. 施工工艺流程及操作要点

5.1 施工工艺流程

轨道板铺设工艺流程如图 5.1 所示。

5.2 操作要点

5.2.1 线间临时运输轨道铺设

1. 线间临时运输轨道采用 60kg/m 工具轨,轨排长度为 12.5m。钢支墩采用 20 号工字钢加工,其中长支墩同时作为轨距拉杆控制轨距,钢轨与支墩间采用橡胶垫片减震,钢轨接头处采用鱼尾夹板连接。临时运输轨道铺设位置与固定方式见图 5.2.1-1。

轨排结构设计详见图 5.2.1-2。

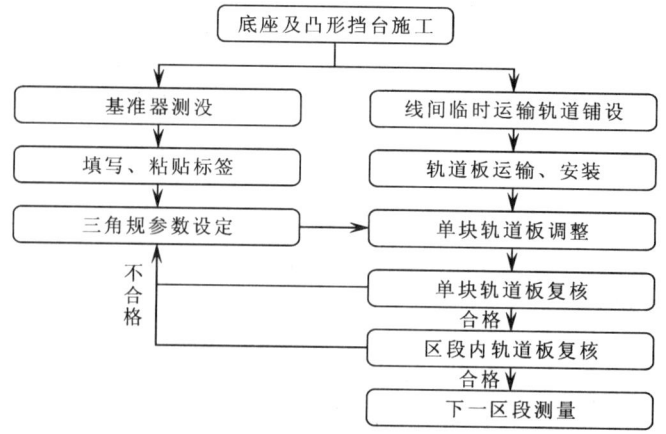

图 5.1 轨道板铺设工艺流程图

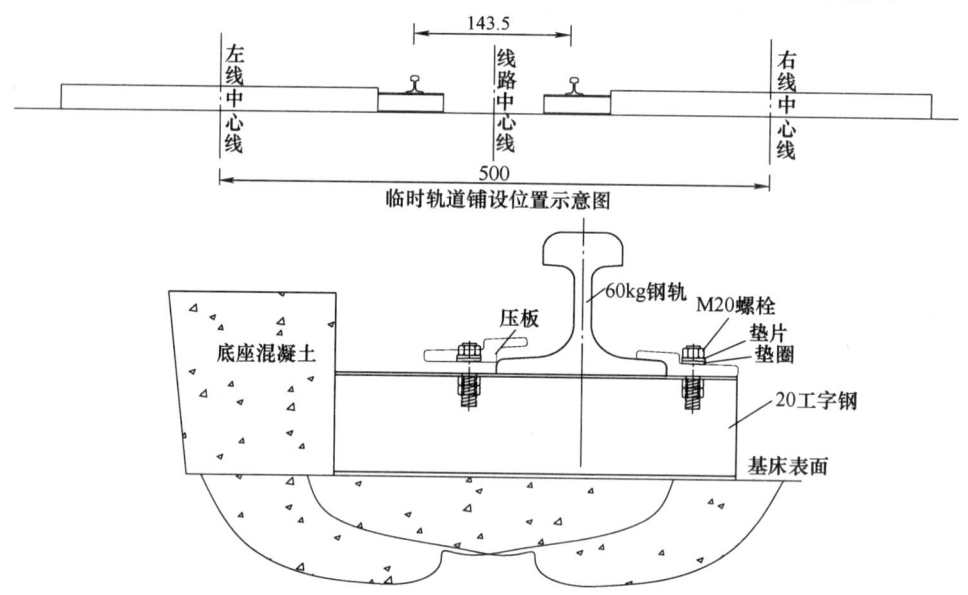

临时轨道铺设位置示意图

图 5.2.1-1 运输轨道铺设位置与固定示意图

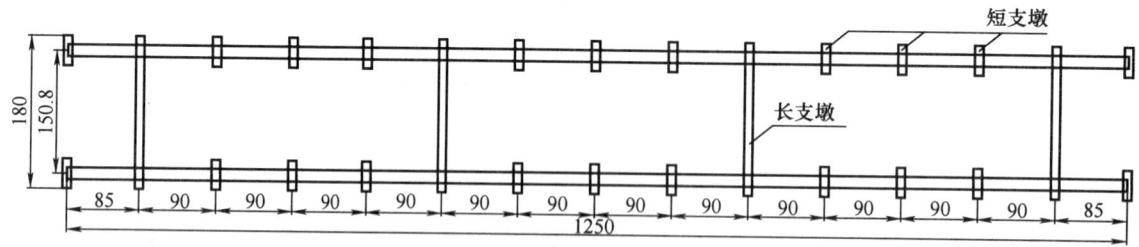

图 5.2.1-2 轨排结构设计示意图

2. 钢轨等轨料分段集中吊装上线,由牵引机车拖曳至铺设工作面,按设计要求的数量和间距,散布短支墩、长支墩、橡胶皮、螺栓和扣板。

3. 人工支垫钢轨,插入并方正钢支墩,采用加力扳手拧紧螺栓,通过扣板将工具轨固定在支墩上,调整轨距基本满足 1435mm±4mm 要求,安装鱼尾板。

4. 检查、拨顺轨道,局部基床面不平整时,采用钢板支垫在钢支墩下方找平。

5.2.2 轨道板运输、散布

1. 在存板基地内采用 25t 汽车吊将轨道板吊装至 30t 平板卡车上,倒运至轨道板临时提升站,装吊上线前应进行外观质量检查。轨道板运输时，轨道板和平板卡车底板，轨道板和轨道板之间用 5cm×5cm×20cm 的方木支垫。

2. 轨道板在提升吊装上线前，需根据所要铺设区间所需板形，在轨道板临时提升站提前进行配板，以方便装吊施工。

3. 轨道板采用 25t 汽车吊提升上线安放在运板车组上。装车时，汽车吊和运板托架的位置固定，每组托架装满后，运板车组移车对位，方便汽车吊吊装下一组轨道板。

4. 轨道板吊装时采用挂钩连接吊耳，并确保安全卡关闭，以防发生意外。轨道板装吊至平板车上前，应采用插销将运板托架固定在平板车上，每组托架装满后，用扎带将轨道板与平板车捆扎牢固后方可移动运板车组。

5. 装车完毕后，轨道牵引车将运板车组推送至铺设工作面，行车过程中应加强瞭望，车速控制在 5km/h 内，通过交叉作业区段时，应提前鸣笛预警。

6. 轨道板安装前，清除底座上的杂物和积水，在对应工位的底座 4 个角上放置 5cm×5cm×20cm 方木各一块，作为轨道板的支撑点。

7. 运板车组就位后，放下随车吊支撑牛腿，随车吊自托架上取板向左右线散布铺设，卷扬机将后续的托架拖拽至随车吊吊臂下方，以方便下次吊装，该段左右线轨道板铺设后，运板车组往前运动进入待铺段，轨道板安装及车体内部倒运作业顺序如图 5.2.2 所示。

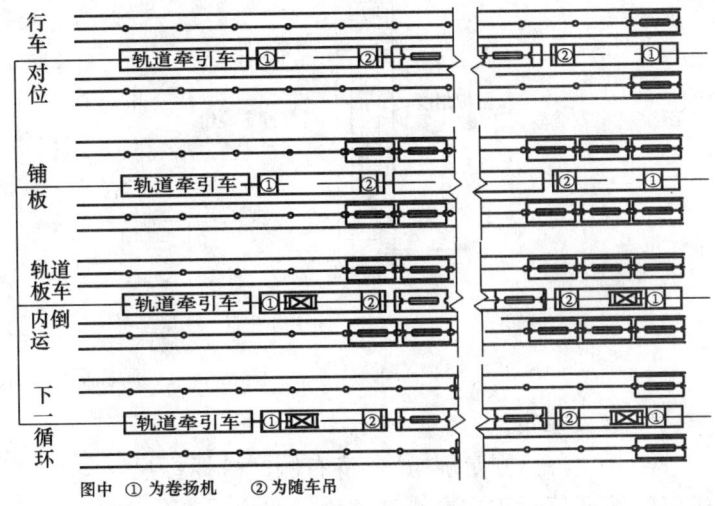

图 5.2.2　轨道板安装及车内倒运作业示意图

5.2.3　基准器测设

1. 根据线路线形参数和轨道板配置设计，计算出各基准器准确里程和三维坐标，输入全站仪。

2. 基准器测设依据 CPⅢ控制网采用后方交会法进行，每次设站后视 4 对 CPⅢ控制点，设站时尽量靠近线路中线，设站精度为 $\triangle E \leqslant 0.7mm$，$\triangle N \leqslant 0.7mm$，$\triangle H \leqslant 0.7mm$，每次设站与前次搭接 3 对 CPⅢ控制点和 2 个基准器，如图 5.2.3-1 所示。

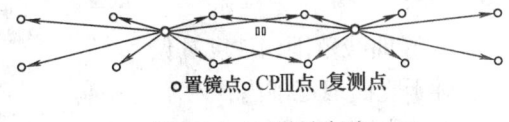

图 5.2.3-1　设站方法

3. 采用全站仪粗测放样，精度控制在左右 10mm、上下 5mm 以内，在凸形挡台上的预埋凹槽内打孔，采用膨胀螺栓将基准器安装固定，并将基准器顶部调整至略高于凸形挡台顶面，如图 5.2.3-2 所示。

4. 根据 CPⅢ控制网按照自由设站的方法进行平面测量，将基准器调整至设计位置，并利用螺栓临时固定。原位重新设站，复测平面位置，横向偏差不得超过 1mm。按照实测的基准器坐标，反算实际里程，计算出其高程。

5. 采用电子水准仪按精密水准测量的要求，以 2 个相邻的 CPⅢ点为水准控制点进行闭合水准测量，测定两者之间的基准器标高。

6. 采用砂浆将已经设定好的基准器封固，仅留出标志顶端，施工时应注意避免砂浆堵塞基准器顶部的小孔，如图 5.2.3-3 所示。

7. 填写基准器标签，粘贴在挡碴墙内侧或凸形挡台上，方便后续轨道板状态调整，标签样式如图 5.2.3-4 所示。

5.2.4　三角规参数设定

三角规参数包括坡度、基准器与轨道板顶面高差、超高等 3 项内容，分别反映在游标标尺和超高设定器上，如图 5.2.4-1 所示。

图 5.2.3-2　基准器安装

图 5.2.3-3　基准器封固

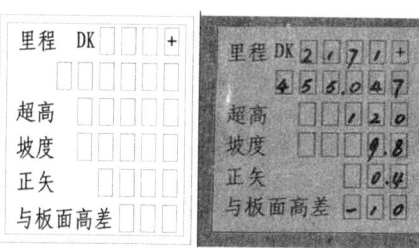
图 5.2.3-4　基准器标签样式

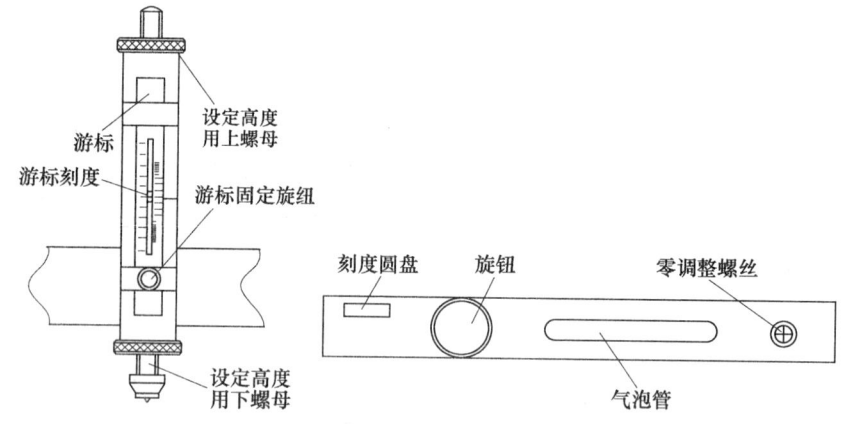
图 5.2.4-1　游标标尺和超高设定器

1. 坡度设定

松开"游标固定旋钮"，将右侧"游标标尺"相应的坡度值对正在右侧红色刻度线上，有尾数时应尽量对准；设定时应注意上下坡，以坡度为5‰为例，如图 5.2.4-2 所示。

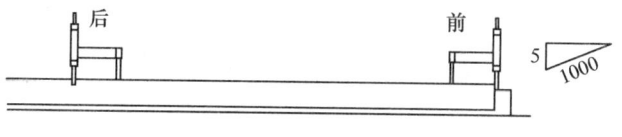
图 5.2.4-2　坡度设定方法

此时前端，以 0 下方 5 度对准右边的刻度线；后端，以 0 上方 5 度对准右边的刻度线。设定完毕后，拧紧"游标固定旋钮"，至下一坡度调整。

2. 竖曲线范围内坡度补偿

对于竖曲线范围内，两个（一套）三角规分别按照该三角规所放置基准器对应的纵坡值设定数值。

变坡点附近有竖曲线，此时坡度始终为变化值，需要进行补偿，不同半径的竖曲线纵坡变化值计算方法为：

纵坡变化值=板长/曲线半径。

纵坡设定值=前一点纵坡值±纵坡变化值

例如：R=25000 时，纵坡变化值为 0.2‰；

R=30000 时，纵坡变化值为 0.167‰。

3. 基准器与轨道板顶面高差设定

松开"上下螺母"，将"游标刻度"对正在左侧对应的高差上，轨道板顶面高于基准器时对正在"+"一端，反之为"-"，每一个基准器均应根据实测的高差进行设定，如：当轨道板顶高低于基准器30mm 时，旋转上下设定高度用螺母，把游标指向圆形凸台高度刻度板的-30 的位置，调整完毕后固定"上下螺母"。

4. 超高设定

曲线段轨道板调整时，应在"超高设定器"上设定超高，旋转"旋钮"，使"刻度盘"上的读数与设计值一致，由于"超高设定器"不能为负，因此，放置三角规时应注意方向。

对于超高变化的缓和曲线区段，轨道板两端超高值不相等，规定两端均采用较小的超高值，使得轨道板在缓和曲线地段整体呈阶梯状，如图5.2.4-3所示。

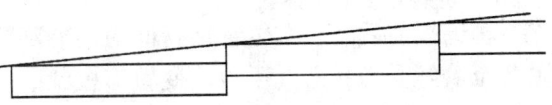

图5.2.4-3 超高设定方法示意图

将设定好三角规短支腿上的锥体放入基准器顶部的凹槽，另两个支腿分别放在轨道板表面标识的钢轨中心线，采用0.3mm尼龙悬线将2个三角规短支腿上的环连起来，以测量轨道板中心线偏差调整值。

5.2.5 轨道板调整

轨道板的调整，以基准器为基础，采用三向调板吊架、支撑螺栓、螺纹丝杆顶托等，调整轨道板的三维状态。

将支撑螺栓安装到轨道板侧面的支撑吊耳上，支撑吊耳与轨道板采用螺栓栓接。利用调板吊架缓慢吊起轨道板，除去板下临时支撑方木，如图5.2.5-1所示。

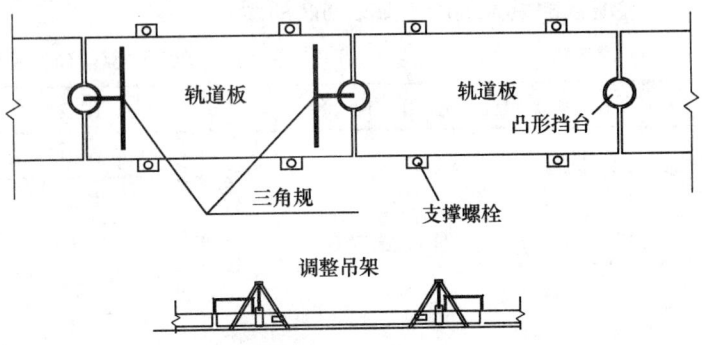

图5.2.5-1 轨道板调整准备

轨道板调整以偏差大小为调整顺序，即首先调整偏差较大的项目，最后调整偏差较小的项目，一般顺序为前后→左右→高低。

1. 前后调整

利用调板吊架将轨道板吊起，测量轨道板与两端凸形挡台之间的间隙，拨动轨道板调整前后（顺里程方向）位置，如图5.2.5-2所示，使得$|a-b|\leq5$mm，并采用木楔临时固定。

2. 左右调整

测量两个三角规间连线（鱼线）与轨道板中心线间距，横向调节调板吊架上门式葫芦，调整轨道板左右（垂直里程方向）位置，如图5.2.5-3所示，使得$c\leq2$mm，并采用木楔临时固定。

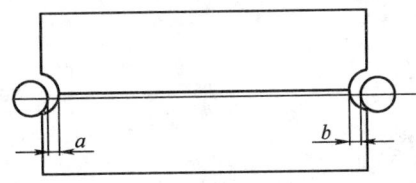

图5.2.5-2 轨道板前后调整

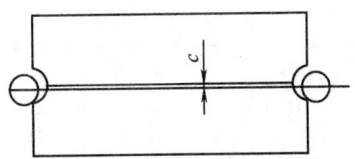

图5.2.5-3 轨道板横向调整

3. 高低调整

分别调节调板吊架上的4个葫芦，使得三角规上纵向、横向水准泡均居中，此时$|d|\leq1$mm，如图5.2.5-4所示。

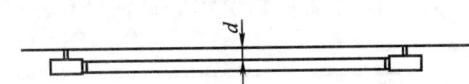

图5.2.5-4 轨道板高低调整

各项目调整时，可能对其他参数产生一定的影响，因此，调整时应反复测量、调整，直至各项参数均满足精度要求。

4. 复测

轨道板状态调整完毕后，采用三角规进行复核测量，并对相邻轨道板进行关联性检查，确保轨道板的整体平顺性。

5. 曲线段平面位置

曲线地段轨道板调整方法与直线段基本相同，但须将轨道板向曲线外侧移动正矢的1/2。见图5.2.5-5。

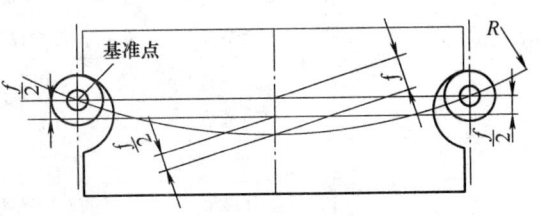

图5.2.5-5 曲线地段轨道板调整图

6. 轨道板临时固定

轨道板前后、左右位置和高低均调节到位后，将支撑螺栓调节至恰好受力状态（不得改变轨道板状态，过程中应采用三角规监控），在凸形挡台与轨道板之间打入木楔，固定轨道板，如图5.2.5-6所示。

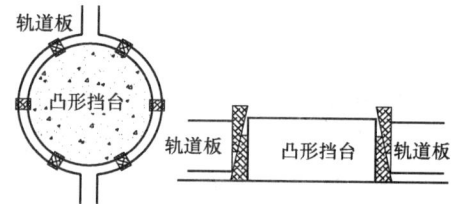

图5.2.5-6 轨道板临时固定方法

5.3 劳动力组织

轨道板铺设人员配置如表5.3所示。

单工作面劳动力配置表　　　　表5.3

序号	工作内容	工种	数量	备注
1	线间轨道铺设	施工员	1	
2		线路工	2	技术指导
3		装吊工	1	持证上岗
4		司机	2	
5		普工	12	
6	基准器测设	技术员	4	
7		测工	5	
8		普工	2	基准器封固
9	轨道板铺设	施工员	2	安装1名
10		技术员	3	安装1名
11		装吊工	2	持证上岗
12		司机	4	
13		轨道车司机	1	持证上岗
14		测工	2	
15		普工	10	

6. 材料与设备

本工法无需特别说明的材料，单工作面所需的机具设备见表6。

单工作面仪器设备配置此　　　　表6

序号	设备名称	规格型号	单位	数量	备注
1	装载机	ZLM30	台	1	
2	平板卡车	30t	台	3	
3	汽车式起重机	25t	台	2	
4	运铺一体机	自制	套	1	
5	全站仪	TCP1201+	台	1	配8个棱镜
6	电子水准仪	DINI12	台	1	
7	冲击钻		台	1	
8	调板吊架	自制	套	2	
9	三角规	KS584S	套	2	
10	支撑螺栓	自制	个	1000	
11	支撑吊耳	自制	个	1000	

7. 质 量 控 制

7.1 质量控制标准

7.1.1 本工法执行现有客运专线铁路施工技术规范和质量验收评定标准。

《客运专线铁路 CRTS Ⅰ型板式无砟轨道混凝土轨道板暂行技术条例》（文号：科技基〔2008〕74号）。

7.1.2 轨道板装车时，中线与汽车中线对齐，所有轨道板中线和边缘均对齐，相互横向偏差不得大于 25mm。

7.1.3 为保持行车稳定、安全，线间运输轨道铺设需满足精度要求，详见表 7.1.3。

线间运输轨道精度要求 表 7.1.3

项 目	允 许 偏 差	备 注
轨向	±5mm	
高低	±5mm	
轨距	±3mm	
左右	±3mm	

7.1.4 轨道板铺设精度要求见表 7.1.4。

轨道板铺设精度要求到 表 7.1.4

项 目	允 许 偏 差	备 注
中线位置	2mm	距离轨道板中心线
支撑点处承轨面高程	±1mm	
与两端凸形挡台间隙之差	5mm	距离轨道板设计位置

7.2 质量保证措施

7.2.1 轨道板安装时，两端应有专人防护，避免轨道板与凸形挡台磕碰。

7.2.2 三角规应定期在标准检测台上进行检测，确保其精确性。

7.2.3 放置三角规时，应确保三角规的短支腿锥部落入基准器顶端的小坑内，避免造成轨道板左右发生偏差。

7.2.4 轨道板调整过程中，尽量采用吊架移动轨道板，不得已需撬动轨道板时，应采用厚木板或方形钢板进行防护，避免损坏轨道板。

7.2.5 轨道板调整时，应注意保护预埋孔上的防护胶布，避免杂物落入预埋螺纹套管内。

7.2.6 轨道板状态调整完毕后，应将板下支垫的方木块取出周转使用。

7.2.7 轨道板调整完毕后，不得将重物放置在轨道板上，严禁踩踏，防止轨道板状态发生变化。

8. 安 全 措 施

8.1 认真贯彻"安全第一，预防为主"的方针，根据国家有关规定、条例，结合施工单位实际情况和工程的具体特点，组成专职安全员和班组兼职安全员以及工地安全用电负责人参加的安全生产管理网络，执行安全生产责任制，明确各级人员的职责，抓好工程的安全生产。

8.2 施工现场按符合防风、防雷、防触电等安全规定及安全施工要求进行布置，并完善布置各种安全标识。

8.3 起重机、卡车、牵引机车、卷扬机等作业人员应持证上岗，所有作业人员均需佩戴好劳保用品，如安全帽、钢头鞋等。

8.4 起重机臂下严禁站人，风力 5 级以上停止吊装。

8.5 牵引车运行速度严格控制在 5km/h 之内，定期检查钢轨与机车，防止意外发生。

8.6 作业使用手拉葫芦吊起轨道板应注意相互协调，要将轨道板托紧，预防轨道板倾斜滑落意外伤人。

9. 环 保 措 施

9.1 成立对应的施工环境卫生管理机构，在工程施工过程中严格遵守国家和地方政府下发的有关环境保护的法律、法规和规章，加强对施工燃油、工程材料、设备、废水、生产生活垃圾、弃渣的控制和治理，遵守有防火及废弃物处理的规章制度，做好交通环境疏导，充分满足便民要求，认真接受城市交通管理，随时接受相关单位的监督检查。

9.2 将施工场地和作业限制在工程建设允许的范围内，合理布置、规范围挡，做到标牌清楚、齐全，各种标识醒目，施工场地整洁文明。

9.3 对施工场地道路进行硬化，并在晴天经常对施工通行道路进行洒水，防止尘土飞扬，污染周围环境。

10. 效 益 分 析

10.1 经济效益

采用本工法进行轨道板调整时，使用器械（除三角规外）均可自行制造，节省了机械费；线间轨道法适应性强，轨道板运输、安装、调整等工序衔接紧凑，节约措施投入，以武汉试验段经验，调板 40 块/d，用这种方法每天调板进度可达到 60 块/d，加快了调整速度，缩短了工期，节省了开支；采用三角规调整保证了轨道板的单块空间位置，采用区段整体复核，同时也保证了轨道板的整体平顺性，使轨道板线形良好，极大地降低了后期轨道状态调整费用。

10.2 社会效益

采用本工法进行轨道板调整，可以明显改善轨道板调整的效果，使轨道板整体平顺，大大降低了轨道调整时实测线形与设计线形拟合的难度，减少了轨道状态调整和联调联试的时间，确保了总体工期。

11. 应 用 实 例

该工法先后在武广客运专线新广州站及相关工程试验段（DK2170+800~DK2178+180）、ZQ-1 标（DK2178+180~DK2190+384）、ZQ-2 标（DK2197+543~DK2207+039）板式无砟轨道轨道板铺设施工中成功运用，三区段铺设轨道板总数为 11926 块，调整总长度为 29.332 双线公里。

轨道板调整于 2009 年 5 月正式开始，2009 年 9 月完成，期间并进行 CA 砂浆灌注，基本达到后序施工和精度要求，完成轨道板调整任务。

该工法在武广客运专线新广州站及相关工程板式无砟轨道的应用结果表明：该工法快速、有效，依据 CPⅢ 测量基准器，并且采用三角规调整保证了轨道板的单块空间位置，采用区段整体复核，在保证单块轨道板绝对空间位置时，确保了轨道板整体平顺性，缩短了轨道板状态调整工期，取得良好的社会效益和经济效益。

高速铁路客运专线无砟轨道道岔铺设施工工法

GJYJGF063—2010

中铁八局集团第三工程有限公司

陈谨　陈加升　刘泽发　兰勇

1. 前　　言

为适应列车高速行车需要、提高线路稳定性和耐久性、减少线路维修工作量，世界各国已研发了多种结构的无砟轨道，德国和日本最为典型。在我国，对无砟轨道的研究始于20世界60年代，几乎与国外同时起步，但没有成段铺设。随着国民经济发展，高速铁路在国内已成为发展趋势，客运专线无砟轨道在高速运行条件下的稳定性和耐久性以及轨道维修工作量小的优势，使得无砟轨道受到重视。

道岔是铁路线路的重要组成部分，是列车从一股轨道安全、平稳地行驶向另一股轨道的重要保证。在无砟轨道中，保证列车更安全、更平稳的经过道岔，其施工要求和技术标准要求很高。该施工方法通过在遂渝线无砟轨道综合实验段工程中的施工应用，经过总结后形成本工法。

2. 工 法 特 点

2.1 结构连续性、稳定性、恒定性和平顺性好。道岔的轨下结构为钢筋混凝土，具有足够的强度和稳定性，几何形位不易变动，残余变形积累甚小，轨道结构得以加强。

2.2 施工进度快、不受气候影响。通过控制道床混凝土配比及后期养护措施，控制道床混凝土裂纹，确保了道床混凝土可全天候浇筑不受环境温度变化影响。

2.3 列车行驶过程中平稳和舒适性好。施工过程中，施工测量的精度要求极高，工艺控制极严，从而可以更好的保证列车运行中的舒适性。

3. 适 用 范 围

适用于高速铁路客运专线无砟轨道道岔铺设施工。

4. 工 艺 原 理

道岔区无砟轨道采用长枕埋入式结构形式，由道岔、扣件、岔枕及混凝土道床组成。每组道岔出厂前均进行厂内预拼装，调试组装完毕，严格检测道岔各部分尺寸和几何形位，同时应安装电务转换和封闭装置，进行道岔工务和电务系统的联合调试，预组装、调试合格后对道岔各部件作出对号标记，拆解后包装发运到施工现场。现场对道岔进行精确复核，确认型号、尺寸、可动道岔心等无损伤，按照施工工艺流程高标准，精要求一次施工成型到位。

5. 施工工艺流程及操作要点

5.1 施工工艺流程（图5.1）

5.2 主要施工方法

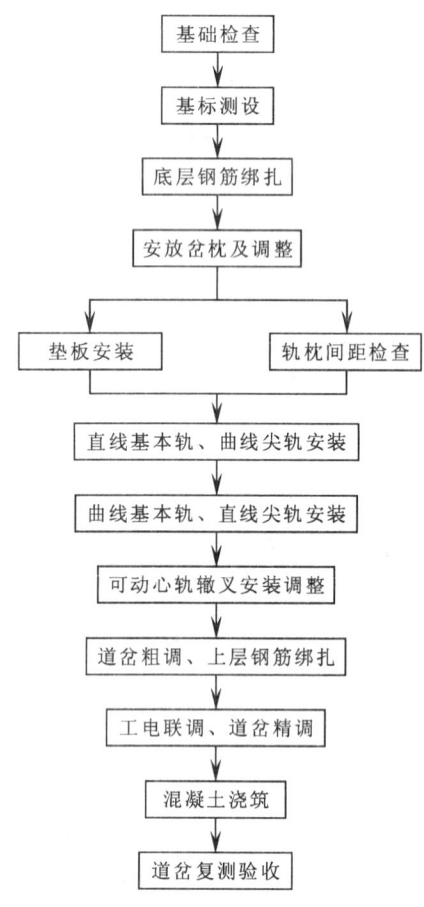

图 5.1 无砟轨道道岔施工工艺流程图

5.2.1 基础检查

根据线路平面图和线路纵断面图测设线路中线和实测基础面高程，将测量数据与设计值进行比较是否满足施工要求，同时校正预埋的门形钢筋，除去钢筋上的杂物。

在道床范围内对基础表面混凝土进行凿毛处理，凿除深度根据测量结果确定，但必须除掉混凝土表面的原浆面并及时清理冲洗干净，便于下道工序的施工。

5.2.2 基标测设

精确测设道岔的岔首、岔心、岔尾控制桩，并做永久性保护。然后根据控制桩丈量出道床的宽度，按照道岔设计图纸在道床以外的基础面上划出岔枕摆放位置并弹出墨线标定岔枕中心位置编号注明。

5.2.3 底层钢筋绑扎

将加工制作成形的钢筋运至施工现场，按照钢筋的编号、种类堆码整齐。根据施工设计图纸，绑扎底层钢筋，绑扎时要特别注意钢筋的位置和编号、规格等，做到绑扎稳定牢固并在钢筋交叉处做绝缘处理。在完成之后随即进行绝缘测试，要求钢筋绝缘大于或等于 2MΩ。

5.2.4 安放岔枕

在岔枕摆放前，应先在底层钢筋上靠预埋的门型钢筋放置 150mm×150mm×（2~3）m 的方木，且方木的顶面高度尽量保持一致，然后在方木上按编号顺序摆放岔枕。

5.2.5 岔枕调整

在调整岔枕前，必须先要确认道岔的位子，复核岔首、岔心和岔尾控制点的正确性。调整岔枕的间隔，必须采用 50m 及以上的长钢尺，不得以岔枕间距积累测量误差，要特别注意牵引点处的岔枕间距，不得小于设计尺寸，可动心轨第一牵引点的岔枕间距应按照 0~+5mm 摆设，而且只允许后一根岔枕后移，同时还要考虑到护轨的安装。岔枕定位以直股外侧第一个岔枕螺栓孔为基准拉线确定，用两把长钢尺平行放置，用撬棍撬拨岔枕端部，按照轨枕间距调正岔枕。岔枕底部摩擦力不足，可在调整好的岔枕间距后对其在岔枕端头作限位装置，以便防止在组装道岔时使其移动。

5.2.6 垫板安装

安装时要注意垫板的型号、左右开向、安装方向，要对号安装。普通垫板在现场安装时要注意区分，由于部位不同，它设置了两种不同静刚度。一种是岔内使用的用 JM 黑色油漆涂装，另一种是采用 JM 蓝色油漆涂装。

滑动垫板安装按照"垫板就位—规距块安装—弹条安装—弹性夹安装—垫板位置调整—岔枕螺栓安装—辊轮安装—辊轮调整"的顺序进行。

注：垫板安装也可以提前安装在岔枕上，再进行安放岔枕。

5.2.7 直线基本轨、曲线尖轨（曲线基本轨、直线尖轨）安装

安装采用人工搬运就位，也可用吊车起吊就位。在安装过程中，要特别注意对尖轨的保护，不得损坏。摆放就位时要满足预留轨缝的尺寸要求，摆放就位后及时安装轨距块和调高垫板，紧上螺栓。

5.2.8 可动心轨辙叉安装及调整

可动心轨辙叉为组装供应件，在道岔加工厂已为合格状态。安装前测量长心轨股道岔全长，确定可动心轨辙叉纵向位置，安装用吊车整体吊装就位，可动心轨辙叉的调整必须结合线形一起调整。这部分调整难度很大，遇到技术问题必须及时向厂方技术人员询问，遵照厂方技术人员的意见一同处理。

5.2.9 道岔粗调、上层钢筋绑扎

道岔粗调：粗调采用轨距尺、钢卷尺和线锤。先在轨距尺上自固定端起标出轨距的 1/2 刻划线，用线锤配合调整道岔的中线。在道床范围以外的基础面上，每隔 10m 设置标高起道点，根据实测标高和轨顶设计标高确定道岔的起道高度，采用轨距尺和钢卷尺将道岔调到尽量达到设计标高的位置，然后用目测法或拉线法把整个道岔粗调到位，误差控制在±5mm 以内。

上层钢筋绑扎在道岔粗调后进行，按照钢筋的编号、种类堆码整齐。根据施工设计图纸，绑扎底层钢筋，绑扎时要特别注意钢筋的位置和编号、规格等，做到绑扎稳定牢固并在钢筋交叉处做绝缘处理。在完成之后随即进行绝缘测试，要求钢筋绝缘大于或等于 2MΩ。

道岔组装完成后，安装轨排支撑架和道岔外支撑架（专门针对道岔加固制作），每隔 2m 设置一个（最好设置在整里程上，这样便于道岔的精调工序），间距可局部适当调整。道岔粗、精调包括方向、水平和道岔各部位尺寸及技术要求的调整。

5.2.10 工电联调、道岔精调

工电联调主要由电务单位施工，施工单位必须配合。在电务调试完成后，必须对道岔的中线、水平、几何尺寸和各项技术指标进行复核。

道岔精调：先在钢轨上每隔 2m 标定出测量点位，并用油漆做标记。通过调整轨排支撑架和道岔外支撑架用全站仪和水准仪对道岔进行方向和水平调整至设计标高。轨排支撑架用来升降调整道岔的高程，道岔外支撑用来左右调整道岔的中线。道岔的方向和水平主要以控制直股为准。为了便于操作和在浇筑混凝土过程中很好的控制道岔的方向，应先将道岔位置控制点（岔首、岔心和岔尾控制点）延伸到道岔铺设以外并通过岔首和岔尾及侧股岔尾和岔心连线上的合适位置，便于置镜和后视。道岔的高程用水准仪直接后视已知水准点进行调整，不得转点，且前视的最远距离和后视距离大致相等，减小测量仪器系统误差，有利保证测量精度。侧股的高程控制采用轨道尺控制。

道岔各部位尺寸和技术要求调整前，将垫板或底板外移至极限，紧定岔枕螺栓后进行，避免轨距扩张。轨距块首先应按设计安装号数安装，根据现场情况利用备用轨距块Ⅱ、Ⅲ形进行调整，Ⅱ形轨距块轨距调整间隔为 1mm，Ⅲ形轨距块或Ⅲ形接头轨距块轨距调整间隔为 2mm，在调整轨距或支距时以Ⅱ形轨距块为主。在道岔调整时，轨距块的合理选用是确保道岔调整质量的关键。轨距块的选择因弹条类型不同而不同，Ⅱ形弹条 60kg/m 钢轨工作边一侧安装 13 号轨距块，非工作边一侧安装 11 号轨距块（Ⅱ型轨距块规格有：9-11、13-15、8-14、10-16、12-12、7-17）。Ⅲ形弹条 60kg/m 钢轨工作边一侧安装 11 号轨距块，非工作边一侧安装 9 号轨距块，60AT 钢轨短肢侧安装接头轨距块（Ⅲ形轨距块规格有：60-9、60-11、60-7、60-13；Ⅲ形接头轨距块规格有：60-9、60-11、60-7、60-13）。轨距调整应先直股后侧股，必要时两者同时兼顾交叉进行，先根据导曲线直距位置宏观定位，然后用轨道尺逐根岔枕调整，直至满足要求为止。可动心轨辙叉部位内侧台板刚性扣压部位用轨距调整片根据实际情况进行调整。

调高垫板在初始安装时选择 6mm 厚的，其调高量为 0。其他为备用件，在道岔调整过程中发现高低调整量达不到要求或出现吊板现象时，在轨底或垫板底对其调高垫板进行更换，但板下最少保留一层调高垫板，确保绝缘性能不受影响。

道岔各部分尺寸和技术要求调试到位后，以直股钢轨端头为准，方正辙叉跟端尺寸和方向。用规定的扭矩对主副螺栓锁紧，扭矩值符合下面要求：螺母扭矩为 300N·m；岔枕螺栓副扭矩为 250~300N·m；翼轨间隔铁螺栓副扭矩为 1100~1300N·m；长短心轨间间隔铁螺栓副扭矩为 650~750N·m；辙叉跟端间隔铁不可复紧。

以上工序需要反复进行，直到满足设计几何尺寸和技术要求为止。

道岔铺设精调技术指标如下：

1. 横向水平不超过 2mm，不得出现反向超高。

2. 高低整体目视平顺，用 10m 弦量允许偏差不超过 2mm。

3. 方向顺直，用 10m 弦量允许偏差不超过 1mm。

4. 岔枕按垂直于道岔直股铺设，牵引点两侧及心轨部分的垂直度为 2mm，其余部分为 3mm。

5. 岔枕按设计图位置铺设，岔枕位置允许偏差±3mm，岔枕间距偏差：可动心轨辙叉部位±3mm，其余部位±5mm。

6. 道岔始端基本轨端前后相错量不大于 2mm。

7. 道岔直股轨距为 1435±1mm，道岔侧股轨距为 1435^{+2}_{-1}mm。

8. 尖端至第一牵引点范围内不得出现大于 0.2mm 的缝隙，其余部分不得大于 0.8mm 的缝隙；开通侧股时叉跟尖轨尖端与短心轨密贴，尖端 100mm 内允许有不大于 0.5mm 的缝隙，其余部分允许有不大于 1mm 的缝隙。

9. 尖轨或可动心轨轨底应与台板接触，牵引点两侧各 1 块不允许超过 0.5mm，其余不允许超过 1mm 且间隙不应连续出现。

10. 直线尖轨工作边直线度，密贴段每米不大于 0.3mm，全长不大于 2mm，曲线尖轨圆顺平滑无硬弯。

11. 尖轨尖端至基本轨前端距离允许偏差为 0~4mm。尖轨 0~40mm 断面内顶面不允许高于基本轨顶面。

12. 可动心轨辙叉直股工作边直线度每米 0.3mm，全长直线度为 2mm，心轨尖端前后 1m 范围内不允许抗线，曲股工作边曲线段应圆顺、不允许出现硬弯。

13. 可动心轨辙叉咽喉宽度允许偏差-1~2mm，趾跟端开口允许偏差±1mm。护轮轨缘槽宽度 42mm，允许偏差-1.5~1mm。

14. 长心轨实际尖端至翼轨前端距离允许偏差 0~4mm。

15. 尖轨非工作边与基本轨工作边最小距离不得小于 65mm。顶铁与尖轨或可动心轨轨腰间隙不得大于 0.5mm。限位器两侧的间隙小于 1mm。

16. 尖轨跟端和尖轨跟端起始固定位置支距偏差±1mm。导曲线支距偏差±1mm。

17. 道岔全长允许偏差为±10mm。

5.2.11 混凝土浇筑

1. 模板安装

1）道岔的道床分 A、B 两块，立模前先用沥青浸制的 20mm 厚的木板将 A、B 两块隔开，其长度与道床宽度相等，木板高度比混凝土面低 10~20mm 左右，用钢筋将其固定，但不得与道床钢筋接触，以免影响绝缘效果。等到混凝土灌注终凝后及时用切割机沿着沥青木板的位置割 20mm 宽的横向伸缩缝，确保缝的外观笔直美观。

2）根据道床宽度划线立模，沿两侧模型墨线紧贴定位钢筋安装模型，在模型外侧用专制的模型加固装置和楔形木尖定位。通过松紧楔形木尖精调模型使其达到要求。模型加固不能和道岔搭接。

3）检查模型直线度、平整度、垂直度、尺寸误差以及钢筋绝缘、模板无漏浆、接缝应严密等情况。

2. 混凝土原材料质量要求

水泥：采用低碱水泥（当量氧化钠<0.6%）和低热水泥。避免使用早强水泥，C_3A 含量<8%。水泥细度不超过 350m²/kg，游离氯化钙不超过 1.5%。

骨料：优先采用非碱活性骨料。骨料技术指标符合《建筑用砂》GB/T 14684-2001 和《建筑用卵石、碎石》GB/T 14685-2001 要求且必须满足表 5.2.11-1 和表 5.2.11-2 指标要求。

细骨料级配必须满足下表（含泥量小于 0.7%） 表 5.2.11-1

筛孔尺寸（mm）	4.75	0.6	0.15
累计筛余（%）	0~5	40~70	≥95

粗骨料技术指标 表 5.2.11-2

项 目	最大粒径（mm）	压碎指标（%）	吸水率（%）	针片状含量（%）	含泥量（%）
指 标	25	7	2	5	<0.7

粉煤灰：质量指标符合《用于水泥混凝土中的粉煤灰》GB/T 1596-2005 Ⅱ级以上等级灰，其全碱量小于 3%且必须满足混凝土总的碱含量。

拌合用水 ：符合《混凝土拌合用水》JGJ 63 标准要求，其中氯离子含量不大于 200mg/L。

外加剂：能控制混凝土凝结时间、减少碱—骨料反应引起的膨胀和补偿混凝土收缩。

由于道床的使用年限不小于 60 年，混凝土配合比应满足表 5.2.11-3 要求。

混凝土配合比技术要求 表 5.2.11-3

最大水灰比	最小水泥用量（kg/m³）	最大氯离子含量（%）	碱含量（kg/m³）	备 注
0.55	275	0.3（占水泥用量）	<3.0	非碱活性骨料，碱含量不做限制

混凝土氯离子扩散系数 DR_{CM}（28d 龄期） $<9.6×10^{-12}$（m²/s）。测试方法按《混凝土结构耐久性设计施工指南》附录 B。混凝土抗压强度应符合表 5.2.11-4 要求：

混凝土强度要求 表 5.2.11-4

龄 期	12h	24h	28d
强度（kN/mm²）	≤8	≤12	≥45

混凝土入模温度不超过环境温度，且不低于 10℃。混凝土初凝结时间 6~8h，终凝时间 8~10h。混凝土入模坍落度不超过 160mm。混凝土不得泌水离析。

3. 道床混凝土浇筑

1）模板内侧涂上隔离剂，在模板内侧挂线确定混凝土浇筑高度。

2）支撑架螺杆套管下端与基础间的缝隙用同等级干硬性砂浆封闭，透明胶封闭轨排支撑架螺杆套管上端与螺杆之间的缝隙，以防混凝土灌入套管，凝固螺杆不易拆除。

3）用一次性塑料套封扣件，以保护扣件以免被混凝土污染。埋入道床混凝土内的轨枕表面用湿布擦干净，以保证其与道床混凝土的粘结性。

4）浇筑混凝土前，必须复核道岔的中线、标高、几何尺寸、各项技术指标和钢筋绝缘等情况，将道床内的杂物清理干净，被水稀疏的砂浆严禁浇入道床内，润管的同等级砂浆必须均匀分散在道床内，严禁浇筑在 1 处。在混凝土浇筑过程中，要对道岔的中线和标高进行跟踪监测控制，出现不符合要求的点位必须及时调整。

5）捣固时严禁振动棒与钢筋和轨排有任何接触，严禁拖动振动棒。注意岔枕下方应仔细捣固，确保密实。

6）横向缩缝处，应在缩缝板两侧均匀布料振实。严禁单侧浇筑捣固，使缩缝板发生移位、变形。

7）捣固、摊平、收坡（道床断面为三角形，表面横线排水坡为 2%）、抹面。检测轨排轨面标高、中线位置、坡度、道床高度（误差为±2mm）、补料抹面、收光。

8）多次收面，拆除扣件防护套，清理扣件及外露轨枕、排轨上的混凝土及砂浆，养护。

9）混凝土原材料、配合比以及混凝土的工作性强度指标通过试验确定。施工过程中随时抽检混凝土的工作性指标，制作足够数量的标准试件即同条件试件，以检测混凝土的内在质量。

10）道床混凝土初凝后，洒水，并用麻袋覆盖保证混凝土湿润，表面不脱水。道床混凝土浇筑后 24±2h 内必须拆除轨排所有支撑，松开钢轨全部扣件，以解除其对混凝土的约束，防止道床混凝土开裂。人工取同等级混凝土填补浇筑拆除轨排支撑架后所留下的螺杆孔。

5.2.12 道岔复测验收

在支撑架拆除后和扣件松开前，复测轨顶高程、中线、道岔几何尺寸和各项技术指标。

5.2.13 劳动力组织

劳动力组织（1 组道岔）　　　　　　　　　　　　　　　　　　表 5.2.13

序号	工　种	人数	职　责
1	领工员	1	施工负责
2	技术员	2	测量、质量监控
3	试验员	1	测量、质量监控（持证）
4	石工	10	隧底凿毛、清洗
5	钢筋工	10	钢筋加工、转运、制作、成型（持证）
6	线路技师	1	负责道岔组装调试指挥（持证）
7	线路工	4	道岔组装、调整、加固（持证）
8	木工	1	模型（持证）
9	电工	1	工地用电（持证）
10	焊工	1	钢筋焊接（持证）
11	混凝土工	10	捣固4人，收面6人（持证）

6. 材料与设备

本工法无需特别说明的材料，采用的机具设备见表 6。

机械设备表　　　　　　　　　　　　　　　　　　　　　　表 6

序号	名　称	规格	单位	数量	备　注
1	空压机	3m³	台	1	基础凿毛、清洗
2	风镐		台	2	基础凿毛
3	高压冲水泵		台	2	清洗
4	电焊机		台	2	钢筋作业
5	起道机		台	2	轨排组装
6	混凝土罐车	6~8m³	台	3	混凝土作业
7	混凝土泵车		台	1	混凝土作业
8	坡度尺	自制	把	1	控制混凝土面坡度
9	全站仪	1"	台	1	放样、检测
10	电子水准仪		台	1	检测
11	钢瓦钢尺		幅	1	检测
12	兆欧表	500	个	1	钢筋绝缘检测
13	扭力扳手	500N	把	5	检测
14	轨距尺		把	2	轨距，水平检测
15	支距尺		把	1	支距检测
16	方尺		把	1	对齐、垂直度检测
17	长钢尺	大于50m	把	1	道岔全长、轨枕间距
18	塞尺		把	2	轨头密贴度、轨底与台板密贴、顶铁缝隙
19	游标卡尺		把	1	间距测量、局部尺寸测量
20	平尺	1m	把	1	轨顶、工作直线边、平直度测量
21	平尺	2m	把	1	调整、心轨尖端抗线测量
22	粉线（含垫块）				岔枕纵向对齐、工作边方向、直线度

7. 质 量 控 制

7.1 严格遵守《建设工程质量管理条例》（国务院令第 279 号）、《遂渝线无砟轨道综合试验段无砟轨道设计技术条件》、《遂渝线无砟轨道综合试验段无砟轨道道岔施工技术条件》、《京沪高速铁路测量暂行规定》、《铁路轨道工程施工质量验收标准》TB 10413-2003、高速铁路有关暂行标准及国家和铁道部现行的工程质量验收标准。

7.2 按照 ISO9002 质量体系要求，设立质量管理领导小组，积极组织开展全面质量管理活动，优化施工工艺，提高工程质量，制定科技攻关规划和详细的技术管理措施；成立科技攻关小组，定期或不定期举行活动，分析工期、安全、质量、成本问题并及时研究，针对出现的问题分析原因，制定对策，不断提高工程质量；质检部门负责进行质量检查和评审；成立相应的质量管理和创优工作领导小组，定期组织有关人员进行质量教育、督促检查和质量评比。

7.3 施工过程质量控制点

7.3.1 测量精度控制

测量精度高是无砟轨道工程特点之一，在道岔施工中确保测量精度是体现工程质量的关键环节。施工中应对电子水准仪和全站仪（精度 1"）等精密测量仪器在混凝土浇筑前和浇筑过程中对道岔中线和标高跟踪测量监控，严格控制测量精度，使线形满足：中线偏差±1mm；高程偏差±1mm。道岔的几何尺寸和各项技术指标满足设计要求。

7.3.2 钢筋绝缘性能控制

道床内钢筋较密，绝缘性对信号传输、衰减影响大，若施工完成后绝缘不符合要求，将无法进行整改。在浇筑混凝土前，派专人负责，必须对钢筋接头进行最终的绝缘检测，确保绝缘电阻大于或等于 $2M\Omega$。

7.3.3 混凝土质量控制

道床混凝土的设计要求高，耐久性设计为 60 年。要保证道床混凝土在高速荷载冲击下的耐久性和其功能，就必须确保混凝土原材料质量，使其各项指标符合设计要求。配合比通过试验确定。施工中保证混凝土密实对保证混凝土的耐久性很重要，密实的混凝土可大大提高抗渗性，降低空气介质、油污介质以及其他介质对混凝土的浸蚀。而裂缝对混凝土的耐久性很不利，所以必须控制道床混凝土的裂缝。通过配合比（低热、微膨胀）调整以及施工养护及后期解除约束（道床混凝土浇筑后 24±2h 内必须拆除轨排所有支撑，松开钢轨全部扣件，以解除其对混凝土的约束，防止道床混凝土开裂）等措施确保混凝土质量。

8. 安 全 措 施

严格贯彻执行职业健康安全管理体系标准 GB/T 28001-2001 和职业健康安全管理体系文件等国家、行业、地方、企业等法律法规和标准规范，完善安全生产管理制度，制定并实施安全保证措施，对生产全过程进行安全监控，及时发现和消除安全隐患，以防止各类安全事故的发生。在开工初期辨识评价危险源，评价重大危险源并制定管理方案，实施有效控制。对易发的安全事件制定应急预案并实施演练。

8.1 现场布置安全

设置安全标志，在本工程现场周围配备、架立安全标志牌。

施工现场的布置应符合防火、防爆、防雷电等安全规定和文明施工的要求，按批准的总平面布置图布置施工现场的生产、生活办公用房、仓库、材料堆放场、停车场、生产车间等生产、生活区域。

现场道路应平整、坚实、保持畅通；现场道路一侧或两侧遇有河沟、排水沟、深坑等情况时，应有防止行人、车辆等坠落的安全设施；危险地点应悬挂按照《安全色》GB 2893-2001 和《安全标志》GB

2894-1996 规定的标牌。夜间有人经过的坑洞应设红灯示警，现场道路应符合《工厂企业厂内铁路、道路运输安全规程》GB 4387-94 的规定，施工现场设置大幅安全宣传标语。

现场的生产、生活区均要设足够的消防水源和消防设施网点，消防器材应有专人管理不得乱拿乱动，要组成一个由 15~20 人的义务消防队，所有施工人员要加强应急准备和响应有关知识教育培训，熟悉并掌握消防设备的性能和使用方法。

各类房屋、库棚、料场等的消防安全距离应符合国家或公安部门的规定，室内不得堆放易燃品；严禁在木工加工场、料库、油库等处吸烟；现场的易燃杂物，应随时清除，严禁在有火种的场所或其近旁堆放。

8.2 施工机械的安全控制措施

各种机械操作人员和车辆驾驶员，必须持有有效操作资格证，不准操作人员操作与操作证不相符的机械；不准将机械设备交给无操作证的人员操作，对机械操作人员要建立档案，专人管理。

操作人员必须按照工作前的检查制度和工作中注意观察及工作后的检查保养制度，做到工作前检查、工作中观察、工作后检查保养、认真填写机械运转记录。

驾驶室或操作室应保持整洁、严禁存放易燃、易爆物品，严禁酒后操作机械，严禁机械带病运转或超负荷运转。

机械设备在施工现场停放时，应选择安全的停放地点，夜间应有专人看管。

用手柄启动的机械应注意手柄倒转伤人，向机械加油时要严禁烟火。

严禁对运转中的机械设备进行维修、保养调整等作业。

指挥施工机械的作业人员，必须在操作人员可以看到的安全地点，并用明确规定的指挥联络信号进行指挥，施工中严格检查落实。

使用钢丝绳的机械，在运转中严禁用手套或其他物件接触钢丝绳，用钢丝绳拖、拉机械或重物时，人员应远离钢丝绳。

起重作业应严格按照《建筑机械使用安全技术规程》JGJ 33-2001 和《建筑安装工人安全技术操作规程》规定的要求执行。

定期组织机电设备、车辆安全大检查，对检查中查出的安全问题，按照"三不放过"的原则进行调查处理，制定防范措施，防止机械事故的发生。

8.3 保证施工人员安全的技术措施

所有进入施工现场的人员必须戴安全帽，并按规定佩戴劳动保护用品，或安全带等安全工具。高空作业人员应定期进行体检，不合格者严禁参与有关施工。

作业人员不得穿拖鞋、高跟鞋、硬底易滑鞋和裙子进入施工现场。

人员在作业中必须集中精力，严禁在作业中聊天、阅读、饮食、嬉闹及从事与工作无关的事情。

禁止串岗、擅离职守、班前严禁饮酒。

8.4 冬期施工安全措施

对所有参加施工的员工进行低温期间施工安全知识教育，提高每个员工的安全防范意识和自我保护能力。

施工前做好场地清理，脚手架、跳板及道路采取防滑措施。

机械起吊设备及机具零件及时清理，防冻防滑。

经常同气象部门取得联系，及时掌握天气变化，做好防范工作。

经常检查员工所用的各种劳动工具的完好状态，对把柄有裂缝、有破损、转动部位有障碍的及时更换，消除安全隐患。

8.5 雨期施工安全措施

雨季前，对施工场地、材料堆放、生活驻地、运输道路及设备的防洪、防雨、排涝等设施进行全面详细检查，对不安全隐患，立即进行处理。

暴风雨后，立即对边坡、地基、临时设施的安全状况进行检查，发现倾斜、变形、下沉、漏雨、漏电等，及时修复。

基坑四周设排水沟，机具材料堆放在基坑坡顶的安全距离以外。

现场施工用高低压设备及线路按规范要求安装和架设，不使用破损或绝缘性能不良的电线，所有电线采用架杆挂线，做到电线不随意布设，所有电闸箱有门有锁并加设防雨罩、设危险标志。

将工作面的泥浆清除干净，以防滑倒。

遇雷电暴雨时，立即切断施工电源。

切实加强雨期施工安全工作，认真执行《铁路实施中华人民共和国防汛条例》细则，落实防洪措施。施工中保持排水系统的畅通，对可能影响设施设备稳定的任何作业，有足够可靠的安全防护措施，防患于未然。

积极配合甲方，对施工地段联合进行防洪检查，发现问题及时处理。对可能影响安全度讯的施工地段，认真接受防洪部门的防洪检查和建议，并按要求认真落实责任，安排好抢险的人力、物资、机具和设备。汛期施工，在重要的防洪地点设置标志，提示所有人员注意，在雨天可能造成危害时，派专人在重点地带巡视，工地负责人轮流 24h 值班，并与现场巡视人员保持联系，以便及时做出抢险部署。

9. 环保措施

加强施工人员对《建设项目环境保护管理条例》及《中华人民共和国水土保持法实施条例》学习，树立良好环保意识，自觉遵守"环保"、"水土保持"规定。

制定"环保"、"水土保持"责任制，签定责任书，避免和减少对环境的污染和破坏。

做好施工驻地及施工场地的布置和排水系统设施，保证生活污水、生产废水不污染水源；合理布置大型临时设施，不压缩、不侵占既有水利设施，保证排洪畅通。生活废水、机械排放的含油污水按规定处理后排入指定区域；施工废水集中沉淀处理后排放。

生活驻地、生产场地离池塘较近时，在生活驻地、生产场地与池塘间挖截水沟或筑堤坝，防止生活和施工废水污染水源

生产生活垃圾集中堆放，按地方政府环保部门要求处理。

施工弃土、弃渣按设计或当地环保部门要求，运至指定地点堆弃，并按设计及时修建防护设施，水土保持设施与主体工程同等质量、同时施工。

加强废旧料、报废材料的回收和管理，减少污染，保护环境。尽量少破坏既有植被，在租用作为施工驻地及施工场地的土地前，首先征得地方政府环保部门的同意，施工期间破坏的植被，施工完成后，种草、植树予以恢复，防止水土流失，保持环境绿化。

工程施工完成后，占用场地按原样恢复或植树种草；取土场、开挖面和废弃砂石土存放地的裸露土地植树种草，防止水土流失。

10. 效益分析

遂渝线无砟轨道综合试验段是中国首条无砟轨道，并取得了试验成功，在中国铁路事业上开辟了新的可行方向，引起了社会各界的关注。在遂渝线无砟轨道综合试验段动车期间，时速达到了每小时 233km，达到了设计时速每小时 200km 的要求，列车行驶的平稳性，得到了社会各界人士的赞扬和很好的评价。

由于无砟轨道施工在国内尚属首次，在经济效益上无法直接形成数字上的对比，仅从建设资金投入而言，无砟轨道远比有砟轨道资金投入大，但结合国外高速铁路无砟轨道工程实例使用情况看，线路运营期间所发生的维修费用（包括投入的人力、物力、资金），无砟轨道体现出了它的工程特点之一少维

修，无砟轨道远比有砟轨道少得多。总之，在线路设计年限期内，从建设到运营、维修方面所发生的总费用看，无砟轨道建设占居了很大的优势，成为国内铁路事业发展的必然趋势。

11. 应 用 实 例

该工法应用于遂渝线无砟轨道综合实验段，该工程于 2004 年 12 月开工，于 2007 年 1 月竣工。该实验段 1 号岔位道岔铺设于 2006 年 11 月 9 开工，2006 年 11 月 24 日施工完毕，实际施工工期仅 15d，同时遂渝线无砟轨道综合实验段蔡家车站其他 3 组道岔铺设也采用该工法进行施工，施工过程严格按照本工法施工，严格卡控各道施工工序，保质保量保工期，并在 2006 年 11 月 30 日顺利完成了施工任务。2007 年 1 月动车试验期间，有关领导专家莅临现场，通过轨检车多次试开获取数据证实符合要求，运营状况优良，2007 年 5 月 1 日，遂渝高速铁路通车，投入正式运营。该施工方法随后相继在 2008 年应用于武广客运专线综合试验段，2010 年应用于哈大客运专线无砟轨道综合试验段。

遂渝线无砟轨道综合试验成功，首次成区段建成具有中国自主知识产权的无砟轨道铁路，在中国铁路事业上开辟了新的可行方向，得到了社会各界人士的赞扬和好评。通过本工程建设施工，本工法的顺利实施对指导即将修建的客运专线类似工程施工具有重要的参考和指导价值。

无砟轨道无缝线路施工工法

GJYJGF064—2010

中铁三局集团有限公司　中铁二十五局集团有限公司

贾印满　张建平　闫宏亮　李周玉　王亚忠

1. 前　　言

客运专线无砟轨道铺设无缝线路是客运专线施工的最后一道工序，是客运专线联调联试乃至最后安全运营成败的关键。无砟轨道在结构连续性、高平顺、高稳定和少维修等方面具有明显的优越性，各国在发展无砟轨道技术的同时，研制了与无砟轨道施工、监控、检测相适应的成套机械设备和现代化程度高、使用方便的测试设备，使施工质量得到可靠保证。我国在秦沈、京津、武广、郑西等客运专线对无砟轨道进行了大量的探索和研究，通过引进、消化、吸收和自主创新，研制覆盖生产、运输、铺设、工地焊接等各个工序的成套设备，同时不断完善测试设备，实现我国无砟轨道技术装备的系列化、现代化、标准化。

近年来，随着铁路无砟轨道的高速发展，新工艺、新技术、新材料的应用使铁路建设形式趋于多样化，施工工艺趋于简单化、机械化，安全操作性强。中铁三局集团有限公司在武广客运专线施工中，大胆创新，运用"推送法"突破既有线换铺无缝线路障碍，摒弃有砟轨道铺设无缝线路的施工方法，对原有的无缝线路铺设工艺进行科学改进，经过无砟轨道无缝线路施工实践，取得良好的效果。中铁二十五局与北京铁道科学研究院金化所、铁道第四勘察设计院共同对长轨铺设、焊接和锁定等成套机具设备及无缝线路铺设整体施工工艺进行改进和技术创新，形成整套综合应用技术，日铺轨进度达到了6km，满足工期和质量要求，其中关键技术参加2009年度中国铁道建筑总公司科技成果评审，被评定为国内领先水平。该技术为今后无砟轨道铺设无缝线路积累了经验，在施工中具备推广应用价值，特编写此工法。

2. 工法特点

2.1 施工简便，安全操作性强。

2.2 "推送法"一次铺设新建铁路无缝线路，机械施工效率提高，人员数量减少，提高施工工效，缩短施工时间。

2.3 保证轨道运输的高稳定性、连续性和平顺性。

3. 适用范围

适应于新建铁路无砟轨道铺设无缝线路，尤其适合铺设工期紧、精度要求高、施工难度大的客运专线或高速铁路无砟轨道无缝线路施工。

4. 工艺原理

4.1 建设铺设无砟轨道无缝线路的铺轨基地，铺轨基地连接既有线与新建铁路线路，铺轨基地内建设有装卸、存储500m长钢轨的主要工程生产线及配套设施，利用组装长轨运输车进行工程材料（厂焊500m长钢轨）装卸、存储及运输。

4.2 组装长轨运输车运输500m长钢轨进入施工现场，利用专用无砟轨道长钢轨铺设机组，采用"推送法"一次性铺设新建铁路无缝线路。

4.3 采用K922移动焊轨机对已铺设的长钢轨进行焊接。

4.4 采用"滚筒法"或"拉伸器滚筒法"两种方法对单元轨节进行放散锁定。

4.5 对铺设好的轨道进行精调，达到联调联试的验收标准。

长轨铺设、单元轨焊接、应力放散锁定焊接相距一定的时间间隔同时并行组织施工，以减少工程线的运输列车车轮对焊接接头的伤损。无缝线路经轨道精调及整理后，在线路验收及联合调试前，采用打磨列车对全线钢轨预打磨，使钢轨表面光滑、平顺、无斑点。

5. 施工工艺流程及操作要点

5.1 施工工艺流程（图5.1）

5.2 关键工序工艺

5.2.1 铺轨基地建设

铺轨基地是进行长钢轨铺设的总后方，是进行铺轨施工的基础，铺轨基地是长钢轨等材料进场的中转站，其生产力是保证铺轨进度的前提条件；铺轨基地内存放长钢轨的存轨台位建设质量是保证长钢轨存放不变形、不损害的重点；铺轨基地内装、卸长钢轨的龙门吊是长钢轨运输的保证。

施工要点

1. 铺轨基地选址

根据施工需要进行铺轨基地选址工作，尽量做到铺轨基地少占耕地，合理利用，保证生产。

2. 与既有线接入的施工

根据既有线有关规定办理各项施工手续，按既有线的要求进行接入施工，保证施工安全，明确责任范围。

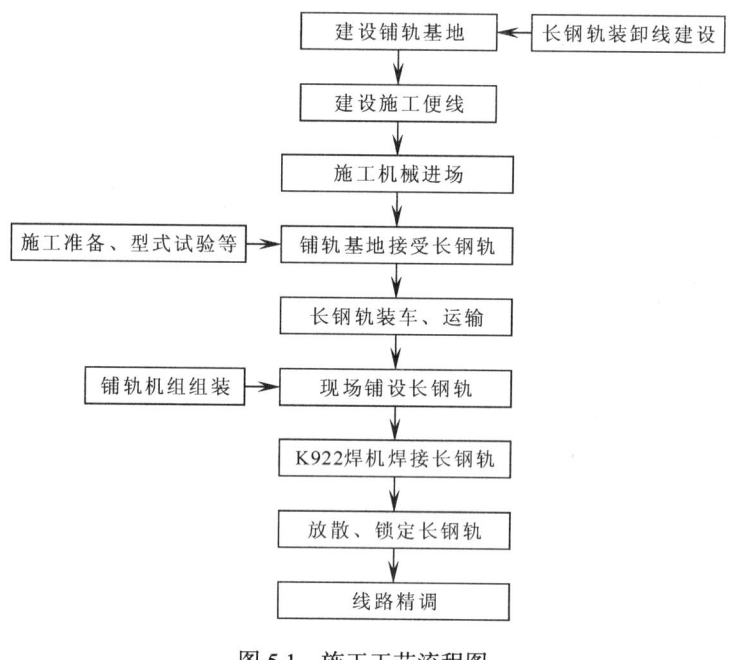

图5.1 施工工艺流程图

3. 存轨场地的建设

建设一条长钢轨运输装卸线，根据地基承载力及存轨的数量建设长钢轨存储场地。施工现场的临时存轨层数不应超过10层，超过6个月的不应超过8层。存放台上的钢轨应及时安排铺设，避免钢轨发生严重锈蚀。未经防锈处理的最下层钢轨存放时间不宜超过6个月。

4. 吊装

采用群吊的方法，钢轨吊点间距不大于16m，钢轨两端的吊点距轨端应不大于7m。每个吊点的额定起重量不宜小于3t。吊运500m长钢轨的起重设备应具备集中控制功能，实现同步升降、同步横移，吊运过程中应避免摔跌、撞击钢轨。

5. 施工便线建设

施工便线是铺轨基地运输长钢轨进入施工现场的保证，施工便线坡度不大于20‰，线路曲线半径不得小于300m，线路按国家Ⅱ级铁路标准建设。

5.2.2 长钢轨运输

行车安全是长钢轨运输作业的重中之重。为了保障长钢轨安全运输至铺轨地点，需配备足够的运输人员，制定完善的管理制度。配置三列拆装式长轨专列，完成从存轨场至铺轨现场的长轨装卸和二次转运。途中按超长货物运输组织方案组织运输，并制定相应的安全措施。

1. 根据运输距离，成立运输组织机构，配备足够的运输人员。

2. 依据《铁路技术管理规程》相关规定并结合工程运输生产实际，制度运输组织和各项规章制度、岗位责任制、技术安全措施，以保障工程运输安全通畅。

3. 工程运输所配备的运输设备（施）应状态良好，并按规定进行保养、维修。

4. 根据运输线路的实际情况，制定相应的运输线路巡检办法，确保行车安全。

5. 发车前严格检查长钢轨的锁定装置完好。

5.2.3 长钢轨铺设

施工工序

机车推送铺轨列车进入施工现场，当钢轨推送车前轮轴距已铺钢轨前端 7m 时停车。长轨运输车对位停车打好铁鞋后，进行长轨铺设作业。

1. 钢轨锁定车位于长轨运输车的中间。作业人员松开上层一对待拖拉钢轨的锁轨装置（注：拖拉钢轨从钢轨中心距最接近 1508mm 的一对开始，再逐步向外成对拖拉钢轨，最后向内成对拖拉钢轨。下层钢轨照旧）。

2. 卷扬机拖拉钢轨

1）解锁钢轨的同时，摆开上层钢轨的挡轨装置。

2）开动卷扬机反转，人工把卷扬机钢缆绳从换向轮处牵引至离钢轨前端 4m 处安装钢轨夹具。（距离大于等于 4m）

3）人工开始在钢轨轨头安装夹具和鱼头。

4）开动卷扬机正转，开始拖拉钢轨，当钢轨前端穿过推送机构辊轮 0.5m 时，停止卷扬取下钢轨夹具和鱼头。

5）启动推送马达推送钢轨至钢轨前端离推送辊轮 15m 时停止推送。

6）在已铺设长钢轨前端 10m 处放置木枕。

7）在枕木头前放置第一对地面滚轮。

3. 牵引车牵引钢轨

1）将牵引车退至悬臂钢轨的前端，将钢轨前端穿入牵引车的夹轨装置中，在其前后安装钢轨夹具，并打好斜铁。

2）启动牵引车牵引钢轨，5s 后启动推送装置推送钢轨。牵引车在施工地段运行限速 5km/h。

3）在距离第一对地面滚轮 10m 的位置放置第二对地面滚轮，以此每隔 10m（15 根轨枕）放置一对地面滚轮。

4）当钢轨末端离过渡升降装置前端滚轮 0.5m 时停止牵引。

5）降下过渡装置，使过渡装置最低处略高于钢轨顶面，列车开始缓慢后退，直到钢轨落到木枕上。

6）用 4 台手摇起道机将钢轨缓慢提升，并撤出木枕，再缓慢将钢轨放置在地面滚轮上。

4. 对轨及落槽

1）对轨时，我单位采用牵引车后退推送长钢轨对轨的方法进行长轨对轨。对轨时，按适时轨温计算出设计轨缝大小，并通过安装夹片的方法预留轨缝。

2）长钢轨对轨完成后，在牵引车后 10m 处放置木枕。

3）拆除钢轨夹具，牵引车向前走行，使钢轨缓慢脱离钢轨落在木枕上。

4）用 4 台手摇起道机将钢轨缓慢提升，并撤出木枕，再缓慢将钢轨落入槽中。

5）撤出地面滚轮，将钢轨落入槽中。

6）沿线收回地面滚轮，放置在小平车上。

7) 用液压内燃扳手开始紧固扣件，直线地段隔五紧一，曲线地段隔三紧一。

8) 用方尺方钢轨头，锯齐钢轨。

5. 重复第2、3、4项作业

6. 小曲线半径地段铺轨

1) 小曲线半径铺轨时，在钢轨外侧成倍增加工人，手持撬棍随时拨正钢轨，防止钢轨侧翻。

2) 减小辊轮垫放间距。每隔5m放置一个辊轮，增加钢轨滑动能力。

3) 减小扣件锁定间隔，采用隔三锁一定钢轨扣件，锁定时先锁定曲线内侧扣件。

7. WZ500型铺轨作业效率分析（单班拖拉一对长轨），见表5.2.3-1。

WZ500型铺轨作业效率   表 5.2.3-1

序号	施 工 内 容	时间（min)	时　段					
			10	20	30	40	50	60
1	运输列车对位	4						
2	长轨解锁、安装夹轨器	3						
3	卷扬机拖拉钢轨	4						
4	牵引车拖拉钢轨、垫滚轮	12						
5	对齐轨缝、锯轨	5						
6	钢轨就位、取滚轮	4						
7	安装扣件、收滚轮	10						
8	机组前行500m	8						

注：每铺500m钢轨的工时计算：t=4+3+4+12+5+4+10+8-11=39min；每班（8h）铺轨 m = 6.15 km/8h。

8. 人员组织（单班单套设备），见表5.2.3-2。

人员组织表   表 5.2.3-2

序号	工 作 岗 位	数量	序号	工 作 岗 位	数量
1	总负责人	1	6	龙门吊群操作人员	4
2	领工班长	1	7	散放扣件、滚轮	10
3	机械工程师	2	8	拖拉推送长钢轨	6
4	机车、牵引车司机	6	9	钢轨就位、布设滚轮	20
5	长钢轨装卸人员	32	10	起道、上扣件	30

5.2.4　K922焊机焊接长钢轨

工地单元轨采用K922移动式焊轨车组焊接，由轨道车推送进入现场，进行移动焊轨作业。进行焊接前必须按照验标要求对钢轨进行型式试验焊接，在焊接经国家有关部门检验合格后方可上线作业。

1. 焊前准备

焊轨列车进入施工现场，将待焊的长钢轨扣件松开，按10m间隔在轨下设置滚筒。做好焊轨前的准备工作。

2. 除锈、焊机对位

采用手砂轮机打磨轨缝两侧的轨腰及轨端面，进行焊轨接头处除锈。焊机进行焊缝找位，用垫轨底方法使轨缝处形成规定的折线并对正轨端。

3. 夹轨对正

通过夹紧钢夹对待焊钢轨接头的水平和垂直方向进行调直，并调整垂向尖峰和工作边。夹紧力作用在钢轨中轴线上。

4. 自动焊接

焊接分为闪平、预热、闪光（烧化）和顶锻4个过程，由控制柜指挥焊机按焊接程序自动完成。

5. 焊瘤推凸

焊接完毕后几秒钟，焊机的推凸装置自动将整个钢轨焊头周围的焊瘤剪平。

6. 焊后粗磨

利用钢轨角磨机对焊接接头的轨顶面、侧面、轨底角表面进行粗打磨，打磨时不宜横向打磨焊缝。

7. 正火

采用小型正火设备对焊缝进行正火处理。正火使用火焰加热器对接头进行加热。正火过程中应控制好氧气、乙炔流量以及摇火摆动频率。加热起始阶段轨头表面中心线温度应在400℃以下，加热终了轨底表面中心线温度应为850℃左右。正火结束后用光电测温仪测量并记录好温度，用波磨尺测量轨顶面和内侧工作面的平直度是否满足规范要求。

8. 四向矫直

采用移动式四向矫直机对焊缝进行4个方向的校直，使焊缝在轨顶面和工作面的平顺度均满足要求。

9. 焊后打磨

采用仿形打磨机对焊缝两侧各450mm范围内的轨顶面、轨头内侧工作边进行精打磨，精磨之前接头温度应低于50℃。精磨后接头表面的不平度应满足焊缝中心线两侧各100mm范围内不大于0.2mm。轨顶面及轨头内侧工作边母材打磨深度不应超过0.5mm。

10. 探伤

每个钢轨焊接接头均应进行超声波探伤检查，探伤时接头的温度不应高于40℃。焊接接头中发现缺陷当量大于探伤灵敏度规定值时，应判定为不合格，经探伤检查不合格者必须锯切重焊，保证焊头合格率100%。

11. 外观检查

用1m直靠尺和塞尺对经探伤合格的焊头踏面、工作边及轨底进行检查，平直度必须符合要求。不符合要求的再进行修磨或锯掉重焊。

12. K922型焊机单元焊作业效率分析（单班焊一对接头），见表5.2.4-1。

K922型焊机单元焊作业效率 表5.2.4-1

序号	施 工 内 容	时间（min）	时 段							
			10	20	30	40	50	60	70	80
1	钢轨除锈	8								
2	拆除扣件、支垫滚轮	10								
3	焊机就位、钢轨对位	10								
4	钢轨焊接	12								
5	焊后正火	20								
6	粗打磨	4								
7	精打磨	10								
8	探伤	20								
9	钢轨落槽、上扣件	10								

13. 人员组织（单班单套设备），见表5.2.4-2。

人员组织 表5.2.4-2

序号	工 作 岗 位	数量（人）	序号	工 作 岗 位	数量（人）
1	总负责人	1	8	焊接	10
2	领工班长	1	9	正火、喷号	8
3	机械工程师	2	10	粗磨	4

序号	工 作 岗 位	数量（人）	序号	工 作 岗 位	数量（人）
4	主机操作司机	3	11	精磨	3
5	电工	1	12	探伤、检验	3
6	拆扣件、安放滚轮	24	13	上扣件	30
7	钢轨除锈	4	14	质检员	1

5.2.5 线路放散锁定

1. 施工方法

应力放散施工分两种施工方法。

第一种即现场实测的轨温在设计锁定轨温允许范围之内，采用钢轨下加垫滚筒，单元轨节上安放撞轨器撞击钢轨或利用锤击敲打钢轨，使其达到零应力状态，然后拆除撞轨器、轨下滚筒迅速锁定线路的方法，即"滚筒法"。

第二种即实测的轨温低于锁定轨温下限值时，钢轨下垫上滚筒，将要放散的单元轨节一端与已放散锁定的线路焊接，靠无缝线路提供反力，利用撞轨器撞击钢轨，使钢轨达到零应力状态，一端安装钢轨拉伸器，根据此时轨温计算出单元轨节的拉伸量，做好位移零点标记，再用拉轨器将单元轨节拉伸至计算出的拉伸量，各测点位移均达到计算位移量后拆除撞轨器、轨下滚筒迅速锁定线路，即"拉伸器滚筒法"。

对于区间线路将根据现场轨温灵活采用放散方法，对于道岔由于不易进行拉升，所以只能选择滚筒放散法，即道岔放散必须在设计锁定轨温范围内进行。

1）滚筒放散法工艺流程：

正线

施工准备→拆除扣配件→垫滚筒→撞轨→钢轨反弹→观测轨温→拆滚筒→上扣件（隔二上一）→上完所有扣件→做位移观测标记→单元轨节始端的锁定焊接。

道岔

施工准备→拆除扣配件（弹条、轨距块、销钉）→将基本轨从滑床板卡槽取出→垫滚筒→测轨温→钢轨反弹→拆滚筒→先上尖轨扣件→再上基本轨扣件→做位移观测标记→先道岔内部锁定焊接→后道岔外部锁定焊接。

2）拉伸器滚筒法工艺流程：

施工准备→拆除扣配件→垫滚筒→安装撞轨器→安装拉伸器预拉伸敲击使钢轨处于自由伸缩状态→每隔150m设1个临时观测点标记→测轨温计算各点拉伸量→拉伸并用撞轨器撞击、观测各点位移量→各点位移达到放散要求后拆滚筒→上扣件（隔二上一）→上完所有扣件→做位移观测标记→单元轨节始端的锁定焊接。

2. 施工步骤

1）按施工进度，施工人员及机具进入施工现场，拆除已铺设单元轨节扣件，将锁紧弹条取下（锁定时安装弹条绝缘弹垫）。

2）用起道机打起钢轨或撬棍翘起钢轨，每隔16~17个枕木垫放一个滚筒（垫放于枕木空中间），保证钢轨目视平顺，可以自由伸缩。检查轨下橡胶垫板有无破损及其上有无石屑。有破损及时更换，有杂物及时清理，确保锁定后轨道质量。

3）用拉轨器拉长钢轨使得待放散长钢轨与上一放散结束的长钢轨间龙口在接触焊要求的范围内（25±2mm 要考虑焊前端部打磨量）。

4）将待放散长钢轨与已放散长钢轨用 K922 焊机进行焊接，并打磨探伤合格。

5）安装撞轨器放散零应力：采用两台撞轨器同时撞击协助放散，直至钢轨伸长出现反弹现象，即判定钢轨达到零应力状态（单位轨节中间一台撞轨器，单元轨节尾部一台撞轨器）。

6）技术人员测量单元轨节始、末端轨温，取其平均值作为单元轨节的轨温，此时实测轨温在设计锁定轨温允许范围之内时，立即拆除撞轨器、轨下滚筒迅速锁定线路。

7）左右股温差不超过3℃时，重复1~6步完成放散锁定工作。

8）继续1~5步进行下一单元轨节放散锁定。

9）技术人员测量单元轨节始、末端轨温，取其平均值作为单元轨节的轨温，此时实测轨温低于锁定轨温下限值时，技术人员根据锁定轨温计算钢轨拉伸量，钢轨尾端安装拉伸器，准备拉伸钢轨。

10）长钢轨处于自由状态时，按每隔150m设置1个临时位移观测点，临时观测点可标于混凝土枕上易于观测的地方，各点固定人员进行位移观测。

11）拉伸钢轨至要求拉伸量，同时撞击钢轨，位移观测人员观测各点达到要求放散位移后即停止撞击，拉伸器保压，取出滚筒，隔二上一安装扣件锁定线路。

12）补齐扣件，卸下拉轨器，标记位移观测"零"点。

13）单轨放散锁定完成后，重复9~10步完成此单元轨节的放散工作。

3. 人员组织（单班单套设备），见表5.2.5-1。

人员组织　　　　　　　　　　　　表5.2.5-1

序号	工作岗位	数量（人）	序号	工作岗位	数量（人）
1	总负责人	1	8	拉轨	6
2	领工班长	1	9	钢轨位移观测	16
3	机械工程师	2	10	垫放、拆除滚轮	20
4	主机操作司机	3	11	拆除、安装扣件	30
5	电工	2	12	锁定焊	29
6	量测轨温	5	13	探伤、检验	3
7	撞轨	24	14	质检员	1

4. 锁定焊作业技术改进措施

拉轨工序是整个锁定焊接过程中的关键控制工序。拉轨时间与拉轨距离以及所采用的拉伸器动力差别很大，具体见表5.2.5-2。

拉轨工序参数表　　　　　　　　表5.2.5-2

拉轨距离 L	$L \leq 40cm$	$40cm < L \leq 1m$	$1m < L < 2.8m$	$L \geq 2.8m$
普通液压拉伸器双股拉轨时间	30min	30~80min	80~180min	插入加焊轨
焊机油泵配合拉伸器双股拉轨时间	15min	15~25min	25~35min	插入加焊轨

因此，拉轨距离越长，两种拉伸器动力所耗拉轨时间差别就越大，而当拉轨距离超过2.8m时，受拉伸臂的长度所限，必须插入短轨焊接。由于拉轨距离受到焊机顶锻量以及接头是否离开轨枕边缘100mm等因素的影响，一般焊轨达到12~15km时拉轨距离就会大于2.8m，需插入1对24m长短轨进行插入焊。

5.2.6 线路精调

线路精调分无砟轨道精调和无砟高速道岔精调两个部分。

无砟轨道的轨道精调分为静态精调和动态精调。静态精调根据轨道静态测量数据对轨道进行全面、系统地调整，将轨道几何尺寸调整到允许范围内，对轨道线形进行优化调整，合理控制轨距、水平、轨向、高低等变化率，使轨道静态精度满足高速行车条件。动态调整是在联调联试期间根据轨道动态检测情况对轨道局部缺陷进行修复，使轨道满足高速行车的舒适度要求。

静态精调前首先要对 CPⅢ控制网经过复测，然后进行轨道调整，根据采集的数据利用道岔精调件调整道岔各部尺寸，使其达到静态验收要求。

无砟轨道高速道岔的精调与无砟轨道一样也分为静态精调和动态精调。静态精调根据轨道静态测量数据对道岔轨道进行全面、系统地调整，将道岔轨道几何尺寸调整到允许范围内，对轨道线形进行优化调整，合理控制轨距、水平、轨向、高低等变化率，使轨道静态精度满足高速行车条件。动态调整是在联调联试期间根据轨道动态检测情况对道岔轨道局部缺陷进行修复，使轨道满足高速行车舒适度要求。

无砟高速道岔除了无砟轨道轨距、水平、轨向、高低等的线路静态精调和动态精调外，还必须对其特有的道岔转换设备进行精调，根据设计值调节 18 号道岔及 50 号道岔尖轨开口动程，对转辙器区的锁闭装置进行精调，对辙叉区的锁闭装置进行精调，安装连接下拉装置并进行功能测试，调节拉杆和检查杆，调整转辙机高度，保证作用杆没有应力，校准密贴检查器线形，调整密贴检查器，调整转辙器，4mm/5mm 测试，这些工作需要信号系统的配合，最后道岔进行功能测试（道岔的功能和行车安全性）。

高速道岔静态精调前首先要对 CPⅢ控制网经过复测，然后进行轨道调整，根据采集的数据利用道岔精调件调整道岔各部尺寸，使其达到静态验收要求。

高速道岔动态调整就是根据收集的高速轨检车动态检测数据，拿到动态检查波形图后对照道岔里程，准确找到病害位置。根据检测设备提供的超限类型，对应波形图，指导现场进行病害调整处理。使高速道岔达到运营的要求。

高速道岔转换设备的精调是道岔精调成败的关键，需要道岔施工单位、工务、电务、信号等配合共同进行，配备专业工具进行静调，使道岔功能和行车安全性达到运营要求。

5.2.7 钢轨预打磨

在线路验收前，采用 PGM-48 型钢轨打磨列车对全线钢轨进行全长预打磨作业，使钢轨表面光滑、平顺、无斑点，以进一步提高轨道平顺性。

6. 材料与设备

采用的主要材料与设备见表 6。

主要机具设备表 表6

序号	名　称	规格型号	产　地	单位	数量	备　注
1	长轨铺轨机组	WZ-500		台	2	
2	长轨运输车	TLDK 型		列	3	
3	内燃机车	东风 4		台	6	
4	重型轨道车	秦岭 600	宝鸡	台	1	
5	轨道车	秦岭 240	宝鸡	台	2	
6	普通平板车	N17		辆	10	
7	移动焊机	K922	加拿大	台	4	
8	推瘤机	EGH2	锦州	台	4	
9	对正架	CR61	法国	台	4	
10	拉轨器	70t	沈阳	台	4	
11	锯轨机	NQG-5	北京	台	4	
12	电动打磨机	MNG-4	北京	台	4	
13	柴油发电机组	120GFT		台	1	
14	变压器	315KVA		台	1	
15	固定龙门吊	3T		台	64	
16	轨温表			个	4	
17	对讲机	GP2000	天津	台	30	

7. 质量控制

7.1 执行标准和规范

本工法严格按照《客运专线无砟轨道铁路设计指南》（铁建设函〔2005〕754号）、《客运专线无砟轨道铁路工程施工技术指南》TZ 216-2007、《新建时速300~350km客运专线铁路设计暂行规定》（铁建设〔2007〕47号）、《客运专线无砟轨道铁路工程施工质量验收暂行标准》（铁建设〔2007〕85号）、《客运专线铁路无砟轨道铺设条件评估技术指南》（铁建设〔2006〕158号）、《无缝线路铺设及养护维修方法》TB／T 2098-2007等国家、行业标准和规范进行质量控制和验收。

7.2 质量控制措施

7.2.1 单元轨节及焊接接头焊缝偏差控制措施

单元轨节长度根据线路和施工等情况综合考虑，一般取1000~2000m，最短不小于200m，无缝道岔中单组或相邻多组一次锁定的道岔及其间线路组成一单元轨节。进行配轨及施工应注意单元轨节两股钢轨的接头相错量不得超过100mm。施工前，制定详细的单元轨节配轨表，提交焊轨厂，有规律、按顺序码放。

无砟桥桥台附近的无缝线路单元轨节始、终端应设置在距桥头不小于100m的路基轨道上。

7.2.2 应力放散与锁定控制措施

无缝线路锁定之前采用支垫滚轮、撞轨器等专用机具进行应力放散，使其在设计锁定轨温范围之内准确地锁定。应按设计要求设置位移观测桩，无缝线路锁定时及时做好位移观测标志和轨温记录。

1. 在设计的锁定温度范围内锁定

一次铺设跨区间无缝线路的锁定焊接、应力放散锁定作业，由铺轨始端依次向终连续延伸进行，在设计允许锁定温度范围内施工时，锁定焊接、应力放散、锁定线路的作业流程、方法、措施为：

1）先将第一段完成线路整理作业的单元轨节，在设计锁定的轨温下进行应力放散，并予以锁定。锁定后的单元轨节两端实际存在一段伸缩区。

2）将第二段单元轨与第一段单元轨进行焊接。

3）将已锁定线路一侧伸缩区长度范围和待焊入单元轨节松开，间隔10m左右设置一滚轮，将长轨置于滚轮，使轨条处于自由伸缩状态。

4）对新焊连的单元轨节，采用撞轨等措施放散应力，待终点轨端位移出现反弹时，可视为出现当时轨温下的零应力，则可上紧扣件锁定。

2. 无缝线路的低温拉伸锁定

为了扩大作业温度范围，对于轨温低于设计锁定轨温一定范围，可采用以拉长轨长的拉伸锁定法作业。低温拉伸锁定作业的程序是：

1）对将拉伸锁定的单元轨节与无缝线路进行焊连。拆除已锁定线路伸缩区长度（应计算确定）内和待焊入单元轨节的扣件，按上述方法将长轨放散应力到当时轨温下的零应力状态。

2）按公式 $\Delta L=\alpha L\Delta t$ 计算出钢轨拉伸量。

3）在待焊连单元轨节的前端标定出拉伸长度，锯除富余轨头，按应力放散同样做法边撞轨、边拉伸，达到预定拉伸位置时，撤出滚轮，长钢轨入槽。为保证锁定轨温的一致性，可以隔二上一，上紧扣件，取1.5km范围开始上扣件到隔二上一结束的平均温度为计算中的实际零应力状态下的轨温，由此核算拉伸长度，必要时进行调整，确认无误后，将拉伸换算的轨温定为实际锁定轨温，记录在案。

3. 无缝线路的高温锁定

无缝线路一般不宜安排在轨温高于设计锁定轨温上限时铺轨，为了满足建设工期要求，在轨温高于设计锁定轨温条件下铺轨可能发生。但高于设计锁定轨温，无法锁定线路。待所铺轨道在设计锁定轨温或低温拉伸焊连锁定时，会存在轨条长度不足的问题，可通过拉回前方未锁定的长轨或焊入短轨的方法解决，但短轨长度不得小于12.5m。施工时应尽量避免作为常规方法组织施工。

7.2.3 达到轨道稳定性和平顺度标准的技术控制措施

1. 无缝线路精调及整理质量控制的技术措施

长钢轨铺设后及时进行轨道精调及整理，具体措施如下：

1）轨道状态调整时，先确定一股钢轨的方向和高低，以此股钢轨为基准，确定另一股钢轨的状态。

2）线路的高低、水平通过铁垫板下预制的调高垫板以及铁垫板上的充填式垫板进行调整。

3）充填式垫板位于铁垫板上，轨下绝缘缓冲垫板下，充填式垫板的充填厚度以 4~6mm 左右为宜，超出部分应在铁垫板下垫入预制的调高垫板。

4）无缝线路经轨道精调及整理后，采用专用机械对全线钢轨全面调整，消除钢轨物理性硬弯，使线路稳定、圆顺，适应列车的高速行驶。

2. 无缝线路钢轨预打磨质量控制的技术措施

无缝线路精调及整理后，在线路验收及联合调试前，采用打磨列车对钢轨全线预打磨，使钢轨表面光滑、平顺、无斑点。打磨列车到达工地后，根据轨面状态，分别选用列车运行打磨、成形打磨等方式作业。钢轨预打磨后应符合下列规定：

1）消除钢轨微小缺陷及锈蚀等；

2）消除钢轨在轧制过程中形成的轨面斑点及微小不平顺；

3）消除轨头表面的脱碳层；

4）钢轨顶面平直度 1m 范围内允许偏差为+0.2mm。

8. 安 全 措 施

8.1 建立健全安全生产管理制度

8.1.1 严格执行安全事故申报制度

8.1.2 坚持安全教育、持证上岗制度

开工前由项目经理组织参加本工程施工的全体员工认真学习现行的《铁路技术管理规程》、《铁路工务规则》、《施工技术安全规则》以及铁道部、广铁集团及武广客运专线公司有关线路施工的各项管理办法及规定，安全员、防护员、机车司机和工班长必须经过培训考试合格后方能上岗，其他人员必须经过岗前培训方可上岗。为提高全员安全意识，由项目经理每周或针对安全关键工序组织有关员工进行安全教育学习，根据施工存在的问题，结合规范、规程进行分析，研究消除安全隐患的办法。

8.1.3 严格执行施工方案逐级审批制度

施工前制定科学、完善的施工方案，所有施工组织设计和施工方案必须附有安全技术措施，对特殊和危险性较大的工程项目单独编制安全技术措施，并严格执行施工方案逐级审批制度，所有施工方案在有关技术部门及技术领导审批后，及时报监理、建设指挥部等有关部门逐级审核和审查，并逐级签字最后经建设单位批准后方可开工，施工时应严格按批准的施工方案组织实施。

8.1.4 严格执行安全协议制度

施工前必须对有碍施工的地下管线、地表既有铁路设备、高压电线路、动力设备调查清楚，开工前由项目经理组织施工技术部有关人员与设备管理单位和行车组织单位分别签定施工安全协议书。安全协议书中要明确双方责任和义务、施工责任地段和期限、安全防范内容和措施、结合部安全分工、发生责任行车事故的处罚办法、安全监督配合费用等。施工时对以上设施按设计及有关规范要求采取可靠安全的防护措施，如覆盖、包裹、加固、迁移等，确保行车及施工安全。

8.1.5 安全生产检查制度

各级施工负责人要严格执行施工中安全生产检查制度，我单位每月对所辖工地进行安全大检查，项目部每周进行一次安全检查，工地安全员坚持每天对工地进行巡回安全检查，消除不安全隐患。施工中严格按有关规章、规则办理，实行标准化作业，杜绝因抓进度而忽视安全的现象发生，施工生产的同时布置安全工作，实行开工前安全技术交底制度，无安全技术交底不得开工。

8.2 长钢轨存放、装车及运输安全措施

8.2.1 长钢轨应按配轨表的要求进行编号，并具有可追溯性。

8.2.2 长钢轨分左右股钢轨整理堆码，长钢轨存放台应平整、稳固，各层钢轨之间应用按要求放置钢轨支垫，长钢轨放置应整齐、平直、稳固。

8.2.3 长钢轨装车应按配轨表要求分左右股对称吊装，按卸车顺序依次排放，吊装长钢轨时各龙门吊应同步作业，缓起、轻落、保持钢轨基本平直，长钢轨装车后必须加固锁紧。

8.2.4 长钢轨运输应按超长货物组织运输，并制定安全措施。运输途中应设专人监视，不应采用紧急制动。

8.3 长钢轨铺设安全措施

8.3.1 牵引长钢轨时，必须卡牢牵引卡，并设专人保护，施工人员不得站在牵引钢丝绳两侧。

8.3.2 铺轨时，并设专人看管，不得将手、脚放到轨底或直接用手处理运行中的支承滚轮。

8.4 雨天施工安全措施

8.4.1 雨天施工时，对施工场地、材料堆放、运输道路及设备的防洪、防雨、排涝等设施进行全面详细检查，对不安全隐患，立即进行处理。

8.4.2 经常同气象部门取得联系，及时掌握天气变化，做好防范工作。遇雷电暴雨时，立即切断施工用电。

8.4.3 现场施工用高低压设备及线路按规范要求安装和架设，不使用破损或绝缘性能不良的电线，所有电线做到不随意布设，所有电闸箱有门有锁并加设防雨罩、设危险标志。

8.4.4 将工作面的泥浆清除干净，以防滑倒。

8.4.5 切实加强雨天施工安全工作，认真执行《铁路实施中华人民共和国防汛条例》细则，落实防洪措施。施工中保持排水系统的畅通，对可能影响设施设备稳定的任何作业，有足够可靠的安全防护措施，防患于未然。

8.5 夜间施工安全措施

1. 夜间施工要配备充足的照明设备，夜间施工前检查好各种机具设备、车辆的状况，做好夜间施工的准备工作，保证在夜间施工时不出故障。

2. 在车辆行走的危险地段，要派专人指挥，保证夜间行车安全。施工现场要有专业人员指挥、负责，确保各种作业规范化。调整好昼夜施工的人员。

9. 环 保 措 施

严格执行国家、铁道部、建设单位有关施工环保的规定，贯彻"预防为主、保护优先、开发与保护并重"的原则，"三废"按规定排放，无条件接受环保、水保等部门的监督、检查和指导。根据设计文件及国家有关环保的各项法规制定切实可行的环保方案，报业主及铁路有关主管部门审批签认后认真贯彻执行，确保施工中的环境保护监控项目与监测结果满足设计文件及有关规定要求。

9.1 水环境措施

9.1.1 施工废水按有关要求处理，不得直接排入河流。

9.1.2 施工废油，采取隔油池等有效措施加以处理，不得超标排放。

9.1.3 对工人进行环保教育，不得随地乱扔垃圾。

9.1.4 对于施工中废弃的零碎配件，边角料、水泥袋、包装箱等及时收集清理并搞好现场卫生，以保护自然与景观不受破坏。

9.2 降低噪声措施

9.2.1 对使用的工程机械安装消声器,降低噪声。

9.2.2 在比较固定的机械设备附近设置临时隔声屏障,减少噪声传播。

9.2.3 适当控制噪声叠加,尽量避免噪声机械集中作业。

9.3 固体废物的处理方案

9.3.1 生活垃圾定点堆放,掩埋覆盖,严禁四处乱扔;建筑垃圾及时清运。

9.3.2 加强废旧料、报废材料的回收和管理,减少污染,保护环境。

9.4 大气污染处理方案

9.4.1 加强机械设备的维修保养,减少机械废气、排烟对空气环境的污染。

9.4.2 加强施工生活、生产设备管理维修和使用,减少烟尘排放,净化空气环境。

9.4.3 对汽油等易挥发品的存放要密闭,并尽量缩短开启时间。

10. 效 益 分 析

10.1 经济效益

无砟轨道"推送法"铺设无缝线路与之前无论是既有线换铺无缝线路或有砟轨道铺设无缝线路,人力资源的利用都大大减少,机械利用率大为提高,节约大量的劳动力资源,无砟轨道铺设无缝线路日进度与有砟轨道相比日进度是其的 3~5 倍,效率显著,在经济社会快速发展的情况下,资源紧缺问题将越来越突出,工程建设中的征地拆迁费用、原材料价格、人工成本将越来越高,这是不可逆转的趋势。因此,早日完成铺轨工作将实现无形中节约了成本,为企业创造了利润。

10.2 社会效益

采用"推送法"铺设新建铁路无砟轨道无缝线路,提高了工作效率,为早日完成铁路建设,提前完成工期创造了条件,为以后的施工积累了经验,为缓解铁路客运做出贡献,为构建和谐社会创造物质保证。

11. 应 用 实 例

武广客专湘粤省界至花都段铺轨工程由中铁三局集团有限公司武广客运专线轨道工程第Ⅲ标段项目经理部施工,全长铺轨 492.539km,于 2009 年 3 月 12 日正式开工,至 2009 年 7 月 26 日已铺轨 492km。经施工单位精心组织施工,设计单位、咨询、监理单位现场评验,达到设计标准。

在郑西客运专线施工中,采用改进长轨铺设、焊接和锁定成套机具设备等措施,按期安全优质完成了正线铺轨 493.9km 的无缝线路铺设任务,并且在全线创下了多项第一:率先实现 3 月 5 日全线首铺圆满成功;率先完成第一根 500m 长轨焊接;刷新无砟轨道长轨铺轨机日铺轨 9km/(日·台班)的全国记录;创造日放散锁定焊 30 头/(日·台套)的全国记录。经郑州铁路局工务部门检查、复验及大型探伤列车检测,全线长轨无不合格焊接接头,工程质量符合设计要求。工程顺利通过了专家组静态验收和安全评估,正线轨道达到开通 350km/h 的设计运营速度,开通运营后轨道质量良好。

京沪高速铁路五标段正线铺轨 607.27km,于 2009 年 11 月 1 日开始铺轨基地建设,2010 年 8 月 18 日正式开始铺轨,在施工中,应用"推送法"铺设无砟轨道无缝线路,面对工期紧、任务重等困难,精心组织,合理安排,提前 6d 完成本标段铺轨任务,同时创下单日双机铺轨 20km,连续 5d 双机铺轨 16km 的记录,为今后高速铁路无缝线路铺设积累了宝贵经验。

敞开式 TBM 掘进与二次衬砌同步施工工法

GJYJGF065—2010

中铁十八局集团有限公司

郭惠川　李宏亮　王宝友　郭振宇　许杰

1. 前　言

中天山特长隧道位于托克逊县与和硕县间中天山东段的岭脊地区，穿越中天山北支博尔托乌山中山山地，平均海拔 1100~2950m，最高海拔为 2951.6m。山岭南北两侧地形切割剧烈，山高坡陡，基岩裸露，沟壑纵横，地形复杂，植被稀疏，相对高差 800~1200m。隧道左线起讫里程为 DK141+590~DK164+042，全长 22452m，为单面上坡，全隧除出口 308m 位于曲线上外，其余均位于直线上，左右线线间距 36m。TBM 掘进段里程 DK141+832~DK155+255，总长 13423m，工期 46 个月。由于工期压力大，要求 TBM 掘进与辅助洞室开挖、二次衬砌同步施工，而 TB880E 型隧道掘进机原设计的施工方案为掘进贯通并拆除后，再施作辅助洞室以及二次衬砌。

为解决敞开式 TBM 掘进与二次衬砌同步施工的难题，我们经认真分析、多次研讨，并与专业衬砌台车制造商共同研究设计，在台车的选型、设计制造阶段，解决了台车内双线有轨运输、通风管以及水电管线穿行台车、分散式抗浮、混凝土灌注不倒管作业、缩短立模调模时间等相关问题；从总体施工组织方面，着力解决了掘进、辅助洞室开挖、二次衬砌各工序同步施工相互干扰问题，特别是物料运输的矛盾。经整理形成本工法。经天津市科学技术信息研究所进行查新，结果为国内外均未见与该查新项目施工技术特点相符的二次衬砌与敞开式 TBM 掘进同步施工技术的文献报道。2009 年 11 月 18 日《敞开式 TBM 掘进与二次衬砌同步施工技术》通过中国铁道建筑总公司组织的工法关键技术评审，认为该技术达到国际先进水平。工法获 2009 年总公司优秀工法一等奖，2010 年度天津市优秀工法。该工法应用于南疆铁路吐库二线中天山隧道 TBM 掘进与同步衬砌施工，经济及社会效益显著。

2. 工 法 特 点

2.1　TBM 掘进、二次衬砌与辅助洞室开挖同步施工。在秦岭隧道、桃花铺 1 号隧道工程施工中都是采用 TBM 先掘进，隧道贯通后再施作二次衬砌，TBM 在国外施工中也没有掘进和衬砌施工同步的施工范例。衬砌施工要占用一定的空间进行，而 TBM 开挖的是圆形断面，直径只有 8.8m。在衬砌作业过程中不能中断 TBM 掘进施工所需的运输、通风、高压供电、照明通信、供水、排水等。

2.2　铺设固定道岔代替浮放道岔解决车辆在衬砌区段掉道、堵车现象。在秦岭和桃花铺工地衬砌台车下面用的是浮放道岔、单线，浮放道岔与衬砌台车同步移动，在使用过程中发现浮放道岔移动很不方便（机车牵引移动），道岔在重车（出碴车）的重压下易损坏，更换频繁，使用成本高，车辆通行效率低。中天山隧道通过衬砌台车优化设计，取消衬砌台车下面的浮放道岔，采用在每 3 个横通道口（横通道间距 420m）铺设固定道岔，衬砌区段单线通车。

2.3　缩短施工工期、保证施工安全。以中天山隧道为例，TBM 掘进贯通后再衬砌与同步衬砌施工比较工期要延长 18 个月，中天山隧道地质复杂，隧道穿过较大断层 11 条，断层、软弱围岩地段较多，软弱围岩地段如不及时进行同步衬砌会给 TBM 掘进施工带来极大施工风险。

2.4　衬砌作业劳动强度显著降低。新型衬砌台车充分考虑到作业空间有限会增加作业人员的劳动强度，因此在设计时采取有效措施降低劳动强度，通过采用伸缩丝杠、混凝土布料系统，显著减轻了作业强度，提高了工作效率。

3. 适 用 范 围

敞开式 TBM 掘进与二次衬砌同步施工工法适用于采用敞开式 TBM 掘进机施工，且工期紧张或需要边掘进边衬砌的长大隧道施工。

4. 工 艺 原 理

利用在 TBM 走行轨上铺设渡线道岔，解决 TBM 掘进运输车辆通过二次衬砌区段调车的问题。采取有线、无线与网络相结合解决洞内、洞外车辆运输的协调组织，实现视频监控，完成隧道施工车辆运输组织调度。

5. 施工工艺流程及操作要点

5.1 施工工艺流程
施工准备→渡线道岔铺设→附属洞室爆破支护施工→二次衬砌矮边墙施工→二次衬砌台车灌注施工。

5.2 操作要点
二次衬砌各工序施工过程中要保证 TBM 正常的掘进施工，这要解决 φ2200mm 通风软管、10kV 高压电缆、照明与通信线、φ150mm 供水管正常使用问题；二次衬砌台车净空满足物料、出碴车辆的正常通行；二次衬砌各工序间及 TBM 掘进与二次衬砌施工干扰的解决；TBM 掘进与二次衬砌同步车辆运输的协调。以上技术是 TBM 掘进与二次衬砌施工平行作业的关键。中天山隧道横通道、辅助洞室布置特点（横通道之间距离为 420m，辅助洞室规律性间隔布置在相临横通道之间，辅助洞室之间距离为 70m）。二次衬砌施工总体布置见图 5.2 所示。

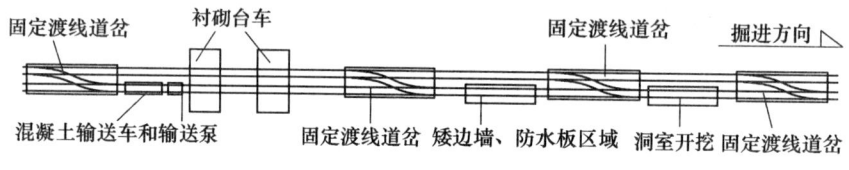

图 5.2 二次衬砌施工总体布置图

5.2.1 关键施工方案
TBM 掘进与二次衬砌施工平行作业，二次衬砌各工序需间隔一定的距离，经论证二次衬砌滞后 TBM 掘进最少 2~3km 才能避免 TBM 掘进与二次衬砌施工相互干扰实现平行作业，根据 TBM 月掘进 400m 衬砌紧跟的施工要求，经计算配备 2 台衬砌台车，模板台车长度 16m。第一部台车紧跟掘进施作二次衬砌，首要的任务是完成地质条件较差洞段的二次衬砌施工，条件允许的情况下争取更好的进度，第二部台车则在后方完成剩余的衬砌任务；辅助洞室开挖、支护，矮边墙施工超前第一部衬砌台车施工；防水板铺设超前衬砌作业。混凝土在洞外拌制，以有轨方式运送到灌注地点。

1. 在衬砌区域每个横通道口向 TBM 掘进方向 30m 位置均铺设渡线道岔，施工道岔间横通道和辅助洞室时，该区段改为单线通车。待该区段衬砌完成后将道岔前移循环利用。

2. 优化辅助洞室的爆破开挖方案，增加对 φ2200mm 通风软管、10kV 高压电缆（TBM 掘进机供电电缆）、照明与通信线路、φ150mm 供水管等的防护工作，解决在爆破时 TBM 不能正常掘进的问题，通过对爆破药量、炮眼布置、柔性防护网和钢性防护排架的综合使用，实现爆破和掘进同步施工。

3. 二次衬砌时，先施工隧道两侧矮边墙作为衬砌台车走行轨的基础，解决了衬砌台车占用 TBM 走行轨的施工缺陷（秦岭、桃花铺隧道衬砌台车行走的是 TBM 走行轨的两根外轨，即 TBM 掘进完成将 TBM 拆除后再施工二次衬砌），扩大了通行空间。

4. $\phi2200$mm 通风软管、10kV 高压电缆、照明与通信线路、$\phi150$mm 供水管在二次衬砌台车的穿行与防护。$\phi2200$mm 通风软管采取在衬砌台车顶模和横梁之间预留 $\phi2300$mm 通风管道，为保证通风软管在衬砌台车腹内的顺直，在风管通过的底梁上每隔 4m 焊接一个 $\phi2300$mm 的半圆形风筒限位圈，风筒通过的上梁用 $\phi14$mm 钢筋焊接成网格状进行防护；10kV 高压电缆、照明与通信线在随 TBM 掘进向前延伸过程中预留由隧道洞壁向矮边墙下移的富余量，在辅助洞室、矮边墙施工时移到矮边墙侧面的临时支架上并用套管进行防护；TBM 掘进机 $\phi150$mm 供水管随着 TBM 掘进安放在仰拱预制块中心水沟的支架上通过。

5. 施工矮边墙作为二次衬砌台车行走基础解决了台车行走和台车下车辆运输净空的要求。二次衬砌台车作业过程中不能影响 TBM 掘进运输车辆的通行，衬砌台车走行轨不能利用 TBM 掘进运输的轨道上，需铺设临时轨道作为二次衬砌台车的走形轨。先施工侧沟外侧矮边墙作为衬砌台车临时轨的基础，保证衬砌台车净空满足 TBM 掘进运输车辆通行。具体二次衬砌台车走形轨如图 5.2.1-1 所示。

图 5.2.1-1 二次衬砌台车走形轨

6. 二次衬砌区段辅助洞室、矮边墙、防水板、台车混凝土灌注等工序间及 TBM 掘进与二次衬砌间干扰的协调解决。二次衬砌施工的进度取决于矮边墙的施工进度，而矮边墙的施工进度取决于辅助洞室的施工进度。二次衬砌施工区段各工序施工的同时要保证 TBM 运输车辆的顺畅通行，为减少因左右线调车耽误运输车辆在二次衬砌区段的通行时间，二次衬砌施工区段各工序采取同侧线路占道施工，运输车辆在二次衬砌施工区段两端进行调车，在衬砌施工区段单线直线行车。

7. 二次衬砌施工和 TBM 掘进运输统一协调调度

1）在每 3 个横通道口（间隔 840m）设渡线道岔。渡线道岔代替了 TBM 衬砌传统上采用的浮放道岔，彻底解决了浮放道岔笨重移动不便，受重车（出碴车）挤压易变形，车辆易掉道的难题。在衬砌施工作业区段采取单线运输，车辆在通过衬砌作业区段后恢复双线运输，有效减少了衬砌作业对掘进的干扰。随着衬砌作业区段的向洞内延伸，固定道岔也向洞内前移，随时保证衬砌施工作业段可以通车。具体渡线道岔铺设如图 5.2.1-2 所示。

图 5.2.1-2 渡线道岔铺设图

2）由于洞内工作面多，工点分散，线路长，为较好地协调交通运输和各工作面的施工，衬砌台车及道岔位置配备固定电话，机车司机配备无线对讲机与 TBM 操作时、洞外调度室时刻保持联络，由洞外调度室统一协调车辆运输。

3）为保证无线通信的畅通，洞内每隔一段距离设一个信号中继站，同时在 TBM 上、每列机车、各工作面之间及相邻工作面(距离不超过最大作用距离)采用无线音频、视频通信系统。该系统采用无线接

入办公网络,并可以实现生产过程
全程远程指挥视频监控。具体通信
系统信号中继站如图 5.2.1-3 所示。

4)洞外运输及调车

洞外设一台机车用于混凝土和
材料车的调度,不掘进时与材料车
和混凝土罐车一起停在 1 号轨线
里。需要装载材料和混凝土时,机
车牵引材料车和罐车通过 2 号道
岔、4 号道岔调至 2 号轨线作业,
然后通过 4 号道岔调至 3 号轨线,

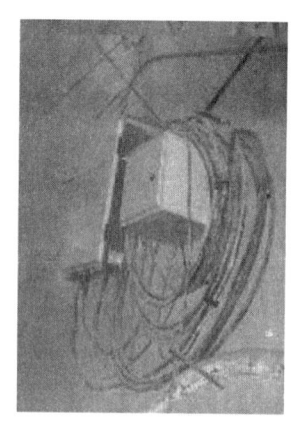

图 5.2.1-3　两套通信系统信号中继站

挂编在空车上。机车退至 1 号轨线或者 2 号轨线,空车从 3 号轨线发车进洞。重车出洞后,停在 3 号道
岔与 5 号道岔之间,机车通过道岔调至重车尾部,然后重车行至翻车机卸碴。卸完碴后,空车通过 5 号
道岔调至 3 号轨线编组待发。5 号轨线为衬砌专用线,一般情况下只用于衬砌混凝土的生产运输。不掘
进时,TBM 后配套上停放一列空车,其余空车全部停放在洞外。其中掘进用的材料车和罐车停放一组
于 2 号轨线等待装载,其余停放 1 号轨线;衬砌用车停放 5 号轨线;5 列空碴车分别停放在 3 号轨线、
5 号与 6 号道岔间、伯信特隧道内。

5)衬砌运输及调车

二次衬砌与 TBM 掘进施工平行作业,二次衬砌各工序施工需要拉开一定的距离。考虑爆破对 TBM
的影响,在 TBM 掘进达到 700m 左右时,开始附属洞室和横通道的开挖作业;附属洞室开挖达到 420m
后,开始矮边墙施工;矮边墙施工完毕达到 28d 强度后,开始防水板铺设;防水板铺设完毕后,开始台
车衬砌作业。

根据 TBM 月掘进 400m、衬砌紧跟的施工要求,经计算需配备 2 台衬砌台车,台车模板长度为
16m。第一部台车尽量紧跟掘进施作二次衬砌,首要的任务是完成地质条件较差洞段的二次衬砌施工,
条件允许的情况下争取更好的进度,第二部台车则在后方完成剩余的衬砌任务。

一般情况下,附属洞室及横通道的开挖要超前第一部台车,但是当 TBM 掘进出现不良地质、需要
及时施作二次衬砌时,第一部台车要及时跟进,附属洞室开挖作业此时要调整至 1 号、2 号台车之间进
行。

矮边墙超前第一部衬砌台车施工;防水板铺设超前衬砌作业。混凝土在洞外拌制,以有轨方式运送
到灌注地点。洞室开挖、矮边墙施工、泵送混凝土作业一般在运输线路的同一侧进行,以减少车辆行驶
中的变线次数。

5.2.2　施工组织

以下就二次衬砌台车选型与设计、附属洞室施工、矮边墙施工、土工布及防水板铺设、台车混凝土
灌注、TBM 掘进与二次衬砌运输调度及施工通信等关键部分进行详细叙述。

1. 衬砌台车选型与设计

1)模板台车结构及行走设计

为保证衬砌台车作业过程中不能影响 TBM 掘进运输车辆的通行,衬砌台车走行轨不能利用 TBM 掘
进运输的轨道上,需铺设临时轨道。衬砌台车净空满足双线通车的限界为 3810mm×1800mm,考虑车辆
运输安全和运输风筒等超宽运输的要求,衬砌台车的净空限定为 4310mm×3200mm,TBM 施工仰拱预制
块上衬砌后的宽度只有 3600mm,其宽度不能满足车辆通行的要求,因此需先施工侧沟外侧矮边墙作为
衬砌台车临时轨的基础,保证衬砌台车净空满足 TBM 掘进运输车辆通行。TBM 专用风筒(直径 ϕ2.2m)
由衬砌台车顶部通过,10kV 电缆在矮边墙侧面通过,TBM 掘进 ϕ1.5m 水管在中心水沟支架上通过。具
体二次衬砌结构如图 5.2.2-1 所示。

2）衬砌台车数量、模板长度的确定

衬砌台车净空需满足运输车辆通行，满足 TBM 掘进施工所需的风、水、电供应，因衬砌台车净空有限，所以衬砌台车不能按常规一架两模的施工作业方式，按一架一模的施工作业方式。根据 TBM 月掘进 400m 衬砌紧跟的施工要求，经计算配备 2 台衬砌台车，模板台车长度 16m。

3）衬砌台车供电设计

衬砌区域供电采用独立变压器，台车的负载极限功率为 200kW，选用 250kVA（S9-250-10/0.4）变压器。具体供电方案是自为 TBM 供电的 10kV 供电线路上，利用矿用高压分线快速接头"T"接引出一条长 500m、电缆直径为 35mm² 的 10kV 高压线路接入变压器，给衬砌台车及衬砌作业附属设备供电。变压器放置于台车后部右侧已经衬砌好的避车洞内，洞口设立防护栏。

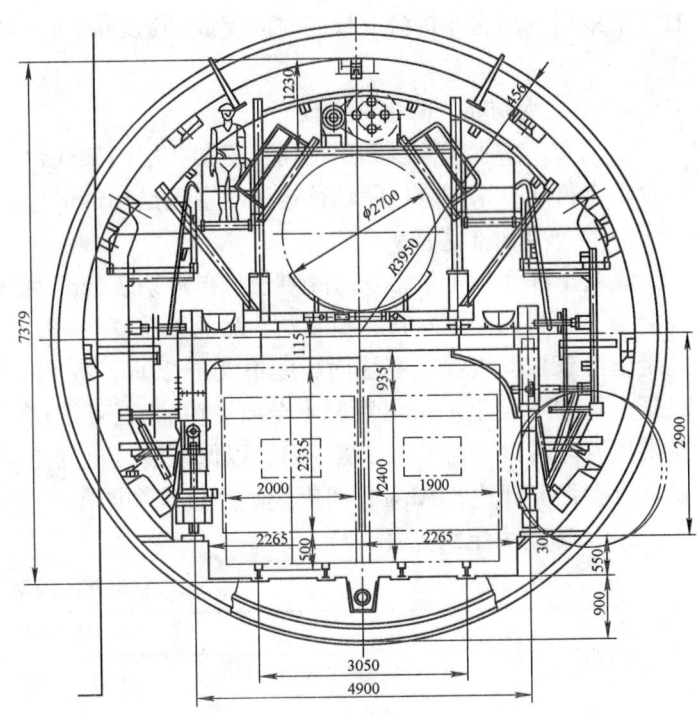

图 5.2.2-1　二次衬砌台车结构图

考虑到衬砌混凝土浇筑时不能停电，因此在高压开闭所旁边备用一台 400kVA 发电机。一旦出现高压线路故障或者线路检修停电，则将 400kVA 发电机接到高压开闭所，经升压后给衬砌台车、拌合站、供水站、洞壁照明供电。经测试，可以满足在动力电暂停供应时为衬砌施工提供足够的电力，保证了衬砌混凝土施工的连续性。当供电距离达到 8km 后，由于高压输电距离过长，提高 5% 的输出电压也不能满足需求，因此需要加设一台馈线式自动调压器。

2. 附属洞室施工

中天山隧道附属洞室布置较密，保证在不影响 TBM 掘进的前提下进行洞室开挖关乎同步衬砌的施工进度。中天山隧道每隔 420m 有一处横通道，在这 420m 区间每间隔 70m 有一处洞室，相邻横通道间洞室布置见图 5.2.2-2 所示。

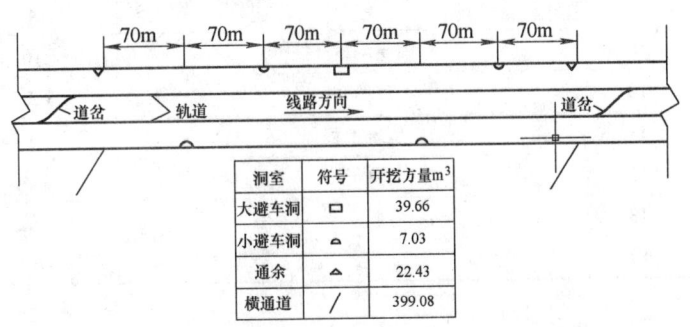

洞室	符号	开挖方量m³
大避车洞	□	39.66
小避车洞	△	7.03
通室	▲	22.43
横通道	/	399.08

图 5.2.2-2　相邻横通道间洞室布置

1）洞室爆破防护：通过现场实验采用在附属洞室周边间距 30cm 施作挂甲锚杆（同时起到控制洞室爆破超挖锁定作用），悬挂利用废旧皮带做成的防护帘，在 TBM 整备阶段停风将风筒用厚布帘包裹后吊到隧道顶部的岩壁上，并爆破后即时供风，将停风时间控制在 45min 之内，对 TBM 掘进机及掘进机上操作人员影响不大；10kV 电缆、洞壁照明线在爆破前放到边墙底部用槽钢扣住，上面用碴袋压紧进行防护。

2）洞室爆破出碴用 0.3m³ CASE 牌小型挖掘机直接将碴装到矿车中，运到翻碴机进行翻碴，既加快了清碴速度又节省人工清碴的劳动力。

3）洞室衬砌与正洞衬砌同步进行，模板设计采用三维立体设计，采用人工拼装钢模板，洞室模板提前衬砌台车立模前拼装完毕，尤其是横通道衬砌施工，模板拼装时间不占用正洞衬砌时间，大大提高衬砌速度，节约劳动力。

3. 矮边墙施工

矮边墙施工采用 2 组 60m 定型钢模板施工，在台车灌注期间一次立矮边墙模板 60m，在衬砌台车灌注结束后利用台车拆模立模的时间完成矮边墙灌注，衬砌台车灌注过程中立第二组矮边墙模板，循环作业。

4. 土工无纺布、防水板铺设

土工布、防水板铺设利用现场加工的 3 层门架式台架铺设，台架参照衬砌台车型式，其行走利用衬砌台车走行轨，采用电机驱动行走，净空满足车辆运输的要求，上部中间位置预留 TBM 风筒位置。

5. 台车混凝土灌注

混凝土灌注施工采用泵送混凝土、布料系统分配混凝土流量的办法。灌注前先在输送主管的端部安装混凝土布料器、三岔管和控制阀，然后接输送支管，分岔插入台车两侧中部起拱线附近的灌筑窗内，混凝土出管口与混凝土灌注面高度不大于 2.0m，控制阀控制两侧边墙灌注速度和混凝土流量，使两侧混凝土高差不大于 1.0m。混凝土至灌注窗时，拆除三岔管，将输送主管固定在拱顶第一灌注口上，前段拱顶灌完后再移动至第二灌注口，以保证混凝土的流动性和混凝土泵的压力，将拱部灌满；根据设计要求衬砌强度到达 8.0Mpa 即可拆模。经过现场同条件试件得出拆模时间为 24h。

5.3 劳动力组织 (表 5.3)

衬砌施工劳动力表　　　　　　　　　　　表 5.3

编号	工　种	数量（人）	备　注
1	台车脱模定位	9	兼模板抛光打磨、喷洒隔离剂
2	值班电工	3	兼台车操作员
3	木工	10	立堵头板、附属洞室立模、看模
4	输送泵司机	2	
5	混凝土捣固工	14	两班
6	防水板铺设	8	两班
7	矮边墙施工	8	清理、立模、灌注矮边墙、铺设临时轨道
8	修补	4	兼风筒复位
9	附属洞室开挖	16	钻孔、爆破、清碴、铺底
10	现场调度	3	
11	值班工程师	3	
12	测量工	4 人	
13	专职安全员	3 人	
合计		87 人	

6. 材料与设备

6.1 主要施工机械设备配备 (表 6.1)

主要施工机械设备配备　　　　　　　　　　表 6.1

编号	设 备 名 称	数量	备　注
1	16m 衬砌模板台车	2 台	
2	施工作业台架	2 台	自制（防水板）
3	修补作业台架	2 台	自制
4	1000 拌合站	2 座	
5	10m³ 混凝土罐车	4 台	初期
6	25t 机车	4 台	初期
7	输送泵	2 台	1 台备用

编号	设 备 名 称	数量	备 注
8	附着式振捣器	16台	台车顶部，每车6台，4台备用
9	插入式振捣器	16台	每台台车6台，4台备用
10	抛光机	若干	
11	小型打气泵	2台	喷洒隔离剂
12	小型木工电锯	2台	加工堵头板
13	射钉枪	4台	
14	爬焊机	4台	防水板铺设
15	热熔焊机	4台	

6.2 运输车辆配备（表6.2）

运输车辆配置　　　　　　　　　　　　　　　　　　　　　　　表6.2

运输阶段	运输距离	列车数量	备 注
第一阶段	2100m 以内	3	单罐混凝土灌注时间按 20min 计，行车平均时速均按 12.5km/h 计，洞外拌合编组时间按 20min 计，考虑按一车双罐配置
第二阶段	2100~4200m	4	
第三阶段	4200~6250m	5	
第四阶段	6250~8400m	6	
第五阶段	8400~10400m	7	
第六阶段	10400~12500m	8	
第七阶段	12500m 以上	9	

机车数量=（运输距离×2÷行车平均时速×60+洞外拌合编组时间）÷单罐混凝土灌注时间+1，计算结果中的小数按进位考虑

7. 质 量 控 制

为了确保工程质量，要建立健全质量管理和质量保证体系；严格按照现行施工规范、质量检验标准和设计文件要求进行施工，同时对重点部位和关键环节要高度控制，精细施工。

7.1 附属洞室爆破控制

附属洞室防护直接关系到在 TBM 掘进施工过程中洞室爆破施工，由隧道工程师按照洞室爆破设计参数检查和控制洞室的布眼和装药，由安质工程师和电气工程师检查和控制 ϕ2200mm 通风软管、10kV 电缆、洞壁照明线、通信线缆的防护，经过隧道工程师和电气工程师签认后方可进行爆破作业。

7.2 矮边墙质量控制

施工前由工程部门下达施工作业技术交底书，并进行技术培训。严格执行隐蔽工程检查制度，每道工序完成后均要经质检工程师验收合格后，方可进入下一道工序。边墙模板定位由测量人员现场放线并全程监督。混凝土灌注工程中，试验员、质检工程师旁站监督，并由试验人员严格控制拆模时间。

7.3 防水板及二次衬砌质量控制

施工前下达施工作业技术交底书，并进行技术培训。施工中采用质检人员现场旁站和工程师抽检相结合，做到质量全程控制。混凝土灌注过程中，试验员、质检工程师旁站监督，并由试验人员严格控制拆模时间，保证施工质量。

7.4 运输保证措施

洞内工作面多，工点分散，线路长，合理调动协调好各个工作面物、料的运输直接影响到二次衬砌

施工的成败。将各作业面位置、道岔位置标注在洞内行车线路图上，各作业面通过固定电话或移动电话与调度保持联络，由洞外调度室根据各作业面施工需要合理调配物、料的运输，保证 TBM 掘进和二次衬砌各工作面施工的顺利。

8. 安 全 措 施

本工程采用 TBM 施工，TBM 机械设备及配套设备庞大而复杂，保证设备的安全意义重大。

8.1 成立以工区长为组长的现场安全施工领导小组，严格执行国家、铁道部、地方关于安全生产的法律、规程、规范和标准，并根据现场实际情况制定具体的、适应本工程需要的设备安全规章制度和消防保障制度、实施细则、奖惩措施，建立健全内部安全管理责任制，责任到人，落实到位。

8.2 加强施工设备监控，在工程施工过程中对 TBM、运输车辆、轨道交通、附属洞室施工防护、电缆线缆进行 24h 监控，使施工设备始终在施工监控下运行，保证施工过程中设备的安全。

8.3 针对 TBM 掘进和二次衬砌同步施工设备在隧道内运输调动频繁的特点，专门制定隧道内机车运输的设备安全细则、制定安全应急预案。

8.4 加强设备安全性能检查、加强员工安全教育，对隧道内车辆运输线路和行人线路进行分离，同时成立安全巡查小组，由专职安全员检查行人行走线路、机车运输、TBM 设备、作业面施工的安全。

8.5 加强火工品的监控，设立专职火工品管理人员全程监控火工品的领用、运输、使用、退库，使火工品管理始终处于可控状态。

9. 环 保 措 施

9.1 建立由工区长参加的环境管理组织机构，建立、健全施工期环境管理体系和各项环境管理规章制度，明确各级、各部门在环境保护工作中的职责分工，将环保工作和责任落实到岗位、落实到人。

9.2 对 TBM 施工过程中排放的废水经过严格的沉淀和过滤系统才可以排放，在隧道洞口修建三座沉淀池，分别对隧道施工废水进行沉淀、悬浮物、油污进行有效处理，避免对乌苏通沟河水及植被的污染（乌苏通沟河水是吐鲁番市托克逊县三大水源之一）。

9.3 加强对长距离戈壁滩施工便道的养护（砂性施工便道长约 30km），每天由洒水车进行洒水养护，减少戈壁滩路段砂石损失。

9.4 避免对施工现场植被的破坏，做到"四不"原则，即不多砍一棵树、不多压一棵草、不多弃一方碴、不多废一瓶水。

9.5 每周对环境保护工作进行一次例行检查并记录检查结果，内容包括：施工进展情况；污染情况（污染种类、强度、环境影响等）；污染防治措施的落实情况、可行性和效果分析；存在问题和拟采取的纠正措施；下步环保工作计划；其他需说明的问题（如措施变更、污染事故和纠纷处理等）。

9.6 该工程在施工期间，不仅工程质量、安全均取得了良好效果，文明施工和环境保护方面也得到了当地政府和相关部门的好评，为企业创下了良好的社会信誉。

10. 效 益 分 析

在采用敞开式 TBM 法施工的隧道中，采用 TBM 掘进与二次衬砌同步施工工法，可以实现 TBM 掘进贯通后短时间内完成全隧的衬砌。这较原来传统的施工工艺（在掘进贯通后，再进行二衬施工）可节约较长的施工时间，有效地降低工程总工期。以前，只有护盾式掘进机能够实现边掘进边衬砌，本工艺的成功实施，颠覆了传统掘进机施工模式，必将取得巨大的经济效益及社会效益。

10.1 经济效益

长大隧道敞开式 TBM 施工采用 TBM 掘进与二次衬砌同步施工技术，能够大幅度地缩短施工工期，从而降低工程成本。对于中天山隧道工程，与以往 TBM 掘进贯通后再施作二次衬砌相比，不但可提前工期约 18 个月，节约 1000 万元的直接费用，而且对于线路提前投入运营所带来的后期间接效益，难以估量。

10.2 社会效益

敞开式 TBM 掘进与二次衬砌同步施工技术属首次成功应用，颠覆了传统 TBM 施工观念——只有护盾式掘进机能够实现边掘进边衬砌，本工艺对敞开式掘进机在长大隧道施工中的应用必将产生深远的影响，对敞开式掘进机在隧道施工中的应用起到了积极的推动作用。

同步衬砌施工最大限度的缩短了软弱围岩的裸露时间，减少了发生二次地质危害的可能性，极大地提高了隧道施工的安全性，有效保护了隧道作业人员的安全，具有很高的推广价值。

11. 应 用 实 例

2007 年 4 月，中铁十八局集团承建了南疆铁路吐（鲁番）库（尔勒）二线 SK1 标工程，其中中天山特长隧道是该工程的重点控制工程。为完成施工任务，确保施工工期，保证施工安全，该隧道采用 TBM 掘进与二次衬砌同步施工技术，两部衬砌台车紧跟 TBM 掘进施工，创造了 TBM 掘进最高月进尺 554.6m，最高日进尺 33.3m；衬砌最高月进尺 512m 的好成绩，大大提高了综合成洞速度，缓解了工期压力。该技术在中天山隧道施工中的成功应用，开创了国内特长隧道采用敞开式 TBM 掘进与二次衬砌同步施工的先例，对于国内加快 TBM 施工总体施工进度作出了卓有成效的探索，必将会在长大、特长隧道施工中广泛应用。

客运专线 CRTS Ⅱ 型板式无砟轨道施工工法

GJYJGF066—2010

中铁十七局集团有限公司　中铁六局集团有限公司

刘国英　张坛　张利军　李佃宇　王臻斐

1. 前　言

　　京津城际轨道交通工程是我国首条高速铁路，设计时速 350km，为 2008 年北京奥运会配套工程，全线引进世界最先进的德国博格板式无砟轨道系统，现称为 CRTS Ⅱ 型轨道板。中铁十七局集团公司率先承担了试验段施工，按照铁道部消化、吸收、再创新、打造中国品牌的战略目标，积极组织技术创新，承担了铁道部"客运专线无砟轨道施工设备研制——板式无砟轨道施工设备研制"（合同编号：2006G001-A）课题，取得大量科研成果，完成了 50km 的铺设任务，铺设质量达到设计要求。

　　CRTS Ⅱ 型无砟轨道施工是京津城际整条线路施工成败的关键，尤其是长大桥梁连续结构不仅在我国尚属首次，在国外也没有先例。施工过程中，在引进德国技术的基础上，通过消化、吸收及自主创新，形成一套完整的适合中国国情的无砟轨道施工工艺，总结形成《CRTS Ⅱ 型板式无砟轨道施工工法》。

　　2008 年 3 月 14 日，本工法关键技术"Ⅱ型板式无砟轨道施工技术及配套设备研究与开发"经山西省建设厅组织有关专家进行鉴定，结果认为：该项施工技术达到了国内领先水平（晋建科鉴字［2007］第 119 号）。本工法开发过程中取得了"轮胎式全液压悬臂门架式起重机（ZL200720101159.8）"、"沥青水泥砂浆搅拌主机（ZL200720006696.4）"、"SPPS 测量控制系统 V1.0"（2007SR13330）等 10 项知识产权（包括发明专利、实用新型专利和软件著作权）。京津城际铁路 CRTS Ⅱ 型板式轨道铺设的成功，为京沪高速铁路的开工建设奠定了坚实的基础，同时也为今后客运专线的建设积累了丰富的施工经验。

2. 工 法 特 点

　　2.1 技术先进，精度高。Ⅱ型板式无砟轨道为连续结构，每块板有独立的数据文件，在线路上位置固定，采用计算机软件控制、定位、机械式专用千斤顶和轨道板压紧装置固定轨道板，铺设位置准确、精度高。

　　2.2 底座板钢筋采用自制胎具，统一加工，实现了现场流水化作业，工艺新颖，提高了效率、降低了施工成本。

　　2.3 采用特有的张拉工艺，选择恰当的时间进行张拉，消除了温度应力，为无缝钢轨的铺设创造了条件，提高了乘客的舒适度。

　　2.4 长大桥上底座板通过增设临时端刺起路基上常规端刺的作用，将底座板划分成多个单元施工。采用流水作业和平行作业相结合的方法，设置多个作业面，分段施工，加快施工进度，解决长大桥一次性成形的难题，增设后浇带连接器解决了混凝土温度应力及变形应力放散等问题。

　　2.5 采用沿线分组存放轨道板，铺设时直接吊装上桥，改变了桥上铺板只能从两端向中间施工的局限，提高了工效。

　　2.6 使用泵送混凝土，便于从桥下供料分段施工，加快进度，节约资金，具有较好的经济效益。

3. 适 用 范 围

本工法适用于 CRTS II 型板式无砟轨道的施工，尤其适用于长大桥梁和一般路基地段，对隧道施工改进物流组织也可以。

4. 工 艺 原 理

4.1 路基上 CRTS II 型板式无砟轨道

路基上 CRTS II 型轨道板施工是在验收合格的基床表层上铺设混凝土支承层，粗铺轨道板，然后精调轨道板，灌注 CA 砂浆，纵连轨道板，铺轨，线路成形。曲线超高在基床表层实现。在桥头 23~100m 位置，根据具体工况设置倒 "T" 形端刺，端刺和桥台台尾之间设置摩擦板，把列车运行时桥上产生的纵向力传递到桥头路基上。在端刺和远离长桥方向的路基上设置 5m 长的硬泡沫塑料路桥过渡弹簧板，避免 "跳车" 现象，增加旅客乘坐的舒适性。

4.2 长桥上 CRTS II 型板式无砟轨道

长桥上 CRTS II 型轨道板施工是在验收合格的桥面上铺设两布一膜滑动层，传递分散来自轨道系统引起的温度应力，在梁缝两端各 1.5m 范围铺设硬泡沫塑料弹簧板，平衡梁缝两端高低不平，减弱底座板因温度变化产生变形形成的剪切力，在剪力齿槽部位安装剪力钉，形成独立的施工段落。铺放底座板钢筋笼，安装模板，灌注底座板混凝土，并根据施工工艺的要求，分别浇筑单元内 BL1 后浇带和 BL2 后浇带。待一个单元完成后，便可进行轨道板的粗铺、精调和 CA 砂浆灌注，检测指标符合要求后，方可进行轨道板的纵向连接，剪切连接和侧向挡块的施工。

5. 施工工艺流程及操作要点

5.1 施工工艺流程

CRTS II 型轨道板路基上施工工艺流程，见图 5.1-1。

CRTS II 型轨道板长桥上施工工艺流程，见图 5.1-2。

5.2 操作要点

5.2.1 施工前的下部结构交接

验收路基、桥梁施工质量和设标网精度，对下部沉降及变形进行评估。

路基检验项目：路基基床表层级配碎石表面中线高程、路肩高程、中线至路肩边缘距离、宽度、横坡、平整度。

桥梁检验项目：桥梁梁面高程、相邻梁跨梁端桥面之间及梁端桥面与相邻桥台胸墙顶面之间的相对高差、桥面排水、底座板与侧向挡块和桥梁之间固定连接螺栓、防水层、梁面平整度、伸缩缝。

设标网：设标网点埋设牢固，精度：平面±1mm，高程±0.5mm。

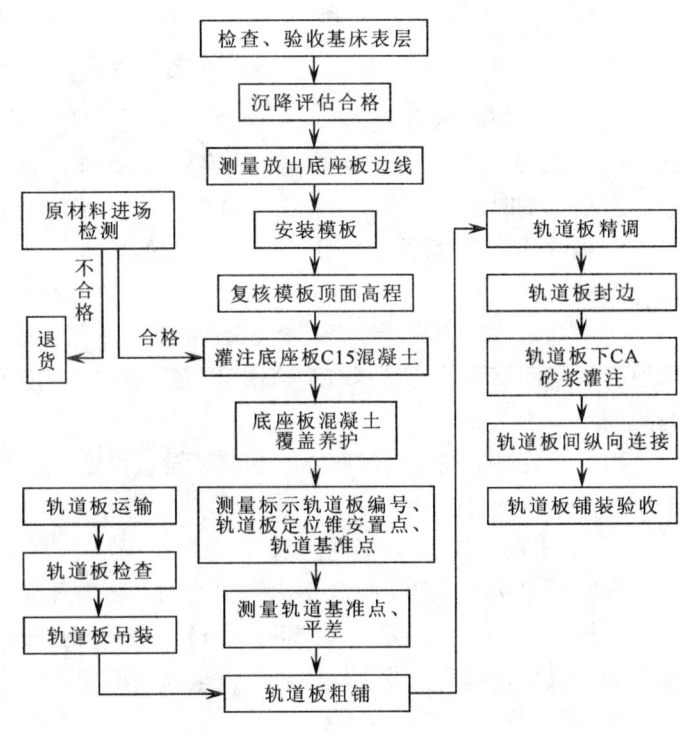

图 5.1-1 CRTS II 型轨道板在路基上施工工艺流程图

5.2.2 底座板（支撑层）施工及测量控制

1. 轨道设标点及测量：沿线路方向每隔60~70m设轨道定线标志点1个，设于接触网电杆基础或挡砟墙上（即GVP点，按四等网PS4测量精度，平面为±1mm，高程为±0.5mm）；底座混凝土施工时以轨道设标网点为依据，按线路中线、坡度（包括竖曲线）和轨道超高支立模板。

2. 路基上底座板断面尺寸：宽3.25m，厚300mm，材料为C15钢筋混凝土，沿线路纵向间隔每2.5~5m切割一道深度为105mm的横向温差缝。

3. 桥梁常规区、路基桩板结构和摩擦板部位底座混凝土宽度2.95m，厚度一般为19cm，依据横向坡度（轨道超高和排水坡）形成相应厚度的底座混凝土板。

4. 桥梁底座板临时端刺与后浇带施工

底座板施工前，依据现场施工区段划分、劳动力、机械设备和物资组织，确定施工单元、临时端刺位置、后浇带位置，进行施工平面设计。

1）临时端刺布设

临时端刺区长度800m，其底座板与常规区底座板的施工工艺要求基本相同，主要区别在于平面及结构布置上，如图5.2.2。

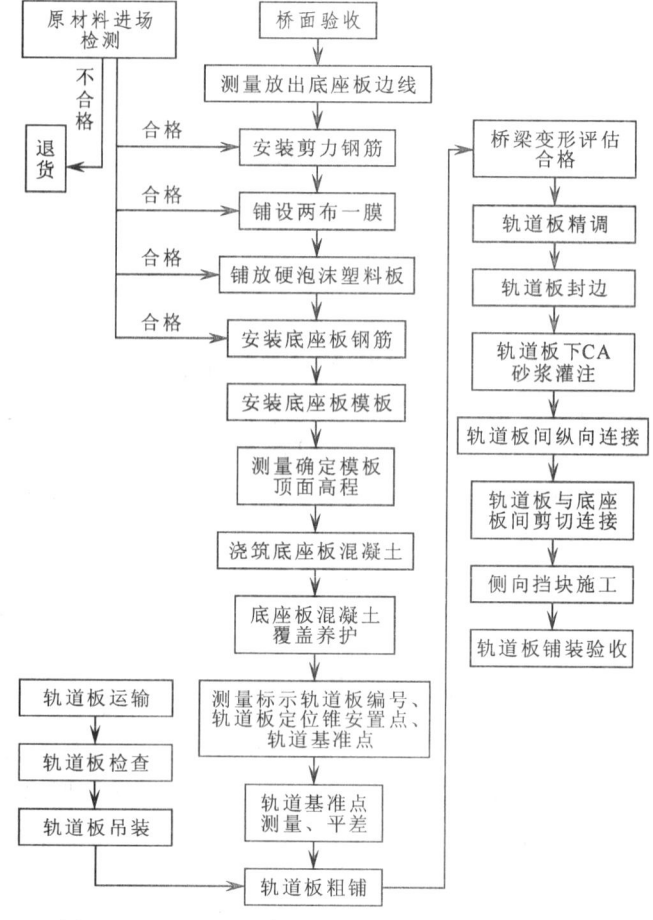

图5.1-2 CRTS Ⅱ型轨道板在长桥上施工工艺流程图

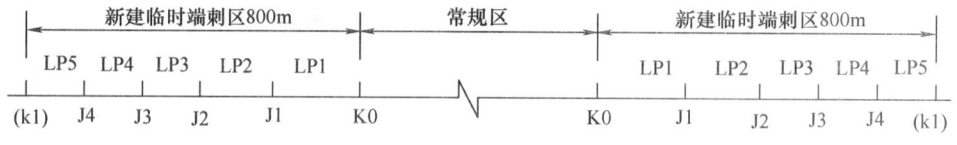

图5.2.2 临时端刺布设图

底座板在临时端刺区分5段，两个220m段（LP1及LP2）、两个130m段（LP4及LP5）、一个100m段（LP3），共设J1~J4共4个后浇带（为BL1型后浇带）。

左右线临时端刺起点设置错开2孔梁以上，避免个别桥墩承受由于底座板温差引起的较大水平力，临时端刺区的选择尽量避开连续梁，以免进行特殊设计。

2）后浇带布设

①后浇带与轨道板缝错开，宽50cm；②简支梁上设在跨中；③连续梁设在固定连接间；④临时端刺设在桥梁固定端；⑤路基端刺至桥梁上最后一个固定连接处设置后浇带；⑥后浇带与任一固定连接处的距离不大于75m。

BL1型后浇带在常规区和临时端刺区设置位置及形式相同；BL2型后浇带仅在临时端刺区设置，设于桥上固定连接处。

3）底座板连接（后浇带施工）

底座板连接时混凝土强度需达到20MPa，板内温度20~30℃时，处于零应力状态，超过30℃时不能连接，低于20℃时，需要计算钢筋拉长量，将钢筋拉长。底座板连接施工在单元段内的端刺（两端或临时端刺或固定端刺）及常规区底座板全部施工完成后进行施工。一个单元段底座板的连接施工必须在24h内完成。

底座连接施工分四种情况。①新设临时端刺+常规区+新设临时端刺，②固定端刺+常规区+新建临时端刺，③既有临时端刺+常规区+新设临时端刺，④既有临时端刺+常规区+既有临时端刺。仅描述第一种情况下施工，其余类型近似。

两临时端刺中的 LP1 段按常规区方式布设。常规区两端及两临时端刺后浇带按单元段中心对称原则顺序安排其连接施工，施工工序如下：

（1）临时端刺 LP2~LP5 的基准长度、温度测量，使用预埋的测温电偶测量，在中午时分进行。相邻板温不一致时，按两板长度及温度加权平均计算。常规区板温测量，与临时端刺区板温测量同时进行。

（2）临时端刺中的 BL1（共 4 个）的预连接按 J4、J3、J2、J1 顺序将钢筋连接器螺母拧紧。先连接与临时端刺接壤（K0 处）的前 10 个常规区后浇带钢筋，后依次连接 K0、J1、J2、J3 后浇带钢筋（J4 后浇带钢筋于相邻单元段底座板连接时张拉，同时 J2、J3 需进行张拉调整）。

（3）BL1 后浇带混凝土施工在后浇带钢筋连接完成后随即进行，浇筑范围包括常规区所有后浇带及两临时端刺中的 K0、J1 后浇带。浇筑在 48h 以内完成。J2、J3、J4 后浇带在相邻单元段底座板连接后施工。

（4）BL2 后浇带设于临时端刺的固定连接处（每孔梁上 1 个），分为早期固定连接和后期固定连接。早期固定连接在单元段底座板钢筋连接完成 3~5d 后（底座板内的应力调整期）进行，位置在 LP2 范围内与 LP2 相邻的两个固定连接后浇带，两临时端刺后浇带对称施工。后期 BL2 后浇带混凝土在相邻单元段底座板连接后施工。

5.2.3　轨道板粗铺

底座板及后浇带混凝土强度大于 15MPa，且混凝土浇筑时间大于 2d 后，可粗铺轨道板。

1. 轨道板运输及存放

1）轨道板运输采用专用车辆运输。铺板单位提前 15d 将轨道板的使用范围及运输计划提交给轨道板场，以便轨道板场及时安排轨道板的打磨以及调整场内轨道板的存放位置。

2）轨道板存放：①轨道板沿线路三点支撑存放于桥下或路基旁；②轨道板现场存放宜放置 3 层，最多不超过 6 层，存放时横桥梁方向要离开桥面遮板 50cm，四面排水，存板处不得发生积水；③临时存板场地进行土质换填、碾压，处理好排水，地基承载力不小于 190kPa；④地面铺碎石，摆设枕木，轨道板应 "三点支撑" 存放。轨道板存放支点见图 5.2.3-1。

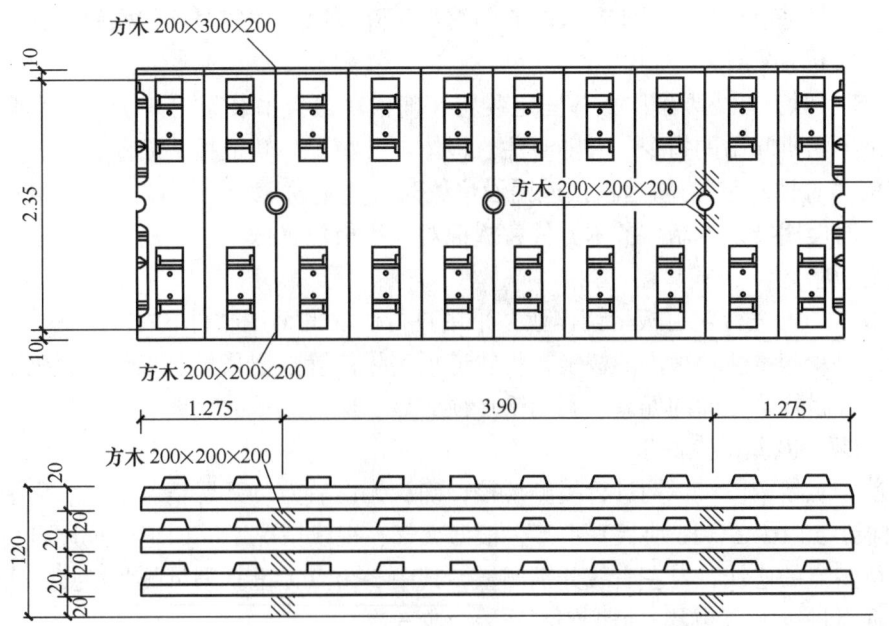

图 5.2.3-1　轨道板存放支点示意图

3）放在粗铺定位中的轨道板吊装：桥上选用悬臂龙门吊和大吨位吊车两种方式之一，大吨位吊车吊板上桥较悬臂龙门吊提升速度要快，但悬臂龙门吊粗铺对位精度比大吨位吊车高。采用吊车吊装时，必须加工特制的吊装锁具，将吊装锁具固定在轨道板的第三和第七承轨槽上，用吊车缓慢地将轨道板提升到桥上。路基上只能用大吨位吊车。吊装前检查板号。

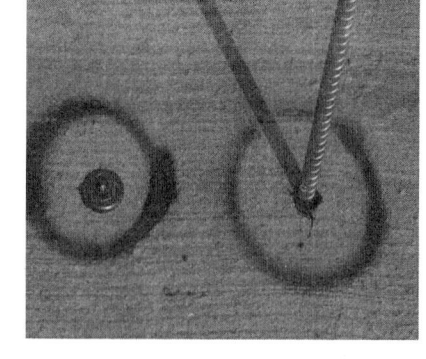

2. 轨道板粗铺前施工准备

1）底座板高程检测：高程允许误差±5mm，不合格的进行凿除或修补，重测合格后才能施工。

2）采用布板软件对轨道板铺设的基准网进行平差计算，测量精度为：平面 0.2mm，高程 0.1mm。得出沿线路方向每 6.5m 的基准控制点（GRP 点）的精确三维坐标和圆锥定位点。轨道基准点或定位锥埋设位于轨道板端头半圆形凹槽处，且接近轴线，圆锥体的轴线与安装点重合。

图 5.2.3-2　轨道基准点或定位锥埋设图

3）安装定位锥（图 5.2.3-2）：

①应位锥由圆锥体和定位锥锚杆组成，锥体为硬塑料；②定位锥锚杆为直径为 φ16mm 的螺纹钢筋，螺距为 10mm，长 550mm；③定位锥安装采用电锤钻孔，孔径 20mm；④直线段或超高小于 45mm 的曲线段钻孔深度为 15cm，杆上涂黄油，以便灌浆后拆除，超高大于 45mm 的曲线段钻孔深度为 20cm；⑤孔要绝对垂直于底座板，锚杆用树脂胶锚固，伸出底座板面 35cm。

4）测设轨道基准点 GRP：①超高地段 GRP 基准点设在轨道板较低的一侧；②测设时，应对设标网进行段内联测检查，防止误用被破坏或触动变位的设标网点支架，形成测量错误，表面破损超标的则更换。

5）轨道板粗铺前，确定各编号轨道板的铺设位置，同时用喷漆在底座板旁标注轨道板编号。

6）对每块轨道板进行检查，包括外观质量，编号的检查。高压水枪清洗轨道板和底座板，并进行灌浆孔清理。轨道板安装前预先在精调装置的部位安设泡沫材料制成"U"形密封垫，并用硅胶固定，防止 CA 砂浆流出。

3. 轨道板粗铺定位

1）桥梁轨道板吊装采用悬臂龙门吊吊装，起吊横梁上装有距离定位器，直接对准轨道板，挂上吊钩以后起吊，转到铺设地点的正上方下落，放在已安放好的长为 30cm，宽为 5cm，厚 3.3cm 的木条上，并和定位圆锥结合紧密。接近混凝土底板时必须缓慢下降，以便放置时不损伤轨道板。轨道板粗铺的允许偏差控制在 1cm 内。

2）轨道板起吊时，首先要解除板体固定装置，确认轨道板吊装架的 4 个小爪完全扣住板体后，指挥人员才能给吊车司机起吊的指令，并随时注意板体上升情况。轨道板落放前，应有专人核对轨道板编号，确保轨道板"对号入座"。轨道板接近铺设位置时，调整轨道板空间位置，缓缓落下轨道板，人工配合就位，必要时使用硬杂木制成的木方代替撬棍对轨道板位置做一个微调。

5.2.4　轨道板精调

粗铺轨道板后即可进行轨道板精调作业，采用自行研发的精调软件 SPPS 以及硬件设备，通过电台与全站仪连接，自动测量轨道板上的棱镜，将轨道板实际位置数据采集录入到计算机程序内，精确计算出实际位置与设计目标值之间的偏差，利用千斤顶对显示器上显示的数据进行调整。

1. 设标网的复测及基准点测量

精调施工前，对精调段设标网进行复测检核，确认无误后方可开展精调施工。为了控制误差，每次测 65m（10 块板）到 104m（16 块板）不等，根据天气、视线情况不同而定。采用自由测站，测量的架站点尽量靠近待定点的连线，对左右线分别测量，其中 3 个点为重复测量的基准点，下一测站要对上一测站的 5 个基准点进行重合测量，每组的测回数至少 3 次。

2. 安装轨道板精调调节装置

1）调节装置安装在轨道板前、中、后部位两侧共计 6 个。其中四角的精调装置可进行位置和高程调节，中部只调整标高。

2）双向精调装置在安装前将横向轴杆居中，前后伸缩大约有 10mm 的余量。

3）精调千斤顶使用前应对相关部位进行润滑。

4. 轨道板精调流程

测量标架校核（依据标准标架）→全站仪安装（与待精调板间隔 1~2 块板处安装）→测量标架布设（精调板上布 3 个，已完成的精调板上布 1 个，调节并保证标架支点与承轨槽内单面相触）→开启无线电装置（建立全站仪与电脑系统间联系）→测量定向（基于已完成精调板上的标架，作为已知点）→测量定向的校核（基于 GRP 点）→对精调板上前、后两标架进行测量并读取精调数据→轨道板初步精调（对板前、后两端进行平面及高程精调）→对精调板中部标架进行测量→读取精调数据（主要为高程数据）→轨道板中部的补充精调→对精调板上 3 根标架（6 个棱镜点）进行复核测量→读取精调数据→修正精调→相邻板间（待精调板与已完成精调板间）平面及高差测量→顺接性精调修正（直至相邻板间平面及高差小于 0.4mm）。

5.2.5 水泥沥青砂浆（简称 CA 砂浆）垫层灌注

1. 安装压紧装置

压紧装置由锚杆、L 形钢架及翼形螺母组成；一般情况下，压紧装置安装于轨道板的两端（依托定位锥螺杆），当曲线位置超高达到 45mm 及以上时，轨道板两侧的中间部位增加压紧装置。

2. 轨道板边缝封边

封边前应将轨道板下灰尘吹干净，同时对板封边范围进行预湿。

1）轨道板两侧封边

用型钢、螺栓、螺母加工成自锁式封边装置进行封边，封边材料为普通砂浆。在封边两侧面预留 6 个排气孔，孔径为 20~25mm，孔位要避开精调装置周围的泡沫材料。封孔可采用专用孔塞或泡沫材料。

2）轨道板板间封边

封边材料的性能应具有结构承载作用，采用与水泥沥青砂浆性能相同的特种材料。

为防止灌浆时砂浆从轨道板侧面溢出，必须将底座板混凝土和轨道板之间的侧缝密封，密封采用一种特殊的、稳固的水泥砂浆，调节装置四周同样做封闭处理。轨道板纵向密封通过涂密封砂浆来实现。

使用商业上通用的改进型室外用灰浆，灰浆经过搅拌机的螺旋输送器和相应的软管输送到施工地点，在软管的末端设有一个楔型拖板铺设装置，用来防止密封砂浆进入轨道板下面。

为保证轨道板下面全部面积灌满 CA 砂浆，密封砂浆硬化前在轨道板四边角附近或轨道板中间紧靠轨道板的底面设置排气孔。

校正装置（夹爪）范围内，在轨道板下面放置梯形不吸水的乙醚泡沫材料的模制件，防止 CA 砂浆灌注时溢出和污染校正夹爪。

3）校正装置封闭处理

轨道板对接处横向接缝的密封使用可刮抹的稠度较大的 CA 砂浆，手工操作灌入横缝中，砂浆至少高出轨道板底边 2cm，等砂浆达到所需要的稠度后压实并抹平。

3. 底座板表面和轨道板底面预湿

用带有旋转平面喷头的喷枪分别从三个灌浆孔伸入轨道板进行喷雾湿润，轨道板、桥面及 GRP 基准点，用土工布覆盖以防污染。

4. 砂浆拌制

砂浆采用移动式搅拌设备现场搅拌，测量其扩展度、流动度、含气量、砂浆温度等指标，以微调并确定砂浆配合比。各项指标合格后方可进行轨道板垫层灌注施工。

5. 灌注

1）砂浆存放在可搅拌的中间存储罐，特制底盘随车吊吊至桥面，连接灌注软管，砂浆中转仓的出料口应高于轨道板 0.5~1.0m，灌注软管另一端对准灌浆孔，开启出料调节阀，进行灌浆施工。

2）通过其他两个灌浆孔和排气孔观察灌浆过程，直至所有排气孔冒出砂浆，用木塞或泡沫材料塞住排气孔,同时观察灌浆孔内砂浆表面高度的变化情况,砂浆面不低于轨道板的底边且不回落时,灌浆结束。

3)在垫层砂浆轻度凝固时,将一根S形钢筋从灌浆孔插入至垫层砂浆中,保证灌注砂浆与封孔混凝土胶结。

6. 调节装置和封边砂浆的拆除

垫层砂浆抗压强度至少达到1MPa后,拆除轨道板下精调千斤顶装置。封边砂浆电钻破损,然后人工清理,并对CA砂浆进行饱满度检查,虚边严重的重新灌浆。

5.2.6 纵向连接及灌浆孔填补

1. 填充窄接缝

首先安装模板,模板设在轨道板外侧,固定在窄接缝的侧面,用螺杆张紧,然后灌注接缝混凝土,高度控制在轨道板上缘以下6cm,砂浆最大粒径0~10mm,填充时的环境湿度不得高于25℃。

2. 张拉装置安装和张拉

1)张拉装置安装:清理连接钢筋并涂抹润滑油脂,安装张拉锁件及螺母。张拉锁件必须进行绝缘处理。

2)强度达到以后再拆除模板,当横向接缝砂浆强度达7.5MPa和沥青砂浆层强度达9MPa后,对轨道板实施张拉。

3)张拉采用梯步式,每3块板的两个缝为一个单元,先中间的两根再依次向外对称张拉。张拉顺序见图5.2.6。

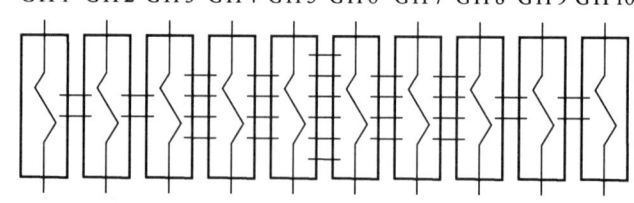

图 5.2.6 轨道板张拉顺序

张拉顺序:第一步张拉中间两根钢筋,第二步从内侧向外张拉剩下的钢筋,最后一块轨道板先只张拉中间的钢筋,再从内而外张拉剩余钢筋。涂有润滑脂的螺纹钢筋预张力用450N·m的扭矩张紧,至少每天检查一次可调扭力扳手的扭矩调整值是否正确。

4)每个循环张拉分为三个作业小组,每组两人,组与组之间相隔两道缝。

3. 宽接缝填充

安装配置钢筋,钢筋可采取在工厂集中绑扎后吊装上桥或在桥上直接绑扎两种方法,横筋与竖筋接触点需做绝缘处理,绑扎好的钢筋经电阻检测合格后,方可进行混凝土浇筑。

4. 立模

板间缝的模板采用3mm厚钢模板,模板的加固采用特制夹具将其固定。

5. 灌注宽接缝

采用添加抑制剂和膨胀剂的灌注砂浆填充,用插入式振动器捣实,表面与轨道板表面齐平并找平,并通过使用合适的楔形垫块生产轨道板连接带。

填充时应灌注稠度较大的砂浆,以免有超高的区域内出现"自动找平"现象。

6. 填充灌浆孔

①灌浆孔填充与窄接缝使用同样的灌注混凝土和操作方法,混凝土最大颗粒不超过10mm,环境湿度不得高于25℃。

②混凝土尚未终凝前喷洒养护剂进行养护,混凝土终凝后覆盖塑料薄膜养护,养护时间不少于7d。

5.2.7 抗剪切连接操作要点

1. 按规定深度钻剪切连接孔,孔径32mm,清洁钻孔。

2. 填充钻孔和放入暗销,剪刀暗销采用φ28精轧螺丝钢,用植筋胶封堵。

3. 达到所要求的强度后,用扭力扳手以规定的扭矩将锚栓拧紧。

4. 钻孔时不能打穿底座板,避免损伤硬泡沫塑料板。

5.3 劳动力组织(表5.3)

劳动力组织情况表 表 5.3

序号	工作内容	细 部 工 序	人数（人）	总人数（人）	备 注
1	钢筋加工与安装	钢筋绑扎工	52	86	负责钢筋绑扎和绝缘卡的安装
		钢筋调直工	3		负责钢筋调直工作
		钢筋弯曲工	3		负责钢筋弯曲工作
		钢筋切断工	3		负责钢筋切断工作
		电焊工	12		负责钢筋焊接工作
		电工	1		负责钢筋加工厂用电管理
		钢筋笼倒运工	12		负责钢筋笼倒运和吊装
2	综合组	两布一膜	10	28	按一个工作面计算人数，多开工作面按倍数增加人数
		泡沫板	4		
		剪力筋	6		
		钢楔块安装	8		
3	底座板	钢筋下料、组装	40	98	按一个工作面计算人数，多开工作面按倍数增加人数
		测量及安装标志点	6		
		钢筋吊装、安装	16		
		模板安装	24		
		混凝土	12		
4	铺板	运输	7	37	按一个工作面计算人数
		吊装及铺装	12		
		精调	8		
		辅助工人	10		
5	CA砂浆	封边	6	44	（由桥下到桥上及桥上到车上）按一个工作面计算人数
		上料	16		
		拌合、灌注	12		
		辅助工人	10		
合计				293	按一个工作面计算人数

6. 材料与设备

6.1 材料 (表 6.1)

轨道板施工材料 表 6.1

序号	名 称	规格型号	性 能 指 标	备注
1	C15混凝土	碎石，5~25mm；砂子，河砂；磨细矿粉；粉煤灰；水泥，P.042.5		路基支承层
2	C30混凝土	碎石，5~20mm；砂子，中砂；磨细矿粉；粉煤灰；水泥，P.042.5 减水剂；西卡3310C		底座板
3	CA砂浆	阴离子乳化沥青	筛上剩余物（1.18mm）<0.1%；颗粒显阴性；平均粒径≤7μm，模数粒径≤5μm；水泥适应性：20s内至少流出70mL；贮存稳定性（1d，25℃）< 1.0%；贮存稳定性（5d，25℃）<5.0%；养发残留量要求：残留量含量≥60%，针入度（25℃，100g，5s）4~12mm，软化点（环球法）≥42℃，溶解度（三氯乙烯）≥99%，延度（25℃）≥100cm	
		CA砂浆干粉	《CA砂浆干粉料》Q/DS 04.08-2007	
		减水剂，UNF-5AST	《客运专线高性能混凝土暂行技术条件》，减水率>25%，扩展度损失小的聚羧酸类减水剂产品	

续表

序号	名 称	规 格 型 号	性 能 指 标	备 注
4	滑动层材料及胶粘剂	土工布	GB/T 13761-92，GB/T 13762-92，GB/T 15788-1995 及《京津城际铁路无砟轨道部分特殊材料检验规定（试行）》	
		双光面 HDPE 滑动层薄膜	GB/T 13762-92，GB/T 6672-2001，GB/T 11040，QB/T 1130-1991 及《京津城际铁路无砟轨道部分特殊材料检验规定（试行)》	
		胶粘剂，西卡胶 F-55		
5	限位块材料	侧向挡块橡胶支座，D、C 形	JT/T 4-2004，GB 3280-92，GB/T 6031-98，GB/T 7760-2003 及《京津城际铁路无砟轨道部分特殊材料试验规定》	
6	锚固销钉及锚固剂材料	惠鱼植筋胶 FISP300T	《混凝土结构加固设计规范》GB 50367-2006	
7	泡沫塑料板	硬质泡沫塑料板（XPS 板）	《泡沫塑料与橡胶线性尺寸的测定》GB/T 6342-1996、《泡沫塑料和橡胶表观（体积）密度的测定》GB/T 6343-1995、《硬质泡沫塑料压缩试验方法》GB/T 8813-1988、《京津城际铁路无砟轨道部分特殊材料的检验规定（试行）》	
8	防水层	Elastuff320 聚脲弹性体防水涂料	《京津城际轨道交通工程混凝土桥面防水层技术条件和验收标准》	桥面
9	张拉锁件和螺母	EN-GJS500-7 和纵向连接件张拉锁图纸技术要求		板间
10	后浇带连接器	钢板：Q345，厚度 40mm；钢筋：HRB500，直径 25mm，承钢		底座板
11	钢筋绝缘材料	塑料卡子		底座板

6.2 设备机具（表 6.2）

设备机具表（按一个作业面配置） 表 6.2

序号	名称	序号	机具设备名称	型 号	单位	数量	备 注
1	钢筋加工与安装	1	对焊机	UNI-100	台	1	
		2	电焊机	BX1-500	台	4	
		3	切断机	GQ50	台	1	
		4	弯曲机	GW40	台	1	
		5	调直机	JJM-2	台	1	
		6	固定模床		个	2~4	
		7	吊架		个	1	
		8	吊车	16t	台	1	
		9	电阻检测仪	NL3102	台	1~2	使用于钢筋笼电阻测试
		10	钢筋笼运输车	14m	台	1	单个钢筋加工厂配置考虑
		11	悬臂吊	4t	台	2	每个吊装钢筋笼工作面一台
2	底座板及其后浇带施工	12	混凝土泵车		台	1~2	桥面泵送底座板混凝土
		13	混凝土罐车	8m³	台	3~6	
		14	振捣梁		个	2	
		15	插入式振捣棒	50 号	个	6~10	
		16	硬毛刷		把	10	用于底座板表面拉毛
		17	抹子	25cm	把	10	
		18	对讲机	5km 范围	台	3	连接指挥、质检、技术每人一台
		19	扭矩扳手	450N·m	把	3	使用于锚固螺母张拉
		20	开口扳手		把	3	使用于锁紧螺母让其紧贴钢板
		21	混凝土罐车	8m³	台	1~2	

序号	名称	序号	机具设备名称	型 号	单位	数量	备 注
2	底座板及其后浇带施工	22	吊车	16t	台	1	
		23	插入式振捣棒	50号	个	4~5	
		24	硬毛刷		把	4	
		25	抹子	25cm	把	4	
		26	刮尺	1m	把	4	
3	粗铺轨道板	27	龙门吊	普通式, 跨双线		1	仅路基上用
		28	悬臂龙门吊	15t	台	1	桥上吊装轨道板用, 二选一
		29	汽车吊	50t		1	
		30	轨道板运输车	30t	台	8	轨道板运输用
		31	定位锥			10	
		32	高压喷水装置			1	
4	精调轨道板	33	精调测量框架	SPS		1	
		34	冲击钻	20mm 直径		1	
		35	压紧装置			10	
		36	调脚 (二维)			40	一个作业面10块板
		37	调脚 (一维)			20	
		38	棘轮扳手			8	
		39	全站仪及棱镜、支架	徕卡 TCA1800	套	1	测角: ≤1"; 测距: ≤1mm+2ppm; 点对中误差: ≤0.5mm
		40	电子水准仪及钢钢尺	徕卡 Na3003	套	1	高程: ≤0.9mm/km; 测距: ≤1/2000
5	CA砂浆灌注	41	移动式 CA 搅拌车		台	1	
		42	封边材料搅拌机		台	1	
		43	棘轮扳手		支	4	
		44	高压水枪		支	1	
		45	高压喷雾器		台	1	
		46	校正尺		支	2	
		47	含气量测定仪		台	1	
		48	水泥胶砂三联模		组	30	
		49	扩展度检测装置		套	1	
		50	汽车吊	16t	台	1	CA 材料
		51	运输卡车	10t	台	3	CA 材料运输用
				5t	台	1	仅桥上 CA 材料运输用

7. 质 量 控 制

7.1 无砟轨道板铺设质量必须符合《客运专线无砟轨道铁路工程施工质量验收暂行标准》（铁建设〔2007〕85号）、《客运专线无砟轨道铁路工程施工技术指南》TZ 216-2007、《客运专线铁路 CRTS II型轨道板式无砟轨道水泥乳化沥青砂浆暂行技术条件》（科技基〔2008〕74号）和《客运专线无砟轨道铁路工程测量暂行规定》（铁建设〔2006〕189号）的要求。

7.2 由于后浇带施工的需要，部分轨道板可双层叠放，但应满足以下条件：

1. 底座板平整度满足 7mm/4m 的误差要求。

2. 底层轨道板支点木块顶面在同一平面上。

3. 底层轨道板两侧支点木块应置于一条线上，且设于预裂缝位置处。

4. 上层轨道板三点支撑木块设于预裂缝底层板的上方。

7.3 通过定位锥的限位，粗铺精度控制在 10mm 以内。

7.4 轨道板灌浆前必须进行工艺性试验，以选定各项施工技术参数，指导施工。

7.4.1 对乳化沥青、干料等大宗材料的仓储设施应考虑降温及保温措施，现场供应时应严格控制温度，干粉：≤30℃；乳化沥青：≤30℃；水：≤20℃。

7.4.2 每次灌注前均应进行砂浆试拌合，测量其扩展度、流动度、含气量、温度等指标。

1. 流动度：100±20S；

2. 扩展度：$D_5 \geq 280mm$，且 $t_{280} \leq 18S$；$D_{30} \geq 280mm$ 且 $t_{280} \leq 22S$；

3. 含气量：≤10%；

4. 砂浆温度：5~35℃；

5. 灌浆厚度：2~4cm。

7.5 精调要求标高和平面位置均不得超过 0.3mm。

7.6 轨道板灌浆后，高程±0.5mm，中线偏差 0.5mm。

7.7 CRTS II 型轨道板精调时相邻轨道板间允许高差 0.4mm，验收时放宽 1mm。

7.8 轨道板灌浆后，采用与精调同样的测量方法，进行详细的检查验收，对误差超过 5mm 的，进行揭板处理；对误差小于 5mm 的轨道板，可通过调整钢轨下钢板的厚度来实现。

7.9 从桥下往上吊装底座钢筋网片时，必须采取防变形措施，如：采用吊装架、多点起吊、吊装专用托盘、绑扎加强刚度的临时骨架等。

7.10 轨道板吊装作业要平稳进行，严禁磕碰周围建筑物，造成板体和周围建筑的残缺，影响美观和质量。

7.11 建立质量记录制度，制定出各个工序施工质量的评比办法，使得施工质量与工资收入紧密挂钩，充分调动和提高全员质量意识，发挥每一个员工主观能动性。定期对员工进行施工技术培训并严格考核，考核不合格的严禁上岗。

8. 安全措施

8.1 安全管理措施

8.1.1 认真贯彻"安全第一，预防为主"的方针，根据国家有关规定、条例，结合施工单位实际情况和工程的具体特点，制定专职安全员和班组兼职安全员以及工地安全用电负责人参加的安全生产管理网络，执行安全生产责任制，抓好工程的安全生产。

8.1.2 建立相应的管理机构，制定切实可行的安全管理办法和奖惩制度，明确各职能部门和有关人员的安全工作职责。

8.1.3 建立完善的安全生产保证体系，加强施工作业中的安全检查，确保作业标准化、规范化。

8.1.4 设立安全领导机构，明确分工，责任到人；设专职安全员做好工前、工中和工后的检查工作。

8.1.5 坚持大型机械设备定期维修保养制度，坚持大型机械设备作业前安全检查制度。

8.1.6 每月定期进行以防火、防盗、防爆为中心的安全检查，堵塞漏洞，发现问题和隐患及时进行整改。

8.2 安全技术措施

8.2.1 加强对施工人员的安全教育，编制各工序的安全作业指导书，做好作业人员岗前培训，树立"安全第一、预防为主"的思想，文明施工，规范作业。

8.2.2 施工现场设置专职安全员，严格执行施工安全的各种相关规定，坚决杜绝违章作业。

8.2.3 大型机械设备专人操作，专人指挥，并严格执行各项安全操作规程。各种机械设备的操作人员特殊工种必须培训后持证上岗。

8.2.4 定期检查机械设备的安全保护装置和安全指示装置，确保以上两种装置齐全、灵敏、可靠。特种设备厂家派驻技术人员进行现场指导，随时解决现场出现的机械故障。

8.2.5 轨道板从板厂运往工地的过程中，要限速行驶，以防止由于急刹车板体移位造成毁坏车体、板体等事故的发生。

8.2.6 吊装作业中，除了操作人员，严禁其他人员进入作业区内围观，设专门的安全防护员；起吊过程中严禁任何人员站立、过往起重臂下及板体下方。

8.2.7 现场作业人员要佩戴安全帽，穿工作鞋，严禁穿拖鞋上岗；CA 砂浆拌合灌注人员必须佩戴防护目镜，防止带有沥青的砂浆溅入眼睛；CA 砂浆作业人员必须戴橡胶手套。

9. 环 保 措 施

9.1 严格遵守国家和地方政府下发的有关环境保护的法律、法规和规章，加强对施工燃油、工程材料、设备、废水、生产生活垃圾、弃渣的控制和治理。

9.2 定期或适时维修不良设备，避免因零件松动、振动、破损而产生强烈的噪声；对大型设备上产生噪声较大的发电机，采取隔声材料降低噪声。

9.3 配置洒水车辆，对施工便道进行经常洒水、维护，降低扬尘。

9.4 所有的粉料、燃料、沥青及其他有机化学物品均保存在密闭容器中，进行严格的管理，避免对环境造成污染。

9.5 定期对所有的用油设备的供油系统进行检查，杜绝设备用油过程中的跑、冒、滴、漏现象，使可能造成的污染控制在最小的范围内。

9.6 对每次灌注剩下的沥青水泥砂浆余料以及清洗砂浆搅拌机的污水，收集到指定地点和污水池集中处理；对封边产生的固体废弃物采取集中处理或掩埋。

9.7 工程竣工后，及时进行现场清理，恢复原地貌，不得乱堆乱弃，影响自然环境或阻塞河道；不得产生化学污染和大量的粉尘，影响周围居民的生产生活。

9.8 CA 砂浆集中在砂浆搅拌设备内拌合，在搅拌罐内完成垂直运输，对周围环境无污染。

10. 效 益 分 析

10.1 经济效益

在工法形成过程中，自主开发研制悬臂门架式起重机、移动式 CA 砂浆搅拌设备、绝缘卡、II 形无砟轨道板的绝缘检测装置、张拉锁件用扳手套头等多项具有国家专利的施工专用设备工具，与采用国外设备相比节约资金超过 5000 万元。

10.2 环境效益和节约效益

10.2.1 此工法所用的污染性材料均储存在密闭容器内，使用过程中全封闭作业，有效地避免了对周围环境的污染；所采取的防尘、防污染环保措施和节电、节水措施，严格控制了施工过程中能源的消耗。提高了企业综合效益，降低成本 150 万元。

10.2.2 经国家有关环保监测部门鉴定，此工法环保、节能、无污染，达到国内领先水平。

10.2.3 此工法基本围绕在线路上作业，减少了土地占用和对原生态环境的破坏，节约了大量土地。

10.2.4 采用循环作业的施工方式，提高了周转材料利用的次数，较以前减少了周转材料和机具设备的大量投入，降低了施工成本。

10.3 社会效益

10.3.1 采用本工法多个作业面平行施工，为提前交付铺轨和后续试电施工创造了有利的条件；科学的施工组织、规模化的机械作业，缩短了建设周期，并有效地保证了施工质量。

10.3.2 轨道板精调及灌浆利用自主开发的计算机软件进行计算和控制，使施工过程规范化、标准化、程序化，有效地保证了轨道板的铺设质量，赢得了业主、咨询、监理以及国内外专家学者的一致赞誉。

10.3.3 铺设的轨道板平顺，保证了高速列车的运行安全，增加了旅客乘车的舒适度，在2008年奥运会期间赢得了国外许多学者、游人以及政界要员的青睐，为京沪高速铁路及其他客运专线积累了丰富的施工经验。

11. 应 用 实 例

11.1 工程概况

京津城际轨道交通工程全线102km，其中95%以上都是桥梁，仅有少量路基工程。桥梁上无砟轨道系统由两布一膜、混凝土底座板、砂浆垫层、轨道板等构成，路基上无砟轨道系统由混凝土支撑层、砂浆垫层、轨道板等构成。

11.2 施工情况

中铁十七局负责施工的京津城际铁路客运专线杨村特大桥无砟轨道，2007年7月5日开工，2007年10月30日完工，采用板式无砟轨道的施工方法，施工中流水作业和平行作业相结合，两布一膜铺设、底座板钢筋制作、混凝土浇筑、后浇带施工、粗铺、精调、灌浆、板连接、剪切连接、侧向挡块等工序分段依次展开，仅用了3个多月的时间；就圆满完成了50km的无砟轨道任务，达到了快速、高效、先进的目标。

11.3 工程检测与结果评价

京津城际轨道交通工程板式无砟轨道施工从2007年7月5日开工，2007年10月30日完工，由中铁十七局、中铁六局、中铁一局和中铁大桥局等单位施工，均采用本工法施工，经检测，轨道板几何尺寸、轨距、轨向等各项指标均满足验标要求。大规模的机械化作业，节省了大量的劳动力，同时也减少了由于人为因素给工程造成的缺陷；所有污染性的材料都在密闭的情况下储存、运输和拌制，达到了环保的效果，不会对周围环境造成污染。

京津城际铁路板式无砟轨道施工的成功，为旅客出行提供舒适的出行环境，为今后高标准高速铁路客运专线积累了丰富的施工经验，为我国铁路建设的跨越式发展提供了良好的例证。该技术提高了施工过程的控制精度，对其他客运专线、城际铁路以及将来的高速铁路建设具有很好的借鉴作用，具有较高的推广价值和广阔的应用前景。

11.4 存在的问题

本工法采用大规模的机械设备施工，要求周围环境干扰在作用区范围之外，在城市干扰密集的情况下，这种工法就会受到限制，需要采取更具体的施工方法。

DPG500 型跨区间无缝线路铺轨机组施工工法

GJYJGF067—2010

中铁十五局集团有限公司　河南省永阳建设有限公司

段玉顺　郭华　罗波　黄功华　徐松兵

1. 前　　言

随着铁路行车速度的提高，对高速铁路的轨道平顺性等要求大大提高。为满足一次铺设跨区间无缝线路的要求，由中铁十五局集团有限公司和郑州大方桥梁机械有限公司承担了"高速铁路无缝线路长轨条铺轨机组研制（B）"课题（编号：2003G09—B）。在充分调研的基础上，综合了解瑞士 Matisa 公司生产的 TCM60 型铺轨机组、美国 Tamper 公司生产的 NTC 型铺轨机组，以及奥地利生产的 SVM1000S 型铺轨机组的优点，结合秦沈客运专线一次铺设跨区间无缝线路的经验，设计了具有自己特色的 DPG500 型铺轨机组。

2. 工 法 特 点

本工法与传统的人工换铺法相比节省了大量的人员和作业时间。按铺设跨区间无缝线路要求设计的新型铺轨机组 DPG500 的施工要求而编写，它不同于以往轨排式铺轨机组的施工工艺。

铺轨机组采用先进的单枕连续铺设法，不需要组装轨排的场地和设备，同时可以精确地铺设线路，特别是在曲线上，能够有效避免长轨排铺设作业中出现的折角，保障线路铺设的精度。它精确的布枕、匀枕功能，满足了铺轨要求，为线路所必须具有的高速行车和轨道平顺性打下了基础。它系统、全面地展现了 DPG500 型铺轨机组的性能优点。详尽而细致地阐述了铺轨机组的施工流程。

3. 适 用 范 围

本工法适用于所有单枕法铺设跨区间无缝线路铺轨机组。

4. 工 艺 原 理

4.1　铺轨机组主要功能和结构组成

4.1.1　基本工作原理

铺轨机的基本功能有两个：轨枕铺设和钢轨铺放。另外铺轨机具备行走牵引、铺轨导向等重要辅助功能。

4.1.2　铺轨机组的组成

DPG500 型铺轨机组是用于长钢轨以及轨枕铺设作业的铺设设备。它由铺轨车、辅助动力车、运枕龙门吊、枕轨运输车、钢轨牵引车、铺轨机组液压系统、龙门吊液压系统、铺轨机组电气系统、龙门吊电气系统等 9 大部分组成。

4.1.3　轨枕铺设

铺设轨枕是铺轨机的核心功能(图 4.1.3)。

4.1.4　钢轨铺设

铺设钢轨是铺轨机的基本功能。它分两个阶段作业：拖放预铺轨、收轨放轨（图 4.1.4）。

4.1.5 机组走行牵引与导向

铺轨机组沿设计线路在道碴道床和已铺轨道上行进。在布枕铺轨前是在道碴上行走，因此采用履带式行走；钢轨就位后，后续行走为轨道行走装置。

4.1.6 轨枕转运

铺轨车、辅助动力车和枕轨运输车设有连续的龙门吊轨道。运枕龙门吊将轨枕由枕轨运输车成组运至铺轨车的传送链上。

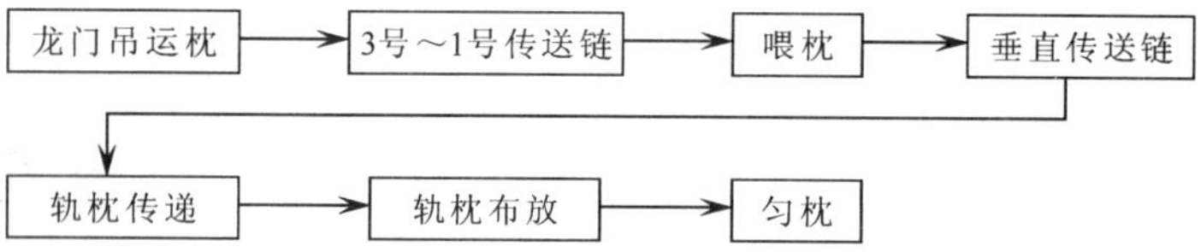

龙门吊运枕
3号～1号传送链
喂枕
垂直传送链
轨枕传递
轨枕布放
匀枕

图 4.1.3 布枕作业流程示意图

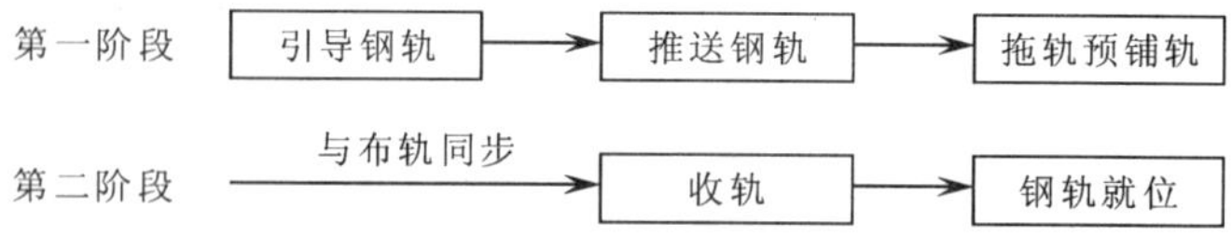

第一阶段
引导钢轨
推送钢轨
拖轨预铺轨
第二阶段
与布轨同步
收轨
钢轨就位

图 4.1.4 钢轨铺设流程示意图

4.2 电液控制系统

铺轨机组的所有功能和机构均通过液压系统驱动操作。所有重要机构工作操纵和自动配合作业装置均由 PLC 控制。

铺轨机组液压系统包括分别独立的主机液压系统和龙门吊液压系统。

4.2.1 铺轨车

布枕作业是铺轨机组的核心功能。连续布枕作业受机构间的协调控制和多种作业条件的制约。如：机构间的作业关系、液压系统的平衡关系、轨枕传送的随机条件和下部作业状态随机变化等。

集中了机电液一体的特点。稳定作业液压系统的平衡关系等工况的控制是系统控制的重要内容。

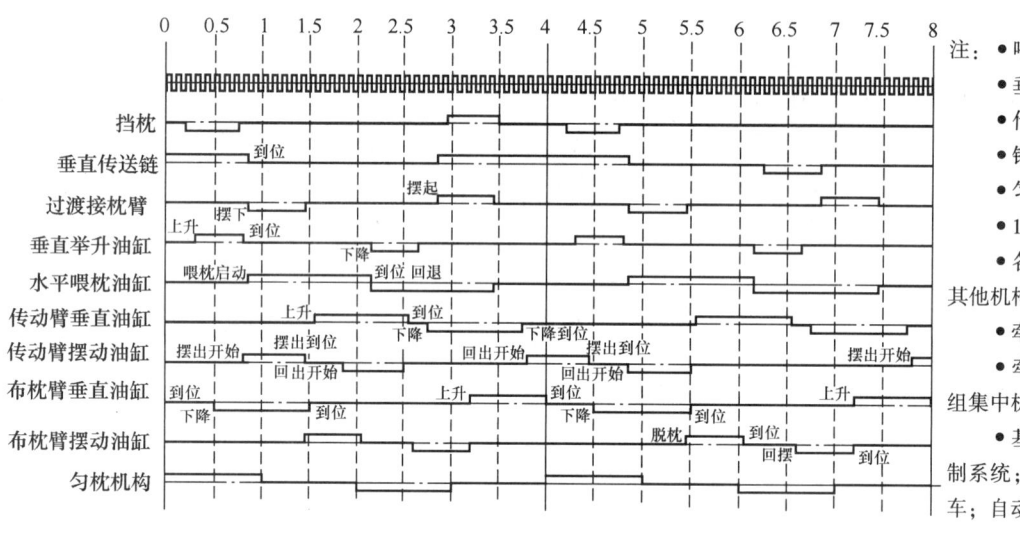

0 0.5 1 1.5 2 2.5 3 3.5 4 4.5 5 5.5 6 6.5 7 7.5 8
挡枕
垂直传送链
过渡接枕臂
垂直举升油缸
水平喂枕油缸
传动臂垂直油缸
传动臂摆动油缸
布枕臂垂直油缸
布枕臂摆动油缸
匀枕机构
到位
摆起
上升
摆下
下降
喂枕启动
到位 回退
摆出开始
摆出到位
回出开始
下降到位
上升
脱枕
回摆
注：●喂枕机构
●垂直传送链机构
●传递机构
●铺设机构
●匀枕机构
●1、2、3 号传送链
●各机构间启动和停止及与其他机构的互锁
●牵引及自动导向系统
●牵引和导向控制是铺轨机组集中机电液一体的又一特点
●基本组成包括：发动机控制系统；动力转向架；履带牵引车；自动导向系统

图 4.2.1 布枕机构联动时序图

4.2.2 运枕龙门吊

两个龙门吊的控制系统类似，主要由工业一体化平板计算机、西门子 S7PLC 及扩展模块、HAWE 比例放大板等组成，实现了龙门吊的发动机控制、行走、起升、自动取枕和限载自动保护等功能。

5. 施工工艺流程及操作要点

DPG500 型铺轨机是用于铺设新线轨枕和长钢轨（100~500m）的专用设备。整个铺轨列车一次可提供 400~2000m 长线路所需的轨枕和长钢轨，每个工作循环可铺设 100~500m 长线路上的轨枕和钢轨。

5.1 施工工艺流程（图 5.1）

5.2 操作要点

以拖放轨 500m，布枕铺轨 500m 的方式作业，分 4 次循环完成 2000m 铺轨作业为例。

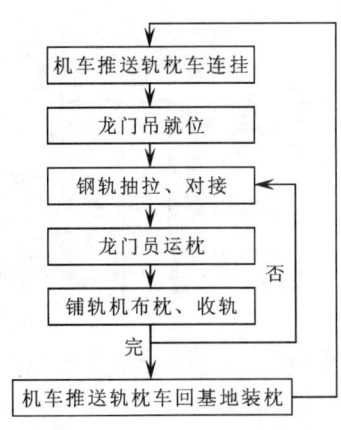

机车推送轨枕车连挂

龙门吊就位

钢轨抽拉、对接

龙门员运枕

铺轨机布枕、收轨

机车推送轨枕车回基地装枕

图 5.1 铺轨机组施工流程图

第一步：操作岗位准备

操作人员检查、保养各岗位操作点。保证设备完好，操作正常（主要是主司机为传送链、布枕机构、匀枕机构加油润滑；龙门吊司机为走行机构加油检查，空操作两次检查设备是否正常）。见图 5.2-1~图 5.2-3。

第二步：轨枕运输车由机车推送进入现场

轨枕运输车由机车推送进入铺轨现场，在距铺轨机 25~30m 处一度停车。以低速将轨枕运输车与铺轨机连挂，摘开机车（图 5.2-4）。

第三步：铺轨准备工作

安装辅助动力车与轨枕运输车之间的过桥轨（由两操作人员完成），并检查轨枕运输车上的所有走行轨道是否有异常情况，以及每辆车上轨枕摆放的整齐程度，确认运枕龙门吊能够顺利通过（由龙门吊当班司机沿轨枕运输车两侧顺序检视）。

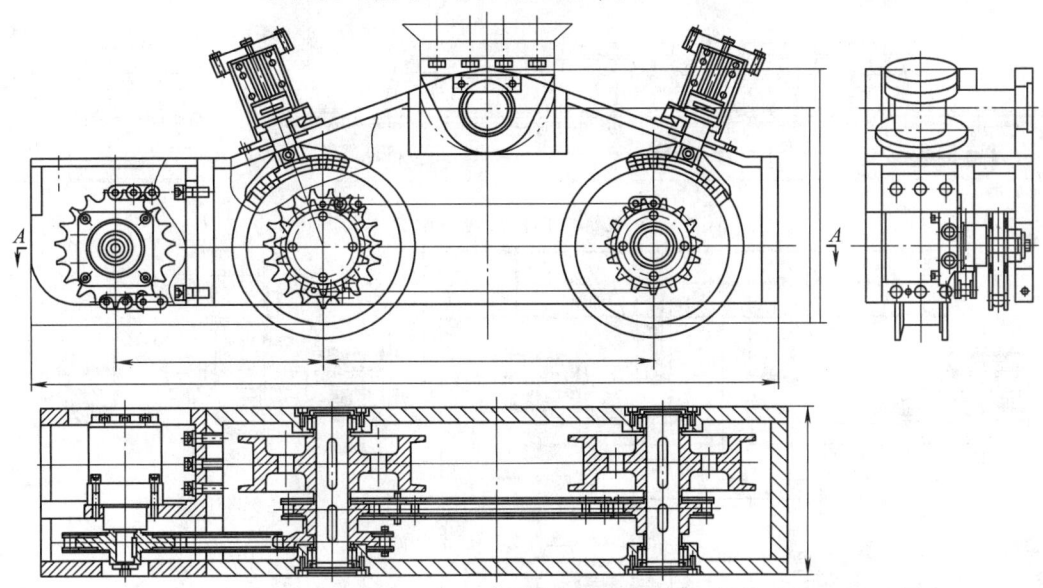

图 5.2-1 龙门吊走行机构简图

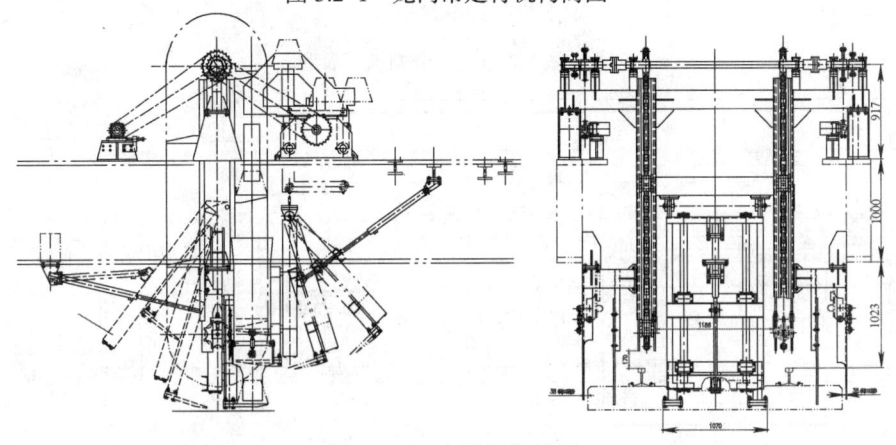

图 5.2-2 布枕机构简图

启动 DPG500 主机发动机，使机器处于准备工作状态（主机操作司机）。

解除 2 台运枕龙门吊的铁鞋，2 号龙门吊开至轨枕车尾部（龙门吊当班司机）。

启动 1 号运枕龙门吊并开始倒运轨枕。

铺设 500m 轨时 1 号龙门吊从 1~17 号轨枕车取枕运到 3 号传送链，2 号龙门吊从 19~33 号轨枕车取枕倒运到前方供 1 号龙门吊取枕。

第四步：拖放、预铺钢轨（需4名操作人员分别操作前后分轨、卷扬机、长轨推送装置）。见图5.2-5、图5.2-6。

解除钢轨锁紧装置，放松铺轨车后端卷扬机钢丝绳，人工将其向后拖至长轨前端，中间通过长轨推送装置、后分轨装置。两操作人员在轨枕运输车装好拖拉夹具，指挥拖拉长钢轨。辅助动力车上的后分轨装置将长钢轨分至铺轨机内两侧，进入钢轨推送装置，解除拖拉钢丝绳并收回。

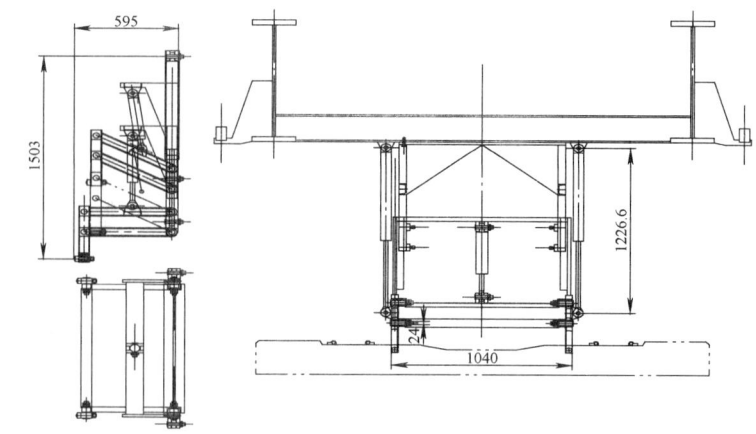

图 5.2-3　匀枕机构简图

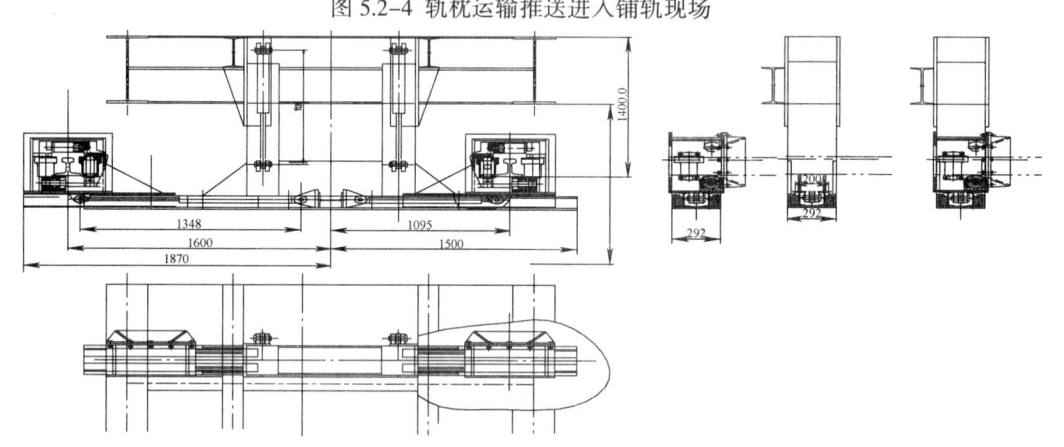

图 5.2-4　轨枕运输推送进入铺轨现场

图 5.2-5　前分轨装置简图

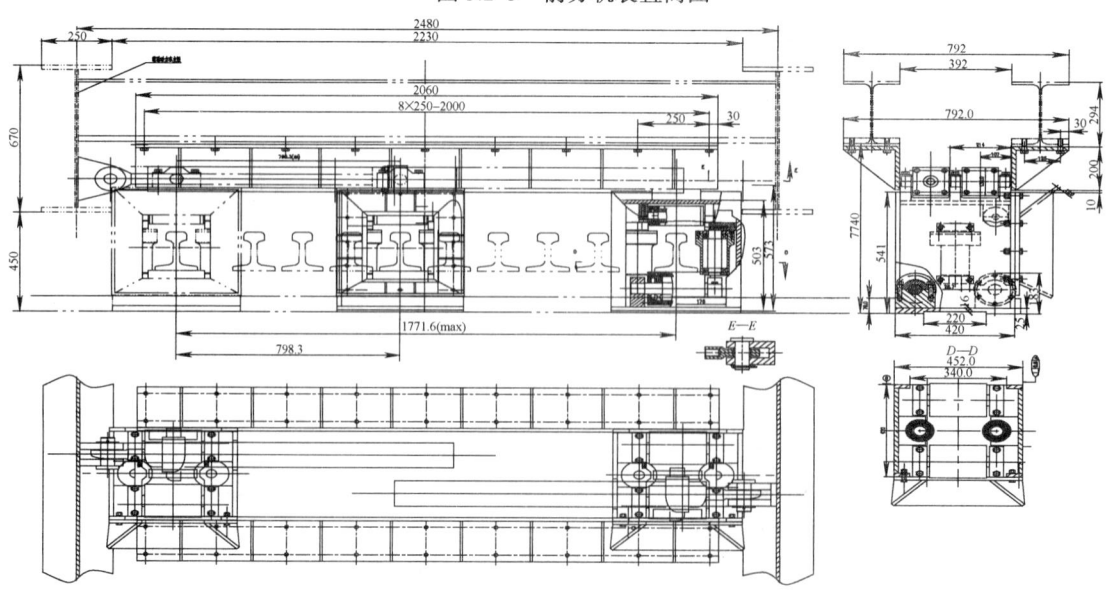

图 5.2-6　后分轨装置简图

用钢轨推送装置上的液压系统夹紧长钢轨，驱动长轨前进，通过前分轨、导向框架控制钢轨前进方向。至钢轨牵引车后，推送装置停止推送，推送结束。见图5.2-7、图5.2-8。

调整长钢轨位置，并使长钢轨前端伸入钢轨牵引车拉轨架夹钳口。用专用夹具将长钢轨与拉轨架连接，开动钢轨牵引车，将长钢轨拉出轨枕运输车，轨间距3200mm左右。4名操作人员紧随其后，每隔大约10~15m放置一对地滚轮于轨底。见图5.2-9。

长钢轨末端拖拉至前分轨装置附近时，指挥人员注意钢轨拖拉情况，用对讲机和钢轨牵引车司机联系，钢轨牵引车降低拉轨速度；长钢轨末端将要拉出最后一个导向框架时，钢轨牵引车速度再次减慢，将钢轨拖出导向装置并落下钢轨头穿入前收轨，此时根据前一对钢轨前端位置调整拖拉对位，使轨头对齐，拖拉结束。以后每次拖拉长钢轨，均应在前一对长钢轨还未收完之前进行，以便于两对长钢轨首尾衔接。

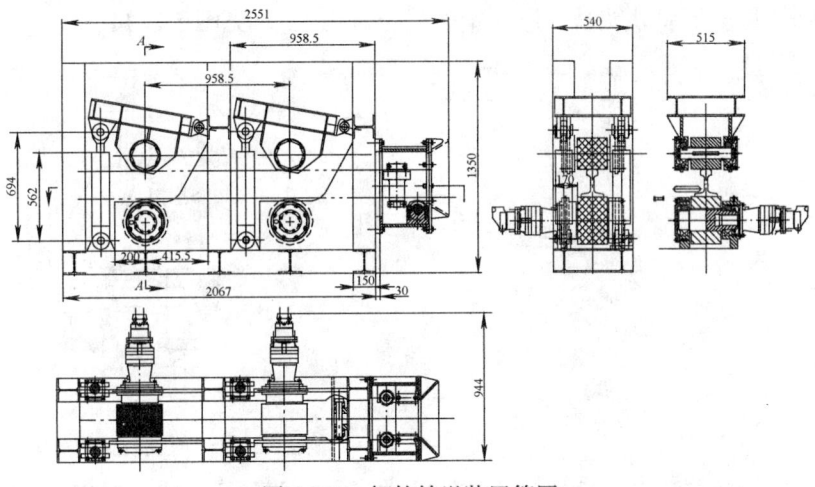

图5.2-7　钢轨输送装置简图

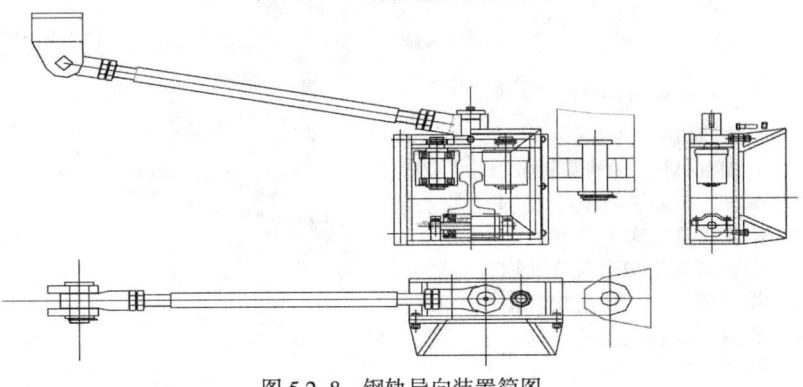

图5.2-8　钢轨导向装置简图

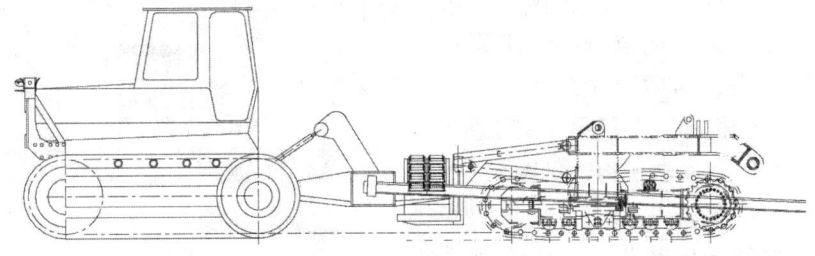

图5.2-9　钢轨牵引车拉轨简图

注：

长钢轨输送装置系统

长钢轨输送装置系统有两套独立的输送装置，每套包括：

钢轨压紧装置（4个工作油缸）；

钢轨向前输送装置（2个工作装置，4个液压马达）。

操纵台。通过手动换向阀操作。

分轨系统

分轨系统分左、右两个，支路上采用双向液压锁。

左、右各由一个油缸驱动，做横向运动。

操纵台通过手动换向阀操作。

卷扬马达

卷扬马达选用意大利欧乐公司的，两套，通过手动换向阀操作。型号：S30 11AA；马达排量：200mL/min。

第五步：钢轨对接（需3名操作人员分别操作前后收轨和钢轨就位机构，工班长指挥对位，4名操作人员上临时轨缝夹）。见图5.2-10。

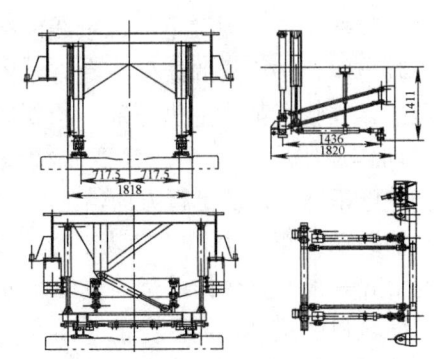

图5.2-10　钢轨就位机构简图

拖拉完毕后，用后分轨将钢轨夹起，钢轨牵引车后退将轨头压于钢轨就位机构下（大于100m长轨则用拉轨器将轨头拉回压在钢轨就位机构下）。见图 5.2-11、图 5.2-12。

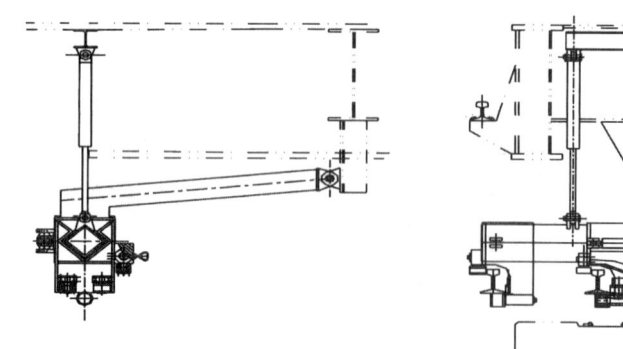

图 5.2-11　前收轨机构简图

拉轨器移动长钢轨与已铺轨轨端对齐，并预留一定的轨缝，然后每侧由两名操作人员安装临时轨缝夹。

注：
前、后收轨机构
前收轨机构：4 油缸。
后收轨机构：4 油缸驱动。
操纵台：1 手动多路换向阀操纵。
钢轨就位机构
钢轨就位机构由就位机构提升缸、就位机构伸缩缸、就位机构对位缸、就位机构提升缸、钢轨对位机构提升缸、钢轨对位缸等共 9 个油缸驱动。

第六步：布枕、收轨（需 8 名工作人员。岗位分别为工班长、主机司机、前后收轨两侧各 2 人、钢轨就位机构、龙门吊司机 2 人）。

启动发电机组。见图 5.2-13。

在长轨就位前在收轨点安排专人放置橡胶垫板，一人在前端将轨底的地滚轮收放在铺轨机前端的滚轮架上。在拖拉下一对长轨时倒放在钢轨牵引车后部的滚轮架上。

手动布枕调好初始状态后，转入自动布枕作业。铺轨机布枕时，必须按走行标示线前行，以确保布枕中心线与线路中心线的误差在允许范围内。在收轨的过程中，收轨点都在主机底部，均要有专人监控，收轨时动作应平缓、协调。注意轨枕偏离标识线的情况，并修正铺轨机的走行方向。

辅助动力车底为扣件安装工位。扣件安装为 6~8 根枕上齐一根。其余扣件待铺轨机通过后再补齐。

铺轨机行进 400m 后停止，铺完一对长钢轨。再拖拉、铺设另一对长钢轨，依次循环，铺设完 2000m 长钢轨。

自动布枕动作循环见图 5.2-14。

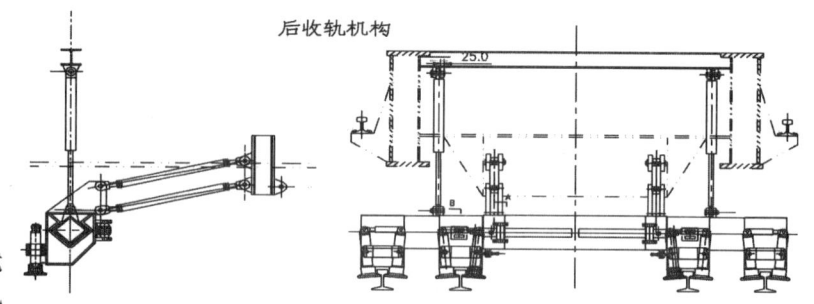

图 5.2-12　后收轨机构简图

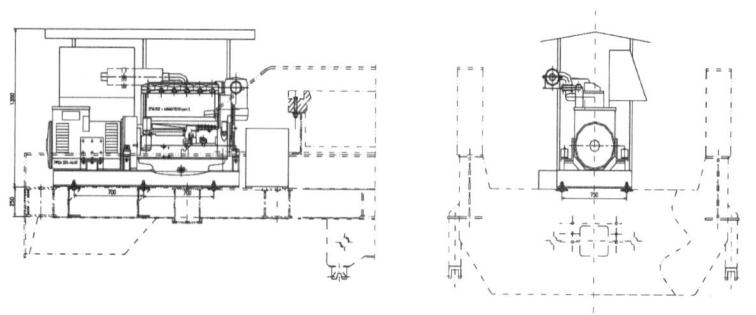

图 5.2-13　40GF 发电机组简图

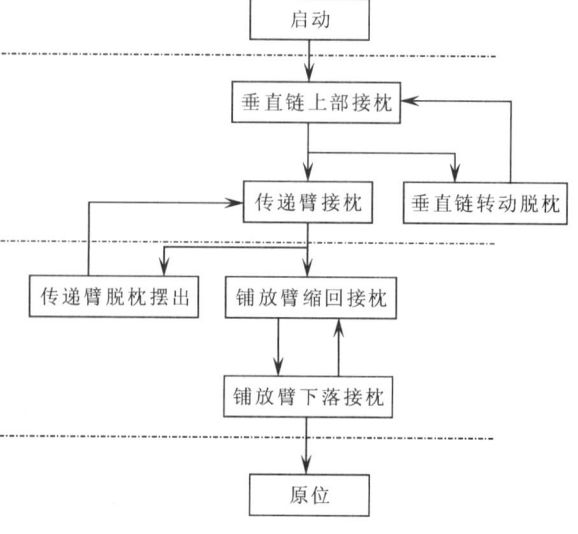

图 5.2-14　自动布枕动作循环图

注：

布枕液压系统

布枕液压系统为开式回路，手动节流阀调速。系统组成包括：

轨枕布放机构，连续循环动作；

匀枕机构；

系统参数：压力：10MPa，流量：160L/min；

采用德国力士乐 A11VO95EP 2 液压泵。

轨枕布放机构

轨枕布放机构完成的功能包括：轨枕承接、向下传送和轨枕布放。包含的动作有：

末端挡枕，由两个油缸驱动。

垂直举枕，由两个油缸驱动。

水平喂枕，由两个油缸驱动。

过渡接枕，由两个油缸驱动。

传递链垂直落枕，由一个液压马达驱动。

传递臂垂直落枕，由两个油缸驱动。

传递臂摆动，由两个油缸驱动。

铺放臂垂直落枕，由一个油缸驱动。

铺放臂摆动，由一个油缸驱动。

正常工作时在首次启动后，以上动作均由电磁换向阀进行连续控制，全自动运行。在手动调试状态，则有单动作分调。

匀枕机构

匀枕机构由匀枕油缸和匀枕机构提升缸组成。

轨枕间距调整动作由一个匀枕油缸驱动，电磁换向阀控制。

匀枕机构提升缸由两个油缸驱动，自动和手动操作。

铺轨及送枕液压系统

铺轨及送枕液压系统　该液压系统为开式回路。系统组成包括：

轨枕输送链，连续工作。

钢轨的输送和铺放等，间歇工作。

履带的提升和转向，间歇工作。

系统参数：

系统压力：16MPa

系统流量：60L/min（轨枕输送链工作时）；

120L/min（输送钢轨时）。

采用德国力士乐的 A11VO60EP 2 液压泵。

轨枕传送系统

传送系统分 3 段，1 号传送链由一个液压马达驱动，2 号、3 号传送链分别由两个液压马达驱动，通过节流阀实现手动调速。

具有电控和手动两套操作方式。

第七步：收尾作业（操作人员 12 名）

补齐扣件，用专用的扳手将剩余的扣件上好，再用扭矩扳手补足扣压力。

5.3　铺轨性能指标及人员组织

5.3.1　铺轨性能指标

钢轨拖放、预铺轨时间：40~60min。

500m 轨铺设时间：120~135min。

单列轨枕车铺完：12~15h

5.3.2　人员组织

人员配备情况（500m 轨）：单班职工 8 人，临时工 19 人。

职工岗位：

拖放预铺钢轨6人：工班长，钢轨牵引车司机，后分轨、卷扬机、长轨输送装置2人，前分轨2人。

钢轨对接5人：工班长，钢轨牵引车司机，前后收轨2人，钢轨就位机构。

铺轨7人：工班长，主机司机，前后收轨2人，钢轨就位机构，龙门吊司机2人。

临时工岗位：拖放预铺钢轨19人，穿钢丝绳打铁斜6人，拉导链4人，送轨12人，放滚轮4人。

钢轨对接8人：上临时轨缝夹4人，去铁斜4人。

铺轨18人：上扣件12人，取垫木1人，收滚轮1人，放橡胶垫板2人，拨枕2人。

铺轨车后补扣件人数依单班钢轨铺设长度而定。500m轨单班铺设2000m所需人数约35人。

以上岗位人员身兼数职随铺轨作业流程进程发展完成不同岗位任务。

各工班上下班时由工班长统一点名考勤，安排临时工安装、拆卸轨枕运输车与铺轨机组过桥轨。

人员组织表 表5.3.2

序号	岗　位	职　务	人数
1	现场指挥	工班长	1
2	技术员	工程师	1
3	主司机（机长）	操作员	1
4	龙门吊司机	操作员	2
5	前后收轨（卷扬机、长轨输送装置、前后分轨）	操作员	2
6	钢轨就位机构	操作员	1
7	上扣件工位（Ⅱ形扣件）	临时工	12
8	收垫木、滚轮、拨枕、放胶垫	临时工	7
9	合计		27

5.4 国内外主要铺轨机组技术性能对比表（表5.4）

国内外主要铺轨机组技术性能对比表 表5.4

序号	铺轨机型号	DPG500	TAMPER-NTC	MATISA-TCM60	PLASSER-SVM1000
1	国别	中国	美国	瑞士	奥地利
2	铺轨原理	连续单枕法	连续单枕法	连续单枕法	连续单枕法
3	适用作业道床	有碴/无碴	有碴	有碴	有碴
4	作业效率	2.0km/班	1.5km/班	1.8km/班	1.8km/班
5	布枕效率	12根/min	12根/min	12根/min	12根/min
6	牵引动力	履带+动力转向架	拖拉机	动力转向架	履带
7	牵引能力	2500 t	1800 t	1800 t	1800 t
8	爬坡能力	12‰	12‰	12‰	12‰
9	液压驱动	液压驱动	液压驱动	液压驱动	液压驱动
10	控制方式	CAN-Bus+PLC	继电器控制	PLC控制	继电器控制
11	最小作业半径	400m	400m	250m	
12	最小通过半径	145m	150m	150m	
13	龙门吊行走速度	0~20km/h	0~32km/h	0~18km/h	0~18km/h
14	龙门吊起吊能力	12t(28根Ⅱ、Ⅲ型轨枕)	10t(18根Ⅱ、Ⅲ型轨枕)	11t(19根Ⅱ、Ⅲ型轨枕)	12t(28根Ⅱ、Ⅲ型轨枕)
15	龙门吊走行轨	长轨	轨桥	长轨	轨桥
16	自动导向	有	无	无	无
17	防翻枕	有	无	无	无
18	枕间距实时检测	有	无	无	无

6. 材料与设备

6.1 施工材料

本工法施工中所用材料为 100~500m 的各型号 60kg/m 长轨，Ⅱ、Ⅲ型轨枕和配套扣件。

6.2 施工设备明细（表6.2）

施工设备明细表   表 6.2

序号	名　称	数量	备　注
1	钢轨牵引车	1	拖拉预铺钢轨
2	铺轨机	1	布枕、收轨就位、1号动力转向架提供动力
3	辅助动力车	1	2号、3号两组动力转向架提供动力
4	运枕龙门吊	2	转运灰枕到铺轨机3号传送链
5	枕轨运输车	37	运输灰枕和钢轨

注：铺轨机组详细技术原理、构造见第3节"DPG500型铺轨机组总体构造及施工工艺原理"

7. 质 量 控 制

7.1 质量控制规范

《京沪高速铁路设计暂行规定》（铁建设〔2003〕13号）；

《京沪高速铁路测量暂行规定》（铁建设〔2003〕13号）；

《京沪高速铁路工程地质勘查暂行规定》（铁建设〔2003〕13号）；

《高速铁路轨道施工暂行规定》；

《秦沈客运专线　有碴轨道工程施工技术细则》（试行）；

《秦沈客运专线　有碴轨道工程质量检验评定标准》（试行）；

《高速铁路一次铺设跨区间无缝线路铺轨机组技术方案招标书》；

《DPG500铺轨机组方案设计任务书》。

本工法在上述规范要求下编写力求使全部工程达到国家、铁道部现行的工程质量验收标准，主体工程质量零缺陷，单位工程一次验收合格率达到100%，满足全线创优规划及要求，综合工程质量达到部级优质工程标准，争创国家级优质工程。

7.2 质量控制措施

1. 提高全员质量意识，以人为控制核心

做好质量宣传工作，是搞好质量控制的一种重要手段。要提高全员质量意识，就要把宣传工作循环、循环、再循环，具体、具体、再具体。人是直接参与工程建设的决策者、组织者、指挥者和操作者，所以人应作为控制的核心。避免人的失误，调动人的主观能动性，增强人的责任感和质量观，达到以工作质量保工序质量、保工程质量的目的。

2. 材料、构配件的质量控制

材料是工程施工的物质条件，没有材料就无法施工；材料质量是工程施工的基础，材料质量不合格，工程质量最也就不可能符合标准。所以，加强材料的质量控制，是提高工程质量的重要保证，是创造正常施工条件，实现投资、进度控制的前提。

3. 坚持实行质量预防和质量控制

"质量第一，预防为主"是项目施工质量管理的基本观点。预防为主，就是要分析在铁道工程施工过程中可能出现质量问题的环节，采取预防措施。层层设防，进行严格的质量控制。所以，实行质量预防和控制，防止质量事故，保证创优目标实现，首先要从准备工作抓起。

铁道工程现场质量控制涉及的内容较多，遇到的问题也是多种多样的，而且贯穿于施工阶段的全过程。只有紧紧抓住关键性措施，才能在工作中做到科学有序，从而有效地控制工程质量，避免不必要的质量事故发生，提升铁道工程的整体质量水平。

8. 安 全 措 施

8.1 安全技术措施

本工法严格贯彻执行《中华人民共和国安全生产法》、《建设工程安全生产管理条例》，建立健全安全生产管理制度、安全教育培训制度、作业人员安全保障措施及安全技术制度，配备相应的专职安检机构和人员。

严格遵守国家及铁道部所制定的各项安全措施及办法。

8.2 安全管理措施

铺轨机组制定安全技术操作规程，并认真检查落实情况。工作前对机械设备进行安全检查，离开机械设备时，按规定将机械平稳停放在安全位置，并将驾驶室锁好，或将电器设备的控制箱拉闸上锁。

严禁无证上岗及酒后驾驶。铺轨机组各机械部位的操作人员经过安全技术操作规程培训，考试合格后持有效证件上岗。

定期检查铺轨机组的安全保护装置和安全指示装置，以确保以上两种装置的齐全、灵敏、可靠。

机械操作人员必须听从施工指挥人员的正确指挥，精心操作。但对施工指挥人员违反操作规程和可能引起危险事故的指挥，操作人员有权拒绝执行，并及时向工地负责人反映。

加强铺轨机组和车辆的检查维修，对驾驶人员进行安全教育，严禁违章开车，杜绝交通事故的发生。

建立安全生产检查制度，做到班组日查，队周总结，使警钟长鸣，常抓不懈。

9. 环 保 措 施

9.1 主要管理措施

9.1.1 建立健全工作制度

每星期召开一次"施工现场环境保护"工作例会，总结前一阶段的施工现场环境保护管理情况，布置下一阶段的施工现场环境保护管理工作。

9.1.2 建立并执行施工现场环境保护管理检查制度

每星期组织一次由文明施工和环境保护管理负责人参加的联合检查，对检查中所发现的问题，开出"隐患问题通知单"，各施工班组在收到"隐患问题通知单"后，应根据具体情况，定时间、定人、定措施予以解决，我公司项目部有关部门将监督落实问题的解决情况。

9.2 具体措施

9.2.1 防止大气污染

1. 施工垃圾，采用容器吊运，严禁随意凌空抛撒。施工垃圾及时清运。
2. 现场临时道路面层采用混凝土硬化或铺设水泥六棱块，防道路扬尘。
3. 施工现场，设专人及设备，采取洒水降尘措施。
4. 施工现场使用的炉灶采用燃气灶，符合环保要求。

9.2.2 防止水污染

1. 现场存放油料的库房，必须进行防渗漏处理。储存和使用都要采取措施，防止跑、冒、滴、漏、污染水体。
2. 施工现场临时食堂，设置简易有效的隔油池、定期掏油，防止污染。

9.2.3 防止光污染

1. 现场不得有长明灯，夜间施工除必要的照明外，避免过多灯光照射。

2. 现场照明集中照射，仅覆盖现场范围，避免影响临近道路行车。

9.2.4 防止施工噪声污染

1. 施工现场提倡文明施工，建立健全控制人为噪声的管理制度。尽量减少人为的大声喧哗，增强全体施工人员防噪声扰民的自觉意识。

2. 严格控制强噪声作业时间，特殊部位施工需在相关部门备案后方可施工。

9.2.5 废弃物管理

1. 施工现场设立专门的废弃物临时储存场地，废弃物应分类存放，对有可能造成二次污染的废弃物必须单独储存，设置安全防范措施且有醒目标识。

2. 废弃物的运输确保不散撒、不混放，送到政府批准的单位或场所进行处理、消纳，对可回收的废弃物做到再回收利用。

10. 效 益 分 析

10.1 经济效益

本工法是为适应高速铁路发展，国产新型铺轨设备 DPG500 型跨区间无缝线路铺轨机组的施工要求而编写，不同于以往的人工换铺法等施工方法。该工法节省人员（人员配备只有传统人工铺设的 1/10），单台班能够铺设 2.0km，完全满足施工要求。DPG500 型铺轨机组已在达成客运专线铺设线路约 120km，采用该工法铺设长轨比传统老式人工换铺不仅节省了大约 90%的人工，同时节约了设备的投资成本达 30%，节约工期 36%，共计节约成本约 311 万元。

10.2 社会效益

1. 通过采用新技术、新设备实施工艺改进，不仅可以降低能耗成本，降低生产成本，提高产品的市场竞争力，进而增加经济效益，更有助于缓解政府能源供应和建设压力，对减少废气污染，保护环境也有巨大的现实意义。

2. 单位的效益直接关系到当地经济的发展，实行节能减排，提高单位知名度，更是政府考评单位领导的重要依据之一。

11. 应 用 实 例

达成线扩能改造遂宁至石板滩铺轨工程

11.1 工程概况

达成铁路是规划的"四纵四横"快速客运通道之一，沪汉蓉客运通道的重要组成部分，与在建遂渝线共同形成了成渝间的便捷铁路通道。沿线位于亚热带气候区，年平均气温 17.4℃，最高气温 42℃，最低气温-5℃，年平均降水量 950~1175mm，本标段为遂宁站（不含）至石板滩站（不含）新建（并行）双线铁路有砟轨道地段，起止里程 ZDK194+600~DK298+004、DIK305+842~DIK320+300，线路长度111.762646km，全线铺轨总里程达 221.318km。铺轨于 2008 年 9 月 15 日开铺，于 2009 年 3 月 31 日完工。铺轨工程采用本工法由 DPG500 型跨区间无缝线路铺轨机组铺设。

11.2 施工情况与结果评价

达成线施工主要为丘陵山区地段桥隧很多，这就给施工带来很大难度。DPG500 型铺轨机组采用先进的单枕连续铺设法，不需要组装轨排的场地和设备，节约了土地。同时可以精确地铺设线路，特别是在曲线上，能够有效避免长轨排铺设作业中出现的折角，保障线路铺设的精度。它精确的布枕、匀枕功能，满足了铺轨要求，为线路所必须具有的高速行车和轨道平顺性打下了基础。得到了各方的好评。

隧道高压富水断层快速施工工法

GJYJGF068—2010

中铁十二局集团有限公司

商崇伦　和万春　董裕国　赵西民　武亮月

1. 前　　言

近年来，随着我国基础设施建设的大发展，出现了越来越多的山区铁路隧道，其中岩溶地区隧道高压富水断层施工难题制约着工程顺利进展和环境保护的协调发展，如何安全快速施工高压富水断层成为制约岩溶地区隧道修建的关键技术。

传统的高压富水断层施工主要采用释能降压法和帷幕注浆加固法。释能降压法可控性差，易引起巨大的环境地质灾害。帷幕注浆加固法在断层挤压密实带，加固效果较差，存在注浆盲区，高压富水地段开挖风险较大；施工周期长，无法满足快速施工要求。

中铁十二局集团公司在齐岳山隧道 F11 高压富水断层施工中，采用分水降压、信息化跟踪注浆和快挖快封组合技术，采用原有平导和增设泄水洞等附属洞室作为分水降压通道，使断层水压从 2.3~2.5MPa 逐级降低至 0.3MPa 以下；降低水压风险后，采用信息化跟踪注浆技术加固围岩；注浆效果评定合格后，采用快挖快封技术安全快速通过。创造性解决了齐岳山隧道 F11 断层高压富水施工世界性难题，提高了断层快速施工技术水平，获得了良好的社会、经济效益。

2. 工 法 特 点

2.1 对断层交界面水量、水压富集区进行分水降压，采用泄水洞或平导作为分水降压通道，有效降低水压，控制突水、突泥风险，保证工程顺利施工。

2.2 分水降压后，采用信息化跟踪注浆技术，按照"堵裂隙、减少水量；固围岩、稳定地层"的注浆原则，优化注浆加固圈厚度和注浆孔数，注浆堵水、加固围岩。

2.3 开挖按照快挖快封原则，安全快速通过。

3. 适 用 范 围

本工法适用于岩溶地区公路、铁路隧道施工，尤其适用于高压富水长大断层快速施工。

4. 工 艺 原 理

对断层交界面水量、水压富集区采用分水降压和信息化跟踪注浆技术，采用泄水洞或平导等附属洞室突水后作为分水降压通道，降低水压，减少突水、突泥风险。采用信息化跟踪精细注浆加固隧道范围内围岩，快挖快封通过。

采用泄水洞或平导突水后作为分水降压通道，对断层高压富水段采用附属洞室或增设泄水洞作为泄水通道，一次或多次分水降压，控制排放，有效降低水压，减少突水突泥量，降低正洞突水突泥风险；采用信息化跟踪精细注浆加固隧道范围内围岩和封堵周边大的出水裂隙，合理优化注浆施工方法和工艺，相比传统全断面帷幕注浆提高功效 30%~40%；注浆效果评定后移交开挖支护工序，加强施工组织，机械或控制弱爆破开挖，及时强支护，快挖快封安全快速通过。

相比已有的断层处置泄能降压方法以"放"为主和全断面帷幕注浆加固法以"堵"为主，本工法充分发挥二者优点，把传统认为对立的两种工法组合起来，保证了高压富水断层的安全快速施工，解决了困扰岩溶地区高压富水断层快速施工难题。

5. 施工工艺流程及操作要点

5.1 工艺流程
施工工艺流程见图5.1。

5.2 施工要点

5.2.1 断层探测与分析
洞外通过地表地质调查、大地音频电磁法物探、地表钻孔和孔内测试等方法确定断层发育规模、物质组成与地表水系和相邻水系的连通关系，预估水量、水压大小；洞内临近断层时采用超前地质钻机超前探测，进一步探清前方断层物质组成、水量水压大小，评估施工风险。

5.2.2 施作泄水通道
利用平导或增设泄水支洞作为长期分水降压通道，对断层富水区进行一次或多次分水降压，分水降压通道掘进超前正洞50~200m，达到有效降低断层水压至0.3MPa以下的目的。分水降压通道的数量根据正洞及平导的地质情况和突水突泥风险评估情况及分水降压效果评定确定。

分水降压实施前应做好以下工作：

1）水文监测

预估泄水水量，评估分水降压效果，做到控制排放。

2）洞外排水系统

进行合理排水路径设计和洞外排水线路防护，确保泄水后，排出洞室外水量不会影响河道安全和危及下游居民生产、生活。

3）洞外警戒系统

为保障泄水时洞外地方河道、居民安全，对泄水下游河道或沟谷受影响范围（一般取2km）进行调查，提前告知可能受影响的居民，做好危险地段防护。放水时段做好警戒工作，严防发生次生事故。

4）洞内排水线路

按最不利因素考虑，预估涌出物数量，做好洞内排水线路设计，宜直接通过泄水洞排出洞外或最短距离引入平导排出洞外。

5）洞内相邻洞室隔离

根据预估的泄水量和水压情况，确定相邻洞室隔离措施，修筑拦水坝隔水。对洞内变压器、配电箱等电器设备、设施进行隔离防护，变压器、配电箱隔离墙高度不得小于1.5m。

6）洞内外预警监控系统

成立洞内外预警监控领导小组，明确各项监控、预警职责，泄水关键点位置安装监控探头和视频探头，监控线路铺设专线。

7）进洞条件

通过视频监控，满足进洞条件后，允许安全检查人员进洞观测。确认安全泄水后，满足进洞安全作业条件后，通知人员进洞作业。

8）分水降压效果观测

爆破泄水稳定后，安全员进洞观测确认安全状态，安全人员观测乘坐车辆进入。当发生异常情况

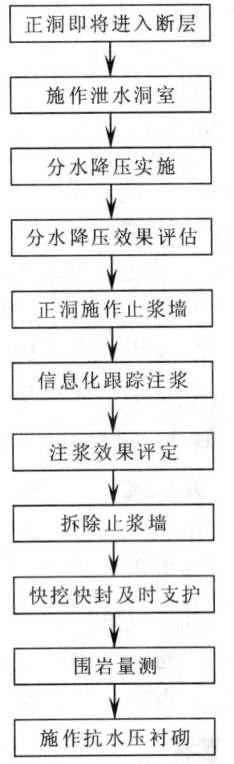

图 5.1 施工工艺流程图

正洞即将进入断层
↓
施作泄水洞室
↓
分水降压实施
↓
分水降压效果评估
↓
正洞施作止浆墙
↓
信息化跟踪注浆
↓
注浆效果评定
↓
拆除止浆墙
↓
快挖快封及时支护
↓
围岩量测
↓
施作抗水压衬砌

（水量突然变大、泄水洞内有轰鸣声等）及时撤回。洞内水量观测人员加强与各观测点的沟通联系。洞外调度室视频监控发现异常时，及时通知观测人员按照安全撤离线路撤离。

5.2.3 分水降压效果评估

通过分水降压，降低正洞水压到 0.3MPa 以下，有效降低突水、突泥风险；同时进一步疏通节理裂隙，利于提高注浆效果。

5.2.4 正洞施作止浆墙

止浆墙采用 C25 混凝土浇筑，平导厚 1.5~2.5m，正洞厚 2~3m，基底嵌入岩层 50cm。周边预埋 1.5m 长的 φ42mm 导管，止浆墙浇筑完成后，通过导管进行注浆，对止浆墙与初期支护间的空隙进行封堵。

5.2.5 信息化跟踪注浆

采用信息化跟踪超前注浆加固对地层进行改良，按照"分水降压、注浆加固、带水作业"的原则优化注浆方案，保证安全开挖和快速施工。

注浆理念：

1. 注浆机理：堵裂隙、减少水量；固围岩、稳定地层。

2. 环环相扣原则：采用先外后内，按照外圈孔→二圈孔→掌子面稳定孔→检查孔（注浆补孔）→管棚孔顺序注浆；同一圈孔隔孔注浆；后续孔作为前序孔注浆质量检查孔。

3. 一孔多用，利用外圈 4~6 孔施作地质探孔，探孔→注浆孔→检查孔 3 孔合一，减少钻孔数量。

5.2.6 注浆效果评定

完成设计的钻孔注浆施工任务后，依据设计要求，确定检查孔钻设位置及数量进行钻孔检查。

钻孔检查结束后，进行注浆效果评定。经评定注浆达到设计标准后，移交开挖施工，并在注浆效果评定报告中提出开挖方法、支护措施等注意事项。

开挖过程中，注浆单位跟踪开挖过程，分析注浆机理，不断提高钻孔注浆水平，及时完成《钻孔注浆阶段总结》，以实际开挖长度与预设计开挖长度相对比，衡量本次注浆施工的效果，并在下循环注浆设计评审中提交上循环开挖验证资料。

5.2.7 拆除止浆墙

止浆墙采用微振动爆破法拆除，采用周边预留 50cm，从止浆墙中部分多次爆破拆除，周边部分人工拆除。止浆墙爆破拆除施工时严格控制装药量和起爆顺序，防止损坏原有初期支护和后方机械设备等。止浆墙拆除前必须施工超前地质探孔。

5.2.8 快挖快封技术

1. 短距离超前和周边钻探

1）为保证施工安全，加强对掌子面前方地层情况的进一步了解，在施工过程中加强前方及周边 5m 范围内的钻孔探测，正洞每循环上导施工 6 个孔，下、中导各施工 2 个；迂回平导每循环上导施工 4 个孔，下、中导各施工 2 个孔。

2）孔数实行分级管理，根据开挖长度的不同（风险不同）及时进行调整，对于注浆段前 10m 探孔可减少为 3 个；注浆段后 10m 严格施工 6 个探孔，孔深根据掘进循环进尺不同及时调整，当掘进进尺少于 1m 时，探眼深度可调整为 4m。

3）钻孔施工选用有经验的风枪手，钻孔期间值班人员和技术人员全程观察，及时发现异常并采取有效措施。

4）出现以下情况及时上报：①有承压水（出水呈喷射状）；②出水浑浊、携带大量的岩体碎屑，且经过 10~30min 观察水质无变化；③掌子面钻孔中多股出水，总水量大于 20m³/h。

2. 开挖施工方法

正洞开挖采用三台阶法施工，支护后上导净空保证注浆加固作业需要。由于断层的富水性，洞碴易淤泥化，增加出碴难度，施工时先施工上导，将上导掘进到位后再进行中、下导的施工。平导由于受到结构物尺寸的要求和机械设备工作空间的限制，开挖采用台阶法施工，上下台阶同时掘进（进口平导受反坡排水影响，局部采用上导先行），下台阶马口相错 3m，台阶长度 5m。上导掘进后下导及时跟进。

开挖根据实际地质情况采用人工机械法结合爆破法开挖，爆破严格控制装药量，减少超欠挖。正洞中导和下导开挖施工时，如果围岩较好，则中下导同时开挖，将三台阶变化为二台阶（图 5.2.8）。

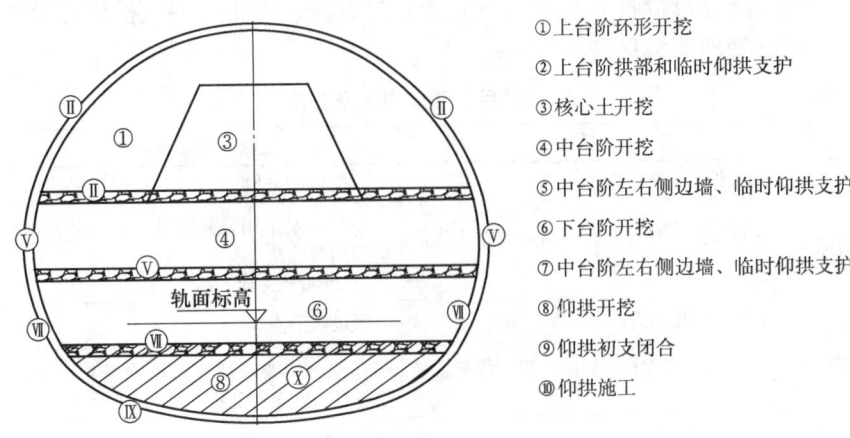

①上台阶环形开挖
②上台阶拱部和临时仰拱支护
③核心土开挖
④中台阶开挖
⑤中台阶左右侧边墙、临时仰拱支护
⑥下台阶开挖
⑦中台阶左右侧边墙、临时仰拱支护
⑧仰拱开挖
⑨仰拱初支闭合
⑩仰拱施工

图 5.2.8　正洞快挖快封施工示意图

3. 支护措施

1）超前支护

施工中加强超前支护，充分发挥超前支护的预支护作用，在"安全壳"的保护下有序开挖。

2）掌子面支护

钻爆期间，风枪手及时将钻孔情况向值班人员报告，值班人员根据钻孔情况分析围岩情况，在钻爆期间安排喷锚人员就位准备和喷锚料搅拌，开挖完后立即进行初喷施工，周边岩面喷钢纤维混凝土 15cm，掌子面处 25cm，必要时局部增设钢筋网片加强。初喷时间控制在 40min 以内，采用 3 台喷锚机同时施工。

放炮后周边和掌子面处局部涌水时，水量处于安全范围内，采用钢管或软管引排为主。严禁随意堵塞排水管路，增大水压，危及施工安全。

3）一次支护

正洞钢架采用 I22a（I20b）工字钢，钢架设计间距 0.5m；迂回平导钢架采用 I20b 工字钢，钢架间距掘进进尺小于 1.2m 时，架立 1 榀钢架，加强围岩量测，根据量测情况选择二次支护时间，尽量减少对正常掘进施工的影响。钢架架立到位后，正洞采用 4 台电焊机、平导 3 台电焊机，施工 $\phi22$ 纵向连接钢筋和 $\phi8$ 钢筋网片。

对局部拱部淋水较大，在架立钢架期间用钢钉将防水板固定在周边围岩上，减少对施工的影响，创造良好的施工环境。在出水较大地段设置环向和纵向盲管，并在距拱脚 1m 以上位置将水引排出。每循环拱部 120°范围内设置 28 根 $\phi42$ 超前小导管超前支护，每根长 2.5m，环向间距 0.25m。

4）临时仰拱

（1）正洞：上导和下导及时设置临时仰拱。临时仰拱支护参数：I20b 工字钢，间距同钢架间距，钢架间纵向采用 $\phi22$ 的连接筋连接，间距 100cm，上下间隔布置，连接筋焊接为单面焊接，焊接长度 22cm，上导临时仰拱采用喷射 C25 钢纤维混凝土 30cm 厚或者浇筑 C30 混凝土 30cm 厚；下导临时仰拱浇筑 C30 混凝土 50cm 厚。临时仰拱钢架和正洞钢架连接牢固，同时考虑后期拆除方便。

（2）平导：下导设置铺底。铺底支护参数：I20b 工字钢，间距同钢架间距，钢架间纵向采用 $\phi22$ 钢筋连接，间距 100cm，上下间隔布置，连接筋焊接为单面焊接，焊接长度 22cm；铺底采用 C30 混凝土 50cm 厚。铺底拱架和平导钢架连接牢固。

浇筑混凝土时做好表层排水，可考虑单侧浇筑、另侧排水，混凝土表面覆盖彩条布防冲刷。

5.2.9 监控量测

监控量测是隧道施工管理中的一个重要环节。对洞外降雨及洞内水量、水压和围岩支护体系的稳定状态进行监测，确保结构安全、指导施工组织。

施工过程中主要进行的量测项目、测点布置及方法见表 5.2.9-1，量测频率见表 5.2.9-2，对量测数据进行分析和反馈，以量测分析资料为基础及时完善开挖方法、修正初期支护设计参数，并为二次衬砌施作时间提供依据。变形管理等级见表 5.2.9-3。

量测项目、测点布置及方法　　　　　　　　　　　　　　　　　表 5.2.9-1

序号	量测项目	测 点 布 置	量测方法及要求	仪 器
1	洞外降雨观测	洞内水源主要补给区	数据自动采集	降雨自动观测仪
2	洞内水压水量观测	超前钻孔，洞内溶腔、断层等重大风险源处	钻孔水量采用量筒测量、分水降压水量采用堰测法 每 2h 量测一组数据	水压表 流量仪 标杆
3	止浆墙观测	止浆墙中间和周边	埋设观测点	光电测距仪
4	周边位移	每台阶一条测线，左右两侧对称布置量测点	开挖后按要求迅速安装测点并编号，初读数应在开挖 12h 内读取	激光断面仪 收敛计
5	拱顶下沉	与水平收敛断面对应拱顶设量测点	混凝土（喷混凝土）施工后迅速在拱顶设点	精密水准仪 收敛计 钢瓦尺

变形量测频率表　　　　　　　　　　　　　　　　　　　表 5.2.9-2

类型	量 测 频 率	变形速度（mm/d）	量测断面距开挖工作面距离
围岩 支护	12 次/d	≥5	$(0\sim1)\,B$
	6 次/d	1~5	$(1\sim2)\,B$
	2 次/d	0.5~1	$(1\sim2)\,B$
	1 次/d	0.2~0.5	$(2\sim5)\,B$
	2 次/周	< 0.2	$> 5B$

注：B 为隧道开挖宽度。

变形管理等级表　　　　　　　　　　　　　　　　　　　表 5.2.9-3

管 理 等 级	管 理 位 移	施 工 状 态
Ⅲ	$U < (U_0/3)$	可正常施工
Ⅱ	$(U_0/3) \leq U \leq (2U_0/3)$	应加强支护
Ⅰ	$U > (2U_0/3)$	停工，采取特殊措施后方可施工

注：U 为实测位移值；U_0 为最大允许位移值。

5.2.10 二次衬砌

围岩、支护量测趋于稳定后，及时施作抗水压衬砌，确保结构稳定。

6. 材料与设备

本工法注浆材料见表 6-1，采用的主要施工机具设备见表 6-2。

浆液配比参数表　　　　　　　　　　　　　　　　　　　表 6-1

序号	名　　称	浆 液 配 比		备　注
		$W{:}C$（水灰比）	$C{:}S$（体积比）	
1	硫铝酸盐水泥单液浆	(0.8~1.2)：1	—	根据钻孔地质及出水情况进行选择
2	普通水泥单液浆	(0.6~1.2)：1	—	
3	普通水泥—水玻璃双液浆	(0.8~1.2)：1	1：(0.3~1)	

主要施工机具设备表　　　　　　表 6-2

序号	作业项目	机具设备名称	规格型号	单位	数量
1	钻孔注浆	C6钻机	意大利C6	台	2
2		MZ200钻机	MZ200	台	1
3		日本矿岩钻机	RPD-75	台	1
4		双液泵	PH15	台	2
5		搅拌机	RJ300	台	6
6		空压机	VHP750E	台	2
7	混凝土施工	搅拌站	JS500+PL800	套	1
8		混凝土输送车	CA141	台	2
9		混凝土输送泵	HBT60	台	1
10		插入式捣固器		台	10
11	开挖、运输	风枪	YT-28	台	16
12		风镐	C-10A	台	4
13		挖掘机	CAT320	台	1
14		挖装机	ITC312	台	1
15		电瓶车	12T	台	10
16		梭式矿车	20m³	台	6
17		矿斗车	5m³	辆	6
18		电动空压机	L-20/8-1	台	1
19	钢筋工程	钢筋切断机	QJ-40	台	1
20		钢筋弯折机	WG-40	台	1
21		电焊机	BY2-500	台	2
22		冷弯机	LM-22	台	1
23		钻床		台	1
24	测量	全站仪	GT5	台	1
25		经纬仪	010B	台	1
26		水准仪	NA2	台	1
27		塔尺		把	1
28		小钢尺		把	2
29		降雨自动观测仪	SRY-1	台	1
30		流速测定仪	多普勒	台	1
31		水压表		个	20
32	其他	发电机	250GF29	台	4

7. 质 量 控 制

7.1 工程质量控制标准

7.1.1 分水降压应降低水压到0.3MPa以下，减少突水突泥风险。

7.1.2 注浆结束后，根据钻孔注浆施工过程出水区域分布及注浆量分布情况，在薄弱区域进行钻孔检查，检查孔出水量小于2L/(min·m)作为合格标准。

7.1.3 引进孔内摄像进行注浆效果评定，能够较为直观地对浆液充填度和地层的稳定性质以及出水情况进行分析判识，是一种方便操作实用的方法。

7.1.4 本工法其他事项严格遵守现行的隧道施工技术规范及验收标准。

7.2 质量保证措施

7.2.1 严格监测操作管理制度，加强水压、水量和支护变形的观测和评估。

7.2.2 加强注浆质量控制，确保注浆效果。

7.2.3 开挖采用人工机械配合弱爆破进行，减少超欠挖和对围岩扰动。

8. 安 全 措 施

8.1 各种爆破、量测人员、专职安全人员等特种作业人员经过专业培训并持证上岗。

8.2 建立完善的安全管理体制，加强全员安全意识教育。

8.3 分水降压过程中认真做好水文观测和分析，为方案制定提供依据。

8.4 根据断层排放水量分析，确保爆破泄水不会影响泄水区域居民和建筑安全。

8.5 为保障泄水时洞外地方河道、居民安全，对当地居民、河道等关键部位提前发布警戒告示，泄水过程中做好防护工作。

8.6 为最大程度减少泄水淤积物对正洞的影响，泄水通道和正洞之间的横通道在爆破泄水前采用沙袋封堵。

8.7 对泄水重点监控位置安设视频探头，采用专用电缆供电。在泄水洞口设置水位标尺监测分水降压情况。

8.8 通过视频监控，当水量降至安全水量时，允许安全检查人员进洞观测。当确认安全泄水，满足进洞安全作业条件后，通知作业人员进洞作业。

8.9 保证止浆墙施作质量，止浆墙嵌入周边围岩，周边空隙采用小导管注浆回填。孔口管前段安设高压闸阀。管身焊倒刺以增加（抗冲出的）摩阻力，孔口缠麻丝填胶泥，再灌浆充填管外壁与孔壁间隙，固结孔口管。

8.10 编制应急预案，明确抢险具体措施并进行应急演练。

9. 环 保 措 施

9.1 建立专职的环境保护管理组织机构，健全环境保护管理体系，强化环保管理，广泛宣传教育，提高思想认识，加强环保意识。

9.2 坚持环境保护工作"三同时"的原则，与设计、施工统筹规划、同步运作。

9.3 做好分水降压、注浆加固对环境影响评估，并采取措施减少对环境影响。

9.4 分水降压做到控制排放，减少对洞室和洞外设施冲刷。

9.5 拌合站设过滤、沉淀池，废料集中弃于指定弃碴场。施工废水、废油，采用隔油池过滤等有效措施加以处理，不超标排放，防止污染周围环境。

9.6 在运输水泥、砂石料等易飞扬物料时用篷布覆盖严密，并装量适中，不得超限运输。

9.7 开工前与地方环保等相关部门相互了解，加强联系，理顺与其他接口单位的关系，并积极配合接口单位环保、水保方案的实施，为其提供合格的单位工程。

9.8 建立"三级"检查落实制度，即领导层抓全面，管理层抓重点，实施层抓具体落实。内部建立"包保责任制"，运用行政和经济手段，加强环保工作的落实。

9.9 实行"环保一票否决制"，即施工作业活动不符合环保要求的项目不得开工。

10. 效 益 分 析

10.1 经济效益

10.1.1 通过分水降压的实施，优化减少了支护强度，原正洞 8m 帷幕注浆加固圈厚度优化为 4~5m，原双层钢架支护优化为单层钢架支护，衬砌厚度由 95cm 优化为 60cm，节约投资约 100 万元，经济效益显著。

10.1.2 通过组合方法的使用，使的高压富水断层隧道原 3~5m/月的施工进度，在保证安全、质量的前提下提高到 15~20m/月，极大的提高了施工进度和效率，工期相对提前 12 个月，每月节约管理费等各项费用 220 万元，节约 2640 万元。

以上两项共节约资金 2740 万元，取得了良好的经济效益。

10.2 社会效益

高压富水断层快速施工技术，解决了齐岳山隧道 F11 断层高压富水、风险高、进度慢、施工难度大等工程难题，提高了高压富水断层施工技术水平，获得了多位院士及专家的高度评价，为类似工程施工积累了宝贵的经验。

10.3 生态效益

随着国民经济和社会的发展，人民生活水平和环境意识的提高，环境保护日益成为关注的焦点，而分水降压、注浆加固和快挖快封施工方法恰恰是以保护生态环境为前提的，是将高压富水断层施工对自然环境的破坏减到最小。因此，该方法有着广阔的应用前景和极大的发展潜力。

11. 应 用 实 例

11.1 宜万铁路齐岳山隧道

由中铁十二局集团承建的齐岳山隧道全长 10528m，最大埋深 670m，进出口高差达 150m，隧道穿越齐岳山背斜构造，通过 15 条断层，3 条暗河，设计最大涌水量 74.3 万 m³/d，是目前国内铁路建设中山区铁路隧道的典型工程。其中 F11 断层出露在地表 DK364+950~DK365+180 段，发育在 T_2j^4 白云岩为主的硬质可溶岩与 T_2b^1 含钙质成分的页岩、泥岩为主的软弱非可溶岩的交界部位，隧道范围 DK365+110~DK365+340 为主断裂带，具有多期性、次级构造发育，岩性成分复杂，胶结松散，岩体破碎，饱和水使岩土性态恶化特征。F11 断层分为上下盘破碎岩体接触带和核部破碎软弱带，构造裂隙发育，透水性强；中间核心地带以类似于含碎石粉质黏土或碎石土状的松软物质为主，饱和富水泥质含量大。断层长 45km，影响带宽 245m，断层水压高，水量大，出口平导掌子面超前钻孔单孔水量达到 1800m³/h，水压实测 2.3~2.5MPa，是齐岳山隧道受地下水威胁最严重的地段。地质破碎，断层核部含碎石粉质黏土或碎石土状的松软物质，接触带构造裂隙发育，透水性强，地层复杂。高压突水、突泥的风险程度及处理难度为国内罕见，被国内隧道专家和同行誉为世界级难题。能否安全顺利贯通控制着宜万铁路全线建设安全和工期。施工过程中创造性采用分水降压，控制排放，降低水压，控制断层带固体物质流失。采用泄水洞或平导突水后作为分水降压通道，使原 2.3~2.5MPa 水压降低至 0.3MPa 以下，有效降低突水突泥风险，结合信息化跟踪精细注浆和快挖快封技术综合采用，大力推行标准化管理，坚持专家治理、专业队伍、专业设备共同攻关，坚持"分水降压、注浆加固、带水作业"的施工原则，保证了 F11 高压富水长大断层安全开挖、快速施工，取得了良好的经济、社会和生态效益，提升了高压富水断层隧道施工技术水平。

11.2 张集铁路旧堡隧道

张集铁路旧堡隧道全长 9585m，该隧道是张集铁路惟一控制性工程。由于变质岩受多期构造运动的影响，断裂构造极为发育，发育有 13 条断层，其中 F3 破碎带达 300m，岩浆活动强烈，发育有小的断层糜棱岩化破碎带、节理密集带等。地下水为基岩裂隙水，部分地段具有承压性，地质条件复杂。工程性质表现为围岩强度低、稳定性极差，在隧道的开挖施工中，时常面临着支护变形、涌泥、塌方的严重安全威胁。施工异常艰难。针对上述难题，采用多次分水降压技术，减少开挖过程中突水突泥风险；采用信息化跟踪注浆技术，提高注浆功效和水平；开挖过程采用快挖、快支、快封技术，及时闭合成环。

该工法在齐岳山隧道F11断层施工中经研究、试验、应用总结而成，通过张集铁路旧堡隧道的再次应用，提高了断层快速施工技术水平。工法成熟，技术先进，对在地下工程施工中治理软弱富水破碎围岩，具有良好的应用前景。

11.3 沪昆客专雪峰山2号隧道

沪昆客专长昆湖南段雪峰山2号隧道全长9148m，是全线的控制性工程之一，属I级风险隧道。隧区断裂构造较发育，隧址区共有8条断层。主要地层岩性有板岩、砂岩、页岩、泥灰岩（泥灰岩主要集中在进口段）。DK256+040~DK256+060段溶腔为一承压充填型溶腔。在隧道开挖施工中，面临着突泥、突水、大变形等的严重安全风险。针对这些风险，采用分水降压技术，减少开挖过程中突泥、突水风险；采用信息化跟踪注浆技术，提高注浆功效和水平；开挖过程中采用快挖、快支、快封闭技术，及时闭合成环。

该工法在宜万铁路齐岳山隧道F11断层施工中经研究、试验、应用总结而成，通过雪峰山2号隧道的再次应用，提高了复杂地质条件下的快速施工技术水平。工法成熟、技术先进、适应性强。对在地下工程中复杂地质条件下的施工，具有很好的应用前景。

高压旋喷加劲水泥土桩锚施工工法

GJYJGF069—2010

武汉市市政建设集团有限公司　上海强劲基础工程有限公司

谢学彬　刘全林　姚颖康　刘立恒　郝文

1. 前　言

岩土加固技术复杂且综合性强，涉及工程地质和结构力学等多门学科，影响到工程施工的安全、质量、成本、工期、环保等各个方面。因此，根据工程特点，选择一种安全可靠、技术可行、经济合理的岩土加固方法意义重大且深远。

目前，基坑围护、边坡加固的主要形式有内支撑、锚杆和土钉等，高压旋喷加劲水泥土桩锚作为一种新型的受拉锚固结构，在一定条件下可替代坑内支撑，用于基坑围护、边坡加固、掩护开挖、承担基础浮力等，具有施工方便、结构简单、安全可靠、降低成本等优点。

上海强劲基础工程有限公司开展科技创新，取得了 3 项实用新型专利，研究的"高压旋喷加劲水泥土桩锚"新成果，于 2007 年 10 月 25 日通过上海市建设和交通委员会科学技术委员会组织的技术论证，并在深基坑工程中得到成功应用。武汉市市政建设集团有限公司联合上海强劲基础工程有限公司将该项新技术引入华中地区，成功地应用于武汉市首条湖底隧道——东湖隧道基坑围护结构施工中，取得了明显的效果，形成了高压旋喷加劲水泥土桩锚施工工法。

2. 工　法　特　点

2.1　高压旋喷加劲水泥土桩锚可主动有效地改善土体物理力学性能，克服常规锚索、锚杆与软土之间锚固力不足以及由于塌孔而无法施工等缺点。

2.2　高压旋喷加劲水泥土桩锚可适用于不同的地质和场地条件，施工时有着较强的适应性，所需作业空间不大。

2.3　高压旋喷加劲水泥土桩锚用于深基坑支护时，相比传统内支撑方式而言，具有空间开阔、施工便利、安全性好等优点。

2.4　相比传统岩土加固支护技术，高压旋喷加劲水泥土桩锚可有效降低工程成本，节约工程造价约 10%~40%，缩短施工工期 20%~50%。

3. 适　用　范　围

适用于基坑围护、边坡加固、掩护开挖、承担基础浮力等工程在砂土、黏性土、粉土、杂填土、黄土、淤泥以及淤泥质土等土层中锚固应用。

4. 工　艺　原　理

高压旋喷加劲水泥土桩锚，是指采取特定形式的钻头，通过高压旋喷搅拌方法在土层中形成水平、倾斜或垂直的变径水泥土桩体，然后布设锚筋，施加预应力后，在被支护和加固的土体中形成支护与加固结构。高压旋喷加劲水泥土桩锚结构示意图见图 4。

通过高压旋喷形成的大直径水泥土桩体,首先可对松散软土的力学性能作出改善,使软土改变成具有较高强度的水泥土体,有效提高土体的 c、ϕ 值和抗渗能力;其次,大直径且变径的水泥土桩体,因与土层接触面积较大,桩体与土层之间产生较大摩阻力,可确保支护结构锚固力达到设计要求。

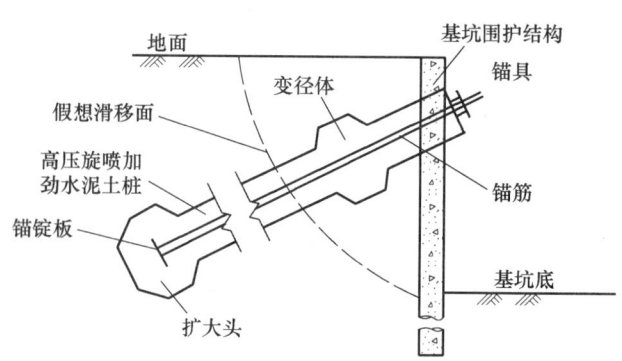

图4 高压旋喷加劲水泥土桩锚结构示意图

通过锚锭板和添加的水泥外加剂,可使水泥土体与锚筋之间,水泥土体与原土体之间,能较快产生较高的粘结力,从而在软弱土层中获得较高的锚固力。锚筋施加预应力以后,借助变径的水泥土桩体,使传递到土体中的应力值大大降低,从而使软土的流变变形处于收敛状态,改善了锚筋体传递给软土体的受力条件,对被加固土体的变形产生有效约束作用。

5. 施工工艺流程及操作要点

5.1 施工工艺流程
施工工艺流程见图5.1。

5.2 操作要点

5.2.1 施工准备

1. 高压旋喷加劲水泥土桩锚施工前,应详细研究设计内容、设计要求、地层条件和环境条件。

2. 对设计阶段考虑到的地下埋设物、障碍物应做进一步核查,并进一步确定其位置、形状、尺寸和数量,同时提出排除和防护处理等措施。

3. 掌握加劲水泥土桩锚加固与支护工程周围状况、建筑物状态及其影响,预测可能出现的问题并提出相应对策。

4. 认真检查原材料及各种仪器设备的型号、品种、规格,检查其主要性能是否符合设计要求。

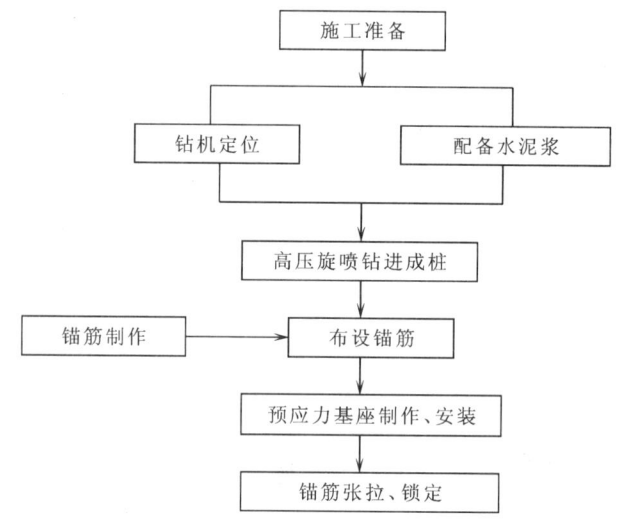

图5.1 高压旋喷加劲水泥土桩锚施工工艺流程图

5. 对于地质条件特殊或特别重大工程,宜在正式施工前进行钻孔成桩、张拉锁定试验,以获得较强针对性的施工工艺参数,同时考核施工工艺和施工设备的适应性。

5.2.2 钻机定位

1. 当土方开挖沟槽后,测量人员应在高压旋喷加劲水泥土桩施工前根据设计图纸将钻孔的孔位、方位测定,并予以编号。

2. 由于钻机安装定位质量不仅影响成桩质量,同时还影响施工速度和人员安全。因此,钻机安装定位应做到"正、平、稳、固"的要求,确保钻机受力后不摇摆、不移位。

3. 钻机定位后,采用钻机自带罗盘校核钻孔开孔角度,使开孔角度误差不超过1°,开孔处的水平和垂直向误差不大于50mm。

4. 钻进施工前应在场地中挖好排水沟及循环浆池,以避免因泥浆随意排放而影响正常施工。

5.2.3 水泥浆液配比

1. 注浆材料一般选用42.5级普通硅酸盐水泥净浆,如有特殊需要,可添加外加剂。

2. 水泥掺入量一般为20%~30%,水灰比一般选0.7~1.0,若存地层特殊,则需在现场进行浆液配比试验,确保高压旋喷加劲水泥土桩的成桩质量。

3. 水泥浆应拌合均匀，随拌随用，一次拌合的水泥浆应在初凝前用完。

5.2.4 钻进成孔

1. 高压旋喷加劲水泥土桩采用专用钻机成孔，钻头采用一次性钻头加搅拌叶片（专利号：ZL 2009 2 0210581.6），钻杆为中空钻杆，钻进过程中，通过上述钻杆的中空通道，边钻进边搅拌注浆。

2. 旋喷搅拌钻进压力一般为 15~20MPa，搅拌钻杆的钻进、提升速度分别控制在 0.3~0.5 m/min、0.7~0.9m/min 左右，搅拌钻杆（轴）的转速控制在 20~50r/min 左右，具体应结合实际地层条件以确保搅拌桩桩体成桩质量。

3. 扩大头的旋喷搅拌的进退次数比桩身增加 2 次，以确保扩大头的直径。

4. 钻进过程中，通过钻杆数量控制桩长偏差≤10cm，通过钻进压力、钻进速度与转速控制桩径偏差≤5cm。

5.2.5 锚筋制作

1. 锚筋体采用设计规定材料制作（钢绞线、钢筋、型钢等），所用材料需达到该种材料强度的标准值，所用钢绞线在制作之前应送有关单位检验合格后方可使用。

2. 采用不同材料制作的锚筋体，其制作方法亦不相同。具体制作安装应遵守《土层锚杆设计与施工规范》CECS 22-90 中相关规定。

5.2.6 锚筋安放

1. 钻进至设计深度后，依次退出并拆卸钻杆。钻杆拆卸完毕，再通过钻机将制作好的锚筋插放至旋喷搅拌桩体内。

2. 插入前，应确保锚筋位于搅拌桩中心点，插入过程中，应严格按照钻进角度缓慢、均衡地插入锚筋体，确保锚筋不发生扭曲。

3. 锚筋体插入孔内深度不应小于筋体总长度的 95%，锚筋体安放后不得随意拉伸或悬挂重物。

5.2.7 预应力基座制作与安装

1. 根据具体工程，选用特定形式的预应力基座，预应力基座可采用钢筋混凝土或型钢进行制作。

2. 预应力基座制作与安装时，应先在该道高压旋喷加劲水泥土桩锚的水平位置上下各一定范围内的围护结构桩体上切出水平槽，所切沟槽的深度、宽度应符合预应力基座尺寸要求，确保将预应力基座置入槽中。

3. 预应力基座是锚筋体张拉时的直接受力构件，所以，预应力基座受力面应平整可靠，且与锚筋体轴线方向垂直。

5.2.8 锚筋张拉与锁定

1. 锚筋张拉锁定应在高压旋喷加劲水泥土桩施工结束养护至设计强度后进行。

2. 根据设计要求选定相应的锚头与张拉锁定设备，张拉锁定设备进场前，应通过相关机构检验标定，根据标定数据进行张拉。张拉时，事前应检查油泵及各阀门的工作情况、油管畅通情况，以免张拉时油泵工作不正常而造成张拉失败。

3. 锚筋张拉应按一定顺序进行，张拉时，应考虑临近锚筋之间的相互影响。

4. 锚筋张拉要分级逐步施加荷载，不可一下加至锁定荷载。分级施加荷载和观测变形时间应执行相关规范。

5.3 劳动力组织

劳动力组织参见表 5.3。

表 5.3

劳动力组织情况表

序号	工 作 内 容	所需人数（人）	备　　注
1	测量员	2	放线定位
2	灰浆工	3	配置水泥浆液
3	钻工	3	钻机操作、钻杆装卸、锚筋施放

序号	工 作 内 容	所需人数（人）	备 注
4	起重工	2	负责机具的吊运
5	电焊工	3	负责锚筋及预应力基座制作
6	电 工	1	负责现场用电安装及安全用电
7	吊车司机	1	重物搬运
8	锚筋张拉	3	锚筋张拉及作业记录
9	辅助工	2	杂物搬运等工作
	合计	20	

6. 材料与设备

6.1 主要材料

6.1.1 水泥

1. 宜采用强度等级不低于 42.5MPa 的硅酸盐水泥、普通硅酸盐水泥，其性能应符合《通用硅酸盐水泥》GB 175 的规定。

2. 水泥存放不应超过 3 个月，过期或质量有怀疑时，需重新检验，并根据检验结果确定是否可以使用。

3. 不同厂商、不同品质、不同强度等级的水泥不得混用，水泥中不应有夹杂物和结块。

6.1.2 搅拌用水

采用清洁、不含影响水泥正常凝结和硬化的有害物质，质量应符合《混凝土用水标准》JGJ 63 的规定。

6.1.3 锚筋

锚筋体采用设计规定材料制作（钢绞线、钢筋、型钢等），所用材料需达到该种材料强度的标准值（如采用 ϕ15.2 钢绞线制作锚筋体，则所用钢绞线强度标准值须为 1860MPa）。

6.1.4 预应力基座

预应力基座可采用钢筋混凝土或型钢进行制作。

6.2 施工机具

高压旋喷加劲水泥土桩锚主要施工机械参见表 6.2。

高压旋喷加劲水泥土桩锚主要施工机械一览表

表 6.2

序号	机 械 名 称	型号、规格	额定功率（kW）	用 途
1	全站仪	SET220K		定位复核
2	经 纬 仪	J6		定位、放线
3	水 准 仪	S3		标高控制
4	半自动电焊机	KRⅡ500	64kVA	焊接型钢
5	旋喷搅拌机	XLQJ-50 型	50kVA	钻孔
6	注浆泵	75 型	90kVA	注浆
7	张拉千斤顶	与设计要求相匹配		张拉
8	油泵	与设计要求相匹配		张拉
9	测力设备	DY-2000		监测
10	挖 掘 机	SK200（KOBELCO）		配合施工

7. 质 量 控 制

7.1 质量控制标准

高压旋喷加劲水泥土桩锚施工质量执行《加筋水泥土桩锚支护技术规程》CECS 147:2004、《土层锚杆设计与施工规范》CECS 22-90。加筋水泥土桩锚体几何尺寸偏差限值参照表 7.1 执行。

高压旋喷加劲水泥土桩锚几何尺寸偏差限值　　　　　　　　　　　　　表 7.1

序号	项　目	允　许　偏　差		检 测 方 法
		单位	数值	
1	桩锚体直径、长度	mm	+50	钢尺量
2	加筋体长度	mm	±100	钢尺量
3	加筋体倾斜度	(°)	±1	经纬仪量测
4	加筋体平面位置	mm	±50	经纬仪量测、钢尺量
5	桩锚体倾斜度	(°)	±1	钻机倾角

7.2 质量控制要点

7.2.1 钻进速度严格要求在 0.3~0.5m/min 左右，回转速度控制在 20~50 r/min，防止速度过快引起旋喷搅拌不均匀，浆液过少。

7.2.2 注浆用水、水泥及其添加剂应注意氯化物与硫酸盐的含量，以防对钢绞线的腐蚀。

7.2.3 施工前应根据设计要求和土层条件，选择合理的施工工艺。

7.2.4 锚筋体制作前应除油污、除锈，严格按设计尺寸下料，长度误差不大于50mm。

7.2.5 锚筋体插入钻孔之前，应检查筋体质量，确保锚筋体组装满足设计要求。锚筋体安放后不得随意敲击，不得悬挂重物。

7.2.6 张拉前，应对张拉设备进行标定。锚固体养护时间应不少于 5 天，或高压旋喷加劲水泥土桩桩体强度达到 1MPa 时，方可进行张拉。张拉应按一定程序进行，充分考虑邻近搅拌加劲桩之间的相互影响。

8. 安 全 措 施

8.1 建立以岗位责任制为中心的安全生产逐级负责制，制度明确，责任到人，奖罚分明。

8.2 在编制施工计划的同时，根据相关法律、法规、国家、地方标准及规定，结合企业安全管理制度、安全生产文明施工及治安要求编制职业健康、安全、文明施工及治安管理手册提交业主、监理批准，并分发至各施工作业队，组织逐条落实。

8.3 临时设施及变压器等供电设施，应按《施工现场临时用电安全技术规范》的规定，采取防护措施，并增设屏障、遮挡、围挡、保护网。凡可能漏电伤人或易受雷击的电气设备，均设置接地装置或避雷装置，并派专业人员检查、维护、管理。

8.4 高压旋喷加劲水泥土桩锚施工工艺安全等级要求高，如违反施工工艺，会造成人员伤亡事故，因此施工过程中要严格按照专门技术要求进行施工。

9. 环 保 措 施

9.1 合理布置场地：各类临时施工设施、施工便道、锚筋加工场、材料堆放场和生活设施均按经批准的施工组织设计和总平面布置图实施。钻机开钻之前应在场地中挖好排水沟及循环浆池，以避免因泥浆随意排放而影响施工环境。

9.2 施工前,应仔细调查施工场地一定范围内的市政雨、污水管网和井点的分布位置,高压旋喷搅拌桩施工过程中,应加强对雨、污水管网和井点的监测,以防水泥浆液渗漏堵塞管网。

9.3 加强施工用材料的存放管理,各类建材存放应定点定位,禁止水泥露天堆放,并采取防尘抑尘措施。

9.4 自配发电机、搅拌设备等噪声比较大的机械均设置消声装置,控制施工噪声,确保离开施工作业区边界 30m 处噪声小于 60dB。

10. 效 益 分 析

10.1 高压旋喷加劲水泥土桩锚技术以其科学合理的岩土力学原理为基础,具有良好的变形控制能力和较高的稳定性,适合于建筑密集或临近重要工业与民用设施附近对基坑变形有严格要求的工程,可有效确保基坑安全,具有显著的社会效益。

10.2 高压旋喷加劲水泥土桩锚技术应用于基坑工程时,与传统内支撑支护体系相比,可有效减少主体结构纵向水平施工缝、增加施工便利性和提高坑内作业工效等优点,能有效地利用资源。

10.3 相比传统岩土加固支护体系,高压旋喷加劲水泥土桩锚技术可有效降低工程成本,节约工程造价约 10%~40%,缩短施工工期 20%~50%。

11. 应 用 实 例

11.1 武汉市二环线东湖隧道

11.1.1 工程概况

东湖隧道为武汉市二环线洪山侧路~东湖路段道路改扩建工程,位于武昌区洪山侧路至东湖路一线中心城区,下穿东湖。东湖隧道起讫里程桩号 K3+965~K5+550,全长 1585m,隧道外包结构总宽度约为 19.7~21.7m,隧道纵向呈"V"字形坡度,隧道埋深约 0.8~16.5m。

东湖隧道全线采用明挖顺作法施工,隧道围护结构根据基坑开挖深度及周边环境分别采用了放坡、ϕ650、ϕ850SMW 工法桩及 ϕ900 和 ϕ700 灌注桩加 ϕ609 钢管内支撑、加高压旋喷加劲水泥土桩锚等支护形式。

作为武汉市未来的"城市名片",东湖隧道工程建设受到省市领导及社会各界的高度关注。

11.1.2 施工情况

东湖隧道湖中段 K4+351~K4+838,长 487m。湖中段基坑开挖深度 9m 左右,场地土层从上至下分别为:2-1 淤泥、2-2 淤泥质黏土、3-1 黏土、3-2 亚黏土、4-1 黏土、4-2 亚砂土、5 残坡积黏性土、6-1 强风化泥岩、6-2 弱风化泥岩。

湖中段基坑围护结构形式为 ϕ850@600SMW 工法桩,桩长 14m,内插 H500×200×10×16 的型钢,型钢长 14.5m,"隔一插一"布置。基坑支护结构形式为 3 道高压旋喷加劲水泥土桩锚结构:第 1 道桩锚长 15.0、14.0m,间隔分布(1根长1根短),水平间距 2.00m,内置 2 根 ϕ15.2 钢绞线;第 2 道锚桩长 13.0m,水平间距 1.80m,内置 2 根 ϕ15.2 钢绞线;第 3 道锚桩长 12.0m,水平间距 1.60m,内置 3 根 ϕ15.2 钢绞线。

东湖隧道湖中段深基坑工程于 2009 年 10 月开工,2010 年 2 月结束。

11.1.3 工程监测与效果评价

东湖隧道工程以"动态信息化施工"为指导思想,深基坑开挖与支护过程中,按照预先编制的基坑监测方案对深基坑变形与位移进行了全过程监测。深部位移观测结果表明:基坑最大水平位移 13mm,远小于规范规定的 40mm 要求。

此外，相比原内支撑支护方案，高压旋喷加劲水泥土桩锚支护结构节省造价68.86万元、缩短工期54d，在增强施工便利性的同时还大大提高了主体结构的工程质量。

11.2 苏州市文陵路隧道

11.2.1 工程概况

苏州市文陵路隧道位于苏州市相城中心商贸区"活力岛"区域西侧，下穿华元西路，连接春申湖西路。文陵路（隧道）工程全长1576m，道路宽度视段落情况有所不同，其中地面段宽36m，隧道敞开段宽50m，隧道暗埋段宽32.1~39.1m。

11.2.2 施工情况

文陵路隧道所处地层为粉土及粉质黏土，基坑开挖深度7~10m。隧道围护结构形式为φ850@600SMW工法桩，桩长12~15m，内插H700×300×13×24的型钢，型钢长12.5~15.5m，采取"隔一插一"、"隔一插二"方式布置。支护体系有传统内支撑和高压旋喷加劲水泥土桩锚两种结构形式。

高压旋喷加劲水泥土桩锚支护结构为3道高压旋喷加劲水泥土桩锚结构：第1道桩锚长15.0m，水平间距2.00m，内置2根φ15.2钢绞线；第2道锚桩长13.0m，水平间距1.80m，内置2根φ15.2钢绞线；第3道锚桩长12.0m，水平间距1.60m，内置2根φ15.2钢绞线。

文陵路隧道深基坑工程于2008年10月开工，2009年5月结束。

11.2.3 工程监测与效果评价

深基坑监测结果表明，高压旋喷加劲水泥土桩锚支护结构段基坑的最大变形量为33mm，满足设计和规范要求。

相比原内支撑支护方案，高压旋喷加劲水泥土桩锚支护结构节省造价550.99万元、缩短工期75d，在增强施工便利性的同时还大大提高了主体结构的工程质量。

11.3 南通十字街地下工程深基坑

11.3.1 工程概况

南通十字街地下工程包括十字街地下停车场及过街通道工程、十字街及周边地下管网改造工程、市民广场恢复改建工程。基坑开挖面积为16230m²。

市民广场基坑位于人民中路北侧，基坑西侧为钟楼，已建的房屋建筑，基坑东侧为北濠桥路，紧邻富贵园新村，周边环境较为敏感。

11.3.2 施工情况

市民广场基坑所处地层由上至下依次为：1-1杂填土、1-2素土、2-1淤泥质黏土、3-1黏土、3-2亚黏土、4-1黏土、4-2亚砂土、5残坡积黏性土。根据本工程基坑围护设计，基坑开挖14.65~16.15m，基坑安全等级为一级。隧道围护结构形式为φ850@600SMW工法桩，桩长23m，内插H700×300×13×24的型钢，型钢长22.5m，采取"隔一插二"方式布置。深支护体系为高压旋喷加劲水泥土桩锚结构形式。

高压旋喷加劲水泥土桩锚支护结构为5道高压旋喷加劲水泥土桩锚结构：第1道桩锚长16.0m，水平间距2.00m，内置3根φ15.2钢绞线；第2道桩锚长15.0m，水平间距1.80m，内置3根φ15.2钢绞线；第3道桩锚长14.0m，水平间距1.60m，内置3根φ15.2钢绞线；第4道桩锚长13.0m，水平间距1.40m，内置3根φ15.2钢绞线；第5道桩锚长12.0m，水平间距1.20m，内置3根φ15.2钢绞线。

南通十字街地下工程深基坑工程于2010年6月开工，2010年11月结束。

11.3.3 工程监测与效果评价

市民广场深基坑工程施工过程中，最大位移量为66mm，满足设计和规范要求。

与内支撑支护方案，高压旋喷加劲水泥土桩锚支护结构节省造价782.19万元、缩短工期86d，在增强施工便利性的同时还大大提高了主体结构的工程质量。

隧道独头掘进 9500m 以上无轨运输巷道式射流施工通风工法

GJYJGF070—2010

中铁二局股份有限公司　成都建筑工程集团总公司

卿三惠　杨家松　陆懋成　王崇绪　邓江云

1. 前　言

锦屏水电工程辅助洞由两条相互平行的交通隧道组成，隧道线间距 35m，单线长约 17.5km。由于隧道所处地势险峻，没有条件设置辅助坑道，辅助洞西端洞口场地狭窄不具备有轨运输施工条件，导致隧道采用无轨运输独头掘进超过 9500m 以上。

为解决特长隧道无轨运输施工通风技术难题，加快工程建设进度，中铁二局股份有限公司联合设计单位与大专院校开展了科技攻关，取得了"高压富水地层超深埋特长隧道施工技术"新成果，于 2008 年 4 月通过四川省科技厅鉴定，并获得 2008 年四川省科技进步三等奖和中国铁路工程总公司科学技术一等奖。通过对特长隧道巷道式射流施工通风技术的研究与应用，形成了《隧道独头掘进 9500m 以上无轨运输巷道式射流施工通风工法》。

本工法突破了现行隧道施工技术规范对通风方式的要求，解决了独头掘进 9500m 以上隧道无轨运输施工通风技术难题。工法经应用于锦屏辅助洞工程，不但满足了隧道施工通风的要求，改善了洞内作业环境条件，而且隧道施工任务由原合同 K0+34.5~K8+000 增至 K9+800，创造了国内隧道无轨运输独头掘进 9724m 的施工通风新纪录，取得了明显的社会经济效益。

2. 工 法 特 点

2.1 利用相邻两巷道作为施工通风的循环通道，节省了通风管道。

2.2 把巷道作为主风道，断面大，减小了风阻，保证了通风质量。

2.3 进、排风路径可根据实际施工情况进行轮换，有利于开展洞内多工序平行作业，减少了施工干扰，施工组织方便灵活。

2.4 射流风机控制灵活，方便管理与维修。

2.5 巷道式射流通风能够解决超长距离施工通风技术问题，而压入式通风、吸出式通风或混合式通风，在无轨运输条件下，目前尚无类似工程实例报道。

3. 适 用 范 围

适用于有两相邻并行隧道（巷道），构成巷道式通风条件的所有地下工程项目。

4. 工 艺 原 理

射流风机产生的射流初速度 V_j 进入通风速度为 V_t 的隧道空间，在风机出口处，射流与隧道气流之间形成切向间断而产生旋涡，使射流微团产生横向脉动，并与隧道气流进行能量、质量交换。这种"卷吸"作用，使射流范围扩展、能量增加、速度减小、压力上升，形成射流发展过程。与此同时，伴随着流动范围逐渐减小，压力同步上升，整个隧道气流沿着纵向呈现一种渐变的、非均匀的逆向流动，直到射流完成，断面开始形成均匀流分布，污染物在气体中的扩散也受到整个射流过程的影响。

巷道式射流施工通风不完全等同于公路隧道的运营通风。运营通风是隧道已经贯通并处在正常使用阶段，而施工通风是隧道正在掘进期间，其构成巷道的隧道间未贯通，因此射流通风用于运营和施工过程存在一定差别。但研究与试验运用表明，经过相关简化后，公路隧道运营通风理论完全适用于巷道式射流施工通风。施工期间的巷道式射流通风为混合通风，即开挖工作面的通风始终是轴流风机供风，轴流风机的新鲜风源与污浊空气的排除是依靠射流风机升压所产生的进出风道压力差而形成通风循环，最终实现洞内外空气交换的目的。通风原理见图 4。

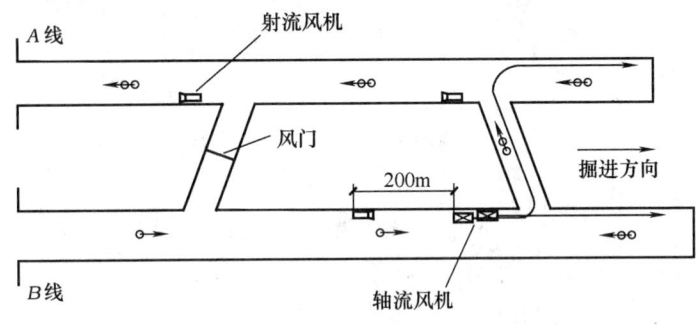

图 4　巷道式无风门通风原理图

5. 施工工艺流程及操作要点

5.1　施工工艺流程

当构成巷道式通风的 A、B 两隧道（洞）在第二个横向通道贯通后（一般横向通道间隔 500m 左右），就可以在两巷道内布置一定数量的射流风机向洞内分别供入新鲜风和排除污浊空气。也可根据实际情况，前期采用压入式通风形成独立的通风系统，待第四个横通道形成后再转为巷道式通风，并在吸入新鲜风的巷道内布置轴流风机，风机位置为离掌子面最近的横向通道后方约 80~100m 的地方，通过轴流风机与风管将其后方的新鲜空气直接压入到巷道开挖工作面；吸入新鲜风的巷道和排除污浊空气的巷道均布置射流风机。进、排风路径可根据实际情况进行轮换。

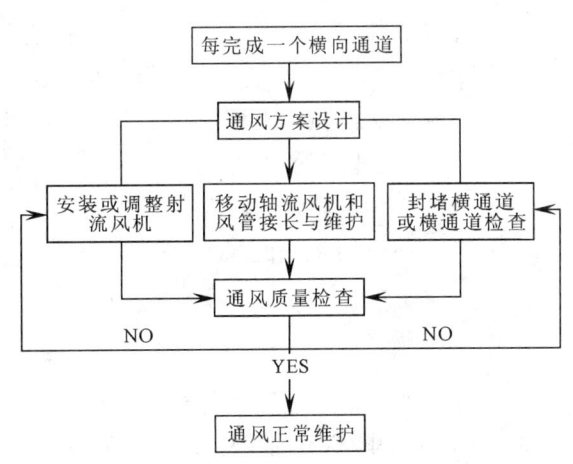

特长隧道无轨运输巷道式射流施工通风施工工艺见图 5.1。图 5.1　巷道式射流施工通风工艺流程图

5.2　操作要点

5.2.1　轴流风机通风计算与风机选型

巷道式通风中，因轴流风机设置在紧靠掌子面后方的第一个横通道后方约 80~100m 位置，其通风距离一般在 800~1000m，该段的整个通风量不需要计算，直接选择 2×110kW、2×135kW 变频风机，完全能满足通风需要。在掌子面超前最近的横通道 300m 安全距离后，将 A 或 B 巷道的轴流风机同步向前推进，特殊情况可完成两个横通道后再移动。

5.2.2　射流通风计算与风机选型

1. 射流通风计算

射流风机数量计算较复杂，在设备配备时一般可参考公式计算考虑，而实际在使用时是以保证现场通风质量为前提，根据试验确定。它与射流风机的功率、效率、通风质量、隧道断面等直接相关。计算简图见图 5.2.2。

因构成巷道式通风的两洞口相距较近，为满足特长隧道快速施工的需要，往往一次性配置足够数量的车辆，因此，其 ΔP_W 和 ΔP_t 可以忽略不计，计算射流风机台数时只考虑 ΔP_r。

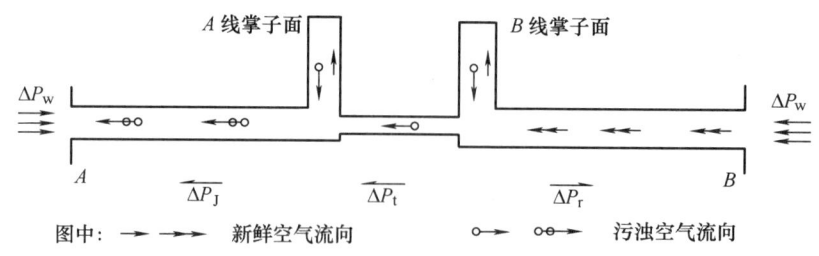

图中：　→ →　新鲜空气流向　　○→ ○○→　污浊空气流向

图 5.2.2　射流通风计算简图

ΔP_w—自然通风阻力;ΔP_J—射流风机升压力;ΔP_t—交通通风力;ΔP_r—通风阻力;其单位均为 N/m²

经过相关简化后，射流风机数量可按公式 $n=\dfrac{\triangle P_r}{\triangle P_j}$ 计算。

式中　ΔP_r——通风阻力（Pa）；

　　　$\triangle P_j$——射流通风升压力（Pa）。

ΔP_r、$\triangle P_j$ 可按下述公式分别进行计算。

1）通风阻力计算

$$\triangle P_r=\left(\sum\xi+\sum\lambda_i\frac{L_i}{d_i}\right)\cdot\frac{\rho}{2}\cdot V_i^2 \tag{5.2.2-1}$$

式中　ΔP_r——通风阻力（P_a）；

　　　$\sum\xi$——为局部阻力系数（对特长隧道而言，每 500~600m 设置横通道一处，局部阻力相对沿程摩擦阻力较小，计算时可以忽略）；

　　　λ_i——为隧洞内沿程摩擦阻力系数；

　　　L_i——为隧洞的长度（m）；

　　　d_i——为隧洞内的水力直径（m）；

　　　V_i——为隧洞内的风速（m/s）；

　　　ρ——为空气密度，取 1.2kg/m³。

$$\lambda_i=\frac{1}{\left(1.1138-2\log\dfrac{\triangle}{d_i}\right)^2} \tag{5.2.2-2}$$

式中　Δ——为隧道壁面粗糙度，单位 mm。

比较光滑的混凝土标准断面一般情况下 $\lambda_i<0.1$，可参考相关资料取值计算；然而施工期间洞身一般为锚喷支护，由于超挖存在，即便经临时喷护后，表面粗糙度平均达到 200~500mm，因此按式 5.2.2-2 计算沿程摩擦阻力系数 $\lambda_i=0.135$~0.360 代入公式计算的风机数量与实际情况相差较大，取值时仅供参考。

根据锦屏辅助洞前 9000m 每阶段实际风机布置与测试数据统计与回归分析，洞内在达到施工安全的临时喷护后，λ_i 取值按 0.10~0.2 考虑比较切合实际情况。

$$d_i=\frac{4\times A_r}{C} \tag{5.2.2-3}$$

式中　C——为隧道断面周长，单位 m。

$$V_i=Q_{需}/A_r \tag{5.2.2-4}$$

式中　$Q_{需}$——洞内需要的风量，单位（m³/min）。

2）射流通风升压力计算

$$\triangle P_j=\rho\cdot V_j^2\cdot\phi\cdot(1-\psi)\cdot K \tag{5.2.2-5}$$

式中　$\triangle P_j$——射流通风升压力，Pa；

　　　K——为喷流系数 0.85；

V_j——为射流风机出口风速，m/s；

V_i——为隧道内风速，m/s；

ϕ——为面积比，$\phi=F_j/F_s$；

F_j——为射流风机的出风口面积，m^2；

F_s——为隧道横断面积，m^2；

ψ——为速度比；$\psi=V_i/V_j$。

2. 射流风机选型

研究表明，施工通风宜选择大功率的强射流风机。如 QSF-1250 型强射流风机，功率 75kW，口径 1250mm，稳定风速可达到 40m/s。

5.2.3 风机安装与布置

1. 风机安装

射流风机安装在隧道（洞）的顶部或设置在离隧道（洞）底板一定高度的隧道（洞）边墙一侧。为了方便维修和不影响洞内其余工序施工，通常设置在离底板 1.5~2.0m 的高度位置。风机支架采用型钢制作，支架安装必须牢固，电源控制柜放置在干燥位置，风机与控制柜有明显的安全标识。

轴流风机设置在进入新鲜空气的隧道（洞）中，其位置在紧靠开挖工作面的第一个横向通道的后方 80~100m 位置。风机紧靠在隧道（洞）边墙侧安装，其高度不低于 1.2m。

2. 轴流风机的风管安装

1）风管安装在拱顶和边墙位置，当无轨运输的净空满足要求时，为便于维修方便，一般设置在边墙，其悬挂高度不低于 2.5m；当净空受限时则必须安装在拱顶位置，悬挂必须顺直牢靠。

2）风管的弯管安装

风管弯管使用特制的软管制作，并用拉链与主风管相连接。

3. 风机控制柜与供电变压器安装

控制柜与风机配套使用，单机、单闸、单柜，并设置自动断电保护装置。

变压器原则上与洞内其余工序用电结合起来考虑设置。变压器必须设置在干燥或环境条件较好的洞段，离地高度不小于 1.2m，警示标识明显。

4. 风机平面布置原则

风机平面位置布置原则：进风道数量相对排风道要少，风机间距与风机功率、有效射程、通风质量与隧道断面密切相关，基本上按 3:7 分布可达到较好的通风效果。布置在排除污浊空气的隧道内的射流风机宜均匀分布；在进入新鲜风流的隧道内，风机主要布置在横向通道的开启位置或靠近轴流风机后方各横向通道附近布置或布置在有少量内燃作业的横通道附近。若射流风机靠近横向通道附近时，风机要布置在靠风流方向的上方并离通道边壁位置 5~7m。

当横通道开启时，必须在 A、B 线靠近横通道的相对应位置增加射流风机，以平衡横向通道内的风压，确保污浊空气不被吸入到进风洞内（增加的风机不在计算数量之内）。

5.2.4 风门封堵

为确保通风质量，防止洞内出现循环风流，当不需要利用横向通道进入施工洞内进行其他工序作业时，必须将横向通道全部封堵；如果根据施工安排，需要开启横通道时，可拆除或暂不封堵横向通道，但此时为确保通风质量，必须在 A、B 线对应位置设置射流风机，以防止在横通道局部出现循环风。风门封堵可使用角钢、方木和竹制品等材料，注意预留进入门。同时要注意风门封堵尽量要严密，以减少漏风。

5.3 劳动力组织（表 5.3）

劳动力组织与隧道长度及风机台数有关。

劳动力组织情况表　　　　　　　　　　　　　　　　　表5.3

序号	施工通风	所需人数（人）	备　　注
1	管理人员	2	
2	技术人员	1~2	
3	工班长	2~3	
4	通风工	6~9	
5	风机司机	2~3	
6	辅助工	2	
7	电工	2	
	合　计	17~23	通风距离8000m以上取大值

6. 材料与设备

本工法无需特别说明的材料，采用的机具设备配备见表6。

巷道式无风门通风设备配置表　　　　　　　　　　　　表6

名　称	型号或规格	数　量	安装位置	备　注
射流风机	75kW	／	边墙或拱顶	风机数量与通风长度有关
轴流风机	2×110或2×135	3	边墙侧	备用1台，变频
风管	ϕ120~150	2×（800~1000）	拱顶或边墙	拉链式，并配置变管
变压器	315或500kVA	／	边墙	结合其他工序考虑
控制柜	／	／	靠风机设置	与运转风机数量相同
风速度检测	风速仪	1	／	
有害气体检测	CO仪	1	／	
有害气检测仪	其他有害气体	氮氧化物或H_2S或瓦斯	／	由实际情况选择

注：射流风机及其配套设施的数量与隧道（洞）通风长度直接相关，可通过计算估算。

7. 质 量 控 制

7.1　通风设计依据

《水工建筑物地下开挖工程施工技术规范》DL/T 5099-1999；

《公路隧道通风照明设计规范》JTJ 026.1-1999。

7.2　设计计算采用的劳卫标准

7.2.1　一氧化碳（CO）一般情况下不大于30mg/m³，特殊情况下，施工人员必须进入工作面时，可为100mg/m³，但工作时间不得超过30min。

7.2.2　二氧化碳不得大于0.5%（按体积计）。

7.2.3　氮氧化物为5mg/m³以下。

7.2.4　洞内最高平均温度不大于28℃。

7.2.5　洞内噪声不得大于90dB（A）。

7.2.6　洞内最小排尘风速不得小于0.25m/s。

7.2.7　洞内最大排尘风速不得大于6.0m/s。

7.2.8　含10%以上游离二氧化硅的粉尘，每立方米空气中不得大于2mg；含10%以下游离二氧化硅的矿物性粉尘，每立方米空气中不得大于 4mg。

7.2.9 $H_2S<6.6ppm$ （$10mg/m^3$）（反复作业的间隔时间应在 2h 以上）。

7.3 质量控制措施

7.3.1 风机、风管的安装质量控制

1. 轴流通风机应摆设在新鲜风流中，四周无障碍物。

2. 风机摆放应牢固，风机与风管的连接应密封，如果截面变化过于剧烈可以制作铁皮接头避免增大阻力。

3. 定期对风机的机械部分和电气部分进行检修养护，一般以三个月为一个周期，特殊情况下可缩短周期。

4. 应保证接头的密封，注意使风向与风管上标注的风向箭头保持一致。

5. 风管吊挂应平、直、顺。

6. 破损的风管应及时拆换、修补，尤其是靠近风机段的风管严禁出现漏洞。新风管用在靠近风机段，修补后的用于中后段。

7. 搞好风门封堵或随时检查风门漏风情况，若发现漏风，要及时修补，确保洞内不出现循环风流。

7.3.2 污染源控制

减少污染源是搞好通风质量控制的关键。一是运输设备选型时尽量考虑低污染车辆；二是在装砟等待时间内尽量不开发动机；三是运输车辆尽量均匀拉开距离，保证在洞内同时通行的重车不宜过多；四是爆破后采取洒水等降尘措施。

7.3.3 通风效果的检查与风机状态的观测

1. 应定期对通风效果进行监测检查，以确保通风效果达到设计要求并符合劳动卫生标准。

2. 通风效果检测常指风速、有害气体、粉尘等。风速检测在断面不同位置都应该有检测点，同时通风效果监测数据应做好记录，整理后可用来进行效果分析。

3. 风机司机定时对风机性能进行观测记录并建立运转台账，可为通风效益分析提供基础资料。

7.3.4 根据通风质量要求，及时调整射流风机位置或适当增减风机数量，以保证经济合理。

8. 安 全 措 施

8.1 隧道内要保持良好照明。

8.2 进洞人员必须穿戴防护用品。

8.3 非操作人员严禁动用各种机电设备，非电工不得进行电工作业操作，操作人员必须持证上岗。

8.4 进入作业区应先观察，找顶、撬浮石，确认安全后才能进行作业。

8.5 风机安装要稳固并有安全警示标识。

8.6 风管悬挂必须顺直牢固。

8.7 控制柜采用单机、单闸、单柜，并设置自动断电保护装置。

8.8 变压器必须设置在干燥或环境条件较好的洞段，其离地高度不小于 1.2m，并有明显警示标识。

8.9 按规定设专职安全员，监督、落实各项安全制度，随时检查、消除各种事故隐患。

8.10 瓦斯隧道施工通风必须遵守现有国家和行业有关瓦斯隧道施工安全的相关规定。

9. 环 保 措 施

9.1 施工中严格遵守国家和地方政府下发的有关环境卫生的法律、法规和规章制度，加强管理，接受相关单位及部门的监督和检查。

9.2 加强施工中的环境监测，根据信息反馈指导施工。

9.3 优先选用先进的低污染、低噪声等环保型设备。

9.4 定期、不定期请环保部门进行检测洞内的通风质量。

10. 效 益 分 析

10.1 采用本工法通风，通风质量指标均能达到国家卫生标准和隧道施工规范的相关要求，有利于文明施工。

10.2 解决了特长隧道无轨运输独头掘进无风门巷道式施工通风技术难题，与有轨运输设备投入比较，有较好的经济效益。

10.3 使用无风门巷道式射流通风技术，采用无轨运输方式施工，不但施工组织方便灵活，而且有利于多工序平行作业，加快了施工进度。

10.4 改善洞内作业环境，有利于施工人员的身心健康。

10.5 突破了隧道施工技术规范对运输方式的限制，创造了无轨运输独头掘进9724m的纪录，可为类似工程施工提供借鉴。

11. 应 用 实 例

11.1 锦屏水电枢纽辅助洞西端土建工程

11.1.1 工程概况

锦屏水电枢纽辅助洞工程位于四川省凉山彝族自治州的木里、盐源、冕宁三县交界处的雅砻江干流锦屏大河湾上，是锦屏一级、二级水电站前期关键工程。辅助洞由A、B两条平行的单车道隧洞组成，中心距离35m，单洞长约17.5km，分东西两端同时掘进，东端为有轨运输，西端采用无轨运输。隧道设计为城门形断面，以锚喷支护为主，局部二次衬砌。隧道为"人"字坡，变坡点在AK9+215.5和BK9+252.5，上坡0.25%，下坡2.5%。隧道过风断面K6+000前A线为31m²、周长20.5m；B线为36.4m²、周长22.4m。K6+000~K9+800段A线断面为45m²、周长24m；B线断面为52m²、周长25.5m。

11.1.2 施工情况

锦屏辅助洞西端前期2000m为手持风钻钻孔，轴流风机各自形成独立的通风系统。待第三个横通道贯通后，钻孔使用三臂液压台车，ZL50装载机装碴，VOLVO和红岩自卸汽车运输（正常使用共25台能满足需要，其中两种设备数量基本相等），并采用本通风工法。A、B洞分别于2004年1月1日和2004年2月17日进洞施工，至2007年7月2日和3日，A、B洞同时达到K8+000桩号，并完成了原合同的洞挖任务。根据施工情况，业主对施工任务进行了调整，实际锦屏水电枢纽辅助洞西端B线贯通里程为BK9+643；A线贯通里程为AK9+724。创造了单口无轨运输独头掘进9724m的纪录和无轨通风记录；与此同时，A、B线的路面混凝土、二次衬砌混凝土、系统锚喷支护、地下水处理等多工序平行安排施工。由于施工过程中遇到高压大流量地下水与岩爆等技术难题，影响到工程施工进度，但辅助洞西端充分利用巷道式通风的特点，合理组织施工工序，总体上加快了辅助洞西端的进度，也由此调整合同任务至K9+800。

隧道掌子面分别采用2×110kW和2×135kW轴流风机分别向A、B线供风；污浊空气排出和新鲜风的提供全部依靠射流风机。射流风机75kW、出口平均风速40m/s。风机出口直径1.25m。

在隧道掘进AK9+264.9和BK9+378.8时，通风理论计算需要射流风机22台，而实际仅为20台，并对施工通风进行了检测，其质量情况如下：

1. 爆破后开挖工作面15min后空气清新、视线良好。

2. 爆破后10min CO最大浓度77mg/m³，爆破30min后，在装碴期间离开挖工作面后方150m范围的实测CO浓度一般在10~20mg/m³、粉尘3.043mg/m³、NOx=2.39mg/m³，均低于国家标准要求。

3. 洞内平均风速 1.5~2m/s；两洞高峰同时出砟能见度 60~80m。

4. 无明显的炸药硝烟味道和柴油尾气味，出入隧道一趟鼻孔内几乎没有黑色灰尘。

5. 污浊空气隧道温度一般高于进入新鲜空气的隧道 2~3℃；洞内温度 12~14℃、湿度 45%~70%。

11.2 锦屏二级水电站引水隧洞 C2 标

11.2.1 工程简况

锦屏二级水电站总装机容量 4800MW，单机容量 600MW。工程枢纽主要由首部拦河闸、引水系统、尾部地下厂房三大部分组成，为一低闸、长隧洞、大容量引水式电站。其中引水系统采用 4 洞 8 机布置形式。引水隧洞洞群沿线上覆岩体一般埋深 1500~2000m，最大埋深约为 2525m，具有埋深大、洞线长、洞径大的特点。

锦屏二级电站由四条引水隧洞组成，单洞平均洞线长 16.5km。引水隧洞工程划分为 C2、C3、C4、C5 四个标段，其中 C2 标由中铁二局承建，工程开工于 2007 年 8 月 1 日，计划 2013 年 9 月 15 日完工，投资约 8.01 亿元。

C2 标由 1 号、2 号引水洞组成，断面开挖直径 13~14.6m，开挖面积 136.97~172.32m²。其中 1 号洞施工范围引（1）0+128~引（1）4+700，洞长 4572m 长；2 号洞施工范围引（2）0+128~引（2）6+000，洞长 5872m。引水洞必须经过两个支洞才能进入正洞施工，正洞低于支洞约 40m。

11.2.2 工法运用情况

隧洞施工采取无轨运输，机械钻爆作业，装砟使用 WA320 装载机，15T 红岩自卸汽车运输。隧洞分上下部开挖，上部开挖高度 9.5m、开挖断面 98m²。本工程由 4 条相互平行的大断面隧洞组成，两两构成典型的巷道式通风，《隧道独头掘进 9500m 以上无轨运输巷道式射流施工通风工法》完全适用本项目。但不同之处在于本项目是无露头的巷道式通风（即隧洞的洞口未直接与大气相接，而是通过支洞进入），断面大，工作界面多，因此掌子面的通风必须依靠风管直接供风，而洞内污风与洞内其他工序的施工用风，完全依靠射流风机形成巷道式通风加以解决。

掌子面供风目前使用 2 台 2×135kW 变频风机，主风管直径 2m，支管 1.5m；射流风机使用 75kW，分别布置在横向通道附近，对不使用的横向通道进行封堵。

目前隧洞已掘进至引（2）2+600，计入支洞长度，独头已达到 3000m，经过检测 CO 在出砟时达到 67.5ppm、能见度 80~120m、正洞内风速在 1~1.5m；在公用通道的风速达到 2~3m。在不出砟的正常施工条件下，洞内 CO 浓度低于 24ppm。

引水洞使用本工法，不但进一步证明了本工法的适用与操作简单，根据工程特点还把适用范围得到进一步的扩展，即有露头巷道式通风的轴流风源是依靠洞内巷道供风；而无露头巷道通风的掌子面风源是依靠风管直接从外界供风。不过如果支洞风源良好，也完全可以把轴流风机放在洞内，风源从支洞进入到巷道，是最佳供风方式。然而本项目公用通道施工单位多，支洞空气条件差，因此在工法运用上得到创新。

竖井工程分瓣式机械一体化滑膜衬砌施工工法

GJYJGF071—2010

中交隧道工程局有限公司　中铁二十一局集团第三工程有限公司

刘宝许　皇甫明　王巍　王周理　王亮

1. 前　　言

随着世界各国长大公路隧道工程越来越多，其通风竖井工程的建设数量和建设规模也必将呈现跳跃式发展。竖井的衬砌是为井筒结构提供应力储备和外观美观的作用，一般煤矿行业竖井井筒衬砌多采用翻模法或倒模法施工，这种施工方法的显著缺陷是工序繁杂，人工投入多，材料消耗大，外观不美观，施工速度慢。

中交隧道工程局承建的秦岭终南山特长公路隧道2号通风竖井工程井深661m，衬砌内径11.2m，井筒中间为钢筋混凝土中隔板，将井筒一分为二，是目前世界上最大、最深的通风竖井工程，是我国的世界级工程之一。为了打造世界精品工程，在竖井井筒与中隔板衬砌施工过程中使用了"分瓣式机械一体化滑模施工工艺"，使得竖井井筒衬砌和中隔板整体一次性滑模成型，为了促进该施工方法在我国类似竖井工程中推广应用，根据秦岭终南山隧道2号竖井工程的施工经验与实践，特编制此工法。

2. 工 法 特 点

2.1 采用分瓣式整体钢结构模板与"开"形钢架，能够使得井壁衬砌与中隔板衬砌同时滑模成型，有效地实现了滑模机械一体化。

2.2 采用全液压操作系统，自动化程度高，施工操作简单灵活，劳动强度低。

2.3 采用全封闭双层工作平台，刚度大，能够承受工作、物料等荷载，同时又是模体的支撑构件。

2.4 可以实现连续不间断施工，模板定位、调整方便，施工速度快。

2.5 质量易于控制，通过控制施工中心线和施工边线确保其垂直度，衬砌结构物和实体质量外观质量优良。

2.6 本工法工艺结构设计合理，施工易于实现，易被工程技术员所掌握，具有较强的推广应用价值。

3. 适 用 范 围

本工法具有设计结构合理，施工快捷，经济效益显著等特点，可以广泛应用于长大隧道工程、大型地下工程等的竖井井筒混凝土施工，也可应用于地面塔式混凝土结构物混凝土施工。

4. 工 艺 原 理

4.1 本工法与传统竖井混凝土施工方法的主要不同是采用分瓣式全液压自动整体滑模系统，模板采用整体钢结构设计，在工作过程中，模板能够自动爬升。滑模系统自带动力装置。在井筒圆周内每隔一定距离埋设金属拔杆一根，将液压千斤顶套在每根拔杆上，通过螺栓把液压千斤顶底座与提升架的顶部连在一起，为使所有液压千斤顶能同步工作，用输油管路将其与液压操作相连。这样随着模板底部混凝土的凝固、液压操作机驱动所有液压千斤顶，就可带动提升架、围圈、模板、操作平台沿着拔杆向上滑动。

竖井滑模爬升过程是靠液压千斤顶在拔杆的单向爬升来实现位移的，工作时拔杆固定；而千斤顶的动作分为两部分；活塞与上卡体为第一组，缸体、端盖、下卡体为第二组，两部分组件交替动作，其上升步骤为当千斤顶进油时，第一组的上卡体紧卡拔杆，锁紧在原来的位置，第二组被油液压力顶升，千斤顶即向上爬升一定行程，同时带动滑模向上移动；回油时，第二组的下卡体紧卡拔杆锁紧，一组复位。由此循环往复，直至井筒混凝土浇筑完成。

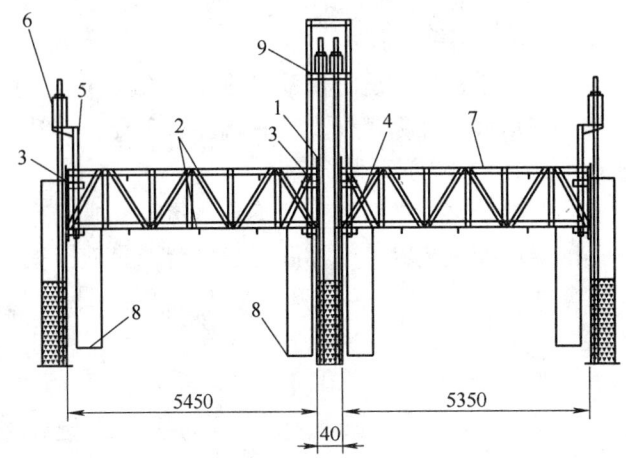

图 4.1　滑模系统示意图

1—模板；2—加强圈；3—围圈；4—桁架梁；5—提升架；
6—千斤顶和拔杆；7—辐射梁；8—辅助盘；9—开子架

4.2　滑模系统组成

竖井液压滑升模板为二次衬砌和中隔板一体化模板，其中竖井二次衬砌为单侧滑模施工，中隔板为双侧滑模施工。整个滑模系统包括操作平台、提升架、围圈、辐射梁、模板、辅助盘、液压系统和支承杆等（滑模系统示意图参见图 4.1）。

4.2.1　操作平台

操作平台是滑模的主要受力结构之一，也是施工布置的主要场地，该构件除要满足强度要求外，还应有足够的刚度。操作平台支撑于提升架的主体竖杆上，通过提升架与模板连接成一体，并对模板起横向加固作用。

4.2.2　桁架梁和辐射梁

桁架梁和辐射梁是模板的主要骨架，由角钢∠80×80×8 和∠63×63×6 焊接而成，高度为 106mm，长度不等。

4.2.3　提升架

提升架是滑模板与混凝土井壁间的连系构件，主要用于支撑模板、围圈、滑模盘，并且通过安装于顶部的千斤顶支撑在支承杆上，整个滑升荷载将通过提升架传递给支承杆。提升架采用"7"字形，以"7"字形进行受力分析计算并结合荷载、摩擦力，按偏心受控构件进行验算，选用槽钢组合成 140mm×200mm 截面，并相互连接。

4.2.4　开子架

开子架是滑模板与混凝土中隔板间的连系构件，有立柱、横梁和支托组成，重量为 237.12kg。主要用于支撑中隔板模板、围圈、滑模盘，并且通过安装于横梁上的千斤顶支撑在支承杆上，整个滑升荷载将通过开子架传递给支承杆。提升架采用"开"字形，立柱选用槽钢组合成 180mm×20mm 截面，并相互连接。

4.2.5　围圈

围圈主要用来加固模板，使其形成一个整体，围圈采用上下两道，根据水平侧压力计算，选用 12 型槽钢，围圈距模板上口 320mm，下围圈距模板下口 360mm，上下两道围圈间距 720mm，围圈同模板用螺栓连接，并同提升架和开子架支托相连。

4.2.6　模板

模板是混凝土井壁和中隔板成形的模具，每块设计大小采用 1500mm×1333mm×6mm，背面用 50mm×6mm 角钢做横筋及纵筋，钢模板挂在上下两道围圈之上，螺栓连接，模板按 0.28 锥度设计，上口直径要大于设计 4mm。

4.2.7　辅助盘

为了便于施工人员随时检查滑升后的混凝土质量，处理局部缺陷，扒出预埋件以及及时对混凝土表面进行洒水养护，辅助盘用直径 20 的钢筋悬挂在操作平台下部，上铺 5cm 厚木板。

4.2.8 液压提升系统

液压提升系统承担全部滑模装置、设备及施工荷载向上提升的动力装置，由千斤顶、支承杆、液压控制系统和油路等组成。

1. 液压千斤顶，是滑模系统的提升机具。

2. 支承杆，又称爬杆。它一端穿过千斤顶芯孔，另一端埋在混凝土内，作为千斤顶爬升的支承杆，它承受施工中的全部荷载。

3. 输油管路，包括油管、接头、阀门、油液等。

4. 液压控制装置，亦称液压操作台，是液压提升系统的工作中心。它主要包括低压表、细滤油器、电磁换向阀、减压阀、溢流阀、油箱、回油阀、分油器、针形阀、单级齿轮泵、高压表以及电动机等。

5. 施工工艺流程及操作要点

5.1 施工工艺流程（图 5.1）

5.2 操作要点

5.2.1 滑模施工各工种必须密切配合，各工序必须衔接，以保证连续均衡生产。

5.2.2 施工前，对混凝土的配合比、外加剂进行试验工作，测定混凝土的坍落度、凝固时间，为滑模做好准备。

5.2.3 安装完毕的滑模，应经总体检查验收后，才允许投入生产。

滑模组装调试质量标准检查调整参见表 5.2.3。

模板安装调试标准   表 5.2.3

内 容		允许偏差（mm）
模板装置中线与结构物轴线		3
主梁中线		2
围圈位置	垂直方向	5
	水平方向	3
提升架的垂直度		≤2
模板倾斜角	上 口	+0，−1
	下 口	+2
安装千斤顶的位置		5
圆模直径、方模边长		≤2
相邻模板的平整度		≤2
操作盘的平整度		10

5.2.4 滑模施工

1. 钢筋绑扎、拔杆延长

1）模体就位后，按设计进行钢筋绑扎、焊接，搭接及焊接要符合设计规范要求，滑升施工中，混凝土浇筑后必须露出最上面一层水平筋，钢筋绑扎间距符合要求，每层水平钢筋基本呈一水平面，上下层之间接头要错开，竖筋间距按设计布置均匀，相邻钢筋的接头要错开，同时利用提升架焊钢管控制保护层。

2）拔杆在同一水平内接头不超过 1/4，因此第一套拔杆要有 4 种以上规格，错开布置。正常滑升时，每根拔杆长 3.0m，要求平整无锈皮，当千斤顶滑升距拔杆顶端小于 350mm 时，应接长拔杆，接头对齐，不平处用角磨机找平，拔杆同环筋相连焊接加固。

2. 混凝土运输

1）滑模施工用混凝土由地面搅拌站提供，地面搅拌站由 2 台 PID-1200 型配料机及 3 台 JS-740 型搅拌机构成。

2）搅拌机拌合后的混凝土经地面溜槽直接溜入溜灰管、缓冲分灰后经操作平台的溜槽入模。输送混凝土时，混凝土输送要求连续，同时特别注意不要发生堵管现象。

3）输送混凝土的二趟溜灰管由地面 JZ-16/800 型稳车配 φ37-6×19-170 I 钢丝绳悬吊，稳车能力满足施工要求。

3. 混凝土浇筑

1）从滑模组装到混凝土浇筑施工，严格施工中心线和施工边线进行控制，确保其垂直度，偏差要符合施工质量技术要求。

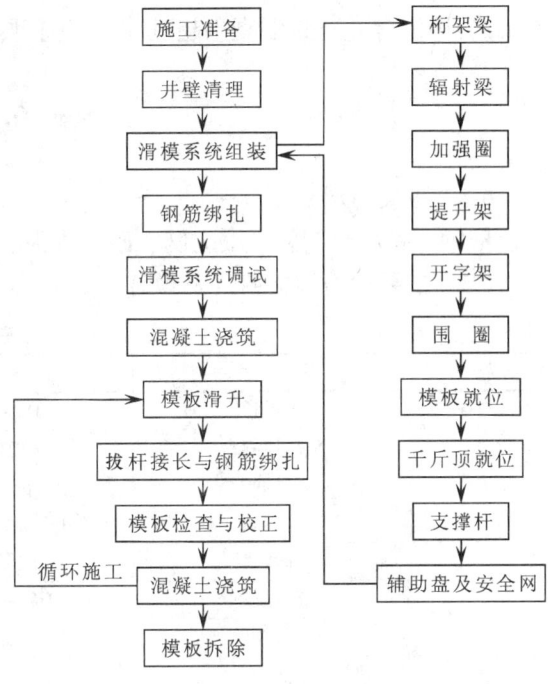

图 5.1 施工工艺流程图

2）严格按照分层、平起、对称、均匀地浇筑混凝土，各分层浇筑的间隔时间，不得超过允许间隔时间，每次浇筑高度控制在 300mm。

3）振捣混凝土时，不得将振捣器触及支撑架、预埋件、钢筋、模板，振捣器插入下层混凝土的深度，宜为 50mm 左右，模板滑动时严禁振捣混凝土。

4）在浇筑混凝土过程中，应及时把粘在模板、支撑杆上的砂浆、钢筋上的油渍和被油污的混凝土清除干净。

5）对脱模后的混凝土表面，必须及时修整。及时洒水养护，养护期不应少于 14d。

6）每次浇筑后必须露出最上层水平筋，钢筋绑扎间距符合要求，每层钢筋基本呈一水平面，上下层之间接头要错开，竖筋间距按设计布置均匀，相邻钢筋的接头要错开，在同一水平面的钢筋接头数应小于总数的 20%

4. 模板滑升

施工进入正常浇筑和滑升时，应尽量保持连续施工，并设专人观察和分析混凝土表面情况，根据现场条件确定合理的滑升速度和分层浇筑厚度。

1）每次滑升高度可与浇筑厚度相适应，或与横向间距一致。

2）出模混凝土应无流淌和拉断，表面湿润不变形，手按有硬感并有 1mm 左右深的指印，能用抹子抹平。脱模强度应控制在 0.05~0.25MPa。

3）当以滑升过程中工程结构的整体稳定性控制模板的滑升速度时，应根据工程的具体情况，计算确定。

4）施工中如需提高滑升速度，必须采取有效的技术措施，如对支撑杆进行可靠加固，混凝土中加入外加剂提高其早期强度，提高混凝土入模温度及现浇混凝土附近环境温度，增加千斤顶数量减少支撑杆荷载等。

5. 设备维护

1）加强设备的使用和维护工作，控制箱在每次滑升前油泵空转 1~2min，给油终了时间 20s，回油时间少于 30s。

2）在滑升过程中应了解设备运行状态，有无油漏和其他异常现象，工作不正常的千斤顶要及时更换，拆开检修备用。

3）因故停止浇筑混凝土超过 3h，应采取"紧急停滑措施"并对停工造成的施工缝认真处理。

6. 材料与设备

6.1 主要材料

槽钢、钢板、钢管、安全网、砂、水泥、防水剂等

6.2 主要设备和材料（表 6.2）

主要设备和材料表 表 6.2

序号	名 称	规 格 型 号	数 量	单 位	说 明
1	千斤顶	HY-100	24	台	10t
2	液压控制台	ZYXT-3	1	台	
3	高压油管	ϕ16mm	24	根	
4	提升架	"开"和"F"形	19	个	
5	井 架	改V形	1		
6	提升绞车	2JK-3.0/20	1	台	
7	水泵	250QJ50-400/20	24	个	11kW
8	地面稳车	JZ-16/800	6	台	
9	钢丝绳	6×19-ϕ37-170I	12	根	
10	电缆	3×35+1×10			380V
11	配料机	PID-1200	2	台	
12	搅拌机	JS-750	3	台	

7. 质量控制

7.1 质量标准

主井井筒工程施工质量标准执行国家有关的现行技术规范、规程以及相关专业的质量标准。主要有：

《矿山井巷工程施工及验收规范》GBJ 213-90；

《煤矿井巷工程质量检验评定标准》MT 5009-94；

《煤矿安全规程》2005 年版；

《煤矿建设安全规定》1997 年版；

《煤炭建设工程质量技术资料管理规定与评级办法》；

《质量管理体系》GB/T 190001-2000；

《公路工程质量检验评定标准》JTGF 80/1-2004。

7.2 质量保证体系

质量保证体系是质量管理的核心，为搞好质量管理，保证工程质量达到优良品标准，并达到用户满意，特制定质量保证体系。

7.3 质量保证措施

7.3.1 认真执行招标书中指定的国家和行业现行有关验收标准及规范，严格按设计图纸要求施工，优良品率达 100%，实现全优工程。

7.3.2 建立健全质量管理机构，完善质量管理制度，认真开展 TQC（全面质量管理）小组活动。设专、兼职质量检查员，检查评定各项工程质量。

7.3.3 组织全体参加施工人员，包括工程技术人员和管理干部，认真学习、全面掌握施工质量标准。

7.3.4 严格执行各项质量管理制度，重点做好图纸自审、会审、技术与质量交底工作。

7.3.5 认真编制技术先进、经济合理、有针对性的施工组织设计和施工作业规程，并向全体人员及管理干部认真贯彻。

7.3.6 施工期间，认真做好测量定向、复测工作，保证工程按设计方位、标高施工。

7.3.7 加强施工材料的质量管理，保证施工材料采购质量。凡进场的施工材料：水泥、混凝土外加剂、钢材等必须有合格证，砂、石必须经检测并经现场有关人员检查验收。不符合设计和施工要求的材料，施工单位不予验收和使用。

7.3.8 砂石料场在雨天要用雨布盖好，防止雨淋。

7.3.9 为保证施工质量，要严格按混凝土配合比搅拌，并分层对称浇筑，同时采用振动棒进行捣固。

7.4 质量检测措施

7.4.1 砌壁时每滑升一个段高要用中心线检查一次井壁的竖直程度，检查时在井壁下放四根边垂线，在井上测出边垂线坐标，再量出边垂线与井壁的距离。中隔板施工采用四根边垂线，在井上测出边垂线坐标，再量出边垂线与中隔板的距离。

7.4.2 工程开工前，对进场原材料进行产品质量检测，按规定数量进行抽检试验，对经抽检合格的原材料填写报验单交甲方和监理签字，不合格的原材料禁止使用。

7.4.3 每班设专职质量检查员，对每个分项工程按设计和验收规范进行检查验收，有不合格的分项工程必须进行处理，否则不准进行下道工序，并做好记录。

7.4.4 对使用的模板，使用前须在地面进行组装，经甲方、监理验收后方可入井，入井组装完毕用中心线进行复测，测点不得少于10个，对不符合要求的模板必须进行处理。

7.4.5 定期对模板进行检测，如发现尺寸不符合要求，要及时升井处理检修，模板定期清洗、刷油。

8. 安 全 措 施

8.1 提升物料及人员的吊桶不准直接下放到滑模的工作盘上。

8.2 使用吊桶下放长物料，不准超出罐沿宽度且捆绑牢固。

8.3 滑模工作盘不准堆放混凝土，每次浇筑混凝土后的滑模工作盘必须清理干净。

8.4 中隔板所使用的钢筋必须随用随取，不准堆放在工作盘上。

8.5 在吊盘保护盘上的作业人员必须佩戴安全带且生根牢固。

8.6 修面、养护工作盘必须设置安全网，高度1.8m。在修面、养护工作盘上工作人员必须佩戴安全带且生根牢固。

8.7 滑模工作盘的焊缝高度必须保证8mm以上要求，不准出现虚焊、假焊现象。每次接班必须检查焊缝是否有开焊情况，发现问题必须处理。

8.8 在修面、养护工作盘人员每次进入工作面必须检查挂钩等连接装置是否牢固可靠，发现问题及时处理。

8.9 处理溜灰管赌管时的混凝土不准直接溜放到滑模工作盘，防止混凝土冲击滑模工作盘造成滑模工作盘的破坏。

8.10 地面提升绞车运行到滑模工作盘上方5m必须自动停车，在吊盘到滑模工作盘区间的运行速度不准大于0.5m/s。

9. 环 保 措 施

9.1 水污染处理

9.1.1 施工污水抽放至沉淀池中，经沉淀后集中处理。

9.1.2 生活污水由管道排放至沉淀池集中处理。

9.2 建筑垃圾及废弃物处理

9.2.1 在施工平台上设置垃圾桶、垃圾袋收集各种废弃物，定期运至垃圾场集中掩埋。

9.2.2 生活垃圾用环保袋集中运至垃圾场掩埋。

9.2.3 加强噪声的控制和处理，对噪声源消声处理。

9.2.4 保护周边环境，对作业场区周边的树木，草场采取严格保护措施，做到不乱砍滥伐一草一木。

9.2.5 工程完工后，彻底清理现场，栽种树木，恢复原貌。

10. 效 益 分 析

10.1 经济效益

由于采用整体液压模板，可以大大减轻工人的劳动强度，减少施工人员，施工速度快，衬砌质量好，不但节省施工材料而且减少了维修养护费用，大大降低了施工成本。

10.2 社会效益

本工法设计合理，工艺简明流畅，一般技术人员均可掌握，使用本工法施工可以保证工程质量，提高工作效率，工法推广应用后可产生巨大的社会效益。

11. 应 用 实 例

秦岭终南山公路隧道1、2、3号通风竖井工程

11.1 工程概况

秦岭终南山特长公路隧道2号通风竖井工程，井深661m，开挖直径12.8m，衬砌内径11.2m，是世界上最大、最深的通风竖井工程。其井筒由钢筋混凝土中隔板一分为二，兼作送风和排风的功能。

11.2 施工情况及结果评介

二次衬砌混凝土施工采用分瓣式机械一体化滑模施工方法，可以全天24h不间断施工，施工速度每天可控制在8~9m，在提高功效的同时保证了施工质量，衬砌结构轮廓线条顺直美观，施工缝平顺无错台。质量在竣工验收时评定为优，实践证明该技术居国内领先水平。1、2、3号竖井工程采用该工法施工，2007年6月正式机械化开挖，2008年3月12日开挖精确贯通，2008年8月31日井筒滑模衬砌完成。开挖超欠挖控制较好，滑模衬砌质量内实外美，施工迅速，取得了良好的经济和社会效益。施工期间创造了开挖月进尺80m、衬砌月滑模236m的新纪录。

超大断面隧道双侧壁上下导坑钻爆开挖施工工法

GJYJGF072—2010

中建八局第三建设有限公司

肖龙鸽　陈坤　李金会　杨德　李念国

1. 前　言

随着我国城市化进程的不断加快，城市人口快速增长，交通压力日趋加大，利用地下空间发展地铁等城市轨道交通对缓解城市公共交通压力，促进城市经济和社会健康发展具有重要作用。为满足交通运输迅速发展的需要，各类超大断面隧道工程不断涌现，如何保证超大断面隧道开挖施工安全目前仍是国内施工难题。近年来，中建八局第三建设有限公司承接了重庆轨道交通一号线Ⅰ标段小什字车站及区间隧道工程、重庆轨道交通三号线观红段区间及红旗河沟车站等地铁隧道工程，这些工程的暗挖车站隧道断面均为 400m² 以上的浅埋超大断面隧道，其中红旗河沟车站隧道最大断面面积高达 760m²。由于工程施工环境复杂、风险性极大。为了保证工程的安全顺利施工，成立科技攻关小组，通过试验研究、探索实践和不断地创新总结，形成了浅埋小覆跨比超大断面隧道双侧壁上下导坑施工技术，该技术于 2010 年 12 月 26 日通过了专家鉴定，鉴定结论为"总体达到国际领先水平"。以此为基础，提炼形成本工法。

2. 工 法 特 点

2.1　本工法与传统双侧壁导坑法相比，采用上下导坑同时开挖，可充分利用大断面隧道特性，增加可开挖工作面，加快隧道前期开挖速度，有效缩短施工工期。

2.2　本工法通过预留十字岩体，有效增强水平支撑强度和整体稳定性，减少隧道水平收敛变形和拱顶沉降，确保隧道上部建（构）筑物的安全。

2.3　本工法利用隧道下导洞底部施工高边墙后回填，降低隧道二衬施工断面高度，解决超大断面模板台车施工难题。

2.4　本工法采用钻爆法进行开挖掘进施工，费用低、速度快、节约施工成本。

3. 适 用 范 围

本工法适用于Ⅰ~Ⅳ级围岩地层，开挖断面在 300m² 以上，800m² 以下的暗挖地铁、公路及铁路隧道。也可用于城市地区中硬介质围岩条件下，地表沉降要求小的大断面浅埋地下空间。

4. 工 艺 原 理

围岩岩体是结构体系中的主要承载单元，充分发挥围岩自承载能力，把整个隧道大断面分成上下、左右多个小断面施工，每一小断面单独采用钻爆法掘进。预留岩梁与核心岩柱形成"十字"形岩体支撑，充分利用围岩在开挖过程中的自稳能力，分步开挖后采用主动支护形式，使围岩形成封闭的筒形支护结构，尽可能减小超大断面的暴露时间，最后形成一个大断面隧道，为二衬尽早施作创造有利条件。

5. 施工工艺流程及操作要点

5.1 施工工艺流程

施工工艺流程图,见图5.1-1。

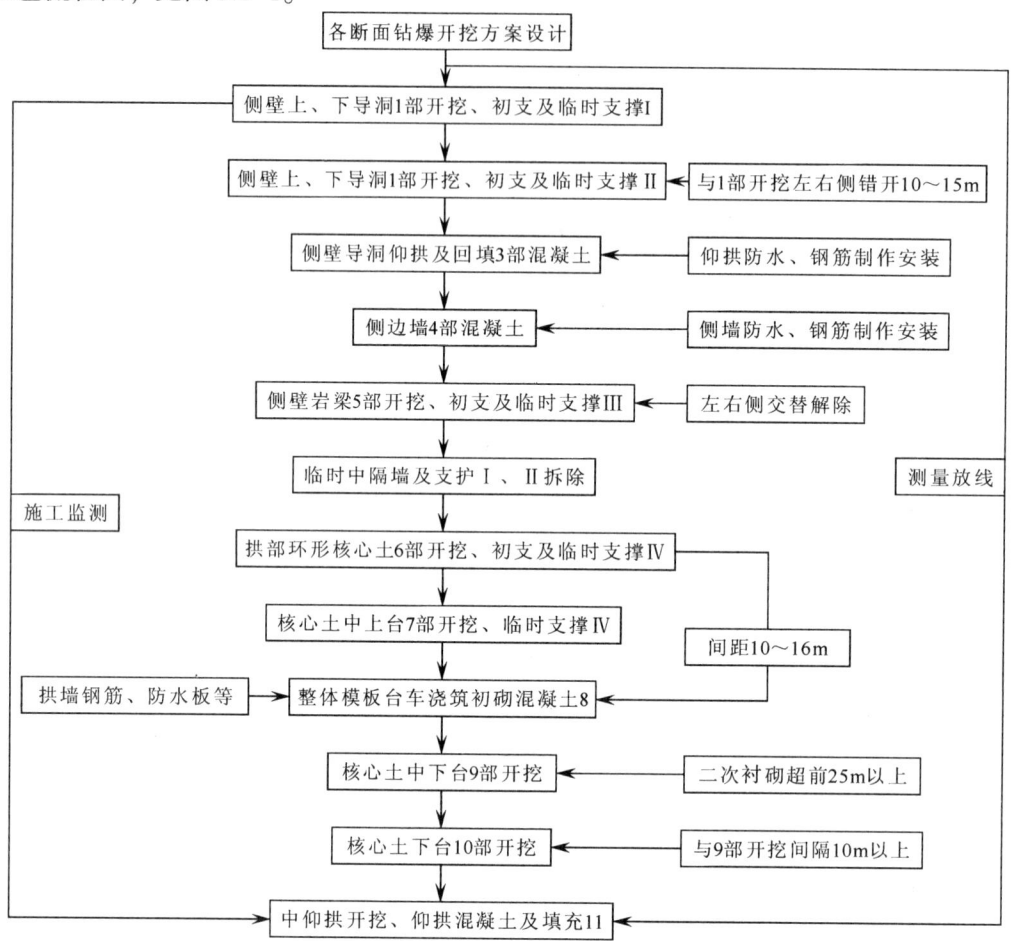

图 5.1-1 施工工艺流程图

工艺步序横断面图,见图5.1-2。

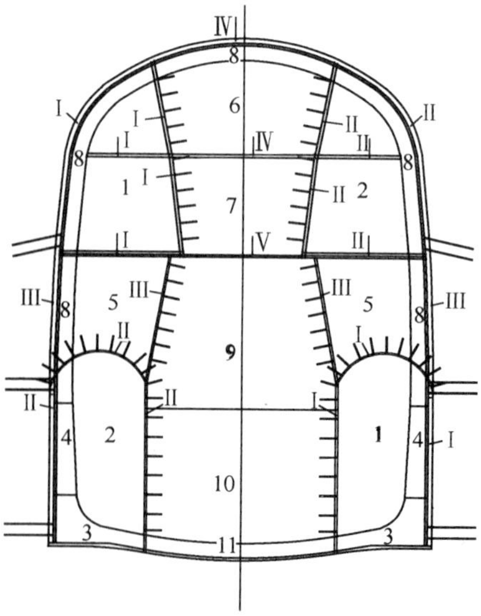

5.2 操作要点

5.2.1 钻爆方案设计

1. 钻爆设计施工要求

超大断面隧道环境复杂,施工难度高,隧道爆破设计必须在确保高质量的隧道开挖断面和进尺的同时,将爆破振动控制在尽可能小的范围内,以保证地表及建筑物的安全和对周围环境的影响。为此,爆破设计必须满足:爆破施工时,爆破质点振动速度应控制在 1.0~2.0cm/s;爆破影响围岩松动圈要求控制在 2m 以内;炮眼利用率在 90% 以上,光面爆破的半壁抛眼留痕迹率在 80% 以上;平均线性超挖不大于 0.1m,最大不超过 0.15m;相邻两循环炮眼衔接台阶不大于 0.1m;局部欠挖面积小于 0.1m²,最大欠挖小于 0.05m。

2. 爆破参数选择

爆破参数的确定采用理论计算法、工程类比法与现场试爆相结合,在保证爆破振动速度符合安全规

图 5.1-2 工艺步序横断面图

定的前提下，提高隧道开挖成型质量和施工进度。

1）炮眼深度（L）

爆破设计的炮眼深度主要受爆破振动强度控制，设计炮眼深度根据爆破部位不同进行调整，一般为 $1.0\sim1.5$m。

2）炮眼数目（N）

爆破设计炮眼直径可采用 $\phi35\sim42$mm，每次开挖面积约为 $36\sim80$㎡，单位面积钻眼数控制在 1.5 个以上。

3）炮眼布置

（1）周边炮眼布置采用经验公式和工程类比法确定。按规定炮眼间距 $E=(8\sim12)\,d$（d 为炮眼直径）；抵抗线：$W=(1.0\sim1.5)E$。隔孔装药，炮眼间距为 250mm，炮眼直径为 42mm，能满足 E 值要求。

（2）掏槽眼布置主要应用于侧壁上、下导洞 1、2 部，爆破设计采用空眼双层复式楔形混合掏槽。掏槽形式可根据实际地质情况合理确定。

（3）为降低爆破振动强度，循环进尺根据开挖部位不同来确定，掘进炮眼深度根据循环进尺来确定。

（4）当炮眼直径在 35~42mm 的范围内时，抵抗线 W 与炮眼深度有如下关系式：$W=(15\sim25)\,d$ 或 $W=(0.3\sim0.6)dL$，在坚硬难爆的岩体中或炮眼较深时，应取较小的系数，反之则取较大的系数。

4）单眼装药量的计算

周边眼装药参数可按表 5.2.1 选择确定。

围岩爆破周边眼参数

表 5.2.1

围岩级别	周边眼间距 E（m）	周边眼最小抵抗线 W（m）	相对距 E/W	装药集中度（kg/m）
I ~Ⅲ级	0.55~0.65	0.6~0.8	0.8~1	0.3~0.35
Ⅳ级	0.45~0.6	0.6~0.75	0.8~1	0.2~0.3
V级	0.35~0.45	0.45~0.55	0.8~1	0.07~0.12

其他炮眼的装药量均可按下式计算：

$$q=k\cdot a\cdot W\cdot L\cdot\lambda \tag{5.2.1-1}$$

式中　q——单眼装药量，kg；

　　　k——炸药单耗，kg/m³；

　　　a——炮眼间距，m；

　　　W——炮眼爆破方向的抵抗线，m；

　　　L——炮眼深度，m；

　　　λ——炮眼部位系数。

5）炮眼堵塞

堵塞作用是使炸药在受约束条件下能充分爆炸以提高能量利用率，因此堵塞长度不小于 20cm，掘进眼可取 25~28㎝。堵塞材料采用炮泥砂:黏土:水=3:1:1 的比例调制而成。堵塞应密实，不能有空隙或间断。

6）装药结构

隧道爆破炮眼中的炸药采用正向或反向起爆，实验结果表明，仅装瞬发雷管的炮眼应该采用正向起爆，其他炮眼采用反向起爆。即掏槽眼的首段采用正向起爆，这样可得到较好的岩碴块度。

周边眼采用间隔不偶合装药形式，为保证每个周边眼内炸药同时起爆须使用导爆索连接各药卷，如图 5.2.1 所示。

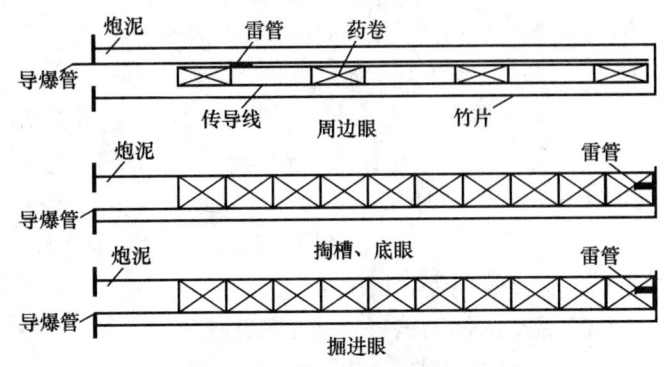

图 5.2.1　周边眼装药形式示意

7）爆破器材的选择

炸药可采用二号岩石乳化炸药。周边炮眼采用 φ25mm 小药卷，其他炮眼采用 φ32mm 标准药卷。

雷管：孔外采用电雷管起爆，连接件及孔内均采用非电毫秒雷管 1~15 段。为避免爆破时冲击波的叠加，选择非电毫秒雷管时应选用段间隔为 75ms 以上的各段雷管 1、5、7、9、11、13、14、15 共 8 种段别的非电毫秒雷管。导火索及导爆管均采用电雷管引爆，周边炮眼间隔装药采用传爆线传爆。

8）爆破安全校核

为确保隧道上方和周边建筑物的安全，隧道爆破施工时，采用短进尺，少装药爆破开挖，将爆破产生的各种危险因素加以控制并降低到国家规定的标准之下，在制定爆破方案时，应进行周密、详细的安全设计。

爆破振动安全校核

$$Q=\left[\left(V/K\right)^{1/a}\right]^{1/m}\times R^{1/m} \tag{5.2.1-2}$$

式中　Q——最大一段装药量（kg）；

　　　R——隧道最浅埋深（m）；

　　　V——爆破地震安全速度（cm/s），根据《爆破安全规程》GB 6722-2003 规定，由于隧道上方有砖房、非抗震的大型砌块建筑物，所以 V 取 2cm/s；

　　K、a——与地形、地质条件有关的系数和衰减系数，查《爆破安全规程》表 5，k 取 300，$a=2.0$；

　　　m——药量系数：查《爆破安全规程》，m 取 1/3。

5.2.2　测量放线

1. 导线、标高的标识应精心测设，首先应保证测设精度，在隐蔽部位或被下道工序覆盖部位设置标识；设置的标识应清洁，并不得污染其他部位。

2. 应将导线及轴线控制点投测到作业面附近，建立各施工掌子面的控制网，确定开挖各部的位置、标高，并应将开挖分部的断面轮廓线测绘在掌子面上，同时在开挖面上标示炮孔位置。

5.2.3　双侧壁上、下导洞 1、2 部开挖操作要点

1. 双侧壁上、下导坑必须采用有效的减振爆破措施，才能控制地表爆破振速不超过 2cm/s。隧道上导洞开挖采用控制爆破作业，即在拱部周边设置 2 排 φ50@300 减振孔及小导坑超前开挖创造临空面的减振爆破措施。为降低爆破振动波速度，1、2 部核心掏槽部位设在下部靠核心岩柱侧。每次循环掘进长度为 1m，并及时施作初期支护Ⅰ、Ⅱ，临时中隔墙及临时型钢支撑Ⅰ、Ⅱ。

2. 侧壁上、下导洞 1 部先行开挖，待掘进 10m 后，开挖宽度 6m 的横导洞，进行隧道导洞左右两侧 1、2 部及 6 部的挑顶开挖并施作初期支护，之后 2 部按设计断面上下导洞各分两个工作面开挖施工。

5.2.4　预留岩梁 5 部解除操作要点

1. 下导坑内仰拱及高边墙施工完毕后，进行岩梁分段分层爆破解除。岩梁解除时，不能对已成型边墙结构造成任何损害，岩梁靠车站边墙和中隔墙两侧钻 2 排 φ50@300 减振孔减振爆破作业，要求边墙成型结构位置爆破振速控制在 2cm/s 内，事先应计算出一次最大允许起爆药量，并按监测结果由小到大调整岩梁解除分段长度，两侧岩梁交替解除，每次最大解除长度控制在 1.5m 内。

2. 岩梁解除时，应采取有效措施对已成型边墙结构及预留钢筋进行成品保护，边墙水平施工缝位置可采用 20mm 厚弯折钢板固定在边墙初期支护上，盖住施工缝及预留钢筋，已成型结构表面应全部覆盖 20mm 厚钢板保护。具体保护措施见图 5.2.4。

5.2.5　拱部环形核心岩柱 6 部开挖

1. 应严格控制拱部核心岩柱 6 部开挖距后部二次衬砌作业面的距离，间距控制在 10~16m（围岩好取大

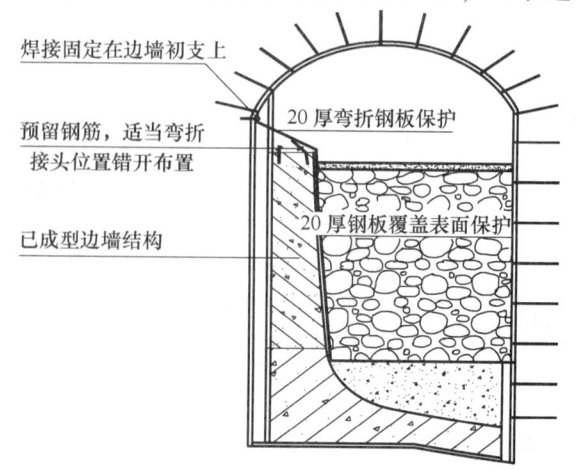

焊接固定在边墙初支上

20 厚弯折钢板保护

预留钢筋，适当弯折
接头位置错开布置

已成型边墙结构

20 厚钢板覆盖表面保护

图 5.2.4　高边墙成型结构成品保护措施

值，反之取小值）。开挖后及时闭合初支结构并施作临时支撑。

2. 核心岩柱拱部 6 部解除时，拱部 6 部开挖体有三个临空面，但爆破体距两侧壁下导洞的底板有很大高差，距钢筋、防水板作业台架及二次衬砌台车极近，为避免爆破振动、飞石和落石对导洞仰拱混凝土和后部衬砌 8 的质量造成危害，采用底部侧向水平拉槽和拱部光面爆破，两次爆破成型，如图 5.2.5 所示。底部侧向水平拉槽采用分段分层进行，炮孔深度 2.5m（岩性较好可适当放大）；拱部掘进眼采用松动爆破，周边眼采用光面爆破，循环进

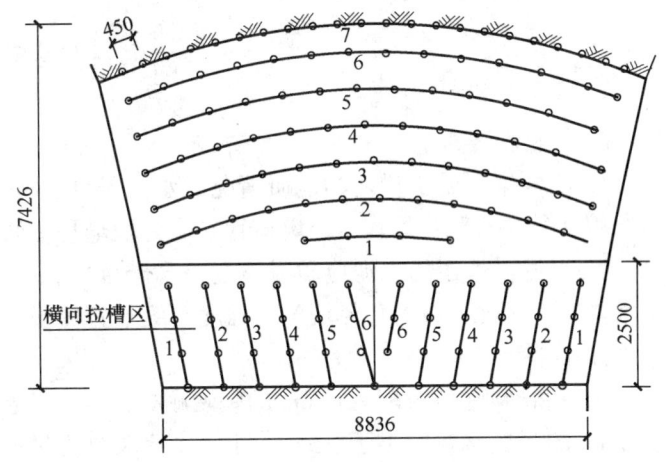

图 5.2.5 拱部环形核心岩柱 6 部分段开挖示意图

尺 1.2m 左右。为避免边坡掉块砸伤作业人员和砸坏作业台架，核心岩柱解除时，每循环进尺控制在 1.0m 以内，且每循环掌子面边坡均施工 100mm 厚 C25 喷射混凝土封闭。

5.2.6 核心岩柱中上、中下及下台阶开挖

1. 核心岩柱中上台阶 7 部采用短台阶开挖，台阶长度为 3m 左右。中上台阶 7 部开挖与核心岩柱拱部 6 部开挖紧密衔接。

2. 为加快隧道大断面二次衬砌等支护施工进度，减少相互间的施工干扰，核心岩柱中下及下台阶（9、10 部）开挖时，二次衬砌应超前 25m 以上。

3. 核心岩柱 7 部、9 部、10 部的开挖均有四个爆破临空面，采用台阶法松动爆破开挖，炸药单耗低，爆破振动波速度对周围建筑物影响较小。7 部爆破每循环进尺控制为 2.0m，9 部、10 部每循环进尺控制在 5.0m 以内。

5.2.7 初期及临时支护施工操作要点

1. 初期及临时支护施工应遵循"管超前、严注浆、强支护、快封闭"的原则，在钻爆开挖后及时对围岩面进行支护。

2. 超前小导管、钢格栅及钢筋网、锚杆及喷射混凝土等初期支护及型钢临时支护要严格按照设计及规范要求施工，确保支护质量。

5.2.8 施工监测控制

1. 主要量测项目选择

监控量测项目可分为必测项目和选测项目，必测项目为开挖施工必须进行的量测，其中包括：地质及支护状况观察、水平收敛、拱顶下沉、地表下沉量测、地面建筑爆破振动监测；选测项目是为未开挖地段的设计及施工计划提供数据而进行的量测项目，其中包括：锚杆内力及抗拔力、衬砌应力量测、钢支撑应力量测。

2. 监测数据分析与处理

按照《公路隧道施工技术规范》JTG F60-2009 设立预警机制，隧道周边最大允许相对位移（指实测位移值与两测点间距离之比，或拱顶位移实测值与隧道宽度之比），监测过程中以表 5.2.8 各标准范围的中间值作为隧道周边相对位移的预警值。及时分析各项监测数据，如发现异常情况及时反馈，及时采取措施或调整开挖方式。

隧道周边允许相对位移值（%）　　　　　　　　　　　　　　　表 5.2.8

覆盖层厚度（m） 围岩类别	<50	50~300	>300
Ⅳ	0.10~0.30	0.20~0.50	0.40~1.20
Ⅲ	0.15~0.50	0.40~1.20	0.80~2.00
Ⅱ	0.20~0.80	0.60~1.60	1.00~3.00

6. 材料与设备

6.1 材料要求

1. 应根据所施工隧道的地质情况、水文条件，围岩特性选择合适的炸药和起爆雷管。红旗河沟车站选用 2 号岩石乳化炸药，超爆雷管采用分段毫秒雷管。

2. 水泥：选用的水泥应质量稳定，含碱量低，C3A 含量小，强度富余系数大，活性好，标准稠度用水量小，水泥原材料色泽均匀。强度等级不宜低于 42.5 级，应优先选用普通硅酸盐水泥。

3. 骨料

1) 粗骨料颗粒级配≤15mm 的坚硬耐久的碎石。要求强度高，连续级配好，含泥量应小于 1%，大于 5mm 的泥块含量应小于 0.5%，针、片状颗粒含量应不大于 8%，压碎指标值应不大于 10%，内照射指数与外照射指数均应不大于 1.0。对每一次进场材料均进行检测，确保粗骨料级配控制在表 6.1 所示范围内。

粗骨料通过各筛径的累计重量百分比（%）　　　　　　表 6.1

项目 \ 骨料粒径（mm）	0.15	0.30	0.60	1.20	2.50	5.00	10.00	15.00
优	5~7	10~15	17~22	23~31	34~43	50~60	78~82	100
良	4~8	5~22	13~21	18~41	26~54	40~70	62~90	100

2) 细骨料选用洁净、级配良好的低碱活性天然中粗砂或机制砂，细度模数大于 2.5，含泥量应不大于 2.0%，泥块含量应不大于 1.0%，内照射指数与外照射指数均应不大于 1.0。

4. 外加剂

要求速凝效果符合规定要求，能满足混凝土的各项工作性能要求，且与水泥相适应。要求定厂商、定品牌、定掺量。对每批进场的原材料经复试合格后方可使用，随气候变化，应调整用量。

5. 初支用钢筋、型钢

进场使用的钢筋、型钢等要求规格正确、质量合格及各项质量证明文件齐全，对每批进场的原材料经复试合格后方可使用

6.2 机具设备 (表 6.2)

机具设备用表　　　　　　表 6.2

序号	机具设备名称	型号规格	单位	数量
1	装载机	ZL50G	台	4
2	挖掘机	PC400	台	2
3	挖掘机	PC01-1	台	2
4	自卸汽车	斯太尔红岩	台	20
5	机动翻斗车	F-10A	台	3
6	电动空压机	LGD-20/8-X	台	3
7	风动凿岩机	YT28 φ34-42	台	40
8	风镐	C11-A	把	10
9	锚杆钻机	MK-5	台	2
10	混凝土湿喷机	TK-961	台	8
11	双液注浆泵	KBY-50/70	台	2
12	砂浆搅拌机	LG-300	台	2
13	砂浆泵	UB-3	台	2

序号	机具设备名称	型 号 规 格	单位	数 量
14	多功能钻爆台架		台	4
15	电钻	PR-38E	把	5
16	交流电焊机	BX3-300	台	6
17	砂轮切割机	J2G-400	台	2
18	直螺纹滚丝机	JBG-40	台	4
19	型钢冷弯机	LW-25	台	2
20	钢筋弯曲机	GJBT-40	台	2
21	钢筋切断机	GJQD-40	台	2
22	钢筋调直机	GT4/10	台	2
23	气割设备	氧-乙炔	台	4
24	木工台床	MB-504B	台	1
25	通风机	SDF（C）-NO6.0	台	2
26	锤式破碎机	PC-74A	台	1
27	潜水泵	200QJ10-40/3	台	8
28	收敛计	精度高、方便	个	根据实际确定
29	全站仪	精度高、方便	个	同上
30	压力盒	低磁、抗干扰	个	同上
31	钢筋计	可靠、精度高、方便	个	同上
32	应变计	可靠、精度高、方便	个	同上
33	锚杆轴力计	可靠、精度高、方便	个	同上
34	爆破振动测试仪	灵敏、方便、可靠	台	同上

7. 质 量 控 制

本工法除必须满足设计要求外，还应遵守《铁路隧道工程施工质量验收标准》TB 10417-2003 的有关规定。此外，本工法还提出具体的质量保证措施如下：

7.1 暗挖质量保证措施

1. 暗挖段开挖前在拱顶范围内采用超前小管棚对地层注浆预加固。为了保证注浆质量，对超前注浆管进行定时抽查，注浆允许偏差如表 7.1-1 所示。

注浆允许偏差表　　　　　　　　　　　　　　　　　　　　表 7.1-1

序号	项　　目	允许偏差	检查频率		检验方法
			范围	点数	
1	管长	+5cm	每20m	5	用钢尺
2	排管间距	+5cm/-0		5	用钢卷尺
3	注浆量	±50mL		5	用试验容器

2. 暗挖段开挖采用人工配合机械开挖，接近开挖轮廓时，禁止用机械开挖而用人工修整从而控制超挖。同时还要控制开挖台阶间距。开挖允许偏差如表 7.1-2 所示。

开挖允许偏差　　　　　　　　　　　　　　　　　　　　　表 7.1-2

序号	项　　目	允许偏差	检查频率		检验方法
			范围	点数	
1	进尺间距	+5cm	每20米	5	用钢尺
2	净空	+10cm/-0		10	用钢尺
3	台阶间距	+0/-1m		5	用钢尺

7.2 开挖过程初支质量保证措施

1. 钢拱架工程

1）隧道开挖初期支护的钢拱架，其原材料必须符合设计要求和施工规范要求。

2）加工厂加工的钢拱架应有出厂质量证明，现场加工拱架应分批进行验收，合格后方可用于施工。

3）钢拱架用于工程前应进行试拼，架立应符合设计要求，连接螺栓必须拧紧，数量符合设计，节点板密贴对正，钢拱架连接应圆顺。其拼装及架设允许偏差分别见表7.2-1、表7.2-2。

钢拱架架设允许偏差　　表7.2-1

序号	项 目	允许偏差（mm）	检查频率	检验方法
1	中线	20	每榀拱架	钢尺
2	标高	+20~0		水平仪
3	同步	±50		钢尺
4	环向闭合	±100		钢尺
5	垂直度	20		锤球、钢卷尺

拱架试拼装允许偏差表　　表7.2-2

序号	项 目	允许偏差（mm）	检验方法
1	周边允许偏差	±30	尺量
2	平面翘曲	20	尺量

2. 喷射混凝土

1）所用材料的品种和质量必须符合设计要求和施工规范的规定，其中水泥需先进行复试符合有关规定后方可使用。

2）喷射混凝土原材料配合比、计量、搅拌、喷射必须符合施工规范规定。

3）喷射混凝土强度必须符合设计要求。

4）对喷射混凝土的结构，不得出现脱落和露筋现象。

5）仰拱基槽内不得有积水淤泥和虚土杂物、喷射混凝土结构不得夹泥渣，严禁出现夹层。

6）钢拱架间喷射混凝土厚度应满足设计要求，无大的起伏凹凸，表面应平整圆顺。其允许偏差见表7.2-3。

喷射混凝土允许偏差表　　表7.2-3

序号	项 目	允许偏差	检查频率 范围	检查频率 点数	检验方法
1	厚度	±30mm	每20m	5	钻孔量测
2	强度	0		一组	试件
3	平整度	≤1/6矢跨比		10	用钢尺
4	净空	+30~0m		2	测量仪器

7.3 监控量测质量措施

1. 量测人员相对固定。

2. 仪器的管理采用专人使用专人保养，专人检验的方法。

3. 量测设备，传感器等各种元器件在使用前均经检查校准合格后方可投入使用。

4. 各量测项目在监测过程中必须严格遵守相应的监测项目实施细则。

5. 量测数据均经现场检查，室内复核两次检查后方可上报。

6. 量测数据的存储计算管理均由计算机系统进行。

7. 各量测项目从设备的管理，使用及量测资料的整理均设专人负责。

8. 安 全 措 施

8.1 施工前先必须做好班前安全教育和安全交底。未经三级教育的新工人不得上岗。

8.2 所有用电设备及配电柜应安装漏电保护装置，并张贴安全用电标识，严禁无电工操作证人员进行电工作业。应定期进行安全用电检查，不符合要求的立即整改。

8.3 应定期对各种设备进行调试、保养和维修，保证施工设备安全可靠，各种设备必须严格按安全操作规程进行操作，严禁违章作业。

8.4 上下交叉作业、高空作业时，必须采取有效、可靠的安全防护措施。

8.5 建立配套的监测系统。加强监控量测工作，做到每一项、每一段都有记录、有分析、有结论、有专人管理。始终使安全处于受控状态。

8.6 加强检查。重点检查掌子面及未衬砌地段；观察出水量情况，防止突涌水发生。支护地段的锚杆是否被拉断；喷射混凝土是否产生裂隙剥离和剪切破坏；隧道是否有底鼓现象等。还应注意围岩的稳定性，当围岩变形无明显减缓或喷射混凝土层产生较大剪切破坏，应停止开挖，及时采取辅助措施加固围岩以确保安全。

8.7 重视出入口施工，保证洞内安全和周围建筑物安全。

8.8 锚杆（索）施工。要严格按设计钻孔，保证设计长度、锚固力，防止锚杆脱落导致人身伤亡事故，应指定专人定期检查锚杆的抗拔力。

8.9 喷射混凝土。在喷射前，同时要有专人仔细检查管路、接头等，防止喷射时因软管损坏、接头断开等引起事故。

8.10 严格控制爆破的齐发爆破总药量 Q 或延时爆破最大一段药量 Q。

8.11 加强巡视，随时掌握沿线周边建筑物、高压线及综合管网的情况，及时处理。

8.12 加强通风，爆破后，经通风吹散炮烟，检查确认井下空气合格后、等待时间超过 12min，方准许作业人员进入爆破作业地点。

8.13 每次爆破前，由安全警戒员做好响炮前的清理工作，根据洞内计算的安全距离，必须将爆破区安全距离范围内的人员及设备撤离至安全距离之外，确认安全区内无人员及设备后方能放炮，并由安全员守住进洞口，以防有人进入爆破非安全区。爆破完毕后，须经安全人员允许，相关人员方能进入工作面；并在爆破掌子面之外安全距离外设一遮隐墙，供爆破人员及安全员作为预防冲击波及飞石之用。

9. 环 保 措 施

9.1 施工过程中，应最大限度减少施工中产生的噪声和环境污染。特别要控制夜间 10 点后的噪声，以免影响周边居民的休息。

9.2 施工过程中，应严格控制爆破振动速度，防止对周边环境及围岩产生破坏。

9.3 应做好施工现场污水的合理排放，工地废水、污水应通过临时下水道排入正式污水井和污水管道中。

9.4 施工过程产生的炮烟等烟尘应在作业面后 30m 设水幕降尘。施工产生的废弃物，应及时清运，集中堆放，保持工完场清。

9.5 水泥浆液及水玻璃液等在现场使用运输时，装料不应超过容器的 3/4，提在手上走动时不要晃荡，避免遗撒污染地面以及浪费材料。

9.6 必须严格按照当地环保规定做好文明施工、文明现场。

10. 效益分析

10.1 本工法对传统浅埋暗挖工艺进行了拓展，解决了工程用地与既有交通的矛盾，具有施工噪声小、对城市交通和居民生活影响小等优点，对周围环境保护良好，适应复杂的周边环境和地质条件。

10.2 本工法采用上下导坑同时开挖，可充分增加可开挖工作面，加快隧道前期开挖速度，有效缩短施工工期。

10.3 本工法在开挖掘进过程中采用钻爆施工，费用低、速度快，节约施工成本。与其他施工方法单位体积岩土开挖费用比较见表 10.3。

不同施工方法费用比较表　　　　　　　　　　　　　　　　　　　　表 10.3

序号	开挖方式	单价（元/m³）	备　　　注
1	钻爆开挖	106	采用 1 可节省费用 344 元
2	人工开挖	450	
3	机械开挖	310	采用 1 可节省费用 204 元
4	静力开挖	362	采用 1 可节省费用 256 元

本工法采用上下导坑开挖，增加了前期开挖工作面，大大缩短工期，从而节约了大型机械设备及周转工具租赁费和项目管理费。本工法在重庆轨道交通三号线一期工程观红段红旗河沟车站工程，重庆轨道交通一号线 I 标段小什字车站及区间隧道工程和重庆轨道交通六号线大剧院车站、江北城车站及区间隧道工程中成功应用后，共取得 218.45 万元的经济效益。

10.4 本工法很好地解决了超大断面隧道开挖的安全性问题，利用预留岩梁作用，可有效增强水平支撑强度和整体稳定性，减少安全费用的投入。

10.5 通过应用本工法，可提高超大断面暗挖施工技术水平，使施工的质量管理工作得到全面提升，为企业施工管理积累宝贵经验。

11. 应 用 实 例

11.1　重庆轨道交通三号观音桥~红旗河沟区间隧道及车站工程

重庆轨道交通三号观音桥~红旗河沟区间隧道及车站工程，位于重庆市江北区观音桥茂业百货与红旗河沟汽车北站间，于 2008 年 3 月 1 日开工，红旗河沟车站全长 178.9m，共有 A、B、C、D 四种形式断面，其中 B 型断面隧道长约 40m，断面高 32.83m、宽 25.55m，暗挖最大断面约 760m²。车站隧道覆跨比仅 0.4，最小围岩厚度仅 8.6m，属超浅埋隧道。如图 11.1 所示。

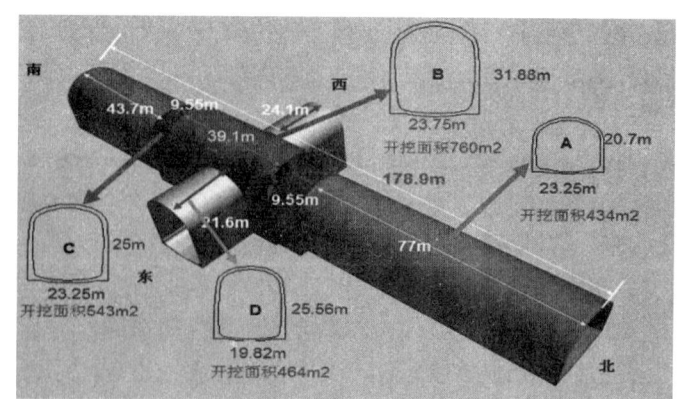

图 11.1　车站断面示意图

车站 B 断面施工时，采用双侧壁上下导坑钻爆开挖施工，从大里程方向（北端）A 断面车站上斜坡进入 1 部上导坑开挖，开挖断面面积 73.170㎡，为减小振动，上导坑分上下两台阶开挖，台阶高度约 6m，台阶长 3m；从车站小里程方向（南端）平导洞进入 1 部下导坑开挖，开挖面积 67.922㎡，由于 C 断面与 B 断面下部有 4 米多的高差，下导坑也分两步开挖，上台阶下口平 C 断面隧道底，台阶高度约 7m，上台阶开挖完成后进行下台阶开挖，台阶高度约 4.5m；1 部开挖 10m 后上下开 6m

宽横通道进入2部上下导坑开挖工作面，2部开挖类同1部开挖；1、2部下导坑完成后完成仰拱及高边墙二衬，后解除5部岩梁，岩梁开挖面积约44.315㎡；5部岩梁开挖后进行6部拱部核心岩柱开挖，开挖面积71.597㎡；后分别开挖核心岩柱中上及中下台阶7、8部，开挖面积分别为48.305㎡、102.838㎡；待车站隧道B断面洞身二衬完成后最后进行核心下部核心岩柱9部开挖，开挖面积约110.007㎡。

各部断面开挖后及时进行初期支护确保，整个车站B断面隧道开挖速度较快、安全无事故，开挖后隧道轮廓线性较好，达到设计和业主的要求。

11.2 重庆轨道交通六号线大剧院、江北城车站及区间隧道工程

重庆轨道交通六号线大剧院、江北城车站及区间隧道工程，位于重庆市江北区江北嘴，其中江北城车站主体总长240.8m。车站主体结构分为明、暗挖两部分，其中里程 YDK16 +57.455 ~YDK16 +105.048、YDK16+259.708~YDK16+298.258 为明挖段；里程 YDK16+105.048~YDK16+259.708 为暗挖段，采用地下3层钢混凝土马蹄形大拱脚结构，长154.660m。暗挖车站IV形断面开挖尺寸为：27m（宽）×27m（高），开挖断面面积约为645m²，断面开挖步序如图11.2。

暗挖车站施工时，采用双侧壁上下导坑钻爆开挖施工，车站上导坑开挖直接从施工便道断面进入车站拱顶224.435m标高，距拱部放大脚底端4.2m，向大里程端

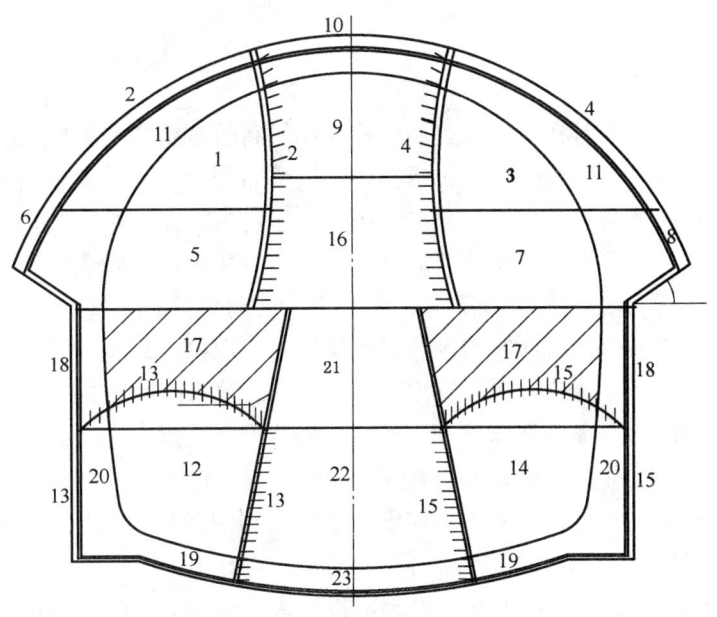

图11.2 车站断面开挖步序图

下坡开挖30m至拱角底部标高，1部向大里程端开挖，同时打通横通道至上导右部，上导坑两侧同时向大里程端开挖。由于车站断面宽27m，左右侧上导坑开挖各分两步，以保证解除核心土的宽度不大，左侧上导分1、5部开挖，右侧上导分3、7部开挖；左右侧上导坑施工完毕后，进行9部核心土解除，核心土解除从上导坑横通道端墙位置开始解除，端墙横通道宽度9m，该部分核心土型钢全部解除，拱顶初支闭环；9部核心土解除完毕后，施工拱部二衬，后由大里程暗涵处向小里程端开挖12、14部双侧壁下导坑，为减小振动，下导坑分上下两台阶开挖；12、14部开挖完毕后进行16部核心土解除，16部核心土解除完毕且拱部二衬施工完成后进行17部岩梁解除，待岩梁解除完毕后施工左右下导洞仰拱，并施做边墙二衬；边墙二衬施工完毕后，解除21、22部核心土，并施工中部仰拱，使仰拱成环。

重庆轨道交通六号线大剧院、江北城车站及区间隧道工程，位于重庆市江北区江北嘴，其中江北城车站主体总长240.8m。各部断面开挖后及时进行初期支护确保，整个车站断面隧道开挖速度明显加快、而且安全方面未发生事故，开挖后隧道轮廓线性好，达到设计要求，获得业主和监理等单位的一致好评。

11.3 重庆轨道交通一号线小什字车站及区间隧道工程

重庆轨道交通一号线小什字车站及区间隧道工程，小什字车站全长270.026m，共有A、B、C三种型式断面，其中C形断面隧道长29.8m，断面高25.8m、宽21m，车站顶部覆土8.7m，属于超大断面浅埋隧道。各部断面开挖后及时进行初期支护确保，开挖后隧道轮廓线性较好，满足设计和规范要求，同时确保安全无事故，获得业主和监理等单位的一致好评。

特大体量隐伏岩溶释能降压工法

GJYJGF073—2010

中铁十一局集团有限公司　中铁一局集团有限公司

李文俊　张旭东　张宏明　李建铭　侯小军

1. 前　言

在隧道施工中若遭遇到特大体量高压富水隐伏溶腔时，传统"以堵为主"的方法和注浆技术措施难以从根本上解决施工及运营中的安全问题。宜万铁路是目前国内施工风险最大、最难修筑的铁路，多个隧道遭遇特大型突泥突水，历时5年仍未贯通。中铁十一局集团有限公司、中铁一局集团有限公司联同宜万建设指挥部和铁道部有关专家，对高压富水隐伏溶腔进行了课题研究和攻关，对高压富水隐伏溶腔处理创新性地采用释能降压工法，成功地处理了宜万铁路马鹿箐隧道的"+978"和云雾山隧道的"+526"、"+617"等特大体量隐伏岩溶，取得了理想的效果。

岩溶隧道溃水风险控制与综合治理技术研究填补了我国乃至世界特大体量隐伏岩溶施工技术处理的空白，为今后我国隧道工程在类似条件下的施工提供借鉴与参考；《云雾山岩溶隧道关键施工技术研究》通过中国中铁股份有限公司专家组评审鉴定；《马鹿箐隧道岩溶溃水风险控制及处治技术》通过湖北省科技厅组织的成果鉴定，总体达到国际领先水平，并获2009年度中国铁道建筑总公司科技进步特等奖。

根据对溶腔的施工处理申报了多项专利，其中"隧道掌子面前方地质情况扩大断面水平钻孔预测预报法"（专利号：ZL 2008 1 0047733.5）发明专利和"高压富水充填溶腔超前钻孔装置"（专利号：ZL 2009 2 0033876.0）实用新型专利均已授权，"高压富水充填溶腔超前钻孔方法"发明专利正在公示中。

2. 工 法 特 点

2.1　本工法改变了帷幕注浆"以堵为主，限量排放"的施工理念，采用"以排为主，排堵结合"的原则，解决了帷幕注浆成孔难、可注性差、注浆范围控制难、注浆效果差等难题。

2.2　本工法通过释能降压，消除了大体量隐伏岩溶的突泥突水风险，规避了帷幕注浆可能造成的二次灾害，更安全可靠。

2.3　本工法总体施工成本低，施工进度快，机具设备简单，材料消耗小，可操作性更强。

3. 适 用 范 围

适用于有高溃水风险的大体量（或特大体量）、高压（或超高压）岩溶水的填充型溶腔隧道综合治理，尤其适用于充填粉沙、粗沙夹碎砾石等高压富水溶腔隧道工程的施工。慎用于因改变地下岩溶水径流方向而容易导致地表环保、水保灾害的隧道。

4. 工 艺 原 理

通过地质勘查及超前地质预测预报法查找出溶腔后，采取水平地质钻孔对岩溶边界进行锁定，针对复杂的、有高溃水风险的大体量（或特大体量）、高压（或超高压）岩溶水的填充型溶腔，采用钻孔泄水解除高压水风险，通过有计划、有目的的控制爆破揭穿溶腔，从而释放溶腔所存储的能量，降低施工及运营过程中水土压力对隧道的影响，之后，通过配套处置措施完成溶腔处治。

5. 施工工艺流程及操作要点

5.1 施工工艺流程

施工工艺流程见图 5.1。其中判明溶腔水文地质条件与地表及地下暗河的连通性、钻孔泄水降压、控爆揭开溶腔是整个工艺的关键工序。

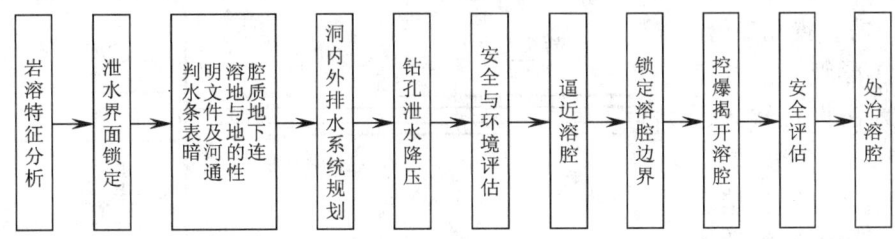

图 5.1　释能降压法施工工艺流程图

岩溶特征分析 → 泄水界面锁定 → 判明溶腔水文条件及地下暗河地质与地表的连通性 → 洞内外排水系统规划 → 钻孔泄水降压 → 安全与环境评估 → 逼近溶腔 → 锁定溶腔边界 → 控爆揭开溶腔 → 安全评估 → 处治溶腔

5.2 操作要点

5.2.1 岩溶特征分析

洞外地表采用地质调查测绘、水文地质观测、水文地球化学勘察、高频音频电磁（EH-4）探测以及深孔钻探、测试等地质勘察工作，洞内掌子面采用超前水平钻、地质雷达、TSP203 等短中长距离的超前地质预测预报相结合，初步查明岩溶的工程地质、水文地质条件。

5.2.2 泄水界面锁定

根据初步查明岩溶的工程地质、水文地质结果，开挖前以每 100m/次的频率采用 TSP203 长距离预报开挖掌子面前方地质状况，前后两次搭接 10m，探测后再采用超前水平长孔钻探每 60~100m/次，布置 3~6 孔，探测并验证前方地质状况，每次搭接 10m。

泄水掌子面距离溶腔边界应预留 30~40m 的完整岩盘，通过全方位、多孔水平钻探，探明掌子面前方溶腔的边界，以及溶腔内部淤积物位置及标高、岩溶水的区域及标高等水文地质情况。

5.2.3 判明溶腔水文地质条件与地表及地下暗河的连通性

1. 降雨量监测

降雨量监测采用 "SRY-1 雨量记录仪" 进行降雨量自动记录。当天早 8:00 至第二日早 8:00 期间的降雨量作为当日降雨量。记录内容包括天气状况（晴、阴、雨、雪）、气温（℃）、降雨量（mm）。遇大雨、暴雨、暴雪等天气时，需人工记录其发生时间、持续时间、降雨量、降雪量等。

降雨量记录仪设置后应由专人看管，及时采集和整理观测数据、定期检查设备工作状况。

降雨量监测中要求配备辅助电源，避免停电影响降雨量的数据采集。

2. 涌水量监测

涌水量监测包括超前钻孔、重要出水点、集中汇水点、重要井泉等水量。进行水量监测的同时，注意观察水的混浊情况，必要时需进行含泥量的测试。监测过程中应及时收集隧道工程附近水文站资料。

涌水量监测采用人工监测及自动监测相结合的方法进行。人工监测时，当水量较小时采用量桶法量测，水量较大时应集水归槽后采用堰测法量测。自动监测时，在集中汇水点设置 "SONTEK Argonaut SW 多普勒流速测量仪" 24h 不间断进行流量自动监测。SONTEK Argonaut SW 多普勒流速测量仪应设置在规则集水槽中间的底部。多普勒流速测量仪设置后应由专人看管，及时采集和整理观测数据、定期检查设备工作状况。设立警示标志，保护仪器设备。

采用堰测法进行流量观测时，必须在监测点附近设置长度不小于 20m 的固定围堰，堰口采用矩形或等边直角三角形，要求堰口前能跌水、后有积水。

采用人工监测方法进行监测的水点，原则上每天一次，特殊水点加密监测频次。当天早 8:00 至第二日早 8:00 期间的涌水量作为当日涌水量。发生突水等特殊情况时，需准确记录洞口水位变化及突水情况，包括起止时间、高水位的持续时间、流量衰减变化等。

3. 水压力监测

每实施 1 次超前钻孔均需进行水压力监测。每个溶腔至少需布置 1 孔进行水压监测。水压力监测孔，需设置孔口管，安装法兰盘、Q 形管、空气室及压力表，孔内需设置软式透水管等，见图 5.2.3。

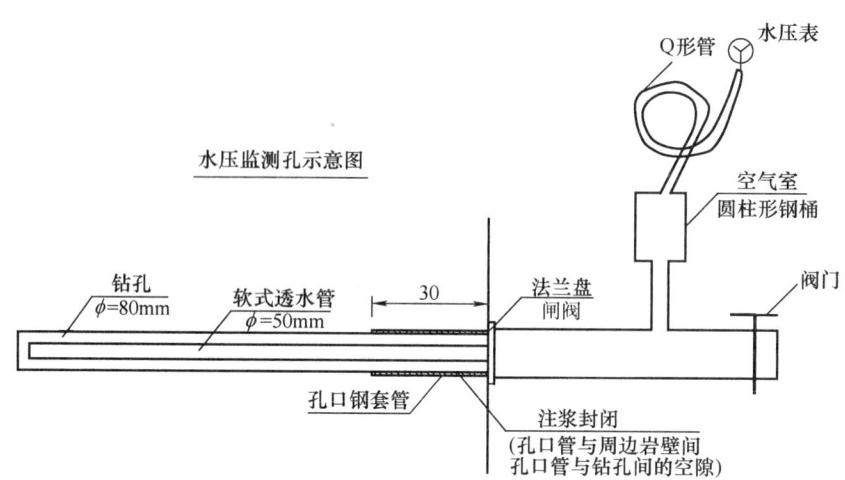

图 5.2.3　水压力监测方案示意图

1）为防止溶腔充填物堵塞测压表，应在钻孔内设置软式透水管、水压表前设置空气室。

2）封闭孔口管与岩壁间空隙，避免孔口周边透水，影响水压测试效果。

3）一般情况下，每天早上 8:00 及晚上 8:00 各监测 1 次水压；降雨期间或雨后一定时间每 2h 监测 1 次水压。

4）除监测流动状态下的动水压外，还需将所有出水点关闭，测定稳定水压，水压稳定时间不少于 2h。

5）对压力表进行检查、维修，发现压力表失效时，应及时更换，确保水压力测试数据准确性、连续性。

4. 深孔水位监测

在有条件的地方还应采用地表钻深孔直达溶腔，观测溶腔内的水位变化情况。

采用 Level TROLL 300 或 Level TROLL 700 深孔液压测量仪对未施工地段的重要深孔孔内水位进行自动长期连续观测。Level TROLL 300 深孔液位测量仪为离线测量，自动记录水位的升降变化，事后数据下载，定期将仪器从深孔内取出。

深孔水位测量仪设置后，应由专人看管，及时采集和整理观测数据、定期检查设备工作状况。

5. 示踪试验

采用工业盐、荧光粉等示踪剂进行示踪试验，查明溶腔与地表水、暗河的连通性。

6. 通过对不同降雨量的溶腔涌水量、水压力、深孔水位的监测，地下暗河涌水量及示踪结果的分析，确定溶腔的补给源，找出溶腔与地表或地下暗河的连通关系，不同降雨量与通过溶腔排泄的地表水流量的对比关系。

5.2.4　洞内外排水系统规划

1. 相隔洞室分隔

为减少释能降压时水及充填物进入相邻洞室，对相邻洞室产生影响，同时保证溶腔处理期间相邻洞室的正常安全施工，应对相邻洞室横通道之间进行封堵分隔。

横通道封堵位置宜选择靠近排水线路侧。

封堵材料根据工程要求及现场供应条件确定，若为临时封堵，可采用碎石砂袋。若永久性封堵，应采用混凝土材料。封堵时，应在封堵位置按 1m×1m 间距钻深 2m 的钻孔，埋设 3m 长砂浆锚杆，外露 1m，与封堵墙连接成整体结构。

横通道的封堵高度，根据消能特征分析，越靠近释能降压掌子面处，由于排泄物中含有大量固体介质，能量也越大，因此，高度也应越高。原则上，在释能降压掌子面后退 1000m 范围采取全断面封堵，1000m 以外采取半断面封堵。横通道的封堵厚度应进行检算。

2. 洞内排水线路设计

实施释能降压前，应根据释能降压点所处的位置，以及工程进展情况作出合理的洞内排水线路专项设计。

见图 5.2.4-1，施工遭遇高压富水充填溶腔时，若后部已全部贯通，则可以直接通过封堵两隧道间横通道，从而使排水线路通畅，同时，溶腔处理期间也不会对临近隧道施工造成影响。

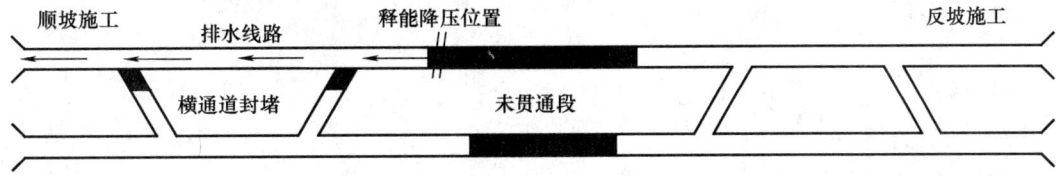

图 5.2.4-1　顺坡施工后部全贯通时排水线路

当顺坡施工遭遇高压富水充填溶腔时，若后部有部分地段未贯通（图 5.2.4-2），此时，应进行方案比选，若后部剩余工程量不大，能在一个月内实现贯通，原则上应采取两端夹击对未贯通段进行开挖，但绕行排水会使临近隧道施工受溶腔处理影响。

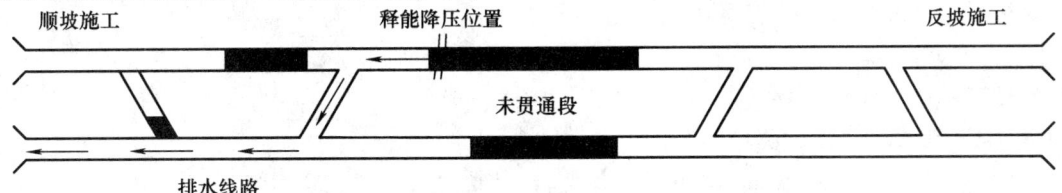

图 5.2.4-2　顺坡施工后部未全贯通时排水线路

3. 洞外排水规划

对高压富水充填溶腔实施泄水降压前，必须对洞外环境进行调查，查找消水洞、自然河流、沟渠。明确排水线路，设置排水沟渠能力按 "5.2.5 条中 2. 单位时间池水流量的确定" 中泄水流量的 1.2 倍设置，且保证排水通畅。对于洞口及排水下游民房存安全隐患时，必须予以拆除。洞外排水系统应进行专项设计。

5.2.5　钻孔泄水降压

1. 溶腔泄水区域的确定

根据 "5.2.2 泄水界面锁定" 中探明的岩溶水区域及标高等水文地质情况，选择水量较大且不易被溶腔充填物所堵塞的区域（一般选择水流量基本保持不变且为清水的超前钻孔比较集中的区域）作为主要泄水区域。

2. 单位时间泄水流量的确定

根据 "5.2.3 判明溶腔水文地质条件与地表及地下暗河的连通性" 中找到的不同降雨量与通过溶腔排泄的地表水流量的对比关系，查阅当地 3~5 年内的最大降雨量记录，推断出需通过溶腔排泄的最大地表水流量，确定单位时间的泄水流量。

3. 泄水孔数确定

根据所选择的钻孔设备，确定钻孔的管径。根据钻孔长度、孔径、水压力确定单孔泄水流量。再依据单位时间的泄水流量确定泄水孔数。

单孔泄水流量 Q 由下列计算确定：

（1）
$$Q = \omega \times V (\mathrm{m^3/s})$$

式中　ω——过水面积，即孔的面积；

　　　V——流速。

（2）
$$V = \left[(2gH)/(1+\lambda L/d) \right]^{1/2} (\mathrm{m/s})$$

式中 λ——沿程阻力系数；

      g——重力加速度，取 9.8；

      H——水压差，取水柱高度；

      L——泄水孔长度；

      d——泄水孔直径。

（3）
$$\lambda = 8g/c^2$$

式中 g——重力加速度，取 9.8；

      c——谢才系数；

（4）
$$c = R^{1/6}/n$$

式中 R——水力半径，圆管 $R = d/4$；

      d——为泄水孔直径；

      n——泄水孔边壁粗糙系数。

4. 实施钻孔泄水降压

1）设置止水墙。掌子面底部虚碴清理干净，止水墙嵌岩 50cm，止水墙混凝土振捣密实；模板采用大块钢模；在止水墙顶部预留注浆孔，混凝土终凝后压浆以确保止浆墙与围岩密贴。

2）孔位布置准确。洞外制作孔口管。孔口管采用热轧无缝钢管，孔口管上焊接法兰盘；根据设计图孔位、钻孔参数，在工作面上放出钻孔位置，并用油漆标定。调整钻杆的仰角和水平角，移动钻机，将钻头对准所标孔位。将棱镜放在钻杆的尾端，用全站仪检查钻杆的姿态并调整。钻进 4.5m 深后，将孔口管插入，外露 20~30cm。每根孔口管用锚杆固定，孔深 2.0m，外露长度根据孔口管的位置确定。管壁与孔口接触处采取麻丝和锚固剂充填，再向孔口管内压注双液浆固结。

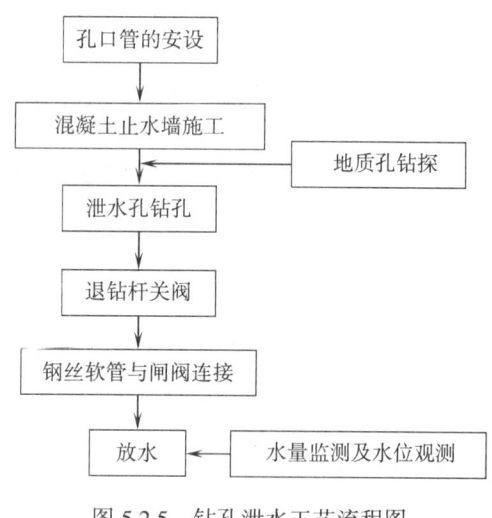

图 5.2.5   钻孔泄水工艺流程图

3）泄水台架及钻机的固定牢固，钻机方向符合要求。钻机台架采用型钢加工，地锚固定，并将台架立柱埋入铺底混凝土内。钻孔完毕后不拆除，用来作为放水时的工作台架。

4）安装好退杆防喷管、铜芯高压闸阀、V 形防护木板后实施钻孔，定时检查钻孔方位角，及时纠偏。泄水孔钻好后退杆并关闭高压闸阀，移位钻下一泄水孔。

5）全部泄水孔钻好后统一开闸泄水，泄水过程中做好泄水量监测、水压力观测、深孔水位观测。

5. 视频监控系统的设置

1）视频监控系统必须设在远离洞外排水路线和隧道正洞口或平导洞口的地势高、安全系数大的地方。

2）该系统由远程监控和防灾报警等子系统组成。分别在距泄水掌子面 100m 处，安全隧道与排水隧道之间预留观察孔处，及泄水指挥中心处各设置 1 个视频监控器，在泄水指挥中心设置硬盘录像机、视频监控器和彩色监视器和对讲机，各设备通过接入隧道内的光纤线连接成网络，以便于泄水前、泄水中和泄水后对洞内情况进行观测和应急指挥。

6. 洞外警戒系统的设置

1）泄水前，应和当地政府取得联系，并发布泄水公告；泄水期间，应对与洞外泄水路线上相交叉的公路或乡间道路进行临时管制，并在泄水路线上设置安全警示标志。

2）泄水前，必须将洞外泄水路线两旁的村民转移至安全地方。

3）泄水期间和泄水后一段时间内，在公路或乡村道路的进口和出口设置值班人员，值班人员分三班轮留值班，值班人员应配备对讲机、喊话器，以便对公路或乡村道路进行临时管制，在公路或乡村道路的进口和出口布置应急抢险队和应急物资和设备。

5.2.6 安全及环境评估

1. 根据泄水水文观测结果，结合探明的溶腔形态，评估溶腔腔体内岩溶水的静储量和恒定补给量，确定溶腔内岩溶水的静储量是否小于 10000m³，恒定补给量是否小于 500m³/h。

2. 必须在对洞外排水线路上的道路交通、村舍民房、天然气管道、学校厂矿、电力变电所、农田、排水河道等进行充分的调查后，进行行洪安全及环境评估，并形成评估报告，呈递地方行政主管部门，办理相关手续，编制相应应急预案。

5.2.7 逼近溶腔

通过泄水解除溶腔高压水风险后继续向前掘进，以 20m/次的频率施做地质雷达预报前方地质状况，并在每槎炮的掌子面上施做 5m 多超长炮孔，确保隧道正面和周边有 3~5m 完整岩盘的条件下逐步开挖逼近溶腔。

5.2.8 锁定溶腔边界

1. 根据超前水平钻孔及 5m 炮孔探测出溶腔前壁岩盘厚度，锁定溶腔边界。并根据探测结果，绘出溶腔形态图。

2. 采集溶腔内充填物样品，在试验室内依据《铁路土工试验规范》和《铁路勘察地质手册》进行筛分和土的相关物理参数的检测，划分充填物的类型。

5.2.9 控爆揭开溶腔

控制爆破设计是确保揭示后的溶腔口有足够大的泄洪面积，不为爆破后的巨石等堵塞，使溶腔内的充填物能一次性完全释放的先决条件；成功的控制爆破，可为后续溶腔处治创造条件。按照《新编爆破工程实用技术大全》和《爆破安全规范》进行设计、施工。

1. 根据超前钻孔和 5m 炮孔探测后绘制的地质柱状图，分区绘制溶腔前壁（即掌子面一侧）的岩盘厚度图。

2. 根据岩盘厚度图确定爆破设计需要揭开的溶洞最小洞口面积。

3. 根据岩盘厚度图和预期需揭开的溶洞最小洞口面积，确定爆破钻孔布置方式和钻孔深度，当岩盘厚度分布极不规则，宜在岩盘较厚处设置爆破导坑，增加爆破效果。

4. 采用加强装药量和分段微差爆破技术，采用斜眼掏槽方式，炮眼设置以不钻穿溶腔前壁（保留 20cm 厚度岩盘）为宜；采用非电毫秒雷管全孔满装防水炸药，孔口锚固剂堵塞 20~40cm，电雷管引爆。

5. 施工时，如遇炮孔钻穿岩盘进入溶腔，可采用锚固剂封堵孔底 20cm，或将该孔用木楔封堵，在旁边再另开炮孔。

6. 爆破前，应先规划好起爆路线，进行试爆破以验证电雷管起爆破器的功率是否满足要求；针对起爆工序编制专项应急预案和应急演练。

1）起爆路线的设置，对于单线双洞隧道、单线带平导隧道，起爆点必须选择在非排水路线隧道内距离爆破面一定距离处，起爆后宜沿行洪路线相反方向撤离；对于单洞双线隧道的起爆点，必须计算好撤离速度，并要慎重决策。

2）起爆器、起爆器材必须事先进行试爆破验证其使用效果是否满足要求。

3）起爆破撤离路线及起爆，必须编制专项应急预案，进行专项应急演练，演练人员除覆盖爆破作业人员外，还应覆盖爆破后通过安全隧道（非排水路线隧道）进洞检查爆破效果的领导和专家。

揭开溶腔过程中及之后相当长时间内，视频监控系统的设置、洞外警戒系统的设置、降雨量监测、涌水量监测、水压力监测、深孔水位监测还应继续进行。

5.2.10 安全评估

揭开溶腔后，必须根据远程视频监控数据、各水文观测站数据、通过安全隧道观察孔观测到的情况和天气情况，综合评价溶腔打开后的安全状况，为进入泄水隧道处治溶腔提供依据。一般的，当溶腔内涌水量恒定，且小于 2000m³/h，腔体内长时间（24h 以上）不再出现坍塌，即可进入泄水隧道施工。

5.2.11 处置溶腔

1. 置换清淤

为了方便和快捷清除溶腔内释放出来的泥砂等充填物，可根据充填物的状态采取不同的处置方法，当 $0.25 \leqslant I_L \leqslant 1.0$（$I_L$ 为液性指数）时，可向泥砂内加入早强快硬水泥改善其状态，当 $1.0 \leqslant I_L$ 时可向泥砂内倾倒洞碴或抛填片石换填，及时将充填物清理出洞或铺填临时道路至掌子面，处治溶腔。

2. 台阶法开挖

溶腔打开后，宜采用正台阶微台阶法开挖，上台阶的开挖高度必须根据溶腔在隧道内的发育情况、溶腔内充填物释放是否彻底、溶腔周边的稳定状况选择，宜根据"便于施工和确保施工安全"的原则确定，一般的对于单线铁路隧道（高 8.0m×宽 7.5m），溶腔发育与隧道正交，溶腔内充填物释放彻底，溶腔周边较稳定，可将上台阶高度定在 5.0~6.5m，否则宜选用较小高度的台阶。

3. 回填护拱

对溶腔发育在隧道开挖轮廓线以外的空腔采用 C25 混凝土回填，在开挖轮廓线外形成 3~5m 厚护拱。施工时，必须在混凝土内预埋排水减压管道。回填后，在护拱外采取吹砂注浆，形成缓冲结构。

4. 基底处理

根据溶腔在隧道底部的发育情况，对基底采取不同的处理措施。当隧道基底溶洞纵向发育范围较大，基底深度较深时（20~30m），且有过水通道时，宜采用桩基承台跨越；当隧底无过水通道时，充填致密砂层时，可直接施作抗水压仰拱，并在仰拱填充层上施做钢筋混凝土板跨越；当隧道基底溶洞发育深度较深时（5~20m），无过水通道时，宜采用钢管群桩加固处治方案。

5. 施做抗水压二次衬砌

溶腔段必须根据水文观测得到的水压值，加上一定的安全系数，确定抗水压二次衬砌的抗水压等级，并施做相应等级的抗水压衬砌钢筋混凝土；纵向施工缝采用钢板止水带止水，环向施工缝可采用背贴式钢板止水带和中心孔型钢边止水带止水。

6. 长期监测

施工混凝土时，宜在其内埋设压力盒和压力监测计，对混凝土背后的水压力进行监测，可指导运营后施工维护，及为类似工程处理提供科学依据。

6. 材料与设备

本工法无需特别说明的材料，主要材料与设备见表 6。

主要材料与设备　　　　　　　　　　　　　　　　　　表 6

序号	作业	名　称	规格型号	单位	数量	备　注
1	物探	TSP 预报系统	TSP-203	套	1	长距离物探
		地质雷达	SIR-3000	套	1	短距离物探
2	钻探	全液压钻机	MKD-5S	套	1	深孔钻探
		全液压钻机	ZDY4500S	套	10	长距离水平钻孔
		螺杆空压机	VHP750	台	1	容积流量21.2m³/min，排气压力 1.38MPa
		注浆机	TGB-HG100/100	台	1	供高压水
		凿岩机	YT-28	台	5	浅孔钻探
3	水文观测	降雨量观测计	SRY-1	套	1	观测降雨量
		抗震压力表	YN-100I	只	5	测水压
		流量计	ADFM	只	2	测流速
		秒表	DM3-008	只	2	堰测法测流速计时

续表

序号	作业	名称	规格型号	单位	数量	备注
4	视频监控、声光报警、应急逃生	红外防水视频摄像头	RL-H5025P	只	6	视频监控
		视频光端机	HS-VT/R800001	只	6	
		硬盘录像机	8路	台	1	
		彩色显示器	775MF	台	2	
		视频光纤线（8芯）	AMP	m	5000	
		救生衣	DY86-5	套	50	
		声光报警器	CBBJ	只	20	
		救生圈	WL5556	只	50	
		应急灯	HX-628B	只	100	
		救生筏	RAFT-C	只	4	
		对讲机	TH-8000	只	10	
		电喇叭	L-1LA1	只	10	

7. 质 量 控 制

7.1 严格按照《铁路隧道施工技术规范》TB 10204、《铁路隧道防排水技术规范》TB 10119、《铁路隧道工程施工质量验收标准》TB 10417和《铁路混凝土与砌体工程施工质量验收标准》TB 10424等规范及验收标准施工。

7.2 质量控制措施

7.2.1 成立质量控制小组

由于释能降压安全隐患高，每道工序必须严格按制订的方案进行控制，成立质量控制小组，跟班进行监控，严把工序质量关，不合格工序坚决进行返工，直至合格为止。

7.2.2 严把进场机械设备、材料关

释能降压所需各种机械设备、材料，进场前进行检验或检测，不合格的各种机械设备、材料，不能进入施工现场，机械设备、材料从源头上把好关。

7.3 关键部位质量控制点、方法

7.3.1 钻孔泄水降压孔位控制

钻机就位要精确，钻杆的仰角和水平角的误差控制在±0.1°以内。孔口管埋设前需计算出孔口、孔底的坐标，埋设时用全站仪放样。

7.3.2 精准爆破施工控制

揭开溶腔的精准爆破应进行专项设计，经专家评审后进行试爆。施工时对打眼、装药等工序，要派技术员全过程监控，参数符合设计要求，确保爆破效果。

8. 安 全 措 施

8.1 安全技术措施

工法实施过程中采用8项专项安全技术措施：水文监测设计、洞外排水系统、洞外警戒系统、洞内排水线路、洞内相邻洞室分隔、洞内外预警系统、进洞条件、进洞观察安全撤离线路。这8项安全技术措施都进行专项设计，贯穿于工法实施的全过程。

8.2 安全管理措施

8.2.1 将超前预测预报纳入工序管理，做到不探不挖、不明不挖。

8.2.2 制定严格的进出洞登记制度并落实到位。

8.2.3 针对突泥突水等可能出现的突发事件，制定切实可行的应急预案，储备足够的应急物资，并定期进行演练。

8.2.4 控爆揭开溶腔前，洞内外泄水路线上人员清场，必须实行逐级签认制，确保人员转移至安全的地方。

8.2.5 释能降压后进入隧道处治溶腔时，制定进洞施工安全管理等级，并严格按安全管理等级进行施工安全管理。

9. 环 保 措 施

9.1 锁定溶腔后，先对周围的水文地质情况做充分的了解，判明水质、水压与地表及地下暗河的连通性，对环境进行评估，确定不会产生次生灾害。

9.2 对揭示溶腔后即将排出的水和其他淤泥杂质，在计算出量后规划好排泄路径和最后堆积地，减少对当地环境的破坏和影响；泄水路线上设置消力坎、挡水坝等水力设施，尽量降低泄水后的洪流流速，沉淀洪流中的泥砂。

9.3 溶腔通过后进行处理时尽量的还原初始水文地质状态，并定时对溶腔周边水文情况进行监测。

10. 效 益 分 析

10.1 经济效益

采用释能降压法，费用为 5~10 万元/隧道延米（只计直接费、不含结构处理费），月平均进度 20~30m；采用注浆法，费用为 15~20 万元/隧道延米（只计直接费、不含结构处理费），月平均进度 10~15m。释能降压法比注浆法在直接费用和进度上效益都非常明显。

10.2 环保效益

采取释能降压法处理深埋隧道高压富水充填溶腔，仅局部改变了地下水排泄，对水文地质原始状态改变甚微，对环境影响有限。

10.3 节能效益

帷幕注浆工法需钻进大量的孔，注入相当数量的化学浆液。注浆孔每钻进 1m，约需消耗柴油 3.3kg，折合标准煤 4.8kg；每注入 1m³ 水泥及化学浆液，需耗水泥 909kg，耗能折合标准煤 134.5kg，在钻孔过程中，由于处理钻机内燃机排放的废气、烟尘所采取的通风除尘措施，每小时将耗电 110kWh，折合标准煤为 36kg。一个纵向长约 22m，宽约 15m，高度大于 20m 的溶腔采用释能降压工法约节能 140t 标准煤。

10.4 社会效益

释能降压工法填补了我国在大体量隐伏岩溶综合治理技术上的空白，该工法达到国际领先水平，并对我国大体量隐伏岩溶综合治理产生深远影响，为今后隧道工程在类似条件下的施工提供借鉴与参考。

11. 应 用 实 例

11.1 马鹿箐隧道位于湖北省恩施市的屯堡镇和团堡镇，是宜万铁路 8 座 I 级高风险隧道之一，为紧坡越岭双线隧道，15.3‰的单面坡，I 线全长 7879m，II 线全长 7836m，2004 年 6 月开工，2009 年 1 月 10 日贯通。2006 年 1 月最先由出口在平导 PDK255+978 掌子面探到，当时采取了全断面帷幕注浆技术手段，但效果一直不好，掘进工作基本处理停顿状态，先后经历 13 次溶腔岩溶溃水灾害，其中以 2006 年的"1.21"和 2008 年的"4.11"岩溶溃水灾害最为严重，"1.21"岩溶溃水的瞬时最大涌水量约

200m³/s，总突水量约 110×10⁴m³，洞内泥砂沉积总量 6×10⁴m³，是目前世界铁路建设史上瞬间突涌水量最大的隧道，超大体量的岩溶水带来的施工安全风险控制问题、岩溶水及大体量的填充型溶腔综合治理等被相关的专家称为"世界级难题"。在实施了释能降压工法后，部分排出溶腔淤积物，成功解除了溶腔处理的风险，为 I、II 线贯通和快速施工创造了条件。

11.2 宜万铁路云雾山隧道亦为宜万铁路 8 座 I 级高风险隧道之一，I 线全长 6640m，II 线全长 6682m，最大埋深 800m；隧道分别为三线车站隧道、双线隧道、燕尾式隧道、单线隧道。于 2003 年 12 月 1 日开工，2008 年 12 月 28 日贯通。隧道穿过区主要岩性为灰岩等可溶岩地层，所在区域排泄基准面有白果坝、大、小鱼泉、恶水溪、洞湾等 5 个暗河系统，单线隧道设计正常涌水量为 45655m³/d，最大涌水量为 171994m³/d，地下水极为丰富，施工中观测到的最大峰值涌水量达 100000m³/h。地质条件差，存在暗河、岩溶及岩溶水、岩堆、断层破碎带、高地应力等地质问题，且分布密度大、岩溶和岩溶水种类多，正洞施工揭示出的岩溶有 12 处，平均 1.81 处/km。"+526"溶腔群位于 I 线 DK245+404~+604 段内，"+617"溶腔群位于 II 线 IIDK245+499~+639 段内，该两段均位于白果坝背斜核部断层影响带及断层内，埋深 800m，设计采用衬砌外 5m、8m 全断面帷幕注浆。施工中遭遇了悬在洞顶上方、隐伏于隧道周边和底部的富含高压岩溶水和充填泥加石的大型和特大型溶腔。通过释能降压工法的运用，成功解除了溶腔处理的风险，隧道顺利贯通。

11.3 存在的问题

11.3.1 运用该工法，需对溶腔内水的静储量、充填物的性质乃至溶腔的形态以及与暗河的沟通等情况，均要有准确的判断，对超前预测预报的要求较高，误判将可能导致十分严重的安全问题。

11.3.2 采用释能降压暂时处理溶腔后，应尽可能采取配套的工程措施，还原或改造原地下水的排泄途径，尽可能使其恢复到先前的自然状态，防止盲目排泄疏干地表水，破坏地表的原始生态环境。

11.3.3 溶腔释能降压清淤后，应严格控制混凝土回填溶腔空腔的质量，回填厚度不足和背后空洞的存在，对隧道承载特性有不可忽略的影响，尽可能防止空洞的存在促进围岩的松弛，使初支和二衬产生弯曲应力，损伤二者的功能。

11.4 宜万铁路全线已于 2010 年 12 月 23 日开通客货列车，全面通车，运营情况良好。

富水砂卵石地层土压平衡盾构施工工法

GJYJGF074—2010

中铁隧道集团有限公司　中铁港航局集团有限公司

杨书江　章龙管　马林坡　程瑞明

1. 前　　言

　　盾构施工以其安全、快速、高效在国内外地下工程，尤其是城市地下铁道建设中得到越来越广泛的应用。在使用盾构法进行城市地铁隧道修建中，不可避免的要对线路沿线地面建（构）筑物造成一定程度的影响，要求在盾构施工时既要保证盾构施工隧道本身的安全，还要解决好盾构穿越地层时对邻近既有建（构）筑物的影响问题。成都地铁一号线四标区间隧道沿成都市南北城市交通主干道人民南路下穿行，沿线建（构）筑物众多，管线密集，盾构隧道全长4878.9m，埋深9~15m，隧道洞身地层基本为全断面砂卵石层，盾构在该条件下的施工在国内目前属首次。在施工中，需要防止由于盾构隧道施工引起的地层移动和地表沉降，避免地表及周边既有建（构）筑物发生过量变形与破坏，是具有相当难度的技术难题。如何解决盾构设备配套、碴土改良和同步注浆等，将成为盾构隧道施工成败的关键，也为以后国内类似工程提供经验和参考。因此，开发此工法非常重要和必要。

　　结合"富水含大漂石砂卵石地层盾构施工关键技术研究（隧研合2006-26）"课题开展科技创新，取得了"富水砂卵石地层土压平衡盾构施工技术"这一新成果，该成果2009年由中铁股份有限公司评审其水平达到国际先进水平，根据该成果和成都地铁一号线四标的工程应用形成了富水砂卵石地层土压平衡盾构施工的施工工法。该工法由于在处理成都特有富水砂卵石地层盾构掘进进度、施工质量以及盾构施工对既有建筑物、管线影响方面效果均较明显，技术先进，故有显著的社会效益和经济效益。

2. 工 法 特 点

　　富水砂卵石地层土压平衡盾构施工工法具有施工质量高、施工进度快、施工安全对地面影响小的特点。

2.1　施工质量高

　　该工法在成都富水砂卵石地层中施工效果好，施工质量高。隧道成形各方面指标均符合国家规范要求，管片错台、破损、渗漏均较少发生。

2.2　施工进度快

　　该工法在成都富水砂卵石地层中体现出施工进度快的特点。

　　S-401盾构机于2007年9月8日在现场组装完成并顺利始发，先后完成3个区间的掘进、两次过站施工，于2008年9月3日到达省体育馆站，实现了成都地铁一号线单线隧道的首次全线贯通。左线累计进尺2328.2m，管片安装共1554环，全线平均日进度7.9m/d，月平均进度237m/月。日最高推进为22.5m（15环），月最高进度为357m（2008年3月份），创造了在成都富水砂卵石地层施工中的盾构掘进月进度的新纪录。

2.3　施工安全对地面影响小

　　2.3.1　该工法施工不受地面交通、季节、气候等条件的影响，地面人文自然景观也受到良好的保护，周围环境不受施工干扰。

2.3.2 土压平衡盾构在施工过程中对地表影响与浅埋暗挖等其他施工方法相比较小，且更易控制，地表相对安全。亦可为建筑物、管线密集、环境复杂的盾构隧道施工借鉴。

3. 适 用 范 围

富水砂卵石地层中，临近建（构）筑物、管线密集、地面条件限制、地层构造复杂的土压平衡盾构地下工程施工。

4. 工 艺 原 理

土压平衡盾构属封闭式盾构。盾构推进时，其前端刀盘旋转掘削地层土体，切削下来的土体进入土舱。当土体充满土舱时，其被动土压与掘削面上的土、水压基本相同，故掘削面实现平衡（即稳定）。如图4.1所示。这类盾构靠螺旋输送机将碴土（即掘削弃土）排送至碴斗，运至地表。由装在螺旋输送机排土口处的滑动闸门或旋转漏斗控制出土量，确保掘削面稳定。

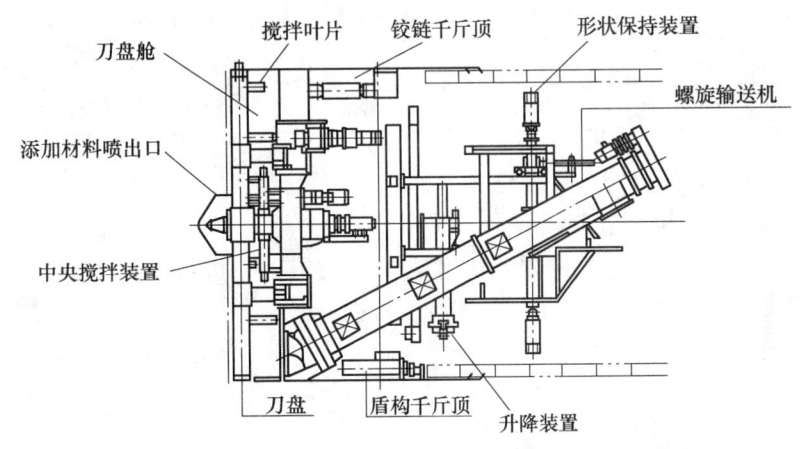

图4.1 土压平衡盾构工作原理图

5. 施工工艺流程及操作要点

5.1 施工工艺流程
施工准备→盾构始发试掘进→盾构正常掘进→盾构到达施工。

5.2 操作要点

5.2.1 盾构始发掘进
1. 始发掘进工艺流程
盾构机始发包括延长洞门安装、洞门凿除、始发台安装等一系列工作，始发流程见图5.2.1-1。

在成都地铁特有富水砂卵石地层施工中，端头采用了玻璃纤维筋围护桩，因此在始发掘进时需要配合使用延长洞门装置。

洞门延长装置见图5.2.1-2。

盾构始发掘进技术要点如下：

1）在盾尾壳体内安装管片支撑垫块，为管片在盾尾内的定位做好准备。

2）负环管片安装前在盾尾内侧标出第一环负环管片的位置和封顶块的偏转角度，管片安装顺序与正常掘进时相同。

3）安装拱部的管片时，由于管片支撑不足，要及时垫方木进行加固。

4）第一环负环管片拼装完成后，用推进油缸

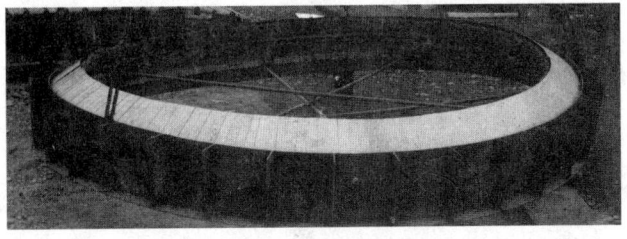

始发端头地层加固

↓

延长洞门安装、洞门凿除

↓

安装始发基座

↓

盾构机组装、空载调试

↓

安装反力架、洞口洞门密封

↓

安负环管片、盾构机负载调试

↓

盾尾通过洞口密封后进行注浆回填

↓

盾构掘进与管片安装

图5.2.1-1 始发流程框图

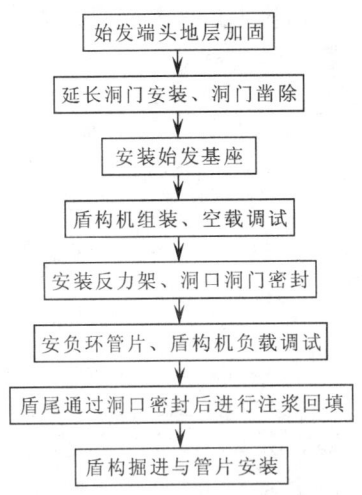

图5.2.1-2 洞门延长装置图

把管片推出盾尾，并施加一定的推力把管片压紧在反力架上，即可开始下一环管片的安装。

5）管片在被推出盾尾时，要及时进行支撑加固，防止管片下沉或失圆。同时也要考虑到盾构推进时可能产生的偏心力，因此支撑应尽可能的稳固。

6）在始发阶段要注意推力、扭矩的控制，同时也要注意各部位油脂的有效使用。总推力不超过反力架承受能力，同时确保在此推力下刀具切入地层所产生的扭矩小于始发台提供的反扭矩。

2. 始发掘进主要参数控制

盾构始发掘进中破玻璃纤维筋桩与在原状土中掘进参数对照表 5.2.1。

盾构始发掘进参数表　表 5.2.1

掘 进 施 工 参 数					工 程 地 质
土仓压力（bar）	刀盘转速（rpm）	推力（t）	掘进速度（mm/min）	刀具贯入量（mm/r）	
0.6	0.6~0.8	<800t	<10	<16	玻璃纤维筋围护桩
1.0	1.0~1.2	900~1000t	15~20	12~16	砂卵石、粉细砂原状地层

5.2.2 盾构正常掘进

1. 盾构掘进流程

土压盾构施工洞内水平运输采用编组列车进行，两列编组配置相同，每掘进一环使用一列编组列车。具体编组为：35t 机车+4 节 18m³ 碴车+1 节 6m³ 砂浆车+2 节管片车。编组列车如图 5.2.2-1 所示。

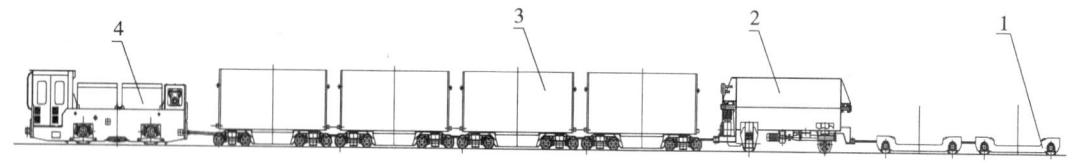

图 5.2.2-1　编组列车示意图

1—15t 管片车；2—6m³ 砂浆车；3—18m³ 矿车；4—35t 电机车

盾构掘进作业流程如图 5.2.2-2。

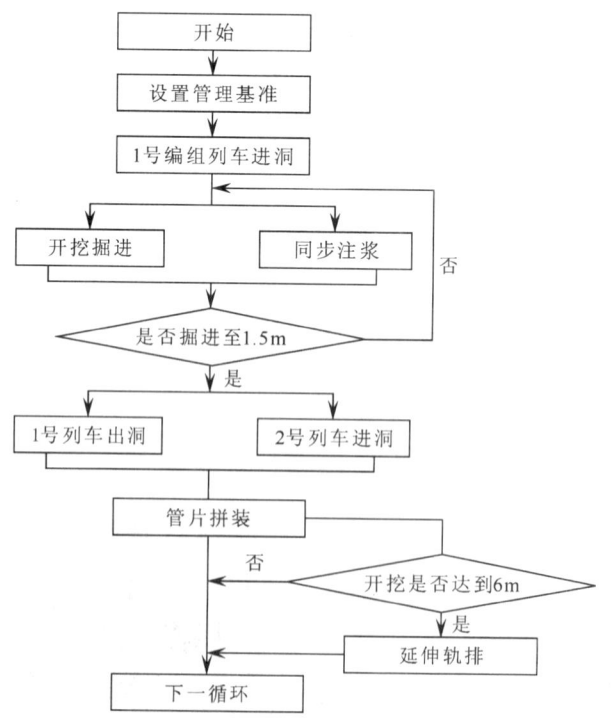

图 5.2.2-2　盾构掘进作业工序流程图

2. 正常掘进主要参数控制

盾构正常掘进主要掘进参数见表5.2.2。

盾构正常掘进主要参数表

表 5.2.2

掘 进 施 工 参 数					工程地质
土仓压力（bar）	刀盘转速（rpm）	推力（t）	掘进速度（mm/min）	刀具贯入量（mm/r）	
0.9~1.3	1.0~1.2	1200~1500t	40~60	40~50	砂卵石、粉细砂原状地层

5.2.3 盾构到达施工

1. 盾构到达施工流程

盾构到达施工流程见图5.2.3。

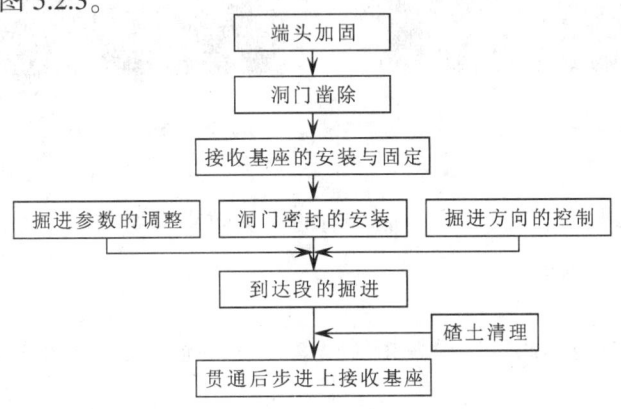

图 5.2.3 盾构到达工艺流程图

2. 盾构到达段掘进主要参数控制

盾构到达段掘进主要施工掘进参数见表5.2.3。

盾构到达段掘进主要施工参数对照表

表 5.2.3

掘进施工参数					工程地质
土仓压力（bar）	刀盘转速（rpm）	推力（t）	掘进速度（mm/min）	刀具贯入量（mm/r）	
1.0	1.0~1.2	800~1000t	15~20	12.5~20	砂卵石、粉细砂原状地层
0.6	0.6~0.8	700~800t	5~10	8~17	玻璃纤维筋围护桩

5.2.4 刀具更换

1. 刀具磨损情况

1）滚刀：滚刀包括中心双刃滚刀和单刃正滚刀，本工程滚刀的磨损主要是滚刀支架磨损造成刀具漏油、进砂、弦磨等，如图5.2.4-1、图5.2.4-2。从我们检修情况来看主要是支架的材料硬度不够高，

图 5.2.4-1 滚刀漏油磨损图

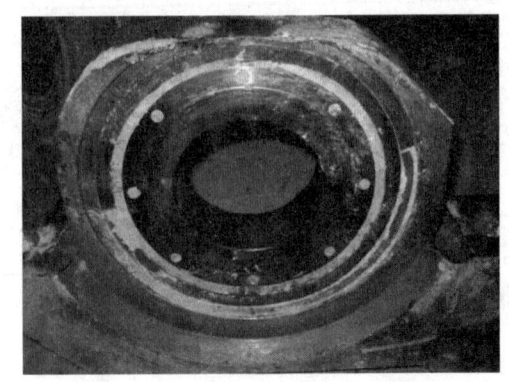

图 5.2.4-2 滚刀进砂磨损图

为了防止此类情况的发生我们在新刀与修理的刀具支架及滚刀刀体上都堆焊了耐磨层,如图 5.2.4-3、图 5.2.4-4,这种防护措施能有效延长刀具支架的使用寿命。

图 5.2.4-3 中心刀刀体堆焊耐磨层图

图 5.2.4-4 单刃滚刀刀体堆焊耐磨层图

2)刮刀和齿刀

在刮刀、齿刀的选择上以国产刀具为主,从目前的使用效果来看,国产的刮刀、齿刀已经达到甚至超过进口刀具的使用寿命。

2. 换刀作业

就成都特有的富水砂卵石地层而言,换刀相当频繁。在该地层换刀,可采用常压换刀和带压换刀两种方式。

1)常压换刀方式

在富水砂卵石地层开仓换刀,掌子面土体稳定性差,砂卵石地层遇水易坍塌。在该地质条件下,采用常压进仓方式必须对换刀位置进行降水并辅以注浆、旋喷、人工挖孔桩或灌注桩等加固措施,否则难以保证换刀处掌子面的稳定。

2)带压换刀方式

经过对刀盘前方地层进行处理后,在保证刀盘前方周围地层和土仓满足气密性要求的条件下,通过在土仓建立合理的气压来平衡刀盘前方的水、土压力,达到稳定掌子面和防止地下水渗入的目的,为在土仓内进行刀盘刀具检查和更换刀具创造工作条件。

其工作原理如图 5.2.4-5 所示。

富水砂卵石地层孔隙率大,带压过程中气体易逃逸,导致压力难以保持,进而影响施工安全。为有效填充地层孔隙,防止气体逃逸,在带压进仓换刀过程中,首先通过膨润土注入系统向土仓内注入优质的膨润土泥浆置换原有仓内的碴土,在掌子面形成良好的泥膜。当压力保持稳定后,进行带压进仓换刀。通过采取上述措施后,成功实现了富水砂卵石地层带压进仓作业,掌子面形成的泥膜如图 5.2.4-6 所示。

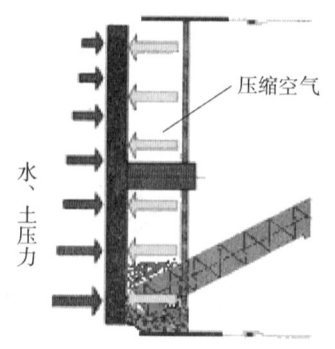

图 5.2.4-5 带压作业原理示意图

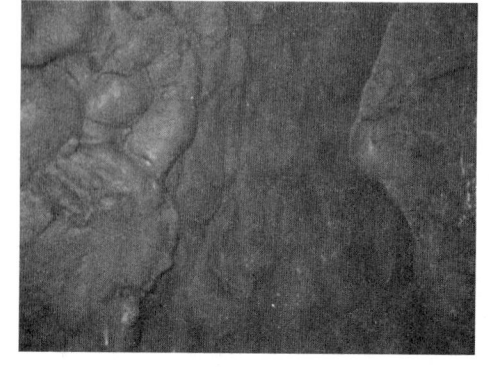

图 5.2.4-6 掌子面形成的泥膜图

鉴于地铁沿线基本都处于繁华的都市内，地面建（构）筑物、管线密布，采用常压换刀方式需占用地面场地进行加固施工，对地面环境影响大；而采用带压进仓方式基本不影响地面环境，因此在换刀方式的选择上应首选带压进仓方式而尽量避免采用加固后常压进仓方式。

5.2.5　砂卵石地层土压平衡盾构碴土改良和开挖面稳定技术

1. 碴土改良

碴土改良的目的是：降低碴土的内摩擦角，降低刀盘的扭矩，增加碴土的流动性、渗透性，从而达到堵水、减磨、降扭及保压的效果。

在本工程施工中，盾构机配有两套碴土改良系统：泡沫系统、膨润土（泥浆）系统。两者共用一套输送管路，所有管路经旋转接头均可到达刀盘面板。

1）泡沫系统

泡沫系统主要由泡沫泵、水泵、电磁流量阀、泡沫发生器、压力传感器和管路组成。

泡沫系统在刀盘和螺旋输送机共设置14路泡沫孔，其中刀盘面8路、土仓隔板预留4路、螺旋输送机设置2路。土仓隔板预留4路泡沫孔又兼作膨润土等的注入孔。

其工作原理如图5.2.5所示。

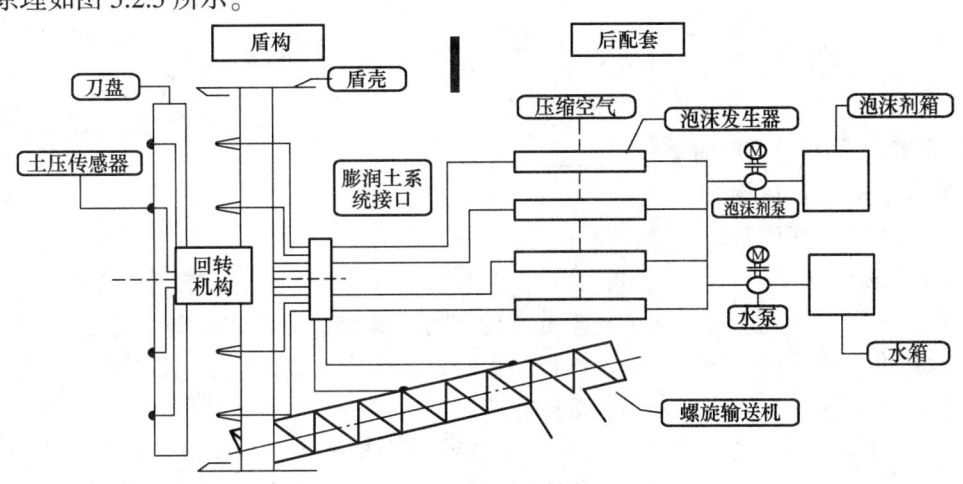

图5.2.5　泡沫及膨润土系统示意图

2）膨润土（泥浆）系统

在确定不使用泡沫剂的情况下，关闭泡沫输送管道，同时将膨润土（泥浆）输送管道打开，通过膨润土（泥浆）输送泵将泥浆或者膨润土压入刀盘、土仓和螺旋输送机内，达到改良碴土的目的。

通过泡沫、膨润土系统同时对碴土进行改良，系统性能良好，完全能够满足工程的需要。

2. 开挖面稳定

对成都富水砂卵石地层，采取了如下针对性措施：

1）加入约10%的膨润土以及黏土组成的泥浆用以改良碴土。

2）在螺旋机入口的两侧备有纯聚合物溶液注入口，胶化稀碴以进一步加强"土塞"作用，防止喷涌。

3）旋转接头有各自独立的膨润土和泡沫通路，并均能注入刀盘前面，保证与碴土的充分混合和搅拌，形成非渗透性和塑流性的碴土。

4）主轴承芯部的隔板是固定的并有搅拌棒，以加强土仓内的整体搅拌效果。

经过采取如加泥（膨润土）、加泡沫、聚合物等措施，可以在松散的砂卵石地层中很好地稳定开挖面，增强不透水性，从而可靠安全地掘进。

5.2.6　同步注浆浆液配制及施工技术

1. 浆液主要性能指标

同步注浆浆液采用水泥砂浆，其性能指标如下：

胶凝时间：一般为3~10h，根据地层条件和掘进速度，通过现场试验加入促凝剂及变更配比来调整胶凝时间。

固结体强度：1d 不小于 0.2MPa，28d 不小于 2.5MPa。

浆液结石率：>95%，即固结收缩率<5%。

浆液稠度：8~12cm。

浆液稳定性：倾析率（静置沉淀后上浮水体积与总体积之比）小于5%。

2. 同步注浆施工技术

1）注浆工艺

注浆工艺流程见图5.2.6。

2）同步注浆

注浆压力：同步注浆时要求在地层中的浆液压力大于该点的静止水压及土压力之和，做到尽量填补而不劈裂。注浆压力过大，隧道将会被浆液扰动而造成后期地层沉降及隧道本身的沉降，并易造成跑浆；注浆压力过小，浆液填充速度过慢，

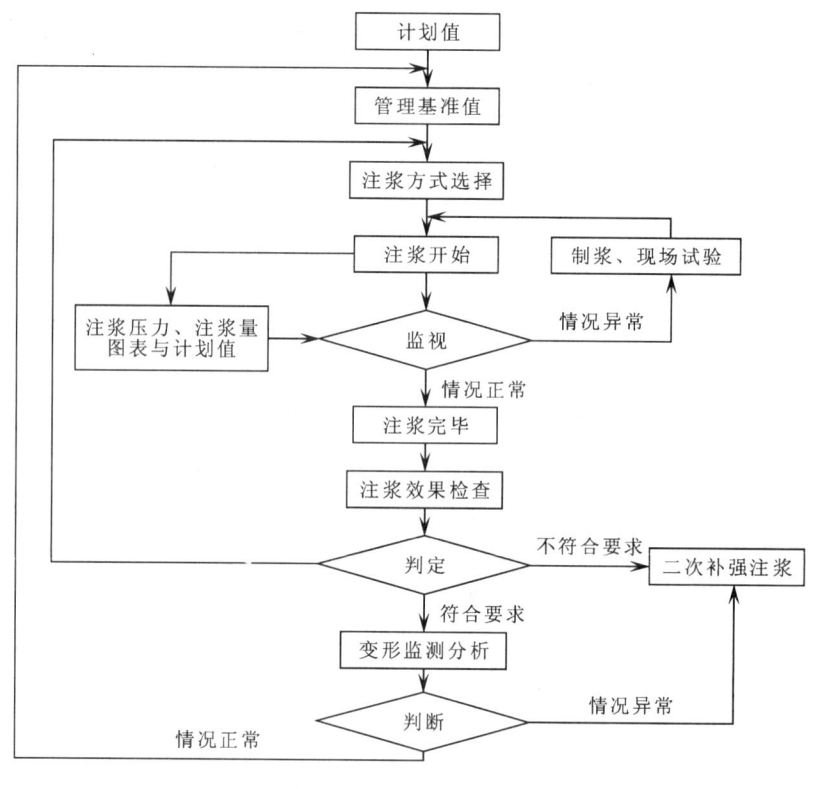

图 5.2.6　流浆工艺流程图

填充不充足,会使地表变形增大。同步注浆压力设定为 0.2~0.4MPa,并根据监控量测结果作适当调整。

注浆量：在富水砂卵石地层中，同步注浆量为建筑间隙的 150%~180%，即为 6.1m³~7.3m³/环。

注浆时间及速度：盾构机掘进的同时，进行同步注浆，同步注浆的速度与盾构机推进速度相匹配。

注浆结束标准和注浆效果检查：采用双指标标准，即注浆压力达到设计压力或注浆压力未达到设计压力，但注浆量达到设计注浆量，即可停止注入。注浆效果检查主要采用分析法，即根据 P—Q—t 曲线，结合掘进速度及衬砌、地表与周围建筑物变形量测结果进行综合分析判断。必要时采用无损探测法进行效果检查。

6. 材料与设备

6.1　材料

每环（1.5m/环）使用主要材料见表6.1。

主要材料供应表（每环用量）　　　　表 6.1

序号	材料名称		单位	数量
1	隧道掘进	膨润土	m³	6
2		泡沫剂	kg	50
3	同步注浆材料	水泥	t	1.32
4		砂	m³	6.44
5		膨润土	t	0.44
6		粉煤灰	t	3.07
7	隧道衬砌	管片	环	1
8		连接螺栓（纵向）	根	12
9		连接螺栓（横向）	根	10
10		遇水膨胀橡胶	副	1
11		密封垫	套	1

6.2 设备

采用的机械设备见表6.2。

投入的机械设备表

表 6.2

序号	设备（仪器）名称	规格及型号	数量	用　途
1	土压平衡盾构	φ6280mm	1 台	掘进
2	交直变频电力机车	JXK-35	2 台	运输
3	电瓶车蓄电池组	540V	4 组	机车供电
4	砂浆运输车	SJ-7	2 台	砂浆运输
5	管片车	GP12	4 节	管片运输
6	门式起重机	45T	1 台	垂直运输
7	门式起重机	16T	1 台	垂直运输
8	砂浆搅拌站	HZ-25	1 套	砂浆加工

7. 质 量 控 制

7.1 盾构隧道成型质量保证措施

7.1.1 加强盾构机掘进控制，保持良好的盾构机姿态。

7.1.2 掘进前，根据图纸、地质情况，拟定盾构机的掘进姿态，包括盾构机的走向、速度等，指导施工。

7.1.3 掘进时，主司机和值班工程师根据实际掘进的情况，及时调整盾构机的掘进方向和速度，以适应地层、线路情况的变化。

7.1.4 施工与监测紧密配合，发现异常，及时采取必要的措施。

7.1.5 掘进后，根据收集的掘进信息，分析、整理、归纳，反馈信息，指导下一步施工并积累经验。

7.2 加强管片生产质量控制，确保管片制造精度

7.2.1 模具精度控制在允许误差之内，要有足够的强度、防水密封性。

7.2.2 对管片的钢筋、混凝土、粗细骨料、粉煤灰、外加剂的质量严格控制，选择合适的配比，派专人负责生产，严把管片生产质量关。

7.2.3 管片堆放要符合要求，养护结束前，不许叠放。

7.2.4 每块管片必须经过严格的质量检验，并须逐块填写好检验表，检验合格后的管片应在规定部位进行标识，合格的管片才能运出，管片运到工地后，须经盾构施工单位验收合格后，方可认为管片出厂。

7.3 做好管片选型，合理拟合设计线路并与盾构机当前姿态相符

提高管片拼装精度；选用熟练的技术工人进行拼装，定时检修，养护管片安装机，加强二次紧固，确保安装质量。

7.4 合理选取同步注浆参数，确保管片受力均匀并尽早获得稳定

7.4.1 注浆前进行配合比试验，选出最佳配合比，并根据不同地质情况，适时调整配合比，严格控制砂浆的搅拌质量；注浆饱满，必要时采用二次补强注浆。

7.4.2 同步注浆速度应与掘进速度相匹配，按盾构完成一环1.5m掘进的时间内完成当环注浆量来确定其平均注浆速度。

8. 安 全 措 施

8.1 盾构始发、正常掘进安全措施

8.1.1 端头地层加固后，检查确认土体无侧限抗压强度和渗透系数达到设计要求，方可开凿洞壁混凝土和开始盾构推进。

8.1.2 负环管片应与反力架密实贴紧，其环面应与掘进轴线垂直。在负环管片开口段应有足够的开口尺寸和稳固的支撑系统。

8.1.3 盾构开始破玻璃纤维筋桩后必须尽快将盾构推入洞内，使盾构切口环切入土层，以缩短正面土体暴露时间。

8.1.4 在盾构始发段的推进中，根据控制地面变形要求在地面上沿盾构轴线和与轴线垂直的横断面上，布设地表位移测量标志点；在每环推进中跟踪测量地表隆陷变化，并通过调整推力、推进速度、盾构正面压力、推进坡度、注浆压力、注浆数量等施工参数，以使地面沉降位移尽量减少；从而为下一步盾构推进取得施工参数和施工操作经验。

8.1.5 在掘进过程中应掌握和记录好实际平衡土压力、推进速度、出土量、千斤顶工作油压或各区域千斤顶工作油压等施工参数。隧道衬背注浆要与掘进同步；并认真做好注浆位置、注浆量、注浆压力等记录。

8.1.6 根据工程对隧道变形及地表变形的控制要求选用同步注浆、二次补强注浆的工艺，注入的浆液应按地层性质、地面超载条件、变形控制要求合理选定。

8.2 注浆安全措施

8.2.1 注浆人员必须经过专门培训，并熟练掌握有关作业规程。

8.2.2 严禁在不停泵的情况下进行任何修理。

8.2.3 注浆泵及管路内压力未降至零时，不准拆除管路或松开管路接头，以免浆液喷出伤人。

8.2.4 注浆泵由专人负责操作，未经同意其他人不得操作。

8.2.5 注浆人员在拆管路、操作注浆泵时应戴防护眼镜，以防浆液溅入眼睛。

8.2.6 保持机械及隧道内整洁，工作结束后必须对设备清洗保养，并清理周围环境。

8.3 盾构机换刀安全措施

8.3.1 建立健全安全质量责任制，进仓、检查刀盘及换刀、减压作业、运输严格按规程操作。

8.3.2 进行必要的岗前培训，对作业人员上岗前针对进仓、检查刀盘及换刀、减压作业的特点进行安全教育，树立起安全作业的意识。

8.3.3 公司领导实行 24h 现场值班制度。

8.3.4 保证现场材料供应，确保作业过程的有效运转。

8.3.5 值班工程师现场 24h 值班，并在值班过程中做好带压进仓更换刀具作业的各种记录并收集、整理，第二天及时上报公司。

8.3.6 带压作业过程中，加强仪表检测、空压机、气路电路的观测，如发现空压机故障，应立即启动另一台空压机；如发现停电，应立即启动内燃空压机；如发现管路漏气，应立即汇报并及时处理。以防意外情况发生。并将监测结果及时上报值班经理。

8.3.7 每班作业时，电工应加强用电管理，确保施工安全。

8.3.8 人仓、自动保压系统及减压仓由专人负责操作，同时做好各项记录。

8.3.9 人员作业时应佩戴好个人防护用品，防止意外伤亡事故的发生。

9. 环 保 措 施

9.1 严格遵守国家、成都市有关文明施工的规定。认真贯彻业主有关文明施工的各项要求，制定出以"方便居民生活，利于生产发展，维护环境卫生"为宗旨的环境保护措施。

9.2 在正式开工之前邀请工程周围所涉及的单位、街道以及居民代表召开座谈会，征询对文明施工的意见和建议，取得他们的谅解、理解和支持。

9.3 现场设置职工生活服务设施，工地食堂、更衣室、浴室、厕所等生活设施，需保持整洁卫生，符合成都市卫生标准。搞好文体活动，做好卫生防病工作，确保职工身心健康。对生活区和办公区场地进行植树、种草绿化。

9.4 实行施工现场平面管理制度，各类临时设施、施工便道、加工场、堆放场和生活设施均按经过业主审定的施工组织设计和总平面布置图实施，如因现场情况变化，必须调整平面布置，应画出总平面布置调整图报上级部门批准，不得擅自改变总平面布置或搭建其他设施。

9.5 结合本工程实际情况，成立以项目经理为组长的文明施工领导小组，对项目经理部及各作业队负责人进行明确分工，落实文明施工现场责任区，制定相关规章制度，确保施工现场环境保护管理有章可循。

9.6 施工现场设置专职的"环境保洁岗"，负责检查施工场地内外的卫生设施和卫生情况，并督促有关部门和个人及时进行清洁。

9.7 施工中严格按审定的施工组织设计及作业指导书实施各道工序保持场地上无淤泥积水，施工道路平整畅通。临时道路的路面要硬化、道路平坦、通畅，周边设排水沟，路边设置相应的安全防护设施和安全标志，道路要经常维修。

9.8 项目经理对环境保护、文明施工现场实行定期和不定期检查，每月组织一次专项检查，对照评分，严格奖惩，交流经验，查纠不足。

9.9 合理安排施工，尽可能使用低噪声设备，严格控制噪声，对于特殊设备采取降噪消声措施，以尽可能减少噪声对周边环境的影响。

10. 效 益 分 析

10.1 社会效益

本工法施工，与大开挖相比，避免了地面施工产生的大量场地占用，消除了对城市交通的严重影响，施工产生的振动、噪声、粉尘等公害也得到了最大限度的降低。工程建设时，周围的居民及企事业单位能正常生活及工作。地表建（构）筑物、管线均未受到破坏损伤，为以后城市地下工程在类似情况下的规划建设提供了可靠的决策依据和技术指标，新颖的工法技术将促进城市地下工程施工技术进步，社会效益和环境效益明显。

10.2 经济效益

本工法与同类地下工程的工法相比，工程的地面施工场地占地较小，场地易于布置、工程进度快、对地面干扰因素少、有利于文明施工、各种资源能较好地利用，能确保周围既有建（构）筑物完好无损，确保居民生命、财产安全，避免线路绕行和居民临时迁移，节约了大量工程拆迁、地面场地占用等费用，同时，在施工进度、材料消耗、机械零部件消耗、水电消耗等作业成本上较泥水盾构有较大优势，具有良好的经济效益。

11. 应 用 实 例

11.1 成都地铁一号线盾构4标

11.1.1 工程概况

成都地铁一号线一期工程盾构4标起于省体育馆站南端，止于火车南站北端。隧道总长4900.43单线延米，其中左线隧道长2328.2单线延米，右线隧道长2572.23单线延米，线路基本沿人民南路中部敷设，分省体育馆路至倪家桥站区间、倪家桥至桐梓林站区间、桐梓林站至火车南站区间三个区间，设3处联络通道，12个洞门。

本项目盾构井位置位于火车南站天府立交桥下，地势平坦，周边环境开阔。区间基本上处于主干道人民南路西侧路肩下方,沿线有大量的城市管线,同时隧道沿线下穿二环路、人南立交桥、机场立交桥、火车南站股道,并在中国成达化工集团、建委大楼、凯宾斯基酒店、成都信息港等多处建(构)筑物附近,对盾构隧道施工影响较大。

区间隧道主要在含水量丰富、补给充足的强透水的砂卵石土中通过。隧道结构底板埋深约为14.0~21.0m。其埋深位于地下水位以下,地下水水压力对隧道施工及衬砌结构有较大影响。隧道穿越地层卵石含量约占55%~80%,粒径一般以30~70mm为主,部分粒径80~120mm。含少量大粒径漂石,一般含量为5%~10%,目前施工中发现的漂石最大粒径为600mm。充填物以砂、中砂为主,含量约10%~35%。

本工程采用盾构法施工,左线采用一台土压平衡盾构施工,从火车南站始发,通过桐梓林站、倪家桥后,在体育馆拆机起吊出井。

11.1.2 工程施工情况

盾构机于2007年8月20日完成工厂制造、组装和调试工作,具备出厂条件,2007年9月8日在现场组装完成并顺利始发,2008年1月29日完成第一区间的掘进到达桐梓林站,2008年2月28日完成过站开始二次始发掘进,6月13日完成第二区间的掘进到达倪家桥站,7月4日完成过站再次始发掘进,9月3日到达省体育馆站,完成掘进,实现了成都地铁一号线第一条单线隧道的全线贯通。左线累计进尺2328.2m,管片安装共1554环。

土压盾构左线全线平均日进度7.9m/d,月平均进度237m/月。日最高推进为22.5m(15环),月最高进度为357m(2008年3月份),创造了在成都富水砂卵石地层施工中的盾构掘进月进度的新纪录。

11.1.3 工程监测与结果评价

采用该工法后,为保证施工过程中沿线建(构)筑物、管线的安全稳定,及时监测了施工各阶段引起的沉降动态数值,业主测量队和施工单位监测组对盾构掘进影响范围内建(构)筑物、管线进行了全过程监控量测。

地表沉降监测结果显示,地表最大沉降量为−20.2mm,发生在隧道中线位置,隧道最大沉降量发生在管片脱离盾尾时,该部分沉降占总沉降量约为70%。

施工全过程处于安全、稳定、快速、优质的可控状态。建筑物基础沉降监测结果显示,最大沉降值为−4.9mm,平均沉降为−2.7mm,房屋倾斜率0.4‰,建筑物安全,得到了各方的好评。

11.2 北京地铁四号线19标

11.2.1 工程概况

北京地铁四号线19标"圆明园站至颐和园站区间"位于北京市海淀区,区间隧道长1518m,线路沿清华西路、颐和园路,与万泉河路、圆明园西路相交。在里程K24+200.0~K24+400.0段洞身通过卵石圆砾层,上覆地层为粉土层和粉质黏土层,该层卵石圆砾层最大直径为100mm,一般为20~80mm。区间隧道地质主要为粉土、粉细砂、粉质黏土、卵石圆砾地层,地质结构较为复杂,断裂层较多。岩层软硬交错,在盾构刀盘压力和切削作用下,易发生塌落。特别是在粉细砂及砂卵石地层,加上地下水相对富集,易造成围岩软化失稳,围岩抗压强度低,加大了盾构施工难度。

11.2.2 工程施工情况

施工中采用土压平衡盾构机顺利地通过350m小曲线半径段、万泉河高架桥和200m卵石圆砾地层段,在确保安全、质量的前提下创造了月掘进634.8m的最高记录,月平均进尺达到了436m。

11.2.3 工程效果评价

施工过程中,通过推广应用该工法,适当降低刀盘转速,减轻与卵石圆砾的碰撞冲击,减小了盾构掘进对地层的扰动,减小了刀盘刀具的磨损;通过向土仓注入泡沫或添加膨润土泥浆加强碴土改良,降低圆砾石、卵石对刀盘、刀具的磨损,同时防止刀盘结成泥饼,有效加快了盾构施工的进度。达到了安全、快速、优质的施工效果,使本工法的应用范围和技术含量进一步扩大和提高。在整个施工过程中,由于施工组织得当,施工技术方案完善,施工过程安全、连续,未发生异常事故。盾构隧道监控量测结果均符合规范要求,管片拼装质量良好,背后注浆回填密实,隧道无渗漏水情况,完工后的隧道顺利通过验收，受到一致好评。

11.3　沈阳地铁二号线

11.3.1　工程概况

沈阳地铁二号线 12 标位于沈阳市浑南开发区与和平区交界处，标段全长 2878.61m，包括两明挖车站及两盾构区间，合同总造价为 3.4 亿。

其中奥体中心站至会展中心站区间自浑河大街起，经右转向至营盘北街，后左转到浑河大街至会展中心站，采用土压平衡式盾构掘进，隧道总长为 2416.792m，其中左线隧道长 1213.479m，右线隧道长为 1203.313m，该区间设置 1 座联络通道兼泵房施工，4 个洞门。

盾构始发井位于奥体中心站，该区间盾构机从奥体中心开始掘进全部沿浑河大街东侧绿化带下穿越，地面无大型建筑物，主要穿越的构筑物是浑南大道的匝道（普通高路基匝道），另在进行区间右线掘进时在里程为 K16+920（奥会区间联络通道）将穿越浑南地区一排水泵站。

区间隧道主要在含水量丰富、补给充足的强透水的砾砂层中通过。隧道结构底板埋深约为 16.0~22.0m。其埋深位于地下水位以下，地下水水压力对隧道施工及衬砌结构有较大影响。隧道穿越的地层其中小于 60mm 粒径的质量百分数为 100%、小于 40mm 粒径的质量百分数为 91.2%、小于 20mm 粒径的质量百分数为 80.9%、小于 10mm 粒径的质量百分数为 69.4%、小于 5mm 粒径的质量百分数为 63.1%、小于 2mm 粒径的质量百分数为 55.6%。

11.3.2　工程施工情况

土压盾构机于 2008 年 1 月 28 日设备进场组装和进行调试工作，于 2008 年 4 月 23 日在现场组装调试完成并顺利始发，2009 年 1 月 3 日到达会展中心站完成奥会区间右线的掘进；2009 年 3 月 1 日进行奥会区间左线的始发掘进，2009 年 6 月 23 日到达会展中心站完成奥会区间的左线掘进，实现了奥会盾构区间的全线贯通。

奥会盾构全线平均日进度 12m/d，月平均进度 360m/月。日最高推进为 22.8m（19 环），月最高进度为 433.2m，创造了在沈阳强透水砾砂地层施工中的盾构掘进月进度的新记录。

11.3.3　工程监测与结果评价

采用该工法后，为保证施工过程中沿线建（构）筑物、公路匝道以及地表的安全稳定，及时监测了施工各阶段引起的沉降动态数值，特别对盾构掘进影响范围内建（构）筑物、公路匝道进行了全过程监控量测。

地表沉降监测结果显示，地表最大沉降量为−23.3mm，发生在隧道中线位置，隧道最大沉降量发生在管片脱离盾尾时，该部分沉降占总沉降量约为 85%。

施工全过程处于安全、稳定、快速、优质的可控状态。建筑物泵站基础及公路匝道沉降监测结果显示，最大沉降值为−7.0mm，平均沉降为−3.0mm，顺利安全的穿越泵站及匝道，得到了监理及业主等各方的好评。

超大直径盾构穿越浅覆土水下隧道施工工法

GJYJGF075—2010

中铁十四局集团隧道工程有限公司　中国铁建股份有限公司
王守慧　王华伟　陈健　杨纪彦　葛照国

1. 前　　言

盾构法进行水域（江、河、湖、海）下隧道施工时，由于隧道使用线路上的因素限制，使得有时隧道所处位置的上覆土层较浅。盾构机在高水压、强透水、浅覆土（覆盖层厚度不足一倍盾构机直径）条件下的掘进过程中，极易发生掌子面失稳、地层隆陷、透水冒浆和局部扰动液化，施工技术难度和工程风险极大，属于世界级技术难题。

中铁十四局集团有限公司针对南京长江隧道工程盾构隧道始发浅埋段及江中浅覆土段（该段覆土最小厚度大约在 10.49~12.34m 间，覆土厚度不足一倍盾构直径的区间共有 72m 长，最小覆土厚度仅为 0.71 倍盾构直径）受到盾构掘进扰动后，土体易发生液化现象，易坍塌；且当盾尾密封效果不佳或注浆量设置不合理时，均可能发生涌水涌砂等技术难点进行研究，在总结超大直径盾构穿越浅覆土水下隧道施工技术的基础上，形成该工法。该工法在技术创新上达到了国际先进水平。

该工法解决了在强透水地层、不进行地层处理条件下穿越江中浅覆土段的施工技术难题。由于受各种客观条件的制约，很多跨江跨海盾构隧道面临长距离（尤其是石英含量高的砂层）、覆土层薄、水深深、水压高等技术难题，同时也带来施工安全风险极大的难题，该成果对类似工程建设具有重要的指导意义，在大型铁路工程、公路工程及市政工程中具有良好的推广价值，应用前景将非常广阔。

2. 工 法 特 点

2.1　加快施工进度。采用高黏度泥浆维护开挖面稳定，减少了抛填土运输取土、运输等工序，提高施工进度。

2.2　降低成本。减少了租用车船、运输、购土等环节，降低了施工成本。

2.3　操作简单。最大限度减少了施工人员和运输机械设备的工作量，现场管理简便易行。

2.4　减少了对河道通航的影响。不在江中进行抛填作业，减少了对河道通航的影响。

2.5　安全可靠。不进行抛填土作业，减少了对江底土体的扰动，安全可靠。

3. 适 用 范 围

本工法适用于大直径的越江穿河隧道工程中采用盾构法施工的复杂地质条件下的浅覆土掘进施工。对其他类似盾构隧道的施工也具有相当的参考价值。

4. 工 艺 原 理

南京长江隧道采用抛填黏土方法可以满足掘进覆土厚度要求，但是江底浅覆土地段处于长江主流下方，由于江水流速较快，黏土颗粒较细，只能采用抛填袋装黏土，这样就很难在江底形成均匀的覆土层。这样就导致抛填黏土部分土体松散，与原有河床下土体无法成为一个整体，土压力稳定作用较小；由于水流快，抛填黏土会引起周圈土体局部冲刷扰动原覆土层的稳定。

南京长江隧道江中浅覆土施工通过采用高黏度泥浆维护开挖面，控制开挖面泥水压力波动和泥浆流量，掘进过程中严格控制盾构姿态，确保注浆均匀充足等综合技术，安全平稳通过了浅覆土地段。

泥水平衡盾构开挖面的稳定是依靠密封舱的压力泥浆来达到的。当泥水压力大于地下水压力时，泥水渗入土体中，泥水中的砂成分、黏土堵住了地层土中的间隙（或淤堵在其表面），形成与土体间隙成一定比例的悬浮颗粒，被土体捕获的颗粒凝聚于土体与泥水的接触面，形成渗透性非常小的一层泥膜。在渗透系数较小的泥膜形成后，降低了泥水压力的损失，泥水与地下水的置换将被隔绝，泥水压力可更加有效地作用于开挖面，从而可防止开挖面的变形和垮塌，并确保开挖面的稳定。

5. 施工工艺流程及操作要点

5.1 盾构穿越浅覆土施工工艺流程图（图5.1）
5.2 操作要点
5.2.1 泥水压力
泥水压力计算过程中的水深以施工时实际长江水位为准，并根据盾构通过浅覆土段时的长江潮汐水位进行调整。泥水压力要求严格进行控制，偏差幅度在±0.1bar之间（图5.2.1）。

施工参数计算采取如下公式：

（1）切口水压上限值（公式5.2.1-1）：

$$P_{fu}=P_1+P_2+P_3+P_4=\gamma_w \times h+K_0\left[(\gamma-\gamma_w)\times h+\gamma\times(H-h)\right]+20+\gamma_{水}h_{水}$$

$$(5.2.1-1)$$

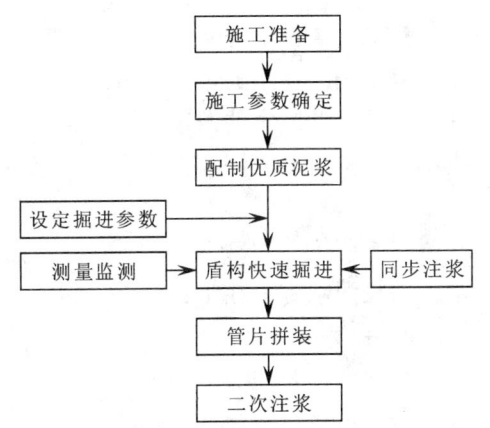

图 5.1　盾构穿越浅覆土施工工艺流程图

式中　P_{fu}——切口水压上限值（kPa）；

P_1——地下水压力（kPa）；

P_2——静止土压力（kPa）；

P_3——变动土压力，一般取20kPa；

P_4——江水压力，根据不同的水深确定；

γ_w——水的重度（kN/m³）；

h——地下水位以下的隧道埋深（算至隧道中心）（m）；

K_0——静止土压力系数；

γ——土的重度（kN/m³）；

H——隧道埋深（算至隧道中心）（m）；

$\gamma_{水}$——江水的重度（kN/m³）；

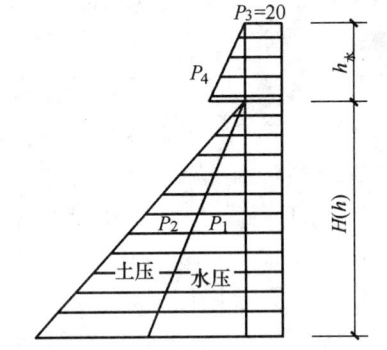

图 5.2.1　江中段开挖面切口水压示意图

$h_{水}$——江水的深度（m），应根据潮汐表确定盾构切口上方实际水深。

（2）切口水压下限值（公式5.2.1-2）：

$$P_{fl}=P_1+P'_2+P_3+P_4$$

$$=\gamma_w \times h+K_a\left[(\gamma-\gamma_w)\times h+\gamma\times(H-h)\right]-2\times C_u\times\sqrt{K_a}+20+\gamma_{水}h_{水}$$

$$(5.2.1-2)$$

式中　P_{fl}——切口水压下限值（kPa）；

P'_2——主动土压力（kPa）；

K_a——主动土压力系数；

C_u——土的凝聚力（kPa）。

（3）送排泥流量

根据杜郎德极限流速公式（公式 5.2.1-3、公式 5.2.1-4）：

$$V_L = F_L \sqrt{2gD \frac{d_s - d}{d}} \qquad (5.2.1-3)$$

$$V_d = 1.2 \sim 1.25 V_L \qquad (5.2.1-4)$$

式中　V_L——最低极限流速（m/s）；

　　　F_L——取决于土粒子浓度和直径的常数，送泥管取值 0.7，排泥管取值 1.35；

　　　d_s——流过泥管内土粒的相对密度；

　　　D——管路直径；

　　　d——泥水相对密度；

　　　g——重力加速度，9.8m/s²；

　　　V_d——设计最低流速。

5.2.2　高性能泥浆配制

南京长江隧道通过泥浆成膜试验确定了采用高分子材料和旧浆复合调浆的方案，在应用中取得了良好的效果，低成本的旧浆对于完善泥水体系、稳定泥浆密度和抑制地层漏失有较好的效果。不仅降低了成本，且由于旧浆回收工艺简单，减少了制浆时间，提高了调浆效率。泥浆参数如下：

1. 密度

泥水密度大可较好的稳定掌子面，但太大则加重设备负担，并影响出碴效率，为维护掌子面的稳定，进浆泥水密度在 1.23~1.26g/cm³ 之间，出浆密度 1.30~1.40g/cm³。

2. 黏度

为了维护开挖面的稳定，在掌子面形成有效泥膜，泥水处理场制备新浆时应提高循环泥水质量，将调浆池泥浆黏度控制在 23~25s 范围之内，同时保证泥浆的漏失量小于 10m³/h，析水率不大于 5%。根据国内外类似工程施工经验，并与相关科研单位进行试验确定，在江中浅覆土段施工中，每推进 1 环加入 80~100m³ 新浆对循环系统泥浆黏度和密度进行调整。

3. 含砂率

在孔隙率大的圆砾层和级配差的砂层，泥浆中的砂粒对地层孔隙有堵塞作用，故泥膜形成与泥浆中砂的粒径及含量有很大关系。通过泥水处理场进行筛分沉淀，保留有用的黏土颗粒，去除 74μm 以上的大部分砂颗粒及 45μm 以上的部分粉土颗粒，形成适当的固相颗粒级配，确保在开挖面形成泥膜。因此，泥浆中的含砂量控制在泥水处理中也是一个重要指标，南京长江隧道工程大部分地段含砂量控制在 15%~25%。

4. 泥浆泵泵压控制

为避免泥水环流系统进排泥浆泵泵压过高造成设备超负荷运转发生故障，必须对进出泥浆泵泵压进行控制，最大泵压不超过 9.0bar。

在江中浅覆土段泥水参数详见表 5.2.2。

浅覆土段泥浆参数　　　　　　　　　　　　　　　　　表 5.2.2

项　目	进浆密度（g/cm³）	进浆流量（m³/h）	排浆密度（g/cm³）	排浆流量（m³/h）	析水率	漏失量
江中浅覆土	1.23~1.26	1800~2000	1.30~1.40	2050~2250	<5%	<10m³/h

为了确保在江中浅覆土段施工盾构开挖面的稳定，根据确定的泥水参数，在进入江中浅覆土施工前，首先调配基础浆 3000m³，泥浆黏度达到 25S，密度控制在 1.23~1.26g/cm³。根据南京长江隧道工程在 8 层粉细砂、10 层砾砂中的掘进经验，施工中泥浆损失主要包括掘进及拼装过程中掌子面漏失、泥水分离时碴土携带和沉淀池清理时泥浆损失。在江中浅覆土粉细砂层中掘进时，每环浆液损失在 110~130m³。

根据泥浆管流速及路程，确定每环掘进完成前 20min 向掌子面补充新制泥浆 80m³ 以维护掌子面稳定，为保持泥水循环系统泥浆量稳定，向泥浆池内加入 30~50m³ 新制泥浆。

5.2.3 泥浆管流速

根据施工经验，排浆管浆液密度在 1.30~1.40t/m³ 之间，砾砂层干密度为 1.72t/m³，根据杜郎德最低极限流速公式，计算可得到排浆管在砾砂层最小排泥量 $Q_排$=1731m³/h，考虑到进排浆量与掘进速度的匹配，粉细砂层、砾砂层将进浆量设定为 1900m³/h，排浆量设定为 2150m³/h 左右。

5.2.4 掘进速度及刀盘转速

掘进速度和刀盘转速根据地质条件及施工经验设定，见表 5.2.4。

浅覆土段掘进参数表　　　　　　　　　　　　　　　　　　　　表 5.2.4

项　目	刀盘转速	掘进速度	锥入度	地层特征	备　注
江中浅覆土 K5+900~K6+200	0.65~0.8rpm	25~30mm/min	35~45mm/r	⑦-1层粉细、⑧层粉细砂、⑩层砾砂	减少掘进对掌子面的扰动

5.2.5 管片壁后注浆

根据地质情况，江中浅覆土地段粉细砂层颗粒级配不良，砾砂层充填物易被冲刷，为防止盾尾漏浆、隧道上浮及地层失稳，需加强管片壁后注浆控制，保证同步浆液质量。设定浆液密度为 1.96g/cm³，浆液的坍落度控制在 18~22cm；注浆量控制在理论建筑空间的 150%~200%，确保壁后注浆密实有效。同时控制注浆压力，防止击穿浅覆土层，注浆压力的设定为注浆管位置泥水压力的 95%~105%（波动±0.1bar，与泥水压力匹配）加上泥水管泵头至出口压力损失。

5.2.6 出碴量控制

盾构机掘进时，必须严格控制每环的出碴量。理论出碴量=盾构开挖面积×掘进长度×土体自然重度；实际出渣量=（排浆流量×排浆密度-进浆流量×进浆密度）×泥水循环时间，具体数值在盾构机控制系统进行统计，并由泥水场工程师根据碴土场出碴量进行复核。一般实际出碴量控制在理论出碴量的 97%~100% 之间，允许出现少量欠挖，不允许出现超挖，以保护掌子面稳定。

5.2.7 盾构机姿态控制

根据南京长江隧道施工经验，盾构机姿态及成型管片在砂层中较稳定，在浅覆土层易发生上浮，江中浅覆土段盾构姿态竖向上控制在-30~10mm，由于平面上在曲线段前进，盾构机姿态控制在曲线内侧 10~30mm。

5.2.8 盾尾保护

泵送油脂主要是为了保持油脂仓的压力，使其不被盾体外的泥水击穿。南京长江隧道盾构机采用欧洲式保压：将泵送口设定一定的压力（该压力与油脂仓为同一压力），当油脂仓压力小于该压力时，油脂泵自动向油脂仓泵送油脂，以达到保压效果。

对于透水性强，自稳性差的地层，多选用泥水平衡盾构，其显著特点就是对盾尾密封止水性能的要求非常高，一旦盾尾密封出现问题，将会造成盾尾漏浆，液化砂土随地下水沿盾尾和隧道接缝渗漏进入隧道内，从而导致开挖面泥水压力下降，土体失稳，严重时造成隧道周围局部土体掏空，隧道下沉、螺栓断裂、隧道破坏或者隧道内大量淤积泥浆而将盾构机淹没。所以盾构掘进中需加强盾尾保护，严格控制风险。

5.2.9 测量监测

受长江水位变化和江水对江底的冲刷和淤积影响，掘进泥水压力计算选取的数值和实际施工时存在一定差异。为确保掘进时泥水压力设置准确，在江中浅覆土掘进施工时，应加强河床和水位监测，根据监测数据及时修正泥水压力。河床监测采取超声波装置江中浅覆土施工前测量，水位监测每天进行，并与当地长江水文站进行复核。在江中浅覆土施工期间，租用驳船停泊在盾构掘进上方江面上进行全天候监测。

5.2.10 管片上浮控制及处理措施

1. 选择适当的注浆浆液及方法

在含水粉细砂地层中，解决管片上浮问题实质上是同步注浆稳定管片与管片上浮在时间上的竞赛。比较理想的注浆方法应是盾构沿轴线掘进，注浆浆液完全充填施工间隙并快速凝固形成早期强度，隧道与周围土体形成整体构造物从而达到稳定。那么，双液瞬凝浆液因其时效特点在隧道位移控制上优势明显，同步注浆工艺和双液瞬凝型浆液（水泥浆液和水玻璃浆液）无疑能彻底解决管片上浮的问题。但双液浆随着温度的变化，同种配比的浆液化学凝胶时间因时而异，堵管故障也极易发生，综合考虑这些问题，南京长江隧道同步注浆采用惰性浆液。根据管片上浮的规律值和盾构推进姿态的关系合理选择注浆孔位、注浆量和注浆压力。根据南京长江隧道施工经验，盾构尾部上下三排六个注浆孔中，上中下三排注浆孔的注浆量比例约为 4:3:2。

2. 控制盾构机姿态

盾构机掘进过程中姿态控制不好，必然造成频繁的纠偏，纠偏的过程就是管片环面受力不均的过程。所以在掘进过程中要严格控制好盾构机的姿态，尽可能地使其沿隧道设计轴线进行推进，避免出现纠偏蛇形。发现偏差时应逐步纠正，禁止突纠，以免造成管片间存在较大错台，管片环面受力严重不均。

3. 控制掘进速度

如果同步注浆过程中，浆液不能达到及时有效地固结和稳定管片的条件，应适当控制盾构掘进速度。一般以缓推为宜，推进速度不大于 30mm/min，确保管片脱出盾尾时形成的空隙量与注浆量平衡，尽量避免注入的浆液被水稀释而降低浆液性能。

4. 合理控制盾构机推进高程

根据南京长江隧道盾构施工经验，统计在各种地层中管片拼装后上浮经验值，在掘进时控制盾构姿态按照减去管片上浮量的轴线高程进行推进。在江中浅覆土段施工将盾构机推进轴线高程降至设计轴线下 20mm，以此来抵消管片衬砌后期的上浮量。实践证明，这样控制掘进，成型隧道中心轴线与设计轴线基本一致。

5. 管片上浮后的处理

管片上浮后的处理比较难，一般可尝试在隧道底部打开注浆孔泄压，释放管片底部的注浆浆液。根据类似工程施工经验，此方法效果不理想，并且污染隧道，施工风险大。如发现管片上浮超限，需立即停止盾构掘进，对已上浮的管片通过注浆孔进行二次注浆。注浆材料以瞬凝双液浆为最好，注浆压注顺序应顺着隧道坡度方向，从隧道拱顶至两腰，最后压注拱底。终止注浆以打开拱底注浆孔无渗水为原则，以防止盾构恢复掘进后管片继续上浮。

5.3 劳动力组织

施工过程控制由总工程师全面负责，技术、质检、测量人员跟班作业，劳动组织见表 5.3。

劳动组织 表 5.3

序号	岗 位	工 作 内 容	人数（人）	工 具 配 备
1	现场指挥	负责技术、人员调度	2	对讲机、电脑
2	盾构机操作手	盾构机掘进操作控制	3	
3	机电工程师	盾构机检查维保	6	
4	掘进工人	管片箱涵拼装	22	
5	维保工人	维修机械设备	4	维修工具
6	泥浆工	泥浆制备	8	
7	电焊工	加工焊接管道、支架	6	电焊、氧割设备
8	电工	负责临时用电	2	
9	监控量测	观测中心线、高程	8	对讲机、测量仪器
10	机动人员	配合临时工作	16	
11	安全员	负责安全工作	2	
12	技术人员	检查各工序的施工情况	6	

6. 材料与设备

主要材料   表 6.1

序号	材料名称	规格	数量（t）	用途
1	制浆剂	HS-1	200	配制泥浆
2	制浆剂	HS-2	100	配制泥浆
3	制浆剂	HS-3	200	配制泥浆
4	制浆剂	HS-4	80	配制泥浆
5	膨润土		300	配制泥浆
6	聚氨酯		10	抢险材料

主要设备   表 6.2

序号	设备名称	规格型号	数量	用途
1	抢险工程车		10 台	抢险
2	大型驳船		1 艘	抢险
3	挖掘机	PC60	2 台	抢险
4	装载机	Z30	1 台	抢险
5	水泵	18.5kW	10 台	抢险

7. 质量控制

7.1 工程质量控制标准

盾构施工执行《盾构掘进隧道工程施工及验收规范》，变形测量频率按表 7.1-1 执行，管片拼装按表 7.1-2 执行。

变形测量频率   表 7.1-1

变形速度（mm/d）	施工状况	测量频率（次/d）
>10	距工作面 1 倍洞径	2/1
10~5	距工作面 1~2 倍洞径	1/1
4~1	距工作面 2~5 倍洞径	1/2
<1	距工作面>5 倍洞径	1/>7

管片拼装允许偏差表   表 7.1-2

序号	项目	允许偏差（mm）	检验方法	检查频率
1	衬砌环直径椭圆度	±6‰D	尺量后计算	4 点/环
2	隧道圆环平面位置	±60	用经纬仪测中线	1 点/环
3	隧道圆环高程	±60	用水准仪测高程	1 点/环
4	相邻管片的径向错台	6	用尺量	1 点/环
5	相邻环片环面错台	7	用尺量	1 点/环

注：D 指隧道的外直径，单位：mm。

7.2 质量控制措施

7.2.1 为防止盾构机在此区段因长时间停机造成地层劈裂,在盾构机进入此区段前即对盾构机进行全面的检查,更换所有存在隐患的配件,做好拼装系统的全面检修更换,并在进入冲槽段前更换一次高压电缆。

7.2.2 确保在冲槽地段以"高黏优浆、合理低压、平稳推进、快速拼装、禁止停机、一次通过"的原则进行推进,力争将穿越时间缩到最短;泥浆池重新制备优质泥浆,并在储浆池保持储存 400m³ 新浆,用于每环结束维护掌子面和调浆使用;在调浆池储备好满足指标要求的调配浆液 3100m³,同时在废浆池中储备 5000m³ 的备用浆液;现场库房储备不少于 20tHS1、10tHS2、20tHS3、10tHS4 等高分子聚合材料和 50t 膨润土备用,仓储库房储备 100tHS1、30tHS2、100tHS3、50tHS4 等高分子聚合材料和 200t 膨润土。

7.2.3 掘进采用高密度、高黏度泥浆形成致密泥膜,封闭掌子面。

7.2.4 根据软弱地层参数计算泥水压力,给掌子面提供足够的支撑压力。同时严控泥水压力和注浆压力(波动±0.1bar),防止压力击穿覆土层。

7.2.5 为保证掘进参数的准确性,将在穿越冲槽段前对冲槽地形进行一次江底地形断面实测,在穿越过程中每环掘进前均安排专人测量水位,对掘进参数进行修正。

7.2.6 穿越过程中加强设备的状态监测与维护保养,配备必要的易损件。

7.2.7 掌子面存在 4.5% 的坡度在停止掘进时是较难保持稳定的,因此要求泥浆必须有迅速成膜的能力,根据经验数据,结合计算压力适当调高一些泥水压力抵消因上坡影响造成的掌子面失稳分力,每环掘进结束前必须及时向掌子面注入 50~100m³ 高浓度新浆,以维护掌子面稳定。

7.2.8 为减少平面曲线段对冲槽段施工的影响,掘进时按照每环的设计偏移量进行均匀转向,防止出现急转现象。

7.2.9 为保证盾尾间隙不出现恶化,每环分 0.5m、1m、1.5m、2m 4 个里程段对盾尾间隙选取 10 个点进行测量,并根据盾尾间隙的测量数据,在掘进过程中及时进行慢慢修正,严禁过度纠偏。管片选型采用机选为主,人工复核的方式,选取与盾构机姿态最匹配的管片安装形式。当盾尾间隙不均匀造成漏浆时,可在管片外弧面粘贴止水海绵,以便盾尾漏浆时吸水膨胀封堵,同时在加大同步注浆量的情况下增加油脂注入量。

7.2.10 针对砂土层液化现象,在掘进参数上采取降低掘进速度和刀盘转速的方式,将扰动降到最小。采用高密度、高黏度泥浆形成致密泥膜,封闭掌子面;同时通过泥膜形成过程将黏性颗粒渗透入粉细砂层,也可改良粉细砂层的液化现象,消除与刀盘接触土体的液化作用。根据粉细砂层参数计算泥水压力,给掌子面提供足够的支撑压力。针对可能发生的涌水涌砂现象,一方面要保证盾尾间隙均匀,一方面要保证壁后注浆和盾尾密封油脂注入量的充足,另一方面每次注浆结束要采用粉煤灰加膨润土的混合浆液对盾尾注浆管进行保压,防止外部泥水涌入。

8. 安 全 措 施

8.1 安全管理措施

8.1.1 创建三级安全生产责任体系

在集团公司安全机构的领导下,指挥部成立了三级安全机构:一级是局指安全领导小组,由指挥长亲自任组长,管施工生产的副指挥长及安全长任副组长,组员由总工程师及各项目部经理、局指各部门负责人组成。二级是由各项目部分管生产的副经理及安全长、安全工程师及各部门负责人组成。三级是由专职安全员及各班组兼职安全员组成,并且在施工现场所有作业人员都是义务安全员,对所负责的施工现场安全负责。使安全在组织体系上达到了全覆盖无漏洞。

8.1.2 强化安全责任制、严格规章制度、实行绩效管理

制定了一系列的安全生产管理办法,并根据每个管理人员及施工作业人员不同的工作岗位及所从事

的不同工种制定了详细的岗位安全职责，贯彻"安全第一、预防为主"的方针和"管生产必须抓安全"的原则，确保施工生产的安全。指挥部制定了《项目绩效考核管理办法》，把安全工作目标进行数据化量化管理，实行每月一考核。

8.1.3 推进"一法三卡"工作法，维护员工的健康和安全

参照国家现行的劳动安全卫生法律法规和技术标准，结合安全生产的实际情况，借鉴国内外安全管理的经验，积极推行"一法三卡"工作法，维护员工的健康和安全。

8.1.4 颁布落实《安全生产手册》

根据超大直径盾构浅覆土穿越施工的特点和业主、公司的安全生产管理规定，颁布实施适合本工程需要的《安全生产手册》，其内容遵守国家颁布的各种安全规程。工人上岗前进行培训和考核，合格者准予上岗。

8.1.5 坚持持证上岗制度

对于机械操作手、电工、电焊工等特殊工种工作人员，严格持证上岗，确保按安全操作规程施工，保证施工安全。

8.1.6 抓教育培训、提高员工素质

面对超大直径盾构隧道施工这一技术难度大，施工风险点多、危险源多、员工操作不熟练这一现状，为了使员工能熟练掌握操作规程，保证安全生产，我们坚持"学用结合、按需培训"的原则，做好员工三级安全教育的同时，抓好员工操作技能培训工作。

8.1.7 以预防为重点，加强突发事件的应急和处置能力

我们始终坚持"安全第一、预防为主"这一安全管理工作方针。面对工程地质复杂，风险点多的现状，实行应急管理。针对风险点组织制定了专项应急预案及其现场处置方案，并组织进行演练，遇到突发事件时能紧急处置，避免事故发生。

8.2 安全技术措施

8.2.1 采取先进技术，加强远程监控

与上海超级计算机模拟中心合作，采用超级计算机三维数值仿真模拟和小直径盾构模型掘进"双模拟"试验。采用声呐法和多波速束测探扫描系统等手段对江底地形进行"双监测"等先进技术，对施工风险点进行科研攻关。施工过程中我们还加强对作业现场的监控，设立了远程视频监控系统，在现场的每个作业地点都安装了摄像头，从而对施工现场的每道工序及作业流程都能做到一目了然，对员工是否按操作规程作业和施工中的控制参数都能在指挥部监控指挥中心看到，对碰到的问题也可以通过网络系统组织专家进行论证。

8.2.2 以科技为先导，加强方案预控

施工方案制定的科学合理是施工安全的最大保障，为此指挥部专门成立了工地专家组，聘请了国内外知名的盾构施工及机械设备方面的专家（有工程院院士、日本盾构专家、德国盾构专家、国内盾构施工专家、西南交通大学、北京交通大学、河海大学、上海同济大学教授组成）对工程施工方案进行论证把关，况且日本盾构专家及德国盾构专家常驻工地，每遇到风险大的施工方案（例如盾构机的运输及工地装、盾构机的超浅埋始发及接收、盾构机下穿长江大堤、江中复合底层段施工、江中浅覆盖层段施工、盾构机江中换刀及进仓）等，都事先进行专家论证，确认方案上可行后再组织施工，从而从源头上保证了施工安全。

9. 环 保 措 施

在本工程施工过程中，严格遵守国家和地方政府下发的有关环境保护的法律、法规和规章，以及业主制定的有关本工程环境保护的规章制度，加强对粉尘、废气、废水的控制和治理，降低噪声，控制粉尘和废气的浓度以及做好废水和废油的治理和排放，整个施工过程对环境无污染。

10. 效 益 分 析

10.1 经济效益

南京长江隧道江中浅覆土施工不采用抛填土加固方式，而是采用高黏度泥浆维护开挖面，控制开挖面泥水压力波动和泥浆流量，掘进过程中严格控制盾构姿态，确保注浆均匀充足，安全平稳通过浅覆土地段。在通过江中浅覆土前制定了针对性强的施工措施、切实可行、经济合理，相比通常盾构法穿越浅覆土施工顶部抛填黏土的措施，节省费用约 2000 万元，保证了工程的安全和进度，共计节约工期 1 个月，间接经济效益 1500 万元。

10.2 环境效益

因采用高黏度泥浆维护开挖面，控制开挖面泥水压力波动和泥浆流量，掘进过程中严格控制盾构姿态施工避免了抛填土施工给长江通航及排水的影响，对环境无影响。

10.3 社会效益

1. 采用高黏度泥浆维护开挖面，控制开挖面泥水压力波动和泥浆流量，掘进过程中严格控制盾构姿态，确保注浆均匀充足，安全平稳通过浅覆土地段成功地解决了江中浅覆土段，受到盾构掘进扰动后，土体易发生液化现象，易坍塌；且当盾尾密封效果不佳或注浆量设置不合理时，均可能发生涌水涌砂等技术难点，确保工程建设的成功。

2. 超大直径盾构穿越浅覆土水下隧道施工工法的研究，对在水底设计施工超浅埋长大隧道具有一定指导意义。

3. 超大直径盾构穿越浅覆土水下隧道施工工法的研究为企业在施工领域的拓展树立了良好的信誉。

11. 应 用 实 例

南京长江隧道工程

11.1 工程概况

南京长江隧道工程采用"左汊盾构隧道+右汊桥梁"的施工方案，其中左线盾构隧道长 3022m，右线盾构隧道长 3015m。盾构隧道采用两台 φ14.93m 泥水加压平衡盾构施工，左、右线里程 k3+730~k3+1000 为始发超浅埋段，里程 K5+900~K6+200 为江中超浅覆土段。该段里程最小覆土厚度约为 11.3m，仅为 0.76 倍盾构直径，覆土厚度不足一倍盾构直径的

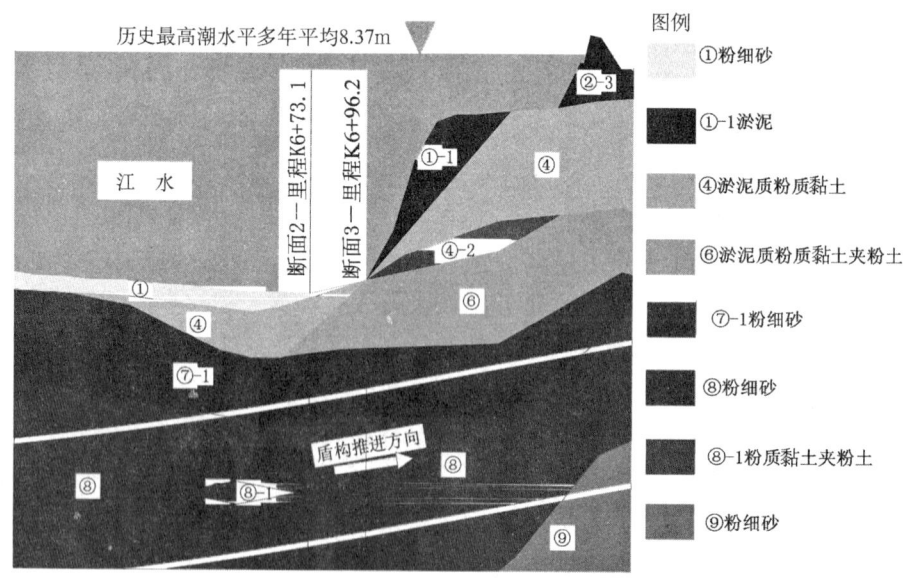

图 11.1 超浅覆土段地质概况

图例
① 粉细砂
①-1 淤泥
④ 淤泥质粉质黏土
⑥ 淤泥质粉质黏土夹粉土
⑦-1 粉细砂
⑧ 粉细砂
⑧-1 粉质黏土夹粉土
⑨ 粉细砂

区间共有 72m 长，地层与江水有水力联系，极易发生冒顶和坍塌。该里程段盾构施工所穿越地层主要为 7-1 层粉细砂、8 层粉细砂、10 层砾砂、12 层粉细砂，上部覆土主要为 4 层淤泥质粉质黏土、6 层淤泥质粉质黏土夹粉土、7-1 层粉细砂，地质概况见图 11.1。由于粉细砂液化等级为轻微液化~中等液化，当其受到盾构掘进扰动后，易发生液化坍塌现象，且当盾尾密封效果不佳或清洗注浆管时，可能发生涌

水涌砂事故。

11.2 施工情况

浅覆土掘进施工是盾构过江过河隧道工程成败的关键，制定严密的施工方案，加强施工过程的信息化管理，并重点控制防塌、防冒、防浮和防偏等 4 个方面，可以确保浅覆土段施工的安全。南京长江隧道工程左右线盾构区间分别顺利穿越了右线鱼塘超浅埋段（RK3+680~RK3+710）、左右线江中浅覆土段（K5+900~K6+200），盾构掘进过程中开挖面稳定；管片拼装无错台、无渗漏；成型管片实际轴线水平偏差控制在±10mm 以内，高程偏差控制在±20mm 以内，后续沉降较小。左线右通过江中浅覆土时分别创出了超大直径盾构施工中单日掘进 29m（14.5 环）、单班（12h）16m（8 环）和单日掘进 32m（16 环）、单班（12h）17m（8.5 环）的世界纪录，同时创造了 170m 计 85 环的周掘进记录。

南京长江隧道工程于 2005 年 9 月开工 2010 年 5 月 28 日竣工。

11.3 工程监测与结果评价

南京长江隧道结构健康监测系统布置各类传感器共 682 只，可对 6 个监测断面管片结构受到的土、水压力、各类结构响应以及混凝土腐蚀性状进行实时在线监测，监测结果表明，监测环管片结构在该时间段内处于"健康"的工作状态。

该工法解决了在强透水地层、不进行地层处理条件下穿越江中浅覆土段的施工技术难题，取得了创造性研究成果，达到了国际领先水平，实践证明运用该工法可以改善施工作业环境，保证施工安全，加快施工生产进度，创造良好的社会经济效益。为地下工程施工技术领域积累了宝贵的经验财富，对国内同类型地质条件下超大型盾构水域下超浅覆土安全穿越有极好的借鉴和推广意义。

水下无封底混凝土套箱技术施工
海上大桥承台和墩柱工法

GJYJGF076—2010

中国港湾工程有限责任公司　中交第一航务工程局有限公司

刘德进　张宝昌　曲俐俐　王成生　赵建明

1. 前　言

水上大桥的承台、墩柱施工，如何形成干施工条件，是工程的难点之一。目前大多采用止水围堰——水下封底混凝土的工艺。止水围堰大致分为钢板桩围堰、混凝土围堰、钢套箱围堰以及钢—混凝土组合结构围堰等。这些工艺虽然比较成熟，但工效比较低，单个承台施工周期长，施工成本高，水上施工难度大，承台外防腐处理较为困难。

鉴于以上原因，为提高止水效果、加快施工进度、提高承台混凝土的抗腐能力，提高经济效益，减少水上作业的危险性，减少资源消耗及对海洋环境的污染，本工法开始在青岛海湾大桥工程中提出研究、实施。

2007年3月，在青岛海湾大桥业主单位的招标中，以充水胶囊止水为核心技术的水下无封底混凝土套箱的设计和施工的封水工艺方案中标，并于2007年5月结合山东省路桥集团有限公司承建的第10合同段进行用水下无封底混凝土套箱技术施工海上大桥承台和墩柱科研项目的试验研究，至2007年8月工法试验成功。2007年12月17日通过由青岛市科委组织的鉴定。专家评定该工法达到目前国内领先水平。

本工法自2007年8月开始在青岛海湾大桥第10标段应用，并已经普及到第2、4、5、6、7标段。到青岛海湾大桥建成，将应用到378个承台施工上去。

2. 工法特点

2.1 用胶囊止水，改变长期以来采用传统的水下封底混凝土止水工艺，这是本工法的核心技术。

2.2 混凝土套箱作为承台的模板，一次性使用，并对承台钢筋混凝土起到永久保护、防腐作用，以提高承台混凝土的耐久性。

2.3 混凝土套箱内壁增设一层密度为 $20kg/m^3$ 的 20mm 厚泡沫板作为弹性应力吸收系统，使混凝土套箱更好地适应承台混凝土膨胀、收缩的应力作用，防止套箱混凝土的开裂，提高了套箱和承台使用寿命。

2.4 为控制承台混凝土与套箱内壁间由于后期混凝土的收缩和以后使用中承台混凝土随季节的变化收缩而可能产生的缝隙内循环进入海水而影响承台的耐久性，在承台混凝土浇筑前在套箱上口处预埋抗老化50年的制品型遇水膨胀止水条封堵海水进入缝隙。

2.5 临时钢围堰起到挡浪、止水作用，便于承台、墩柱的各工序的施工，可以周转使用。

3. 适用范围

适用于海上或江河上由直立钢管桩支撑的大桥承台结构，使承台和墩柱施工形成干施工条件。

4. 工 艺 原 理

4.1 本工法由混凝土套箱、钢套箱、吊装系统、套箱抗浮反压系统、止水胶囊和剪力键承力系统 5 大部分组成。止水胶囊是该工法的核心技术。

4.2 混凝土套箱底板 4 个预留洞的侧壁均设置胶囊安放位置，在安装套箱前将胶囊放置于内。

4.3 混凝土套箱底板 4 个预留洞的周围，各预埋 8 件预埋件，作吊点和焊接剪力键之用。

4.4 混凝土套箱和钢套箱组装成整体，用浮吊进行安装，初步就位后，浮吊松钩，吊装系统坐落在灌注桩钢护筒上（钢护筒标高在安装套箱之前定好）。

4.5 用千斤顶（每根钢护筒 2 个，共 8 个）对套箱整体进行精确定位、安装后，抗浮反压系统将钢围堰与灌注桩钢护筒相连接。

4.6 用水泵向胶囊充水，使胶囊膨胀，紧紧环抱灌注桩钢护筒，起到止水作用。

4.7 套箱抽水完成后，焊接剪力键承力系统、用浮吊吊走吊架、去掉抗浮反压系统、割掉套箱内的灌注桩钢护筒，形成承台、墩柱干施工的条件。

5. 施工工艺流程及操作要点

5.1 施工工艺流程图（图 5.1）

5.2 操作要点

5.2.1 混凝土套箱预制及钢围堰加工

1. 混凝土套箱预制

1）模板设计

底模板采用"帮包底"形式的混凝土台模，内、外侧模采用桁架式大片钢模板，板面采用 6mm 钢板。混凝土套箱的尺寸，壁厚

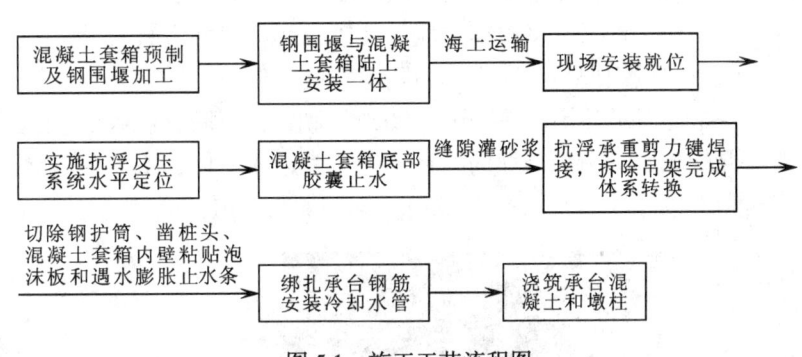

图 5.1 施工工艺流程图

300mm，底板厚 500mm，外形尺寸，根据承台的类型尺寸确定；总的原则为套箱内壁的长、宽比承台的长、宽各长 40mm，内壁的高比承台高出 50mm。

套箱的安装预留洞直径尺寸，比灌注桩钢护筒外直径大 150mm；由于钢护筒在施打过程中，平面位置存在施工误差，因此预留洞的位置要根据误差调整。在套箱预制前，要逐个实测出承台的护筒位置的偏差，以调整预留洞的实际位置。

2）预埋件

套箱预埋件有：在安装预留洞的周围各 8 件，其作用是焊吊点和焊剪力键承力系统；在套箱壁的顶面预埋 M24 圆台螺母，间距 500mm，其作用是连接钢围堰套箱之用；在套箱壁的顶面贴遇水膨胀止水橡胶条，做混凝土套箱和钢围堰套箱接缝处的止水。

3）钢筋

按常规的施工方法进行。在钢筋绑扎过程中，应同时结合预埋件安装。

4）模板支立

采用门式起重机支立套箱外、内侧模。套箱底板预留孔模板分 4 片组装成型分片安装。

5）混凝土浇筑

该套箱预制混凝土按设计配合比强度等级为 C35F250，待模板支立检查合格后开始进行浇筑混凝

土，用混凝土罐车运输、混凝土泵车浇筑工艺。

6）混凝土养护

拆模后混凝土采用洒水和土工布覆盖养护的方式养护 14d，避免混凝土开裂。

2. 钢围堰加工

钢围堰安装于混凝土套箱的顶部，通过套箱墙顶预埋的 M30 圆台螺母与混凝土套箱连接成整体，水平缝设置止水条，确保在任何潮水时为桥墩承台钢筋绑扎和混凝土浇筑提供干施工条件。

钢围堰高度主要考虑在设计高水位下及波高涌浪影响下进行设计，其顶标高确定见式 5.2.1：

$$H_P = H_s + \eta_0 + \Delta = 1.92 + 2.3/2 + (0 \sim 1.0) = 3.07 \sim 4.07\text{m} \tag{5.2.1}$$

式中　H_P——钢套箱顶高程（m）；

　　　H_s——设计高水位（m），为 1.92m；

　　　H——波高（m），取 2.3m（考虑 20 年重现期）

　　　η_0——波峰面高度（m），取 $H/2$；

　　　Δ——富余高度（m），取 0~1.0m。

钢围堰设计标高取 4.00m（黄海高程），底标高为 0.3m，钢围堰总高度为 3.7m。

结构考虑水平环向为主受力方向，设 5 道水平闭合框架，间距 800mm，每面设三道竖向加强肋（共 12 条），闭合框架与加强肋均根据钢围堰尺寸大小采用 δ10mm 厚钢板焊接成工字梁，高度为 550mm，围堰内部空间满足墩台施工要求；钢围堰为外侧单壁止水，面板厚度为 8mm，面板加强肋采用 L50×4mm 角钢，所有主钢材采用 Q235 钢，并对钢围堰进行防腐处理。

钢围堰结构尺寸将根据对应的混凝土套箱尺寸进行设计。

5.2.2　钢围堰与混凝土套箱陆上安装一体

1. 将钢围堰利用预制场的 200t 门机吊装在预制好的混凝土套箱上；混凝土套箱的顶面设置止水条，利用混凝土套箱顶面预埋的圆台螺母使其连成一体；安装前，混凝土套箱内部，要焊好 8 个吊点。安装胶囊和连接好冲水管见图 5.2.2-1；钢围堰与混凝土套箱连成一体见图 5.2.2-2。

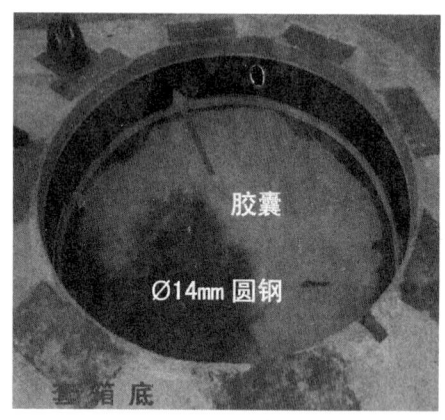

图 5.2.2-1　胶囊安装情形　　　　　　图 5.2.2-2　钢围堰与混凝土套箱连成一体

2. 将整体套箱用 200t 浮吊装上方驳，进行海上运输，用拖轮将方驳运到承台施工现场。整体套箱上方驳见图 5.2.2-3，拖运整体套箱方驳见图 5.2.2-4。

5.2.3　现场安装就位

1. 吊装系统的设计与制作

吊装系统主要由吊架梁、上吊索和下吊杆组成。吊架梁为两个 50b 形工字钢组合而成并通过 4 根上吊索与起重船相连；而 8 个下吊杆是选用 φ60mm A3 圆钢加工而成且底部设有正反丝标高调节器。吊架组装后情形见图 5.2.3-1。

2. 现场安装

图 5.2.2-3　整体套箱上方驳

图 5.2.2-4　拖运整体套箱方驳

用 200t 浮吊将整体套箱进行安装。

在安装前，灌注桩钢护筒的标高要确定准确。同时为了方便安装，在每根护筒的顶部焊接导帽。

当运输套箱船舶在现场就位后，由起重船利用专用吊架将套箱从方驳上吊起进行安装。首先让吊架下落将 8 个吊杆放入套箱内，然后由起重人员将吊杆与套箱底板上的 8 个吊耳连接好，同时微调吊杆长度满足安装高度要求，检查合格后起重人员离开套箱指挥起重船开始起钩，同时起重船绞缆移船到安装位置方向正对桩位安装套箱。

图 5.2.3-1　吊架组装后情形

安装时，套箱必须保证底板预留孔按编号与实测桩位一一对应，起重人员通过挂在套箱上的扶梯进入套箱内指挥安装，同时利用吊架对着起重船的两个角配牵引绳借以微调方向和位置。套箱到达安装位置后，起重船缓慢颠钩，同时起重船拉晃绳调整套箱位置，使套箱沿导帽缓缓套入钢护筒内，套入后起重船停止颠钩，起重人员顺爬梯爬至吊架上的简易平台上，起重船继续颠钩直到吊架落在 4 根桩的桩顶，起重人员在吊架上的简易平台上摘钩，完成安装就位工作。套箱安装过程见图 5.2.3-2~图 5.2.3-5。

图 5.2.3-2　整体套箱套入钢护筒

图 5.2.3-3　整体套箱套入钢护筒内鸟瞰图

图 5.2.3-4　整体套箱安装初就位

图 5.2.3-5　整体套箱安装完成

5.2.4 实施抗浮反压系统水平定位

抗浮反压系统用于钢围堰套箱同灌注桩钢护筒的连接,保证在抽水过程中不使整体套箱上浮。这种方法操作简单、方便、快速、成本低、实施效果好。

在安装抗浮反压系统时,由测量配合,利用千斤顶进行整体套箱水平位置调整,进行精确安装。整体套箱符合安装误差要求后,焊接固定抗浮反压系统 8 个牛腿。

5.2.5 混凝土套箱底部胶囊止水

胶囊止水是套箱工艺实施的核心技术,应实施以下步骤:

1. 安装前模拟试验

为有效实施胶囊止水,在胶囊安装前必须按照确定的技术要求和标准尺寸进行加工,并经过模拟试验,最大缝隙为 150mm,在 6m 高水头的压力下,胶囊压力达到 0.15MPa 时止水成功;在 0.25MPa 的压力下试验 24h 以上胶囊无损满足止水要求后,才能安装在底板的预留槽内。模拟试验情形见图 5.2.5-1、图 5.2.5-2。

图 5.2.5-1　模拟试验装置　　　　　图 5.2.5-2　胶囊充水止水试验

2. 专用止水胶囊安装

为保证专用止水胶囊在套箱安装过程中始终固定在底板预留槽内,在套箱底板预留槽上下边缘各焊一圈 ϕ14mm 圆钢用于安装固定胶囊,其安装时间应在混凝土套箱运输前在预制场完成,止水胶囊见图 5.2.5-3。

图 5.2.5-3　止水胶囊

3. 专用胶囊止水

当套箱安装实施反压定位后,开始实施止水过程。实施过程需要高压软管、自来水、检测压力装置和高压柱塞泵。在船上(或在施工栈桥上)实施注水过程,其中高压管在套箱安装前需与套箱底部预留槽内的胶囊的进水口连接好,引到吊架上临时固定。止水前将软管引到靠近套箱的船上,通过高压柱塞泵向胶囊内逐个注水,胶囊注水压力控制在 0.2MPa,使胶囊膨胀,并紧紧环抱灌注桩钢护筒,起到止水作用,用水泵抽干套箱内的水。

5.2.6 抗浮承重剪力键焊接,拆除吊架完成体系转换

1. 在进行剪力键焊接前,需将止水缝隙灌满厚 100mm 以上的速凝膨胀高强度等级砂浆,其目的一是保护胶囊,二是为防止胶囊止水失效,砂浆同样起到止水作用。

2. 所谓"抗浮承重剪力键焊接及体系转换"就是通过剪力键焊接拆除吊架,套箱重量由钢护筒间接临时承担转化为永久直接承担。其中剪力键焊接就是通过组合连接板分别与套箱底板孔边的预埋件和灌注桩钢护筒壁焊接使套箱和钢护筒成为一体。

剪力键焊接完成后,撤去抗浮反压系统,用浮吊将吊架从钢护筒上吊走,完成体系转换,即可开始割除钢护筒及凿桩处理进入承台混凝土施工阶段。

5.2.7 绑扎承台钢筋安装冷却水管

1. 用方驳吊机配合，割除套箱内的灌注桩钢护筒，进行灌注桩桩头处理。

灌注桩桩头处理的情况见图5.2.7-1。

图 5.2.7-1　灌注桩桩头处理

2. 在混凝土套箱内壁贴20mm厚泡沫板和制品型遇水膨胀橡胶止水条。

泡沫板作为缓冲层，其目的为减少承台混凝土的前期体积膨胀应力而引起的套箱外壁变形和裂缝。

遇水膨胀止水条的作用，是为控制承台混凝土后期与套箱间可能产生的收缩裂缝而进入海水，影响承台混凝土的使用寿命。

首先在混凝土套箱内壁贴20mm厚，密度20kg/m³的泡沫板；然后在距离套箱上口50mm处，四壁周圈预埋20mm×30mm遇水膨胀止水条封堵海水进入缝隙，制品型遇水膨胀止水条最大膨胀率为300%，抗老化50年。止水条、泡沫板安装情形见图5.2.7-2。

图 5.2.7-2　止水条、泡沫板安装情形

3. 绑扎承台钢筋安装冷却水管。

按常规的工艺进行承台钢筋绑扎。考虑到承台混凝土为大体积混凝土，采取安装冷却水管、循环水冷却的方法，防止混凝土裂缝的发生。

5.2.8 浇筑承台混凝土和墩柱

采用罐车运混凝土、混凝土固定泵浇筑、插入式振捣器振捣的常规工艺进行承台混凝土浇筑。混凝土罐车的通道为施工便桥，固定泵放置在施工便桥上。

当承台、墩柱施工结束后，不再需要止水和防浪，用浮吊将钢围堰拆除，吊上方驳，运回混凝土套箱预制场进行新一轮的安装。浇筑承台混凝土情形见图5.2.8。

图 5.2.8　浇筑承台混凝土情形

6. 材料与设备

6.1　用水下无封底混凝土套箱技术施工海上大桥承台和墩柱主要材料见表6.1。

主要材料表

表 6.1

序号	名 称	规 格 型 号	单位	数量	重量(t)	备 注
1	套箱混凝土	C35 F250	m³	48.8	122	1个
2	套箱钢筋	螺纹 φ16、20等	t	11.085	11.085	
3	模板(外模和内模)	桁架式整体钢结构	片	8	26	1套
4	底板预埋件	钢板、型钢	件	32	2.186	一次性使用
5	吊点	圆钢	个	8	0.114	一次性使用
6	圆台螺母	M24	个	60		周转使用
7	圆台螺母预埋筋	φ30	件	60		一次性使用
8	胶囊		个	4		一次性使用
9	钢围堰	钢板、型钢	个	1	17.6	周转使用
10	橡胶止水条		m³	0.06		一次性使用
11	吊架	钢板、型钢	件	1	9.2	吊具
12	钢丝绳	φ60.5(6×37)	m	60		索具
13	卡环	271D-2卡环(50t)	个	16		索具
14	吊杆	φ60圆钢	件	8	1.332	吊具
15	抗浮反压系统	钢板、型钢	件	8	0.4	周转使用
16	剪力键	钢板、型钢	件	32	2.2	一次性使用
17	泡沫塑料板	20mm 厚	m²	82		一次性使用
18	膨胀橡胶止水条		m	28		一次性使用

6.2 用水下无封底混凝土套箱技术施工海上大桥承台和墩柱主要设备见表6.2。

主要设备表

表 6.2

序号	设 备 名 称	规 格 型 号	单位	数量	备 注
1	门机	200t	台	1	预制用
2	切筋机		台	2	
3	弯筋机		台	2	
4	对焊机		台	1	
5	剪板机		台	1	
6	电焊机		台	4	
7	混凝土罐车		台	2	预制用
8	混凝土泵车		台	1	预制用
9	GPS定位系统		套	1	
10	全站仪		台	1	
11	水准仪		台	1	
12	起重船	200t	艘	1	安装用
13	拖轮		艘	2	
14	方驳		艘	1	
15	方驳吊机	25t	艘	1	
16	锚艇		艘	1	
17	高压柱塞泵	0.4MPa	台	1	胶囊注水用

7. 质 量 控 制

7.1 质量控制主要依据以下规范、规程和标准执行：

《水运工程混凝土施工规范》JTJ 268-96；

《水运工程混凝土质量控制标准》JTJ 269-96；

《水运工程混凝土试验规程》JTJ 270-98；

《港口工程质量检验评定标准》JTJ 221-98；

《水运工程测量规范》JTJ 203-94；

《钢结构设计手册》。

7.2 关键工序质量控制的技术措施，见本工法 5.2 操作要点中所涉及的内容。

7.3 质量控制的管理措施

7.3.1 采取奖优罚劣的激励机制，制定质量管理的奖惩制度。

7.3.2 采取多种渠道，加强对员工的技术技能的培训教育。

7.3.3 加强对分包队伍的质量管理。

8. 安 全 措 施

8.1 预制场、钢套箱制造厂所有作业人员必须戴安全帽，需要与机械设备共同作业的指挥、作业人员需穿警示背心；海上安装的所有作业人员还需再穿救生衣。

8.2 模板设计中必须设计施工作业的安全护栏，防止高处坠落。

8.3 加强安全用电，施工用的电缆、电闸箱、电焊机、照明设施等必须符合相关规定。施工用电必须执行国家规定的三相五线制接电，振捣棒所用的电闸箱必须设置漏电保护器。

9. 环 保 措 施

9.1 要做到文明施工，注意保护施工环境。模板在施工现场临时堆放期间要做到码放整齐、使用方便；施工用的电缆布设有序。

9.2 混凝土浇筑期间，避免使混凝土落地、落水，减少以后的清理工作和污染。

9.3 施工所用的吊机、船舶等设备的废机油、废棉纱、废水、生活垃圾的处理必须符合环保的有关规定，严禁就地倾倒、焚烧。

9.4 提倡使用专门生产的隔离剂，减少使用机油和柴油直接作为隔离剂。

9.5 养护用水要专人管理，在保证养护质量的前提下，注意节约用水。

9.6 工程用料和施工用料都要精细化管理。

9.7 节约用电。

10. 效 益 分 析

10.1 经济效益

按照常规的、有封底混凝土钢套箱施工方法，单个承台的造价为 290752 元；按该无封底混凝土套箱法施工，单个承台的造价为 153534 元；单个承台的造价可节省 137218 元，节约率为 47.2%。

应用于青岛海湾大桥深水墩承台共 378 个，节省投资 5186.84 万元。

10.2 社会效益

按常规施工，所使用的钢板桩全部需从国外进口，一次性投资较大，消耗大量外汇，对社会就业产生一定影响；同时钢板桩在海水中使用，受潮汐影响，止水效果差；养护期间承台混凝土过早与海水接触，影响大桥寿命。按无封底混凝土套箱法施工，套箱混凝土作为防腐层，大大提高了承台的使用寿命。钢材在国内购买、加工，促进了国内钢铁产业的发展。

11. 应 用 实 例

水下无封底混凝土套箱技术主要是利用预制混凝土套箱代替传统钢套箱，为承台施工创造无水环境，同时利用混凝土套箱做浇筑承台混凝土的模板，承台施工完成后，混凝土套箱不拆除而作为承台的保护装置，避免承台受外界腐蚀。其特点有：一是利用充水胶囊封水，利用剪力键固定混凝土套箱，代替了封底混凝土，每个承台节省封底费用约3.5万元，施工周期平均减少8d；二是发明了防裂弹性应力吸收系统，有效解决了因承台混凝土水化热膨胀而使套箱产生的裂缝，提高了套箱和承台使用寿命；三是使用预制混凝土套箱在外侧保护承台表面，每个承台节省承台防腐涂装费1.5万元，节省防腐蚀涂装措施费8.7218万元，减少涂装等待时间28d，并使结构外观质量更好。在套箱内壁与承台夹缝上口处，埋设弹性遇水膨胀条封堵海水进入，延长了承台使用寿命。

该成果自研发以来，在青岛海湾大桥第2、4至10合同段378个承台中得到了应用，共节省工时13608个工作日，节省费用约5186万元。

深水超深巨型沉井施工工法

GJYJGF077—2010

中国交通建设股份有限公司　江苏省长江公路大桥建设指挥部

肖文福　黄涛　刘学勇　冯兆祥　陈策

1. 前　言

根据我国交通发展总体规划，21世纪前期我国公路建设将形成以高速公路为主的"五纵七横"国道主干线，这将跨越很多江河、海湾。如长江口沪通铁路大桥工程、台湾海峡跨海工程、杭州湾第二跨海工程、珠江口港珠奥大桥跨海工程、琼州海峡工程等。

这些特大型跨江跨海工程的实施，面临的首要技术难题就是基础工程。随着泰州大桥中塔沉井基础施工技术工艺创新，拓展了潮汐深水区域沉井的体态尺寸与埋置深度、实施安全度、质量精确度，开辟了信息化监控下的深水超深巨型沉井施工新途径。由其总结出的《深水超深巨型沉井施工工法》，必将为即将建设的大型桥梁等水下基础工程施工提供有益的借鉴。

2. 工 法 特 点

2.1 钢沉井岸边接高。适应洪水期，由江心墩位处临时锚固接高优化为岸边锚地临时锚固接高，既减小接高期安全风险，又与导向定位系统平行施工，节省工期。

2.2 钢沉井整体浮运设计优化。根据浮运航线所能提供的最大水深及有效宽度，并对体态巨大、底部状态复杂且舷高很大（吃水11.0m、舷高27.0m）的钢沉井对水阻力的研究与计算，确定合适的浮运动力，选择适当的拖轮数量、动力、着力位置与方向等。

2.3 沉井刚性导向定位系统。由常规"定位船+导向船+锚系"的柔性体系，创新为"钢锚墩+锚系"的刚性体系，保证了调整的可靠性、定位的精确性。沉井在设计墩位处采用钢锚墩+锚系进行就位、调位，操作简单，由于锚墩相对传统锚碇系统刚度大得多，沉井定位阻力由上下游锚墩承受，使得沉井定位能达到较高精度。

2.4 钢沉井转缆工艺。分析拖运设备、潮流与可能产生涡振等的影响，研究确定系缆、转缆及受力顺序与大小的工艺方法。

2.5 优化沉井着床高度与时机。根据河工模型试验，选择适当的水文条件与河床冲刷形态，确定适当的水位与流速、合理的沉井着床高度、有利的着床时间、河床冲刷形态。

2.6 沉井调位及着床。沉井分阶段注水与锚墩拉缆同时进行调位，选择适当时机着床（包括潮位、平潮时间、流速等条件的选取）。

2.7 沉井全过程信息化监控。研发GPS实时几何、物理监控系统，通过信息化监控，自动采集、生成、传输几何与物理数据，在着床、吸泥和混凝土沉井接高过程中，分析与调整沉井几何姿态，并最终形成下沉轨迹，保证沉井几何、物理状态全过程受控，顺利接高下沉到位。

3. 适 用 范 围

本工法适用于水中沉井基础或类似结构（如水中围堰等）施工。

4. 工 艺 原 理

4.1 钢沉井岸边接高，整体浮运，锚墩+边锚系统定位，分阶段、快速注水着床：

4.1.1 分析计算钢沉井岸边接高临时锚固和墩位处定位阻力，设计出相应临时锚碇系统，保证沉井临时锚固和定位的安全可靠。

4.1.2 提前进行沉井临时锚碇的抛锚和锚墩施工，对抛设的锚须提前进行预拉，以检验锚的实际抓地力和让锚更好地抓住河床。

4.1.3 计算沉井浮运阻力和稳定性，配置合理的浮运设备进行沉井浮运，对浮运路线河床进行详细的勘测，保证沉井浮运顺畅。

4.1.4 设计合理的沉井调位设备，沉井整体浮运至设计墩位后注意合理的转缆顺序，先主缆后边缆，转缆后及时进行一定的张拉。

4.1.5 沉井分阶段注水调位，选择适当时机着床（包括潮位、平潮时间、流速等条件的选取）。

4.2 混凝土沉井采用翻模进行逐层接高，采用射水+空气吸泥工艺进行下沉：

4.2.1 混凝土沉井翻模施工的方案优化，制定合理的分区施工顺序，保证混凝土沉井施工对称性。

4.2.2 计算吸泥所需供气量、气压等参数，配置足够的吸泥设备。

4.2.3 通过监控、分析数据，得出沉井几何姿态，在吸泥和混凝土沉井接高过程中进行沉井几何姿态的调整，并最终形成下沉轨迹，保证沉井顺利接高下沉到位。

4.2.4 混凝土沉井翻模施工钢筋、模板、混凝土浇筑等工序形成流水作业，提高施工效率。

5. 施工工艺流程及操作要点

5.1 总体施工工艺流程 （图5.1）

5.2 钢沉井岸边接高及整体浮运

5.2.1 钢沉井岸边接高及整体浮运施工流程 （图5.2.1）

5.2.2 钢沉井岸边接高及整体浮运施工操作要点

1. 钢沉井岸边接高临时锚碇设计必须保证钢沉井岸边接高施工安全，还需考虑接高起重设备浮吊及运输船舶的停靠。

2. 锚抛设完成之后与临时定位船（200t 全旋转浮吊）连接，对锚进行预拉，目的在于检验锚着力是否满足设计要求及使得锚链更顺直平躺于河床。

3. 首节钢沉井浮运至现场后首先与临时定位船连接，停靠于临时定位船，然后按照先转上下游，再转南北侧面的顺序将锚缆与钢沉井连接 （图5.2.2-1）。

4. 按照合理的顺序分节吊装接高钢沉井，接高同时须随时观测河床冲淤情况 （图5.2.2-2）。

5. 38m 钢沉井整体浮运前，对钢沉井浮运阻力和稳定性进行详细计算，对浮运路线进行详细勘测，配置足够马力的拖轮。

6. 由于该钢沉井接高后整体高度达到 38m （吃水 11.0m，干舷高 27.0m），且底部为无底有隔舱构建，因此其水阻力采用规范公式与专业流体模型软件电算相结合的方式进行计算，以保证计算结果的准确性。

7. 在拖轮配置数量确定后，须采用合理的拖轮编队方式。该方案中，拖轮初始阶段主要采用绑拖的方式，在沉井两侧各编队两艘拖轮，其中靠前的一艘主要负责沉井的转向功能。在沉井靠近墩位处临时定位船时，靠定位船一侧拖轮散队，一艘待命，一艘靠沉井下游变为顶拖，见图5.2.2-3。

8. 沉井浮运到位后采用足够强大的缆绳将沉井与临时定位船连接，连接后能够保证沉井的安全前提下，拖轮才能与沉井散队 （图5.2.2-4）。

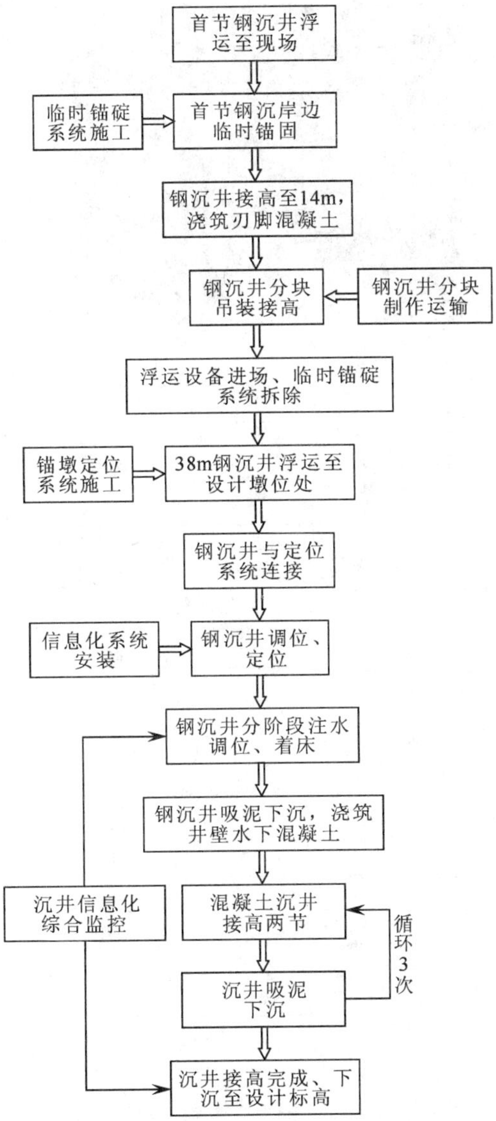

左流程图：

首节钢沉井浮运至现场

临时锚碇系统施工 → 首节钢沉岸边临时锚固

钢沉井接高至14m，浇筑刃脚混凝土

钢沉井分块吊装接高 ← 钢沉井分块制作运输

浮运设备进场、临时锚碇系统拆除

锚墩定位系统施工 → 38m钢沉井浮运至设计墩位处

钢沉井与定位系统连接

信息化系统安装 → 钢沉井调位、定位

钢沉井分阶段注水调位、着床

钢沉井吸泥下沉，浇筑井壁水下混凝土

沉井信息化综合监控 → 混凝土沉井接高两节（循环3次）

沉井吸泥下沉

沉井接高完成、下沉至设计标高

图5.1 泰州大桥中塔沉井总体施工工艺流程图

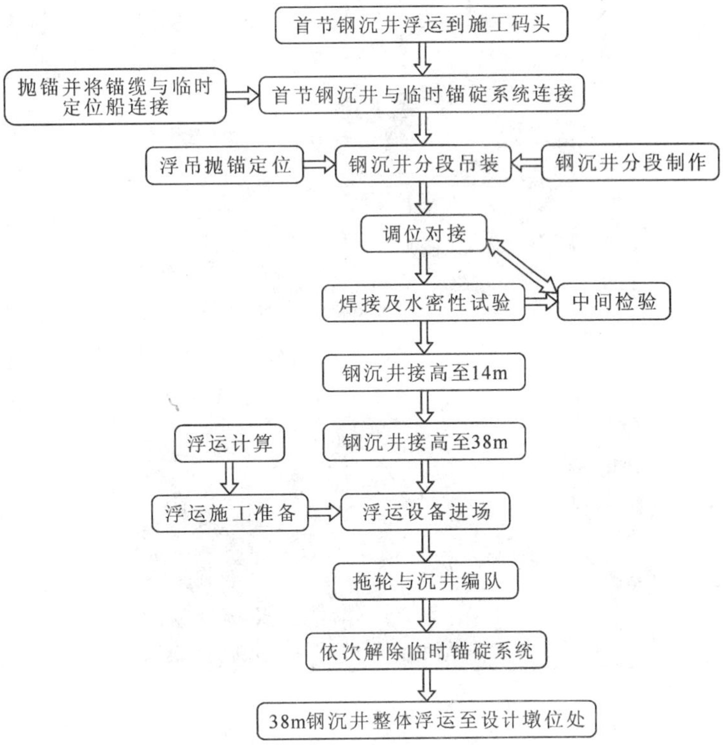

右流程图：

首节钢沉井浮运到施工码头

抛锚并将锚缆与临时定位船连接 → 首节钢沉井与临时锚碇系统连接

浮吊抛锚定位 → 钢沉井分段吊装 ← 钢沉井分段制作

调位对接 ↔ 中间检验

焊接及水密性试验 ↔ 中间检验

钢沉井接高至14m

钢沉井接高至38m

浮运计算

浮运施工准备 → 浮运设备进场

拖轮与沉井编队

依次解除临时锚碇系统

38m钢沉井整体浮运至设计墩位处

图5.2.1 钢沉井岸边接高及整体浮运施工流程图

图5.2.2-1 首节钢沉井临时锚碇

图5.2.2-2 钢沉井分块吊装接高

5.3 沉井锚墩定位

5.3.1 沉井锚墩定位施工流程（图5.3.1）

5.3.2 沉井锚墩定位施工操作要点

1. 沉井定位阻力主要包括水流力、分荷载、波浪力等，设计定位系统时留有一定安全系数。沉井定位系统采用锚墩加边锚的定位方式进行定位。钢沉井浮运前将所有锚缆和拉缆与定位船连接，并进行预拉，沉井浮运至设计墩位处时先与定位船连接，然后按照先主缆，后边缆的顺序尽快将拉缆与沉井连接、张拉（图5.3.2）。

2. 缆绳张拉系统全部布置在上下游锚墩上，采用卷扬机+滑车组的方式，操作方便，定位精度高，满足受力要求。

3. 为保证拉缆张力均匀安全，拉缆张力通过机械式拉力计和旁压式张力计进行。

4. 为保证沉井在转缆过程中的安全，转缆第一天必须保证上下游四根主缆转化完成，并进行适当张拉，另外拖轮在转缆过程中，须至少保证两艘停靠于沉井旁，应付突发事件，保证沉井在转缆过程的安全。

图 5.2.2-3 38m 钢沉井整体浮运

图 5.2.2-4 钢沉井与临时定位船连接

5.4 沉井调位、注水着床

5.4.1 沉井调位、注水着床施工步骤

沉井定位采取动态控制法,与沉井注水下沉同步进行。其施工步骤为:首先利用锚墩定位系统各个方向上的拉缆对钢沉井进行平面位置的调整定位;然后通过上下拉缆对钢沉井的垂直度进行调整或调整各隔舱的注水量来辅助调整沉井垂直度。

沉井调位又分两个阶段进行,粗定位和精确定位,粗定位在沉井浮运到位,拉缆转换完毕之后进行,精确定位在沉井注水离河床还有 2m 时进行 (因为该处河段为赶潮河段,存在涨落潮,所以考虑 2m)。

5.4.2 沉井调位、注水着床施工操作要点

1. 拉缆调整:

第一步:拉缆与锚墩平台上滑车组上尾巴绳用绳卡连接。

第二步:起动卷扬机系统,同时观测拉力计和应变器,对每根锚缆拉力进行动态观测。

第三步:1. 继续收缆,同时观测拉力计和应力应变器,对每根锚缆拉力进行动态观测。

2. 滑车组上钢丝绳收完,拉缆没有收紧,还处于松弛状态,此时将备用尾巴绳与主拉绳用绳卡连接,把拉缆上的力传到备用尾巴绳上,使备用尾巴绳受力。

第四步:松开卷扬机,将动滑车移到平台前端,用绳卡把主绳和动滑车上尾巴绳连接,重复第二步,第三步。

拉缆调整张力时,密切监控拉缆张力,保证拉缆张力不超过其设计值,以保证拉缆的安全。

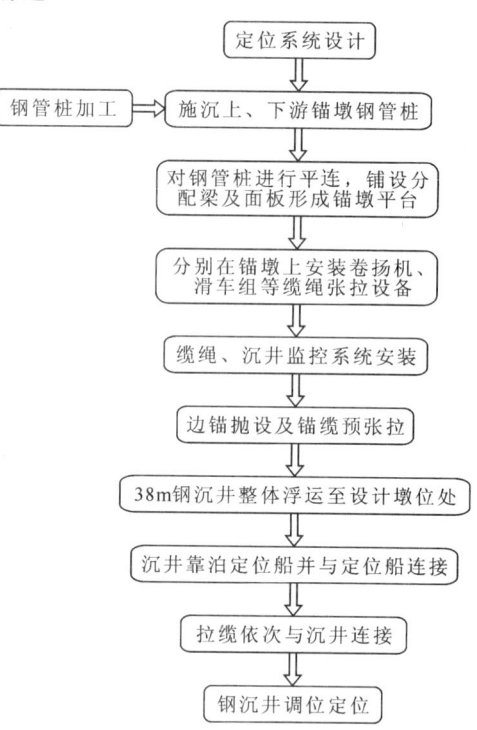

图 5.3.1 沉井锚墩定位施工流程图

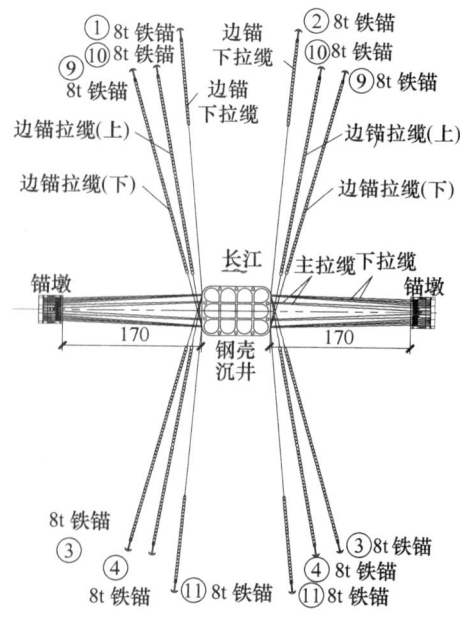

图 5.3.2 沉井锚墩定位布置图

2. 沉井定位

第一步：钢沉井浮运到墩位，通过锚碇系统对各根拉缆进行调整，使各拉缆均有一定张力。

第二步：利用锚墩平台上卷扬机系统调整上下游锚主拉缆，进行顺江位置调整。

第三步：利用南北两侧边锚锚缆调整钢沉井横江位置。

3. 沉井垂直度调整

第一步：钢沉井就位时严格控制每根拉缆的索力，对上游下拉缆和上游主缆缆绳进行监控，随时调整每根受力，使缆绳受力均匀。

第二步：在注水过程中严格控制每个隔仓用量，测量人员对沉井顶面高差作全面观测，若顶面高差过大应急时调整下拉缆和主缆。

第三步：调整水平后紧固各缆，并随时观测索力和沉井顶面高差，随水力和风力的变化适时对索力进行微调。

4. 沉井注水时通过阀门控制每个隔舱注水的均匀（每个隔舱均设置一个独立的控制阀门），以保证沉井的平稳下沉；沉井着床后继续注水，以保证沉井刃脚对河床的压力和涨潮时沉井不会上浮。

5.5 沉井吸泥下沉

5.5.1 沉井吸泥下沉施工流程

中塔墩沉井选取不排水取土吸泥工艺，工程施工采用冲吸法空气吸泥工艺，如遇胶结层及板结钙化层，冲吸法空气吸泥取土下沉效果较差时，采用潜水钻机水下松动胶结土层及板结钙化层后再用冲吸法空气吸泥取土。每次沉井吸泥须从核心区（中间两个舱）开始，保证核心区泥面高度低于周边舱泥面高度（图 5.5.1-1）。

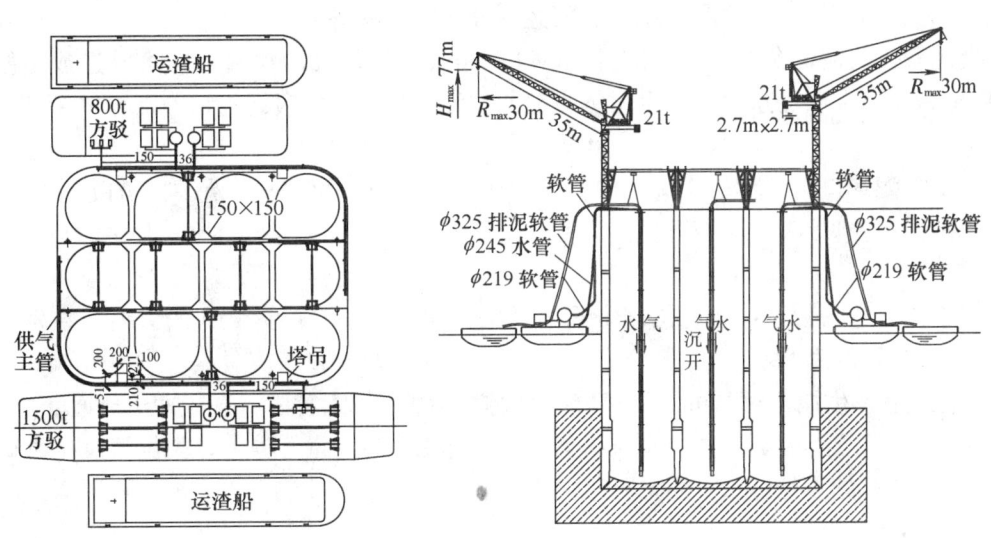

图 5.5.1-1 吸泥总体布置图

冲吸法空气吸泥工艺流程（图 5.5.1-2）

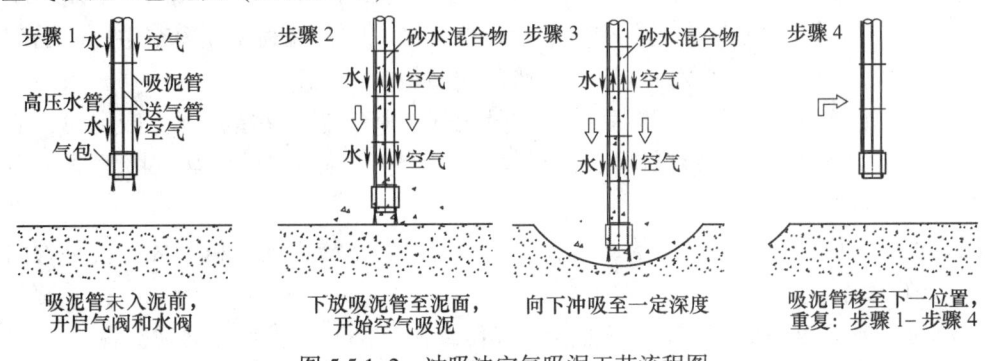

图 5.5.1-2 冲吸法空气吸泥工艺流程图

1. 打开气阀,启动空气吸泥系统。

2. 打开高压水阀,启动高压射水系统。

3. 下放吸泥机高压射水吸泥,同时同步下放气管和水管。

4. 吸泥至一定深度后,提升吸泥机,按照预定的吸泥顺序,将吸泥机移至下一个吸泥位置,重复以上作业。

5. 达到本次沉井下沉深度后,提升吸泥机一定高度。然后关闭高压水阀,待出浆口排出的全部为清水后关闭气阀,并将吸泥器悬挂于沉井内壁。沉井接高后重复步骤1→步骤4。

5.5.2 施工操作注意要点

1. 高压射水管与吸泥机并联固定在一起,射水嘴与吸泥机一起升降和移动,边射边吸。高压射水以垂直射水嘴冲射为主。在射水嘴旁侧设多个$\phi5mm$射水小孔,加强侧面射水效果。在砂层和砂黏土层,一般吸泥至坑深1~2m后,泥面即自行塌陷,吸泥效果良好。

2. 中隔墙下土层,垂直射水不易直接冲射的地方,采用弯头射水嘴进行冲射,使土层坍塌冲散后,用吸泥机吸出。在中隔墙与周边沉井壁圆弧相交的倒角处踏面,由于面积较大,施工图设计中就考虑了一个$\phi800$的冲吸孔,如遇胶结层此处踏面不易坍塌时,可用$\phi150$的小型吸泥机从孔中吸走踏面下泥土。

3. 由于沉井施工下沉系数偏大,因此应尽量避免对刃脚处进行射水。实在需要在刃脚处射水时,射水嘴应不低于刃脚底面,防止翻砂。

4. 在吸泥的过程中,加强对风量的控制。风量过大会降低吸泥效率,减少排泥量。

5. 利用它调集移动门架,经常摇荡吸泥管和移动吸泥位置,发挥最好的吸泥效果。单个格舱吸泥从中央开始,对称扩向刃脚,使井底开挖的泥面经常处于锅底状态。

6. 保持吸泥管口与泥面的距离,一般控制为15~50cm。与泥面距离过低,容易造成堵塞;距离过高则降低了吸泥效果。在吸泥过程中,可根据吸泥的泥沙含量来确定吸泥管口与泥面的距离,并随时升降吸泥机。

7. 通过调整吸泥管口与泥面的距离,吸泥效果仍然不好时,可采用"憋风"的方法,即暂时将风管闸阀关闭,稍停几分钟后,突然打开风阀,使风量风压突然加大,可吸出比较坚硬的板结砂块或堵塞物。

8. 在吸泥管顶部弯头部位,容易出现卡石的现象,在此处预设可拆装式的天窗。在发生弯管堵塞时,可打开天窗,取出堵塞物。

9. 若是吸泥直管发生堵塞时,可用一根较重的钢轨或型钢吊入管内,进行冲击疏通。

10. 在砂类及黏砂类土层中,井内水位一般不宜低于井外1~2m,防止刃脚位置发生翻砂。一般情况下,利用井壁连通孔的自然补水可满足补水要求。当自然补水不能满足要求时,必须采用潜水泵向井内补水。

11. 正常下沉时,刃脚位置处应尽量避免直接进行冲吸,以免刃脚处局部吸空而引起翻砂。

12. 中隔舱踏面位置吸泥困难时,可采用弯头吸泥。施工时应注意,弯嘴不得对准刃脚方向吸泥,以免刃脚处局部吸空而引起翻砂。在进行中隔舱踏面位置吸泥时,可利用预埋在中隔舱的声测管及踏面处的射水嘴,进行高压射水,冲散凝结在踏面位置的泥沙块。

13. 开始吸泥时,应先启动风阀,然后再下放吸泥管,避免管口堵塞。停止吸泥时,应先将吸泥管提升到一定高度后,出浆口是清水时,再关闭风阀,避免导管内的泥砂倒灌入吸泥器风管内,造成堵塞。

14. 吸泥过程中,应随时观察风压的变化,防止由于风压下降,送风机回风,使导管内泥砂倒灌入吸泥器风管内,造成堵塞。

15. 随时测量、掌握泥面变化情况,防止土层塌陷或由于翻砂造成吸泥器被掩埋。

16. 井内应避免木块、工具、测锤等各种杂物坠入井底,避免因此而造成吸泥管堵塞。

5.6 混凝土沉井施工

混凝土沉井施工操作要点

5.6.1 合理安排混凝土沉井施工与吸泥下沉的关系，全程监控沉井平面位置，几何姿态等参数，保证沉井的精度满足设计要求，保证沉井安全度汛等。

5.6.2 沉井分区浇筑顺序必须满足对称性原则，保证对沉井的加载合理。

5.6.3 钢筋安装采用劲性骨架+脚手支架的形势保证钢筋安装的安全和骨架尺寸，钢筋绑扎需满足钢筋施工规范要求。

5.6.4 模板加工、安装尺寸需满足设计要求，安装后对模板进行加固，保证模板的整体稳定性。

5.6.5 由于混凝土沉井面积较大，采用专业的布料机对混凝土进行布料。

5.6.6 混凝土搅拌、振捣等施工需满足相关规范及操作规程要求，保证沉井混凝土施工质量达到设计要求。

5.7 沉井信息化综合监控

沉井信息化综合监控主要分为沉井几何、物理两大类监控。几何监控主要包括沉井平面位置、垂直度、扭角等几何参数的监控，物理监控主要包括刃脚反力、侧摩阻力、缆绳张力、河床形态等参数的监控。

5.7.1 监控目的

对沉井施工过程进行信息化综合监控，目的主要在于物理监控保证沉井施工过程中比如缆绳、刃脚、侧壁等关键受力点的受力满足设计要求，保证沉井施工的安全以及收集一些重要的基本数据，为沉井施工总结和改进做提供依据。

几何监控主要是为了保证沉井定位下沉过程中几何姿态满足设计要求，为分析和调整混凝土沉井分区接高和吸泥顺序提供参考、依据，保证沉井最终施工精度满足或高于设计要求。

5.7.2 监控程序

沉井的信息化综合监控系统主要包括数据采集及生成系统、数据传输系统和数据分析处理及成果显示系统3个部分。

数据采集系统主要包括各种应力应变计、缆绳张力传感器、GPS测量系统等，这些数据通过无线传输到设置在上游锚墩的监控室，监控室通过专门开发的软件系统收集、分析数据，并显示数据分析的结果。

5.8 劳动力组织 (5.8)

劳动力组织表 表5.8

序号	职能或工种	主要作业内容	人数（人）		
			技术员	技工	普工
1	工程部	施工组织设计、现场控制	10		
2	安全部	现场安全监督、控制	4		
3	质检部	现场质量检验、监督	4		
4	船机部	设备保养维护、执行吊机操作	6	10	
5	工段长	现场人员调配			4
6	起重组	挂钩、起吊指挥		8	30
7	监测组	沉井监控、监测	12		
8	抛锚定位组	抛锚、定位		6	20
9	焊接组	现场钢结构焊接		8	30
10	木工组	混凝土沉井模板安装		8	40
11	钢筋组	混凝土沉井钢筋绑扎		4	40
12	混凝土组	混凝土浇筑		8	30

6. 材料与设备

主要设备、仪器及机具资源配置见表6。

主要设备、仪器及机具配置表

表6

序号	设备名称	规格、型号	单位	数量	备注
1	全旋转浮吊	250t	艘	2	
2	浮吊	60t	艘	1	
3	交通船	60~120t	艘	4	
4	拖轮	3000HP	艘	6	
5	运梁船	1000t	艘	2	
6	打桩船		艘	1	
7	甲板驳	400~1000t	艘	4	
8	搅拌船	120m³/h	艘	2	
9	卷扬机	10t	台	12	
10	滑车组	80t	组	12	
11	拉力计、旁压式拉力传感器	12t、70t	个	各12	
12	空压机	20m³	台	12	
13	离心水泵	300m³/h	台	6	
14	高压水泵	90m³/h	台	6	
15	吸泥管	ϕ325×10	套	12	
16	龙门吊	20t	台	8	
17	塔吊	250t·m	台	4	
18	潜水钻机		台	4	
19	全站仪	徕卡 TCA2003	台	4	
20	GPS	SR530	部	2	

7. 质 量 控 制

7.1 沉井施工质量控制标准

7.1.1 沉井总体精度控制标准

1. 沉井顶面、底面中心与设计中心偏差在任何方向不大于50cm。

2. 沉井倾斜度不得大于1/150。

3. 沉井平面扭转角不得大于1°。

7.1.2 其他施工质量标准

1. 钢沉井施工质量需满足钢结构施工相关规范及规程。

2. 混凝土沉井施工质量需满足钢筋混凝土施工相关规范及规程。

7.2 沉井定位着床施工质量控制措施

7.2.1 沉井定位施工质量控制措施

1. 采用锚墩系统定位法进行施工,锚墩系统布设充分考虑水流力及风力的影响。

2. 对拉缆与钢沉井的连接机构进行专门设计,避免影响下沉及下沉过程中的各锚缆受力不均。

3. 在缆绳接头位置安装拉力检测仪和应力计，随时观察检测每根锚缆的受力情况，并根据实际情况作出相应的调整。

4. 边缆锚采用铁锚，抛锚时经测量人员准确定位方可抛锚。

5. 对已抛边锚进行试拉，检验锚着力是否达到要求。

6. 锚墩上卷扬机布置根据平台结构受力特点布置。

7. 卷扬机和拉缆选择考虑足够大的安全系数，受力满足要求。

8. 对锚墩进行防护，防止锚墩桩位发生冲刷。

7.2.2 沉井定位着床施工质量控制措施

1. 沉井定位时，逐根张拉锚绳，张拉时用拉力计和应变器控制锚绳的受力，使其分配均匀。

2. 根据对河床的测量和水文情况着床时进行局部吸泥防止沉井下沉时倾斜。

3. 沉井注水下沉采用对称均匀注水。

4. 沉井定位后测量记录沉井的平面位置、高程、垂直度等确定钢沉井的具体着床时间，并根据环境条件对预偏量进行修订。

5. 沉井着床选择在高平潮时进行，下沉过程中进行全过程动态监控测量，保证钢沉井顶面水平。

6. 沉井着床后测量偏差，偏差超过设计规范，抽水并调整锚缆等将钢沉井浮起调整后再次下沉。

7.3 沉井吸泥下沉施工质量控制措施

7.3.1 通过粉砂、细砂等松软土层时，应保持井内外水位大致相等，防止流砂向井内涌进而引起沉井歪斜并增加除土量。

7.3.2 除纠偏外，井内土应由各井孔均匀清除。

7.3.3 钢沉井下层时尽量加大刃脚对地的压力，向各隔舱内注入适当的水量和分区对称浇筑夹壁混凝土。

7.3.4 吸泥时吸泥管离泥面的高度可以上下调整，一般情况下为 0.15~0.5m，以保持最佳吸泥效果；吸泥时经常变换位置，增加吸泥效果，并使井底泥面均匀下降，防止沉井偏斜。

7.3.5 防止吸泥机堵塞而降低吸泥效率。

7.3.6 井内须均匀除土，从中间开始、对称、均匀地逐步分层向刃脚推进，不得偏斜除土，以防沉井发生偏斜。

7.3.7 下沉过程中要经常做好井底标高、下沉量、倾斜和位移的数据掌握工作，防止沉井偏斜。

7.3.8 防止沉井下沉时产生大的偏斜，应根据土质情况，沉井入土深度等控制井内除土量及各井孔间底面高差。

7.3.9 沉井每下沉 1~2m，由测量员测量沉井各控制点坐标，检查沉井下沉是否发生偏斜，若有应即时纠正。

7.3.10 在吸泥过程中，加强对供风量的控制，风量过大会降低吸泥效率，减少排泥量，影响沉井下沉速度。

7.4 混凝土沉井施工质量控制措施

7.4.1 在进行钢筋的接长与绑扎之前，必须预先对钢筋骨架进行放点，以确保钢筋架体位置的准确。

7.4.2 钢筋焊接接头必须严格按技术要求进行，分批次焊接完成后必须经过报检验收合格后方可进行下步工序的施工。

7.4.3 定位脚手架的拆除必须遵循先外后内的原则，切忌一次性拆除，内脚手支架必须在模板安装到位后方可进行拆除，以防钢筋产生整体偏位。

7.4.4 对拆下的模板及时检查、清理模板表面，并涂刷隔离剂保养。

7.4.5 随时检查模板的面板，发现有较大变形的模板面板要及时进行面板的修复处理。

7.4.6 施工期间要严格控制拆模时间，模板在混凝土强度达到要求后方可进行拆除。冬期混凝土施工期间,在混凝土达到要求的抗冻强度前做好养护工作,防止内外温差过大。

7.4.7 模板表面避免重物碰撞和敲击,使用过程中要注意保护钢模,防止模板变形。

7.4.8 混凝土由水上混凝土拌合船生产,严格按施工配合比拌制,搅拌时间不得小于 60s。

7.4.9 输送泵管弯管宜少,转弯应缓,接头严密。泵管应利用限位板或者手拉葫芦固定,防止泵管在泵送混凝土过程中剧烈晃动。

7.4.10 沉井下沉接近设计标高前 2m,应控制井内除泥量,注意调整沉井,避免沉井发生大量下沉或大的偏斜,造成难以按标准下沉至设计标高。

7.4.11 混凝土分层振捣,分层高度控制在 30~40cm 左右。混凝土振捣时分区定块、定员作业,混凝土振捣应密实,不出现漏振、欠振、过振现象,禁止用振捣棒赶料。

7.4.12 浇筑前应降低混凝土原材料温度,尽量降低混凝土入仓温度。

8. 安 全 措 施

8.1 水上船舶安全保证措施

8.1.1 浮吊和施工运输船在进入施工现场作业前,由船机部、劳安部派专员对船舶进行一次安全检查,检查后申请海事对船舶进行安检,确保船舶处于良好的适航状态。

8.1.2 在船舶作业和停泊时,按规定显示好灯光信号,落实值班制度,派专人守听高频,保持与海事和项目部的通信畅通,在锚缆抛出后设置好锚浮,钢沉井四周安装红色旋转警示灯。

8.1.3 对通过施工区域附近航道的大型船舶必须减速慢行,减少航行波对浮吊安装的影响。

8.1.4 设置并保护水上施工标志,加强水上瞭望,防止意外撞击事故发生。

8.1.5 合理安排劳动力、机械和船舶的使用,禁止不符合生产安全规定要求的设备、人员进入现场。

8.1.6 严格执行安全技术操作规程,组织有关人员对机械设备、设施进行定期检查。

8.1.7 水上施工船舶严格执行项目经理部的各项安全制度,执行当地航政、港监部门的规定和交通部规定的船舶管理制度。

8.1.8 随时检查船舶和各种机械设备各部位工作情况,并注意涨、落水时沉井和船舶的系缆和移位。发现沉井和船舶情况异常,应及时进行处理;无法自行妥善处理的,必须及时向有关领导和部门报告,确保施工作业的安全。

8.1.9 认真做好防台工作,风力 7 级以上严禁作业。

8.1.10 施工过程中所有机械设备和船舶接受统一管理,统一指令。

8.2 施工现场安全

8.2.1 严格执行安全规定,严格执行穿好救生衣、戴好安全帽、不准穿拖鞋的规定。

8.2.2 高空及悬空作业过程中,系好安全带,穿好救生衣,并加工好临时施工平台,保证施工安全。

8.2.3 施工过程中应严防铁件、钢丝绳等杂物坠落。

8.2.4 认真执行氧气、乙炔的防爆安全规定,并进行严格管理。

8.2.5 电焊机的设备必须符合安全要求,防止潮湿漏电。

8.2.6 随时检查用电线路、工用具是否完好,确保生产安全。

8.2.7 严格执行电器安全操作规程,经常安排有关人员对整个施工现场的电器设备进行安全检查,值班人员值班时不得离开岗位,确保用电安全。

8.2.8 龙门吊运行要平稳,吸泥过程中如遇水平吸泥管等的拖挂,禁止强行移动,防止龙门吊倾覆。

8.3 文明施工措施

8.3.1 施工现场必须设置明显的施工总平面图标牌，标明工程项目名称、建设单位、设计单位、施工单位、项目经理、安全负责人和施工现场代表人的姓名、开竣工日期、施工许可证批准文号等。在生产生活区、施工道路、供水供电系统、排水系统、消防设施、场内绿化等布设标牌，并做好现场标牌的保护工作。施工现场的全体管理人员佩戴证明其身份的证卡。

8.3.2 施工现场用电线路、用电设施的安装和使用，必须符合国家规范和用电安全操作规程。按照施工组织设计进行架设，严禁任意拉线接电。施工现场的夜间照明必须符合施工安全要求。危险潮湿场所的照明以及手持照明灯具，必须采用24V低电压。

8.3.3 施工机械摆放应按照施工总平面布置图规定的位置，不得任意停放。进场施工机械须进行安全检查，检查合格后方能使用。机械操作人员必须建立人机合一责任制，持证上岗，严禁无证操作。

8.3.4 施工现场道路畅通，排水设施处于良好的使用状态；集中处理建筑垃圾，保持场容场貌的整洁；防止粉尘和噪声。施工现场的沟井坎穴应覆盖和设立标志。

8.3.5 现场各类职工生活设施应符合环保、卫生、通风、照明等要求。职工膳食、饮水供应等应当符合卫生要求。

8.3.6 做好施工现场安全保卫工作，在现场周边设立围护设施，非施工人员不得擅自进入施工现场。现场还应采取必要的防火、防盗措施。

9. 环保措施

9.1 废弃的钢板、焊条等应集中堆放。

9.2 各种液态材料在运输、使用过程中，应防止意外落入江中造成江水污染。

9.3 吸泥下沉施工中的泥浆用运渣船运至指定的地点处理，防止排入或流入江中。

9.4 浮吊、交通船、驳船、运渣船等船舶，机械所用废油采用油水分离器，分离后废油集中收集处理，废水符合排放要求后，方能排入江中。

9.5 在施工期间的废弃物、边角料分类存放，统一集中处理。

9.6 在此期间的生活垃圾，采用在码头、船上设置垃圾桶，并定期运至岸上集中，再经生活垃圾车运至指定垃圾场处理。

10. 效益分析

10.1 经济效益

水中巨型沉井采用锚墩定位系统定位是一种比较先进的施工工艺，最大限度地保证了沉井的定位精度，该沉井由于采用了钢沉井岸边接高、整体浮运、锚墩定位、分阶段注水着床、射水空气吸泥、翻模施工混凝土沉井以及信息化综合监控等，提高了生产效率，节约了工期和施工成本。

以泰州大桥为例，中塔水中沉井采用以上施工工艺，与常规施工工艺比较，其经济效益分析如下：

10.1.1 工期效益

1. 钢沉井岸边接高比墩位处接高每节可节约2d左右，工期节省：2×5=10d。

2. 钢沉井锚墩定位比常规导向船、定位船等定位系统定位可节约7d左右。

3. 沉井采用分阶段注水，信息化综合监控系统监控，进行调位着床，比常规的注水着床可节约工期6d左右。

4. 采用射水空气吸泥工艺，比常规的空气吸泥施工每下沉10m可节约7.5d，工期节省：(56/10)×7.5=42d。

沉井施工总工期节省：10+7+6+42=65d

10.1.2 节约人工费：160人×80元/(人·d)×65d=832000元

10.1.3 节约设备费用：用于沉井施工每个月设备费用大约为：130万

设备节约费用为：（130万/30）×659=281.6667万元

10.1.4 工程直接费节约

1. 定位船系统为投标中标的沉井定位方案。该分项的报价为3279568.00元

2. 实际采用的锚墩定位系统造价：

人工费：507518.00元　　材料费：1384900.00元

机械费：36根桩×8500元/根桩=306000元

总计：人工费+材料费+机械费=2198418元

节约：3279568−2198418=1081150元

综上合计取得经济效益：83.2+281.6667+108.115=472.9817万元

10.1.5 其他经济效益

由于采用钢沉井在岸边接高、锚墩定位系统定位，除沉井浮运外，未封航占用长江主航道；沉井定位着床后，锚墩作为沉井施工期的防撞设施，大大减小通航安全风险，利于环境友好。此外，减少船机投入，降低了动力能耗，促成了资源节约。由此带来的经济效益将难以估量。

10.2　社会效益

使水中沉井显著拓展量级、提高工效、缩短工期、降低成本、保障安全、提升品质，最大限度地缩短了长江主航道占用，有利于社会经济发展，降低了航道与工程安全风险。中塔沉井作为全桥控制性工程，为大桥提前建成通车、促进国家与区域经济建设、加快投资回收效益奠定了基础，以获得业界与社会广泛赞誉。

11. 应 用 实 例

泰州大桥为世界第一的三塔两跨悬索桥，单跨跨径达到1088m，其中塔水中沉井是全桥施工关键控制部位，它的顺利施工为泰州大桥上部结构顺利施工以及全桥的顺利竣工都是尤为关键和重要的环节。泰州大桥中塔沉井基础从2007年8月开始施工，于2008年9月施工结束，整个工程质量满足了设计及规范要求，得到社会各界一致好评。

目前，本工法采用的沉井浮运、定位着床、信息化监控等技术工艺，已在福建厦门厦樟大桥、南京长江四桥、长江口沪通铁路大桥等工程的初步设计中应用。

双套钢拱塔竖向转体施工工法

GJYJGF078—2010

天津第七市政公路工程有限公司

王峰　周舵　武瑞征　卜明津　袁登祥

1. 前　言

随着国家基础建设的发展，跨江、跨河桥梁日趋增多，桥梁结构形式也趋于多元化，其中斜拉桥被广泛应用，其中斜拉桥索塔结构现已发展到采用钢结构形式，既可以保证刚度要求，同时可以减轻自重，是目前斜拉桥索塔设计最为理想的结构形式之一。

但在钢塔施工过程中，钢塔块件安装、焊接、定位、线性控制难度较高，同时也是至关重要的环节。对于本工程中小凌河大桥所采用的"双套钢拱塔结构形式"，其中外拱塔总重量约为395t，安装高度65.522m；内拱塔总重约275t，安装高度54.256m。针对此工程施工特点，经过分析对比"直立拼装"与"竖向转体"两种施工工艺，前者存在精度难控制、安全难以保证等问题，最终采用《双套钢拱塔竖向转体施工工法》。

新的工法在小凌河大桥双套钢拱塔施工中得到了很好的检验。因此，本公司对双套钢拱塔竖向转体施工工法进行总结后，予以申报。

图1　双套钢拱塔施工图

2. 工 法 特 点

2.1 钢拱塔结构主要的拼装、焊接及涂装等工作在地面进行，施工效率高，安全防护工作易于组织，施工质量易于保证。

2.2 不设置索塔、在桥面上进行卧式拼装，然后通过液压提升系统，利用桥梁自身永久结构实现双套钢拱塔竖向转体施工。

2.3 内拱塔上安装起扳三角架、独特的转向索鞍、油缸以及钢绞线，然后采用计算机控制液压同步提升施工技术，实现内拱塔的竖向转体。

2.4 将起扳钢绞线穿过内拱塔上的转向索鞍，利用内拱塔作为外拱塔转体的支撑，实现外拱塔的竖向转体施工。

2.5 此方法在工艺上实用可行，摒弃了采用通过搭设脚手架和支撑平台，使用大吨位塔吊或吊车逐段拼装的方法。节省了造价，节约了工期，同时无论构件拼装精度，还是焊接质量、测控精度，都得到有效保障。

3. 适 用 范 围

双套钢拱塔竖向转体适用于在下列领域应用：单钢塔、双套钢拱塔安装施工。

4. 工艺原理

4.1 现场安装、调试竖转设备(包括提升油缸、液压泵站及计算机控制设备、提升钢绞线等)。

4.2 外拱塔及内拱塔在桥面上拼装完毕,在内拱塔上安装索鞍结构(同时将内拱塔与钢箱梁桥面临时固接)、安装起扳三角架、安装内拱塔起扳钢绞线,而后进行内拱塔竖转施工。内拱塔竖转到位后,焊接塔柱嵌补段,并在内拱塔与桥面间安装前拉索,拆除内拱塔起扳钢绞线。

4.3 内拱塔竖转到位后,利用内拱塔为支撑,通过转向索鞍改变力的方向,进行外拱塔竖转;安装外拱塔起扳钢绞线,而后进行外拱塔的整体竖转;外拱塔起扳到位后,焊接外拱塔嵌补段;安装两拱塔间拉索。

4.4 起扳三角架、转向索鞍、转动铰等临时结构通过塔吊进行拆除,然后进行挂索施工。

5. 施工工艺流程及操作要点

5.1 施工工艺

主要施工流程为:竖转前准备→内拱塔竖转→内拱塔环缝焊接→外拱塔竖转→外拱塔环缝焊接→临时设施拆除。

5.2 施工要点

5.2.1 竖转前准备

1. 钢箱梁拼装完成后,在桥面上进行内、外拱塔拼装,内拱塔与钢箱梁临时固结,以便传递内外拱塔竖向转体产生的水平力。

2. 在同步提升设备安装完毕后,检查各种传感器信号和控制信号是否到位,初始读数是否正确,并做必要的调整。

3. 启动液压泵站,检查油管安装是否正确,检查油缸空缸动作和上回阀工作是否正常。

4. 竖转系统联调,空载运行 2h,检查提升系统各信号稳定性。

图 5.2.1 竖转初始状态

5.2.2 内拱塔竖转

1. 内拱塔竖转扣索最大拉力约 540t,共布置 4 台 200t 提升油缸,每个拉点的平均载荷约 135t。

2. 在内拱塔上安装转动铰、索鞍结构,提升油缸。

3. 安装起扳三角架(图 5.2.2-1)

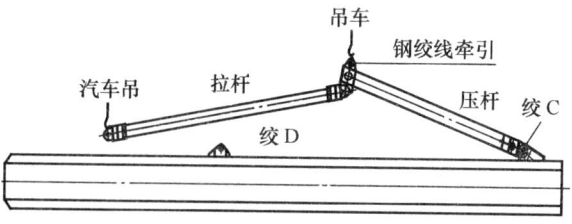

图 5.2.2-1 三角架示意图

1) 起扳三角架先在内拱上拼装,然后通过钢绞线和辅助吊车拉起安装就位。
先将压杆通过销轴连接到拱铰 C 上,拼装压杆之间的十字斜杆,再穿好拉杆与压杆连接的销轴。
将钢绞线在压杆顶部穿好,用起重机/千斤顶将压杆吊起/顶起,通过钢绞线将起扳三角架牵引到位,然后拉杆一端穿销,安装到拱铰 D 上。

2) 用汽车吊辅助拉杆,将起扳三角架在副塔上安装好,使整个体系稳定。

3) 安装内塔拱起扳钢铰线,将钢绞线逐根穿过疏导板。

4) 将疏导板疏导到提升油缸附近,注意疏导板上的记号,钢绞线不许有翻转情况,锁紧油缸上下锚,将提升油缸上部钢绞线用 U 形夹夹住。

5) 安装地锚时各锚孔中的三片锚片应能均匀夹紧钢绞线,其高差不得大于 0.5mm,周向间隙误差小于0.3mm。

4. 试竖转

1）解除转体结构与胎架等结构之间的连接。

2）按比例进行20%、40%、60%、70%、80%、90%、95%、100%分级加载。

3）内拱塔缓慢转体过程中，由拱顶至转动铰依次抽出垫在拱塔下面的2mm钢板，直到抽出最后一组，此时暂停竖转。对应变、承台坐标及标高进行多次测量，若发生异常则停止施工，以查明原因。

5. 正式竖转

试竖转检测无误后，开始进行内拱塔正式竖转。通过同步提升千斤顶牵引钢绞线及起扳三角架带动内拱塔缓慢匀速提升，对起扳三角架拉点对应的位移测点随时进行坐标监测，对主梁各处应变元件读数观测。

6. 内拱塔转体75°，对内拱塔上位移测点进行细致观测，最终确定焊接位置，准备进行现场就位焊接（图5.2.2-2）。

图5.2.2-2　内拱塔竖转图

5.2.3　内拱塔环缝焊接

1. 内拱塔竖转到位以后进行内拱塔环焊缝焊接，使拱塔达到自身稳定状态。

2. 竖转后，复测内拱塔的所有安装位置的精度，确保各项安装精度尺寸符合设计要求，如发现超差及时进行调整，如果没有问题，用工艺板定位。

3. 进行钢塔壁板环焊缝焊接时每个环口四个焊工同时对称焊接，尽量减少焊接变形的影响。焊接顺序是先焊宽壁板，最后焊斜壁板。

4. 环焊缝焊接完成探伤合格后，进行钢塔壁板纵肋嵌补段组装与焊接，按照对称的顺序施焊，减少焊接变形对钢塔线形的影响。

5. 焊接完成后，按探伤要求进行探伤，探伤合格后，整个焊接过程完毕。

5.2.4　外拱塔竖转

1. 内拱塔与桥面间安装前拉索和支撑体系，将钢绞线穿过内拱塔上设置的转向索鞍，准备外拱塔试竖转。

2. 试竖转

外拱塔缓慢转体过程中，由拱顶至转动铰依次抽出垫在拱塔下面的2mm钢板，直到抽出最后一组，此时暂停竖转。对应变、承台坐标及标高进行多次测量，若发生异常则停止施工，以查明原因。

3. 正式竖转

试竖转检测无误后，开始对外拱塔进行正式竖转。通过以同步提升千斤顶为动力源，以内拱塔为支撑，通过转向索鞍改变提升钢绞线的方向，缓慢提升外拱塔，对外拱塔进行竖转。

4. 随时对内、外拱塔水平位移进行监测。对主梁上应变元件读数进行观察（图5.2.4）。

图5.2.4　外拱塔竖转图

5.2.5　外拱塔环缝焊接

1. 外拱塔竖转到位以后进行拱体环焊缝的焊接，使拱体达到自身稳定状态。

2. 竖转后，复测外拱塔的所有安装位置的精度，确保各项安装精度尺寸符合设计要求，如发现超差及时进行调整，如果没有问题，用工艺板定位。

3. 焊接完成后，按探伤要求进行探伤，探伤合格后，整个焊接过程完毕。

5.2.6 临时设施拆除

1. 拆除胎架、起扳三角架、转向索鞍、转动铰、同步提升千斤顶等临时设施。
2. 拆除内拱塔与主梁的临时固结。

6. 材料与设备

6.1 转动铰、起扳三角架、转向索鞍、钢绞线

在内拱塔上安装起扳三角架,通过同步提升千斤顶对内拱塔进行竖向转体施工,再通过内拱塔上安装的特殊转向索鞍,将钢绞线穿过索鞍,以内拱塔为支撑,通过同步提升千斤顶对外拱塔进行竖向转体施工。

6.2 同步提升千斤顶、塔吊、汽车吊

1. 通过同步提升千斤顶,为钢拱塔竖向转体提供动力源。
2. 通过塔吊、汽车吊,对钢拱塔进行水平拼装,对千斤顶、起扳三角架、转向索鞍、钢绞线等临时设施进行安装及拆除。

7. 质 量 控 制

7.1 质量控制标准

施工严格应按照《公路工程桥涵施工技术规范》JTJ 041进行,质量控制符合《钢结构工程施工质量验收规范》GB 50205。

7.2 质量控制措施

建立科学管理机制和相应的施工质量检测机制,制定相应的质量保证预案,有预警机制。拱塔竖转各工况受力分析通过有限元软件进行模拟,专家论证后方允许正式施工,施工组织设计充分论证、研讨,并经过会审后方能正式施工,把所有可能产生影响的因素都考虑到位,尽可能减少可能出现的问题。

对转体施工的各种工况进行了受力分析和结构设计。对内拱塔、外拱塔进行了转体时的整体结构计算,对转动铰、转向索鞍、梁塔固接、油钢支架及地锚等进行了局部结构验算,保证钢拱塔竖转过程中的稳定性和安全性,拱塔正式竖转之前,进行各设备调试。

通过计算机对施工前和施工中全过程控制,实时进行应力应变分析。以预防为主,加强对工作质量、工序质量等的检查,促进工程质量。

8. 安 全 措 施

8.1 必须严格遵守施工现场的各项安全规定,设立专门的安全管理队伍,实行进入现场人员挂牌制度,进出现场的所有人员必须予以登记,专职安全员应该全过程巡视施工现场。

8.2 现场施工统一指挥,并具有科学合理的安全施工措施和预控方案。施工队每天进行施工安全检查并做好详细记录,提出保持或改进措施,并落实实行。施工人员必须进行岗前培训和安全技术交底,施工过程中现场指挥人员不能擅自离岗。

9. 环 保 措 施

9.1 建立项目经理负责的环境管理组织机构,部门分工明确,环保责任落实到人。制订培训计划。定期对参与环保管理的人员进行环境保护专业知识培训。

9.2 施工严禁向河道内排放工程废弃物。

10. 效 益 分 析

10.1 经济效益

此次采用的竖向转体施工方法与常规的搭设塔架的施工方法相比，不仅避免了高空作业、缩短了施工工期，而且节省了大量的临时措施费用。经测算，节约施工成本200万元人民币。

10.2 技术效益

本工法无需搭设脚手架和支撑体系，直接在桥面上拼装完成钢拱塔，保证了焊接要求，定位精度高，减少了高空作业的危险性，缩短了工期，简单易行。

10.3 环保效益

本工法主要通过电能进行同步提升千斤顶工作，避免了油污等化学排污的污染，属于环境保护的施工工法。

10.4 节能减排

本工法摒弃了大吨位塔吊或吊车的使用，减少了大量脚手架及支撑体系的搭设，直接减少了能源浪费，符合国家的节能减排政策。

11. 应 用 实 例

锦州市云飞南街小凌河大桥，位于锦州市的云飞南街上，是锦州市区通往南区以及经济技术开发区的主要道路。小凌河大桥主桥为一座双拱塔斜拉桥。该桥是一座既满足交通功能需求又具景观效果的多功能桥梁，以双拱斜拉桥桥型跨越小凌河，既满足了城市交通需要，又给城市增添了一道亮丽的风景。

小凌河大桥主桥跨径为（108+92）m，标准段桥宽为30m。主梁为双钢箱主梁，梁高2.8m，拱塔为双钢套拱，外拱塔塔高65.522m，倾角8°，塔根间距38m，内拱塔塔高54.256m，倾角15°，塔根间距25m，外拱塔与内拱塔之间采用13根拉（压）杆连接，上部12根为拉杆，为平行钢丝拉索，最底一根为压杆。全桥共设置20对斜拉索，主跨梁段索距8m，边跨梁段索距8m，拱塔上的索距2.2m、2.7m。

大型沉井施工工法

GJYJGF079—2010

锦宸集团有限公司　黑龙江省建工集团有限责任公司

吴方华　李焕军　穆保岗　钱明　卢春范

1. 前　言

近年来，由于我国基础设施建设及经济发展的需要，城市建设开始向地下空间延伸，而桥梁建设开始向宽阔水域、外海方向发展。大型沉井作为一种重要的地下结构和深埋基础形式被广泛地应用到诸如市政工程、公路和铁路桥梁工程中。大型沉井的平面尺寸一般大于 30m，在施工过程中有着区别于中小型沉井的不同特性。现有的技术规范、规程均针对平面尺寸小于 30m 的中小型沉井提出，应用到大型沉井的施工中有着很大的局限性。

根据多年沉井施工及研发的经验，特研发编制了大型沉井施工工法，并在所应用的工程中获得了较好的经济效益和社会效益。

2. 工法特点

2.1　本工法针对大型沉井体型巨大，自重较重的特点，为考虑沉井制作的安全，采取分节制作，多次下沉的施工方案。

2.2　在施工前探明场地的地质条件和水文地质情况，以满足地基承载力和基坑开挖深度的要求。对沉井接高期间的稳定性和下沉过程中的下沉系数进行计算，并对沉井结构本身的承载性能进行核算，据此确定下沉方式和取土方式，在不能满足承载力要求时提前采取适当的加固措施。

2.3　在施工初期，加深基坑的开挖深度，使首节钢壳拼装在开挖后的基坑中制作，紧贴井壁填土（砂）或堆积砂袋，这样既减小了沉井下沉的深度，又保证了沉井下沉初期的整体稳定性和安全。

2.4　针对第一节制作的沉井重量较大，刃脚支承面积较小的情况，沿井壁周边刃脚下铺设承垫块，加大支承面积，满足表面土层的地基承载力。另外，在承垫块下铺设一层砂垫层，以便于整平、支模及下沉后抽除承垫块，同时，将沉井的重量扩散到更大的面积上，保证沉井在第一节混凝土浇筑过程中的稳定性，并使沉井在这个过程中的下沉量减小到允许范围之内，避免初期沉井偏斜，保持沉井姿态。

2.5　将传统的方木块垫改进为预制混凝土垫块和砂袋反压，下沉前抽垫，能够保证沉井接高期间的承载力和稳定性。

2.6　采用前期排水下沉和后期不排水下沉，初期分区开挖，后期"大锅底开挖"相结合的施工方法，实现沉井安全、经济、高效、精确的下沉。

3. 适用范围

本施工技术适用于平面尺寸或深度大于 30m 的岸边或陆地大型沉井的施工。

4. 工艺原理

4.1　在大型沉井施工前对沉井下沉可行性、地基土的极限承载力和接高稳定性进行验算，避免"拒沉"、"突沉"和"失稳"的发生。

大型沉井的首次接高常为2~4节，首节为钢壳，上部为钢筋混凝土。由于自重庞大，对地基承载力要求较高，可采用打砂桩、回填垫层或者二者相结合的方法对大型沉井区域进行地基处理，有效地提高地基承载力，以满足接高的要求。但随着地基处理后承载力的提高，沉井将难以下沉，故需要对沉井的下沉系数进行验算。

随着沉井的接高，其作用在地基上的荷载也在不断加大，地基承载力不足的问题凸显。为此，在第一节内壁混凝土模板拆除后，沿沉井内壁四周刃脚斜面下回填黄砂（又称砂堤），以扩大刃脚的支承面积。沉井在接高过程中，允许有一定的沉降量，按照砂垫层及地基土在临界荷载作用下的强度计算，控制地基土附加应力不超过砂垫层及下卧层地基土的极限承载力。

由于大型沉井的自重大，当接高较高时，在土体中产生的附加应力较大，当土体中形成连续的滑动面时，周围土体会失稳而发生破坏，从而会造成大型沉井的整体倾斜，因此必须验算沉井接高的稳定性。

4.2 在基坑中制作钢壳沉井时，一方面可以挖除地表的软弱土层，提高地基承载力，减小地基处理的难度；另一方面又能减小沉井的下沉深度，从而提高施工效率，首次开挖深度在2/3~3/4的首节钢壳沉井高度。

4.3 大型沉井接高时的荷载较大，直接作用在地基土上容易造成地基土承载力不足而产生破坏，若在沉井井壁和隔墙下设混凝土垫块并铺设砂垫层，则可将荷载扩散到更大的地基面积上，从而降低对土体承载力的要求，保证地基的受力不超过其承载力。

4.4 根据地下水文和土层的透水情况，大型沉井应优先选用排水下沉的施工方案，施工条件好，挖土准确，下沉均衡，若土中有障碍物时，也易于发现并清除，还能加快施工进度。当穿越的土层涌水量很大，或附近水源补给丰富，造成排水较为困难，容易产生流砂或涌土时，可采取不排水下沉方案。

5. 施工工艺流程及操作要点

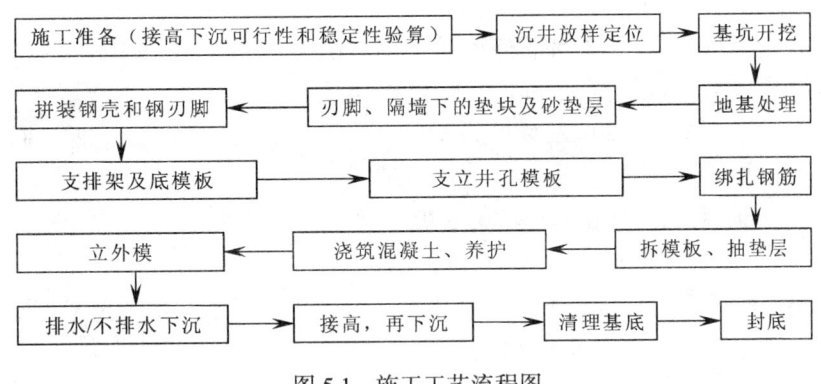

图 5.1　施工工艺流程图

5.1　施工工艺流程（图 5.1）

5.2　操作要点

5.2.1　下沉系数与稳定系数的验算

施工前，除做好人、机、料、法、环等方面的准备外，还应对沉井下沉各工况的下沉系数和稳定系数进行验算。

沉井的稳定系数计算表达式为：

$$K=(G+G'-F)/(R_1+R_2) \tag{5.2.1}$$

其下沉系数的计算无需考虑 R_1 即可。

式中　G——已浇筑沉井的总自重；

  G'——施工荷载，按沉井表面 0.2t/m^2 进行计算；

  F——水的浮力；

  R_1——刃脚及隔墙底面的正面反力，$R_1 = S P_u$；

  R_2——沉井侧壁外摩阻力，$R_2 = f_{ka} S_{ka}'$，S_{ka}' 为沉井与土体侧壁接触面积；

$$f_{ka} = \sum_{i=1}^{n} f_{ki} h_{si} \bigg/ \sum_{i=1}^{n} h_{si}$$

  f_{ka}——多土层的加权平均单位摩阻力；

  f_{ki}——i 土层的单位摩阻力；

  h_{si}——i 土层的厚度；

  n——沿沉井下沉深度不同类别土层的层数。

  沉井下沉所需的起动下沉系数 K 不得小于 1.15~1.25。计算中，仍按照沉井下沉到位时在全截面支承的情况下，下沉系数 $K < 1$；在半刃脚支承的情况下，下沉系数 K 大于起动下沉系数进行控制计算。

  下沉开始前，为防止地基承载力不足而初期就发生突沉，需进行下沉稳定验算，当稳定系数 $K < 1$ 时沉井稳定，一般取 0.8~0.9。如接高稳定性验算不能满足要求，应采用砂桩或回垫层等方法对基底进行加固处理，处理后方可进行基坑的开挖。

5.2.2 基坑开挖

  1. 沉井放线定位施工时，根据设计图纸提供的坐标，放出沉井纵横两个方向的中心轴线和沉井的轮廓线，并做好控制桩。

  2. 基坑的开挖深度，视水文地质条件和施工机械设备以及第一节沉井要求的浇筑高度而定，一般为 2/3~3/4 的首节钢壳沉井高度且不应超过 5m。

  3. 基坑底部的平面尺寸比沉井设计的平面尺寸略大，一般情况下，基坑底部的平面尺寸应沿着沉井刃脚向外扩 2~3m，应根据土质及施工需要确定基坑边坡支护方式，优先采用放坡开挖和挂网支护。

  4. 基坑底部四周应挖设断面不小于 30cm×30cm 的排水沟，并与基坑四周的集水井相连通。集水井有排水沟低 50m 以上，将汇集的底面水和地下水及时用潜水泵、离心泵抽走，保持基坑内无积水。

  5. 用挖土机挖土，人工配合修坡和平整场地，挖出的土方部分堆放在周围修筑成高 0.3m、宽 0.8m 的护道以阻挡地面雨水，多余土方均运至指定场地。基坑示意见图 5.2.2。

图 5.2.2 基坑示意图

5.2.3 预制混凝土垫

  1. 大型沉井第一节通常为钢壳混凝土沉井，其高度按照钢壳制作的需要，一般应为 5.0~8.0m。

  2. 预制混凝土垫一般可选用 C25 混凝土，厚度 20~30cm，宽度应满足支模的需要。

  3. 砂垫层厚度按照地基处理的要求来确定：

$$\left. \begin{aligned} p &\geq \frac{G_0}{l + h_s} \\ h_s &= \frac{G_0}{p} - L \end{aligned} \right\} \tag{5.2.3-1}$$

$$p \geq \frac{G_0}{2 h_s \tan\alpha + L} + \gamma_s h_s \tag{5.2.3-2}$$

式中 h_s——砂垫层的厚度（m）；

  G_0——沉井单位长度上的重量（kN/m）；

  R——砂垫层下土层的承载力（kN/m²）；

L——垫木(块)的长度（m）；

α——砂垫层扩散角（°）；

γ_s——砂的干重度（kN/m³）。

公式 5.2.3-1 没有考虑砂垫层本身的自重，以及砂垫层中实际的压力扩散角。当考虑砂垫层自重和其压力扩散角的影响，可按照公式 5.2.3-2 进行核算。

5.2.4　支排架及底模板

1. 安装模板前，必须先放样定出模板安装线，以保证各结构部位位置的正确；模板质量的好坏直接影响到结构混凝土的质量，必须指定专人负责，严格控制模板质量，多选用钢模板；钢模板必须有足够的厚度以保持不变形，夹具销钉或其他连拉部件必须能使模板连接牢固和稳定，表面不平整的模板不得使用。

2. 支撑排架在施工前应进行设计和计算，施工时应按设计的要求进行施工，确保支架的稳定和强度。

3. 模板支设

1）模板设计

沉井模板的质量，直接影响沉井混凝土的质量水平。沉井模板设计，应根据模板的支撑高度与浇筑方式，对模板的强度、刚度、稳定性进行计算，做到构造合理、结构稳定、易于装拆、操作方便。模板采用木胶合板。根据经验支撑系统横挡采用 60mm×80mm 的方木，间距 25cm；立挡采用 $\phi48×3.5$ 钢管，间距 60cm；用穿墙对拉螺栓拉接，间距 60cm（图 5.2.4）。

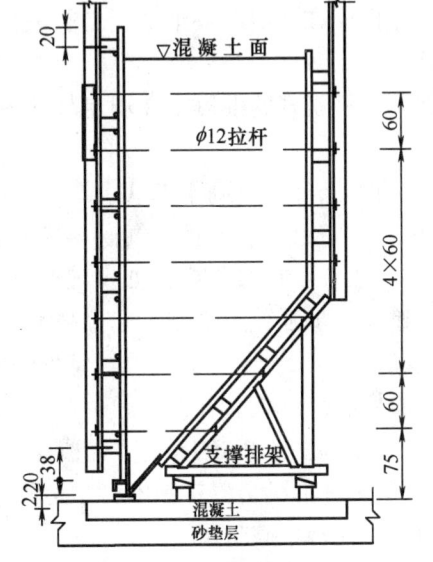

注：图中尺寸除铁件以mm计外，其余均以cm计。

图 5.2.4　模板及支撑示意图

若为钢壳沉井则不需要支模板，但需按照规程要求进行焊接施工和抽检验收。

2）施工脚手架

为保证模板的稳定，根据实际情况可在井壁外用 $\phi48×3.5$ 钢管搭设双排钢管脚手架。内壁模板支设采取在底节沉井上预埋铁件的办法焊悬挑脚手架，随着沉井下沉，而不影响井内挖土、运土等作业。

3）模板安装

沉井的外侧模板必须竖缝支立，立好后要核对上下口各部尺寸、井壁的垂直度、刃脚标高，支撑拉杆（内外模间）和拉箍要牢固；支第二及以后诸节模板时不得支撑在地面上，以免沉井因加重而自动下沉造成新浇筑的混凝土发生裂纹；外模上口尺寸不得大于下口尺寸；除内拉杆外，模板的固定装置或支撑物不应设在已完成的混凝土中；模板内金属拉杆或锚杆，应设置在距表面至少 50mm 的深度外；混凝土外露表面的模板接缝，应做成一种有规则的形式，水平和垂直线应一直连贯，每个结构物所有的施工缝应同这些水平和垂直线相重合。

4）模板安装顺序

刃脚斜面及隔墙底面模板→井孔模板→绑扎钢筋→设内外模间支顶→支立外模板→设内外模间拉筋→调整各部尺寸→全面紧固支顶、拉杆、拉箍→固定撑杆和拉缆。

5.2.5　钢筋绑扎组合

1. 钢筋绑扎是在内模已支立完毕，外模尚未扣合时进行的。

2. 先将制好的焊有锚固筋的刃脚踏面摆放在混凝土垫上的刃脚画线位置，进行焊接后再布设刃脚筋、内壁纵横筋、外壁纵横筋。

3. 为了加快工程进度，钢筋在加工场机械成型，然后运到现场就位，人工绑扎；每节井壁竖筋一次绑扎好，水平筋分段绑扎，与上节井壁连接处伸出插筋，接头按要求错开。

4. 为保证钢筋位置正确，垂直钢筋间距采用开槽口的木卡控制，水平筋间距采用一批竖筋按一定间距焊上短钢筋头控制，内外侧箍筋要设好保护层垫块。

5.2.6　混凝土浇筑、养护

1. 混凝土采用现场自拌混凝土或商品混凝土。浇筑运输采用混凝土运输车和混凝土输送泵。

2. 混凝土浇筑做到定人、定位、定机。沉井浇筑混凝土时应沿井壁四周对称进行，避免混凝土面高低相差悬殊，以防产生不均匀下沉造成裂缝。每节沉井的混凝土都应分层、均匀、连续地浇筑直至完成，每层混凝土的厚度不应超过规定的要求。

3. 采用插入式振捣器进行振捣，要求做到"快插慢拔"。混凝土分层浇筑时，每层混凝土厚度不应超过振动棒长的 1.25 倍。在振捣上一层时，应插入下层中 5cm 左右，以消除两层之间的接缝，并且上层混凝土振捣应在下层混凝土初凝之前进行。

4. 养护

为保证已浇筑好的混凝土在规定龄期内达到设计要求的强度，并防止产生收缩裂缝，必须认真做好养护工作。

1）在自然条件下（高于50℃），对于一般塑性混凝土应在浇筑后 10~12h 内，对硬性混凝土应在浇筑后 1~2h 内，进行遮盖养护。气候炎热干燥时，终凝后即可遮盖洒水养护，防止烈日暴晒。

2）混凝土在养护过程中，如发现遮盖不好，浇水不足，以至表面泛白或出现干缩细小裂缝时，要立即加以遮盖，加强养护工作，充分浇水，并延长浇水日期，加以补救。

3）混凝土施工遇到较低气温（室外最低气温低于-30℃或室外平均气温低于 5℃）时，应按照施工规范采取必要防冻措施。

4）混凝土强度达 2.5MPa 时，混凝土顶面可以凿毛。

5）底节沉井混凝土养护强度必须达到 100%，其余各节强度允许达到 70%时进行下沉。

5.2.7　拆模板、破垫层

1. 模板的拆除，应保证不至由此引起混凝土的损坏，在混凝土未达到规定的强度之前不得拆模。

2. 不承重的垂直模板，应在混凝土的强度能保证其表面和棱角不因拆除模板而损坏时，或在混凝土强度超过 2.5MPa 时方可拆除；承重模板应在混凝土达到设计强度后方能拆除。

3. 模板的拆除顺序应为先内后外，具体为：井孔模板→外侧模板→隔墙支撑及模板→刃脚斜面支撑及模板。

4. 拆除隔墙及刃脚下支撑应对称依次进行，宜从隔墙中部向两边拆除。拆除时可先挖去支撑架混凝土垫下面的砂，破混凝土垫抽出支撑架。当支撑排架设有楔形木时，可先打掉楔木，然后再拆除支撑。

5. 拆模后、下沉破垫前，仍需将刃脚下回填密实以防止不均匀下沉，保证正确位置下沉。

6. 将混凝土垫分段、对称、均匀破除，刃脚下应随即用砂或砂砾回填夯实，在刃脚内侧应夯筑成小土堤，以承担部分井筒重，接着破碎另一段，如此逐点进行。破除垫层时要加强观测，注意下沉是否均匀，如发现倾斜，应及时处理。

5.2.8　下沉

1. 可利用《建筑基坑支护技术规程》JGJ 120 附录中物理模型及公式计算排水下沉时的总涌水量，布设降水井，并增加 3~5 口备用井。

2. 沉井每层挖土量较大，挖土采用机械与人工配合进行，一般采用泥浆泵管道连续化输送。

3. 下沉方案应根据沉井尺寸大小进行选择。

在核算沉井本体安全性的基础上，当其边长或直径不大于 30m 时，一般可采用大锅底的开挖方案，即从中间挖向四周，均衡对称地进行，使其能均匀竖直下沉。

每层挖土厚度为 0.3m 左右，按顺序分层逐渐往刃脚方向削薄土层，每次削 5~15cm，当土垅挡不住刃脚的挤压而破裂时，沉井便在自重作用下破土下沉。削土量应沿刃脚方向全面、均匀、对称地进行，以便均匀平稳下沉。

当沉井的边长或直径超过于 30m 时，宜考虑两个或 4 个小锅底开挖，以保证沉井结构的安全。

沉井基础采用不排水下沉施工时，借助空气吸泥机取土下沉。下沉时保持井内水位高于地下水位 1~2m，启动高压水泵至水下冲土，开启空气吸泥器，移动吸泥管，达到正常冲吸土，先冲吸中间仓，然后根据实际施工过程的具体情况调整高差先后向着四周移动，从而形成大锅底。

4. 下沉时需布置监控元件，监控井壁、刃脚、内隔墙的应力应变或者土压力，并设置观测点，掌控沉井的平面姿态。

5. 沉井下沉至上口离地面 1~2m 高时，即应停止下沉。接高时上一节竖向中心与前一节的中心线重合或平行，沉井接缝和外壁应平滑，以利下沉。

6. 沉井在下沉过程中，可能出现井筒倾斜、沉井位置偏移等情况，出现时应立即分析原因，进行纠偏，由于沉井反应的滞后性，注意不要过度纠偏。

7. 在沉井开始下沉和将沉至设计标高时，避免发生倾斜。尤其在开始下沉 5~8m 以内时，其平面位置与垂直度要特别注意保持正确，否则继续下沉不易调整。沉井下沉离到位尚有 1m 左右时，隔墙悬空应逐步减小，控制在 50cm 左右，且锅底逐渐减小，以能出泥为标准，并降慢下沉速度，随着沉井下沉，应形成隔墙不悬空状态下的挤土下沉。

8. 当下沉困难时，可采用空气幕等预留助沉措施。

5.2.9 沉井封底

1. 当沉井沉到设计标高，经观测 8h 累计下沉量不大于 10mm 时，即应进行沉井封底。

2. 当沉井下沉深度不大，或者降水较容易时，可采用干封底方案；若是沉井下沉深度大，或降水有困难时，可采用湿封底方案。

3. 封底按井孔逐个进行，遵循对称、均匀、分格的原则。封底前需检验基底的地质情况是否和设计相符，沉井底面应该平整无浮泥，清除井壁隔墙和刃脚与封底混凝土接触面处的污泥。一般宜先浇筑沿刃脚宽约 60cm 范围中，厚度同刃脚斜面高度的混凝土，然后再逐步向井中心推进。

5.3 劳动力组织

所需操作人员主要有：钢筋加工及安装工、切割工、焊工、混凝土工、木工、电工、普工。

所需管理人员有：质量员、安全员、技术员等。在施工前应对施工人员进行培训，特殊工种必须持证上岗。

6. 材料与设备

6.1 材料

6.1.1 模板

木楞、模板其质量符合《木结构工程施工质量验收规范》GB 50206-2002、《混凝土结构工程施工质量验收规范》GB 50204-2002 的规定；采用钢模时，钢材采用 Q235 或 Q335 钢，其质量应符合《组合钢模板技术规范》GB 50214-2001 的规定。

6.1.2 脚手架

钢管规格采用 φ48×3.5。其扣件种类有：直角形式扣件、旋转形式扣件、对接形式扣件。采购和租赁的钢管、扣件有产品合格证、质量技术监督部门颁发的生产许可证和法定检测机构的检测检验报告，其质量符合《建筑施工扣件式钢管脚手架安全技术规范》JGJ 130-2001、《钢管脚手架扣件》GB 15831-95 的规定和技术标准的要求。

6.1.3 钢材

钢板、钢筋等采用 Q235 或 Q335 钢，其质量符合《碳素结构钢》GB/T 700 的规定。

6.1.4 混凝土

混凝土强度满足设计要求，其质量符合《混凝土结构工程施工质量验收规范》GB 50204-2002、

《预拌混凝土》GB 14902-2004、《普通混凝土配合比设计规程》JGJ 55-2000 的规定；掺用外加剂混凝土的制作和使用，还应符合国家现行的混凝土外加剂质量标准以及有关的标准、规范的规定。

6.2 机具设备

6.2.1 钢筋切断机、钢筋调直机、自卸汽车、混凝土拌合机、商品混凝土运输车、插入式振动棒、电焊机、切割机、起重设备、高压水枪、混凝土汽车泵、潜水泵、木工机具、发电机组、空气吸泥机、水力吸泥机和压缩空气管道等。

6.2.2 监测仪器有：水准仪、经纬仪、全站仪、坍落度筒、混凝土试模、钢板计、钢筋计、土压力计、孔隙水压力、水位计等。

7. 质 量 控 制

7.1 质量控制标准

本工法施工必须符合《建筑地基基础工程施工质量验收规范》GB 50202-2002、《混凝土结构工程质量验收规范》GB 50204-2002、《预拌混凝土》GB 14902-2004、《普通混凝土配合比设计规程》JGJ 55-2000、《混凝土质量控制标准》GB 50164、《混凝土外加剂应用技术规范》GB 50119、《建筑工程质量验收统一标准》GB 50300-2001、《碳素结构钢》GB／T 700、《钢结构工程施工质量验收规范》GB 50205-2001 等的规定。

7.2 施工过程中的质量控制

7.2.1 地基处理

制作沉井场地的地基土质、承载力应符合设计和施工要求，并进行现场试验。

7.2.2 钢材

钢材的质量品种、规格、性能等应符合现行国家产品标准和设计的要求，采用的原材料实行进场验收制度。

7.2.3 钢壳

钢壳的定位和焊接应符合现行国家标准和设计的要求，对焊缝根据设计要求进行验收。

7.2.4 钢筋

钢筋的位置、间距及连接应符合现行国家标准和设计的要求。

7.2.5 混凝土配合比

混凝土应按《普通混凝土配合比设计规程》JGJ 55-2000 的有关规定，根据混凝土强度等级、耐久性和工作性等要求进行配合比设计。

7.2.6 混凝土外加剂

混凝土中掺用外加剂的质量及应用技术应符合《混凝土外加剂》GB 8076、《混凝土外加剂应用技术规范》GB 50119 等标准规范和有关环境保护的规定。

7.2.7 混凝土

结构混凝土的强度等级必须符合设计要求。用于检查结构构件混凝土强度的试件，应在混凝土的浇筑地点随机抽取。取样与试件留置应符合下列规定：

1. 每拌制 100 盘且不超过 100m³ 的同配合比的混凝土，取样不得少于一次。

2. 每工作班拌制的同一配合比的混凝土不足 100 盘时，取样不得少于一次。

3. 当一次连续浇筑超过 1000m³ 时，同一配合比的混凝土每 200m³ 取样不得少于 1 次。

4. 每次取样应至少留置一组标准养护试件，同条件养护试件的留置组数应根据实际需要确定。

7.2.8 施工工序

按施工规范、标准进行质量的控制，每道工序完成后应进行检查，合格后并经监理工程师同意后方可进行下一工序的施工。

7.3 沉井混凝土结构的质量标准及检验方法按表 7.3 执行

沉井混凝土结构的质量标准及检验方法 表 7.3

项　目		允许偏差（mm）	检验方法
坐标位置		20	全站仪检查
不同平面的标高		0，−20	水准仪或全站仪检查
平面外形尺寸		±100	钢尺检查
平面水平度	每米	5	水平尺、塞尺检查
	全长	10	水准仪或全站仪检查
垂直度	每米	5	经纬仪或全站仪检查
	全高	10	

8. 安 全 措 施

8.1 施工过程中要严格执行《中华人民共和国安全生产法》、《建筑施工安全检查标准》及有关部门、地区颁发的安全规程，执行三合一管理体系的要求。

8.2 施工前根据沉井的结构、施工工艺、施工环境、所采用的机械设备、参与的工种及施工时段和进度要求等对相关的施工人员在开工前进行一次安全教育和安全技术交底，交底与被交底双方签字确认，并将教育和交底资料记录于安全台账。

8.3 作业人员必须经过上岗培训，特殊工种的作业人员要持证上岗；进入施工现场的所有人员必须戴安全帽，高空作业时必须配备安全绳，井下作业人员必须配备救生设施。

8.4 开工前对所需的机械设备、用电设施和各类材料组织一次严格的检查验收。对不符合安全要求的机具和电气设施，进行检修合格后方可投入使用。对不符合安全和质量要求的材料坚决调换成合格的材料，否则拒绝使用。施工用电应严格执行《施工现场临时用电安全技术规范》JGJ 46-88 的规定；对易燃易爆气体或油库必须建立完善的消防机制。

8.5 现场必须按规定配置消防器材、设施和用品，并建立消防组织。明确划定用火和禁火区域，动火作业需履行审批制度，动火人员持证上岗并有专人监护。

8.6 沉井挖土属高处作业，高处与地面交叉作业必须制定切实可行的安全措施，经批准后方可进行。

8.7 沉井施工前要对施工中可能出现的危险源进行认真排查，如高空坠落、物体打击和毒气等，并制定出应急预案。应急预案应切实可行并进行演练。

8.8 施工现场的施工员、安全员、质量员每日做到上班前、施工过程中的质安巡查工作，发现质安隐患及时采取定人、定时、定措施的三定原则消除安全隐患。

9. 环 保 措 施

9.1 在施工现场平面布置和组织施工过程中严格执行国家、地区、行业和企业有关环保的法律法规和规章制度。

9.2 项目部及施工现场设置连续、密闭的围墙，高度不低于2.3m，围墙外部做简易装饰，色彩与周围环境协调。场地出入口庄重美观，门扇做成密闭不透式。

9.3 施工现场的设备、构件、材料等必须按施工总平面布置规定的位置设置、堆放，符合施工管理的要求。

9.4 严格控制人为噪声，进入施工现场不得高声喊叫、乱吹口哨、限制高音喇叭的使用，最大限度地减少扰民。施工现场应进行噪声值监测，噪声值不应超过国家或地方噪声排放标准。

9.5 沉井挖土阶段，挖出的土要运到指定的地点。从事土方、渣土和施工垃圾的运输，必须使用密闭式运输车辆。施工现场出入口处设置冲洗车辆的设施，出场时必须将车辆清理干净，不得将泥砂带出现场。

9.6 施工排水应排到指定的排放地点，含有泥砂和杂物的废水应进行沉淀和过滤，符合要求后方可进行排放。

9.7 施工现场主要道路必须进行硬化处理。施工现场应采取覆盖、固化、绿化、洒水等有效措施，做到不泥泞、不扬尘。施工现场的材料存放区、大模板存放区等场地必须平整夯实。

9.8 施工现场要做到工完场清，保持整洁卫生、文明施工。

10. 效 益 分 析

10.1 大型沉井施工工法针对其平面尺寸大，下沉深度大的特点采用了可行性很高的施工方法，具有针对性强、施工安全、质量可靠、进度快的特点，经过多个工程实践，都取得了较好的社会效益和经济效益。

10.2 施工前对沉井的接高稳定性和下沉可行性进行验算，避免了出现整体失稳和拒沉的现象，不仅产生了一定的经济效益，而且产生了较大的社会效益。

10.3 基坑预先开挖 2~5m 左右可减少沉井下沉的高度，沉井下沉越深施工的难度越大，危险程度越大。本项措施可减少工程成本 5%左右。

10.4 采用混凝土垫减去了方木的使用和抽垫，可节约工程成本 3%~5%。

10.5 采用排水下沉或排水下沉与不排水下沉相结合的施工方法加快了施工的进度，使工程较早的发挥经济效益和社会效益。

11. 应 用 实 例

在 1997 至 2010 年间，大型沉井施工工法分别应用于江阴、南京、马鞍山长江大桥锚碇沉井、常熟电厂引水工程等多项工程。

宽翼缘板 PC 斜拉桥牵索挂篮施工工法

GJYJGF080—2010

中铁四局集团有限公司　安徽建工集团有限公司

余秀平　孙小猛　李道显　欧阳石　牛子民

1. 前　言

宽翼缘板预应力混凝土斜拉桥主梁悬臂浇筑施工一般采用两种方法：一是宽翼缘板悬臂后浇，该方法虽然减小了 C 形挂钩的设计难度，但是需要增加两只挂篮进行两侧翼缘板后浇施工，将会延长循环节段工期，增加了人力和物资投入；二是设计强大的 C 形挂钩，但是超长悬臂给 C 形挂钩的设计增加了很大难度。

根据宽翼缘板 PC 斜拉桥的结构特点，在研究国内外牵索挂篮设计和施工优缺点的基础上，针对目前国内外宽翼缘板 PC 斜拉桥施工技术的发展状况，吸取各种牵索挂篮施工技术的优点，研究设计了一种"宽翼缘错位同步施工式"牵索挂篮，即同时浇筑 (n+1) # 块箱梁部分和 n# 块两侧翼缘板，在宽翼缘板 PC 斜拉桥主梁悬浇段施工中发挥了极其重要的作用，验证了该套设备的科学性和先进性，为同类桥梁主梁施工提供实用、经济、可靠的施工技术，取得良好的经济效益和社会效益，经总结形成该工法。"宽翼缘同步施工式牵索挂篮" 申请了发明专利（201010255941.1）。

2. 工 法 特 点

2.1 宽翼缘错位同步施工式牵索挂篮与传统牵索挂篮的主要区别在于：在中、后横梁两侧悬挑翼缘板施工平台，解决了传统牵索挂篮在同类桥梁悬臂施工中宽翼缘板不能同步浇筑的施工难题。

2.2 挂篮前端和两侧均设置操作平台，施工安全、方便。止推系统设置于中后横梁上，采用箱形抗剪柱。牵索张拉锚固系统中的接长杆与张拉杆采用铰接的方式。

2.3 芯模采用整体吊装的方式。预制两套悬浇段芯模循环使用，大大地减少了模板、方木和钢管等周转料的投入。

2.4 每个循环节段同时施工待浇段箱梁和已浇段箱梁两侧的宽翼缘，这样比翼缘板后浇缩短了 2~3d 的时间，悬浇段施工周期可达 8d/节段，提高了施工速度，缩短了悬浇段施工周期。

2.5 悬浇节段一次完成浇筑，同时在施工过程中对主梁高程、线形和挂篮应力进行过程监控，能够保证梁体成形质量。

3. 适 用 范 围

该工法适用于大跨度双索面混凝土斜拉桥上部结构施工，尤其适用于宽翼缘板预应力混凝土斜拉桥主梁施工。

4. 工 艺 原 理

牵索挂篮走行依靠液压千斤顶提供驱动力，由 C 形挂钩和后反力轮协调受力平衡；牵索挂篮下降、提升由中、后横梁的外吊杆和相应的千斤顶交替作用来实现；牵索挂篮悬浇施工时，荷载由设于中、后横梁的吊杆和挂篮前端的牵索共同承受，挂篮平台既承受垂直力又承受水平力，牵索产生的水平分力由设于中、后横梁的抗剪柱传递给已施工的主梁节段。因此，牵索挂篮在各种施工状态下与主梁节段形成了一个共同受力的整体。

宽翼缘板预应力混凝土斜拉桥主桥悬浇节段采用牵索挂篮错位同步浇筑宽翼缘板的施工方式，即 $(n+1)$＃块箱梁部分和 n＃块两侧翼缘板同步施工，见图 4-1。该挂篮纵断面和横断面示意图分别见图4-2 和图 4-3。

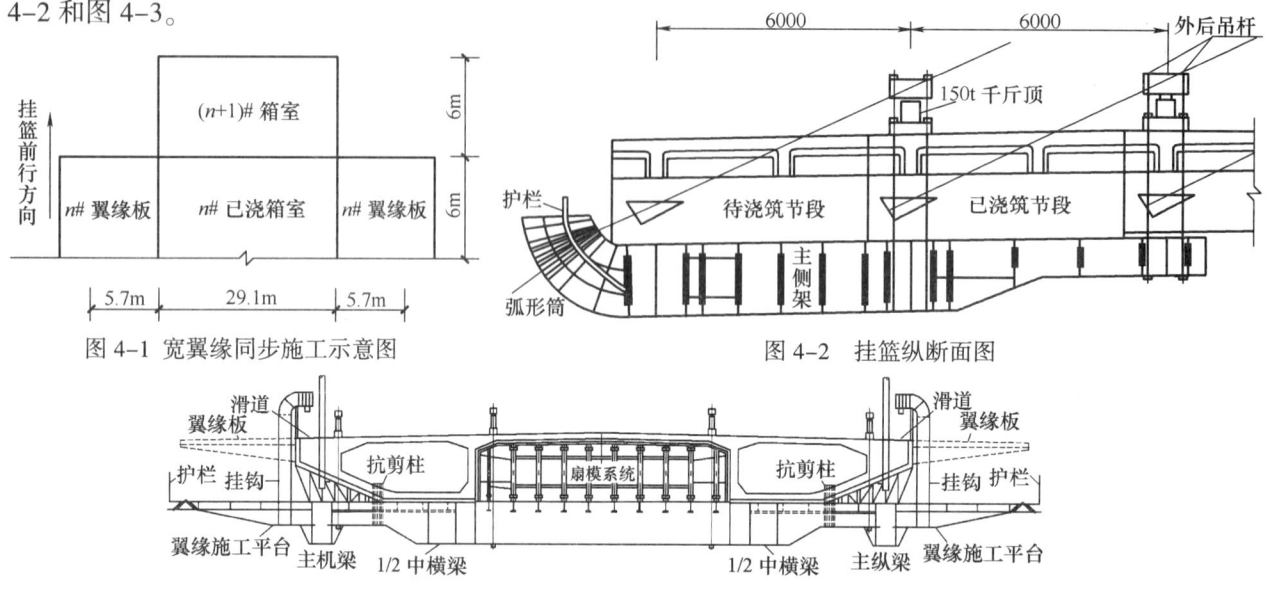

图 4-1 宽翼缘同步施工示意图

图 4-2 挂篮纵断面图

图 4-3 挂篮横断面图

5. 施工工艺流程及操作要点

5.1 施工工艺流程

5.1.1 总体施工工艺流程

牵索挂篮拼装和主梁 1＃ 块施工同步进行；待 1＃ 块施工完毕，挂篮提升就位，进行静载试验；然后进入循环节段施工阶段，$(n+1)$＃块箱梁部分和 n＃ 块宽翼缘板同步施工，同时南岸中跨进行支架现浇施工；挂篮浇筑完中跨最后一块悬浇块后降落至南岸现浇支架上进行拆除，进入中跨合拢施工阶段。

5.1.2 悬浇循环节段施工工艺流程

循环节段施工流程见图 5.1.2。

5.2 操作要点

5.2.1 挂篮安装

根据现场场地情况，挂篮安装主要分为挂篮拼装、挂篮横移和挂篮提升就位三个步骤。

1. 挂篮拼装

利用规格为 QTZ800 的塔吊把较轻的挂篮构件吊到工作平台上，

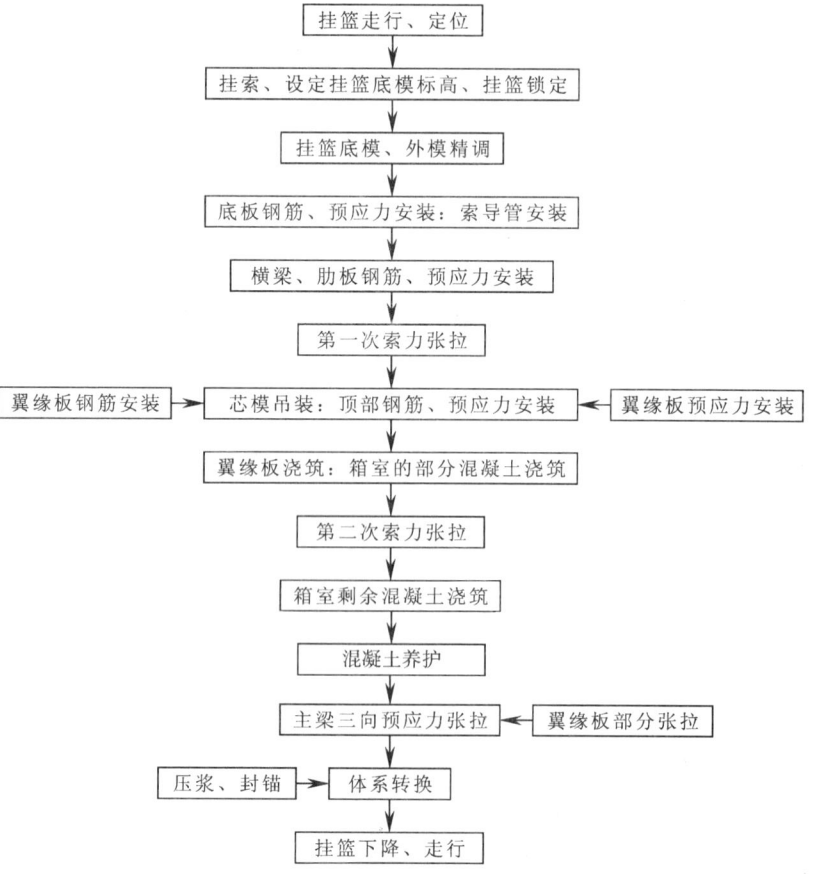

图 5.1.2 悬浇循环节段施工流程

较重的挂篮构件由 100t 的汽车吊进行吊装施工。

单个构件定位与支撑构件轴距对接，支撑构件轴线与拼装平台对接；关连构件连接时先用撬棍及冲钉冲打螺栓孔，待两关连构件螺栓孔吻合后再安装螺栓；初步上紧螺栓，待挂篮构件整体都拼装完毕后，再用电动扳手终拧螺栓。

2. 挂篮横移

在挂篮拼装平台上铺设滑轨，挂篮置于 4 个拖船上，拖船与滑轨之间铺设滚杠，利用千斤顶牵引挂篮，使挂篮横移至指定位置。

3. 挂篮提升就位

挂篮横移到位后安装中内、后内吊杆，利用挂篮中内、后内 8 根吊杆同步提升挂篮，挂篮提升过程中提升吊杆和后横梁上反顶装置应保持同步。

5.2.2 荷载试验

为了检验挂篮受力是否满足设计要求模拟挂篮在各施工工况下的实际变形量，消除挂篮非弹性变形，得到挂篮的弹性变形值，为挂篮施工和主梁线形控制提供可靠的参数依据，牵索挂篮正式投产之前必须做静载试验。牵索挂篮静载试验在第一个悬浇节段进行，见图 5.2.2。

图 5.2.2　挂篮荷载试验

荷载试验采用 110%超载预压的方式，按照节段混凝土重量的分布形式分级对称加载，检验挂篮平台的载荷能力，对结构关键受力构件的变形、焊接质量和应力变化进行重点监控，验证结构的施工可靠性。

5.2.3 牵索挂篮操作程序

1. 挂篮走行

在主梁顶面铺设垫层找平，安装滑道、垫梁、锚固装置，滑道梁纵、横向偏差控制在±5mm 以内，滑道槽内清理干净后，涂上一薄层黄油作润滑剂以减少挂篮走行时的摩阻力。

在 C 形挂钩后侧安装 1 台 1m 行程的油顶，千斤顶前端顶在前挂钩滑座上，后端顶在滑道的锚座上，顶推挂篮走行。

2. 挂篮定位

挂篮提升就位后，使用中、后横梁的吊挂系统、后横梁上的竖向微调千斤顶和后反力顶调整立模高差；用横向水平千斤顶调整挂篮的纵向位置。

3. 挂篮前端底模标高设定及挂篮锁定

根据挂篮到位的底模标高，利用中后横梁上的吊挂系统和后横梁上的竖向微调千斤顶来调节立模标高。标高设定完毕后在挂篮吊挂系统处用 150t 千斤顶将挂篮与主梁实体段之间顶紧，然后进行抄垫，最后将中、后吊杆与主梁锁定。当挂篮平台调整至设计要求后，将抗剪柱与梁体间抄实，中、后横梁吊带收紧顶死，同时将后横梁上竖向压力支座与梁体顶紧抄死，使挂篮与梁体牢固连成一体。

4. 牵索分级张拉

混凝土浇筑前，初次张拉 50%的索力；混凝土浇筑一半后，第二次张拉 100%的索力；混凝土浇筑完成。

5. 体系转换

当主梁节段混凝土施工完毕和预应力筋张拉完后，旋紧斜拉缆索锚固螺母，拆掉撑脚和反拉梁上的反拉杆，将撑脚和 600t 油压千斤顶推向锚块承压板并定位固定，由 600t 千斤顶张拉拉索并旋紧锚固螺母于锚板上，而后拆除牵索张拉设施，此时牵索荷载全部转换至主梁承受，完成体系转换。

5.2.4 悬浇节段浇筑施工工艺

1. 模板施工

箱梁底模采用竹胶板,斜腹板底模采用钢板。箱梁内模采用木模,整体预制吊装,内模内框架采用方木,侧面及底面采用木板,顶面采用竹胶板,内模骨架预先在加工场加工成形,接缝严密。充分重视内模的制作质量,内模的刚度要符合要求,防止梁体内部涨模,必要时增加内模的支撑和定位钢筋,防止内模上浮和侧移。翼板立模时扣除防撞护栏两侧宽度,栏杆钢筋预留,分两次浇筑的标准段,在腹板和翼板的交接处钉木条,使外侧接缝顺直。

2. 索导管安装

根据索导管上下口中心的坐标、索导管半径以及索导管长度,用全站仪在安装模板上进行放样。制作临时支撑骨架和定位骨架,将索导管在每节段的空间角度在骨架上相互之间定好位,把骨架在模板上的投影在模板上标记,索导管安装时可以通过调节索导管上下口中心与标记的相对位置来进行精度控制。

3. 钢筋施工

箱梁钢筋先安装底板和腹板部分,再安装顶板和翼缘板钢筋,钢筋骨架集中制作,运至现场吊放到工作面,按照设计图纸要求进行绑扎、焊接。钢筋的交叉点要绑扎结实,必要时采用点焊焊牢。钢筋与模板间使用强度等级高的混凝土垫块支垫,垫块与钢筋扎紧,并互相错开,使钢筋混凝土保护层厚度符合设计要求。非焊接钢筋骨架间的多层钢筋之间,用短钢筋支垫以保证位置准确。

4. 预应力施工

主梁在纵、横和竖向都有预应力筋,混凝土强度达到90%设计强度方可张拉。预应力束张拉顺序:如设计有明确张拉顺序要求的按设计要求进行张拉,没有说明的按:50%数量横梁束→纵向腹板通长钢束→剩余横梁束→剩余纵向钢束。分批、左右对称张拉;在同一截面上,应对称张拉,先外侧,后内侧。

5. 混凝土施工

混凝土浇筑前重点检查模板支撑、模板拼缝质量、波纹管定位、钢筋绑扎及保护层的位置、预埋件、预留孔洞位置的准确性、模内有无杂物等事项。检查无误后,需用水冲洗模板后方可进行浇筑。

主梁箱室部分的混凝土浇筑应遵守"从低到高、两端向中、对称浇筑"的顺序,按照(第一次)底板→腹板→(第二次)顶板翼缘。灌注顶板及翼板混凝土时,从两侧向中央推进,以防发生裂纹。翼缘板混凝土与主梁箱室部分的混凝土同步浇筑,一次浇筑完成。

混凝土采用商品混凝土,混凝土搅拌运输车运至现场,泵车泵送入模,水平分层浇筑,插入式振动器捣固密实,顶板混凝土浇筑完成后,用平板振动器振动一次,人工收面并拉毛。

悬浇段采用蒸汽养护和加热养护的混合养护方法,来减小混凝土的等强时间,从而缩短循环阶段工期。

6. 翼缘板施工

悬浇段 n# 块两侧翼缘板与 (n+1) # 块箱室部分的钢筋及预应力安装、混凝土浇筑同步进行。翼缘板横向预应力张拉时,n# 块两侧翼缘板先对称间隔张拉至50%设计值,待 (n+1) # 块节段翼缘板浇筑完后,再张拉至设计值。

5.2.5 过程监控

在悬浇段施工过程中进行高程、中线控制,同时对挂篮受力状态进行监控。

1. 高程控制

测出已施工各节段的节段控制水准点的绝对标高,再根据各节段竣工时测得的其与梁底的高差,推算出相应节段的梁底标高。

2. 中线控制

观测已施工节段的中线点相对于桥轴线的偏距。中线测量观测时间应与高程线形测量同步。中线测量和高程测量的测点布置在主梁顶面上,观测点断面间距应根据主梁长度确定。

3. 应力监测

基于有限元分析模拟各施工状况下挂篮构件的应力状态，在挂篮平台关键受力构件部位布置振弦式应力传感器，监控施工过程中挂篮平台的应力状态，确保挂篮施工安全。

5.2.6 牵索挂篮的拆除

待 12# 块浇筑完毕张拉后，拆除南岸现浇支架并保留贝雷片平台，此时挂篮 C 形挂钩跑至 12# 块端头，下落挂篮。挂篮下落至南岸现浇支架贝雷平台上，在贝雷平台上拆解挂篮。

5.2.7 劳动力组织

劳动力组织表　　　　　　　　　　　　表 5.2.7

序号	岗　位	定员（人）	岗　位　职　责
1	现场总指挥	1	总体协调指挥
2	技术员	2	对挂篮施工操作进行技术指导
3	安全员	1	对施工过程进行安全控制
4	钢筋工	20	钢筋的加工、运输、绑扎
5	木工	30	模板加工、芯模预制
6	张拉工	20	挂篮拼装、走行、牵索张拉以及预应力张拉、压浆
7	混凝土工	10	混凝土浇筑、养护
8	电工	1	现场用电线路、设备的电力保障
9	起重工	1	物资材料的起吊指挥管理
10	试验员	1	施工中的试验检测和监控

6. 材料与设备

6.1 主要材料

主要材料表　　　　　　　　　　　　表 6.1

材料型号	Q235B 钢	Q345B 钢	8.8 级高强度螺栓	JL32 精轧螺纹钢
弹性模量（MPa）	$2.1×10^5$	$2.1×10^5$	$2.1×10^5$	$2.0×10^5$
容许应力（MPa）	170	240	/	/
张拉强度（MPa）	/	/	/	707
预张力（kN）	/	/	175	/

6.2 机具设备

机具设备表　　　　　　　　　　　　表 6.2

序号	名　称	规格	单位	数量	用　途
1	牵索挂篮		套	1	悬浇施工
2	汽车吊	100t	台	1	挂篮拼装、荷载试验
3	塔吊	QTZ800	台	1	吊运材料、设备
4	千斤顶	YD150A	台	4	收放吊杆（顶举）
5	千斤顶	YC30A	台	2	挂篮走行（顶推）
6	千斤顶	YC75A	台	2	挂篮升降（后下反顶）
7	千斤顶	YC40A	台	2	挂篮升降（后下反顶）
8	吊杆	40Cr	组	8	挂篮升降、锚固
9	电焊机	普通	台	4	钢筋焊接

续表

序号	名　　称	规格	单位	数量	用　　途
10	滑道	6.6m	道	2	挂篮走行
11	混凝土振动器	ZN50	个	10	混凝土振捣
12	混凝土振动器	ZN70	个	10	混凝土振捣
13	全站仪	DTM-552C	台	1	测量放样
14	水准仪	DSZ2	台	1	标高控制
15	振弦式传感器	VWSF/B.SF	套	30	挂篮应力状态监控
16	钢筋加工设备		套	1	钢筋加工
17	木结构加工设备		套	1	内、外模加工

7. 质 量 控 制

7.1 质量控制标准

《公路桥涵施工技术规范》JTJ 041-2000 和《钢结构工程施工质量验收规范》GB 50205-2001 及其他有关规定。

7.2 质量保证措施

7.2.1 牵索挂篮设计采用通用有限元软件计算，并根据各工况进行仿真分析。挂篮拼装完成后进行荷载试验，监测挂篮各主要承重构件的变形情况，并与理论计算值校核。

7.2.2 针对牵索挂篮悬浇施工每个工序制定详细的施工工艺及施工交底书，绘制详细的施工结构图纸，在钢筋加工、钢筋绑扎、混凝土保护层、混凝土浇筑、混凝土养护、张拉压浆、预埋件安装等方面严格按照规范要求施工。

7.2.3 牵索挂篮施工过程中严格控制挂篮定位、立模、主桥线形以及索导管定位的精度。

7.2.4 严禁在施工过程中电弧烧伤或者物体坠落伤害预应力波纹管，以确保张拉和压浆通顺。

7.2.5 悬浇段冬期施工采用蒸汽养护和加热养护的混合养护方法，防止出现混凝土冻胀、裂缝（纹）、结构疏散、表面泛霜等问题，从而保证冬季期混凝土的质量。

7.2.6 主梁节段悬浇施工中桥面荷载要对称堆放，桥面上施工荷载包含一台16t汽车吊机、挂篮、放索走道、模板及钢筋等。在施工中严格控制主梁断面尺寸，以保证节段混凝土重量与计算的重量差控制在3%以内。

7.2.7 翼缘板施工应严格按照设计要求保证纵向钢筋的间距，防止横向裂纹出现。翼缘板张拉施工时应对称间隔张拉。

8. 安 全 措 施

8.1 为了施工安全起见，在现场对张拉分配梁和撑脚进行张拉模拟实验，为牵索挂篮关键受力部位的安全运营提供了可靠的实验根据。

8.2 在挂篮操作区域部分刚性吊架上铺木板，木板与型钢固定。另外在挂篮四周设置细眼安全网封闭，防止施工中钢筋石子或其他物体掉落，影响河道正常运营。

8.3 挂篮上施工走道采用全封闭，加设安全栏杆及安全脚手架确保施工人员的安全。双层作业设置隔离平台，高空作业保证具有牢靠的作业平台。

8.4 挂篮是主梁施工的大型临时设施，应定期检查安全状态，使用一段时间后对螺栓进行复拧一遍。挂篮提升下降，走行及使用前应办理检查签证。对关键部位如抗剪柱、吊杆、牵索纵梁锚固装置及其下分配梁、承压锚座等结构在每节段混凝土施工前均应仔细检查，不符合要求及时整改。

8.5 挂索各种设备应经常检查，钢丝绳不合格不得使用。接长杆一定要按要求安装，做好记录。

8.6 塔吊及汽车吊机应建立定期检查制度，对易损配件应定期更换。特别是桥面上 25t 汽车吊机，严格控制吊重，防止倾覆，注意打顶位置应尽量靠近桥梁中心线。

8.7 跨河施工区域上下游均设置警示牌，夜间作业须设置红色警示灯。

9. 环 保 措 施

9.1 牵索挂篮施工过程中严禁将废弃物随意抛掷，对废焊条、废钢筋、混凝土废渣、木屑等固体废物集中收集、定点存放、统一弃运。

9.2 对液压油类、水泥浆、废油漆等易污染液体，在相应施工场地配置储存容器回收。

9.3 为了防止液体流失污染桥面，张拉油泵、千斤顶等机械设备放置桥面上时，要垫上彩条布或者油布。

9.4 为了防止固体废弃物掉落桥下影响安全，牵索挂篮周边及下部封闭保护。

10. 效 益 分 析

10.1 经济效益

"宽翼缘同步错位施工式"牵索挂篮施工可同时浇筑待浇段（$n+1$）# 块箱梁部分和已浇段 n# 块两侧的翼缘板，周期为 8d/节段，比翼缘板后浇施工缩短了 2~3d/节段。另外，与翼缘板悬臂后浇施工相比，减少了两副挂篮的投入，降低工程造价 20% 左右。牵索挂篮施工中采用芯模整体吊装的方式，两套模型循环使用，可节约模板、方木和钢管等周转材料 2.5 倍；同时挂篮前端斜拉索可以分担混凝土的浇筑重量，降低了安全成本。宽翼缘同步施工式牵索挂篮前端和两侧设置操作平台，施工操作安全、方便，工人劳动强度小。

10.2 社会效益

"宽翼缘同步错位施工式"牵索挂篮施工在悬臂浇筑施工中具有安全、节省、快捷等特点，该工法对提高我国宽翼缘预应力混凝土斜拉桥的施工技术水平具有较大的推动和促进作用。同时，该工法创新性的设计研发和应用研究使该套牵索挂篮具有更广阔的推广价值，社会效益显著。

11. 应 用 实 例

无锡葑溪大桥连续跨越京杭大运河、京沪铁路，主桥是一座双塔三跨双索面宽幅预应力混凝土斜拉桥，主桥跨过运河，跨径布置为：50m+140m+70m。主桥立面布置示意图见图 11-1。

主梁采用预应力结构，设有纵、横、竖三向预应力筋。两侧边跨和南岸中跨采用支架现浇施工，北岸中跨采用悬臂浇筑施工。该桥桥宽 40.5m，截面两端带有 5.7m 的宽翼缘，是目前同类桥梁中桥面最宽的桥梁之一。

跨中断面布置示意图见图 11-2。主

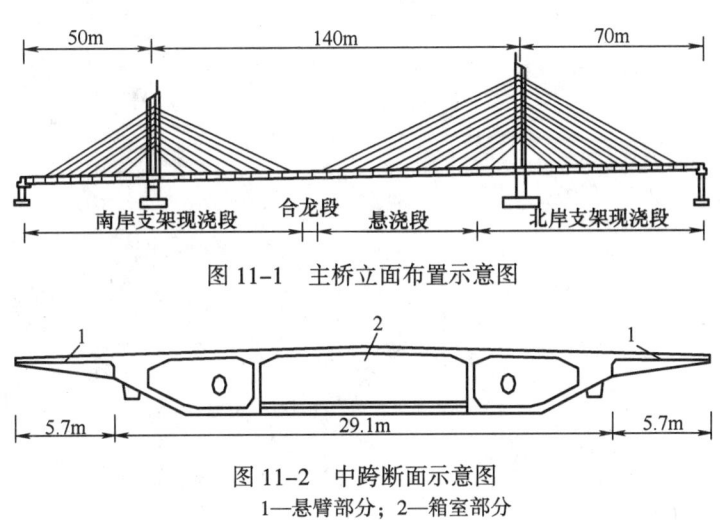

图 11-1 主桥立面布置示意图

图 11-2 中跨断面示意图
1—悬臂部分；2—箱室部分

梁施工制约了整个工程的工期，牵索挂篮施工是其关键中的关键。

在无锡惠澄路京杭运河大桥的主梁施工中应用了"宽翼缘同步错位施工式"牵索挂篮施工工法，主梁悬浇段施工速度达8d/节段。开工日期为2009年2月，竣工日期为2010年6月，历时1年零4个月。蓟溪大桥主桥成形整体见图11-3，全桥线形流畅、外观优美，取得了显著的技术经济效益，得到业界一致好评。

图11-3 蓟溪大桥主桥整体图

预应力混凝土系杆拱桥逆序拆除施工工法

GJYJGF081—2010

中铁四局集团有限公司　中铁上海工程局有限公司

刘解放　牛子民　秦林　欧阳石　聂雷

1. 前　言

系杆拱桥又称为无推力组合体系拱桥，系杆拱桥是外部静定结构，兼有拱桥的较大跨越能力和简支梁桥对地基适应能力强的两大特点。系杆拱桥根据拱肋和系杆相对刚度的大小，可划分为柔性系杆刚性拱、刚性系杆柔性拱、刚性系杆刚性拱 3 种类型。系杆拱桥尤其是刚性系杆刚性拱桥由于对地基适应能力强，于 20 世纪 90 年代在江南一带修建较多，当时设计由于采用的荷载标准较低，随着国民经济的快速发展，很多该类型桥梁由于不堪重负，出现了不同程度的损坏，有的甚至发生了桥梁坍塌的事故，故该类型桥梁面临着新时期的维修加固或拆除重建。其拆除的最大难点是确定合理的拆除顺序并释放系杆中预应力，确保结构的稳定性。

在常州市常漕线运村大桥、常州市 S239 省道奔牛大桥等拆除施工中采用逆序拆除的方法，成功解决了预应力混凝土系杆拱桥拆除的难题，经总结施工经验形成本工法。"预应力混凝土系杆拱桥逆序拆除方法"获国家发明专利（专利号：ZL 2007 1 0192046.8）。

2. 工 法 特 点

2.1　遵循按成桥的逆序拆除的基本原则，再结合计算确定合理的拆除顺序，从而形成了一整套具有较高安全性、经济性和可操作性的系杆拱桥拆除的施工工艺，对同类型桥梁的拆除具有较高的推广性、借鉴性和参考性。

2.2　采用适当方法分阶段释放系杆中预应力，保证结构在拆除过程中的安全。

2.3　搭设跨河贝雷桁梁吊架支撑系杆，在系杆上搭设贝雷桁梁支墩支撑拱肋，利用浮吊拆除各主要构件，尽量减小老桥拆除对通航的影响。

3. 适 用 范 围

预应力混凝土系杆拱桥逆序拆除方法适用于预应力混凝土系杆拱桥的拆除施工，并可为其他预应力混凝土连续梁桥及刚构桥的拆除提供借鉴。

4. 工 艺 原 理

预应力混凝土系杆拱桥主要构件包括拱肋、系杆、横梁及吊杆，系杆与横梁组成平面框架，平面框架通过吊杆与拱肋上下连系，形成外部为静定结构、内部为超静定结构的共同受力的整体。系杆中存在强大预应力，拱肋与系杆、横梁与系杆连接构造均为刚结，拱肋产生的水平推力由系杆中预应力承受。

根据预应力混凝土系杆拱桥结构特点，遵循按成桥的逆序拆除的基本原则，预应力混凝土系杆拱桥拆除的工艺原理即为：搭设跨河贝雷桁梁吊架支撑系杆，在系杆上搭设贝雷桁梁支墩支撑拱肋，根据结构恒载的逐步卸除，合理释放系杆中预应力，以浮吊作为起重设备，以拆除过程中结构稳定性最大、支座位移最小为施工原则,逐步、分段拆除各构件。

5. 施工工艺流程及操作要点

5.1 施工工艺流程

预应力混凝土系杆拱桥逆序拆除施工的工艺流程见图5.1。

5.2 操作要点

5.2.1 桥面系附属工程及行车道板拆除

桥面系及附属工程主要包括:桥面铺装、防撞护栏、伸缩缝等。拆除桥面系及附属工程,减轻了结构自重,减少了拱肋对系杆的水平作用力,见图5.2.1。

5.2.2 搭设系杆贝雷桁梁支架

系杆支架采用跨河的贝雷桁架梁,贝雷桁架梁为加强的6排单层贝雷桁架,桁架之间用支撑架连接,上下弦杆设加强弦。贝雷桁架梁对称布置在系杆两侧,全桥共4道。

每道贝雷桁架梁顶面及底面分别设横向工字钢分配梁,穿精轧螺纹钢,将系杆悬吊。

每道贝雷桁架梁下设两个钢管支墩,钢管支墩采用螺旋焊接钢管。钢管支墩放置在纵向工字钢分配梁上。纵向工字钢分配梁下为横向工字钢分配梁,横向工字钢分配梁放置在木桩顶纵向方木上。方木下为木桩,木桩纵横向各5排。系杆贝雷桁梁支架见图5.2.2.-1、图5.2.2.-2。

5.2.3 搭设拱肋贝雷桁梁支墩

在系杆上搭设贝雷桁梁临时支墩,在拱肋中间两个接头处将其支撑。拱肋贝雷桁梁支墩通过锚固拉杆与系杆固结,支墩下部为平放的3排3层贝雷架,上部为3排单层贝雷架,上下贝雷架用螺栓连接。上部贝雷架横桥向通长布置,将两侧支墩连接形成整体,同时用缆风绳将上部贝雷架锚固在系杆上,并且上下贝雷架用钢丝绳与系杆箍紧。拱肋贝雷桁梁支墩见图5.2.3-1、图5.2.3-2。

5.2.4 吊杆拆除

吊杆拆除时,按照原成桥施工中吊杆张拉

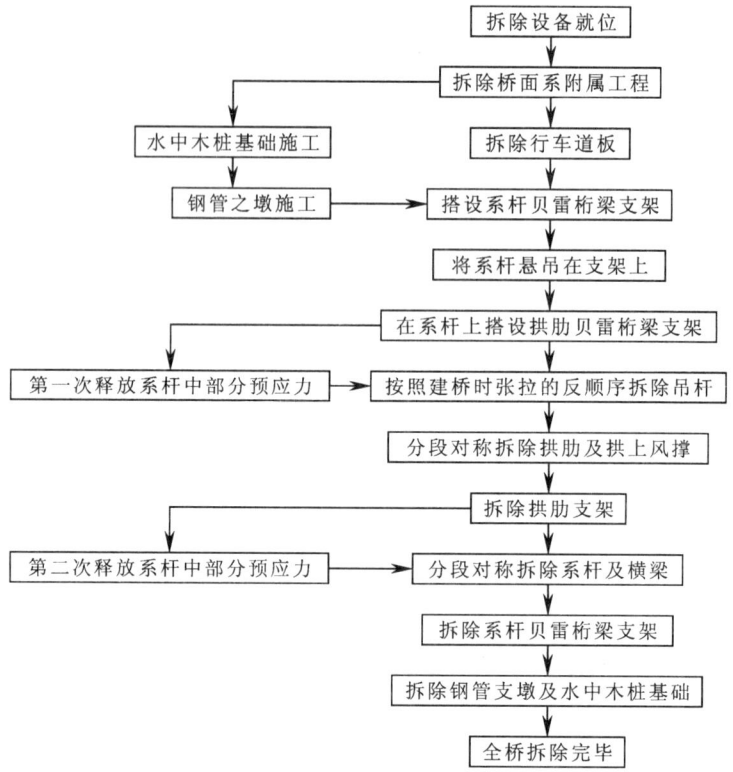

图5.1 预应力混凝土系杆拱桥逆序拆除施工工艺流程图

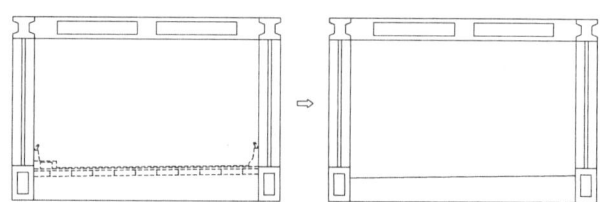

图5.2.1 桥面系附属工程及行车道板拆除

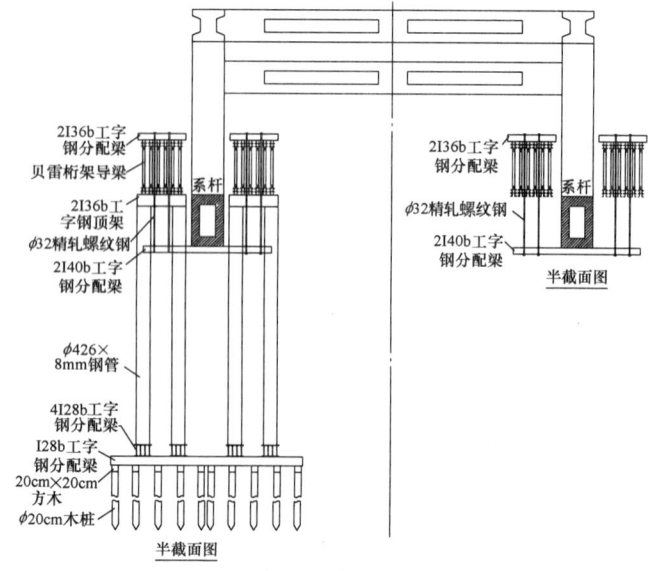

图5.2.2-1 系杆支架正面布置图

的反顺序进行拆除。先在吊杆底端用气割破除外侧钢管，凿除钢管与波纹管之间的细石混凝土及波纹管内的水泥浆，再用气割将预应力钢绞线束切断，用同样方法在吊杆顶端将其切断，然后用浮吊移走。吊杆拆除见图 5.2.4。

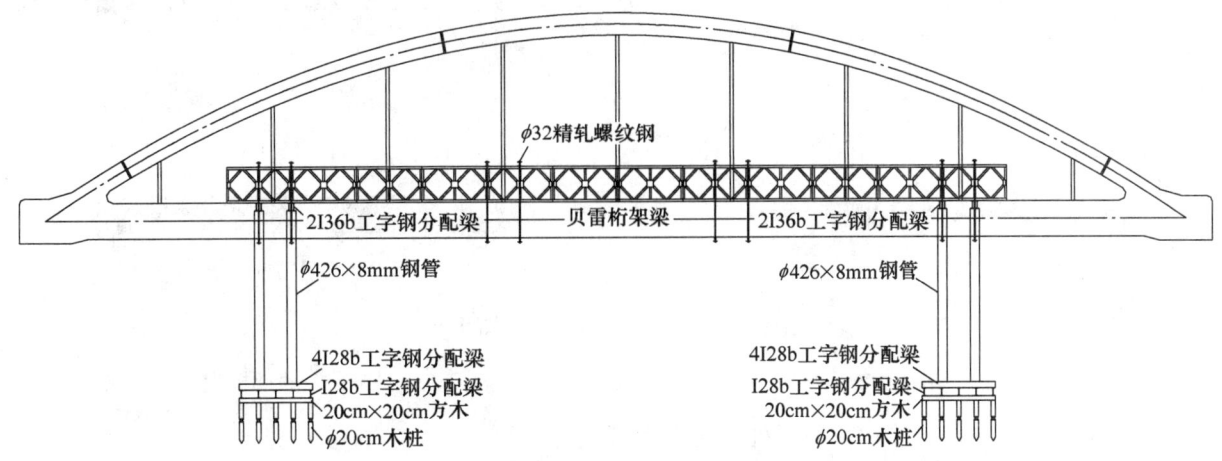

图 5.2.2-2　系杆支架侧面布置图

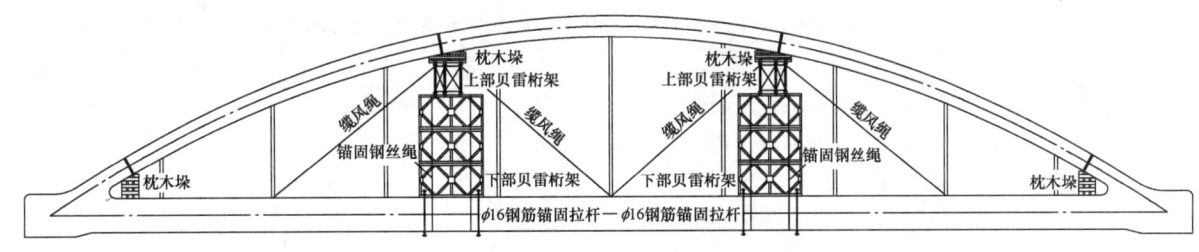

图 5.2.3-1　拱肋支架侧面图

5.2.5　拱肋及风撑拆除

拱肋分 3 段拆除，分段位置即其接头位置。拆除时按照先拆除中间段拱肋，再拆除两边段拱肋的顺序进行。

拱肋拆除时，左右两侧对称进行。拆除前先检查拱肋是否被贝雷桁架支墩顶紧，然后用钢丝绳将拱肋捆绑并用浮吊吊住后，再用钢线切割机在分段位置处将拱肋切割。对风撑的拆除，在拆除拱肋各分段时先把该段内的风撑拆除即可，拆除时直接用钢线切割机在风撑两端与拱肋接头处切断，切割过程中用浮吊吊住风撑。拱肋及风撑均用浮吊移走。拱肋拆除见图 5.2.5。

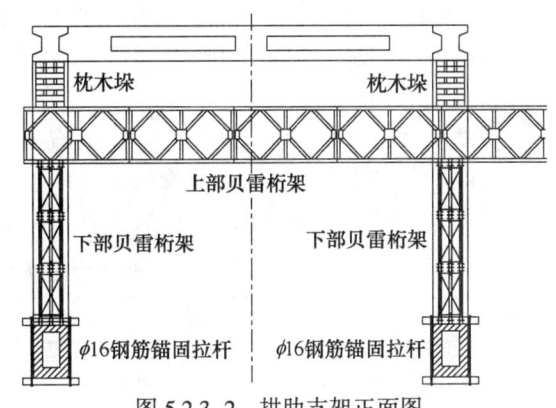

图 5.2.3-2　拱肋支架正面图

5.2.6　系杆及横梁拆除

系梁拆除分五段进行，由中间向两侧对称拆除。系杆拆除前先检查支架，确保系杆被悬挂，用钢线切割机在切割位置处将系杆切断，切断后的系杆被悬挂在支架上，为保证安全，系杆切割时相应分段用浮吊吊住。对横梁的拆除，切割系杆各分段时先拆除该段内的横梁，用钢线切割机在横梁与系杆接头处切断即可，切割时同样用浮吊吊住。系杆各分段及横梁均用浮吊移走。端横梁最后拆除。系杆拆除见图 5.2.6。

5.2.7　系杆预应力释放

1. 系杆中预应力分两个阶段释放，第一个阶段即在系杆和拱肋支架搭设完成后释放，第二阶段即在系杆拆除时释放。

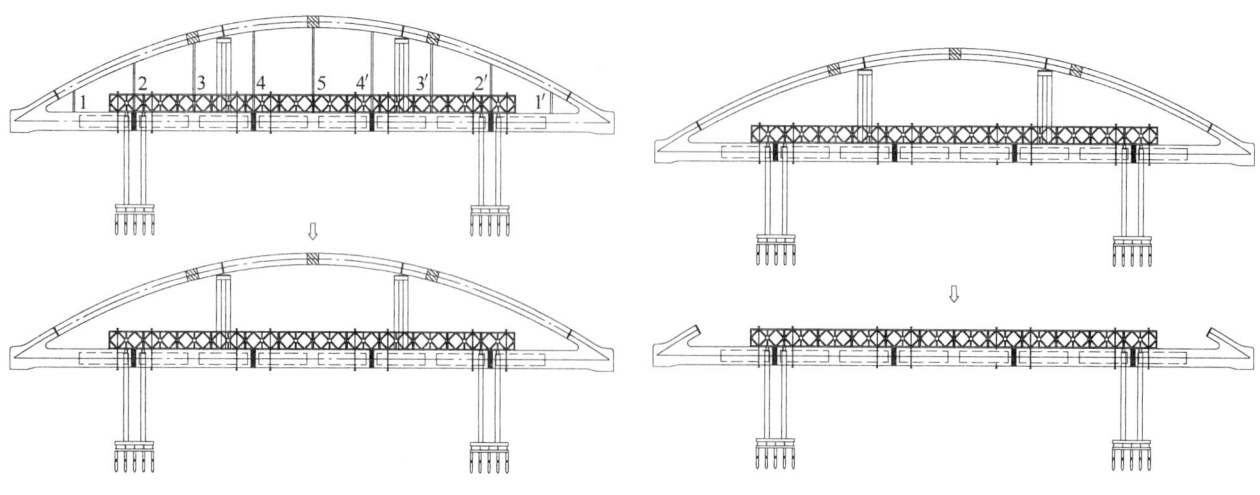

图 5.2.4　吊杆拆除　　　　　　　　　　　　　图 5.2.5　拱肋拆除

2. 释放部位选择系杆分段切割位置处，也即系杆被悬吊处。

3. 第一阶段释放 10 束；第二阶段释放剩余 8 束，见图 5.2.7。

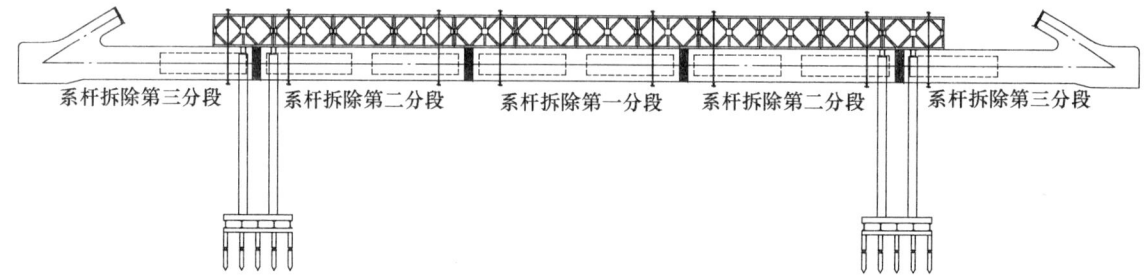

图 5.2.6　系杆拆除

4. 系杆中预应力的释放采用开槽的方式，即在系杆分段切割处用电锤凿开槽口，然后凿除波纹管里的水泥浆，再用气割将钢绞线切断。

5.2.8　预应力混凝土系杆拱桥拆除施工工序时间

预应力混凝土系杆拱桥拆除施工工序时间见表 5.2.8。

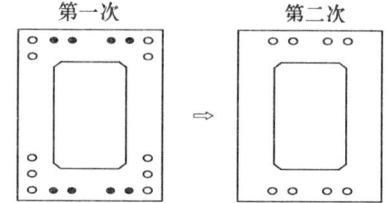

图 5.2.7　系杆预应力释放示意图
（图中实心圆圈为保留束，空心为切断束）

预应力混凝土系杆拱桥拆除施工工序时间表　　　　表 5.2.8

序号	名　　称	有效计日工	说　　明
1	水中桩基础施工	80	木桩运输、插打、桩头切割等
2	钢管支墩施工	100	钢管运输、切割、吊装、焊接及分配梁施工
3	系杆支架搭设	120	贝雷梁拼装、架设及悬吊系统安装
4	桥面系附属工程拆除	35	伸缩缝、护栏、桥面铺装等的拆除
5	行车道板拆除	180	现浇缝凿除、行车道板吊装及破碎
6	拱肋支架搭设	28	贝雷梁拼装、架设及加固
7	第一次预应力释放	10	凿孔、切断预应力钢束
8	吊杆拆除	10	吊杆切割及吊除
9	拱肋及拱上风撑拆除	160	构件切割、吊除及破碎
10	拱肋支架拆除	20	贝雷梁吊除及拆解
11	第二次预应力释放	10	凿孔、切断预应力钢束

序号	名　称	有效计日工	说　明
12	系杆及横梁拆除	200	构件切割、吊除及破碎
13	系杆支架拆除	100	贝雷梁吊除及拆解
14	钢管支墩拆除	80	钢管吊除及拆解
15	水中木桩拆除	60	水中木桩拔除
	合　计	1193 计日工	

5.3　劳动力组织

进行整座系杆拱桥的拆除所需劳动力见表5.3。

系杆拱桥拆除所需劳动力　　　　　　　　　　　　　　　表5.3

序号	工　种	技术等级	人数（人）	任　务　安　排
1	船工	高级	4	负责水上运输
2	浮吊司机	高级	1	负责大型构件吊装
3	打桩机操作工	中级	1	负责系杆支架基础木桩施工
4	机修工	高级	1	负责机械维修
5	装配工	中级	4	负责贝雷桁梁的拼装
6	镐头机操作工	中级	2	负责混凝土的破除
7	空压机操作工	中级	2	负责混凝土的破除
8	架子工	中级	4	负责临时碗扣钢管支架搭设
9	装载机司机	中级	1	负责混凝土垃圾装车
10	翻斗车司机	中级	2	负责混凝土外运
11	液压切割工	高级	4	负责大型混凝土构件切割
12	气割工	中级	4	负责预应力筋的切割
13	吊车司机	中级	2	配合浮吊进行构件的吊装
14	平板车司机	初级	2	负责临时施工设施倒运
15	起重工	中级	2	负责指挥起重作业
16	电焊工	中级	2	负责临时结构的焊接
17	电工	中级	1	负责整个施工现场的电力供应
18	普工	初级	20	
	合计		63	

6. 材料与设备

本系杆拱桥拆除所需主要施工机械设备及材料见表6。

主要机械设备及材料表　　　　　　　　　　　　　　　表6

序号	名　称	规　格	单位	数量	备　注
一、机械设备					
1	浮吊	80t	艘	1	构件吊装
2	汽车吊	QY25	台	1	

序号	名　　称	规　　格	单位	数量	备　　注
3	碟式切割机	5500W	台	2	构件切割
4	钢线切割机	7500W	台	2	
5	液压镐头机	CMB-45	台	2	混凝土凿除
6	空压机	AC-55	台	2	
7	装载机	ZL50	台	1	混凝土装运
8	自卸汽车	15t	台	3	混凝土运输
9	打桩船	25t	艘	1	木桩施工
10	气割设备	G01-100	套	2	构件切割
二、材料					
1	贝雷桁架	321式（3×1.5m）	片	440	系杆及拱肋支架
2	原木	ϕ20cm	根	200	支架基础
3	螺旋焊接钢管	ϕ426×8mm	m	350	支架支墩

7. 质 量 控 制

7.1　质量控制标准

执行《危险性较大的分部分项工程安全管理办法》和《建筑拆除工程安全技术规程》。

7.2　质量控制措施

7.2.1　系杆拱桥各构件的拆除严格遵循逆序原则分步、分段进行。

7.2.2　系杆贝雷桁梁吊架搭设时，贝雷桁梁与钢管支墩、钢管支墩与木桩之间确保连接可靠，确保传力体系与理论计算相符。

7.2.3　系杆中预应力释放时，所凿槽口不能过多削弱系杆截面，钢束切断在系杆两端、两侧系杆同时进行。

7.2.4　构件切割及吊装所用切割设备、浮吊应能满足施工要求，且性能良好，每次使用前仔细检查。

8. 安 全 措 施

8.1　系杆拱桥拆除最大的安全隐患则是拆除过程中结构的稳定性，尤其是拱肋。除了在理论上确保结构稳定性之外，现场临时施工设施必不可少。在拆除拱肋时，其贝雷桁梁支架横桥向连接起来，并在系杆上通过手拉葫芦将支架两侧拉住。

8.2　针对系杆拱桥拆除施工的高风险性，制定施工人员作业安全保证措施、交通安全及管线安全保证措施、水上作业安全保证措施、支架施工安全保证措施、混凝土构件切割安全保证措施、起重及运输安全保证措施、高处作业安全保证措施等各种专项安全保证措施。

8.3　建立安全应急预案体系，成立安全应急预案小组，系杆拱桥拆除过程中拱肋失稳、支架受到船舶撞击等各种专项安全应急预案。

9. 环 保 措 施

9.1　建筑垃圾严禁直接倾倒河中，对洒落在运河中混凝土块在全桥拆除完后及时打捞。

9.2 所有建筑垃圾按要求运输到指定地点破碎后弃置。

9.3 构件切割、风镐凿除及镐头机破碎等易产生噪声的作业，避开地方居民休息时间。

10. 效 益 分 析

本工程采用逆序逐步拆除预应力钢筋混凝土系杆拱桥的施工方法，对航道运输的影响降至最小。如果采用爆破拆除，由于在本系杆拱桥拆除的同时，另半幅桥依然在通车，而两幅桥净间距较小，尽管控制爆破相当精准，但对正在通车的半幅桥依然存在安全风险因素；采用爆破法拆除桥梁也可能对下部结构造成一定的损坏，采用机械拆除则能避免上述问题，节省投入约40万元。

另据悉就江苏省内而言，2007年上半年排查的结果是全省有40多座大桥或特大桥需要维修或拆除重建，市场潜力巨大。2008年6月，公司凭借运村大桥业绩，成功中标常州奔牛大桥抢修工程，该工程造价5006万，同样为系杆拱桥拆除后改建成钢桁梁。

11. 应 用 实 例

11.1 常州市常漕线运村大桥抢修工程。该工程位于江苏232省道上，是一座下承式预应力钢筋混凝土系杆拱桥。该桥跨径52.8m，一跨跨越锡溧漕运河。系杆分5段预制安装，采用混凝土湿接头，混凝土为C50；系杆预应力采用OVM系列锚具，18束6ϕ15.24钢绞线，张拉控制力1170kN。拱肋分3段预制安装，采用钢板接头，混凝土为C40；两片拱肋之间由风撑连系，混凝土为C40。端横梁两根，内横梁9根，预制施工，混凝土均为C50；预应力采用OVM系列锚具，4束6ϕ15.24钢绞线，张拉控制力1170kN。吊杆内采用单束6ϕ15.24钢绞线，波纹管成孔，波纹管与钢管之间灌C40混凝土。本桥拆除技术难点包括：构件应力释放，随着系杆拱桥拆除过程中的逐步卸载，如何释放构件应力，控制各构件应力在设计容许应力范围之内；构件分段拆除稳定性控制，在构件应力不超限的前提下，如何确保结构不失稳。本桥采用逆序拆除方法，自2007年9月1日开始，2007年10月20日拆除完毕。运村大桥的成功拆除，开拓了国内预应力混凝土系杆拱桥拆除的技术领域，达到了国内领先水平，为类似工程提供了借鉴。"预应力混凝土系杆拱桥逆序拆除方法"已获得国家发明专利。常州市交通局、江苏省交通厅充分肯定和高度赞赏了运村大桥的逆序拆除施工技术，该项施工技术在江苏省公路交通系统产生了广泛影响。

图 11.1　运村大桥拆除前与重建后照片

11.2 常州市239省道奔牛大桥抢修工程。该工程位于江苏239省道上，跨越京杭运河。该桥主跨为51.6m下承式预应力钢筋混凝土系杆拱桥。该桥拱肋采用箱形截面，高1.2m，宽0.9m，分3段预制安装，采用混凝土湿接头，混凝土采用C45；两片拱肋之间由风撑联系，混凝土采用C30。系杆采用箱形截面，高 1.4m，宽 0.9m，分 3 段施工，端头两段采用现浇施工，中间段采用预制吊装施工，混凝土采用 C45；系杆预应力采用 XM 锚具，顶、底板各 4 束，腹板 4 束，张拉控制力为 13.95t/cm²。端横梁也采用箱形截面，高 1.2m，宽 0.8m；内横梁为矩形截面，高 1.2m，宽 0.18m。吊杆为钢套管内穿单束 7ϕ5 钢绞线，锚具为 XM 形，钢绞线采用波纹管成孔，波纹管与钢管之间灌砂浆。本桥拆除技术难点包括：构件应力释放，随着系杆拱桥拆除过程中的逐步卸载，如何释放构件应力，控制各构件应力在设计允许应力范围之内；构件分段拆除稳定性控制，在构件应力不超限的前提下，如何确保结构不失稳。本桥自 2008 年 6 月 15 日开始拆除，2008 年 7 月 31 日拆除完毕，极大降低了由于爆破拆除而对临近钢结构和墩柱、盖梁等下部结构以及临近居民区产生的不利影响；拆除时进行短暂封航，实际有效封航时间仅为 11d，每天 4h，共计 44h，将拆桥对航运产生的影响降至最低。

上述两工程均采用逆序逐步拆除的施工方法，成功地解决了系杆预应力释放、拱肋稳定、安全风险大、水陆交通分流困难等技术难题，并形成了一整套预应力混凝土系杆拱桥拆除的施工工艺。采用逆序逐步拆除的施工方法，简便且成本低，施工更为安全。本工法在上述两桥的运用较为成功，取得了较好的社会效益和经济效益。

图 11.2　奔牛大桥拆除前与重建后照片

桥梁水中墩土工冲泥管袋围堰施工工法

GJYJGF082—2010

中铁十局集团有限公司　中国海外工程有限责任公司

林定权　张维超　张学飞　董泽进　黄峻峻

1. 前　言

湖北省随（州）岳（阳）南高速公路东荆河特大桥横跨东荆河，河道内设计了4排水中桥墩。东荆河河床主要是0~2m厚泥砂，常年水位7~8m左右，枯水季较短，水深4~5m。中铁十局集团有限公司针对该桥水中墩施工工期短、河道环保要求高及通航的要求，本着科技创新的理念，开展技术攻关，研究形成了一套新的"桥梁水中墩土工冲泥管袋围堰"施工技术，并于2007年11月10日通过中国中铁股份有限公司的评审，2008年7月获山东省技术创新优秀成果一等奖，2008年7月获得实用新型专利，2009年7月获得发明专利。

该技术与传统筑岛围堰、钢板桩围堰施工技术相比，缩短了工期，降低了成本，并有利于环境保护，为桥梁水中桥墩围堰施工创造了一种新的形式。经过实践应用，取得了明显的经济效益和社会效益。经归纳总结形成本工法。

2. 工法特点

2.1 土工冲泥管袋围堰，是一种新的水中桥梁基础施工围堰形式。施工方便，便于操作，缩短工期，保证工程质量和施工安全。

2.2 土工织布管袋材料，无特殊要求，价格便宜，充填管袋的泥砂取自河中，围堰成本低，经济效益显著。

2.3 充填围堰的泥砂来自河中，拆除时泥砂又回到河中，不污染河道和河堤，有利于环境保护。

3. 适用范围

该工法适用于水深约8.0m内的内陆河道桥梁水中墩围堰施工，且河道内泥砂充裕。

4. 工艺原理

利用土工冲泥管袋透水保砂的特性，将河床底泥砂用泥浆泵泵入土工袋中，水通过袋体及袋上方两头预留的管状出口流出，而将泥砂保留在袋中。通过定位船、运输船等将装满泥砂的管袋沉于水中，从而形成围堰。在已围成的围堰内充填河底泥砂，形成土工冲泥管袋围堰的施工作业区。

5. 施工工艺流程及操作要点

5.1　施工工艺流程图（图5.1）

5.2　操作要点

5.2.1　围堰设计

围堰周边采用土工布袋围堰，顶宽 3.0m，内、外侧坡度不小于 1:0.5，围堰内吹填筑砂土。围堰高度按 $H+2.0$m 计算（H 为常水位时水深+壅水高度），确保围堰顶高出水位 2.0m 以上。见图 5.2.1。

5.2.2 围堰定位

1. 为了准确定位土工管袋抛填位置，应提前对河床断面和河水进行测量，计算出抛填位置。

2. 用全站仪测设抛填位置，并在围堰坡脚处设立红白相间的油漆钢管标杆。

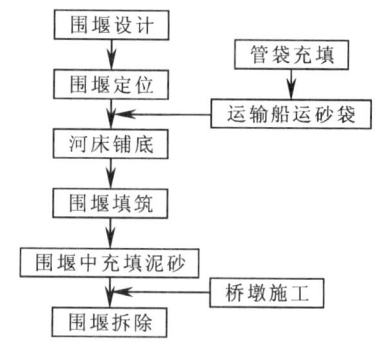

图 5.1 管袋围堰施工工艺流程图

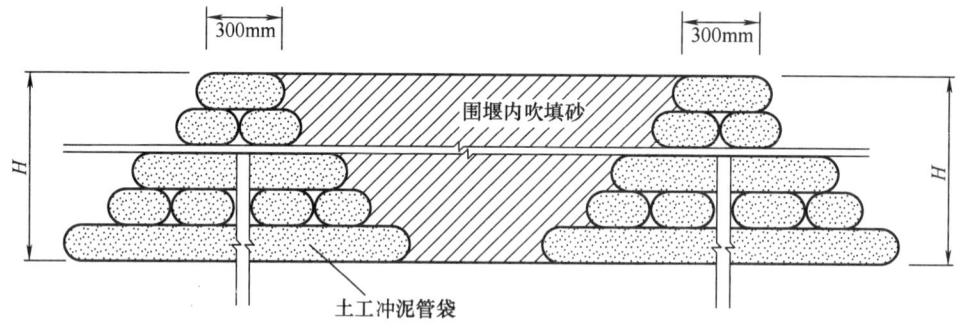

图 5.2.1 水中墩围堰断面示意图

5.2.3 河床铺底

为了防止管袋充灌时滚动滑移变位，确保围堰底部基本形成平面，需要进行河床铺底。

用高压泥浆泵将砂吹填至河床面，在围堰范围内河床面上形成一层厚约 10cm 的砂垫层，然后进行充填管袋全断面铺设。

5.2.4 管袋充填

土工管袋应先进行充填试验，检测土工布管袋的抗压强度及渗透系数，保砂性的各项技术参数，选择符合要求的土工管袋材料。

在距桥位 2~3km 的河道上游，利用吸砂船直接从河底取泥砂，充填土工管袋，土工充泥管袋规格主要采用 8.0m、5.0m 及 3.0m 三种规格。在充填过程中及时调整充填方向，使管袋受力均匀。当管袋充灌到 50% 时，用人工不断拍打袋体，不使袋孔隙堵塞，保证渐水畅通，减轻袋内压力，防止管袋破裂。每个管袋充填量不超过管袋的 3/4 容积，然后通过运输船运输到桥位。

5.2.5 围堰填筑

按照设计尺寸先逐层抛填上游，然后抛填围堰左右两侧，当上游及左右两侧围堰高度超出水面 1.0m 时，抛填下游形成完整围堰。为使冲泥管袋抛填位置准确，定位船先在围堰上游定好位，运充泥管袋船只由下游靠近定位船，并与定位船连接牢固，人工配合运输船抛填管袋。当土工管袋高度接近水面时，抛袋船已无法进入围堰区，此时应将土工袋直接铺在下层的土工管袋上，运砂船从固定位置采砂运至围堰现场，直接向土工袋中灌砂，直至袋中灌砂至袋体积的 3/4 左右时封口，再灌下一袋。正在施工中的土工充泥管袋围堰见图 5.2.5。

在施工中及时对围堰抛填情况进行量测，保证每一袋砂都抛到指定位置。特别是围堰未出水之前，如果抛填管袋位置不准，会造成因管袋之间空隙过大而断不住水或围堰塌方。

5.2.6 堰芯充填泥砂

当围堰四周管袋抛填完成后，开始向堰芯充填泥砂，采用高压泥浆泵将装砂船的泥砂抽出装入围堰中。充填顺序由上游向下游充填，将围堰内水全部用泥砂挤排出去，最后将下游缺口封住完成管袋围堰。充砂过程时不再使用土工袋，泥砂自然在围堰中沉积，围堰形成后其顶应高出水面 2.0m，形成钻机作业平台。围堰形成钻机作业平台见图5.2.6。

图5.2.5 正在施工中的土工冲泥管袋围堰

图5.2.6 围堰形成钻机作业平台

在施工中，应对水流情况、围堰情况进行及时准确的观测，并根据观测结果及时进行纠偏。一般在围堰施工初期每日早、中、晚进行3次观测，围堰稳定后可每日或每2日观测一次，持续观测应不少于15d。

5.2.7 围堰拆除

完成桥梁结构施工后拆除围堰，围堰拆除应先上游、再下游。围堰拆除时，用特制的长钢钩将土工管袋顶面划破，用水枪冲去袋内泥砂，泥砂自然排放到河中。

5.3 劳动力组织

劳动力组织情况表按照每天充填1500m³进行统计（表5.3）。

劳动力组织情况表　　　　　　　　　　　　　　表5.3

序号	工　　种	人员	备　　注
1	施工负责人	1	
2	技术负责人	1	
3	技术员	2	
4	专职安全员	1	
5	测量工	3	
6	电工	1	
7	驳船司机	16	
8	船舶定位工	2	
9	取砂工	4	
10	抛填工	4	
合　　计		35	

6. 材料与设备

土工模袋布选用高强机织模袋布，单位面积质量210g/m²，厚度0.56mm，抗拉强度径向31.96N/mm，纬向37.4N/mm，顶破强度4174N，延伸率径向19.2%，纬向17.8%，当量孔径0.09mm，渗透系数5.8×10^{-4}cm/s。

充填的砂土应是不含树皮、草根、芦苇、贝壳、石渣等有害物质的砂性土壤，在施工前经检验合格方可使用。设备见表6。

机具设备表　　　　　　　　　　　　　　表6

序号	设备名称	规格型号	功　率	单位	数量	备　注
1	定位船	600t		艘	1	
2	取砂船	380t		艘	2	
3	运砂船	280t		艘	5	

序号	设备名称	规格型号	功率	单位	数量	备 注
4	泥浆泵	100LWB-10 型	7.5kW	套	10	
5	高压水枪	3BA-9 型	7.5kW	套	10	
6	全站仪	GTS-332N 型		台	1	仪器
7	水准仪	DSZ3 型		台	2	仪器
8	管线	$\phi50$		m	300	

7. 质 量 控 制

7.1 本工法执行下列规范和标准：《公路桥涵施工技术规范》JTJ 041-2000、《公路水文勘测设计规范》JTGC 030-2002、《土工布及其有关产品无负荷时垂直渗透特性的测定》GB/T 15789-2005、《土工合成材料 塑料扁丝编织土工布》GB/T 17690-1999。

7.2 质量保证措施

7.2.1 专门负责吹填的现场管理人员针对砂源、吹填区的情况，每天与管线班及时交底，确定吹填管线的走向及延伸距离，使吹管线的布设符合施工方案。

7.2.2 加强测量定位和复核。在施工前应对河床断面进行准确的测量，根据河床断面和水位进行围堰尺寸结构计算，在施工中进行测量复核，及时纠正因水流等原因造成的偏移。

7.2.3 管袋充填前必须对管袋进行检查，确保管袋质量合格，防止因土工袋破裂，袋内砂土流失影响围堰质量。

7.2.4 对充填料进行检测后方可充填，确保进行土工袋的充填砂土质量。

7.2.5 严格控制分层抛填的厚度和堆码质量。

7.2.6 在围堰中充填时，为保证吹填区的质量，防止水门附近或吹填边角区域形成淤泥堆积体，在吹泥管口加装消能喷头，使出泥管排出的水、砂混合物充分扩散，有利于吹填平整度的要求。

8. 安 全 措 施

8.1 建立完善的施工安全保证体系，加强作业中的安全检查，确保作业标准化、规范化。设专职安全员和班组兼职安全员对作业人员进行水中作业安全培训。执行安全生产责任制，明确各级人员的安全职责。在施工中应严格执行《公路施工安全技术规程》JTJ 076-95 等相关安全规范和国家、地方、行业的安全规章、标准和制度。

8.2 作业船只上配有足够的救生用品，严禁作业船只运载行人，充填作业人员必须佩戴安全绳，穿救生衣。

8.3 船只严禁超载，按照指定航线运行，保障船只行驶安全。两船交错时应设专人指挥，缓慢交错。

8.4 充填完的围堰四周必须设立安全网防护，防止作业人员落水。并做好各种明显的安全标示和标牌。

8.5 在围堰和桥梁施工期间，应采取必要措施，防止已成型的土工管袋破裂，在围堰外围铺一层土工格栅进行防护。随时观察，对因施工操作不当产生的土工管袋破裂，应采取措施进行封堵，防止土工管袋中砂土流失，危及围堰安全。

8.6 围堰中开挖基坑时，支撑结构必须坚固牢靠，基础施工作业中，严禁碰撞围堰，并不得在管袋围堰上放置重物。施工中如发现围堰松动、变形等情况时，应及时加固，危及作业人员安全时应立即撤离现场。

8.7 围堰拆除时应加强作业安全施工防护，设专人监测，防止因拆除破坏围堰稳定而发生突然的坍塌，危及作业人员及船只安全。

9. 环 保 措 施

9.1 项目经理部成立环境保护工作领导小组，实行项目经理总负责，副经理、总工程师及各部门主管分工负责，环保主管工程师具体负责的制度。

9.2 在工程施工中严格执行《建设工程环境保护管理条例》（国务院令第253号），遵守国家和地方政府下发的有关环境保护的法律、法规和规章，加强对施工燃油、工程材料、设备、废水、生产生活垃圾、弃渣的控制和治理，遵守有防火及废弃物处理的规章制度，充分满足便民要求，随时接受环境监测单位的监督检查。

9.3 防止船只油污、生活垃圾等进入河道，造成河道污染。

9.4 取砂土深度要均匀，保障河道安全。

9.5 在围堰拆除时，应将土工袋、土工格栅等及时回收，严禁抛入水中。

10. 效 益 分 析

10.1 土工冲泥管袋围堰新方法丰富了桥梁水中墩围堰施工的手段，能提高施工水平。同时，加快了施工进度，缩短了工期，降低了管理成本。

10.2 以东荆河特大桥为例，采用传统的钢板桩围堰技术，施工成本大约需要560万元，而采用土工充泥管袋围堰，成本仅78万元，降低成本86.1%，具有良好的经济效益。

10.3 采用土工冲泥管袋围堰，具有就地取材、拆除简单、河道疏通方便、减少环境污染等方面的优点，满足施工环保要求，具有良好的社会效益。

11. 应 用 实 例

随岳高速公路东荆河特大桥采用了土工充泥管袋围堰技术施工。

该桥梁中心里程K23+854.5，桥梁全长1216.0m，16~19号墩位于水中，共设16根桩柱式桥墩，钻孔桩基础，桩顶设置系梁，上部结构为预应力钢筋混凝土先简支后连续T梁。

东荆河为季节性通航河流，枯水季节水面宽148m、水深7~8m，桥位处设计流量5000m³/s，设计水位35.89m，设计流速2.26m/s，最高通航水位32.58m。

东荆河特大桥施工中采用了土工充泥管袋围堰工法施工，施工时是先围南岸18~19号墩，随后完成围堰砂土1.8×10⁴m³，随后进行北岸16~17号墩围堰施工，完成围堰砂土1.7×10⁴m³，累计完成土工充泥管袋围堰砂土3.5×10⁴m³，达到满足桥墩施工的场地要求。土工充泥管袋围堰施工自2006年12月26日开始，2007年1月15日完成，2007年3月16日完成16~19号墩下部构造施工。比业主和东荆河河道管理局要求的4月15日完成的工期提前了30d，及时避开了汛期施工的危险。采用了土工冲泥管袋围堰工法施工后，东荆河河道管理局全过程对施工进行监测，符合国家相关环保要求。

围堰施工和拆除总费用仅78万元，比采用钢板桩围堰节约成本480余万元。解决了钢板桩围堰方案投入大、工期长、施工难度大的问题。施工全过程处于安全、稳定、快速、优质的可控状态，受到了业主和监理单位的肯定和好评，同时取得了良好的经济效益和社会效益。

深水桩基础浮式平台施工工法

GJYJGF083—2010

中铁大桥局股份有限公司　中铁港航局集团有限公司

叶亦盛　赵发亮　郑思超　李艳哲　左学军

1. 前　　言

中铁大桥局股份有限公司在千岛湖—新安江水库区域施工淳安县千岛湖大桥、淳安城中湖南路2号桥及淳安县环湖公路上江埠大桥的桩基础时，采用浮式平台施工方法，取得了良好的效果，并申请了"桥梁水中基础浮式钻孔平台施工方法"发明专利和"桥梁水中基础浮式钻孔平台"实用新型专利（已授权）。对此进行施工技术研究，并加以总结，形成本工法。

2. 工 法 特 点

2.1 浮式平台将门式吊机与钻孔平台和浮船进行一体化设计，整体稳定性好，柔性锚碇定位系统，定位准确。

2.2 构建浮式平台，工期短。浮船由标准浮箱组合而成，门式吊机和平台由重复使用、拼装方便的万能杆件组装而成，装配迅速，工作效率高，施工工期短。

2.3 浮式平台投资少，费用低，移位方便。浮式平台取消了固定平台需设置的较多定位钢管桩、分配梁和支撑桩、灌砂压重等一系列工序，大大节约投资。浮式平台墩位间整体移动快捷，工序少。

2.4 平台与钢护筒各自成为独立体系，平台晃动不影响钻孔质量；钢护筒上端口的钻机主钢丝绳限位装置，确保钻孔的高精度。

2.5 采用冲击钻机，投资少，重量轻，不受水涨水落影响，不对浮式平台产生水平扭矩，使锚碇数量减少，可克服在浮式平台上使用旋转钻机孔底钻压不稳定的缺陷。

3. 适 用 范 围

本工法适用于水深较大（水深大于30m时），流速及风力大的施工条件下的桥梁钻孔桩基础施工，单墩钻孔桩数量较少时，更显优越性。亦可推广应用于水深不大，流速风速较大，大跨度长桥的基础施工。

4. 工 艺 原 理

浮式平台是利用水的浮力作为平台支承反力来承受竖向施工荷载的一种刚性浮体作业平台。浮式平台由浮船、钻孔平台、门式吊机、锚碇设备4部分组成。浮式平台通过设置水下锚固点或地锚来承受水平荷载。浮船由标准浮箱拼装而成，采用柔性锚碇定位系统定位。浮式钻孔平台定位后，在其上预留插打钢护筒的一定数量的空位，将每根钢护筒插打嵌入水下强风化岩层内或水下河床的稳定地层内，在钢护筒上部用装配式万能杆件或型钢将各根钢护筒连接固定在一起形成刚性稳定体系。浮船间通过门吊构架及钻孔平台连接，构件顶安装天车大梁及天车。浮式平台门吊解决了钢护筒、钢管桩对接、安装、混凝土起吊等吊装作业，同时为水上钻孔施工提供了充足的作业面。钻孔作业时平台与钢护筒完全脱离，钢护筒之间通过水下连接系相互连成整体，解决了钢护筒的自身稳定。采用与浮式平台相配套的冲吸反循环钻机成孔，不仅克服了在浮式平台上使用旋转钻机钻压不稳的缺陷，并且冲击钻机不对平台产生水平扭矩，有利平台稳定。同时因为不投土、不造浆，保证了钢管与混凝土、混凝土与孔壁之间的粘结，并满足了环保的要求。

5. 施工工艺流程及操作要点

5.1 浮式钻孔平台施工工艺流程见图 5.1

5.2 施工操作要点

5.2.1 浮式平台的设计、制作

浮式平台设计时主要荷载有平台自重、钢护筒重、钻孔设备重、施工人员机具重、风荷载等。计算工况为两种：钢护筒下放和钻孔施工。主要检算平台结构的强度、刚度和平台在偏载和风载作用下倾角和干舷高度，其中前两项检算指标同其他施工临时结构检算，后者参考浮式起重机设计规范要求，最小干舷高度限值根据施工水域风浪、浮体质量等取 30~

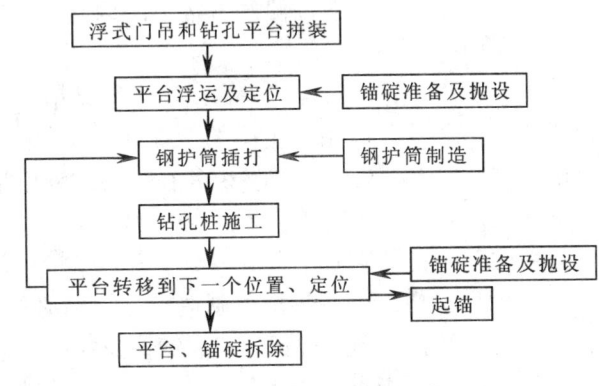

图 5.1 施工工艺流程图

50cm，比浮式起重机设计规范稍宽松；但平台使用时摇晃对护筒对接下放、钻孔等施工质量影响较大，所以任何工况下平台纵横向倾角不得大于 3°。另外锚碇系统设计可按照常规的桥梁施工锚碇系统的设计方法。

浮式平台浮体可采用工程驳船或各种浮箱，平台结构件可采用万能杆件等作为主要材料辅之少量新制构件，构件加工制作方法和验收标准同常规临时结构的结构件。锚碇系统采用铁锚或混凝土锚，提前制备。

5.2.2 浮式平台拼装及定位

浮式平台由浮船、钻孔平台、门式吊机、锚碇设备四部分组成。

1. 浮船的检验

组成浮船的浮箱运到现场后由专人进行检验，检验内容包括结构尺寸、损坏程度和水密性。对浮箱进行注水和加压检验，即浮箱内充水后再加 100kPa 的气压不得漏水。在浮箱内压入 100kPa 的压缩空气后，20min 内的压力降不得大于 10kPa。浮箱检验合格后才可使用。

2. 浮式平台分配梁、新制件等加工

浮式平台分配梁包括舱面分配梁，钻孔平台分配梁，走道梁、起吊梁、轮箱分配梁等，新制件主要为新制万能杆件。新制件钢结构加工严格按照《钢结构工程施工质量验收规范》GB 50205-2001 进行验收。

3. 门式吊机与钻孔平台拼装

浮式钻孔平台根据配套起吊设备不同有两种类型，一种是自带门式吊机，一种是不自带吊机、另配浮吊，自带吊机的平台按下述方法拼装：依据拼装用吊机的吊重曲线将门式吊机和钻孔平台划分成若干个拼装单元，并按照施工设计图依次安装构架底分配梁、拼装门吊构架、门式构架及天车大梁等结构，再安装天车走道梁、限位器及天车，最后安装滑车组穿钢丝绳等，安全人梯、脚手板、平联连接等同步进行。单元体安装过程中必须满足吊机吊重要求，吊装作业严格按吊重曲线和相关其他起重作业要求，严禁超载安装等违章作业。

4. 锚、锚链、锚绳的检查

所有用于施工中的锚、锚链、锚绳、锚具都应严格检查，包括确认锚重、有无缺陷，锚杆、锚耳间转向灵活等。检查合格的锚应进行编号，挂牌，标明重量，堆放整齐。锚链应逐根逐环检查，外观无裂纹，无损伤，敲击检查无异常声音，对于有疑问的环节采用探伤检查。主锚及边锚所用卡环安全系数

要≥5，其他锚链连接卡环安全系数要≥4。新旧卡环经过外观检查、敲击，确认质量合格使用，每类连接卡环分类编号使用，堆码整齐。锚碇系统所用锚绳及锚绳长度根据实际抛锚设计图确定。

5. 抛锚定位

抛锚前，测定出锚位处湖床标高及水深。利用拼装好的抛锚船根据"锚位布置图"依次抛锚，锚绳拴挂在临时过锚船上，要求认真记录抛锚顺序，每根锚绳悬挂醒目标识。并按顺序将锚绳转到浮式钻孔船上。抛锚完成后，利用舱面已布置的卷扬机、马口、限位架以及主带缆桩等收放，精调，直至将钻孔平台平面位置调整在允许偏差 5cm 范围内。

6. 试吊，投入使用

平台调整定位后对浮式平台门吊进行试吊，试吊时静载按照 1.25 倍额定吊重，动载按照 1.1 倍额定吊重进行。要求门式吊机主梁的下挠度不应超过 $L/1000$（L 为主梁跨度），悬臂的翘度不应大于 $0.7L_0/350$（L_0 为悬臂有效工作长度）。并在试吊过程中记录浮体不同荷载时的吃水深度，浮体吃水深度满足设计要求。

5.2.3 钢护筒制安

钢护筒宜在厂内进行加工制造，加工前必须进行工艺试验，试验合格后按确定的工艺参数批量生产，并严格按设计图纸进行加工。钢护筒加工工艺流程见图 5.2.3。

划线时先对板材一端进行角方划线，再按护筒的展开长度进行划线，钢板的宽度为护筒的单节长度，号料切割线必须清晰。下料时应注意切割的直边、坡口边及坡口角度、方向，并打上卷制的标记。

卷制时应检测圆度是否符合要求，并确保板料与卷板机辊轴垂直使卷制的管端平整。管筒卷合缝后，对焊缝错边加以控制，当对口错边量不大于 2mm 时用电焊将间断点焊，点焊长度不小于 30mm，间距 300mm。

单节钢护筒的焊接在厂内进行，为纵向直缝焊接。焊机支架及焊机的安装应稳定，焊机在轨道上的走行应平稳流畅。按评定的焊接工艺进行焊接，并对焊缝进行外观检查和 100% 的超声波探伤。

多节钢护筒的对焊分为工厂内的对接平焊和施工现场的对接横焊。工厂内的钢护筒对接为环形焊接。焊接时需有 100mm 焊接提前量。现场的钢护筒对接为环形横焊，焊接时加金属垫板，对坡口的间隙进行调整并清理后，采用 CO_2 气体保护焊进行堆焊至焊缝成型。对焊缝进行外观检查和 100% 的超声波探伤。

两节钢护筒对接时，纵环向缝的交叉处不允许出现"十"字形焊缝，只允许 T 形焊缝，且两条纵向焊缝的最小间距大于 $\pi D/4$。另外钢护筒接头处用 2m 靠尺检测倾斜度不大于 2.5‰(表 5.2.3-1、表 5.2.3-2)。

焊缝外观质量标准　　　　　　　　　　　　　　表 5.2.3-1

序号	缺 陷 名 称	允 许 范 围
1	焊缝尺寸超高	3mm
2	咬边	深度≤0.5mm，累计总长度≤焊缝长度的 10%
3	表面裂缝未熔合，未焊透	不允许
4	表面气孔、弧坑和夹渣	不允许

钢护筒制作允许偏差　　　　　　　　　　　　　表 5.2.3-2

序号	项 目 名 称	允许偏差值（mm）
1	外周长	±5S/1000 且不大于 10
2	护筒端椭圆度	5D/1000 且不大于 5
3	护筒端平整度	2
4	护筒顶倾斜	5D/1000 且不大于 4
5	护筒长度	+300, -0
6	护筒纵轴线弯曲矢高	L/1000 且不大于 30
7	护筒尖对桩纵轴线偏斜	10
8	管节对接错牙	δ/10 且不大于 3

注：S 为钢管外周长，D 为钢管外径，L 为钢管桩长度，δ 为钢板厚度，单位 mm。

钢护筒需在工厂按下放顺序进行水平预拼，要求水平倾斜度不超过 1‰。钢护筒下放前需用水深仪对河床进行测量，并根据实际情况对倾斜较大、裸露的墩位河床预先进行处理。钢护筒的垂直倾斜度要求不大于 2.5‰，施工过程中应采取多种措施严格控制。

钢护筒下放过程中，需对平台偏位情况进行跟踪观测，并及时调锚使浮式平台始终精确定位在 5cm 以内。

钢护筒采用振动锤进行插打，以设计标高与贯入度双控指标进行控制。如护筒不能达到设计标高时，以贯入度控制为主，同时分析原因，采取相应措施，避免强行振打损坏护筒刃脚。并采用钻与护筒内径一致的孔后跟进的方法使护筒继续下沉（采用的钻头直径比护筒内径小 10cm）。

护筒插打完毕后及时将顶口与平台焊连在一起以增强其稳定性。在护筒跟进前冲孔的过程中可临时解除连接系使护筒自由下沉，同时顶面用框梁约束，防止平面移位或倾斜。跟进复打后及时焊好连接系进行正常施工。

待钢护筒打到设计要求的高程或不再下沉时，使钢护筒与钻孔平台完全脱离。并使 4 根钢护筒通过平台下连接系进行刚性连接。

护筒下沉过程中做好相关记录，钻孔前由测量组出具护筒竣工资料。在护筒下放施工全过程中，由测量人员在岸上进行监测，若超出偏差应及时纠正处理，并做好记录。

5.2.4 钻孔施工

钻孔桩采用冲击钻成孔方法，直径 2m 及以下的桩采用冲反钻机，大于 2m 的桩采用单绳式冲击钻。采用泵吸或气举反循环方式排碴，在墩位处设置钻碴船，钻碴外运到指定地点处理。

钻机安装时要求其底座平稳、水平，钻架竖直，且保持钻机顶部的起重滑轮槽、钻头、桩位中心在同一铅垂线上，以保证钻孔垂直度。孔口处偏差不大于 2cm。

钻孔施工时平台对钢护筒顶口提供平面约束，但对护筒的竖向变为不约束。这样钢护筒在平面上顶口始终可控，底口也因在开钻前已经打入一定深度、不会发生位移，因此护筒平面变为始终可控；而钢护筒在钻孔过程中竖向会有少量的下沉，有时为使护筒嵌入比较稳定的底层需要跟进，这些竖向的位移均不受平台约束、可以自由完成。在整个钻孔期间，平台平面位置相对固定非常重要，涨落水时要及时调整锚碇，日常也要加强观测，当平面偏差达到 5cm 或轴线扭转超过 0.1°时需对锚碇系统进行调整。

钻进时泥浆指标如表 5.2.4 所示。

泥浆指标表　　　　　　　　　　　　　　　　　　　　　　　表 5.2.4

指标 层别	相对密度	黏度（Pa·s）	含砂率（%）	胶体率（%）	失水率（mL/30min）	pH 值
卵石土覆盖层	1.15	25	≤4	≥97	≤20	8~10
风化岩层	1.05	18	≤4	≥95	≤20	8~10

钻进过程中需经常对钻头进行检查和修复，钻头直径磨耗不应超过 1.5cm。为保证孔形正直，钻进中，应常用检孔器检孔，更换钻头时，必须经过检孔，将检孔器检到孔底，通过后才可放入新钻头。成孔后严格按《公路桥涵施工技术规范》JTJ 041-2000 对桩基质量进行控制。

钻孔桩钢筋笼在车间采用长线法分段制作。并且在安装钢筋笼时同步安装声测管。钢筋笼制安质量严格按《公路桥涵施工技术规范》JTJ 041-2000 进行控制。

5.2.5 水下混凝土灌注

桩基混凝土采用垂直导管法进行灌注。导管使用前需进行组装编号，并进行接头拉力和水密试验，确保导管的良好状态。进行水密试验的压力不应小于孔内水深 1.3 倍的压力，也不应小于导管和焊缝可能承受灌注混凝土时最大内压力的 1.3 倍。

混凝土和易性需满足运输和灌注的要求，桩基混凝土采用超声波检测和 5%取芯相结合的方法，检测方法和结果应符合规范要求。

6. 材料与设备

主要施工机械设备见表6所示。

主要施工机械设备表

表6

机械设备类型	机 械 名 称	规 格 型 号	数量（台）
桩基施工机械	冲击反循环钻机	CJF–25	2
	泥浆泵	3PN	2
	水泵	6B12	2
	水封导管	$\phi300$	
	振动打桩机	DZ90	1
	液压振动锤	1412	1
	钻碴运输船		2
	泥浆处理器	黑旋风	2
	重拌仓	60m³/h	1
浮式平台	浮箱	中–60	36
	钻孔平台	万能杆件	
	门式吊机构架	万能杆件	
	卷扬机	10t	2
	滑车组	五门	2组
	锚碇	霍尔铁锚	12
水上交通设施	驳船	50~120t	2
	交通船	核载30人	1

7. 质 量 控 制

7.1 浮式平台设计时，需要通过建立三维空间有限元模型，详细分析刚性浮体、门式吊机的应力和变形，特别是在不均匀的水平荷载（风荷载、水流冲击力等）和竖向荷载（钢护筒自重等）共同作用下，平台的抗倾覆能力。

7.2 钻孔过程中水位变化时浮式平台的及时调整。

7.3 钢护筒的加工、定位，以及钻孔桩施工期间的泥浆、钢筋笼制安、孔内混凝土灌注等质量控制标准按前述文列及表列要求执行。

8. 安 全 措 施

8.1 平台浮体需要每天检查，发现漏水及时处理。

8.2 船只等停靠平台边时不得碰撞锚绳、撞击浮体，方法是在锚绳出水附近（船只吃水深度范围内）设置浮标标识，工地船只船舷上满挂轮胎防止与平台间直接冲击。

8.3 水位涨落时及时调整锚碇系统，防止平台发生较大位移使护筒发生较大倾斜。同时及时接高或割短护筒，防止护筒顶口低于平台失去顶口平面约束，也防止护筒过分高于平台顶面、顶住钻机钻架导致钻架破坏。

8.4 严格执行国家有关安全生产的规范和规章制度及《职业健康安全和环境管理手册》的规定。

8.5 坚持岗位培训，持证上岗，杜绝无证操作。

8.6 实行逐级安全技术交底制度，并对安全技术措施的执行情况进行监督检查，并做好记录。

8.7 必须确保用电安全，夜间施工应有足够的照明设施。

8.8 定期对浮式平台及所有施工设备和机具进行检查和维修保养，确保状况良好。

8.9 严格执行《水上水下施工作业通航安全管理规定》及水上航运安全管理规定，谨慎操作，确保安全。

8.10 严格隐蔽工程检查签证制度，夜间必须进行隐蔽工程施工时，事先通知监理工程师到场检查，并办理签证手续。

9. 环 保 措 施

9.1 设立环保机构，将环保责任和义务落实到人。并严格执行国家及地方政府颁布的有关环境保护，水土保持的法规、方针、政策和法令，结合设计文件和工程，及时提报有关环保设计，按批准的文件组织实施。设立环保责任区，悬挂环保宣传牌，由专人负责，定期或不定期对施工中的环境保护工作进行检查和完善。

9.2 钻孔桩施工时，对钻渣进行集中处理。钻孔过程中泥浆在护筒内循环，成孔后清孔时将钻渣集中排放到钻渣运输船内，并运输到指定地点排放。

9.3 平台上放置垃圾桶，饭盒、瓶、袋等白色垃圾不准丢入湖（河）里。

9.4 防止机械、设备等油脂污染水域，方法是加强检查杜绝事故性泄露，同时对可能产生的微泄露，在附近放置棉纱并定期更换。

10. 效 益 分 析

10.1 降低了工程成本。浮式平台取消了固定平台需设置的较多定位钢管桩、分配梁和支撑桩，灌砂压重等一系列工序，大大节约投资。如上江埠项目共计 21 个水中墩，投入大小 9 套浮式平台，若采用常规固定平台，仅 9 套平台需多投入钢材约 1000t，钢材按照净使用价值 4000 元/t 计，节约直接投入在 400 万元以上，若计入需要多投入的平台，节约的投入更为可观。

10.2 浮式钻孔平台墩位间整体移动快捷，工序少。一套平台仅第一次使用时存在拼装时间，再倒用时仅需要 5d 即可开始护筒下放工作，而安装一个固定平台至少需要 30d，可大大节约时间和工费。

11. 应 用 实 例

由中铁大桥局股份有限公司负责承建的淳安县千岛湖大桥全长 1225m，施工水深 40~55m；淳安城中湖南路 2 号桥全长 449.3m，施工水深 20~45m；淳安县环湖公路上江埠大桥主线长 3530km，施工水深 20~70m。均采用浮式平台施工桩基础，均取得了良好的经济效益和社会效益。

如淳安县环湖公路上江埠大桥及接线工程 S02 合同段，公路主线长 3.53km，合同额 3.1 亿元，其中上江埠 1 号特大桥全长 1278m，上部结构主桥为 77.5m+7×130m+77.5m 刚构连续组合梁桥，引桥为一联 (4×50m) 连续梁桥。主墩基础采用 4 根 ϕ3.0m 钻孔桩基础，钢护筒直径 ϕ3.4m，主墩水深最深处超过 70m；上江埠 2 号大桥全长 562m，为 4×40m 连续梁+ (77.5m+130m+77.5m) 连续刚构+3×35m 连续梁。主墩基础采用 4 根 ϕ2.8m 钻孔桩基础，钢护筒内径 ϕ3.1m。钻孔桩施工具有水深、地质复杂、单桩工程量大、钢护筒施工质量要求高等特点。采用浮式钻孔平台施工桩基，2009 年 2 月开始到 2010 年 2 月完成主墩桩基施工。本项目浮式平台的使用，与常规固定平台相比，平台形成快、移动灵活，省时省力，起到了加快施工进度、节约成本的作用，同时工程质量、施工安全等也达到了较高的水平，创造了良好的经济效益和社会效益。

深水浅覆盖层锁口钢管桩围堰施工工法

GJYJGF084—2010

中铁三局集团有限公司 中国中铁航空港建设集团有限公司

田丰 李军锋 徐结明 熊勇 安康

1. 前 言

广西柳州市广雅大桥由中铁三局集团有限公司承建，主桥结构形式为一种新型的组合拱桥体系—海鸥式双孔中承式系杆拱与三角刚架的组合体系钢箱拱桥。

主桥 13~15 号墩位于柳江内，三个主墩设计均采用双壁钢围堰做承台施工的挡水结构物，后因广雅大桥项目部场地有限，根据工期安排，13 号与 15 号墩施工围堰时间相近，场地又无法存放两个墩的围堰单元块，故选择采用了稳定性及安全性均较钢板桩围堰好的 CT 形锁口钢管桩围堰。

13 号墩位处水深 7~10m，覆盖层为 0~3m 卵石层，河床高低不平。柳江洪水期多为每年的 6~9 月，洪水来袭时，最大涨率可达 1.28m/h，流速 4m/s，锁口钢管桩埋深不足和洪水时江水流速过快是影响围堰稳定性最大的因素。

2. 工 法 特 点

2.1 通过人为增加覆盖层厚度，增强锁口钢管桩围堰稳定性。

2.2 在围堰上游钢管桩内冲孔成桩，锚固围堰。

2.3 承台、系梁、拱座施工完成后，钢管桩可作为上部结构施工临时支撑结构周转料。提高管桩利用率。

2.4 钢管桩具有足够的刚性，可满足机械助沉的刚度和强度。

3. 适 用 范 围

本工法适用于铁路、公路、港口、码头等没有覆盖层或覆盖层较薄的深水基础施工。

4. 工 艺 原 理

4.1 首先备足相应材料并在岸上加工足够数量的钢管桩，打在上游迎水面的钢管桩应在封底混凝土 1/3 高度处焊接锚固牛腿。

4.2 利用 50t 浮吊、振动锤。驳船按设计位置逐根将钢管桩打入河床，所有的钢管桩底必需打插至基岩面，顶面以桩基施工平台顶面标高控制为宜（以不影响剩余桩基施工）。覆盖层厚度较小的地方利用现有平台的桩间横连保持稳定。直至围堰合拢为止。

4.3 安装堰围檩及内支撑。同时利用袋装砂土在外侧河床底码砌护角，外侧以承台底面高度控制，内侧以封底混凝土地面标高控制。保证封底混凝土厚度不小于 3.5m。

4.4 采用 10m³ 空压机及导管抽出堰内淤泥以及河卵石层顶面高处封底混凝土底面处的沙砾。

4.5 多点均匀布置水下混凝土导管灌注封底混凝土，同时对锁扣进行压浆。

4.6 水下混凝土达到设计强度后抽水形成承台施工干环境。

5. 施工工艺流程及操作要点

5.1 增加覆盖层厚度

为增加覆盖层厚度，主墩桩基础施工时将钻渣通过导管沉入承台范围内，13 号主墩钻孔桩平均长 40m 左右，其钻渣可平均增加围堰范围内覆盖层厚度 1m，为后期锁口钢管桩施工增加了管桩埋入深度，提高了稳定性。钻渣沉入水中需做好环保措施。

5.2 钢管桩制作

钢管桩、型钢等出厂必须附有相应材料检验、试验合格证书、成品出厂合格证，每节钢管桩的要求：焊缝饱满、无沙眼或漏焊现象。在项目部车间内安装胎架，在 $\phi820mm$ 外壁轴线一侧焊接 20 工字钢形成 T 形截面，对面焊接 $\phi200mm$ 钢管，焊缝检测合格后沿两钢管轴线将钢管切开形成 C 形截面。准备插打至覆盖层薄位置的管桩在封底混凝土以下 1~3m 处焊接 $\phi20mm$、30~50cm 剪力筋。

5.3 围堰运输

锁口钢管桩运输不得多层重叠运输，最多只能二层运输，而且，装卸过程必须小心轻放，不得从车上直接卸落地面，宜采用捆绑、滚移方式进行。运输平板车运送钢管桩到施工码头，再用 50t 浮吊吊装到船上运至墩位处，50t 浮吊配合振动锤插打钢管桩。

5.4 拆除平台

孔桩施工完成后，拆除钢平台及龙门吊等机械设备，保留预冲桩钢管桩围堰位置平台，待插打完钢管桩后进行冲桩作业。

5.5 锁口钢管桩围堰施工

5.5.1 钢围图的安装

平台拆除完成后，在靠近围堰的钢护筒上焊接牛腿，将 2HW594×302 H 钢围图放置于牛腿上，顺桥向用 $\phi820×12$ 螺旋管及 2 [36a 的 Q235A 槽钢设置内支撑与围图形成平面框架结构，以约束钢管桩上端水平方向的位移自由度。

5.5.2 钢管桩的插打

利用 50t 汽车吊机、振动锤、机驳船按设计位置沿钢围图逐根将钢管桩插打入河床，所有的钢管桩底必需插打至基岩面，顶面以桩基施工平台顶面标高控制为宜（以不影响剩余桩基施工）。覆盖层厚度较小的地方利用现有平台的桩间横连保持稳定。直至围堰合拢为止。将钢管桩与围图间空隙用钢板填死焊好，保证每一根管桩均与围图形成整体。

5.5.3 上游 8 根加强钻孔桩的施工

锁口钢管桩插打完成后，先搭设冲孔施工平台，冲孔施工平台利用原施工平台的钢管桩及钻孔桩钢护筒做支撑，钻孔桩入岩 5~7m，成孔后下放钢筋笼，混凝土灌注至护筒脚以上 2m，进行钻孔施工时做好安全防护工作。

5.6 围堰清底、封底形成施工干环境

5.6.1 围堰清底

人工抛填袋装砂土至围堰外侧，潜水员在河床底码砌护脚，外侧以承台底面标高控制，内侧以封底混凝土底面标高控制，在保证封底混凝土厚度不小于 3.5m 的工况下，采用两台 $10m^3$ 空压机及导管抽出堰内淤泥以及河卵石层顶面高处封底混凝土底面处的砂砾。

5.6.2 围堰封底

采用两条混凝土泵管，两个漏斗，从上游侧开始向下游侧灌注封底混凝土，每一灌注点剪球一次，灌注至承台底标高以下 20cm 后，再在下一灌注点灌注。当封底面积达到 3/4 时，打开空压机，将下游侧围堰内覆盖层因混凝土推挤堆积部分抽出围堰。测量满足封底厚度后，继续进行封底混凝土浇筑。注意在围堰四周设置集水井和排水沟。

5.6.3 锁口处理

围堰封底混凝土浇筑完后，立即将水管沉入锁口内，高压水冲洗锁口内泥砂，带管桩顶口溢出水为清水时，向管内压浆，压浆主要材料为 LY-ME01 型固化剂。

5.6.4 抽水形成施工干环境

对仍然漏水的锁口进行处理，抽水形成施工干环境，进行承台、系梁、拱座的施工。

5.7 围堰的加固

潜水员在围堰外侧堆码砂袋后，使用钢筋笼装满片石进行钢管桩压角，防止水流冲刷。

5.8 围堰的拆除

当水中承台全部施工完成后，先拆除内支撑，然后利用浮吊配合振动锤逐根拔出钢管桩。上游迎水面部分由于下端设置了锚固牛腿，无法拔出，故需派潜水员全入水中切割，切割前上端必须用汽车吊扣挂稳妥方可进行水下切割作业。其必须逐根拆除，避免脱落对作业人员造成伤害。

6. 材料与设备

主要机具设备表　　　　　　　　　　　　　　　　表6

设备名称、规格及型号	单位	数量	技术状况	拟用何处
50t 汽车吊	台	1	良好	贝雷安装管桩沉埋
25t 汽车吊	台	1	良好	加工钢管桩
驳船	台	2	良好	水上运输及打桩
氧气发生器切割机	台	5	良好	钢结构切割
DZ-60 振桩锤	套	1	良好	管桩埋设拆除
10m³ 空压机	台	2	良好	封底前吸泥
冲击钻	台	2	良好	管内冲桩
压浆机	台	2	良好	压浆封水
JM5 卷扬机	台	3	良好	船舶备用
运输车（平板车）	辆	2	良好	材料运输
22kW 电焊机	台	20	良好	焊接

7. 质 量 措 施

7.1 质量过程控制

建立"谁管理谁负责，谁操作谁保证"的质量管理原则。通过完善的质量管理体系将质量管理职能分解到每一个部门、每一个岗位。施工经理应按项目部规定的质量方针，满足业主提出的质量目标要求，形成一个完整的质量体系。管理者必须支持该体系，并由技术人员具体负责该体系。

7.2 施工计划控制

7.2.1 由项目经理组织各部门编制、落实、检查和督促日、周、月生产计划及执行情况。

7.2.2 每日召开碰头会，每周召开一次生产会，检查落实施工进度、工程质量、安全生产等工作，协调人、机、物，控制工程进度。每月召开一次质量例会，专题研究工程质量情况和改进措施。

7.3 工序控制

施工过程中严格执行三检制度。

7.3.1 自检：每一作业班组设一名兼职质量员，负责对本班组完成的工序按检验评定标准要求进行

检查、验收，填写自检卡经施工员签认
后交下道工序。

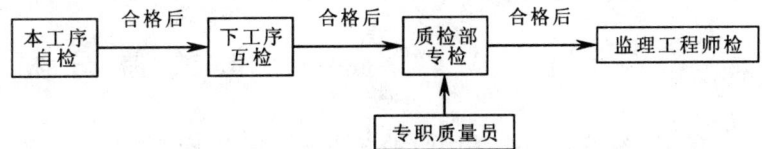

7.3.2 互检：由下道工序班组兼职
质量员对上道工序质量进行检查签认。

7.3.3 专检：工序在自检、互检合格的基础上，由专职质量员进行复检并与自检卡核对符合后方可
转入下道工序施工。

7.4 钢管桩施工注意事项

7.4.1 钢管桩施打时注意桩位标高控制，且控制在±100mm以内，进尺缓慢或施沉困难时，分析原
因，采取措施调整。

7.4.2 桩顶损坏局部压曲应对该部割除并接长至设计标高。

7.4.3 平面偏位 $d/4$，倾斜度≤1%。

7.4.4 打桩质量以贯入度控制为主，标高控制为辅。

7.4.5 临时桩沉埋质量要求：纵横位置±10cm，倾斜度小于1%。

8. 安全措施

8.1 项目经理部成立安全生产领导小组，各工区配有专职安全员，各班组配备兼职安全员，全面
负责安全生产管理和监督。

8.2 坚持"安全第一，预防为主"的安全管理方针，切实贯彻执行安全技术措施，定期组织安全
生产检查。

8.3 坚持"创安"工作检查评比，每月定期检查工地一次，平常不定期检查，做到及时发现隐患
及时整改，把安全事故消灭在萌芽之中。

8.4 开展安全生产教育工作，提高全员的安全意识，自觉遵守安全操作规程。做到"安全生产，
人人有责"。

8.5 高空作业，各种构件吊装作业、设备、车辆作业等易发生安全事故的重点工序和作业区，设
置醒目告示牌，并加强管理、检查、确保人员、设备安全。

8.6 配备良好潜水机具，严格按操作规程作业，保证潜水人员的安全。

8.7 水上作业人员必须穿救生衣，水上平台布设栏杆。

8.8 每天专人对围堰四周河床进行测量，防止河水冲刷引起围堰钢管桩倾覆。

9. 环保措施

9.1 水环境保护措施

9.1.1 施工废水按有关要求处理，不得直接排入河流。

9.1.2 施工废油，采用隔油池等有效措施加以处理，不得超标排放。

9.1.3 对工人进行环保教育，不得随地乱扔垃圾。

9.1.4 对于施工中废弃的零碎配件、边角料、水泥袋、包装箱等及时收集清理并搞好现场卫生，以
保护自然与景观不受破坏。

9.2 降低噪声措施

9.2.1 对使用的工程机械安装消声器，降低噪声。

9.2.2 在比较固定的机械设备附近设置临时隔声屏障，减少噪声传播。

9.2.3 适当控制噪声叠加，尽量避免噪声机械集中作业。

10. 效 益 分 析

10.1 经济效益：采用此种方法施工锁口钢管桩围堰，解决了没有周转料存放场地的问题，边插打钢管桩围堰，边进行锁口的加工，可以满足施工进度的需要。在围堰施工过程中，进行锚固桩的施工，围图施工完成后便可以进入封底、锁口堵漏的工作。工序衔接紧凑，克服了围堰施工的不利因素。围堰使用完后，拆除管桩，可以作为上部结构施工周转材料用，直接经济效益 60 万元。

10.2 社会效益：随着社会的发展，城市建设进入一个新的阶段，城市桥梁正从实用性向美观性转变，施工条件、施工工期对市区内桥梁施工的难度影响非常大，处理不好会造成非常坏的社会影响，本工法对施工场地狭小，桥址处水位深，覆盖层薄，工期紧，汛期时水位暴涨暴落、水流速度快等条件下的施工进行了总结，为以后相似施工条件下的钢围堰施工积累了经验。

11. 应 用 实 例

广雅大桥主桥结构形式为（63+210×2+63）海鸥双孔中承式钢箱拱桥。主墩由有三个墩为水中深水基础，13 号墩承台施工时采用锁口钢管桩围堰做挡水结构。

13 号墩锁口钢管桩围堰阴阳锁口与 2010 年 3 月 28 日开始加工制作，管桩与 4 月 20 日开始插打，4 月 28 日围堰合拢，围堰内覆盖层清理与 5 月 15 日完成，5 月 18 日完成水下混凝土封底，5 月 22 日完成锁口内压浆工作。

经监理单位（甘肃铁一院工程监理有限责任公司）对围堰的刚度、结构尺寸、密封性进行检查，判定围堰质量及尺寸合格。本下水方法，利用周转材料，节约了成本，2010 年 6 月 18 日洪水来袭时，底层承台已浇筑完成，保证了围堰的安全顺利度汛，受到业主柳州市城市投资建设发展有限公司、柳州市政府的好评。

高墩悬臂液压爬模施工工法

GJYJGF085—2010

河南省公路工程局集团有限公司　郑州市第一建筑工程集团有限公司

刘昕　李青　鲁立　裴辉　汪红卫

1. 前　言

随着公路交通事业的发展，桥梁向着大跨径、高墩的方向发展，尤其是山区和丘陵重丘区，相继出现了100m以上的高墩，施工技术难度大、安全问题突出、工期紧等困难一直是困扰高墩施工的难题。在连霍高速郑洛段改建工程四标等施工中，经过不断探索、创新，并结合施工现场，以DP180悬臂爬模为基础，精心总结编写了《高墩悬臂液压爬模施工工法》。本工法具有经济实用、效率高、质量优、安全可靠等特点，可供类似高墩施工工程参考和推广。

2. 工 法 特 点

2.1　本工法最大特点是采用工字木梁胶合模板，该模板整合能力强、结构轻巧、施工简便、安全可靠。

2.2　模板外挂3层施工平台，从上到下依次为上平台、主平台、吊平台，主平台宽度2.0m，空间大，承载能力强，这3级平台上下贯通，有效解决了高空作业操作空间的难题。

2.3　一次浇筑墩高4.5m，与接长钢筋对应，钢筋采用套管连接，每次接长4.5m，具有操作容易、快捷、环保等特点。

3. 适 用 范 围

本工法适用于公路同类墩型桥梁钢筋混凝土高墩施工，尤其适应变截面高墩、高塔柱施工。

4. 工 艺 原 理

爬模是以凝固的混凝土墩体为支承主体，通过预埋在混凝土墩身上的高强度螺栓支撑施工模板及平台，从而完成钢筋成型、模板就位和校正、混凝土浇筑等工作。

5. 施工工艺流程及操作要点

5.1　**施工工艺流程（图5.1）**

布置临时设施→钢筋安装、绑扎→模板安装→混凝土浇筑→模板拆除→养护→爬模循环施工至墩顶。

5.2　**操作要点**

5.2.1　施工辅助设备

1. 起重设备

塔吊：利用其提升物体高度大的特点，主要负责高墩钢筋、模板拆装及其他小型机具的吊运，基础采用"+"型钢筋C30混凝土基础，设计尺寸为6.2m×6.2m×1.1m，适用于QTZ40型塔吊（图5.2.1-1）。

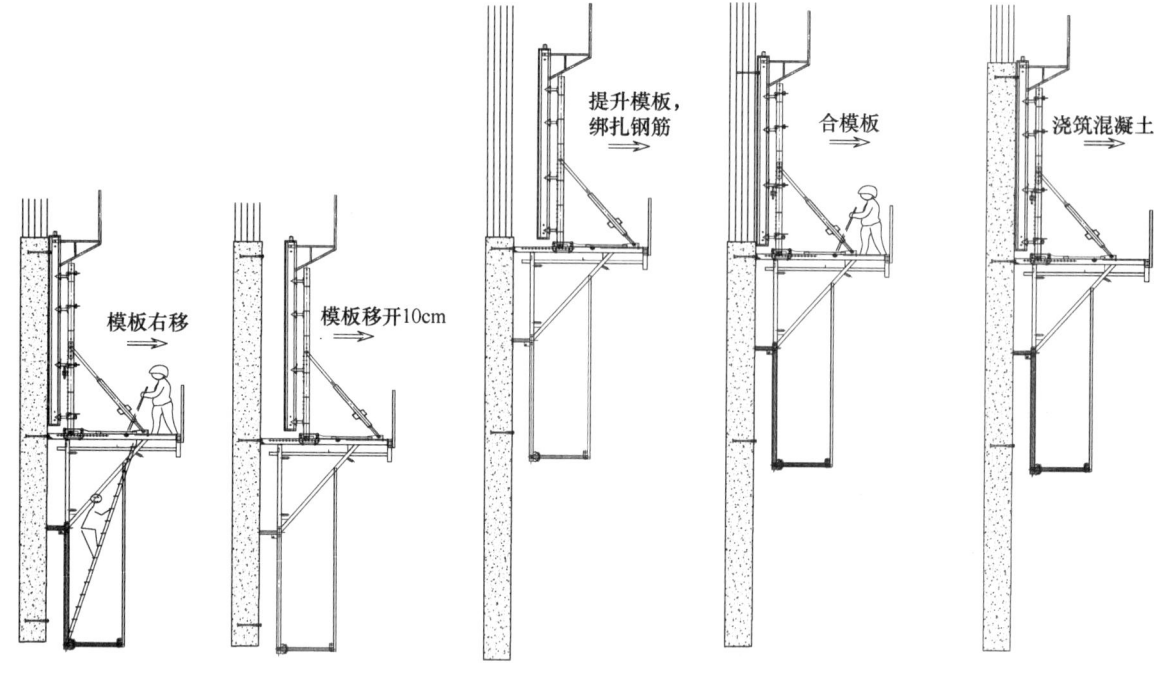

图 5.1　高墩施工工艺流程图

2. 混凝土输送设备

混凝土输送泵：灵活性好，工作效率高，不受高度限制，输送管道采用 U 形卡固定在塔吊靠近墩身的一侧，上下间距 4.4m。每套设备需配备 260m（按平均墩高 60m 计算)输送管道，可兼顾 4 座高墩混凝土输送。

3. 人员上下通道

人员上下通道方法较多：

1）SC200 型提升机：适宜 60m 以上高墩，比较安全但费用较高。

2）旋梯：有两种，一种是在浇筑墩身时预埋钢

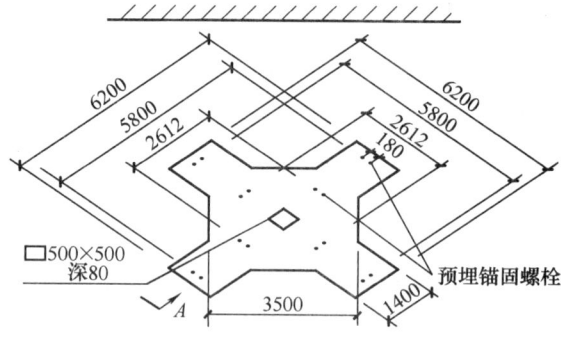

图 5.2.1-1　塔吊基础

板，然后加工 Z 字形旋梯焊接在预埋钢板上，形成悬梯供施工人员上下，另一种是通过搭设井字形钢管支架，每隔 5m 与墩身预埋件相连，然后在井字架内用角铁和钢筋加工成楼梯状。这种旋梯相对安全，但工作量大。

3）塔吊自带爬升架：施工人员利用塔吊内置爬梯上下，每隔 11m 设置中间休息平台。此法 60m 以下高墩使用较为普遍，经济适用、安全可靠、节约成本。

第三种方法已经多次实践验证，是一个比较成功的范例，我们从施工方便、安全及经济角度考虑，并结合本项目实际情况，选用此法。施工人员均从塔吊内爬梯上下，到达高墩作业面高度时设置天梯。

4. 爬模模板

爬模选用新型工字木梁模板，具有结构轻巧，经济实用，标准化程度高等特点，是一种理想的墙体模板体系。一般情况下模板采用 4.65m 高，即混凝土浇筑分节高度 $h+15cm$，模板横桥向依据设计尺寸，并结合设备吊装能力进行分块，长度多为 6~10m，纵桥向多为 1 整块；高墩若为空心结构，所需内模每个室分 4 块角模，根据室内断面尺寸再配若干块平模，便于安装和拆除。

该种模板体系主要由以下部件组成：模板、上平台、主背楞桁架、斜撑、后移装置、受力三角架、主平台、吊平台、埋件系统。每两个受力支架作为一个单元块（图 5.2.1-2）。

模板特点：

1）支架、模板及施工荷载全部由对拉螺杆、预埋件及承重三脚架承担，不需另搭脚手架，适于高

空作业。

2）模板部分可整体后移 65cm，以满足绑扎钢筋，清理模板及刷隔离剂等要求。

3）模板可利用锚固装置使其与混凝土贴紧，防止漏浆及错台。

4）模板部分可相对支撑架部分上下左右调节，使用灵活。

5）利用斜撑，模板可前后倾斜，最大角度为 30°，可方便调整模板的垂直度。

6）各连接件标准化程度高，通用性强。

7）支架上设吊平台，可用于埋件的拆除及混凝土处理。

5. 工作平台

在紧贴模板顶边第一道拉丝下方和模板支撑点处分别设置两个工作平台，用于模板和拉丝拆除、安装。上平台宽 70cm，主平台宽 200cm，上下两层工作平台分别承重 300kg 和 500kg，上下平台上均设置天窗（与下部人员上下爬梯位置对应），天窗上铺钢筋网活页。底部设置一层吊平台，宽 85cm，承重 200kg。工作平台高度为 130cm，外侧均设置两道钢管护栏，护栏涂刷蓝色油漆，护栏内侧由内向外分别挂尼龙绳安全网和绿色建筑安全网，工作平台间通过专用爬梯上下（图 5.2.1-3）。

5.2.2 钢筋加工及安装

在承台混凝土施工时，预埋墩身钢筋，高度为混凝土分节浇筑高度 $h1$+钢筋植入承台深度 $h2$+0.5/1.5m。主筋的接长采用等强度直螺纹接头工艺施工，横向箍筋现场绑扎成型。

直螺纹接头工艺是先利用套丝机在钢筋端部加工直螺纹，然后用连接套筒将两根钢筋对接。该工艺有连接速度快、操作简便、可集中批量生产、质量保证率高等特点，同时无污染、无噪声、无辐射，对

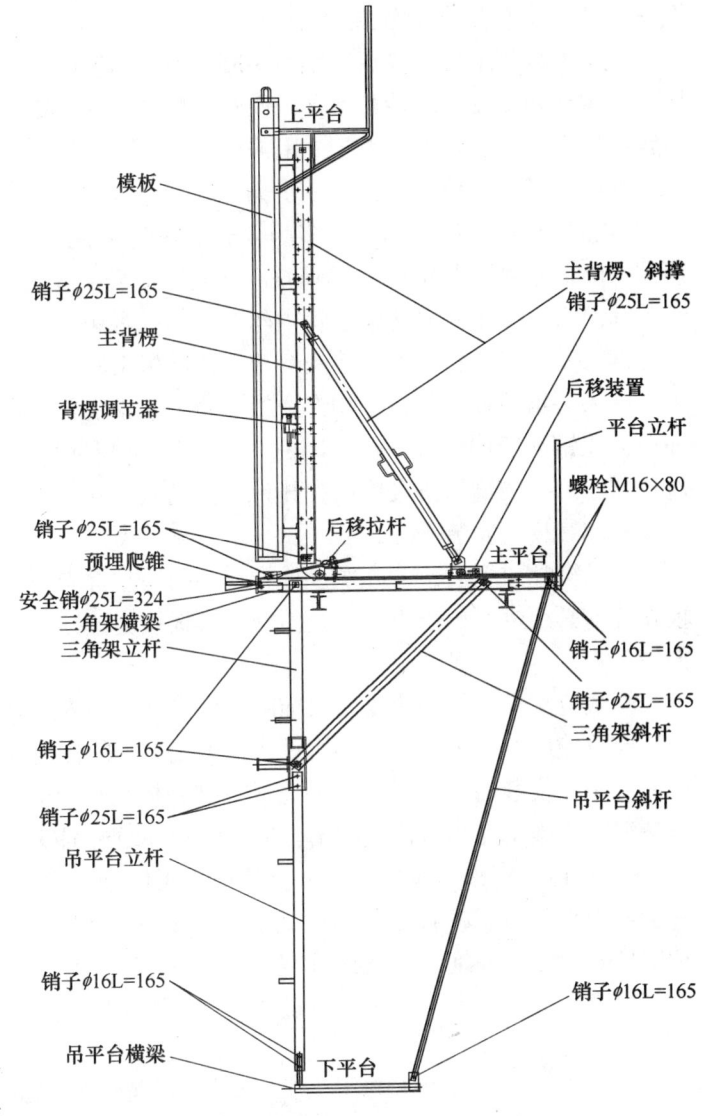

图 5.2.1-2 悬臂爬模结构示意图

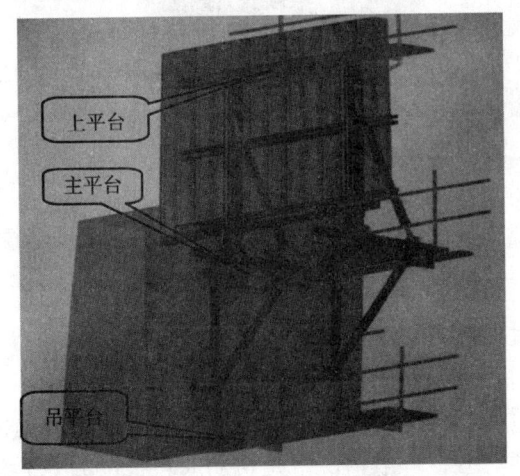

图 5.2.1-3 施工平台模型图

817

操作人员身体不会造成伤害。

主筋下料长度根据模板高度和混凝土浇筑高度确定，为了加强钢筋的刚度，使其在安装过程中不变形，在钢筋四周安装劲性骨架。劲性骨架横向为3道钢管，竖向用6根钢管组成框架，横向与竖向钢管用管扣连接，长、宽尺寸大于外围或小于内围主筋尺寸5~10cm，高7m，能满足9m长钢筋的接长操作。

钢筋加工及安装主要分以下步骤：

主筋过丝：主筋下料长度多为4.5m，一律采用切割机下料，钢筋端部弯曲部位必须切除，要求钢筋端头断面平顺且与钢筋轴线垂直。下料完成后，通过过丝机将主筋两端过丝3.5cm，然后用塑料帽将丝头套严实，防止钢筋转运过程中丝头损坏或污染。

钢筋安装与绑扎：先将接头套筒套在已施工墩身外露主筋丝头上，将丝头拧到套筒的中间位置，然后2~3人一组对接钢筋，使用专业扳手将上部钢筋与下部钢筋拧紧、贴实为止。主筋对接完成后，提升外模，在钢筋四周形成一个封闭的"墙体"，即可起到保护操作人员的安全屏蔽作用，又可通过模板拉丝孔与已绑扎的箍筋搭设钢筋绑扎台，箍筋从下到上一次绑扎成型，既快又安全。

5.2.3 模板安装

钢筋绑扎成型后，若高墩设计为空心结构，首先进行空心墩内模安装，然后再进行外模板安装。模板安装前必须进行试拼组装，提前解决模板接缝、错台、连接等方面可能出现的问题，完成后涂刷隔离剂。

模板首次安装前须用全站仪准确测设出墩身的内外立模边线，并在承台顶做永久性标记，模板中间循环定位使用激光垂准仪，利用承台顶事先做好的标记定位，可节省每次放样时间，又能减少中间测量误差，模板安装时使用塔吊辅助完成。整套模板采用$\phi22$圆钢作为拉筋，拉筋外套$\phi25$的PVC塑料管以备混凝土施工完毕后拉筋抽出，模板竖直度通过斜撑调整定位，组装全部采用杆件、销轴连接及支撑（图5.2.3-1）。模板安装加固后，整体应有足够刚度，在混凝土浇筑过程中做到稳固、不变形。为确保施工缝处不漏浆，模板底部与已浇筑混凝土重叠10cm，并在模板上粘贴双面胶条。浇筑混凝土时顶部预留5cm，为保证施工接缝处外观效果，在距模板顶5cm处沿模板四周水平设置一圈2cm×2cm的木条或其他定形构件，混凝土每次浇筑高度与其顶面平齐。

图5.2.3-1 模板全部采用杆件、销轴连接及支撑

在安装模板时事先预埋模板液压爬升受力杆件，待混凝土强度达到20MPa以上时，用高强度螺栓在预埋件上安装模板液压滑道，然后模板通过液压系统自动爬升（图5.2.3-2）。

5.2.4 墩身混凝土浇筑

钢筋、模板加工安装完毕，经监理工程师检验合格后，即可进行墩身混凝土的浇筑。采用泵送混凝土分层浇筑至模板顶面，每次浇筑高度要与钢筋原材长度对应，一般情况下是钢筋原材长度的0.5或1倍，多为4.5m。

混凝土采用混凝土拌合站集中拌合，自动计量，罐车运输，采用泵送混凝土施工，插入式振捣器振捣。混凝土的浇筑环境温度要求昼夜平均不低于5℃或最低温度不低于-3℃，局部温度不高于+40℃，否则采用经监理工程师批准的相应防寒或降温措施。在下层混凝土初凝之前浇筑完上层混凝土，混凝土分层浇筑，分层厚度控制在30cm。振捣采用插入式振动器，振捣时严禁碰撞钢筋和模板。振动时要快插慢拔，不断上下移动振动棒，以便捣实均匀，减少混凝土内部气泡。振动棒插入下层混凝土中5~10cm，与侧模保持5~10cm距离，对每一个振捣部位，振捣到该部位混凝土密实为止，即混凝土不再冒出气泡，表面出现平坦泛浆。

图5.2.3-2 模板爬升示意图

注意事项：一般情况下空心薄壁墩钢筋设计密度较大，且环形箍筋相互重叠，无人工振捣空间。在空心墩钢筋绑扎时预留工作孔，施工孔处环形箍筋调整为挂钩，根据混凝土浇筑和振捣进度再进行挂钩绑扎成型。

5.2.5 墩身隔板施工

若高墩设计有横隔板，在施工至该位置时，通过在侧壁上使用冲击钻每隔1.5m打孔，深度20cm，直径30mm，然后植入35cmϕ25螺纹钢筋，上置10cm×10cm方木作为横梁，再吊装提前预制的C25钢筋混凝土盖板封盖，作为一次性底板，盖板不占用墩身体积。板缝采用双面胶密封严实，防止横隔板施工时漏浆。然后进行隔板钢筋、混凝土施工。盖板预制时根据横隔板上通风孔尺寸和位置设置预留孔。

5.2.6 模板拆除

浇筑后混凝土强度未达到2.5MPa之前不得进行模板拆除作业。拆除模板时先抽取模板拉筋，通过主背楞斜撑上螺丝调节器将模板向后移动65cm，拆除模板支架固定螺栓，利用塔吊提升模板至上一层事先预埋螺栓处并固定。施工人员靠设置在钢筋笼内的踏板对模板进行维护和涂刷隔离剂。再次利用主背楞斜撑上螺栓调节器调整模板至指定位置。

5.2.7 混凝土养护

吸取以往项目混凝土养护经验，并根据混凝土的特性，高墩养护采用水管带喷头、喷淋的办法养护，用高压水泵将地面水通过塑料管将水输送到墩身顶部储存水箱内，喷淋水管与水箱连通。养护时将水管阀门打开，水自动从喷头内喷射到混凝土表面。养护期7d以上。

5.3 劳动力组织（表5.3）

劳动力组织情况表　　　　　　　　　　　　　　　　　　　　表5.3

序号	单项工程	所需人员（人）	备　注
1	管理人员	1	
2	技术人员	1	
3	钢筋工	20	
4	模板工	12	以3座高墩同时施工为一个统计单元
5	混凝土工	8	
6	杂工	12	
	合计	54	

6. 设备与材料

设备、材料配置主要取决于高墩数量的多少和项目工期。以连霍改建郑洛段四标高架桥高墩施工为例见表6。

高墩施工辅助设施配置表　　表6

序号	桥梁名称	桥墩编号	墩高（m）	规格（长×宽）	塔吊	模板	备注
1	K23+845 英峪沟高架桥 （8×50）	3号	52.0	13.3×3.2	1号（1）	1号（1）	
		4号	52.0	13.3×3.2	1号（2）	1号（2）	
		5号	47.0	13.3×2.8	2号（1）	2号（1）	
		6号	30.0	13.3×2.8	2号（2）	2号（2）	
2	K25+275 金沟高架桥（5×30+6×50+8×30）	3号	36.0	13.3×2.8	3号（1）	3号（1）	跨径30m
		4号	46.0	13.3×2.8	3号（2）	3号（2）	
		5号	48.0	13.3×2.8	4号（1）	4号（1）	
		6号	50.0	13.3×3.2	5号（1）	5号（1）	跨径50m
		7号	54.0	13.3×3.2	6号（1）	6号（1）	
		8号	58.0	13.3×3.2	5号（2）	5号（2）	
		9号	59.0	13.3×3.2	7号（1）	7号（1）	
		10号	59.0	13.3×3.2	7号（2）	7号（2）	
		11号	54.0	13.3×3.2	6号（2）	6号（2）	跨径30m
		12号	38.0	13.3×2.8	4号（2）	4号（2）	
3	K26+195 洛口高架（4×30+4×50+7×30）	5号	46.0	13.3×2.8	8号（1）	8号（1）	跨径50m
		6号	47.5	13.3×2.8	8号（2）	8号（2）	
4	K26+945 沙峪沟高架桥（4×30+4×50+4×30）	2号	40.0	13.3×2.8	9号（2）	9号（2）	跨径40m
		3号	50.0	13.3×3.2	10号（2）	10号（2）	
		4号	63.0	13.3×3.2	10号（1）	10号（1）	跨径50m
		5号	67.0	13.3×3.2	11号（2）	11号（2）	
		6号	51.0	13.3×3.2	11号（1）	11号（1）	
		7号	42.0	13.3×2.8	9号（1）	9号（1）	跨径40m
		8号	35.0	13.3×2.8	14号（2）	14号（2）	
5	K27+993 任存沟高架桥（4×30+5×50）	3号	30.0	13.3×2.8	4号（1）	4号（1）	跨径50m
		4号	41.0	13.3×2.8	12号（1）	12号（1）	
		5号	63.0	13.3×3.2	13号（1）	13号（1）	
		6号	63.0	13.3×3.2	13号（2）	13号（2）	
		7号	38.0	13.3×2.8	12号（2）	12号（2）	
	合计	28个	1359.5		13台	14套	

注：施工辅助设施表说明。
1) 塔吊、模板编号括号内数字为使用次数。
2) 塔吊选用QTZ40。
3) 塔吊布置原则：①就近原则，先架梁的桥墩先施工；②高低搭配原则，每台塔吊需要使用2次，塔吊宜布置在一高一低两个高墩，可缩短高墩总施工时间。

7. 质量控制

7.1 墩身线形控制

7.1.1 影响高墩施工精度及其解决办法

高墩墩身柔性大，在施工中受到日照引起的温度、风力、机械振动及施工偏载的影响，墩身的轴线可能发生弯曲和摆动，使墩身处于一种动态之中。在墩身施工中针对不同的情况采取相应的措施：

1. 环境温差

高温季节，在阳光的照射下，高墩的朝阳面和背阴面温度差较大，墩身也因此产生不均匀膨胀，使其向背阳面弯曲，对墩身施工精度有影响，且随着温度的增大而增大、随着太阳方位的改变而改变。

在施工中采用以下方法进行控制：

1）喷水降温法：通过安装在内外模板结构上的环形喷水养护管，间断地向墩身喷水，在养护墩身的同时起到降低阴阳面温差的作用，从而使日照温差引起的墩身轴线偏位减少到最小。

2）选择在日出前后测量墩身的高度和平面位置，以避免日照造成的墩身平面位置偏移和墩身高度的不均匀变化，造成测量定位的困难。具体方法为：在每天上午6:30左右，沿墩身横、纵方向两条中心线，再翻模下口精确安放水平尺，用全站仪进行测量，用此位置的日照偏差，作为施工墩身部位模板的日照偏差，在模板中线调整中予以消除，以达到克服温差影响的目的。

2. 风力和施工偏载

风力、机械振动和施工偏载对墩身轴线的影响是随机的、无序的。针对此特点，采取如下措施：

1）采用刚度大的模板，以提高模板整体的抗弯、抗扭强度。

2）在墩身混凝土浇筑时，混凝土应从四边均衡下料，以防止混凝土出现偏差。

7.2 墩身线形测量

为了保证施工的连续性，确保高墩施工的垂直度及外观线形，在墩身施工控制测量中，采用高精度全站仪和激光垂准仪配合使用、相互校核的方案。

在承台施工完毕后，采用全站仪在承台顶部高墩内横向轴线上精确测定出两点，在其上分别安置激光垂准仪。墩身施工的过程中，在天气条件不允许（大风或雨天等）时，由于全站仪无法使用，使用激光垂准仪分别进行对点测量，若两者复核误差在±3mm之内时，以全站仪测设点为准；若误差超过±3mm，查明原因（包括重新校正垂准仪），直到在误差允许内再进行施工。

在施工中每半月对激光垂准仪校核一次，每1~2月对大桥控制网复核一次。特别是在多雨季节，湿陷性黄土容易造成控制桩点移位。

7.3 墩身外观质量的保证措施

墩身外观质量主要是模板、混凝土浇筑和施工工艺对结构物外表导致的随机出现的一些缺陷。

7.3.1 构造物表面质量通病的防治

主要有蜂窝、麻面、气泡、泛砂、混凝土色泽不一致等现象，保证措施如下：

1. 混凝土配合比设计时在满足施工条件下，应尽量降低含砂率和水灰比。

2. 混凝土应强制拌合，罐车运输，连续浇筑，杜绝坍落度不稳定，送料不衔接和每车混凝土级配不均匀、投料造成离渐的现象出现。

3. 经试验掌握振捣的尺寸，既不能过振形成表面泛砂、混凝土流泪的现象，也不能因欠振导致蜂窝、麻面。

4. 必须分层浇筑，层厚能满足振实要求，在下层未凝固前进行上层的浇筑，夏天由于高温，混凝土内应掺入适量木钙粉，推迟混凝土的凝结时间。

5. 尽量避免在高温时段浇筑混凝土。如不可避免，应对模板采取降温措施。浇筑过程撒落在钢模板上被烫干形成的"死灰"应随时清理干净。

7.3.2 模板接缝、分层和分节施工缝的消除

1. 模板接缝：要求使用整块钢模板，以减少接缝。模板应试拼并监理验收，不合格的不能用于工程。用时缝内应贴双面胶带，杜绝漏浆导致的表面缺陷。

2. 分层施工痕迹：这种现象大都是由于混凝土坍落度大，经振水泥内黑色成分上浮至表面，导致两层间有深色条带痕迹。也有下层初凝后浇筑上层形成的施工缝痕迹。解决办法是降低坍落度，第一次未初凝前必须浇筑第二层。若下层经振有离析现象时，应清除表面积水。

3. 翻模施工的模板与模板接缝的处理：要求两节模板横向接缝严密，不能有漏浆现象，每次拼接时，粘贴双面胶带。每层混凝土浇筑和模板顶面平齐，做到施工缝和模板缝重合。加大模板和支撑的刚度，做到节段接缝处模板不外胀。

7.3.3 混凝土表面裂缝的预防

1. 墩身根部按设计要求敷设泄水排气孔。墩身设计施工期间用于墩内外空气流通和空心箱内养护水的外排，墩身施工结束后，用砂浆填补。

2. 墩身模板每隔一节中部应设直径 3~5cm 与墩身贯通的通气孔，顺桥向每侧 2 个、横桥向每侧 1 个，用 PVC 管预留。从模板支立到养护终止前，用空压机向墩身内部送风，以减小内外的温差。

3. 墩身混凝土浇筑应避开高温时段，若受高温影响较大时，太阳直射的模板面外应用彩条布覆盖。

4. 高墩模板上应挂设环形喷水养护管，连续喷水养护至混凝土强度达到设计强度的 90%。

7.4 检验标准

7.4.1 基本要求

1. 所用的水泥、砂、石、水、外掺剂及混凝土材料的质量和规格必须符合有关规范的要求。按规定的配合比施工。

2. 必须采取措施控制水热化引起的混凝土内最高温度及内外温差在允许范围内，防止出现温度裂缝。

3. 不得出现漏筋和空洞现象。

7.4.2 质量检查与验收标准按《公路工程质量检验评定标准》JTG F80/1-2004 进行（表 7.4.2）

墩、台身实测项目
表 7.4.2

项次	检查项目	规定值或允许偏差	检查方法和频率
1	混凝土强度（MPa）	在合格标准内	按附录 D 检查
2	断面尺寸（mm）	±10	尺量：检查 3 个断面
3	竖直度或斜度（mm）	0.3%H 且不大于 20	吊垂线或经纬仪：测量 2 点
4	顶面高程（mm）	±10	水准仪：测量 3 处
5	轴线偏位（mm）	10	全站仪或经纬仪：纵横各测量 2 点
6	节段间错台（mm）	5	尺量：每节检查 4 处
7	大面积平整度（mm）	5	2m 直尺：检查竖直、水平两个方向，每 20m² 测一处
8	预埋件位置（mm）	符合设计规定，设计未规定时：10	尺量：每件

7.4.3 外观鉴定

1. 土表面平整，棱角平整，无明显施工接缝。

2. 蜂窝、麻面面积不得超过该面总面积的 0.5%。

3. 混凝土表面出现非受力裂缝时减 1~3 分，裂缝宽度超过设计规定或设计未规定时超过 0.15mm 时必须处理。

8. 安　全　措　施

8.1 上岗人员需体检合格后方可上岗，并要定期进行体检，凡患有心脏病、高血压、恐高症、严重贫血病和严重关节炎等其他不适合高处作业的人员，禁止上岗；患有感冒、发烧等易引起头晕的疾病，在康复前，禁止带病上岗。

8.2 上岗人员必须进行岗前安全知识培训，严格按照操作规程施工。所有人员进入施工作业区，必须将安全帽、保险绳、防滑鞋等防护用品佩戴齐全。严禁酒后上岗和疲劳作业。

8.3 高处作业的脚踏板应用坚实的钢拉板或木板铺满，不得留有空隙或探头板，脚踏板上的油污、泥砂等应及时清除，防止滑倒。平台严禁超载，平台架体应保持平稳。

8.4 高处作业操作平台的临边应设置防护栏杆，防护栏杆的高度不低于1.2m，水平横挡的间距不大于0.35m，强度满足安全要求。

8.5 高空作业时，作业人员必须配备工具袋，防止各种工具、零件等物料坠落伤人。

8.6 作业临时配电线路按规范架（敷）设整齐；架空线必须采用绝缘导线，不得采用塑胶软线；高空作业现场按要求使用标准化配电箱，箱内应安装漏电保护器，下班切断电源，锁好电闸箱并有可靠的防雨措施。

8.7 在塔吊顶端装设防撞信号灯和防雷电装置。

8.8 人员在上下交叉作业时，不得在同一垂直面上，无法满足要求时，上下之间应设置隔离防护层。在高处进行电焊作业时，严禁电焊人员将焊条头随手乱扔。

8.9 高处进行模板安装和拆除作业时，作业面及操作平台下方需设置隔离墙，不得有人员逗留、走动和歇息，若下方经常有行人通过，还需用钢管支架搭设安全通道。

8.10 场地布置醒目的安全警示牌和安全标语；每日上岗前对各操作人员进行集中安全提示。

8.11 在作业区竖立安全标识、标牌，以达到警钟长鸣，使安全工作深入人心。

8.12 场地的电路布置要规范化，所有的机械电缆应定期检查，防止漏电伤人。专职电工每日对用电线路进行检查。

8.13 专职安全员每日对墩身模板的内外工作平台、支架和塔吊的爬梯进行检查，重点检查各焊接点的牢固情况和安全防护网的完整性。

8.14 混凝土施工循环后，在进行下一次安装前须派专人对模板和工作平台支架进行检修和加固。防护网须定期进行更新。

8.15 安装风速测定仪器，专人负责记录每日的风速、风向，为安全施工提供科学的依据。在风速超过10m/s时，停止使用塔吊，同时作业人员须从高墩作业平台撤离。

8.16 上下作业应设置联系信号或通信装置，并指定专人负责。

9. 环 保 措 施

成立对应的施工环境卫生管理机构，在工程施工过程中严格遵守国家和地方政府下发的有关环境保护的法律、法规和规章。加强对施工燃油、工程材料、设备、废水、生产生活垃圾、弃渣的控制和治理，遵守防火及废弃物处理的规章制度，做好交通环境疏导，充分满足便民要求，随时接受相关单位的检查。

9.1 该工艺施工过程严格按照《中华人民共和国环境保护法》和《河南省建设项目环境保护条例》中相关规定和条例组织施工。

9.2 对各部门的工作人员加强职业道德教育，建立良好的工作氛围，树立良好的职业道德和敬业精神。

9.3 做好施工机械的检查，防止机械漏油造成环境污染。在整个施工期间，对施工场地经常洒水，使尘土飞扬减到最低程度。同时加强施工场地的清理，使施工现场洁净。

9.4 施工过程中拌合站的排水、混凝土养护水等含有有害物质的废水不得排入Ⅲ类水源保护区。

9.5 钢筋堆置存放时应避免锈蚀和污染，并且在焊接时，对施工焊接场地应有适当的防风、雨、雪、严寒措施。

10. 效 益 分 析

10.1 采用此工法施工，最大优点是引进专业化的模板整合体系，施工效率高，可操作性强，且安全可靠，使用该爬模比翻模（钢模板）每施工周期节约至少两天时间，可大大缩短工期，节约成本，具有显著的经济效益。

10.2 此工法模板采用钢木结构，重量轻，分节少，可以提高高墩的内在和外观质量，尤其能有效解决混凝土接缝漏浆、错台、大面平整度差等质量通病，达到美化环境、创造良好社会效益的目的，是建造精品工程的最佳选择。

11. 应 用 实 例

11.1 连霍高速郑洛段改建工程 NO.4 标 5 座高架桥高墩施工

11.1.1 工程概况

连霍高速郑洛段改建工程 NO.4 标位于巩义市河洛镇境内，属黄土冲沟重丘区，跨越冲沟时设有 6 座高架桥，下部墩身 30m 以上高墩采用等截面双室薄壁空心墩，共计 27 座，高度 30~67m，每隔 10m 设有一道 1m 厚横隔板，墩身截面为长方形空心截面，外围尺寸分 13.3m×2.8m 和 13.3m×3.2m 两种。

11.1.2 施工情况

连霍高速郑洛段改建工程 NO.4 标高墩自 2009 年 11 月 20 日开工，至 2010 年 3 月进入施工高峰期，共投入 14 套高墩模板，每套模板每月浇筑 5~6 次，比相邻标段同类型高墩每月多浇筑 2~3 次，外观质量也较其他标段有很大改观，主要体现在模板拼缝少、错台小、混凝土表面平整、色泽均匀等方面，赢得了各界的好评和肯定，被评为全线样板工程。

11.2 济邵高速公路逢石河大桥，该桥最高桥墩高 101m，建成后桥高 114m，被誉为"河南第一高桥"。湖南吉茶高速公路项目矮寨刚构桥。高墩均采用悬臂液压爬模施工，施工速度都较相邻标段快，期间未出现质量及安全事故，皆顺利完成施工任务。

碗形箱梁桥梁模板架系统及 BWPC 弧形外膜施工工法

GJYJGF086—2010

中建五局土木工程有限公司　湖南省第四工程有限公司

聂海柱　彭云涌　石进阳　张红卫

1. 前　言

随着社会文明的进步，为了充分体现设计者的人性化理念，使力与美结合完美的展示，桥梁设计已飞跃到了"艺术作品"的时代，并将成为"技术"与"艺术"的完美结合。桥梁外形逐渐由单一的直线设计向曲线等多元素设计发展，近年来城市交通压力日益突出，增设城市立交的竖向建设是解决城市交通压力的重要手段，一座座的城市立交涌现各个城市，为城市的可持续发展带来新的机遇，同时也给施工单位在技术上提出了更高的要求，因此多元素的桥梁外形设计使模架系统的结构形式及环保型模板材料的成型方法变得极为特殊，施工单位需对弧形桥梁的模架系统设计及组成需重新审视。

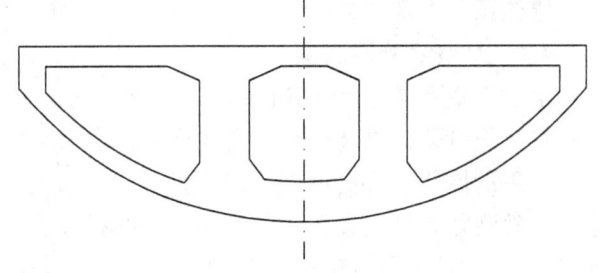

图 1　卓刀泉道口立交工程标准断面

武汉市卓刀泉道口立交工程位于武汉市卓刀泉路与珞喻路的交叉口，桥梁上构主要为碗形预应力连续箱梁（其断面主要形式见图1），独特的结构形式给施工带来很高的技术要求，如何将设计中的曲线在保证质量及安全的前提下充分、完美的展现是施工的难点，而桥梁模架系统的设计组成是施工成败的前提。

中建五局土木工程有限公司以卓刀泉道口立交工程施工为依托，对多种施工方法进行了分析和比较，最终采用"BWPC弧形桥梁模架系统"对曲面碗形连续箱梁进行施工。由于在碗形箱梁过程中保证了曲面箱梁施工质量，施工过程中"采用BWPC弧形桥梁模架系统控制碗形箱梁的表观质量"获得了全国优秀质量管理小组二等奖，中建总公司QC成果二等奖，施工过程中解决了现浇箱梁中曲线造型的技术难题，且成型后的混凝土底板表面平整光洁，其外观效果有光亮质感。技术人员通过技术总结，取得了"碗形箱梁模架系统及BWPC弧形外膜施工技术"新成果，该技术通过湖南省住房和城乡建设厅专家鉴定达到国内领先水平，《碗形箱梁模架系统及BWPC弧形外膜施工工法》被评为2010年度湖南省省级工法。

2. 工 法 特 点

2.1 施工中符合现行人工操作的习惯，便于施工，且可同时大面积展开作业，施工速度比其他模架体系快1倍以上，能有效地缩短工期，提高社会效益和经济效益。

2.2 质量轻便，拆装容易、方便，对吊装设备依赖性比较小，吊装比较灵活，可有效地保证工期。

2.3 满足各种桥梁断面及结构曲线的要求，使得多曲面的造型设计充分体现。

2.4 综合成本比传统的异型大模板要降低15%。

2.5 总造价低，一次性投入小。

2.6 周转使用率高，推进速度快，缩短施工周期。

2.7 其模架系统外膜为BWPC复合型模板，材料回收可重复回收使用，满足国家绿色、环保、低碳理念，可持续发展。

3. 适 用 范 围

3.1 曲线造型的城市高架桥、城市立交桥能解决交通拥堵且美化城市，但城市交通要道建设中，一般车流量大且施工周期要求很高，施工作业面狭小。采用 BWPC 弧形桥梁模架系统对市政高架桥及城市立交施工是很有效的方法。

3.2 随着国家加大对铁路交通的建设，BWPC 弧形桥梁模架系统同样广泛适用于高速铁路的建设。

4. 工 艺 原 理

4.1 系统组成

整个 BWPC 弧形桥梁模架系统由箱梁外膜（BWPC 复合外膜）面板、箱梁轻钢仿型体系、箱梁支架支撑体系三大部分组成。

4.2 BWPC 外膜面板

BWPC 多元复合板（取竹、木、塑料、复合）是一种新型环保、节能性建筑材料。它是利用天然速生的竹材作骨架，以玻纤网或玄武纤维作次表层增强材料，以生物质作填料，利用塑料和人造板的关联技术，采取网络互穿的办法生产而成，板表面光滑，成型混凝土表面平整光滑，有大理石般的光亮质感，其外观效果超过异型大钢模板、WISA 面板、竹木清水板的成型效果。作为新型的桥梁箱梁外膜面板其自身具有以下特点：

1. 机械湿强度优于普通竹木清水面板（长期浸泡的竹木板机械性能下降率高达 40%，而 BWPC 面板性能就不发生变化）。

2. BWPC 板可根据设计需要任意弯曲成各种弧形形状并可回收重塑且重塑速度快。这一特点是 WISA 板、竹木清水板无法比拟。这一特点可使 BWPC 面板作为桥梁外膜，在桥梁匝道、弧形段、鱼腹底板等特殊结构处灵活使用，并可反复周转，这一特点是异型钢模板不能实现的。

3. BWPC 外膜板材材质轻盈。靠人工可安全便捷操作，对大型设备依赖性小，非常适合高空及城市中施工场地狭小的作业面使用。

4. 使用寿命长、可回收。BWPC 面板耐磨性能高，可周转使用 50 次以上，并且可回收重塑，由于周转使用率比较高，使工程模板费用投入大幅度降低。

由于 BWPC 面板的自身特点并且符合国家绿色、节能、低碳的理念，它成为解决曲线桥梁外模的有效途径。

4.3 箱梁轻钢仿型体系

仿型轻钢体系是 BWPC 面板与防腐木方的支撑骨架，根据工程设计的实际结构形式统筹加工设计而成。在设计加工的过程中针对设计要求对仿型支架的主龙骨的冷拉成型和仿型模架结构的组装焊接。在保证安全的前提下对构造物进行完美的体现。而制作过程中需考虑脚手架间距、施工荷载、结构自重、风荷载、机械及人工操作等因素，对仿型支架进行验算，确保托架的稳定性及安全性。详见图4.3。

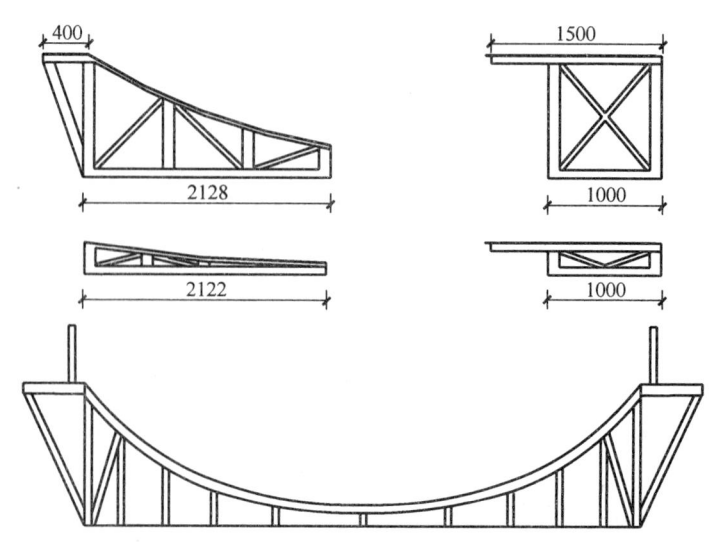

图 4.3 武汉市卓刀泉道口立交工程箱梁仿型支架示意图

4.4 箱梁支架支撑体系

箱梁支架支撑体系是箱梁施工的强有力的支撑，常用的支撑包括普通钢管脚手架、碗扣式满堂支撑、贝雷架平台、钢管桩型钢贝雷架组合平台等。根据工程实际结构形式加以对箱梁支撑体系的设计，设计过程中要考虑来自支架的竖向荷载、水平荷载，并对支架的强度进行稳定性、弹性、预拱度等验算，保证整个支撑体系设计满足施工要求，确保体系的稳定和安全。

5. 施工工艺流程及操作要点

5.1 施工工艺流程

碗形箱梁桥梁模架系统及 BWPC 弧形外膜施工工法施工工艺主要包括：地基处理、箱梁支撑体系搭设、顶托安装和调平、分配梁安装、仿型体系安装及调整、防腐木方安装、BWPC 面板安装、弧形桥梁模架系统的预压与验收、箱梁混凝土施工及养护、模板支架拆除。施工工艺流程见图 5.1。

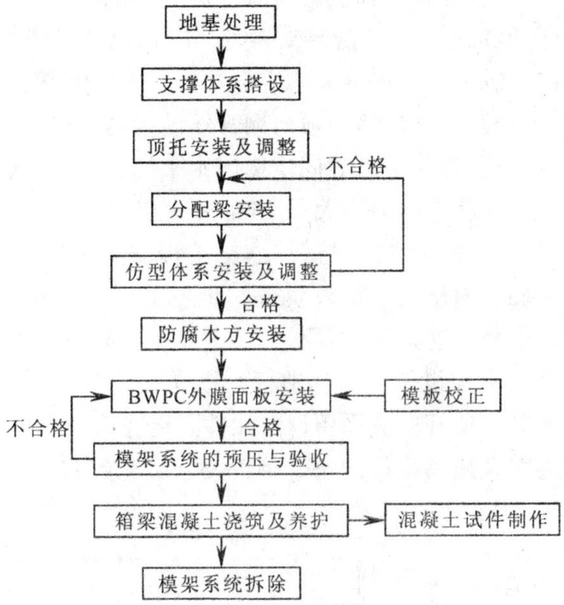

5.2 操作要点

5.2.1 地基处理

立杆基础底面的平均压力应满足式（5.2.1-1）：

$$p \leqslant f_\text{g} \qquad (5.2.1-1)$$

式中　　p——立杆基础底面的平均压力 （kN/m²），

$$p = N/A;$$

　　　　N——箱梁上部结构传至基础顶面的轴向力设计值 （kN）；

　　　　A——基础底面面积 （m²）；

　　　　f_g——地基承载力设计值 （kN/m²）。

地基承载力设计值应按式（5.2.1-2）计算

$$f_\text{g} = k_\text{c} \times f_\text{gk} \qquad (5.2.1-2)$$

式中　　k_c——脚手架地基承载力调整系数；$k_\text{c} = 1.00$；

　　　　f_gk——地基承载力标准值，$f_\text{gk} = 1500.00$。

为了使支架的沉降值在规范允许范围内，对于地基承载力达不到要求的地基须进行处理，一般先对支架范围内地基础 30cm 地基土进行清表，然后进行基础换填、碾压，保证压实度。最后对基础进行硬化处理。

5.2.2 箱梁支撑体系搭设

1. 施工放样

每联支架同时搭设，搭设前利用测量仪器，在地面上标出每孔每联的中心线和边线，并用墨线弹好样，其偏差不超过 5mm，如圆曲线，要将圆弧在地面上标出。

2. 施工前准备工作

1）施工前，项目技术负责人按施工组织设计中有关支架搭设方案和技术的要求向架设人员和使用人员进行技术交底。

2）对使用的钢管、扣件、顶托、底托进行检查验收，不符合设计要求的产品不得使用，钢管表面应平直光滑，不应有裂缝、结疤、分层、错位、硬弯、毛刺、压痕和深的划道。钢管外径允许偏差为 -0.5mm，壁厚 -0.5mm，钢管两端面切斜偏差允许 1.7mm。

3）经验收合格的物件按品种、规格分类，堆放整齐，平稳，堆放地均不得有积水。

图 5.1　碗形箱梁桥梁模架系统及 BWPC 弧形外膜施工工艺流程图

地基处理 → 支撑体系搭设 → 顶托安装及调整 → 分配梁安装 → 仿型体系安装及调整（合格）→ 防腐木方安装 → BWPC外膜面板安装（模板校正）（合格）→ 模架系统的预压与验收 → 箱梁混凝土浇筑及养护（混凝土试件制作）→ 模架系统拆除

4）清除搭设场地杂物，平整夯实搭设场地，并使排水畅通。

5）当支架基础下有设备基础、管沟时，在支架使用过程中不得开挖。

3．支架搭设工艺

1）支架搭设必须配合施工进度进行，一次搭设高度不超过设计高度。

2）每搭完一步支架后，对步距、纵距、横距及立杆垂直度进行校核。钢管排架搭设横平竖直，纵横连通，上下层支顶位置一致，连接件需牢固，水平撑连通。

3）底座、垫板均应准确地放在定位线上，垫板宜采用长度不小于 2 跨，厚度不小于 50mm 的木垫或槽钢。

4）立杆不许使用两种不同规格的钢管。相邻立杆的对接扣件不得在同一高度内，错开距离应不小于 500mm，开始搭设支架时，应每隔 6 跨设置一道抛撑，直至稳定后根据情况才能拆除。剪刀撑在横向、纵向，水平剪刀撑应随立杆、纵向和横向水平杆等同步搭设。

5）扣件规格必须与钢管外径相同（φ48），螺栓扭力矩不小于 40N·m，不大于 65N·m。

6）在主节点处固定横向水平杆、纵向水平杆、剪刀撑、横向斜撑等用的直角扣件，旋转扣件的中心点的相互距离不大于 150mm。

4．武汉卓刀泉道口立交工程支架采用 φ48×3.5mm 无缝钢管碗扣式满堂支架，立杆顺桥向间距为 0.9m，横桥向间距为 0.6m，步距 1.2m。顺桥向每隔 5 排设一道剪刀撑。与地面成 45°~60°夹角，横向每 4 排设一道剪撑，但不少于 3 道。支架超过 6m，从顶托第一根横杆算起，每 2 个步距设一道水平剪刀撑。支架设置纵横扫地杆，纵向扫地杆应采用直角扣件固定在距底座上皮不大于 200mm 处的立杆上。横向扫地杆亦应采用直角扣件固定在紧靠纵向扫地杆下方的立杆上。扣件：碗扣采用插入式碗扣，碗盖旋转在压紧横杆。每个碗盖要求旋紧到位，采用扣件螺栓拧紧扭力矩达 65N·m 时不得发生破坏。详见图 5.2.2-1。

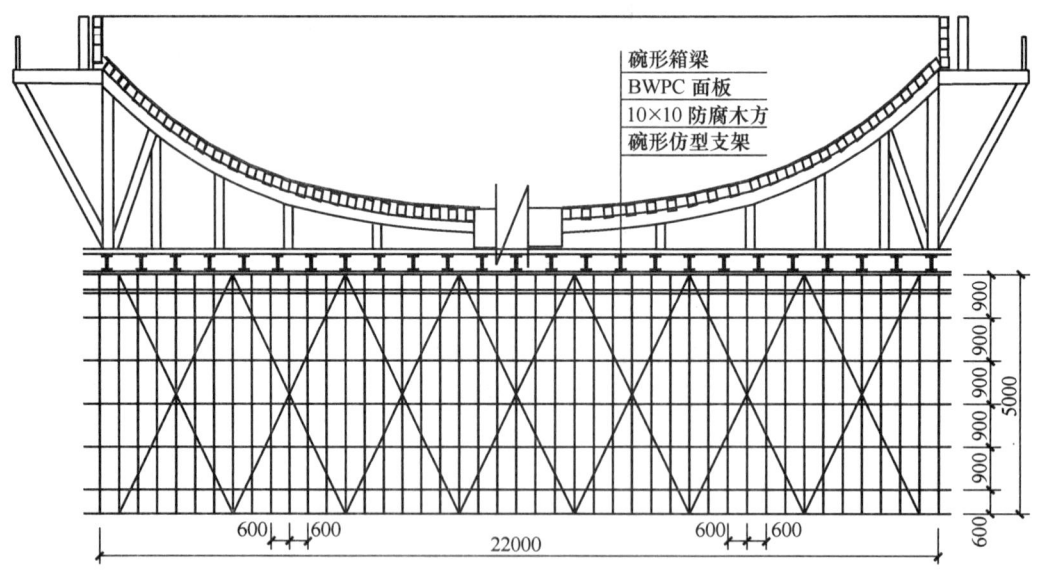

图 5.2.2-1 横桥向支撑体系示意图

在交通比较复杂的十字路口处可设置人行及车行门洞，以贝雷架支撑平台作为整个模架系统的支撑体系。在武汉卓刀泉道口立交工程建设中，Bk9 孔设置 2 个宽 9m、高 6m 的车行通道，每个通道两侧采用两片 4 层贝雷架做支撑墩。两通道之间采用宽 3m 的 4 排 4 层贝片做支撑墩。通道横桥向长 12m，主横梁采用 3 排单层贝雷片，梁长 12m，横桥向间距 0.9m，门洞地面标高：22.493m，距梁底 13.261m，中墩采用 6 片 4 层贝雷架，长 12m、宽 3m、高 6m；边墩采用 3 片 4 层贝雷架，长 12m、宽 1.5m、高 6m。见图 5.2.2-2、图 5.2.2-3。

5.2.3 顶托安装及调整

根据分配梁的尺寸安装顶托，通过水平放样，精确调整使顶托平台的标高达到设计及规范要求，之后固定顶托位置，顶托伸缩间距调整需严格按照规范要求，其螺栓伸出钢管长度不得大于 200mm，其螺栓外径与立柱钢管内径的间隙应小于 3mm，且在使用安装过程中保证上下同心。

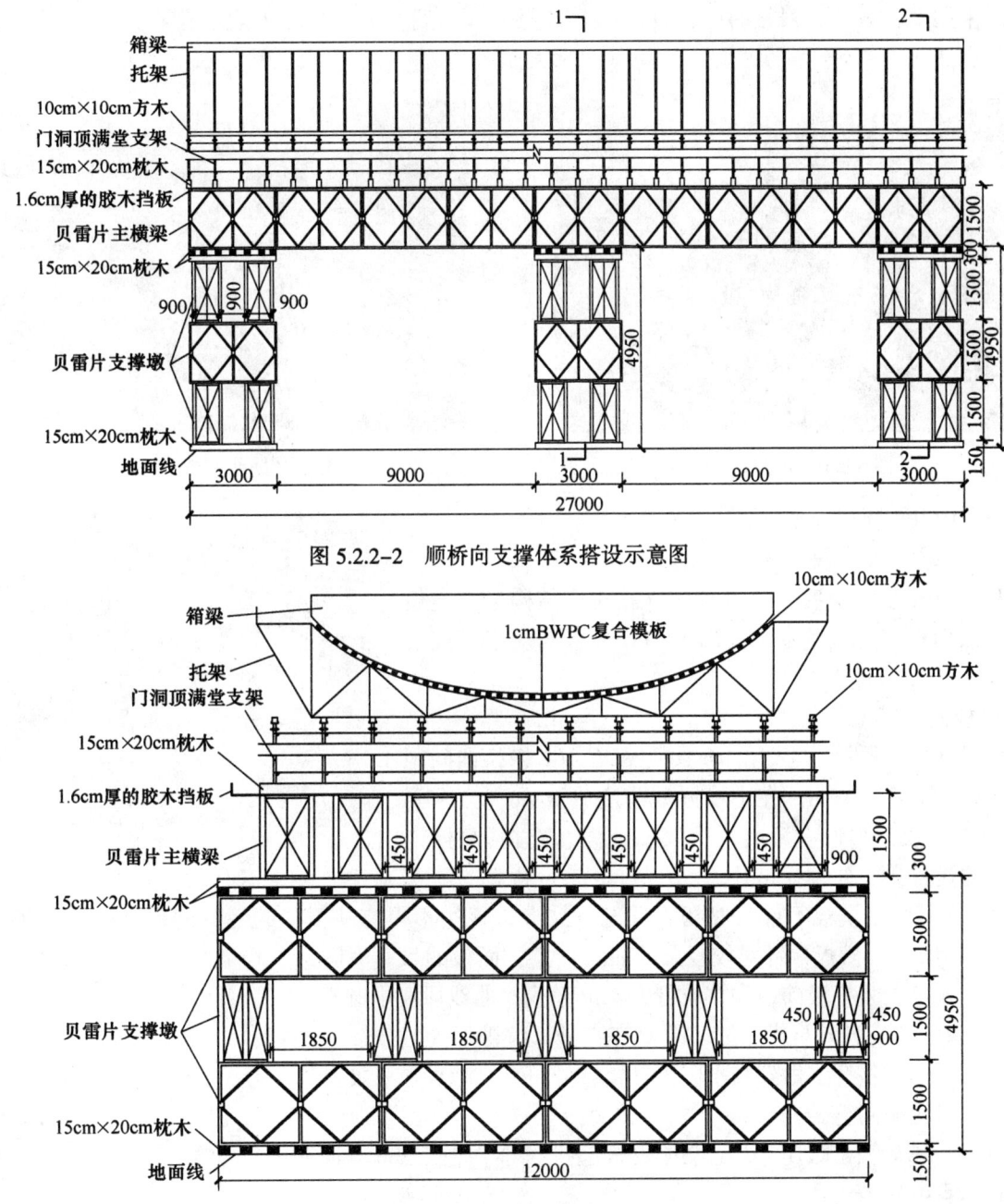

图 5.2.2-2　顺桥向支撑体系搭设示意图

图 5.2.2-3　横桥向支撑体系搭设示意图

5.2.4　分配梁安装

在顶托上安装并加固分配梁（由木方或工字钢构成），形成稳固的施工平台。分配梁固定后，根据施工实际进行试压，得出变形系数后，调整施工平台标高。

5.2.5　仿型体系安装

安装仿型支架前通过测量放样确定定位基准线，并以基准线通过点对点的方式确定每一片仿型支架的正确位置。然后将仿型支架分片吊装到顶托平台，按照控制点进行摆放，单片支架安装到位后逐一与支架进行加固处理，确保整个模架系统形成整体，保证系统的稳定、牢固。仿型支架在安装过程中的整体误差应小于 3mm（图 5.2.5）。

5.2.6 防腐木方安装

仿型支架安装加固完毕后，进行防腐木方的铺设安装，仿腐木方依据仿型支架上焊接的限位片进行定位，限位安装后通过绑扎的方式将其固定于仿型体系上，作为BWPC面板的托架。木方与木方之间在顺桥向采用对接方式，对接时应保证接缝端面贴合，防腐木方的中心距宜控制在250mm左右，标高误差控制在2mm。

图5.2.5 仿型体系安装　　　　　　图5.2.6 防腐木方的安装

5.2.7 BWPC弧形外模施工

1. 施工放样

防腐木方安装完毕后，通过测量放样找出结构物的定位基准线，然后根据定位基准线找出BWPC面板对应点的安装定位点。

2. 模板的施工工艺

1）铺设内龙骨方木：采用10×10防腐方木，横桥向间距0.20m，纵桥向跨度0.9m，在中横梁处跨度为0.9m，方木要求尺寸基本一致，不许有开裂、掉块、破损、腐朽的材料。两相邻木枋搭接接头要相互错开。

图5.2.7 铺设模板

2）铺设模板：模板不许有腐朽、霉斑、鼓泡。板边不得有缺损、起毛，规尺寸标准。模板采用10mm厚的竹塑复合模板，针对较复杂的曲线造型，面板的尺寸不同，要严格按顺序编号分类，安装时按编号对号入座，装模板前，先在龙骨方木上弹线，曲线段要求圆滑。

3）缝隙处理：纵向与横向缝隙要对齐直顺，缝隙不超过1mm，板缝拼装要严密防止漏浆。BWPC模板拼装要均匀、整齐、做到横平竖直，接缝处可粘贴双面胶，使其有更好的拼缝质量。拼缝过程与仿腐败木方的对接缝同缝。

4）根据桥梁跨径大小，决定梁体模板起拱大小，小于4m开间不考虑起拱，4≤L<6起拱10mm，大于6m的起拱15mm。

5）模板与木方采用长50mm铁钉固定牢固，铺完后用水准仪校正标准，用靠尺找平，拼接过程中，可用钢钉将BWPC面板固定在防腐木方上，使面板、防腐木方、仿型支架形成一个整体，不起拱，不松动，确保混凝土入模及振捣时模板缝补漏浆。相邻模板的错台控制在1mm内。

6）安装模板时，建议预留排水孔，以便排出浇筑混凝土前清洗仓面带来的残留物。

5.2.8 弧形桥梁模架系统的验收与预压

1. 弧形桥梁模架系统搭设好后，施工员须对搭设质量进行检查和验收。

1）碗扣支架检查顶托、底托、立杆碗扣的完好情况。

2）检查碗扣是否已拧紧；检查纵、横向剪刀撑是否已按要求加固；检查立杆纵距、横距是否符合设计要求。

3）普通钢管支架须检查扣件的完好情况，是否已拧紧。

4）检查大横杆、小横杆、扫地杆的设置是否符合要求。

5）检查立杆纵距、横距是否符合设计要求。

6）托架的搭设是否牢固及变差是否在允许范围内，严格控制好 BWPC 弧形外膜面板拼缝及错台，校验模架系统的结构尺寸和定位尺寸，系统的整体稳定性，确保混凝土的外形设计尺寸要求，杜绝梁吃模的现象。

2. 模架系统的预压

1）模架系统设验收合格后，进行预压试验。

2）模架系统的预压拟采用堆集钢筋及砂袋的加载法进行。系统的预压可消除支架的非弹性变形，测定弹性变形，在浇筑混凝土前按照梁段自重加施工荷载的 10%、30%、50%、80%、100%、120% 逐级加载，每级持续时间在 30min 以上，最后两级应持续 24h 以上。

3）加载后检查立杆、横杆有无变形，顶托有无滑丝情况；碗扣支架检查碗扣有无裂缝、底托有无损坏等情况；钢管支架检查扣件有无滑扣、崩扣等现象。

4）检查基底有无变形沉降现象。同时观测并记录好重量与位移的关系，绘制重量与位移的关系曲线，求出支架的弹性和非弹性变形。

5）分级卸载时，测量弹性变形情况，记录好数据。试压结果整理出测试报告，并将弹性变形值及非弹性变形值的测量结果指导施工。

5.2.9 混凝土浇筑

施工中应注意对 BWPC 面板采取相应的保护措施，避免施工不当造成的面板破坏。开仓前应用高压水冲洗模板表面，将仓面滞留的杂物、锈迹、水迹清理干净，以保证浇筑成型混凝土外观质量。

5.2.10 BWPC 弧形外模及支架拆除

1. 外膜拆除

1）模板拆除根据现场同条件下混凝土的试块指导强度，符合设计强度 100% 要求后，由技术人员发放拆模通知书，方可拆模。

2）模板及其支架在拆除时混凝土强度要达到如下要求。在拆除侧模时，混凝土强度要达到 1.2MPa（依据拆模试块强度而定），保证其表面及棱角不因拆除模板而受损方可拆除。混凝土的底模，其混凝土强度必须符合规定后方可拆除。

3）拆除模板的顺序与安装模板顺序相反，先支的模板后拆，后支的先拆。

桥梁模板拆除时，先调节顶托，使其向下移动，达到模板与桥梁分离的要求，保留养护支撑及其上的养护木方或养护模板，其余模板均落在满堂脚手架上。拆除板模时要保留板的养护支撑。

4）模板拆除吊至存放地点时，模板保持平放，然后用清水进行清洗，模板有损坏的地方及时进行修理，以保证使用。

5）模板拆除后，及时进行板面清理，防止粘结灰浆。

2. 支架拆除

1）编制好拆除支架的方案，单位工程负责人进行拆除安全技术交底。

2）先清除支架上的杂物及地面障碍物。

3）拆除作业必须由下至上逐层进行，严禁上下同时作业，分段拆除，高差不应大于 2m。

4）拆除至下部最后一根立杆的高度（约 6.5m）时，应先在适当位置搭设临时抛撑加固后，再拆除连墙件。

5）采取分段分立面拆除时，对不拆除的脚手架两端，应先设置连墙件和横向斜撑加固。

6）各物件严禁抛撑至地面，运至地面的构配件应及时按品种规格随时堆码整齐，并及时检查、整修和保养。

6. 材料与设备

6.1 主要材料

6.1.1 枕木：选用优质的枕木用于承台部位或地基换填部位，作为支架的垫板。

6.1.2 钢管：（常用 φ48×3.5mm 碗扣式无缝钢管）、普通夹管、钢管桩或贝雷架组合平台等作为模架系统的支撑系统。

6.1.3 底托、顶托：用于支撑系统的调节。

6.1.4 对接扣、旋转扣、直角扣用于刚管的连接。

6.1.5 优质的防腐木方：规格一般为（10mm×10mm），根据工程的实际需要选择与之相对应的规格，用于顶托与仿型体系的分配梁、BWPC 外膜面板的底板支撑。

6.1.6 I32、I12、I10 工字钢：用于仿型支架的制作及分配梁的加工。

6.1.7 BWPC 面板：用于箱梁模架系统的外膜材料，可根据箱梁的设计结构尺寸任意弯曲成型。

6.2 设备

6.2.1 基础处理：小型压路机、挖掘机。

6.2.2 支架搭设：轻型卡车（钢管、零星材料的周转）、扭力扳手。

6.2.3 分配梁及仿型体系、外膜安装：汽车吊、电焊机、氧割、轮盘切割机、手动切割机、钢钉射枪、电动水泵冲洗机、吸尘器。

6.2.4 桥梁模架系统预压：汽车吊、黄沙、编织袋、卡车。

6.2.5 其他设备：水准仪、全站仪、对讲机、发电机（备用）。

7. 质 量 控 制

7.1 质量控制标准

7.1.1 基础处理承载力必须满足设计要求，如有特殊地段，需进行换填、压实等措施，基础处理执行《建筑地基基础工程施工质量验收规范》GB 50202-2002 要求。立杆基础底面的平均压力应满足 $p \leqslant f_g$ 的要求。

7.1.2 对使用的钢管表面应平直顺滑、不应有裂缝、结疤、分层、硬弯等，钢管外径允许偏差为 0.5mm，壁厚偏差为 0.55mm，扣件规格必须与管外径配套一致，螺栓扭力矩不小于 40N·m，不大于 65N·m。主节点处固定横向水平杆、纵向水平杆、剪刀撑、横向斜撑等用直角扣件、旋转扣件的中心点距离不大于 150mm，杆件端头伸出扣件盖板边缘的长度不小于 100mm。脚手架的搭设执行《建筑施工扣件式钢管脚手架安全技术规范》JG 130-2001 要求。

7.1.3 模板技术性能必须符合相关质量标准（通过收存、检查进场复合板出厂合格证和检测报告来检验）、外观质量检查标准（通过观察检验）任意部位不得有腐朽、霉斑、鼓泡。不得有板边缺损、起毛。规格尺寸标准按对角线差检测方法：用钢卷尺测量两对角线之差小于 3mm（参照 GB/T 17656-1999 国家标准）。

7.1.4 模板安装质量要求必须符合《混凝土结构工程施工及验收规范》GB 50204-2002 及相关规范要求。即"模板及其支架应具有足够的承载能力、刚度和稳定性，能可靠地承受浇筑混凝土的质量、侧压力以及施工荷载"，安装偏差应符合表 7.1.4 规定。

模板安装允许偏差和检验方法 表 7.1.4

项 次	项 目		国家规范标准允许偏差（mm）	检 查 方 法
1	轴线位移	柱、墙、梁	5	量尺
2	底模上表面标高		±5	水准仪或拉线、尺量

项次	项　　　目		国家规范标准允许偏差（mm）	检查方法
3	截面模内尺寸	基础	±10	尺量
		柱、墙、梁	+4，5	
4	层重垂直度	层高不大于5m	6	经纬仪或拉线、尺量
		层高大于5m	8	
5	相邻两板表面高低差		2	尺量
6	表面平整度		5	靠尺、塞尺
7	阴阳角	方正	……	方尺、塞尺
		垂直	……	线尺
8	预埋铁件中心线位移		……	拉线、尺量
9	预埋管、螺栓	中心线位移	3	拉线、尺量
		螺栓外露长度	+10，0	
10	预留孔洞	中心线位移	+10	拉线、尺量
		尺寸	+10，0	
11	门窗洞	中心线位移	……	拉线、尺量
		宽、高	……	
		对线	……	
12	插筋	中心线位移	5	尺量

7.2　质量控制措施

7.2.1　建立完善的质量管理领导小组，由项目经理、总工、技术科长、测量组长、质检工程师组成。施工队设管理小组，由施工队长、现场技术员、施工班组长组成。严格制度，严把质量关。做到质量全员管理。积极开展QC活动，成立QC小组，及时解决施工过程中遇到的难题。及时技术交底。严格按规范施工。

7.2.2　根据施工组织安排和工艺要求，配备足够良好的机械检验检测设备。

7.2.3　BWPC外膜面板拆除：混凝土强度达到设计强度的100%，混凝土强度能承受其自重和其他荷载叠加荷载时方可拆除，且不少于14d，预应力张拉完后方可进行。

8. 安 全 措 施

8.1　用吊车吊运模板时，必须由起重工指挥严格遵守相关安全操作规程。模板安装就位前需有缆绳牵拉，防止模板旋转撞伤人；垂直吊运必须采取2个以上的吊点，且必须使用卡环吊运。

8.2　在高空进行模板施工作业时，必须层层搭设安全防护平台。因混凝土侧力既受温度影响，又受浇筑速度影响，因此当夏季施工温度较高时，可适当增大混凝土浇筑速度，秋冬季施工温度降低混凝土浇筑速度也要适当降低。当$T=15℃$时，混凝土浇筑速度不大于$2m^3/h$。

8.3　在拆模前不准将脚手架拆除，用吊车拆时与起重工配合；拆除顶板模板前划定安全区域和安全通道，将非安全通道用钢管、安全网封闭，挂"禁止通行"安全标志，操作人员不得站在此区域，必须在捕好跳板的操作架上操作。

8.4　施工现场临时用电严格按照《施工现场临时用电安全技术规范》JGJ 46-2005的有关规范规定执行。

8.5　建立完善的施工安全保证体系，加强施工作业中的安全检查，确保作业标准化、规范化。

9. 环 保 措 施

9.1 项目部成立对应的施工环境管理机构，在工程施工过程中严格遵守国家和地方政府下发的有关环境保护的法律、法规和规章制度，做好交通环境疏导，充分满足便民要求，认真接受城市交通管理，随时接受相关单位的监督检查。

9.2 将施工场地和作业限制在工程建设允许的范围内，合理布置、规范围挡，做到标志、标牌清楚、齐全，标识醒目，施工场地整洁文明。

9.3 对施工中可能影响到的各种公共设施，制定可靠的防止损坏和移位的实施措施。同时，将相关方案和要求向全体施工人员详细交底。

9.4 22:00~6:00 之间现场停止模板加工和其他模板作业。现场模板加工垃圾及时清理，做到工完场清。整个模板堆放场地与施工现场要达到整齐有序、干净无污染、低噪声、低扬尘、低能耗的整体效果。

9.5 优先选用先进、新型的机械。同时采取有效隔声措施降低施工噪声到允许值以下，并尽量减少夜间施工噪声。

9.6 对施工进场道路进行硬化，并在晴天经常洒水，防止尘土飞扬，污染周围环境。

10. 效 益 分 析

10.1 社会效益

BWPC 弧形桥梁模架系统的灵活操作性及外膜面板的众多施工优点，已被广泛应用于各种结构形式的城市桥梁、城市轻轨、城市立交及高铁的建设。"碗形箱梁桥梁模架系统及 BWPC 外模施工工艺"对以后的箱梁施工具有很强的指导作用，并且新型的外模面板材料符合国家的绿色、低碳理念。

随着国家加大对基础设施的投资建设，采用"碗形箱梁桥梁模架系统及 BWPC 外模施工工艺"对今后桥梁施工的科学决策和提高桥梁施工的科学管理水平具有较强的借鉴作用。

10.2 经济效益

采用"碗形箱梁模架系统及 BWPC 外膜施工工艺"能缩短施工工期，在工程施工工程中能有效地防止质量通病的出现。节约部分劳动力、机械设备和材料费用。我们就在箱梁施工过程中使用传统异型钢模及采用 BWPC 外膜面板通过经济方案比较得出。

序号	直接成本比较							
	方案一（新模板）				方案二（传统钢模板）			
	每平米使用模板损耗量	模板每平米单价（元）	模板周转次数	合计金额（元）	每平米使用模板损耗量	模板每平米单价	模板周转次数	合计金额（元）
1	0.0857	64	3.5 次	5.48	0.286	177.8	3.5 次	50.85
2	运至现场一次性完成模板拼接			320.00	钢模板			
					每平米制模拆模损耗人工	每平米模板损耗材料费	模板周转次数	合计金额（元）
					164	168.5	1 次	332.50
					增加吊装及焊接费用 150（元/m²）			合计金额（元）
3	方案一直接造价合计			325.48	方案二直接造价合计			482.35
4	汇总一	方案一比方案二节约直接成本为			483.35-325.48=157.87 元/m²×12869.4m²=2031692.17 元			

序号	间接成本比较					
	方案一			方案二		
	工期增加间接成本		金额（元）	工期增加间接成本		合计金额（元）
5	增加工期（d）	每天增加成本（元）	0.00	增加工期（d）	每天增加成本（元）	525000.00
	0	0		25	21000	
6	汇总二	方案一比方案二节约间接成本为		525000-0=525000元		
	汇总	方案一比方案二节约总成本合计为		525000+2031692.17=2556692.178元		

由此可见采用"碗形箱梁模架系统及BWPC外膜施工工艺"能降低施工总造价，减少一次性投入，使工程的推进速度加快，缩短施工周期。

11. 应 用 实 例

11.1 2009年武汉卓刀泉道口立交工程全长1044m，全桥混凝土连续箱梁及连续刚构均采用"碗形箱梁桥梁模架系统及BWPC外膜施工工艺"整个工程在施工过程中大大地节约了工程造价成本，缩短了施工工期，成型后的箱梁混凝土表观质量色泽光滑、亮丽，作为武汉市的重点工程整个模架系统在箱梁施工质量过程控制中得到了甲方、监理及同类人士的一致认可。

11.2 2010年武汉交通轨道交通八标箱梁施工中采用此法，保证了施工质量，模架系统足够的承载力和良好的稳定性及刚度能很好地承受混凝土自重及施工荷载，成型后的箱梁能很好地体现结构物的设计尺寸，节约了成本。

11.3 2009年黄石鄂东长江大桥工程上部现浇箱梁总长约2300m，在箱梁施工过程中采用此法大幅度降低了施工方的施工成本，有力地推进了工期的顺利进行，对以后类似工程的施工建设中起到了很好的借鉴作用。

大跨度斜腿刚构桥斜腿竖向转体及
单边悬臂灌注梁施工工法

GJYJGF087—2010

中铁十一局集团有限公司　新八建设集团有限公司

余先江　刘素云　周冬梅　游国平　何磊

1. 前　　言

斜腿刚构桥造型轻盈美观，通透性好，受力兼有连续梁和拱桥优点，但在实际应用中因施工通常需要配设庞大的支架搭设，因而地形和跨径成为制约其应用的瓶颈。

石太客运专线 Z2 标孤山大桥跨越深"V"形山谷，跨径大且无施工场地，中铁十一局集团有限公司联合新八建设集团有限公司及设计、建设单位进行课题研究，采用斜腿刚构桥斜腿竖转结合梁体单边悬臂浇筑的施工方法，解决了施工场地及跨径的问题，提出了一种全新的不对称悬臂灌注梁体的施工方法，对拓展斜腿刚构的应用有积极的意义。

"250km/h 客运专线无砟轨道大跨度斜腿刚构桥竖向转体综合施工技术"2009 年通过了湖北省科技厅组织专家进行的科学技术成果鉴定，达到国际先进水平；获 2009 年度中国铁道建筑总公司科技进步一等奖，2009 年度中国施工企业管理协会科学技术奖技术创新成果一等奖，2010 年湖北省重大科学技术成果；"斜腿刚构桥背索平衡单边悬臂灌注梁体的施工方法"发明专利已授权并办理了专利权登记。

2. 工 法 特 点

2.1 斜腿转体及不对称悬臂梁的灌注均主要依靠桥体自身受力，无需搭设大型支架和安装大型平衡吊装设备，解决了场地受限的问题，同时节省大量设备和施工时间。

2.2 平衡背索预埋在桥台及梁体内，依靠增加桥台及墩底桩上的地锚力，可使得斜腿刚构桥的跨径得到突破。

2.3 将斜腿的空间位置控制分成竖向浇筑和平面转体两段平面控制来施工，操作更容易，施工控制更有效。

2.4 主要利用斜腿自重实现竖向转动，不需要大型的牵引设备，操作方便；平衡背索施工工艺简单，只需预埋波纹管和锚具，按计算数据进行张拉，操作方便。

2.5 平衡背索解除后桥梁恢复原来设计受力形式，对桥体结构及受力无后续影响。

3. 适 用 范 围

本工法对施工季节无限制要求，适用于跨越深谷、既有公路铁路、河道、城市结构物的竖向转体桥梁施工，并适用于因结构自身设计不对称的单边悬臂梁施工。

4. 工 艺 原 理

4.1　斜腿竖向转体工艺原理

利用斜腿底部铰钢支座在竖向平面可转动的性能，将钢绞线一端固定在斜腿及 0 号块上，另一端锚固于桥台或岩面内。先通过牵引索牵引斜腿克服重量偏心转动，待斜腿转过分界点后，利用斜腿自重向下转体，桥台端用多台大吨位可同步控制并能连续放张的液压千斤顶连续放张，斜腿重量由扣索承受，通过扣索的下放，斜腿不断向下转动，期间扣索的索力随转动角度的不同而变化，直到转至设计位置。斜腿转体示意见图4.1。

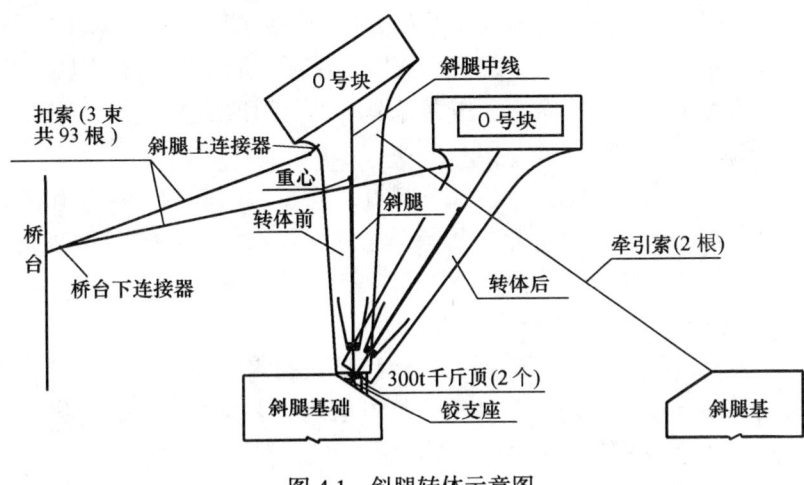

图4.1 斜腿转体示意图

4.2 背索平衡工艺原理

将桥台与边跨梁端部用预应力钢束张拉锚固后形成一个临时受力共同体，共同承担中跨单边悬臂梁的结构荷载和所有施工荷载，使悬臂梁施工过程处于稳定的受力状态，确保悬臂梁施工过程安全和最终成桥线形满足设计要求，在中跨合拢后解除背索，恢复桥体设计受力形式。

5. 施工工艺流程及操作要点

5.1 施工工艺流程

竖向转体工艺流程见图5.1-1。

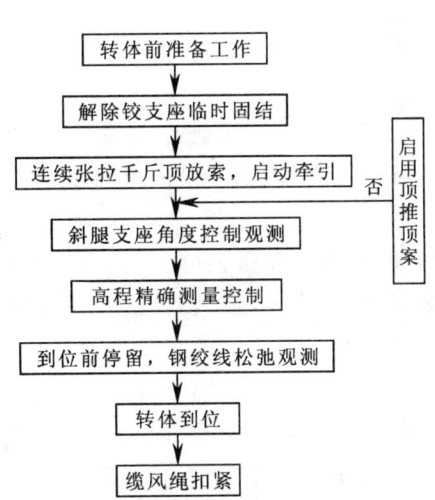

图5.1-1 竖向转体工艺流程图

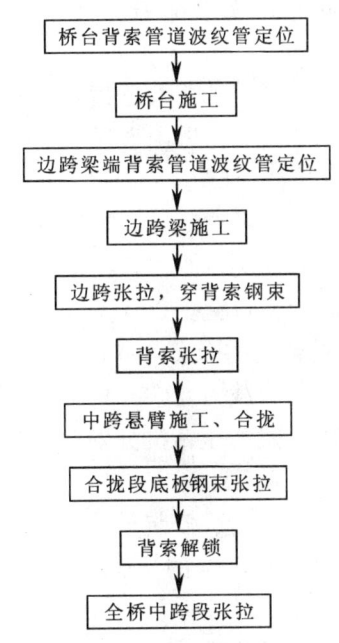

图5.1-2 背索平衡单边悬臂梁体施工工艺流程图

背索平衡单边悬臂梁体施工工艺流程见图5.1-2。

5.2 竖向转体工艺操作要点

5.2.1 竖转系统的组成

整个竖转系统主要包括：竖转铰、前锚固点、后锚固点、牵引系统、放张系统。

竖转铰：由两个铰钢支座组成，能在纵向平面内转动，后期为桥梁的永久支座，特殊设计。

前锚固点：由上连接器以及精轧钢组成，上连接器通过预埋的精轧钢与转动体（斜腿刚构）相连。

后锚固点：由下连接器以及精轧钢组成，下连接器通过预埋的精轧钢与后锚体（桥台台身或岩体）相连。

牵引系统：提供竖转的初始动力，手拉葫芦、钢滑轮、电子秤以及钢丝绳。

放张系统：包括上下支架、液压千斤顶、液压泵、主控制台以及钢绞线束。

为保证转体的安全，还增加了缆风以及副顶装置。

5.2.2 转体前准备工作

边跨军用墩和军用梁应预先搭好，将桥台与斜腿之间顶死防止斜腿向桥台一侧倾倒，斜腿底部铰支座预先锁住，并预埋钢板将斜腿与基础固结。为了满足墩身施工后的转体需要，在墩身施工时应先预埋缆风连接件、转体拉索连接件、精轧螺纹钢等。

1. 上、下连接器的安装、固定

转体的拉索锚固点分别在桥台和斜腿的实体段，在桥台及斜腿施工时，在桥台及斜腿内预埋规格相同的精轧螺纹钢筋，分 3 组，每组承担一束拉索的拉力。计算每组螺纹钢筋的极限抗拉能力，再检算安全系数，使之符合设计要求。精轧螺纹钢筋后部设置螺母及锚垫板，精轧螺纹钢筋前端伸出混凝土外与上下连接器固定，为保证转体过程中各施工阶段受力符合理论计算情况，故要保证精轧钢、连接器位置安装的精确性。连接器位置根据设计图纸，精确计算竖立时标高、里程及角度。斜腿预埋精轧螺纹钢示意见图 5.2.2-1。

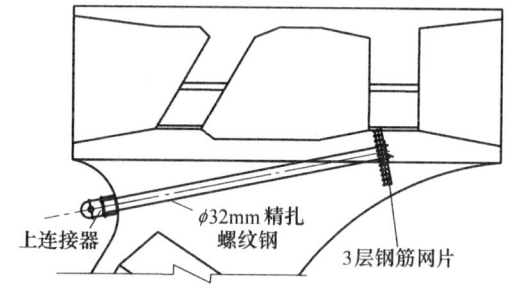

图 5.2.2-1　斜腿预埋精轧螺纹钢示意图

精轧螺纹钢筋受拉后，其伸长带动周围混凝土产生拉应变，为减小此种效应对结构表面混凝土的破坏，预埋螺纹钢筋的外端 1.5m 长度范围内采取套管与混凝土隔离。

连接器与精轧钢通过高强度螺母固定在混凝土表面，为保证每根精轧螺纹钢筋受力均匀，转体前用扭力器对每个高强螺母预紧到 60kN。

2. 拆除沟侧军用墩，加固边跨军用梁

靠沟侧军用墩影响斜腿的转动，转体前必须先拆除。

斜腿及 0 号块的重心位置在斜腿轴线靠近桥台侧，为防止斜腿底部约束去掉后整个结构向后倾倒，斜腿模板拆除后将斜腿及 0 号块与军用梁之间空隙、军用梁与桥台混凝土之间的空隙全部支撑紧密。

3. 张拉桥台内锚固索

为满足基底承载力要求，桥台需要利用锚索提供给一个预紧力。在桥台施工时，已经在左右线台后用全自动坑道式液压钻机分别钻了锚索孔，用钢绞线将桥台与山体固定，转体前将每束钢绞线长拉到设计拉力。

4. 搭设作业平台，安装千斤顶支架、千斤顶

转体采用 3 台 600t 的液压千斤顶共同作用，制作千斤顶支架，与连接器用 $\phi150mm$ 的销栓相连，材质均为 Q345B。搭设作业平台，并用手拉葫芦将上下支架调整在一个轴向上，然后安装千斤顶，接好液压泵，连接到自动控制台，调试完毕后进行扣索安装。

放张千斤顶主要组成部件：液压千斤顶 3 台、主夹持器一个、两个副夹持器、液压泵、主控制台、监控传感器、一台笔记本电脑。

5. 扣索安装

每个斜腿 3 套千斤顶，每个顶设 31 根的钢绞线作放张的扣索，一共 93 根（为防止放张过程中因为钢绞线本身扭转，引起位移误差，钢绞线必须保证左旋、右旋各一半）。穿束采用单数单穿，从下支架向上支架方向穿，且每根编号，以免搅在一起。为保证每根扣索受力一致，全部穿完后，用 27t 的单个穿心顶将扣索逐根预紧到同等力量大小。扣索后锚固点如图 5.2.2-2。

图 5.2.2-2　扣索后锚固点

6. 安装提供初转动力的牵引设施

转体前，整个结构物的重心位置在斜腿轴线靠近桥台侧，需提供近30t的牵引力将结构物重心位置牵引过轴线位置。

7. 安装副顶

转体过程中，整体结构物重心由靠后慢慢移动到靠前位置，为防止在过分界点位置时发生突然栽头（钢绞线因自重有一定的下挠，内力突然增大下挠减小），产生冲击荷载无法估算，可能发生意外，因此在斜腿底部安装两台300t的千斤顶作支撑，防止栽头现象的发生，并同时可以监控斜腿竖转时左右侧是否平衡。转体前用气割将固结斜腿与基础的工字钢割断，安装好副顶，副顶将斜腿底部顶紧。

8. 测量人员在箱梁顶面埋设轴线、标高观测点，监测人员对连接器、地锚、支座原始位置做标记，并最后检查转体结构物与支架、军用梁是否完全无关联。

5.2.3 转体

转体前首先完成斜腿转体过程中的理论计算，进行转体前的设备安装及其调试，对扣索进行预张拉，解除斜腿铰支座的约束，并割除斜腿底部和基础里预埋的工字钢。转体前与转体后见图5.2.3。

图 5.2.3　转体前与转体后

1. 组织分工

为确保转体施工有序进行，统一协调指挥，特成立8个小组：指挥组、牵引组、连续放张组、副顶作业组、精确定位组、转体角度观测组、监控组、后勤保障组。

指挥组：由主管领导和专家组组成，负责发号命令，统一指挥协调其他各小组，并随时处理发生的问题。

牵引组：负责转体启动时动力牵引，要求两台葫芦同步进行。

连续放张组：负责连续张拉千斤顶的放张及放悬挂支架捯链的工作，要求锚具夹片不得滑丝，3台主顶同步，误差不得超过5mm，并根据放张的进度随时调整支架的轴线位置，确保钢绞线轴向受力。并负责记录钢绞线内力变化情况。

精确定位组：根据0号段顶板预埋点，对转体过程全程跟踪测量，要求做好记录，随时向总指挥提供相关数据。

转体角度观测组：观测斜腿转体角度及同步性，并要求转到30°时向总指挥及时报告。

监控组：负责桥台位移、连接器变形、地锚变形监控以及箱梁中线及标高控制。

后勤保障组：负责314省道交通管制、电力保障及其他有关后勤服务。

副顶作业组：负责副顶作业，记录有关数据，听从总指挥及连续放张的指挥，及时向总指挥提供相关数据。

2. 分界点前牵引

斜腿竖向放置时斜腿重心位于斜腿轴线偏桥台侧，在转体过程中，重心过轴线时对斜腿铰支座的力矩要经历一次转换，将斜腿竖直时其轴线作为分界点，斜腿转体分为两个过程，即分界点前和分界点后。分界点前必须依靠牵引索才能转动，分界点后理论上不再需要牵引索内力即可转体。斜腿竖转开始时先通过牵引索克服斜腿重量偏心，待斜腿向上转至重心与转轴成垂线（转体0.5°）时，牵引索索力变为0后斜腿开始向下转动，牵引索退出工作但不拆除，直至转体重心下降到一定位置，以防止转体结构反弹。

施工时采用的方法为在斜腿对岸设置两个15t的手拉葫芦，在斜腿的实心段设置钢索拉孔，并安装动滑轮，这样两台手拉葫芦的最大牵引力可达到60t，手拉葫芦与钢索连接处设置20t量程的电子秤，以便保证牵引过程中两台手拉葫芦的牵引力保持同步。

3. 扣索放张

放张主要由放张千斤顶完成，放张千斤顶主要组成部件：液压千斤顶 3 台、主夹持器一个、两个副夹持器、液压泵、主控制台、监控传感器。

千斤顶放张过程：副夹持器打开→主夹持器索紧→千斤顶供油出顶→副夹持器索紧→主夹持器打开→千斤顶回油退缸→主夹持器索紧，即完成一次放张，以后如此循环完成放张。最大一次可以放张 200mm。放张时千斤顶上的传感器可以将千斤顶压力大小、出退顶行程传到控制台，主控制台根据数据调整出顶速度，保证 3 台顶同步，最大误差在 5mm 以内。

控制要点：放张扣索最初按 5cm 一级放张，牵引力始终保持 40t，随时观测两个副顶的油压变化情况，扣索放张 8 次，重心靠前，不用牵引，放长 17 次，转体角度达到 3°，撤去副顶，主顶连续放张到设计位置。

4. 转体过程控制

1）牵引组开始牵引，将单根拉力拉到 10t，主顶小组放张第一个 5cm；副顶作业组关注副顶的油压，牵引组观察牵引力情况，向指挥组报告。

2）副顶组油缸回油完毕，然后重新顶起，牵引组继续牵引到 10t，主顶组放张第二个 5cm；副顶作业组关注副顶油压；角度观测组观测角度变化，角度变化微小暂时无法观测到；牵引组观测牵引力情况。

3）副顶组油缸回油完毕，然后重新顶起，牵引组继续牵引到 10t，主顶组放张第三个 5cm；副顶作业组关注副顶油压，牵引组观察牵引力情况，角度观测组观测角度变化。

4）如此循环，主顶组放张到第 8 次，放张总长度 40cm，角度从 0°转到 2°；此时斜腿重心与斜腿轴线重合，斜腿转体处于分界点。

5）此时斜腿重心向前，两根牵引束基本不起作用，主顶组继续放张 5cm，副顶作业组继续关注副顶油压向指挥组汇报；副顶在放到 17 次（角度 3°）时，斜腿正常转体后拆除。

6）随后斜腿转体主要靠主顶放张进行，这时转体正常，每次放张距离可增大到 15cm，测量人员随时测量向梁顶面轴线及标高，直至斜腿转到位。

7）转体到位后停止，固定好缆风绳，观测 24h 后重新测量顶面轴线及标高，确认无误后将千斤顶前端夹持器夹紧，割断后面多余的钢绞线，退出主千斤顶。然后进行下一个斜腿的转体。

5.2.4 转体过程的监控

1. 牵引力监控

牵引过程中，指派专人对牵引力进行监控，时刻查看电子秤读数，调整手拉葫芦力量大小，保证两根钢索牵引同步进行。

2. 连续放张监控

放张过程中必须保证 3 台主千斤顶每次放张的同步，3 束钢铰线行程误差不超过·5mm。在保证行程同步的同时，记录千斤顶压力表读数，与理论计算转体各角度钢索拉力情况做对比，避免出现 3 束钢绞线拉力不均匀的情况。

3. 受力部位变形监控

放张过程中专门设立监控小组，负责桥台位移、连接器变形、地锚、支座等受力较大部位变形情况监控，发现变形异常立即采取措施。

4. 转体位置监控

转体位置采用角度和坐标双控，刚开始转动时采用角度控制，当转体到 33°时利用坐标点精确控制，根据 0 号段上的预埋点，精确测量预埋点方向及标高，与转体到位时设计标高进行对比，及时与放张监控人员联系，确定千斤顶行程。

根据工期安排，斜腿放张到位至大桥合拢前还有 5 个月的时间，考虑钢绞线的松弛情况，在箱梁顶部预留 2cm 的沉降量，保证合拢后桥面标高。

5.2.5 紧扣缆风绳

为保证转体的安全，斜腿转体到位后锁定铰支座，并扣紧缆风绳。侧向缆风绳布置见图5.2.5。

5.3 背索平衡单边悬臂梁体施工工艺操作要点

5.3.1 确定背索拉力

根据悬臂梁自身重量，加上施工荷载，再按设计要求乘以安全系数，得出背索应承受的拉力，确定背索合理布置与数量。石太客运专线孤山大桥计算后，边跨梁端顶板设置6束、底板设置4束共计10束15-7φ5钢绞线作为背索，每束拉力为1280kN，共计平衡荷载12800kN。梁端平衡背索布置示意图见图5.3.1-1，平衡背索纵断面布置示意图见图5.3.1-2。

5.3.2 施工边跨前，先在桥台和边跨梁端预留背索孔道，孔道必需同轴，减少孔道摩阻力，保证背索提供设计承载力。

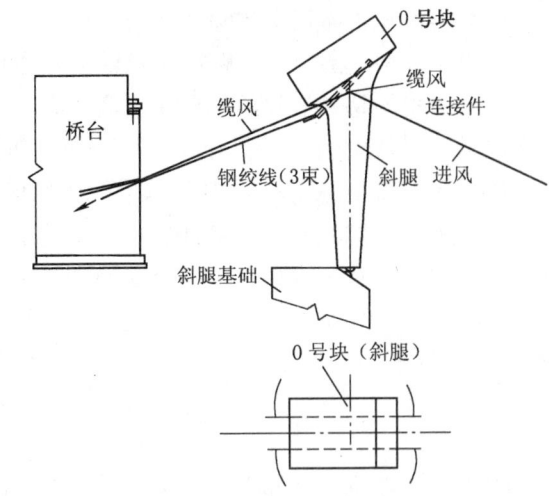

图5.2.5 侧向缆风绳布置图

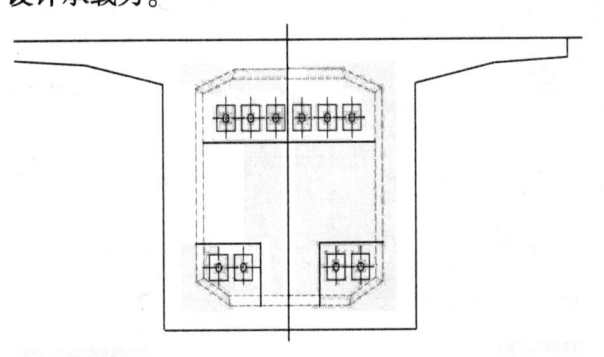

图5.3.1-1 梁端平衡背索布置示意图

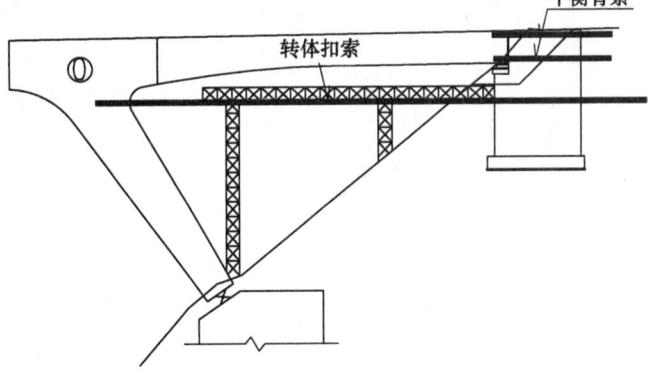

图5.3.1-2 平衡背索纵断面布置示意图

5.3.3 浇筑完成边跨后，在波纹管内穿入平衡背索，穿束前用大于钢绞线束直径0.5~1.0cm的通孔器疏通预应力管道，待通孔器无阻碍地顺利通过管道全程后方能穿束。穿束时，先将导管穿过孔道与预应力筋束连接在一起，以导线牵拉为主，以推送为辅。将平衡背索的一端穿过桥台固定在桥台或桥台背后的山体上，平衡背索的另一端穿过边跨梁端的波纹管固定在边跨上靠近桥台一端的实心梁体上。在张拉前，用刚性支撑物如钢板将边跨与桥台之间的梁端缝塞紧，避免因张拉力拉动斜腿及0号块。

待梁体混凝土强度达到设计强度90%后，张拉边跨预应力钢束。

5.3.4 中跨单边悬臂施工。

将边跨与台身通过背索临时锁定后，即可安装挂篮，进行中跨单边悬臂梁施工，直到跨中合拢。见图5.3.4。

5.3.4 背索平衡单边悬臂梁施工

5.3.5 合拢段施工和背索解锁、拆除。

中跨梁部合拢宜选择在一天中气温最低时进行。合拢段采用劲性骨架施工。当混凝土强度达到设计要求并张拉合拢段底板预应力束后，实施背索解锁。背索解锁的过程是悬臂梁受力体系的转换过程。平衡背索解锁时，必须两个边跨同步进行，顶、底板亦应对称进行。先拆除台后锚具，再从桥台与边跨梁端缝隙处剪断背索钢绞线，最后进行预留管道真空压浆封堵。

5.3.6 中跨预应力束张拉、管道注浆。

背索解锁和转体钢束解除后，张拉全桥中跨预应力钢束、锚固、注浆。

5.3.7 背索平衡施工中跨单边悬臂梁应力控制与线性控制。

根据结构的特性和结构所处的外部环境（主要是指荷载因素），在不破坏整体结构特征的前提下，先从理论上对背索受力进行建模计算分析，确定各施工阶段背索提供的应力和在各监测点所产生的相应位移。在悬臂梁施工过程中，不断采集现场实测数据，把每阶段索力实测结果和监测点挠度等跟理论计算结果进行对比，并对各种误差进行分析、识别、调整。当对比结果超出正常范围内的允许误差时，需要对包括背索在内的所有受力构件进行全面检查，排除误差产生因素，并在理论值与实测值比较吻合后才能继续施工。

6. 材料与设备

6.1 本桥竖向转体的特别材料主要有：扣索用每束 31 根共 3 束 93 根的 $\phi15.2mm$ 的钢绞线、牵引索用 2 根 $\phi28mm$ 钢绞线。平衡背索施工的特别材料主要有 10 束 15-7ϕ5 钢绞线，设计安全系数 2.5，10 束平衡背索总张拉力 12800kN（每束 1280kN）。

6.2 背索平衡无特别说明的施工设备，与一般的钢束张拉设备和悬臂梁施工设备一样。竖向转体主要设备见表 6.2。

竖向转体主要设备

表 6.2

序号	名　　称	数量	单位	备　　注
1	千斤顶	3	组	600t
2	千斤顶	2	台	300t
3	千斤顶	2	台	27t
4	液压泵	2	台	
5	液压泵站	1	个	
6	手拉葫芦	3	个	2t
7	手拉葫芦	4	个	20t
8	电子秤	2	台	
9	主控制台	1	台	
10	全站仪	1	台	
11	水平仪	1	台	
12	对讲机	10	个	
13	气割机	3		

7. 质 量 控 制

7.1 执行《客运专线铁路桥涵工程施工技术指南》TZ 213-2005、《客运专线铁路桥涵工程施工质量验收暂行标准》（铁建设［2005］160 号）。

7.2 对斜腿转体前期工作、转体实施、转体完成后均进行全程监控。

7.3 斜腿支座安装完成后通过全战仪、水平仪对安装质量进行检查，保证结果满足《客运专线桥涵工程质量验收标准》的要求。

7.4 对桥台、斜腿混凝土局部主拉应力及预埋螺纹钢受力进行计算，并验算安全系数满足设计要求，保证转体质量和施工安全。

7.5 转体过程中根据扣索放张量对斜腿的转角量进行监控，测量扣索放张量与斜腿实际转动角度的对应关系是否符合。

7.6 转体时三台千斤顶的同步控制保证相差不大于 5mm。

7.7 转体到位后对斜腿中线、0 号块梁顶标高进行测量，误差满足《客运专线铁路桥涵工程施工质量验收暂行标准》（铁建设［2005］160 号）的要求。考虑到钢绞线的松弛性，转体定位时标高加 2cm 的松弛沉降量。

7.8 背索用钢绞线不得有断丝或滑丝。

7.9 悬臂梁预应力钢绞线：断丝或滑丝不得大于 1 丝且每个张拉断面断丝之和不超过该断面钢丝总数的 1%。

7.10 单边悬臂梁段在浇筑前后和预应力张拉前后应按设计要求进行严格的梁体线形控制，控制标准应符合《客运专线铁路桥涵工程施工质量验收暂行标准》（铁建设［2005］160 号）的规定：桥梁轴线偏差：±10mm；桥梁顶高程：±10mm。

8. 安 全 措 施

本工法遵守《铁路工程施工安全技术规程》（上、下册）TB 10401-2003、《施工现场临时用电安全技术规范》JGJ 46-2005，同时还应注意以下事项：

8.1 为保证斜腿转体成功，必须做好充分的准备，并分析可能出现的意外情况制定好应急预案（例如顶推预案、救援预案等）。

8.2 制定全面、切实可行的安全质量保证体系。

8.3 在跨越省道部分采取必要的安全防护措施，保证省道的行车安全。

8.4 机具设备必须在转体前经过性能检验。对各类操作人员（包括扣索安装、锚索放张、转体监控等）均进行严格岗前培训，考核合格方能上岗。

8.5 转体时各工作点和监控点均要配备对讲机，竖转时听从统一指挥。转体范围内严禁站人。

8.6 背索张拉前，认真检查张拉设备和油表等，确保张拉安全、顺利进行。

8.7 解锁机具在使用前先进行严格检查，确保其能正常使用。

8.8 解除背索时，必须统一指挥，两岸桥台同时进行，保证解锁对称、同步进行。

8.9 合拢段施工前，对合拢段劲性骨架做全面检查，必要时做受力分析和预施应力试验，保证背索解锁时悬臂梁受力状态的安全转换。

8.10 负责解锁的指挥员和工人，必须先进行预演，确保解锁在规定时间内顺利完成。

9. 环 保 措 施

9.1 本工法占地小，无大型机械设备，基本受力都由桥体自身承担，环境破坏和污染小。

9.2 在地锚安装时应尽量减少对周围植被的破坏，地锚拆除后应恢复原植被。

9.3 气割时应清除周围易燃物，操作人员采取必要的防护措施。

10. 效 益 分 析

10.1 本工法独创了一种利用背索平衡来实现不对称悬臂灌注梁体的施工方法，提供了一种新的桥梁设计施工方向。

10.2 斜腿竖转和背索平衡施工均无需搭设大型支架和安装大型平衡吊装设备，节约了支架和平衡吊装设备的费用。

10.3 平衡背索预埋在桥台及梁体内，依靠增加桥台及墩底桩上的地锚力，使得斜腿刚构桥在突破跨径限制上拓展了方向，对斜腿刚构桥的推广应用有积极的意义。

10.4 本工法辅助施工设备少，占地小，基本受力都由桥体自身承担，环境破坏和污染小，节地和环保效益明显。

10.5 本工法解决了场地狭小，施工受限的问题，在跨越道路、铁路、河渠施工中，减少了通行封锁，对地形适应能力强。

10.6 孤山大桥竖向转体及单边悬臂施工综合技术自立项之初至桥体完工，一直备受建设、设计、监理、地方政府等各单位的重视，多次组织全线各单位来观摩学习，工程质量也得到了各方的高度评价。工程施工中和竣工后多家媒体给予了充分的报道和宣传，受到了广泛关注，成为石太铁路的一道风景线。

11. 应 用 实 例

11.1 工程概况

石太客运专线 Z2 标孤山大桥连接南梁隧道——太行山隧道，为两座单线铁路无砟轨道桥，设计时速 250km/h，主跨为 90m 的预应力混凝土斜腿刚构，梁部总长 145m（42.55m+60m+42.59m），主桥位于直线上，采用斜腿竖转结合单边梁体悬臂浇筑的施工方案。该桥为我国首座铁路大跨度斜腿刚构竖向转体桥。主桥下部斜腿及基础均采用钢筋混凝土结构，斜腿与基础铰接，设计倾角 56.435°，垂直长度 22.63m，立于"V"形山谷两侧陡壁上。桥面系采用板式无砟轨道，两座单线桥横向中心距 35m，与两端的单线无砟轨道隧道相接。石太客运专线孤山大桥效果见图 11.1。

图 11.1 石太客运专线孤山大桥效果图

11.2 施工情况

孤山大桥左右线共 4 个斜腿刚构，桥台施工时先预埋下连接器，桥台上部设置有贯通桥台并锚固在桥台背后山体上的锚索。

11.2.1 桥台及斜腿基础施工：施工桥台及斜腿基础，在斜腿基础上安装钢铰支座；桥台预埋下连接器，上部设置贯通桥台并锚固在桥台背后山体上的锚索，并对应边跨预埋波纹管及锚具垫板，或预留可穿入平衡背索的管件。

11.2.2 斜腿及 0 号块竖向浇筑成型：按斜腿轴线垂直位置固定钢铰支座的上摆并架设斜腿及 0 号块的支架和成型模板，在斜腿底部对应预埋钢铰支座上摆的支座钢板及加固件，在斜腿上部预埋上连接器、缆风绳连接器和牵引索连接器，进行斜腿及 0 号块的钢筋绑扎和混凝土浇筑，直至斜腿及 0 号块成型并达到强度。

11.2.3 斜腿及 0 号块转体：拆除成型模板，在桥梁中线的两侧对应斜腿及 0 号块设置岩锚或地锚，在斜腿的缆风绳连接器上固定缆风绳，缆风绳的另一端与岩锚或地锚扣接，在斜腿的上连接器上固定扣索，扣索的另一端经可同步调控放张的控制设备与桥台上的下连接器连接，拆除斜腿及 0 号块上靠跨中一侧的支架，并解除斜腿与斜腿基础的临时固接，然后放张扣索和缆风绳，同时启动牵引索给予初始动力牵引斜腿克服重量偏心，等斜腿转过分界点后即可利用斜腿自重使斜腿绕钢铰支座向对岸旋转；斜腿及 0 号块转体到位后，紧固扣索，紧扣缆风绳，待梁体浇筑合拢后再拆除拉索和缆风绳。

11.2.4 在边跨中预埋波纹管或预留可穿入平衡背索的管件，灌注边跨，待边跨达到设计强度后，在边跨和桥台上的波纹管或管件中穿入并张拉平衡背索，将边跨与桥台临时锁定。

11.2.5 采用挂篮从斜腿及 0 号块处开始向跨中悬臂式分段灌注中跨。

11.2.6 待中跨合拢段灌注完成并达到设计强度 90%以上后，两端桥台同时解除平衡背索，再进行桥面铺装、栏杆架设等施工形成全桥。

孤山大桥左右线共 4 个斜腿刚构，分别于 2008 年 4 月 7 日、13 日、17 日、25 日顺利竖转到位，其转体精度达到《客运专线铁路桥涵工程施工质量验收暂行标准》（铁建设［2005］160 号）的要求，随后完成全桥 4 个背索平衡单边悬臂梁体的灌注施工，于 2008 年 8 月全部胜利合拢，10 月铺轨完成，现在列车已经开通，整体运行情况良好，施工中及运营后均无安全事故发生，得到了各方好评。

时速 350km 高速铁路深水大跨桥梁裸岩基础施工工法

GJYJGF088—2010

中铁十四局集团有限公司　中国土木工程集团有限公司

魏贤华　张立岩　范春生　孙晓迈　王维发

1. 前　言

在深水裸露无覆盖层的通航河道中修建桥梁，一般采用双壁钢围堰施工，但传统的吸泥自下沉施工方法不能应用裸露的岩层。针对此地质特点，解决"钢围堰加工、下沉、抗浮以及基坑爆破、开挖"等施工问题需要进行系统的理论研究与实践，同时兼顾保证基础施工的安全、质量及解决施工对航道通航的影响问题。

广深港铁路客运专线 ZH-1 标沙湾水道特大桥跨紫坭河和沙湾水道均为（104m+2×168m+112m）连续刚构，基础位于裸露弱风化片麻岩岩层上，河床表面无覆盖层，片麻岩强度达到 800kPa。施工前期需解决超大型挡水结构的加工制作、拼装、下水、浮运、定位及下沉、抗浮，裸露基岩开挖的精度，大方量水下封底等这些全新的技术难题。

中铁十四局集团有限公司和中国土木工程集团有限公司联合设计单位和大专院校开展了科技创新，取得了"时速 350km 客运专线铁路 168m 连续钢构桥深水裸岩基础和梁部关键施工技术"新成果，于 2010 年 12 月通过山东省科技厅组织专家鉴定，技术达到国际先进水平。同时，形成了时速 350km 铁路客运专线深水大跨桥梁裸岩基础施工工法。此项工法技术先进，安全系数高，质量控制标准高，环境污染少。

本工法先后荣获 2009~2010 年度铁路建设工程部级工法、2010 年山东省省级工法、中铁十四局集团有限公司 2009 年度优秀工法一等奖。

由于在处理深水裸岩条件下使用双壁钢围堰施工承台方面效果明显，技术先进，故有明显的社会效益和经济效益。同时，对我国桥梁工程建设有着重要的指导意义，具有广阔的推广前景。

2. 工 法 特 点

针对深水裸岩基础的特点，传统的自下沉的施工方法无法进行，特制定了"先水下爆破开挖基坑，后下双壁钢围堰"的施工总体方案。同时对传统的双壁钢围堰加工进行了改进，增加了抗浮、防涌等措施，解决了此类工程的施工难题。

2.1 技术创新点多。对传统的双壁钢围堰技术进行了创新，开发了"填充式薄壁双层钢围堰施工技术"，对"填充式薄壁双层钢围堰结构设计技术"、"超大型填充式薄壁钢围堰的加工制作、水上拼装、浮运及沉放定位技术"、"先爆破开挖基槽后下钢围堰水下封底技术"、"岩石基槽水下精确爆破、GPS 定位开挖技术"、"超大体积承台基础施工技术"等技术、工艺、工法创新改进，综合上述总体施工方案，形成一套完整、有效、先进、安全的施工工法。

2.2 爆破精度高。针对水文地质条件、环境影响、通航要求等特点，采用毫秒导爆管微差起爆网路，成功的对基坑进行了精确爆破。

2.3 安全系数大、推广前景广阔。为嵌入裸露基岩和软质岩层中双壁钢围堰施工提供了宝贵经验，"先挖后下"的施工工艺安全、可靠，为同类工程提供了借鉴意义。

2.4 综合效益显著。在沙湾水道特大桥桥梁工程取得了成功应用，化解了施工风险，缩短了施工工期，节约了施工成本，具有社会经济效益和广泛的推广应用价值。

2.5 工法可操作性强，工艺技术标准高。保证了工程项目建设达到安全、快速、经济目标的实现。

3. 适 用 范 围

3.1 适用于深水裸露岩层基础施工，以及类似地质条件下的基础施工。

3.2 适用于基础采用双壁钢围堰施工、混凝土围堰的桥梁基础施工。

4. 工 艺 原 理

采用双壁钢围堰进行桥梁低桩承台基础施工，并对传统的双壁钢围堰技术进行了创新，通过使用 midas civil 7.8 软件的计算，对钢围堰进行单元模拟，开发了"填充式薄壁双层钢围堰施工技术"，通过地质超前钻探，针对河床下地质条件较好、无覆盖层，岩层较硬的裸露岩石情况，在 GPS 定位下实施岩石基槽水下精确爆破开挖，爆破采用毫秒导爆管微差起爆网路。同时制作加工填充式薄壁双层钢围堰，为防止围堰变形，采用"间隔焊接"的焊接技术。另外对双壁钢围堰的下水、浮运、定位、下沉、水下封底、围堰抗浮等全程进行质量跟踪，安全控制，以到达压缩工期、提高效率施工大体积混凝土承台的目的，使主体结构能安全顺利地建成。

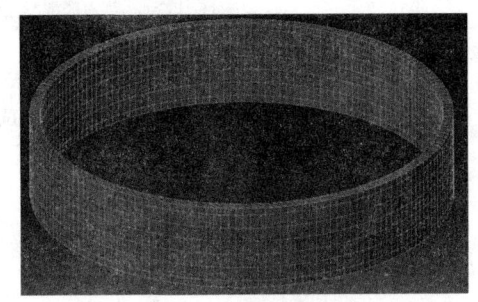

图 4-1　围堰计算模型图

5. 施工工艺流程及操作要点

5.1　施工工艺流程（图 5.1）

5.2　操作要点

5.2.1　填充式薄壁双层钢围堰结构设计（图 5.2.1）

设计 1：紫坭河双壁钢围堰采用圆形双薄壁钢壳和混凝土组合结构，钢围堰内直径为 φ31m（较承台对角线每侧大 100cm），外径 φ32.6m，壁间厚度 80cm，壁内全部填充 C20 混凝土。内外壁钢板厚度 3mm，竖向主龙骨采用 ∟75×50×5 角钢，横向主龙骨采用 ∟63×6 角钢，横向主龙骨间采用 6mm 扁钢加强，壁间斜撑采用 ∟63×6 角钢。龙骨间距根据高度方向水压力不同而不同。平面分 8 块，块间用 5mm 厚钢板设置隔仓板，底节预制高度为 3m，以上节预制高度为 4.5m 或 6m。单块钢围堰吊装最大重量约 8t。块与块之间、节与节之间相连均采用 8mm 钢板焊接。双壁钢围堰设计充分考虑了成型后钢壳和混凝土共同受力，因此钢壳设计比较轻型化，平均用钢量约为 100kg/m²。

设计 2：沙湾河双壁钢围堰采用了变截面设计，河床以下部分采用与紫坭河双壁钢围堰一样的钢壳与混凝土组合结构（壁厚 80cm）。而河床

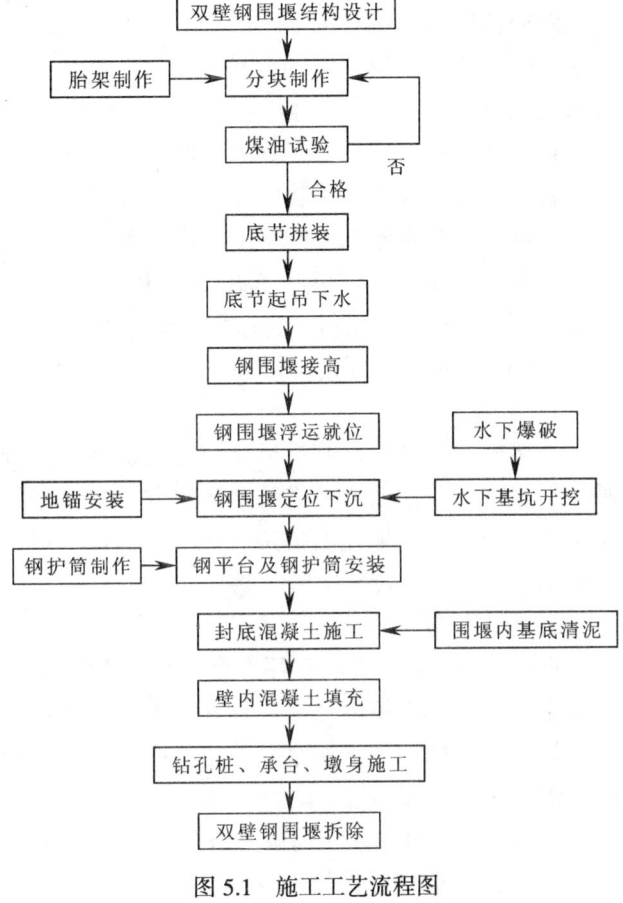

图 5.1　施工工艺流程图

流程图文字：
双壁钢围堰结构设计 → 分块制作 ← 胎架制作；分块制作 → 煤油试验 →（合格/否）→ 底节拼装 → 底节起吊下水 → 钢围堰接高 → 钢围堰浮运就位 → 钢围堰定位下沉 ← 地锚安装；钢围堰定位下沉 ← 水下基坑开挖 ← 水下爆破 → 钢平台及钢护筒安装 ← 钢护筒制作 → 封底混凝土施工 ← 围堰内基底清泥 → 壁内混凝土填充 → 钻孔桩、承台、墩身施工 → 双壁钢围堰拆除

以上部分壁间厚140cm，内外壁板δ6mm钢板，内支撑主要采用└75×8和└75×10角钢，壁内填砂。

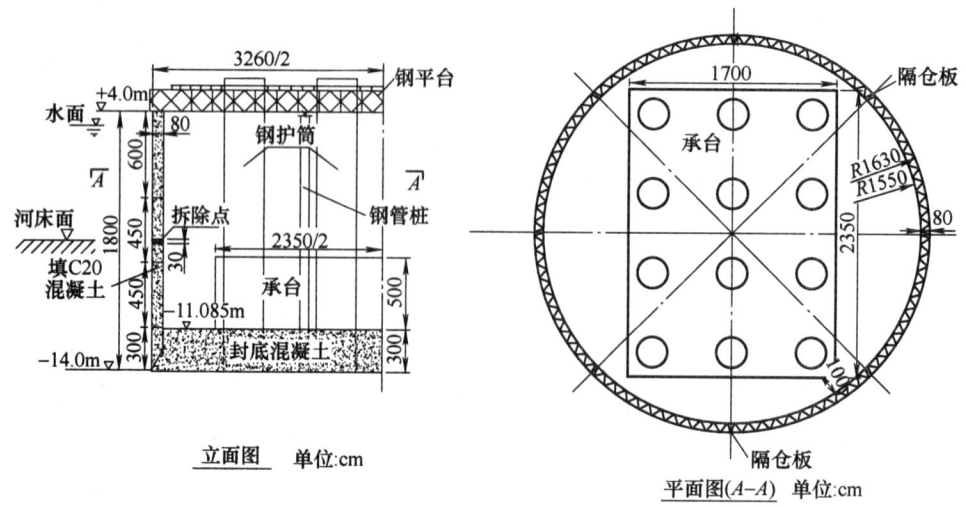

立面图　单位:cm
　　　　　　　　　平面图(A-A) 单位:cm

图 5.2.1-1　双层钢围堰设计图

5.2.2　填充式薄壁双层钢围堰加工制作施工

1. 分块制作

为提高填充式薄壁双层钢围堰加工精度，形成规模化流水线生产，在钢围堰加工场地内先加工4座胎架，钢围堰分块在胎架上制作。由于钢围堰壁板较薄（3mm），采用BX5-63B型薄板电弧焊机焊接。每块钢围堰焊接完毕后，内、外壁板焊缝必须进行煤油渗透试验。煤油渗透试验检验方法为：焊缝外涂白垩粉浆，晾干后内刷煤油，经过半小时后检查，无煤油渗漏斑点为合格。否则渗漏处焊缝必须铲除重焊。

2. 整体拼装

双壁钢围堰3m底节总重约40t，河堤边水深约4m。可以采用"滑道法"、"拼装船法"和"整体吊装法"下水。滑道法需铺设较长滑道，需要较多钢材，而且耗时较长；而拼装船法则需要较多的大型水上船只和施工设备。经综合比选后，底节钢围堰采用了"整体吊装法"下水。

首先紧靠河边填筑并平整出一块50m×50m场地，作为临时码头和底节钢围堰拼装场地。然后在码头上将底节钢围堰逐块拼装成型，并设置四个吊点。最后采用两台25t浮吊和两台岸上50t汽车吊同时起吊，浮吊始终不松钩，汽车吊将底节钢围堰吊起后向水中摆动，每次摆动约6m，然后临时将底节放下，汽车吊也前移6m，再次起吊向水中移送6m，如此反复6次，即可将底节全部放入水中。这种下水方法既不必占用大量钢材，也避免了动用大型水上船只设备，节约了施工成本。

5.2.3　围堰水上浮运、拼装

1. 浮运

浮运前要事先确定好浮运就位位置、浮运路线，并探明浮运路线范围内的水深。注意避开天文大潮，尽量选择平潮时开始进行浮运，并请海事局警戒船疏导来往船只。浮运采用3条拖船，一条主拖船牵引，两条辅拖船左右挟持。主拖船提供主要的拖力和掌握前进方向，辅拖船负责提供部分拖力和防止双壁钢围堰旋转和摆尾。

2. 水上拼装

钢围堰就位固定后，采用2台25t浮吊水平环向对称对钢围堰进行接高。为保持钢围堰接高过程中的水平，可采用在壁内充水或抽水的方法来进行调整。接高时先采用点焊固定，确认位置合格后再全面开始焊接。同一节八块之间的桁架必须保证闭合，以保证整体受力安全。壁板采用搭接焊或贴板焊接，焊缝必须做煤油渗透试验来进行检查。

5.2.4　岩石基槽水下精确爆破开挖

1. 水下精确爆破设计

1）水下爆破设计参数

沙湾水道墩位处河床为裸露基岩，无覆盖层，基坑开挖采用了水下爆破。水下爆破设计参数见表5.2.4-1。

水下爆破设计参数表　　　　　　表 5.2.4-1

序号	名　称	代用字母	单位	数量	备　注
1	炮孔孔径	d	cm	11	
2	炮孔间距	a	cm	220	
3	炮孔排距	b	cm	220	梅花形布孔
4	炮孔倾角	α	°	90	垂直钻孔
5	超钻深度	h	cm	150	
6	单位炸药消耗量	q	kg/m³	1.10	乳化炸药
7	单孔装药量	Q	kg	32.5	
8	最大段别起爆药量	Q_{max}	kg	368.4	

2）爆破网路

采用毫秒导爆管微差起爆网路（图5.2.4-1）。在水中爆破时，瞎炮率比较大。为避免产生瞎炮，每个炮孔应采用两点起爆（图5.2.4-2）。在炮孔的下部、上部各设一个起爆点，每个起爆点放二枚雷管。孔内并联，孔外串联。非电雷管共分 MS1、MS3、MS5、MS7 四段。

2. 岩石基槽水下爆破施工

1）水下钻孔

采用 6 台 GY-2A 型潜孔钻一字排开固定在钻探船上同时钻孔，孔位采用 GPS 定位。GY-2A 型潜孔钻可以克服该水域无覆盖层和岩层破碎不利于爆破成孔的缺点。在钻孔完毕时，外套管仍留在原位，待装药堵塞完毕后才取出。

2）装药、堵塞

水下爆破采用 2 号岩石乳化炸药。为方便施工，炸药加工成直径为 φ80mm 的长条圆柱形药卷，并采用特定的塑料波纹管装成柱状，每 50cm 长一节，节与节之间采用螺旋式拧入连接。在塑料波纹管高度方向的 1/3 和 2/3 处各开一小洞，分别将雷管插入药卷内。在药卷一端绑上引绳。用引绳把药卷顺钻孔外套管匀速放下，直至设计位置。为减少冲击波的强度，施工中采用直径 φ70mm，长 60cm 砂袋装河砂，将装药后的炮孔顶部堵上。最后把外套管轻轻取出。

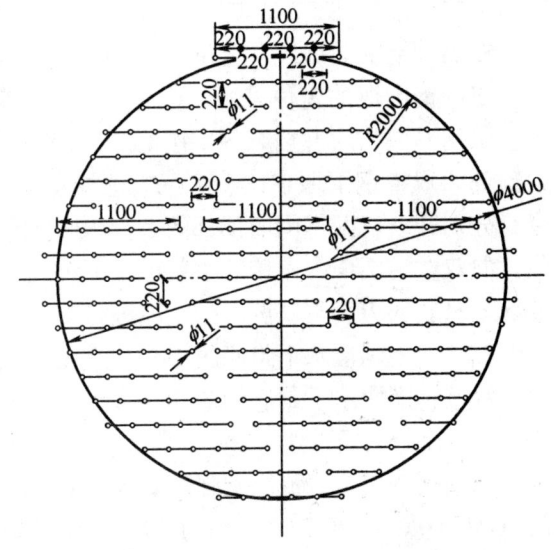

图 5.2.4-1　水下爆破钻孔位置图

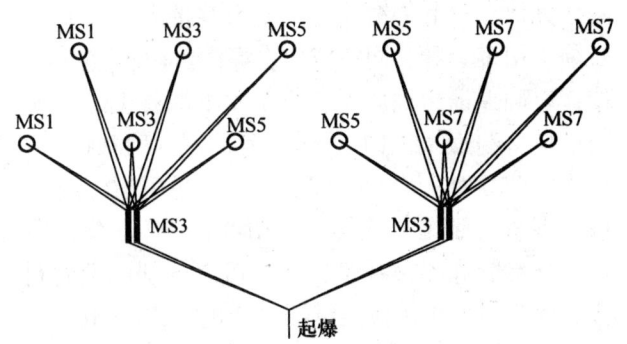

图 5.2.4-2　爆破网络图

3）联线

联线可在钻探船上进行。每一排孔的尾线分别绑扎在一竹杆上。要注意炮孔的次序与尾线绑扎次序相一致，以免网路连接出错。竹杆两头固定一漂浮物，以增加整个网路系统的浮力。网路由最后一个接力组的连接雷管的尾线引至岸边，起爆电雷管在警戒完毕后才连上网路。

4）警戒和起爆

起爆警戒前通知海事局 3 艘警戒船，对航道进行短时间封航，每次封航时间约 30min。警戒时从爆区向外辐射清理无关人员和船只到危险区以外。警戒完毕，再进行起爆雷管的连接，连接完成后，立即起爆。起爆完成并检查安全后恢复通航。

5.2.5 水下基坑开挖

紫坭河墩位处水下基坑直接开挖，沙湾水道墩位处水下爆破完成后再进行开挖。水下开挖采用 8m³ 水上抓斗进行，全齿型抓斗上配有利齿，而且自身重量较大，可以击碎岩石。因此对于软质岩石开挖，抓斗式挖泥船非常方便而快捷。抓斗船(性能见表 5.2.5)上配 GPS 定位和测深仪，可以精确判断(误差在5cm 以内)抓斗的开挖位置和深度。基坑开挖完毕后，采用 GPS 侧深仪来进行扫床测量，可以准确测出基坑底各点的标高。通过电脑软件分析整理后，可以打印出水下基坑的各点标高图，准确而方便。

抓斗式挖泥船性能表　　表 5.2.5

船总长	42m	吊机臂长	18m	作业最大深度	水下 45m
船宽	16.8m	起重荷载	60t	作业半径	11~15m
型深	3.5m	抓斗形式	全齿型	水上定位仪型号（GPS）	HD8900
主机功率	1500kW	抓斗容积	8m³	测深仪型号	SDH–13D

5.2.6 钢围堰沉放、定位

双壁钢围堰的定位采用"中心定位法"定位。在双壁钢围堰顶部沿直径方向安放 36m 长双拼贝雷梁，采用 90 号花窗连接。用钢尺定出双壁钢围堰中心位置，并用 ϕ16mm 钢筋竖直标示，固定在贝雷梁顶部。双壁钢围堰定位、下沉应选择在平潮时进行。采用两台全站仪交叉定位。根据测量人员的指令，分别开动双壁钢围堰顶部的 5 台 10t 卷扬机，来进行精确定位。由于水下基坑已按设计标高开挖到位，向双壁钢围堰内直接灌水就可以下沉到位。双壁钢围堰下沉就位后，潜水员须探明钢围堰底部着床情况。对底部刃脚与基坑底的空隙进行支垫，确保双壁钢围堰底部着床良好。

5.2.7 钢围堰水下封底施工

双壁钢围堰水下封底的成功与否，直接关系到承台基础施工的成败，因此封底的好坏至关重要。

1. 围堰内水下封底

双壁钢围堰封底混凝土强度等级为 C20，C20 水下混凝土设计配合比为水泥:砂:石子:水:粉煤灰:外加剂（HT-HPC）=190:826:970:171:190:3.8。混凝土缓凝时间不小于 24h，坍落为 18~22cm。封底混凝土厚度为 400cm，考虑围堰内基坑超挖以及钢围堰外部基坑，本次封底混凝土总方量约 4000m³，一次性灌注完成。封底混凝土与钻孔灌注桩灌注水下混凝土基本相同，所不同的是双壁钢围堰封底面积较大，必须采用多套导管同时或依次灌注。初次灌注或移动交换位置（导管已提出混凝土面）时，必须进行剪球，以确保证封底质量。浇筑水下混凝土时，导管口离基坑底约 20cm，混凝土的扩散半径约为 3~4m，圆锥体率约为 1/5~1/10，考虑到围堰内壁和护筒外壁阻挡等因素，由于混凝土方量较大，本次封底采用 3 台 HZS100Q 同时供应混凝土，共采用 10 台混凝土搅拌车运输混凝土，采用两台 HBT80 型输送泵同时输送混凝土到施工现场，采用两台 HG12 型布料杆分布混凝土。两台布料杆一般同时向同一料斗中倒料，如导管和浮吊数量允许，可以分别向不同料斗中布料。管理、技术、施工、后勤人员必须相互配合，保证混凝土供应连续不间断进行，在 40h 内完成本次封底。

封底混凝土灌注顺序为从四周向中间进行，首先从钢围堰四周开始剪球灌起，当灌注点混凝土顶面标高基本与设计标高相等时，开始移动导管，移动时尽量不将导管底移出已灌混凝土顶面，如确须提出混凝土面，在下次灌注混凝土前必须重新剪球。

封底混凝土灌注顶面平均标高一般比设计标高低约 20cm 左右，以便减少将来的清凿量，不足之处可以在抽水后用混凝土补平。

由于封底面积较大，施工时在围堰内布置至少 19 个主要测点，在灌注过程中随时用测绳进行测量，掌握混凝土的流动情况便于及时调整导管的埋深和位置。

2. 壁内填充混凝土

6 号、7 号墩双壁钢围堰壁内全部灌注混凝土，14 号墩双壁钢围堰下部 8m 壁内灌注 C20 混凝土。采用导管法水下灌注，每个隔仓内设 2 个灌注点。每次灌注高度约 3m。沙湾河道 14 号墩双壁钢围堰上部 10m 灌砂，采用运砂船水上运输，将砂用输送带直接打入壁内，一次性灌注完毕。

3. 钢平台、钢护筒安装

双壁钢围堰在落床、定位并锚固牢固后，开始搭设钢围堰顶钢平台。钢围堰顶平台采用贝雷梁和型钢结构平台尺寸为 30m×24m。钢护筒直径采用 ϕ280cm，壁厚 12mm。为确保钢护筒在封底混凝土浇筑过程中不发生位移，钢护筒设两层导向架，上层利用钢平台型钢桁架，下层利用钢管桩顶横梁和钢围堰内壁焊制导向架。

为了增加钢护筒与桩基混凝土和封底混凝土之间的摩阻力，让桩基更好地参与钢围堰抗浮。在钢护筒下放前，在底部 3m 范围内壁加焊环向 ϕ25mm 钢筋，间距 50cm，在外壁加焊"U"形剪力筋。

5.2.8　裸岩条件下低桩承台基础施工

1. 围堰内清淤

双壁钢围堰下沉到位后，搭设钻孔钢平台施工桩基，桩基施工完毕后，割除护筒，拆除平台。平台拆除完成后，进行抽水，完成后进行围堰清淤，利用泥浆泵和大功率污水泵配合抽水。抽水完成后，首先采用抓斗船围堰内清抓淤泥，当围堰内有作业空间时，浮吊将小型挖机吊入围堰内开始作业，小型挖机将淤泥挖至抓斗船作业范围内，抓斗将淤泥抓至泥浆船上。如此循环反复。

2. 桩头凿除

基坑开挖完成后，进行桩头凿除，桩头深入承台 20cm。桩头凿除时要严格控制标高。

3. 找平混凝土

桩头破除完毕后，进行围堰内封底混凝土的找平，找平层标高严格控制，不得高于设计承台底标高，采用 C20 混凝土。

4. 承台混凝土施工

混凝土承台的尺寸为 23.5m×17m×5m 的长方形结构，设计有 3 层冷却管，分二次浇筑，分层浇筑的厚度为 3.0m，+2.0m。浇筑混凝土最大方量为 1198.5m³，按拌合及泵送能力 80m³/h 计，每次浇筑时间约为 15h。浇筑时，应从承台中心向两侧对称浇筑施工，防止承台模板因受力不均匀而产生偏移。

承台第一次浇筑完成后，待混凝土强度达 80%以上后方可浇筑第二层混凝土，浇筑时每层混凝土顶面预留剪力企口槽，并将连接处界面凿毛。

5. 承台混凝土温度控制措施

采用低热值水泥掺加粉煤灰和缓凝减水剂的双掺技术，减少混凝土的单位用水量、减少水泥用量，从而减少水化热，提高混凝土的强度。高温季节对砂、水泥遮盖，对碎石进行洒水降温。气温较低时，混凝土表面层采取有效的表面蓄热养护措施，减小内外温差。布置冷却水管，随时掌握混凝土内部温度的变化情况，及时通水冷却，降低混凝土内部温度，减小内外温差。混凝土浇筑应在一天中气温较低时进行。混凝土分层浇筑厚度不超过 30cm。混凝土浇筑采用插入式振动器振捣，振动棒与模板间距保持 5~10cm，振捣时每次插入下层混凝土 5~10cm。

5.2.9　钢围堰拆除

待墩身施工出水面后，拆除钢围堰。由于 14 号墩双壁钢围堰河床以上部分壁内全部填砂，拆除可以在壁内混凝土顶面处直接进行水下切割。6 号、7 号墩双壁钢围堰为了拆除方便，在河床处设置了环向 30cm 高砂夹层，内外壁采用 6mm 钢带加强。切割完毕后采用 40t 浮吊起吊，装船运走。

5.3　施工注意事项

5.3.1 重视钢围堰加工、拼装质量。要以设计图为施工依据，施工过程中严格控制加工工艺和焊接水平。上下隔舱板对齐，各相邻水平环形板对齐，上下竖向肋角必须和水平环形板焊牢。施焊成型并经逐层检查焊接质量并做水密性试验后方可下水。所有壁板和隔板舱的焊缝，都应作煤油渗透试验，不合格者应将焊缝铲除重焊。

5.3.2 重视水下爆破参数控制。施工过程中为慎重起见,第一次爆破时应按爆破安全规程规定的安全距离(上游 800m,下游 500m)进行警戒,并量测与地质、地形有关的系数 K,与设计参数使用值比较,如果两组参数吻合情况良好,则在第二次及其以后的施工中按设计距离警戒,如果吻合不好,要按实际测量值重新计算出安全距离及警戒距离。爆破前,爆区周围 500m 水域范围内的非施工人员应清理、疏散,完毕后方可爆破。

5.3.3 重视爆破开挖过程中的测量复核工作。施工过程中,采用全站仪对 GPS 定位点以及爆破开挖深度进行测量、复核,发现偏差超出设计范围,应查明原因。

5.3.4 重视天气对施工的影响。遇大风、水位暴涨、雷雨天气等情况,禁止进行钻孔、量孔等作业。

5.3.5 重视施工过程中的环境保护问题。针对施工特点,制定环境保护制度,要随时观测施工过程中水质变化、污染情况,并严格控制施工工序减少对环境的污染和破坏。

5.4 劳动力组织

劳动力人员配置表 表 5.4

序号	专业分工	人数	主 要 职 责
1	指挥人员	3	全面管理,决策、组织、协调、指挥
2	技术攻关组	6	开展技术攻关活动,对课题进行研究总结,制定技术方案,提出重大技术措施变更
3	技术指导与质量控制	10	编制技术交底,组织技术培训,指导现场施工,进行质量监控检查和纠正,积累技术资料,做好施工记录
4	安全保证	2	实施全员安全管理,建立岗位责任制,制定规章制度并组织落实,组织安全教育,进行安全控制
5	施工保障	2	物资工艺,机具设备维护等
6	施工计划与核算	2	制定工期计划,进行成本核算
7	测量工	4	进行测量定位
8	焊工	30	进行双壁钢围堰的焊接作业
9	爆破工	20	进行水下爆破作业
10	吊装工	8	进行吊装作业
11	电工	2	进行电力维修
12	机动人员	60	配合其他工种作业
13	工班长	4	监督与施工协调
	合计	153	

6. 材料与设备

6.1 材料

本工法具体使用材料见表 6.1。

主要材料表 表 6.1

序号	材料名称	材料规格(mm)	技术指标	使用要求	备注
1	角钢	∟75×50×5	均满足试验规程要求	Q235	围堰加工
		∟63×6			
		∟75×8			
		∟75×50×8			
		∟160×100×12			
2	钢板	$\delta=6$mm	均满足试验规程要求	Q235	
		$\delta=5$mm			
		$\delta=3$mm			
		$\delta=8$mm			
3	混凝土	水下 C20	符合试验及规范要求		围堰壁内填充
4	砂	中粗			

6.2 设备

施工采用的主要设备见表 6.2。

序号	设 备 名 称	规格、功率	单位	数量	主要用途	备 注
1	运输船	27×8.1m	艘	2	装运设备	
2	交通船	100HP	条	1	运输工人	
3	浮吊	60t	台	1	吊装钻机，钻锤	
4	浮吊	25t	台	1	吊装钢筋笼	
5	混凝土拌合站	HZS100Q	台	3	混凝土拌合	
6	混凝土搅拌运输车	8m³	台	10	混凝土运输	运距 12km
7	混凝土输送泵	HBT80	台	2	混凝土输送	
8	布料杆	HG12	台	2	混凝土布料	
9	变压器	500kVA/315kVA	台	3/1	提供电压	
10	发电机	200kW/150kKW	台	1/1	提供电源	
11	水上长臂挖机	臂长 18.24m	台	1	水上挖掘	
12	潜水及水下切割设备		套	1	水下作业	
13	抓斗船	42×16.8m	艘	2	水下基坑开挖	
14	爆破船		艘	1	水下基坑爆破	
15	GPS 测深船		艘	1	基坑深度测量	
16	潜孔钻	GY-2A	台	6	水下钻孔	

7. 质 量 控 制

7.1 执行的标准、规范

钢围堰施工质量严格执行《铁路桥涵工程施工质量验收标准》TB 10415。

7.2 质量控制措施

7.2.1 双壁钢围堰的加工控制

1. 总体尺寸：每节钢围堰拼装完成后，整体尺寸应与设计要求相符，允许偏差应符合下列规定：

平面直径±$D/800$（D 为直径）；

顶平面相对高差：全围堰 20mm，围堰相邻点 10mm；

围堰厚度±1.5mm。

2. 拼焊质量：上下隔舱板对齐，各相邻水平环形板对齐，上下竖向肋角必须和水平环形板焊牢。相邻块件外壁板对接应准确，错差不大于 1mm，接缝缝隙 0~2mm，可采用对接焊、搭接焊或贴板焊接，但必须满焊并保证水密。所有壁板和隔板舱的工地焊缝，都应作煤油渗透试验，不合格者应将焊缝铲除重焊。

3. 上下隔舱板对齐，各相邻水平环形板对齐；上下竖向肋角必须与水平环形板焊牢。

7.2.2 水下岩石基槽精确爆破控制

1. 精心设计爆破方案，控制一次起爆总药量和单孔药量，减小水中冲击波和涌浪。

2. 严格按爆破设计施工，遇有情况变化时，应由设计人员进行调整。

3. 严格遵守爆炸物管理条例的有关规定，做好对爆破器材（包括炸药、雷管、连接器材、起爆器等）的运、存、用等工作。

4. 确保装药、堵塞、连线关键工序的施工质量。

5. 爆破前必须对炮孔进行准确测量，按孔深确定药量。

6. 做好对炮孔的位置、孔径、孔深的验收。

8. 安 全 措 施

8.1 安全管理措施

8.1.1 建立健全安全责任制；进行全员安全意识教育，建立完善的施工安全保证体系，加强施工作业过程的安全检查，确保作业标准化，规范化。

8.1.2 制定适应该工程特点的施工安全措施和注意事项，并在施工过程中认真执行。

8.1.3 认真贯彻"安全第一，预防为主"的方针，根据国家有关规定、条例，结合施工单位实际情况和工程的具体特点，组成专职安全员和班组兼职安全员以及工地安全用电负责人参加的安全生产管理网络，执行安全生产责任制，明确各级人员的职责，抓好工程的安全生产。

8.1.4 施工安全执行《爆破安全规程》GB 6722，施工过程中严格执行安全培训制度、特种作业人员持证上岗制度、安全责任制度、安全应急预案制度、安全检查制度等管理制度。

8.2 安全技术措施

8.2.1 施工现场按防火、防风、防雷、防洪、防触电等安全规定及安全施工要求进行布置，并完善布置各种安全标识。

8.2.2 氧气瓶与乙炔瓶隔离存放，严格保证氧气瓶不沾染油脂、乙炔发生器有防止回火的安全装置。

8.2.3 施工现场的临时用电严格按照《施工现场临时用电安全技术规范》JGJ 46 的有关规范规定执行。

8.2.4 电缆线路应采用"三相五线"接线方式，电气设备和电气线路必须绝缘良好，场内架设的电力线路其悬挂高度和线间距除按安全规定要求进行外，将其布置在专用电杆上。

8.2.5 在确定的爆破危险区边界设置明显的标志，建立警戒线、采用标准的警戒信号，保证人员、附近建筑物的安全。

8.2.6 进行爆破作业前设定警戒区域，并派专人巡查，严禁爆破作业时水域 1km 以内的任何人员进行潜水、游泳等活动，严禁水域 200m 以内有船舶进入。水下爆破的钻孔定位和装药建立严格的复检制度，保证作业的准确性，防止出现严重错误而造成危险。

9. 环 保 措 施

9.1 执行的规范、标准

环境保护执行《中华人民共和国环境保护法》，按照 ISO14001 标准建立环境管理体系并实施。

9.2 进场环保措施

9.2.1 建立与质量安全保证体系并行的环境保护保证体系，配备相应的环保设施和技术力量，争取当地政府和环保部门的指导监督，全面控制施工污染、减少污水、空气粉尘及噪声污染，严格控制水土流失，达到国家环保标准。

9.2.2 强化环保宣传和思想教育工作，使环保意识全面深入人心，真正认识到环保的重要作用。

9.3 过程环保措施

9.3.1 施工中，对填充式双层薄壁钢围堰的设计、拼装、浮运、下沉定位及水下基坑的爆破开挖、围堰的水下封底施工工艺进行了系统试验和研究，就地取材，利用沿线征地，就地进行加工、拼装，在施工过程中保护了环境。

9.3.2 水下基坑的爆破及基坑开挖，采用了比例恰当的装药量及炮孔间距，清理基坑时，采用了 GPS 定位船只，只对基坑范围内进行清理，并采用大方量水上抓斗船进行清理，缩短了清理时间，减小了对水下河床的扰动及水环境的污染。

9.3.3 生活中污水禁止直接排入河道中；固体废弃物、废料等采取集中存放，采取集中再处置的原则。

9.4 竣工环保措施

施工结束后，进行现场清理，做到工完场清。

10. 效 益 分 析

10.1 经济效益

本工程在大直径轻型双壁钢围堰设计上进行了大胆的尝试，壁间80cm厚双壁钢围堰用钢量仅为约100kg/m²，大大节省了钢材用量。用钢量约相当于钢吊箱的50%，相当于钢板桩围堰的40%，节省了施工成本。同时对双壁钢围堰施工工艺进行了多处创新和改进，避免了动用较多的大型水上施工设备，节约了投入。本工程材料和设备累计节约253万元，产生了较好的经济效益。

10.2 社会效益

10.2.1 本工程为嵌入裸露基岩和软质岩层中双壁钢围堰施工提供了宝贵经验，"先挖后下"的施工工艺安全、可靠，促进了深水裸岩施工技术的进步。产生了良好的社会效益。

10.2.2 本工程大胆尝试使用了大方量抓斗船及水下爆破施工，并对钢围堰的施工工艺进行了多处创新及改进。大方量抓斗船在开挖水下软质岩层时非常快速、精确；水下爆破以及双壁钢围堰抗浮设计的成功实施为类似工程提供了宝贵经验，取得了一批较有价值的参数，具有较好的推广价值并产生了良好的社会效益。

10.3 环保、节能效益

本工程在组织施工过程中，围堰加工、拼装场地易于布置、工程进度快、干扰因素少、有利于文明施工、各种资源能较好地利用，节约了大量场地占用等费用。通过围堰整体拼装下水，整体拖运到位，避免污染，减少占用河道资源，产生了较好的节能与环保效益。

11. 应 用 实 例

11.1 沙湾水道特大桥6号墩基础工程

11.1.1 工程概况

沙湾水道特大桥主桥为跨紫坭河（104+2×168+112）m和跨沙湾水道（112+2×168+104)m的悬臂现浇预应力混凝土连续刚构桥，位于广州市番禺区沙湾镇紫坭村。本桥6号墩基础位于紫坭河道，低桩承台尺寸为23.5m×17m×5m，基础所在位置处水深11m，河床无覆盖层，基础位于强风化片麻岩层上，传统注水下沉的方法不可用，加之工期短，任务重，技术难度高，给施工安全、技术、质量、环境保护造成从未有过的困难。

11.1.2 施工情况

采用本工法施工，钢围堰下沉到位后，各项偏差符合规范要求。该桥墩基础于2007年3月开始施工，2008年3月墩身施工出水面。

11.1.3 应用效果

本工法针对强风化的地质条件，通过对传统钢围堰的设计改进、创新，采用先开挖基坑后下沉薄壁双层钢围堰的施工方法，取得了缩短工期、节约成本等良好效果，有着较大的社会、工期及经济效益。

11.2 沙湾水道特大桥7号墩基础工程

11.2.1 工程概况

沙湾水道特大桥主桥7号墩位于广州市番禺区沙湾镇紫坭村紫坭河道。低桩承台尺寸为23.5m×

17m×5m，基础所在位置处水深 11m，河床无覆盖层，基础位于强风化片麻岩层上。

11.2.2　施工情况

采用本工法施工，钢围堰下沉到位后，各项偏差符合规范要求。该桥墩基础于 2007 年 8 月开始施工，2008 年 4 月墩身施工出水面。

11.2.3　应用效果

本工法针对强风化的地质条件，通过对传统钢围堰的设计改进、创新，采用先开挖基坑后下沉薄壁双层钢围堰的施工方法，取得了缩短工期、节约成本等良好效果，有着较大的社会、工期及经济效益。

11.3　沙湾水道特大桥 14 号墩基础工程

11.3.1　工程概况

14 号墩位于广州市番禺区沙湾镇紫坭村沙湾水道。沙湾水道为Ⅰ级航道，河面宽度约 350m，基础所在位置处水深 13m，位于河床下裸露的岩层上，承台基础尺寸为 23.5m×17m×5m。

11.3.2　施工情况

采用本工法施工，钢围堰下沉到位后，各项偏差符合规范要求。该桥墩基础于 2007 年 9 月开始施工，2008 年 6 月墩身施工出水面。

11.3.3　应用效果

本工法针对裸露的地质条件，通过对传统钢围堰的设计改进、创新，采用先爆破开挖基坑后下沉薄壁双层钢围堰的施工方法，取得了缩短工期、节约成本等良好效果，多次受到铁道部各级领导、建设单位和监理单位的表扬，取得了较大的社会、工期及经济效益。

异型板桥梁"钢弹簧支顶"主动加固施工工法

GJYJGF089—2010

中铁十六局集团北京轨道交通工程建设有限公司　中国铁建股份有限公司

陈永栓　付丙峰　马栋　吴琼　郭秀琴

1. 前　　言

北京市国贸立交桥一期异型板区域为混凝土整体现浇异型板结构，由于桩基础发生了不同程度的沉降，导致中横梁抗剪能力不足，存在安全隐患。鉴于异型板桥是大型单点支承异型板桥，结构受力复杂，对不均匀沉降比较敏感，如何对其有效加固罕有先例。中铁十六局集团有限公司针对本工程特点，打破常规，应用主动加固理念，开创性采用了"钢弹簧支顶"加固方案，以π形钢盖梁与新型专利产品"测力可调盆式橡胶支座"相结合形成"弹性可调持续支承体系"，对横梁进行了有效支顶加固，在总结城市立交异型板桥梁综合补强加固施工技术的基础上形成了工法。该工法克服了桥下低矮空间作业、桥面带载施工、钢结构加工安装及支座安装调试精度要求高、施工风险大等技术难题，保证了加固质量和桥梁结构安全。

2010年9月27日，"城市立交异型板桥梁综合补强加固施工技术"经中国铁道建筑总公司评审，达到国际先进水平，其中"弹性可调持续支承体系"施工技术达到了国际领先水平。"城市立交异型板桥梁综合补强加固施工技术"获2010年度中国铁道建筑总公司科技进步一等奖；《异型板桥梁"钢弹簧支顶"主动加固施工工法》获2010年度中国铁道建筑总公司优秀工法一等奖。由于本工法在主动改善异型板结构桥梁受力条件、提高横梁抗剪能力、保护桥梁结构安全方面效果明显，技术先进，取得了明显的社会经济效益。施工完毕后，监测结果表明通过"钢弹簧支顶"使横梁承受荷载减轻约220t，大大提升了抗剪能力，同时预留了30%的安全储备，本体系具有持续可调功能，若后期桥梁受力状态改变，可对体系支顶力进行二次调整，大大节省后期维护费用。本工法技术先进、可推广性强，在桥梁加固、建筑工程加固及类似工程领域具有广泛的应用前景。

2. 工　法　特　点

2.1 提高了加固效率。采用"钢弹簧支顶"主动加固理念极大地改善了恒载受力，相对于传统的被动补强加固方法，大幅提高了加固效率。

2.2 工艺先进。采用了"同步液压顶升系统"，实现了钢盖梁同步顶升和测力可调支座受力转换；支座调试过程中，采用计算机实时监控系统，保证了安装精度，有效指导了施工。

2.3 体系具有自身调节功能，节能性好。"弹性可调持续支承体系"具有可调功能，可根据桥梁受力状态对支顶力进行调整，大大方便了后期桥梁维护保养，同时节省了费用。

2.4 对周边环境影响小。充分利用桥下空间，桥面不断行，不受季节影响，施工工期短，无粉尘、污水等污染因素。

3. 适　用　范　围

本工法适用于立交桥异型板结构、建筑工程梁板结构及类似工程的加固施工，尤其是梁板式构筑物基础局部下沉产生病害的治理，可有效改善结构受力状态。当构筑物下空间受限制时，可对钢盖梁及支座形式进行适当调整。

4. 工 艺 原 理

针对中横梁抗剪能力不足的状况，采用"钢弹簧支顶"主动加固技术，在异型板既有中墩两侧各增设 π 形钢盖梁，π 形盖梁两侧各设一处"测力可调盆式橡胶支座"，采用同步液压顶升系统对横梁及钢盖梁进行支顶，使钢盖梁产生弹性变形，当盖梁应力及应变达到设计要求后，调整测力可调支座使之上下各与中横梁与钢盖梁密贴并锁定，千斤顶卸载后，即可将支顶力通过支座传递至中横梁。π 形钢盖梁与"测力可调盆式橡胶支座"结合形成"弹性可调持续支承体系"——钢弹簧，通过"钢弹簧支顶"将原桥"单点支承"结构，转化为"三点支承"结构，改善了横梁受力条件。若后期桥梁受力状态发生改变，可对体系支顶力进行调整。

支顶过程中，采用计算机实时监控系统，通过在钢盖梁上设置应力及应变监测点，线路接至电脑终端，掌握支顶过程中盖梁各关键点的应力及应变变化，做到全过程信息化施工。

4.1 异型板及中横梁受力分析计算模型

结合工程实际情况，采用 midas-civil 有限元计算程序，对桥梁各种工况荷载（恒载、活载）、沉降情况（现况沉降、继续沉降）进行组合模拟分析，得出桥荷载工况下中墩支座顶横梁抗剪承载力不足，采用本工法支顶后，横梁中墩支座顶和支顶处抗剪承载力均满足要求。计算模型见图4.1。

4.2 π 形钢盖梁受力计算模型

对于横梁加固采用有限元计算程序 ANSYS，结合工程实际情况进行模拟，采用板单元，利用对称原理建立 1/4 模型，在每处支座支顶 300t 条件下进行计算模拟。得出在此竖向荷载作用下，盖梁最大挠度值 9.5mm。计算模型见图4.2。

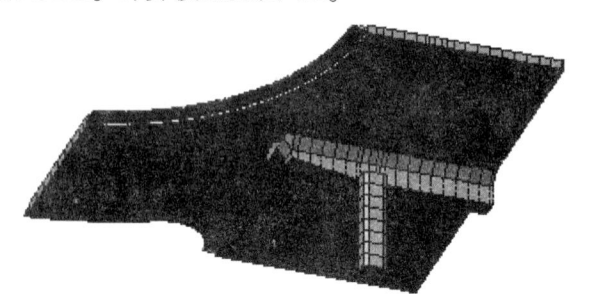

图4.1 异型板及中横梁计算模型

图4.2 钢盖梁受力计算模型

5. 施工工艺流程及操作要点

5.1 施工工艺流程（图5.1）

5.2 操作要点

5.2.1 施工准备

1. 基坑开挖

π 形钢盖梁固定于既有承台顶面，施工前对既有 40 号及 41 号墩柱周边进行开挖，露出承台顶面，深度及宽度以满足钢盖梁安装为宜。

2. 基坑底硬化

既有承台周边采用 C20 混凝土硬化，厚度 20cm，保证基层的平整度。

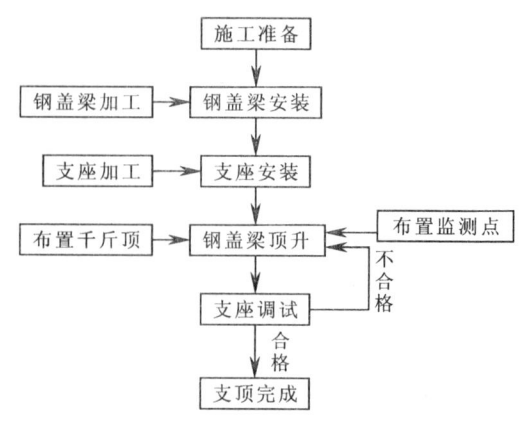

图5.1 施工工艺流程图

3. 既有承台顶面找平

为保证钢墩柱安装精度，既有承台顶面采用 2cm 厚 60MPa 环氧砂浆找平。

5.2.2 钢盖梁加工

1. 质量要求

π 形钢盖梁采用 Q345D 钢板加工制作，所有焊缝均为连续焊缝，其技术要求及规定检查标准均按《公路桥涵施工技术规范》JTJ 041-2000 和《建筑钢结构焊接技术规程》JGJ 81-2002 执行。墩柱、支座横梁与盖梁的焊接均采用坡口熔透焊，对接和平接焊缝为 I 级，必须焊透。π 形钢盖梁结构形式参见图 5.2.2-1。

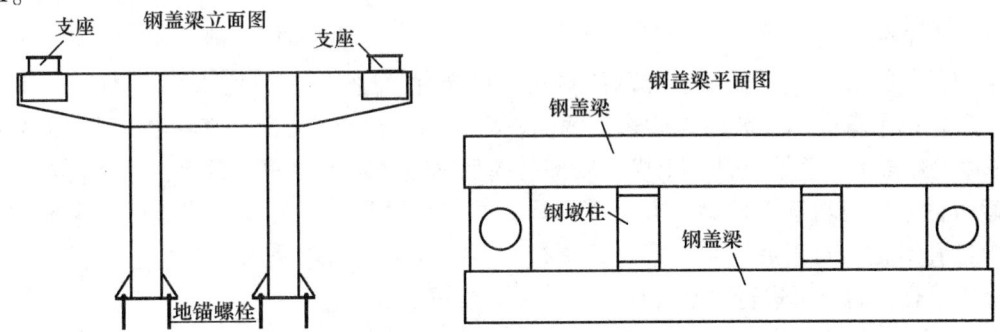

图 5.2.2-1 π 形钢盖梁结构示意图

2. 防锈处理

钢板内外表面采取防锈处理，喷砂除锈到 Sa2.5 级，内外表面喷涂防锈防腐漆，防腐环境为 C3，防腐标准达到《公路桥梁钢结构防腐涂装技术条件》JT/T 722-2008 要求。外表面涂层配套体系为长效型，保护年限为 15~25 年，涂层为 3 层，底涂层为一道环氧富锌底漆（最低干膜厚度 60μm），中间涂层为环氧（厚浆）漆，（1~2 道，最低干膜厚度 100μm），面涂层为丙烯酸脂肪族聚氨酯面漆（2 道，最低总干膜厚度 80μm）；内表面为封闭环境涂层配套体系，底漆层为环氧富锌底漆（1 道，最低总干膜厚度 50μm），面漆层为环氧（厚浆）漆（浅色）（最低总干膜厚度 200~300μm）。

3. 分段方式

为保证焊缝质量，π 形钢盖梁在工厂进行加工，并尽量减少现场拼装接头。由于钢盖梁须将既有桥梁墩柱包在中间，每处 π 型钢盖梁分 4 段在工厂进行加工，钢盖梁上部在沿中横梁方向中部断开，钢墩柱在上部距盖梁 1m 处断开，断开处所有钢板焊缝须错开 20cm（图 5.2.2-2）。

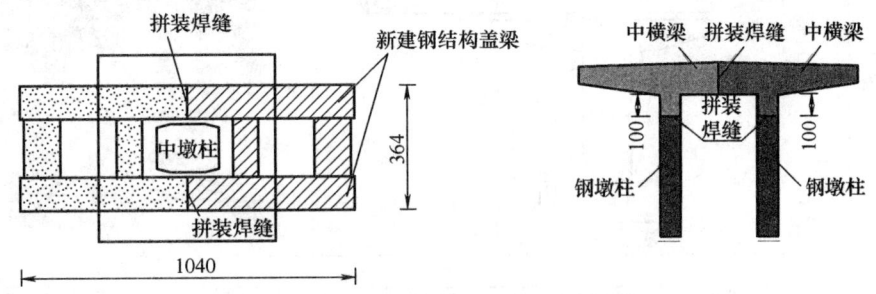

图 5.2.2-2 π 形钢盖梁分段加工示意图

5.2.3 钢盖梁拼装

现场拼装顺序：既有承台顶预埋螺栓钻孔→钢盖梁上部拼装→吊车提升盖梁至中横梁底部→钢墩柱安装就位→盖梁回落对正组装焊接→调整 π 形钢盖梁位置→安装锚栓固定。

1. 预埋螺栓钻孔

π 形钢盖梁采用地锚螺栓锚固于既有承台，锚栓型号 M30（8.8 级），长度 80cm。盖梁安装前先在承台顶面钻锚栓孔，钻孔采用水钻，孔径 35mm（图 5.2.3-1、图 5.2.3-2）。

2. 钢盖梁拼装

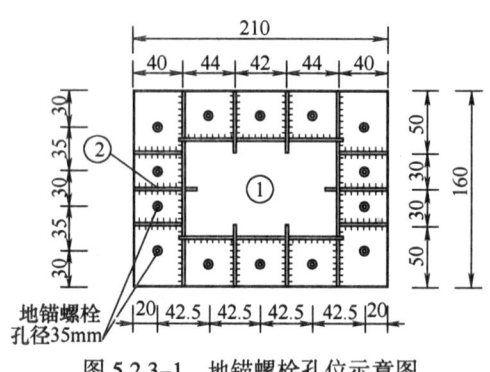

图 5.2.3-1 地锚螺栓孔位示意图

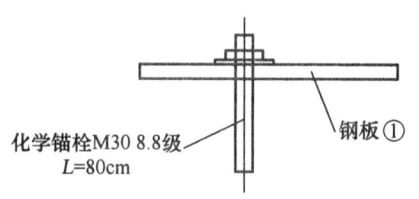

化学锚栓M30 8.8级
L=80cm

钢板①

图 5.2.3-2 地锚螺栓大样图

钢盖梁采用吊车拼装,先将盖梁上部两段对接,将既有墩柱包在中间,对正后焊接。盖梁拼装完成后,先将钢墩柱用吊车分别安放在盖梁东西两侧,再采用一台 50t 吊车和 2 台 25t 吊车,合理布置起吊点,3 点同时提升盖梁。盖梁提升至中横梁底部可满足钢墩柱塞入空间后暂停,在承台东西两侧安放滑轨,将下截墩柱通过滑轨移至盖梁下方对应位置,调整盖梁及墩柱位置,使墩柱底座预留孔与承台打设的地锚螺栓孔对正,对正后盖梁回落进行焊接。所有现场焊缝均采用坡口熔透焊,且每道焊缝均需进行无损检测,合格后方可进行下步工序。具体流程参见表 5.2.3。

钢盖梁拼装流程表

表 5.2.3

序号	工序	示意图	现场照片
第一步	钢盖梁上部两段对接,将既有墩柱包在中间,对正后焊接	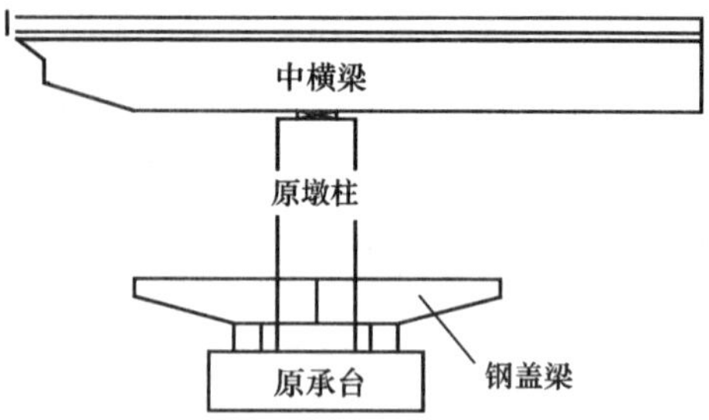 中横梁 原墩柱 原承台 钢盖梁	
第二步	钢盖梁上部采用吊车提升至中横梁底部	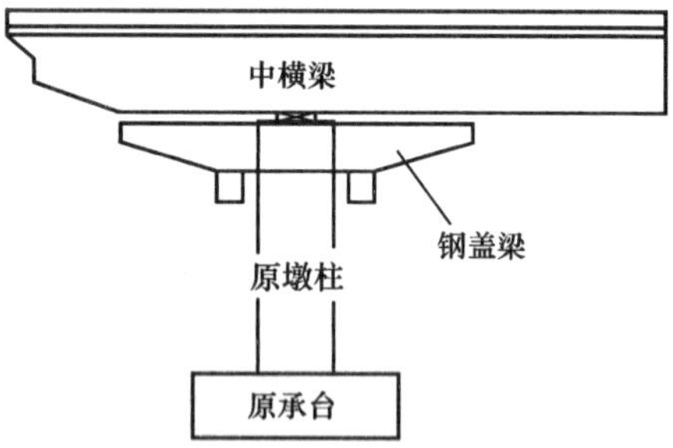 中横梁 钢盖梁 原墩柱 原承台	
第三步	将下部钢墩柱塞入,钢盖梁上部回落后焊接为整体	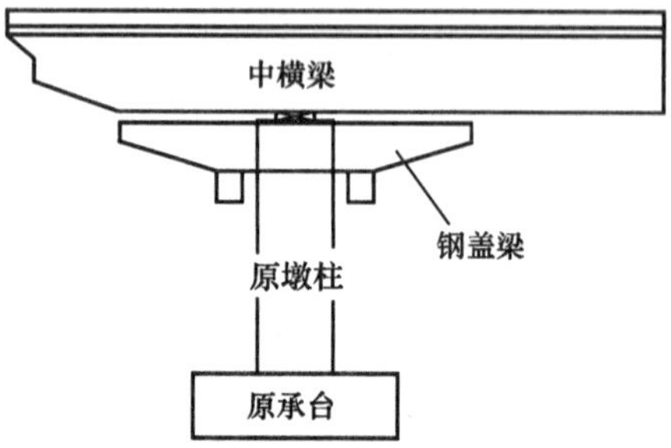 中横梁 钢盖梁 原墩柱 原承台	

3. 植入地脚螺栓

在预先打设的锚栓孔内注入植筋胶，植入地锚螺栓，将墩柱底座锚固于既有承台，螺栓为 M30（8.8级），长度 80cm。

4. 墩柱底座防护

待测力可调支座安装完毕后，钢墩柱底座采用 C30 钢筋混凝土包封，钢筋采用 φ12@10cm×10cm 钢筋网，最后回填基坑，恢复地面。

5.2.4 测力可调盆式橡胶支座安装调试

1. 工艺流程（图 5.2.4-1）

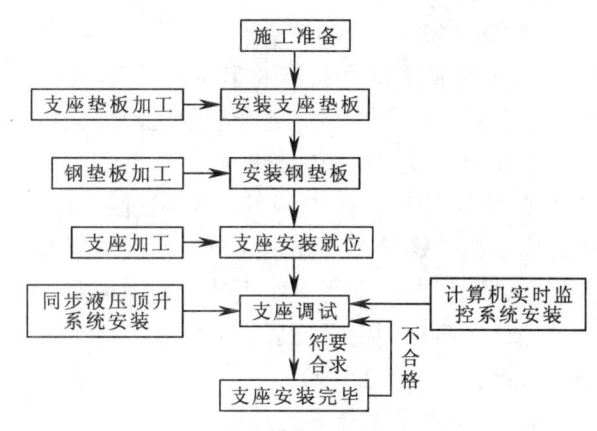

图 5.2.4-1 支座安装工艺流程图

2. 准备工作

1）准确测量钢盖梁与梁底的有效操作空间，要求为 49~51cm。

2）鉴于施工为带载作业，为确保安全，准确计算梁体及桥面结构物重量，计算车辆通行荷载，计算新建钢结构墩柱盖梁的承重，确定液压顶的规格为 WJH200，布顶数量为 12 套，原则上千斤顶顶升力与安装调试支座所需的承压力相匹配，误差在 1MPa 以内。

3）安装支座垫板

支座安装前，对支座安装位置测量放线，在既有横梁底打孔，孔径 φ95mm，深度 275mm，每处支座 4 个孔，冲入植筋胶，将支座垫板（含地脚螺栓套筒）固定于梁底，确保其平整，四角高差不超过 2mm。由于横梁底部为斜面结构，存在 2% 坡度，为保证支座安装四角高差 ±2mm 的精度要求，需加工楔形钢板置于横梁与上支座板之间，以保证上支座板底部平整。楔形板采用 1.6cm 厚 90cm×90cm 钢板制作，楔板采用刨床加工。

4）钢垫板安装

受既有墩柱上部抗震支座的高度限制，钢墩柱在原尺寸基础上降低了 20cm，此部分高度采用 900mm×900mm×20mm 钢垫板填充，钢板四周开 45° 坡口焊接，钢板上打 4 个直径 2cm 圆孔，钢板间通过圆孔塞焊牢固，最底层钢板与盖梁顶部焊接牢固。

3. 支座加工

测力可调支座在专业生产厂家提前进行加工，其结构主要包括上下垫板、上支座板、调节螺旋、油囊、下支座板。支座直径 800mm，重约 1t，具有两个功能：其一是调高功能，范围 5~15mm；其二是测力功能。调高功能实现如下：用千斤顶将梁体顶升一定高度，将旋转柄插入插孔内，旋动 T 形螺旋进行微调，调节完毕后，可用螺钉旋入螺纹锁死孔中，用来锁死调节好的支座；测力功能实现如下：由于支座的橡胶垫带有油囊，并在注油机上设有压力表，可以在注油设备进行注油的过程读出支座在承压过程中的压力。

4. 支座安装调试

1）搭设施工平台

搭设支座专用施工平台，平台要牢固可靠，便于施工操作人员及监控人员的使用。

2）支座安装前准备工作

将上预埋板及下垫板划出十字定位线，要求定位线上下对齐，并且上预埋板定位线应与其 4 个螺栓孔的中心对角线的中心点重合，偏差不超过 ±1mm。

3）支座及顶升设备吊装

将支座整体吊装至支座承力平台上，将高空作业顶升所需设备吊装至施工平台上。

4）支座就位

使用辅助工具（耐磨板及硅油润滑材料）将支座由承力平台平移至钢垫板上，按设计要求调整就位，要求支座上下面的十字定位线与上预埋件、下垫板的十字定位线重合，其偏差不超过 ±1mm。

5）支座安装

支座调节就位之后，将其4个吊装板拆除。然后将支座上半部分顶升至梁底预埋钢板密帖，此时上预埋板的螺栓孔与支座上座板的孔中心基本对齐，孔中心偏差不超过±1mm。将支座上锚固螺栓穿入孔中并与上预埋的螺栓孔旋入锁死，此时支座上座板与上预埋板锚固密帖。待上座板固定好之后，下座板与钢垫板中心线重合（图5.2.4-2）。

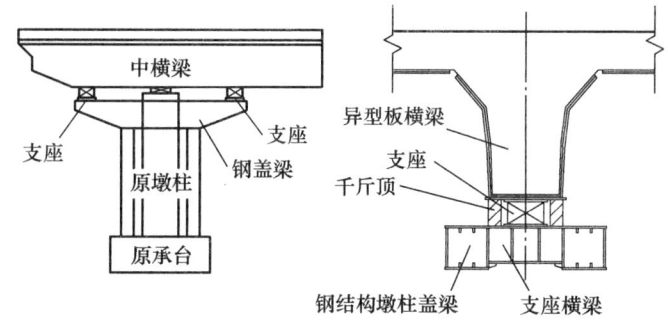

图5.2.4-2　支座安装示意图

6）同步液压顶升系统安装

按设计要求及理论数据计算结果，均匀将液压千斤顶布置于支座两侧，且液压顶位于三条平衡线上，与支座间预留出相应的操作空间，以满足支座调试要求。为增大液压顶与梁底间的受力面积，在梁底与液压顶间安装钢垫板。然后接通高压油路，调试液压油泵的输油管道，检查油管密封情况。将限位仪分别安置于钢结构盖梁两端的下端、钢盖梁两端的正上方梁底部、原桥梁支座两侧，并连接到电脑数控显示器上，千分表安置于钢盖梁两端的边缘处。将测力机油管与支座油囊油管连接好，安装位移指针、探测仪。

7）顶升及支座调试

一切就绪后，启动同步液压系统，进行同步顶升，控制顶升速度在每分钟1mm，依据测力调高支座的操作需求，配合顶升，注意控制顶升力与顶升高度（如出现异常立即停止）。为保证结构安全，施加顶力与顶升高度进行阶段控制：100t时2.7mm，200t时5.3mm，300t时8mm。

由于钢墩柱底部与既有承台间存在空隙、支座本身压缩变形、支座垫板压缩变形等因素影响，正式顶升前，需对系统进行预顶，施加的顶力宜为设计值的70%（实际操作时由于未进行预顶，应力转换后支座反力损失较大，达到了50%）。

当盖梁挠度变化值达到设计要求时，旋转中间钢衬板调整支座高度，将中间板旋转至与内盆橡胶垫密帖。液压顶卸载，开启测力机，进行测压，测压过程中要及时观察百分表位移，同时记录压力表数据。如支座承载力未满足要求，需再次顶升对支座高度进行调节，直至支座承载力符合设计要求。

8）支座固定及防尘

支座调试至符合设计要求，经观察无异样，固定支座中间钢衬板锁死支座。然后将下座板焊接固定，焊接完毕后，去药皮打磨平整，喷涂养护，安装防尘围板。

5. 施工注意事项

1）由于顶升力上作用面为异型板，下作用面为钢结构盖梁，在顶升时一定要采取压力与行程双控制，并以行程为最终控制。避免由于起顶不均匀而造成异型板或盖梁的剪切破坏。

2）严格控制钢盖梁挠度变化值，并观察桥梁的变化，避免顶升高度过高造成钢盖梁、中横梁及附属设施的损坏。

3）为了减少梁底与液压顶以及液压顶与盖梁间直接接触而产生的压应力，上下应分别安装钢垫板，避免直接顶升梁底部和盖梁上部而对其造成损坏。

4）顶升前要彻底检查顶升设备的工作性能，必须保证顶升设备的正常工作，并提前进行试顶和监测、维修、保养。

5）顶升过程中由专业人员负责对液压站、液压分流系统的控制，保证同步顶升的正常进行。

6. 材料与设备

6.1　主要材料（表6.1）

主要材料表　　　　　　　　　　　　　　　　　　表 6.1

序号	名　　称	单位	数量	规格型号	备　注
1	钢板	t	84	Q345D	
2	测力可调支座	个	4	600t	

6.2　主要机具设备（表 6.2）

主要机具设备表　　　　　　　　　　　　　　　　表 6.2

序号	名　　称	单位	数量	规格型号	用　途
1	升降车	台	1	SY-1029	操作平台
2	吊车	台	1	50t	钢盖梁拼装
3	吊车	台	2	25t	钢盖梁拼装
4	手拉葫芦	个	4	20t	支座安装
5	空气压缩机	台	1	3m³	基坑开挖
6	台钻	台	2	φ38	锚栓钻孔
7	顶升专用液压千斤顶	套	24	WJH200	支座调试
8	PLC 液压系统	套	1		支座调试
9	顶升专用液压同步分流系统	套	2		支座调试
10	限位仪器	套	6		支座调试
11	应变计	套	1	AWC-8B	支座调试
12	电焊机	台	2	BX-500	钢盖梁拼装

7. 质 量 控 制

　　针对本工程特点，建立完善的质量管理体系，严格贯彻执行 ISO 9001 质量管理体系，明确质量职责和质量活动的内容和要求，明确施工过程中的质量控制程序，以"质量第一"的思想、科学的管理手段来确保工程质量的优良。各分项工程质量控制措施如下：

7.1　钢结构加工安装

7.1.1　钢材采用 Q345D，性能须符合《低合金高强度结构钢》GB 1591-1994 标准。

7.1.2　所有焊缝必须为连续焊缝，对接和平接焊缝为Ⅰ级焊缝，采用坡口熔透焊，技术标准符合《公路桥涵施工技术规范》JTJ 041-2000 及《建筑钢结构焊接规程》JGJ 81-2002 规定。

7.1.3　焊接完成后，需对焊缝进行无损探伤检测，检查焊缝质量，不合格的返工处理。

7.1.4　钢板内外表面采取防锈处理，喷砂除锈到 Sa2.5 级，内外表面喷涂防锈防腐漆，防腐环境为 C3，防腐标准达到《公路桥梁钢结构防腐涂装技术条件》JT/T 722-2008 要求。

7.2　支座安装

7.2.1　梁底预埋螺栓孔对角线偏差不大于 1mm。

7.2.1　梁底基面四角高差不大于 2mm。

7.3　支座调试

7.3.1　顶升时须采取压力与行程双控制，并以行程为最终控制，防止由于顶力不均匀而造成异型板或盖梁的剪切破坏。

7.3.2　严格控制钢盖梁的应力及应变变化值，并观察桥梁的变化，防止顶升高度过高造成钢盖梁、桥面的损坏。

7.3.3　顶升前检查顶升设备的工作性能，保证顶升设备的正常工作；顶升过程中由专业人员负责对液压站、液压分流系统的控制，保证同步顶升的正常进行。

7.3.4 支座安装调试完成后，使用期间定期进行检查及支顶力检测，若桥梁基础继续沉降或支顶力出现较大损失则需重新调试。

7.4 计算机实时监控系统

为保证安装精度及桥梁结构安全，施工中委托第三方对钢盖梁顶升过程中的应力及应变实施监控，即在钢盖梁上设置监测点，通过线路接至电脑终端，实施监控，可准确掌握钢盖梁应力及应变变化情况。

7.4.1 测点布置

顶升及支座转换阶段在钢盖梁两端设置应力及应变监测点，东侧测点由上至下，由北至南依次编号 D01~D12，西侧测点由上至下，由北至南依次编号 X01~X12（图7.4.1）。

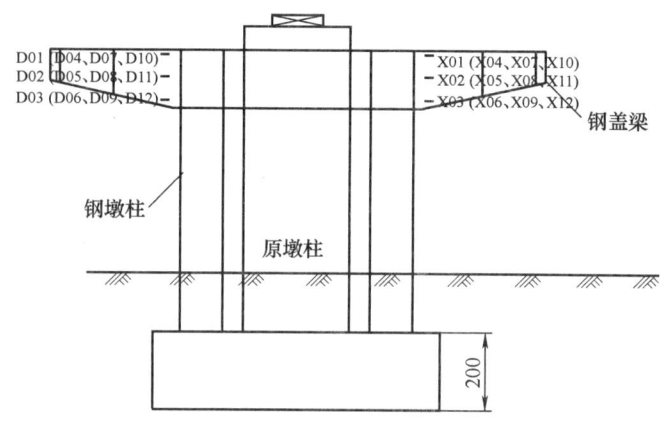

图 7.4.1 钢盖梁应变监测点布置图

测点通过线路连接至电脑终端，在钢盖梁顶升时准确地掌握盖梁应变及应力变化。

7.4.2 监测结果

1. 在顶升阶段新增钢盖梁两侧梁端挠度均随顶升力的增加基本呈线性变化，挠度变化量与设计预期基本一致。

2. 在顶升阶段新增钢盖梁两端悬臂上缘拉应力基本呈线性变化，与挠度监测数据反映一致，应力变化量与设计预期一致。

3. 由于钢墩柱底部与既有承台间存在空隙、支座本身压缩变形、支座垫板压缩变形等因素影响，在应力转换至支座后将不可避免产生损失。在保证原结构、钢弹簧安全的前提下，可以适当降低"钢弹簧"刚度，加大位移量，降低施工操作难度。

4. 应力转换后变化平稳，无明显的下降趋势。支座承受力约为220~250t，可改善中横梁受力状态，满足受力要求。后期使用过程中定期进行应力监测，必要时对支座进行二次调整。

8. 安 全 措 施

坚持贯彻"安全第一，预防为主"的方针，严格遵守国家、北京市颁布的有关安全生产的法律、法规、规范和规范性的文件等要求，并依照 GB/T 28001 标准制定实施相应的职业健康与安全方面的制度和措施，切实予以执行。坚持管生产必须管安全的原则，结合本工程实际情况和本工程的具体特点，组成专职安全员和班组兼职安全员以及工地安全专项负责人参加的安全管理网络，执行安全生产责任制，明确各级人员的职责，抓好工程的安全生产工作。

8.1 安全管理措施

8.1.1 建立健全安全生产保证体系和组织机构，制定科学的安全管理措施。

8.1.2 进行岗位前安全培训，并加强全员施工过程中的安全意识教育，特别是《安全法》教育。

8.1.3 施工现场设专人站岗，严禁非施工人员入内。

8.1.4 工地24h设安全员，督促工人按安全规程操作，严禁违章作业。

8.1.5 配齐安全防护用品，高空作业人员要系好安全带，夜间灯光暗淡处不得进行高空作业。

8.1.6 建立安全生产检查制度，做到班组日查，队周总结，项目部每月进行一次安全教育和检查评比，使警钟长鸣，长抓不懈。

8.2 安全技术措施

8.2.1 施工现场的临时用电，必须严格按照《施工现场临时用电安全技术规范》JGJ 46 的有关规定执行。

8.2.2 现场钢结构吊装作业必须由专人统一指挥，各种机械操作人员和车辆驾驶员，必须取得操作合格证。

8.2.3 钢盖梁安装提升过程中，为确保安全，每提升 25cm 在盖梁下方安放钢垫墩，垫墩采用 1cm 钢板及 [22a 槽钢制作，尺寸为 60cm×60cm，垫墩间采用 M20×60 螺栓连接，盖梁拼装完成后拆除。

8.3 突发事件的应急措施

8.3.1 盖梁拼装过程中吊车故障

若盖梁拼装提升过程中，吊车故障或钢丝绳断开，由于下方采取垫墩保护措施，不会发生掉落伤人情况，但要确保人员安全及盖梁稳定情况下，下方增加垫墩或钢架，增加钢盖梁稳定性，同时迅速排除故障。

8.3.2 顶升过程中桥梁出现异常

若盖梁顶升过程中，桥梁出现裂缝等异常情况，应立即停止施工，查找原因，必要时召开专家会商讨解决方案。

8.3.3 顶升系统发生故障

顶升施工前，应对顶升系统进行全面检修，保证设备运行正常后，并配备一套备用系统，若顶升过程中仍发生故障，应立即更换备用系统。

8.3.4 突然停电

现场配备一台 100kW 的发电机组，以备停电时保证施工正常进行。

9. 环 保 措 施

施工过程中严格执行国家和工程所在政府有关环保、水保的法律法规和建设单位制定的环境保护管理办法，深入贯彻执行《环境保护法》、《水土保持法》、《大气污染防治法》等相关法律条文。为保护工程周边环境，本工法采取了以下保护措施。

9.1 成立对应的施工环境卫生管理机构，在工程施工过程中严格遵守国家和地方政府下发的有关环境保护的法律、法规和规章，加强对施工燃油、工程材料、设备、生活垃圾、弃渣的控制和治理，遵守有关防火及废弃物处理的规章制度，做好交通环境疏导，充分满足便民要求，认真接受城市交通管理，随时接受相关单位的监督检查。

9.2 施工场地合理布局、优化作业方案和运输方案，保证施工安排和场地布局考虑尽量减少施工对周围居民生活的影响，减小噪声的强度和敏感点受噪声干扰的时间。

9.3 防止尾气大量排放：必须使用无铅汽油和国家规定的 10 号柴油做燃料，以减少对大气的污染。

9.4 防止扬尘：车辆进场要沿已洒水的硬化路面行进，并禁止急开急行，以防车厢内材料的遗撒及尘土的飞扬。

10. 效 益 分 析

10.1 经济效益

施工中，采用了一系列的新技术、新设备和新材料，通过加强现场管理，发挥科技攻关潜力，在提高工效的同时，大大降低了施工成本。经核算，综合收益 280 万元，其中，材料节省 40 万元，优化施组收益 180 万元，其他收益 60 万元，取得了显著的经济效益。

10.2 环境效益

本工法采用的材料主要为钢结构，材料单一，操作简便，不产生废水、废渣、粉尘，且施工工期短，桥面不断行，对周边环境影响小。

10.3 节能效益

该工法应用过程中积极采用新设备、新材料、新技术、新工艺，有效降低了能耗，达到了节能目的。施工可充分利用桥下空间，不需占用大量施工场地，材料主要为钢材，无其他材料损耗，且后期桥梁维护保养过程中不需耗用材料，有效节约了资源。

10.4 社会效益

采用《异型板桥梁钢弹簧支顶主动加固施工工法》，在桥梁正常使用状态下，消除了桥梁的安全隐患，保证了桥梁结构安全，不仅确保了结构安全和周边环境安全，而且快速优质的完成了施工任务，延长了桥梁的使用寿命，采用的"弹性可调持续支承体系"可对支顶力进行调整，也大大方便了后期桥梁维护，节省了保养费用。

项目部科学的管理模式和先进的施工水平得到了建设单位、设计单位、监理单位以及同行的一致好评，为集团公司赢得了良好的社会信誉，提升了技术优势，培养了一批专业性极强的技术和管理人才，增加了企业的活力，树立了领先于其他施工企业的地位，创出了优质的品牌，得到了良好的声誉，社会效益显著，也为桥梁加固行业的发展起到了很好的推动作用，具有很好的示范意义和广泛的推广应用价值。

11. 应 用 实 例

11.1 工程概况

北京国贸桥一期异型板桥梁加固工程位于北京市东三环中路与建国门外大街的交叉路口北侧，南北向长约 35.6m，东西向长约 65m，面积约 1800m²。上部结构为现浇预应力混凝土异型连续板，结构高度 0.76m，异型板分为对称的东西两块，中间为沉降缝，异型板南北两侧均为预应力混凝土简支梁结构。

由于近年来周边许多大型建筑、地下工程施工，造成桥梁基础产生了不同程度的沉降，经桥梁结构荷载工况分析发现中横梁抗剪能力不足，桥梁结构存在安全隐患。

针对桥梁破坏成因及现状，经过多次专家会论证分析，如仍采用传统的粘贴钢板、碳纤维等被动补强加固方法，不能从根本上解决问题。因此打破常规突出主动加固理念，提高加劲梁的抗剪能力，提出切实可行的"钢弹簧支顶"主动加固方案，即在墩柱两侧设置 π 形盖梁，π 形盖梁上设置新型专利产品"测力可调盆式橡胶支座"，采用千斤顶对盖梁进行支顶，使钢盖梁产生弹性变形，再调节支座高度将支顶力转移至支座，通过 π 形钢盖梁的变形实现了对横梁的支顶，将原桥的"单点支承"转化为"三点支承"，钢盖梁与支座结合形成"弹性可调持续支承体系"。此方法良好地解决了抗剪承载力不足的问题，改善横梁的受力条件，同时预留了安全储备。且后期若横梁受力状态发生改变，可对支座进行二次调整，大大节省了维护费用。

11.2 施工情况

施工中通过对钢结构加工、拼装阶段的全过程控制，解决了钢结构加工要求高、桥下低矮空间作业等难题，保证了 π 形钢盖梁的安装质量；采用了整体楔形钢板，弥补了横梁 2% 坡度，保证了支座四脚高差 2mm 的安装精度；采用了先进的同步液压顶升系统，实现了对钢盖梁的支顶、支座的调试，实现了对中横梁的可靠加固；支座调试过程中采用了计算机实时监控系统，在钢盖梁上设置应力及应变监测点，通过线路接至电脑终端，可准确直观地掌握支顶过程中盖梁各关键点的应力及应变变化，做到全过程信息化施工。通过采用各种新技术、新材料、新工艺，克服了施工难度大、风险大等困难，顺利实现了对异型板桥梁的加固，取得了良好的实施效果。

11.3 应用效果

工程于 2009 年 1 月开工，2009 年 9 月完工。后经 1 年多的运营，桥梁使用状态良好，各项监测数据稳定，符合设计要求。本工法在桥梁正常使用状态下，采用"钢弹簧支顶"主动加固技术，提高了中横梁的抗剪能力，实现了对中横梁的有效加固。其施工速度快、过程安全可靠，并未对桥梁使用造成影响，经济效益、社会效益、环保及节能效益十分显著。该项目为桥梁加固及类似工程领域开辟了新思路，具有广泛的推广应用价值。

钢与混凝土混合连续刚构桥钢混接头施工工法

GJYJGF090—2010

重庆城建控股（集团）有限责任公司 长江航道局

王俊如 秦晓锋 李勇超 丁纪兴 于海祥

1. 前　言

近几十年来，随着世界连续刚构桥梁建设技术的发展，大跨连续刚构桥因自重过大已成为制约该类型桥梁向大跨度发展的世界建桥技术瓶颈。2006年9月，由重庆城建控股（集团）有限责任公司建成的重庆长江大桥复线桥为钢与混凝土混合连续刚构——连续梁组合桥结构，其主跨330m为同类型桥梁世界第一。为了充分利用材料比强度不同的特点，该桥主跨采用了钢与混凝土混合结构，用108m钢箱梁替代跨中部分混凝土梁，成功地解决了混凝土桥梁恒载效应大的世界建桥难题，推动了刚构桥跨越能力的技术进步。在该大桥建成之前钢混混合结构在连续刚构桥还没有应用先例，其关键技术是承受弯矩和剪力作用的钢混接头。因此，钢混接头的施工质量直接影响到桥梁结构的安全性、耐久性、抗疲劳性能等。

针对钢混接头施工技术难题，开展了"钢与混凝土混合连续刚构桥钢混接头施工技术"研究，经重庆市城乡建设委员会鉴定，研究成果整体达到国际先进水平，形成的钢与混凝土混合连续刚构桥钢混接头施工方法，有效解决了连续刚构桥钢混接头施工的技术难题。获国家实用新型专利《一种挂篮应力及变形预警系统》（专利号：ZL201020219108.7）；申报了国家发明专利《集群数控安装系统》（申请号：201110065320.1)、《钢与混凝土混合连续刚构桥钢混接头》（申请号：201110065317.X)；实用新型专利《桥梁钢箱梁吊装装置》（申请号：201120071775.X)、《钢与混凝土混合连续刚构桥钢混接头》（申请号：201120071802.3）。实践证明该方法技术成熟，经总结形成本工法。

该工程荣获中国土木工程詹天佑奖，科研研究成果获重庆市科技进步二等奖，工程质量获重庆市巴渝杯奖。

2. 工　法　特　点

2.1　钢混接头的钢箱部分在工厂制造，保证了接头钢箱整体质量，特别是厚板焊接质量。

2.2　两端钢混接头钢箱在工厂与钢箱梁进行整体预拼装，保证了钢混接头与钢箱梁的整体吊装合拢各部位几何尺寸精度和线形。

2.3　利用主梁施工挂篮三角主桁改造成吊装支架，既可满足钢混接头安装施工，又能保证钢箱梁吊装合拢需要，其刚度大、结构受力明确，设计计算简便，改造加工容易，降低了工程成本。

2.4　钢混接头钢箱采用船舶运输到桥位的方法，较其他运输方法安全性高、可操作性强、造价低、工期短，无需封航。

2.5　采取钢混接头钢箱在混凝土箱梁悬臂端正下方定位的方法，保证了吊装系统的安全。

2.6　采用计算机控制集群千斤顶提升系统，自动对千斤顶的运行与受力进行调节，实现了吊装提升力和位移同步，定位精度达到±1mm，为钢箱梁整体吊装合拢精度提供了保障。

2.7　实现了在混凝土悬臂箱梁端头动态安装钢混接头的精确控制；采取有效措施控制钢混结合部混凝土的质量，保证了接头质量和钢与混凝土之间的内力正常传递。

3. 适 用 范 围

本工法适用于具有通航条件的江河、湖泊和海上桥梁建设主梁钢混接头的运输及安装施工，特别在大悬臂柔性支撑的条件下，主梁钢混接头吊装动态控制、精确安装。

4. 工 艺 原 理

4.1 定位原理

首先钢混接头钢箱部分在工厂制造，在与钢箱梁整体预拼装验收合格之后，利用驳船运输至桥下预定位置；通过水上定位船将载有钢混接头钢箱的驳船在水流方向协同配合调整，在混凝土箱梁悬臂端正下方实现控制定位，钢混接头钢箱吊耳与吊具误差控制在1m以内，吊装过程无需封航。

4.2 吊装原理

以满足钢混接头施工和钢箱梁整体吊装合拢需要为条件，把上部主梁施工挂篮三角主桁改造成吊装支架，安装计算机控制集群千斤顶系统，每个起吊系统安装4套千斤顶和配1套液压泵站，并通过数据电缆与计算机连接，控制和监控集群千斤顶的工作情况，连续提升钢混接头钢箱到预定位置。钢混接头吊装原理如图4.2所示。

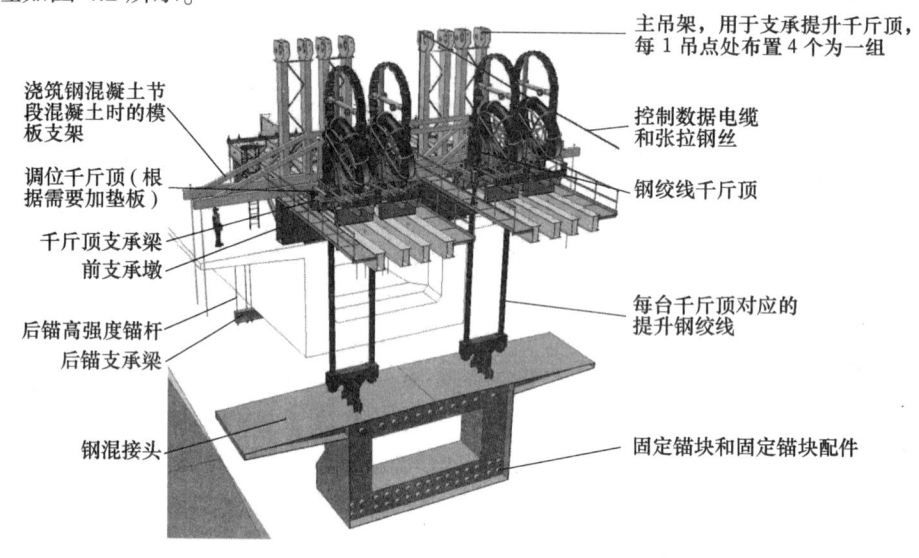

图 4.2　钢混接头施工空间模型示意图

4.3 精确安装原理

主跨龙口两端钢混接头安装必须根据已完成的混凝土悬臂箱梁端空间几何相对姿态，并结合钢箱梁整体吊装合拢的控制精度要求，以及在接头吊装过程连续测量两端悬臂端空间状态、确定安装就位参数，将接头钢箱精确调整就位，在平面和立面采取型钢劲性骨架连接，以固定其空间姿态；最后安装吊装支架施工平台、接头钢筋及模板系统，进行混凝土浇筑与预应力施工。

5. 施工工艺流程及操作要点

5.1 工艺流程

钢混接头施工工艺流程如图5.1所示。

5.2 施工过程及操作要点

5.2.1 钢混接头钢箱制造与运输

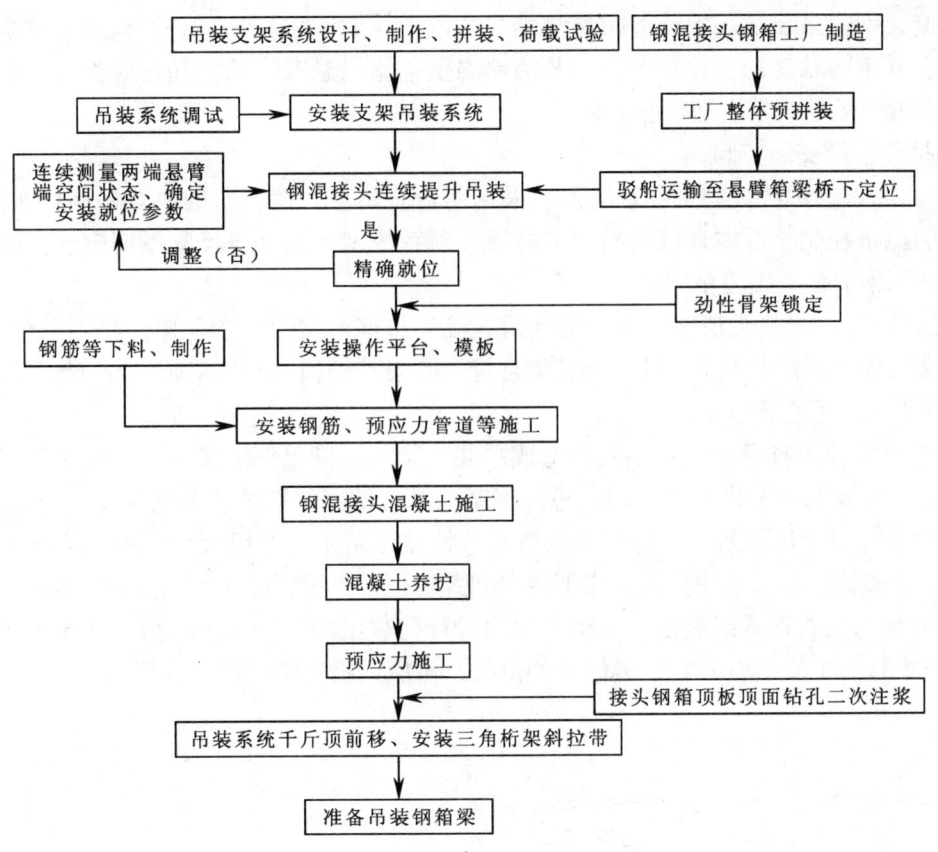

图 5.1 钢混接头施工工艺流程图

钢混接头钢箱在工厂制造完成后，为确保钢混接头与后期主跨钢箱梁的安装精度，两端钢混接头钢箱在工厂与钢箱梁进行整体预拼装，以保证各部位几何尺寸精度和线形满足设计要求，在工厂验收合格后，由船运至桥位大悬臂下方预定位置。

5.2.2 钢混接头钢箱安装就位测量

1. 建立吊装测量控制点

局部控制方法：在大桥主墩已完成的 T 形刚构梁端建立钢混接头安装时的局部控制点(图 5.2.2-1)。

轴线控制方法：以大桥两岸的导线控制网为基准，设置轴线测量加密点，确定两端钢混接头的轴线控制点（图 5.2.2-2）。

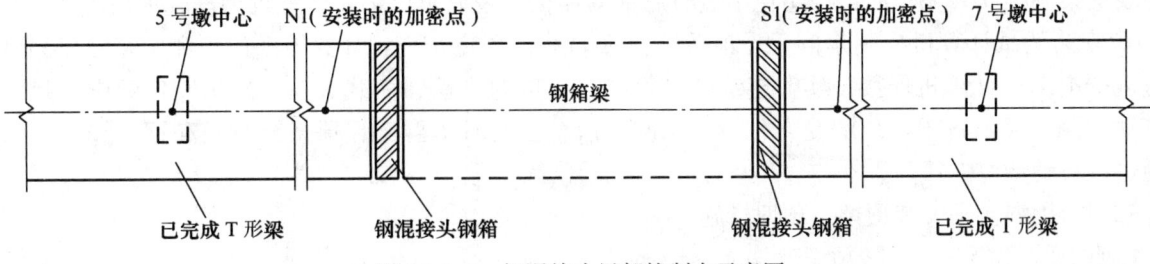

图 5.2.2-1 钢混接头局部控制点示意图

高程控制方法：以大桥两岸的水准控制网为基准，在两主墩中心点设置高程测量加密点，作为混凝土悬臂箱梁端高程控制的基准点。

2. 钢混接头安装前的连续观测

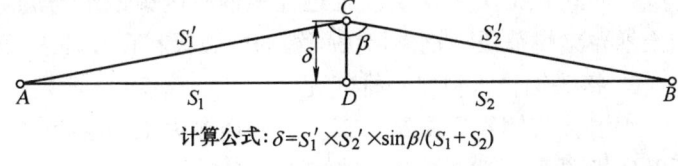

计算公式：$\delta = S_1' \times S_2' \times \sin\beta / (S_1 + S_2)$

图 5.2.2-2 钢混接头纠偏计算简图

在钢混接头钢箱吊装前，应对主跨悬臂梁端进行48h（每3h一次）连续观测，掌握因主跨悬臂端随温度升降，其空间状态的变化情况，以及两端混凝土箱梁悬臂端的空间相对位置，以确定钢混接头的精确安装和就位后的初始空间状态参数。

3. 钢混接头钢箱安装控制

1) 根据已加密的轴线控制点和水准点，采用两台全站仪、两台水准仪对钢混接头两端的轴线点、高程进行安装测量控制，并向计算机控制集群千斤顶系统发出指令，反复微调钢混接头的竖向位移及横向偏转，直到钢混接头钢箱精确就位。

2) 为确保两端钢混接头精确就位，确保钢混接头与钢箱梁的正常合拢，在钢混接头精确就位后，在接头的两端高程平面控制点上，针对钢箱梁合拢，收集其偏扭控制的初始参数（图5.2.2-3）。

5.2.3 吊装支架系统及安装

1. 将主梁悬臂施工挂篮的三角主桁改造成吊装支架，以满足钢混接头安装施工和保证钢箱梁整体吊装合拢需要。吊装系统分别设于主跨两边的混凝土悬臂端，两端吊装系统各设2个吊点，每个吊点布置2台数控钢绞线千斤顶系统；每个吊点由4片挂篮三角主桁经组合形成主承力支架，上下游通过横梁联结成一个整体，后锚采用在箱梁底下横向搁置扁担梁，用精轧螺纹钢筋进行锚固。

2. 吊装支架系统在正式组装前，对组件分别进行荷载试验。三角主桁荷载试验采取平放背靠背对顶方式（图5.2.3），加载不小于1.25倍的设计荷载，对后锚精轧螺纹钢筋进行拉力试验，整体结构抗倾安全系数大于2.0。

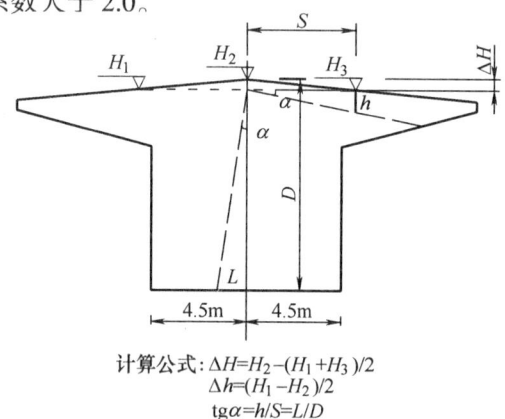

计算公式：$\Delta H = H_2 - (H_1 + H_3)/2$
$\Delta h = (H_1 - H_2)/2$
$tg\alpha = h/S = L/D$

图5.2.2-3 钢混接头精确定位计算简图

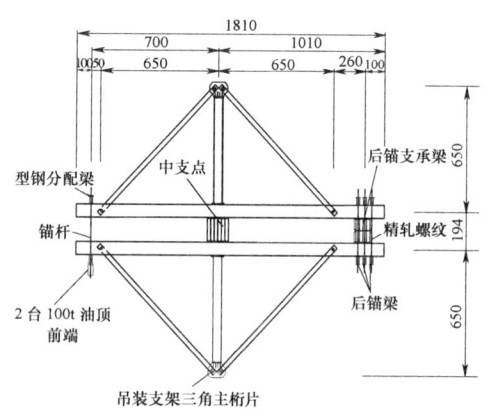

图5.2.3 吊装支架三角主桁平放对顶试验示意图

3. 吊装支架采用汽车吊安装，为保证吊装支架前支点的准确定位，在悬臂梁端预埋锚板和螺栓。在吊装支架系统安装完毕后，为避免吊装时后锚的伸长，采取对后锚精轧螺纹钢筋施加预应力。

4. 安装调试计算机控制集群千斤顶系统，每端吊装系统安装4台数控千斤顶和1套液压泵站，并通过数据电缆与计算机连接，实时连续监测每个千斤顶的行程和荷载。在实际吊装作业中，控制系统将自动检测、显示各千斤顶的受力、行程和调节信息，同时集群千斤顶系统行程和钢绞线提升力的同步性也可自动调节。

5.2.4 钢混接头安装预留、预埋措施

1. 腹板、顶板劲性骨架预埋件

为防止在接头浇筑混凝土过程中钢混接头钢箱与混凝土悬臂梁端之间发生相对位移及转角，在混凝土悬臂梁端节段、钢混接头钢箱的内腹板和顶板外表面设置型钢劲性骨架预埋件。

2. 接头钢箱入料口、排气孔

钢混接头钢箱需浇筑混凝土部分径深为1.5m，为了保证混凝土的密实，工厂制造时在接头钢箱顶板及底板顶面设置入料口、排气孔（$\phi 50mm$）。

5.2.5 吊装就位及锁定

1. 收集近3年的气候条件和洪水情况，在钢混接头钢箱吊装前，测量桥位处江水流速（≤2m/s），昼夜温差在 10℃以内。

2. 将千斤顶的吊具下放至钢混接头钢箱吊耳上方，通过定位船与运输驳船协同配合，将钢混接头钢箱吊耳与吊具起吊相对位置控制在±1m 范围，吊耳与吊具穿销连接。

3. 吊装系统千斤顶逐渐加载至初始力，对吊耳、吊具、销连接等各部位进行检查。在千斤顶连续提升时，操作员监控各千斤顶的同步性和受力均匀性，提升速度控制在 28m/h 以内。待钢混接头钢箱提升至安全高度时，运输驳船驶离。

4. 按本工法钢混接头吊装测量方法调整钢混接头钢箱的空间姿态，精确就位。在提升过程中，采用仪器观测混凝土悬臂端、吊架主梁及后锚系统等的变形情况，并做好记录。

1）沿桥轴线偏转就位微调：在吊架设置辅助千斤顶调节系统，利用在钢混接头钢箱上设置的辅助吊孔调节钢混接头钢箱的沿桥轴线倾角及平衡状态。

2）平面就位微调：在主吊千斤顶支撑座与提升支架梁中间设置不锈钢板平面滑移面，使用辅助液压千斤顶，将满载下的主吊千斤顶支撑座沿提升支架纵向、横向水平移动，从而实现对钢混接头的精确定位。

3）微调范围：

纵向微调范围 ±150mm　　　　横向微调范围 ±100mm

上下微调范围 ±50mm　　　　微调精度 ±1mm

5. 劲性骨架锁定

1）安装操作平台：待钢混接头钢箱精确就位后，在桥面上将移动操作平台快速向前移动安装就位。

2）对钢混接头钢箱与混凝土悬臂端的立面和平面进行锁定，以保证钢混接头段钢箱空间位置和混凝土浇筑质量及有效结合。

平面位置锁定：在钢混接头钢箱吊装精确就位后，经测量和监控复核无误后，即可进行平面劲性骨架的锁定，并焊接成剪刀撑。同时综合考虑各种不利因素的影响，在顶板顶面上下游翼缘板位置各设置一组平面劲性型钢骨架连接，如图 5.2.5-1 所示。

竖向位置锁定：在平面劲性骨架施工完成后，在钢混接头钢箱和混凝土悬臂梁内侧腹板（上游、下游）同时焊接竖向型钢劲性骨架，并预留出腹板侧模位置，如图 5.2.5-2 所示。

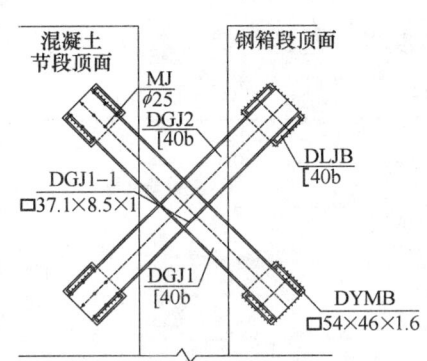

图 5.2.5-1　劲性骨架平面位置锁定示意图

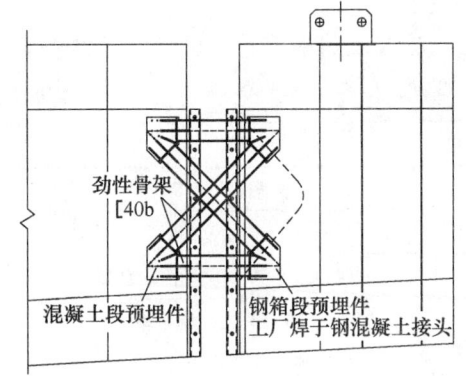

图 5.2.5-2　劲性骨架竖向位置锁定示意图

5.2.6　钢混接头段混凝土施工

1. 现浇混凝土施工平台及钢筋、模板安装

钢混接头钢箱混凝土与混凝土悬臂梁端的钢筋混凝土同时浇筑。设置型钢吊架形成施工平台，钢混接头混凝土侧模采用大块钢模，内顶板采用钢模，底板、翼缘采用卓良模板。

2. 混凝土施工

1）混凝土配合比

钢混接头部位混凝土应专门作配合比设计。该工法选用低收缩、微膨胀混凝土，同时添加适量外掺剂以减小混凝土水灰比，降低用水量，减小混凝土的收缩。混凝土还需具有流动性好、收缩补偿、早强等性能。以保证钢混结合部后浇混凝土质量和混凝土与钢箱之间内力的传递。

2）混凝土浇筑

钢混接头混凝土一次性浇筑完成。为便于混凝土下料，在混凝土悬臂梁最后一个节段施工时，在距离此节段箱梁前端50cm位置的顶板上预留混凝土泵管孔。接头混凝土分部位、分层连续浇筑、振捣密实，分层厚度控制在20cm，在腹板上适当位置增设振捣孔和附着式振捣器，保证混凝土浇筑的密实。

3）保证混凝土浇筑密实的措施

为了保证混凝土的密实，在钢混接头钢箱顶板及底板顶面预留入料口和排气孔（ϕ50mm）。在浇筑混凝土前，将钢混接头钢箱混凝土入料口接高30cm，用于混凝土凝结过程收缩的补偿，待混凝土初凝后，再将其凿除。入料孔口用预先准备的由钢箱加工厂制作的同等规格钢板焊接密封。

浇筑混凝土30d后，在钢混接头钢箱顶板钢与混凝土结合面位置的钻孔压浆，填充缝隙密实，以提高钢混接头钢箱桥面钢板与混凝土结构之间的密实性、整体性和抗疲劳性。

4）混凝土养护措施

为控制钢箱和混凝土热传导性能出现较大差异，在该部位混凝土养护时，采取封闭保温保湿养护，控制混凝土和钢箱温度变化的一致，以防止温度差异影响结合面的质量。

3. 预应力施工

待钢混接头混凝土达到设计强度后，即进行预应力张拉。先张拉横向预应力，再张拉竖向预应力，最后张拉纵向预应力。纵向预应力张拉严格按设计的张拉顺序进行，两端钢混接头预应力同时张拉，上下游侧沿梁体中心线对称张拉。预应力张拉完毕之后，及时进行孔道压浆、浇筑封锚混凝土和安装保护罩。

5.2.7 钢混接头施工完毕之后，通过辅助千斤顶沿主纵梁前移主吊千斤顶系统至预定位置，汽车吊辅助安装三角吊架斜拉带；调试、检测吊装支架和数控集群千斤顶系统，为后期主跨合拢段钢箱梁吊装作准备。

6. 材料与设备

本施工工法涉及的主要施工机具设备见表6（以单个钢混接头施工计算）。

主要施工机具设备表 表6

序号	名称及规格	单位	数量	备注
1	钢混接头钢箱吊装支架	套	1	主梁悬臂施工挂篮改装
2	DL—S418S 数控千斤顶	台	4	吊装主千斤顶
3	DL—L414/4/D 柴油驱动液压泵站	套	1	吊装主千斤顶液压泵站
4	DL—P40 计算机控制系统	套	1	吊装主千斤顶控制系统
5	模板支架系统	套	1	钢混接头混凝土施工
6	驳船	艘	1	运输钢混接头钢箱
7	推轮	艘	1	钢混接头运输，配合驳船定位
8	定位轮	艘	1	
9	25t 汽车吊	台	1	吊装支架、设备等安装
10	全站仪	台	2	施工测量
11	经纬仪	台	2	施工测量
12	精密水准仪	台	2	施工测量

续表

序号	名 称 及 规 格	单位	数量	备 注
13	千分表	块	5	施工测量
14	干湿温度计	支	2	测试气温与湿度
15	切断机、调直机、弯曲机	台	3	接头混凝土段钢筋施工
16	电焊机	台	2	接头混凝土段钢筋施工
17	插入式振捣器、附着式振捣器	台	14	混凝土施工
18	10t 级链条葫芦	个	8	吊架施工
19	千斤顶 YG—60	套	2	预应力束张拉
20	千斤顶 YCW—250	套	2	预应力束张拉
21	千斤顶 YCW—400	套	4	预应力束张拉
22	50t 级千斤顶	台	4	接头钢箱定位微调
23	MBV80 型全自动真空压浆泵	套	2	压浆作业

7. 质 量 控 制

7.1 严格执行《公路桥涵施工技术规范》JTJ 041、《钢结构设计规范》GB 50017、《钢结构工程施工质量验收规范》GB 50205 等相关标准规范。

7.2 严格控制钢混接头钢箱加工精度和工厂预拼装，符合设计要求后方能进行安装。

7.3 安装前进行严格的测量定位控制，主要包括混凝土箱梁两悬臂端标高、轴线的精确测量及控制点位的精确测量等。

7.4 控制吊装支架系统制作质量，严格检查、维护数控集群千斤顶系统。

7.5 利用拖轮将载有钢混接头的驳船运输至桥下既定位置，然后对驳船挂缆、收紧，调整驳船的位置，确保钢混接头钢箱吊耳与吊具起吊相对位置，控制在±1m 范围。

7.6 运输驳船定位时，桥位处江水流速≤2m/s，昼夜温差在10℃以内。

7.7 采取均衡、同步、逐级加载等措施，确保钢混接头在吊装过程中对两端悬臂梁体的变形满足监控要求。

7.8 对混凝土入模温度、坍落度及扩散度进行检测，各项指标合格后才允许泵送入模。浇筑完好的钢混接头混凝土加强保湿保温养护。

8. 安 全 措 施

8.1 在施工过程中严格执行安全生产管理相关法律法规和规范标准。

8.2 吊装支架进行加载试验，以检验支架系统的承载能力和安全性。

8.3 吊装设备安全

8.3.1 各吊点提升负载和提升设备工作状态的监控

计算机控制集群千斤顶系统通过传感器监控千斤顶行程同步性和受力均匀性，以及各种传感器的读数和状态，实时分析监测提升设备工作状况。

8.3.2 液压缸主密封圈失效

若出现液压缸主密封圈失效，油压将突然降低，千斤顶将自动收缸，钢绞线的荷载将自动从上锚块传至下锚块，荷载由下锚块安全承受，可以立即对密封圈进行更换。若出现以上情况，计算机控制集群千斤顶系统将自动停止工作。

8.3.3 液压油管损坏

若液压油管或其接头损坏油压降低，千斤顶中安装的安全阀可以阻止千斤顶中的液压油外流，千斤顶仍可以安全承受荷载。将损坏的油管或接头更换后，可继续提升作业。若某个千斤顶停止伸缸，整个系统将自动停止。若此时安全阀也出现问题，油压将降低，其安全工作原理同上。

8.3.4 液压泵站故障

液压泵站可能因柴油机出现故障、泵损坏或突然无液压油等而不能正常工作，最严重的情况是液压泵站停止向千斤顶供油，这时，液压缸油压降低，千斤顶安全系统启动，其安全工作原理同上。

9. 环 保 措 施

9.1 严格执行国家相关环境法律法规和相关规定，自觉接受环保部门的监督与管理。

9.2 对作业人员进行环保教育，严禁施工过程中随意向江水中排放污水、垃圾、废油等有毒、有害物。

9.3 施工中对环境有影响的废弃物应合理堆放，并设专人管理。

9.4 积极采取措施，控制施工噪声，施工不干扰周围居民的正常生活，夜间施工不扰民。

10. 效 益 分 析

10.1 经济效益

本工法利用施工挂篮进行改造成吊装支架，提高了挂篮的利用率，大幅节约了重新制造吊装支架的钢材，明显降低了成本，较新制造吊装支架工期节约15d，相应节约人工费、材料费和机械费等见表10.1。

较新制吊架经济效益分析计算表　　　　　　　　　　　　　　　　　　表 10.1

项　　　目	单价与工程量	小　计
人工费（比新制吊架提前15d拼装完成）	15 日×80 人×2×55 元/(人·日) =132000 元	132000 元
材料费（新制吊架，考虑 0.3 的折旧系数）	300t×8000 元/t×0.3=720000 元	720000 元
塔吊费（节约 15d）	2 台×15 台班费×2×850 元/台班=51000 元	51000 元
40t 汽车吊费（节约 15d）	2 台×15 台班费×2500 元/台班=75000 元	75000 元
卷扬机费（节约 15d）	4 台×15 台班费×120 元/台班=7200 元	7200 元
8t 自卸汽车费（节约 15d）	2 台×15 台班费×650 元/台班=19500 元	19500 元
合　　　计		1004700 元

重庆长江大桥复线桥钢与混凝土混合连续刚构桥钢混接头在实施过程中利用了挂篮主桁改造作为吊架承力系统，总计节约费用约 100.47 万元。

10.2 社会效益

10.2.1 该施工工法在重庆长江大桥复线桥的成功应用，有效地解决了特大跨连续刚构桥钢混接头的施工技术难题，为长大钢箱梁的整体吊装合拢提供了技术保障。

1. 采用本施工工法，可以有效地控制连续刚构桥钢混接头安装质量和施工安全，确保主跨长大钢箱梁整体合拢精度要求，保证大桥钢混接头有效传力和运营安全。

2. 钢混接头钢箱采取水上驳船运输，运输过程不影响陆航运交通。吊装无需封航，1 个钢混接头钢箱吊装施工 1d 可以完成，对通航影响小。

3. 钢混接头的提升，采用计算机系统进行控制，施工机械化、自动化程度高，极大地降低了操作人员的劳动强度，质量、安全得到了有效地保证，更经济、环保、节能。

10.2.2　重庆长江大桥复线桥的建成，实现了混凝土梁式桥跨越能力的技术重大突破，填补了世界梁桥建设技术空白。研究形成的"特大跨径连续刚构桥建设技术"经专家鉴定该成果总体上达到国际领先水平，研究成果获得了重庆市科技进步二等奖，并得到了国内外桥梁学术机构、多位国内外桥梁结构工程院院士和知名教授的高度评价，为同类桥梁设计、施工规范制定、施工技术与控制提供了理论依据与工程实践，社会与技术经济效益显著，具有极大推广应用价值。

11. 应 用 实 例

2006 年 9 月 25 日建成通车的重庆长江大桥复线桥为连续梁与连续刚构组合结构桥，跨径布置形式为 86.5m+4×138m+330m+132.5m。330m 的主跨为同类型桥梁世界第一。主跨跨中采用长 108m 的钢箱梁结构，钢混接头段是跨中 103m 钢箱梁与混凝土悬臂梁连接受力的过渡段，包括 4m 长的钢混接头钢箱段及 1m 长的钢筋混凝土现浇箱梁段，在 4m 长钢混接头后端 1.5m 钢箱中需要与 1m 长钢筋混凝土箱梁段一同浇筑混凝土，即钢混接头施工时，需要浇筑混凝土的长度为 2.5m，一个钢混接头浇筑的混凝土量为 87.7m³。每个钢混接头钢箱部分重量约为 198t，委托武昌造船厂制造，由驳船运输至桥位处定点起吊就位。于 2006 年 5 月 3 日完成 7 号墩钢混接头钢箱吊装就位；于 2006 年 5 月 12 日完成 5 号墩钢混接头钢箱吊装就位。

在吊装前进行了大量的测量、分析计算与施工准备工作，吊装系统操作控制进行了反复检查和调试，吊装工作组组织了两次吊装操作与协调配合演练，5 号、7 号墩侧钢混接头钢箱吊装过程非常顺利。吊装过程中，施工监控与吊装操作人员协调配合，现场的指挥员下达的各项指令得到了有效执行，实现了统一指挥，分工明确，指令明确，协同配合，操作到位的管理目标，吊装钢混接头钢箱所用的 4 台计算机控制的千斤顶工作保持同步，受力均衡，钢混接头钢箱上升过程平稳、安全，未发生任何安全事故。通过以上工程实践证明，该工法工艺成熟，技术先进，施工安全，工程质量能得到有效保证，在类似的工程建设中具有极大推广应用价值。

液压同步提升大吨位钢拱塔施工工法

GJYJGF091—2010

中交第四公路工程局有限公司　中国路桥工程有限责任公司

王昕　凌四　王国俊　唐永　任鸿鹏

1. 前　言

在新型钢拱塔斜拉桥中，钢拱塔作为斜拉桥一个十分重要的组成部分，发挥了重要的作用。采用何种方式进行钢拱塔的安装、如何优质高效地组织施工，具有十分重要的意义。沈阳浑河三好桥主桥为钢拱塔斜拉桥，主塔外观横立面呈斜伸的双网球拍形，造型新颖美观。该桥由林同炎国际工程咨询（中国）有限公司设计，并获得了全球桥梁设计建造最高奖之一"尤金·菲戈奖"。本工法依托三好桥工程实例，全面阐述了液压同步提升钢拱塔施工技术和工艺特点。已建成的钢拱塔成品空间位置、尺寸以及外观质量均满足规范要求，处于良好的受控状态，且施工组织科学合理。该工法被证明是一项行之有效的施工工法，代表了目前液压同步提升钢拱塔施工的先进水平。

该工法关键技术通过了中国公路建设行业协会组织的专家技术评审，达到国内领先水平。

2. 工 法 特 点

2.1 钢塔拱肋结构在桥面上整体拼装，便于机械化焊接作业，使焊接质量、装配精度及检测精度更易保证，且施工效率高，安全防护工作易于组织。

2.2 "液压同步提升技术"采用液压提升器作为提升机具，柔性钢绞线作为承重索具。液压提升器锚具具有逆向运动自锁性，使提升过程十分安全，且构件可以在提升过程中的任意位置长期可靠锁定；承重件具有自身重量轻、体积小、运输安装方便、中间不必镶接、适宜于在狭小空间或室内进行大吨位构件牵引提升安装等优点。通过提升设备扩展组合，提升重量、跨度、面积不受限制。

2.3 液压提升器通过液压回路驱动，动作过程中加速度极小，对被提升构件及提升承载结构几乎无附加动荷载。

2.4 以两拱肋横向中心线为提升转动轴，同步提升两片钢拱肋，提高了施工效率，大大缩短了高空作业时间，降低了施工风险，且设备投入少，线型易控制。

2.5 设备自动化程度高，操作方便灵活，安全性好，可靠性高，使用面广，通用性强。

3. 适 用 范 围

钢塔斜拉桥、大型龙门起重机的整体安装、大型化工塔的提升安装、大吨位钢构件空间提升定位及桥梁的整体安装。

4. 工 艺 原 理

4.1 在两拱肋横桥向中心线处、主塔墩外围延伸段，搭设提升门式塔架。在塔架顶部设置液压提升设备，用于拱肋的提升。

4.2 斜拉桥钢拱塔拱肋在桥位拱肋平面投影处平面拼装成整体。拱肋按照工厂内加工的工艺段进行拼装和焊接。现场拼装、吊装主要完成拱脚段及拱脚以上在桥位主梁及加宽平台上的拱肋分段的整体平面拼装工作。

4.3 在拱肋根部及塔座设置转动绞，利用提升门式塔架上的大吨位液压提升器将两片钢拱肋一次同步竖转提升就位。

5. 施工工艺流程及操作要点

5.1 液压同步提升施工工艺流程

5.1.1 施工工艺流程图如图 5.1.1 所示。

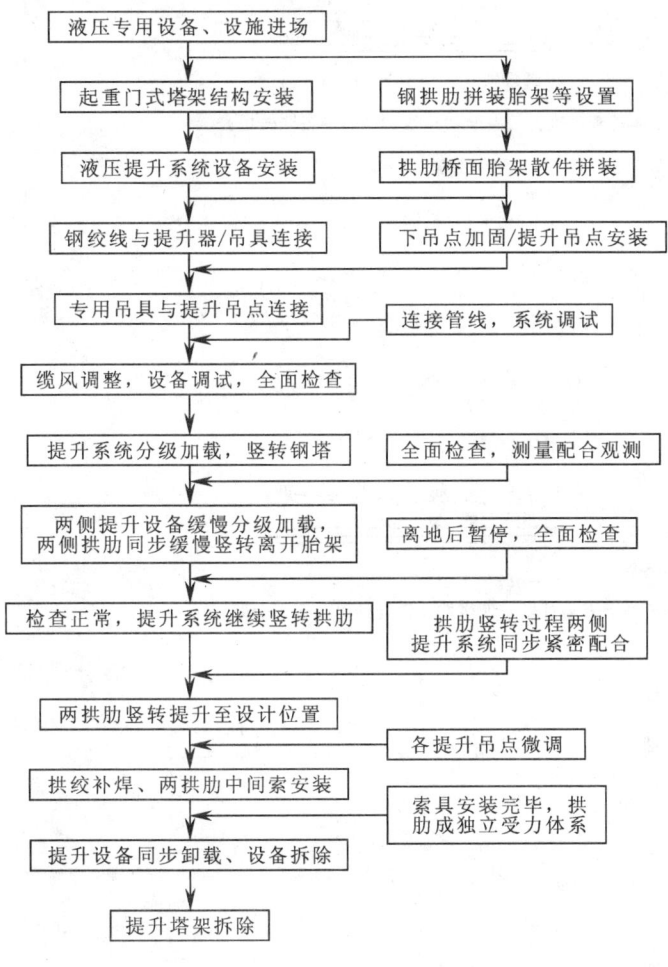

图 5.1.1 液压同步提升施工工艺流程图

5.1.2 在两拱肋中心线处桥墩外延伸段，搭设门式塔架。

5.1.3 将钢拱肋在其平转位置投影线上整体拼装。

5.1.4 在门式塔架上设置竖转提升设备，并通过钢绞线与拼装好的钢拱肋上方提升下吊点连接。建立各提升设备间电子管路、线路连接。

5.1.5 设备连接完毕，对结构件及提升设备等进行全面检查。

5.1.6 门式塔架顶部提升设备分级加载，准备竖转钢拱塔。在分级加载竖转钢拱塔过程中，两侧提升设备应密切配合，确保同步。

5.1.7 分级加载完毕，即提升钢拱肋离开拼装胎架后，暂停提升，全面检查各设备运行情况及结构件稳定情况。

5.1.8 确保设备运行正常后，继续竖转提升钢拱肋，并同时测量塔架顶部，使门式塔架在分级加载过程始终处于竖直状态。

5.1.9 钢拱肋提升至接近设计位置后，暂停，微调各提升点，锁定提升设备，使钢拱肋保持姿态不变。

5.1.10 进行钢拱肋底部补焊作业和塔上水平索的安装。水平索安装完成后再进行斜拉索的安装。

5.2 流程示意图 (图 5.2)

5.3 钢拱塔现场拼装

5.3.1 以沈阳三好桥为例，因桥面主梁在斜拉索未张拉之前，桥面承载能力有限，因此对拱脚以上分段（即 D1~D6 分段）采取在现场桥位桥面主梁及加宽平台上以单元形式直接组装成拱肋整体。而 D0 段在工厂制作成 3 个吊装分段现场直接吊装安装。

5.3.2 现场拼装顺序

现场拼装总的顺序要求：由两片拱肋转动绞端依次向拱肋中央进行，拼装时同时分布 4 个工位，对称进行，逐段进行拼装，并将 D6 段作为拱肋合拢段。合拢段根据拱肋整体尺寸进行组装，确保拱段的整体成型尺寸精度。现场拼装顺序如图 5.3.2。

5.4 提升门架的结构设计及安装

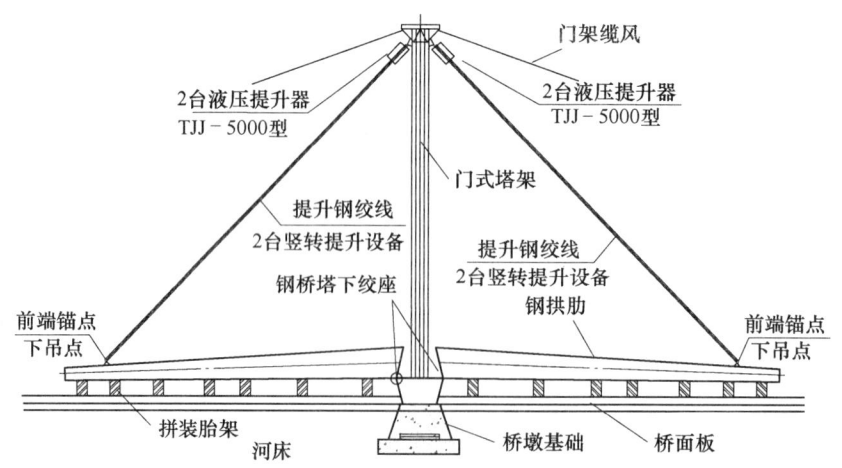

步骤一:门式塔架、钢拱肋等拼装完毕,结构全面检查,提升设备全面检查调试,准备竖转提升

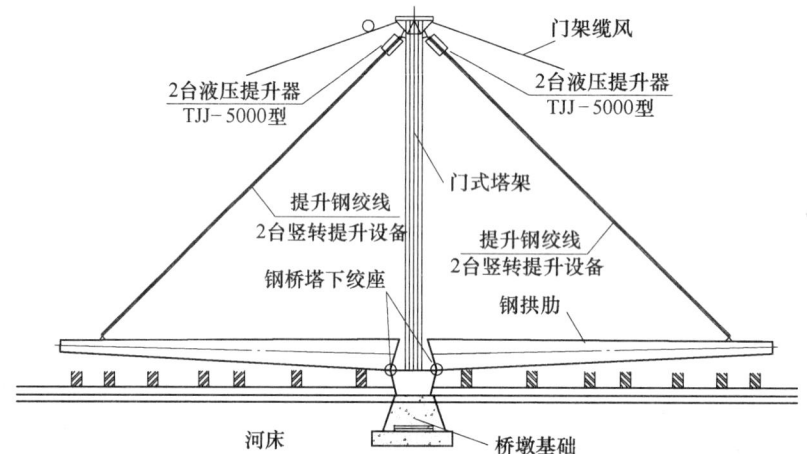

步骤二:两侧提升设备同步分级缓慢加载,仪器监测塔架垂直度,使拱肋略微提升离开拼装胎架

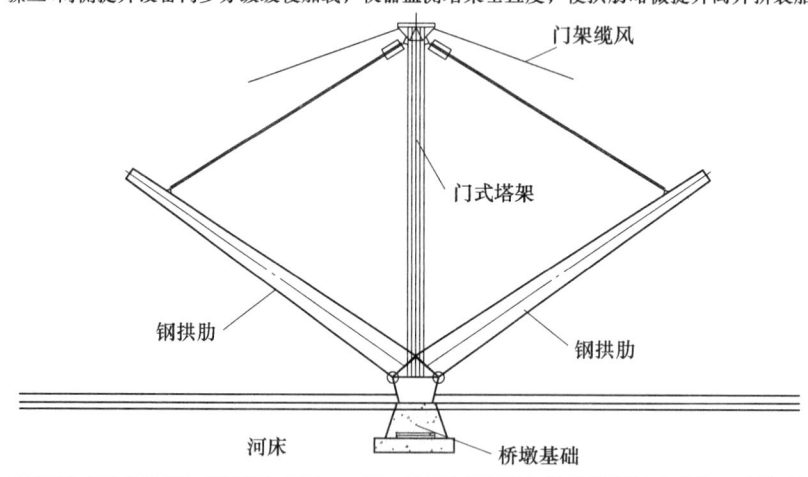

步骤三:两侧提升设备继续同步缓慢加载提升,提升过程仪器始终跟踪监测塔架垂直度,确保两侧拱肋竖转同步

图 5.2　液压同步提升施工流程示意图

5.4.1　提升门架结构设计

门架结构的设计主要考虑门架提升过程中的承重能力、门架的整体刚性及稳定性。根据本桥钢拱塔的整体布置及拱肋宽度、高度及最大竖转力的情况分析,每副塔架上的最大垂直反力约 1240kN。门架设计的主要技术参数为:门架高度 72m(桥面以上 51m,

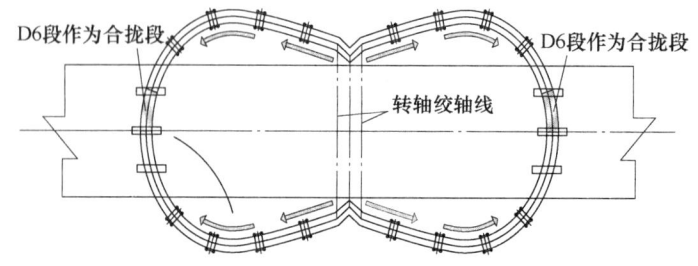

图 5.3.2　钢拱肋现场拼装顺序图

桥面以下 21m），截面为 2.8m×2.8m（中心距），门架跨度 48.6m（中心距），上横梁截面为 2.8m×2.8m（中心距），长度为 45.8m。在门架内侧加两道内缆风绳，加强塔架的稳定性。门架及横梁如图 5.4.1-1 所示。

门架底部与基础采取螺栓锚接，连接方式如图 5.4.1-2 所示。

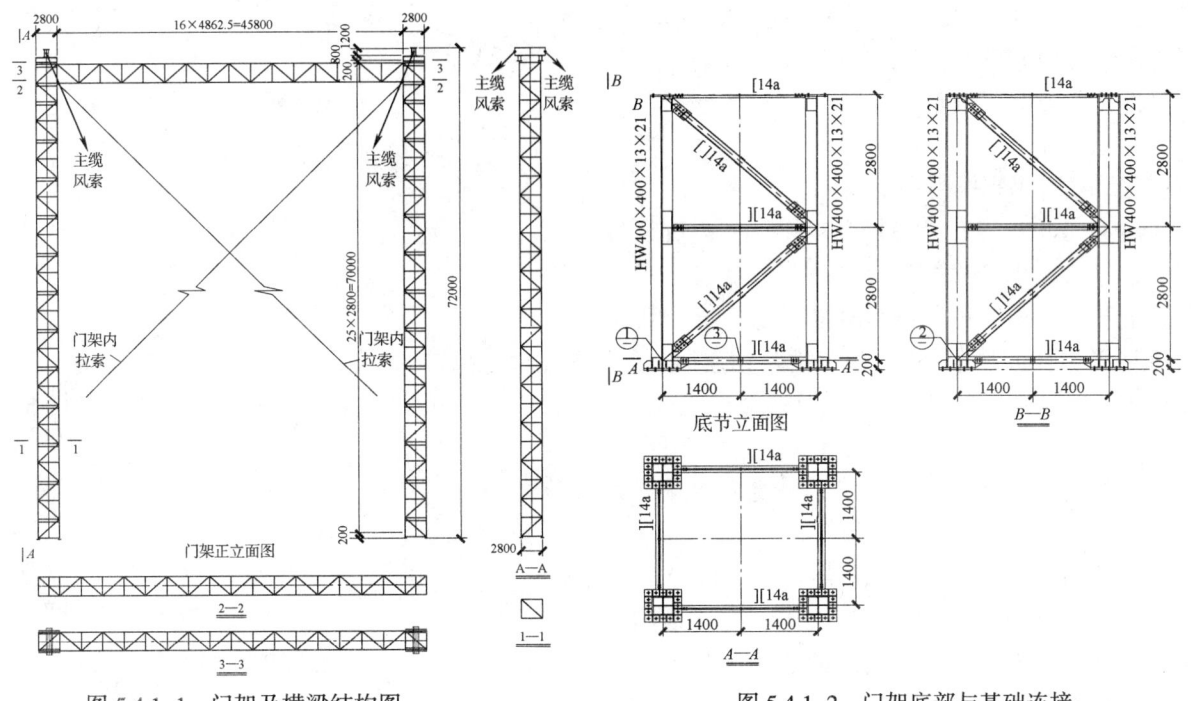

图 5.4.1-1　门架及横梁结构图　　　　　　　　　图 5.4.1-2　门架底部与基础连接

5.4.2　门架缆风绳位置

门架缆风承载及设置位置依据拱肋起扳力及风载而定，根据现场实际情况并考虑到主梁上索道管受力，将门架缆风锚点设置在主梁索道管上，如图 5.4.2-1 所示。

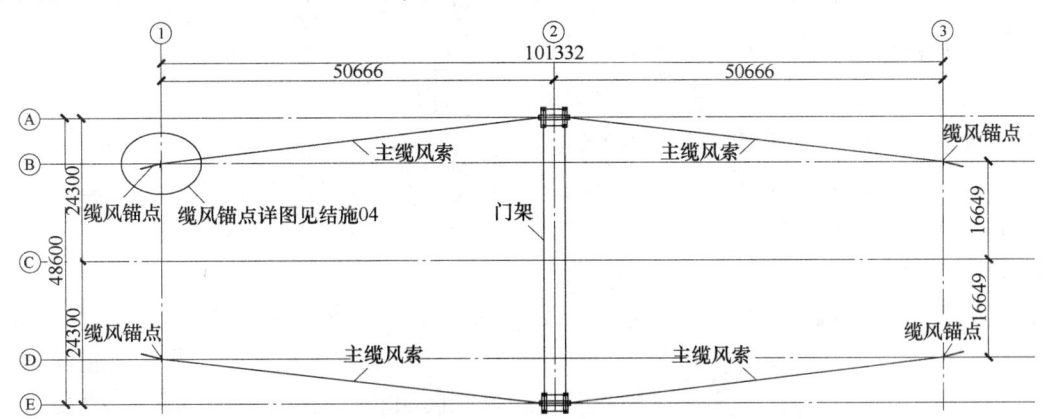

图 5.4.2-1　门架缆风布置平面示意图

考虑门架缆风的角度与原索道管的角度不同，即缆风不是垂直从梁上索道管穿出，为了使索道管不受缆风的侧向力，在索道管旁边的桥面上设置反力支撑点，以调整缆风角度，使缆风的角度与设计斜拉索的角度相同。如图 5.4.2-2 所示。

5.4.3　门架安装

门架结构高度 72m，包括门架柱及上横梁两部分。其中门架柱设计时划分成若干节段。根据各门架柱节段的安装高度及重量，门架的安装采取在桥下筑岛采用 250t 汽车吊直接进行吊装安装。门架横梁由于其跨度较大，结构安装高度较高且重量较重，考虑到吊车的起重能力，横梁划分成两个分段进行吊装，横梁分段中间采用支架进行临时支撑。

5.5 提升吊点的定位及设计

5.5.1 提升吊点的定位

拱肋提升点的数量及设计位置主要从两方面进行考虑，其一主要考虑提升设备的提升能力要求；其二则考虑提升过程拱肋的变形控制。通过结构计算两侧拱肋各设置两吊点进行钢拱肋同步竖转提升，吊点间距48.6m。

5.5.2 提升吊点的设计

采用液压同步提升设备提升钢拱塔，需要设置专用提升平台，即合理的提升上吊点，提升上吊点上布置液压提升器。上部的提升器通过提升专用钢绞线与底部的拱肋上的对应下吊点地锚相连接。

1. 提升上吊点：上吊点设计形式为吊笼+吊点耳板（销轴）连接，吊点耳板设计在门式塔架顶部，通过销轴将门式塔架与吊笼连接，吊笼内放置提升器。

2. 提升下吊点：提升下吊点对应上吊点而设置。提升下吊点内安装提升专用地锚，提升地锚通过钢绞线与提升上吊点内的提升器连接。提升下吊点的设置以尽量不改变结构原有受力体系为原则。下吊点设置在钢桥塔拱肋上，与上吊点设计形式相同。钢拱塔提升下吊点如图5.5.2所示。

5.6 液压提升系统的选取及布置

5.6.1 液压提升器的选取

根据设计，单片钢拱重约760t，结构初始提升时单片拱的提升力最大约为860t，在起门式塔架顶部配置2台TJJ-5000型液压提升器作为钢拱肋的提升竖转，单台额定提升能力为540t，大于提升最大反力860t。

5.6.2 泵源系统

在不同的工程中，由于吊点的布置和提升器安排都不尽相同，为了提高液压提升设备的通用性和可靠性，泵源液压系统的设计可采用模块化结构。根据提升重物吊点的布置以及提升器数量和泵源流量，进行多个模块的组合，每1套模块以1套泵源系统为核心，可独立控制一组液压提升器，同时可用比例阀块箱进行多吊点扩展，以满足实际提升工程的需要。

5.6.3 电气同步控制系统

电气同步控制系统由动力控制系统、功率驱动系统、计算机控制系统等组成。

1. 无论是提升器主油缸，还是上、下锚具油缸，在提升工作中都必须在计算机的控制下协调动作，为同步提升创造条件，各点之间的同步控制通过调节比例阀的流量来控制提升器的运行速度，保持被提升构件的各点同步运行，以保持其空中姿态。

2. 液压同步提升施工技术采用行程及位移传感监测和计算机控制，通过数据反馈和控制指令传递，可实现全自动同步动作、负载均衡、姿态矫正、应力控制、操作闭锁、过程显示和故障报警等多种功能。操作人员可在中央控制室通过液压同步计算机控制系统人机界面进行液压提升过程及相关数据的

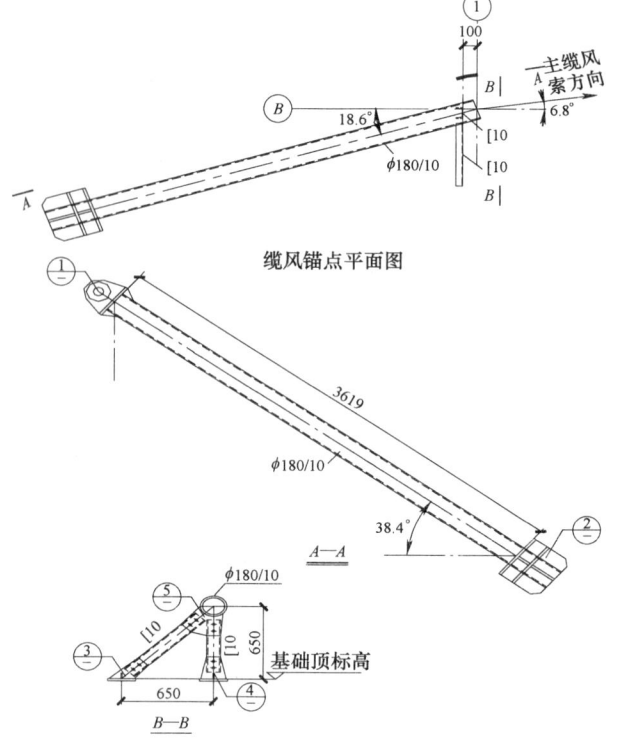

图 5.4.2-2　反力支撑点设置

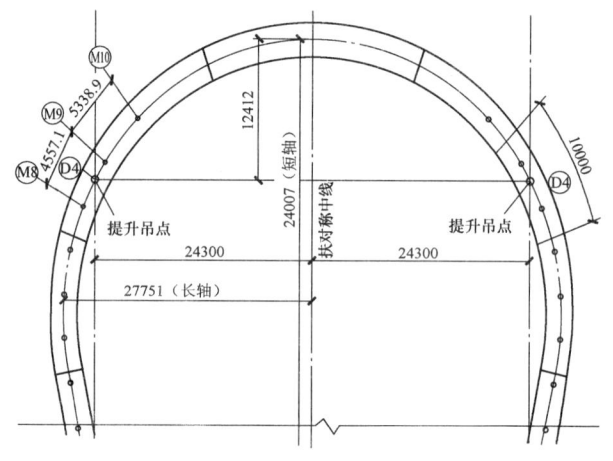

图 5.5.2　提升下吊点布置示意图

观察和（或）控制指令的发布。

5.6.4 液压提升系统的布置

根据提升设备的配置情况，在门架柱顶端设置 4 台 TJJ-500 型液压提升器及 2 台液压泵站。竖转提升每单片拱肋配置两台提升器及一台液压泵站，液压提升器间距 48m（上、下吊点间距相同），每台液压提升器安装于提升吊笼里面，提升吊笼与门架顶端对应耳板销轴连接。液压泵站布置于门架顶端靠近提升器 6m 范围内，便于连接并控制对应提升器。设备布置如图 5.6.4 所示。

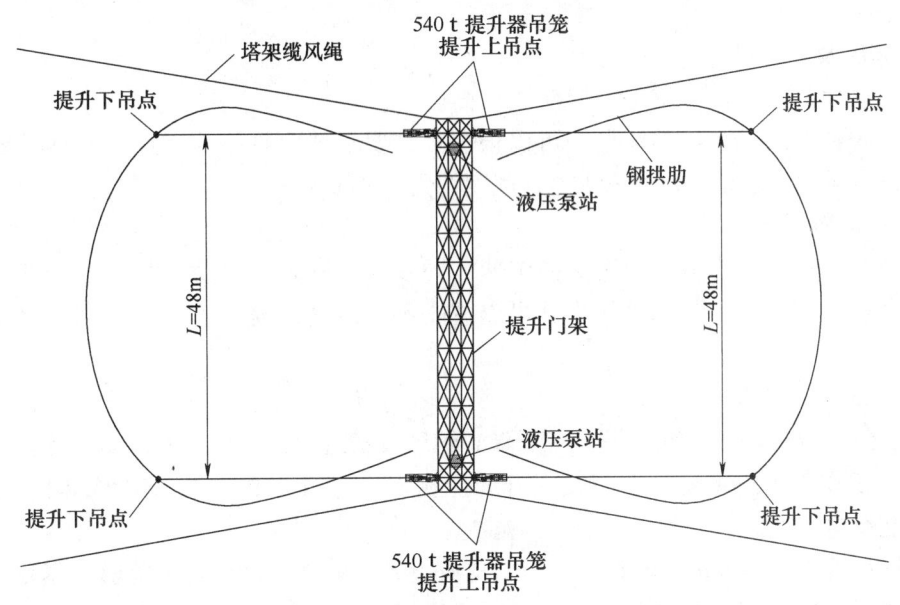

图 5.6.4　提升设备布置平面示意图

5.7　液压系统同步控制

5.7.1　提升同步控制策略

根据提升吊点的布置，采用"吊点油压均衡，结构姿态调整，位移同步控制，分级卸载就位"的同步提升和卸载就位控制策略。控制系统根据一定的控制策略和算法实现对钢拱塔提升竖转的姿态控制和荷载控制。在提升竖转过程中，从保证结构吊装安全角度来看，应满足以下要求：

1. 应保证各个吊点受载均匀。

2. 应保证提升竖转结构的空中稳定，以便结构能正确就位，也即要求各个吊点在提升竖转过程中能够保持同步。

5.7.2　同步控制原理

计算机控制，通过数据反馈和控制指令传递，实现同步动作、负载均衡、姿态矫正、应力控制、过程显示和故障报警等多种功能。

5.7.3　液压提升控制要点

1. 提升分级加载

以主体结构理论载荷为依据，各提升吊点处的提升设备进行分级加载，依次为 40%、60%、80%（门式塔架两侧的拱肋同步分级加载），在确认各部分无异常的情况下，可继续加载到 90%、100%，直至钢拱肋结构全部离地（胎架）。

2. 离地检查

钢拱肋结构离地后，停留 4~24h 作全面检查（包括吊点结构，承重体系和提升设备等），各项检查正常无误，再正式提升。

3. 整体同步提升

在钢拱肋整体同步提升竖转过程中，保持各吊点同步直至提升到预定空间位置。在整个竖转提升过程中通过应力贴片测试钢拱塔根部产生的变矩，并架设全站仪随时跟踪监测提升竖转过程门式塔架顶中心偏移。

4. 提升过程的微调

钢拱肋结构在提升竖转过程中，因为空中姿态调整和竖转就位等需要进行高度微调。在微调开始前，将计算机同步控制系统由自动模式切换成手动模式。根据需要，对整个钢拱塔提升系统的 4 个吊点的液压提升器进行同步微动（上升或下降），或者对单台液压提升器进行微动调整。以满足钢拱安装的空间精度需要。

5.8 提升速度及加速度

5.8.1 提升速度

提升的速度主要取决于泵站的流量，可以根据提升要求选取泵站的流量。本钢拱塔施工中，每台液压泵站的主泵流量为 2×36L/min。正式提升速度约为 4~6m/h。

5.8.2 提升加速度

液压同步提升作业过程中各点速度保持匀速、同步。在提升的启动和制动时，其加速度取决于泵站流量及提升器的工作压力，加速度极小，可以忽略不计。这为提升过程中门式塔架和钢拱塔的安全增加了保证度。

5.9 提升前准备及检查工作

正式提升之前，应对提升系统及提升（下降）辅助设备进行全面检查及调试工作。

5.9.1 钢绞线作为承重系统，在正式提升前应派专人进行认真检查，钢绞线不得有松股、弯折、错位、外表不能有电焊疤。

5.9.2 地锚位置正确，地锚中心线与上方对应提升器中心线同心，锚片能够锁紧钢绞线。

5.9.3 由于运输的原因，泵站上个别阀或硬管的接头可能有松动，应进行逐一检查，并拧紧，同时检查溢流阀的调压弹簧是否完全处于放松状态。

5.9.4 检查泵站、同步操作系统及液压提升器之间电缆线及控制线的连接是否正确。检查泵站与液压提升器主油缸、锚具缸之间的油管连接是否正确。

5.9.5 在泵站不启动的情况下，手动操作控制柜中相应按钮，检查电磁阀和截止阀的动作是否正常，截止阀与提升器编号是否对应。

5.9.6 提升器的检查

下锚紧的情况下，松开上锚，启动泵站，调节一定的压力（3MPa 左右），伸缩提升器主油缸，检查截止阀能否截止对应的油缸；检查比例阀在电流变化时能否加快或减慢对应提升器的伸缩缸速度。

5.9.7 预加载：调节一定的压力（3MPa），使每台提升器内每根钢绞线基本处于相同的张紧状态。

5.10 钢拱塔提升

一切准备工作做完，且经过系统的、全面的检查确认无误后，可进行钢桥塔拱肋的液压整体提升。

5.10.1 分级加载（试提升）

1. 先进行分级加载试提升。通过试提升过程中对拱肋结构、提升设施、提升设备系统的观察和监测，确认符合模拟工况计算和设计条件，保证提升过程的安全。

2. 以主体结构理论载荷为依据，各提升吊点处的提升设备进行分级加载，依次为 40%、60%、80%（门式塔架两侧的拱肋同步分级加载），在确认各部分无异常的情况下，可继续加载到 90%、100%，直至钢拱肋结构全部离地（胎架）。

3. 每次分级加载后均应检查耳板的应力状态，并通过经纬仪跟踪监测门架顶中心的偏移。加载过程中各项监测数据均应做好完整记录。

4. 当分级加载至钢桥塔即将离开拼装胎架时，可能存在各点不同时离地，此时应降低提升速度，并密切观察各点离地情况，必要时做"单点动"提升。确保钢拱塔离地平稳，各点同步。

5. 分级加载完毕，钢桥塔提升离开拼装胎架约 5cm 后暂停，停留 4~24h 作全面检查各设备运行及构件的正常情况。停留期间组织对门式塔架、拱肋结构、铰链结构、塔架缆风、提升吊具、连接部件及各提升设备进行专项检查，对塔体变形进行复测。

5.10.2 正式提升

试提升阶段一切正常情况下开始正式提升。在整个同步提升过程中应随时检查：

1. 每一吊点提升器受载均匀情况。
2. 仪器监测门式塔架垂直度及塔架缆风受载稳定情况。
3. 上吊点平台的整体稳定情况。
4. 钢拱塔提升过程的整体稳定性。
5. 提升承重系统监视。
6. 液压动力系统监视。

5.10.3 提升就位

钢拱肋提升竖转高度达 50 余米，正式提升竖转过程为 1d。

钢拱塔同步提升竖转至设计位置后，各吊点微调使钢拱塔精确提升到设计位置，提升设备暂停、锁定，保持两拱肋空中姿态稳定不变。再进行拱肋底铰补焊和水平索的安装。

6. 材料与设备

本工法仅列出了沈阳三好桥钢拱塔提升所需要的机械设备需求量。实际施工时，可根据具体情况适当调整：

材料与设备表　　　　表 6

序号	名　称	规　格	型　号	设备单重	数　量
1	液压泵源系统	30kW	TJD-30	2.5t	2 台
2	液压提升器	5000kN	TJJ-5000	4t	4 台
3	标准油管	标准油管箱			8 箱
4	全站仪		GTS-332		4 台
5	激光经纬仪		J2-JDA		2 台
6	铲车	3m³	CPCD5A	10t	1 台
7	50t 汽车吊	50t	GT-550E		1 台
8	运输车	15~40t			3 台
9	计算机控制系统	16 通道	YT-1		1 套
10	传感器	位移			4 套
11	传感器	锚具、行程			4 套
12	专用钢绞线	φ18mm	70m/根		10080m
13	激光测距仪	Desto pro			2 台
14	对讲机	Kenwood			8 台
15	提升门架	H 型钢			1 套

7. 质 量 控 制

7.1　钢拱塔提升的施工难度较大，质量要求高，施工时严格要求，精细施工，严把质量关。并从拱塔变形、拱塔空间位置、拱塔受力等方面进行重点控制。

7.2 主要控制环节及措施

7.2.1 钢拱塔四点转动铰同心度、平行度的控制

解决措施：轴心采用偏心轴套调节。

7.2.2 钢拱塔转动铰转轴灵活性的控制

解决措施：轴孔间添加滑油（牛油+石墨粉），以保证其转动性。

7.2.3 钢拱塔提升门架稳定性的控制

解决措施：

1. 门架设置斜拉缆风索及内交叉索。

2. 门架柱安装时严格控制其垂直度。垂直度控制在 30mm 以内，门架缆风索张拉时调整其垂直度，控制在 20mm 以内。

3. 提升过程的实时监控：门架顶部设置门架偏移观测点，采用激光全站仪实时监测门架偏移量。

7.2.4 钢拱塔提升过程同步性的控制

解决措施：确保各吊点均匀受载（压力控制）；确保提升竖转各吊点同速（流量控制）。

7.2.5 钢拱塔提升施工过程的控制

解决措施：

1. 分级加载控制：试提升时采取分级加载，依次为 40%、60%、80%（两侧同步分级加载），在确认各部分无异常的情况下，可继续加载到 90%、100%，直至钢拱塔结构全部离地（胎架）。

2. 跟踪监测检查：分级加载期间跟踪检查相关受力点的结构状态，并通过全站仪跟踪监测门架顶中心的偏移。

3. "单点动"同步调整：当分级加载至钢桥塔即将离开拼装胎架时，可能存在各点不同时离地，此时应降低提升速度，并密切观察各点离地情况，必要时做"单点动"提升。确保钢桥塔离地平稳，各点同步。

7.2.6 钢拱肋提升就位控制

钢拱塔提升就位主要通过液压微动进行调整。将计算机同步控制系统由自动模式切换成手动模式。根据需要，对整个钢拱塔提升系统的 4 个吊点的液压提升器进行同步微动（上升或下降），或者对单台液压提升器进行微动调整。

8. 安 全 措 施

8.1 坚持"安全第一、预防为主、综合治理"的方针。

8.2 所有施工人员要对施工方案及工艺进行了解、熟悉，在施工前逐级进行安全技术交底，交底内容针对性强，并做好记录，明确安全责任。

8.3 现场安全设施齐备，设置牢靠，施工中加强安全信息反馈，不断消除施工过程中的事故隐患，使安全信息及时得到反馈。

8.4 设置施工警戒线和警示牌，严禁非施工人员进入施工区域。吊装作业时，施工人员不得在起重构件、起重臂下或受力索具附近停留。

8.5 高空作业时，应铺设安装、操作临时平台，地面应划定安全区，应避免重物坠落，造成人员伤亡；下降前，应进行全面清场，在下降过程中，应指定专人观察地锚、上下吊耳、提升器、钢绞线等的工作情况，若有异常现象，直接通知现场指挥。

8.6 在施工过程中，施工人员必须按施工方案的作业要求进行施工。如有特殊情况进行调整，则必须通过一定的程序以保证整个施工过程安全。

8.7 在钢拱塔整体液压同步提升过程中，注意观测设备系统的压力、荷载变化情况等，并认真做好记录工作。

8.8 在液压提升过程中，测量人员应通过测量仪器配合测量各监测点位移的准确数值。

8.9 液压提升过程中应密切注意液压提升器、液压泵源系统、计算机同步控制系统、传感检测系统等的工作状态。

8.10 通信工具专人保管，确保信号畅通。

8.11 高空作业人员经医生检查合格，才能进行高空作业。高空作业人员必须带好安全带，安全带应高挂低用。

8.12 吊运设备和结构要充分做好准备，有专人指挥操作，遵守吊运安全规定。

8.13 施工用电、照明用电按规定分线路接线，非电器人员不得私自动电，现场要配备标准配电盘，现场用电要设专职电工。电缆的敷设要符合有关标准规定。

8.14 夜间施工必须有足够照明，周边孔洞处设置防护栏和警示灯。

9. 环 保 措 施

9.1　粉尘控制措施

9.1.1 由于其他原因而未做到硬化的部位，定期压实地面和洒水，减少灰尘对周围环境的污染。

9.1.2 禁止在施工现场焚烧有毒、有害和有恶臭气味的物质。

9.1.3 严禁向建筑物外抛掷垃圾，所有垃圾装袋或装桶投入指定地点并及时运走。

9.1.4 施工场地内固定专人进行道路的清洁工作，并进行严格检查；严格执行工完料尽场地清的原则。

9.2　噪声控制措施

9.2.1 尽可能采用低噪声的工艺和施工方法，施工方案实施前必须经过环境保护小组的审核。

9.2.2 建筑施工作业的噪声可能超过建筑施工现场的噪声限值时，在开工前向建设行政主管部门和环保部门申报，并在核准后进行施工。

9.2.3 施工中合理组织，尽可能将产生噪声的工作安排在白天进行。

9.2.4 进入施工现场内的车辆、所有场内施工用机械设备不允许鸣笛；地面和高层的联系采用对讲机；工人施工时禁止大喊大叫。

9.3　光污染控制措施

9.3.1 电焊、金属切割产生的弧光采用围板与周围环境进行隔离，防止弧光满天散发。

9.3.2 现场围墙上布设的灯具原则上不得超过围墙高度；吊车及周围场地照明的大镝灯必须调整照射方向向场内，不得直接照射到机场飞行区，施工场地外围的照明采用柔光灯，不可采用强光灯具。

9.4　排污控制措施

9.4.1 施工现场厕所污水在进入污水管网前必须经过化粪处理并定期洒适当的防疫药物后方可排入市政管道；厕所、化粪池应具有防漏措施，防止污染水源。

9.4.2 现场冲洗机械设备必须在指定地点进行，避免冲洗的废油四处扩散，冲洗完成后必须将冲洗的废油进行收集；机械修理等地方必须于地面上采取木板等进行适当的铺垫，防止污染地面。

9.4.3 施工现场必须保持雨水排水的畅通，防止现场局部地方产生积水现象。

9.5　现场防污染控制措施

9.5.1 现场使用的油料必须设置专人进行保管，防止产生油料扩散现象；现场摆放的易扩散油料或施工用料必须进行密闭贮存，防止扩散。

9.5.2 现场使用的易漂浮材料必须装袋进行贮存，防止扩散。

9.5.3 现场垃圾实行分类管理，设置足够的垃圾池和垃圾桶，建筑垃圾集中堆放并及时清运。

9.5.4 现场禁止焚烧油毡、橡胶等会产生有毒、有害烟尘和恶臭气体的物质。

9.5.5 化学物品、外加剂等要妥善保管，库内存放，防止污染环境。

10. 效 益 分 析

沈阳浑河三好桥钢拱塔采用"液压同步提升大吨位钢拱塔施工工法"将其竖转提升至设计位置。该工法较好地解决了钢拱的安装线形;拱肋主要在工厂内焊接,焊接质量可以保证;在施工过程中体系内力容易控制,施工设备自动化程度高,操作方便灵活,安全性好,可靠性高。且可减少拆迁量,施工设备、物资及人员投入少,造价低。减少了高空作业量,使安全、质量更有保障。

液压同步提升系统可以及时发现偏差,自动纠正偏差,科技含量高。具有自动化程度高,操作方便灵活,安全性好,可靠性高,使用面广,通用性强等特点。

三好桥钢拱塔成功的竖转提升到位取得了良好的效果,不仅节省了工程成本,也提高了工作效率。工程质量可靠,提前完成目标计划,得到了业主、监理的认可,提高了企业的信誉度,取得了良好的社会和经济效益。

而常规的缆索吊装法施工需要大跨度大吨位的缆索吊机,临时索塔较高组拼困难,且临时索塔布置会占用大片施工场地。且需在空中实施对接,难度较大,施工周期长,施工质量难以提高。液压同步提升工法与常规的缆索吊装法相比可节约成本如表10。

本工法施工过程中,应积极建立装备结构大型化、资源利用高效化、物质消耗减量化的高效生产体系。采用计算机同步控制系统,加强了自动化建设。在供电、输配电、用电系统,应用节电产品和节电技术。采用低损耗新型变压器,优化变压器的运行方式,应用高效电机,采用变频调速等节能技术提高用电效率,积极节能降耗,节能效果显著。

液压同步提升工法与常规缆索吊装法相比成本节约分析　　　　　　表10

工 程 项 目	采用液压同步提升技术造价(万元)	采用缆索吊装法施工方案造价(万元)	价格差异(万元)	备　　注
钢结构现场吊装、现场拼装焊接费	297	379	82	拱肋主要在工厂分节段预制,减少了现场加工、焊接、吊装量
钢拱塔竖转费	116	219	103	超大型液压同步提升技术,使两拱同时一次提升到位,节约双拱分别提升的成本
钢拱塔安装门架	148	208	60	同步对称提升,门架简便,不用搭设大型辅助支架
安全措施	10	20	10	电脑数字化同步提升,无需施工人员、机械设备辅助,减少安全措施费用
工期成本		20	20	电脑数字化同步提升24~36h提升到位,大大节约工期成本
合计	571	846	275	

11. 应 用 实 例

沈阳浑河三好桥主桥为中承式钢箱拱斜拉桥,桥梁全长900m,主桥桥面宽主跨为34m、边跨为32m。跨径布置为35m+100m+100m+35m,两侧引桥采用连续箱梁。主桥桥塔结构体系为单塔双斜拱结构,两拱呈43.6°斜交,单拱斜面为一平面,拱肋矢高61.5m,宽度55.5m,单片拱肋线型主要为曲线线形,局部为直线段。其桥形构思新颖独特,为世界首创的独墩双钢拱塔斜拉桥结构体系,有很强的地标性。通过吊索、主拱、主梁的空间几何构图使结构立体感强,与周边环境交相辉映、浑然一体。为确保钢拱塔空间定位精度,与上海同济大学、沈阳建筑大学联合进行测量监控,钢拱塔空间定位完成后,所布监控点最大误差在10mm之内。结构物内实外美,受到业主的一致好评,钢拱塔从拼装开始仅用1个月即将两片重达1700t钢拱塔提升到位,比预定计划提前约半个月。

公路钢—混凝土组合梁斜拉桥上部结构安装施工工法

GJYJGF092—2010

中交第一公路工程局有限公司　天津城建集团有限公司

田克平　黄天贵　曹玉新　刘福宏　赵强　吴立波

1. 前　言

钢—混凝土组合梁斜拉桥采用钢梁与混凝土桥面板组合的方式形成主梁，既避免了钢箱梁主梁造价高，加工、运输和吊装难度大，桥面铺装很难妥善处理的不足，也避免了预应力混凝土主梁自重大导致基础庞大、施工周期长、施工工艺复杂、施工风险大等缺点。钢—混凝土组合梁的特点非常适合于应用在最大悬臂长度（150~250m）且基础条件较差的斜拉桥中。

改革开放以来，我国修建了大量的斜拉桥，但桥形结构主要以预应力混凝土梁斜拉桥和钢箱梁斜拉桥居多，而钢—混凝土组合梁斜拉桥则相对较少。国外对钢—混凝土组合梁斜拉桥的理论研究、设计与施工起步较早，国内建造大跨径钢—混凝土组合梁斜拉桥是20世纪90年代初从上海南浦大桥开始的，该桥主要借鉴参考了加拿大安纳西斯桥的经验，后又建成了杨浦大桥、徐浦大桥、福建青州闽江桥和广州鹤洞大桥。由于国内建造的部分钢—混凝土组合梁斜拉桥在运营过程中出现了与安纳西斯桥类似的混凝土桥面板开裂病害，因此尽管钢—混凝土组合梁斜拉桥相对于预应力混凝土梁斜拉桥及钢箱梁斜拉桥在同等跨径斜拉桥中有明显优势，然而桥面板裂缝的病害问题在一定程度上制约了这种桥形的发展，在国内为数众多的斜拉桥中，该类桥形屈指可数。

近年来，国外已经较好地解决了钢—混凝土组合梁斜拉桥桥面板开裂的问题，在近十几年所建造跨径在（300~600m）之间的斜拉桥近半数都是钢—混凝土组合梁斜拉桥，如美国的库伯河桥（双塔570m）、希腊的里翁—安蒂里翁桥（双塔560m）、泰国的Roma8桥（独塔300m）等；国内在此期间也建成了东海颗珠山大桥和哈尔滨四方台松花江大桥两座钢—混凝土组合梁斜拉桥。

中交第一公路工程局有限公司于2004年初在承接了江苏灌河大桥的施工建设任务后，认为随着桥梁跨径的不断增大和组合结构的广泛应用，钢—混凝土组合梁斜拉桥在国内未来的桥梁建设中有着非常好的应用前景，故依托该工程设立"钢—混凝土组合梁斜拉桥施工技术与施工工艺研究"的科研课题，对这种桥形的关键施工技术和工艺进行了全面、系统地研究，研究成果在灌河大桥工程的实际施工中得到了良好地应用，并于2007年8月通过了江苏省交通厅的科技成果鉴定，鉴定委员会认为该成果总体达到了国际先进水平。该研究成果曾获"2008年度中国公路学会科学技术三等奖"、"中交股份2007年度科学技术进步二等奖"。

为进一步推广"钢—混凝土组合梁斜拉桥施工技术与施工工艺研究"的成果，指导今后钢—混凝土组合梁的安装施工与质量管理，在总结灌河大桥工程施工成功经验的基础上，编制了本工法。

本工法在浙江宁波甬江清水浦大桥、河北唐山曹妃甸1号桥等后续工程中成功应用后，得到了进一步的验证。目前正在厦漳跨海大桥南汊主桥的施工中应用。

2. 工 法 特 点

本工法的特点在于根据钢—混凝土组合梁结构的特性，安装施工时充分利用地形地物，在保证安全的前提下，使用较少的机械、设备及临时辅助设施，能最大限度地保证工程施工的进度、质量和精度。

3. 适 用 范 围

本工法适用于中跨有水、边跨无水或水位较浅且桥面距地面高度在25m以下时的钢—混凝土组合梁式斜拉桥上部结构的安装施工；当中跨和边跨均位于水中且桥面距地面高度超过25m时，仅需对本工法稍作调整，亦可使用。

4. 工 艺 原 理

4.1 钢—混凝土组合梁斜拉桥的主要结构构造特点和受力特点

4.1.1 斜拉桥是一种桥面体系受压、支承体系受拉的桥形

钢—混凝土组合梁是由钢纵梁、钢横梁和小纵梁构成的钢梁格结构及抗剪连接件与混凝土桥面板组成的，在钢梁格顶面采用抗剪栓钉，通过现浇接缝混凝土使混凝土桥面板与钢梁格有效地组合成整体主梁共同受力。

主梁节段的长度配合密索索距布置，索距一般等于梁段的长度，主梁以最小重量单元进行架设，即分别架设钢梁格和混凝土桥面板。

混凝土桥面板是钢—混凝土组合梁斜拉桥中重要的组成部分，构造上一般将桥面板跨在钢横梁之间，使局部荷载产生的桥面板拉应力与整体结构体系在桥面板内产生的压应力相叠加，以防止桥面板混凝土产生过大拉应力而开裂，因此施工时需特别注意预防各部桥面板可能产生的裂缝。

4.2 钢—混凝土组合梁斜拉桥上部结构安装施工工艺原理

4.2.1 钢—混凝土组合梁斜拉桥上部结构安装施工时，应根据其结构构造特点和受力特点，按照施工控制的要求，保证钢梁的安装精度和斜拉索索力的精度；对混凝土桥面板，应在运输、起吊、安装和现浇湿接缝混凝土等施工环节中防止产生裂缝。

4.2.2 主梁的安装施工分为钢梁安装、斜拉索安装、预制桥面板安装和现浇湿接缝混凝土等主要工序。

钢梁的安装采用单构件拼装法，其优点是构件重量较小，起吊较方便。钢梁分为支架上拼装和悬臂拼装两种方式，0~2号梁段和辅助跨梁段在支架上拼装，其余梁段相对于主塔对称悬臂拼装，形成对称的平衡体系，边跨悬臂端不设置桥面悬臂吊机，而采取在边跨悬臂端进行配重的方式平衡中跨桥面悬臂吊机的重力。钢梁运输到桥梁边跨两岸的岸侧存放，支架上拼装和边跨悬臂端的钢梁由设在边跨岸侧的龙门吊直接起吊安装；中跨的钢梁则利用设在边跨岸侧的龙门吊将钢梁起吊至桥面的轨道运输平车上，然后运到中跨悬臂端附近采用桥面悬臂吊机进行安装。

4.2.3 斜拉索在钢梁安装完成后按施工控制的要求进行安装和张拉。

中跨节段上的混凝土桥面板由预制存放场地运输到主塔一侧的专用高低腿龙门吊下方，起吊至桥面的轨道运输平车上，然后运到中跨悬臂端附近采用桥面悬臂吊机进行安装；边跨节段上的混凝土桥面板由设在边跨岸侧的龙门吊直接起吊安装。

一个节段上的桥面板安装完成后，现浇湿接缝混凝土，并按施工程序要求对桥面板施加预应力，按施工控制的要求张拉斜拉索。

5. 施工工艺流程及操作要点

5.1 钢—混凝土组合梁斜拉桥上部结构安装的施工工艺流程见图5.1。

5.2 施工准备

5.2.1 钢梁构件的临时存放和场内运输

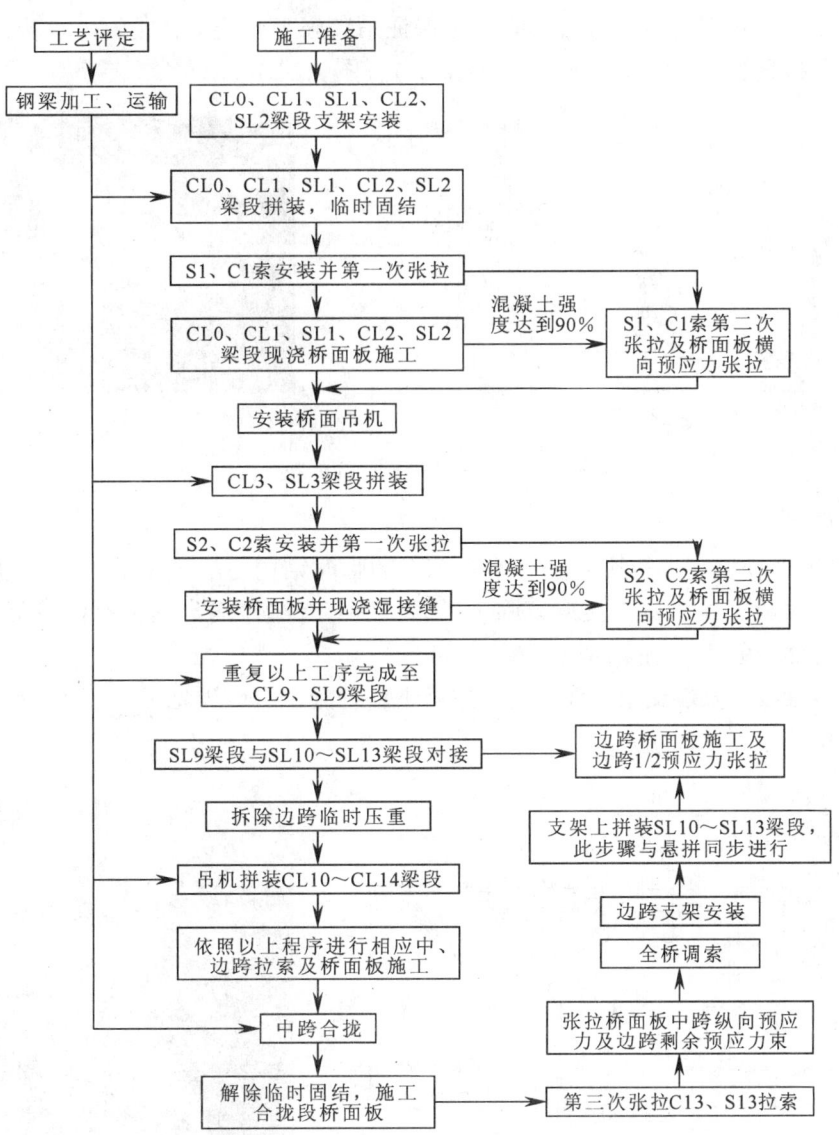

图 5.1　钢—混凝土组合梁斜拉桥上部结构安装施工工艺流程图

（注：本施工工艺流程以江苏灌河大桥为例，图中的 CL 为中跨，SL 为边跨）

　　钢梁构件的尺寸较大，河两侧岸滩的场地有限，当有潮汐影响时，河水有可能会淹没靠近索塔的地面，对钢梁构件的临时存放造成不利影响，因此除应在河岸边修筑堤坝挡水外，还应对有限的场地进行合理规划，以满足钢梁构件临时存放的需要。桥址处为软土地基时，对构件存放的台座应进行特殊处理，防止存放时地基产生不均匀沉降而造成对构件的损伤。

　　存梁场地的规划既要考虑钢梁安装施工的方便性，同时还要最大限度地保证构件存放的数量，以满足安装施工进度的要求。在具体的平面布置上，应以充分发挥龙门吊的作用为原则，运梁车辆应能直接进入龙门吊所能覆盖的范围，以方便构件的卸车和移运；构件的存放宜尽量保持与实际安装位置的方向基本一致，这样可避免起吊安装时因构件方向不对而进行不必要的调整，降低施工效率。存梁场地见图 5.2.1。

图 5.2.1　钢梁构件临时存放场地与龙门吊

5.2.2　龙门吊设置

　　在边跨岸侧设置起吊安装钢梁的龙门吊，在主塔一侧设置起吊预制混凝土桥面板的高低腿龙门吊，龙门吊可采用贝雷片、钢管等构件进行拼装。为保证吊装施工的安全，龙门吊拼装完成后，应先试吊，并应经过相关部门检查验收后方可投入使用（图5.2.1、图5.2.2）。

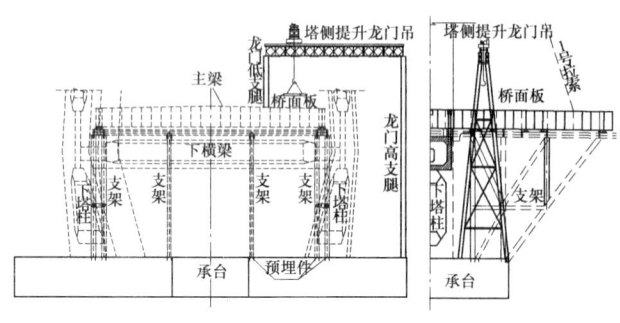

立面图　　　　　　　　　　　　　　　　　　　侧面图

图 5.2.2　起吊桥面板的高低腿龙门吊

5.2.3　支架设置

1. 支架采用钢管和型钢进行拼装。支架是承重的临时结构，故应按受力要求进行结构设计计算，支架拼装的位置应准确，构件的连接应牢固、可靠，所有焊缝应满足施工设计的要求，并应保证其在施工过程中具有足够的强度、刚度和稳定性。

2. 0、1、2号梁段的安装支架，在承台和主塔下塔柱施工时应预先按施工设计规定的位置设置预埋件，然后再进行拼装（图 5.2.3）。

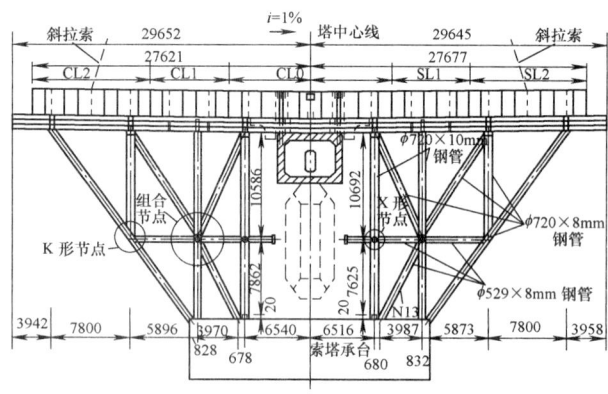

图 5.2.3　0、1、2号梁段的安装支架

3. 辅助跨的安装支架，应在斜拉索对应主梁的位置插打钢管桩作为支架的基础，钢管桩插打完成后再将桩头处理到同一标高，然后设置型钢承台，最后在型钢承台上安装焊接钢管立柱，形成支架。

4. 支架设置时必须控制好顶部平台的标高，使其满足钢梁梁段安装的高程要求。

5.3　0、1、2号梁段安装

5.3.1　钢梁的结构形式

钢梁的结构形式见图 5.3.1。

5.3.2　钢梁安装

1. 构件吊装

0、1、2号梁段采用在落地支架上单件拼

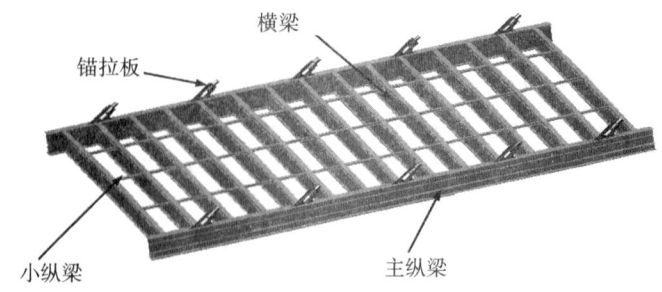

图 5.3.1　钢梁结构形式示意图

接的方法进行安装，钢梁的构件全部由岸侧的龙门吊单件吊装到位于支架顶部。每个梁段先吊装两根主纵梁，使其就位于支架上事先已测量放样定位的移位器上，然后分别吊装各根横梁，在横梁与主纵梁连接后，再采用塔吊吊装小纵梁。

2. 钢梁节段组拼

钢梁节段组拼的顺序为：两根主纵梁→横梁与主纵梁拼接→小纵梁与横梁拼接，如图 5.3.2-1 所示。在吊装两根主纵梁前应先测量准确放样钢梁节段的平面位置，在支架的轨道梁上固定好移位器，移位器的侧向应有限位装置，吊装主纵梁

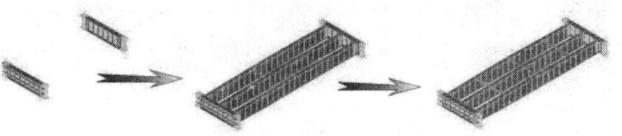

图 5.3.2-1　钢梁节段组拼顺序示意图

到移位器上，再吊装横梁到大致的安装位置，通过轨道梁侧面的千斤顶调整主纵梁的横桥向位置，使主纵梁和横梁精确对位，插入高强度螺栓进行初拧。主纵梁和横梁拼装完成后，钢梁的总体框架已形成，然后安装小纵梁，对高强度螺栓进行终拧作业。

3. 钢梁节段移位

钢梁节段组拼完成后，采用移位器将节段纵向移至待安装位置。移位器（图 5.3.2-2）位于轨道梁顶部，对应主纵梁在主桁架钢管顶左右各安放一排，每根主纵梁两端各设 2 台移位器，一个节段钢梁共设 8 台。移位器的两侧应设限位板，防止钢梁纵移时移位器偏离轨道；顶部从下到上依次设置钢板、四氟板、不锈钢板和橡胶垫，用于钢梁横移；顺桥向的四氟板外围应设限位钢板，防止钢梁在顺桥向纵移时的滑移失控。

纵移时，通过四个 5t 手拉葫芦牵引移位器将钢梁顺桥向移至待安装的设计位置。在纵移过程中，尾部的移位器也需安装上同样的手拉葫芦（且前后的移位器应采用钢丝绳连接），前拉后松，防止钢梁节段沿纵坡下滑。钢梁节段纵移就位后，拉紧前后葫芦，用钢楔将移位器限位。在钢梁四个角点对应的轨道梁上设置千斤顶的反力架，用千斤顶调整钢梁的平面扭角或横移位置，使钢梁准确就位在设计平面的待安装位置内。

4. 钢梁节段落梁就位

钢梁节段纵移到设计位置后，在支架轨道梁的顶面安装临时支座，临时支座的高度应严格按设计标高确定，形式如图 5.3.2-3 所示，材质为 20mm 厚钢板，中间为空腔，顶面铺装 10mm 厚四氟板。然后再布设钢梁节段顶升用的千斤顶，用千斤顶同步顶升钢梁节段，移走移位器，平稳下落钢梁节段于临时支座上，通过四个角点的千斤顶、顺桥向的手拉葫芦及顶升千斤顶调整钢梁节段的平面位置和设计高程，使得支座上的钢梁节段位于设计范围内，并利用千斤顶和手拉葫芦在四个侧面及角点将钢梁和支架临时固结在一起。

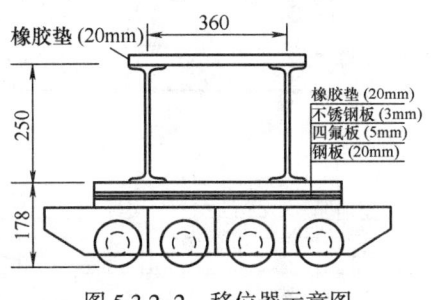

图 5.3.2-2　移位器示意图

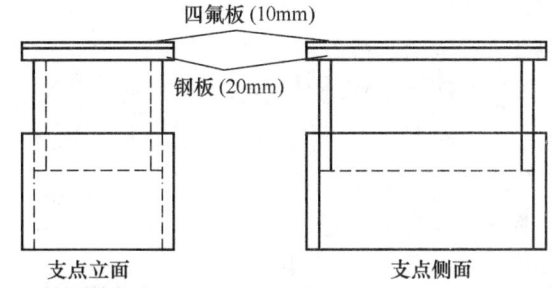

图 5.3.2-3　临时支座示意图

5. 钢梁节段的纵向拼接

钢梁节段纵向拼接的原则为对称、均衡，具体的拼接顺序为 CL0→（CL1-SL1）→（CL2-SL2）。CL2 梁段坐落于支架上后，按前述 1~4 的步骤分别组拼和纵移 CL1、CL0、SL1、SL2 节段到位，并精确调整各梁段的设计位置，利用千斤顶落梁使其和支架临时固结在一起。先进行 CL0 梁段的固定安装，再依次对称纵向拼接 CL1-SL1、CL2-SL2 节段并进行高强度螺栓施工。0、1、2 号钢梁节段的纵向拼接顺序见图 5.3.2-4。

5.3.3　塔梁临时固结

塔梁临时固结分 3 个方向，形式如图 5.3.3 所示。竖向固结为每一根主纵梁采用精轧螺纹钢筋与索塔下横梁固定在一起，应注意横梁上的竖向永久支座不得打开其约束，仅应对钢梁起到支撑作用；横

向固结为索塔塔柱内侧的侧向限位支座,必要时可以在塔柱和钢梁之间设置千斤顶;纵向固结为在0号梁段下方安装限位牛腿,并用高强度螺栓拧紧,在横梁的纵向限位预埋钢板和牛腿之间安装刚性支撑,从而实现纵向固结。

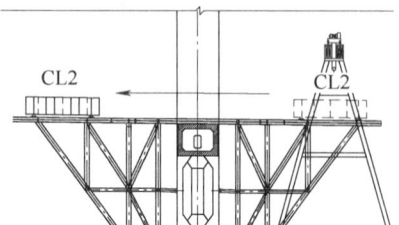

1. 在支架上对应岸侧龙门下方组拼CL2梁段,完成后顶起由移位器沿轨道移至设计安装位置

2. 在支架上对应岸侧龙门下方组拼CL1梁段,完成后顶起由移位器沿轨道移至设计安装位置

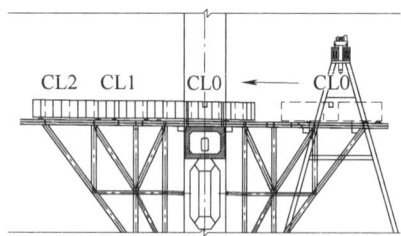
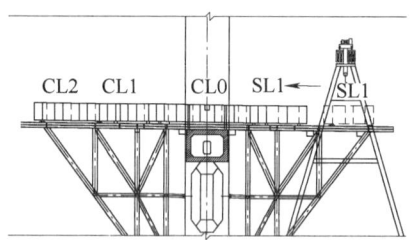

3. 在支架上对应岸侧龙门下方组拼CL0梁段,完成后顶起由移位器沿轨道移至设计安装位置

4. 在支架上对应岸侧龙门下方组拼SL1梁段,完成后顶起由移位器沿轨道移至设计安装位置

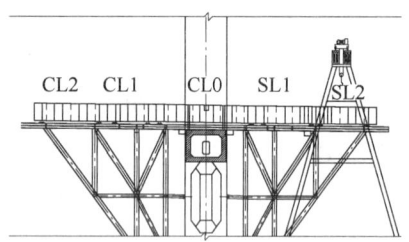

5. 在支架上对应岸侧龙门下方直接在设计位置组拼SL2梁段。沿轨道移至设计安装位置。依次落梁并逐段对接拼装

图 5.3.2-4　0、1、2号钢梁节段的纵向拼接顺序

5.3.4 斜拉索、桥面板施工

0、1、2号梁段在整体拼接完成后,对称安装1号(S1、C1)斜拉索;然后在对1号斜拉索进行第一次张拉后,进行桥面板的施工;桥面板施工完成,再按施工控制的要求对1号斜拉索进行第二次张拉。0、1、2号梁段的施工情况见图5.3.4。

5.4 辅助跨梁段安装

5.4.1 辅助跨的钢梁梁段

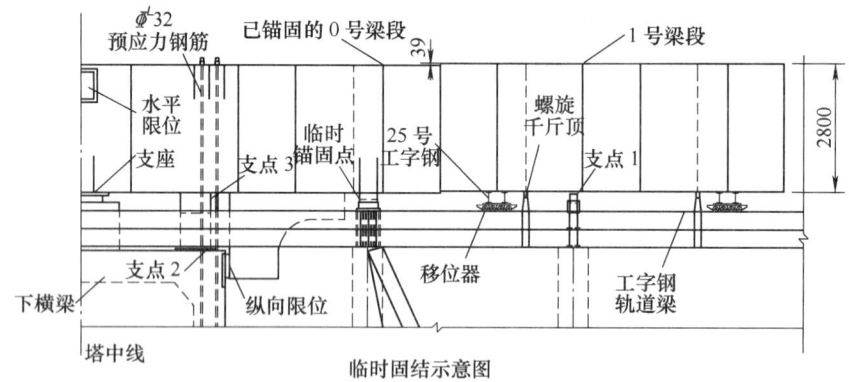

图 5.3.3　塔梁临时固结示意图

(SL10~SL13)采用岸侧的龙门吊起吊构件在支架上拼装。

5.4.2 支架为钢管桩基础,支架的材料采用钢管和型钢拼装,其主要支撑点应位于主纵梁锚拉板对应位置的梁底。支架的形式见图5.4.2。

5.4.3 支架安装完毕后,应分别在辅助墩及过渡墩顶安装结构的永久支座,在仔细检查顺桥向各支撑点的标高后,进行钢梁节段的组拼。

(*a*)

(*b*)

图 5.3.4　0、1、2 号梁段安装施工
(*a*) 0 号梁段安装；　(*b*) 安装 1 号索后

5.4.4 构件通过地面运输运到过渡孔下，由龙门吊提升上支架进行组拼，各节段的组拼顺序为主纵梁→横梁→小纵梁。钢梁节段组拼施工和节段连接的顺序见图 5.4.4。

5.4.5 钢梁安装结束后，进行边跨压重和混凝土桥面板的施工。辅助跨钢梁的安装施工见图 5.4.5。

5.5　标准梁段安装

5.5.1 标准梁段采用桥面悬臂吊机（中跨）和龙门吊（边跨）单构件对称拼装。

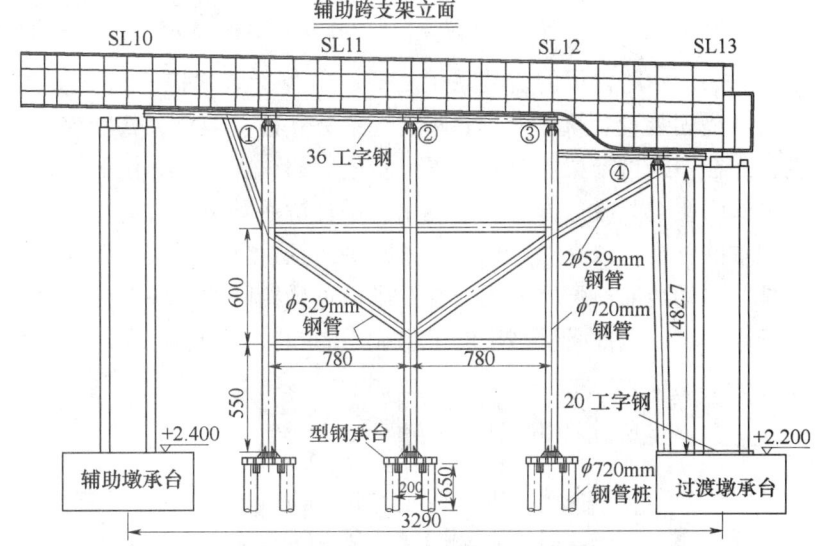

图 5.4.2　辅助跨钢梁安装支架形式

图 5.4.4　辅助跨钢梁节段安装顺序

图 5.4.5　辅助跨钢梁的安装施工

5.5.2 钢梁构件从存放区采用边跨的龙门吊运输到上桥位置，然后提升上桥面。中跨节段的钢梁构件通过轨道运输平车纵向运至桥面悬臂吊机附近进行安装；边跨节段的构件直接由龙门吊进行安装。运输、提升和安装的顺序均为：主纵梁→横梁→小纵梁。

5.5.3 桥面上的轨道运输平车主要用于中跨钢梁构件及预制桥面板的运输，布置在桥宽范围的一侧与桥面悬臂吊机旋转范围、高低腿龙门位置及边跨龙门刚性支腿相对应的位置。轨道运输平车为两个，运输桥面板时将两个平车合并，运输钢梁构件时将两个平车分开，其布置示意见图 5.5.3。

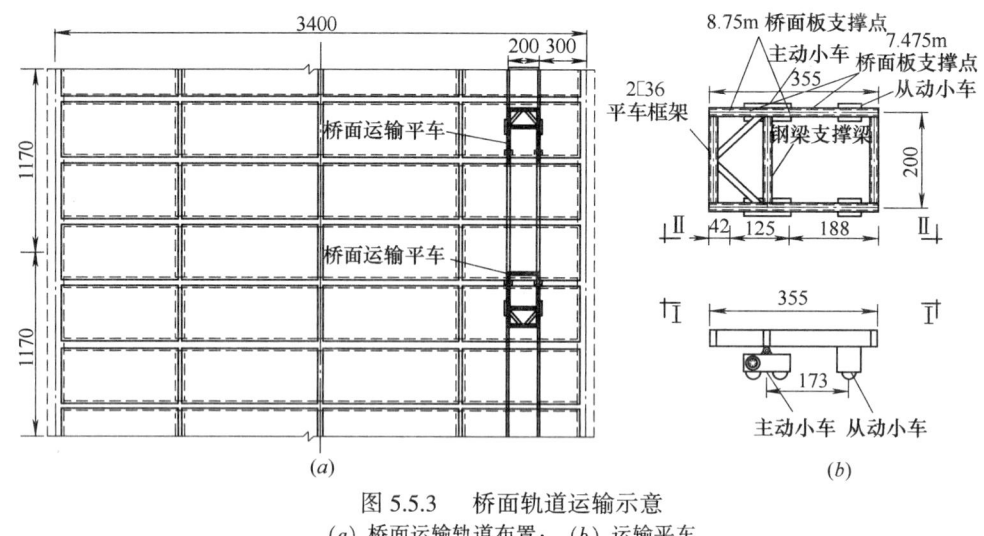

图 5.5.3　桥面轨道运输示意
(a) 桥面运输轨道布置；(b) 运输平车

5.5.4　中跨钢梁的安装采用 CWQ-50 型拆装式桅杆架梁起重机（简称桥面悬臂吊机）。在 CL2 梁段上按照锚固装置、轨道梁、底座、底梁、立柱、斜撑、驾驶室、卷扬机、起重臂的顺序依次拼装悬臂吊机，并在中跨钢横梁的对应位置设置吊机的锚固装置。桥面悬臂吊机拼装完成后应进行试吊，并应经过相关部门检查验收后方可投入使用。拼装桥面悬臂吊机的同时，应在边跨主梁与之对应的悬臂端位置进行配重的安装，以在对称悬拼主梁时平衡悬臂吊机的重量，在每次吊机前移时配重亦需前移，所以配重应具有移动功能；配重采用与悬臂吊机重量相同的 4 块混凝土桥面板组合实现，配重与吊机对称位置等重分级安装。桥面悬臂吊机的吊重能力为 50t，可回转 270°，工作半径 25m，其形式见图 5.5.4。

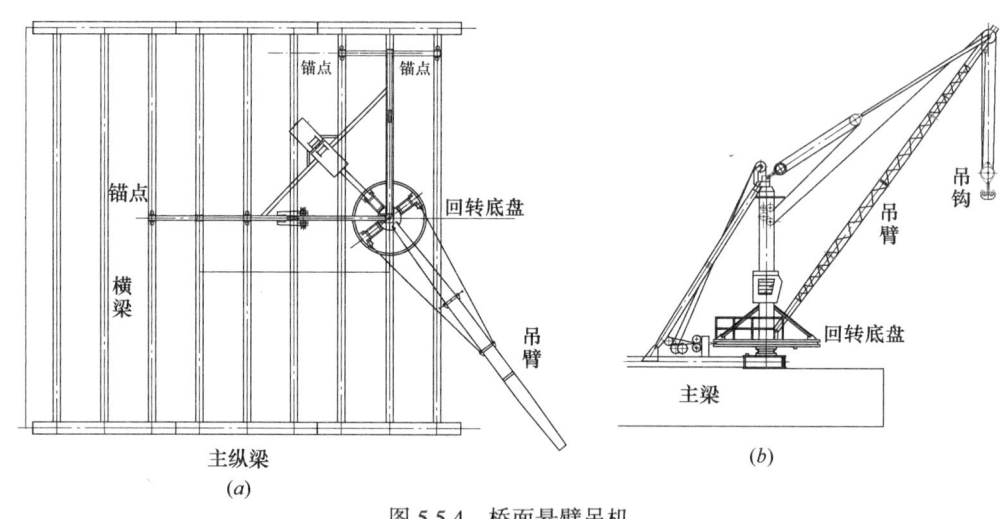

图 5.5.4　桥面悬臂吊机
(a) 平面示意图；(b) 侧面图

5.5.5　中跨的桥面悬臂吊机从轨道运输平车上吊起钢梁构件，吊臂转至安装位置，通过变幅落钩及缆风约束，同时边跨的钢梁构件通过龙门吊起吊，使构件大致就位，再用手拉葫芦配合精确定位。精确定位后，立即插入 50%冲钉和吊紧螺栓，复核轴线及标高后，用高强度螺栓逐个替换冲钉，并进行初拧。当以主纵梁→横梁→小纵梁的顺序将钢梁框架安装完毕后，按照设计要求对高强度螺栓进行终拧，并对纵轴线、对角线、标高等进行复测，做好记录，为监控提供详实数据。

5.5.6　完成相应梁段的斜拉索和混凝土桥面板的安装。

5.5.7　在标准梁段钢梁拼接及桥面板安装完成后，湿接缝混凝土未浇筑前，应将中跨的桥面悬臂吊机及边跨配重分别向远离索塔方向移动一个标准梁段长度。移动时的行走应同步，保证梁体平衡。吊机与配重均采用卷扬机作为动力牵引，吊机在自带的轨道梁上移动，配重则采用移位器在已安装桥面板上铺设的槽钢轨道上前移。

5.5.8 标准梁段的安装顺序见图 5.5.8-1，实际施工见图 5.5.8-2。

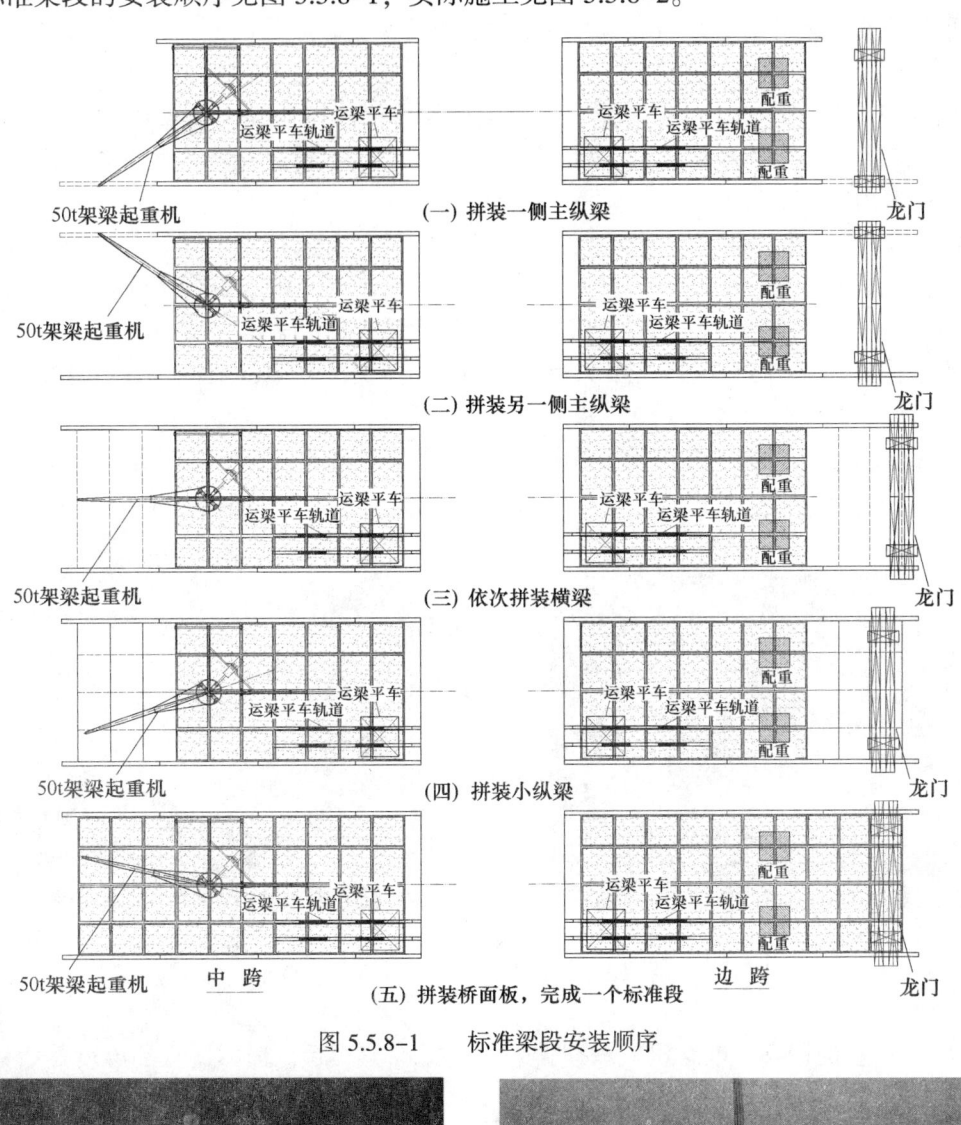

图 5.5.8-1　标准梁段安装顺序

(a)

(b)

图 5.5.8-2　主梁标准梁段安装施工
(a) 双悬臂对称安装；(b) 主纵梁安装

5.6　合拢梁段施工

5.6.1　边跨合拢段施工

1. 在辅助跨主纵梁、横梁、小纵梁及压重区小纵梁全部拼装完成后，进入边跨合拢施工。边跨合拢时不设专门的合拢梁段，而是在 SL10~SL13 梁段安装并完成各梁段的纵向连接，形成钢梁框架后，悬拼 SL9 梁段，然后将 SL10~SL13 梁段整体拖拉与 SL9 梁段进行连接，完成边跨梁段的合拢。

2. 采用与标准梁段相同的悬臂拼装方法进行 SL9 钢梁的安装，并带上 SL9 与 SL10 钢梁相连节点的拼装板。注意安装螺栓应适当加长，将节点上下拼接板距离拉开，保持足够的距离，使 8 号斜拉索张拉时梁体之间不受干扰，并对辅助跨 SL10~SL13 段钢梁进行调整。

3. 挂 8 号斜拉索，进行第一次张拉，张拉时严格按照监控指令控制索力、标高和平面位置。8 号斜拉索第一次张拉完成后，将 SL10~SL13 梁段的钢梁框架整体拖拉与 SL9 梁段对接，拖拉就位后，通过测量观测 SL9、SL10 梁端的相对位置，之后进行调整。调整的项目主要有：钢梁梁端相对高差、平面偏位、顺桥向偏差等内容。

4. 两梁端相对高差可以通过斜拉索索力调整进行协调。由监控根据实测高程进行受力分析之后，计算并调整索力值。

5. 钢梁平面偏位采用斜向对角交叉布置绳索牵引调整。偏差较大时，先将辅助跨钢梁固定限位，然后分别用钢丝绳和捯链在合拢两端主梁与辅助跨两主纵梁交叉相连，调整纠偏；偏差较小时，采用捯链固定于两相对应主梁微调即可。

6. 顺桥向钢梁偏差采用两对钢模具，分别用高强度螺栓固定在两相对应的主纵梁顶板上，用高强度螺栓及扭力扳手进行调整。采用较长的高强度螺栓进行连接，每对模具上用 4 个扭力扳手进行施拧，使两梁段对接合拢到位（图 5.6.1）。

(a)　　　　　　　　　　　　　　　　　　　(b)

图 5.6.1　主梁边跨合拢施工
(a) 合拢时；(b) 合拢后

7. 两对钢梁梁段的标高、轴线以及纵向偏差达到允许范围后，选择适宜的温度等条件，使两梁段均处于无应力状态，之后用高强度螺栓进行栓接、施拧。

5.6.2　中跨合拢段施工

1. 中跨主梁宜采用自然降温法合拢。合拢梁段（主纵梁）采用两侧的桥面悬臂吊机进行单构件安装。

2. 合拢前应进行下列准备工作：

1）查询当地气象资料——查阅、收集在大致的合拢时期内当地近 10 年及最近 3 年详细的气象资料；

2）绘制时间气温曲线——根据查询得到的详细气温资料，绘制预计合拢时段内的时间气温曲线；

3）确定合拢温度——对绘制的时间气温曲线进行分析研究、比较，找出一天中气温最稳定、持续时间最长的时间段，再对该时间段的气温进行深入分析，确定适宜的合拢温度；

4）确定合拢时间——根据现场的各种因素综合考虑确定合拢的精确时间；

5）确定合拢梁段长度——为获得精确的合拢梁段（HL）长度，应在合拢口连续 24h 观测两侧 CL14 主纵梁悬臂端的空间位置和两者之间的距离，以及主纵梁随温度变化而产生的伸长与缩短情况，观测位置为钢梁悬臂端的上缘与下缘。合拢梁段（HL）的精确长度在现场实测取得具体数据后按下式经分析计算确定：

$$L_x = l_1 - l_2 - a \tag{5.6.2}$$

式中 L_x——合拢段的精确修正长度，mm；

　　　l_1——理论合拢段长度，mm；

　　　l_2——厂内实际加工长度，mm；此值应在与合拢温度相同的条件下进行测量确定；

　　　a——温度修正、压缩量及标高修正，mm。

6）厂内梁长修正

合拢梁段（HL）在厂内加工时，先按设计梁长预留+300mm制作，待确定精确长度后再进行调整，修正时修正端及连接板螺栓孔的温度与确定的合拢温度之间的误差不超过±1℃，修正后应将合拢梁段与两侧相邻的SL14梁段进行预拼装。同理，对小纵梁亦需进行修正。

3. 合拢施工（图5.6.2）

（a）　　　　　　　　　　　　　　（b）

图5.6.2　中跨主梁合拢

（a）主梁合拢口现场测量；（b）合拢梁段（HL）安装

1）应在合拢前1~3d，继续通过现场实测，摸清由于气温变化导致的两悬臂端间距变化的规律，为正式合拢创造有利条件。

2）将上、下游的合拢梁段（HL）同步吊装就位。

3）HL钢梁吊入拢口空档就位后，将其先与一侧的悬臂梁段匹配安装。安装时先行打入50%冲钉，然后在剩余50%的栓孔上安装高强度螺栓并初拧，顺序为：腹板→顶板→底板。

4）将HL钢梁与另一侧的悬臂梁段进行精确匹配调整，然后安装梁段腹板上的连接板，等待温度。

5）待HL梁段主纵梁腹板的螺栓孔眼与连接板螺栓孔眼匹配时，立即打入50%冲钉，然后在剩余的50%栓孔上安装高强度螺栓并初拧。

6）开始解除0号梁段上的塔梁临时固结装置。临时固结的解除必须在两侧索塔同时进行，并应在中跨主梁合拢后的2h以内全部完成。

7）依次安装顶板和底板连接板，打入50%冲钉，在剩余的50%栓孔上安装高强度螺栓并初拧。

8）用高强度螺栓逐个替换冲钉并初拧。对所有高强度螺栓进行终拧。

9）安装横梁，完成高强度螺栓的施拧。

10）安装小纵梁和桥面板，绑扎桥面板接缝钢筋，浇筑接缝混凝土。

11）撤除桥面吊机及其他临时荷载，按设计和监控要求张拉对应的斜拉索。

5.7　混凝土桥面板施工

5.7.1　现浇混凝土桥面板位于0~2号梁段处，利用钢梁构件的下翼板作为现浇支架的支撑，铺设模板进行施工。

5.7.2　预制混凝土桥面板采用专用车辆运输至起吊位置。安装分两种方式，中跨主梁的桥面板采用高低腿龙门吊起吊至桥面的轨道运输平车上，纵向运到桥面悬臂吊机附近，由桥面悬臂吊机进行安装（图5.7.2）；边跨主梁的桥面板采用岸侧龙门吊直接起吊安装。

5.7.3　预制混凝土桥面板安装在钢梁的纵、横梁上，其支承面应铺设宽度50mm、厚度10mm的橡胶垫。

5.7.4 预制混凝土桥面板安装后，清理接缝，绑扎各接缝处的钢筋，连接预应力管道，浇筑湿接缝混凝土（图5.7.4）并进行养护，按设计要求进行预应力筋的张拉和孔道压浆等施工。

图5.7.2 桥面板安装

图5.7.4 湿接缝浇筑

5.7.5 混凝土桥面板施工时，除应在预制、存放时防止产生裂缝，亦应在运输、安装、浇筑湿接缝混凝土等环节中特别加强对裂缝的控制。

5.8 钢绞线斜拉索的安装与张拉

5.8.1 安装HDPE护套管。安装时应注意控制起吊速度，起吊时不得形成弯角并将其损伤。因空套管较脆弱，安装完成后应在最短时间内进行钢绞线的挂设与张拉，以保证施工安全，防止发生意外。HDPE护套管的安装见图5.8.1。

5.8.2 安装循环牵引系统。其流程为：安装导向点（定滑轮）→安装固定索（索托板导向钢丝绳）→安装循环索→试运行→完成。具体见图5.8.2。

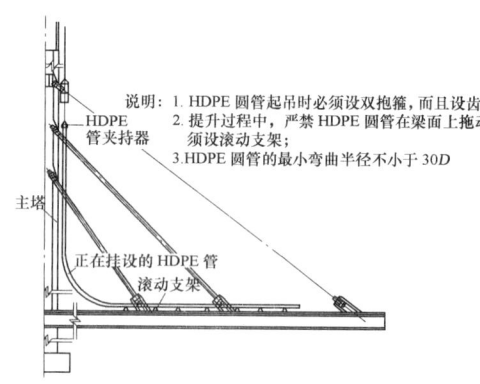

图5.8.1 HDPE护套管安装示意图

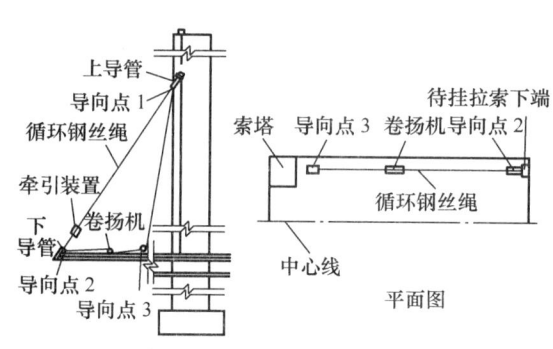

图5.8.2 循环系统安装示意图

5.8.3 挂索施工（图5.8.3）

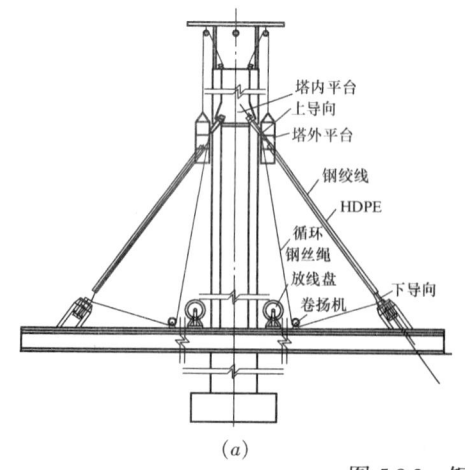

(a)

(b)

图5.8.3 钢绞线斜拉索安装施工
(a) 挂索示意图；(b) 安装施工现场

1. 钢绞线运输到施工现场后，将索盘吊装于放线架上，挂索时从 HDPE 管下端向上牵引，将放线方向朝向梁端预埋管处，放线架与预埋管之间应设铺垫及导向，以防钢绞线 PE 护套损伤。

2. 将盘好的钢绞线放盘打开并将张拉端与循环钢丝绳上的专用牵引装置连接，启动循环系统将钢绞线顺着 HDPE 护管牵引至上端管口，将已牵引出的钢绞线从盘上全部放出，与穿过下端锚具的牵引索连接，用人工穿过锚孔，安装夹片锚固。

3. 在塔外将钢绞线和从锚具孔穿过的牵引索连接，解除循环系统上的牵引装置，通过塔柱内的葫芦等工具将钢绞线拉出锚板孔，塔内作业人员相应辅助直到满足单根张拉所需的工作长度后锚固，准备牵引下一根钢绞线。

4. 将千斤顶、振弦式传感器装到刚穿好的钢绞线上，并张拉至预先计算的应力。

5. 重复以上步骤直到完成一根拉索内的全部钢绞线的安装。

6. 穿索时各号索均按主、边跨 4 个工作面同时对称进行。

7. 利用循环牵引钢丝绳可同步一次牵引两根钢绞线。单根挂索时，应注意对 HDPE 护套的保护，严防打绞、旋转和扭曲等现象发生。

5.8.4 斜拉索的张拉（图 5.8.4）和防护

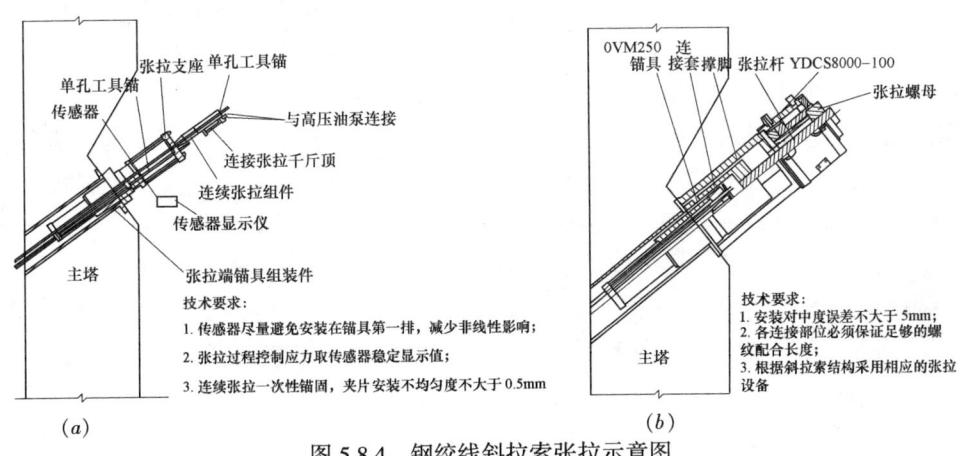

图 5.8.4　钢绞线斜拉索张拉示意图
(a) 单根钢绞线张拉；(b) 整体张拉

1. 采取两阶段张拉法。先化整为零，逐根安装、逐根张拉，再集零为整，即当每根拉索各根钢绞线全部安装完成并初张拉后再一次性整体张拉到位。

2. 单根张拉时的控制采用"等值张力法"。钢绞线牵引到位后，塔内施工人员安装夹片临时固定，随即采用 YDCS160 千斤顶进行单根张拉，张拉加载至约 15%控制应力时开始测初始伸长值，当张拉到该根钢绞线计算控制应力的 100%时，开始手工安装工作夹片，并采用专用工具适当打紧，千斤顶卸压并量测回缩值后锚固，保证均匀和跟进同步，同时记录此时传感器的显示值及钢绞线伸长值。首根钢绞线的张拉力以现场的控制压力表为准，后续张拉按照预装的传感器读数变化值，采用等值张力法进行张拉控制，以保证每根索中各钢绞线索力均匀。

3. 在单根钢绞线张拉完毕后，对斜拉索进行整体张拉，使其达到设计要求的索力。在整体张拉前，应对所有锚固夹片进行顶压，以保证工作夹片的平整度。整体张拉时，千斤顶应先空载运行（30～50mm），再安装工具锚及其夹片，当油压表指针初动时油表读数对应的张拉力作为整体张拉的初动力，记录初始应力、应变值。以初始张拉力作为起点，进行整体分级张拉。当索力达到设计要求时，旋紧锚具螺母进行锚固，稳压 3min 后，千斤顶回油，锚固完成。在对拉索进行整体张拉时，应根据监控和设计要求对索力进行控制，使之既能满足设计要求的索力，又能同时满足混凝土桥面板中有足够的压应力储备，当不满足时，则应进行适当调整。

4. 按设计要求对钢绞线斜拉索的锚具和 HDPE 护套管进行防护处理。锚具内的防护：确定油脂数量→检查索道管→灌油脂→密封。锚头的防护：清理锚头→安装保护罩→灌油脂→密封。HDPE护套管的防护：上端HDPE管连接装置安装→下端防水罩安装→表观处理。

5.9 高强度螺栓连接副施工

5.9.1 运抵施工现场的高强度螺栓连接副，应由材料员配合现场技术员进行数量及质量验收。验收内容包括：产品规格、数量、出厂日期、批次、装箱清单和出厂合格证，同时应进行外观检查，并填写检查记录。

5.9.2 验收完的高强度螺栓连接副应贮存在专门的库房，由专人统一保管。库房要求：干燥、通风、防雨、防潮，库房内设置码放平台；高强度螺栓连接副的堆放要求：入库时，应按包装箱上注明的批号、规格分类分开放，螺栓距四周墙面距离应不小于50cm，堆放层次应不大于5层，带标识的一面应统一朝外，不同型号、长度的连接副应采用标识牌区分。

5.9.3 高强度螺栓连接副的领用应遵循专人负责、按计划领料、当天领用当天用完的原则。应根据使用部位并按一定比例的损耗量，由现场技术人员填写计划单，内容包括使用部位、批号、规格、数量等，领料时相关人员应履行签字手续。当天未及时用完的螺栓，必须装回包装箱，妥善保管并尽快使用完，不得乱放、乱扔。在安装过程中，应避免碰伤螺纹和沾染脏物。

5.9.4 高强度螺栓连接副施工的机具应包括检查扳手和施拧扳手两种。检查扳手应专门用于施拧扳手的校准和检测，不得直接用于施工，并应在使用前委托有资质的单位进行标定。

其他机具包括：过眼冲钉、0.3kg手锤、0.3mm塞尺、放大镜等工具。

5.9.5 施拧扳手为电动扭矩扳手，施拧前后均应进行标定。标定工作在工作台上进行，即先用施拧扳手拧一个高强度螺栓，使扭矩值在一定范围内，再用标定扳手检查；检查宜采用松扣、回扣法，即松扣30°~60°，再用标定扳手回扣，比较扭矩值的大小，调整施工用扳手的扭矩值。反复上述操作，直至施拧扳手的扭矩值达到合格要求。扭矩扳手的扭矩值标定误差应小于±5%。

5.9.6 高强度螺栓连接副的安装应在钢梁线形及几何尺寸调整结束后进行，所用的高强度螺栓的长度必须与设计图纸一致。安装时，高强度螺栓应顺畅穿入孔内，严禁强行穿入；穿入方向应全桥一致，被栓合板束的表面应垂直于螺栓轴线；螺栓头的一侧及螺母一侧应各置一个垫圈，垫圈有内侧倒角的一侧应朝向螺栓头、螺母支承面；构件的摩擦面应保持干燥，并不得在雨中作业。

5.9.7 高强度螺栓连接副的施拧采用扭矩法。初拧和终拧均应使用定扭矩扳手，且初拧扭矩扳手应与终拧扭矩扳手分开使用，分别标定，扳手上应做好标记。施工前，高强度螺栓连接副应按出厂批号复验扭矩系数，每批号抽验不少于8套，其平均值和标准偏差应符合设计要求；设计无要求时平均值应在0.11~0.15范围内，其标准偏差应小于或等于0.01。复验数据应作为施拧的主要参数。

5.9.8 采用扭矩法拧紧高强度螺栓连接副时，不得采用冲击拧紧和间断拧紧，亦不得冒雨施拧，并应按一定顺序，从板束刚度大、缝隙大之处开始，对大面积拼接板应由中央向外拧紧。初拧和终拧应在同一工作日内完成。

5.9.9 高强度螺栓连接副施拧采用的扭矩扳手，在作业前后均应进行校正，其扭矩误差不得大于使用扭矩的±5%。初拧扭矩宜为终拧扭矩的50%，终拧扭矩应按下式计算：

$$T_c = K \times P_c \times d \tag{5.9.9}$$

式中　T_c——终拧扭矩（N·m）；

　　　K——高强度螺栓连接副的扭矩系数平均值；

　　　P_c——高强度螺栓的施工预拉力（kN）；

　　　d——高强度螺栓公称直径（mm）。

5.9.10 初拧后的高强度螺栓连接副经检查合格后，应采用油漆划线标记螺栓与螺母、垫圈与钢板的相对位置后方可终拧。终拧时，施加扭矩必须连续、平稳，螺栓、垫圈不得与螺母一起转动，如果发生垫圈转动，应更换高强度螺栓连接副，按操作规程重新初拧、终拧。

5.9.11 高强度螺栓连接副施拧完毕应由专职质量检查员按下列规定进行质量检查：

1. 对初拧后的全部高强度螺栓连接副，用重约 0.3kg 的小锤进行敲击检查，以防漏拧，如有漏拧应予补拧。

2. 终拧完成后，应逐个检查初拧后的油漆标记是否发生错动，以判断是否漏拧，对漏拧者应进行补拧。检查终拧扭矩用的扭矩扳手必须标定，其扭矩误差不得大于使用扭矩的±3%，使用前应进行扭矩抽查。

3. 采用松扣、回扣法检查终拧扭矩时，应先在螺杆端面和螺母上划一直线，然后将螺母退回 30°~60°，再用检查扭矩扳手将螺母重新拧至原来位置测定扭矩，该值应在 $0.9T_{ch}$~$1.1T_{ch}$ 范围内。T_{ch} 值按下式计算：

$$T_{ch}=K \times P \times d \tag{5.9.11}$$

式中 T_{ch}——检查扭矩（N·m）；

K——高强度螺栓连接副的扭矩系数平均值；

P——高强度螺栓预拉力设计值（kN）；

d——高强度螺栓公称直径（mm）。

4. 每栓群应以高强度螺栓连接副总数的 5%进行终拧扭矩抽检，但不得少于 2 套。每个栓群或节点检查的螺栓，其不合格者不得超过抽验总数的 20%；如超过此值，则应继续抽验，直至累计总数 80%的合格率为止。然后对欠拧者补拧，超拧者更换后应重新补拧。终拧扭矩检查应在终拧 4h 以后、24h 之内完成。

5.9.12 高强度螺栓连接副拧紧检查验收合格后，对连接处的板缝应及时用腻子封闭；对高强度螺栓的连接处，应按设计要求涂漆防锈。

5.10 施工测量与监控测量

5.10.1 钢—混凝土组合梁斜拉桥上部结构施工测量的主要内容包括：主梁安装线形测量控制、索塔在索力影响下的偏移观测。

5.10.2 预拼装测量检核

按设计要求，钢梁安装单元检验合格后，应在厂内进行预拼装，拼装长度每轮不得小于 5 个梁段，预拼装合格后，留下 2 个梁段参与下一轮预拼。在预拼前应严格按设计拱度，严格控制各梁段端点的高差，预拼完成后应着重检查梁体上锚拉板空间位置及空间倾角的正确性。

5.10.3 平面控制

为保证主梁与索塔之间的相对位置关系，主梁的施工测量控制应以索塔的施工测量控制为依据，即以索塔的墩中心点连线为基准方向（桥轴线），两墩墩中线为主梁施工的里程起算线，并构成主梁中线控制方向。桥轴线上在每个梁段一定里程处均应埋设平面标志，随着主梁悬拼施工的延伸，这些平面标志也应相应地向前布设，在每一节段的前端设有相应的平面标志，作为控制梁体轴线偏差的依据。具体布置如图 5.10.3 所示。

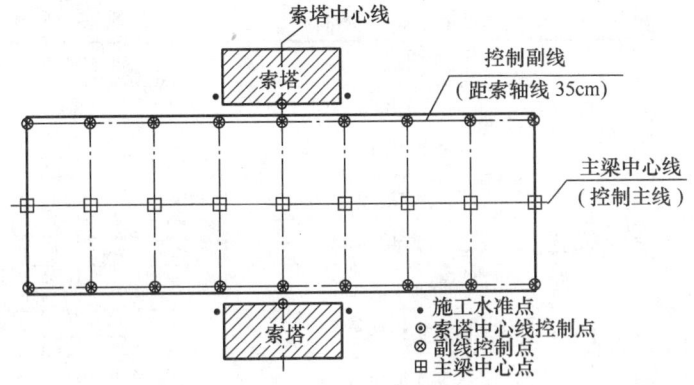

图 5.10.3 主梁安装施工测量控制点布置图

5.10.4 高程控制

主梁的施工高程控制是以索塔下横梁顶面经复测后的水准点高程为起始数据，引测至索塔中塔柱外侧（图 5.10.3）的水准点上，它们是全桥主梁施工的高程起算点。

5.10.5 监控状态下的测量工作（简称监控测量）

监控测量的目的是为主梁悬拼的施工线形控制提供必要的观测数据（即已拼各节段的实际线形资料），确保主梁按设计线形施工和梁体在高程及中线方向正确贯通合拢。

监控测量的内容包括：高程线形测量、中线线形测量、塔柱偏移观测等。

1. 高程线形测量

高程线形点布置在主梁每一悬拼段的前端（即图5.10.5中1、2两点）并埋设水准标志。高程线形测量的精度要求为±20mm，因此，采用工程几何水准测量方法即可满足精度要求。高程线形测量时，均应以索塔上的水准点为起算点，测定梁面各线形点的高程，然后根据每节段竣工时梁面线形点与梁底线形点的高差计算梁底（或其他参考面）在观测时间段的实际线形。

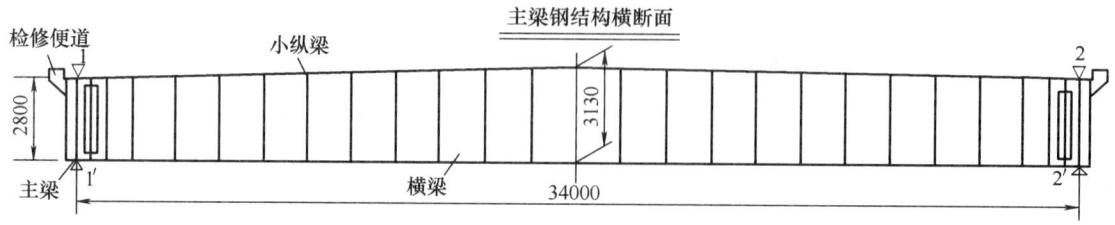

图5.10.5　主梁线形点布置图

2. 中线测量

中线测量的目的是确保主梁在桥轴线方向上正确合拢，同时，也为梁体施工提供中线控制依据。中线测量是以桥轴线为基准的偏距，根据中线测量的成果控制现拼梁段施工中线（桥轴线）方向，保证悬拼梁段沿设计桥轴线方向延伸。中线测量的时间应与监控状态下的高程线形测量同步进行。

3. 塔柱偏移观测

塔柱偏移观测是指索塔在不受大气温度、阳光照射等外界条件的影响下，在两侧（河侧与岸侧）拉索索力作用下，引起塔柱在顺桥向的偏移，为现拼梁段施工线形设计提供资料。

6. 材料与设备

6.1　施工的机具设备应根据钢—混凝土组合梁斜拉桥上部结构安装施工的特点、工期要求等并结合项目的资源情况进行合理配备。以江苏灌河大桥为例，钢—混凝土组合梁斜拉桥上部结构安装施工配备的主要机具设备见表6.1。

钢梁安装主要机具设备一览表　　　　　　　　　　　　表6.1

序号	机械设备、施工材料名称	规格型号	单位	数量	备注
1	履带吊	50/55t	台	4	
2	汽车吊	30t	台	2	
3	电动振动桩锤	DZ90	台	2	
4	龙门吊	120t	套	2	钢梁构件、桥面板安装
5	塔吊	80t·m	台	2	
6	桥面吊机	50t	台	2	
7	轨道运输平车	30t	套	2	钢梁构件、桥面板运输
8	混凝土搅拌站	50/75	套	1/1	
9	混凝土拖泵	60/80	台	1/1	现浇桥面板/湿接缝混凝土
10	油压千斤顶	200t	台	4	横、纵向预应力
11	油泵		台	4	横、纵向预应力
12	电焊机	BX3-500-2	台	16	
13	钢筋弯曲机	GW40-1	台	2	
14	钢筋切断机	CQ40-2	台	2	

续表

序号	机械设备、施工材料名称	规格型号	单位	数量	备 注
15	机械千斤顶	50t	个	8	
16	装载机	Z50	台	2	混凝土搅拌站
17	手拉葫芦	1t	套	20	斜拉索施工
18	PE管焊机		台	4	斜拉索施工
19	高强度螺栓施拧扳手	6922NB	套	20	钢构件连接
20	高强度螺栓检验扳手	O~1000/2000Nm	套	4	钢构件连接检查

6.2 钢—混凝土组合梁的安装施工材料主要为支架，详见表6.2。

安装施工材料一览表 表6.2

序号	材 料 名 称	型 号	数量	备 注
1	竹胶板	2440mm×1220mm	2500m²	现浇桥面板
2	脚手管	φ50	2000m	现浇桥面板
3	可调托座	60cm	800 副	现浇桥面板
4	型钢	各类	30t	现浇桥面板
5	钢管	φ720	2000m	支架、龙门吊
6	钢管	φ529	200m	支架、龙门吊

7. 质 量 控 制

7.1 钢梁制造加工所使用的焊接材料和紧固件应符合设计要求和现行相关标准规范的规定。焊缝不得有裂纹、未熔合、夹渣和未填满弧坑等缺陷。

7.2 钢梁在制造加工厂内应进行试拼装，并应按设计要求和施工技术规范进行验收，工地施工人员应参加试拼装和验收。当符合要求填发产品合格证后，方可运到工地安装。

7.3 防护涂料的质量与性能，应符合设计要求和规范规定。

7.4 钢构件表面的除锈应在符合设计要求和规范规定的清洁度后，方可进行涂装。

7.5 钢梁在发运装船（车）时，应采取可靠措施防止构件变形或损坏漆面。

7.6 不得在工地安装具有变形构件的钢梁。

7.7 高强度螺栓连接副施拧前，应进行试装，求得参数，作为施拧依据。测力扳手应标定。

7.8 千斤顶及油表等斜拉索张拉工具，应事先经过检查和标定。

7.9 运输、安装混凝土桥面板及浇筑湿接缝时，应采取有效措施防止桥面板出现裂缝。

7.10 施工过程中应对主梁高程、斜拉索索力及索塔的变形等进行监测和控制，保证结构的内力和线形符合设计的要求。

7.11 钢—混凝土组合梁斜拉桥上部结构安装施工的质量标准见表7.11。

钢—混凝土组合梁斜拉桥上部结构安装施工质量标准 表7.11

项次	检 查 项 目		规定值或允许偏差	备 注
1	轴线偏位		L/20000	L为跨径
2	桥面板混凝土强度		在合格标准内	
3	桥面板断面尺寸	厚（mm）	+10，−0	
		宽（mm）	±30	

项次	检 查 项 目		规定值或允许偏差	备 注
4	桥面板平整度（mm）		3	
5	索力		符合设计和施工控制要求	
6	桥面板高程（mm）		$\pm L/10000$	L 为跨径
7	梁顶高程（mm）		± 10	
8	钢梁连接	对接焊缝的焊缝尺寸、气孔率	符合设计和施工技术规范要求	
		高强度螺栓扭矩	$\pm 10\%$	
9	钢梁防护		涂装不小于设计要求	

8. 安 全 措 施

8.1 组合梁安装施工前，应建立健全安全生产管理体系，层层落实安全生产责任制，经常开展安全教育培训活动，使全体施工人员提高自我保护能力。

8.2 应根据工程的具体特点，制定相应的安全施工技术方案，并应向施工作业人员进行安全技术交底。

8.3 对钢梁和斜拉索的安装，应采取必要措施，切实做好防风工作。特别对可能发生的灾害性天气，应积极与当地气象部门联系，取得预测资料，制定应急预案，提出防范对策，确保施工安全。

8.4 施工作业前，应组织由经理部相关人员、现场负责人、施工队负责人员参加的安全防护设施的逐项检查和验收，验收合格后，方可进行作业，验收可分阶段进行查验。施工过程中应定期或不定期地进行安全检查。

8.5 桥面悬臂吊机拼装后，应先进行荷载试验，确认安全后方可正式使用；使用过程中亦应经常检查各关键部件，以保证使用安全。

8.6 桥面悬臂吊机必须设置锁定装置，并禁止超载，5级以上大风时应停止吊装作业。

8.7 吊装设备应性能完好，吊装操作人员应持证上岗。对挂索用的吊具夹具、刚性探杆、软牵引等工具，应事先逐件进行荷载试验。

8.8 对高空和水上施工的作业范围，应做好安全防护工作，应设置安全网、安全护栏以及供操作人员使用的安全吊篮。

8.9 进入施工现场必须配戴符合标准的安全帽；高空作业时必须系安全带，穿防滑鞋；水上作业时必须穿救生衣。

8.10 施工前应对高空作业人员进行身体检查，对患有高血压、心脏病、贫血病、癫痫病及其他不适合高空作业的人员不得安排施工作业。

8.11 高空操作人员使用的工具及安装用的零部件，应放入随身携带的工具袋中，严禁向下方抛掷任何物品。

8.12 施工现场用电应严格执行《施工现场临时用电安全技术规范》JGJ 46-88 的规定。高强度螺栓施工机具的用电应设置专门的供电线路、配置稳压器，其接电口应设置防雨、防漏电的保护措施，防止施工人员触电。

8.13 手持电动工具的绝缘状态、电源线、插头和插座应完好无损，电源线不得任意接长或调换，维修和检查应由专业人员负责。

8.14 主梁安装施工期间，应与海事和航道管理部门取得联系，并应在施工水域按相关规定设置必要的导航标志，及时发布航行通告，确保施工水域安全。

9. 环 保 措 施

9.1 应建立健全环境保护管理体系，落实环保责任制，认真学习环保知识，增强环保意识。

9.2 应采用各种有效措施，减少或避免施工对环境造成污染，对容易引起环境污染的各种施工应严格控制。

9.3 施工中应随时保持钢构件表面的清洁，并应保持现场的文明施工。

9.4 施工过程中应将损伤的高强度螺栓统一回收处理，不得随意丢弃。

9.5 施工场地和运输道路应经常洒水养护，防止扬尘对生产人员和其他人员造成不利影响。

9.6 对施工产生的废弃物，应统一收集置于指定地点，不得通过燃烧或采取其他不当的方式进行处理。

9.7 工程完工后，应及时对现场进行清理，做到工完场清。

10. 效 益 分 析

10.1 社会效益分析

通过灌河大桥的实际应用和验证，使实体工程获得了良好的效果，既保证了工程的施工进度，同时也实现了工程质量一次成优的预期目标，达到了大型桥梁精细化施工的目的。工程在建设过程中未发生任何质量和安全事故，自始自终进展顺利，因此得到了业主、监理、国内有关专家和当地政府的充分认可和高度信任，使企业的社会信誉度得以增强和提高，从而获得了良好的社会效益。

10.2 经济效益分析

钢—混凝土组合梁的安装采用了中跨用桥面悬臂吊机、边跨加配重并采用龙门吊的施工方法，全桥少用2台桥面悬臂吊机。按灌河大桥实际工程使用的2台桥面悬臂吊机的费用计算，节省费用115.64万元。

钢梁安装中，高强度螺栓的施工采用了较为简单但有效的操作平台进行施拧，与国内同类工程相比，不仅达到了同样的效果，保证了工程的进度、质量和安全，同时也节省了操作平台的加工费用，节省的费用为30万元。

以上两项合计，共降低工程成本费用：115.64+30=145.64万元。

11. 应 用 实 例

11.1 江苏灌河大桥

灌河大桥是江苏连盐高速公路上的一座特大型桥梁，主桥长636.6m，为5跨连续钢—混凝土组合梁双塔双索面半漂浮体系斜拉桥，跨径组成为：(33.4+115.4+340+115.4+33.4)m，索塔为H形塔，斜拉索采用钢铰线拉索体系；主梁为钢-混凝土组合梁结构，采用"工"字形钢纵梁、横梁、小纵梁通过节点板及高强度螺栓连接形成钢构架，并在构架上铺设预制桥面板，板之间现浇膨胀混凝土作为湿接缝，与钢梁上的抗剪栓钉形成整体，组成组合梁体系；主梁全宽36.6m，梁高3.08~3.41m，两"工"字钢纵梁腹板中心距34m。

灌河大桥2004年3月开工建设，2006年11月建成通车（图11.1）。

图11.1 江苏灌河大桥

11.2 浙江宁波甬江清水浦大桥

宁波甬江清水浦大桥为双菱形连体索塔分幅 4 索面钢—混凝土组合梁斜拉桥，跨径组成为：（54+166+468+166+54）m=908m。该桥位于浙江省宁波市（绕城高速公路），一跨跨越甬江，距入（东）海口约 10km。该桥 2007 年 6 月开工建设，2011 年 3 月建成（图 11.2-1、图 11.2-2）。

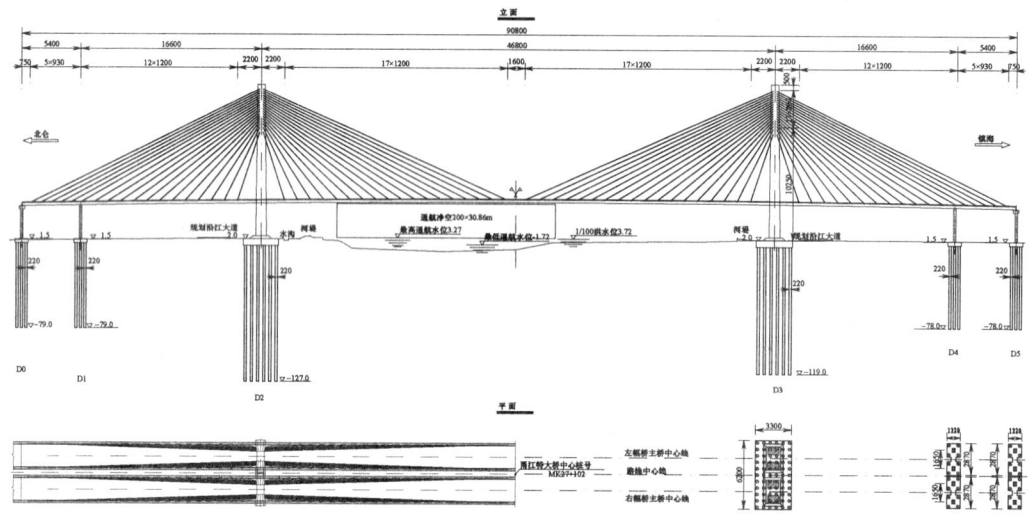

图 11.2-1 清水浦大桥立面、平面布置示意图

11.3 河北唐山曹妃甸工业区 1 号桥

曹妃甸工业区 1 号桥为跨纳潮河的一座特大桥，其中主桥为独塔单索面钢—混凝土组合梁斜拉桥，桥长 276m，梁宽 40m，跨径组合 138m+138m，塔梁分离体系，采用扇形布置的平行镀锌高强钢丝斜拉索。

该桥 2007 年 8 月开工建设，2010 年 6 月建成通车（图 11.3）。

11.4 福建厦门厦漳跨海大桥南汊主桥

厦漳跨海大桥南汊主桥为双塔双索面钢—混凝土组合梁斜拉桥，半漂浮结构支承体系，跨径组成为：135m+300m+135m=570m，桥梁宽度 33m，H 形索塔。该桥于 2009 年 8 月开工建设，合同工期 36 个月（图 11.4）。

图 11.3 唐山曹妃甸工业区 1 号桥

图 11.2-2 宁波甬江清水浦大桥

图 11.4 厦漳跨海大桥南汊主桥

采用特殊出口装置的大管径虹吸施工工法

GJYJGF093—2010

中国葛洲坝集团股份有限公司　长江航道局

余英　程志华　石义刚　张群　孙昌忠

1. 前　言

　　水电建筑施工中，为确保大坝厂房在干地施工，一般都根据地形条件和施工要求设置临时土石围堰或 RCC 围堰挡水。当永久水电建筑物施工完毕具备挡水或过水条件时，需要将临时围堰拆除。临时围堰拆除时，为降低堰内基坑与堰外水位差太大引发溃堰的可能，同时为减小堰体拆除爆破致使溃堰的危害程度，一般需将堰外水充到堰内，尽量减少堰内堰外水头差，满足堰体拆除的要求。由于水电建筑物围堰基坑较大，充水量较大，工程工期较紧，要在短时间内完成充水任务，难度较大。

　　三峡水电建筑工程主体建筑物分三期进行，进行了三次导截流，对多个临时围堰进行拆除，为确保在短时间内满足堰体安全拆除条件，葛洲坝集团股份有限公司对堰体基坑内充水方式如破堰缺口充水、开闸充水、虹吸管法充水、水泵抽水充水等多种施工方法进行研究，表明当堰内充水高度小于堰外高度时，采用特殊出口装置的大管径虹吸是一种安全经济适用的充水方式。三峡二期工程下游土石围堰基坑充水、三期工程上游 RCC 围堰拆除时基坑充水以及三峡地下电站下游围堰拆除基坑充水都采用了特殊出口装置的大管径虹吸施工方法。采用上述基坑充水施工方法，加快了充水速度，节约了施工成本，为围堰及时拆除提供了条件，充水后确保了围堰顺利拆除，减少了围堰爆破的冲击力对永久建筑物的影响，得到了监理、业主好评。

　　总结了三峡工程围堰拆除基坑充水的施工方法，形成了一套成熟的《采用特殊出口装置的大管径虹吸施工工法》。本施工工法合理的应用了水力学虹吸连通管的原理；大管径虹吸管出口采用的特殊出口装置，施工方便，密封严密，操作简单，利于虹吸现象产生；本施工方法既节能又环保，开拓了水电建筑工程中围堰拆除时对永久水电建筑物保护的一种方法，本工法在国内同行业中具有领先水平。本工法在三峡工程三期上游 RCC 围堰拆除基坑充水中得到充分的应用，"三峡三期 RCC 围堰爆破拆除科学试验设计、施工及检测技术"获 2006 年中国爆破协会特等奖，"三峡三期碾压混凝土围堰设计、施工及拆除关键技术研究与实践"获 2008 年国家科技进步二等奖。

2. 工法特点

　　2.1　采用特殊出口装置的大管径虹吸施工工法，合理的应用了水力学虹吸连通管的原理，施工快且方便，虹吸过程安全稳妥，不会对周边的建筑物造成损害。

　　2.2　本工法中大管径虹吸管出口装置，施工方便，密封严密，操作简单，利于虹吸现象发生。

　　2.3　本工法中大管径虹吸管可利用旧钢管加工制作，制作简单，成本较低。

　　2.4　本工法中虹吸管虹吸过程，靠真空自流充水不需要能源，降低能耗。

　　2.5　本工法可以通过调整虹吸管数量或管径控制水流量，达到充水目的。

3. 适用范围

　　本工法适用于由高水位向低水位的充水工程，尤其是水电建筑工程临时围堰拆除时从堰外向堰内的大型基坑充水。

4. 工 艺 原 理

本工法的主要工艺原理是虹吸连通管原理,即采用大管径的连通管布置在堰顶,进口一端淹埋在水下,出口一端采用钢堵板密封严密;进水侧弯头设置抽真空进口和虹吸破坏口闸阀;采用真空泵将管内空气抽成真空,形成虹吸现象,然后通过特殊出口装置迅速打开出口钢堵板,利用堰体内外高低水位压力差,水通过虹吸连通管将堰外高水位不断的自流向低水位,达到基坑充水的目的,直到堰内外水位相平,虹吸管失去作用。

5. 施工工艺流程及操作要点

5.1 施工工艺流程

大管径虹吸管设计→制作安装虹吸管→将虹吸管抽真空→虹吸管开始充水→虹吸管充水结束。

5.2 施工操作要点

5.2.1 大管径虹吸管设计

大管径虹吸管设计按照以下步骤实施:

1. 确定大管径虹吸管布置及出口装置。根据堰外水位、堰顶布置虹吸管位置高程、堰内充水以及基坑防冲能力,确定虹吸管进出口高程。虹吸管在堰顶的最高点距堰外水面高度不得高于大气压支持的水柱高度,再考虑管内水流的水头损失,一般为不超过5~6m,同时确保进口埋在水下,防止空气进入。出水口比进水口的水面必须低,这样使得出水口液面受到向下的压强(大气压加水的压强)大于向上的大气压,保证水的流出,一般进水口和出水口高差也设置为10m。同时设计虹吸管出口装置,确保出口装置密封严密,管内易形成真空,且出口装置安拆方便。

2. 确定大管径虹吸管内水流速度。考虑虹吸管进出口水位能,虹吸管弯头、岔头以及管内粗糙度等造成的能量损失,然后采用总能量平衡方程,计算出虹吸管内水流速度。

3. 确定单根大管径虹吸管充水能力。根据虹吸管横断面面积和管内水流速度,确定单位时间内单根虹吸管充水能力。

4. 大管径虹吸管数目和充水时间计算。根据充水基坑的大小,计算出基坑内充水体积;根据单根虹吸管充水能力,确定整个基坑需充水时间。然后根据实际工期要求,确定需要布置虹吸管数量。

根据工程的实际应用情况可知,计算结果与实际虹吸情况有点误差,但误差不大。出现误差的原因主要是由于堰外水位高程是波动的、堰内水位高于出口、充水容积的计算没有包含基坑底板的空隙水、计算的充水容积与实际容积有一定的出入等。所以在实际配置虹吸管时,要考虑以上因素,一般配置管道时考虑取1.1~1.2倍的系数。

5. 确定大管径虹吸管真空度,配置真空泵。根据虹吸管进出口高程、虹吸管中水流速度,用总能量方程,确定虹吸管的真空度,一般不超1个大气压。根据真空度大小配置真空泵。采用真空泵将虹吸管抽成真空,在虹吸管出口密封的情况下,保证虹吸管从进口充满水,满足虹吸管自流的要求。

5.2.2 制作安装大管径虹吸管

根据虹吸管设计的管径、进出口高程、堰体形状尺寸配置虹吸管管材,现场焊接制作。虹吸管按照图纸分段加工,各管段均焊接吊耳,方便安装及拆除起吊。出水口采用90°弯头上弯,出口处钢管车削成刀口与密封钢堵板形成密闭水封(钢堵板内衬10mm厚平板橡胶)。在进水侧弯头处开DN25接口为抽真空进口,开DN100钢管接口为虹吸破坏口,接口处均安装对应规格闸阀进行操作控制。

大管径虹吸管一般布置间距2~3m,其安装时,采用汽车吊吊装,自一端向另一端倒退安装各分段管,按照规划布置排放就位固定牢固,焊接部位均留在围堰堰顶。虹吸管安装阶段进水侧为临水,出水侧临高边坡，出水侧立管、斜管均需在焊缝处焊接 $\phi16$ 加强筋（长度 30cm）3 道进行加固。虹吸管安装完毕进行虹吸系统完善，安装虹吸堵板、导向装置、固定装置。在虹吸管出水头部根据需要搭设操作平台，进行施工与虹吸管调试。

5.2.3 大管径虹吸管抽真空

大管径虹吸管安装、密封调试完毕，用真空泵将虹吸管抽成真空，使虹吸管内充满水，为虹吸管充水准备好条件。虹吸管抽真空时，一般选择 W3 往复式真空泵（极限值 6m）抽气形成真空。

5.2.4 大管径虹吸管开始充水

待所有安装使用的虹吸管都抽成真空充满水，围堰内侧基坑内清理完毕，具备充水条件，割除虹吸管密封钢堵板的人员到位后，听从指挥人员指令，施工人员将固定出口钢堵板的钢丝绳割断，虹吸管就开始向基坑充水，施工人员迅速撤离，确保安全。

5.2.5 大管径虹吸管虹吸结束

当出现意外险情需停止充水时，开启虹吸管顶部的进气阀门，破坏真空状态即可。设计基坑内充水水位低于堰外水位时，待基坑内水位充到设计水位时，开启虹吸管顶部的进气阀门破坏真空状态，结束虹吸管虹吸充水。

一般情况下，由于能量损失等原因，堰内基坑水位高程充到比堰外水位高程小于 3m 时，虹吸管就会自动结束充水。

6. 材料与设备

6.1 制作安装运行虹吸管需要的材料及设备见表 6.1

制作安装运行采用特殊出口装置的大管径虹吸管需要的材料及设备　　表 6.1

序号	材料名称	型号	数量	备注
1	虹吸管直钢管	按照设计图纸准备		大型基坑一般采用 $\phi600$ 钢管
2	虹吸管钢管弯头	按照设计图纸准备		
3	钢管	DN100	1 根	单根虹吸管配 1 根长 50~80cm
4	钢管	DN25	1 根	单根虹吸管配 1 根长 50~80cm
5	闸阀	DN100	1 个	安装在虹吸破坏口
6	闸阀	DN25	1 个	安装在抽真空进口
7	密封钢板	10mm 厚	根据管径大小，由设计确定	安装在出水口，用于密封虹吸管
8	橡胶钢板	10mm 厚		
9	手拉葫芦	3t	2 个	单根虹吸管
10	焊机	根据工程量和工期要求确定		
11	吊车	16t 以上汽车吊	1~2 台	
12	真空泵	根据虹吸管真空度确定	1~2 台	一般采用 W3 往复式真空泵

6.2 单根虹吸管制作安装运行需要的施工人员见表 6.2

单根大管径虹吸管制作安装运行需要的施工人员　　表 6.2

序号	工种名称	数量	备注
1	焊工	1~2 名	
2	起重工	1 名	
3	汽车吊司机	1 名	
4	辅助工	2~3 名	

7. 质 量 控 制

7.1 质量控制规范及标准

1. 设计施工规范：《水利工程水利计算规范》SL104-1995，《给水排水管道工程施工及验收规范》GB 50268-2008 等。

2. 设计图纸及设计文件。

3. 业主及监理文件要求等。

7.2 主要质量控制措施

1. 建立完善的质量管理体系，建立健全各项质量管理规章制度。

2. 大管径虹吸管设计时，除要按照规范要求进行详细的理论的计算，同时也要考虑现场实际施工中存在的实际条件，设置充足的充水富裕安全系数。

3. 大管径虹吸管安装时，尽量减少接头，必要的接头尽量放置在堰顶焊接，以方便焊接，确保焊接质量。

4. 由于出水口冲击力较大，出水侧立管及斜管均需在焊缝处焊接 φ16 加强筋 3 道，以用于加强大管径虹吸管焊缝的质量。

5. 为确保大管径虹吸管出水口密封效果，除在出口处用钢板封堵外，还在钢堵板内衬 10mm 厚平板橡胶。

6. 为了确保大管径虹吸管出水口钢堵板封堵牢固且能快速开启，在虹吸管上焊接耳环，挂 3t 双链葫芦对钢堵板固定牢固，并可以将固定钢堵板的钢丝绳迅速断开，确保大管径虹吸管的施工质量。

8. 安 全 措 施

根据建筑施工安全规程、给水排水管道安装运行安全规程以及起重机操作安全规程等主要采取了以下安全措施：

8.1 建立施工安全管理体系，完善安全规章制度，规范安全管理，安全责任落实到位。

8.2 明确安全工作目标，制定现场安全文明施工奖罚细则。

8.3 进入作业面的所有施工人员，必须劳保着装，按照规定要求佩戴上岗证及安全帽，各工种持证上岗，并配合警戒人员的检查。危险地段停车、作业应放置安全警示牌。

8.4 车辆在围堰上停靠，需遵循围堰施工管理规定。临水侧停靠应保证足够安全距离。

8.5 起吊作业前，应检查吊具、吊索，合格的吊具、吊索才能带入施工现场作业。

8.6 起吊作业均应由专业起重工绑扎和指挥，确保安全。

8.7 水面及水边作业人员必须穿救生衣，至施工水面应乘坐载人小浮船。

8.8 水面作业人员扳手等作业工具，均应用细绳绑在手腕或其他固定地方，防止落水。

8.9 高临坡位置施工人员必须系"双保险"等安全措施。

9. 环 保 措 施

根据国家和地方有关文明、环保指标要求，本工法施工影响环保的主要因素是焊接管道时产生的废气废渣，主要采取以下措施：

9.1 施工废渣及时清理，确保施工场面整洁；并将废渣运至指定的地点。

9.2 在确保管道焊接质量的情况，尽量少用焊条，或采用焊接套接等方式。

10. 效 益 分 析

采用特殊出口装置的大管径虹吸施工工法在三峡二期、三期以及地下电站围堰拆除基坑充水中得到了广泛应用，取得了巨大的社会及经济效益：

10.1 该工法工艺原理合理，施工快且方便，充水过程安全稳妥，不会对基坑内的建筑物造成损害；可以通过增加虹吸管数量或管径来控制充水速度，以达到充水工期要求。

10.2 本工法中大管径虹吸管可利用旧钢管加工制作而成，制作简单，成本较低；大管径虹吸管充水过程，靠真空自流充水不需要能源，降低能耗，节约了施工成本。

10.3 大管径的虹吸管出口装置安拆方便，密封严密，管道抽真空比较简单，易形成虹吸现象。

10.4 三峡二、三期工程以及地下水电站下游围堰拆除过程中都采用了本施工方法，共计节约施工成本 500 万元。

10.5 本施工工法合理应用了水力学虹吸连通管的原理；大管径的虹吸连通管出口装置工艺先进，安拆方便；本工法既节能又环保的，并开拓了水电建筑工程中围堰拆除时对永久水电建筑物保护的一种方法，在国内同行业中上具有领先水平。本工法为今后大型水电工程围堰拆除基坑充水提供了典范，值得借鉴。

11. 应 用 实 例

采用特殊出口装置的大管径虹吸施工工法在三峡二期、三期以及地下电站围堰拆除基坑充水过程中得到广泛应用。

11.1 三峡二期下游围堰拆除基坑内充水

11.1.1 工程概况

三峡水利枢纽三期工程截流之前，必须拆除二期下游土石围堰。为降低二期基坑与下游水位差太大引发溃堰的可能，减小混凝土防渗墙拆除爆破致使溃堰的危害程度，围堰在混凝土防渗墙拆除爆破前对二期下游基坑充水，将二期基坑与下游围堰堰外水位差降至 10m 以内。本基坑内充水采用了虹吸管充水施工工法，2002 年 6 月 24 日 18 时 18 分，开始充水，6 月 28 日 6 时结束充水。实际充水时间为 83 小时 43 分钟，充水量为 660 万 m³。

11.1.2 施工情况

二期下游围堰基坑充水采用了特殊出口装置的大管径虹吸施工工法。本基坑充水时，安装了 12 根 DN600 钢管横穿度汛子堰，堰外进水管口顺坡面下降高程 65m，使其淹没在水面以下 2m，出水管口位于围堰内侧坡面高程 57m 处。大管径虹吸管的具体布置见图 11.1.2。

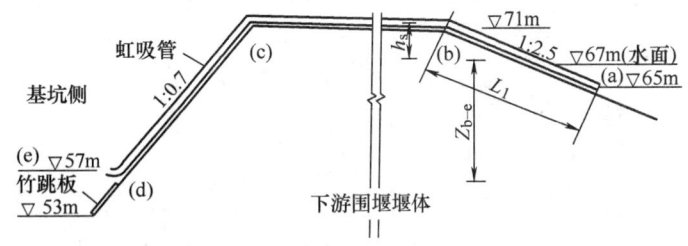

图 11.1.2 三峡二期工程下游基坑充水虹吸管布置图

11.1.3 工程监测及评价结果

三峡二期下游围堰基坑充水中应用了本工法取得了良好的效果，不仅对基坑内底板和围堰边坡未造成冲刷，而且安全、稳妥地实施了二期下游基坑充水，满足了围堰下游防渗墙爆破拆除要求，得到了监理业主的好评。

11.2 三峡三期上游围堰拆除基坑充水

11.2.1 工程概况

三期上游碾压混凝土围堰拆除前需将三期上游基坑充水至高程 139m，库区水位降至高程 135m。上游基坑充水至高程 139m，总需充水量为 346 万 m³（含进水口至闸门间水量）。2006 年 5 月 26 日开始充水，6 月 5 日围堰充水至高程 139.5m，此时三峡库区水位为高程 135m，充水结束。

11.2.2　施工情况

根据三峡上游基坑充水水位、充水时段以及围堰爆破装药要求，基坑先充水至高程 100m，等待装药；装药完毕后 3 日内充水至高程 139m，现场具备爆破条件。为确保满足工期要求，采用先虹吸充水至高程 100m（药室高程），然后采用虹吸充水+水泵抽水至高程 130m，最后采用水泵抽水至高程 139m 的充水方案。分阶段充水量见表 11.2.2。

分阶段充水量表　　　　　　　　　　　　　　　　　表 11.2.2

序　号	堰内水位高程	充水量	拟用时间	拟用方案
1	100m	117 万 m³	26h	12 管虹吸
2	132m	181 万 m³	33h	虹吸+泵抽
3	139m	48 万 m³	40h	泵抽

第一阶段：采用特殊出口装置的大管径虹吸方式充水至高程 100m，此阶段不占用围堰拆除施工直线工期。在 RCC 堰顶 3 号、4 号堰段布置 DN600 虹吸管 12 根，各管间距 3m。单管进水口高程 133m，水平段 8m 横跨堰顶，出水口布置高程为 125m。计算取库区水位为 135m 高程，水位落差 10m，虹吸管布置详见图 11.2.2。

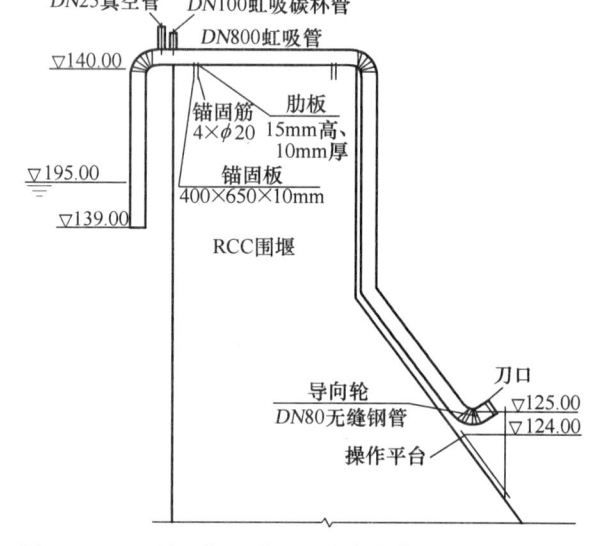

图 11.2.2　三峡三期上游基坑充水大管径虹吸管布置图

5 月 26 日，围堰基坑开始冲水，5 月 28 日，围堰内冲水至高程 98m，为方便装填炸药，充水暂停。

第二阶段充水至高程 132m，采用虹吸加水泵抽水的方式。

在高程 100~125m 阶段采用虹吸管充水；充水至高程 125~132m 阶段时，考虑到堰内水已超过高程 125m（虹吸管出口高程），虹吸水头减小将导致虹吸水量减小，最终至 132m 高程时虹吸管将完全不能出流，此时，逐步启动水泵，直至完全采用水泵为止。6 月 3 日，24 点 20 分，围堰再次开始向基坑内充水，6 月 4 日，围堰内冲水至高程 132m。

第三阶段虹吸管已完全失去虹吸作用，完全采用水泵抽水的方式，充水至高程 139m。6 月 4 日，围堰内充水至高程 132m 后开始用泵向堰内充水；6 月 5 日，围堰充水至高程 139.5m，此时三峡库区水位为高程 135m，充水结束。

11.2.3　工程监测及评价结果

三峡三期上游围堰基坑充水高程 125m 以下，采用了虹吸管向基坑充水的施工方法，满足了基坑高程 125m 以下充水的需要，比较经济。基坑高程 125~132m 采用了虹吸充水+水泵抽水，充分发挥了虹吸管作用，弥补了虹吸管出水能力降低的影响。基坑高程 132~139.5m 采用水泵抽水充水满足了基坑充水要求，为 RCC 围堰爆破拆除提供了条件，基坑充水后减小了围堰爆破冲击波对坝体的影响。本工法在三峡工程三期上游 RCC 围堰拆除基坑充水中得到充分的应用，"三峡三期 RCC 围堰爆破拆除科学试验设计、施工及检测技术"获 2006 年中国爆破协会特等奖。

11.3　三峡地下电站下游围堰拆除基坑充水

11.3.1　工程概况

地下电站下游施工围堰位于地下电站尾水出口，围堰左端与右岸电站尾水右导墙末端连接，右端与右岸地下电站进场公路中段相接。围堰轴线为直线布置,轴线全长 253.203m,围堰顶高程为 82m,底高程约 52m,高 30m,堰顶宽度 14m。本围堰于 2010 年 10 月 1 日启动拆除,共分三个阶段进行,开挖总量为 47.4 万 m³。第一阶段拆除围堰水上部分,开挖总量约 26 万 m³。第二阶段为围堰内虹吸充水,水面升至约 61m 高程。第三阶段拆除水下围堰,开挖总量约 21.4 万 m³。三峡地下电站下游围堰 2010 年 12 月 8 日起开始充水,充水约在一周内完成。

11.3.2　施工情况

地下电站下游围堰充水目的是为了减小围堰内外的水头差,保证地下电站尾水基坑内建筑物的安全。基坑进水采用特殊出口装置的大管径虹吸施工工法,使用一根直径 0.6m、横跨围堰的虹吸钢管,见图 11.3.2,将基坑左侧的江水"请"进基坑,每小时流量约为 4000m³。采用一根虹吸管向基坑进水,采取边开挖边进水的形式,满足了围堰拆除的要求。

图 11.3.2　地下电站下游围堰基坑充水倒虹吸管布置充水

11.3.3　工程监测及评价结果

地下电站下游围堰拆除时采用一根虹吸管向基坑进水,施工简单方便,边向基坑充水边开挖,满足了基坑充水要求,为围堰按时拆除提供了条件,确保了基坑内建筑物的安全,节约了能源,降低了施工成本。本施工方法得到监理业主好评,为今后类似工程基坑充水提供了典范,值得借鉴。

1.3MPa 水压力下地下洞室大流量透水灌浆封堵技术施工工法

GJYJGF094—2010

中国水利水电第九工程局有限公司

罗朝文　李定忠　曾凡顺　陈菊　柴海涛

1. 前　言

水利水电工程施工过程中，在各工程关键线路中的洞室开挖爆破、地下水位快速涌高、水头压力抬升过快等工程工况施工过程中，经常突发渗水、涌水情况，同时伴生有塌方、塌陷、大面积渗水、大流量高速射流等工况，处理难度极大，属于高危险作业，对施工中关键线路施工进度和施工人员设备安全造成极大影响，对其进行处理的时间将直接影响到关键线路节点工期及后续工程节点工期的实现。

在以往发生的突发性出水工况，大多数均为水头压力较小、渗水点面不集中、流量不大、流速较小，常规处理措施比较成熟，可用处理办法较多，一般采用引排结合的原则进行处理，即对水流进行一定程度的引排后强浇混凝土，以混凝土为盖重，待达到一定强度后再对其进行灌浆处理。但对于高压水头、大流量、高速射流工况，由于其成因复杂，同时伴生各种复杂工况，可能涉及多部位、多工种、多成因，处理方法极为复杂但又相对有限。一旦发生此类工况，若处理措施不当，必将导致整个工程进度严重滞后，处理工期延长，处理费用增大，将给国家和企业经济效益和社会效益造成巨大损失。因此，洞内高水头强透水一直是影响电站安全运行的隐患之一，是水电施工的安全和技术性难题，如何有效封堵及灌浆处理大流量高压力强透水，国内外尚未有成功的工程经验可借鉴。

中国水利水电第九工程局有限公司通过对贵州省北盘江光照水电站高水头压力下导流洞永久堵头的高速射流透水处理展开技术攻关，提出了安全可行的技术方案和一整套工艺参数和技术参数，经过模拟试验、现场试验并最终实施成功，解决了制约电站安全度汛以及蓄水至正常蓄水位的关键性问题，排除了对电站大坝及下游厂房安全构成的严重威胁，攻克了一项世界性的难题。该封堵技术施工安全、速度快、质量可靠、造价低，减少了 2.6 亿元以上的直接经济损失，可指导今后类似工程的施工，为国家和企业带来巨大的经济和社会效益。

该项技术于 2009 年通过了贵州省科学技术厅组织的专家鉴定，达到国际领先水平。荣登中国企业（第十四批）新纪录榜，创洞内 130m 高水头大流量高速射流封堵灌浆世界新纪录。形成了《1.3MPa 水压力下地下洞室大流量透水灌浆封堵技术施工工法》。依托该技术，提出了一项发明专利和两项实用新型专利申请。发明专利：水电站高压水头下大流量高速射流封堵灌浆技术，专利申请号：ZL200910102785.2，进入公示阶段。实用新型专利：高压水头下钻孔钻杆内防高压返水安全控制装置，专利号：ZL200920125701.2，已于 2010 年 5 月获国家知识产权局批准授权；高压水头下大流量高速射流封堵钻灌孔口安全控制装置，专利号：ZL200920125700.8，已于 2010 年 8 月获国家知识产权局批准授权。

2. 工 法 特 点

2.1　对水电站地下洞室高水头透水处理封堵处理施工形成了一整套完整的施工工艺参数，达到了预期目标，为以后类似工程推广应用提供依据。

2.2　由于存在动水工况，首先必须将永久堵头上部透水通道内的水流由动水改变为相对静止工况。在导流洞永久堵头下游 25.2m 处设置现浇混凝土平压堵头进行平压，促使永久堵头透水通道处于相对静止状态，平压堵头内设置钢闸门，以便作为后期灌浆效果检查以及进入永久堵头预留廊道进行回填固结灌浆的进场通道。

2.3 承受 1.3MPa 高水头压力下，在 612m 高程灌浆廊道钻孔至导流洞顶部空腔处的钻孔、防孔内高压力返水的安全均存在巨大风险，须制定专项措施，重点解决钻穿上下层脱空时的高水头压力涌水封闭问题。有针对性的研制出集钻杆内止水、排水泄压、孔口封闭、钻灌施工安全等多功能于一体的"高压水头下大流量高速射流封堵钻灌孔口安全控制装置"及"高压水头下钻孔钻杆内防高压返水安全控制装置"，并围绕该装置设计整套施工方案及安全保证措施，成功解决了孔内高水头涌水工况下安全钻孔灌浆的施工难题。

2.4 由于存在局部渗流，致使透水通道内还存在一定动水工况，需解决灌浆材料水下凝结性能以及强度保证问题。同时，由于导流洞永久堵头顶部存在贯穿性通道，其顶部空腔前的止水已破坏，直通水库，空腔后也无法设止浆设施，故灌浆过程中，灌入的浆材会从顶部空腔前后大量流失，因此，需控制浆液扩散半径，解决将灌浆材料尽可能多填充在永久堵头顶部，减少灌浆材料流失问题。为此，通过试验，配制专门针对动水工况下还能保持良好凝结性能及强度的"水下不分散自流密实砂浆"和"水下不分散自流密实纯水泥浆"作为主要灌浆材料，并对灌浆材料低温状态下凝结时间及扩散度进行控制，同时施工工艺上根据孔内涌水情况进行动态调控，降低灌浆材料流失可能性。

2.5 研发配备了能把浓度达 0.28:1 水下不分散高掺砂膏状浆液高压灌注到空腔部位的机具。

2.6 研发出一套针对"1.3MPa 水压力下大流量高速射流封堵"极高安全风险条件下的安全操作作业技术。

2.7 与放掉库水待水位降低后再处理的方案相比较

从安全上考虑，放掉库水然后再进行灌浆的处理方案是相对安全的处理方案，但从放水到封堵再重新蓄水到发电水位的几个月时间，电站发电将全面停止，由此将造成的直接经济损失会超过 2 亿元，对业主方造成很大影响，间接损失也非常巨大。而 130m 高水头下大流量高速射流封堵灌浆施工技术的研发成功，解决了制约电站机组运行发电和安全度汛以及蓄水至正常蓄水位的关键性问题，排除了对电站大坝及下游厂房安全构成的严重威胁，攻克了一项世界难题。该封堵技术施工安全、速度快、质量可靠、造价低，减少了直接经济损失。

3. 适 用 范 围

水电站地下洞室高水头大流量透水、病险水库渗漏加固以及不良地质段岩溶通道透水等渗漏工程的防渗封堵处理。

4. 工 艺 原 理

4.1 "1.3MPa 水压力下地下洞室大流量透水灌浆封堵技术"主要围绕"高压水头下大流量高速射流封堵钻灌孔口安全控制装置"及"高压水头下钻孔钻杆内防高压返水安全控制装置"，并结合地下洞室永久堵头透水情况和脱空发育情况进行施工。封堵灌浆不仅需要回填空腔堵水，还需要对粒状堆积物层、已破坏围岩及冲刷破坏混凝土重新进行灌浆加固处理。

4.2 封堵灌浆按照排间分序、排内加密、同时兼顾由低到高的原则进行施工。

4.3 封堵灌浆有两个目的：一是有效堵水，二是对前期处理施工中的抛投料及被透水破坏的围岩及混凝土进行加固。针对这两种情况，封堵灌浆主要采用"水下不分散自流密实砂浆"和"水下不分散自流密实纯水泥浆"两种灌浆材料。

4.4 灌注大体积脱空时，采用"孔口封闭纯压式"灌浆工艺，灌浆材料选用"水下不分散自流密实砂浆"，灌浆压力为大于孔内涌水压力 0.1~0.3MPa，结束标准为达到设计压力情况下，注入率小于

10L/min 时，持续灌注 10min 即结束。

4.5 灌注细小裂缝或透水通道时，采用"孔口封闭、孔内循环"灌浆工艺，灌浆材料选用"水下不分散纯水泥浆"，灌浆压力为 3~5MPa，结束标准为达到设计压力情况下，注入率小于 1L/min 时，持续灌注 60min 即结束。

5. 施工工艺流程及操作要点

5.1 封堵灌浆主要施工工艺流程

准备工作→钻孔至上层脱空→灌浆直至结束→钻孔至下层脱空→灌浆直至结束→钻孔至堵头混凝土内 0.5m→灌浆直至结束。单个灌浆孔可能进行多次扫孔复灌，直至达到设计封堵要求。

详细工艺流程见图 5.1。

5.2 钻孔设计与布置

封堵灌浆施工主要根据推测施工部位的透水通道和脱空情况进行布置。钻孔以灌浆隧洞轴线为中心，上下游对称布置五排灌浆孔。根据模袋孔钻孔探查情况，确定脱空位置和推测脱空大小。为实现尽快达到堵水目的，五排堵漏灌浆孔施工顺序为：第Ⅰ排（中间排）→第Ⅱ排（上游排）→第Ⅲ排（上游排与中间排之间）→第Ⅳ排（下游排）→第Ⅴ排（下游排与中间排之间）。其中第Ⅲ排、第Ⅴ排作为加固培厚排，主要起加强及培厚作用。钻孔按排间分五序，排内分两序加密原则布置，详见图 5.2-1。根据现场具体情况布置灌浆孔间排距，灌浆孔呈梅花形布孔，详见图 5.2-2。

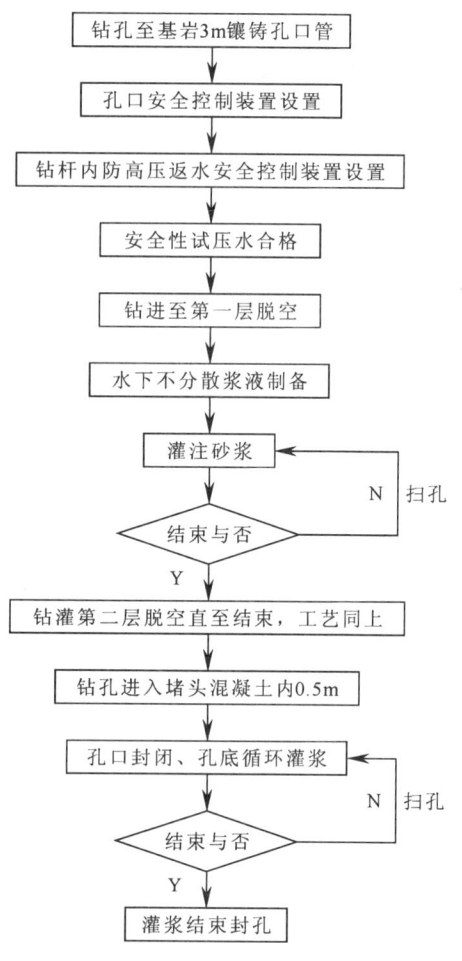

图 5.1 高压水头下地下洞室大流量射流封堵灌浆施工工艺流程图

5.3 钻孔施工

钻孔采用 XY-2PC 型地质钻机，合金钻头钻进，地质钻机布置在高 1m 钻机平台上。开孔孔径 ϕ91mm，终孔孔径 ϕ42mm。第一段钻孔进入基岩 3m，镶铸孔口管，孔口管进入基岩 3m，高出底板 0.2m，单根孔口管长度 3.6m。

镶铸孔口管完毕安装 Dg75mm 球阀及孔口封闭器，改用 ϕ42mm 无芯合金钻头钻至 5m 孔深，进行

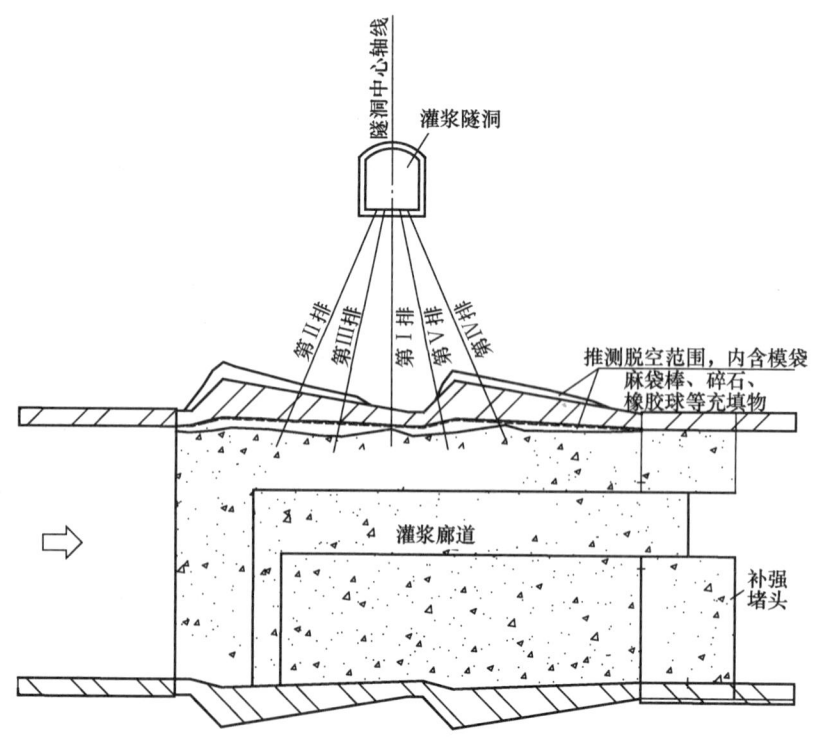

图 5.2-1 高压水头下地下洞室大流量射流封堵灌浆孔位布置剖面图

安全性试压水，压水压力 1.4MPa，检查孔口管、球阀及封闭器等是否密封、耐压及镶铸牢固，无问题后在钻具内安装止回阀，继续钻进至脱空部位。

5.4 高压水头下钻孔灌浆安全控制装置设计

研制出集钻杆内止水、排水泄压、孔口封闭、钻灌施工安全等多功能于一体的"高压水头下大流量高速射流封堵钻灌孔口安全控制装置"及"高压水头下钻孔钻杆内防高压返水安全控制装置"，并围绕该装置设计整套施工方案及安全保证措施，成功解决了孔内高水头涌水工况下安全钻孔灌浆的施工难题。

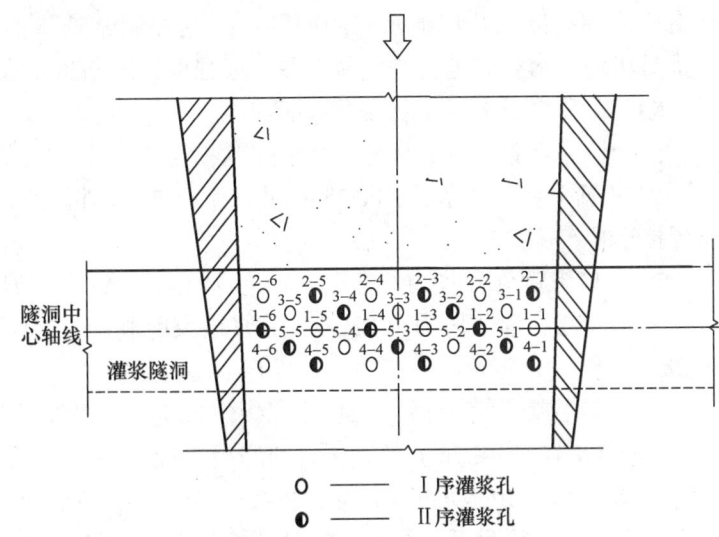

○ —— Ⅰ序灌浆孔

◐ —— Ⅱ序灌浆孔

图 5.2-2　高压水头下地下洞室大流量射流封堵灌浆孔位布置平面图

5.5 灌浆

5.5.1 灌浆方法

1. 灌注上、下层脱空段时采用"孔口封闭、纯压式全孔一次性灌浆"。

2. 灌注投放堆积层时可根据具体情况选用以下两种灌浆方法："钻孔不起钻、孔口封闭、孔底循环、全孔一次性灌浆"，用 ϕ42mm 钻杆作为射浆尾管；"孔口封闭、纯压式全孔一次性灌浆"。

5.5.2 灌浆材料

1. 灌浆浆液采用"水下不分散自流密实水泥砂浆"和水灰比为 0.5:1 的纯水泥浆两种。永久堵头顶部上、下层脱空灌注"水下不分散自流密实水泥砂浆"，后期细小通道及堵头内前期投放堆积层灌浆采用纯水泥浆液。

2. "水下不分散自流密实水泥砂浆"室内配合比见表 5.5.2，室内配合比根据现场试验情况进行具体调整，保证其各种性能满足灌浆需要。"水下不分散自流密实水泥砂浆"采用预先制备的水灰比为 0.5:1 的纯水泥，在施工现场加砂（粒径≤5mm，人工筛分）及其他外加剂，通过 0.75m³ 混凝土强制搅拌机二次搅拌制成。

水下不分散自流密实水泥砂浆室内配合比表　　　　　表 5.5.2

材料名称	水	水泥	砂（粒径≤5mm）	减水剂	增稠剂	调凝剂
配料重量（kg）	163	582	1455	水泥重量 4.5%	0.05%~0.1%	0.05%~0.1%

3. 灌浆材料备料必须充足，按照永久堵头顶部空腔理论体积取 1.3 备料系数进行备料。

5.5.3 灌浆压力

灌注砂浆时大于库水位水头压力 0.2~0.5MPa；灌注纯水泥浆时大于库水位压力 0.3~1.0MPa。具体灌浆压力可根据现场实施情况调整。

5.5.4 灌浆待凝及结束标准

1. 计算出空腔理论容量（以导流洞为例，沿导流洞轴线方向空腔断面积 28.3m²，按过流宽度 6.3m 计，则空腔理论容量约为 180m³），考虑上下层空腔连通情况、析水情况及在水流作用下的浆液流失情况，初始灌浆孔注入量超过 150000L 时、后续灌浆孔注入量超过 20000L，灌浆待凝。

2. 灌注砂浆达到设计灌浆压力后吸浆量小于 10L/min 时，屏浆 10min；灌注水泥浆达到设计灌浆压力后吸浆量小于 1L/min 时，屏浆 30min 即可结束。

5.6 特殊情况处理及安全保证措施

根据现场情况及目前工程进展情况，本技术施工主要需要解决 3 个问题：一是高水位工况下，钻孔至堵头顶部空腔时孔口涌水封闭问题；二是控制浆液扩散半径，确保浆液尽可能多填充在堵头顶部；三是对堵头顶部空腔进行有效回填并形成强度，阻断透水通道。

5.6.1 孔口涌水封闭及安全保证措施

由于钻穿空腔后将面临孔口涌水问题，为了保证施工安全，采取如下措施进行处理：

1. 钻机平台与底板采用 ϕ25mm II 级 L=1.5m（外露 0.2m）注浆锚杆焊接连接，钻机平台与钻机机座焊接连接牢固。

2. 孔口管镶管方式为：开孔孔径为 ϕ91mm，钻至基岩面后，改为 ϕ75mm，进入岩石以下 3m，进行第一段灌注，灌浆压力为 2MPa，灌浆结束前利用 0.5:1 的混合浓浆换出孔内清浆，置入孔口管，待凝 3d。

3. 孔口管镶铸完成后，在靠近底板位置焊接一块 2cm 厚、边长 20cm 钢板，四周设置 4 根 ϕ25mm II 级 L=1.5m（外露 0.2m）注浆锚杆与底板连接牢固，保证孔口管在钻孔灌浆过程中不移位或松动。

4. 孔口管高出地面 0.1m 位置焊接 Dg50mm 支管，并安装两个 Dg50mm 球阀（耐压等级 1.6MPa，只使用一次，不得反复利用），球阀后用同口径胶管接出排放，以利涌水时泄水安全。

5. 在孔口管镶铸完毕后，孔口管上安装两个 Dg75mm 球阀（耐压等级 1.6MPa，只使用一次，不得反复利用），球阀以上再接孔口封闭器，先将所有球阀打开，用 ϕ42mm 的钻具钻至 5m，起钻后依次关闭孔口封闭器回浆阀、孔口管上 Dg75mm 球阀，从孔口管上 Dg50mm 支管向孔内进行压水试验，压水压力 1.4MPa，压水时间持续 20min，检查孔口封闭器、孔口管密封及耐压性能，若是有漏水现象，需更换孔口封闭器或重新镶铸孔口管，直至满足不漏水及耐压要求。

6. 孔口管及孔口封闭器满足密封要求后，ϕ42mm 的钻具安装止回阀，穿过封闭器及球阀，进入孔底钻进至空腔，涌水即可通过封闭器 Dg50mm 回浆阀和孔口管上 Dg50mm 球阀进行排放。

7. 为避免起钻、停钻时钻杆与孔口封闭器密封胶球间裂隙涌水伤人，在孔口封闭器外安装活动帆布防护罩及地质钻机行走油缸之间焊接固定一反碗形防护钢罩挡水。帆布防护罩下端敞开与孔口封闭器连接牢固，上端用高弹性橡胶带收紧。钻进时将防护罩套在孔口封闭器外围，停钻、起钻时将防护罩上端拉起，紧箍钻杆，挡住涌水使其变向，保证人员施工安全。

8. 孔口管周围注浆锚杆顶端外侧焊接两个 ϕ16mm 螺帽，另用 ϕ25mm II 级钢筋焊接两个高约 0.8m、宽 0.2m 的倒 U 形架，下端外侧焊接两个 ϕ16mm 螺帽，起钻时，将倒 U 形架与注浆锚杆对接，用 ϕ16mm 高强度螺栓连接。准备拆除钻杆时，将垫叉叉住钻杆卡在倒 U 形架内，防止孔内钻杆被涌水顶出孔外。

9. 钻至空腔，停止钻进，分节拆出钻杆，钻杆拔高至 Dg75mm 球阀以上时，立即将 Dg75mm 球阀及孔口管上 Dg50mm 球阀关闭，将涌水封在孔内，再拔出上部钻杆钻具。安装灌浆管路，进浆管连接孔口管上 Dg50mm 球阀，接通砂浆泵，即可进行灌浆，灌浆时，将 Dg50mm 球阀打开，灌浆压力超过库水位压力。在灌浆泵出浆口处设置一回浆管路进行分流卸压，控制灌浆压力。灌浆结束时送入少量水将 Dg50mm 球阀关闭，待凝后，将孔口管上 Dg50mm 支管及球阀用电锤钻钻通，开始扫孔复灌或钻至下一层灌浆。

5.6.2 控制浆液扩散半径措施

如施工部位上下游均存在透水通道，灌浆过程中必须控制浆液扩散半径，以避免浆液沿上下游通道进入堵头前后空腔。采取如下措施处理：

1. 采取限量灌浆方式进行灌注，当初始灌浆孔注入量超过 150000L 时、后续灌浆孔注入量超过 20000L 时，待凝 5~8h 后扫孔重新灌注，继续限量灌浆，直至达到结束标准。

2. 通过浆液配合比试验，控制浆液在空腔内水下凝固时间为 1h 左右。

3. 在注入量较大时，可加入速凝类外加剂，具体掺法掺量，根据现场情况确定。

5.6.3 有效回填并隔断透水通道措施

当缝隙较小时，容易造成堵孔，不能有效封堵透水通道，为了保证有效隔断透水通道，拟采取如下措施处理：

1. 对空腔回填剩下的细小缝隙及前期投放物堆积层，灌注 0.5:1 纯水泥浆封堵。
2. 当灌浆孔成功堵水后，即进行帷幕灌浆跟进施工，提高空腔回填体强度。

5.7 劳动力组织

单个灌浆机组所需人数详见表 5.7。

劳动力组织情况表　　　　　　　　　　　表 5.7

序号	工　　种	单机组所需人数（人）	备　　注
1	管理人员	4	
2	技术人员	4	
3	钻孔工	12	
4	灌浆工	12	
5	电　工	2	
6	焊　工	1	
7	普　工	20	
	合计	55	

6. 材料与设备

6.1 材料

在本工法中，常用的材料是普通硅酸盐水泥、砂（粒径≤5mm，人工筛分）、外加剂等。

6.2 设备

本工法一套完整的施工设备配置如表 6.2 所示，在实际施工中，应根据现场工程量、施工场面及业主工期要求，合理增加设备配置套数，以保质保量按时完成施工任务。

机具设备表　　　　　　　　　　　表 6.2

序号	设备名称	规格型号	单位	数量	用　途
1	地质钻机	XY-2PC	台	4	造孔
2	高速制浆机	JZ-800	台	2	制备水泥浆
3	高压灌浆泵	SGB6-10	台	2	灌注水泥浆
4	高压砂浆泵		台	5	灌注高掺砂量砂浆
5	浆液搅拌桶	1m³	台	2	储备水泥浆
6	混凝土搅拌机	0.5m³	台	1	拌制高掺砂量砂浆
7	强制式搅拌机	JB200	台	5	储备砂浆
8	自卸汽车	5t	台	2	运输材料
9	轻卡	1.5t	台	1	运输材料
10	交流电焊机	BX3-300	台	2	装置加工、材料焊接
11	散装水泥罐	80t	个	1	储备散装水泥
12	粉煤灰罐	80t	个	1	储备散装粉煤灰
13	输浆泵	BW250/50	台	2	输送水泥浆
14	电子控制系统		套	1	制浆站控制
15	磅秤		台	10	材料称量
16	配合比试验设备		套	1	配合比试验

7. 质 量 控 制

7.1 灌浆效果检查

灌浆效果检查以下述四种方式进行。

7.1.1 利用平压堵头上预埋的测压排气管上安装压力表监测水头压力变化,当压力表计数降低至水压以下时,视为封堵灌浆已初见成效。

7.1.2 通过各排孔灌后钻孔检查,孔内无大量涌水、无明显渗水、无脱空,同时检查压水试验透水率小于 1Lu 视为该孔灌浆结果满足设计要求。

7.1.3 打开平压堵头预埋的排水管检查,排除空腔积水,通过排水管最后的稳定流量判断永久堵头封堵效果,最后对原透水通道进行检查,无明显渗漏水则封堵灌浆的堵断效果已满足设计要求,只需进一步对该部位进行加强帷幕灌浆。

7.1.4 进入灌浆廊道进行回填固结灌浆钻孔时,孔内无涌水、无明显脱空,则封堵灌浆完全达到设计要求。

7.2 质量保证措施

“保证质量,效益第一”、“安全生产,文明施工,争创精品工程”,为适应市场经济建设需要,建立质量保证体系,根据工程技术规范,国家标准,行业规范及规程,结合设计要求,依据 GB/T 19002 ISO9002 质量体系认证的文件,推行全面质量管理有效地全过程运行,贯穿整个工程施工的每一个环节。项目经理是质量管理第一责任者,下设专职技术质检人员,制定切实可行的质量奖惩办法,层层抓落实,严格执行技术规范要求,着重抓好每一道工序施工质量,做好各施工工序之间的衔接,实行内部承包,使职工对工期、质量、安全、进度自觉地承担相应责任,使其收入与劳动量挂钩,变压力为动力。施工管理人员做好施工所需机具、材料的提前配置,在保证质量的前提下,采用新技术、新工艺以提高工效。同一工程部位的施工应做好其他相关项目的施工协调工作,尽量避免干扰。安排 24h 施工作业,保质保量完成工作。

加强和甲方、设计及监理单位的密切配合,努力解决施工中出现的各种问题,尊重各部门提出的合理建议,技术岗位和特殊工种的工人均应持证上岗。结合工程创优和文明施工要求,加强技术管理,严格按设计图纸和技术要求施工,并做好现场施工记录,资料归档。严格控制原材料质量,执行材料入场合格检验制度,不合格材料禁止使用,杜绝重大质量责任事故。

8. 安 全 措 施

8.1 认真贯彻“安全第一,预防为主,综合治理”的方针,保护施工人员的安全和健康,切实做到“安全为了生产,生产必须安全”。实行安全生产责任制,项目经理是安全生产第一责任者,严格遵守国家的安全生产的法律法规。结合施工单位具体情况和工程的具体特点,执行安全生产责任制,明确各级人员的职责,抓好工程的安全生产。

8.2 精心组织,选派施工经验丰富、工作责任心强的人员进行工程施工。

8.3 工程开工前,由工程技术负责人编写《施工操作细则》及《特殊部位安全施工管理规定及处罚条例》,并组织所有参加施工人员进行《特殊部位施工安全交底》。

8.4 第一个灌浆孔施工时,施工负责人必须全程监控,并指导施工人员严格按照《施工操作细则》安全操作,严禁违背《施工操作细则》进行野蛮施工。

8.5 关键部位施工时,安全员必须 24h 监控,严禁违章作业。

8.6 输电线路要清理平顺架设好,配电箱的设置要符合有关要求,确保用电安全。

8.7 施工中,为防止涌水伤人、伤眼,关闭孔口封闭器前必须要戴好护目眼镜、防护面罩、水作业服装。

8.8 由于作业面狭窄，机械设备较密集，各机械转动部分必须将防护罩配置完好齐全。

8.9 其他未涉及的安全内容，施工人员应根据具体情况采取相应的安全措施。

9. 环 保 措 施

9.1 废水处理

经常性排水主要是施工期施工用水等。初期排水水质符合直接排放要求，不需进行处理。经常性渗水、降水及施工工作面排水等水质差，必须设置专门的排污系统进行处理。

9.2 噪声防治

9.2.1 施工噪声源大致有施工机械设备的固定、连续的噪声；移动断续的交通噪声等。根据《建筑施工场界环境噪声排放标准》GB 12523，施工机械设备噪声白天一般都在 85dB 以内，夜晚一般都在 55dB 以内。

9.2.2 因施工在野外及隧洞内，居民主要集居地离施工场地较远，不会受到噪声影响，主要对现场施工人员采取防护措施。

9.2.3 噪声源控制：选用低噪声设备和工艺；加强设备的维护和管理，运行时可减少噪声；防止气动工具通风系统阀门漏气产生的噪声；振动大的设备使用隔振机座。

9.2.4 个人防护措施：戴个人防噪声用具，这种方法既经济又有效。按经济实用的原则选用耳塞作为防护用具。

9.3 施工区粉尘控制

9.3.1 施工期间主要的大气污染源有：由装卸、运输、开挖、搅拌等过程产生的粉尘及运输过程中产生的二次扬尘，施工人员生活燃煤以及施工机械产生的废气等。施工扬尘对近距离的 TSP 浓度影响很大，主要是施工现场 600m 范围内，必须采取措施避免或减少大气污染，主要措施有：

1. 合理利用水来降尘是最主要的降尘措施。形成完善的施工供水系统，保证每个工作面附近均布置有供水主管，各工作面利用供水主管接管洒水降尘。

2. 运输水泥、粉煤灰等袋装散粒材料的车辆，配备两边和尾部挡板，用防水布盖好，防水布应超出两边和尾部挡板 30cm。

3. 工地上的道路配备专人每天定期打扫，配备 8t 洒水车 1 辆，对于场内施工主干道等交通量大、容易引起扬尘的道路在路面特别干燥时洒水降尘，施工场地安装洗车设施，清洗进出的车辆。

4. 水泥拆包间、粉煤灰拆包间等容易产生粉尘的部位均设置防尘设施，并给在这些场所作业的工作人员配备必要的防护用品，如防尘口罩、防尘帽等。

5. 严格控制"三废"的排放，配备粉尘、噪声和有毒有害气体的检测器材，实行跟踪监测。粉尘用便携式数字粉尘仪 P-5LC；噪声用数字式积分声级计 HS-5618；有毒有害气体及可燃性气体使用 Gamrc 佳胜小精灵探测仪检测。

6. 严禁在施工区及生活区焚烧会产生有毒或恶臭气体的物质。

9.3.2 易产生粉尘等大气污染的工序和作业，必须配备必要的防尘设备，相应作业人员必须配备劳动保护用品。

10. 效 益 分 析

10.1 经济效益

10.1.1 采用 "1.3MPa 水压力下地下洞室大流量透水灌浆封堵技术"，可以在电站高库水位的工况下处理，不影响电站正常发电。与将库水放掉把库水位降下来再处理的施工方案相比较，可节约亿元以上的经济损失，为国家和企业带来巨大的经济效益。详见表10.1.1。

经济效益统计表　　　　　　　　　　　　　　　　　　表10.1.1

项　目　名　称	项目总投资额（万元）	年　份	经济效益（万元）		
			新增利润	新增税收	节支总额
光照水电站导流洞封堵工程	1182.1672	2008年至2009年	102.85	72.35	26400以上
董箐水电站2号导流洞封堵工程	714.4791	2009年至2010年	57.87	40.51	5135
格里桥水电站右岸650m高程灌浆廊道断层处理	202.321	2010年	15.78	11.05	3380

10.1.2　经济效益的计算依据

1. 新增利润按总投资额与成本核算总额（含直接工程费、间接费、税金）的差额进行计算，表中封堵灌浆所填数据是封堵灌浆完成投资部分的利润额。

2. 新增税收按承包合同规定税率计算，表中封堵灌浆所填数据是封堵灌浆完成投资部分的税收。

3. 节支金额按放掉库水处理的方案与采用在高水头工况下封堵的方案进行比较，估算出来的节支金额。以光照水电站导流洞堵头封堵工程为例估算如下：

按库水放掉方案，处理后需重新蓄水，从放水到重新蓄水，电站停产4个月以上，根据电站多年平均发电量27.54亿kWh计算，停产损失估算为：上网电价0.288元/kWh×27.54亿kWh÷12个月×4个月=2.64亿元。

10.2　社会效益

本项技术为水电站解除了安全运行隐患，保证电站正常蓄水发电，具有巨大的经济和社会效益。对水电工程施工中出现的突发性、高水头、大流量高速射流处理提供可操作的、安全可靠的处理技术。该施工技术安全、可靠、经济、高效，对环境不会造成破坏。该工法实施成功后，受到业主单位的高度赞扬。

该技术在贵州董箐水电站、贵州格里桥水电站透水封堵处理中，均得到成功运用，效果十分显著，得到了建设公司、设计和监理的高度赞扬。

10.3　环保效益

以光照水电站导流洞堵头封堵工程为例，如果采用放掉库水的处理方式，对于能源调度，水电将少发9.18亿kW·h，如用火电替代，将消耗32.589万t标准煤（煤耗按0.35~0.36kg/kW·h计算），大气环境将新增煤燃烧后的碳及其他排放。因此，本技术的环保效益非常明显。

11.　应　用　实　例

11.1　工法应用总体情况

"1.3MPa水压力下地下洞室大流量透水灌浆封堵技术"先后应用于贵州北盘江光照水电站导流洞封堵工程、北盘江董箐水电站2号导流封堵灌浆工程以及清水河格里桥水电站右岸650m灌浆廊道透水封堵工程中，并取得了良好的效果。工法应用施工情况见表11.1。

1.3MPa水压力下地下洞室大流量透水灌浆封堵技术施工应用情况一览表　　　表11.1

应用工程名称	施工时段	基岩钻孔（m）	孔距（m）	排距（m）	灌注时水头压力（MPa）	射流水平挑距（m）	透水流速（m/s）	透水流量（m³/s）
北盘江光照水电站导流洞封堵	2008年5月~2009年12月	517.8	2.0	0.5	1.3	24	22	1.08
北盘江董箐水电站2号导流洞封堵	2009年9月~2010年6月	4880.0	3.0	1.5	1.08	13.5	17	0.74
清水河格里桥水电站右岸650m灌浆廊道透水封堵	2010年5月~2010年6月	1013.5	3.0	1.5	0.21			0.87

11.2 贵州北盘江光照水电站导流洞封堵灌浆工程

11.2.1 光照水电站位于贵州省关岭县和晴隆县交界的北盘江中游，是北盘江干流的龙头梯级电站。电站下闸蓄水后，2008 年 3 月 5 日 22:45 左右，当大坝上游库区水位上升至 EL650.2m 时，导流洞永久堵头拱顶突发缝隙大流量高速射流透水，射流高程约 EL599m，射流水平挑距 24m，计算流速 22m/s，泄水量约 1.08m³/s，水流呈雾化状，出水缝面长度约 6m。透水同时，在导流洞上部右岸 EL612m 灌浆隧洞底板有明显冒气现象。这给电站大坝及下游厂房安全构成了严重威胁，对此业主高度重视，将消除此安全隐患列为头等大事，多次召开专家咨询会议会诊隐患形成原因，研究处理方案。

2009 年 2 月 25 日正式开始采用水电九局基础分局首创的"1.3MPa 水压力下地下洞室大流量透水灌浆封堵技术"，对洞内透水部位实施封堵。

11.2.2 灌浆材料及工艺

1. 灌浆水泥采用"畅达"牌 P.O42.5 普通硅酸盐水泥，灌浆用砂采用粒径≤5mm人工砂。

2. 灌注"水下不分散自流密实砂浆"设备主要采用：砂浆强制式搅拌机、专用高压砂浆泵、砂浆搅拌机等。灌注"水下不分散纯水泥浆"设备主要采用：高压灌浆泵、专用高压砂浆泵、高速制浆机等。

3. 灌浆前期，同排内同时施工孔数不超过 2 孔；灌浆后期，脱空大部分被充填，透水通道由集中透水改变为网状细小通道及岩石裂隙透水，施工方案调整为同排孔全部钻孔后再进行灌注。

11.2.3 灌浆成果分析

为保证永久堵头回填及固结灌浆施工人员及设备安全，在原设计灌浆封堵段上游导流洞 K0+273 桩号增加第Ⅵ排孔，确保了封堵段的有效堵断厚度。导流洞永久堵头封堵灌浆共计钻孔 33 个，基岩钻孔 517.8m，灌入水下不分散自流密实砂浆 261.20m³，灌入水下不分散纯水泥浆 209.31t。各排灌入量见表 11.1.3。从表中可看出，主灌排（第Ⅰ、Ⅱ、Ⅳ、Ⅵ排）共计灌入水下不分散自流密实砂浆 261.20m³，水下不分散纯水泥浆 188t，中间加固培厚排（第Ⅲ、Ⅴ排）灌入水下不分散纯水泥浆 21.31t，灌入量递减明显，符合灌浆规律。

光照水电站导流洞永久堵头封堵灌浆各排注入量一览表				表 11.2.3
排序	孔数	水下不分散自流密实砂浆注入量/m³	水下不分散纯水泥浆注入量/t	备注
Ⅰ排	6	165.92	11.97	
Ⅱ排	6	77.28	100.51	
Ⅲ排	5	0	12.92	
Ⅳ排	6	18.00	38.76	
Ⅴ排	5	0	8.39	
Ⅵ排	5	0	36.76	
合计	33	261.20	209.31	

11.2.4 效益分析与结果评价

1. 光照电站导流洞永久堵头 130m 高水头下大流量高速射流封堵灌浆的成功施工，解决了制约 2009 年光照电站的安全度汛以及蓄水至正常蓄水位的关键性问题，排除了对电站大坝及下游厂房安全构成的严重威胁，攻克了一项世界性的难题，创洞内 130m 高水头大流量高速射流封堵灌浆世界新纪录。

2. 在高水头工况下施工，施工设备及人员安全风险极高，不容有半点疏忽，在施工前，应做好详尽、细致、周密的安全保障措施及施工人员培训，定人定岗进行作业。

3. 该封堵技术施工安全、速度快、质量可靠、造价低。与将库水放掉把库水位降下来再处理的施工方案相比较，可减少超过 2.64 亿元以上的直接经济损失。

11.3 贵州北盘江董菁水电站 2 号导流洞封堵灌浆工程

11.3.1 贵州北盘江董菁水电站正常蓄水位 490m，死水位 483m，左右岸各设一导流洞进行施工期导流，左岸为 1 号导流洞，右岸为 2 号导流洞。2 号导流洞过流断面为 15m×17m（宽×高）城门洞形，进口桩号 0+000m，进口高程 367m；出口桩号 0+928m，出口高程 365 m，全长 928m。2 号导流洞永久堵头长度30m,位于导流洞桩号（以下简称:桩号）0+370m~0+400m位置,以后位置均为相对隔水层。董箐水电站下闸蓄水后,于2009年8月22日发现2号导流洞永久堵头下游30m范围内多处透水,水流呈射流状。随着库水位的升高,进行处理时将会直接面临约108m高水头工况,施工时会有极大安全风险。

11.3.2 施工对策

针对上述问题主要采取了以下对策进行解决,并在施工中根据实际情况进行了局部调整:

1. 防渗封堵体分两段（各20m）进行施工,第一段为桩号0+468.05m~0+488.05m段（以下简称第一段）,第二段为桩号0+488.05m~0+508.0m段（以下简称第二段）,混凝土施工与灌浆施工交叉作业。防渗封堵体灌浆主要包括回填灌浆、固结灌浆。施工顺序为:第一段回填灌浆→第一段固结灌浆→第二段回填灌浆→第二段固结灌浆。

2. 第一段封堵体先施工桩号0+468.05m~0+475.05m段,混凝土直接浇筑到顶形成临时挡水,此位置仅对洞顶进行灌浆,采用钻辐射斜孔进行,底板及边墙不作灌浆处理;0+475.05m~0+508.05m段混凝土与灌浆施工采用交叉作业方式进行,灌浆范围为全洞断面灌浆。第一段灌浆施工期间用三根直径525mm钢管导流,在无压状态下进行施工。为尽快形成防渗效果,第一段灌浆钻孔施工主要采用风动钻孔,并对灌浆参数进行局部调整;第一段灌浆施工及第二段混凝土浇筑完成后,进行试平压检验,第二段灌浆根据平压后渗水情况,确定是否保持平压状况下进行灌浆施工。

3. 对上下交叉作业位置,通过设置安全防护网、走道板、爬梯、工具箱等防护措施,建立对话协调机制等方式进行协调作业。

4. 针对高水头工况下灌浆作业,主要采用"水电站高压水头下大流量透水封堵灌浆技术"进行灌浆施工。

5. 顶拱上部大空腔采用泵送自流密实混凝土进行回填;各层缝面灌浆采用预埋管回填灌浆、钻孔回填灌浆两种方式进行缝面灌浆处理;挤压褶皱地层灌浆主要按"先封闭上下端头、再施工中部"施工顺序进行,同时,各环各序按"环间分序、环内加密、自上而下分段、孔口封闭、孔内循环"的原则进行灌浆作业,并根据钻孔失水及透水率情况对局部位置进行加密灌浆。

11.3.3 灌浆成果统计及分析

1. 回填灌浆成果统计及分析

回填灌浆共钻孔123个,回填总面积1459.0m²,灌浆耗灰718.2t,灌浆用砂75.6t,单位面积耗灰量为493.45kg/m²,回填灌浆成果见表11.3.3-1。共布置10个检查孔,压浆26段,回填灌浆检查孔成果统计见表11.3.3-2。

回填灌浆成果统计表 表11.3.3-1

工程部位	单元	孔数	钻孔长度(m)	灌浆面积(m²)	总注入量(t) 水泥	总注入量(t) 人工砂	单位耗灰量(kg/m²)	单孔耗灰量(t) 最大值	单孔耗灰量(t) 最小值	单孔耗灰量(t) 平均值
第一段	1	69	327.1	749.0	336.1	75.6	448.73	151.9	0.1	6.0
第二段	2	54	478.1	710.0	382.1		538.17	92.6	0.7	7.1
合计		123	805.2	1459.0	718.2	75.6	493.45	151.9	0.1	6.5

回填灌浆检查孔成果统计表 表11.3.3-2

工程部位	单元	检查孔数	压浆段数	初始10min吸浆量(L)频率分布 <3 段数	<3 %	3~5 段数	3~5 %	5~10 段数	5~10 %	>10 段数	>10 %	防渗标准(L)	大于防渗标准结果
第一段	1	6	18	0	0	4	22.2	14	77.8	0	0		0
第二段	2	4	8	0	0	1	12.5	7	87.5	0	0	≤10	0
合计		10	26	0	0	5	19.2	21	80.8	0	0		0

从表 11.3.3-2 可以看出，所有检查孔的前 10min 吸浆量都小于 10L，其中吸浆量在 3~5L 区间的试验段占总段数 19.2%，在 5~10L 区间的试验段占总段数 80.8%，满足设计要求。

2. 固结灌浆成果统计及分析

固结灌浆共完成 488 孔，共计 4920.3m，灌浆成果统计见表 11.3.3-3。共计布置 32 个检查孔，压水试验共 64 段。检查孔压水试验成果统计见表 11.3.3-4。

固结灌浆成果统计表　　　　　　　　　　　　　　表 11.3.3-3

项目名称 孔序	透水率（Lu）			递减率（%）	单位耗灰（kg/m）			递减率（%）
	最大值	最小值	平均值		最大值	最小值	平均值	
Ⅰ序孔	∞	3.3	∞	99.9	2013.5	21.8	141.9	55
Ⅱ序孔	19.7	3.1	11.4		252.2	19.7	63.9	
合计	∞	3.1	∞		2013.5	19.7	102.9	

固结灌浆检查孔压水试验成果表　　　　　　　　　　表 11.3.3-4

工程部位	检查孔数	压水段数	透水率（Lu）			透水率（Lu）频率分布						防渗标准（Lu）	大于防渗标准结果
			最大值	最小值	平均值	0~0.5		0.5~1		1~3			
						段数	%	段数	%	段数	%		
第一段	19	38	0.93	0.11	0.51	17	45	21	55	0	0	≤3	0
第二段	13	26	1.58	0.56	1.02	0	0	14	54	12	46	≤3	0
合计	32	64	1.58	0.11	0.77	17	27	35	55	12	19	≤3	0

通过对表 11.3.3-3 的透水率和单位耗量分析，可以看出透水率和单位耗量对应成递减规律，符合固结灌浆规律。

从表 11.3.3-4 可以看出，试验段最大透水率 1.58Lu，最小透水率 0.11Lu，平均透水率 0.77Lu。其中有 17 段透水率在 0~0.5Lu 间，占检测总段数的 26.6%；有 35 段透水率在 0.5~1Lu 间，占检测总段数的 54.7%；有 12 段透水率在 1~3.0Lu 间，占检测总段数的 18.8%。检查孔压水试验透水率均小于 3Lu（设计规定检查孔透水率小于 3Lu），符合设计要求。

11.4　贵州清水河格里桥水电站右岸 650m 灌浆廊道透水封堵工程

清水河格里桥水电站位于贵州省开阳县毛云乡境内，电站防渗处理工程分为左、右岸 EL725m、EL650m 两层共 4 条灌浆廊道。在进行右岸 EL650m 灌浆廊道固结灌浆时，桩号 0+630~0+730 部位，由于受到 F4 断层的影响，导致岩溶管道发育，在钻孔施工后，从出现大流量的涌水及射水状况。经测试，单孔透水量为 0.87m³/s，透水压力 0.21MPa。经业主、监理、设计及施工单位的共同商榷，决定对该部位采用中国水电九局有限公司自主研发的"1.3MPa 水压力下地下洞室大流量透水灌浆封堵技术"进行深孔固结灌浆处理。完成钻孔 45 个，共计 1013.5m，最大孔深达 50m。施工后，该部位经检查孔压水试验检查，防渗能力达到了该部位设计要求。确保了电站按期发电目标的实现，施工中未发生安全事故，达到环境保护要求。

大型导流洞进出口围堰水下拆除爆破施工工法

GJYJGF095—2010

中国水利水电第六工程局有限公司

叶明　聂文俊　翟万全　王金田

1. 前　言

　　大型导流洞进出口围堰周围环境复杂，水下部分一般采用预留岩埂、浆砌石、混凝土等一种或几种形式的组合，基础进行灌浆等防渗处理，导流洞施工完成后，围堰需要进行水下爆破拆除。

　　本工法在积累了龙滩电站围堰拆除、小湾电站围堰拆除等多个大型围堰爆破拆除的基础上，在溪洛渡水电站左岸导流洞进出口围堰拆除中进行技术创新，针对不同的围堰，采用个性化设计。进口围堰由于在大汛期间拆除，围堰堰体在密密麻麻钻孔的同时，还需要满足挡水防汛要求，因此围堰上部浆砌石采取垂直孔、下部岩埂采用水平孔的布孔方式，最终一次性爆破拆除；出口围堰在汛后两次爆破拆除，先将堰体拆除到水面以上 EL385m 高程，然后再进行 EL385m 高程以下的堰体拆除，采取堰内水平孔，堰外垂直孔的布孔方式。同时，进出口围堰均采用了高单耗、低单响的设计思路，采用了高精度雷管和特制高爆防水炸药。

　　每次爆破后，块度控制在设计范围以内，成功实现瞬间冲渣过流或采用反铲扒开缺口，之后冲渣过流。

2. 工法特点

　　2.1　本工法针对不同的围堰采取上部垂直孔、下部水平孔相结合的布孔方式，个性化设计，有效降低了水平孔施工难度，加快了施工进度。

　　2.2　本工法采用的高单耗、低单响的设计思路。高精度雷管在导流洞围堰拆除中证明了其优越性，对保证爆堆和最低缺口的形成起到了重要作用，同时高精度雷管脚线的高强度、耐摩擦对于有高速水流的复杂爆破，有很强的实用性。

　　2.3　本工法采用炸药单耗按需分配的精细爆破控制技术。

3. 适用范围

　　本工法适用于大中型水电站导流洞进出口围堰水下拆除爆破施工。

4. 工艺原理

　　围堰能否成功爆破拆除，首先是看钻孔能否均匀布设到整个堰体当中，而钻孔的设计需要考虑到堰体的结构、厚度、施工时段等各种因素。本工艺原理：根据围堰的不同结构和不同的拆除时段采取个性化精细爆破设计。在布孔方式设计方面，对于汛期拆除的进口围堰，考虑到围堰需满足汛期挡水要求，采取上部垂直孔、下部水平孔的布孔方式，最终一次性爆破拆除；出口围堰在汛后拆除，为了尽量减少最后一层的拆除工程量和难度，分两次爆破拆除，同时，由于出口围堰纵向轴线与导流洞轴线均是小角度相交，如果全部采取水平孔的布孔方式，最大孔深达到 60m，钻孔和精度控制难度非常大，因此采取堰内水平孔，堰外垂直孔的布孔方式。以上的布孔方式，缩短水平孔的长度，有利于保证钻孔精度，同时主体围堰采用的是水平孔，水平孔钻孔可以在汛期进行，工期上可以保证。

同时，进出口围堰均采用了高单耗、低单响的设计思路，采用了炸药单耗按需分配的精细爆破控制技术。根据围堰与保护物距离的远近，将爆区分成不同区域并采取不同的爆破参数（钻孔布置、炸药单耗、单段药量、装药结构等），对炸药单耗进行合理分配，对网络进行精心设计，通过高精度塑料导爆管雷管接力起爆技术，严格控制单段药量，既控制了爆破振动、爆破飞石，又确保了爆破效果，是精细爆破技术在围堰拆除中的成功应用。

5. 施工工艺流程和操作要点

5.1 施工工艺流程

5.1.1 围堰拆除工艺流程

围堰拆除工艺流程如下：爆破参数设计→水平孔排架搭设→测量放样→样架搭设与检查→造孔施工→验孔→装药→联网起爆。

5.1.2 注意事项

1. 水平孔孔深度确定

由于围堰沿江侧堰体在水下，水下地形复杂，不确定因素多，水平孔孔深如果稍有失误，要么孔无法到位，要么孔钻穿、透水。因此，在爆破设计阶段，需由测量人员根据布孔图及原始地形图进行详细的切剖面，计算每个孔的详细孔深。

2. 严格控制孔位偏差，其技术要求如下：

排间距允许误差不能超过±0.1m；

孔间误差不允许超过±0.2m；

深度误差允许超深 0.3m，不允许欠；

角度误差不允许超过±0.1°。

施工过程中，施工人员及时检查、修正钻孔角度，并且做好自检记录表格，质检人员及时抽检。

3. 根据岩石情况，孔内需要及时插入 PVC 管

围堰岩体一般较为破碎，布孔密集，为防止塌孔，对钻孔完毕、验收合格后，立即安装 PVC 管对孔壁进行保护，确保后期药卷能顺利装入孔内。

5.2 施工操作要点

5.2.1 爆破参数设计

根据堰体结构形状、岩石特性以及爆破需要达到的效果，确定爆破设计参数，建议典型爆破设计参数如下：

1. 水平主爆孔爆破参数

1）爆孔直径

孔径为 $\phi110\sim135mm$，每孔均安装有高强度 PVC 套管以防塌孔，PVC 套管内径为 90mm，PVC 套管接口部位采用硬质接头，防止破碎岩体石渣引起堵塞及接口错位。

2）水平孔孔距 a 和排距 b

水平孔的孔距和排距根据其单位耗药量大小来确定，其原则是自上而下逐渐加密，底部的间排距为 1.25m×1.25m，顶部的间排距为 1.5m×1.5m。

3）水平孔孔深及孔底部距临空面的距离

水平孔的爆孔深度随岩埂厚度变化，孔深一般建议在 15~25m 之间，水平孔底部距离临空面的距离建议在 0.8~1.5m 之间。

4）水平孔顶部抵抗线

水平孔顶部为浆砌石区，水平孔最上排距浆砌片石底部距离为 1.5m。

5）钻孔倾角

所有水平孔都向下倾斜 5°。

6）堵塞长度

主爆孔的堵塞长度：当间排距为 1.5m 时，取 1~1.2m；当间排距为 1.25m 时，取 0.8~1.0m；当间排距为 1.0m 时，取 0.8m。堵塞物为袋装砂和黄泥。

7）炸药单耗

要求爆渣≤40cm 的占 60%以上，顺利实现冲渣，考虑基岩有压渣及水压条件和抛掷需要，最低单耗选为 1.5kg/m³，根据爆渣部位的不同，抛掷的要求不同，单耗在 1.5~2.0kg/m³ 之间变动，底部和堰体前部约束比较大的部位，单耗值大于 2.0kg/m³。

8）装药

选用 $\phi70$ 特种防水高爆药卷，连续装药。第一发 1025ms 高精度非电雷管放在堵塞段以下 10m 处，第二发 1025ms 高精度非电雷管放在距离孔口 16m 处。

2. 垂直孔爆破参数

垂直孔布置在岩埂上部浆砌片石（含面板）内。

1）钻孔直径 ϕ

浆砌片石钻孔直径取 $\phi110~\phi120mm$。

2）底部抵抗线 W

浆砌片石 W=1.5~2.0m。

3）钻孔深度 L

浆砌片石钻孔深度 $L \geq H$（浆砌片石高度），岩埂随地形变化。

4）超钻深度 h

浆砌片石不超深。

5）孔距 a 与排距 b

浆砌片石取 $a \times b$=2.0m×2.5m，面板间距 2m。

6）装药与堵塞

选用 $\phi70$ 特种防水高爆药卷，连续装药，单耗 0.7~1kg/m³，两发 1025ms 高精度非电雷管均放在堵塞段以下 10m 处。孔口堵塞长度为 0.8~1.2m，采用黏土或袋装砂堵塞。

3. 预裂孔爆破参数

水平与裂孔向下倾斜 5°钻孔，间距为 1.0m，线装药密度为 450g/m，孔口堵塞长度为 0.5m，采用导爆索将 $\phi32$ 药卷绑扎成串状的装药结构。

5.2.2 起爆网路设计

起爆网路是爆破成败的关键，因此在起爆网路设计和施工中，必须保证能按设计的起爆顺序、起爆时间和时差全部安全准爆。且要求网路标准化和规范化，有利于施工中连接与操作。本次爆破采用高精度非电毫秒雷管。

1. 设计原则

1）起爆网路的单响药量应满足振动的安全要求。根据周围建筑物允许振速，由爆破振动速度公式反算允许单段药量，单响药量一般控制在 300kg 以内。

2）在单响药量严格控制的情况下，同一排相邻段、前后排的相邻孔尽量不出现重段和串段现象。

3）整个网路传爆雷管全部传爆或者绝大多数传爆后，第一响的炮孔才能起爆。

4）万一同排炮孔发生重段爆破，单响药量产生的振动速度值不超过 30cm/s 的校核标准。

5）为保证爆堆形成的缺口，必须合理选择最先起爆点及爆渣抛掷方向。

2. 爆破器材选择

1) 传统的塑料导爆管非电雷管的缺陷

塑料导爆管雷管非电起爆技术在水电行业得到普遍应用。其价格便宜、使用简便、分段灵活、不受雷电杂散电流影响。现在已经成了水电行业爆破施工的最主要爆破器材。但这种传统的塑料导爆管非电起爆系统也有自身的缺陷，主要表现在：①误差大。误差大带来了一个不容忽视问题，当低段雷管和高段雷管组合使用时，高段雷管的误差已经超过了低段雷管的延时，易导致起爆顺序紊乱。②雷管延时的分布容易导致重段。传统塑料导爆管雷管的延时顺序是 25ms、50ms、75ms、110ms、150ms……，都有公约数 5。当网路比较大的时候极容易重段。

2) 高精度非电雷管的选择

围堰拆除追求最佳的爆堆形状，最合理的抛掷方向，最优化的抛掷顺序，最佳的减振效果，因此对起爆顺序和起爆时间的准确性要求很高，传统的非电雷管和非电起爆系统难以满足要求。目前，国内有数家单位已经研制出了高精度的塑料导爆管非电雷管，其中以 Orica 公司为典型代表。该公司生产专用非电塑料导爆管排间连接雷管，其段差分别是 9ms、17ms、25ms、42ms、65ms 等。而且精度较高，以上雷管的正负误差基本能控制在 3ms 以内。1025ms 的高精度雷管，误差可控制在 ±22ms 以内。以上雷管的精度在一定程度上克服了传统非电起爆雷管大误差带来的困难。

因此围堰拆除建议高精度塑料导爆管雷管组成的非电接力式起爆网路。为确保接力起爆网路的安全、可靠，原则上孔内起爆应选用高段别雷管，孔外传爆选用低段别雷管，同时孔内高段别雷管的延时误差应小于排间雷管的延时。

3) 孔间传爆雷管的选择

在单响药量严格控制的情况下，同一排相邻段不能出现重段和串段现象。当同排接力雷管延期时间小于起爆雷管误差时，则有可能出现重段，甚至出现同一排设计先爆孔迟后于相邻设计后爆孔起爆的情况。采用高精度塑料导爆管雷管可以有效地避免这种情况的发生。

采用 17ms 做孔间雷管，局部采用 9ms 进行间隔。

4) 排间传爆雷管的选择

在考虑起爆雷管延时误差的情况下，必须保证前后排相邻孔不能出现重段和串段现象，杜绝前排孔滞后或同时于后排相邻孔起爆。因此排间雷管的延时误差应尽可能小于孔间雷管的延时。根据孔间选择 17ms 延时，局部采用 9ms 或 25ms 的情况。排间有两种雷管 42ms 和 65ms 可以供选择。由于总的炮孔排数有 14 排，因此选择 42ms 做排间雷管，可以将排间起爆总延时控制在 1000ms 以内，为孔内起爆雷管的选择留出足够的余地。

采用 42ms 做排间雷管。

5) 起爆雷管的选择

为防止由于先爆炮孔产生的爆破飞石破坏起爆网路，对于孔内雷管的延期时间必须保证在首个炮孔爆破时，接力起爆雷管已起爆。这就要求起爆雷管的延时尽可能长些，但延时长的高段别雷管其延时误差也大，为达到排间相邻孔不串段、重段，同一排相邻的孔间尽可能不重段的目的，高段别雷管的延时误差不能超过排间接力传爆雷管的延时值，对单段药量要求特别严格的爆破，高段别雷管的延时误差还不能超过同一排孔间的接力雷管延时值。排间雷管选择 42ms，总排数 20 余排，需要 13 个排间连接，综合考虑，孔内延时雷管选择 1025ms。

采用：1025ms 做孔内延时雷管。

5.2.3 钻孔施工

1. 测量放线

脚手架平台搭设验收合格后，由专业测量人员采用全站仪按照设计图纸要求逐孔放样，用红油漆在岩石边坡上将各孔孔位做好标记，同时标识孔的方向，并且由施工人员将提前做好的孔口标记牌，挂在相对应孔位旁边的排架钢管上面。

2. 钻机定位

严格按照设计要求的孔位、孔向和测量放样情况进行钻机的就位和调正，所有的水平孔向下倾斜角度为5°，开孔之前采用定型三角样架和水平尺控制倾斜角度，三角样架采用角钢焊接而成，长直角边长度为1m，小夹角为5°，钻机定位时，将三角样架斜边紧贴钻机，长直角边上放置水平尺量测水平面，从而调整钻孔角度，三角样架示意如图5.2.3。

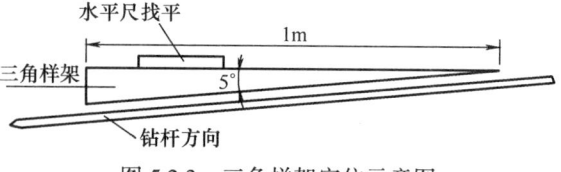

图5.2.3 三角样架定位示意图

质检人员进行钻孔角度检查时采用坡度规。

3. 造孔施工

水平爆破孔钻孔直径选用 ϕ110mm、ϕ120mm 两种，水平预裂孔钻孔直径为 ϕ90mm，垂直孔钻孔直径为 ϕ110mm。水平孔主要考虑采用100B型风动钻机和YG-80型锚索钻机造孔，垂直孔采用CM351钻机造孔。

钻孔精度主要采用以下措施进行控制：

1）钻机安装就位完毕、施工人员自检合格后，填写"围堰水平孔钻孔施工质量检查验收记录表"，上交质检部门进行检查，并且向质检部门申请开钻证。质检人员现场检查、复核，主要对钻孔的孔位、孔向和钻机的稳定性进行检查，检查符合要求后，签发水平孔开钻证后可正式施钻。

2）在钻孔的过程中，施工队技术人员必须及时逐孔、逐项进行检查，并分别在钻进到1.0m、3.0m、10.0m和孔底后，对钻机钻孔角度进行检查、校核，将检查结果填写到"围堰水平孔钻孔施工质量检查验收记录表"中，符合要求，继续施工，否则及时停止钻设，将孔灌注水泥砂浆，待强后，重新钻孔。质检部门现场监督、抽查、复检，做好抽查的记录，并对施工队检查结果予以确认。

3）钻孔完毕之后，施工人员先自检，然后由质检部门和监理工程师进行终孔验收，主要检查孔深、孔向和孔间排距三项指标，详细地将验收结果填写到"围堰水平孔钻孔施工检查验收记录表"中，如果孔位、孔向、孔深均超过标准值，经质检部和监理工程师共同确认该水平孔作废，采用水泥砂浆封堵、待强后，重新钻孔。验收合格后，往孔内插入PVC管，孔口采用提前预制好的木楔子和棉纱堵塞保护。

5.2.4 装药

1. 验孔与清孔

先按设计对孔位进行编号、挂牌，装药前由各装药小组根据孔位编号对照设计孔深进行再次验孔。验孔工作内容为测量孔深和清查孔内是否异常。

验孔采用炮棍探测孔深，检查孔内是否存在异物及孔壁变形情况等，炮棍前端安装 ϕ80 硬质堵头。验孔发现有不合格孔，如存在炮孔堵塞，用红布条系在该孔口进行标识，做好记录。塌孔处理小组用高压风水冲洗孔，必要时重新扫孔处理，确保炸药装到孔底。

2. 装药

先装水平爆破孔，再装垂直孔，最后装预裂孔。

1）水平孔装药

水平孔和预裂孔自上而下逐排装药。塌孔、堵塞孔及渗水孔最后处理合格后再装药。

（1）每排孔设两个装药组，从两端向中间装药。

（2）由装药组先对附近等装药的3~4炮孔进行清孔、测量、记录孔深。

（3）各送药组将炸药和雷管送到装药部位，按孔号发放药卷和雷管，先发炸药，再发雷管，做好记录。

（4）每个装药组4人，1人主装药，另外3人辅助装药、堵塞炮孔，并做记录。

（5）将第一节炸药端部丝扣段剪去，掏出堵塞片，然后将该节药卷送入孔底。

（6）将3节炸药的堵塞片掏出，并拧成一组，将该组药卷最外一节的端头丝扣剪掉，掏出堵塞片，用炮棍送入孔底，与先前送入孔内的炸药紧紧连在一起。按照该方法依次往孔内装药。

（7）当装到孔深距孔口1/3处，在该位置的药卷上安装2个1025ms的非电毫秒雷管（注：由于

1025ms 的非电毫秒雷管的导爆管长 18m，保证孔口外露不小于 6m 以便联网）。每次装药时要拉住孔内导爆管，防止孔内导爆管弯折或聚堆。

（8）重复（6）的方法，再往孔内装 2 组共 6 节药卷后，剩下的药卷逐节利用丝扣连接边接边推送入孔内，一次全部装完，并做好记录。

（9）将该孔的装药记录和堵塞记录交给技术服务组并开始下一孔的装药。

2）垂直孔装药

自下游向上游逐排装药。塌孔、堵塞孔最后处理合格后再装药。

（1）由装药组先对附近等装药的 3~4 炮孔进行清孔，测量、记录孔深。

（2）各送药组将炸药和雷管送到装药部们，按孔号发放药卷和雷管，先发炸药，再发雷管，做好记录。

（3）每个装药组 4 人，1 人主装药，另外 3 人辅助装药、堵塞炮孔，并做记录。

（4）将 3 节炸药的堵塞片掏出，并拧成一组，将该组药卷最外一节的端头丝扣剪掉，掏出堵塞片，用炮棍捣实。按照该方法依次往孔内装药。

（5）当药卷装到距离孔口堵塞段 10m 位置时，在该部位的药卷安装 1025ms 的非电毫秒雷管。每次放药卷时要拉住孔内导爆管，防止孔内导爆管弯折或聚堆。

（6）继续（4）步装药直到完成，将该孔的装药记录交给技术服务组并开始下一孔的装药。

3）预裂孔装药

预裂孔自上而下逐孔装药。塌孔、堵塞孔及渗水孔的最后处理合格后装药。

（1）由装药组先对 3~4 炮孔进行清孔，测量、记录孔深。

（2）根据孔深和是否有渗水情况采用不同的装药结构。

（3）送药组将炸药和雷管送到装药部位，并配合装药组向孔内送药。

（4）药串送入过程中要慢速、匀速的送入孔底。

（5）将该孔的装药记录交给技术服务组并开始下一孔的装药。

3. 堵塞

堵塞质量的好坏是保证爆破效果和爆破安全的重要环节，为了保证堵塞质量选择袋装砂和黄泥作为堵塞材料，涌水孔用袋装砂堵塞。在堵塞前加工好砂袋，砂袋采用纱布制作 $\phi 80$、长 20cm，每个装入 70% 砂子，系好袋口。黄泥随装随加工，人工搓成长 10cm 直径 $\phi 80$ 土卷。

水平主爆孔当间排距为 1.5m 时，堵塞长度为 1~1.2m；当间排距为 1.25m 时，堵塞长度为 0.8~1.0m；垂直孔口堵塞长度为 0.8~1.2m；预裂孔口堵塞长度为 0.5m。

5.2.5 网路连接

按设计依次为先左右，后自下至上连接，预裂孔单独连接后再统一上网，岩埂区域连接后再连接浆砌石，最后是面板混凝土，直至起爆点。接力雷管采用胶管包裹保护。

严格按设计要求专人进行连接和网路保护，网路连接固定在围堰内侧后坡锚桩上面。脚手架的拆除不能影响到已经完成的起爆网络的安全。

垂直主传爆网路在排架全部拆除完成后利用吊车作业筐进行连接。

在联网中，每班应有专人随后检查，检查雷管段数是否正确、捆扎是否牢固及是否有偏联。有无漏接或中断、破损；有无打结或打圈，支路拐角是否符合规定；雷管捆扎是否符合要求；线路连接方式是否正确、雷管段数是否与设计相符；网路保护措施是否可靠。

各水平网路节点的导爆管应与传爆雷管牢固卡在一起，在其外侧用编织袋缠 2~3 层。防止该节出现意外而松动。

6. 材料与设备

导流洞围堰拆除施工需根据断面大小、工程量及工期合理安排劳动力资源，溪洛渡水电站左岸 1 号导流洞进口围堰拆除，需要的人员及设备见表6-1、表6-2。

主要施工人员配置表 表6-1

工　种	数量（人）	工　种	数量（人）
技术管理人员	8	安 全 员	2
钻工	60	炮　工	12
物资供应	6	力 工	30
合　计			118

主要施工材料及设备配置表 表6-2

设 备 名 称	型号及规格	单位	数量	备　注
轻型潜孔钻机	YQ100B	台	25	钻孔
高分压钻机	CM351	台	2	钻孔
炸药车	2t	台	2	运输火工材料
自卸汽车	5t	辆	2	运输材料
钢管	1.5吋	t	30	样架搭设
汽车吊	25t	台	1	
汽车吊	8t	台	1	
非电毫秒雷管（Orica）	9ms	发	20	
非电毫秒雷管（Orica）	17ms	发	300	
非电毫秒雷管（Orica）	42ms	发	24	
非电毫秒雷管（Orica）	1025ms	发	1195	
电雷管		发	2	
炸药（9815厂）	$\phi32$	kg	195	
炸药（9815厂）	$\phi70$	kg	26928（水平孔）	
炸药（Orica）	$\phi70$	kg	6192（垂直孔）	
导爆索（云南燃料二厂）		m	350	

7. 质 量 控 制

围堰爆破拆除是一个非常精细化的施工过程，对其中的每一道工序、每一个环节都不能马虎，从钻孔、装药、联网等每一道工序都必须严格按照设计要求，本工法的质量控制主要体现在如下几方面。

7.1 测量放样质量要求

测量放样时机、放样内容首先要满足现场钻孔作业的要求。

测量放样过程中，技术人员及现场管理人员必须同时在场，与测量人员配合完成放样工作。放样完成后，测量人员必须向现场技术人员进行交底。

测量放样记录要清晰准确，参与放样人员要在记录上签字，测量记录要完整保存。

7.2 钻机就位、验收

各施工队伍严格按照设计要求的孔位、孔向和测量放样情况进行钻机的就位和调正，确保钻机固定牢固、稳定，在钻进过程中不得出现轻微晃动、偏移等影响钻孔位置和角度的现象。钻机安装就位完毕、施工队自检合格后，填写"围堰水平孔钻孔施工质量检查验收记录表"，上交质检部门进行检查，并且向质检部门申请开钻证。质检人员现场检查、复核，主要对钻孔的孔位、孔向和钻机的稳定性进行检查，检查符合要求后，签发水平孔开钻证后可正式施钻。

7.3 钻孔中间检查、控制

在钻孔的过程中，施工队技术人员必须及时逐孔、逐项进行检查，并分别在钻进到1.0m、3.0m、10.0m和孔底后，对钻机钻孔角度进行检查、校核，将检查结果填写到"围堰水平孔钻孔施工质量检查验收记录表"中，符合要求，继续施工，否则及时停止钻设，将孔灌注水泥砂浆，待强后，重新钻孔。质检部门现场监督、抽查、复检，做好抽查的记录，并对施工队检查结果予以确认。

7.4 终孔验收、封孔

钻孔完毕之后，施工队伍先自检，然后由质检部门和监理工程师进行终孔验收，主要检查孔深、孔向和孔间排距3项指标，详细的将验收结果填写到"围堰水平孔钻孔施工检查验收记录表"中，如果孔位、孔向、孔深均超过标准值，经质检部和监理工程师共同确认该孔作废，采用水泥砂浆封堵、待强后，重新钻孔。验收合格后，往孔内插入PVC爆破管，孔口采用提前预制好的木楔子和棉纱堵塞保护。

7.5 装药、联网质量要求

为检测所采用的起爆网路的可靠性，爆前对实际起爆网路进行模拟试验。为节约起爆器材，减少试验工作量，只进行实际网路的主干线和最后两排孔支线的简化模拟，因为该简化模拟试验已能反映整个网路传爆可靠性和实际延期时间。如果模拟网路的传爆雷管、起爆雷管全部引爆，证明所采用的网路是可靠的。

按设计对孔位进行编号，装药前必须测量孔深，达不到要求的必须进行及时处理，确保炸药装到孔底。装药人员必须经过培训及技术交底。无关人员禁止进入施工现场。并严格按设计要求的装药结构、雷管段别和数量进行装药、堵塞，同时认真做好原始记录。

所用炸药、非电毫秒雷管、导爆索必须具有防水性能或者是经过防水处理，都必须是新定购的同厂、同批、同型号的产品，并经过验收合格。

网路连接人员必须经过培训及技术交底，并严格按设计要求进行连接和网路保护。

网路连接过程中，应设专人跟班检查，防止错接或漏接，网路连接完成后应由多人检查组进行全面检查，确保无误后方可起爆。充水爆破时，应对水下网路做好防护工作，防止充水过程中损坏起爆网路。

8. 安 全 措 施

8.1 拦渣坎防护

为了减少冲渣对进口闸门的影响，在每个导流洞洞内进口段垂直导流洞方向各设置2道挡渣坎，其中1号、2号导流洞挡渣坎位置分别为导流洞0+30、0+80，3号导流洞为0+00、0+50。挡渣坎为梯形断面，高4.5m，顶口宽2m，底口宽5.6m，靠江侧坡比为1:0.2，并码一层编织袋，背江侧坡比为1:1。

8.2 充水防护

上游围堰在9月中下旬爆破，堰外处于较高水位状态下。爆破时数水头夹带块石将直接冲入堰内并直达闸门，采用拦渣坎阻挡后仍有较大风险。根据1号导流洞不充水试验效果分析，采用堰内充水条件下爆破防护，充水为挡渣坎至闸门之间洞段，水位高度为3m。

8.3 防飞石

飞石防护手段有两种：

一是覆盖防护，就是在爆破体上用砂袋或其他材料进行覆盖，主要是对1号导出口围堰两段混凝土堰体的顶部孔口位置覆盖砂袋，浆砌石段不进行覆盖防护。

二是保护性防护，即在被保护建筑或构筑物进行防护。本次爆破防护重点是下游闸室、闸门，爆破除采用开闸爆破外，对闸门槽、底板进行重点防护。

8.3.1 闸门槽的防护

主要是出口围堰闸门槽，闸门槽是围堰爆破的重点保护对象，主要是防止爆破飞石和瞬间的爆渣冲击损坏，造成闸门无法关闭和开启，必须重点防护。

1. 轮胎防护：将4~6个轮胎捆成一组，从下到上，挂在闸门槽上。

2. 沙袋堆码防护法：距围堰50m范围内的明渠底板、闸室底板和导流洞底板表面堆码砂袋一层，其中沿出口闸门底坎上下游侧各2m范围闸室底板表面堆码砂袋两层。砂袋内装风化沙，袋口开启式放置。

8.3.2 闸门的防护

由于闸室在爆破时提启，1号、2号导流洞出口闸室的结构决定闸门板全部暴露在外，需对其进行防护。先沿闸门面板挂一层轮胎，在轮胎外表面挂设两层竹跳板。

8.3.3 闸室顶部的防护

出口围堰闸室顶部需要防护，闸门顶部启闭机、控制柜和变压器采用型钢结构进行覆盖，型钢结构上面绑扎一层轮胎，再在其表面挂两层竹跳板覆盖防护。其他混凝土表面采用竹跳板覆盖防护。

8.3.4 立面混凝土的防护

洞门及其两侧混凝土、明渠边坡的防护采用两层竹跳板防护。

8.4 安全警戒保证措施

爆破警戒半径为800m，爆破前安全部应通知监理、业主单位协调对爆破警戒范围内的部位的高排架作业及其他施工活动暂停作业。爆破施工过程主要做好下安全措施：

8.4.1 按照有关规定，对易燃、易爆物品、火工产品的运输、加工、保管、使用等环节执行施工局专项规章制度。炸药、雷管和油料的运输，按照公安部门对易燃、易爆物资运输的有关规定执行，并接受当地公安部门的审查和检查。

8.4.2 从炸药运入现场开始，应划定装运警戒区，实行封闭管理，并挂牌说明装药区、非装药施工人员不得进入。有关部门人员进入现场，需经技术服务组同意，并核发准入证，安全小组方允许其进入，并登记，出来后要收回准入证。作业人员吃饭、上下班换班都要清查，防止将炸药、雷管带出，建立严格的火工材料领退制度及炸药发放制度。警戒区内应禁止烟火，搬运爆破器材应轻拿轻放，不应冲撞起爆药包。

8.4.3 有足够的照明设施保证作业安全。

8.4.4 爆破警戒范围按设计确定，在危险区边界，应设有明显标志，并派出岗哨。执行警戒任务的人员，应按指令到达指定地点并坚守工作岗位。预警信号发出后爆破警戒范围内开始清场工作。起爆信号应在确认人员、设备等全部撤离爆破警戒区，所有警戒人员到位，具备安全起爆条件时发出。起爆信号发出后，准许负责起爆的人员起爆。安全等待时间过后，检查人员进入爆破警戒范围内检查、确认安全后，方可发出解除爆破警戒信号。在此之前，岗哨不得撤离，不允许非检查人员进入爆破警戒范围。

8.4.5 爆后应超过5min，方准许检查人员进入爆破作业地点；如不能确认有无盲炮，应经15min后才能进入爆区检查。发现盲炮及其他险情，应及时上报或处理；处理前应在现场设立危险标志，并采取相应的安全措施，无关人员不应接近。

9. 环 保 措 施

根据工程施工的特点和工程的施工环境，严格遵守招标文件中提出的有关环境保护的要求，严格遵守《中华人民共和国环境保护法》、《中华人民共和国水污染防治法》、《中华人民共和国大气污染防治法》、《中华人民共和国噪声污染防治法》、《中华人民共和国水土保持法》等一系列有关环境保护和水土保持法律、法规和规章，做好施工区和生活营地的环境保护工作，坚持"以防为主、防治结合、综合治理、化害为利"的原则。

9.1 钻孔设备选用效率高、噪声底的设备，钻孔作业时，大型钻孔设备必须配备除尘装置。

9.2 所有施工弃渣严格按招标文件指定场地和堆存方式有序弃存。

9.3 在工程施工期间，对噪声、扬尘、振动、废水、废气和固体废弃物进行全面控制，最大限度地减少施工活动给周围环境造成的不利影响。生活污水、施工废水处理后达到污水综合排放标准。

10. 效 益 分 析

溪洛渡水电站左岸导流隧洞进出口围堰按照设计的爆破网络成功起爆，设计的爆破缺口和爆堆形状顺利形成，爆破块度完全控制在 40cm 以下，爆破到了设计底板高程，爆破安全监测表明没有对闸门造成任何影响，爆破取得圆满成功。此次特大规模围堰爆破拆除的成功实践，推动了我国围堰精细爆破理论与技术的发展，创造了巨大的社会效益与经济效益。为类似工程提供了成功的借鉴，是类似围堰拆除的经典案例。

11. 应 用 实 例

11.1 溪洛渡水电站左岸导流洞进口围堰

11.1.1 工程概况

溪洛渡水电站左岸三条导流洞进口各布置一条围堰，进口围堰总长为 450m。围堰按照洪水频率 $P=10\%$ 设计，重力坝式结构，下部为岩埂，上部为浆砌石。进口围堰浆砌石基础在 EL380~EL385m，顶部高程为 EL402m。在弱风化完整岩体上浇筑 1.5m 厚 C20 毛石混凝土粘合层，浆砌石迎水面浇筑 60cm 厚 C20 混凝土防渗面板。后根据防洪要求在围堰顶部增加了混凝土防浪墙。进口围堰总拆除高度为 39m，总拆除 16.5 万 m^3。

11.1.2 施工情况及效果

进口围堰周围环境复杂、地形地质条件变化大、拆除爆破规模大、工期紧、施工强度大、爆破块度和爆堆形状控制标准高。通过方案比选，确定布孔方案全部由上部垂直孔（浆砌石）、下部水平孔（岩埂）构成。进口围堰在汛期关门放炮，实行分批爆破，在爆破顺序上，先爆进口围堰，再爆破出口围堰，条件具备一个爆破一个，直至最后一次爆破。

进口围堰岩埂拆除施工从 2007 年 7 月至 2007 年 9 月，用时 3 个月，总钻孔为 2.8 万 m，总装药量为 150t，导爆索 6.5 万 m，导爆管 5600 发。其中 1 号导流洞进口围堰于 2007 年 9 月 11 日爆破，2 号、3 号导流洞进口围堰于 2007 年 9 月 22 日爆破。

左岸 1 号、2 号、3 号导流洞进口围堰爆破后均实现了瞬间过流，1 号导流洞进口围堰爆破完成后基本无堆渣现象，由于 2 号、3 号导流洞进口围堰二次处理开挖时水位较低，水流较缓，因此在明渠中间岩隔墙堆积了部分爆渣外，在水面以上还有部分爆渣。爆破粒径小，采用反铲拔开冲渣口后，也顺利实现了过流。另外，爆破后对进口闸门无影响，爆破取得圆满成功。

11.2 溪洛渡水电站左岸导流洞出口围堰

11.2.1 工程概况

溪洛渡水电站左岸 3 条导流洞出口各布置一条围堰，出口围堰总长 400m。围堰按照洪水频率 $P=10\%$ 设计，重力坝式结构，下部为岩埂，上部为浆砌石。出口围堰浆砌石基础在 EL385~EL390m，顶部高程为 EL400m。在弱风化完整岩体上浇筑 1.5m 厚 C20 毛石混凝土粘合层，浆砌石迎水面浇筑 60cm 厚 C20 混凝土防渗面板。后根据防洪要求在围堰顶部增加了混凝土防浪墙。出口围堰总拆除高度为 41m，总拆除 25.4 万 m^3。

11.2.2 施工情况及效果

出口围堰周围环境复杂、地形地质条件变化大、拆除爆破规模大、工期紧、施工强度大、爆破块度和爆堆形状控制标准高。通过方案比选，确定布孔方案全部由上部垂直孔（浆砌石）、下部水平孔

(岩埂)构成。出口围堰在汛后均提闸开门爆破。实行分批爆破,在爆破顺序上,先爆进口围堰,再爆破出口围堰,条件具备一个爆破一个,直至最后一次爆破。

出口围堰岩埂拆除施工从 2007 年 8 月至 2007 年 10 月,用时 3 个月,总钻孔量为 3.2 万 m,总装药量为 235t,导爆索 10.5 万 m,导爆管 8500 发。其中导流洞出口围堰▽385.00m 以上 2007 年 10 月 12 日爆破,1 号、2 号导流洞出口围堰▽385.00m 以下于 2007 年 10 月 31 日爆破,3 号导流洞出口围堰▽385.00m 以下于 2007 年 11 月 4 日爆破。

左岸 1 号、2 号、3 号导流洞出口堆渣最高在 385m 左右,爆破后没有实现瞬间过流,但爆破粒径小,采用反铲拔开冲渣口后,顺利实现了过流,爆破取得圆满成功。

11.3 锦屏二级水电站导流隧洞进出口围堰

11.3.1 工程概况

锦屏二级水电站导流隧洞进出口围堰按照洪水频率 $P=20\%$ 设计,围堰采用重力坝式结构,围堰上部采用浆砌石结构,下部预留岩埂。围堰基础浇筑 C20 毛石混凝土粘合层,混凝土上面为浆砌石堰体。进口围堰堰体顶部高程为 1642.5m,堰顶宽度为 2.5~3m,围堰总长 62m。出口围堰堰顶部高程为 1642m,堰顶宽度为 3m,围堰总长 66m。浆砌石堰体迎水面浇筑 60cm 厚 C20 混凝土防渗面板。围堰下部岩埂采用帷幕灌浆达到基岩防渗要求。导流洞进口明渠底板高程为 1625m,进口围堰总拆除高度为 17.5m,总拆除量为 6200m³。出口明渠底板高程为 1624m,出口围堰总拆除高度为 18m,总拆除量为 6000m³。

11.3.2 施工情况

根据雅砻江历年水位流量关系曲线,为了尽可能降低围堰最后一层拆除难度和拆除工程量,进出口围堰均采用垂直孔分三层的爆破拆除方案。第一、二层拆除到水面以上 2m 高度,为水上一般土岩爆破作业;最后一层为水下一次性爆破拆除作业。

进口围堰第一层拆除高度为 4.5m,第二层拆除高度为 3m,最后一层拆除高度为 10m。最后一层总拆除方量为 3000m³,总造孔量为 210 个(2050m),总装药量为 6000kg。

出口围堰第一层拆除高度为 4.5m,第二层拆除高度为 2.5m,最后一层拆除高度为 11m。最后一层总拆除方量为 2500m³,总造孔量为 180 个(1850m),总装药量为 5300kg。

进出口围堰均在汛后拆除,采取以垂直孔为主,水平孔为辅的布孔方式,进出口围堰第三层水下主爆孔装 $\phi75mm$ 特制防水炸药和 $\phi70mm$ 普通乳化炸药。水下预裂孔采用 $\phi37mm$ 特制防水炸药。本次围堰拆除爆破采用 ms2、ms5、ms11、ms13 段普通非电毫秒雷管及 ms1、ms15 特制非电毫秒雷管,为避免重段现象的出现,其中 ms1 段雷管为特制雷管,微差为 13ms, ms15 段雷管为特制防水型雷管。

进口围堰堰体较厚,堰前有压渣和水压力,如果从堰外起爆,一方面临空面不好,同时水压力对爆破作用起反作用,对冲渣很不利,达不到预想的效果。因此,进口围堰起爆点选择在堰内,采用从堰内往堰外方向逐排“V”形起爆网络。

出口围堰堰体较薄,如果采取逐排“V”形起爆网络,对于薄壁结构,前排垂直孔起爆时很容易对后排垂直孔产生破坏作用,造成整个网络混乱、后排容易拒爆。因此,出口围堰起爆点选择在堰内,采取由围堰内外侧往中心对称起爆网络。

进出口围堰于 2008 年 11 月 14 日中午同时起爆,在低水头不利冲渣的条件下,成功实现直接冲渣、过流,围堰底部拆的非常干净、平坦,水流极为平稳,为雅砻江第四次大江截流、导流隧洞分流创造了很好的条件。

高面板堆石坝坝体填筑预沉降控制施工工法

GJYJGF096—2010

葛洲坝集团第五工程有限公司　葛洲坝新疆工程局（有限公司）

周厚贵　王章忠　邓银启　王亚文　雷骊彪

1. 前　　言

混凝土面板堆石坝因具有安全、经济、快速施工等优点，成为当今世界两种新兴坝型之一。进入21世纪以来，国外相继建设了一批坝高200m的高混凝土面板堆石坝，如巴西坝高202m的Campos Novos面板堆石坝，马来西亚坝高205m的Bakum面板堆石坝，老挝坝高220m的Nam Ngwm面板堆石坝；目前在建的菲律宾的Agbulu面板堆石坝，坝高234m，秘鲁的Morro de Arica面板堆石坝，坝高220m等。我国也于2007年建成了水布垭面板堆石坝，坝高233m，不仅坝高居当时世界首位，而且在堆石坝沉降变形控制和渗流控制两方面取得了相当大的突破，形成了成熟稳定的施工技术并已应用于水布垭、寺坪、鱼泉水电站等面板堆石坝工程的施工，为我国高面板堆石坝施工沉降变形控制找到了一种实际有效的方法，经过几年的工程运行，工程质量稳定可靠，该工法有巨大的社会效益和经济效益，特总结形成本工法。

2. 工 法 特 点

2.1 为高堆石坝体沉降变形控制从时间和空间上找到可靠的控制方法。

2.2 有效保证了高堆石坝体的施工质量。

2.3 减少甚至避免了堆石体填筑施工与面板混凝土的施工干扰，确保了施工安全。

2.4 无需增加特别的工具，全部采用堆石坝施工的通用施工机具，操作简单、方便、易行。

2.5 更有利于各工序间的衔接，具有广泛的应用价值。

3. 适 用 范 围

本工法适用于高混凝土面板堆石坝的施工。

4. 工 艺 原 理

4.1 原理1：根据堆石体具有随加载产生瞬时变形和随时间增长产生延时变形的特点，用公式表示为：$\varepsilon=\varepsilon0+\varepsilon$ (t)。其中 $\varepsilon0$ 为堆石加载的瞬时变形，ε (t) 为随时间增长的延时变形。根据堆石体的延时变形的这个特点，在水布垭工程施工中研究发明了高堆石坝坝体预沉降变形控制法，从时间上给高堆石坝体的沉降变形提供通道，通过分期间歇填筑，在施工期给堆石坝体预留出足够的沉降变形时间，待堆石坝体有了一定的沉降变形后才开始面板混凝土施工，减少因堆石体变形对面板混凝土的影响。

原理2：根据堆石坝体"堆石体干密度从坝体后区向前区逐步增大、孔隙率从后区向前区存在逐步减小的趋势，后区沉降变形空间远大于前区的沉降变形"的规律性特点，在坝体分期填筑中，通过堆石体填筑空间形状的控制，在堆石坝体后区实施超前区的连续均衡高强度反台填筑，在施工期充分加大堆石坝体后区的沉降变形，为控制堆石坝体前后区的不均匀沉降变形，从填筑的空间形状上提供通道。

5. 施工工艺流程及操作要点

5.1 施工工艺流程

5.1.1 填筑期的划分

在高面板堆石坝体的填筑中，为了统筹坝体上升与大坝填筑安全度汛的关系，给堆石体的沉降变形留出必要的时间和空间，将大坝分若干期（一般一至五期，超高则分六期以上）填筑到设计高程。具体流程见图 5.1.1。

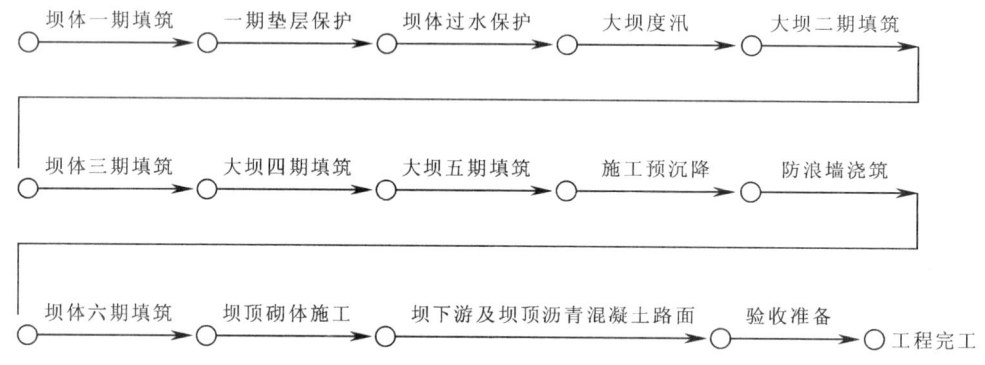

图 5.1.1 施工关键线路图

5.1.2 填筑单元的划分

每期填筑堆石坝体从平面上按一定填筑厚度分成若干填筑面，根据坝体分区、坝面大小、设备型号数量等条件，每个填筑面按面积大小将填筑面分成 3~4 个面积约为 6000~10000m² 的填筑单元。单元之间设标识牌或划线做标志。在填筑单元内依次完成填筑的各道工序，进行流水作业，避免相互干扰，相邻单元之间注意衔接，避免超压或漏压。

5.1.3 填筑单元的施工程序

坝体填筑单元的施工程序如图 5.1.3 所示。

5.2 施工操作要点 （图 5.2）

5.2.1 在堆石坝体一、二期填筑之间间隔近 5 个月，给一期堆石坝体一定的沉降期。

5.2.2 在二期堆石坝体填筑完成后，进行混凝土一期面板的施工，同时以后区超高前区的空间控制方式进行三期反台填筑。

5.2.3 在三至五期之间采取连续高强度填筑方式将堆石体填筑至防浪墙平台高程。

5.2.4 在五、六期堆石坝体之间间隔近 20 个月，最后将堆石坝体填筑到坝顶设计高程，完成超高堆石坝施工，间隔期间进行二期混凝土面板浇筑，待堆石坝体填筑到坝顶设计高程后，再进行 3 期混凝土面板施工和防浪墙施工。

5.3 劳动力组织 （表 5.3）

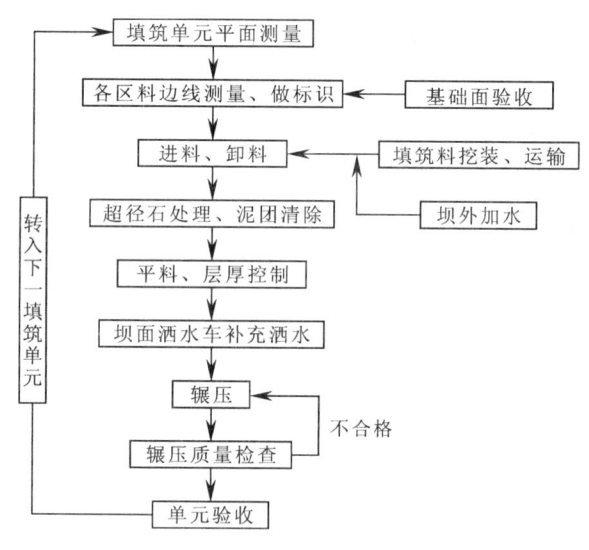

图 5.1.3 填筑单元施工程序

图 5.2 高面板堆石坝体填筑预沉降控制施工工法作业现场

劳 动 力 组 织 表   表 5.3

序号	工种	人数（个）										
		一期		二期		三期		四期		五期		六期
		1~6	7~12	1~6	7~12	1~6	7~12	1~6	7~12	1~6	7~12	1~6
1	挖掘机司机	38	46	48	48	48	48	60	60	40	38	8
2	装载机司机	12	16	16	14	14	14	14	14	14	12	4
3	推土机司机	20	28	28	20	28	28	24	24	24	20	4
4	汽车司机	160	180	220	200	240	240	280	280	220	180	30
5	空压工	12	18	26	20	26	26	26	26	20	12	4
6	钻工	60	186	232	210	240	240	260	260	210	180	22
7	炮工	20	34	40	38	42	42	50	50	38	30	6
8	机械工	18	20	8	18	18	18	18	18	16	12	5
9	修理工	22	28	28	28	28	28	28	28	28	18	8
10	电工	6	6	6	6	6	6	6	6	6	6	2
11	试验工	6	6	6	6	6	6	6	6	6	6	6
12	测量工	9	9	9	9	9	9	9	9	9	9	3
13	技工	16	26	30	30	30	30	30	30	30	20	6
14	普工	60	85	120	120	120	120	120	120	120	80	20
15	管服人员	36	52	52	52	52	52	52	52	52	36	12
	合计	495	740	869	819	907	907	987	987	833	659	140

6. 材料与设备

6.1 坝体材料

堆石坝体填筑材料为坝基开挖利用料和坝址附近料场开挖料。混凝土为工地拌合站生产。

6.2 坝料开采主要施工设备配置

为满足高面板堆石坝的坝体填筑施工强度和质量要求，需根据施工场地、料源分布广的特点，按照施工条件和工作面参数配置坝料开采主要设备，然后根据主要设备的生产能力和性能参数再选用与其配套的机械设备。具体坝料开采设备配置见表6.2。

坝料开采设备配置表   表 6.2

序号	设 备 名 称	型 号 及 规 格	数量（个）
一	开采钻爆设备		
1	$\phi75\sim102$mm 液压钻机	RC-848	4
2	$\phi105\sim140$mm 高风压潜孔钻	CM-351	6
3	$\phi90$mm 支架式潜孔钻机	QZJ-100B	20
4	铵油炸药装药车	/	2
5	空压站	100m³	4
二	挖掘机		
1	7.0m³ 正铲	O&K	1
2	6.0m³ 正铲	H95	2
3	4m³ 电铲	W-4	3
4	3.2m³ 反铲	PC-600	1

序号	设　备　名　称	型　号　及　规　格	数量(个)
5	2.1m³反铲	320-7	1
6	1.6m³反铲	CAT330B	6
7	1.0m³反铲	CAT320B	1
8	0.8m³反铲	PC-200	1
9	1.0m³反铲	220LC-3	2
10	5.4m³装载机	CAT-988B	1
11	3.1m³装载机	KLD85Z	2
12	3.1m³装载机	ZL-50	2
13	3.1m³装载机	ZL-50	1

6.3 坝体填筑主要施工设备配置

填筑料运输采用32t、20t自卸汽车；坝体填筑分层摊铺碾压，主堆石区料主要采用进占法卸料，D155A-18（320HP）、D9L（460HP）推土机摊铺，25t振动平碾（前轮分配重量17.04t、激振力182~330kN）碾压；其他区料主要采用后退法卸料，D85推土机摊铺，18t振动平碾（前轮分配重量12.61t、激振力250~326kN）碾压；局部边角部位采用BW75E小型振动平碾和CM80振动平板碾压密实；每填筑厚0.8m边坡碾压混凝土挤压边墙。

填筑料洒水采用坝内和坝外相结合的方式，一是在料场人工洒水湿润石料，二是在上坝前设置集中加水站加水，三是卸料摊铺中加水，坝肩两侧用移动式或自行式高压喷射枪加水，中间部分用大吨位的洒水车补充洒水。

为满足高面板堆石坝的坝体填筑施工强度和质量要求，需根据施工场地、料源分布广的特点，配备大型运输、碾压、特殊处理等设备。坝体填筑施工主要设备配置见表6.3。

坝体填筑主要施工设备配置表　　　　　　　　　　　表6.3

序号	设　备　名　称	型　号　及　规　格	数量(个)
一	运输设备		
1	32t自卸汽车	TEREX3305E	25
2	32t自卸汽车	CAT769	20
3	20t自卸汽车	BJZ3364	45
4	20t自卸汽车	STR-1491	50
5	20t自卸汽车	/	10
二	摊铺设备		
1	240kW推土机	TY-320	9
2	240kW推土机	D8R	2
3	162kW推土机	D85A-12	3
三	碾压设备		
1	25t振动平碾	BW225D	4
2	18t振动平碾	175D	2
3	冲击破碎锤	750	1
4	冲击夯	10t	1
5	小型振动碾	BW75s	2
6	液压夯板	HS11000	2
7	振动碾记录仪	Bcm03	2
8	20t洒水车	BJZ3364	2

6.4 坝体混凝土主要施工设备配置

根据高面板堆石坝的建筑物布置特点、场区地形条件和工期要求，按照面板混凝土分为三期且在低温期施工的特点，配置了混凝土拌合、运输、入仓、平仓、振捣浇筑和缝面处理等施工机械设备。坝体混凝土主要施工设备配置见表 6.4。

坝体混凝土主要施工设备配置统计表   表 6.4

序号	设 备 名 称	型 号 及 规 格	数量（个）
1	左岸拌合站	JSZ900	1
2	左岸拌合系统	3×1.5	1
3	右岸拌合站	1.0m³	1
4	混凝土搅拌车	6m³	5
5	混凝土输送泵	HBT75	1
6	拖式混凝土泵机	HBT-60	1
7	吊车	40t	1
8	振捣器	$\phi70-100$	18
9	自卸汽车	10t	4
10	自卸汽车	15t	15
11	卷扬机	10t	10
12	卷扬机	5t	10
13	钢筋台车		8
14	施工台车		4
15	钢筋切断机		3
16	直螺栓滚丝机		2
17	平板车	5t	1
18	铜止水片成型机		2
19	冲毛机	CHCJ35B	2
20	挤压边墙成型机	BJY-40	2
21	挤压边墙成型机	DBG-1	1

6.5 坝体基础处理主要施工设备配置

根据基础处理工程特性和施工条件，采用集中制浆供浆，两钻一灌配置设备的方式。水布垭面板堆石坝固结灌浆、帷幕灌浆和回填灌浆等基础处理设备配置见表 6.5。

基础处理工程主要施工设备配置表   表 6.5

序号	设 备 名 称	型 号 及 规 格	数量（个）
一	钻孔设备		
1	地质钻机	XY-2	40
2	地质钻机	XY-2pc	10
3	风动钻机	YG-80	8
4	手风钻	YT-25	1
5	手风钻	QY30	2
6	气腿钻	YT-27	8
二	制浆设备		
1	制浆楼	400L/min	1
2	高程380m集中制浆楼	500L/min	2

序号	设 备 名 称	型 号 及 规 格	数量(个)
3	集中制浆楼	350L/min	1
4	制浆机	NJ-600	4
5	临时制浆站	200L/min	1
6	储浆桶	JJS-2B	20
7	储浆桶	1m³	6
三	注浆设备		
1	灌浆泵	SGB6-10	3
2	慢速搅拌机	1m³	5
3	砂浆搅拌机	0.5m³ 卧式	4
4	双层搅拌桶	JJS-2B	5
5	灌浆泵	3SNS	20
6	灌浆泵	SGB6-10	2
7	注浆机	BW250/50	8
四	其他设备		
1	灌浆自动记录仪	自制	3
2	记录仪	GJY-IV	12
3	抬动装置自动报警仪	LH02B	3

6.6 坝体施工测量及试验检测设备

高面板堆石坝工程中主要使用的测量及试验检测设备见表6.6。

测量及试验检测主要设备配置表　　　　表6.6

序号	设 备 名 称	型 号 及 规 格	数量(个)
1	全站仪	TC1100	3
2	断面仪	TA300	3
3	水准仪	NA₂	3
4	经纬仪	T5	3
5	爆破振动监测仪	TOPBOX	2
6	多点照相测斜仪	BUZ	1
7	声波测量仪	CTS-31	1
8	液压式万能材料试验机	WE-1000A	1
9	压力试验机	NYL-300	1
10	压力试验机	NYL-2000D	1
11	电动抗折试验机	DKZ-5000	1
12	水泥胶砂振实台	ZS-15	2
13	行星式胶砂搅拌机	JJ-5	2
14	水泥胶砂流动度测定仪	DTZ-5	2
15	砂浆稠度仪	SZ145	2

7. 质 量 控 制

高面板堆石坝坝体填筑质量控制必须在坝料开采、坝料挖装、摊铺、碾压、混凝土浇筑等各工序均实行全过程严格的质量监控，制定一整套施工过程控制质量标准和质量控制措施，并在施工中严格贯彻执行，以保证工程施工质量始终处于可控状态，各项指标均满足要求。

7.1　确定质量控制标准

（1）按照坝体填筑设计技术要求确定坝体填筑各个分区质量控制标准。

（2）根据质量控制标准，经现场试验确定大坝填筑碾压压实标准。

7.2　施工过程控制

在高面板堆石坝坝体填筑质量控制整个施工过程，主要包括：料场剥离、钻爆施工、爆堆处理、垫层料生产、坝料装运、坝料洒水与摊铺、坝料碾压、结合部位填筑（包括3个方面，即上游面各区填筑料结合部位填筑质量控制、坝体与岸坡结合部位填筑质量控制、坝体填筑临时断面结合部位质量控制）以及面板混凝土施工质量控制等。

7.3　采用坝体碾压 GPS 实时监控系统进行堆石体填筑质量控制

8. 安 全 措 施

8.1　安全技术措施

8.1.1　根据高面板堆石坝施工的实际情况，确定安全控制点并制定相应对策和措施，融入高面板堆石坝施工技术方案和措施中，通过施工过程控制来实现安全控制。

8.1.2　制定高面板堆石坝施工安全操作规程，规范工程施工中的各项安全操作行为。

8.1.3　按防火、防爆、防雷电等规定和文明施工的要求进行施工现场的布置。

8.1.4　现场的临时用电严格按照《施工现场临时用电安全技术规范》JGJ 46-88 规定执行。

8.1.5　组建抗洪抢险队，并配备足够的抗洪抢险物资及机械设备，警钟长鸣，常抓不懈，随时应急处理突发事件，确保工程安全度汛。

8.2　填筑施工安全措施

8.2.1　爆破作业

1. 编写爆破作业方案，严格爆破设计审批程序。

2. 制定《爆破作业安全管理规定》，从爆破作业方案的制定、审批到实施，从炸药的装卸、运输、保管、领退到装药、警戒、起爆都规定了严格的作业程序。

3. 为了减少运输，方便领退，建立统一规范的炸药库。为防止爆破作业干扰，便于管理，由专业爆破公司实施爆破的运输和作业。

4. 尽量使用混装炸药车生产的炸药，降低炸药在装卸、运输、装药等环节中的安全风险。

5. 每次爆破必须严格执行警戒制度，设立明显的警示标志，安全警戒人员和作业人员必须佩戴安全帽或袖标；通过广播和报警器提醒人员设备撤离警戒区，防止发生意外。

8.2.2　运输作业

1. 实行"准运证"制度。为了有效控制驾驶人员的违章行为，防止不合格或安全装置不全的车辆、非法车辆进入施工现场，保证施工期间的交通安全，实行了车辆准运证制度。对安全资质不全、没有参加保险、设备状况差的车辆不发放准运证，凡在运行过程中出现违章行为、发生事故或车辆存在严重隐患的车辆吊销其准运证。准运证每季度更换一次。

2. 加强场内运输道路的安全管理。在交叉路口安排专业指挥哨，在悬崖边砌筑挡墙，在长距离下坡路段设立减速器，道路沿线安置各种指示、提示与警示标牌，专门的道路养护队伍每天清扫、维护道路，保证道路安全畅通。

9. 环 保 措 施

9.1　扰民与污染控制

9.1.1 在工程开工前，编制了详细的施工区和生活区的环境保护措施计划，并纳入施工组织设计、施工方案，组织进行全面环境保护交底，组织员工学习，以便全面地贯彻落实。

9.1.2 在砂石料生产、混凝土生产、爆破作业等施工生产活动可能造成噪声、粉尘、振动等污染时，事前告知施工区域附近的单位和居民，并随时通报施工进展情况，设立了通联热线电话，与其建立和谐的友邻关系。

9.1.3 采取修建运送货物的专用通道等一切必要的手段，避免交通堵塞及废气、噪声、粉尘排放造成环境污染，防止运输的物料进入场区道路和河道，并安排专人及时清理。

9.2 空气质量保证

9.2.1 采用密封罐车运送水泥、粉煤灰等细料物资，并由密封系统从罐车卸载到储存罐，同时在储存罐安装警报器，所有出口配置袋式过滤器。混凝土拌合系统安装有除尘设备，并经常进行检查维护，确保其正常运行。

9.2.2 填筑料、砂石料开采使用的 CM351 型潜孔钻等大型钻孔设备加装收尘装置，其他小型钻孔机械、洞室等部位采用湿式钻孔作业。

9.2.3 加强机械车辆使用过程中的维修和保养，防止汽油、柴油、机油的泄露，保证进气、排气系统畅通。

9.2.4 运输车辆及施工机械，一律使用零号柴油和无铅汽油等优质燃料，减少有毒、有害气体的排放。

9.2.5 施工区内的主要施工道路进行了硬化处理，形成混凝土路面，并安排人员经常检查、维护及保养，及时清扫路面，保持路面平整，排水畅通。

9.2.6 严禁在施工区内焚烧会产生有毒或恶臭气体的物质。因工作需要时，报请当地环境行政主管部门同意，在监督下实施。

9.2.7 皮带运输机上安装有喷雾或喷水装置，转折处和漏斗排放区采取密闭措施，安装吸气罩吸尘，以减少粉尘排放。

9.2.8 运输砂石料、土石方、渣土和垃圾等可能产生粉尘的敞篷车不得超载，车厢两侧和尾部安装挡板，对易引起扬尘的细料、散料堆高不超过挡板，运输途中安装喷淋设备，防止遗洒和粉尘飞扬。

9.2.9 在施工现场的合适位置设置了专门冲洗车轮的场地，冲洗工地的车辆，在冲洗设施和公共道路之间设置一段过渡的硬地路面，确保工地的车辆不把泥土、碎屑及粉尘等物体带到公共道路路面及施工场地上。

9.2.10 在政府环境保护部门的指导下，对岩石自燃产生的毒气，采取了在渣场集中堆放，用黄土和石灰搅拌后覆盖集中闭气的方法，阻断了岩石弃渣同空气的接触，防止岩石弃渣的自燃。

9.3 水质保护

9.3.1 对员工进行节约用水、保护水源的教育，防止发生饮用水污染事件，确保饮用水源的水质标准，保护工区的水生生物和水环境。

9.3.2 施工前按照国家和地方有关法规及业主规定，对施工、生活用水和污水的汇集、沉淀、排放进行了全面规划，并纳入了施工组织设计和施工方案，合理设置污水沉淀池和排放口，做到了有组织的排放污水。

9.3.3 在主要施工场地修建了截排水沟；在砂石生产系统设置了污水处理装置，并实现污水处理循环利用；在拌合系统修建了沉淀池；修建汇流冲洗水、灌浆后的弃水及其他施工废水的集水坑，使废水经集中并经充分沉淀处理后排放，并定期清理沉淀的浆液和废渣。

9.3.4 修建施工机械、车辆集中清洗场地和沉淀池，使清洗水经集水池沉淀处理达到排放标准后再向外排放。

9.3.5 生活污水通过修建的水沟、挡板、沉淀池、化粪池，先经发酵杀菌等处理，达到排放标准后排放。

9.3.6 医疗废弃物按卫生防疫的要求，集中收集、处理，防止进入水体中。

9.3.7 每月对排放的污水监测一次，发现排放污水超标或排污造成水域功能受到实质性影响，立即采取措施进行处理。

9.4 噪声控制

9.4.1 开工前，针对工程特点、施工组织设计方案和工程所在区域的环保要求，策划制定了施工噪声污染防治技术措施，并将其纳入了施工组织设计和施工方案。

9.4.2 精心选用低噪声的施工设备，并加强机械设备的维护和保养，降低施工设备产生的噪声影响。

9.4.3 精心策划，合理布置空压站、砂石生产、混凝土生产等机械设备，使之尽量远离居民区，并设置减噪、隔声装置，如在筛分楼安装橡胶筛网等。

9.4.4 精心策划，合理布置施工道路、安排运输时间，避免车辆噪声对居民生活区、办公区等造成影响。在进入生活营地的道路上设置禁音标识，提示进入的车辆不使用高音和怪音喇叭，尽量减少鸣笛次数，最好以灯光代替喇叭；合理安排广播时间，尽量不影响单位和居民的办公、学习和休息。

9.4.5 为空压机、混凝土拌合机、砂石破碎筛分机等噪声较大的施工机械设备操作人员控制工作时间、配发耳塞等噪声防护用品。

9.4.6 爆破施工中严格控制装药量，减少爆破噪音和振动对周围居民及野生动物的干扰。

9.5 渣料利用和固体废弃物治理

9.5.1 精心策划，合理规划弃渣场，存料场，并将其纳入了施工组织设计和施工方案组织落实。

9.5.2 开挖出的渣料除直接运往指定地点的渣料外，其余渣料（包括弃渣料）均按要求分类堆放在指定的存弃渣场，严禁将可利用渣料与弃渣料混装和堆存。

9.5.3 堆渣范围和高程严格按施工图纸和技术要求实施，并用钢筋笼等修筑挡渣梗，修建了排水沟等保护措施，避免边坡失稳和渣料流失。

9.5.4 在施工区和生活营地设置垃圾贮存设施，防止垃圾流失，由专业人员定期将垃圾送至指定垃圾场，按要求进行覆土填埋。

9.6 水土流失控制

9.6.1 在工程开工前，系统编制了详细的土地利用规划方案；施工过程中，合理调配土石方开挖与填筑进度，力争最大限度利用开挖料用于坝体填筑，减少弃料量和料场开挖量，实现少占土地的良好施工效果；同时，施工过程中同步跟进施工区和生活区的绿化，防止水土流失的发生，并纳入具体的施工组织设计和施工方案组织落实工作中。

9.6.2 如因施工技术等的要求，发生堆料、运输或临时建筑等特殊情况需占用规划以外的土地时，事先提出书面申请，经批准后使用。

9.6.3 施工过程中按相关要求，通过设置挡土墙、连续墙、截水沟、排水沟等措施，并和项目施工同步进行，同时完工交付使用，有效防止边坡失稳、滑坡、坍塌或水土流失和植被及其他环境资源受到破坏。

9.6.4 按设计要求合理砍伐树木、清除地表余土或其他地物，不乱砍、滥伐林木，不破坏草灌等植被。

9.6.5 在土石方明挖和临时道路施工过程中，严格按照预定施工组织方案施工，自上而下分层开挖，严格控制边坡的坡度、梯段高度，及时对形成的边坡按设计要求进行支护，确保邻近建筑物和边坡的稳定。

9.7 景观与视觉保护

9.7.1 系统、科学规划施工生产及生活设施布局，精心组织施工，尽量减少对林地、草地的占用和破坏。

9.7.2 临时住房、仓库、厂房等临时施工设施，在设计及建造时尽可能考虑其美观要求，并使之与周围环境协调。

9.7.3 规划建设了多个停放各种机械车辆的停车场,并严格管理,确保车辆停放整齐有序。

9.7.4 在每个施工区和部分工程施工完成后,及时拆除了各种临时设施,施工临时占地也及时恢复了植被或本来用途。

9.8 施工区域生态保护

9.8.1 组织对全体员工进行野生动植物保护方面的宣传教育,提高保护野生动植物和生态环境的认识。做到不捕猎野生动物,不砍伐野生植物,不在施工区捕捞任何水生动物。

9.8.2 制定生态环境保护的各项管理制度。

9.8.3 在工程完工后,及时按要求拆除施工临时设施,清除施工区和生活区及其附近的施工废弃物,并按批准的环境保护措施和计划进行环境修复或再造。

9.9 文物保护

9.9.1 组织全体员工进行保护文物的意识和知识教育,提高保护文物的意识和初步识别文物的能力。

9.9.2 制定保护文物的专项规定。

9.10 节能减排

9.10.1 建立全方位的节能减排责任网络体系。

9.10.2 建立成本核算制度。

9.10.3 大力倡导修旧利废工作:积极倡导和开展修旧利废与变废为宝活动,并颁布相关鼓励政策,给予有功人员适当的奖励。

9.10.4 组织开展节能减排经验交流。

9.10.5 将节能减排与技术创新相结合。

10. 效 益 分 析

通过高混凝土面板堆石坝坝体填筑预沉降控制施工工法的推广应用,成功地攻克了高混凝土面板堆石坝建设的堆石坝不均匀沉降变形的技术难题,确保了工程建设质量,促进了高混凝土面板堆石坝筑技术的进步,经济效益和社会效益显著。

11. 应 用 实 例

11.1 湖北水布垭工程

11.1.1 工程概况

水布垭工程位于清江中游河段、湖北省恩施州巴东县境内,是清江干流三级开发的龙头水电站。大坝设计为混凝土面板堆石坝,是当今世界上已建的最高混凝土面板堆石坝,最大坝高233m,坝顶宽度12m,大坝上游面坡比为1:1.4,下游面平均坡比为1:1.4,坝体最大横断面底宽约640m。

该工程采用了高面板堆石坝坝体预沉降控制施工工法,将水布垭堆石坝体填筑分六期进行,将混凝土面板施工分三期进行。在堆石坝体一、二期之间间隔近5个月,三至五期堆石坝体填筑之间采取连续高强度施工,五、六期堆石坝体填筑之间间隔近20个月之后,才将堆石坝体填筑到坝顶高程。具体过程是:在堆石坝体一、二期填筑之间间隔近5个月,给一期堆石坝体一定的沉降期;在二期堆石坝体填筑完成后,才进行混凝土一期面板的施工,同时以后区超高前区的空间形状控制方式进行三期反台填筑;三至五期之间采取连续高强度填筑方式将堆石体填筑至防浪墙平台高程,五、六期填筑之间间歇近20个月之后,才将堆石坝体填筑到坝顶设计高程,完成水布垭高堆石坝坝体填筑施工(图11.1.1、表11.1.1)。

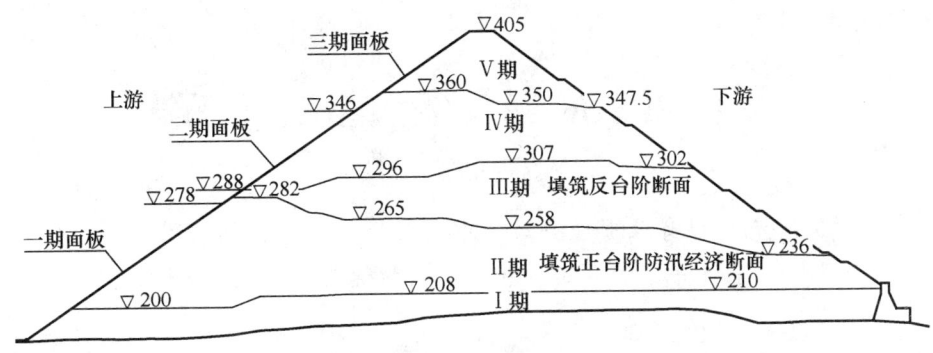

图 11.1.1 水布垭高堆石坝体预沉降控制施工工法填筑示意图

11.1.2 结果评价

水布垭工程下闸蓄水的一年半中，实测坝体最大沉降量仅为 2473mm，为坝高的 1.06%，表明水布垭大坝的沉降变形较小，坝体整体沉降变形情况良好，坝体填筑施工质量优良，应用该工法施工非常成功。

水布垭高堆石坝体预沉降控制法填筑分期及间歇表　　　　　　　　　　　表 11.1.1

序号	施工分期	起止时段	工期 月	填筑总量 万 m³	平均月强度 万 m³	最高月强度 万 m³
1	一期	03.01.31~03.05.25	3.83	90.27	23.57	38.41
2	二期	03.10.01~04.05.27	8.87	424.78	47.89	70.62
3	三期	04.05.28~04.09.28	4.03	245.4	60.89	75.11
4	四期	04.09.29~05.11.18	13.63	560.84	41.15	57.4
5	五期	05.11.19~06.10.08	10.63	243.1	22.87	32.13
6	六期	08.06.01~08.06.30	1.0	3.67	3.67	3.67

11.2 湖北保康寺坪水电站工程

11.2.1 工程概况

寺坪水电站位于汉江中游右岸支流南河上段粉青河上，距保康县城 28km。工程以发电为主，兼有防洪、灌溉、水产养殖、库区航运等综合利用功能。水库总库容 2.69 亿 m³，具有年调节性能，正常蓄水位 315.00m。电站装机 60MW（2×30MW），多年平均发电量 1.72 亿 kW·h。工程为大（2）型。寺坪水电站混凝土面板堆石坝坝顶高程 318.5m，坝轴线长 376m，最大坝高 90.5m，坝顶宽度 8m。该工程采用了高面板堆石坝坝体预沉降控制施工工法，给堆石体的沉降变形留出必要的时间和空间，将大坝分期填筑到设计高程。

11.2.2 结果评价

自 2006 年 6 月底发电以来，从各项仪器观测数据显示，坝体运行处于正常状态。本项目应用该工法非常成功。

11.3 湖北宣恩鱼泉水电站工程

11.3.1 工程概况

鱼泉水电站工程位于湖北省恩施州宣恩县境内，混凝土面板堆石坝坝顶高程 1099.40m，最大坝高 76.0m，坝顶宽 6.0m，坝顶全长 130m。上、下游坝坡均为 1:1.3。采用了高面板堆石坝坝体预沉降控制施工工法，将堆石坝坝体分期进行填筑，预留时间和空间进行堆石体的沉降变形。

11.3.2 结果评价

鱼泉电站采用高面板堆石坝坝体预沉降控制施工工法非常成功，该电站运行两年来，各项指标均满足要求，坝体填筑施工质量优良。

采用专用坐底船安装大型沉箱工法

GJYJGF097—2010

中国港湾工程有限责任公司　中交第一航务工程局有限公司

吴利科　赵玉起　刘亚平　李德钊　刘德进

1. 前　　言

长江口深水航道治理二期工程 NⅡB 标段和 NⅡC-2 标段工程的结构形式、施工条件和施工强度，与传统水运工程相比有极大区别，施工规模和施工难度前所未有，极具挑战性。在充分考虑长江口施工现场远离陆域，并在施工区域水深、浪高、流急、流向旋转且无掩护的工况下高强度、高精度地安装 544 个大型沉箱，大力开发新工艺、研制新装备，解决了多项施工技术课题。"大型沉箱采用安装船安装工法"的成功应用，不仅确保了长江口深水航道治理二期工程 NⅡB 标段和 NⅡC-2 标段工程的质量、进度和工期要求，而且对类似的大型河口整治工程具有较高的推广应用价值。

交通部科技教育司于 2004 年 10 月 24 日在上海主持召开了"大型半圆形沉箱预制出运安装成套工艺及装备研究"项目的技术鉴定会。鉴定委员会一致认为该成果总体上达到了国际先进水平，其中专用坐底船沉箱安装工艺处于国际领先水平。

"大型半圆形沉箱预制出运安装成套工艺及装备研究"荣获 2004 年度中港集团科技进步一等奖、2005 年度中国航海学会科技进步二等奖。

2. 工 法 特 点

2.1 为确保在长江口恶劣海况下高效率、高精度地安装沉箱，为此成功研制开发了坐底式大型沉箱安装专用船。该船采用半潜结构、坐底施工，具有抗风浪能力强，稳定性好，定位准确，不会产生侧移的特点。该船可以在风力≤6 级，波高≤1.5m，流速≤2m/s 时进行沉箱安装作业。

2.2 其工艺特点是在船单侧舷外设置了 3 组 6 根水平外伸距离可调、竖直方向可伸缩的专用液压导向杆，自动化程度高，沉箱接靠、就位、安装方便快捷，定位准确。3 组导向杆可供 3 个沉箱同时进行调位、注水、沉放和充砂的流水作业，解决了大型沉箱在长江口安装的诸多技术难题。

在安装船坐底产生偏位、纵倾和横倾时，分别调节每组 2 个导向杆的上、下共 4 个水平液压缸的行程，可使 2 个导向杆调成与导堤轴线平行的垂直面，在进行半圆沉箱安装作业时，半圆沉箱的外趾紧贴导向杆下沉，并保持稳定，不受安装船因坐底偏位及产生横倾和纵倾的影响。

2.3 采用先进的定位测控系统。船位控制采用 GPS 卫星定位测控系统，包括 2 套高精度双频 GPS 接收机，6 台无源高精度测距仪，6 套 U 形水平测量管及差压变送仪，1 套数据合成及数据链，1 套船体四角吃水仪以及专用的施工软件，确保安装质量。

3. 适 用 范 围

本工法适用于沉箱重力式码头、防波堤和航道整治工程中在恶劣海况下高效率、高精度地进行大型沉箱的安装。特别是针对半圆形沉箱独特的结构特点，采用传统的滑轮组安装、起重船吊安、使用定位方驳安装沉箱十分困难，本工法尤为适用。

4. 工艺原理

浮运到现场的大型沉箱由拖轮协助系靠在已就位的"安定1号"船上。沉箱注水下沉,当沉箱底距基床顶面30~50cm时,停止注水,"安定1号"调节导向杆位置,使沉箱达到预定轴线,导向杆内套管放下,直至到达基床顶面,核实沉箱位置无误后,继续注水,沉箱后端贴近已安沉箱前端并做缝,沉箱侧趾贴导向杆下滑,坐落于基床面上。

5. 施工工艺流程及操作要点

沉箱安装作业时,沉箱侧趾的直立面贴紧导向杆,沉箱后端贴近已安沉箱前端并做缝,调准位置后注水下沉坐床(图5)。在潮位不满足安装要求时,安装作业也可分成坐底沉放和调整安装两个步骤,即沉箱靠安装船后先注水下沉坐落在基床上,然后等待下一个低潮起浮调整。

图5 坐底式沉箱安装船"安定1号"

沉箱安装工艺流程为:沉箱安装船抛锚定位→沉箱安装船注水坐底→沉箱靠安装船→沉箱安装→沉箱安装船起浮移位。

5.1 安装船抛锚定位

沉箱安装船就位于导堤北侧,就位前,计算安装船坐底位置的控制坐标,校核无误后,输入微机,生成安装船坐底位置的电子海图,由于考虑到船位在注水下沉过程中可能发生偏差,因此要给两个导向杆的调整位置留有富余距离,在计算船位坐标时一并考虑在内。

5.1.1 根据"安定1号"的定位参数计算安装船坐底位置的控制坐标,校核无误后,输入微机,生成安装船坐底位置的电子海图。

5.1.2 拖轮在电子海图的指导下,将沉箱安装船拖至预定的坐底位置抛锚。下锚时注意应将锚下在软体排外侧。

5.1.3 船舶大致就位后,在电子海图指导下,通过操作中央集控室内4台锚机的主令控制器,操纵锚机,调整锚缆,移动船位,使"安定1号"的显示船位与设定船位重合,准备注水压载(在此过程中如遇大流需要拖轮在一侧顶推协助)。

5.1.4 船舶注水下沉时,操作人员通过中控台上的压载监控系统向压载舱注水,船体下沉直到坐底。由于考虑到船位在注水下沉的过程中容易产生偏差,因此,在操作过程中,操作人员必须密切注意显示屏上船位的变化,随时调整船位以确保准确定位坐底(为满足沉箱的安装要求,要求船体轴线偏差小于0.5m,方位偏差小于0.5°,横倾小于1°)。坐底后,当船位各参数不再有较大变化时,坐底完成,打开海底阀门,松开锚缆,并做好记录。

5.1.5 由于该施工地段地基较软弱,安装船坐底期间要不断监视坐底后的情况,特别是高程变化情况,一旦发现下沉,应及时调整压仓水,使船体对排体的压力小于3t/m²,并不再下陷,以免造成对排体的损伤。

5.1.6 坐底完成后潜水员乘平潮下水检查基床完好情况、回淤情况和安装船坐底后的实际情况,无异常时方可进行沉箱安装。

5.2 沉箱靠安装船

当沉箱拖运到达安装位置时,主拖轮停车,安装拖轮横向顶推沉箱靠安装船。安装船放下缆绳与沉箱上的带缆扣连接,主拖轮和辅助拖轮解缆离开。

安装船收紧缆绳使沉箱贴近,施工人员将安装船注水管放入沉箱充砂孔,准备进行安装。

5.3 沉箱安装和控制

5.3.1 导向杆调整

安装船坐底后沉箱接靠前,根据泥面标高、基床标高和潮位计算出导向杆下降至基床顶面的深度,按照导向杆上的刻度尺下降导向杆至基床顶面以上 5~10cm 处锁紧;根据沉箱安装轴线计算出导向杆自安装船向舷外伸出的长度,启动缩在舷外桁架内的两个导向杆的 4 个液压缸,按照外伸长度控制液压缸行程,使两根导向杆形成一个与导堤轴线平行的垂直面,该面即沉箱安装的控制面。

5.3.2 沉箱安装

安装船上的施工人员通过活动跳板登上沉箱,连接 8 根 φ100 弹簧胶管至沉箱注水孔后,打开安装船上的注水阀门开始注水,当沉箱吃水线超过沉箱上的通水阀门位置后,打开通水阀门注水,关闭安装船注水阀门。当沉箱底部距离基床顶面 50~70cm 时,调节缆绳,使沉箱外趾贴紧导向杆。

5.3.3 测量控制

通过架设在已安装沉箱上的全站仪控制沉箱轴线偏位情况,加缝板做缝,收紧缆绳,使沉箱紧靠已安沉箱并调整沉箱轴线和纵横倾斜。发现偏差要及时调整,用缆绳和缝板进行纠正,确保沉箱的平面位置无误后继续注水,保持沉箱均匀、平稳下沉,直至坐在基床上,沉箱落实并保持稳定后,请现场监理工程师验收。然后准备下一个沉箱的安装。

5.4 沉箱起浮调整

由于施工现场海况变化较大,如沉箱拖至现场时海况变差,无法准确安装时,必须紧急坐底存放,待天气好转后重新调整;再者,合拢口施工部位的 7~10 个沉箱需要快速摆放,然后重新调整。发生上述两种情况,都需要对坐底后的沉箱重新起浮调整。其工艺可采用存放场起浮沉箱的办法,关闭沉箱两端的通水阀门后,使用 4~8 台 6 吋潜水泵排水,使沉箱浮起后重新进行调整安装,安装方法同前。

5.5 沉箱充砂

沉箱安装船在设计时就充分考虑了沉箱安装与下一道工序——沉箱充砂的紧密配合,在安装船上配备 8 台 φ150mm 充砂泵及相应的动力和管线。运砂船靠安装船外侧,在沉箱安装完成、验收合格后,随即进行沉箱充砂施工,充砂高度要满足设计要求。

5.6 安装船起浮移位

当完成 3 个沉箱安装和充砂作业后,操作人员在中控台上遥控压载监控系统进行排水上浮操作。当船底高程变化到一定差值 (0.8m) 时,停止排水上浮作业,输入下船位坐标生成新的电子海图,在其指导下,移船至下一船位进行沉箱安放作业。

6. 材料与设备

沉箱安装船机设备配置和施工人员配置如表 6-1、表 6-2 所示。

沉箱安装船机设备配置 表 6-1

船 名	规 格 型 号	数量（个）
坐底安装船		1
拖轮	3500HP/2680HP	2
	980HP	2
	750HP	1
10t 起锚艇	1200HP	1
值班交通船	250HP	1

表 6-2

施工人员配置

工　种	工　作　内　容	数量（人）
技术主办	技术工作	3
起重	起重作业、沉箱接靠安装	18
测量	测量定位、验收	4
电工	照明充砂用电	2
使用	操作绞车等	6
机修	船机维护保养、修理	2
潜水组	探摸等	1 组

7. 质 量 控 制

由于 GPS 动态实时相位差分的定位精度高（平面误差是 5mm+1ppm，高程误差是 5mm+2ppm），沉箱安装船坐底稳定性好，定位准确，不会产生侧移。而且安装沉箱时，沉箱的外趾紧贴导向杆下沉坐底，定位误差很小。因而，安装质量完全能满足施工的要求。

根据实际检测结果，采用交通部颁发《长江口深水航道治理工程整治建筑物工程质量检验评定标准》及其修订标准逐项进行检测和评定，沉箱安装分项工程的优良率为 93.2%，单位工程全部评定为优良。

8. 安 全 措 施

8.1 所有施工人员必须经过安全教育培训，熟悉《安全操作规程》，合格后方可持证上岗。

8.2 施工人员进入现场必须遵守上级安全部门颁发的安全生产规章制度。

8.3 设备操作人员应严格按照本工种的安全规程操作。

施工实践证明，采用坐底方式进行大型沉箱的安装，不仅效率高、质量好，而且施工安全得到了有效保障。坐底式沉箱安装船"安定 1 号"的开发，为海上安全、优质、高效地安装 1100t 级大型沉箱开创了先河。

9. 环 保 措 施

9.1 海上船舶严格执行《中华人民共和国防止船舶污染海域管理条例》，严禁将油污排泄到水中。

9.2 所有的施工船舶、机械和设备要做到定期检查、维修保养，发现问题及时处理解决，确保船机在良好的状态运行，防止机械设备漏油污染环境。

9.3 生活垃圾应按有关规定容器集中回收，不得倒入海中。

9.4 节能措施

9.4.1 杜绝水、电、气的跑、冒、滴、漏现象。

9.4.2 根据生产计划和潮流潮位合理安排生产，提高船机利用效率。

9.4.3 操作人员按节能操作定期对设备进行保养，提高设备的完好率和利用率，减少设备的磨损，降低设备的能源损耗，同时做好运行维护，确保设备正常节能运行，并派专人监督检查。

10. 效 益 分 析

本工法实现了沉箱注水、安装和质量检测一体化，将复杂的人工作业转化为水上机械化操作，安装速度快；再加上采用了坐底定位作业方式，提高了船体抗风浪能力和定位的稳定性；各种机械设备性能好，GPS 系统又可以全天候作业，自动化程度高，操作方便、简单，具有 24h 连续作业的能力。因而，本船除机械效率高外，有效作业时间大大提高。

按照交通部定额并结合施工现场的条件进行核算。起重船安装和沉箱定位安装坐底船安装两种工艺比较，以 1 个沉箱安装为单位，其综合造价分别为 5.35 万元和 3.00 万元，两者相差 2.35 万元。长江口二期工程共安装沉箱 544 个，比起重船安装共节省 544×2.35 = 1278.40 万元，具有明显的经济效益和社会效益。

11. 应 用 实 例

长江口深水航道治理二期工程 NIIB 标段工程和 NIIC-2 标段工程位于长江口南港北槽横沙浅滩南侧水域，是上海港及长江通海主航道北侧拟建导流堤的东端部分，距吴淞口约 80km，距横沙岛东滩施工基地约 40~50km。NIIB 标段和 NIIC-2 标段堤身均采用钢筋混凝土半圆形沉箱结构，设计轴线总长度 10880m， 采用 19.94m 长的钢筋混凝土沉箱，有 4 种规格，共 544 个，单个沉箱重约 1100t（图 11）。

NIIB 标段工程于 2002 年 5 月 1 日开工，2004 年 12 月 7 日竣工，主体工程中采用坐底安装船安装

图 11 大型沉箱

沉箱 481 个。NIIC-2 标段工程于 2004 年 1 月 18 日开工，2004 年 12 月 8 日竣工，主体工程中安装沉箱 63 个。

2003 年 12 月 24 日开始典型施工段的沉箱安装，至 2004 年 11 月 19 日，完成了全部 544 个大型沉箱的安装作业。实际施工效率：每月安装数量在 60 个左右，坐底安装船单船在每个有效工作日可安装 4~5 个沉箱，2004 年 6 月 23 日创下单日安装 8 个沉箱的记录。

长江口深水航道治理二期工程 NIIB 标段工程和 NIIC-2 标段工程的沉箱安装作业表明，大型沉箱采用专用坐底船安装工艺合理，性能可靠，安装质量好，作业效率高，施工信息化程度高，在施工中发挥了至关重要的作用。

水下整平器施工工法

GJYJGF098—2010

中交广州航道局有限公司　中交天津航道局有限公司

刘思　刘勇　罗伟昌　赵凤友　田桂平

1. 前　　言

众所周知，对于疏浚工程而言最为困难也必须经历的阶段是后期的扫浅。由于扫浅阶段的成本大，效益低，尤其是遇到黏土底质的航道或港池疏浚，浅点高低差大，数量多，导致船舶使用的时间长，扫浅投入非常大，且这个阶段也是疏浚工程的主要后期工序。由此，如何降低扫浅难度，缩短扫浅时间成为近年来疏浚工程的关注重点。扫浅有多种方式，自航耙、绞吸船以及抓斗船均可以作为扫浅工具，但是单纯使用挖泥船来进行扫浅，成本较高。因此，必须寻求成本更低、扫浅效率更高的扫浅工具。

在疏浚行业中存在硬式扫床，这是一种用以探明海床是否存在障碍物并清理小型障碍物的工具。人们将这种思路进行延伸，发展为拖带扫浅的工具。经过不断地摸索和改进，目前普遍的施工方式为由大马力拖轮拖带犁式的整平设备——水下整平器，在扫浅区域拖带进行作业。

中交广州航道局有限公司自 2004 年开展科技创新研究，取得了"水下整平器施工关键技术研究"这一达到国内领先水平的科技成果，并获得国家实用新型专利"疏浚整平装置"，工法所描述水下整平器均为本专利产品。该工法已在多个疏浚工程项目中使用，取得了明显的经济效益和社会效益。

2. 工法特点

2.1 为疏浚工程的扫浅施工提供了节约成本，缩短时间的方法。

2.2 扩充了拖轮的使用功能。

2.3 针对施工的不同阶段，分析耙平器使用的条件和作业效果，为疏浚施工的质量控制提供了新的保障手段。

2.4 本工法涉及的设备、材料简便易得，容易实现。

2.5 通过提高施工作业中的作业区平整度，从而实现保障自航耙作业效率的目的。

2.6 没有水动力挖泥设备，泥土扰动极小，不会对环境造成污染。

2.7 拖轮的能耗与其他挖泥船相比很低，在节能减排上具有非常积极的意义。

2.8 本工法为扫浅提供了一种有效的解决方案，利用拖轮拖带整平器施工可以盘活其他挖泥船设备，为企业争取到更广阔的市场。

3. 适用范围

本工法适用于以下各种水域、工况的施工：

3.1 航道或港池，周边干扰不多。

3.2 浪高 1.4m 以下，风力 6 级以下的工况。

3.3 疏浚区域存在高低差，浅点的情况。

3.4 疏浚土质为泥、砂或黏土，不适用砾石或礁石的土质。

4. 工 艺 原 理

拖轮利用拖索连接整平器，拖带放置于泥面的整平器，通过拖轮的前进产生拖曳力，由拖索将水平拖曳力传递到整平器上，使整平器刮过泥面，将不平整的浅点剔除，并通过抹平功能将剔除的泥土刮至其他够深或超深的区域内。

水下整平器因为没有水动力设备即泥泵，所以只是通过机械手段切割泥土，达到整平的目的。破土的原动力来自于拖轮的拖曳力，通过拖索传递到水下整平器。

水下整平器在拖带的时候，与土的接触面较大，容易滑过土体，仅在泥土表面刮过，并未真正将高点的泥土铲除。"疏浚整平装置"（图4）是一款具备耙齿的水下整平器，在水平方向拖曳力的作用下，耙平器依靠前端的耙齿，更容易吃进泥土中，达到高点铲除的目的。

图4 "疏浚整平装置"外观示意图

"疏浚整平装置"扫浅作业时，主要有两个部位发挥作用，一是耙齿切，二是刮板抹。拖到浅点时，耙齿首先进入泥中，靠水平拖力将泥土切割，随着航行，刮板将泥土刮到周围的区域。最初上浅点时，由于浅点"棱角"多，拖轮走上浅点的航速明显降低，拖索瞬间收紧，船体会有明显的震颤现象；当整平器刮多次，将泥土摊薄，浅点与周围水深高差不大，呈平缓过渡时，整平器走上浅点航速也有所降低，但船体的震颤并不明显。这时不能认为浅点已经拖平，因为整平器这时是刮过浅点，还需继续刮。另外整平器与拖轮是靠钢缆连接的，存在较大的水平自由度，拖平时不可能保证每次都正好用中部拖到浅点，所以在施工中，拖轮仍需变换多角度，次数要多，才能将浅点高差逐渐减小。判别浅点是否消除的惟一依据是跟踪测量的图纸。

5. 施工工艺流程及操作要点

5.1 施工工艺流程（图5.1）

5.2 操作要点

5.2.1 施工准备

1. 施工手续准备

因为整平器为拖轮拖带，属于工程船舶，作业时必须申办航行通告，申办水上水下施工许可证。

2. 耙平器安装

将拖缆钢丝连接至耙平器两侧及船体两侧的缆桩上。将起吊钢丝连接至拖轮船位的主拖缆绞车上，另一端跨过船尾的A字架连接至整平器的吊点上。

3. 标记深度

选定一接近施工区水深的区域，下放整平器，在钢丝上制作标记，以米为单位。

4. 施工文件

将事先测量的水深电子文件安装至拖轮的施工导航电脑中，针对不同层面的水深按照不同的颜色加以区分。

5.2.2 就位

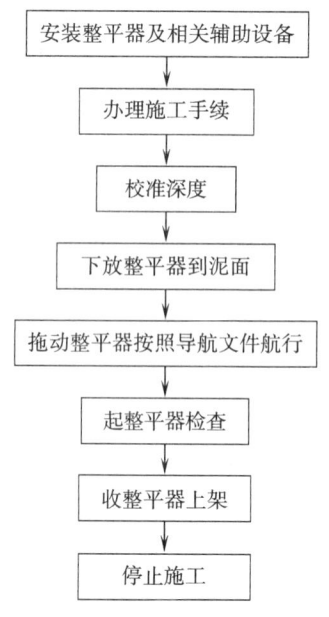

安装整平器及相关辅助设备

↓

办理施工手续

↓

校准深度

↓

下放整平器到泥面

↓

拖动整平器按照导航文件航行

↓

起整平器检查

↓

收整平器上架

↓

停止施工

图5.1 施工工艺流程图

拖轮携带处于搁置在耙架状态的整平器进入施工区域。

5.2.3 下耙

将整平器起吊移出搁架，下放到底。视起吊钢丝状态，若起吊钢丝为松弛，则证明到底。

5.2.4 拖平

使用 4 节航速，进行拖平施工。按照施工导航电脑显示的施工导航文件进行拖平走线。驾驶台根据浅点的高低选择整平器的下放深度。如果浅点的高差比较大，需一层一层进行拖平作业，否则完全放到底会使耙平器吃土过厚阻碍拖动。驾驶员掌握车、舵，并根据下耙深度将起吊或下放的指令通过手提高频发布给船位操纵吊缆绞车的人员。

5.2.5 调头

当整平器处于泥面时不可以进行调头作业，需将整平器起吊至一特定深度进行调头作业，一般为-6m。调头必须选择顶流方向，若顺流调头则可能造成耙平器、拖缆及吊缆向螺旋桨方向贴近，有打车叶的隐患。

5.2.6 避让

拖轮若携带整平器作业属于航行受限的船舶，需悬挂球—菱—球信号，夜间亮红—白—红信号灯。与过往船舶的避让必须及早协调。

5.2.7 起整平器

当需要停止作业时，需要起整平器。当拖轮在航行的过程中不宜进行起吊作业，因为整平器出水后会有惯性的晃动，边航行边起整平器不安全，需要下锚后再进行起整平器出水的操作。起整平器的安全操作步骤为，先将整平器起吊至拟下锚区不使整平器搁浅的深度（最小的安全深度为-9m），再拖带整平器航行至拟下锚区下锚，最后再起整平器出水拉回至搁架上。然后由人工对整平器上的残泥进行清理。

5.2.8 劳动力组织

拖带整平器施工的劳动力要比一般的拖轮辅助施工多，基本上按照小型自航耙的劳动力进行配员。每个班至少需要驾驶员 1 名、舵工 1 名、操耙人员 1 名、辅助水手 1 名、机舱轮机员 1 名、机工 1 名，共 6 人。三班运转共 18 人，加上其他相关人员等，总人数需要 22~24 人。

6. 材料与设备

本工法需要拖轮、起吊及拖带的设备以及水下整平器。

6.1 拖轮

选择拖带耙平器的拖轮宜选择 2000~3000hp，长约 60 m，宽 10 m，吃水约 5m。

6.2 水下整平器

水下整平器的外形呈耙状，重约 18t，长约 13.6m，宽约 2.2m，高约 0.8m。整体为矩形框架结构，由 10 个小框架组成，框架的前边为楔形耙齿，后部加装刮板和涡流室。为提高整个耙体受拉抗弯能力，各小框架两对角线有交叉的加强筋，耙体上面加装一条圆钢筒和一条槽钢。耙体各部位为焊接方式连接。拖点设在两侧靠前的位置。耙体上面有 4 个吊点，对称分布（图 6.2-1、图 6.2-2）。

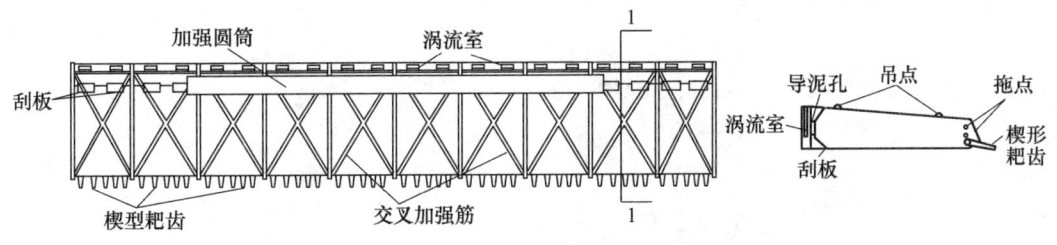

图 6.2-1　水下整平器俯视简图

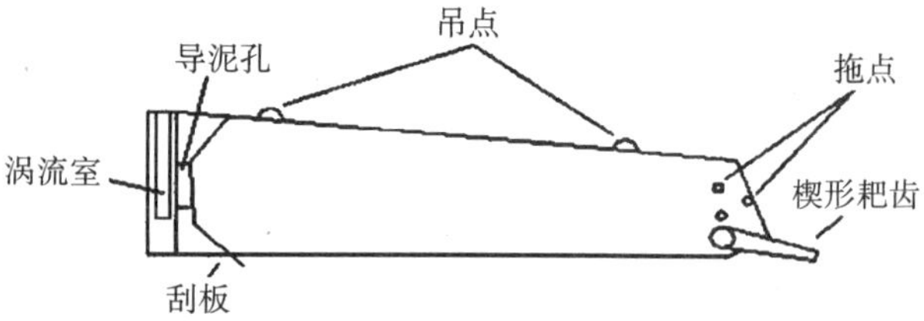

6.3 辅助设备

6.3.1 拖索

拖索为 ϕ48mm 的麻芯钢丝，设置在船舷两侧，一端固定于船头的系缆桩上，从导缆孔引出至舷外，沿舷外引至船尾接在整平器的拖点上。

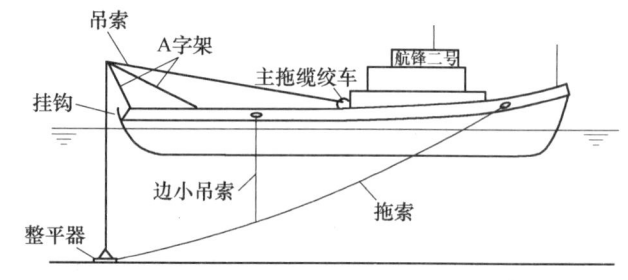

图 6.2-2 剖面简图

6.3.2 A字架

起吊的 A 字架为另外制作的，在船位甲板上加焊地菱，将 A 字架固定在地菱上。A 字架高约 5m，顶端设有定滑轮，用以放置起吊整平器的吊索。

6.3.3 吊索

吊索为 ϕ42mm 的麻芯钢丝，一端接入船尾原有的主拖缆绞车中，另一端跨过 A 字架的定滑轮接在整平器的吊点上。与吊点连接时，吊索钢丝末端先接卡环，然后分别接出 4 条锚链，由锚链与吊点相连。

6.3.4 搁架

船尾设置两个挂钩，用以放置整平器。

6.3.5 边吊索

拖索为钢丝缆，当整平器放置在搁架上时，拖索的状态为自由下摆。由于拖索较长，为了防止拖索在自由状态下有部分沉在泥面，舷边还应设置起吊拖索的边吊索。边吊索为 ϕ20mm 的麻芯钢丝，可以通过船尾导缆孔引出，分别接在拖索和船尾锚机上。如图 6.3.5 所示

图 6.3.5 "航锋二号"安装整平器施工示意简图

6.3.6 防碰设施

由于拖带施工期间会有顿挫力出现，为保护拖轮船舷，在拖轮舷边两侧加装防碰轮胎。型号应该选择 30t 载重汽车的外胎。

7. 质 量 控 制

7.1 工程质量控制标准

疏浚工程施工质量执行《水运工程质量检验标准》JTJ 257-2008。对于航道和港池的验收标准分别参照上述质量检验标准中的有关规定。

7.2 标高控制

7.2.1 潮位

在拖轮上安装自动潮位遥报仪接收机，接受潮位遥报仪发出的潮位信号。驾驶员下放整平器时参照实时潮位进行操作。

7.2.2 标记

在施工之前应该对整平器的下放深度进行校核并在钢丝上制作标记，单位为 m。

安装前要经过估算，长度估算可先简单按照勾股定理求值，然后通过误差估算得出：

根据施工区的水深——H_0

平均潮位——T

主系缆桩到拖点的水平距离——L_0（一般取 50m）

主系缆桩与水面的距离——H_1（一般取 4.5m）

误差估算值——L_1

拖索长度——L

$$L = \left[(H_0+T+H_1)^2 + L_0^2 \right]^{1/2} + L_1$$

新钢丝应在水下整平器施工每周进行长度校核，直至应变消减为止。

7.2.3 下放整平器

水下整平器操纵人员如果观察到吊索钢丝呈松弛状态，则表示水下整平器已下放到底。

7.3 平面控制

7.3.1 定位系统

拖轮安装 DGPS 接收机以及施工导航电脑及相关施工软件，DGPS 接收机可采用 TRIMBLE 信标机，导航软件采用 HYPACK 软件。施工开始前进行定位系统比对，精确度满足要求后投入施工。

7.3.2 施工导航

将施工水深文件按照水深分层，以不同颜色进行区分。拖轮按照施工导航软件显示的浅点进行拖带施工。

7.3.3 施工方向

航道拖平施工分为两种操作方式：一种是顺挖槽方向进行拖带；一种是垂直于挖槽拖带。原则上应该采取垂直于挖槽进行拖平的施工模式，因为纵向开挖形成纵向的垄沟，为了更有效地消除这种高低差，应该垂直于挖槽轴线方向拖耙，当航道宽度一般仅为几百米时，为避免拖轮拖带作业调头频繁，提高时间利用率，施工的方向应选择为斜向大角度拖平，以节约拖轮的调头时间，并兼顾扫浅的效果。

7.4 跟踪测量

扫浅效果应由水深测量进行检验，检验的时间要根据施工期间拖轮的状态和扫浅的时间进行判断。

初始拖平操作时，因为浅点的棱角和高低差较大，拖轮如果拖到浅点会有顿挫力产生，这时拖轮会发生突然的颤动。当航迹线布满导航屏幕后，顿挫力会逐渐减弱，直至颤动不明显时，应该进行一次全面的水深测量。根据施工区面积估计测量时段，原则上是拖平覆盖一次即进行一次水深测量。工程后期验收阶段，建议每 2d 测 1 次。

测量的手段根据验收标准来选择，一般以多波束测量为宜。

8. 安 全 措 施

8.1 工前准备

8.1.1 培训

让船员熟悉起吊和下放整平器的操作，熟悉在拖平作业时的车、舵使用状态。同时让驾驶员与操耙人员熟悉相互沟通的方式。

8.1.2 根据当地海域特点配备水上施工安全设施，对船舶进行安全检查，消除隐患。

8.1.3 建立通畅的联系渠道，及时与海事、海洋、业主、气象部门等相关方沟通和交流，以便能够及时获取和处理相关信息。

8.1.4 确保海上施工现场与项目经理部之间的通信畅通无阻。

8.1.5 加强安全技术交底。

8.2 过程控制

8.2.1 设备安装

在水下整平器及起吊、拖带的辅助设备安装的过程中，船员必须检查设备安装的质量，检查各受力连接部位的牢固。

8.2.2 施工操作

1. 保持船上通信联络设备处于正常工作状态，开启施工港口必须收听的频道。

2. 拖轮调头时选择顶流。

3. 水下整平器位于泥面或浅于-9m 时，拖轮不能调头。

4. 密切注意施工区周围通航情况的变化，及时作出避让措施；提前了解船舶经过施工区的动态。

5. 密切注意施工区周边是否有养殖区、渔网等障碍物，提早避让。

6. 时刻关注并检查连接部位的牢固，如有安全隐患立刻停工修理。

7. 风力超过 6 级，浪高超过 1.4m 时停止施工。

8. 视线不良时停止施工。

9. 环 保 措 施

9.1 水下整平器的扰动

水下整平器在水底拖动，会扰动海床，产生轻微的悬浮物。这种扰动是在水底，而且水下整平器不是挖泥船，拖平施工并不改变自然环境，因此对于周边的水下环境干扰极小。

9.2 船舶的污染物

应遵守海事局的规定处理拖轮上的垃圾以及污油水，决不允许排放入海。

10. 效 益 分 析

10.1 经济效益分析

10.1.1 耙体宽，自航耙的耙头宽 2~4.5m，水下整平器宽 13.6m，过土面积大，覆盖施工区省时。

10.1.2 耙体重，自航耙的耙头小耙 6t，大耙 12~15t，水下整平器重 18t，破土能力较强。

10.1.3 上点易，本工法与自航耙扫浅相比，由于水下整平器始终接触水底，只需调整航向，基本不发生上不到点的情况，并可保持长时间施工。

10.1.4 油耗少，成本低。

10.1.5 综合成本、施工成本低。

10.1.6 作业时间不受夜间、雷雨天气的影响，有利于工期的保障。

10.1.7 利用拖轮的功能，增加少部分辅助设备，扩充拖轮的用途。

10.1.8 施工当中使用水下整平器配合施工，有利于控制施工区的平整度，使得施工的综合进度得到保障，缩短后期扫浅的时间。

10.2 社会效益

10.2.1 拖轮的油耗与自航耙相比要少，扫浅施工效果比单纯使用自航耙好，并且使用水下整平器施工有利于节能成排。

10.2.2 使用拖轮拖带水下整平器施工对于环境的影响很小，有利于环保。

11. 应 用 实 例

11.1 营口港鲅鱼圈港区主航道改造拓宽工程

11.1.1 施工背景

营口港鲅鱼圈港区主航道改造拓宽工程始于 2005 年 3 月，施工段为 K0+825~K13，是在原航道的基础上双边拓宽与整体加深。原航槽的宽度为 180m，拓宽后航道底宽达 230m，边坡达 1:5。本工程投入的设备全部为自航耙挖泥船，交工验收日期为 2005 年底。

本工程由于是拓宽改造，每边只加宽 25m，对于自航耙来说作业面非常狭窄。航道南侧还有灯浮影响，阻碍施工。航道施工区的土质为黏土，由于作业宽度狭窄，自航耙施工无法均匀布线，使得南侧边坡的开挖形成的坡度陡立，航槽内形成了小部分垄沟，高差约 2~3m。

为解决垄沟高差问题，8 月至 10 月中旬采用自航耙定深下耙，长垄沟已变得相对短小，高差较小到 2~3m，槽中部分的浅点已成零散分布。此时，自航耙的扫浅进度减缓，命中率越来越低。2005 年

10 月 20 日，采用拖轮拖带水下整平器扫浅拖平施工。

11.1.2 工况描述

1. 土质：根据业主提供的钻孔资料及施工过程中掌握的情况：K0+825~K5+5 段主要为黏土及粉质黏土，N=12~14，粘性强，硬度大，难开挖，易起垄；K5+5~K10 段主要为中粗砂及粉土，N=18~32，开挖相对较易，平整度易控制；K10~K13 段主要为粉土，N=16~20，颗粒细，较密实，装舱不易沉淀。

2. 水流：航道进口方向为 97°，东西走向。涨潮流向为 NNE，退潮流向为 SSW，不规则半日潮，平均潮位 2.01m。水流的方向与航道夹角较大。

3. 波浪：风浪为主，常浪向 SW，强浪向 NNE，波高较小。

4. 风：强向风 NNE，常风向 S。春、夏季通常为 S、SW 风，涌浪大，秋、冬季通常为 NNE 风。

11.1.3 工程难点

1. 施工区土质复杂，黏土及粉质黏土的含量多，难开挖。

2. 水流急，流压较大，最大时几乎垂直航道，船舶操纵难度大。

3. 主航道繁忙，进出船舶多，避让频繁，施工干扰大。

4. 进入秋、冬季节，北风频繁，适合"耙平器"作业的时间不多。

11.1.4 施工效果

自 2005 年 10 月 23 日~11 月 15 日施工 311.42h，时间利用率 54.07%，仅在风浪条件超过安全操作界限时停工。

K6~K13 段浅点高差不大，多数约 30~40cm，个别约 80cm~1.0m 的浅点，土质为中粗砂及粉土，水下整平器拖过后容易散开。经过约 60h 的施工，检测结果显示高差小的浅点被拖平，个别高差大的浅点，高差减小到 30cm 以内，进度较好。

K0+825~K6 段主要为黏土，施工难度较大，水下整平器在该段施工投入了大量精力，施工时间为251.42h，占总施工时间的 80.73%。对于一些小的垄沟，水下整平器耙过之后自航耙再扫，这时滑耙的现象明显减少，浓度也有明显提高。经过不断检测，不断调整，不断施工，至 11 月 15 日 90%以上的浅点被扫除。效果非常明显，整段航道具备验收条件。

11.1.5 施工效益

按照以往的自航耙扫浅时间计算，至少需要两艘中型自航耙。使用水下整平器在此段时间节省成本700 多万元。

11.2 营口港仙人岛港区航道疏浚工程

11.2.1 施工背景

营口港仙人岛港区航道疏浚工程始于 2007 年，工期要求 2009 年 6 月底竣工。航道总工程量约3000 万 m³，底宽 300m，边坡 1:5，设计深度-22m。本工程要求疏浚土大部分以艏吹或回抛的形式进行处理，本工程投入的挖泥船资源为大中型自航耙吸式挖泥船。

11.2.2 工况描述

1. 土质：面层为淤泥质粉质黏土，中层为黏土夹砂，下层全部为黏土。

2. 水流：仙人岛航道为新开辟航道，限于地形条件，航道与水流的夹角较大，即施工时横流影响较多。

11.2.3 工程难点

1. 仙人岛港区航道受风浪影响较大，水流急，横流严重，自航耙施工时的航行操作较困难。

2. 土质复杂，黏土含量高，不易控制平整度，施工过程中垄沟较多。

11.2.4 施工效果

拖轮拖带水下整平器自 2009 年 3 月中旬拖平施工。因为航道较宽，且横流影响大，拖轮选择垂直于航道轴线的方向进行拖平施工，这种施工方式对于黏土形成的垄沟有很好的消除效果。由于水下整平器的宽度比自航耙的耙头宽，过土面积大，在拖曳力的作用下较容易将垄沟的尖峰铲除，然后自航耙再配合挖走，该工序使得扫浅的速度增加，同时也提高了自航耙扫浅的产量。

11.2.5 施工效益

单靠自航耙扫浅，本工程无法如期竣工，而且投入的自航耙资源成本高，单纯扫浅命中率低，产量低，这种消耗带来的损失是非常可观的。使用水下整平器投入本项工程施工，节省成本 3300 余万元。

11.3 营口港鲅鱼圈港区一港池支航道疏浚工程

11.3.1 施工背景

营口港鲅鱼圈港区一港池支航道疏浚工程始建于 2003 年，结束于 2005 年底。该航道形状不规则，包括连接主航道的三角区、直段以及连接港池的喇叭口。支航道直段的底宽 180m，边坡 1:5，设计深度−18.5m，工程量约 900 万 m³。该工程投入自航耙、抓斗、绞吸船等资源。

11.3.2 工况描述

1. 土质：面层为淤泥质粉质黏土，下层全部为亚黏土。

2. 水流：鲅鱼圈港区一港池支航道的水流受港池影响，靠近内侧为旋转流，外侧为横流。

11.3.3 工程难点

1. 施工面积小，土层厚，挖泥船的作业面狭窄。

2. 与航行商船的避让频繁，避让区域狭小。

3. 土质为黏土，易形成浅点，难开挖。

11.3.4 施工效果

该工程施工至 2005 年 11 月已经完成大部分工程量，通过绞吹和外抛的形式由绞吸船、自航耙和抓斗船施工。剩余的部分留下较多浅点和垄沟，在施工后期已经开港通航，使用锚定式挖泥船施工不现实，而自航耙施工的扫浅命中率低。基于这种情况，采用拖轮拖带水下整平器进行扫浅施工。

拖轮拖带水下整平器自 2005 年 11 月中旬进行拖平施工。因为航道较窄，所以拖轮选择大角度斜向拖平的方式施工。在垄沟和浅点集中的区域，频繁调头上点拖平。经过半个月的施工，垄沟高差被消除，浅点大大减少。此后，调入收尾的自航耙利用较短的时间将剩余的泥土扫除，平整度和超深量控制良好。

11.3.5 施工效益

与使用自航耙扫浅作业相比，本工法提高扫浅命中率，缩短扫浅时间，降低扫浅成本，节省施工成本约 300 万元。

11.4 广州港出海航道二期工程

11.4.1 施工背景

广州港出海航道二期工程始建于 2004 年，结束于 2006 年底。该航道是在原有的一期工程基础上加深拓宽，工程设计深度−13m，底宽 160m，工程量约 1900 万 m³。

11.4.2 工况描述

1. 土质：为淤泥、淤泥混砂。

2. 水流：航道较长，各段水流不一致，总体来说横流段较少。

11.4.3 工程难点

1. 通航密度大，施工期间需兼顾港口营运，避让干扰较多。

2. 周边水深较浅，施工期间要特别防止压耙、搁浅的情况发生。

3. 施工计划频繁调整。

11.4.4 施工效果

该工程施工至 2006 年 5 月已经完成绝大部分工程量，剩余部分留下较多浅点和垄沟。采用本工法施工，所有的浅点和垄沟均被消除，航道具备验收条件。

11.4.5 施工效益

本工程土质容易开挖，但是航道太长，面积太大，与使用自航耙扫浅施工对比，使用本工法显现出成本和高效的优势，节省施工成本 2600 多万元。

桩基工程中的应力释放孔施工工法

GJYJGF099—2010

上海港务工程公司　上海中交水运设计研究有限公司

陈赟　蔡基农　刘炜　童志华　唐皓京

1. 前　言

上海港国际客运中心——国际客运码头工程施工中，为减少桩基施工对岸坡稳定的影响，上海港务工程公司与上海中交水运设计研究有限公司工程技术人员联合进行技术攻关，采取了在驳岸桩基陆域侧设置应力释放孔的方法。

应力释放孔采用既可透水又可变形的钢筋释放笼，改变了传统的回填粗砂的方法，有效地降低了驳岸桩基施工的影响，工程安全和质量得以保证，并在此基础上总结形成了本工法。

本工法中研发的"应力释放笼"获得实用新型专利（专利号 ZL200620040943.8）、"应力释放笼的应用方法"获得发明专利（专利号 ZL200710045588.2），工法关键技术 2009 年 9 月经上海市科学技术委员会鉴定，达到了国际先进水平。

2. 工 法 特 点

2.1 采用既可透水又可变形的钢筋释放笼，能加快地基应力释放，减小挤土效应。

2.2 应力释放孔的施工工艺简单，其采用的施工设备和成孔工艺均比较成熟，具有很强的实用性。

2.3 将数据处理和信息反馈技术应用于施工，利用监控量测指导施工，动态修正应力释放孔的布置，可确保施工安全、快速。

3. 适 用 范 围

适用于贴近建筑物、地下管线及构筑物等对挤土、振动有严格控制要求的基础工程施工。

4. 工 艺 原 理

桩基施工对环境的影响，与桩基的数量、规格、长度及沉桩工艺有密切关系，并与地质情况及浅表地形有关。

在沉桩区域周围布置一定数量的应力释放孔，在沉桩过程中，将挤土效应和超孔隙水压通过应力释放孔有效释放，同时孔隙水压力也通过应力释放孔内释放，能有效保护周边建筑物、地下管线、构筑物及岸坡稳定。

5. 施工工艺流程及操作要点

5.1　施工工艺流程

施工准备→应力释放孔布置→应力释放孔钻孔→钢筋笼制作与安装→实时监控→调整孔位布置。

5.2　操作要点

5.2.1 施工准备

1. 释放孔布置

在沉桩区域影响建筑物的方向，布置两排应力释放孔，成之字形布置，两排应力释放孔距离1~2m、孔间隔1~2m（图5.2.1）。

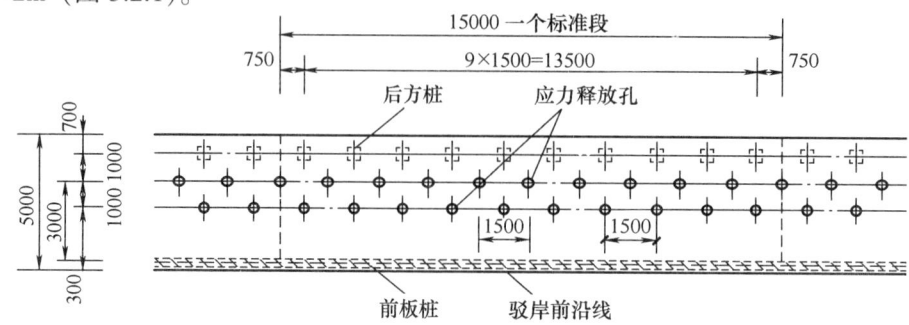

图5.2.1 应力释放孔布置位置示意图

2. 释放孔技术规格

应力释放孔深度应视桩长确定，一般为地面至桩底标高的深度。

为保证应力释放孔具有一定的抗压性，内置应力释放笼，笼长视现场情况而定。

应力释放孔孔径一般为350~500mm，应力释放笼主筋6ϕ10，箍筋ϕ6@200，钢筋笼内每隔3000mm放ϕ10加强箍筋一道，笼外包裹无纺布。

5.2.2 应力释放孔钻孔施工

根据驳岸桩基施工区域的地质条件和工艺要求，采用泥浆护壁钻孔法进行应力释放孔的成孔。

5.2.3 应力释放笼制作与安装

钢筋应力释放笼严格按规定的要求制作。根据要求钢筋笼整段制作，接头焊缝宽度、吊钩焊接应牢固，笼外包裹无纺布缝口应紧密牢固。

应力释放笼安装与钻孔灌注桩钢筋笼安装工艺相同。安装时控制下放速度和笼体垂直度。到位后，将主筋固定于孔口上以便使钢筋笼定位，防止钢筋笼上浮或下沉。

5.2.4 监测

1. 深层土体位移监测

深层土体位移测量采用全站仪测孔顶水平位移，及用测斜仪测量孔内位移相结合的方法进行。水平位移观测采用小角度法，用全站仪观测。深层土体位移测斜采用滑动式双向测斜仪测量。

2. 地面建筑物变形监测

地面实物水平位移变形采用全站仪测量，沉降变形测量采用平板仪和水准仪进行测量。

5.2.5 根据监测情况，适当调整应力释放孔的孔位布置。

5.3 劳动力组织（表5.3）

劳动力组织情况表　　　　　　　　　　　　　　　　　　　表5.3

序　号	单　项　工　程	所需人数	备　注
1	技术人员	1	
2	桩机操作工	2	
3	钢筋加工	3	
4	普工	2~3	

6. 材料与设备

本工法无需特别说明的材料，采用的主要机具设备见表6。

主要机具设备表 表6

序　号	机械或设备名称	型　号　规　格	数　量
1	钻孔灌注桩机	GP-10	1
2	泥浆泵		3
3	外运专用车	15t	1
4	泥浆贮存箱		2
5	钢筋加工机械		1

7. 质 量 控 制

7.1 根据周边建筑物等对变形控制的要求，并结合地质情况，会同设计人员布设应力释放孔位置。

7.2 钻孔完成后，应及时安置钢筋笼，以防塌孔。

7.3 钻孔时，必须严密注意地层地质变化，及时调整钻杆速度和钻压。严格控制护壁泥浆的比重、含砂率。

7.4 下放钢筋笼应缓慢进行，不得硬套强塞。

7.5 应力释放孔施工必须按隐蔽工程要求做好施工记录。

8. 安 全 措 施

8.1 严格执行有关安全操作规程和施工现场临时用电安全技术规范。

8.2 进入施工现场必须戴好安全帽，水上作业必须穿好救生衣，施工操作人员正确穿戴好必要的劳动防护用品。在施工现场的四周设置安全防护栏杆。

8.3 桩机放置平稳，保证施工时机械不倾斜、不倾倒。

8.4 护筒周围不宜站人，防止不慎跌入孔中。

8.5 钻机在钻进过程中，遇地下障碍物时，要注意机械的振动和颠覆，必要时停机查明原因方可继续施工。

8.6 拆卸导管人员必须戴好安全帽，并注意防止扳手、螺丝等往下掉落。拆卸导管时，其上空不得进行其他作业。

8.7 钻孔时，孔口加盖板，以防工具掉入孔内。

8.8 起吊和下放应力释放笼时，注意安全。

9. 环 保 措 施

9.1 严格遵守国家和地方政府下发的有关环境保护的法律、法规和规章。

9.2 设立专用排浆沟、集浆坑，对废浆、污水进行集中，认真做好无害化处理，防止施工废浆乱流。

9.3 定期清运沉淀泥砂，做好泥砂、弃渣及其他工程材料运输过程中的防散落与沿途污染措施，废水除按环境卫生指标进行处理达标外，并按当地环保要求的指定地点排放。弃渣及其他工程废弃物按工程建设指定的地点和方案进行合理堆放和处治。

9.4 选用先进的环保机械。采取设立隔声墙、隔声罩等消声措施降低施工噪声到允许值以下，同时避免夜间施工。

9.5 对施工场地道路进行硬化，在晴天经常对施工通行道路进行洒水，防止尘土飞扬，污染周围环境。

10. 效 益 分 析

10.1 周边建筑物及岸坡土体稳定，施工安全和质量得到了保障，效果良好。

10.2 采用"应力释放孔"较开挖抗震沟、布置围护结构、开挖土方进行应力释放或应力传递阻隔，在施工难度、成本费用和应力释放效果上，具有明显的优势。

10.3 工效高，单机日沉桩数提高1倍以上，加快了施工进度。

10.4 施工所需机械设备简单、简便、耗电量小、材料消耗少，基本不需要大型机械，单孔成孔速度快、成形工艺简单，对整个工程来说，投入少量的成孔设备、钢筋笼制作设备，即可满足大型工程在很短的时间内，完成应力释放孔的布设施工。工期极短，从根本上节约能源。

10.5 具有广阔的推广价值，在主要交通要道周围、老城区改造以及周边建筑密集、复杂的工程，当建筑基础采用打入桩、静压桩时，都可以使用应力释放法，以减少土体位移，确保周边建筑物和岸坡稳定。

11. 应 用 实 例

11.1 上海港国际客运中心国际客运码头工程

该工程地处黄浦江北外滩，主要由陆域工程和水域工程两大部分组成，陆域工程包括深基坑处理和建筑工程项目；水域工程包括驳岸、码头和临时防汛工程项目。

为减少桩基施工对岸坡稳定的影响，2005年8月至2005年10月，在驳岸桩基的靠基坑侧，成之字形布置两排应力释放孔，排间距1000mm，孔间隔1500mm。孔标高+2.8m，孔底标高为−16.5mm，孔径350mm，长度为19.3m，用以保护离方桩间距仅4m的前方板桩。

施工期间深基坑、驳岸、码头桩基施工时相互没有干扰，保证了基坑维护结构和岸坡的稳定，消除了安全隐患，保证了工程施工质量。

11.2 沪东中华造船有限公司浦东厂区二号船台改造工程

2008年7月至2008年9月，在浦东厂区二号船台改造工程中，必须保证场内两台门机吊的运行不受影响。

为满足船台区域内群桩沉桩、尽可能地减少沉桩的挤土效应、尽可能地减少离沉桩区域仅5m船台两侧门机轨道的位移，在045~283.5轴线段范围的5块区域内，沿每块周边设置应力释放孔，相邻孔位间距为1.5m，应力释放孔直径为40cm，深度12m，共计580个。

通过布置应力释放孔，确保沉桩期间的挤土效应控制在设计规定范围内，确保了船台改造期间船台两侧80t门机的正常使用。

11.3 中国2010上海世博会公务码头（海事）工程

2009年8月~2009年10月，中国2010上海世博会公务码头（海事）工程中，为满足对已建黄浦江防汛墙及相关构筑物的保护，尽可能地减少沉桩的挤土效应，尽可能地减少对已沉管桩、方桩的影响，板桩施工前，在已建防汛墙和已沉管桩、方桩间设置两排应力释放孔，成之字形布置，两排间距1000mm、孔间隔1500mm，孔底标高为−18m（与板桩底标高相同），孔径400mm，用以保护离板桩沉桩区域仅3m的防汛墙和离板桩沉桩区域仅2m的管桩、方桩。

板桩沉桩期间，已建防汛墙及相关构筑物的位移在设计允许范围内，已沉管桩、方桩的偏移在设计及规范允许范围内。保证了原有构筑物和岸坡的稳定，消除了安全隐患，保证了工程施工质量，为上海世博会配套工程的按期完成提供了保证。

超长排距大型绞吸船与接力泵船串联施工工法

GJYJGF100—2010

中交上海航道局有限公司　上海港务工程公司

陶冲林　秦学明　朱友明　沈徐兵　王桂林

1. 前　言

随着世界经济的不断发展，土地资源的紧张阻碍了经济的快速发展需求，因此，围海造陆工程方兴未艾，并不断向规模化、大型化方向发展。传统的大型绞吸船的远距离输送能力已经无法满足工程建设的需要。如何发挥大型绞吸船的施工优势、扩展其施工范围，提升和拓展大型绞吸船施工技术是当前乃至今后更长一段时间内一项艰巨任务。

中交上海航道局有限公司根据疏浚技术和长期积累的施工经验，通过吸收国内外远距离管道泥浆输送技术基础上，经过总结和提炼，创新形成了超长排距大型绞吸船与接力泵船串联施工工法，在天津临港工业区三期围海造地工程、曹妃甸工业区仓储区围海造地等工程得到了很好的应用，确保了工程顺利实施，取得了明显的经济效益和社会效益。

超长排距大型绞吸船与接力泵船串联施工工法，是在原有的大型绞吸船施工技术基础上，对接力泵船施工技术进行拓展，达到有效延长系统泥浆输送距离，扩大了大型绞吸挖泥船工程施工的适应性，避免了在施工过程中采用二次取土方式进行接力施工所带来的资源消耗和浪费，能确保大型绞吸挖泥船与接力泵船组成的超长排距施工系统安全、高效、低耗施工，有效地降低了工程造价，节约社会资源。

2. 工 法 特 点

2.1　采用管道输送介质理论与实际施工相结合，模拟计算疏浚与吹填工程施工中管道输送各种泥浆水力消耗情况，并根据实际施工工况不断优化。

2.2　采用大型绞吸船加接力泵船的施工方法，能提高大型绞吸挖泥船的疏浚能力和延长管道输送距离，满足超长排距工程施工要求。

2.3　合理确定大型绞吸船与接力泵船管线连接距离是本工法的创新，使得接力泵船泵前余压和总排出压力控制在合理范围之内，同时能满足在较短的和最长排距下管道泥浆在高效率、低能耗状态下输送。

2.4　能有效减少单项工程施工不必要的机械设备上的投资，节约设备成本。

2.5　本工法同样适用于陆上接力管道输送和其他行业长排距管道输送，这是本工法优秀之处。

3. 使 用 范 围

3.1　适用于输送排距超过大型绞吸挖泥船输送能力的超长排距疏浚与吹填工程。

3.2　适用于当大型绞吸挖泥船输送泵出现故障，为提高设备使用率，可采取此工法加接接力泵船进行疏浚与吹填施工，同时也适宜于其他行业其他介质的超长排距管道输送。

4. 工 艺 原 理

4.1　通过增加泥泵串联的数量，提高和有效合理分配泥泵机组的有效施工总扬程和施工流速来满足超长排距泥浆管道输送所需的沿程阻力损失。

4.2 根据泥浆管道输送沿程阻力消耗情况，确定大型绞吸船与接力泵船之间的管线距离能有效避免输送系统气蚀、水锤等现象发生。

5. 施工工艺流程及操作要点

5.1 施工工艺流程（图 5.1-1~图 5.1-3）

5.2 操作要点

5.2.1 施工工艺准备

超长排距大型绞吸船与接力泵船串联施工除需要了解和掌握常规的大型绞吸船施工工艺以外，其主要的关键性技术还涵盖以下几个方面，因此在组织施工前，必须进行其施工工艺准备，如图 5.2.1 所示。

1. 大型绞吸船、接力泵船泥泵机组主要性能参数确定和各泥泵特性曲线的选用。

2. 根据施工土质、大型绞吸船挖掘能力，合理选定施工中的泥浆浓度变化区域。

3. 根据合理选定的泥浆浓度变化区域，进行串联泥泵装置泥浆特性换算。

4. 各种泥浆浓度下，排泥管道中最小流速的确定。

5. 确定系统在各种排距下的工况点及工况点功率分析。

6. 大型绞吸船与接力泵船之间的管线长度确定。

7. 各泥泵排出压力的确定和各段排泥管耐压需求组合的确定等。

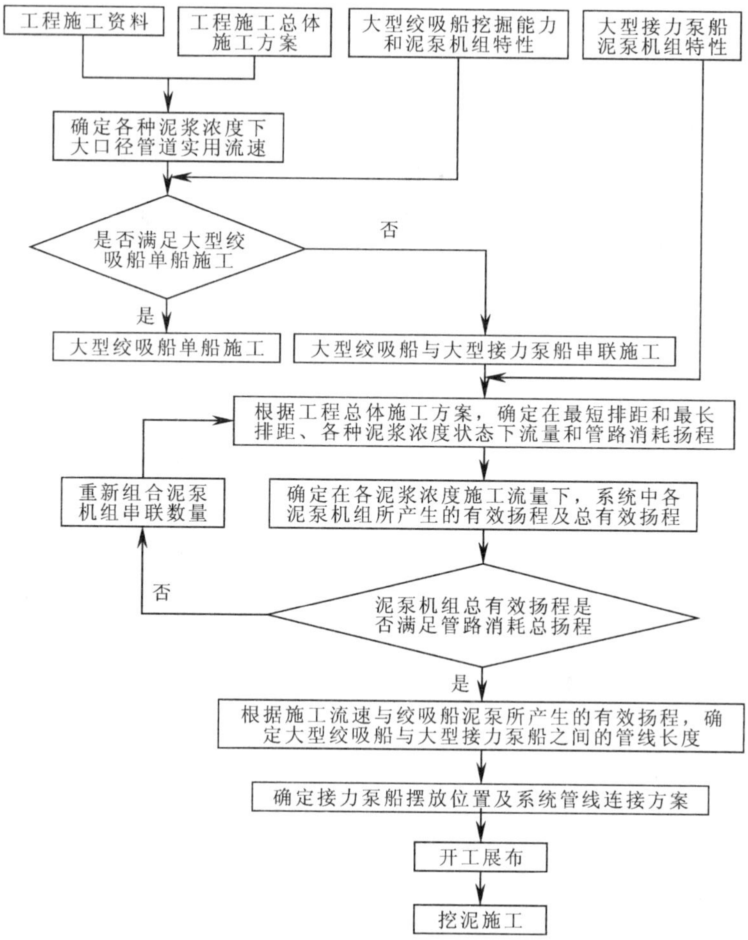

5.2.2 工前准备

1. 根据土质情况选用抓力好、重量适宜，在施工过程中不至于下陷严重而影响所配备的锚艇等其他设备起吊能力的大型绞吸船横移锚和接力泵船固定驻位锚。

图 5.1-1 大型绞吸挖泥船与接力泵船串联施工工艺流程图

2. 检查绞吸船横移钢缆、接力泵船固定船位所用钢缆及起锚用的引缆破损情况，如不符合要求应及时进行更换。

3. 抛锚引缆时要舒展顺直，防止钢缆扭花，同时在锚根处设置连接锚镖的钢丝引缆，便于锚艇或其他辅助施工设备起锚。

4. 进行连动操作调试，熟悉起锚和抛锚连动操作要领。

5.2.3 进点驻位

1. 绞吸船进点驻位按绞吸船进点驻位工艺执行。

2. 接力泵船进点驻位要在平潮、风流小的时候进行，由拖轮绑拖，利用施工图及拖轮导航系统中设置的位置驶至所需位置，根据风流情况，指挥锚艇抛设接力泵船驻位固定锚，并利用接力泵船上个锚缆绞车系统摆正船位。

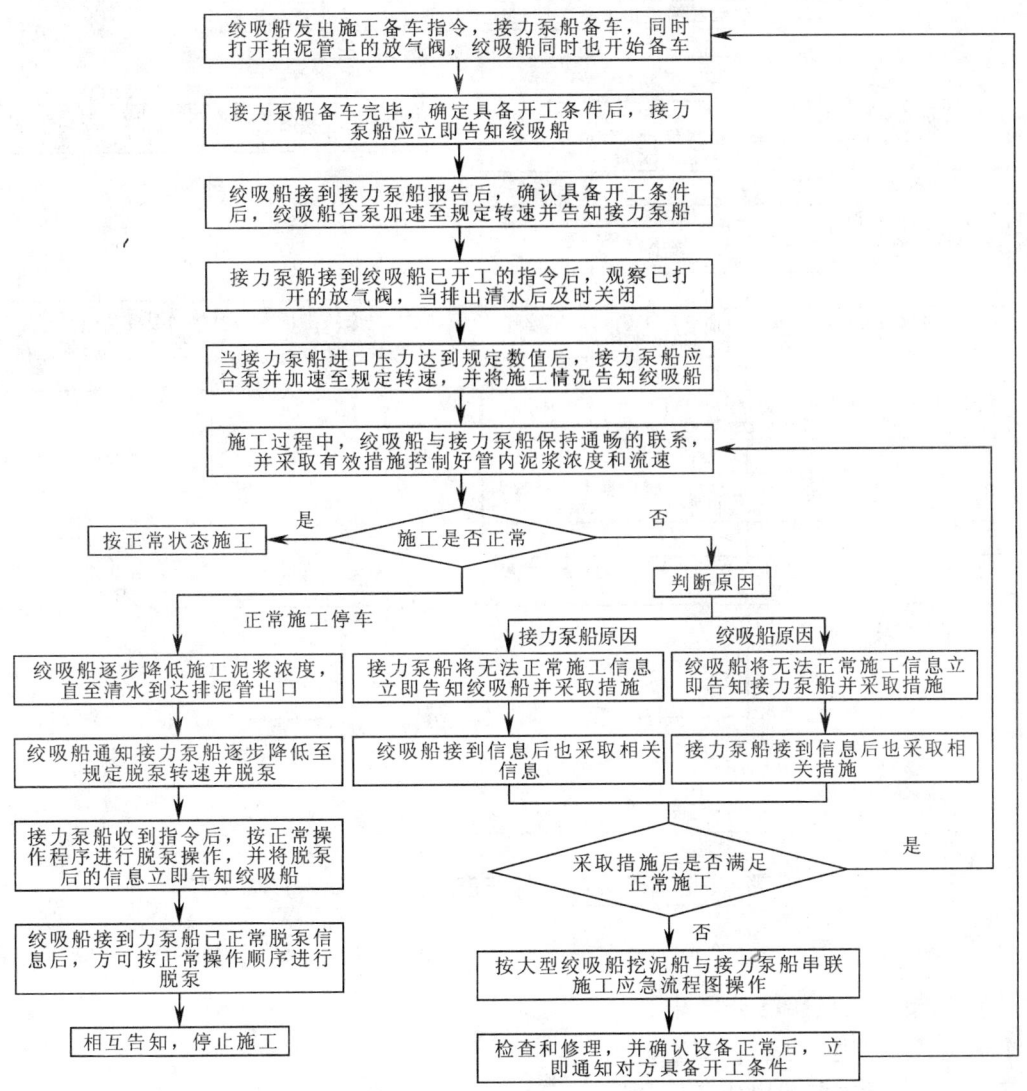

图 5.1-2　大型绞吸挖泥船与接力泵船串联施工操作流程图

5.2.4　排泥管线铺设与连接

水上、水下和陆上排泥管线是大型绞吸船与接力泵船施工的重要组成部分。水上和水下排泥管线铺设除了需掌握了解常规的铺设工作外，还应做好以下工作：

1. 在与接力泵船连接时，一定要按照接力泵船附近工况条件进行柔性连接，并对连接段自浮管根据风流情况抛设管子锚，确保过渡段水上管线平顺。

2. 由于施工管线长，在整个管线上，每处水下管与水上管连接处，都必须安装自动排气阀，要足以绞吸船开车时能排除的空气，以免水下管线浮起。

5.2.5　挖泥施工

挖泥施工除了了解和掌握绞吸船正常施工所需的常规工作外，还应根据超长排距大型绞吸船与接力泵船串联施工特点，做好以下工作：

1. 开工系统启动前，由绞吸船发出开工备车指令，接力泵船接到绞吸船开工备车指令后应立即进行备车，同时打开排泥管上放气阀。

2. 接力泵船备车完毕，确认已具备开工条件后，应立即告知绞吸船。

3. 绞吸船接到接力泵船备车完毕报告后再次确认，当具备开工条件后，合泵并逐步加速至规定的转速，同时告知接力泵船，绞吸船已经开始施工。

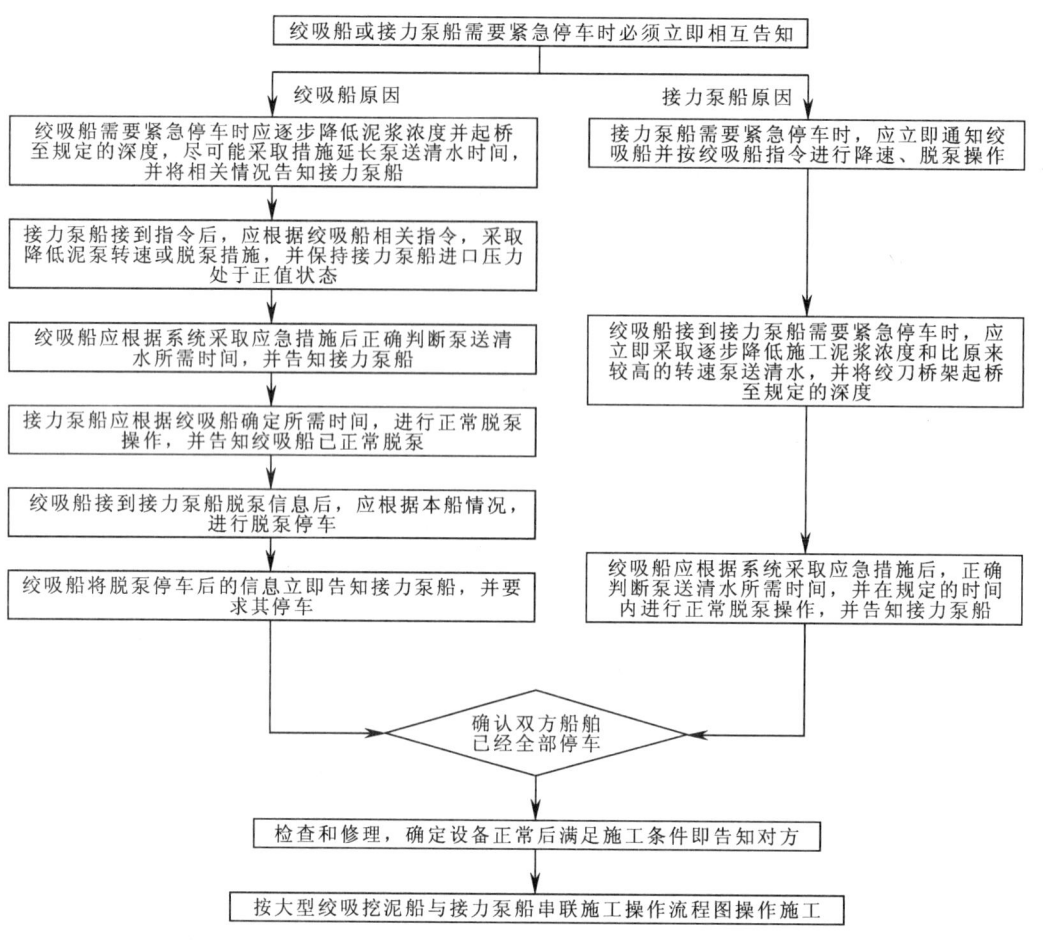

图 5.1-3　大型绞吸挖泥船与接力泵船串联施工应急操作流程图

4. 接力泵船接到绞吸船已合泵开工指令后，应注意观测泥泵进口压力，当进口压力达到规定数值时，接力泵船应合泵并根据进口压力状况逐步加速至规定转速，同时告知绞吸船，接力泵船已合泵施工。

5. 施工过程中，绞吸船与接力泵船应保持通畅的联系，并采取有效措施控制好管内泥浆浓度和流速。

6. 当系统需要正常脱泵停工时，绞吸船必须逐步降低施工泥浆浓度，并根据施工土质和泥浆浓度、流速等情况，合理确定泵送清水时间，如停工时间需要较长或工程结束进行收工集合时，系统泵送清水必须将管内的泥沙全部吹净。

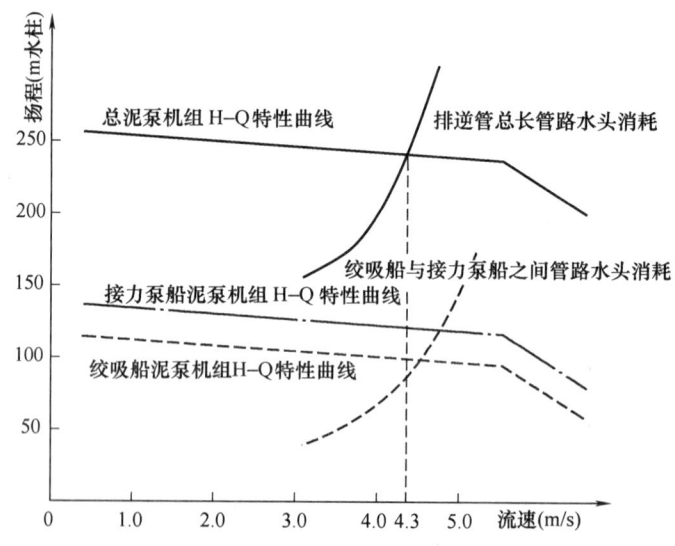

图 5.2.1　大型绞吸船与接力泵船串联超长排距水力计算示意图

7. 接力泵船接到绞吸船指令后，按照正常操作程序进行脱泵操作，并将脱泵后的信息及时告知绞吸船，接力泵船泥泵已处于脱泵状态。

8. 绞吸船接到接力泵船已正常脱泵停车信息后，应根据实际施工状况，按正常操作顺序进行脱泵，并将脱泵的情况以及恢复正常施工所需时间告知接力泵船，以便接力泵船作出相应措施，并保持通信畅通。

9. 当在施工过程中，绞吸船或接力泵船发生紧急情况需要紧急停车时，必须立即相互告知，求得步调一致，并按超长排距大型绞吸船与接力泵船串联施工有关施工紧急预案进行处置。

5.2.6 收工集合

6. 材料与设备

6.1 材料

6.1.1 燃油、润滑油：船用轻柴油、润滑油等各种油料。

6.1.2 船舶机械设备配件、耗材等。

6.1.3 挖泥机具、管线配件及耗材。

6.2 机具设备

6.2.1 施工主船

实施本工法施工的主船为大型绞吸挖泥船与接力泵船，参与超长排距工程施工的为 3500m³/h 大型绞吸船和 3500m³/h 大型接力泵船，新海豹轮、新海燕轮 3500m³/h 绞吸船和 3500m³/h 航绞接一号轮、航绞接二号轮接力泵船主要疏浚设备性能见表 6.2.1。

新海豹轮、新海燕轮、航绞接一号/二号轮主要设备性能表　　　　表 6.2.1

序号	主 要 性 能		单位	新海豹轮	新海燕轮	航绞接一/二号轮
1	总长		m	97.8	104.8	54.0
2	船长		m	76.0	82.6	49.2
3	型宽		m	17.0	18.2	18.0
4	吃水		m	3.70	3.70	2.50
5	挖宽		m	40~100	25~110	/
6	挖深		m	5.5~27.0	6.5~27.0	/
7	吸/排泥管直径		mm	900/850	900/850	850
8	公称排距		m	7000	4500	/
9		转速	r/min	8~12	0~30	/
10		直径	mm	5500	2760	/
11		功率	kW	1000	1280	/
12		转速	r/min	240	245	/
13	水下泵	流量	m³/h	14000	14000	/
14		扬程	kPa	340	350	/
15		功率	kW	1680	1730	/
16		数量	台	2	1	2
17		转速	r/min	257	257	243
18	舱内泵	流量	m³/h	14000	14000	14000
19		扬程	kPa	760	760	670
20		功率	kW	3620	3620	3422

6.2.2 辅助船舶

配备施工主船的辅助为两艘专业锚艇：航艇 1 号和航艇 2 号，主要功能是辅助施工主船移锚、移船，接力泵船锚位布设和调整水上自浮管等。

7. 质 量 控 制

7.1 施工质量执行以下标准

7.1.1 《疏浚工程技术规范》JTJ 319-1999。

7.1.2 《水运工程质量检验评定标准》JTS 257-2008。

7.1.3 《水运工程测量规范》JTJ 203-2001。

7.1.4 《水运工程测量质量检验标准》JTS 258-2008。

7.1.5 企业定额。

7.2 质量控制措施

7.2.1 严格按照工程施工质量管理体系要求成立质量管理小组，开展各项质量管理工作，确保施工全过程得到有效控制。

7.2.3 工程开工前，向施工船舶做详细技术交底，明确施工工艺、质量控制内容，严格执行操作规程。

7.2.4 工程项目部加强检测力度，对各施工区段定期或不定期进行检测，通过检测图分析施工质量控制情况，制定改进措施。

7.2.5 绞吸船施工质量控制按绞吸船施工工艺所要求的质量控制执行。

7.2.6 吹填质量控制。

1. 控制吹填用的临时水准点和标尺应定期校核。

2. 在吹填过程中，应经常利用高程控制标尺观测吹填土的标高，并进行吹填区的高程测量。及时延长排泥管线、调整管线的间距、管口的位置和方向及泄水口的高度，以达到吹填高程和平整度的要求。

3. 对平整度要求较高的吹填工程，可根据工程设计要求及吹填土质，施工期间可在排泥管出口配备推土机，粗平至吹填要求高程后，再延长排泥管线，以减少工程后期的整平工程量。

4. 施工期间应按工程设计要求定期进行沉降观测，并根据观测的地基沉降量和固结量，及时调整吹填预留的厚度。

5. 吹填工程施工期间应经常观察泄水口排放余水中含泥量的变化，并定期取样测定排放水的含泥浓度。若含泥量较高，应采取提高泄水口高程的方法或调整排泥管管口位置的方法来减少吹填土的流失。

8. 安 全 措 施

8.1 施工前准备措施

8.1.1 结合施工工况、水域环境和当地季节气象等情况制定相应的安全技术措施，组织挖泥船和接力泵船全体船员进行安全技术交底。

8.1.2 根据当地海域特点配备水上施工安全设施，对船舶进行安全检查，消除隐患。

8.1.3 建立挖泥船、接力泵船和锚艇之间通畅的联系渠道，保证能够及时获取和处理相关信息。

8.1.4 建立大型绞吸船或接力泵船串联施工时发生紧急情况需要紧急停车预案，并按紧急预案处置，确保设备安全。

8.2 施工中措施

8.2.1 绞吸船和接力泵船施工操作人员在施工过程中，应密切关注船载各仪表参数的变化情况，特别是接力泵船泵前余压的变化情况。如遇仪表参数出现特变时，应及时、相互通知对方并查明原因。

8.2.2 绞吸挖泥船和接力泵船组成系统串联施工时，应严格执行《系统施工操作规程》进行施工。

8.2.3 轮机人员要定期巡查各类主要设备运转状态，确保设备正常运转。

8.2.4 管线施工人员在巡视管线时，发现故障隐患应及时清除，避免由于管线原因，造成系统设备突发性故障事件的发生。

8.2.5 任何和系统施工运行有关的事宜，必须记录在案，记录应该包括时间、内容和采取的措施。

8.2.6 工程项目部、绞吸船和接力泵船应定期进行施工分析总结，分析和总结前阶段施工情况，调整和制定下一阶段的施工工艺，确保整个系统安全、高效和低耗施工。

9. 环 保 措 施

9.1 环保措施

9.1.1 严格执行《中华人民共和国水污染防治法》、《船舶污染物排放标准》及当地政府有关规定等，不违章或超标排污。

9.1.2 参加施工船舶必须备有船舶油污水、生活垃圾等储存容器，并做好生活垃圾的日常收集、分类储存和处理工作，禁止随意排入海内。船舶加油作业时，现场应有专人负责监督，防止出现溢油、漏油、跑油等现象。

9.1.3 施工中，应定期检查管线情况，保证管线在施工过程中不发生漏水、漏泥现象。

9.2 节能降耗措施

9.2.1 在工程施工中，应根据施工排距情况，合理确定施工流速，并根据所需施工流速合理确定各泥泵机组组合方式和各泥泵机组转速，能有效降低能源能耗，同时也能有效降低过流部件磨耗和减少设备成本的投入。

9.2.2 在工程施工中，应根据各泥泵机组负荷变化情况，保证管线在施工过程中不出现漏泥和堵管现象的发生，能有效避免施工区海洋污染，保护海洋生态环境，同时节约不必要的能源消耗。

10. 效 益 分 析

与采用二次抛吹常规施工方法相比，采用超长排距大型绞吸船与接力泵船串联施工工法具有如下优点：一是提高了大型绞吸船施工适应性和设备利用率，使原来受大型绞吸船施工排距影响而无法施工的超长排距工程施工变成了可能；二是在施工过程中，在需要的总能量不变的情况下，能实现能量重新合理分配，能有效降低过流部件磨耗和减少设备成本的投入，降低了生产成本；三是降低了系统在正常施工时间搬移排泥管线所需的间隔时间、工作程序，降低了作业成本；四是采用绞吸船加接力泵船施工工艺能有效避免施工区海洋污染，保护海洋生态环境。由此，产生很好的经济效益和社会效益。

2009年5月~10月，大型绞吸船"新海燕轮"与接力泵船"航绞接一号轮"组成系统，在天津临港工业区三期围海造地工程中采用绞吸船二泵加接力泵船一泵进行分开布置组成的三泵串联施工作业，施工取土区原始平均水深约在-15.5m左右，挖深控制在-19.0m，土质为中等黏土，施工排距在7.0~8.5km之间。通过该工法的使用，有效提高了施工流速，同时为绞吸船提高施工泥浆浓度提供了空间，系统平均施工效率提高了14.2%，每月增加施工工程量14.12万 m³，工程合同价为18.75元/m³，月新增产值为14.12万 m³×18.75元/m³=264.75万元，每月新增利税29.12万元。

2009年6月~10月，大型绞吸（斗轮）船"新海豹轮"与接力泵船"航绞接二号轮"组成的系统，在曹妃甸工业区仓储区围海造地工程中采用绞吸船二泵加接力泵船一泵分开布置组成的三泵串联施工作业，施工取土区原始平均水深约在-7.5m左右，挖深控制在-12.0m，土质为中等密实的粉砂夹淤泥，施工排距在11.2~12.0km之间，通过该工法的使用，施工泥浆浓度和施工流速得到了进一步的提高，施工效率平均提高了17.9%，每月增加工程量17.0万 m³，工程合同价为27.13元/m³，月新增产值为17.00万 m³×27.13元/m³=461.21万元，每月新增利税50.73万元。

2009年~2010年，大型绞吸船"新海燕轮"与接力泵船"航绞接一号轮"组成系统，在曹妃甸工业区仓储区及仓储区西部围海造地工程中采用绞吸船二泵加接力泵船二泵分开布置组成的四泵串联取砂作业，取土区原始平均水深约在-1.5~-1.6m左右，挖深控制在-11.2m，土质也为中等密实的粉砂夹淤泥,施工排距 16.5~20.836km。通过增加泥泵串联的数量,提高泥泵机组的有效施工总扬程和施工流速来满足超长排距泥浆管道输送所需的沿程阻力损失,由该工法使用前后相比,施工效率提高了 20.0% 左右,每月增加工程量 18.50 万 m³,工程合同价为 27.13 元/m³,月新增产值为 18.50 万 m³×27.13 元/m³= 501.91 万元,每月新增利税 57.21 万元。

11. 应 用 实 例

11.1 2009 年 5 月~10 月,大型绞吸船"新海燕轮"与接力泵船"航绞接一号轮"组成的系统在天津临港工业区三期围海造地工程施工中,施工排距为 7.0~8.5km,当施工至-12.5m 以下时,土质由原来的-12.5m 以上淤泥性黏土变成了中等黏土,土质黏性大,在管道输送过程中极易形成黏土团,需要较高的泥泵机组施工扬程和施工流速来满足输送要求,"新海燕轮"两泵串联已无法满足正常施工所需的施工流速,同时为了缓解大型三泵绞吸船需求压力和提高船舶设备利用率,就安排"新海燕轮"与"航绞接一号轮"组成的系统,实施异地布置三泵串联施工,既减轻了排泥管耐压要求又提高了输送黏土团所需的施工流速,施工近 5 个月,施工效率每月平均超过 2100m³/h,每月施工吹填量都保持在 100 万 m³ 以上,取得了较好的经济效益。

11.2 曹妃甸工业区仓储区及仓储西部围海造地工程是围堤与吹填相结合的两个特大型复合型工程,围海造地面积达 12.62km²,吹填工程量为 6059.37 万 m³,施工期按合同约定为 2 年。取砂区土质为中等密实的粉砂夹黏土,根据工程施工管线布置,管线排距最近 9.0km,最远可达到 20.0km 左右,施工排距长,大型 3500m³/h 绞吸船三泵串联单船施工工艺根本无法实施,中交上海航道局有限公司在国内首次创新形成大型绞吸船加接力泵船的施工工艺安排施工,克服了两船串接施工引起的一系列技术难题,延长了大型绞吸船的输送距离,2009 年~2010 年,大型绞吸船"新海燕轮"和接力泵船"航绞接一号轮"组成的四号线系统,采用绞吸船二泵与接力泵船二泵异地分开布置,4 泵串联负责吹填区最远排距 C4 点附近吹填任务,施工排距在 16.5~20.836km 之间,两船之间管线长度为 4.5~5.2km。通过 4 泵串联组合施工,正常有效施工泥浆浓度达到 30% 以上,施工流速达到 4.3m/s 左右,有效地提高施工流速和泥浆浓度,平均施工效率达到 2245m³/h,每月施工土方量均超过百万立方米,保证了该工程的顺利实施,同时也取得了良好的经济效益和社会效益。

自动监控下深厚粉细砂地基振冲施工工法

GJYJGF101—2010

上海港务工程公司

叶军 肖飞 徐梅坤 叶建平 贾新勇

1. 前　言

上海国际航运中心洋山深水港区工程通过围堤、吹填砂形成了大面积的陆域，对这种陆域常采用不外加填料振冲法进行地基处理以满足后续堆场的使用要求。

上海港务工程公司在常规振冲施工工艺的基础上，自主研发了振冲自动监控系统并应用在振冲施工中，获专利4项（专利号ZL200710042682.2、ZL200720071663.8、ZL200720071664.2、ZL200720071665.7），形成了《自动监控下深厚粉细砂地基振冲施工》工法。

本工法关键技术成果2010年9月经上海市科学技术委员会鉴定，达到国际先进水平，该科技成果也先后获得上海市优秀发明一等奖、中国港口科技进步三等奖、中国施工企业管理协会科学技术创新成果一等奖等。

2. 工 法 特 点

2.1 利用振冲施工，能有效提高地基承载力。

2.2 利用吹填成陆的粉细砂，采用不加外填料振冲技术，操作便捷，施工效率高，工程成本低。

2.3 通过自动监控系统可实施对施工现场24h监控，形象直观，节约人力、物力，提高了管理水平和管理效果。

3. 适 用 范 围

适用于深度20m以内砂类土体地基的加固，黏粒含量超过30%时不宜采用。

4. 工 艺 原 理

砂土是单粒结构，密实的单粒结构已接近稳定状态，在荷载作用下不再会产生大的变形。而疏松的单粒结构颗粒间孔隙大、颗粒位置不稳定，在动载或静载作用下容易位移，因而会产生较大的变形。利用振冲器在松散的砂土中振动时，将导致颗粒重新排列，不稳定的颗粒将移向低势能的稳定位置，体积缩小呈密实的砂土。尤其是对于饱和的松散砂土，在振冲器产生的连续水平振动作用下，土体中则形成迅速增长的超孔隙水压力，致使粒间压力减小，颗粒更容易向低势能位置转移，而成稳定密实的结构，致使砂土的承载力提高，抗液化能力增强、工程特性大为改善。

从土力学的角度来看，砂土受振时，强度大为降低，特别是饱和砂土在循环荷载作用下，土体经受周期剪应力而使体积发生变化，产生超孔隙水压力，颗粒间摩擦减小，外力逐渐转移而由孔隙水传递，土体基本处于液态，一般称为"液化"，这时地基强度接近于零。根据有效应力原理，当孔隙水压力U等于压力P时，剪力$S_d=0$。新近回填的砂土，一般处于松散状态，利用$S_d=0$的原理，采用振冲器对砂土进行振动冲击，使土颗粒重新排列，取得加密效果。

振冲自动监控系统主要对振冲过程中原始数据包括振冲深度、密实电流、振冲时间的采集，以及在采集数据的基础上形成施工曲线，给人直观、形象的感受。监控系统包括自动记录平台、施工参数、绘制曲线图。其中自动记录平台包括开机、关机、记录界面；记录的参数包括振冲总时间、振冲孔位、振冲电流、留振时间、振冲深度、每段上拔高度；曲线图包括振冲深度—时间曲线和振冲电流—时间曲线。其主要工作原理如图4。

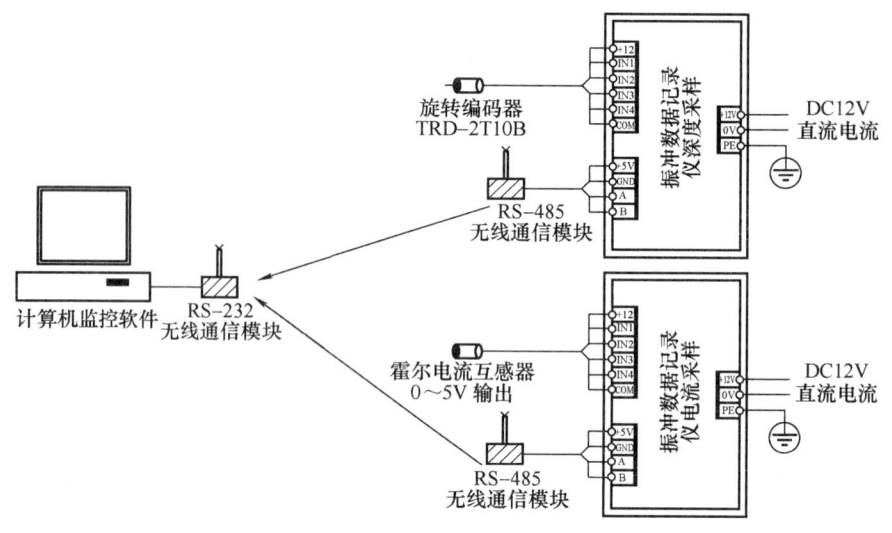

图4　自动监控系统工作原理图

5. 施工工艺流程及操作要点

5.1　施工工艺流程

5.1.1　总体工艺流程

施工准备→振冲施工→振冲后场地排水、场地平整、标高测量→振动碾压、标高测量→地基检测。

5.1.2　振冲施工流程（图 5.1.2）

5.2　操作要点

5.2.1　测量放线、标高测量及振冲点位布置

划分若干施工小区，进行测量放线和场地标高测量，并进行振冲点位现场布置。

5.2.2　施工参数确定

在粉细砂质中进行不加填料的深层振冲施工，多采用 75kW 振冲器进行双点共振冲，振冲点平面布置为等边三角形，间距、留振时间、密实电流等通过现场试验确定。

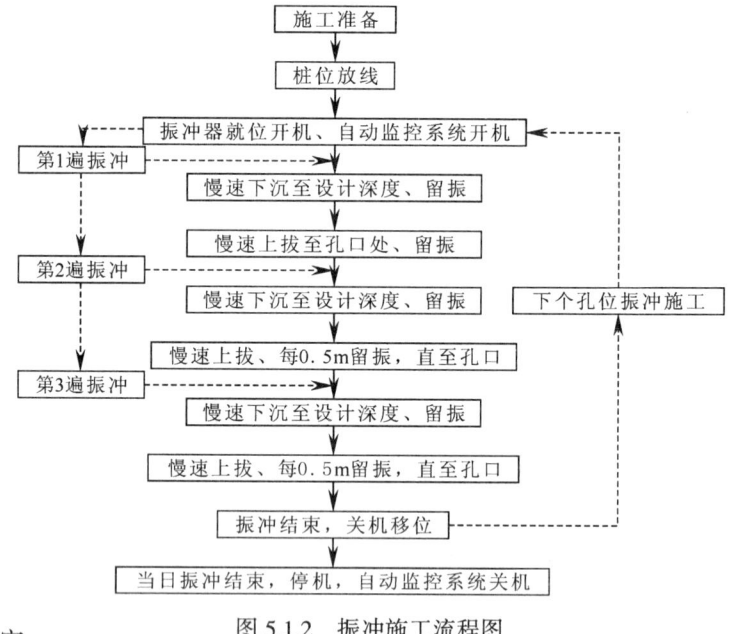

图 5.1.2　振冲施工流程图

5.2.3　振冲施工

1. 振冲施工时振冲器对准振冲点位，当振冲器与振冲位偏差超过半个振冲器直径时，需重新进行定位；振冲前面一排孔位时，后面砂层形成塌陷，致使后面的振冲点位产生偏移，需重新布置振冲点位。

2. 振冲施工严格按照设计要求的施工工艺流程，控制好每次下沉深度与留振时间，第2、3次上拔过程中控制好每段上拔高度与留振时间，利用原位吹填粉细砂采用人工向桩孔内回填密实，保证不形成孔洞。

3. 认真做好施工原始记录，详细记录施工过程中的原始数据以及施工异常情况，包括振冲点位、振冲深度、留振时间、振冲时间、施工电流、水压等，并及时做好统计汇总。

4. 利用自动监控系统能 24 小时对现场进行无线监控，确保按设计工艺流程施工，确保振冲原始施

工记录与工程实物同步,并自动生成图表和保存。

5.2.4　振冲后场地排水、场地平整、标高测量

根据现场实际情况进行场地排水,并及时清淤,然后进行场地平整及场地标高测量,计算振冲沉降量。

5.2.5　碾压施工、标高测量

场地平整完成后,按照设计要求进行振动碾压和碾压后场地标高测量。

5.2.6　振后地基检测

根据设计要求进行地基检测,包括静力触探、标准贯入、压实度、回弹模量、钻孔取样。

5.3　劳动组织

每台振冲设备配备7名人员作业,包括1名履带吊驾驶员,1名振冲器开机、关机及自动监控系统的开机、关机人员,4名操作工人和1名协调管理人员。

6. 材料与设备

本工法无特别需要说明的材料,主要设备配置以单台振冲系统为例,见表6。

主要设备表　　　　　　　　　　　　　　　　　　　　　　　　　　　　表6

设　　备	型　　号	数量（台）
履带吊	50t	1
振冲器	ZCQ-75	2
潜水泵		1
泥浆泵		1
发电机	200kW	1
配电箱		2
操作控制柜		2
监控系统		1

注:1套监控系统可同时监控4套以上振动设备作业。

7. 质 量 控 制

7.1　及时了解施工区域吹砂层的水位情况,若水位偏低施工前需及时灌水,提高砂层的含水量,避免振冲形成孔洞。

7.2　控制好振冲器往返提升速度、次数、留振时间、冲孔水压、振冲深度,严格按照振冲工艺施工。

7.3　振冲器定位的误差应小于半个振冲头,严格控制好振冲器与振杆的垂直度。

7.4　振冲时,严格按标示的孔位顺序进行振冲,不得漏孔。

7.5　利用自动监控系统进行施工过程的原始记录,确保规范作业,记录图表形式见图7.5。

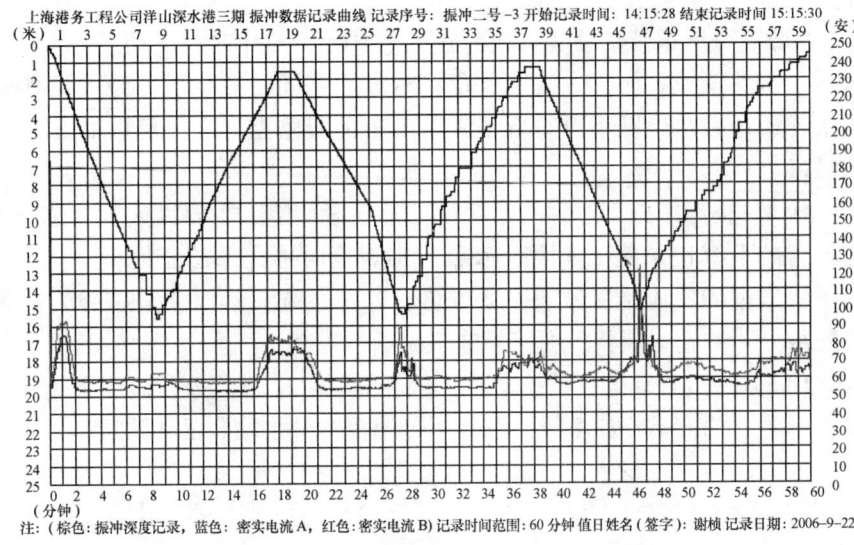

图 7.5　自动监控系统监测记录图

8. 安 全 措 施

8.1 所有设备进场前,需对施工设备进行检查验收,验收合格签字后方可投入使用。

8.2 施工设备操作过程中按各种专项规定操作,严禁违规作业,每天做好对设备的例检工作,新出厂的设备由厂家安排专业人员进行现场养护。

8.3 熟悉施工场地的地质情况,当吹填砂吹填结束时间短、地基强度较低时,需加强现场排水,防止履带吊倾斜或沉陷。

8.4 现场施工用电的管理,由专业电工 24h 现场管理,严禁无证人员操作;施工用的电缆要求统一架空,作业人员佩戴绝缘手套作业。

8.5 设备移位时,有专人指挥和提醒,同时加强对施工电缆和水管的保护。

8.6 晚间施工加强对施工用电和施工照明的管理。

9. 环 保 措 施

振冲施工不利用外加材料,现场环保控制主要是控制现场用水、排水及现场设备保养、维修对场地环境的污染和现场生活垃圾的堆放、处理。做好环保工作主要采取如下措施:

9.1 对施工人员进场前进行培训、交底,要求施工人员树立环保意识。

9.2 根据现场施工情况,布置好排水沟,并设置积水坑,当场地缺水时及时泡水,水量有多于时,及时排水。

9.3 分类设置垃圾箱,及时收集和处理现场生活或施工垃圾。

10. 效 益 分 析

10.1 降低了工程成本。常规的外加填料振冲施工工艺,所加填料为碎石或中粗砂,本工法通过对工艺技术的改进,利用原位的粉细砂,节约了大量的外加填料,降低了工程成本。

10.2 提高了施工效率。利用75kW振冲器进行双点共振,施工效率高,每台施工机械 24h 作业可处理地基近 400m²,而且可以多台设备同时作业,针对施工面积大、工期要求短的施工场地可快速处理。

10.3 降低了劳动强度。振冲施工主要利用振冲器的振动来处理地基,人工仅是在局部区域进行回填砂,避免形成孔洞,人工工作量相对较小;同时减少了记录人员和管理人员的工作量,利用自动监控系统通过一台电脑可以对现场 4 台吊车进行监控,不仅可以 24h 自动记录,而且可以无线传输、自动保存。

10.4 提高了施工过程的透明度。常规振冲施工主要靠人工观测电流表记录施工电流、依靠人工观测导管的下沉记录施工深度、依靠人工观测时钟记录施工时间,人工记录不可避免地存在各种缺陷,也无法详细的反应施工过程,通过自动监控系统,不仅能全过程的记录每组桩的施工情况,而且能精确到每分钟的施工现状,确保了施工质量。

10.5 通过自动监控系统对施工现场的24h 实时监控,确保了施工质量,避免了因返工而浪费原材料和能源消耗;不外加填料,避免了传统振冲外加填料的生成耗能和运输耗能。

11. 应 用 实 例

11.1 2003 年 5 月初至 2004 年 10 月,在洋山深水港区一期地基加固工程中采用了本工法的工艺和参数进行了振冲施工，共完成振冲施工 92 万 m²，地基加固后的质量完全满足设计要求，承载力达到 180kPa/m²。

11.2 2005 年 8 月初开始至 2006 年 1 月初，在洋山深水港区二期地基加固工程中，采用了本工法进行振冲施工。采用 75kW 振冲器、3.5m 间距、15m 深度、双点共振共完成振冲施工总面积为 16.35 万 m²，地基加固后经检测，质量完全满足设计要求。

11.3 2006 年 8 月 10 日至 2007 年 4 月 24 日，在洋山深水港区三期一阶段地基加固工程中应用本工法。利用 75kW 振冲器共完成 101.4 万 m² 振冲施工，地基加固后经检测，质量完全满足设计要求。

自动监控条件下具有稳带技术的塑料排水板施工工法

GJYJGF102—2010

上海港务工程公司　中交上海航道局有限公司

叶军　喻栓旗　钱文博　叶建平　谢桢

1. 前　言

在洋山深水港区地基加固工程中，由于原始地质条件较差，存在大量的淤泥，且埋置较深，常规工艺难以进行地基处理。为确保这种地质能满足后续堆场的使用要求，主要采用塑料排水板工艺进行地基处理。常规塑排施工工艺经常发生回带，而且依靠人工进行管理，难以保证施工质量。

上海港务工程公司与中交上海航道局有限公司经过多年的技术积累和不断创新，不但完善了塑排施工工艺，而且通过对设备的改进，开发了塑排施工的稳带技术和自动监控系统，在此基础上形成了自动监控条件下具有稳带技术的塑料排水板施工工法。

该工法关键技术 2010 年 9 月经上海市科学技术委员会鉴定，达到了国际先进水平。自主研发的监控系统申报发明专利 1 项（申请号：201010550826.7）、获得实用新型专利 3 项（专利号 ZL201020541727.8、ZL201020508884.9、ZL201120010009.2）。

2. 工 法 特 点

2.1 该工法施工技术成熟、工艺简单，能在较复杂的地质条件下进行施工，应用广泛。

2.2 通过开发的稳带技术，可避免回带。

2.3 利用自动监控系统可对施工现场实施 24h 监控，将施工过程透明化，可确保施工质量，同时节约大量的人力、物力。

3. 适 用 范 围

适用淤泥土、淤泥质土等土质的地基加固。

4. 工 艺 原 理

塑料排水板加固地基是排水固结法的一种，先在地基中设置塑料排水板作为竖向排水体，然后利用建筑物本身重量分级进行加载，或在建筑物建造以前在场地先行加载预压（或真空预压），使土体中的孔隙水排出，地基土逐渐固结，提高强度。

常规塑排设备施工常存在回带现象，直接影响塑排施工质量和地基加固效果。为解决塑排施工中这一关键技术难题，对常用的设备进行改进，通过双管法，实现下带、稳带和留带。

塑排自动监控系统主要对塑排施工过程中的塑排施工深度、时间的采集，以及在采集数据的基础上形成记录图表，给人直观、形象的感受。监控系统包括自动记录平台、施工参数、记录图。其中自动记录平台包括开机、关机、记录界面；记录的参数包括单根塑排施工时间、单根塑排施工深度、总时间、总根数、总深度；记录图为深度—时间折线。在系统正常运行情况下，24h 记录现场施工，并自动生成图表，见图 4。

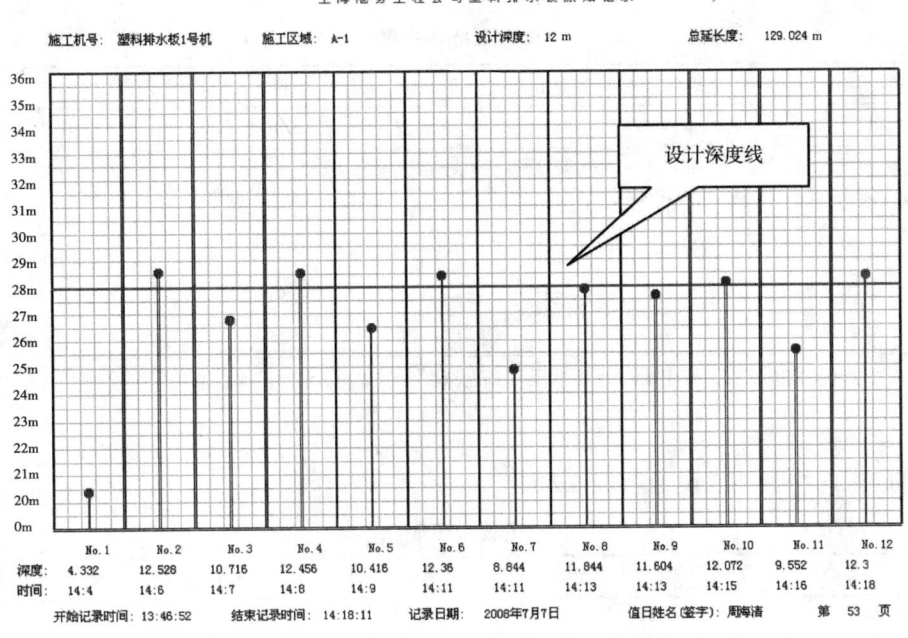

图 4　自动监控系统监测记录图

5. 施工工艺流程及操作要点

5.1　施工工艺流程（图 5.1）

5.2　操作要点

5.2.1　进行场地平整，并进行测量放线和标高测量。

5.2.2　按 3000~5000㎡ 对塑排处理区进行分区。

5.2.3　根据确定的塑排间距和布设形状，绘制塑排施工点位图，并标明行列编号。

5.2.4　根据点位图在施工现场放出具体的桩位并做好标记，塑排机就位，开启自动监控系统，下导管，施打排水板。当班施工结束后，关闭自动监控系统。

5.2.5　一个区段的塑料排水板验收合格后，打设时在板周围形成的孔洞，应及时用砂填满，并将塑料排水板埋设于砂中。

5.2.6　在施工过程中，实际的插板深度根据设计参数、施打情况和现场的停锤标准共同来控制。当无法达到设计要求深度时，及时与设计人员沟通。

5.2.7　塑料排水板分区打设完毕后，进行工后标高联测。

5.3　劳动组织

以每台塑排设备日打设塑料排水板 7000m 为例，需配备 4 名人员作业，包括 1 名履带吊驾驶员、2 名操作工人和 1 名协调管理人员。

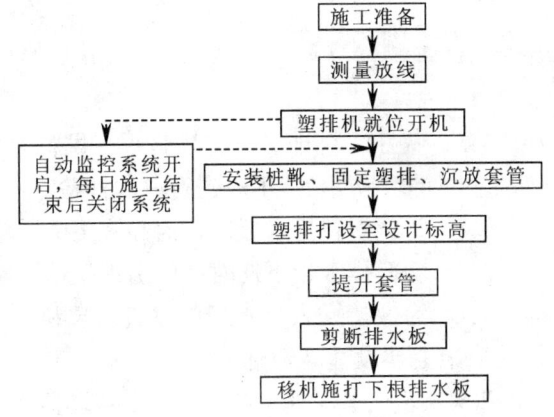

图 5.1　施工工艺流程图

6. 材料与设备

6.1　材料

主要材料是塑料排水板，根据《塑料排水板质量检验标准》JTJ/T 257-1996 的要求，塑排材料的具体指标见表6.1。

塑料排水板各类指标   表6.1

项　目		单位	A形	B形	C形	条　件
纵向通水量		cm³/s	≥15	≥25	≥40	侧压力350kPa
滤膜渗透系数		cm/s		≥5×10⁻⁴		试件在水中浸泡24h
滤膜等效孔径		um		<75		以O98计
复合体抗拉强度		kN/10cm	≥1.0	≥1.3	≥1.5	延伸率10%时
滤膜抗拉强度	纵向干态	N/cm	≥15	≥25	≥30	延伸率10%时
	横向湿态		≥10	≥20	≥25	延伸率15%时,试件在水中浸泡24h

注:A形排水板适用于打设深度小于15m;B形排水板适用于打设深度小于25m;C形排水板适用于打设深度小于35m。

6.2 设备

单台塑排机施工的配套施工设备见表6.2。

主要设备表   表6.2

设　备	型　号	数量（台/套）
塑排机		1
振动锤	DZ30	1
潜水泵		1
泥浆泵		1
监控系统		1

注:1套监控系统可同时监控4套以上塑排施工设备。

7. 质 量 控 制

7.1 做好塑料排水板进场验收,供料方应提供塑料排水板出厂合格证及技术性能鉴定书,同批生产的塑料排水板每20万m进行一次抽检,不同批次的应分批抽检。

7.2 每盘塑料排水板装机前和施工中,应随时进行外观检查,发现不合格应立即停止使用。

7.3 塑料排水板下插时严禁出现扭结、断裂和撕破滤膜等现象,装靴时要拉紧排水板。

7.4 为保持插入排水板的垂直度,机械就位后必须保持平整稳固,导架与水平保持垂直,在打桩机的塔架上挂设锤球随时校正。

7.5 施工过程中,应随时根据自动监控系统进行检查,检查施打深度、回带长度、回带根数、施打位置、垂直度和外露长度等记录,发现不合格应立即停止施工。

7.6 打设完毕后应全面检查板位、垂直度、打设深度、外露长度,确保合格并记录后方可移机打设下一根;在发现打设不合格时应及时在临近板位补打。板位偏差不宜大于±30mm。

7.7 打入地基的塑料排水板宜为整板,长度不足需要接长时必须按有关要求进行。

7.8 塑排施打过程中,施工记录人员根据施工分区点位图,每施打1根在图上相应位置标出,以免遗漏。根据编号,建立塑料排水板施工记录数据库的电子版,以方便查询和有关数据的追溯、检查,每天的施工记录均由专人录入电子数据库。

8. 安 全 措 施

8.1 严格执行《施工现场临时用电安全技术规范》JGJ 46-2005和建筑机械安全保证措施的有关规定。

8.2 所有设备进场前，均应进行检查验收。

8.3 施工设备操作过程中按各种专项规定操作，严禁违规作业。

8.4 在大风或台风来临时，听从相关部门统一安排，做好放架和避风工作。

8.5 施工前，设置警示牌和警戒线，严禁无关人员进入施工区域；对操作人员、测量人员进行安全交底，确保试验施工安全。

8.6 塑排施打深度深，导管下沉时一旦碰到硬物，导管极易折断，若遇到这种情况，应停止作业，避免导管变形，确保施工安全和导管垂直下沉。

8.7 由于施工过程中造成地面沉降使未施工和已施工区域场地高低不平，严重影响施工安全，应采取相应措施及时调整机身的平衡。

9. 环 保 措 施

现场环保控制主要是控制现场排水、设备保养、维修对场地环境的污染和现场生活垃圾的堆放、处理。做好环保工作主要采取如下措施：

9.1 对施工人员进场前进行培训、交底，要求施工人员树立环保意识。

9.2 根据现场施工情况，布置好排水沟，并设置积水坑，及时排水。

9.3 及时收集并整理现场塑排板的包装袋及各种零星材料。

9.4 分类设置垃圾箱，及时收集和处理现场生活或施工垃圾。

10. 效 益 分 析

10.1 施工质量有保证

塑料排水板施工由于工程量大，24h 施工，同时均为人工进行操作，必定存在人员监控不足、地质条件复杂塑排质量难以控制等情况，本工法中提出的强制下带措施及自动监控系统从关键施工技术和现场管理等两方面进行了改进，具有极强的推广价值和使用价值，优化了塑排设备和工艺，确保了塑排的施工质量。

10.2 提高了施工效率、降低了施工成本

淤泥地基常规处理方法或采用石料回填联合强夯施工，或采用各种桩基施工，不仅效率低不能大面积推广，而且施工费用较高；塑料排水板施工技术不仅能处理较深的淤泥地基，而且费用相对较低，同时结合自动监控系统，也可减少工人劳动强度，降低人工成本，在大面积施工具有更好的推广价值。

10.3 提高了施工过程的透明度

常规塑排施工主要靠人工记录每根塑排带的施工长度，一旦工程结束，现场的资料难以查询，也无法详细的反应施工过程，通过自动监控系统不仅能全过程的记录每根塑排带的施工长度、施工时间、具体位置，而且能自动记录每机每天的施工量、施工区域和设备状况等指标，将施工过程透明化，确保了施工资料的可索性。

10.4 节能降耗

本工法施工机械主要设备采用电气设备，采用网电供电，大大降低了油料消耗；通过自动监控系统和稳带技术，确保了施工质量，避免了返工引起的原材料浪费和动力消耗，具有节能效果。

11. 应 用 实 例

11.1 2005 年 5 月~2005 年 8 月，在上海国际航运中心洋山深水港区二期地基加固工程中，采用了塑料排水板联合堆载预压工艺进行地基处理。该区总面积 13.93 万 m²，采用 E 形塑料排水板，施工间距 1.10m,正方形布置,共完成塑排 260 万延米的施打,单根塑排最大深度为 29m,最小深度为 15m。地基处理后的承载力达到 180kPa 以上,满足设计要求。

11.2 2006 年 5 月~2006 年 8 月,在洋山深水港区三期(一阶段)地基加固工程中,塑料排水板采用 C 形,正三角形布置,间距 1.20m,塑料排水板长度 26.50~32.00m,共组织 18 台塑排设备,塑排施工总量 318 万延米。在完成堆载和强夯后进行了地基检测,地基承载力达到 180kPa 以上,满足设计要求。

11.3 2007 年 6 月~2007 年 9 月,在洋山深水港区三期(二阶段)地基加固工程中,塑料排水板采用 C 形,正三角形布置,间距 1.17m,塑料排水板长度 17.50~36.00m,共组织 21 台塑排设备。塑排共施打 198860 根,计 542.80 万延米,塑排工艺处理后的地基质量较好,地基承载力达到 180kPa 以上,达到了集装箱堆场的使用要求。

绞吸船管线变径施工工法

GJYJGF103—2010

中交天津航道局有限公司　中国港湾工程有限责任公司

秦亮　高伟　赵凤友　朱信群　徐恩岳

1. 前　言

绞吸船施工工况是泥泵特性与管路特性相互匹配所决定，是施工分析的核心问题。由于土质条件无法改变，输送工况的调整多是靠改变泵机转速，泵的串联数量，更换叶轮，浓度控制，管头加缩口等方式来实现。以上方法操作虽很简单方便，然而都具有很大的局限性。查新显示国内外施工企业没有改变管线从而调整工况的相关研究与尝试。这是由于以下两点原因：一是在常规状态下，每一条绞吸船所配的排出管径是固定的，由于思维定势，施工中很少做改变的考虑；二是管线的调整所涉及的分析技术复杂，并且长距离输送时管线的造价极高。

具有丰富绞吸船施工经验的中交天津航道局有限公司充分认识到管线变径工艺对于疏浚施工的重要性，联合中港公司开展绞吸船输送系统匹配的研究，提炼绞吸船变径施工工法。该工法在对已有技术进行归纳、分析的基础上，采取试验与理论相结合的方式，创建属于自己的核心技术，工况匹配研究成果。全面提升了国内绞吸挖泥船的施工水平，提高了企业核心竞争力和经济效益。经秦皇岛、曹妃甸、天津临港产业区等工程现场生产实践证明该工法可以显著提高生产率与安全性，使船舶施工工况达到最佳匹配，是一项节能、降耗、利国、利民的环保工法，截止2010年11月初应用该工法以上工地共多创造利润1060.6万元，节约燃油887.3t。该工法于2010年9月6日，通过中国水运建设行业协会鉴定，鉴定委员会一致认定该成果达到国际先进水平，2010年12月19日，获得交通部部级2010年度水运工程一级工法。应用该工法的秦皇岛煤四码头707泊位工程获得全国水运建设行业用户满意工程奖项。该工法的关键技术获得三项实用新型专利，另有三项专利申请已受理。

2. 工 法 特 点

针对工程土质、船舶设备等现场情况，管径的变换分增大或减小两种情况，下面分别指出两种情况下的工法使用特点及与常规解决方案相比所具有的优势。

2.1　加大管径的施工工艺

该情况主要解决细粉砂及淤泥质土长吹距输送压力过高、生产率低下、主机功率偏小、万方油耗偏大问题。

传统的解决该问题的施工方法是用接力泵接力输送，需在另外配备一套泵机设备，如在海上接力，需调遣一条接力泵船或搭设平台，能够提高生产率，降低主船排出压力，但设备、人力、物力、安全风险投入增加很多，并且会使主机功率更小，万方输送油耗更大。而采用新工法后能在压力、生产率、主机功率、万方油耗等方面全部有所改善。具体说来变大管径施工具有特点如下：

2.1.1　增大施工流量，提高了泵机负荷，充分利用了泵机的功率储备，增加了产量。滨海系列船舶曹妃甸施工换管径之前，输送流量9500m³/h左右，功率较小，4000kW的柴油机还有接近一半的功率储备没有利用，如图2.1.1-1所示，负荷较低。而增大管径后，增大了流量，从而增加了生产率，主机功率发挥更充分，如图2.1.1-2所示，工期极大缩短。

2.1.2　水力半径为过水面积与湿周之比，所以增加管径即增加了水力半径，同时由于流速下降，摩

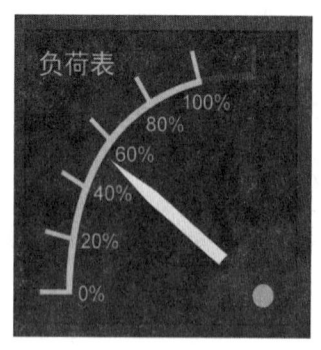 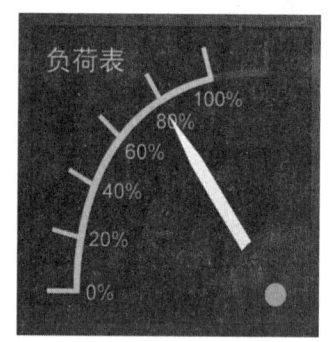

图 2.1.1-1　工法实施前主机负荷　　　图 2.1.1-2　工法实施后主机负荷

阻及摩损将明显减小，相同浓度，万方产量的油耗会显著降低，管线的耐磨寿命也将延长，利于节能减排、环境改善。

2.1.3　降低了输送压力，使封水泵压力能够满足运行，泥泵结构承压可以满足要求，管线、泥泵压力都有明显降低，消除了泵胆定位螺栓崩断的现象，利于保护设备与人员生命财产安全。

2.1.4　通过换管径施工，打破思维定势，增加了船舶的适用性，变单船长距离高浓度吹填不可能为可能，可以不用接力泵船进行施工，节约了大量的人力、物力、安全等方面成本。

2.2　减小管径的施工工艺

该情况主要解决鹅卵石、砾石等粗颗粒土质短排距输送压力浓度过低、生产率低下、主机负荷波动大、万方油耗偏大问题。

传统的解决该问题的施工方法只有调换其他型号施工船舶或放弃水力式输送方式，代之以采取机械式挖掘的方式进行。调换其他型号船舶基本不可行，国内目前尚未有专门适合吹送粗颗粒土质的绞吸船设计或出厂，并且调遣成本常常达百万以上，绞吸船调遣就位时间也长。机械式挖掘的方式生产率依然低下，根本满足不了工期要求。而采用变径工法后能显著提高浓度、提高生产率、降低主机负荷波动、解决万方油耗偏大问题。具体说来缩小管径施工具有特点如下：

2.2.1　增加了流速，降低了临界流速，从而使水流携沙的粒径及浓度可以增加，原管径输送浓度不能提高的因素原因就是流速低，临界流速高，缩小管径后，可以解决以上问题。图2.2.1为工法实施前后管道内泥浆浓度对比情况。

图 2.2.1　工法实施前后管道泥浆浓度

2.2.2　减小了流量，进而可以降低泵机负荷，降低了短排距下泵机负荷的波动，可以避免超负荷现象发生，提升了现场安全性。而相比之下加缩口的施工方式不能提高管道内的整体流速，不能降低临界流速，不利于提高携沙粒径及施工浓度，并且在输送大颗粒或易成团块泥质时，加缩口容易产生堵塞造成事故。

2.2.3　避免使用极低的浓度施工，增加了产量，从而提高生产率，缩短施工总工期，显著降低了万方油耗，提高了经济效益。

2.2.4　通过换管径施工，变不可能为可能，增加了船舶的适用性，增强了技术人员的创新能力。

3. 适 用 范 围

本工法直接从系统的运行匹配分析入手，考虑到临界流速，结构安全，输送粒径等多方面因素，难度较大，但效益显著，具体来说适用条件如下：

3.1　管径增大施工

1. 输送距离较长，用原管径施工排压较大，流量较低。

2. 细粉砂或淤泥质土，土颗粒较细且无黏性，原始管径施工时流速高于土质临界流速有较大余量，即流速可以适度降低，不会低于临界流速，不易产生堵管现象。

3. 泵机负荷有较大裕量。

3.2 管径缩小施工

1. 用原设计管径施工时排压较高，流速较小。

2. 鹅卵石或砾石质土，土质粒径较大或易成团块，临界流速较高，原始管径施工时流速不明显大于土质临界流速。

3. 输送距离较短，泵机负荷有不足。

4. 工 艺 原 理

《绞吸船管线变径施工工法》是综合考虑输送系统的浓度、流量、排压、泵转速等各种工艺参数之间相互影响，相互制约关系而提出的，其具体原理如下：

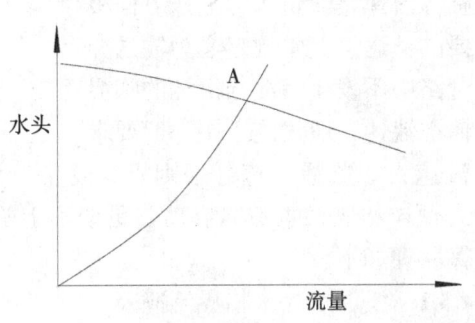

图 4.1 泥泵管路系统运行工况点

4.1 泥泵工况点的确定

泥泵工况系指泥泵特性与管路特性相互作用所反应的流量和水头等工艺参数的变化关系。当挖泥船输送施工时，泥浆介质要克服管道的阻力，而克服这些阻力的能量必然由泥泵提供，因此由能量观点可知泥泵的实际工作点就是泥泵特性曲线和管路特性曲线的交点。如图 4.1 所示，泥泵流量 Q~扬程 H 特性曲线与排泥管路流量 Q~水头损失 H 特性曲线之交点 A 即为系统的运行工况点，也即泥泵工况点。因此，泥泵工况点是泥泵特性与管路特性相互匹配所决定，是施工分析的核心问题，本工法就是利用管线特性的来改变系统运行的工况点。

4.1.1 泥泵特性参数的计算公式

设泥泵输送清水时流量 Q_w，扬程为 H_w，则输送泥浆时

① 流量计算公式：

$$Q_r = Q_w \tag{4.1.1-1}$$

② 扬程计算公式：

$$H_r = H_w [K_H(\gamma_m - 1) + 1] \tag{4.1.1-2}$$

4.1.2 管路特性曲线计算公式

管路清水损失总水头计算公式如下：

$$H_w = \zeta_1 \frac{V_s^2}{2g} + \lambda w_1 \frac{l_s}{D_s} \frac{V_s^2}{2g} + \Sigma \zeta_2 \frac{V_s^2}{2g} + \lambda w_2 \frac{l_d}{D_d} \frac{V_d^2}{2g} + \Sigma \zeta_3 \frac{V_d^2}{2g}$$

$$+ \lambda w_2 \frac{l}{D_d} \frac{V_d^2}{2g} + \Sigma \zeta_4 \frac{V_d^2}{2g} + \gamma_w \frac{V_d^2}{2g} + (\gamma_m - \gamma_w)Y + Z\gamma_w \tag{4.1.2-1}$$

淤泥和砂性土的特性曲线方程式不同，挖泥时，除静吸入高度公式不变外，其他各部分的水头损失均需乘以泥浆容重。而砂性土则要乘以系数 K，该系数计算公式：

$$K = 1 + CK_D \left[\frac{V_d^2}{gD_d(S_s - 1)} \sqrt{\frac{gd_s(S_s - 1)}{V_{ss}^2}} \right]^{-3/2} \tag{4.1.2-2}$$

泥泵工况点的求取还得考虑，各台泵转速的变化、串联等，具体计算流程如图 4.1.2 所示。

4.2 泥泵工况与泵机功率限制特性

图 4.2 为泥泵的流量~扬程曲线，下图为泥泵的流量功率曲线，设柴油机或电机等泵机在额定转速下能提供的功率为 P_n，对应的流量点为 E，如果系统的流量小于 E 点流量，则泵机可以正常运行，如

果点系统流量大于 E 点流量，则发生超负荷现象，不能长期稳定运行，泥泵及泵机转速将下降，工况点变化。如果泵机具有横功率特性，则工况点变化后，泵机仍可发挥最大负荷，否则，系统功率下降，对于柴油机驱动的泥泵系统，转速过低严重影响机器寿命系统也不能运行。

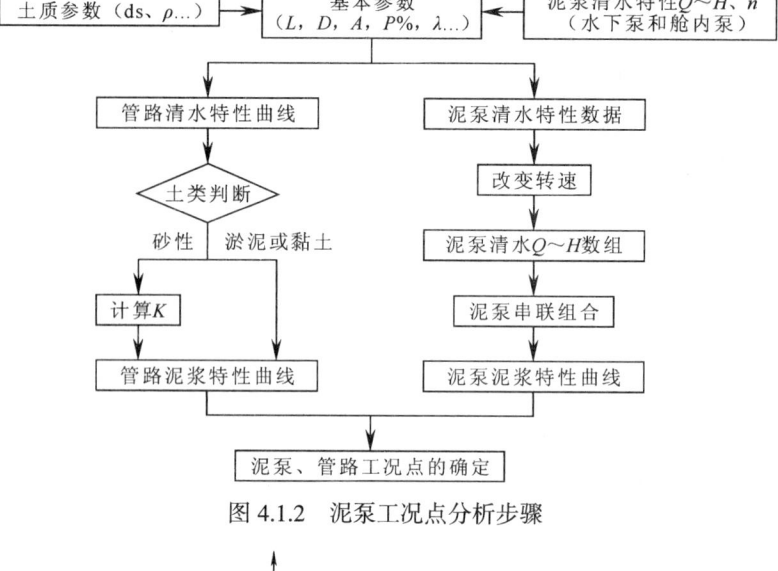

图 4.1.2 泥泵工况点分析步骤

4.3 临界流速与浓度、管径、土质的关系

临界流速是管道水力输送方面极为重要的概念。其常规定义为输送介质在管路中不发生沉淀与沉淀的临界点的输送流速，疏浚施工中一般要求输送流速大于临界流速，否则极易发生沉淀堵管现象，或者大颗粒物质根本不能启动，更谈不上输送。临界流速计算原理如下：

4.3.1 淤泥、黏土临界流速公式

根据 Durand 公式：

$$V_c = 0.928 C^{0.105} ds^{0.056} \sqrt{2gD_d(S_s-1)} \qquad (4.3.1)$$

式中　V_c——泥浆的临界流速（m/s）；

　　　C——土壤颗粒的体积浓度%；

　　　D_s——砂粒直径（mm）；

　　　g——重力加速度（m/s²），数值 9.81m/s²；

　　　D_d——排泥管内径（m）；

　　　S_s——土颗粒比重。

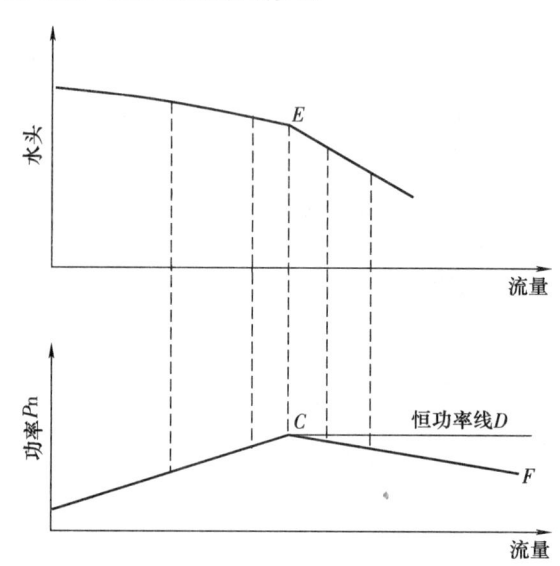

图 4.2　泥泵与泵机负荷匹配关系

4.3.2 砂性土临界流速公式

根据 Durand 的管路泥浆摩阻推导公式：

$$V_c = (90C)^{1/3} g^{1/4} D_d^{1/2} V_{ss}^{1/2} ds^{-1/4} \qquad (4.3.2)$$

式中　V_c——临界流速（m/s）；

　　　C——土壤颗粒的体积浓度%；

　　　g——重力加速度（m/s²），数值 9.81 m/s²；

　　　D_d——排泥管内径（m）；

　　　D_s——土颗粒直径（mm）；

　　　V_{ss}——土壤颗粒在静水中的沉降速度（m/s）。

从以上定义可以看出临界流速与输送介质的颗粒大小、浓度、管径等有关。

4.4 管径改变后输送系统工况变化原理

管路沿程阻力损失计算公式：

$$H = \lambda \frac{L}{D} \frac{V^2}{2g} \qquad (4.4-1)$$

将 $v = \dfrac{Q}{A}$ 带入

则得
$$H=\lambda\frac{L}{D}\frac{(Q/\pi D)^2}{8g}$$
(4.4-2)

可以看出在其他条件不变的情况下，输送阻力与管径的 5 次方成反比，实际上随着管径的增大或减小，沿程阻力系数 λ 也会减小或增大。因此，由前面泥泵工况点的确定方法可知，管径变化，管线流量~阻力关系也会变化，而管线的输送曲线发生改变就会导致泥泵工况变化，输送流量、流速、压力、功率等一系列物理量都将随之变化，临界流速也将发生变化。此时，功率的变化又决定着泥泵与泵机匹配的情况，流速与临界流速的变化决定着输送物质的启动或沉淀，输送能否成功。

5. 施工工艺流程及操作要点

5.1 绞吸船管线变径工艺流程

从以上分析可知，单纯管线的改变即引起整个系统的变化，对绞吸船施工输送的分析必须从系统的角度考虑，如何应采取变径施工要考虑 D、P、C、V、Vc、N、ds、p、Q、H、n、W、Y、Z、λ 等参量之间的关系与影响。具体来说变径工法的流程见图 5.1：

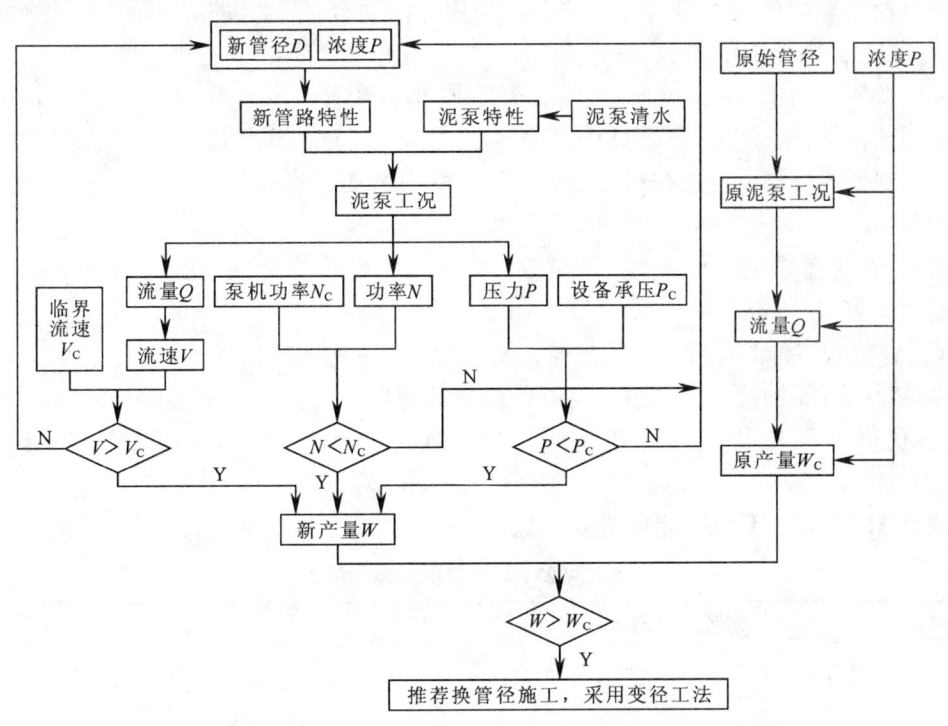

图 5.1　管线变径施工工法

5.2 绞吸船管线变径工艺操作要点

5.2.1 采用变径施工切不可盲目追求一方面的效果，不考虑系统各参量之间的相互影响。比如，为了减小阻力，降低压力，过多加大管径将导致临界流速上升，泵机负荷过大；为了增大流速而减小管径，将导致流速过高，磨损剧增。

5.2.2 注意管路上泵数量的变化，大型绞吸船输送体系都是多泵系统，因此必须考虑每台泵机的特性情况，此外还要注意泵数量变化时适应工况范围是阶跃性的，变换管径施工有可能需要变化泥泵的串联台数。

5.2.3 该工艺的操作灵活，即根据现场条件，长吹距时，如果全线都换管径，造价很高，所以不一定都用一样管径的管线，推荐首先将陆地管线换乘大管径管线。由于新造合适管线的费用较高，因此尽量合理调配已有不同管径管线进行施工。

5.2.4 应用的时候一定要注意临界流速与泵机负荷。如果换管径后流速低于临界流速则不可采用。

5.2.5 合理选择管径大小及需要更换的管径长度，最好使泵机负荷充分至最大，并不超负荷，以获得最大产量。

5.2.6 变管径后由于系统输送能力增强，相应的调整绞刀挖掘工艺，增大切厚与横移速度，以匹配输送工艺，提高生产率。

6. 材料与设备

公司主要以 φ600mm 管线、φ900mm 管线津航浚 217 船、滨海系列（天凤船）进行该项目的实施。

6.1 管线及其配套设备情况

φ600mm 管线由排泥钢管与胶管组成，其中胶管长度 1.8m，钢管管长有 6m 及 12m 两种，壁厚有 12mm、14mm、16mm 三种。

φ900mm 管线系中交天津港航勘察设计研究院有限公司全新设计建造，设备标准为：

1. 为满足超长吹距输送要求，排泥设备的工作压力均采用 2.5MPa 设计，选用 Q235 材料制造。

2. 钢质排泥管长度选用 6000mm、12000mm 两种规格。

3. 排泥设备所有管线的法兰盘尺寸一致，均采用：法兰外径 1200mm，螺孔中心圆直径 1110mm，孔径 39mm，孔数 28，螺栓选用 A 级 φ36。

4. 排泥直管壁厚选用 18mm、20mm、24mm 三种规格；弯管壁厚选用 24 mm、32mm 两种规格。

5. 闸阀采用插板阀、螺旋升降式闸板阀两种形式设计；呼吸阀采用液压阻尼和球形两种形式设计。

6. 浮筒采用横置式浮筒，连接按球形接头设计，管内极限泥浆密度 1.75 t/m³ 时，浮筒上表面高于海水表面约 200mm。

7. 自浮胶管法兰盘厚度 50mm、法兰筒厚度 18mm；排泥胶管法兰盘厚度 40mm、法兰筒厚度 14mm；钢管法兰盘厚度 40mm。

除此之外，为与船舶排泥管后弯头段相连，制作相应的变径管段。

为 φ900mm 管线研发的抗水流冲击力更强的横置式浮筒，球式浮子呼吸阀，新型快速闸板阀 3 项特色技术均已获得国家专利，专利号分别为 ZL 201020173603.9，ZL 201020173625.5，ZL 201020173615.1。

6.2 津航浚 217 船的主要性能指标见表 6.2。

津航浚 217 船的主要性能指标　　　　　表 6.2

	总吨位：2341t	满载排水量：3712t
	总长：96 m	最大挖深：22m
	总宽：17.2m	燃油舱容：480.5m³
	型深：4.7m	淡水舱：216.2m³
	满载吃水：3.42m	挖宽：80m
	舱内泵功率：1470kW×2	舱内泵主机额定转数：750r/min
津航浚 217	舱内泵转数：320r/min	叶轮宽度：220mm
	水下泵功率：750kW	水下泵主机额定转数：975r/min
	水下泵转数：220r/min	水下泵叶轮宽度：560mm
	绞刀功率：375kW×2	绞刀转数：0~36r/min
	绞刀重量：10.3t	桥梁重量：334t
	钢桩：长 46.5m、直径 1.6m、重量 90.5t	
	出厂日期：1987.4	

津航浚 217 船如图 6.2 所示。

6.3 滨海系列天凤船的主要性能指标见表 6.3。

表 6.3

天凤船的主要性能指标

滨海系列天凤号绞吸船	总吨位：2695t	满载排水量：4391.24t
	总长：101.80 m	最大挖深：25m
	总宽：19.04m	燃油舱容：903.282m³
	型深：5.2m	淡水舱：220.52m³
	满载吃水：3.5m	挖宽：130m
	舱内泵功率：3650kW×2	舱内泵主机额定转数：1000r/min
	舱内泵转数：349r/min	叶轮宽度：425mm
	水下泵功率：1900kW	水下泵主机额定转数：1000r/min
	水下泵转数：258r/min	水下泵叶轮宽度：425mm
	绞刀功率：1200kW	绞刀转数：0~33r/min
	绞刀重量：10t	桥梁重量：449t
	钢桩：长42m、直径1.6m、重量66t	
	出厂日期：2009.6	

滨海型天凤船如图 6.3 所示。

图 6.2　津航浚 217 船　　　　　　图 6.3　滨海型天凤船

6.4　设备：包括吊车、钩机、起锚艇，切割与焊接设备及其相应辅助工具。

7. 质 量 控 制

7.1　**施工质量执行以下标准**

7.1.1　《疏浚工程技术规范》JTJ 319—99

7.1.2　《疏浚工程质量检验评定标准》JTJ 324—2006

7.1.3　《水运工测量规范》JTJ 203—2001

7.2　**质量控制措施**

7.2.1　严格按照工程施工质量管理体系要求,开展各项质量管理工作,确保施工全过程得到有效控制。

7.2.2　制定质量工作计划,分析影响质量的因素,找寻对策。

7.2.3　针对质量管理开展工作,通过 PDCA 循环不断解决、改进质量难题。

7.2.4　向施工船做详细技术交底,明确质量控制内容,严格执行操作规程。

7.3　**更换管径的措施**

7.3.1　管径更换前,疏浚、船机主管人员会同挖泥船船长、轮机长对挖泥参数进行校核,并计算换管径大小及需要换的长度,输送流速最好控制在实用流速范围内。

7.3.2　换管径后,校核实际生产参数,与计划值进行比较,确定是否达到设计情况。

7.3.3　严格执行参数记录制度,掌握换管径前后的施工规律,总结分析经验,及时调整施工工艺。

7.3.4　注意变径管线的制造质量、卡接质量及使用注意事项,对于水上管线与横置式浮筒的固定采用特殊工艺设备保障,该设备已申请专利受理。

8. 安 全 措 施

8.1 施工前准备

根据工程特点及施工船情况，事先计划在何时、何地，选择如何实施。根据管线是否为已有还是需要针对该工程重新建造的现状进行经济分析，确定最佳的换管线长度。

尤其在换大量时，管线造价巨大，因此实施前需对清水参数及施工参数进行完整记录，以免工程失败。

8.2 施工过程

8.2.1 严格执行《国际海上避碰规则》及天津港 VTS 管理细则，显示、悬挂规定号灯号型，加强与进出港船舶联系，早定避让措施，执行雾航管理规定。

8.2.2 甲板作业人员穿戴救生衣、安全帽、冬季注意防冻、防滑、防火及安全用电，严格按照安全操作规程作业，避免人身伤害等事故发生。

8.2.3 港内修理需明火作业时，严格履行动火申报手续，安排专人值班，备足消防设备，及时清理动火现场。

8.2.4 防风抗台，根据施工区的自然条件及周边环境制定防台预案，及时收听天气预报，届时听从海事主管部门规定的避风锚地抛锚开车抗台与保持不间断的联系。

8.2.5 由于管线存在变径、并且 $\phi900mm$ 管线较重等问题，接掐、拖带、移位等操作时加强安全管理。

8.2.6 为防止现场土质差异大带来的施工风险，利用天航局国家发明专利——远程诊断及控制挖泥船疏浚作业技术开展挖泥船施工状态实时监测（监控系统构架及岸基监测界面分别见图 8.2.6-1、图 8.2.6-2），并定期组织力量对挖泥船施工工艺参数进行系统分析。

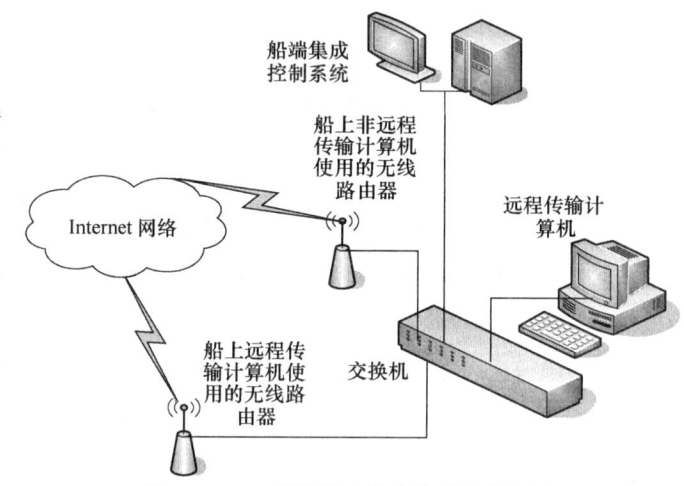

图 8.2.6-1 天航局远程监控系统构架图

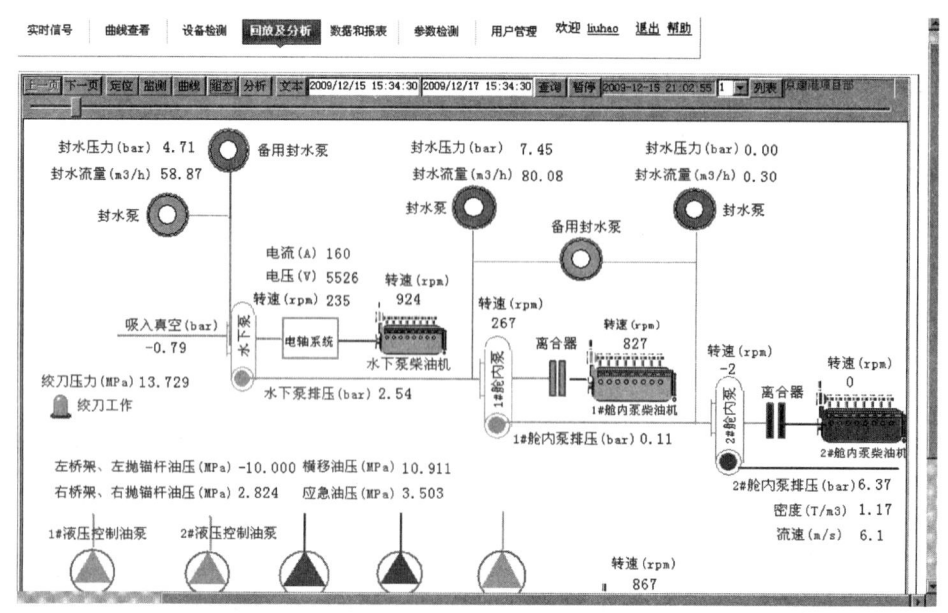

图 8.2.6-2 挖泥船施工数据岸基监测系统界面

9. 环 保 措 施

9.1 严格遵守《海洋环境保护法》，严格执行国家关于海洋环境保护的各项规定。

9.2 制定环境保护预案和应急救援预案，污油水、垃圾集中管理，定时申报回收，杜绝跑冒滴漏，防止泄漏施工水域中。加装燃润油及回收污油水垃圾时做好全过程监控管理，做好溢油事故的应急预案。

9.3 注意管线法兰连接质量，以免泄漏。

10. 效 益 分 析

此工法从绞吸船输送系统匹配的基本原理出发，旨在保证结构安全、提高生产率和节能降耗。

本工法在津航浚 217 船秦皇岛吹鹅卵石工程、滨海型船舶曹妃甸长距离吹砂等工程中都得到应用，解决泥泵与管线配合中的技术难题，取得的经济效益也相当可观。从不同工程、不同施工船在节能降耗、提高生产率方面的效益分析如下。

10.1 津航浚 217 船秦皇岛 707 泊位减小管径施工

天航局技术人员在管线总长 1000~1800m 的情况下，大胆采用 3 泵串联 $\phi600mm$ 管线挖吹砂卵石施工，使船舶生产率得到较大幅度提高。当时秦皇岛港地区煤四期码头预留泊位处土质颗粒较大，临界流速较高，如果采用 $\phi700mm$ 管径输送，施工浓度极低，容易发生堵管现象。而在使用 $\phi600mm$ 管线的情况下，由于管路截面积变小，流速变大后可高于临界流速，同时船管截面仍为 $\phi700mm$ 不变，流速及流速波动相对较小，在一定程度上给挖泥设备提高了安全运转系数。

改成 $\phi600mm$ 管线施工后，217 船的生产率由原来的每小时 318m³/h 提高到 558m³/h，节能减排效果对比见表 10.1。截至 6 月 30 日，共计完成工程量 45.54 万方，在相同工期内约提高了 12.08 万方的砂卵石产量，以工程量单价 27.8 元计，共多创造了 335.8 万元产值。

秦皇岛煤四码头变管径施工节能减排效果　　　　表 10.1

项　　　目	采用 700 管线生产情况	采用 600 管线生产情况
生产率（方）	318	558
时间利用率（%）	75%	75%
工作时间（d）	49	28
燃油消耗量（t）	49d×24h×75%×270kg/h=238.14t	28d×24h×75%×250kg/h=126t
燃油费油（万元）	238.14t×5000 元/t=119.07	126t×5000 元/t=63
万方油耗	8.47t	4.48t

从表 10.1 中可以看出由于采用 $\phi600mm$ 管线施工，节约燃油 112t，按燃油成本 5000 元/t 计算，节约燃油费用 56 万余元，这还不包括节省工期所节约的辅助船舶及设备消耗，万方油耗由 8.47t 降低到 4.48t，节能效果显著。

由于采用 $\phi600mm$ 管线施工，生产率提高，达到了业主的要求，创造了良好的施工形象，该工程获得"全国水运建设行业用户满意工程"奖励。

10.2 天凤船曹妃甸钢铁产业区南部南区围海造地工程长距离增大管径吹填

在曹妃甸钢铁产业区南部南区围海造地工程施工的滨海型挖泥船天吉和天凤输泥距离约 8700m 时，浓度 30% 左右，施工时排压约 1.7MPa，流速约 5m/s，生产率 2000m³/h 左右。随着施工进展，输泥距离逐步要增至 12000m 左右，如继续采用 $\phi800mm$ 管径施工，而其他施工条件不变，则排压将增至

2MPa以上，流量将有所降低，万方油耗也会有较大提高。更大的问题是由于排压的大幅提高，对泥泵和排泥管线的安全会造成很大威胁。为解决生产率降低、油耗增加，特别是设备安全问题。经技术人员建议将ϕ800mm排泥管改为ϕ900mm排泥管。

天凤船在曹妃甸工地换管径施工后第一阶段共计4个多月吹距变化范围为6700~7600m，在该段施工期间，施工流速在6~6.5m/s之间，施工浓度可达到40%，施工排压1.4MPa。采用ϕ900mm管线，施工产量更大，排压更低，综合利润不低于70万元/月。

第二阶段，天凤船采用宇大一号的ϕ900mm管线进行施工，吹距达到12700m，并保持了不错的产量（据了解为当时天航局自主船舶最长吹距），共计超长吹距10d。

表10.2为6700~7600m吹距范围内每百万方造地方量的节能减排效果分析。

3月15日前曹妃甸工程变管径施工每百万方产量的节能减排效果　　　　表10.2

项　　　目	采用800管线生产情况	采用900管线生产情况
土方量（万方）	100	100
生产率（方）	2100	2600
工作时间（h）	472.6	384.6
燃油消耗量（t）	472.6h×1050kg/h=496.23t	384.6×1130kg/h=434.60t
燃油费油（万元）	496.23t×6500元/t=322.55	434.60t×6500元/t=282.49
万方油耗	4.96t	4.35t

由表10.2可以看出，采用变径施工，每百万方工程量可以节约燃油62t，根据工程统计情况，在该吹距下共进行了328万方量的吹填工作，可以节油203.4t。

ϕ800mm管径的最大经济吹距不超过11km，要在12.7km吹距情况下达到与ϕ900mm管径相同的产量，需要两台，需要加接力泵船，接力泵船上至少要配备2台同滨海型船舱内泵的接力泵后，方能达到相同产量，因此与采用ϕ900mm相比，ϕ800mm油耗将增加35%。在2010年3月31日~在2010年4月11日，天凤船在12.7km吹距下共吹填土方45万方，油耗为312t，所以，采用ϕ800mm油耗将为421t，采用ϕ900mm节油109t。

因此，该措施在曹妃甸项目共节约油耗312.4t。综合利润不低于70万元/月。按照改后的工艺，滨海船型最长吹距达到12.7km，达到当时国内单船的最大吹距，节省了接力泵船，保证了设备及施工人员的安全，取得了巨大的社会效益与经济效益。

10.3　天凤船天津临港工业区二期围海T9区吹填工程增大管径减少串联泵数施工

天凤船于2010年7月3日调遣至天津临港产业区，7月4日开始正式施工，所挖输土质为含水量较高的淤泥质软黏土。7月4日~8月6日一直采用ϕ800mm管径管线施工，开3台泵，吹距4600m。经过技术人员论证分析采用绞吸船管线变径施工工法，将ϕ800mm排泥管改为ϕ900mm排泥管，8月7日以后开始采用ϕ900mm管径管线施工，由于增大管径后输送摩阻明显减小，将3台泵改为两台泵施工，停掉一台车，节省大量油耗，并且生产率有所提高，据工程统计采用ϕ800mm管线生产率为2368m³/h，采用ϕ900mm管线后生产率为2603m³/h，生产率每小时提高200多方，万方油耗节省1.57t。随着吹距的增加，天凤船施工至10月10日，再次改为3台泵施工，吹距达到7900m，据项目统计应用ϕ900mm管线施工排压一般在1.6MPa以下，船舶在该长吹距下每小时正常生产率平均不低于2500方。

具体节能减排数据如下：

7月4日~8月7日，天凤船燃油耗共计922.6t，总产量为162.1万方。8月7日~10月10日，油耗共计898.48t，总产量为218.1万方。采用ϕ800mm管线万方油耗为5.69t，采用ϕ900mm管线油耗为4.12t。从以上数据可以看出在吹距有所加长的情况下采用ϕ900mm管线万方油耗要节省1.57t，按照采用ϕ900管线下获得产量计算，比继续采用ϕ800mm管线，218.1万方的工程量多节约燃油耗342.4t。

10月10日后，改成3台泵施工到11月5日为止统计的小时平均生产率为2610方，总产量77.8万方，共耗油460.1t，平均油耗5.91t。如果在10月10日以后的长吹距施工中采用φ800mm管线，由于受排压不能超过2.0MPa的限制，船舶施工状态将更加恶劣，施工产量最大不会超过2000m³/h。按照2000方计算，万方油耗的差距将达到1.78t。所以此状态下25d共节约油耗138.5t。

综述，采用绞吸船变管径施工工法，使得不可能变为可能，同时提高了施工设备利用率、时间利用率，使工程工期提前，节省了大量人力物力成本，该项工法至2010年11月5日共计节约燃油887.3t，多创造利润1060.8万元，并且降低了主机负荷波动，降低了排压，培养了技术人员的创新能力，提升了企业核心竞争力，安全效益、社会效益显著。

11. 应 用 实 例

此工法的使用可以使泵机、泥泵、管线匹配更加良好，设备结构更加安全，生产率明显提高。该工法应用工程项目情况如下：

11.1 津航浚217船2004年6月2日~6月30日秦皇岛港地区煤四期码头707泊位施工时，输送砂卵石采用了缩小管径施工。当时正值我国电力能源紧张，南方省市煤炭严重短缺，秦皇岛作为我国最大的能源出口港，迫于生产压力，业主要求竣工日期紧迫。同期与217船一起施工的750链斗"葛洲坝链斗752"船正在厂修中，修理进度严重滞后，出厂时间不能确定，到6月底能否完成泊位施工任务与217船生产能力的发挥至关重要。通过该工法的实施，共计完成工程量45.54万方，在相同工期内约提高了12.08万方的砂卵石产量，并避免了超负荷，提高了生产率，加快了施工进度，使工期得到保证，取得了良好的效益。

11.2 为避免排泥设备损坏，提高生产率与降低油耗，曹妃甸钢铁产业区南部南区围海造地工程施工的滨海型挖泥船天凤船从2009年10月31日~2010年3月15日为止，采用φ900mm管线进行4个多月的吹填，随着工程的继续，吹距变化范围为6700~7600m，在该段施工期间，施工流速在6~6.5m/s之间，施工浓度可达到40%，施工排压1.4MPa，完成328万方工程量。相比之下采用φ900mm管线，施工产量更大，排压更低。自3月15日起，根据施工组织设计船舶位置移动，天凤船改用φ800mm管径施工。

在2010年3月31日，又由于同期施工的宇大一号故障及业主对该区域的工期要求，项目部结合换径工艺分析结果，将天凤船与宇大一号对调，天凤船采用宇大一号的φ900mm管线进行施工，吹距达到12700m，并保持了较高的产量。4月11日换回φ800mm管线施工，共计长吹距10d，完成45万方工程量。

11.3 天凤船于2010年8月7日在天津临港产业区T9区造地工程中将φ800mm排泥管改为φ900mm管径排泥管施工，由于增大管径后输送摩阻明显减小，将3台泵改为2台泵施工，节省大量油耗，并且生产率每小时提高235m³，万方油耗节省1.57t。随着吹距的增加，天凤船施工至10月10日，再次改为3台泵施工，吹距达到7900m，该项目应用φ900mm管线施工排压一般在1.6MPa以下，船舶在该长吹距下每小时正常生产率平均不低于2500m³。截止2010年11月5日，天凤船于天津临港产业区工地共计完成工程量295.9万方工程量。

综述，从系统匹配入手采用绞吸船变管径施工工法，可以极大拓展船舶适应性，降低万方油耗，降低主机负荷波动及输送系统压力，提高施工生产率。该工法提升了企业核心竞争力，经济效益、社会效益及节能减排效果显著。

滨海型绞吸挖泥船"单桩双锚四缆"施工工法

GJYJGF104—2010

中交天津航道局有限公司

周泉生　赵凤友　秦亮　徐恩岳　田桂平

1. 前　言

绞吸挖泥船疏浚或取土基本过程可分为绞刀对泥土进行切削、泥泵旋转在吸入端产生的负压将泥水混合物吸入泥泵、泥泵出口的高压将泥水混合物通过排泥管线排至处置区或进行装驳三个方面。实现上述施工过程,绞吸船对地位置的固定、移动,则是绞吸船能否持续施工的关键。

绞吸船对地位置的固定由船舶的定位系统承担,通常分为钢桩和锚缆定位两类;钢桩定位又分为"对称固定式钢桩"和"台车钢桩"两种;不同的定位形式具有不同的适用范围和优缺点。中交天津航道局有限公司根据对绞吸挖泥船及其施工技术的深刻理解,自行设计建造了新型绞吸式挖泥船——"滨海型"绞吸船,见图1;该型船只设一个定位钢桩的台车系统(无辅桩系统)与"三缆定位"系统配合,与传统的双钢桩和锚缆定位施工有较大的不同之处;并为此创

图 1　"滨海型"绞吸船

造了由钢桩和锚缆混合使用的全新的绞吸挖泥船定位施工方法——"单桩双锚四缆"施工工法。

通过六艘"滨海型"绞吸船一年的施工实践,该工法简捷、实用、可靠;其"单钢桩台车与三缆组合定位系统"获国家实用新型专利,2010 年 9 月 6 日中国水运建设行业协会组织专家鉴定委员会对"滨海型"绞吸船"单桩双锚四缆"施工工艺研究成果进行了科学技术鉴定,认为该成果达到国内领先水平。

2. 工 法 特 点

2.1　正常挖泥时,采用钢桩定位、台车推船进步,因此能提供巨大的挖掘反力、稳定的船位和准确的步距,能满足挖掘硬质土和基槽等高精度疏浚施工要求的定位要求;

2.2　采用新技术固定船位进行台车归零要比传统的双桩台车归零工序节省非生产占用时间,能有效提高挖泥生产效率;

2.3　挖泥过程中应用绞进和制动共同控制和调节横移速度,使复杂工况的施工挖泥更安全、操作更平稳,有效保证挖宽质量;

2.4　施工中可随时纠正因各种原因造成定位钢桩的偏位。

3. 适 用 范 围

3.1　适用所有"滨海型"绞吸船及同时具有钢桩台车和"三缆"两套定位系统的绞吸船对有高精度要求和狭窄水域工程的施工。

3.2 适于绞吸船能开挖的淤泥、黏土、砂性土、强风化岩等各类土质。

4. 工 艺 原 理

4.1 "滨海型"绞吸船特点

"滨海型"绞吸式挖泥船为总装机功率近12400kW，绞刀功率1200kW，最大挖深25m，设计施工流量12000m³/h，配备钢桩、三缆两套定位系统的大型挖泥船；为优化操作工序和降低船舶造价，其设计建造时只配设台车钢桩（主桩）定位系统，去除了辅钢桩系统。同时，挖泥操作台面布置将反张力旋钮设在驾驶员操作最顺手的位置，驾驶员在挖泥过程中用左右手同时操作横移绞车的绞进和制动，使施工时的固定反张力改为可根据需要时调节。这样，一来正常施工时可松开制动，减小绞进负荷节约能源，必要时通过制动和绞进配合可更加精细控制摆速和船位；二来是特殊情况下用紧急制动有利于船舶安全。

由于没有辅桩，在台车完成行程起主钢桩离地归零时就必须借助三缆定位设备协助约束船位，这就是"滨海型"绞吸船突出的特点；从而由钢桩和锚缆两类定位系统协作定位施工的绞吸船"单桩双锚四缆"施工法应运而生。

4.2 工艺原理

常规的绞吸挖泥船钢桩台车定位施工时以台车钢桩为主桩，挖泥时绞刀以主钢桩为原点左右横移摆动，完成一个断面的挖泥后向后推台车使船舶前移实现挖泥断面的更换（俗称进步）；当数次进步台车行程用尽后，需要收回台车使其位置归零（俗称倒台车），此时停止船舶横移摆动（也就停止了挖泥），下放辅桩入泥固定船位，起升主桩离地后收台车归零，这就完成了一个台车行程的挖泥。台车归零后下放主钢桩入泥并起升辅桩，辅桩离地后再开始船舶的横移摆动，开始下一个台车行程的挖泥施工。钢桩定位施工精度高，船舶挖掘平稳，适宜开挖各类土质；但倒台车工序复杂，非生产时间占用较多。

常规的绞吸挖泥船三缆定位施工时，通过收绞经三缆柱连接在呈星形布设的三口锚上的三根钢缆（艉缆和左、右边缆），以三缆固定三缆柱平面位置；挖泥时绞刀以三缆柱为原点左右横移摆动，完成一个断面的挖泥后适量放松艉缆并同时收绞边缆使船舶前移实现挖泥断面的更换，"进步"操作简单，"进步"循环与倒锚循环一致；相比钢桩台车定位倒台车工序，可节省较多的非生产时间用于有效挖泥。但钢缆为柔性约束，当外力变化或绞刀挖掘反力变化时船位将不固定，而船位的不

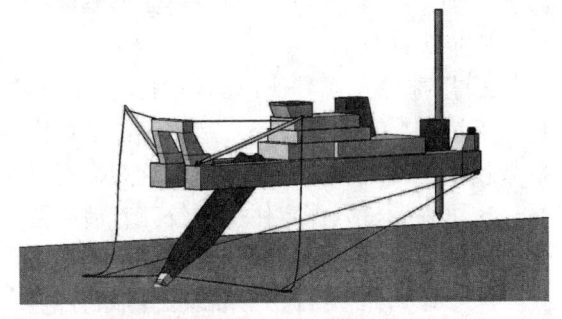

图4.2 单桩双锚四缆施工示意图

固定会直接造成挖泥反力的大幅度变化致船舶抖跳；且三缆锚的布设对水域有较高的要求，故三缆定位不适于精度要求高、土质坚硬和狭窄水域的工程施工。

"滨海型"绞吸船"单桩双锚四缆"施工法和常规的台车钢桩绞吸船一样，以钢桩定位施工。不同之处在于：倒台车时无起、下副桩的工序，而是调高横移反张力使左右横移缆均处于张紧状态；钢桩起升离地前收紧连接在左右横移锚上的左右边缆，钢桩离地后，则形成以桥架、三缆柱和双锚各为顶点，以两根横移缆和两根边缆及船轴线组成的四边形及对角线使图形固定；四边形有两个顶点即两口横移锚固定在海底，因此挖泥船的平面位置得以固定。由此可知："滨海型"挖泥船施工时绞刀横移和倒台车的平面位置控制，全由一根钢桩、两口横移锚、四根钢缆完成，故称之为"单桩双锚四缆"施工工法。

4.3 工艺要点

4.3.1 倒台车时绞刀停在挖槽中线进行，之前调高反张力至当时风、流条件下足以刹住船的程度，使船舶停止横移时两根横移缆都处于张紧状态，同时绞刀停转行。

4.3.2 在横移挖泥或起桩尚未离地时收紧左右边缆（收紧程度可视当时的风、流情况），要求是收

边缆与其他动作同时进行而不单独占用时间。

4.3.3 钢桩有偏离基准线时，在钢桩离地回收台车过程中适量绞收偏离一侧的边缆，使台车钢桩归回到基准线。

5. 施工工艺流程及操作要点

5.1 施工工艺流程

施工工艺流程见工艺流程图5.1。

5.2 施工操作要点

5.2.1 施工准备

"滨海型"绞吸船施工前准备工作有以下几方面：

1. 施工任务确定后索取相关施工资料，选择适宜的刀型、刀齿；如异地施工，视其调程远近和航路情况进行必要的倒桩、封舱加固工作；到达工地后再进行开舱、立桩、解固。

2. 选用抓力好、重量适宜的横移兼定位两用锚，将左右两根定位边缆和横移缆通过"三角板"分别与左右横移锚锚尾相连，形成"双锚四缆铰接"形式；横移缆在前，定位缆在后，缆接卡前要将缆充分舒展，防止钢缆扭花。

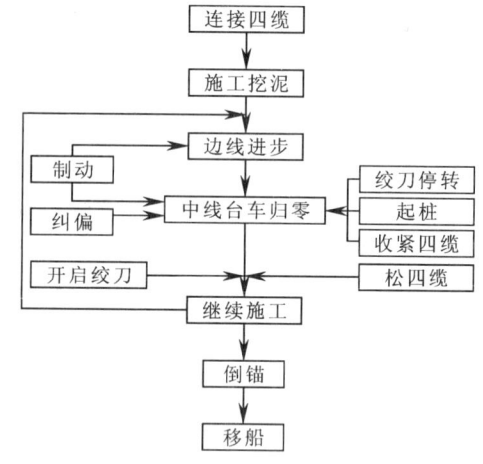

图 5.1 施工工艺流程图

3. 检查校核 DGPS、电罗经、挖深指示仪及各操作、控制、监测等设备、仪器、仪表，确保其完好并满足精度要求。

5.2.2 进点展布

1. 由拖轮拖带进入施工区，按电子导航图标示的航线、挖泥起点驻位；距离挖泥起始点约500m时减速，到位后将船停住，将钢桩缓慢降落插入海底使船位固定。有风、流影响时也可先下放绞刀定住船位（宜逆风逆流）。

2. 用拖轮（或其他辅助船舶）将绞刀带至一侧（先上风、上流）挖槽边线并下放至泥面，用抛锚杆抛下该侧横移兼定位锚，适当收绞该锚横移缆进行刹锚，收绞力度视风、流和土质情况确定。然后起桥架使绞刀离地，用相同方法将绞刀带至另一侧挖槽边线抛下另一横移兼定位锚。

也可在钢桩入泥定住船位绞刀着地后按下锚、起桥、绞横移、下桥、起锚、再下锚的程序将船先后倒至两侧边线下妥横移兼定位边锚。

3. 校核钢桩是否在基准线上；如有偏差，可将钢桩起离泥面，分别收放两定位边缆进行调整；如绞刀与挖泥起始点位置前后有较大偏差时，则需分别收放定位边和横移缆缆进行调整。

5.2.3 挖泥

当进点展布、管线接卡、安全检查完毕后即可备车开始挖泥施工。

1. 挖泥操作方法：主要是根据水位和起降桥架控制挖深，通过台车进退和绞放横移缆控制挖泥的平面位置。从施工布置方面讲，多数疏浚或吹填取土工程绞吸船都需分段、分条、分层施工；分段长度主要以船配水上浮管长度为依据划分；分条宽度则以土质和船舶长度为主要划分依据；分层厚度取决于开挖土质和采取的挖泥方法。本工法适宜小进步大挖厚施工，即在土质开挖和坍塌允许的范围内尽力加大一刀的切削厚度并采用较小的前进步距，左右边线处进步且数台车不改变挖深的施工方法。在土质坚硬难以挖掘且不坍塌的情况下，也可采用"大分层小切厚"反复逐层开挖的方法。见图5.2.3所示。

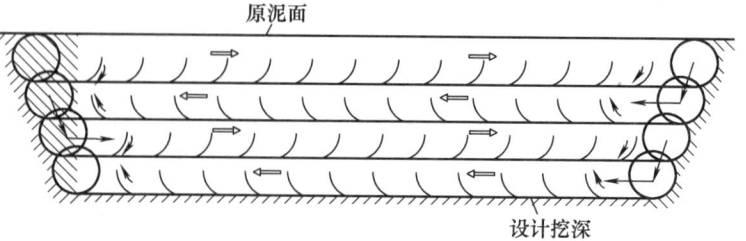

图 5.2.3 绞刀挖泥轨迹示意图

2. 施工参数控制：施工中工艺数据主要根据土的挖掘和输送难易程度、排泥管线的长度及排泥高度确定。当挖掘坚硬土质，绞刀的挖掘能力是提高产量的控制因素时，宜取较高的绞刀转速、较小的切削厚度和较小的前进步距，以横移速度的增减来调整较刀的负荷，并使其始终处于较高但不超限的状态。占大多数以输送能力为限制因素的挖泥施工，施工参数组合较多较难优选，通常按以原则下掌握：

1）切泥厚度：当需开挖的泥层较厚需分几刀开挖时，厚度据土的挖掘和坍塌特性决定，原则是宜厚；就"滨海型"挖泥船而言，一般坚硬和高塑性土不超过 3m，淤泥质土不超过 6m，松散或虽密实但极易坍塌的沙则可不受限制。

2）前进步距：根据泥泵输送能力和切泥厚度确定，原则是在切削满足输送要求的前提下宜小，通常 0.4~0.8m 为宜，在泥层较薄或一层分多刀开挖时步距宜大。挖硬土时步距以绞刀高度的 0.8 倍，淤泥或松散沙以绞刀高度的 1.0 倍为宜。

3）绞刀转速：根据开挖的土质和横移速度确定，开挖坚硬土质时宜高些；通常应注意横移速度与绞刀转速的匹配，间隙角不能太小。

4）横移速度：是保障安全、稳定、高效挖泥的重要和最活跃的因素，应根据绞刀负荷和输送状态随时调节，较高的横移速度有较大的调节余地；"滨海型"绞吸船设计横移速度为 0~33m/min，实际施工时可按 15~20m/min 的速度设计切厚和步距。

5）泥泵转速：根据输送土质、排泥管线长度确定；但应注意以下方面：一是从设备安全角度，泥泵机转速不宜低于额定转速的 85%（"滨海型"船不宜低于 850rpm）；二是从经济的角度，应以较高的浓度和较低的流速施工；在输送能力满足挖掘需要的前提下，宜以较低的转速施工；三是当挖掘能力大于输送能力时，泥泵机应开至额定转速或转速由柴油机自动调整。

3. 本工法要求用横移绞车的绞进和制动共同控制挖泥摆动，制动力的调整一般按如下要点操作：

1）正常挖泥时将制动力降至横移缆的自重即可使缆绳缓慢放出的程度，以节约能耗。

2）挖掘坚硬土质或顺风顺流摆动时，适当增大制动力，使之有一定的横移反拉力，以策安全。

3）摆动接近边线时在绞进的同时增大制动收紧横移缆，以严格控制边线（超挖）和缩短换向时间。

4）摆动中小范围的速度和精细调整用制动调节，较大范围的增速以绞进实现，较大幅度的降速则可先增制动力再降绞进配合，以求精细和平稳。

5）遇到障碍或其他意外需立即停摆时紧急制动并停止绞进以使船舶尽快脱离危险。

5.2.4　前移进步

船舶进步更换断面在挖槽两侧边线进行，正常操作为：摆动将至边线时调增横移制动收紧后侧横移缆，船到边线停止绞缆、停船并及时反向绞船，当船舶开始回摆时推台车进船，达到设计步距时停止推台车进入正常摆动挖泥。

5.2.5　台车归零

"滨海型"绞吸船台车总行程 6m，当挖泥进步总前进量达到 6m 后台车将不能继续后推进船，此时需台车归零。操作要点：当绞刀接近挖槽中线时增大横移制动力并收紧两定位边缆，到达中线后两摆动缆绷紧停止摆动（绞刀停转），起升钢桩离地后收台车到零位，然后下放钢桩入泥、放松两定位边缆、启动绞刀恢复摆动挖泥。

5.2.6　移锚

"滨海型"挖泥船正常的横移锚位在绞刀的侧后方，施工中随着船舶前移，横移缆与船舶轴线的夹角逐渐减小，横移拉力、钢桩应力逐渐增大并趋于不合理，此时需要移锚；锚位间隔与挖槽宽度和挖掘土质有关，"滨海型"挖泥船通常为 24~30m。移锚操作：绞刀至挖槽一侧边线停摆并绞刀停转（着地），放松横移缆和定位边缆，绞收该侧锚头缆至锚出水面并查看锚、缆情况是否正常，任锚杆自由摆动至稳定位置后松放锚头缆下锚着地（必要时可绞收横移缆或定位边缆调整锚位），绞收横移缆和边缆刹锚至抓力合适；松边缆、起桥、开绞刀、进步、正常挖泥，反向摆动至另一侧边线移另一口锚。

6. 材料与设备

6.1 材料

6.1.1 燃、润、液压油：船用轻柴油、润滑油及液压油。

6.1.2 船舶机械耗材。

6.1.3 挖泥机具备配件及耗材。

6.2 施工主船

实施本工法的施工船舶为我公司自主研发建造的"滨海型"绞吸式挖泥船系列（天禹、天吉、天凤、天禧、天铭、天凯）；船舶数据及性能如表6.2。

"滨海型"绞吸挖泥船主要性能　　　　　　　　　　　　　　　　　表6.2

建造厂		天津中交博迈科海洋船舶重工有限公司	
总吨位	2695t	满载排水量	4391.24t
总　长	101.80m	满载吃水	3.362m（船尾）
总　宽	19.04m	燃油舱容	903.282m³
型　深	5.20m	淡水舱	220.52m³
挖　深	5~25m	最高建筑	25.76m
挖　宽	40~130m	装机总功率	12396kW
公称排距	3000m	舱内泵功率	3240kW×2
公称生产率	3500m³/h	舱内泵额定转速	336r/min
施工设计流量	12000m³/h	舱内泥泵机额定转速	1000r/min
绞刀功率	1200kW	水下泵功率	1900kW

6.3 辅助船舶

配合主船施工的辅助船舶为一艘专业起锚艇，它的主要功能是辅助施工主船移锚、移船、调整水上浮筒管线、交通及救生等。船舶主要性能如表6.3。

起锚艇主要性能　　　　　　　　　　　　　　　　　　　　　　　表6.3

总　吨　位	263t	满载排水量	467.6t
总　长	29.35m	燃油舱容积	34.43m³
型　宽	10.0m	淡水舱容积	340.772m³
型　深	3.4m	最大起锚力	450kN
满载吃水	平均2.2m	航行主机功率	339kW×2
起锚速度	5~10m/min	航速	9.0Kn

7. 质量控制

7.1 质量控制标准

本工法主要实施疏浚与吹填工程；疏浚、吹填工程施工质量对于绞吸船而言主要由平均超宽、平均超深和吹填高程偏差等技术指标衡量，故本工法实施中执行如下标准：

1. 平均超宽、平均超深、吹填高程偏差执行《疏浚工程技术规范》JTJ 319-99、《疏浚与吹填工程质量检验标准》JTJ 324-2006相关规定；

2. 水深测量执行《水运工程测量规范》JTJ 203-2001；

3. 特殊规定执行合同约定和企业定额。

7.2 检验方法

水深测量，高程测量。

7.3 质量要求

1. 设计疏浚范围内不允许出现浅点，允许浅值规定见表 7.3-1。

疏浚工程允许浅值

表 7.3-1

设计水深 h（m）	$h<10.0$	$10.0 \leqslant h \leqslant 14.0$	$h>14.0$
允许浅值（m）	0.1	0.2	0.3

2. 设计开挖边线平均超宽不得大于 4.0m。

3. 设计疏浚范围内平均超深不得大于 0.4m。

4. 吹填工程标高控制允许偏差规定见表 7.3-2。

吹填工程吹填高程允许偏差

表 7.3-2

序号	项 目		允许偏差
1	吹填平均高程	吹填平均高程不允许低于设计吹填高程	0~0.2m
		吹填平均高程允许有正负偏差	0.15m
2	吹填高程最大偏差	未经机械整平 · 淤泥	0.60m
		细砂、砂质土	0.70m
		中、粗砂	0.90m
		中、硬质黏土	1.00m
		砾石	1.10m
		经过机械整平	±0.30m

7.4 质量控制措施

7.4.1 质量保证体系

疏浚工程质量保证体系见图 7.4.1 所示。

7.4.2 质量控制措施

1. 严格按照工程施工质量保证体系要求，开展各项质量管理工作，确保施工全过程得到有效控制。

2. 制定质量工作计划，分析影响质量的因素，找寻对策。

3. 成立 TQC 小组，项目总工程师为 TQC 小组组长，疏浚工程师、测量工程师、挖泥船船长、管线班班长等为 TQC 小组成员；针对质量控制管理开展工作，通过 PDCA 循环程序解决影响施工质量的难题。

4. 向施工船作详细技术交底，明确质量控制内容，严格执行操作规程。

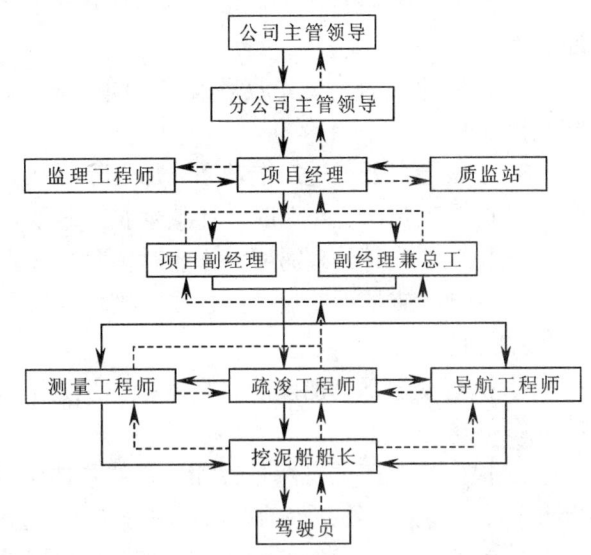

图 7.4.1　现场质量体系保证图

5. 控制超深措施

1）工前疏浚工程师会同挖泥船船长对挖泥绞刀下放深度指示器进行核校，精度控制在 ±0.1m 内。

2）严格执行检测制度，掌握自检与专检的误差规律，总结分析不同土质造成的残留程度，及时调整绞刀的下放深度。

3）及时修正潮位数据，及时调整绞刀下放深度；码头基槽断面不得超挖，港池、航道断面控制在允许值内。

4）疏浚工程师应对测量数据、挖泥质量进行分析后及时反馈施工船，施工船要严格按照正确参数来操作施工。

6. 控制超宽措施

1）应用先进的 DGPS 定位系统指导施工，与计算机辅助决策系统接口，实时跟踪挖泥绞刀所处的平面位置。

2）施工技术人员根据开挖土质情况、设计坡比及挖泥机具特性等，设计出正确合理的台阶或坡度开挖控制线；基槽边坡严禁超挖。

3）施工船驾驶人员应根据 DGPS 指示的绞刀位置、设计开挖控制线、土质塌坡情况，应用横移操纵系统的制动功能，控制绞刀到线后的减速和回摆时机，防止超挖或欠挖。

4）加强检测，根据检测数据及时修正操作误差，统一操作工艺，将平均超宽值控制在规范、标准规定值以内。

8. 安 全 措 施

8.1　施工前准备

1. 组织相关人员进行安全培训及海上安全施工技术交底。

2. 按规定为施工船更新、配齐安全救生设备，并对附属船舶、设备进行安全检查，消除隐患。

3. 船舶、管线调遣前应做好封仓、加固工作，海上拖航要按海上拖航技术要求进行。

4. 办理航行通告和水上施工许可证。

5. 建立海上气象无线传输系统，建立覆盖施工区的应急救助系统，保证通讯畅通。

6. 落实安全责任制，把安全生产指标落实到各岗位和人员；贯彻"谁主管谁负责的原则"。

8.2　施工过程

1. 严格按照航行通告规定的施工区域进行作业，施工时悬挂国家规定的灯号和信号；浮筒管线在通航水域设置指示灯。

2. 抛锚定位时，要先收后松定位缆，避免锚缆缠绕打架，绞刀启动挖泥前应先收紧横移缆，防止钢缆被绞断。

3. 了解港口船舶进出港动态，加强瞭望和安全值班，及时避让，防止碰撞。

4. 施工人员水上作业时，穿救生衣，冬季要防冻、防滑，避免出现人身伤害事故。

5. 施工船进行修理需明火作业时，履行必要的申报手续，安排专人值班，备足消防设备。

6. 经常检查挖泥船吸、排管在泵舱段的磨损情况，防止爆漏、灌舱事故的发生。

8.3　防台

1. 执行交通部《船舶防台技术操作规则》及所在港口关于防台的规定，认真做好台风来临前的各项工作安排。

2. 根据施工区的自然条件和工程的具体情况制定防台预案，及时收听气象预报，按照施工区当地海事部门规定避风锚地提前两天撤离施工区进行避风。

3. 设立防抗台指挥机构，与海事部门防抗台指挥中心保持联系，布置防、抗台方案和指挥处理应急事件。

9. 环 保 措 施

9.1　严格遵守《海洋保护法》，严格执行国家关于海洋环境保护的各项规定。

9.2　施工船编制环保实施细则和操作规程，制定环保预警和应急预案，并设专人负责环保工作的实施。

9.3 联系有资质污油、污水、垃圾处理单位，定期对施工船的污油、污水、生活垃圾进行回收。

9.4 施工船加装燃、润油时严格做好全过程管理，防止溢油事故发生；同时制订溢油事故应急处理预案。

9.5 输泥管线要布设合理、接卡紧密，并经常检查，防止泥浆泄漏。

9.6 吹填工程泄水口布设远离吹填管口，必要时可在泄水口布设防污帘，防止浮泥对敏感水域的污染。

9.7 按照国家规定，控制施工船、接力泵站作业时噪声对周围环境的污染。

9.8 积极配合当地海洋环保部门工作，做好当地海洋环保部门要求的其他工作。

10. 效 益 分 析

10.1 "单桩双锚四缆"定位施工和双钢桩台车定位施工都涉及台车归零的倒台车工序，因前者少辅桩起下程序，用时少，故前者挖泥时间有效利用率高。以相同生产能力的两种船型比较，双钢桩船一次倒台车用时约 5min，"单桩"船台车归零用时约 3min，每次可节 2min 用于有效挖泥。

10.2 施工中平均每小时倒一次台车，以绞吸船年均施工挖泥 5000h，挖泥生产率 2000m³/h 计，则"滨海型"绞吸船每船每年要比双桩绞吸船可多挖泥：

5000h/1 台车/h×2min/60×2000m³/h=33.3 万 m³，

若单价为 15 元/m³，则年多创效益 33.3×15=500 万元

10.3 "滨海型"绞吸船与相同生产能力双桩绞吸船的效益数据比对如表 10.3。

相同生产能力双桩绞吸船的效益数据对比表

表 10.3

船　　型	钢桩数	台车归零		生产率	效益
		升降桩	总用时		
"滨海型"绞吸船	1 根	2 次	3min	1.04	1.04
双桩绞吸船	2 根	4 次	5min	1.0	1.0

10.4 6 艘"滨海型"绞吸船自 2009 年相继投产以来至 2010 年底，在天津港、京唐港、曹妃甸、盘锦等工地实施了 10 余项大中型疏浚吹填工程，船年均运转挖泥 5000 余小时，完成疏浚工程量 7500 余万 m3，取得了非常显著的经济效益，为天航局的疏浚技术的进步作出了贡献。

11. 应 用 实 例

11.1 天津港南疆 19~25 泊位疏浚工程

"滨海型"绞吸船"天禹"船于 2009 年 2 月上旬出厂，经过很短时间的调试即投入天津港南疆 19~25 泊位疏浚吹填工程施工，主要疏浚港池、泊位，所疏浚泥土吹填到南疆围埝内，后处理为码头后方场地。该工程为 2008-2009 跨年度工程，多船联合施工，总疏浚工程量约 5000 万方；天禹承担部分下层疏浚，船舶从 2009 年 3 月 12 日正式施工到 2009 年 6 月 28 日结束，共完成疏浚量 132 万 m³，施工工况及完成的生产指标如下：

施工位置：天津港航道 10+0~11+5 南疆港池，施工区在主航道以南，受南北防波堤所掩护，风浪影响小，施工工况良好，采用桩、缆配合的"单桩双锚四缆"施工法。

挖深：-14.5~-19.5m，天津港最低理论潮位，

挖掘土质：淤泥质黏土、细粉砂，标贯 12~20 击，天然容重 1.97kg/cm³ 属 6~9 级疏浚土。

生产效率：天禹船施工期间共计完成疏浚吹填工程量 132 万 m³，挖泥运转 1560h，平均生产率 846m³/h。

分析天禹船完成的生产指标，认为天禹船完成上述指标，是在出厂下水试重车调试期内、挖深大、下层土质硬以及两台泵串联施工和对新船型逐渐熟悉的情况下取得的；完成的施工参数属正常。

11.2 京唐港疏浚吹填工程

"天禹"船 2009 年 6 月下旬结束了天津港南疆 19~25 泊位疏浚吹填工程施工后，于 2009 年 6 月 28 日调遣至京唐港工地，2009 年 6 月 29 日正式施工；至 2009 年 12 月 31 日完成疏浚量 453 万 m^3。

施工期间，天禹船分别在 2 个单项工程中穿插施工（四港池内航道疏浚工程、首钢矿石码头疏浚工程），两项工程施工中皆采用单桩与锚缆配合——即"单桩双锚四缆"施工工法施工。

挖深及泥层厚度：-4.5~-16.9m（京唐港最低理论潮位）；

挖掘土质：淤泥质黏土、细粉砂，标贯 12~20 击，天然容重 1.97kg/cm^3 属 6~9 级疏浚土。吹填距离：2000~4000m。

生产效率：天禹船施工期间共计完成疏浚吹填工程量 453 万 m^3，运转 2210h，平均生产率 1656 m^3/h。

对照天禹船在京唐港的施工土质和施工工况分析，所完成生产指标达到了设计要求。

11.3 曹妃甸疏浚吹填工程

2009 年 7 月上旬"滨海型"绞吸船"天凤"、"天吉"船同时投入曹妃甸疏浚吹填工程施工，主要进行长距离取砂、吹填施工。工程以吹填造陆为主，无水下疏浚质量要求。该工程亦为跨年度工程，总吹填工程量约 4000 万 m^3；以"天凤"船施工为例，到 2010 年 4 月中旬，完成水下疏浚量 828 万 m^3，施工工况及完成的生产指标如下：

施工位置：曹妃甸四港池内航道、钢铁码头港池及航道。

工况：施工区掩护掩护性较差，受东、南季影响较大。

施工方法：采用桩、缆配合（"单桩双锚四缆"）工法施工。

挖深：-1.0~-15.0m（曹妃甸最低理论潮位下）；挖掘土质：淤泥质粉土、粉砂，属 3~5 级疏浚土；吹填距离：6800~9700m。

生产效率：统计期间共计完成疏浚吹填工程量 828 万 m^3，挖泥运转 3606h，平均生产率 2290m^3/h。

通过上述不同工程规格、不同施工要求及各工程不同土质、不同工况的施工实践验证，该工法施工效果良好，是值得推广的创新工法。

沉箱坞壁式干船坞湿法施工工法

GJYJGF105—2010

中国交通建设股份有限公司

潘伟　高广凯　康松涛　郁祝如　刘学勇

1. 前　　言

沉箱坞壁式干船坞是目前大型船坞中一种重要的新型结构形式，以其不设临时止水围堰、施工方便、工期短、造价低等优点将会成为"水中建坞"的重要发展趋势。

中交一航局第三工程有限公司根据大连船舶重工香炉礁新建船坞工程的技术难点和关键点，进行施工关键技术的研究和创新，解决沉箱坞壁式干船坞在升浆止水、坞口钢浮箱、下坞通道、超大泵房沉箱及不夯实基床不均匀沉降等方面存在的各种关键技术难题，并根据《水运工程质量检验标准》JTS 257—2008形成本工法，以期为类似的船坞工程提供借鉴和参考，并对正在进行的工程施工起一定的指导作用。

本工法主要应用技术——沉箱坞壁式干船坞湿法施工技术获水运协会2010年度科技进步一等奖并通过天津市科学技术评价中心的科学技术成果鉴定，鉴定结论为国际先进[津科成鉴字S(2009)298号]。

2. 工 法 特 点

船坞工程的结构大多以围堰干施工为前提进行设计，但船坞临时止水围堰工程的建设费用一直占据船坞工程总投资的较大比重，且施工难度大、风险高，而采用沉箱坞壁式干船坞结构湿法施工工艺，它不设施工围堰，采用水中施工，直接利用沉箱形成船坞结构，具有施工方便，工期紧，工程造价低，对周围环境影响小的优点。

大连船舶重工香炉礁新船坞工程具有典型的沉箱坞壁式干船坞的重要特点，其主要特点如下：船坞尺度为有效长×净宽×净深=370m×86m×14.6m，坞壁采用50个钢筋混凝土沉箱组成，其中泵房采用1.2万t的超大异形沉箱结构，下坞通道采用带箱涵的沉箱结构；其坞口采用总重约4.5万t的钢浮箱结构；其止水形式主要采用沉箱下基床内升浆和基床下岩石内帷幕灌浆结构；坞门采用浮式结构形式。

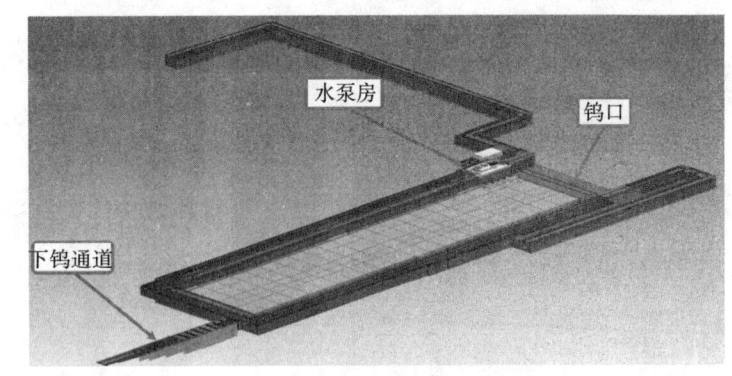

图2　船坞平面布置图

3. 适 用 范 围

适用于船坞湿法施工及其他挡水围堰施工。

4. 工 艺 原 理

沉箱坞壁式干船坞结构湿法施工方法是采用水中施工，以预制钢筋混凝土沉箱为坞壁，以预制整体

"U"形钢浮箱为坞口,将其沉放于拟建船坞的对应基床上,利用坞壁箱及坞口钢浮箱形成船坞结构,组合形成四周封闭的坞墙及坞口;然后对沉箱间进行止水处理并在沉箱底基床和地基中构建止水帷幕,坞内抽水后,实现坞内底板等结构的干施工,而无需另设施工挡水围堰。

其主要施工技术难点为基床升浆止水施工、坞口钢浮箱的预制和安装、超大型泵房沉箱的预制和安装,以及下坞通道施工和不夯实基床沉箱安装的沉降位移控制等。

4.1 基床升浆混凝土施工工艺是船坞止水的重要施工方法。采用沉箱抛石基床分段隔断的新方法,即用土工布做分段隔断并包裹基床,防止砂浆的渗漏;通过预留的沉箱压浆管和抛石基床钻孔升浆形成升浆混凝土,达到沉箱基床和地基止水的效果。同时,对基床升浆工艺改进,通过升浆混凝土配合比及施工工艺的技术研发,创新砂浆配合比,使粉煤灰掺量提高到30%,降低成本,增加和易性和流动性,提高质量;在确保施工质量及安全的前提下,缩短了工期并降低了成本。

4.2 预制整体"U"形坞口钢浮箱尺寸巨大,钢浮箱重量达 4.5 万 t,其主体施工均需在漂浮状态下进行,是船坞湿法施工的难点。首先是保证漂浮状态下钢浮箱及内部结构施工精度;其次是计算钢浮箱制作、拖运、安装过程中的平衡状态,解决钢浮箱漂浮时浇筑混凝土、高精度镶砌坞口花岗岩、浮箱尾部稳定拖轮拖运等施工难题。同时对于船坞坞口超长、超厚大体积混凝土防裂采取相应的防裂措施。

4.3 船坞的下坞通道施工现场距海近、地层土质松散、透水性强,混凝土结构形式复杂,其施工工艺有较大难度。通过改变灌注桩钻孔工艺、增加升浆施工等方法解决了下坞通道开挖、支护、止水等技术难题。

4.4 船坞的超大异形水泵房沉箱尺寸大、重量重、吃水深、结构复杂、安装精度控制难,通过 Inventor 软件三维建模浮游稳定计算、大空间墙壁钢结构支撑设计施工、导流层进水孔钢封板封堵设计施工、套管辅助接高升浆管和 700t 起重船辅助安装等解决了超大型泵房沉箱的预制、拖运、安装、升浆等施工中的难题。

4.5 通过对基槽开挖、基床抛石及整平的预留沉降量、沉箱安装、沉箱内填石、沉箱下基床升浆等方面进行合理控制,使沉箱沉降位移达到设计和规范要求,满足了船坞止水和坞壁外露面观感质量要求。

5. 施工工艺流程及操作要点

5.1 施工工艺流程 (图 5.1)

5.2 基床抛石及整平施工

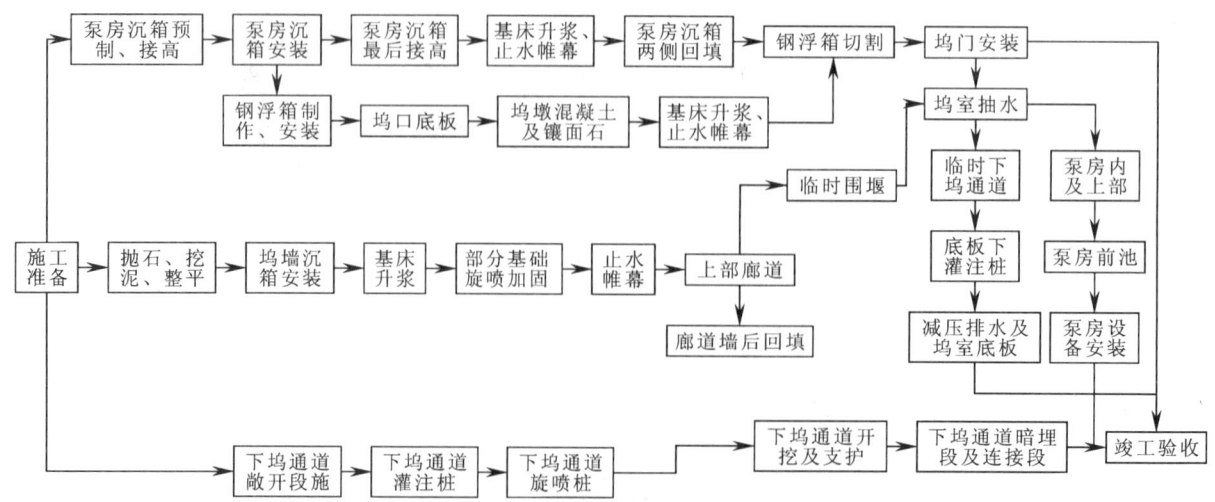

图 5.1 施工总工艺流程图

5.2.1 基床施工前应检查基槽尺寸有无变动，发现回淤厚度大于 300mm、回淤沉积物含水率 w 小于 150% 时，应进行二次清淤，清淤后应及时进行抛石、挡浆设施即砌袋碎石挡墙、沉箱安放等施工，以保证升浆混凝土的质量。

5.2.2 升浆混凝土用碎石基床粒径为 80~150mm，无风化、无针、粒状新鲜硬质岩石料，必要时升浆骨料要清洗，块石强度不低于 30MPa，要求抛填后的孔隙率在 40% 以上，同时要保证顶面平整度，升浆基床平整度应达到细平要求。

5.3 船坞工程基床升浆及止水帷幕施工

5.3.1 概况

船坞结构由坞口、坞墙、水泵房、船坞底板组成，工程采用湿法施工形式，沉箱底板下设升浆基床及基床下旋喷桩、帷幕灌浆作为施工期及使用期止水帷幕。坞口、坞墙和水泵房基床全部为升浆混凝土基床。基床止水帷幕滞后于基床升浆，施工顺序与基床升浆相同。

5.3.2 主要施工工艺

1. 砂浆配合比改进技术

以往船坞工程中，预填骨料升浆混凝土的灌注砂浆以水泥为胶凝材料，而在本次工程中，成功地在预填骨料升浆混凝土的灌注砂浆施工工艺中，掺入粉煤灰等量取代水泥，降低成本，增加和易性和流动性，提高质量。

2. 土工布隔施工

1）主要工艺流程

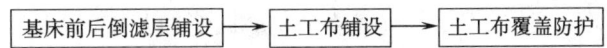

2）操作要点

① 准备

为保证清淤的效果，在沉箱前后趾位置需要设置袋装碎石挡墙（平均高度 50cm），并铺设混合滤料的碎石级配（粒径 2~6cm），保证土工布施工质量。

② 制作

所用的土工布幅宽为 6m，卷长 90m。拼幅施工前根据需要缝制好，用钢管作轴卷成卷材。

③ 铺设

卷好的土工布装方驳吊机运至铺设地点，驻位后，吊机吊土工布卷轴至水下，由两名潜水员在水下进行展铺。

④ 覆盖

土工布铺设完成后，在坞外侧回填石渣至基床顶标高以上 300~500mm 处，坞内侧回填 300~500mm 厚石渣护住土工布铺设面。

3）施工平台就位

施工平台的迁移采用轨道行走方式，每一施工段在施工前，轨道铺设完毕并涂抹黄油后，利用紧绳器或人工来拖拉施工平台使其就位。

4）造孔

施工平台就位后，按设计施工图给定的孔位及沉箱上预留的注浆钢管，将钻机及龙门吊架就位（高潮位时，采用探棒探测预埋孔位置）。基床升浆混凝土造孔采用锤击方式对沉箱底部基床抛石进行造孔施工。

锤击造孔采用 2 台 SGZ—ⅢA 型地质回转钻机卷扬提拉 100~150kg 吊锤，施打底部带冲尖的 ϕ50mm 注浆管及底部带方口的 ϕ89mm 观测管，并将其施打至岩面或基床底面，完成造孔工作。

注浆管冲尖采用脱落式冲尖，冲尖与注浆管之间采用铆钉连接；观测管冲尖采用固定式冲尖，冲尖与观测管之间采用丝扣连接，见冲尖锚固脱落示意图（图 5.3.2）。

施工中，为保证浆液畅通，冲尖与注浆管连接不宜采用丝扣连接，而应采用脱落式铆钉连接，即注浆管底部出浆；并且注浆管之间采用外接手连接。注浆管顶部与灌浆管路采用灌浆弯管连接，弯管顶部设排气孔和提梁。

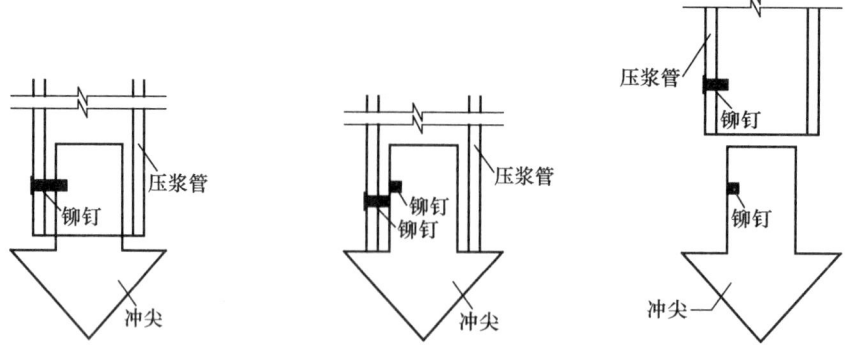

图 5.3.2　冲尖锚固脱落示意图

5）浆液制备

浆液制备采用砂浆拌合站集中制浆。

5.3.3　升浆施工

1）施工方法

压注砂浆就是将合格的砂浆通过 UB4.0 砂浆泵、灌浆管路、升浆管作纯压式灌浆，在自流压力作用下把砂浆压入 80~150mm 的基床块石空隙内，硬化后，砂浆与基床形成具有一定强度的结合混凝土，满足施工期及使用期止水要求。施工平台上布置 4 个 1m³ 储浆槽及 12 台 UB4.0 型砂浆泵。

升浆施工从外侧即临海面第一排（外排孔）开始升浆，第一排压浆时遵循先低后高的施工顺序，当第二排观测孔内浆面高出沉箱底标高 20~30cm 后，进行第三排孔升浆，然后进行第二排升浆；最后依次进行升浆施工，直至将整个基床升浆饱和。

段与段施工顺序必须依据基床抛石实际断面形式确定。

2）基床升浆结束标准

灌入砂浆量达到计算方量（基床空隙率按 42%计算），最后一排浆面达到沉箱底以上 20~30cm 或管口冒浆，并且第二排升浆管内浆面在基床顶部以上，即可结束。

3）浆面控制

施工中，为确保工程质量，对各施工段均应进行浆面上升高度观测，每个施工段设五、六个观测孔，观测孔均匀布设在第二排孔内。观测孔为底部带方口的 ϕ89mm 钢管，方口尺寸为 10mm×200mm，观测孔的造孔同压浆孔造孔。浆面上升高度采用浮子测锤进行观测，每隔 30min 测读一次浆面上升高度，以便指导升浆施工。

5.4　地基旋喷加固施工

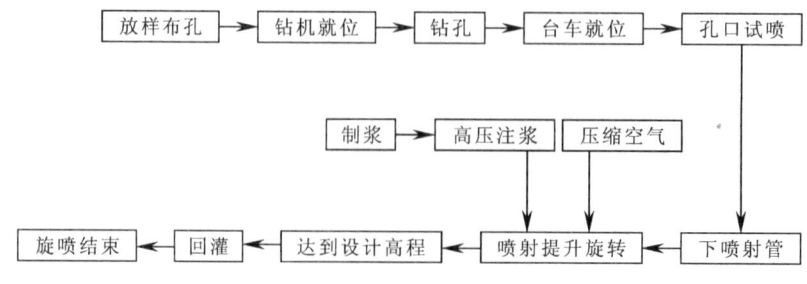

图 5.4　旋喷桩施工工艺流程图

5.5　超大异性水泵房沉箱施工工艺

5.5.1　概况

大连香炉礁港区新建造船坞工程水泵房采用超大预制安装沉箱结构，其尺寸为长 32.9m×宽 24.2m×

高 18.4m，总重约 1.2 万 t，稳定吃水 16.3m。

水泵房沉箱外圈箱格是为减少水泵房吃水深度而设置的，在使用期需全部回填，内部箱格是为水泵房设置的。水泵房沉箱底标高为－15.90m，顶标高为+2.50m（大连港标高）。水泵房外圈箱格 13 个，内部箱格分为三层，底层导流层，中间为水泵层，上部为电机层。

5.5.2 泵房沉箱预制

由于泵房沉箱尺寸大，重量重的特点，须进行分层多次预制沉箱。利用 Inventor 软件建立沉箱、封舱盖板、海水等多介质和形状的数字三维模型，利用数字模型的物理特性自动求得沉箱等复合体（包括各种压载和沉箱本身）的重心、浮心高度、重量和体积等参数。然后利用 AutoCAD 软件建立二维面域，采用 CAD 的查询功能自动计算沉箱净水面处断面及舱格压水的惯性矩。最后利用 Excel 表格进行数据整理，得出预制最佳方案。

沉箱预制高度划分表　　　　　　　　　　　　　　　　　表 5.5.2

预制场地	施 工 高 度	重量（t）	稳定吃水（m）
坞内预制	至 11.9m 高，部分内围墙、隔墙降低	7667	10.5
第一接高场地	漂浮接高内围墙、隔墙，坐底接高至 15.9m	9919	13.4
第二接高场地	漂浮施工水泵层板	10890	14.7
第二接高场地	接高至 18.4m	12170	16.3

5.5.3 泵房钢封板和钢支撑系统

因泵房沉箱内侧墙面积较大，设计安装四道临时 H 型钢钢支撑，由于混凝土墙体与支撑间的直接接触难以形成面接触、应力集中，在钢支撑与混凝土墙间浇筑微膨胀混凝土，形成钢支撑与混凝土墙体的面接触，使得混凝土墙体受力更合理，结构更安全。

5.5.4 沉箱拖运及安装

由于泵房沉箱为非对称结构、重量较大、拖运航道水深限制及沉箱吃水深等特点，为了确保沉箱安装精度，采取 700t 吊船辅助起浮、拖运沉箱，双钩法安装沉箱的方式进行安装。

5.6 坞口钢浮箱施工工艺

5.6.1 概况

大连香炉礁港区新建造船坞工程坞口钢浮箱尺寸为长 111.6m×宽 28m×高 19.8m，水上安装重量约 4.5 万 t，吃水 14.4m。坞口钢浮箱由南、北坞墩、坞口底板、花岗岩坞门槛等结构组成。如图 5.6.1-1、

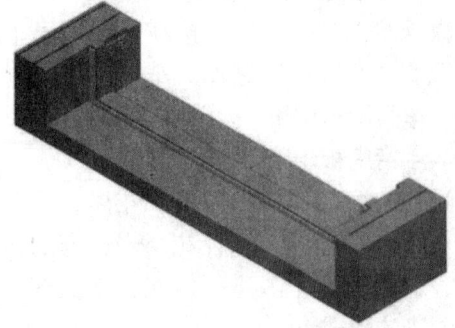

图 5.6.1-1　钢浮箱制作效果图　　　　　　图 5.6.1-2　安装完成后效果图

图 5.6.1-2 所示。

5.6.2 工艺流程图（图 5.6.2）

5.6.3 混凝土浇筑

钢浮箱底板属超长大体积混凝土结构且需水上漂浮状态下进行施工。原计划钢浮箱在船坞中浇筑2.5m 段混凝土后出坞，但受工程场地的限制，钢浮箱需要在码头漂浮状态下浇筑混凝土。为防止底板

混凝土浇筑过程中钢浮箱产生变形，采取分层分段对称的浇筑方式，并在浇筑过程中严格控制浇筑厚度，同时使用两台48m臂长泵车进行施工以保持钢浮箱吃水平衡。

5.6.4 花岗岩镶砌

1）施工流程

预安支撑 → 漂浮安装 → 后期处理

2）操作要点

① 预安支撑

在钢浮箱合拢之后未下水之前，在钢浮箱前沿线位置前方10cm放线控制并设置槽钢。水平方向花岗岩镶面控制精度钢支撑立面图见图5.6.4。

② 漂浮安装

在安装花岗岩的时候，直接将花岗岩靠在已安装好的槽钢上面，控制花岗岩安装的精度。

③ 后期处理

坞门槛处花岗岩后二期混凝土中预埋的止水钢片要求满焊，确保不漏焊，对于坞门槛处花岗岩之间缝隙使用木条堵死并通过人工振捣使花岗岩后二期混凝土流浆灌满；对于坞墩处花岗岩之间缝隙采用砂浆灌满（人工插捣）方式灌满。待勾缝完毕后达到强度后，进行花岗岩磨平。

5.6.5 帷幕升浆管接高

在钢浮箱式坞口浇筑混凝土底板过程中，要把所有升浆管和帷幕管接高至顶标高，确保浮运期及安装前不漏水。钢浮箱式坞口设计本身止水为两道止水措施，所以将预埋管分为两类进行施工。第一道止水帷幕管与所有升浆管全部接高至顶标高；第二道止水帷幕管应在船坞具备干施工条件后进行施工。

钢浮箱漂浮状态进行预埋管接高，采用天车对钢浮箱底板预埋管进行接高，制作天车只需2个电动葫芦，采用槽钢作为滑道即可。

5.6.6 钢浮箱底板压浆

由于钢浮箱自身钢结构的限制，花岗岩下混凝土与底板顶面钢板存在空隙。为保证花岗岩镶砌的精度及坞门槛的强度，需要对其空隙进行填充，本次施工采用了底板压水泥砂浆的形式。

5.6.7 钢浮箱拖运

1）技术特点

钢浮箱尺寸较大，拖航时箱体受流体的环流作用，航迹呈"之"字形左右摆动，且航速缓慢。结合船舶航行的原理，开发尾部稳定拖轮拖运施工方法，即采用主拖轮傍拖和辅拖轮做舵的拖运施工方法(图5.6.7)。

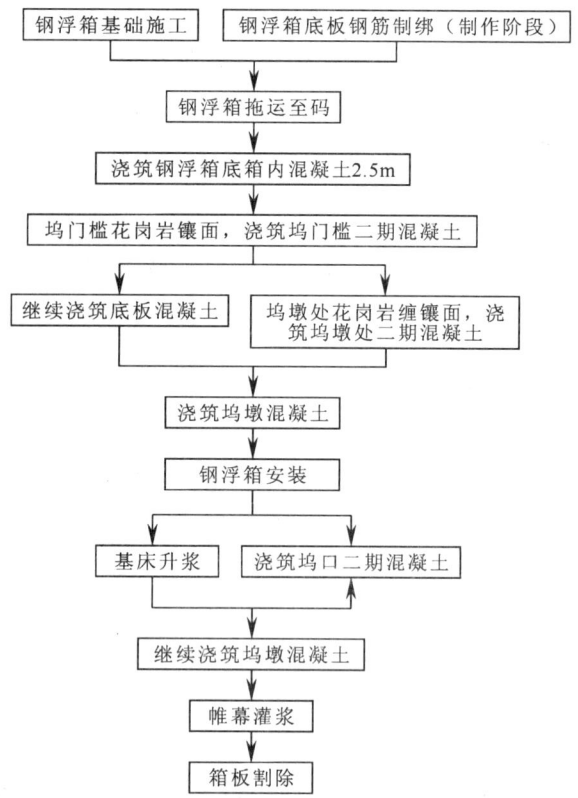

图5.6.2 钢浮箱施工工艺流程图

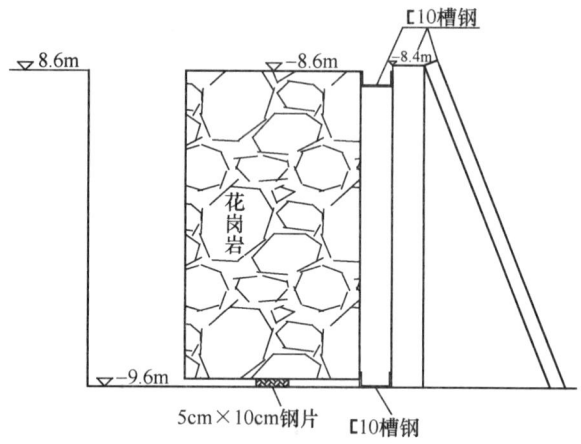

图5.6.4 水平方向花岗岩镶面控制精度钢支撑立面图

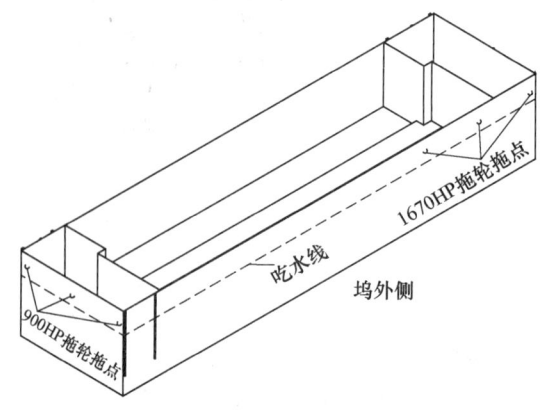

图5.6.7 钢浮箱拖运方式示意图

2）操作要点

根据《重力式码头设计与施工规范》JTJ 290-98，拖带力计算方法，选用 1 条 1670HP 拖轮及 1 条 900HP 拖轮进行拖运。

在每条拖轮拖运位置布置三个直径 60mm 拖环，拖运时 1670HP 拖轮傍拖钢浮箱前进，即相当于动力；1 艘 900HP 拖轮控制钢浮箱前进方向，即相当于舵。

3）一次性压水方案

钢浮箱安装存在由于外形尺寸大导致压水调平耗时长、结构非对称、操作难度大等难点，采用底板一次性压水达到平衡，并趁潮进行安装的方法。

5.7 坞内抽水及施工期放水施工工艺

5.7.1 抽水点的布置

船坞内抽水点应布置在标高较低的区域（在基坑挖泥时考虑在泵房前池处布置深水点），设立浮箱安放水泵。浮箱随水位下降，抽水完毕后用吊机吊出坞内，并相对于坞墙沉箱的距离较近，这样有利于发挥水泵的抽水效率。

5.7.2 抽水施工

1）坞内抽水速率

抽水施工应采用阶段性抽水原则，以保证坞墙沉箱的稳定。抽水阶段的可划分为四个阶段：即

船坞合拢后水位（低潮）抽降至±0.0m；

水位由±0.0m 抽降至−2.0m；

水位由−2.0m 抽降至−4m；

水位由−4m 抽降至抽水施工结束。

2）抽水施工

抽水施工采用 24h 连续作业，工作人员昼夜倒班抽水。在坞墙沉箱内外设立水尺，坞内水尺精度为 1cm；并设立专人进行水位观测，详细记录水位变化情况及水泵的运转情况，通过水位的变化计算沉箱坞墙的渗漏量。在抽水施工的前期应及时核算渗漏情况，可通过水位下降速率和抽水间歇期的水位回升进行计算，对今后施工造成影响的话，应停止抽水；如果渗漏量较大，分析渗漏水源，进行堵漏处理，减少渗漏以后方可继续抽水施工。

抽水结束后，如果渗漏量大于设计要求时，应继续寻找漏水点，进行灌浆堵漏，以确保坞室主体施工的顺利进行。

5.7.3 降水点的布置和施工期降水

在抽水施工结束后要进行基坑维持抽水，便于基坑开挖和维持以后的干地施工条件。在图 5.6.7 所示位置设置集水井，进行施工期降水施工。降水标高应控制在土体设计开挖面以下 0.5~1.0m 范围内，禁止过量降水。

5.7.4 监测

工程监测涉及到坞墙沉箱的安全，因此在施工中要严格对沉箱的位移、沉降变化等技术参数加强监控，以确保工程的安全。

1）施工期的工程监测

沉箱安装结束后对每个沉箱留有沉降和位移观测点，特别是沉箱安装结束后的 24~48h，应加强观测，用以检验基床的状况。不应出现大的沉降和位移，否则应起浮沉箱，对基础重新进行处理。

胸墙施工结束后在胸墙顶部预留永久性沉降、位移观测点，对抽水期间的沉箱沉降位移变化进行分析，用以指导基坑抽水施工，调整抽水速率，确保工程安全。

2）抽水期的安全监测

抽水施工应确定合理的抽水速率，在全部抽水施工中确定几个阶段，每个阶段结束后都应以监测数据为依据，符合要求后才能进行下一阶段的施工。

抽水施工的主要监测数据为：沉箱内外水位变化；胸墙沉降和位移等。在抽水施工中，坞墙沉箱的位移、沉降应在阶段抽水施工间歇期呈收敛趋势。

各种监测数据应相互吻合，如果出现较大差异应及时分析可能出现的原因。

5.8 下坞通道施工工艺

5.8.1 概况

下坞通道位于船坞坞尾，设计长度为 148m，结构净宽 7m，坡度 1:10，自地面+5.0m 放坡至坞尾-9.6m 处，根据埋深的不同，结构采用整体 "U" 形结构及矩形箱涵结构，共分为 9 段，其中 3 段敞开段、1 段过渡段、4 段暗埋段和矩形沉箱段，结构厚度为 800~1500mm 不等，各段之间设传力杆（与沉箱结构间除外），各分段结构除暗埋第 8 段为注浆加固基础，其余均以天然地基为基础。

5.8.2 施工工艺流程

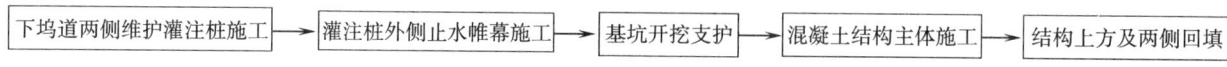

5.8.3 下坞通道沉箱预制

下坞通道沉箱长 24.2m、宽 17.5、高 13.5m，总重 4191t，吃水 13m，下坞通道预留孔尺寸 8.5m× 4.5m。

沉箱预留通道周围墙体过厚（外壁侧 2.1m，内侧 1.7m），成型沉箱重心（$X=14.667m$，$Y=8.045m$）与型心偏离较大，产生的偏载无法用压载水调平，若用混凝土调平则沉箱吃水为 13m，而主航道为-9m 的水深，加上 3.5m 高潮水深 12.5m 也不能满足拖运的条件，且沉箱自重超过 4000t，横纵移车轮压超过允许值，沉箱无法在预制场预制。

由于沉箱自重及偏载较大，要保证沉箱在预制场预制需减少沉箱自重，减少沉箱预留通道部分的混凝土，达到减少偏载的作用。最终采取将沉箱预留通道分两次浇筑，沉箱预制时廊道内侧墙体宽度降为 0.8m，外墙宽度降为 1.0m，上顶板厚度不变，下底板斜坡段降到同一高程，厚度为 1.3m，待沉箱安装结束，坞内抽水完成后，打开坞内侧止水钢封门，二次浇筑余下混凝土。经过这样的调整，沉箱重量 3670t，重心（$X=13.348m$，$Y=8.164m$）与型心偏离减少，偏载可通过压载水调平，能达到在预制场预制的目的。

5.8.4 下坞通道开挖支护施工

由于下坞通道施工现场为回填区，采用挡土灌注桩的深基坑支护方式。维护灌注桩为单排，包括 $\phi750mm$ 和 $\phi950mm$ 两种桩型。下坞道开挖基坑较深（最深处达 15m），故设计在排桩内侧设置水平钢支撑。

5.8.5 下坞通道止水

下坞道西端止水帷幕在下坞道两侧 60m 范围内采用旋喷桩止水，其余均采用帷幕灌浆止水。下坞道 D800 旋喷桩为单排，位于维护灌注桩后方，旋喷桩孔距 600mm，桩间咬合 200mm，深度入强风化岩中 1m，桩长为 9.1~18.8m 不等。为保证灌浆质量，灌浆用砂浆的技术指标要求与基床升浆相同，经过对潮差段进行灌浆处理，后期施工的旋喷桩经钻孔取样观察效果良好。

下坞通道的帷幕灌浆范围为下坞通道的南、北两侧，东侧与 W1 沉箱相连，与沉箱帷幕形成封闭系统。

5.8.6 混凝土结构施工

下坞道结构采用整体 "U" 形结构及矩形箱涵结构，共分为 8 段，其中 3 段敞开段、1 段过渡段、4 段暗埋段，结构厚度为 600~1500mm 不等，各段之间设传力杆及双层橡胶止水带（与沉箱结构间除外）。根据自身结构及工程特点，下坞通道采用从上而下的施工顺序。

由于下坞道两侧维护灌注桩内切线间距为 12.6m，而暗埋段结构净宽就 10m 宽，在结构与灌注桩间仅有 1.3m 的距离，并且灌注桩内侧还有 1m 宽混凝土围囹，暗埋段根本无法支立外侧模板。鉴于此施工过程中采用支立内模板无外模板，灌注桩与结构间缝隙与结构主体一次性浇筑的施工方法。

6. 材料与设备

6.1 材料要求

6.1.1 水泥：砂浆用水泥强度等级不低于 32.5 级，为普通硅酸盐水泥，应有出厂证明。水泥受潮结块不得使用，从出厂到用完不得超级过 3 个月，并按标准进行复检；坞口的大体积混凝土选用中热硅酸盐强度等级 42.5 水泥。掺合料选用 I 级粉煤灰。

6.1.2 砂：制浆所用砂为中细砂，粒径不大于 2.5mm，细度模数为 1.6~2.0。

6.1.3 水：制浆所用水应满足拌制混凝土用水要求，保证清洁无污染。

6.1.4 外加剂：为改善砂浆性能，浆液中掺入适量的减水剂和膨胀剂，外加剂应满足其指标。

6.1.5 用于坞口镶面的花岗岩，应选用细粒无裂纹花岗石，强度等级不小于 MU80，并通过有关试验检测。

6.2 机具设备（表6.2）

主要机械设备表　　　　　　　　　　　　　　　　表6.2

名　　称	型 号 及 规 格	单 位	数 量
混凝土拌合站	60	座	1
砂浆泵	3SNS	台	3
砂浆泵	UB4.0	台	14
储浆罐	2m³	个	2
储浆罐	1m³	个	4
钻机	SGZ-ⅢA	台	2
深井泵	ZL500	台	1
潜水泵	2″	台	2
装载机	WA470/380	台	1
泵车	48m	台	2
水泵	2″	台	2
吊车	50t	台	1
拖轮	1670HP	艘	4
潜水船	12HP	艘	2
吊船	200t	艘	1
钻　机	GYC-100	台·	2
旋喷机	MG50-AX	台	2
高压泵	XPB-90D	台	2
空压机	VF-7/7	台	2
搅浆桶	ZB-1500	台	3
配电柜	XJ-115	台	3
高压管	4S-19	m	100
双重管	φ75	m	50
钻 杆	φ50	m	50

7. 质 量 控 制

7.1 基床升浆混凝土施工工艺质量控制

严格执行《水工建筑物水泥灌浆施工技术规范》DL/T 5148-2001 行业标准要求，保证造孔孔深，以及基床升浆连续性的施工。

7.2 超大异形沉箱施工工艺质量控制

严格执行《水运工程质量检验标准》JTS 257-2008 行业标准要求，合理分段、分层、优化配合比、掺加粉煤灰，控制入模温度、加强养护措施，并注重对混凝土顶面浮浆处理，防止出现裂缝及松顶等缺陷。

泵房沉箱出运时采取防漏、防渗措施，浮运前通过软件建模，计算泵房混凝土方量及沉箱浮游稳定，通过建模调整沉箱荷载，使其均衡，当沉箱起浮后出现小幅度的偏载倾斜时，可通过反压水调整平衡。

7.3 钢浮箱施工工艺质量控制

严格执行《水运工程质量检验标准》JTS 257—2008 行业标准要求，并在施工中注意必须具备足够的水深使钢浮箱拖运到现场，钢浮箱大体积混凝土浇筑施工过程中，应跟踪测定结构混凝土的强度、养护期以及随期龄混凝土强度的增长必须引起高度重视，考虑到钢浮箱尺度和重量都较大，为此浮箱拖运应由四艘拖轮架拖。钢浮箱的起浮、拖运、安装时，宜选择天气和潮汐都较好时间进行。

8. 安 全 措 施

8.1 施工现场严禁吸烟，尤其是易爆炸气体、油桶附近，要杜绝一切危险源。氧气瓶和乙炔瓶之间距离保持 5m 以上，乙炔瓶必须直立放置，并要加固牢靠。

8.2 各种安全标志和警示牌要放在明显位置，并明确安全责任人。

8.3 冬期施工时要做好冬期施工的"五防"措施（"五防"为防滑、防冻、防火、防突风和防触电）。

8.4 施工人员要时常检查电气设备、加固措施是否存在不安全因素，及时进行处理，防止事故发生。

8.5 接到防台警报后停止正常施工，焊机入库，对焊机、切断机用塑料布与帆布包裹防雨。

8.6 施工现场风力大于 6 级应停止一切起吊作业。

8.7 泵送混凝土作业过程中，软管末端出口与浇筑面应保持 0.5~1.0m，防止埋入混凝土内，造成管内瞬时压力增高爆管伤人。

8.8 施工现场设船舶总调度，船员必须持有与所在船舶相适应的船员证书，按安全技术操作规程谨慎操作。甲板上作业的船员必须穿好救生衣。

8.9 夜间施工应保证照明充足，并在船舶甲板四周设立警示灯。

8.10 夜间施工应尽量避免施工作业人员疲劳作业，以保证施工安全。

8.11 机械设备在夜间施工时，应有专人指挥。

8.12 夜间施工时，现场管理人员必须配备必要的通信工具，以便施工中出现问题及时与相关人员进行联系。

9. 环 保 措 施

9.1 在施工过程中严格遵守国家和地方政府下发的有关环境保护的法律、法规和规章，加强对施工材料、废水、生活垃圾、废渣的控制和治理，遵守废弃物处理的规章制度。

9.2 施工场地和作业限制在工程建设允许的范围内，施工场地要整洁文明。

9.3 钢浮箱式船坞坞口的采用，彻底消除了传统船坞堵口围堰拆除时对海洋环境的污染。

9.4 做好生产、生活区的卫生工作，保持工地清洁，生活垃圾在指定的地点堆放。

9.5 加强施工机械设备的维护保养，减少机械噪声，尽量减少施工对当地居民的影响。

10. 效 益 分 析

大连船舶重工香炉礁新船坞施工，节省了大型临时止水围堰的建设，节约了大量投资，创造了巨大的经济价值，同时施工进度大幅度加快，仅20个月完工，比合同工期提前6个月。

钢浮箱式船坞坞口的采用，彻底消除了传统船坞堵口围堰拆除时对海洋环境的污染，且湿法施工减少了陆上混凝土施工，降低了粉尘及噪声污染。船坞主体提前6个月完工，工程质量优良，成本降低率达3.77%，无安全质量环保事故，综合能耗指标进一步减低，污水、噪声、粉尘排放达标，达到了节能降耗的效果。

11. 应 用 实 例

大连船舶重工香炉礁新建船坞工程位于大连市西岗区沿海街5号，原大连港香炉礁港务公司港区内，北部与工厂二工场毗邻，东南临海，南面与黑嘴子航道相连。

船坞（含船坞配套设施，如：水泵房、变电所、动能沟道、系船柱、护舷等）尺寸为370m×86m×14.6m（坞底标高为-9.4m），坞墙采用沉箱重力式结构，共计50个沉箱（其中包括泵房超大异形沉箱），坞口为钢浮箱结构，坞墙基础及坞口基础均为升浆基床；坞底板采用减压排水结构，底板下为换填块石混凝土及灌注桩基础。

合同工期：2007年7月1日至2009年6月30日。

实际工期：2007年7月1日至2008年12月31日。

应用效果：沉箱坞壁式干船坞施工工法在大连船舶重工香炉礁新船坞工程中的成功应用和发展，使船坞临时止水质量大幅度提高，抽水后坞内渗流量控制在1270m³/d，工期提前了6个月。

绞吸船超短排距切割泥泵叶轮施工工法

GJYJGF106—2010

中交天津航道局有限公司　中国港湾工程有限责任公司

高伟　秦亮　张德新　田桂平　徐恩岳

1. 前　　言

随着水运工程建设的发展，要求疏浚企业不断地适应市场形势，在保证安全的前提下不断优化施工工艺、提高生产效率、节能减排、降低成本。作为疏浚与吹填施工的主力船舶——绞吸船，其广泛的适用性和较高的生产能力优势，得到了充分的发挥与肯定。同时，在实际生产中也遇到了各种各样的复杂工况和施工技术难题，其中较为典型的是近距离吹填、装驳施工等管线较短时导致的超负荷问题。一般会采取改变串联泥泵的个数、改变柴油机转速、加缩口以及几种方式组合使用的措施。

上述各种方法虽然都能一定程度上限制超负荷现象的发生，但其各有缺点，适用范围也较为有限。中交天津航道局有限公司多年来在理论分析和实践经验总结的基础上，提出泥泵变径施工工法，该工法可以在不降低转速情况下，减小主机负荷，提高产量，节能减排效果显著。经过青岛前湾、防城港、天津港、曹妃甸等工地应用，解决了在短排距施工条件下柴油机超负荷的问题，减小了管道磨损，降低了油耗，有利于柴油机、泥泵的性能发挥，提高生产率，取得了明显的社会效益及经济效益，具有较高的推广价值和广阔的应用前景。

天津市科学技术委员会委托天津市科学技术评价中心于 2009 年 1 月 18 日组织有关专家对"绞吸船超短排距条件下泥泵变径施工工艺研究"项目进行了鉴定，鉴定委员会专家一致认为该成果达到国内领先水平。该工法还被评为 2009~2010 年度中交股份级工法；其关键技术获得中国施工企业管理协会颁发的 2008 年度科技创新成果二等奖。其关键技术获得了 1 项发明专利，3 项专利已经受理，采用该工法的青岛前湾港区三期前四个泊位工程获得第五届詹天佑土木工程大奖、交通部水运工程质量奖、全国用户满意工程等多个奖项。

2. 工 法 特 点

本工法总结了绞吸船超短排距条件下泥泵变径施工工艺的经验，对泥泵叶轮变径的条件及原理进行了分析，提出了泥泵叶轮变径施工工艺，并进行了实船验证，其效果十分显著。经过实践验证，该项目有以下三点创新或突破：

2.1　与其他方法相比，本工法从泥泵与管线匹配的根源解决问题，即在转速不调整的前提下改变了输送动力源—泥泵的特性，提高了生产率。

针对绞吸船超负荷（转矩）的现象。传统的施工解决方法有：改变串联泥泵的个数、改变柴油机转速、加缩口及上述各种方式的组合。改变泥泵串连个数适应的排距跳跃性较大，适应范围窄。实际工程中常采用的就是降低转速与加缩口。加缩口的目的是增加管线阻力，从而降低流量，降低泥泵功率。而降低流量必然会降低产量，增加阻力必然增加油耗，因此加缩口是降产增耗的不合理手段，只因其简单易行，在较小工程量情况下才可以考虑使用。降低泥泵转速是靠降低主机转速来调节，主机转速的下降带来的是主机可用功率的下降，因此，其对设备性能来说也是一种浪费。而切割叶轮可以保证主机在额定转速下运行，提高生产率，缩短施工期。

2.2　在保证其他设备正常运行情况下，体现了节能降耗、减小设备磨损等优点。

本工法可使柴油机恢复至额定转速运转，而泥泵流量-扬程特性已发生变化，有利于柴油机的燃烧与润滑，提高了时间利用率，有利于柴油机、齿轮箱的长期使用和性能发挥。

泥泵叶轮切割后，生产率提高，与加缩口及降转相比万方油耗有所减少。

本工法使泥泵与管线得到了很好的匹配，能充分发挥挖泥船性能，消除了操作人员对柴油机超负荷的心理负担，可以明显提高生产安全性。

2.3 本方法简单易行，还可以对切割后的叶轮进行焊接性修复，更换小叶轮后也可以再换成正常叶轮，具有可逆性。但是需掌握一定的泥泵、管线水力计算公式，熟悉泥泵叶轮切割的原理；同时需要掌握绞吸船施工的具体参数，并做出准确的判断；通过该工法的实施，培养了技术人员的素质能力。

3. 适 用 范 围

本工法适用于绞吸船近距离吹岸或装驳施工，排泥管线长期处于较短状态，柴油机不能维持在正常转速，超负荷发生的工况条件。

4. 工 艺 原 理

本工法以泥泵、管线的水力特性曲线为数据基础，以泥泵切割原理为理论依据，将泥泵叶轮外径割小，使泵的流量—扬程、流量—功率特性在转速不变的条件下有所改变，典型泵叶切割的泥泵特性曲线如图4所示。因为降低泥泵的扬程和柴油机负荷，使得泥泵和管路曲线合理匹配，这样就解决了因管线较短、泥泵流量大造成的柴油机超负荷等问题，避免了传统方法带来的弊端。下面从对泥泵超负荷的产生原因开始详细说明该工法的工艺原理。

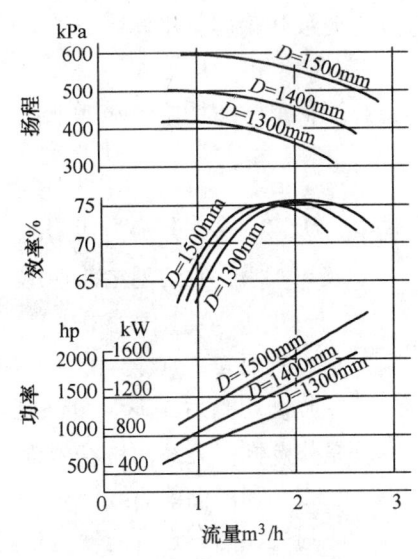

图4 泵叶切割的泥泵特性曲线

4.1 泥泵——柴油机功率限制特性

当泥泵与管路联合工作时，介质要克服管道的阻力，因此泥泵的实际工作点就是泥泵特性曲线和管路特性曲线的交点。如图4.1-1所示，交点 A 即为系统的运行工况点。图4.1-1下半图为泥泵的流量功率曲线，设柴油机在额定转速下能提供的功率为 P_n，对应的流量点为 E，如果点 A 的流量小于 E 点流量，则柴油机可以正常运行，如果点 A 流量大于 E 点流量，则发生超负荷现象。

柴油机发生超负荷一般是指柴油机的输出扭矩超过额定扭矩。图4.1-2为一具有恒扭矩特性的柴油

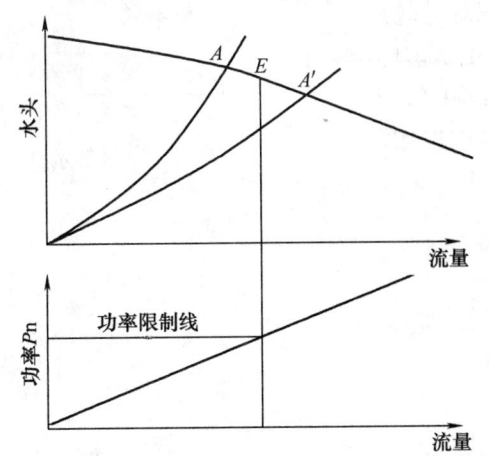

图4.1-1 泥泵流量—扬程特性曲线与泥泵流量—功率特性曲线

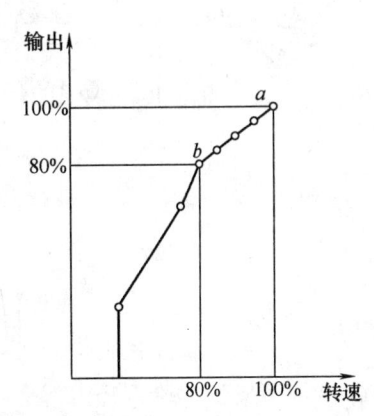

图4.1-2 柴油机转速与输出的关系

机特性曲线。从图 4.1-2 可以看出，当转速从额定转速开始降低，但仍保持在 80% 额定转速（恒扭矩区）以上时，柴油机的最大输出功率随转速的下降而线性下降，当转速降至 80% 额定转速以下时，输出功率会迅速降低。所以泥泵降低转速运行时的超负荷限制功率将小于额定功率。

4.2 切割前后关系

在外径切割量不大的条件下泵叶外径与流量、扬程和功率关系：

$$\frac{Q'}{Q}=\frac{D_2'}{D_2} \tag{4.2-1}$$

$$\frac{H'}{H}=(\frac{D_2'}{D_2})^2 \tag{4.2-2}$$

$$\frac{N'}{N}=(\frac{D_2'}{D_2})^3 \tag{4.2-3}$$

式中 Q、H、N——分别为泵叶外径为 D 时的流量、扬程和功率；

   Q、H、N——分别为泵叶外径切割后为 D' 时的流量、扬程和功率。

泥泵叶轮切割后特性曲线与泥泵降转后的特性曲线相似。

4.3 切割量的计算方法与限制

泥泵叶轮切割量计算方法有以下两种，根据实际情况和已知边界条件选择计算方法。

4.3.1 推荐的公式

推荐泵叶的切割公式如下：

$$D_2'=0.983D_2\sqrt{\frac{n'}{n}} \tag{4.3.1-1}$$

式中 D_2、D_2'——分别为切割前、后的叶片直径（只切叶片，不切叶墙）；

   n——切割之前使用原装泵叶，叶径为 D_2 时的泵叶额定转速；

   n'——工作中出现管线过短、流量过大，柴油机在满负荷（转矩）下仅能开到的转速。

此式适用 $n'=(0.75-0.95)n$ 范围内。

按此式切割后，泥泵可恢复到额定转速，扬程特性下降到相当于用 D_2 叶径、转速为 n' 时的特性，可以充分发挥泥泵柴油机的效率。

4.3.2 利用性能曲线计算

切割量如何确定方能使流量正好为所需流量，则可利用如下方法来求出切割量。

在图 4.3.2 中其泵的 H-Q 曲线与排泥管路特性的交点 A 为流量过大的工况点。如果希望流量能从 Q_A 减小到 Q_B，由 Q_B 作一垂直交管路特性曲线于 B 点，则 B 点即为切割叶轮后施工的工况点。先通过 B 作一抛物线 $H=KQ^2$，式中 $K=H_B/Q^2_B$=定值。此抛物线与 H-Q 曲线交于 C 点。由图量的 H_B、H_C 及 Q_C 各值，利用以下两式中的任何一式，即可求出切割后的叶轮直径。

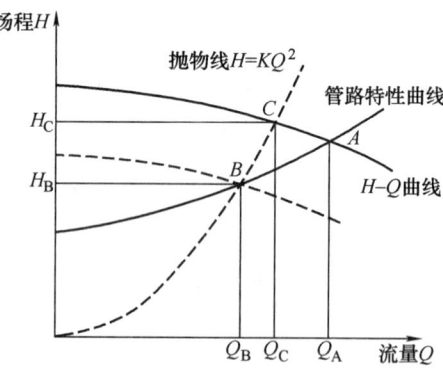

图 4.3.2   计算示意图

$$D_{2B}=\frac{Q_B}{Q_C}D_{2C} \tag{4.3.2-1}$$

$$D_{2B}=\sqrt{\frac{H_B}{H_C}}D_{2C} \tag{4.3.2-2}$$

式中 D_{2B}——切割后的叶轮直径；

   D_{2C}——原来的叶轮直径。

4.3.3 叶轮切割量的限制

泥泵的比转速定义为：

$$n_s = \frac{3.65n\sqrt{Q}}{H^{3/4}}$$ (4.3.3)

式中　n_s——比转速（r/min）；

　　　n——泵的额定转速（r/min）；

　　　Q——泵的最高效率点流量（m³/h）；

　　　H——泵的最高效率点扬程（m，水柱）。

比转速亦可看作是一个与实际泵完全相似、但尺寸却小很多的泵，当它发出扬程为 1m 水柱、流量为 0.075m³/s 时所需的转速。

在比转速一定时，比转速大致可以确定泥泵特性曲线的特点及其通流部分的几何形状。即确定 H-Q 曲线的形状、坡度、η-Q 曲线的形状和高低。最高效率亦与 n_s 有关。

20 世纪 80 年代进口绞吸挖泥船泥泵的比转速 n_s 一般在 128~141r/min 之间，泥泵效率 η 约在 75%~80% 之间。

实际上泵叶切割后，叶片（流道）长度减少，叶片出口角有所增加，比转速也改变，会导致效率稍有下降，对于 n_s=60~120r/min 的泵叶及 n_s<200 的泵叶按表 4.3.3 切割，则效率下降约 2%。过多切割则效率下降甚多，泵叶允许切割量依比转速大小而不同，见表 4.3.3。

叶轮外径的允许车削量　　　　　　　　　　　　　　　　　　　表 4.3.3

N_s（r/min）	≤60	60~120	120~200	200~250	250~350	350~450
最大切削量	20	15	11	9	7	5

5. 施工工艺流程及操作要点

5.1　工艺流程

工艺流程详见图 5.1。

5.2　操作要点

5.2.1　切割时候注意是直径方向测量而不是沿叶轮长度方向。

切割部位及长度径向示意及实物如图 5.2.1-1、图 5.2.1-2。

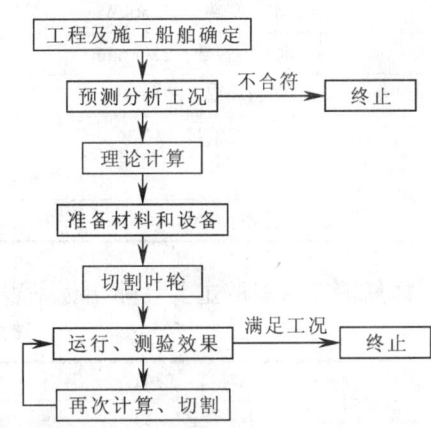

图 5.1　绞吸船短排距切割泥泵叶轮施工工艺流程图

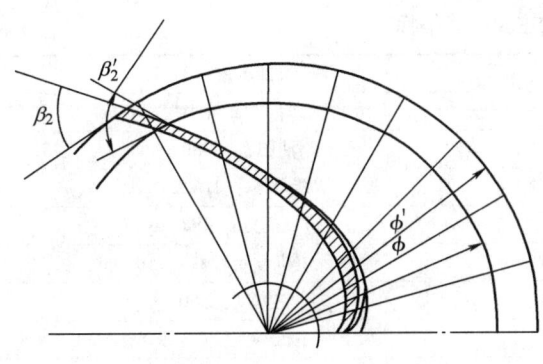

图 5.2.1-1　叶轮切割示意图

5.2.2　一般只切割叶片而保留前后叶墙

见图 5.2.2 不同比转速的切割，这样对恢复叶片方便，并对保持原有容积效率有利。

图 5.2.1-2　叶轮切割实物图

1. 因叶轮切割后已不再严格满足相似定律（且第一种属估算方法），所以为保险起见（尤其叶轮切割量较大时）可采取分步切割，分析切割后运行效果再决定是否继续切割、根据测试结果再计算下一次切割量。

2. 外径切割量一般要在 10% 以上才值得实施，但切割量也有一定限制，最大不能超过 20%。

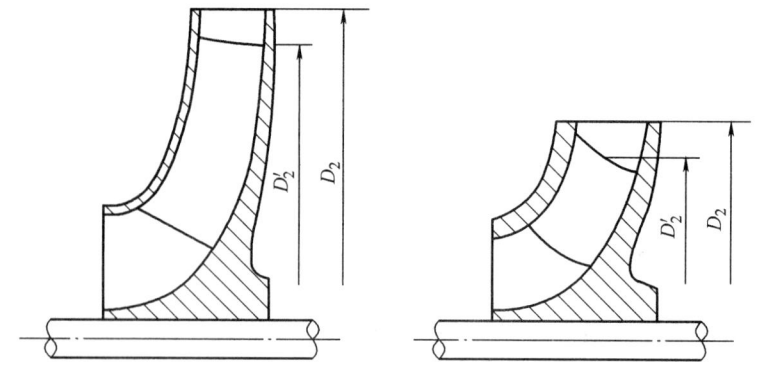

图 5.2.2　不同比转速的切割

6. 材料与设备

公司主要以津航 217、218 船进行该项目的实施。主要材料与设备如下：

1. 津航浚 217 船的主要性能指标见表 6-1。

津航浚 217 船的主要性能指标　表 6-1

总吨位：2341t	满载排水量：3712t
总长：96m	最大挖深：22m 最小挖深：5m
总宽：17.2m	燃油舱容：480.5m³
型深：4.7m	淡水舱：216.2m³
满载吃水（船尾）：3.42m	挖宽：80m
舱内泵功率：1470kW×2	舱内泵主机额定转数：750r/min
舱内泵转数：320r/min	叶轮宽度：220mm
水下泵功率：750kW	水下泵主机额定转数：975r/min
水下泵转数：220r/min	水下泵叶轮宽度：560mm
绞刀功率：375kW×2	绞刀转数：0~36r/min
绞刀重量：10.3t	桥梁重量：334t
钢桩：长 46.5m、直径 1.6m、重量 90.5t	
排距：500~4000m	出厂日期：1987.4

2. 津航浚 218 船的主要性能指标见表 6-2。

津航浚 218 船的主要性能指标　表 6-2

总吨位：2341t	满载排水量：3712t
总长：96m	最大挖深：22m 最小挖深：5m
总宽：17.2m	燃油舱容：480.5m³
型深：4.7m	淡水舱：216.2m³
满载吃水（船尾）：3.42m	挖宽：80m
舱内泵功率：1470kW×2	舱内泵主机额定转数：750r/min
舱内泵转数：320r/min	叶轮宽度：350mm
水下泵功率：750kW	水下泵主机额定转数：975r/min
水下泵转数：220r/min	水下泵叶轮宽度：560mm
绞刀功率：375kW×2	总绞刀转数：0~36r/min
绞刀重量：10.3t	桥梁重量：334t
钢桩：长 46.5m、直径 1.6m、重量 90.5t	
排距：500~4000m	出厂日期：1989.3

3. 使用的设备：起吊设备包括吊车、钩机、起锚艇，切割与焊接设备及其相应辅助工具。

津航浚 217 船实物图片见图 6-1。

津航浚 218 船实物图片见 6-2。

图 6-1　津航浚 217 船

图 6-2　津航浚 218 船

7. 质 量 控 制

7.1　施工质量执行以下标准

7.1.1　《疏浚工程技术规范》JTJ 319-99；

7.1.2　《疏浚与吹填工程质量检验标准》JTJ 324-2006；

7.1.3　《水运工测量规范》JTJ 203-2001。

7.2　质量控制措施

7.2.1　严格按照工程施工质量管理体系要求,开展各项质量管理工作,确保施工全过程得到有效控制。

7.2.2　制定质量工作计划,分析影响质量的因素,找寻对策。

7.2.3　针对质量管理开展工作,通过 PDCA 循环不断解决、改进质量难题。

7.2.4　向施工船作详细技术交底,明确质量控制内容,严格执行操作规程。

7.3　切割泥泵叶轮的措施

7.3.1　切割前疏浚、船机主管人员管会同挖泥船船长对挖泥参数进行校核,并计算切割量,实际切割量应是计算值的 90% 左右。

7.3.2　切割后,校核实际生产参数,与计划值进行比较,确定是否再次进行切割。

7.3.3　严格执行参数记录制度,掌握切割叶轮前后的施工规律,总结分析经验,及时调整施工工艺。

8. 安 全 措 施

8.1　施工前准备

根据工程特点及施工船情况,事先计划在何时、何地,选择如何实施。最好在船舶进点前进行,以防挖泥船本身不带起吊设备而必须再次停靠码头进行。

实施前准备好相应设备和工具,预留出相应空间和时间以免与其他施工相冲突。

8.2　施工过程

8.2.1　严格执行《国际海上避碰规则》及天津港 VTS 管理细则,显示、悬挂规定号灯号型,加强与进出港船舶联系,早定避让措施,执行雾航管理规定。

土级分类图例
2级 3级 4级 5级 6级 9级 10级 15级

图 8.2　施工挖槽区域三维土质矢量模型图

8.2.2 甲板作业人员穿戴救生衣、安全帽、冬季注意防冻、防滑、防火及安全用电，严格按照安全操作规程作业，避免人身伤害等事故发生。

8.2.3 港内修理需明火作业时，严格履行动火申报手续，安排专人值班，备足消防设备，及时清理动火现场。

8.2.4 防风抗台，根据施工区的自然条件及周边环境制定防台预案，及时收听天气预报，届时听从海事主管部门规定的避风锚地抛锚开车抗台与保持不间断的联系。

8.2.5 加强了施工区域现场土质勘察工作，土质是影响挖泥船施工操作的最重要因素之一，为了防止土质突变给施工工况带来的影响，天航局技术人员开发了疏浚地质信息系统——Veodredging（如图8.2所示），利用该系统建立三维矢量土质模型，使技术人员能够准确的对即将遇到的土质变化情况进行分析，采取相应的工艺措施。

9. 环 保 措 施

9.1 严格遵守《海洋环境保护法》，严格执行国家关于海洋环境保护的各项规定。

9.2 制定环境保护预案和应急救援预案，污油水、垃圾集中管理，定时申报回收，杜绝跑、冒、滴、漏，防止泄漏施工水域中。加装燃润油及回收污油水垃圾时做好全过程监控管理，做好溢油事故的应急预案。

10. 效 益 分 析

此工法旨在安全和节能降耗的理念下，更有利于柴油机、泥泵及管线的长期使用。

本工法在津航浚 217 船、津航浚 218 船等施工船得到应用，除了解决泥泵与短管线配合中的技术难题外，取得的经济效益也相当可观，依据所推广工程切割泥泵叶轮或更换小叶轮前后的施工数据，从不同工程、不同施工船在节能降耗、提高生产率方面的效益分析如下。

10.1 曹妃甸公共港区冀东油田基地北侧造地工程

由于曹妃甸地区的土质较易输送，而当时管线较短、泥浆的流速较高，造成了柴油机超负荷的情况。津航浚 217 船在曹妃甸公共港区冀东油田基地北侧造地工程中，使用了绞吸船超短排距切割泥泵叶轮施工工法，对泥泵的叶轮进行了切割，解决上述问题，也取得了相当可观的经济效益。

2008 年 8 月 2 日，217 船将 1 号泵叶轮切割 40mm，把原先的缩口由直径 350mm 改变为 600mm。船报生产率由 7 月下旬的 1717m³/h 提高到 1980m³/h，油耗由 3.8 降到 3.1t/万 m³。切割前后的工艺监控画面如图 10.1-1、图 10.1-2 所示，其中绿色部分为产量曲线。

按平均每天施工 16h，月施工 25d，单价 16.7 元/m³，柴油价格按 6500 元/t 计算，直接经济效益分别为本工法实施后增加的月产量折算产值 (S1) 和此工法实施后每月降低油耗所带来的产值 (S2) 两部分组成：

S1= （1980−1717)×16×25×16.7÷10000=175.68 （万元）

S2= （1717×3.8−1980×3.1)×16×25×6500÷10000÷10000

　　=10.05 （万元）

则月增加产值 S1+S2=185.73 （万元）。

10.2 防城港东湾吹填工程

津航浚 218 船 2007 年 12 月在防城港东湾吹填工程中，由于防城港土质较易输送，管线较短、泥浆的流速较高，造成柴油机超负荷运转、加重管线磨损。为了使船舶能正常施工、保证节点工期，使用绞吸船超短排距切割泥泵叶轮施工工法对泥泵的叶轮进行了切割，解决了泥泵与短管线配合中的技术难题，取得可观的经济效益。

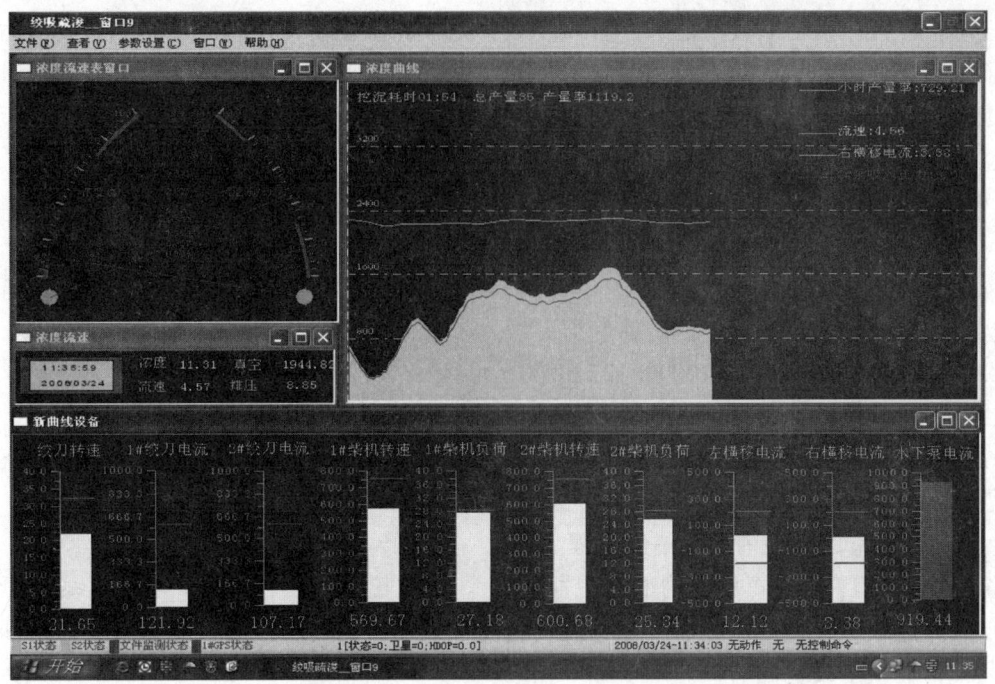

图 10.1-1　切割前的参数监控画面

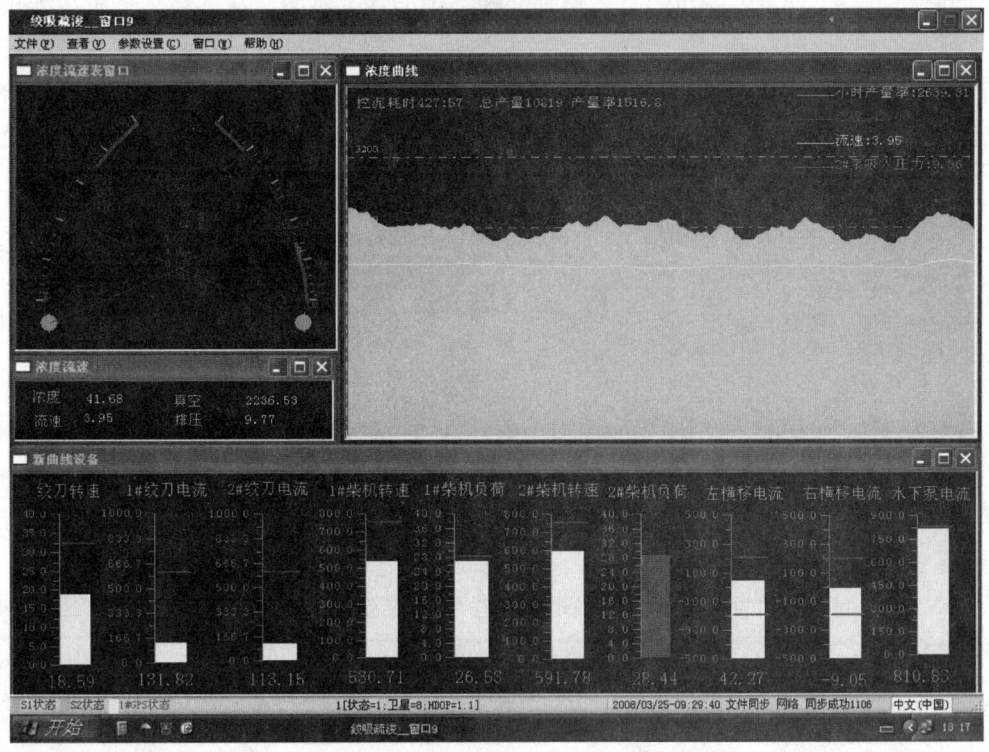

图 10.1-2　切割后的参数监控画面

2008 年 1 月初对泥泵叶轮进行了切割，12 月份时的平均生产率为 1085m³/h，2 月份切割叶轮后，生产率为 1334m³/h，按平均每天施工 18h，月施工 25d，工程单价为 11.2 元/m³，由本工法实施后生产率提高方面而增加的月产量所得的产值（S1）可计算得：

S1=（1334-1085）×18×25×11.2÷10000=125.5（万元）

10.3　天津港南疆港区 16~18 号泊位前期疏浚工程

为了使船舶能正常施工、保证节点工期，2007 年津航浚 217 船在天津港南疆港区 16~18 号泊位前期疏浚工程中，在天津港土质较易输送，管线较短、泥浆的流速较高，造成柴油机超负荷运转、加重管线磨损的条件下，使用此工法对泥泵的叶轮进行了切割，解决泥泵与短管线配合中的技术难题，取得的经济效益也相当可观。下面就切割泥泵叶轮前后的施工数据来进行本工法在提高生产率和节能降耗等两方面的效益分析。

2007年11月叶轮切割前平均生产率为799.6m³/h，油耗为6.16t/万m³，而12月份生产率为1008.9m³/h，油耗为4.84t/万m³，按平均每天施工18h，每个月施工25d，单价为14.4元/m³，油价6400元/t计算：

工法实施后因月产量增加而多创造的产值：

(1008.9-799.6)×18×25×14.4÷10000=135.62（万元）

此工法实施后降低油耗每月所带来的产值：

(799.6×6.16-1008.9×4.84)×18×25×6400÷10000=1.22（万元）

则多创造的月产值为：S=S1+S2=136.84（万元）

10.4 青岛前湾港区三期前四个泊位工程

2003年津航浚217船在青岛前湾港区三期前四个泊位工程施工中，由于当时管线较短、土质较易输送，泥浆的流速较高，造成该船水下泵电机及舱内泵柴油机运转超负荷、加缩口后，柴油机仍只能长时间低速运转，加重了设备的磨损。

为了使船舶能正常施工、保证节点工期，经技术人员研究使用了绞吸船超短排距切割泥泵叶轮施工工法对泥泵的叶轮进行了切割，解决泥泵与短管线配合中的技术难题，显著提高了生产效率，减少了磨损。

切割叶轮前平均生产率为956m³/h，切割叶轮后，生产率为1284m³/h，按平均每天施工18h，月施工25d，工程单价为10.5元/m³,由本工法实施后生产率提高方面而增加的月产量所得的产值(S1)可计算得：

S1=(1284-956)×18×25×10.5÷10000=154.98（万元）

11. 应 用 实 例

2008年8月，在曹妃甸公共港区冀东油田基地北侧造地工程（2008年7月22日~9月13日）中，217船将1号泵叶轮切割40mm，把原先的缩口由直径350mm改变为600mm。利用绞吸船辅助决策系统进行了实时监控，对数据认真统计、对比、分析，取得了较好的效果。

2007年11月~2007年12月，在天津港南疆港区16~18号泊位前期疏浚工程中使用本工法也取得了较好的效果。

2007年12月14日~2008年4月9日，在防城港东湾吹填工程中津航浚218船切割水下泵小叶轮，在防城港挖砂施工时，可以达到在不超水下泵负荷的情况下，适当提高浓度。

2003年6月5日~2003年9月12日，217船在青岛前湾港区三期前四个泊位工程施工中，采用本工法，保证了工程工期，创造了良好的社会效益，该工程获得第五届詹天佑土木工程大奖、交通部水运工程质量奖、全国用户满意工程等多个奖项。

为了能使该项目成果得到更广泛推广、应用，今后计划从以下两个方面继续加强工法的推进工作：

(1) 寻找更多适合本工法使用工况的工程，加大推广力度，扩大其增产降耗效果。

(2) 制定相应的行业标准，要求其在适当的工况下必须采用此方法，杜绝盲目、简单化进行疏浚施工管理的现象，坚决贯彻执行节能降耗的方针政策。

高土石坝心墙防渗土料（碎石土）掺配施工工法

GJYJGF107—2010

中国水利水电第五工程局有限公司　云南建工水利水电建设有限公司

刚永才　李法海　阙丕林　沈家文　王嘉贵　张国林

1. 前　　言

亚热带地区为低纬度区，其气候特点是气候炎热、温度高、湿度较大、雨量充沛，年平均降雨量达1700mm以上，即使在旱季，间歇性降雨也经常发生。红黏土的特性是黏粒含量较高，对含水量变化非常敏感，碾压特性与含水量变化相关性较高，热带、亚热带地区的间歇性降雨对红黏土的含水量控制影响较大。经过多年的研究，结合云南双江县南水库工程等数十个亚热带地区的工程实践，取得了亚热带地区成功的施工经验，其技术达到省内先进、国内领先水平，为此形成此工法。

2. 工 法 特 点

2.1 料场开采规划方便。

2.2 黏土运输保护措施实用，费用省。

2.3 坝面质量控制措施可操作性强。

3. 适 用 范 围

适用于亚热带地区采用黏土防渗的土石坝工程。

4. 工 艺 原 理

通过对土料开采、运输、碾压等环节采取一系列措施，以控制外部环境对黏土含水量的影响，使黏土的密实度、渗透系数符合设计要求。

5. 施工工艺流程及操作要点

5.1　施工工艺流程

填筑面处理→黏土料上坝→进占法卸料→铺土→碾压→边角处理→取样试验→质量评定。

5.2　操作要点

5.2.1 填筑面处理：清除填筑前施工产生的废弃物；清除松动基岩、浮土、泥浆等杂物并排除渗水。

5.2.2 黏土填筑的接触面要用钢丝刷清洗干净后涂刷3~5mm的浓泥浆，在山体两岸坡上每次涂刷高度只能稍高于实际填筑土层高度，保证在填土时泥浆应是湿润的，已经干硬的泥浆层必须清除。

5.2.3 料场剥离杜绝大面积暴露，宜采用取小块剥离，小面积开采，避免下雨吸收大量水分或天气太热水分蒸发。土料开采宜采用为立面开采，从而达到上、下不同的土料混合，以使天然含水量均匀分布。早、中、晚三个时间段料场检测天然含水量情况，遇间隙降雨，还应相应增加监测次数，密封处理。

5.2.4 运输宜密封处理或采用蓬布覆盖，以避免水分损失，确保含水率接近最优含水率。运输车辆不宜采用大吨位自卸汽车，以避免运输车辆进入施工仓面时，过重荷载导致填筑仓面已填筑好黏土剪切破坏，其次进入的路口应经常更换。

5.2.5 卸土时，土料宜采用进占法进行卸料，并形成上下游2%左右的泄水坡度。卸料位置应距铺料面3m左右，不宜直接倾卸至铺料斜面上。

5.2.6 铺料主要采用推土机进行，边角部位辅以人工进行。铺料要求控制料层厚度及平整度，不能超过碾压试验确定的铺料厚度，一般情况下，黏土料的铺料厚度不宜超过40cm。平整度也是铺料过程中需要控制的一个关键工序，平整度差可导致凸出部位超压破坏，凹下部位碾压不密实。

开始铺料的头几层所用黏土料，含水量应稍高于最优含水量的黏土料，铺土厚度要适当减薄。结合部位铺料时2m范围内按规范要求填筑含水量稍高的料。

5.2.7 碾压机械优先采用平碾+凸块碾的组合方式：先用振动平碾压实1~2遍，再用振动凸块碾进行振动压实，以防止长时间暴晒和突发降雨的影响，同时配备防雨布，在连续降雨时覆盖填筑面，防止雨水浸泡红黏土。黏土料碾压宜采用振动凸块碾，激振力400kN以上，振动频率35~40 Hz，振幅2~5cm。碾压方式主要为进退叠加法和进退错距法，碾压方向平行于坝轴线方向。

错距的确定采用以下公式计算：

$$L=2B/N \tag{5.2.7-1}$$

式中　L——错距，单位cm/次；

　　　B——碾体宽度，单位cm；

　　　N——碾压遍数，单位：次。

5.2.8 结合部位处理：由于结合部位深嵌入两岸山体中，作业面较为狭窄，振动碾不易碾压到边，即使碾压到边，由于靠边部位黏土料呈楔形状，靠边碾压易造成沿边超压剪切破坏，因而结合部位处理是防渗体施工质量控制重点。结合部位处理通常采用自行式压路机进行碾压，碾压采用薄层铺料慢速碾压。铺料厚度为试验确定铺料厚度的1/2，即分两层进行碾压。边角部位和心墙上下游边的结合部位，采用电动夯和人工夯进行处理。

5.2.9 取样试验：在碾压及结合部、边角处理完后，进行取样检测。

5.2.10 层面及质量疵点处理：取样检测后，如有质量疵点，必须进行处理，疵点易于出现部位主要有：结合部边角出现干裂或超压破坏，土料入仓道口超压破坏，杂物散入等。处理主要采用人工进行清除，然后人工补填含水率稍高的黏土料，用电动夯进行夯实处理。

5.3　劳动力组织（表5.3）

劳动力组织情况表　　　　　　　　　　　　　　　　表5.3

序号	大坝填筑	所需人数	备注
1	机械操作手	2人/台	
2	汽车司机	2人/辆	
3	机修工	2人	
4	测量工	1~2人	
5	普工	8~12人	
6	其他管理人员依据工程情况配备		

6. 材料与设备

本工法采用的机具设备见表6。

序号	设 备 名 称	设 备 型 号	单位	数量	用 途
1	挖掘机	CAT330	台		土料开采
2	自卸汽车	4.5~8t	辆		运土
3	推土机	鞍山150	台		土料开采及铺料
4	装载机	ZL50	台		土料装车、开采
5	泥浆搅拌机	JW-100型	台	根据工程实	挖运
6	泥浆喷浆机	ZPG-2型	台	际情况选定	挖运
7	拖式振动凸块碾	YZTY-22	台		碾压
8	振动压路机	CA25型	台		碾压
9	电动夯		台		边角夯实
10	旋耕机		台		抛毛
11	高压喷枪	2MPa	支		洒水

7. 质 量 控 制

7.1 料场质量检查和控制

7.1.1 填筑料开采前都必须先清除覆盖层，然后按所需填筑料的类别分区开采。质检员负责区分合格坝料和弃料，不合格料一律不准装车，对装料人员和汽车司机进行监督，在不同采区插牌标识。

7.1.2 在料场及时监控制土料的含水率变化情况，当含水率变化超过最优含水率±5%时，及时进行配水处理。

7.1.3 当料场料源情况发生变化时，及时对不同料源进行取样分析，以确定是否可作为防渗土料使用。

7.1.4 雨后复工，检查开挖面是否有雨水冲积的淤泥或覆盖物，如有，及时进行清理。

7.1.5 料场开采必须使用一片剥离一片，不宜剥离后长期不开采使用，以防黏土料上、下层料含水量不均匀。

7.1.6 施工质量执行《水利水电工程施工质量检验与评定规程》SL176-2007及其他相关标准。

7.2 仓面质量保证措施

7.2.1 检查黏土料质量，不合格料不准入仓。

7.2.2 专人指挥卸料，避免倾卸时团块料集中。

7.2.3 按照碾压试验选定的施工参数进行施工控制，对铺料层厚、洒水量、碾压速度、碾压遍数及时进行监控，并随时注意碾压机械的工况是否符合要求。

7.2.4 检查不同料区结合带及黏土料与岸坡结合部位有无大块石集中和超料径现象，如有，及时通知施工人员进行处理。

7.2.5 质检人员除对具体的填筑面的各项施工工艺和参数进行检查外，还应对土体的干密度和含水量进行抽样检查，检查频次按技术规范进行。

7.2.6 检查纵横向接坡的削坡处理是否符合设计要求。

7.2.7 质检员实行现场交接班制度，必须认真填写交接班记录。

7.2.8 取样检查，取样检查由试验室负责。

7.2.9 测量，每一填筑层都要进行放线，包括上、下游边线和坝料分区线，上、下游边线撒白灰粉作为标记，每层编号，做好高程、层厚记录，坝料分区线采用特殊标记。

7.2.10 对黏土采用防水彩条布进行覆盖保护。

8. 安 全 措 施

8.1 认真贯彻"安全第一,预防为主,综合治理"的方针,根据国家有关规定、条例,结合施工单位实际情况和工程的具体特点,组成安全生产管理网络,执行安全生产责任制,明确各级人员的职责。

8.2 加强驾驶员的交通法规教育,认真执行交通法规。严禁酒后开车、超载运行、带病运行和超速运行,转弯、下坡、过路口和人群减速慢行。

8.3 装卸现场及交通要道设专人指挥,确保机械设备有序运行,避免意外事故发生。

8.4 加强日常维护保养,建立台账,定期维修,杜绝机械隐患,定期进行年检。

8.5 加强施工道路养护,疏通道路排水系统,保持良好路况。

8.6 对违章、违规人员进行严肃处理,视其情节轻重给予批评教育、作书面检查、停工学习交通法规直至下岗处理。

8.7 在电、讯、管路等设施附近作业时,推土距离应符合行业规定。

8.8 两台以上推土机在同一工作面作业时,前后距离不小于8m,左右距离不小于1.5m。推土机停止作业时,停放在平坦坚实的地方,放下刀片,锁好门窗。

8.9 施工现场的临时用电严格按照《施工现场临时用电安全技术规范》的有关规范规定执行。电缆线路应采用"三相五线"接线方式,电气设备和电气线路必须绝缘良好,场内架设的电力线路其悬挂高度和线间距除按安全规定要求进行外,将其布置在专用电杆上。

8.10 建立完善的施工安全保证体系,加强施工作业中的安全检查,确保作业标准化、规范化。

9. 环 保 措 施

9.1 建立环境管理体系,成立施工环境管理组织机构,明确职责,在工程施工过程中严格遵守国家和地方政府下发的有关环境保护的法律、法规和规章,加强对施工工程材料、设备进行控制和治理,遵守有防火及废弃物处理的规章制度。

9.2 将施工场地和作业限制在工程建设允许的范围内,合理布置、规范围挡,做到标牌清楚、齐全,各种标识醒目,施工场地整洁文明。

9.3 做好弃渣及其他工程材料运输过程中的防散落与沿途污染措施。弃渣及其他工程废弃物按工程建设指定的地点和方案进行合理堆放和处治。

9.4 编制施工区或料场区环境保护措施。

9.5 保护施工区的环境卫生,设置临时卫生措施,保障工人的劳动卫生条件。

10. 效 益 分 析

10.1 采用黏土防渗体结构可实现就地取材,就近使用,不会对环境造成污染,同时降低施工难度,降低工程造价,能产生很好的经济效益。

10.2 该技术的应用成功受到了质量监督站、业主单位、监理单位、上级单位及知名专家均给予充分的肯定,获得了云南省住房和城乡建设厅地方标准立项项目。在特定的环境下,采用了新的创新点,提升了企业知名度,创造了良好的社会效益。

11. 应 用 实 例

11.1　曲靖市宣威羊过水水库工程，该工程大坝地处宣威市板桥镇，工程区地质为灰岩、白云质灰岩分布地区，同时红黏土分布较广，土层较深，开采条件较好，如设计为混凝土心墙防渗体，混凝土工程量为 3 万 m³，设计成黏土心墙后，黏土填筑量为 5 万 m³，相比之下可节省投资 718 万元。

11.2　文山暮底河水库位于文山县城西北部约 13km 的暮底河下游段，大坝轴线在暮底河上寨下游 300m 处。暮底河水库工程由拦河大坝、导流放空隧洞、溢洪道、输水隧洞及灌区建筑物等组成，大坝坝顶高程 1339.60m，最大坝高 67.6m。暮底河为红河水系盘龙河一级支流，发源于文山县境内的薄竹山东麓，盘龙河流域大部分均为山区，地势自西北向东南倾斜，本流域气温高、多雨，属滇南亚热带湿润季风气候，具有干湿季分明的特点。本流域多年平均降水量 1205.3mm。

该工程应用黏土防渗心墙施工技术，充分利用了当地资源，起到了节能减排作用，同时降低了工程造价，节约了施工成本。该工程获得了中国水利行业大禹奖。

11.3　南等水库位于云南省双江县境内南勐河上游，距双江县城 35km，距昆明 742km，是该县唯一的中型水利工程。南勐河属澜沧江二级支流，径流面积 1355km²，坝址以上控制径流面积 177km²，占全流域面积的 13.06%，多年平均流量 5.695m³/s，多年平均径流量 1.796 亿 m³。南等水库是一件综合利用工程，它的主要任务是解决勐勐、勐库坝区灌溉，兼顾城镇生活和工业用水，结合发电，并兼有对下游河道防洪错峰作用。南等水库灌溉面积 8.73 万亩，城镇生活和工业年供水量 1200 万 m³。南等水库总库容为 5143.00 万 m³，工程规模为中型，等别为 III 等，上游采用黏土斜墙防渗。

该工程结合亚热带气候特点，充分利用了当地黏土资源，保护了环境，防止了水土流失，同时节约了施工成本。

沿空留巷巷帮支护施工工法

GJYJGF108—2010

淮南矿业(集团)有限责任公司

何勇　柏发松　吕福星

1. 前　言

在各类矿山建设中,巷帮的支护效果直接关系到矿山能否在安全的前提下进行生产。好的巷帮支护能有效地提高矿井的生产能力和矿井的经济效益。沿空留巷巷帮支护是针对低透气性煤层无煤柱煤与瓦斯共采关键技术中,关于沿空留巷巷帮支护的一种支护方法。该方法能有效地控制直接顶及下位基本顶,使垮落矸石在采空区中充填密实,减少基本顶的弯曲,减少巷内支护所受的载荷和巷道围岩的变形,保持巷道的稳定性。同时,能封闭采空区,有效防止漏风和煤的自然发火,避免采空区中有害气体进入工作区。

沿空留巷巷帮支护就是在工作面采空区一侧构筑巷帮充填体以形成巷帮支护带。该支护方法于2009年2月获得发明专利,专利号为:ZL200710026096.9。本方法在煤矿井下实施的过程中,与低透气性煤层无煤柱煤与瓦斯共采技术相配套,针对沿空留巷的二次采动影响,经过不断完善,形成了本工法。有效地实现了快速留巷,满足了工作面快速回采的要求。

2. 工法特点

2.1　本工法针对矿井连续快速生产要求而采用特定的充填方式、充填材料、充填设备和充填工艺对沿空留巷的巷帮进行充填,是一种在巷内锚杆高强支护的基础上,对沿空留巷巷帮进行充填辅助支护的方法。

2.2　具有支护速度快、早期强度高的特性,可保证留巷初期顶板稳定的关键指标,结合工业性试验,其充填体1d、2d、3d强度分别不低于3MPa、7MPa和10MPa。完全满足煤矿井下沿空留巷巷帮充填墙体能够紧随工作面及时快速构筑。

2.3　巷帮充填带压缩率可达到10%以上,与巷道另一侧具有可缩量的弹塑性介质煤体的刚度相匹配,使顶板下沉均衡,巷道维护便利。

2.4　巷帮支护机械化程度高、符合井下操作安全要求。在此基础上研究设计出的巷帮充填体是一种新满足特定沿空巷道矿压显现规律和变形特性要求,具有良好的承载特性和变形性能且适宜泵送操作的廉价的充填材料。

2.5　充填后留巷密实性好,利于对采空区内部积存的大量高浓度瓦斯实现高浓度瓦斯抽采,并可通过调节抽采量,改变采空区流场结构,保证工作面上隅角瓦斯浓度处于安全允许值以下的较低值,实现低瓦斯浓度井下开采。

3. 适用范围

本工法适用于煤矿井下沿空留巷的巷帮支护。

4. 工 艺 原 理

4.1 在工作面后方沿采空区边界维护巷道，根据沿空留巷的基本变形规律，以金属支架或高强锚杆作为巷内基本支护形式，巷帮采用具有一定抗压强度（4~5MPa）和可缩性的材料充填作为辅助支护。

4.2 充填墙体和采空区破碎矸石、巷道上方直接顶共同构成了基本顶的承载基础。充填墙体的刚度，改变基本顶的应力分布，并在墙体上方产生应力集中，从而形成有利于巷道维护的切顶，使巷内支护转移到维持直接顶的稳定。形成对巷道维护有利的外部结构环境，减缓巷道的动载，确保沿空留巷很快进入稳定状态。

5. 施工工艺流程及操作要点

5.1 充填工艺流程

工艺流程如图 5.1。

5.2 操作要点

由于沿空留巷要经受多次采动的强烈影响，巷道围岩活动剧烈，巷道维护难度大，除了合理设置巷内支护外，巷旁充填墙体的支护性能十分关键。同时，为保证巷旁支护墙体能紧随工作面及时快速构筑，必须采用机械化程度高的巷旁充填工艺系统。根据沿空巷道矿压显现规律和变形特性，要求充填体具有良好的承

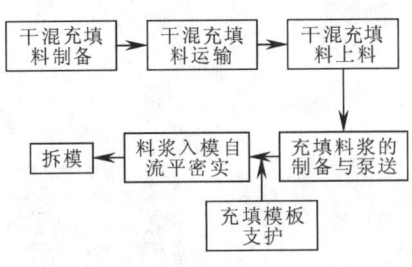

图 5.1 留巷巷旁充填工艺流程

载特性和变形性能且适宜泵送操作；并在此基础上使用机械化程度高、符合井下操作安全要求的充填工艺系统，保证沿空留巷支护墙体能紧随工作面及时快速构筑。确保施工的关键是充填支护与工作面同步推进，以适应支撑压力的动态迁移。

5.3 充填材料的输送系统

在充填泵附近铺设专用铁轨，充填材料在井上采用装料车沿专用铁轨进入充填站，按顺序对系统进行供料。

根据井下实际工作条件，上料过程由上料螺旋输送机完成，即卸下的充填材料直接进入充填泵的上料螺旋输送机的进口给充填泵供料。其上料系统如图 5.3-1、图 5.3-2 所示。

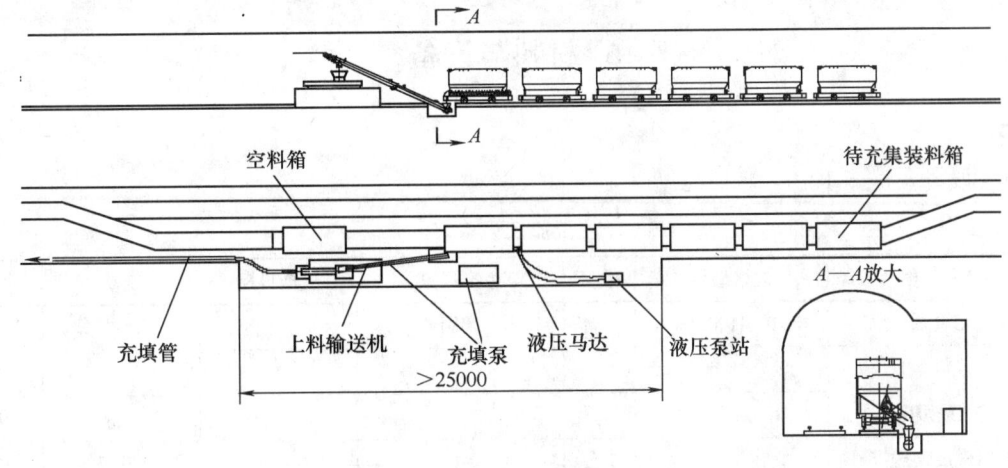

图 5.3-1 充填材料输送系统图

鉴于国内尚无用于矿井输送混凝土的充填泵，选用德国普茨迈斯特 BSM1002-E 混凝土泵，该泵主要由防爆电机、液压泵站系统、螺旋送料配水搅拌系统、液压缸体输送系统等组成。此设备布置于回风巷中，随采煤工作面的推进而移动，最大输送距离 200m。按照泵的工作压力和管道阻力，选择管径 4

英寸，壁厚 4.5mm，耐压 6MPa 无缝钢管；管道连接采用 O 形高压密封圈、金属高压卡箍。由于有完善的输送料系统，混凝土泵送系统可以连续工作，保证能紧随工作面及时快速构筑充填墙体。

5.4 巷旁充填模板支架和巷道超前支护支架

"模板"的结构是由 3 个特殊形式的支架相互围合而成。方案示意图见图 5.4。有利于实现模板功能与支架的有机结合，方便支架的推进和移动，并且能适应煤层顶、底板的起伏变化。

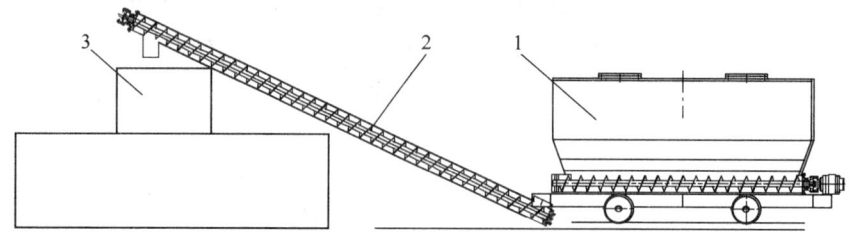

图 5.3-2　上料系统图

1-装料车；2-上料螺旋输送机；3-充填泵

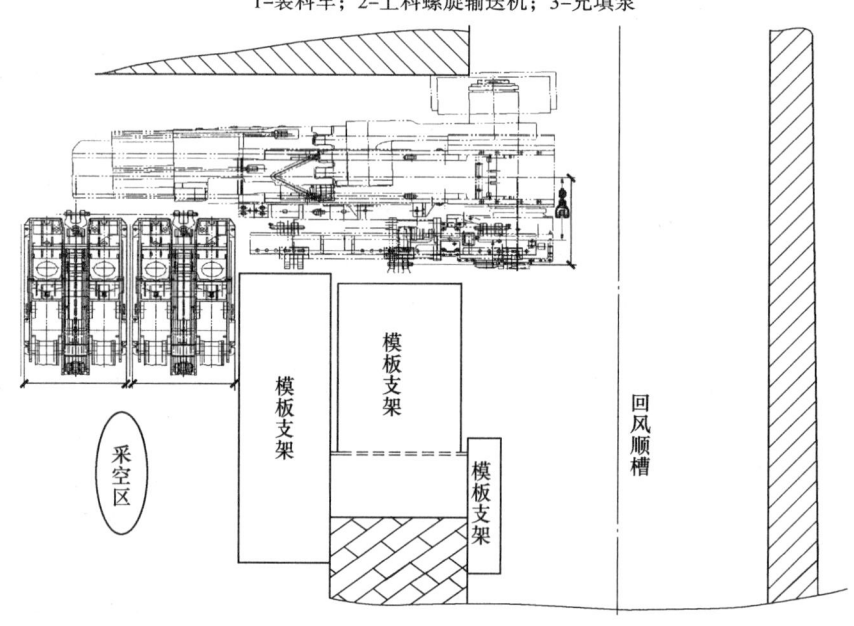

图 5.4　模板支架示意图

6. 材料与设备

6.1 设备

主要施工设备见表 6.1。

主要施工设备表　表 6.1

序号	设备名称	规格型号	数量	生产厂家	生产日期	额定功率	备注
1	充填泵	BSM1002E	1 台	德国			
2	装料车						普通矿车
3	液压模板						自行加工
4	上料螺旋输送机		1 台			45kW	自行改装

6.2 材料

6.2.1 充填体材料的选择

选用混凝土膏体材料，主要成分是：硅酸盐水泥、砂子、粉煤灰及水拌合的膏体混凝土材料外加添加剂材料。

6.2.2　膏体充填材料配比

1）原材料要求

水泥：325 标号的普通硅酸盐水泥或矿渣硅酸盐水泥；

粉煤灰：干灰，含水率小于 5%；

砂：中砂，含水率小于 3%；

2）配合比

水泥

粉煤灰

砂

水

多功能复合外加剂

根据混凝土膏体材料抗压强度指标，充填体的宽度选择≥2.0m，充填高度以采高为参考；每次充填长度同工作面日推进度相同；要求充填垛与煤壁保持一个综采支架的长度。

6.2.3　膏体充填材料配比

水泥：325 标号的普通硅酸盐水泥或矿渣硅酸盐水泥；

粉煤灰：干灰，含水率小于 5%；

砂：中砂，含水率小于 3%；

多功能复合外加剂。

7. 质 量 控 制

7.1　留巷期间的顶板管理

7.1.1　留巷期间，上风巷始终以上出口为准前后各保留 20m 挑棚支护顶板。

7.1.2　留巷期间，充填垛上方顶板采用 4 根超高强预拉力锚杆和 1 根锚索加金属网联合支护。锚杆、锚索与顶板的法向夹角为 5°~10°，与巷道原支护形成一个整体。锚杆的排间距及锚索的排间距参考掘进时的支护方案，必要时进行支护设计，设计方案报矿务局或技术审计组审计后再确定方案的实施。

7.1.3　充填垛采用混凝土膏体材料，充填垛尺寸为采高×设计充填宽度×每圆班走向长度，充填时充填料与顶板严密接触，确保充填垛来劲后不漏气。充填垛内衬锚杆及金属网。

7.1.4　留巷后巷道压力大时，或尾巷变形量较大时，必须对巷道维修和加补锚杆（索），维修原则上以卧底、刷帮为主。

7.2　充填管理

7.2.1　上风巷刷帮时提前在顶板顺山铺设规格为 5m×1.2m 金属网或钢筋笆片，若顶板破碎压力大时，可铺设双层金属网，铺网时，金属网顺茬铺设，且金属网走向必须有 200mm 的搭茬。多余的金属网卷好用铁丝绑扎在棚梁上，以免煤机滚筒绞到。

7.2.2　工作面向前回采时，上出口每次充填前，把需充填范围内铰接顶梁回收，并将底板清理到底。

7.2.3　沿空留巷充填前架设充填垛子模型，模型用木板搭设，充填大棚下帮木板用铁钉钉在木腿上固定，上帮及煤帮侧用 DZ22 型单体固定，架好后在充填垛模型内铺上塑料膜或胶织袋，避免充填料泄漏和充填料凝固后回收模板，架设好后确保充填垛宽不低于设计充填宽度，高至顶板，充填长度以走向进度为准，架设充填垛子模型完成后再用单体打好防推站柱，单体下一次充填前回收掉。

7.2.4　沿空留巷必须及时充填，充填在充填大棚下进行，充填线与老塘放顶线保持一致。充填时用水泥、粉煤灰、细砂、石子等为原料。充填必须确保充填时间和充填量，保证充填密实，接实顶板及两帮。

7.2.5 沿空留巷充填时要确保充填质量，确保每个充填垛与顶底板充分接触，并保证不少于 4 个小时的凝固时间，确保承压能力达到 7MPa 以上，相邻充填垛之间使用废旧锚杆或钢筋进行连接，以便充填垛形成整体。

8. 安 全 措 施

8.1 留巷支护及充填

8.1.1 上风巷超前工作面煤壁 20m 范围及时用 DZ25、DZ28、DZ32 或 DZ35 单体和铰接顶梁挑齐双排一梁一柱走向挑棚。架棚时，自然拱部分在铰接顶梁上方第一层按中–中 800mm 间距顺山铺设 2.4 ~ 3.2m×φ20cm 圆木，圆木上方顶板空隙处用半圆木或方木接上劲，木料成 # 字形架设；当工作面向前回采时，沿空留巷段滞后充填垛始终保持 20m 铁挑棚，其余的进行回收。架棚时妥善保护好其他管线路，同时必须至少 2 人以上配合作业，注意观察，发现安全隐患，立即停止作业并撤离，待处理好后方可继续作业。

8.1.2 上风巷刷帮架棚后补打锚杆（索）加固，作为沿空留巷支护，打锚杆（索）支护宽度和刷帮峒宽度要略大于充填宽度。

8.1.3 若上出口顶板破碎压力大时，待充填大棚架好后，及时在棚梁下挑齐一梁一柱铁挑棚。

8.1.4 沿空留巷架棚单体腿子支设后及时拴防倒绳，班中注液，确保初撑力不低于 50kN（7MPa）。沿空留巷每次充填架模时，用钢笆按走向 800mm 间距竖直架设钢筋架，然后在钢筋架之间走向水平间距 600mm，竖直间距 500mm 铺设钢筋或锚杆（索）。

8.1.5 架设钢筋架时，钢笆及钢筋锚杆（索）连接用 16 号铁丝捆扎牢固。架设钢筋架时，走向架设的钢筋锚杆（索）必须要保证超出充填垛不少于 400mm，以便与下次充填垛连接牢靠。垛与垛之间钢筋锚杆（索）要相互搭接不少于 300mm，并用钢丝捆扎牢固。工作面上下风巷回收的锚网及锚杆放入充填垛内，作为充填垛筋骨之用。

8.1.6 沿空留巷充填期间，充填当班充填棚铁腿子不回收，待下一班充填垛来劲后再回收，回收时，先从外向里回收充填垛防推站柱，然后按从下向上，从里向外回收走向木梁铁腿棚。

8.1.7 沿空留巷充填必须保证每天充填一次，上出口顶板破碎时必须对架棚加强维护好顶板，且充填棚档严格按中–中 600mm 架设。

8.1.8 沿空留巷充填期间，每向前充填一次，充填垛及走向木棚之间靠老塘处用胶织袋装煤矸码垛。

8.1.9 工作面开始回采后，切眼处必须加强顶板维护，并对切眼上口进行充填，充填必须填实顶板，以免采空区气体泄漏，充填时产生的积水必须及时打好水养子，摆泵排出，以免影响风巷环境。

8.1.10 充填时操作人员必须熟悉充填泵的性能及保养、维护常识，充填前后必须清洗管路。

8.1.11 沿空留巷期间，回风巷内要经常安排人进行清理、卧底维护，断梁折柱及时更换，确保不少于 8m² 的通风断面。

8.2 一通三防管理

8.2.1 沿空留巷期间，在充填垛内必须每隔 4.5m 预埋一路 10 寸站管抽采采空区瓦斯，每个 10 寸站管上要单独安设闸阀，待工作面向前回采时抽采老塘瓦斯。同时每间隔 15m 预埋一 4″铁管，长 15m，内布置两根束管，分别在 5m 和 15m 处留有束管口，两根束管连接到井下束管监测系统，实时监测不同距离处束管位置处 CO、CO_2、CH_4 等有害气体浓度，判断采空区遗煤自燃状态，以便及时采取有效措施。

8.2.2 工作面回采期间，安专职测气员对沿空留巷内气体进行检查，发现采空区气体泄漏或回风巷内气体超限，必须立即采取措施处理；并对回风巷内瓦斯监测探头做定期校检，确保监测探头灵敏可靠。

9. 环保措施

9.1 粉尘防治

充填泵场所要求有独立的进回风系统，如无法达到此要求的，可以将充填泵放在上风巷进风巷口，同时，在充填时保证有三道净化喷雾，同时要求雾化效果好。

加强个人防治工作，充填时，工作人员必须佩戴煤矿专用防尘口罩。

9.2 文明施工措施

9.2.1 场区清洁卫生，无杂物、无积水、无淤泥、无垃圾；

9.2.2 每班必须一次充填成型，不留尾巴工程；

9.2.3 每班充填材料进库时，必须码放整齐，同时防潮措施要实施到位；

9.2.4 各种施工用的管路、电缆悬挂整齐，材料摆放有序，并做到"风、水、电、气、油"五不漏。

10. 效益分析

10.1 巷帮支护所使用充填材料的价格与普通水泥和黄沙差不多，但在较短的凝固时间内，充填材料的支护强度却比普通水泥和黄沙的强度大 1.1~1.4 倍，同时充填的体积比普通水泥黄沙要大 1.2 倍以上。在取得相同的充填效果上，每立方米可节约充填和支护费用 40%~60%。

10.2 目前岩巷单进为 87m/月，煤巷单进为 135m/月，岩巷掘进（断面为 12.8m²，宽度为 B=4.4m，锚网支护）支护费用为 5800 元/m 左右，煤巷掘进（断面为 8m²，宽度为 B=3.6m，锚网支护）支护费用为 3500 元/m 左右。采用沿空留巷巷帮支护，其工期与采煤工作面进度同步，单进为 150m/月，支护费用可降低至 2200 元/m（断面为 8m²，宽度为 B=3.6m，锚网支护），经济效益显著。为各矿井节约和降低了工程造价，节约了工期，得到了各设计院、矿井和生产单位的支持和肯定，提高了企业的知名度和社会竞争力。

10.3 从煤矿生产方面上，少掘进了一条巷道，减少和节约了煤矿相关的巷道掘进及维护费用，同时，保证了采掘接替及相关的安全费用。

10.4 从资源开采方面上，巷帮支护为沿空留巷（或沿空掘巷）提供了可靠的支护保证和技术可行性，从而保证了煤层的无煤柱开采，加强了煤炭资源的回收，同时无煤柱开采，又减少了煤层群之间的煤柱应力集中区，为下阶段或下区段的煤层开采提供了相关的安全性及回采率，从资源上，充分发挥了矿井的生产能力，减少了煤柱损失和相关的应力集中区的产生，保证了国家煤炭资源的回收。

10.5 保护层开采过程中在巷帮支护的基础上，通过超前的穿层钻孔及顺层钻层，及充填巷道段的老塘埋管，预抽本煤层和保护层的瓦斯，达到了煤与瓦斯同采的效果，而抽出的瓦斯，可以根据不同浓度的需要，直接用于民用或者发电，从而在减少瓦斯治理费用的基础上，变废为宝，将瓦斯直接转化为经济效益。

10.6 "Y" 形通风通过巷帮支护在瓦斯治理上解决了上隅角瓦斯集聚，改善了工作面的湿度、温度和风量等相关的作业环境，同时通过穿层钻孔等相关的瓦斯治理工程，将上、下被保护层瓦斯抽采出去，从根本上达到了消突和减压的目标，从而杜绝和减少了矿井瓦斯超限，提高了煤矿安全等级。

11. 应用实例

11.1 工程设计概况

新庄孜矿 52210 工作面位于五二采区 F10-5 断层以北，F10-5（8）断层以南。对应地表为淮河漫滩及淮河河床。对应上阶段 52110 工作面正在回采。工作面上限工程标高–556m，下限工程标高–612m，工作面走向长为 700m，倾斜长为 130m。对应 52210 高抽巷施工约 200m。该块段煤层走向 325°~335°，倾角为 22~26°，平均为 24°。

11.2 地质概况

B10 煤层为结构复杂的薄煤层，煤层赋存状态不稳定，煤厚变异系数大，煤厚结构为 0.2~0.4（0.2~0.7）、0.6~1.2m，顶部煤质较差。 局部有底鼓变薄带。B10 煤层直接顶板为灰色砂质泥岩，含植化碎片，局部相变为灰白色细砂岩，厚 2.0~3.0m，老顶为细中粒砂岩，厚约 4.0m；B10 煤层直接底板为灰褐色砂质泥岩，厚约 2.5m，老底为灰白色粉砂岩，厚约 3.5m。

B10 煤层距上覆 B11b 煤层法距平均为 28m，距下伏 B8 煤层法距平均为 40m。

11.3 施工简况

11.3.1 采用德国 BSM1002E 新型充填泵，在–556m B10 联络巷布置充填泵对 52210 上风巷进行充填（初期充填泵布置在上风巷），如图 11.3.1 所示。

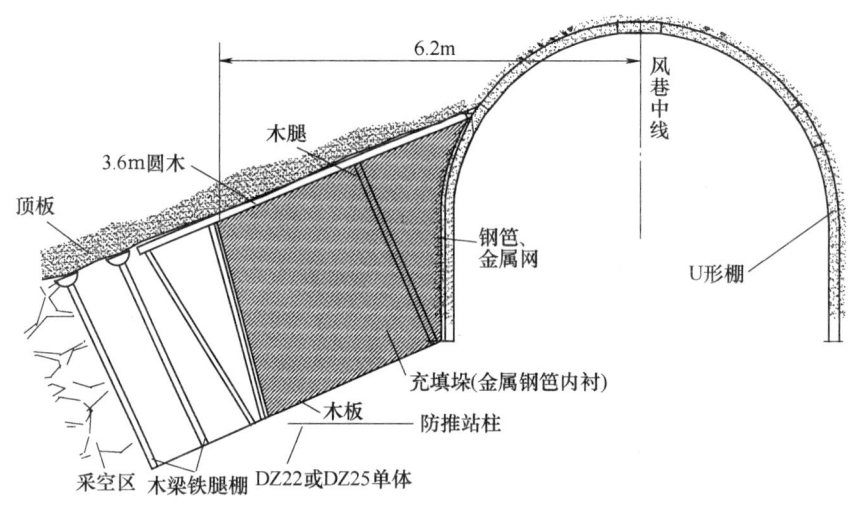

图 11.3.1　52210 上风巷沿空留巷充填图

11.3.2 充填工艺

流程为：超前煤壁刷帮，补打锚杆（索）网→替棚清理→支模→搅拌输送→充填清洗→拆模。

超前煤壁刷帮，补打锚杆（索）网：预充填段人工放炮刷帮，顶板顺山铺设规格为 5m×1.0m 金属网，补打锚杆（索）网，规格为：ϕ=20mm；L=2200mm 等强螺纹锚杆，间排距 800mm×800mm；锚索锚索规格：ϕ=15.24mm；L=5300mm，间排距 1600mm×2400mm。

清理、支模：预充填段清理环境，底板清理到直接底。支设充填大棚及充填垛支模，模板内侧周边覆盖防漏塑料薄膜或编织袋。

搅拌输送：检查确定混凝土充填泵工作状况正常，管路畅通后，即可进行材料的搅拌输送。

充填清洗、拆模：充填工作完成及时（一般在充填完成 10min 内）放清洗球用清水清洗管道及泵，待充填膏体凝固达到支护强度后即可拆除（一般 2~3h）。

由于采后顶板对充填垛施压，对充填垛破坏性极大，后期又采取了沿倾向补打锚杆加固充填垛，对局部顶板有离层地带，进行 2 次加补锚索，采用二次喷注浆充填覆盖已产生的裂隙的措施，有效地遏制了顶板压力造成裂隙漏气的问题。

本工法快速有效地实现了留巷，为老塘埋管抽采采空区瓦斯提供有利保障。52210 工作面作为保护层开采，受邻近层煤层卸压瓦斯涌出的影响，工作面瓦斯涌出量达 57.5m³/min 以上，采用"Y"形通风，并通过穿层钻孔拦截抽采被保护层瓦斯，埋管抽采采空区瓦斯解决了上隅角和充填区域瓦斯问题。抽采率达 80% 以上，工作面平均日产量 1200t，绝对瓦斯涌出量在 57.5m³/min 以上的条件下，回风流中瓦斯浓度 0.3%~0.5%，保证了工作面的安全开采，效果显著。通过沿空留巷的成功应用，降低了巷道掘进率，提高了资源回收率，有效改善采场接替状况，经济效果明显。

其他类似工程本工法应用情况见表 11.3.2。

工程实例

表 11.3.2

工 程 名 称	地 点	工法最主要用途	工法应用时间	节约资金（万元）	应用效果
潘一矿 16221 工作面	安徽淮南	无煤柱煤与瓦斯共采工程	2006.1~2007.2	1168.82	合格
新庄孜 52210 工作面	安徽淮南	无煤柱煤与瓦斯共采工程	2006.1~2008.2	1699.15	合格
顾桥 1115（1）工作面	安徽淮南	无煤柱煤与瓦斯共采工程	2007.6~2008.3	9009.22	合格

高寒地区钢筋混凝土井塔冬期快速施工工法

GJYJGF109—2010

中煤建筑安装工程公司

吴春杰　魏安来　刘慧　丛立波　周振宇

1. 前　言

　　西北高寒地区冬期混凝土工程易受冻害影响，施工速度慢，造成建设周期较长，成为目前急需解决的问题。针对此问题，中煤建筑安装工程公司成立了课题小组，开展超低温气候条件下钢筋混凝土井塔冬期快速施工技术研究，并在实践中不断完善和提高，总结出高寒地区钢筋混凝土井塔冬期快速施工工法，其关键技术为负温混凝土等施工技术与井塔快速施工技术的综合应用，保证了高寒地区冬期混凝土施工质量，同时提高了施工速度，缩短了工程建设周期，降低了施工成本。

　　该工法关键技术经煤炭信息研究院查新表明，国内未见相关技术报道，2010 年 10 月《高寒地区井塔工程冬期快速施工综合技术》通过中国煤炭建设协会科技成果鉴定，技术达到国内领先水平，2011年该技术分别获得中国施工企业管理协会及中国中煤能源集团有限公司科技进步二等奖和一等奖，其中关键技术之一"混凝土复合保温墙"获得实用新型专利（专利号：ZL 2010 2 0528354.0）。

　　该工法先后在内蒙古满洲里扎赉诺尔煤业有限责任公司灵东矿副井井塔工程、吉林八宝煤业有限责任公司矿井主井井塔工程、内蒙古上海庙矿业有限责任公司新上海一号煤矿副井井塔工程中得到成功应用，取得了良好的经济效益和社会效益。

2. 工 法 特 点

　　2.1　通过负温养护混凝土的配合比设计、混凝土配制过程中保温、加热等技术的应用，确保混凝土出机入模温度不低于规范要求，以保证在负温养护条件下混凝土质量。

　　2.2　通过混凝土复合保温墙、热模养护和红外线加热等技术的综合应用，提高混凝土早期强度，确保混凝土在允许时间内达到抗冻临界强度。

　　2.3　通过采用负温条件下混凝土施工技术、"滑多打一"滑模技术的配套应用，减少停滑次数，加快了施工速度，缩短了高寒地区钢筋混凝土井塔工程建设周期。

3. 适 用 范 围

　　本工法适用于高寒地区钢筋混凝土井塔工程及类似结构工程的冬期快速施工。

4. 工 艺 原 理

　　通过对负温混凝土配合比进行设计，在混凝土配料搅拌、运输、浇筑、养护过程中采用一系列施工技术，保证了在超低温条件下混凝土施工质量，突破了在高寒地区冬期混凝土施工的局限，并通过将"滑多打一"的滑模施工技术和负温混凝土施工技术综合应用，实现了高寒地区冬期钢筋混凝土井塔的快速、安全施工。

5. 施工工艺流程及操作要点

5.1 负温混凝土施工工艺流程
负温混凝土施工工艺流程见图 5.1。

5.2 操作要点

5.2.1 滑模施工工艺

1. 工艺流程
滑模施工工艺流程见图 5.2.1。

2. 操作要点

1) 井塔外壁用液压滑升模板施工，滑模平台采用桁架式操作平台。

2) 操作平台系统设计和模板系统设计按《滑动模板工程技术规范》GB 50113-2005 设计。

3) 滑模过程中采用内外双控观测方法，每班观测两次并将信息反馈给平台指挥，及时掌握井壁的倾斜与扭转情况，便于采取纠偏、纠扭措施。

4) 滑模施工纠偏、纠扭措施

当垂直偏差超过 5mm，扭转超过 10mm 时，及时查找原因，采取如下纠正方法防止偏扭继续发展，并最终将偏扭控制在规定范围之内：

爬杆导向调整法：

对千斤顶的支承杆施加一定的外力，使千斤顶支承杆产生与平台偏移方向相反的倾角，利用支承杆对模板与滑升结构之间依存导向关系，使操作平台沿支承杆倾角方向进行纠扭滑升，以达到导向纠扭的目的。或在滑升千斤顶底座下，在扭转反方向一侧垫楔形铁片，使千斤顶与支承杆同时产生导向倾角，达到纠扭的目的。

平台倾斜法：

将一侧千斤顶升高，使操作平台倾斜（倾斜度控制在 1% 以内）。每次抬高不超过两个行程，抬高后滑升 1~2 个浇筑层，然后观测平台回复情况，如此反复直到恢复正确位置。

外力调整法：

当产生扭转较大时，在筒壁上等距布置 2~4 个导链，使千斤顶与支承杆同时产生导向转角，随着模板的滑升，达到纠扭的目的。

5.2.2 负温混凝土配制技术

1. 工艺流程
负温混凝土配制流程见图 5.2.2。

2. 操作要点

1) 水泥的选择，从混凝土当量温度与水泥的关系，水泥的水化热量等方面考虑，选择普通硅酸盐水泥作为配制混凝土所用水泥。

2) 选定高效防冻外加剂，有效提高混凝土的性能，确保混凝土在负温情况下的强度安全，防冻剂

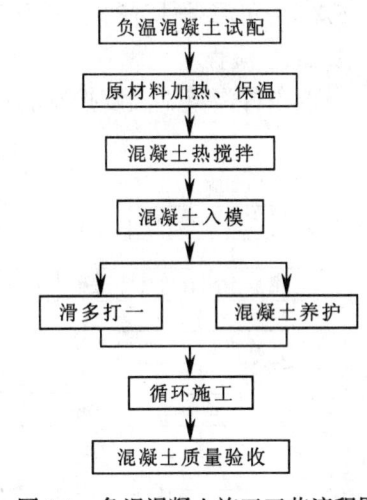

图 5.1 负温混凝土施工工艺流程图

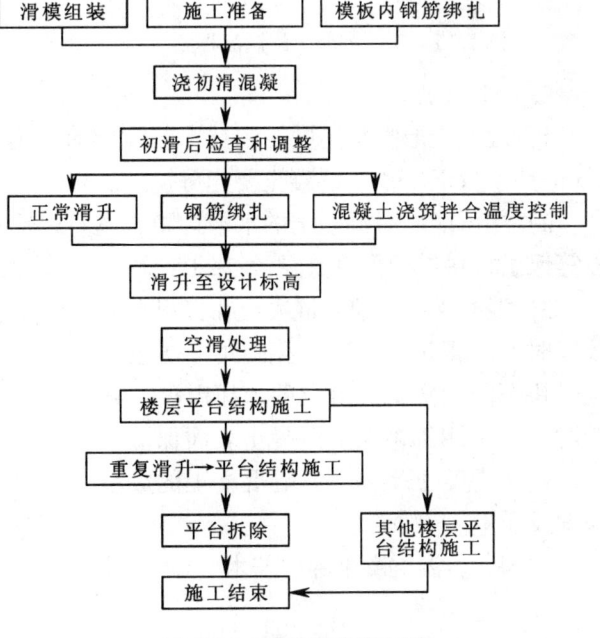

图 5.2.1 滑模工艺流程图

应考虑腐蚀危害。

3）进行负温混凝土配比设计，并按照设计负温养护条件进行养护和强度试验，经反复试验，确定施工所用混凝土配合比。

5.2.3 负温条件混凝土出机入模温度控制技术

1. 工艺流程

负温条件混凝土温度控制流程见图5.2.3。

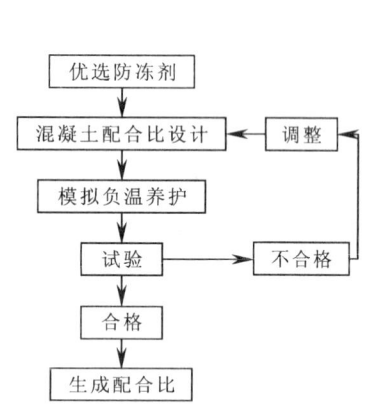

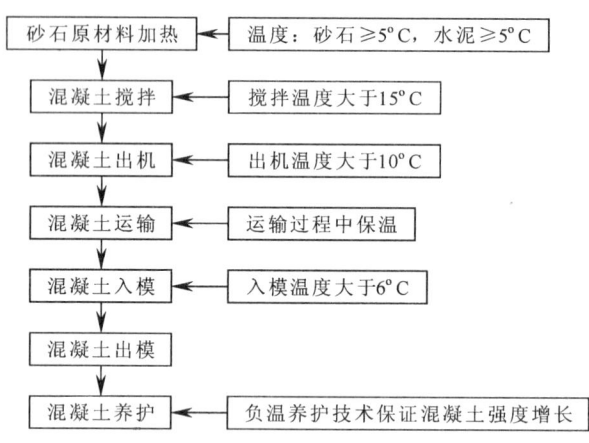

图 5.2.2　负温混凝土配制流程图　　　图 5.2.3　负温条件混凝土温度控制流程图

2. 操作要点

1）混凝土原材料温度控制技术：搅拌前先用热水冲洗搅拌机，混凝土搅拌时间取常温搅拌时间的1.5倍并不少于180s，混凝土要充分搅拌后再卸料。

2）尽可能缩短混凝土的水平运距，垂直运输采用塔吊吊运至工作面，混凝土运输设施均采用聚苯板等保温材料进行覆盖保温，经热工计算确定，确保混凝土出机温度不低于10℃，入模温度不低于6℃。

3）混凝土的浇筑：混凝土在接料台的放置时间不得过长，应随拌随用，防止温度过快下降而降低混凝土的入模温度。停滑时及时采用棉被覆盖混凝土表面保湿保温，避免混凝土受冻，影响混凝土的成型强度及质量。

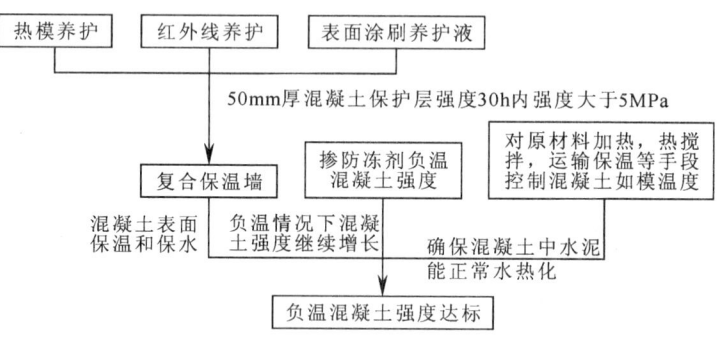

图 5.2.4-1　负温混凝土养护工艺流程图

5.2.4 负温混凝土养护技术

1. 工艺流程

负温混凝土养护技术流程见图5.2.4-1。

2. 操作要点

1）混凝土复合保温墙：在混凝土井筒结构的外侧设膨胀珍珠岩保温块及混凝土保护层，在墙体滑模施工中一次性浇筑完成，使工程中结构混凝土与井壁外侧寒冷天气完全隔离并起到保温保水作用。混凝土复合保温墙断面见图5.2.4-2。

2）热模养护：在钢模板的外侧敷设热水循环管路，再外包EPS防火聚苯保温板，滑模装置外挂8m高防火帆布，形成较为封闭保温环境，使钢模板始终保持正温条件，避免入模后的混凝土急速降温，同时使成型后的混凝土初期养护保持在一定正温下，确保混凝土前期强度增长迅速。

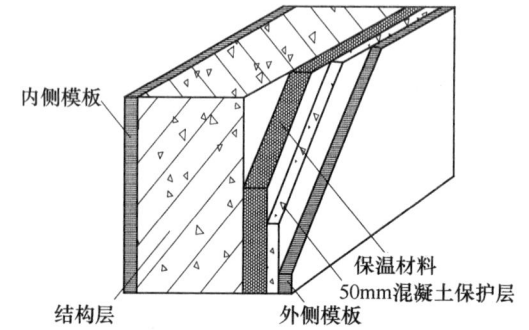

图 5.2.4-2　混凝土复合保温墙断面示意图

3）红外线加热、养护液等养护：在滑模平台外吊架下挂设红外辐射加热器加热保温，利用薄壁结构在此环境里具有升温快、强度增长快的特点，短时间内使混凝土达到抗冻临界强度。混凝土出模后在其外表面刷养护液增强保水效果。内部设置多个自制火炉，设置蒸汽环管采暖系统，提高内部环境温度。平台混凝土采用覆膜通蒸汽进行养护。井塔外墙防风及保温设施见图5.2.4-3。

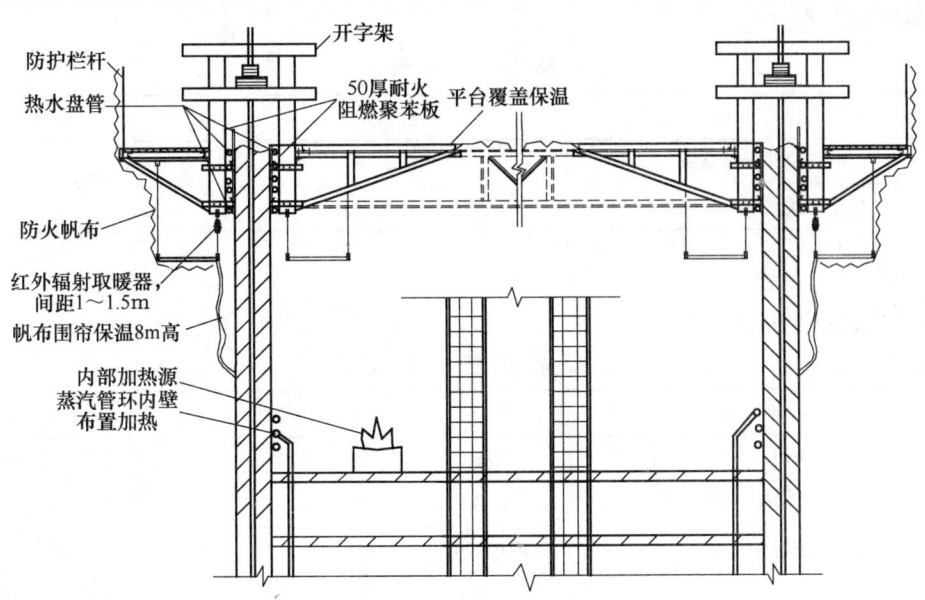

图 5.2.4-3　井塔外墙保温防风措施示意图

5.2.5　"滑多打一"快速提升技术

1. 工艺流程

"滑多打一"快速提升技术流程见图5.2.5。

2. 操作要点

1）"滑多打一"即为"滑二打一"或"滑三打一"，具体是在滑模过程中间隔一层或两层平台选择停滑点，减少停滑次数的方法，间隔层预留板槽及梁窝。

2）采用外壁滑模施工的同时进行内部间隔层的穿插施工，与常规"打一滑一"方法相比，加快了施工速度，缩短了工期。

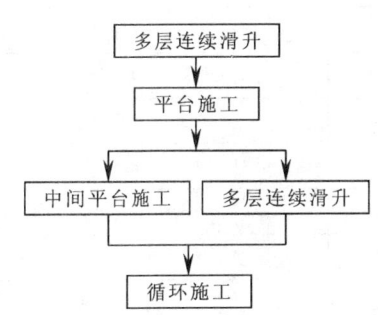

图 5.2.5　"滑多打一"快速提升工艺流程图

5.2.6　劳动力安排

劳动力组织情况见表5.2.6。

劳动组织表　　　　　　　　　　　　　　　　　　　　　　表 5.2.6

序号	单 项 工 程	所需人数	备 注
1	管理人员	10	现场施工管理
2	滑模组装人员	15	滑模机具组装
3	混凝土搅拌及运输人员	10	混凝土原材料及搅拌温度控制
4	混凝土养护设备安装人员	10	负温混凝土养护设备安装
5	木工	20	安装支撑杆、预埋件布置
6	钢筋工	30	钢筋绑扎
7	混凝土工	20	混凝土施工
8	抹灰工	10	混凝土出模修整
9	架子工	8	搭设上人爬梯
10	其他配合人员	20	配合滑模施工

6. 材料与设备

6.1 防冻材料

采用的防冻材料见表6.1。

防冻材料表 表6.1

序号	名　　　称	规　格	数　量	备　注
1	膨胀珍珠岩保温板	50mm厚	1000m²	
2	高效早强型复合防冻剂	FDJ	2.8t	

6.2 施工设备

采用的机械设备见表6.2。

机 械 设 备 一 览 表 表6.2

序号	机　具　名　称	型　号	单位	数量	使 用 部 位
1	塔吊	HZ60	台	1	垂直运输
2	搅拌机	JS750	台	1	混凝土搅拌
3	配料机	PLDI2001	台	1	混凝土搅拌
4	装载机	XG951	辆	1	混凝土原材料运输
5	混凝土泵车		台	1	混凝土运输
6	弯曲机	GW40	台	2	钢筋加工
7	调直机	K03-15	台	1	钢筋加工
8	切断机	GQ50B	台	2	钢筋加工
9	电焊机	BX3-630	台	4	钢筋焊接及预埋件加固
10	滑模提升液压系统		套	2	滑模平台
11	氧气焊设备		套	1	滑模平台
12	红外线加热系统		套	1	滑模平台
13	热水循环管路系统		套	1	滑模平台

7. 质 量 控 制

7.1 工程质量控制标准

7.1.1 混凝土施工质量控制

1. 《混凝土结构工程施工质量验收规范》GB 50204-2002（2011年版）；

2. 《建筑工程冬期施工规程》JGJ 104-2011；

3. 混凝土中掺用外加剂的质量及技术应符合国家现行标准《混凝土外加剂》GB 8076-2008及《混凝土外加剂应用技术规范》GB 50119-2003等有关环境保护的规定。

4. 混凝土配制、搅拌、浇筑及养护温度的控制。见表7.1.1。

7d 内最低温度在-20℃至-30℃时的混凝土强度控制标准 表7.1.1

项　　　目	7d强度	28d强度
设计控制强度（与标养混凝土相比）	15%~20%	30%~40%

7.1.2 滑模施工质量控制

1. 滑模施工应执行现行规范《滑动模板工程技术规范》GB 50113-2005。

2. 滑模施工工程混凝土结构的允许偏差应符合 7.1.2 规定。

滑模施工工程混凝土结构的允许偏差 表 7.1.2

项　目			允许偏差（mm）
轴线间的相对位移			5
圆形筒体结构	半径	≤5m	5
		>5m	半径的 0.1%，不得大于 10
标高	每层	高层	±5
		多层	±10
	全高		±30
垂直度	每层	层高小于或等于 5m	5
		层高大于 5m	层高的 0.1%
	全高	高度小于 10m	10
		高度大于或等于 10m	高度的 0.1%，不得大于 30
墙、柱、梁、壁截面尺寸偏差			+8，−5
表面平整（2m 靠尺检查）		抹灰	8
		不抹灰	5
门窗洞口及预留洞口位置偏差			15
预埋件位置偏差			20

7.1.3 楼层梁板模板支撑体系

1. 楼层梁板模板支撑体系应执行现行规范《建筑施工扣件式钢管脚手架安全技术规范》JGJ 130—2011 和建筑施工手册（第四版）。

2. 模板支撑体系必须先通过计算确定模板支撑架体参数。

7.2 质量保证措施

7.2.1 工程测量

1. 所用测量仪器和引测方法均应适应和保证测量精度的要求，测量仪器必须检验合格后方可使用，并在施工全过程中保持仪器状态完好。测量人员必须持证上岗，配合人员相对固定。

2. 对指定的控制点进行复测，复测后进行控制点加密及施工放样。

3. 定期观察滑模平台的扭转、倾斜及井塔沉降观测等各项指标是否符合要求。

7.2.2 混凝土强度监控措施

1. 由专人定时观测作业面温度情况，确定混凝土防冻剂用量。

2. 根据规范在混凝土入模时，留置同条件混凝土试块，为下步施工提供依据。

3. 确保负温混凝土养护设备（如红外线加热系统、热水循环管路系统等）在滑模期间正常工作。

7.2.3 楼层梁板模板支撑体系验收

1. 楼层梁板模板支撑体系搭设必须符合设计要求。

2. 梁板模板支撑体系必须经项目部管理人员组织验收合格后，方可进行下道工序。

8. 安 全 措 施

8.1 执行国家和行业现行的《建筑机械使用安全技术规程》JGJ 33-2001、《建筑施工安全检查标准》JGJ 59-99、《建筑施工高处作业安全技术规范》JGJ 80-91等国家和行业现行安全标准及规范。

8.2 施工人员必须遵守本岗位操作规程。作业时必须戴好安全帽，高处作业系挂好安全带，外平台、内外吊架等位置挂好安全网。上人爬梯设置防滑条，雨雪冰冻天气必须穿防滑鞋，使用防冻剂时应戴好口罩等防护用品。

8.3 编制安全技术措施时，必须指明工序的主要危险点，安全技术措施要具有针对性和可操作性。

8.4 做好"四口"及"五临边"安全防护，确保立体交叉作业安全。

8.5 临时用电按《施工现场临时用电安全技术规范》JGJ 46-2005要求布置，接线方式采用"三相五线制"，潮湿环境照明采用安全电压供电。

8.6 材料库棚、加工场所、滑模平台和有防火要求的施工部位及办公区、生活区，按要求配置消防器材。

8.7 滑模机具组装完毕，必须进行检查、验收，符合要求后方可使用。

8.8 滑模机具提升前，应详细各部位、部件的工作情况，发现问题及时处理。

8.9 滑模施工时，必须安排专职安全员跟班检查。

8.10 与当地气象部门密切联系，掌握气温变化特点。采取相应的防风防寒等措施。

9. 环 保 措 施

9.1 施工期间滑模机具及材料污染

9.1.1 滑模机具组装使用的液压油等必须合理回收，防止污染现场。

9.1.2 按设计加工保温板，减少切割，对零碎材料及时回收，以免造成浪费。

9.1.3 加强模板等滑模机具管理，减小损坏，提高滑模机具周转利用次数。

9.2 施工期间粉尘（扬尘）的污染防治措施

9.2.1 混凝土搅拌机及水泥外加剂库房密闭，避免扬尘。

9.2.2 建筑施工垃圾，严禁随意凌空抛撒，施工垃圾及时装袋清运，适量洒水，减少扬尘。

9.2.3 水泥、外加剂等粉细散装材料，采取封闭存放或严密遮盖，卸运时采取有效措施，减少扬尘。

9.3 施工期间水污染（废水）的防治措施

9.3.1 加强对施工机械的维修保养，防止机械使用的油类渗漏进入地下水中或排水管道。

9.3.2 施工人员骨中居住点的生活污水、生活垃圾集中处理，厕所需设化粪池，防止污染水源。

9.3.3 冲洗骨料或含有沉淀物的操作用水，采取过滤沉淀池处理或其他措施。

9.4 废弃物管理

9.4.1 施工现场设立专门的废弃物临时储存场地，废弃物应分类存放，对有可能造成二次污染的废弃物必须单独储存，设置安全防范措施且有醒目标识。

9.4.2 废弃物的运输确保不遗撒、不混装，送到业主指定场所进行处理、消纳，对可回收的废弃物做到回收再利用。

10. 效 益 分 析

10.1 本工法与暖棚倒模方法相比较，缩短了施工工期，节约人工、机械（设备租赁）、取暖等费用，混凝土施工质量得到了保证。

10.2 围绕冬期快速施工井塔，对使用的各项技术进行探索和创新，通过本项综合技术在工程上的全面应用，确保了在高寒地区冬季恶劣天气下工程的质量和施工速度，创造了全国高寒地区施工新纪录。

10.3 多项建筑业新技术的综合应用、工序衔接及劳动力的合理安排，提高了企业整体施工技术水平和劳动生产率，同时取得了较好的经济效益和社会效益。

10.4 施工工艺效益比较（表10.4）

灵东矿的副井工程施工工艺效益比较表 表 10.4

序号	比 较 因 素	本 工 艺	暖棚倒模施工工艺
1	人工	50万元	158万元
2	机械费	10万元	37万元
3	取暖用电费	0.2万元	0.6万元
4	红外辐射取暖器电费	10万元	17万元
5	看护人员工资	2万元	4.3万元
6	钢管、扣件租赁费	12万元	14.1万元
7	工期	2个月	6个月
8	安全	安全有保障，二次投入低	安全保障性较低
9	质量	可控性好，质量好	质量难以保证
10	社会效益	缩短了高寒地区工程建设周期	

11. 应 用 实 例

实例1：满洲里扎赉诺尔煤业有限责任公司灵东矿副井工程

该工程的结构类型为内框外筒结构，平面尺寸为17.5m×16.5m，地面以上共7层，总高度为63.7m。2008年10月开始主体施工，2008年12月完成，仅用66d时间完成了井塔主体施工并交付安装，为项目部创造了约148万元的直接效益，同时通过成功的冬期施工，为业主按期投产争取工期近4个月，创造约6000万元的经济效益。在施工过程中未发生安全事故，混凝土结构质量优良，得到业主和监理的一致好评，创造了良好的社会效益。

实例2：吉林八宝煤业有限责任公司矿井主井井塔工程

该工程结构形式为内框外箱形混凝土承重结构，平面尺寸16.6m×16.6m，建筑高度71.9m。在2008年10月至2008年12月完成主体结构，节约工期近70d，为项目部创造了约113万元的直接效益，同时通过成功的冬期施工，为业主按期投产争取工期近3个月，创造约5000万元的经济效益。在施工过程中未发生安全事故，混凝土结构质量优良，得到业主和监理的一致好评，创造了良好的社会效益。

实例3：内蒙古上海庙矿业有限责任公司新上海一号煤矿副井井塔工程

该工程结构形式为框架剪力墙结构，建筑面积3860㎡，建筑高度53.5m，2009年11月至2010年12月完成主体结构，节约工期近50d，为项目部创造了约105万元的直接效益，同时通过成功的冬期施工，为业主按期投产争取工期近2个月。在施工过程中未发生安全事故，混凝土结构质量优良，得到业主和监理的一致好评，创造了良好的社会效益。

钻井法凿井施工工法

GJYJGF110—2010

中煤特殊凿井（集团）有限责任公司

刘建国　蔡鑫　朱东林　郑立锋　王明思

1. 前　言

随着我国经济的迅速发展，国家对煤炭的需求量日益加大，矿产资源的开采也逐步向地下更深处延伸，矿井越来越深，井筒穿过复杂地层的几率越来越大，普通的凿井方法已不能适应深厚冲积层立井井筒的施工。为了解决深厚冲积层下矿井井筒建设难题，中煤特殊凿井（集团）有限责任公司开展了深厚冲积层、地质条件复杂地层的钻井法凿井技术研究。在历经多年的研究与工程实践后取得突破进展，并解决了冲积层厚546.48m矿井立井井筒的建设难题。其中龙固主井（双井筒）、风井钻井深度近600m，张集煤矿风井区西进风井钻井直径达10.8m。该工法关键技术先后获得国家级奖项5项，省部级奖项6项，通过多项工程应用证明，安全、质量、经济综合效益显著。其关键技术经中国煤炭建设协会2010年鉴定达到国内领先、国际先进水平。

2. 工 法 特 点

2.1 施工作业全部在地面，实现了立井施工的本质安全。

2.2 利用竖井钻机驱动钻具旋转破碎岩土，通过泥浆循环将岩渣携带到地面，机械化程度高。

2.3 利用泥浆压力平衡地压，保证井帮不坍塌。

2.4 钻进施工不受地下水的影响，在不稳定含水地层中施工，经济效益和社会效益显著。

2.5 采用防偏斜技术控制钻孔偏斜，利用超声波测井仪对钻孔的偏斜率进行及时检查，可使成井偏斜率≤0.4‰。

2.6 采用自动化搅拌站搅拌合混凝土输送泵输送大流态高性能混凝土，井壁质量可靠。

2.7 井壁下沉时利用泥浆对井壁所产生的浮力使井壁按要求逐节下沉，可通过控制加入井壁内的平衡液量控制井壁下沉的速度。通过运用井壁找正技术，有效保证了井筒有效圆。井壁下沉到底后，利用相似三角形原理进行井筒扶正，减小井筒偏斜率。

2.8 壁后充填采用散装水泥代替袋装水泥，采用灰浆搅拌机搅拌水泥浆，注浆泵不间断注浆充填，提高了机械化程度，降低工人劳动强度和施工成本。第一段高充填采用内管注浆，使泥浆置换更彻底，充填更密实，质量更有保证。

2.9 对于直径≤7.7m的井筒，可实现一钻成井。

3. 运 用 范 围

该工法适用于煤矿、铁矿等各类矿井立井井筒的施工，尤其适用于深厚冲积层立井井筒施工。

4. 工 艺 原 理

该工法的工艺原理是根据矿井设计的技术要求，在确定的位置上，利用竖井钻机驱动钻具旋转，使刀具切割岩土，将其破碎成岩屑，同时通过压气，使泥浆不断循环，将破碎的岩渣携带到地面的沉淀池内沉淀，进行洗井作业，循环的泥浆同时又起到护壁和冷却钻头的作用。钻井施工期间，在地面预制井壁并养护，养护期满后吊运堆放。当钻进至设计直径和深度后，依靠泥浆的浮力将预制好的井壁逐节对接下沉，当浮力大于重力时，向井壁内注入平衡液，使井壁下沉并保持井壁处于漂浮状态直至井壁下沉完毕；井壁下沉到底后，应用扶正技术扶正井筒，使其偏斜率在规范规定内。然后采用水泥浆和碎石将井帮与井筒间的泥浆置换出来，完成充填固井作业。

5. 施工工艺流程及操作要点

5.1 工艺流程（图5.1）

5.2 操作要点

5.2.1 测量放线

根据业主提供的井筒中心坐标及测量控制点，放样确定钻井井筒的中心，依据井筒中心及工业广场总平面布置图确定出泥浆沉淀池、设备基础等的位置。

5.2.2 基础施工

1. 临时锁口施工

1）根据临时锁口设计图纸，用机械沿轮廓线开挖，临时锁口周边及底部人工进行修整、夯实。

2）临时锁口施工完毕后，其平整度必须满足钻机安装的要求。

3）临时锁口施工好后，利用挖掘机对井筒进行深挖，以满足开钻后洗井作业的正常进行。

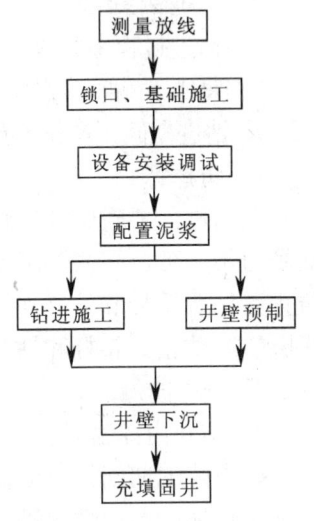

图5.1 工艺流程图

2. 基础施工

1）根据工业大临基础图纸完成泥浆沉淀池、井壁预制基础等的施工。井壁预制基础的平整度和强度必须能满足井壁预制的要求。

2）沉淀池的长度、宽度和深度应能满足泥浆流动时岩土颗粒依自重沉淀要求，沉淀池宽度还应控制在捞渣机械的工作半径内。

3）空压机基础布置在井口附近，以降低空压机供风压力损失。

5.2.3 设备安装、调试

1. 在安装基础上利用起重设备完成钻机、空气压缩机、门式起重机等设备的安装；钻机安装完毕后，要保证大钩提吊中心、转盘中心、井筒设计中心在同一铅垂线上。

2. 根据图纸合理布置刀具，测量并记录钻头高度。

3. 完成设备电气安装后，应先通电进行空载试运转，然后负载进行设备试运转。

5.2.4 配制泥浆

开钻前应认真分析井筒地质资料，对自然造浆能力好的地层，可直接采用清水开钻。对开钻后不能自然造浆或自然造浆能力差的地层，提前配置泥浆，配置泥浆方量能满足超前钻孔泥浆护壁所需的泥浆体积。

5.2.5 钻进施工

1. 开钻前，配备的空压机最大供风量应能满足全断面钻进时泥浆冲洗的要求。

2. 进行泥浆正循环钻进作业，当钻进深度满足出浆要求后，起钻具，装入混合器，进行泥浆反循环钻进作业。

3. 钻进期间，要经常检查钻进记录，校核钻具全长。

4. 钻进期间，应根据地层情况合理选择钻压、转数等参数。

5. 在钻进通过膨胀性地层时，钻孔容易缩径，预防和消除钻孔缩径可采取如下措施：

1) 钻进通过膨胀性地层时，严格控制泥浆的失水量。

2) 钻具检修完毕，下钻具通过膨胀性地层时应进行扫孔。

3) 在钻进膨胀性地层时，应经常提钻扫孔。

4) 在膨胀性地层钻进，加尺前先将钻头提离孔底进行扫孔，扫孔到底后再加尺。

5) 在钻头上布置反向刀具，一旦出现缩径卡钻，可用反向刀具切削缩径面。

6. 在钻进通过膨胀性黏土层、泥岩层时，钻头容易泥包，预防和消除钻头泥包可采取如下措施：

1) 钻进时应适当控制钻压，减小钻进速度。

2) 加大泥浆的冲洗量和适当降低泥浆的黏度。

3) 改进钻头结构和刀具布置方式。

4) 钻进过程中经常上下串动钻具，反复扫孔洗井。

5) 每次下钻时，在钻头距井底 1.0~1.5m 时经扫孔后，再进入工作面。

7. 钻进期间，操作人员应时刻注意观察各仪表的变化情况，防止掉钻、井内掉物、井帮坍塌等。

1) 防掉钻

在钻进前要对钻杆进行检查，起下钻具时要认真检查钻具各部件，并做好记录。由于钻杆在上下部受力不一致，每次起下钻具要将钻杆上下轮换使用。转盘扭矩应控制在额定范围内，施工过程中应防止蹩钻。钻杆和钻具连接螺栓应定期检查，及时更新；螺栓应用扭矩扳手拧紧，钻具的连接螺栓应用厌氧胶防松。钻杆和钻具法兰盘端面在每次下钻时应用清水清洗干净。正常钻进时定期起钻检查钻具情况，防止掉钻。

2) 防井内掉物

钻进施工期间，应根据地层特性、纯钻进时间定期起钻，对刀具的磨损情况、导向器的损坏情况及钻头母体的磨损情况进行检查、修理，对刀具磨损严重的应进行更换。各种工具要妥善保管，在井口操作时，牙钳、扳手、铁锤等要用绳子系牢，以防掉入井内。

3) 防井帮坍塌

在膨胀地层和砂层钻进时，要配制优质泥浆护壁，并增大泥浆循环量，以防井帮坍塌和泥包钻头。在砂层钻进时，应及时除砂，泥浆含砂量不应超过 4%，确保泥浆护壁效果。

8. 钻进期间，应及时清理沉淀池内的沉渣，对不能沉淀的细小颗粒，应采用泥浆净化装置进行处理，控制泥浆的含砂量。

9. 钻进期间，应定时化验泥浆的各项参数，对影响钻进速度或安全的参数，应及时采取措施调整。

10. 钻进期间，严格控制井口泥浆面不低于临时锁口面 500mm，确保足够的压差，防止因浆面太低造成井帮坍塌。

11. 在岩石层钻进时，有时会有蹩钻现象出现，当蹩钻现象长时间不消失或导致钻进无法正常进行时，此时应起钻对钻具进行检查，并进行打捞。通常造成蹩钻的原因主要有：

1) 岩石硬度比较大且岩石裂隙发育，在钻进时，有大块岩石进入钻进工作面造成蹩钻。

2) 刀座因磨损、断裂，连同刀具掉入井内，造成蹩钻。

12. 当超前孔钻至设计深度后，利用超声波测井仪测量钻孔垂直度和直径，符合规范要求后，进行扩孔钻进施工。

13. 当采用一次全断面钻进方案进行立井井筒施工时，在钻进至设计深度后，应改用小直径钻头将钻孔再向下延伸一段距离，以保证井壁下沉到底后，井壁稳定；同时在井壁下沉时，还可防止井帮大块岩石掉落影响井壁下沉。

14. 当钻进至设计深度时，调整泥浆参数，达到测井要求后，采用超声波测井仪，对钻孔的垂直度和井径进行测量。一般情况下，测井次数不得少于下列规定：

1) 超前钻孔和最后一级扩孔（终孔）钻完冲积层进入风化基岩的深度不超过 10m 和钻完全部基岩

层必须各测井一次。

2）中间扩孔钻进钻到底后，必须测井一次。

3）当有纠偏情况发生时，纠偏后必须进行复测一次。

4）每次测井的测量方位不得低于 4 个；应根据测井中发现的状况决定是否增加测井方位数和重复测井。

5.2.6 井壁预制

1. 井壁预制所用的原材料进场前应认真验收，质量证明文件齐全。使用前应进行复检，合格后方可用于井壁施工。

2. 法兰盘加工时，应成对配钻加工，并严格控制焊接变形。

3. 预制井壁用的模板，其强度和刚度应满足混凝土浇筑的要求。

4. 固定下法兰盘应用专用工具将其点焊在基础钢轨上，清扫干净。按方位焊好预埋件、节间注浆管，并将不正的焊筋板、封水板调正，做好方位标记。

5. 钢板筒焊接加工时，不得在钢板筒上引弧。钢板筒焊接严格按照 II 级焊缝要求进行。

6. 混凝土施工前，应根据设计配合比调整施工配合比，严格控制水灰比；夏季施工高强度混凝土时，避开高温天气，混凝土浇筑应连续进行。

7. 混凝土浇筑沿井壁四周均匀浇筑，避免因浇筑不均导致混凝土分层。

8. 井壁吊运必须待其达到养护期，井壁吊运堆放前应标明节号和方位，根据井壁下沉的顺序按"先下在上，后下在下"的原则堆放。

5.2.7 井壁下沉

1. 井壁下沉准备

1）井筒钻进结束后，调整泥浆参数，为井壁下沉做好准备。

2）测量钻井的深度、直径以及偏斜情况，绘制井筒的纵剖面图和平面投影图，判断是否具备下沉井壁条件。

3）计算出每节井壁下沉时所需增加平衡液量，便于下沉时掌握。

4）找出井壁底的中心，焊好找正用的中心线支座。

5）安装第一段高的注浆充填用防逆流装置（检查、调整压力）。

6）认真检查井壁底和其他井壁的壁后检查补注浆管，确保密封可靠。

7）验算井壁下沉时的漂浮高度，对漂浮高度不满足要求的井壁要提前加设支撑梁。

8）备齐井壁下沉时所需的设备、工具、材料。

2. 井壁连接、下沉

1）将井壁底吊至井口，对准临时锁口中心，缓慢下放，使支撑梁落在临时锁口上，并将支撑梁找平垫实。

2）上、下两节井壁对接时，压在下节井壁的重量不得超过其钢梁的设计承载力。

3）井壁对接时，当下部井壁的上法兰盘与上部井壁的下法兰盘的方位标记对齐后，缓慢下落上部井壁，当两节井壁轻轻接触，应迅速穿好螺栓，然后拉线找正，使中心线与井壁上下法兰盘米字线中心重合。井壁下沉连接测量见图 5.2.7-1。

4）井壁对接找正后，应用手将上下法兰盘连接螺栓拧紧，当对接的两法兰盘间隙超过 5mm 时，应用铁楔沿圆周

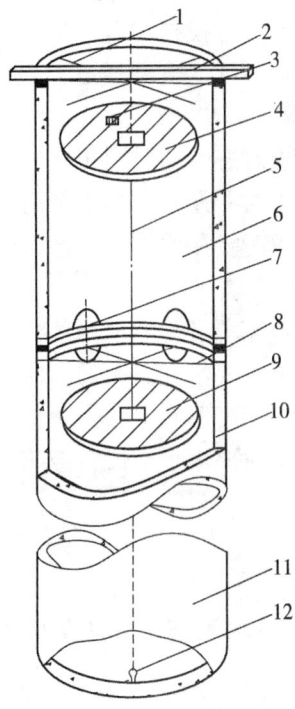

图 5.2.7-1 井壁下沉连接测量示意图

1—上吊盘米字线；2—小木梁；3—中心线滚筒；
4—上吊盘；5—中心线；6—最上层井壁；7—连接螺栓；
8—下层吊盘米字线；9—下层吊盘；10—下层井壁；
11—井壁底；12—预埋铁环

方向按固定间距垫实,保证上部井壁的重量均匀传给下部井壁;法兰盘焊接时,当间隙过大需加圆钢填塞。

5)找正前,在上、下两节井壁上法兰盘上栓好"米"字线,使中心线从上吊盘米字线中心点的一侧穿过,中心线应尽可能拉紧,以减小误差;找正时当节号为奇数的井壁中心绳从"米"字线中心点一侧穿过时,则节号为偶数的井壁找正时中心线应从"米"字线中心点相反一侧穿过;找正完毕后,应采取措施保护缠绕中心线的卷筒,防止中心线损伤。

6)垫铁楔时应避开节间注浆孔,以防堵住注浆孔。

7)防腐剂配置应根据气温变化进行调整,搅拌应均匀。防腐剂涂刷要均匀,涂刷宽度和厚度不得小于规范要求。

8)下沉过程中,应在井壁内侧对井壁接头焊接质量进行检查,发现有渗水情况,应对渗漏处进行补焊。

9)井壁下沉结束后,测量井筒内的无水段高深度,并将其和理论计算值进行对照。如果实际值与理论计算值之差在±15m 之内,视为正常。如果超出正常值则需要进行分析找出原因。

3. 扶正固定

1)井壁下沉到底后,将垂球沿最上部井壁上法兰盘米字线中心下落至水中,认真核对井壁的倾斜方向和方位角,然后测量铅垂线与井下吊盘处"米"字线中心点的水平距离,计算井筒的偏斜率。

2)确定出扶正点的位置和扶正量,在临时锁口上部利用千斤顶扶正井壁,顶升作业应分数次完成。

3)单次顶升完毕后,停歇一段时间,待垂球停止摆动,再次测量吊盘处米字线中心点与铅垂线的水平距离,计算出此时井筒的偏斜率,当偏斜率符合规范要求后,扶正工作完成。

4)扶正时应注意控制千斤顶的行程。

5.2.8 充填固井

1. 水泥浆充填

1)第一段高充填前,必须加足配重水量。

2)水泥浆应搅拌均匀,防止杂物混入浆池内,水泥浆密度应大于 $1.63g/mm^3$。

3)充填时要经常观察压力表读数,如发现压力表读数不正常,要及时查明原因,确保充填正常进行。

4)充填时各管路要同步注浆充填,防止充填不均匀造成泥浆置换不彻底。

5)充填时要及时对注浆泵的吸浆口进行清理,防止沉淀物堵塞吸浆口造成注浆量不均匀。

6)充填时要用水准仪、经纬仪监测井壁,一旦发现上浮或偏斜,应当立即采取措施处理。

2. 碎石充填

1)碎石充填必须在水泥浆初凝之后方可进行。

2)充填时要沿井筒周圈均匀充填,不可在同一方位长时间充填,防止充填不均匀造成井筒偏斜。

3)充填速度不宜太快,防止石子来不及下沉到底部就堆积在中间部位,造成充填不实。

4)充填时要用水准仪、经纬仪监测井壁,一旦发现偏斜,应当立即采取措施处理。

6. 材料与设备

6.1 主要材料与设备 (表 6.1)

主要材料、设备表   表 6.1

序号	名　　称	规　格	单位	数量	备　　注
1	钻机		台套		
2	钻杆		根		根据井筒直径、设计钻井深度和现场情况确定
3	滚刀钻头		套		
4	滚刀钻头		套		

序号	名　称	规　格	单位	数量	备　注
5	龙门道		m		根据井筒直径、设计钻井深度和现场情况确定
6	泥浆净化器	ZX-250	套		
7	空压机	GR200/20	台		
8	门式起重机	300t×18m	套		
9	自动搅拌站	HZS40	套	1	
10	混凝土输送泵		台	2	
11	皮带机	0.5×15	台	2	
12	皮带机	0.8×15	台	2	
13	洗砂机	CDF-600	台	1	
14	洗碴机		台	1	
15	散装水泥罐	100 t	个	10	
16	钢筋弯曲机	GJ-40	台	1	
17	钢筋切断机	Z-40	台	1	
18	混凝土试块振动台		台	1	
19	标准养护箱		台	1	
20	注浆泵	TBW-850/50	台套	6	
21	振捣器	B-50	台		
22	混凝土试块盒	150×150×150	组		
23	混凝土坍落度桶	300mm	只		
24	吊帽		只		根据井壁设计情况和井筒数量确定
25	内导向		只		
26	井壁模板		套		
27	外吊盘		只		
28	内吊盘		只		
29	井壁专用吊具		套		
30	电焊机	交流 500A	台		
31	吊车	50t	辆		
32	装载机	L40	台	2	
33	自卸汽车	7~8t	辆	4	
34	挖掘机	0.9m³	台	1	
35	灰浆搅拌机	C-076-1	台	2	
36	双轴搅拌机	5m³	台套	5	
37	35kV 变电设备		套	1	
38	箱式变电站	XBJI-800	台	2	
39	低压配电柜		台套	4	
40	电缆	35、120	m	待定	高压电缆
41	电缆	16、25、35、50、70	m	待定	低压电缆
42	深井电泵	扬程 50m 水量 50m³/ h	台	2	
43	单级清水泵	8BA-12　40kW	台	2	
44	潜水泵	20m³	台		
45	超声波测井仪	SKD-1	套	1	
46	经纬仪	J2	台	2	
47	水准仪		台	1	

续表

序号	名　　称	规　格	单位	数量	备　注
48	电葫芦	10t	台	4	
49	慢速稳车	5t	台	1	
50	电焊条				
51	钢筋				
52	黄砂				根据井筒深度、直径和
53	碎石				井壁设计确定
54	水泥				
55	钢板				

7. 质 量 控 制

7.1 该工法严格执行《煤矿井巷工程质量验收规范》GB 50213-2010、《煤矿井巷工程质量检验评定标准》MT 5009-94、《混凝土结构工程施工质量验收规范》GB 50204-2002、《煤矿立井井筒装备防腐蚀技术规范》MT/T 5017-96、《建筑钢结构焊接规程》JGJ 81-91。其质量检验项目及检验方法如下：

1. 钻井临时锁口工程质量：检验材料质量证明书、复检报告、混凝土试件强度报告、混凝土施工记录。

2. 钻进、吊运、泥浆系统的安装质量：检查安装记录。

3. 钻井护壁泥浆质量：检查泥浆化验记录。

4. 各级钻头钻进最终深度：丈量钻进最终深度时组成钻杆、钻头等的长度，计算出钻具总长，校核钻进最终深度时的活残尺和死残尺。

5. 成孔偏斜率：检查测井图纸。

6. 井壁法兰盘连接质量：检查井壁下沉质量验收记录。

7. 井壁法兰盘和法兰盘裸露面的防腐质量：检查井壁下沉质量验收记录。

8. 钻井成井有效圆直径：检查测井图纸。

9. 钻井成井深度：丈量井壁下沉结束后井壁总长度。

10. 钻井成井偏斜率：检查测井图纸。

7.2 达到工程质量目标所采取的技术措施

1. 钻井施工前，应编制施工组织设计，并报上级技术主管部门审批后，组织施工人员学习，并落实执行。分项工程施工前应编制专项技术措施，报技术主管部门审批后，组织贯彻、实施。

2. 钻进前，要准确测量钻头、钻杆高度和长度、死残尺等参数。

3. 钻机操作人员应具有丰富的操作经验，并应熟悉井筒的地质情况。

4. 在不均匀地层或软硬交接地层钻进时，应坚持减压钻进。

5. 钻进期间，要严格控制泥浆的参数，确保护壁质量。

6. 钻进结束前，提前调制泥浆，确保泥浆各项参数符合井壁下沉的要求。

7. 井壁下沉所用的材料进场前必须严格进行验收，质量证明文件齐全。

8. 施焊时，当接缝过大时，应用与法兰盘同材质的圆钢填塞施焊，圆钢的直径不得大于接缝，且圆钢的外缘不得超出法兰盘，焊缝的高度不得小于圆钢的半径，并不得小于设计高度，焊缝饱满，无砂眼。

9. 节间注浆时，水泥浆应搅拌均匀，密度应不低于1.75g/cm³，且水泥浆必须具有良好的流动性，确保水泥浆能充实井壁接头间隙，水泥浆凝固后结石率不小于95%。

10. 防腐剂必须按配比配制，防腐剂涂刷不应少于两遍，第一遍涂抹时应尽量减少气泡的产生，防腐剂涂刷总厚度不应小于3mm，涂刷宽度沿焊缝上、下各150mm。

11. 充填用水泥浆必须搅拌均匀，水泥浆密度不应小于 $1.63g/mm^3$。水泥浆充填完毕，在碎石充填前，必须待水泥浆初凝后方可进行碎石充填。第一段高充填时，壁后注浆充填率不小于设计充填量的 85%，其他段高不小于设计充填量的 70%。

7.3 达到工程质量目标所采取的管理措施

1. 施工中，强化职工质量意识，坚持"百年大计，质量第一"的方针。
2. 各分项工程均编制质量、安全保证措施，各分项工程实施单位经济收入与质量挂钩。
3. 完善各级质量责任制，并认真落实，做到有检查、有记录、有评比、有总结。
4. 开展质量管理教育和组织群众性的质量管理活动，加强质量技术培训。

8. 安全措施

8.1 分部分项工程施工前，应编制专项安全措施，报上级安全主管部门批准后，组织贯彻、实施。临时锁口施工时，必须有防土体坍塌的安全措施。

8.2 基坑开挖完毕后，基坑周围应设置防护挡板或防护栏，并设安全警示牌，夜间应有照明。

8.3 钻进期间，井口和泥浆沟槽须设置安全防护网，井口和沉淀池周围必须有保证夜间施工安全的照明设施。

8.4 钻进期间，地面的钻杆排放要整齐，有防止钻杆滚动措施。

8.5 施工期间，特种作业人员必须持证上岗，作业人员必须佩戴防护用具，进行气割作业时，氧气瓶与乙炔瓶间距离不应小于 5m。

8.6 在井口进行钻具检修时，检修工作面应防滑，洞口应铺设安全防护网，更换刀座、刀具时应将更换下来的刀座、刀具慢慢落至工作面，并及时清理到井口外。

8.7 门式起重机行走轨道及基础应经常检查，当基础出现下沉或轨距偏差较大时应及时进行处理。

8.8 废浆池堤坝设置栅栏和安全警示牌，并安排专人进行巡视。

9. 环保措施

9.1 钻井期间，利用两级净化的方式对泥浆进行处理。即先利用筛网振动机将大块岩屑清除，进行自重沉淀，如需要时，再利用泥浆净化装置对泥浆进行净化，净化出的岩屑可作为回填用土或作为临时建筑的砌筑用砂，从而减少土地占用。

9.2 废浆池宜设置在矿区内，钻进时产生的废弃泥浆排至废浆池。加强排浆管路及废浆池的日常管理工作，防止泥浆漏失、外溢污染周围环境。同时，临时废浆池可兼作矸石堆放场地。

9.3 钻具检修期间，工具、材料、构件等摆放要整齐，更换下来的刀具、螺栓要及时收集整理；检修结束后，应将工具、材料等入库保存，并及时打扫井口卫生。

9.4 泥浆运输铺设专用车道，捞渣、运渣期间，运渣车辆应行驶平稳。

9.5 捞渣结束后，应及时对运渣车道的泥浆进行清理。

9.6 采用新型螺杆空气压缩机，降低了施工时产生的噪声对职工听觉的伤害，改善了职工的工作环境。

9.7 水泥浆充填时，水泥罐、搅拌机附近的工作人员必须佩戴防尘口罩，避免吸入悬浮在空气中的水泥粉尘。

10. 效益分析

10.1 经济效益

10.1.1 采用该技术施工的井筒，成井质量好，不漏水，减少了后期井筒排水费用。若一个井筒服务年限按 50 年考虑，井筒涌水量按 0.5m³/h 计算，可节约排水费用 175.2 万元。

10.1.2 采用泵送混凝土工艺与原工艺相比，单个井筒可减少用工 20 人，每月可节省人工费 2 万多元。

10.1.3 采用罐装水泥代替袋装水泥，每个段高充填时可减少人员 100 人，每天可节省人员工资约 1 万元，同时可减少水泥损耗约 10%。

10.2 社会效益

10.2.1 施工作业全部在地面，不需下井作业，实现了立井井筒施工的本质安全，对保护职工生命和企业财产安全具有现实意义。

10.2.2 施工不受地下水的限制，可解决冲积层厚、地下水复杂的井筒建设，对开采深厚冲积层下矿产资源、促进我国国民经济的发展具有长远意义。

10.2.3 通过新技术、新工艺、新材料、新设备的应用，提高了井筒质量，降低了职工的劳动强度，改善了职工的工作环境，缩短了建井工期。

10.2.4 采用该技术施工的井筒质量好，不漏水，可减少后期排水用电，对实现节能减排，适应新形势下矿井建设发展具有重要意义。

10.2.5 深厚冲积层立井井筒的施工，采用钻井法施工比采用冻结法施工，可减少用电 30% 以上，符合国家节能减排的政策。

10.2.6 泥浆无害处处理工业性试验的成功，解决了钻井泥浆存储的难题，对有效利用土地，保护耕地，促进可持续发展具有现实意义。

11. 应 用 实 例

11.1 袁店一矿位于安徽省淮北市五沟镇境内，立井开拓，南风井井筒设计净直径 5.0m，采用钻井法施工。设计钻井直径 7.1m，钻井深度 301m，其中表土层厚 260.82m，岩石层厚 40.18m。井壁为钢筋混凝土井壁，混凝土设计最高强度等级 C65，井壁最大厚度 750mm。2006 年 12 月 8 日开工，2008 年 1 月 10 日竣工，实际成井 301.03m，成井偏斜率 0.293‰，钻井段井筒漏水量为零，工程质量优良，安全无事故。

11.2 袁店二矿位于安徽省阜阳市涡阳县境内，立井开拓，副井井筒设计净直径 6.8m，采用钻井法施工。设计钻井直径 9.3m，钻井深度 307m，其中表土层厚 227.96m，岩石层厚 79.04m。井壁为钢筋混凝土井壁，混凝土设计最高强度等级 C65，井壁最大厚度 750mm。2007 年 7 月 1 日开工，2008 年 5 月 21 日竣工，实际成井 307.01m，成井偏斜率 0.234‰，钻井段井筒漏水量为零，工程质量优良，安全无事故。

11.3 张集煤矿风井区西进、回风井位于安徽省淮南市凤台县境内，进风井设计净直径 8.3m，设计钻井直径 10.8m，钻井深度 458m，其中表土层厚 401.22m，岩石层厚 57.58m，井壁为钢筋混凝土和钢板混凝土井壁，混凝土设计最高强度等级 C70，井壁最大厚度 800mm；进风井于 2006 年 5 月 26 日开工，2008 年 5 月 8 日竣工，实际成井 458.8m，成井偏斜率 0.252‰，钻井段井筒漏水量为零，工程质量优良，安全无事故。

回风井设计净直径 7.2m，钻井直径 9.6m，钻井深度 440m，其中表土层厚 396.4m，岩石层厚 43.6m，井壁为钢筋混凝土和钢板混凝土井壁，混凝土设计最高强度等级 C60，井壁最大厚度 750mm。回风井于 2006 年 5 月 5 日开工，2007 年 9 月 9 日竣工，实际成井 440.37m，成孔偏斜率 0.34‰，钻井段井筒漏水量为零，工程质量优良，安全无事故。

复杂环境深孔控制爆破安全快速施工工法

GJYJGF111—2010

中铁第五勘察设计院集团有限公司 中铁十四局集团有限公司

何广沂 李玉春 孙永 徐永刚 朱连臣

1. 前　　言

"复杂环境深孔控制爆破安全快速施工工法"中的所谓"复杂环境",系指在生产车间内、高压线下和建筑设施旁实施爆破;"深孔",系指使用钻机钻孔,其钻孔直径90mm以上,钻眼深5m以上;"控制",系指有效地控制冲击波、飞石和爆破振动效应在安全范围之内;"安全快速",系指确保生产车间正常生产、高压线正常输电和建筑设施完好无损,在确保安全的前提下,加快施工进度,提高经济效益。

自2003年1月至2009年3月,中铁十四局四集团有限公司承担了莱钢厂区内大规模石方爆破。在生产车间内、高压线下和建筑设施旁等复杂环境下,已钻爆挖运1600万 m^3,不但自始至终确保了莱钢正常生产,而且生产车间与各种建筑设施无一受损,更为可喜的是在长达5年半(累计施工天数)的施工期间,未发生一例安全事故,并创造了最高的劳动生产率,为莱钢的建设作出了突出贡献。

2009年6月13日,在山东省莱芜市由中国工程爆破协会主持,对中铁十四局集团四公司研发的"莱钢厂区复杂环境1600万石方深孔控制爆破安全快速施工综合技术"进行了技术鉴定。鉴定认为:"在莱钢厂区生产车间内、高压线下与建筑设施旁,所实施的1600万石方深孔控制爆破,环境复杂、方量大,尤其在生产车间内采用深孔控制爆破26万 m^3 石方,在国内外创造了可供借鉴的经验;在复杂环境条件下,该项目采取了深孔控制爆破,42d完成石方298万方,劳动生产率152.91 $m^3/($ 人·d $)$,创造同类项目的最高纪录;在长达五年半的爆破施工期间,做到了零伤亡,取得了良好的社会效益和经济效益;该项技术实现了'精细爆破',具有国际先进水平"。

2009年11月27日在济南召开的"中国工程爆破协会第四次四届理事会暨安全、高效、和谐爆破作业经验交流会"上,中铁十四局集团有限公司作了"莱钢厂区复杂环境1600万方石方深孔控制爆破安全快速施工综合技术"的报告,引起与会者极大兴趣与关注,与会者纷纷向报告人索取资料,一致认为对今后类似工程有非常好的指导作用。鉴于此,中国工程爆破协会理事长汪旭光院士在大会上建议由中铁五院何广沂同志牵头与中铁十四局集团有限公司撰写该项技术工法。我们欣然地接受了建议,以莱钢厂区内复杂环境完成钻爆挖运1600万方石方的实际施工经验为素材撰写了这个工法。

该项技术于2010年8月获中国工程爆破协会科学技术特等奖。

2. 工 法 特 点

对于复杂环境,尤其在生产车间内、高压线下,该工法显著的创新突破点是采取钻机钻眼深孔控制爆破以改以往用人工风枪打眼浅孔爆破。这一改变不但确保安全,而且大大加快施工进度,提高了经济效益与社会效益。

该工法是总结分析五年半完成钻爆挖运1600万方石方实际施工为素材而撰写的,工法内容准确可靠实用性强,对今后类似工程有很好的借鉴作用。

该工法并不仅限于爆破,而是综述了钻爆挖运等4个施工环节,面广而又结合紧凑。

对于工程爆破而言,该工法充分体现了"安全快速"施工特点。

3. 适用范围

本工法适用于生产车间内、高压线下和建筑设施旁的石方爆破,更可推广到地下大型库房、国防洞库的爆破开挖,也适用于一般条件下石方爆破,其适用范围可以说是"全天候"的。

4. 工艺原理

复杂环境条件下,尤其在生产车间内、高压线下爆破,确保安全是第一的。为达到这一目的,爆破的作用原理之一是控制炮眼装药使被爆破的岩石"开裂、凸起、松动而不飞散",这样可以有效地控制飞石的出现或控制在安全范围之内;作用原理之二是采取"同列同段孔外等间隔控制微差"起爆网路,使每个炮眼对爆破振动成为单独作用炮眼,有效地控制爆破振动效应在安全范围之内;作用原理之三是炮眼回填堵塞的长度大于炮眼最小抵抗线,而且用一定湿度的土边回填边捣固,这样的堵塞长度与质量,有效地控制个别飞石和冲击波;作用原理之四是采取预裂爆破,有效地降低爆破振动效应。

5. 施工工艺流程及操作要点

该工法施工工艺流程如图5所示。操作要点概括为爆破设计与施工,分述如下。

5.1 爆破设计要点

5.1.1 深孔控制爆破设计

1. 台阶高度 H

深孔松动控制爆破台阶高度的选定分两种情况;一是当岩石爆破开挖不太深时,由岩石开挖深度确定台阶高度;二是岩石爆破开挖比较深,这要根据钻机钻不同孔深的钻孔效率并结合岩石开挖的深度综合考虑,分2~3个台阶,甚至更多。

2. 最小抵抗线 W

对于钻孔直径为90mm以上时,最小抵抗线 W 与台阶高度 H 的经验关系式为

$$W \leqslant 0.5H$$

3. 炮孔间距 a

炮孔在平面上分布呈梅花形,相邻三个炮孔组成等边三角形。这样的炮孔分布,炮孔间距 a 与最小抵抗线 W 关系式为

$$a = W/\sin 60° = 1.15W$$

为提高岩石破碎度,常采取"宽孔距"布孔,即 $a \times W$ 等于定值时,适当加大 a,而相应缩小 W。

4. 炮孔超钻深 h_1

超钻深 h_1 与台阶高度 H 的经验关系式为

$$h_1 = (0.2 \sim 0.3)W$$

5. 炮孔深度

对于钻孔直径为90mm以上的钻机,通常采取垂直钻孔,其炮孔深度 L 与台阶高度 H 和超钻 h_1 关系式为

$$L = H + h_1$$

6. 堵塞长度 h_0

大量爆破工点的许多次实际深孔松动控制爆破实例表明,为了有效地控制飞石,其标准是个别飞石离开炮孔口向四周飞溅的距离不超过3~5m,适当加上必要的防护措施,也可以做到无飞石出现。控制飞石达到这样比较理想的目的,特别强调堵塞质量,尤其要有足够的堵塞长度。堵塞长度 h_0 与最小抵抗线 W 的经验关系式为

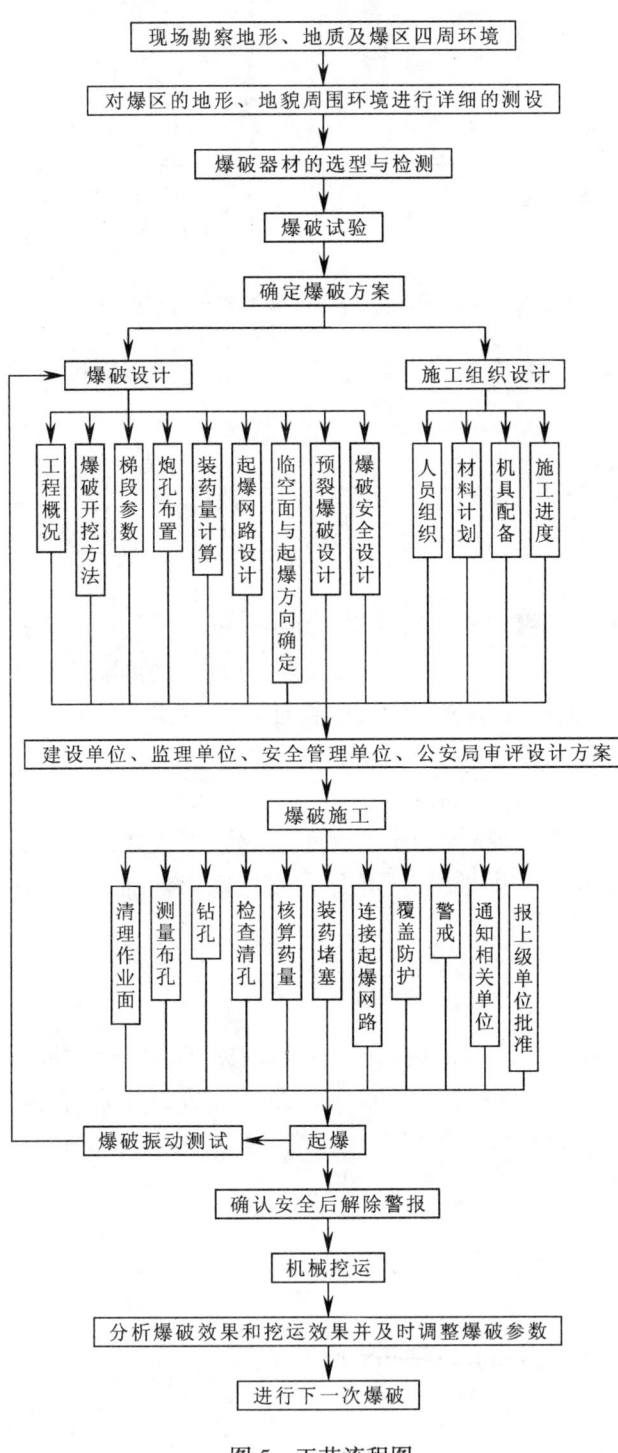

图5 工艺流程图

$$h_0 > W$$

还要特别提出的是，为了提高堵塞质量，使用含有一定水分的土，边回填边捣固坚实。

7. 炮孔装药量 Q_t

成功的深孔松动控制爆破取决于三个要素：主要是炮孔装药量，次之为起爆技术和堵塞长度。炮孔装药量适中，既能控制飞石又能使岩石松动破碎充分；过大易出现飞石，过小又清方困难。炮孔装药量，特别讲究实践经验。总结出的药量计算经验公式为

$$Q_t = qHaW$$

式中，单位用药量 q 是计算装药量的关键参数，通常取 q 为 $0.4kg/m^3$ 左右。如何把装药量选取的符合实际，达到比较理想的爆破效果，经验只有一条，即依靠"试炮"。

5.1.2 预裂爆破

采取预裂爆破措施在建筑物、设备与爆区之间形成隔离带，以减少爆破振动对建筑物、设备的影响。

预裂爆破的网路根据预裂爆破药量与建筑物、设备的远近、对振动的要求等可采取齐爆、分段爆破、逐孔起爆等。经过试验逐孔起爆间隔时间在 50ms 以内时仍能达到良好的预裂爆破效果。在特别复杂区域可设置了双排预裂孔。

预裂孔比主炮孔超深1m，底部1m加强装药，临近堵塞段1m药量减弱，堵塞长度取 1~2m，岩石破碎时取大值，岩石坚硬完整时取小值，预裂孔的间距一般取 10d，线装药密度为 0.5~0.75kg/m，间距和装药量需根据爆破效果及时调整。不耦合系数取 2~4，一般情况下用 $d=90mm$ 的钻机钻孔装 $\phi32mm$ 的药卷，不耦合系数为 2.8，用导爆索起爆。

因预裂孔离建筑物等防震设施较近需进行防护覆盖以防飞石，一般情况下在孔口用编织袋装土，并在其上用重型炮被覆盖。

5.1.3 毫秒延时爆破

毫秒微差延时爆破能够增强破碎作用，减小岩石爆破块度，降低炸药单耗。能够使爆堆集中，提高装运效率，而且能够降低爆破产生的振动作用，防止对周围建筑物等设施的损害，合适的毫秒延时爆破网路，能改变起爆方向，能够实现宽孔距小排距的布孔方式。

毫秒延时爆破间隔时间的选择非常重要，是爆破成功的关键。根据现场大量的爆破实践和以上理论计算，爆破振动延时在大于50ms时减振效果较好，过小减振效果不明显，过大容易产生飞石。起爆网路必需简单可靠，便于操作实用性强。

为了有效的控制爆破振动效应，采取导爆管非电起爆系统可以使设计的起爆网路中每个炮眼对爆破

振动成为单独的作用炮眼，即一次起爆的所有炮眼爆破振动不叠加。这种网路如图5.1.3所示，第一列装 A 段非电雷管，第二列装 B 段非电雷管，第三列装 C 段非电雷管，非电雷管的延迟时间 C>B>A，孔外用最大段别的 C 段非电雷管连接，称之为"同列同段孔外等间隔微差"起爆网路。

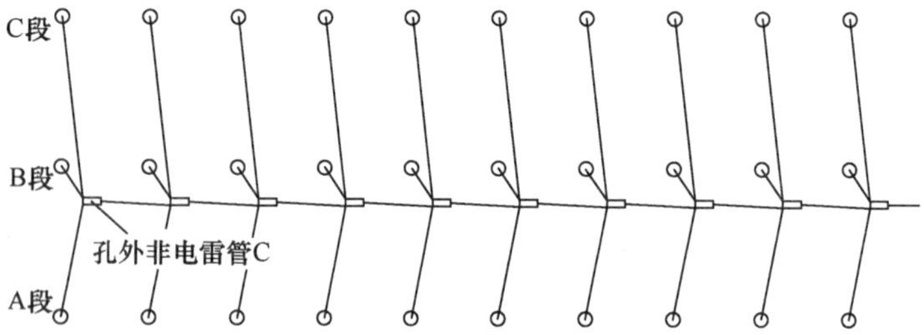

图 5.1.3 同列同段孔外等间隔微差起爆网路

5.1.4 临空面和爆破方向

增加临空面的个数可以降低爆破振动和单耗的作用。爆破方向设在建筑物的前方或侧方先爆部分形成隔离带，减小了爆破振动对建筑物的影响。

5.1.5 利用不耦合装药减振

装药与岩体的耦合可分为两种即几何耦合和阻抗耦合。几何耦合即为装药直径与炮孔直径之比，阻抗耦合即为炸药特征阻抗与岩石介质特征阻抗之比。根据研究结果表明：当岩石与装填炸药的特征阻抗相等时爆破产生的岩石动应变最大。

采用不耦合装药能有效地降低岩石的动应变，从而降低爆破振动的影响，采用炸药密度较低、炸药爆轰速度低的炸药时炸药的特征阻抗较低也能达到降低爆破振动的作用。利用袋装乳化炸药可实现不耦合装药来减振，也可利用铵油炸药的密度和爆速较低因而特征阻抗与岩石的特征阻抗值相差较大来减振。

5.1.6 有效地控制爆破飞石与冲击波

以使爆破的岩石"开裂、凸起、松动而不飞散"为标准，控制每个炮眼的装药量。根据"试爆"确定单位用药量 q 值。炮眼回填堵塞的长度要大于最小抵抗线，即排距 b；炮眼回填堵塞用含有一定水分的湿土边回填边捣固坚实。

5.2 爆破施工要点

5.2.1 施工组织

根据工程量与工期计算每天完成的钻爆挖运方量，但对生产车间内爆破，受爆破规模的限制，每天产量根据爆破规模核定。根据每天产量确定施工组织，即现场指挥 1 人，技术员 1~2 人，安全员 2~3 人，钻爆挖运设备机具的比例为钻机:挖掘机:自卸汽车=1:3:9。每台钻机 3 人，挖掘机 1 人，自卸汽车 1 人。

5.2.2 作业要点

1. 钻爆作业要点

1）清理作业面

用机械配合人工清理作业面上的覆盖层、松渣等，为测量布孔、钻孔做好准备。

2）试爆

在正常爆破前进行试爆，以确定合理的爆破参数。

3）测量布孔

由测量技术人员按爆破设计准确标出炮孔位置，其孔位误不大于 50mm，并绘制实际炮孔布置图。

4）钻孔

由钻机司机按标出的炮孔位置及设计钻孔深度、方向钻孔，其开眼误差不大于 50mm，钻孔角度误差不大于 1°，炮孔深度误差不大于 50mm。

5）检查清孔

钻孔完成后，在装药前必须对所有炮孔钻孔质量进行检查，不合格或漏钻者应重钻补钻，并对实际钻孔参数进行记录，炮孔内有水或石屑杂物时，应用小于炮孔直径的高压风管向孔底输入高压风将水及石屑杂物吹净。

6）核算药量

由爆破技术人员根据实际钻孔参数和岩石硬度情况对各炮孔的装药量进行核算调整，并标出调整后的各炮孔装药量。

7）装药堵塞

由爆破员根据爆破技术人员提供的调整后的炮孔装药量及雷管段别按照各炮孔的设计装药结构进行装药作业，炮孔堵塞应严格按设计堵塞长度，并堵塞密实，堵塞材料为黄土或钻孔岩粉，严禁装入石块，以免产生过远飞石。

8）连接起爆网路

装药堵塞完成后，由爆破技术人员严格按设计的爆破网路连接各炮孔，网路连好后要有专人进行检查，防止漏接错接。

9）覆盖防护

连接完起爆网路后，按设计要求进行覆盖防护并注意保护起爆网路。

10）安全警戒

爆破前必须做好人员、车辆、机械设备的撤离疏散工作，安全警戒距离为不小于200m，在此范围内的所有人员、车辆、机械设备爆破时必须撤离。

11）起爆

警戒开始后，由爆破技术人员将起爆主导线引至起爆点，确认警戒完成后在规定的时间准时起爆。

12）爆后检查处理

爆破完毕并达到规程规定的时间后，先由爆破技术人员进入现场检查，确认安全后解除警戒，若发现有盲炮应按《爆破安全规程》有关盲炮处理的规定及时进行处理，若有危石等应及时进行排险。

2. 挖装作业要点

同一平台作业的两台以上的挖掘机及相邻两阶段同时作业的挖掘机间的距离必须满足《规程》的规定。

挖掘机在作业平台的稳定范围内行走。

挖掘机上下坡时，驱动轴应始终处于下坡方向；铲斗空载，下放于地面保持适当距离；悬臂轴线应与行进方向一致。

挖掘机铲装作业时，禁止铲斗从车辆驾驶室上方经过。

3. 运输作业要点

双车道的路面宽度，保证会车安全。

山坡填方的弯道、坡度较大的塌方地段以及高堤路基路段外侧设置护栏、挡车墙等。

汽车运输在急弯、陡坡、危险地区的道路应设有警示标志。

平台宽度满足调车要求。卸料地点设置牢固可靠的挡车设施。

夜间装卸车地点，照明良好。并设有安全车挡及专人指挥。

车辆在急弯、陡坡、危险地段应限速行驶，养路地段应减速通过，急转弯处严禁超车。

装车时，禁止检查、维护车辆；驾驶员不得离开驾驶室不得将头和手臂伸出驾驶室外。

6. 材料与设备

本工法所使用的主要爆破材料为炸药与起爆器材。炸药为乳化炸药，袋装的直径为70mm，长600mm，重3kg。起爆器材为全国统一使用的导爆管非电起爆系统。

以大H型钢场平工程298万m³石方工程42d完成钻爆挖运为例，日均6.62万m³，调配钻爆挖运机械如下：使用87台1.2m³以上斗容的挖掘机，用于开挖、装车，日单台挖掘能力816m³，260台27~35t自卸汽车配合挖运，单台运输能力273m³，采用20台LM351钻机、5台全液压钻机及15台三脚架钻机，日钻孔能力 7500 延米。为了确保设计回填石块粒径（小于 60cm）要求，专门配备 5~10 台风枪用于浅孔爆破和二次解炮。

现场施工投入钻、爆、挖、运施工人员 409 人，组织管理人员 55 人，劳动生产率 152.91m³/（人·d）。

7. 质 量 控 制

施工全过程严格遵守国家标准《爆破安全规程》GB 6722-2003。质量要求有以下六点。

7.1 炮眼爆破效率

梯段高 10~20m，炮眼爆破效率 11.1~13.3m³/m。

7.2 实际单位用药量

根据现场实际情况，实际单位用药量为 0.37kg/m³。

7.3 岩石破碎度

由于爆破后岩石块度适中，挖掘机直接挖运比较方便，岩石块度大于 60cm 约占爆破方量的 2%。

7.4 准爆率

整个网路起爆准爆率为 99.5%，炮眼准爆率 98.0%以上。

7.5 环境影响

生产车间内规定的振动速度不得超过 0.5cm/s，厂房内有效控制冲击波，确保玻璃门窗完好无损。

7.6 岩石边坡平顺完整，基坑岩壁光滑

为达到质量要求，在技术方面必须按设计施工不走样，在管理上有专门技术人员与管理人员在现场监督检查，发现问题及时纠正。

8. 安 全 措 施

8.1 安全技术措施有如下 7 项

8.1.1 严格控制炮眼装药量

按照计算药量装药，既不能少装更不能多装，遇到孔洞、岩石变化等要调整药量。根据孔深进行装药，要对号入座，根据不同孔深该装多少就装多少，只有这样才能达岩石"开裂、凸起、松动而不飞散"的效果。

8.1.2 预裂爆破降低爆破振动

在生产车间内、高压线塔四周及建筑设施旁实施预裂爆破，在主炮孔之前实施预裂爆破降低主炮孔爆破振动。

8.1.3 严格控制炮眼起爆顺序与起爆间隔时间

装药时同列必须装同一段别的雷管，孔外用同一段别的雷管起爆。雷管段别必须按设计的段别及试爆的结果安放在炮眼中和孔外连接上才能保证起爆顺序和起爆间隔从而达到每个炮眼对爆破振动成为单独作用炮眼。

8.1.4 注重炮眼回填堵塞长度和质量

炮眼回填堵塞的长度大于炮眼最小抵抗线，而且用一定湿度的土边回填边捣固坚实，只有这样才能有效地控制飞石和冲击波。

8.1.5 加强防护覆盖

在生产车间内、垂直高压线下和毗邻建筑设施旁的炮眼为杜绝个别飞石的出现进行防护覆盖。

8.1.6 炮炮监测爆破振动速度

每次爆破都进行爆破振动速度监测。根据监测的结果指导下一次爆破，做到心中有数。

8.1.7 有选择使用雷管种类

在车间内、高压线下无论炮眼内的雷管及炮孔连接雷管及起爆雷管必须使用非电雷管，绝对禁止使用电雷管，以防止感应电流或杂散电流引起早爆事故。

8.2 安全管理措施有如下 7 项

8.2.1 不折不扣执行国家与厂方安全管理规定

为了进一步落实安全工作，指挥部严格执行安全生产法、建筑法、建筑施工安全检查标准、建筑施工企业安全生产许可证管理规定、建设工程安全生产管理条例、民用爆炸物品安全管理条例、爆破安全规程及莱钢集团安全规定。

8.2.2 制定严格的规章制度

制定完善《安全管理办法》、《爆破安全管理职责和规定》、《施工现场安全管理规定》等项安全管理措施，进一步健全了安全生产规章制度。为使管理组织运转并发挥作用，项目实施前制定如下管理制度：

安全检查制度：分日常检查和每月例行检查。

安全责任制度：对所有人员进行安全责任分解，定岗定位定责任。

安全教育制度：定期进行安全知识教育和思想教育。

安全审查制度：对重要施工项目的施工方案进行安全审查，组织相关专业技术进行评审。

8.2.3 选拔精明强干认真负责的安全管理干部与安全员

成立以项目指挥长为首的安全领导小组，对本工程项目安全全面负责。指挥部设安全长、专职安全工程师，并分工一名副指挥长专门负责安全爆破工作。明确各施工单位第一负责人为安全责任人，由其挂帅成立各级安全生产领导小组，各工区分别成立了安全管理小组，设兼职安全工程师，作业工班设专职安全员，爆破员，由一名领导负责安全生产，确保施工生产安全。无论安全管理干部还是安全员都是在工作中精明强干，他们的工作特点就是认真、责任心强。

8.2.4 加强教育提高安全意识

狠抓安全教育及安全法规学习，教育广大员工"从我做起，不伤害别人；从身边做起，不被别人伤害"，牢牢掌握安全知识，使大家时时刻刻绷紧安全工作这根弦，安全一票否决牢记心中，强化安全意识，增强安全责任感。大力营造"关爱生命、关爱安全"氛围。

8.2.5 防患于未然

对各种工程项目制定详细的安全工作细则，作为安全制度执行。强化对爆破工、安全员和机械作业人员等的安全培训教育，不培训或考核不过关者，一律不得上岗。在实现"全方位考核，全员化执行"的基础上，积极开展"安全生产月"、"百日安全竞赛集中整治"等活动，从控制安全的各个要素、各个环节着手，充分调动全体施工人员的积极性，查隐患、堵苗头，把各种不利于安全的因素和隐患消灭在萌芽状态，使安全工作始终处于可控。

8.2.6 实行钻爆挖运一条龙安全管理模式

安全管理对于钻爆挖运四个环节中虽以钻爆为主，但对挖运也不可掉以轻心，也要制定相关的安全管理办法，实行一条龙安全管理模式，才能杜绝爆破或非爆破事故。

8.2.7 令行禁止

在安全管理方面必须做到行要行的动，止要止的住。坚决执行安全管理方面的规章制度，不讲条件、原原本本执行。发现事故苗头立即进行整改，整改不到位者，严禁进行下一步工序施工。对不整改者立即清理出施工现场。

9. 环 保 措 施

在钻爆挖运施工过程中除按厂区环保规定外，针对爆破的特点，在车间内爆破后对爆堆喷水，以防止装渣时有灰尘污染；对运渣道路洒水并控制自卸车装渣量，避免散落石块在道路上，遇到风雨天运输车加盖篷布。对炮眼回填堵塞避免使用岩屑，而使用有一定湿度的土，以防爆破时粉尘污染环境。2010年11月又在莱钢中标170多万方石方，为进一步防止爆破时粉尘污染环境，决定采用炮眼水压爆破新技术，粉尘浓度可以下降92%，堪称"无粉尘"爆破。

10. 效 益 分 析

10.1 钻机
LM351潜孔钻机，台班产量150延米，台班费4200元，折合2.55元/m³。

10.2 挖掘机
斗容量1.2m³挖掘机，台班产量500m³，台班费1920元，折合3.84元/m³。

10.3 运输车辆
斯太尔自卸汽车，台班产量182m³，折合4.39元/m³(运距1km内)。

钻孔、挖、运输费用累计折合10.78元/m³。

10.4 爆破材料费用及单方成本如下
炸药单耗0.37kg/m³，单价7000元/t，折合2.59元/m³；雷管7.5发/100m³，单价5元/发，折合0.37元/m³。爆破材料费用共计折合2.96元/m³。

10.5 钻爆挖运综合单价13.74元/m³

10.6 实现直接经济效益7800万元

11. 应 用 实 例

在莱钢炼钢生产车间内先后爆破施工2号连铸机基础、3号连铸机基础、1号异型坯基础、1号RH精炼炉基础、4号板坯连铸机、特钢车间精整工序改造、带钢车间运输链基础等7个车间基础，合计爆破方量261431m³。其中当属1号RH精炼炉工程最典型。

1号RH精炼炉工程爆破方量为75709m³。爆区岩石为石灰岩，节理裂隙发育。综合管沟车间内部分长为270m，宽4.5m，挖深5m，精炼炉本体长71m，宽47m，最大挖深9m。

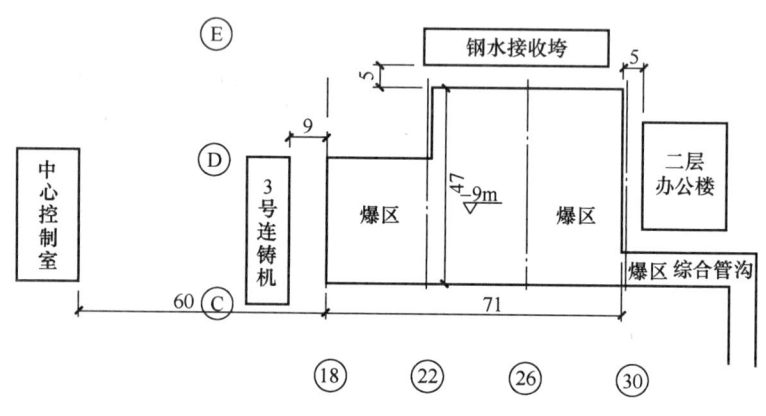

图11　厂房内1号RH精炼炉爆破工程环境图

1号RH精炼炉工程位于炼钢车间C~E轴线，18~30轴线之间，多根承重钢支架基础边缘紧贴开挖区。1号RH精炼炉本体在东北侧30轴线与C轴线交汇处与综合管沟相接，平行于30轴线向东，沿B轴线西侧南行至18轴线附近铁路北侧处，后向东穿出厂房；综合管沟距C轴线中心线仅3m，紧靠钢支架扩大基础，距3号连铸机9m；精炼炉本体最大挖深9m，精炼炉北侧紧靠2层办公楼，西侧紧靠钢水接收跨，南侧距中心控制室60m，其环境见图11。

11.1 总体布置
在爆区的南侧由于有3号连铸机及其中心控制室因此布置2排预裂孔，其他三面布置单排预裂孔，第一排预裂孔单孔单响，间隔时间为50ms，第二排预裂孔2~5孔一响。预裂孔先行施工完成。预裂孔完成后在南侧布置2排炮孔单孔单响进行爆破，爆破后挖走形成减振沟并为后续爆破增加了临空面，然后再进行其他区域的爆破施工。

为达到最佳爆破效果，充分发挥钻爆装运机械设备的效能，同时也为了控制爆破规模，车间内一次爆破总药量不超过 2t 为宜。

11.2 爆破参数

车间内最大一次爆破布置了 5 排炮孔，每排 10 个共计 50 个孔，其中 9m 深的炮孔 20 个，每个孔装药 34kg；10m 深的炮孔 30 个，每个孔装药 38kg，总计装药 1820kg。炮孔参数见表 11.2。

车间内深孔爆破设计参数表   表 11.2

钻孔直径 D (mm)	台阶高度 H (m)	钻孔深度 L (m)	炮孔间距 a (m)	炮孔排距 b (m)	炮孔装药量 Q (kg)	单耗 q (kg/m³)	装药长度 L' (m)	堵塞长度 l (m)	炮孔数量
90	8.2	9	3.5	3	34	0.4	5	4	20
90	9	10	3.5	3	38	0.4	6	4	30

11.3 深孔爆破装药结构

预裂孔采用不耦合装药，不耦合系数 2.8；减振沟炮孔采用不耦合装药，不耦合系数为 1.3，预裂孔和减振沟炮孔使用乳化炸药。主炮孔采用连续装药结构，炸药品种为散装铵油炸药，当炮孔内有软弱结构面时采用间隔装药。

11.4 爆破起爆网路

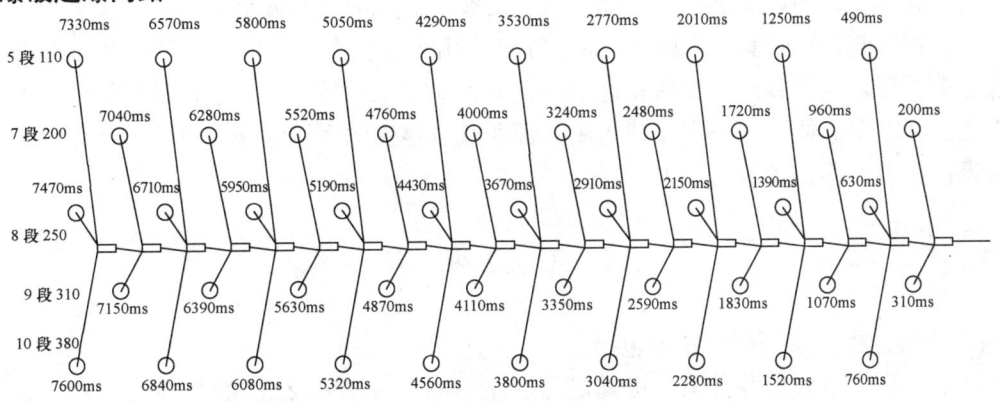

图 11.4　爆破网路图

起爆网路如图 11.4 所示，炮孔内同列装同段非电毫秒雷管，第一列装 5 段，第二列装 7 段，第三列装 8 段，第四列装 9 段，第五列装 10 段。炮孔装药堵塞完毕后，在孔外排之间的孔用 10 段非电毫秒雷管将各炮孔导爆管连接起来，其延期时间及间隔标在图 11.4 中，一次爆破 50 孔单孔单响，单响最大药量为 38kg，总药量为 1820kg。

11.5 防护

对预裂孔和减振沟炮孔进行覆盖防护，炮口用编织袋装土覆盖其上用炮被覆盖，炮被用尼龙绳连接。对主炮孔用编织袋装土覆盖。

11.6 爆破振动

爆破振动速度经实测为 0.307cm/s，确保了中心控制室的运行安全。

11.7 爆破效果

26 万多方石方，炮炮杜绝爆破飞石的出现，炮炮杜绝了爆破冲击波，炮炮爆破振动控制在了 0.5cm/s 以内，确保了炼钢车间正常生产，确保了建筑、设备和玻璃门窗完好无损。

26 万方石方由于采取深孔控制爆破实现了机械化施工，累计施工 80d，平均每天完成钻爆挖运 3250m³，劳动生产率为 92.8m³/（人·d）。

炮眼爆破效率为 9.45m³/m，单位用药量为 0.37kg/m³，准爆率为 100%，大块（60cm 以上）率为 2%。以上技术指标是经钻爆挖运 26 万方实际统计所得，准确可靠。

千米立井井筒机械化配套施工工法

GJYJGF112—2010

中煤第五建设有限公司　　中国华冶科工集团有限公司

印东林　胡传喜　闫振斌　李明楼　刘冬至　崔喜旺

1. 前　　言

随着煤炭资源的开发，井工开采煤炭的深度逐年增加，不少矿井已突破千米。根据统计我国煤炭资源埋深在 1000~1500m 的约占总储量的 25.2%，而埋深在 1500~2000m 占 28.1%。

立井井筒工程是井工矿的咽喉要道，决定着井工矿的建设工期和建设成败，千米立井的施工速度与成败直接关系着深部煤炭资源的开发与利用，是制约我国深部煤炭资源开发和利用的重要因素之一。近年来虽然立井最高月进度较高，但平均月进度较低，其配套施工技术是基于 800m 立井井筒的施工要求，对于千米以上的深立井施工，还不能满足其快速施工的需求，这将直接影响井筒的施工速度和安全，其凿井工艺技术、设备配套能力和机械化水平必须有新的突破和发展。

《千米立井井筒机械化配套施工工法》是在江苏、山东、安徽各工地施工的千米立井井筒的经验总结，该工法吸取了千米立井井筒施工的先进经验，并针对千米的特点，创造性地使用了一套行之有效的配套施工方法，并在多个同类工程中成功运用，证明其有很强的适用性和充分的可靠性。该工法中的关键技术被建设协会专家鉴定为国内领先。

2. 工 法 特 点

2.1 该工法中的提升系统配套技术包括：

2.1.1 "Ⅵ型亭式金属凿井井架"可满足深度 1500m、净径 ϕ12.0m 的立井井筒凿井施工需要，为千米立井井筒施工创造了良好的条件，填补了国内空白，已获得国家知识产权局专利受权（专利号：ZL 2009 2 0233855.3）。

2.1.2 "封口盘井盖门电控装置"与传统的手动启闭井盖门相比，能保证井盖门的安全启闭，避免提升运输事故和坠物事故的发生，保证了提升运输的安全性和可靠性，已获得国家知识产权局专利授权（专利号：ZL 2008 2 0160728.0）。

2.2 该工法中的悬吊系统配套技术包括：

2.2.1 "稳车群变频调速集控系统"实现对吊盘稳车群进行集中控制，使多台稳车所悬吊的施工吊盘在井筒中能平稳上下移动，并自动调平，节约了施工时间，提高了劳动效率。

2.2.2 "模板绳拉力在线实时检测装置"专利技术（专利号：ZL 2009 2 0043778.5），可实时测量出钢丝绳拉力变化情况，与传统钢丝绳检测相比，能充分保护钢丝绳，延长钢丝绳的使用寿命、达到安全生产的目的。

2.3 该工法中的防治水配套技术包括：

2.3.1 排水技术：在井筒中部设腰泵房，实现两级排水，满足了千米立井施工中的排水问题。

2.3.2 注浆技术：针对孔隙水及微细裂隙水地层实施的工作面预注浆技术，实现有效封堵大、小裂隙水的目的，与传统工作面预注浆技术相比，缩短了注浆堵水时间，节约了注浆堵水工期和费用，为快速、优质施工提供了良好的保证。

2.4 该工法中的通风、降温配套技术，解决了千米立井施工中存在的通风、降温的技术难点问题。

2.5 该工法中井筒测量配套技术，通过对"风动控制的深立井施工中线绞车"进行井筒放线专利技术研发和使用，满足了1500m深立井井筒施工要求，与传统的手动绞车相比，大大地节约了人力和施工时间，降低了劳动强度，提高了劳动效率。该中线绞车已获得国家知识产权局专利受理（专利申请号：2009 2 0233850.0），具有广泛的使用和推广价值。

2.6 该工法中的掘进、装岩排矸、砌壁配套技术包括：

2.6.1 表土段施工中采用小挖掘机及人工挖土，配合大抓装罐技术，减少了人员的投入，提高了劳动效率，节约了生产费用。

2.6.2 基岩段施工中研发和使用经改造的FJD-8G型伞钻配YGZ-70型凿岩机和六角中空合金钢钎凿岩技术、5.2~5.4m深孔爆破技术并与MJY4.2型整体金属下移钢模板（带刃脚）相配套，实现了一掘一支正规循环作业，与传统施工工艺相比，简化了施工工艺，增大了施工段高，减少了整段井筒施工模数，缩短了围岩暴露时间，有利于工种专业化，有利于提高机械化程度，有利于快速施工。

2.6.3 基岩段施工中采用的小挖机配合人工清底技术，节约清底时间、节省清底人员，提高劳动效率。

2.6.4 研发和使用的"浇筑混凝土用分灰器"专利技术（专利号：ZL 2008 2 0160729.5），降低了混凝土浇筑施工的劳动强度，释放了占用的较多劳动力，缩短了浇筑时间，确保混凝土的对称浇筑和连续性，提高了经济效益。

3. 适 用 范 围

本工法适用于立井井筒凿井施工，井筒深度1500m、净径 φ12.0m 以内。

4. 工 艺 原 理

本工法的核心技术主要有：

提升系统配套技术，包括：1）"Ⅵ型亭式金属凿井井架"专利技术，2）"封口盘井盖门电控装置"专利技术；

悬吊系统配套技术，包括：1）"稳车群变频调速集控系统"专利技术，2）"无稳车模板悬吊系统"，3）"模板绳拉力在线实时检测装置"专利技术；

防治水配套技术，包括：1）排水技术，2）注浆技术；

通风、降温配套技术；

井筒测量配套技术；

掘进、装岩排矸、砌壁配套技术，包括：1）表土段施工中采用小挖掘机及人工挖土、配合大抓装罐技术，2）改造的FJD-8G型伞钻配YGZ-70型凿岩机和5.2~5.4m深孔爆破与MJY4.2型整体金属下移钢模板（带刃脚）相配套，实现一掘一支正规循环作业技术，3）基岩段施工中采用小挖机配合人工清底技术，4）"浇筑混凝土用分灰器"专利技术。

4.1 提升系统配套技术

4.1.1 "Ⅵ型亭式金属凿井井架"配套技术：在井筒净直径不断加大、井深加深、现有的Ⅴ井架已不能满足立井井筒施工需要的情况下，我们与中煤五公司徐州煤矿采掘机械厂合作研发了"Ⅵ型亭式金属凿井井架"，满足了深度1500m、净径 φ12.0m 的立井井筒凿井施工需要，为千米立井井筒施工创造了良好的条件，填补了国内空白。

4.1.2 "封口盘井盖门电控装置"配套技术：能实现井盖门的自动开启和关闭，避免提升运输事故和坠物事故的发生，保证了提升运输的安全性和可靠性。

4.2 悬吊系统配套技术

4.2.1 "稳车群变频调速集控系统"配套技术：能够实现对吊盘稳车群进行集中控制，使多台稳车所悬吊的施工吊盘在井筒中平稳上下移动和自动调平。

4.2.2 "模板绳拉力在线实时检测装置"配套技术：实现了在不破坏提升系统的情况下，测量出钢丝绳拉力变化情况，为操作人员提供了钢丝绳受力的可视装置，并当钢丝绳拉力接近设计值时报警、超过设计值时断电，从而达到保护钢丝绳、实现安全生产的目的。

4.3 防治水配套技术

4.3.1 排水技术：在井筒中部设腰泵房，实现两级排水，满足了千米立井施工中的排水问题。

4.3.2 注浆技术：研究各含水层裂隙的发育程度、含水、透水性，岩石结构及地层构造，针对其特点采用不同的注浆参数及浆液类型，实现有效封堵大、小裂隙水的目的，解决如何封堵孔隙水及微细裂隙水，并解决在同一压力下，保证浆液既向大裂隙扩散又能进入微细裂隙及孔隙中的技术难题。

4.4 通风、降温配套技术

通过对通风机、风筒和通风方式的选择，并采取了有效的对策，解决了千米立井施工中存在的通风、降温的技术难点问题。

4.5 井筒测量配套技术

选用型号为 TMY-6、功率为 5.3kW 的风动马达，通过联轴器与中线绞车连接带动绞车进行工作，研制了"风动控制的深立井施工中线绞车"配套技术，进行井筒放线的测量，改变了手动控制绞车非常费力的现象。并在绞车上安装了刹车装置，保证了绞车运行的安全性和可靠性。

4.6 掘进、装岩、支护配套技术

4.6.1 表土段施工中采用小挖掘机及人工挖土、配合大抓装罐技术：配备凯斯 CX55B 挖机，具有独立回转的动臂和超短尾回转结构，以及精准的液压控制系统，可以让操作手准确地控制机器的每一个细小动作，与人工挖土、大抓装罐密切配合，提高了工作效率、节省了工作时间。

4.6.2 改造的 FJD-8G 型伞钻配 YGZ-70 型凿岩机和 5.2~5.4m 深孔爆破与 MJY4.2 型整体金属下移钢模板（带刃脚）相配套，实现一掘一支正规循环作业技术：使用改造的 FJD-8G 型伞钻，配 YGZ-70 型凿岩机和六角中空合金钢钎进行钻眼，钻孔直径 $\phi 55mm$，钻孔深度为 5.2~5.4m，选用 T330 型高威力水胶炸药，进行科学合理的炮眼布置设计以及采用光面、光底、减振、弱冲深孔爆破技术进行分段挤压爆破，使每循环进尺达到 4.0~4.7m，并与 MJY4.2 型整体金属下移钢模板（带刃脚）相配套，实现了一掘一支正规循环作业。

4.6.3 基岩段施工中采用小挖机配合人工清底技术：小挖机配合人工清底，利用两台 HZ-6 型中心回转抓岩机装岩，然后将矸石吊桶提升到地面。

4.6.4 "浇筑混凝土用分灰器"配套技术：将分灰器下放到井下吊盘喇叭口处，打开与分灰器配合的撑杆并销紧轴销，然后将分灰器坐在吊盘喇叭口上并固定好。地面搅拌好的混凝土下放至分灰器的接灰盘内，依靠混凝土的自溜，实现了混凝土的快速、连续、对称浇筑。

5. 施工工艺流程及操作要点

本工法施工的主要工艺流程及操作要点为：

5.1 提升系统配套技术

5.1.1 提升设备

V 形井架和永久井架联合使用作为凿井井架。为满足伞钻提升、出矸和人员提升以及临时改绞的要求，主提升机选用 2JK-3.6/12.96 型绞车，配两台电机，型号 YR800-12/1430，总功率 1600kW，减速机为 ZLY2×1810 改 1 型，效率为 0.92，钢丝绳为 18×7-42-1870-特型，提升天轮选用 $\phi 3000$ 凿井提升天轮，吊桶选用 5/4m³ 吊桶（在井深 870m 后换 4m³）；副提升机选用 JKZ-2.8/15.5 型绞车，配套电机型号 YR1000-10/1430，功率 1000kW，钢丝绳为 18×7-40-1870-特型。提升天轮选用 $\phi 3000$ 凿井提

升天轮，吊桶选用 5/4/3m³ 吊桶（副提在井深 500m 后换 4m³，在井深 830m 后换 3m³）。绞车技术参数见表 5.1.1-1、提升系统参数见表 5.1.1-2、吊桶提升能力核算表 5.1.1-3。吊桶在最大深度时，提升能力为 38.2m³/h。

提升绞车技术参数表　　　　　　　　　　　　　　　　　　　　表 5.1.1-1

型　号	滚　筒			最大静张力差	传动比	选用电动机		
	个数	直径	宽度			型　号	功率	转速
	个	m	m	kg			kW	Rpm
JKZ-2.8/15.5	1	2.8	2.2	15000	15.5	YR1000-10/1430	1000	591
2JK-3.6/12.96	2	3.6	1.85	18000	12.96	YR800-12/1430	1600	492

提升系统参数　　　　　　　　　　　　　　　　　　　　　　表 5.1.1-2

序号	名　　称	主　提	副　提
1	提升机型号	2JKZ-3.6/12.96	JKZ-2.8/15.5
2	最大静张力（kg）	20000	15000
3	最大静张力差（kg）	18000	15000
4	电机型号	YR800-12/1430	YR1000-10/1430
5	电机功率（kW）	1600	1000
6	最大提升速度（m/s）	7.15	5.6
7	提升绳直径（mm）	18×7-42-1870	18×7-40-1870
8	提升容器	5/4m³ 吊桶	5/4/3m³ 吊桶
9	天轮规格（mm）	3000	3000
10	提升最大终端荷重（kg）	9450	9450
11	绳最大悬垂重量（kg）	7664	6951
12	最大提升质量（kg）	17782	14141
13	钢丝绳破断力总和（kg）	141247	128300
14	提升绳安全系数	7.94/8.2	8.6/8.61/9.07

吊桶提升能力核算表　　　　　　　　　　　　　　　　　　表 5.1.1-3

提升速度（m/s）	吊桶容积（m³）	不同井深时提升能力（m³/h）										
		100m	200m	300m	400m	500m	600m	700m	800m	900m	1000m	1100m
7.15	5/4	69.00	64.15	59.31	52.40	50.86	42.68	33.39	30.64	28.65	26.23	21.30
5.6	5/4	69.00	57.78	49.69	43.59	38.83	28.00	25.49	23.39	16.21	15.06	13.91

5.1.2　Ⅵ型亭式金属凿井井架配套技术

目前，矿井建设施工中凿井井架有六个型号，九个品种，凿井井架采用工字钢或钢管加工而成，天轮平台最大尺寸 7500×7500，角柱跨距最大为 16000×16000，分别适用于直径 3.5~8m、深度 200~1100m 的立井施工。但随着矿建工程规模的不断加大，机械化程度的提高，井筒净直径不断加大、井深加深的情况下，现有的 Ⅴ 井架已不能满足机械化施工的需要。

为此，我们与中煤五公司徐州煤矿采掘机械厂合作研发了 Ⅵ 型亭式金属凿井井架。该井架可满足深度 1500m、净径 φ12.0m 的立井井筒凿井施工需要的，填补了国内空白，已获得国家知识产权局专利受理（申请号：200920233855.3），已投入中天合创能源有限责任公司葫芦素煤矿主井井筒工程使用，具有广泛的推广和使用前景。

5.1.3　封口盘井盖门电控装置配套技术

在井筒掘砌施工过程中，井口管理是立井提升运输和井口防坠管理的重要环节，井盖门是井口管理的重要部位。如井盖门管理不当极易发生提升运输事故和坠物事故。事实表明，在以往的施工过程中，

由于信号工思想不集中或短暂脱岗或疲乏睡岗等个人不安全行为，在绞车上行时没有及时打开井盖门，吊桶保护伞猛烈撞击井盖门，导致撞击事故甚至次生事故的发生。

为保证提升运输的安全性和可靠性，我们研发的封口盘井盖门电控装置专利技术（专利号：ZL2008 2 0160728.0），能实现井盖门的自动开启和关闭，避免提升运输事故和坠物事故的发生。

其特征是它包括自动开启电路、定时保护电路、手动自动闭锁电路、开启定位电路和关闭电路；自动开启电路、定时保护电路、手动自动闭锁电路、开启定位电路和关闭电路并联连接在电动机的控制回路中；还包括手动开启电路、手动关闭电路和过载保护电路；手动开启电路、手动关闭电路和过载保护电路并联连接在电动机的控制回路中，见封口盘井盖门电控装置优化后原理图5.1.3。

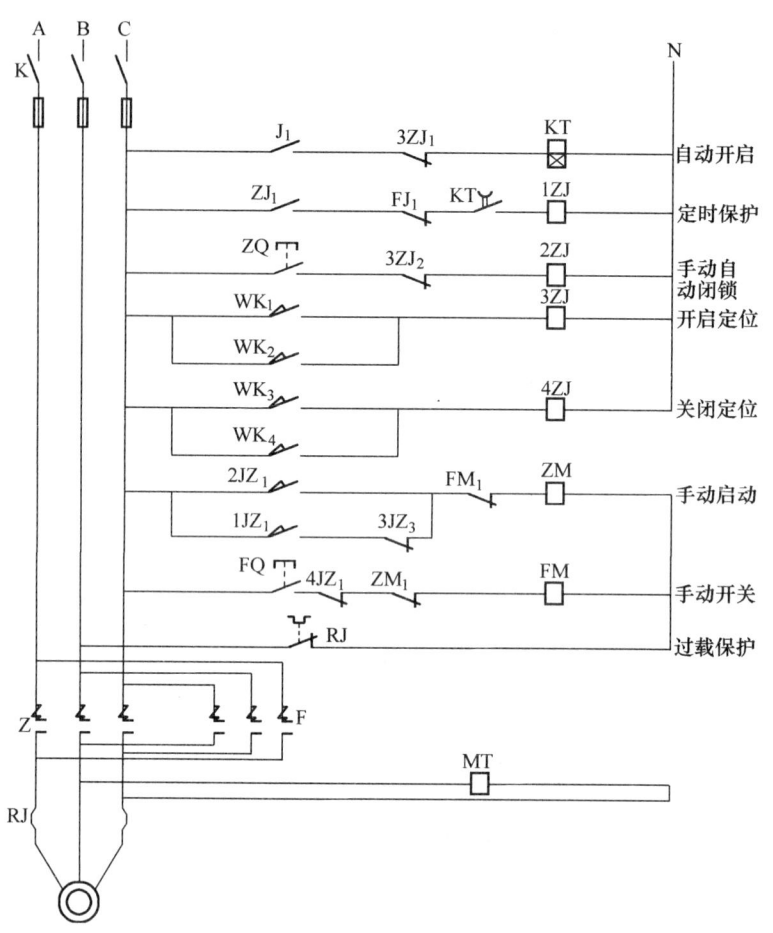

图5.1.3 封口盘井盖门电控装置优化后原理图

5.2 悬吊系统配套技术

5.2.1 吊盘稳车变频控制技术

井筒施工中使用的作业吊盘为多台稳车共同提升，稳车所配的电机均为交流绕线式或鼠笼式结构，控制较为复杂且不规则，存在调速不均的状况，特别是对稳车群工作需要集中控制运行的系统就更是困难，无法使其平衡运行，每上下动一次吊盘都需要再进行独立调平，费时费工，减慢了施工速度；同时，由于是几台稳车同时直接启动或转子加电阻启动，不仅要使用容量较大的低压变压器，而且对电网冲击较大，对设备损害大，容易造成故障率高的现象。

为此，我们使用了我公司研发的专利技术（专利号 ZL 2008 2 0036188.5）——"稳车群变频调速集控系统技术"，主要解决了以下问题：

1. 对吊盘稳车群进行集中控制，使多台稳车所悬吊的施工吊盘在井筒中能平稳上下移动，并自动调平，节约了施工时间，提高了劳动效率。

2. 吊盘稳车实现变频软启动，减少启动时的峰值功率损耗，工频运行时功率因数由0.85左右提高到变频运行时功率因数0.95以上，功率因数提高了就节省了电能并改善了电网的供电质量。

3. 吊盘稳车实现变频软启动，减少电动机启停对传动机构的冲击，延长设备的使用寿命。

4. 吊盘稳车实现变频软启动，避开直接启动形成的强大电流对电网的冲击，使供电系统不致过大压降，保障同一供电线路上其他设备正常运行。

5. 解决多台吊盘稳车工频启动时噪声过大的问题。

6. 解决吊盘稳车制动问题。通过电阻制动，有效地实现电机的制动和减小减速时间，保证吊盘就位的可靠性。当变频器的中间直流电路的电压超过特定的极限值，制动斩波器和制动电阻开始工作，实

现吊盘稳车制动。

7. 解决吊盘稳车控制与保护问题。变频电路选用具有起重机应用宏程序的产品，实现稳车的零位保护、过载保护、行程极限保护并实现各种故障监控及报警。参与控制的系统 PLC 实现变频改造的全方位运行控制、闭锁、信号传递、保护投入等功能。

8. 通信、信号和视频整合进系统，实现视频的有效存储。

5.2.2 "模板绳拉力在线实时检测装置"配套技术

在施工过程中，由于模板绳与井壁距离较近，一般只有 50mm 左右，在砌筑井壁时，需上提或下放模板。在提升过程中，特别是起动瞬间，模板与井壁发生摩擦的概率特别大，从而模板绳受力增大，甚至数倍增加，从而带来安全隐患。有时造成模板绳断裂，模板掉落井下，造成井下施工人员伤亡事故。

目前虽然有钢丝绳在线检测装置，能检测钢丝绳张力，但是在慢速运行的情况下专门测量的，此时不能进行提升工作，而不能在线实时对钢丝绳检测。而钢丝绳在各项指标完好的情况下，在外力作用下，迫使钢丝绳断裂。而在矿建立井施工中，大多数这样的事故不是因为钢丝绳使用寿命达到了而断裂，而多是因为意外情况。因此对钢丝绳进行实时监测是非常必要的。

为此，我们研发了"模板绳拉力在线实时检测装置"专利技术（专利号：ZL 200920043778.5），该专利技术能够实现：在不破坏提升系统的情况下，能测量出钢丝绳拉力变化情况，为操作人员提供了钢丝绳受力的可视装置，作为参考依据。同时该装置能够在钢丝绳拉力超过设计值时自动对动力设备断电，从而达到保护钢丝绳的目的。

具体做法是：在天轮梁上安装称重传感器，测得轴承座向下的压力，通过钢丝绳与天轮的包角，可计算得出钢丝绳的拉力。通过测得的压力值，输出 4~20mA 标准信号，经过信号放大、处理，通过 A/D 转换电路换成信号，再经过微机进行处理，转换成 0~10kHz 输出，经 PLC 高速输入口转换成数字量。与给定值进行比较，当超出钢丝绳额定拉力值 100%~150%，具有报警功能，超出 150 %以上，发出报警并切断电源，并记录自动超载的次数。通过微机接口给出一个断点，接入到电机控制回路中，完成钢丝绳保护作用，同时提醒维护人员加大检查钢丝绳力度。系统功能框见图 5.2.2。

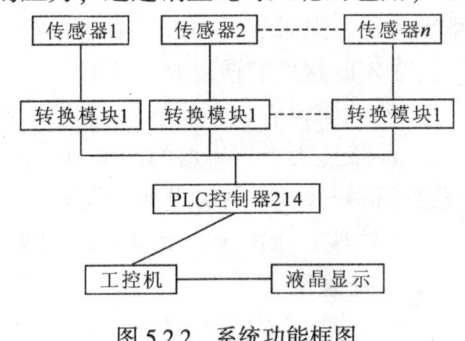

图 5.2.2 系统功能框图

采用系统配置工控机和工业组态软件用于数据的存储及显示，以完成数据的存储、显示和执行功能，当钢丝绳拉力接近设计值时报警、超过设计值时断电，从而达到保护钢丝绳、实现安全生产的目的。

5.3 防治水配套技术

5.3.1 排水技术

施工中，当井筒涌水量小于 $10m^3/h$，在装岩的同时，用风动潜水泵将掘进工作面积水直接排入吊桶内，随矸石一起提升至地面翻出。井深 630m 以上掘砌，利用吊盘上水泵 DC50-80×8 进行排水，配套电机功率为 275kW，电压为 660V，在井筒中部设腰泵房，DG85-80×8 型水泵一台设在腰泵房，吊盘上水泵不动，实现两级排水。腰泵房内水泵配套电机功率为 290kW，电压 660V，利用原吊盘上水泵用电缆，井壁固定。吊盘上水泵用电缆更换为 MY-3×70+1×25/1.2kW，长 1180m。如果涌水量超过 $50m^3/h$，更换吊盘上水泵，型号为 DG85-80×8，配套电机功率为 290 kW，电压为 1140V。供电要求安装 KBSG-400/6/1.2 型矿用变压器一台，KS7-400/6/0.69 型矿用变压器一台，设在开闭所附近，分别接自原冷冻出线上。

腰泵房卧泵用电缆采用井壁固定，吊盘上水泵用动力电缆采用稳车悬吊，设一路排水管路，井壁固定。

5.3.2 注浆技术

在立井井筒施工中，当井筒涌水量大于 $10m^3/h$ 时，对含水层应进行工作面预注浆堵水，其中孔隙水及微细裂隙水地层的工作面预注浆最为困难。

1. 主要研究内容

研究各含水层裂隙的发育程度、含水、透水性，岩石结构及地层构造，针对其特点采用不同的注浆参数及浆液类型，达到封堵大、小裂隙水的目的。

2. 技术难题

1）如何封堵孔隙水及微细裂隙水；

2）如何保证在同一压力下，浆液既向大裂隙扩散又能进入微细裂隙及孔隙中。

3. 目标

注浆后井筒涌水量≤6m³/h。

4. 地层含水特点

该地层的中细砂岩，含裂隙水、孔隙承压水。岩层裂隙发育不均，一般宽度 0.2~5mm；有肉眼观测不到的微细裂隙。只有当注浆后方可看到灰白色的水泥充填物，岩石孔隙水较为明显，工作面可以看到地下水从完整的岩体渗出。该岩石在地面用水试验，渗水较快。

孔隙水是经过地层的断裂、裂隙层面及地层界面补给的，井筒掘进中，地下水突水时，水压大，瞬间涌水量大，井筒涌水量 80~100m³/h。

5. 注浆堵水的特点

1）孔隙水及微细裂隙水，用普通水泥浆不能封堵，P.O42.5R 水泥颗粒直径 0.05mm，而孔隙小于该颗粒（水泥浆注浆适合大于 0.15mm 的裂隙水），因此需要液体状化学浆液。

2）地层具有大小不均的裂隙、孔隙及爆破振动裂隙，浆液在压力作用下，向较大的通道扩散，微细裂隙及孔隙只有当大的裂隙封堵密实后方可充填，这样就需要采取先用水泥浆，再用化学浆及反复扫孔复注才能封堵上述裂隙、孔隙。

3）地层含有较弱泥岩及层间的软弱夹层。当注浆压力增大到 10MPa 左右（未达到设计的注浆终压），注浆压力大于岩层的内聚力，则浆液劈裂弱层，呈片状、层状、刀劈状窜入远方，汇入远处较大裂隙而稀释，这样就需先加固弱岩。

6. 注浆堵水施工方案应考虑的因素

1）注浆压力

初期封堵大裂隙及弱岩，采用低压力、高浓度及反复扫孔复注的办法。一般采取静水压力的 2 倍，浆液浓度视压水试验的压力决定。一般使用 1:1 的水泥浆，而后根据进浆量及压力变化来调整至设计的浆液配比及终压，方可施工第二轮孔。

2）浆液的调整

当使用水泥浆注浆压力达到设计的终压后，扫孔后仍然涌水（孔隙水用水泥浆不能达到堵水效果），需注入化学浆。

3）预埋注浆孔口管

因井筒深、注浆压力大，一般大于 18MPa，止浆垫承受压力大。为此在施工止浆垫前，用钻机施工孔径 $\phi130$mm 钻孔 2~5m，下入 $\phi108$mm 注浆孔口管，把注浆压力分解到岩石中，再施工止浆垫，这样可以减少止浆垫的厚度。

4）为防止破坏井壁，在止浆垫上部打一排泄压孔，孔径 $\phi55$mm，孔深 1~2m，下入 $\phi50$mm 钢管，孔数 6~8 个。

7. 施工设计

1）注浆参数的确定

(1) 注浆深度

根据《煤矿安全规程》第 31 条第二款："注浆段长度必须大于注浆的含水岩层的厚度，并深入不透水岩层或硬岩层 5~10m"的规定。

(2) 注浆压力

注浆压力是驱动浆液在裂隙中流动、扩散、充塞、压实的能量，是控制浆液距离的重要因素之一。一般注浆终压取地下静水压力的2~3倍，因此设计注浆终压为静水压力的2.5倍。

注浆终压确定

$$P_0 = (2.0\sim3.0)\,P_{静水压力}$$

注浆压力的调整

在注浆过程中，注浆压力可分为初期、正常及终压三个阶段变化，当初始浓度确定后，根据注浆压力变化情况要及时地控制泵量，调整浆液浓度及凝胶时间等，使注浆压力平缓地升高，避免出现较大波动，直至达到注浆终压、终量，并稳定20min以上。

2）混凝土止浆垫厚度

为减少止浆垫的厚度，采用止浆垫与岩帽联合受力，并且把注浆孔口管延伸至岩帽以下2.5m（具体视止浆垫下岩帽见水深度而定），把注浆压力分解到孔口管底部的岩石中，减少了止浆垫的压力，故止浆垫的厚度为4.0m。

3）浆液类型

使用下列两种浆液：水泥浆、超细水泥浆、化学浆。

如果在注浆过程中发生下面两种情况：①浆液注入量及注浆终压、终量均符合设计标准，但经扫孔后单孔涌水量仍达到5m³/h；②注浆压力超过设计静水压的3倍，进浆量少，或者总注入量少于设计70%，经分析无法满足堵水要求。可改变浆液类型，最后注入化学浆液。施工时应根据单孔涌水量大小，合理选择浆液类型。

8. 布设注浆管路

由于需要注双液浆封堵涌水，注浆管除利用井壁固定的$\phi57\times9.0$mm无缝钢管（供水管），还需用大抓悬吊绳悬吊一趟$\phi25.4$mm高压软管接至井下工作面。将大抓悬吊绳起止固定盘位置，下放40根$\phi25.4$mm高压软管（Dg40钢丝三层，20m/根）。高岩软管之间采用$\phi25.4$mm直通接头连接，高压软管每20m用卡子（加工件）固定一次，必须固定牢靠。为防止高压软管下坠打弯，除用卡子固定外，每隔10m用Y-36绳卡固定一次。

$\phi57\times9.0$mm供水管下方接2根$\phi25.4$mm高压软管（Dg40钢丝三层，20m/根）为工作面钻机供水。

9. 水泥浆注浆结束标准及注浆过程中的质量检查

1）水泥浆注浆结束标准：

（1）当注浆压力缓慢上升，吸浆量逐渐减少，一直达到设计终压值，单液注浆小于50~60L/min，且注浆终压及终量稳定20min以上。

（2）注浆结束时，浆液的水灰比不低于1:1（即1:1浆液或更稀）。

（3）注入量大于设计注入量的75%或超过设计的注入量。

经分析达到堵水效果，同时满足以上三条方可结束注浆。

2）注浆过程中的质量检查：

注浆施工是隐蔽性工程，施工过程中的技术资料以及出现的与注浆相关的现象，都是评价注浆质量的重要依据。

3）施工技术资料的整理与分析：

对各孔的注浆参数、注入浆量和材料等必须进行及时整理、统计和分析，以便了解各孔间参数的变化，从而采取相应的措施。对于返浆和窜浆情况都要做好记录，查出原因，避免再次发生。

10. 注化学浆液施工

1）注化学浆液的条件

（1）当注入单液水泥浆压力超过静水压力3倍，而进浆量少于60L/min。并且井筒注入量少于设计注入量的70%时。

（2）注入单液水泥浆各项参数都达到设计要求，但扫孔后仍有残存水量。

（3）综合指标分析未达到堵水效果。

具有以上一条时都需注入化学浆。

2）浆液类型

使用脲醛树脂(主剂)+草酸(添加剂)+过硫酸铵(添加剂)，浆液的各项指标见表5.3.2-1、表5.3.2-2。

甲液（脲醛树脂）　　　　　　　　　　　　　　　　表5.3.2-1

项　　　目	指　　　标
外观	白色黏稠
黏度（涂-4杯/s）	50+2
pH值	7.5~8.5
固含量：%	30~40
比重：g/cm³	1.18~1.2

乙液（草酸）　　　　　　　　　　　　　　　　　　表5.3.2-2

项　　　目	指　　　标
外观	白色或灰色粉料
含水率：%<	1

3）化学浆液胶凝时间

化学浆液由甲液和乙液混合组成，甲液为脲醛树脂，乙液为草酸和过硫酸铵加水溶解。注浆时两根吸浆管分别放在甲液拌浆桶与乙液拌浆桶内。甲、乙液按1:0.3~0.4的配比混合。化学浆液胶凝时间主要是由乙液里草酸浓度决定。在注化学浆液前要按配比做胶凝时间实验，为注浆提供一手试验数据。具体数据填写见表5.3.2-3。

浆液胶凝时间统计表　　　　　　　　　　　　　　　表5.3.2-3

序号	脲醛树脂（g）	水（g）	草酸（g）	初凝时间	凝固时间	
1	100	32.3	0.25			
2	100	32.2	0.3			
3	100	32.1	0.4			
4	100	32.0	0.5			
5	100	31.7	0.8			
6	100	31.5	1.0			
7	100	31.3	1.2			
8	100	31.0	1.5			

4）注浆量

按注浆量公式计算注入量，因地层岩性裂隙及可注性，具有多种不可确定因素，所以各种浆液的实际用量应以现场注入量签证为准。

5）注浆作业

（1）注浆工艺流程（见注浆工艺流程图5.3.2）。

（2）注浆。

注浆管安设2个阀门（在注浆压力较大时先关闭下面的球阀，无法关闭时关闭上面的球阀，形成双保险），连接好输浆管路系统。

管路系统连接好后，关闭进浆阀门，打开各管

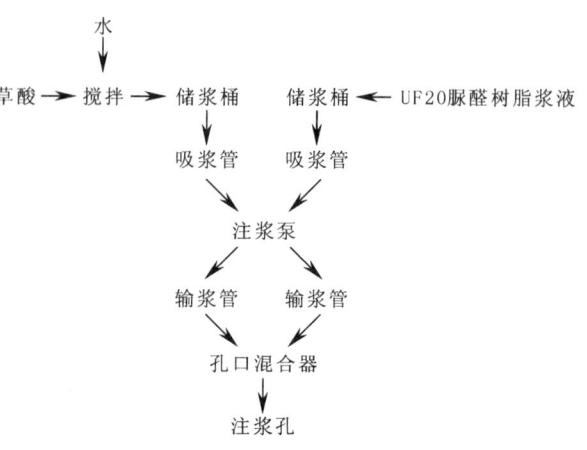

图5.3.2　注浆工艺流程图

路，开泵用清水试压，达到 1.2 倍的注浆终压持续 10min 无跑水现象即为合格。

注浆时，严格按浆液配比及各参数操作。并设专人观察井壁有无跑浆现象，发现跑浆立即处理。

停泵后应及时压清水，冲洗管路和器具。

注浆过程中，司泵人员及技术人员应做好详细记录，记录内容包括：注浆日期、开孔孔号、孔位、测量水压、注浆压力、浆液浓度、UF20 脲醛树脂用量、草酸用量等。

11. 注浆设备选型

施工 20m 以内钻孔，使用风动潜孔钻机较为合理，该机速度快，一般每小时进尺 10~15m，具有修理方便，不易损坏的优点。孔深 70~130m 钻孔，使用 ZDY1200S（MK-4）型煤矿用全液压坑道钻机较为方便，其特点是操作方便，进尺一般每小时 5~10m。

注浆泵选用天津产 XPB-90E 型无级调速注浆泵较合理，该泵具有压力大（26MPa）、流量大（190L/min），用电流调速的作用，适合千米井大泵量注浆堵水。

12. 注浆堵水效果

经井筒施工后检查，注浆堵水率 98%，井筒涌水量 1~5m³/h，取得了令人非常满意的效果。

5.4 通风、降温配套技术

5.4.1 通风、降温难点

1. 井筒深、断面大。孔庄矿煤混合井井筒设计深度 1083m，净直径 ϕ8.1m，基岩段掘进直径 9.4~9.6m。

2. 深孔爆破炸药用量多，产生有害气体多。施工中采用的是伞钻打眼，中深孔爆破。由于井筒断面大，爆破所需炸药量多，导致爆破产生的有害气体增加。

3. 地温高。孔庄煤矿位于江苏省徐州市沛县境内，该地区年恒温带 50~55m，温度为 18.2℃，平均低温梯度 1.85℃/hm，煤系地层平均地温梯度 2.76℃/hm，根据地质资料显示，该井在建设期间将出现高温热害，工作面温度将超 35℃，严重影响施工人员的身体健康和施工安全。

5.4.2 采取的对策

1. 采用合理的通风系统

主要包括选择合适的风机、风筒；采取合适的通风方式。

1）通风机选择的依据

（1）风量：

井筒深，所需风筒数量增加，漏风系数也相应增加，所选通风机风量必须增加；井筒断面大，工作人员及设备都相应增加，需求风量也相应增加；每循环炸药用量增加，爆破产生的有害气体增加，从而致使排除爆破产生的有害气体所需的风量增加；地热高，降温降热需风量增多。

（2）风阻：

井筒深，所需风筒数量增加，风筒的摩擦阻力增大。

2）风筒选择的依据

风筒选择的原则：井筒空间布置；尽可能减少风筒的接头数量，风筒使用时间的长短。

3）通风方式的选择

根据立井施工的经验，一般采取压入式通风。

结合以上三点，通过计算及施工经验，我们在孔庄煤矿改扩建工程混合井施工中采用了以下通风系统：

风机：选用两台 FBD№10/2×37 风机并联压入式通风；两台风机同时供风最大供风量达 1800m³/min；

风筒：采用两路 ϕ1000mm 散热能力相对较弱的玻璃钢风筒，风筒每节 10m；

通过选用以上合理的通风系统，满足了我们现场施工风量的需要。

2. 选择合适的降温方式

1）井筒施工高温高热降温具有以下特点：

（1）掘进断面大，岩体揭露时间短，围岩温度高，降温负荷大；

（2）井筒空间有限，降温空气处理设备只能设在地面，然后经通风机送至工作面，沿途损失大增加了设备负荷；

（3）深井空气自压缩温升大，进一步增强设备冷负荷。

（4）井筒建设工期短，投入的降温设备使用期短，利用率低。

2）井筒施工采取的降温措施主要有：

（1）选用大风量风机，并联通风，保证工作面足够的风量，使从岩体放出的热量分散到更大体积的空气里，从而使风流的温度降低。

（2）使用通风机从地面供冷风降低工作面温度。

为能解决井筒施工过程中高温高热，在地面通风机位置建冷风机房，冷风机房安装两套由北京长顺安达测控技术有限公司生产的功率 132kW，气流量 15m³/s，ZSL-450 矿用制冷系统，生产 5~6℃冷风，供通风机吸风。通风机将冷风通过井壁吊挂的玻璃钢风筒送至工作面，将工作面热风稀释，然后通过井筒返至地面。从而达到工作面降温效果。

通过选用合适的降温方式，达到了降低工作面温度的目的，为工人创造了良好的工作环境。

5.5 井筒测量配套技术

5.5.1 近井点的建立及精度要求

近井点的建立，平面测量使用全站仪按四等导线精度要求测设两次，取其平均值作为最终结果；高程测量使用 S3 水准仪按四等水准精度要求测设两次，取其平均值作为最终结果；四等导线水平方向观测要求及限差见表 5.5.1。

近井点相对于国家控制网的点位中误差不超过±7cm，方位角中误差不应超过±10″。

水平方向观测要求及限差 表 5.5.1

等级	仪器类型	观测方法	测回数	半测回归零差	一测回内 2C 互差	同一方向值各测回之差
四等	GTS332N 全站仪	全圆方向	9	8″	13″	9″
5″	GTS332N 全站仪	全圆方向	3	8″	13″	9″

5.5.2 井筒十字中线的建立及精度要求

井筒十字中心线的建立，以近井点为起始点，使用全站仪按 5″导线精度要求测设两次，取其平均值作为最终结果；高程测量使用 S3 水准仪按等外水准精度要求测设两次，取其平均值作为最终结果；十字中心线的垂直程度误差≤±10″。5″导线水平方向观测要求及限差见表 5.5.1。

5.5.3 施工期间的测量

首先按标设的井筒十字中心线给出井筒中心位置和井口标高。正常凿井按井筒中心线指示掘砌。中心线标示采用悬挂重锤的方法，下线孔牌子板焊在封口盘上，并在其上方设置导向轮。井深 50m 以内悬挂 30kg 重锤，井深 50~500m 悬挂 60kg 重锤；井深 500m 以上悬挂 120kg 重锤，中线采用 16 号弹簧钢丝，提升重锤用手动、风动两用绞车控制。

5.5.4 马头门施工测量

1. 马头门方向测量

根据井筒吊挂布置，结合施工要求，首先在封口盘上用定位板把与马头门方向一致的南、北边线点做好，采用 14 号碳素钢丝下放 2 根边线至掘进马头门连接处出砑时的上吊盘位置后，悬挂 120kg 垂球。采用两根边线拉线靠钢丝定出马头门中心线方向，并用井筒中心线校核三根线是否在一条直线上，然后再井壁上用风钻打眼，楔入木桩，在木桩上用测钉控制井筒马头门方向。

2. 马头门高程测量

马头门方向测量结束后，即进行马头门高程测量。采用 1100m 比长钢尺下放到上吊盘位置后，井下在钢尺端挂上比长时相同重量的垂球，待钢尺稳定后，由井下通知地面同时以两次仪器高进行高程测量，将高程引至井壁上的木桩上的测钉上，以此控制马头门的高程。按《煤矿测量规程》要求，其互差不得超过4mm。而后改变钢尺位置，重新以两次仪器高再测量一次。同一测钉两次导入高程的互差不得大于井深的1/8000。

导入标高后进行计算时，应加钢尺、温度和钢尺自重改正。

导入标高使用S3级水准仪，测记温度时应分别在地面、井筒中间和井下吊盘水平进行，取三个温度平均值作为最终结果。

3. 注意事项

1）钢丝下放至上吊盘位置后，一定要走慢钩查线，两根边线采用下放信号圈的办法检查。

2）井上、下人员随时电话联系。

3）钢尺下放时一定要均匀慢速，特别应注意钢尺的接头部位。

5.5.5 "风动控制的深立井施工中线绞车"配套技术

孔庄煤矿混合井深度达到了1083m，在以往的施工中，中线绞车均为手动控制。由于中线绞车使用频繁，手动控制非常费力，而且耽误施工时间，工作效率低，给工程放线工作造成了很大的难度。

为了改变这一现状，提高工作效率，我们研发了"风动控制的中线绞车"进行井筒放线专利技术（专利号：ZL 2009 2 0233850.0）。其工作原理是：选用型号为TMY-6、功率为5.3kW的风动马达，通过联轴器与中线绞车连接带动绞车进行工作，改变了手动控制绞车非常费力的现象，而且具备防爆功能。另外，在绞车上安装了刹车装置，保证了绞车运行施工放线的安全性和可靠性。其传动系统见图5.5.5。

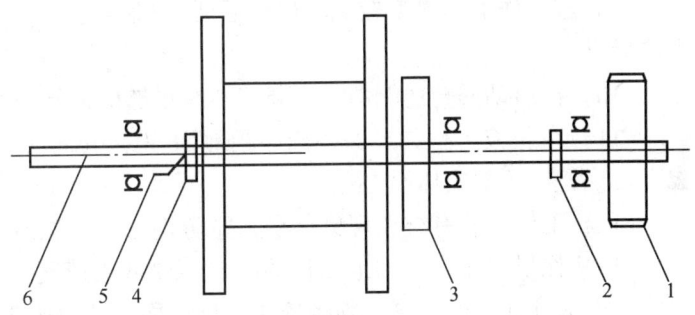

图5.5.5　风动中线绞车传动系统图

1—风动马达；2—联轴器；3—手闸；4—齿轮；5—摇把；6—主轴

该中线绞车为手动、风动两用型，可满足1500m立井井筒施工要求，已获得国家知识产权局专利受理，山东安居煤矿副井、中天合创能源有限责任公司葫芦素主井井筒及土耳其等工程中得到了很好的应用，具有广泛的使用和推广价值。

5.6 掘进、装岩排矸、砌壁配套技术

5.6.1 掘进配套技术

1. 表土段掘进配套技术

冻结表土段浅部冻结壁进入荒径较少时，采用小挖机及人工使用风镐、铁铲等工具挖土；冻结段进入荒径较多时，先使用小挖机挖完井心土，然后人工用风镐刷邦，再利用大抓装罐。

现场配备挖掘机，其自重约4.5t左右，带独立回转的动臂和超短尾回转结构，具有精准的液压控制系统，可以让操作手准确地控制机器的每一个细小动作，与人工挖土、大抓装罐密切配合，提高了工作效率、节省了工作时间。

为保证该台挖机在井下安全的使用，操作人员严格遵守以下安全技术措施。

1）使用前准备工作

（1）操作人员在操作前要详细阅读操作手册，并必须有在地面操作的实践经验。

（2）操作人员要正确穿好安全鞋、安全帽以及工作服，戴上防护眼镜、面罩、耳罩和手套。

2）挖掘机的使用

（1）在使用前要检查机器的所有性能，首先让发动机以低怠速运转，检查是否有泄露和异常现象。缓慢的操作机器，检查所有的性能，增加发动机转速，再次检查是否泄露和异常现象。有问题立即处理。

（2）挖机在使用过程中要严格按挖机的操作手册进行操作。在使用过程中不得使用机器的牵引力

来装载挖斗；不能依靠机器的旋转力进行作业；不能用挖斗进行"捶击、敲打"操作；不能用机器做超出设计范围的操作（其功能为挖掘、装载、平地），如吊运物料；挖斗和小臂油缸，不能重复运动满行程；不能使机器过载，超标准作业等。

3）挖掘机使用中的安全注意事项

（1）挖机必须坐在平整的地面上，并且要避开喇叭口。

（2）井下要有足够的照明强度。

（3）班前严禁饮酒，精神状态不佳者禁止入井。工作人员劳动防护用品佩戴齐全。

（4）施工中要有有经验的人员进行指挥人员的避让。工作人员要有足够的躲避空间。

（5）工作面的工具、材料要放置在不碍事的场所，杂物必须清理干净。

（6）工作面若有积水必须及时排除干净。

（7）工程技术人员及时对地质情况进行分析，提前告知作业人员。

（8）挖掘机必须定期进行保养、维护，以保证其始终处于正常的工作状态，出现异常情况，立即停机检查，待问题解决之后再投入使用。

（9）若工作面的温度较低，启动后要让机器运行一段时间（暖机），防止在操作控制手柄时机器反应滞后。

（10）在启动回转功能前，判断机器有足够的回转空间，回转范围内无人员或者障碍物。

（11）在斜坡上行驶要保持挖斗距地面30~40cm，操作者要系好保险带，禁止转向，否则可能会造成人员伤亡或机器损坏。

（12）工作面若有结冰现象存在，要防止挖机可能出现的打滑现象。

（13）如果在不平稳的地面移动机器，要减缓速度，禁止突然转动。防止在行驶过程中强行通过障碍物，若必须通过障碍物，须将挖斗靠近地面，并且减缓速度。

（14）工作场地的地面要足够的牢固，在操作时必须保证能支撑住挖机。

（15）挖机必须停放在平坦的地面，若不能取得平坦的地面，须锁定履带轮，降低挖斗，将推土机刀刃置于地面上，要保证推土板的两端都受到支撑，防止机器移动。

（16）在进行比较深的挖掘时，推土板要放到后边，防止大臂油缸碰到推土板。

（17）操作者工作中不能分心。

（18）保持机器的清洁，溅出的润滑油、燃料、液体，使用专用溶剂、清洁剂和水按步骤清洁机器和零部件。小心不要让水接触到电气部分。

2. 基岩段掘进配套技术

井筒基岩段采用钻爆法掘进。

1）钻眼。采用了FJD-8G型伞钻，配YGZ-70型凿岩机和六角中空合金钢钎进行钻眼，钻孔直径 ϕ55mm，钻孔深度为5.2~5.4m，取得了良好的效果。

2）炸药。选用T330型高威力水胶炸药，周边眼药卷直径为 ϕ35mm，其余炮孔药卷直径为 ϕ45mm，药卷长度600mm，根据炸药参数计算，其爆轰波峰压值和声阻抗均能满足千米立井施工要求。

3）雷管。选用1~5五个段毫秒延期电磁雷管，脚线长度7.0m。

4）起爆装置。

起爆电磁雷管采用GPF-100型高频发爆器，其技术参数如下：

额定引爆能力/发　　200

工作频率/kHz　　20

输出脉冲峰值电流/A　　≥12

输出脉冲峰值电压/V　　<700

放炮母线电阻/Ω　　≤5

电源（密封镉镍电池组）　　0.6HA×12，充电一次可连续放炮50次以上。现场施工的炮眼数为142

个，经使用该装置引爆电磁雷管能完全达到起爆要求。在深孔爆破过程中，未发现瞎炮现象，消除了现场处理瞎炮时的事故隐患，也解决了以往在立井爆破过程中，采用动力电源起爆电雷管所带来的不安全问题。

5）炮眼布置。掘进断面布置6圈炮孔，各类炮孔在工作面呈同心圆布置，掏槽式为圆筒形直眼掏槽，钻孔直径 $\phi 55mm$，钻孔深度为5.0~5.2m。掏槽孔比其他孔深300mm，采用光面、光底、减振、弱冲深孔爆破技术进行分段挤压爆破。循环进尺为4.0~4.7m。钻孔爆破平均占用时间为8h（包括打眼、放炮、通风和准备时间），详见基岩段掘进爆破图5.6.1、井筒基岩段爆破参数表5.6.1-1和基岩段部分循环统计表5.6.1-2。

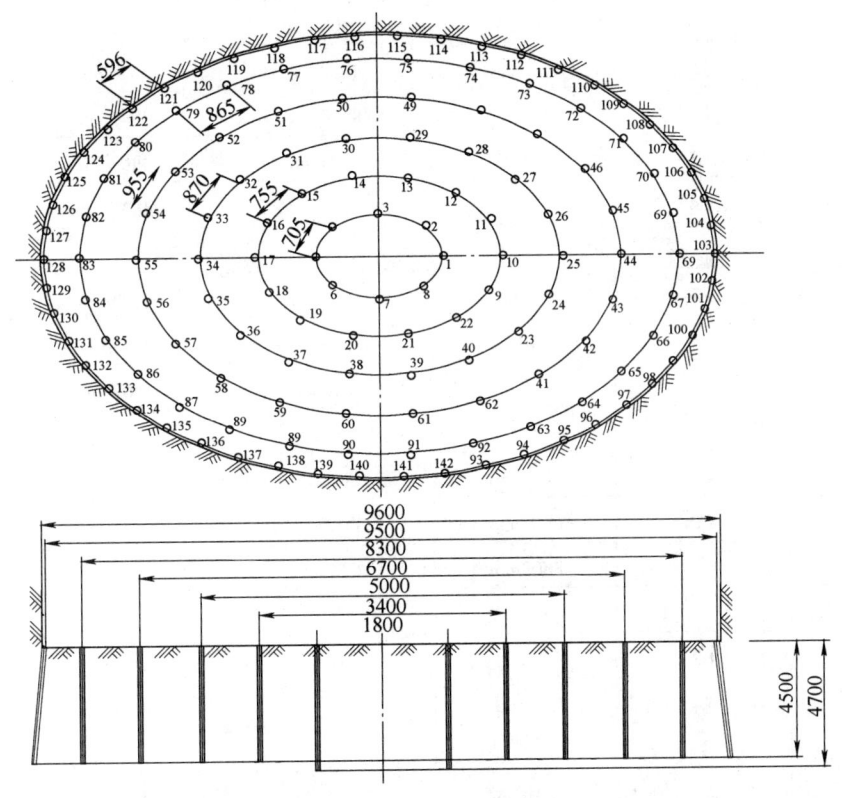

图 5.6.1　基岩段掘进爆破图

井筒基岩段爆破参数表　　　　　　　　　　表 5.6.1-1

炮眼名称	炮眼序号	炮眼数目	圈径 (m)	眼深 (m)	眼距 (mm)	倾角 (度)	装药量 卷/眼	装药量 kg/圈	起爆顺序	延期时间 (ms)	雷管段别
掏槽眼	1~8	8	1.8	5.1	705	90	5	48	I		
辅助眼一	9~22	14	3.4	4.9	755	90	4	67.2	II		
辅助眼二	23~40	18	5.0	4.9	870	90	4	86.4	III		
辅助眼三	41~62	22	6.7	4.9	955	90	4	105.6	IV		
辅助眼四	63~92	30	8.3	4.9	865	90	3	108	IV		
周边眼	93~142	50	9.5	4.9	596	90	2	70	V		
合　计		142						485.2			

备注：采用T330水胶炸药。周边眼用 $\phi 35mm$ 药卷，长600mm，重0.7kg/卷；其他眼用 $\phi 45mm$ 药卷，长600mm，药卷重1.2kg/卷。毫秒延期电磁雷管，专用起爆器起爆。

注：本爆破图表在施工中根据实际揭露的岩性进行调整。

基岩段部分循环统计表

表 5.6.1-2

工程部位（标高）	进尺（m）	打眼时间	出矸找平时间	砌壁时间	清底时间
-358.2~362.5	4.3	5h10min	5h40min	5h15min	7h45min
-362.5~367.0	4.5	9h15min	5h15min	5h08min	8h02min
-378.2~382.8	4.6	6h23min	5h35min	4h05min	9h25min
-382.8~387.1	4.3	7h45min	4h23min	7h22min	8h02min
-387.1~391.4	4.3	7h43min	3h00min	6h10min	7h00min
-426.2~430.7	4.5	6h32min	4h40min	3h25min	7h20min
-430.7~435.2	4.5	9h20min	8h30min	3h45min	7h45min
-435.2~439.7	4.5	8h10min	4h05min	4h03min	7h52min
-439.7~444.1	4.4			4h35min	1h49min
-466.2~470.9	4.7	5h45min	4h15min	4h23min	9h17min
-470.9~475.6	4.7	4h40min	7h25min	4h13min	4h13min
-475.6~480.5	4.9		8h07min	4h07min	5h42min
-534.2~538.3	4.1	10h30min	10h15min	4h50min	6h50min
-538.3~542.3	4.0	6h05min	8h35min	4h27min	5h51min
-542.3~547.0	4.7	8h09min	7h33min	5h45min	5h25min
-586.2~-590.4	4.2			5h13min	2h52min
590.4~-594.6	4.4	5h45min	9h05min	4h18min	5h07min
-610.2~614.5	4.3	7h10min	7h13min	3h55min	4h45min
-614.5~618.9	4.4	8h16min	6h11min	4h31min	6h29min
-618.9~624.1	4.2	8h53min	6h37min	5h30min	5h10min
-674.2~678.7	4.5	6h33min	7h27min	5h05min	8h50min
-678.7~683.1	4.4	7h15min	6h20min	6h25min	8h20min
-683.1~687.2	4.3	6h01min	6h44min	5h00min	8h00min
-711.9~716.1	4.2	6h05min	5h40min	5h15min	10h23min
-716.1~720.3	4.2	8h07min	9h07min	5h30min	9h28min
-720.3~724.3	4.0			6h02min	2h43min
-771.9~776.4	5.1	8h23min	8h30min	6h10min	11h05min
-776.4~780.8	4.4	8h11min	16h50min	7h21min	10h30min
-780.8~784.8	4.0	9h06min	4h40min	6h24min	9h02min

工程部位（标高）	进尺（m）	打眼时间	出矸找平时间	砌壁时间	清底时间
-823.9~828.0	4.1	8h14min	6h15min	5h08min	11h00min
-828.0~832.0	4.0	8h35min	7h50min	5h55min	10h00min
-870.2~874.2	4.0	7h18min	7h27min	5h48min	10h40min
-874.2~879.1	4.9	8h55min	8h45min	6h30min	11h33min
-879.1~883.4	4.3	8h47min	6h45min	6h25min	10h20min
-922.1~926.3	4.2	9h18min	6h50min	7h02min	11h00min
-926.3~930.4	4.1	8h58min	7h32min	7h50min	10h20min
-962.1~966.5	4.4	8h12min	7h00min	6h58min	10h12min
-966.5~970.6	4.1	7h12min	8h10min	8h43min	9h42min
-982.1~986.2	4.1	9h05min	8h10min	7h10min	10h35min
-986.2~990.2	4.0	10h20min	10h31min	9h54min	17h12min
-990.2~994.3	4.1	8h38min	5h42min	8h45min	13h08min
-994.3~998.3	4.0	8h50min	10h30min	7h45min	11h33min

5.6.2 装岩排矸配套技术

表土段采用小挖机及人工挖土，配合大抓装罐，两套单钩提升，翻矸台为座钩式自动翻矸，经溜矸槽溜入落地矸仓，然后由装载机装入自卸汽车排到业主指定的排矸场地。

基岩段采用 HZ-6 型中心回转抓岩机两台装岩，小挖机配合人工清底。提升容器为 5/4/3m³ 座钩式吊桶，矸石吊桶提升到倒矸台后，采用座钩式自动翻矸，矸石经溜槽直接落地，然后定时用装载机集中装入自卸式汽车，回填工业广场。

5.6.3 砌壁配套技术

在井口附近联合布置 PLD-2400 型砂石计量站与 JS-1500 型强制式搅拌机，正常段施工模板为 4.2m 段高单缝液压整体下移金属模板。

1. 模板。采用液压脱模技术的整体下行金属模板。混合井井筒冻结段 346m，其中表土冻结段 187m，井壁为双层钢筋混凝土结构；基岩冻结段 159m，井壁为双层钢筋混凝土结构。为加快施工速度，保证工程质量，冻结段外壁采用掘砌混合作业的施工方案，掘砌段高 3.6m，采用 3.6m 段高的单缝液压式整体下移大模板（该模板加工成两段，在不稳定土层中采用 2.5m 段高模板）砌壁。冻结段内壁施工采用金属组装模板。基岩段采用 MJY4.2 型整体金属下移模板砌壁。

2. 混凝土搅拌系统。混凝土由井口两个独立的搅拌站配制，选用了两台 JS-1500 型搅拌机，一套 PLD-2400 电子计量配料机等设备组成的混凝土集中搅拌系统，配料、上料、称量、搅拌实现自动化，搅拌能力 40m³/h，满足了月成井 100m 以上的快速施工要求。

3. 混凝土。采用已通过鉴定的新型大流变高强度混凝土，具有流动性强、坍塌度高、不易离析等特点，浇筑时无需大的振捣即可保证井壁混凝土的密实，从而满足了管路下料和井壁质量的要求。

4. 混凝土的浇筑。在立井施工中，混凝土浇筑施工是各施工工序中的关键。在过去的施工中，混凝土由井口下放至工作面接灰盘后，由人工用铁锹将混凝土铲入模板内，既消耗大量的体力，也占用大量的劳动力，同时也很难保证混凝土的对称浇筑，而且采用人工铲灰耗时也太多，不利于快速施工。随着建井技术的提高，模板的段高越来越大，人工铲灰的浇筑方法已跟不上技术发展，同时也制约经济效益提高。

为此，我们研发了浇筑混凝土用分灰器专利技术（专利号：ZL 2008 2 0160729.5)，其特征是包括接灰盘，在接灰盘的盘底上均匀分布有三个下灰口，三个下灰口的下面各焊接一个溜灰管，其主体示意图见图5.6.3。

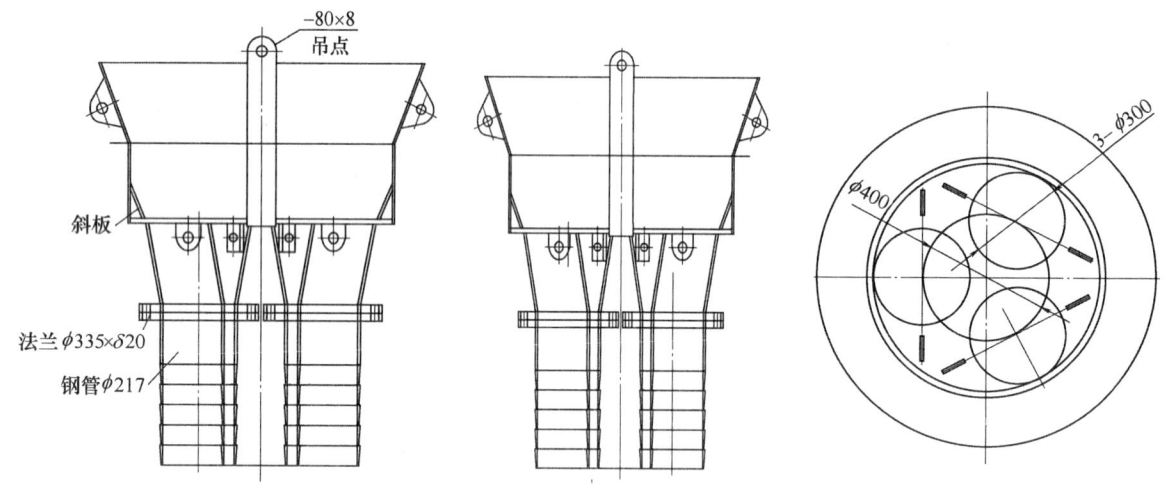

图 5.6.3 分灰器主体示意图
1-接灰盘；2-斜板；3-下灰口；4-溜灰管；4-1溜灰管延长段；5-法兰

该浇筑混凝土用分灰器，能降低混凝土浇筑施工的劳动强度，释放占用的较多的劳动力，缩短浇筑时间，确保对称浇筑及连续性，提高经济效益。

使用方法是：将分灰器下放到井下吊盘喇叭口处，将与分灰器配合的撑杆打开并销紧轴销，然后将分灰器坐在吊盘喇叭口上并固定好。地面搅拌好的混凝土下放至分灰器的接灰盘内，依靠混凝土的自溜，实现了混凝土的快速、连续、对称浇筑。达到每罐混凝土仅需1min的时间即可浇筑完毕，大大地提高了工作效率。每个分灰器仅需一名工人进行放灰工作，解放了占用较多的劳动力。

为避免在分灰器内存有余灰，在接灰盘底部的内沿增加一周圈斜板，使接灰盘的底部变成一个圆锥体，这样就方便灰的下落。接灰盘的内腔也可以直接做成圆锥形。

在立井施工中，混凝土浇筑施工是各施工工序中的关键。

6. 材料与设备

为了使施工设备尽其所能，发挥最大作用，且能保证施工顺利进行，该工法所选设备如下，见表6。

施工设备及工器具配备表   表6

项 目			装 备 情 况
凿 岩			FJD-8G 型伞钻，配 YGZ70 型凿岩机 8 台（济宁产）
装 岩			HZ-6 中心回转抓岩机两台
提 升	井 架		V、VI临时凿井井架
	绞 车		2JKZ-3.6/12.96、JKZ-2.8/15.5 各一台
	容 器		5/4/3m³ 矸石吊桶
翻 矸			座钩式自动翻矸
排 矸			Z40/50 装载机、8t 自卸式汽车排矸
排 水			设转水站，内设 DG85-80×8，吊盘设 DC50-80×8 型卧泵
通风、降温			两趟 φ1000 玻璃钢风筒、FBDNO10 局部通风机两台（2×37kW）、132kW ZSL-450 矿用制冷系统一套

项 目			装 备 情 况
测 量			风动中线绞车、锤球
砌 壁	模 板		整体悬吊单缝液压式模板段高 4.2m
	搅拌站	配料机	PLD-2400 一套
		搅拌机	JS-1500 两台
	混凝土输送		底卸式吊桶（3.0m³）2 只
吊 盘			三层吊盘 φ7800 一套
安 全 梯			五段 一套

7. 质 量 控 制

根据煤仓施工作业的内容以及相关验收规范的要求，立井井筒施工质量控制的要点包括：

7.1 技术交底

7.1.1 每个单位工程、分部工程和分期工程开工前，项目技术负责人应向承担施工的负责人进行书面技术交底，所有技术交底资料均应办理签收手续。

7.1.2 在施工过程中，项目部技术负责人对顾客或监理工程师提出的有关施工方案、技术措施及设计变更的要求，应在执行前向有关人员进行书面技术交底。

7.2 测量控制

7.2.1 井筒中心线应按照井筒中心的设计坐标、高程和方位角利用甲方提供的近井点进行标定，立井井筒中心线和十字线按地面 5″导线的精度要求施测。

7.2.2 在立井封口盘上标高井筒中心位置，测量人员应定期对井筒中心线进行校核，以确保井筒中心正确性。

7.2.3 在打眼和稳模前，应按照井筒中心线进行轮尺和模板校正。

7.3 材料控制

7.3.1 项目部在本组织（承包人）确认的合格供方目录中按计划采购原材料、半成品和构配件。

7.3.2 按搬运储存规定进行搬运和储存，并建立台账。

7.3.3 按产品标识的可追溯性要求对原材料、半成品和构配件进行标识。

7.3.4 未经检验或已经验证为不合格的原材料、半成品和构配件和工程设备，不准投入使用。

7.3.5 对业主提供的原材料、半成品和构配件、工程设备和检验设备，必须按规定进行验证，但验证不能免除顾客提供合格产品的责任。

7.3.6 业主或监理对承包人自行采购产品的验证，不能免除承包人提供合格产品的责任。

7.4 机械设备的控制

7.4.1 按设备进场计划进行施工设备的采购、租赁和调配。

7.4.2 现场的施工机械必须达到配套要求，充分发挥机械效率。

7.4.3 对机械设备操作人员的资格进行认证，持证上岗。机械设备操作人员使用和维护好设备，保证设备的完好状态。

7.5 计量控制

计量人员按规定有效地控制计量器具的使用、保管维修和检验，确保施工过程有合格的计量器具，并监督计量过程的实施，保证计量准确。

7.6 工序控制

7.6.1 施工过程是由一系列相互关联与制约的工序所构成，工序是人、材料、机械设备、施工方法、环境和测量等因素对工程质量综合起作用的过程，所以对施工过程的质量监控，必须以工序质量监控为基础和核心,落实在各项工序的质量监控上。

7.6.2 施工过程中质量控制的主要工作是:以工序控制为核心,设置质量控制点,进行预控,严格质量检查和成品保护。并做到:

1. 严格要求施工人员按操作规程、作业指导书和技术交底的要求进行施工。

2. 工序的检验和试验应执行过程检验和试验规定,对查出的不合格,应按程序及时有效地处置。

3. 如实填写《施工日志》。

7.6.3 选择作为质量控制的对象是:

1. 施工过程中的关健工序或环节以及隐蔽工程,如钢筋混凝土结构中的钢筋帮扎。

2. 施工中的薄弱环节,或质量不稳定的工序、部位或对象。

3. 对后续工程施工或后续工序质量或安全有重大影响的工序、部位或对象,如模板的支撑与固定等。

4. 采用新技术、新工艺、新材料的部位或环节。

5. 施工上无足够把握的、施工条件困难的或技术难度大的工序或环节。

7.7 质量控制保证措施

质量控制技术保证措施工作表见表 7.7

质量控制技术保证措施工作表

表 7.7

序号	项 目	工 作 内 容	责任部门或责任人
1	井筒半径不小于设计要求	专人测量井筒半径尺寸	测量人员
		及时调整模板水平度	队技术员
		及时调整模板垂直度	队技术员
		定期校对井筒中心线	测量人员
2	井壁厚度达到质量标准	严格掌握掘进断面不欠挖	队技术员
		采用光面爆破	队技术员
		严格每模检查荒径,荒径不够不立模	队技术员
		实行班组交接班验收制度	队长、队技术员
3	钢筋绑扎符合验收规范要求	保证使用合格的材料	经营组
		实行钢筋加工验收制度	质检员
		对钢筋实行分类编号	工程组
		按规格要求绑扎钢筋	工人
		实行钢筋绑扎工序验收制度	质检员
4	竣工后井筒涌水量不大于 6m³/h	浇筑混凝土定人定位振捣密实	振捣工
		实行质量挂牌留名制度	施工队
		井筒竣工后进行一次壁注浆	工程组
		井壁接茬采用斜茬刃脚模板	工程组
5	混凝土强度达到质量标准,严格掌握混凝土配合比	砂、石子、水泥严格采用配重计量	工程组
		定期检查计量装置,保证准确	工程组
		专人计量加入添加剂	工程组
		冬季砌壁时要保证混凝土入模温度不小于15℃	技术人员
		搞好材料验收及时做好混凝土配比试验	材料员、质量工程师
6	混凝土表面质量符合质量要求	加强混凝土捣固	振捣工
		溜灰管下料在吊盘上二次搅拌	班组长
		浇筑混凝土前严格采用截导堵等措施,有效地处理井邦水	队长
		模板经常刷油	拆模工

7.8 施工检测

施工检测是检查井筒施工质量好坏的最有效的手段，是工期质量、安全管理体系中的重要一环。在井筒施工过程中，施工检测是经常反复甚至是每天都要做好的事情。

7.8.1 井筒十字中心线及井筒中心线的检测。根据矿区近井点、按 5″导线的精度要求，布置 5″导线，并按设计要求标定井筒十字线，建立十字基点，实测出各点坐标。井筒开挖后，在固定盘的井筒中心安装井中下线板，用细钢丝配垂球作为井筒施工的中心线。在井筒施工到相关硐室时，自地面下两根细钢丝至井底，采用摆动投点法进行初定向，以定向边来控制相关硐室施工的平面位置。

7.8.2 井筒施工中标高的检测。根据矿区内近点的标高，按等外水准的精度要求，将井筒的十字基点标高测出，以此作为井筒施工中标高传递的基准。在施工至井筒相关硐室时，将标高导至封口盘，再从封口盘下放一检定过的长钢尺，加上比长、温度、自重等改正，将标高传递至相关硐室处，以便控制相关硐室的施工标高。

7.8.3 钢筋、水泥、添加剂、防水剂复检、砂、石含泥量、混凝土配比检测，由建设单位指定的检测单位进行检测和配制。不合格产品严禁使用，严格按有关单位给定的配比进行配制混凝土。

7.8.4 井壁混凝土强度检测：井深每隔 20~30m 取一组（3 块）规格为 150mm×150mm×150mm 立方体混凝土试块，在建设单位指定的检测单位的试验机上进行抗压强度检测。

7.8.5 井壁混凝土平整度的检测：采用 2m 直尺量测检查点上最大值。不得超过 10mm。

7.8.6 井壁混凝土接茬的检测：采用直尺检查一模两端，接茬最大值不得超过 30mm。

7.8.7 井筒涌水量的检测：为满足每一个施工阶段的需要，必要时对井筒涌水量进行检测。采用容积法进行。

及时对以上的检测数据进行收集、记录和分析，输入计算机进行存储，作为指导我们施工的依据。施工检测详见表 7.8.7。

施工检测一览表　　　　　　　　　　　　　　　　　　表 7.8.7

序号	检 测 项 目	检 测 手 段
1	井筒十字中心线及井筒中心线	5″导线
2	标高	等外水准
3	钢筋、水泥、添加剂、防水剂复检、砂、石含泥量、混凝土配比	建设单位指定的有资质检测单位进行
4	井壁混凝土强度	抗压强度试验机
5	井壁混凝土平整度	2m 直尺
6	井壁混凝土接茬	尺量
7	井筒涌水量	容积法

7.9 竣工阶段质量控制

7.9.1 工程竣工后，由项目技术负责人报告业主和监理组织竣工验收。

7.9.2 项目部有关专业技术人员按编制竣工资料的要求收集、整理质量记录并按合同要求编制工程竣工文件，按规定移交。

7.9.3 在最终检验和试验合格后，项目部采取有效的防护措施，保证将符合要求的工程交付给顾客。

7.9.4 工程竣工验收完成后，项目编制符合文明施工和环境保护要求的撤场计划，做到工完场清。

7.10 质量控制程序框图

质量控制程序框图如图 7.10。

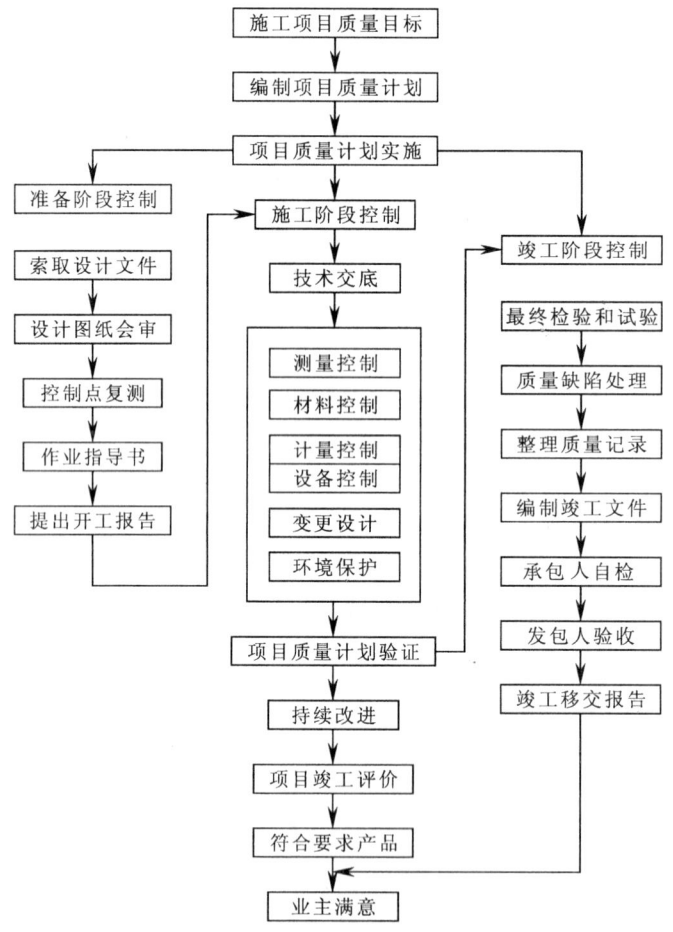

图 7.10 质量控制程序框图

8. 安 全 措 施

在立井井筒施工过程中，井筒空间有限，井筒中的各种设施、吊挂和设备较多，容易对施工人员造成伤害。因此，加强施工安全管理，制定周密的安全措施并确保其落实，对于保证工程施工的顺序进行十分重要。

根据立井井筒特点，在施工时，需注意以下几个方面的安全技术措施：

8.1 冬期施工安全措施

8.1.1 做好施工人员的保暖工作。

8.1.2 井筒内要经常检查，发现结冰要及时处理，风筒等不得有结冰现象。

8.1.3 混凝土搅拌用水要有加热措施，入模混凝土温度要控制在 20℃以上。

8.1.4 井口棚内不得有结冰现象。

8.1.5 加强管路、各种设备等的保暖工作，确保冬季正常运转。

8.2 雨期施工安全措施

8.2.1 落实各种设备、设施的防雷电、防淋雨措施。

8.2.2 疏通井口等处的排水通道，做好防洪工作。

8.2.3 排尽室外设备、设施附近的积水，防止因积水浸泡而破坏基础。

8.2.4 砂、石等施工材料要有防雨措施，防止受潮变质或因含水率变化而影响混凝土的质量。

8.2.5 封口盘要封严，防止雨水流入井内。

8.3 吊盘使用时的设置、运行、维修安全措施

8.3.1 吊盘安装完毕后必须保证两层吊盘起吊后自成水平，误差不得超过±10mm，钢梁与圈梁之间误差不得超过±8mm。

8.3.2 安装完毕后必须保证吊盘起吊后，上下喇叭口中心重合。

8.3.3 吊盘在安装完毕后，必须对吊盘上的所有紧固件进行检查并二次紧固。

8.3.4 吊盘在安装好之后使到 50m，对吊盘上的紧固件复查一次。吊盘上在准备安装抓岩机前对吊盘和立柱上的紧固件进行检查一次

8.3.5 每根立柱旁加设保护绳，保护绳的安全系数不小于 6 倍，保护绳两头分别采用 5 个钢丝绳卡固定。保护绳在安装时要进行拉紧后卡固。

8.3.6 吊盘在使用过程中设专人每一周对吊盘轴销和轴销处的悬吊钢丝绳进行检查。吊盘的每根悬吊钢丝绳采用 7 个板卡进行卡固并设专人进行检查。

8.3.7 吊盘在使用的过程用上层吊盘为保护盘，施工用设备放在中层和下层盘，摆放的施工用设备与吊盘之间要可靠固定。

8.3.8 吊盘的固定装置采用楔紧法，上下层吊盘分别用 4 个木楔楔入吊盘与井壁之间，楔子用 ϕ15.5mm 钢丝绳系在吊盘立柱或吊点上，木楔用硬杂木制作并用 δ2mm 的铁皮包上，在起落吊盘时把木楔拔出放在吊盘上，在使用过程中设专人每 10d 进行一次检查，发现钢丝绳有断丝和磨损进行更换。

8.3.9 吊盘在起落的过程中，每层盘上必须站有不少于 2 人，在吊盘起落前调整吊盘稳车使其同步。在起吊盘时先起吊盘绳使稳绳始终处于不受拉紧状态。在落吊盘时先落稳绳再落吊盘绳，当吊盘落到位后调整好吊盘后，再按设计拉力张紧稳绳。

8.4 保护盘（封口盘、固定盘）设置、运行、维修中的安全措施

8.4.1 保护盘中封口盘钢梁伸入梁窝内不小于 300mm，各钢梁之间的紧固件牢固可靠，在安装好后进行检查。

8.4.2 封口盘上的钢丝绳孔和电缆孔要用橡胶皮垫封闭严密，封口盘铺板槽钢与槽钢之间的缝隙要封闭严密。

8.4.3 封口盘铺板槽钢每根都与封口盘钢梁进行焊接，铺板槽钢之间进行焊接使铺板槽钢之间和槽钢与钢梁之间形成一个整体。

8.4.4 封口盘上的井盖门小绞车安装在二平台上，小绞车固定在二平台的钢梁上，固定要牢固可靠，钢丝绳采用 ϕ15.5mm 的钢丝绳，每周对钢丝绳和井盖门慢速小绞车进行检查，发现钢丝绳有断丝和磨损时要进行更换，定期对小绞车进行加油和检查。

8.4.5 封口盘上的井盖门在开启时用钢丝绳做限位装置，井盖门的两边采用橡胶皮垫将缝隙封闭严密，井盖门的门绞装置与封口盘钢梁进行焊接，且焊接达到要求设计。井盖门上的螺母在拧紧后必须与螺栓焊接。

8.4.6 双钩提升的情况下禁止一边吊桶在翻矸时另一边在打开井盖门的情况下运行，井盖门上的杂物要及时清扫防止坠入井下伤人。

8.4.7 封口盘上下放物件时要有专人进行捆绑和挂钩，在下放之前必须做试吊试验。

8.4.8 保护盘中的固定盘钢梁若安装在牛腿上，牛腿采用树脂锚杆固定在井壁上，在安装树脂锚杆时要采用煤电钻安装使锚固剂搅拌均匀方可安装牛腿。固定盘的钢梁与钢梁，钢梁与牛腿之间的紧固件牢固可靠，铺板和方木安装达到设计要求。

8.4.9 固定盘上的杂物要清扫干净，固定盘上不准遗留杂物。

8.4.10 在每次放炮前要把吊桶提至井盖门上 5m 左右处并打开井盖门，减少对固定盘和封口盘的冲击，在每次放炮之后要对固定盘和封口盘进行检查无误后，人员方可下井。

8.5 伞钻设置、运行、维修中的安全措施

8.5.1 检查伞钻钢丝绳的索具卸扣，对索具卸扣做探伤试验，合格后方可使用。

8.5.2 夺钩用的钢丝绳鼻采用的钢丝绳要有 6 倍的安全系数,对钢丝绳做钢丝绳拉断试验,合格后方可使用。

8.5.3 在各油雾器注满润滑油后,将保养完毕的油缸和各支撑臂、动臂收拢至零位,用绳将整机管路捆绑牢靠后,拆掉伞钻顶盘上与井口风包连接的压风管,用小跑车将伞钻运送至主提侧井盖门附近,将主提钩头下放至伞钻顶盘的水平位置,然后将伞钻的夺钩绳挂在主提钩头上,用主提将伞钻提起,松掉伞钻与小跑车的连接钢丝绳扣;夺钩时,夺钩人员在伞钻上要挂保险带,钢丝绳鼻挂在钩头上,挂好后方可提升。

8.5.4 伞钻被主提钩提起后,就可以与绞车司机、井口、吊盘、工作盘,工作面的信号工联系,将伞钻下放,伞钻下井时运行速度不能过大,当伞钻下行至工作面 200mm 时停止下放。每次在伞钻下井、夺钩前,先通知绞车房,让绞车司机开慢车,绞车司机和井口信号工精神要高度集中。

8.5.5 伞钻停止下放后,工作面的人员立即将底座放在井筒中心,吊盘上的人员与井下人员互相配合,利用主提侧中心回转的悬吊绳将钩头提升至井中,然后将伞钻顶盘上的风水管路接好,就开始送风。每次伞钻下井时,封口盘井盖门处要设专人把钩,散钻在到吊盘时,三层吊盘的喇叭处均设专人把钩,防止伞钻臂碰吊盘。

8.5.6 先启动油泵马达,然后操纵五连多路换向阀,将调高油缸根据工作面高差情况,调到合适的高度。调整其支撑,要求坐稳而整个钻架又不倾斜。

8.5.7 松掉捆绑伞钻的麻绳,将支撑油缸支起,将支撑油缸支到井壁上,注意三个支撑油缸要协调支撑,使整个伞钻竖直,在伞钻调整好后,伞钻的操作工就可以进行钻凿炮孔。

8.5.8 伞钻在井下使用过程中如果出现故障时在维修过程中,伞钻全部停止运行,待维修完成后方可使用。

8.5.9 在冬季使用伞钻时,伞钻上井后采用不支撑开来维修的办法,防止冻住无法收拢,下井后在井下解冻。

8.5.10 维修人员在伞钻上进行维修时一定要抓稳扶牢,在必要时挂保险带作业。

8.5.11 井下打钻人员在作业的过程中,要设专人负责观察伞钻的支撑臂和井帮岩石。井下照明亮度要采用投射灯照明,井下作业人员要使自己和别人使用的钻臂之间保持一定的距离。

8.6 抓岩机设置、运行、维修中的安全措施

8.6.1 抓岩机在下井前要注意把所有的连接件连接牢固,检查抓岩机使用钢丝绳的索具卸扣,对索具卸扣做探伤试验,合格后方可使用。

8.6.2 下井用的钢丝绳鼻采用的钢丝绳要有 6 倍的安全系数,对钢丝绳做拉断试验,合格后方可使用。两根钢丝绳鼻一定等长,防止单根钢丝绳鼻受力。

8.6.3 抓岩机在下井前要做试吊试验,由专人进行挂钩,确认无误后方可下放。在下放抓岩机下井时,先通知绞车房,让绞车司机开慢车,绞车司机和井口信号工精神要高度集中,封口盘井盖门处要设专人把钩,大抓在到达井下时,三层吊盘的喇叭口处均设专人把守,防止碰吊盘。

8.6.4 抓岩机在到达井底后,使抓岩机靠在靠近吊盘抓岩机口处的模板上,确认靠稳后通知绞车司机准备夺钩,下放抓岩机悬吊钢丝绳,作业人员把悬吊钢丝绳挂在抓岩机上进行夺钩。在夺钩的过程中下放提升绳到抓岩机至就位后解开。

8.6.5 抓岩机在安装时 4 个 U 形卡一定要牢固,U 形卡采用 ϕ30mm 圆钢制作。在紧固时设专人检查。抓岩机在使用的过程中每班都对四个 U 形卡螺栓进行检查。如有松动应立刻拧紧。

8.6.6 抓岩机在使用的过程中应每班进行检查,主要是各构件的连接装置和提升抓斗用的钢丝绳。抓斗用的钢丝绳采用直径为 ϕ18.5mm 钢丝绳,在检查中如发现钢丝绳有断丝和磨损应立即更换。

8.6.7 每次出研完毕后进行下一个工序前,把抓斗上提并用 ϕ18.5mm 钢丝绳鼻锁在抓岩机的机身上。抓岩机司机把操作手把锁定并关闭抓岩机的入气阀门。

8.6.8 每次抓岩机维修工在完成抓岩机的检修工作之后,抓岩机司机才能开始工作,如在吊盘上安装的是两台抓岩机，维修工在维修 1 台抓岩机时另外 1 台抓岩机不能进行作业，防止抓岩机臂碰到维修工。

8.6.9 司机在动抓前，必须先检查抓斗等处有无矸石等，发现后清理干净，防止坠落伤人。抓岩机司机在操作时要时刻注意井底的工作人员和井下管路、风泵的位置，如是 2 台抓岩机同时作业，也要注意另 1 台抓岩机抓斗的位置。

8.6.10 抓岩机在使用过程中悬吊钢丝绳要拉紧，起到悬吊抓岩机的作用。

8.7 挖掘机与大抓配套使用安全措施

8.7.1 中心回转抓岩机、挖掘机司机应该专业培训后持证上岗。

8.7.2 抓岩机、挖掘机工作时，抓斗下严禁站人，工作面人员不得在抓岩时随意走动，并避开抓斗行速路线。

8.7.3 抓岩机、挖掘机工作过程中，由专人统一信号，统一指挥。

8.7.4 装矸时不得过满，以防止坠物伤人。

8.7.5 抓岩机、挖掘机操作时动作要平稳，严禁忽快忽慢，抓斗摆动过大会撞击到井下人员、脱模机或刃角。

8.7.6 抓岩机、挖掘机司机操作时，要集中精力，看清工作面人员、吊桶位置，做到稳、准、快。

8.7.7 严禁用抓头起吊重物。

8.7.8 严禁用抓斗撞击大块岩石或井帮欠挖浮矸。

8.7.9 每次起落吊盘后抓岩机保护绳要带紧。

8.7.10 严禁酒后上岗操作。

8.7.11 抓岩结束后，将抓斗停放在规定安全高度，并避开井中位置，挖掘机停放在工作面的两喇叭口一侧，避免吊桶下至工作面时撞击到机身。

8.8 其他安全措施

8.8.1 切实抓好施工中的防治水、防瓦斯、防洪、提升吊挂管理等各种灾害预防工作。

8.8.2 伞钻、中心回转抓岩机等大型施工设备的使用，上下井要编制专项措施和操作规程。要害工种及特殊工种必须持证上岗。

8.8.3 提升、悬吊钢丝绳，应指定专人做好使用前、使用中的试验、检查工作。

8.8.4 认真分析研究地质和水文地质资料，确保工程质量和施工安全，及时推断含水层位。采取"有掘必探"的原则进行工作面的探水工作，探水注浆施工前，要有可靠的排水系统。

8.8.5 严格遵守不安全不生产制度，做好大临工程的检查验收工作，杜绝事故隐患。

8.8.6 加强火工品管理，严格按爆破图表组织施工。

8.8.7 关心工人身心健康，及时发放劳动保护用品（劳动保护用品必须有"五证"）。登高作业人员，必须佩带保险带并生根牢靠，所有作业人员必须按要求使用相应的施工作业劳动保护用品。

8.8.8 所用起重设备、机具、绳索等应严格按安全规程要求选用，使用前应认真检查检修，并有书面检查记录。

8.8.9 严格执行交接班制度，认真填写施工验收记录。

9. 环 保 措 施

9.1 严格按照 ISO14001:2004《环境管理体系》要求开展日常的各项工作。

9.2 成立对应的施工环境卫生管理机构，制定切实可行的环境管理目标，日常检查，逐月考核，并和各级施工、管理人员工资、绩效挂钩。

9.3 在施工过程中严格遵守国家和地方政府下发的有关环境保护的法律、法规和规章，加强对施工排矸、生活垃圾、生产生活废水的控制，加强对燃油、材料、设备的管理，遵守有关防火及废弃物处理的规章制度，与当地环保部门签订危险废弃物处理的协议，妥善处置好危险废弃物。

9.4 将施工场地和作业限制在工程建设允许的范围内，合理布置临时工业广场，做到标牌清楚、齐全，各种标识醒目，施工场地及井下整洁文明。

9.5 防止矸石运输及其他材料进场时的散落，防止沿途污染，必要时进行洒水降尘，防止尘土飞扬，按当地环保部门指定要求进行排放生产生活污水。

9.6 工程开工前，施工好生产污水排水沟及沉淀池、生活污水排水沟及简易有效的隔油池，并在工程开工后投入使用。生产及生活废水汇入指定的污水管网。

9.7 风机在工程施工中设置消声器，空气压缩机在工程施工前安装好消声装置。

9.8 在生活区及生产区内摆放一定数量的垃圾箱，定期专业收集回收废弃物并分门别类地投放到相应的垃圾桶或场所。

9.9 工程开工前建立油料库和火药库，对燃油火工品进行控制和管理。

9.10 根据施工组织设计要求并结合工程的实际特点和现场的实际供水、供电情况，制定月度用水、用电计划；对阀门、水龙头、管路等进行定期检查，杜绝跑、冒、漏、渗现象的发生，水龙头卫生器具选用节水产品。

9.11 加强用电管理，杜绝长明灯，与施工无关的电炉、电热器等严禁使用。

9.12 合理优化施工过程，采用"三新"技术，减少能源、材料消耗。

9.13 对环境不符合项进行控制，对其采取纠正和预防措施，并对措施的实施过程进行控制。每项措施完成后，对措施的有效性进行评审，以防止类似不符合项的再次发生。

10. 效 益 分 析

10.1 经济效益分析

千米立井井筒配套施工技术在孔庄煤矿混合井井筒施工中应用所取得的经济效益表现在：

10.1.1 直接经济效益

1. 使用"无稳车模板悬吊系统"技术，减少4台16t稳车，节约购置费用76万元，节约稳车基础施工费用2.8万元，节约稳车安装费用2.6万元，节约稳车维护、修理费用0.55万元，共计节约费用81.95万元。

2. 在表土段（146.2m）施工中，采用小挖掘机及人工挖土配合大抓装罐技术，比人工挖土节约费用846514元，见表10.1.1。

表土段（146.2m）人工和挖掘机掘进费用比较　　　表10.1.1

序号	费用类别	施工方法	人工工日（工日）	人工费用（元）	材料费（元）	机械费（元）	合计（元）	挖掘机比人工施工节省费用（元）	备注
1	直接费	人工施工	5400	324000	127513	249134	700647	624647	人工工资：井下直接工按60元/工日、井下辅助费按50元/工日、地面辅助费40元/工日计算
		挖掘机施工	600	36000	4000	36000	76000		
2	辅助费	人工施工		343167	142140	618256	1103563	221867	
		挖掘机施工		343167	66332	472197	881695		
3	合计							846514	

3. 在基岩段施工中采用小挖机配合人工清底技术，每个循环可节省时间2~3h，节省人员10人。

4. 通过研发和使用"风动控制的中线绞车"进行井筒放线的专利技术，每循环下放和提升中线时间节约70min，节约了人力和施工时间，降低了劳动强度，提高了劳动效率。

5. 全过程质量控制技术的实施，使得分项工程质量优良率达到100%。

6. 该工程总造价8356.04万元，工程总成本6569.59万元，实现利润1786.45万元。

10.1.2 间接经济效益

采用本施工方法，总计缩短施工工期65d。因本工程处在矿井建设施工网络图中的关键线路上，直接影响矿井的投产日期，缩短工期65天d，间接经济效益（改扩建前年产量为60万t，改扩建后年产量为105万t，第一年增加产量45万t）65/365×45×300=2404万元。

综上所述，千米立井井筒配套施工技术的经济效益显著。

10.2 安全效益分析

千米立井井筒配套施工技术在孔庄煤矿混合井井筒施工中应用所取得的安全效益表现在：

10.2.1 使用"封口盘井盖门电控装置"技术能保证井盖门的安全启闭，避免提升运输事故和坠物事故的发生，保证提升运输的安全性和可靠性。

10.2.2 使用"稳车群变频调速集控系统技术"技术，实现对吊盘稳车群进行集中控制，保证了多台稳车所悬吊的施工吊盘在井筒中能更平稳、安全上下移动和自动调平。

10.2.3 使用"无稳车模板悬吊技术"，实现模板安全、平稳升降和速稳模。

10.2.4 使用"模板绳拉力在线实时检测装置"技术，实现了在不破坏提升系统的情况下，测量出钢丝绳拉力变化情况，为操作人员提供了钢丝绳受力的可视装置，当钢丝绳拉力接近设计值时报警、超过设计值时断电，从而达到保护钢丝绳、实现安全生产的目的。

10.2.5 使用"风动控制的中线绞车"进行井筒放线技术，保证了绞车运行和施工放线的安全性和可靠性。

10.2.6 应用5.2~5.4m深孔爆破与MJY4.2型整体金属下移钢模板（带刃脚）相配套技术，实现了一掘一支正规循环作业，减少了整段井筒施工模数，缩短了围岩暴露时间，更有利于安全生产。

10.2.7 施工全过程安全管理与控制技术的应用，极大地提高了全员安全意识，施工作业更加规范，没有发生违章作业现象，整个队伍的施工安全管理水平明显提高，长期安全效益显著。

综上所述，千米立井井筒配套施工技术的安全效益显著。

10.3 社会效益分析

千米立井井筒配套施工技术在孔庄煤矿混合井井筒施工中应用所取得的社会效益主要表现在：

10.3.1 通过运用我们的配套施工技术，分别于2007年12月、2008年3月、6月、7月、8月、9月和10月共取得七次月成井超百米和实现平均月成井103.1m的好成绩，使井筒施工工期得以提前，并且工程质量也被评为优良，提高了我处在集团公司中的信誉，得到了甲方的认可，为我单位开拓市场作出了贡献。

10.3.2 在施工中，我们探索出了一套完整的千米立井配套施工技术和经验，实现了千米立井井筒的快速、优质、安全、高效施工，为以后的千米立井井筒的施工提供了成熟完善的配套施工技术，树立了典范。

综上所述，千米立井井筒配套施工技术的社会效益显著。

11. 应 用 实 例

11.1 孔庄煤矿副立井井筒应用实例

上海大屯能源股份有限公司孔庄煤矿改扩建后年产量为180万t，混合井井筒设计深度1083m、净径 ϕ8.1m。其井筒主要技术特征见表11.1。

混合立井井筒主要技术特征表 表11.1

序号	项　　目	参　数	单　位
1	井口标高	+36.500	m
2	净直径	ϕ8.1	m
3	净断面	51.5	m^2

续表

序号	项 目			参 数	单 位
4	冻结方案			差异冻结	
5	冻结深度			190/347	m
6	水平标高			−1015	m
7	井筒深度			1083	m
8	井筒壁厚	冻结段	0~85	1253	mm
			85~187	1403	mm
			187~346	1000	mm
		基岩段	346~600	650	mm
			600~1088	750	mm

在施工中，我们研发了可满足深度 1500m、净径 ϕ12.0m 的立井井筒凿井施工需要的"Ⅵ型亭式金属凿井井架"，填补了国内空白，已获得国家知识产权局专利受理，具有广泛的推广和使用前景；研发和使用了能保证井盖门安全启闭的"封口盘井盖门电控装置"技术，避免提升运输事故和坠物事故的发生，保证提升运输的安全性和可靠性，已获得国家知识产权局专利授权。

使用了研发的"稳车群变频调速集控系统技术"专利技术，实现对吊盘稳车群进行集中控制，使多台稳车所悬吊的施工吊盘在井筒中能平稳上下移动，并自动调平，节约了施工时间，提高了劳动效率；研发和使用了"无稳车模板悬吊技术"，减少了稳车的投入数量，节省了稳车投入、安装和维护以及基础施工费用共计 81.95 万元，节约了稳车安装、维护时间，实现模板安全、平稳升降并做到快速稳模，节省了井筒施工时间；研发和使用了"模板绳拉力在线实时检测装置"专利技术，实现了在不破坏提升系统的情况下，测量出钢丝绳拉力变化情况，为操作人员提供了钢丝绳受力的可视装置，并当钢丝绳拉力接近设计值时报警、超过设计值时断电，从而达到保护钢丝绳、实现安全生产的目的。

在井筒中部设腰泵房，实现两级排水，满足了千米立井施工中的排水问题；通过对各含水层裂隙的发育程度、含水、透水性，岩石结构及地层构造的研究研究，针对其特点采用不同的注浆参数及浆液类型，达到封堵大、小裂隙水的目的，解决了如何封堵孔隙水及微细裂隙水以及在同一压力下，保证浆液既向大裂隙扩散又能进入微细裂隙及孔隙中技术难题，为快速、优质施工提供了良好的保证。

通过对通风机、风筒和通风方式的选择，采取了有效的对策，解决了千米立井施工中存在的通风、降温的技术难点问题。

研发了"风动控制的中线绞车"进行井筒放线专利技术，可满足 1500m 立井井筒施工要求，大大地节约了施工时间和人力，降低了劳动强度，提高了劳动效率。该中线绞车为手动、风动两用型，已获得国家知识产权局专利受理，具有广泛的使用和推广价值。

在表土段（146.2m）施工中采用小挖掘机及人工挖土，配合大抓装罐技术，减少了人员的投入，提高了劳动效率，节约了生产费用；研发和使用了"浇筑混凝土用分灰器"专利技术，降低了混凝土浇筑施工的劳动强度，释放了占用的较多劳动力，缩短了浇筑时间，确保混凝土的对称浇筑和连续性，提高了经济效益。

研发了 FJD-8G 型伞钻，配 YGZ-70 型凿岩机和六角中空合金钢钎进行钻眼，钻孔直径 ϕ55mm，钻孔深度为 5.2~5.4m；选用 T330 型高威力水胶炸药；进行了科学合理的炮眼布置设计以及采用光面、光底、减振、弱冲深孔爆破技术进行分段挤压爆破，使每循环进尺达到 4.0~4.7m，并与 MJY4.2 型整体金属下移钢模板（带刃脚）相配套，实现了一掘一支正规循环作业；采用小挖机配合人工清底技术，每个循环可节省时间 2~3h，节省人员 10 人，大大地提高了劳动效率；通过科学合理的施工组织及管理，实现了"优质、安全、快速、高效"施工。

此外，通过添加外加剂、截水、堵水注浆相结合的方案，解决了接茬缝漏水的技术难题。

在施工中通过不断的实践和探索，采用了针对千米立井的多项配套施工技术，突破了千米立井施工工序复杂、施工难度大等困难，总结出了一套完整的千米立井配套施工技术和经验，为今后此类工程的施工提供了借鉴经验。

11.2 安居煤矿副立井井筒应用实例

山东安居煤矿位于山东省济宁市任城区，区内交通十分便利。安居煤矿设计产量为 0.45Mt/a，为低瓦斯矿井，矿区布置一对立井开拓，布置主、副井筒各一。该矿由济南设计研究院设计，其中副井井筒的主要技术特征见表 11.2。

副井井筒主要技术特征表　　　　　　　　　　　表 11.2

序号	项　　目		副　井	单　位
1	井口标高		+38.0	m
2	井底标高		−970.000	m
3	井筒深度		1008	m
	井筒直径		φ6.0	m
5	井筒壁厚	冻结段	1000~1200	mm
		基岩段	450~700	mm
6	混凝土强度等级	冻结段	C30 ~C50	
		基岩段	C30	

安居煤矿副立井井筒施工全套采用《千米立井井筒机械化配套施工工法》，提高了井筒的施工速度，缩短了工期。尤其在千米立井井筒防治水方面取得了显著效果。探索出了一整套井筒在涌水 100m³/h、不破井壁打止浆垫、150m 以上大段高分层下行工作面预注浆技术的成功经验。

安居煤矿副立井井筒含水层主要为孔隙水及微细裂隙水地层。该地层的中细砂岩，含裂隙水、孔隙承压水。岩层裂隙发育不均，一般宽度 0.2~5mm；有肉眼观测不到的微细裂隙。只有当注浆后方可看到灰白色的水泥充填物，岩石孔隙水较为明显，工作面可以看到地下水从完整的岩体渗出。该岩石在地面用水试验，渗水较快。

孔隙水是经过地层的断裂、裂隙层面及地层界面补给的，井筒掘进中，地下水突水时，水压大，瞬间涌水量大，井筒涌水量 80~100m³/h。

针对含水层的以上特点，在工作面注浆堵水过程中，采取了以下措施：

11.2.1 孔隙水及微细裂隙水用普通水泥浆不能封堵，P.O42.5R 水泥颗粒直径 0.05mm，而孔隙小于该颗粒（水泥浆注浆适合大于 0.15mm 的裂隙水），因此，需采用液体状化学浆液。

11.2.2 地层具有大小不均的裂隙、孔隙及爆破振动裂隙，浆液在压力作用下，向较大的通道扩散，微细裂隙及孔隙只有当大的裂隙封堵密实后方可充填，这样就需要采取先用水泥浆，再用化学浆及反复扫孔复注才能封堵上述裂隙、孔隙。

11.2.3 地层含有较弱泥岩及层间的软弱夹层。当注浆压力增大到 10MPa 左右（未达到设计的注浆终压），注浆压力大于岩层的内聚力，则浆液劈裂弱层，呈片状、层状、刀劈状窜入远方，汇入远处较大裂隙而稀释，这样就需先加固弱岩。

经井筒施工后检查，注浆堵水率 98%，井筒涌水量 1~5m³/h，取得了令人非常满意的效果。确保了安全生产，提高了经济效益。

11.3 滕东生建煤矿副立井井筒应用实例：

滕东生建煤矿位于山东省滕州市鲍沟镇境内，距滕州市 10km，属低瓦斯矿井。该矿井由南京设计院设计，设计生产能力 0.45Mt/a，立井开拓，在工业场地内设主、副两个井筒。副井井筒表土段采用冻结法施工，基岩段采用普通钻爆法施工。副井井筒主要技术特征见表 11.3。

副井井筒工程技术特征表　　　　　　　　　　表11.3

工程名称		单位	数量	备注
井筒及硐室	井筒深度	m	950.0	
	井筒净直径	m	φ6.0	
	井口标高	m	+56.0	
	井筒落底标高	m	−894.0	
	永久锁口	m	4.0	
	井筒冻结段井壁厚度	mm	内550 外400	冻结段深度49.0m
	井筒基岩段井壁厚度	mm	500~600	基岩段深度901.0m
	管子道	m³/m	82.5/4.0	
	井筒与井底车场连接处	m³/m	1772/38.3	双侧

生建煤矿副立井井筒施工全套采用《千米立井井筒机械化配套施工工法》,提高了井筒的施工速度,缩短了工期。按照施工合同掘砌工期为360d,本工程实际只用了334d,提前了26d。

为了保证井筒施工质量,技术人员根据国家现行矿井建设验收标准与规范,制定了一系列质量管理细则,坚决贯彻执行国家标准《煤矿井巷工程质量检验评定标准》MT 5009-94。在施工中严格检查每道工序,坚持"上道工序不合格不得进行下道工序施工"的原则。在施工用的原材料及半成品的使用上,严把进场关和检测检验关,严禁使用不合格的原材料及半成品。以分项工程质量达到优良来保证分部工程、单位工程质量优良。

该工程被评为优良工程,受到了业主和监理单位的好评,为我公司赢得了信誉。

大厚度锰钢－不锈钢复合容器焊接施工工法

GJYJGF113—2010

河北省安装工程公司

贺广利　申知瑕　于春芬　付书宾　王拥鹏

1. 前　言

1.1　大厚度复合容器制造的难点是复合钢板的焊接。河北省安装工程经过多年的研究和实践发现，影响复合钢板焊接的关键在于过渡层焊接，而焊接工艺对过渡层质量将产生最直接的影响，为此我们结合工程项目，与河北工业大学一起开展大厚度复合钢板过渡层焊接组织性能研究，通过反复焊接试验，形成了大厚度锰钢-不锈钢复合钢板过渡层焊接技术，并在濮阳市某化工有限公司复合板反应器制作工程中进行应用，收到了良好效果。该项技术先后在多个项目上成功应用，经不断总结完善形成了本工法。

1.2　公司的研究课题《大厚度锰钢-不锈钢复合钢板过渡层焊接组织性能研究》被河北省住房和城乡建设厅科技成果鉴定委员会评定为"国内领先"水平，获得了河北省建设系统科技进步一等奖。该工法2010年被评为河北省省级工法，工法编号为CG10045。

1.3　本工法通过在河北某燃气公司三台（199503kg/台）脱硫再生塔制作、唐山三友一、二期氯碱项目储槽制作等工程中得以应用，取得了良好的经济效益和社会效益。

2. 工　法　特　点

本工法通过对大厚度复合钢板焊接中的质量影响因素分析，针对其关键工序——过渡层焊接采取有效的控制措施，成功地解决了大厚度复合钢板焊接时容易出现的焊接缺陷及返修困难等问题，提高了探伤一次合格率，减少了焊缝返修，使设备制造质量、工期、安全、经济等方面都有较大程度的提高。

3. 适　用　范　围

适用于各种不锈钢复合容器制作过程中的焊接施工，特别适用于大厚度锰钢-不锈钢复合钢板焊接施工。

4. 工　艺　原　理

通过对《大厚度锰钢-不锈钢复合钢板过渡层焊接组织性能研究》，找出了过渡层组织与焊接工艺的关系。本工法通过调整焊接顺序、控制过渡层金属厚度、减少焊接热输入、增加过程检验等一系列措施，提高了复合钢板的焊接质量。

5. 施工工艺流程及操作要点

5.1　施工工艺流程

原材料验收→钢板下料→坡口加工→表面清理→焊材验收及烘干→组对→焊接参数的确定→基层焊接→过渡层焊接→复层焊接→焊缝无损检测→验收。

5.2 操作要点

5.2.1 材料准备

1. 母材：牌号：16MnR+0Cr18Ni9，规格：28+4

2. 焊材：焊丝牌号、规格：H10Mn2、ϕ4；焊剂牌号：HJ431；焊条牌号、规格：J506、ϕ4；A302、ϕ3.2、ϕ4；A102、ϕ4。

3. 对复合钢板进行质量验收，检查的内容包括质量证明文件、标识、几何尺寸、板边缘的直线度、波浪度等。

5.2.2 焊接准备

1. 确定焊接设备、焊接材料和焊接场地，制订实施方案；

2. 按照评定合格的焊接工艺，编制焊接作业指导书，确定焊接人员，向焊接人员进行焊接技术交底；

3. 烘干焊条、焊剂，检查焊接设备、检测仪器完好状况。

4. 按照预先设定的焊接工艺参数和焊接作业要求焊接，做好焊前、焊接过程、焊后的测量和记录。

5.2.3 钢板下料

1. 下料前应对复合板质量进行复查，如果钢板边缘的不直度、波浪度较为明显，应在下料前进行齐边或去边处理，以避免坡口加工时产生较大偏差，进一步影响焊接质量。

2. 大厚度复合钢板的下料采用等离子弧进行切割，切割时复层朝上，从复层侧开始向基层方向切割，并留出二次加工余量，避免将切割的熔渣溅落在复层表面上。

3. 将等离子割把与半自动切割小车进行组装，实现复合钢板的半自动切割，以提高切口质量和工效。

4. 筒体钢板下料应在封头加工成型并检验合格后进行，筒体周长以封头实际周长为准，避免周长偏差影响过渡层焊接。

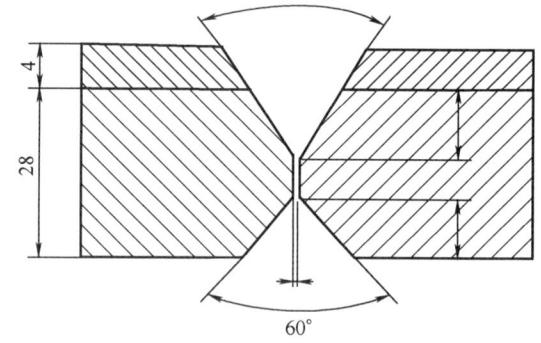

图 5.2.4-1 坡口形式

5.2.4 坡口加工

1. 采用不对称 X 形坡口，如图 5.2.4-1 所示。基层钝边大小和基层坡口深度根据所采用的焊接方法确定。

2. 在下料时用半自动切割机加工出大致坡口，留出机械加工余量。

3. 坡口采用刨床进行机械法加工，调整好刀具角度和钢板位置，进行加工，验证角度和钝边是否符合要求，合格后进行正式加工，并用焊缝检验尺检验坡口角度、钝边尺寸。见图 5.2.4-2。

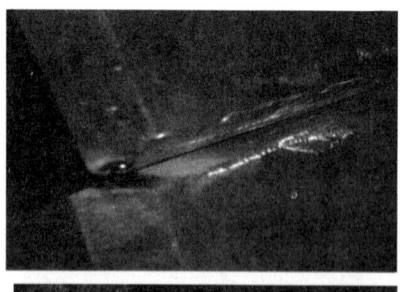
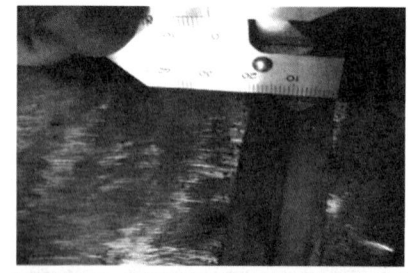
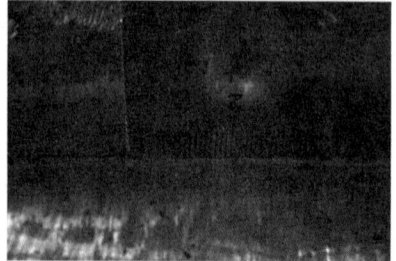
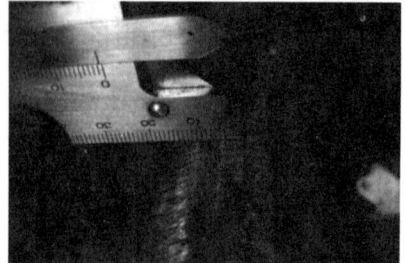

图 5.2.4-2 坡口检验示意图

5.2.5 焊条和焊剂烘干

1. 采用两台焊条烘干设备，一台用于烘干，一台用于保温。

2. 应根据计划安排焊条烘干数量，做到当天烘干，当天使用。

3. J506 或 J507 焊条烘干工艺为：恒温温度 400℃，保温时间 2h；A302 和 A102 焊条烘干工艺为：恒温温度 150℃，保温时间 1h；HJ431 焊剂烘干工艺为：烘干温度为 150~200℃，恒温 1~2h。

5.2.6 焊件清理和组对

1. 用角向磨光机将坡口附近 20mm 范围及坡口表面打磨干净。按照焊件组对间隙要求进行组对，控制错边量在规定的范围内，一般不超过 1mm。

2. 定位焊采用焊条电弧焊，焊条为 J506，在基层母材坡口面内进行定位焊。定位焊缝长度为 50mm。

5.2.7 施焊

1. 焊接参数见表 5.2.7。

焊接规范参数一览表

表 5.2.7

焊材和焊条	电流（A）	电压（V）	速度（cm/min）
J506、φ4	150~190	24~26	12~20
H10Mn2、φ4	550~650	30~35	45~55
A302、φ3.2	90~130	22~24	10~15
A302、φ4	130~160	24~26	12~20
A102、φ4	130~160	24~26	12~20

2. 焊接环境条件

1）环境温度不低于 0℃。焊接场所应有防风、雨、雪措施。

2）焊条电弧焊时，风速不大于 5m/s，相对湿度应小于 80%。

3）焊接设备完好，小型工机具、劳保防护服应配齐全。

3. 焊接要点

1）基层采用焊条电弧焊和埋弧自动焊组合方法，焊条牌号为 J507，直径为 φ4，焊丝牌号为 H10Mn2，焊剂牌号为 HJ431；过渡层采用 A302 焊条，焊条直径为 φ3.2 或 φ4；复层采用 A102 焊条，直径为 φ4。

2）焊接过程中层间温度保持 60~100℃，用远红外测温仪测量。

3）焊道布置及焊接顺序见图 5.2.7-1，实物断面见图 5.2.7-2。

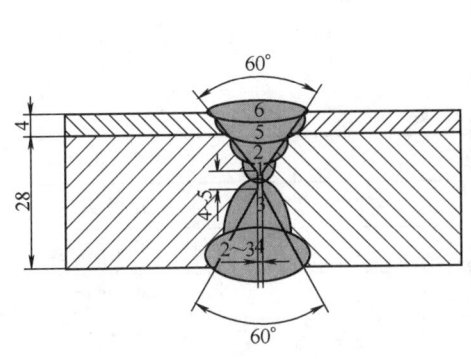

图 5.2.7-1　复合钢焊道分布

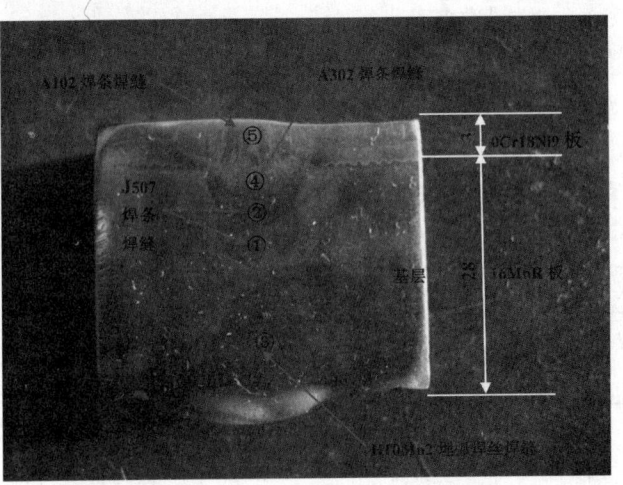

图 5.2.7-2　实物断面图

4) 焊接的关键技术：

（1）先焊基层。焊接基层时，必须保证基层焊条不能焊到复层上，否则容易在热影响区产生垂直于焊缝的细小裂纹。

（2）焊接基层时，必须控制好基层焊缝离复合钢交界面的距离，使得过渡层包括 0.5~1.5mm 的复层和 1.5~2.5mm 的基层，这样容易保证过渡层焊缝具有正常的组织、成分和力学性能。为了做到这一点，焊接基层打底焊道时，应从复层侧焊接，而且宜采用手工焊。否则，很难控制基层焊缝离交界面的距离。

（3）基层焊接后，应采取射线检测的方法进行无损检测。对超标缺陷，在焊接过渡层之前进行返修，这样有利于控制裂纹的产生。否则，如果在整条焊缝焊完后再做无损检测，一旦有超标缺陷，对于大厚度复合钢来说，返修难度非常大。因为缺陷一般出现在焊缝根部，挖补深度大，离过渡层焊缝较近，返修时极易造成铬镍稀释，出现脆硬组织，产生裂纹。返修次数越多，焊缝成分、组织越复杂，越容易出现裂纹。

（4）焊接过渡层和复层时，必须严格控制焊接热输入。焊接电流对过渡层厚度和熔合比都有较大影响。当焊接电流超过 160A 时，即使焊接电压和焊接速度正常，由于电流大，熔深大，过渡层变厚，基层焊缝的过度稀释作用，使得过渡层出现异常的化学成分和异常的金相组织，从而导致焊缝及热影响区出现裂纹，复层焊缝的化学成分和组织也因此受到影响，不能保证抗腐蚀性能。当焊接电流在 160A 以下时，采用正常的焊接电压和焊接速度，便可得到正常的过渡层组织和化学成分，从而为复层焊缝得到正常的组织和成分奠定基础。过渡层焊接时，优先选用直径为 $\phi3.2$ 的焊条；如果工期较紧，为了提高效率，也可以采用直径为 $\phi4$ 的焊条，但一定控制焊接电流不超过 160A。

5.2.8 焊接接头质量检验

1. 外观检查。检查焊缝宽度、余高和表面应符合规范要求。

2. 无损检测。基层和过渡层焊接结束后，在焊接复层之前，用 X 射线对焊接的纵环缝、丁字缝分别进行抽查检验，抽查数量掌握在每个焊工不少于一处，合格后进行复层的焊接。焊缝焊接完成 24 小时后，进行无损检测，经 X 射线探伤，不得有裂纹、未熔合和未焊透缺陷。

5.2.9 记录

1. 组对记录应记录坡口的角度、组对间隙、错边量。

2. 焊接记录应记录焊接的层数、层间电流电压、温度、内外焊缝高度、宽度等。

6. 材料与设备

6.1 材料准备

母材：牌号：16MnR+0Cr18Ni9

焊材：焊丝牌号、规格：H10Mn2、$\phi4$；焊剂牌号：HJ431；焊条牌号、规格：J506、$\phi4$；A302、$\phi3.2$、$\phi4$；A102、$\phi4$。

6.2 主要机具设备（表6.2）

机具设备表 表6.2

序号	设备名称	规格型号	单位	数量	用途
1	埋弧焊机	MZ1-1000	台	2	基层焊接
2	电焊机	ZX7-400	台	4	过渡层和复层焊接
3	等离子切割机	LGK-100	台	2	下料切割
4	空压机	0.6m³/min	台	2	与等离子配套
5	卷板机	60×3000	台	1	筒体加工

序号	设备名称	规格型号	单位	数量	用　　途
6	刨边机	20A/12mm	台	1	坡口加工
7	角向磨光机	ϕ125	台	10	坡口打磨
8	探伤仪	PH-3005	台	1	无损检测
9	自动转胎	50t	台	2	焊接作业
10	不锈钢钢丝刷			若干	焊缝清理
11	半自动小车		台	2	下料切割

7. 质 量 控 制

7.1 质量控制标准

7.1.1 焊缝表面应成型美观。不允许存在表面裂纹、未熔合、过烧、飞溅性熔渣及表面气孔等缺陷。焊缝余高、咬边、错边量应控制在设计规定的范围内。

7.1.2 射线探伤在外观质量合格后进行，并符合《承压设备无损检测》JB/T 4730 的规定。

7.1.3 底片评定按《承压设备无损检测》JB/T 4730 标准进行评定。

7.1.4 产品试板应进行拉伸、冷弯试验，抗拉强度应≥470MPa，冷弯角度为180°。

7.2 质量保证措施

7.2.1 严格按《锅炉压力容器、压力管道焊工考试与管理规则》的有关规定进行焊工培训与考试，考试合格并熟练掌握镍/钢复合板焊接技能的焊工方能上岗。

7.2.2 焊前技术员应按工艺指导书的要求对焊工进行技术交底。

7.2.3 严格按照焊接施工的各项技术要求进行施工。

7.2.4 焊工施焊前应对焊件、焊丝表面进行清理和检查，保证焊口组对质量。

7.2.5 及时反馈焊缝质量检验评定结果，技术员针对焊缝中所出现的缺陷认真查找原因，提出预防措施。

7.2.6 焊机性能应满足施工工艺要求，定期进行保养，确保焊机处于完好状态。

7.2.7 严格控制环境温度条件，当环境条件不能满足焊接环境要求时，应采取一定的防范措施。

7.2.8 焊材必须在使用前进行烘干，焊条应放在专用焊条筒内。

8. 安 全 措 施

8.1 焊接作业应在车间室内进行，在设备上焊接要有防滑措施，登高超过1.8m应佩戴全背式安全带。

8.2 焊工上岗施焊应穿戴劳动保护用品，防止电弧灼伤、烫伤和触电事故发生。

8.3 施工机械使用前，都要做全面检查，观察机械设备是否有损坏。焊机外壳要接地良好，每台焊机要有独立保护器和空气开关，拉合闸时要戴好绝缘手套，脸部侧向操作。

8.4 在容器内施焊，应在36V以下的安全电压进行照明，每次施焊结束后，应切断焊机电源。

8.5 施焊现场不得有易燃易爆物品，氧气乙炔瓶应保持足够的安全距离。

8.6 进入现场的施工人员必须进行三级安全教育，明确各自岗位的安全职责及操作规程并签名登记。

8.7 使用砂轮机打磨时，应佩戴防护面罩和耳塞，罐内打磨还必须戴口罩。

8.8 机械设备的操作者必须持有专业的上岗证，不得擅自违章操作。

9. 环 保 措 施

9.1 焊条头应及时回收,不允许随意丢弃。

9.2 酸洗、钝化液、显影液、定影液等应交由有资质的回收企业处理,不允许随意排放。

9.3 射线探伤应在专用曝光室内进行。若在室外应在施工人员撤离后进行,设置警戒线、报警灯、防护屏等,防止射线伤人。

9.4 对于一些噪声较大的施工作业,尽量安排在白天进行,避免对施工现场附近的生活区造成较大的影响。

9.5 容器试验用水应进行收集,重复利用。

10. 效 益 分 析

大厚度锰钢-不锈钢复合容器焊接施工工法,在设备制造质量、施工工期、工程成本等到方面取得了良好的经济效益和社会效益,同时也赢得了建设单位、监理单位的认可。

10.1 经济效益

10.1.1 应用此工法,在河北力马燃气有限公司三台(199503kg/台)脱硫再生塔制作中,制造工期比计划工期提前18d,节约人工费108000元、节约机械费26000元,总计节约成本13.4万元。

10.1.2 在濮阳市三安化工有限公司反应器制作中,材质为复合板16Mn+0Cr18Ni9,设备制造工期比计划工期提前15d,节约人工费48000元、节约机械费16000元,总计节约成本6.4万元。

10.1.3 设备质量方面,设备制造中对复合层焊缝无损(着色)检测,无裂纹、夹渣等缺陷,无损检测一次合格率99.8%,产品试板介质层定性检测无渗碳现象,晶间腐蚀试验符合规范质量要求。

10.2 社会效益

本施工工法为提高工程质量、缩短工期、节能增效提供了便捷的途径;此工法的应用,改善了职工的劳动条件,安全生产得到了有效保证,收到业主的广泛好评,开拓了许多市场,提高了公司信誉。

11. 应 用 实 例

11.1 鞍钢集团设计研究院设计的河北力马燃气有限公司(石家庄)两期共三台(199503kg/台)脱硫再生塔制作中应用了该工法,工期:2009年10月16日~2010年3月16日。

11.2 濮阳市三安化工有限公司反应器,材质为复合板16Mn+0Cr18Ni9,设备制造工期比计划工期提前15d。

11.3 唐山三友化工股份有限公司二类压力容器制安工程澄清桶制作,材质16Mn+0Cr18Ni9,厚度28+4mm。

多晶硅工艺设备清洗施工工法

GJYJGF114—2010

中建工业设备安装有限公司　江苏顺通建设工程有限公司

李本勇　王运杰　宫治国　殷雄　佘小颉

1. 前　言

目前工业化多晶硅生产工艺主要采用99%的工业硅与无水 HCL 合成 $SiHCl_3$，通过多级精馏获得高纯度的 $SiHCl_3$，再用 H_2 将高纯度的 $SiHCl_3$ 还原得到 7~11N 级的多晶硅。多晶硅生产工艺是一个工艺复杂、设备种类众多、对洁净度有很高要求的硅提纯系统，要求工艺系统必须达到无油、无水、无尘、无泄露。中建工业设备安装有限公司在 2006 年~2009 年 4 年时间内承建了 8 套多晶硅生产装置，形成了成熟完备的工艺流程，针对工艺设备特点制定针对性清洗工艺，清洗质量好，为多晶硅装置正常运行提供了有力保障。其中"四川新光硅业年产 1000t 多晶硅高技术产业化示范工程"获得 2008 年度鲁班奖。本工法的关键技术已于 2010 年 1 月 8 日通过江苏省建筑工程管理局组织的科技成果鉴定，鉴定结论为达到国内领先水平。同时本工法相关成套技术获得中建总公司科学技术成果奖。

2. 工 法 特 点

2.1 工艺设备施工现场清洗实现工业化，清洗质量和清洗效率得到显著的提高。

2.2 设备清洗工作选用低污染新型清洗剂，清洗现场设置了废液处理设施，污水排放达到国家二级标准，有效地降低了对环境的污染。

3. 适 用 范 围

本工法适用于多晶硅生产装置中的塔器、容器、反应器、换热器、还原炉以及泵类设备的清洗，并适用于对洁净有较高要求的其他类似领域的设备清洗。

4. 工 艺 原 理

需要清洗的设备采用循环、浸泡、擦拭方式与清洗液充分接触，设备表面亲油性污垢与清洗液发生乳化反应，使污垢失去粘着力，需要清洗设备表面氧化物与清洗液中酸性物质发生反应，使氧化物变成可溶物质，用纯水冲洗设备清洗表面，去除污物。用干空气吹扫，进一步去除灰尘，并降低清洗好设备表面露点。对清洗合格设备充氮保护，使设备内部保持无氧化物产生，防止清洗好的设备被二次污染。

5. 施工工艺流程及操作要点

5.1 施工工艺流程

工艺设备清洗工艺流程如图 5.1。

5.2 操作要点

5.2.1 清洗厂建设

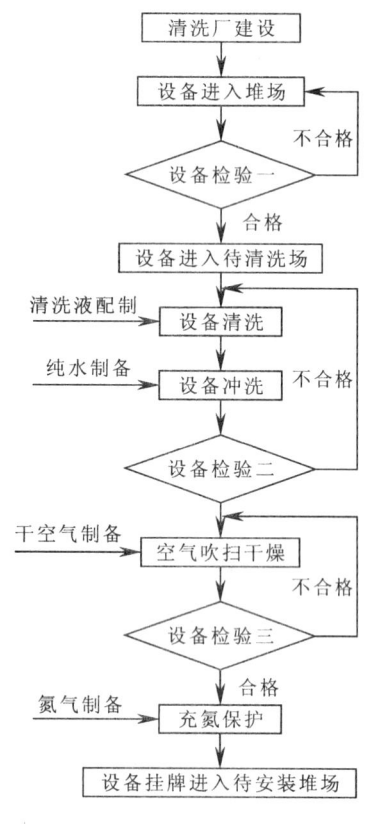

图 5.1 工艺设备清洗工艺流程

为实现工艺设备工业化清洗，要根据工程具体情况对清洗现场进行规划设计，见图 5.2.1。规划设计要满足以下条件：

1. 清洗厂需有足够的场地，满足待清洗设备存放、设备清洗、成品设备暂存需要。

2. 清洗设备厂内运输路线与清洗流程总体一致。

3. 按清洗工序分区作业，方便专业化操作。

4. 清洗工装设备集中安放，便于管理和维护。

5. 场内供电、供水设施符合工厂供电、供水设计要求。

6. 设备清洗、场内运输力求机械化。

7. 清洗厂应有隔离围墙，地面硬化；湿区地面应防水并有围堰。

5.2.2 设备进入堆场

1. 设备安装位置要考虑设备清洗流程，按照设计的清洗场地平面布置图进行。

2. 泵、空压机等动设备按照操作规程要求安装和使用，接地必须可靠。

3. 水槽一般在现场制作，用厚 12mm 钢板做壁板、厚 6mm 钢板做底板，加固用 12 号槽钢。水槽盛水试验合格后对内壁进行防腐（环氧呋喃玻璃钢）。

4. 现场供电按照《施工现场临时用电安全技术规范》要求设计和施工，线路宜架空，埋地要有护套管。

5. 现场照明要固定并有足够亮度，满足夜间作业需要。

6. 现场防护淋浴器水箱应高于 2m，线路中间不设阀门。

5.2.3 设备检验一

对将清洗设备进行检验，确认设备名称、型号、材质、质量符合设计要求后，再将其拉到待清洗场地，对不符合设计要求的设备不允许进入待清洗场。

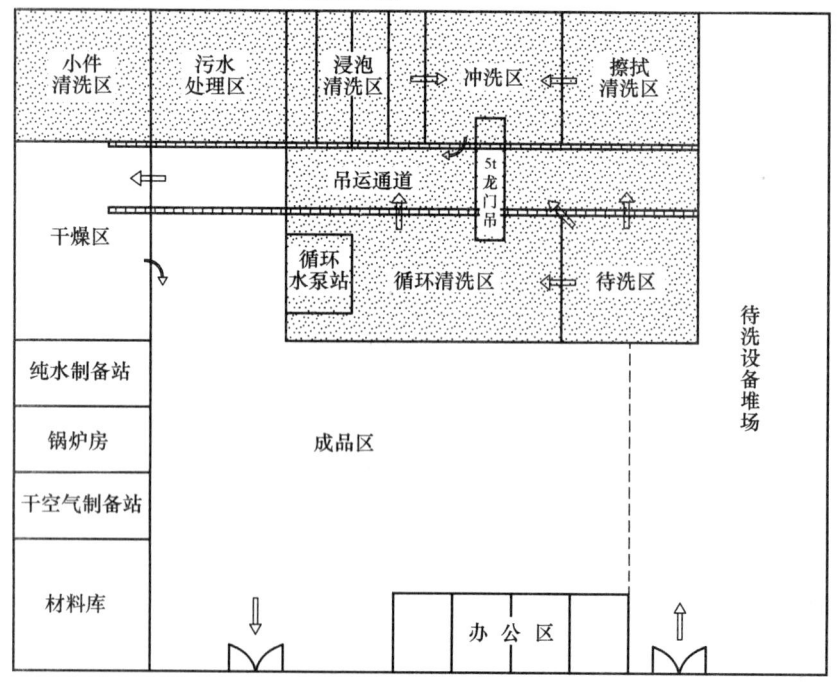

说明：阴影部分为湿区，需加围堰。

图 5.2.1 清洗厂平面布置图

5.2.4 设备清洗

1. 清洗液选用

清洗液选用由磷酸、缓蚀液、表面活性剂组成的"三合一"清洗液，具有除油、除锈、钝化一次完成，节省脱脂、酸洗、中和、钝化四道工序，清洗效率高，环境污染小。

2. 设备清洗工艺

对设备清洗工作按照工厂化做法进行系统考虑，优化现场布置，规范清洗操作。针对设备结构及清洗要求，运用新型"三合一"清洗剂，制定了三项清洗工艺：循环清洗工艺、擦拭清洗工艺、浸泡清洗工艺。对要清洗设备进行了汇总、归纳、分类，将其分为塔类设备、换热器类设备、罐类设备、反应器类设备、还原炉类设备、泵类设备。不同类型设备进入相应清洗流程：循环清洗工艺对应的设备有塔类设备、管板式换热器的壳程以及U形管换热器的管程；擦拭清洗工艺对应的设备有罐类设备、管板式换热器的管程；浸泡清洗工艺对应体积较小、结构较复杂设备，如小型容器、小型塔器以及泵类设备。

1）循环清洗工艺

循环清洗适用于需清洗部位容易形成循环封闭系统，没有循环死角的塔类、管板式换热器的壳程以及U形管换热器的管程等。一般工作步骤：

(1) 将清洗剂充满整个系统，让清洗剂浸泡系统2h。

(2) 通过设备进出口两个法兰口将设备接入清洗循环泵站系统（图5.2.4-1，循环泵站原理图），开启循环泵，让清洗液进行循环流动，一般需持续4h。

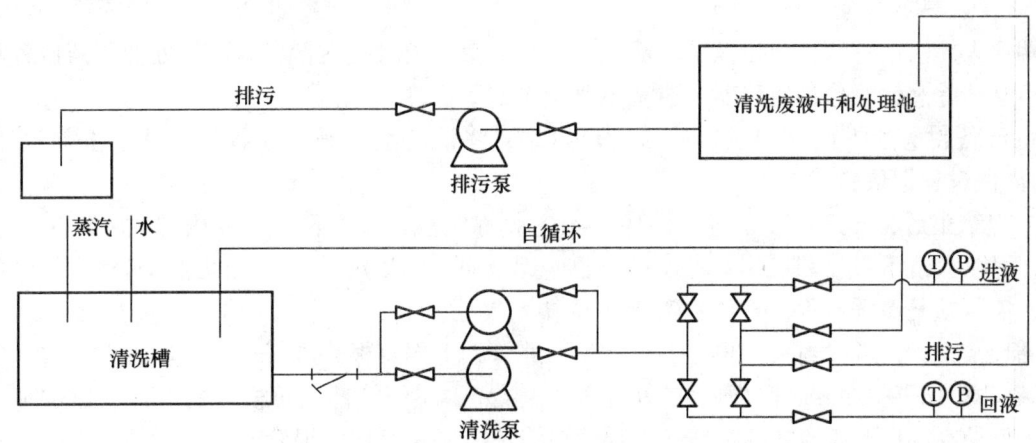

图5.2.4-1 循环泵站原理图

(3) 放净清洗液，用纯水冲洗后对设备进行清洗检查。

2）擦拭清洗工艺

擦拭清洗主要适用于大型容器（大小以人能否进入为准备工作，下同）、大型塔器、还原炉类设备，以及管板式换热器的管程。一般工作步骤：

(1) 将容器法兰口打开，用高压水枪对容器内壁进行冲洗排净积水。

(2) 将清洗液刷涂在容器内壁上，保持容器内壁浸润，并用沾有清洗液的纤维毛巾摩擦容器内壁，直至毛巾上无污物、油污。

(3) 用纯水冲洗容器内壁后检查清洗质量。

3）浸泡清洗工艺

浸泡清洗适用于无法进行循环清洗和擦拭清洗的体积较小、结构较复杂设备，如小型容器、小型塔器以及泵类设备。

浸泡清洗是一种溶解剥离清洗技术，在清洗过程中，将需清洗设备浸入清洗溶液中，借助清洗液的溶解剥离作用，使清洗液与需清洗设备表面上的油脂、污垢进行充分的接触，通过搅拌等方法加速溶解

速度以达到清洗的目的。一般工作步骤:

(1) 设备运抵清洗场后,用清水对其表面进行冲洗。

(2) 将设备置于浸泡池中,需清洗表面必须完全置于液面之下,或将清洗液灌于设备中(充满),保持 25~55℃、一般持续 4~6h。

(3) 浸泡结束取出设备,用纯水冲洗,去除残液,检查清洗质量。

(4) 部分设备(如泵)内部特殊结构,采用内部充满清洗剂浸泡无法达到洁净度要求,需要解体后清洗。组装应在专用洁净房间中进行。

3. 典型设备清洗

1) U 形管换热器管程清洗

U 形管换热器管程清洗采用循环清洗工艺,清洗步骤如下:

设备开箱检验→清洗剂浸泡管程(2h)→管程循环清洗(2~4h)→纯水循环冲洗(1h)→拆除封头→高压水枪冲洗→干空气吹扫→露点测试→洁净度验收→封头安装→气密性试验→充氮保护。

U 形管换热器管程为一组"U 形管束",待清洗的 U 形管换热器管程见图 5.2.4-2。与管板

图 5.2.4-2　待清洗的 U 形管换热器管程

式换热器相比人无法进行两头拖拉擦拭清洗。而且当管束较长时,在"U 形弯"处的死角位置很容易聚集杂质,不宜清除。针对这种换热器,清洗主要工作如下:

(1) 将设备封头上下两个法兰口接入循环泵站,将清洗剂充满整个管程,让清洗剂浸泡管程 2h(浸泡时间需做过程记录)。

(2) 浸泡结束后,开启循环泵进行循环 2~4h。排净清洗剂后,再向管程内部充入纯水(氯离子≤25mg/L),用纯水循环 1h。目测出口处水的颜色,无杂质、无油污、无变色即表示清洗合格。如发现效果不理想,需再重复清洗过程,直到达到清洗要求。

(3) 循环清洗后,拆除封头,再用高压水枪对着管程上部每根管进行高压水冲洗,冲洗时要在高压水枪头部装一根 1m 左右的细管(管径应小于管程管径),将细管伸入每根管的内部,通过高压水流将循环过程中残留在"U 形弯"处的杂质从下部管口清理出来。直到每根管出水无杂质,即表示管程清洗完成。

(4) 清洗完后对管程进行最后的干燥处理,用干空气对管程进行吹扫。首先,将干空气管对准上部每根管口进行吹扫,观察下部管口流出的水量,当无水流出时,将其移到下部管口进行吹扫,将残留在下部管口处的水分吹干。根据设备大小及天气情况吹扫时间不同(一般为 10~30min),待吹干后,用缠着无纺布的铁丝插入管子内部,对管子内部进行擦拭验收,拉出无纺布上无油、无尘、无水、无异物即清洗洁净度符合要求,必要时用紫光灯检查。

(5) 设备验收合格后,应立即进行封头安装(封头已经"擦拭清洗"并验收合格),用预先做好的充氮盲板将上部法兰口封堵,其余法兰孔用盲板封堵,向管程充入氮气到 0.6MPa,用洗洁精水喷入封头连接处,进行查漏,无气泡表示封头无渗漏。保压 20min 后,再查漏一次,确认无泄漏后将压力降至氮气保护压力(0.05~0.1MPa),即可进入待安装状态。

2) 管板式换热器管程清洗

管板式换热器管程清洗采用擦拭清洗工艺,清洗步骤如下:

设备开箱检验→两端封头拆除→管程高压水枪冲洗→用无纺布沾清洗液擦拭内壁→清洗验收→干空气吹扫→露点测试→封头安装→充氮保护。

（1）管板式换热器管程两段开口，首先将设备两端封头拆除后，用高压水枪从管板一端对每根管进行高压水流冲洗，使每根管内壁铁锈、杂质从另一端排出。

（2）冲洗后，两名擦拭人员分别在换热器两端，将沾有清洗剂的纤维毛巾绑扎在化纤绳上，用镀锌铁丝将化纤绳从管中穿到另一端，在另一端的人将绳拉出。绑扎在化纤绳上的纤维毛巾与管道内壁充分摩擦，通过拉出的过程将管子内壁的油脂、污物拉出。对每根管子重复上述工序进行来回擦拭，最终拉出的纤维毛巾上无污物、无油脂为止。清洗过程见图5.2.4-3。

图5.2.4-3　管板式换热器管程清洗现场

（3）上述过程中每当拉出纤维毛巾后，都应在清洗剂中重新清洗后再使用。

（4）验收时采用抽查方式，先将镀锌铁丝穿过管道，将事先准备好的白色无纺布挂在铁丝上，从另一端缓慢拉出，检查白色无纺布上是否有污迹，确定每拉出一块布上面都无污物、水分即表示清洗合格。

（5）清洗验收合格后，立即用干空气对每根管程逐一吹扫，在另一端用露点仪进行出口空气测露，直到露点降到≤0℃以下，即管程内部已干燥。

（6）吹扫合格后，充氮气保护。

3）泵类设备清洗

泵类设备清洗采用浸泡清洗工艺，清洗步骤如下：

设备开箱检验→设备拆除→零部件浸泡→用无纺布擦拭部件→清洗验收→吹干→洁净度验收→设备组装→充氮保护。

泵类设备作为输送介质的动力部件，由于其内部特殊结构，采用内部充满清洗剂浸泡有时无法达到洁净度要求，需要对泵进行解体后清洗。

（1）对泵进行解体，将轴承、叶轮等部件在专用清洗剂中浸泡2h。

（2）取出部件，将沾有脱脂剂的无纺布缠绕在细木棒上进行擦拭。

（3）擦拭完毕用吹风机对部件进行吹扫。

（4）验收人员佩戴白色手套，用滤纸进行擦拭验收，擦拭后滤纸上无灰尘、无污浊即为合格。

（5）验收合格后，立即进行组装避免二次污染，组装人员需佩戴清洁手套，组装完后将泵的出口用盲板封堵，用氮气瓶从泵进口充入氮气，待压力为0.5MPa时关闭充氮管口阀门，对泵体外部连接处用洗洁精水进行试漏。检查泵组装后连接缝有无渗漏。泵的组装应在专用洁净房间挡风棚中进行。

5.2.5　设备冲洗

1. 纯水制备

设备冲洗用纯水指标为：油含量为零，电导率≤15μs/cm，氯离子≤5mg/L。

纯水制备工艺流程：原水→送水泵→石英砂过滤器→活性炭过滤器→自动软水器→保安过滤器→一级高压泵→一级反渗透膜→纯水箱。

纯水制备工艺流程图见图5.2.5。

2. 纯水冲洗

清洗完毕，将清洗剂排净后，纯水通过高压清洗机增压，对设备进行纯水射流清洗，或向设备内部充入纯水（氯离子≤25mg/L），水循环1h后，目测出口处的纯水颜色，达到无杂质、无油污、无变色，再对水质进行检测，当进出水的pH<8，进回液的浊度差小于5ppm时，即可结束水冲洗，纯水冲洗工序合格。如发现效果不理想，需再进行上次清洗过程，直到达到清洗要求。

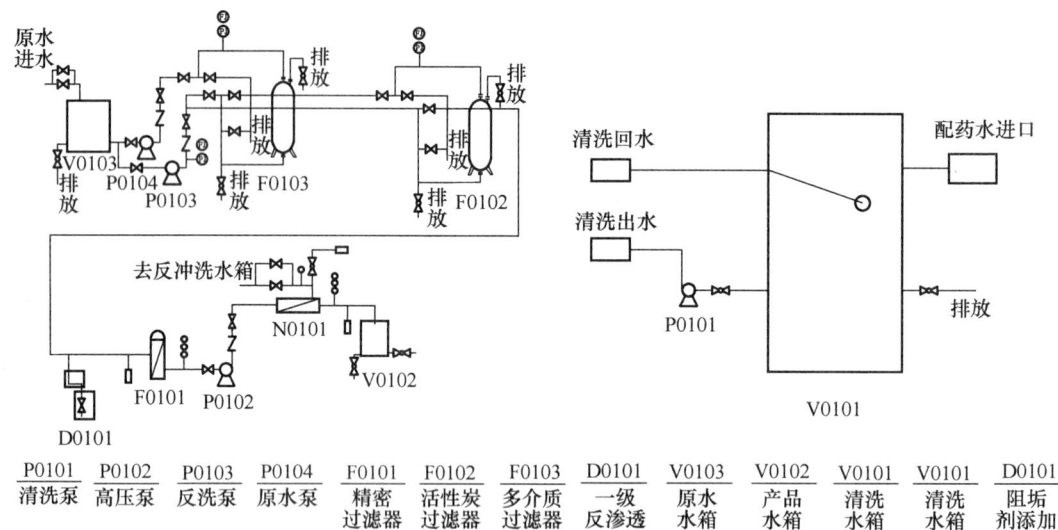

图 5.2.5　纯水制备工艺流程图

5.2.6　设备检验二

1. 脱脂：已清洗后的设备（或管道）内表面无有机碳（必要时用紫光灯探测，达到氧气设备执行的国家标准），不能出现洗涤死区；

2. 清洗：已清洗后的设备（或管道）内表面不能有污垢和灰尘（用白绸布擦拭内壁检查，肉眼看不出有脏色为合格），不能出现清洗死区。如果用酸或碱类溶液洗涤，不能造成设备腐蚀和酸碱介质的残留，避免金属杂质等沾污。

5.2.7　空气吹扫干燥

1. 干空气制备

无油干燥空气的指标：露点：$-20℃$，油含量：$0.01ppm$，尘埃粒子：$0.1\mu m$。

无油干燥空气制备工艺流程如下：压缩机产生压缩空气→缓冲罐→风冷器→高效油水分离器→微热再生空气干燥器→高效除尘过滤器→高效除油过滤器。

干空气制备工艺流程图见图 5.2.7。

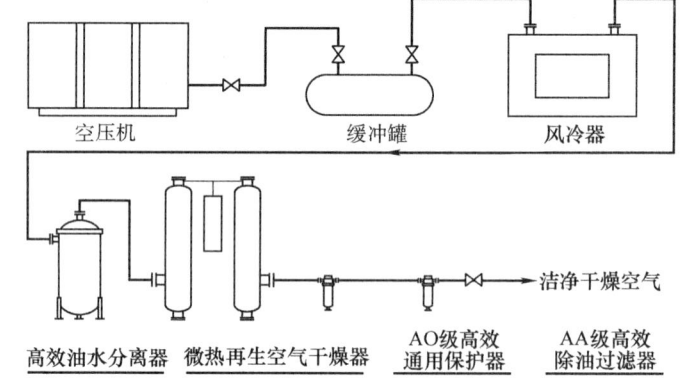

图 5.2.7　干空气制备流程图

2. 空气吹扫干燥

清洗结束后的设备必须用无油、无尘的压缩空气进行吹扫干燥，至露点≤0℃。空气吹扫干燥是利用低露点的干燥、流动的空气带走管内残存水分来达到干燥目的。具体步骤：

1）采用无油干燥的压缩空气进行系统吹扫。

2）空气吹扫时应将排放阀关闭，升压至 0.6MPa 以上，缓慢打开排放阀。

3）空气吹扫时，一般应设一个储气罐，如以附近合格的容器作储气罐，先将空气引入储气罐内，使压力达到一定程度时，再向系统内引气吹扫，以防气量不足，达不到吹扫目的。

4）空气吹扫时，在排气口用白布或涂有白漆的靶板检查，如 5min 内检查其上无铁锈、尘土、水分及其他脏物为合格。

5.2.8　设备检验三

空气吹扫干燥完成后的设备（或管道）内部必须用经 1μ 过滤器过滤的氮气或无油空气彻底吹干，吹扫至吹扫气进出口的露点≤0℃为合格；

在清洗验收过程中应尽量避免大风、大雨天气，如在验收过程中遇到刮风、下雨，应用事先准备好的挡风棚中进行，避免清洗后的设备受到二次污染。

5.2.9 充氮保护

1. 氮气准备

氮气气源保证纯度高，输出压力、流量稳定。

2. 氮气保护

清洗经验收合格后，立即用预先做好的充氮盲板将法兰口封堵，用露点仪测试空气露点达到≤0℃后充入氮气到0.6MPa，随后进行查漏。保压20min后，再查漏一次，无气泡表示封头无渗漏，再将压力降至氮保时压力（0.05~0.1MPa），即可进入待安装状态。见图5.2.9。

图 5.2.9　对设备充氮保护

5.2.10 设备挂牌进入待安装堆场

对已清洗好的设备进行挂牌并标识，做好设备记录，建立档案进行跟踪管理，做到有据可查。

对设备场地进行封闭管理，密封设备进行定期检查，保证氮气压力稳定。

设备的成品保护编制作业指导书，对需移动、交接的设备，必须征得相关人员同意。

6. 材料与设备

6.1 施工机具

施工中主要的机具见表6.1。

施工机具一览表　　　　　　　　　　　　　　　　　　　　表6.1

序号	机械或设备名称	型号规格	数量	产地	额定功率（kW）	生产能力	用于施工部位	备注
1	空气干燥净化系统	DD0100	1	广东	3	10m³/min	干燥	
2	移动式空气压缩机	VF-6/7	1		37	6m³/min	干燥	
3	水处理系统	本一级反渗透型	1	四川绵阳	4	2t/h，脱盐率大于98%	制纯水	
4	潜水泵		2			3~5t/h	循环清洗	
5	高压清洗机	LF-55	1	成都	1.5	16L/min，4MPa	纯水冲洗	
6	热水锅炉	GLSG1-95/70		乐山		1t/h	加热清洗液	

6.2 检测仪器及材料

施工中主要检测仪器及材料见表6.2。

检测仪器及材料一览表　　　　　　　　　　　　　　　　　　表6.2

序号	仪器设备名称	规格型号	单位	数量	备注
1	露点仪	-100~+20℃	台	1	
2	紫光灯	CH-50P/12	台	1	美国
3	浊度仪	GDYS-101SZ	个	1	
4	压力表	0~60kg/cm²	个	2	
5	温度计	0~120℃	个	2	
6	酸式滴定管	50ml	个	2	
7	碱式滴定管	50ml	个	2	
8	烧杯	500ml	个	2	
9	锥形瓶	200ml	个	2	

序号	仪器设备名称	规 格 型 号	单位	数量	备 注
10	移液管	5ml	个	2	
11	吸耳球	60ml	个	2	
12	洗瓶	500ml	个	2	
13	滴定仪器		套	2	
14	广口瓶	250ml	只	2	
15	细口瓶	250ml	只	2	
16	不锈钢试片		片	10	
17	碳钢试片		片	2	
18	广范试纸		本	2	
19	方座支架		个	1	

7. 质 量 控 制

多晶硅工艺设备清洗工作工序多，洁净度要求非常高，在清洗过程中要严格控制清洗过程中的施工质量，做好工序之间的验收和移交工作，提高一次清洗合格率，避免设备二次污染。

7.1 质量验收标准

1. 《工业设备化学清洗质量标准》HG/T 2387-2007；
2. 《脱脂工程施工及验收规范》HG 20202-2000。

7.2 验收方法及要求

1. 目测被清洗设备，表面无杂物及灰尘。
2. 用清洁干燥的白色中速滤纸擦拭设备表面，纸上应无油脂、污垢痕迹。
3. 用波长 320~380nm 的紫外光检查被除油金属表面，应无油脂荧光。
4. 清洗设备内部无水、干燥，露点≤0℃。

7.3 质量保证措施

1. 针对不同类型的设备、环境温度制定清洗工艺参数，并根据过程检测结果及时调整，实现清洗质量一次合格。
2. 清洗工作要一次性连续完成，清洗过程发生停顿，应确认清洗工作处于受控状态方可继续进行。
3. 设备进入清洗槽应缓慢，防止破坏清洗槽表面防腐层。
4. 成品区应有防风雨设施和避免设备二次污染措施；应隔离，建立设备进出台账。

8. 安 全 措 施

设备清洗工作环境危险源多，容易受到腐蚀、触电、坠落、物体打击伤害，工作中要注意安全。

8.1 清洗现场有明显的隔离设施和标志，配备专职安全管理人员。

8.2 清洗人员每天工作前进行班前安全教育，学习有关安全规章制度、操作规程，了解当天存在的危险源，强化全体人员的安全意识。

8.3 现场应设有防护淋浴设施，高位水箱容量大于 $3m^3$、高于 2m；配电箱安装漏电保护装置；电缆采用"三项五线"接线方式，宜架空敷设，埋地要有护套管；用电设备要有可靠接地设施。

8.4 人员进入清洗现场，必须穿戴好防护用品，包括胶鞋、皮手套、防护眼镜，甚至防毒面具等。

8.5 操作时需上下扶梯等，不可跳跃，或走非正常的捷径，清洗现场的沟盖板等应做妥善处理。

8.6 现场应照明充足，道路畅通，无关杂物应全部清理干净。

9. 环 保 措 施

设备清洗过程中应明确环境工作责任人，负责识别国家、地方政府有关环境保护的法律、法规和规章，并落实执行。

设备清洗工作主要环境污染是清洗废水排放，根据工业废水排放标准要求，对清洗废液需经处理后才能排放到指定的排污系统。

9.1 废水排放指标

废水排放执行的具体指标见表 9.1。

废水排放指标 表 9.1

序号	污 染 物	二 级 标 准	三 级 标 准
1	pH	6~9	6~9
2	色度	80	—
3	悬浮物	200	400
4	BOD$_5$	60	300
5	COD	150	500
6	石油类	10	30
7	氨氮	25	—
清洗废水中不含物质的指标未列			

9.2 中和处理

设备清洗各工序的废液经排污管线排入指定废液池，用临时泵循环混合，加入酸调至 pH6~9。

9.3 COD 处理

加入 H_2O_2 降低 COD，检测 COD 以便确定 H_2O_2 的加入量。

9.4 油分处理

加入 NaCl，油水分离、过滤。清洗废液经过上述处理后，达到表 9.1 所列水平，排放到指定的排污系统。

10. 效 益 分 析

10.1 本工法在施工现场实现工艺设备清洗工作工业化操作，保证了清洗质量，提高了清洗效率，为对洁净度要求非常高的多晶硅生产装置正常运行提供有力保障。

10.2 采用新型"三合一"清洗液，优化清洗流程，清洗工艺先进。工艺具有以下优点：（1）除油、除锈、钝化一次完成，节省脱脂、酸洗、中和、钝化四道工序；（2）清洗效率高，比传统清洗方式高出十倍以上；（3）腐蚀率低，不会对设备造成腐蚀；（4）节省脱脂剂、酸洗液、中和液、钝化液；（5）无亚硝酸钠等致癌有毒物质且不产生气体，属于无公害清洗剂。

10.3 本工法清洗工作具备工业化操作、先进工艺，使得清洗过程优质高效，同时降低了工人劳动强度、改善了工人工作环境，有利于对清洗废水排放管理，降低清洗工作对环境的污染。

10.4 本工法便于在电子、制药等对洁净度有较高要求的类似工程中推广应用，具有较好的通用性。

本工法在江西景德镇 1500t/年多晶硅项目上的应用，取得了 51 万元的技术进步经济效益。

11. 应 用 实 例

11.1　江苏顺大电子材料科技有限公司 1500t/年多晶硅装置已投产使用，从 2008 年 6 月份进入生产调试阶段，经过 4 个多月的调试于 2008 年 10 月 20 日已开始生产出 9N 电子级的多晶硅产品。

11.2　四川新光硅业年产 1000t 多晶硅高技术产业化示范工程于 2007 年 2 月 28 日生产出第一炉合格产品，开创了国内多晶硅产业化先河，荣获 2008 年鲁班奖。

11.3　江西景德半导体新材料有限公司 1500t/年多晶硅装置已投产使用，从 2009 年 7 月份进入生产调试阶段，经过 4 个多月的调试于 2009 年 11 月已开始生产出 9N 级多晶硅产品。

超高速、特宽幅造纸设备安装工法

GJYJGF115—2010

山东高阳建设有限公司 科达集团股份有限公司

孙裕国 潘相庆 郭海燕 王万峰 朱德军

1. 前 言

造纸机具有生产线长、烘缸多、零件繁杂、安装和运行条件温度变异大的特点。尤其高速、宽幅造纸机，特点更为鲜明。

超高速、特宽幅造纸机的安装施工，要求更高的精度，如传送辊与承接辊轴线的平行度；需要更精心的调整轴承副等转动机件的间隙，以实现生产线的高可靠性，等等。山东高阳建设有限公司和科达股份有限公司对造纸设备的安装课题立项研究，推出了以故障临界点为参照，借助高精度测量仪器，计算机算法求解，定向调整安装件（例如烘缸、辊筒）空间位置的安装技术；推出了转动副间隙按照运行工况调整技术、定位基准转换等技术。试车调整工作量显著减少，设备无故障工作时间延长。在这些成果的基础上，以超高速、特宽幅造纸设备安装工程为对象，引入系统工程原理，采用偏差系统控制工艺，形成了综合配套的施工方法。

2. 工 法 特 点

2.1 高精度测量、计算机算法、定向定量的调整烘缸、辊筒空间位置。

2.2 以机组运行的最可几率确定安装要求。采用预设间隙，模拟、确保工作条件转动副处于最佳工作状态。

2.3 建立安装基准体系。利用定位基准转移方法，方便了测量、提高了安装精度。

2.4 新技术的采用，使安装工作由单点地精度保证，向系统精度保证跨越。试车中烘缸、辊筒调整工作量大幅降低。安装总工时减少。安装成本降低。生产线无故障工作时间延长，制品合格率提高。对行业的安装理念和技术进步有积极的影响价值。

3. 适 用 范 围

适用于高速、宽幅造纸机的安装，尤其适用于超高速、特宽幅造纸机的安装施工。其原理对老生产线改造也有指导意义。

4. 工 艺 原 理

4.1 高精度测量、计算机算法、定向定量的调整安装件（如烘缸、辊筒）空间位置的工艺原理。
以烘缸为例分析。

1. 运动原理分析表明，纸幅跑偏与传送的辊筒间的摩擦情况有关。摩擦系数和正压力的乘积，决定了其传输阻滞。当辊筒两端传输阻滞差别较大，两端传输"速度"产生差别，造成纸幅跑偏。

摩擦系数的差别可忽略。"纸幅输出辊"和"纸幅承接辊"的安装位置处于理想状态——两辊的轴线平行、每个辊的径向尺寸完全一致，其正压力是相等的。辊筒的表面光洁度和圆柱度与安装无关，只用来分析安装因素以外的跑偏原因。

安装因素有关的分析。见图 4.1，辊筒轴线在空间的位置，偏离理想状态，有线位移 Δx、Δy、Δz，有角位移 ω_x、ω_y、ω_z 六个分量。其中线位移 Δx、Δy、Δz，角位移 ω_y，不影响两辊筒轴线的平行度。ω_x、ω_z，造成了两辊筒的"倾斜"，其倾斜方向可以根据 ω_x、ω_z 的数值算出 [测量中，常用传动侧和操作侧两端的标高差（线性）表示 ω_x、用传动侧和操作侧两端距离垂直于 X 轴的某平面的的距离差表示 ω_z]。

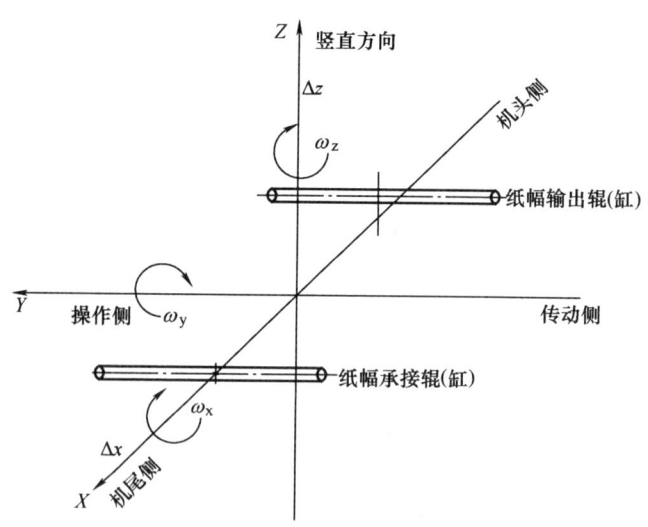

图 4.1　辊筒轴线空间位置

目前的测量，可以测得或经过测量数据的计算获得 ω_x、ω_z，以测量数据，容易建立计算机计算模型（这是一个初级算法模型）。通过计算机算法，可以快速的获知两辊轴线间不平行的程度和方向，指导安装调整的方向和数值范围（使用水准仪、吊线方法测出的安装误差为线性数值，使用经纬仪测出的安装误差为角度数值，均不超出计算机的算法范围。计算机计算结果的输出可以从线性值、角度值中任意选取）。

2. 两辊的轴线不平行，造成纸幅的两个边部对辊筒正压力的差异，从而造成纸幅跑偏，其发生偏差临界值的大小随辊筒直径、转速、纸的品种有所变化。可以通过设备生产商、调试实践数据、维修实践积累搜集某一机型各类辊筒跑偏的数据，可以通过差分分析完善和估计失效临界值。

以临界值数据搜集，建立"两轴线不平行偏差"、"转速"、"轴直径"、"纸型"各参数的跑偏特性表、绘制特性曲线。

3. 根据"跑偏特性表、绘制特性曲线"，根据生厂商安装技术要求、结合安装专家的指导意见，"留出必要的裕度"（在安装成本无明显增加的情况下，建议取临界值的 40%~60%，其裕度值的要大于误差系统其他因素最大误差的代数和，如支架不垂直度、辊筒的径向跳动、基准的固有偏差等等）。这样安装工作目的性强，针对性准确。由机械式单项数据保证安装质量，造成试车调整工作量大，甚至试车受挫。变成原理性、系统性安装偏差控制，试车一次成功的概率跨跃式提高。

其他重要和（或）重复性多的安装件，也可以参照上述方法分析，这里从略。

4.2 以机组运行的最可几率确定安装要求。模拟运行工况安装。

纸机安装的目标不是满足空载盘车、空载高速试车，是负荷运行。安装是在静态、无蒸汽状态下进行的。工作负荷运行时，烘缸温度可达 180℃，转动副的间隙和类似机件间隙相比安装时，发生变化。应按照最大可能负荷运行条件下、产生了间隙等变化后的状况预设调整。如带滑动轴承座的烘缸、调心轴承、滑动轴承等等。其他在常温安装和负荷运行的机件也要遵循这一原则。

4.3 利用基准转换方法，合理执行机外辅助基准线的规范规定。

《制浆造纸专业设备安装工程施工质量验收规范》QBT 6019-2004 规定：在纸机操作侧设置一条机外辅助基准线，作为设备安装的基准。其目的是，便于维修检测和施工的并行作业。但是，基准的外移，增加了测量误差。如果按照每一个烘缸、辊筒都以该基准定位安装，"纸幅输出辊"和"相连接"的"纸幅承接辊"的安装状态，将有两次测量误差的叠加。在不影响测量、安装作业的情况下，以施工完成后的"纸幅输出辊"为基准，定位与之"相连接""纸幅承接辊"的安装，可以消除以"机外基准线"为基准定位的二次测量误差。烘干、压榨、流浆箱、网部、压光机、卷纸机、复卷机可以作为一个单元，对应辊筒可以作为基准转换后的新基准完成安装。

基准是在安装工法运行中，提供测量依据的。在整个安装区域，繁杂的纸机构件空间排列，计入安装、调试、运行及运行后的维修这一时间因素，可能因沉降，基准发生变化，实际是一个四维模型。因此，工法应当以"基准体系"来应对，基准体系的建立、体系的点、线要素的确定及其和理想位置的偏差都要记录备案，从而在误差分析中，对偏差做到可知，对偏差方向可控，避免偏差积累和叠加，追索偏差的抵消，为高精度的实现提供基础。

5. 工艺流程及操作要点

5.1 工艺流程（图 5.1）

5.2 技术方案准备

5.2.1 安装偏差控制。以不正常状态的临界值为限值，以失效的原因分析为基础，以主要原因为重点（并留出必要的裕度，如限值的一半），同时参考施工质量规范及设计技术要求的数值规定，确定偏差控制范围，安装时予以重点保证。对设备工作性能无影响的不必投入过多的安装成本、刻意追求高精度。

5.2.2 动态间隙预设。根据造纸机常温下安装的环境条件和满负荷运行时的运行工况条件，根据传动副在不同状况的间隙变化关系，指导编制安装方案的预设数值。

5.2.3 基准体系的建立。按照安装和检修能够顺利进行、方便并行作业、精度可控、偏差可测，历史可查，设置安装工艺基准体系。

5.2.4 编制技术准备方案。

5.3 基准体系的建立

5.3.1 基础复查。复查基础的外形尺寸、外观质量、预留孔、预埋件、标高、纵向中心线等相关距离数据，并作应对处理。

5.3.2 标高基准点。根据标高基准点，在安装层伸缩缝的旁的立柱上，制作标高标记，以便监测造纸机基础沉降的状况，应对可能的安装调整分析。

5.3.3 安装基准线的转换和标记。

1. 以土建专业提供的纸机纵向中心线为基准，架设经纬仪，用钢卷尺配合弹簧秤，做出纸机传动侧基础板的安装纵向中心线 Jdz。

2. 以 Jdz 为基准，做出纸机操作侧基础板安装纵向中心线 Jcz。

3. 校核两线，记录偏差。以传动侧的 Jdz 为基准，在操作侧外（建议在机外 3m）做出造纸机纵向安装基准线 Jaz。

4. 在 Jdz 上，参照土建提供的造纸机基础横向中心线和施工图尺寸，找出成形辊中心线位置，借助经纬仪，弹出成形辊中心线，作为造纸机横向安装基准线 Jxh。

5. 标记。在造纸机基础的纵向中心线、纵向安装基准线 Jaz、操作侧基础板基础中心线 Jcz、传动侧基础板基础中心线 Jdz、横向安装基准线 Jxh 的交汇分别埋设 10mm×10mm、厚 10mm 的不锈钢板作为

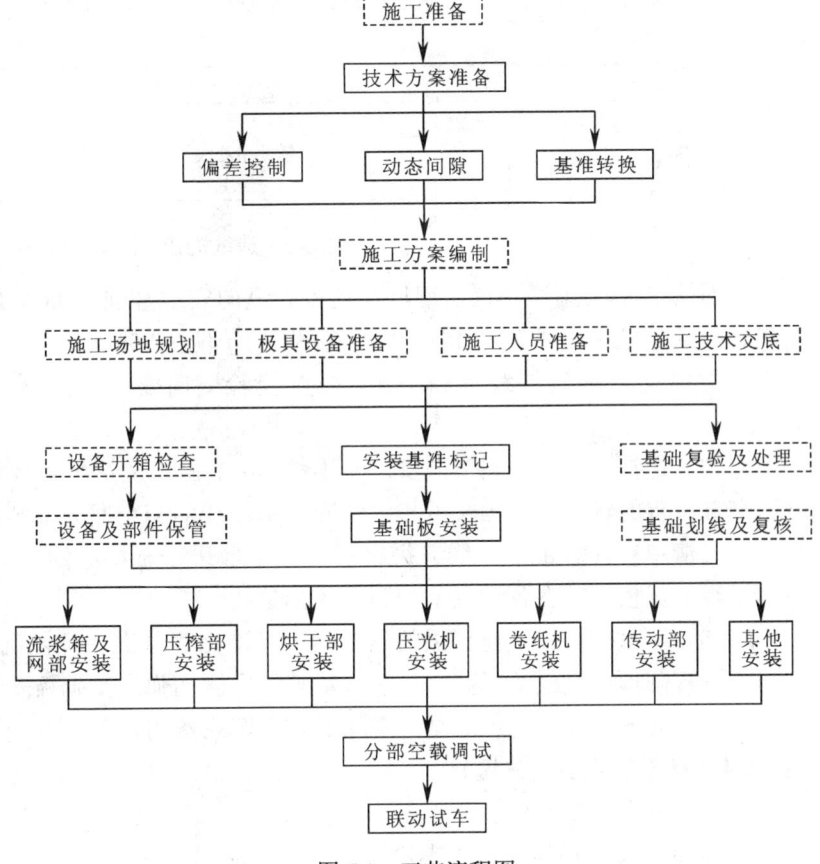

图 5.1 工艺流程图

永久标记埋点，借助经纬仪辅助，在各埋点上刻制永久标记线。见图5.3。

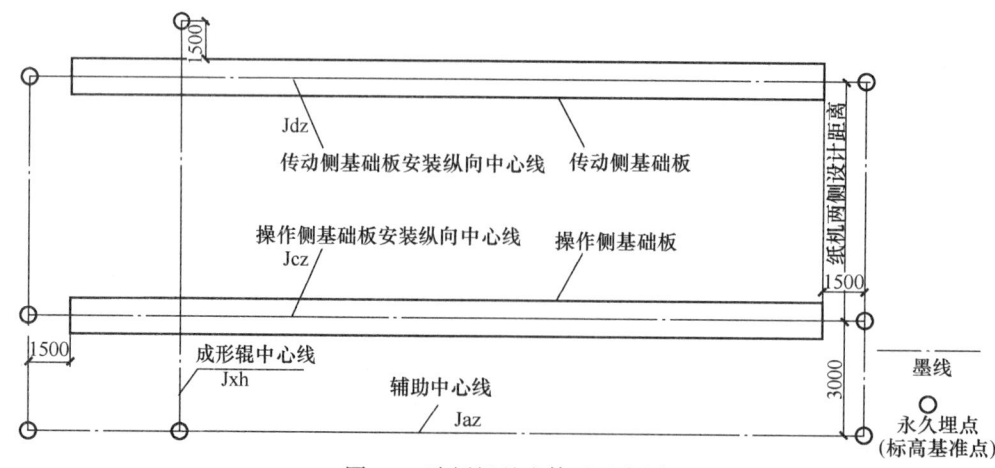

图5.3 造纸机基准体系示意图

6. 偏差控制。用经纬仪及钢尺反复校验纵向安装基准线 Jaz、纸机基础纵向中心线、操作侧和传动侧基础板的基础中心线 Jcz、Jdz，平行度偏差不超过±0.5mm。

通过纵向安装基准线 Jaz 两端的埋点校验横向安装基准线与纵向安装基准线的垂直度应小于0.1mm。

5.3.4 根据施工图，在纵向安装基准线 Jaz 上做出造纸机各部分的安装及维修永久标记埋点（各部分基准缸、辊的轴中心线延长后与纵向安装基准线的交点即为安装及维修永久标记埋点）。

埋点清单：压榨部中心线、每组第一个干毯烘干辊中心线、卷纸缸中线的埋点，分别编号列表备用；用经纬仪校正，在各埋点上刻制永久标记线。

5.3.5 用水准仪以土建提供的基础标高基准点为基准，按基础板安装标高尺寸检验造纸机操作侧、传动侧，基础预埋钢板的标高，在两条基础的内侧面弹出基础板安装标高基准线。

5.3.6 对各基准、埋点，测量实际偏差，记录备用。

5.4 基础板安装（关键）

5.4.1 检查、编号，参考线。

1. 基础板安装前应对地脚螺栓进行强度抽检试验。

2. 检查基础板的质量证明，其规格、材质、时效处理，应符合设计要求，无缺陷。

3. 逐个检查基础板尺寸，其平面度纵向不得超过 0.05/1000，横向不得超过 0.03/1000，纵向和横向不允许中间凸起。

4. 按照施工图，对基础板分类编号，在横向安装基准线处铺设第一对基础板，随后依次向两端延伸铺设。

5. 用直径 1mm 的不锈钢丝和多个龙门支架制作操作侧和传动侧纵向中心线，用经纬仪校验每个支架的架设点，使钢丝线与操作侧和传动侧纵向中心线两端永久标记线在垂直面内重合，钢丝线架设高度距基础板上表面 80mm，钢丝架调整装置见图5.4.1。

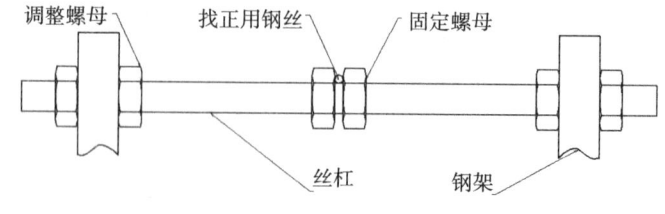

图5.4.1 钢丝架调整装置示意图

5.4.2 基础板找正

1. 找正找平精度。整个造纸机范围内的高度差最大为 1mm。纵向水平度允许偏差±0.2mm/10m，横向倾斜允许偏差为±0.04mm/m。基础板传动侧与操作侧跨距尺寸允许偏差±0.5mm。板接头处错边量不大于 0.25mm。操作侧与传动侧基础板标高差为小于 0.2mm。

2. 基础板的初步找正找平：基础板铺设后，进行初步找正找平，基础板纵向位置根据基础板刻线和纵向钢丝线用宽座角尺找正；第一对基础板横向位置用经纬仪依据横向基准线找正，其余基础板横向位置依次依据前一块基础板所刻基准线按施工图尺寸找正，基础板之间的间隙控制在2~3mm，标高尺杆和水准仪确定；基础板的纵横向水平度用条式水平初步调整。

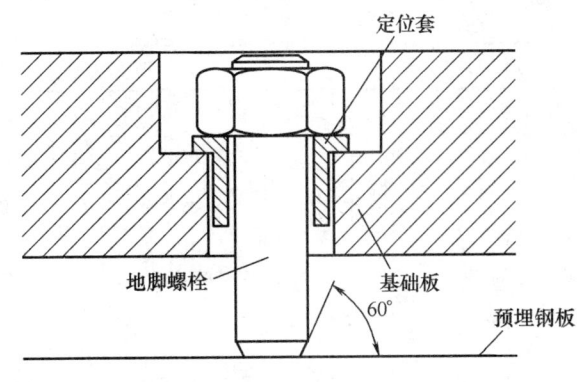

3. 地脚螺栓固定。地脚螺栓加工坡口，基础板的初步找正找平之后，进行地脚螺栓与预埋钢板的焊接，焊接时，螺栓与基础板螺栓孔之间加定位套，为基础板二次精找正找平预留调节量，见图5.4.2-1。

图5.4.2-1 地脚螺栓加工坡口图

4. 基础板的精确找正找平。地脚螺栓焊接后，取出定位套，进行基础板的精确找正。基础板的水平度是重点，用条式水平仪，横向测三点，中间一点，两端一点（测量点要在地脚螺栓中间）；纵向测两点，并将测量点做好标记，板接头处用刀尺（水平）检测，标高用水准仪测量，见图5.4.2-2~图5.4.2-4。基准板的找正，应从成型辊传动侧的基础板开始，其他基础板，依该板标高为基准进行找正。

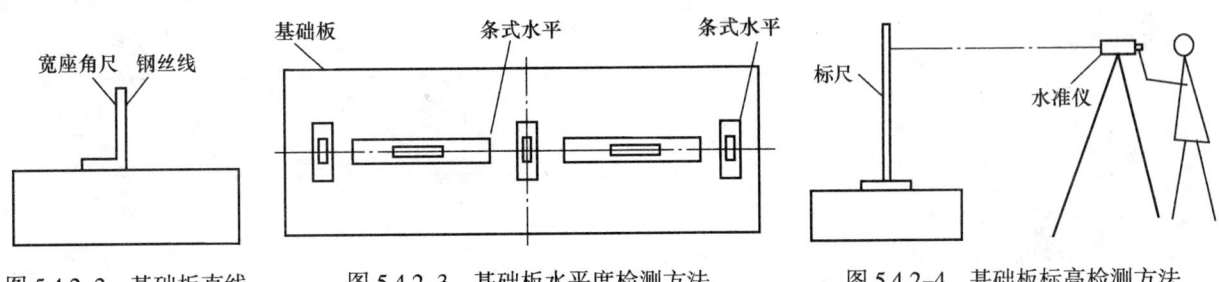

图5.4.2-2 基础板直线度检测方法　　图5.4.2-3 基础板水平度检测方法　　图5.4.2-4 基础板标高检测方法

5. 螺栓紧固。先对地脚螺栓进行预紧固，预紧力矩为200N·m（M30螺栓），确定基础板精度无误后，灌浆，待灌浆混凝土达到养护日期后，再最终拧紧地脚螺栓。注意：最终拧紧时要两人对称同时用同等扭矩拧紧，最终拧紧力矩为350N·m，并用水平仪、水准仪根踪检测，确保精度。

5.4.3 基础板的刻线。刻线在基础板的最终紧固后进行，将Jdz、Jcz、Jxh基准线转换到基础板平面上。

1. 分别以造纸机纵向安装基准线Jaz和横向安装基准线Jah为基准，使用经纬仪，在两侧基础板上首先刻出横向安装中心线Jxh。

2. 依照施工图尺寸，以横向安装基准线Jxh刻线为基准，以造纸机各部分的纵向定位尺寸为依据，使用盘尺、弹簧称测量，在操作侧及传动侧基础板上划出造纸机各部分机架及辊的安装中心线，用经纬仪监测、调整造纸机各部分安装中心线与纵向安装基准线的垂直偏差。合格后，在基础板上刻出造纸机各部分安装中心线刻线，打上钢印编号。

3. 以纵向安装基准线为基准，用经纬仪测量各刻线的偏差，并做记录备用。

5.5 烘干部安装

5.5.1 烘缸、辊类的安装要求

按照纸机烘缸、辊偏斜的特性数据表，结合特性曲线差分分析，结合设备厂安装技术条件，确定安装允许偏差。表5.5.1是某生产线，用线性数值表示的偏差允许值。

工法示例烘缸、辊类的安装空间位置控制允差　　表5.5.1

序号	种　类	水平度	允差	平行度	允差	单位	备　注
01	烘　缸	缸中部	±0.08		±0.05	mm/m	
02	烘　缸			每组缸	0.2	mm/m	每对缸总平行度
03	压　榨	辊两端	±0.05		0.05	mm/m	固定辊

序号	种 类	水平度	允差	平行度	允差	单位	备 注
04	压 榨		0.05			mm/m	上辊与下辊
05	伏 辊	辊中间	±0.03		0.05	mm/m	平行于固定辊
06	曲网辊	辊中间	±0.03		0.05	mm/m	平行于伏辊
07	导 辊		±0.1		0.05	mm/m	长网部
08	校正辊		±0.15		0.05	mm/m	烘干部
09	导 辊		±0.15		0.05	mm/m	压榨部
10	压光辊	辊两端	±0.03		0.05	mm/m	底辊
11	卷纸缸	缸中间	±0.08		0.05	mm/m	卷纸机冷缸
12	复卷底辊		±0.05		0.03	mm/m	复卷机两底辊
13	导 辊		±0.15		0.05	mm/m	烘干部
14	校正辊		±0.15		0.05	mm/m	压榨部

5.5.2 一号烘缸组的安装

1. 机架装配。根据基础板上的刻线位置吊装1号烘缸两侧机架就位，以纵向安装基准线为基准，以两侧机架加工面为测量点，用经纬仪找正机架，使其垂直于纵向安装基准线，用水准仪找平两侧机架的高度，同时保证跨度尺寸，其横向对称于造纸机纵向中心线。造纸机所有机架找正见图5.5.2-1。

2. 一号烘缸安装。吊装1号缸，就位在机架上，以纵向安装基准线为基准，用高精度经纬仪，找正烘缸与造纸机中心线的垂直度，用水准仪，找正烘缸的水平度，且保证传动侧齿箱和操作侧机架的位置精度。特别注意保证烘缸两侧机架与烘缸的垂直度，同时保证烘缸横向中心对称于纸机中心线。造纸机所有辊、缸找平找正见图5.5.2-2。

5.5.3 二组缸安装（图5.5.3）

1. 将二组缸所有的一层立柱按刻线位置就位，将二组缸两个毛布干燥辊的机座按刻线位置就位，并找平找正。

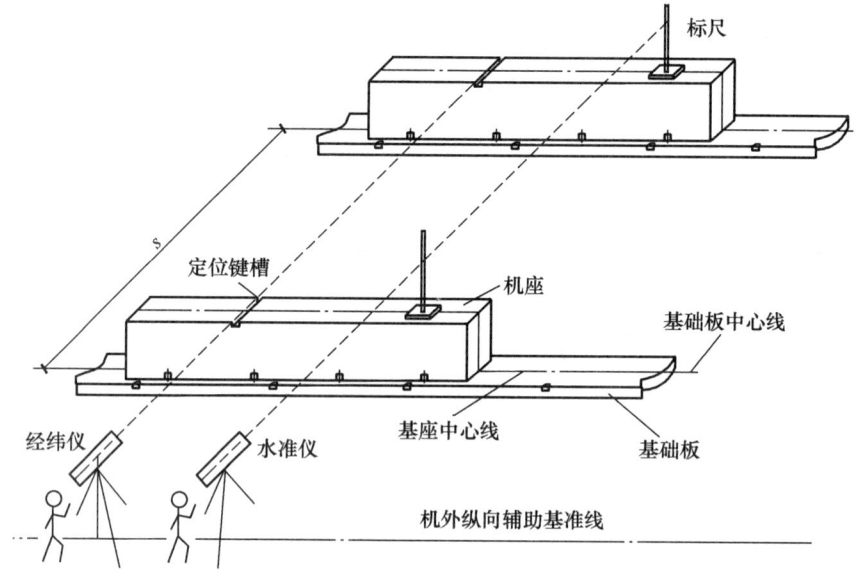

图 5.5.2-1 造纸机所有机架找正示意图

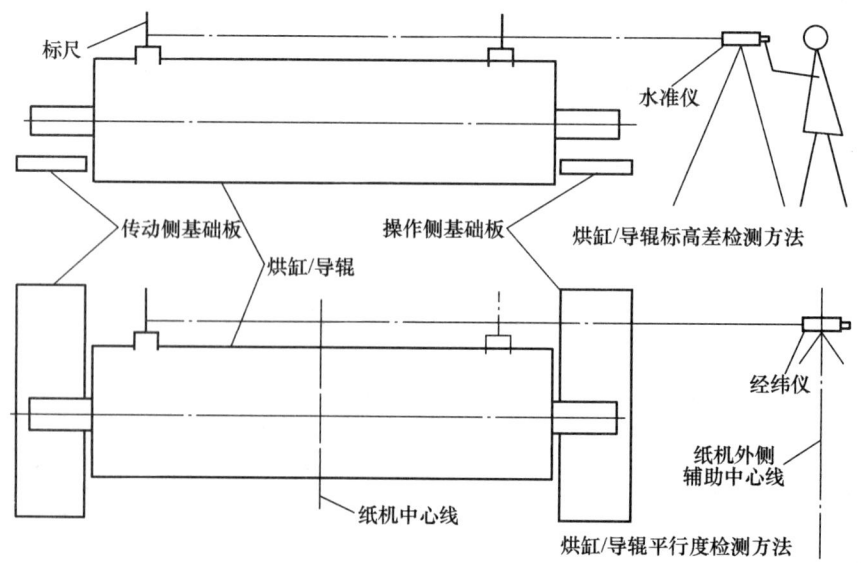

图 5.5.2-2 纸机所有辊、缸找平找正示意图

2. 将二组缸两个毛布干燥辊吊装就位，并找平找正。

3. 吊装二组缸烘缸的两侧二层纵梁就位在立柱上，并找平找正。

4. 将三个烘缸及稳纸器吊装在二层纵梁上，同时交叉安装刮刀及袋式通风器，并找平找正。

5. 将二组缸所有的二层立柱吊装就位，并找平找正。

6. 将二组缸三层纵梁及定距梁吊装在二层立柱上，并找平找正。

7. 将二组缸毛布张紧器、校正器的机架吊装在三层纵梁上，同时交叉安装校正辊、张紧辊及导辊。

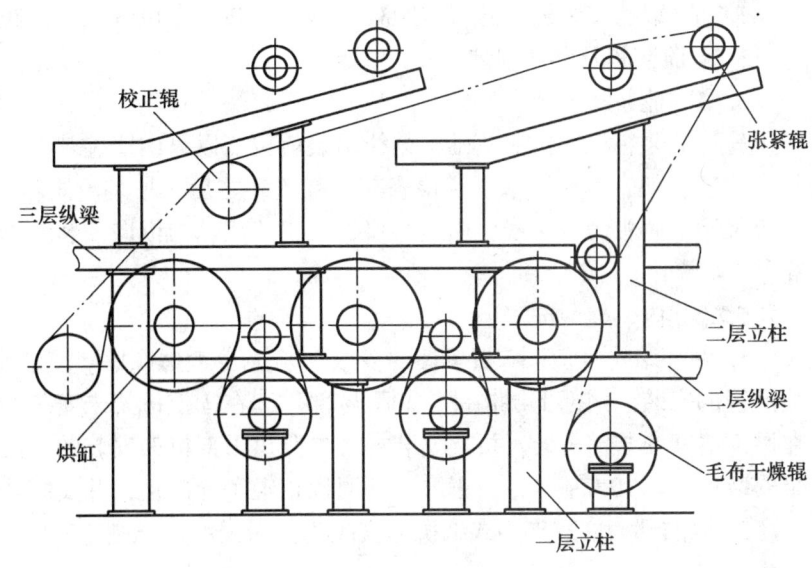

图 5.5.3 二组缸结构示意图

5.5.4 三至八组烘缸的安装

1. 各组烘缸的安装工艺方法与二组烘缸相同，在安装各组烘缸时特别注意每组第一个烘缸位置的确定，要根据安装图纸情况，使后一组烘缸的第一个烘缸与前一组烘缸的最后一个烘缸之间的位置尺寸的允许偏差在规范或设计技术文件要求的范围之内（工法示例允差 0.2mm），注意用上层小纵梁实际连接尺寸确定其相关位置尺寸。

2. 烘缸气罩的安装在干部设备安装完成后进行，先进行气罩支架的安装，然后进行气罩板的安装，最后进行气罩门提升装置及气罩门的安装，在安装时可交叉干燥部一楼，绳轮装置的安装。

5.5.5 注意

1. 辊类件的安装，要充分利用偏差处理软件，进行定量定向调整；要注意每对辊间的空间位置。偏差要规避叠加。

2. 要注意辊的制造误差对测量的影响。如径向跳动表征的圆柱度误差。实际施工中，借助高精度的电涡流检测仪器对辊的制造误差和振动异常做出判定。剔出和安装质量无关的其他影响。

5.6 压榨部安装

5.6.1 以压榨部为两道靴式压榨为例说明，见图 5.6.1，一般压榨部布局结构紧凑，对安装的顺序要求严格，施工要遵从先下后上、先里后外的原则。

5.6.2 机架和辊类件安装，参照 5.5 节烘干部的安装完成。最后将刮刀、喷淋管吊放到位并找正。

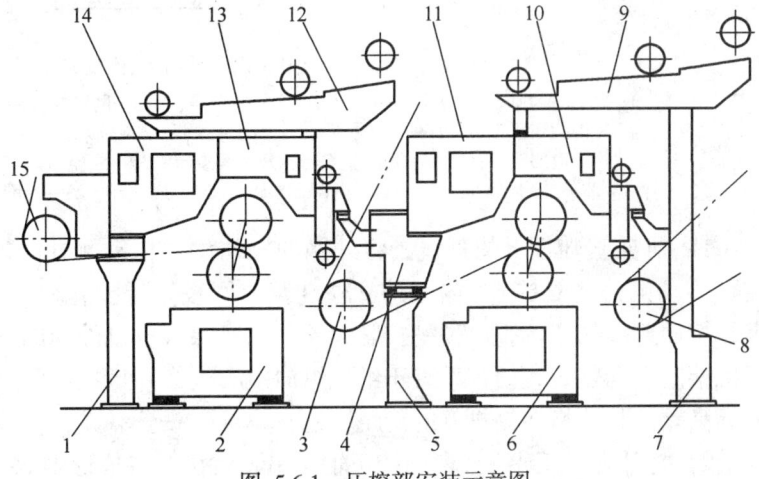

图 5.6.1 压榨部安装示意图

1—机架；2—辊机座；3—压榨辊；4、5、7、11、14—机架；6—辊机座；8—真空吸移辊；9—顶层机架；10—压榨辊机座；12—顶层机架；13—压榨辊机座；15—真空吸移辊

5.6.3 安装并找正一压、二压下压榨辊及真空吸移辊（3 号、8 号）的接水盘。

5.6.4 将一压、二压下压榨辊及真空吸移辊（3 号、8 号）吊装就位，用图 5.5.2-2 的方法，进行找正。

5.6.5 确认找正无误后，安装并找正下毛布各导辊、刮刀等附件。

5.6.6 以已安装的各悬臂定距梁为基准，找正定位各悬臂定距梁的悬臂端锚点，然后固定。

5.7 流浆箱及网部安装

5.7.1 流浆箱安装

先将流浆箱机架按照基础板刻线吊装就位，以纵向安装基准线为基准，根据机架所刻中心线用经纬仪，找正机架，然后用水准仪检查其标高差。之后，吊装流浆箱本体就位，以纵向安装基准线为基准，以流浆箱下唇板为找正线，用经纬仪，找正流浆箱与纵向安装基准线的垂直度，然后用水准仪检查其标高差。

5.7.2 内、外网部安装

1. 网部结构复杂，布置紧凑，安装时应充分考虑顺序。安装辊子时应考虑其附属的接水盘、刮刀、喷淋管的安装。网部下层构件，如下层部件⑤在固定机架未安装的情况下应提前就位，网部机下接水盘在网部机架安装前安装。机架安装方法参照烘干部机架安装的方法，且先下后上。各辊的安装，待成形辊安装后，以其为基准，找正内、外网校正辊和导向辊，并安装就位。

2. 以网部为立式夹网式纸机的安装为例做说明，见图5.7.2。

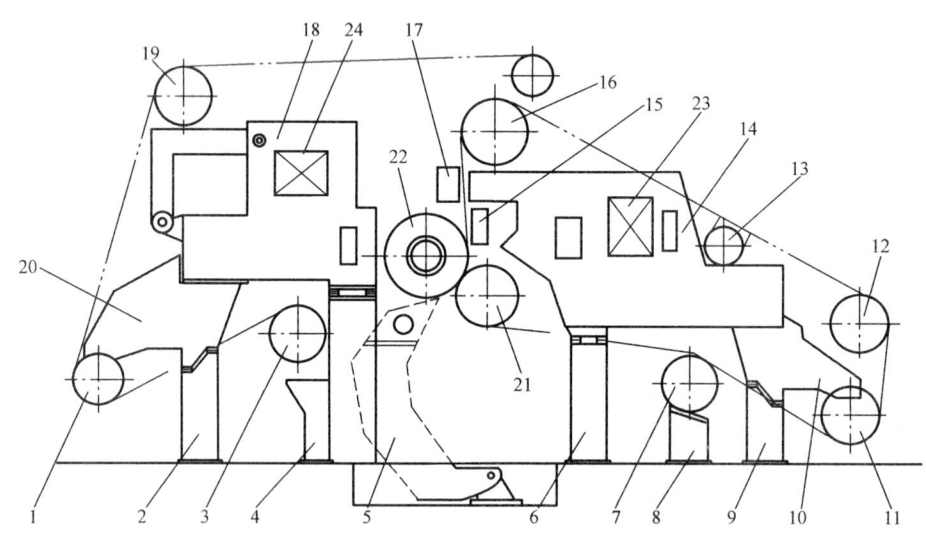

图 5.7.2　网部结构安装示意图

1—外网驱动辊；2—外网外立柱；3—外网校正辊；4—外网立柱；5—下层部件；6—内网立柱；7—内网校正辊；
8—内网校正辊机架；9—内网外立柱；10—内网驱动辊机架；11—内网驱动辊；12—导辊；13—导向辊；
14—内网机架；15—下真空脱水箱；16—真空辊；17—真空脱水箱；18—外网机架；19—外网导向辊；
20—外网驱动辊机架；21—内网下导辊；22—成形辊；23—内网悬臂定距梁；24—外网悬臂定距梁

1）根据基础板上的刻线，将外网的操作侧、传动侧外网外立柱2、外网立柱4，再将内网的操作侧、传动侧内网立柱6、内网外立柱9及内网校正辊操作侧、传动侧内网校正辊机架8吊装到基础板上，按照刻线初步调整，稍稍拧紧螺栓，用经纬仪以机外辅助基准线为基准，根据机架上的定位键，找正机架的纵向位置，使其垂直于纸机纵向中心线，并且在横向上整体对称于纸机纵向中心线，找正机架的标高差。且严格控制机架的跨距；

2）将外网校正辊3、内网校正辊7吊装就位，待成形辊22安装完后，以成形辊22为基准找正；

3）安装并找正，操作侧、传动侧两个外网驱动辊机架20及操作侧、传动侧的两个内网驱动辊机架10；

4）安装并初步找正，操作、传动两侧上的外网机架18、内网机架14，注意其跨距尺寸及装配精度。将内网悬臂定距梁23、外网悬臂定距梁24，分别吊装在外网机架14、内网机架18上，注意其装配面的接触精度，并整体性地找平、找正每一对机架，使其整体横向对称于纸机纵向中心，垂直于纸机纵向基准线；

5）顺序安装、找平找正，成形辊22、内网下导辊21、下真空脱水箱15、真空脱水箱17、真空辊16、内网驱动辊11、外网驱动辊1、导辊12、内网导向辊13外网导向辊19，同时交叉安装各接水盘、喷淋管、刮刀、毛布吸水箱等部件。特别注意辊下接水盘应先于辊安装。

5.8 压光机的安装

5.8.1 参照 5.5 烘干部安装机架。

5.8.2 按施工图所要求的角度组装刮刀，刀刃与缸、辊表面贴合均匀，其间隙及不贴合长度符合规范或设计技术文件规定。

5.8.3 压光机底辊的轴向中心线为压光机安装横向基准线，压光机应与最后一个烘缸平行，且压光机底辊的轴向中心线应与纵向安装基准线所在的铅垂面垂直，并应符合规范或设计技术文件要求。

5.8.4 按施工图所要求的位置安装引纸辊、舒展辊、保险杠及压光机前的蒸气喷箱等，并应符合规范或设计技术文件要求。

5.9 卷纸机的安装

5.9.1 根据基础板刻线将机架吊装就位，用经纬仪以机架的机加工面为找正面，找正其与纵向安装基准线的垂直度，用水准仪检查其水平度。

5.9.2 将卷纸缸吊装就位找正，用经纬仪以卷纸缸面为基准找正其与纵向安装基准线的垂直度，用水准仪检查其水平度，用塞尺检查其轴头间隙。

5.9.3 依次安装并找正其余部件。

5.10 转动副的安装间隙和传动部安装

5.10.1 轴承、齿轮、滑动轴承座等转动副和滑动副，装配间隙的确定：装配间隙计算公式如下：
最终装配间隙=原始间隙—间隙装配减小量(可由轴承厂家提供的装配要求中根据轴径及轴承类型查得)–热变形的间隙减小值=轴承运转最佳间隙（实现最可几率工作状态时，轴承间隙处于最佳状态范围）。

5.10.2 安装工步

1. 烘缸轴承、齿轮的装配操作前，清洗轴承等表面防蚀保护层，测量轴头外径、轴承内径、轴和齿轮键槽及键尺寸，配合不当的进行相应更换或刮研（滑动轴承）。用塞尺测量每个转动件的原始间隙，根据 5.10.1 的原则提供的装配数据，进行装配。装配时要边装配边用塞尺测量间隙，直到符合装配要求，并做好记录。封端盖前按要求加润滑脂。

2. 过盈配合的轴孔采用热装法：将孔件放入油盆，加热至孔径超出过盈值取出，套在轴上，调整装配，防止烫伤。

3. 现场装配时，注重防尘措施。

5.10.3 传动部的安装。

1. 检查基础，特别是齿轮箱与电机的相对标高，螺栓孔的相对位置；根据传动轴、齿箱、电机的实际尺寸复核基础尺寸。

2. 用平尺放大法，找正传动点与齿轮箱的跨距及相对位置精度。用高精度水准仪，找正它们之间的标高差。

3. 齿轮箱的微调采用顶丝调整的方法。

4. 找正完成后，经甲方/监理确认后，进行初次灌浆。养生期过后进行齿轮箱的精找和二次灌浆。

5. 齿轮箱精找完成后，进行电机的找正。用一只百分表找正其轴向偏差，一只百分表找正其径向偏差。根据要求，用游标卡尺保证联轴器间距。

6. 找正完成后，经甲方/监理确认后进行电机的初次灌浆。养生期过后进行电机的精找和二次灌浆。

7. 齿箱与电机联轴器的找正采用激光对中仪进行找正。安装传动轴，注意其装配标记要一致。

8. 按照要求的力矩紧固传动连接螺栓。

5.11 其他安装施工

5.11.1 管道施工

1. 管廊安装、管道预制、管件加工、管道组对、管道焊接、管道安装执行相关规范。

2. 流送系统管道和一般的浆、白水管道安装,对管道对口的错边量、焊口背面成形、法兰连接(采用凹凸面对焊法兰)、弯头角度等要注重减少管道对介质的阻力。

3. 真空管道安装、蒸汽冷凝水管道、其他生产介质管道的施工参照相关规范,支架要考虑不同金属间电化学电位差异,使用橡胶衬垫,防止电化学腐蚀。

4. 气动、润滑油、液压管道安装执行相关规范。

5. 热油管安装要考虑膨胀节的合理布置。

6. 吹扫、气密性、耐压、渗漏性检查要符合相关规范要求。

5.11.2 工艺通风及车间通风风管制作安装工艺执行相关规范。

5.11.3 电气仪表施工执行相关规范。

5.11.4 保温工程施工从略。

5.12 调试与试车

电气仪表调试、管道的试验及冲洗、润滑油、液压管路的油冲洗、工艺管道冲洗细节从略。对纸机本体分部无负荷调试作简要叙述。

5.12.1 网部调试

1. 检查所有注油点的注油情况,并标示;检查螺栓的紧固情况,并标示;清理网部所有的杂物。

2. 检查所有机械执行机构的运行情况,并将其置于非工作位置。重点检查网部刮刀的动作是否灵活,并将所有刮刀置于非工作位置。

3. 采用自控系统单点控制,检查胸辊起落装置、张紧装置、校正装置、移动喷淋等执行机构的运行情况,同时检查其机械限位位置,并根据其运行状况,调整自控系统的参数设置。

4. 用现场的液压、气动开关柜控制,分别检查换网液压装置的动作状况,检查完成后应将其恢复到非工作位置。

5. 用自控系统单点控制,分别调试网部各传动点。

6. 清洗现场及网部,用换网装置套上网子。然后用自控系统控制使胸辊起落装置、张紧装置、校正装置处于工作位置,检查网子的张紧度,同时最终设定控制参数和机械限位。

5.12.2 压榨部调试

1. 检查注油点的注油并标示;检查螺栓的紧固情况并标示,清理杂物。

2. 检查刮刀的动作,检查后将刮刀置于非工作位置。

3. 采用单点控制,检查真空吸移辊执行机构,调整伏辊、驱网辊、真空吸移辊的工作位置、机械限位,调整自控系统的参数设置。

4. 检查各辊加压装置和液压执行机构的运行情况。按顺序分别进行,调试完成后应将其恢复到非工作位置。根据其行程位置,调整自控系统的参数设置。

5. 调试毛毯张紧装置、校正装置、移动喷淋管、真空吸水箱、换网装置;单点控制,分别调试网部各传动点。

6. 清洗现场,套上毛毯。

5.12.3 干燥部调试

1. 常规检查同上。

2. 检查所有干部校正装置的运行情况,然后单点控制,分别调试所有干部校正装置的运行情况,调整自控系统的参数设置。

3. 检查所有导辊的转动。分组挂上引纸绳,最终检查并调整引纸绳系统(试车时根据引纸情况,续作微调)。

4. 根据供应商提供的文件,进行干部三段通气的调试。吹洗 1~2h 后,再通汽 2~4h 进行分组试运行前的预热。

5. 单点控制,分组调试"干部"的传动点。

6. 清理现场，套上干毯。

5.12.4 传动调试

1. 拆除联轴器，点动试验电机。

2. 根据工艺要求，进行造纸机传动电机的同步调试。

3. 连接齿轮箱与电机之间的联轴器，并根据螺栓规定扭矩，用力矩扳手拧紧所有连接螺栓。

4. 解列主轴，空运转，由低、中到高速（按造纸机主轴转速划分），逐步升速，其中高速运转不低于 1 小时，检查运行状况。

5. 装上传动轴，并根据螺栓规定扭矩，用力矩扳手拧紧所有连接螺栓，用自控系统单点控制，分组启动，在低速运转情况下，由网部开始，依次启动各机组，按低、中、高、中、低、停机的过程逐渐提高速度与停机，其中在中速运转不低于 5~8h，高速运转应在试运 6~10h 后进行，且不宜超过30min。在中速运转期间，烘缸可进行通汽试验，吹洗 1~2h 后，再通汽 2~4h，停汽后运转时间不少于1~2h。

6. 分部试运转时，检查轴承温度，滚动轴承温度不得超过 70℃，滑动轴承温度不超过 60℃；烘缸通汽后轴承温度，滚动轴承不超过 80℃，滑动轴承不超过 70℃。

5.12.5 纸机无负荷联动试运转

1. 联动试车条件：电气仪表调式、附属设备单机试车、工艺系统试验、纸机本体分部试车合格。

2. 按照工艺循环状态，投运水、压缩空气、真空系统、润滑系统、液压系统、蒸汽冷凝水系统。

3. 试车运转程序：开始连续空运转，亦按低、中、高、中、低、停机的顺序进行，中速运转不少于 4~7h，网部、压榨部在试运转 4~6h 后，即可局部停车，烘干部，须进行通汽试运转。

4. 运转达到下述要求：

1）轴承温度正常范围；各分部调速机构操纵灵活；各手动与自动调整装置、张紧装置操纵灵活可靠；真空辊的真空箱、吸水箱应严密，调整灵活，真空度符合要求；网部换网装置灵活无阻；各压榨辊加压与提升机构灵活可靠；压榨部毛布洗涤器运转正常，真空头往复灵活可靠；烘干部齿轮箱及传动部运转平稳，润滑系统畅通，循环正常；烘干部进汽头密封良好，排水正常，且烘缸本身能膨胀无阻；烘干部空气调节系统运转正常；烘干部刮刀传动装置运转正常，摆动灵活；传动部各离合器操纵灵敏可靠，温度正常；卷纸机卷纸辊升降移送机构应灵敏可靠；

2）各种润滑油、蒸汽、水、压缩空气、纸浆等管道系统及容器等无渗漏；

3）纸机各系统仪表与控制系统应灵敏可靠，符合设计要求。

联动试车完成。

6. 材料与设备

工法不需要特别说明的材料，采用的设备机具见表 6。

主要设备机具设备表　　　　　　　　　　　　　　　　　　表 6

序号	设 备 名 称	规 格 型 号	数量	产 地	备 注
1	起重设备		6 台	安徽	
2	工具车运输车		11 辆		
3	一般焊接设备		44 台		
4	氩弧焊机		60 台		
5	等离子切割机	LGK-60 或 LGK-40	8 台		
6	压缩机等机械		32 台		
7	管道加工设备		26 套		
8	钻孔牵引设备		20 台	天津	

序号	设 备 名 称	规 格 型 号	数量	产 地	备 注
9	液压千斤顶	40t、20t、10t	各2台	上海	
10	黄油加油机		1套	上海	
		以下计量仪器仪表			
1	偏差计算软件		1	研发中心	山东省
2	电子经纬仪	DJD2 1″	3台	德国	
3	自动水准仪	NA2NAK2 1″	5台	日本	
4	标准尺杆		3个	苏州一光	
5	激光准直仪		1台	天津合资	
6	激光对中仪		2台	瑞典	
7	深度尺		2把	国产	
8	塞尺	0.01~2.0mm	6把	天津	
9	拉力计	20kgf	2把	上海	
10	螺旋千分杆		1套	上海	
11	扭力扳手	4000N·m	4套		
12	平尺等		4把	天津	
13	水平仪	200mm	36把	天津	
14	焊缝检测尺		3把	上海	
15	相序表		1块	深圳	
16	转速表		1块	深圳	
17	信号发生器	DFX~02B	1套	大连	
18	综合校验器	ID-10-01	1套	上海	
19	压力表校验台		1套	上海	
20	电子打号机	LM-3500AN	1台	国产	

7. 质 量 控 制

7.1 质量保证措施

7.1.1 施工严格按照质量保证体系进行，设立专职检查员。

7.1.2 各分项工程施工前各专业工程技术人员根据有关技术文件及相应标准规范（或设计院的交底内容），设备安装资料，对安装人员进行技术交底。

7.1.3 各分项工程完工，先由班组长进行自检，并填写自检记录；质检员根据班组的自检记录，进行质量检查，合格后，会同甲方进行最后的检查确认。

7.1.4 质检员及时办理中间验收隐蔽工程记录，作好安装记录，专职检验人员定期对主要项目全面检查。

7.1.5 所用仪器计量精度传递符合规定。

7.2 工程施工验收规范

《制浆造纸专业设备安装工程施工质量验收规范》QBT 6019-2004；

《机械设备安装工程施工及验收通用规范》GB 50231-2009；

《钢结构工程施工及验收规范》GB 50204-2002；

《工业安装工程质量检验评定统一标准》GB 50252-2010。

8. 安 全 措 施

8.1 坚持"安全第一"的原则，并设置专职安全员；现场施工人员规范着装，佩戴安全帽等；高精度、高质量表面零部件，在运输、安装过程中要做好针对性防护。施工用电的接线必须由电工操作；必须的安全网、安全绳预先布置，地面通孔要加盖。大的吊装孔、工艺孔架设安全网、设置围护栏，高空作业要有安全保护措施；胶辊、石辊等设备做好防冻保护，齿轮箱、电机、液压设备、电仪设备等做好防尘、防潮的保护处理；起重机具经常检查，消除隐患；消防措施要齐全，施工人员要掌握消防器具的操作；严格遵守特殊工种安全技术操作规程和建筑安装工程安全技术有关规定。

8.2 在设备吊装（尤其是大件设备）前，技术人员要会同起重工制定详细的吊装方案。

8.3 根据实际需要添置专用吊装工具。

8.4 制作吊装工具放置钢架，吊装工具吊架要用铁牌标识。吊装工具放置时要根据标牌放置。

8.5 吊装过程中要做到统一指挥，在大件吊装过程中一定要先检查吊具是否完好，设备与钢丝绳或吊装带之间必须有衬垫保护。

8.6 对大型设备在正式吊装前一定要做吊装试验，以确保吊装过程安全可靠；在设备转运前，车辆要做事前核载。

8.7 钢丝绳和吊装带根据其使用部位使用，不可混用；吊具必须在其工作力的范围内使用；吊索不允许长时间负重。在使用钢丝绳和吊装带时，避免吊索打结和扭绞。

9. 环 保 措 施

9.1 依据国家和地方有关环境保护管理的要求，并结合项目所在区域周围环境制定项目环境管理目标。

9.2 通常情况下，纸机安装应对以下环境保护目标进行控制，见表9.2。

环境保护目标 表9.2

序号	环 境 因 素	目 标	指 标
1	场界噪声	确保施工现场场界噪声达标	白天≤70dB；夜间≤55dB
2	施工现场扬尘	减少和控制施工现场粉尘排放	现场搅拌站封闭
			水泥等易飞材料入库
3	污水排放	要求施工现场设沉淀池、隔油池	施工现场设沉淀池
			现场食堂泔水隔油
4	废弃物	建筑垃圾及废弃物实行分类管理	分类管理
		可回收废弃物及时收回	
5	道路遗洒	杜绝物料灰土遗洒	生活区、施工现场无运输物料的道路遗撒
6	水、电、油料消耗	节能降耗	合理节使用水电
7	重大环境投诉	制定预案或管理办法	重大环境应对无误；火灾爆炸事故杜绝

9.3 制定环境目标责任制，根据项目部管理人员配备情况，明确相关人员的环境保护职责与权限，将环境目标进行纵、横向分解到人。

9.4 明确环境保护的主管部门及人员，按作业对环境的影响发生的频率、相对环境保护法律、法规符合的程度、对环境的影响程度及环境影响恢复能力、公众和媒体对影响的关注程度等进行评价，确定环境保护的重要因素，进行定期与不定期的检查与控制。

9.5 施工过程中的固体废弃物，分类回收和处置。

9.6 施工过程中的废气（汽）与废液，负责实施排放管理。

9.7 施工过程中高温作业环境和粉尘、烟尘等实施控制。

9.8 施工过程中的噪声，符合要求。

9.9 施工过程中使用的化学物品，依据相关规定，购置、储存、发放、使用和回收。

9.10 施工办公、生活暂设的设置符合以下要求：

9.10.1 应远离有毒、有害、噪声和射线作业场所。

9.10.2 厕所的设置应远离饮食卫生场所，并保持良好的通风条件。

9.10.3 职工食堂和冬季取暖使用的煤、石油液化气和蒸汽等能源及使用能源所产生的烟尘、粉尘等尘毒的管理，应符合相关规定的要求。

10. 效 益 分 析

10.1 社会效益

10.1.1 超高速、超宽幅造纸设备安装工法应用，确保了设备安装运行的合理精度，从而降低了运行故率。基本上解决了由于安装精度引起的车速低、部件易损、跑偏或拉坏毛布及纸张两边的张力差等诸多问题，为用户带来了产量的提高及维修费用的降低。

10.1.2 工法尝试对高速、宽幅造纸设备的安装技术进行研究提高，对造纸行业的技术进步和技术积累有一定的积极意义。

10.2 经济效益

本工法的实际应用，减少了调试返工，节约了联动试车时间，提高了安装工作效率，施工企业的经济效益提高显著。

11. 工 程 实 例

11.1 工程概况：40 万 t/年高档铜版纸项目，网宽 7100mm，工作车速 1500m/min，纸机长（至卷纸机）约 120m。

11.2 施工情况：工程基准体系建立合理完善，备案资料完整；各传动辊类安装调整定向完成；按照实际工况预留间隙。各部分安装条理有序，试车顺利。

11.3 检测与评价：试车调整工作量大幅降低，工期显著缩短；试车一次成功；运行正常，达产达标试运行期显著缩短；设备无故障工作时间显著减少。实现了工程建设的较高质量。

大型冰蓄冷站施工工法

GJYJGF116—2010

广东省工业设备安装公司

黄伟江　张广志　李观生　于文杰　李琦

1. 前　言

中央空调系统的制冷站是系统的核心，对于大型区域集中供冷空调系统来讲，制冷站的建设质量和工艺水平尤其重要。广州大学城采用工业化生产的区域集中供冷中央空调系统，为18km²范围内352万m²的各类建筑提供空调冷源，空调冷负荷11万冷吨。系统设置4个制冷站，采用冰蓄冷技术，总蓄冰量达到25.3万冷吨，为仅次于美国芝加哥市Unicom商业城的全球第二大冰蓄冷区域供冷系统。广东省工业设备安装公司于2004年开始承担广州大学城区域集中供冷系统其中的第二、第三、第四制冷站的机电设备安装任务；在设计流程回路中，采用双工况冷冻主机、外融冰盘管、乙二醇泵组成冰蓄冷系统；融冰泵、蓄冰槽组成融冰系统；板换泵、二级泵、常规制冷主机、双工况板换等组成供冷系统。该工程冰蓄冷空调冷站机房管道多且管径较大，各专业的管道交错布置，工程量相当大，必须在相对有限的空间里更科学、合理、美观、高效地安装各专业管线和设备。

公司针对该工程项目开展对冰蓄冷站施工的科技创新，取得了"大型冰蓄冷站施工技术"这一在公开的同类技术领域中国内领先的新成果，于2009年11月通过了广东省住房和城乡建设厅科技成果鉴定，该项技术成果达到了同类技术国内领先水平，有较强的创新性，技术先进，具有较好的推广应用价值及明显的社会效益和经济效益。

公司通过大型冰蓄冷站施工关键技术进行总结提炼，同时对已有安装施工技术的对比、总结和完善，形成了"大型冰蓄冷站施工工法"。该工法具有操作性强、实用性好、准确性高、易于控制、绿色环保施工等特点，具有能保证质量和安全、提高施工效率、降低工程成本、节约资源、保护环境等优点，是一项值得推广的先进技术。

该工法已成功应用于广州大学城区域集中供冷第二冷冻站、广州大学城区域集中供冷第三冷冻站、广州大学城区域集中供冷第四冷冻站和广州珠江新城集中供冷站等大型冰蓄冷站工程，取得了良好的社会和经济效益。该工法关键技术构成的"大型冰蓄冷站施工技术"获得广东省建工集团有限公司科技进步一等奖、中国施工企业协会科技奖技术创新成果二等奖。通过以上工程实例证明该工法在大型冰蓄冷站机站等设备及管道工程施工方面起到了较大的推动作用，具有广泛的应用前景。

2. 工 法 特 点

2.1　改变通常冷冻机房设备安装先设备后管道的施工顺序，通过精确测量定位，绘制出准确的设备管道综合布置图，以管定设备，按综合布置图的空间层次，采用管道→设备→管道的施工顺序，解决大量交叉作业带来的困扰和安全隐患，提高了工效。

2.2　采用"模块"化预制管道组件，改变设备就位→配制短管→阀件安装→管道连接的习惯工序。通过向厂家索取设备和阀件模型，采用"模块"化预制方式，在设备和阀门到货前，提前批量预制了大部分的管道组件。

2.3　采用"倒装"法安装管道和阀件；通过精确测量定位，准确预留设备的安装位置，提前安装系统管道，在狭隘的施工空间获取安全吊装位置，为工程进度赢取了宝贵时间。

2.4 通过采用一种吊装矩形截面钢柱的专用夹具及利用该夹具的吊装方法,能保证钢柱吊装过程中和就位时保持良好的方向性,钢柱上端轻松就位。上端就位后,吊车逐渐松钩,专用夹具能够自动回落到地面,采用此专用夹具吊装矩形截面柱不用焊接吊耳,没有高空拆除钢丝绳和高空割队吊耳的问题,降低高空作业风险,减轻了劳动强度、大幅度提高了吊装效率、减少了吊车费用并且保证了吊装质量。

2.5 通过一种靠背轮找中心测量方法对设备联轴器同心度进行找中心和间隙调整,有效避免了测量过程因百分表支架刚度不高、受外界轻微振动、旋转过程中靠背轮本身的晃动导致测量仪器不准确的问题;避免了背靠轮直径大、背靠轮装配时和轴存在垂直偏差而影响的找中心精确度;胀紧装置设置在螺栓孔内,不用调整靠背轮之间的距离而直接进行测量圆周间隙和端面间隙;实现了 360°全方位测量;相比以往使用的方法,避免了外界干扰,避免采用与螺栓孔孔径相匹配螺栓直接固定在螺栓孔时损坏靠背轮螺栓,而且使用前不用重复校核仪表精确度,安装小组的总人数减少 3 名,劳动强度降低,安装进度加快了约 1/3,安装过程安全性更高,安装质量可靠,操作极为简便,达到安全、经济、高效的目标。

2.6 对 10CrMoAl 管道焊接通过对焊接性分析、焊接过程、焊条成份进行有效控制,确保 10CrMoAl 耐腐蚀钢管焊接质量。满足了 10CrMoAl 管道在高工作压力、耐腐蚀性、长寿命方面的特殊要求,取得了较好的经济效益和社会效益,具有较好的推广应用价值。

2.7 采用"水气轮替试压冲洗法"对蓄冰槽及载冷剂输送管道和制冰盘管组件进行试压冲洗,克服了施工中蓄冰槽及载冷剂管道和制冰盘管组件检漏的难题。

3. 适 用 范 围

该工法适用于大型冰蓄冷站、大型中央空调主机房及类似设备机房的施工。

4. 工 艺 原 理

4.1 集中供冷系统均存在一个设备和管道都密集布置的大型机房,在一个相对封闭的空间内,布置越是密集,就越讲求设备安装的先后顺序,先内后外、先上后下的安装原则,是进行机房设备管道布置的基本原则,但这些基本原则一旦遇到大型密集的冷冻机房就会出现施工上的困难。当设备一旦进入机房定位后,在保护设备成品的前提下,管道由下而上的运送通道就会被完全封闭,只能靠穿越运送,对大口径管道的穿越运送的难度是可以想象的,管道的施工也会因此而变得很困难和复杂。改变通常的冷冻机房设备安装先设备后管道的施工顺序,通过精确测量定位,绘制出准确的设备管道综合布置图,以管定设备,按综合布置图的空间层次,采用管道→设备→管道的施工顺序,能够解决大量交叉作业带来的困扰和安全隐患,提高了工效。

4.2 模块化预制管道组件,就是通过把设备和管件在产品说明书中的形状和尺寸记录到 CAD 图中,进行深化设计,在电子版图中准确预留了设备和管件的安装空间后,管道组件的尺寸就定形了,可以提前出图交付预制,给施工带来了很多便利。

4.3 设备进、出口处的组件和阀件的安装,传统的方法是采取砌柱式的、由下而上的堆砌工艺,也就是顺装方式,当管道口径变大之后,这种工艺就会造成不适用。首先是重型管件由下至上的输送途径受阻,其次就是需要在新设备的上方或旁边进行大量的施焊动火作业,这些都给施工带来了很多不便。而采用倒装施工方法,即在设备未进入之前,首先将最高处的管件在地面上吊起,在下面放入紧接的管件,在低位进行连接,采取接入一个提升一段的方式,使全部的管件接口都可以在低位进行连接,很便于操作,最终把所有需要垂直连接的管件和阀件组合在一起,一起提升到位进行固定,这种方法能够省却了为每一个阀件设置吊装索具,非常省事。

4.4 冰蓄冷站有别于其他空调系统,主要是增加了蓄冰储冷功能,而蓄冰槽及载冷剂的输送管道和制冰盘管组件是实现该功能的主要构造,由于载冷剂采用乙二醇,其低温工况温度为 -2~-6℃,是一种内腔忌水和管道，当按规范对制冰盘管采取气压检漏时，可以通过观察压降知道盘管组件有漏，但却无法看清漏点在哪里。采用水压检漏，是可以方便地查清漏点的位置，但又产生了难以彻底清除管内水迹的问题。采用"水气轮替试压冲洗法"对载冷剂管道进行试压冲洗，该工艺方法是对蓄冰槽及载冷剂输送管道和制冰盘管组件在安装前用气压对进行单体试压检漏。如果检测出现漏点，采用水压检漏查找出漏点并进行修补，直到全部试压合格后，对蓄冰槽、载冷剂输送管道和制冰盘管组件采用大流量压缩空气吹除水迹。

5. 施工工艺及操作要点

5.1 工艺流程

5.1.1 冰蓄冷站施工工艺流程图如图 5.1.1 所示。

5.1.2 空调冷冻、冷却水管道、载冷剂输送管道的施工工艺流程图如图 5.1.2 所示。

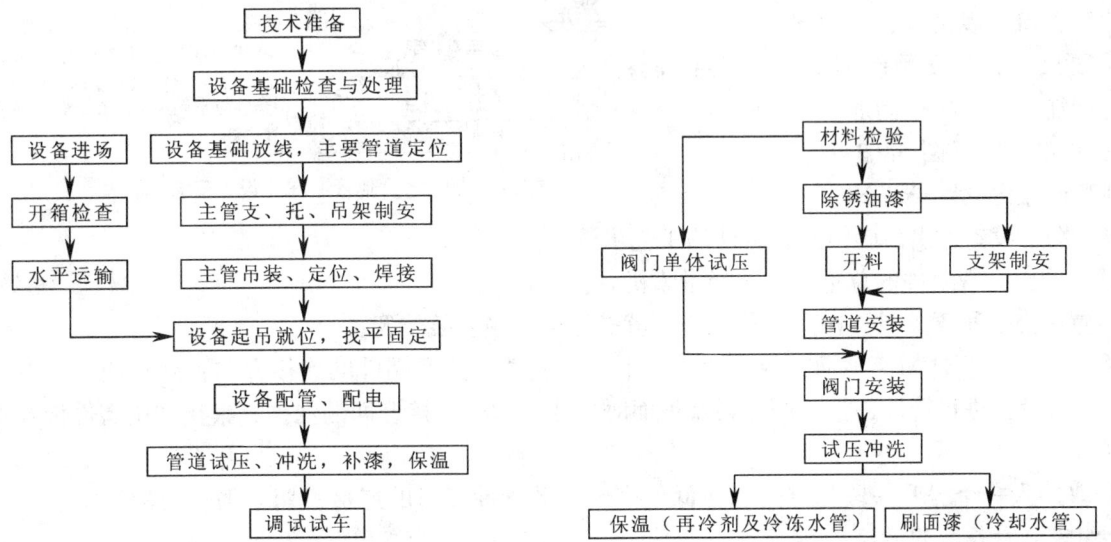

图 5.1.1 冰蓄冷站施工工艺流程图　　图 5.1.2 空调冷冻、冷却水管道、载冷剂输送管道施工工艺流程图

5.2 操作要点

5.2.1 把冰蓄冷站的施工顺序改为先管道，后设备需要有一个前提，就是首先要对机房的设备、管线进行深化设计，通过深化设计把机房内所有机电组件的定位位置都确定下来，如图 5.2.1 所示。

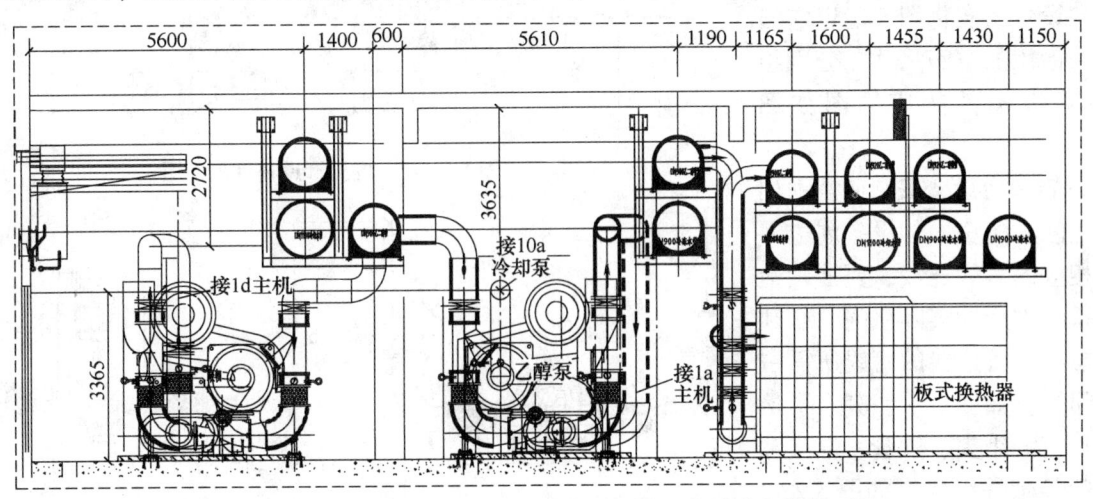

图 5.2.1 冰蓄冷空调冷站深化设计后设备管道定位位置图

在图中设备和阀件的形位尺寸得到厂家确保的，管道组件的形位尺寸也就得到了准确的数据。这样

尽管设备和阀件未到货，管道组件的预制和管线的定位施工都是可以提前进行的，施工所需的任何尺寸都可以通过在电子版图上测量获得。机房深化设计的过程其实是设备、管线占用空间的调整过程，这一过程在传统工艺中是一个在现场空间中摆弄实物进行空间调整的试验定位工艺过程，两种工艺的比较自然就是：在电子版图上摆弄块与在现场空间中摆弄实物的比较。

5.2.2 在设备未进入之前进行管道施工，管道施工就会变得毫无顾忌和没有障碍，是一种可以放开手脚大干的工艺，操作的要点就是必须按深化设计图给出的尺寸精确地进行定位。

5.2.3 模块化预制管道组件，说具体一点，就是将深化设计图中代表某一个管道组件的块抽离出来，标出规格短管多少毫米、开何种型号的鸦雀口、规格弯管转角多少度等重要尺寸，提交预制加工，按尺寸进行加工，严格控制加工组件的形位尺寸误差。图5.2.3为模块化预制管道深化设计安装图。

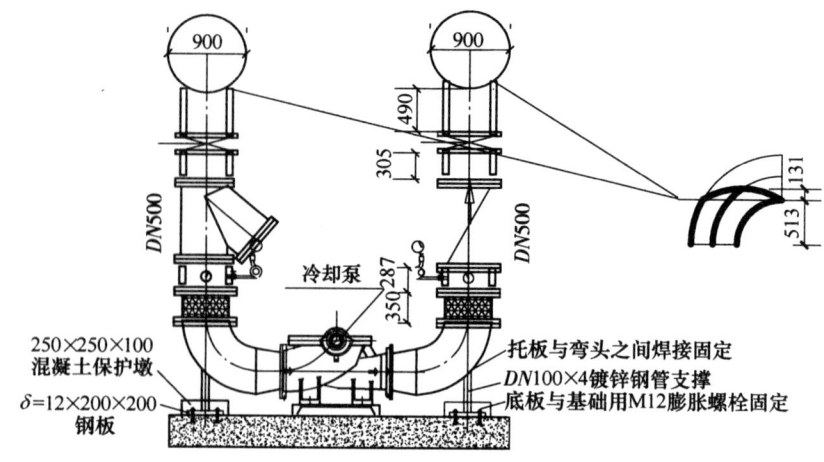

图5.2.3　模块化预制管道深化设计安装图

5.2.4 倒装设备进出口阀门立管组件的工艺步骤：

1. 计算阀门立管组件的总重量，选择吊索机具；

2. 设置吊点和吊索器具，吊点的位置必须就是立管的预安装位置；

3. 将最上层的管件吊离地面，放入紧接的下一个管件，注意阀件的连接方向，旋转调整上下管件连接的配合角度，进行管件连接，阀件触及地面时，注意对法兰接合面的保护，禁止利用阀件传导焊接电流；

4. 采取接入一个提升一段的方式，在低位完成全部管件接口的连接；留下最下面的一个法兰短管作为调整组件立管长度的活口；

5. 进行阀门立管组件与上部主横管的连接，此过程就是组件立管的定位过程，必须做好精确测量和复核尺寸的工作。首先绘制各种管线辅件和设备的实物图，确定它们最终所需占用的空间尺寸，分别绘制各种管道辅件的实物图如图5.2.4-1。

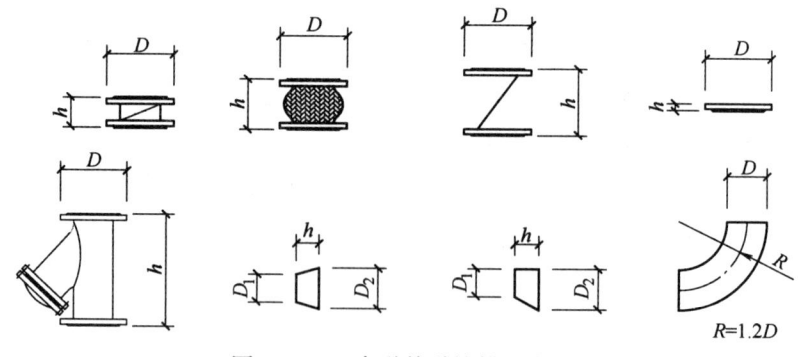

图5.2.4-1　各种管道辅件尺寸图

6. 确定单台设备安装所需占用的实际空间。机房内的设备周边一般均有相应的管线连接，要准确地确定设备所占用的实际空间，必须一并考虑与设备连接的管线所需占用的空间。例如：水泵，其水平接管基本是由大小头、软管、弯头和各类阀门等辅件组成。如图5.2.4-2，通过绘制水泵的双线剖面图，可以画出水泵的安装平面图，即可

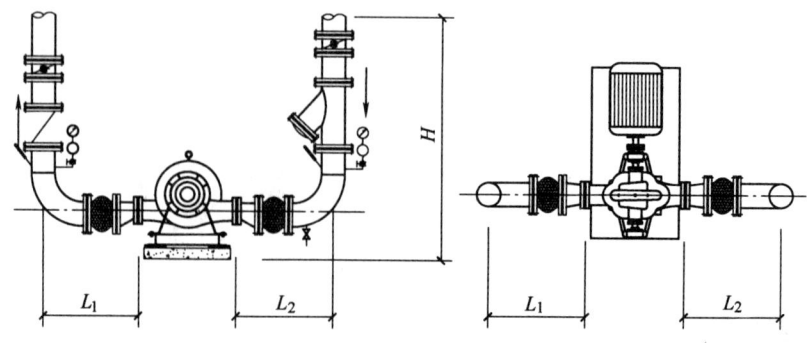

图5.2.4-2　水泵与管道及附件配管图

定水泵配完管后所需占用的最小空间。

主机占用的空间确定方式与水泵一致，通过绘制主机双线剖面图，可以绘制主机及相应接管平面图（图5.2.4-3），即可确定空调主机配完管线后的实际占用空间。

7. 组件立管定位连接完毕，拆除吊索之前，应做好组件立管的临时支撑，禁止将组件立管的重量全部传递给主横管。

8. 水平主管与立管连接方式的确定。

设备的基础位置确定后，就可以进行设备上空主管线的排布。水平主管排布方式往往受设备支管接入主管的形式和净空要求影响。

通常设备支管接入水平主管的形式有以下3种：

1）垂直接入。

2）导流弯接入。

3）斜45°短管接入。

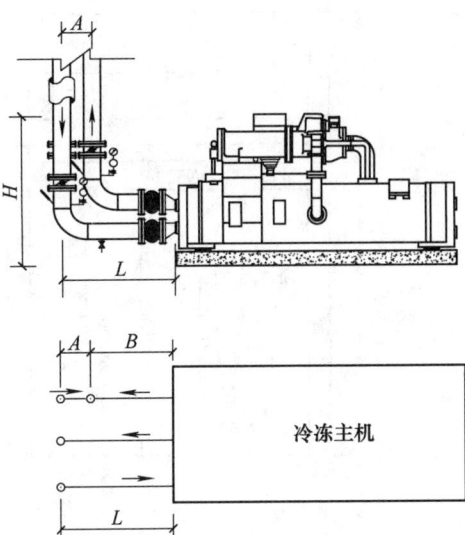

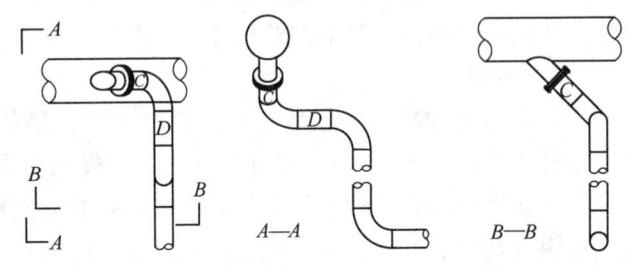

图5.2.4-3 冷冻主机接管示意图

冰蓄冷站主机房由于净空较高，其有条件选用导流弯接入或选用斜45°短管接入。如果采用导流弯接入，对管道的预制和安装工作的准确性要求较高，实际预制下料过程和安装过程中很难控制。用斜45°短管接入，则可通过调整斜45°短管与水平主管的连接位置，预留立管与斜45°短管连接的调整空间来顺利实现预制连接，使得管道的预制变得更容易实施。

斜45°短管接入原理如图5.2.4-4、图5.2.4-5所示。

图5.2.4-4为主管底部接管方式，图中斜45°弯上的直管段C是可调整由于预制和安装过程中产生的沿主管轴向误差。利用水平段的直管D长短来调整主管段与接入管垂直段之间的距离误差。

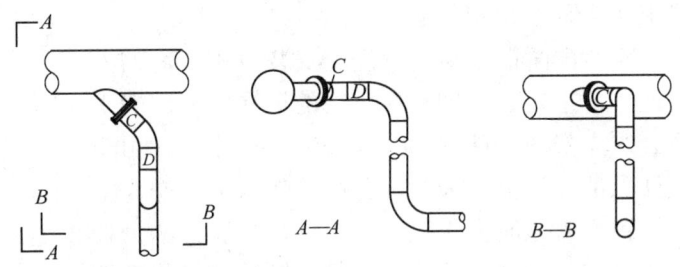

图5.2.4-4 斜45°短管接入原理图（一）

图5.2.4-5 斜45°短管接入原理图（二）

图5.2.4-5为主管侧部接管，图中斜45°弯上的直管段C是可调整由于预制和安装过程中产生的沿主管轴向误差。利用水平段的直管D长短来调整主管段与接入管垂直段之间的距离误差。

本工程最终采用了斜45°短管接入工艺，实际预制过程中取得了理想的效果。

9. 水平主管位置和标高的确定

支管接入主管的形式确定后，通过对管道的有效排布，可以进行确定水平主管的位位置及安装标高（图5.2.4-6）。据水平主管的排列方式，管道支架的设置方式和制作形式亦可得到确定。

5.2.5 设备及管道支架安装

1. 基础验收和划线

1）冰蓄冷制冷设备所安装的混凝土面基础达到养护强度，表面平整、位置、尺寸、标高、预留孔洞及预埋件等均符合设计要求，基础表面不得有蜂窝麻面。预留孔洞和预埋铁件的数量和尺寸应满足设计要求。

2）基础划线：划线前将基础面清理干净，在基础纵向和横向位置的中心点上拉一纵向架空钢丝线。当纵向架空的钢丝绳确定后，用线锤投影到边线面上，再划出制冷设备的宽度线，然后根据图纸的要求划出每一个制冷设备的位置线，检查制冷设备位置处是否有预埋板，并划出制冷设备中心线。

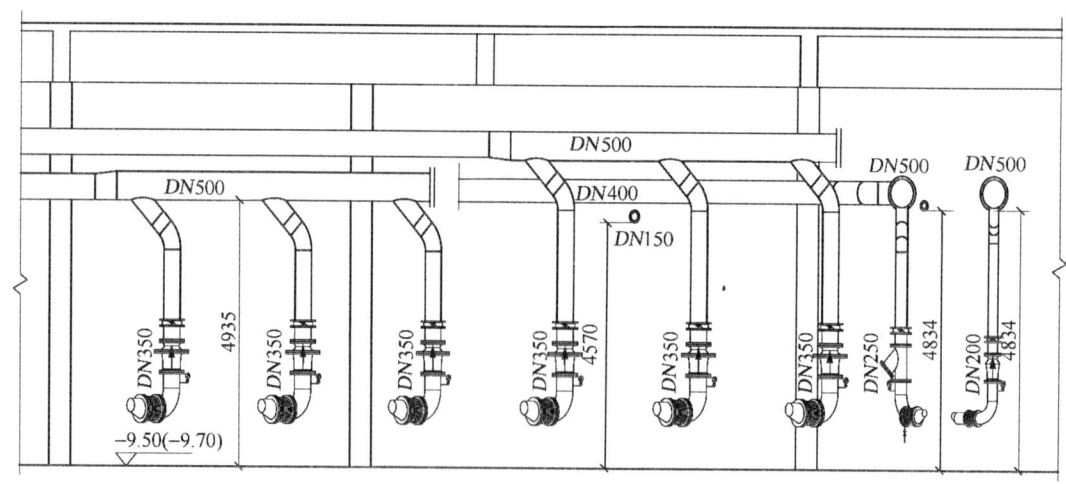

图 5.2.4-6 确定水平主管的位置及安装标高

2. 开箱检验

根据图纸或设备厂家提供的设备清单对制冷设备及零部件进行清点,检查零部件外表不得有损坏、裂纹、严重锈蚀等,核对部件的尺寸是否与图纸相符。

3. 管道吊架安装

对管道吊架的吊装及安装工艺,通过"一种吊装矩形截面钢柱的专用夹具及利用该夹具的吊装方法"(发明专利公开号:CN101723240A)的发明专利,采用本发明的新型专用夹具吊装矩形截面钢柱时,能保证钢柱吊装过程中和就位时保持良好的方向性,钢柱上端轻松就位。上端就位后,吊车逐渐松钩,专用夹具能够自动回落到地面,采用此专用夹具吊装矩形截面柱不用焊接吊耳,没有高空拆除钢丝绳和高空割队吊耳的问题,降低高空作业风险,减轻了劳动强度、大幅度提高了吊装效率、减少了吊车费用并且保证了吊装质量。

矩形截面钢柱高度较高,安装时 4 个面的方向性非常重要。特别是在后装的钢柱中,一般来说必须先安装钢柱顶部,后安装钢柱底部。由于钢柱顶部高度大,采用施工吊篮作为临时操作平台,顶部就位时操作较困难。常规吊装方法为捆绑法吊装,捆绑法吊装存在的问题是难以找准钢柱的截面方向,以致钢柱顶部就位非常困难。另外一种方法,就是在吊点处焊接吊耳,以避免常规吊装方法中截面方向难以找准的问题,但该方法存在:要破坏钢柱表面质量,在钢柱表面焊接和割除吊耳;高空拆除钢丝绳难;高空割除吊耳困难。本方法解决了以上两种方法的缺点,能达到安全、经济、高效地完成钢柱的吊装。

为了解决上述的问题,本发明的目的在于一种结构简单合理、使用方便、可靠的吊装矩形截面钢柱的专用夹具。

另外一个目的在于提供一种降低高空作业风险、减轻劳动强度、提高效率、降低成本的利用专用夹具吊装矩形截面钢柱的方法。专业夹具吊装矩形截面钢柱如图 5.2.5 所示。

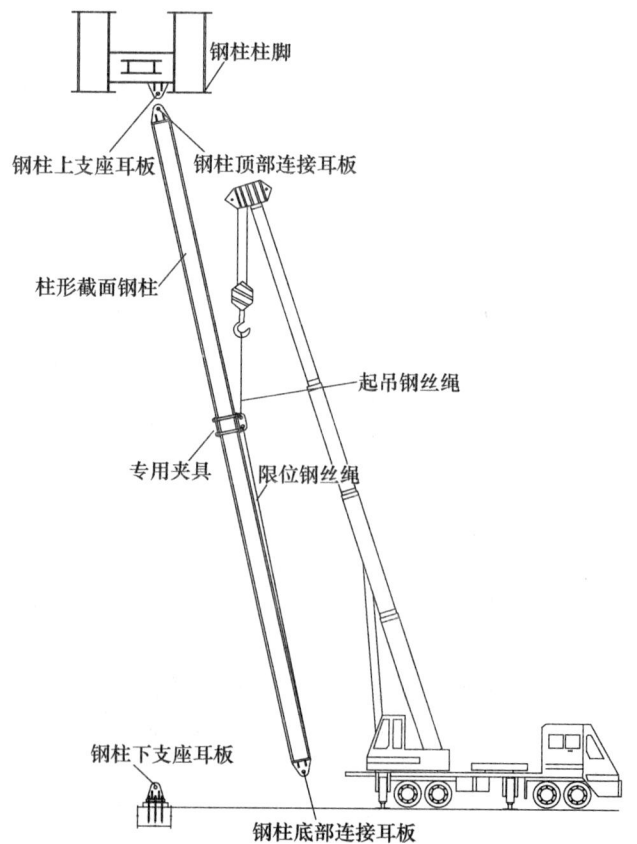

图 5.2.5 专业夹具吊装矩形截面钢柱示意图

利用专用夹具吊装矩形截面钢柱的方法，包括如下步骤：

1）根据钢柱的截面尺寸和大小，准备专用夹具，该专用夹具包括可拆卸的夹具主体，该夹具主体上设有用于容纳矩形截面钢柱的矩阵形空间，矩阵形空间的内空间净尺寸稍大于矩形截面钢柱的截面外形尺寸，夹具主体的主侧面中线上通过吊耳板设置有吊装孔和限位孔。

2）根据矩形截面钢柱的就位方向，把矩形截面钢柱在地面水平摆放好，确保吊装起来后，矩形截面钢柱的方位与就位的方位一致。

3）在离钢柱重心以上的一定距离安装上述专用夹具，专用夹具的矩阵形空间套在矩形截面钢柱上，该一定距离是确保矩形截面钢柱吊起来后保持一定的倾角；用一限位钢丝绳连接在专用夹具的限位孔和矩形截面钢柱的柱脚之间，防止吊装时夹具上移。

4）在专用夹具的吊装孔上连接好起吊钢丝绳，通过吊车进行吊装，先就位钢柱顶端，钢柱就位时，把钢柱顶部连接耳板与钢柱上支座连接耳板用上销子连接固定。

5）上销子连接好后，吊车缓慢松钩，矩形截面钢柱下端缓慢下降，直到接近完全垂直状态，继续松钩，由于夹具内空间净尺寸稍大于矩形钢柱的截面外形尺寸，专用夹具顺着矩形截面钢柱的表面滑落到柱脚处，即可松开拆卸该专用夹具。

6）把钢柱底部与钢柱下支座用销子连接起来，即可使钢柱安装完成。

5.2.6 泵类安装工艺

1. 水泵联轴器同心度的调整：

通过采用一种背靠轮找中心的方法（发明专利公开号：CN101762228A）对水泵联轴器同心度进行找中心和间隙调整，有效避免了测量过程因百分表支架刚度不高、受外界轻微振动、旋转过程中靠背轮本身的晃动导致测量仪器不准确的问题；避免了背靠轮直径大、背靠轮装配时和轴存在垂直偏差而影响的找中心精确度；胀紧装置设置在螺栓孔内，不用调整靠背轮之间的距离而直接进行测量圆周间隙和端面间隙；实现了360°全方位测量；相比以往使用的方法，避免了外界干扰，避免采用与螺栓孔孔径相匹配螺栓直接固定在螺栓孔时损坏靠背轮螺栓，而且使用前不用重复校核仪表精确度，安装小组的总人数减少3名，劳动强度降低，安装进度加快了约1/3，安装过程安全性更高，安装质量可靠，操作极为简便，达到安全、经济、高效的目标。

背靠轮找中心的方法如图5.2.6所示。

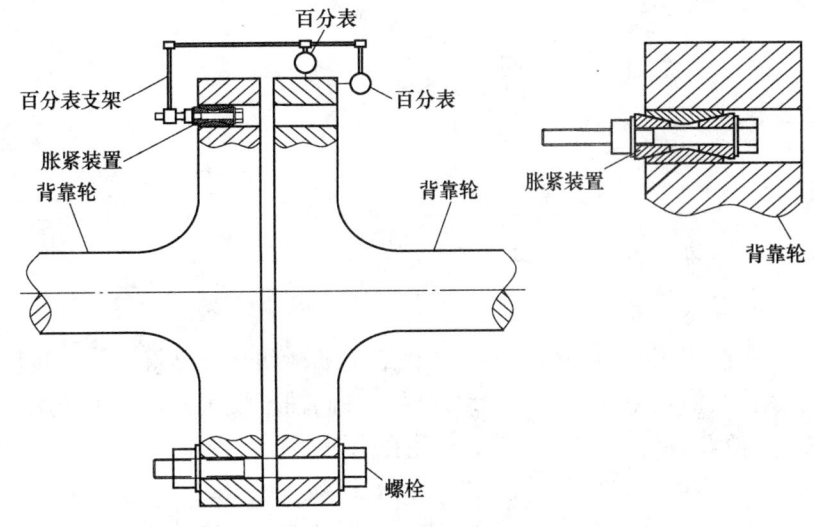

图 5.2.6 背靠轮找中心的方法

采用一种背靠轮找中心的方法对水泵联轴器测量调整按以下步骤：

1）将左、右靠背轮对称位置使用螺栓连接安装在一起。

2）采用带螺杆的胀紧装置固定安装在左靠背轮的安装螺栓孔内。

3）在螺杆的端部套接百分表支架。

4）在百分表支架上固定安装有与右靠背轮的圆周面和端面接触的百分表。

5）转动靠背轮，自零位起依次回转90°、180°、270°，分别测量每个位置上的圆周间隙和端面间隙。

6）按测量的数据对靠背轮中心进行调整。

7) 待两半联轴器同心度初调好后，精调采用两块百分表和磁力表座进行，直到符合要求后，才能紧固地脚螺栓或灌浆。

2. 安装精度要求

整体安装的泵，纵向安装水平偏差不应大于 0.10/1000，横向安装水平偏差不应大于 0.20/1000，并应在泵的进出口法兰面或其他水平面上进行测量；解体安装的泵纵向和横向安装水平偏差均不应大于 0.05/1000，并应在水平中分面、轴的外露部分、底座的水平加工面上进行测量。小型整体安装的泵，不应有明显的偏斜。电动机轴与水泵轴的同心度要求：在两联轴器外圆上的同心度允许小于 0.1mm，（或根据厂家要求，一般水泵转速越高，同心度精度要求越高），端面间隙沿圆周的不均匀度允许差为 0.3mm。

3. 水泵连轴器采用的是弹性套柱销连轴器，在装配时，两轴心径向位移，两轴线倾斜和端面间隙的允许偏差可参考表 5.2.6。

弹性套柱销连轴器装配允许偏差 表 5.2.6

连轴器外形最大尺寸（mm）	两轴心径向位移（mm）	两轴线倾斜	端面间隙 S（mm）
71	0.04	0.2/1000	2~4
80			
95			
106			
130	0.05		3~5
160			
190			
224			4~6
250			
315			
400			
475	0.08		5~7
600	0.10		

4. 安装工序

先就位泵、粗调平、再用垫铁细调平，预埋螺栓就位，预调同轴度，二次灌浆，调同轴度，管道连接，复测水泵同轴度（如果此时水泵同轴度发生变化，说明水泵有外加作用力存在，因此要对管道系统进行检查，直到没有外力作用在水泵上）。

1）不带公共底座的泵和电机的安装顺序

① 将水泵放在地脚螺栓的混凝土基础上，用调整其间的楔形垫块的方法校正水平，并适当拧紧地脚螺栓，以防走动。

② 在基础与泵底脚之间灌注混凝土。

③ 待混凝土干固后，拧紧地角螺栓，并重新检查泵的水平度。

④ 校正电动机轴与水泵轴的同心度。使两轴成一直线，在两联轴器外圆上的同心度允许小于 0.1mm，端面间隙沿圆周的不均匀度允许差为 0.3mm（在连接进出水管及试运行后再分别校核一遍，仍应符合上述要求）。

⑤ 在检查电动机转向与水泵符合后，装上联轴器的联接柱销。

⑥ 水泵与出水管路之间一般需安装阀门和止回阀。止回阀装在阀门前面。

2）带公共底座的泵和电机的安装顺序

① 测量并记录泵的位置。

② 把泵机组放在基础上，地脚螺栓插入基础中并调整。基础和底座之间保留 4~5cm 间隙。

③ 对基础螺栓灌浆并让其坚固。

④ 用调整螺钉精确地调整机组并使联轴器处对中。

⑤ 均匀地拧紧螺栓。

⑥ 对底座灌浆，重新检查，如果有必要的话重新调整（用垫片）。

⑦ 联轴器的同心度偏差，应在联轴器互相垂直的 4 个位置上用水平仪、百分表、测微螺钉或塞尺检查。还应符合设备的技术要求。

5. 立式轴流泵安装

1）泵体的组装按先组装泵座、导叶体外壳、叶轮外壳、套管等不动件，再组装叶轮部件、叶轮轴、橡胶轴承、泵联轴器、填函等转动件，最后联接泵与电机并组装出水管路的原则进行。

2）组装应以泵座为基准，导叶体外壳、叶轮体外壳、套管的轴线与其同心度应控制在 0.3~0.5mm 范围之内。泵座法兰面的安装水平偏差不应大于 0.05/1000；各连接法兰面应严密，无渗漏现象。

3）泵体组装找正调平后，即可进行转动部件的组装。

4）转动部件组装前，应检查泵轴和传动轴的平直度，不宜大于 0.02/1000。若检查发现平直度超标，应做好记录，并与业主、制造商和设计院共同协商、研究处理。

5）根据随机技术文件的要求，对驱动机轴与泵轴、中间轴进行组装。组装完毕后，吊装就位；泵联轴器端面安装水平偏差，中间联轴器端面安装水平偏差均不应大于 0.05/1000；联轴器端面之间应无间隙，接触应严密，螺栓应均匀拧紧。

6）检测泵轴和传动轴在轴颈处的径向跳动，各联轴器端面倾斜度偏差及联轴器径向跳动，应符合随机技术文件的规定；

7）泵的上下水导轴承装配时，应保证两导轴承的同轴度在 0.05mm 范围之内；轴承与导叶体接触面的安装水平偏差不应大于 0.05/1000；泵的导轴承的装配间隙应符合随机技术文件的规定，其总间隙应按下式计算：

$$S=0.2+2d/1000$$

式中　S——轴承总间隙（mm）；

　　　d——与轴承配合处直径（mm）。

8）检测叶轮外圆对转子轴线的径向跳动，应符合设备技术文件的规定。

9）检测叶轮外圆与叶轮外壳之间的间隙应均匀，其间隙应符合设备技术文件的规定。并确保填料函与出水弯管的连接面应严密；填料与主轴之间的间隙应均匀。

5.2.7　管道加工预制

1. 管子的清洗。管道在进行正式加工前，必须清除管子内外表面的污垢。对于清洁度要求较高的工艺、仪表管道，必要时，应进行化学清洗。

2. 管子切割

1）碳素钢管、合金钢管宜采用机械方法切割。当采用氧乙炔火焰切割时，必须保证尺寸正确和表面平整。

2）不锈钢管，有色金属管应采用机械或等离子方法切割，采用砂轮切割时，应使用专用砂轮片。

3）管端切口表面应平整。无裂纹、重皮、毛刺、凸凹、缩口、熔渣、氧化物、铁屑等缺陷，切口端面倾斜偏差不应大于管子外径的 1%，且不得超过 3mm。

4）坡口及组对

5）管子、管件的坡口形式和尺寸应符合设计文件规定或《工业金属管道工程施工及验收规范》的规定。

6）管道对接焊口的组对应做到内壁齐平。

3. 管道预制

1) 管道预制宜按管道系统单线图执行，按单线图规定的数量、规格、材质选配管道组成件，并标明管道系统号和按预制顺序标明各组成件的顺序号。

2) 检查管道材料标记、规格、型号、材质是否符合图纸要求。

3) 每一预制管段应便于运输和吊装，具有足够的刚度，以保证预制件在运输和吊装的过程中不致产生永久变形。

4) 所留焊口，应设在便于焊工操作的地方，对于比较关键的现场焊口处，应留 50mm 的调节长度，并在图中标注清楚。

5) 预制完毕的管段要封闭管口，严防清洗后的管道被污染。

4. 管道预制尺寸的确定和预制下料

随着综合布线图的确定，管道的预制工作即变得可行。对于管道预制尺寸的确定，需考虑以下几个条件进行明确：

1) 运输工具的运输能力和城市道路允许的运输规定；

2) 施工现场运输通道可运输的能力，避免发生预制好的管道无法完整运至安装现场；

综合以上 3 点，确定冰蓄冷站主机房内空调水管预制尺寸为：长度控制在 12m 以内，宽度控制在 2m 以内。

管道的预制工作是从弯头开始。由于建筑的误差、安装的误差都会使管道安装带来返工的可能，因此必须在弯头两端留有一定的调整段，以补偿各种因素带来的误差。弯头段是在主管段安装后才在现场加工，并在加工后进行二次镀锌。

结合综合布置图，进行编制预制管道的开料图，同时做好管段的编号工作，以便加工时对管道进行编号，安装时能够对应相应的编号有效地进行。

如图 5.2.7 所示为大型冰蓄冷站空调水系统管道预制图。

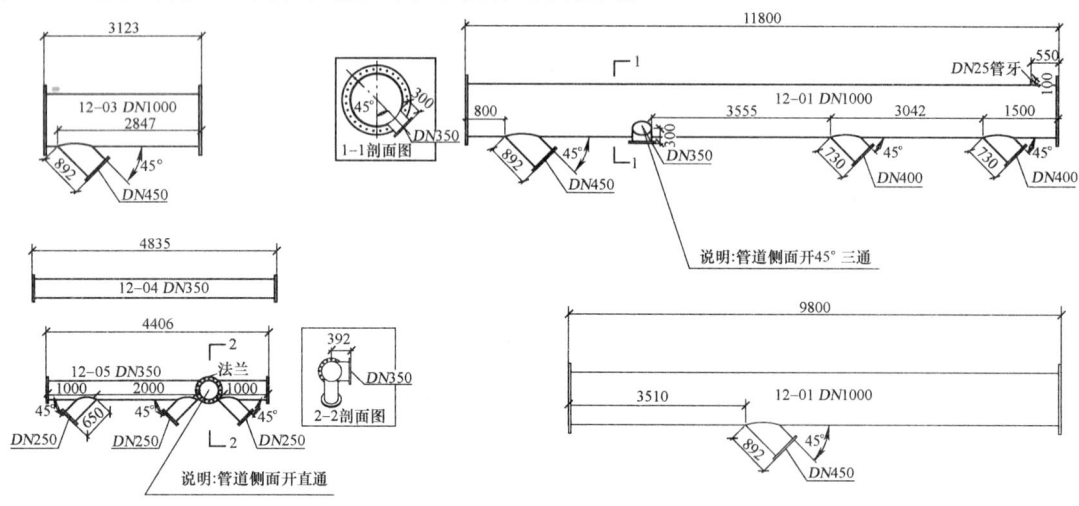

图 5.2.7　管道预制加工图（局部）

5.2.8　管道安装

1. 管道安装，应先分系统，分段把加工预制好的管段及其附件按施工图组装。凡可以在地面装配的附件，尽量在地面上进行。

2. 管道安装时坡度及坡向应严格按设计图纸规定控制，严禁反坡向安装；

3. 安装阀门前应按设计核对型号，并应清洗干净，按介质流向确定安装方向。法兰或螺纹连接的阀门安装时须处于关闭状态。

4. 管道所有焊缝，不允许设在支架上，焊缝距支架边沿距离应大于 150~200mm。

5. 穿墙及过楼板的管道，应加套管，管道焊缝不宜置于套管内。

6. 对管内清洁要求较高并且焊接后不易清理的管道，如气管道、不锈钢管道、油管道等，其焊缝均必须用氩弧焊打底施焊，电弧焊盖面焊。

7. 地下埋设的管道，其支承地基或基础经检验合格后方可施工，埋地钢管的防腐层应在安装前做好，焊缝部位未经检验合格不得防腐。在运输和安装时应防止损坏防腐层。

5.2.9 10CrMoAl 耐腐蚀管道焊接工艺

10CrMoAl 耐腐蚀钢管具有很强的耐腐蚀性和抗磨性，安装施工方便。材料中的铝，能与空气中的氧发生化学反应生成 Al_2O_3（三氧化二铝）的保护膜，既防腐又耐腐、防磨。10CrMoAl 中的铬、钼离子在海水介质中能自动补充氯离子对钢材点腐蚀形成的空隙，形成致密保护层，阻止点腐蚀向纵深发展，进而增加耐腐作用，促使使用寿命加长。10CrMoAl 耐腐蚀管材价格仅为 1Cr18Ni9Ti 同种规格管材价格的一半，与 Q235 防腐管的价格基本相等，而使用寿命是它们的 5~10 倍；10CrMoAl 管使用寿命与进口钛管相当，而钛管价格为 30 万/t，是 10CrMoAl 管的 10 倍以上。因此，10CrMoAl 管材是沿海电厂、沿海油田、沿海天然气及石化厂输送水、油气及含高盐介质的最理想的管路及加工件制作材料。根据上述工作环境和技术要求，10CrMoAl 无缝钢管属于耐腐蚀的特殊用低合金高强度钢的类型，同时又是我国大力宣传和推广应用的耐腐蚀钢。

为了解决上述的问题，采用了"10CrMoAl 耐腐蚀钢管焊接工艺"的发明专利（发明专利公开号：CN101774059A），本发明的目的在于提供一种对焊接性分析、焊接过程、焊条成份进行控制的有效确保 10CrMoAl 耐腐蚀钢管焊接质量的焊接工艺。

10CrMoAl 耐腐蚀钢管焊接工艺采用下述步骤：

1. 对 10CrMoAl 钢管进行化学成分和焊接性分析，加入的 Mo、Al 等元素具有细化晶粒，改善焊缝的凝固结晶组织，计算 10CrMoAl 材料的冷裂纹敏感系数 P_{cm}，判断钢材的淬硬倾向，如淬硬倾向小，则不需要预热及焊后不作热处理。

10CrMoAl 耐腐蚀钢管其管道及管道组成件的化学成分见表 5.2.9-1 所示。

10CrMoAl 钢管及管道组成件的化学成分 表 5.2.9-1

化学成分	C	Si	Mn	P	S	Ni	Cr	Mo	Al	V	Cu
厂家提供的材料含量（%）	0.08	0.33	0.54	0.012	0.007	0.05	1.05	0.27	0.79	0.01	0.06

对一些低合金高强度钢，当碳当量 $C_{eq} \leq 0.4\%$ 时，焊接时基本无淬硬倾向，焊接性良好，不须采取预热和严格控制焊接线能量等措施，当 $0.4\% < P_{cm} \leq 0.6\%$ 时，淬硬倾向不明显，焊接性尚可，当 $C_{eq} > 0.6\%$ 时，淬硬倾向显著，冷裂纹倾向随之增加，为了避免冷裂纹，要求采取严格的工艺措施，如预热、控制线能量和焊后热处理等。

根据 10CrMoAl 钢管化学成分分析，加入的 Mo、Al 等元素具有细化晶粒，改善焊缝的凝固结晶组织。计算 10CrMoAl 材料的冷裂纹敏感系数 P_{cm}：

$$P_{cm}=C+Si/30+(Mn+Cu+Cr)/20+Ni/60+Mo/15+V/10+5B(\%)=0.1933$$

根据对 10CrMoAl 材料的碳当量计算得出的 Pcm 约为 0.1933 左右，说明该钢材型号的淬硬倾向不明显，焊接性能好，焊接时一般不需要预热及焊后不作热处理。

根据工程项目的实际焊接施工情况，对 10CrMoAl 管道进行手工电弧焊焊接工艺评定。手工电弧焊焊接工艺评定，选用专用焊条 H03，H03 焊条熔敷金属化学成分如表 5.2.9-2 所示。

H03 焊条熔敷金属化学成分 表 5.2.9-2

化学元素	C	Si	Mn	P	S	Cr	Ni	Mo	Al	Cu
化学成分（%）	0.06	0.37	0.45	0.018	0.019	0.43	–	0.39		0.33

焊接工艺评定焊接记录包括所有焊接参数（包括电流、电压、极性、焊材牌号、规格、保护气体种类及流量等内容），评定进行拉伸、弯曲试验，X 射线检测。具体的试验结果如表 5.2.9-3 所示。

10CrMoAl 耐腐蚀管道焊接工艺评定理化试验及探伤检测结果　　　表 5.2.9-3

焊接工艺评定编号	拉伸试验		弯曲试验 σ=180° d=4t		X 射线探伤	
	δ_b (MPa)	断裂位置	面弯	背弯	照相等级	评定级别
HNSY-02 (SMAW)	512	母材	合格	合格	AB	I 级

2. 焊接坡口的确定，对于 10CrMoAl 耐腐蚀管道的焊接，由于管壁比较厚，坡口形式采用单面 V 形坡口，在保证焊透和有利于操作的前提下尽量开小坡口角度，坡口越大，焊缝断面积越大，焊后变形量和热输入越大，应力也相对比较大。

3. 坡口清理，对口前必须把坡口内外两侧面一定范围内的油污、毛刺及其他对焊接有害杂质清理干净。

4. 坡口对接，对口间隙不能太小，便于焊条的送入。

5. 对管道进行定位焊，采用直接在焊件上正式施焊固定，定位焊时采用与正式施焊时一样的焊接规范，定位焊不得有缺陷，在定位焊后对每点定位焊进行修整，使起弧和收弧端都形成带斜坡状的焊接过渡区以保证正式焊接时的驳接质量，同时清除起弧和收弧端的缺陷。见图 5.2.9-2。

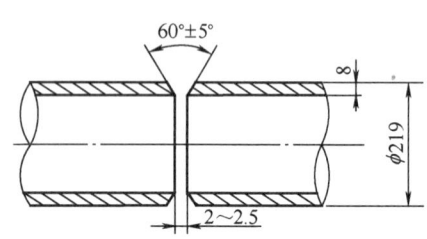

图 5.2.9-1　焊接管口对接示意图

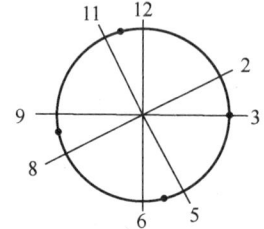

注：•为定位焊；数字为时钟的点数

图 5.2.9-2　定位焊接位置示意图

6. 焊接工艺参数的确定，采用手工电弧焊。焊条采用 H03 专业焊条，焊条直径为 φ3.2mm，直流反接，焊接电流为 95~110A，电弧电压为 21~22V，焊接速度控制在 4~8cm/min，保证了施焊过程中产生飞溅小，焊缝成型美观，焊接接头质量高，提高了施工效率。

7. 焊接操作过程

1）打底层焊接

由于管径小，施焊者只能在管外作业时，必须采用单面焊接双面成形技术焊接全熔透的对接焊接管道，并获得一次性单面焊接的合格背面焊缝。整个管口焊接时，应从管底起焊管顶收焊，在水平固定管的两侧分别采用对称的单侧 1/4 圆周向上焊法焊接。采取对称焊接可大大减少弯曲变形，更大管径时最好采用双人同步对称焊接。

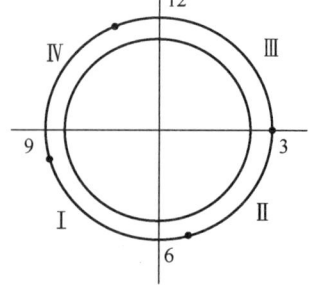

图 5.2.9-3　打底层焊接顺序图

引弧前，焊丝凸出保护罩约 8~10mm，先从底部 5 点半位置的固定焊处起弧连续焊接到 8 点半定位焊处收弧。然后转到另一则，又从底部 5 点半的固定焊位置起弧连续焊接到管顶 11 点半的定位焊处收弧，可在 3 点的固定焊位置中断焊接以调整姿势。最后完成 8 点半至管顶 11 点半的打底焊缝，如图 5.2.9-3 所示。打底缝的焊接次序如下：5 点半→8 点半——换位——5 点半 →11 点半——换位——8 点半→11 点半。

打底焊接时，焊枪作微小的横向反月牙形摆动，在坡口两侧的坡口尖来回运条填充焊水，具穿透性的电弧击穿每侧坡口约 1~2mm 使之形成焊接熔孔，这时，焊丝以约 2.6mm/min 的送丝速度和短路过渡形式向熔孔填充融融焊水，电弧继续向前重复运条并新生成熔池的焊水与上次仍在凝固中熔池发生约 1/3 的长度搭接并进行冶金反应，重复产生了每次运条后的新熔池，随着焊枪电弧向另一侧坡口方向移动，被击穿的熔孔及其熔池焊水在 CO_2 保护气体的保护下进行冷却，并迅速凝固形成炽热软态的焊缝。焊接电弧以上述方式向前连续重复运条填充焊接，焊接厚度控制在 5~6mm，完成整个管口的打底层焊缝。

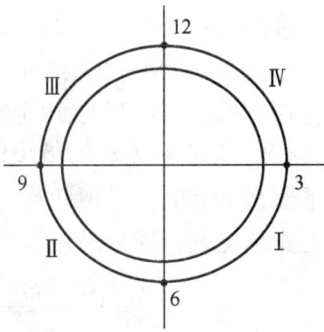

电弧在底部焊接时，焊接熔池应有凸出 3/5 的厚度在坡口尖的管内壁上部焊接，以防止底部背面焊缝内凹；立焊位焊接时，焊接熔池约有凸出 1/2 的厚度在管内壁的外部焊接为合适；在接近平焊位和平焊位焊接时，焊接熔池在管内壁的凸出焊接厚度为熔池的 1/3。

2）中间层焊接

中间层的焊接顺序刚好与打底层相调换，如图 5.2.9-4 所示，焊接顺序为：6 点→3 点——换位——6 点→9 点→12 点——换位——3 点→12 点。

图 5.2.9-4　中间层焊接顺序图

中间层焊接前，应先用用手提砂轮磨光机修整接头位置，去除多余的余高和缺陷，并用钢丝刷刷除打底焊缝表面的氧化物。

从管底部起焊后，按焊接顺序连续施焊，并采用打 8 字的运条方法焊接。运条时注意在两侧坡口边的停留时间应比中间位置稍长，填充后的焊缝应平整光滑。焊接厚度约 3~4mm，预留 1~2mm 深度作盖面使用。

3）盖面层焊接

盖面层焊接时，单人可从管的单侧分多段或一段连续焊完。在管底位置起弧，管顶收弧，所有接头应中间层的错开。焊缝的宽度应控制在坡口边+1~2mm。采用打 8 字的运条方法焊接，盖面后的焊缝应平直、光滑、焊鳞均匀。焊缝宽度和余高如下图 5.2.9-5 所示。

采用本发明的焊接工艺是通过对以上过程的严格控制，焊缝外观检查 100%合格，射线检测一次合格率达 98%，满足了 10CrMoAl 在高工作压力、耐腐蚀

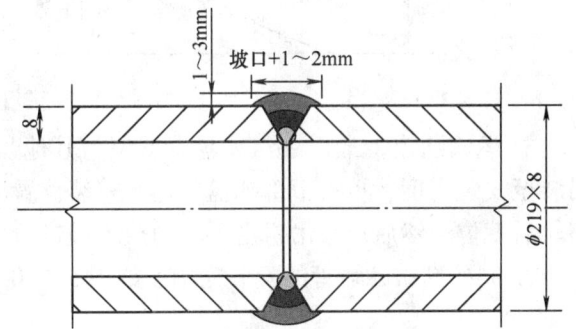

图 5.2.9-5　焊缝宽度和余高控制示意图

性、长寿命方面的特殊要求，取得了较好的经济效益和社会效益，具有较好的推广应用价值。

5.2.10　载冷剂制冰盘管的安装

1. 放线：根据设备的实际尺寸和图纸要求在冰池内对冰盘管进行定位，确定每组冰盘管的具体位置。

2. 铺设小车专用轨道：根据冰盘管的宽度，用 16 号槽钢铺设小车专用运输轨道。在制作小车专用轨道过程中，根据移动龙门架的尺寸，在冰池内的轨道两端适当位置制作可拆活动轨道，如图 5.2.10-1，以便于龙门架吊运设备。

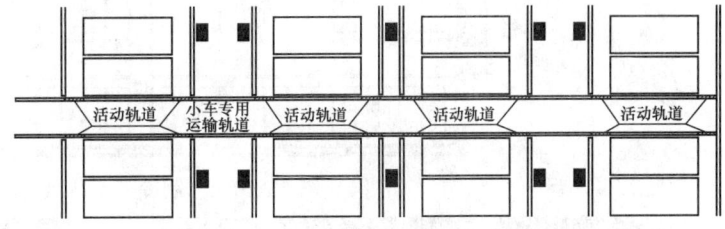

图 5.2.10-1　可拆活动轨道

3. 载冷剂制冰盘管就位的方法是先内后外、先下后上，每组冰盘运输前用吊车将冰盘管解体成上下两部分，先将下部盘管吊装至运输路轨上，将小"坦克"车（图 5.2.10-2）固定在盘管运输底盘上，通过电动卷扬机的牵引将冰盘管运输至相应冰池内，上部的冰盘管可以用同样的方法进行运输。

4. 下部冰盘管运输至冰池内吊装位置时，拆除活动路轨，将龙门架推至吊装位如图 5.2.10-3 所示，通过手动葫芦将盘

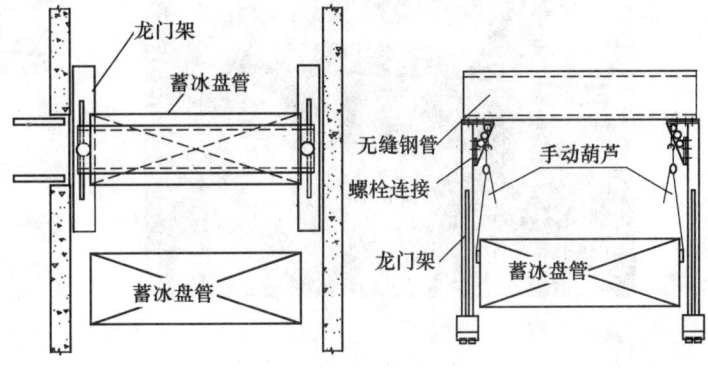

图 5.2.10-2　下部冰盘管吊装示意图

管吊离轨道 200mm，拆除运输底盘及小"坦克"车，通过人力将冰盘管推至冰池内安装位置就位。为了方便龙门架的移动，可以准备数件 2000mm(长)×200mm(宽)锌板铺在冰池内，这样只需 6 个人即可轻松将吊着冰盘管的龙门架推动。

5. 上部的冰盘管就位需要活动桥式吊机配合才能完成，先用龙门架将上部冰盘管运输至已就位的下部盘管旁边，再用活动桥式吊车的手动葫芦将盘管吊装至安装高度，然后通过两边手板葫芦同步牵引到安装位置，通过吊机上手动葫芦缓慢进行上下盘管组装，如图 5.2.10-3 所示。

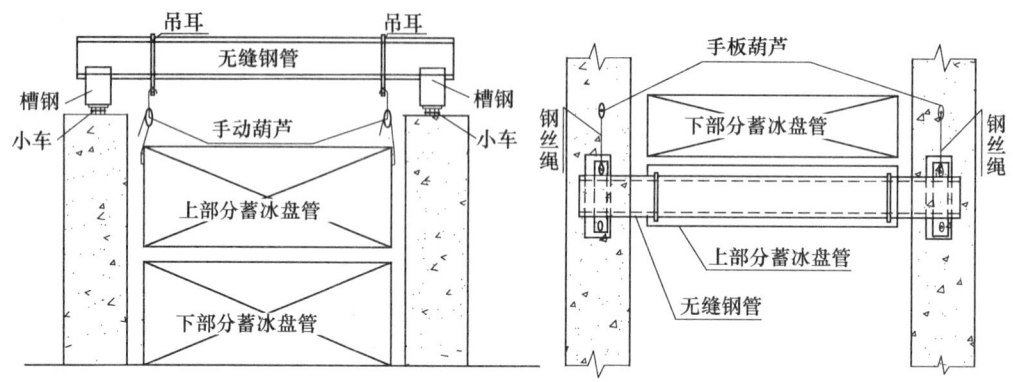

图 5.2.10-2 上部冰盘管吊装示意图

6. 运输通道上最后一组冰盘管就位与其他盘管方法相反，先将上部盘管运至冰池内，用桥式吊机吊装至安装高度，再将下部冰盘管运至安装位置，通过液压千顶拆除下部盘管的运输底盘、冰池内运输路轨后就位，然后通过吊机上手动葫芦缓慢进行上下盘管组装。

7. 制冷剂蓄冰盘管的安装完毕后如图 5.2.10-4、图 5.2.10-5 所示。

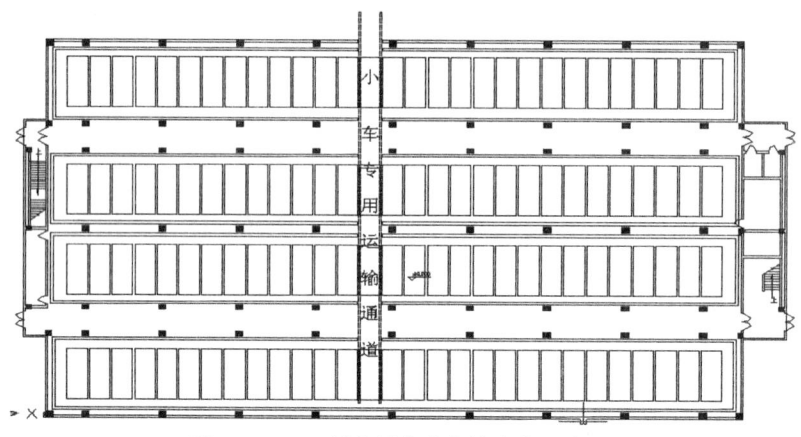

图 5.2.10-4 制冷剂蓄冰盘管安装示意图

图 5.2.10-5 制冷剂蓄冰盘管安装效果图

5.2.11 载冷剂制冰盘管的试压冲洗

1. 在制冷盘管进入蓄冰槽安装前，对制冰盘管组件进行单体气压检漏。

2. 气压检漏完毕马上进行气压吹扫，气压吹扫以没有粉尘被吹出为合格，对气压检漏合格的组件，交付安装，对不合格的组件交下一步进行试验。

3. 对有泄漏情况的盘管组件进行单体水压试验，查清漏点所在，进行现场修复（短接）处理，处理后再行检漏。

4. 对经现场处理合格的盘管组件进行气压吹除管内的处理，处理后交付现场安装。

5.2.12　载冷剂主管线的试压冲洗

1. 载冷剂管道的材质采用螺旋焊接钢管，主管线长度约 1000m；口径为 DN400~1100mm，容积非常巨大，管内的异物以浮锈为主，考虑如果以压缩空气作为载冷剂主管线试压吹洗介质的话，试压时会产生极大的破坏力，危险性很大。吹扫时又会出现污天蔽日的情况，对现场环境造成极大的污染。为此改用水作为载冷剂主管线的试压冲洗介质，冲洗完毕后采用储气-放气带走管内水份的方法。

2. 在载冷剂分支管接入前，对系统主管线进行一次冲洗。冲洗过程为：第一步为清渣；第二步为用大流量冲擦管内壁。选点设置旁通，在旁通管处设置 Y 格过滤器，以便于清除管内杂质，启动循环水泵，计算水体循环一周所需的时间，作为第一次循环冲洗的工艺时间；然后停泵，拆洗过滤器、清渣后恢复；按三倍于第一次循环的时间进行第二次循环冲洗，目的是以大流量冲擦管内壁；然后放水，交付下一度工序。

3. 在载冷剂分支管安装完成后，关闭所有阀门，对系统主管线进行充气，然后逐根分支管开启阀门进行吹扫，在吹扫过程中维持系统主管线具有 0.4MPa 的充气压力，吹至不再有粉尘被吹出为合格。

4. 载冷剂分支管吹扫合格后，进行分支管与制冷盘管的连接。

5. 对分支管与制冰盘管的管接口进行一次气压检漏。

6. 材料与设备

6.1　冰蓄冷站主要材料和设备（表 6.1）

主要材料设备表　　　　　　　　　　　　　　　　　　表 6.1

序号	名　称	型号规格	单位	数量
1	螺旋焊接钢管、无缝钢管	DN100~DN1100	t	2900
2	双工况制冷机组	1860~2200 冷吨	台	30
3	基载制冷机组	2000 冷吨	台	2
4	制冰盘管	712 冷吨	组	468
5	板式换热器	换热量：2000 冷吨	台	32
6	超低噪音横流式冷却塔	1600~1800m³/h，6℃温差	台	37
7	各类水泵	62.2~175.6kW	台	129

6.2　主要施工机具

主要施工机具表　　　　　　　　　　　　　　　　　　表 6.2

序号	名　称	规格型号	单位	数量
1	电动卷扬机	5t、3t、1t	台	8
2	CO₂ 气体保护焊机	NBC-350	台	8
3	逆变弧焊机	ZX7-400A	台	20
4	电动套丝机	4″、3″、2″	台	9
5	液压式汽车吊	加藤 NK-900　90t	台	1
6	液压式汽车吊	NK-500　50t	台	1
7	液压式汽车吊	EQ140　16t	台	1

续表

序号	名　称	规　格　型　号	单位	数量
8	载重汽车	东风 140　　8t	台	2
9	电动试压泵	DSY200／3	台	3
10	摇臂钻床	K25	台	2
11	台钻	ZQ4116／ZQ4119	台	4
12	台钻	Z4120／Z4125	台	3
13	砂轮切割机	φ400	台	10
14	空气等离子切割机	LG-80	台	1
15	手动葫芦	1t、2t、5t	台	42
16	无线电对讲机	健伍 3107	台	6
17	叉车	CPCD 5AⅡ2	台	1
18	冲击电钻	TE-76	台	10
19	冲击电钻	TE-5~10	台	10
20	焊条烘干箱	ZYH-20／30	个	2
21	氧乙炔割具		套	12
22	氧乙炔焊具		套	2
23	空气压缩机	0.6m³/min	台	2
24	喉钳	12″~48″	把	15
25	螺旋千斤顶	5t	台	6
26	螺旋千斤顶	2t	台	4
27	液压千斤顶	16t	台	4
28	导向轮		个	30
29	钢丝绳		m	3000
30	角向磨光机	φ100	台	12
31	可移动脚手架	1.8m	座	60
32	铝合金人字梯	5~13 横	把	25

7. 质 量 控 制

7.1　工程质量控制标准

7.1.1　严格执行《通风与空调工程施工质量验收规范》GB 50243-2002 和《工业金属管道工程施工及验收规范》GB 50235-97。

7.1.2　管道水冲洗流速不小于 1.5m/s，压缩空气冲洗流速不小于 20m/s。

7.1.3　严格执行标书和设计文件中对工程施工质量的要求。

7.1.4　严格执行工程监理对本工程制定的工程验收管理制度；将作业的关键时点及时知会监理，主动邀请相关人员对重要的作业环节进行旁站监理。

7.2　质量控制措施

7.2.1　安排施组编制人员对全体参与施工的人员进行技术交底，讲解工程项目的概况、特点、设计意图、施组意图，管理措施、施工方法和技术措施等。

7.2.2　根据施工的实际需要，编好各专项施工方案，向施工作业层做好详细的技术交底。

7.2.3　建立健全项目的质量管理体系，根据项目特点完善项目的质量管理制度。

7.2.4　严格控制机房深化设计图的出图质量。

7.2.5 加强对工程材料进场验收的管理。

7.2.6 加强对计量器具的日常管理，确保在检定周其之内使用计量器具。

7.2.7 严格控制预制管道组件的加工尺寸误差。

7.2.8 加强过程监督检查和检验，及时做好工程交验记录。

8. 安 全 措 施

8.1 认真贯彻执行"安全第一，预防为主"的方针，设立专职安全员和班组兼职安全员的安全管理制度，严格执行安全生产责任制，明确各级人员的安全生产职责，加强现场安全监督，及时消灭安全隐患，确保安全生产。

8.2 认真执行三级安全教育制度，做好安全技术交底。

8.3 对项目实施过程的危险源进行辨识和评估，编制安全生产管理方案，对吊装、高处作业和动火作业编制专项安全施工方案，严格按方案施工，配备数量足够的安全保护物资。

8.4 各类房屋、库房、料场等的安全距离做到符合有关部门规定，室内不堆放易燃品；严格执行动火审批和检查制度，施工现场禁止吸烟；随时清除现场的易燃杂物；不在有火种的场所或其近旁堆放生产物资。

8.5 氧气瓶与乙炔瓶隔离存放，使用过程确保有 5m 以上的安全距离，确保氧气瓶不沾染油脂、乙炔发生器有防止回火的安全装置。

8.6 施工现场的临时用电严格执行《施工现场临时用电安全技术规范》的有关规范，临时用电线路采用"三相五线"制，电气设备和电气线路绝缘良好，用电设备确保"一机一闸一漏保"，场内架设的电气线路其悬挂高度和线间距除符合安全规定。施工现场使用的手持照明灯使用 36V 的安全电压。

8.7 编制好应急预案并进行演习，确保应急预案合适有效。

8.8 安全技术措施如表 8.8 所示。

安全技术措施　　表 8.8

序号	安全技术控制项目	应 对 措 施
1	高空及交叉作业	1) 高空作业施工人员必须佩戴安全带。 2) 悬空作业下方必须张挂安全网。 3) 施工人员进入施工现场必须戴好安全帽。 4) 严禁交叉危险作业
2	起重运输作业	1) 吊装作业区进行围蔽，做好安全警示挂牌。 2) 起吊重物时，司索人员应与重物保持一定的安全距离。 3) 听从指挥人员的指挥，发现不安全情况时，及时通知指挥人员。 4) 卸往运输车辆上的吊物，要注意观察中心是否平稳，确认不致顷倒时，方可松绑，卸物。 5) 工作结束时，所使用的绳索吊具应放置在规定的地点，加强维护保养，达到报废标准的吊具、吊索要及时更换。 6) 起重吊车行走路线，吊点基础，必须按设计荷载能力进行铺设及捣制，并经测试。 7) 吊装工程施工人员必须持证上岗。 8) 吊装施工准备工作中，必须对运输机械和大重型吊车进行技术性能测试和检查，吊车必须要有有效使用期内的年审合格证，所有索具、吊环、夹具、卡具、缆风绳等的规格技术性能必须符合设计要求，所有自制加工的机具原材料必须进行理化试验，吊车定位后由于吊杆高度较高必须做好防雷接地。 9) 吊装作业应执行交接班制度，在交接班时，应向接班人员进行吊装作业有关安全注意事项、吊车工况等，并做好交接班记录
3	安装平台排栅搭设	1) 必须按设计规定的荷载能力使用，严禁超载 2) 作业面的荷载，如施工人员、小型工具、机具应避免结集于一处，应按设计荷载能力均匀分布。

续表

序号	安全技术控制项目	应 对 措 施
3	安装平台排栅搭设	3) 所有钢结构构件或备用钢材，不允许放置在安装排栅平台上。 4) 不得随意拆除排栅结构杆件顶撑和锚固件。 5) 不能随意拆除安全防护设施，防护设施未设置或不符合要求时，要予以补设，符合安全要求才能使用
4	施工用电	1) 严禁操作电工无证上岗。 2) 严禁无经验电工单独值班。 3) 严禁带病、疲劳、酒后上岗。 4) 现场电工必须严格遵守操作规程、安装规程、安全规程。 5) 建立施工现场临时用电安全技术档案，并由专职临电施工员组织临电施工资料的整理和归档

9. 环 保 措 施

9.1 建立环境保护目标

目标：在保证质量、安全等基本要求的前提下，通过科学管理和技术进步，最大限度地节约资源与减少对环境负面影响的施工活动，实现四节一环保（节能、节地、节水、节材和环境保护）。运用 ISO14000 环境管理体系，将绿色施工有关内容分解到管理体系目标中去，使绿色施工规范化、标准化。

9.2 绿色施工控制框架

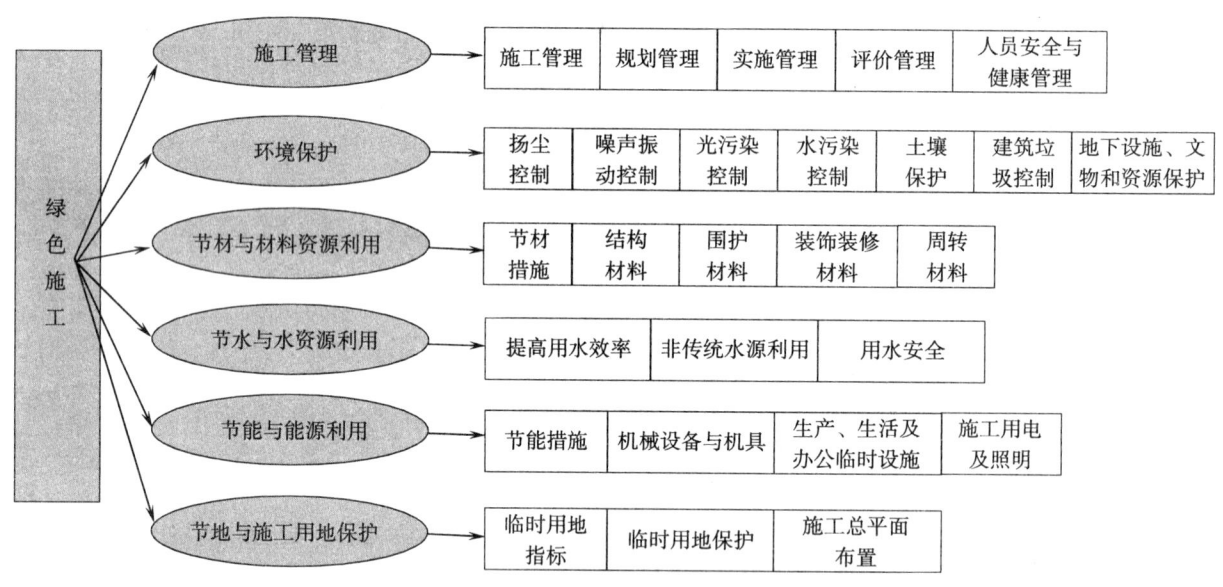

9.3 环境保护措施

具体见表 9.3。

环境保护措施   表 9.3

序号	控 制 项 目	应 对 措 施
1	施工管理	1) 对整个施工过程实施动态管理，加强对施工策划、施工准备、材料采购、现场施工、工程验收等各阶段的管理和监督。 2) 结合工程项目的特点，有针对性地对绿色施工作相应的宣传，通过宣传营造绿色施工的氛围

序号	控 制 项 目	应 对 措 施
2	节材措施	1) 现场材料堆放有序。 2) 避免和减少二次搬运。 3) 采取技术和管理措施减少支撑、脚手架等的用量和提高周转次数。 4) 应尽量就地取材。 5) 对焊接材料进行严格控制，严禁有铺张浪费的现象 6) 吊机选择合理，并安排有序
3	节能措施	1) 制订合理施工能耗指标，提高施工能源利用率。 2) 优先使用国家、行业推荐的节能、高效、环保的施工设备和机具，如选用变频技术的节能施工设备等。 3) 施工现场设用电控制指标，定期进行计量、核算、对比分析，并有预防与纠正措施
4	施工噪声	1) 对机械进行定期维修、保修，提高机械性能，降低噪声污染。 2) 对施工噪声及施工所产生的振动进行有效的控制，合理安排施工作业时间。 3) 定期在施工现场进行噪声检测，掌握施工区域的噪声情况，以便适时采取降噪手段
5	粉尘防治	1) 做到场地硬化，定期洒水，减少灰尘对周围环境的污染。 2) 汽车在工地范围内，控制车速不大于 5km/h。 3) 禁止在施工现场焚烧有毒、有害和有恶臭气味的物质。 4) 严禁向建筑物外抛掷垃圾

10. 效 益 分 析

本工法内容完全符合满足国家关于建筑节能工程的有关要求，有利于推进节约能源，有利于规模化和标准化作业，具有显著的经济效益和社会效益。

10.1 经济效益分析

10.1.1 该工法采用的先管道、后设备的施工工艺顺序，有效地解决了密集机房布置的施工空间问题，为确保管道的施工质量提供了充分的工艺空间。

10.1.2 先管道、后设备的作业顺序，在消除空间障碍的同时亦去除了管道施工损害已定位设备的顾忌，省除了对设备采取保护措施的大笔费用。

10.1.3 因为管道施工的输送通道没有障碍，为加快施工进度创造了有利条件，工效大幅提高，机房上部大量水平管的实际工期比计划工期节点缩短了 1/3 强，在整个设备管道安装工程项目中提前了 2 个月多。

10.1.4 模块化预制管道组件，运用 CAD 技术，有效地解除了管件制作与设备定位的紧前紧后关系，使管件制作由紧后工序改为提前进行，为确保工期作出了大的贡献。亦为日后的大型设备配管工艺提供了一种新的模式。

10.1.5 冰蓄冷站设备及管道安装费用的节省费用计算

1. 通过模块化的深化设计，利用综合布线图，大量管道均采用了预制方案。进场材料为已预制完毕的半成品，相对传统的"二次拆卸安装"方案，管道安装费用减少了一次拆除和一次安装费用。实际发生管道安装人工费约 133 万元，如果按传统的"二次拆卸安装"方案应发生的管道安装费约 271 万元，相对减少人工费 138 万元。

2. 工地吊装、运输费用的节省

由于管道采取了预制方案，随着现场管道安装次数的减少，亦相应减少了两次现场运输、装车和两次外运（施工现场至镀锌处）运输费用。运输、吊装实际发生单价为：外运运输费用为 120 元/t；现场运输、装车人工费、机械费为 140 元/t。预制管道总重量为 1624t（管道总重为：2765t，现场加工管道 1141t），节省费用为：1624t×（120 元/t+140 元/t）×2=844480 元。

3. 对大管径耐腐蚀钢管采用半自动焊接比手工焊接速度快 5 倍，减少人工约 15000 工日，同时焊材利用率至少提高了 10%，节约成本约 225 万元。

4. 通过"一种吊装矩形截面钢柱的专用夹具及利用该夹具的吊装方法"（发明专利公开号：CN101723240A）的发明专利，采用此专用夹具吊装矩形截面柱不用焊接吊耳，没有高空拆除钢丝绳和高空割队吊耳的问题，降低高空作业风险，减轻了劳动强度、大幅度提高了吊装效率、减少了吊车费用并且保证了吊装质量。工程施工速度提高 2 倍，节省机械台班约 50 万元，能够创造良好的经济效益。

综合以上经济对比，采取模块化深化设计和管道预制的工艺，先进的半自动气体保护焊，先进的吊装方法和技术，使得冰蓄冷站设备和管道安装节省费用合计为 492 万元左右，获得的经济效益是显著的。

10.2 社会效益分析

冰蓄冷空调系统的优点在于减轻电网压力、节省电费、节省新建电厂的投资、节省空调设备费用，减少制冷主机的装机容量和功率，可减少 30%~50%，采用蓄冰空调系统，充分利用峰谷分时电价，可大大减少空调系统允许费用，减少相应的电力设备投资，如：变压器、配电柜等。冰蓄冷中央空调系统从空调的品质来看，冰蓄冷中央空调能够提供温度更低的冷冻水，能有效降低室内空气的相对湿度从而提高室内舒适程度。同时冰蓄冷中央空调都具有应急功能，在发生停电的时候只要保证末端系统和水泵能够工作就能正常供应空调，冰蓄冷中央空调系统的可靠性更好。

大力发展冰蓄冷空调系统，就必须不断地提高相关的施工工艺水平，通过公司实施的大型冰蓄冷站施工工法，率先提出工业化、模式化、精量化、效益化的施工，解决了空间密集、质量高、工期紧张的大型冰蓄冷站及空调冷站的施工技术和施工成本问题，为大型冰蓄冷空调冷站确保工期和节约成本方面具有极大的推广应用价值和社会效益。

11. 应 用 实 例

11.1 广州大学城第三冷站项目

装机制冷量 16000 冷吨，总蓄冷量 80456 冷吨，最大供冷能力为 25000 冷吨。蓄冰系统载冷剂为 28%工业抑制型乙烯乙二醇溶液。制冷主机选用离心式双机头、双工况制冷机组 8 台，单台空调工况制冷量 2000 冷吨，制冰工况制冷量 1430 冷吨；选用超低噪音横流式冷却塔 8 台，单台冷却能力 1800m³/h；蓄冰设备选用内置翅片管释冷换热器的冰盘管 113 台，冰盘管为非完全冻结式，单台蓄冰量 712 冷吨，冰盘管安装在设于首层的 8 个混凝土蓄冷槽内；选用板式换热器 8 台，板式换热器一次侧为乙烯乙二醇溶液，二次侧为空调冷水，单台空调工况换热量 2000 冷吨；选用乙烯乙二醇溶液泵、一级冷水泵各 8 台，二级冷水泵 5 台；选用空气泵 4 台，三用一备，单台鼓气量 1190m³/h，制冷设备安装在二层，蓄冰槽设置在首层。

11.2 广州大学城第四冷站项目

装机制冷量 16740 冷吨，总蓄冷量 92336 冷吨，最大供冷能力为 27000 冷吨。蓄冰系统载冷剂为 30%工业抑制型乙烯乙二醇溶液。制冷主机选用离心式双机头、双工况制冷机组 9 台，单台空调工况制冷量 1860 冷吨，制冰工况制冷量 1330 冷吨；选用超低噪声横流式冷却塔 9 台，单台冷却能力 1800m³/h；蓄冰设备选用内置翅片管释冷换热器的冰盘管 116 台，冰盘管为非完全冻结式，单台蓄冰量 796 冷吨，冰盘管安装在设于首层的 4 个混凝土蓄冷槽内；选用板式换热器 9 台，板式换热器一次侧为乙烯乙二醇溶液，二次侧为空调冷水，单台空调工况换热量 1860 冷吨；选用乙烯乙二醇溶液泵、一级冷水泵各 9 台，二级冷水泵 10 台；选用空气泵 4 台，三用一备，单台鼓气量 1190m³/h，制冷设备安装在二层，蓄冰槽设置在首层。

11.3 广州珠江新城区域集中供冷系统制冷站

广州珠江新城区域集中供冷系统制冷站为广州珠江新城核心区的办公、商业、宾馆、集运中心等场所提供空调冷源，采用冰蓄冷外融冰系统+区域供冷。本工程有 5 台双工况乙二醇水冷离心式冷水机组（空调工况为 2200 冷吨 / 台，制冷工况为 1345.8 冷吨 / 台）及 1 台 2000 冷吨的基载水冷离心式冷水机组。126 台外融冰盘管、5 台乙二醇泵、8 台冷冻一级水泵、8 台冷冻二级水泵、7 台冷却水泵、7 台板式换热器组成冰蓄冷系统。

风洞关键部件收缩段制造安装工法

GJYJGF117—2010

四川省工业设备安装公司　中国华西企业有限公司

孙东华　杜江　曾健　帅龙飞　胡宁

1. 前　言

随着我国神州系列飞船、大飞机项目、登月工程项目等一批重大项目的开展，标志着我国航空航天科已处于迅猛发展阶段。风洞试验是航空航天科技领研究的基础试验，为航空航天飞行器的研究制造提供基本设计资料，因此，风洞的建设就显得十分重要了。

风洞是一个非标压力容器设备，由许多部部段组成，其中有一个关键部段叫收缩段，其结构复杂，为双层焊接的钢结构，外壳承压、内壳成形，制造和安装精度要求高，施工工艺和技术难度大。收缩段在风洞中的作用主要是通对气流进行收缩后增压、增速的作用。进入收缩段内的气流是已经过烧结网、蜂窝器、和阻尼网调整后的气流，已经将气流中的窝流去掉并将气流束的方向调整为与洞体轴线一致，故经收缩段后的气流，也不得产生涡流且气流出口收缩段后的方向也要保持和风洞轴线方向的一致，因此，收缩段的内型面是按照气动原理，设计成了一个三元收缩的曲面，其加工制作的工艺和技术难度大。由此可见，收缩段在风洞结构中是一个关键部段，也是风洞建造中必须攻克的一个重大技术难题。

四川省工业设备安装公司在风洞建造领域至今已经有 30 余年历史，成功建造了 $\phi1.2m$ 超声速风洞、亚洲最大的 $\phi2.4m$ 跨声速风洞、$\phi5m$ 立式风洞等 10 余座风洞，其中 $\phi2.4m$ 跨声速风洞制安工程于 2000 年荣获鲁班奖、$\phi5m$ 立式风洞制安工程于 2007 年荣获天府杯金奖。在这些风洞建造中，四川省工业设备安装公司攻克了现场制造安装风洞三元收缩段的技术难关，形成了独特的施工方法。2007 年，四川省工业设备安装公司又承担了中国空气动力研究中心 $\phi2m\times2m$ 超声速风洞的制造安装工程。在该工程中，四川省工业设备安装公司组织技术力量，有针对性地开展科技攻关，形成了现场制造安装风洞三元收缩段的施工工法。本工法在 $\phi1.2m$ 超声速风洞、$\phi2.4m$ 跨声速风洞、$\phi5m$ 立式风洞等工程中成功制造安装风洞收缩段的技术经验基础上，推陈出新而成，以期在风洞工程建设领域中能有所借鉴和参考。

2. 工 法 特 点

2.1　收缩段简介

风洞的整体结构一般都有：大开角角段、稳定段、收缩段、喷管段、试验段、超扩段、引射器等主要部段，收缩段位于稳定段和喷管段之间。

$\phi2m\times2m$ 超声速风洞的收缩段为双层焊接结构，外壳承压、内壳成形，前端与稳定段焊接连接，后端与挠性喷管段通过法兰连接，部段轴线全长 6050mm，轴线同轴度公差 $\leq\phi2mm$，收缩段总重 158.9t。

收缩段承压外壳板厚 60mm，总重 65.3t，壳体前端部分为球面结构，球体半径 $SR=4750mm$，重约 29.7t；后部为圆变方结构，其轴线长 2860mm，出口截面尺寸 5400mm×3000mm，四角为圆弧形，$R=700mm$。

收缩段内壳为三元收缩型面，型面板厚度 6mm，重 5.7t。收缩段出口法兰外形尺寸 3840mm×6140mm，内腔尺寸 2000mm×3500mm，法兰厚度 150mm，材质为 Q235B，重 20.4t。见图 2.1。

2.2　工法特点

此工法的特点是程序化、有一定技能的技术工人能撑握运用、质量有保证、安全可靠。

根据收缩段结构，分为天圆地方、球壳板、内壳体及出口方法兰4部分加工制作。天圆地方采用辊板机分片冷压卷制后再拼焊成整体，根据辊板机卷压的最大钢板宽度，天圆地方分成两节压制，其中一节承压壳体与出口方法兰组焊退火后外协机加；球壳板由专业球皮生产厂家加工后与主壳体进行安装合拢。

控制型面的肋板分为环肋和纵肋，主纵肋有28条，7种规格尺寸，不同位置上的环肋尺寸均不同。前期预制阶段，为保证修型需要量，纵肋和环肋均预留了约50mm宽的加工余量。7种规格的主纵肋采用电脑放样，这样避免了传统放实样需要大型放样平台，并且提高了放样的精度和效率。

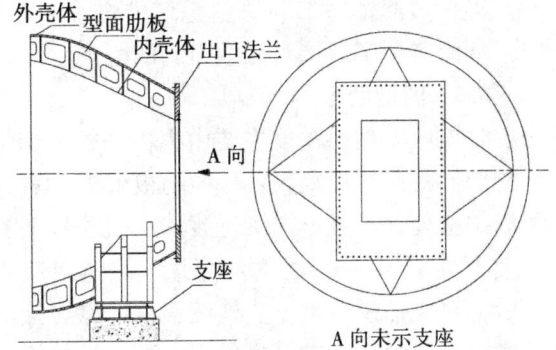

图2.1 收缩段结构示意图

传统的内型面板成型的方法是将内型面板切割成小块后拼焊成型。本工法的内型面板成型方法是：制作内型面模具，将内型面板热压成型（留出约50~100mm的切割余量）后再现场修配成型。与传统方法相比，大大减少了成型焊缝数量；提高了内型面的精度；热压成型后降低了内型面内的应力，使内型面的工作更加可靠。

3. 适 用 范 围

我国所设计的跨声速、超声速系列风洞中都有收缩段，不同型号风洞其收缩段的基本原理和结构相同。故本工法适用于跨声速、超声速等系列风洞的收缩段的制作及安装工程。

4. 工 艺 原 理

4.1 球壳体

球壳体按工厂压制工艺，采取均分12瓣外委压制加工，现场组对。组对过程中应采取预组对方式，以保证球壳进出口同稳定段和收缩段对接口的错边量满足质量要求。

4.2 天圆地方壳体

采用电脑CAD软件放样，然后根据钢尺寸及辊床规格在电脑里对整体样板进行分割并标示出结合线，然后出放样图交班组实施。天圆地方壳体分8瓣卷制，卷压过程中，应采用多次压制，逐渐增大下压量，直到符合样板尺寸（与样板尺寸偏差应控制在2mm以下），避免过渡压制。天圆地方分节压制成形后，先在钢平台上进行一次预组装，预组装完成后检查进口截面圆度和出口矩形截面的对角线偏差。见图4.2。

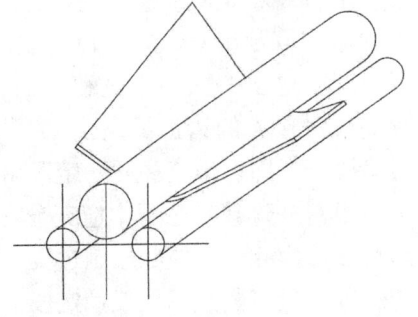

图4.2 辊床滚压示意图

4.3 法兰制作

法兰加工完毕的厚度为150mm，法兰材料定尺采购，在现场焊接成毛坯件后再机加完工。在焊接过程中应重点控制焊接质量，严格做好焊前预热和焊后消氢工作，焊接采用低氢焊条，并采用立式、多人对称连续施焊、减少拘束度的工艺。法兰毛坯件焊接完成后，再与壳体短节焊接。最后将收缩段整体预装配后进行热处理，热处理后再对带短节的法兰（图4.3）进行机械加工。

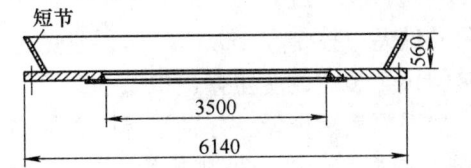
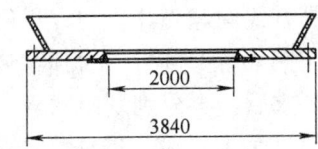

图4.3 带短节法兰示意图

将一节筒体短节与法兰毛坯件焊在一起后进行机加工，主要是为了法兰机加后不再与筒体直接焊接，从而避免了焊接对法兰引起的变形。

4.4 内型肋板

收缩段内型面精度主要由纵横肋板来保证，纵向肋板根据型面坐标放样并制作1:1样板下料，下料后的部件再用样板复查；环向肋板根据位置分段，与纵向肋板拼接处保证弧形圆滑过渡。型面肋板气流侧预留修割余量不小于35mm。型面肋分片同壳体组装成形并焊接完毕后，对壳体进行整体热处理，以消除焊接应力和保持尺寸稳定，热处理后方可进行内型面肋板的修型工作。环肋根据设计坐标值，以壳体中轴线为X方向，环向为Y方向，对照设计坐标参数，逐层放出内肋理论切割线，并做好样冲标记。利用工艺修型装置进行型面分层修配。

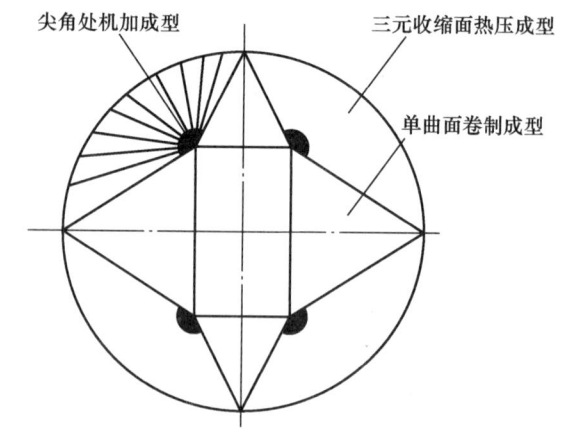

4.5 内型面的加工方式

收缩段三元收缩内蒙皮板厚6mm，内蒙皮双曲面采用模具分片热压成型，尖角处采用机加成型，单曲面采用冷加工成型，如图4.5所示。

图4.5 内型面加工方式图

5. 施工工艺流程及操作要点

5.1 施工工艺流程图 (图5.1)

5.2 主要施工方法和操作要点

5.2.1 球壳体制作

球壳体按工厂压制工艺，采取均分12瓣外委压制加工，现场组对。组对过程中应采取预组对方式，以保证球壳进出口同稳定段和收缩段对接口的错边量满足

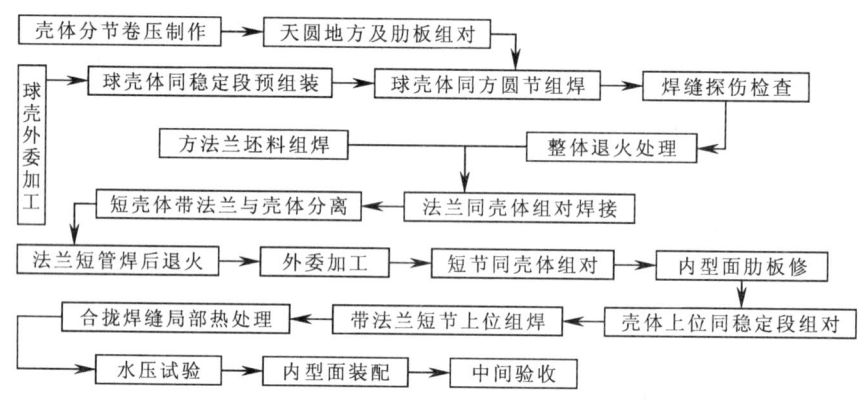

图5.1 施工工艺流程图

质量要求。即：球壳先同稳定段出气侧外壳的进行预组对，确保球壳进口的外形尺寸，再同收缩段入口进行组对并焊接。过程中应充分考虑到球壳11条焊缝的收缩量，在焊接收缩后应保持同前后两段的外形尺寸，为此球壳体在压制过程中在两瓣中留出修配余量，预组对过程中应先焊接部分焊缝，留出不焊的焊缝数量应同收缩段或稳定段一致后，在进行修配焊接，以满足各接缝的错边量满足质量要求。

5.2.2 方圆节壳体制作

方圆节壳体为天圆地方结构，采用滚床卷制困难，因此应利用80mm卷板机上辊的正压力沿压制线进行不均匀压制成型的方法。

天圆地方壳体，分8瓣卷制，卷压过程中，应采用多次压制，逐渐增大下压量，直到样板尺寸（检测方式同球壳体，与样板尺寸偏差应控制在2mm以下），避免过渡压制。天圆地方分节压制成形后，先在钢平台上进行一次预组装，预组装完成后检查进口截面圆度和出口矩形截面的对角线偏差，符合工艺要求后，再分别划出肋板，加强圈实际位置，分别组焊内壳体型面肋板。考虑到法兰同壳体焊接后重量超过吊车负荷，造成吊装难度增高，为减少吊装吨位，560mm短壳体同壳体预组对，并完成肋板组对焊接、探伤、整体退火，整体同法兰进行组对后并焊接完毕，方可同工艺段从预装焊缝处分离开，短节

同法兰进炉退火后，将法兰及短接外委加工。天圆地方两工艺段之间的对接焊缝预组装时不焊接，但应进行点焊和工装锁定，以备重新组装定位用。

法兰短节在外委加工前，应同壳体一同利用盘周长吊线等方法，在壳体和法兰端面上放出 0°、90°、180°、270°4 个点，作为安装、组对合拢的基准。

收缩段工艺分段如图 5.2.2 所示。

5.2.3 收缩段大型法兰制作组对方法（图 5.2.3）

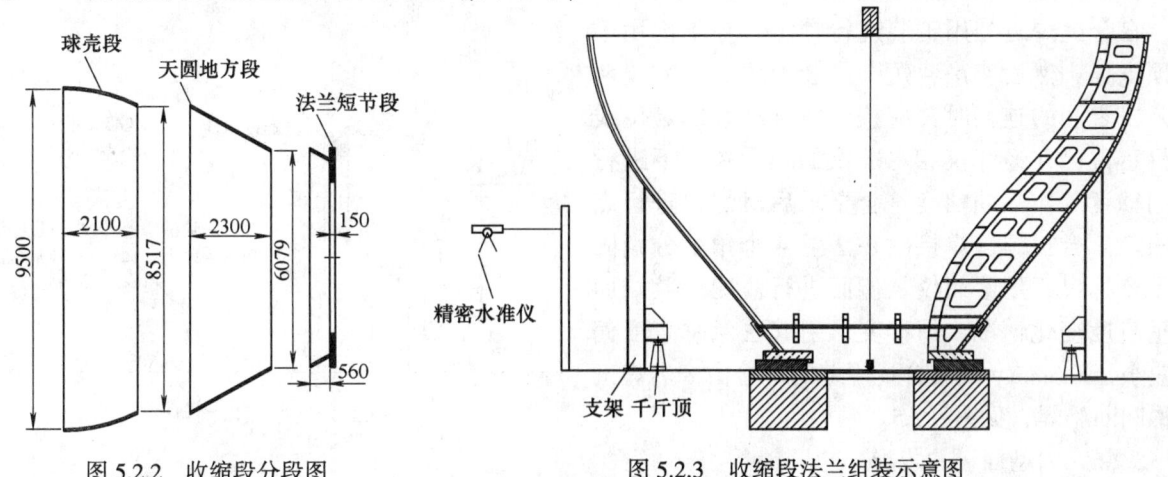

图 5.2.2　收缩段分段图

图 5.2.3　收缩段法兰组装示意图

法兰材料设计采用 Q235B，加工完毕的厚度为 150mm，净重量约重 20.4t。材料定尺采购，对于大型厚板结构件，由于母材轧制时产生的层状偏析（主要是 Mn、S）、各向异性等缺陷，在热影响区或在焊缝的熔合线母材中产生与钢板表面成梯形平行的裂纹，叫层状撕裂。焊接大厚度钢板焊缝时，主要是防止层状撕裂，其次是消除氢产生的不利影响。由于厚度大，焊接后收缩量也相对较大，焊接应力也较大，因焊接收缩而引起对法兰几何尺寸的变化不易控制。

法兰在制作过程中应重点控制焊接质量，严格做好焊前预热和焊后消氢工作，焊接采用低氢焊条，并采用立式、多人对称连续施焊、减少拘束度、后闭环焊接的工艺。本法兰焊接编制专项工艺指导书。

收缩段大型法兰组对精度为本部段的重点，也是四机加部段的安装基准之一。为满足法兰的最终技术要求，法兰同收缩段的组对采用立式在精密平台上组对的方法，确保法兰中心和垂直度小于 0.5mm。组对方法：首先用水准仪将平台找平，放置法兰短节，安装上部收缩段，利用龙门卡、及千斤顶等调整收缩段上部中心吊下的钢线锥同法兰中心对正，调整固定后施焊，焊接采用小线能、对称焊随时复核法兰面的水平度。因在法兰同壳体焊接时，法兰为环向受热，存在较大的温度应力，从而影响法兰自由端的几何尺寸，因此在法兰自由端应采取刚性固定，减少法兰自由端的变形，确保加工余量。

5.2.4 内型肋板修配

壳体（含肋板）热处理后方可进行内型面的修型工作。内型纵肋的放线和检查采用根据理论值制作出 1:1 样板进行。环肋根据设计坐标值，以壳体中轴线为 X 方向，环向为 Y 方向，对照设计坐标参数，逐层放出内肋理论切割线，并做好样冲标记。利用工艺修型装置进行型面分层修配，见图 5.2.4。

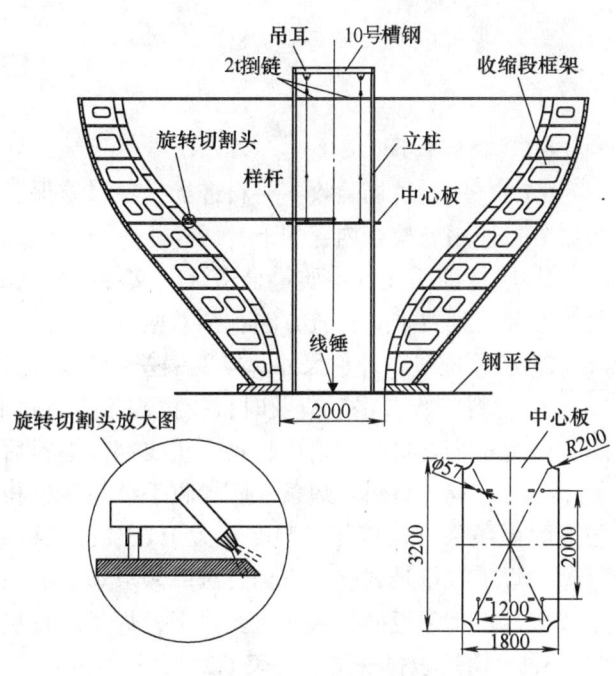

图 5.2.4　型面肋板修配图

从气流出口向气流入口进行方向修配,调整好气割枪嘴角度,切割时应留出切割放线的理论型面样冲线,待切割后采用砂轮机按样冲线进行打磨修配。

内型面修配完成后,应用样板进行测量和检查,确认内型面修配满足要求后,方可进入下一步的安装工作。

5.2.5 收缩段上位安装

收缩段分两个工艺段依次上位安装,采用100t龙门吊进行吊装。工艺段（含球壳）先同稳定段连接,在合拢焊缝处用工装进行锁定,在下部用千斤顶支撑,然后将法兰短节吊装上位。收缩段两工艺段之间的连接时,应按整体预组装的定位线进行定位,在经纬仪和水准仪的测量指挥下进行找同轴度工作,同轴度符合要求后对焊口进行点焊固定。合拢焊缝焊接时在法兰4个角上分别固定1个标尺,用经纬仪从侧面进行监测法兰端面的垂直度变化情况,焊接变形引起法兰垂直度偏差应小于0.5mm。安装合拢焊缝的焊接由8名焊工对称间断施焊,见图5.2.5。

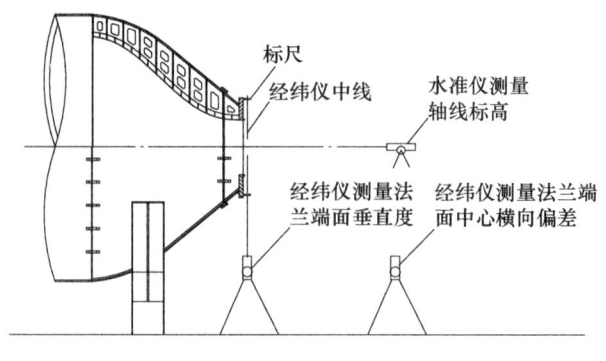

图5.2.5 收缩段测量图

5.2.6 内型面板的装配

内型面板的放样、排版、下料应根据内型肋板方格的实测尺寸进行,蒙皮的拼接缝布置在纵环向肋板上。

内型面肋板框架的焊接采取小直径焊条,小线能量施焊;型肋与型面板焊缝全部采用交错断续焊,局部采用塞焊;蒙皮拼缝采取分段退焊,控制层间温度,焊工分散分布,避免集中加热而使型面变形。焊完后气流通道的焊缝表面需打磨平整,与母材光滑过渡。

内型面检验办法:在内型面板安装和焊接过程中,采用样板边安装边检查。

5.2.7 水压试验

收缩段按设计要求应和大开角、稳定段及主调压阀以后的主进气管道一道进行1.8MPa水压试验(按水压试验方案进行)。

6. 材料与设备

6.1 材料管理

6.1.1 钢材进场验收:材料进场后项目质保工程师应及时对材料进行验收,并报工程指挥部审查合格后方可使用。检查内容如下:

1. 质量证明文件:质量合格证明文件、中文标志及检验报告。其品种、规格、性能应符合国家产品标准和设计要求。检查方法:全数检查。

2. 表面质量、外形尺寸、厚度偏差:方法采用钢尺和游标卡尺。检查数量:每批次至少5处。

3. 材料验收合格后应及时报指挥部审查认可后放可进行入库。并及时逐张逐件作好材质、规格标志,避免不合格材料和错用材料。重要部件下料后,作好标志和移植。

6.1.2 焊接材料:焊条入库验收手续与钢材相同,现场设两个焊材库,一级库为批量贮存库,具备防潮除湿条件,常年相对湿度不大于65%;二级库为当日烘干发放库,设烘干箱、恒温箱3台,专人管理。焊工持携带式保温筒到二级库领取焊条,一次领用数在5kg以内,剩余焊条不得带回工具房,下午或次日再用须返回二级库重新烘干,焊条重复烘干次数不超过两次。

6.2 需用设备一览表 (表6.2)

需用设备表 表6.2

序号	设 备 名 称	型 号 规 格	数量	备 注
一	主要起重运输机械			
1	龙门起重机	起重量 2×5t 起高 12m，轨距 18m	1	
2	龙门起重机	起重量 5t 起高 9m，轨距 18m	1	
3	龙门起重机	$Q=40t$ 起高 12m，轨距 42m	1	
4	翻身架	120t	1	自制
5	千斤顶	50~100t	8	
6	手拉葫芦	1~10t	6	
二	主要加工机械			
1	型钢矫直机	100t	1	
2	摇臂钻床	Z3063	2	
3	牛头刨床	B995/B665	2	
4	刨边机	B81120A-9m	1	
5	电动磨光机	$\phi200$	2	
6	手动砂轮机	$\phi100$	4	
7	大型卷板机	卷制能力 $\delta=80$	1	
三	焊接切割设备			
1	逆变焊机	ZX7-500S	6	
2	逆变电焊机	ZX7-400	8	
3	半自动 CO_2 气体保护焊	NBC-500	4	
4	半自动切割机	CG1-30	3	
5	碳弧气刨	QB-600	2	
6	红外线电热烘箱	ZYH-100kg	2	

7. 质 量 控 制

7.1 收缩段施工质量保证项目及基本项目（表7.1）

收缩段施工质量保证项目及基本项目 表7.1

	检查评价项目	质 量 要 求	检查办法及工具	检 查 数 量
保证项目	1. 合格证	部段合格证及其附表完整，内容、质量保证资料、技术文件及相关资料齐全	检查合格证	全数检查
	2. 同轴度	同轴度用壳体（内壳体）进出口端面中心标高与风洞理论轴线标高之差，及进出口端面中心在水平投影与风洞理论轴线在水平平面投影之差进行评价；收缩段 $\phi2.0$	以现场 A、B 两基点连线作为风洞安装的初始轴线，待挠性喷管段就位后，以挠性喷管段轴线作为风洞理论轴线，用经纬仪、水准仪、吊线、钢板尺等进行检查	抽查进出口端面
	3. 垂直度	收缩段法兰密封面与风洞轴线的垂直度公差为 0.5mm	用经纬仪、水准仪进行检查	全数检查
	4. 地脚螺栓孔灌浆	地脚螺栓孔灌注混凝土应有配合比及强度试验报告单，强度应达到设计强度等级。拧紧地脚螺栓时，混凝土强度应达到70%以上	检查施工记录和试验报告	检查每批混凝土

检查评价项目		质 量 要 求	检查办法及工具	检 查 数 量
基本项目	1. 垫铁	合格：垫铁面积不小于计算面积，布置合理，放置平稳，点焊牢固。 优良：在合格的基础上，每组垫铁应接触紧密。用0.2mm塞尺插入，局部深度小于10mm，且每个螺栓近旁应有两组垫铁	观察、手锤敲击、钢板尺及塞尺检查	抽查10%，塞尺抽查每个基础不少于3组，不足3组全数检查
	2. 地脚螺栓	合格：地脚螺栓应清洁、无油污，与基础面垂直，露出长度不小于1/3~2/3螺栓直径，与孔壁间隙合乎《机械设备安装工程施工及验收通用规范》GB 50231-98规范要求，螺栓拧紧。 优良：在合格的基础上，露出长度整齐、一致，与底板螺孔间隙均匀	观察及用直尺、角尺测量	检查20%，每个基础不少于3组
	3. 支座顶面、底板水平度	合格：上表面水平，各方向倾斜不大于1mm/m；支座底板水平，各方向倾斜不大于1mm/m。 优良：在合格的基础上，上表面和支座底板各方向倾斜不大于0.5mm/m	用方框水平仪检查	抽查20%，不少于3个支座。不足3个，全数检查
	4. 支架与支座平行度	合格：支架与支座平行度，用调整板底面与支架顶面之间的间距偏差评价。允差为2L/1000（L为支架顶面长边尺寸）。 优良：在合格的基础上，允差为L/1000（L为支架顶面尺寸）	用游标卡尺及高度尺测量4个角部位间距	
	5. 支座安装焊接	合格：焊条材质和焊缝焊角符合设计要求，焊接牢固，焊肉饱满，表面无裂纹、气孔等缺陷，支座与加强圈修配间隙小于5mm。 优良：在合格的基础上，焊缝均匀美观。支座与加强圈修配间隙小于3mm	肉眼及用放大镜观察，检查材质证明书，用焊缝检验尺测量	全数检查
	6. 孔与口盖	合格：接管法兰与口盖平行，螺栓紧固，无泄漏。常开人孔开关无明显滞涩。 优良：在合格的基础上，螺栓头露出长度一致，开关灵活	开关检查，检查气密和水压试验记录，观察测量	常开人孔全查，其余抽查20%，且不少于3个

7.2 收缩段施工质量允许偏差项目 (表7.2)

收缩段施工质量允许偏差项目   表7.2

检查评价项目		允许偏差值	个别最大值	检查方法及工具	检查数量
允许偏差项目	支架顶面标高	5mm	8mm	用水准仪检查	抽查20%支架，且不少于3个，支架总数不足3个的全数检查
	支架底板中心线与基础中心线重合度	10mm	20mm	用钢尺检查	
	盆式橡胶支座中心线偏移量	5mm	10mm	观察、检查产品合格证及用钢板尺测量	抽查3个以上
	收缩段内壳与稳定段内型面板对接阶差	0.5mm	1mm	用刀口尺、塞尺检查	全数检查

7.3 质量保证措施

7.3.1 工艺方案：工艺方案应经项目部工艺负责人编制、经分公司（公司）总工程师审核、批准后，报工程指挥部评审认可后实施。由编制人对施工作业人员进行书面交底，施工过程中对方案的执行情况进行指导和监督。

7.3.2 关键工序质量的控制

根据本部段施工及工艺特点，确定本部段关键工序有：原材料进场检验；厚法兰钢板拼焊接；焊接变形控制；热处理；部段吊装；同轴度控制；法兰安装；水压试验。

关键工序的质量控制通过强化停止点检验予以保证，关键工序施工完成后首先由操作人员进行自检和互检，合格后由下道工序进行交接检。最后由项目质检员进行专检，专检合格后，由项目部质检员报请业代表进共同验收，质检员、专业工长参与验收。验收合格后方可进入下道工序施工。

8. 安 全 措 施

8.1 一般安全规定

8.1.1 树立"安全第一、预防为主"的安全方针，建立健全安全管理制度，项目安全员定期、不定期巡视安全现场，确保安全施工条件。

8.1.2 建立班前安全技术交底制度，每日由工长对班组进行交底，并做好记录。

8.1.3 对新进场人员进行安全三级教育。

8.1.4 实行班前站班制，进行"三交三查"（交任务、交安全、交质量；查思想、查着装、查记录）。

8.1.5 分项工程开工时组织安全技术交底，交底实行双签制度，对未参加交底或未签字的人员不得安排工作。

8.1.6 施工现场应做好文明施工，材料、半成品、废料及边角料应分类堆放；

8.1.7 进入施工现场应正确配戴安全帽，严禁酒后违章作业；所有设备应定期检查及维修，设备使用前应空负荷运转，无异常现象后，方可使用。

8.1.8 气瓶使用，实行笼装并有"严禁烟火"的警示牌，使用中遵守安全规程防火、防爆规定。

8.1.9 每台用电设备必须有各自专用的开关箱，严禁用同一个开关箱直接控制2台及2台以上的用电设备（含插座）。

8.2 安全施工要点

8.2.1 卷板机在卷压过程中，钢板上严禁站人，并严格按操作规程进行操作；卷压锥体时，不允许连续滚动。

8.2.2 现场施工用气瓶的瓶帽、减振圈齐全，氧气瓶与乙炔瓶的安全距离应保证5m，气带不能与电源线缠绕；氧气、乙炔气瓶由专人领用和管理。

8.2.3 吊装施工中，应统一指挥，吊钩悬挂点与吊物的重心在同一垂直线上，吊钩钢丝绳保持垂直，严禁偏拉斜吊。

8.2.4 在吊装施工过程中，所使用的起重钢丝绳、卡具应经外观检查并且符合安全操作规程；钢丝绳的起重量大小选用，应据起重物的重量选用，不得超负荷使用。

8.2.5 行车应由专人操作，在操作当中应服从起重指挥人员的指挥，应严格按操作规程操作。

8.2.6 焊接人员应按照《锅炉压力容器焊工资格考试规则》进行考核，取得资格证书，方能承担与资格证书的种类和技术等级相应的焊接工作。

8.2.7 进行射线探伤时，射线源安全区要设置警戒线，警戒区应符合安全距离规定，非经探伤人员同意，任何人不得进入警戒区，其他人员要服从项目部统一协调，遵守规定，做好自身的保护。

8.2.8 进行局部热处理时，必须接地可靠，周围设置警戒线和警戒标识，热处理过程中现场必须设专人值守。

9. 环 保 措 施

9.1 施工现场设备垃圾堆放点，每隔一定时间用垃圾车运到甲方指定点处理。

9.2 加强施工中的边角余料回收工作，摆放整齐并作好标识工作。

9.3 对清洗设备的废油及棉纱集中回收处理，防止环境污染。

10. 效 益 分 析

10.1 经济效益

经过成本统计核算分析，2m×2m 超声速风洞工程收缩段的投标报价成本为 197.37 万元，公司下达给项目部的目标成本为 157.9 万元，实际成本为 113.7 万元。实际成本与投标报价成本相比节约 83.67 万元，节约 42.39%；实际成本与目标成本相比节约 44.2 万元，节约 28%。

10.2 社会效益

随着我国航空航天事业的飞速发展，为了提高我国自主研发能力和拥有自主知识产权的成果，以及随着登月工程、大飞机项目等国家级重点项目的陆续展开，对跨、超声速风洞的需求也将不断扩展，国家在空气动力研究及其应用领域的投入会越来越大。伴随着亚洲最大的 2.4m 跨声速风洞、亚洲最大的 2m 超声速风洞及 1.2m 超声速风洞的陆续建成，更大尺度、更大规模的超声速系列风洞的建造可行性研究已通过决策和审批，并将在此基础上开发功能更加完备的高空模拟试验设备，因而，现场制造安装风洞收缩段的技术将有更广阔的前景。本工法的产生源自于工程实践，将施工中形成的制造安装方法总结成为一套成程序化的方法，这对我国风洞建设无疑具有重大现实意义。

11. 应 用 实 例

11.1 工程实例

中国空气动力发展与研究中心：2.4m×2.4m 跨声速风洞制安工程，该工程于 1994 年开工，于 1997 年竣工，实物工程量为 4100t；2m×2m 超声速风洞制安工程，该工程于 2007 年 4 月开工，实物工程量为 2200t。

11.2 应用评价

采用本工法施工的 2m×2m 超声速风洞制安工程中，各主要工序在施工单位检验合格基础上，与工程指挥部及设计单位联合实施共检，收缩段轴线与洞体轴线同轴度误差为 $\phi1.5$mm。

收缩制作安装由于严格执行了本工法的工序控制，全过程始终处于稳定、快速、优质的可控状态，所有技术指标均达到了图纸设计的预期要求，工程指挥部给予了高度评价，也受到了使用单位空气动力学专家们的一致好评。

400kA以上特大型电解槽铝母线施工工法

GJYJGF118—2010

七冶建设有限责任公司　中国十五冶金建设有限公司

周黔华　彭敬阳　陈新　胡云　李汇

1. 前　言

电解槽铝母线安装是电解铝工程重要环节之一，铝母线工程质量主要表现在焊接质量和两母线接触面压接质量。高标准高质量的焊缝和压接面，对降低电耗至关重要。七冶建设有限责任公司作为电解铝行业的排头兵，根据几十年从事电解槽铝母线施工和主编《铝母线焊接工程施工及验收规范》GB 50586-2010标准的经验，使用有色焊工组成的施工队伍，保证了工程的质量。配备日本产的OTC第四代脉冲氩弧焊机先进设备，科学管理达到焊接接头电压降均低于0.3mV，压接面电压降均低于3mV，大大低于现行规范与设计要求。解决了400kA以上特大型电解槽铝母线结构设计采用6点进线，每台有6根立柱母线。铝母线结构设计比较复杂，焊接量大，铝母线连接接头多，主要集中在电解槽周围母线上。整个电解车间铝母线焊接接头上千个以上，在多年母线制作、安装技术和施工工艺等方面不断的总结和改进，使得在铝母线制作和安装工效方面得到大幅度提高并取得了明显经济效益。

2. 工法特点

2.1 利用在胎具组对焊接好整台电解槽槽周围铝母线及槽底母线对于铝母线在焊接过程中变形得到有效制，大幅度提高施工进度和安全系数。

2.2 对于无法用固定卡具防止铝母线焊接变形的地方，采取焊接工艺防止铝母线变形，也就是对称工艺焊接方法。

3. 适用范围

适用各设计院设计的400kA以上特大型电解槽铝母线安装；也可用于400kA以下的电解槽铝母线安装。

4. 工艺原理

采用"平台胎具焊接完一台电解槽的槽围母线"方式，首先根据蓝图把胎具做好，只要能在平台上焊接的焊口，必须在平台上焊接，这样即能加快工程进度，又能有地效控制焊接质量和在焊接地过程中的变形。然后，把焊接完成的槽底各槽侧母线整台摆放在支撑梁上进行焊接。

5. 施工工艺流程及操作要点

5.1 铝母线加工工艺流程（图5.1）

5.2 电解槽铝母线安装工艺流程

（电解槽支撑梁安装）→槽底及端部母线安装→槽侧母线安装→进出电侧母线安装→（电解槽下部

槽安装)→(筑炉)→钢铝过渡片(爆炸片)焊接→阴极软母线焊接→(电解槽上部槽安装)→立柱母线与短路母线安装→阳极母线组装焊接→阳极软母线焊接→进出电端、端头、中间过道母线安装(注:括弧内为其他专业)。

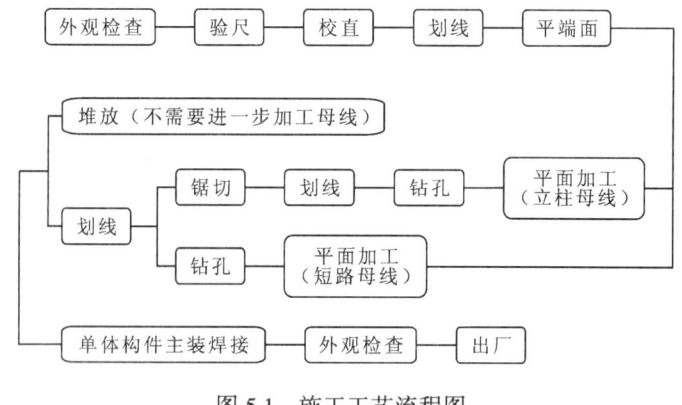

图 5.1　施工工艺流程图

5.3　铝母线加工操作要点

5.3.1 铸铝铝母线外观检查:

铸铝铝母线表面平正,无夹渣、气孔、粗大铸瘤等缺陷。其允许缺陷应符合下列规定:

1. 垂直于铝母线电流方向铸造冷隔≤1.5mm,其长度小于300mm。

2. 平行电流方向裂纹:

裂纹深度<3mm,宽度<1mm。当母线长度≤5000mm时,裂纹长度<300mm,当母线长度>5000mm时,裂纹长度小于母线长度10%,且不能大于1200mm。每根母线裂纹不应多于一处。

3. 不加工表面水波纹高度不超过1.50mm。

铝母线内部应致密、均匀、无裂纹、气孔、夹渣等缺陷。

5.3.2 验尺:

铸铝母线供货尺寸及几何形状,应符合下列规定:

1. 槽周围用的铸铝母线长度允许偏差+3~10mm,大平面对角线差≤5mm。

2. 进出电端、端头、中间过道母线长度允许偏差±5mm,大平面对角线差≤7mm。

3. 铸铝母线不应有扭曲,其平面允许偏差:当长度≤5000mm时,每米±2mm,全长±10mm;当母线长度>5000mm时,每米±3mm,全长±20mm。

4. 高、宽允许偏差+2~+4mm。

5.3.3 铸造铝母线机械加工质量标准

1. 铸造铝母线零件,组焊铣平面,应按图纸要求进行加工,铣平面粗糙度应达到6.3标准。压接面粗糙度应达到6.3标准。

2. 铸造铝母线零件、组焊件钻孔时钻孔中心线应垂直,中心线的倾斜度不得大于0.5mm,孔中心距的误差不大于0.5mm。

3. 经加工的零件和组焊件应分类存放,注意保管,防止变形和保护好机械加工面。加工面应用塑料布复盖或包裹。

5.3.4 铸铝母线校直及平端面

用320t液压千斤顶在自制校直架上校直铸铝母线。铸铝母线经校直后直线度允许偏差:

1. 槽周围安装的铝母线任意米允许偏差≤3mm,全长≤3mm。进出电端、端头、中间过道安装的母线允许偏差≤3mm,全长≤10mm。

2. 经过校直母线,用自制平头机铣削母线端头平面,其垂直度允许偏差高、宽偏差不大于±2mm,见图5.3.4。

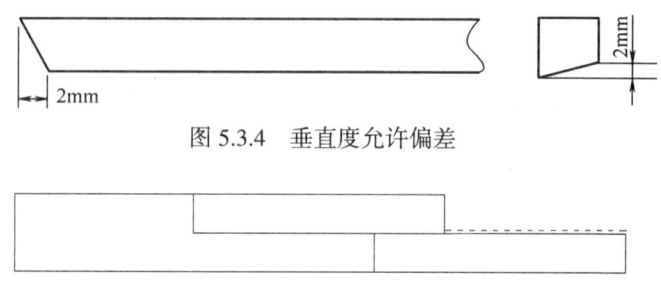

图 5.3.4　垂直度允许偏差

5.3.5 校直平头的母线,立柱结构的铝母线、铣面、钻孔、平面加工。锯切要留出平面加工余量3~5mm。以立柱加工母线为例:虚线为锯切边线,见图5.3.5。

立柱的压接面钻孔采用多孔钻加工,不

图 5.3.5　加工中的立柱铝母线

但铝母线加工精度和安装质量能得到改善，加工铝母线的施工进度也大大提高，立柱铝母线拼装时必须保证两根铝母线上的 10 个孔中心对齐，孔中心偏差不大于±1，见图 5.3.5-2，立柱拼装好后方可运到现场安装，这有利于研磨面的保护，更有益于保证压接面压降。

5.3.6 短路铝母线组装焊接：

短路铝母线是由中间软铝母线组焊两根铸铝母线，也要在胎具进行。每台槽共有 12 组，由于中间是软铝母线不存在焊接变形，但组焊结束后堆放时不能使软铝母线变形。以其中一组短路母线为例，焊好的短路铝母线见图 5.3.6。

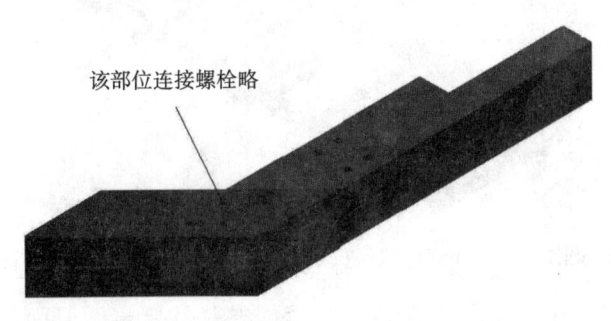

图 5.3.5-2 拼装好的立柱铝母线

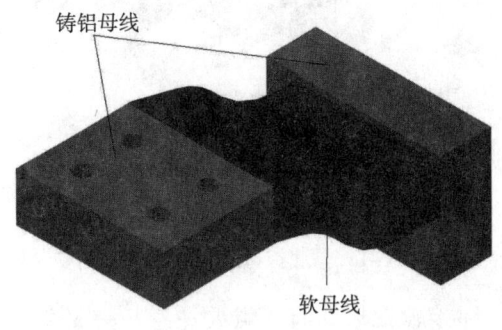

图 5.3.6 组焊好的短路铝母线

5.3.7 软铝母线加工

软铝母线加工比硬铝焊板复杂，技术上要求比较高。每种规格软铝母线要有一种成型胎，另外有的软铝母线可以成型后就形成坡口，有的成型后没有坡口，要是横焊要切削坡口。

另外软铝母线点焊成型后，焊接端头不洁净，有水份就难以清理干净，难以干燥，焊缝金属夹渣增加氢气孔。堆放时要在通风干燥处堆放，不能受潮有水分。

软铝母线加工工艺流程：

外观检查→验尺→定尺下料→成束→点焊→成型→点焊→打捆→堆放。

软铝母线原材料一般都设定宽，不定长铝卷板供货。外观检查主要看其是否有油污。验尺主要视其宽度是否一致，其差≤0.5mm。厚度是否超厚或超薄，一般生产厂家都是超厚，铝板超厚增加投资外，一个焊头软铝母线超厚，就有可能影响现场焊接。供货原材是否退火到位，退火硬度 HB≤26。如果退火不到位就难以成型。生产厂家应保证退火到位。现场根据经验进行手感检查。

单片定尺下料同一种规格彼此偏差≤0.5mm，剪切坡口不能有毛刺。有毛刺成刺后厚度增加。

5.3.8 铁件加工

铁件加工工艺较为简单，这里不作过多叙述。铁件加工主要是铝母线支架加工，这里仅对铝母线下部支架提出要求；两个板面平正并平行，两个板相距尺寸，要负公差，以其中一种为例，图 5.3.8。

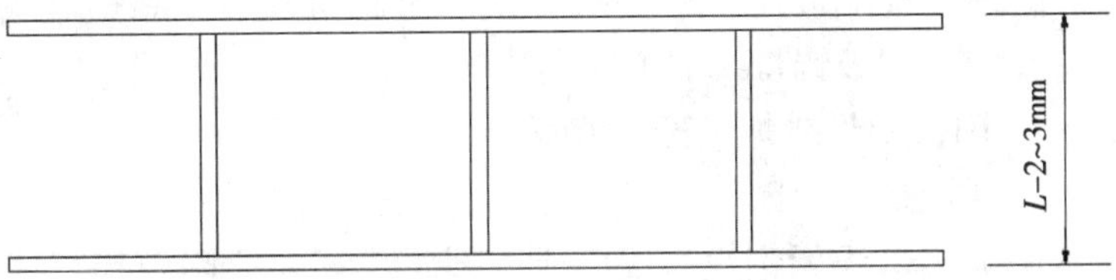

图 5.3.8

5.4 电解槽铝母线安装操作要点

5.4.1 铝母线安装

1. 槽底及端部铝母线安装：槽底铝母线安装必须在电解槽大装前完成，支撑梁安装就位后，进行槽底铝母线安装。在支撑梁上划好铝母线安装位置，放好绝缘板，开始安装槽底铝母线，根据实际情况，槽底铝母线在安装之前已经在胎具上组焊成组件，分成 4 个组件安装。见图 5.4.1-1。

2. 槽周进、出电侧及端部铝母线安装

槽侧铝母线进出电侧铝母线都在平台胎具上焊接。这部份焊口情况比较复杂，要根据不同情况采取固定卡具防止焊接变形，不能用卡具接头的应采取焊接工艺方法或变形法焊接。

筑炉后利用提前剪好的钢连接片，把钢铝爆炸块和阴极方钢用 CO_2 气体保护焊进行焊接。阴极软铝母线安装焊接，阴极软铝母线组装要以钢铝爆炸片为准，找出在铝母线上焊接位置，才不至于软铝母线束扭曲。其位置先用铝条焊接固定好后，再行焊接软铝母线。图 5.4.1-2 为槽底母线、进、出电侧铝母线及端部铝材母线组合安装图。

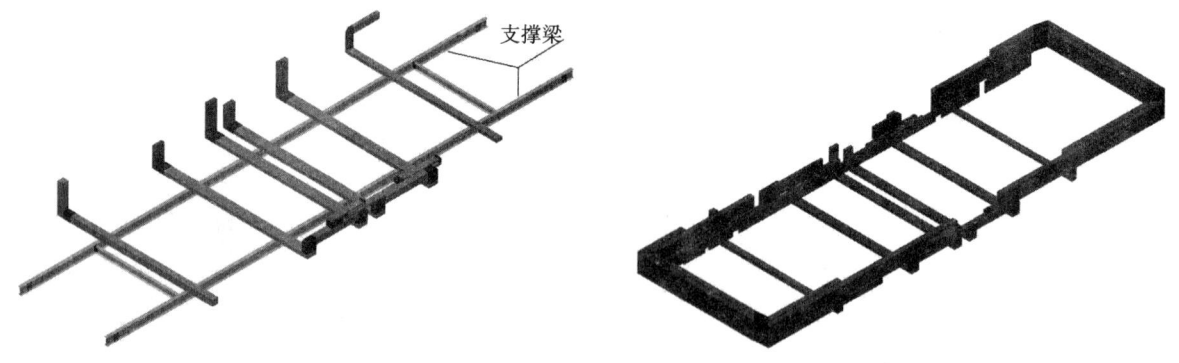

图 5.4.1-1　槽底铝母线在支撑梁上的安装图　　图 5.4.1-2　槽底铝母线、进、出电侧及端部铝母线组合安装图

焊接软铝母线有两点要注意：一是先点焊后用专用工具将焊接端头扎紧，二是软铝母线侧面封口焊接。因其每条焊缝两端都有一定长度焊缝金属没有熔合，封口焊接既美观更主要增加熔接面积。先将焊肉填平再进行封口焊接。封口宽 12~15mm，高度 3~5mm。

3. 立柱铝母线与短路铝母线安装

立柱铝母线安装需做相应的卡具，调正后，根据立柱铝母线焊口具体情况，立柱铝母线做好反变形，尽管有卡具卡住立柱铝母线，这种反变形法是必要的，可减少立柱铝母线应变刚度，使其焊接结束后在较理想设计位置上，前后、左右偏差±5mm。立柱铝母线焊接完后，安装短路铝母线，使之与立柱铝母线用螺栓紧固连接组装在一起。短路铝母线焊接，需按图纸尺寸提前调正后与立柱铝母线用铝条点焊固定好，一方面作好控制焊接变形，另一方面可以成批焊接，加快焊接进度。组装立柱铝母线前一个重要工作是压接面研磨处理，这也是铝母线安装一个重要环节，我们研磨接触面保证达到85%以上，其电压降≤5MV。低于行业规范和设计要求，尤其立柱母线上端压接面要不间断使用。可见压接面质量何等重要。另外目前还有一个观点，认为光洁度越高越好，其实不然，根据日方资料及公司多年实践结构证明粗糙度为12.5时通电性能最佳。图 5.4.1-3 为立柱铝母线和短路铝母线的组装图。

图 5.4.1-3　立柱铝母线和短路铝母线的组装图

5.4.2　阳极铝母线加工与安装

1. 阳极铝母线加工工艺流程

外观检查→验尺→校直→划线→钻孔→平面加工。

阳极铝母线无论规格误差或内部质量都要比阴极铝母线严格，是不允许有裂纹、气孔、铸瘤等缺陷，不应有冷隔出现，产生冷隔是铸造时铝液冷却速度与拉伸速度不同步造成的。

每台电解槽配置阳极铝母线 4 根，截面 $170 \times 550mm^2$，长度 8000mm，阳极铸铝母线铸造时铝母线厚度铸造规范允许 10%凹陷，所以不能超出-1.8mm，供货长度偏差±10mm，大平面对角线偏差±5mm。

阳极铝母线校直用 320t 液压千斤顶进行。校直后铝母线直线长度误差≤3m，定长≤3mm。

阳极铝母线加工有两种方法，一个是一面全面加工，一个是局部平面加工，所谓局部平面加工是与阳极导杆接触面加工。该阳极铝母线的加工，与阳极导杆接触面全面加工，光洁度 6.3mm，另一面为局部加工，光洁度 12.5mm。阳极铝母线钻孔采用多孔钻加工。

2. 阳极铝母线安装

阳极铝母线吊装前将小盒卡具挂钩组装好，将阳极铝母线吊装在阳极提升装置上，使铝母线中心在提升装置上升下降的中间位置上，阳极铝母线中心两端水平差≤3mm。上好卡具固定，两根阳极铝母线间距偏差 $L\pm3mm$。每根阳极铝母线上端外倾斜 2~3mm，见图 5.4.2。两根阳极铝母线虽然用固定卡具焊接，也要采取反变形措施，才能保证阳极铝母线垂直度。

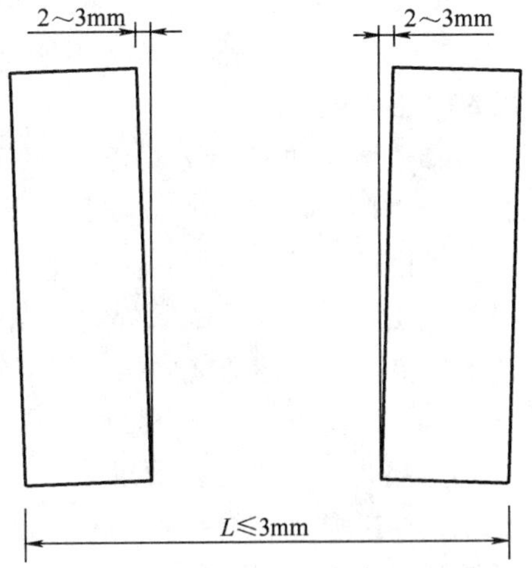

每台四根阳极铝母线共有 6 组铝焊板，焊板是水平置放，使用固定卡具固定，采取一定焊接工艺，用 3 台氩弧焊机，每个焊机负责 3 组焊接口，阳极软带和水平板各算一组焊接头，3 台氩弧焊机要同时施焊。

5.4.3 阳极软铝母线焊接

连接阳极铝母线与立柱的软母线叫阳极软铝母线。焊接阳极软铝母线其方法与阴极软母线一致，这里不再叙述。

图 5.4.2 阳极铝母线反变形措施

5.5 端头铝母线，中间过道铝母线

这几处铝母线安装要比槽周围铝母线安装精度低。中心偏差，标高误差允许±3-5mm、但在焊口处两根母线之间中心偏差、标高偏差≤3mm，焊口间距偏差±2mm。

这几处最大问题是无法用固定卡具防止铝母线焊接变形，只能采取焊接工艺防止铝母线变形，也就是对称工艺焊接方法，见图 5.5-1。

在母线中间位先焊一个没有焊缝垫焊板，然后每面一片轮流焊接，也可以一面焊 2~3 片，另一面焊 5~6 片，但要时刻注意观察母线变形情况，就是两对以上采取同样焊接工艺，但两根铝母线以上要卡具固定。如图 5.5-2。

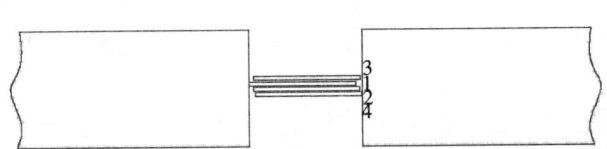

图 5.5-1 对称工艺焊接方法

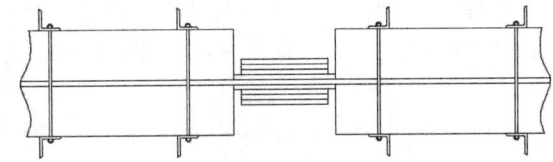

图 5.5-2 两对铝母线焊接工艺

对焊接有软铝母线和硬焊板的部位，要先焊软铝母线后焊硬铝焊板。先焊软铝母线因其没有铝母线变形不影响其他焊口尺寸。如果先焊硬铝焊板就有可能影响其他焊口尺寸。

5.6 半自动熔化极（MIG）氩气保护焊接

5.6.1 铝母线焊接特点

铝母线与硬铝焊板、软母线线束（一般厚度 10mm）截面相差悬殊，最小 10 倍，最大 25 倍。焊板基本上没有坡口都是 I 形焊缝，软铝母线束有的有坡口，有的没有坡口。铝母线焊接面清除氧化膜，硬铝焊板、软铝母线束焊接端头不进行氧化膜处理，阴极反接氩弧焊对焊接面"阴极雾化"效果可以使氧化膜清除，使焊缝金属能很好与母材焊接面熔合。

5.6.2 铝母线焊接主要缺陷

未熔合（未熔透）、氢气孔及热裂纹（结晶裂纹、铝焊接没有冷裂纹）。如何保证焊缝金属与母线熔合，如何减少氢气孔、防止热裂纹，以后叙述。

5.6.3 铝及铝合金焊接特点

工业纯铝主要杂质是 Fe 和 Si，纯铝熔化温度 660℃。氧化膜厚为 0.1~0.2 微米。氧化膜易附着水份，是焊缝金属产生氢气孔原因之一。杂质 Fe 和 Si 对铝合金塑性，导电性都有一定影响，但根据国内外经验铁硅比大于 1 减少裂纹。

5.6.4 熔氢严重

液态铝可以大量熔解氢。而固态铝几乎不熔解氢，液态铝熔解氢是固态铝的 20 倍，而焊缝冷却速

度为钢的 4~7 倍,因氢来不及析出而产生氢气孔。热胀冷缩严重,结晶收缩率是钢两倍。高温强度低,370℃强度仅为 11g/mm²,常常不能支持液体金属重量。固液态变化时无颜色变化,对焊接时掌握加热温度带来很大困难。

5.6.5 半自动熔化极(MIG)氩弧焊机

日产 TRA-500 氩弧焊机,采用平特性电源,熔化极静特性曲线是上升曲线,使电弧自我调节能加强,电弧稳定性好。采用阴极反接,比正接电弧稳定性好,而且阳极反接"阴极雾化"效果好,能清除焊接面氧化膜。熔化极氩弧焊焊接电流高,不用引弧板(钨极氩弧要引弧板)。TRA-500 型脉冲氩弧焊机,平均电流小,熔透能力强,焊接变形小。

根据上述特点采取如下措施保证铝母线焊接质量。

5.7 技术措施与质量要求

5.7.1 铝焊丝材质一般应高于母线一级,或铝母线同级。铝焊丝表面应光滑、无裂纹、气泡,毛刺及局部凹陷或折弯。绕在焊丝盘应拉力一致,否则影响送丝稳定性。焊丝盘必须用塑料袋包好,最好开口处封闭。铝焊丝超过一年不应使用。

铝焊丝其中杂质铁硅比应大于 1,最好接近 2 更好,小于 1 增加热裂纹。冷作硬化抗拉强度大于 8g/mm²,铝焊丝表面应洁净、干燥。以 10×10mm² 焊缝,一公斤焊缝金属,焊缝表面积是铝母材焊接面 7~10 倍,可见铝焊丝情况如何,对焊缝金属影响是很大的。

5.7.2 铝母线熔化极(MIG)氩气保护焊,按现行国家标准《氩》GB 4842 一级以上氩气,氩气纯度 99.99% 以上。氧含量超过 0.1% 焊缝表面有烟黑,氢超过 0.5% 将使熔池流动性差,氢与水份超标将产生气孔。

5.7.3 铝母线熔化极焊接比钨极氩弧焊产生气孔多。这是铝焊接无法杜绝的缺陷。其原因是铝在液体时大量熔解氢,而固体时几乎不熔解氢,液体熔解氢是固体 20 倍,加之熔化极焊接冷却速度快,氢来不及析出,形成氢气孔。所以铝母线熔化极氩弧焊采取一定措施将氢气孔降到最低限度。其主要措施是减少氢气孔来源。

无论焊件、焊丝一定要干燥、无水份,因氧化膜易附着水份,所以清除氧化膜不单是使焊缝金属与母线很好熔合。也是减少产生氢气孔来源。每天开始焊接前,要空放氩气冲去氩气管水份,尤其在比较潮湿环境更加必要。氩气要有一定流量才能很好保护电弧与熔池。在有二级风以上,要有防风措施。要有适当的焊接规范,尤其表现在焊接速度 上,不当也会产生氢气孔。

5.7.4 保证焊接质量选择焊接规范是最主要的,电弧电压高熔透性差,一定要电弧电流稍大、熔透性好,这是有理论根据。在焊接过程中,焊枪前倾角度不要大于 5°,前倾角大熔透性差。每个焊工所用电流不尽相同,但有一定范围,电弧必须控制住熔池,不能使铝液流淌电弧前面就形成灌浆,焊缝金属没有和母材熔合。

5.7.5 铝母线焊接面不能有油污,有油污影响电弧稳定性,即影响焊接质量。要用丙铜或四氯化碳熔剂清除油污。要用机械方法用钢丝刷清除母线焊接面氧化膜,才能使焊缝金属很好与母材熔合。

5.7.6 铝母线焊接使用的硬铝焊板、软铝焊带厚度 10mm,规范要求焊缝宽度 10±2mm。但用 φ2.4 铝焊丝,电弧电流稍大熔透性好,电弧直径一般 10mm。焊缝宽不能进行两道焊接,势必增加电弧电压,扩大电弧直径、熔透性。同时提高焊接电流,焊丝熔化速度快,电弧就不能很好控制熔池,就影响焊接质量,所以焊缝宽度 7~10mm 可一遍焊接成型,焊缝宽度要一致不能一头宽一道窄。

5.7.7 硬铝焊板或软铝焊带置放时,硬铝焊板一定垂直于焊接面,板面要平正,第一片放置情况如何将影响焊接速度,也影响焊接质量,软铝焊带置放不能扭曲,扭曲使焊缝宽度不一致,影响焊接质量。焊接时先点好铝焊板,将其砸紧,铝软带要用专用工具夹紧才能保证焊接质量。焊肉不能超出板面,要低于板面 0.5mm。

5.7.8 熔化极氩弧焊起弧不用引弧板。但在起弧时不要在端头起弧,要稍端头里面起弧,起弧后用好衰减电流,焊丝熔化慢,但对起弧一般有预热作用。使能焊缝金属很好与母材熔合,收弧时也要用好衰减电流才能不产生弧坑及弧化坑裂纹。

5.7.9 铝焊接铝液无颜色变化，焊接过程中一定要盯住熔池，观察焊接面是否"挂浆"(即焊接面是否熔化)，若看不到"挂浆"说明焊缝金属就不能很好与母材熔合。这就是铝焊接与钢铁焊接不同之处。

5.7.10 热裂纹

工业纯铝热敏感性比较低，一般不应产生热裂纹（即结晶裂纹），但由于防止铝母线变形，要用固定卡具，由于铝焊接热胀冷缩比钢大 2 倍，应变刚度较大，拉应力与结晶温度结合就要产生热裂纹，这时要调整焊接规范，使其拉应力产生在结晶温度以后，另外焊枪前倾角度大，熔透性差，也产生热裂纹。电弧电压高也产生热裂纹，铝母线焊接不允许有热裂纹（铝焊接不存在冷裂纹），一旦有热裂纹必须修补。

5.7.11 焊接环境温度低于-5℃不能焊接，电解槽铝母线体积大，预热也难以焊接，根据情况要施焊，要采取保温措施，环境温度最好保持 8~10℃以上。

5.7.12 室外焊接有二级风以上，要有防风措施。

5.7.13 焊缝表面不允许有裂纹、气孔、赘瘤及夹渣现象，不允许起弧一段未熔，收弧处不允许产生弧坑及弧坑裂纹。由于铝母线焊接铝的温度低于 370℃时，就不能支持熔池铝液。所以每条焊缝两端头熔合较差，所以要进行封口焊接，增加熔合面积，使其熔接面达到 90%以上。焊缝端头封口要先填平尔后封口，封口宽度 12~14mm，高度 3~5mm。

5.7.14 对于焊缝咬边不是主要缺陷就不加叙述。

5.7.15 铝母线平面加工，粗糙度 12.5，平整度≤0.03mm。堆放、运输等不要碰伤加工平面。压接面组装前要进行研磨，使两接触面接触 85%以上，研磨后再用角向磨光机打光（严禁用砂纸打光），可使压接面电压降至 5MV，甚至于 3MV 以下。

6. 材料与设备

本工法无需特别说明的材料，采用的机具设备见表 6。

机具设备表   表 6

序号	名　称	规　格	单位	数量	备　注
1	熔化极氩弧焊机	TRA-500	台	30	
2	摇臂钻床	Z50	台	1	
3	车床	C20	台	1	
4	多孔钻（变频调速）		台	3	
5	车床	C30	台	1	
6	牛头刨床	B500	台	1	
7	交流电焊机	BX-500	台	2	
8	联合锯铣机（变频调速）		台	2	
9	砂轮机		台	2	
10	液压千斤顶	320t	台	1	
11	液压千斤顶	50t	台	1	
12	自制母线校自架		套	1	
13	自制软母线成型胎具		套	2	
14	自制母线组焊胎具		套	3	
15	小型剪板机		台	1	
16	母线平面铣床（变频调速）		台	2	
17	液压千斤顶	20t	台	10	
18	液压千斤顶	5t	台	5	
19	母线锯切机（变频调速）		台	1	

7. 质 量 控 制

7.1 工程质量控制标准

7.1.1 铝母线加工允许偏差按表 7.1.1 执行。

铝母线加工允许偏差表 表 7.1.1

序号	项 目		允许偏差（mm）	检 查 方 法
1	厚度		+1，−1	钢尺量
2	宽度		±3	钢尺量
3	长度		+5，−2	钢尺量
4	端面对侧面垂直度		2	钢尺量
5	垂直度	每米	3	钢尺量
		全长	6	钢尺量
6	扭曲度	每米	3	钢尺量
		全长	6	钢尺量

7.1.2 铝母线安装允许偏差见表 7.1.2。

铝母线安装允许偏差表 表 7.1.2

序号	项 目	单位	允许偏差	检 查 方 法
1	母线标高	mm	2	钢尺量
2	母线中心线对槽纵、横中心线偏移	mm	±3	钢尺量
3	母线沿电流方向水平度	‰	0.3‰	钢尺量
4	母线横向水平度	%	1%	钢尺量
5	并列母线间距差	mm	±2	钢尺量
6	同组并列母线高度差	mm	5	吊线钢尺量
7	同组母线端头错位	mm	3	水准仪检查
8	各母线基础对地绝缘值	M	1	1000V 摇表

7.2 质量保证措施

7.2.1 有色焊工必须经过培训持证上岗，即使是有证的有色焊工超过一年没有施焊，也要重新培训合格后方能上岗。

7.2.2 每个有色焊工要有焊工代号，在焊接接头处打印代号，增强焊工责任心。

7.2.3 建立焊工奖惩制度。

7.2.4 建立健全质量检查体系，严格控制加工安装、焊接各工序质量。建立三级检查制度。

7.2.5 对有关施工人员必须作好施工技术交底，严格执行行业规范及设计要求。

8. 安 全 措 施

8.1 熔化极氩弧焊弧光强、金属粉尘、产生臭氧，尤其臭氧密度大使人窒息，所以要通风良好。

8.2 严格执行国家有关部门颁发的安全规程。

8.3 所有参加施工人员，熟悉并严格执行操作规程。

8.4 严禁酒后作业。

8.5 夏季要有降温措施。

8.6 坚持周一安全例会，施工人员要自保与互保。

8.7 文明施工做到工完场清。

8.8 夜班施工者施工场地照明。

8.9 现场各专业交叉施工，注意高空坠物伤人。

9. 环 保 措 施

9.1 成立对应的施工环境卫生管理机构，在工程施工过程中严格遵守国家和地方政府下发的有关环境保护的法律、法规和规章，加强对施工燃油、工程材料、设备、废水、生产生活垃圾、弃渣的控制和治理，遵守有防火及废弃物处理的规章制度，做好交通环境疏导，充分满足便民要求，认真接受城市交通管理，随时接受相关单位的监督检查。

9.2 将施工场地和作业限制在工程建设允许的范围内，合理布置、规范围挡，做到标牌清楚、齐全，各种标识醒目，施工场现场整洁文明。

9.3 对施工中可能影响到的各种公共设施制定可靠的防止损坏和移位的实施措施，加强实施中的监测、应对和验证。同时，将相关方案和要求向全体施工人员详细交底。

9.4 定期清运弃渣及其他工程材料运输过程中的防散落与沿途污染措施，废水除按环境卫生指标进行处理达标外，并按当地环保要求的指定地点排放。弃渣及其他工程废弃物按工程建设指定的地点和方案进行合理堆放和处治。

9.5 优先选用先进的环保机械。采取设立隔声墙、隔声罩等消声措施降低施工噪音到允许值以下，同时尽可能避免夜间施工。

9.6 对施工场地道路进行硬化，并在晴天经常对施工通行道路进行洒水，防止尘土飞扬，污染周围环境。

10. 效 益 分 析

本工法将工程施工由原来在现场组对焊接转为平台胎具上组对焊接，由原平的流动作业转变为静制作业，大大提高了工程进度和质量保证，减少施工人员和机械设备。现场易于布置，干扰因素少，有利于现场人员的施工，各种资源能较好地利用。对于安全方面也得到了大大的提高。

11. 应 用 实 例

11.1 宁夏中宁 400kA 电解槽铝母线工程

11.1.1 工程概况

本次 400kA 特大型电解槽铝母线结构设计采用 6 点进线，每台有 6 根立柱母线。铝母线结构设计比较复杂，焊接量大，铝母线连接接头多，主要集中在电解槽周围母线上。其他进电端、出电端、端头、中间过道母线结构设计相对比较简单。整个电解车间铝母线焊接接头上万个以上，所以铝母线安装焊接是主要环节。铝母线安装是电解工程重要环节之一，对此应有清醒认识。铝母线工程质量主要表现在焊接质量和两母线接触面质量。高标准高质量的焊缝和压接面，对降低电耗至关重要。保证电解工程质量要有训练有素施工队伍，尤其有色焊工技术水平。我们配备有日本产的 OTC 第四代脉冲氩弧焊机先进设备，科学管理制度。我们焊接接头电压降均低于 0.3MV，压接面电压降均低于 3MV，这就大大低于现行规范与设计要求。

11.1.2 施工情况

在工程施工时首先根据车间铝母线安装蓝图,在中间通廊做好槽底和进电侧铝母线的胎具,然后再把焊接好的铝母线安装在电解槽底梁上,见图11.1.2 整台电解槽的槽底和进电侧铝母线。根据多年铝母线在焊接过程中的变形,做好变形措施。采用在平台胎具上焊接槽周围母线,有效地控制了铝母线的变形。提高了焊接质量和工程进度。

该工程2009年11月开工,2010年8月竣工。

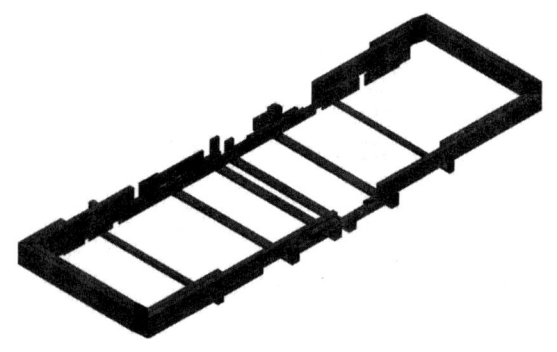

图11.1.2 整台电解槽的槽底和进电侧铝母线

11.1.3 工程监测与结果评价

采用"400kA以上特大型电解槽铝母线施工"工法后,为保证施工过程的焊接质量并及时监测各焊接工序施工阶段引起的铝母线变形数值,建设单位有专门的质量站和施工单位质量部门对铝母线的焊接质量和变形进行全过监控测量。

通过平台胎具焊接槽底和进电侧铝母线,调出来的槽周围铝母线结于槽纵横中心线±3mm之内。焊接接头压降都低于0.3MV。

施工全过程处于安全、稳定、快速、优质的可控状态,无安全事故发生,得到了各方的好评。

11.2 滨州市政通新型铝材有限公司政通新型铝材项目电解总降,系统建筑安装工程24万t400kA

11.2.1 工程概况

本次400kA电解槽铝母线结构设计采用6点进线,每台有6根立柱。铝母线结构设计比较复杂,焊接量大,铝母线连接接头多,主要集中在电解槽周围铝母线上。其他进电端、出电端、端头、中间过道铝母线结构设计相对比较简单。所以本次铝母线安装工程的重点在槽周围铝母线焊接和安装方面。

11.2.2 施工情况

根据施工图纸,在中间道廊用20B工字钢和20mm厚的钢板搭好平台,在平台上做好胎具,所有的槽周围和槽低铝母线在平台上成批组对焊接。采用平台上焊接槽周围铝母线,有效控制铝母线的变形,提高工程质量和工程进度。

该工程30万t电解铝2009年10月开工,2010年6月竣工。

11.2.3 工程监测与结果评价

采用"400kA以上特大型电解槽铝母线施工"工法后,为保证施工工艺和施工质量并及时监测各焊接工序施工阶段引起的铝母线变形数值,建设单位有专门的质量站和施工单位质量部门对铝母线的焊接质量和变形进行全过监控测量。

通过该工程采用"400kA以上特大型电解槽铝母线施工"工法后,槽周围铝母线纵横中心线±3mm之内。通电后焊接接头压降都低于0.3MV。

施工全过程处于安全、稳定、快速、优质的可控状态,无安全事故发生,得到了各方的好评。

11.3 滨州魏桥铝业二车间电解总降,烟气净化系统建筑安装工程60万t,400kA。

11.3.1 工程概况

本次400kA电解槽铝母线结构设计采用6点进线,每台有6根立柱。铝母线结构设计比较复杂,焊接量大,铝母线连接接头多,主要集中在电解槽周围母线上。其他进电端、出电端、端头、中间过道铝母线结构设计相对比较简单,所以本次铝母线安装工程的重点在槽周围铝母线焊接和安装方面。

11.3.2 施工情况

根据施工图纸,在中间道廊用20B工字钢和20mm厚的钢板搭好平台,在平台上做好胎具,所有的槽周围和槽低母线在平台上成批组对焊接。采用平台上焊接槽周围铝母线,有效控制铝母线的变形,提高工程质量和工程进度。

该工程2009年3月开工,2009年10月竣工。

11.3.3　工程监测与结果评价

采用"400kA 以上特大型电解槽铝母线施工"工法后，为保证施工工艺和施工质量并及时监测各焊接工序施工阶段引起的铝母线变形数值，建设单位有专门的质量站和施工单位质量部门对铝母线的焊接质量和变形进行全过监控测量。

通过该工程采用"400kA 以上特大型电解槽铝母线施工"工法后，槽周围铝母线纵横中心线±3mm之内，通电后焊接接头压降都低于 0.3MV。

施工全过程处于安全、稳定、快速、优质的可控状态，无安全事故发生，得到了各方的好评。

转炉炉体安装整体推移台架应用施工工法

GJYJGF119—2010

中国十九冶集团有限公司

胡伟山　周彬辉　熊德武　王一　陈亮

1. 前　言

大型炼钢转炉炉体设备（120t 级以上）主要包括炉壳（分为三段出厂，需现场拼装）、托圈（分段出厂、现场拼装）、耳轴轴承座（上半部分与托圈连接部分）以及吊挂（主要连接炉壳和托圈的连接件）等部件，总重 300 余吨，体积大，常规安装多采用散件吊装法（或顶升）施工。公司在总结多台转炉安装施工经验的基础上，研发了大型转炉线外整体组装后推移到位的工法，成功应用于 10 余座 120~200t 转炉安装工程，取得良好的综合效益和社会效益。

整体推移安装工法是将炉壳、托圈及耳轴轴承座、吊挂等设备在装料跨利用厂房 260t 行车将上述各部件在专门设计的推移台架上进行组装；然后利用钢包台车整体推移到安装位置落位找正的一种施工方法。本工法组装用的安装台架获得专利（专利号：200920300926.7），台架立柱可以翻转，转炉就位后可整体退出，台架可循环使用。

2. 工 法 特 点

2.1 炉壳组对、焊接工作均可在台架上完成。

2.2 可实现大体积、大重量设备推移安装，组合重量达 500t。

2.3 将炉体部件全部组装，整体推移，缩短施工时间。

2.4 在台架上可实现设备的找平、找正工作。

2.5 设备安装到位后，台架立柱可翻转，可整体退出。

2.6 台架可重复使用。

2.7 采用推移法施工，减少大型起重设备的使用。

2.8 采用推移法施工，省去了设备临时保护措施。

2.9 采用推移法施工，减少施工投入。

2.10　采用推移法施工，降低劳动强度，减少安全隐患。

3. 适 用 范 围

本工法适用于在台架能承受的支撑力范围内，且炉体直径大小各异（可对台架的立柱之间进行缩减）的各种转炉炉体设备的安装。

4. 工 艺 原 理

在炼钢厂上料跨，利用炉底已安装完成的生产用的过跨钢包车为承载车体，在其上安装预先设计并制好的用以支撑炉体的支撑台架，在台架上完成托圈的调平找正、炉壳的组对、焊接工作（炉壳重，一般分段到货）以及炉体其余部件包括水冷炉口、吊挂、挡渣板、托圈耳轴轴承座及防护板等等的组装工作，并将设备调平找正，然后再利用台车的驱动电机（也可利用液压爬行器）或在塔楼内方向设置卷扬机系统，将钢包车、台架及炉体整体推移到安装位置（电机驱动的方法由于单台车的电机驱动能力不够，因此须使用两台车同时驱动的方法，但同步性较差，在此采用卷扬和滑轮组牵引的方法），降下液压千斤顶，等设备落在轴承座的安装支座上，待安装完成后将塔楼内侧的 4 根立柱翻转后（被炉体挡住无法拉出的 4 根），将台架与钢包车整体拉出。

5. 施工工艺流程及操作要点

5.1 施工工艺流程（图 5.1）

5.2 施工工艺要点

5.2.1 钢包车拼接

利用生产设备两台钢包车，将两台钢包车放置在炉下钢包车铁轨上，钢包车上铁水罐座肩确保未安装，钢包车上表面成平面，以便于制作和放置推移台架；将两台钢包车电机联轴器脱开（确保推行时减少减速箱的摩擦力）；将两台钢包车首尾相连，连接固定，确保推拉时不会断开(如图 5.2.1 所示)。

5.2.2 台架的制作

钢结构台架：包括横梁、立柱（含上部顶板）、各柱间连接支撑。

1. 横梁尺寸的确定

横梁长度根据图 5.2.2 所示尺寸，可略小于托圈直径，根据合理选择截面形状可增大单位面积抗弯截面系数的原则，因此选用 H 型钢。同时根据铁水运输台车及立柱位置尺寸进行受力分析，按横梁

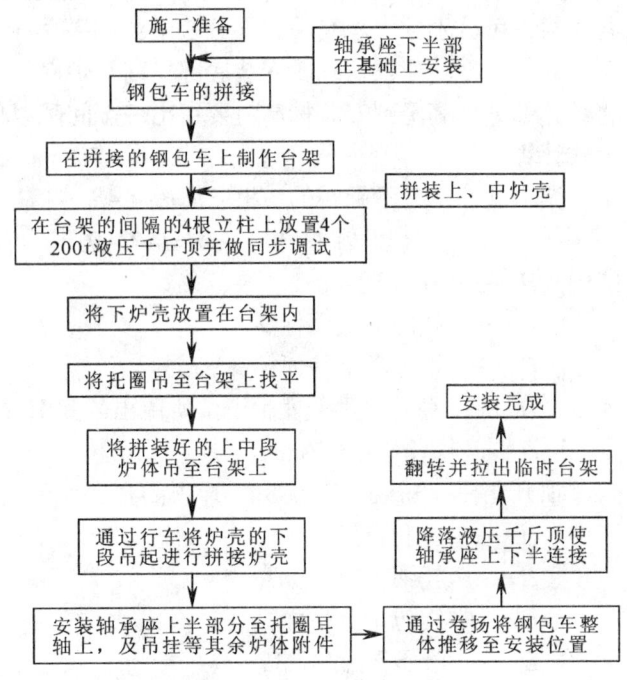

图 5.1 施工工艺流程图

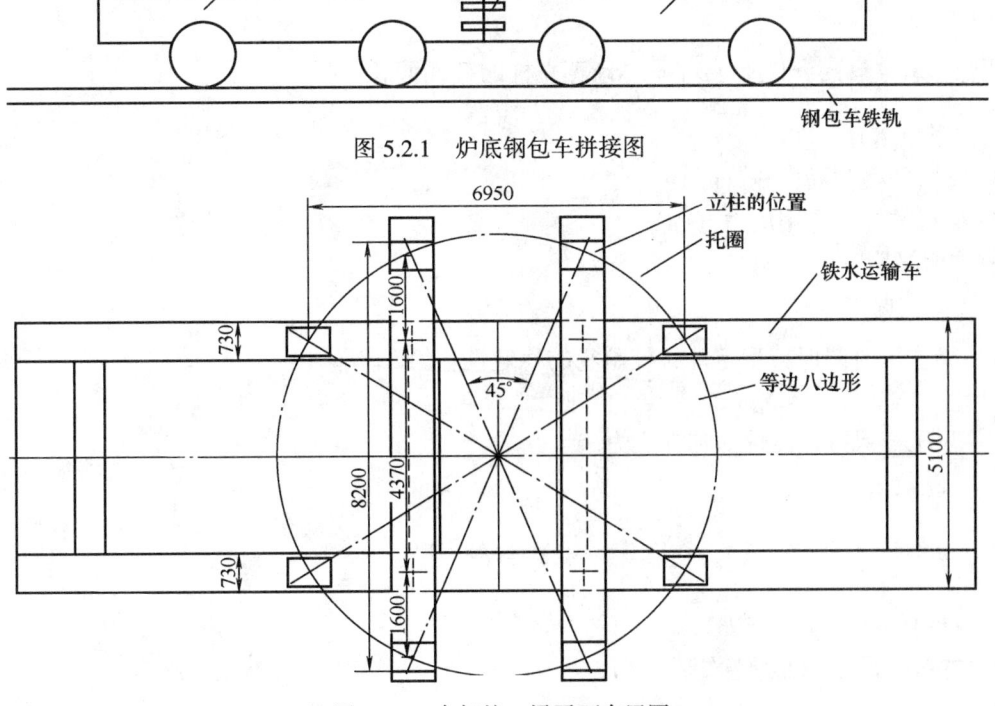

图 5.2.1 炉底钢包车拼接图

图 5.2.2 台架柱、梁平面布置图

强度和刚度计算公式计算横梁的大小。

2. 柱数目的确定

由于设置 4 根立柱时，立柱与立柱之间的最大距离达到近 7m，当炉体部分放上后，推移时稳定性效果不好，将会造成整体摇晃，同时也由于 4 根立柱上摆放 4 个千斤顶，当托圈吊装到千斤顶上时，使各个千斤顶受力不均（实际吊装过程中，特别是大件设备的吊装一般都无法较好的水平吊装），造成高低不平，托圈歪斜等现象，不容易找平找正托圈。因此，增设 4 根立柱；在吊装时按照比安装标高高 50mm 的高度设置垫板，临时点焊固定，当吊装炉体托圈时，将托圈直接放置在垫板上，可大致调平托圈，然后用千斤顶进行精调。所以共设置 8 根立柱，可选用 H 型钢，立柱分为调平立柱和顶升立柱，各 4 根，可分别独立承受炉体部分重量；调平立柱设置在钢包车上，顶升立住设置在横梁上。

立柱高度：应根据托圈安装底部标高与炉底钢包车标高及千斤顶的高度确定，同时考虑到当千斤顶将炉体部分标高降到安装标高时要留出一个间隙以便能够顺利拿出千斤顶，可留 50mm 的间隙，高度按下式计算：

调平立柱：（不翻转的 2 根）$H=B-C-S$；

（翻转的 2 根）　$H=B-C-D$

式中　H —— 立柱高度；

B —— 托圈下底面标高；

C —— 钢包车上平面标高；

D —— 翻转时避免发生干涩所留出的间隙（包含预留间隙）；

S —— 预留间隙 50mm。

顶升立柱：$H=B-C-K-L-S$（千斤顶的高度大于旋转时所需的间隙，因此可以不考虑旋转会发生干涉）；

式中　H —— 立柱高度；

B —— 托圈下底面标高；

C —— 钢包车上平面标高；

L —— 液压千斤顶高度；

K —— 横梁高度；

S —— 预留间隙 50mm。

立柱大小：

根据公式　$\sigma=\dfrac{P}{A}\leqslant[\sigma]$ 及 $[\sigma]=\dfrac{\sigma_s}{n_s}$ 计算立柱的截面面积；

式中　P——压力（N）；

A——材料的横截面面积（m²）；

$[\sigma]$——材料的抗压许用应力（Pa）；

σ_s——屈服极限（P_a）；

n_s——安全系数。

由于立柱受重压时需保持稳定性，校验它的稳定性：

即：　　　　　　　　$P<F_{cr}$

式中　F_{cr}——为压杆保持稳定性的临界压力。

因此根据　欧拉公式：

$$F_{cr}\approx\frac{\pi^2 EI_{\min}}{(2l)^2}\text{ 和 }F_{cr}\geqslant Pn_{st}$$

式中　E——材料的弹性模量（Pa）；

$I_{\min}$——材料的最小截面惯性矩（cm⁴）；

l——杆长；

n_{st}——稳定的安全因数，在金属结构中的压杆一般取 1.8~3.0，这里取 2.5。

通过计算及查表可查得选用 H 型钢的规格。

3. 柱间支撑

为提高立柱在推移过程中的稳定性，需在立柱之间增加工字钢及角钢进行连接，提高台架的整体稳定性，同时考虑到炉壳安装时耳座的位置及 3 个吊挂的安装位置，因此台架上需留出适当的空档，确保设备能顺利的放入。

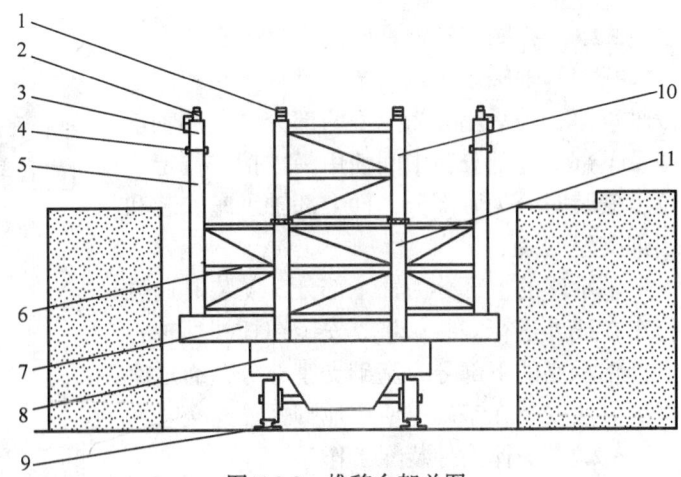

图 5.2.3　推移台架总图
1—调整平垫板部；2—液压千斤顶；3—顶升立柱上部；4—铁链及连接螺栓；5—顶升立柱下部；6—柱间支撑；7—自架横梁；8—铁包车；9—氧道；10—调整立柱上部；11—调整立柱下部

5.2.3　液压千斤顶的设置

在台架的四根立柱上摆放 4 个 200t 千斤顶，四根立柱间隔放置，同时另外四根立柱摆放调整垫板，其作用是在液压千斤顶调整到需要位置后，它将一支千斤顶共同支撑炉体重量。摆放千斤顶时，在千斤顶的四周制作挡块，以防止千斤顶倾翻；在千斤顶四周设置挡板将千斤顶固定，避免在托圈找平找正时造成液压千斤顶倾覆。

5.2.4　托圈放置在台架上找平找正

事先设置好垫板及液压千斤顶的高度，使其高度高于安装位置 50mm 左右，将托圈利用行车吊至台架上方，利用手拉葫芦进行调整中心（托圈处于悬空状态），此时将托圈中心调整到与安装中心平行后托圈落下（特别注意：此时托圈若放置在台架上，则有可能造成托圈中心不能调整）。千斤顶调整水平，通过仪器查找水平和中心，使托圈的纵向中心与安装位置纵向中心在同一条直线上，横向中心与安装位置横向中心平行，待找平找正后即完成托圈在台架上的安装。

5.2.5　炉壳的拼装

炉壳下段在托圈安装之前将其放置在台架内，待托圈安装完成后将拼接好的炉壳中上段吊至托圈上，利用托圈与炉壳上的定位座及与托圈的相对尺寸进行中心标高的定位；完成上中段炉壳的安装后，使用行车将下炉壳吊起与上下两段炉体对口进行焊接。

行车吊装下炉壳时需要在下炉壳内部焊接三个吊耳（以便吊装时保持下炉壳平衡），行车吊装钢丝绳从上炉壳的炉口放下，吊起下炉壳使之与炉壳中部对接，同时确保下炉壳耳座与托圈耳座的相对尺寸。安装完成后如图 5.2.5 所示。

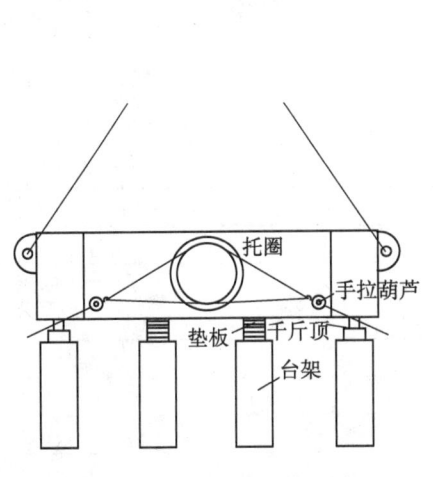

图 5.2.4　托圈调平、找正图

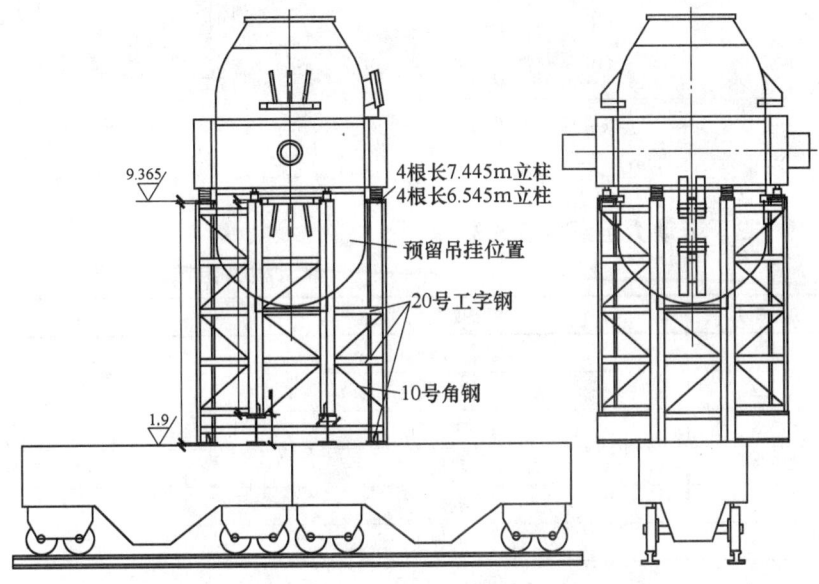

图 5.2.5　炉壳组装图

5.2.6 托圈耳轴轴承座及支座的安装

托圈耳轴轴承座包括游动侧轴承座和固定段轴承座，轴承座分为上下两部分：上部轴承座及下部支座部分，中间使用圆柱销进行定位，安装时分为两部分，即上部轴承座安装和下部支座安装。

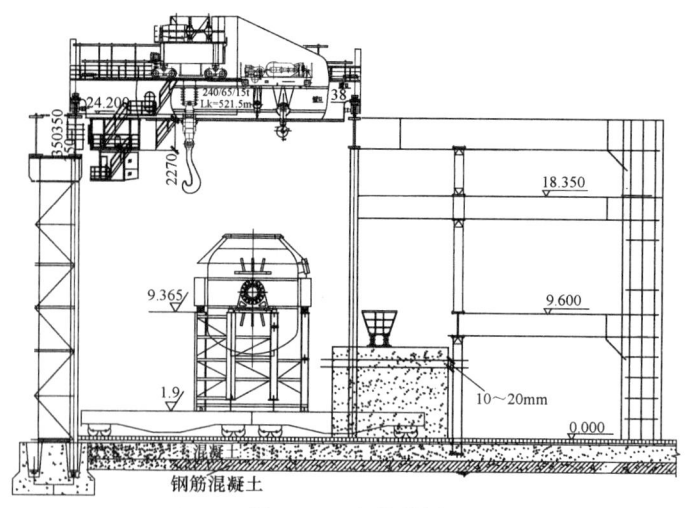

图 5.2.6　安装总图

轴承座的上部分为轴承部分，安装时通过行车在线外进行安装，将其安装在托圈耳轴上，轴承座的下部分为基础支座部分，通过座浆的方法安装在基础上使用地脚螺栓连接。

5.2.7 炉体附件装配工作

炉体推移前，进行辅助设备的安装，以避免推移后造成安装的难度增大，在炉体推移前可先利用行车将炉体上的各附属设备进行吊装（如吊挂、托圈防护板、炉口挡渣板等）。如若等到推移后再安装，将无法直接吊装，吊装难度较大。一般情况下，对转炉炉体附体安装工程量也较大，特别是炉体吊挂，现场焊接工程量大，为方便作业，可在推移台架上设置简易工作平台，进行安装作业。

5.2.8 炉体部分整体推入和拉出

1. 设备的推入工作

台架的推入使用人工设置卷扬及滑轮组，可以较好的控制推移的速度，从而确保台架的整体稳定性。应尽量考虑台架在推移过程中平稳，应考虑止滑装置。

2. 翻转台架立柱，台架拉出

由于炉体整体推移安装就位后，炉体本身挡住了台架，造成台架无法拉出，需将台架的设计成可翻转式：将靠近塔楼内的四根立柱制作成上下两段组合式，上下用螺栓连接，中间利用铰链进行翻转，翻倒后，也不会分开，翻倒后的高度低于炉底高度，然后直接拉出。

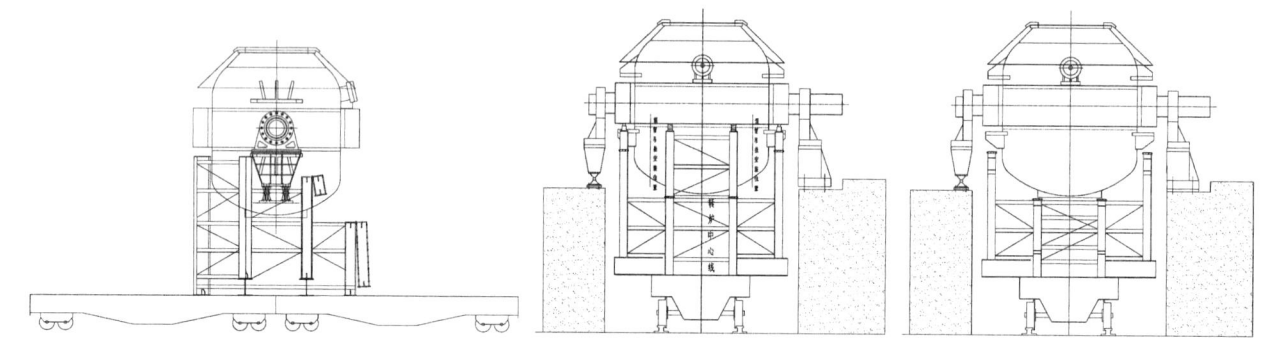

图 5.2.8　安装就位后台架翻转、拆卸示意图

5.3 劳动力组织（表5.3）

劳动力组织情况表　　　　　　　　　　　　　　表5.3

序号	单项工程	所需人数	备注
1	管理人员	2	
2	技术人员	4	
3	钳　工	20	
4	起重工	15	
5	电焊工	10	
6	火焊工	5	
	合　计	56人	

6. 材料与设备

本工法无需特别说明的材料，采用的机具设备见表6。

机 具 设 备 表

表6

序号	设备名称	设备型号	单位	数量	用途
1	手拉葫芦	3t	台	10	安装附件用
2	手拉葫芦	5t	台	1	调整用
3	钢丝绳	2寸	台	若干	吊装
4	卷扬机	5t	台	1	推入和拉出用
5	液压千斤顶	200t	台	4	调整用
6	电焊机	BX-500	台	10	制作台架等
7	吊环	35	台	10	吊装
8	滑轮	10t	对	3	推入和拉出用

7. 质 量 控 制

7.1 工程质量控制标准

7.1.1 本工法执行技术标准

《炼钢机械设备工程安装验收规范》GB 50403-2007；

《机械设备安装工程施工及验收通用规范》GB 50231-2009；

《钢熔化焊对接接头射线照相和质量分级》GB 3323-2005；

《现场设备、工业管道焊接工程施工及验收规范》GB 50236-98。

7.1.2 转炉炉体整体推移，整个安装尺寸的控制即在托圈两端轴承座上，托圈与轴承座横向中心同心，托圈与炉壳的纵向中心同心，因此托圈的尺寸只要按照两端轴承座中心和炉壳找平找正即可，托圈的安装尺寸只同时必须保证托圈自身的组装尺寸准确性，具体控制要求如表7.1.2-1、表7.1.2-2所示。

耳轴轴承座安装的允许偏差

表7.1.2-1

项 目	允许偏差（mm）	检验方法
标 高	±5.0	水准仪
固定端轴承座纵、横向中心线	1.0	挂线尺量
移动端轴承座纵、横向中心线（应与固定端偏差方向一致）	1.0	挂线尺量
两轴承座中心距	±1.0	盘尺加衡力指示器
两轴承座对角线相对差	4.0	
两轴承座高低差	1.0	
纵向水平度	0.10/1000	水准仪
横向水平度（固定式）（靠炉体侧宜偏低）	0.20/1000	
横向水平度（铰结式）（靠炉体侧宜偏低）	0.10/1000	
轴承座、轴承支座、斜楔局部间隙	0.5	塞尺
轴承装配	应符合现行国家标准《机械设备安装工程施工及验收通用规范》GB 50231 的规定	

炉壳安装的允许偏差 表 7.1.2-2

项　　目	允许偏差（mm）	检 验 方 法
炉口纵向、横向中心线	2.0	挂线尺量
炉口平面至耳轴轴线距离	+1.0 -2.0	水准仪
炉壳轴线对托圈支承面的垂直度	1.0/1000	吊线尺量
炉口水冷装置中心与炉壳的炉口中心应在同一直线上	5.0	

7.1.3 台架的安装尺寸是以炉体的尺寸为准，横向中心线与炉体中心线平行，纵向中心与炉体中心重合。

7.2 具体质量保证措施

7.2.1 台架置于两台钢包车上，确保中心尺寸偏差可略大于炉壳偏差尺寸（具体考虑台架在推移时不与两边混凝土基础相干涉，同时托圈按安装尺寸摆上台架后，台架上垫板与千斤顶能托住托圈环的中心位置）。

7.2.2 炉壳下部的安装尺寸主要根据上中部炉壳的尺寸定，因此只需先将下部炉壳置于台架内部搁置即可，待托圈和上部安装完成后将其利用行车吊起与上中炉壳组对即可。

7.2.3 托圈的中心　托圈的安装横向中心以托圈两端耳轴中心为准与炉体横向中心线平行，可通过吊线的方法，再利用盘尺加衡力指示器直接进行测量托圈耳轴中心到实际安装的炉体横向中心位置的距离，确保两端距离一致，即可保证两中心线平行；调整时利用行车将托圈稍稍提离台架上，再通过手拉葫芦在托圈两头耳轴侧进行调整。

托圈的调平　整体推移台架共设置 8 根立柱，共分两组，每 4 根为一组，其中台车上的四根为调平立柱，横梁上的四根为顶升立柱，在调平立柱上，放置找平好的斜垫板组，用以对炉体托圈的调平找正工作，托圈放置后，再利用水平仪测量托圈的水平度，如有偏差可通过千斤顶进行调整；保证设备在推入前纵横向中心与安装中心重合和平行，设备推入后不需要进行重新调整，保证设备安装精度。

7.2.4 上中段炉壳的安装　此部分的安装主要相对于已找平找正的托圈来确认，也即炉壳与托圈之间的相对位置关系来确定。

8. 安 全 措 施

8.1 认真贯彻"安全第一，预防为主"的方针，根据国家有关规定、条例，结合施工单位实际情况和工程的具体特点，组成专职安全员和班组兼职安全员以及工地安全用电负责人参加的安全生产管理网络，执行安全生产责任制，明确各级人员的职责，抓好工程的安全生产。

8.2 施工前由技术管理及安全管理人员对各班组进行技术安全交底，并做好记录。

8.3 氧气瓶与乙炔瓶隔离存放，严格保证氧气瓶不沾染油脂、乙炔发生器有防止回火的安全装置。

8.4 施工现场的临时用电严格按照《施工现场临时用电安全技术规范》的有关规范规定执行。

8.5 电缆线路应采用"三相五线"接线方式，电气设备和电气线路必须绝缘良好，场内架设的电力线路其悬挂高度和线间距除按安全规定要求进行外，将其布置在专用电杆上。

8.6 室内配电柜、配电箱前要有绝缘垫，并安装漏电保护装置。

8.7 攀高作业时必须系好安全带。

8.8 建立完善的施工安全保证体系，加强施工作业中的安全检查，确保作业标准化、规范化。

9. 环 保 措 施

9.1 成立对应的施工环境卫生管理机构，在工程施工过程中严格遵守国家和地方政府下发的有关环境保护的法律、法规和规章，加强对施工燃油、工程材料、设备、废水、生产生活垃圾、弃渣的控制和治理，遵守有防火及废弃物处理的规章制度，做好交通环境疏导，充分满足便民要求，认真接受城市交通管理，随时接受相关单位的监督检查。

9.2 将施工场地和作业限制在工程建设允许的范围内，合理布置、规范围挡，做到标牌清楚、齐全，各种标识醒目，施工场地整洁文明。

9.3 对施工中可能影响到的各种公共设施制定可靠的防止损坏和移位的实施措施，加强实施中的监测、应对和验证。同时，将相关方案和要求向全体施工人员详细交底。

9.4 对施工遗留的杂物及时清理，确保现场干净整洁。

10. 效 益 分 析

10.1 直接经济效益

10.1.1 减少多套卷扬机及滑轮组的购置费。

10.1.2 投入较少的施工人员和较短的施工工期，节省人工费用的投入。

10.1.3 减少大型吊车的使用费用。

10.1.4 单个工程中，施工单位可节约成本约 50 万元。

10.1.5 台架可重复使用，减少同类设备安装时，重复投入材料、机具及人工制作费用。此套设备费用共计 24 万元。

10.1.6 建设单位：按每座转炉 150t 算，每缩短工期一天，可实现经济效益达 1000 万以上，采用此方法可使工期缩短 5 天以上，实现效益 5000 万元以上。

10.2 社会效益

10.2.1 转炉整体推移台架及推移技术在转炉安装中，过程平稳、安全，施工进度快，缩短整个工程的施工工期，保证工程提前或按期投产，使施工技术水平在业主心中留下了良好的印象，为今后拓展市场打下了基础。

10.2.2 工程提前或按期，使业主的投资效用能最快实现，使工程以最快速度回报社会。

11. 应 用 实 例

11.1 实例一：柳钢 3×150t 转炉工程

11.1.1 应用过程及特点

在柳钢 3×150t 转炉的 3 座炉子施工中使用了台架整体推移技术进行转炉本体安装，减少了炉壳组对临时平台，在台架上组装，施工场地大，安全易于保障，炉体推移过程平稳，安装效果较好，大大提高了施工进度。

通过炉体推移的方法将炉体上的许多附属部件一次安装到位，避免了推移后安装难度大的问题；在推移前炉体找平找正较为理想，推移后直接能准确落下，保证了安装的中心尺寸。

台架立柱能够翻转，台架随炉底钢包车整体拉出，实现台架的重复利用。

11.1.2 应用地点（单位、工程等）、工作量、起止时间

转炉整体推移台架及推移技术在柳钢 3×150t 转炉的 3 座炉子设备安装施工中进行使用，柳州柳钢集团公司 3×150t 转炉工程中，单座转炉炉体达 400 多吨，包括：炉壳、水冷炉口、托圈、吊挂、挡渣板、托圈耳轴轴承座，3 座炉子共计 1200 多吨。起止时间如下：

2007 年 10 月 20 日~2008 年 2 月 25 日吊装大体方案提出；

2008 年 3 月 10 日台架设计制作完成；

2008 年 5 月 25 日第一座转炉推移安装完成；

2008 年 7 月 25 日第二座转炉推移安装完成；

2008 年 10 月 25 日第三座转炉推移安装完成。

11.1.3 应用的实际效果

转炉整体推移台架及推移技术在转炉安装中，不需要大型起重设备进行吊装；在台架上完成炉壳的组对焊接工作，减少临时平台的搭设；在台架上进行设备调平找正工作，在设备推移就位后可直接进行安装，不需要进行二次调整；将炉体上的许多附属部件一次安装到位，随炉体整体推移安装，避免了推移后安装难度较大；台架立柱能够翻转，台架随炉底钢包车整体拉出，实现台架的重复利用。这项技术的运用，可减少材料的使用，不需投入大型吊装机具，将炉体部件全部组装，整体推移，缩短施工时间；省去了设备临时保护措施；减少施工投入，降低劳动强度。完成了业主要求，达到了较短时间内完成施工任务的目标，得到了业主、质检部门的高度评价，并获得了社会各界和同行的高度评价。

11.2 实例二：攀枝花新钢钒股份有限公司转炉异地大修及方板坯连铸技改工程——转炉异地大修工程

11.2.1 开工时间：2005 年 8 月 11 日；竣工时间：06 年 1 月 31 日

11.2.2 工程名称：攀枝花新钢钒股份有限公司转炉异地大修及方板坯连铸技改工程——转炉异地大修工程

11.2.3 应用的实际效果

转炉异地大修及方板坯连铸技改工程——转炉异地大修工程是我公司 2005 年 8 月至 2006 年 2 月间的一项技术改造工程，该工程包括了转炉异地大修主厂房土建、主厂房内的辅助小房、设备基础及构筑物、工艺设备及管道安装以及配套的车间内管网、供配电、电气传动、仪表、基础自动化、计算机、检化验等工程，中国第十九冶金建设公司（现为中冶实久建设有限公司）将转炉炉体整体利用台架推移安装技术成功应用在了此项工程中，省去了设备临时保护措施，减少材料的使用，减少施工投入，降低劳动强度，大大缩短了工期，创造了较大的经济效益。

11.3 实例三：朝阳鞍凌钢炼钢工程

11.3.1 开工时间：2008 年 3 月，竣工时间：2008 年 12 月

11.3.2 工程名称：朝阳鞍凌钢炼钢工程

11.3.3 应用的实际效果

朝阳鞍凌钢炼钢工程是 2008 年开工的一项新建工程，该工程包括了转炉本体、主厂房内的辅助小房、设备基础及构筑物、工艺设备及管道安装以及配套的车间内管网、供配电、电气传动、仪表、基础自动化、计算机、检化验等工程，转炉炉体整体利用台架推移安装技术的应用，减少了材料的使用，降低了施工投入及劳动强度，大大缩短了工期，创造了较大的经济效益。

鲁奇气化炉安装工法

GJYJGF120—2010

中化二建集团有限公司　　中国化学工程第十一建设有限公司

胡富申　周武强　王金财　肖晓磊　郭瑞杰　唐贤斌

1. 前　言

随着国家调整能源结构，发展洁净能源技术、实现以煤气化技术来调整石油消耗比例已成为国家的一项重要战略目标。"洁净煤气化技术"以其煤炭高利用率、低排放，可生产多种油品，城市天然气，合成氨、尿素以及多种化工基本原料的特点，近年来在国内快速兴起。

目前国内煤气化装置应用较多的鲁奇气化技术（图1），是我国消化吸收国外技术，自行设计的一项移动床连续加压煤气化技术。鲁奇气化炉是该技术的核心设备，其本体无吊耳，安装位置高，空间狭窄，吊装难度大；炉内旋转炉箅系统结构复杂，零部件多，安装精度高，技术要求高；洗涤冷却器与炉体出口管组对、焊接难度大，易产生应力；内夹套组对、焊接空间狭窄，焊接质量要求高。

中化二建集团有限公司通过河南义马气化厂、山西潞安煤制油、大唐国际内蒙克什克腾煤制气等项目上的应用而形成本工法。本工法安全可靠，技术成熟，节约成本，经济效益和社会效益显著。并于2009年6月获2009年度中国化学工程集团工法评比一等奖；2011年3月获2009~2010年度全国化工施工工法（部级）；山西潞安煤制油项目获2010年度全国焊接优秀工程一等奖。

本工法的关键技术于2011年1月，经中国化工施工技术鉴定委员会评审，处于国内领先水平，具有广阔的推广前景。

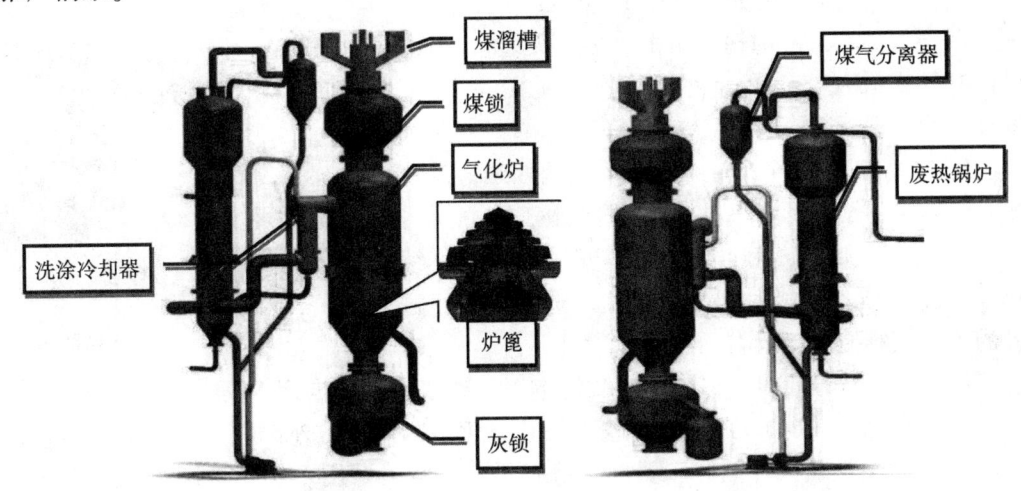

图1　鲁奇气化炉系统模型图

2. 工 法 特 点

2.1 鲁奇气化炉因其安装在框架内部，框架结构复杂，吊装空间狭窄，使用大型吊车吊装难度大，成本高。本技术着重从经济性及可操作性考虑，采用了"双梁双索滑移法"吊装鲁奇炉，很好的解决了以上困难。

2.2 利用主吊滑车组和临时滑车组将炉本体一步卸车到位，使吊装过程紧凑合理，节省了卸车和二次倒运的时间和费用。

2.3 旋转炉篦系统是鲁奇气化炉的核心部位，其结构复杂，零部件多且尺寸大，安装精度高，安装程序要求严格，是制约鲁奇气化炉施工进度的重要控制点。针对其特点摸索出了"四步安装法"，提高了安装效率，保证一次试车合格。

2.4 洗涤冷却器与炉体煤气出口接管系高拘束厚壁耐热合金管焊接，因结构限制，只能选择单面焊双面成型技术，组对焊接空间狭窄，采用自行研制的"内夹套补偿段组装定位器"，提高了夹套组装的速度和精度；采用先进的TOFD检测工艺进行焊接中间过程检测，实现了外壁高拘束耐热合金钢连续焊接，减少了层间预热时间，提高了焊接质量和焊接施工效率。

洗涤冷却器外壁与气化炉煤气出口的组焊过程促使焊接应力大，产生裂纹的倾向也同时变大，制定合理的焊接工艺可有效避免裂纹等缺陷的产生，保证焊接质量。对于洗涤冷却器与气化炉出口接管的厚壁组对焊接，采用先进的TOFD检测工艺，实现了外壁高拘束耐热合金钢连续焊接，提高了焊接质量和焊接施工效率。使用自行研制的"内夹套补偿段组装定位器"，提高了夹套组装的速度和精度，减小了在狭窄空间内的操作难度。

2.5 采用分台分系统进行液压润滑系统的清洗调试技术，缩短了调试时间。

3. 适 用 范 围

框架内设备吊装工程，鲁奇气化炉内部旋转炉篦系统安装、洗涤冷却器与气化炉出口的组对焊接、液压润滑系统安装调试工程。

4. 工 艺 原 理

4.1 气化炉吊装

气化炉重约120t，直径4000mm，高13000mm，无吊耳，安装在主框架三层标高18.9m的箱形梁上。主框架总高50m，在其前后设计有管廊结构用来敷设各介质总管，见图4.1。

根据框架特点，若采用框架土建施工完毕后吊车安装气化炉工艺，总吊装高度要超过60m，回转半径约32m，需使用1000t以上履带吊，成本太高；若采用框架施工到三层时暂停土建施工，待气化用1000t履带吊车安装完毕后继续进行土建施工工艺。设备到货时间、土建施工进度及吊车进场时间三者的关系较难控制，成本仍然偏高。

图4.1 气化框架

本工法采用"双梁双索同步滑移法"吊装炉本体。即直接利用框架标高+37.99m处的双梁承受吊装载荷，在承载梁上挂两套H140×8D起重滑轮组吊装气化炉本体。另外，利用主吊滑车组和辅助滑车组一次把气化炉卸到起吊位置，降低卸车费用、节省了二次倒运费用。气化炉卸车置于钢拖排上。采用"双抽头自锁式捆绑法"在炉体外壁设置吊点。用2台10t卷扬机牵引主滑车组，1台5t卷扬机牵引托排随提升过程滑移，1台5t卷扬机溜尾。气化炉箱形梁底座提前放置于安装位置附近，待提升气化炉达到吊装标高时，快速复位，就位气化炉。逐台安装气化炉建立工作面，成本较低、工期缩短、经济合理。解决了使用大型吊车需土建和安装交叉施工停歇时间，缩短工期计划关键线路，节省了框架施工停滞费、大型吊车使用费、设备按时到货措施费等。

4.2 旋转炉篦系统安装

从外观上看，炉篦成塔状结构，需在高温状态下缓慢旋转（约550℃），传递较大扭矩，起到支撑煤料、分布气化剂、排煤灰的作用。炉篦是鲁奇气化炉旋转炉篦系统特有的结构，是鲁奇气化炉的核心部位，其工作状态好坏直接影响着气化炉的连续产气能力，因此安装质量要求十分严格，不但要考虑安装精度问题而且还要兼顾零件热膨胀对设备运转的影响。

炉篦由众多零件在炉内现场组装而成，其结构复杂，零件尺寸较大且只能从炉体上口逐个进出，作业空间狭小无暂放零件的空间，因此要制定十分严格的安装程序，确定每个零件的进炉顺序。若安装过程中要处理零件配合尺寸，则只能将零件运至炉外，零件反复进出炉体很大程度上降低了工作效率，且一次试车不合格更要将炉篦按逆安装顺序拆解，检查问题原因，浪费大量时间。针对鲁奇炉旋转炉篦的安装特点，本技术总结出的"四步安装法"来提高安装效率，确保一次试车合格。

1. 旋转炉篦先在炉外预装平台上进行预组装，在炉外将装配问题提前加工处理；同时将炉内无法使用扳手拧紧的螺母提前点焊固定在零件上，减小炉内操作难度。

2. 预装合格后拆解，按程序进行炉内安装。在大小齿轮安装、内破碎环安装、中间环块安装、全部零件安装完成时分别进行手动盘车检查，合格后才能进入下步程序。

3. 驱动机构安装。驱动机构要先检查后安装。

4. 旋转炉篦安装完后，立即进行空载试车，试车连续运转 12h，其中正转 6h，反转 6h。

4.3 洗涤冷却器组焊

洗涤冷却器分为内外夹套结构分别与鲁奇炉出口管焊接。外壁为厚壁耐热合金钢 (δ=50mm)，热传导率大，裂纹产生倾向大；内壁为普通碳素钢，组对焊接空间狭小操作困难。

外壁组焊：采用远红外履带加热控温设备保证焊件金属预热均匀；选用氩弧焊打底+手工电弧焊填充盖面的单面焊双面成型工艺；施焊时双焊工对称施焊减少焊接应力集中；严格控制焊接参数，应用多层多道焊接技术；分别在焊缝底层焊完和 50% 厚度填充焊完成时，采用 TOFD 方法对焊缝进行无损检测，不受焊件温度的影响，保证合金钢焊接的连续性，节省了层预热时间；焊接完成后，焊缝缓冷至室温并采用 γ 射线对焊缝进行 100% 无损检测；焊缝热处理采用远红外履带加热控温设备保证升降温速率以及热处理温度的准确性。

洗涤冷却器内夹套管与气化炉的内夹套管由三瓣瓦形钢板连接，安装采用自行设计的"内夹套补偿段组装定位器"，克服了空间狭小、可操作性差的困难；焊接采用单面焊双面成型工艺。

4.4 液压、润滑油系统安装与调试

液压油和润滑油系统是保证气化炉能正常运行的重要辅助系统，任何一个系统故障都将导致气化炉停车。为减小介质流动阻力和管道振动，油管布置力求简洁，尽量以直管为主靠墙或柱布置，使用专用 PVC 管卡固定牢固，采用大弯曲半径的煨制弯头，焊接油管采用氩弧焊，系统使用前应严格试压、清洗。采用"分台分系统的清洗调试"工艺，逐台建立液压润滑系统。

5. 施工工艺流程及操作要点

5.1 鲁奇气化炉系统安装工艺流程（图 5.1）

5.2 气化炉本体吊装工艺流程及操作要点

5.2.1 工艺流程（图 5.2.1）

5.2.2 操作要点

1. 采用"双梁双索滑移法"吊装气化炉本体，如图 5.2.2-1。

2. 利用气化框架第六层标高 37.99m 处一对混凝土梁，作为固定定滑轮组的承重梁。

3. 受力计算和强度校核。

提升气化炉达到最大吊装标高时，吊索受力最大。该位置受力分析、计算如下：

1）提升气化炉垂直力

$$P=K_1K_2(Q+g)=1.1\times1.2\times1176+98=1642.3\text{kN} \tag{5.2.2-1}$$

式中 Q ——设备净重，Q=120×9.8=1176kN；

g —— 滑轮、卡环、索具重量，g=90kN；

K_1 —— 动载系数，K_1=1.1；

K_2 —— 不平衡系数，K_2=1.2。

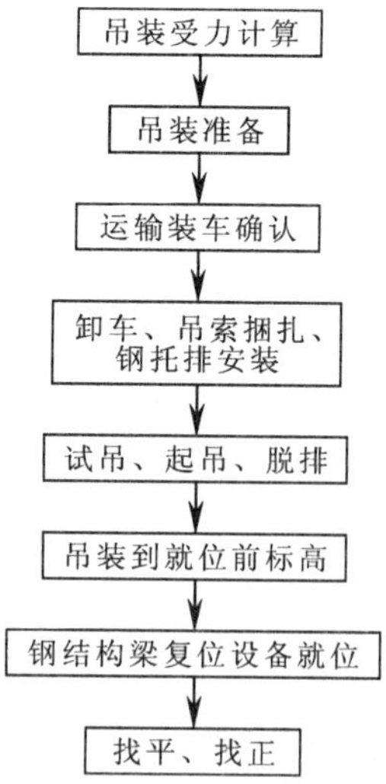

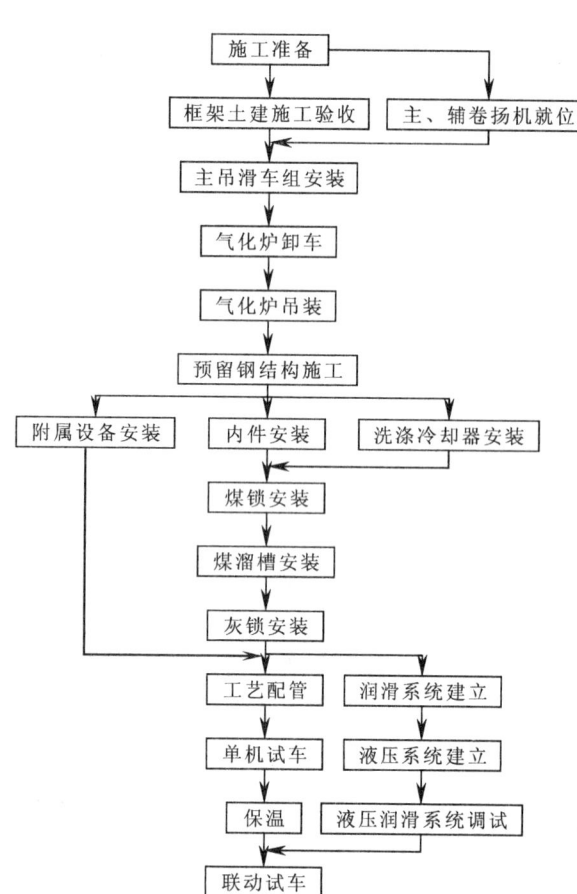

图 5.1　气化炉本体及附属设备管道施工工艺流程

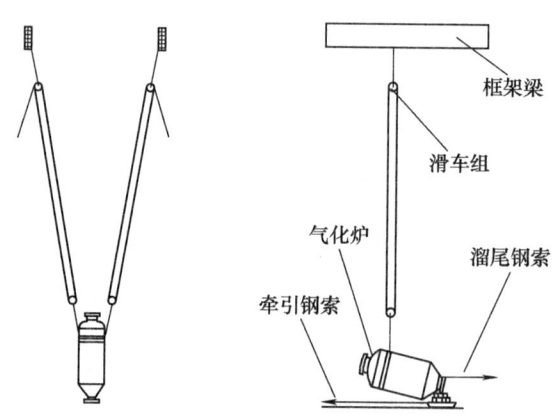

图 5.2.1　气化炉吊装施工工艺流程图

图 5.2.2-1　气化炉吊装示意图

2）利用绘图法，计算吊索与铅垂方向夹角，采用 CAD 制图软件按 1:1 尺寸作图，绘出气化炉最大吊装高度状态，求得吊索与铅垂方向夹角 α=4.36°。也可用计算法求得该数值。

3）计算一侧滑轮组最大受力：

$$P_1 = P/2\cos\alpha = 1642.3/2\cos 4.36° = 823.5 \text{kN} \qquad (5.2.2\text{-}2)$$

4）校核混凝土梁强度

梁主要参数为：梁宽 b=700mm，梁高 h=1200mm，梁长 l=9000mm，纵向受力钢筋为 9ϕ25，受拉钢筋面积 A_s=4418mm²，C35 混凝土；混凝土抗压强度 f_c=16.7kN/m²，钢筋强度设计值 f_y=300kN/m²，混凝土抗拉强度 f_t=1.57kN/m²，计算出极限承载力 M_u=1476.75kN·m>实际承载力 973.76kN·m。所以，选用的梁可满足吊装要求。

5）选用起重量 140t 的 8 轮滑轮组，静滑轮单出头，钢丝绳经两个导向滑轮引至 10t 卷扬机，钢丝绳至卷扬机最大拉力：

$$S = P' \cdot E^n \cdot \frac{E-1}{E^n-1} \cdot E^k = 823.5 \times 1.04^{16} \times \frac{1.04-1}{1.04^{16}-1} \times 1.04^2 = 76.4 \text{kN} \qquad (5.2.2\text{-}3)$$

式中　E —— 轮槽与滑轮的综合摩擦系数，E=1.04；

　　　K —— 导向滑轮数，K=2；

　　　n —— 有效绳数，n=16。

所选卷扬机额定牵引力 98kN，S<98kN 可以满足吊装要求。

6) 计算在设备抬头瞬间托排上的正压力，如图 5.2.2-2。

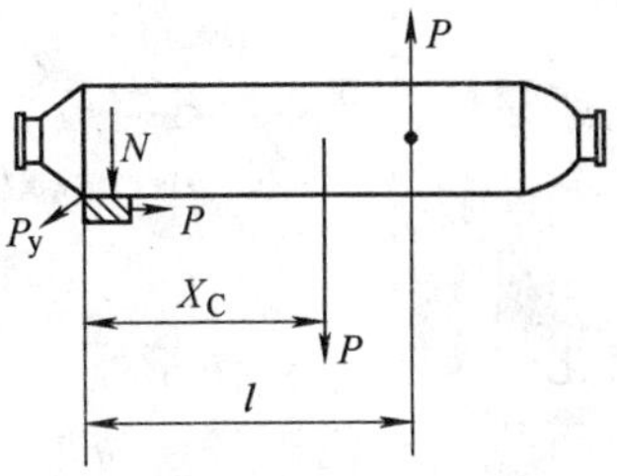

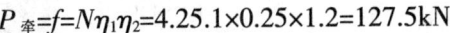

$$P' \cdot l = P \cdot X_{\mathrm{C}}$$

$$P' = \frac{P \cdot X_{\mathrm{C}}}{l} = \frac{1642.3 \times 6.3}{8.5} = 1217.2 \mathrm{kN}$$

$$N = P - P' = 1642.3 - 1217.2 = 426.1 \mathrm{kN}$$

(5.2.2-4)

式中　X_{C} —— 设备重心距设备底距离，$X_{\mathrm{C}} = 6.3\mathrm{m}$；

　　　l —— 吊点距设备底距离，$l = 8.5\mathrm{m}$；

　　　N —— 正压力，kN。

图 5.2.2-2　受力分析图

7) 计算拖排最大牵引力

$$P_{牵} = f = N \eta_1 \eta_2 = 4.25.1 \times 0.25 \times 1.2 = 127.5 \mathrm{kN}$$

(5.2.2-5)

式中　f —— 拖排所受摩擦力，kN；

　　　η_2 —— 钢对钢的摩擦系数，$\eta_2 = 0.08 \sim 0.25$；

　　　η_2 —— 静摩擦系数修改系数，$\eta_2 = 1.2$。

4. 施工准备

1) 气化框架一层钢结构平台预留；二层预留吊装孔；三层气化炉支撑梁先摆放安装位置附近；四层、五层预留吊装孔。

2) 主滑车选用钢丝绳为 $\phi 28\text{-}6 \times 37 + 1\text{-}1470$，采用定滑车单出头，两个滑车组分别通过框架下部导向轮引至卷扬机。

3) 用 $\phi 28\text{-}6 \times 37 + 1\text{-}1470$ 钢丝绳捆绑定滑车悬挂在吊装梁上，吊装梁上捆绑钢丝绳处用钢管和方木加以保护。有效绳 12 根，各用 4 个 10t 卡环锁死。

4) 两台 10t 卷扬机驱动主吊滑车组。可利用现有构筑物作为锚点；也可采用混凝土预制式坑锚，20t 锚点坑每个尺寸为 4m×1.5m×3m，在跑绳长度允许情况下，可通过增加导向轮的方法尽量减少重设锚点的工作量。

5) 气化炉尾部放 100t 钢拖排上，钢拖排下垫 $\phi 114 \times 12$ 钢管为滚杠。

6) 钢拖排牵引选用 1 套 H20-3D 滑轮组，配一台 5t 卷扬机，跑绳选用 $\phi 17.5\text{-}6 \times 37 + 1\text{-}1470$ 钢丝绳，经两个导向轮引至卷扬机。

7) 气化炉底部法兰溜尾选用 $\phi 17.5\text{-}6 \times 37 + 1\text{-}1470$ 钢丝绳单根捆扎，引至一台 5t 卷扬机。

8) 气化炉进场通道做硬化处理，钢托排滑移地面上铺设 $\delta = 20\mathrm{mm}$ 的钢板，宽 2m。

9) 气化炉在装车时炉体上部朝向车尾。

5. 卸车、吊索捆扎

1) 装载气化炉拖车倒入框架内，使得设备头朝内尾朝外，利用主吊滑车组将设备卸车。

2) 气化炉尾部法兰放在钢托排上，其中间垫道木；头部用道木垫起，保持气化炉水平离地约500mm 为宜。

3) 吊索捆绑中心应在气化炉底部法兰面上方约 8.5m 处。确定吊索捆扎出头位置，保证起吊后管口方位满足工艺要求。

4) 选用两根 $\phi 37\text{-}6 \times 37 + 1\text{-}1470$ 钢丝绳"对称双抽头自锁式捆绑法"设置吊点，一根并成四股将 2 个 100t 卡环连接在一起，另一根也并成四股两头从卡环穿出作为吊点。钢丝绳与设备之间垫方木。

6. 吊装

1) 同时启动两台 10t 卷扬机，提升设备头部约 1m 停车，检查捆绑吊索在气化炉自重作用下已锁紧，两套滑车提升速度均匀，各个受力部位无异常。

2) 主滑车组同时提升气化炉，钢托排平稳向前滑移。

3) 气化炉尾部脱排时，停止所有卷扬机。检查无异常后，启动主滑车组继续提升。

4) 提升气化炉高于安装标高约 2m 后停止提升。

5）将预先放置在安装位置的气化炉支撑梁复位，节点焊接完成。气化炉降落就位。

6）以气化炉内部炉箅支撑盘水平面为找正对象，水平度不大于 0.05mm/m。通过在气化炉支座下加条形平垫铁和铜箔调整标高，因此，气化炉找正需炉内进人，内外通信畅通，用框式水平仪检查支撑盘水平度。

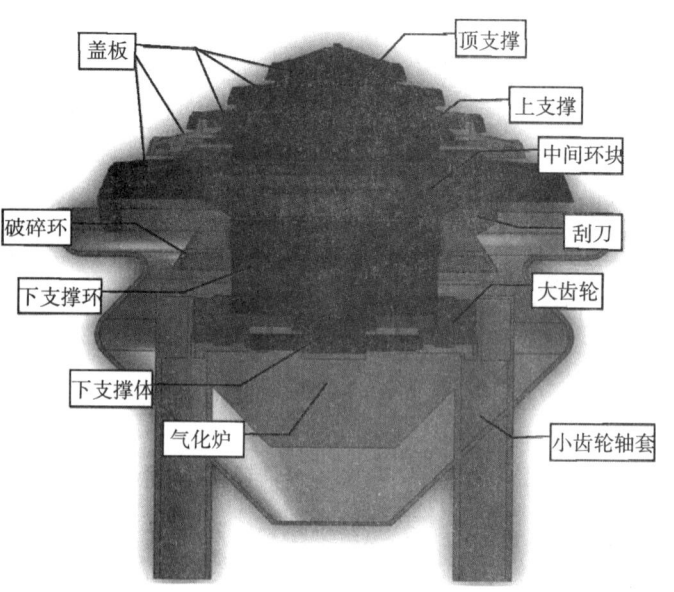

图 5.3.1-1　炉箅结构示意图

5.3 旋转炉箅系统安装工艺流程和操作要点

5.3.1 旋转炉箅系统安装工艺流程

1. 炉箅结构特点

鲁奇气化炉的主要特点之一：在炉内底部安装有旋转炉箅，是保证鲁奇气化炉能够连续稳定产气的核心部件。其结构见图 5.3.1-1。

炉箅下部有大齿轮盘，与下支撑环、环块及内破碎环等零件连接在一起同时旋转。气化炉底部有两个套管，小齿轮轴从套管穿入气化炉，小齿轮由安装在炉外下部的减速机驱动，带动大齿轮旋转。整个炉箅工作在约 500℃的高温环境，安装时必须要考虑零件热膨胀后的工作状态。保证炉箅支撑盘的水平度十分关键，若其不合格，将导致内外轴承环在某一方向上磨损过快，大幅度减少其使用寿命，缩短维护周期。

2. 气化炉旋转炉箅安装流程，如图 5.3.1-2。

5.3.2 旋转炉箅系统安装操作要点

1. 炉外预组装

1）按图纸尺寸对零部件逐一测量检查，均不超其允许偏差。

2）按照气化炉旋转炉箅安装流程图（图 5.3.1-2），进行预组装。

3）所有炉箅底面上的螺母预先点焊固定在零件上。

4）大齿轮为两半拼装结构，拼装时应底面朝上以方便与上止推盘组装，安装好的大齿轮用电动葫芦配合手拉葫芦将其翻转 180°安装就位。

5）检查下支撑环与大齿轮的同心十分重要，要求误差在 0.1mm 以内，否则需加工处理。

6）预组装完成解体前，将所有零件装配位置进行钢印标记。

2. 炉箅安装

1）用钳工水平仪对炉箅支撑盘（直径约 1100mm）的水平度进行复测，任意位置偏差不大于 0.05mm/m。

2）因作业空间有限，炉内不宜超过 4 人。

3）由于炉箅在高温环境下传递较大扭矩，因此，安装施工中需特别注意热膨胀对零部件的影响，为防止螺栓因热膨胀而松动所有螺栓螺母都应在紧固以后再点焊固定。

4）下支撑体安装

下支撑体安装流程，如图 5.3.2-1。

炉箅支撑盘配合面处理干净露出金属光泽，均匀涂抹二硫化钼润滑脂。支撑体和支撑盘间用 0.02mm 塞尺检查无间隙，否则需刮研处理配合面。

下支撑体安装合格后，需从气化炉下口法兰进入炉箅支撑盘下部安装固定螺栓，螺栓紧固后将螺母点焊固定。

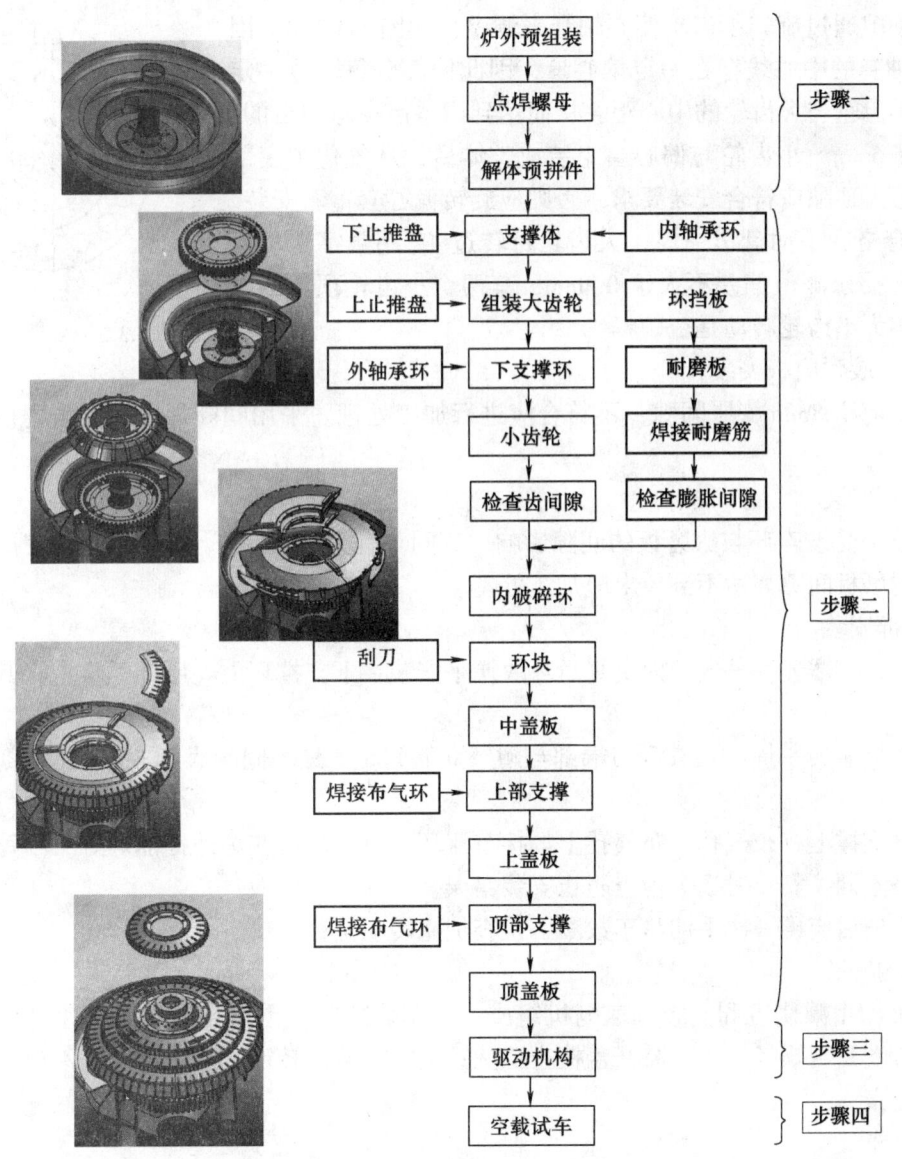

图 5.3.1-2　气化炉旋转炉篦安装流程图

下止推盘、内轴承环与下支撑体组装，其固定螺栓紧固后不应高于轴承表面，以防止螺栓卡住炉篦；下止推盘与下支撑体安装后用 0.02mm 塞尺检查不应有间隙，否则需研磨处理。

下支撑盘和内轴承环的表面应涂满润滑脂，这里用到的润滑脂是二硫化钼与石墨粉 1:1 的混合物。

5）大小齿轮安装

大小齿轮安装流程，如图 5.3.2-2。

大小齿轮工作状态会有一定的热膨胀量，最佳的齿顶隙为 11~13mm。先在下支撑环装上外轴承环，然后将下支撑环与大齿轮组装，注意检查下支撑环是否与大齿轮完全接触。

大齿轮由两个小齿轮驱动，安装小齿轮应进行齿轮间隙的调整和检查，齿轮在工作状态下有足够的

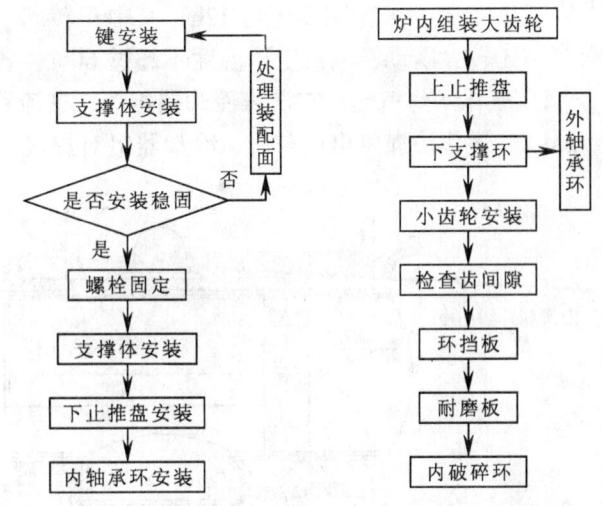

图 5.3.2-1　下支撑体安装流程　　图 5.3.2-2　大小齿轮安装

热膨胀量。齿顶隙通过旋转小齿轮偏心轴套来调整，如图5.3.2-4，因齿轮轴与偏心轴套的中心线存在一定偏心量，因此偏心套每转过一定角度就会改变小齿轮与大齿轮的中心距，从而达到调整齿顶隙的目的，其最大可调整5.6mm。小齿轮与偏心套组装成整体后，从气化炉底部穿入安装，静态齿顶隙应符合安装要求，否则应旋转偏心套重新安装。当静态齿顶隙合格后手动盘车一周，大齿轮每转过45°用数字卡尺检查一次齿顶隙，要求测值偏差不大于0.8mm，其两个小齿轮顶隙尽量接近。同时观察大小齿轮转动是否顺畅。

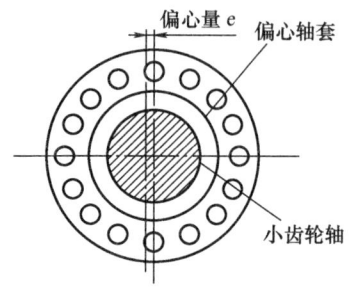

图5.3.2-4 偏心套结构示意图

6）环挡板和装耐磨板安装

环挡板之间应留8mm膨胀间隙，不符合应进行加工处理。采用间断焊固定。耐磨板安装平整牢固不晃动。

7）内破碎环安装

破碎灰块效果受破碎环与耐磨板的间隙影响，其间隙宜为20±3mm。破碎环安装完成后再次盘动炉篦，破碎环与耐磨板间隙如达不到要求应加工处理。

8）炉篦上部安装

将一把刮刀、一瓣环块吊入炉内拼好后环块调平安装在下支撑环上。以此类推，将其余两瓣环块依次安装就位。

再次盘动炉篦旋转一周，检查刮刀端部与耐磨立筋间距，最小间距大于30mm，否则应适当加工刮刀端部。

上支撑和顶支撑上有布气孔，布气孔上焊接节流环，节流环应在炉外提前焊好。因每层布气孔上焊接的节流环规格不同，安装时逐个检查防止安装错误。

炉篦安装完毕后应再一次手动盘车数圈，检查炉篦转动是否顺畅。

9）驱动机构安装

炉篦驱动机构由减速机和变频调速电机组成，先安装减速机再安装电机；减速机安装前先手动盘车，检查齿轮传动是否顺畅，否则需开盖检查清洗；电机空载试转定子及轴承温度不应超过50℃，合格后再与减速机连接。

10）空载试车

炉内工具、垃圾等清理干净；电机单式合格后连接减速机试车。

空载试车要求炉篦连续运转12h，其中正转6h，反转6h。试车过程炉篦系统运行平稳，无明显机械噪声，无较大震动，电机定子温度不超过60℃，各部位轴承温度不应超过70℃为合格。

5.4 气化炉煤气出口与洗涤冷却器组焊工艺流程和操作要点

5.4.1 气化炉煤气出口与洗涤冷却器组对焊接后的结构形式，如图5.4.1-1、图5.4.1-2。

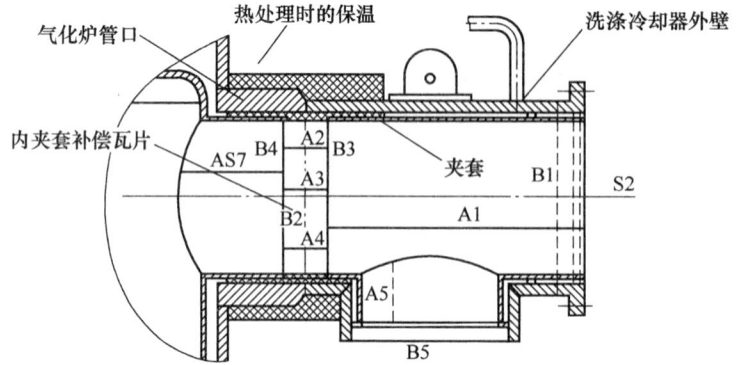

图5.4.1-1 气化炉煤气出口和洗涤冷却器组对焊接后结构形式

图5.4.1-2 气化炉煤气出口和洗涤冷却器组对焊接

5.4.2 气化炉煤气出口与洗涤冷却器组对焊接工艺流程，如图 5.4.2。

5.4.3 操作要点

1. 拟定焊接工艺指导书

洗涤冷却器外壁为 15GrMoR 材质、气化炉出口外壁为 20MnMoⅡ材质，内径 716mm、壁厚 50mm 组成异种钢焊接接头；夹套内壁为 20R 材质，厚 20mm；夹套内外焊接接头为水平固定，均采用单面焊双面成型技术。

外壁焊接接头破口形式见图 5.4.3-1，焊接后，进行 100%无损检测、局部热处理。

外壁焊接接头拘束大，采取焊前预热 200~250℃、层间温度控制措施，多层多道分段倒退焊接技术。

外壁焊接工艺参数见表 5.4.3-1。焊后热处理温度为 610±10℃，恒温时间为 155min。300℃以上升温速度不得超过 65℃/h，降温速度不能超过 85℃/h。

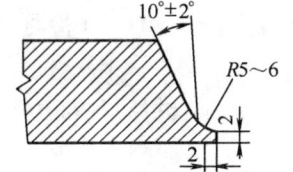

图 5.4.3-1 外壁接头坡口尺寸

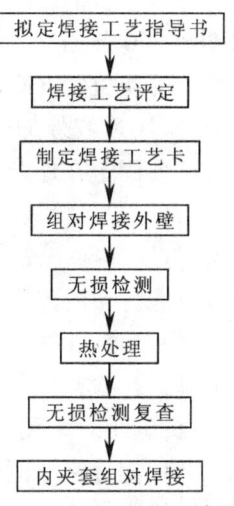

图 5.4.2 气化炉煤气出口和洗涤冷却器组对焊接工艺流程

外壁焊接工艺参数　　　　　　　　　　　　　　　　表 5.4.3-1

层次	焊接方法	焊材型号及规格	焊接电流（A）	焊接电压（V）	焊接速度（cm/min）	极性
1	氩弧焊打底	ER50-7 ϕ2.4mm	90~120	10~20	4~5	正接
2	电焊填充	E5015 ϕ3.2mm	95~105	25~30	8~10	反接
3~15	电焊填充	E5015 ϕ4mm	100~120	25~30	5~8	反接
16	电焊盖面	E5015 ϕ4mm	100~120	25~30	5~8	反接
无损检测	外观合格后，对焊接接头进行 100%射线探伤，符合《承压设备无损检测》JB/T 4730-2005 的有关规定，底片质量要求不应低于 AB 级。焊缝Ⅱ级合格					

内夹套焊接接头坡口为 V 形，夹角 60°±5°。焊接工艺省略介绍。

2. 焊接工艺评定

外壁和内套分别考虑焊接工艺评定，依据《钢制压力容器焊接工艺评定》JB 4708 要求，根据拟定的焊接工艺参数，取得合格的焊接工艺评定报告。

3. 焊接工艺卡

依据焊接工艺评定报告和产品焊接要求，编制焊接工艺卡，作为焊工施焊依据。

4. 焊工资格

施焊焊工已按照《特种设备焊接操作人员考核细则》TSG Z6002-2010 考试合格，并取得质量监督部门颁发的有效的合格证书方可上岗施焊。手工电弧焊应具有合格项目 SMAW-FeⅡ-2G（K）-12-Fef3J、SMAW-FeⅡ-3G（K）-12-Fef3J、SMAW-FeⅡ-4G（K）-12-Fef3J 或可覆盖以上项目；手工钨极氩弧焊工应具有合格项目 GTAW-FeⅡ-5G-3/6-FefS-02 或可覆盖以上项目。

5. 外壁组对焊接

1）组对前，用砂轮磨光机将焊接接头坡口及其边缘打磨至露出金属光泽。

2）采用 4 套龙门卡具调整组对间隙 0~4mm、错边小于等于 2mm、角变形小于等于 3mm。

3）组对合格点固焊接，焊接工艺参数执行正式焊接工艺，点焊尺寸见表 5.4.3-2。

点焊缝尺寸一览表　　　　　　　　　　　　　　　　表 5.4.3-2

点固焊缝长度（mm）	点固焊缝总厚度（mm）	点固焊层数	点固焊间隔长度（mm）
80~100	6~7	2	300

4）采用两名焊工对称分段倒退施焊，焊接速度力求一致。两焊工以 90°~270°轴线为界线，按图 5.4.3-2 均布施焊，一层焊接完成后两名焊工互换位置继续焊接下一层。

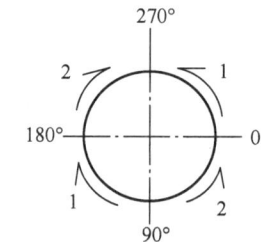

图 5.4.3-2　焊工对称倒退施焊顺序

5）采用远红外加热技术焊前、层间预热，加热器布置在焊缝内侧，热电偶固定在外壁侧。

6）每层焊接接头应错开至少 30mm，起弧收弧应在坡口内。

7）打底焊接完成，在不降低焊件温度的情况下，采用 TOFD 检测法检查打底焊层内部质量。无缺陷后进行填充施焊。

8）焊接至 25~30mm 厚度时，进行中间 TOFD 检测，确认合格后把焊口连续焊完，焊工对焊缝表面进行清理、自检，打上钢印代号。

9）拆除组对卡具，并打磨痕迹。卡具拆除的部位，表面不得有裂纹、气孔、咬边、夹渣、凹坑等缺陷，并用记号笔标记清楚。

10）检查员确认焊缝外观质量合格后，进行 100%γ-射线检测，应符合《承压设备无损检测》JB／T 4730-2005 的有关规定，底片质量不应低于 AB 级，Ⅱ级合格。

6. 外壁焊缝热处理

1）采用程序控温红外线履带式加热器技术，外侧焊缝布置加热器后用硅酸铝毡保温被覆盖两层，每层厚度 50mm。

2）内侧距焊缝边缘 50mm 处均匀布置 3 个测温点，固定热电偶后，敷设两层硅酸铝毡保温两层，每层厚度 50mm。（在组对前布置好）。

3）热处理工艺参数执行作业指导书。

4）热处理后进行硬度测定，焊缝硬度大于母材硬度的 120%，否则应重新进行热处理。

7. 夹套内管组对焊接

1）内夹套组装操作空间十分狭小，作业十分困难，采用自行研制的"内夹套补偿段组装定位器"（专利证书号：ZL201120094744.6）组对，效果很好。其具体操作方法如下：

先将补偿段三片瓦在平台上组对成圆筒并固定好，每片应画出十字中心线；

支座与瓦片底部点焊固定，使其垂直于瓦片底部；

按图组装连接件，利用法兰螺栓调整各连杆长度合适后点焊固定；

在底部瓦片上点焊上四个定位块；

拆掉连杆，将瓦片折叠后，整体送入洗涤冷却器内部先将底部瓦定位调整合适，焊工进入将定位块点焊固定。

用专用工具将瓦片展开，安装连杆，通过法兰螺栓微调各连杆长度来调整接头组对间隙 0~4mm、错边小于等于 2mm。组对合格后，焊工进入先将瓦点焊固定，点固焊时先纵焊缝，后环焊缝。

2）焊接时，应先纵缝后环缝，三条纵缝焊接完焊接环焊缝。T 字接头纵焊缝焊至环焊缝中心，焊接环焊缝时去除，如图 5.4.3-3 和图 5.4.3-4。纵焊缝采用多层多道焊接技术。

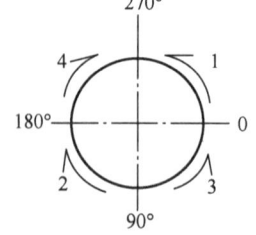

图 5.4.3-3　夹套环焊缝焊接顺序　　　图 5.4.3-4　T 字接头焊接

3）焊后将焊缝修磨平整用 TOFD 检测法对焊缝进行 100%无损检测。

5.5　液压与润滑系统安装调试工艺流程和操作要点

5.5.1　液压与润滑系统安装调试流程，如图 5.5.1。

5.5.2　液压与润滑系统安装调试操作要点

1. 根据系统原理图现场合理布置液压、润滑管道、选择材料。

2. 整体布置尽量简洁整齐，减少弯管，尽可能沿墙或柱、梁布置方便安装支架。

3. 液压管道选用碳钢管材、管件，主管路采用承插焊结构管件，DN15 以下管道采用揻制弯头，弯曲半径不小于 $3d$，以减少流动阻力。

4. 每台液压站独立为三台气化炉供油。

5. 液压站间应设短接旁路，可互为备用。每台气化炉支管上增设阀门，能与主管线切断，以方便试压、清洗及调试。

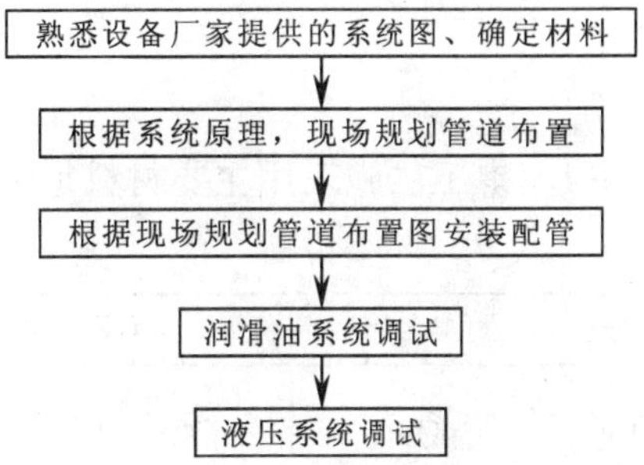

6. 液压、润滑管道一定要固定牢靠，避免振动过大；管支架使用 PVC 专用管卡，不大于 3m 设置一组支架。

7. 管路安装完毕后，应进行水压试验，试验压力为 13MPa，尽可能全系统连接试压，当某台炉不具备试压条件时将其与主管隔离。

8. 液压系统调试

1）对液压系统管道进行酸洗、油洗合格后，方可进行系统调试。采用分台调试方法，不参与调试的气化炉液压系统管道暂时与试验系统隔离。

2）初次启动油泵时，应向油泵内注满油。

3）用手盘动油泵联轴器应转动灵活。

4）将液压站溢流阀调至低压卸荷状态，打开各压力表阀门。

5）点动油泵检查油泵转向是否正确。

6）油温低于 10℃时，油泵应连续点动几次后方可进入正常运行，油泵工作后需先至少空载运行 5min。

7）油泵正常运转状态下，油温应保持在 35~50℃之间，油温最高不超过 60℃，需要时可利用加热或冷却器调节温度。

8）调节溢流阀使液压站出口压力在 10MPa 左右，减压站后油压为 7MPa。

9）系统工作后应及时向油箱中补油并观察油位的变化。

10）检查减压站、煤、灰锁控制柜的油压应在 7MPa，压力不足时可调节减压站溢流阀。检查各连接点是否漏油，检查完成后可进行液压阀门的调试工作。

11）各液压动作阀门应用就地电控柜控制，条件不具备时可通过电磁阀的手动控制旋钮来控制液压阀门。

12）检查各液压缸动作是否迅速、行程是否足够。

13）灰锁、煤锁上下阀的密封好坏，关系着气化炉的安全运行，应认真检查其密封性。

9. 润滑系统调试

1）将设备进油口处所有油管拆下，打开油管终端阀门，用压缩空气将管道吹干。

2）检查油管与泵出口连接是否牢固，确认所有油管终端阀已打开。

3）将润滑油箱加热到 40~50℃时，打开泵上排液阀排出泵内冷油注入热油。

4）点动油泵确认泵转向正常。

5）启动油泵润滑油流出油管出口，每隔 30min 检查油管出口润滑油的清洁度，无肉眼能分辨颗粒物时，调试合格。

6）恢复所有润滑点接管。

熟悉设备厂家提供的系统图、确定材料

根据系统原理，现场规划管道布置

根据现场规划管道布置图安装配管

润滑油系统调试

液压系统调试

图 5.5.1　液压与润滑系统安装调试流程图

6. 材料与设备

6.1 本工法施工用主要材料是洗涤冷却器与气化炉出口接管的焊接材料，如表6.1。

施工用主要材料表
表6.1

序号	材料名称	型号及规格	技术标准	用途
1	氩弧焊丝	ER49-1 φ2.5	《气体保护电弧焊用碳钢、低合金钢焊丝》 GB/T 8110-1995	内夹套补偿段打底焊接
2	氩弧焊丝	ER50-7 φ2.5	《气体保护电弧焊用碳钢、低合金钢焊丝》 GB/T 8110-1995	外壁对接接头打底
3	电焊条	E4315 φ3.2 和 φ4	《碳钢焊条》GB/T 5117-1995	内夹套补偿段焊接填充和盖面
4	电焊条	E5015 φ3.2 和 φ4	《低合金钢焊条》GB/T 5118-1995	外壁对接接头焊接填充和盖面

6.2 本工法采用的主要机具设备，如表6.2。

主要机具设备一览表
表6.2

序号	机具设备名称	型号及规格	单位	数量	备注
1	卷扬机	10t	台	2	牵引主滑车组吊装气化炉
2	卷扬机	5t	台	2	气化炉卸车及辅助吊装
3	滑车	140t-8轮	个	4	吊装气化炉主滑车
4	导向滑轮	10t	个	10	跑绳导向
5	滑轮	H20-3D	个	4	辅助卸车
6	自制卸扣	100t	个	4	
7	卸扣	10t	个	适量	
8	卸扣	5t、3t、1t	个	适量	
9	钢丝绳		m	适量	结合现场实际计算后选用
10	经纬仪		台	2	
11	钳工水平仪		台	1	
12	游标卡尺		个	1	
13	焊条烤箱	0~400℃	台	1	
14	焊条恒温箱	0~200℃	台	1	
15	氩弧焊机	WS-315 12kW	台	6	
16	直流逆变焊机	ZX7-400 17kW	台	6	
17	碳弧气刨		台	1	焊缝返修
18	压缩机	0.6m³/h 0.8MPa	台	1	焊缝返修
19	履带式加热器	LCD550×420	片	12	220V 10kW
20	智能程序温度控制箱	240kW 输出220V	台	6	路程序控温，6点自动记录
21	扭力扳手	1500N·m	把	1	固定气化炉基础螺栓
22	吊车	50t	台	1	
23	吊车	25t	台	1	
24	压路机		台	1	
25	低压变压器	220V/12V	台	4	
26	TOFD检测仪		台	1	焊缝超声波检测

7. 质 量 控 制

7.1 工程质量控制标准

本工法执行过程应遵循以下标准、规范：

1. 《固定式压力容器安全技术监察规程》TSG R-2009；
2. 《钢制压力容器》GB 150-1998；
3. 《工业金属管道工程施工及验收规范》GB 50235-97；
4. 《现场设备工业管道焊接工程施工及验收规范》GB 50236-98；
5. 《化工建设安装工程起重施工规范》HG 20201-2000；
6. 《化工设备安装工程质量检验评定标准》HG 20236-1993；
7. 《机械设备安装工程施工及验收通用规范》GB 50231-1998。

7.2 质量保证措施

7.2.1 气化炉安装

1. 吊装所有受力构件、索具强度校验满足要求；吊装方案经过审核批准。
2. 吊索具均有出厂合格证，对使用过的吊索具进行质量鉴定。
3. 气化炉找正自检合格，要经过专职检查员、监理工程师确认。

7.2.2 洗涤冷却器与气化炉出口接管组焊

1. 组焊方案经审核批准。
2. 建立压力容器组焊质量保证体系，向当地技术监督部门办理告知，接受监检。
3. 设置五个停点检查：焊接前；热处理前；内夹套补偿段组装前；内夹套补偿段焊接前；洗涤冷却器封闭前。经过各方对前道工序合格确认。

7.2.3 旋转炉篦系统安装

1. 要项目部自检、互检、专检基础上，按"四步法"逐步报现场监理工程师确认。
2. 安装时，零部件逐一运入炉内，每班作业结束须将炉内清理干净，作业人员出口封锁。
3. 安装过程要对零部件动态标识，反映其真实状态。

7.2.4 液压与润滑系统安装

1. 管道元件安装前，需清理内部氧化皮、锈渣等，安装过程及时封闭敞口。
2. 采用全氩弧焊接工艺。
3. 压力试验合格，需经过监理工程师现场确认。

8. 安 全 措 施

8.1 建立健全安全管理体系，配置专职安全管理人员。

8.2 气化炉安装为高空、多层交叉作业，重点做好安全围护，大型设备吊装前，必须对吊件进行一次全面的质量和安全检查，由相关责任人签字认可，以减少高空作业的安全风险。

8.3 吊装前，吊装工程师必须向参加吊装作业的人员进行方案技术交底，所有施工人员必须进行严格的安全培训，合格后方可上岗，坚持班前安全会，每天进行安全检查。

8.4 施工现场设立专职安全员负责安全管理工作，现场设置安全专区，悬挂标志牌，配备消防器材。

8.5 作业人员要穿戴齐全部劳动保护用品，酒后不准上高空，高空作业必须系安全带，穿胶鞋。

8.6 高空施工用临时平台，工作爬梯均应连接牢固，搭设脚手架应捆扎牢固。四周均应挂设安全网，操作平台应铺满木板，设置好生命线，便于安全带的系挂。

9. 环 保 措 施

9.1 建立环境管理体系，项目经理组织运行。

9.2 在施工过程中严格遵守国家和地方政府下发的有关环境保护的法律、法规和规章，加强对施工用油、保温材料、固体废料、防腐油漆、生活垃圾等的控制和治理。随时接受相关单位的监督检查。

9.3 将施工场地和作业限制在工程建设的允许范围内，合理布置、规范围挡、做到标牌清楚、齐全，各种标识醒目，施工场地整洁文明。

9.4 夏季作业区域有可靠有效排水设施。

9.5 对施工场地道路进行硬化，有效防止尘土飞扬。

10. 效 益 分 析

利用框架采用"双梁双索"无吊耳捆绑式吊装技术，可将混凝土框架施工完，不考虑为吊装设备预留空间，优化了总体网络计划线路，单台炉综合节约工期60d。应用本技术，可节省大型吊车的使用和调遣费用，即使设备分批到货，也能做到随到随装，避免了因设备不到货造成的土建窝工，大型吊车使用成本增加的风险。单台炉安装可降低大型吊车（1000t吊车）台班及调遣费、框架施工停滞费等约39.4万元。通过应用本技术获得了非常好的经济效益。已安装完成的41台鲁奇气化炉共创造效益1600余万元。

采用"四步法"优化气化炉旋转炉篦安装工艺和专有的调试方法，与传统施工方法相比较，单台炉安装节约130工时。为后续工作争取了宝贵时间，同时也节省了施工成本。

应用本工法完成了国内80%以上的鲁奇气化炉安装任务，调试一次合格率100%；开车至今，满负荷运行安全稳定，用户满意。

德国鲁奇气化技术是国际上工艺成熟使用较多的气化技术之一。该技术在我国发展具有以下优点：

1. 具有国内自行设计能力和经验；

2. 以3~30mm块煤为原料可节省粉煤加工输送设备；

3. 可使用低品质的褐煤和弱粘结性煤，适合我国大部分煤炭产区；

4. 整套工艺设备已完全国产化，国内多家厂家可提供设备制造服务；

5. 多台炉并联使用操作灵活，开停车成本低、运行安全稳定，已有非常成熟的使用经验。

综上所述，鲁奇气化技术在我国有着非常好的发展前景，近年来随着国家清洁能源发展战略的实施，越来越多的煤化工新建项目选择了鲁奇气化技术，该工法具有广阔的推广应用前景。

11. 应 用 实 例

成功应用本工法安装的鲁奇气化炉有：河南义马气化厂5台、山西潞安16万t/年煤制油工程6台、新疆广汇新能源有限公司年产120万t甲醇/80万t二甲醚（煤基）项目气化装置14台、大唐国际内蒙古克什克腾40亿m³/年煤制天然气项目8台和新疆庆华煤化55亿m³/年煤制气一期工程8台等，其经济效益显著，工期控制合理紧凑，受到业主的一致好评。

吊车固定尾排吊转法吊装大型设备施工工法

GJYJGF121—2010

中国石化集团宁波工程有限公司

王志远　陈煜　许良明

1. 前　言

在大型设备吊装总承包项目中大型吊车的使用量非常大，但在时间上的分布并不均匀，从而造成一部分吊车资源的闲置，或者是吊车使用成本过高。采用无溜尾吊车吊装工艺可以减少大型吊车的使用量，降低大型设备吊装项目的整体运营成本。所以开发一种成本低、应用范围广、控制点少的无溜尾吊车吊装工艺是非常有必要的。

综合了门架或桅杆扳转法和推举法以及吊车滚排滑移法的优点，公司创造性的开发了吊车固定尾排吊转法。其采用固定尾排作为溜尾系统以及吊车作为主吊机具，即体现了吊车吊装的灵活性，又节省了溜尾吊车和溜尾地基。2006~2009 年期间公司进行了此吊装工艺的研发和完善，并申请了多项专利，目前已有三项专利授权。先后应用于镇海炼化 100 万 t／年乙烯工程乙烯裂解装置的碱/水洗塔 DA-202 和环氧乙烷/乙二醇装置的主洗涤塔 C-6401 的吊装。以上方案均通过了中石化集团专家组的论证。经过以上设备的吊装，其应用效果达到了预期目标，并且此吊装方法的开发和应用荣获了中石化宁波工程有限公司 2009 年度科技进步三等奖。

2. 工 法 特 点

此工法从吊装机具设置和吊装过程分析，具有以下特点和优点：

2.1 从主吊机具上来看，吊车固定尾排吊转法采用了目前最为实用和流行的吊装机具-吊车作为主吊机具。吊车本身具备行走、回转臂杆、涨趴臂杆、升落吊钩的功能，此吊装工艺正是合理地应用了吊车的功能作为吊装的所有动力源，克服了现行推举、扳转法和吊车滚排滑移法中需设置较多卷扬机、锚坑、滑轮组的缺陷。从而减少了吊装准备时间、现场吊装占用面积、指挥人员的控制点，吊装过程更为简洁。

2.2 从溜尾机具上来看，形式上采用了现行推举法、扳转法中固定铰支座的形式，不同的是增加了防倾设施代替防倾滑轮组形成固定尾排溜尾系统；结构上采用了吊车滚排滑移法中的尾排，不同的是取消了滚杆和船体，将尾排进行了固定，通过吊车行走、臂杆回转、涨臂杆和升钩来代替船体的移动。这样从溜尾机具的功能上保证了吊车作为动力源的唯一性。

2.3 从就位方式上看，由于主吊机具采用的是吊车，设备直立后可脱离固定尾排系统进行吊装。这样设备的摆放位置、就位高度和设备方位控制都没有现行推举法、扳转法中的特殊限制。

2.4 从吊装的适用范围和主要动力来源看，吊车固定尾排吊转法分为吊车扳起固定尾排吊转法和吊车前行固定尾排吊转法，可根据现场的条件因地制宜的使用上述两种方法，从而实现节省辅助吊车资源和减少地基处理费用的目的。

3. 适 用 范 围

本工法适用于所有立式设备的吊装，特别适合于石油化工行业的塔器和立式反应器的吊装。在不允许焊接溜尾吊耳或无溜尾吊点时，此吊装工法有比较好的实用性。根据吊车固定尾排吊转法的两个分类，各有不同的适用范围：

3.1 在吊车扳起固定尾排吊转法中依靠吊车涨吊车臂杆或回转吊车臂杆将设备板起并直立，吊车在吊装过程中不动或有少量的移动，地基处理的面积较小，较适用于单台设备吊装或吊车只有一个站位的情形。

3.2 吊车前行固定尾排吊转法中依靠吊车前行或回转吊车臂杆将设备推举直立，吊车在吊装过程中需要较长的行走地基，地基处理的面积较大，较适用于主吊吊车站位密集，主吊吊车站位需处理的面积已满足此工法实施中吊车行走需要的情形。

4. 工 艺 原 理

固定尾排吊转法吊装大型设备的工艺原理是：在设备的尾部设置固定的转轴（通常采用铰支座）和固定的防倾设施构成固定尾排溜尾系统；主吊车吊钩通过吊装索具（钢丝绳和平衡梁等）连接设备主吊点（吊耳或吊装头盖等）构成主吊系统；以吊车自身所带有的涨杆、臂杆回转、吊车移动和升钩功能作为吊装所需的动力源，克服转轴摩擦力和设备重力使设备绕固定转轴系统转动逐渐直立；当设备直立到防倾角位置时，设备尾部接触防倾设施，设备继续绕防倾设施转动直到设备完全直立；继续提升吊车吊钩，设备脱离固定尾排，旋转吊车臂杆到设备基础上方，调整设备方位后将设备就位。

固定尾排吊转法根据使设备直立的主要动力源的不同，可以分为吊车板起固定尾排吊转法和吊车前行固定尾排吊转法。吊车扳起固定尾排吊转法主要依靠吊车涨杆和升钩作为设备直立的主要动力源，要求设备摆放时尾部朝向吊车；吊车前行固定尾排吊转法主要依靠吊车行走和升钩作为设备直立的主要动力源，要求设备摆放时头部朝向吊车。由于此两种固定尾排吊转法的起吊条件不同，吊车前行固定尾排吊转法吊装的设备可比吊车扳起固定尾排吊装法吊装的设备重量大。

5. 施工工艺流程及操作要点

5.1 该工法工艺流程（图5.1）

5.2 操作方法和要点

5.2.1 方案编制和施工准备

方案编制内容应包括吊车选型、固定尾排的结构和固定措施、地基处理、主吊点设计和设置、设备运输和自卸要求、设备各角度时主吊力和固定尾排支撑力的变化、吊装过程描述、吊装参数和主吊索具设置、吊钩滑轮组垂直度控制措施、吊装组织体系、安全措施、吊装应急预案、吊装机具表、相关吊装机具计算书等。

施工准备包括吊车使用计划的安排、组织体系人员的任命、吊装索具的准备，设备制造情况和状态的了解与沟通、固定尾排各部件的准备和加工、现场放线等。

5.2.2 地基处理

吊车地基处理按吊车的最大对地压力进行处理，吊车对地压力计算时应考虑吊车的自重、超起配重重量、设备重量、索具重量和分布力的不均衡因素；固定尾排位置地基处理应根据固定尾排在设备直立过程中的最大支撑力和固定尾排支撑面积进行处理。

5.2.3 吊车组装

吊车组装一般应在设备进场前进行组装，当采用履带吊车时，也可以考虑设备进场后组装。吊车组装时应将垂直度监控器安装在吊钩上。

5.2.4 设备进场自卸

设备运输前应向设备制造商和监理提出设备运输要求，包括设备运输方位要求、设备现场摆放位置和朝向、卸车高度。

1. 当采用管轴式吊耳时，运输时两管轴式吊耳应水平布置；当采用吊装头盖时，应根据设备顶部法兰的螺栓孔的分布形式确定运输方位。

2. 在固定尾排没有垂直转轴系统时，设备摆放位置有较高的要求：吊车的中心线、固定尾排中心线与设备的中心线要在同一个轴线上。通常采用对运输路线进行放线的方式来满足以上要求（图 5.2.4）。

3. 设备运输的朝向也是必须考虑的重要的因素，采用吊车扳起固定尾排吊转法时，设备的尾部朝向吊车；采用吊车前行固定尾排吊转法时，设备的头部朝向吊车。

4. 设备卸车的高度直接影响到固定尾排的设置高度，从操作的方便性和安全性考虑，设备的自卸高度越低越好。

5.2.5 设置固定尾排

固定尾排包括支垫物、转轴系统、防倾设施和固定件。

1. 支垫物一般采用吊车自带的路基箱，此支垫物资源较多，同时可以增大固定尾排与地面的接触面积，减少地基处理深度和降低处理要求。

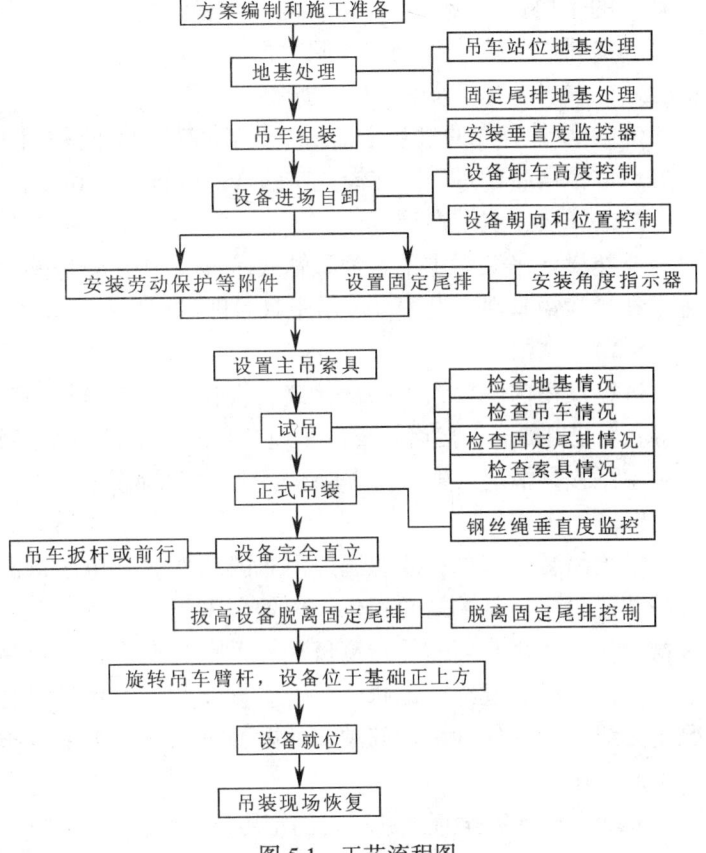

图 5.1　工艺流程图

轮胎放线

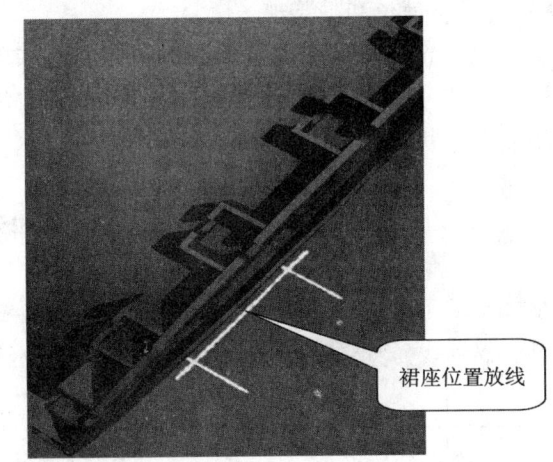
裙座位置放线

图 5.2.4　现场运输放线

2. 转轴系统可根据设备尾部情况进行设计，带裙座的设备较多的采用有水平转轴的铰支座，水平转轴上带有连接设备裙座的凹槽。

3. 防倾设施一般采用在支垫物上设置硬质木块的形式，其好处是设备接触防倾设施时平稳、无较大的冲击力。

4. 尾排的局部固定采用焊接固定和软连接两种方式。支垫物之间、转轴系统和支垫物之间采用卡板焊接固定，防倾木块和支垫物之间采用钢丝绳和手动葫芦进行软固定。防倾设施的后部焊接三角架进行进一步固定。

5. 尾排的整体固定主要是依靠尾排底部和地面的摩擦力。尾排的水平移动主要是因为吊车在操作时动作的不协调造成吊钩滑轮组钢丝绳有偏角而产生水平推拉力。在一般情况下，设备作用于尾排的重力和尾排的自重产生的摩擦阻力即能满足尾排整体固定要求。如果不满足固定要求，可在固定尾排的合适位置设置吊车配重来增大摩擦力。

6. 在设备直立的过程中，吊车吊装载荷和固定尾排的受力是随设备直立角度的变化而变化，为了更好地监控吊装的过程需在铰支座的合适位置安装角度指示器。

5.2.6 设置主吊索具

塔类设备吊装时主吊点为管轴式吊耳，主吊索具包括平衡梁和钢丝绳；反应器主吊点为吊装头盖，主吊索具为钢丝绳。设置好主吊索具后即可以进行试吊。

5.2.7 试吊

进行试吊时，将设备头部抬高，设备尾部绕转轴转动，当设备脱离支撑鞍座0.3m，停止吊装。保持静止状态10min，然后检查吊车地基和固定尾排地基情况、吊车关键部位和部件情况、固定尾排情况以及主吊索具情况。确认正常后，开始正式吊装。

5.2.8 正式吊装

正式吊装过程中，要协调好吊车的动作，避免吊钩滑轮组钢丝绳偏角过大，影响吊装安全。在整个吊装过程中，吊钩滑轮组钢丝绳偏角不能大于3°。吊钩滑轮组钢丝绳偏角控制方法有两种：垂直建筑物对比法和垂直度监控器测量法。垂直建筑物对比法是指吊装指挥根据垂直建筑物（如立柱）来观察吊钩滑轮组钢丝绳的偏角情况；垂直度监控器测量法是指将垂直度监控器安装在吊钩上，将偏角情况用无线信号传递到吊车驾驶室的电脑显示器上。吊装指挥和吊车操作手通过对讲机进行沟通，协调吊车的动作。

5.2.9 设备完全直立和脱离固定尾排

设备完全直立后，应根据垂直度监控器显示的吊钩垂直度情况进行调整，当仪器显示吊钩无偏角后，提升吊钩，将设备吊离固定尾排，避免设备脱离固定尾排时产生晃动。

5.2.10 设备就位和吊装现场恢复

设备脱离固定尾排后，旋转吊车臂杆到设备基础上方，调整设备方位后即可就位设备。设备吊装完成后，拆除主吊索具和固定尾排以及吊车，同时清理现场其他遗留物，如手套、边角料等，将现场恢复到吊装以前状态，做好文明施工工作。

6. 材料和设备

以镇炼乙烯工程乙烯裂解装置中碱/水洗塔 DA-202（重383t，长63.1m）吊装为例，所需要的主要施工机具、仪器设备如表6所示。

主要施工机具、仪器设备表　　　表6

序号	名　称	规格或型号	数量	备　注
1	1250t 吊车	DEMAG CC8800	1 台	
2	铰支座		1 套	两个/套
3	铰支座连接杆	2.58m	1 根	固定两个铰支座距离
4	路基箱	7m×2.2m×0.43m	28 块	用于铺设吊车履带和固定尾排
5	防倾木块	5m×0.5m×0.5m	1 根	
6	三角架	4.9m×1.7m×1.5m	1 件	固定防倾设施
7	卡板	0.16m×0.16m	30 块	尾排相对固定
8	钢丝绳	φ18mm	4 根	固定防倾道木
9	手动葫芦	3t	2 台	固定防倾道木

序号	名 称	规格或型号	数量	备 注
10	平衡梁	400t	1根	主吊索具
11	钢丝绳	φ90mm	4根	主吊索具
12	卷尺	50m	2个	现场测量和放线
13	石灰粉		1kg	标识放线
14	对讲机		4个	通信/沟通
15	指挥旗		2对	
16	垂直度监控器		1个	监控吊钩滑轮组钢丝绳垂直度
17	角度指示器		1个	观测设备直立角度
18	辅助吊车	50t	1台	安装固定尾排等

7. 质 量 控 制

7.1 工程质量控制标准

7.1.1 《大型设备吊装工程施工工艺标准》SH/T 3515-2003。

7.1.2 《石油化工工程起重施工规范》SH/T 3536-2002。

7.1.3 《石油化工建设工程施工安全技术规范》GB 50484-2008。

7.2 其他质量控制要求

7.2.1 吊车地基和固定尾排地基应严格按方案的要求进行处理，不可改变地基的尺寸和结构。

7.2.2 严格要求运输单位在设备运输前按方案要求调整好设备方位，管轴式吊耳要水平。

7.2.3 固定尾排没有垂直转轴系统时，在运输前应对运输车轮胎外沿以及运输车中心线进行放线，要求运输车严格按路线行驶，保证吊车中心线、固定尾排中心线和设备中心线在一条轴线上。

7.2.4 在运输前应对主吊点的位置进行放线，规定设备自卸位置。

7.2.5 在运输前要告知运输单位自卸的高度，以便运输单位准备合适高度的鞍座。

7.4.6 起重班组应严格按照吊装方案的要求设置固定尾排，包括铰支座的高度和两个铰支座之间距离、防倾设施的高度以及与铰支座的距离等。

7.4.7 应严格按照方案的要求安装劳动保护等附件，严禁超出方案要求的重量，以满足起吊和就位条件。

7.4.8 要有有效的吊钩滑轮组钢丝绳偏角的监控措施。

7.4.9 吊装指挥应严格按照方案的步骤和控制要求指挥吊装。

8. 安 全 措 施

8.1 劳动力组织（表8.1）

劳动力组织表　　　　　　　　　　　　　　　　　　　　　表8.1

岗位编号	岗位名称	岗 位 职 责	人数	备 注
1	吊装总指挥	签发吊装令，全面统筹指挥吊装	1	项目经理
2	吊装指挥	执行吊装总指挥的命令，具体指挥设备吊装全过程工艺操作直至设备顺利就位。随时向吊装总指挥通报吊装情况	1	高级起重工
3	吊装副指挥	执行吊装指挥的命令，具体指挥辅助吊车和监控固定尾排，随时向吊装指挥通报吊装情况	1	高级起重工
4	吊车机组	执行吊装指挥的命令，准确、平稳操作吊车并由专人观察吊车情况	3	机长操作手

岗位编号	岗位名称	岗 位 职 责	人数	备 注
5	尾排监控小组	执行吊装副指挥的命令,设置固定尾排并监控固定尾排的运行	2	起重工
6	设备就位	负责设备对中就位	6	铆工
7	监测	监测吊车吊钩的垂直度、固定尾排的状态、地基状况并及时向吊装指挥报告	2	测量员
8	机动组	执行命令,传递信息,排除故障,协助就位	3	起重工
9	专责安全员	负责吊装现场的安全管理工作	2	安全员

8.2 本工法的安全管理措施

8.2.1 所有参加吊装的起重人员应持证上岗。

8.2.2 施工前应进行详尽的安全技术交底,对大型吊车的结构、性能、所选工况、平面布置以及设备的规格、重量、平面摆放位置和工艺方法、工艺程序、工具设置、过程控制都要交底清楚,力求使施工人员都能有清楚的理解,特别是班组长要求透彻理解。进行安全技术交底时,要求所有的施工人员包括起重机司机均必须参加,且要有书面见证资料。

8.2.3 对处理完的地基应进行地耐力测试,保证吊装的安全。

8.2.4 吊车组杆结束后应组织相关人员检查,合格后方可进行吊装作业。

8.2.5 固定尾排安装完成后应经起重技术员检查和确认后方可使用。

8.2.6 对选用的吊装索具应有合格证或计算书,吊装前检查合格后方可使用。

8.2.7 吊装前必须向有关部门进行申请,得到批准后方可吊装。

8.2.8 在施工现场要戴好个人PPE,在施工过程中,凡参加登高作业的人员均应佩戴劳动部门认可的带五点式双挂钩安全带,并系在安全可靠的地方。

8.2.9 作业时应设立吊装警戒线,关键位置设专人看守,非工作人员严禁进入吊装区域。

8.2.10 当阵风风速超过10.8m/s或光线不明或操作人员无法辨认指挥信号时严禁进行吊装作业。

8.2.11 吊钩上应安装垂直测量仪器或其他有效测量仪器,监控要落实到人。监控人员须定时或有异常情况时向吊装指挥汇报钢丝绳偏角状况,吊装指挥接到报告后发出相应的指令。

9. 环 保 措 施

9.1 加强现场人员的环保意识,遵守相关法律法规和业主的环保要求。

9.2 吊装场地规划时,应避免占用绿化带;在不可避免时,吊装后应对绿化带进行恢复。

9.3 吊车站位和固定尾排位置应避免设置在有管线的位置上,避免压裂管线,造成生产事故和环境污染或对将来安全生产和环境构成威胁。

9.4 组装吊车时,应对所有的液压油路、阀门以及供油路线进行检查,避免设备运行时漏油;同时应制定相应的漏油处理措施和配备相应工具,将污染降到最低程度。

9.5 所有施工中产生的废弃物,如手套、麻绳等,应指定地点存放并定期按环保要求清理。

9.6 在吊装场地附近应设置工具房,存放润滑油脂、石灰粉、吊车备件、手动葫芦等,摆放要整齐;严禁随处堆放,避免油污、石灰粉随雨水等载体污染环境。

9.7 在吊装完成后,应及时恢复吊装场地的原貌,清理所有废弃物并按环保要求处理。

10. 效 益 分 析

10.1 经济效益:该工法可以大大降低吊装成本,能产生较好的经济效益。以吊装镇海炼化乙烯工程乙烯裂解装置的碱/水洗塔 DA-202（重 383t，长 63.1m）为例，采用双吊车抬移法和本工法比较如表10.1-1。

双吊车抬移法和本工法比较

表 10.1-1

序号	比较项目	双吊车抬移法	固定尾排吊装法
1	溜尾机具运输费用	400t 履带吊：40 万（从上海到镇海，租赁）	（固定尾排）自有：2 万
2	溜尾机具使用费	3d：2×3=6 万	自有：0.1×3=0.3 万
3	主吊机具：1250t 吊车	3d：10×3=30 万	3d：10×3=30 万
4	溜尾地基处理费用	每平方米：204 元；地基总面积：60×14=840m²；费用：840×204=17 万	每平方米：204 元；地基总面积：20×7=140m²；费用：140×204=2.8 万
5	措施费	无	固定尾排固定件制作、安装费用：0.4 万元
6	合计产生的经济效益	93 万	35.5 万
7	产生的经济效益	93-35.5=57.5 万	

采用吊车滚排滑移法和本工法比较如表 10.1-2。

吊车滚排滑移法与本工法比较

表 10.1-2

序号	比较项目	双吊车抬移法	固定尾排吊装法
1	溜尾机具运输费用	（滚排）自有：2 万	（固定尾排）自有：2 万
2	溜尾机具使用费	3 天：0.1×3=0.3 万	自有：0.1×3=0.3 万
3	主吊机具	3 天：10×3=30 万	3 天：10×3=30 万
4	溜尾地基处理费用	每平方米：204 元；地基总面积：60×12=720m²；费用：720×204=14.7 万	每平方米：204 元；地基总面积：20×7=140m²；费用：140×204=2.8 万
5	措施费	滚排局部固定、滚杆制作、滚排轨道铺设、卷扬机设置、地锚设置费用：5 万元	固定尾排固定件制作、安装费用：0.4 万元
6	合计	52 万	35.5 万
7	产生的经济效益	50-35.5=16.5 万	
8	其他效益	占用场地大，影响其他设施施工	占用场地小，不影响其他设施施工

10.2 社会效益：吊车固定尾排吊转法是公司具有自主知识产权的吊装工法，并对吊装工艺和吊装机具申请了专利，已有三项专利获授权。此工法增强了我公司和中国石油化工集团的吊装软实力，为参与国内、国外的吊装市场竞争提供了很好的技术支持。

10.3 环保效益：本工法和双吊车抬移法、吊车滚排滑移法比较，减少了溜尾吊车或卷扬机等机械动力损耗，具有一定的环保效益。

11. 应 用 实 例

11.1 本工法应用实例

2009 年 1 月：吊车扳起固定尾排吊转法应用于镇海炼化 100t/年乙烯工程乙烯裂解装置碱/水洗塔 DA-202 吊装。此设备直径 5.8m，长 63.11m，重 383t，主吊吊车为 DEMAG CC8800 型 1250t 履带吊。

吊装工艺流程：为满足起吊条件，起吊前仅安装固定尾排的铰支座部分，以缩小主吊车的吊装半径，增大吊装能力；起吊后吊车后行 10.17m，并将设备扳到 39°，留出安装防倾设施的空间，安装固定尾排的防倾设施部分；吊车继续将设备扳起直到设备完全直立；旋转吊车臂杆到设备就位位置将设备就位。

11.2 本工法应用实例

2009 年 7 月：吊车前行固定尾排吊转法应用于镇海炼化 100t/年乙烯工程 EOEG 装置主洗涤塔 C-6401 吊装。此设备直径 9m，长 47.05m，重 884.9t，主吊吊车为 DEMAG CC8800 型 1250t 履带吊。

1250t 吊车在此区域需吊装两台 EO 反应器 E-6101 和 E-6102、循环汽冷却器 E-6111、主洗涤塔 C-6401 和 EO 汽提塔/再吸收塔 C-6404 等设备,1250t 吊车主吊车站位地基连成长条形,已满足吊车前行的条件。

吊装流程:1250t 吊车起吊半径 16m,超起半径 19m,超起配置 100t,总吊装负荷 572.8t,额定吊装能力 641t,负荷率 89.4%;1250t 吊车保持 16m 工作半径边升钩边行走,设备绕铰支座滚筒转动,直到设备接触防倾设施,此时设备角度为 78.2°,总吊装负荷 595.5t,额定吊装能力 641t,负荷率 93%;1250t 吊车边升钩边行走,使设备微绕防倾设施转动,并将超起半径由 19m 增加到 25m,此时总吊装负荷 595.5t,额定吊装能力 671t,负荷率为 88.7%;1250t 吊车增加超起配重到 300t;1250t 吊车趴杆增加作业半径使超起托盘离开地面;1250t 吊车继续往固定尾排位置前行,并适时提升吊钩,设备绕防倾设施转动,1250t 吊车逐渐缩小作业半径;设备到达 89°角时,1250t 吊车行走到就位位置,作业半径为 16m,总吊装负荷 729t,额定吊装能力 887t,负荷率 82%;1250t 吊车增加超起配重到 380t;1250t 吊车趴杆和升钩将设备完全直立,1250t 吊车作业半径 16m,总吊装负荷 943.9t,额定吊装能力 974t,负荷率 97%;旋转吊车臂杆到设备就位位置将设备就位。

采用液压提升装置倒装法安装塔式锅炉
尾部垂直段烟道施工工法

GJYJGF122—2010

上海电力安装第一工程公司　　上海电力安装第二工程公司

刘伟钧　陈坚　郁张来　汤定隆　张映诺

1. 前　言

1.1 塔式锅炉尾部垂直段烟道采用吊杆悬挂在炉顶炉后大板梁悬臂端的烟道吊梁上，整体重量大，施工周期长，另外，烟道吊杆是通过穿过烟道吊梁上的吊杆孔与布置在吊梁上平面的吊杆支座连接。如采用传统的滑车组配卷扬机作为吊装机械进行倒装法施工，不仅在起重量上受到限制，而且垂直烟道长期悬挂在滑车组下受到安全规范的限制，滑车组的几何尺寸很大难以穿过吊杆孔，同时在烟道吊梁上设置起吊构架也存在很大难度；如采用先安装吊杆，再从上往下逐节安装垂直段烟道的正装法，需要大量的脚手架等辅助设施，并且整个烟道的施工始终处于高危的高空作业状态，增加了施工的安全及质量控制难度。

1.2 外高桥第二发电厂工程为 2×900MW 超超临界燃煤火力发电机组，采用塔式锅炉，其尾部烟道垂直段上平面安装标高为 82.8m，直径 12.5m，整体长度约 59m，重量为 340t（包括保温及外装板）。外高桥第三发电厂工程为 2×1000MW 超超临界燃煤火力发电机组，采用塔式锅炉，其尾部烟道垂直段上平面安装标高为 84.8m，直径 12.5m 整体长度约 61m，重量为 350t（包括保温及外装板）。根据现场情况和施工进度及质量的要求，我们采用了新工艺：使用了按公司要求开发的由柳州市建筑机械总厂生产的 LSD3000-300 型液压提升装置配合公司自主设计制作的吊架等设施，将垂直段烟道、保温及外装板采用一次成型的倒装法，在地面进行逐节组装、逐节提升并最后整体提升至就位位置安装。

2. 工 法 特 点

2.1 液压提升装置是一种集液压、电气和控制技术为一体的新型起重设备，它能在困难作业条件下进行特大笨重件垂直提升和安全就位，具有体积小、重量轻、起重能力大、安装简便、自动化程度高、操作简单、安全、可靠和高效等特点。

2.2 液压提升系统起重能力随油缸数量增加而增加，并且允许重物长期悬吊。

2.3 液压提升系统结构设计紧凑便于布置在烟道吊梁平面上，钢索和吊具能顺利通过设备吊杆孔。

2.4 采用液压提升装置地面组合整体吊装，使原来大量必须在高空完成的工作转移到了地面，降低了施工的难度和危险性，提高了安装效率，节约了施工成本，并能更好地保证安装质量。

3. 适 用 范 围

大型电站中塔式锅炉尾部垂直段烟道以及大型电站及其他行业中大型组合件安装。

4. 工 艺 原 理

4.1 LSD3000-300 型液压提升装置由承重系、动力系及控制系三部分组成。其承重系包括（图4.1）

液压提升装置、上下夹持器、构件夹持器、安全夹持器及钢绞线。动力系为带有各式液压阀的泵站,它通过电磁阀的动作控制油路,使千斤顶油缸、夹持器油缸动作。控制系包括主控台、泵站起动箱、感应器及联接电缆,它通过接收从感应器传来的信息,发出指令使电磁阀作相应的动作,从而控制整个系统中各部分协调工作。

4.2 LSD3000-300 型液压提升装置采用穿心式结构:千斤顶中部为空心,钢绞线从中间穿入千斤顶。上下夹持器与起升主千斤顶制作成一体,主顶通过上下夹持器的爪片与钢绞线连接。吊件通过构件夹持器与钢绞线连接。这样,主顶就与吊件连接成一体。在主顶活塞上下往复运动中,配合上下夹持器和交替受力,完成吊件垂直提升或下降。

4.3 控制系中的感应器包括接近开关以及压力继电器,它们的安装是否正确,动作是否正确灵敏直接影响到系统的运行,影响很大。在主千斤顶上有四个接近开关,用于检测主顶油缸所在位置。其作用从下往上依次为:1 号位用于检测缩缸是否结束;2 号位用于控制伸缸时开下夹持器锚爪;3 号位用于控制缩缸时开上夹持器锚爪;4 号位用于检测伸缸是否结束。在每个夹持器油缸上有一个接近开关和一个压力继电器。两者都用于检测夹持器是否压紧,接近开关从行程上进行控制,压力继电器则从液压系统油压上进行控制。

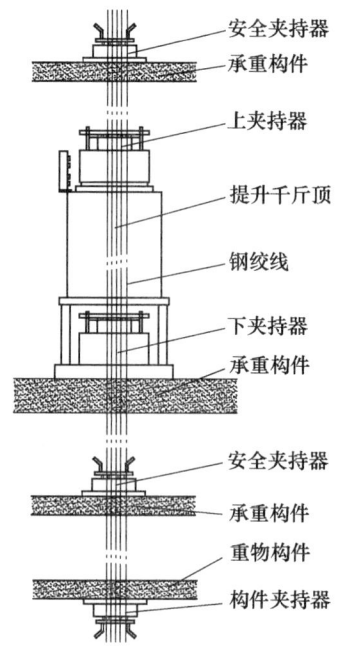

图 4.1 承重示意图

4.4 LSD3000-300 型液压提升装置主要技术参数

额定提升油压	25MPa
额定提升力	3100kN
提升活塞面积	1240cm²
回程活塞面积	930.7cm²
行程	300mm
夹持缸油压	5MPa
夹持缸行程	35mm
千斤顶重量	1580kg
外形尺寸	ϕ650×1250mm

承载钢绞线型式:ϕ15.24mm 高强度、低松弛钢绞线,每个千斤顶最多使用 30 根钢绞线。

4.5 LSD3000-300 型液压提升装置工作性能特点

4.5.1 液压系统设有过压保护,校正与操作方便。

4.5.2 通过电缆传输控制信号,主控台可根据施工场地的实际情况放置。

4.5.3 控制系统可在吊装的工况下实现带载升、降与停留,并具有联动和单缸调整功能。根据需要选择手动操作或自动运行。

4.5.4 主控台控制面板上对电源、操作过程和动作工况均有指示灯显示,清晰直观,有利于正确操作和指挥。

4.5.5 当工作系统发生紧急情况时,液压千斤顶、液压泵站能对液压系统进行闭锁,保证提升重物和施工的安全。

4.6 一套 LSD3000-300 型液压提升装置包括一个主控台,两个液压泵站和六个千斤顶,根据实际的承载情况,可以选择两顶、四顶或六顶的联动作业。

5. 施工工艺流程及操作要点

尾部垂直段烟道安装过程中要求炉后从空气预热器到电气除尘器间的烟道支架缓装,在尾部垂直段烟道安装结束后再进行。垂直段烟道安装前，先将炉膛出口的转折烟道临抛到位，然后安装液压提升装置及进行尾部垂直段烟道的拼装和提升。

5.1 设备的布置

根据本体烟道垂直段的设计、提升要求及液压提升装置的安装条件，在锅炉大板梁炉后的烟道吊梁上安装好液压提升装置的支承架，二台液压千斤顶布置其上，每台液压千斤顶穿好相应数量的高强度预应力钢索，通过连接装置与烟道两永久吊杆上部相连，组成吊装承力系统。同时，在炉顶安装好液压泵站及控制箱，用高压胶管连成液压系统，再将控制电缆全部引向布置在两台液压千斤顶中间的电气控制柜。设备布置好后，整个系统进行试运转，对全部程序进行检查，确认无误，即可预紧钢索，准备提升。

5.2 尾部垂直段烟道的拼装位置布置

根据设备供货条件，一节筒身分三段供货，每节筒身高为3m左右，整个垂直段共有10多节筒体及一节头部异形节组成。尾部垂直段烟道的拼装和提升位置固定在其垂直下方，同时在炉后设置一烟道拼装平台，进行单节烟道的拼装，即将卷制好的单片钢板拼装成单节烟道，然后拖运到尾部垂直段烟道的拼装和提升位置进行垂直段烟道的拼装。

5.3 拼装

5.3.1 需要折弯、卷制的零部件，在拼装前按要求进行加工。

5.3.2 拼装前，各部件拼装位置，在必要时要做好靠山。

5.3.3 拼装时要用专用的起吊夹具，防止起吊时零件变形。

5.3.4 拼装时点焊必须由焊工进行，点焊高度不超过焊缝高度的2/3，点焊长度不小于50mm。

5.3.5 点焊后要清理药皮和飞溅，检查点焊缝外表无裂纹等缺陷。

5.3.6 拼装后要进行自检，并填写验收单，由质量员检查验收合格后方可焊接。

5.4 焊接

5.4.1 焊条按规定进行烘培，且应存放在焊条保温筒内。

5.4.2 焊工应具备相应的资质才能施焊。

5.4.3 焊接前清理焊缝位置的铁锈及其他杂物。

5.4.4 焊接时要采取必要的措施，以防止零件因焊接引起变形。

5.4.5 拼板焊缝封底焊接前，用石笔在焊接位置划一条线使焊接时保证焊缝的直线度，焊完后要及时作平。

5.4.6 所有焊接缝在焊接结束时，清理药皮和飞溅，检查焊缝的外表质量，如有缺陷及时修补。板材拼接处应及时进行100%煤油渗漏试验并做好记录。

5.4.7 焊缝焊接结束后及时填写验收单，由质量员检查验收合格后方可转入下道工序。

5.5 倒装法作业

5.5.1 首先在尾部垂直段烟道的拼装和提升位置下方进行第一节异形件的拼装工作，考虑到拼装用的脚手架工作量及安装进度，此头部异形件拼装尽可能的小，只要能与下部圆形筒体对接即可，同时烟道永久吊杆下部与本体烟道按设计要求焊接牢固。最后完成该节的保温敷设和外护板安装。

5.5.2 液压提升装置启动，两台千斤顶平稳地将已拼装好的第一节头部异形组件提起，离地100mm悬停，对各受力点进行检查，并观察各部位有无异常情况，确认安全可靠后，液压提升装置转入连续提升阶段。将组件提升到其下口超过待拼装件上口500~1000mm处悬停。筒体下部用链条葫芦及钢丝绳做好止晃装置，这时液压系统停止运行，上下夹持器机械闭锁。

5.5.3 将单节烟道拖运到尾部垂直段烟道的拼装和提升位置进行垂直段烟道的拼装，拖运到位后将其用手拉链条葫芦提升进行对口焊接，然后再重复上一作业，直到尾部垂直烟道全部拼装完成。施工中直接拼装完一节即在地面完成该节的保温敷设和外护板安装，然后再次提升。

5.5.4 每当提升一个阶段高度时，定时为千斤顶的卡紧机械的关键部位加注耐热、耐压油脂。根据各缸压力数据及控制柜上显示出的各缸动作的快慢作出综合判断，适时地作单缸调整，调节两吊点的累积高差，尽可能使两吊点平衡。

5.5.5 尾部垂直烟道全部拼装完成后由两台液压提升装置将其提升至安装位置，穿上吊挂装置。尾部垂直烟道提升到位进入就位程序时，提升中两吊点基本调平，然后再进行点动微调，经过几次调整，两吊点的标高进入了允许安装误差范围，穿过大板梁的连接梁中间的间隙后与上部固定支架采用高强度螺栓连接好后，进行垂直段与水平段的高空对接，并及时安装好设计所需的撑杆及支座。此时的两台液压提升装置的上下夹持器、安全夹持器都为夹紧状态，确保能负载悬挂，为施工作业提供了充分的时间，达到了吊装安全、高精度正确就位的目的。

5.6 安装过程中的防风措施

5.6.1 拼装好的垂直烟道高达几十米，直径 10 多米，重量大，最后需再进行一次整体提升，达到设计安装就位标高后与水平段相接。由于此部件大，风载也大，五级风力时，筒体长时间提升时易撞击钢架给吊装带来不安全因素，因此决定采取以下措施使之在受控状态下提升。

5.6.2 风力大时，筒体易撞击炉后钢架，产生不安全因素，为了减小摇摆幅度，用工字钢制作一厚度与筒体及钢架外表面相距的理论值相同的导向支架，其长度大于二道筒体加强筋距离，并焊接于钢架的横梁上，外侧包橡皮并涂抹牛油保持接触面润滑，卷扬机施力使筒体朝钢架偏移紧靠此导向支架后缓慢提升。

5.6.3 炉后两侧用卷扬机在钢架横梁处设置滑车组，与筒体底部连接牢固，烟道往上提升时，滑车组受力与导向支架一起阻止筒体摇摆。

5.6.4 为防止两台卷扬机的不同步，在卷扬机的钢丝绳出口导向滑车处放置一定数量的压重块，并使其始终脱离地面，当筒体提升，压重块下降到接触地面时，操作卷扬机使其脱离地面，葫芦组受力恒定从而使筒体受力恒定进行安全受控的提升。

5.6.5 筒体下部靠钢架处在 120°位置分别焊接一个固定吊耳，当风力达到五级时停止提升，用钢丝绳及链条葫芦在钢架上固定此吊耳，同时卷扬机处压重块进行抛锚。

5.6.6 吊装前进行安全技术交底，使参与吊装的每个施工人员了解、熟悉此吊装过程，提升筒体前，开好施工作业票，提升筒体区域周围拉好红白带，严禁人员在下面来回行走，提升过程中由专人指挥，另设专人循环检查看护，并与地面指挥及炉顶操作工保持通信畅通。专人统一指挥时，所有监护人员及机具操作工与其保持联系，如有异常情况及时向其报告，听从其处理意见。

6. 材料与设备

6.1 液压提升装置 1 套及相应的支承架和联接装置。

6.2 专用钢绞线若干。

6.3 经纬仪一台。

6.4 水准仪一台。

6.5 管形测力计一把。

6.6 30m 卷尺一把。

6.7 焊接设备若干。

6.8 保温施工工器具若干。

6.9 卷扬机 2 台。

6.10 手拉链条葫芦若干。

6.11 滑车组 2 副。

6.12 施工所需常用工器具若干。

7. 质 量 控 制

7.1 部件的放样尺寸误差小于±3mm，对角线误差小于 5mm。

7.2 型钢切割采用砂轮切割机，下料误差±3mm。

7.3 钻孔误差±1mm。

7.4 法兰制作的公差：外形尺寸误差为±2mm。

7.5 圆的椭圆度允许偏差控制在 6‰以内。

7.6 管道对口错边量 0.1S。

7.7 矩形管长度偏差 2~3mm。

7.8 油漆用漆刷或滚筒均匀涂刷，无流淌及点挂现象。

7.9 烟风道安装项目验收等级为三级。

7.10 烟风道安装标高误差应在±20mm 之内。

7.11 烟风道安装纵横位置误差在±30mm 之内。

7.12 烟风道组件长度误差在±10mm 之内。

7.13 所有烟风道焊缝检查均为外观检查，要求密封的对接焊缝应进行 100%的煤油渗漏试验。

7.14 烟风道安装完毕应清除内外杂物，如临时吊耳、撑杆等。

7.15 固定支架必须生根牢固，并与烟道接合牢固。

7.16 导向支架支座与导向板两边间隙均匀，烟风道能自由膨胀，滑动面接触良好，无卡涩现象。

7.17 人孔门等封闭前，隐蔽工程验收应合格。

8. 安 全 措 施

8.1 LSD3000-300 型液压提升装置安全使用。

8.1.1 千斤顶应布置在牢固位置，其强度必须能承受千斤顶的重量及千斤顶所承受的吊件的重量。泵站布置应考虑与千斤顶连接的油管的长度以及现场实际情况。主控台中由于都是电气设备，布置时必须考虑防雨。

8.1.2 由于钢绞线韧性足，不易弯曲，在盘卷时采用机械强行弯曲盘卷，因此在截取时应做好防反弹措施。在外侧用脚手管固定牢固，除去厂家供货时的外包装，从整卷的中心抽头截取。每穿好一根钢绞线后在导向夹持器上用临时爪片将其固定，待全部钢绞线穿好后将安全夹持器的夹片放下卡紧钢绞线。导向夹持器安装于液压缸上方 2m 处，以保证吐出的钢索在 2m 范围内保持垂直。导向架要有足够的强度、刚度，以承受吐出的全部钢索的重量。在导向过程中应保证钢绞线的曲率半径不小于 1.2m。安装好构件夹持器后需对钢绞线进行预紧，可用初预紧单孔锚卡紧钢绞线挂在 1.0t 手拉葫芦上对每根钢绞线进行预紧，经几次反复轮流，使每根钢绞线受力均匀。

8.1.3 系统泵站启动前应对液压与电气回路进行检查，确保联接无误。接通主控柜电源，点动泵站起动开关，观察电机转向是否正确。点动数次后确保泵壳体及其进、出油口均充满油液后方可正式启动。操纵控制按钮，进行带载提升试吊，离地 50mm，调整各吊点水平，检查各连接部件受力情况，特别是构件夹持器与千斤顶的上下夹持器是否压紧。经试运行合格后就具备了连续吊装作业的条件。

8.1.4 另外在 LSD3000-300 型液压提升装置每次提升前，事先做好检查工作，并根据实际提升重量调整好液压系统的工作压力，防止过载。

8.2 开工前各施工人员认真学习施工安全措施，并在技术及安全交底签证上签字，并学习有关文件。

8.3 施工作业区域内无关人员不得入内，以防伤人。

8.4 现场动火必须严格执行动火审批手续,现场必须配置足够的消防器材;工作中及时做好落手清工作,下班前应进行检查,确保无火灾隐患方可离开。

8.5 每天作业起吊前,须检查起重机械的安全装置和其他安全设施等,确认在正常状态时才能开工;起重机械不得无证操作,操作人员须服从专职指挥人员的信号操作;起重指挥信号应明确,措施严密,做到万无一失,信号不清时须停止操作,并通知指挥人员重新指挥或调整联络信号;操作人员服从任何人发出的危险停止信号,无关人员不得进入操作室,操作人员须集中思想操作,未经指挥人员的许可,不得擅自离开操作室。

8.6 应正确使用劳防用品,若有损坏应及时更换并注意其使用年限;现场用电一律采用三相五线制,电源箱内装有漏电保护装置,并有良好的接地;定期对电源箱、配电箱及电焊机等电动工器具进行检查,确保其开关、插座的完好,有效的接地和绝缘。

8.7 对易燃易爆的氧气、乙炔气体应分开存储;远离火种和热源;防止阳光直照;使用时应保证气管接头的紧固,乙炔气体的气管应有止回装置;氧气、乙炔表具应经过计量合格并在有效期内;氧气、乙炔气瓶上部应有挡板,防止落物损坏表具。

8.8 夜间作业有足够的照明并确保照明设备正常工作。

8.9 对易燃易爆的溶剂、油漆等物体应防止阳光直照,仓库内保持通风,与氧化剂分开存储,使用后及时集中存放,保持密封。

8.10 凿焊疤时不得对准其他作业人员,挥动锒头时注意前后作业人员,并在使用前检查锒头是否牢固。

8.11 烟风道安装吊装物件时,钢丝绳接地可靠,无挥动现象,无严重破损,要使用链条葫芦时,链条无严重锈蚀、无裂纹、无打滑、齿轮完整刹车良好。

8.12 高空施工人员,要正确配带好安全带,安全绳 1.5~2m,垂直悬挂。注意摆动碰撞,不应将钩子直接挂在不牢固物和非金属绳上,防止绳被割断。

8.13 高空施工人员在作业时要配带工具袋,使用各类工具要有牢靠绳子(每件)。不得向上或向下抛物和工具。

8.14 吊装烟风道临时平台要按标准平台搭设。垂直攀登要使用安全自锁器。

8.15 烟风道就位后,人孔门及临边处都要有 1.2m 以上临时栏杆封闭,并悬挂警示牌,防止施工人员及其他无关人员进入烟风道内。

8.16 在烟风道内施工时不得使用 220V 电源。根据不同作业条件选用不同的安全电压(一般选用低压 12V)。

9. 环 保 措 施

9.1 加强安全卫生及环境保护管理,建立安全卫生及环境保护管理网络,工地设立专职安全员,各班组设兼职安全员,每周开展安全活动,总结经验,提出问题和解决办法。

9.2 坚持在计划、布置、检查、总结、评比施工任务的同时,进行计划、布置、检查、总结、评比安全工作的五同时。在技术交底及每天的工作站班时应进行针对性的安全卫生及环境保护交底。所有施工人员应严格遵守职业安全卫生和环境方针并在本岗位范围内履行职业安全卫生及环境职责。

9.3 加强安全卫生及环境保护的宣传教育,使安全思想深入人心。

9.4 加强文明施工的管理,总体要求为:总平面管理模块化、现场设施标准化、工程施工程序化、文明区域责任化、作业行为规范化、环境卫生一贯化。

9.5 严格执行遵纪守法、事前控制、过程管理、持续改进的职业安全卫生管理方针。

9.6 严格执行预防为主、过程控制、综合管理的环境管理方针。

9.7 烟风道的所有制作现场的设备、材料、机械等全部实行定置化管理,定置地一律划线挂牌,明确放置物的名称、编号、数量等；露天堆放的设备材料离地至少 20 cm，下垫的道木长度一致；室内放置的设备材料（如铁件等），应离地离墙放置，保证室内的防水防尘功能。

9.8 工具棚、电焊机棚和空压机棚基础的四周应排水畅通、道路平整、无杂物堆积。现场工具间顶部须做好防坠物的隔离层。

9.9 现场施工中所有可能造成废弃物的施工（如焊接、切割等）全部做到在周围设置垃圾收集箱中；废弃物每班应及时回收。

9.10 工具间、组合场等区域以及现场所使用的所有起重、转动机械设备、焊机等全部实行一机一人制度。

10. 效 益 分 析

10.1 采用了这种施工方法，保温施工的高空作业的工作量大大的减少，增加了施工的安全性，为安全施工创造了良好的条件。

10.2 这种新的施工方法和传统的施工方法比较上，减少了脚手架的工作量，新的施工方法只要在地面上搭设一节烟道高度的脚手架即可完成保温的施工，而不需要搭设烟道通长高度的脚手架，减少了大量的人力和物力。保温工作和烟道安装同步进行，减少了高空钢脚手架的搭设量约150t，同时由于不用搭设脚手架，避免了安装临时刚性平台约50t的搭设。

10.3 采用这种新的施工方法对于瓦工的人数也大大降低，减少了大量的劳动力，提高了施工的效益，同时避免了大量的交叉作业，增加了安全性和可靠性。

10.4 对于质量上，由于每段烟道保温进行了质量的控制，使烟道整体的保温质量得到了提升。

10.5 本工法是在完成三台 1000MW 等级机组塔式锅炉尾部垂直段烟道安装基础上总结编写的，因此实用性很强，对 1000MW 等级机组塔式锅炉尾部垂直段烟道安装和塔式锅炉机组的尾部垂直段烟道安装以及大型电站及其他行业中大型组合件安装，推广意义重大。

11. 应 用 实 例

11.1 工程概况

11.1.1 外高桥第二发电厂工程和外高桥第三发电厂工程项目（7 号、8 号机组）位于上海市浦东新区，长江口南岸，西距吴淞口约 9.5km，南距高桥镇约 2km，距上海市中心直线距离约 18km。

11.1.2 外高桥第二发电厂工程为 2×900MW 超超临界燃煤火力发电机组，采用塔式锅炉，其尾部烟道垂直段上平面安装标高为 82.8m，直径 12.5m，整体长度约 59m，重量为 340t（包括保温及外装板）。外高桥第三发电厂工程（7 号、8 号机组）为 2×1000MW 超超临界燃煤火力发电机组，采用塔式锅炉，其尾部烟道垂直段上平面安装标高为 84.8m，直径为 12.5m；整体长度约 61m，重量为 350t（包括保温及外装板）。

11.2 施工情况

公司参建的外高桥第二发电厂工程 1 台 900MW 超超临界燃煤火力发电机组（5 号机组）和外高桥第三发电厂工程 2 台 1000MW 超超临界燃煤火力发电机组（7 号机组和 8 号机组）共 3 台机组目前均已投产移交。3 台机组均采用液压提升装置倒装法安装锅炉尾部垂直段烟道。下面以外高桥第三发电厂工程 7 号机组锅炉尾部垂直段烟道安装工作为例。

11.3 外高桥第三发电厂工程 7 号机组锅炉尾部垂直段烟道安装实例

11.3.1 概况

外高桥第三发电厂 1000MW 超超临界燃煤火力发电机组工程 7 号、8 号机组为塔式锅炉，其尾部烟道垂直段上平面安装标高为 84.8m，直径 12.5m 整体长度约 61m，重量为 350t（包括保温及外装板），悬挂在炉顶炉后大板梁悬臂端的烟道吊梁上。根据现场情况和施工进度及质量的要求，我们采用了新工艺，将垂直段烟道、保温及外装板采用一次成型的倒装法，在地面进行逐节组装，由布置于标高127.3m烟道吊梁上的2×300t液压提升装置逐节组装、逐节提升并最后整体提升至就位位置与水平烟道接口组合。

11.3.2 安装方法

1. 转弯烟道在炉后 0m 层进行拼装、组合。

2. 如图 11.3.2-1 所示布置好液压提升装置吊架及工作平台。

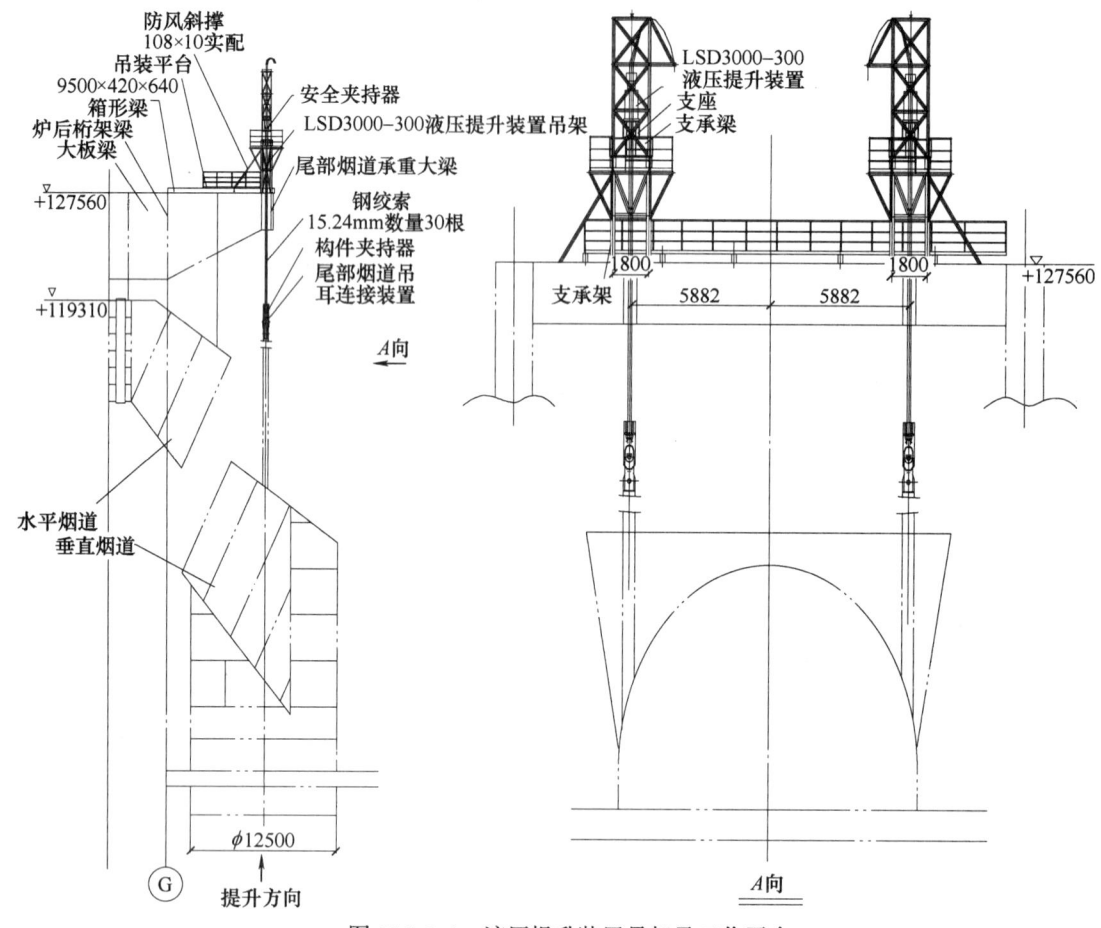

图 11.3.2-1 液压提升装置吊架及工作平台

3. 转弯烟道组合结束，经验收后进行保温（在离烟道对接口处 1m 范围内不保温）。

4. 如图 11.3.2-2 所示液压提升装置连接装置与转弯烟道吊杆连接牢固。

5. 转弯烟道吊杆按设计要求与转弯烟道焊接牢固。

6. 转弯烟道提升至离地面 3.5m 处，进行拼装垂直烟道筒体（三片组成一节筒体）。

7. 垂直烟道筒体拼装完成后，与转弯烟道下部接口连接。

8. 连接结束经验收后再次提升至离地面 3.5m 处，再进行垂直烟道筒体拼装。

9. 垂直烟道筒体拼装完成后，与上一节筒体连接。

10. 连接结束经验收后，进行筒体保温。

11. 保温结束后，烟道继续提升至离地面 3.5m 处，进行下一节筒体拼装。

12. 重复上述拼装步骤 7）~11），直至垂直烟道全部安装完成。

13. 转弯烟道与垂直烟道整体提升至设计标高后，进行支吊架安装。

14. 炉顶风速达到五级以上时严禁提升，非工作状态时烟道垂直段下部炉左和炉右侧各用一副 16t 滑车组系挂，水平方向进行拉紧临抛。

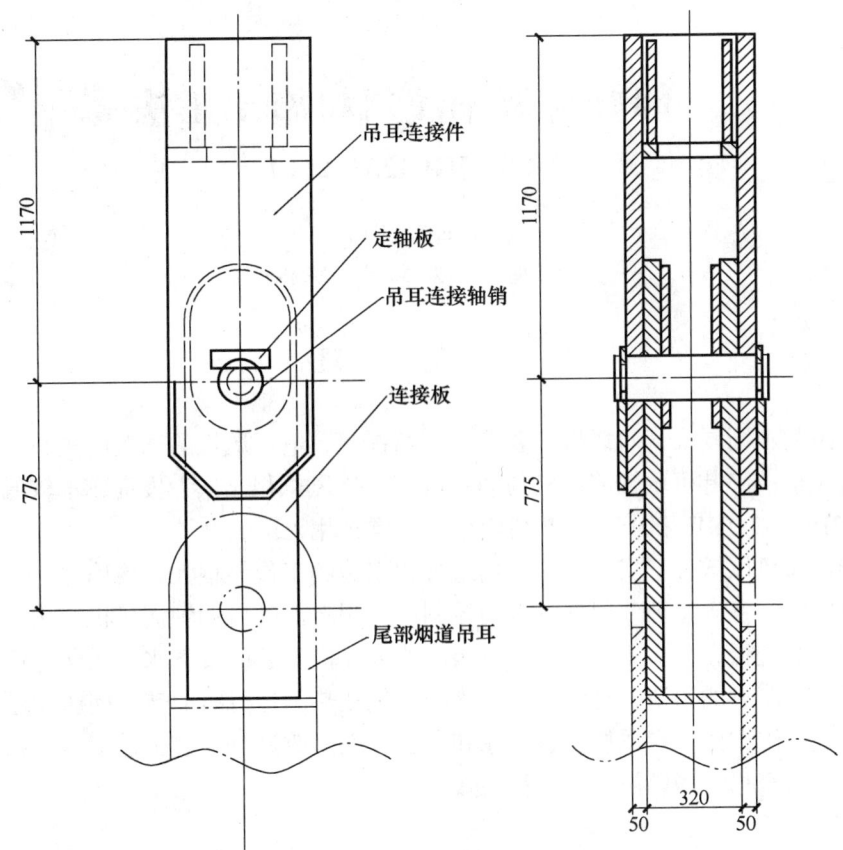

图 11.3.2-2　液压提升装置连接装置与转弯烟道吊杆连接牢固

11.4　结果评价

在施工过程中，通过实施《采用液压提升装置倒装法安装塔式锅炉尾部垂直段烟道施工工法》，锅炉尾部垂直段烟道在施工准备阶段工作细致、考虑周密、准备充分，在安全生产、安装质量、进度安排和文明施工方面一直处于受控状态，使得锅炉尾部垂直段烟道安装无论是在施工进度还是施工质量上都实现了突破，而且节约了大量的施工费用，受到了业主、监理方的一致好评，同时为整个工程的提前达标投产奠定了坚实的基础，取得了很好的经济效益和社会效益。

液压提升装置在外高桥第二和第三发电厂工程（7号、8号机组）锅炉安装中发挥了巨大作用。其吊装平稳、对接精准、灵活可靠的性能给施工带来很多方便，有利施工质量的保障；同时又减少了大量的高空作业和脚手架搭设工作，大大减少了重大危险源因素，确保了施工过程的安全；此外使用液压提升装置的操作维护方便，成本较低，是节约施工成本的一个有效途径。

目前现代化电厂的装机容量越来越大，各部分组件的外形尺寸和重量越来越大，施工周期越来越短，如果不采用一些新的工法和起重设备，很难满足安装的需求。本工法就是在这种情况下，针对安装设备的特点制定出来的一套行之有效的施工工法，这种施工工法在施工的安全性、质量、经济性上和以往的传统施工方法都有大幅度提高，在今后的大型火电机组安装中有广阔的应用前景，推广意义重大。

静叶可调轴流风机施工工法

GJYJGF123—2010

天津电力建设公司

谢鸿钢　朱春宝　陈振刚

1. 前　言

随着火电机组的不断增大，对风机的要求也不断提高，电厂风机的选型由离心式风机发展到目前普遍安装的轴流式风机；静叶可调轴流风机与动叶可调轴流风机相比作为投资成本较低、运行稳定的一种风机种类在300MW、600MW和1000MW机组中被经常选用。

静叶可调轴流风机以散件形式供货，现场组合、安装的工作量很大，要确保电厂机组投产后的稳定运行，需要风机安装时各施工环节得到有效的控制；公司对静叶可调轴流风机使用平衡安装的方法，使风机的安装能够连续进行，避免了后续设备安装时造成先前安装的设备水平无法保证的问题，通过对静叶可调轴流风机的膨胀量的预留，有效解决了该型风机在热态运行时的转子膨胀问题，从而形成了静叶可调轴流风机安装工法，由于在风机安装程序和方法方面的改进，使施工进度得到明显提高，施工质量得到有效的保证，具有一定的经济效益和社会效益。

2. 工 法 特 点

2.1　静叶可调轴流风机采用平衡安装方法可保证机壳、叶轮及进气箱设备、扩压器设备在安装过程中保持水平状态，避免设备安装过程中出现倾斜，影响设备的垂直度和水平。

2.2　电机磁力中心的现场准确确定，可减少电机在运行时的轴向往复窜动，避免电机、风机的轴向振动。

2.3　电机和风机找正时，通过电机的预拉伸和预抬高，解决了风机在机组热态运行时的轴向、径向膨胀问题，保证风机的安装质量和正常运行。

3. 适 用 范 围

本工法适用于火力发电厂锅炉烟风系统中静叶可调型的一次风机、送风机、引风机及脱硫系统中静叶可调型的增压风机的安装。

4. 工 艺 原 理

静叶可调轴流风机使用平衡法安装：将带叶轮的机壳部安装找正后，对于风机进气侧的大小集流器和调节门下部组件、进气箱下部组件、传动轴、传动轴护套、进气箱上部组件、大小集流器和调节门上部组件分别与风机出气侧的扩压器下部组件、中心筒组件、扩压器上部组件对称进行安装，在安装中始终保持设备的平衡，安装顺序按图4中的标号顺序进行。

找正前确认好电机的磁力中心，以转子机壳部为基准点进行电机的找正，找正时根据风机轴向和径向膨胀量，将电机后移并抬高留出膨胀间隙量。

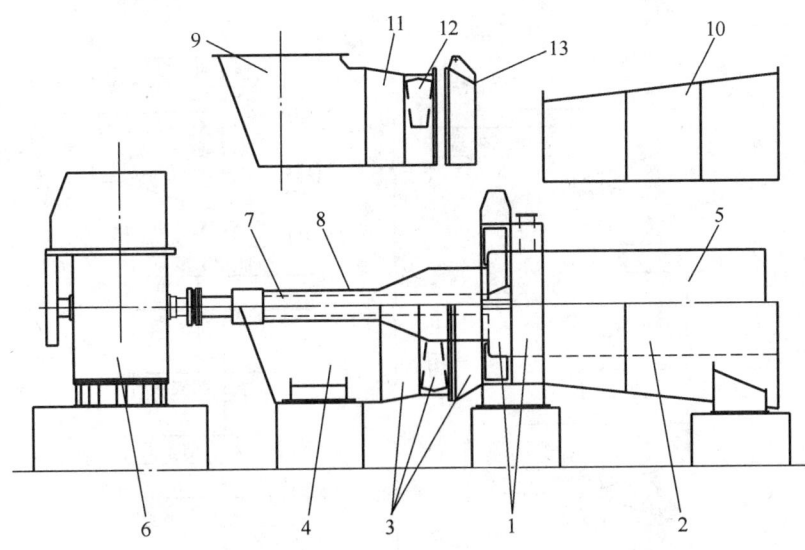

图4 静叶可调轴流风机安装次序图

5. 施工工艺流程及操作要点

5.1 静叶可调轴流风机安装施工工艺流程

施工准备→设备清点检查→基础检查划线→垫铁配置、地脚螺栓安装→带转子的机壳安→扩压器下部安装→大小集流器、进气调节门下部组件组合安装→进气箱下部组件安装→芯筒安装→电机就位→传动轴安装→联轴器找正→传动轴护套管安装→进气箱上部安装→扩压器上部安装→大集流器上部安装→进气调节门上部安装→小集流器上部安装→基础二次灌浆→进出口膨胀节安装→冷却风机、风管安装→油站、油管安装（图5.1）。

5.2 操作要点

5.2.1 设备清点、检查：

各设备的规格型号、各部尺寸、数量与设备清册相符；轴承组、叶轮、机壳、扩压器、进气箱、传动轴等设备外观无变形、裂纹、损伤等缺陷；轴承转动灵活；进口调节门部件齐全，叶片固定牢固、转动灵活。

5.2.2 风机基础检查、放线：

风机基础无空洞、蜂窝、夹层、裂纹等缺陷，地脚孔内无杂物。

按照设计图纸以锅炉纵横中心线为基准使用钢卷尺校核风机的纵横中心并划出纵横中心线；以风机的纵横中心为基准使用钢卷尺检查基础各部尺寸要符合设计图纸；以土建给定的基准标高为基准使用水准仪测量基础各部位的标高。

5.2.3 垫铁配置、地脚螺栓安装：

1. 使用垫铁组面积计算公式：

$$A = C \frac{(Q_1 + Q_2) \times 10^4}{R} \tag{5.2.3-1}$$

C 取 2，R 取 30MPa，分别计算出转子垫铁组面积 A_1；进气箱垫铁组面积 A_2；扩压器垫铁组面积 A_3；电机垫铁组面积 A_4。

根据规范规定：垫铁组实际面积应不小于计算出的面积，所以确定各部位垫铁尺寸和数量如下：

电机处布置 24 组 100mm×200mm 的垫铁；机壳转子部布置 14 组 100mm×200mm 垫铁；进气箱处布置 10 组 100mm×200mm 垫铁；扩压器处布置 10 组 100mm×200mm 垫铁。

2. 垫铁制作时斜垫铁上下表面需机械加工，平垫铁表面打磨平整，清除氧化铁、毛刺、油污。

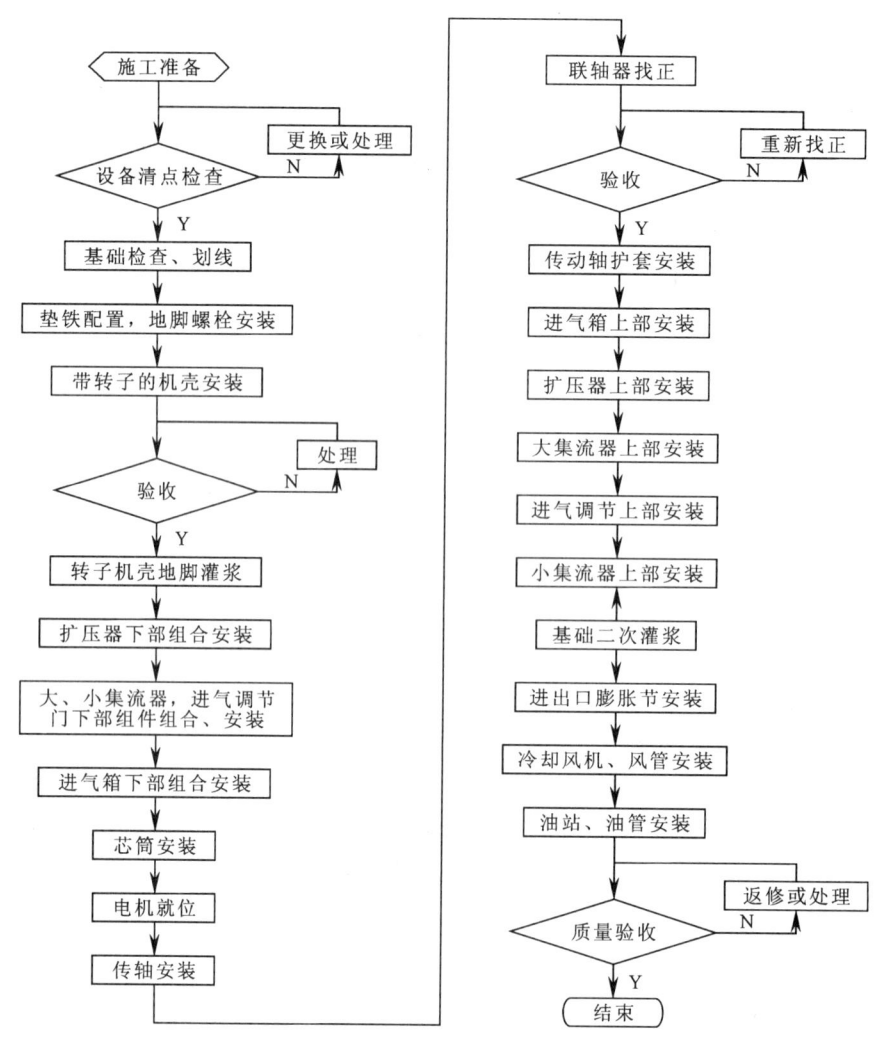

图 5.1　静叶可调轴流风机安装施工工艺流程图

3. 垫铁放置在地脚螺栓两侧或设备台板立筋下方。在基础上画出放置垫铁的位置，用刨锤基础表面凿平，把平垫铁放在凿过的位置上用铁水平检查，水泡要居中。接触面积不小于75%。

4. 垫铁放置要稳固，每组数量不超过4块（斜垫铁一对为一块），厚块放在下面，垫铁之间接触要严密，用0.1mm塞尺塞入深度不能超过垫铁塞入方向接触长度的20%。

5. 把地脚螺栓表面的防护油清除干净，然后将其放入地脚螺栓孔中。

5.2.4　带叶轮的机壳组件安装：

1. 将带叶轮的机壳组件使用吊车吊放在垫好的枕木上，用力矩扳手检查轴承组与机壳固定螺栓的紧固力矩符合厂家资料要求，螺栓安装时要加装止退垫（带叶轮的机壳组件安装流程按图5.2.4-1进行）。

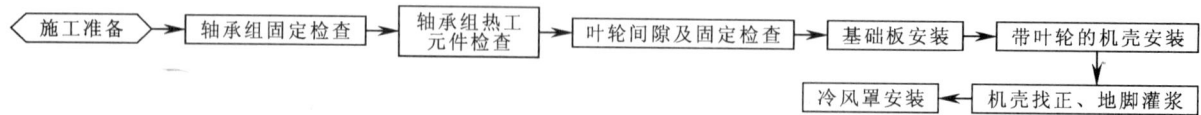

图 5.2.4-1　带叶轮的机壳组件安装流程图

2. 由热工专业检查并安装好轴承测温元件。

3. 用力矩扳手检查叶轮压盘螺栓紧固力矩应符合厂家资料要求，螺栓装有防松装置。检查叶轮与机壳的轴向间隙应为最小13mm，最大19mm；叶轮与机壳的径向间隙应为最小3mm，最大10mm（检查位置见图5.2.4-2叶轮与机壳间隙测量图）。用百分表测量叶轮的轴向和径向跳动值，偏差≤2mm。

4. 把机壳的基础板就位在机壳基础的垫铁上，并穿挂上地脚螺栓，通过调整垫铁组用铁水平检查基础板上平面要水平，轴向、径向不水平度偏差≤0.10mm。

5. 用吊车把带叶轮的机壳就位于基础板上，用8个M24×50的螺栓将支架板与基础板连接固定。

6. 调整机壳的位置，机壳的纵横中心偏差≤±10mm，通过调整垫铁来保证机壳的中心标高、垂直度，在机壳锥型罩安装位置的加工面用精密水平测量垂直度偏差不大于0.02mm，以轴承组中心为基准，标高偏差不大于±5mm，机壳组件找正后进行地脚孔的灌浆（测量位置及测量图见图5.2.4-3叶轮及机壳安装找正图）。

7. 冷风罩安装：把冷风罩安装在机壳的相关法兰上，用M20×40的螺栓进行连接固定，法兰结合面要加好密封绳。

5.2.5 扩压器下部组件安装

1. 把扩压器下部的两部分壳体在风机基础旁使用吊车配合进行组合对接，用螺栓进行临时连接定位，调整接缝合格进行点焊（扩压器下部组件安装流程按图5.2.5进行）。

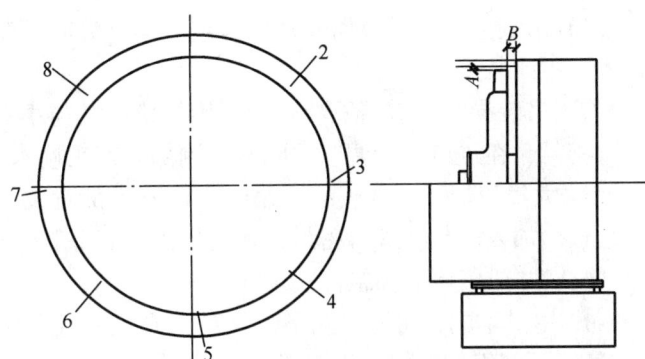

图5.2.4-2 叶轮与机壳间隙测量图
A—叶轮与机壳的径向间隙；B—叶轮与机壳的轴向间隙

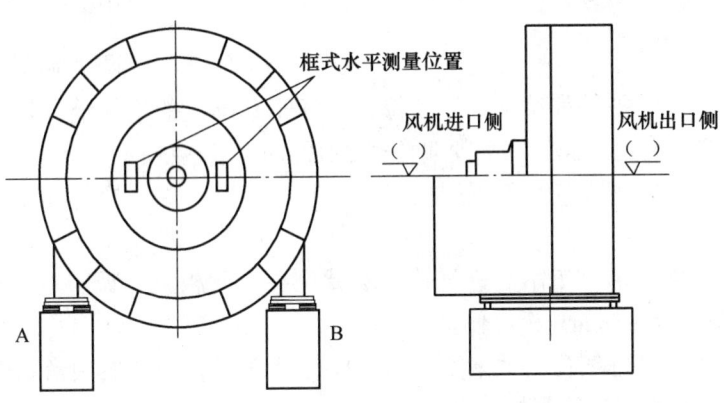

图5.2.4-3 叶轮及机壳安装找正图

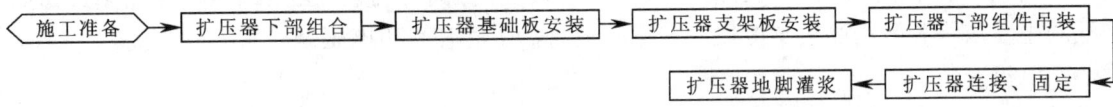

图5.2.5 扩压器下部组件安装流程图

2. 把扩压器的基础板就位在扩压器基础的垫铁上，挂上地脚螺栓，通过垫铁调整基础板标高和水平，标高偏差≤±10mm，水平度偏差≤0.10mm。

3. 将扩压器的支架板安装在基础板上，用螺栓与基础板固定，基础板与支架板之间接触要严密。

4. 用吊车吊装扩压器下部组件进行就位，调整扩压器的标高、偏差≤±10mm；扩压器中间的法兰连接面要保持水平状态；

5. 扩压器进气端与机壳用螺栓进行连接。连接面用密封绳进行密封；焊接扩压器与支架的连接部位。

6. 在支架板上地脚螺栓处安装滑动压板后进行扩压器地脚孔灌浆。

5.2.6 大、小集流器，进口导叶调节器组件安装

1. 小集流器的安装：用吊车将小集流器下部吊装就位到机壳连接部位，用螺栓将小集流器与机壳进行连接，在连接板之间加好密封绳。松钩前，为防止机壳与转子由于偏重造成偏斜，用12号槽钢小集流器底部进行临时支固（大、小集流器、进口导叶调节器组件安装流程按图5.2.6进行）。

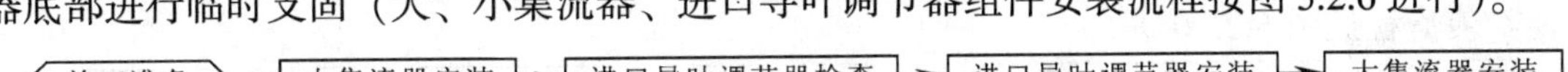

施工准备 → 小集流器安装 → 进口导叶调节器检查 → 进口导叶调节器安装 → 大集流器安装

图5.2.6 大、小集流器及进口导叶调节器安装流程图

2. 安装进口导叶调节器：

1）吊装前确认调节器叶片的开启方向，导叶调节器的叶片开启方向要使气流顺着风机旋转的方向进入，不能装反。

2）吊装导叶调节器下部就位，用螺栓将其与小集流器下部的连接法兰进行连接，法兰面用密封绳进行密封，在进口导叶调节器底部和侧部分别用枕木和型钢进行临时支撑。

3. 大集流器下部的安装：吊装集流器下部就位，用螺栓将集流器与进口导叶调节器进行连接，法兰结合面加入密封绳进行密封，在大集流器底部和侧部分别用枕木和型钢进行临时支撑。

5.2.7 进气箱下部组件安装

1. 用吊车配合将进气箱下部两件组合成一件，用螺栓进行临时连接定位，调整接缝合格进行点焊（进气箱下部组件安装流程按图 5.2.7 进行）。

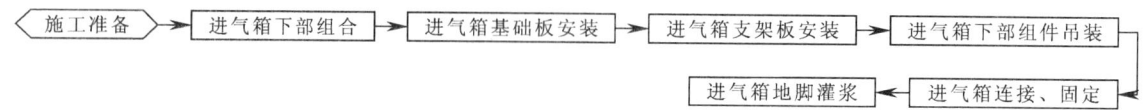

图 5.2.7 进气箱下部组件安装流程图

2. 把进气箱基础板就位在进气箱基础上的垫铁上，挂上地脚螺栓，调整基础板标高和水平；标高偏差≤±10mm，水平度偏差≤±0.10mm。

3. 把进气箱的支架板安装在基础板上，用螺栓将其与基础板固定，基础板与支架板之间接触要严密。

4. 用吊车吊起进气箱下部就位在支架板上，调整进气箱的位置，使其纵横中心与基础中心对正，偏差≤±5mm，标高偏差≤±10mm。

5. 进气箱与大集流器用螺栓进行连接，接口处用密封绳进行密封。进气箱调整完毕把进气箱下壳与其支架进行焊接。

6. 在进气箱支架板上地脚螺栓处安装滑动压板后进行进气箱地脚孔灌浆。

5.2.8 扩压器芯筒安装

用吊车将扩压器芯筒吊到扩压器内，进气端与机壳用螺栓连接，法兰结合面用密封绳进行密封，按照装配图中要求将芯筒用筋板支撑住，支撑筋板与扩压器芯筒和扩压器外套进行焊接。

5.2.9 电机安装

1. 把电机轴头和联轴器内孔清干净，用卡尺对电机轴头和联轴器内孔进行尺寸测量，检查其装配尺寸要符合要求。

2. 在电机轴头上涂上红丹粉，把电机侧半联轴器脖颈加热到200℃后把联轴器装在电机轴上。

3. 在电机与电机台板之间加上1.5~2mm的垫片，检查并调整电机的转子应处于磁力中心位置：

打开电机的前后端盖，用钢板尺检查电机前后端电机转子和静子铁芯的相对位置，确定电机转子是靠前还是滞后，从而确定电机在测量状态下启动后的电机转子是前窜还是后移，前窜（或后窜）量为电机转子和静子铁芯位置前后测量值的平均值 a，结合测量时电机推力侧轴承端面与电机联轴器脖颈断面的距离 L，电机转子前窜时为 $L+a$，电机转子后窜时为 $L-a$，以此调整电机转子位于其磁力中心位置上。

4. 用吊车把电机吊装就位到电机基础上的垫铁上，穿挂上地脚螺栓，调整其纵横中心位置应与基础纵横中心对正，偏差小于±10mm，通过调整垫铁调整电机的标高和轴水平，偏差小于±5mm，轴水平偏差小于0.10mm。

5.2.10 传动轴安装

传动轴安装流程按图 5.2.10 进行。

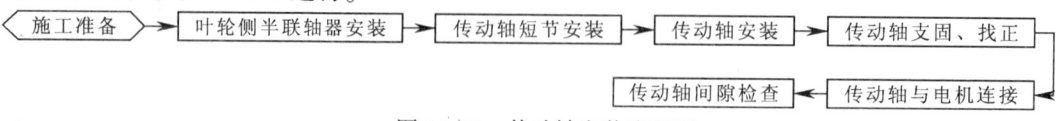

图 5.2.10 传动轴安装流程图

1. 叶轮侧半连轴器与叶轮用 M42×110 的螺栓进行连接，传动轴短节与叶轮侧半联轴器用 M42×100 的螺栓进行连接；使用力矩扳手紧固连接螺栓，紧固力矩符合厂家资料要求。

2. 用吊车把传动轴穿入进气箱中，一端与传动短轴用 M36×110 的螺栓进行连接，螺栓的紧固力矩符合厂家资料要求。

3. 在电机侧用型钢做一个临时支撑托住传动轴，调整传动轴使其处于水平状态；检查叶轮侧半联轴器的弹性钢片间距为 37.5mm。

4. 检查传动轴与进气箱轴封套、进口导叶调节器轴封套的径向距离要符合厂家图纸要求。

5. 把电机侧联轴器与传动轴用 M42×140 的螺栓进行连接，拧紧力矩符合厂家资料要求。

5.2.11 联轴器找正

1. 联轴器找正流程按图 5.2.11-1 进行。

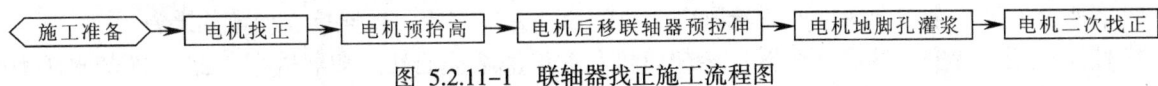

图 5.2.11-1 联轴器找正施工流程图

2. 电机找正：用百分表进行测量，通过调整电机使叶轮侧及电机侧联轴器的轴向偏差小于 0.05mm，径向偏差小于 0.05mm。

3. 对于引风机在热态工况工作时，烟温较高，热膨胀量较大，电机需要预抬高和联轴器需要预拉伸。

1）电机抬高后联轴器找正要求：电机侧上张口及叶轮侧下张口，张口值为 0.20~0.35mm， 联轴器电机侧上张口处、叶轮侧下张口处、左右偏差应小于 0.05mm；

2）解开电机侧联轴器，将电机整体后移 5~10mm，重新连接联轴器，单个联轴器的安装间隙比自然间隙预拉开 2.5~5mm，联轴器拉伸后找正要求：张口值为 0.20~0.35mm， 联轴器电机侧上张口处、叶轮侧下张口处、左右偏差应小于 0.05mm（参见图 5.2.11-2 联轴器找正示意图）。

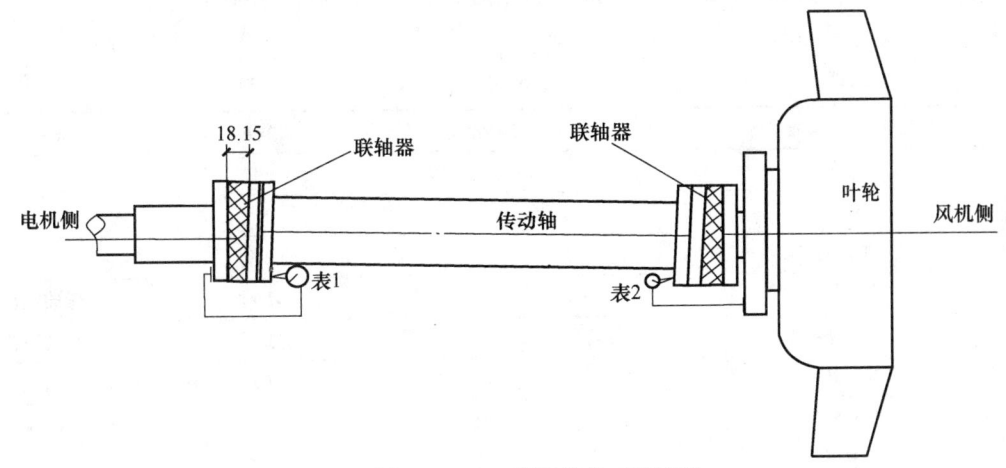

图 5.2.11-2 联轴器找正示意图

4. 电机初找正合格后，进行电机地脚孔的灌浆，养护期达到后紧固电机、风机的地脚螺栓，检查叶轮的各部间隙，检查进气箱、集流器、扩压器的各部尺寸。进行联轴器的二次找正。

5.2.12 传动轴护套管安装

用捯链将前导叶芯筒及轴出口锥体就位并安装调准，锥管与轴要同心，轴出口锥管安装后把护轴管和进口导叶的芯部用螺栓紧固在一起，并安装好联轴器护罩。

5.2.13 进气箱上部组件安装

1. 用吊车吊装进气箱上部就位在进气箱下部上面，用螺栓与进气箱下部进行定位，调整接缝合格进行点焊。

2. 与大集流器法兰连接完成后，对进气箱的组装焊缝进行密封焊接。

5.2.14 扩压器上部安装

1. 用吊车将上部扩压器吊装就位在下部扩压器上，扩压器进气端与机壳用螺栓进行连接，连接面用密封绳进行密封。

2. 用螺栓对扩压器上下部进行定位连接，将整体扩压器校圆并调整焊缝进行密封焊接。

5.2.15 大集流器、进口调节器及小集流器上部安装

依次用吊车安装大集流器、进口调节器及小集流器上部，使用螺栓进行固定连接，上下部之间的法兰接口用密封绳密封；大集流器与进气箱、调节器之间和调节器与小集流器之间的法兰之间使用密封绳密封、螺栓紧固。

5.2.16 风机本体及电机全部找正完成后点焊垫铁，进行基础的二次灌浆。

5.2.17 附件设备安装

1. 膨胀节安装：金属导流板要顺着风机介质的流动方向安装，软连接连接牢固严密。

2. 按照图纸位置安装油脂回收器、冷却风机和润滑油站，油站冷却器进行 1.25 倍冷却水压力的水压试验合格。

3. 安装冷却风管、润滑油管安装走向正确，布置合理，固定牢固。

6. 材料与设备

6.1 材料

本工法在地脚孔灌浆和设备二次灌浆使用的型号为 CGM-300A 无收缩高强灌浆料，其参数为：

7d 抗压强度　　　　　> 95MPa

线性收缩率　　　　　< 0.012%

热膨胀系数　　　　　< 40×10~6mm / mm / ℃（成型 28d，0~60℃范围测）。

6.2 设备工器具（表 6.2）

设备工器具表　　　　　　　　　　　　　　　　　　　　表 6.2

序号	工机具/仪器仪表名称	规格/型号	数量	备　注
1	吊车	50t 及以上汽车吊	1	
2	电焊机		2 台	
3	电焊把		2 套	
4	钢丝绳扣	ϕ32.5	1 对	负荷抽检合格
5	钢丝绳扣	ϕ28	1 对	负荷抽检合格
6	钢丝绳扣	ϕ21.5	1 对	负荷抽检合格
7	钢丝绳扣	ϕ17.5	1 对	负荷抽检合格
8	卡环	6.8t	4 个	
9	卡环	5t	4 个	
10	卡环	3t	4 个	
11	捯链	5t	1 个	
12	捯链	3t	1 个	
13	捯链	2t	1 个	
14	角磨砂轮	ϕ100	1 个	
15	大锤	8 磅	1 把	
16	手锤	1.5 磅	1 把	
17	活扳手		1 套	

序号	工机具/仪器仪表名称	规格/型号	数量	备　注
18	重型套筒板手		1套	
19	割把		1套	
20	线轴		1个	
21	线坠		1个	
22	细钢丝	0.6 mm	100 m	
23	力矩扳手	250N·m 600N·m 2000N·m	1台	厂供
24	框式水平	精度0.02mm/m	1个	检验合格
25	百分表及表座	0~10mm	4套	检验合格
26	游标卡尺	150mm，300mm	各1个	检验合格
27	塞尺	200mm	2把	检验合格
28	钢卷尺	50m	各1把	检验合格
29	盒尺	3m	4把	检验合格
30	钢直尺	1m	2把	检验合格
31	玻璃管水平		1套	
32	氧气、乙炔表		各2套	检验合格

7. 质 量 控 制

7.1　质量要求

静叶可调轴流引风机安装要符合《电力建设施工及验收技术规范》锅炉机组篇和《电力建设施工质量验收及评价规程-第2部分：锅炉机组》中的有关规定，并符合下列要求：

7.1.1　风机轴承组的水平度偏差≤0.02mm，标高偏差≤±5mm。

7.1.2　电机轴水平度误差<0.10mm。

7.1.3　叶轮装配牢固，叶轮与机壳的轴向间隙为13~19mm，叶片与机壳的径向间隙为3~10mm。

7.1.4　介质为空气的风机联轴器找正：轴向偏差小于0.05mm，径向偏差小于0.05mm。

7.1.5　介质为烟气的风机联轴器找正：电机整体后移5~10mm，单个联轴器的安装间隙比自然间隙预拉开2.5~5mm，张口值为0.20~0.35mm，联轴器电机侧上张口处、叶轮侧下张口处、左右偏差应小于0.05mm。

7.1.6　各部密封严密，螺栓连接牢固、不松动。

7.1.7　叶轮装配、对轮装配的连接螺栓的力矩符合厂家资料的要求。

7.2　质量控制措施

7.2.1　测量仪表、器具必须效验合格，保证测量数据的准确性。

7.2.2　严格执行工序管理，在上道工序未达到验收要求时，禁止下到工序设备的安装。

7.2.3　螺栓的紧固有力矩数值要求的必须使用力矩扳手进行紧固，紧固力矩值应达到厂家资料的要求。

7.2.4　油站冷却器水压试验、风机安装完成后内部清理及人孔封闭等必须由监理现场检查并办理签证。

7.2.5　转子机壳找正、电机磁力中心调整，联轴器找正等重要环节要进行四级质量验收和控制。

7.2.6　电机的磁力中心在电机空转时必须再次进行确认，检查偏差值不能大于2mm，否则需要调整。

8. 安 全 措 施

8.1 在风机机壳内施工照明应采用12V行灯并严禁将变压器带入机壳；设专人监护，严禁单人作业；机壳有可靠接地。

8.2 电焊机放在干燥场所，有棚遮蔽或使用电焊机专用箱。

8.3 易燃易爆物品存放及使用地点离火源、电源10m以上，使用时严禁有明火作业。

8.4 起重区域、起重臂下吊装通道应设警戒区域和专门监护人，拒绝任何人通过；禁止在吊装物下通过停留，接料人员必须站在吊物侧部且禁止站在吊物移动方向。

8.5 使用大锤时拴保险绳，对面严禁站人。

8.6 垂直交叉作业设严密、牢固的防护隔离措施，防止坠落伤人。

8.7 钢丝绳必须有8倍以上保险系数并在与吊物尖锐棱角接触处垫半圆板。

8.8 风机机壳内外施工人员密切配合；特别在联轴器找正时机壳内人员随时注意物体动向，并不得站在死角。

8.9 大件运输时，应对路线进行检查，并设专人领车、监护设备，设备与车体应绑扎捆牢。

8.10 电动工具使用前进行检查，确认电动工具完好并装有漏电保护器。

8.11 手拉葫芦使用前应进行检查并修理合格；使用中必须受力均匀，不超载使用；手链必须备牢，防止滑脱。

8.12 工机具由专业人员操作，严禁操作非本专业的工机具。

8.13 使用临时电源时，施工场所要干燥、电焊二次线使用胶皮软线，电源线架空，或埋入地小下。

8.14 选用的卡环锁具低安全系数达到8倍以上。

9. 环 保 措 施

9.1 在工程施工过程中严格遵守国家和地方政府下发的有关环境保护的法律、法规和规章，加强对施工用油、工程材料、设备、废水、生产生活垃圾、弃渣的控制和治理，遵守有防火及废弃物处理的规章制度。

9.2 将施工场地和作业限制在工程建设允许的范围内，合理布置、规范围挡，做到标牌清楚、齐全，各种标识醒目，施工场地整洁文明。

9.3 火电机组安装现场存在大量可重复利用的各类型材，各种吊点、吊装支架设计制作尽可能就地取材，有效利用废弃物，多台设备安装时，制作的工具使用后可保留下台继续使用。

9.4 焊接过程焊条头、打磨过程使用后的破旧砂轮片、清洗用后破布、废旧煤油要及时回收处理，避免对周围环境和水资源造成污染破坏。

9.5 对施工场地道路进行硬化，并在晴天经常对施工通行道路进行洒水，防止尘土飞扬，污染周围环境。

10. 效 益 分 析

本工法使用平衡设备安装的方法，保证了设备安装过程的质量，避免了由于设备偏斜造成返工的现象，电机安装我们进行了磁力中心的检查确认，联轴器找正时为保证膨胀量采取了电机预抬高和联轴器预拉伸的方法，有效的保证了风机运行的顺利和稳定，提高了设备安装的整体进度和施工质量，每台风机安装可缩短10~15个工作日。

本工法由于采取安装位置就地组合，组一件安装一件的原则减少了大件运输量，节省了施工场地，从而降低了设备运输的扬尘，本风机的轴承采用润滑脂，减少了润滑油及破油布、油面纱等对环境的污染；使用本工法提高了风机的安装质量，为机组在整套启动和生产运行时顺利提供了保证，取得了较好的经济效益和一定的社会效益。

11. 应 用 实 例

11.1 应用实例一

内蒙古岱海电厂二期工程 2×600MW 亚临界燃煤凝汽式空冷机组 4 号锅炉共安装两台引风机，该风机为静叶可调轴流引风机，其型号为 AN33e6，该引风机主要由进气箱、进口集流器、进口导叶调节器、机壳及后导叶、传动组、轴承组、扩压器、电机等部分组成。每台引风机配套两台离心风机用作轴承强制冷却。

内蒙古岱海电厂二期工程 2×600MW 亚临界机组 4 号锅炉的两台引风机通过使用本工法优化了机械配制、施工程序、施工工艺；提高了引风机的安装质量，缩短了施工周期，提前工期 15d，该工法策划周到，控制严格，由于采用了设备的平衡安装和准确的膨胀量预留，保证了风机的施工和风机试运的高质量完成，消除了施工中的不安全的因素，施工产生的噪声及油污染等环境危害得到了有效控制。确保了风机的分部试运和机组的整套试运顺利。

11.2 应用实例二

浙江国华宁海电厂 2×1000MW 机组 6 号锅炉 2 台引风机是由成都电力机械厂 AN 系列 42e6 静调轴流通风机，风机轴承采用滚动轴承，冷却方式为风冷，润滑方式为脂润滑，油脂牌号 FKF 润滑脂 LGMT3，测温装置为铂热电阻。每台引风机总重约 80t（不含电机部分）。引风机由进气箱、大小集流器、进口导叶、机壳装配（叶轮外壳和后导叶组件）转动组（传扭中间轴、联轴器、叶轮、主轴承装配）、扩压器、冷风管道和润滑管路等组件、冷却风机等组成；

本工法在浙江国华宁海电厂 2×1000MW 机组 6 号锅炉 2 台引风机安装施工得以使用，通过该工法的应用，提高了引风机的安装质量，缩短了施工周期，提前工期 10d，为 6 号机组辅机分部试运及锅炉、烟风系统的通风调平创造了有利的条件，确保了机组的整套试运顺利。

11.3 应用实例三

福建石狮鸿山热电厂一期 2×600MW 超临界抽凝供热机组工程 1 号锅炉共设计安装两台引风机，该风机为静叶可调轴流引风机，其型号为 AN33e6，两台引风机对称布置在 1 号锅炉电除尘后锅炉中心线两侧。该引风机主要由进气箱、进口集流器、进口导叶调节器、机壳及后导叶、传动组、轴承组、扩压器、电机以及等部分组成。每台引风机配套两台离心风机用作轴承强制冷却及一台润滑油站供电机轴瓦润滑。

2010 年福建石狮鸿山热电厂一期 2×600MW 超临界机组工程 1 号锅炉两台引风机通过使用工法进一步优化了施工程序、施工工艺的控制手段，提高了引风机的安装质量，缩短了施工周期，提前工期为 15d，为 1 号机组锅炉辅机分部试运创造了有利的条件，保证了机组 168h 运行的完成。

近海 3000kW 风机码头组装施工工法

GJYJGF124—2010

新疆电力建设公司　中国石化集团宁波工程有限公司

朱炜　朱朝晖　喻安辉　虞大林　赵利江　苏伯林

1. 前　言

风力发电作为一种可再生能源，自 20 世纪中期以来得到了飞速的发展。中国东部沿海海上风能资源丰富，进行海上风电规划和开发，对于缓解当地用电紧张局面，减少碳排放，有效应对气候变化等都具有十分重要的作用。

国际海上风电技术日趋成熟，在全球范围内开始进入大规模开发。中国海上风电发展还处于起步阶段，无可借鉴的施工案例。

新疆电力建设公司参建了上海世博会配套工程"上海东海大桥 100MW 海上风电示范项目工程"。结合多年陆域风电场的施工经验，研究了国际上先进的海上风电组装方式，制定了一套全新、安全可靠的施工方案。通过总结第一阶段 3 台机组的施工，对方案进行了全面改进，形成本工法。在第二阶段 31 台机组施工中得到了成熟应用。

2. 工 法 特 点

2.1 进度快，效率高：目前，国际上成功的海上风机吊装方法是在海上逐台逐件组合，需要大量的船舶和海上吊装机械；受海风和潮汐的影响，海上作业难度大；施工周期长。在 3000kW 风力发电机组施工中，采取陆地组合，海上整体吊装的方法，把繁杂的组合作业放在陆地上，加快了施工进度，提高了工作效率。

2.2 安全性高，质量好：空中设备吊装必须用多根缆风绳加以控制，在海上，即使用多条船舶也不易实现，而陆地组合吊装，解决了设备空中组合过程中的稳定性问题，确保了施工安全和工艺质量。

2.3 整体机械配置少，费用低：利用已有的码头，通过一台自制的轨道平车，将风机设备分批运输至指定施工点，用码头上的履带式起重机将风机设备整体组合在一条预先停泊的驳船上，驳船驶向大海，在海上用另一台海上吊机将风机整体就位。这样，反复使用轨道运送平车、海上驳船、履带式起重机，减少了整体机械配置，降低了工程费用。

3. 适 用 范 围

本工法适用于近海风电场单机 3000kW 风机安装，风机在码头专用驳船上组装，拖运到海上完成整体吊装。单机 5000kW 及以下风机安装工程均可参照实施。

4. 工 艺 原 理

本工法根据运筹学、风险预控等原理，通过合理安排反复实践形成本工法。其工艺原理为：

4.1 采用工装塔筒：工装塔筒是一个置于陆地上的假塔筒。如果叶轮与机舱对口直接在驳船上进行，就存在主吊机在陆地上，相对静止，驳船在海上，随海水晃动，极易造成叶尖碰撞塔筒以及连接螺栓变形等问题。为此，先在工装塔筒上完成叶轮与机舱的组对，使叶轮与机舱形成一个组件，再进行吊装，有效地解决了叶轮与机舱对口难题。

4.2 采用缆风绳锚点固定，反向挂叶轮：叶轮受风面很大，吊装时必须有可靠的缆风绳稳固。如果按照常规方法施工，缆风绳锚点在吊装过程中会长距离移动。施工地点三面环海，必须增配 2 条交通船，费用大，不安全。采用缆风绳锚点固定，反向挂叶轮的方法，有效解决了叶轮吊装的难题。

4.3 塔筒下段竖直运输：塔筒下段较中段和上段短很多，水平运输需根据塔筒长度反复组合轨道平车，效率不高。塔筒下段竖直运输，一是避免了轨道平车的反复组合，二是塔筒内电控柜及附件由辅助吊车完成，减少了主吊车的吊装工作，使得单台风机有效安装时间缩短 4h 以上。

本工法结合陆地风电施工工艺，对国际上码头组合施工方法进行革新与拓展，达到了安全与高效的有机结合。

5. 施工工艺流程及操作要点

5.1 施工工艺流程图

施工工艺流程如图 5.1 所示。

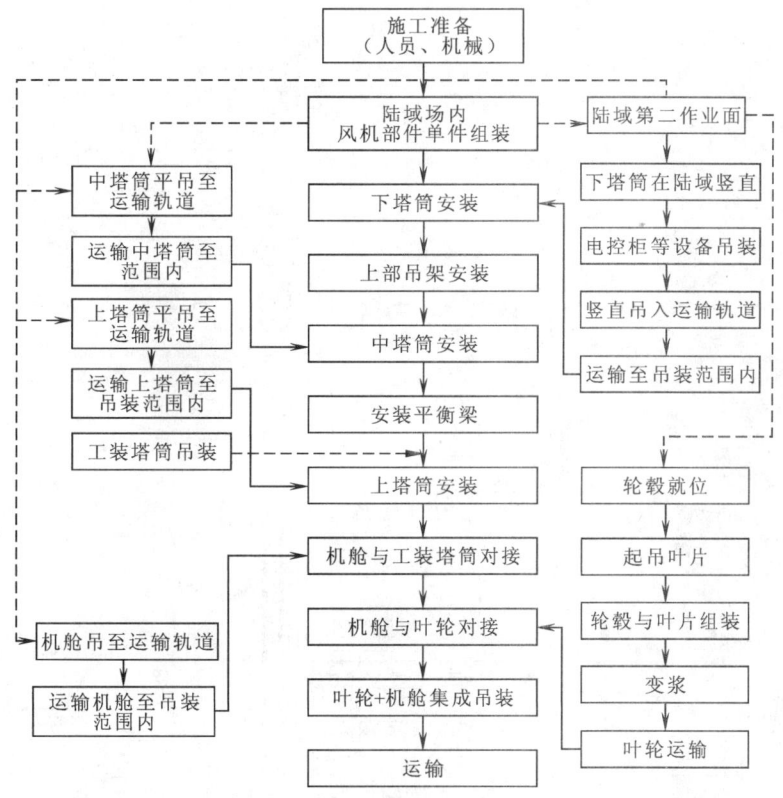

图 5.1 施工工艺流程图

5.2 操作要点

3000kW 风机码头组装施工，是在一条长 93m、宽 38m 的专用驳船（图 5.2）上安装 2 台风机，并做好海上整机吊装前的全部准备工作。风机设备通过一个轨道平车，在一条长约 200m 的轨道上完成陆域和水域间的运送。

在水域施工区，专用驳船旁的桩基平台上布置一台 1250t 履带式起重机，作为组装工作的主吊机，负责专用驳船上全部设备的吊装工作，作为主线。在运输轨道对面，布置一台 350t 船吊，作为辅助吊机，完成辅助吊装及水域所有设备的卸船工作。

在陆域施工区，布置四台履带式起重机作为辅线，分别为：320t、200t、80t、50t。其中 320t、200t

负责风机主要设备的卸车和水平搬运等工作；80t、50t 负责风机叶轮的组装及其他风机部件的卸车、组装及搬运工作。另专门配置 1 台 25t 轮式起重机用于清理现场。

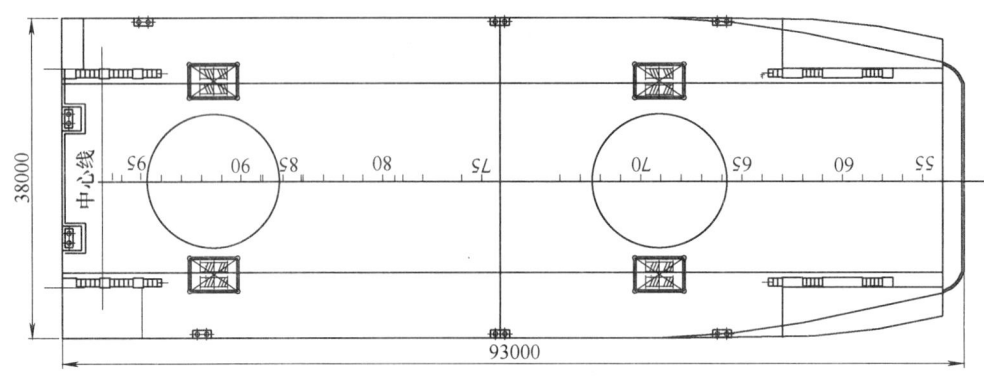

图 5.2　专用驳船平面图

5.2.1　施工准备

总体平面布局

从总体布局上可以看出主吊机可施工区域在 22~34m 的圆环中，所以轨道平车运送设备须很精确（图 5.2.1）。

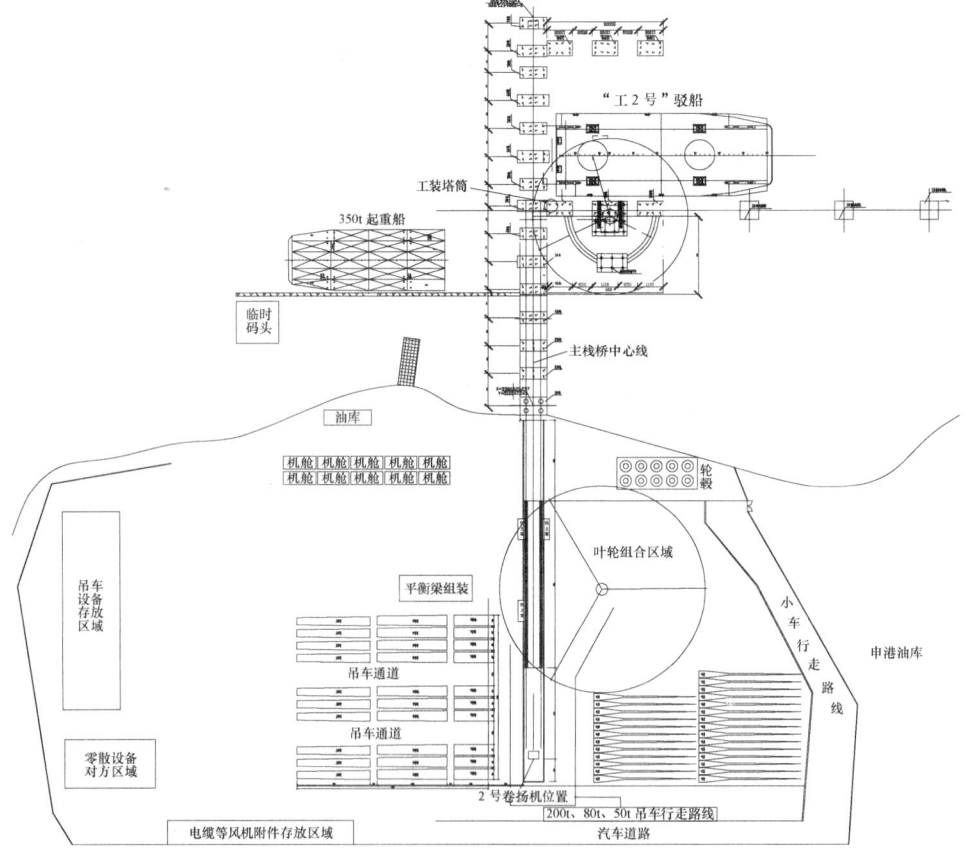

图 5.2.1　施工平面布置图

5.2.2　塔筒电气安装

1. 塔筒提前敷设电缆；

电缆采用分段式敷设，按照每段塔筒规定的尺寸裁剪，直接敷设在地面存放的塔筒，靠近每段塔筒上部的 2 块电缆夹板需要紧固，其余电缆夹入夹板后保持松弛，待塔筒吊装完成后，电缆处于自由状态时，紧固夹板（图 5.2.2-1）。

图 5.2.2-1　地面电缆展放及塔内电缆敷设

2. 塔筒内电缆布线

动力电缆按照 A、B、C 顺序，控制电缆分别平排布在塔筒内的夹板上（图 5.2.2-2）。

3. 电缆连接（图 5.2.2-3）

1）按接线端子进线孔的长度，在电缆端头剥出相应长度的线芯；

2）端子进口部分应倒角，若无倒角，需用圆锉或刮刀修锉，使其形成一倒角；

3）涂导电膏，将线芯放至端子后，用压线钳（型号：YQSH-240D）压紧；

4）用绝缘胶带、色带处理端子处。

图 5.2.2-2　电缆在塔筒内临时布线　　　　图 5.2.2-3　电缆压接

5.2.3　下段塔筒安装

下塔筒重 93t，采用竖直轨道运输方式，具体操作如下：

1. 下塔筒使用 2 台吊车（本次施工是采用 320t 和 200t 履带式起重机）在地面竖立，并放置在已布置好的专用平台上（图 5.2.3-1）。

2. 用一台 25t 液压汽车吊依次将塔基柜（TBC）、功率开关柜（PSC）、辅助变压器、内部电源柜（IPS）、升降梯等电控柜通过升降梯通道口吊入已竖立的下段塔筒底部平台，高压开关柜（ABB）吊装时需要拆开下段塔

图 5.2.3-1　下塔竖立

筒顶部平台，安装时由顶部通过拆开的通道放置在塔筒第二层平台，紧固连接螺栓（图 5.2.3-2）。

3. 用 320t 履带式起重机将带有附件的下段塔筒整体竖直吊至轨道平车平台上，然后用 6 套 M60×320 的螺栓将其固定在改进后的轨道平车平台上，塔筒底部应用橡胶进行垫护（图 5.2.3-3）。

4. 下塔筒竖直运送至 1250t 吊车范围内进行吊装（图 5.2.3-4）。

5. 1250t 吊装下塔筒到专用驳船上并紧固（图 5.2.3-5）。

图 5.2.3-2　电控柜的吊装

图 5.2.3-3　下塔与轨道平车螺栓连接

图 5.2.3-4　塔筒下段竖直运输

图 5.2.3-5　下塔筒吊装就位

6. 塔筒下段竖直轨道运输方案可行性分析

为确保塔筒下段在轨道平车上运输更安全，用 6 套 M60×320 的螺栓将其固定在改进的轨道平车平台上，所以在这里只计算塔筒抗倾覆稳定系数，不计算塔筒运输时的抗滑稳定系数。

1）基本参数

（1）外形尺寸

塔筒直径：4.5m

塔筒高度：14.86m

小车高度：1m

小车轴距：6.5m

（2）重心高度

塔筒重心高：6.06m

小车重心高：按 1m 计算

（3）重　　量

塔筒重量：95t

小车重量：15t

（4）风　　速

作业状态风速：$v=12\text{m/s}$（按允许施工的最大风速计算）

（5）轨道坡度　10‰

（6）小车速度　0.14m/s

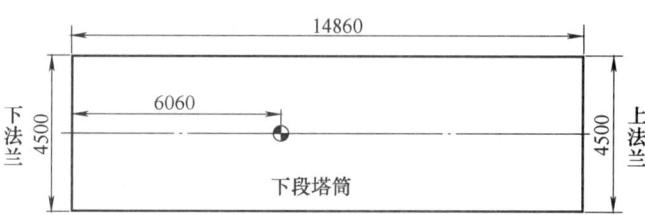

图 5.2.3-6　下塔筒外形尺寸示意图

2）风载荷引起倾覆力矩

根据《建筑结构荷载规范》GB 50009-2001（2006年版）第 7 章风载荷计算公式

$$W_k = \beta_z \times \mu_s \times \mu_z \times W_0 \qquad (7.1.1-1)$$

式中　W_k——风荷载标准值（kN/m²）；

　　　β_z——高度 z 处的风振系数；

　　　μ_s——风荷载体型系数；

　　　μ_z——风压高度变化系数；

　　　W_0——基本风压（kN/m²）。

塔筒与小车高度低于 30m，取 $\beta_z=1.0$；

查表 7.3.1 得，圆截面构筑物体型系数取 $\mu_s=0.5$；

查表 7.2.1 得，地面粗糙度选 A 型，选择 15m 高度项，$\mu_z=1.52$。

由风速-风压通用公式计算12m/s 风速时的基本风压：

$$W_0 = 0.5 \times \rho \times V^2 = 0.613 \times 12^2 = 88.272 \text{（N/m²）}$$

风载荷为　　　$W_k = \beta_z \times \mu_s \times \mu_z \times W_0$

$$= 1.0 \times 0.5 \times 1.52 \times 88.272$$

$$= 67.1 \text{（N/m²）}$$

迎风面积　　　$A = 4.5 \times 14.86 + 6.5 \times 1 = 73.37 \text{（m²）}$

风载荷作用在塔筒上力为　$F_{风} = n_d \times W_k \times A = 6154 \text{（N）}$　（n_d 为动载系数取 1.25）

风载引起的倾覆力矩

$$M_{风} = (H/2 + h) \times F_{风} = 8.43 \times 6154 = 51878 \text{（N·m）}$$

3）塔筒与小车整体重心高

$$H_G = (95 \times 6.06 / 110) + 1 = 6.23 \text{（m）}$$

4）轨道坡度引起的倾覆力矩

$$M_{坡} = F_{坡} \cdot H_G = (95 \times 9.8 \times 10^3 \times 10‰) \times 6.23 = 58001 \text{（N·m）}$$

5）惯性力引起的倾覆力矩

起动及制动时的惯性力　取制动时间 1s（$v=0.14$m/s）

（1）加速度　　　　　$a = 0.14$m/s²

（2）惯性力

$$F_{惯} = 95 \times 9.8 \times 10^3 \times 0.14 = 130340 \text{（N）}$$

（3）惯性力引起的倾覆力矩

$$M_{惯} = 130340 \times 6.23 = 812018 \text{（N·m）}$$

6）重力稳定力矩

$$M_{稳} = 110 \times 9.8 \times 10^3 \times (6.5/2 - 0.0623) = 3436341 \text{（N·m）}$$

7）抗倾覆稳定性核算

（1）倾覆力矩（对地面）

$$M_{倾} = M_{风} + M_{坡} + M_{惯} = 51878 + 58001 + 812018 = 921897 \text{（N·m）}$$

（2）稳定力矩

$$M_{稳} = 3436341 \text{（N·m）}$$

（3）抗倾覆稳定系数

$$X_{倾} = M_{稳} / M_{倾} = 3436341 / 921897 = 3.7$$

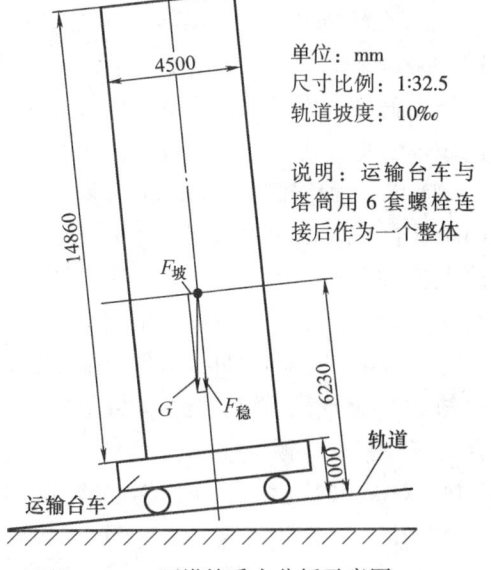

单位：mm
尺寸比例：1:32.5
轨道坡度：10‰

说明：运输台车与塔筒用 6 套螺栓连接后作为一个整体

图 5.2.3-7　下塔筒受力分析示意图

8）结论

经核算，在允许施工的极限工况下，轨道平车竖直运送塔筒下段，抗倾覆系数为 3.27，稳定性符合施工要求。

塔筒下段从常规运输到竖直运输,大大提高了工作效率。

5.2.4　上部吊架安装(图5.2.4)

1. 上部吊架分为基本对称的两部分,每一件重45t,在塔筒下段就位以后可进行上部吊架组合安装,安装完毕的上部吊架既能在整体吊装时起主吊点的作用,上面安装的气缸在整机就位时还能起到缓冲作用,联合下部就位系统使得整机吊装平稳精确就位。

图5.2.4　上部吊架安装

2. 先将上部吊架分别放置在塔筒下段的两侧,摆放时注意其方位;根据上部吊架安装要求将上部吊架安装至下塔筒外法兰上。当两部分上部吊架安装好后,完成上部吊架间的螺栓紧固工作。当两法兰接触时,连接M60×290(8.8级)工艺螺栓不少于48套,首先用电动扳手紧固,然后用扭矩扳手紧固力矩至1050N·m。

5.2.5　中段塔筒吊装(图5.2.5)

图5.2.5　中塔筒吊装

中段塔筒重96t。

1. 在塔筒顶法兰1点半、4点半、7点半、10点半位置安装4个塔筒主吊专用吊具,紧固力矩为1200N·m,在塔筒底法兰1点半、10点半安装2个塔筒辅吊专用吊具,紧固力矩为600N·m,然后分别挂好主辅吊索具。然后由320t(或200t)履带式起重机将塔筒中段吊起放在小车上,用2台15t卷扬机做牵引将其运输起吊位置(即1250t履带式起重机吊装范围)。

2. 中塔筒安装采用1250t履带式起重机做主吊机,停靠在引桥东侧的350t船吊进行辅助翻身。2台吊车配合缓缓提起中塔筒,完全成竖直状态后,拆下中段下法兰吊耳,清理两法兰面,移动塔筒至下塔筒上方200mm处,插上定位销,在下塔筒顶法兰面不间断地均匀喷打双层密封胶,根据电梯轨道及电缆支架方向为基准调整中塔筒方向,然后中塔筒缓慢下降并就位。当两法兰接触时,穿上M56×420(10.9级)螺栓,共100套,先用电动扳手紧固,再用液压扳手紧固力矩至10000N·m,力矩紧固采用十字对角分4次紧固。

5.2.6　平衡梁安装

平衡梁重110t,在整机海上运输时起到加固和保护的作用,整机起吊时作为主吊装点。可以将平衡梁的4个油缸顶出抱住中塔筒上部,以增加其稳定性(图5.2.6-1)。

首先在地面将平衡梁组装完毕,紧固力矩至800N·m。

图5.2.6-1　平衡梁吊装

吊装吊索采用 φ52mm，长 60m 钢丝绳一对，120t 卸扣 4 个。再将 4 根 φ110mm，长 101.35m 钢丝绳按照要求穿入平衡梁四角的马鞍处，并用 8 只 120t 卸扣与上部吊架相连。为了提高效率，在悬挂钢丝绳时主吊机可以每次起吊两根（图 5.2.6-2）。

图 5.2.6-2　钢丝绳吊挂与连接

5.2.7　上塔筒安装

上段塔筒重 60t。

1. 在塔筒顶法兰 1 点半、4 点半、7 点半、10 点半位置安装 4 个塔筒主吊专用吊具，紧固力矩为 1200N·m，在塔筒底法兰 1 点半、10 点半安装 2 个塔筒辅吊专用吊具，紧固力矩为 600N·m，然后分别挂好主辅吊索具，然后由 320t（或 200t）履带式起重机将塔筒上段吊起放在小车上，用 2 台 15t 卷扬机做牵引将其运输至起吊位置（即 1250t 履带式起重机吊装范围）。

图 5.2.7-1　上塔筒吊具提前装好

图 5.2.7-2　上塔筒吊装

2. 起吊上塔筒

上塔筒安装采用 1250t 履带式起重机做主吊机，停靠在引桥东侧的 350t 船吊进行辅助翻身。

2 台吊车配合缓缓提起上塔筒，完全成竖直状态后，拆下上塔筒下法兰吊耳，清理两法兰面，移动塔筒至中塔筒上方 200mm 处，插上定位销，在上塔筒顶法兰面不间断的均匀喷打双层密封胶，根据电梯轨道及电缆支架方向为基准调整中塔筒方向，然后上塔筒缓慢下降并就位。

3. 上塔筒就位

当两法兰接触时，连接 M36×260（10.9 级）螺栓，共 128 套，用电动扳手紧固，最终液压扳手紧固力矩至 2800N·m。力矩紧固采用十字对角分 2 次紧固。

5.2.8 机舱吊至工装塔筒

1. 机舱吊装选用 60t×5m 环形吊带 4 根，吊点为 1 号和 3 号吊点（如图 5.2.8-1）。

2. 工装塔筒吊装

在码头上配置一座 φ3.07m，高 48m 的工装机座，以安全可靠的吊装方式完成机舱与叶轮的组装作业（图 5.2.8-2）。

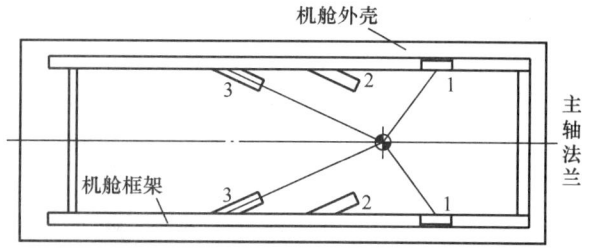

图 5.2.8-1　机舱上吊点布置图

3. 1250t 履带式起重机起吊机舱并在工装塔筒上安装，机舱与工装连接法兰安装的螺栓数量不少于 50 颗，紧固力矩值为 900N·m（图 5.2.8-3）。

图 5.2.8-2　工装塔筒就位

图 5.2.8-3　机舱临时就位

5.2.9　叶轮安装

1. 叶轮组合及运输

1）叶片单重 12t，轮毂单重 27.5t，视情况可以选用 200t、80t、50t 三种履带式起重机任意两车搭配起吊。

2）组合后叶轮重约 64t、组合点距离就位点大约 200m，可以水平运输到位（图 5.2.9-1）。

3）叶轮水平移动

将叶轮组合整体由 200t（或 320t）履带式起重机采用 3 根 30t×24m 吊带吊至轨道平车（图 5.2.9-2）。

4）叶轮轨道平车运输

图 5.2.9-1　叶片组合

图 5.2.9-2　叶轮水平移动

用 2 台 15t 卷扬机做牵引将其运输至起吊位置（即 1250t 履带式起重机吊装范围）。注意：在轨道平车与轮毂支架接触面焊接加固，保持运输稳定（图 5.2.9-3）。

2. 叶轮吊装

1）采用反向搬起的方式完成叶轮吊装，在陆地施工时基本不采用。在这里采用这种方式施工基于三个原因：第一、主吊采用 54m 主臂+42m 副臂塔式工况，具有较大起吊裕度，使反挂叶轮成为可能；第二、码头空间有限，主吊无法移动，采用常规叶轮吊装方法会用到最小作业半径，于吊车不利，吊装完毕后的姿态，需要偏航以后才能进行整机吊装（偏航时叶轮与1250t 履带式起重机有干涉）；第三、也是最主要的原因——采用反向搬起的方式会很好的解决海面上缆风绳不易移动的问题，并且能做到搬起对口过程中，叶片的切风方向始终保持不变。

起吊时，在叶轮上布置 4 根缆风绳，在 350t 船吊两侧布置的缆风绳起主要作用，在 1250t 履带式起重机左侧和运输驳船上布置的缆风起辅助作用。

图 5.2.9-3　叶轮轨道平车运输

图 5.2.9-4　叶轮起吊

2）叶轮与机舱对接

主副吊车就位，挂好吊具。卸下运输支架上的螺栓，主副吊车同时启动，卸下运输支架；当轮毂法兰面离地面 1.5m 高度时，清理轮毂的法兰面，在轮毂上装好定位销。继续提升使第三个叶片处于垂直位置，卸下副吊车的吊具；主吊车继续提升吊钩，至叶轮的中心和主轴平行后，对接叶轮和机舱，全部螺栓穿入后取下定位销换成安装用的螺栓。

图 5.2.9-5　叶轮与机舱对接

5.2.10　叶轮与机舱组件安装

1. 机械情况：1250t 履带式起重机在 54 m 主臂+42m 副臂塔式工况下 28m 作业半径额定起重量 253t，计算最大承载 226t（机舱+叶轮+主钩、钢丝绳），实际施工时，作业半径可以控制在 26.5～30m。

2. 吊具及吊点情况：

1）叶轮起吊前，2 根 80t×13.6m 吊带提前固定在叶片根部（图 5.2.10-1），2 根 80t×6.45m 吊带固定在机舱内 2 号吊点上（图 5.2.8-1）。

2）叶轮就位后，拆除叶轮专用吊带，使用上述吊带起吊整机（图 5.2.10-2）。

3. 整机吊装时，采用原叶轮吊装的 3 根缆风绳和机舱尾部缆风绳 1 根，起吊过程中整机角度和叶片的方向始终保持不变。

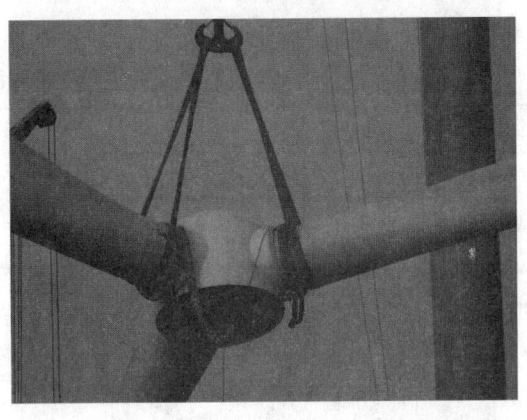

图 5.2.10-1　整机吊装吊带在起吊叶轮时就提前固定好

5.2.11　安装完成的风机由船舶运输至海上（图 5.2.11）。

图 5.2.10-2　整机吊装

图 5.2.11　风机由船舶运输至海上

6. 材料与设备

6.1　材料

本工法无需特别说明的材料。

6.2　主要机械设备（表 6.2）

为了保证吊装主线的连贯施工，配合吊车选用原则是：性能上够用，数量上充足。

主要机械设备

表 6.2

序号	设 备 名 称	型号及规格	额定起重量	单位	数量
1	履带式起重机	德马格 CC8800	1250t	台	1
2	船式起重机	—	350t	台	1
3	履带式起重机	三一 SCC3200	320t	台	1
4	履带式起重机	神钢 KOBELCO7200	200t	台	1
5	履带式起重机	三一 SCC800	80t	台	1
6	履带式起重机	石川岛	50t	台	1
7	汽车起重机	浦沅	25t	台	1
8	轨道平车	—	200t	台	1

6.3　主要吊索及施工器具（表 6.3）

主要吊索及施工器具

表 6.3

序号	名 称	型号及规格	数量	用 途
1	钢丝绳	$\phi60mm \times 60m$	2 根	塔筒卸船
2	钢丝绳	$\phi60mm \times 12m$	2 根	上部吊架、平衡梁吊装用
3	钢丝绳	$\phi42mm \times 12m$	2 根	塔筒辅助吊索
4	钢丝绳	$\phi60mm \times 8m$	2 根	塔筒主吊索
5	滑 轮	70t	2 只	
6	环形圆带	$50t \times 4m$	2 根	
7	环形圆带	$50t \times 22m$	2 根	塔筒搬运及卸车
8	环形吊带	$15t \times 2m$	3 根	轮毂卸船
9	钢丝绳	$\phi28mm \times 8m$	2 根	叶片卸船
10	钢丝绳	$\phi28mm \times 30m$	2 根	

序号	名　称	型号及规格	数量	用　途
11	环形吊带	15t×10m	2 根	叶片卸船
12	Ω 形卸扣	9.5t	10 只	
13	专用扁担	长 15m	1 个	叶片组合
14	环形吊带	15t×10m	2 根	
15	环形吊带	30t×24m	3 根	叶轮平移至轨道平车
16	环形吊带	60t×5m	4 根	机舱吊装
17	环形吊带	40t×21m	2 根	叶轮吊装
18	环形吊带	80t×6.45m	2 根	叶轮+机舱吊装
		80t×13.6m	2 根	
19	Ω 形卸扣	T-BX80/80t	4 只	
20	Ω 形卸扣	S-BX55/55t	16 只	塔筒、机舱吊装
21	Ω 形卸扣	S-BX35/35t	4 只	塔筒辅吊
22	Ω 形卸扣	18t	3 只	轮毂吊装
23	Ω 形卸扣	4.5t	4 只	电控柜卸货及安装
24	钢丝绳	ϕ15.5mm×14m	2 根	
25	环形吊带	3t×6m	4 根	
26	手拉葫芦	10t×5m	2 台	上部吊架组合
27	液压扳手	HY-20MXT	2 台	中塔、下塔、基础法兰力矩紧固
		HY-3MXT	4 台	风机其他部位力矩紧固
28	电动扳手	牧田 6910	6 台	螺栓预紧
29	套筒	95mm、90mm、60mm、55mm、50mm、46mm、41mm、36mm、24mm	若干	螺栓紧固
30	电动压线钳	直流式 240mm²	4 台	电缆头制作
31	缆风绳	ϕ24mm×200m	10 根	控制风机部件吊装
32	螺栓润滑剂	Chesterton785	若干	涂抹螺纹表面
33	螺纹锁固剂	HBC-271	若干	涂抹叶片螺栓旋入叶片的一头
34	玻璃胶	中性	若干	密封各法兰连接处

说明：常规工具不作罗列

7. 质 量 控 制

7.1　质量控制标准

根据国家标准、行业标准和设备厂家技术文件控制，主要包括：

7.1.1　《风力发电机组装配和安装规范》GB/T 19568-2004。

7.1.2　《风力发电机组验收规范》GB/T 20319-2006。

7.1.3　《风力发电场项目建设工程验收规程》DL/T 5191-2004。

7.1.4　《SL3000 离岸型风力发电机组吊装指导书》3000.025.0001.01B。

7.1.5　《SL3000 离岸型风力发电机组吊装准备工作简要及注意事项》（华锐厂家说明书）。

7.2　质量控制措施

7.2.1　工程开工前，工程部要与建设方联系，明确工程质量记录整理汇总的方式、要求，做到有据可查，严格施工。

7.2.2 在风机设备吊装前，对施工工序中首要环节进行施工技术交底，并且必须坚决执行，未经技术交底不得施工。

7.2.3 施工前对所用的工机具、器具、吊索具等进行彻底的检查及保养，并做好相关记录，确保完好。

7.2.4 风机塔筒、机舱、叶片、轮毂、电缆、控制柜等设备到场卸车时，联合厂家、监理、业主仔细检查设备，确保设备自身进场无质量缺陷及隐患。

7.2.5 使用的高强度螺栓规格多、数量大，紧固要求高（要求扭力值复检），因而施工时要保证螺栓的规格、穿向、外露尺寸一致，紧固程度符合要求。

7.2.6 为保证螺栓紧固程度符合要求，应随时进行紧固检查，避免出现过紧或不紧的现象。对连接部位的螺栓紧固要重点监控，严格按照华锐 SL3000-90 风机螺栓力矩紧固表执行（表7.2.6）。

华锐 SL3000-90 风机螺栓力矩紧固值表   表 7.2.6

序号	名　称	螺栓型号	数量	套筒型号	力　矩	
1	风机下（内）法兰	M64×330	48	95mm	3000N·m	3MXT 扳手、7000PSI；十字对角一次 5 颗
	风机下（外）法兰	M60×290	48	90mm	1050N·m	3MXT 扳手、2500PSI；十字对角一次 5 颗
2	风机中法兰	M56×420	100	90mm	10000N·m	①20MXT 扳手、1500PSI；②20MXT、2650PSI；③20MXT、3800PSI；十字对角一次 5 颗
3	风机上法兰	M36×260	128	60mm	2800N·m	①3MXT 扳手、3300PSI；②3MXT、6400PSI；十字对角一次 6 颗
4	机舱——工装	M30×210	50	46mm	900N·m	牧田电动扳手预紧，2000N·m 扭矩扳手复紧
5	轮毂——机舱	M36×180	72	60mm	3200N·m	①3MXT 扳手、3700PSI；②3MXT、7400PSI；——对称 3 或 9 点开始
6	叶片——轮毂	M36×550	192	60mm	2100N·m	①3MXT、ST-2；3900、3300PSI；②3MXT、ST-2、4800、4100PSI
7	机舱——塔筒	M30×295	100	50mm	1800N·m	3MXT 扳手、4200PSI　十字对角一次 5 颗
8	上部吊架圆法兰	M30×120	全部	46mm、10mm	500N·m	牧田 6910 预紧，2000N·m 扭矩扳手复紧
	上部吊架方法兰	M30×130	全部	46mm、50mm	700N·m	牧田 6910 预紧，2000N·m 扭矩扳手复紧
9	平衡梁	M24×110	全部	41mm	800N·m	牧田 6910 预紧，2000N·m 扭矩扳手复紧

注：叶片和轮毂组装时，悬挂吊带的叶片力矩要求：ST-2：1200N·m=2300PSI；3MXT：1200 N·m=2800PSI。

7.2.7 施工完不得有剩余工具、材料遗留在电控柜、叶轮等设备里。

7.2.8 清洁连接部位法兰的毛刺，注意各连接部位的密封。

7.2.9 加强专项检查，包含上部吊架、平衡梁、下段塔筒、工装塔筒、机舱等所使用到的工装螺栓，并能及时发现和解决问题。

7.2.10 要严格控制塔筒吊具螺栓紧固、下塔筒在轨道平车上螺栓固定、叶轮支架与轨道平车焊接固定、叶轮辅助吊点吊带与护具的固定、叶尖缆风绳绑扎等。

7.2.11 叶轮组装时，对第一只和第二只组对的叶片必须在厂家指导人员确认垫护合格后拆除吊带；叶轮组对完成后，整机吊装时受力的 2 只叶片力矩紧固到 1200N·m。

7.2.12 使用变桨控制盒变桨，调整端板零点位置至六点钟左右。吊起叶片与轮毂对接，可以反复变桨方便叶片与轮毂顺利对接并确认叶片后缘零刻线位置与端板零点位置一致。

7.2.13 轮毂与机舱对接完毕后预紧叶片螺栓至最终力矩值 2325N·m，打力矩时叶片应位于 6 点位置。

7.2.14 加强对气象资料的收集。若叶轮组对完成后当天不进行吊装，或风力较大时对其进行变桨，即处于顺桨状态，吊装时再令其恢复。

7.3　工程质量控制流程

工程施工中严格执行质量控制流程内容，确保工程的质量。控制流程图如图 7.3。

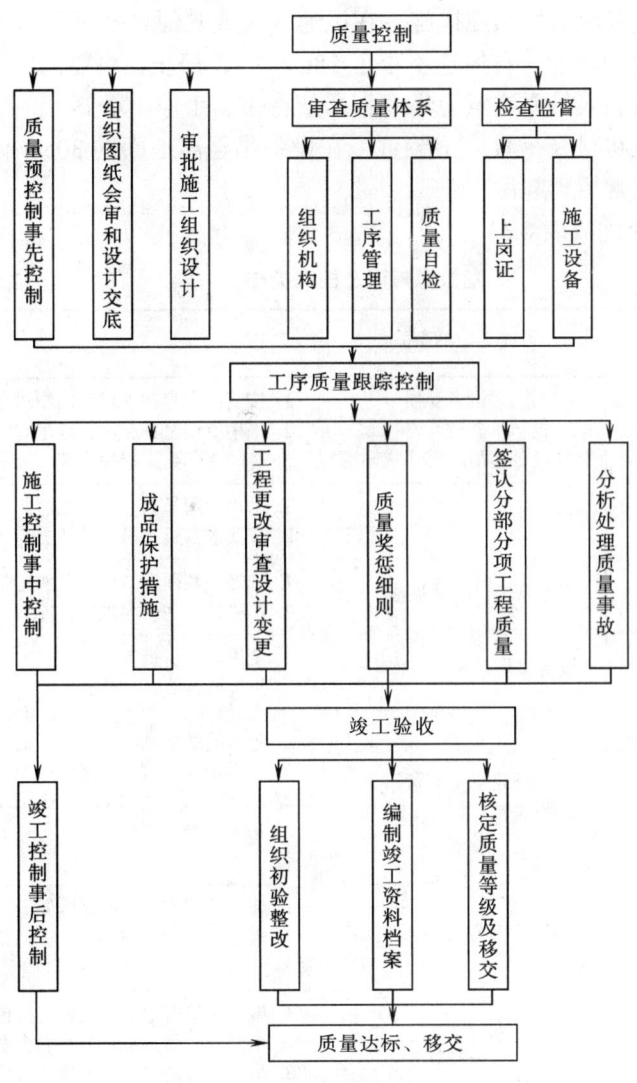

图 7.3　控制流程示意图

8. 安 全 措 施

8.1　国家、行业标准及规范

8.1.1　《安全生产工作规定》国家电网总〔2003〕。

8.1.2　《电力建设工程重大安全事故预防与应急处理暂行规定》2005-01-19。

8.1.3　《电力建设安全工作规程》DL5009.2-2004。

8.2　安全保证措施

8.2.1　风机安装主要危险源之一为吊装作业时风载荷影响，造成设备偏摆，使起重机斜拉斜吊，从而引发事故。故要加强对气象信息及海浪状况的资料收集工作。

8.2.2　风机设备吊装前填好安全工作票，并对所有参加施工人员进行安全交底。

8.2.3　在风机设备吊装、就位过程中，要服从统一指挥，防止事故发生。

8.2.4　风机设备起吊时，设备的垂直下方不得有人，尽量避免交叉作业。

8.2.5　风机设备吊装使用的缆风绳应绑扎好，设备接近就位时，牵引速度应减慢，风机内指挥人员信息发出应明确。

8.2.6　每次吊装前，必须对吊索具进行检查。

8.2.7 大型吊装机械必要采取防风预控措施。在风速 6 级或其他恶劣天气，停止吊装作业。在风速不小于 14m/s 时，停止在叶轮内作业，在风速不小于 18m/s 时，停止在机舱内作业。

8.2.8 在设备就位时，吊装人员要注意力集中，严禁将头、手伸出塔筒。

8.2.9 设备起吊前要检查机械及吊具安全装置，在设备吊至离地面约 30cm 时应暂停起吊，再次检查吊具及设备的安全，确认正常后再起吊。

8.3 危险源辨识及控制措施 （表 8.3）

危险源辨识及控制措施 表 8.3

序号	作业活动	潜在的危险因素	可能导致的事故	控 制 措 施
1	设备卸车	1. 设备摆放位置不正确 2. 起吊时未对设备做保护	1. 刮风时设备受损 2. 机动车擦碰 3. 设备起吊时受伤或倾翻	1. 按交底内容在平坦地面顺风摆放设备。 2. 采用专用吊具起吊，起吊时对设备表面做必要保护。 3. 必须由起重工指挥吊装，起吊时注意重心位置
2	叶轮组合	1. 叶片起吊不合适	叶片受损	1. 采用专用吊具。 2. 按要求双机抬吊，捯链提前做载荷试验
		2. 叶片组合操作不当	支撑倒塌，叶片触地	1. 选择平整硬实的场地摆放轮毂。 2. 严格按交底内容做好支撑
		3. 指挥信号不明	设备碰伤，人身伤害	1. 使用对讲机指挥。 2. 指挥语言清晰，简明
3	设备吊装	1. 起吊时出现瞬间强风	1. 设备碰触吊车臂架 2. 设备被挂到	1. 起吊前观察风情，必要时电话查询现场风速。 2. 起吊前溜绳绑定设备，尤其在起吊叶轮组件时，要稳住溜绳，确保瞬间大风力下设备的稳定。 3. 吊装小型设备时，吊车不完全松钩做保护，待紧固后方可松钩
		2. 高空坠落	人身伤亡	1. 施工区域作业人员正确佩戴三宝，进行作业。 2. 塔筒爬梯边提前设置好安全绳，攀爬时正确使用安全自锁器
		3. 高空落物	人身伤亡 设备损坏	1. 施工人员需把工具放进工具包。 2. 钢丝绳，吊具符合吊装安全系数。 3. 吊装设备摘钩时，要挂好安全带，必须两人操作
4	设备就位	吊装方式不符合要求	设备损坏 人身伤害	1. 起吊过程中，加强监护，防止发生碰撞。 2. 设备吊至要就位的位置时，要轻缓落下。 3. 设备吊装时，严禁将头伸出塔筒外
5	两机抬吊	两机抬吊同一重物措施不完善或指挥失误，吊机配合不协调，两机吊点受力不均匀	人身伤害 设备事故	1. 方案应有详细计算，技术交底时，应交代清楚。 2. 统一指挥，每台吊机设专人监护。 3. 指挥明确，信号清晰。 4. 严禁单绳起吊应用双绳起吊。 5. 做好防物件挤压滑落伤人措施
6	电气安装	1. 电缆敷设	电缆损坏 人身伤亡	1. 敷设电缆时要把电缆绑牢固。 2. 施工人员必须佩戴安全带
		2. 电缆安装	人身伤亡 电缆损伤	1. 在塔筒内施工电线绝缘良好，无破损，要加漏电保护开关。 2. 施工人员必须佩戴安全带
7	机械操作	1. 吊车超负荷吊装，易造成机械损坏甚至吊车倾覆	设备事故	1. 严禁超负荷起吊。 2. 坚持十不吊。 3. 起吊大件或特殊环境下吊装必须办理安全作业票
		2. 人员精神状态不佳，或起重指挥操作人员配合不协调，发生损坏、碰撞甚至倾覆	设备事故	1. 合理安排人员，合理安排休息，加强教育保证每天按时休息。 2. 明确操作人员与起重人员责任，加强协调配合。 3. 起重人员加强监护
		3. 各吊机交叉作业，易发生碰撞事故	设备事故	制订详细的防碰撞措施

序号	作业活动	潜在的危险因素	可能导致的事故	控 制 措 施
8	起重吊索具	1. 降低安全系数使用；超负荷使用	人身伤害 设备事故	1. 严禁降低安全系数使用。 2. 每月至少做一次机构全面检查。 3. 起重机械不得超负荷起吊，不明质量的物体不得起吊。 4. 起重机械各部位的机构和装置不得随意变更或拆除。 5. 起重机在工作中发生故障或有不正常现象时，应立即放下重物，停止运转中进行调整或检修
		2. 起吊带棱角的物体时，会因千斤绳的滑移而导致千斤绳断丝、断裂	起重伤害	1. 棱角处加垫包铁或软木。 2. 禁吊物下站人
		3. 大夹角兜挂重物时，夹角大千斤绳受力大，易断裂，同时千斤绳容易向中滑移，致使千斤绳断丝，断股或重物失去平衡而发生重物掉落事故	设备伤害 起重伤害	1. 斤绳的夹角一般不大于 90°，最大不超过 120°。 2. 大夹角起吊时，须有防之千斤绳滑动的措施。 3. 作业中加强监护
		4. 千斤绳锈蚀、断丝	人身伤害 设备事故	1. 使用前必须检查索具。 2. 千斤绳满足安全要求。 3. 锈蚀、断丝的千斤绳必须报废
		5. 索具未检查且以小带大	人身伤害 设备事故	1. 按规程要求的安全系数和荷载等级，正确选用吊具，禁止以小带大。 2. 定期检查索具，吊具破损的严禁使用。 3. 加强检查，监督未检查的严禁使用
9	机械拆卸	1. 大型机械拆卸措施不符合要求。 2. 榔头或打击物碎片飞出伤人	设备事故 起重伤害 物体打击	1. 正确选择吊点。 2. 千斤绳绑扎合理，受力前清除附加的受力条件。 3. 不得戴手套使用榔头。 4. 榔头与手柄连接可靠，手柄清洁、无油污 5. 作业人员站立位置正确

9. 环 保 措 施

9.1 相关规范

9.1.1 《建设项目环境保护管理条例》（1998 版）。

9.1.2 《防治海洋工程建设项目污染损害海洋环境管理条例》（2006 版）。

9.1.3 《国家电网公司电力建设安全健康与环境管理工作规定》国网（2003 版）。

9.1.4 《上海市环境保护条例》（2006 版）。

9.2 环保措施

9.2.1 成立以项目经理为第一责任人的施工现场环境保护领导小组，制定《环境保护实施计划》，严格执行国家和地方的各项环保法规，使环保指标分解落实到各单位和个人的经济责任制中。

9.2.2 在施工中对液压设备进行维护，出现设备漏油现象，及时处理，防止油料污染。

9.2.3 弃渣、废渣运至指定的弃渣场，渣场堆存按要求实施，设置必要的排渣设施及挡渣结构，防止暴雨冲刷污染环境。

9.2.4 将施工场地和作业限制在工程建设允许的范围内，合理布置、规范围挡，做到标牌清楚、齐全，各种标识醒目，施工场地整洁文明。

9.2.5 经常性检查柴油机械废气排放情况，对于超标排放废气的车辆及时维修或禁止使用。

9.2.6 为了保护地表环境，必须合理安排施工工艺，控制吊装机械及现场车辆的反复行走。

10. 效 益 分 析

风机码头组装主要成本是机械费和人工费。在施工的第一阶段，用常规方法组装了 3 台风机，其中第一台用了 17.5 个工作日，第二台和第三台均用了 6 个工作日，无法再提高效率。

在施工的第二阶段，采用本工法，优化了施工工艺，单台施工时间从 4.5 个工作日很快缩短到 2 个工作日。

如果应用常规施工方法，第二阶段工期将超过 9 个月。应用本工法后实际施工周期为 5 个月。直接节省了 4 个月的机械费和人工费。

第二阶段码头风机组装机械费及人工费为每月 420 万元，节约直接成本为：（9-5）×420=1680 万元。

间接效益：采用本工法，加快了施工进度，缩短了施工周期，提高了工程效率，降低了工程造价。海上风电机组提前投入商业运行，取得了巨大的经济效益；同时，风力发电作为绿色能源，对保护环境，减少碳排放，也取得了广泛的社会效益。

11. 应 用 实 例

在上海东海大桥 100MW 海上风电示范项目合作组装 SL3000-90 风电机工程中，得到了成功的应用。随着海上风电建设的飞速发展，本工法将广泛运用到其他海上风电场的风机安装工程中。

5500m³ 高炉顶燃式热风炉砌筑工法

GJYJGF125—2010

中国三冶集团有限公司　中国十七冶集团有限公司

张兴无　吴志敏　金海波　陶金福　夏宗金　刘松怀

1. 前　言

首钢京唐公司 1 号高炉容积为 5500m³，是目前我国最大的高炉，其配套的热风炉采用俄罗斯卡卢金公司设计的顶燃式热风炉，是目前世界上最先进的热风炉炉型之一。该热风炉系统包括：四座热风炉，炉高 50.1m，最大直径 13.52m，每座热风炉使用耐火材料 5018t；两座预热炉，炉高 31.31m，最大直径 8.72m，每座预热炉使用耐火材料 1843t；一座混风炉，炉高 20.60m，直径 4.82m，使用耐火材料 408t；热风管道、助燃空气管道、烟道等管道系统，使用耐火材料 3404t。热风炉系统总计耐火材料使用量约为 27570t。卡卢金顶燃式热风炉结构复杂，技术难度大，特异型砖号多，砌筑量大，多工种穿插作业，工期紧张，质量要求高，施工高度达 50m，喷涂质量决定着砌筑几何尺寸。

2008 年公司承担的国家重点施工新技术研发项目"超大型顶燃式热风炉砌筑施工新技术"，获财政部资助资金 100 万元人民币。2009 年完成的首钢京唐一期 1 号高炉顶燃式热风炉工程得到了俄方专家、业主、监理公司的一致好评，质量优良，此工程在 2010 年 5 月荣获冶金行业优质工程，2010 年获国家优质奖项"鲁班奖"。通过对 5500m³ 高炉顶燃式热风炉砌筑施工技术进行总结后形成此工法。2010 年 9 月该工法获得辽宁省工程建设工法证书，2010 年 11 月《5500m³ 高炉顶燃式热风炉砌筑施工》获得中冶集团优秀论文三等奖，2011 年 2 月荣获国家实用新型专利一项。2011 年 1 月 18 日工法中关键技术成果通过辽宁省住房和城乡建设厅组织的科技成果鉴定，鉴定结论是工法中关键技术先进，经济效益明显，具有较好的推广应用价值，该技术达到了国内领先水平。

2. 工 法 特 点

2.1 炉内炉外材料垂直运输均采用机械化，保证每班所需材料，从而保证了施工进度。

2.2 采用整包整箱进料技术，在炉内开箱，加快了施工进度、减少耐火材料的破损。

2.3 炉内采用双层作业方式，之间搭设金属保护棚，施工进度得到了保证。

3. 适 用 范 围

本工法适用于大型顶燃式热风炉的施工，机械化程度高、施工安全性能好、施工成本相对较低、不受施工场地限制，其他类型热风炉如：外燃式热风炉、内燃式热风炉等均可参照本工法执行。

4. 工 艺 原 理

4.1 蓄热室内采用双层作业，球顶与蓄热室、燃烧室之间在 39m 处搭设载荷 40t 的钢制保护棚。

4.2 炉外材料水平运输采用叉车，垂直运输，在热风炉框架平台外侧地面设置钢制平台，平台上设置轨道，其上可行轻轨车，并安装轨道交叉转盘，并通过上料轨道与每座卷扬塔相通，每座热风炉设一座 50m 升降机，从升降机至热风炉之间设 7.50m×7.50m 可升降的钢制吊盘，并在其上设置轨道及转盘与每个炉进料口相通，砌筑材料由升降机运至吊盘再推进炉内。球顶人孔处直径1800mm的圆孔作为炉顶材料运输通道（图4.2-1、图4.2-2）。

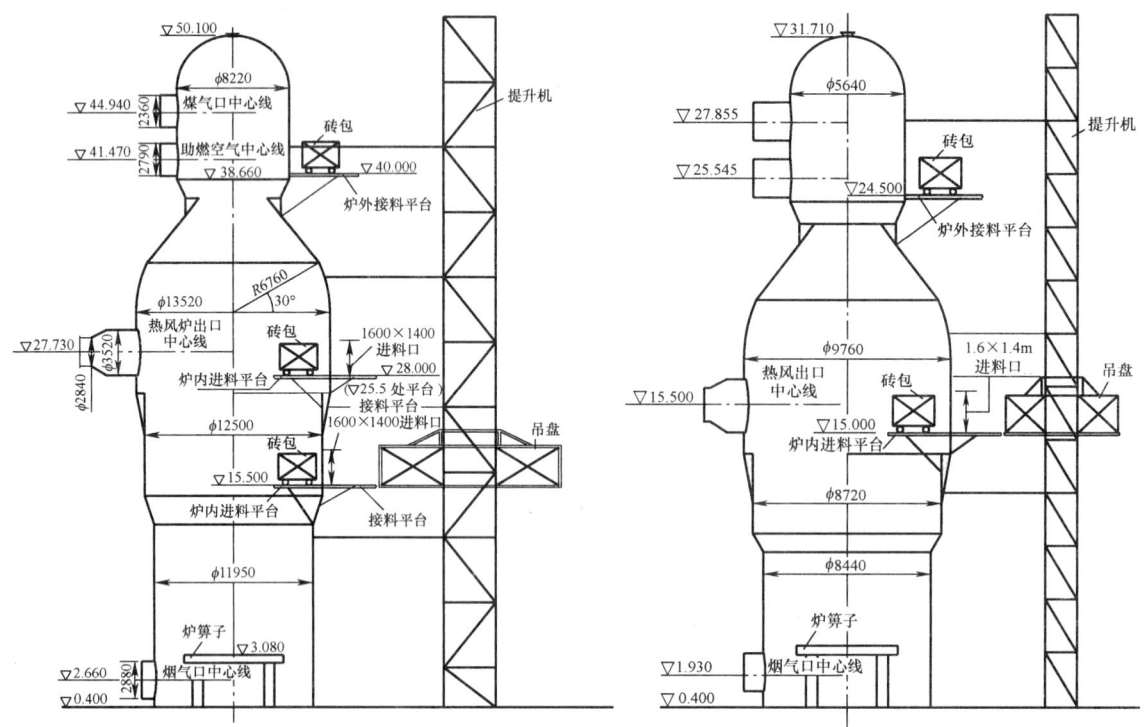

图4.2-1　首钢5500m³高炉热风炉BSK上料系统示意图　　图4.2-2　首钢5500m³高炉预热炉BSC上料系统示意图

4.3 在每座热风炉内39m保护棚下设320mm的工字钢，并设5t电葫芦吊（图4.3-1、图4.3-2）。在每座热风炉标高为15m、28m、40m处各开2m×2m的进料孔，并在热风炉对应进料孔的位置设进料钢平台（图4.3-3），焊接在热风炉的炉皮上，钢平台上焊接轻轨，与炉外7.50m×7.50m可升降钢制吊盘相连接，炉外砖运输到炉内后用电葫芦吊吊至砌筑位置。

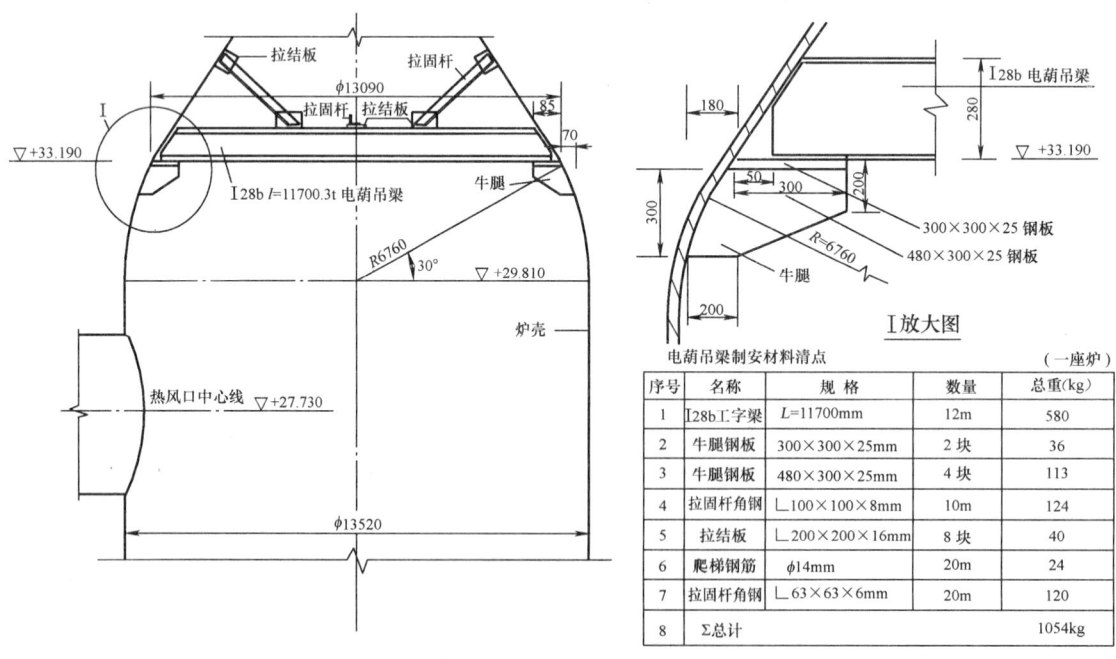

电葫芦吊梁制安材料清点　　　　　　　　　　　　（一座炉）

序号	名　称	规　格	数量	总重(kg)
1	I28b工字梁	L=11700mm	12m	580
2	牛腿钢板	300×300×25mm	2块	36
3	牛腿钢板	480×300×25mm	4块	113
4	拉固杆角钢	∟100×100×8mm	10m	124
5	拉结板	∟200×200×16mm	8块	40
6	爬梯钢筋	φ14mm	20m	24
7	拉固杆角钢	∟63×63×6mm	20m	120
8	Σ总计			1054kg

图4.3-1　首钢5500m³热风炉BSK内电葫芦吊梁制作安装图

4.4 球顶耐火材料由顶部50m平台供料，在炉内保护棚上搭设脚手架，在球顶下部铺设木跳板，中心控制轮杆，砌筑球顶及联络管。

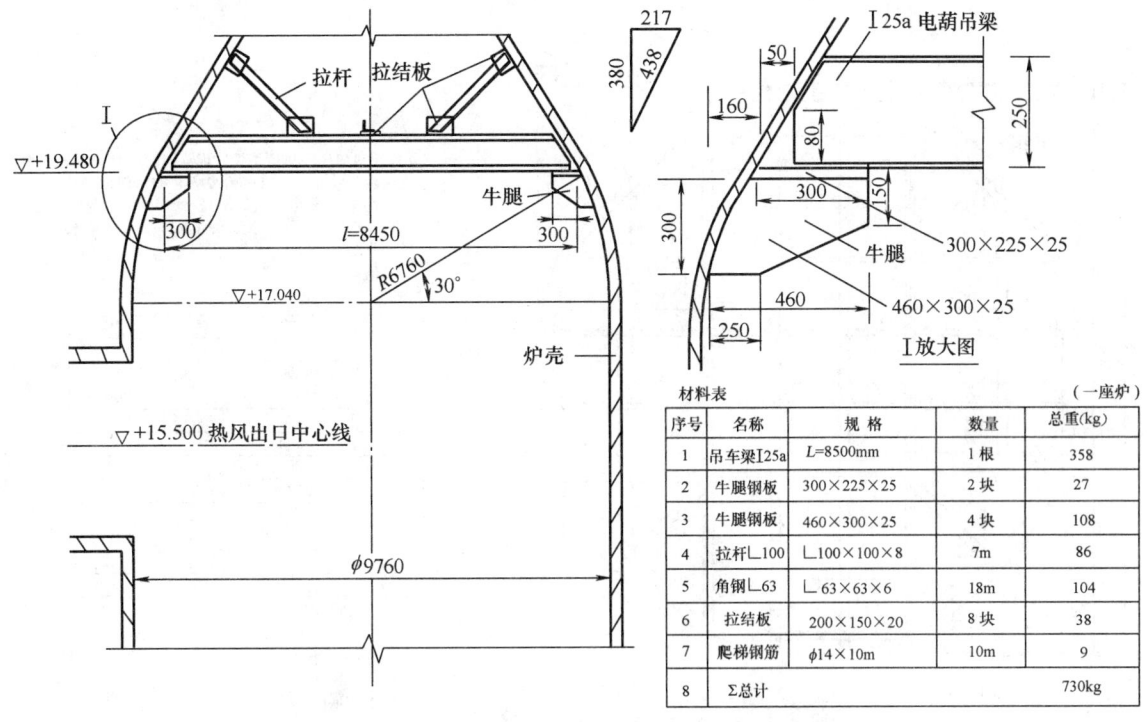

序号	名称	规格	数量	总重(kg)
1	吊车梁I25a	L=8500mm	1根	358
2	牛腿钢板	300×225×25	2块	27
3	牛腿钢板	460×300×25	4块	108
4	拉杆L100	L100×100×8	7m	86
5	角钢L63	L63×63×6	18m	104
6	拉结板	200×150×20	8块	38
7	爬梯钢筋	φ14×10m	10m	9
8	Σ总计			730kg

材料表 （一座炉）

图 4.3-2　首钢 5500m³ 预热炉 BSC 内电葫芦吊梁制作安装图

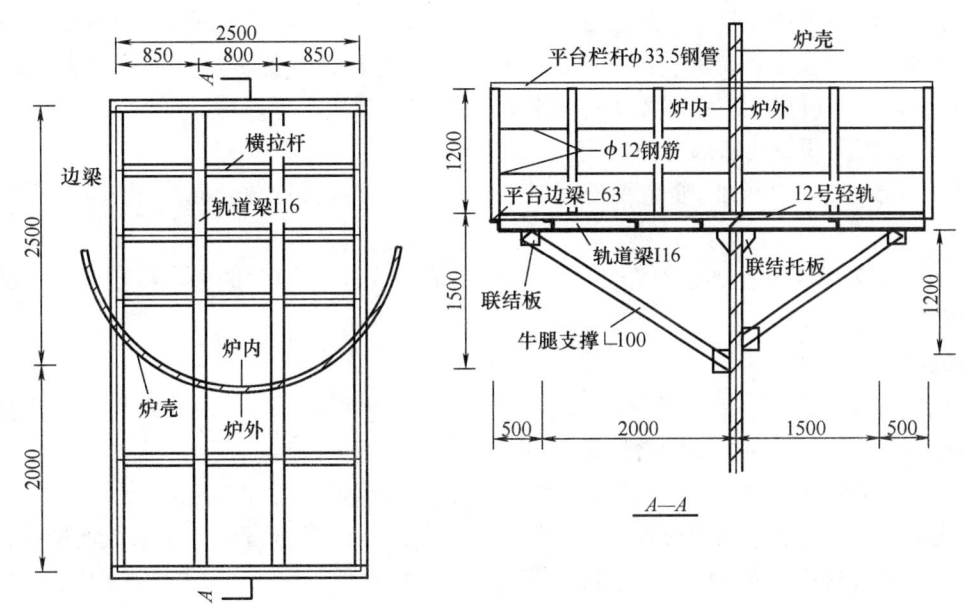

图 4.3-3　热风炉内地爬车进料钢平台制安简图

4.5 现场搭设 230m² 搅拌站，内设 4×0.20m³ 搅拌机。

4.6 喷涂施工：蓄热室直段内设吊盘（图 4.6），球顶搭设脚手架。

5. 施工工艺流程及操作要点

5.1 施工工艺流程

施工准备→对上道工序复检→喷涂料施工→喷涂料表面加工→测厚→回弹料清除→检查确认→耐火砖砌筑。

5.2 施工前的准备工作

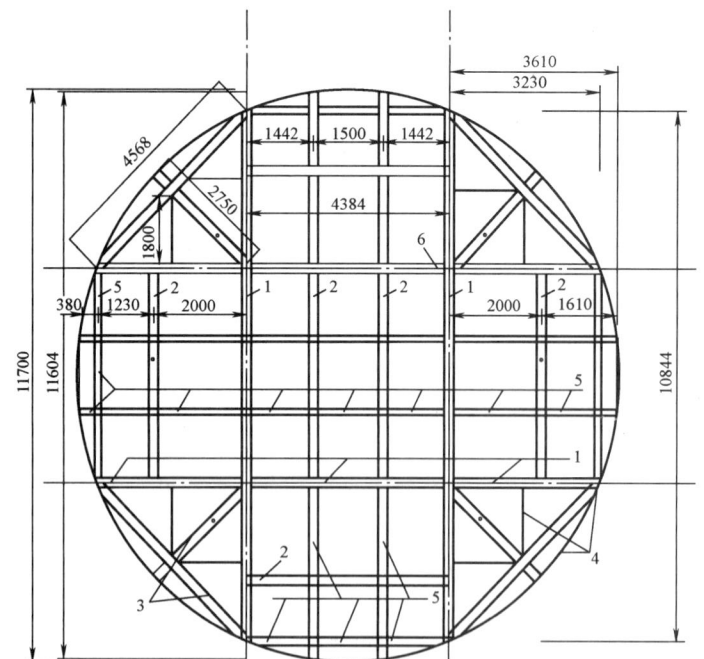

说明
1.本吊盘魏BSK热风炉炉内焊锚固钉、喷涂料施工作业平台,喷涂施工结束后将吊盘4358以外部分割掉,用牛腿固定在炉顶缩口段处作为炉顶封闭平台。
2.平台主、次梁及辅板梁角钢应焊在同一水平面上。
外测牛腿角钢除外(∟70×70×7)
材料用量表一座炉

序号	名 称	数量	重量kg
1	I28a工字钢	43.5m	1889
2	I25a工字钢	26.5m	1116
3	I18工字钢	29m	700
4	∟70×70×7角钢	63m	473
5	∟100×100×8角钢	70m	860
6	δ=12mm钢板	1.5m²	143
7	δ=25mm钢板	0.5m²	101
8	δ=6mm钢板	113m²	5331
9	合 计	含铺板	10613
		未含板	5282

图 4.6 首钢 5500m³ 高炉热风炉内吊盘制作示意图

5.2.1 耐火砖定货、发运和现场验收管理。

耐火砖定货、发运和现场验收进库全过程的管理应由熟知技术和使用要求的部门管理,使厂家能按砌筑顺序安排砖的生产、发运;砖的包装采用集装箱并罩有塑料,具备防雨防潮的功能。砖的发、运、卸各环节统一管理,处于可控状态;现场由专人验收并按施工顺序入库成垛。

5.2.2 砖库、灰库面积及构造形式的选定。

5.2.3 硅砖、轻质砖、耐火纤维、喷涂料进库保管,黏土砖可露天堆放,砖库、灰库面积按 1.40t∕m² 取定。

5.3 砖库、灰库采用轻型屋架、跨距 12m,高度不低于 3.6m,地坪选用混凝土地坪,库内满足 3t 叉车进行装(卸)砖包的操作。

5.4 预砌筑范围及要求

5.4.1 检查燃烧室、蓄热室墙砖的厚度、扭曲及各种砖号搭配情况,检查蓄热室、燃烧室墙的内径,确定合门砖加工尺寸,不同材质耐火砖正式砌筑前干排演缝 2~3 层。

5.4.2 蓄热室、燃烧室、球顶

检查砖的尺寸偏差,并确定相应对策,计算每环配砖与设计配砖的量差,并采取增减砖号的措施予以矫正。炉顶与联络管交接部位的砌体及组合砖砌体,砖缝的严密性,在木制拱胎上干砌球顶及联络管,卷口砖整体并逐块编号画图。

5.4.3 格子砖

抽查格子砖尺寸偏差,确定使用方案,确定不同尺寸偏差,格子砖搭配使用及宽度方向加工的措施,保持格孔通道的大小均匀,格子砖组成格孔与炉篦子的格孔尺寸是否相符,并按高度选分配层。按批随机抽查 20~30 块格子砖,七孔格子砖按规定 A、B、C 三种排列分别在炉算子上预砌 3 层。

5.4.4 各孔洞组合砖

检查砖型号是否符合设计要求,砖缝厚度、孔洞内径,花瓣砖与周围砖层是否合层,并逐块编号,达到砌筑时对号入座,分组装箱,并绘制预组装图。

5.4.5 在砌筑中验证设计的合理性,泥浆的操作性能。

5.5 施工要点

5.5.1 砌筑前的喷涂料施工控制

1. 喷涂施工前的准备工作包括:

1) 喷涂机主机各部件(包括供料钵、分配盘、振动剪、密封环和摩擦片等)拆卸检查。如发现磨损超过允许范围,及时研磨或更换。摩擦片和分配盘磨损部分超过1mm以上时,要研磨处理(分配盘整个研磨到原来厚度的1/2时,还能使用);恢复安装后,加油润滑。喷涂机具(包括喷涂机、搅拌机、空压机、皮带机、柱塞水泵、料管、水管和联络通信器材等)安装到位,并进行试运转,同时检查各部连接和管路接头是否拧紧,通风检查密封状况。

2) 喷涂料供货前,先进行试喷,检验其施工性能、回弹率及衬壁裂纹情况等内容。必要时,生产厂家调整配方,满足各项指标要求后,才可正式生产。

3) 喷涂前应检查金属支承件的位置、尺寸及焊接质量,并清理干净(浮锈、残灰等)。支承架上有钢丝网时,网与网之间至少搭一个格。但重叠不得超过三层。绑扣朝向非工作面。

4) 喷涂料宜采用半干法喷涂。喷涂料加入喷涂机之前,应适当加水润湿,搅拌均匀。喷涂机操作应遵循喷涂时先送风后送料、送水,停机时先停水、停料,后停风的原则。

5) 喷涂时,料和水应均匀连续喷射,喷涂面上不应出现干料和流淌。喷涂方向应垂直于受喷面,喷嘴离受喷面的距离宜为1~1.50m,喷嘴应不断地进行螺旋式移动,使粗细颗粒分布均匀。

6) 喷涂应分段连续进行,一次喷到设计厚度。附着在支承件上或管道底的回弹料、散射料应及时清除,不能回收作喷涂料使用。施工中断时宜将接槎处做成直槎,继续喷涂前,用水润滑。

7) 喷涂施工用的脚手架或吊盘,按有关安全操作规程搭设和使用。回落在脚手架或吊盘上的回弹料及时清除。

8) 高空喷涂作业,配备对讲机通信联络。

9) 喷涂层厚度及时检查,过厚部分削平,喷涂层表面不抹光。

10) 喷涂层的养护,按生产厂家提供的施工说明书规定进行。

2. 喷涂前在炉壳内表面,沿高度方向每隔2m的距离沿环向在同一平面内焊接定位杆,上联接∟30×4角钢,用炉内中心线按半径尺寸调整角钢并固定,见附图(热风炉喷涂示意图一、二、三)。

3. 喷涂时,先喷奇数带,用喷涂刮板将喷涂表面刮光,取下角钢,立即将同一高度上已喷涂的剩余部分(即偶数带)喷涂完毕,用刮板刮平。奇、偶带上下接槎处应错开。

4. 喷涂顺序为由上向下逐段施工。

5. 热风管道喷涂先喷下半圆,后喷上半圆。喷涂找圆方法采用以炉壳为导面。

5.5.2 耐火砖砌筑控制

1. 砌筑的前提条件

1) 热风炉炉壳及各孔口安装完毕,符合有关质量技术标准、规程要求,经建设单位和监理单位检查验收合格。

2) 砌筑所需耐火材料全部进入现场,并按品种规格堆放,特殊品种及组合砖有预砌图及说明书,为现场预砌和实际砌筑创造条件。不定形耐火材料确认材质、生产日期等,合格后分类堆放在有盖防潮仓库内,所有耐火材料都必须有合格证、理化性能指标并报验完毕。

3) 所有施工人员经过安全教育,技术交底及组织分工交底。

4) 所有施工机械均通过试运转及荷载试验。

5) 炉壳外结构上料平台全部安装完毕检查验收合格。

2. 耐火材料的运输

1) 全部耐火材料在地面水平运输由汽车、叉车、吊车配合,运至炉前临时材料堆放场地备用。

2) 热风炉垂直运输利用卷扬塔,将耐火材料运至施工所需各层平台,再由地爬车将材料由进料口运进炉内。炉内由电动葫芦吊运至施工作业面。

3. 耐火砖砌筑

1) 砌砖前先对炉壳顶部人孔中心与炉中心进行检查校核,检查炉壳中心偏差是否符合设计及规范要求，并将结果提供给业主及监理。检查炉壳垂直度、各孔口标高及椭圆度。

2）浇筑炉底耐热混凝土，浇筑前必须取得炉柱安装验收合格的工序交接单。用水准仪将混凝土上表面控制标高用红铅油标记于炉柱上，经监理检查同意后开始浇筑耐热混凝土。混凝土振捣插点间距 300mm 左右，不丢棒、快插慢拔以免出现空洞，振捣后混凝土上表面要求平整度 5mm/2m，并用铁抹子抹平压光。

3）耐热混凝土终凝后，待强度达 70% 时把炉算以下墙体位置线划于混凝土地面上，先把炉中心线锤挂好，按线锤中心砌靠炉壳圆墙及孔口旋，最后砌炉底。

4）炉算下部砌筑时要注意墙顶平整度及椭圆度，经常用水平尺和靠尺检查墙体表面平整，墙体砌筑时要靠紧，墙体不产生人为缝隙，确保墙体整体性，半径和椭圆保证炉墙与炉算间隙满足设计要求。

5）炉算上部砌砖时要注意砖的材质变化，泥浆品种的使用不许混淆，经常检查炉墙层高、墙宽，控制墙的垂直度，严格掌握各层段膨胀缝个数及相关细部做法。

6）砌筑拱顶扩大带托圈以上墙时，由于墙厚增加，砌筑材料更加混乱，注意耐火砖品种按设计搭配砌筑及灰浆品种的使用，以及扩大带曲线部位各段内的填充材料的正确使用，避免出现返工、浪费材料、增加工程成本。

7）严格控制各孔口组合砖下表面墙顶标高，保证各孔口组合砖砌筑质量。

8）球顶砌筑

（1）预热室砌筑前要对托圈上表面平整度进行测量确保标高，必要时要进行切磨砖。但要求加工砖尺寸宽度大于 1/2，厚度大于 2/3。

（2）砌筑球顶时，按拱顶砌砖图随砌随检查所砌筑层半径，用样板随砌随检查墙内表面弧度，用砖卡子固定所砌环砖，砌砖环未合门之前严禁取下砖卡子。

（3）砌筑预燃室空、煤气喷口砖时要干排演砖，做到位置准确，砖号准确，材质准确不能混淆，确保几何尺寸准确无误。

（4）上下层空、煤气环道之间按图铺设不锈钢密封板，防止互相串漏。具体方法是将不锈钢板按图加工成图纸要求的形状，满铺在砖层上表面，不锈钢板每次铺两层。上下层重叠错缝铺放对接缝处间隙 2~3mm，钢板上不准有泥浆等杂物。

（5）缩口段拱顶砌筑时要在炉顶挂钢线垂随时检查每层砖半径，确保拱顶内壁平整，保证中心不偏移，使喉部园墙与预燃室墙同心。

（6）炉体大墙砌筑与格子砖交替进行，即墙体砌筑经检查验收合格后，开始码砌格子砖；格子砖砌筑当班检查验收合格后，用橡胶板覆盖保护好，下个班再砌大墙。

（7）热风炉格子砖砌筑按材质共分 5 段；第一段 4 层 HRN-42 砖；第二段 72 层 RN-42，第三段 10 层 HRN-42 砖；第四段 6 层 HD 砖；第五段 87 层 YHRS 砖，每层砖厚度均 120mm。码格子砖时采用十字线井字线控制每层砖不移位，由中心向外码砌。格子砖与炉墙相邻的边砖因工期要求紧迫及现场砖加工条件所限，所以采取手工打砖的方法进行加工，但要保证加工砖渣不得掉入格子砖缝隙内。并保证格子砖与炉墙间的膨胀缝符合设计要求。

（8）预热炉格子砖共分四段，第一段 4 层 HRN-42 砖；第二段 22 层 RN-42 砖；第三段 12 层 HRN-42 砖；第四段 52 层 YHRS 砖，砌筑方法与热风炉相同。混风炉内没有格子砖。

（9）直墙部分砌筑顺序：由外向内进行。即先砌筑外层保温隔热层，后砌筑内层工作层。

（10）缩口段及拱顶砌筑顺序：由内向外进行。即先砌筑内层工作层，后砌筑外层保温隔热层。

9）组合砖砌筑

（1）各孔口组合砖砌筑，下半圆支设中心轮杆，控制半径依次砌筑外环砖、内环砖和组合砖。上半圆支设拱胎，依次砌筑组合砖，内环砖和外环砖。

（2）组合砖砌筑必须遵守一个原则，坚持五个严格一个严禁的操作原则，即遵守按组装图"对号入座"依次砌筑的原则；严格保证组合砖底部标高和水平度，严格控制十字中心线，严格控制砌体椭圆度，严格控制砌筑砖缝，严格做好质量检查和交接班工作，严禁在砌筑过程中随意加工任何一块砖。

10）格子砖砌筑

第一层砖由平底格子砖组成，安放在炉算子的顶面上，应确保柱孔方向正确。

格子砖按公差被分类成 3 组（1mm 高度范围）。不同组标有不同的颜色。同一层上的所有格子砖应选择相同组别的砖。如果格子砖没有达到同一水平，可以选择少量的其他颜色的砖来使该层达到水平。在同一层不允许使用高于两种颜色的格子砖。

格子砖的前八层成柱状，不要交错，格子砖和大墙留有 25mm 缝隙。第九层和第八层交错，并用木塞固定，格子砖每四层要用木塞固定一次，每三层透孔一次（用直径为 28mm 的金属钎），格子砖和大墙间留有 10mm 的空隙。格子砖需通过机械装置进行加工。

当砌筑蓄热室大墙和隔墙时，格子砖的上表面用橡胶板覆盖严。当在炉内加工格子砖时，要在专用的槽子内进行加工，加工下来的废物应立即装袋并清理出炉。

格子砖砌筑前，在炉墙上放好控制线，定好中心砖，然后试摆第一层格子砖，并清点有效孔。以后按三种角度分层砌筑。每一段砌筑时应定好控制点，在控制点处插入钢管保证格孔的垂直度。砌筑时按设计要求留置好格子砖与大墙间的膨胀缝。

6. 材料与设备

6.1 热风炉系统耐火材料表（表 6.1-1~表 6.1-3）

热风炉用耐火材料表（一座炉用量）　　　　表 6.1-1

序号	材料名称	牌号	总重（t）	密度（t/m³）	体积（m³）
1	黏土砖	RN-42	496.2	2.15	230.79
2	黏土格子砖	RN-42	1080.44	单重 8.2	131760 块
3	低蠕变黏土砖	HRN-42	186.37	2.15	86.68
4	低蠕变黏土格子砖	HRN-42	210.09	单重 8.2	25620 块
5	红柱石格子砖	HD-53	97.73	2.325	10980 块
6	硅砖	YHRS	584.57	1.9	307.67
7	硅质格子砖		1162.24	单重 7.3	159210 块
8	低蠕变莫来石砖	H21	15.78	2.7	5.85
9	轻质硅砖	GGR-1.2	212.26	1.2	176.88
10	轻质黏土砖	NG-1.0	2.77	1	2.77
11	轻质黏土砖	NG-0.8	171.48	0.8	214.35
12	硅酸铝纤维板	LYGX-364	23.83	0.26	91.65
13	硅酸铝陶瓷纤维毯	LYGX-212	15.1	0.1	
14	硅质泥浆	K	117	1.85	
15	高铝泥浆	HH	31	2.2	
16	黏土泥浆	XX	129	1.75	
17	高铝质耐火水泥	HM01P	1.5	2.7	
18	黏土质浇筑料	CN-130	11.6	1.7	6.8
19	高强红柱石浇筑料	HS	0.1	2.4	
20	水泥灌浆料	V1	20.9	1.9	11
21	黏土喷涂料	X	59	1.8	22.6

续表

序号	材 料 名 称	牌 号	总重 (t)	密度 (t/m³)	体积 (m³)
22	耐酸喷涂料	MS-1	189	1.8	72.4
23	矾土水泥	500-600 号	18.23	1.35	
24	高铝红柱石刚玉填料4级	3MK	18.9	1.4	
25	铁屑	粒度0~3	90	5	
26	矾土水泥	400 号	18.5	1.4	13.2
27	黏土碎块	0~15	37.8	2.15	17.6
28	黏土细粉	0~5	16.3	1.23	13.2
	总　　计		5017.69		

预热炉用耐火材料表 (一座炉用量)　　　　表 6.1-2

序号	材 料 名 称	牌 号	总重 (t)	密度 (t/m³)	体积 (m³)
1	黏土砖	RN-42	156.35	2.15	72.73
2	黏土格子砖	RN-42	175.04	单重 7.8	22440 块
3	低蠕变黏土砖	HRN-42	76.74	2.15	35.7
4	低蠕变黏土格子砖	HRN-42	127.3	单重 7.8	16320 块
5	高热震砖	HRK	133.8	2.35	56.94
6	硅砖	YHRS	224.16	1.9	117.98
7	硅质格子砖		365.98	单重 6.9	53040 块
8	低蠕变高铝砖	DRL-150	8.48	2.8	3.03
9	轻质硅砖	GGR-1.2	81.76	1.2	68.14
10	轻质黏土砖	NG-1.0	1.37	1	1.37
11	轻质黏土砖	NG-0.8	56.58	0.8	70.73
12	硅酸铝纤维板	LYGX-364	9.06	0.26	34.85
13	硅酸铝陶瓷纤维毯	LYGX-212	5.2	0.1	
14	硅质泥浆	K	74.7	1.85	
15	高铝泥浆	HH	14.4	2.2	
16	黏土泥浆	XX	43.4	1.75	
17	黏土质浇筑料	CN-130	8.3	1.7	4.88
18	高强红柱石浇筑料	HS	5.75	2.4	13.8
19	水泥灌浆料	V1	8.8	1.9	4.66
20	黏土喷涂料	X	125.8	1.8	48.2
21	普通水泥	400 号	7.3	1.4	5.21
22	矾土水泥	500-600 号	16.6	1.35	12.27
23	高铝红柱石刚玉填料4级	3MK	17.2	1.4	12.27
24	铁屑	粒度0~3	77	5	
25	黏土碎块	0~15	14.95	2.15	6.95
26	黏土细粉	0~5	6.4	1.23	5.21
27	红柱石刚玉板	MKRK-500	0.1	0.5	
	总　　计		1842.52		

混风炉用耐火材料表

表 6.1-3

序号	材料名称	牌号	总重 (t)	密度 (t/m³)	体积 (m³)
1	黏土砖	RN-42	1.25	2.15	7.56
2	高密度黏土砖	HRN-48	6124.64	2.15	53.04
3	低蠕变高铝砖	DRL-150	113.82	2.8	40.65
4	轻质黏土砖	NG-1.0	2.47	1	2.47
5	轻质黏土砖	NG-0.8	61.87	0.8	77.34
6	硅酸铝纤维板	LYGX-364	3.64	0.26	14
7	硅酸铝陶瓷纤维毯	LYGX-212	1.8	0.1	
8	红柱石刚玉板	MKRK-500	0.19	0.5	
9	高铝泥浆	HH	9.8	2.2	
10	黏土泥浆	XX	32	1.75	
11	黏土质浇筑料	CN-130	2.9	1.7	1.7
12	水泥灌浆料	V1	2.3	1.9	1
13	黏土喷涂料	X	28	1.8	10.7
14	矾土水泥	400 号	2	1.4	1.3
15	黏土碎块	0~15	4	2.15	1.7
16	黏土细粉	0~5	1.8	1.23	1.3
	总　计		407.48		

6.2 热风管道、助燃空气管道、烟道等管道系统，使用用耐火材料 3404t。

6.3 施工用机具设备 （表 6.3）

施工用机具设备明细表

表 6.3

序号	设备名称	规格型号	数量	单位	备　注
1	升降机	50m	2	套	
2	卷扬塔	40m	2	套	
3	电葫芦吊	3t	6	台	
4	轻型卷扬机	1t	3	台	
5	强制搅拌机	0.375m³	6	台	耐火浇筑料搅拌
6	泥浆搅拌机	0.2m³	4	台	耐火泥浆搅拌
7	叉车	3t	6	台	由砖库至炉前运料
8	汽车	2t	6	台	
9	汽车	8t	2	台	
10	水罐车	3m³	1	台	
11	手推车		20	台	
12	大水箱	2.5×2×1.5m	2	个	
13	大灰槽		10	个	
14	小灰槽		100	个	砌砖用
15	振动棒		3	套	浇筑料用
16	苫布	8×10	20	块	露天存放砖
17	彩条布		5000	m	露天存放砖
18	空压机	SRC-100SA	1	台	喷涂
19	小卷扬	4.5 马力	4	台	配 φ9.3mm 钢绳 160m

序号	设 备 名 称	规 格 型 号	数量	单位	备　注
20	旋片式喷涂机		2	台	重、轻质喷涂料喷涂
21	高压清洗机		3	台	喷涂
22	电锯		2	台	
23	电刨		1	台	
24	压刨		1	台	
25	角向磨光机		20	台	砖加工
26	大线锤	5kg	4	个	
27	小线锤	0.75kg	32	个	
28	上料平台	现场制作	6	套	6座炉
29	炉内吊盘	现场制作	6	套	喷涂用
30	万能切砖机		6	台	砖加工
31	万能切锯片	$\phi500mm$	200	片	砖加工
32	角磨片		400	片	砖加工
33	$\phi48mm$钢管	$L=6m$	600	根	外脚手、上料平台
34	$\phi48mm$钢管	$L=3m$	1000	根	外脚手、上料平台
35	$\phi48mm$钢管	$L=2m$	1200	根	外脚手、上料平台
36	木跳板		300	m²	外脚手、上料平台
37	对接扣件		300	个	外脚手、上料平台
38	旋转扣件		1800	个	外脚手、上料平台
39	直角扣件		4000	个	外脚手、上料平台
40	平台车		12	台	炉外上料
41	平台车转盘		12	部	炉外上料

7. 质 量 控 制

7.1　质量目标

分部分项工程合格率100%；单位工程合格率100%；一般质量事故为零；合同履约率100%；重大顾客投诉为零；顾客满意率为95%。

7.2　质量保证措施

7.2.1　施工标准

《工业炉砌筑工程施工及验收规范》GB 50211；

《工业炉砌筑工程施工质量验收规范》GB 50309；

设计施工图纸及变更单。

7.2.2　质量保证

1. 按照ISO9000质量体系运行，认真贯彻执行相关程序文件。

2. 甲、乙双方对材料技术指标把关，供货方提供有国家认可的检测单位出具的检验报告，货到现场后对其外观尺寸进行抽查，对散状料作配制实验，施工中按规范规定留置试块检验。

7.2.3　控制现场原材料的验收，并记录和标识，对制品单重进行测量，对袋装散状料重量抽检。

7.2.4　热风炉喷涂质量保证

1. 喷涂前要对上道工序进行检查验收，确定炉体中心线后方能开始喷涂。

2. 喷涂前对机械进行调试试喷合格，然后开始正式喷涂。

3. 严格按喷涂工艺进行施工，对喷涂后表面及进行刮平修补直至达到设计要求。

4. 喷涂从上而下分带进行，每带 1.8m，并要保证喷涂与炉壳保持垂直。

5. 喷涂的反弹料不得再次使用，并要及时清除炉外。

7.2.5 炉体砌筑质量保证

1. 严格按照设计要求的每环砖搭配数量以炉壳为导面进行砌筑。

2. 每环砖砌筑时不得随意加工砖合门，合门不得超过 4 处，且上下层合门处要相互错开。

3. 保温层砌筑要确保灰浆饱满，材质准确。

4. 热风出口组合砖环宽 1m 范围内要用耐火砖顶砌炉壳或喷涂料，并留设好膨胀缝。

5. 组合砖砌筑安排专人砌筑，砌筑前进行预砌，干排验缝合格后方进行砌筑。

6. 扩大带托圈以下砌筑时要对托圈进行测量验收，第一层砌筑时测量配合找平。

7. 锥台段砌筑时要经常校对半径角度，并及时用砖卡子固定防止下沉滑落。

8. 球顶砌筑时要对中心线重新进行确定，并悬挂中心线采用放射线对球顶进行质量检查。

9. 球顶合门时要对合门砖外环进行加工处理，达到设计尺寸后方能合门严禁加工合门砖。

7.2.6 格子砖砌筑质量保证

1. 格子砖砌筑前要对炉箅子检查验收，并砌筑一层格子砖检查合格后方能进行砌筑。

2. 第一层格子砖砌筑后要进行隐蔽验收，确定孔数。

3. 格子砖每班砌筑后用 5m 厚胶皮进行覆盖防止废物落入孔内影响质量。

4. 格子砖下层要相互咬砌并采用钢管夹具固定格子砖砖孔。

5. 格子砖与围墙之间的膨胀缝仔细加工砖，并用木楔子楔紧。

7.2.7 工程施工过程控制

1. 施工过程中严格执行"三检制"及时对分部、分项工程进行报审、报验评定。

2. 隐蔽工程和中间验收，当班施工当班检查，发现问题立即处理，直至合格验收签字。

3. 根据筑炉工程特点，业主应派质量检查人员在施工现场进行质量监督和签证，当班检查当班合格，签字确认。

4. 做好技术交底工作，做到每分项一交底，使施工人员明确工作内容，技术要点，质量要求。

5. 每项工程施工前要办好工序交接，认真做好对上道工序的复测。

6. 做好单项工程隐蔽，隐蔽前请监理及业主检查人员检查、认可、签字后再行隐蔽（表 7.2.7）。

隐蔽项目表   表 7.2.7

序号	分项工程名称	隐蔽部位	隐蔽内容
1	热风炉及预热炉炉底	炉底耐热混凝土	标高、表面平整度
2	蓄热室	各段格子砖	表面平整度及膨胀缝留设

7.3 热风炉系统质量控制标准（表 7.3）

热风炉系统质量控制标准表   表 7.3

序号	部位名称			允许值（mm）	检查工具
一	热风炉本体	炉墙	泥浆缝	≤2	塞尺
			表面平整度误差	≤5	2m 靠尺
			垂直度	≤3	水平尺
		格子砖	表面平整误差	≤5	2m 靠尺
			上下层错台	≤3	水平尺
		拱顶	泥浆缝	≤1.50	塞尺
			半径误差	±6	轮杆，钢卷尺
		预燃室	泥浆缝	≤2	塞尺
			表面平整误差	≤5	2m 靠尺
			垂直度	≤3	水平尺

续表

序号	部 位 名 称		允许值 (mm)	检查工具
二	管道砌筑	泥浆缝	≤3	塞尺
		半径误差	0~10	钢卷尺
三	喷涂施工	厚度	±5	测厚针
		半径	0~10	钢卷尺

7.4 成品保护

热风炉炉箅以下施工完成后，将下部所有孔洞做临时封闭，防止闲杂人等进入。

8. 安 全 措 施

8.1 安全方针及目标

方针："安全第一，预防为主"企业职工工亡事故为零；企业职工工亡事故为零；千人负伤率≤3‰；重大火灾事故为零；施工现场标准化优良率>80%。

8.2 安全保证措施

8.2.1 必须取得"开工许可证"、"施工消防各类许可证"和"安全施工许可证"后方可施工。

8.2.2 各类人员必须取得安全生产资格证方可上岗。

8.2.3 特种作业人员必须持有"特种作业操作证"方可上岗。

8.2.4 进入施工现场，必须戴安全帽，禁止穿拖鞋或赤脚。

8.2.5 没有防护设施的高空施工，必须系安全带。

8.2.6 上下交叉作业有危险的出入口要有防护棚或其他隔离设施。

8.2.7 安全帽、安全带、安全网要定期检查，不符合要求的，严禁使用。

8.2.8 施工现场的脚手架、防护设施、安全标志和警告牌，不得擅自拆动。需要拆动的，要经现场施工负责人同意。

8.2.9 施工现场设交通指示标志。交通频繁的交叉路口，设指挥，夜间设红灯示警。

8.2.10 机械操作，要束紧袖口，女工发辫要挽入帽内。

8.2.11 机械和动力机的机座必须稳固。

8.2.12 转动的危险部位要安设防护装置。

8.2.13 工作前必须检查机械、仪表、工具等，确认完好方准使用。

8.2.14 电气设备和线路必须绝缘良好，电线不得与金属物绑在一起，各种电动机具必须按规定接零接地，并设置单一开关；遇有临时停电或停工休息时，必须拉闸加锁。

8.2.15 施工机械和电气设备不得带病运转和超负荷作业。发现不正常情况停机检查，不得在运转中修理。

8.2.16 行灯电压不得超过 36V，在潮湿场所或炉壳内工作时，行灯电压不得超过 12V。

8.2.17 高空作业所用材料要堆放平稳，工具应随手放入工具袋（套）内。上下传递物件禁止抛掷。

8.2.18 遇有恶劣气候（如风力在六级以上）影响施工安全时，禁止进行露天高空、起重作业。

8.2.19 梯子不得缺档，不得垫高使用。使用时上端要扎牢，下端采取防滑措施。

8.2.20 高空作业与地面联系，应设通信装备，并由专人负责。

8.2.21 贯彻执行我公司《五八三四》安全工作制。

8.2.22 现场用电管理，严格按《建筑工程施工现场供电安全规范》GB 20194-93 执行。

8.2.23 现场用电必须编制临时用电施工组织设计，经审批后方可实施。

8.2.24 根据工作需要，加强夜间施工照明管理，确保施工区域施工部位的规定亮度。

8.2.25 严格遵守《安全协议》和有关安全规章制度，切实加强安全检查和安全组织体系的正常运行管理。

8.2.26 加强现场防火工作，合理布置灭火器材，易燃物要安全堆放，设专人负责。

8.2.27 编制施工组织设计及施工措施时，要分析、预测、制定安全保证措施，认真执行安全例会制度，交底制度，互保对子制度，安全至上，安全第一。

9. 环 保 措 施

9.1 环保目标
噪声排放<85dB；粉尘合格率为100%。

9.2 环境保护措施

9.2.1 运输用叉车尾气和噪声排放符合国家排放标准。

9.2.2 切砖机采用湿法切割，防止灰尘排入天空，产生的废尘泥用水桶回收统一收集和排放。

9.2.3 各种设备使用前进行试运行并进行噪声检测确保符合国家有关规定。

9.2.4 施工中产生的固体废物，统一按业主指定地点或环保部门规定进行排放。

9.2.5 搅拌站上料时要采用覆盖方式上料，防止扬尘进入大气.

9.2.6 水泥、喷涂料运输过程中要保持包装完好，有破损时要采取重新包装或覆盖方法，防止扬尘污染环境。

10. 效 益 分 析

10.1 经济效益
此工法采用整包整箱进料技术，与以往的炉外开包运砖方式相比，炉内开包，可使耐火砖的破损率从规定的4%降到1%~2%，很大程度减低了耐火砖的破损率。采用特制施工用升降机上料，上料速度由每分钟16m提高到32m，既快速又确保安全，缩短了工期，节省大量人工开支。炉内采用双层作业，施工进度得到了保证。

10.2 社会效益
社会效益方面则更为突出，可以树立企业良好的形象，特别是在大型顶燃式热风炉施工中，机械化程度高、施工安全性能好、施工成本相对降低并且最重要的是不受施工场地的限制，为早日生产提供了有力的时间保障。其他类型热风炉均可参照此工法执行，市场前景广阔。

10.3 技术效益
施工中运用支设中心控制轮杆等措施提高了球顶及各口组合砖的砌筑质量，防止了易发生的质量通病；在施工中为解决格子砖通孔率的难题，发明了热风炉用砌筑格子砖校正器提高了格子砖通孔率，在首钢京唐热风炉工程中应用后，1号热风炉格子砖通孔率：100%；2号热风炉格子砖通孔率：99.5%；3号热风炉格子砖通孔率：99.5%；4号热风炉格子砖通孔率：99.5%。

10.4 节能效益
升降机及其塔架、炉内保护棚、吊盘等定型化，可多次周转，节约施工费，为企业创造效益。

11. 应 用 实 例

11.1 2007年唐山国丰南区300万吨技改一期热风炉工程，采用本工法组织施工，工期质量满足设计要求，得到甲方的好评。

11.2 2009年唐山国丰南区300万t技改二期热风炉工程，采用本工法组织施工，工程质量优良，现运行状况良好。

11.3　2009年首钢京唐一期1号高炉项燃式热风炉工程，采用本工法组织施工，保证了工期和砌筑质量，工程竣工验收时，俄方专家、京唐公司代表、诚信监理工程师经过系统的检查测试，1号热风炉格子砖通孔率：100%；2号热风炉格子砖通孔率：99.5%；3号热风炉格子砖通孔率：99.5%；4号热风炉格子砖通孔率：99.5%。俄方专家、业主、监理公司对我们的施工质量相当满意。此工程于2009年5月21日顺利投产，2010年5月荣获冶金行业优质工程，同年获鲁班奖的殊荣。

高炉中间段炉壳更换施工工法

GJYJGF126—2010

攀钢集团冶金工程技术有限公司　中国十九冶集团有限公司

苏钢　涂修利　高宗来　洪定军　胡健

1. 前　言

　　在炼铁生产过程中，受生产工艺影响，高炉炉体的中间段部位（即高炉炉身部位，参见图1所示）首先出现冷却设备损坏，从而引起该区域内炉壳受高温作用而破坏，最终导致高炉生产的不安全而不得不进行高炉炉壳、冷却设备更换检修。对高炉冷却设备、炉壳的更换检修施工一般传统采取的工艺方法是从上至下对炉壳、冷却设备等进行拆除至破坏位置后，再重新安装新炉壳、冷却设备等。由于高炉冷却设备、炉壳破坏部分在炉体中间位置，采用传统检修工艺方法进行更换则需对未损坏炉壳、炉体钢砖、上部冷却设备、耐火材料等进行破坏拆除并重新加工安装，传统做法使工程成本较高，施工工期长。

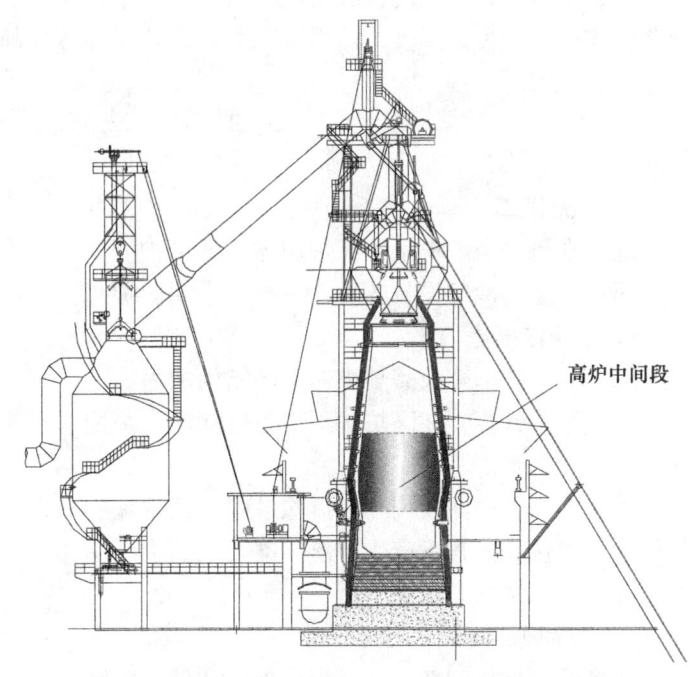

高炉中间段

图1　高炉炉壳中间段在高炉炉体的相对位置示意图

　　在高炉施工检修过程中通过理论核算和实践经验总结，创新出一套"高炉中间段炉壳更换施工工艺"，该工艺获攀枝花钢铁集团公司重点双革成果特等奖，获攀枝花市科技进步三等奖，"高炉中间段炉体更换施工方法"专利被国家专利局局受理，该技术经中国冶金建设协会鉴定，处于国内领先水平。通过对该工艺的进一步的总结优化形成了"高炉中间段炉壳更换施工"的施工工法。该工法对高炉中间部位易损结构的整体更换施工方面具高效、低耗、快速、优质和技术先进的特点，有明显的社会效益和经济效益。

2. 工 法 特 点

　　2.1　经力学验算，利用高炉本体框架的承载能力，将高炉上部炉体结构采取通过刚性加固达到"托梁换柱"之效果，保证高炉中间段炉壳拆除安全。

　　2.2　采取实时检测方法，在高炉中间段炉壳拆除后对上部未拆除的部分炉体进行监测，及时监控上部炉壳、设备的沉降和水平偏移。

　　2.3　将监测数据和信息反馈应用于施工，利用监控量测指导施工，动态修正施工方法，确保施工安全、快速。

　　2.4　将需完全拆除的高炉炉体上部结构转化为只对损坏的高炉中间段炉壳、设备进行拆除更换，大幅度降低高炉检修投资，降低工程成本，并缩短检修工期。

3. 适 用 范 围

适用于高炉炉体冷却设备出现局部或整圈带损坏而需进行相应部位炉壳及冷却设备整体更换。

4. 工 艺 原 理

高炉炉壳既是高炉炉体的围护结构,也是高炉生产设备的重要支承结构。本工法的主要原理是:提高并利用高炉本体框架自身的承载能力采用支撑或悬挂方法对高炉炉体上部结构——包括上部炉壳、冷却设备、炉喉钢砖、托砖板及耐火材料等进行刚性支撑,将由炉壳承载的结构、设备进行空中悬吊。在控制整体沉降、保证强度的前提下对高炉炉体损坏的冷却设备、中间段炉壳进行整体拆除更换。

5. 施工工艺流程及操作要点

5.1 施工工艺流程

施工准备→高炉框架及高炉炉体上部结构加固→高炉进出料大门的开设及炉内外吊装设施设置→高炉中间段炉壳、冷却设备等拆除→高炉中间段炉壳安装→高炉炉内冷却设备安装。

5.2 操作要点

5.2.1 高炉框架及高炉炉体上部结构加固

经设计院计算,在高炉炉顶设备拆除后,炉体框架能够完全承受高炉上部未拆除的炉壳及冷却设备的重量。

为确保高炉中间段炉壳在拆除过程中及拆除后,高炉炉体上部未拆部分炉壳、设备等整体稳定且对于整个高炉炉壳而言不产生超出标准要求的中心偏移以及偏心破坏,要求对高炉框架及上部炉壳进行加固。其加固方法和要求如下:

1. 对高炉炉体框架的加固

在高炉框架柱间新增加垂直构件,此部分加固主要是满足承受高炉上部施工设施的架设荷载、炉顶吊挂梁设置荷载等。

2. 对炉顶平台大梁加固

为保证高炉框架的整体稳定性,保证炉体框架能够设置满足承载要求的吊挂梁,对高炉炉顶框架结构进行加固。

3. 吊挂梁的安设:

为保证高炉炉体中间段拆除后上部炉壳的稳定,防止在施工过程中震动等意外施工荷载对上部高炉炉壳产生的不利影响,确保施工安全,在高炉炉体框架上设置炉壳吊挂梁将高炉炉体上部炉壳等进行悬吊于高炉框架上(参见图5.2.1-1、图5.2.1-2所示)。

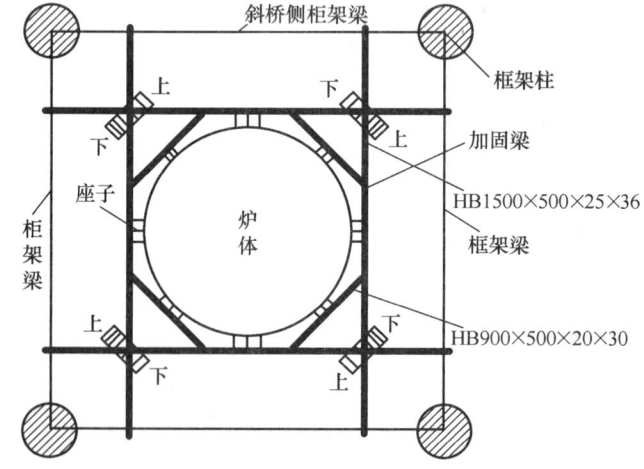

图5.2.1-1 高炉炉壳中间段吊挂梁安设示意图

为保证高炉上部剩余炉壳等结构在高炉炉体中间段炉壳整体拆除后的稳定性,并防止高炉炉壳未拆除部分产生不均匀下沉及中心偏移等不利因素,对上部炉壳进行刚性固定。其具体加固方法如下:

在中间段炉壳上部未拆除的高炉炉壳与高炉炉体框架柱之间沿高炉圆周方向设置水平拉杆及斜支撑杆(参见图5.2.1-3所示)。

4. 对煤气导出管的加固及要求

图 5.2.1-2　高炉炉壳中间段吊挂梁安设

图 5.2.1-3　高炉炉体防偏移斜支撑

由于煤气导出管上部接有煤气上升、下降管等，其向下部炉壳传递的荷载较大，为确保在高炉炉壳中间部位拆断后高炉炉壳的稳定与安全，对四个煤气导出管与炉壳相连部位进行加固加强。并且，在中间段炉壳拆除之前，对煤气导出管进行刚性支撑，使煤气导出管及以上的煤气上升、下降管等荷载全部由该支撑柱直接传递至高炉炉顶平台大梁进行承担，同时使煤气导出管分担部分款拆除炉壳、结构重量。具体加固方法如下：

将炉顶平台以上框架与四根煤气导出上升管道连为一体，保证高炉炉体平台以上结构件的稳定性，同时使煤气导出管成为炉体上部结构的支撑构件的辅助设施（参见图 5.2.1-4~图 5.2.1-6 所示）。

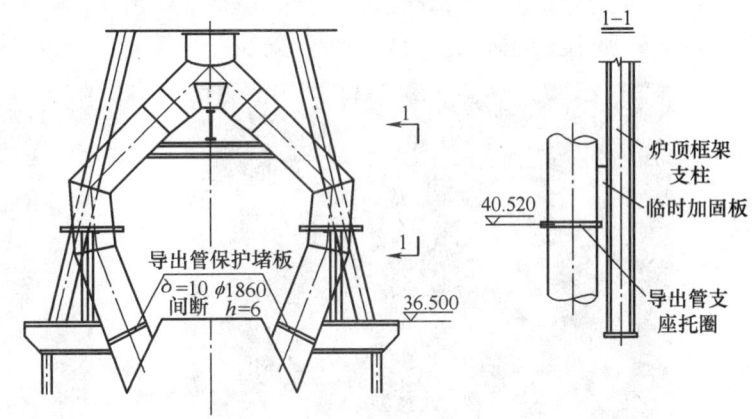

图 5.2.1-4　高炉煤气导出管加固示意图（一）

5.2.2　高炉进出料吊装设施的设置

1. 高炉进出料大门及运输小车的设置

为便于高炉本体炉壳拆安工作的顺利进行，保证高炉炉壳的吊装运输，在进行施工时，首先在高炉炉壳上开设进出料大门，在对应位置的高炉框架上设置一进出料过渡小车平台（参见图 5.2.2-1、图 5.2.2-2 所示）及小车，并对过渡平台下部进行支撑固定。

2. 高炉拆安用主滑车组设置

在炉体进出料大门开设的同时，设置两套高炉炉内设备拆安主滑车组，并在高炉框架平台梁下设置上料滑车组。

在对高炉炉壳进行拆除和安装期间，为确保施工安全，要求将所有在炉内使用的滑车组都固定于高炉炉顶框架上，

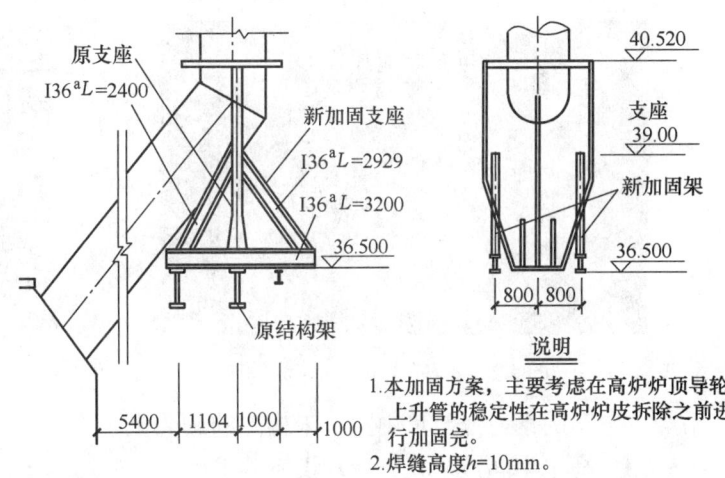

说明：

1. 本加固方案，主要考虑在高炉炉顶导轮上升管的稳定性在高炉炉皮拆除之前进行加固完。
2. 焊缝高度 h=10mm。

图 5.2.1-5　高炉煤气导出管加固示意图（二）

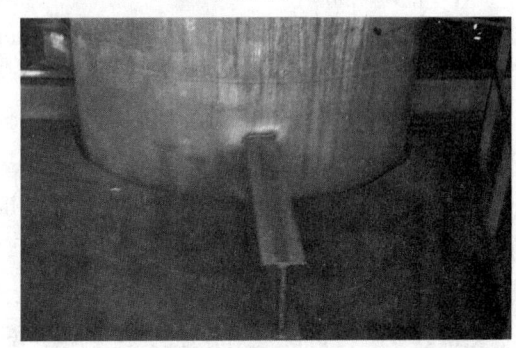

图 5.2.1-6　高炉煤气导出管加固

以减少高炉炉壳的承载。

3. 炉内环形吊设置

为便于高炉冷却设备、炉壳在拆安过程中内外运输,在高炉炉内设置一环形轨道,并安设2台电动葫芦吊(参见图5.2.2-3所示)。环形吊轨道伸出高炉框架之外便于接送高炉冷却设备、高炉炉壳及各种施工材料等。

4. 组安炉内吊盘

高炉进出料大门开设好后,在高炉炉内进行高炉炉内吊盘的组装(参见图5.2.2-4、图5.5.2-5所示)。

为保证施工安全,高炉吊盘保险绳、吊盘起升滑车组等均挂设于高炉炉顶框架上,确保高炉炉壳更换前不再增加高炉上部炉壳所承受的荷载。当高炉炉壳安装并焊接完后,可

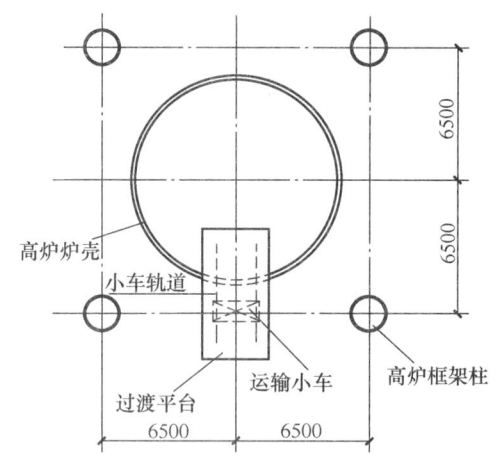

图5.2.2-1 高炉进出料过渡平台示意图

图5.2.2-2 高炉进出料过渡平台

图5.2.2-3 高炉炉内环形吊

图5.2.2-4 高炉炉内吊盘(一)

图5.2.2-5 高炉炉内吊盘(二)

将吊盘主滑车的钢绳返至炉内上部未拆除的炉壳上。

5.2.3 高炉中间段炉壳、冷却设备等拆除

1. 拆除顺序

在冷却设备拆除时,要求从上向下通过起降吊盘进行拆除。

为确保施工的安全,减少炉体结构受到的冲击荷载,在拆除冷却设备的过程中,先只对冷却设备进行拆除,当冷却设备全部拆除完后再进行高炉炉壳的拆除工作。

2. 对炉内冷却设备的拆除(参见图5.2.3所示)

在冷却设备拆除时,应根据电动葫芦的起重能力和外运方便进行。

图5.2.3 高炉炉内冷却设备的拆除

3. 对高炉炉壳的拆除

高炉炉内冷却设备拆除完及高炉炉壳加固设施已安焊完并经检查确认后，对高炉炉壳实施拆除。

在炉壳拆除期间，根据更换区域位置，由测量返出准确的高炉炉壳的上下切割线。

对高炉炉壳按切割起止点标高上、下各预留出约30mm的切割余量，拆除完中间段高炉炉壳后，再对高炉炉壳按设计标高进行修割和打磨，并测量该水平面的标高、椭圆度、中心偏差值等，作为新炉壳安装的重要参数。

5.2.4 高炉中间段炉壳安装

1. 高炉炉体安装中心的确定：

在确定高炉炉体安装中心时由热风围管的实际安装中心确定，并比较炉顶钢圈中心。

2. 高炉炉壳的安装：

由于只是对高炉中间段进行更换，为便于吊装，高炉炉壳采取散装方式进行安装（参见图5.2.4-1所示）。

对高炉炉壳的安装和焊接（参见图5.2.4-2所示），要求按以下步骤进行：

图 5.2.4-1　高炉炉壳安装

图 5.2.4-2　炉壳焊接

1）第一圈带炉壳及卡具安装：

安装第一圈带炉壳并将炉壳进行临时固定。

在高炉新炉壳下侧与高炉旧炉壳之间连接处安设连接、固定卡具。

第一圈带炉壳安装到位后，测量并调整该圈带炉壳的椭圆度、半径偏差值、炉壳上顶面水平偏差及炉壳间间隙值，达到验收标准后安装下一圈带炉壳。

2）安装并调整高炉炉壳第二圈带炉壳。

3）焊接高炉第一带炉壳竖缝、焊接第一圈带炉壳与旧炉壳间环缝。

4）安装并调整第三圈带炉壳。

5）焊接高炉第二圈带炉壳竖缝、焊接第一圈带炉壳与第二圈带炉壳间环缝。

6）按上述顺序依次安装、焊接炉壳至完成。

7）拆除高炉上各类卡具并打磨平整。

5.2.5 高炉炉内冷却设备安装

1. 冷却设备在安装前的检查：

冷却设备在安装前要进行外观检查，主要检查外形尺寸是否符合设计图纸的要求，是否有断裂，进出水管是否有撞损等；

在确认冷却设备外形符合图纸要求后，进行安装前的水压试验。

在进行水压试验前，用高压水将管内杂物等冲洗干净。

确认合格后，将进出水管头带上管帽以待安装。

按设计图对已经检查合格的冷却设备进行编号，制作样模，并进行标识（带号、安装顺序号、中心线、螺栓孔、进出水管孔等)。

2. 冷却设备的安装:

用经纬仪进行冷却设备安装位置放线、开孔。

冷却设备采取自下而上的安装顺序进行安装。

3. 冷却设备的水压试验:

冷却设备安装完毕后要求再次进行水压试验,并做好相应记录。

6. 材料与设备

本工法无需特别说明的材料,采用的机具设备见表6。

机 具 设 备 表 表6

序号	设备名称	设备型号	单位	数量	用　　途
1	电动葫芦	5t	台	2	冷却设备及炉壳拆除、安装
2	手拉葫芦	5t	台	3	炉壳、冷却设备安装找正
3	卷扬机	HP22.5	台	2	炉壳及加固件在高炉炉体运输
4	电焊机	SS630	台	10	加固件及炉壳焊接
5	磨光机		台	5	炉壳打磨
6	水准仪		台	1	炉壳拆除、安装标高测量
7	炉内吊盘		件	1	炉壳、冷却设备拆除安装操作平台
8	汽车吊	16t	台班	20	材料及设备等倒运
9	汽车平板		台班	20	材料及设备等倒运

7. 质 量 控 制

7.1　工程质量控制标准

7.1.1　高炉炉壳中间段更换施工质量标准执行《钢结构工程施工质量验收规范》、《冶金机械设备安装工程质量检验评定标准——炼铁设备》。

7.1.2　对高炉炉壳安装的质量要求。

1. 每一圈带炉壳上口水平偏差不得大于4mm。

2. 每一圈带炉壳安装到位后,其上口椭圆度不得大于 (2/1000)D。

3. 第一圈带炉壳安装时,该炉壳与旧炉壳间的错口值不得大于7mm;各圈带炉壳间板边错口值不得大于3mm。

4. 在安装高炉炉壳时,每一带炉壳中心与炉体设备的安装中心的偏差不得大于15mm。

5. 对高炉折点的标高偏差要求:高不大于10mm,低不小于-20mm。

6. 各圈带炉壳安装时,坡口端部间隙误差为-1~+3mm。

7. 炉壳焊接质量检查。

外观质量检查:采用肉眼或5倍放大镜和焊缝检查尺进行检查;表面不得有气孔、裂纹、夹渣、未熔合和焊瘤等缺陷;咬边深度不得超过0.5mm,连续长度不超过100mm;焊缝表面余高不得超过5mm,余高差不超过4mm;焊缝过渡应圆滑。

内部质量检查:对炉皮间焊缝采用超声波进行检查;按《锅炉和钢制压力容量对接焊缝超声波探伤》JB 1152-81标准中规定的Ⅱ级合格。

8. 冷却壁安装时,其间隙上下要求一样,左右要均匀,上段冷却壁不准坐在下段冷却壁上,不得有时进外出的现象。冷却壁间隙偏差为±10mm，最小间隙为15mm。

7.2 质量保证措施

7.2.1 高炉中间段更换的重点是加固件制作、安装、焊接，其质量是整修工法实施的保证，因此在实施加固炉体过程中严格按方案要求进行加固、检查、记录、验收。

7.2.2 高炉炉壳的安装必须严格按程序要求进行，每安装完成一圈带，必须进行圈带验收，合格后方可进行下一带安装。

7.2.3 高炉炉壳每圈带焊接完毕，当一圈带炉壳的所有焊缝焊接完毕并冷却至常温后，方可拆除该圈带上的炉壳卡具等，以防止炉壳冷却产生较大变形。

7.2.4 拆除高炉炉壳加固构件及高炉炉壳上已无用的角钢头等，要求在距离炉壳10mm处用气焊枪割除，然后用磨光机打磨平整，避免施工中损伤母材。

7.2.5 高炉炉壳在制造过程中应进行预组装，确保其椭圆度、直径偏差、高度偏差、中心偏差达到设计要求。

7.2.6 上部未拆除炉壳的沉降监测

全过程及时监测高炉上部炉壳的动态沉降监测，是确保高炉中间段更换施工安全的关键工作。

炉壳拆除前，在上部不作拆除的高炉炉壳上、下各取4个观测点（沿高炉炉壳圆周均分炉壳），将观测点标高返至固定位置。在高炉炉壳拆除和炉壳安装期间，对8个观测点进行全过程动态监测，检测周期为每1次/8h。

8. 安 全 措 施

8.1 施工现场按符合防火、防风、防雷、防洪、防触电等安全规定及安全施工要求进行布置，并完善布置各种安全标识。

8.2 电缆线路应采用"三相五线"接线方式，电气设备和电气线路必须绝缘良好，场内架设的电力线路其悬挂高度和线间距除按安全规定要求进行外，将其布置在专用电杆上。

8.3 在高炉加固检修施工中，要求严格检查高炉所有旧构件质量，包括高炉框架的各承力构件、连杆等腐蚀程度等，以确保加固件的稳定和施工安全；检查所有承重的旧构件（包括高炉框架、平台）连接焊缝质量，对已经损伤或焊肉不足的部分必须在高炉炉壳拆除前补焊或加固完。

8.4 对加固件安装时，如斜拉杆、支撑柱等，要求对准其安装中心（梁、柱中心与所加构件中心相重合）；对高炉施工的所有加固构件均必须按质量检查标准进行安装，并做好相应记录；所有加固均须经质量检查，加固完后要求请有关单位和部门进行共同检查确认。

8.5 在高炉炉壳拆除、安装施工期间，应避免受到较大冲击或震动荷载（在对高炉炉壳进行拆除、更新施工阶段，所有炉顶大型设备的吊运应当暂停，以避免因产生较大振动或冲击荷载而影响高炉上部悬空部分炉壳的整体稳定性）；高炉炉壳在拆除时不可对其进行生拉硬拽。

8.6 施工过程中，不可在高炉炉壳支撑件、加固件，特别是受力构件上随意打火、切割等。

8.7 在施工过程中要随时检测加固件的变形程度，避免在施工中由于受到其他不可预见的因素而形成的偏载或超载等，造成加固结构的局部失稳，从而影响施工安全。

9. 环 保 措 施

9.1 成立对应的施工环境卫生管理机构，在工程施工过程中严格遵守国家和地方政府下发的有关环境保护的法律、法规和规章，加强对施工燃油、工程材料、设备、废水、生产生活垃圾、弃渣的控制和治理，遵守有防火及废弃物处理的规章制度，做好交通环境疏导，充分满足便民要求，认真接受城市交通管理，随时接受相关单位的监督检查。

9.2 将施工场地和作业限制在工程建设允许的范围内，合理布置、规范围挡，做到标牌清楚、齐全，各种标识醒目，施工场地整洁文明。

9.3 对施工中可能影响到的各种公共设施制定可靠的防止损坏和移位的实施措施，加强实施中的监测、应对和验证。同时，将相关方案和要求向全体施工人员详细交底。

9.4 对施工场地道路进行硬化，并在晴天经常对施工通行道路进行洒水，防止尘土飞扬，污染周围环境。

10. 效 益 分 析

10.1 本工法将正常情况下需进行的全面更换高炉炉壳、冷却设备等施工内容转化为只更换高炉炉体生产过程中易损坏的炉体中间段部分，通过高炉炉壳中间段更换工法达到化繁为简的目的。较大程度地缩短高炉检修施工周期。

10.2 由于高炉中间段炉壳更换工法的实施，将正常情况下必须更换的未损坏的高炉生产设备——高炉上部炉壳、钢砖、冷却设备等进行有效保留，不仅减少该设备的加工费用，也减少由于更换这部分设备产生的拆除、安装、备件检查、保管、运输费用，使高炉检修更加合理。

10.3 高炉中间段更换工法针对高炉生产工艺产生的局部缺陷的修复提供了一条简捷的修复途径，具有较大的社会经济效益。

11. 应 用 实 例

11.1 攀钢 3 号高炉中间段炉壳更换（2002 年 1 月）

11.1.1 工程概况

攀钢 3 号高炉检修，施工项目繁多，在所有施工中，其中关键的施工部位在于对高炉炉壳、冷却壁的更换上。由于本次高炉损坏需更换的五带高炉炉壳位于整个高炉炉壳的中间部位▽13.400m~▽21.800m，冷却壁为第四至第八带、冷却板第一至第三层。

在本次工程施工中，对 3 号高炉中间段（▽13.400m~▽21.800m）炉壳、冷却壁进行采取"整体拆除更换"的施工方案，即在高炉检修施工开始后首先对高炉上部炉壳、设备进行支撑加固，后拆除高炉炉内冷却壁，再将高炉炉壳▽13.400m~▽21.800m 全部拆除并更新，最后安装冷却壁设备等。

11.1.2 效益分析

由于成功实施高炉中间段炉壳更换工法，避免了对高炉炉体上部未损坏的高炉炉壳、冷却设备、钢砖、托砖板、高炉炉顶装料设备及保温材料等的拆除、安装及设备加工费用，同时对缩短检修施工周期起关键作用，按同期单价核算，节省工程施工费用 399.4 万元。具体如下：

1. 由于成功实施"高炉中间段炉壳更换工艺"，减少了高炉中间段炉壳以上各类设备的加工费用及设备拆除、安装费用，具体如下：

1）由于高炉中间段炉壳更换工艺的成功实施，使攀钢炼铁厂节省各类设备加工量如下：

| 上部未更换部分炉壳：136300kg | 加工费：1090400 元 |

钢　　砖：60000kg　　　　　　加工费：1320000 元

支梁式水箱：25000kg　　　　　加工费： 550000 元

高炉喷涂料及耐火材料：113000kg　材料费： 565000 元

加工费（含材料费）合计为：3525400 元

2）如对以上设备进行拆除后重新安装，其施工费用按同期预算标准计算平均约为 2000 元/1000kg，则以上设备等拆除、安装的工程费为 668600 元。

3）采取中间段炉壳更换工艺时，设施共重 50000kg，设施制作费 6000 元/1000kg，主材平均按 3

次摊消，其设施制作费为 50×6000/3=100000 元；设施施工费用为：50000kg×2000 元/1000kg=100000 元。因此设施费共计 200000 元。

4）设备加工及施工费合计为：

3525400 元+668600 元−200000 元=3994000 元

2. 由于减少设备拆除、安装工程量，使施工工期比按常规检修方法实施至少缩短 12d，按攀钢炼铁厂生产经济指标计算，可多生产铁 28800000kg。

2400000kg/d×12 天×94.76 元/1000kg=2729088 元

经济效益合计为：

3994000 元+2729088 元=6723088 元

11.2 攀钢 1 号高炉中间段炉壳更换（2008 年 9 月）

11.2.1 工程概况

1 号高炉检修，主要是对高炉炉体中部炉壳、冷却设备更换。

在本次高炉检修施工中，高炉炉体中间部位▽13.400m~▽26.700m 为冷却水管及铜冷却壁冷却，因生产工艺需要，将该区域冷却管、铜冷却壁更换为冷却壁，同时拆除更换该区段高炉炉壳。

在本次工程施工中，对 1 号高炉中间段（▽13.400m~▽26.700m）炉壳、冷却壁、冷却水管等进行采取"整体拆除更换"的施工方案，即在高炉检修施工开始后首先对高炉上部炉壳、设备进行支撑加固，后拆除高炉炉内冷却壁，再将高炉炉壳▽13.400m~▽26.700m 全部拆除并更新，最后安装冷却壁设备等。

11.2.2 效益分析

在 1 号高炉检修实际施工过程中，按"高炉中间段炉壳整体更换"的要求进行实施，实施效果比较理想，高炉新炉壳安装后其顶部旧炉壳的沉降完全在要求范围内，且比较均匀（沉降测量值最大时为下沉 5~6mm），高炉炉壳的安装质量（如椭圆度偏差、中心偏差等）均达到冶金高炉检修质量标准要求。

由于在本次高炉检修施工中成功实施"高炉中间段炉壳整体更换"新工艺，为 1 号高炉检施工工期的缩短起了关键作用，按同期单价核算，节省工程投资 3896000 元，同时因检修施工周期的缩短 11d，为炼铁厂多生产铁 29700000kg（11d×1350000kg/d×2.0）创造条件，可为生产创效益 2160000 元。确保了施工质量，实现了安全、优质、快速、低耗、文明的施工目标，创造了较好的社会效益。

火箭加注供气系统超长距离高洁净度管道安装施工工法

GJYJGF127—2010

成都建筑工程集团总公司

张静　胡笳　杨福良　辜碧军　徐言毓

1. 前　言

火箭燃料加注供气是火箭地面设施的核心系统之一，将火箭的燃料、氧化剂和各种气体，通过管路直接输送到火箭助推器"体内"。

燃料加注供气管道系统在为火箭发射前承担输送燃料和供应高纯度气体的任务时，输送介质具有强烈的挥发性、腐蚀性、剧毒性及系统内工作压力高（供气系统内最大工作压力 35MPa，加注系统内最大工作压力 1.2MPa）等特点。推进剂一旦发生泄露将对加注操作人员造成极大的生命危害，推进剂一旦发生污染、发生化学反应将对火箭造成致命的毁坏。由于加注供气系统输送介质的特殊性，因此对系统不锈钢管道的材料要求、洁净度要求、安装工艺要求、焊接工艺要求都非常高。管道系统安装质量的好坏直接关系到加注供气过程中工作人员的生命安全，同时关系到火箭发射的准时性和飞行的安全性。由于加注供气系统管线距离超长（达 10000m 以上），如何保证超长距离输送管路的安装质量，也就成为了火箭加注供气系统安装的关键。

针对火箭加注供气系统的高压和高洁净度特点，公司通过技术攻关，总结出了一套先进的施工工艺，通过在我国 2 个卫星发射基地火箭加注供气系统安装的工程实践，取得了良好的社会效益和经济效益。通过专家组鉴定，该工法技术属国际先进。

2. 工 法 特 点

2.1　对管道采用槽浸法进行脱脂清洗，结合氮气吹扫，有效地保证了管道内的洁净度要求。

2.2　专用弯管装置的采用，减少了成品弯头零件的使用，节省了焊接、探伤工作量，加快了施工进度，大大降低了施工成本。

2.3　专用管道丝卡接及管道固定支架的应用，有效解决了支吊架的批量预制及成排管道的固定问题，保证了系统运行中的稳固性。

2.4　供气系统管路超长，系统中有大量的机械结合面。在管道机械端面密封过程中，采用 1Cr18Ni9Ti 与航天专业密封脂 7805 相结合的技术，有效地保证了火箭加注供气系统不锈钢管路在 35MPa 高压状态下机械结合面的密闭效果和系统洁净度要求。

2.5　对管道的焊接采用内外充氩保护的全氩焊接等工艺，有效地防止了不锈钢焊口的晶间腐蚀，保证了管道的焊接质量。

3. 适 用 范 围

本工法适用于短距离和超长距离火箭常温加注供气系统的管道安装，也可适用于医用供氧系统不锈钢管道系统的安装。

4. 工艺原理

火箭加注供气系统超长距离高洁净度管道安装，主要为保证洁净度和焊接质量的施工。本施工工法中主要采用特殊槽浸脱脂清洗和高洁净气体吹扫、气检相结合的工艺原理，保证了加注供气系统的洁净质量，同时，对管道的焊接采用内外充氩保护的全氩焊接工艺，有效地防止了不锈钢焊口的晶间腐蚀，保证了管道的焊接质量。

5. 施工工艺流程及操作要点

5.1 施工工艺流程

工艺流程参见图 5.1。

5.2 操作要点

5.2.1 施工准备

在加注系统不锈钢管道施工前，根据工程实际情况编写详细的施工组织设计和相应的专项施工方案。开工前应对施工班组进行认真细致的方案和技术交底，使所有操作人员掌握操作要领，提高认识，为保证安装质量打好思想和技术基础。

5.2.2 材料组织

由于工程的特殊性，相应的设备、管件、阀门必须在定点厂家进行采购。其主材的选择必须谨慎，根据公司施工经验，须对管材进行逐根检查，并进行材质的复验和相应的机械性能试验，所有材料经检验合格后方可投入工程施工。

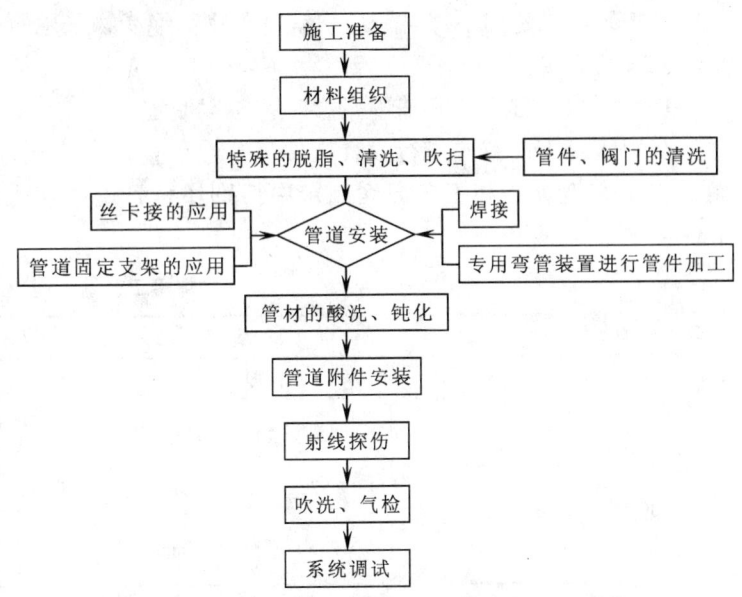

图 5.1　工艺流程示意图

5.2.3 特殊的脱脂、清洗、吹扫

本工程采用的清洗液为四氯化碳。具体方法为：

采用槽浸法进行脱脂清洗。管材脱脂液倒入管内，将 2 倍于管长的不锈钢焊丝（防止铁丝生锈污染管材）从中间位置绑上白布条（如图 5.2.3)，并穿入不锈钢管内同时浸入四氯化碳溶液中，采用来回拉动

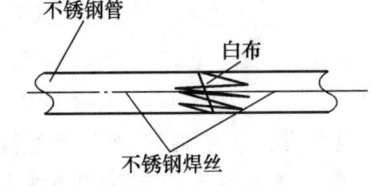

图 5.2.3　脱脂清洗

不锈钢焊丝的方法进行清洗。管内污物清洗后，用清水冲洗，然后用干净的白布条擦拭检查，白布上无污染为合格。若未合格，重复上述过程，直到合格为止。

用氮气吹干管道，然后用干净的白布封口，缠上不干胶带，并在管道上注明洁净的标记。

封口完成后要将管道放在相对平整的地方，并且要在管道下面垫上木方避免管道直接与地面接触，以免污染管道。

5.2.4 管件、阀门的清洗

管件如球形接头、外套螺母等均需要脱脂清洗，阀门应进行解体脱脂清洗。

清洗阀门前应做一个清洗槽，注入清洗剂，将管件和阀门零件放入，浸泡 10min 后，将管件取出，用白布擦洗干净，即可安装。

5.2.5 管道安装

管道安装须在土建基本完成、内粉刷和地坪已做完、门窗已封、现场环境清洁的情况下进行。配气台的配管须在设备就位后进行。管道安装的坡度、支架、套管设置等，均按设计和规范有关规定执行。

管道安装时,将管道端头的封闭保护拆除,检查是否有二次污染。若有污染,须清洗干净后再安装。管道安装工作间歇时,应依前述方法对管道端头做封闭保护,以防污染。

该工程的供气管道采用球形接头连接,其接头由三个零件组成——球形接头、焊接直通接头、外套螺母。安装前检查球形接头密封表面,不允许有刻线刮伤及其他缺陷。

加注管道采用活动法兰连接,法兰密封应光洁平正,不得有毛刺及径向沟槽,凹凸面与榫槽面应做配合试验。采用的聚四氟乙烯垫圈应质地均匀,表面平整光洁,尺寸合格,不应有变质、划伤、折损等缺陷。

管道安装时严禁用铁锤在不锈钢表面敲击。不锈钢管不得直接与碳钢支架接触,应在支架与管道之间垫不锈钢片、塑料片、橡胶板或其他绝缘物,防止因渗碳和电位差而引起腐蚀。

不锈钢管穿墙或楼板时,均应加装套管,套管与管道之间的间隙不应小于10mm,并在空隙里面填加绝缘物,绝缘物内不得含铁屑、铁锈等物,绝缘物采用石棉绳。

5.2.6 焊接

1. 设计文件工艺性审查及焊接工艺方案制定

在焊接施工前首先进行设计文件工艺性审查,在工艺性审查合格的基础上制定完整的焊接工艺方案。在工艺性审查和工艺方案制定中特别注意管道的特殊要求和介质情况。焊接工艺基本内容见表5.2.6-1。

焊接工艺基本内容 表5.2.6-1

钢 号	焊 接 方 法		焊 条	焊 丝
00Cr18Ni10	φ14~φ57 或壁厚 1~3 mm	GTAW	—	H00 Cr21Ni10
	φ76~φ273 或壁厚 3.5~7mm	GTAW 打底 SMAW 盖面	A002	H00 Cr21Ni10
0Cr18Ni9Ti 1Cr18Ni9Ti	φ14~φ57 或壁厚 1~3 mm	GTAW		H0 Cr20Ni10Ti
	φ76~φ273 或壁厚 3.5~7mm	GTAW 打底 SMAW 盖面	A132 A137	H0 Cr20Ni10Ti

2. 焊接工艺评定及焊接工艺规程编制

焊接工艺评定是编制正确焊接工艺规程的前提,该工程必须完成6项焊接工艺评定。

1) 根据表5.2.6-1和《现场设备、工业管道焊接工程施工及验收规范》GB 50236-98第4章焊接工艺评定,应进行4项焊接工艺评定,以覆盖火箭加注供气系统不锈钢管道焊接施工的需要。但由于《现场设备、工业管道焊接工程施工及验收规范》GB 50236-98表4.2.9中焊件母材厚度的认可范围最小值为1.5mm,由于该管道有厚度1mm(φ14×1)的钢管存在,所以还应单独进行2项焊接工艺评定;虽然00Cr18Ni10、0Cr18Ni9Ti(或1Cr18Ni9Ti)的类别号和组别号相同,但由于使用的焊丝钢号和焊条牌号不同,是不能相互覆盖的。焊接工艺评定项目及覆盖范围见表5.2.6-2。

焊接工艺评定项目及覆盖范围 单位:mm 表5.2.6-2

评定编号	评定用材料			焊接方法	坡口形式	位置	焊件母材厚度的认可范围	焊缝金属厚度的认可范围
	钢号	厚度	焊接材料					
PQR1		1	H00 Cr21Ni10	GTAW	I	水平固定	1	0~1
PQR2	00Cr18Ni10	4	H00 Cr21Ni10	GTAW	V		1.5~8	0~8
PQR3		4	A002	SMAW	V		1.5~8	0~8
PQR4		1	H0 Cr20Ni10Ti	GTAW	I	水平固定	1	0~1
PQR5	0Cr18Ni9Ti (1Cr18Ni9Ti)	4	H0 Cr20Ni10Ti	GTAW	V		1.5~8	0~8
PQR6		4	A132	SMAW	V		1.5~8	0~8

注意:火箭加注供气系统不锈钢管道有防止晶间腐蚀要求,因此必须进行晶间腐蚀试验。

2）焊接工艺规程

焊接工艺规程应保证焊接接头的使用性能，减少焊接应力和变形，降低产生缺陷机会，提高焊接效率，方便焊工施焊，有利于劳动保护与安全操作，并应充分考虑施工现场的实际状况。

（1）坡口形式和尺寸

坡口形式见图 5.2.6-1。

坡口尺寸见表 5.2.6-3。

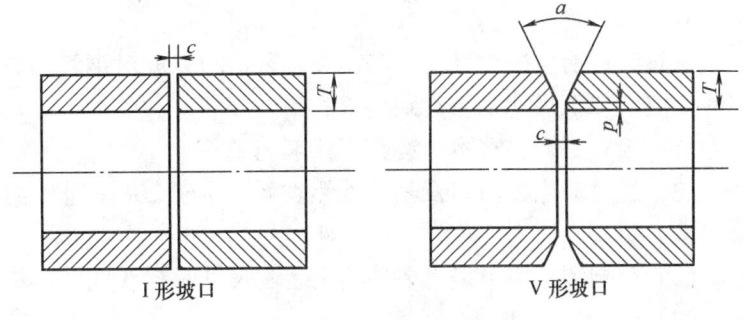

图 5.2.6-1　坡口形式

坡口形式和尺寸
表 5.2.6-3

接头类型	厚度 t (mm)	坡口名称	坡口尺寸		
			间隙 c (mm)	钝边 p (mm)	坡口角度 α (°)
对接	1	I 形坡口	0	—	—
	2		0.5~1	—	—
	3~7	V 形坡口	2.5~3	0~0.5	60~70

（2）焊接工艺参数（表 5.2.6-4）

焊接工艺参数
表 5.2.6-4

壁厚 (mm)	焊接层数	焊接方法	坡口形式	钨极直径 (mm)	焊材直径 (mm)	焊接电流 (A)	焊接速度 (mm/min)	线能量 Max (J/mm)	氩气流量 (L/min)	
									正面	背面
1	1	GTAW	表 5.2.6-3	1.6	1	35~55	80~100	435	4~8	5~9
2	2			1.6	1.6	65~80	70~90	823	4~8	5~9
3~4	2			2.0	2.0	70~90	75~100	864	4~8	5~9
5~7	3			2.0	2.0	95~115	95~120	864	4~8	5~9
4~7	打底	GTAW		2.0	2.0	95~115	95~120	864	4~8	5~9
	盖面	SMAW		—	3.2	100~120	130~160	—		5~9

备注：采用直流正接；钨极伸出长度 4~6mm；喷嘴直径 10~12mm。

3. 技术交底

技术交底对保证管道焊接质量非常重要。交底对象包括：工长、质检员、安全员、库管员、安装班组、焊接班组等；交底内容包括：施工图、施工验收规程、本工法、经审批的焊接工艺规程、施工进度、施工安全质量要求、施工注意事项、工艺纪律等。

4. 焊前准备

1）焊接材料

按焊接工艺文件规定采购焊接材料。对焊接材料的采购、验收、入库、保管、烘干、清洗、发放和回收应符合《现场设备、工业管道焊接工程施工及验收规范》GB 50236-98 的规定。应注意：焊接材料的保管要求及焊条烘干温度；经二次烘干发放出的焊条再回收后不得用于该管道焊接；焊丝在使用前应使用丙酮去除油污等杂质。

2）坡口加工

坡口加工尺寸采用坡口机等机械方法加工。加工后的坡口经检查合格后，应将钢管两端口密封，以防止异物进入钢管内。

3）组对

钢管组对前应按设计文件和相关工艺措施完成对钢管内表面的脱脂清洗。为保证组对质量，组对前应检查坡口加工尺寸是否达到要求。

（1）组对必须遵守本工法和焊接工艺规程。

（2）组对前应将坡口及其内外侧表面不小于20mm范围内的油污、毛刺等清除干净，并采用丙酮进行清洗。

（2）影响焊接质量最重要的接头装配尺寸是接头间隙和错边量，因此组对中应严格按要求控制接头间隙和错边量。

（3）组对过程中应采用外对口器，不得在管体上用焊卡点固。

（4）定位焊缝采用的焊接材料及焊接工艺必须与根部焊道一致，且必须由持证焊工进行。

5. 管道焊接

焊接前应严格检查坡口组对质量，确认符合规定时，才能施焊；焊接时，应严格遵守焊接工艺规程和安全操作规程，焊接操作要点如下：

1）对于管径较大的水平固定焊口，为防止仰焊位置管内焊缝内凹，打底层采用仰焊部位（6点位置两侧各60°）内填丝，其他部位外填丝法进行施焊。

2）焊接过程中焊丝不能与钨极接触或直接深入电弧的弧柱区，否则易造成夹钨和破坏电弧稳定。

3）钨极在焊接过程中应垂直于钢管的轴心，这样能够更好地控制熔池的大小，而且可以使氩气均匀地保护熔池不被氧化。

4）充氩保护

（1）为防止根部焊缝金属氧化，整个焊接过程（包括层间和盖面层）都应进行充氩保护。

（2）引弧前应先在管内充氩气将管内空气置换干净后再进行焊接，氩气纯度应不低于99.96%。

（3）对于小直径管（ϕ<57mm），先将管子一端用带有小孔的锡油纸封口，然后从另一端通入氩气。

（4）对于大直径管（ϕ≥57mm），可按图5.2.6-2在管道内焊口两侧形成一个400~500mm长的气室，为防止氩气从坡口间隙

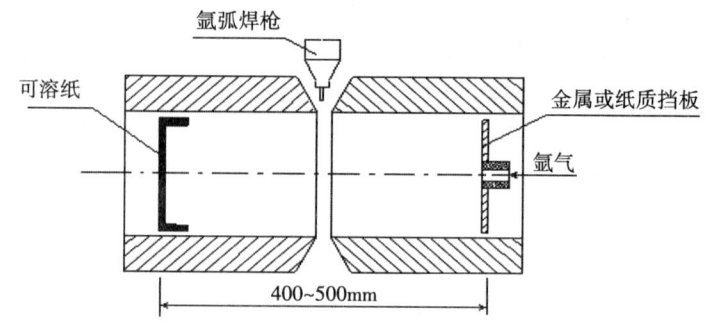

图5.2.6-2　大直径管的内充氩保护示意图

大量漏掉，打底焊接时应在焊口外表面贴上耐高温锡油纸，随打底焊进度撕开。

金属或纸质挡板在焊后应及时取出。

6. 焊接质量检验（焊接检验）

焊接检验贯穿管道施工焊接作业的全过程，并对焊接接头的外观质量和内部质量进行检查，是保证焊接质量的重要环节。

7. 焊后处理

焊接接头经检验合格后，按设计文件和相关工艺措施对其表面进行酸洗、钝化处理。

8. 保证接头内壁的洁净质量要点

1）接头组对前的钢管内表面的脱脂清洗、压力试验后的吹扫清洗必须按设计文件和相关工艺措施严格执行。

2）半成品和成品的保护措施应及时有效。坡口加工完成或焊接完成后应及时将管子两端密封。

3）接头组对前后按要求对坡口两侧进行清洗，组对完成后及时进行焊接。

4）焊接前对焊丝按要求进行处理，选用材质较好的焊丝。

5）焊接时，按要求进行内充氩保护，控制氩气流量大小。

6）要求氩弧焊机焊接时电流稳定。焊工施焊时，焊接速度应保持均匀一致。

7）焊接完成后，应及时除去焊瘤、飞溅等，应及时进行酸洗钝化。

5.2.7 专用弯管装置进行管件加工

管道弯管时，对于直径大于或等于50mm的不锈钢管道，一般订购成品不锈钢弯头加以连接。对于直径小于50mm的不锈钢管道，一般采用冷弯法，冷弯后不进行热处理。

为保证施工现场弯管的质量，本工法特设计专用弯管装置，如图5.2.7所示，将螺栓全部拧紧以达到固定不锈钢管的目的，以上方加工轮的圆心为轴心向右缓慢转动手柄，即可达到管道加弯的目的，不锈钢管的外径等于加工轮凹槽直径。所需注意的是不锈钢管道应尽量在同一水平面上以防止管道弯曲。

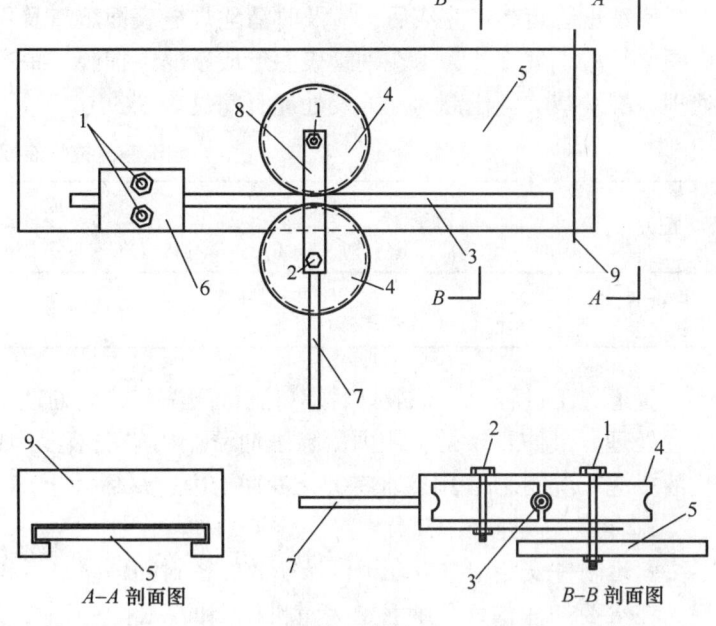

图 5.2.7　弯管示意图和加工轮侧视图
1—螺栓1；2—螺栓2；3—待弯管道；4—加工轮；5—加工钢平台；6—钢压板；7—转动手柄；8—扁钢连接件；9—角度校正装置

5.2.8 丝卡接的应用

本工法所设计的专用丝卡接结构简单，加工容易、成本低，在施工安装过程种可以方便的与内丝膨胀螺栓、通丝杆、丝卡接和管卡组成一组简单，易安装的管道吊架。并且，在管状内丝段设有观察孔，可以观察丝杆进位状况，保证丝卡接或丝鼻子与丝杆的连接承力符合安全要求。本工程采用专用丝卡接如图5.2.8-1所示。

专用丝卡接使用如图5.2.8-2。

5.2.9 管道固定支架的应用

本工法所设计的管道固定支架结构简单，加工容易、成本低，在施工安装过程中可以一次性对成排管道进行固定，保证了系统运行中的稳固性。本工程采用专用固定支架配件如图5.2.9-1所示。

专用固定支架使用如图5.2.9-2。

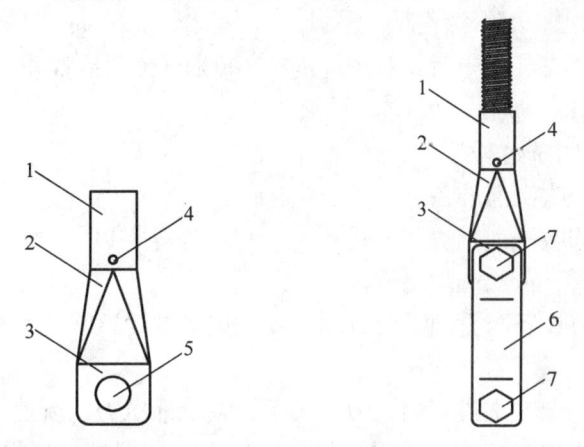

图 5.2.8-1　专用丝卡接示意图
1—管段（含内螺纹）；2—过渡段；3—板端；4—观察孔；5—通孔

图 5.2.8-2　专用丝卡接使用示意图
1—管段（含内螺纹）；2—过渡段；3—板端；4—观察孔；6—管卡；7—螺栓

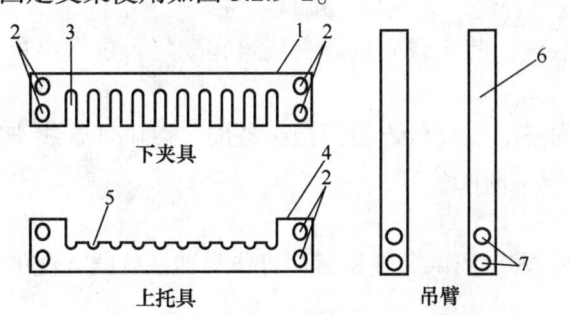

图 5.2.9-1　专用固定支架配件示意图
1—钢板；2—通孔；3—U形槽；4—钢板；5—半圆槽；6—角钢；7—螺栓

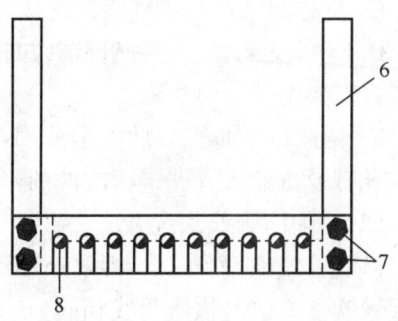

图 5.2.9-2　专用固定支架使用示意图
6—角钢吊臂；7—螺栓；8—管道

1257

5.2.10 管材的酸洗、钝化

不锈钢管道焊接完成后，应及时清除焊缝表面熔渣及飞溅物。待无损检测合格后，应对焊缝表面及周围进行酸洗处理。为了在钢管表面形成新的保护膜，提高耐腐蚀性能力，在酸洗之后，还要进行钝化处理，酸洗液、钝化液的配方及处理时间见表5.2.10。

酸洗液、钝化液配方 表5.2.10

配方	成　分						
	硝酸（HNO₃）	氯化钠（NaCL）	氟化钠（NaF）	重铬酸钾（K₂Cr₂O₇）	水（H₂O）	温度	处理时间（H）
酸洗液	20%	2%	2%	1g	余量	室温	1~2
钝化液	5ml				5ml	室温	1

管道施工过程中，一般只对焊口进行酸洗和钝化处理。如果管材污染严重，也可以对全部管材进行上述处理。具体步骤是：用丙酮除去油渍；用酸洗液浸泡或洗刷1~2h；用冷水将酸洗液冲干净；用钝化液浸泡或洗刷1h；用冷水将钝化液冲干净，最后晾干。

5.2.11 管道附件安装

管道附件安装中重点在于机械端面的密封问题。

在火箭加注供气系统管道大量机械端面密封施工中，通过反复研究，采用了1Cr18Ni9Ti金属和航天专用密封脂7805相结合的方式，解决了管路系统的大量机械结合面的密封质量，保证了管道系统内部的洁净度要求。

5.2.12 射线探伤

管道安装完毕后，对焊缝进行100%的X射线探伤。

5.2.13 吹洗、气检

1）吹洗过程

（1）吹洗前准备

①按吹洗前检查所分的系统，将仪表等加以保护，并将滤网、调节阀、节流阀及止回阀阀芯拆除，妥善保管，待吹洗后复位。

②将设备与管道系统分离，设备进气端管道吹洗合格后再连入设备进行吹洗。

（2）供气管线吹洗方法

①整个吹洗过程的压力不大于管线设计压力，流速大于20m/s。

②吹洗过程中，当目测排气无烟尘时，在排气口设置贴白布的木制靶板检验，5min内靶板上无杂物则为合格。

③吹洗步骤严格按照之前管线检查步骤分段进行，大致如下：

A. 脱开总配气台的进气管线接口，利用气瓶的清洁气源进行气瓶至总配气台供气管线的吹洗。

B. 将总配气台与进气管线连接，再次吹洗。

C. 将总配气台与供气管线连接，脱开各支配气台进气管接口，进行吹洗。

D. 将各支配气台进气管线接口连接，进行吹洗。此步骤完成后各建筑物配气台供气出口端吹洗已完成（需要配气台供货商配合）。

E. 依照以上步骤以此类推分别对各建筑物内各级配气台、活门箱至各配气点供气管线进行分步吹洗（凡有设备连入管路进行吹洗的步骤，需设备供货商配合）。

（3）加注管线吹洗方法

供气管线库房配气台管线气检管路经过吹洗、露点测试及气检后即可作为加注管线吹洗的气源。加注管线吹洗方法与供气管线相同。

2）吹洗步骤：先脱开加注管线与储罐、泵、换热器等设备的连接，将气源管路与加注管线接通，进行吹洗，各出气口检查合格后再将设备接入管路进行吹洗。接入设备的吹洗必须有设备供应商配合进行。氧化剂吹洗步骤相同。

吹洗完成后，先用打靶法检查管道洁净度，即在放气口正对 30cm 处放一木板，木板上盖一块干净的白布正对放气口，放气完成后检查白布是否洁净。干净后用露点测试仪检查露点是否达到规定要求的 -55℃ 以下。

3）气检

（1）气检方法

①各分部管线露点测试合格后进行管线气检（凡含有设备气检的，必须要有设备供应商进行配合）。需设置隔离带予以警示。如气检过程中有气密性问题，不能带压操作，必须泄压后进行。

②管线气检利用气瓶的清洁气源进行。

③供气管线各部分试验压力与设计压力相同，采用逐级缓升的步骤进行：升压速度不大于 50kPa/min；升压至试验压力的 50% 时，停压 10min 进行检查，如无异常现象，继续按试验压力的 10% 进行逐级升压，每级稳压 3min 进行检查，直至试验压力。最后稳压半小时，用肥皂水涂焊缝及接头，无泄漏，压力无下降为合格。合格后缓慢排压，且必须将排气口对准无人区域。

④加注管线由于设计压力较低，且已分段进行过水压试验，所以气检相对简单。主要分为泵前管路气检与泵后管路气检两部分。

利用接气源管线进行缓慢升压，至工作压力后停压 30min 进行检查，用中性肥皂水涂焊缝及法兰，无泄露，压力无下降为合格。合格后在无人区进行缓慢排压。（注意：管路系统内连接的对承压有要求的气体，例如管道液位信号计、压力表的耐压，不得超过允许压力。如有必要，应脱开连接或将相关阀门关闭。）

（2）供气管线气检步骤

供气管线气检步骤与吹洗步骤基本相同，在吹洗和露点测试的每一步骤完成后即可进行。具体操作顺序如下：

①将气瓶与总配气台连接，配气台供气出口封堵，按气检方法进行气检。合格后进行下一步气检。

②将总配气台各供气出口与管线连接，逐根进行管线气检。与各建筑物内配气台相连的管路，要接到各配气台上，并且要将各建筑物内配气台所有供气出口端封堵。

（3）加注管线气检步骤

加注管线拟分为泵前管路气检与泵后管路气检两部分。

①泵前管路气检：开启连接泵前管路的气源阀门给管路充压到 0.4MPa，观察管路上的压力表，30min 后无压降为合格。合格后缓慢排压。

②泵后管路气检：开启连接泵后管路的起源阀门给管路充压到 1.6MPa，观察管路上的压力表，30min 后无压降为合格。合格后缓慢排压。

5.2.14 系统调试

调试工作是工程项目重要的一环，调试工作的好坏直接影响工程的质量和进度，只有在上一阶段调试工作完成后，方可进入下一个调试阶段的工作，并做好调试记录，写出阶段调试报告。

以系统中氮气配气台的调试为例：

氮气配气台的主要功能是把 23MPa 高压氮气通过配气台的减压器把压力调到 5MPa 和 1.6MPa 两种气源，5.0MPa 压力的氮气用来给高压气动球阀供气，1.6MPa 压力的氮气用作管路的气检、贮罐增压、废气吹扫用气。

调试合格后，系统放气，关闭全部阀门。

调试过程中应注意减压器的工作情况，如出现漏气现象，应反复开、关动作，如确实证明密封圈损坏时，应与生产厂家联系修复。

5.3 劳动力组织（表 5.3）

劳动力组织　　　　　　　　　　　　　　　　　表 5.3

人员名称	技术要求		数量	备注
焊接技术员	持工长证，5年以上管道焊接施工经验		1	
焊接班长	8年以上管道焊接施工经验		1	
手工氩弧焊焊工	GTAW–IV–6G–2/14–02 GTAW–IV–6G–3.5/57–02 GTAW–IV–6FG–6/57–02	按《锅炉压力容器压力管道焊工考试与管理规则》进行培训考试并取得特种作业人员证，且只能担任考试合格项目（在有效期内）的焊接工作	10	人员应符合 GB 50236–98 的规定，人员数量应根据工程量进行调整
焊条电弧焊焊工	SMAW–IV–6G–5/60–F4J SMAW–IV–6FG–12/57–F4J		6	
管道工	持管道工证		10	
普　工	—		20	
质检员	持质检员证，5年以上管道焊接质检经验		2	
无损检测人员	持无损检测人员证（RT–II），3年以上管道检测经验		3	
安全员	持安全员证		2	

注：此表为太原卫星发射基地火箭加注供气系统安装工程要求，其他投入施工人员视工程量大小调整。

6. 材料与设备

6.1　主要施工材料

主要施工材料一览表　　　　　　　　　　　　　表 6.1

名　称	规格（mm）	主要技术指标
焊丝 H00Cr21Ni10	φ1.6、φ2.0	符合《焊接用不锈钢丝》GB 4242–84 规定
焊丝 H0Cr20Ni10Ti	φ1.6、φ2.0	
焊条 A002	φ3.2	符合《不锈钢焊条》GB/T 983–1995 规定
焊条 A132	φ3.2	
氩　气	—	《氩气》GB 4842–2006 规定，纯度应不低于99.96%
钨　极	φ1.6、φ2.0	钨极牌号 WCe–20（铈钨极）

6.2　主要施工机械、检验设备（表 6.2）

主要施工工具一览表　　　　　　　　　　　　　表 6.2

机械及设备名称	型号规格	额定功率（kW）	数量	单位
交流焊机	BX3–300	7.5kW	3	台
氩弧焊机	300A	7.5kW	4	台
手动葫芦	1~5t		5	个
液压千斤顶	10~50t		5	个
弯管机	WYQ108		3	台
手提式砂轮机	φ150~φ200	1kW	5	台
台钻	16mm	3kW	3	台
电锤	220V	0.5kW	10	台
手动试压泵	50MPa		4	台
电动试压泵	50MPa	5.5kW	2	台
逆变氩弧焊机	WS–160	4kW	2	台
逆变氩弧焊机	WS–315	12.1kW	3	台
逆变焊机	ZX7–400	17kW	2	台

续表

机械及设备名称	型号规格	额定功率（kW）	数量	单位
空气等离子切割机	LGK–100	29.6kVA	2	台
空气压缩机	0.9~12.5	7.5kW	2	台
管子切断机	G1140	5kW	3	台
坡口机	NP30–219	0.55kW	1	台
坡口机	NP80–273	0.55kW	1	台
电焊条烘箱	ZYH–30	2.6kW	2	台
电焊条保温筒	PR–4	150VA	10	个
角向磨光机	100/125	0.65/0.75kW	5	台
X 射线探伤机	XXQ–2505CDHE	2.5kVA	3	台
黑度仪	TD–210	1kW	2	台
测温仪	P7DL3	—	6	套
焊检尺	40 型	—	10	套

注：以上机具设备数量为 2007 年太原卫星发射基地火箭加注供气系统安装工程所需。

7. 质 量 控 制

7.1 工程质量控制标准

1. 《现场设备、工业管道焊接工程施工及验收规范》GB 50236–98。
2. 《工业金属管道工程施工及验收规范》GB 50235–97。
3. 《钢熔化对接接头射线照相和质量分级》GB 3323–2005。
4. 《不锈钢硫酸–硫酸铜腐蚀试验试验方法》GB／T 4334.5–2000。

7.2 质量保证措施

7.2.1 建立质量保证体系和岗位责任制，完善质量管理制度，明确分工职责，责任落实到人，保证体系高效运转。

7.2.2 严格方案先行和交底先行，对施工过程的人、机、料、法和环境五大要素的保证措施进行明确和落实，对工程质量实施全方位、全过程控制。

7.2.3 推行样板工艺，尽量采用集中预制，保证工艺统一。实行工序作业首检制，同时严格执行"三检制"，保证施工质量。

7.2.4 工程专业技术人员，均具备相应的技术职称，并按照有关规定要求进行相关知识培训，新工人和特种工种作业人员，上岗前必须对其进行岗前培训，考核合格后方可上岗。

7.2.5 焊接接头内部质量检查采用 X 射线检测，保证焊接质量。

7.2.6 严格气检工艺和吹扫工艺的实施，确保管道洁净度达到质量要求。

8. 安 全 措 施

8.1 认真贯彻"安全第一，预防为主"的方针，根据国家和企业的有关规定，结合工程的具体特点，建立健全以项目经理为首的安全保证体系，具体落实安全责任制。

8.2 进场人员按要求进行三级教育，并做好记录，各分部分项工程施工前对实施人员进行全面、有针对性的安全技术交底，并履行签字手续。

8.3 安全事项和采取的具体措施

1. 班组长上班前，进行上岗交底、上岗检查，并做好上岗的记录。

2. 当焊接设备处于工作状态时，焊工不准离开作业现场。

3. 焊接作业时，必须保持防火安全距离，且现场须配备符合规定的消防器材。在登高焊接中，焊工所使用的安全带必须是防火安全带。

4. 钨极磨削时，必须在专用砂轮机上进行，焊工必须穿戴好防护用品；钨极磨削的粉末，必须收集在专用密封容器内。

5. 无损检测人员工作前，应正确穿戴必须的劳保用品。在作业现场设立安全警戒标志，划定安全辐射区域。在确定警戒区域内安全后才能开启射线机高压开关，并使用射线报警仪进行监测。

6. 脱脂和酸洗钝化过程，操作人员必须佩戴防毒面具。

7. 系统吹扫时，所有人员严禁正对气流出口。

8.4 安全管理方案和应急预案：应制定防高空坠落、防物体打击、防机械伤害、防触电和中毒等管理方案和应急预案，并进行应急预案演习。

9. 环 保 措 施

9.1 环保指标

1. 噪声排放限值：昼间≤60dB，夜间≤50dB。

2. 生产、生活污水排放达到当地辖区规定的排放标准。

3. 固体废弃物分类集中，交环保部门处置。

9.2 环保监测、措施和文明施工

1. 建立以项目经理负责，由环保员具体组织实施的环境管理保证体系。实行环境管理工作分工负责制，落实环境管理责任制。

2. 加强对施工现场的环境管理措施：

1）按规定用噪声分贝仪对施工时的噪声排放进行监测。

2）焊接作业场所必须通风良好。

3）废钨极及钨极磨削的粉末，必须收集在专用密封容器内。

4）现场使用的酸碱液和脱脂液必须妥善保管，对废液必须用专门的容器盛装，并统一由专门的地方处理。

3. 废弃物应分类存放，对有可能造成二次污染的废弃物必须单独贮存、制定安全防范措施、设置醒目标识，减少废弃物污染。

4. 对施工现场的环境因素进行识别和评价，确定重要环境因素，并制定管理方案和应急预案。

10. 效 益 分 析

在我国两个卫星发射基地火箭加注供气系统安装工程施工中，通过应用本工法，施工成本节约23%，同时使管道内达到露点≤-55℃（常压下）、含油量≤3×10^{-7}（体积比）、尘埃粒径≤10μ 的高质量标准，成功解决了火箭加注供气系统存在的燃料污染、泄露、人员伤害等现象。保证了火箭加注供气过程的安全和高效，为火箭的发射和飞行提供了保障，对我国航天事业的发展做出了良好的技术支撑，社会效益巨大。

11. 应 用 实 例

11.1 西昌卫星发射基地火箭加注供气系统安装工程

西昌卫星发射基地加注、供气系统管道安装工程开工于 2005 年 3 月，总工期为 40d。主要工作内容为不锈钢管道 $\phi14\sim\phi159$，共 6130m。工程质量获得军方肯定，运行至今系统稳定，取得了良好的经济效益和社会效益。

11.2 太原卫星发射基地火箭加注供气系统安装工程

太原卫星发射基地加注、供气系统管道安装工程开工于 2005 年 4 月，总工期为 70d。主要工作内容为不锈钢管道 $\phi8\sim\phi159$，共 12000m。运行至今系统稳定，取得了良好的经济效益和社会效益。

11.3 太原卫星发射基地火箭加注供气系统安装工程

太原卫星发射基地加注、供气系统管道安装工程开工于 2007 年 9 月，总工期为 120d。主要工作内容为不锈钢管道 $\phi8\sim\phi219$，共 23000m。运行至今系统稳定，工程质量获得军方好评，取得了良好的经济效益和社会效益。

永冻土地区长输保温管道预制施工工法

GJYJGF128—2010

大庆油田建设集团有限责任公司

刘家发　李德昌　吕彦民　郜玉新　田智超

1. 前　　言

中俄原油管道漠大线工程是我国能源四大战略通道之一，是大庆油田以 EPC 总承包模式承揽的国家重点工程，是我国在高寒、高纬度地区敷设的第一条口径最大、穿越冻土区最长、施工环境温度最低的管道工程，管道建设开创国内相同条件下长输管道施工先河。其中第1、2、3标段位于中国最北端的黑龙江省漠河县、塔河县境内，气候极度严寒，管道敷设于大兴安岭林区，地质构造复杂，遍布永冻土沼泽、林间沼泽、多冰冻土、含土冰层等结构，有着大兴安岭特有的冰湖、冰丘等地质现象。多年冻土地区现存的冻土环境是地质历史时期的产物，这种环境中的多年冻土是相对稳定的，但热平衡状态是脆弱的。多年冻土地段选用保温管道现场预制，并在寒季进行管道施工作业，施工期内最低温度达到 -46℃。

针对漠大管道工程建设特点，开展《永冻土地区管道防腐保温预制施工技术研究》课题科研攻关，该成果荣获2010年大庆油田公司技术创新一等奖。关键技术获得国家专利六项，分别为《低温高强度防腐保温复合管道》、《管道焊接防风保温棚》、《永冻土防腐保温管道补口》、《防腐保温复合管道低温预制工艺》、《永冻土防腐保温管道补口工艺》及《一种低温高强度无氟聚氨酯泡沫保温材料》。本工法保温管道预制采用新工艺技术，提高生产效率和产品质量，总结永冻土地区长输保温管道施工特点和方法，技术先进，安全环保，节约成本，形成有指导性的施工流程。本工法关键技术于2011年4月通过石油和化学工业协会组织的科技鉴定，达到国内领先水平。

2. 工　法　特　点

本工法特点如下：

1) 现场预制保温管道缩短了生产线至施工现场距离，采用倾斜发泡平台，管端头液压封堵技术，高压注射泡沫料，水平发泡工艺，降低了预制成本，提高产品质量。

2) 本工法采用自主研发防腐保温管道补口工艺和复合保温管道整体下沟敷设技术，提高了保温补口施工效率，有效防止保温管道保温层开裂、划伤，保证施工质量。

3) 本工法采用复杂地质条件下冻土开挖技术，降低了永冻土地区管沟挖掘、爆破难度，提高了施工效率。

4) 本工法解决了冬季管道水压试验难题，保证施工进度，保障施工安全，保护了当地自然生态环境，减少了对施工区域内环境破坏。

3. 适　用　范　围

本工法适用于永冻土地区寒季 DN1200 以下长输保温管道的现场预制及机械化施工作业。

4. 工 艺 原 理

本工法工艺原理如下:

1) 保温管道预制

本工法采取现场搭设移动式预制生产线,缩短生产线至施工现场距离。采用管端头液压封堵,倾斜发泡平台,高压注射泡沫料,放平平台,使泡沫料在水平位置上发泡固化。

2) 保温管道施工

采用冰雪表面铺垫碎石修筑施工便道,在木杆上铺碎石修筑便道穿越永冻土沼泽,使用混凝土涵管+木杆+碎石修筑便桥穿越河流沟渠。利用自有专利的自加热保温棚进行管道焊接,电加热带持续加热保证焊接质量。防腐保温补口区域使用中频感应加热,密封处理,安装热熔补口带通电热熔进行防腐保温复合管道的补口作业。

采用挖掘机+破碎锤+松土器挖掘冻土,液压钻孔机钻孔爆破永冻土成沟,预留施工通道二次排水、除冰和冰湖穿越。

采用简易加热保暖棚进行冬季水压试验;通过傅立叶方程、克拉百龙方程和热能传导公式计算火炉最经济间距以及保暖棚最佳结构尺寸。

5. 工艺流程和操作要点

5.1 工艺流程

保温管道预制施工工艺流程 (图 5.1)。

5.2 操作要点

5.2.1 施工准备

组织施工人员和设备入场,进行施工技术、物资、征地及现场准备,编制管理文件和各类方案、施工措施。

5.2.2 保温管道预制

1) 管道质量复验

(1) 进入保温管生产的防腐管先进行外观检查,清除油质、灰尘、水分或其他污物。

(2) 对允许修补的外观划伤应按标准进行修补,经验收合格后允许进入下一道工序。

(3) 对聚乙烯外护管进行外观检查,清除外护管内外表面的灰尘、泥土、雨水、雪、聚乙烯碎屑等杂物。对允许修补的划伤进行修补处理后方可进入保温生产线。

2) 穿管

(1) 将 3PE 防腐管吊装到穿管机的送进滚道上;将聚乙烯外护管吊装到穿管机的 V 形平台上。在 3PE 防腐管上划线确定固定定位块的位置。

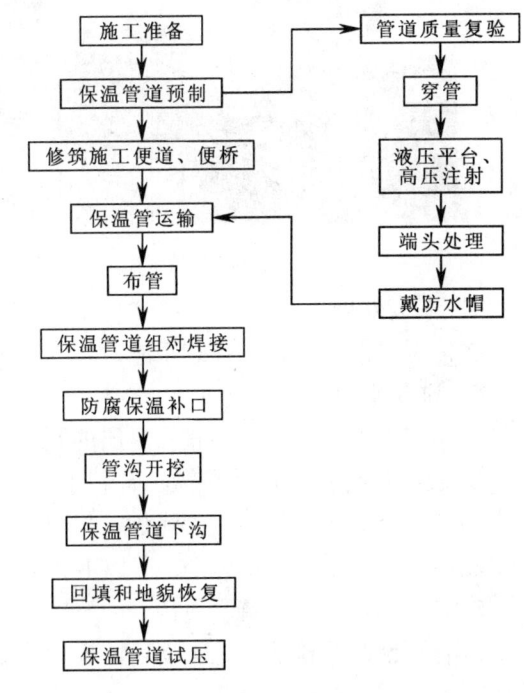

图 5.1 保温管道预制施工工艺流程

(2) 启动滚道电机,送进 3PE 防腐管,当画线达到固定支撑块的工位时,停止电机,在 3PE 防腐管上固定聚乙烯支撑块 (图 5.2.2-1),保证聚乙烯管与 3PE 防腐管形成的环状空间为 80mm。

(3) 启动电机,再送进 3PE 防腐管,重复上道工序过程。圆周方向上均匀布置 10 块,径向每米布置一道,保证环状空间的均匀 (图 5.2.2-2)。

3) 液压平台、高压注射

图 5.2.2-1 固定支撑块

图 5.2.2-2 穿管作业

（1）启动液压站，升起平台的支撑液压缸，使平台的一端升高 500mm 左右。

（2）设定高压发泡机的各项参数，设定保温管的泡沫料总用量，设定组合聚醚和异氰酸的比例，调整料罐的空气压力，启动校准系统进行校正，正常后开始注射。

（3）将高压混合喷枪插入注料孔内，扶住喷枪，启动枪头的注射按钮，开始向管内注射泡沫料（图5.2.2-3）。

（4）注射结束后，启动平台支撑液压缸下降按钮，使平台缓慢降低到水平位置，静置 15~20min，待泡沫发泡固化后，开启端部法兰（图 5.2.2-4）。

图 5.2.2-3 高压注射

图 5.2.2-4 保温层固化

4）端头处理

将保温管的端头污物清理干净，将多余的聚乙烯外护管切割掉，端头平整。

5）戴防水帽

保温层发泡结束后，检查保温层的厚度，留头长度，保温层空洞等。戴帽前可对聚乙烯外护管表面和 3PE 表面进行处理使其粗糙，有利于粘结。利用火焰对防水帽均匀加热，使其收缩与外护管和 3PE 层牢固粘结。防水帽外观应无烤焦、鼓包、皱纹、翘边，两端搭接处四周应有少量胶均匀溢出。防水帽与聚乙烯外护管搭接长度为 80mm 以上，与钢管 3PE 防腐层搭接长度为 60mm 以上。

5.2.3 修筑施工便道、便桥

保温管预制后拉运至施工现场，根据现场实际情况修筑施工便道、便桥，方便保温管道运输和施工设备行走。

1）使用碎石逐层铺垫修筑便道，铺筑时碎石土厚 400~500mm，每摊铺 100mm 碾压一次达到通行条件，在沼泽地带，铺筑前使用木杆纵横交叉铺作为骨架增强便道承载力（图 5.2.3-1）。防冻涨便于维护，有较高承载力，透水且不易散失，保护原有沼泽不受破坏。

2）使用水泥涵管搭配横木修建过河便桥，拓宽河流沟渠，安放水泥涵管，在涵管间铺木杆进行加固，在涵管顶铺纵向及横向木杆构造桥面，架设加固栏杆以及摊铺碎石路面（图 5.2.3-2）。

图 5.2.3-1 修筑施工便道

图 5.2.3-2 搭设施工便桥

5.2.4 保温管运输

1) 运输车辆采用长度适当的带箱货车、拖车等，管子伸出车后的长度不宜超过 2m，拖车与驾驶室之间设止堆挡板。

2) 管道装卸采用专用的吊具，吊管尾钩的宽度与深度均不小于 60mm，其工作面弧度与管道相同，在吊钩工作面弧槽内贴补一层软质材料。吊装时有专人指挥，吊绳与管道的夹角不小于 30°，管道端部设拉绳，以保证卸放位置准确。

3) 车底垫层橡胶板的厚度不小于 20mm，前、中、后垫 3 处，每处垫层宽度不小于 500mm。管道层间需加橡胶板垫层，其厚度不小于 10mm，每处宽度不小于 300mm。保温管装车层数不超过 2 层（图 5.2.4）。

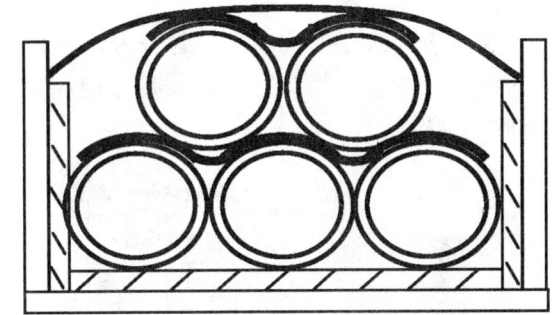

图 5.2.4 保温管道装车示意图

4) 采用带状软质绑绳捆扎牢固，绑绳宽度不小于 100 mm，绑扎道数不少于 3 道，绑扎间距不大于 4m，绑绳与管道接触部位衬垫厚度不小于 10mm，宽度不小于 300mm 的软质橡胶板。

5.2.5 布管

1) 吊管机布管时，采用专用 75mm 宽度软质吊管带，设专人牵引钢管，防止保温管碰撞地面和周围物体。吊管机吊臂外侧绑扎 20mm 厚橡胶层，防止保温层碰撞吊臂（图 5.2.5）。

2) 管墩用细土或积雪灌装成带，用积雪灌装时管墩高度要超出正常高度一倍，预留出管道放置后的沉降。

图 5.2.5 保温管道布管

3) 爬犁拖运管子时，爬犁底设置软质管托，两侧设有护栏，将管子与爬犁捆牢，以防止上下窜管。

5.2.6 保温管道焊接

1) 使用自加热的保温防风棚

在特制自加热防风保温棚内进行保温管道焊接（图 5.2.6-1）。通过棚内加装的电暖器加热，玻璃钢外壳内衬防火保温棉毡防止热量散失，全封闭保温棚强制换气避免有害气体郁积，避免气流影响焊接质量。通过使用保温棚，提高作业面小环境温度，提高管道加热效率保证质量。焊接采用小流水或单兵作业方式，根焊、热焊、填充和盖面由一个工程车完成，减少热量散失（图 5.2.6-2）。

2) 管道预热使用电加热带，预热至 100~150℃时进行根焊，在焊接过程中电加热带持续加热，保证焊道周围温度不降低；在层间焊接时，电加热带始终持续加热，设备转移时电加热带不移动，减少热量散失。为避免焊后骤冷造成裂纹等低温带来的质量问题，焊后持续加热 5~10min 再拆除电加热带并使用石棉保温被包裹焊口进行缓冷，延长缓冷时间持续至第二日清晨后拆除。

图 5.2.6-1　自加热防风保温棚

图 5.2.6-2　小流水或单兵作业方式焊接

5.2.7　保温管道防腐补口

永冻土地区保温管道采用复合保温补口的施工形式（图 5.2.7-1），复合保温补口共包括喷砂除锈、无溶剂环氧涂层、粘弹体防腐胶带、硬质聚氨酯泡沫瓦块、电热熔补口带、密封带等共 6 道工序，16 个施工步骤。

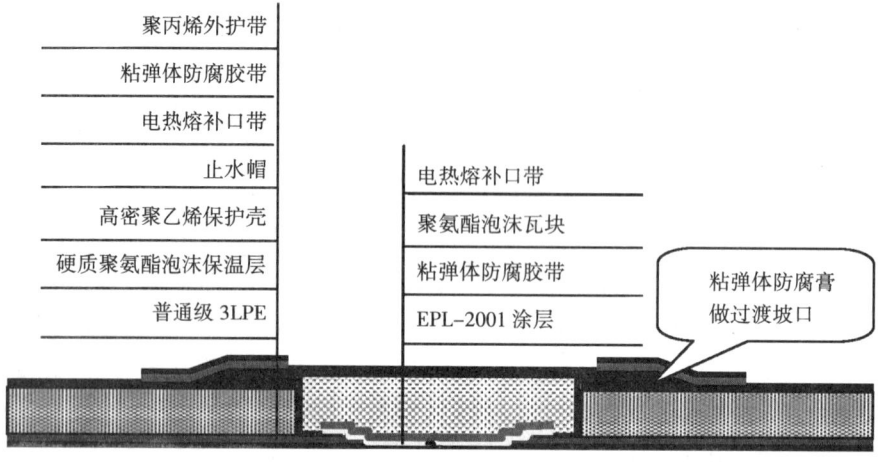

聚丙烯外护带
粘弹体防腐胶带
电热熔补口带
止水帽
高密聚乙烯保护壳
硬质聚氨酯泡沫保温层
普通级 3LPE

电热熔补口带
聚氨酯泡沫瓦块
粘弹体防腐胶带
EPL-2001 涂层

粘弹体防腐膏做过渡坡口

图 5.2.7-1　保温补口结构示意图

1）管口清理、喷砂除锈

寒季低温施工时，喷砂前钢管表面预热采用中频加热方式，预热温度在 70~100℃之间，进行喷砂、除锈作业。

2）保温补口处理区域密封、表面处理

用塑料膜和胶带将喷砂除锈处理后的补口区域密封，注入气体处理剂 15min 将密封膜去掉，去掉密封膜前用尾气处理装置抽出密封区内的气体，然后除去密封膜和胶带（图 5.2.7-2）。

3）涂装底漆、面漆并固化

图 5.2.7-2　保温补口表面处理

（1）产品的混合：将基料和固化剂加热到 25~30℃之间，将基料和固化剂混合。

（2）涂装底漆：密封膜去掉后的 10min 内涂装底漆。涂覆过程中，随时用湿膜测厚仪检测湿膜厚度。环境温度低于 10℃时，在涂料涂敷前应采用中频感应加热方式，将补口部位预热至 50℃左右，但不得高于 60℃。

(3) 涂装面漆：底漆涂装完后，马上开始涂面漆；如果底漆达到实干，必须对底漆砂纸打磨后，再进行面漆涂装。面漆涂装过程完毕后，采用中频感应加热方式，将补口部位加热至35℃左右并保持30分钟，30分钟后升至50℃左右并保持40min，加热温度不得高于60℃，此时涂层可达到实干状态（图5.2.7-3）。

4）缠绕粘弹体防腐带

自10点钟或2点钟位置开始向下缠绕，无须保持太大张力，边缠绕边用橡胶辊（石辊）擀压粘弹体胶带，使胶带保持平整，与管体密封良好。缠绕粘弹体部位管体温度应高于-30℃，以保证粘结力（图5.2.7-4）。

图5.2.7-3 中频加热涂装底漆

图5.2.7-4 缠绕粘弹体

5）修整聚氨酯发泡保温瓦块并安装

现场拼装预制的聚氨酯发泡保温瓦块，根据补口部位的形状及尺寸对保温瓦块进行修整，拼装后用捆绑带进行紧固，并用包装带捆绑（图5.2.7-5）。

6）安装热熔补口带并电热熔

清理热熔补口带安装部位，将热熔补口带放置在补口部位，焊口位置位于补口带正中，采用捆绑带固定热熔补口带，搭接部位使用钢板进行校正压实，确保热熔部位无空隙（图5.2.7-6）。通电进行电热熔，电流18~26A，热熔时间10~20min。热熔后对补口部位进行试压，试验其严密性。试验压力为0.04MPa，试验时间为30s，以不泄压、严密为合格。试压用孔洞采用热熔塞封堵后安装热缩盖方式密封。

图5.2.7-5 安装聚氨酯保温瓦块

图5.2.7-6 电热熔补口

7）缠绕密封带

密封带由三部分组成，分别为粘弹体防腐膏、粘弹体防腐胶带、聚乙烯密封带，可边施工边加热，保证低温粘结力。缠绕粘弹体防腐胶带时，坡口位置使用压辊擀压皱褶均匀分布（图5.2.7-7）。

5.2.8 管沟开挖

冬季极低温度环境下，土方冻结后极其坚硬，冬季开挖管沟主要采取两种方式，一种为破碎锤或松土钩配合挖掘机挖掘成沟，另一种为松动爆破。

1）挖掘成沟

（1）根据冬季冻土坚硬、可爆性较差的特点，多采用多种机械设备配合施工的方法挖掘管沟（图 5.2.8-1）。每个开挖作业面配备 2~3 台单斗挖掘机，分别安装反铲、破碎锤、松土钩，在开挖时根据土质情况，由松土钩钩破地表表层，挖掘机将破碎后的冻土块挖出，破碎锤对冻土逐层破碎并挖出，逐步成沟（图 5.2.8-2）。

（2）在永冻土沼泽地段，因地下水位高，永冻土与

图 5.2.7-7　缠绕密封带

图 5.2.8-1　挖掘机挖除冻土块

图 5.2.8-2　破碎锤松动破碎冻土

地表之间、永冻土夹层、永冻土层下有大量承压游离水，在管沟开挖后大量涌出，在管沟内汇积并冻结，局部地区形成冰湖（图 5.2.8-3），需要在下沟前二次破碎开挖，因此管沟开挖时需在管沟一侧留出设备通道保证二次开挖的顺利进行（图 5.2.8-4）。

图 5.2.8-3　自然形成冰湖

图 5.2.8-4　管沟除冰

2）爆破成沟

管沟冻土爆破，采用浅孔松动爆破。为提高爆破破碎效果，降低爆破对多年冻土环境的影响，多排、多孔爆破时，采用毫秒微差爆破。爆破所用炸药，严禁使用甘油类炸药（在低温条件下，甘油炸药凝固时，稍微震动即能引起爆炸），可采用黑色炸药、硝铵炸药或 TNT 炸药。为了克服基底冻土或基岩底板的夹制作用，避免欠爆或超爆，爆破钻孔的深度应一次钻到管沟基底标高（图 5.2.8-5）。为防止因塌孔、回淤、回冻等造成钻孔深度的减少，在实际钻孔中，可考虑增加 20~50cm 的附加超钻量。

图 5.2.8-5　液压钻孔机成孔

5.2.9 管道下沟

1）管道下沟前清除沟内坚冰与石块等，排出积水，清除管沟壁突出物，保证管沟平滑过渡。

2）$\phi 813mm$ 保温管道下沟时使用 4 台 70t 吊管机，配以专用软吊具，困难地段可适当增加吊管机的数量、缩小吊管机的间距，将吊管机每 10m 设置一台，防止损坏管道保温层。

5.2.10 回填及地貌恢复

1）管沟底部垫 300mm 细土层，回填至管顶上方 300mm 后再回填原状土，冻土块最大粒径不得超过 200mm。细土的最大粒径不超过 10mm。若采用冻土粉碎，不得采用冻结的腐殖土或泥炭质土。

2）由于回填的冻土难以压实，高含冰量多年冻土区的管沟需要待冻土第二年融化后进行二次回填。二次回填应选择在第二年寒季进行，二次回填后，应做好管道沿线植被恢复工作。

3）高含冰量多年冻土区管沟需进行换填，换填采用粗、细两种颗粒土，粗料和细料中粒径小于 75mm 颗粒的含量应不大于 15%。管底 300mm 以下换填采用粗料；管底 300mm 以上换填料采用细料。

4）寒季施工时，备好的换填料应采取有效保温措施，防止填料冻结，且其中冻土块的体积不宜超过 15%。

5.2.11 冬季试压

1）在冬季进行河流、公路等地段穿越前需要进行水压试验，高寒地区的严寒给管道水压试验带来很大困难，为避免试压水冻结，采取在管道周围搭建暖棚的方式，在棚内生火炉加热，保证管周围环境温度；加热注水用水箱，保证水的注入温度。

2）在穿越过程中，在管道周围使用木杆搭设骨架外罩塑料布的保温棚（图 5.2.11），在棚内使用火炉提高温度，保证棚内温度在 0℃以上。

图 5.2.11 搭设保温棚试压

3）为保证加热效果，计算火炉最经济间距以及棚子的最佳尺寸。通过傅立叶方程、克拉百龙方程和热能传导公式计算火炉最小间距以及保暖棚最佳结构尺寸。

热量在聚乙烯薄膜内部传热依据的基本公式：

傅立叶方程：$dQ = \lambda \dfrac{dT}{dX}$；

克拉百龙方程：$t_2 = \displaystyle\int_0^x \dfrac{\lambda}{C\rho} + \dfrac{\lambda T}{C\rho}\dfrac{dT}{dX} = t_3 + dT$；

推导可得微观条件下，t_2 与 t_3 关系式

$$t_3 = \frac{1}{\left[t_2 - \dfrac{\lambda}{A C\rho}\right]^2}\left[\left(t_2 - \frac{\lambda}{A C\rho}\right)X - \frac{\lambda}{C\rho} + \ln\left[\left(t_2 - \frac{\lambda}{A C\rho}\right)X + \frac{\lambda}{A C\rho}\right] + \frac{\lambda}{C\rho\left[t_2 - \dfrac{\lambda}{A C\rho}\right]^2} + \frac{\ln\dfrac{\lambda}{A C\rho}}{\left[t_2 - \dfrac{\lambda}{A C\rho}\right]^2}\right] \quad (5.2.11-1)$$

$\phi_1 = h_1 A\ (t_1 - t_2)$ 室内向塑料布传热 （5.2.11-2）

$\phi_2 = \lambda A\left(\dfrac{t_2 - t_3}{X}\right)$ 塑料布内部传热 （5.2.11-3）

$\phi_3 = h_2 A\ (t_3 - t_4)$ 塑料布向室外传热 （5.2.11-4）

宏观条件下可认为：$\phi_1 = \phi_2 = \phi_3$ （5.2.11-5）

由公式（5.2.11-1）~公式（5.2.11-5），t_2、t_3、X

本结构聚乙烯薄膜单位面积传热速率 q：

$$q=\left[\frac{\dfrac{Xh_1}{Xh_1+\lambda}-\dfrac{\lambda X^2h_1^2}{(Xh_1+\lambda)(Xh_2+\lambda)-\lambda^2}}{\dfrac{1}{h_1}+\dfrac{X}{\lambda}+\dfrac{1}{h_2}}\right]t_1\left[\frac{X^2h_1h_2}{(Xh_1+\lambda)(Xh_2+\lambda)}\right]t_4$$

炉子最小间距 L：

$$L\leqslant\frac{Q_{燃料}m\varphi}{2aq}-\frac{b}{2}$$

单个炉子最小燃料加入量：

$$m\geqslant\frac{q(2aL+ab)}{Q_{燃料}m\varphi}$$

经计算可得出，燃木火炉最佳间距为 10m，可使用最少燃料使棚内温度大于 0℃，棚宽为 3.5m，高为 2.5~3m，保证管内水温恒定。

5.3 劳动力组织 (表 5.3-1、表 5.3-2)

保温管道预制机组人员配置 表 5.3-1

序号	工 种	人员数量（人）	备 注
1	机组长	1	机组总负责
2	技术员	1	负责技术管理及泡沫料配制
3	质检员	4	负责质量管理
4	HSE 监督员	1	负责 HSE 管理
5	材料员	2	负责仓库材料保管及生产供料工作
6	生产班长	2	负责全面工作并协作开机或停机
7	防腐绝缘工	23	保温管道预制作业
8	钳工	1	负责机械设备的维护与保养
9	电工	1	负责电气设备的维护与保养
10	抓管机司机	2	管材运输
合计		38	

保温管道施工人员配置 表 5.3-2

序号	工 种	人员数量（人）	备 注
1	机组长	5	全面负责现场管理
2	技术员	5	施工现场技术管理
3	质检员	5	施工现场质量管理
4	HSE 监督员	5	施工现场 HSE 管理
5	材料员	5	机组材料供应、后勤管理
6	测量工	4	线路测量放线
7	管 工	6	管道组对
8	电焊工	18	管道焊接
9	火焊工	2	配合金属切割
10	防腐工	12	防腐保温补口
11	喷砂工	2	喷砂除锈
12	压风机操作手	2	压风机、发电机组操作手

序号	工 种	人员数量（人）	备 注
13	吊管机操作手	7	吊管机操作
14	电站操作手	4	移动电站操作
15	挖掘机操作手	10	操作履带挖掘机
16	爆破工	6	爆破作业
17	起重工	8	起重作业
18	电 工	2	电器维护管理
19	修理工	4	设备维修
20	司机	23	吊车、拉管车、客车、指挥车驾驶
合计		135	

6. 材料和设备

6.1 主要材料（表6.1）

主要材料清单   表6.1

序号	名 称	规格型号	单位	数 量
1	组合聚醚	R4410B	t	6.7
2	异氰酸酯	44V20L	t	8.3
3	聚乙烯支撑块	自制	个	8400
4	聚乙烯外护管	$\phi1003\times12$mm	根	84
5	钢管	$\phi813\times16$mm	根	84

6.2 主要机具设备（表6.2）

主要设备、机具   表6.2

序号	设 备 名 称	型 号	单位	数量	备 注
1	进管系统	自制	套	2	进管
2	液压站	YZ200	套	8	控制系统
3	移动小车	自制	台	2	运输作业
4	单螺杆空气压缩机	KNC-55A	套	1	压缩机
5	穿管平台	自制	套	2	操作平台
6	升降平台	自制	套	4	管材提升
7	意大利高压发泡机	A350	台	2	发泡作业
8	烘料平台	自制	套	1	烘干作业
9	半自动焊机	DC400	台	20	焊接
10	内对口器（液压）	DNQ32″	台	1	内对口
11	综合焊接作业车	DZ-100	台	10	焊接综合作业
12	吊管机	DGY40B	台	3	吊管组对
13	吊管机	DGY70	台	4	管道下沟
14	履带式挖掘机	PC220-7	台	4	配合机组、修整便道

序号	设 备 名 称	型 号	单位	数量	备 注
15	履带式挖掘机	PC400	台	6	土石方开挖
16	火焊工具	BSZ3	套	2	金属切割
17	中客车	依维柯	辆	6	通勤
18	电加热带	HKD-813	套	12	管口加热
19	指挥车	四驱越野	辆	5	现场协调
20	RTK测量系统	灵锐S86	台	2	测量放线
21	自加热保温防风棚	φ813	个	10	焊接防风保温
22	红外线测温仪	BRIME	个	10	测温
23	管子拖车	太脱拉-825	台	8	拉运管材
24	吊车	QY-25B	台	2	吊装作业
25	破碎锤	PCY80	套	2	挖凿冻土石方
26	液压钻孔机	Z-20AW	台	2	钻孔作业
27	爆破装置	MFD-50	套	4	爆破作业
28	卡车	东风5t	辆	2	材料运输
29	喷砂除锈设备	ACR-3	台	1	喷砂除锈
30	喷砂罐	$5m^3$	套	1	储砂
31	空压机	$5m^3/min$	台	1	加压
32	电火花检漏仪	SL-13	套	2	检验
33	涂层测厚仪	TT210	台	2	测涂漆厚度
34	弹簧式拉力计	NK-100N	套	2	检验
35	音频信号检测仪	FJJ-3	台	1	检测
36	电热熔焊机	PE-122	台	2	通电热熔
37	水泵	60IS25-15	台	1	注水
38	试压头	DN800	套	2	试压首、尾端
39	柱塞泵	4DSY-I型 40/25	台	1	试压
40	压力记录仪	SYJ-101	台	1	试压用仪表
41	压力表	0~20MPa	个	2	试压用仪表
42	压力天平	S3123	台	1	试压监测
43	自制火炉	φ1000	套	10	加热

7. 质 量 控 制

7.1 质量控制标准

7.1.1 《油气长输管道工程施工及验收规范》 GB 50369-2006。

7.1.2 《管道下向焊接工艺规程》 SY/T4071-1993。

7.1.3 《钢质管道焊接及验收》 SY／T 4103-2006。

7.1.4 《土方与爆破工程施工及验收规范》 GBJ 201-83。

7.1.5 《涂装前钢材表面锈蚀等级和除锈等级》 GB 8923-88。

7.1.6 《埋地钢质管道聚乙烯防腐层技术标准》SY/T 0413-2002。

7.1.7 《埋地钢质管道硬质聚氨酯泡沫塑料防腐保温层技术标准》SY/T 0415-96。

7.1.8 《高密度聚乙烯外护管聚氨酯泡沫塑料预制直埋保温管》CJ/T 114-2000。

7.2 保温管道预制质量控制

7.2.1 穿管应控制定位块在圆周上的均匀分布，气动打包机的空气压力应控制在 0.4~0.6MPa，使定位块牢固地固定在 3PE 防腐管上。在长度方向上每米布置 1 道，保证同心度和定位块的受力均匀。

7.2.2 设定高压发泡机控制系统的各种工艺参数，包括原料的密度、料温、料罐的空气压力、两种料的比例、每秒注料量、混合料总量等，校验设定的参数。

7.2.3 在端头法兰上的放气孔内安透气塞，保证气体有效排放，而泡沫料不漏出，只有所有的料全部在管内发泡，才能保证泡沫层的密度和各项指标。

7.2.4 待发泡的保温管吊放在发泡平台上，调整留头长度，控制在 200±10mm。启动液压站，送进液压缸，使端头密封法兰顶住聚乙烯外护管，法兰的一部分伸进外护管内将管撑圆，确保泡沫层不偏心，不漏料。

7.2.5 发泡平台倾斜角度控制在 5°以内，注料结束后，应及时将平台落回、放平，控制反应发泡时间和固化时间，总时间不得少于 20min；固化时间不到，不得打开液压法兰，否则，泡沫会继续发泡而长出外护管外面，使端头的密度降低。

7.3 保温管道补口质量抽查要求

7.3.1 EPL-2001 涂层检验和修补：

1) 除锈等级：目测检查除锈等级达到 Sa2.5 级，或达到 St3.0 级。

2) 涂层厚度：涂层实干后使用湿膜测厚仪、干膜测厚仪检测，涂层厚度≥500μm。

3) 漏点检测：涂层实干 2h 后使用电火花检漏仪进行检漏，检漏电压为 15kV。

4) 附着力检测：按 1%比例进行抽查，做拉拔试验。

7.3.2 粘弹体防腐胶带的检测及修补

1) 外观检查：目测检查粘弹体防腐胶带、聚丙烯外护带缠绕质量，表面应平整、搭接均匀、无永久性气泡、皱褶和破损；

2) 厚度检查：采用测厚仪检查，粘弹体防腐层、粘弹体+聚丙烯外护带防腐层厚度不应低于 75%原始厚度。

3) 漏点检测：采用电火花检漏仪以 15kV 电压进行检查，无漏点为合格；

4) 粘结力检查：补口完毕 48 小时后以 1%比例进行破坏性剥离检查，剥离强度应符合下述规定，23℃条件下，剥离强度≥5N/cm，覆盖率大于 95%，−45℃条件下剥离强度≥50N/cm，覆盖率大于 95%。

7.3.3 聚氨酯保温瓦块质量要求

检查保温瓦块厚度≥86mm，拼装间隙≤5mm，表面平整。

7.4 冬季试压的质量抽查要求

7.4.1 棚内温度恒定，管道及介质检测温度恒定，波动较小。

7.4.2 管道采用洁净水作为试压介质，先进行强度试压（1.5 倍设计压力），强度试压时间为 4h，管道不破裂、不渗漏为合格，然后进行严密性试压（1.0 倍设计压力），严密性试压时间为 24h，压降以不大于 1%试验压力且不大于 0.1MPa 为合格。

7.4.3 因负温施工，要求清扫、干燥时管道所处环境为正温，管内无凝结水为合格。

8. 安 全 措 施

8.1 施工现场作业人员配备适用于冬期施工的劳动保护用品（棉工服、棉手套、棉工靴等），配备必要的防冻疮、防风湿等冬季疾病的药品。

8.2 林区施工手机网络信号不好，每个机组配备移动电台和对讲机，发生意外情况时能够及时联络，机组人员不得单独外出行动。

8.3 林区施工落实"一盒火"制度，野外作业点指派专人保管和使用"一盒火"，其他人员严禁携带火种进入林区，现场配置齐全消防灭火器具。

8.4 发泡岗位要配戴防护面具和专业防护手套，以免泡沫料溅射，伤害皮肤。

8.5 EPL-2001 涂层施工过程中必须配戴好防毒口罩以及手套、工作服、防护眼镜，任何情况下都不得直接呼吸气体处理剂；补口操作人员必须是经培训过的人员；操作人员施工前必须认真阅读该产品的技术说明书，并注意相关事项。

8.6 在施工现场采取防滑措施，以保证施工人员的人身安全。焊工用的梯子与防腐层的接触部位应除净霜冻或积雪、梯子底部与地面接触应稳固，起重吊具与被吊装物的接触部位进行防滑处理等。

8.7 生产所需的电气设备必须良好的接地。经常检查电力系统各元件工作情况，是否存在接触不良、松动、漏电、失灵等现象，若有及时处理。

8.8 经常检查系统各种阀门工作是否正常，有无泄漏及失灵等现象，若有及时更换。

8.9 针对寒季冰雪路面，机动车辆装备寒带地区专用的防滑轮胎和轮胎防滑链，在半挂车、平板拖车上加装自救绞盘。

8.10 根据寒季施工特点，准备足够数量、适合使用的燃油和润滑油。机油更换为 CD/SF 级 0W-30 型机油，其有效使用温度为-45~-15℃；齿轮油更换为适合寒带使用的重负荷齿轮油；液压油更换为适合寒带使用的抗磨液压油；防冻液更换为冻点为-45℃的防冻液；燃油更换为-35 号柴油，并对燃油箱增设保温措施。

8.11 加强设备启动保障，配备适应低温环境的大容量蓄电池，配置发动机冷却液、燃油箱、燃油管路、液压油箱保温器。

8.12 在运输队配备乙醚冷起动装置，运管车辆、汽车吊、油罐车夜间采用驻车加热系统加热、起动前采用乙醚冷起动装置进行辅助起动。

8.13 所有的爬行设备增加保温被的覆盖，规格为 5m×6m 的保温被。

8.14 在设备驾驶室内加装取暖设施，确保设备操作人员工作环境的温度。在车辆上装配驻车加热系统，可利用自身油箱的燃油循环供热。

9. 环 保 措 施

9.1 各种设备产生的噪声应符合《工业企业噪声控制设计规范》GBJ 87 规定，空气粉尘含量不得超过《工业企业设计卫生标准》TJ 36 的规定。

9.2 化工料对人体有一定的危害，应放在通风的环境下储存，避免阳光暴晒。

9.3 由于泡沫气体扩散速度很快，所以生产现场应配备轴流风机等通风设施，确保施工现场内有良好的空气对流。

9.4 泡沫废料应统一存放，按照有关规定集中处理，不得随意丢弃。

9.5 组合聚醚和异氰酸酯等废料应分别用铁桶盛装，按照国家化工产品的有关规定和厂家说明书的要求进行处理，不得直接排入下水道。

9.6 施工前，应对作业现场和施工工序进行风险识别和评价，制定风险消减措施，编制应急预案，并组织对职工进行 HSE 交底。

9.7 EPL-2001 没有使用或已经使用的容器应保持封闭，确保不使用的气瓶阀门处于安全关闭状态；补口过程中产生的施工垃圾应及时回收，防止污染环境。气体处理剂用完后，储罐必须返还厂家进行处理。

9.8 植被及野生动植物保护：施工过程中，车辆、设备必须在规定的施工便道上行驶，确实保护好施工所经过地带的植被和土壤。施工中，不准随便破坏动物巢穴，不准捕杀动物，不准食用国家规定的野生保护动物。施工中，禁止随意砍伐、推倒和扎压施工作业带以外的树木、植被等，防止水土流失和土壤污染。

9.9 大气污染的防治措施：防治大气污染的重点是控制生活气体排放污染、控制机动车尾气污染以及控制扬尘污染。禁止使用木材等自然燃烧物进行加热工作。采用液化气进行加热燃烧。热水、采暖尽量使用电器设备。

9.10 水污染的防治措施：生产用油料必须严格保管，使用必须签名登记，设备加强维修保养，防止渗漏于水源区造成污染。禁止向水源周围排泄倾倒。

9.11 做好管沟开挖时土质分层堆放及垫层和回填土细筛细填，确保恢复原有土质分布类型，不影响作业带范围生态动植物自然环境，减少破坏面积和程度，保证野生动植物的自然生态环境。

10. 经 济 分 析

10.1 社会效益

本工法是首次采用倾斜高压发泡技术生产大口径聚氨酯保温管道，在国内也是首创，在保温管道预制领域有推广价值。针对高寒、永冻土地区施工条件，应用和优化了各工序施工保证措施，针对性强、规范了大口径管道特定条件下施工工艺，拓展了管道施工空间和时间范围。因地制宜，在冰冻季节采用简易保暖棚+电加热等手段进行试压；在冬季通过爆破、破碎挖掘等手段进行冻土开挖；使用自加热保温防风棚进行冬季焊接，保证了施工质量，合理的利用了当地资源大大降低作业难度，节约了施工成本。

10.2 经济效益

10.2.1 保温管道预制效益

中俄原油管道漠大线工程第 1、2、3、8 标段 $\phi 813 \times 16$mm 聚氨酯保温管道预制共 46.53km，销售额为 7638.47 万元，原材料成本、水电费、维修费用、设备折旧、销售税金及附加合计 7329.6 万元，利润为 308.87 万元。

10.2.2 修筑施工便道、便桥效益

施工中因地制宜、就地取材，选用当地风化碎石修路，林区伐下木材作为骨架纵横交叉铺设修筑便道、便桥。综合对比，修筑便道、便桥每公里可节约施工费用 14.5 万元，作业带内外共修筑 24.84km，共节约施工费用 360.12 万元。

10.2.3 采用自加热保温防风棚冬季焊接产生的效益

在高寒永冻土地区应用自加热保温防风棚+电加热带进行半自动焊接，国内尚属首次，电加热带可持续提高焊接时焊道周围温度，避免重复升温，保证焊接质量同时提高焊接速度。综合对比，每焊接 1km$\phi 813$mm 壁厚 14.2mm 管道可节约施工费用 2.5 万元，在冬季共焊接管道 30.5km，共节约施工费用 76.25 万元。

10.2.4 冬季进行永冻土地区管沟开挖效益

冬季穿越永冻土及沼泽，一方面保护永冻土不受扰动破坏，另一方面降低了夏季施工的难度。通过冬季开挖、下沟、回填，采用松动爆破或破碎挖掘，避免了夏季施工的排水、换填等工作，节约了施工费用。综合对比，冬季每进行 1km 的管沟开挖、管道下沟、管沟回填，可节约施工费用 3.6 万元，冬季共进行了 31.2km 的管沟开挖、管道下沟，共可节约施工费用 112.32 万元。

10.2.5 冬季试压效益

在额木尔河等大中型河流穿越过程中采取简易保温棚+电加热方式冬季试压，相比较于常规的改变试压介质，添加外加化学试剂的方法，在工期、人、机、料方面的优势如表 10.2.5。

每进行一段试压节约资源表 表 10.2.5

项 目	工期	添加剂费用	添加剂拉运费用	人工	机械台班
缩减数量	5d	25 万元	6 万元	110 工日	32 台班

折算成费用后每进行一处冬季试压产生经济效益 44.9 万元，全线共进行四条河流的单独试压，合计产生经济效益 179.6 万元。

防腐保温管道预制，利润为 308.87 万元；通过冬期施工，共节约施工费用 728.29 万元，合计产生效益为 1037.16 万元。

11. 应 用 实 例

11.1 中俄原油管道漠河-大庆段第 1 标段工程

大庆油田建设集团有限责任公司承建的中俄原油管道漠河-大庆段第 1 标段工程，位于黑龙江漠河县、塔河县境内，全长 41.2km，管径为 813mm，管材 L450 级钢。穿越永冻土地区管道设计采用 3PE 普通级防腐+聚氨酯保温（80mm）结构，保温管道长度 10.71km。2009 年 7 月 4 日开工，2010 年 10 月 1 日投产。

11.2 中俄原油管道漠河-大庆段工程第 2 标段

大庆油田建设集团有限责任公司承建的中俄原油管道漠河-大庆段第 2 标段工程，位于黑龙江塔河县境内，全长 51.27km，管径为 813mm，管材 L450 级钢。穿越永冻土地区管道设计采用 3PE 普通级防腐+聚氨酯保温（80mm）结构，保温管道长度 7.58km。2009 年 7 月 16 日开工，2010 年 10 月 1 日投产。

11.3 中俄原油管道漠河-大庆段工程第 3 标段

大庆油田建设集团有限责任公司承建的中俄原油管道漠河-大庆段第 3 标段工程，位于黑龙江漠河县境内，全长 66.51km，管径为 813mm，管材 L450 级钢。穿越永冻土地区管道设计采用 3PE 普通级防腐+聚氨酯保温（80mm）结构，保温管道长度 12.24km。2009 年 7 月 30 日开工，2010 年 10 月 1 日投产。

11.4 中俄原油管道漠河-大庆段工程第 8 标段

辽河石油勘探局油田建设工程一公司承建的中俄原油管道漠河-大庆段第 8 标段工程，位于黑龙江加格达奇市境内，全长 68km，管径为 813mm，管材 L450 级钢。穿越永冻土地区管道设计采用 3PE 普通级防腐+聚氨酯保温（80mm）结构，保温管道长度 16 公里。2009 年 10 月 30 日开工，2010 年 10 月 1 日投产。

永冻土地区寒季长输保温管道施工为国内首次，在实践过程中 4 个标段一次投产进油成功，开创中国永冻土地区保温管道施工先河，树立保护环境的施工典范，填补国内空白，总体技术处于国内领先、国际先进水平。

管道自动焊焊接工法

GJYJGF129—2010

中国石化集团第四建设公司

李雪梅　吴卫　马德勇

1. 前　言

自动焊技术在管道领域的应用主要有两种形式，第一种是焊枪旋转、焊件不动，第二种是焊枪不动、焊件旋转。第一种由于对管子组对精度要求较高，且要求安装爬行轨道，且生产效率低，因此发展缓慢；第二种由于焊枪不动，利用滚动胎具使焊件旋转，焊接操作简单，生产效率高，因此得到了广泛的应用。

近年来由于石油化工工业的发展，装置规模越来越大，施工工期越来越短，特别是管道施工尤为明显，管道焊接人员的数量及素质已远远不能满足施工需要，焊接质量也跟工程质量的要求相差很远，传统手工焊接已跟不上市场的需求。在此背景下，公司在集团公司的支持下，在管道预制领域积极推广自动焊技术，使生产效益大大提高，在公司各项目得到了应用，如天津100万t乙烯项目、川气东送项目、福建项目等。

2. 工法特点

2.1　管道自动焊接与传统的焊接有很大的区别，传统的焊接方法主要是氩电联焊为主，管道自动焊焊接方法组合主要为：手工氩弧焊打底+埋弧焊盖面，手工氩弧焊打底+气保焊盖面，气保焊打底填充盖面，自动钨极氩弧焊打底填充盖面。

2.2　管道全自动便于操作，在施焊时，根据熔池实际情况，调整一、二个旋钮即可达到控制焊接质量的目的。极大降低了劳动强度；提高了焊接生产效率高；可以在正常情况下连续作业，一次完成整条焊缝的焊接。

2.3　由于自动焊受人为因素的影响很小，当需要调整工艺参数时，只要偶尔调节几个旋钮便可准确选择合适的参数，完成焊接全过程，焊接质量稳定，焊接合格率高，目前焊接一次合格率达到99%以上。

2.4　焊接速度快，是传统焊接的4~6倍以上，厚壁管道可达8~12倍以上。

2.5　焊接外观质量好，成形美观。

3. 适用范围

此工法可广泛应用于管道的预制焊接中，适用于碳钢、不锈钢、铬钼钢、钛材材质管道的焊接；可实现管线与管线、管线与配件、管件与管件的自动焊，可焊接壁厚5~80mm、管径 $DN100$~$DN2500$ 的管线；焊材直径为：气体保护焊焊丝直径以 $\phi1.2$ 为宜，埋弧焊焊丝直径以 $\phi2.4$、$\phi1.6$ 为宜，最大直径不超过 $\phi4.0$。

4. 工艺原理

本工法采用的自动焊技术是焊枪不动，焊件旋转，让焊接始终保持在平焊位置进行，管段放置在滚动胎上,通过滚动胎的旋转带动管段的旋转来实现焊接,焊接过程中焊接电流、电弧电压、焊枪摆动幅度、摆动频率等工艺参数均采用双控式,即可以通过触摸屏预选工艺参数,过程中使用旋钮来微调工艺参数。

5. 施工工艺流程及操作要点

5.1 施工工艺流程

5.1.1 碳钢工艺流程(图 5.1-1)

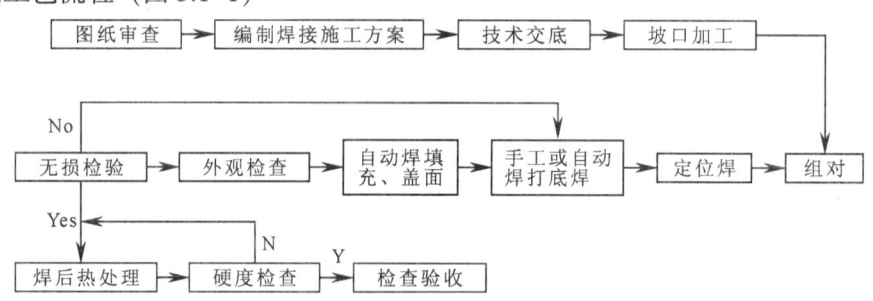

图 5.1-1 碳钢工艺流程

注:指厚度应大于等于30mm 及按设计文件要求进行焊后消应力热处理和硬度检测。

5.1.2 铬钼钢工艺流程(图 5.1.2)

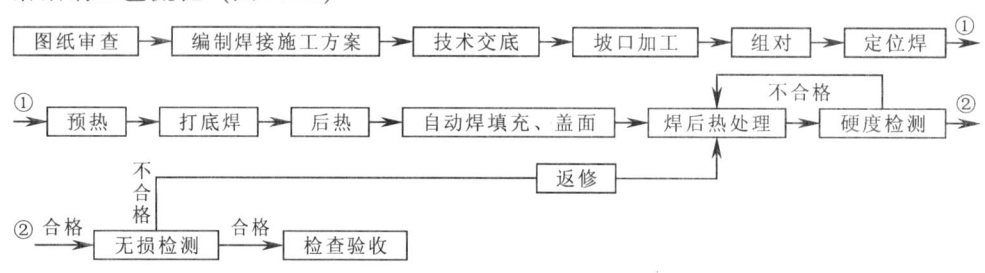

图 5.1-2 铬钼钢工艺流程

5.1.3 不锈钢工艺流程(图 5.1.3)

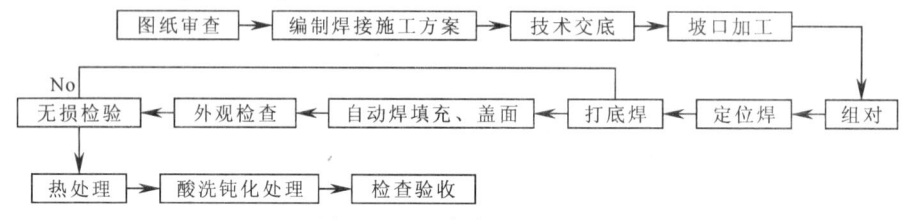

图 5.1-3 不锈钢工艺流程

注:指对于高压管线或炉管,设计要求进行稳定化热处理的焊缝应按设计要求进行热处理。

5.2 操作要点

5.2.1 自动焊焊机

自动焊机一般由焊接电源、焊接控制面板、焊接小车、送丝焊枪、压紧式滚动胎、支撑架构成。自动焊机按机械结构分为悬臂式、非悬臂式;按焊接电源最大输出电流分为重载和轻载,轻载最大输出电流为 450A,重载最大输出电流为 600A。

1. 轻载自动焊机

轻载自动焊机按机械结构分为悬臂式轻载自动焊机、非悬臂式轻载自动焊机,具体见图 5.2.1-1、图 5.2.1-2,焊接电源均采用美国米勒 PIPEPRO 450 型,最大输出电流为 450A,在 300A 以下输出电流稳定,超过 300A 输出不稳定,故适用于气体保护焊和细丝埋弧焊,气体保护焊焊丝直径以 $\phi1.2$ 为宜,埋弧焊焊丝直径以 $\phi1.6$ 为宜,最大直径不超过 $\phi2.0$。可以实现的焊接方法为熔化极气体保护焊(GMAW)、药芯焊丝气体保护焊(FCAW)、埋弧焊(SAW)。

图 5.2.1-1 悬臂式轻载自动焊机

图 5.2.1-2 非悬臂式轻载自动焊机

2. 重载自动焊机

重载自动焊机，机械结构为悬臂式，焊接电源采用美国米勒 DW-852 型，最大输出电流为 600A，在 450A 以下输出电流稳定，超过 450A 输出不稳定，故适用于气体保护焊和埋弧焊，气体保护焊焊丝直径以 $\phi1.2$ 为宜，埋弧焊焊丝直径以 $\phi3.2$ 为宜，最大直径不超过 $\phi4.0$。适用的焊接方法：熔化极气体保护焊（GMAW）、药芯焊丝气体保护焊（FCAW）、埋弧焊（SAW），具体见图 5.2.1-3。

3. 大直径管焊机

大直径管焊机设备配置了美国林肯 DC-600 焊接电源，可实现气体保护焊和粗丝埋弧焊，最大输出电流为 600A，在 600A 以下输出电流稳定，气体保护焊焊丝直径以 $\phi1.2$ 为宜，埋弧焊焊丝直径以 $\phi3.2$ 为宜，最大直径不超过 $\phi4.0$；管径范围：$\phi630\sim\phi2700$，具体见图 5.2.1-4。

图 5.2.1-3 悬臂式重载自动焊机

图 5.2.1-4 上海兆锋产大直径管焊机

4. 全自动多功能氩弧焊焊机

目前公司与厂家共同研发的 AUTO PPAW830-E 多功能管道自动焊机为国内首家应用，特别适用于管线与管线、管线与配件、管件与管件的自动焊接，并配备了多功能焊接电源、双丝切换送丝系统、一套氩弧焊把、高频引弧装置、送丝机构及水冷却系统等，该焊机具有气保、埋弧、脉冲三种焊接方法，适用于碳钢、合金钢、不锈钢等各类材质的焊接要求，气保焊实现了打底、填充、盖面一次成型，大大提高了焊接效率。采用数字信号操控面板，可存储 30 组工艺参数，降低了操作人员的劳动强度和技能要求，焊机见图 5.2.1-5、图 5.2.1-6。

图 5.2.1-5 全自动多功能氩弧焊焊机

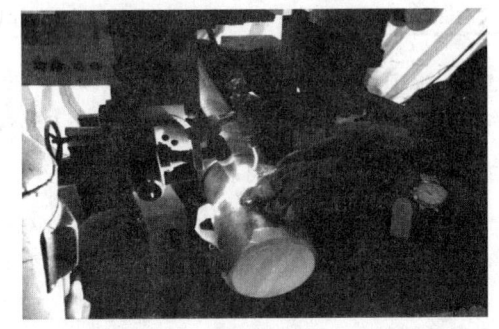

图 5.2.1-6 钛管焊接

5.2.2 焊接工艺评定

管道全自动焊目前已开发应用的焊接工艺评定 29 项，具体见表 5.2.2，覆盖的材质主要为碳钢类（20 号）、不锈钢（304、304L、316L、347H、321）、铬钼钢（P11、P22、15CrMo、1Cr5Mo）、低温钢（A333 GR6）；钛材；可焊接的厚度范围为：≥5mm。

自动焊焊接工艺评定一览表　　　　　　　　　　　　　　　　　　表 5.2.2

序号	评定编号	试件材质	试件规格(mm)	焊接方法	适用焊件厚度(mm)	预热(℃)	热处理(℃/h)	试验项目
1	0828AZF-MV	P5	φ168×7	GTAW/FCAW	1.5~14	250~350	750~780/1.5	拉、弯、冲
2	0839AGF-MV	20	φ168×19	GTAW/GMAW	14.25~38	—	—	拉、弯、冲
3	0829AGF-MV	20	φ168×7	GTAW/GMAW	1.5~14	—	—	拉、弯、冲
4	0843ASF-MV	20	φ508×32	GTAW/SAW	24~64	—	620~640/1.8	拉、弯、冲
5	0848SF-MV	20	φ168×19	GTAW/SAW	15~38	—	—	拉、弯、冲
6	0847ASF-MV	20	φ168×10	GTAW/SAW	7.5~20	—	—	拉、弯、冲
7	0836AGF-MV	P11	φ219×15	GTAW/GMAW	11.25~30	—	700~750/1	拉、弯、冲
8	0835AGF-MV	P11	φ219×8	GTAW/GMAW	6~16	—	—	拉、弯、冲
9	0782FSF-MV	TP304L	φ168×8	FCAW/SAW	1.5~16	—	—	拉、弯
10	0860ASF-MV	TP316L	δ=15.09	GTAW/SAW	5~30.18	—	—	拉、弯、冲晶间腐蚀
11	0956ASF-MV	TP304L	φ508×26.19	GTAW/SAW	5~52.38	—	—	拉、弯、冲晶间腐蚀
12	0961ASF-MV	15CrMoG	φ219×26	GTAW/SAW	19.5~39	150~200	650~700/2	拉、弯、冲
13	0962ASF-MV	15CrMoG	φ219×14	GTAW/SAW	10.5~28	150~200	650~700/1.5	拉、弯、冲
14	0973AGF-MV	A333 Gr.6	φ219.1×8.18	GTAW/GMAW	6.136~16.36	—	—	拉、弯、冲
15	0914ASF-MV	TP304	φ219×8	GTAW/SAW	1.5~16	—	—	拉、弯、冲晶间腐蚀
16	0970ASF-MV	A335 P22	φ457.2×55.56	GTAW/SAW	41.67~83.34	200~300	740/3h	拉、弯、冲硬度
17	0974ASF-MV	A335 P11	φ457.2×12.7	GTAW/SAW	9.52~25.4	150~200	695/1h	拉、弯、冲硬度
18	0941ASF-MV	A335 P22	φ219.1×28.58	GTAW/SAW	21.44~42.87	200~300	730/1.5h	拉、弯、冲硬度
19	0922ASF-MV	15CrMoG	φ273.1×14	GTAW/SAW	10.51~28	150~200	690/1h	拉、弯、冲硬度
20	0972ASF-MV	A333 Gr.6	φ219.1×8.18	GTAW/SAW	6.136~16.36	—	—	拉、弯、冲
21	0934ASF-MV	A335 P22	φ457.2×55.56	GTAW/SAW	41.67~83.34	200~300	730/3	拉、弯、冲硬度
22	0971ASF-MV	TP347H	φ457.2×9.53	GTAW/SAW	1.5~19.06	—	—	拉、弯晶间腐蚀
23	201073ASF-MV	06Cr19Ni10Ti	φ356×14	GTAW/SAW	1.5~21	—	—	拉、弯晶间腐蚀
24	201073ASF-MV	06Cr19Ni10Ti	φ356×14	GTAW/SAW	1.5~21	—	—	拉、弯晶间腐蚀
25	201073ASF-MV	06Cr19Ni10Ti	φ356×14	GTAW/SAW	1.5~21	—	—	拉、弯晶间腐蚀
26	201108ASF-MV	TP321	φ273×28	GTAW/SAW	5~56	—	—	拉、弯晶间腐蚀
27	201109ASF-MV	TP321	φ273×28	GTAW/SAW	5~56	—	890~900/2h	拉、弯晶间腐蚀
28	201068AF-MV	316L	φ219×4	GTAW(自动)	1.5~8	—	—	拉、弯晶间腐蚀
29	201067AF-MV	B861 Gr2	φ114×6.02	GTAW(自动)	1.5~12.04	—	—	拉、弯

5.2.3 焊工

1. 自动焊的操作手都应持有有效期内按《锅炉压力容器压力管道焊工考试与管理规则》中规定的焊工资格证，严禁无证上岗或越岗施工。

2. 熔化极气体保护自动焊的操作手应具有的焊工证为：GMAW-1G（K）-07/09。

3. 埋弧焊的焊工操作手应具有的焊工证为：SAW-1G（K）-07/09。

4. 焊工至少应配备以下工具：钢丝刷、锉刀、焊丝筒、砂轮机。

5.2.4 焊材存储及发放

1. 入库焊材应具有合格质量证明文件，且实物与证书上的批号相符。

2. 焊丝应按种类、牌号、批号、规格、入库时间分类存放保管，并有明确标志。焊材库应配置空气温湿度记录仪，库房内温度保持在5℃以上，湿度不超过60%。焊丝应存放在架子上，架子离地面和墙面的距离应不小于300mm。

3. 焊丝应按种类、牌号、批号、规格、入库时间分类堆放。每垛应有明确的标志。

4. 焊工领取焊剂时，根据当天的用量适量取出，每天将剩余的焊剂回收，烘干后再使用。

5. 焊材发放：焊工凭施工员签发的《焊材发放卡》领取焊材。焊条用焊条保温桶领取，在保温桶中的存放时间控制在4h以内。焊材发放人员做好发放记录。《焊材发放卡》样表见表5.2.4。

焊材发放卡　　　　　　　　　　　　　　　　　　　　表 5.2.4

使用部位		管线材质	
焊材型号		发放数量	
签发人		签发时间	

5.2.5 焊接环境

当焊接环境出现下列任一情况时，未采取防护措施不得施焊：

1. 气体保护焊时风速大于 2m/s，埋弧焊时风速大于 10m/s；

2. 空气相对湿度大于 90%；

3. 雨、雪环境；

4. 焊件温度低于 0℃。

当焊件温度低于0℃时，应在始焊处100mm范围内预热到15℃以上。

5.2.6 焊接场所及流水作业工装

1. 焊接场所

1）管道自动焊应在厂房内或预制厂内进行流水作业，按不同预制规模、工序形成以自动焊为主的管道预制生产线，以充分发挥自动焊的优势。

2）管道单线图详细设计和施工过程管理的信息化管理在流水作业过程管理中的应用，提高了自动焊的生产效益。

2. 流水作业工装

1）要为配合流水作业公司研发了各种工装，研发的管道工装形式分为三种类型：

(1) 胎具：主要用于管道组对、焊接和输送管段；

(2) 水平运输工具：输送物料及成品所用水平运输工具主要包括素材管运输车、炮车、管件运输车、管段运输车、工位运输车、成品管段出厂运输车及各种运输轨道；

(3) 垂直运输工具：管道下料、组对、焊接所用的自制龙门吊及升降架等。

2）管道预制工装均为活动式，可拆卸，构件之间采用螺栓连接，其滚动胎具上安装单列向心球轴承，以输送管段。

图 5.2.6

3）管道预制中所用的自制龙门吊及升降架工装又包括：管道素材卸料架、床卸料架、钻床卸料架、自动焊区卸料架及二次组对卸料架等。

5.2.7 坡口加工及清理组对

1. 管子下料和坡口均采用机械加工，如管车床、磁力切割机等，一次完成管子切断和坡口加工，坡口加工质量好，机械的利用率高，切割效率高，见图5.2.7。

2. 组对前用角式磨光机、棒式砂轮机、钢锉等将坡口表面及边缘区域的铁锈、油清理干净，直到露出金属光泽。

图5.2.7 坡口机械加工

3. 不锈钢坡口清理采用白刚玉砂轮片，不得与碳钢用的砂轮片混用。

5.2.8 定位焊及预热

1. 定位焊

定位焊与正式焊接工艺相同，定位焊缝长度10~15mm，厚度2~4mm，且不超过壁厚的2/3。定位焊缝沿圆周均匀分布且两头需圆滑过渡，点数根据实际管径和壁厚确定；采用搭桥式定位焊时接，在焊接正式焊缝时将定位焊点打磨干净。

2. 预热

对于铬钼钢及厚度大于等于26mm的碳钢，打底焊之前应进行预热达到预热温度后方可焊接，预热温度见表5.2.8，具体预热要求同手工焊相同。

焊前预热要求 表5.2.8

钢种或钢号	10, 20, Q345	P11	P22	15CrMo
壁厚（mm）	≥26	≥6	所有	≥10
预热温度（℃）	100~200	150~250	200~300	150~200

5.2.9 自动焊工艺要点

1. 各种材质所选用的焊接方法

1）碳钢管道自动焊分为两种形式，对于壁厚小于等于12mm以下的采用熔化极气体保护焊填充盖面，对于厚度大于12mm以上的采用熔化极气体保护焊打底或氩弧焊打底，埋弧焊填充盖面。

2）铬钼钢管道采用氩弧焊打底，气保或埋弧焊填充盖面。

3）不锈钢管道采用氩弧焊打底，埋弧或熔化极药芯焊丝气体保护焊填充盖面。

4）对于薄壁不锈钢管道采用自动钨极氩弧焊。

2. 熔化极气体保护焊工艺要点

1）碳钢气体保护焊焊丝ER50-6，ϕ1.2mm；P11、15CrMo气体保护焊焊丝为ER55-B2；

2）保护气体为100%CO_2；喷嘴的直径一般取12mm，保护气体流量为10~18L/min；

3）焊丝伸长长度为10~15mm；

4）采用多层多道焊；

5）铬钼钢焊接的层间温度不少于预热温度；焊接过程中用远红外测温仪进行测量以保证层间温度；

6）焊接工艺参数按厚度及焊接工艺卡初设定，在焊接过程中根据熔池的情况通过控制面板进行微调。焊接见图5.2.9-1；

图5.2.9-1 熔化极气体保护焊

7）焊接工艺参数见表 5.2.9-1。

焊接工艺参数表　　　　　　　　　　　　　　　表 5.2.9-1

试件材质	焊接方法	焊接材料	焊材规格（mm）	保护气体	焊接电流（A）	焊接电压（V）	焊接速度（cm/min）
P5	GTAW/FCAW	ER80S-B6 E81T-B6M	ϕ2.4 ϕ1.2	Ar/CO$_2$	80~90 140~160	16~17 22~24	8 19
20	GTAW/GMAW	H08Mn2SiA/ ER50-6	ϕ2.5 ϕ1.2	Ar/CO$_2$	90~100 120~160	10~14 18~25	6~12 15~20
20	GTAW/GMAW	H08Mn2SiA/ ER50-6	ϕ2.4 ϕ1.2	Ar/CO$_2$	80~100 120~160	15~18 18~22	8~10 15~20
P11	GTAW/GMAW	ER80S-B2/ ER55-B2	ϕ2.4 ϕ1.2	Ar/CO$_2$	90~130 140~150	12~16 20~22	6~10 8.4~11.8
P11	GTAW/GMAW	ER80S-B2/ ER55-B2	ϕ2.4 ϕ1.2	Ar/CO$_2$	90~130 140~150	12~16 16~18	6~10 10.5~11
20	GMAW	ER49-1	ϕ1.2	CO$_2$	80~150	17~21	150~300
P11+ P22	GTAW/FCAW	ER80S-B2/ E81T5-B2	ϕ1.2 ϕ2.4	Ar	120~130 206	18~20 29	6~8 25~30
A333 Gr.6	GTAW/GMAW	ER80S-Ni2/ ER80S-G	ϕ2.4 ϕ1.2	GTAW：Ar GMAW：Ar+CO$_2$	80~120 100~150	12~14 16~24	6~10 10~20

3. 埋弧自动焊工艺要点

1）碳钢埋弧焊焊丝为 H08MnA，ϕ1.6mm 或 ϕ2.4mm 焊剂为 SJ101，P11、15CrMo 埋弧焊材 EB2+CHF105；P22 的埋弧焊丝为 EB3，焊剂为 CHF603；TP304 的焊丝为 ER308，焊剂为 JWJ601；TP304L 的焊丝为 ER308L，焊剂为 HJ260；

2）铬钼钢埋弧焊之前应进行预热；

3）不锈钢埋弧焊应保持层间温度小于等于 150℃，对于厚壁的不锈钢埋弧焊应采取内部水冷法进行焊接以保证层间温度小于等于 150℃；

4）焊接工艺参数按焊接工艺卡初设定，在焊接过程中根据根据焊道形状情况通过控制面板进行微调。焊接见图 5.2.9-2；

5）焊接工艺参数（表 5.2.9-2）。

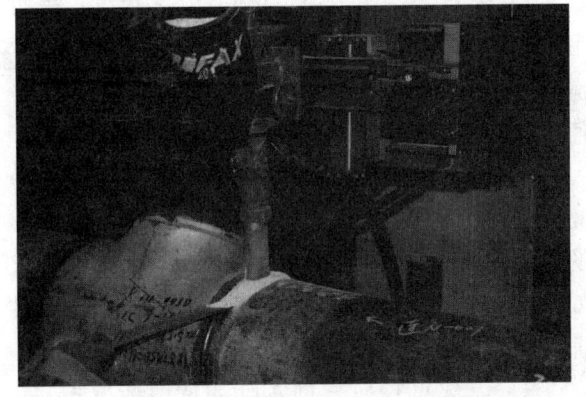

图 5.2.9-2　埋弧自动焊

焊接工艺参数表　　　　　　　　　　　　　　　表 5.2.9-2

试件材质	焊接方法	焊接材料	焊材规格（mm）	焊接电流（A）	焊接电压（V）	焊接速度（cm/min）
20	GTAW/SAW	H08Mn2SiA/ H08MnA/SJ101	ϕ2.5 ϕ1.6	80~120 300~350	12~16 26~32	5~8 20~30
20	GTAW/SAW	H08Mn2SiA/ H08MnA/SJ101	ϕ2.5 ϕ1.6	80~120 250~270	12~16 27~37	6~10 22~28
20	GTAW/SAW	H08Mn2SiA/ H08MnA/SJ101	ϕ2.5 ϕ1.6	90~100 250~270	12~16 27~30	6~10 22~25
TP316L	GTAW/SAW	ER316L/ ER-316L/JWJ601	ϕ2.4 ϕ1.6	90~100 190~240	14~18 30~38	6~12 22~27
TP304L	GTAW/SAW	ER308L/ ER-308L/HJ260	ϕ2.5 ϕ1.6	80~130 180~300	12~20 28~38	4~10 30~40

续表

试件材质	焊接方法	焊接材料	焊材规格（mm）	焊接电流（A）	焊接电压（V）	焊接速度（cm/min）
15CrMoG	GTAW/SAW	H13CrMoA/ EB2（CHW-S11）/CHF105	φ2.5 φ1.6	100~150 200~400	16~20 25~35	4~15 40~50
15CrMoG	GTAW/SAW	H13CrMoA/ EB2（CHW-S11）/CHF105	φ2.5 φ1.6	100~150 200~400	16~20 25~35	4~15 40~50
TP304	GTAW/SAW	ER308/ ER-308/JWJ601	φ2.5 φ1.6	80~100 190~210	8~15 22~34	3~8 20~25
A335 P22	GTAW/SAW	ER90S-B3/ EB3/UV420TTR	φ2.4 φ1.6	80~120 300~500	12~16 30~40	6~10 35~50
A335 P11	GTAW/SAW	ER55-B2/ EB2/UV420TTR	φ2.5 φ1.6	80~120 200~400	12~16 28~35	6~10 30~40
A335 P22	GTAW/SAW	ER90S-B3/ EB3/CHF603	φ2.4 φ2.4	80~120 240~400	12~14 28~35	6~10 30~40
15CrMoG	GTAW/SAW	ER80-B2/ ER55-B2/CHF603	φ2.4 φ1.6	80~120 180~260	12~14 28~35	6~10 24~34
A333 Gr.6	GTAW/SAW	ER80S-Ni2/ ENi1/UV418TT	φ2.4 φ3.0	80~120 180~320	12~14 28~35	6~10 30~40
A335 P22	GTAW/SAW	ER90S-B3/ EB3/CHF603	φ2.4	80~120 350~500	12~16 30~40	6~10 35~50
A358 TP347H	GTAW/SAW	ER347H/ ER347/JWJ601	φ2.5 φ1.6	80~100 180~260	8~15 26~34	5~10 35~45

4. 不锈钢自动钨极氩弧焊（图 5.2.9-3）

1）组对的错边量要求控制 2mm 左右，错边量大时，焊接过程中应在错边量大的地方通过操作平台上的微调按钮来加大电流或减小焊接速度、频率及摆弧的宽度来调节管材的熔合。

2）组对的间隙要求：不锈钢可以控制 2~3mm，碳钢 1.5~2.5mm，焊接过程中应在间隙小的地方通过操作平台上的微调按钮来减小电流或加大焊接速度、频率及摆弧的宽度来调节保证管材的焊缝熔合良好。

3）焊丝直径应根据实际的壁厚情况选择，建议选用 φ1.0 较好。

图 5.2.9-3　不锈钢自动钨极氩弧焊

4）点焊焊点的技巧：点焊后焊点应打磨成一定的坡度，尽量打磨薄一些便于焊接过程中正常电流参数下的点焊点的熔化，否则要加大电流才能过渡。

5）起弧前应根据实际的组对情况预调接送丝速度、焊接速度、频率、摆弧及左右停顿时间。

6）起弧要尽量避开点焊点。

7）焊接方向即管材旋转方向是顺时针方向，不同于常规的自动焊焊接方向，这样以便于熔池的下趟，成型薄，便于薄壁管道的自动化焊接。

8）焊接过程中操作人员要随时观察熔池的情况，特别是在错边量和间隙较大的时候，要及时使用微调按钮（电流、焊接速度、频率及摆弧）来改善熔合情况。

9）盖面过程中要通过微调按钮（焊接速度、频率及摆弧摆动宽度）来控制盖面焊道的余高和宽度。

5.2.10　铬钼钢及碳钢的焊后热处理

1. 严格按照规定的热处理参数控制升温、降温过程。升温至 300℃后，加热速度应按 5125/T·℃/h

计算，且不大于 220℃/h；恒温后的冷却速度应按 6500/T·℃/h 计算，且不大于 260℃/h。冷至 300℃ 后可自然冷却。

2. 加热范围为焊缝两侧各不少于焊缝宽度的 3 倍且不少于 25mm。加热区外 100mm 范围内应予以保温，且管道端口应封闭。

3. 恒温期间各测点的温度均应在热处理温度规定的范围内，其差值不得大于 50℃，碳钢的恒温时间为每毫米壁厚 2~2.5 min；合金钢为每毫米壁厚 3min，且总恒温时间均不得少于 1h。

4. 各种材质的热处理温度如表 5.2.10。

热处理参数表 表 5.2.10

材料牌号	20 号	15CrMo	P11	P22
规格（mm）	$\delta \geqslant 30$	$\geqslant 10$	$\geqslant 6$	任意厚度
恒温温度（℃）	600~650	650~700	720~750	720~750

5.2.11 硬度检测

1. 工艺管道：铬钼钢管道焊缝热处理后硬度检测比例为焊接接头总数的 20%，且不少于一个焊接接头；每个焊接接头检查不少于一处，每处三点，焊缝、热影响区、母材各一点。

2. 炉管铬钼钢焊缝经热处理后，需按焊缝数量 10% 的比例对其焊缝、母材及热影响区分别测定三个点的硬度。

3. 碳钢硬度合格标准为：焊缝与热影响区布氏硬度不超过 HB200。

4. 铬钼钢硬度合格标准为：

炉管焊口硬度值必须符合 HB≤241；

工艺管道硬度值不能超过母材标准布氏硬度值加 100HB，且不大于 270HB。且应符合下列规定：

P11 15CrMo 　　　　　 不大于 270 HB

P22 　　　　　　　　　 不大于 300 HB

5. 当硬度超标时，应重新进行热处理，并进行硬度检测，并加倍抽检。

5.2.11 焊缝返修

1. 表面缺陷修补

表面缺陷用角向磨光机进行清除，缺陷清除后，焊缝厚度不低于最小厚度时，表面打磨平整圆滑即可；若焊缝厚度小于最小厚度，则进行焊缝修补。缺陷打磨时，使砂轮片与焊缝平行，避免磨削过多。

2. 内部缺陷返修

1）经射线检测判定为不合格的焊缝在缺陷清除后进行焊接修补；

2）缺陷的清除采用角向磨光机打磨，并将打磨部位修整成约 50° 的坡口角度；

3）焊缝返修按手工焊接方法进行返修；

4）需预热焊缝进行修补时预热温度取上限；

5）焊缝返修完毕后按照原检查程序进行外观检查和无损检测；

6）不合格的焊缝同一部位的返修不得超过二次，若出现超次返修需经总工进行批复。

5.3 劳动力组织

针对本工法月产量 12 万寸 D 的管道预制厂，其所需的人力安排如表 5.3。

人力资源计划 表 5.3

序号	工　种	单位	数量	备　注
1	施工员	名	2	
2	质检员	名	2	
3	材料计划员	名	2	
4	材料保管员	名	2	

序号	工　种	单位	数量	备　注
5	经营预算员	名	1	
6	安全员	名	1	
7	调　度	名	1	
8	手工焊	名	8	高峰期
9	自动焊	名	20	高峰期
10	点焊工	名	12	高峰期
11	力　工	名	20	高峰期
12	起　重	名	8	高峰期
13	热处理	名	10	高峰期
14	电　工	名	2	

6. 材料与设备

6.1　本工法所用的用料（表 6.1）

施工措施材料表　　　　　　　　　　　　　　　　表 6.1

序号	名　称	单　位	数　量	备　注
1	焊条筒	个	50	
2	钢丝刷	把	300	
3	不锈钢钢丝刷	把	100	
4	钢锉	把	80	
5	白胶布	卷	300	
6	石棉布	m^2	800	
7	把线	m	4100	
8	地线	m	4100	
9	氩气带	m	4400	
10	砂轮线	m	3000	
11	热电偶	根	100	
12	热电偶补偿导线	根	150，80	
13	保温棉	m^2	5000	
14	镀锌铁丝	kg	800	
15	白垩粉	kg	500	
16	警戒绳	m	560	
17	白刚玉砂轮片	片	1000	$\phi100mm$、$\phi150mm$
18	砂轮片	片	1000	$\phi100mm$、$\phi150mm$

6.2　机具设备

本工法所用的机具如表 6.2。

施工设备机具   表 6.2

序号	设 备 名 称	型号规格及要求	单位	数量	备　　注
1	全自动焊机	重载型	套	4	
2	全自动焊机	非重载型	套	8	根据工程需要配置数量
3	大口径管道焊接专机	具有气保、埋弧焊接功能	台	1	
4	管车床	Q1343（DN50-DN400）	台	2	
5	转角带锯机	BS750	台	1	
6	半自动链式切割机	最大到 DN1200	台	2	
7	等离子切割机	最大厚度40mm	台	1	
8	角向磨光机	$\phi180$	台	10	
9	砂轮机	$\phi125$	台	50	
10	砂轮机	$\phi100$	台	30	
11	棒式砂轮机		台	25	
12	焊条烘培箱	AYH-100	台	2	
13	氩气表		个	100	
14	叉车	5t	台	1	
15	手动叉车	2t，升程1.6m	台	2	
16	热处理电脑温控柜	2K-Ⅱ-240kW 型智能	台	2	
17	电焊机	ZX7-400C	台	10	
18	管道喷砂除锈机		台	1	

7. 质 量 要 求

7.1　质量标准

7.1.1　施工及验收标准

焊接质量必须按设计指定的施工及验收规范执行，在设计未指定的情况下必须符合下列标准规范的要求：

《石油化工有毒、可燃介质管道工程施工及验收规范》SH 3501-2002。

《工业金属管道工程施工及验收规范》GB 50235-1997。

7.1.2　外观质量要求

焊接完毕后，焊工应对焊缝外观质量进行自检，外观质量合格标准如下：

1. 焊缝与母材圆滑过渡，表面应无裂纹、气孔、夹渣、飞溅、未焊透等缺陷。

2. 焊缝不应低于母材表面，100%射线检测的焊接接头余高不超过 $1+0.1b$（b 为组对完毕后坡口最大宽度）且不超过 2mm；其余接头不超过 $1+0.2b$，且不超过 3mm。

3. 不锈钢焊缝表面不得存在咬边现象；碳素钢焊缝咬边深度不大于0.5mm，连续长度不应大于100mm且累计总长不超过焊缝长度的10%。

7.1.3　内部质量要求

内部质量检查按照设计要求及相关规范执行。焊接工程以 RT 片计，一次合格率96%以上。

7.2　质量管理

7.2.1　质量管理目标

1. 单位工程合格率：100%；

2. 工序报检率100%、一次合格率98%以上；

3. 焊接工程以 RT 片计，一次合格率96%以上。

7.2.2　质量管理措施

1. 建立质量保证体系组织机构，并保证其有效运行；明确质量职责，监督职责得到落实；

2. 施工作业人员在施工前，必须经过质量意识教育，熟悉项目质量管理程序，严格执行质量反馈确认制度；

3. 参加施工作业的焊工必须持有合格证，且焊接一次合格率在98%以上的焊工；

4. 严格执行焊接日报日检制，每天焊接完毕的焊口当天必须报检，严禁漏报、重报；

5. 组对结束后，质检员要确认组对错边量合格后方可施焊；

6. 焊工必须持焊接施工员签发的焊材领用卡领取焊材，无领用卡者严禁发放。每次领取的焊条不超过3kg，使用时间不得超过4h；

7. 有下列情况且无防护措施时，严禁施焊：

1) 空气相对湿度大于或等于90%；

2) 气体保护焊焊接时风速等于或大于2m/s；焊条电弧焊焊接时风速等于或大于8m/s；

3) 下雨或下雪。

7.2.3 焊接质量通病及防治措施。

焊接质量通病及防治措施见表7.2.3。

焊接质量通病及防治措施 表7.2.3

序号	质量通病内容	防治措施
1	管道组对错边	加强管工质量意识，对坡口加工和组对进行检查，采取多种措施控制管道的错边量
2	焊接外观成形差	加强焊工技能培训，加强过程检查力度，多实测实量
3	焊后药皮飞溅，不认真清理，在管道或设备上引弧	焊接完成后加强检查和考核，做好各种防护措施，防止电弧擦伤
4	未持证上岗，或越级施焊	严格执行工艺纪律，加强过程中的检查和控制
5	焊缝焊工标识不及时标注或移植	及时检查和督促指导工作，避免标识或标注移植不及时

7.2.4 管道施工管理软件对过程质量的控制

管道施工过程管理软件包括焊缝信息管理模块、无损检测信息管理模块、器材需求信息管理模块、库存信息管理模块等管道施工信息管理功能，同时完善了自动配料功能。该软件能够实现管道预制和安装过程的技术管理、质量管理、材料管理、探伤管理、进度管理、仓储管理等信息化管理功能，并将管理深度细化到每条管线、每个管段、每道焊缝、每名焊工等，可按任意统计时间给出工作进度信息。具体见图7.2.4-1、图7.2.4-2。

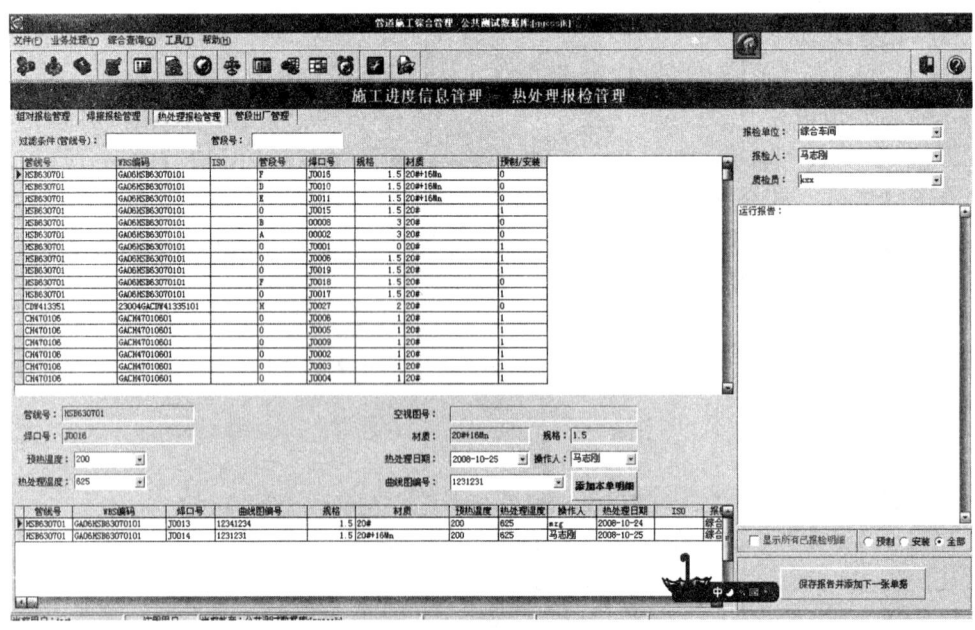

图7.2.4-1　过程热处理报检验信息

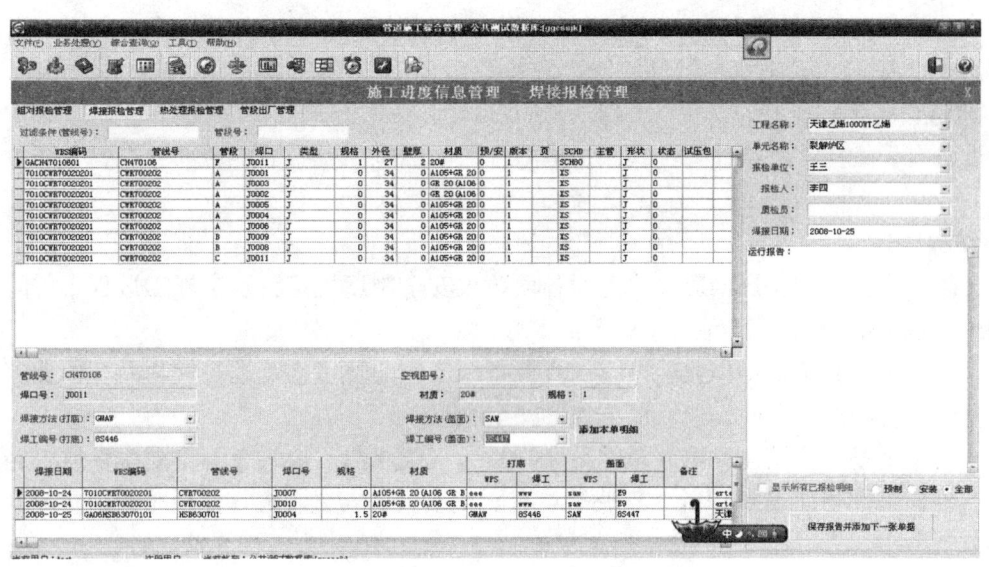

图 7.2.4-2　过程焊接报验信息

8. 安 全 措 施

8.1　安全体系

为保证整个生产过程的 HSE 管理处于受控状态，成立组织机构。

8.2　安全管理措施

8.2.1　所有施工人员必须按劳动保护要求着装上岗，施工现场要达到文明施工标准，材料堆放整齐、废物清理及时、现场整洁等。

8.2.2　进入施工现场的全体人员要遵守甲方的厂规和各种安全生产规定，虚心接受甲方的安全监督。

8.2.3　地面预制、抬放料时应口号一致，以免碰伤。

8.2.4　吊装所用绳扣、索具必须经技术安全校核、检查后使用。

8.2.5　施工搭设架设必须牢固可靠，符合架设要求，小片施工焊接三角架，铺设双跳板，并设围栏。

8.3　施工用电

8.3.1　办理临时用电许可证，由专职电工负责用电线路、开关箱的施工。施工使用过程中，专职电工每天要进行巡检，对违章作业进行纠正，对变压器、线路、开关箱等进行检查和维修。

8.3.2　禁止使用破皮、老化、漏电的电线、电缆；线路布置架设合理，符合规定要求；线路过路、进开关箱或铁棚子以及易被损坏处加套管保护；电线、电缆、软线、电焊把线、钢丝绳要有一定间距，不应相互缠绕。

8.3.3　开关箱采用铁板、玻璃钢材料制作，配电板采用电木板；开关箱安装牢固，有防雨措施；箱体有保护接地，有门、锁，箱内无杂物；开关、插座的保护罩完好，不许线头直接插入插座孔内或直接挂在闸刀的闸片上；开关箱的引入线、引出线走预留口。

8.3.4　行灯电压不应超过 24V，在潮湿地点及金属管道内，行灯电压不应超过 12V。行灯必须有金属防护罩。防爆场所必须使用防爆型灯。现场灯具要加漏电保护器，高度符合规定要求，牢固、绝缘良好。

8.3.5　现场施工用电实行"三相五线制""三级控制两级保护"及一闸一机制，严禁一闸多用。漏电保护器、电源线缆、保护零线符合规定，接触可靠，性能良好。

8.3.6 电焊机的把线应用 YHS 型橡皮护套铜心多股软电缆，禁止用角钢、扁钢、圆钢代替，一次线长度要小于 5m。

8.4 机械设备操作

电动设备有保护接零、接地等绝缘保护措施，严防漏电；设备的旋转部分有安全防护罩等防止意外伤害。

8.5 防火管理

8.5.1 防火安全工作，严格遵守业主的各项防火安全制度规定，制定施工过程中的防火安全技术措施，确保施工现场的防火安全。

8.5.2 职工进入施工现场作业前，应认真检查施工作业环境，清理易燃物品。作业完毕后，必须对作业现场仔细进行检查，消除作业后留下的不安全隐患。

8.5.3 施工现场内严禁违章堆放易燃易爆物品，氧气瓶与乙炔气瓶不得同库存放，施工现场动火作业，必须距易燃易爆物品 10m 以外。乙炔瓶设有防止回火的安全装置，使用时保护立放，不得放在火花溅落的地方。

8.6 风险源评估

风险源评估见表 8.6。

风险源评估　　　　　　　　　　　　　　　　　　　　表 8.6

作业步骤分解	危险源	特征	现行控制措施	暴露于风险中人员(E)	伤害的可能性(L)	伤害的严重性(C)	风险水平(D)	补充措施	风险等级
焊接作业	焊机漏电	触电	加漏电保护	5	3	1	15	日常巡回检查	五级
	焊接打磨	砂轮片飞溅	戴防护用品	5	2	1	10	日常巡回检查	五级
	潮湿环境用电	触电	插头、插座干燥	4	3	3	36	电源线无破损	四级
	接地不牢或虚接	易着火	使用前进行检查	2	2	1	4	用螺柱连接牢固	五级
	烟尘	易中毒	开排风扇	2	2	1	4	戴防护口罩	五级
	把线过长或随意乱拽把线	外皮破损	随时检查、加漏电保护器	2	2	1	4	避免与钢丝绳或刃器绞在一起	五级
手持电动工具	壳体带电	触电	使用前检查、加漏电保护器	4	4	3	48	禁止使用金属外壳手持电动工具	四级
	砂轮机砂片飞溅伤人	物体打击	使用前检查，按要求使用	4	3	1	12	掌握角度、配带防护眼镜	五级
气瓶使用	阳光下暴晒	爆炸	禁止阳光直接暴晒	4	2	1	8	应有遮阳防晒措施	五级
	剧烈振动或撞击	爆炸	固定并采取防护措施	4	2	1	8	必须有防震胶圈	五级
电焊工作业	1. 施工用电 2. 烟尘 3. 电焊弧光	1. 一次线、把线漏电 2. 烟尘进入呼吸道 3. 弧光灼伤	1. 持证上岗。 2. 巡检，消除裸露、漏电现象。 3. 打磨必须戴眼镜、戴耳塞。 4. 采取排尘措施，选用合适防护用品，密闭容器作业有专人监护。 5. 操作手按规定劳保着装配合作业人员要采取屏障措施	4	2	1	8		五级
热处理	电	触电	作业前交清安全措施	5	2	1	10	施工前进行 HSE 教育	五级
	热能	烫伤	作业前交清安全措施	5	2	1	10	加强作业人员 HSE 教育	五级

9. 环 保 措 施

9.1 每一个职工在施工前都要接受爱护环境、保持清洁的教育。

9.2 施工现场设置合适的安全标志,标志牌的数量根据现场生产情况确定。标志牌的式样和警示用语符合《安全标志》GB 2894-96。

9.3 施工用乙炔气、氧气等设置合理牢固可靠,并有必要的安全附件。所有交叉作业及一切有坠物伤人可能的作业,采取如防护网等有效隔离措施以防止坠落与坠物伤害。

9.4 如射线作业等特殊作业,划出警戒区域,设置隔离措施,并通知业主和监理,必要时设专人警戒。

9.5 设备、材料进入现场,必须按规定摆放,作到成方成线,上盖下垫,标识明确。

9.6 现场临建,工具棚、休息室等要按施工总平面摆放,作到整齐干净。施工用的水、电、汽、风等临时设施要整齐、规格、安全,用后要及时拆除。

9.7 施工现场作到工完、料尽、场地清,工业垃圾及时清理。

9.8 现场作业人员佩带好劳保用品,管道内作业人员戴防尘口罩,搅拌台作业人佩带防尘口罩。

10. 效 益 分 析

10.1 工效对比分析

正常工况下,每台自动焊的焊接工效为 180 寸/d,最高可达到 240 寸/d。1 台自动焊机相当于 4~6 个焊工。对于中低压管道来说,同等条件下工效对比,1 台自动焊机相当于 3.5 个焊工;对于高压管道,1 台自动焊机相当于 8~12 个焊工,随着壁厚的增大,工效越明显。一般情况下,管道预制焊接焊工的投入数量,使用自动焊比应用纯手工焊接要节省 52.35%。

10.2 经济效益

通过人工、设备、消耗材料的对比分析,管道预制焊接应用自动焊比手工焊每寸 D 节省约 3~4 元,壁厚越厚经济效益越明显。按公司每年自动焊完成总量为 135 万寸为例,自动焊能够创造的直接经济效益为 135×3=405 万。

10.3 提高质量

采用自动焊焊接,提高了焊接质量,一次焊接合格率达 98.5%以上,降低了返修率。

11. 应 用 实 例

公司在天津石化 100 万 t/年乙烯及配套项目乙烯工程管道预制工作中自动焊充分发挥了作用,管道预制总量为 108 万寸,自动焊预制了 67.20 万寸,自动焊完成比例为 62%,管道焊接一次合格率为 99.03%。在川气东送项目管道预制总量为 59.4 万寸,自动焊预制了 41.58 万寸,自动焊完成比例为 70%,焊接一次合格率:碳钢管道达到了 99.35%、合金管道为 98.8%,不锈钢管道为 98.9%,平均达到 99%以上。

轧机大型主传动电机安装施工工法

GJYJGF130—2010

中国三冶集团有限公司　中国新兴保信建设总公司

何志江　丁维　孙谦　李哲　梁海涛

1. 前　言

近几年来，随着我国钢铁行业的快速发展，市场对板材的需求量增大，国内各大钢铁企业都不同程度地增加了板材的生产能力，相继建设了多条热连轧生产线，其中轧机主传动电机是热连轧生产线的关键设备之一，其安装质量是决定该生产线生产能力和产品质量的一项关键因素。

轧机主传动电机采用交流同步电机，整机重量大，生产过程产生的动负荷大，因此要求基础板安装精度高，难度大。

电机车间吊车起重能力满足不了粗轧机电机整体吊装就位的要求，粗轧电机转、定子安装采取就地穿心，原地就位的施工方法。电机吊转子穿芯利用大型吊梁和假轴，通过改变吊点实现转、定子穿芯工作。由于交流同步电机定子是下凹式的，受电机基础周边的空间限制，电机定子用垫块垫起，穿芯完成后利用液压装置进行垫块倒换调整，使电机定子落到基础板上。

电机定心一般要以轧机传动轴为基准，机械设备安装完成后再进行电机的定心安装工作，但由于工期的要求，电机试验和控制系统调试要提前进行，施工工序发生了改变，因此电机安装和定心要依据轧机中心线和标高进行，并且需要测量仪器配合完成。

公司先后承接了本钢热连轧、太钢热连轧、通钢短流程、邯郸纵横热轧、本钢短流程等工程轧机主传动电机安装工作。在施工中积极开展科技创新活动，取得了多项科技成果，如电机就地穿芯施工技术，采用起重设备和液压装置协调原位回落技术，保证了电机的安装质量，提高了工作效率。在本钢三热连轧工程施工中开展的《采用新工艺确保本溪三热轧工程主电机安装质量》活动，获得2009年度全国冶金施工系统QC成果二等奖，电机试验应用了《采用交联电缆作为补偿电容交流变频谐振耐压试验》技术，该技术获得国家知识产权局专利授权，专利号为ZL 2008 2 0219222.2。公司在施工中不断地积累总结经验，形成了轧机主传动电机安装的施工工法。2010年8月24日，由中国冶金建设协会组织有关专家组成的工法关键技术鉴定委员会，对本工法进行了鉴定，结论为此项技术先进，经济效益明显，具有较好的推广应用价值，该技术达到了国内领先水平。

2. 工 法 特 点

2.1 电机基础垫板安装采用三点定位水平微调新技术，保证了电机基础板的安装精度，同时比传统的基础板安装方法节约钢材65%。

2.2 电机就地穿芯，采用起重设备和液压装置协调原位回落新技术，保证了设备的安全，解决了天车吊力不足的问题。

2.3 基于轧机中心线测量定位方法进行电机独立定心技术，实现了电机独立安装，可提前进行控制系统调试，为提前工期创造了条件。

2.4 电机试验采用交联电缆作为补偿电容交流变频谐振耐压试验技术，保证了电机绝缘的安全，延长了电机的使用寿命，实验操作简便，提高效率。

3. 适 用 范 围

本工法适用于钢铁企业热连轧生产线轧机主传动电机的安装。

4. 工 艺 原 理

4.1 轧机主传动电机简介

轧机主传动电动机包括 R1/R2 粗轧电机和 F1~F7 精轧电机，全部采用凸极式交流同步电动机。电机的基础板、轴承座、转子和定子为分体包装和运输。

R1、R2 粗轧机采用双传动，F1~F7 精轧机采用单电机传动方式。主传动电动机安装在传动侧主电室跨，采用管道式密闭循环通风冷却方式，各电动机主要参数见表 4.1。

主传动电动机主要数据表（以本钢 2300 热轧生产线为例）　　　　　　表 4.1

名称 参数	R1	R2	F1~F5	F6~F7
	交 流 同步电动机	交 流 同步电动机	交 流 同步电动机	交 流 同步电动机
台数	2	2	5	2
功率（kW）	5000	9500	12000	10000
转速（r/min）	30/60	50/100	158/450	200/600
电压（V）	3200	3200	3200	3200
额定电流（A）	970	1785	2232	1870
频率	3/6	5/10	7.9/22.5	10/30
极数	12	12	6	6
励磁	他励	他励	他励	他励
防护等级	IP44	IP44	IP44	IP44
绝缘等级	F	F	F	F
转子型式	凸极式	凸极式	凸极式	凸极式
短时 过载能力	115%（连续） 225%（20s） 250%（10s）	115%（连续） 225%（60s） 250%（20s）	115%（连续） 175%（60s） 200%（20s）	115%（连续） 175%（60s） 200%（20s）
励磁 额定电压	120V	140V	137V	110V
励磁 额定电流	1310A	1300A	831A	800A
冷却方式	ICW37A97	ICW37A97	ICW37A86	ICW37A86
单件最大重量（t）	转子 99t 定子 77t	转子 99t 定子 77t	转子 60t 定子 50t	转子 39t 定子 43t

4.2 电机安装和定心原理

电机安装包括垫板和基础板的安装、轴承座的安装、转子和定子的安装、定心、轴瓦各部间隙的测量调整和电机试验等主要工作。

电机基础垫板安装的关键是基础垫板的安装，基础垫板安装采用三点定位水平微调新技术，保证了电机基础板的安装精度，为轴承座的安装和定心工作做好了准备。电机定心是为了保证电机的正常运行，定心工作是为了使电机及轧机轴相连接后，中心线重合在一条线上，即两条轴心线即相交，又重合。粗轧机主传动电机的转、定子安装采取就地穿芯，利用起重设备和液压装置协调原位回落新技术，保证了设备的安全，解决了天车吊力不足的问题。基于轧机中心线测量定位方法进行电机独立定心技术，实现了电机独立安装，提前进行控制系统调试，为提前总工期创造了条件。采用专利技术进行电机试验，保证了电机绝缘的安全，实验操作简便，提高效率。从设备进厂检验，到电机安装的全过程，在每个环节都采取有效的先进性技术措施进行安装，边安装边检测，把每道工序的精度误差都控制在设计和规范要求的范围之内，最后使各项技术参数均能达到设计要求。

5. 施工工艺流程及操作要点

5.1 电机安装工艺流程图

设备进场检查验收→电机基础检查→垫板安装→电机基础板安装→轴承座安装 →转子预安装及定心→转子原位穿芯及转、定子协调回落就位→转、定子间隙及定子中心线的调整→电机轴瓦安装及间隙调整→集电环及电刷支架安装→定子及轴承座稳钉安装→二次灌浆→电机检查试验。

5.2 操作要点

5.2.1 设备进场检查验收

设备全部运到施工现场后，由建设单位组织设备制造厂家、施工单位等共同对设备进行开箱检查工作，检查内容包括：

1. 按照装箱单核对设备、技术文件、资料是否齐全。

2. 设备的型号、规格、数量应符合设计要求。

3. 部件、附件及备件无变形、损伤，轴颈无腐蚀，绝缘应良好。

4. 设备验收后要妥善保管，易损件及小型部件要搬入室内存放专人管理。

5. 卸车开箱后，要用塑料布对设备进行覆盖。

5.2.2 电机基础检查

以轧机的纵、横向中心基准点及标高点为基准，依据电机安装图纸标明的尺寸用经纬仪测量确定电机安装需要的纵、横向中心线及标高基准点。以此基准对电机基础各项质量进行检查，如有影响电机安装的基础质量问题应有基础施工方修正处理，电机基础表面和地脚螺栓预留孔中的油污、碎石、泥积水等均应清除干净，电机底座二次灌浆的基础位置应将其表面的灰浆层铲掉。

施工单位应对电机基础的质量做好自检记录，并与土建施工技术人员进行书面工序交接。在电机基础上测量并用墨线打出电机的纵、横向中心线及标高点，并在电机基础上埋设永久基准点和永久标高点，如图5.2.2所示。

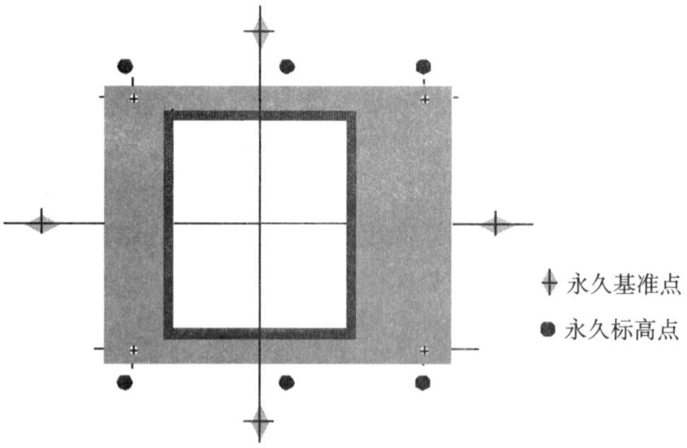

＋永久基准点
●永久标高点

图5.2.2 永久基准点、永久标高点埋设

5.2.3 基础垫板安装

垫板设置应根据负荷及地脚螺栓的位置确定垫板放置的位置，施工中所使用的垫板是平垫板，垫板敷设的精度要求较高。为确保精度要求，提高施工进度，垫板的敷设采用三点定位水平微调新技术，该施工技术方法的具体施工程序如下：

1. 在电机基础上二次灌浆面上进行铲毛，要求基础面扒掉一层，不要求铲凿深度，能把基础表面浮灰浆铲除即可。

2. 根据图纸设计要求确定垫板敷设位置打墨线作标记。

3. 根据平垫板的支撑孔的位置在基础上钻 ϕ12mm×100mm 深的孔，并将孔内吹扫干净洒水湿润。

4. 垫板用膨胀螺栓支撑，将支撑螺栓打入孔内固定。

5. 将平垫板放置在支撑螺栓上，通过支撑螺栓调整平垫板的标高和水平度，用水准仪和 0.02mm/m 水平尺测量垫板的标高和水平。标高精度：垫板本身误差为 0.03mm，相邻的垫板高度为 0.05mm。每组垫板水平误差为 0.20mm。基础板水平度为 0.3mm/m（基础板上表面），加工时直接焊接三个耳子，用三个膨胀螺栓调节每一块垫板，如图 5.2.3。当垫板的标高和水平调节达到要求后用灌浆料灌浆。

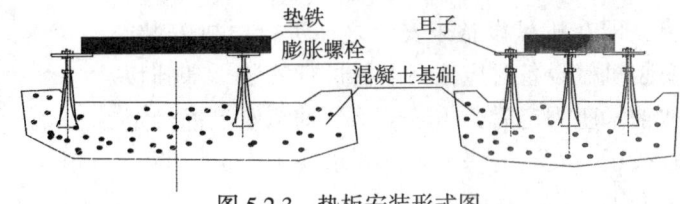

图 5.2.3　垫板安装形式图

6. 将垫板灌浆基础吹扫干净，洒水将基础充分湿润数小时后将积水排除干净。

7. 放置垫板灌浆模具，模具四边与基础面接触的缝隙用砂浆堵漏。

8. 灌浆料水泥与水的配合比按生产厂家的使用说明书中的规定执行。

9. 将搅拌好的灌浆料从垫板的一侧灌入将垫板下面的空气全部排除出，平垫板的坐浆高度为垫板上平面以下 10~15mm 处。

10. 待坐浆层表面变硬后洒水养护，标准养护时间为 72~96h。待强度达到要求再测量其标高和水平，设计误差为小于 0.10mm，如有变化不符合要求，则需进行研磨，直至达到要求。

11. 垫板灌浆时需制作坐浆料抗压强度试块，3d 的抗压强度需 ≥30MPa/cm^2，28d 抗压强度 ≥ 50MPa/cm^2，灌浆模具解体拆除后应继续养护 72h。

12. 标高及水平检测：

由测量人员在埋设的基准点上测好标高尺寸，测得的标高要求在负 0~1mm、水平度 ≤0.02mm/m，灌浆养护时间一般为 72h，夏天用水，冬天气温低于 0℃时需加热保温，当坐浆混凝土强度达到 75% 以上时方可进行安装电机基础版。

5.2.4　电机基础板安装

垫板安装完成后，将电机基础板落到垫板组上，根据设计和安装的要求逐步调整相应各点的标高及水平，找平后再用水平仪复测基础板水平直至达到要求。基础板表面标高要求在−1mm，测量点应设在定子中心和轴承座两侧上（共计 6 点），如图 5.2.4 所示。水平应控制在 0.3mm/m，在基础板下面与垫板之间可垫 1 片 0.1mm 或 0.2mm 垫片。

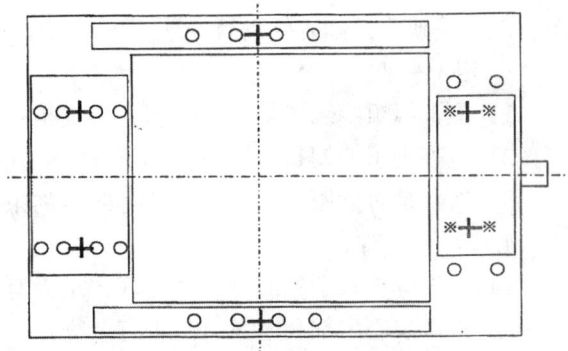

图 5.2.4　基础板表面标高点位置

根据设计和安装的要求逐步调整相应点位置的高低及位移，调整好基础板后将地脚螺栓拧紧，并检查基础板与基础之间接触表面贴靠不应有间隙，紧固力按标准要求采用液压力矩扳手（型号为 YK—350 详见使用说明书）。

紧固力为　M64　　　6275N·m　　　5350~7200N·m　　／　　35.87MPa　（油压）

　　　　　M80　　　8575N·m　　　8330~8820N·m　　／　　29.89MPa　（油压）

　　　　　M100　　18325N·m　　17640~19010N·m　／　　44.43MPa　（油压）

5.2.5　轴承座安装

基础板调整安装后进行轴承座的安装，轴瓦与轴承应进行检查与清洗，轴承座安装应使前后轴承中心线与被连接的机械主纵轴线重合。检验方法是：在电机的纵中心线和横中心线两侧，安装自制门型线架，用挂钢丝和线锤的方法找正各轴承是否在同一轴线上。从 1 号轴承到 2 号轴承中心偏差±0.5mm. 从中心线到轴承座偏差±0.5mm，如图 5.2.5。根据轧制线标高计算出电机轴心、基础板上平面的标高，利用轴承座的高度计算出轴承座下应垫多少垫片，垫好后，调整横纵中心线及标高。

5.2.6 转子预安装及定心

轴承座安装完成后把转子放在轴承座上进行预安装。因工期紧，电机安装应进行独立安装，即在机械设备未安装之前进行电机安装，安装机械设备时应依据电机进行安装。基础板和轴承座固定后，吊转子落到轴承座上进行定心找正，安装的每一步都要求现场人员按照安装方案进行检查验收。

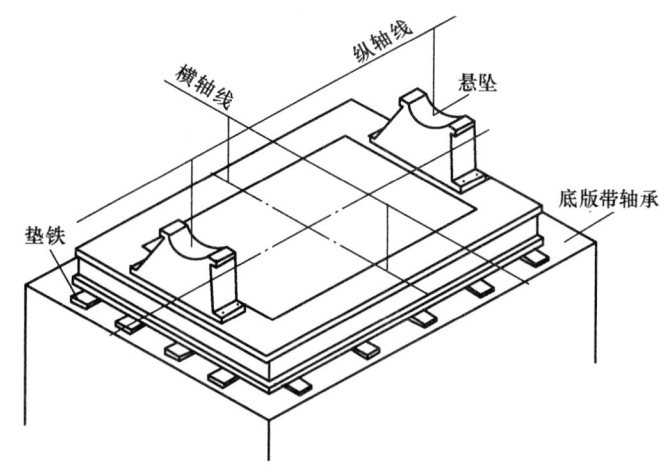

图 5.2.5　轴承座轴线示意图

电机定心传统的方法是电机与机械的减速机相连接时电机定心按机械安装好的减速机为参照点进行调整定心（首先按水平和中心线安装，再和机械接手做最终定心）；本工法采用方法是在电机不与机械的减速机相连接的情况下，电机定心采用调整标高和测中心线的方法调整定心。

安装标准为：水平误差：机械侧轴承上平面标高 $L1$ 减电侧轴承上平面标高 $L2$，即：$L1-L2 \leqslant 0.05\text{mm}/\text{m}$；轴向间隙（止推间隙）：前后轴止推面间隙允许偏差在 0.05mm 以内；轴瓦的侧间隙：在每个轴承 4 点的值应该一致。

安装步骤和方法：

1. 检查基础板上表面是否有锈蚀、划痕，如有要用 0 号水砂纸处理。

2. 对轴承座和轴瓦进行清洗和检查，先将轴承座内的废油排除并用破布擦干，然后用活好的有筋性的面团粘，直至把废物、废渣粘干净为止，并做好保护工作。另外检查轴瓦，特别是瓦衬是否有划伤、碰伤等缺陷，如有要进行处理。

3. 定子检查：

1) 检查绕组绝缘层是否有损伤，引线是否有碰坏；

2) 检查定子槽楔是否松动，定子绕组绑扎是否松动等；

3) 铁心是否紧密，可用磨尖磨薄的小锯条插试，如铁心较松，应进行处理。

4. 转子检查：

1) 检查电机转子各部分是否完好，是否有撞坏、划伤；

2) 检查铁心内部和通风道是否有杂物；

3) 检查同步电机磁极键是否有松动；

4) 同步电机是否有裂纹，固定螺栓是否拧紧，极间垫块和磁极线圈是否有松动；

5) 同步电机引出线和卡子上绝缘是否有破损。

5. 复测调整基础板和轴承座的纵、横中心线及标高，调整好后再落转子。

6. 轴水平的调整和轴面标高的测量

1) 用水平尺检查电机转子的水平，并且在轴承座与基础板之间用调整垫板来调整。

2) 由于转子的重量大，转轴会有下挠度。调整之后，要由不同方向取中心点进行测量，测量值的绝对值应该是相等的。两次测量值允许的偏差范围是 0.05mm/m，用经纬仪测轴面标高，见图 5.2.6-1。

7. 校对转子中心线

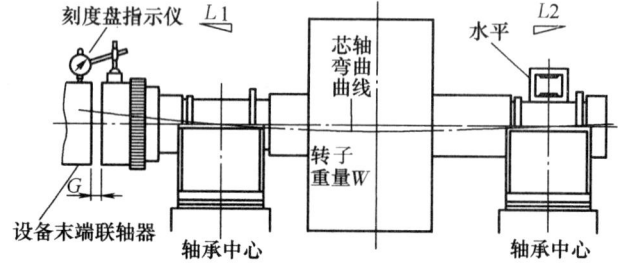

图 5.2.6-1　芯轴水平的调整

转子落在轴承座上后进行中心线复查，检测的方法，挂中心线用线坠对准标点中心，前后一齐找正，在转子两头挂两条线坠垂直，用钢板尺测轴颈的直径与中心线的尺寸，应是对称的，误差在 0.5mm 之内。如中心线被转子压上挂不上中心线，那么就在轴的头部挂一条线（顺着轴的外径圆弧）下垂两条直线与标点一平，用钢板尺测两条线与中心线的尺寸误差在 0.5mm 之内，否则应调整轴承座。

在校正轴承时，通过校正轴承座的中心线，对轴进行对中，调整轴承座使轴颈中心与轴承中心一致。

8. 调整轴向间隙

用厚度规测量轴根与轴承端部表面的间隙，如图 5.2.6-2 中的 *A*、*B*、*C*、*D*、*E*、*F*，转子应该在轴向位置上的规定位置，止推瓦间隙粗轧为 0.5mm，精轧止推瓦间隙为 1.8mm。但是，仅仅将转子放在轴承上是不能到达规则位置的，所以转子的轴向位置是由轴的侧间隙和止推间隙来确认，将止推间隙和侧间隙综合考虑，在调整间隙的时候，应对轴承座的位置进行调整，测量轴承座的油封与轴径的间隙，以便确保轴承与轴的平行性如图 5.2.6-2 中的 *G*、*H*、*J*、*K*。

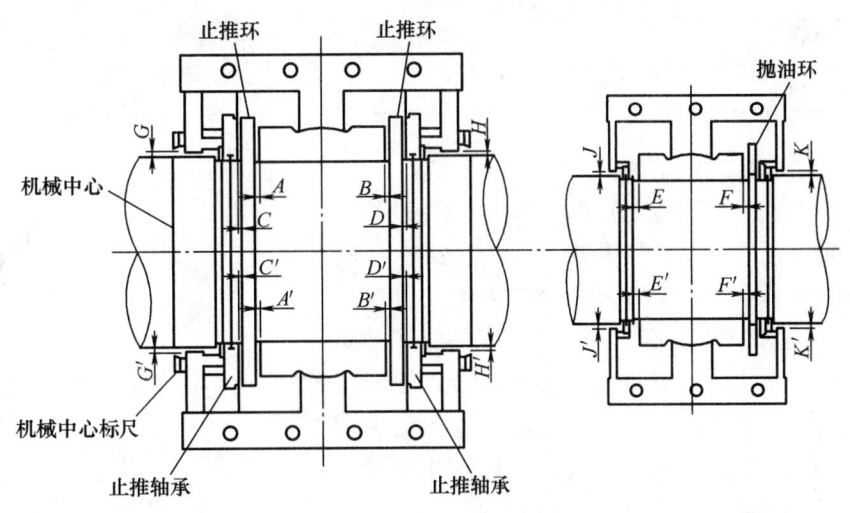

图 5.2.6-2　轴向间隙调整

5.2.7　转子原位穿芯及回落

一般设计连轧机组电机主电室跨仅有一台 125/32t 天车，而粗轧电机转、定子总重约 180t，吊车起重能力不能满足整体吊运条件，粗轧电机转、定子安装采取就地穿芯。现阐述粗轧机上、下辊电机转子定子穿芯过程。

1. 吊装电机的准备工作 [以本钢热轧改造（3）工程为例]

所用的材料如下：

千斤顶：　　　　50t6 个（用之支撑和下落）。

钢支撑工制钢：200×200×400　　192 个　　　150×150×3000　　8 个（用于支撑和调换）

　　　　　　　150×150×400　　　8 个　　　150×150×2600　　8 个（用于支撑和调换）

　　　　　　　150×150×1800　　10 个　　　150×150×1400　　10 个

钢板：　　　200×200×20　　160 块

钢绳根据实际和图纸制作绳扣如表 5.2.7 所示。

钢绳绳扣制作　　　　　　　　　　　　　　　　　　　　　　　　　　　　　　表 5.2.7

序号	名称及型号	单位	长度及用途
1	绳扣 $\phi40$	m	7m，吊定子，4 根
2	绳扣 $\phi40$	m	8m，吊梁，2 根
3	绳扣 $\phi40$	m	10.169m，R 转子，1 根
4	绳扣 $\phi40$	m	9.277m，R 转子，1 根
5	绳扣 $\phi40$	m	9.349m，R 转子，1 根
6	绳扣 $\phi40$	m	8.883m，R 转子，1 根
7	绳扣 $\phi40$	m	8.827m，R 转子，1 根
8	绳扣 $\phi40$	m	8.756m，R 转子，1 根

续表

序号	名称及型号	单位	长度及用途
9	绳扣φ40	m	7.532m，F转子，1根
10	绳扣φ40	m	7.908m，R转子，1根
11	绳扣φ50	m	6m，吊梁，4根
12	绳扣φ50	m	17.5m，卸车，2根
13	卡扣40t	个	4

2. 粗轧电机的安装

以 R₁ 下电机为例，电机本身下凹 700mm，因此穿芯需将定子抬高 700mm，轴承座（850mm 高）妨碍转子穿入，定子需垫起 1750mm 高。因此穿芯需将定子抬高 1750mm 左右，采用图 5.2.7-1 形式的安装方法，利用工字钢做成的垫块垫在定子和转子下并加以固定（螺栓）。以防止穿芯和下落时电机定子和转子不稳，有晃动现象，然后用天车吊转子。

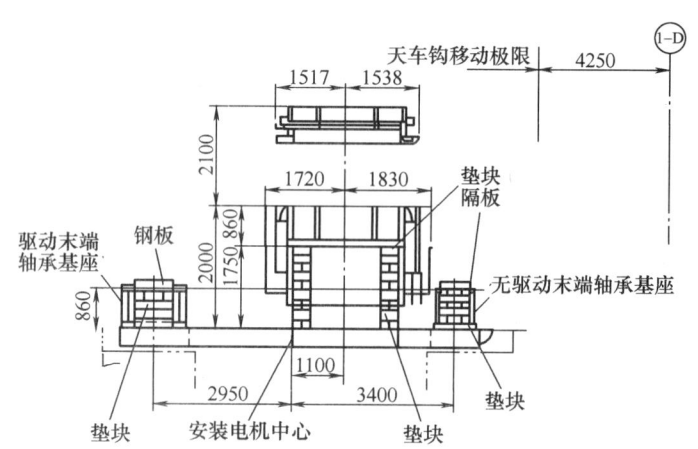

图 5.2.7-1 利用工字钢做成的垫块

穿芯注意事项：

1）穿芯时，须用假轴将之接长，由负荷侧向非负荷侧穿心。

2）为避免定子内孔或转子外表面互相碰伤，穿芯时可在定子内孔用钢纸垫好起保护作用，同时用手电筒照定子内孔中插入的转子端，使另一端能观察在穿芯过程中转子和定子之间是否有间隙的滑行。

3）吊装转子时，钢丝绳与转子接触部分应用钢纸和胶皮垫好，以免擦伤转子，并严禁在轴颈等重要配合面上起吊。其中吊梁悬挂在天车勾头上要调平。吊车由专人负责，在架工的配合下共同完成这项工作。吊装电机时，要有一名有经验电工和一名有经验的调试工负责吊装电机时对天车的维护，以确保吊装的可靠性。

4）转子吊装时，必须保持其水平和平稳，以免撞伤轴承瓦衬和定子内膛。

穿芯时用天车吊转子，用钢垫块支撑垫定子，穿完后利用天车落转子，千斤顶落定子，二者配合共同完成穿心工作。垫的方法如图 5.2.7-2，在定子侧面放 4 个千斤顶，下面放钢垫块支撑，根据计算好的数据，直至摆放到下电机定子垫上，实际电机定子应垫 1750mm 高，定子前后各有两个支撑耳，方法相同。

上述方法垫起，并作相应的固定措施，穿心前对整个定子作防晃措施，然后开始穿心。转子吊起应测轴水平。用 200mm 条式水平测。

因转子各部位直径不同，需钢绳长度也不同，穿芯程序是将转子穿入定子，穿芯前要对钢索严格检查，注意必需能可靠的吊起定子和转子。起吊前定子的内部应该充分地清理干净。安放轴承的轴径部位要包扎好，防止损坏和污染并防止杂物进入到定子或转子中。在这项工作中，不要把手指、身体或任何其他的物件置于吊起起重物之下，以防造成人员伤害。转子穿出定子时，在轴承座上（两侧）垫上钢墩并在转子下垫上道木，见图 5.2.7-3。

转子垫实后窜动定子，见图 5.2.7-4。定子窜到转定子中心处。再次吊起转子向前窜动到中心位置，见图 5.2.7-5。

定子串到安装中心点处。吊车吊起转子定子用 50t 螺旋千斤顶 4 个垫在定子四角处。同时回落。直至落到位。每次平均下落 10mm，见图5.2.7-6。

转定子下落时一定要对正轴承与轴承座因为止推间隙只有 3mm（或者把止推瓦抽出然后再放入）。转子入轴承座时一定要找正定转子位置放慢下落速度以免撞坏乌金瓦。定转子落在机座上，见图 5.2.7-7。

吊索的设置位置见图 5.2.7-8。

电机回落后，再次进行校对检查各种间隙，转子落在轴承座上后应重复检测止推间隙、轴侧间隙、轴上面标高、转子中心线，超差应重新精调一遍。

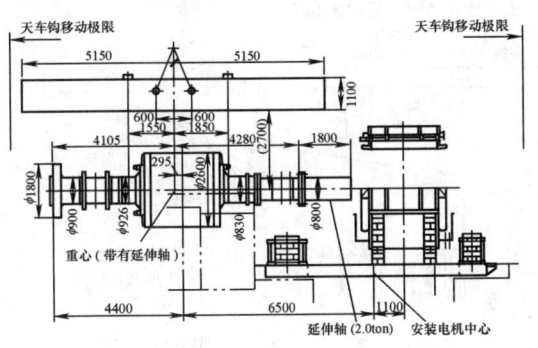

图 5.2.7-2　天车吊运转子

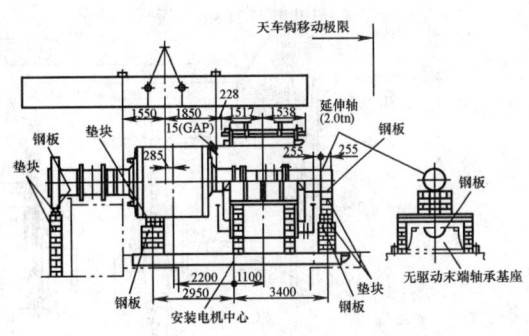

图 5.2.7-3　转子穿入定子

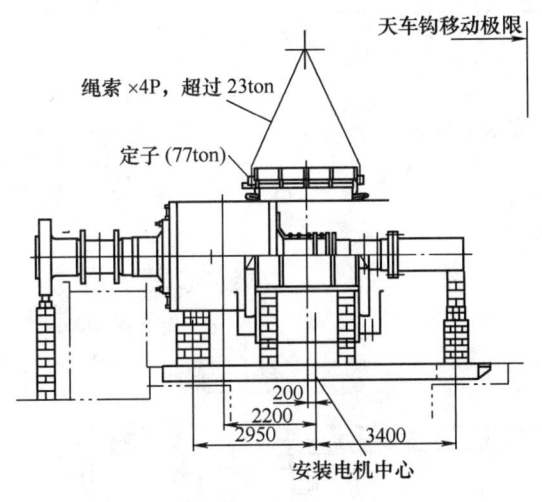

图 5.2.7-4　窜动定子至中心位置

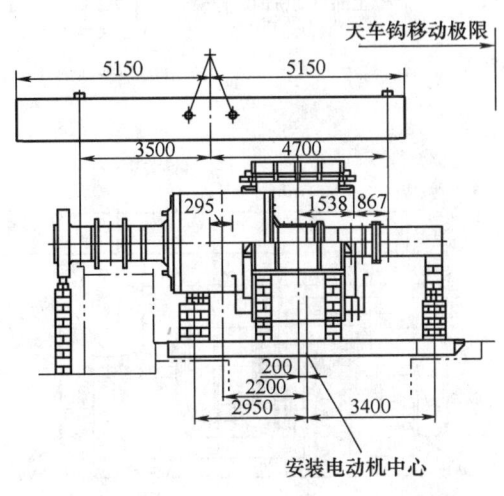

图 5.2.7-5　转子窜动至中心位置

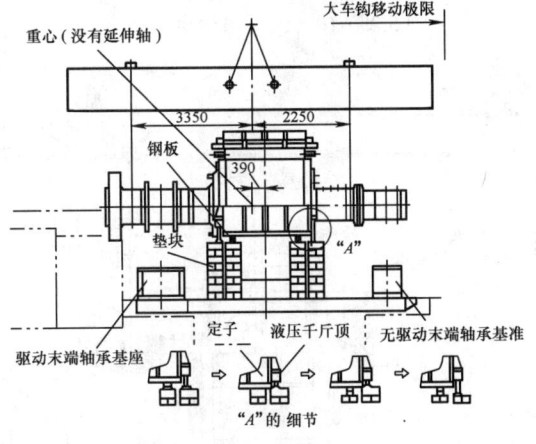

图 5.2.7-6　转定子整体回落

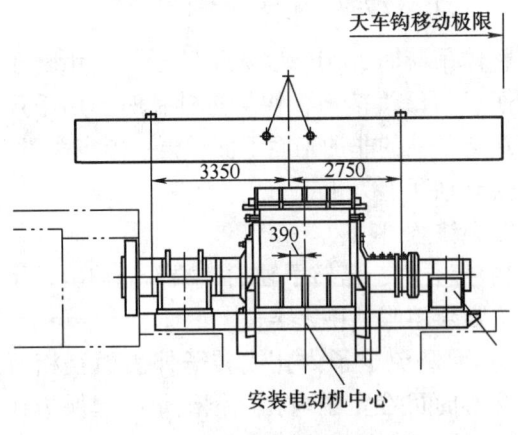

图 5.2.7-7　定转子落至机座上

3. 精轧 F1~F7 电机的吊装和穿芯

精轧电机转、定子总重约 110t，精轧电机采取异地穿芯，整体吊装。具体如下：先在电机室内确定具有一定空间的承重位置，将定子用钢板垫起 30~40mm 高，制作两个穿心架子（用于穿心时的定子钢墩），吊梁上准备两组吊绳，吊绳用链式起重机调整平衡（两台 20t），注意电机转子重心位置，以确保吊装的平稳和可靠，先由两组吊绳吊转子，如图5.2.7-9，将安装好假轴的转子用天车吊起，用起重机调平，将假轴一端先插入定子，待假轴从另一端露出一定长度，用转子架子支撑住，图5.2.7-10松开钢绳，然后用天车吊定子，图5.2.7-11通过移动定子完成穿心工作；穿完后用转子架子支撑住，准备整体吊装，此时转子用2mm厚的钢纸垫包好，缓缓移动定子，用定子套转子，对正套好，准备整体吊装（重量满足吊车负荷）。

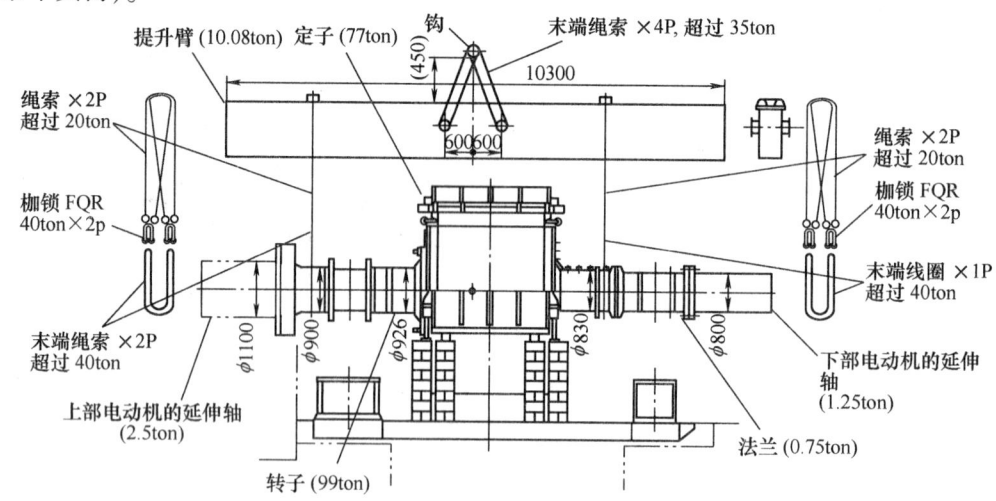

图 5.2.7-8 吊索的设置位置

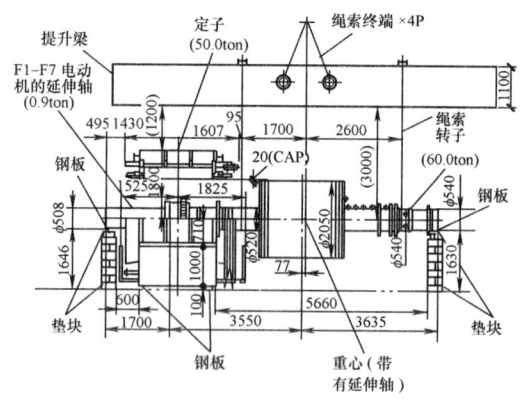

图 5.2.7-9 制作两个穿心架子

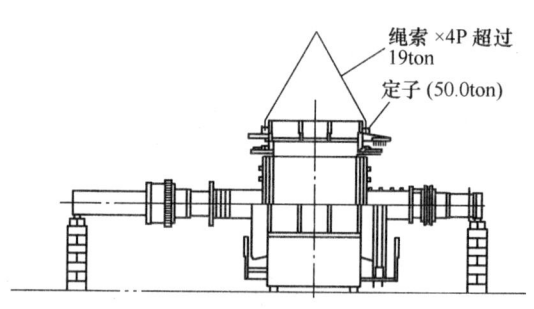

图 5.2.7-10 天车吊运定子

整体吊装时，用一字梁吊转子，利用转子吊定子，再缓慢落下，快接近轴瓦时，用千斤顶应在转子轴的非加工面下面，再一点点落下，直至落到轴瓦上为止。

穿心注意事项：

1）穿心时，若转子轴的一端不能伸出定子之外，则须用假轴将之接长。

2）为避免定子内孔或转子外表面互相碰伤，穿心时可在定子内孔用钢纸垫好起保护作用，同时用手电筒照定子内孔中插入的转子端，使另一端能观察在穿心过程中转子和定子之间是否有间隙的滑行。

3）吊装转子时，钢丝绳与转子接触部分应垫好，以免擦伤转子，并严禁在轴颈等重要配

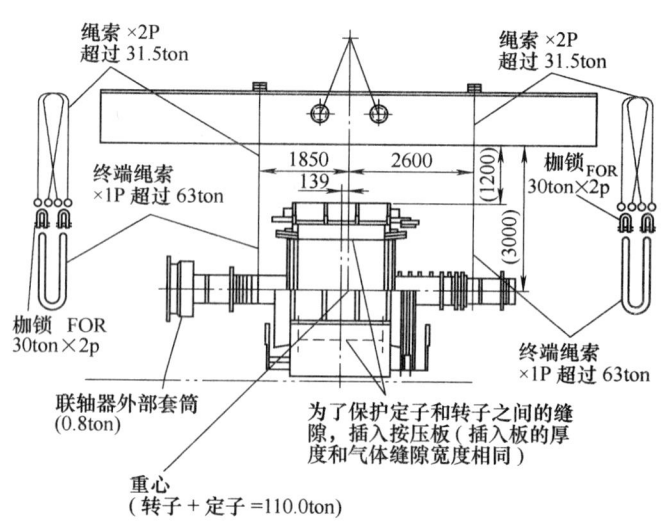

图 5.2.7-11 移动定子穿芯完成

合面上起吊。其中吊梁悬挂在天车勾头上，电机定子也挂于此梁上，吊梁悬挂转子，用20t的链式起重机调平。吊车由专人负责，在架工的配合下共同完成这项工作。吊装电机时，要有一名有经验电工和一名有经验的调试工负责吊装电机时对天车的维护，以确保吊装的可靠性。

4）转子吊装时，须保持其水平和平稳，以免撞伤轴承瓦衬和定子内腔。

5）定、转子落下时，在瓦座下用千斤顶调整，以防下落时定转子相碰，以确保轴瓦不被破坏。

5.2.8 电机转、定子气隙及定子中心线的调整

当电机转子的水平和中心线调整完成之后，就需要调整定子位置，这样才会使得转子外经和沿着径向的定子内径（气隙）在所有点上都是常量。以轴承中心为参照调整定子位置（在轴线方向）的调整程序如下所示：

1. 气隙的调整

1）通过配合定子机座的标记线，要调整定子向左或者向右的移动。精确的方法是，用间隙检测仪检测四个地方的气隙（检测者侧以及对面侧的左边和右边），然后通过移动定子来调整气隙，见图5.2.8-1。允许的气隙是小于平均气隙的5%，气隙必须在转子极中心和定子铁心测量。

2）通过使用专门为插入和拔出薄垫片而使用的定子机座的顶起螺栓。薄垫片的增加或减少也可由千斤顶支撑起定子机座的一侧来执行。

3）旋转转子180°并且测量间隙（上部、下部、左部和右部）和第一次的测量方法相同，获得平均气隙，然后调整间隙。粗轧机极对数是12应测12点。精轧机极对数是8应测8点。

4）气隙需要在极点中心，也就是定子铁心和极点中心位置进行测量。当心确保插入缝隙和检测仪的张紧度是相等的。在气隙检测期间，定子机座的安置螺栓应该保持紧固状态。

5）最终要确保收集者侧和对面侧的全部数据都在允许的范围之内，并把数值做好记录。

2. 磁力中心线调整

气隙调整完后，开始调整磁力中心线。电机磁力中心线调整依据有两种。第一种是设备制造时在工厂就调整完毕并在设备上留有标记。见图5.2.8-2，安装时根据图纸进行安装，然后再进行复测。第二种是根据转定子两侧漏出的长度进行测量，标准是两侧尺寸应一致，否则应在轴线方向调整定子。一般国产电机磁极与磁极间误差要在10mm左右，国外电机误差在4mm左右，遇到这种情况取平均值。

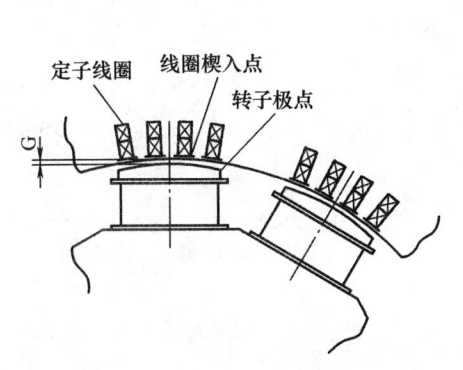

图5.2.8-1 用间隙检测仪检测四个地方的气隙

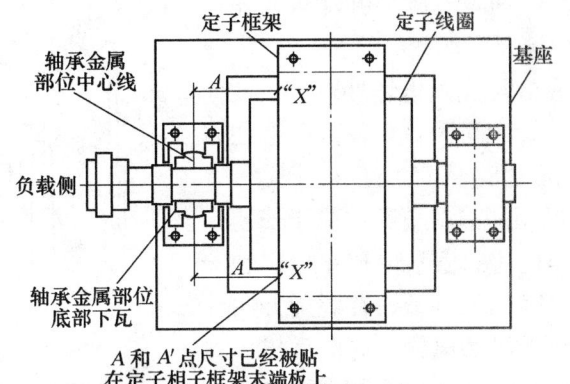

图5.2.8-2 调整磁力中心线

5.2.9 电机轴瓦安装及间隙调整

1. 装配轴承下瓦

用汽油小心清洗轴承座的内侧并检查球形座是否有撞击划痕，再用润滑油涂抹。用汽油清洗轴承下瓦，要彻底地清洗特别是高压油管的内部，用压缩空气清理。检查球形座和轴承内表面是否有缺陷，用起重机将它吊起并安装到轴承座内。在吊起时一定要注意不要损坏连在轴承下瓦上的高压管和止回阀等。

2. 装配上轴承

1）用钢缆提升起上轴承座，并清洗水平面。

2）为了防止漏油，用不凝固的油密封胶涂抹下轴承座平面。

3）因为在轴承座平面的两侧都有销子，在放下之前推进销子，然后放低上半部轴承座。轴瓦挂在起重吊钩上，手动慢慢放下起轴瓦。为防止止推轴承座损坏或划伤，要特别地小心。

4）拧紧接头螺栓，装上轴承固定螺栓，安装轴承温度测量探头并接线。

5）在运转前，向下轴承座内填充油一直到油位线。

3. 安装止推轴承

1）下止推轴承用吊环螺栓吊起来，并放在轴上。然后，下止推轴承沿着轴承座的油槽被向下旋转。图 5.2.9-1。

2）上止推轴承被螺栓固定在上轴承上，并与上轴承座安装在一起。

3）刮油器安装间隙见图 5.2.9-2。

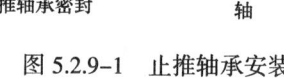

图 5.2.9-1　止推轴承安装

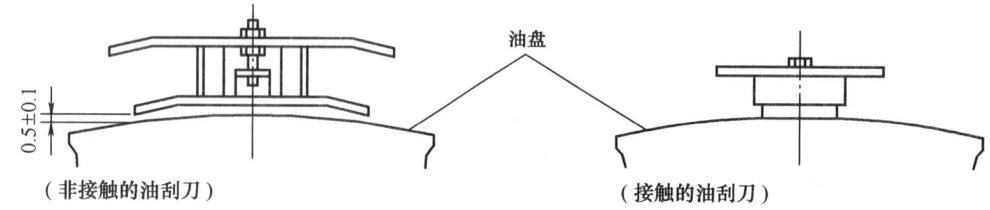

图 5.2.9-2　刮油器安装

5.2.10　安装集电环及电刷支架

集电环是电机旋转最重要的部分之一，用来为转子输入励磁电流的。当安装电刷和电刷支架时，确认集电环表面没有损坏并注意在安装过程中不要损坏。如图 5.2.10。

1. 在装配完集电环外罩后，校验电刷支架的间隙在半径方向上在 2.0~3.0mm 之间。

2. 电刷的接触情况取决于安装条件。因此进行安装时要在电刷和集电环之间插入沙纸，在圆周方向上移动沙纸研磨电刷。研磨后拔出电刷，用压缩空气进行充分地吹扫，用来除去碳粒子，然后重新插入电刷。

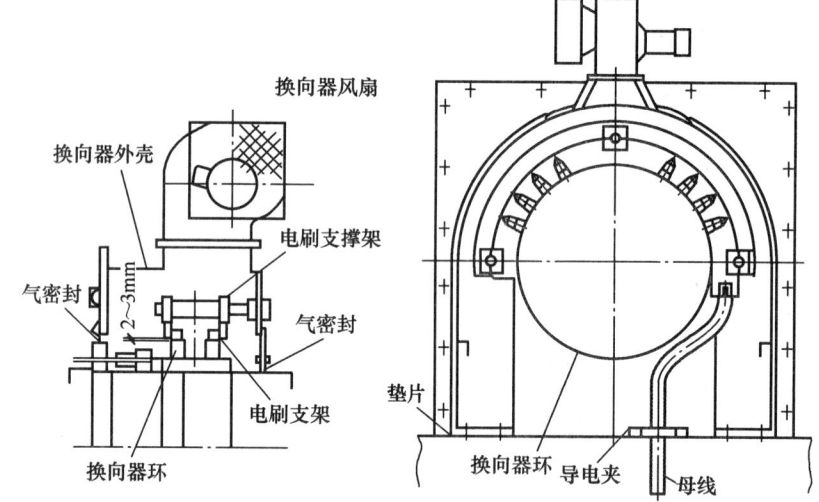

图 5.2.10　安装电刷支架和换向器外壳

3. 每个空气密封板都带螺栓，测量空气密封板与轴的间隙，然后从上、下、左、右方向上调整间隙使其相等。

4. 固定在电刷支架下部分的螺栓是连接母线的支撑母线由导电夹并用螺栓安装在基座上。

5. 集电环盖子可抬起，安装集电环风扇，在集电环外罩上面将其安装好。刷架和滑环间缝隙在 2.0~3.0mm，转定子下的垫片要有记录。

5.2.11　定子及轴承座稳钉安装

电机定心及各部间隙调整结束后，电机定子和轴承座的地脚螺栓用力矩扳手紧固，然后用绞刀对电机定子和轴承座的稳钉孔进行钻孔，安装稳钉，并对轴承绝缘进行检测。轴承绝缘电阻：轴承座>1MΩ。

5.2.12　二次灌浆

二次灌浆要求快速，可采用 GJI 高强微膨胀灌浆料进行二次灌浆。

5.2.13　电机检查试验

电机安装结束后，要对电机绕组的绝缘电阻和直流电阻进行测量，测量励磁回路的绝缘电阻，测量轴绝缘电阻和轴电压，并对绕组进行交流耐压试验，耐压采用交流变频谐振耐压试验专利技术（该专利技术在保护期内）。

6. 材料与设备

材料与设备见表 6-1~表 6-3。

工机具投入一览表　　　　　　　　　　　　　　　　　　表 6-1

序号	名　称	型　号	数　量
1	液压扳手 D100 D80 D64	1850kgf	2 台
2	角向磨光机	$\phi100$	4 台
3	电动吸尘器		1 台
4	冲击钻	$\phi13mm$	2 台
5	电钻	$\phi13mm$	1 台
6	气割工具		1 套
7	大锤	10 、18、24	2 把
8	打击扳手 M30、36、42、48	56、64、80、100	2 套
9	梅花扳手		4 套
10	呆扳手（叉口）7~8、9~11	10~13、17~19、24~30	2 套
11	内六角扳手	公制、英制	各 2 套
12	套筒扳手		2 套
13	活扳手	10″ 12″ 18″	4 套
14	管钳子	12″ 18″	各 2 把
15	克丝钳	8″	4 把
16	一字螺丝刀	10″	2 把
17	十字螺丝刀	10″	2 把
18	扁铲		4 把
19	平锉刀	12″	6 把
20	圆锉	10″	2 把
21	三角锉	10″	2 把
22	充电式手提灯		2 个
23	手电筒		4 个
24	混凝土试块模具		4 组
25	螺旋千斤顶	10 、30t	8 台
26	螺旋千斤顶	50t	4 台
27	链式起重机	20t	2 台
28	链式起重机	2~5t	各 2 个

量具投入一览表

表 6-2

序号	名　称	型　号	数　量
1	测量仪器	经纬仪	1套
2	平尺	2m	2个
3	钢盘尺	20m	1个
4	钢板尺	1m	2个
5	钢板尺	0.5m	2个
6	钢板尺	150mm	4个
7	条水平　200mm	0.02mm/m	6个
8	外径千分尺	0~25mm	2个
9	内径千分尺	900mm	2个
10	游标卡尺	0.02×500 0.02×200	1个 1个
11	塞尺	100、200、400	各2个
12	卷尺	5m	4个
13	块规		1盒
14	百分表	0~10mm	6个
15	磁力表座		6个
16	线坠	0.25kg	18个
17	兆欧表	1000V	1个
		500V	1个

材料投入一览表

表 6-3

序号	名　称	规　格	数　量
1	垫铁	400×200×30	600块
2	无收缩浇筑水泥	425	50kg
3	灌浆料	GJ	30t
4	钢丝	φ0.5mm	2kg
5	钢丝	φ0.35mm	1kg
6	尼龙线绳	φ0.35mm	0.2kg
7	液态不干性密封胶	605	40袋
8	塑料薄膜	δ=0.2mm	30kg
9	破布	甲级	150kg
10	机械油	30 号	25kg
11	洗油		300L
12	磨光机砂轮片	φ100	20片
13	切割机片	φ400	10片
14	章丹粉		1kg
15	电池	1 号	12节
16	记号笔	油质	6支

序号	名　　称	规　　格	数　量
17	袋装纱布	P120（0号）	300m×15m
18	金砂纸	W10（800号）230×280	20张
19	电焊条	J422ϕ3.2mm	20kg
20	毛刷	2″　3″	各6把
21	电动凿岩机	大号	2台
22	风泵		1台
23	液压千斤顶	超薄型	2台

7. 质 量 控 制

7.1 执行标准

7.1.1 设计图纸，随设备带的技术文件。

7.1.2 国家标准：《冶金电气设备工程安装验收规范》GB 50397-2007，《电气装置安装工程电气设备交接试验标准》GB 50150-2006。

7.2 技术措施

7.2.1 国家标准、操作使用说明书中的有关技术要求和图纸为施工质量检验标准。

7.2.2 依据合同国家标准以及图纸和现场条件，编制电机安装方案。

7.2.3 对参加施工的有关人员进行技术交底。

7.2.4 确保严格按安装方案组织施工。

7.2.5 电机设备到施工现场后需开箱检验,清点数量以及安装过程中,检查测量数据都要做好记录。

7.2.6 电机穿芯吊装等关键工序施工时，技术负责人员必须到现场指导，严格检查准备工作是否充分。

7.2.7 电机安装施工中遇到技术难点，应开展QC小组活动，解决技术难题。

8. 安 全 措 施

8.1 作业人员应遵守国家安全法规及行业、企业内部各种有关规定。

8.2 作业人员应严格按各工种的安全操作规程作业。

8.3 电机基础坑很深，施工前必须用角钢、木板等材料搭制临时安全工作平台，防止坠落。

8.4 拆设备箱是要特别注意防止损坏设备，拆下的箱板堆放在一处及时清除。

8.5 拆箱后电机要用塑料布盖好，严防杂物落入电机内。

8.6 吊装电机时必须按规定的承重能力选用钢丝绳、捯链、卡扣等吊具，使用前要仔细检查，带有伤病的吊具不准使用。

8.7 电机吊装要由起重工专人指挥并与行车操作者的哨声、手势等信号保持一致。

8.8 电机起吊前，起重指挥者要检查钢丝绳是否挂置在设定的位置上是否挂置牢靠，正式起吊前要进行试吊，证明无问题后方可起吊电机。

8.9 使用汽油清洗设备时附近禁止吸烟或动用电气焊施工。

8.10 使用的电动机具需有接地保护措施。施工完了需将使用的电源开关断开。

9. 环 保 措 施

9.1 严格遵守 ISO14000 环境管理体系中环保要求，确保施工垃圾、噪声、废气、扬尘、废水的排放符合国家和地方法律、法规要求。

9.2 各类原料、物料定置堆放整齐，并设标示牌。

9.3 区域卫生干净整洁遵守施工现场的各项规章制度。

9.4 设小型垃圾堆放场地，将垃圾分类。

9.5 施工现场必须设置消防措施，配置手提灭火器材等。

10. 效 益 分 析

10.1 本工法解决了施工工期与工序之间的矛盾，电机安装可以先于机械设备安装，提前单体试车，缩短了工期。

10.2 采用先进的施工技术，施工方案科学合理，使施工安全、高效、有序进行，避免了返工造成的成本和工期的损失。

10.3 采用三点定位水平微调技术安装垫板，使原安装用 3 块钢垫板变为 1 块钢垫板，节约钢材65%。

10.4 电机试验采用交流变频谐振耐压试验专利技术，保证了电机绝缘的安全，实验操作简便，提高效率。

11. 应 用 实 例

11.1 工程名称：本钢薄板坯连铸、高强度钢轧机机电设备安装工程

11.1.1 该工程建设于本溪钢铁公司厂区内原热连轧厂西侧，设计单位为中冶集团北京钢铁设计研究总院，合同工期 2004 年 3 月 10 日至 2004 年 12 月 30 日。

11.1.2 工程概况：本钢薄板坯连铸、高强度钢轧机机电设备安装工程，采用意大利达涅利公司 FTSC 连铸机、日本三菱日立公司 PC 轧机、美国布里克蒙公司辊底式加热炉。薄板坯连铸、高强度钢轧机生产线由三部分组成，连铸部分、加热炉部分和轧机部分，其中包括 2 台薄板坯连铸机，2 座辊底式加热炉，2 架粗轧机和 5 架精轧机，轧机主传动电机 9 台。生产工艺在国际上处于先进水平，技术装备成熟。该生产线建成后，年产 280 万 t 薄板钢卷，可为本钢创造巨大的经济效益。

11.1.3 工法应用情况：在该工程 9 台轧机主传动电机安装过程中，采用了《轧机大型主传动电机安装施工工法》，安装精度高于国家标准，缩短了工期，降低了成本，试车一次成功，为顺利投产起到了保证作用。

11.2 工程名称：通钢热轧超薄带钢薄板坯连轧机机电设备安装工程

11.2.1 该工程位于通钢老厂区的西北侧，设计单位为中冶京城工程技术有限公司，合同工期 2004 年 4 月 28 日至 2005 年 10 月 15 日。

11.2.2 工程概况：通钢热轧超薄带钢薄板坯连轧机机电设备安装工程，该工程是引进世界先进的超薄带钢生产工艺和技术，关键技术和设备由国外引进。生产线由三部分组成，连铸部分、加热炉部分和轧机部分。轧机部分的主要设备有：粗轧高压水除鳞装置 1 套，立辊轧机 1 套，粗轧机 2 架，切头飞剪，精轧高压水除鳞装置 1 套，精轧机组 5 架，卷曲机，轧机主传动电机 9 台等。生产钢种：碳素结构钢，优质碳素结构钢和低合金钢，产品规格：带钢厚度 0.8~12.7mm，宽度 900~1560mm，卷重 32t。

11.2.3 工法应用情况：在该工程 9 台轧机主传动电机安装过程中，采用了《轧机大型主传动电安装施工工法》，制定了详细的安装方案，主传动电机安装工作进展非常顺利，使安装精度控制在标准规定的范围之内，缩短了工期，降低了成本，试车一次成功，为顺利投产起到了保证作用。

11.3 工程名称：本钢热轧改造工程（3）设备安装工程

11.3.1 该工程位于本溪钢铁公司厂区内二冷轧南侧，设计单位为中冶赛迪工程技术股份有限公司，合同工期2007年7月25日至2008年12月5日。

11.3.2 工程概况：本钢热轧改造工程（3）设备安装工程，是本溪钢铁公司新建的第三条2300mm热轧带钢生产线，主要设备有：粗轧高压水除鳞装置，立辊轧机，2架粗轧机，切头飞剪，7架精轧机组，卷曲机，11台轧机主传动电机等。生产工艺在国际上处于先进水平，技术装备成熟。生产钢种：碳素结构钢，优质碳素结构钢，低合金钢结构钢，管线钢，造船钢，桥梁用结构钢，300系列不锈钢，400系列不锈钢等。年产量为515万吨热轧钢卷，带钢厚度1.2~25.4mm，宽度1000~2150mm。

11.3.3 工法应用情况：在该工程11台轧机主传动电机安装过程中，采用了《轧机大型主传动电机安装施工工法》，主传动电机安装工作进展非常顺利，安装精度高于国家标准，缩短了工期，降低了成本，试车一次成功，为顺利投产起到了保证作用。

连铸机弧形段空间尺寸量化检测施工工法

GJYJGF131—2010

攀钢集团冶金工程技术有限公司　　四川省晟茂建设有限公司

黄亮思　赵玉明　赵跃军　何小龙　程晓波

1. 前　　言

目前我国各大钢厂几乎都采用了连铸生产，连铸机数量已达数百台，安装方法也不尽相同，在查阅了大量的技术资料及文献后，发现对连铸机的安装几乎均以结晶器外弧基准线为起始线搭设空中测量网架，然后再辅以挂钢线、吊线坠等手段来控制调整连铸机设备的各安装尺寸，其安装精度误差大，安装工期长，而对连铸机弧形段设备的空间尺寸的量化检测方法，基本无人予以总结提出。

攀钢集团冶金工程技术有限公司与四川省晟茂建设有限公司通过对攀钢炼钢厂1号板坯连铸机、2号板坯连铸机以及方圆坯连铸机的成功安装施工，总结出了"连铸机弧形段空间尺寸量化检测施工技术"这一新工法，工法中的关键技术于2010年7月30日，通过中国冶金建设协会组织的科技成果鉴定，获得攀钢集团科技进步三等奖，并且成功申报了"连铸机弧形段支承结构及其安装方法"发明专利（专利受理申请号：201010156864.4和专利公开号为：CN101844210A）；同时取得了"连铸机弧形段支承结构和连铸机扇形段支承结构"实用新型专利授权，其专利号为：ZL 2010 2 0171662.2。此工法填补完善了我国在连铸机施工作业系列方面文件，对推动连铸机安装技术的发展具有积极作用。

2. 工 法 特 点

2.1　解决连铸机弧形段设备的安装尺寸难以测量及控制，降低安装难度，从而避免造成连铸机弧形段设备的安装精度达不到设计、规范的要求而造成返工。

2.2　将连铸机弧形段设备的各空间尺寸转化为可直接量化的尺寸后，直接用精密测量工具进行测量和控制调整各设备之间的相对安装位置尺寸，此方法既准确又直观。

3. 适 用 范 围

该技术适用于连铸机弧形段设备的安装和具有立体空间安装特点的其他机械设备安装、维修领域。

4. 工 艺 原 理

在安装连铸机弧形段设备时，采用不同测量工具相互配合的测量方法，将弧形段设备（图4-1、图4-2）的各相关空间立体尺寸转化为能够直接用精密测量工具量化的尺寸后再进行测量，从而降低连铸机弧形段设备安装难度。

5. 施工工艺流程及操作要点

5.1　施工工艺流程

因弧形连铸机是目前冶金企业应用最广、发展最快的一种形式。例如攀钢炼钢厂的板坯、方圆坯连铸机均为该种形式，下面就以板坯连铸机中的弧形段设备——扇形段及其支撑框架为例介绍—《连铸机弧形段空间尺寸量化检测施工工法》。

攀钢 2 号板坯连铸机是攀钢三期工程的重点项目之一，其中，单机单流垂直弯曲型大型板坯连铸机是攀钢引进意大利达涅利公司的连铸技术，年产量 100 万 t，集中布置在原有厂房内新建的 2 号主机线上，其主机区域设备密度大，其安装工作为典型的多层次交叉作业，各工序之间关联性很强，在施工过程中必须加强工序间的前后衔接，才能确保网络工期的顺利实现。其板坯连铸机弧形段设备的安装工艺流程如图 5.1 所示。

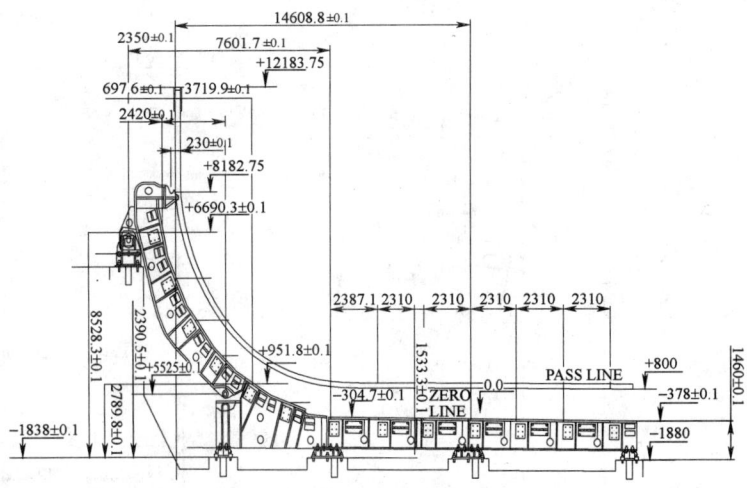

图 4-1 板坯连铸机弧形段设备布置图纸示意图

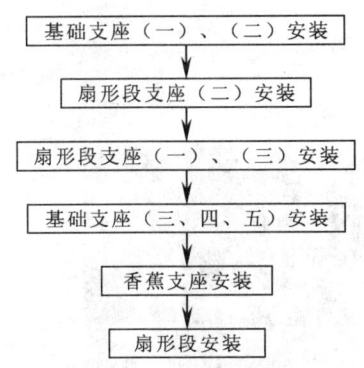

图 5.1 连铸机扇形段安装工艺流程图

5.2 操作要点

扇形段由 13 段组成，分为三种不同的扇形段，分别为弧形段 1~6 段、矫直段

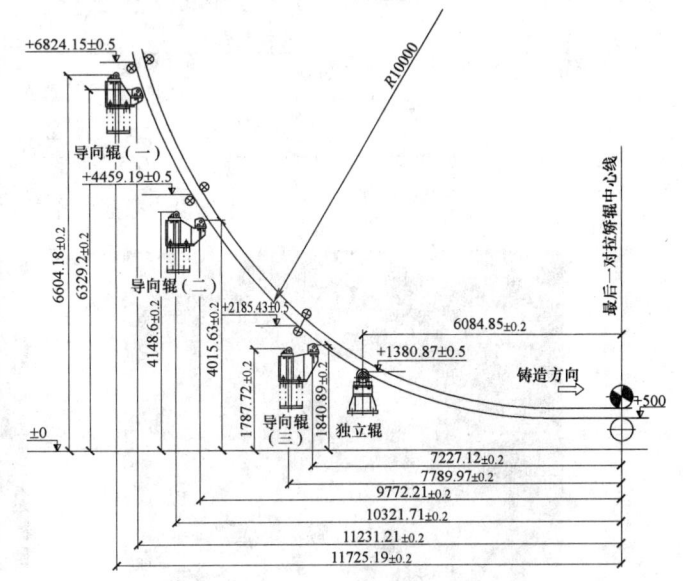

图 4.2 方圆坯连铸机弧形段设备布置图纸示意图

7 段和水平段 8~13 段，均直接固定在扇形段基础支撑框架上。扇形段基础支撑框架固定在土建基础上。因此扇形段安装的难点及控制点均在扇形段基础支撑框架的安装上。

扇形段支撑框架（示意布置图如图 5.2）是连铸机最重要的部位，安装精度要求很高，由香蕉支座、扇形段支座（一）~（三）及支撑上述支座的基础支座（一）~（五）组成。基础支座固定在土建基础上。

5.2.1 安装基础支座（一）、（二）

从图 5.2 中可以看出扇形段支座（一）、（二）、（三）均固定在基础支座（一）、（二）上，因此待土建基础验收合格后，首先将基础支座（一）2 件、支座（二）2 件吊装到位，因基础支座（一）、（二）均布置在同一标高 -1483（0~+0.5mm）上，安装较简单因此采用挂钢线的方法将设备粗找至规定的中心、标高和水平度附近，安装好各支座上的平键及斜键，作为各支座精找的测量面。架设电子水准仪（图 5.2.1）将各支座上表面的标高控制在 -1483（0~+0.5mm）的范围内；使用方水平和 2m 平尺相配合，将各支座的单体水平度控制在 0.2mm/1000mm 范围内；各支座的纵向位置，虽然设备安装及使用说明书作出了 ±0.1mm 的偏差要求，但由于所采用的斜建机构能够对扇形段支座进行 ±0.5mm 以内的微调，且在扇形段支座安装以前将不对支座（一）、（二）作最终永久性的固定，用钢盘尺进行测量控制，将其偏差控制在 ±1mm 以内即可。所有的最终测量均应在垫板压实、辅助垫板焊牢、地脚螺栓拧紧的状态下进行。如设备表面的平面度不能满足安装调整的要求，则应对其进行研磨处理。

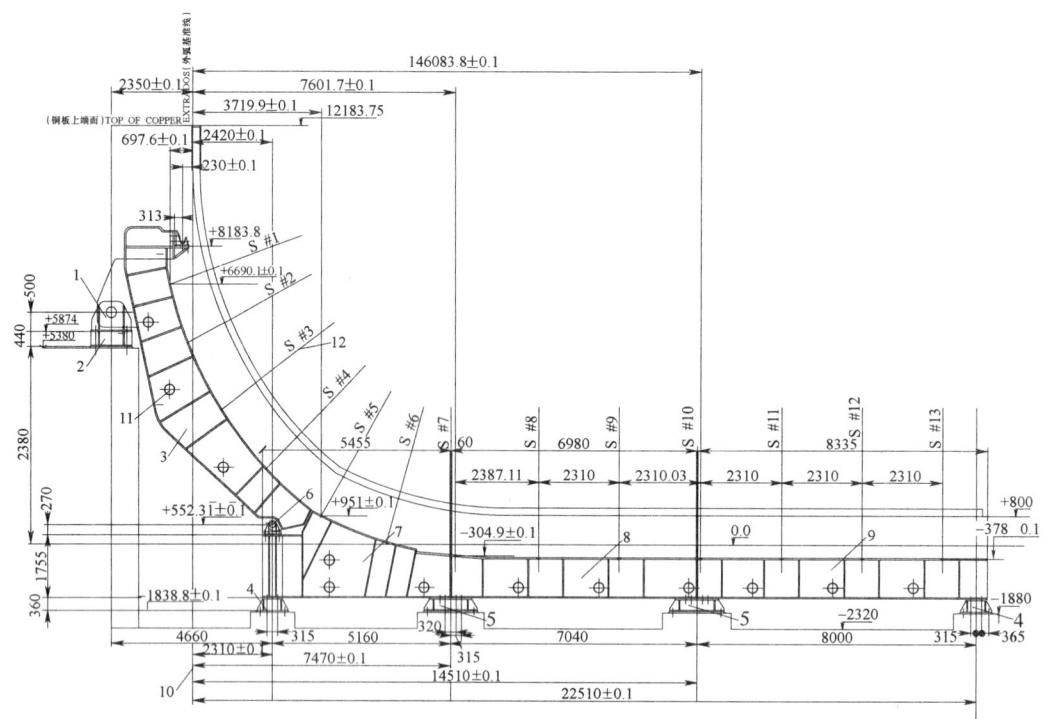

图 5.2　扇形段支撑框架各支座布置示意图

图 5.2.1　测量采用的电子水准仪

5.2.2　扇形段支座（二）安装

首先把扇形段支座（二）的位置、标高、水平度精确地找好，然后以它为基准分别调整两端的支座[扇形段支座（一）及扇形段支座（三）]。在两件基础支座（一）上放置比设计值 4mm 垫片组，垫片的放置应注意：

1. 检查垫片的厚度和数量是否配置正确。

2. 检查垫片是否有锈蚀卷边，如果有则必须处理后方可使用。

3. 用压缩空气吹扫干净，防止杂物夹入垫片内；并按设计图要求放置垫片。

吊上扇形段支座（二），吊装时钢丝绳宜系挂在连接钢管上以防引发结构变形。拧紧与支座（二）间的连接螺栓后，用 0.02mm 塞尺检查不得进入 30mm。如图 5.2.2 所示，在铸流中心线上架设经纬仪，用内径千分尺测量固定侧底座中心线至铸流中心线的距离 A、A'，要求 A、$A'=960\pm0.25$mm；将基准销插入基准孔，在最终矫直线上架设经纬仪，使 S#7 基准销与最终矫直线对齐，将其偏差控制在 ±0.5mm 的范围内；用水准仪和内径千分尺相配合，将 S#7 基准销的标高 H_1 控制为 -304.9 ± 0.5mm，将 S#8、S#9

基准销的标高 H_2 控制为 -378 ± 0.5mm；用 0.02/1000 的方水平在扇形段支撑面上测量框架的单体水平度，要求不大于 0.1mm/m；用 2m 平尺及方水平在扇形段支撑面上测量框架两侧相互间的水平度，要求在 0.08mm/m 的范围内；在使用 0.02mm 塞尺检查各安装底座与扇形段支座（二）的接触间隙后，将 S#8、S#9 扇形段支撑面的标高 H_3 控制为 -249.9 ± 0.5mm；用钢盘尺测量固定侧和自由侧框架间的跨距 G、G'，要

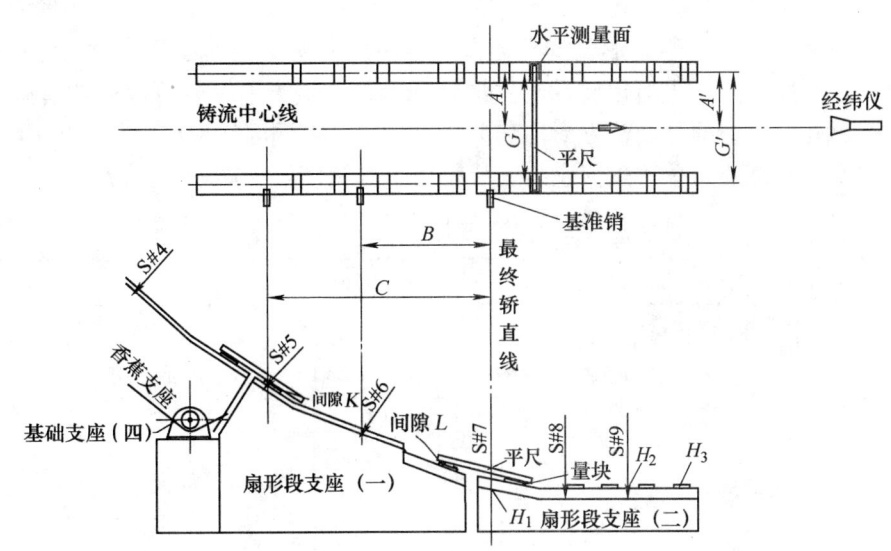

图 5.2.2　扇形段支座安装示意图

求 G、$G'=1920\pm0.5$mm。最终测量也应在垫板压实和地脚螺栓拧紧的状态下进行。各项精度要求见表 5.2.2 所示。

扇形段支座（二）安装精度表　单位：mm　　　　　　　　　　　　表 5.2.2

测定项目	测定位置	代号	允许值	固定侧实测值	自由侧实测值
位置	框架中心及加工基准孔	A	960±0.25		
		A'	960±0.25		
		B	±0.5		
		G	1920±0.5		
		G'	1920±0.5		
标高	加工基准孔及扇形段支撑面	H_1	−304.9±0.5		
		H_2	−378±0.5		
		H_3	−249.9±0.5		
单体水平度	扇形段支撑面		≤0.1mm/m		
相对水平度	扇形段支撑面		≤0.08mm/m		

5.2.3　扇形段支座（一）、（三）安装

扇形段支座（一）的扇形段安装面为三个不同倾斜角度的平面，安装调整比较困难；而扇形段支座（三）的扇形段安装面都处于同一平面上，安装工艺相对简单，调整方法和精度要求与扇形段支座（二）基本相同。因此，仅对扇形段支座（一）的安装进行叙述。扇形段支座（一）的调整和精度要求与扇形段支座（二）基本相同，仅有以下几点差异：

1. 在对纵向位置进行控制时，需在最终矫直线上架设经纬仪，如图 5.2.2 所示，用内径千分尺分别测量 S#5 号、S#6 基准销至最终矫直线的水平距离 B、C，允许误差±0.5mm。

2. 需对扇形段支座（一）与扇形段支座（二）的相对水平度进行测量控制，如图 5.2.2 所示，由于其连接处的安装面处于倾斜状态，不能用水平仪测量相互间的水平度，因此，在平尺与安装面间垫四块精密量块，用塞尺测量量块与平尺间的间隙 K、L，通过调整扇形段支座与基础支座间的垫片，使间隙 K、$L≤0.06$mm 则扇形段支座（一）与扇形段支座（二）及香蕉支座的连接处弧度即为合格。

5.2.4　基础支座（三）、（四）、（五）安装

由于基础支座（五）是支撑支座（三）的，是组装为整体后和支座（四）直接支撑香蕉支座［香蕉支座是支承1~4号扇形段的整体框架，单体重量25.7t，其下部由销轴与支座（四）连接固定，上部座落在支座（三）上可以转动的方形轴套上，通过方形轴套可以协调香蕉支座由热胀冷缩而引起的变形。香蕉支座仅能通过调整方形轴套上的垫片组来微调因使用而引起的磨损］。因此支座（三）和支座（四）的安装精度决定了香蕉支座的安装精度。其精度要求如表5.2.4所示。

基础支座（三）、（四）、（五）的安装精度要求　单位：mm　　　　　　　　表5.2.4

序号	测定项目	测定方法及位置	允许值	实测值
1	标高 H h	（图：FL+6374 H 主轴轴套 J视；基础支座（三）；基础支座（五）；5821.5 C；2350 A 2420 B 外弧基准线 D 销轴 h；FL+552.5 基础支座（四）；J视图）	O（目视） ≤0.3 O（目视） ≤0.3	
2	位置 A B C、D E F	（图：960 960 H F E G 铸流中心线 FL×ED FREE）	±0.1 ±0.1 ±0.1 ±0.5 ±0.5	
3	水平度G		≤0.3/1000	

如图5.2.4中所示基础支座（三）和基础支座（四）不在同一标高上，并且如表5.2.4中所示其上下中心距离相差5821.5mm，图纸设计要求其水平中心距离误差±0.1mm，因此采用常规传统的挂钢线、吊线坠得出的尺寸精度无法保证其精度要求，结合多年的施工经验，采用常规测量工具相配合后即将空间无法直接测得的尺寸转化为可量化的尺寸，然后再经计算得出两销轴的水平中心距离的方法，可有效地

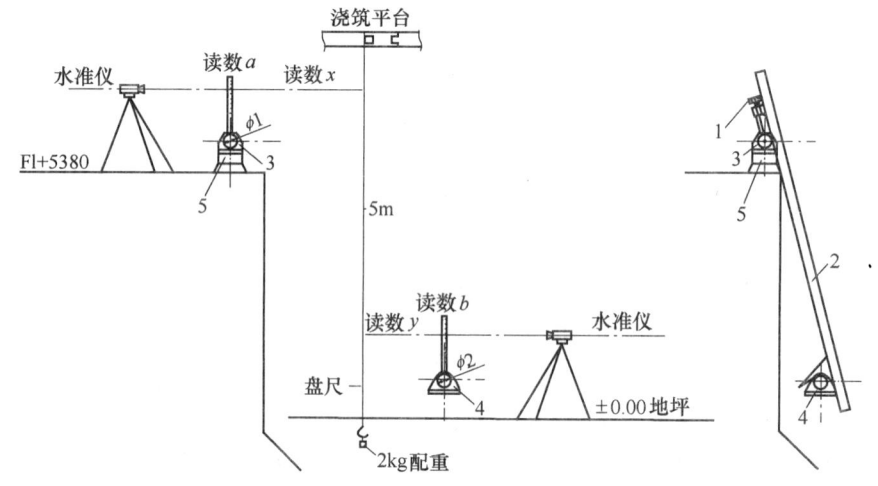

图5.2.4　支座（三）、（四）高差及两销轴中心距测量示意图
1—螺旋顶丝；2—量具；3—基础支座（三）；4—基础支座（四）；5—基础支座（五）

保证安装精度。

如图5.2.4所示测量表5.2.4中上下基础支座（三）、（四）的高差C值，在浇筑平台靠近支座的位置固定一钢盘尺，并在下端挂2kg重的配重，使钢盘尺呈自然铅垂状态。在上下销轴上立标尺，分别用水准仪读出标尺与钢盘尺上数值X、Y、a、b。则上下两销轴中心高差为：

$$C=[X-(a+\phi_1/2)]-[Y-(b+\phi_2/2)]=X-Y-a+b-\phi_1/2+\phi_2/2 \qquad (5.2.4-1)$$

式中　ϕ_1——上销轴直径；

　　　ϕ_2——下销轴直径；

　　　a——上销轴上标尺读数；

　　　b——下销轴上标尺读数；

　　　X——盘尺上读数；

　　　Y——盘尺上读数。

最后还需测量表5.2.4中两销轴的中心距D值，由于支座（五）的妨碍，不能直接用钢盘尺进行测量，所以需做如图5.2.4所示右图中类似卡尺的量具。量具的下测量面直接卡在下支持销轴上，上部通过顶丝使上测量面与上支持座销轴轻轻接触，然后，轻轻移开量具，用钢盘尺测量两测量面间的距离，经计算即可得出两销轴中心距D值。

从表5.2.4中可知基础支座（三）、（四）销轴中心的上下高差值C、中心距值D及水平中心距值（A+B）刚好组成一个直角△形，因此通过公式$(A+B)=(D^2-C^2)^{1/2}$即可计算出得出（A+B）值，但是因钢盘尺的精度达不到±0.1mm的要求，因此基础支座（三）只能初步定位，精确定位还需通过安装调整香蕉支座来实现±0.1mm的精度要求。

5.2.5　香蕉支座安装

香蕉支座的工作位置处于倾斜状态，起吊时必须用钢丝绳与手拉葫芦配合挂设吊索，以便调整其倾斜角度。吊装到位后，通过手拉葫芦调整香蕉支座位置，先将香蕉支座销孔与下支持销对正，打入销轴，然后缓慢降落，使香蕉支座坐落在上支座上。吊索选用钢丝绳两对，手拉葫芦两个。

香蕉支座的安装精度要求与扇形段支座（一）基本相同，但香蕉支座的调整难度大、要求高，同时气温变化也必须加以考虑。香蕉支座的调整方法采用与安装基础支座（三）、（四）相同的量化检测法。

根据图5.2.5-1、图5.2.5-2所示，x_1、x_2、a_1三个尺寸可转化组合成一个直角三角形△ABC，因此先用水准仪测得A、C点的标高，即可计算得到矫直线AB（x_2）的尺寸；用千分尺可以测出，并通过相关计算得到x_1尺寸，因此通过直角三角形定律$a_1=(x_1^2-x_2^2)^{1/2}$。依次类推，得出香蕉支座第一个测量销与第二个测量销水平中心距a_2、香蕉支座第二个测量销与第三个测量销水平中心距a_3等尺寸，直至调

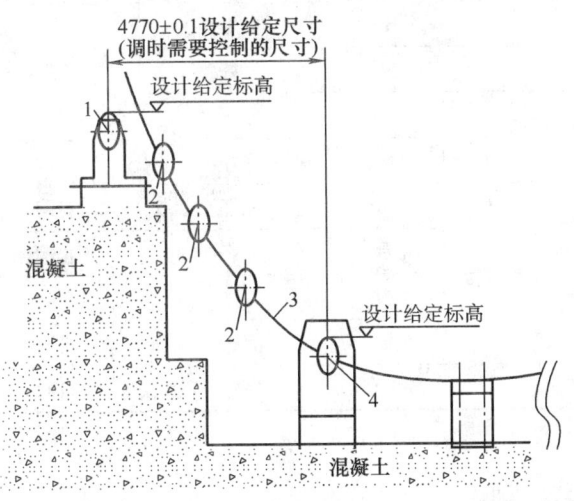

图5.2.5-1　扇形段香蕉支简易示意图

1—香蕉支座的基础支座联接销；2—测量销；3—香蕉支座；
4—基础支座（四）联接销

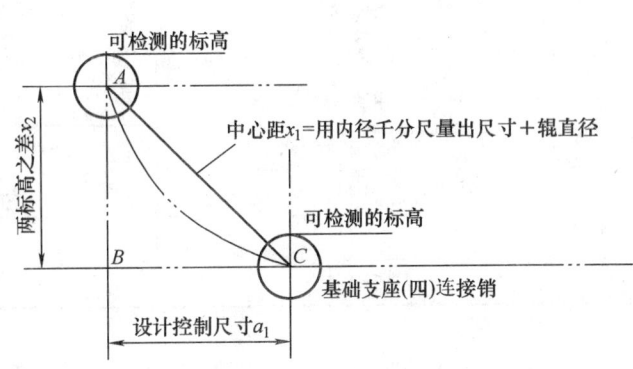

图5.2.5-2　基础支座（四）连接销与香蕉支座
第一个测量销水平中心距测量示意图

整并累计得出 $a = a_1 + a_2 + a_3 + \cdots\cdots = 4770 \pm 0.1mm$，即为合格。

5.2.6 扇形段安装

所有扇形段支撑框架安装调试合格后，即可用厂房车间内行车先将S#8扇形段吊装就位，然后依次将S#1#~S#7、S#9~S#13扇形段吊装就位，由于S#1~S#7扇形段处于倾斜位置，安装时应用手拉葫芦与专用吊具配合，调整扇形段的倾斜角度，使其能顺利就位。扇形段就位后将紧固螺杆推入，使用快速接头将M56×4液压螺母与液压张紧装置连接上，注入工作压力137.3MPa的液压油，将各扇形段拉紧在基础框架上，然后用塞尺检查扇形段底面与扇形段支撑框架安装面之间的间隙小于0.02mm即为合格。

6. 材料与设备

6.1 施工用主要设备一览表（表6.1）

施工用主要设备　　　　　　　　　　　　　　　　　　　　　　表6.1

序号	机械或设备名称	型号规格	数量	完好情况	备注
1	半自动 CO_2 气体保护焊机	NB-315	4	完好	自购
2	远红焊条烘干机	ZYH-601	1	完好	自购
3	红外线测温仪	900℃	1	完好	自购
4	经纬仪		2	完好	自购
5	水准仪		2	完好	自购
6	空压机		1	完好	自购

6.2 施工用主要工机具一览表（表6.2）

施工用主要工机具　　　　　　　　　　　　　　　　　　　　　　表6.2

序号	主要机具名称	规格型号	数量	完好情况	备注
1	磨光机		40	完好	自购
2	千斤顶	1~300t	10	完好	自购
3	钢盘尺	30m	5	完好	自购
4	磁力线坠		10	完好	自购
5	水平尺	0.02mm	5	完好	自购
6	卡环	各种	20	完好	自购
7	钢丝绳	各种		完好	自购
8	棕绳		500m	完好	自购
9	钢跳板		300	完好	自购
10	方水平 200×200	0.02/1000	4台	完好	自购
11	平尺	3m	1根	完好	自购
12	平尺	1m	2根	完好	自购
13	千分尺	2m，2.5m	各1套	完好	自购

7. 质量控制

7.1 设备安装除应按照设计安装技术要求及安装说明施工外，同时应满足以下现行国家规范的相关规定：

《炼钢机械设备工程安装验收规范》GB 50403-2007；

《机械设备安装工程施工及验收通用规范》GB 50231-98；

《现场设备、工业管道焊接工程施工及验收规范》GB 50236-98；

《机械设备安装工程手册》。

7.2 施工前对作业班组全体成员认真做好技术交底、现场交底，要求班组及时熟悉图纸，掌握焊接顺序及质量要求，并严格按施工方案进行施工。

7.3 成立质量技术监督小组，坚持开展质量周检查活动，对施工中出现不按规范和不符合设计要求的质量问题，应督促班组及时整改。

7.4 在安装过程中要切实做好质量过程控制工作，以保证设备运转的正常和安全，需注意以下几个方面内容：

7.4.1 施工前要做好基础的复测工作，要以施工蓝图为准仔细核对各部尺寸，并做好设备安装精品记录，这是达到安装要求的先决条件。

7.4.2 开工前检查所用设备、量具、仪器仪表应处于完好状态，要对施工中所使用的测量仪器进行复检，计量器具应在检定有效期内并确定合格后才能使用。

7.4.3 严格按照工程蓝图施工，把整个施工内容分为若干步骤，针对每一步的施工技术方法和数据要进行实时记录，并与设备要求数据进行比较确定数据是否合格，然后才能进行下一步。

7.4.4 每一步的安装数据记录齐全，设备安装精平记录，必须经各方专业技术人员进行汇总确认合格后并签字存档。

8. 安 全 措 施

8.1 参加现场施工人员都必须接受安全技术教育，开工前由安全科结合现场施工情况负责安全教育。对新进场的工人必须进行两级安全教育；工地由安全员负责；班组由兼职安全员负责。

8.2 施工现场设专职安全员，班组设兼职安全员。对本职管辖范围应经常进行安全检查，贯彻安全技术措施的实施，对本管辖范围安全负全面责任。

8.3 施工现场应悬挂安全标志牌，危险吊装地带应设安全路障或挂牌明示，并划出安全界区。夜间施工应有红灯警示。

8.4 电焊机二次线，地线禁止与钢丝绳接触，不得用钢丝绳和施工安装设备来代替零线，所有线接头必须固紧。

8.5 乙炔瓶必须经常检查瓶口阀门无漏气，不得与氧气瓶同放一处，气割或施焊的位置应离开易燃易爆物距离大于10m，不得放在施焊或切割作业的正下方。

8.6 氧气瓶不得在烈日下暴晒，并应防止油类污染，在临时场所施工时，氧气瓶上应设临时棚架遮盖之。

8.7 从事高空作业人员应进行体格检查，患有高血压、心脏病及不适宜高空作业人员不得从事高空作业。采用立梯高空作业，踏步不得缺层，上部应绑牢。采用人字梯高空作业时，挡踏处应用绳索系牢，保持人字梯、立梯架设坡度在35°与60°之间，柱子根部应采取防滑措施。

8.8 吊装机具钢索、绳索，吊装构件前应进行严格检查，对不符合安全规范要求的，须进行修理或更换。吊装设备用的工机具、钢绳、滑轮组、吊环等，要有足够的安全系数，不许以小代大。

9. 环 保 措 施

9.1 施工现场"一图六牌"齐全，即总平面示意图，施工公告牌、工程概况牌、施工进度牌、安全纪律牌、各种标牌（包括其他标语牌）应悬挂在门前或场内明显位置。

9.2 施工现场划区管理，每道工序都注意做好文明整洁工作；建筑垃圾及时清运，开挖场地及时平整；材料和工具及时回收、维修、保养、利用、归库，做到工完料净、场清、各工序成品保护好。

9.3 工地现场悬挂文明施工标志牌、条幅、张贴宣传标语，采用多种形式，向项目部全体员工进行文明施工教育，提高全员文明施工意识。施工场地场容整洁，各种材料、机具堆放、停置有序，并作标识。施工垃圾设置专用场地堆放，并且将可回收与不可回收的垃圾分开并做好相应的标识。

9.4 主要污染源

杂物：如废钢管、支架、焊条及焊渣等，要由专人收集，统一堆放，由公司废钢厂统一回收。

噪声：噪声污染源主要来自组对设备基础打磨作业工程，通过选用低噪声设备等噪声控制措施，噪声强度可降低 10~15dB（A），经距离衰减后基本可满足相关标准限值要求。运输设备噪声通过采取提高路面结构技术等级，控制车辆行驶速度等措施来降低噪声污染的影响。

10. 效 益 分 析

该工法工艺流畅，施工工序合理，施工组织实施得力，保证了整个施工过程的顺利进行；并且通过对多套连铸机的安装，并掌握其安装要点，大大地缩短了施工工期，受到监理和甲方的一致好评；采用先进合理的安装方法，既保证了施工质量，又大大缩短了工期，节约了施工成本，并确保了一次试车成功，取得了较好的经济效益和社会效益。

10.1 经济效益

该施工工艺技术先进、并且操作方便，既保证了施工质量，也缩短了施工周期，并且无重大安全质量事故发生。与目前有文献报道的其他施工企业施工一座同类型板坯连铸机工程，工期至少提前 1 个半月时间。其节约的直接经济效益初步估算：可节约 16t 机械台班 60 个。25t 以上机械台班 60 个，人工 3000 个。

预计直接创经济效益：

机械费：60 个×830 元/台班=4.98 万元；60 个×2000 元/台班=12 万元

人工费：3000 个×80 元/个=24 万元

其他费用 2 万元

总计： 4.98 万元+12 万元+24 万元+2 万元=42.48 万元

10.2 社会效益

经过施工工序及工艺优化，采用新工艺、新技术，板坯连铸机提前生产 45d。因刚投产按设计能力 100 万 t 的 80%计算即每月生产钢坯 6.4 万 t，按 45d 时间计算，相当于要为炼钢厂直接提前生产板坯 9.6 万 t，按市场均价 3000 元/t 计算，要为炼钢厂创效 9.6 万 t×3000 元/t =28800 万元的经济价值。

11. 应 用 实 例

本工法已成功运用到攀钢炼钢厂 1 号板坯连铸机、2 号板坯连铸机工程、方圆坯连铸机等建筑安装工程中，施工质量完全达到国家、行业规范的要求，并且通过对多套连铸机的安装，并掌握其安装要点，大大地缩短了施工工期，提高了施工效率。其关键技术经科技查新在国内未见任何相关的文献报道，经中国冶金建设协会组织的相关专家的鉴定，该技术处于国内领先水平，具有很强的适用价值，在全国各行业类似工程设备安装中推广应用价值极高。

大型塔式容器现场组装焊接工法

GJYJGF132—2010

福建省工业设备安装有限公司　福建六建集团有限公司

官家培　何积忠　张俊峰　张志强　杨仁光

1. 前　言

浆纸业、石油化工、冶炼等行业中，大型塔式容器安装是现场施工的难点。由于大型塔式容器设备本体设计参数大，运输超限，通常都是分片运输到现场，需要在现场进行大量的吊装组装焊接工作。

福建省工业设备安装有限公司先后在 1994 年 "福建青州造纸厂年产 15 万 t 本色木浆扩建工程"、2005 年 "广西南宁凤凰纸业有限公司制浆车间安装工程" 成功地进行了引进的制浆蒸煮塔等大型塔式容器设备的现场组焊，并总结编写了 "大型塔式容器现场组装焊接工法"。2003 年福建省工业设备安装有限公司在海南省金海浆纸业 "制浆区设备安装工程" 中，应用该工法进行现场组装焊接了引进的制浆蒸煮塔等 13 台大型塔式容器，获得成功，该工程荣获 2006 年度中国建筑工程鲁班奖。

该工法的核心 "制浆行业蒸煮塔现场组焊技术" 经中国安装协会 "中国安装之星" 认定委员会复审认定为 2000 年度 "中国安装之星"，2005 年度再次经审核认定，蝉联中国安装协会的 "中国安装之星"。

2. 工 法 特 点

2.1 大型塔式容器分片到货采用现场设置预制区预制组装焊接工艺，筒节和段节的组对焊接、检测检验均可在预制区地面铺开工作面，形成流水作业，减少了高空施工的工作量，提高了施工效率。

2.2 塔式容器裙座和筒体的主焊缝：纵缝、环缝、平角缝全部采用机械化自动焊接技术，与手工焊接相比，可以提高焊接质量、加快施工进度、减少作业强度、降低工程成本的效果。

2.3 综合平衡了大型设备水平运输、解决了高、重、大设备吊装的安全性和经济性。

2.4 配合机械化自动焊工艺，使现场筒节高空组对施焊作业在升降滑动的内外侧环形作业平台上进行，减少了脚手架的大量搭拆工作量，整个现场环境整洁有序。

3. 适 用 范 围

"大型塔式容器现场组装焊接工法" 适用于浆纸业、冶炼、石油化工等行业大型塔式容器设备分片到货的现场组装焊接施工。

4. 工 艺 原 理

采用 "筒体段节预制，现场吊装组焊" 的组装工艺，利用机械化自动控制焊接技术，进行现场全方位自动焊，通过焊接工艺鉴定实验，预选设定焊接工艺规范参数的调整范围，实际施焊时再进行适时微调，达到优质高速焊接的效果，减少手工焊接作业的人为不确定影响，提高焊接质量、焊接速度、焊接效率，同时降低作业强度。

5. 施工工艺流程及操作要点

5.1 施工工艺流程

大型塔式压力容器现场组装焊接工艺流程,见图5.1。

5.2 操作要点

5.2.1 施工准备

1. 预制区依据制作量的多少可以采用混凝土硬化场地或钢结构平台,并根据预制流水作业的设置安装门式轨道起重机,用于壳板、筒节、段节的水平输送吊装。

2. 预制平台面积根据需预制流水作业的量来设定。一般一个容器预制流水线应设置2个筒节单片拼装平台,2个段节组装平台。

3. 混凝土预制平台敷设时应预埋露出表面的网格式扁钢,以保证预制平台平面度≤2mm/10m。参见图5.2.1混凝土预制区拼装场地断面图。

4. 工装、夹具的制作。

工装夹具包括鞋型卡、"圆孔方块"、插销(圆销和扁销)、刚性弧度板和可升降滑动的内外侧环形作业平台。工装夹具的数量根据拼装筒节数和组装进度的要求预备。

5.2.2 地脚螺栓敷设与基础验收

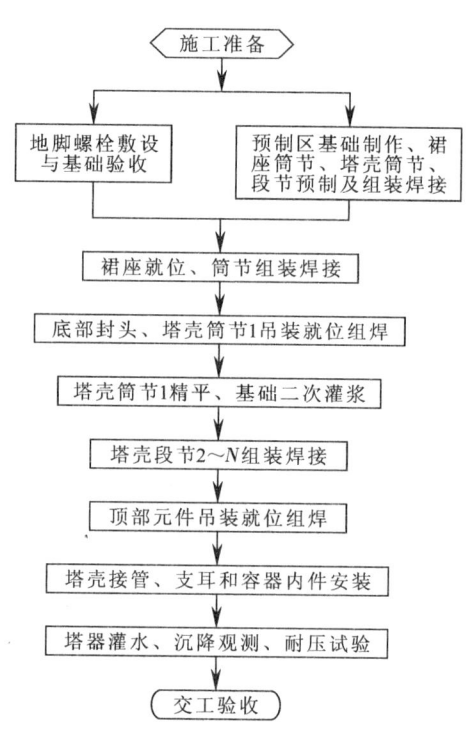

图5.1 大型塔式压力容器现场组焊工艺流程图

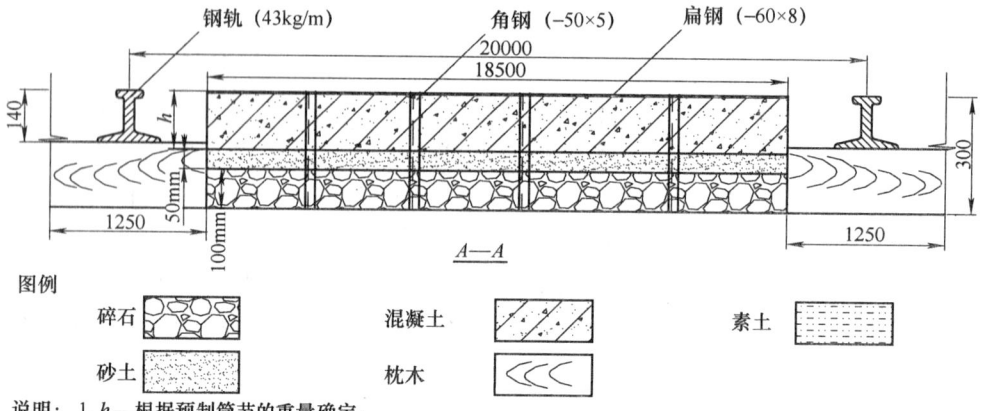

说明: 1. h—根据预制筒节的重量确定;
2. 混凝土强度等级应保证能满足施工承载力的要求。

图5.2.1 混凝土预制区拼装场地断面图

1. 地脚螺栓预埋前必须制作与基础环地脚螺栓孔尺寸相同的两片刚性模板,用双螺母将螺杆锁定,用槽钢或角钢将模板刚性固定,其定位精度详见7.2.2,并保证每个地脚螺栓在灌浆浇捣的过程中不会产生位移。地脚螺栓刚性模板固定如图5.2.2。

2. 基础验收主要复核地脚螺栓形位偏差和标高偏差,基础平面平整度和纵横轴线中心偏差在设计允差范围内。

5.2.3 预制及组装焊接

1. 焊接工艺准备

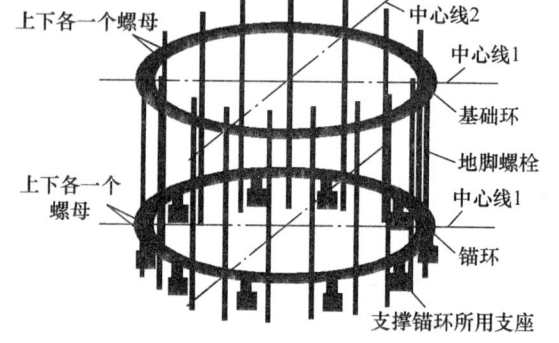

图5.2.2 地脚螺栓刚性模板固定图

本工法未提及的焊接工艺评定、焊工、焊接环境和焊接材料等操作规定应符合《钢制压力容器焊接工艺评定》JB/T 4709、《现场设备、工业管道焊接工程施工及验收规范》GB 50236 的有关规定要求。

1）焊接方法选择

碳钢纵缝采用气电立焊（EGW 自动焊）；

双向不锈钢纵缝采用药芯焊丝 CO_2 气体保护焊（GMAW 立焊）；

碳钢、双向不锈钢环缝采用横向埋弧焊（AGW 横焊）；

裙座与基础环角接缝采用埋弧平角焊（SACW）。

2）坡口角度与组对间隙

若设计图样没有要求，可根据焊接工艺技术条件选择坡口与组对间隙：

碳钢纵缝采用气电立焊（EGW 自动焊），当壁厚 12~25mm 时，一般采用 45°~ 50°V 形坡口（图 5.2.3-1），当壁厚>25mm 时，一般采用对称 40°~ 50°X 形坡口（图 5.2.3-2），组对间隙 4~6mm。

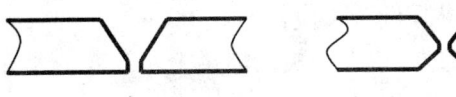

图 5.2.3-1　V 形坡口 　　　　图 5.2.3-2　X 形坡口

双向不锈钢纵缝采用药芯焊丝 CO_2 气体保护焊（GMAW 立焊），当壁厚≤20mm 时，一般采用 45°~ 50°V 形坡口（图 5.2.3-1），组对间隙 3~6mm；当壁厚>20mm 时，一般采用对称 40°~50°X 形坡口（图 5.2.3-2），组对间隙 5~7mm。

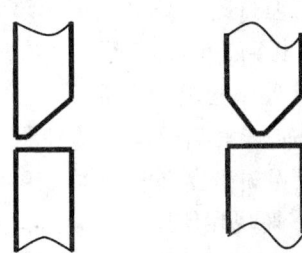

碳钢、双向不锈钢环缝采用横向埋弧焊（AGW 横焊），当壁厚≤20mm 时，一般采用 45°~50°单 V 形坡口

图 5.2.3-3　单 V 形坡口　　图 5.2.3-4　K 形坡口

（图 5.2.3-3），组对间隙 0.5~1.5mm；当壁厚>20mm 时，一般采用对称 K 型坡口，坡口角度 40°~ 50°（图 5.2.3-4），组对间隙 1.0~2.5mm。

3）坡口检查与反变形量：坡口表面不得有裂纹、分层、夹杂等缺陷；组对前应清除坡口及两侧表面 20mm 范围内的油、水、锈等有害杂质。

4）纵缝抑制焊接变形的刚性弧度板点焊，当板厚≥25mm 时，控制反变形量为 2.5~3.5mm；当板厚≤25mm 时，控制反变形量为 2.0~3.0mm。

2. 材料复核验收

裙座板、塔壳板的材料复验内容主要是材质、表面质量和外形几何尺寸，其中的滚圆弧度检验使用自制的内外弧度样板测量其间隙值满足规范要求为合格。

3. 筒节组对拼装和焊前检验

1）在预制平台上画出相应拼装筒体的圆弧，以外径为基准，作上标记（包括圆心位置）。

2）拼接吊装时应采取措施防止塔壳板塑性变形，用 5.2.1 第四款所述的工卡夹具进行组对，同时应点焊抑制焊接变形的刚性弧度板，间隔 500mm 左右。

3）焊前检验

分片组对的筒节施焊前检验的主要内容和检验方法见表 5.2.3。

筒节施焊前检验的主要内容和检验方法表　　　　　　　　　　表 5.2.3

筒节的检验内容	允许偏差（mm）	检验方法	备注
塔壳板局部凸凹度（壁厚/直径）	≤0.025:5、>0.025:10（焊缝处）	弧度板和直尺检查塔壳板 10 处（弧度板与母材同一材质）	
焊接接头中心线偏差	$(10<e\leq30)$：$e/10$，$(30<e\leq60)$：$e/30+2$	焊接检验尺检查	e：板材厚度
筒节圆周长 L	±0.25% L	用钢卷尺检验周长	L：筒节周长
筒节椭圆度	$5/10000\times D$	检验筒壁下口 8 个直径	D：筒节直径

4. 纵缝施焊操作要点

1）气电立焊（EGW 自动焊）应按焊接工艺规程调整焊接规范参数并根据坡口宽度变化实时微调；

2）药芯焊丝 CO_2 气体保护焊（GMAW 立焊）的操作，调节好焊接电流、电弧电压和每一焊道的焊枪对中角度和杆伸长度后，再根据每一焊道宽度调节焊枪的摆动幅度和焊机的行走速度。

5. 环缝施焊操作要点

1）必须严格按照焊接工艺规程组对间隙要求进行定位焊接，方可进行施焊。

2）横向埋弧焊（AGW 横焊）时，应按焊接工艺规程调整焊丝对中角度和杆伸长、焊接电流、电弧电压、焊接速度。母材为高合金钢时应严格控制焊接热输入。

3）焊接程序应先外后内，多台焊机应沿圆周方向对称匀布；环缝同层上不同道之间的接头应错开≥80mm，层间接头应错开≥100mm。

6. 焊接过程检查：检查焊接工艺参数是否符合焊接工艺规程要求，检查焊接过程中出现的缺陷并及时处理。

焊缝清理打磨：高合金钢焊缝清根打磨采用砂轮机、碳素钢板焊缝清根采用碳弧气刨，焊缝清根后用砂轮机打磨，焊后表面飞溅应清除干净。

7. 焊缝外观检验和无损检测

焊缝外观检查合格后，应按设计图样规定的探伤方法和探伤比例进行无损检测合格；焊缝无损检测必须执行无损检测作业规程。

8. 筒节外观几何尺寸检验

焊接完成后必须重新复核塔壁高度、塔壁局部凸凹度（焊缝处）、塔壁周长、塔壁椭圆度。

5.2.4 塔式容器本体组装焊接

1. 根据基础验收技术复核数据，进行塔器裙座吊装就位，一次找平找正；

2. 塔器裙座与底部封头环缝应在底部封头与第 1 筒节组焊完成后施焊；施焊完成后，必须进行塔器的二次找正精平和基础二次灌浆，方可进行其他段节的组装焊接；

3. 根据容器段节外型尺寸和重量，验算起重机的作业半径和吊臂长度，核算起重工况，可利用公式（5.2.4-1）：

$$G_重 = G \times K_动 \tag{5.2.4-1}$$

式中 $G_重$——吊车载荷；

G——吊物的重量；

$K_动$——动载系数，取 1.2。

起重机吊装段节的时候为了防止变形，必须做十字平衡梁来消除钢丝绳夹角对筒壁的挤压力。

单台履带起重机无法满足起重工况要求的，可采用双抬吊，其核算公式为（5.2.4-2）：

$$G_计 = G \times K_1 K_2 \tag{5.2.4-2}$$

式中 $G_计$——两台吊车合计载荷；

G——吊物的重量；

K_1——动载系数，取 1.2；

K_1——抬吊时的不均衡系数，取 1.1。

4. 段节焊前检验与组对尺寸复核。

利用起重机将筒节、段节吊装就位前，应进行段节焊前检验，然后借助可升降滑动的内外侧环形作业平台，采用专用工装卡夹具进行段节之间的找正、组对，组对后尺寸复核符合表 5.2.4 的要求后方可进行点焊。

5. 环缝施焊见 5.2.3 条第 5 款；

6. 焊接过程检查同 5.2.3 条第 6 款；

7. 焊缝外观检验和无损检测同 5.2.3 条第 7 款；

段节组对拼装调整允许偏差和检验方法　　　　　　　　表 5.2.4

段节的检验内容	允许偏差（mm）	检 验 方 法	备 注
段节端口平面度	< 0.5/1000	用钢板尺配合水准仪或用液体连通器测量在圆周上测量四个方向	
罐壁椭圆度	5/10000×D	用钢卷尺检验罐壁上口 8 个直径	D：段节直径
罐壁垂直度	H > 15m：0.5/1000+8，且 < 50	用经纬仪及钢板尺检验	H：罐壁高度

8．塔器外观几何尺寸检验。

焊接完成后必须重新复核筒节塔壁高度、筒节水平度、塔壁局部凸凹度（焊缝处）、塔壁周长、塔壁椭圆度和塔体直线度。

5.2.5 顶部元件就位组对焊接

顶部元件吊装就位后，用水平尺进行找正找平，组对焊接采用焊条电弧焊（SMAW）。

5.2.6 塔体短管、支耳和容器内件等的安装

短管开孔前应根据图纸标定的方位、标高、尺寸进行复查，确认无误后方可开孔、组对、焊接。

短管对接、支耳焊接，应执行经过审核批准的焊接工艺规程。壳体上的人孔以及其他板状角接缝等宜采用熔化极气保焊（GMAW），管板对接缝宜采用焊条电弧焊（SMAW）。

5.2.7 容器充水试验、沉降观测和耐压试验

容器应按标准规范要求进行充水试验和基础沉降观测，观测点每台至少在四个方向设四个点，并做好过程观测记录。

容器的耐压试验必须遵循设计图样和国家法规、标准的规定要求，试压前必须编制容器耐压试验方案，并按规范要求呈报审核批准后实施。

5.2.8 交工验收

塔式容器耐压试验合格后，必须对容器的直线度、椭圆度等进行最终检查复验。

6. 材料与设备

6.1 本工法可适用列入生产国材料标准或设计技术要求的所有材料。

6.2 本工法适用的主要施工机具设备如表 6.2。

主要施工机具设备表　　　　　　　　表 6.2

序号	机具设备名称	型 号 规 格	备 注
1	埋弧自动横焊机	AGW-Ⅱ	埋弧自动横焊
2	CO₂ 自动焊机	GMAW-Bug-o	双相钢自动立焊
3	气电自动立焊机	EGW-Q	碳素钢自动立焊
4	逆变式焊机	PNE13-400	手工电弧焊接
5	焊条烘干炉	ZYHC-60	焊条烘干
6	焊剂烘干炉	YJJ-A-100	焊剂烘干
7	等离子切割机	泛洋 G40D	壁板切割等
8	RT 设备	RF-300EGS2	焊缝 RT 探伤
9	UT 设备	PXUT-22	焊缝 UT 探伤
10	自动安平水准仪	DZS3-1	预制和就位组装水平、水准测量
11	光学经纬仪	TDJ2E	预制和就位组装直线度、对中心测量
12	履带式吊机	100~250t	筒节段节的吊装、焊接设备的吊装就位
13	汽车式起重机	25~70t	筒节的吊装就位施工设备吊装等
14	门型起重机	20/5t	预制区筒节分片吊装

本表所列设备及设备数量可根据现场组焊的塔式容器工程量的情况进行选用。

7. 质 量 控 制

7.1 质量控制标准

本工法应执行下列质量验收标准和设计施工图纸的有关技术要求：

《钢制塔式容器》JB 4710-2005；

《钢制压力容器》GB 150-1998；

《钢制压力容器用封头》JB/T 4746-2002；

《钢制压力容器焊接工艺评定》JB/T 4708-2000；

《钢制压力容器焊接规程》JB/T 4709-2000；

《承压设备无损检测》JB/T 4730-2005；

《钢结构工程施工质量验收规范》GB 50205-2001；

《现场设备、工业管道焊接工程施工及验收规范》GB 50236-98。

7.2 质量保证措施

7.2.1 贯彻 ISO9001:2000《质量管理体系要求》标准，建立、实施、保持质量保证体系，按设计图样和国家法规、标准的规定要求的检验项目和程序制定检验计划，确定检查点、控制点、审核点、停止点；实行自检与专业检验相结合的方法，并通过质量体系审核、评审持续地进行质量改进。

7.2.2 地脚螺栓预埋前，应制作与基础环地脚螺栓孔相同的两片模板。制作模板必须严格控制定位精度：相邻螺孔中心距、对角螺孔中心距、螺杆标高偏差均必须≤1.0mm，并用双螺母将螺杆锁定，然后采用槽钢或角钢将模板刚性固定，保证地脚螺栓定位的精确性。

7.2.3 预制平台在敷设前通过调整预埋扁钢的平直度，保证预制平台混凝土浇筑后平面度≤2mm/10m，以保证壳板技术复核、筒节、段节预制的几何尺寸控制。

7.2.4 通过焊接工艺准备选择焊接方法、坡口角度、组对间隙，按规范要求进行焊接工艺评定、制定焊接工艺规程，并采用适当的工装来防止焊接变形和吊装变形。

7.2.5 在塔器裙座与底部封头、底部封头与第1筒节环缝施焊完成后，进行塔器的二次找正精平和基础二次灌浆，从基础上保证了塔器的垂直度。

7.2.6 在预制阶段和塔器本体组焊阶段采用焊前检查、焊接过程检查、焊后外观检验和无损检测、以及焊缝返修等焊接质量控制系统运行的连续性实现塔器现场组焊质量的有效控制。

7.2.7 塔器的组装质量检验、沉降观测和耐压试验等要求，均严格执行设计图样、《钢制塔式容器》JB 4710-2005 和《钢制压力容器》GB 150-1998 的有关规定及要求。

7.2.8 现场组焊的塔式容器如属压力容器，施工前必须到当地压力容器安全监察机构办理"告知"手续，并接受相应的安全监察和质量监督检验。

8. 安 全 措 施

8.1 建立项目施工安全保证体系，严格执行职业健康安全管理体系文件的有关要求，落实安全责任制，明确各级人员的职责。

8.2 起重工、焊工、探伤工、电工、吊车司机等特种作业人员必须持证上岗。

8.3 脚手架搭拆必须制定安全专项搭拆施工方案，必须执行《建筑施工扣件式钢管脚手架安全技术规范》JGJ130-2001。

8.4 起重机、焊机等施工机械的使用必须执行《建筑机械使用安全技术规程》JGJ 33-2001。

8.5 施工现场的临时用电严格按照《施工现场临时用电安全技术规范》JGJ 46-2005 的有关规范规定执行。

8.6 高处作业执行《建筑施工高处作业安全技术规范》JGJ 80-1991。

8.7 焊接应在通风良好的场所进行，在狭小工作场地焊接时应配置排气风机。

8.8 施工前应办理动火证，并应得到相关部门的审批后，方可动火；氧气乙炔等易燃易爆气瓶的放置必须符合安全、可靠的原则。在施工现场的指定地点设置足够的消防器材，包括消防水桶、消防沙箱、干粉灭火器，并定期检查。

9. 环 保 措 施

9.1 建立项目环境和文明施工管理保证体系，严格按环境管理体系文件有关要求，建立环境管理责任制，明确各级人员的职责。

9.2 严格遵守国家和地方的有关环境保护的法律、法规和规章，加强对工程材料、设备的堆放管理，对施工、生活垃圾进行分类回收，对废气、废水、油污的排放等进行控制和治理。

9.3 合理布置施工场地和作业区域，规范围挡，做到标牌清楚，标识醒目，施工场地整洁文明。

9.4 对施工场地道路进行硬化，并在晴天经常对施工通行道路进行洒水，防止尘土飞扬，污染周围环境。

10. 效 益 分 析

10.1 本工法采用的组装工艺简洁，筒节拼装及段节组焊均在预制区地面进行，可以合理安排平行作业工序，减少工序搭接的时间，减少高空作业频率，形成高效的流水作业，提高项目法施工的管理水平。

10.2 本工法成功采用的药芯焊丝 CO_2 气体保护焊（GMAW 立焊）和埋弧横焊（AGW 横焊）工艺，焊接质量高、速度快、劳动强度低，平均效率是焊条电弧焊的 6 倍。如：在海南省金海浆纸业"制浆区设备安装工程"中，按手工焊施工计划为 5 个月，采用先进的自动焊技术后，实际施工 3 个半月，缩短工期 45d；节省人工费成本约 50 万元，直接经济效益显著。

10.3 实施"大型塔式容器现场组装焊接工法"的三个工程，两个获得省优质工程，一个评为鲁班奖工程，为大型塔式容器工程施工提供了经典范例，同时提高了大型塔式容器的安装质量，增加了客户的满意度，取得了良好的社会效益。

11. 应 用 实 例

11.1 海南金海浆纸业制浆区设备安装工程

1. 工程概况

"海南金海浆纸业制浆区设备安装工程"，于 2003 年 10 月 1 日开工，2004 年 6 月 12 日交工验收，其核心设备制浆连续蒸煮塔由瑞典 KPAB（科瓦纳浆纸公司）引进，设计压力 1.2MPa，设计温度 200℃，容器规格 $(\phi12500 \times \phi5200)mm \times (50{\sim}15)mm \times 71460mm$，最大设备容积 5000m³、设备自重 1242t、操作总重 6428t，施工工效：11700 工/台。

2. 应用效果：

1)"海南金海浆纸业制浆区设备安装工程"四台塔式三类压力容器实施本工法进行现场组焊，其壳体材料均采用双相不锈钢 EN1.4462（Avesta 2205）相当于 GB 00Cr22Ni5Mo3N，容器壁板厚度 52~12mm，主焊缝总长 2700 多米。一次合格率达 97%，有效地保证了焊接质量，缩短了工期。

2) 本工程核心设备双相不锈钢蒸煮塔（三类压力容器）总高 82.46m，容积 5000m³，总重 1242t，为目前世界最大。其中体现瑞典科瓦纳浆纸公司核心制造技术的顶部分离器整体到货，直径 5.2m，高

8.2m，重约 78t，吊装高度 71.46m。通过精心测算，制定出经济合理的吊装方案，运用两台日本神钢 250t 履带吊抬吊，将蒸解釜顶部分离器一次成功吊装就位。

3) "大型塔式容器现场组装焊接工法"还同时应用于本工程九台大型常压储罐的现场组焊，极大地提高了质量、提高了劳动生产率，降低了焊工的劳动强度，又节约了能源、资源，符合环境与职业健康安全管理体系保护劳动者的身体健康和根本权益的要求。

11.2 应用项目"广西南宁凤凰纸业有限公司制浆车间安装工程"于 2005 年 8 月 16 日开工，2006 年 1 月 30 日竣工，其核心设备制浆连续蒸煮塔由瑞典卡米尔 KAMYR AB 公司引进，设计压力 1.2MPa，设计温度 200℃，容器规格 $\phi 5800 \times 50 \sim 54500 \times 34$mm，设备容积 960m³，设备自重 387t，操作重 1234t，施工工效：6300 工/台。

11.3 应用项目"贵州赤天化竹浆纸业有限公司制浆区安装工程"于 2006 年 10 月开工，2007 年 7 月竣工，其核心设备制浆蒸煮塔由瑞典卡米尔 KAMYR 公司引进，设计压力 1.05MPa，设计温度 200℃，容器规格 $\phi 5528 \times 34 \sim 68200 \times 47$mm，最大设备容积 1706m³、设备自重 250t，操作总重 1900t，施工工效：5500 工/台。